U0226707

实用锅炉手册

上册

第三版

林宗虎　徐通模　主编

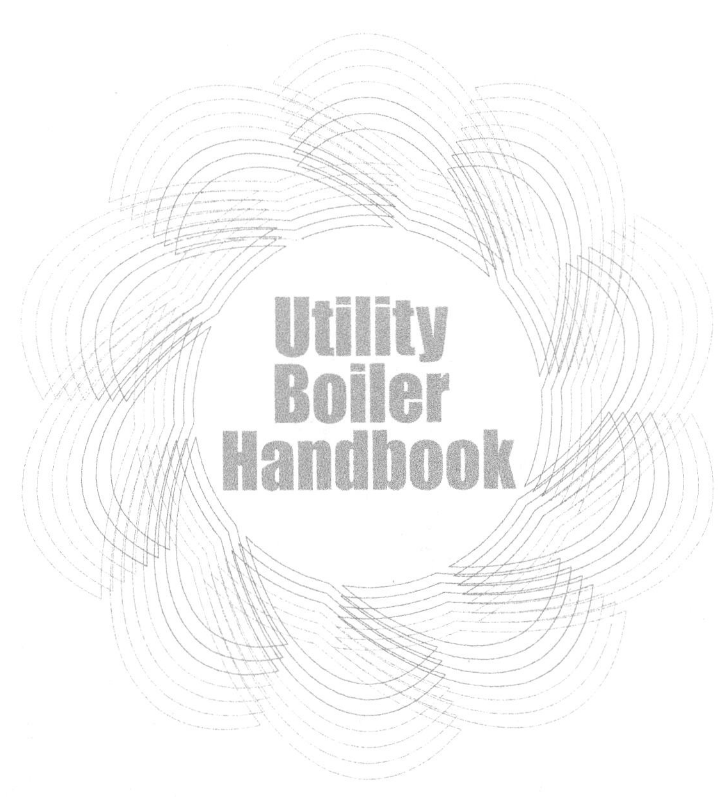

·北京·

内 容 简 介

本书全面反映了各种锅炉的设计、制造、运行和环保等方面的最新成就。全书共设22章，内容包括锅炉的类别、参数及型号，燃料、燃烧产物及热平衡计算，工业锅炉结构，余热锅炉及特种锅炉的结构及设计，电站锅炉结构，锅炉主要受热面的结构，火床和火室燃烧设备，流化床燃烧锅炉的特性、结构及计算，锅炉热力系统及设计布置，锅炉热力计算，锅炉水动力学和管内传热，蒸汽品质及锅筒内件，锅炉水处理与给水设备，锅炉通风阻力计算及通风设备，锅炉炉墙和构架，锅炉管件及吹灰、排渣装置，锅炉测试，燃煤电站锅炉环境保护，超低排放和深度节水一体化技术及工程示范，锅炉金属材料及受压元件强度计算，锅炉主要部件的制造工艺，火电厂锅炉的运行及调整。书中还附有一系列锅炉计算和工程示例，供读者参考。

本书具有较强的系统性、技术应用性，可供从事锅炉设计、制造、使用、运行监察及科研工作的工程技术人员参考，也可供高等学校锅炉、环境科学与工程、能源与动力工程及相关专业师生参阅。

图书在版编目（CIP）数据

实用锅炉手册/林宗虎，徐通模主编. —3版. —北京：化学工业出版社，2019.9

ISBN 978-7-122-34537-0

Ⅰ.①实… Ⅱ.①林… ②徐… Ⅲ.①锅炉-技术手册 Ⅳ.①TK22-62

中国版本图书馆CIP数据核字（2019）第095822号

责任编辑：刘　婧　刘兴春　陈　丽　　装帧设计：刘丽华

责任校对：宋　玮

出版发行：化学工业出版社（北京市东城区青年湖南街13号　邮政编码100011）

印　　装：北京虎彩文化传播有限公司

787mm×1092mm　1/16　印张　83¾　字数3087千字　2022年5月北京第3版第1次印刷

购书咨询：010-64518888　　售后服务：010-64518899

网　　址：http://www.cip.com.cn

凡购买本书，如有缺损质量问题，本社销售中心负责调换。

定　　价：598.00元

前言

《实用锅炉手册》第二版出版至今已有十年了。在此期间随着国民经济的飞速发展和人民生活水平的持续提高，全国电力装机容量也发展迅猛。我国发电机组以应用煤等化石燃烧发电的火电机组为主，其中绝大多数为煤电机组。据专家预测，到2030年煤电机组装机容量仍将达总装机容量的46%。煤电机组中燃煤锅炉的烟尘排放是造成大气雾霾和温室气体的重要污染源。因此，火电特别是煤电的发展与我国日益严格的环境要求是互为矛盾的，燃煤锅炉的可持续发展方向必然是高效率和洁净排放。经过多年研究，我国已初步实现了煤电锅炉的高效率和超低排放，使价廉的煤电机组的排放浓度达到了价格昂贵的燃气轮机发电机组的排放水平，这对我国主力能源煤炭得以持续合理利用具有重要意义。

本书在第二版基础上重点引入超低排放燃煤锅炉的技术成果和工程示例以及在燃烧、制造、环保等方面的新成就，使本书成为可设计、制造和运转这类超低排放燃煤锅炉的重要参考资料，具有重要的学术价值和经济意义。

与第二版相比，此次修订的主要变化如下：①在第七章中增加了第七节锅炉容量与炉内燃烧及空气动力工况的相关性和第八节生物质燃烧技术；②限于篇幅，对第二版第十九章的内容进行了删除，而本版第十九章内容为燃煤锅炉超低排放和深度节水一体化技术及工程示范；③第二版第十八章的第六节内容在本版的第十九章第五节反映；④第二版第十八章中的环保标准、环保技术，以及第二十一章的锅炉制造工艺和第二十二章的锅炉运行等根据其发展及实际运行等进行部分修改。

本书由林宗虎、徐通模任主编。全书编写具体分工如下：第一章、第三章、第六章、第八章、第九章、第十一章、第十三章、第十五章和第十七章由林宗虎院士编写；第二章和第七章中的第一节、第二节、第四节、第五节、第六节、第七节由徐通模教授编写；第四章、第二十章和第二十一章由赵钦新教授编写；第五章、第十二章和第十六章由车得福教授编写；第七章中的第三节由惠世恩教授编写；第十章和第十四章由郭烈锦院士、张西民研究员编写；第十八章、第二十二章由贾洪祥教授编写；第十九章和第七章中的第八节由谭厚章教授编写。全书最后由林宗虎、徐通模统稿、定稿。

限于编者水平和编写时间，书中不足和疏漏之处在所难免，敬请读者批评指正。

林宗虎，徐通模

2019年9月

第一版前言

锅炉是利用燃料等能源的热能或工业生产中的余热，将工质加热到一定温度和压力的换热设备。锅炉的一个主要用途为发电，是火力发电厂的三大主机之一。中国火力发电量约占总发电量的75%，即使到2050年，火力发电量预计仍将占总发电量的60%以上。由此可见锅炉对中国电力工业的重要意义。在各种工业企业的动力设备乃至人民的日常生活中，锅炉都是不可缺少的组成部门。因此，锅炉工业的发展对于中国国民经济的发展和人民生活水平的提高具有十分重要的作用。

虽然锅炉工业对于国计民生具有重要作用，但是，至今国内外有关锅炉的手册为数不多。至于全面涉及锅炉设计、制造、运行等方面的锅炉手册更是少见。

这本手册的特点为全面反映各种锅炉的有关设计、制造、运行、结构、安装、自控和改造等方面的资料，并附有一系列锅炉计算示例，供读者查阅参考。本手册取材面广，内容充实，力求反映中国锅炉工业的新成就和国外锅炉的先进技术且计算公式和图表齐全，便于查阅。本手册可供从事锅炉设计、制造、使用、运行监察及科研等工作的工程技术人员和锅炉专业及热能动力类其他专业师生参考。

本手册共分二十二章，内容包括小型工业锅炉、大型电站锅炉等的锅炉本体结构、燃烧设备结构、锅炉整体的设计布置、锅炉受热面的换热计算、水动力学计算和传热问题、锅筒及其内部装置、锅炉的炉墙和构架、锅炉的给水、通风和水处理设备、锅炉的烟风道阻力计算、锅炉钢及强度计算、锅炉运行及维护、锅炉事故及环保、锅炉制造、锅炉安装、锅炉试验、锅炉仪表和附件以及锅炉改造等。

本书由西安交通大学锅炉教研室林宗虎院士（编写第一、五、九、十一、十五章）和徐通模教授（编写第二、六章）主编。特请上海交通大学锅炉教研室黄祥新教授编写第三、七、十三和二十二章。其他章节分别由西安交通大学热能工程系贾鸿祥教授（编写第十六、二十和二十一章）、郭烈锦教授和张西民副教授（编写第八、十二章）、惠世恩研究员（编写第十七章）、车得福副教授（编写第四、十、十四、十九章）和赵钦新副教授（编写第十八章）完成。

由于编者水平有限，书中可能存在一些缺点和错误，敬请读者批评指正。

林宗虎，徐通模

1999年1月

第二版前言

《实用锅炉手册》第一版自 1999 年出版以来，深受各界读者欢迎。虽经多次印刷发行，仍供不应求。在此，我们全体编者对广大读者的厚爱表示深切的感谢。

《实用锅炉手册》第一版出版至今的十年时间内，随着我国经济的飞速发展、科技实力的不断增长和人民生活水平的持续提高，我国电力工业发展迅猛。近两年来，每年新增装机容量约 1 亿千瓦。到 2007 年底，全国装机容量已达 7.13 亿千瓦。其中应用煤等化石燃料发电的火电装机容量高达 5.54 亿千瓦，约占全国总装机容量的 77.7%。根据我国一次能源结构中煤炭比重高的实际情况，在今后相当长时间内，我国电源结构的主力仍将是火力发电。为此，我国必须科技先行，加紧发展高效洁净煤炭发电技术，以提高化石燃料的资源利用率和加强环境保护。

至今，据不完全统计，标志着高效率、低煤耗的新一代超临界、超超临界发电机组已在或计划在我国电厂投运和建造的达 200 多台。全国装备脱硫设施的燃煤机组已达 2.7 亿千瓦，约占火电装机总容量的 45%。具有污染小、燃烧效率高、煤种适应性广和负荷调节范围大等优点的循环流化床锅炉也在我国得到了迅速发展。已在我国运行、计划投运或建造的 100～300MW 等级的大型循环流化床锅炉超过 200 台。我国已成为世界上大型循环流化床锅炉台数最多和总装机功率最大的国家。

根据以上情况，我们在《实用锅炉手册》第一版基础上编写了第二版，以满足当今读者的需要。在第二版中，除对各章根据国内外新技术和新成果进行充实和修订外，还增设了第八章：流化床燃烧锅炉的特性、结构及计算和第十九章：高效洁净煤利用与发电技术。为配合各种行业的节能和余热利用，增设了第四章：余热锅炉及特种锅炉的结构及设计。此外，根据锅炉环境保护技术的迅速发展和重要性，对第十八章：燃煤锅炉环境保护进行了改编，并充实了大量新技术内容。

限于篇幅，第一版中的锅炉安装、锅炉自动控制和锅炉改造三章不再列入第二版内容。需要时，可参阅第一版或其他相关资料。

本手册由西安交通大学热能工程系林宗虎院士（编写第一章、第三章、第六章、第八章、第九章、第十一章、第十三章、第十五章和第十七章）和徐通模教授（编写第二章和第七章）主编；由贾鸿祥教授编写第十八章、第二十二章；车得福教授编写第五章、第十二章和第十六章；郭烈锦教授、张西民研究员编写第十章和第十四章；赵钦新教授编写第四章、第二十章和第二十一章；惠世恩教授编写第十九章。

由于编者水平有限，书中可能存在一些疏漏，敬请读者批评指正。

林宗虎，徐通模

2009 年 1 月

目录

第一章　锅炉的类别、参数及型号

第二章　燃料、燃烧产物及热平衡计算

第三章　工业锅炉结构

第四章　余热锅炉及特种锅炉的结构及设计

第五章　电站锅炉结构

第六章　锅炉主要受热面的结构

第七章 火床和火室燃烧设备

第八章　流化床燃烧锅炉的特性、结构及计算

第九章　锅炉热力系统及设计布置

第十章　锅炉热力计算

第十一章 锅炉水动力学和管内传热

第十二章 蒸汽品质及锅筒内件

第十三章 锅炉水处理与给水设备

第十四章 锅炉通风阻力计算及通风设备

第十五章 锅炉炉墙和构架

第十六章 锅炉管件及吹灰、排渣装置

第十七章 锅炉测试

第十八章 燃煤电站锅炉环境保护

第十九章 超低排放和深度节水一体化技术及工程示范

第二十章 锅炉金属材料及受压元件强度计算

第二十一章　锅炉主要部件的制造工艺

第二十二章　火电厂锅炉的运行及调整

参考文献

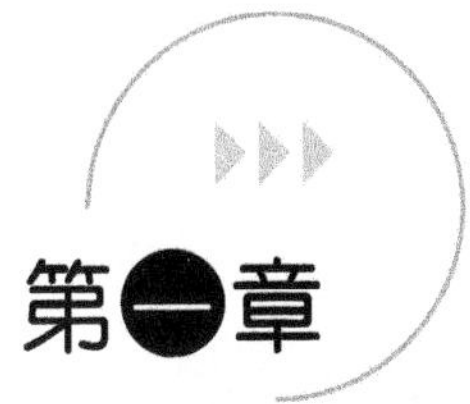

锅炉的类别、参数及型号

第一节　锅炉及其分类

锅炉也称蒸汽发生器，是一种利用燃料等能源的热能或工业生产中的余热，将工质加热到一定温度和压力的换热设备。

锅炉用途广泛，形式众多，一般可按下列方法分类。

一、按用途分类

(1) **电站锅炉**　用于发电，大多为大容量、高参数锅炉，火室燃烧，热效率高，出口工质为过热蒸汽。

(2) **工业锅炉**　用于工业生产和采暖，大多为低压、低温、小容量锅炉，火床燃烧居多，热效率较低，出口工质为蒸汽的称为蒸汽工业锅炉，出口工质为热水的称为热水锅炉。

(3) **船用锅炉**　用作船舶动力，一般采用低、中参数，大多采用燃油。要求锅炉体积小，质量轻。

(4) **机车锅炉**　用作机车动力，一般为小容量、低参数，火床燃烧，以燃煤为主，锅炉结构紧凑，现已少用。

(5) **注汽锅炉**　用于油田对稠油的注汽热采，出口工质一般为高压湿蒸汽。

二、按结构分类

(1) **火管锅炉**　烟气在火管内流过，一般为小容量、低参数锅炉，热效率较低，但结构简单，水质要求低，运行维修方便。

(2) **水管锅炉**　汽水在管内流过，可以制成小容量、低参数锅炉，也可制成大容量、高参数锅炉。电站锅炉一般均为水管锅炉，热效率较高，但对水质和运行水平的要求也较高。

三、按循环方式分类

(1) **自然循环锅筒锅炉**　具有锅筒，利用下降管和上升管中工质密度差产生工质循环，只能在临界压力以下应用。

(2) **多次强制循环锅筒锅炉**　也称辅助循环锅筒锅炉。具有锅筒和循环泵，利用循环回路中的工质密度差和循环泵压头建立工质循环。只能在临界压力以下应用。

(3) **低倍率循环锅炉**　具有汽水分离器和循环泵。主要靠循环泵建立工质循环，可应用于亚临界压力和超临界压力，循环倍率低，一般为1.25～2.0。

(4) **直流锅炉**　无锅筒，给水靠水泵压头一次通过受热面产生蒸汽，适用于高压和超临界压力锅炉。

(5) **复合循环锅炉**　具有再循环泵。锅炉负荷低时按再循环方式运行，负荷高时按直流方式运行。可应用于亚临界压力和超临界压力。

四、按出口工质压力分类

(1) **低压锅炉**　一般压力小于1.275MPa（13kgf/cm^2）。

（2）**中压锅炉** 一般压力为3.825MPa（$39kgf/cm^2$）。

（3）**高压锅炉** 一般压力为9.8MPa（$100kgf/cm^2$）。

（4）**超高压锅炉** 一般压力为13.73MPa（$140kgf/cm^2$）。

（5）**亚临界压力锅炉** 一般压力为16.67MPa（$170kgf/cm^2$）。

（6）**超临界压力锅炉** 压力大于22.13MPa（$225.65kgf/cm^2$）。

五、按燃烧方式分类

（1）**火床燃烧锅炉** 主要用于工业锅炉，其中包括固定炉排炉、活动手摇炉排炉、倒转炉排抛煤机炉、振动炉排炉；下饲式炉排炉和往复推饲炉排炉等。燃料主要在炉排上燃烧。

（2）**火室燃烧锅炉** 主要用于电站锅炉，燃用液体燃料、气体燃料和煤粉的锅炉均为火室燃烧锅炉。火室燃烧时，燃料主要在炉膛空间悬浮燃烧。

（3）**流化床燃烧锅炉** 送入炉排的空气流速较高，使大粒燃煤在炉排上面的沸腾床中翻腾燃烧，小粒燃煤随空气上升并燃烧。宜用于燃用劣质燃料。以前多用于工业锅炉，目前大型循环流化床燃烧锅炉已用作电站锅炉。

六、按所用燃料或能源分类

（1）**固体燃料锅炉** 燃用煤等固体燃料。

（2）**液体燃料锅炉** 燃用重油等液体燃料。

（3）**气体燃料锅炉** 燃用天然气等气体燃料。

（4）**余热锅炉** 利用冶金、石油化工等工业的余热作热源。

（5）**原子能锅炉** 利用核反应堆所释放热能作为热源的蒸汽发生器。

（6）**废料锅炉** 利用垃圾、树皮、废液等废料作为燃料的锅炉。

（7）**其他能源锅炉** 利用地热、太阳能等能源的蒸汽发生器或热水器。

七、按排渣方式分类

（1）**固态排渣锅炉** 燃料燃烧后生成的灰渣呈固态排出，是燃煤锅炉的主要排渣方式。

（2）**液态排渣锅炉** 燃料燃烧后生成的灰渣呈液态从渣口流出，在裂化箱的冷却水中裂化成小颗粒后排入水沟中冲走。

八、按炉膛烟气压力分类

（1）**负压锅炉** 炉膛压力保持负压，有送风机、引风机，是燃煤锅炉的主要形式。

（2）**微正压锅炉** 炉膛表压力为2～5kPa，不需引风机，宜于低氧燃烧。

（3）**增压锅炉** 炉膛表压力大于0.3MPa，用于配蒸汽-燃气联合循环。

九、按锅筒布置分类

锅炉锅筒数一般为一个或两个，锅筒可纵置或横置。现代锅筒型电站锅炉都采用单锅筒形式，工业锅炉采用单锅筒或双锅筒形式。

十、按炉形分类

锅炉炉形很多，有倒U形、塔形、箱形、T形、U形、N形、L形、D形、A形等。D形、A形用于工业锅炉，其他炉形一般用于电站锅炉。

十一、按锅炉房形式分类

锅炉可作露天、半露天、室内、地下或洞内布置。工业锅炉一般采用室内布置，电站锅炉主要采用室内半露天或露天布置。

十二、按锅炉出厂形式分类

可分为快装锅炉、组装锅炉和散装锅炉，小型锅炉可采用快装形式，电站锅炉一般为组装或散装。

第二节　锅炉设备及其工作过程

一、锅炉设备

锅炉由一系列设备构成，这些设备可分为主要部件和辅助设备两类。现代大型自然循环高压锅炉所具有的主要部件及其作用如下。

(1) **炉膛**　保证燃料燃尽，并使出口烟气温度冷却到对流受热面能安全工作的数值。

(2) **燃烧设备**　将燃料和燃烧所需空气送入炉膛，并使燃料着火稳定，燃烧良好。

(3) **锅筒**　它是自然循环锅炉各受热面的闭合件，将锅炉各受热面连结在一起并和水冷壁、下降管等组成水循环回路。锅筒内贮存汽水，可适应负荷变化，内部设有汽水分离装置等以保证汽水品质，直流锅炉无锅筒。

(4) **水冷壁**　它是锅炉的主要辐射受热面，吸收炉膛辐射热等加热工质，并用以保护炉墙，后水冷壁管的拉稀部分称为凝渣管，用以防止过热器结渣。

(5) **过热器**　将饱和蒸汽加热到额定过热蒸汽温度。生产饱和蒸汽的蒸汽锅炉和热水锅炉无过热器。

(6) **再热器**　将汽轮机高压缸排汽加热到较高温度，然后再送到汽轮机中压缸膨胀做功。用于大型电站锅炉以提高电站热效率。

(7) **省煤器**　利用锅炉尾部烟气的热量加热给水，以降低排烟温度，节约燃料。

(8) **空气预热器**　加热燃烧用的空气，以加强着火和燃烧；吸收烟气余热，降低排烟温度，提高锅炉效率；为煤粉锅炉制粉系统提供干燥剂。

(9) **炉墙**　它是锅炉的保护外壳，起密封和保温作用。小型锅炉中的重型炉墙也可起支撑锅炉部件的作用。

(10) **构架**　支撑和固定锅炉各部件，并保持其相对位置。

这种锅炉的辅助设备及其作用如下。

(1) **燃料供应设备**　贮存和运输燃料。

(2) **磨煤及制粉设备**　将煤磨制成煤粉，并输入燃用煤粉的锅炉燃烧设备燃烧。

(3) **送风设备**　由送风机将空气送入空气预热器，加热后输往炉膛及磨煤装置应用。

(4) **引风设备**　由引风机和烟囱将锅炉排出的烟气送往大气。

(5) **给水设备**　由给水泵将经过水处理设备处理后的给水送入锅炉。

(6) **除灰除渣设备**　从锅炉中除去灰渣并运走。

(7) **除尘设备**　除去锅炉烟气中的飞灰，改善环境卫生。

(8) **自动控制设备**　自动检测、程序控制、自动保护和自动调节。

二、锅炉设备的工作过程

锅炉设备的工作过程可用一台中压燃用煤粉的自然循环锅炉来加以阐明。燃煤运到煤场后经煤斗和给煤机入磨煤机磨成煤粉，并由一次空气携往燃烧器供燃烧。燃烧器喷出的煤粉与二次空气混合后在炉膛燃烧并释出大量热量。燃烧产生的高温烟气由炉膛经凝渣管、过热器、省煤器和空气预热器后进入除尘器，再由引风机送往烟囱排入大气。

给水由给水泵经给水管道送入省煤器。给水在省煤器吸热后进入锅筒，并沿下降管经下集箱流入水冷壁。水在水冷壁中吸收炉膛辐射热后形成汽水混合物并流入锅筒。汽水混合物在锅筒中经汽水分离装置后，蒸汽由锅筒上部送入过热器吸热形成过热蒸汽。最后，过热蒸汽由过热器出口集箱输往汽轮机。

冷空气自送风机吸入后，由送风机送往空气预热器。空气在空气预热器中吸收烟气热量后形成热空气，并分为一次空气和二次空气分别送往磨煤机和燃烧器。

锅炉的灰渣经灰渣斗落入排灰槽道后，用水力排除并送往灰场。

这台中压锅炉未装再热器。如为高压或超高压的装有再热器的锅炉，则再热器一般布置在过热器与省煤器之间。自汽轮机高压缸出口引来的蒸汽输入再热器，吸收烟气热量后再送入汽轮机中压缸做功，以提高电站热效率。

第三节 锅炉参数与技术经济指标

一、锅炉参数

锅炉参数一般指锅炉容量、蒸汽压力、蒸汽温度和给水温度。

工业蒸汽锅炉的容量用额定蒸发量表示。额定蒸发量表明锅炉在额定蒸汽压力、蒸汽温度、规定的锅炉效率和给水温度下，连续运行时所必须保证的最大蒸发量，常以每小时能供应的以吨计的蒸汽量来表示，单位为 t/h。

热水锅炉的容量用额定供热量表示，单位为 kW。

电站锅炉的容量也用额定蒸发量表示，单位为 t/h。

锅炉蒸汽压力和温度是指过热器主汽阀出口处的过热蒸汽压力和过热蒸汽温度。对于无过热器的锅炉，用主汽阀出口处的饱和蒸汽压力和温度表示。压力的单位为 MPa（kgf/cm^2），温度的单位为 K 或℃。

锅炉给水温度是指进省煤器的给水温度，对无省煤器的锅炉，则是指进锅炉锅筒的水温，单位为 K 或℃。

中国工业蒸汽锅炉参数系列见表 1-1。中国热水锅炉参数系列见表 1-2。中国电站锅炉参数系列见表 1-3。

表 1-1 中国工业蒸汽锅炉参数系列

额定蒸发量/(t/h)	额定蒸汽参数										
	出口蒸汽压力(表压)/MPa										
	0.4	0.7	1.0	1.25			1.6		2.5		
	出口蒸汽温度/℃										
	饱和	饱和	饱和	饱和	250	350	饱和	350	饱和	350	400
0.1	△										
0.2	△										
0.5	△	△									
1.0	△	△	△								
2		△	△	△			△				
4		△	△	△			△		△		
6			△	△	△	△	△	△	△		
8			△	△	△	△	△	△	△		
10			△	△	△	△	△	△	△	△	△
15				△		△	△	△	△	△	△
20				△		△	△	△	△	△	△
35				△			△	△	△	△	△
65										△	△

表 1-2 中国热水锅炉参数系列

额定供热量(Q)		水温之比(额定出口/额定进口)									
		95/70			115/70		130/70		150/90		180/110
		额定出水压力(表压)/MPa									
Q/MW	Q/(10^4kcal/h)	0.4	0.7	1.0	0.7	1.0	1.0	1.25	1.25	1.6	2.5
0.1	8.5	△									
0.2	17	△									
0.35	30	△	△								
0.7	60	△	△	△							
1.4	120	△	△	△							
2.8	240	△	△	△	△	△	△	△	△		
4.2	360		△	△	△	△	△	△	△		

续表

额定供热量(Q)		水温之比(额定出口/额定进口)									
		95/70			115/70		130/70		150/90		180/110
		额定出水压力(表压)/MPa									
Q/MW	Q/(10^4kcal/h)	0.4	0.7	1.0	0.7	1.0	1.0	1.25	1.25	1.6	2.5
7.0	600		△	△	△	△	△	△	△		
10.5	900					△		△	△		
14.0	1200					△		△	△	△	
29.0	2500								△	△	△
46.0	4000									△	△
58.0	5000									△	△
116.0	10000									△	△

表 1-3　中国电站锅炉参数系列

额定蒸发量/(t/h)	额定蒸汽压力/MPa(kgf/cm²)				配凝汽式汽轮发电机组功率/MW
	3.82(39)	9.80(100)	13.72(140)	16.66(170)	
	额定蒸汽温度/℃				
	450	540	540/540①		
35	△				6
65	△				12
130	△				25
220		△			50
410		△			100
400			△②		125
670			△		200
1000				△③	300
2050				△	600

① 分子为过热蒸汽温度，分母为再热蒸汽温度。

② 现行产品采用 400t/h，555℃/555℃。

③ 现行产品采用 1000t/h，555℃/555℃。

在上述这些表格中未列出给水温度。工业蒸汽锅炉的给水温度分 20℃、60℃与 105℃三挡，由制造厂在设计时结合具体情况确定。热水锅炉的给水温度由热水用户来的、进入锅炉的回水温度确定。电站锅炉的给水温度对中压锅炉为 150℃或 170℃，对高压锅炉为 215℃，对亚临界压力锅炉为 260℃。

二、锅炉技术经济指标

锅炉的技术经济指标通常用锅炉热效率、锅炉成本及锅炉可靠性 3 项来表示。优质锅炉应保证热效率高，成本低及运行可靠。

1. 锅炉热效率

锅炉热效率是指送入锅炉的全部热量中被有效利用部分的百分数。现代电站锅炉的热效率都在 90%以上。中国工业锅炉的热效率（包括热水锅炉）应不低于表 1-4 所列的规定值。

由于锅炉热效率是一项重要的节能指标，因而在中国制订的《工业锅炉质量分等标准》中明确规定，一等品锅炉应具有较好的节能效果，锅炉热效率应比表 1-4 规定的效率增加 2%。优等品锅炉应有显著的节能效果，其热效率应比表 1-4 中规定的效率增加 4%。

为了更好规定工业锅炉能效限定值、工业锅炉节能评价值及工业锅炉能效等级，我国即将发布新版国家标准《工业锅炉能效限定值及能效等级》。该标准适用于燃用煤、油、气的额定蒸气压力 0.04MPa$<p<$3.8MPa、额定蒸发量不小于 0.1t/h 的以水为介质的固定式钢制蒸汽锅炉，以及额定出水压力 $p>$0.1MPa 的固定式钢制热水锅炉。燃用生物质燃料的工业锅炉可参照使用。该标准规定的锅炉热效率和能效等级可参见表 1-5～表 1-8。

表 1-4 中国工业锅炉应保证的最低热效率 单位：%

燃料品种		锅炉容量/(t/h)或 MW 低位发热量/(kJ/kg)	<0.5 或 <0.35	0.5～1 或 0.35～0.7	2 或 1.4	4～8 或 2.8～5.6	10～20 或 7～14	>20 或 >14
劣质煤	Ⅰ	6500～11500	55	60	62	66	68	70
	Ⅱ	11500～14400	57	62	64	68	70	72
烟煤	Ⅰ	14400～17700	61	68	70	72	74	75
	Ⅱ	17700～21000	63	70	72	74	76	78
	Ⅲ	>21000	65	72	74	76	78	80
贫煤		≥17700	62	68	70	73	76	77
无烟煤	Ⅰ	<21000, V_{daf}=5%～10%	54	59	61	64	69	72
	Ⅱ	≥21000, V_{daf}<5%	52	57	59	62	65	68
	Ⅲ	>21000, V_{daf}=5%～10%	58	63	66	70	73	75
褐煤		≥11500	62	67	69	74	76	79
重油			80	80	81	82	84	85
天然气			82	82	83	84	86	87

注：1. 燃用煤矸石的锅炉热效率按Ⅰ类劣质煤考核。

2. 燃用油页岩和低位发热量小于11500kJ/kg褐煤的锅炉热效率按Ⅱ类劣质煤考核。

3. 0.5t/h或0.35MW燃煤手烧锅炉的热效率允许比表中相应规定值低3%；机械化燃煤锅炉的热效率允许比表中相应规定值低1%。

4. 煤粉燃烧锅炉的热效率应比表中相应规定值增加3%。

5. 表中未列之燃料，锅炉热效率由供需双方商定。

表 1-5 层状燃烧锅炉热效率

能效等级	燃料品种		燃料收到基低位发热量 $Q_{net,V,ar}$/(kJ/kg)	锅炉容量 D/(t/h 或 MW)				
				$D<1$ 或 $D<0.7$	$1\leqslant D\leqslant 2$ 或 $0.7\leqslant D\leqslant 1.4$	$2<D\leqslant 8$ 或 $1.4<D\leqslant 5.6$	$8<D\leqslant 20$ 或 $5.6<D\leqslant 14$	$D>20$ 或 $D>14$
				锅炉热效率/%				
一级	烟煤	Ⅱ	$17700\leqslant Q_{net,V,ar}\leqslant 21000$	79	82	84	85	86
		Ⅲ	$Q_{net,V,ar}>21000$	81	84	86	87	88
二级		Ⅱ	$17700\leqslant Q_{net,V,ar}\leqslant 21000$	76	79	81	82	83
		Ⅲ	$Q_{net,V,ar}>21000$	78	81	83	84	85
三级		Ⅱ	$17700\leqslant Q_{net,V,ar}\leqslant 21000$	73	76	78	79	80
		Ⅲ	$Q_{net,V,ar}>21000$	75	78	80	81	82
一级	贫煤		$Q_{net,V,ar}\geqslant 17700$	77	80	82	84	85
二级			$Q_{net,V,ar}\geqslant 17700$	74	77	79	81	82
三级			$Q_{net,V,ar}\geqslant 17700$	71	74	76	78	79
一级	无烟煤	Ⅱ	$Q_{net,V,ar}\geqslant 21000$	69	72	75	77	80
		Ⅲ	$Q_{net,V,ar}\geqslant 21000$	74	79	83	85	89
二级		Ⅱ	$Q_{net,V,ar}\geqslant 21000$	66	69	72	74	77
		Ⅲ	$Q_{net,V,ar}\geqslant 21000$	71	76	80	82	86
三级		Ⅱ	$Q_{net,V,ar}\geqslant 21000$	63	66	69	71	74
		Ⅲ	$Q_{net,V,ar}\geqslant 21000$	68	73	77	79	82
一级	褐煤		$Q_{net,V,ar}\geqslant 11500$	77	80	82	84	86
二级			$Q_{net,V,ar}\geqslant 11500$	74	77	79	81	83
三级			$Q_{net,V,ar}\geqslant 11500$	71	74	76	78	80

注：1. 各燃料品种的干燥无灰基挥发分（V_{daf}）范围为：烟煤，$w(V_{daf})>20\%$；贫煤，$10\%<w(V_{daf})\leqslant 20\%$；Ⅱ类无烟煤，$w(V_{daf})<6.5\%$；Ⅲ类无烟煤，$6.5\%\leqslant w(V_{daf})\leqslant 10\%$；褐煤，$w(V_{daf})>37\%$。

2. 燃用生物质燃料的工业锅炉，可参照Ⅲ类烟煤的相关指标进行考核。

3. 燃用混合燃料的工业锅炉，按热量释放比例计算，以发热量超过70%的燃料作为主燃料进行考核。

表 1-6 抛煤机链条炉排锅炉热效率

<table>
<tr><th rowspan="3">能效等级</th><th rowspan="3" colspan="2">燃料品种</th><th rowspan="3">燃料收到基低位发热量 $Q_{net,V,ar}$/(kJ/kg)</th><th colspan="2">锅炉容量 D/(t/h 或 MW)</th></tr>
<tr><th>6≤D≤20 或 4.2≤D≤14</th><th>D>20 或 D>14</th></tr>
<tr><th colspan="2">锅炉热效率/%</th></tr>
<tr><td rowspan="2">一级</td><td rowspan="6">烟煤</td><td>Ⅱ</td><td>17700≤$Q_{net,V,ar}$≤21000</td><td>86</td><td>87</td></tr>
<tr><td>Ⅲ</td><td>$Q_{net,V,ar}$>21000</td><td>88</td><td>89</td></tr>
<tr><td rowspan="2">二级</td><td>Ⅱ</td><td>17700≤$Q_{net,V,ar}$≤21000</td><td>83</td><td>84</td></tr>
<tr><td>Ⅲ</td><td>$Q_{net,V,ar}$>21000</td><td>85</td><td>86</td></tr>
<tr><td rowspan="2">三级</td><td>Ⅱ</td><td>17700≤$Q_{net,V,ar}$≤21000</td><td>80</td><td>81</td></tr>
<tr><td>Ⅲ</td><td>$Q_{net,V,ar}$>21000</td><td>82</td><td>83</td></tr>
<tr><td>一级</td><td rowspan="3" colspan="2">贫煤</td><td>$Q_{net,V,ar}$≥17700</td><td>85</td><td>86</td></tr>
<tr><td>二级</td><td>$Q_{net,V,ar}$≥17700</td><td>82</td><td>83</td></tr>
<tr><td>三级</td><td>$Q_{net,V,ar}$≥17700</td><td>79</td><td>80</td></tr>
</table>

注：1. 各燃料品种的干燥无灰基挥发分（V_{daf}）范围为：烟煤，$w(V_{daf})$>20%；贫煤，10%<$w(V_{daf})$≤20%。

2. 燃用生物质燃料的工业锅炉，可参照Ⅲ类烟煤的相关指标进行考核。

3. 燃用混合燃料的工业锅炉，按热量释放比例计算，以发热量超过70%的燃料作为主燃料进行考核。

表 1-7 流化床燃烧锅炉热效率

<table>
<tr><th rowspan="3">能效等级</th><th rowspan="3" colspan="2">燃料品种</th><th rowspan="3">燃料收到基低位发热量 $Q_{net,V,ar}$/(kJ/kg)</th><th colspan="2">锅炉容量 D/(t/h 或 MW)</th></tr>
<tr><th>6≤D≤20 或 4.2≤D≤14</th><th>D>20 或 D>14</th></tr>
<tr><th colspan="2">锅炉热效率/%</th></tr>
<tr><td rowspan="3">一级</td><td rowspan="9">烟煤</td><td>Ⅰ</td><td>14400≤$Q_{net,V,ar}$<17700</td><td>84</td><td>86</td></tr>
<tr><td>Ⅱ</td><td>17700≤$Q_{net,V,ar}$≤21000</td><td>87</td><td>89</td></tr>
<tr><td>Ⅲ</td><td>$Q_{net,V,ar}$>21000</td><td>89</td><td>90</td></tr>
<tr><td rowspan="3">二级</td><td>Ⅰ</td><td>14400≤$Q_{net,V,ar}$<17700</td><td>81</td><td>83</td></tr>
<tr><td>Ⅱ</td><td>17700≤$Q_{net,V,ar}$≤21000</td><td>84</td><td>86</td></tr>
<tr><td>Ⅲ</td><td>$Q_{net,V,ar}$>21000</td><td>86</td><td>87</td></tr>
<tr><td rowspan="3">三级</td><td>Ⅰ</td><td>14400≤$Q_{net,V,ar}$<17700</td><td>78</td><td>80</td></tr>
<tr><td>Ⅱ</td><td>17700≤$Q_{net,V,ar}$≤21000</td><td>81</td><td>83</td></tr>
<tr><td>Ⅲ</td><td>$Q_{net,V,ar}$>21000</td><td>83</td><td>84</td></tr>
<tr><td>一级</td><td rowspan="3" colspan="2">贫煤</td><td>$Q_{net,V,ar}$≥17700</td><td>86</td><td>88</td></tr>
<tr><td>二级</td><td>$Q_{net,V,ar}$≥17700</td><td>83</td><td>85</td></tr>
<tr><td>三级</td><td>$Q_{net,V,ar}$≥17700</td><td>80</td><td>82</td></tr>
<tr><td>一级</td><td rowspan="3" colspan="2">褐煤</td><td>$Q_{net,V,ar}$≥11500</td><td>87</td><td>89</td></tr>
<tr><td>二级</td><td>$Q_{net,V,ar}$≥11500</td><td>84</td><td>86</td></tr>
<tr><td>三级</td><td>$Q_{net,V,ar}$≥11500</td><td>81</td><td>83</td></tr>
</table>

注：1. 各燃料品种的干燥无灰基挥发分（V_{daf}）范围为：烟煤，$w(V_{daf})$>20%；贫煤，10%<$w(V_{daf})$≤20%；褐煤，$w(V_{daf})$>37%。

2. 燃用生物质燃料的工业锅炉，可参照Ⅲ类烟煤的相关指标进行考核。

3. 燃用混合燃料的工业锅炉，按热量释放比例计算，以发热量超过70%的燃料作为主燃料进行考核。

2. 锅炉成本

锅炉成本一般用成本中的一个重要经济指标钢材消耗率来表示。钢材消耗率的定义为锅炉单位蒸发量所用的钢材质量，单位为（t·h)/t。锅炉参数、循环方式、燃料种类及锅炉部件结构对钢材消耗率均有影响。锅炉蒸汽参数高、容量小、燃煤、采用自然循环、采用管式空气预热器及钢柱构架均可使钢材消耗率增大。蒸汽参数低、容量大、采用直流锅炉、燃油或燃气、采用回转式空气预热器及钢筋混凝土柱构架可使钢材消耗率减小。

工业锅炉的钢材消耗率在5～6t钢材·h/t之间；电站锅炉的钢材消耗率一般在2.5～5t钢材·h/t之间。在保证锅炉安全、可靠、经济运行的基础上应合理降低钢材消耗率，尤其是耐热合金钢材的消耗率。

表 1-8 燃油和燃气锅炉热效率

能效等级	燃料品种	燃料收到基低位发热量 $Q_{net,V,ar}$/(kJ/kg)	锅炉容量 D/(t/h)或 MW			
			不带省煤器的蒸汽锅炉		热水锅炉和带省煤器的蒸汽锅炉	
			$D\leqslant 2$	$D>2$	$D\geqslant 2$ 或 $D\leqslant 1.4$	$D>2$ 或 $D>1.4$
			锅炉热效率/%			
一级	重油	—	89	91	91	93
二级		—	87	89	89	91
三级		—	85	87	87	89
一级	轻油	—	91	93	93	95
二级		—	89	91	91	93
三级		—	87	89	89	91
一级	气	—	91	93	93	95
二级		—	89	91	91	93
三级		—	87	89	89	91

注："气"是指天然气、城市煤气和液化石油气。

3. 锅炉可靠性

锅炉可靠性常用下列三种指标来衡量。

① 连续运行时间＝两次检修之间的运行时间（用小时表示）。

② 事故率＝$\dfrac{\text{事故停用时间}}{\text{运行总时间}+\text{事故停用时间}}\times 100\%$。

③ 可用率＝$\dfrac{\text{运行总时间}+\text{备用总时间}}{\text{统计时间总时间}}\times 100\%$。

第四节 锅炉型号

一、工业锅炉型号

中国工业锅炉型号按机械部部标 JB 1626—81 的规定进行编制。

工业锅炉产品型号由三部分组成，各部分用短横线相连。

第一部分分三段，分别表示锅炉型号（用汉语拼音字母代号，见表 1-9）、燃烧方式（用汉语拼音字母代号，见表 1-10）和蒸发量（用阿拉伯数字表示，单位为 t/h；热水锅炉为供热量，单位为 MW；余热锅炉以受热面表示，单位为 m^2）。

表 1-9 工业锅炉形式代号

锅炉形式	代 号	锅炉形式	代 号
立式水管	LS(立,水)	单锅筒横置式	DH(单,横)
立式火管	LH(立,火)	双锅筒纵置式	SZ(双,纵)
卧式内燃	WN(卧,内)	双锅筒横置式	SH(双,横)
单锅筒立式	DL(单,立)	纵横锅筒式	ZH(纵,横)
单锅筒纵置式	DZ(单,纵)	强制循环式	QX(强,循)

快装式水管锅炉在型号第一部分用 K（快）代替表 1-4 中的锅筒数量代号。快装纵横锅筒式锅炉用 KZ（快，纵）代号；快装强制循环式锅炉用 KQ（快，强）代号。

第二部分表示工质参数，对工业蒸汽锅炉，分额定蒸汽压力和额定蒸汽温度两段，中间以斜线相隔，常用单位分别为 MPa 和℃，蒸汽温度为饱和温度时，型号第二部分无斜线和第二段。对热水锅炉，第二部分由三段组成，分别为额定压力、出水温度和进水温度，段与段之间用斜线隔开。

表 1-10 燃烧方式代号

燃烧方式	代 号	燃烧方式	代 号	燃烧方式	代 号
固定炉排	G(固)	倒转炉排加抛煤机	D(倒)	沸腾炉	F(沸)
活动手摇炉排	H(活)	振动炉排	Z(振)	半沸腾炉	B(半)
链条炉排	L(链)	下饲炉排	A(下)	室燃炉	S(室)
抛煤机	P(抛)	往复推饲炉排	W(往)	旋风炉	X(旋)

第三部分表示燃料种类及设计次序，共两段：第一段表示燃料种类（用汉语拼音字母代号，见表 1-11），第二段表示设计次序（用阿拉伯数字表示），原型设计无第二段。

表 1-11 燃料种类代号

燃烧种类	代 号	燃烧种类	代 号	燃烧种类	代 号
无烟煤	W(无)	褐煤	H(褐)	稻壳	D(稻)
贫煤	P(贫)	油	Y(油)	甘蔗渣	G(甘)
烟煤	A(烟)	汽	Q(气)	煤矸石	S(石)
劣质烟煤	L(劣)	木柴	M(木)	油页岩	YM(油母)

注：1. 如同时燃用几种燃料，主要燃料放在前面。

2. 余热锅炉无燃料代号。

工业蒸汽锅炉的型号表示形式见图 1-1。例如：DZL4—1.25—W 表示单锅筒纵置式链条炉排炉，蒸发量 4t/h，压力 1.25MPa，饱和温度，燃用无烟煤，原型设计。又如：SHS10—1.25/250—A2 表示双锅筒横置式室燃锅炉，蒸发量 10t/h，压力 1.25MPa，过热蒸汽温度 250℃，燃用烟煤，第二次设计。

热水锅炉的型号表示形式见图 1-2。

例如：QXW2.8—0.7/95/70—A2 表示强制循环式往复炉排热水锅炉，额定供热量 2.8MW，额定工作压力 0.7MPa，额定出水温度 95℃，额定进水温度 70℃，燃用烟煤，第二次设计。

二、电站锅炉型号

中国电站锅炉型号也由三部分组成。第一部分表示锅炉制造厂代号（见表 1-12）；第二部分表示锅炉参数；第三部分表示设计燃料代号（见表 1-13）及设计次序。

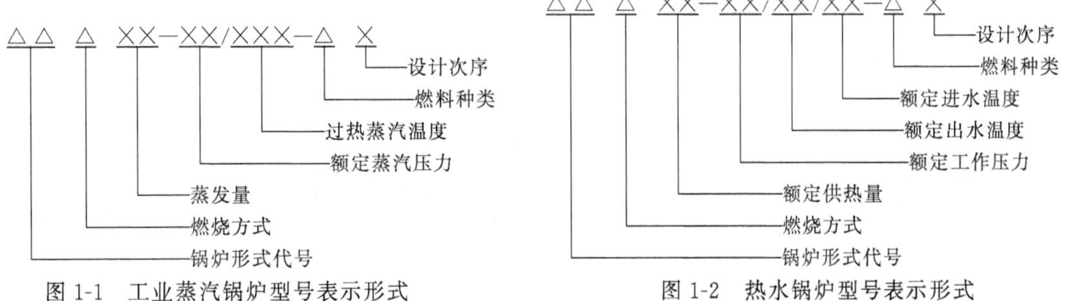

图 1-1 工业蒸汽锅炉型号表示形式　　图 1-2 热水锅炉型号表示形式

表 1-12 电站锅炉制造厂代号

锅炉制造厂名	代 号	锅炉制造厂名	代 号	锅炉制造厂名	代 号
北京锅炉厂	BG	杭州锅炉厂	NG	武汉锅炉厂	WG
东方锅炉厂	DG	上海锅炉厂	SG	济南锅炉厂	YG
哈尔滨锅炉厂	HG	无锡锅炉厂	UG		

表 1-13 设计燃料代号

设计燃料	代 号	设计燃料	代 号	设计燃料	代 号
燃煤	M	燃气	Q	可燃煤和油	MY
燃油	Y	燃其他燃料	T	可燃油和气	YQ

使用联合设计图样制造的电站锅炉型号，可在型号第一部分工厂代号后再加 L 表示。

电站锅炉型号的表示形式见图 1-3。例如：HG—670/13.72—M 表示哈尔滨锅炉厂制造的 670t/h，13.72MPa 工作压力的电站锅炉，设计燃料为煤，原型设计。又如：SG—1000/16.66—YM2 表示上海锅炉厂制造的 1000t/h，16.66MPa 工作压力的电站锅炉，设计燃料为油煤两用，第二次变型设计。

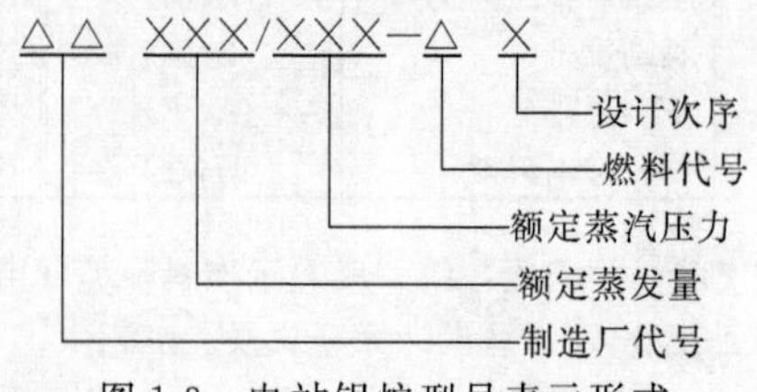

图 1-3 电站锅炉型号表示形式

燃料、燃烧产物及热平衡计算

第一节　锅炉燃料

中国锅炉设备（包括电站锅炉和工业锅炉）燃烧所用燃料主要是化石燃料，如煤（炭）、石油制品及天然气等。根据中国能源资源的储量及开采利用的情况，在相当长的时间内，煤仍然是中国最重要的一次能源，表 2-1 和表 2-2 分别给出了我国 2003～2016 年一次能源消费的相关数据。

表 2-1　中国一次能源消费结构　　单位：Mtoe

年份	原油	天然气	煤	核能	水力发电	再生能源	总计
2003 年	266.4	29.5	834.7	9.9	63.7		1204.2
2004 年	318.9	35.1	978.2	11.4	80.0		1423.5
2005 年	327.8	41.2	1095.9	12.0	89.9		1566.7
2006 年	353.2	50.5	1215.0	12.4	98.6		1729.8
2007 年	362.8	62.6	1313.6	14.1	109.8		1862.8
2008 年	375.7	72.6	1406.3	15.5	132.4		2002.5
2009 年	388.2	80.6	1556.8	15.9	139.3	6.9	2187.7
2010 年	428.6	98.1	1713.5	16.7	163.1	12.1	2432.2
2011 年	461.8	117.6	1839.4	19.5	157.0	17.7	2613.2
2012 年	483.7	129.5	1873.3	22.0	194.8	31.9	2735.2
2013 年	507.4	145.5	1925.5	25.0	206.3	42.9	2852.4
2014 年	520.3	166.9	1962.4	28.6	240.8	53.1	2972.1
2015 年	559.7	177.6	1920.4	38.6	254.9	62.7	3014.0
2016 年	578.7	189.3	1887.6	48.2	263.1	86.1	3053.0

注：Mtoe 为百万吨油当量；1 吨油当量＝1.4286 吨标准煤；1 吨油当量的油，其热值＝41.868×10^3 MJ。

表 2-2　中国各种一次能源消费的百分率

年份	原油 /%	天然气 /%	原煤 /%	核能 /%	水力发电 /%	再生能源 /%	能源消费总量 Mtoe	清洁能源 /%
2003 年	22.1	2.4	69.3	0.8	5.3		1204.2	
2004 年	22.4	2.5	68.7	0.8	5.6		1423.5	
2005 年	20.9	2.6	69.9	0.8	5.7		1566.7	
2006 年	20.4	2.9	70.2	0.7	5.7		1729.8	
2007 年	19.5	3.4	70.5	0.8	5.9		1862.8	
2008 年	18.8	3.6	70.2	0.8	6.6		2002.5	
2009 年	17.7	3.7	71.2	0.7	6.4	0.3	2187.7	7.4
2010 年	17.6	4.0	70.5	0.7	6.7	0.5	2432.2	7.9
2011 年	17.7	4.5	70.4	0.7	6.0	0.7	2613.2	7.4
2012 年	17.7	4.7	68.5	0.8	7.1	1.2	2735.2	9.1

续表

年份	原油/%	天然气/%	原煤/%	核能/%	水力发电/%	再生能源/%	能源消费总量 Mtoe	清洁能源/%
2013 年	17.8	5.1	67.5	0.9	7.2	1.5	2852.4	9.6
2014 年	17.5	5.6	66.0	1.0	8.1	1.8	2972.1	10.9
2015 年	18.6	5.9	63.7	1.3	8.5	2.1	3014.0	11.9
2016 年	19.0	6.2	61.8	1.6	8.6	2.8	3053.0	13.0

对于化石燃料特别是煤，在燃烧过程中产生大量的排放物是造成大气污染的重要源头之一。从表 2-1 和表 2-2 中可以看出：①煤虽然是我国今后相当一段时间内最主要的一次能源，但是从生态环境的要求来看，近 10 多年来，一次能源的消费结构正在进行根本性的调整。从 2014 年煤的消费达到最大值后便开始下降。2016 年年底，煤占一次能源消费的比例为 61.8%；②原油是最重要的工业、农业及国防安全的一次能源，由于我国原油资源的限制，2016 年和 2017 年原油对外依存度分别超过 65.0%和 73.0%；③核能、水力发电及可再生能源等清洁能源迅速增长。据报道，到 2018 年年底，我国清洁能源占一次能源消费的比例已达到 14.2%，到 2020 年将超过 20%。

一、燃料的分类

按照燃料的物理状态可分为固体燃料、液体燃料和气体燃料三大类。具体表示如下。

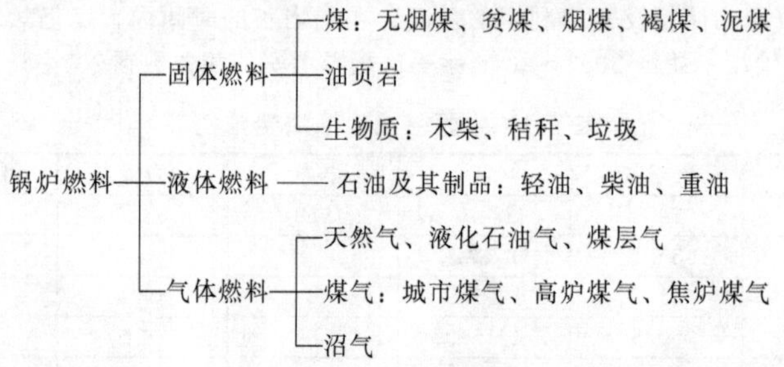

二、燃料的成分组成

燃料是由可燃成分和不可燃成分两大部分组成的复杂组合物，特别是煤的组成和结构非常复杂。对固（液）体燃料，其可燃成分用元素分析的有机成分来表示，对气体燃料则用各种可燃气体成分来表示。不可燃成分主要是灰分（各种矿物盐）、水分（包括外在水分 M_f 和内在水分 M_{inf}）及一些气体（CO_2、SO_2 等），具体说明如表 2-3 所列。

表 2-3 燃料的组成成分

燃料	可燃(有机)成分	不可燃成分	
固(液)体燃料	C(碳) H(氢) O(氧) N(氮) S(硫) 以上成分加热时析出可燃气体，称挥发分；剩余物称固定炭或残焦	A(灰分)—[Al、Fe、Ca、Mg、K、Na] 的 [碳酸盐、硫酸盐、硅酸盐、磷酸盐]；硫化物	M(水分)—M_f(湿分或外在水分，以收到基为基准)；M_{inf}(内在水分，也就是空气干燥基水分)
气体燃料	CH_4(甲烷) CO(一氧化碳) H_2(氢气) C_2H_4(乙烯等不饱和烃) C_mH_n(各类烃) H_2S(硫化氢)	O_2(氧气) N_2(氮气) CO_2(二氧化碳) SO_2(二氧化硫) A 少量 M 少量	

为便于燃料计算和燃烧机理分析，对固（液）体燃料的各成分用相应的质量占燃料总质量的百分数表示，各成分质量百分数用符号 w（　）表征，其总和为100%。

即
$$w(\mathrm{C})+w(\mathrm{H})+w(\mathrm{O})+w(\mathrm{N})+w(\mathrm{S})+w(A)+w(M)=100\% \tag{2-1}$$

对气体燃料的各组成成分，则用相应组成气体成分的容积占燃料总容积的百分数表示，用符号 V（　）表征，各成分容积百分数的总和为100%。

即
$$V(\mathrm{C}_n\mathrm{H}_{2n+2})+V(\mathrm{CO})+V(\mathrm{H}_2)+V(\mathrm{C}_m\mathrm{H}_n)+\cdots\cdots+V(\mathrm{O}_2)+V(\mathrm{N}_2)+V(\mathrm{H}_2\mathrm{S})+V(\mathrm{CO}_2)=100\% \tag{2-2}$$

三、各种“基”的表示方法及“基”的换算

1. 固（液）体燃料各种“基”的表示方法

考虑到固（液）体燃料中水分和灰分所占质量较大，且随外界条件（运输、淋雨等）而有较大波动，必然对其他可燃成分的质量百分数造成很大影响，为有利于应用和分析，采用四种不同“基”准的质量成分表示方法（见图2-1），即收到基（下标符号ar）表示燃料中全部成分的质量百分数总和。它是锅炉燃料燃烧计算的原始依据。

$$w(\mathrm{C}_{ar})+w(\mathrm{H}_{ar})+w(\mathrm{O}_{ar})+w(\mathrm{N}_{ar})+w(\mathrm{S}_{ar})+w(A_{ar})+w(M_{ar})=100\% \tag{2-3}$$

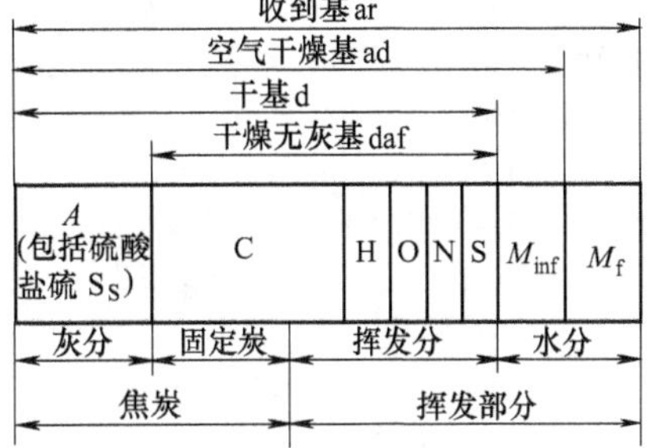

图2-1　燃料成分及各种“基”的关系

空气干燥基（下标符号ad）表示不含外在水分条件下，燃料各组成成分的质量百分数总和。它是实验室煤质分析煤样的成分组成。

$$w(\mathrm{C}_{ad})+w(\mathrm{H}_{ad})+w(\mathrm{O}_{ad})+w(\mathrm{N}_{ad})+w(\mathrm{S}_{ad})+w(A_{ad})+w(M_{ad})=100\% \tag{2-4}$$

干基（下标符号d）是不含水分条件下干燥燃料各组成成分的质量百分数总和。干基中各成分不受水分变化的影响。

$$w(\mathrm{C}_d)+w(\mathrm{H}_d)+w(\mathrm{O}_d)+w(\mathrm{N}_d)+w(\mathrm{S}_d)+w(A_d)=100\% \tag{2-5}$$

干燥无灰基（下标符号daf）是不含水分和灰分条件下，干燥无灰燃料各组成成分质量百分数的总和。干燥无灰基中只包含燃料的可燃成分，各成分不受水分和灰分变化的影响。

$$w(\mathrm{C}_{daf})+w(\mathrm{H}_{daf})+w(\mathrm{O}_{daf})+w(\mathrm{N}_{daf})+w(\mathrm{S}_{daf})=100\% \tag{2-6}$$

2. 各种“基”的换算

各种“基”可以相互换算，按式（2-7）进行：

$$B=KA \tag{2-7}$$

式中　A——已知“基”的相应成分；

B——换算“基”的相应成分；

K——换算系数，如表2-4所列。

3. 水分之间的换算

$$w(M_t)=w(M_f)+w(M_{inf})\frac{100-w(M_f)}{100} \tag{2-8}$$

或
$$w(M_{ar})=w(M_f)+w(M_{ad})\frac{100-w(M_f)}{100} \tag{2-9}$$

式中　$w(M_t)$——燃料的全水分，亦就是收到基水分 $w(M_{ar})$ 的质量百分数；

$w(M_f)$——燃料的外在水分（湿分），以收到基为基准的质量百分数；

$w(M_{inf})$——燃料的内在水分，也就是空气干燥基水分 $w(M_{ad})$ 的质量百分数。

4. 同种燃料因外在水分变化引起收到基成分各值的变化关系

$$w(a')=Kw(a) \tag{2-10}$$

式中　$w(a')$——煤中收到基水分的质量百分数从 $w(M_{ar})$ 变化为 $w(M'_{ar})$ 后，各成分的质量百分数；

$w(a)$——收到基水分的质量百分数为 $w(M_{ar})$ 时，各成分的质量百分数；

K——换算系数，$K=\dfrac{100-w(M'_{ar})}{100-w(M_{ar})}$。

表 2-4 各种“基”的换算系数 K[①]

已知“基”A	换算“基”B			
	收到基	空气干燥基	干基	干燥无灰基
收到基	1	$\frac{100-w(M_{ad})}{100-w(M_{ar})}$	$\frac{100}{100-w(M_{ar})}$	$\frac{100}{100-w(M_{ar})-w(A_{ar})}$
空气干燥基	$\frac{100-w(M_{ar})}{100-w(M_{ad})}$	1	$\frac{100}{100-w(M_{ad})}$	$\frac{100}{100-w(M_{ad})-w(A_{ad})}$
干基	$\frac{100-w(M_{ar})}{100}$	$\frac{100-w(M_{ad})}{100}$	1	$\frac{100}{100-w(A_d)}$
干燥无灰基	$\frac{100-w(M_{ar})-w(A_{ar})}{100}$	$\frac{100-w(M_{ad})-w(A_{ad})}{100}$	$\frac{100-w(A_d)}{100}$	1

① 表中换算系数可用于除水分以外的其余成分、挥发分和高位发热量的换算。

5. 气体燃料容积组成的表示和换算

气体燃料的组成通常用干气体组成（不包含水分）和湿气体组成（包含水分）两种表示方法，反映燃料的特性资料，常用干气体组成来表示。在锅炉燃料计算和热力计算中，必须考虑气体燃料中所含湿分的影响，在计算烟气体积时，应加入这部分水蒸气体积，它等于 0.00124d（d 是对 1m^3 干气体而言的气体燃料的湿度，约等于 10g/m^3）

干气体组成用上标“g”表示：

$$V(C_nH^g_{2n+2})+V(CO^g)+V(H^g_2)+V(C_mH^g_n)+\cdots+V(O^g_2)+V(N^g_2)+V(H_2S^g)+V(CO^g_2)=100\% \tag{2-11}$$

湿气体组成用上标“s”表示：

$$V(C_nH^s_{2n+2})+V(CO^s)+V(H^s_2)+V(C_mH^s_n)+\cdots+V(O^s_2)+V(N^s_2)+V(H_2S^s)+ V(CO^s_2)+V(H_2O^s)=100\% \tag{2-12}$$

气体燃料的干、湿成分组成中，各单一成分之间的换算按下式进行：

$$V(X^s)=V(X^g)\cdot\frac{100-V(H_2O^s)}{100} \tag{2-13}$$

式中 $V(X^g)$——干气体组成中，某气体成分的体积百分数；

$V(X^s)$——湿气体组成中（考虑存在水分 H_2O^s），相应气体成分的体积百分数；

$V(H_2O^s)$——气体燃料所处温度下水分（蒸汽）含量的体积百分数。

四、燃料的发热量及折算成分

1. 燃料的发热量及各种“基”的换算

1kg 固（液）体燃料或 1m^3[❶] 气体燃料完全燃烧所放出的热量称为燃料的发热量。考虑到燃料燃烧产物中水分的状态（蒸汽态或凝结成水态）不同，水分吸收汽化潜热（约 2510kJ/kg）成蒸汽态时的发热量称为“恒容低位发热量”，符号为 $Q_{net,V,++}$（++代表“基”）。不吸收汽化潜热时的发热量称为“恒容高位发热量”，符号为 $Q_{gr,V,++}$。两者的关系为：

$$Q_{gr,V,++}-Q_{net,V,++}=25.1[9w(H_{++})+w(M_{++})],\ kJ/kg \tag{2-14}$$

各种“基”高位发热量之间的换算可以按式（2-7）和表 2-4 进行，低位发热量之间的换算可以按如下步骤进行。

$$Q_{net,V,++}\xrightarrow{式（2-14）}Q_{gr,V,++}\xrightarrow{式（2-7）}Q_{gr,V,\oplus\oplus}\xrightarrow{式（2-14）}Q_{net,V,\oplus\oplus}$$

也可以按表 2-5 中的换算公式直接进行换算。

工程上把发热量为 29.3MJ/kg 的燃料称为 1kg 标准煤。

2. 计算煤发热量的经验公式

(1) 计算无烟煤低位发热量的经验公式

$$Q_{net,V,ad}=K_0-360w(M_{ad})-385w(A_{ad})-100w(V_{ad}),\ kJ/kg \tag{2-15}$$

式中 $w(M_{ad})$，$w(A_{ad})$，$w(V_{ad})$——燃料的空气干燥基水分、灰分和挥发分；

K_0——常数，按表 2-6 或表 2-7 查得。

❶ 对气体燃料 1m^3 均指标准状况下 1m^3，下同。

表 2-5　各种"基"低位发热量间的换算公式①

已知基 ($Q_{net,V,++}$)	换算"基"的低位发热量($Q_{net,V,\oplus\oplus}$)			
	收到基	空气干燥基	干基	干燥无灰基
收到基 ($Q_{net,V,ar}$)	$Q_{net,V,ar}$	$[Q_{net,V,ar}+25.1w(M_{ar})]\times K-25.1w(M_{ad})$	$[Q_{net,V,ar}+25.1w(M_{ar})]\times K$	$[Q_{net,V,ar}+25.1w(M_{ar})]\times K$
空气干燥基 ($Q_{net,V,ad}$)	$[Q_{net,V,ad}+25.1w(M_{ad})]\times K-25.1w(M_{ar})$	$Q_{net,V,ad}$	$[Q_{net,V,ad}+25.1w(M_{ad})]\times K$	$[Q_{net,V,ad}+25.1w(M_{ad})]\times K$
干基 ($Q_{net,V,d}$)	$Q_{net,V,d}\times K-25.1w(M_{ar})$	$Q_{net,V,d}\times K-25.1w(M_{ad})$	$Q_{net,V,d}$	$Q_{net,V,d}\times K$
干燥无灰基 ($Q_{net,V,daf}$)	$Q_{net,V,daf}\times K-25.1w(M_{ar})$	$Q_{net,V,daf}\times K-25.1w(M_{ad})$	$Q_{net,V,daf}\times K$	$Q_{net,V,daf}$

① 表中的换算系数 K 就是表 2-4 中相应的换算系数。

表 2-6　K_0 值与 $w(H_{daf})$ 的关系

$w(H_{daf})/\%$	<1.2	1.2～1.5	>1.5～2.0①	>2.0～2.5	>2.5～3.0	>3.0～3.5	>3.5
K_0	33076	33704	34332	34750	34960	35378	35797

① 此数字范围为大于 1.5，小于等于 2.0，本书其余类似表达含意同。

表 2-7　K_0 值与 $w(V_{daf})$ 的关系

$w(V_{daf})$①/%	≤2.5	2.5～5.0	>5.0～7.5	>7.5
K_0	34332	34750	35169	35588

① 对 $w(A_d)>40\%$的无烟煤，$w(V_{daf})=w(V_{daf})$(实测值)$-0.1w(A_d)$。

(2) 计算烟煤低位发热量的经验公式

$$Q_{net,V,ad}=100K_1-(K_1+25)[w(M_{ad})+w(A_{ad})]-12.6w(V_{ad})-[167.5w(M_{ad})],\ \text{kJ/kg} \tag{2-16}$$

式中　$167.5w(M_{ad})$——修正项，仅当 $w(V_{daf})$（干燥无灰基挥发分）<35%且 $w(M_{ad})>3\%$时，才保留，其他情况均不计算；

K_1——常数，按表 2-8 查得。

表 2-8　K_1 值

K_1 \ $w(V_{daf})/\%$	焦渣特性						
	1	2	3	4	5	6	7
>10～13	351.7	351.7	353.8				
>13～16	337.0	349.6	353.8	355.9			
>16～19	334.9	343.3	349.6	351.7	355.9		
>19～22	328.7	339.1	345.4	347.5	351.7	355.9	358.0
>22～28	320.3	328.7	339.1	343.3	349.6	353.8	355.9
>28～31	320.3	326.6	334.9	339.1	345.4	351.7	353.8
>31～34	305.6	324.5	330.8	334.9	341.2	347.5	349.6
>34～37	305.6	320.3	328.7	332.9	339.1	345.4	347.5
>37～40	305.6	316.1	326.6	330.8	334.9	343.3	345.4
>40	303.5	311.9	320.3	324.5	332.9	339.1	343.3

(3) 计算褐煤低位发热量的经验公式［只适用于 $w(V_{daf})>37\%$，$w(C_{daf})=66\%\sim77\%$的褐煤］

$$Q_{net,V,ad}=100K_2-(K_2+25)[w(M_{ad})+w(A_{ad})]-4.19w(V_{ad}),\ \text{kJ/kg} \tag{2-17}$$

式中　K_2——常数，按表 2-9 查得。

表 2-9　K_2 值

$w(V_{daf})/\%$	>37～44	>44～48	>48～55	>55～60	>60
K_2	286.8	280.5	272.1	263.8	257.5

(4) 计算褐煤、烟煤、无烟煤发热量的统一半经验公式

$$Q_{gr,V,daf}=335(327)w(C_{daf})+1298(1256)w(H_{daf})+63w(S_{daf})-105w(O_{daf})-21[w(A_d)-10],\ kJ/kg \tag{2-18}$$

式中，当 $w(C_{daf})>95\%$ 或 $w(H_{daf})\leqslant 1.5\%$ 的煤，$w(C_{daf})$ 前的数字用 327，其余都用 335；当 $w(C_{daf})<77\%$ 的煤，$w(H_{daf})$ 前的数字用 1256，其余都用 1298。

3. 计算燃料油发热量的近似公式

(1) 由元素组成计算发热量

高位发热量 $$Q_{gr,V,ar}=339w(C_{ar})+1256w(H_{ar})-109[w(O_{ar})-w(S_{ar})],\ kJ/kg \tag{2-19}$$

低位发热量 $$Q_{net,V,ar}=339w(C_{ar})+1030w(H_{ar})-109[w(O_{ar})-w(S_{ar})]-25.1w(M_{ar}),\ kJ/kg \tag{2-20}$$

(2) 由 20℃时的燃油密度 ρ^{20} 计算发热量

$$Q_{gr,V,ar}=51916.3-8892.8(\rho^{20})^2\times10^{-6},\ kJ/kg \tag{2-21}$$

$$Q_{net,V,ar}=46424.5+3.1864\rho^{20}-8892.8(\rho^{20})^2\times10^{-6},\ kJ/kg \tag{2-22}$$

式中 ρ^{20}——20℃时燃油的密度，kg/m^3。

4. 气体燃料的发热量

气体燃料一般由各可燃气体成分所组成。混合干气体高、低位发热量计算式如下：

高位发热量 $$Q_{gr}^{g}=\frac{1}{100}\sum_{i=1}[V(X_i^g)Q_{gr,\ i}],\ \ kJ/m^3 \tag{2-23}$$

低位发热量 $$Q_{net}^{g}=\frac{1}{100}\sum_{i=1}[V(X_i^g)Q_{net,\ i}],\ \ kJ/m^3 \tag{2-24}$$

式中 $V(X_i^g)$——混合干燃料气中各可燃气体的体积百分数，%；

$Q_{gr,i}$，$Q_{net,i}$——混合干燃料气中各可燃气体的高、低位发热量，kJ/m^3，由表 2-10 查得。

混合干气体的高、低位发热量之间的关系如下：

$$Q_{gr}^{g}-Q_{net}^{g}=20.2\left[V(H_2^g)+2V(CH_4^g)+2V(C_2H_4^g)+\frac{n}{2}V(C_mH_n^g)+V(H_2S^g)\right],\ kJ/m^3 \tag{2-25}$$

式中，$V(H_2^g)$、$V(CH_4^g)$、$V(C_2H_4^g)$、$V(C_mH_n^g)$ 和 $V(H_2S^g)$ ——H_2、CH_4、C_2H_4、C_mH_n 和 H_2S 在混合干气体中所占的体积百分数。

表 2-10 单一可燃气体的高、低位发热量①

气体名称	分子式	高位发热量		低位发热量	
		MJ/kg	MJ/m^3	MJ/kg	MJ/m^3
氢气	H_2	141.786	12.745	119.960	10.785
一氧化碳	CO	10.103	12.636	10.103	12.636
甲烷	CH_4	55.500	39.816	50.011	35.881
乙烯	C_2H_4	50.296	63.396	47.156	59.440
乙烷	C_2H_6	51.874	70.305	47.487	64.355
丙烯	C_3H_6	48.901	97.795	45.778	87.609
丙烷	C_3H_8	50.346	101.203	46.352	93.181
丁烯	C_4H_8	48.429	125.763	45.293	117.616
异丁烷	i-C_4H_{10}	49.404	132.960	45.619	122.774
正丁烷	n-C_4H_{10}	49.500	133.798	45.716	123.565
戊烯	C_5H_{10}	48.136	159.107	44.996	148.736
正戊烷	n-C_5H_{12}	49.011	169.264	45.351	156.628
苯	C_6H_6	42.266	162.151	40.574	155.665
硫化氢	H_2S	16.500	25.347	15.206	23.366
乙炔	C_2H_2	50.367	58.992	48.651	56.940
固体石墨	C	32.762		32.762	

① 表中数值均为 1974 年“国际煤气协会”推荐值。

燃气中总是含有一定量的水分，故实际燃料的发热量应按下式计算：

$$Q_{net}^{ar}=Q_{net}^{g}\times\frac{0.833}{0.833+d} \tag{2-26}$$

式中 Q_{net}^{ar}——实际（含水分）气体燃料的收到基低位发热量，kJ/m^3；

Q_{net}^{g}——干气体燃料的低位发热量，kJ/m^3；

d——气体燃料中的水分含量，kg/m^3，见后文表 2-54；

0.833——在标准状况下，水蒸气的密度，kg/m³。

当已知燃气的压力 p、温度 t 及相对湿度 φ 时，可按下式计算气体燃料的收到基低位发热量 Q_{net}^{ar}：

$$Q_{net}^{ar}=Q_{net}^{g}(10\cdot p)\frac{273}{273+t}\left[1-\varphi\left(\frac{p_t}{p}\right)\left(1+\frac{18\times 2512}{22.4Q_{net}^{g}}\right)\right] \tag{2-27}$$

式中 Q_{net}^{g}——标准状况下干燃气的低位发热量，kJ/m³；

p——燃料气的压力，MPa；

p_t——温度为 t 时的饱和蒸汽压力，MPa；

t——燃气的温度，℃。

在工程上计算燃气发热量时，对下列 4 种情况可做如下近似处理。

① 当燃气中含有≤3%的未能测明成分的不饱和烃时，该部分的发热量可按 C_2H_4 的发热量计算。而对于焦炉煤气，这部分未能测明成分的不饱和烃的低位发热量可按>1.176MJ/m³ 计算。

② 对于未测明含量的重饱和烃 C_2H_6、C_3H_8 等，其发热量可按 80%的 C_2H_6 和 20%的 C_6H_6 计算，或者全部按 100%的 C_3H_6 计算。

③ 天然气中 $V(CH_4)=95\%\sim98\%$，而其他成分不明或未测出，此时该天然气的低位发热量可取 35.169MJ/m³。

④ 一般情况下，燃气中水分含量极少，在数据不全的情况下，可近似取用收到基低位发热量 $Q_{net,ar}^{ar}$ 等于干燃气的低位发热量 Q_{net}^{g}。

5. 固（液）体燃料折算成分的表示

燃料中的水分、灰分和硫分对锅炉安全、经济、满发影响很大，为便于比较进入炉内的水、灰和硫的量，引入“折算成分”概念，即每送入炉内 1MJ 热量，随燃料带入炉内的某成分的量。

折算水分

$$M_{ar}^{zs}=\frac{w(M_{ar})}{\left(\dfrac{Q_{net,V,ar}}{1000}\right)}=10^4\times\frac{w(M_{ar})}{Q_{net,V,ar}},\ g/MJ \tag{2-28}$$

折算灰分

$$A_{ar}^{zs}=\frac{w(A_{ar})}{\left(\dfrac{Q_{net,V,ar}}{1000}\right)}=10^4\times\frac{w(A_{ar})}{Q_{net,V,ar}},\ g/MJ \tag{2-29}$$

折算硫分

$$S_{ar}^{zs}=\frac{w(S_{ar})}{\left(\dfrac{Q_{net,V,ar}}{1000}\right)}=10^4\frac{w(S_{ar})}{Q_{net,V,ar}},\ g/MJ \tag{2-30}$$

式（2-28）～式(2-30）中，$Q_{net,V,ar}$ 的单位为 kJ/kg。

使用 M_{ar}^{zs}、A_{ar}^{zs} 和 S_{ar}^{zs} 判别煤中水分、灰分和硫分高、低的大致范围如表 2-11 所列。

表 2-11 判别水分、灰分、硫分高、低的范围

折算成分/(g/MJ)	低	高
M_{ar}^{zs}	<7.0	>18.8
A_{ar}^{zs}	<12.0	>17.0
S_{ar}^{zs}	<0.5	>1.30

第二节 煤的特性和分类

通常，把煤的挥发分、水分、灰分、发热量以及焦渣特性、灰熔融特性等称为煤的常规特性指标。这些指标表征了煤的基本性质，也是传统的分析判断煤着火稳定性、燃烧及燃尽特性、煤灰的沾污和结渣特性的重要依据。

我国煤的分类是采用表征煤的碳（煤）化程度的主要技术参数——干燥无灰基挥发分（V_{daf}）作为主分类指标，以收到基低位发热量（$Q_{net,ar}$）作为辅助分类指标，把煤分为无烟煤、烟煤、褐煤和油页岩四大类。

一、煤的工业分析

煤的工业分析主要是测定煤的水分、灰分、挥发分和固定炭。同时对焦渣（即挥发分释放后的残留物）特征进行鉴定。

煤中可燃（有机）成分的质量百分数=100%-(水分%+灰分%)

煤中固定碳的质量百分数=100%-(水分%+灰分%+挥发分%)

1. 煤样

煤的工业分析煤样为空气干燥基煤样。

2. 煤中水分的测定

煤中水分测定方法是将一定质量的煤试样放在带有通风及控温设备的干燥箱内，在105～110℃温度下进行干燥。最终试样因干燥而减轻的质量就是煤中的水分含量。

(1) 水分测定的主要设备 玻璃称量瓶（见图2-2）和干燥箱。

(2) 测定的基本要点 见表2-12。

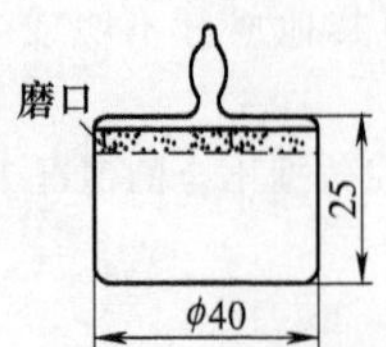

图2-2 水分测定用称量瓶

表2-12 水分测定要点

煤试样 煤试样质量 测试干燥温度	空气干燥基煤样，粒度＜0.2mm 1g±0.2g 保持105～110℃	
干燥时间	通氮干燥法 烟煤1.5h 褐煤、无烟煤2.0h	空气干燥法 烟煤1.0h 无烟煤1.5h
水分计算公式	$M_{ad}=\frac{m_1}{m}\times 100$ 式中 M_{ad}——煤试样水分质量百分数，%； m——煤试样的质量，g； m_1——煤试样干燥后，失去的质量，g	
检查性干燥	每次30min，直到连续两次干燥煤样质量减少≤0.001g或质量增加时为止	

(3) 水分测定结果的重复性限 见表2-13。

表2-13 水分测定结果的重复性限

水分质量分数/%	＜5	5～10	＞10
重复性限/%	0.2	0.3	0.4

3. 煤中灰分的测定

煤中灰分的测定是将一定质量的煤试样放入能保持(815±10)℃的电炉中，在恒定的温度条件下灼烧，最终煤试样残留物的质量占煤样质量的质量分数为煤样的灰分。

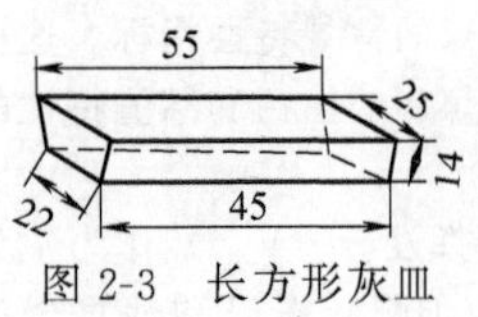

图2-3 长方形灰皿
（单位：mm）

(1) 灰分测定的主要设备 带调温装置的箱形电炉。炉膛中应有相应的恒温区，炉膛后壁上应有ϕ(25～30)mm的烟囱，炉内温度测量的热电偶的热接点在炉内距炉底20～30mm，炉门上应开有约ϕ20mm的通气孔。装煤试样的设备为长方形灰皿（见图2-3）。

(2) 灰分测定方法要点 灰分测定有缓慢灰化法和快速灰化法两种。前者为仲裁法。灰分测定用空气干燥基煤样。

缓慢灰化法测定灰分的要点如图 2-4 所示。试样原始质量为 1g ± 0.1g（称准到 0.0002g），粒度 <0.2mm。

对于灰分≥15%的煤样应进行检查性灼烧，每次 20min，直到试样的质量变化小于 0.001g 时为止，用最后一次灼烧后的试样残渣质量进行灰分计算。

灰分计算公式如下：

$$w(A_{ad})=\frac{m_1}{m}\times 100\% \qquad (2\text{-}31)$$

式中 m——空气干燥基试样的原始质量，g；

m_1——灼烧后的残渣质量，g。

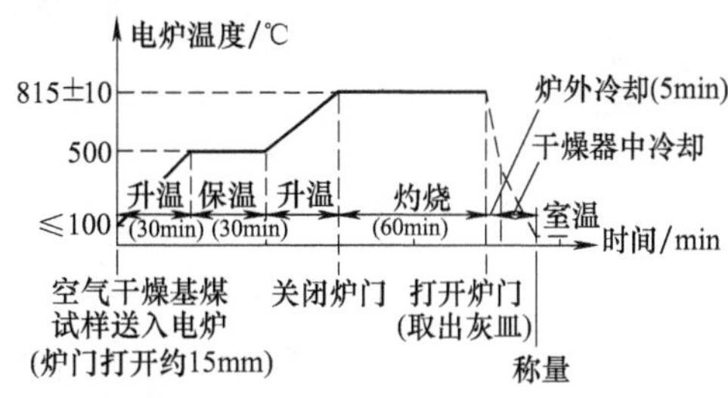

图 2-4 缓慢灰化法测定灰分要点示意

(3) 灰分测定的平行试样允许误差 见表 2-14。

表 2-14 灰分测定的精密度

灰分质量分数/%	重复性限 A_{ad}/%	再现性临界差 A_d/%
<15	0.2	0.3
15～30	0.3	0.5
>30	0.5	0.7

快速灰化测定设备包括马蹄形管式电炉、传送带和控制仪。要求该设备能加热到（815±10)℃，并具有足够长的恒温带；炉内有足够空气供应煤样灼烧；灼烧时间 40min。如果煤样着火发生爆燃，试验应作废。其余与缓慢法相同。

4. 煤的挥发分的测定及其特性

挥发分的测定是把一定质量的煤试样放入与空气隔绝的专用坩埚内，在确定的高温条件下加热一定时间，从煤中分解出来的气体产物（应扣去煤中所含的水分）就是煤的挥发分。试验剩余的不挥发物称为焦渣（炭）。再从焦渣中减去其中的灰分，最终剩下的质量就是煤的固定碳（FC)。

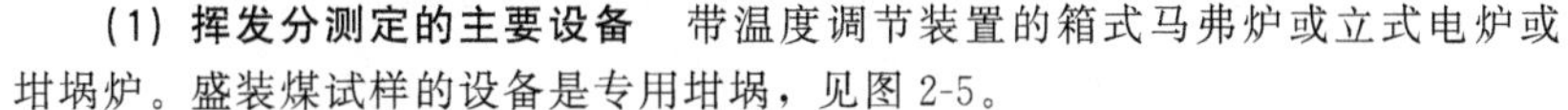

(1) 挥发分测定的主要设备 带温度调节装置的箱式马弗炉或立式电炉或坩埚炉。盛装煤试样的设备是专用坩埚，见图 2-5。

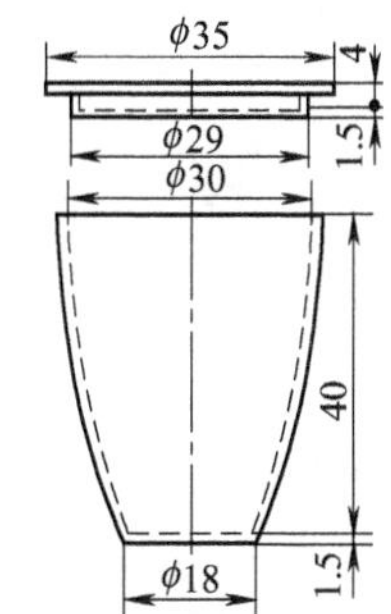

图 2-5 测定挥发分用专用坩埚（单位：mm）

(2) 挥发分测定要点 见表 2-15。

(3) 挥发分测定的精密度 见表 2-16。

(4) 说明 实践和理论研究均表明，煤的挥发分的产率受试验条件影响极大，世界上各国测定挥发分的条件也各有差别。因此，严格讲各国因测定条件不同所测得的挥发分值不便进行直接对比。现将部分国家测定挥发分的试验条件列于表 2-17 中，供参考。

表 2-15 挥发分测定要点

要 点	挥发分 $w(V_{ad})$的测定
煤样的"基"	空气干燥基煤样
试样原始质量/g	1±0.01(称准到 0.0002)
坩埚条件	在 900℃条件下达到恒重的专用坩埚
电炉预热温度/℃	约 920
加热温度/℃	坩埚加盖送入电炉内，3min 内达到(900±10)
加热时间/min	7
称量	取出专用坩埚在空气中冷却 5min，再放入干燥器中冷至室温，称量
空气干燥基挥发分的质量分数 V_{ad}/%	$\frac{m_1}{m}\times 100-w(M_{ad})$ 式中 m——空气干燥基试样原始质量，g； m_1——试样加热后减少的质量，g； $w(M_{ad})$——空气干燥基试样的水分，%

表 2-16 挥发分测定的精密度

挥发分 $w(V_{ad})$/%	重复性限 V_{ad}/%	再现性临界差 V_d/%
<20	0.3	0.5
20～40	0.5	1.0
>40	0.8	1.5

表 2-17 部分国家测定挥发分的试验条件

国家	坩埚材质	加热炉	加热温度/℃	加热时间/min	国家	坩埚材质	加热炉	加热温度/℃	加热时间/min
中国	瓷	马弗炉或立式电炉	900±10	7	英国	石英	马弗炉	900	7
美国	铂	管式炉或马弗炉	950±20	7	德国	石英	管式炉或箱式炉	900	7
前苏联	瓷或石英	马弗炉	850±10	7	意大利	铂	电灯或煤气灯	950±20	7
日本	铂	管式炉或马弗炉	925	7	ISO	石英	马弗炉	900	7

挥发分是煤加热裂解过程中释放出来的可燃气体成分，具有良好的着火燃烧性能。同时，挥发分释放后，残余焦炭比表面积增加，有利于异相燃烧化学反应的燃烧和燃尽。所以，传统上常用挥发分作为判断煤着火稳定性及燃尽性的主要依据，辅助参考发热量 $Q_{net,ar}$ 的高低。

对照我国电站煤粉锅炉实际运行的状况和实践经验，归纳如下：

$w(V_{daf})\leqslant 9\%$ 极难稳定着火

$9\%<w(V_{daf})\leqslant 19\%$ 难稳定着火

$19\%<w(V_{daf})\leqslant 30\%$ 中等

$30\%<w(V_{daf})\leqslant 37\%$ 易稳定着火

$w(V_{daf})>37\%$ 极易稳定着火。但对水分为 40%～60%的褐煤，锅炉设计时，应对燃烧稳定性加以注意，甚至稳定性下移一级。

关于灰分（A）和水分（M）对着火稳定性的影响，当两种同一类煤的 $w(V_{daf})$ 相等或相近时，$w(A+M)$ 大者（即 $Q_{net,ar}$ 小），则稳定性相对差一些。对于两者煤的 $w(A+M)$ 相差 10%以上时，$w(A+M)$ 大的煤，或者 $w(A_{ar})>35\%$的煤，其着火燃烧稳定性要向低一级 $w(V_{daf})$ 区移动。

5. 焦渣特征的鉴定

焦渣是指挥发分测定后在坩埚中的残留物。用它可以初步鉴定煤的黏结特性，一般分为 8 级。

1 级：焦渣全部呈粉末，没有相互黏着的颗粒。

2 级：以手指轻压即碎成粉末——黏着。

3 级：以手指轻压即成小块——弱黏结。

4 级：以手指用力压才裂成小块——不熔融黏结。

5 级：焦渣呈扁平的块，煤粒的界限不易分清，表面有银白色金属光泽——不膨胀熔融黏结。

6 级：用于指压不碎，表面有银白色金属光泽和较小的膨胀泡——微膨胀熔融黏结。

7 级：表面有银白色金属光泽，有明显的膨胀，但高度≤15mm——膨胀熔融黏结。

8 级：性状同 7 级，但膨胀高度>15mm——强膨胀熔融黏结。

6. 煤中固定碳含量 FC 计算公式

$$w(FC_{ad})=100-[w(M_{ad})+w(A_{ad})+w(V_{ad})],\ \% \tag{2-32}$$

二、煤灰的熔融特性（煤灰熔点）

1. 煤灰熔融特性测定要点

煤灰的熔融特性是判断其结渣性能的重要指标。其测定方法的要点是用煤灰（按本节一、3. 煤中灰分的测定，使空气干燥基煤样完全灰化后的残余物）制成一定形状和尺寸的试样，放入一定气氛的高温加热炉中升温加热，观察（或摄影）并记录下试样性状发生变化的 3 个特征温度值［即变形温度（DT）、软化温度（ST）和熔化温度（FT）］，这就是煤灰的熔融性指标，如表 2-18 所列。

表 2-18 煤灰熔融性测定要点

<table>
<tr><td colspan="3">要 点</td><td>角 锥 法</td><td>柱体法(热显微镜法)</td></tr>
<tr><td colspan="3">试样形状</td><td>三角锥体,其底面为边长为 7mm 的正三角形,锥高 20mm,且锥体的一个锥面垂直于底面</td><td>边长为 3～7mm 的立方体或直径为 3～7mm,高径比为 1 的圆柱体</td></tr>
<tr><td colspan="3">试验气氛</td><td colspan="2">弱还原性气氛
[炉内通入 50%±10%的 H_2(或 CO)和 50%±10%的 CO_2 的混合气体,或者在加热炉内封入碳质材料,如石墨、无烟煤、焦炭、石油焦和木炭等使产生弱还原气氛]</td></tr>
<tr><td rowspan="3">特征温度</td><td colspan="2">变形温度(DT)</td><td>灰锥体尖端开始变圆或弯曲时的温度(DT)</td><td>灰柱体棱角开始变圆时的温度(DT)</td></tr>
<tr><td colspan="2">软化温度(ST)</td><td>灰锥弯曲且锥尖触及底板,或灰锥变成球形,或高度≤底边长度的半球形时的温度(ST)</td><td>灰柱体变成高度为$\frac{1}{2}$底边长的半球形时的温度(HT),称为半球温度</td></tr>
<tr><td colspan="2">熔融温度(FT)
(熔化温度)</td><td>灰锥完全熔化或展开成高度≤1.5mm 的薄层时的温度(FT)</td><td>灰柱体完全熔化或变成高度为$\frac{1}{3}$半球高度的薄层时的温度(FT),称为流动温度</td></tr>
<tr><td colspan="3">特征温度的图示</td><td>原形 DT ST FT</td><td>原形 DT HT FT
$2h$ h $\frac{1}{3}h$</td></tr>
<tr><td rowspan="4">允许误差/℃</td><td rowspan="2">DT</td><td>同一实验室</td><td>60</td><td></td></tr>
<tr><td>不同实验室</td><td></td><td></td></tr>
<tr><td rowspan="2">ST和FT</td><td>同一实验室</td><td>40</td><td></td></tr>
<tr><td>不同实验室</td><td>80</td><td></td></tr>
</table>

煤灰熔融性测定中角锥法所用的硅碳管高温加热炉结构如图 2-6 所示。柱体法所用的高温加热显微镜示意于图 2-7。

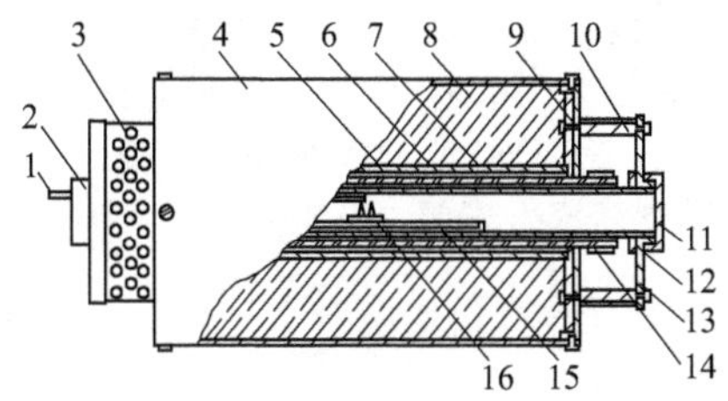

图 2-6 硅碳管高温加热炉

1—热电偶；2—电偶插入口；3—散热罩；4—炉壳；5—刚玉内套管，(ϕ60/ϕ50×600)mm；6—硅碳管，(ϕ80/ϕ70×300/100)mm，室温电阻为 4.5～7.5Ω；7—刚玉外套管；8—扇形轻质耐火保温砖；9—氧化铝板；10—散热罩支架；11—观测管盖；12—水泥石棉板；13—炉外挡板；14—电极；15—刚玉舟；16—试样及托板

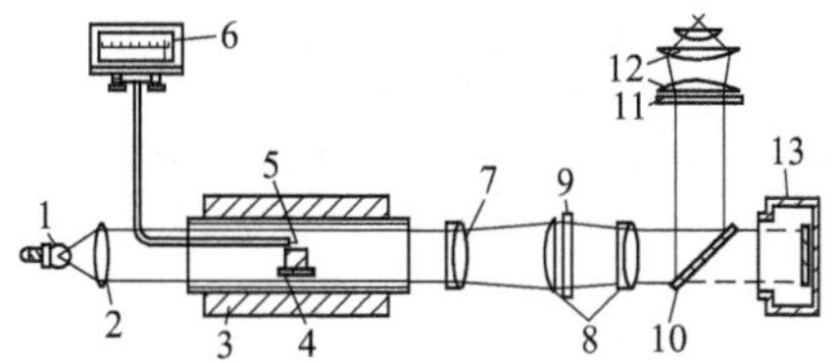

图 2-7 高温加热显微镜

1—光源；2—聚光镜；3—高温电炉；4—试块（柱体）；5—热电偶；6—毫伏计；7—物镜；8—目镜；9—刻度板；10—反光镜；11—毛玻璃；12—放大镜；13—照相机

2. 煤灰结渣性

(1) 以 ST 和 $Q_{net,V,ar}$ 为结渣性判别指标 在煤灰熔融性的三个特征温度测量中，一般 DT 不易测准，而当 FT>1500℃时，因试验设备限制，往往测不到准确的数值。故在中国电站锅炉设计和运行中多采用 ST 来表征煤的结渣特性。同时又考虑到炉内形成的结渣和沾污，从总体上来分析，是煤灰特性与炉内温度水平综合作用的结果，统计资料也表明，随着煤的发热量（$Q_{net,V,ar}$）的增加，形成结渣的灰软化温度 ST 的上

限范围值扩大。反之，$Q_{net,V,ar}$ 减小，炉内温度水平下降，不结渣的 ST 下限范围值也扩大，也就是说，此时即使 ST 很低也不会形成结渣。所以，中国在判别煤的结渣特性时，除采用 ST 外，还辅以 $Q_{net,V,ar}$ 作为辅助判别指标，如表 2-19 给出了用 ST 和 $Q_{net,V,ar}$ 判别结渣的界限区。

(2) 以煤灰成分为结渣性判别指标 煤灰中含有各种金属和非金属氧化物，主要是 SiO_2、Al_2O_3、Fe_2O_3、CaO、MgO、TiO_2、K_2O、Na_2O 及硫化物等，试验和研究发现，这些灰成分的数值及其相互的比例关系，在一定程度上预示了煤灰的结渣性，中国普华煤燃烧技术开发中心曾根据国内煤灰成分及在实炉内的结渣表现，统计分析制订了综合判别煤结渣特性指数（R_Z），分级界限如表 2-20 所列。

表 2-19 按 ST 和 $Q_{net,V,ar}$ 判别煤的结渣性界限

煤的结渣性	ST/℃	$Q_{net,V,ar}$/(MJ/kg)
不结渣煤	>1350	>12.6
	不限	≤12.6
易结渣煤	≤1350	>12.6

表 2-20 R_Z 差别结渣性分级界限

R_Z	≤1.5	1.5～2.5	≥2.5
结渣倾向	不易	中等	严重

$$R_Z=1.24R_{BA}+0.28R-2.3\times10^{-3}ST-19\times10^{-3}S_p+5.4 \tag{2-33}$$

$$R_{BA}=\frac{w(Fe_2O_3)+w(CaO)+w(MgO)+w(Na_2O)+w(K_2O)}{w(SiO_2)+w(Al_2O_3)+w(TiO_2)}$$

$$S_p=\frac{100w(SiO_2)}{w(SiO_2)+w(CaO)+w(MgO)+w(Fe_2O_3)+1.11w(FeO)+1.43w(Fe)}$$

其中，各金属和非金属氧化物分别代表其在灰分中的质量百分数（下同）。

式中 R——硅铝比，$R=\dfrac{w(SiO_2)}{w(Al_2O_3)}$；

ST——煤灰的软化温度，℃；

R_{BA}——碱酸比；

S_p——硅比。

(3) 以煤灰黏度特性为结渣性判别指标 结渣主要是由灰渣的黏附形成的。一般认为，灰渣的动力黏度 $\eta=25\sim1000$Pa·s 时是最易黏附结渣的。在此黏度范围的上、下限值所对应的灰渣温度差（$\Delta T=T_{25}-T_{1000}$）越大，则说明灰渣黏结在受热面上的可能性越大，故结渣的危险性也越大，这种渣称为长渣。反之，ΔT 越小的灰渣称为短渣。有人把 FT－ST>100℃的灰渣划为长渣，FT－ST≤100℃的划为短渣。显然长渣比短渣有更大的结渣可能性。用灰黏度判别结渣特性常采用灰黏度结渣指数 R_{VS}。具体分级界限如表 2-21 所列。

$$R_{VS}=\frac{T_{25}-T_{1000}}{97.5f_s} \tag{2-34}$$

式中 T_{25}、T_{1000}——灰黏度等于 25Pa·s 和 1000Pa·s 时的温度；

f_s——结渣因子，其值决定于灰黏度等于 200Pa·s 时的温度 T_{200}，具体数值从下表中查得。

T_{200}/℃	1000	1100	1200	1300	1400	1500	1600
f_s	0.9	1.3	2.0	3.1	4.7	7.1	11.4

如果没有 T_{25}、T_{200} 和 T_{1000} 的试验数据，可用下式近似估算：

$$T_\eta=\left(\frac{10^7m}{\lg\eta-C+1}\right)^{0.6}+150 \tag{2-35}$$

式中 $m=835\times10^{-5}w(SiO_2)+601\times10^{-5}w(Al_2O_3)-0.109$；

$C=415\times10^{-4}w(SiO_2)+142\times10^{-4}w(Al_2O_3)+276\times10^{-4}w(Fe_2O_3)+160\times10^{-4}w(CaO)-3.92$；

η——灰黏度，Pa·s；

T_η——对应于黏度为 η 时的温度，℃。

表 2-21 R_{VS} 判别结渣性分级界限

R_{VS}	≤0.5	0.5～0.99	1.0～1.99	≥2.0
结渣倾向	轻	中等	严重	极严重

m 和 C 中的各氧化物的含量按如下基准决定：

当灰中 $w(Na_2O)\leqslant 2\%$时，$w(SiO_2)+w(Al_2O_3)+w(Fe_2O_3)+w(CaO)+w(MgO)=100\%$；

当灰中 $w(Na_2O)>2\%$时，$w(SiO_2)+w(Al_2O_3)+w(Fe_2O_3)+w(CaO)+w(MgO)+w(Na_2O)+w(K_2O)+w(TiO_2)+w(P_2O_5)+w(SO_3)=100\%$。

3. 煤灰的沾污特性

不同煤种及其不同的灰成分会对对流受热面产生灰沾污，影响受热部件的正常传热过程。通常用灰污染（或沾污）指数（H_w）来表征煤灰对受热面沾污的程度。

(1) 对于烟煤型灰 它是指$\dfrac{w(Fe_2O_3)}{w(CaO)+w(MgO)}>1$ 的煤灰。

$$H_w=\frac{w(CaO)+w(MgO)+w(Fe_2O_3)+w(Na_2O)+w(K_2O)}{w(SiO_2)+w(Al_2O_3)+w(TiO_2)}\times w(Na_2O)$$

经上海发电设备成套设计研究院研究，提出如下表所列判别沾污倾向的界限值。

H_w	≤0.1	0.1～0.25	0.25～0.5	>0.5
沾污倾向	轻微	中等	重	严重

同时，还指出：煤灰中的 Na_2O 分活性钠和稳定性钠两种，其中活性钠对沾污影响更大。试验发现，年轻烟煤和褐煤中的活性钠占绝大部分，对碳化程度影响较深的无烟煤、烟煤，活性钠占的比例有所减少。故建议 H_w 计算式中的 Na_2O 质量份额应以活性钠计算更为合理。

(2) 对于褐煤型灰 它是指$\dfrac{w(Fe_2O_3)}{w(CaO)+w(MgO)}<1$，$w(CaO)+w(MgO)>20\%$的煤灰。

$$H_w=w(Na_2O)$$

经哈尔滨和上海两个成套设计研究院的研究发现，国外对褐煤型灰的沾污倾向判别的界限值不适用于中国煤种，建议按如下表所列界限值判别。

H_w	≤0.5	0.5～1.0	1.0～1.5	>1.5
沾污倾向	轻微	中等	重	严重

4. 煤灰对受热面的磨损特性 H_m

煤灰对对流受热面有磨损作用，直接影响到对流受热面的安全。灰的磨损特性与灰颗粒的大小、形状、硬度和化学成分等因素有关。但主要决定于煤中灰分的含量及煤灰中 SiO_2、Fe_2O_3、Al_2O_3 等成分。灰磨损指数 H_m 按下式计算。

$$H_m=\frac{w(A_{ar})}{100}[w(SiO_2)+0.8w(Fe_2O_3)+1.35w(Al_2O_3)],\% \tag{2-36}$$

式中各灰成分前的数字 1、0.8 和 1.35 为相对硬度系数。

$$当\ H_m\begin{cases}<10\%，磨损倾向轻微\\10\%\sim20\%，磨损倾向中等\\>20\%，磨损倾向严重\end{cases}$$

三、煤的可磨性和磨损性

1. 煤的可磨性指（系）数

该指数表征了煤在制粉过程中，被破碎研磨的难易程度。该指标值主要用于磨煤机的选型和计算磨煤机的出力。

在我国有两种煤的可磨性指数表示方法和两种独立的测定方法：一种是 VTI 法，按《煤的可磨性指数测定方法（VTI 法）》（DL/T 1038）进行，适用于钢球磨煤机磨制褐煤、烟煤、无烟煤及油页岩的 VTI 指数测定；另一种是哈德格罗夫（HGI）法，按《煤的可磨性指数测定方法　哈德格罗夫法》（GB/T 2565）进行。HGI 指数适用于钢球磨煤机以外的其他各型磨煤机的出力计算。

两种测定方法都是采用一定粒度范围和质量的煤样，分别在 VTI 可磨性测定仪和哈氏（HGI）可磨性测定仪中研磨后，在规定的筛孔条件下筛分，分别称量、计算出筛上物样的质量百分率和通过筛子的物样质量，分别在由标准煤样绘制的 VTI 可磨性指数标准图和 HGI 指数图上查得 VTI 指数值和 HGI 指数值。后者也可以从一元线性回归方程中计算出 HGI 值。两种方法的测定要点列于表 2-22。从表中可知两种方法的本质是相同的，只是测定设备、初始煤样粒度、磨制能量及所采用的标准煤样不同；当然应用场合也不同。

表 2-22 可磨性指数测定要点

要 点	VTI 法	HGI 法
煤样	空气干燥的原煤样	
试样原始质量/g	50±0.01	
试样原始粒度/mm	1.25～3.15	0.63～1.25
研磨设备	实验室用标准钢球磨煤机 装钢球量 4kg±0.035kg 钢球直径 $\phi(25\pm1)$mm 筒体转速 90r/min	实验室用标准中速球磨机(称哈氏磨) 研磨压力 284N±2N 钢球直径 $\phi25.4$mm，共 8 个 主轴转速 20r/min
研磨时间/min	6	3
研磨后筛分	测定 90μm、125μm、140μm、200μm 筛上剩余质量百分数 R_{90}、R_{125}、R_{140}、R_{200}	71μm 孔径筛通过的质量 m_2(g)
可磨性指数	从标准图中查得	查标准图或 $HGI=12.71+6.95m_2$
适用场合	钢球磨煤机出力计算 适用于褐煤、烟煤、无烟煤及可燃页岩等	除钢球磨煤机以外的所有其他各型磨煤机出力计算

注：褐煤本身并不难磨，但由于含有纤维素质，可以取 VTI≈1.0。建议最好在小型风扇磨煤机上试验确定。

中国煤可磨性难易程度的一般分级界限如表 2-23 所列。

表 2-23 中国煤可磨性一般分级界限

可磨性系数	VTI	＜1.2	1.2～1.5	＞1.5
	HGI	＜62	62～86	＞86
可磨性		难磨	中等	易磨

2. 煤的冲刷磨损指数

该指数是煤在破碎研磨时对磨煤机研磨件磨损强弱程度的指标，用以判断研磨件的寿命。

国际上，常把煤样放在标准的旋转式磨损试验装置中，旋转研磨 10min 后的金属磨损量 E_{10} 定义为磨损指数 K_e^I，即 $K_e^I=E_{10}$。

我国电站锅炉制粉系统设计所用的煤的磨损特性指标是按 DL/T 465—×××《煤的冲刷磨损指数试验方法》进行测定的。煤的冲刷磨损指数 K_e 是煤样和标准煤样分别在冲击过程中从初始粒度研磨到最终 $R_{90}=25\%$时，各自纯铁试件的时均磨损量 E 和 E_b（10mg/min）之比值，即 $K_e=\dfrac{E}{E_b}=\dfrac{E}{10}$，两种指数按 $K_e^I=69+215.2\ln K_e$ 可以换算。

有时，在对外联系中，还可以按《煤的磨损指数测定方法》，在旋转试验设备上测得磨损指数 AI 作为参考。根据我国长期运行实践，认为冲刷磨损指数 K_e 能够较好反映包括中速磨、风扇磨和钢球磨在不同煤种下的磨损情况。

煤的磨损性和煤的冲刷磨损指数 K_e 的关系见表 2-24。

表 2-24 煤的磨损性和煤的冲刷磨损指数 K_e 的关系

煤的冲刷磨损指数 K_e	磨损性	煤的冲刷磨损指数 K_e	磨损性
＜1.0	轻微	3.5～5.0	很强
1.0～2.0	不强	＞5.0	极强
2.0～3.5	较强		

煤的磨损性和煤的磨损指数 AI 的关系见表 2-25。

表 2-25 煤的磨损性和煤的磨损指数 AI 的关系

煤的磨损指数 AI/(mg/kg)	磨损性	煤的磨损指数 AI/(mg/kg)	磨损性
<30	轻微	61～80	很强
31～60	较强	>80	极强

我国部分煤的磨损指数的实验值列于表 2-26。

表 2-26 我国部分煤种磨损指数 K_e 的实验值

煤种		M_{ad} /%	A_{ad} /%	S_{ad} /%	V_{af} /%	$Q_{net,ad}$ /(MJ/kg)	$K_{e_{cj}}$
褐煤	凤鸣村褐煤	12.7	15.7	1.36	48.1	13.6	0.36
	龙口褐煤	14.3	13.0	0.52	44.8	19.4	1.30
	扎赉诺尔褐煤	15.6	11.4	0.49	42.3	19.2	0.52
	小龙潭褐煤	—	12.8	1.14	—	—	0.58
	昭通褐煤	—	21.8	0.42	—	—	0.60
烟煤	淮南原煤	1.19	24.3	0.64	35.3	24.2	0.91
	开滦原煤	1.31	28.5	0.45	34.7	23.2	1.20
	平顶山原煤	1.34	28.3	0.41	35.6	23.1	0.79
	红雁池原煤	4.46	21.4	1.02	40.9	23.3	0.99
	鸡西原煤	3.51	18.8	0.38	36.0	25.2	2.22
贫煤	源华煤	2.21	25.2	2.32	11.2	24.3	2.44
	铜川煤	—	29.2	5.02	16.0	—	2.60
	山西西峪煤	1.10	28.6	0.70	19.5	23.2	2.23
	贵州清镇煤	1.21	21.7	5.15	22.2	26.4	5.55
	热水源煤	1.53	22.4	0.12	18.8	25.4	4.72
劣质烟煤	马头洗中煤	1.12	53.1	2.35	31.5	12.9	3.09
	安源选煤	1.03	43.6	0.26	34.8	17.9	2.63
	江西丰城煤	1.31	58.6	3.34	36.1	10.4	2.47
	大武口煤	1.02	44.2	0.93	33.4	16.6	1.33
	山东桑园煤	7.90	41.0	0.76	61.1	13.5	4.13
无烟煤	阳泉煤	1.09	16.4	1.36	8.8	28.2	1.43
	金竹山煤	2.55	30.5	0.51	8.7	22.1	3.35
页岩	茂名页岩	—	72.7	1.09	—	—	2.3～5.1
	龙口页岩	5.6	40.7	1.27	85.6	13.4	1.56

四、煤粉的主要特性

1. 煤粉细度 R_x

煤粉在筛孔尺寸为 x(μm) 筛子上过筛后剩余质量的百分数。R_x 越大则煤粉越粗。

(1) R_{90} 的定义式

$$R_{90}=\frac{a}{a+b}\times 100\% \tag{2-37}$$

式中 a——煤粉在 90μm 孔径的筛子上过筛后剩余的煤粉质量；

b——煤粉在 90μm 孔径的筛子上筛分后通过筛孔的煤粉质量。

R_{90} 越大，说明大于 90μm 的颗粒越多。中国常用 R_{90} 和 R_{200} 或 R_{250} 同时表示煤粉的细度，对褐煤通常用 R_{90} 和 R_{500}（或 R_{1000}）同时表示其细度。

煤粉筛分应使用经过国家计量检验部门检验过的标准筛，我国使用的标准筛规格见表 2-27。

国外对煤粉细度的判定，多采用煤粉通过 200 目标准筛的过筛煤粉质量占总煤粉质量的百分数来表征。200 目是指 1in 长度上的筛孔数为 200 个。国外主要国家常用标准筛的规格尺寸可参考表 2-28。

表 2-27 中国标准筛孔基本尺寸

筛孔基本尺寸 $W/\mu m$			相当英制目数	相当美国ASTM	筛孔基本尺寸 $W/\mu m$			相当英制目数	相当美国ASTM
主系列	补充系列				主系列	补充系列			
$R20/3$	$R20$	$R40/3$	/(目/in)	№	$R20/3$	$R20$	$R40/3$	/(目/in)	№
4000	4000	4000	4.7	5	355	355	355	44.0	45
	3550		5.3			315		50.0	
		3350	5.5	6			300	51.0	50
	3150		5.8			280		55.0	
2800	2800	2800	6.5	7	250	250	250	62.0	60
	2500		7.25			224		66.0	
		2360	7.6	8			212	72.0	70
	2240		8.1			200		75.0	
2000	2000	2000	8.8	10	180	180	180	83.0	80
	1800		9.8			160		93.0	
		1700	10.0	12			150	102.0	100
	1600		10.6			140		106.0	
1400	1400	1400	12.0	14	125	125	125	118.0	120
	1250		13.5			112		132.0	
		1180	14.0	15			106	144.0	140
	1120		15.0			100		148.0	
1000	1000	1000	16.3	18	90	90	90	166.0	170
	900		18.0			80		187.0	
		850	19.0	20			75	203.0	200
	800		20.0			71		210.0	
710	710	710	22.0	25	63	63	63	235.0	230
	630		24.7			56		265.0	
		600	25.0	30			53	285.0	270
	560		28.0			50		295.0	
500	500	500	31.0	35	45	45	45	330.0	325
	450		35.0			40		353.0	
		425	36.0	40			38	374.0	400
	400		39.0						

表 2-28 国外常用标准筛的尺寸

美国标准 ASTM:E11-581				英国标准 BS-410				德国泰勒标准 W. S. Tyler Standard				日本工业标准 JIS Z8801				德国标准 DIN 4188		
a /μm	d /mm	m /目	α %	a /μm	d /mm	m /目	α %	a /μm	d /mm	m /目	α %	a /μm	d /mm	m /目	α %	a /μm	d /mm	α %
44	0.030	325	35.4	—	—	—	—	43	0.036	325	29.6	44	0.034	325	31.9	40	0.025	37.9
53	0.037	270	34.6	53	0.031	300	41	53	0.041	270	31.8	53	0.038	280	33.9	50	0.032	37.5
63	0.044	230	34.2	66	0.041	240	38	61	0.041	250	35.8	62	0.040	250	36.9	63	0.040	37.9
74	0.053	200	33.8	76	0.051	200	63	74	0.053	200	33.9	74	0.053	200	34	71	0.045	37.9
88	0.064	170	33.5	89	0.061	170	35	89	0.061	170	35.2	88	0.061	170	34.9	90	0.056	37.9
105	0.076	140	33.7	104	0.066	150	37	104	0.066	150	37.4	105	0.070	145	36	100	0.063	37.9
125	0.091	120	33.5	124	0.086	120	35	124	0.097	115	31.5	125	0.087	120	34.8	125	0.080	37.9
149	0.110	100	33.1	152	0.101	100	36	147	0.107	100	33.5	149	0.105	100	34.4	160	0.100	37.9
210	0.152	70	33.7	211	0.142	72	36	208	0.183	65	28.3	210	0.181	65	28.8	200	0.125	37.9
250	0.180	60	33.8	251	0.173	60	35	246	0.178	60	33.7	250	0.212	55	29.3	250	0.160	37.9
500	0.340	35	35.4	500	0.345	30	35	495	0.300	32	38.8	500	0.290	32	40.2	500	0.315	37.9

注：a 为筛孔尺寸；d 为筛网丝直径；m 为 1in 长度上的筛孔数；α 为空隙率。

从表中可以看到，不同国家 200 目对应的筛孔直径是不完全相同的。国际（ISO）标准中 200 目对应的筛孔直径是 75μm。

(2) 煤粉的颗粒特性 煤粉的颗粒特性表示煤粉中不同尺寸颗粒的分布状况，常用罗森-拉姆勒（Rosin-Rammler）公式表示，即：

$$R_x = 100\exp(-bx^n) \tag{2-38}$$

式中 R_x——颗粒尺寸≥x 的质量百分数（称煤粉细度），%；

x——颗粒尺寸，μm；

b——反映煤粉粗细程度的常数；

n——煤粉的均匀性系数，与煤的种类和磨煤方式有关。n 值大，则颗粒分布较均匀；n 值小，过粗和过细的煤粉都比较多，一般 $n=0.8\sim1.3$，取决于煤种、磨煤机和分离器的结构。

根据两种规格筛子上的筛分结果，如已知 R_{90} 和 R_{200}，则可计算 n 和 b：

$$n = \frac{\lg\ln\dfrac{100}{R_{200}} - \lg\ln\dfrac{100}{R_{90}}}{\lg200 - \lg90} \tag{2-39}$$

$$b = \frac{1}{90^n}\ln\frac{100}{R_{90}} = \frac{1}{200^n}\ln\frac{100}{R_{200}} = \frac{1}{x^n}\ln\frac{100}{R_x} \tag{2-40}$$

(3) 经济煤粉细度 经济煤粉细度是综合考虑磨煤电耗与煤粉燃烧中固体不完全燃烧热损失两项能量总和为最小时的煤粉细度。一般应通过制粉系统和锅炉的燃烧调整试验来确定。运行煤粉细度的选取，决定于煤种和煤粉的颗粒特性、燃烧方式和燃烧组织。可参照表 2-29 选取，表中 n 是煤粉均匀性系数，按式(2-39) 计算，一般 $n=0.8\sim1.3$。

表 2-29 煤粉细度的选取

煤 种	无烟煤、贫煤、烟煤	劣质烟煤	褐煤、油页岩
R_{90}/%	$0.5nw(V_{daf})$	$5+0.35w(V_{daf})$	35～50①

① 上限用于 $w(V_{daf})$ 高的燃料，下限适用于 $w(V_{daf})$ 低的燃料；同时要求 $R_{1000}<1\%\sim3\%$。

2. 煤粉水分

煤粉水分是指煤经干燥磨制后，细度达到要求的煤粉中所含有的水分。煤粉水分的多少，直接影响炉内着火、燃尽和煤粉的输送、储藏。一般可按如下关系选取。

无烟煤、贫煤　　　　　　　煤粉水分 $w(M_{mf})\leqslant w(M_{ad})$

烟煤、褐煤（风扇磨磨制）煤粉水分 $0.5w(M_{ad})<w(M_{mf})\leqslant w(M_{ad})$

3. 煤粉的爆炸性

煤粉的爆炸性是指煤粉爆炸的难易程度和爆炸所能产生压力的强度。研究发现煤的挥发分和煤粉气流着火温度 T_m 与爆炸性有一定的相关性：

$V_{daf}<25\%$或者煤粉气流着火温度 $T_m>680$℃时，难爆

$V_{daf}=25\%\sim32\%$或者煤粉气流着火温度 $620℃<T_m\leqslant680$℃时，中等

$V_{daf}\geqslant32\%$或者煤粉气流着火温度 $T_m\leqslant620$℃时，易爆

煤粉空气混合物的爆炸浓度及爆炸压力如表 2-30 所列。

表 2-30 煤粉空气混合物的爆炸浓度及爆炸压力

煤 种	煤粉浓度(即煤风比)/(kg/m³)			爆炸压力/MPa
	最低浓度	最易爆炸浓度	最高浓度	
烟煤	0.32～0.47	1.2～2.0	3～4	0.13～0.17
褐煤	0.215～0.25	1.7～2.0	5～6	0.31～0.33
泥煤	0.16～0.18	1.0～2.0	13～16	0.30～0.35

一般情况下，$w(V_{daf})<10\%$、多灰、潮湿的煤粉是不易爆炸的。粒径>100μm 的煤粉，其爆炸可能性也很小。

五、煤的分类

1. 中国煤分类

中国煤的分类如表 2-31 所列。

表 2-31 中国煤分类

煤种	拼音代号 大类别	拼音代号 小类别	分类主要指标 干燥无灰基挥发分 $w(V_{daf})$	分类主要指标 胶质层最大厚度③/mm	分类辅助指标
无烟煤	W	W_1	≤3.5		
		W_2	>3.5~10		Q'_{DT}≤34736kJ/kg
		W_3	>3.5~10		Q'_{DT}>34736kJ/kg
烟煤 贫煤	P		>10~20	0	坩埚焦渣 1~3 号①
瘦煤	S	S_1	≤20	>0~8	y=0 时坩埚焦渣 4 号以上
		S_2	≤20	>8~12	
焦煤	J	J_1	≤26	>15~25	
		J_2	≤26	>25	
肥煤	F	F_1	>26~37	>12~25	
		F_2	>26~37	>25	
半炼焦煤	BL		>20~37	>8~12	
弱还原煤	RH	BN②	>20~37	0	坩埚焦渣 1~2 号
		RN②	>20~37	0~8	y=0 时坩埚焦渣 3 号以上
气煤	Q	Q_1	>37	>8~15	
		Q_2	>37	>15~25	
		Q_3	>37	>25	
长焰煤	C	C_1	>37	≤8	y=0 时坩埚焦渣 3 号以下
		C_2	>37	≤8	Q_{DT}^{-A}>28288kJ/kg④
					坩埚焦渣 4 号以上
褐煤	H	H_1	>37		Q_{DT}^{-A}≤28288~24960kJ/kg
		H_2	>37		Q_{DT}^{-A}<24960~20930kJ/kg

① 坩埚焦渣为测定挥发分后的残渣特征。
② BN 称为不黏结煤；RN 称为弱黏结煤。
③ 胶质层最大厚度是指胶质层上、下层面间最大距离。
④ Q_{DT}^{-A} 为氧弹热量计测得的无灰分析基发热量。

2. 中国发电厂煤粉锅炉用煤分类标准

为确保火力发电厂安全可靠、经济有效的运行，锅炉用煤按确定的技术条件规定进行分类，主要以煤的燃烧特性，包括挥发分、灰分、水分、硫分和煤灰熔融特性等及煤的发热量为分类指标。具体分类技术条件列于表 2-32（即 VAMST 分类标准）中。

表 2-32 发电厂煤粉锅炉用煤技术条件

分类	符号		
按挥发分（及相应发热量）分类等级	符号	V_{daf}/%	$Q_{net,ar}$/(MJ/kg),(kcal/kg)
	V_1	6.5~10.00	>21.00(>5000)
	V_2	10.01~20.00	>18.50(>4400)
	V_3	20.01~28.00	>16.00(>3800)
	V_4	>28.00	>15.50(>3700)
	V_5	>37.00	>12.00(>2860)
按发热量分类等级	符号	$Q_{net,ar}$/(MJ/kg)	
	Q_1	>24	
	Q_2	21.01~24.00	
	Q_3	17.01~21.00	
	Q_4	15.51~17.00	
	Q_5	>12.00	
按灰分分类等级	符号	A_d/%	
	A_1	≤20.00	
	A_2	20.01~30.00	
	A_3	30.01~40.00	
按水分分类等级	符号	M/%	V_{daf}/%
	M_1	≤8.0	≤37.0

续表

	符号	$M/\%$	$V_{daf}/\%$
按水分分类等级	M_2	8.1～12.0	≤37.0
	M_3	12.1～20.0	>37.0
	M_4	>20.0	
按硫分分类等级	符号	$S_{t,d}/\%$	
	S_1	≤0.50	
	S_2	0.51～1.00	
	S_3	1.01～2.00	
	S_4	2.01～3.00	
按煤灰熔融性分类等级	符号	ST/℃	
	ST1	1150～1250	
	ST2	1260～1350	
	ST3	1360～1450	
	ST4	>1450	

3. 中国工业锅炉用煤的分类

中国工业锅炉行业用煤的分类是以燃料的干燥无灰基挥发分 V_{daf} 和收到基低位发热量 $Q_{net,V,ar}$ 作为分类的基本参数，见表 2-33。同时考虑到工业锅炉设计的需要和方便，根据表 2-33 的分类原则，上海工业锅炉研究所整理并推荐了中国工业锅炉设计用代表性煤种，见表 2-34。

表 2-33　中国工业锅炉行业用煤分类

煤种分类		$w(V_{daf})/\%$	$w(M_{ar})/\%$	$w(A_{ar})/\%$	$Q_{net,V,ar}/(MJ/kg)$
石煤和煤矸石	Ⅰ类			>50	<5.5
	Ⅱ类				5.5～8.4
	Ⅲ类				>8.4
褐煤		>40	>20	<30	8.4～15.0
无烟煤	Ⅰ类	5～10	<10	>25	15.0～21.0
	Ⅱ类	<5		<25	>21.0
	Ⅲ类	5～10			
贫煤		>10～20	<10	<30	≥18.8
烟煤	Ⅰ类	≥20	7～15	>40	>11.0～15.5
	Ⅱ类			>25～40	>15.5～19.7
	Ⅲ类			≤25	>19.7
油页岩			10～20	>60	<6.3
甘蔗渣		≥40	≥40	≤2	6.3～11.0

表 2-34　工业锅炉设计用代表煤种

煤的类别		产地	$w(V_{daf})/\%$	$w(C_{ar})/\%$	$w(H_{ar})/\%$	$w(O_{ar})/\%$	$w(N_{ar})/\%$	$w(S_{ar})/\%$	$w(A_{ar})/\%$	$w(M_{ar})/\%$	$Q_{net,V,ar}/(MJ/kg)$
石煤和煤矸石	Ⅰ	湖南株洲煤矸石	45.03	14.80	1.19	5.30	0.29	1.50	67.10	9.82	5.033
	Ⅱ	安徽淮北煤矸石	14.74	19.49	1.42	8.34	0.37	0.69	65.79	3.90	6.950
	Ⅲ	浙江安仁石煤	8.05	28.04	0.62	2.73	2.87	3.57	58.04	4.13	9.037
褐煤		黑龙江扎赉诺尔	43.75	34.65	2.34	10.48	0.57	0.31	17.02	34.63	12.288
无烟煤	Ⅰ类	京西安家睢	6.63	52.69	0.80	2.36	0.32	0.47	35.36	8.00	17.744
	Ⅱ类	福建天明山	2.84	74.15	1.19	0.59	0.14	0.15	13.98	9.80	25.435
	Ⅲ类	山西阳泉三矿	7.85	65.65	2.64	3.19	0.99	0.51	19.02	8.00	24.426
贫煤		四川芙蓉	13.25	55.19	2.38	1.51	0.74	2.51	28.67	9.00	20.900
烟煤	Ⅰ类	吉林通化	21.91	38.46	2.16	4.65	0.52	0.61	43.10	10.50	13.536
	Ⅱ类	山东良庄	38.50	46.55	3.06	0.11	0.86	1.94	32.48	9.00	17.693
	Ⅲ类	安徽淮南	38.48	57.42	3.81	7.16	0.93	0.46	21.37	8.85	24.346
甘蔗渣		广东	44.4	24.70	3.10	23.0	0.10	0	1.10	48.00	7.955
页岩		广东茂名	80.5	12.02	1.96	4.71	0.40	1.0	61.90	18.01	19.896

4. 中国各种典型煤的煤质分析数据

表 2-35～表 2-38 分别为中国部分无烟煤、贫煤、烟煤和褐煤的煤质分析数据。

表 2-35 中国部分无烟煤的特性

序号	煤田	矿区	牌号	元素分析/%					挥发分 $w(V_{daf})$/%	高位发热值 $Q_{gr,V,daf}$/(MJ/kg)	收到基水分 $w(M_{ar})$/%	干燥基灰分 $w(A_d)$/%	收到基低位发热值 $Q_{net,V,ar}$/(MJ/kg)	可磨系数 $K_{BTИ}$	煤灰熔融性/℃		
				$w(C_{daf})$	$w(H_{daf})$	$w(O_{daf})$	$w(N_{daf})$	$w(S_{daf})$							DT	ST	FT
1	京西	城子、房山、木城涧、门头沟	W	94.0	2.4	2.7	0.6	0.3	0	31.8	5.0	24.0	23	1.4	1260	1370	1430
2	京西	大台	W	95.0	1.2	3.1	0.4	0.3	7	31.8	5.0	22.0	23.4	1.0	1160	1230	1300
3	京西	王平村	W	91.8	1.7	5.0	0.8	0.7	9	31.4	5.0	35.0	19.5	1.0	>1500 ~1200	>1500 ~1490	>1500
4	沁水	阳泉	W	90.8	3.8	3.1	1.3	1.0	9	35.6	5.0	20.0	26.4	1.0	1400	1500	>1500
5	沁水	晋城	W	92.0	2.5	3.2	1.1	1.2	9	35.2	9.0	20.0	25.1		>1500		
6	焦作	王村、李村、焦西冯营	W	92.2	3.1	2.8	1.4	0.5	7	34.5	7.0	22.0	23.9	1.2	1310	1370	1420
7	涟邵	金竹山	W	92.5	3.2	2.6	0.8	0.9	7	34.3	7.0	24.0	22.2	1.7	>1500 ~1100	>1500 ~1425	>1500 ~1485
8	郴来	湘永、马田	W	92.2	3.6	2.0	1.3	0.9	8	35.4	7.0	22.0	25.1	1.5 2.2	>1500	—	—
9	曲仁	茶山	W	90.3	3.6	3.5	1.5	1.1	11.5	35.4	5.0	17.0	27.2	1.8	>1500 ~1100	>1500 ~1210	>1500 ~1230
10	龙岩	红雁、红炭山	W	96	2.1	1.0	0.4	0.5	4	33.5		14.0			1360~1230	1380~1270	1410~1500
11	邵武	陆加地	W	94.1	0.6	4.1	0.9	0.3	4.7	32	11.0	18.6	22.1		1250	1280	1310
12		加福	W	94.0	1.4	2.1	0.7	1.7	4.1	33.6	9.0	20.0	23.3		1280	1360	1400
13			W	96	1.7	1.1	0.3	0.9	4	32.9		18.0			1270	1290	1340~1315
14		丰海	W	88.9	2.5	6.1	1.1	1.4	9	31.7	1.4①	41.5	17.4①				
15		东坑子	W	92.6	1.7	2.4	0.8	2.5	5	32.4	2.4①	34.5	~20.1①				

① 空气干燥基。

表 2-36 中国部分贫煤的特性

序号	煤田	矿区	牌号	元素分析/%					挥发分 $w(V_{daf})$ /%	高位发热值 $Q_{gr,V,daf}$ /(MJ/kg)	收到基水分 $w(M_{ar})$ /%	干燥基灰分 $w(A_d)$ /%	收到基低位发热值 $Q_{net,V,ar}$ /(MJ/kg)	可磨系数 $K_{ВТИ}$	煤灰熔融性/℃		
				$w(C_{daf})$	$w(H_{daf})$	$w(O_{daf})$	$w(N_{daf})$	$w(S_{daf})$							DT	ST	FT
1	西山	官地、白家庄、杜尔坪、西峪	P	91.0	3.6	2.4	1.2	1.8	16	34.3	6 (10～4)	21 (26～12)	24.7	1.6	1190	1340	1430
2	萍乡	巨源	P	87.4	4.9	5.1	1.6	1.0	18	33.9	7 (8～6)	27 (31～24)	23.0		1250	1420	1450
3	新密	天仙庙、梁沟、五里店	P	89.6	4.4	3.9	1.9	0.6	14	35.1	6 (7～5)	17 (18～17)	26.8	1.7	1270	1300	1350
4		王沟、裴沟、岳村	P	92.0	4.1	1.7	1.7	0.5	13	33.9	6 (7～5)	15 (18～13)	26.8	1.7	1270	1300	1350
5	淄博	夏庄	P	88.7	4.2	2.2	1.4	3.5	13	34.9	3 (4～2)	19 (26～18)	26.8	1.5	1300	1350	1400
6	鄂冶	源华	P	88.7	4.1	2.4	1.8	3.4	13	34.5		22 (26～19)		2.2	1290	1380	1420
7	芙蓉		P	89.2	3.6	2.2	1.2	3.8	13～10	35.0	(9～6)	约 28	22.2	1.2～1.1	1230～1120	1310～1255	1420～1275
8	韩城		P	84.1	5.4	3.6	1.2	5.7	15	35.0	7	约 25	22.7	1.6	>1500～1400	>1500～1450	>1500～1480
9	铜川	李家塔	P	82.8	4.5	7.2	1.1	4.4	22	33.9	6	约 32	21.1		1340～1270	1380～1300	1390～1310
10		王石凹	P	84.6	4.3	4.9	1.5	4.7	20	33.9	6	约 31	21.3		>1500		
11		三里洞	P	79.2	4.3	4.0	1.4	11.1	21	33.1	约 10	约 42	15.7		1460～1430	1490～1460	1500
12	淄博	洪山	S	86.7	4.2	4.0	1.4	3.7	17	35.3	2 (3～2)	24 (30～19)	25.5	1.7	1270	1340	1380
13		寨里	S	86.7	4.2	4.0	1.4	3.7	17	35.3	2 (3～2)	24 (30～19)	25.5	1.7	1200	1340	1400
14	鹤壁		S	89.4	4.3	4.3	1.6	0.4	15.5	35.6	8 (11～3)	17 (19～15)	26.7	1.3	1290	1340	1370

表 2-37 中国部分烟煤和洗中煤的特性

序号	煤田	矿区	牌号	元素分析/%					挥发分 $w(V_{daf})$ /%	高位发热值 $Q_{gr,V,daf}$ /(MJ/kg)	收到基水分 $w(M_{ar})$ /%	干燥基灰分 $w(A_d)$ /%	收到基低位发热值 $Q_{net,V,ar}$ /(MJ/kg)	可磨系数 $K_{BTИ}$	煤灰熔融性/℃		
				$w(C_{daf})$	$w(H_{daf})$	$w(O_{daf})$	$w(N_{daf})$	$w(S_{daf})$							DT	ST	FT
1	井径	1、2、3、4 矿	J	87.2	5.1	6.6	1.4	0.7	25	36.1	6 (8～4)	23 (29～17)	25.5	1.5	1460	>1500	>1500
2	峰峰	薛村	J	88.9	4.5	4.1	1.4	1.0	18	35.1	7 (7～6.5)	16 (17～15)	26.8	1.5	1340	>1500	
3	观音堂	观音堂	J	87.0	5.5	5.0	1.5	1.0	20	35.4	3 (4～2)	26 (28～18)	24.7	1.9	1450	>1500	>1500
4	天府	华釜山	J	78.9	4.9	9.5	1.2	5.5	25	31.2	7 (10～4)	约 35	18.0		1250	1360	1380
5	广旺		J	76.4	6.1	14.3	1.3	1.9	25	31.3	3 (4～2)	约 40	17.2		1110	1260	1310
6	淮北		J	88.3	5.1	4.3	1.6	0.7	21.4		5.6	20.2	25.1				
7	汾西	南关、富家滩	F	83.4	5.2	5.2	1.7	4.5	32	35.1	5 (6～4)	22 (26～18)	25.1	1.4～1.3			
8	陶枣	枣庄	F	82.4	5.3	5.9	1.4	5.0	35	35.6	6 (10～3)	21 (26～16)	25.5	1.8	1160	1260	1360
9	开滦	林西、赵各庄、马家沟	Q	83.5	5.2	8.4	1.5	1.4	34	35	7 (9～5)	25 (30～19)	22.6	1.7	>1500	>1500	
10	北票	寇山、台吉、三宝	Q	83.0	5.9	9.6	1.1	0.4	40	33.1	14 (25～10)	33 (34～29)	18.8	1.5	1250	1300	1340
11	鹤岗	兴山、岭北南山、新一	Q	83.1	5.7	10.0	0.8	0.4	36	34.3	5.5 (9～2)	24 (35.5～15)	23.9	1.2	1320	1420	1470

表 2-38 中国部分褐煤的特性

序号	煤田	矿区	牌号	元素分析/%					挥发分 $w(V_{daf})$/%	高位发热值 $Q_{gr,V,daf}$/(MJ/kg)	水分 $w(M_{ar})/w(M_{ad})$	干燥基灰分 $w(A_d)$/%	收到基低位发热值 $Q_{net,V,ar}$/(MJ/kg)	可磨系数 $K_{BTИ}$	煤灰熔融性/℃		
				$w(C_{daf})$	$w(H_{daf})$	$w(O_{daf})$	$w(N_{daf})$	$w(S_{daf})$							DT	ST	FT
1	扎赉诺尔		H	70.3	4.4	23.4	1.3	0.3	42	28.3	30/—	35 (50～28)	11.3		1160	1198	1278
2	元宝山		H	73.5	4.8	18.7	0.9	2.1	43	约 29	29/14	21①	13.3		1025～1188	1140～1226	1160～1275
3	平庄		H	71.2	4.9	22.4	0.7	0.8	45	约 28	27/10	20①	13.3		1025	1140	1160
4	沈北	清水台、前屯	H	68.8	5.5	23.5	1.7	0.5	52	27.2	17/13	36	13.4	1.3	1390	>1400	
5	霍灵河		H	72.6	5.0	20.5	1.3	0.6	47	约 28.7	24/—	33①	11.3		1130	1160	1250
6	龙江		H	69.8	5.1	21.9	1.4	1.8	51	约 27.9	26/8	22①	14.1		1122～1200	1168～1290	1184～1340
7	舒兰	丰广、吉舒	H	67.5	6.2	24	2.0	0.3	55	27.1	22/8.5	33	13.4		1050	1200	1250
8		小龙谭	H	69.2	5.0	19.9	2.9	3.0	51	27	32/23	15 (20～12)	14.2	0.88	1125	1140	1170
9		凤鸣村	H	70	5.9	20.9	1.8	1.3	56	27	45/13.5	13.7①	10.3	0.93	1140	1195	1220
10		可保五邑	H	68.8	5.9	22.3	2.1	1.0	59	26.8	44/(9)	20.3①					
11		宜良、可保混煤	H	63.5	5.2	25.3	1.8	4.2	55	约 26	44/—	18①	8.3				
12		新州(广西)	H	65.6	4.8	25.7	2.0	1.8	57	25.1	24/7	41.5①	8		1150	1270	1310

① 指 $w(A_{ar})$。

第三节 煤着火燃烧和燃尽特性的最新研究成果

近些年来，很多研究者从不同的角度和视野，采用不同的仪器设备，对煤的着火稳定性、燃尽性等进行了深入研究，提出了一些不同的指标体系，各种指标参数都有一定理论依据和科学试验支撑，甚至得到一些电站锅炉运行实践的验证，因此都有一定的实用价值。但是，实践发现各自都存在一定的局限性，就是对同一煤种，用不同的指标判断，结论也可能不同。本节仅介绍近些年的部分最新研究成果，仅供参考和作为再研究开发的基础。

一、煤的着火稳燃特性

1. 常规判断方法

通常，用煤的挥发分和发热量（包含了煤中灰分和水分的影响）来大致判断其着火及燃烧特性。一般来说，挥发分和发热量高的煤的着火稳燃性能好，而灰分和水分高的煤，则稳燃性能差。所以，中国电厂锅炉用煤和工业锅炉用煤基本上都是按挥发分和发热量来分类判断其着火稳燃特性。

2. 通用着火特性指标（F_z）

傅维标提出了综合考虑煤中挥发分 $w(V_{ad})$、内在水分 $w(M_{ad})$ 和固定碳 $w(FC_{ad})$ 对着火稳燃特性影响的通用着火特性指标 F_z 及着火燃烧特性判别分类（见表 2-39）。

$$F_z=[w(V_{ad})+w(M_{ad})]^2\times w(FC_{ad})\times 10^{-4} \tag{2-41}$$

表 2-39 F_z 判别指标分类

F_z	≤0.5	0.5～1.0	1.0～1.5	1.5～2.0	>2.0
着火燃烧特性	极难燃煤	难燃煤	准难燃煤	易燃煤	极易燃煤

并对中国 100 种不同矿井的煤实际着火特性与 F_z 的计算值进行了对照，可供锅炉设计及运行中参考，见表 2-40。

表 2-40 中国 100 种煤的着火（稳燃）难易次序表

类型	序号	煤种	工业分析/% $w(A_{ad})$	$w(V_{ad})$	$w(M_{ad})$	$w(C_{ad})$	F_z	类型	序号	煤种	工业分析/% $w(A_{ad})$	$w(V_{ad})$	$w(M_{ad})$	$w(C_{ad})$	F_z
极难燃煤	1	加福	36.0	3.61	1.01	69.4	0.148	难燃煤	24	夏庄	23.0	10.10	1.10	65.9	0.83
	2	红炭山	22.00	3.49	1.25	73.3	0.170		25	晋东南	25.7	9.54	1.94	62.8	0.83
	3	龙岩	31.3	3.94	1.26	63.5	0.170		26	资兴	54.9	17.30	1.05	27.6	0.93
	4	北票三宝	75.3	13.20	1.29	10.18	0.21		27	潞安	19.12	10.49	1.10	69.3	0.93
	5	京西	26.8	3.70	2.33	67.1	0.24	准难燃煤	28	松藻	46.5	14.07	3.06	36.4	1.07
	6	邵武	40.5	3.49	3.62	52.5	0.27		29	峰峰薛村	23.6	12.96	0.88	62.5	1.20
	7	金竹山	28.7	6.50	0.32	64.5	0.30		30	北票三宝洗煤	47.6	17.63	1.51	33.3	1.22
	8	邯郸	21.2	4.80	1.72	72.2	0.31		31	西山	25.6	13.41	0.84	60.2	1.22
	9	阳城	15.20	4.83	1.52	78.0	0.31		32	峰局小屯煤	27.0	12.90	1.65	58.5	1.24
	10	莱阳	33.0	5.80	1.70	59.5	0.33		33	鸡西大通沟	34.5	14.82	1.11	49.6	1.26
	11	雁石	22.0	5.60	1.81	70.6	0.39		34	开滦林西	40.4	17.55	0.61	41.5	1.37
	12	晋城	25.4	5.77	2.71	66.1	0.48		35	江西丰城洛市	29.4	15.10	0.92	54.6	1.40
难燃煤	13	河南焦作	13.97	5.57	2.48	78.0	0.51		36	石家庄	40.83	17.82	0.93	40.4	1.42
	14	北京长沟峪	13.10	7.04	1.35	78.6	0.55		37	淮北	30.0	14.70	1.65	53.7	1.44
	15	合山	52.2	10.34	2.5	34.9	0.58	易燃煤	38	萍乡安源	43.1	19.43	0.98	36.5	1.52
	16	沅华	35.7	8.30	2.3	53.4	0.60		39	开滦吕家坨	38.7	18.10	1.02	42.2	1.54
	17	龙岩	20.1	4.30	4.9	70.7	0.60		40	江西丰城	28.6	16.08	0.78	54.6	1.55
	18	阳泉	13.92	7.86	1.10	77.1	0.62		41	淄博阜村	18.39	14.45	0.96	66.2	1.57
	19	萍乡青山	27.1	9.70	0.85	62.4	0.69		42	潞安五阳	17.17	15.10	0.54	67.2	1.64
	20	金竹山	21.0	10.08	0.22	68.7	0.73		43	河南鹤壁	17.26	15.00	0.82	66.9	1.67
	21	陆家地	22.6	3.09	7.5	66.8	0.75		44	潞安王庄	17.19	15.19	0.68	66.9	1.69
	22	贵州肥田	11.57	7.43	0.26	78.6	0.76		45	水城	44.8	21.6	1.55	32.1	1.72
	23	松藻金鸡岩	25.4	10.45	0.56	63.6	0.77		46	邢台洗粒煤	44.6	22.6	0.64	32.2	1.74

续表

类型	序号	煤种	工业分析/%				F_z	类型	序号	煤种	工业分析/%				F_z
			$w(A_{ad})$	$w(V_{ad})$	$w(M_{ad})$	$w(C_{ad})$					$w(A_{ad})$	$w(V_{ad})$	$w(M_{ad})$	$w(C_{ad})$	
易燃煤	47	萍乡高坎	40.9	20.8	1.05	37.3	1.78	极易燃煤	74	铜川陆家山	16.86	28.3	2.5	52.4	5.0
	48	潞安漳村	16.15	10.75	0.68	67.5	1.80		75	甘肃靖远	1.120	6.00	26	66.5	5.0
	49	开滦唐家庄	41.3	21.7	0.80	36.3	1.83		76	徐州纬桥	20.3	32.0	1.68	46.0	5.2
	50	陕西韩城下峪口	16.3	16.5	0.44	66.8	1.92		77	辽宁泰信	22.6	33.7	2.5	41.3	5.4
	51	四川街旺	39.2	21.1	1.47	38.2	1.95		78	邢台东庞	15.55	30.7	1.60	52.1	5.5
	52	云南田坝	34.4	19.90	1.2	44.5	1.98		79	北票冠山(东5)	0.54	12.24	3.1	55.8	5.7
极易燃煤	53	峰峰二矿	32.0	19.48	0.76	47.7	2.0		80	雁北小峪(大块煤)	17.16	32.0	2.2	48.7	5.7
	54	山东潍坊	31.0	18.75	1.22	49.0	2.0		81	陶庄	11.00	30.9	0.60	57.5	5.7
	55	兴隆马圈	42.2	24.6	1.00	32.2	2.1		82	大同永定	7.62	29.8	1.61	60.9	6.0
	56	邢台筛混	38.7	23.9	0.62	36.0	2.2		83	神府石屹台	10.35	25.9	6.5	57.2	6.0
	57	开滦洗煤(筛下)	33.6	24.1	0.41	42.0	2.5		84	北票冠山(东2)	17.79	36.6	0.42	45.2	6.2
	58	平顶山三矿	31.2	22.1	1.11	45.6	2.5		85	辽宁　西安	19.60	33.8	5.2	41.4	6.3
	59	资兴宝源	18.97	20.2	0.64	60.2	2.6		86	霍林西露天	22.4	33.8	8.0	35.8	6.3
	60	开滦荆台庄	38.1	25.4	3.9	32.7	2.8		87	辽宁　阜新	19.47	29.4	8.6	42.6	6.4
	61	下花园	24.4	20.0	3.3	52.3	2.8		88	乌鲁木齐碱沟	12.90	32.7	2.3	52.1	6.4
	62	唐山唐家庄	33.9	26.1	0.80	39.4	2.8		89	乐山鸣山	18.69	38.7	1.13	41.5	6.6
	63	淮南	29.1	23.7	2.9	44.2	3.1		90	北票西山(西4)	8.97	34.5	0.29	56.3	6.8
	64	七台河桃山	21.9	23.2	0.59	54.4	3.1		91	大同五村	5.42	30.1	3.7	60.8	6.9
	65	河北开滦	22.6	24.5	0.69	52.3	3.3		92	天祝	17.00	38.6	2.3	42.3	7.0
	66	平顶山六矿	26.8	26.1	1.54	45.6	3.5		93	枣庄	7.70	36.2	1.21	54.9	7.7
	67	北票冠山(东3×3)	23.0	27.5	0.79	48.7	3.9		94	辽沅梅河	15.10	36.3	8.8	39.8	8.1
	68	大同	18.15	25.0	2.4	54.4	4.1		95	龙江北皂	11.73	38.9	3.6	45.7	8.3
	69	铁法大隆重	29.5	26.3	6.90	37.4	4.1		96	神木	4.70	32.8	6.4	56.1	8.6
	70	甘肃阿干	15.40	25.6	2.70	56.3	4.5		97	山西大同	4.45	33.2	7.7	54.6	9.1
	71	雁北小峪(末煤)	22.1	29.8	2.44	45.7	4.8		98	内蒙古大雁二矿	11.55	36.5	12.3	39.7	9.4
	72	北票冠山(东3×4)	0.91	15.68	29	54.2	4.9		99	扎赉诺尔	5.34	52.67	22	20.5	11.2
	73	徐州张小楼	30.7	18.84	1.25	49.2	5.0		100	抚顺西露天矿	3.65	48.5	4.7	43.1	12.2

煤焦（炭）的着火对煤的燃烧至关重要，事实上，只有实现了焦炭的充分着火后，煤的着火燃烧才进入了稳定的状态。图2-8给出了焦炭与纯炭着火温度比值 $\overline{T}_{p,i}=\dfrac{T_{p,i}}{T_{p,i}(C)}$ 与通用着火特性指数（F_z）关系的试验结果。通过对试验数据的拟合，得到如下关系式：

$$\overline{T}_{p,i}=\frac{T_{p,i}}{T_{p,i}(C)}=-0.03285\ln F_z+0.7592 \quad (2\text{-}42)$$

或 $$T_{p,i}=T_{p,i}(C)\times[-0.03285\ln F_z+0.7592]$$

式中 $T_{p,i}$——某一粒径下，焦炭粒的着火温度，K；

$T_{p,i}(C)$——与焦炭粒径相同的纯炭粒的理论着火温度，K；

F_z——煤的通用着火特性指数。根据煤工业分析的水分 $w(M_{ad})$、挥发分 $w(V_{ad})$ 和固定碳量 $w(FC_{ad})$，按式（2-41）计算。

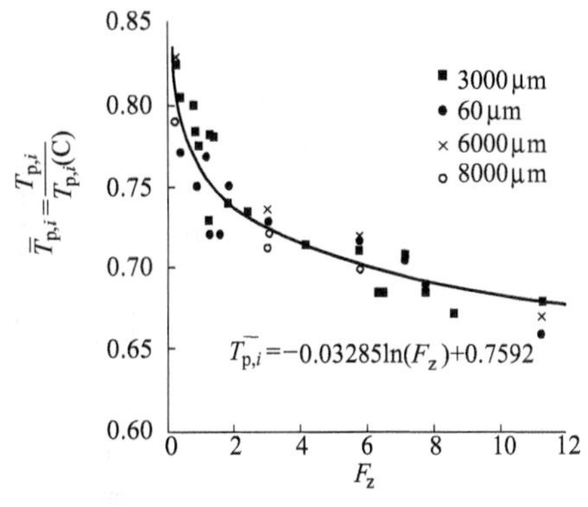

图2-8 煤焦着火温度与煤种（F_z）的通用关系

在不同的环境温度 T_∞ 下，不同粒径 $d_{p,0}$ 的纯炭粒的理论着火温度 $T_{p,i}(C)$ 列于表2-41。

3. 热重分析着火稳燃特性指标

西安热工研究院采用TGS-2型精密热天平对煤样进行热重分析，确定的最佳试验条件是，反应气（O_2）流量47mL/min，吹扫气（N_2）流量186mL/min，升温速率40℃/min，煤试样100%通过200目筛，试样按可燃质为10mg确定。图2-9是典型的试样质量变化曲线，被称为失重曲线TGA（thermo gravimetric analysis）

表 2-41 纯炭粒理论着火温度 $T_{p,i}$（C）与环境温度 T_∞、粒径 $d_{p,0}$ 的关系

$T_{p,i}$(C) \ $d_{p,0}$/μm	环境温度 T_∞/K					
	973	1073	1173	1273	1373	1473
20	1660	1671	1681	1691	1700	1708
40	1554	1563	1572	1579	1587	1593
60	1502	1510	1517	1524	1530	1536
80	1468	1476	1483	1489	1495	1500
100	1445	1452	1458	1464	1469	1474
300	1301	1306	1309	1313	1316	1319
500	1216	1219	1221	1224	1227	1229
700	1183	1185	1187	1190	1192	1194
900	1174	1176	1178	1180	1182	1183
1500	1151	1153	1154	1156	1157	1158
2000	1146	1147	1148	1149	1150	1151
2500	1142	1143	1144	1145	1146	1147
3000	1140	1140	1141	1142	1143	1143
3500	1138	1138	1139	1140	1141	1141

和燃烧速率曲线，又被称为差热分析曲线 DTA（differential thermal analysis）。分别描述了煤样在燃烧过程中水分蒸发、挥发分析出着火、燃烧和燃尽各阶段的质量变化值及相应的变化速度。一般在 105℃左右有一个水分析出的小高峰（对高水分煤时，才较明显），随着温度升高，挥发分析出并开始着火燃烧时，出现质量（失重）变化的陡峭转折点。此时的温度称着火温度 T_{zh}。在燃烧速率曲线上有两个尖锋。按温升的顺序，第一个称为易燃峰、第二个称为难燃峰，尖峰的高度代表最大燃烧反应速率（单位：mg/min），分别用 w_{1max} 和 w_{2max} 表示，尖峰相应的温度为 T_{1max} 和 T_{2max}（单位：℃）。尖峰下的面积 G_1 和 G_2 代表在易燃峰和难燃峰下烧掉的燃料质量（单位：mg）。图中还有一个重要物理量 τ_{98}，它代表在热天平中燃烧掉 98%的可燃质质量所需的时间（单位：min）。这 8 个特征量可以区别不同煤种的着火燃尽特性。用着火稳燃特性指数 R_w 来表征着火稳定性。

$$R_w=\frac{560}{T_{zh}}+\frac{650}{T_{1max}}+0.27w_{1max} \tag{2-43}$$

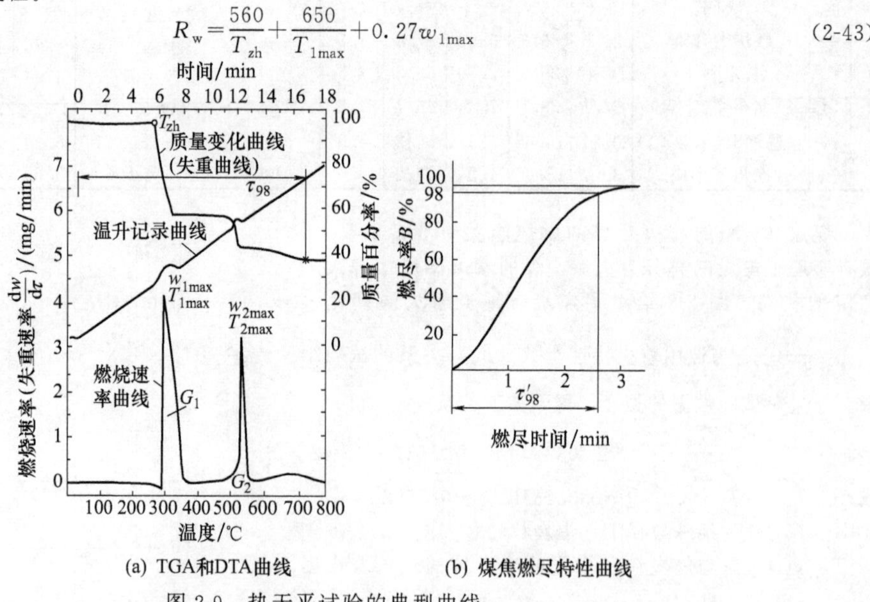

(a) TGA和DTA曲线 (b) 煤焦燃尽特性曲线

图 2-9 热天平试验的典型曲线

表 2-42 是用 R_w 判断煤着火稳定性的分级标准。

表 2-42 煤的着火稳定性分级界限

R_w	≤4.0	4～4.65	4.65～5.0	5.0～5.7	>5.7
着火稳定性	极难燃	难燃	中等	易燃	褐煤区

表 2-42 中，R_w>5.7 的煤种，其着火稳定性应该是很好的。但是表中没有用“极易稳定”，而是用“褐煤区”。其原因在于：R_w>5.7 的煤基本都是高 $w(V_{daf})$ 煤种，但是必须提醒，虽然褐煤的挥发分很高，有利于着火，但其水分也很高，尤其是水分>40%～60%时，在采用低温燃烧技术中，对其炉内燃烧稳定性仍

应特别重视。

二、煤的燃尽特性和煤灰结渣特性

1. 煤的燃尽特性指数

在 TGS-2 型精密热天平上的试验研究表明，难燃峰下烧掉的燃料量 G_2（mg）、相应的温度 T_{2max}（℃）及 τ_{98}（min）3 个参数，再加上焦炭（指挥发分测定后的剩余产物，经磨细使 100%通过 200 目筛）在热天平内 700℃恒温条件下，烧掉其中 98%的可燃质所需的时间 τ'_{98}(min)；这 4 个特征物理量最能反映煤的后期燃尽程度。用燃尽特性指数 R_j 来表征燃尽性：

$$R_j=\frac{10}{0.55G_2+0.004t_{2max}+0.14\tau_{98}+0.27\tau'_{98}-3.76} \tag{2-44}$$

表 2-43 是用 R_j 判断煤的燃尽特性的分级标准。表 2-44 是中国部分煤燃尽特性指数 R_j 的实验研究结果。

表 2-43　煤的燃尽性分级标准

R_j	≤2.5	2.5～3.0	3.0～4.4	4.4～5.7	5.7
燃尽性	极难	难	中等	易	极易

表 2-44　中国部分燃煤燃尽特性指数

煤种	加福混煤	松藻煤	曲仁煤	焦作煤	金竹山混煤	马头混煤	埠村煤	蒲白泥煤	合山混煤
$w(V_{daf})/\%$	5.32	11.75	14.60	13.04	12.79	19.73	20.27	21.35	25.36
$w(V_{ad})/w(A_{ad})$	0.12	0.51	0.19	0.61	0.48	0.70	0.43	0.59	0.26
R_j	2.0	2.94	2.58	2.77	2.94	2.82	3.4	3.4	3.0
煤种	大武口煤	肥城煤	平顶山混煤	晋北混煤	淮南混煤	开滦煤	邹县煤	义马煤	霍林河煤	黄县混煤
$w(V_{daf})/\%$	28.6	30.1	33.76	33.8	34.9	39.15	40.56	41.36	46.31	52.62
$w(V_{ad})/w(A_{ad})$	0.65	1.11	0.75	0.96	0.81	0.98	1.39	0.87	1.41	1.3
R_j	3.74	5.18	3.66	3.74	4.42	5.18	5.02	7.93	8.3	6.57

2. 一维火焰试验炉测定煤的燃尽率

在一维火焰试验炉［见图 2-10（a）］中，按确定的工况条件对煤样试烧，并抽取燃烧产物中的焦炭飞灰样，测定其灰分含量 $w(A)$，可以用下式计算炭的燃尽率（B）：

$$B=\frac{1-\dfrac{w(A_d)}{w(A)}}{1-w(A_d)}$$

式中　$w(A_d)$——煤粉试样的干燥基灰分，%。

图 2-10（b）是典型的神木石圪台烟煤、大同烟煤、潞安贫煤及晋城无烟煤在一维火焰炉中试烧所得到的燃尽率（B）沿一维炉火焰行程 s 的变化曲线。

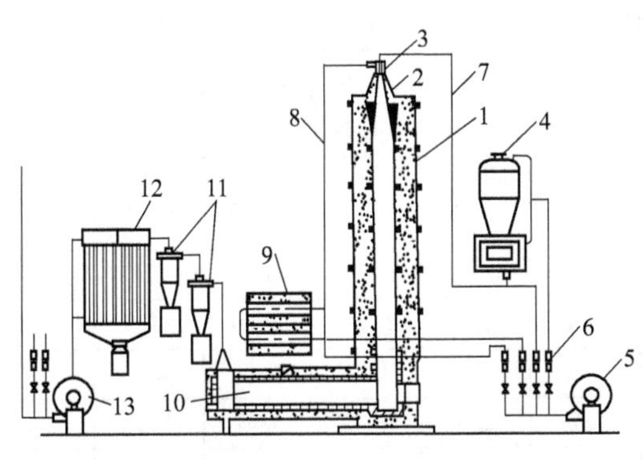

(a) 一维火焰试验炉系统示意

1—炉体；2—锥形炉顶；3—燃烧器；4—给粉机；5—送风机；6—流量计；7—一次风管；8—二次风管；9—空气预热炉；10—尾部烟道；11—除尘器；12—烟气冷却器；13—引风机

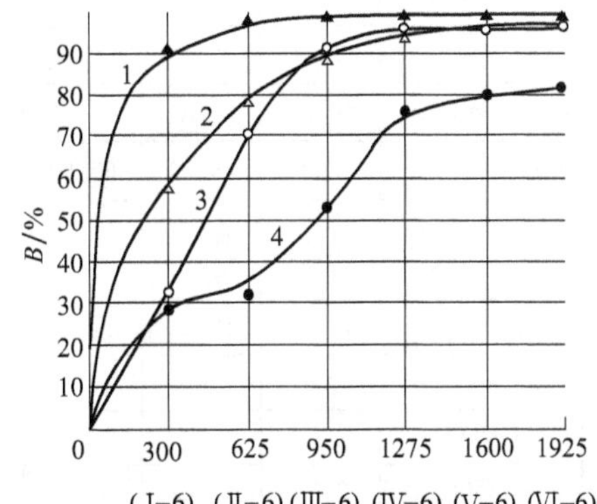

(Ⅰ-6)　(Ⅱ-6)(Ⅲ-6)(Ⅳ-6)(Ⅴ-6)(Ⅵ-6)

s/mm

▲石圪台△大同○潞安●晋城

(b) 4种典型煤在一维炉中的试验曲线

1—石圪台烟煤；2—大同烟煤；3—潞安贫煤；4—晋城无烟煤

图 2-10　一维火焰试验炉及试验结果

3. 一维火焰试验炉测定煤灰结渣特性——渣型法结渣性能判断 [见图 2-10 (a)]

由于炉内结渣机理的复杂性，以及煤灰结渣指标的判断还不够完善，因此，国内外研究者转而在试验炉上进行煤的试烧，以求得到直观的结渣性结论。西安热工研究院提出了在一维火焰炉上确定煤灰结渣的渣型对比试验方法。试验工况条件如下。

入炉过量空气系数 $\alpha=1.25$，容积热负荷 $q_v=290.5kW/m^3$，炉体分成 6 个温度区段，温度分别处于 1000～1500℃的不同水平，将 6 个碳化硅结渣棒（即试验棒）分别从 6 段测孔插入炉内，炉内试验时送入并流经炉内的总灰量为 0.5kg。试验结束，取出渣棒，复测炉温，评定渣型。渣型特征如下。

(1) 熔融渣 灰渣呈全熔融状，渣棒被流渣覆盖，并有渣泡形成。

(2) 黏熔渣 灰渣由熔融与半熔融渣黏聚一起，已无法切刮。

(3) 强黏聚渣 黏聚灰渣硬，无法从渣棒上完全刮下来，渣棒残留不规则黏聚硬渣。

(4) 黏聚渣 灰渣黏聚一起，较硬，切刮困难，但仍能从渣棒上切刮下来。

(5) 弱黏聚渣 灰渣黏聚，切刮较容易，切下的渣块有一定的硬度。

(6) 微黏聚渣 外形上有灰粒黏聚特征，容易切刮。刮下灰大部分呈疏松块状。

(7) 附着灰 无黏聚特征，灰粒呈松散堆积状。

最后根据不同炉温下形成渣型特征，结渣性能分四级：①严重结渣性（a 型）；②高结渣性（b 型）；③中等结渣性（c、d 型）；④低结渣性（e 型）。

表 2-45 是我国部分大容量电站锅炉（≥300MW）在运煤、灰数据及热天平燃烧试验特性数据的汇总。

表 2-45 我国部分大容量电站锅炉在运煤燃烧特性及灰特性的汇总

序号		1	2	3	4	5	6	7	8	9	10
煤种		阳泉无烟煤	晋东南无烟煤与贫煤的混煤	松藻无烟煤	晋中贫煤	晋东南无烟煤与贫煤的混煤	晋豫陕混煤	晋豫混煤	晋陕混煤	混贫煤	晋中贫煤
元素分析/%	碳 $w(C_{ad})$	68.75	68.4	60.4	66.2	73.34	65.37	58.4	68.7	63.72	58.18
	氢 $w(H_{ad})$	1.59	2.43	3.03	3.13	2.88	3.18	2.8	3.08	3.09	3.02
	氧 $w(O_{ad})$	2.23	2.34	3.55	3.03	2.31	4.1	3.87	2.59	2.64	4.0
	氮 $w(N_{ad})$	0.96	1.01	1.30	1.13	1.07	1.17	1.07	1.11	0.84	0.79
	硫 $w(S_{ad})$	1.61	0.75	4.10	2.31	0.60	0.78	0.42	1.15	0.98	2.15
工业分析/%	水 $w(M_{ad})$	0.97	3.97	2.12	1.58	0.91	1.71	2.33	1.10	1.04	0.26
	灰 $w(A_{ad})$	23.9	21.1	25.5	22.65	18.89	23.67	31.1	22.27	27.69	31.6
	挥发分 $w(V_{daf})$	10.59	8.08	13.96	14.03	12.35	19.31	16.58	16.17	18.1	18.78
	固定碳 $w(FC_{ad})$	67.2	68.86	62.30	65.13	70.29	64.24	55.5	64.24	58.39	52.57①
低位发热量 $Q_{net,V,ar}$/(MJ/kg)		24.31	23.34	21.77	23.94	27.5	22.7	20.3	25.9	23.4	21.63
灰分分析/%	$w(SiO_2)$	47.04	49.94	41.28	51.17	48.99	51.52	55.8	49.23	52.81	50.44
	$w(Al_2O_3)$	30.21	29.3	21.78	29.7	33.45	30.41	26.92	33.07	27.8	33.50
	$w(Fe_2O_3)$	7.03	7.06	23.29	5.84	5.06	5.91	4.19	5.83	3.07	10.74
	$w(TiO_2)$	2.05	1.04	1.89	2.62	0.39	1.0	0.92	0.67	3.19	0.30
	$w(CaO)$	9.9	4.19	3.47	2.45	5.83	5.47	3.47	4.18	3.14	2.42
	$w(MgO)$	1.01	1.9	1.51	0.8	1.02	1.31	1.77	0.79	1.50	0.71
	$w(K_2O)$	0.05	0.61	0.36	0.66	0.70	0.56	0.73	0.70	1.43	0.52
	$w(Na_2O)$	0.10	0.36	0.23	0.38	0.23	0.2	0.04	0.49	0.25	0.07
	$w(SO_3)$	2.06	3.32	4.49	1.85	3.23	2.5	2.23	2.88	3.05	0.72
	$w(P_2O_5)$		0.4	0.12	0.66		0.29	0.19		1.57	0.16

续表

序号			1	2	3	4	5	6	7	8	9	10
煤种			阳泉无烟煤	晋东南无烟煤与贫煤的混煤	松藻无烟煤	晋中贫煤	晋东南无烟煤与贫煤的混煤	晋豫陕混煤	晋豫混煤	晋陕混煤	混贫煤	晋中贫煤
灰熔融性/℃	变形温度(DT)		>1500	>1500	1110	>1500	1390	>1500	>1500	1460	1360	1460
	软化温度(ST)		—	—	1280	—	1440	—	—	1490	1420	1470
	流动温度(FT)		—	—	1410	—	1500	—	—	1500	1495	1490
热天平燃烧试验特征值[2]	煤粉	t_{zh}/℃	352	400	310	315	318	295	320	290	285	285
		w_{1max}/(mg/min)	2.75	4.14	3.64	3.90	2.99	2.94	3.39	2.93	2.99	2.68
		t_{1max}/℃	385	460	330	334	369	325	350	323	318	322
		G_1/mg	6.78	8.35	8.52	7.29	7.42	7.31	6.56	8.12	8.94	8.70
		τ_{98}/min	14.0	14.45	14.25	14.38	13.63	14.13	14.0	14.28	14.0	13.68
	焦炭	t_{2max}/℃	528	590	562	540	528	525	550	559	582	549
		G_2/mg	3.22	1.65	1.48	2.71	2.58	2.69	3.44	1.88	1.06	1.30
		τ'_{98}/min	2.85	3.23	3.35	3.15	3.10	4.20	3.45	3.75	3.0	2.45
		τ'_{100}/min	4.13	5.0	5.50	5.25	4.63	6.0	5.50	5.69	5.0	3.94
特性指数	着火指数(R_w)		4.02	4.85	4.76	4.78	4.33	4.69	4.52	4.83	4.81	4.71
	燃尽指数(R_j)		3.51	3.81	4.29	3.34	3.51	3.07	6.54	3.41	4.72	5.21
	结渣指数(R_z)		1.29	1.19	2.32	0.99	1.16	1.1	1.06	1.01	1.15	1.16
	灰沾污指数(H_w)		0.02	0.06	0.10	0.05	0.04	0.03	0.05	0.07	0.03	0.01
	灰磨损指数(H_m)		21.43	18.88	21.69	21.04	17.6	21.5	27.9	20.9	23.0	31.3
	煤可磨系数(HGI)		52	57.6	85.2	77.7	65	95.2	110.5	100	88	81
燃烧器	形式		W火焰双调风	W火焰缝隙式	W火焰缝隙式	W火焰双调风	四角切圆	四角切圆	四角切圆	四角切圆	四角切圆	四角切圆
	热功率/(MW/只)		49.7	57.8	25.7	59.96	48.8	48.9	49.3	38.9	39.5	49.07
	炉膛上部煤粉停留时间/s		—	—	—	—	1.75	1.87	1.84	2.2	2.2	1.94
序号			11	12	13	14	15	16	17	18	19	20
煤种			铜川混贫煤	贫煤与烟煤的混煤	川陕混煤	西山混贫煤	贫煤与烟煤的混煤	徐州混煤	晋北烟煤	混合烟煤	混合烟煤	混合烟煤
元素分析/%	碳 $w(C_{ad})$		54.5	64.66	50.66	57.78	64.98	58.84	65.0	60.3	69.93	71.83
	氢 $w(H_{ad})$		2.94	3.28	2.75	2.96	3.31	3.27	3.36	3.35	3.73	4.88
	氧 $w(O_{ad})$		4.22	4.29	3.40	4.09	4.58	4.34	7.93	7.87	7.38	6.51
	氮 $w(N_{ad})$		1.17	1.10	0.86	1.55	1.10	0.99	1.19	0.86	0.84	1.86
	硫 $w(S_{ad})$		1.53	0.39	1.35	0.90	0.62	1.12	0.64	1.16	0.65	0.83
工业分析/%	水 $w(M_{ad})$		1.54	0.95	1.38	0.99	0.75	1.02	6.8	8.18	2.94	3.25
	灰 $w(A_{ad})$		34.0	25.33	39.6	31.73	24.65	30.42	15.2	18.30	14.53	11.18
	挥发分 $w(V_{daf})$		19.15	19.45	20.06	20.27	21.62	24.39	28.33	28.79	29.48	29.74
	固定碳 $w(FC_{ad})$		52.05	59.38	47.19	53.64	53.21[1]	51.84	55.92	52.63	57.48	60.36

续表

序号			11	12	13	14	15	16	17	18	19	20
煤种			铜川混贫煤	贫煤与烟煤的混煤	川陕混煤	西山混贫煤	贫煤与烟煤的混煤	徐州混煤	晋北烟煤	混合烟煤	混合烟煤	混合烟煤
低位发热量 $Q_{net,V,ar}$/(MJ/kg)			19.40	23.17	17.84	20.72	22.81	21.89	23.78	20.83	24.32	26.47
灰分分析/%		$w(SiO_2)$	51.98	52.96	57.77	50.33	49.78	52.01	57.26	44.97	53.12	58.39
		$w(Al_2O_3)$	34.98	34.95	25.27	29.40	36.83	34.11	21.98	25.82	26.78	19.76
		$w(Fe_2O_3)$	4.86	4.14	5.41	7.14	4.05	4.52	9.93	10.04	7.52	13.92
		$w(TiO_2)$	1.01	0.27	0.87	1.33	0.05	1.89	0.67	0.81	1.92	1.00
		$w(CaO)$	3.01	3.96	2.92	3.40	3.98	2.60	4.84	4.56	3.63	1.61
		$w(MgO)$	0.85	0.87	2.42	1.00	1.34	0.74	0.20	3.43	0.71	1.11
		$w(K_2O)$	0.52	0.65	1.14	1.00	0.28	0.57	1.55	0.54	0.04	1.14
		$w(Na_2O)$	0.01	0.23	0.01	0.25	0.03	0.20	0.71	0.45	0.65	0.18
		$w(SO_3)$	1.92	1.10	2.02	2.50	3.12	1.63	2.54	6.30	2.33	1.74
		$w(P_2O_5)$					0.15		0.32	0.23		
灰熔融性/℃		变形温度(DT)	>1500	1250	1350	>1500	>1500	>1500	1230	1210	1230	1245
		软化温度(ST)	—	1380	1450	—	—	—	1390	1310	1290	1300
		流动温度(FT)	—	1400	>1500	—	—	—	1480	1420	1480	1378
热天平燃烧试验特征值[②]	煤粉	t_{zh}/℃	292	296	285	306	283	277	238	270	254	251
		w_{1max}/(mg/min)	3.18	2.74	3.06	4.03	2.65	3.14	4.46	3.84	3.01	2.83
		t_{1max}/℃	318	331	315	326	330	310	258	290	285	282
		G_1/mg	8.19	8.33	6.78	8.8	8.82	9.04	9.40	7.43	8.88	9.36
		τ_{98}/min	14.0	14.25	13.63	15.38	13.83	14.38	13.30	13.70	13.55	13.75
	焦炭	t_{2max}/℃	545	565	513	607	565	592	560	605	556	577
		G_2/mg	1.81	1.67	3.22	1.2	1.18	0.96	0.60	2.57	1.12	0.64
		τ'_{98}/min	3.3	2.70	3.45	3.5	3.10	3.15	3.30	3.55	3.00	2.75
		τ'_{100}/min	5.25	4.69	5.50	5.75	4.56	5.13	4.00	6.00	4.88	4.19
特性指数		着火指数(R_w)	4.82	4.60	4.85	4.91	4.66	4.97	6.08	5.35	5.30	5.30
		燃尽指数(R_j)	3.97	4.29	3.81	3.4	—	4.42	5.38	2.96	5.38	5.38
		结渣指数(R_z)	0.87	1.16	1.19	1.10	0.89	0.85	1.69	1.76	1.63	2.04
		灰沾污指数(H_w)	0.001	0.03	0.001	0.04	0.003	0.02	0.15	0.12	0.10	0.04
		灰磨损指数(H_m)	33.4	24.4	35.6	29.4	23.0	29.07	13.90	15.08	12.68	10.0
		煤可磨系数(HGI)	85.2	81	79.8	—	94	77	—	61.3	70	52
燃烧器		形式	四角切圆	四角切圆	四角切圆	四角切圆	四角切圆	四角切圆	四角切圆	旋流对冲	四角切圆	旋流对冲
		热功率/(MW/只)	51.0	40.1	41.23	48.56	49.07	49.52	39.0	52.3	39.74	33.9
		炉膛上部煤粉停留时间/s	1.84	2.15	1.56	1.77	2.03	2.10	1.83	1.76	1.74	1.74

续表

序号			21	22	23	24	25	26	27	28	29	30
煤种			内蒙古、晋混煤	鲁、晋混煤	云南混煤	晋北混煤	晋、豫、皖混煤	混合烟煤	混合烟煤	内蒙古、陕混煤	平顶山混煤	义马混煤
元素分析/%	碳 $w(C_{ad})$		65.5	65.78	51.8	67.33	66.6	61.47	67.09	70.04	57.20	53.74
	氢 $w(H_{ad})$		3.59	3.72	3.05	3.55	3.96	3.45	3.97	4.38	3.34	2.90
	氧 $w(O_{ad})$		8.48	4.63	5.28	9.78	9.18	9.39	9.59	10.1	6.26	8.76
	氮 $w(N_{ad})$		0.79	2.46	0.99	0.72	0.89	0.85	0.96	0.86	0.44	0.76
	硫 $w(S_{ad})$		0.68	1.09	0.29	0.71	1.50	0.89	0.72	0.56	1.07	0.92
工业分析/%	水 $w(M_{ad})$		5.94	1.32	1.78	4.04	7.19	1.02	1.98	2.12	0.8	5.87
	灰 $w(A_{ad})$		15.0	21.0	36.81	13.86	10.7	22.93	15.69	11.94	30.89	27.05
	挥发分 $w(V_{daf})$		29.87	30.14	30.65	32.42	33.11	33.60	33.62	33.63	33.76	33.90
	固定碳 $w(FC_{ad})$		55.44	54.3	39.43	55.48	54.94	48.68①	54.74	57.03	45.25	44.32
低位发热量 $Q_{net,V,ar}$/(MJ/kg)			22.21	26.20	18.41	23.90	22.93	22.70	23.81	25.74	20.31	19.66
灰分分析/%	$w(SiO_2)$		54.68	50.80	57.36	47.92	45.0	48.94	50.37	56.08	57.82	53.20
	$w(Al_2O_3)$		25.9	30.0	23.72	34.07	20.0	35.76	28.42	30.06	27.10	25.75
	$w(Fe_2O_3)$		8.61	7.90	9.11	8.60	9.38	8.44	9.67	6.89	3.72	6.52
	$w(TiO_2)$		0.84	1.32	1.77	0.39	2.02	0.27	1.11	0.30	1.40	0.05
	$w(CaO)$		2.83	2.70	3.96	3.89	—	3.52	3.09	2.64	2.01	5.06
	$w(MgO)$		1.44	0.60	1.26	0.95	—	1.58	1.18	0.87	0.80	1.35
	$w(K_2O)$		0.44	0.70	0.32	0.20	0.93	0.48	1.26	0.44	1.01	0.11
	$w(Na_2O)$		0.07	0.20	0.07	0.12	0.63	0.06	0.58	0.07	0.40	0.72
	$w(SO_3)$		3.33	2.20	1.17	3.24	6.69	0.51	2.55	2.33	1.23	3.74
	$w(P_2O_5)$		0.19				2.04	0.17				
灰熔融性/℃	变形温度(DT)		1430	>1500	1230	1340	1237	1420	1390	1500	>1500	1300
	软化温度(ST)		>1500	—	1290	1460	1280	1460	1433	>1500	—	1350
	流动温度(FT)		—	—	1370	>1500	1384	1480	1465	—	—	1400
热天平燃烧试验特征值②	煤粉	t_{zh}/℃	238	279	263	245	250	254	249	242	285	244
		w_{1max}/(mg/min)	3.56	4.30	3.05	3.16	5.69	3.17	3.42	2.74	3.50	3.72
		t_{1max}/℃	262	291	290	273	265	285	274	270	302	267
		G_1/mg	8.98	9.40	8.19	9.08	9.59	8.17	9.01	7.85	8.73	8.77
		τ_{98}/min	13.33	14.75	14.38	12.95	13.25	14.0	13.18	13.25	15.0	14.33
	焦炭	t_{2max}/℃	550	620	548	540	610	532	556	498	596	585
		G_2/mg	1.02	0.6	1.81	0.92	0.41	1.83	0.99	2.15	1.27	1.23
		τ'_{98}/min	4.08	2.75	2.70	2.50	2.85	2.55	2.40	3.05	3.0	3.0
		τ'_{100}/min	6.25	4.50	4.00	3.56	4.63	4.00	3.63	4.25	5.0	4.69

续表

序号		21	22	23	24	25	26	27	28	29	30
煤种		内蒙古、晋混煤	鲁、晋混煤	云南混煤	晋北混煤	晋、豫、皖混煤	混合烟煤	混合烟煤	内蒙古、陕混煤	平顶山混煤	义马混煤
特性指数	着火指数(R_w)	5.80	5.40	5.59	5.52	6.23	5.34	5.54	5.41	5.06	5.73
	燃尽指数(R_j)	4.69	5.18	3.76	6.29	5.59	2.59	6.29	4.92	3.66	3.86
	结渣指数(R_z)	1.21	1.66	1.81	1.16	2.20	1.14	1.36	1.03	0.97	1.56
	灰沾污指数(H_w)	0.01	0.03	0.01	0.02	0.21	0.01	0.11	0.01	0.04	0.13
	灰磨损指数(H_m)	13.5	19.27	32.95	13.13	8.07	23.0	14.30	11.4	28.2	23.20
	煤可磨系数(HGI)	55.5	—	90	50	56	55	54	48	—	70
燃烧器	形式	四角切圆	四角切圆	四角切圆	旋流对冲	旋流对冲	四角切圆	旋流前墙	四角切圆	四角切圆	四角切圆
	热功率/(MW/只)	39.1	49.3	33.1	52.12	37.50	39.21	73.91	50.64	47.19	47.6
	炉膛上部煤粉停留时间/s	1.88	1.84	3.03	2.15	1.50	1.99	1.16	2.10	1.72	2.45

序号		31	32	33	34	35	36	37	38	39	40
煤种		大同烟煤	东胜神木烟煤	淮南烟煤	石圪台烟煤	铁法混煤	鹤岗烟煤	内蒙古小窑煤	元宝山褐煤	霍林河褐煤	凤鸣可保褐煤
元素分析/%	碳 $w(C_{ad})$	55.03	67.5	59.01	68.0	54.04	63.57	59.0	47.41	41.44	31.95[1]
	氢 $w(H_{ad})$	3.44	3.84	3.66	4.30	3.99	4.17	5.21	2.72	3.04	2.49[1]
	氧 $w(O_{ad})$	8.81	10.18	5.69	9.31	10.12	6.76	22.4	12.71	11.31	12.08[1]
	氮 $w(N_{ad})$	0.79	0.84	1.12	0.9	0.74	0.71	0.72	1.00	0.76	0.85[1]
	硫 $w(S_{ad})$	0.71	0.35	1.58	1.39	0.53	0.18	1.65	1.00	0.64	0.98[1]
工业分析/%	水 $w(M_{ad})$	5.82	11.35	1.43	7.64	3.08	2.17	0.14	16.8	10.68	13.56
	灰 $w(A_{ad})$	25.4	6.0	27.47	8.51	27.5	22.44	10.84	18.35	32.13	15.62[1]
	挥发分 $w(V_{daf})$	34.83	35.11	35.32	35.67	39.90	40.04	48.96	42.0	48.55	55.84
	固定碳 $w(FC_{ad})$	44.84	53.62	45.99	53.94	41.71	45.21	45.43	37.60	29.42	—
低位发热量 $Q_{net,V,ar}$/(MJ/kg)		20.0	23.8	22.50	23.4	19.03	22.49	19.26	17.09	11.95	11.04
灰分分析/%	$w(SiO_2)$	48.02	35.3	53.33	40.8	59.18	53.79	39.84	56.12	59.55	40.74
	$w(Al_2O_3)$	40.15	17.21	28.39	10.92	22.81	20.54	5.0	17.62	22.02	24.39
	$w(Fe_2O_3)$	4.44	9.38	3.87	13.41	7.06	14.34	19.39	10.13	5.54	11.74
	$w(TiO_2)$	1.07	0.58	2.76	1.71	0.05	1.55	0.37	0.78	0.01	0.58
	$w(CaO)$	3.09	20.07	3.45	16.34	2.09	3.30	14.23	4.95	3.28	9.90
	$w(MgO)$	0.52	2.1	0.96	1.76	1.58	1.19	2.42	1.14	1.37	3.56
	$w(K_2O)$	0.24	0.15	1.12	1.05	1.47	1.22	0.41	2.40	1.51	0.89
	$w(Na_2O)$	0.01	0.53	0.54	0.94	1.01	0.61	1.22	0.72	0.52	0.04
	$w(SO_3)$	2.20	10.28	2.43	7.96	1.78	2.99	16.94	3.69	3.15	6.14
	$w(P_2O_5)$		0.12	0.49	0.27						

续表

序号			31	32	33	34	35	36	37	38	39	40
煤种			大同烟煤	东胜神木烟煤	淮南烟煤	石圪台烟煤	铁法混煤	鹤岗烟煤	内蒙古小窑煤	元宝山褐煤	霍林河褐煤	凤鸣可保褐煤
灰熔融性/℃	变形温度(DT)		>1500	1140	>1500	1100	1250	1300	1070	1080	1200	1150
	软化温度(ST)		—	1170	—	1127	1341	1350	1120	1150	1370	1215
	流动温度(FT)		—	1210	—	1234	1410	1430	1180	1260	1420	1275
热天平燃烧试验特征值②	煤粉	T_{zh}/℃	240	232	260	240	218	228	221	233	218	215
		w_{1max}/(mg/min)	4.46	3.96	5.05	5.75	3.88	3.26	3.47	5.09	4.70	5.01
		T_{1max}/℃	265	255	272	255	249	259	247	250	244	238
		G_1/mg	9.30	9.65	9.13	9.76	9.25	8.62	9.70	9.85	9.73	9.69
		τ_{98}/min	13.50	13.45	14.75	11.50	11.95	12.85	10.98	10.88	9.53	10.40
	焦炭	T_{2max}/℃	560	555	582	570	523	528	500	525	549	482
		G_2/mg	0.30	0.35	0.87	0.24	0.75	1.38	0.30	0.15	0.27	0.31
		τ'_{98}/min	2.96	3.27	3.3	2.65	2.35	2.40	2.40	2.85	2.45	2.40
		τ'_{100}/min	4.50	4.75	6.00	4.00	3.38	3.81	3.56	3.75	3.88	4.00
特性指数	着火指数(R_w)		5.99	6.03	5.91	6.43	4.75	5.84	6.10	5.73	6.23	6.69
	燃尽指数(R_j)		6.54	6.54	4.42	6.54	3.34	5.21	10.0	6.53	6.29	10.0
	结渣指数(R_z)		0.77	2.94	1.0	3.58	1.63	1.96	5.09	2.50	1.57	2.39
	灰沾污指数(H_w)		0.001	0.53	0.06	0.59	0.16	0.16	1.02	0.19	0.08	0.02
	灰磨损指数(H_m)		26.3	3.8	25.8	5.28	23.7	19.2	6.03	15.52	24.45	12.97
	煤可磨系数(HGI)		51.7	47	—	54.4	48	63	55	59	60	63
燃烧器	形式		四角切圆	四角切圆	四角切圆	四角切圆	四角切圆	四角切圆	旋流对冲	风扇磨	风扇磨	风扇磨
	热功率/(MW/只)		49.3	85.4	77.6	48.7	49.0	77.7	34.4	65.4	53.8	37.8
	炉膛上部煤粉停留时间/s		1.92	1.92	1.89	1.92	1.87	1.93	1.49	2.94	2.65	2.58

① 收到基值。

② 表中符号意义见图 2-9。τ'_{98}和τ'_{100}分别为焦炭中可燃质烧掉98%和100%所需的时间。

三、用工业分析数据表征煤的着火稳定性和燃尽性

普华煤燃烧开发技术中心的研究表明，用热天平试验所获取的数据，无论在认知的深度上或广度上都具有信息量更大、更充实的特点，因此，用这些数据整理的煤着火稳燃性指数（R_w）和燃尽特性指数（R_j）作为判别指标更接近实际。但是，热天平试验数据比常规工业分析数据的获取相对不太方便。鉴于此，普华对国内43个电厂60台200MW以上锅炉炉前煤的工业分析数据与热天平试验的特性指数（R_w和R_j），进行了相关性逐次回归处理，建立了用工业分析的水分（M_{ad}）、挥发分（V_{daf}）和灰分（A_{ad}）表征着火稳燃特性（R_w）和燃尽特性（R_j）的关联式：

$$R_w=4.24+0.047w(M_{ad})+0.046w(V_{daf})-0.015w(A_{ad}) \text{（相关系数为0.9254）} \cdots \quad (2\text{-}45)$$

$$R_j=2.22+0.17w(M_{ad})+0.016w(V_{daf}) \text{（相关系数为0.8108）} \cdots \quad (2\text{-}46)$$

R_w和R_j的分级标准同样遵守表2-42和表2-43的划分区。

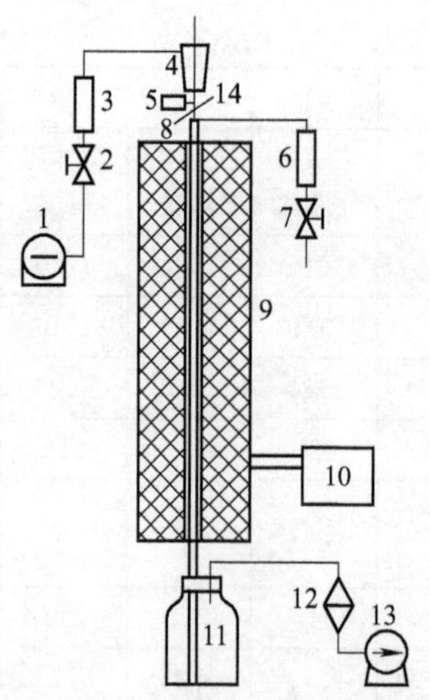

图 2-11 煤粉颗粒着火指数测定系统

1—空气压缩机；2,7—针形阀；3—转子流量计；4—给粉器；5—振动器；6—转子流量计；8—石英玻璃管；9—管式电炉；10—温度调节仪；11—沉降瓶；12—过滤器；13—真空泵；14—观察镜

哈尔滨电站设备成套设计研究所在自行设计的煤粉颗粒着火指数（T_d）测定炉（见图 2-11）上，把煤粉气流通入炽热的管式电炉中加热，将煤粉着火时的最低炉膛温度定义为煤粉颗粒着火指数（T_d）。经过对 20 种煤［$w(V_{daf})$＝5.26％～58.58％，$w(M_{ad})$＝0.95％～17.48％，$w(A_{ad})$＝9.47％～48.40％，$Q_{net,V,ar}$＝13.99～28.39MJ/kg］的试验研究，测定了其最低着火温度，建立了各煤种工业分析数据［水分（M_{ad}）、挥发分（V_{daf}）和灰分（A_{ad}）］与着火指数（T_d）间的相关回归关系式（2-47）。其优点在于综合考虑了 M_{ad}、V_{daf}、A_{ad} 各自对着火稳定性正、反两方面的影响，使用方便，且有较好的准确性。

$$T_d=[654-1.9w(V_{daf})+0.43w(A_{ad})-4.5w(M_{ad})\pm 20]℃ \tag{2-47}$$

（相关系数为0.916）

T_d 的判别分级区如表 2-46 所列。

表 2-46 T_d 的判别分级区

着火指数 T_d/℃	≤560	560～593	593～613	613～638	＞638
着火稳定性分级区	褐煤区	易	中等	难	极难

四、混煤的着火燃烧特性

混煤是指把不同着火燃烧特性的煤种，按一定的质量比例机械地掺混在一起的混合煤，通常称混煤。

根据大量运行实践的总结和研究表明：混煤的元素成分和发热量与混合前各原煤成分和发热量按一定的质量掺混比例计算的加权平均值相符合。但是应该特别指出的是：混煤的着火燃烧稳定性、燃尽特性和结渣特性等，与混煤中各原煤的掺混质量比例不存在简单的加权平均关系。

1. 混煤着火性能的变化趋势

试验研究表明，着火指数（T_d）高的煤种（即难燃煤种）中掺混了着火指数（T_d）低的易燃煤种时，该混煤的着火特性明显改善。试验数据表明，当无烟煤中按 1∶1 质量掺混入烟煤后的混煤，其着火指数多数小于两种原煤各自着火指数的平均值，而且偏向易燃煤的着火指数一边。显然，对难燃煤中掺混易燃煤有利于着火燃烧。反之，向易燃煤中掺混难燃煤，着火指数会有所提高。

2. 混煤燃烧稳定性和燃尽性

对混煤的燃烧过程，在热天平上进行试验测定发现：混煤的燃烧曲线出现了 3 个或 4 个燃烧尖峰。通常单一煤种试验一般是 2 个尖峰（见图 2-9）。说明混煤在燃烧过程中，保持了原单一煤种的燃烧特性。

混煤的燃烧稳定性判断，同样可以根据热天平试验获取的着火温度（T_{zh}）、第一尖峰的最大失重速率（w_{1max}）和最大失重速率时相应的温度（T_{1max}），用式（2-43）计算出着火稳定性指数（R_w），按表 2-42 进行判断。

混煤的燃尽特性总体上是趋近于难燃尽的单一煤种，难燃煤中掺烧易燃尽煤种时，其燃尽特性不会有显著改善。

3. 混煤结渣特性的变化趋势

试验研究表明：对易结渣煤种，掺混入不结渣煤种后其结渣程度会有所减轻；相反，对不结渣煤种掺混入结渣煤种后会产生结渣现象，且随掺混的质量比例增加，结渣现象趋于严重。

第四节 液体燃料的特性

一、液体燃料的特性

中国锅炉燃烧使用的液体燃料都是石油炼制过程中的产品或尾品，主要有渣油、重油和柴油等。影响燃烧的主要特征物理量如下。

1. **黏度**

燃料油的黏度是液体分子间内摩擦力大小的反映。黏度大小直接影响到燃料油的流动性和雾化性能，黏度越大越不利。

(1) 黏度的表示方法及单位换算　黏度的大小通常用动力黏度、运动黏度和条件黏度3种方法表示。动力黏度与运动黏度的关系如下：

$$\nu=\frac{\mu}{\rho}$$

式中　ν——运动黏度（又称运动黏性系数），m^2/s；

$1m^2/s=10^4St$（斯托克斯）$=10^6cSt$（厘斯）❶

μ——动力黏度（又称动力黏性系数），Pa·s（或 kgf/m·s）；

$1Pa\cdot s=10P$（泊）$=10^3cP$（厘泊）❷

ρ——流体的密度，kg/m^3。

条件黏度是用黏度计测得的，反映流体黏性的一个条件物理量。通常用恩氏黏度计来测定。测量方法的要点：把200mL温度为t（℃）的试样油放入内径为$\phi2.8mm$的黏度计中，打开出流小孔，计量试样油全部流完所需的时间τ，同样再计量同体积20℃的蒸馏水从黏度计中全部出流的时间τ'，两者的比值$\frac{\tau}{\tau'}$被定义为该试样油在t下的恩氏黏度，用$°E_t$表示。有一些国家直接用试样油全部流完的时间τ来反映油的黏度，被称为恩氏秒，用$''E_t$表示。此外，美国、日本等国还采用赛氏黏度计来测量黏度，其方法要点：把60mL温度为t的试样油放入内径$\phi1.76mm$、长12.25mm的黏度计中，以流体全部流完的时间（s）定义为赛氏黏度，又称赛氏秒，以″SSU或″SUS表示。表2-47列出了各种黏度换算的公式。

表2-47　不同单位的黏度与运动黏度的换算公式

名　称	符　号	单　位	向ν换算的公式
运动黏度	ν	m^2/s	
动力黏度	μ	Pa·s	$\nu=\frac{\mu}{\rho}$(ρ——油密度,kg/m^3)
恩氏度	°E	(°)	$\nu=\left(7.31°E-\frac{6.31}{°E}\right)\times10^{-6}$
恩氏秒	″E	s	$\nu=\left(1.435''E-\frac{322}{''E}\right)\times10^{-6}$
国际赛氏秒(通用赛波尔特秒)	″SSU(″SUS)	s	$\nu=\left(0.22''SSU-\frac{203}{''SSU}\right)\times10^{-6}$
商用雷氏秒(雷氏1#秒)	″R	s	$\nu=\left(0.26''R-\frac{172}{''R}\right)\times10^{-6}$
雷氏-阿氏秒(海军用雷氏秒)	″RA	s	$\nu=\left(2.39''RA-\frac{40.3}{''RA}\right)\times10^{-6}$
赛氏-福氏秒	SFS	s	$\nu=\left(2.20SFS-\frac{203}{SFS}\right)\times10^{-6}$
巴氏度	°B	(°)	$\nu=\frac{4850}{°B}\times10^{-6}$

不同单位的黏度还可以利用图2-12进行相互换算。

图2-12用法举例说明如下：设有某油品的通用赛氏黏度为″SSU=108s，把它换算成相应的恩氏黏度和运动黏度的法定计量单位。

用法：查图2-12，从横坐标“各种曲线的黏度（s）”上查得108s的刻度点a，从a点垂直向上与通用赛氏黏度曲线相交于b点，自b点作水平线交恩氏黏度曲线于c点，再向左延伸交纵坐标（运动黏度）于d点，此时的刻度就是运动黏度$\nu=22\times10^{-6}m^2/s$。从c点垂直向下与横坐标（恩氏黏度）交于e点，此时的刻度就是恩氏黏度$°E=3.3°$。

如果进行换算的黏度很大时，可以用右上角左右两侧的坐标进行换算。一般情况下，用表2-47中的换算公式进行换算更精确。

(2) 黏度与温度和压力的关系　油的黏度随温度的升高而减小，反之则增大。各种油黏度随温度变化的曲线示于图2-13。

油黏度与压力的关系可用下式计算：

$$\mu_p=\mu_0(1+10.2\alpha p) \tag{2-48}$$

---

❶、❷　法定计量单位中不再使用。

式中 μ_p——压力为 p 时的动力黏度，Pa·s；

μ_0——压力为 0.098MPa 下的动力黏度，Pa·s；

p——油的表压力，MPa；

α——系数，对重油在 175℃时 $\alpha=0.00265$。

一般情况下，当 $p<4.9$MPa 时压力对黏度的影响可以忽略不计。

(3) 混合油料的黏度 由几种不同黏度油组成混合油料，其黏度可按下式计算：

$$\lg\frac{1}{\mu}=\frac{1}{100}\left[\sum_{i=1}^{n}V(x_i)\lg\frac{1}{\mu_i}\right] \tag{2-49}$$

式中 μ，μ_i——混合油及各组分油的动力黏度；

$V(x_i)$——各组分油所占的体积百分数，即 $\frac{1}{100}\sum_{i=1}^{n}V(x_i)=1.0$。

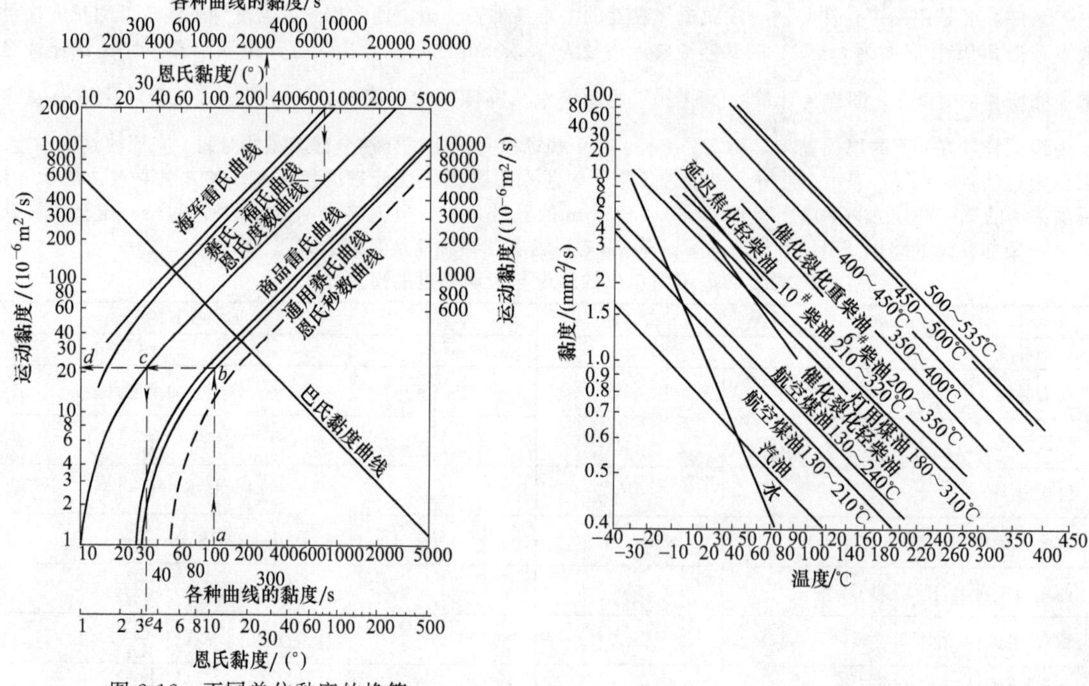

图 2-12 不同单位黏度的换算

图 2-13 各种油黏度与温度的关系

如果由两种已知黏度的油组成混合油，其黏度可按图 2-14 和图 2-15 查得。

将已知两种油品的黏度值标于图上，两点间连直线即可求得任一混合组成的黏度。

图 2-14 和图 2-15 用法说明：将已知两种油品黏度值分别标于左、右纵坐标上。把两点连成一条直线，与横坐标的两种油品混合比例（体积比）的垂直线交于 a 点。由 a 点水平线交纵坐标的点，其对应的值即为该混合比例下两种混合油品的黏度。

用同样方法，可以求出两种油品各自的黏度和混合后的黏度，并求出它们的混合比例（即各自所占的份额）。

2. 密度

中国常用 20℃时油的密度（ρ^{20}）来表征燃料油的密度特性。密度与温度（t）的关系如下：

$$\rho^{t}=\rho^{20}-\alpha(t-20)\times10^{3} \tag{2-50}$$

或

$$\rho^{t}=\frac{\rho^{20}}{1+\beta\ (t-20)} \tag{2-51}$$

式中 ρ^t——温度为 t（℃）时的油密度，kg/m³；

α——温度修正系数，℃$^{-1}$，可查表 2-48；

β——体积膨胀系数，℃$^{-1}$，可查表 2-48。

对于重油

$$\rho^{t}=\rho^{20}-\Delta\rho \tag{2-52}$$

式中 $\Delta\rho$——密度修正值，查图 2-16。

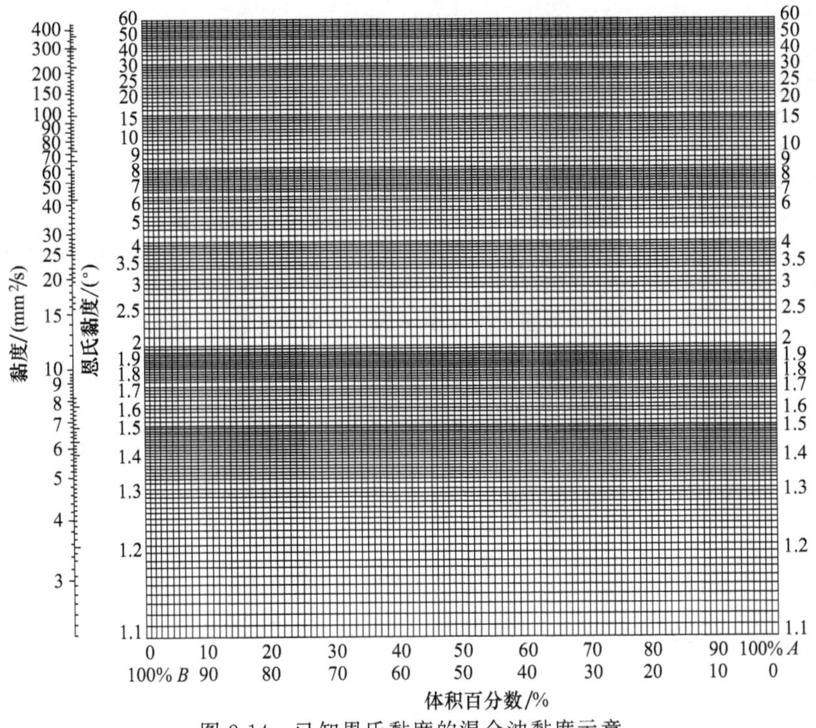

图 2-14 已知恩氏黏度的混合油黏度示意

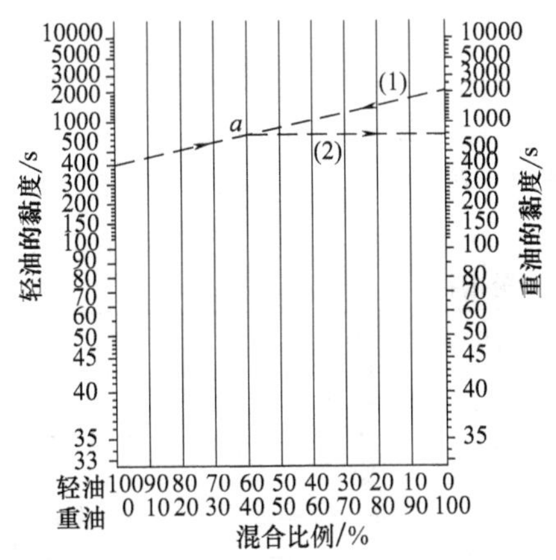

图 2-15 已知雷氏秒黏度的混合油黏度示意

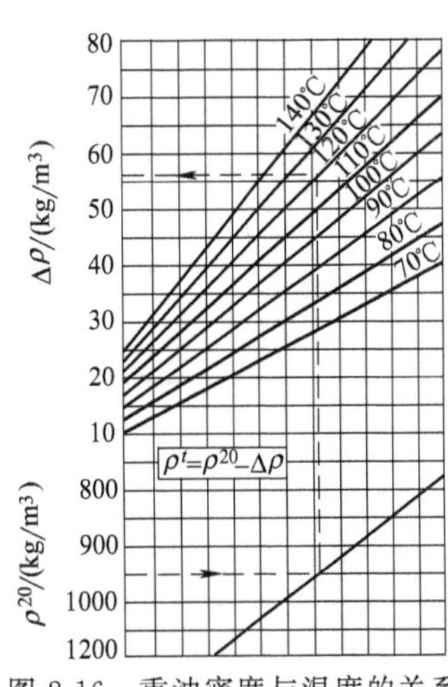

图 2-16 重油密度与温度的关系

表 2-48 燃料油的温度修正系数和体积膨胀系数

油密度 ρ^{20}/(kg/m³)	温度修正系数 α/℃⁻¹	体积膨胀系数 β/℃⁻¹	油密度 ρ^{20}/(kg/m³)	温度修正系数 α/℃⁻¹	体积膨胀系数 β/℃⁻¹
850～859.9	0.000699	0.000818	960～969.9	0.000554	0.000574
860～869.9	0.000686	0.000793	970～979.9	0.000541	0.000555
870～879.9	0.000673	0.000769	980～989.9	0.000528	0.000536
880～889.9	0.000660	0.000746	990～999.9	0.000515	0.000518
890～899.9	0.000647	0.000722	1000～1009.9	0.000502	0.000499
900～909.9	0.000633	0.000699	1010～1019.9	0.000489	0.000482
910～919.9	0.000620	0.000677	1020～1029.9	0.000476	0.000462
920～929.9	0.000607	0.000656	1030～1039.9	0.000463	0.000447
930～939.9	0.000594	0.000635	1040～1049.9	0.000450	0.000431
940～949.9	0.000581	0.000615	1050～1059.9	0.000437	0.000414
950～959.9	0.000567	0.000594	1060～1069.9	0.000424	0.000398

3. 特征温度

(1) 凝固点 在石油工业中规定油品的凝固点是指在倾角45°的试管中，油品被冷却，当油面在1min内保持不变的，此时的油温称为凝固点，凝固点是评价油在低温下使用性能的重要指标，燃料油管道输送的最低温度应高于凝固点。

一般来说，含蜡量越高则凝固点越高，油中的胶状沥青状物质具有阻滞析蜡的性能，所以，除去胶状沥青状物质后油的凝固点升高。油的密度越大，则凝固点越高。

(2) 闪点、燃点和自燃点 燃料油受热，在油面上产生油蒸气与空气的混合物，与明火接触而出现短暂闪光，此时的油温称为闪点。油料继续加热，当油面上油气-空气混合物遇明火而能够连续燃烧（$t\geqslant 5s$）的最低油温称为油的燃点。显然，燃点＞闪点。

闪点的测量方法分开口杯法和闭口杯法，一般情况下，前者比后者测得的油料闪点高15～25℃。汽油闪点为－50～30℃，煤油为28～60℃，原油为－20～100℃。

燃料油缓慢氧化，当出现自行着火燃烧时的温度称为油的自燃点。

闪点、燃点和自燃点是判别燃料油着火燃烧性能的重要指标。一般要求燃料油的最高预热温度应低于闪点5℃左右，闪点大于140℃的重油，着火燃烧困难，一般不适宜作燃料。

4. 燃料油的比热容

燃料油的比热容随油的密度增加而减小，随油温的增加而增大。

$$C=\frac{1}{\sqrt{\rho^{20}}}(53.09+0.107t) \tag{2-53}$$

重油的比热容随温度的变化关系如下

$$C=1.74+25.1\times 10^{-4}t \tag{2-54}$$

式中 C——油在温度 t 时的比热容，kJ/(kg·℃)；

ρ^{20}——油在20℃时的密度，kg/m^3；

t——油温，℃。

二、燃料油的分类

燃料油一般分为原油、重油、重柴油、轻柴油及专用燃料油五种。其中原油是从油井中开采出来未经过加工的石油，它是几百种烃类化合物的混合物，是石油化工的重要原料。通常原油不直接用作燃料。其余几种燃料油的质量指标见表2-49。

表2-49 各种燃料油的主要质量指标

质量指标		重油				轻柴油					重柴油		特殊船、锅炉用燃料油
		20#	60#	100#	200#	10#	0#	−10#	−20#	−35#	10#	20#	
牌号分类原则		按80℃时的运动黏度分为四个牌号				按凝固点分为五个牌号					按凝固点分为两个牌号		
油温/℃		80			100	20					50		50
黏度	恩氏黏度°E/(°)	≤5.0	≤11.0	≤15.5	≤5.9～9.5	≤1.2～1.67		≤1.15～1.67					≤5～9
黏度	运动黏度ν/(mm^2/s)	≤35.3	≤79.8	≤112.9	≤42～68.8	≤3.5～8.4		≤2.9～8.4			≤13.5	≤20.5	≤35.3～65.1
闪点/℃	开口	≥80	≥100	≥120	≥130								≥90
闪点/℃	闭口					≥65	≥65	≥65	≥65	≥50	≥65	≥65	
凝固点/℃		≤15	≤20	≤25	≤36	≤10	≤0	≤−10	≤−20	≤−35	≤10	≤20	≤−8
水分/%		≤1.0	≤1.5	≤2.0	≤3.0	几乎无				≤0	≤0.5	≤1.0	≤1.0
灰分/%		≤0.3				≤0.025					≤0.04	≤0.06	≤0.3
硫/%		≤1.0	≤1.5	≤2.0	≤3.0	≤0.2					≤0.5		≤0.8
机械杂质/%		≤1.5	≤2.0	≤2.5	≤2.5	≤0					≤0.1		≤0.25
残炭/%						≤0.4	≤0.4	≤0.3	≤0.3	≤0.3	≤0.5		
水溶性酸或碱						0					0		0
密度 ρ^{20}/(kg/m^3)		940				810～840					840～860		

注：200#重油为100℃时的值，其余黏度均指在80℃时的值。

中国部分常用燃料油的元素组成及主要特征物理量值列于表2-50，供参考。

表 2-50 中国部分常用燃料油特性值

燃料油名称		元素组成(质量分数)/%					密度 ρ/(kg/m^3)	黏度/(10^{-3}Pa·s)		残炭(质量分数)/%	闪点/℃	凝固点/℃	沸点/℃	高位发热量/(MJ/kg)	低位发热量/(MJ/kg)	理论空气量(α=1)		理论燃烧温度(α=1)/℃
		w(C)	w(H)	w(S)	w(O)	w(N)		80℃	100℃							kg/kg 油	m^3/kg 油	
大庆原油	减压渣油	86.5	12.56	0.17		0.37	930				339	33		45.13	42.29	14.412	11.147	2018
山东原油	减压渣油	86.82①	11.16①	1.32		0.7	989.5			16.7		48.5		43.60	41.08	14.012	10.837	2021
大港原油	减压渣油	86.69	12.7	0.29	0.07		949.6			10.4	>300	41	>500	45.38	42.50	14.489	11.205	2017
江汉原油	减压渣油	85.74①	11.24①	3.0			983.8			15.02			>557	43.52	40.98	13.989	10.819	2018
玉门原油	减压渣油	88.17①	11.58①	0.25			961			11.72	301	32		44.48	41.85	14.269	11.036	2022
克拉玛依原油	减压渣油	88.21①	11.58	0.21			961.5				322	20	>500	44.48	41.86	14.261	11.030	2023
大庆原油	常压重油	87.57①	12.26①	0.21	0.29	0.28	916.2	58.4	29.2		257	38	>374	45.11	42.34	14.431	11.161	2020
山东原油	常压重油	85.78	11.72	1.06	0.62	0.34	965.6	77.9	28.7	11.36	140~200	25~35	>350	43.95	41.30	14.086	10.894	2018
大港原油	常压重油	87.91①	11.91	0.18			920.2	47.1	23.93	5.3	233	38	>350	44.79	42.14	14.421	11.153	2017
江汉原油	常压重油	84.83①	12.17①				921.8		15.71	4.54		43	>354	44.38	41.63	14.206	10.987	2015
玉门原油	常压重油	88.03①	11.76①	0.21			949	101.55	46.63		220	27	>350	44.64	41.98	14.312	11.069	2021
克拉玛依原油	常压重油	87.57①	12.29①	0.14			914.3	102.55	39.86		208	−1	>350	45.15	42.37	14.441	11.169	2020
重柴油②		86.26	13.74	0.1	0.03		850	5.59	3.0		92	19.5		46.51	43.40	14.328	11.082	2054
20#重油②		87.2	11.7	0.5	w(N)+w(O)=0.6		950	2.5~5.0			>80	<5				14.06		2080
40#重油②		87.4	11.2	0.5	w(N)+w(O)=0.9		980	5.0~8.0			>100	<10				13.9		2080
60#重油②		87.6	10.7	0.7	w(N)+w(O)=1.0		1000	8.0~11.0			>110	<15				13.75		2090
80#重油②		87.6	10.5	0.7~1.0	w(N)+w(O)=1.0		1050	11.0~13.0			>120	<20				13.7		2090
100#重油②		87.6	10.5	0.7~1.9	w(N)+w(O)=1.0		950	13.0~15.0			>125	<25				13.7		2090
高硫重油		84.0	11.5	3.5	w(N)+w(O)=0.5											13.8		2050
低硫重油		87.8	10.7	0.7	w(N)+w(O)=0.8											13.8		2090
焦油类																		
焦油名称	生产方法																	
烟煤焦油	焦化	90	7	1	w(N)+w(O)=2.0		1040~1200								35.59	12.3		2040
	气化	83	7	2	w(N)+w(O)=8.0		1100~1200								33.49	11.6		2060
褐煤焦油	半焦化	85	11	1	w(N)+w(O)=3.0		980~1100								37.26	12.9		2000
	气化	85	9	1	w(N)+w(O)=5.0		950~1100								33.49	11.6		2000
泥煤焦油	半焦化	87	10.3	0.2	w(N)+w(O)=2.0		960								37.68	13.0		2060
油页岩	隧道式	84	10.5	0.5	w(N)+w(O)=5.0		960				>65	<−5			36.42	12.6		2000
焦油	气化	85	10	1	w(N)+w(O)=6.0		1000				>65	<−5			35.59	12.3		2000

① 为计算值。

② 黏度单位为恩氏黏度，°E。

电站锅炉和工业锅炉设计用代表性油质数据列于表 2-51。

表 2-51 锅炉设计用代表性油质数据

名称		各组成元素、水分和灰分的质量百分数							低位发热量	密度	运动黏度
符号		$w(C_{ar})$	$w(H_{ar})$	$w(O_{ar})$	$w(N_{ar})$	$w(S_{ar})$	$w(A_{ar})$	$w(M_{ar})$	$Q_{net,V,ar}$	ρ	ν
单位		%	%	%	%	%	%	%	MJ/kg	kg/m^3	m^2/s
重油	100#	82.50	12.50	1.91	0.49	1.50	0.05	1.05	40.60	940	80℃下 112.90×10^{-6}
重油	200#	83.97	12.23	0.57	0.20	1.00	0.03	2.00	41.86	940	100℃下 $(39.06\sim68.78)\times10^{-6}$
轻柴油	0#	85.55	13.49	0.66	0.04	0.25	0.01	0	42.90	840	20℃下 $(3\sim8)\times10^{-6}$

一般 100# 和 200# 重油主要用于有加热设备的大型电站锅炉；0# 轻柴油常用于中、小型工业锅炉。

第五节 气体燃料的燃烧特性

锅炉用气体燃料有天然气（包括纯气田气和油田伴生气）和人工煤气两大类。它们的主要成分是 CH_4，还含有少量烷属重烃类化合物 C_mH_{n+2}。气田煤气 CH_4 含量极高，达 90%～98%，发热量（标）可达 36～55MJ/m³，油田气 CH_4 含量 75%～78%，且 CO_2 含量也高，有时可达 5%～10%，所以发热量相对低些。只有液化石油气的主要成分是丙烷（C_3H_8）及丁烷（C_4H_{10}），且含硫量低，发热量（标）可达 80～120MJ/m³。

人工煤气种类很多，高炉煤气主要成分是 CO 和少量 H_2，由于惰性气体 CO_2、N_2 含量很高，所以发热量（标）很低，一般只有 3～4MJ/m³；还有炼焦炉煤气，H_2 含量可达 55%～60%，CH_4 含量可达 22%～25%，发热量（标）可达 17MJ/m³。其他种类煤气一般不在锅炉上燃用。

一、气体燃料的主要燃烧特性

1. 基本定律

(1) 实际气体状态方程式 由实际测定可知，对压力 $p<1$MPa 且温度 $T\geqslant283$K 的气体，用理想气体状态方程 $pV=RT$ 对实际气体进行计算，产生的误差≤10%。所以，工程上通常就按理想气体进行热工计算。当压力再高，温度再降低时，误差就要再增大。故在实际应用中对理想气体状态方程进行修正。

在气体燃料系统计算中，常按气体的压缩性进行修正，其状态方程为：

$$pV=kRT$$

或

$$\frac{p_1V_1}{p_2V_2}=\frac{k_1T_1}{k_2T_2} \tag{2-55}$$

式中 p(或 p_1,p_2)——气体（燃料）的绝对压力，Pa；

V(或 V_1,V_2)——气体的摩尔体积，m³/mol；

T(或 T_1,T_2)——气体的温度，K；

R——通用气体常数，$R=8.314$J/(mol·K)；

k(或 k_1,k_2)——气体的压缩系数。

k 值与气体燃料的成分、压力、温度及性质有关，一般通过试验测定，也可按下述经验公式近似计算：

对于天然气

$$k=\frac{100}{100+2.18\times10^{-7}(p_{pj})^{1.15}} \tag{2-56}$$

对脱除了轻油的石油伴生气

$$k=\frac{100}{100+9.23\times10^{-8}(p_{pj})^{1.25}} \tag{2-57}$$

式中 p_{pj}——气体的平均绝对压力，Pa。

标准状况下，气体燃料的压缩系数等于 1.0。

当燃气中 CH_4 的体积百分数>90%时，按气体燃料的折算温度 T_{zs} 和折算压力 p_{zs} 由图 2-17 查得压缩系数 k。

折算温度
$$T_{zs}=\frac{T_{pj}}{T_{lj}} \tag{2-58}$$

折算压力
$$p_{zs}=\frac{p_{pj}}{p_{lj}} \tag{2-59}$$

式中 T_{pj}——燃气的平均温度，K，在燃气输送计算时，T_{pj} 等于计算段进出口温度的算术平均值；

T_{lj}——燃气的临界温度，K。

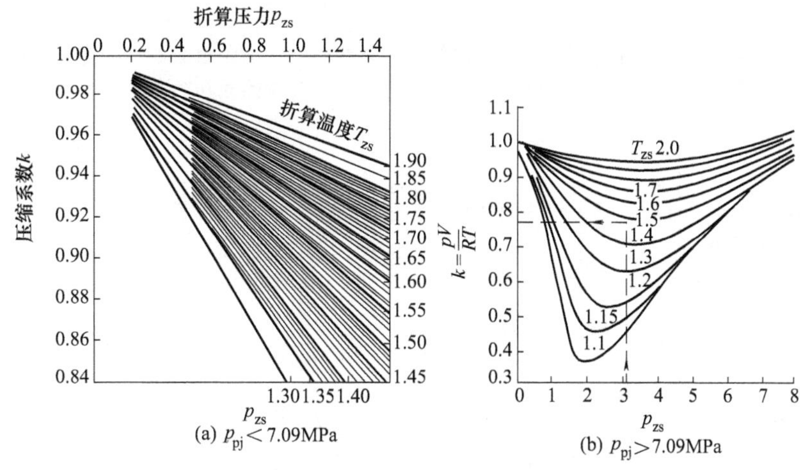

图 2-17 天然气压缩系数 k

临界温度是指当气体的温度降低到某确定值时才有可能通过加压方式实现气体的液化，此确定的温度就是该气体的临界温度。当 $T>T_{lj}$ 时，无论多大的压力，气体也不能液化。各种单一可燃气体的临界温度见表 2-52 和图 2-18。

表 2-52 各种单一可燃气体的临界参数

气体分子式	T_{lj}/K	p_{lj}/MPa	ρ_{lj}/(kg/m^3)	气体分子式	T_{lj}/K	p_{lj}/MPa	ρ_{lj}/(kg/m^3)
N_2(氮气)	126	3.28	311	C_3H_6(丙烯)	364.6	4.61	233
O_2(氧气)	154.2	4.87	430	C_6H_6(苯)	561.5	4.67	304
H_2(氢气)	33	1.25	31	H_2S(硫化氢)	373.5	8.71	
CH_4(甲烷)	190.5	4.49	162	SO_2(二氧化硫)	430.5	7.62	520
C_2H_6(乙烷)	305.3	4.78	210	CO(一氧化碳)	132.8	3.38	301
C_3H_8(丙烷)	368.7	4.25	226	CO_2(二氧化碳)	304.1	7.14	468
n-C_4H_{10}(正丁烷)	425.8	3.50	225	NH_3(氨气)	405.4	11.0	236
i-C_4H_{10}(异丁烷)	407	3.54	234	空气	132.3	3.65	310
C_2H_2(乙炔)	309	6.04	231	H_2O(水蒸气)	647.1	22.1	324
C_2H_4(乙烯)	282.8	5.16	216				

可燃混合气体的临界温度按各组成成分的体积百分数 $V(x_i)$ 和临界温度 $T_{lj,i}$ 计算：

$$T_{lj}=\frac{1}{100}\sum_{i=1}V(x_i)T_{lj,\,i} \tag{2-60}$$

$$p_{pj}=\frac{2}{3}\left[p'+\frac{(p')^2}{p'+p''}\right] \tag{2-61}$$

式中 p'——进口压力，Pa；

p''——出口压力，Pa；

p_{pj}——燃气的平均绝对压力，Pa。

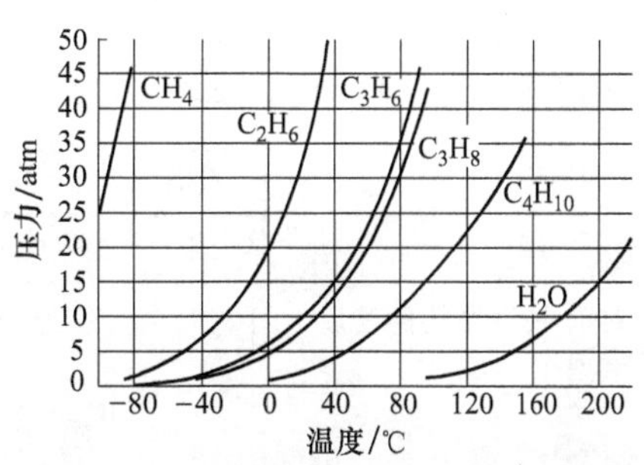

图 2-18 几种气体的液态、气态平衡曲线
(1atm=101.325kPa)

临界压力是指在临界温度 T_{lj} 时，气体液化的压力。气体在 p_{lj} 和 T_{lj} 下的密度称为临界密度 ρ_{lj} (kg/m^3)。p_{lj} 和 ρ_{lj} 可查表 2-52。

可燃混合气体的临界压力同样按各组成成分的体积百分数 $V(x_i)$ 和各组分临界压力 $p_{lj,i}$ 计算：

$$p_{lj} = \frac{1}{100}\sum_{i=1} V(x_i) p_{lj,\ i} \tag{2-62}$$

(2) 可燃混合气体的分压定律 混合气体总体积（V）等于各组成气体分体积（V_i）之和，即：

$$V = \sum_{i=1} V_i \tag{2-63}$$

各组成气体占总体积的百分数表示方法为：

$$100 = \sum_{i=1} \frac{V_i}{V} \times 100 = \sum_{i=1} V(x_i),\ \% \tag{2-64}$$

各组成气体在混合气体中的温度等于混合气体的温度，在混合气中各组分的压力等于该组成气体单独占有与总体积相等的体积时所产生的压力，所以又称分压力，混合气体的总压力（p）等于各组合气体分压力 p_i 之和，即：

$$p = \sum_{i=1} p_i \tag{2-65}$$

混合气体的平均物性均采用各单一组分的体积百分数 V（x_i）进行加权平均求得。

2. 气体燃料的主要特性

(1) 气体燃料的分子量 可燃混合气体的相对分子质量 M 由各组分的体积百分数［$V(x_i)$］和各组分气体的相对分子质量 M_i 按下式计算：

$$M = \frac{1}{100}\sum_{i=1} V(x_i) M_i \tag{2-66}$$

部分单一气体的主要物性列于表 2-53。

表 2-53 部分气体在标准状况下的主要物性

气体分子式	分子量 M_i	密度 ρ /(kg/m³)	动力黏度 μ /(Pa·s)	运动黏度 ν /(mm²/s)	定压比热容 C_p/[kJ/(m³·℃)]	定容比热容 C_v/[kJ/(m³·℃)]	热导率 λ/[W/(m·℃)]	试验系数 C
N_2(氮气)	28.013	1.250	16.6	13.2	1.299	0.9278	0.0233	112
O_2(氧气)	31.999	1.429	19.2	13.5	1.306	0.9349	0.0233	131
H_2(氢气)	2.016	0.090	8.34	92.9	1.277	0.9056	0.1593	81.7
CH_4(甲烷)	16.043	0.717	10.30	14.4	1.550	1.189	0.0302	171
C_2H_6(乙烷)	30.070	1.355	8.46	6.44	2.210	1.839	0.0186	287
C_3H_8(丙烷)	44.093	2.010	7.36	3.75	3.048	2.677	0.0151	324
n-C_4H_{10}(正丁烷)	58.124	2.703	8.10	2.99	4.128	3.681	0.0128	
i-C_4H_{10}(异丁烷)	58.124	2.691	8.40	3.12				
C_2H_2(乙炔)	26.038	1.171	9.30	8.16	1.870	1.498		
C_2H_4(乙烯)	28.054	1.261	9.43	7.55	1.827	1.455		252
C_3H_6(丙烯)	42.081	1.914	8.35	4.44				
C_6H_6(苯)	78.114	3.836	6.99	2.01	3.287	2.914		
H_2S(硫化氢)	34.076	1.536	11.67	7.60	1.465	0.8081	0.0116	
SO_2(二氧化硫)	64.059	2.928	11.7	3.99	1.779	1.361		
CO(一氧化碳)	28.019	1.251	16.6	13.2	1.299	0.9282	0.0209	104
CO_2(二氧化碳)	44.010	1.977	13.8	6.99	1.600	1.229	0.0140	266
NH_3(氨气)	17.031	0.771	9.12	12.0			0.0198	
空气(干)	28.966	1.293	17.2	13.3	1.297	0.9261	0.0221	122
H_2O(水蒸气)	18.015	0.833①	9.02	10.83	1.494	1.124	0.0198	

① 此值为 1994 年“国际煤气协会”规定值，过去中国常用 $\rho_{H_2O}=0.804\text{kg/m}^3$。

(2) 气体燃料的密度 可燃混合气体的密度 ρ 由各组分体积百分数［$V(x_i)$］和各组分气体的密度（$\rho_i^{\ominus}$）按下式计算：

$$\rho = \frac{1}{100}\sum_{i=1} V(x_i) \rho_i^{\ominus} \tag{2-67}$$

各种单一气体在标准状况下的密度 $\rho_i^{\ominus} = \dfrac{M}{22.4}$，kg/m³ (2-68)

式中 M——气体的分子量。

工程中采用的燃气中往往含有水分，其密度应做如下修正：

$$\rho^d=\rho^{\ominus}\left(1-\frac{d}{833}\right)+\frac{d}{1000} \tag{2-69}$$

式中 ρ^d——燃料气中含水分为 d 时的密度，kg/m³；

$\rho^{\ominus}$——燃料气在标准状况下的密度，kg/m³；

d——燃料气中含水蒸气的质量（又称含湿量），kg/m³。

燃料中的含湿量取决于压力和温度，其随温度的升高而增加，随压力的增加而减小。在确定的压力和温度下，燃料气中水蒸气含量达到的最大值被称为饱和含湿量。天然气的饱和含湿量见表 2-54 和图 2-19。

表 2-54 天然气的饱和含湿量 d 单位：g/m³

压力/MPa	天然气温度/℃						
	−30	−20	−10	0	10	20	30
0.1	0.30	0.83	2.11	4.95	9.90	19.0	35.2
0.2	0.15	0.42	1.05	2.47	4.95	9.50	17.6
0.3	0.10	0.28	0.70	1.65	3.30	6.35	11.7
0.5	0.06	0.17	0.42	0.99	1.98	3.80	7.04
1.0	0.03	0.08	0.21	0.50	0.99	1.90	3.52
2.0	0.02	0.04	0.11	0.25	0.50	0.95	1.76
3.0	0.01	0.03	0.07	0.17	0.33	0.64	1.17
5.0	0.01	0.02	0.04	0.10	0.20	0.38	0.70

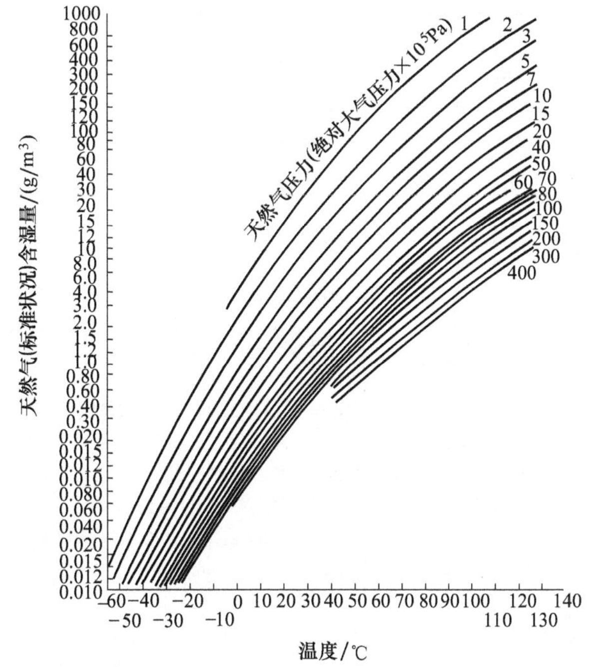

图 2-19 天然气的饱和含湿量曲线

压力和温度对燃气密度的影响：

$$\rho=\rho^{\ominus}\times(10.2p)\times k\times\frac{273}{273+t},\ \text{kg/m}^3 \tag{2-70}$$

式中 $\rho^{\ominus}$——燃料气在标准状况下的密度，kg/m³；

p——燃料气的绝对压力，MPa；

k——燃料气的压缩系数，按式（2-56）、式（2-57）计算或查图 2-17，当压力 $p<9.8$MPa 时可不考虑压缩性，$k\approx1.0$；

t——燃料气的温度，℃。

（3）气体燃料的比热容 单位物质量的物体温度升高 1K（或 1℃）所需的热量叫比热容。气体的比热容根据计量物质量的单位不同，分质量比热容、体积比热容和摩尔比热容 3 种。三者的单位分别为 kJ/(kg·℃)、 kJ/(m³ · ℃) 和 kJ/(mol · ℃)。三者的数量关系为：

$$C_{\text{mol}} = MC_{\text{zl}} = 22.4C_{\text{tj}} \tag{2-71}$$

式中 C_{mol}、C_{zl}、C_{tj}——摩尔比热容、质量比热容和体积比热容；

M——气体燃料的分子量。

热量是与热力过程的性质有关的量，在工程热力过程中，气体的放热和吸热以定压和定容过程的比热容最具现实意义，常采用定压体积比热容 (C_p) 和定容比热容 (C_v)。

燃气的比热容决定于它本身的性质和所处的温度条件。随着温度的升高和气体分子组成的复杂程度增加，比热容相应增大。可燃混合气体的比热容 (C) 同样由各组分的容积百分数 $[V(x_i)]$ 和各组分的定压（或定容）比热容 C_i 按下式计算：

$$C = \frac{1}{100}\sum_{i=1} V(x_i)C_i \tag{2-72}$$

理想气体的定压比热容 C_p 与定容比热容 C_v 之比 $\left(\frac{C_p}{C_v}=k\right)$，称为绝热指数。常用气体的绝热指数 k 列于表 2-55。燃气中 CH_4 含量＞95％时，$k \approx 1.31$。

燃气中各单一气体的比热容 C_p 列于表 2-56。

定压摩尔比热容 $C_{p,m}$ 和定容摩尔比热容 $C_{v,m}$ 之差恒等于通用气体常数 R，即 $C_{p,m} - C_{v,m} = R = 8.314\text{J/(mol·K)}$。

表 2-55 常用气体的绝热指数 $k=\frac{C_p}{C_v}$

气体分子式	N_2	O_2	H_2	CH_4	C_2H_6	C_3H_8	C_4H_{10}	C_5H_{12}	C_2H_4	C_3H_6	C_2H_2	SO_2	H_2O（汽）	H_2S	空气	CO	CO_2
$k=\frac{C_p}{C_v}$	1.404	1.401	1.408	1.309	1.198	1.161	1.144	1.121	1.258	1.170	1.269	1.250	1.335	1.320	1.40	1.40	1.30

各种气体在不同温度下的平均定压比热容 $\overline{C}_p$ 值列于表 2-56。

表 2-56 气体及飞灰的平均定压比热容 $\overline{C}_p$（0℃～t，0.1MPa）

单位：kJ/(m³ · ℃)

温度/℃	H_2	N_2	O_2	CO	CO_2	SO_2	空气（湿）	空气（干）	H_2O（蒸气）	CH_4	C_2H_6	C_3H_8	C_4H_{10}	C_2H_2	C_2H_4	H_2S	C_6H_6（蒸气）	NH_3	飞灰 C_{fh} /(kJ/kg · ℃)
0	1.277	1.299	1.306	1.299	1.600	1.779	1.319	1.297	1.494	1.550	2.210	3.048	4.128	1.870	1.827	1.465	3.266	1.591	0.796
100	1.298	1.302	1.327	1.302	1.725	1.863	1.324	1.302	1.499	1.620	2.478	3.358	4.233	2.072	2.098	1.566	3.977	1.645	0.837
200	1.302	1.310	1.348	1.310	1.817	1.943	1.332	1.310	1.520	1.758	2.763	3.760	4.752	2.198	2.345	1.583	4.605	1.700	0.867
300	1.302	1.315	1.361	1.319	1.892	2.010	1.342	1.319	1.536	1.892	2.973	4.157	5.275	2.307	2.550	1.608	5.192	1.779	0.892
400	1.306	1.327	1.377	1.331	1.955	2.072	1.354	1.331	1.557	2.018	3.308	4.559	5.794	2.374	2.742	1.641	5.694	1.838	0.921
500	1.306	1.336	1.403	1.344	2.022	2.123	1.368	1.344	1.583	2.135	3.492	4.957	6.318	2.445	2.914	1.683	6.154	1.897	0.924
600	1.310	1.348	1.419	1.361	2.077	2.169	1.383	1.356	1.608	2.252		5.359	6.837	2.516	3.056	1.721	6.531	1.964	0.950
700	1.310	1.361	1.436	1.373	2.106	2.206	1.398	1.373	1.633	2.361		5.757	7.360	2.575	3.190	1.754	6.908	2.026	0.963
800	1.319	1.373	1.453	1.390	2.164	2.240	1.411	1.386	1.662	2.466		6.159	7.879	2.638	3.349	1.792	7.201	2.089	0.980
900	1.323	1.386	1.470	1.403	2.202	2.273	1.425	1.398	1.691	2.562		6.556	8.403	2.680	3.446	1.825	7.494	2.152	1.005
1000	1.327	1.398	1.482	1.415	2.236	2.294	1.437	1.411	1.716	2.654		6.958	8.922	2.742	3.559	1.859	7.787	2.219	1.026
1100	1.336	1.411	1.490	1.428	2.265	2.319	1.450	1.424	1.742										1.051
1200	1.344	1.424	1.503	1.440	2.294	2.340	1.461	1.436	1.767										1.097
1300	1.352	1.432	1.516	1.449	2.315	2.357	1.473	1.444	1.792										1.130
1400	1.361	1.444	1.524	1.461	2.340	2.374	1.483	1.453	1.817										1.185
1500	1.365	1.453	1.532	1.465	2.361	2.386	1.493	1.465	1.838										1.223
1600	1.373	1.461	1.541	1.478	2.382	2.399	1.502												1.298
1800	1.390	1.478	1.557	1.490	2.416	2.424													
2000	1.407	1.490	1.574	1.503	2.445	2.441													

（4）气体燃料的黏度 各种单一气体的动力黏度 (μ) 和运动黏度 (ν) 值列于表 2-53，当压力 $p \leqslant 9.8\text{MPa}$ 时压力对黏度的影响可以忽略不计。温度升高，气体黏度增大。温度对黏度的影响可按下式计算：

$$\mu_t=\mu^{\ominus}\left(\frac{273+C}{T+C}\right)\left(\frac{T}{273}\right)^{3/2} \tag{2-73}$$

式中 μ_t——温度为 t 时气体的动力黏度，Pa·s；

$\mu^{\ominus}$——在标准状况下气体的动力黏度，Pa·s；

T——气体温度 $T=t+273$，K；

C——试验系数，查表 2-53。

式（2-73）可用于气体燃料热导率（λ）随温度变化的计算。

混合可燃气体的黏度应该通过试验确定，特别是混合气体中氢气含量很高时，更必须由试验来确定黏度。在工程实际计算中，当缺乏混合气体黏度的试验数据时，也可按下式近似计算：

$$\mu=\frac{\sum_{i=1}G_i}{\sum_{i=1}\frac{G_i}{\mu_i}}=\frac{100}{\sum_{i=1}\frac{w(g_i)}{\mu_i}} \tag{2-74}$$

式中 μ——混合可燃气体的动力黏度，Pa·s；

G_i——混合气体中，各组分气体的质量，kg；

$w(g_i)$——各组分气体占混合气体中的质量百分数，%

$$w(g_i)=\frac{G_i}{\sum_{i=1}G_i}\times 100\%$$

μ_i——各组分气体的动力黏度，Pa·s。

不同温度下混合气体的动力黏度也可按式（2-73）计算。式中 $\mu^{\ominus}$ 代表 0℃下的混合气体的动力黏度，应由试验确定或按式（2-74）近似计算。而混合气体的试验系数 C 按下式确定：

$$C=\frac{1}{100}\sum V(x_i)C_i \tag{2-75}$$

式中 $V(x_i)$——各组分气体占混合气体的体积百分数，%；

C_i——各组分气体的试验系数，查表 2-53。

3. 气体燃料的着火特性

(1) 着火温度 可燃气体与空气（或氧）的混合物（又称可燃气体混合物）出现稳定着火燃烧的最低温度称为该可燃气体的着火温度。它与燃气种类、可燃气的浓度、压力等因素有关，可见着火温度并不是燃气确定的物理化学常数。表 2-57 列出部分可燃气体在大气压力下，在空气中的着火温度值，可供组织气体燃料燃烧时参考。

表 2-57 部分可燃气体的着火温度

气体分子式	H_2	CO	CH_4	C_2H_6	C_3H_8	C_4H_{10}	C_2H_2	C_2H_4	C_3H_6	C_6H_6	H_2S
着火温度/℃	530～590	610～658	658～750	530～594	530～588	490～569	335～500	510～543	475～550	720～770	290～487

通常，燃气在氧气中的着火温度比表 2-57 中的值低 50～100℃。

(2) 气体燃料的着火浓度极限（又称爆炸极限） 维持火焰正常传播和燃烧过程连续进行时，可燃气体占整个燃气-空气混合物中的极限体积百分数，称体积浓度极限或着火浓度极限。在一定条件下，当密闭空间中的可燃气体处于着火浓度极限范围时，遇明火（或其他点火源），瞬时内可燃气体混合物着火并急剧燃烧，形成爆炸，故把着火浓度极限又称爆炸极限。表 2-58 给出了各种可燃气体-空气（或氧气）混合物在

表 2-58 0.1MPa 和 20℃下可燃气体-空气（或氧气）着火浓度极限

可燃气体	燃气-空气(或氧气)混合物的着火浓度极限/%	可燃气体	燃气-空气(或氧气)混合物的着火浓度极限/%	可燃气体	燃气-空气(或氧气)混合物的着火浓度极限/%
H_2	4.0～75.0(4.0～94.0)	C_2H_4	2.7～34.0	发生炉煤气	20.7～73.7
CO	12.5～74.2(16.0～94.0)	C_3H_6	2.0～11.7	城市煤气	5.3～31.0
CH_4	5.0～15.0(5.0～61.0)	C_4H_8	1.6～10.0	天然气	4.5～13.5
C_2H_6	2.9～13.0	C_5H_{10}	1.5～8.7	油田伴生气(干)	3.0～13.0
C_3H_8	2.1～9.5(2.0～55.0)	C_2H_2	2.5～80.0	汽油	1.0～6.0
n-C_4H_{10}	1.8～8.5	H_2S	4.3～45.5	航空煤油	1.4～7.5
i-C_4H_{10}	1.5～8.5	C_6H_6	1.2～8.0	灯用煤油	1.4～7.5
C_5H_{12}	1.4～8.7	高炉煤气	35.0～75.0		
C_6H_{14}	1.2～7.5	焦炉煤气	7.0～21.0		

0.1MPa 和 20℃下的着火浓度极限范围。随着混合物温度的提高，着火浓度极限范围扩大。当燃气-空气混合物的温度超过着火温度时，燃气和空气在任何比例下均会着火。

对于不含惰性气体（N_2 和 CO_2 等）的可燃气体混合物，其着火浓度极限按下式计算：

$$L=\frac{\Sigma V(x_i)}{\Sigma\left[\frac{V(x_i)}{L_i}\right]}=\frac{100}{\Sigma\left[\frac{V(x_i)}{L_i}\right]} \tag{2-76}$$

式中 L——可燃气体混合物的着火浓度极限（上限或下限），%；

$V(x_i)$——燃气中，各单一可燃气体成分的体积百分数（含量），%；

L_i——各单一可燃气体的着火浓度极限（上限或下限），%。可查表 2-58。

对于含有惰性气体的可燃气体混合物，其着火极限按下式计算：

$$L^{D}=L\frac{\left[1+\frac{V(D)}{100-V(D)}\right]}{100+L\left[\frac{V(D)}{100-V(D)}\right]}\times 100 \tag{2-77}$$

式中 L^D——含有惰性气体的可燃气体混合物的着火浓度极限（上限或下限），%；

L——不含惰性气体时的着火浓度极限（上限或下限），%；

$V(D)$——惰性气体在燃气中所占体积百分数（含量），%。

二、气体燃料的种类

1. 气体燃料的分类及技术要求

气体燃料的分类没有确定的分类原则。通常可根据燃气的来源或获取方式分成天然气、人工燃气、液化石油气和混合煤气四大类。见表 2-59 说明。

表 2-59 气体燃料的分类、来源及主要特点

分类		燃气的来源或获取方式	主要特点		
			主要可燃成分/%	发热量/(MJ/m^3)	其他
天然气	气井气	2000～3000m 深井燃气	$V(CH_4)\approx 95$	≈38.0	燃气压力高达 1～10MPa
	油田伴生气	石油开采过程中，从原油中析出的可燃气体	$V(CH_4)\approx 80$	≥38.0	
	矿井气	从煤矿中抽出的可燃气体，又称“矿井瓦斯”	$V(CH_4)\approx 50$	≤21.00	
人工燃气	炼焦(焦炉)煤气	煤在隔绝空气条件下，加热分解出的可燃气体	$V(H_2)+V(CH_4)\approx 80$	15.0～25.0	
	高炉煤气	炼铁高炉生产过程中的副产品	$V(CO)\approx 25$	<4.0	$V(N_2)+V(CO_2)>70\%$
	发生炉煤气	煤气发生炉上部煤层还原或干馏生成的燃气	$V(CO)+V(H_2)\approx 40$	4.0～5.5	$V(N_2)>50\%$
	水煤气	对炽热煤层喷入水蒸气而生产的可燃气体	$V(H_2)+V(CO)\approx 80$	≈11.0	
	高压气化气	在 2～3MPa 下，以 O_2 和 H_2O(气)为气化剂使煤完全气化而产生的可燃气体	$V(H_2)\approx 60$	≈17.0	
	热裂解油制气	重油或原油在 800～900℃下裂解产生的燃气	$CH_4+C_2H_4$	≈40.0	
	催化裂化油制气	石油在高温化裂解、催化生成的可燃气体	$V(H_2)\approx 30\sim 60$	≈17.0	
液化石油气		石油炼制过程中的副产品	$V(C_3H_8)+V(C_4H_{10})\approx 95$	≈100.0	
混合煤气		几种可燃气体燃料的混合物	$H_2+CO+CH_4$		

(1) 天然气的技术要求 见表 2-60。

表 2-60 天然气的技术要求和质量指标①

项目		质量指标				试验方法
		Ⅰ	Ⅱ	Ⅲ	Ⅳ	
高位发热量/(MJ/m^3)	A	>31.4				GB 11062
	B	14.65～31.4				
总硫(以硫计)含量/(mg/m^3)		≤150	≤270	≤480	>480	GB 11061
H_2S含量/(mg/m^3)		≤6	≤20	实测		GB 11060
$V(CO_2)$/%		≤3		—		
水分		无游离水				机械分离目测

① 本表中 1m^3 均指 0.1MPa，20℃状态下的体积。

(2) 人工煤气的技术要求 见表 2-61。

表 2-61 人工煤气的技术要求和质量指标① (GB 13612)

项目	质量指标	试验方法
低位发热量/(MJ/m^3)	>14.7	GB 12206
杂质		
焦油和灰尘/(mg/m^3)	<10	GB 12208
H_2S/(mg/m^3)	<20	GB 12211
NH_3/(mg/m^3)	<50	GB 12210
萘②/(mg/m^3)	$50\times\left(\frac{10^2}{p}\right)$(冬季) $100\times\left(\frac{10^2}{p}\right)$(夏季)	GB 12209
$V(O_2)$/%	<1	GB 10410.1
$V(CO)$③/%	宜小于 10	GB 10410.1

① 本表中 1m^3 均指 0.1MPa，20℃状态下的体积。

② 指萘和它的同系物 α-甲基萘和 β-甲基萘质量指标中的 p 单位为 kPa。当管网输气点绝对压力<202.65kPa 时，括号中的一项可不计算。

③ 对气化气或掺有气化气的人工煤气，$V(CO)$ 应<20%。

(3) 油气田液化石油气技术要求 见表 2-62。

表 2-62 油气田液化石油气技术要求和质量指标 (GB 9052.1)

项目	质量指标					试验方法
	商品丙烷	商品丁烷	商品丙烷、丁烷混合物			
			通用	冬用	夏用	
组分的摩尔百分数/%						SY 2081
n(C_2 及 C_2 以下)	—	—	—	≤5.0	≤3.0	
n(C_4 及 C_4 以上)	≤2.5	—	—	—	—	
n(C_5 及 C_5 以上)	—	≤2.0	≤2.0	≤3.0	≤5.0	
37.8℃时蒸气压(表压)/kPa	≤1430	≤480	≤1430	≤1360	≤1360	GB 6602
残留物(蒸发 100mL 的最大残留物)/mL	0.05	—	—	—	—	SY 7509
腐蚀(铜片腐蚀等级)	≤1	≤1	≤1	≤1	≤1	SY 2083
硫含量/(mg/m^3)	≤340	≤340	≤340	≤340	≤340	SY 7508
游离水	—	无	无	无	无	目测

(4) 液化石油气技术要求 见表 2-63。

表 2-63 液化石油气技术要求和质量指标 (GB 11174)

项目		质量指标	试验方法
密度(15℃)/(kg/m^3)		报告	ZBE 46001
蒸气压(37.8℃)(表压)/kPa		≤1380	GB 6602
V(C_5 及 C_5 以上组分)含量/%		≤3.0	SY 2081
残留物	蒸发残留物/(mL/100mL)	报告	SY 7509
	油渍观察值/mL	报告	
铜片磨蚀等级		≤1	SY 2083
总含硫量/(mg/m^3)		≤343	ZBE 46002
游离水		无	目测

2. 中国常用燃气成分及特性

中国常用燃气成分及特性见表 2-64。对单一可燃气体燃烧的相关数据列于表 2-65。

表 2-64 中国常用燃气成分及特性①

序号	燃气种类	成分(体积)/%										分子量 M	通用气体常数 R/[J/(mol·K)]	密度 ρ/(kg/m³)	相对密度 $d=\rho/\rho_0$	比定压热容 C_p/[kJ/(m³·℃)]	绝热指数 K
		H_2	CO	CH_4	C_3H_6	C_3H_8	C_4H_{10}	N_2	O_2	CO_2	H_2S						
1	天然气			98.0	$V(C_mH_n)$ =0.4	0.3	0.3	1.0				16.654	8.314	0.7435	0.5750	1.560	1.3082
2	油田伴生气		$V(C_2H_6)$ =7.4	81.7	$V(C_mH_n)$ =2.4	3.8	2.3	0.6		3.4		21.730		0.9709	0.7503	1.743	1.2870
3	炼焦煤气	59.2	8.6	23.4	2.0			3.6	1.2	2.0		10.496		0.4686	0.3624	1.390	1.3750
4	混合煤气	48.0	20.0	13.0	1.7			12.0	0.8	4.5		14.997		0.6700	0.5178	1.369	1.3840
5	高炉煤气	1.8	23.5	0.3				56.9	—	17.5		30.464		1.3551	1.0480	1.358	1.3870
6	矿井气			52.4				36.0	7.0	4.6		22.780		1.0170	0.7860	1.445	1.3510
7	高压气化气	59.3	24.8	14.0			0.2	0.8		共0.9		11.124		0.4966	0.3840	1.342	1.3900
8	液化石油气		$V(C_4H_8)$ =54.0	1.5	10.0	4.5	26.2					56.610		2.5270	1.9550	3.518	1.1500
9	液化石油气					50.0	50.0					52.651		2.3500	1.8180	3.335	1.1520

序号	燃气种类	高位发热值 Q^g_{gr}/(MJ/m³)	低位发热值 Q^g_{net}/(MJ/m³)	实用华白数 w_s/(MJ/m³)	动力黏度 μ/(Pa·s)	运动黏度 ν/(mm²/s)	爆炸极限 Z(上限/下限)	理论空气量 V^0/(m³/m³)	理论烟气量 V^0_y(湿/干)/(m³/m³)	干烟气中 CO_2 最大体积含量/%	理论燃烧温度 t^0_R/℃	火焰传播速度 U_h/(m/s)
1	天然气	40.40	36.59	53.3	10.34	13.92	15.0/5.0	9.64	10.64/8.65	11.80	1970	0.380
2	油田伴生气	48.08	43.64	55.5	9.33	9.62	14.2/4.4	11.40	12.53/10.30	12.70	1973	0.374
3	炼焦煤气	19.82	17.62	32.9	11.61	24.76	35.6/4.5	4.21	4.88/3.76	10.60	1998	0.841
4	混合煤气	15.41	13.86	21.42	12.16	18.29	42.6/6.1	3.18	3.85/3.06	13.90	1986	0.842
5	高炉煤气	3.316	3.27	3.24	15.80	11.68	76.4/46.6	0.63	1.50/1.48	28.80	1580	—
6	矿井气	20.86	18.80	23.53	13.58	13.39	19.84/7.37	4.66	5.66/4.61	12.35	1996	0.247
7	高压气化气	16.41	14.82	26.48	13.35	26.93	46.6/5.4	3.36	3.87/3.00	13.20	2000	0.940
8	液化石油气	123.76	115.06	88.51	7.03	2.78	9.7/1.7	28.28	30.67/26.58	14.60	2050	0.435
9	液化石油气	117.5	108.37	87.14	7.15	3.04	9.0/1.9	27.37	29.62/25.12	13.90	2020	0.397

① 本表中 1m³ 均指标准状况下的体积。

表 2-65 单一可燃气体燃烧的相关数据

名称	化学式	相对密度(空气=1)	热值				燃烧方程式	标态下理论空气量/(m^3/m^3)		标态下理论烟气量/(m^3/m^3)				着火温度/℃		爆炸极限(体积分数)/%			
			/(kJ/kg)		/(kJ/m^3)											与空气混合		与氧混合	
			高热值	低热值	高热值	低热值		O_2	空气	CO_2	H_2O	N_2	合计	在氧气中	在空气中	下限	上限	下限	上限
一氧化碳	CO	0.967	10132	10132	12644	12644	$2CO+O_2 = 2CO_2$	0.5	2.38	1	0	1.88	2.88	590	610	12.5	75.0	15.5	93.9
氢	H_2	0.0695	141974	119617	12770	10760	$2H_2+O_2 = 2H_2O$	0.5	2.38	0	1	1.88	2.88	450	530	4.15	75.0	4.65	93.9
甲烷	CH_4	0.555	55601	49949	39585	35797	$CH_4+2O_2 = CO_2+2H_2O$	2	9.52	1	2	7.52	10.52	645	645	4.9	15.4	5.4	59.2
乙炔	C_2H_2	0.906	50367	48650	58992	56940	$2C_2H_2+5O_2 = 4CO_2+2H_2O$	2.5	11.90	2	1	9.40	12.40	—	335	1.5	80.5	3	93
乙烯	C_2H_4	0.975	50786	47562	64016	59955	$C_2H_4+3O_2 = 2CO_2+2H_2O$	3	14.28	2	2	11.28	15.28	485	540	3.2	34.0	2.9	79.9
乙烷	C_2H_6	1.049	51958	47436	70422	64351	$2C_2H_{+}7O_2 = 4CO_2+6H_2O$	3.5	16.7	2	3	13.2	18.2	500	530	2.5	15.0	4.1	50.5
丙烯	C_3H_6	1.481	49279	46055	94370	88216	$2C_3H_6+9O_2 = 6CO_2+6H_2O$	4.5	21.4	3	3	16.9	22.9	420	455	2.2	9.7	2.1	52.8
丙烷	C_3H_8	1.550	50409	46348	101813	93575	$C_3H_8+5O_2 = 3CO_2+4H_2O$	5	23.8	3	4	18.8	25.8	490	510	2.2	7.3		
丁烯	C_4H_8	1.937	48692	45469	121878	113819	$C_3H_8+6O_2 = 4CO_2+4H_2O$	6	28.6	4	4	22.6	30.6	400	445				
正丁烷	C_4H_{10}	2.091	49572	45720	134019	123552	$2C_4H_{10}+13O_2 = 8CO_2+10H_2O$	6.5	30.9	4	5	24.4	33.4	460	490	1.9	8.5		
异丁烷	C_4H_{10}	2.064	49488	45594	132010	121627	$2C_4H_{10}+13O_2 = 8CO_2+10H_2O$	6.5	30.9	4	5	24.4	33.4	460	490	1.9	8.5		
	C_mH_n						$C_mH_n+\left(m+\frac{n}{4}\right)O_2 = mCO_2+\frac{n}{2}H_2O$	$m+\frac{n}{4}$	$4.76\times\left(m+\frac{n}{4}\right)$	m	$\frac{n}{2}$	$3.76\times\left(m+\frac{n}{4}\right)$	$4.76m+1.44n$						

第六节 燃料燃烧计算

一、燃料燃烧计算的任务和基本规则

1. 燃烧计算的任务

① 确定燃料在化学计量比下完全燃烧所需的空气量——理论（燃烧）空气量（用 V^0 表示）及燃烧所需的实际空气量（V_k）。

② 计算燃料燃烧所产生的理论烟气量（V_y^0）及实际烟气量 V_y。

③ 计算燃烧产物——烟气的焓值，并制作温（度）与焓计算表（简称温焓表）。

2. 基本规则

① 计算中，把空气和烟气均作为理想气体。所以，在标准状况下（$p \approx 0.1$MPa，$t=0$℃），1kmol 气体的体积为 22.4m^3。

② 对固（液）体燃料，以 1kg 质量燃料为基准，对气体燃料以标准状况下 1m^3 体积的燃料为基准进行燃烧计算。

③ 燃烧计算中空气量和烟气量等所使用的体积（m^3），均指标准状况下的体积。对任何非标准状况下的空气或烟气体积（m^3），必须事先注明温度及压力条件。

④ 燃烧计算中所用到燃料的质量成分（对固、液体燃料）百分数和体积成分（对气体燃料）百分数，均以该百分数字直接代入计算式中计算，分别表示为 $w(x)$ 和 $V(x)$，括号中的 x 代表燃料的某一组成成分。

⑤ 燃烧所需空气中，氧气的体积百分数为 21%，氮气为 79%。按质量百分数计，氧气占 23.2%，氮气占 76.8%。空气中的含水分量极低，约为 10g 水分/(kg 干空气)。在湿空气中的体积比约 1%。因此，在工程计算中假定空气为干空气。在进行烟气体积计算时，对空气中的含水量进行修正。

二、燃烧所需空气量的计算

1. 各种可燃成分燃烧反应（起始状态和最终状态）的反应式（见表 2-66 和表 2-67）

表 2-66 固（液）体燃料可燃成分燃烧反应式及所需空气量

固(液)体燃料中可燃成分的质量百分数/%	燃烧反应式	1kg 固(液)体燃料中，所含可燃成分完全燃烧所需的理论空气量(由 $0.21O_2+0.79N_2$ 组成)/(m^3/kg)		
		O_2	N_2	空气量
$w(C_{ar})$	$C+O_2 = CO_2$	$1.867\frac{w(C_{ar})}{100}$	$7.022\frac{w(C_{ar})}{100}$	$0.0889w(C_{ar})$
$w(H_{ar})$	$2H_2+O_2 = 2H_2O$	$5.56\frac{w(H_2)}{100}$	$20.92\frac{w(H_2)}{100}$	$0.265w(H_2)$
$w(S_{ar})$	$S+O_2 = SO_2$	$0.7\frac{w(S_{ar})}{100}$	$2.63\frac{w(S_{ar})}{100}$	$0.0333w(S_{ar})$

表 2-67 气体燃料各可燃成分燃烧反应式及所需空气量

气体燃料中的可燃成分的体积百分数/%	燃烧反应式	1m^3 气体燃料中，所含可燃气体成分完全燃烧所需的理论空气量(由 $0.21O_2+0.79N_2$ 组成)/(m^3/m^3)		
		O_2	N_2	空气量
$V(C_mH_n)$	$C_mH_n+\left(m+\frac{n}{4}\right)O_2 = mCO_2+\frac{n}{2}H_2O$	$\left(m+\frac{n}{4}\right)\frac{V(C_mH_n)}{100}$	$\frac{79}{21}\left(m+\frac{n}{4}\right)\frac{V(C_mH_n)}{100}$	$0.0476\left(m+\frac{n}{4}\right)v(C_mH_n)$
$V(CO)$	$2CO+O_2 = 2CO_2$	$0.5\frac{V(CO)}{100}$	$1.881\frac{V(CO)}{100}$	$0.0238V(CO)$
$V(H_2)$	$2H_2+O_2 = 2H_2O$	$0.5\frac{V(H_2)}{100}$	$1.881\frac{V(H_2)}{100}$	$0.0238V(H_2)$
$V(H_2S)$	$2H_2S+3O_2 = 2H_2O+2SO_2$	$1.5\frac{V(H_2S)}{100}$	$5.64\frac{V(H_2S)}{100}$	$0.0714V(H_2S)$

2. 燃料燃烧所需理论空气量（V^0）的计算公式

（1）固（液）体燃料

$$V^0=0.0889w(C_{ar})+0.265w(H_{ar})+0.0333w(S_{ar})-0.0333w(O_{ar})$$

或

$$V^0=0.0889\left[w(C_{ar})+0.375w(S_{ar})\right]+0.265w(H_{ar})-0.0333w(O_{ar}) \tag{2-78}$$

式中　V^0——1kg 固（液）体燃料完全燃烧所需的理论空气量，$m^3/(kg$ 燃料$)$；

$w(C_{ar}),w(H_{ar}),w(S_{ar}),w(O_{ar})$——1kg 收到基固（液）体燃料中，碳、氢、硫和氧的质量百分数，%。

如果用质量来表示理论空气量的多少，则按下式计算：

$$L^0=0.115\left[w(C_{ar})+0.375w(S_{ar})\right]+0.342w(H_{ar})-0.0431w(O_{ar}),\text{kg/kg} \tag{2-79}$$

（2）气体燃料

$$V^0=0.0476\left[0.5V(CO)+0.5V(H_2)+1.5V(H_2S)\right]+\left[\left(m+\frac{n}{4}\right)V(C_mH_n)-V(O_2)\right] \tag{2-80}$$

式中　V^0——$1m^3$ 气体燃料完全燃烧所需的理论空气量，$m^3/(m^3$ 燃料$)$；

$V(CO),V(H_2),V(H_2S),V(O_2)$——$1m^3$ 气体燃料中，一氧化碳、氢气、硫化氢和氧气的体积百分数，%；

C_mH_n——$1m^3$ 气体燃料中，各种烃类化合物的体积百分数，%。

3. 理论空气量的近似估算公式

根据燃料燃烧所需的理论空气量与可燃成分的含量成比例的相关关系，通常用燃料的发热量来近似估算所需的空气量。

（1）对固体燃料

用于 $w(V_{daf})<15\%$ 的无烟煤和贫煤：

$$V^0=0.241\times\frac{Q_{net,V,ar}}{1000}+0.61,m^3/kg \tag{2-81}$$

用于 $w(V_{daf})>15\%$ 的烟煤和贫煤：

$$V^0=0.253\times\frac{Q_{net,V,ar}}{1000}+0.278,m^3/kg \tag{2-82}$$

用于 $Q_{net,V,ar}<12500$kJ/kg 的劣质烟煤：

$$V^0=0.241\times\frac{Q_{net,V,ar}}{1000}+0.455,m^3/kg \tag{2-83}$$

式中　$Q_{net,V,ar}$——燃料的收到基低位发热量，kJ/kg。

（2）对液体燃料

$$V^0=0.263\times\frac{Q_{net,V,ar}}{1000},m^3/kg \tag{2-84}$$

（3）对气体燃料

用于低位发热量 $Q_{net}^g<10467$kJ/m^3 的燃气：

$$V^0=0.209\times\frac{Q_{net}^g}{1000},m^3/m^3 \tag{2-85}$$

用于低位发热量 $Q_{net}^g>10467$kJ/m^3 的燃气：

$$V^0=0.261\times\frac{Q_{net}^g}{1000}-0.25,m^3/m^3 \tag{2-86}$$

用于液化石油气：

$$V^0=0.263\times\frac{Q_{net}^g}{1000},m^3/m^3 \tag{2-87}$$

对于天然气还可用下式近似估算：

$$V^0=7.13\bar{n}+2.28,m^3/m^3 \tag{2-88}$$

$$\bar{n}=\frac{1V(CH_4)+2V(C_2H_6)+3V(C_3H_8)}{100-\left[V(CO)+V(N_2)\right]} \tag{2-89}$$

式中　$V(x_i)$——各成分在天然气中的体积百分数，%。

4. 不同温度 t 和压力 p 下的空气量修正

$$V_{t,p}=V^0\left(\frac{273+t}{273}\right)\frac{0.1}{p} \tag{2-90}$$

式中　t——空气的实际温度，℃；

p——空气的实际压力，MPa。

5. **过量空气系数 α 及漏风系数 $\Delta\alpha$**

(1) 过量空气系数 α 燃料燃烧时，供给燃烧的实际空气量 V_k 总是大于理论空气量 V^0。把实际空气量 V_k 与理论空气量 V^0 的比值定义为过量空气系数 α。即有：

$$\alpha=\frac{V_k}{V^0}\quad（或\ V_k=\alpha V^0）\tag{2-91}$$

α 是锅炉燃烧计算中的重要参数之一。在锅炉燃烧计算中，首先确定炉膛出口过量空气系数 α''_L。它是指进入炉膛的总风量（包括经炉膛壁漏入炉内的空气量）与理论空气量的比值。α''_L 与燃料种类、燃烧方式和燃烧设备有关，其经验推荐值列于表 2-68。

表 2-68 炉膛出口过量空气系数 α''_L

燃烧方式及设备	无烟煤	贫煤	劣质烟煤	烟煤	褐煤	油页岩	重油及燃气
链条炉排炉	1.30～1.50					—	—
往复炉排炉	1.30～1.50					—	—
抛煤机机械炉排炉	1.30～1.40					—	—
固态排渣煤粉炉	1.20～1.25			1.15～1.20		1.20	—
液态排渣煤粉炉	1.20～1.25			1.15～1.20		—	—
沸腾炉①	1.10～1.20					—	—
燃油及燃气炉	—						1.05～1.10

① 指沸腾层出口的过量空气系数。

(2) 漏风系数 $\Delta\alpha$ 漏风系数为锅炉各部分漏入烟气中的漏风量 ΔV 与理论空气量 V^0 的比值。当锅炉为平衡通风时，锅炉各部分漏风系数 $\Delta\alpha$ 经验值列于表 2-69。微正压锅炉各烟道的漏风系数 $\Delta\alpha=0$，仅需考虑空气预热器中空气侧对烟气侧的漏风。

表 2-69 漏风系数 $\Delta\alpha$

燃烧方式	炉膛	凝渣管屏式过热器	水平烟道	锅炉管束		过热器	再热器	每一级省煤器		每一级空气预热器		除尘器	锅炉后烟道	
				第一管束	第二管束			钢管式	铸铁式	钢管式	回转式		钢烟道	砖烟道
层燃炉	0.1～0.3①			0.05	0.10	0.05		0.1	0.15	0.1		0.1～0.15	0.01	0.05
室燃炉	0.05～0.1②	0	0.03			0.03	0.03	0.02		0.03	0.2	0.1～0.15	0.01	0.05

① 0.1 适用于机械化燃烧的层燃炉及沸腾炉的悬浮室（沸腾炉的沸腾层漏风为 0，0.3 适用于手烧炉）。

② 0.05 适用于膜式水冷壁的炉膛，0.1 适用于一般光管水冷壁炉膛。

根据炉膛出口过量空气系数 α''_L 及各烟道部分的漏风系数 $\Delta\alpha$ 可以确定任一烟道部位出口的过量空气系数 α''，即：

$$\alpha''=\alpha''_L+\sum\Delta\alpha\tag{2-92}$$

式中 $\sum\Delta\alpha$——计算烟道部位以前各烟道（包括本烟道）漏风系数之和。

(3) 锅炉的空气平衡 锅炉空气预热器的漏风是指空气侧向烟气侧漏风，而锅炉其余烟道部位在平衡通风条件下是由大气向烟道内漏风。为区别起见，前者的过量空气系数用 β 表示，后者用 α 表示。这样，整个锅炉中空气的平衡关系如下。

锅炉排烟处（末级空气预热器出口）的过量空气系数 α_{py}：

$$\alpha_{py}=\alpha''_L+\sum_{i=1}\Delta\alpha_i\tag{2-93}$$

式中 $\sum\limits_{i=1}\Delta\alpha_i$——从炉膛出口到末级空气预热器出口，各部分的漏风总和，可查表 2-69。

α''_L——炉膛出口过量空气系数，参见表 2-68。

则

$$\alpha''_L=\beta''_{ky}+\Delta\alpha_{zf}+\Delta\alpha_L=\alpha'_L+\Delta\alpha_L\tag{2-94}$$

$$\beta''_{ky}=\beta'_{ky}-\Delta\alpha_{ky}\tag{2-95}$$

式中 α'_L——进锅炉炉膛的过量空气系数；

β''_{ky}——指空气预热器空气侧出口的过量空气系数。

式（2-93）和式（2-94）中的 $\Delta\alpha_{zf}$、$\Delta\alpha_L$ 及 $\Delta\alpha_{ky}$ 分别为制粉系统、炉膛及空气预热器的漏风系数。β'_{ky} 为空气预热器空气侧进口的过量空气系数。$\Delta\alpha_{zf}$ 值见表 2-70。

表 2-70　制粉系统漏风系数 $\Delta\alpha_{zf}$

制粉系统形式	钢球磨煤机		中速磨煤机		风扇磨煤机	
	中仓式	直吹式	正压	负压	无烟气下降管	带烟气下降管
$\Delta\alpha_{zf}$	0.3～0.4①	0.25	0	0.2	0.2	0.3

① 上限值适用于小型磨煤机，下限值适用于大型磨煤机。

送入锅炉炉膛的实际空气量　$V'_L=\alpha'_L\cdot V^0=(\alpha''_L-\Delta\alpha_L)\cdot V^0$　（2-96）

三、燃料燃烧产物（烟气量）的计算

完全燃烧产生的烟气量由 CO_2、SO_2、H_2O（水蒸气）和 N_2 所组成。燃料燃烧产物的计算见图 2-20。

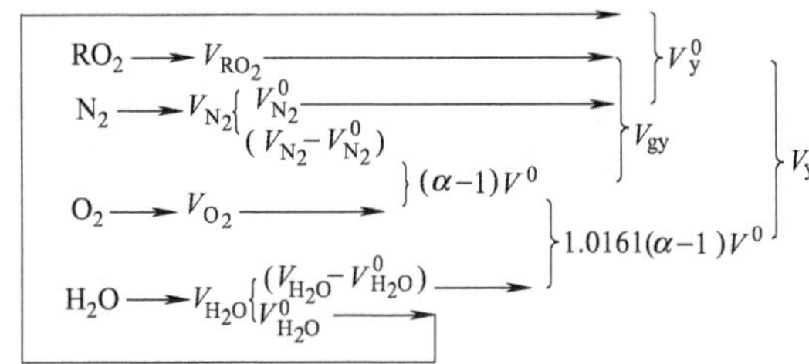

图 2-20　燃烧产物组成

1. 过量空气系数 $\alpha=1.0$

在 $\alpha=1.0$ 条件下，1kg 或 1m³ 燃料燃烧产生的烟气量为理论燃烧烟气量 V^0_y：

$$V^0_y=V_{RO_2}+V^0_{H_2O}+V^0_{N_2} \tag{2-97}$$

式中　V^0_y——$\alpha=1.0$ 时的理论燃烧烟气量，m^3/kg 或 m^3/m^3；

V_{RO_2}——燃烧烟气中 CO_2 和 SO_2 的体积，$V_{RO_2}=V_{CO_2}+V_{SO_2}$；

$V^0_{H_2O}$——$\alpha=1.0$ 时，烟气中水蒸气的体积，由三部分组成：氢燃烧生产的水蒸气 $0.111w(H_{ar})$、燃料中的水分 $0.0124w(M_{ar})$ 和理论空气量 V^0 带入的水分 $0.0161V^0$；

$V^0_{N_2}$——随理论空气量 V^0 和燃烧带入的氮气体积。

(1) 固（液）体燃料燃烧中，理论燃烧烟气量的计算公式

$$V_{RO_2}=0.01866[w(C_{ar})+0.375w(S_{ar})],m^3/kg \tag{2-98}$$

$$V^0_{N_2}=0.008w(N_{ar})+0.79V^0,m^3/kg \tag{2-99}$$

$$V^0_{H_2O}=0.111w(H_{ar})+0.0124w(M_{ar})+0.0161V^0+1.24G_w,m^3/kg \tag{2-100}$$

式中　$w(C_{ar}),w(S_{ar}),w(N_{ar}),w(H_{ar}),w(M_{ar})$——燃料中碳、硫、氮、氢和水分的质量百分数，%；

V^0——理论空气量，m^3/kg，按式（2-78）计算；

0.111——1kg H_2 燃烧产生的水蒸气，m^3/kg；

0.0124——1kg 水蒸发形成的水蒸气，m^3/kg；

0.0161——按干空气中含湿量 $d=10g$ 水分/(kg 干空气）计算，随 1m³ 干空气带入的水蒸气体积，m^3/m^3。

G_w——当采用蒸汽雾化和蒸汽二次风时的蒸汽耗量，kg/(kg 煤或 kg 油)，一般此项为 0。

把式（2-98）～式（2-100）代入式（2-97）即得到固（液）体燃料燃烧的理论烟气量 V^0_y 值。

(2) 气体燃料燃烧中，理论燃烧烟气量的计算公式

$$V_{RO_2}=0.01[V(CO_2)+V(CO)+V(H_2S)+\Sigma mV(C_mH_n)],m^3/m^3 \tag{2-101}$$

$$V^0_{H_2O}=0.01\left[V(H_2)+V(H_2S)+\Sigma\frac{n}{2}V(C_mH_n)+0.124d_q\right]+0.0161V^0,m^3/m^3 \tag{2-102}$$

$$V^0_{N_2}=0.01V(N_2)+0.79V^0,m^3/m^3 \tag{2-103}$$

式中 d_q——1m³ 干气体燃料中的含湿量，g/m³；

V^0——气体燃料燃烧的理论空气量，m³/m³，按式（2-80）计算。

其余符号同前。

2. 过量空气系数 $\alpha>1.0$

在$\alpha>1.0$条件下，1kg或1m³燃料燃烧产生的烟气量为实际烟气量V_y：

$$V_y=V_y^0+(\alpha-1)V^0+0.0161(\alpha-1)V^0=V_y^0+1.0161(\alpha-1)V^0 \tag{2-104}$$

式中 V_y^0——理论燃烧烟气量，m³/kg或m³/m³，如式（2-97）所示；

$(\alpha-1)V^0$——过量空气中带入的N_2和O_2量，m³/kg或m³/m³；

$0.0161(\alpha-1)V^0$——过量空气中带入的过量水蒸气量，m³/kg或m³/m³。

把式（2-97）代入式（2-104）则得：

$$\begin{aligned}V_y&=[V_{RO_2}+V_{N_2}^0+(\alpha-1)V^0]+[V_{H_2O}^0+0.0161(\alpha-1)V^0]\\&=V_{gy}+V_{H_2O}\end{aligned} \tag{2-105}$$

其中：

$$V_{H_2O}=V_{H_2O}^0+0.0161(\alpha-1)V^0 \tag{2-106}$$

$$V_{gy}=V_{RO_2}+V_{N_2}^0+(\alpha-1)V^0 \tag{2-107}$$

式中 V_{RO_2}、$V_{H_2O}^0$、$V_{N_2}^0$、V^0——意义同前；

V_{gy}——干烟气体积。

① 固（液）体燃料燃烧的实际烟气量V_y：把式（2-98）～式（2-100）代入式（2-104）得到V_y。

② 气体燃料燃烧的实际烟气量V_y：把式（2-101）～式（2-103）代入式（2-104）得到气体燃料的V_y。

3. 三原子气体的体积份额

(1) RO_2（包括CO_2和SO_2）的体积份额γ_{RO_2}及气体分压力p_{RO_2}

$$\gamma_{RO_2}=\frac{V_{RO_2}}{V_y} \tag{2-108}$$

$$p_{RO_2}=\gamma_{RO_2}\cdot p,\ \text{MPa} \tag{2-109}$$

式中 p——烟气的总压力，MPa。

(2) 水蒸气的体积份额γ_{H_2O}及水蒸气的分压力p_{H_2O}

$$\gamma_{H_2O}=\frac{V_{H_2O}}{V_y} \tag{2-110}$$

$$p_{H_2O}=\gamma_{H_2O}\cdot p,\ \text{MPa} \tag{2-111}$$

4. 烟气质量G_y和烟气密度ρ_y

(1) 1kg固（液）体燃料燃烧产生的烟气质量G_y和烟气密度ρ_y

$$G_y=1-\frac{w(A_{ar})}{100}+1.306\alpha V^0+G_w,\ \text{kg/kg} \tag{2-112}$$

式中 $w(A_{ar})$——燃料的收到基灰分，%；

G_w——当采用蒸汽雾化和蒸汽二次风时的蒸汽耗量，kg/kg，一般情况下为0。

则烟气密度应为

$$\rho_y=\frac{G_y}{V_y},\ \text{kg/m}^3 \tag{2-113}$$

式中 V_y——实际烟气量，m³/kg，按式（2-104）计算。

烟气密度ρ_y还可以用如下方法计算：

$$\rho_y^{\ominus}=M\cdot\rho_k^{\ominus},\ \text{kg/m}^3 \tag{2-114}$$

$$\rho_y^t=\rho_y^{\ominus}\times\frac{273}{273+t_y}\times\frac{p}{0.1},\ \text{kg/m}^3 \tag{2-115}$$

式中 $\rho_y^{\ominus}$——标准状况下的烟气密度，kg/m³；

$\rho_k^{\ominus}$——标准状况下的空气密度，kg/m³，$\rho_k^{\ominus}=1.293$kg/m³；

ρ_y^t——在温度t和压力p下的烟气密度，kg/m³；

M——考虑烟气中水蒸气体积份额γ_{H_2O}对烟气密度影响的折算系数，查图2-21；

t_y——烟气温度，℃。

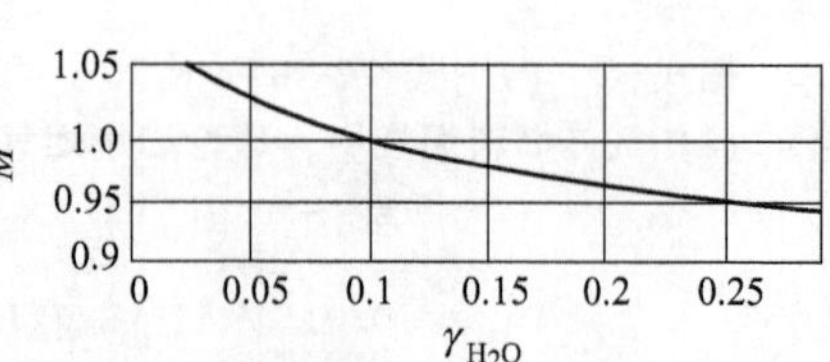

图2-21 折算系数M与γ_{H_2O}的关系

(2) $1m^3$ 气体燃料燃烧产生的烟气质量 G_y 和烟气密度 ρ_y

$$G_y=\rho_q^g+\frac{d_q}{1000}+1.306\alpha V^0 \tag{2-116}$$

式中 ρ_q^g——干气体燃料的密度，kg/m^3；

d_q——$1m^3$ 干气体燃料中的含湿量，g/m^3。

烟气密度 ρ_y 的计算有下述两种方法。

① 按燃烧产物烟气的成分计算。

$$\rho_y^{\ominus}=\frac{44V(CO_2)+18V(H_2O)+28V(N_2)+32V(O_2)+64V(SO_2)}{22.4\times100} \tag{2-117}$$

式中 $\rho_y^{\ominus}$——标准状况下烟气的密度，kg/m^3；

$V(CO_2)$、$V(H_2O)$等——烟气中各成分所占的体积百分数，%。

② 按气体燃料与空气混合物的密度计算。

$$\rho_y^{\ominus}=\frac{\rho_q^{\ominus}+1.293\alpha V^0+0.001(d_q+1.293\alpha V^0 d)}{V_y} \tag{2-118}$$

式中 $\rho_q^{\ominus}$——标准状况下干燃气的密度，kg/m^3；

d_q——$1m^3$ 干气体燃料中的含湿量，g/m^3；

d——1kg 干空气中的含湿量，g/kg，一般取 10g/kg；

V_y——总烟气量，m^3 烟气/(m^3 气体燃料)。

5. 燃煤烟气中的飞灰浓度（μ）

$$\mu=\frac{a_{fh}w(A_{ar})}{100\times G_y} \tag{2-119}$$

式中 a_{fh}——烟气中带走灰分的份额，即烟气飞灰中的灰分质量与总灰量的比值。与燃料和炉型有关。如表 2-71 所列。

表 2-71 各种炉型下，烟气中带走灰分的份额 a_{fh}

炉型	层燃炉	沸腾炉	干态除渣煤粉炉	液态除渣煤粉炉	旋风炉
a_{fh}	0.1～0.3	0.25～0.6	0.90～0.95	0.6～0.7	0.1～0.15

四、燃烧产物焓的计算

实际燃烧产物（烟气）的焓由理论燃烧烟气焓 I_y^0、过量空气的焓 $(\alpha-1)I_k^0$ 及飞灰的焓 I_{fh} 三部分组成：

$$I_y=I_y^0+(\alpha-1)I_k^0+I_{fh},\quad kJ/kg \text{ 或 } kJ/(m^3\text{气体燃料}) \tag{2-120}$$

1. α=1.0 条件下，烟气在温度 t 下的焓 I_y^0

$$I_y^0=V_{RO_2}(ct)_{RO_2}+V_{N_2}^0(ct)_{N_2}+V_{H_2O}^0(ct)_{H_2O} \tag{2-121}$$

式中 由于烟气中 SO_2 的含量远少于 CO_2 的含量，在上式计算中，RO_2 的热焓用 CO_2 的热焓代用。

$(ct)_{RO_2}$、$(ct)_{N_2}$、$(ct)_{H_2O}$——$1m^3$ RO_2、N_2 和水蒸气的焓，kJ/m^3，见表 2-72。

表 2-72 $1m^3$ 气体的焓及 1kg 灰的焓（标准状况下）

t/℃	$(ct)_{CO_2}$/(kJ/m^3)	$(ct)_{N_2}$/(kJ/m^3)	$(ct)_{O_2}$/(kJ/m^3)	$(ct)_{H_2O}$/(kJ/m^3)	$(ct)_k$/(kJ/m^3)	$(ct)_{fh}$/(kJ/kg)
100	170	130	132	151	132	83.7
200	358	260	267	304	266	173.4
300	559	392	407	463	403	267.6
400	772	527	551	626	542	368.4
500	996	664	699	795	684	462.0
600	1223	804	850	967	830	570.2
700	1461	946	1005	1147	980	674.1

续表

t/℃	$(ct)_{CO_2}$/(kJ/m³)	$(ct)_{N_2}$/(kJ/m³)	$(ct)_{O_2}$/(kJ/m³)	$(ct)_{H_2O}$/(kJ/m³)	$(ct)_k$/(kJ/m³)	$(ct)_{fh}$/(kJ/kg)
800	1704	1093	1160	1336	1130	784.0
900	1951	1243	1319	1524	1281	904.5
1000	2202	1394	1478	1725	1436	1025.8
1100	2458	1545	1637	1926	1595	1156.0
1200	2717	1696	1800	2131	1754	1316.4
1300	2977	1851	1964	2345	1913	1469.5
1400	3241	2010	2127	2558	2077	1658.9
1500	3504	2165	2294	2780	2240	1834.2
1600	3768	2324	2462	3002	2403	2076.6
1700	4036	2483	2629	3228	2567	
1800	4304	2642	2797	3458	2730	
1900	4572	2805	2968	3689	2897	
2000	4844	2964	3140	3927	3065	
2100	5116	3128	3308	4162	3232	
2200	5388	3291	3483	4400	3400	
2300	5707	3454	3659	4647	3571	
2400	5966	3622	3823	4878	3739	
2500	6255	3768	3997	5133	3915	

2. 理论空气量的焓 I_k^0

$$I_k^0 = V^0 (ct)_k \tag{2-122}$$

式中 $(ct)_k$——1m³ 空气的焓，kJ/m³，见表 2-72。

3. $\alpha>1.0$ 条件下，烟气在 t 下的焓 I_y

$$I_y = I_y^0 + (\alpha-1)V^0(ct)_k = I_y^0 + (\alpha-1)I_k^0 \tag{2-123}$$

式中 符号意义同前。

4. 飞灰的焓 I_{fh}

对层燃炉和煤粉炉，当从炉膛带出的折算飞灰量满足：

$$a_{fh}\left[10^4 \frac{w(A_{ar})}{Q_{net,V,ar}}\right] > 14.3, g/MJ \tag{2-124}$$

对沸腾炉，当从炉膛带出的折算飞灰量满足：

$$a_{fh}\left[10^4 \frac{w(A_{ar})}{Q_{net,V,ar}}\right] \times \frac{100}{100-w(C_{fh})} \times \frac{100}{100-q_4} > 14.3, g/MJ \tag{2-125}$$

飞灰的焓必须予以计算。否则可以忽略不计。

式中 a_{fh}——烟气中带走飞灰的份额，查表 2-71；

$w(A_{ar})$——燃煤中的收到基灰分的质量百分数，%；

$Q_{net,V,ar}$——煤的收到基低位发热量，kJ/kg；

$w(C_{fh})$——飞灰中的含碳量，%；

q_4——沸腾炉的固体不完全燃烧热损失，%。

飞灰焓的计算式：

$$I_{fh} = a_{fh} \frac{w(A_{ar})}{100} (ct)_{fh}, \text{ kJ/kg} \tag{2-126}$$

式中 符号意义同前。

1kg 飞灰的焓 $(ct)_{fh}$ 查表 2-72。

五、燃烧计算表（汇总）

1. 理论空气量（V^0）及烟气量的计算（见表 2-73）

表 2-73　理论空气量及烟气量的计算

序　号	名　称	符　号	单　　位	计 算 公 式	结果
1	理论空气量	V^0	m^3/kg 或 m^3/m^3	式(2-78)——固(液)体燃料 式(2-80)——气体燃料	
2	RO_2 容积	V_{RO_2}	m^3/kg 或 m^3/m^3	式(2-98)——固(液)体燃料 式(2-101)——气体燃料	
3	N_2 理论容积	$V^0_{N_2}$	m^3/kg 或 m^3/m^3	式(2-99)——固(液)体燃料 式(2-103)——气体燃料	
4	H_2O 理论容积	$V^0_{H_2O}$	m^3/kg 或 m^3/m^3	式(2-100)——固(液)体燃料 式(2-102)——气体燃料	

2. 各受热面烟道中烟气特性（见表 2-74）

表 2-74　各受热面烟道中烟气特性

序号	名　　称	符　号	单　　位	计　算　公　式	各烟道计算结果		
					炉膛	过热器	再热器
1	平均过量空气系数	α_{pj}	—	$\frac{1}{2}(\alpha'+\alpha'')$			
2	实际水蒸气容积	V_{H_2O}	m^3/kg 或 m^3/m^3	$V^0_{H_2O}+0.0161(\alpha_{pj}-1)V^0$			
3	烟气总容积	V_y	m^3/kg 或 m^3/m^3	式(2-104)			
4	RO_2 容积份额	γ_{RO_2}	—	式(2-108)			
5	H_2O 容积份额	γ_{H_2O}	—	式(2-110)			
6	三原子气体份额	γ	—	$\gamma_{RO_2}+\gamma_{H_2O}$			
7	烟气总质量	G_y	kg/kg 或 kg/m^3	式(2-112)或式(2-116)			
8	飞灰浓度①	μ	kg/kg	式(2-119)			

① 此项仅用于固体燃料。

3. 温度与焓的计算（见表 2-75）

表 2-75　温度与焓的计算表

t/℃	V_{RO_2}		$V^0_{N_2}$		$V^0_{H_2O}$		I^0_y	V^0		$I_y=I^0_y+(\alpha-1)I^0_y+I_{fh}$				
	$(ct)_{RO_2}$	I_{RO_2}	$(ct)_{N_2}$	$I^0_{N_2}$	$(ct)_{H_2O}$	$I^0_{H_2O}$		$(ct)_k$	I^0_k	α''_L	α''_1	α''_2	α''_3	α_{py}
100														
200														
300														
…														
2000														

4. 工业锅炉代表性煤种的燃烧计算数据汇总

工业锅炉设计用代表性煤种的理论燃烧空气及燃烧产物的体积和焓的计算结果列于表 2-76。

5. 代表性燃气的燃烧计算数据汇总

将按表 2-64 中天然气、油田伴生气、焦炉煤气的成分所计算的理论燃烧空气及燃烧产物的体积和焓列于表 2-77。

表 2-76 工业锅炉设计代表性煤种燃烧计算结果汇总

燃料类别	燃料名称产地	在 $\alpha=1.0$,0℃,0.1MPa 下,工业锅炉设计代表煤种的理论空气量及燃烧产物的量/(m^3/kg)					1kg 燃料燃烧产物及空气的焓(I_y^0/I_k^0)/(kJ/kg) 温度/℃							
		V^0	V_{RO_2}	$V_{N_2}^0$	$V_{H_2O}^0$	V_y^0	100	200	300	400	500	600	700	800
石煤、煤矸石	煤矸石(Ⅰ类)湖南株州	1.505	0.287	1.191	0.278	1.756	245.3/199.3	497.0/400.7	755.7/606.2	1022.8/815.6	1298.0/1029.5	1577.2/1248.9	1865.2/1474.6	2161.6/1701.5
	煤矸石(Ⅱ类)安徽淮北	1.854	0.369	1.468	0.236	2.073	288.9/245.3	585.3/493.6	890.5/746.9	1205.8/1004.4	1529.8/1268.2	1859.3/1538.6	2198.9/1816.2	2548.1/2095.9
	石煤(Ⅲ类)浙江安仁	2.685	0.548	2.144	0.163	2.855	396.1/355.4	803.0/715.1	1222.1/1081.4	1654.6/1454.5	2099.7/1836.7	2551.4/2228.2	3016.6/2630.6	3494.7/3035.4
褐煤	褐煤黑龙江扎赉诺尔	3.362	0.649	2.660	0.743	4.052	567.7/444.6	1149.7/895.1	1748.8/1354.0	2367.6/1821.2	3003.6/2300.2	3650.5/2790.1	4317.4/3293.7	5004.9/3800.3
无烟煤	无烟煤(Ⅰ类)京西安家滩	5.025	1.027	39.72	0.267	5.266	730.2/664.9	1481.3/1338.1	2254.2/2023.9	3052.2/2722.2	3873.2/3437.8	4706.8/4170.0	5565.5/4923.2	6447.2/5680.6
	无烟煤(Ⅱ类)福建天湖山	6.893	1.385	5.447	0.365	7.197	997.3/911.9	2022.6/1835.5	3077.7/2776.3	4166.7/3734.6	5287.1/4715.6	6425.1/5720.0	7596.5/6753.3	8799.8/7792.0
	无烟煤(Ⅲ类)山西阳泉三矿	6.447	1.229	5.101	0.496	6.826	941.5/849.0	1916.7/1716.6	2915.3/2596.6	3946.0/3492.6	5006.2/4410.4	6082.6/5349.9	7191.7/6316.2	8330.9/7288.0
贫煤	贫煤四川芙蓉	5.570	1.047	4.407	0.465	5.919	820.2/736.9	1661.7/1483.4	2527.6/2243.3	3420.6/3017.8	4339.2/3810.4	5272.4/4622.2	6233.3/5457.1	7221.0/6296.5
烟煤	烟煤(Ⅰ类)吉林通化	3.875	0.772	3.051	0.432	4.255	583.6/510.4	1182.8/1027.0	1799.1/1553.3	2435.0/2089.6	3088.6/2638.5	3753.0/3200.8	4437.6/3778.6	5141.4/4360.1
	烟煤(Ⅱ类)山东良庄	4.810	0.882	3.807	0.529	5.218	723.9/636.4	1466.2/1280.7	2229.5/1937.2	3017.4/2605.7	3827.2/3290.8	4650.3/3991.3	5498.1/4712.2	6369.8/5437.4
	烟煤(Ⅲ类)安徽淮南	5.891	1.075	4.661	0.627	6.363	882.2/779.6	1786.9/1568.8	2717.6/2372.6	3677.7/3191.6	4664.5/4030.2	5667.7/4888.5	6700.6/5771.5	7762.7/6659.5

续表

燃料类别	燃烧名称产地	1kg燃料燃烧产物及空气的焓(I_y^0/I_k^0)/(kJ/kg)											
		温度/℃											
		900	1000	1100	1200	1300	1400	1500	1600	1700	1800	1900	2000
石煤、煤矸石	煤矸石(Ⅰ类)湖南株州	2464.8/1928.0	2772.1/2161.2	3080.6/2400.7	3391.7/2640.2	3710.3/2879.7	4034.8/3125.4	4356.8/3371.2	4683.3/3617.0	5012.8/3862.7	5343.2/4108.5	5678.5/4360.5	6012.7/4612.6
	煤矸石(Ⅱ类)安徽淮北	2905.2/2375.2	3266.5/2662.4	3629.5/2957.5	3994.6/3252.3	4368.5/3547.5	4749.9/3850.2	5126.7/4152.9	5509.8/4455.6	5895.8/4758.3	6282.7/5061.0	6675.4/5371.7	7065.6/5681.9
	石煤(Ⅲ类)浙江安仁	3984.2/3439.9	4477.8/3856.0	4973.5/4283.1	5472.6/4710.1	5981.7/5137.6	6502.5/5576.0	7015.4/6014.3	7537.1/6452.7	8062.1/6891.0	8587.5/7329.4	9122.2/7779.1	9651.4/8228.7
褐煤	褐煤黑龙江扎赉诺尔	5706.2/4307.4	6419.6/4828.2	7135.6/5362.9	7857.4/5897.9	8596.2/6432.6	9349.5/6981.9	10097.7/7530.8	10856.8/8079.7	11622.1/8628.6	12390.4/9177.5	13169.6/9740.6	13946.6/10303.7
无烟煤	无烟煤(Ⅰ类)京西安家滩	7349.9/6438.0	8260.1/7216.4	9174.5/8015.6	10094.8/8815.3	11033.5/9614.6	11993.5/10435.2	12938.9/11255.8	13901.0/12076.4	14868.6/12896.6	15837.0/13717.2	16822.6/14558.7	17794.3/15400.3
	无烟煤(Ⅱ类)福建天湖山	10031.6/8831.2	11273.8/9898.8	12521.9/10995.4	13777.5/12092.3	15058.7/13188.8	16368.7/14314.2	17658.7/15440.1	18971.6/16565.5	20291.7/17690.9	21613.5/18816.3	22958.3/19678.0	24288.9/21125.3
	无烟煤(Ⅲ类)山西阳泉三矿	9496.9/8259.7	10673.8/9258.3	11856.6/10284.0	13046.1/11309.8	14261.1/12335.6	15502.9/13388.1	16727.1/14441.1	17973.1/15493.7	19226.2/16546.2	20481.0/17598.8	21757.5/18678.6	23022.0/19758.3
贫煤	贫煤四川芙蓉	8231.2/7136.0	9252.0/7998.9	10277.3/8885.2	11308.5/9771.1	12362.4/10657.5	13439.2/11566.9	14501.0/12476.7	15581.6/13386.0	16668.5/14295.4	17757.0/15204.8	18864.5/16137.6	19961.4/17070.4
烟煤	烟煤(Ⅰ类)吉林通化	5861.1/4941.3	6588.8/5539.1	7320.2/6152.5	8055.8/6766.3	8808.2/7380.1	9576.5/8009.8	10335.1/8639.5	11107.2/9269.2	11883.4/9898.8	12661.7/10529.0	13453.0/11174.6	14238.0/11820.6
	烟煤(Ⅱ类)山东良庄	7261.2/6162.6	8162.6/6907.4	9068.2/7672.7	9979.2/8438.1	10910.8/9203.4	11862.5/9988.9	12802.0/10774.3	13757.8/11559.3	14719.5/12344.8	15683.3/13130.2	16663.0/13935.8	17634.8/14741.3
	烟煤(Ⅲ类)安徽淮南	8848.8/7547.5	9947.4/8459.8	11050.6/9397.3	12160.6/10334.3	13295.6/11271.7	14454.5/12233.4	15599.6/13195.5	16763.5/14157.2	17935.0/15119.4	19109.0/16081.1	20302.6/17067.9	21486.2/18054.3

表 2-77 气体燃料燃烧计算数据汇总

在 $\alpha=1.0$,0℃,0.1MPa 下燃气的燃烧特性数据	项目		燃气种类					
			天然气		油田伴生气		焦炉煤气	
气体燃料的理论空气量及燃烧产物的比/(m^3/m^3)	V_k^0		9.35		11.40		4.21	
	V_{RO_2}		0.98		1.31		0.40	
	$V_{N_2}^0$		7.40		9.01		3.34	
	$V_{H_2O}^0$		2.13		2.45		1.21	
	V_y^0		10.51		12.77		4.95	
1m^3 气体燃料燃烧所需理论空气的焓(I_k^0)及燃烧产物的焓(I_y^0)/(kJ/m^3)	焓/(kJ/m^3)		I_K^0	I_y^0	I_K^0	I_y^0	I_K^0	I_y^0
	温度/℃	100	1237.2	1449.9	1508.2	1726.2	556.8	686.6
		200	2489.9	2926.6	3035.6	3557.9	1121.2	1385.0
		300	3766.0	4439.3	4591.6	5404.1	1695.6	2099.7
		400	5065.6	5996.8	6176.2	7295.9	2281.0	2836.1
		500	6396.6	7593.6	7799.0	9236.1	2880.5	3591.0
		600	7758.6	9219.3	9460.0	11220.6	3493.5	4360.1
		700	9160.3	10892.8	11168.7	13242.8	4124.4	5151.8
		800	10569.6	12618.6	12887.0	15355.1	4759.1	5969.5
		900	11978.8	14380.0	14605.2	17479.9	5393.8	6814.8
		1000	13427.5	16172.4	16371.2	19669.6	6045.7	7652.6
		1100	14915.0	17968.5	18184.9	21848.8	6715.6	8504.2
		1200	16402.6	19777.6	19998.7	24057.4	7385.5	9362.9
		1300	17890.2	21635.7	21812.4	26297.3	8055.4	10245.5
		1400	19416.7	23529.0	23548.2	28612.3	8742.4	11144.0
		1500	20943.6	25409.3	25535.3	30911.1	9430.3	12038.3
		1600	22470.1	27320.5	27396.7	33218.1	10117.4	12947.3
		1700	23997.1	29244.4	29258.2	35550.1	10804.9	13862.5
		1800	25523.6	31177.4	31119.6	37890.5	11492.3	14782.8
		1900	27089.4	33141.9	33028.8	40302.1	12197.4	15717.2
		2000	28655.3	35096.7	34938.0	42638.4	12902.5	16649.6
		2100	30221.2	37073.7	36847.2	45029.0	13607.5	17590.4
		2200	31787.0	39059.9	38756.4	47499.2	14312.6	18532.0
		2300	33391.8	41108.9	40713.3	49998.8	15035.2	19511.7
		2400	34957.7	43096.0	42622.5	52418.7	15740.3	20456.7
		2500	36601.8	45009.8	44627.1	54658.7	16480.5	21373.6

注：本表数据系根据表 2-64 的燃气成分制订。

六、运行状态下，燃烧工况的监测

锅炉在运行状态下，应注意监测燃烧工况是否正常，主要的监测参数是过量空气系数（α）。应该控制它在设计值范围内，α 的监控没有直接测量的仪表，一般都是通过直接测量燃烧产物中干烟气成分的体积百分数，再根据燃烧方程式间接计算求得。

1. 燃烧方程式

(1) 固（液）体燃料燃烧时的不完全燃烧方程式 当燃烧过程中出现有 CO 未燃尽产物时（其他未燃尽产物 H_2 和 CH_4 微量），各燃烧产物间的关系，即不完全燃烧方程式如下：

$$21-V(O_2)-(1+\beta)V(RO_2)=(0.605+\beta)V(CO) \tag{2-127}$$

式中 $V(RO_2)$、$V(O_2)$、$V(CO)$——烟气中相应气体的体积 V_{RO_2}、V_{O_2}、V_{CO} 占干烟气体积（V_{gy}）的百分数（以下均同），%。

锅炉运行中均通过仪表测得。

$$V(RO_2)=\frac{V_{RO_2}}{V_{gy}}\times100\% \tag{2-128}$$

$$V(O_2)=\frac{V_{O_2}}{V_{gy}}\times 100\% \tag{2-129}$$

$$V(CO)=\frac{V_{CO}}{V_{gy}}\times 100\% \tag{2-130}$$

此时干烟气中的主要成分是 RO_2、O_2、N_2 和 CO，其体积组成关系为：

$$V(RO_2)+V(O_2)+V(N_2)+V(CO)=100\% \tag{2-131}$$

在实际烟气分析中，由于 CO 含量很少，用奥氏分析器测量 CO 的准确度不高，故可应用不完全燃烧方程式（2-127）计算，即

$$V(CO)=\frac{21-V(O_2)-(1+\beta)V(RO_2)}{(0.605+\beta)}$$

式中，β 为燃料特性系数，决定于燃料的可燃质成分，与燃料中的水分和灰分含量无关。对固（液）体燃料可按下式计算：

$$\beta=2.35\times\frac{w(H_{ar})-\frac{1}{8}w(O_{ar})+0.038w(N_{ar})}{w(C_{ar})+0.375w(S_{ar})} \tag{2-132}$$

式中，$w(x)$ 是燃料各元素成分的收到基质量百分含量。各种燃料的 β 值列于表 2-78 供参考。

表 2-78 各种燃料的燃料特性系数 β

燃料种类	β	$V(RO_2^{max})/\%$	燃料种类	β	$V(RO_2^{max})/\%$
泥煤	0.07～0.08	19.6～19.4	无烟煤	0.04～0.09	20.2～19.3
褐煤	0.06～0.11	19.8～18.9	油页岩	约 0.21	约 17.4
烟煤	0.11～0.14	18.7～18.4	重油	约 0.30	约 16.1
贫煤	0.09～0.11	19.3～18.9	天然气	约 0.78	约 11.8

当燃料完全燃烧时，烟气中不再存在未燃尽的气体成分 CO，则式（2-127）变成：

$$21-V(O_2)=(1+\beta)V(RO_2) \tag{2-133}$$

或

$$V(RO_2)=\frac{21-V(O_2)}{1+\beta}$$

式（2-133）称为完全燃烧方程式。在完全燃烧的情况下，干烟气的组成关系由式（2-131）变为：

$$V(RO_2)+V(O_2)+V(N_2)=100\%\ [\text{因为}\ V(CO)=0]$$

从式（2-133）可知，当 $V(O_2)=0$时，即烟气中无过量氧时（即 $\alpha=1.0$），RO_2 出现最大值，则：

$$V(RO_2^{max})=\frac{21}{(1+\beta)} \tag{2-134}$$

各种燃料 $V(RO_2^{max})$值范围如表 2-78 所列。

(2) 气体燃料燃烧时的不完全燃烧方程式 气体燃料燃烧的不完全方程式如下：

$$21-V(O_2)-(1+\beta)V(RO_2)=(1+\beta)V(CO) \tag{2-135}$$

式中 β——气体燃料的特性系数，决定于气体燃料的可燃成分，与燃料中的水分和灰分含量无关。

$$\beta=\frac{0.395[V(H_2)+V(CO)]+0.79\Sigma\left(m+\frac{n}{4}\right)V(C_mH_n)+1.18V(H_2S)-0.79V(O_2)+0.21V(N_2)}{V(CO)+\Sigma mV(C_mH_n)+V(CO_2)+V(H_2S)}-0.79 \tag{2-136}$$

式中 $V(x)$ 均代表各成分在气体燃料中的体积百分数。天然气的 β 值见表 2-78。

考虑到 CO 不易测准，也可按式（2-135）计算，即：

$$V(CO)=\frac{21-V(O_2)-(1+\beta)V(RO_2)}{1+\beta}$$

当燃烧完全时，$V(CO)=0$，则式（2-135）变成完全燃烧方程式（2-133），即：

$$21-V(O_2)=(1+\beta)V(RO_2)$$

当燃烧产物中的过量氧 $V(O_2)=0$时（即 $\alpha=1.0$），RO_2 达最大值，同式（2-134）。

2. 运行中过量空气系数 α 的确定

(1) 固（液）体燃料燃烧过程中 α 的确定 不完全燃烧情况下，根据实测烟气中的 $V(RO_2)$、$V(O_2)$ 和 $V(CO)$值，按下式计算 α：

$$\alpha=\frac{21}{21-79\times\frac{V(O_2)-0.5V(CO)}{100-[V(RO_2)+V(O_2)+V(CO)]}} \tag{2-137}$$

此时的干烟气容积 V_{gy} 为：

$$V_{gy}=1.866\times\frac{w(C_{ar})+0.375w(S_{ar})}{V(RO_2)+V(CO)} \tag{2-138}$$

式（2-137）的导出忽略了燃料中含氮量 $w(N_{ar})$ 的影响，因为固、液体燃料中的含氮量一般均＜3%，这个忽略仍能保证公式有足够高的准确度。

当锅炉燃烧状况良好，一般在煤粉炉炉膛出口 $V(RO_2)=14\%\sim16\%$，$V(O_2)=2\%\sim4\%$，重油炉 $V(RO_2)=14\%\sim14.5\%$，$V(O_2)=1\%\sim3\%$，烟气中的 CO 含量甚微且可以忽略，此时可按完全燃烧过程处理，式（2-137）变成：

$$\alpha=\frac{21}{21-79\times\frac{V(O_2)}{100-[V(RO_2)+V(O_2)]}} \tag{2-139}$$

考虑到燃料特性系数 β 值很小，式（2-139）还可简化为：

$$\alpha=\frac{V(RO_2^{max})}{V(RO_2)} \tag{2-140}$$

或

$$\alpha=\frac{21}{21-V(O_2)} \tag{2-141}$$

以上简化公式用于现场燃烧工况监督的估算是非常方便的，只需直接测得锅炉某烟道处的 RO_2、O_2，就可以用以上公式估算出该烟道断面处的近似过量空气系数 α。

(2) 气体燃料燃烧过程中 α 的确定 对含氮量不高的气体燃料，可以应用式（2-137）和式（2-139）来计算锅炉内各烟道处的过量空气系数值。在燃烧工况良好，烟气中不存在未燃尽气体 CO、H_2、CH_4 时，如果燃料特性系数 β 不大，也可以应用式（2-140）与式（2-141）对现场燃烧工况监督估算。

对于含氮量 $V(N_2)$ 高的气体燃料（如高炉煤气等），在不完全燃烧状况下，根据实测烟气中的 $V(RO_2)$、$V(O_2)$、$V(CO)$、$V(H_2)$ 及 $V(CH_4)$ 值，其过量空气系数（α）的计算公式为：

$$\alpha=\frac{21}{21-79\times\frac{V(O_2)-[0.5V(CO)+0.5V(H_2)+2V(CH_4)]}{100-[V(RO_2)+V(O_2)+V(CO)+V(H_2)+V(CH_4)]-\frac{V(N_2)}{V_{gy}}}} \tag{2-142}$$

式中 $V(N_2)$——气体燃料中含氮量的体积百分数，%；

V_{gy}——干烟气体积，根据燃料成分和实测烟气中的产物量计算：

$$V_{gy}=\frac{V(CO_2)+V(CO)+\sum mV(C_mH_n)+V(H_2S)}{V(RO_2)+V(CO)+V(H_2)+V(CH_4)} \tag{2-143}$$

式（2-143）中，分子上的四项数均为气体燃料中相应成分的体积百分含量，%；分母中的四项数均为相应气体产物占干烟气 V_{gy} 的体积百分数，%。

当燃烧状况良好，不出现未燃尽可燃气体 CO、H_2、CH_4 时，式（2-142）变成：

$$\alpha=\frac{21}{21-79\times\frac{V(O_2)}{100-[V(RO_2)+V(O_2)]-\frac{V(N_2)}{V_{gy}}}} \tag{2-144}$$

3. 运行中锅炉各受热面烟道漏风系数 $\Delta\alpha$ 的确定

为监督和检测锅炉各受热面区域漏风的大小，根据实测各受热面烟道进、出口处的烟气各成分（RO_2、O_2、CO 等）占干烟气容积 V_{gy} 的体积百分数值，按式（2-137）～式（2-144）分别计算出受热面烟道进、出口断面上的过量空气系数 α' 和 α''，两者之差即为该受热面区域的漏风系数 $\Delta\alpha$，即：

$$\Delta\alpha=\alpha''-\alpha' \tag{2-145}$$

锅炉正常运行允许的漏风系数值见表 2-69。

第七节 锅炉机组的热平衡

一、锅炉机组热平衡计算的任务和规则

1. 锅炉机组热平衡计算的任务

锅炉机组的热平衡，是指送入锅炉机组的热量 Q_r（又称支配热，主要是燃料燃烧的放热量）与锅炉机组有效利用的热量 Q_1（即工质的吸热）及各项热损失 Q_2、Q_3、Q_4、Q_5、Q_6 的总和相平衡的关系。

热平衡方程式如下（见图 2-22）：

$$Q_r = \sum_{i=1}^{6} Q_i = Q_1 + Q_2 + Q_3 + Q_4 + Q_5 + Q_6 \quad (2\text{-}146)$$

式中 Q_r——送入锅炉的热量，kJ/(kg 固、液体燃料）或 kJ/(m^3 气体燃料)（简写为 kJ/kg 或 kJ/m^3，下同）；

Q_1——锅炉有效利用的热量，kJ/kg 或 kJ/m^3；

Q_2——锅炉排烟热损失，kJ/kg 或 kJ/m^3；

Q_3——锅炉中气体未完全燃烧热损失，kJ/kg 或 kJ/m^3；

Q_4——锅炉中固体未完全燃烧热损失，kJ/kg 或 kJ/m^3；

Q_5——锅炉散热损失，kJ/kg 或 kJ/m^3；

Q_6——锅炉灰渣物理热损失及冷却水热损失，kJ/kg 或 kJ/m^3。

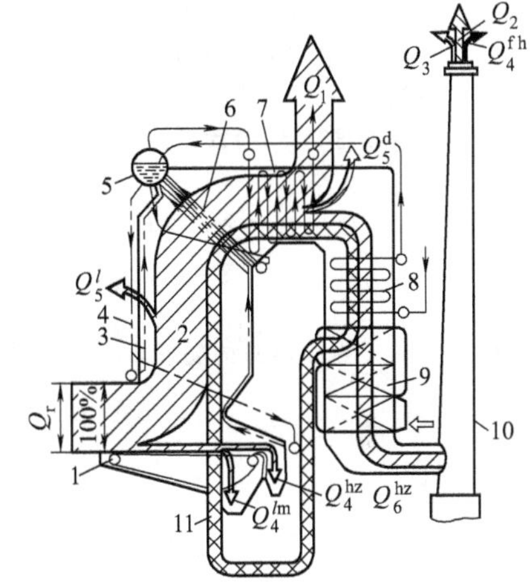

图 2-22 锅炉机组热平衡示意

1—燃烧设备；2—炉膛；3—水冷壁；4—下降管；5—锅筒；6—对流管束；7—过热器；8—省煤器；9—空气预热器；10—烟囱；11—预热空气的循环热流

如果用各项热量占总输入热量的百分数来表示热平衡方程，则有：

$$\sum_{i=1}^{6} q_i = q_1 + q_2 + q_3 + q_4 + q_5 + q_6 = 100, \% \quad (2\text{-}147)$$

式中，$q_i = \dfrac{Q_i}{Q_r} \times 100\%$ $(i=1,\cdots,6)$，各项热量 q_i 与 Q_i 的意义一样，只是表示方法不同而已。

2. 锅炉热平衡计算基本规则

① 热平衡计算是锅炉处于稳定的热力状态下进行的热量计算；

② 在热量的计算中，对固、液体燃料是以 1kg 质量燃料为计算基础，对气体燃料则以标准状况下 (0.1013MPa，0℃)，1m^3 容积燃料为基础。

二、锅炉热效率及各项热损失的计算

1. 锅炉热效率的定义

锅炉中被有效利用的热量 Q_1 占输入锅炉总热量 Q_r 的百分比称锅炉热效率，用 η 表示：

$$\eta = \frac{Q_1}{Q_r} \times 100, \quad \% \tag{2-148}$$

从热平衡方程式 (2-147)，可知：

$$\eta = q_1 = 100 - \sum_{i=2}^{6} q_i = 100 - (q_2 + q_3 + q_4 + q_5 + q_6) \tag{2-149}$$

用直接测定锅炉有效利用的热量 q_1 计算锅炉效率的方法称正平衡方法，算出的效率又称锅炉正平衡效率。

用测定锅炉各项热损失之和 $\sum_{i=2}^{6} q_i$ 计算锅炉效率 $\eta = 100 - \sum_{i=2}^{6} q_i$ 的方法称反平衡方法，其效率又称反平

衡效率。

2. 送入锅炉的热量 Q_r

(1) 以1kg固、液体燃料及1m³气体燃料为基准，送入锅炉的热量可分别按式(2-150)和式(2-151)计算

$$Q_r = Q_{net,V,ar} + i_r + Q_{wr} + Q_{wh}, \text{ kJ/kg} \tag{2-150}$$

$$Q_r = Q_{net}^g + i_r + Q_{wr}, \text{ kJ/m}^3 \tag{2-151}$$

式中 $Q_{net,V,ar}$——固（液）体燃料的收到基低位发热量，kJ/kg；

Q_{net}^g——干气体燃料（标准状况下）的低位发热量，kJ/m³；

i_r——燃料的物理（显）热，kJ/kg或kJ/m³；

Q_{wr}——用锅炉外部热源加热空气时，带入锅炉的热量，kJ/kg或kJ/m³；

Q_{wh}——雾化燃油所用蒸汽或蒸汽二次风等带入锅炉的热量，kJ/kg。

(2) 燃料物理热 i_r 的计算

$$i_r = C_r \cdot t_r, \text{ kJ/kg 或 kJ/m}^3 \tag{2-152}$$

式中 t_r——燃料的温度,℃，对于未经加热的燃料，可以取为20℃进行计算；

C_r——燃料的比热容，kJ/(kg·℃)或kJ/(m³·℃)

燃料没有外界加热的情况下，只有当燃料的水分 $M_{ar} \geqslant \frac{Q_{net,V,ar}}{628}$ 或 $M_{ar} \geqslant \frac{Q_{net}^g}{628}$ 时才予以计算 i_r。比热容的计算如下：

对固体燃料

$$C_r = 4.187 \times \frac{M_{ar}}{100} + C_r^g \times \frac{100 - M_{ar}}{100} \tag{2-153}$$

式中 M_{ar}——燃料的收到基水分，%；

C_r^g——燃料干燥无水状态下的比热容，kJ/(kg·℃)，按表2-79取用。

表2-79 固体燃料的干燥基比热容 C_r^g 单位：kJ/(kg·℃)

燃料	温度/℃				
	0	100	200	300	400
无烟煤、贫煤	0.921	0.963	1.047	1.130	1.172
烟煤	0.963	1.089	1.256	1.424	
褐煤	1.089	1.256	1.465		
油页岩	1.047	1.130	1.298		

对于燃料油和重油，可根据其20℃下的密度 ρ^{20} 和温度 t 按式(2-50)和式(2-51)计算。

对于气体燃料，其比热容按式(2-72)及表2-56计算。

(3) 外热源加热空气带入热量 Q_{wr} 的计算

$$Q_{wr} = \beta'_{ky}(I_k^0 - I_{lk}^0), \text{ kJ/kg 或 kJ/m}^3 \tag{2-154}$$

式中 β'_{ky}——进入锅炉空气预热器前的空气量与理论空气量的比值，按式(2-95)计算；

I_k^0——锅炉空气预热器进口处外加热空气的焓，kJ/kg或kJ/m³，可根据加热的温度从表2-75中查得或按式(2-122)计算；

I_{lk}^0——理论冷空气的焓，kJ/kg或kJ/m³，按式(2-122)计算或查表2-75，冷空气温度可取为 $t_{lk}=30$℃。

计算中，如无外加热空气时，则 $Q_{wr}=0$。

(4) 雾化蒸汽或蒸汽二次风等带入热量(Q_{wh})的计算

$$Q_{wh} = G_{wh} \cdot (i_{wh} - 2512), \text{ kJ/kg 或 kJ/m}^3 \tag{2-155}$$

式中 i_{wh}——所用蒸汽的焓，kJ/(kg蒸汽)；

G_{wh}——所用蒸汽的质量，kg/kg或kg/m³。

一般建议用于重油雾化的蒸汽量控制在0.3～0.35kg/kg，加热重油的条件黏度控制在2.5°E。

一般燃煤锅炉无外热源加热空气(即 $Q_{wr}=0$)、无外热源加热燃料($i_r=0$)

所以

$$Q_r = Q_{net,V,ar}, \text{ kJ/kg}$$

或

$$Q_r = B\, Q_{net,V,ar}, \text{ kJ/s} \tag{2-156}$$

式中 B——锅炉燃烧所需的燃料消耗量，kg/s。

3. 锅炉有效利用热量 Q_1 的计算

Q_1 决定于锅炉的形式和工质参数。对设计新锅炉时，锅炉参数是给定值，运行中的参数由实测取得。

(1) 带过热的蒸汽锅炉

$$Q_1 = D_{gq}(i_{gq} - i_{gs}) + D_{zq}(i''_{zg} - i'_{zg}) + D_{ps}(i_{ps} - i_{gs}) + Q_{qt}，\text{kW} \tag{2-157}$$

式中　D_{gq}——过热蒸汽流量，kg/s；

i_{gq}——过热蒸汽的焓，kJ/kg，根据过热蒸汽的温度和压力查水蒸气性质表而得，在自然循环锅炉中，一次过热器的总流动阻力（从汽包至主汽门，包括主汽门）≤额定工作压力的10%，对额定工作压力≥14MPa 的强制循环锅炉，该阻力应≤工作压力的 15%；

i_{gs}——锅炉给水的焓，kJ/kg，根据给水温度和压力查水蒸气性质表而得，对汽包锅炉，给水压力应≤锅炉汽包压力的 1.05～1.08 倍（1.05 适用于高压和超高压锅炉，1.08 适用于中压锅炉）；对直流锅炉，给水压力比过热蒸汽出口压力高 3～4MPa；

D_{zq}——再热蒸汽流量，kg/s；

i'_{zq} 和 i''_{zq}——再热蒸汽进、出口的焓，kJ/kg，根据再热蒸汽的温度和压力查水蒸气性质表而得，再热器的流动总阻力应≤再热蒸汽进口压力的 5%；

D_{ps}——排污水流量，kg/s，当排污率 $\frac{D_{ps}}{D_{gq}} \times 100\% < 2\%$ 时，排污热量可以不计；

i_{ps}——排污水的焓，kJ/kg；

Q_{qt}——其他有效利用的热量，如从锅炉送往用户的蒸汽或热水的热量，kW，根据蒸汽或热水的流量和参数（确定焓值）计算。

(2) 饱和蒸汽锅炉

$$Q_1 = D_{bq}\left(i_{bq} - i_{gs} - r\frac{\omega}{100}\right) + D_{ps}(i_{ps} - i_{gs})，\text{kW} \tag{2-158}$$

式中　D_{bq}——饱和蒸汽流量，kg/s；

i_{bq}——饱和蒸汽的焓，kJ/kg，根据锅炉参数查水蒸气性质表而得；

r——饱和水的汽化潜热，kJ/kg，查水蒸气性质表；

ω——蒸汽湿度，%，蒸汽中携带的饱和水量占饱和蒸汽流量的百分比。

其余符号同式（2-157）。

(3) 热水锅炉

$$Q_1 = G(i_{cs} - i_{js})，\text{kW} \tag{2-159}$$

式中　G——热水锅炉出水量，kg/s；

i_{js}，i_{cs}——锅炉进、出口水的焓，kJ/kg，根据进、出口热水的温度和压力查水蒸气性质表而得。

4. 锅炉排烟热损失 Q_2 或 q_2 的计算

排烟热损失是锅炉排烟的温度高于送入锅炉的冷空气温度而造成的烟气携带热损失，是锅炉各项热损失中最主要的一项。在煤粉炉及油、气锅炉中，排烟热损失是最大的一项热损失，一般锅炉中，q_2 为5%～10%。对大、中型锅炉，排烟温度为 110～160℃。

$$q_2 = \frac{[I_{py} - \alpha_{py} I^0_{lk}] \times \frac{100 - q_4}{100}}{Q_r} \times 100，\% \tag{2-160}$$

式中　α_{py}——排烟处的过量空气系数；

I_{py}——排烟的焓，kJ/kg 或 kJ/m^3。

新设计锅炉时，按照已确定的排烟处过量空气系数 α_{py} 和排烟温度 t_{py}，从已计算好的焓温表 2-75 中查得。

对已运行锅炉，α_{py} 根据锅炉排烟处实测的烟气分析结果计算得出，排烟温度 t_{py} 取实测值。由

$$I_{py} = (V_{gy}c_{gy} + V_{H_2O}c_{H_2O})t_{py} + I_{fh} \tag{2-161}$$

式中，干烟气体积 V_{gy} 按式（2-138）或式（2-143）计算；干烟气平均比热容 c_{gy} 按式（2-72）计算；排烟处烟气中水蒸气的体积 V_{H_2O} 按式（2-106）计算；水蒸气的比热容 c_{H_2O} 按水蒸气性质表查得；飞灰焓 I_{fh} 按式（2-126）计算；I^0_{lk} 为进入锅炉的理论冷空气量的焓，kJ/kg 或 kJ/m^3，按式（2-122）计算；$\frac{100 - q_4}{100}$ 是考虑到锅炉由于固体未完全燃烧产生的热损失，造成计算燃料消耗量 β_j 与实际燃料消耗量的差别而做的修正。

排烟温度和烟气的量是决定 q_2 的主要影响因素。一般排烟温度增加 15～20℃，或排烟过量空气系数增

加0.15，则 q_2 约增加1个百分点。

5. **气体未完全燃烧热损失 Q_3 或 q_3 的计算**

气体未完全燃烧热损失，是由于燃烧产物中存在未燃尽可燃气体CO、H_2、CH_4 等，这部分应该释放的热量未燃烧释放而随烟气排入大气，造成热量损失。对运行锅炉应用实测的数据按下式计算：

$$q_3=\frac{[w(C_{ar})+0.375w(S_{ar})]\cdot[2.36V(CO)+201.5V(H_2)+668V(CH_4)]}{Q_r\times[V(RO_2)+V(CO)+V(CH_4)]}\times\frac{100-q_4}{100}\times 100,\ \% \tag{2-162}$$

式中 $V(RO_2)$、$V(CO)$、$V(H_2)$、$V(CH_4)$——干烟气中 RO_2、一氧化碳、氢气、甲烷的体积百分数，运行中由烟气分析仪测得，%。

其余符号意义同前。

q_3 一般很小，在新锅炉设计中，通常按经验推荐值选取。具体推荐如下：对层燃炉 $q_3\approx0.5\%\sim1.0\%$，油、气炉 $q_3=0.5\%$，煤粉炉 $q_3=0$。

保持炉内足够高的温度水平、改善炉内空气动力工况，促成一、二次风适时、充分、强烈地混合是降低 q_3 的主要途径。

6. **固体未完全燃烧热损失 Q_4 或 q_4 的计算**

(1) Q_4 或 q_4 的组成及计算式 该项热损失是燃料固体颗粒在炉内未燃烧或未能燃尽，而排出锅炉引起的热损失。通常由如下3个部分组成。

① 灰渣热损失 Q_4^{hz}。它是指未燃烧或未燃尽炭粒随灰渣排出引起的损失。

② 飞灰热损失 Q_4^{fh}。它是指未燃烧或未燃尽炭粒随烟气排出引起的热损失。

③ 漏煤热损失 Q_4^{lm}。它是指未燃烧的炭粒经炉排缝隙漏出引起的热损失，只存在于层燃炉中。

在新锅炉设计中，q_4 通常按经验推荐选取，主要决定于煤种和燃烧方式。对固态除渣煤粉炉，燃用烟煤 $q_4=1\%\sim2\%$，贫煤 $q_4=2\%\sim3\%$，无烟煤 $q_4=4\%$。对油、气炉，则 $q_4=0$。

对运行锅炉，其 q_4 通过实测并按下式计算：

$$q_4=\frac{32783\times w(A_{ar})\left[a_{hz}\frac{w(C_{hz})}{100-w(C_{hz})}+a_{fh}\frac{w(C_{fh})}{100-w(C_{fh})}+a_{lm}\frac{w(C_{lm})}{100-w(C_{lm})}\right]}{Q_r},\ \% \tag{2-163}$$

式中 32783——碳的发热量，kJ/(kg碳)；

a_{hz}，a_{fh}，a_{lm}——灰渣、飞灰和漏煤中的灰量占送入锅炉煤中总灰量的质量份额，则有 $a_{hz}+a_{fh}+a_{lm}=1$；

$w(C_{hz})$，$w(C_{fh})$，$w(C_{lm})$——灰渣、飞灰和漏煤中所含的可燃物的质量百分数，通过取样、测试得出，%；

$w(A_{ar})$——煤的收到基含灰量，%。

影响 q_4 的主要因素除燃烧方式和煤种外还应保持足够高的炉内温度水平。对煤粉锅炉，提高煤粉细度、改善炉内空气动力工况，保证一、二次风适时，充分、强烈地混合，可以有效降低 q_4。

(2) 灰平衡 灰平衡是指锅炉燃料中的总灰量应等于灰渣、飞灰、漏煤中的灰分总和，即有：

$$\frac{w(A_{ar})}{100}=\frac{G_{hz}}{B}\times\left[\frac{100-w(C_{hz})}{100}\right]+\frac{G_{fh}}{B}\times\left[\frac{100-w(C_{fh})}{100}\right]+\frac{G_{lm}}{B}\times\left[\frac{100-w(C_{lm})}{100}\right] \tag{2-164}$$

式中 G_{hz}，G_{fh}，G_{lm}——单位时间内运行锅炉的灰渣、飞灰和漏煤量，kg/h。应直接从运行锅炉中收集，并称量得到，但锅炉中的飞灰量很难测准，故可按式（2-164）的灰平衡原理计算求得，即：

$$G_{fh}=\frac{Bw(A_{ar})-G_{hz}[100-w(C_{hz})]-G_{lm}[100-w(C_{lm})]}{100-w(C_{fh})} \tag{2-165}$$

式中 B——运行锅炉的实际燃料消耗量，kg/h。

整理式（2-164）则有：

$$1=\frac{G_{hz}[(100-w(C_{hz})]}{Bw(A_{ar})}+\frac{G_{fh}[100-w(C_{fh})]}{Bw(A_{ar})}+\frac{G_{lm}[100-w(C_{lm})]}{Bw(A_{ar})} \tag{2-166}$$

或

$$1=a_{hz}+a_{fh}+a_{lm}$$

7. **散热损失 Q_5 或 q_5 的计算**

散热损失是指通过锅炉炉墙、烟风管道、锅筒等向大气散失的热量。

新设计锅炉时，q_5 值通常按图2-23的曲线查取，当锅炉机组的容量>900t/h时，q_5 均取为0.2%。

对运行锅炉，q_5 的测量比较复杂且难测准，所以一般也按图2-23查取。考虑到锅炉实际运行的负荷

D^{yx} 并非为设计的额定负荷 D^{ed}，此时的 q_5 值应做如下修正：

$$q_5^{yx}=q_5^{ed}\cdot\frac{D^{ed}}{D^{yx}},\% \tag{2-167}$$

式中　q_5^{yx} 和 q_5^{el}——锅炉实际运行负荷下和额定负荷下的散热损失，%；

D^{yx} 和 D^{ed}——锅炉实际运行的负荷和额定负荷，t/h。

关于散热损失 q_5 在锅炉各段烟道间的份额分配问题，为计算简便，各段烟道所占 q_5 的份额，可以当作是与各段烟道中烟气放出的热量成比例，故在烟气放给受热面热量的公式中乘以一个保热系数 φ。

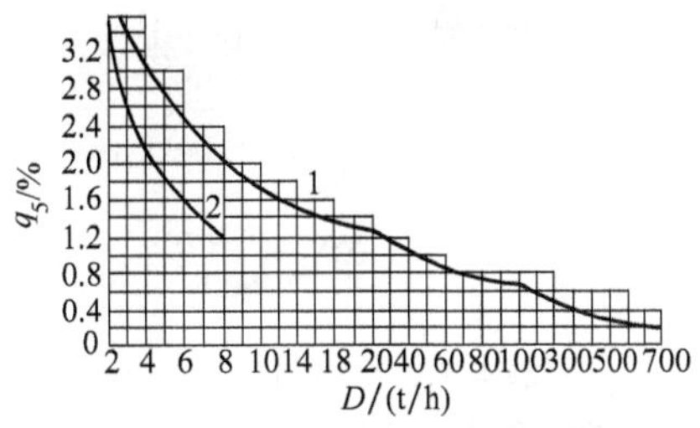

图 2-23　锅炉散热损失曲线

1—锅炉整体（连同尾部受热面）；

2—锅炉本体（无尾部受热面）

保热系数 φ 的意义是：烟气通过受热面能传给工质的热量占烟气放热量的份额。若 $\varphi<1.0$，也就是说，烟气放出的热量主要一部分传给工质，少量通过炉墙散热而损失掉了，根据定义，φ 可表示为：

$$\varphi=1-\frac{q_5}{\eta+q_5} \tag{2-168}$$

8. 灰渣物理热及冷却热损失 Q_6 或 q_6 的计算

q_6 损失通常包括灰渣带走的物理热损失 q_6^{hz} 和冷却热损失 q_6^{lq} 两部分。

(1) 灰渣物理热损失 q_6^{hz}　层燃炉、沸腾炉及液态排渣的煤粉炉，对所有的固体燃料均需计算灰渣物理热损失。固态除渣煤粉炉，当灰分 $w(A_{ar})\leqslant\frac{Q_{net,v,ar}}{418.68}$时，$q_6^{hz}$ 可以不计算。

$$q_6^{hz}=\frac{a_{hz}\left[\frac{w(A_{ar})}{100}\right](ct)_h}{Q_r}\times100=\frac{a_{hz}w(A_{ar})(ct)_h}{Q_r},\% \tag{2-169}$$

式中　a_{hz}——灰渣份额，$a_{hz}=1-a_{fh}$；

$(ct)_h$——灰渣的热焓，kJ/kg，可查表 2-72。

$w(A_{ar})$——燃料的收到基含灰量，%。

灰渣温度 t_h 的取法建议如下：对固态灰渣，$t_h=600℃$；对液态渣，$t_h=FT+100℃$；对沸腾炉灰渣，$t_h=800℃$。

(2) 冷却热损失 q_6^{lq}　如无特殊规定，用于冷却未包括在锅炉循环系统内的护板、横梁的热损失 q_6^{lq} 按下式计算：

$$q_6^{lq}\approx\frac{116.3\times10^3H_{lq}}{Q_1}\times100,\% \tag{2-170}$$

式中　H_{lq}——护板及梁的辐射受热面积，m^2；

Q_1——锅炉有效利用的热量，kW，按式 (2-157)，或式 (2-158)，或式 (2-159) 计算。

没有特殊说明时，q_6^{lq}可以不计算。

三、锅炉燃烧所需燃料消耗量的计算

1. 燃料消耗量 B 的计算

在新锅炉设计时，B 的确定方法是：按反平衡方法选取 q_3、q_4 和 q_5，同时先设定排烟温度 t_{py} 后算出 q_2，再算出 q_6，即可求出锅炉设计效率。

$$\eta=100-\sum_{i=2}^{6}q_i$$

再按正平衡方法求出

$$B=\frac{Q_1}{\eta Q_r},\ kg/s \tag{2-171}$$

式中的 Q_1 按式 (2-157)～式 (2-159) 计算，Q_r 按式 (2-150) 或式 (2-151) 计算。

运行中锅炉燃料消耗量 B 由实测确定。

2. 计算燃料消耗量 B_j 的确定

考虑到固体不完全燃烧热损失 q_4 的存在，使入炉燃料消耗量 B 中实际参与燃烧的量减小，必须乘以<1 的修正值$(1-q_4)$。所以在锅炉燃烧产物计算、总空气量计算及烟气对受热面的放热量计算中采用考虑

q_4影响的计算燃料消耗量 B_j 而不是 B。

$$B_j = B(1-q_4) \tag{2-172}$$

第八节 锅炉燃烧及热平衡计算示例

煤粉燃烧锅炉燃烧产物的焓及热平衡计算示例如下。

1. 锅炉参数

蒸发量 $D=130\text{t/h}$，过热蒸汽压力 $p_{gr}=3.82\text{MPa}$，过热蒸汽温度 $t_{gr}=450℃$，给水温度 $t_{gs}=150℃$，冷空气温度 $t_k=30℃$（冷空气比热容查表 2-56）。

2. 燃料

见表 2-80。

表 2-80 淮南Ⅲ类烟煤燃料的元素分析（收到基）

收到基成分 /%	$w(C_{ar})$	$w(H_{ar})$	$w(O_{ar})$	$w(N_{ar})$	$w(S_{ar})$	$w(M_{ar})$	$w(A_{ar})$
	57.42	3.81	7.16	0.93	0.46	8.85	21.37
挥发物 $w(V_{daf})$/%	38.48	低位发热量 $Q_{net,V,ar}$/(kJ/kg)				21990	

3. 锅炉各受热面的漏风系数及过量空气系数

见表 2-81。

表 2-81 锅炉各受热面的漏风系数及过量空气系数

锅炉受热面	过量空气系数 入口 α'	过量空气系数 出口 α''	漏风系数 $\Delta\alpha$	锅炉受热面	过量空气系数 入口 α'	过量空气系数 出口 α''	漏风系数 $\Delta\alpha$
炉膛	1.13	1.20	0.07	Ⅱ级空气预热器	1.28	1.31	0.03
低温过热器	1.20	1.23	0.03	Ⅰ级省煤器	1.31	1.33	0.02
高温过热器	1.23	1.26	0.03	Ⅰ级空气预热器	1.33	1.36	0.03
Ⅱ级省煤器	1.26	1.28	0.02				

4. 理论空气（烟气）量的计算

见表 2-82。

表 2-82 理论空气（烟气）量的计算 单位：m^3/kg

名 称	符号	计算公式		结果
理论空气量	V^0	按式(2-78)	$0.0889\times(57.42+0.375\times0.46)+0.265\times3.81-0.0333\times7.16$	5.891
RO_2 容积	V_{RO_2}	按式(2-98)	$0.01866\times(57.42+0.375\times0.46)$	1.075
N_2 理论容积	$V_{N_2}^0$	按式(2-99)	$0.008\times0.93+0.79\times5.891$	4.661
H_2O 理论容积	$V_{H_2O}^0$	按式(2-100)	$0.111\times3.81+0.0124\times8.85+0.0161\times5.891$	0.627

5. 各受热面烟道中烟气特性

见表 2-83。

表 2-83 各受热面烟道中烟气特性

名 称	符 号	计算公式	炉膛与防渣管	低温过热器	高温过热器	Ⅱ级省煤器	Ⅱ级空气预热器	Ⅰ级省煤器	Ⅰ级空气预热器
平均过量空气系数	α_{pj}	$\frac{1}{2}(\alpha'+\alpha'')$	1.20	1.215	1.245	1.27	1.295	1.32	1.345
实际水蒸气体积	$V_{H_2O}/(m^3/kg)$	$V_{H_2O}^0+0.0161(\alpha_{pj}-1)V^0$	0.646	0.647	0.650	0.653	0.655	0.657	0.660
烟气总体积	$V_y/(m^3/kg)$	$V_{RO_2}+V_{N_2}^0+V_{H_2O}+(\alpha_{pj}-1)V^0$	7.560	7.650	7.829	7.980	8.129	8.278	8.428
RO_2 容积份额	r_{RO_2}	V_{RO_2}/V_y	0.142	0.140	0.137	0.135	0.132	0.130	0.128
H_2O 容积份额	r_{H_2O}	V_{H_2O}/V_y	0.085	0.084	0.083	0.082	0.081	0.079	0.078
三原子气体容积份额	r_s	$r_{RO_2}+r_{H_2O}$	0.227	0.225	0.22	0.217	0.213	0.209	0.206

6. **烟气的温焓表**

见表 2-84。

表 2-84 烟气的温焓表

烟气温度 θ/℃	$V_{RO_2}=1.075$ m³/kg		$V^0_{N_2}=4.661$ m³/kg		$V^0_{H_2O}=0.627$ m³/kg		I^0_y/(kJ/kg)	$V^0=5.891$ m³/kg		$I_y=I^0_y+(\alpha-1)I^0_h$/(kJ/kg)													
	$(c\theta)_{CO_2}$/(kJ/m³)	$(c\theta)_{CO_2}\times V_{RO_2}$/(kJ/kg)	$(c\theta)_{N_2}$/(kJ/m³)	$(c\theta)_{N_2}\times V^0_{N_2}$/(kJ/kg)	$(c\theta)_{H_2O}$/(kJ/m³)	$(c\theta)_{H_2O}\times V^0_{H_2O}$/(kJ/kg)	$\sum(3+5+7)$	$(c\theta)_k$/(kJ/m³)	$I^0_h=(c\theta)_k V^0$/(kJ/kg)	$\alpha''_{I}=1.2$		$\alpha''_{gr\,I}=1.23$		$\alpha''_{gr\,II}=1.26$		$\alpha''_{sm\,II}=1.28$		$\alpha''_{ky\,II}=1.31$		$\alpha''_{sm\,I}=1.33$		$\alpha''_{ky}=1.36$	
										I	ΔI	I	ΔI	I	ΔI	I	ΔI	I	ΔI	I	ΔI	I	ΔI
30								39.6	233.3														
100	170	182.8	130	605.9	151	94.7	883.4	132	777.6													1163.3	1188.8
200	358	384.9	260	1211.9	305	191.2	1788	266	1567.0											2305.1	1196.7	2352.1	
300	559	600.9	392	1827.1	463	290.3	2718.3	403	2374.1									3454.3	1214.2	3501.8	1230.6		
400	772	829.9	527	2456.3	626	392.5	3678.7	542	3192.9							4572.7	1217.5	4668.5	1242.6	4732.4			
500	994	1068.6	664	3094.9	795	498.5	4662	684	4029.4					5709.6	1233.6	5790.2	1250.8	5911.1					
600	1225	1316.9	804	3747.4	969	607.6	5671.9	830	4889.5					6943.2	1265.5	7041	1282.9						
700	1462	1571.7	948	4418.6	1149	720.4	6710.7	978	5761.4			8035.8	1262.3	8208.7	1288.9	8323.9							
800	1705	1832.9	1094	5099.1	1334	836.4	7768.4	1129	6650.9			9298.1	1283.1	9497.6	1310.2								
900	1952	2098.4	1242	5789.0	1526	956.8	8844.2	1282	7552.3	10354.7	1275.6	10581.2	1302.7	10807.8									
1000	2204	2369.3	1392	6488.1	1723	1082.2	9939.6	1435	8453.6	11630.3	1294.9	11883.9											
1100	2458	2642.4	1544	7196.6	1925	1207.0	11046	1595	9396.1	12925.2	1307.5												
1200	2717	2920.8	1697	7909.7	2132	1336.8	12167.3	1753	10326.9	14232.7	1329.2												
1300	2977	3200.3	1853	8636.8	2344	1469.7	13306.8	1914	11275.4	15561.9	1334.3												
1400	3239	3481.9	2009	9363.9	2559	1604.5	14450.3	2076	12229.7	16896.2	1345.6												
1500	3503	3765.7	2166	10095.7	2779	1742.4	15603.8	2239	13189.9	18241.8	1360.2												
1600	3769	4051.7	2325	10836.8	3002	1882.3	16770.8	2403	14156.1	19602.0	1363.6												
1700	4036	4338.7	2484	11577.9	3229	2024.6	17941.2	2567	15122.2	20965.6													
1800	4305	4627.9	2644	12323.7	3458	2168.2	19119.8	2732															

7. **热力计算**

见表 2-85。

表 2-85 热力计算

项目	符号	单位	计算公式或数据来源	结果
锅炉输入总热量	Q_r	kJ/kg	$Q_r \approx Q_{net,V,ar}$	21990
排烟温度	θ_{py}	℃	选定	130
排烟焓	I_{py}	kJ/kg	据 $\alpha_{py}=1.36$ 查温焓表 2-84	1519.9
冷空气温度	t_k	℃	给定	30
冷空气理论焓	I_k^0	kJ/kg	据 $t_{lk}=30$℃查温焓表 2-84	233.3
固体未完全燃烧热损失	q_4	%	参考经验值选取	2
气体未完全燃烧热损失	q_3	%	参考经验值选取	0
排烟热损失	q_2	%	$\dfrac{I_{py}-\alpha_{py}I_k^0}{Q_r}(100-q_4)=\dfrac{1519.9-1.36\times233.3}{21990}\times98$	5.36
散热损失	q_5	%	查图 2-23	0.68
	q_6	%	$w(A_{ar})=21.37<\dfrac{Q_{net,V,ar}}{418.68}=\dfrac{21990}{418.68}=52.6$	不计
锅炉总热损失	Σq[①]	%	$q_2+q_3+q_4+q_5$	8.04
锅炉热效率	η_{gl}	%	$100-\Sigma q=100-8.04$	91.96
过热蒸汽焓	i_{gr}^y	kJ/kg	据 $p=3.92$MPa，$t_{gr}=450$℃查水蒸气性质表	3331.8
给水温度	t_{gs}	℃	给定	150
给水热焓	i_{gs}	kJ/kg	据 $p=3.92\times1.1\times1.08=4.657$MPa $t_{gs}=150$℃查水蒸气性质表	634.8
锅炉有效利用热	Q_{yx}	kJ/s	$D(i_{gr}^y-i_{gs})=\dfrac{130\times10^3}{3600}\times(3331.8-634.8)$	97391.7
燃料消耗量	B	kg/s	$\dfrac{Q_{yx}}{\eta Q_r}\times100=\dfrac{97391.7}{91.96\times21990}\times100$	4.816
计算燃料消耗量	B_j	kg/s	$B\left(1-\dfrac{q_4}{100}\right)=4.816\times\left(1-\dfrac{2}{100}\right)$	4.72
保热系数	φ		$1-\dfrac{q_5}{\eta+q_5}=1-\dfrac{0.68}{91.96+0.68}$	0.993

第九节 生物质和石油焦燃料的特性

一、生物质燃料

生物质燃料作为一种新型、洁净的可再生能源，在世界范围内得到空前的关注。

生物质燃料主要包括：①农业生物质废弃物，如麦秆等；②林木生物质废弃物，如木材残屑等；③禽畜粪便，如马、牛粪等；④生活垃圾，如纸屑等；⑤工业及卫生垃圾等。

1. **生物质燃料的成分和组成**

生物质固体燃料的主要物质成分是由多种复杂的高分子有机化合物组成的可燃质（主要是纤维素、半纤维素和木质素等）、由多种无机矿物质组成的不可燃质（即灰分）及水分。其中可燃质主要由 C、H、O、N、S 等元素组成，质量含量最大的是 C、H 和 O。一般，生物质燃料与煤相比，其组成成分分布的特点是"三高三低"，即挥发分、氧及氢含量很高，前两项远远高于煤。而碳、硫和灰的含量比较低。灰中的 SiO_2 和 K_2O 的含量明显高。因此，在纯生物质燃料的燃烧中，在高、中温对流受热面上的结焦和碱金属腐蚀问题是锅炉长期安全运行，必须首先面对的关键技术难点。

最常见的生物质燃料是木屑、锯末及农作物的秸秆等。部分生物质燃料的工业分析、元素分析及灰中主要成分的数据如表 2-86 所列。

2. **生物质燃料的燃烧特性**

(1) 热天平上的燃烧特性试验结果 图 2-24 是对木屑、麦秆、玉米秆、玉米芯及烟煤五种燃料的燃烧试验曲线。试验工况如下：试样质量 10mg，试样粒径 0.08～0.1mm，升温速率 10℃/min。

表 2-86　部分生物质燃料分析数据

名　称		麦秆	玉米秆	玉米芯	稻草	稻壳	花生壳	木屑	柳木	白杨木	高粱秆	棉秆	马粪	牛粪
元素分析/%	碳 $w(C_{daf})$	48.9	48.54	47.13	48.85	49.4	54.92	50.16	49.5	51.64	48.63		37.25	32.07
	氢 $w(H_{daf})$	4.99	5.49	4.70	5.85	6.2	6.7	5.31	5.9	6.04	6.08		5.35	5.46
	氧 $w(O_{daf})$	45.51	45.22	47.85	44.40	43.7	36.91	43.41	44.14	4.17	44.92			
	氮 $w(N_{daf})$	0.51	0.63	0.31	0.81	0.3	1.37	0.99	0.42	0.6	0.36		1.40	1.41
	硫 $w(S_{daf})$	0.09	0.12	0.01	0.09	0.4	0.1	0.13	0.04	0.02	0.01		0.17	0.22
工业分析/%	水 $w(M_{ad})$	6.36	3.70	3.68	3.61	5.62	7.88	3.86	3.5	6.7		6.78	6.34	6.46
	灰 $w(A_{ad})$	8.84	6.30	2.80	12.2	17.82	1.6	3.07	1.6	1.5		3.97	21.85	32.40
	挥发分 $w(V_{ad})$	67.68	72.62	77.72	67.8	62.61	68.1	73.34	78.0	80.3		68.54	58.99	48.72
	固定碳 $w(FC_{ad})$	17.12	17.38	15.80	16.39	13.95	22.42	19.73	16.9	11.5		20.71	12.82	12.52
低位发热量 $Q_{net,V,ar}$/(MJ/kg)		15.36	16.33	16.53	14.76	12.12	19.19	17.40	17.59	16.29		15.99	14.02	11.63
灰成分分析/%	$w(SiO_2)$	41.15	23.48	26.07	74.67	91.42	21.14	17.56	2.35	5.90				
	$w(Al_2O_3)$	1.06	0.90	1.58	1.04	0.78	5.3	3.00	1.41	0.84				
	$w(Fe_2O_3)$	1.33	0.67	2.08	0.85	0.14	2.21	3.24	0.73	1.40				
	$w(TiO_2)$	0.08	0.02	0.08	0.09	0.02	0.35	0.73	0.05	0.30				
	$w(CaO)$	5.66	7.59	2.81	3.01	3.21	19.74	14.74	4.12	49.92				
	$w(MgO)$	1.54	3.46	3.05	1.75	<0.01	8.23	45.90	2.47	18.40				
	$w(K_2O)$	34.43	41.22	44.34	12.3	3.71	36.22	2.81	15.0	9.64			3.14	3.84
	$w(Na_2O)$	1.17	0.80	0.81	0.96	0.21	0.99	2.02	0.94	0.13				
	$w(SO_3)$	4.91	2.81	2.06	1.24	0.72	—	2.87	1.83	2.04				
	$w(P_2O_5)$	1.35	6.42	4.59	1.41	0.43	5.49	0.92	7.40	1.34			1.02	1.71

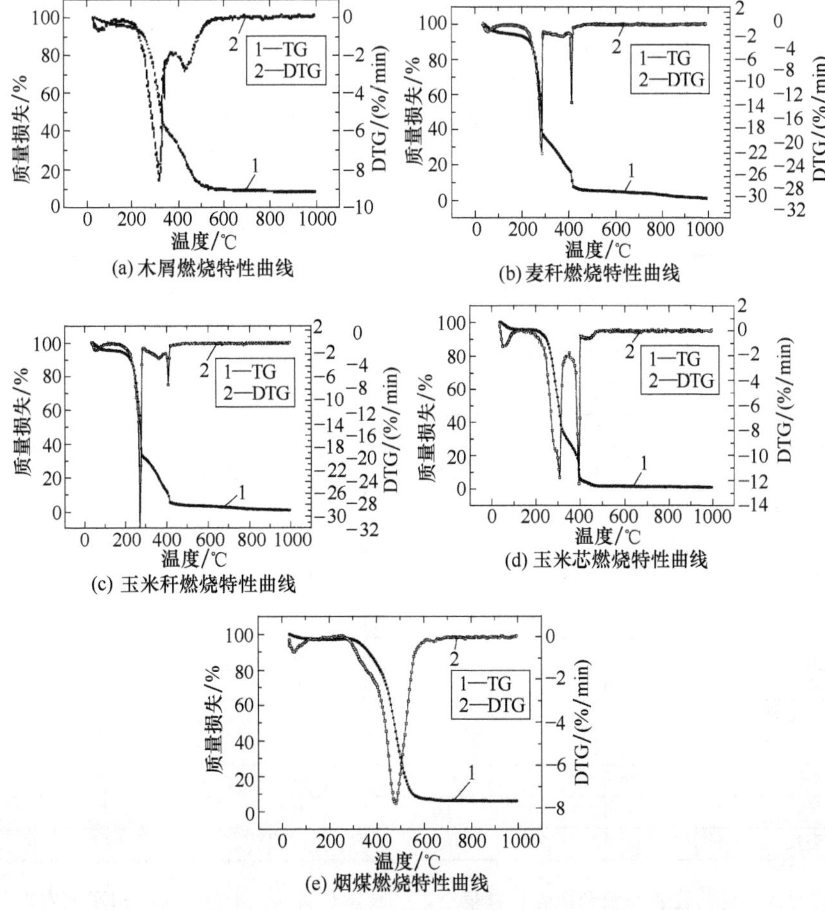

图 2-24　4 种生物质燃料与烟煤的热天平燃烧特性曲线

试验的主要结果汇总于表 2-87。

表 2-87 生物质与烟煤特征温度和燃烧特性

燃烧种类	木屑	麦秆	玉米秆	玉米芯	烟煤
着火温度 t_{zh}/℃	275	277	263	258	412
燃尽温度 t_j/℃	519	449	419	464	569
燃烧特性指数 S①	2.15×10^{-9}	6.40×10^{-9}	1.22×10^{-8}	4.30×10^{-9}	8.14×10^{-10}
挥发分燃烧					
活化能 E/(kJ/mol)	90.88	90.35	72.97	95.52	
频率因子 k_o/min^{-1}	3.82×10^5	1.56×10^6	4.05×10^4	3.03×10^6	
焦炭燃烧					
活化能 E/(kJ/mol)	145.57	166.83	108.45	156.92	
频率因子 k_o/min^{-1}	1.28×10^8	5.71×10^{10}	2.25×10^6	9.15×10^9	

① 燃烧特性指数 $S=\frac{w_{max}w_{pj}}{t_{zh}^2t_j}$，其中 w_{max} 和 w_{pj} 分别为最大燃烧速率和平均燃烧速率（单位均为 mg/min）；t_{zh} 和 t_j 分别为着火温度和燃尽温度（单位为℃）。

（2）生物质燃料燃烧的碳循环（CO_2 零排放）特征 地球上的碳元素在大气圈、陆生植物、土壤和海洋之间，以气体、无机碳和有机碳等不同的形式进行着转换和循环。包括森林、农作物和土壤在内的陆地生态系统，通过太阳能光合作用摄取大气中的 CO_2（包括生物质燃料燃烧及植物自身消耗返回大气的 CO_2），产生有机物和氧，维持着植物体的自身生长，形成了在这个独立系统内的碳循环。

绿色植物光合作用过程用如下化学反应平衡式表示：

$$6CO_2+6H_2O\xrightarrow{\text{太阳能}}C_6H_{12}O_6+6O_2$$

二、石油焦燃料

石油焦是石油加工中获得的高沸点烃类化合物，是经焦化处理后的最终副产物。石油焦的主要成分是碳，发热量明显高于煤，含灰量很低，挥发分接近贫煤，适于用作动力燃料。

我国部分石油焦的工业分析和元素分析的数据，以及在热天平上试验求得的热解、燃烧动力学特征参数列于表 2-88。试验条件是：试样质量 10mg，粒径 50～100μm，升温速率为 20℃/min。燃烧试验的气氛为 80%N_2+20%O_2。

表 2-88 我国部分石油焦成分及特征参数

项目		山东石化焦	广州石化焦	辽河石化焦	金陵石化焦	镇海石化焦
元素分析/%	碳 $w(C_{ad})$	86.92	88.57	82.11	87.01	86.4
	氢 $w(H_{ad})$	3.38	3.58	3.29	3.68	3.5
	氧 $w(O_{ad})$	1.43	1.33	1.60	2.22	0.5
	氮 $w(N_{ad})$	1.16	1.04	2.06	2.18	1.3
	硫 $w(S_{ad})$	4.76	4.17	0.82	1.88	4.5
工业分析/%	水分 $w(M_{ad})$	1.32	1.17	1.66	2.40	2.5
	灰分 $w(A_{ad})$	1.03	0.14	8.46	0.63	1.3
	挥发分 $w(V_{daf})$	11.74	12.49	12.30	13.53	13.39
	固定碳 $w(FC_{ad})$	85.91	86.20	77.58	83.44	82.37
低位发热量 $Q_{net,V,ar}$/(MJ/kg)		34.21	35.02	31.73	33.85	32.75
热解动力学参数	反应级数 n	1	1	1		
	活化能 E/(kJ/mol)	25.32	22.19	18.40		
	频率因子 k_0/s^{-1}	1.56	1.14	0.349		
燃烧动力学参数	反应级数 n	1	1	1		
	活化能 E/(kJ/mol)	122.29	125.49	119.06		
	频率因子 k_0/s^{-1}	1.59×10^7	1.32×10^7	6.69×10^6		
	着火温度 t_{zh}/℃	479.9	510	495.7		
	燃尽温度 t_j/℃	648	681	664		

石油焦粉初始状态时的比表面积和孔容积都很小，一般只有煤的几十分之一。但研究发现，焦的比表面积和孔容积与燃尽关系很大，特别是比表面积。石油焦在燃烧初期比表面积迅速增大几十倍，甚至上百倍，

然后逐渐减小到与煤相近的数量级水平。表 2-89～表 8-91 是 3 种石油焦粉比表面积和孔容积随燃尽率（B）的变化而变化的试验测定结果。根据试验数据，有人认为石油焦粉在燃烧过程中与同样数量级比表面积的煤有大致相近的燃尽性能。

表 2-89 山东石化焦

燃尽率 B/%	0	6.69	18.33	28.19	51.8	70.57	79.90
比表面积/(m^2/g)	0.11	48.63	8.26	6.78	8.68	5.63	2.91
孔容积/(μL/g)	1.33	29.94	4.54	3.22	5.95	4.47	1.60

表 2-90 广州石化焦

燃尽率 B/%	0	6.89	17.70	28.93	49.85	70.07	78.79
比表面积/(m^2/g)	0.14	22	21.43	2.92	6.12	5.29	4.12
孔容积/(μL/g)	1.39	12.13	11.23	1.86	4.31	3.82	4.05

表 2-91 辽河石化焦

燃尽率 B/%	0	7.07	21.47	31.17	49.86	68.93	79.90
比表面积/(m^2/g)	0.250	14.31	5.72	5.84	6.07	2.47	3.52
孔容积/(μL/g)	3.14	7.85	3.61	4.54	5.62	5.04	4.74

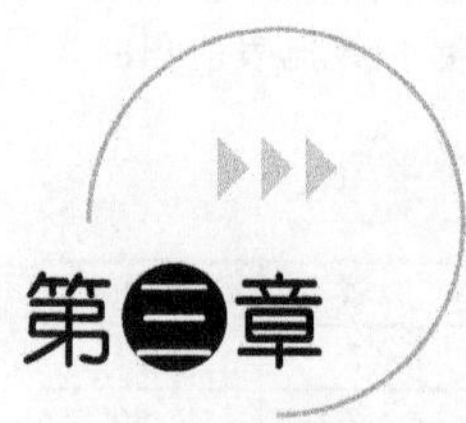

工业锅炉结构

工业锅炉按其本体结构的形式可分为火管锅炉和水管锅炉两种。火管锅炉的外型为一金属筒体，具有结构紧凑、整体性好、给水品质可较低、运行较方便等优点。但因其系筒壳结构，受力条件差，能承受的压力和本体尺寸受较大限制，故只能制成低参数、小容量的锅炉；且因烟气纵向冲刷壁面，传热效果较差，故热效率较低，金属消耗率也较高；另外，因其炉膛尺寸小，内置燃烧装置的操作和维护不便，因而难于燃用低质燃料。

水管锅炉的本体由较小直径的锅筒和管子组成，受力条件好，且受热面和炉膛的布置方便，传热性能好，热效率较高，钢材消耗率较低，在结构上可适用于大容量和高参数的锅炉，但对水质和运行要求较高。除以上两种基本形式的锅炉以外，在实用上还有一种由水管和火管组合而成的混合型锅炉，即水火管锅炉。这种锅炉具有水管和火管两种锅炉的优点，尤其是水管构成外置炉膛时，结构简单、操作方便，容量可较火管式有所扩大，而且整体性好。但是也无法完全避免两者的缺点，如对水质的要求较高，与水管锅炉相近。火管锅炉由于容量小、整体性好，因而总是制成快装（整装）式锅炉，目前广泛用于燃油、燃气。水管锅炉宜制成较大容量的锅炉，但也可制成快装（整装）式小容量的锅炉。水火管锅炉的容量范围较大，但均制成快装（整装），广泛用于燃煤，目前在中国工业锅炉中这种锅炉占数量上的大多数。

第一节　火管锅炉结构

在火管锅炉中，烟气在火筒（俗称炉胆）和烟管中流动，以辐射和对流方式将热量传递给工质，使之受热形成蒸汽。容纳水和蒸汽，并兼作锅炉外壳的筒形受压容器被称为锅壳。锅炉受热面——火筒和烟管，即布置在锅壳之中。燃烧装置布置在火筒之中，并以火筒为炉膛的燃烧方式称为内燃；反之，燃烧装置布置在锅壳之外者则称为外燃。

火管锅炉按照其布置方式可分为卧式和立式两种。前者的锅壳纵向中心线平行于地面，后者的锅壳纵向中心线则垂直于地面。卧式火管锅炉又可分为单火筒（炉胆）锅炉（也称康尼许锅炉）、双火筒（炉胆）锅炉（亦称兰开夏锅炉）、烟管锅炉（外燃锅炉）和烟火管锅炉（内燃锅炉）。立式火管锅炉可分为立式横烟管锅炉和立式竖烟管锅炉两种。过去曾广泛使用的考克兰锅炉就属于前者。由于这种纯火管立式锅炉结构复杂、受热面布置受限制、热效率过低，故我国已不再制造。一种取消此种锅炉中的烟管、增设水管而形成的立式水火管组合锅炉在中国得到了广泛的采用，并获得很大的发展。现在这种立式水火管组合锅炉已有多种形式，包括立式大横水管锅炉、立式小横水管锅炉、立式直水管锅炉和立式弯水管锅炉。

上述各类锅炉中现在已不再生产的还有立式横水管锅炉，而单火筒锅炉和双火筒锅炉则广泛用于燃油、燃气。

一、外燃烟管锅炉

外燃烟管锅炉是一种卧式火管锅炉。这种锅炉的锅壳中布置有众多的烟管，但没有火筒。烟管沉浸在锅壳的水空间内。锅壳高架，燃烧装置安置在锅壳之下。在炉排的周围砌筑炉墙，形成外置炉膛。图 3-1 所示的为一台 2t/h 外燃烟管锅炉的结构和布置。锅炉燃煤采用手烧。燃烧后生成的烟气在炉膛中从前向后流动，冲刷锅壳外壁，在炉膛的后端向上折入烟管中，然后在烟管内自后向前流动，直至前烟箱，再从烟箱上面的烟囱排出。烟气在锅炉内先自前向后，再从后向前各流动一次，称为两回程。但有些外燃烟管锅炉也有三回程的。烟管通常用直径为57～76mm的无缝钢管制成。这种锅炉的容量可达4t/h，蒸汽压力低于0.98MPa。其优点在于：采用了外燃方式，易于增减炉排面积和炉膛容积，故燃料的适用范围较广，燃烧操作也较方便。其缺点有：锅炉整体性差，炉墙需现场砌筑，无法实现快装；炉墙内表面不敷设辐射受热面，这非但使炉墙得不到冷却而不得不使用重型炉墙，而且还因缺少高效的辐射受热面而使整台锅炉的传热效率降低。这些缺点导致锅炉占地面积大、安装费用高、装移不便等一系列问题。现在，这种锅炉已很少生产，而被水火管锅炉所取代。

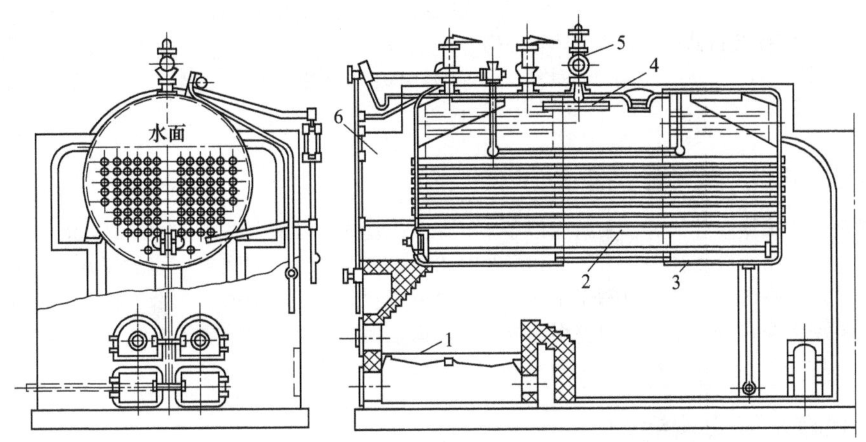

图3-1 WWG 2-0.8Ⅰ型卧式外燃烟管锅炉结构

1—炉排；2—烟管；3—锅壳；4—汽水分离器；5—主汽阀；6—前烟箱

二、卧式内燃烟火管锅炉

这种锅炉是目前制造最多、应用最广的卧式火管锅炉。其容量可达20t/h，蒸汽压力在1.27MPa以下，可用于烧煤，但更适合于燃油和燃气。在卧式烟火管锅炉的锅壳内偏心地布置一具弹性的波形火筒，在锅壳的左右侧及火筒的上部都布置有烟管。火筒和烟管均浸没在锅壳的水空间内。燃烧装置安置在火筒内。图3-2所示的为燃煤的卧式内燃三回程烟火管锅炉。锅炉规范如下：蒸发量4t/h，蒸汽压力1.27MPa，蒸汽温度为饱和温度，受热面积4.44m^2，燃用烟煤，锅炉总质量约为18.6t。链条炉排安置在火筒之中。烟气的第一回程是从前向后冲刷火筒，第二回程是经两侧烟管从后向前流至前烟箱，第三回程是从前烟箱经上部烟管自前向后流入锅炉后部，然后由引风机排出。这种内燃锅炉不需外砌炉膛，整体性和密封性极好，都采用快装，安装费用少，占地面积小。但煤种适用范围较小。另外，这种锅炉还有一些与烟管本身有关的缺点：烟管一般采用胀接，此时如胀接工艺不恰当，就容易泄漏；烟管的间距小，清洗水垢比较困难，因而对水质

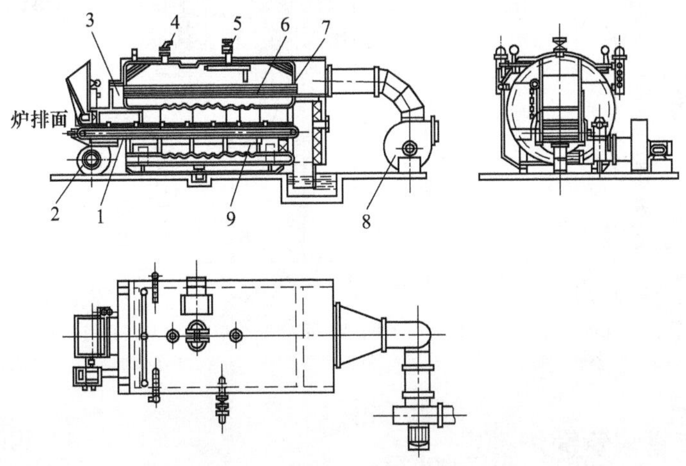

图3-2 WNL 4-1.27型卧式内燃烟火管链条炉排锅炉结构

1—链条炉排；2—送风机；3—前烟箱；4—安全阀；5—主汽阀；6—烟管；7—锅壳；8—引风机；9—火筒

的要求就较高；烟管水平布置易积灰，且烟气在管内为纵向冲刷，因而传热效率低，大量使用烟管不仅使锅炉的金属耗量大增，而且还使锅炉的通风阻力增大，特别是当烟管中烟速较高时。

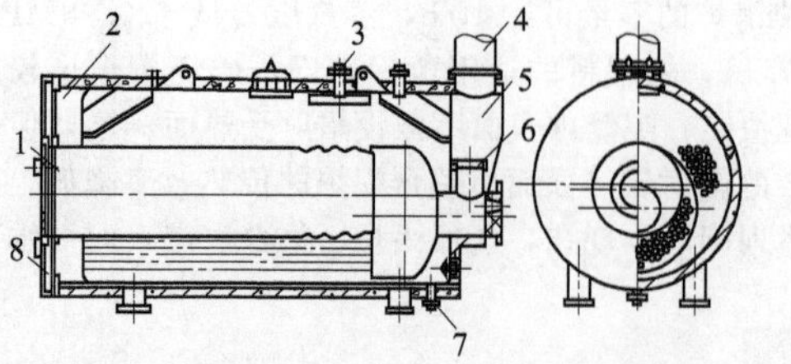

图 3-3 WNS 4-0.8-QY 型卧式内燃烟火管锅炉结构
1—火筒；2—前烟箱；3—蒸汽出口；4—烟囱；5—后烟箱；6—防爆门；7—排污管；8—热风道

图 3-3 所示为燃油、燃气的 WNS 4-0.8-QY 型卧式内燃烟火管锅炉。炉膛内为微正压燃烧，正压达 2000Pa 左右，锅炉不用引风机，节省了投资和电耗。因充分利用了燃油和燃气的优越性，最大限度地发挥了内燃炉的优点、避免了其缺点。达到了结构和布置上的紧凑、快装及运行上的高效、清洁、安全可靠和自动化。因此，随着国内外交流的不断增强，这种锅炉在我国也得到应用。

三、立式小横水管火管锅炉

这种锅炉简称立式横水管锅炉，其结构如图 3-4 所示。锅炉本体是由锅壳、炉胆、横水管、冲天管等主要受压元件所组成。横水管直径一般为 ϕ63mm 或 ϕ73mm，但随着水质的提高，也有采用 ϕ51mm 的。横水管为倾斜布置，与水平成 5°倾角，以利于水循环。这类立式火管锅炉为内燃式。由于炉膛容积较小、水冷程度较大、燃料不易燃烧充分、受热面积较小、排烟温度高，因此这类锅炉的热效率低，消烟除尘也较差。锅炉的容量小，一般小于 1t/h，蒸汽压力不高于 0.78MPa。

四、立式直水管火管锅炉

这种锅炉简称立式直水管锅炉，其结构如图 3-5 所示。锅壳分为上下两个独立的部分，各垂直水管的上下两端分别与锅壳的这两部分相连接。水管管束的中间有一大直径的下降管，以保证水在管中的上下循环流动。水管管束的外围有圆弧形炉墙包围。炉排安置在下部的炉胆中。燃料在炉排上燃烧后所生成的烟气，从下部炉膛经喉管进入水管管束的烟气空间。由于那里砌有隔墙，于是烟气就在隔墙的阻隔下绕下降管回旋一周，横向冲刷水管管束，然后再进入烟箱，并由此进烟囱而排入大气。这种锅炉的容量为 0.4～1.5t/h，蒸汽压力为 0.784MPa。这种锅炉相对于前一种立式锅炉的优越性在于：水循环有所改善；上下管板不受炉膛的高温辐射，不会因产生水垢而使管板过热，管中的水垢也较易消除；受热面可布置较多，结构紧凑，安装维修较方便。但仍有如下缺点：锅炉热效率仍不高，钢耗也较大，而且管束中的积灰不易清除。

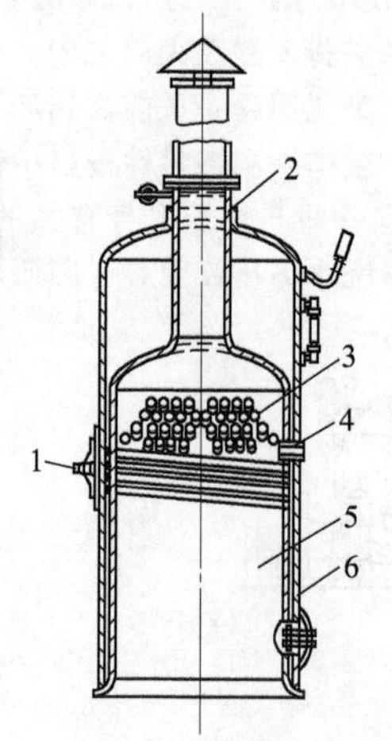

图 3-4 立式横水管锅炉结构
1—检查孔；2—冲天管；3—横水管；4—除灰孔；5—炉胆；6—锅壳

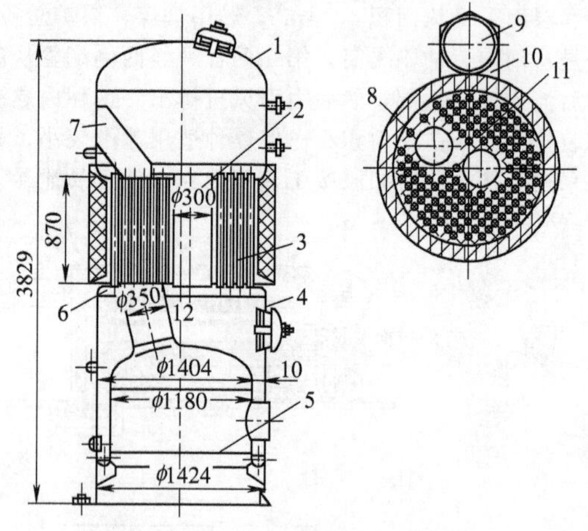

图 3-5 立式直水管锅炉结构
1—封头；2—下降管；3—直水管；4—锅壳；5—炉排；6—下管板；7—角拉撑板；8—喉管；9—烟囱；10—烟箱；11—烟气隔墙

五、立式弯水管火管锅炉

这种锅炉简称立式弯水管锅炉。它是在改革旧式锅炉的基础上发展起来的一种立式火管锅炉。图 3-6 所示为 LSA 型立式弯水管锅炉。炉胆内布置有水冷管，其两端分别连接于炉胆侧壁和炉胆顶球面壁。这些水管与炉胆内壁构成了锅炉的辐射受热面。在锅壳外壁上安装有一圈呈交错排列的耳形管，在耳形管排的外面罩以绝热的环形烟箱，形成锅炉的对流蒸发受热面。炉排置于炉胆的底部。燃料在炉排上燃烧后所生成的高温烟气，流经炉膛中的弯水管，从炉膛上部的喉管流出，分左右两路进入耳形对流管束区，沿锅壳外壁各绕流半圈，横向冲刷锅壳外烟箱中的耳管及相应的锅壳外壁。最后，烟气经烟囱排入大气。这种锅炉，由于其在炉胆内和锅壳外都安装了水管，从而增大了辐射受热面和对流受热面，排烟温度较低，锅炉效率较高，在结构上也考虑了清灰的方便，但对锅炉给水的要求较高。这种锅炉是我国应用较广的一种立式锅炉。锅炉容量有 0.2t/h 和 0.4t/h 两种，蒸汽压力为 0.784MPa。

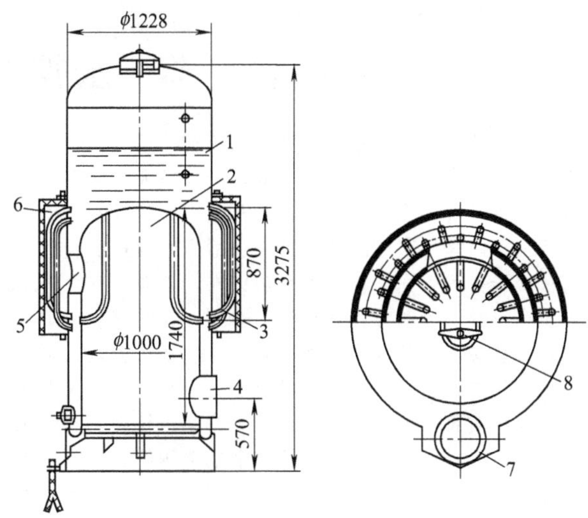

图 3-6 立式弯水管（LSG 0.2-0.5-A）锅炉结构

1—锅壳；2—炉胆；3—耳形弯水管；4—炉门；5—喉管；6—烟箱；7—烟囱；8—人孔

第二节 水火管锅炉结构

水火管锅炉一般是指在锅壳下部加装水冷壁的一种卧式外燃烟水管锅炉。这种锅炉结构紧凑、整装出厂，曾被专称为“快装锅炉”，并以 KZ 的型号来表示。现在为了与水管锅炉的命名相一致，已有开始改为 DZ 型号的。在中国，快装锅炉原初是为了取代兰开夏、考克兰等老式锅炉的，现在已成为中国工业锅炉生产中最主要的品种。这种锅炉的容量通常≤4t/h，但也有容量达 10t/h 的。蒸汽压力≤1.27MPa，蒸汽温度为饱和温度。燃烧设备一般采用链条炉排，但也有采用往复炉排的，个别采用振动炉排，在小容量锅炉中也采用固定炉排。图 3-7 所示的为 KZL 4-1.27-A 型快装水火管锅炉结构。烟气流程为：烟气从炉膛向后流出后，先向上流入第一烟管束，从后向前流至前烟箱，然后由前烟箱折流入第二烟管束，从前向后流至省煤器，最后由引风机引出。

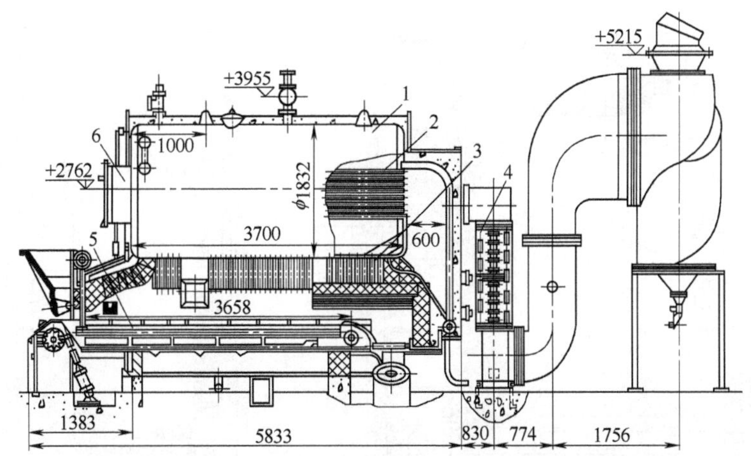

图 3-7 KZL 4-1.27-A 型快装水火管锅炉结构

1—锅壳；2—烟管；3—水冷壁；4—省煤器；5—链条炉排；6—前烟箱

这种锅炉的优点是结构紧凑、占地面积和高度小，安装和运输方便，热效率高。其缺点主要是锅壳下部直接受炉膛高温辐射，对水质要求高。

第三节 水管锅炉结构

水管锅炉的显著特点是汽水在管内流动，烟气在管外冲刷流动。与火管锅炉相比，它在结构上没有大直径的锅壳，并以富有弹性的弯水管取代刚性较大的直烟管，这不仅可节约金属，而且更为增大容量和提高蒸汽参数创造了条件。采用外燃方式可不受锅壳的限制，燃烧的规模和燃料的适应范围可以扩大。从传热学的观点来看，可以采用高效的传热方式：适当增大辐射受热面；组织烟气对水管受热面的横向冲刷，必要时还可将管子交错排列。同时，水管受热面布置简便、清垢除灰容易，可以在最合适的烟温区间布置蒸汽过热器，以及在尾部安置省煤器及空气预热器。当然这种锅炉对水质要求高，但这对大容量、高参数锅炉和现代水处理技术来说，不是什么麻烦。总之，对于大容量、高参数锅炉来说，水管锅炉具有极大的优越性；而且往往是唯一的选择；而对于小容量低压锅炉来说，水火管锅炉乃至火管锅炉则保持很大的优势。

水管锅炉按管子的布置方位可以分为横水管锅炉和竖水管锅炉；按照管子的形状又可分为直水管锅炉和弯水管锅炉。横水管锅炉中水管呈水平或微倾斜布置，对水循环很不利；而直水管锅炉中水管挺直，刚性大而缺乏弹性，对缓解热应力和制造应力不利。但直水管用于横水管锅炉中时，各直水管用整集箱或波形分集箱相连，集箱上各相连管端对壁的相当位置上开有手孔，可用以清洗管内水垢。不过，因为整集箱尺寸大，形状不利于承压，因而承压能力差；波形分集箱和手孔的制造比较麻烦、维修工作量大、金属耗量也大，故现已被具有少量锅筒的竖弯水管所代替。竖弯水管锅炉按照锅筒的数量可分为单锅筒和双锅筒；按照锅筒的布置方向可分为纵置式和横置式两种。

一、单锅筒纵置式锅炉

最常使用的一种单锅筒纵置式锅炉是“A”形或“人”形锅炉。锅筒位于炉膛的中央上部，沿锅炉（炉排）的纵向中心线布置，下面左右两侧各有一个纵置大直径集箱，左右两组对流管束在上部与锅筒相连，下部则分别与左右两侧集箱相连。这种锅炉本体的形式最适用于烟气做二回程流动，故常用于抛煤机倒转链条炉排的燃烧，但也可采用其他燃烧装置。一般容量为 2～20t/h，最大容量可达 45t/h。图 3-8 所示为 DZD 20-2.5/400-A 型抛煤机倒转链条炉排锅炉。两侧水冷壁沿高度长于对流管束，这样就可以空出侧墙下部，以布置门孔，便于运行操作。烟气在炉膛中自后向前流动，流至前墙附近时，分左右两股经两侧的狭长烟窗进入对流管束，然后由前向后流动，横向冲刷管束。蒸汽过热器布置在右侧前半部对流管束烟道中，成为第二回程对流受热面的一部分。烟气流至锅炉后部后，左右两股分别向上，汇合于锅炉顶部，然后 90°转弯向下，依次流过铸铁式省煤器和空气预热器，经除尘器后由引风机抽出排入烟囱。“A”形锅炉的突出优点有结构紧凑、对称、容易制成快装、金属耗量小；其缺点是锅炉管束布置受结构限制，其制造和维修也较麻烦。

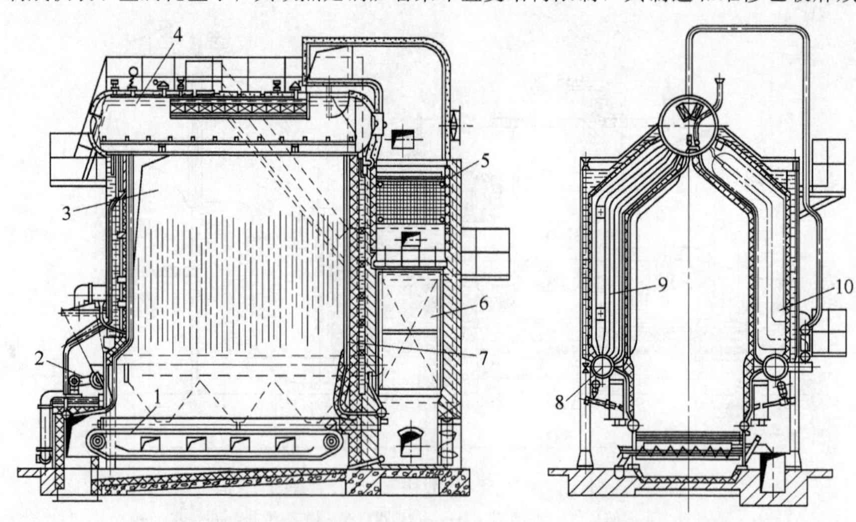

图 3-8 DZD 20-2.5/400-A 型单锅筒纵置式锅炉结构

1—倒转链条炉排；2—风力-机械抛煤机；3—炉膛；4—锅筒；5—铸铁式省煤器；6—空气预热器；7—水冷壁，8—下集箱；9—锅炉管束；10—蒸汽过热器

二、单锅筒横置式锅炉

图 3-9 所示为 DHL 型单锅筒横置式锅炉。这种单锅筒锅炉的结构特点在于其锅炉管束不是直接由上部锅筒和下部大直径集箱连成，而是采用组合式。即先在较小直径的上、下两集箱之间安装数排管子构成一个组件，然后将若干组件的上集箱沿锅筒长度与锅筒垂直连接，各组件的下集箱则通过连接管与一个在锅筒下方并与之平行的汇合集箱垂直相连，汇合集箱则通过若干下降管与锅筒相连。本锅炉容量为 6t/h，蒸汽压力为 1.274MPa；采用链条炉排及组合长后拱，燃用劣质烟煤。这种锅炉金属耗量较小，但占地面积较大，且锅炉管束水循环阻力大，清洗不便，因而对水质要求高。

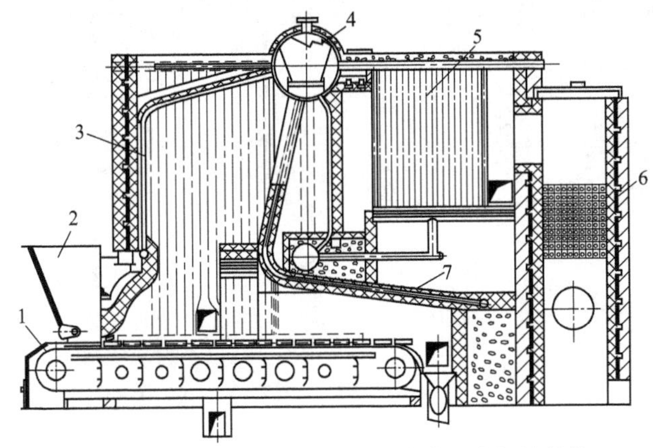

图 3-9　DHL 6-1.27-L 型单锅筒横置式锅炉结构

1—炉排；2—煤斗；3—水冷壁；4—锅筒；5—锅炉管束；6—省煤器；7—后拱

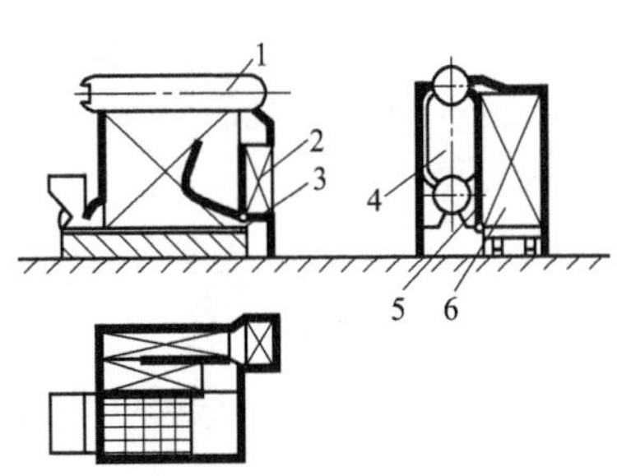

图 3-10　SZZ 4-1.27-A 型双锅筒纵置式“D”形锅炉结构

1—锅筒；2—省煤器；3—振动炉排；4—锅炉管束；5—烟气隔墙；6—水冷壁

三、双锅筒纵置式锅炉

在这种锅炉中，上下平行布置的两个锅筒之间装有锅炉管束。两个锅筒的纵向中心线与锅炉（炉排）的纵向中心线相平行。根据锅炉管束相对于炉膛的布置位置不同，双锅筒纵置式锅炉又可以分为锅炉管束旁置，即所谓“D”形锅炉；锅炉管束后置，即所谓“O”形锅炉。

图 3-10 所示为 SZZ 4-1.27-A 型“D”形锅炉。其锅炉管束烟道与炉膛平行布置，各居一侧。远离锅炉管束一侧的侧水冷壁在上部沿横向延伸至上锅筒，形成微倾斜的炉顶管。远侧水冷壁管连同其构成炉顶管的部分、垂直布置的锅炉管束，以及水平的炉排面一起连成了一个“D”字。在锅炉管束的烟道中设置有纵向垂直隔烟墙，使烟气在管束中可沿纵向、即前后流过几次，以保证烟气有合适的流速和恰当的回程数。一般除在炉膛近侧水冷壁与管束之间有一道隔烟墙外，在上下锅筒纵向中心线截面处附近再布置一道，使烟气在管束中向前、向后各流一次。隔烟墙通常用耐火砖或耐火塑料等嵌入管子间的缝隙中而成，或在分隔面管子上焊金属鳍片或用鳍片管作分隔管拼搭而成。本锅炉按燃用烟煤设计，采用振动炉排，但目前已多采用链条炉排。这类锅炉的优点为结构紧凑，长度小，便于布置较长的炉排，以利低质煤和难燃煤的燃烧；锅炉管束的支撑位置低，锅炉构架可简化。其缺点主要有：一般只能单侧操作，单面进风，故容量不宜过大；锅炉宽度大，不对称，不利于整装。此型锅炉的容量一般有 2t/h、4t/h、6t/h、10t/h 等几种。

图 3-11 所示为一台 6～10t/h 双纵“D”形燃油锅炉。现在，除了卧式内燃火管锅炉以外，大部分工业用燃油锅炉都采用“D”形锅炉。

图 3-12 所示为双锅筒纵置式“O”形锅炉。炉膛在前，锅炉管束在后。从正面看，居中的纵置双锅筒及其间的管束呈现为“O”形状。上锅筒有长锅筒和短锅筒两种。当采用长上锅筒时，上锅筒延伸至整个炉膛深度，两侧水冷壁管的上端直接与上锅筒连接，呈“人”形连接；当上锅筒为短锅筒时，两侧水冷壁分别设置上集箱，左右两侧水冷壁管在上部交叉进入对侧的上集箱，呈“X”形连接。这种锅炉又称为 ДКВ 型锅炉，其容量为 6～20t/h，蒸汽压力为 1.27MPa 和 2.45MPa，蒸汽温度为饱和温度或 250～400℃过热温度。最大容量有时可达 35t/h，相应采用中参数，即蒸汽压力 3.82MPa，蒸汽温度 440℃。锅炉的燃烧设备多采用抛煤机手摇炉排、链条炉排或振动炉排。这种锅炉的结构特点为烟气横向冲刷管束、传热好、紧凑、对称。

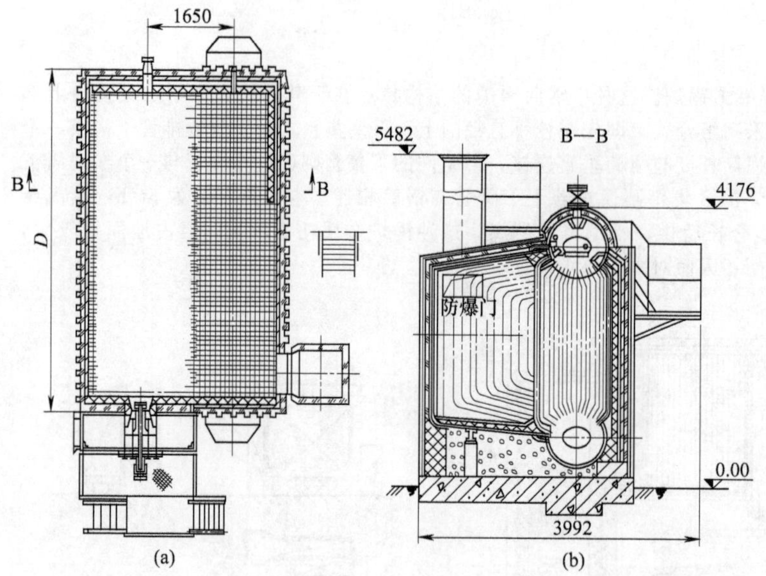

图 3-11 SZS-1.27-Y 型 "D" 形组装燃油锅炉（6～10t/h）结构

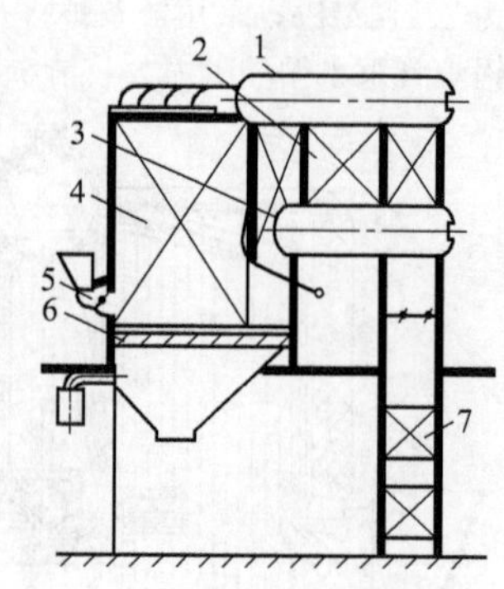

图 3-12 SZP 型双锅筒纵置式抛煤机锅炉结构

1—上锅筒；2—锅炉管束；3—下锅筒；4—炉膛；5—抛煤机；6—手摇炉排；7—省煤器

四、双锅筒横置式锅炉

双锅筒横置式锅炉在较大的工业锅炉中使用最广。图 3-13 所示为 SHL 20-1.27 型双锅筒横置式锅炉。上下锅筒及其间的管束被横向悬置在炉膛之后。燃烧所生成的烟气从炉膛后部上方烟窗流出，经凝渣管后进入管束中的过热器烟道。然后向下，从管束下部、对管束作前后三次曲折向上冲刷绕行。再从上部出口窗向后流至尾部烟道，依次流过省煤器和空气预热器后排出锅炉。这种锅炉又称为 ╨ 型锅炉，由于其锅炉管束、尾部烟道和炉排三者的宽度基本上相同，因而受热面和燃烧设备的功率较易协调一致，适用的容量范围大。一般采用链条炉排，也可采用抛煤机倒转炉排。锅炉容量为 6～20t/h，蒸汽压力为 1.27MPa 和 2.45MPa，

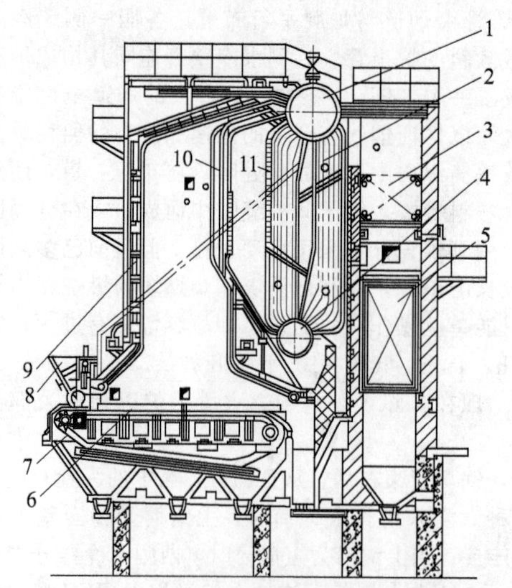

图 3-13 SHL 20-1.27 型双锅筒横置式锅炉结构

1—锅筒；2—锅炉管束；3—省煤器；4—下锅筒；5—空气预热器；6—水冷壁下集箱；7—链条炉排；8—煤斗；9—水冷壁；10—凝渣管；11—烟气隔墙

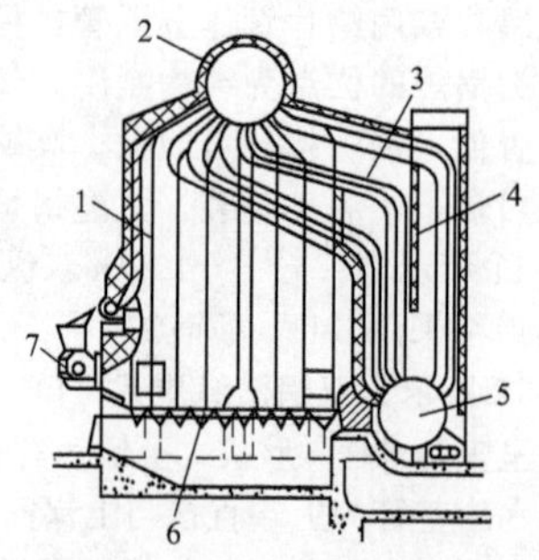

图 3-14 VU-10 型双锅筒横置式锅炉结构

1—前水冷壁；2—上锅筒；3—锅炉管束；4—隔墙；5—下锅筒；6—炉排；7—抛煤机

蒸汽温度为饱和温度或250～400℃。这种锅炉已具有中、大型锅炉的特点：燃烧设备机械化程度高，受热面高效齐全，锅炉效率高。但锅炉整体性差、构架和炉墙复杂，金属耗量较大。

图3-14所示为VU-10型双锅筒横置式锅炉。这是一种紧凑型的结构，上锅筒前移至炉膛中部、下锅筒下放至地、管束扭曲。锅炉管束中间有两道垂直隔墙，在其前部可装置蒸汽过热器。在锅炉尾部可装设省煤器。其容量为4.5～27t/h，最高蒸汽压力为2.94MPa，最高过热蒸汽温度为330℃。这种锅炉由日本三菱公司及美国燃烧工程公司协作设计制造。其特点是结构紧凑、整体性好、构架和炉墙简单，易于快装或组装；炉顶管较短、水循环可靠；但管束扭曲、不对称、制造工作量较大。可以认为，这种锅炉更适宜于较小容量。

第四节 热水锅炉结构

热水锅炉是生产热水、用以供热的锅炉。热水锅炉有低温热水锅炉和高温热水锅炉之分。各国对高温水和低温水有不同的温度分界，我国以120℃为分界温度，亦即出水温度高于120℃的为高温热水锅炉，否则为低温热水锅炉。中国热水锅炉系列的参数范围为：额定热功率0.1～116MW，允许工作压力0.4～2.5MPa，额定出水温度95～180℃。热水锅炉的燃烧设备与蒸汽锅炉相同，所不同的是其中的受热介质，因而它们的区别在于受热面的布置和锅内结构。热水锅炉因其工作压力低、无需水位监督和控制，因而其结构较为简单、运行维护方便、制造简便。但其工作也有一些特殊问题：必须保证锅炉热水不汽化，以避免产生水击；低温受热面的内部氧腐蚀和外部酸腐蚀较为严重；突然停电时，锅内水不流动而产生汽化等。这些问题都必须在热水锅炉的结构设计、制造和运行维修中加以考虑。根据热水在锅内的流动方式，可分为强制循环式（直流式）热水锅炉和自然循环式热水锅炉两类。强制循环式热水锅炉一般不装锅筒，而由一些受热的并联排管和集箱组成，热水的循环动力由供热网路的循环水泵提供。这类热水锅炉结构紧凑，钢耗量小，水动力稳定性好。但为了防止水力偏差过大和循环停滞等问题，往往采用较高的管内流速，加之行程又长、阻力系数大，锅炉进水的电耗量就高；同时，因强制循环式热水锅炉水容量小，对运行中发生突然停电而中断进水时，因炉子的热惰性而使管内热水汽化、造成水击等事故的抵抗能力差。由于这些原因，自然循环式热水锅炉也得到了应用。自然循环式热水锅炉具有锅筒，同时由于热水的密度差小、循环压头低、循环流速低，因而必须采用更大的下降管截面和更高的循环高度。这样，其金属消耗量就增大。热水锅炉的主要结构一般由钢材制成，但当额定出水压力不大于0.7MPa及出水温度不超过120℃时，也可用铸铁制成。铸铁锅炉与钢制锅炉相比，具有一些突出的优点，如从原料冶炼算起，可降低总能耗30%左右；降低锅炉成本30%左右；耐腐蚀性好，使用寿命可延长约3倍；金属回收率可达90%左右；结构紧凑；运输、安装方便；锅炉可安装在建筑物的地下室，节约基建投资。因此，工业发达国家普遍采用铸铁锅炉作小容量采暖锅炉。如在日本，铸铁锅炉约占全部热水锅炉的54%。在我国，铸铁锅炉也重新有所发展。近年来，一种所谓常压热水锅炉在我国得到了广泛应用。这种热水锅炉的本体敞开或者具有流通截面足够大的通大气管。因其与外界大气相通，锅炉在运行过程中，其工作压力始终与大气压力相等，亦即其表压为零，故也称为无压锅炉。常压锅炉具有两大优点：其一为无爆炸危险，运行十分安全；其二为因其主要部件均不承压，因而可用普通钢材制造，并可采用较薄的壁厚，这样钢材消耗就减小，制造也较方便，成本就低。常压热水锅炉的结构与低温小容量热水锅炉基本上相同，其不同点在于供热系统。常压锅炉的缺点在于其供热系统的电耗量较大。而且随着建筑物的增高，电耗量也随之增大。另外，常压锅炉内的无压必须由系统结构来加以保证。为了防止钢管式受热面烟气侧的腐蚀，进入热水锅炉的回水温度在燃用煤和煤气时不应低于60℃，在燃用重油时不应低于70℃。否则，应将回水预先加热。

一、强制循环热水锅炉

图3-15所示为QXZ 2.8-0.98/130-A型强制循环热水锅炉结构。其额定热功率为2.8MW，运行压力为0.98MPa，出水温度为130℃，回水温度为70℃。锅炉为组装结构，全部受压部件由管子和集箱组成。锅炉进水管位于锅炉管束下部，使水由下向上流动，以利排气。

二、自然循环热水锅炉

自然循环热水锅炉的结构与自然循环蒸汽锅炉基本相同，所不同处在于它们的锅筒内部装置。自然循环热水锅炉的锅筒中没有汽水分离装置。但其回水的引入和热水的引出均在同一个锅筒，故锅筒中如果没有恰

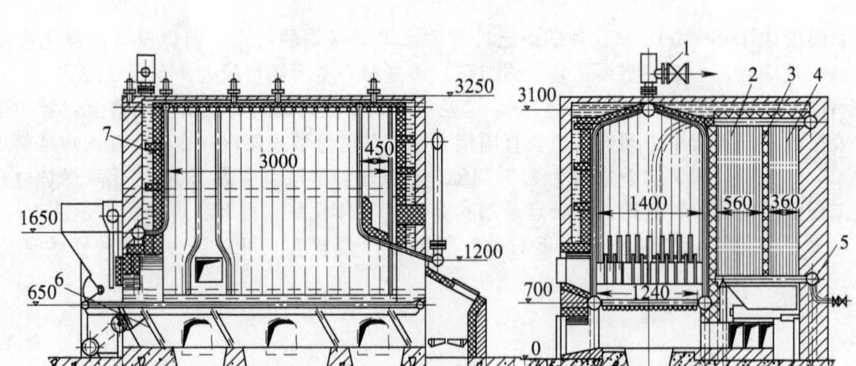

图 3-15 QXZ 2.8-0.98/130-A 型强制循环热水锅炉结构

1—出水管；2—第一锅炉管束；3—隔墙；4—第二锅炉管束；5—进水管；6—振动炉排；7—水冷壁

当的隔板装置及合理布置的引入、引出管系统，则回水和热水在锅筒中就会发生不同程度的短路，导致下降管入口水温的提高，从而有可能引起上升管内的沸腾。

热水锅炉的锅筒内部装置包括回水引入管、回水分配管、热水引出管、集水管、隔板装置等。它们的功用在于尽可能地降低下降管入口水温，均衡上升管出水温度，尽可能地增加上升管出口热水的欠热，以利于防止上升管内过冷沸腾（局部沸腾）的产生，并保证热水沿锅筒长度方向的均匀引出。

图 3-16 示有锅筒内的隔板装置。横向隔板将锅筒两端的下降管与上升管隔开，避免冷水或热水短路，在锅筒两端形成冷水区，降低下降管入口水温［见图 3-16（a）］。纵向隔板将沿锅筒长度方向的上升管和下降管隔开，造成沿锅筒长度方向上明显的冷水区和热水区［见图 3-16（b）］。图 3-16（c）、图 3-16（d）示意了在水循环的循环倍率 $K>1$ 及 $K\leqslant 1$ 时纵向隔板相应的安装位置。当循环倍率 $K>1$ 时，为了防止从回水分配管流出的冷水直接进入热水集水管（冷水短路），纵向隔板的安置应如图 3-16（c）所示。而当循环倍率 $K\leqslant 1$ 时，为了避免由上升管流入锅筒的热水径直逸入下降管（热水短路），纵向隔板应按图 3-16（d）所示安装。

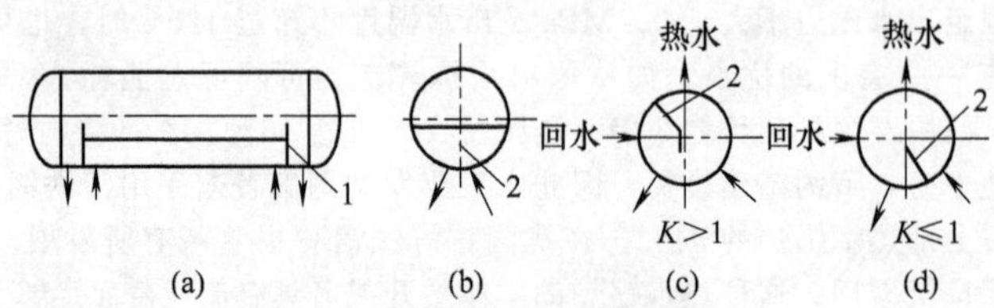

图 3-16 锅筒内的隔板装置

1—横向隔板；2—纵向隔板

横向隔板与纵向隔板的高度 h 应为：

$$\frac{2}{3}\geqslant\frac{h}{D_n}\geqslant\frac{1}{2}$$

式中 D_n——锅筒内径。

第四章

余热锅炉及特种锅炉的结构及设计

余热锅炉是指利用工业生产中的余热来产生蒸汽和热水的设备，过去也称为废热锅炉［waste heat（recovery）boiler］或简称 WH（R）B。目前，燃气-蒸汽联合循环发电余热锅炉称为热回收蒸汽发生器（heat recovery steam generator）或简称 HRSG。

余热锅炉结构的显著特点是一般不用燃料，因而也往往就没有燃烧装置，但在一些特定的条件下，也采用辅助燃烧装置进行补燃。余热锅炉与一般锅炉的受热面部分的结构相近，由蒸发器（包括锅炉管束和水冷壁)、过热器和省煤器等部件组成。余热锅炉的热源主要有电力、冶金、机械、化工等部门的各种炉窑，包括转炉、平炉、均热炉、加热炉、有色金属冶炼炉、回转窑等的废气以及内燃机、燃气轮机的排气等。上述热源的特点是范围很广，余热废气流量波动大，温度相差较大，废气中常有粉尘，甚至还有半熔融状态的颗粒，易于在受热面上结料、结灰或结焦；废气还常有腐蚀性；供热负荷不稳定，余热锅炉安装场所受限制等。为了适应余热废气的特点，满足工艺生产的要求，有效地回收余热已成为节能减排刚性需求，余热锅炉已有不少品种。

特种锅炉是指具有常规锅炉对燃烧设备、锅炉本体和热传递介质的基本特征要求，但又在某些方面具有特殊要求的加热设备，这种特殊性可以由制造锅炉本体的不同材料，不同性质的热传递工质和差异的结构构成特别用途的锅炉。例如：有别于常规钢制锅炉的组合模块式铸造锅炉；有别于常规以水为热传递工质而设计的以有机载热体作为热传递介质的有机热载体锅炉；有别于常规以水为热传递工质而设计的以空气作为热传递介质的热风加热锅炉；有别于常规以单一燃料作为热量来源而设计的以各种混合燃料作为能量来源的混合燃料燃烧锅炉；利用和烟气直接接触加热原理而设计的浸没燃烧加热锅炉或直接接触加热锅炉；专门用于油田热力采油而发展起来的油田注汽锅炉；间接加热（相变换热）锅炉等。特种锅炉涉及的应用范围也比较广泛，具有一些常规锅炉所不具有的特殊性。

第一节　余热锅炉结构

一、余热锅炉分类

按照余热锅炉的结构特点，其总体结构可分为烟管型（锅壳式）余热锅炉和水管型余热锅炉两大类。烟管型余热锅炉一般包括锅壳（也可带有辅助汽水分离的锅筒)、管板、烟管、进口烟箱、出口烟箱等部件；而水管型余热锅炉是一种布置成烟道形式的水管型受热面装置，它具有单独的炉墙和构架，也称为烟道式余热锅炉，是一种较大型的余热锅炉结构。

较高余热温度的烟道式余热锅炉通常布置一个大的辐射冷却室，其后布置对流受热面。烟道式余热锅炉可布置成立式和卧式，卧式又可布置成多烟道式和直通式，前者的烟气做上下转弯流动，而后者的烟气则自前至后做水平通流；而立式结构类似电站锅炉的对流竖井，烟气可以自下而上，也可以自上而下。

烟管型余热锅炉的水循环一般为壳体的大空间自然循环或辅助水管系统的自然循环；烟道式的大型余热锅炉的水循环形式有自然循环和强制循环两种。

根据《烟道式余热锅炉设计导则》(JB/T 7603—1994)，按照烟气中含尘量和烟气特性，余热锅炉可分为以下 5 类：①烟气中含尘量不大于 $20g/m^3$ 的余热锅炉定为第一类余热锅炉；②烟气中含尘量大于

$20g/m^3$，且不大于 $70g/m^3$ 的余热锅炉定为第二类余热锅炉；③烟气中含尘量大于 $70g/m^3$ 的余热锅炉定为第三类余热锅炉；④烟气中含有黏结性烟尘的余热锅炉定为第四类余热锅炉；⑤烟气中含有强腐蚀性成分或具有有毒烟气的余热锅炉定为第五类余热锅炉。

另外，根据《烟道式余热锅炉产品型号编制方法》(JB/T 9560—1999)，按照烟气中含尘量和烟气特性，余热烟气（或废气）可以分为以下 4 类。

(1) 洁净烟气 它是指烟气含尘量不大于 $5g/m^3$，且烟气中不含腐蚀性或（和）黏结性成分（或设计时可不予考虑）的烟气，如玻璃熔窑、燃气轮机及各种内燃机的排气。

(2) 带尘烟气 它是指烟气含尘量大于 $5g/m^3$，可能会对锅炉受热面产生磨损、积灰、堵灰或搭桥的烟尘，如电站锅炉、各种沸腾焙烧炉、水泥炉、炭黑炉、电石炉及干熄焦系统的烟气。

(3) 黏结性烟气 它是指烟气中所夹带的烟尘以及升华或气化物质等，在一定条件下可能黏附在过路受热面或其他部件上，如各种有色金属的冶炼炉等的烟气。

(4) 腐蚀性烟气 它是指烟气中含有如氮氧化物（NO_x）、硫氧化物（SO_2）、硫化氢（H_2S）、氯气（Cl_2）及氨气（NH_3）等成分，在一定的工况条件下，将对锅炉受热面及相关部件产生强烈的腐蚀，如硫铁矿焙烧炉的烟气。

实践表明，余热烟气中含尘量、流量、温度等特性对余热锅炉整体布置及受热面结构设计具有重要影响。绝大多数工业过程中流通的烟气都含有一定量的腐蚀性气体和烟尘，而且烟尘具有不同的粒度分布和化学成分，表 4-1 和表 4-2 列出了几种典型工业过程中余热烟气成分、烟尘粒度和浓度、烟尘化学成分的分析数据。

表 4-1 工业过程烟气成分、烟尘粒度和浓度

工业过程	烟气成分						烟尘粒度	粉尘浓度
水泥工业	成分	CO_2	SO_2	O_2	N_2	H_2O	<15μm 的占 94%	$30\sim80g/m^3$
	含量/%	2.14	2.73	43.05	1.89	0.00		
硅冶炼工业	成分	CO_2	SO_2	O_2	N_2	H_2O	<1μm 的占 92%	$6\sim10g/m^3$
	含量/%	4.76	0.004	16.80	76.45	2.00		
玻璃窑工业	成分	CO_2	SO_2	O_2	N_2	H_2O	<1μm 的占 99%	约 $400mg/m^3$
	含量/%	9.99	0.16	6.62	74.77	9.62		

表 4-2 工业过程烟尘化学成分

水泥工业	成分	Fe_2O_3	Al_2O_3	CaO	MgO	TiO_2	SiO_2	SO_3	K_2O	Na_2O	Cl^-
	含量/%	2.14	2.73	43.05	1.89	0.00	13.25	0.10	0.47	0.21	0.00
硅冶炼工业	成分	Fe_2O_3	Al_2O_3	CaO	MgO	TiO_2	SiO_2	SO_3	K_2O	Na_2O	C
	含量/%	0.24	0.02	0.17	0	0.02	96.3	0.08	0.35	0.11	2.71
玻璃窑工业	成分	Fe_2O_3	Al_2O_3	CaO	MgO	TiO_2	SiO_2	SO_3	K_2O	Na_2O	P_2O_5
	含量/%	1.32	1.64	15.46	10.28	0.10	2.43	54.31	0.68	8.34	0.41

表 4-1 和表 4-2 数据表明，不同工业过程的烟气、烟尘条件具有很大的不同，因此，工业过程余热的利用必须选择不同功能要求的余热锅炉结构和不同性质的强化换热元件结构，以适应不同的抗腐蚀、抗磨损和抗积灰的烟气设计条件。

二、烟管型余热锅炉

烟管型余热锅炉的整体结构来源于锅壳式锅炉结构原型，蒸汽空间位于壳体上部，管束位于壳体下部。锅壳式锅炉是指在锅壳内部发展受热面的锅炉。锅壳式锅炉的内部受热面主要是炉胆辐射受热面和烟管对流受热面。因此，当不采用燃烧装置时，省却炉胆后，烟管就成为烟管型余热锅炉的主要换热元件。当然，当余热烟气温度很高时（如>800℃），也可以设置炉胆受热面来提高辐射换热的有效性。在化工过程中，因为烟道型余热锅炉在结构上和管壳式换热器相同，也被称为管壳式余热锅炉或管式蒸汽发生器。近年来，石油、化工装备向大型化、高参数方向发展，烟气量增多，单壳体结构无法满足生产需求，分体管壳式余热锅炉也应运而生。

图 4-1 示出型号为 QC 14/490-2-0.7 的卧式烟管型余热锅炉。它主要用于小型加工工业，余热烟气量 $14000m^3/h$，余热烟气进口温度 490℃，额定蒸发量 2t/h，额定蒸汽压力 0.7MPa，饱和温度 169℃，余热锅炉本体中烟管受热面积为 $212m^2$，省煤器（图中未示出）受热面积为 $208m^2$。此烟管型余热锅炉是由锅壳、烟管、进口烟箱、出口烟箱组成锅炉本体，给水先进入省煤器受热面进行预热，预热之后的给水送入锅壳中

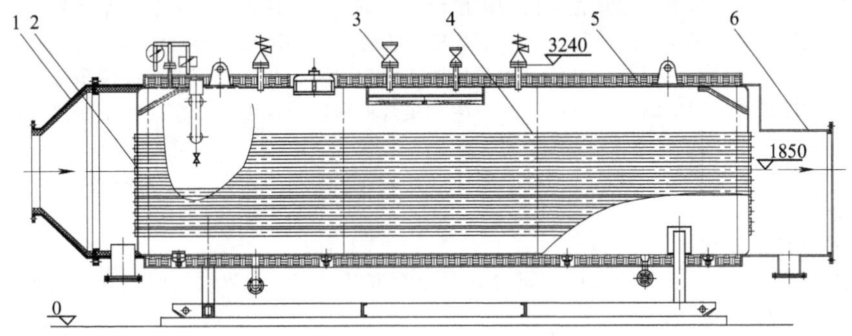

图 4-1　卧式烟管型（管壳式）余热锅炉本体结构

1—进口烟箱；2—前管板；3—主蒸汽阀；4—烟管蒸发管束；5—锅壳；6—出口烟箱

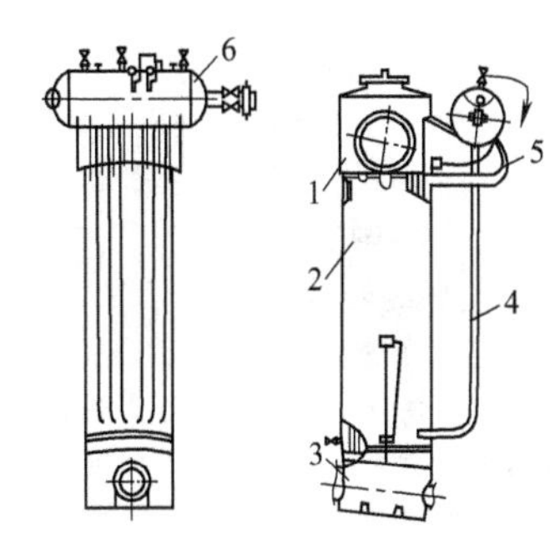

图 4-2　立式管壳式余热锅炉本体结构

1—出口烟箱；2—蒸发器；3—进口烟箱；4—下降管；5—蒸汽引出管；6—锅筒

进行自然循环加热。余热烟气从进口烟箱进入，流经前管板上均匀分布的烟管蒸发管束，与进行对流换热加热烟管外部的水在受热后形成汽水混合物，沿壳体空间上升，进入汽水分离装置，汽水分离后的蒸汽通过主蒸汽阀向外输出，分离下来的水再回到锅壳空间，给水被连续加热成蒸汽。

图 4-2 所示为一立式烟管型余热锅炉，实际上是把卧式结构直立安放，它用于小化肥工业，额定蒸汽压力为 0.6MPa，额定蒸汽温度为饱和温度，受热面积为 480m^2。余热锅炉是由锅筒、受热的上升空间和不受热的下降管所组成的自然循环水管系统。余热烟气从锅炉下部的进口烟箱进入，流经蒸发器受热面管后从锅炉上部的出口烟箱排出；水在蒸发器中受热后形成汽水混合物，沿壳体空间上升，并由蒸汽引出管进入锅筒，汽水混合物在锅筒中进行汽水分离后，蒸汽通过蒸汽出口向外输出；分离下来的水由锅筒经下降管流到蒸发管束的下部，然后再进入蒸发空间受热、汽化、上升，从而形成自然水循环系统，并不断汽水分离，输出蒸汽。

分体结构管壳余热锅炉是在单壳体之上架设汽包，管壳与汽包之间连通若干根上升管和下降管。这种结构虽然解决了设备大型化难题，但结构变化使单壳体由简单池沸腾自然循环转变成具有多组上升和下降管并联回路交错的复杂状态，给水循环带来严重挑战。目前已有研究者对此开展研究，并取得应用性成果。

三、水管型余热锅炉

水管型余热锅炉也称为烟道式余热锅炉，以烟气在管外冲刷为主要结构特点，是我国发展燃气-蒸汽联合循环、整体煤气化联合循环（IGCC）及煤多联产等重大能源装备工业过程余热发电利用的重要主机装备之一。除此之外，其他工业过程，如钢铁、石油化工、冶金、水泥、玻璃、硫酸等高耗能工业过程的节能减排也需要加快发展余热发电技术。

目前，节能减排已经成为我国政府宏观调控的重点内容，“十一五”末期，为了实现单位 GDP 能耗降低 20%左右，污染物排放降低 10%的约束性目标，全面贯彻落实《国民经济和社会发展第十一个五年规划纲要》，根据《节能中长期专项规划》和国家制定的《“十一五”十大重点节能工程实施意见》，将“余热余压利用工程”列为重点节能工程之一。国家《促进产业结构调整暂行规定》、《产业结构调整指导目录》都把余热发电列入产业结构调整政策鼓励类，明确此类投资项目按照国家有关投资管理规定进行备案；各金融机构应按照信贷原则提供信贷支持。因此，各工业行业必须在经济、合理地用好一次能源的基础上，深入研究如何更好地开发和利用二次能源，特别是余热资源的合理利用。

水管型余热锅炉按整体布置可分为立式、卧式和立-卧结合形式辐射受热面主要由膜式水汽壁构成；而其不管形式怎样变化，水管型余热锅炉对流受热面主要由蒸发受热面、过热受热面和预热受热面构成，分别对应着蒸发器受热面、过热器受热面和省煤器受热面。其中，蒸发受热面是最重要的受热面，因为没有蒸发受热面就无法构成余热锅炉。因此，蒸发器是余热锅炉的主受热面，而过热器、省煤器等对流受热面在锅炉中可以根据实际需要进行增设，被称为辅助受热面，过热器通常布置在高烟温区域，在蒸发器之前，提高蒸发器出口蒸汽的温度；而省煤器通常布置在低烟温区域，在蒸发器之后，提高余热利用效率。

和余热的蒸汽热能利用相比，余热发电具有更高的技术经济性和节能减排优势。因此，最近几年，余热发电技术在国家节能减排政策的倡导下日渐受到高耗能工业的青睐，相继推广了中高温余热发电技术，带补燃的中低温余热发电技术，纯低温余热发电技术。特别是纯低温余热发电技术在建材水泥窑、玻璃窑上获得广泛推广和应用。

一般来说，余热锅炉的水循环方式有六种：单压、双压闪蒸、双压无再热、双压再热、三压无再热和三压再热，其目的是不断提高余热利用的极限。

1. 余热锅炉受热面结构

(1) 蒸发受热面结构 蒸发受热面结构可分为对流管束结构、单元模块化结构和蛇形管束结构 3 种，图 4-3 示出了 3 种结构形式的对比。对流管束结构因管束需要弯管，只能选用直立布置的光管受热面；单元模块化结构中，蒸发管束均采用直管管束，除光管外，还可以选用带传热强化的扩展受热面管束，如螺旋翅片、H 形翅片及针形翅片管束等。和对流管束相比，单元模块化管束因增加了集箱和蒸汽引出管，汽水混合物流动阻力大，一般采用直立布置的自然循环；蛇形管束结构，除光管外，还可以选用带传热强化的扩展受热面，其采用自然循环时，一般只能水平布置，强制循环时水平和直立布置均可。

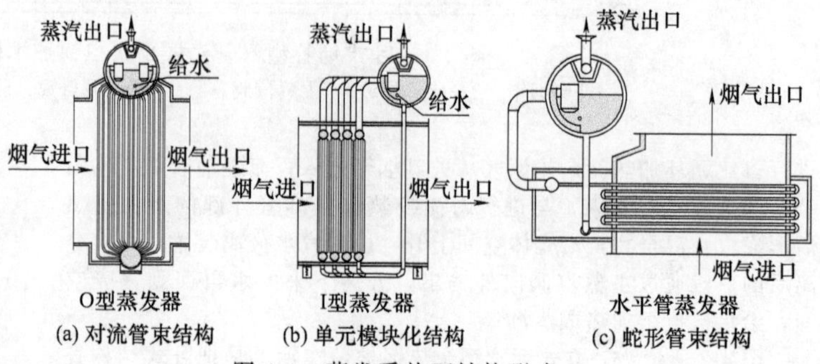

(a) 对流管束结构 (b) 单元模块化结构 (c) 蛇形管束结构

图 4-3 蒸发受热面结构形式

(2) 过热器受热面结构 过热器受热面结构可分为单元模块化结构和蛇形管束结构两种，其选用特点和蒸发受热面中单元模块化结构和蛇形管束结构相同，所不同的是，因蒸汽流动属于强制循环，无论是单元模块化结构还是蛇形管束结构，水平和直立布置均可。

(3) 省煤器受热面结构 省煤器受热面结构也可分为单元模块化结构和蛇形管束结构两种，其选用特点和过热受热面中单元模块化结构和蛇形管束结构相同。

2. 受热面管单元结构

受热面管单元结构的选择强烈地受制于余热烟气的条件。因此，需要详细了解余热烟气的条件，如余热烟气流量、烟气温度、烟气成分、烟尘浓度、粒度分布和烟尘的化学成分等，因为这些烟气参数决定了烟气的腐蚀性、粉尘颗粒的黏结性和磨损特性，直接影响受热面管单元结构的选取。如有试验条件，建议对烟气条件，特别是烟尘的物理和化学特性进行深入试验分析，以确认烟气条件对受热面管单元结构及受热面整体结构选取的重要影响。

余热锅炉的省煤器对流受热面一般和常规锅炉省煤器处于相同的温度水平，因此，常规锅炉省煤器按照水在受热面中被加热的程度可分为非沸腾式省煤器及沸腾式省煤器；按制造时所用的材料可分为铸铁式省煤器及钢管式省煤器（或对流受热面）。由于铸铁材料比较脆，不能承受变动工况下的水压冲击，只用于低压锅炉中，且不能用作沸腾式省煤器，使铸铁式省煤器的使用受到限制。更重要的是，由于铸造工艺要求，铸铁式省煤器单元管具有较厚的管壁厚度，体积和重量比较大，加重钢架负担；其次，铸铁式省煤器连接法兰多，容易发生漏水现象，会给锅炉安全经济运行带来诸多不便，因此，现代生产的中、大型常规锅炉和余热锅炉已不采用铸铁式省煤器。

钢管式省煤器，可用于任何压力、容量和形状的烟道中。其光管单元管和管束的体积小、质量轻，适合任何压力和温度；当烟气温度或传热温差小时，可以制成多种形式的传热强化扩展受热面，图 4-4 示出了工业设备中常用钢管结构单元及其不同形式的传热强化扩展受热面结构。

图 4-4 仅示出了钢管单元结构及其传热强化扩展受热面的基本形式，每种单元结构还有可选的强化换热结构。如螺旋翅片管按制造工艺分类，可分为整体式螺旋翅片管、焊接式螺旋翅片管和 U 形螺旋翅片管；按翅片结构可分为连续型螺旋翅片管和开齿型螺旋翅片管，如图 4-5 所示。试验结果表明：在同样热工参数条件下，开齿型螺旋翅片管的换热系数比连续型螺旋翅片管提高 20%左右，其强化换热效果更为明显，因此，燃气-蒸汽联合循环发电的燃气轮机余热锅炉的受热面多采用开齿型螺旋翅片管。

除此之外，H 形翅片管也有单 H 形翅片管、双 H 形翅片管和 4H 形翅片管之分，如图 4-6 所示。

钢管式省煤器由一系列并列排列的蛇形管所组成。蛇形管用外径为 $\phi25\sim42$mm 的无缝钢管弯制而成，

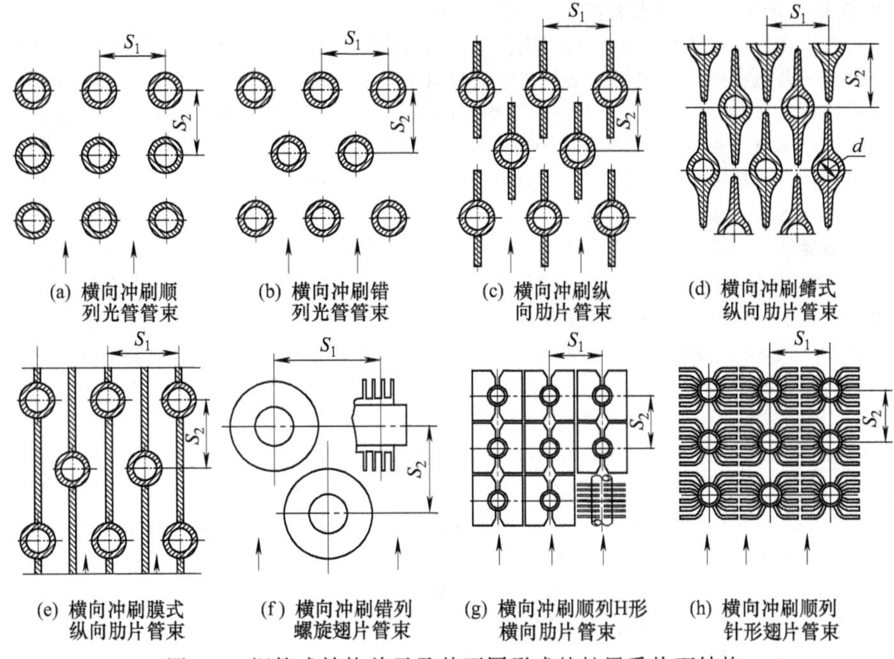

图 4-4　钢管式结构单元及其不同形式的扩展受热面结构

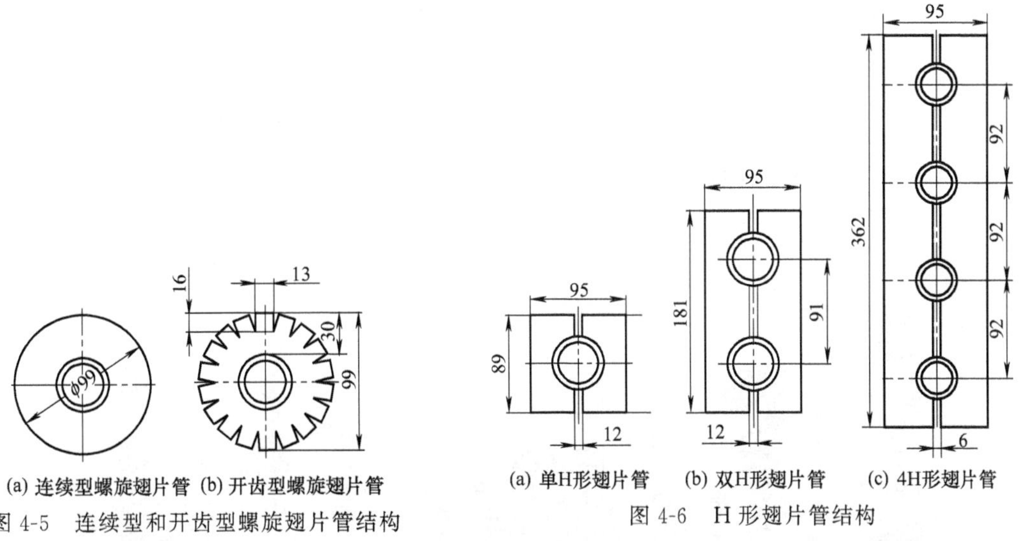

图 4-5　连续型和开齿型螺旋翅片管结构

图 4-6　H 形翅片管结构

管子通常为错列布置。各蛇形管进口端和出口端分别连接到进口集箱和出口集箱。集箱通常布置在锅炉的烟道外面。给水的引入和引出一般是由沿集箱长度均匀布置的大直径管子来实现，管子和集箱采用焊接连接。

若余热烟气温度比较低，则换热温差小，换热面积大，受热面金属耗量大，设备成本高，此时需要选择具有传热强化功能的扩展受热面，增大传热系数，减少设备投资。

若烟气中烟尘浓度大，烟尘颗粒细，烟尘含有 Na_2O 和（或）K_2O 的成分比较高，烟尘一般具有挥发性和黏结性，则应该选取光管单元结构，以减缓细粉尘在受热面上的沉积、黏结和堵塞，除此之外，还需要选择有效的清灰措施，如采用机械振打清灰装置，以确保受热面保持较高的动态传热效率，且保证受热面的长周期安全运行。

若烟气中的烟尘颗粒大，烟尘中含有的 SiO_2 和（或）Al_2O_3 的成分比较高，则烟尘的磨损特性比较强，但黏结性比较差，此时需要分析具体情况，可以分别选取纵向翅片、焊接或整体型螺旋翅片、H 形翅片、针形翅片管等单元结构。一方面，扩展受热面可以增大传热系数；另一方面，扩展受热面单元管一般具有自清灰功能，可以减缓烟尘在受热面上的沉积、堵塞和磨损，特别是减缓磨损，可以确保受热面合理的使用寿命，是余热锅炉安全经济运行的基础。

3. 燃煤机组烟气余热利用装置及系统

燃煤机组具有丰富的余热资源，其中有工质携带的蒸汽余热，也有设备运行时冷却带走的热量，还有电站锅炉排烟中的烟气余热。燃煤机组排烟余热蕴含的热量多、品位低、潜力大。根据燃煤机组排烟余热的特点，按照余热利用“温区对口”“梯级利用”的原则，同时，考虑“系统回用”的概念，最佳余热利用方式是将回收热量嵌入燃煤机组热力系统，余热回收的同时实现节能减排。

排烟热损失是燃煤机组电站锅炉各项热损失中最大的一项，一般在5%～8%之间，占电站锅炉总热损失的80%或更高。电站锅炉排烟温度每升高10℃，排烟热损失增加0.6%～1.0%。尽管如此，考虑到降低排烟温度存在低温腐蚀的风险，我国近10年来新设计投运的超临界、超超临界压力锅炉设计排烟温度基本维持在121～128℃的较低温度水平，但由于设计和实际运行条件的差别，也经常发生实际运行值超过设计值的情况，致使我国多数电站锅炉的排烟温度实际运行值高于设计值20～50℃，因此，降低排烟温度回收烟气余热有利于提高燃煤机组的运行经济性；此外，随着我国燃煤机组超低排放技术的实施，降低排烟温度成为超低排放烟气污染物协同治理的刚性选择，脱硫塔前干烟气显热余热利用装置成为燃煤机组超低排放体系中的关键设备。

近10年间，研究人员发现，我们赖以生存的大气环境的主要污染物 PM_x、SO_x 和 NO_x 减少了80%以上，但雾霾问题却愈发严重。从2015年开始，经过对脱硫塔后烟气现场采样分析，发现湿法脱硫的全面引入导致了燃煤机组电站锅炉排放的湿烟气含水量和溶解颗粒物的急剧增加，造成大气中水蒸气、硫酸盐和硝酸盐气溶胶颗粒物含量上升，成为雾霾产生的重要原因。因为北方冬季原本湿度极低，大气水露点温度在大气温度以下。但湿法脱硫机组、其他工业过程以及城市供热的烟囱向大气中排放了大量的水蒸气，超过了大气原本的容纳极限，大气水露点温度升至最低气温之上，空气中大量水蒸气、酸蒸气易于结露析出，为大气中各种污染物的相互反应提供了绝佳的温床，形成大量的二次气溶胶污染物，造成冬季雾霾频发。可见，为了缓解冬季雾霾，脱硫塔出口湿烟气除湿脱污消白已毫无争议地成为近几年铁拳治霾、保卫蓝天的必然选择，脱硫塔后饱和湿烟气潜热利用装置成为燃煤机组超净排放的关键设备。

我们在综合前期已有科研成果和300多台燃煤机组烟气深度冷却器和烟气再热器联立的WGGH系统示范工程经验的基础上，进一步提出了工业过程烟气冷却冷凝再热除湿脱污消白一体化的超净排放的综合协同治理技术路线，如图4-7所示。针对冬季气温低，对湿烟气水蒸气容纳能力极小，冬季气温变化大，水蒸气易结露析出形成白色烟羽加重雾霾的机理，进一步提出除湿脱污消白的气候反馈动态调控系统，从而实现降低除湿脱污消白系统和设备制造成本及全年系统运行总能耗最低的技术目标，为燃煤机组、石油、化工、钢铁、水泥窑、垃圾焚烧行业的湿烟气超净排放指明了技术发展方向。

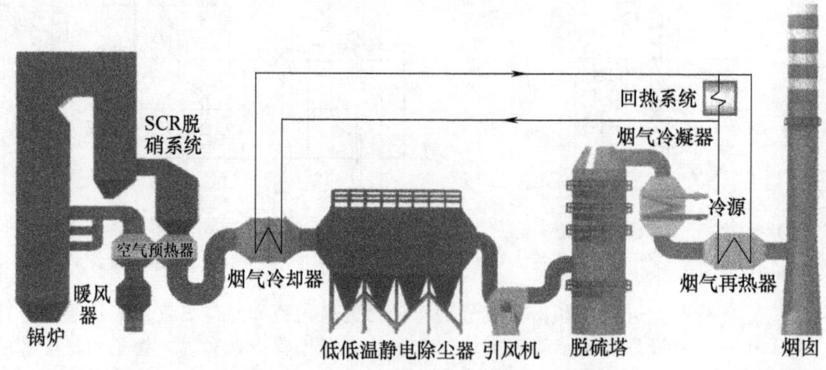

图4-7 燃煤机组烟气余热利用系统及超低排放污染物协同治理技术路线

(1) 烟气深度冷却干烟气余热利用和燃煤机组超低排放 烟气深度冷却技术是实现燃煤机组超低排放、节能减排的关键，其技术核心是将燃煤机组排烟温度降低到硫酸露点温度以下，即从120℃以上降低到90℃，甚至更低，深度回收烟气余热，实现节水节能，同时协同脱除 SO_3、PM 和 Hg^{2+} 等污染物。可见烟气深度冷却过程不是一个简单的物理变化，而是发生了相变过程及化学反应，燃煤烟气组分多样，组态多变，煤质复杂、负荷多变又加剧了组分、组态变化的复杂程度，在烟气冷却过程中，三氧化硫和水蒸气化合形成硫酸蒸气，硫酸蒸气随冷却发生相变成为硫酸液滴，气液固状态发生实时变化，难以实施精确检测。

自1957年起，美国、德国和日本广泛开展了燃煤机组烟气深度冷却技术及装置的应用研究，但工程实践中，研究者们发现当烟气深度冷却到硫酸露点温度以下时，低温腐蚀严重，造成机组非计划停运，致使该技术无法推广应用。其主要难点在于硫酸露点温度发生实时变化，难以准确检测，致使美国、德国、日本等国家一开始就将烟气深度冷却器置于静电除尘器之后，但当烟气深度冷却到硫酸露点温度时，积灰和低温腐蚀严重。日本曾经提出了灰硫比概念并应用于低温腐蚀防控，但日本在我国珞璜电厂首个烟气深度冷却示范工程就发生了严重腐蚀，几经更换，一直未能解决。

西安交通大学历经 20 多年的机理研究和工程实践，突破了传统理论认为烟气深度冷却过程中硫酸露点温度为定值的观点，发明了 SO_3/H_2SO_4 浓度、硫酸露点温度和低温腐蚀性能的检测方法及装置，揭示了烟气深度冷却过程中飞灰中的碱性物质、SO_3/H_2SO_4 蒸气和液滴的气液固三相凝并吸收脱除 SO_3/H_2SO_4 的机理，探明了烟气深度冷却时碱性氧化物和硫酸液滴的化学反应主导飞灰凝并吸收的微观机制，提出了利用飞灰中碱性物质脱除 SO_3/H_2SO_4 抑制低温腐蚀的技术思路，实现了低温腐蚀的有效防控。研发了系列烟气深度冷却器及系统、装置及产品，并实现了大规模工程应用。图 4-7 中，若省略烟气冷凝器，剩余的部分就是烟气深度冷却干烟气余热利用和燃煤机组超低排放系统。

应用等效热降理论建立的热功转换分析模型，可以实现一系列烟气深度冷却余热利用系统。其中利用排烟余热可以加热冷空气，形成烟气深度冷却器和暖风器联立系统，显著增加热功转换品位；其次，利用排烟余热加热凝结水，减少汽轮机抽汽量，增加发电功率，达到提高机组效率的目的，具有较高热功转换品位，是排烟余热系统回用的主要方式；利用排烟余热也可加热外网水用于供热，成为冷暖空调的热源；将脱硫塔出口的湿烟气从 50℃左右再加热到 72℃（夏季）或 80℃（冬季）消除白色烟羽和石膏雨，减少白烟滚滚的视觉污染；还可以利用排烟余热干燥褐煤燃料，也可利用排烟余热蒸发脱硫废水，实现脱硫废水“零排放”，以上用于供热或加热过程的余热利用只实现热量传递，品位较低，但同样满足了燃煤机组热力系统或外网对余热的广泛需求。

在烟气深度冷却器余热回收系统中，烟气深度冷却器应该布置于静电除尘器前，若布置在静电除尘器后，烟气中烟尘浓度降低到 $40mg/m^3$ 以下，烟尘中缺乏足够的碱性氧化物凝并吸收冷凝的酸液，则低温腐蚀严重。

烟气深度冷却器本体结构布置方式分为烟气水平流动和烟气垂直流动方式，而烟气垂直流动方式又分为烟气自下而上和烟气自上而下流动方式。鉴于燃煤机组静电除尘器前烟气中的烟尘浓度为 $20\sim60g/m^3$，因此，流场较为均匀的烟气流动方式是自上而下的垂直流动方式，其次可选择烟气水平流动方式。

无论是烟气深度冷却器还是烟气再热器，均属低温换热，工业上常用的强化传热元件有 H 形、螺旋形和针形翅片管 3 种，图 4-8 示出了 H 形、螺旋形和针形翅片管传热单元图。图 4-9 分别为烟气深度冷却器都曾选用过的 H 形、螺旋形和针形翅片管箱结构图。

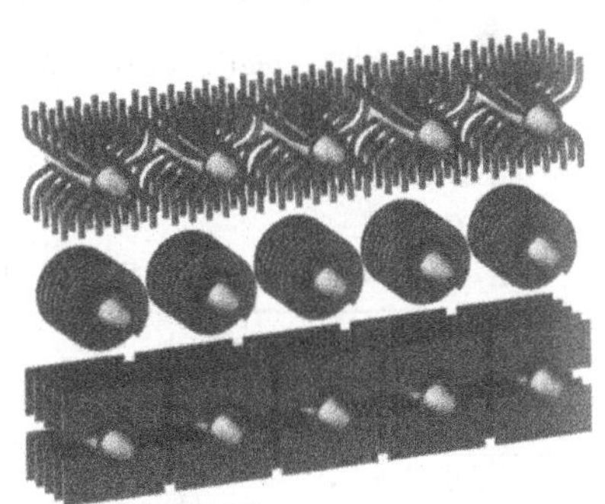

图 4-8　H 形、螺旋形和针形翅片管传热单元

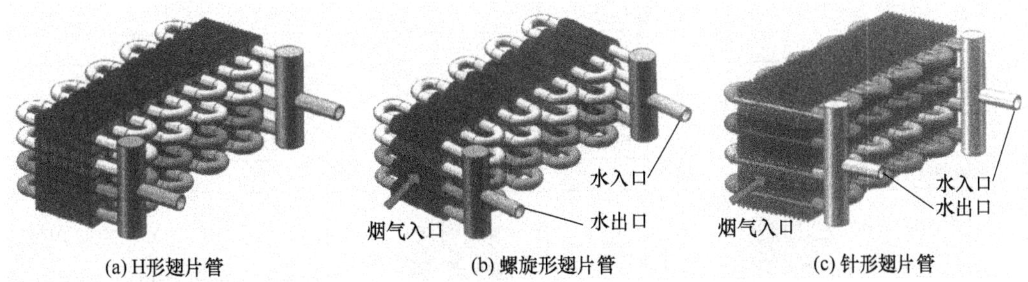

图 4-9　H 形、螺旋形和针形翅片管箱结构

强化传热元件是构成烟气深度冷却器的核心零件，但在高烟尘浓度和腐蚀性烟气冲刷条件下，易于发生积灰、磨损和低温腐蚀。国内外一直使用螺旋形翅片管作为烟气深度冷却器的强化换热元件，但由于螺旋形翅片和基管存在气流冲刷角度，致使气流方向不断发生变化和间断贴壁，引起气液固浓度场、温度场和速度场的不均匀分布，造成积灰、磨损和低温腐蚀严重。针对这一难题，研究者们建立了风洞和积灰磨损实验平台，对 H 形、螺旋形和针形翅片管 3 种传热单元的传热、阻力及其积灰、磨损和低温腐蚀特性进行了深入研究，发现 H 形翅片可实现烟气的单元体均匀分割、流体加速和压缩聚合，从而实现传热元件气液固三相流场的连续均匀、贴壁凝并和深度吸收，从而抑制低温腐蚀。据此，西安交通大学率先将 H 形翅片应用于

制造烟气深度冷却器，颠覆了国内外一直使用的螺旋形翅片管，为进一步强化凝并吸收效果，发明了4H形翅片管组的高效组对制造工艺，4H形翅片管使烟气流场更加均匀、贴壁凝并和深度吸收效果更好，在我国300～1000MW燃煤超低排放机组上实现大规模工程应用。

综上所述，在静电除尘器前布置烟气深度冷却器进行余热回收的系统具有以下优势。

① 提高系统效率，节约能源。经过等效热降理论计算，一般将燃煤电厂排烟温度降低30℃左右，加热凝结水，可使燃煤发电系统每度电节约2.0g左右的标准煤。以华能日照电厂1号350MW机组测试数据为例，350MW负荷下，烟气深度冷却器投运后，烟气温度从133.4℃降低至91.1℃，降低42.3℃，系统凝结水量为578.6t/h，水温从72.8℃升高到102.9℃，升高30.1℃，烟气深度冷却器吸热量为20.3MW，烟气侧平均阻力为352Pa，水侧平均阻力为0.10MPa，机组热耗降低56.4kJ/(kW·h)，折合发电煤耗降低2.07g/(kW·h)。综合考虑到汽机热耗、引风机电耗和升压泵电耗的影响，350MW负荷下投运烟气深度冷却器后，供电煤耗降低2.15g/(kW·h)。

② 减少烟尘比电阻，增加除尘效率。将烟气温度从120℃降到90℃及以下时，可显著降低烟尘比电阻，有效地提高静电除尘器的除尘效率。以华能日照电厂2号350MW机组测试数据为例，如表4-3所列。

表4-3 华能日照电厂2号350MW机组烟气深度冷却器投入前后除尘效率对比

项目	燃煤机组容量	退出时进出口烟气温度	退出时进出口烟尘浓度	投入时进出口烟气温度	投入时进出口烟尘浓度	投入/退出除尘效率
单位	MW	℃	mg/m^3	℃	g/m^3	%
数值	350	132/130	24.34/60.93	97/96	24.75/37.61	99.85/99.75

③ 减小烟气体积，降低辅机动力消耗。研究过程发现，增加烟气深度冷却器后，由于烟气温度降低、烟气体积较小带来的动力优势完全可以消纳增加烟气深度冷却器引起的烟气阻力，烟气深度冷却器系统投运后整体收益超过阻力增加引起的引风机电耗。表4-4示出了华能日照电厂1号机组烟气深度冷却器投运后辅机电耗变化对比值。

表4-4 华能日照电厂1号机组烟气深度冷却器投运后烟气深度冷却器投运后辅机电耗变化

项目	单位	350MW负荷工况	263MW负荷工况	180MW负荷工况
风烟系统阻力增加	Pa	458	236	153
引风机全压	Pa	6140	3780	2860
风烟系统阻力增加占比	%	7.46	6.24	5.35
低低温换热器入口烟气温度	℃	133.4	130.1	122.0
低低温换热器出口烟气温度	℃	91.1	87.4	82.3
体积流量降低	%	10.40	10.58	10.07
引风机电耗降低	%	0.049	0.065	0.082
引风机供电标准煤耗降低	g/(kW·h)	0.15	0.20	0.25
升压泵厂用电率增加	%	0.022	0.021	0.031
升压泵供电标准煤耗增加	g/(kW·h)	0.07	0.06	0.10
辅机供电标准煤耗降低	g/(kW·h)	0.08	0.14	0.15
汽机热耗折合发电煤耗降低	g/(kW·h)	2.07	2.90	2.41
热力系统供电煤耗降低净收益	g/(kW·h)	2.15	3.04	2.56

④ 提高脱硫效率，减少脱硫工艺冷却水量。在整个脱硫过程中需要消耗大量的工艺水来冷却烟气温度至最佳脱硫工况，同时溶解石灰石。降低进入脱硫塔之前的烟气温度将大量减少工艺冷却水的需求量，从而降低运行成本。

⑤ 烟气深度冷却协同脱除污染物。我国各测试单位对执行超低排放的燃煤机组进行的现场多种工况测试结果表明：烟气深度冷却过程中，SO_3/H_2SO_4凝并吸收脱除率可达80%，Hg^{2+}的凝并吸收效率可达40%，$PM_{2.5}$凝并聚合效率可达50%。Hg^{2+}、SO_3和PM凝并吸收及PM聚并机理如图4-10所示。

因未能揭示烟气深度冷却过程中气液固三相凝并吸收机理，德国燃煤机组一直沿着烟气冷却器布置在除尘器之后的技术路线，其现场实验表明：即使高等级的哈氏合金也会产生酸性溶液中的活性离子腐蚀，因此，德国燃煤机组最终选择氟塑料PTFE作为布置于脱硫塔前后的换热器材料，如烟气再热器的材料也选用氟塑料，但氟塑料抗磨损性差，不能置于静电除尘器前。虽然氟塑料抗活性离子腐蚀能力极强，但氟塑料导热系数远低于金属，传热系数比金属换热器约低40%，致使氟塑料换热器体积庞大，价格高昂；其次，氟

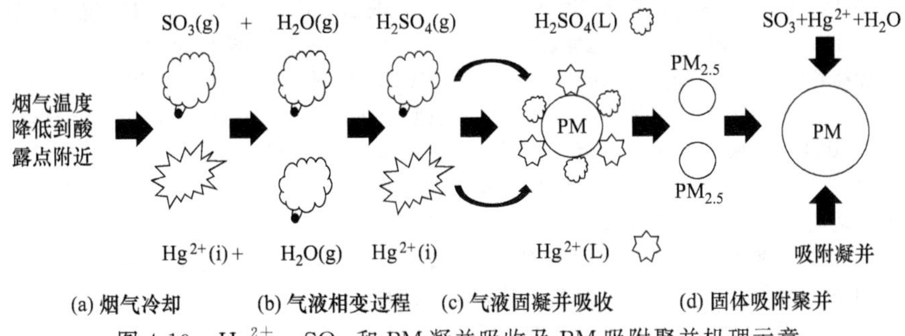

图 4-10 Hg^{2+}、SO_3 和 PM 凝并吸收及 PM 吸附聚并机理示意

塑料换热器的主要风险是塑料管和金属管板胀接接口的老化泄漏，密集的 ϕ8～14mm 直径、壁厚 1mm 的薄壁塑料管被夹持在内嵌金属管外壁和管板孔内壁之间，仅靠胀结连接，无论采用何种柔性胀接工艺，工艺误差也在所难免，其泄漏风险始终存在，一旦泄漏，无法修复；因此，氟塑料换热器抗腐蚀寿命 50 年的说法相对其易于泄漏而言没有实际工程意义。

按照技术经济的设计方法，金属管式烟气再热器沿烟气流通方向一般分为低温段、中温段和高温段三段。如图 4-11 所示。

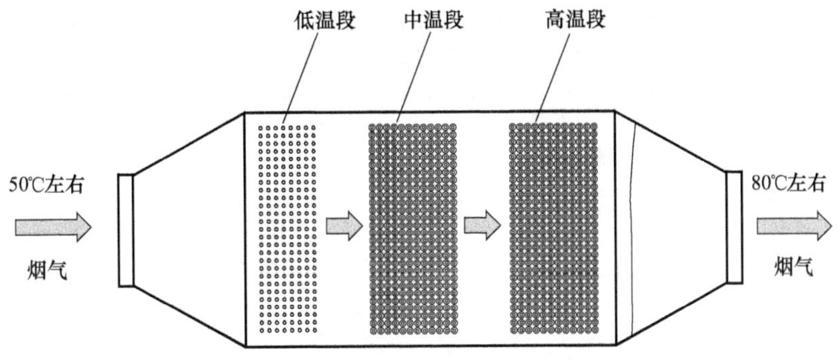

图 4-11 金属管式烟气再热器本体结构示意

低温段换热器运行环境最为苛刻，一方面管束要对烟气进行加热；另一方面也要起到对烟气中携带的小液滴进行拦截的作用，大量腐蚀性液滴会直接撞击在管束表面，为了抵抗应力腐蚀开裂（stress corrosion cracking，SCC)，低温段管束只能选用光管。管束选用错列布置，以提高管束对烟气中小液滴的拦截效率。为达到快速升温从而使液滴快速汽化的目的，纵向管排数应布置 8 排及以上，管束材料选用 2205 及以上超级双相不锈钢。低温段之后是中温段，由于烟气中的腐蚀性液滴大部分在低温段被拦截或发生汽化，此区域内烟气的腐蚀性减弱，烟气温度高于水露点但仍低于硫酸露点，选材要求可适当降低，中温段管束的材料应选用 316L 奥氏体不锈钢或同一级别的其他不锈钢材料。中温段管束选用顺列布置，管型应采用管外壁扩展强化的翅片管，如螺旋形、H 形翅片管等，以提高管束低温换热性能。中温段之后是高温段，全部液滴汽化后有一定过热度，设计要求的出口烟温一般为 72～80℃，该区域内烟气温度最高，腐蚀性最弱，管束材料可选用 ND 钢。管束选用顺列布置，管型可选采用翅片管，如螺旋形、H 形翅片管等。综上所述，烟气再热器的合理结构也可以是塑料换热器和金属换热器的组合，低温段采用塑料管式或板式换热器使其烟气温度快速提高到 60℃，后面只要采用全部 316L 换热器或 316L 和 ND 钢组合换热器就可以确保长周期安全运行，既发挥了塑料的抗腐蚀优势，又利用了金属高效热传导优势，同时避免大面积选配塑料换热器可能带来的胀接管口泄漏风险，若泄漏风险比较大，也可以仅布置不通工质水的塑料管束拦截腐蚀性液滴以保护金属换热器。在塑料换热器已经发展成为低温抗腐蚀换热器的今天，这种基于技术经济的设计方法值得考虑。

(2) 烟气冷却冷凝脱水减污再热减湿消白 我国人口众多，幅员辽阔，正处于工业化的中后期，对电力的需求由激增向平稳过渡，所投运的超超临界燃煤发电机组的数量也处于世界发展前列。我国投运的燃煤机组 90%以上采用湿法脱硫技术脱除 SO_x，湿法脱硫之后排放的湿饱和烟气仍含有大量的污染气体、湿气和微细颗粒气溶胶，研究表明，这 3 种污染物极易凝露析出引致化学反应，致使雾霾频发蔓延，这成为我国近几年燃煤及工业过程超净排放深度协同治理的重点。

众所周知，燃煤机组脱硫塔出口烟温与脱硫塔进口烟温、燃煤湿度密切相关。脱硫塔中烟气显热转变为烟气中水蒸气的潜热，烟气总热量几乎不变。脱硫塔入口的烟温每降低10℃，出口烟温会降低0.7～1℃；燃煤收到基水分越低，脱硫塔出口烟温越低。大多数烟煤收到基水分含量约为10%，脱硫塔入口烟温为90～120℃，因此大多数湿法脱硫塔出口烟气温度为48～51℃。降低脱硫塔出口烟气温度实现"烟气脱白"不能只在脱硫塔之中或脱硫塔之后烟气冷凝降温，应采取脱硫塔前烟气深度冷却或褐煤干燥等综合手段配合脱硫塔后的烟气冷凝器协同脱水减污减湿消白。同时，引入烟气深度冷却器可显著降低烟气脱水减污减湿脱白系统的造价。因为脱硫塔后的冷凝换热器传热系数为静电除尘器前的H形翅片烟气冷却器（50%碳钢+50%ND钢）传热系数的6～7倍，而单位重量的H形翅片烟气冷却器的换热面积是光管冷凝换热器的2倍。用于制造烟气冷凝器的双相不锈钢2205的价格约为ND钢的8倍。因此综合考虑换热器的单价、传热系数、传热温差、传热面积，从烟气回收相同总量的余热，将脱硫塔后出口烟温降低相同的温度，采用脱硫塔后2205换热器的成本是采用脱硫塔前ND钢成本的5倍之多。另外，理论分析表明，完全依赖脱硫塔中或其后的烟气冷凝将水蒸气全部变成冷凝水的成本巨大，现实中几乎不可能实现；同时，完全依赖烟气再热减湿消白不仅加热能耗高，而且烟气再热并没有完成脱水减污减湿的任务，一次和二次气溶胶重返大气，加重雾霾。因此，必须采取多种手段协同综合治理解决烟气的脱水减污减湿消白难题。

由此可见，要脱水减污减湿消白必须选择烟气深度冷却器+烟气冷凝器+烟气再热器进行协同治理。在静电除尘器前加装烟气深度冷却器可以深度协同脱除80%的SO_3、50%的$PM_{2.5}$和40%的Hg^{2+}等污染物，烟气深度冷却器放置于静电除尘器之前就是为了在烟气深度冷却过程中利用飞灰中的碱性物质、SO_3/H_2SO_4蒸气和液滴的气、液、固三相凝并吸收脱除SO_3/H_2SO_4的机理；其次，降低脱硫塔出口烟气温度，大大降低烟气冷凝器的材料成本和初投资。对烟气冷凝器而言，其主要作用是把脱硫塔出口排放的湿烟气中的水蒸气通过冷凝析出，将凝水处理后回用，显著节约水资源；再次，通过水蒸气凝结过程脱出污染物。燃煤机组脱硫塔之后的排烟中仍含有大量的饱和水蒸气、粒径小于5μm的可溶盐气溶胶和SO_3/H_2SO_4、HF、HCl、H_2SO_3和HNO_3等酸性物质，含有大量饱和水蒸气和酸性污染物的烟气从烟囱中排出后不断扩散降温，形成能够影响机组周围局部地区雾霾强度的有色烟羽，给居民带来视觉污染和健康隐患；最后，烟气冷凝可显著降低再热能耗，且可降低烟气再热温度20℃。

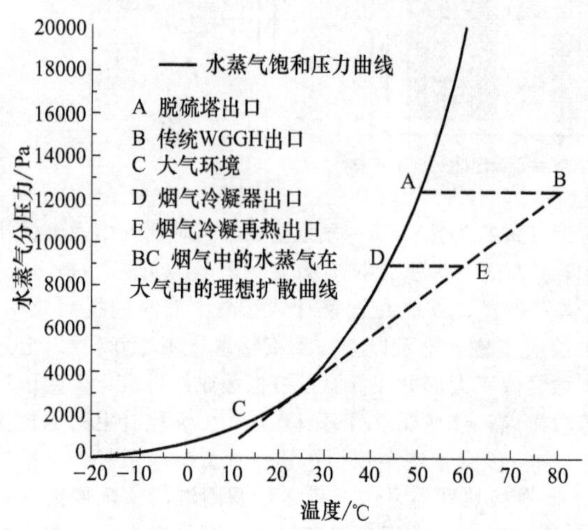

图4-12 消除饱和湿烟气白色烟羽的原理示意

通过烟气冷凝器降低水蒸气含量之后的湿烟气含水量大大下降，湿烟气中的水蒸气降温扩散过程中仍然会凝结析出，形成烟羽，不过此时的烟羽浓度大大下降，仍然要采用烟气加热才能彻底消除，烟气再热器的主要作用是消除白色烟羽和石膏雨，消除视觉污染。如图4-12所示，ABC是传统WGGH系统的烟气中水蒸气状态变化过程，A点是脱硫塔出口烟气温度50℃，经烟气再热器加热至B点约80℃，水蒸气分压不变，随后经烟囱排入大气，水蒸气扩散至大气环境C点状态，当BC与水蒸气饱和曲线相切时，不出现白烟。新的技术路线就是ADEC过程，先将脱硫塔后的湿烟气冷凝至D点47℃或45℃，再加热至E点60℃，即可达到传统WGGH加热到80℃时的消白效果，降低再热能耗48%以上。

前已述及，在我国推广燃煤机组超低排放技术的过程中，国内已经建立了一整套烟气冷却器和烟气再热器联立的WGGH水媒式气气换热器积灰、磨损和低温腐蚀防控技术体系。尽管烟气凝结换热一直以来是动力工程及工程热物理学科的理论基础和应用基础的研究热点难题，而烟气冷凝器装置及系统一直未在电力行业得到广泛应用，因此，仍需一段时间的技术和工程攻关过程。烟气冷凝器总体上可分为直接接触冷凝换热器和间壁式冷凝换热器，直接接触冷凝换热器就是一个类似于脱硫塔的塔结构，塔结构可以是空塔或填料塔，燃煤机组经过除尘后的湿烟气自下而上在塔中流动，冷却水通过布置于塔顶的喷嘴向下雾化喷淋和湿烟气逆流而行进行直接接触冷凝换热，冷却水吸收烟气中水蒸气的汽化潜热后被抬升至一定温度，需要增设冷却装置将吸收了汽化潜热的冷却水再冷却回用，如此循环往复；间壁式冷凝换热器可以是板式或管式，可以选取抗酸性溶液活性离子腐蚀的不锈钢系列，也可以选用塑料管或塑料板式。燃煤机组经过除尘后的湿烟气横向冲刷通有冷却水的冷凝换热管束或纵向冲刷波纹板式换热器，和直接接触冷凝换热器不同的是，冷却水并不和烟气直接接触，但冷却水也需要增设冷却装置将吸收了汽化潜热的冷却水再冷却回用，循环往复，以保证系统的连续可靠运行。

由此可见，烟气冷却冷凝的关键是如何获得冷源。冷源可以选择热力系统凝结水、热力系统冷却塔的循环水和江、河、湖、海之水，也可以选择冷空气；若以热力系统凝结水作为冷却水，吸收烟气显热和汽化潜热的凝结水被加热到一定温度后可以和某级低压加热器的水混合进入烟气深度冷却器继续加热凝结水；若以冷空气作为冷却工质，吸收烟气显热和汽化潜热的冷空气被加热后可送入鼓风机进口起到暖风器的作用，其热量直接通过燃烧进入热力系统；若以热力系统冷却塔循环水作为冷却水时，吸收烟气显热和汽化潜热的循环水通过空气冷却后进入大气；若以江、河、湖、海旁的河水、湖水、海水等作为冷却水，则冷却水吸收的烟气显热和汽化潜热又被送回江、河、湖、海。实质上，以上前面 2 种冷却方式使低品位的冷凝潜热得到有效利用，而后 2 种冷却方式并没有利用低品位的冷凝潜热。

由于湿饱和烟气温度低，低于 40℃的冷凝汽化潜热，无论是热能提取还是热能的二次利用都存在很大难度，这比烟气深度冷却提取的热能品位要低得多，无法将提取的热能进行系统回用，因此冷凝换热器获得的烟气中水蒸气汽化潜热常常被直接送入热力系统的冷却塔中，而热力系统冷却塔消纳这部分潜热又会蒸发出大量的水蒸气。表 4-5 给出了以 300MW 燃煤机组脱硫塔除湿脱污为计算单元获得的计算冷凝和蒸发水量对比数据。

表 4-5　300MW 燃煤机组脱硫塔除湿脱污计算的冷凝和蒸发水量对比数据

项目	进/出口气体温度/℃	进出口循环水温度/℃	功率/MW	冷凝或蒸发水量/(t/h)
冷凝换热器	50/44	22/32	24.7	31.5
冷却塔	0/25	30/20	24.6	21.5

可见，将烟气冷凝器的循环水送回冷却塔中会造成水分的大量蒸发，且泵机风机用电也会新增排湿量。这只是一个将湿饱和烟气的湿气从烟囱转移到通风冷却塔的过程，这种治理方法治标不治本。更何况，夏季燃煤机组发电时，其热力系统冷却塔几乎都是满负荷运行，并没有剩余的冷却能力供应烟气冷凝换热器，鉴于烟气冷凝所需的冷却水量巨大，必须新建机械通风冷却塔才能完全满足烟气冷凝的需求，而为了防止湿气从烟囱向冷却塔转移排放，更先进的设计应该选择节水消白（雾）型的机械通风冷却塔。如图 4-13 所示，4 级烟气冷凝器采用机械通风冷却塔作为冷源，将收集到的水蒸气冷凝潜热全部送入大气，完成湿气从烟囱向冷却塔的转移过程。

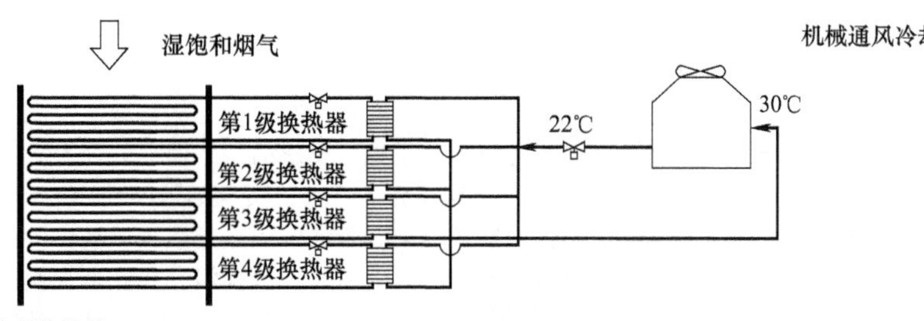

图 4-13　烟气冷凝器 4 级布置及机械通风冷却塔作为冷源的系统

以下推荐几种基于多种冷却方式耦合的除湿脱污消白系统的设计方案，可以不同程度地实现低品位冷凝潜热的有效利用。

① 烟气冷凝器分 4 级布置，选用 2205 双相不锈钢错列光管管束或具有一定机械强度的塑料板式或管式制品制造烟气冷凝器。鉴于冷凝水量有限，第 1 级使用热力系统凝结水冷却，既不产生湿气转移排放，也可以实现少部分冷凝潜热的系统回用，其他 3 级烟气冷凝器则以机械通风冷却塔作为冷源，将收集到的大部分水蒸气冷凝潜热全部送入大气。

② 烟气冷凝器分 4 级布置，选用 2205 双相不锈钢错列光管管束或具有一定机械强度的塑料板式或管式制品制造烟气冷凝器。4 级烟气冷凝器以热泵蒸发器循环水作为冷源，既不产生湿气转移排放，也可以实现全部冷凝汽化潜热热泵提质后供应热网水 60℃/50℃，其收益则转换成供热取费，以 300MW 燃煤机组脱硫塔后烟气冷凝潜热可达 21MW，供暖面积 $3.0\times10^5\,m^2$，但热泵的投资比较大，本方案的先决条件是燃煤机组周边要有供暖需求，且最好采用新型低温水换热的高效暖气片或地板采暖。图 4-14 示出多级烟气冷凝器布置及热泵蒸发器循环水作为冷源的系统。

③ 烟气冷凝器分 4 级布置，选用 2205 双相不锈钢错列光管管束或具有一定机械强度的塑料板式或管式制品制造烟气冷凝器。前 2 级烟气冷凝器以机械通风冷却塔作为冷源，将收集到的大部分水蒸气冷凝潜热全部送入大气；后 2 级烟气冷凝器以热泵蒸发器循环水作为冷源，既不产生湿气转移排放，也可以实现全部冷

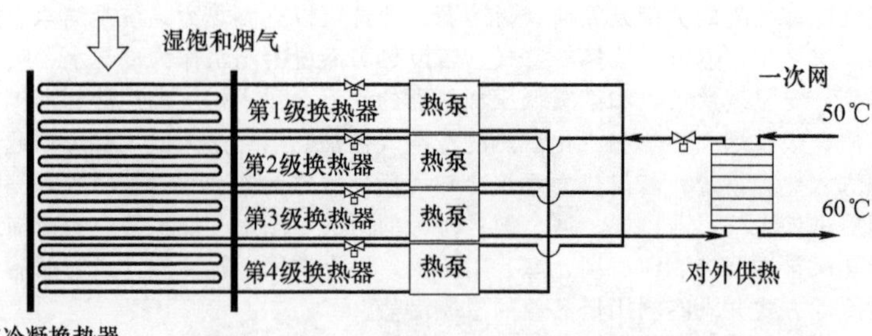

图 4-14 烟气冷凝器 4 级布置及热泵蒸发器循环水作为冷源的系统

凝潜热热泵提质后供应热网水 60℃/50℃，其收益则转换成供热取费，本方案以机械通风冷却塔折冲部分热泵投资，初投资减少。图 4-15 示出烟气冷凝器 4 级布置及双循环水作为冷源的系统。

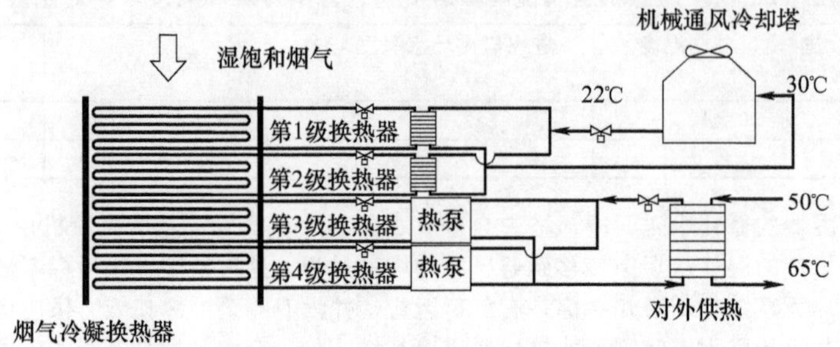

图 4-15 烟气冷凝器 4 级布置及双循环水作为冷源的系统

以上 3 种设计方案是以间壁式换热器进行讨论的，同样的方案也适应于直接接触的喷淋塔冷凝方案，和间壁式换热器设计方案相比，以喷淋塔＋板式换热器的成本来折冲烟气冷凝换热器的成本，其他的机械通风冷却塔、热泵等设备的成本是相同的，企业可以经过设计方案建造成本核算后进行选择，变化的是实施方案，不变的是烟气脱水减污减湿消白的技术目标。

自始至终，烟气“消白”就是一种环境治理行为，其真实目的在于脱水减污减湿消羽，目前，全国范围内只有浙江、上海、天津、唐山、邯郸、徐州等省市提出了地方要求的烟气消白规划方案和指标要求。这些翻来覆去、不断调整的规划方案和指标要求已经被反复验算，要真正实现烟气“消白”，这些方案之间的能耗相差巨大，这是一个真正的跨大学科的世界性难题。目前，争议的焦点是烟气“消白”的指标要求难以统一。总体说来，烟气“消白”可分为全天候消白、部分时间消白和脱水减污方案。全天候消白是指：全年－5℃以下和低温高湿天气外均消除烟囱出口的白色烟羽，由于冬天完全消白难度更大，因此以冬季为设计工况，并校核夏季。部分时间“消白”是指：夏季将烟气冷凝至 48℃以下，再热至 54℃以上；冬季将烟气冷凝至 45℃以下，再热至 56℃；只能在部分时间彻底消除白烟，其余时间减轻白烟；部分消白要求的冷凝温度低，且夏季降温更难，因此以夏季作为设计工况，冬季作为校核工况；部分消白的烟气冷凝器和烟气再热器的体积均显著减小，造价可以降低；上海、浙江等地采用部分时间消白的技术路线。烟气部分时间“消白”的鉴定方法是：现场环境温度不低于 17℃，湿度不低于 60%，录像 15s 不出现白烟。部分时间消白考虑到了企业烟气消白的建造成本和运行成本，是一种兼顾环境效益和经济成本的折中方案。除此之外，还有一个脱水减污方案，其做法是：冬季将烟气冷凝至 45℃以下，夏季将烟气冷凝至 48℃以下，在冷凝降温的同时脱除烟气中 50%以上的可溶盐气溶胶、$PM_{2.5}$ 和部分酸性气体。天津、河北和徐州采用此类方案，通过冷凝降温减少污染物排放，冷凝脱水减污过程无法消除白烟，只能在视觉上减轻白烟，甚至有可能加重烟囱雨现象。因此，全国各地环保部门应该因地制宜，根据当地具体的环保容量制订切实可行的方案，切不可“一刀切”，建议有条件的省份可以先制订理论分析方案，继之实施示范工程，积累经验推广应用，科学制订保护环境的计划方案。

“十二五”和“十三五”期间，国家重点项目已对烟气冷却冷凝再热除湿脱污消白技术中的烟气冷却器和烟气再热器进行了大量的应用基础、关键技术研究及工程应用推广。而烟气冷凝器的应用基础研究和工程示范正在展开，其中，高等学校和研究院所已经完成了烟气冷凝器凝结换热及阻力特性实验室小试实验研究，目前，正在进行中试实验和工程示范。因为不断增长的环保压力，我们正处于中试试验和工程示范同步创新的阶段，国外也没有相关经验可以参照。通过产学研用相结合，我们一定会在燃煤机组及其他工业过程的低品位余热利用及污染物协同治理领域不断探索，创新出冷凝脱水减污再热减湿消白的自主技术。

4. 新型干法水泥窑纯低温余热发电锅炉

水泥工业是一个高能耗和高电耗的产业，随着水泥熟料煅烧技术的发展，较高温度的余热已在新型干法水泥生产线的生产过程中被利用，其排放的余热烟气温度已经下降到350℃以下，即使这样，低温余热浪费的热量也约占总水泥生产输入热量的1/3。因此，只有进一步优化纯低温余热发电技术，才能在不增加吨熟料能耗的基础上，提高余热利用效率，提高吨熟料发电量。

目前我国水泥工业纯低温余热发电技术，其热力系统主要有三种模式，即单压系统、复合闪蒸系统及双压补汽系统。一般而言，在水泥原燃料性能、水泥工艺装备配置及其生产操作条件基本相同的情况下，吨熟料的余热发电功率是单压系统的较低，闪蒸系统的居中，双压系统的较高或者可以达到相当高的程度。

水泥线纯低温余热发电双压技术就是充分利用纯低温废气余热，通过双压余热锅炉产生过热蒸汽推动汽轮机做功发电。以5000t/d干法水泥生产线配套建设纯低温余热发电项目装机10MW为例，每年发电7000多万千瓦时，可以解决水泥线40%的用电量，相当于每年少烧3万吨标准煤，少向大气中排放7万多吨二氧化碳，节能效果可达25%。同时，窑头废气排放温度由原来250℃降至90℃左右，大大降低了废气对环境的热污染，有利于环境保护。

按照余热锅炉整体结构特征和余热烟气在锅炉内的流动方向，水泥线余热锅炉可分为立式、卧式和立-卧结合三种结构形式。立式结构，受热面水平布置，适于烟气沿垂直方向流动，可以是上升流动，也可以是下降流动；卧式结构，受热面一般垂直布置，适于烟气沿水平方向流动，但冷灰斗的漏风难以解决，漏风热损失比较大；而立-卧结合的结构，受热面可以分别垂直和水平布置，适于烟气垂直与水平相结合式流动，此结构使在受热面间设置分离装置进行烟尘预分离成为可能。总而言之，采用何种结构主要根据水泥线生产工艺流程布置，相对空间和占地面积并考虑余热锅炉对废气的综合利用效果等因素来决定。对于含多级预热器及预分解窑的水泥生产线来讲，立式结构的余热锅炉更具有优越性，它不但占地面积小，而且与水泥线生产工艺流程相适应，也利于充分发挥立式锅炉受热面结构配置及运行方便的要求，同时也有利于减少烟道系统的漏风，提高余热锅炉热效率。而对于处于低位布置的窑头空气冷却机而言，卧式结构的余热锅炉或自下向上流动的立式结构的余热锅炉，其熟料粉尘的预分离装置的设置和管道连接则更具有优势。

图4-16示出了5000t/d新型干法水泥生产线余热发电工程系统。一般一条生产线设置两台余热锅炉，分别称为窑头余热锅炉（air queching cooler，AQC）和窑尾余热锅炉（suspension preheater，SP）。其中窑尾余热锅炉采用单压系统生产一种压力的过热蒸汽；窑头余热锅炉设置两个锅筒，生产两种压力的过热蒸汽。窑头和窑尾余热锅炉产生的相同压力的高压过热蒸汽混合后，送入汽轮机高压汽缸做功，窑头余热锅炉产生的较低压力的蒸汽送入汽轮机的低压汽缸做功。这种发电系统被称为水泥窑纯低温余热发电双压系统。

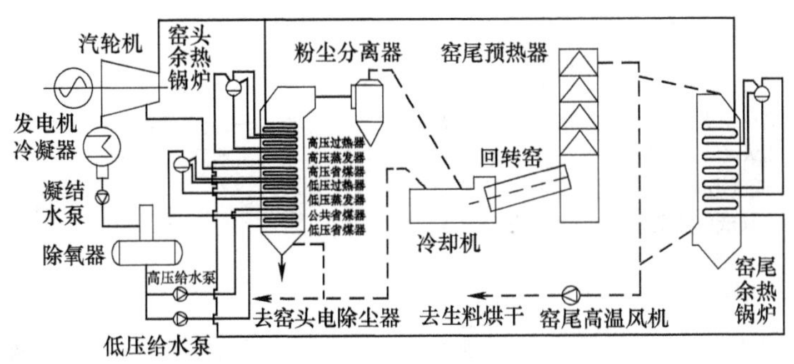

图4-16 水泥窑纯低温余热发电工程系统

在正常情况下，5000t/d新型干法水泥生产线熟料产量是5800t/d，最大是6000t/d。此时送入窑尾SP余热锅炉和窑头AQC余热锅炉的烟气参数如表4-6所列。

表4-6 进入窑尾和窑头余热锅炉的烟气参数

SP余热锅炉	锅炉进口烟气量	$V=380000m^3/h$
	锅炉进口设计烟气温度	$t_{in}=320℃$
	废气特性	含尘烟气，粉尘含量$\mu_g=100g/m^3$
	废气成分	$N_2\%=62.90\%$，$CO_2\%=25.43\%$，$O_2\%=4.68\%$，$H_2O\%=6.97\%$，$SO_2\%=0.01\%$
	锅炉出口烟气温度	$t_{out}=220℃$

续表

AQC余热锅炉	锅炉进口烟气量	$V=260000\text{m}^3/\text{h}$
	锅炉进口设计烟气温度	$t_{in}=380℃$
	废气特性	空气，粉尘含量 $\mu_g=30\text{g/m}^3$
	锅炉出口烟气温度	$t_{out}=90℃$

图 4-17 示出了 5000t/d 新型干法水泥生产线窑头和窑尾余热锅炉的本体结构，其中窑头余热锅炉型号为 QC 260/380-22.6(8.2)-1.5/350(0.25/185)；窑尾余热锅炉型号为 QC 380/320-21.8-1.5/300。窑头和窑尾余热锅炉整体采用立式布置，自然循环方式，窑头余热锅炉采用双压技术，而窑尾余热锅炉采用单压技术。

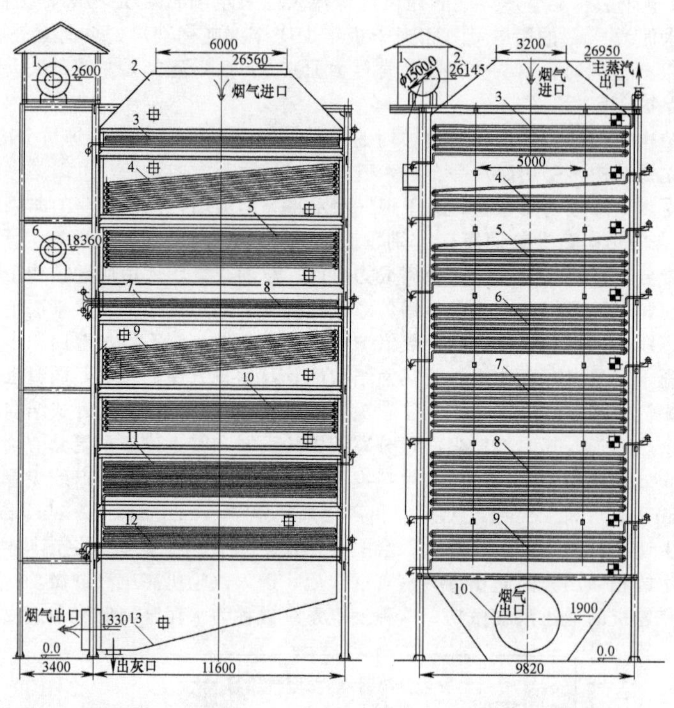

(a) 窑头余热锅炉

1—高压锅筒；2—进口烟箱；3—高压过热器；4—Ⅱ级高压蒸发器；5—Ⅰ级高压蒸发器；6—低压锅筒；7—高压省煤器；8—低压过热器；9—Ⅱ级低压蒸发器；10—Ⅰ级低压蒸发器；11—公共省煤器；12—低压省煤器；13—出口烟箱

(b) 窑尾余热锅炉

1—锅筒；2—进口烟箱；3—过热器；4—Ⅴ级蒸发器；5—Ⅳ级蒸发器；6—Ⅲ级蒸发器；7—Ⅱ级蒸发器；8—Ⅰ级蒸发器；9—省煤器；10—出口烟箱

图 4-17 5000t/d 新型干法水泥生产线窑头和窑尾余热锅炉的本体结构

(1) 窑头余热锅炉 窑头余热锅炉的热源来自水泥窑窑头熟料冷却机排出的废气，废气从余热锅炉顶部进入，依次向下通过高压段的过热器、蒸发器、省煤器和低压段的过热器、蒸发器、公共省煤器和低压省煤器后，从锅炉下部的出口烟箱排出，进入窑头的静电除尘器。

约 40℃的给水通过水泵分别引入低压省煤器和公共省煤器，给水在低压省煤器加热后送入低压锅筒中；公共省煤器中的水被加热后分别送入窑头余热锅炉的高压省煤器和窑尾余热锅炉的省煤器。高压省煤器中的水被加热后送入高压锅筒中。高（低）压锅筒中的水通过各自的下降管流入各自的蒸发器，在蒸发器中被加热成汽水混合物，进入各自的锅筒中。汽水混合物在锅筒中进行汽水分离送出的饱和蒸汽进入各自的过热器，在过热器中被加热后形成额定温度的过热蒸汽，然后过热蒸汽被送去汽轮机做功发电。

来自高（低）压锅筒的饱和蒸汽分别通过高压和低压过热器受热面，高压和低压过热器受热面均采用 ϕ38mm×4.5mm 螺旋鳍片管管束，错列布置。

窑尾余热锅炉布置了Ⅱ级高压蒸发器和Ⅱ级低压蒸发器，整个回路采用自然循环形式。炉水通过集中下降管进入分配集箱，工质在管束内被烟气加热为汽水混合物，经管束上集箱由连接管引入锅筒。蒸发器受热面均采用 ϕ42mm×4.0mm 的焊接式螺旋螺片管，错列布置。

锅炉烟道内布置了Ⅰ级高压省煤器、Ⅰ级公共省煤器和Ⅰ级低压省煤器。每级省煤器由进、出口集箱和管束组成。省煤器管束均采用 ϕ42mm×4.0mm 的焊接式螺旋螺片管，错列布置。

水泥线熟料冷却机排除的废气温度较低，废气中携带 $\mu_g=30g/m^3$ 左右的熟料；窑头的粉尘粒径粗，黏附性不强，但磨损性大。为了减轻受热面的粉尘磨损，提高锅炉的热效率，实现锅炉安全经济运行的目的，该锅炉在高（低）压锅炉过热器、蒸发器、省煤器受热面的结构设计中均选用具有强化功能的扩展受热面单元模块结构，如螺旋形翅片管、纵向翅片管、H 形翅片管、针形翅片管等结构，能有效地提高对流受热面的换热系数，并在较大程度上减轻了受热面的磨损，延长了余热锅炉的使用寿命。

(2) 窑尾余热锅炉 窑尾余热锅炉的热源来自水泥窑窑尾预热器排除的废气，废气从余热锅炉顶部进入，依次向下通过Ⅰ级过热器、Ⅴ级蒸发器和Ⅰ级省煤器后，从锅炉下部的出口烟箱排出，进入窑尾的静电除尘器。

由水泵从窑头余热锅炉公共省煤器送来的给水引入窑尾余热锅炉的省煤器，给水在省煤器加热后送入锅筒中；锅筒中的水通过下降管流入各级蒸发器，在各级蒸发器中被加热成汽水混合物，进入锅筒中，进行汽水分离后送出的饱和蒸汽进入过热器，在过热器中被加热后形成额定温度的过热蒸汽，然后过热蒸汽被送去汽轮机做功发电。

来自锅筒的饱和蒸汽通过过热器受热面，过热器受热面采用 ϕ38mm×4.5mm 的光管管束焊接并弯制而成，错列布置。

窑尾余热锅炉布置了Ⅴ级蒸发器受热面，整个回路采用自然循环形式。炉水通过集中下降管进入各蒸发器下集箱，工质在管束内被烟气加热成汽水混合物，经管束上集箱由连接管引入锅筒。蒸发器受热面均采用 ϕ42mm×4.5mm 的光管管束焊接并弯制而成，错列布置。

锅炉烟道内布置了Ⅰ级省煤器受热面，省煤器由进、出口集箱和管束组成。省煤器管束均采用 ϕ38mm×4.5mm 的光管焊接并弯制而成，错列布置。

水泥线窑尾排除的废气温度较低，废气中携带 $\mu_g=100g/m^3$ 左右的生料；窑尾的粉尘粒径细，黏附性强，但磨损性小。为了减轻受热面的粉尘沉积，避免沉积粉尘堵塞流道，同时提高受热面的传热效率，实现余热锅炉安全经济运行的目的，本锅炉在过热器、蒸发器、省煤器受热面结构设计中，一般选用光管单元结构，同时考虑到窑尾的粉尘浓度很高，各级受热面采用机械振打式清灰装置，减轻受热面的粉尘沉积，改善了受热面的动态传热效果。

窑头和窑尾余热锅炉过热器、蒸发器和省煤器受热面在制造厂均与框架一起组成各自独立的管箱，整装出厂，现场装配，从而缩短工地安装周期。

窑头和窑尾余热锅炉的炉墙均采用轻型护板炉墙，为降低锅炉的漏风系数，提高锅炉热效率，炉墙人孔、穿墙管和护板接缝等地方的密封都需要进行精心的设计。

5. 燃气轮机余热锅炉

图 4-18 示出了一台我国某锅炉厂自行设计的型号为 BQ 105/600-20(3)-3.92(0.2)/450 双压补燃型配燃

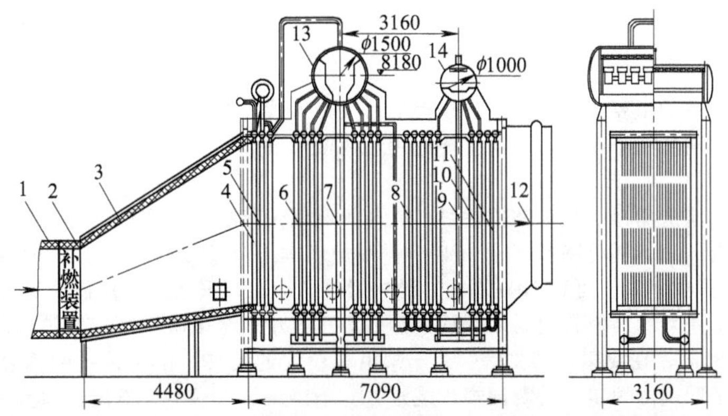

图 4-18 双压补燃型燃气轮机余热锅炉结构

1—中间烟道；2—补燃装置；3—过渡烟道；4—高温过热器；5—低温过热器；6—中压蒸发器；7—中压蒸发器下降管；8—高温省煤器；9—低压蒸发器下降管；10—低压蒸发器；11—低压省煤器；12—出口烟道；13—中压锅筒；14—低压锅筒

气-蒸汽联合循环发电的燃气轮机余热锅炉。该余热锅炉采用室内布置（示图省略），适用于以天然气为燃料的燃气轮机排气条件，并配置了以天然气为设计燃料的烟道式补燃装置，以使锅炉达到发电所需的中温中压蒸汽参数。

为适应燃机快速启停的特性，余热锅炉整体上采用单元模块组合结构，主要由烟道式补燃装置、过渡烟道、锅炉本体、出口烟道等部件组成（其他部件如进口烟道、烟气挡板门、中间烟道、主烟囱、钢架及护板、平台扶梯未在图中示出）。锅炉本体各受热面采用标准单元模块式结构，由垂直布置的错列螺旋鳍片管和上下集箱组成，以获得最佳的强化传热效果和最低的烟气压降。

燃机排出的烟气通过进口烟道，进入烟气挡板门，系统单循环时烟气通过挡板门上部从旁通烟道对空排出；系统联合循环时，烟气通过挡板门后进入烟道式补燃装置，烟道式补燃装置采用天然气，利用燃机排气中的残余氧量进行补燃，提高了燃机排气温度。烟气然后再通过过渡烟道进入锅炉本体，依次水平横向冲刷高温过热器、低温过热器、中压蒸发器、中压高温省煤器、低压蒸发器、中压低温省煤器，再经出口烟道由主烟囱排出。

锅炉中压给水经省煤器管排由锅筒下部进入锅筒。锅炉蒸发系统采用自然循环，通过两根集中下降管进入各蒸发器管排，蒸发器根据其蒸发强度差异，以不同口径导管引入锅筒。锅筒内设有二级分离装置以保证蒸汽品质。饱和蒸汽由锅筒引出至高、低温过热器，在高温过热器和低温过热器中间设置面式减温器，以调节出口过热蒸汽的温度。锅炉低压给水直接进入低压锅筒，经自然循环加热后产生的蒸汽经分离后引出锅筒。

来自锅筒的饱和蒸汽通过连接管进入低温过热器，低温过热器出口的过热蒸汽经减温器减温后，导入高温过热器，由过热器出口集箱引出。高温过热器和低温过热器受热面分别采用 ϕ45mm×4.0mm 和 ϕ42mm×4.0mm 的螺旋鳍片管，均错列布置，烟气依次流过高温和低温共 3 个管屏（翅片直管连接上下集箱称为一个管屏）。

中压蒸发器由 8 个管屏、下降管和引出管组成，整个回路采用自然循环形式。炉水通过集中下降管进入分配集箱，由连接管引至蒸发器各管屏下集箱，工质在管屏内被烟气加热为汽水混合物，经管屏上集箱由连接管引入锅筒。蒸发器受热面均为 ϕ51mm×4.0mm 的开齿螺旋鳍螺片管，错列布置。

省煤器由高温省煤器和低温省煤器两段共 6 个管屏组成，给水操纵台过来的给水依次经过低温省煤器和高温省煤器的各个管屏，从锅筒下部进入锅筒。受热面为 ϕ45mm×4.0mm 的开齿螺旋鳍片管，错列布置。

低压蒸发器由 3 个管屏、下降管和引出管组成，整个回路采用自然循环形式。炉水通过集中下降管进入分配集箱，由连接管引至蒸发器各管屏下集箱，工质在管屏内被烟气加热后，汽水混合物经管屏上集箱由连接管引入锅筒。受热面均为 ϕ51mm×4.0mm 的开齿螺旋螺片管，错列布置。

第二节 特种锅炉结构

特种锅炉是指在燃料、材料、制造工艺、工质和加热方式上有别于常规锅炉的锅炉，其种类繁多，限于篇幅，本节主要介绍铸造锅炉、不锈钢锅炉、间接加热锅炉、废料锅炉和特殊工质锅炉的结构特点。

一、铸造锅炉

铸造是一种毛坯制造的主要工艺，是一种金属液体成形方式。铸造锅炉主要分铸铁和铸铝硅合金燃气冷凝式锅炉。铸铁锅炉早期应用于燃煤，后期主要应用于燃油燃气。

1. 铸铁锅炉

主要结构采用铸铁制造的锅炉称为铸铁锅炉。它与钢制锅炉相比，具有许多突出的优点，例如：节约能源，从原材料冶炼算起的总能耗可降低 30%～40%；锅炉成本可降低 30%～40%；耐腐蚀性好，使用寿命可延长 3～4 倍：金属回收率高，可达 90%左右；结构紧凑；运输、安装方便；节约基建投资等。

(1) 使用范围 工业发达国家普遍采用铸铁锅炉作为小容量热水采暖锅炉。例如，在日本的全部热水锅炉中，铸铁锅炉约占 54%；在我国，铸铁锅炉近年来也有较大的发展。由于铸铁的强度较低，各国均对铸铁锅炉的使用范围做了明确的规定。①我国规程规定：对于铸铁热水锅炉，额定出口热水温度低于 120℃且额定出水压力不超过 0.7MPa 的锅炉可以用牌号不低于 HT 150 的灰口铸铁制造，参数超过此范围的锅炉不应采用铸铁制造。②美国 ASME《锅炉压力容器规范》、Ⅳ《采暖锅炉》规定：锅炉的运行压力不大于 1.1MPa，且锅炉出水温度不超过 250℉（121℃）。③德国 TRD《蒸汽锅炉技术规范》规定：允许工作压力不大于 0.6MPa。④英国 BS 标准规定：出口水温不超过 100℃或系统中最小压力下的饱和蒸汽温度减 17℃，并取其中的较小值；工作压力不超过 0.35MPa。⑤日本《锅炉构造规范》规定：出口水温不超过 120℃，水柱静压高度不大于 50m。⑥前苏联《热水锅炉和压力不超过 0.7 表压蒸汽锅炉的结构与安全使用规程》规定：出口水温不超过 115℃。

(2) 铸铁结构要求　我国《热水锅炉安全技术监察规程》对铸铁锅炉的结构做了如下规定：①锅炉的结构必须是组合式的，锅片之间连接处必须可靠密封；②锅片的最小壁厚一般为 10mm，也可采用强度计算的方法确定最小壁厚，强度计算时应采用 GB/T 16508—1996 的铸铁锅炉强度计算方法。

铸铁热水锅炉可分为整体式结构和组合模块式结构。一般采用锅壳式锅炉结构，目前应用最多的是组合模块式铸铁锅炉，它是由 3 个基本类型的锅片串接而成，即前锅片，一般用于固定燃烧机和控制器；中间为按锅炉容量发生增减的中锅片，是铸铁锅炉的主体热传递部件；后锅片一般为出烟口和进出水接口以及安装安全阀和压力表的接口。因此，锅片是铸铁锅炉的基本组件，是承受多回程烟气放热并组成水循环回路的承压铸件。图 4-19 所示为一种燃油组合模块式铸铁热水锅炉。它是由 7 个锅片（5 个中锅片）串联而成。该锅炉采用正压燃烧方式，烟气流动按图中箭头方向形成四个回程，以使烟气得到充分冷却。锅炉效率达 85%以上。

20 世纪中期以前，铸铁锅炉主要燃用固体燃料——煤，随着燃料消费结构的转变，目前主要用于燃油燃气。铸铁锅炉的本体结构主要有中心回焰、三回程和四五个回程的，但以中心回焰结构较多，炉胆中有带烟气分流和无分流两种。根据铸铁锅炉前后锅片有没有水冷却也可以分为干背式和湿背式，和钢制锅炉不同的是，燃油燃气铸铁锅炉因为铸造的优势，锅炉前后锅片一般很容易制造成湿背式结构，因此，干背结构较少。

采用铸铁作为壁面传热时，易于铸造各种扩展受热面，大幅度提高烟气侧的传热面积。同时，扩展受热面还在相邻两隔板间起加强作用。工业上，已经采用的翅片的形式及规格很多，能够用于铸造件的翅片形式主要有四种类型，如图 4-20 所示。

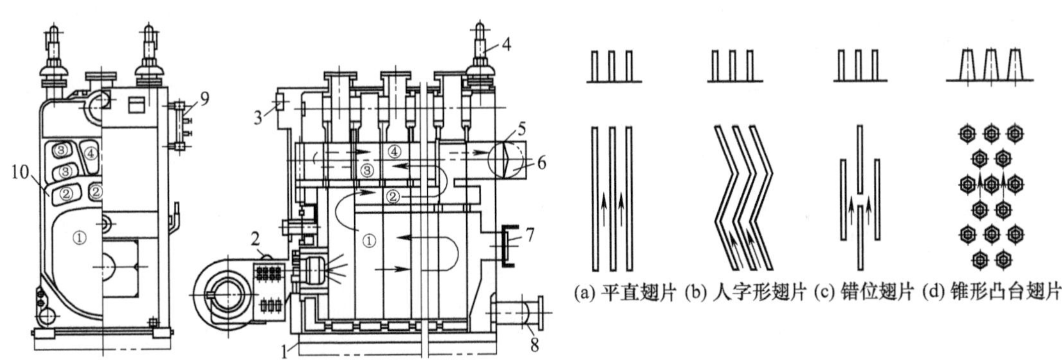

图 4-19　燃油组合模块式铸铁热水锅炉

1—锅炉基础；2—油燃烧器；3—仪表板；4—安全阀；5—铸铁烟道；6—烟道闸板；7—防爆门；8—给水集箱；9—水位表；10—锅片

图 4-20　平板上各种形式的翅化结构

2. 铸铝硅锅炉

近年来，雾霾问题持续频发，北方供暖季间雾霾现象更为严重。为治理雾霾，保卫蓝天，国家制定了《北方地区冬季清洁取暖规划（2017—2021 年）》，其中 2019 年清洁取暖率 50%，代替散烧煤 0.74×10^8t，新增气 1.31×10^{10} m^3；到 2021 年清洁取暖率 70%，代替散烧煤 1.5×10^8t，新增气 2.78×10^{10} m^3；2021 年供暖天然气需求达 6.41×10^{10} m^3 以上等诸多要求。为达到规划要求，煤改气成为首要的消霾的能源结构调整措施，加之燃气价格居高不下，新型商业燃气采暖炉成为分布式燃气供热的主要方式，新型商业燃气采暖炉是将天然气的化学能转变成热能实现采暖的供应终端。其技术核心是通过热源、环境、建筑系统动态调控节能减排理念将天然气进行超低氮、超高效率燃烧后的烟气进行超高效紧凑冷凝换热并将排烟温度降低到水露点温度（约 58℃）以下，甚至稍高于或低于环境温度，实现系统深度动态节能减排。

铸铝硅燃气冷凝锅炉是由铸铝硅冷凝换热器和超低氮燃气燃烧器组合而成的锅炉。该产品主要是欧洲等国为应对世界范围内日益严格的节能环保排放要求经过多年的技术研发定型才成为商用产品，其将全预混超低氮燃烧器和铸铝硅冷凝换热器有机结合在一起，集成了热能工程领域气体低氮排放、辐射换热、冷凝强化紧凑传热、水循环、新材料、新工艺和气候补偿动态控制等多项关键技术，共同实现 $NO_x\leqslant30mg/m^3$ 和热效率达到 97%～109%的双重技术目标，该技术目标可以大大提高天然气清洁供热利用效率，是替代传统钢制和铸铁燃气锅炉的新型商用燃气采暖炉之一，同时具有此种优势的还有不锈钢制成的燃气冷凝锅炉。新型商用燃气采暖炉因其选用可以抵抗烟气冷凝水腐蚀的新材料，如铝硅镁合金和不锈钢（铁素体不锈钢、奥氏体不锈钢和双相不锈钢），可以最大限度回收天然气燃烧后烟气中水蒸气的汽化潜热，加之选用超低氮燃烧器实现超低氮和超高效率燃烧的燃烧器，使之成为替代传统钢制和铸铁燃气锅炉的刚性选择。

(1) 适用范围 根据国家技术及市场监督部门对新技术和新产品的通常认定方式，我国已对处于技术初步推广时期的铸铝硅燃气采暖炉的适用范围做了明确的规定：①对于额定出水温不高于 95℃且额定工作压力不超过 0.7MPa 的热水锅炉，可以采用铝硅合金材料制造；②用于制造热水锅炉的铝硅合金材料，其常温抗拉强度应当不低于 150MPa；③根据特种设备安全与节能技术委员会锅炉分技术委员会评审结果，ASME 标准 SB/EN1706 中牌号为 EN AC-43000［ENAC-AlSi10Mg］的材料可以用于铸铝硅锅炉，其他境外牌号的铸铝硅锅炉材料应当按照《锅炉安全技术监察规程》（以下简称《锅规》）的规定进行技术评审和核准；④铸铝锅炉冷态爆破验证试验应当参照《锅规》第 12.3.2 条要求进行，整体验证性水压试验应当参照《锅规》第 12.3.3 条要求进行，锅炉冷态爆破验证试验和整体验证性水压试验应由锅炉设计文件鉴定机构现场见证并出具鉴定意见；⑤对铸铝硅锅炉的其他安全要求，参照《锅规》对铸铁锅炉的相关要求执行。

规定最后指出：鉴于铸铝硅锅炉在我国使用经验较少，制造单位应做好产品跟踪和数据积累。锅炉使用中发现异常问题，应当向锅炉压力容器安全监察局或特种设备安全技术委员会报告。

国家技术监督部门并没有给出压铸铝合金或挤压铝合金商用燃气采暖炉的相关规定，但规定中指明的材料牌号、成分和性能是技术人员开发新产品的主要依据。

(2) 铸铝硅锅炉结构要求 我国目前并没有对铸铝硅燃气冷凝锅炉的结构做出限制，但是，我们可以参照《锅规》对铸铁锅炉的要求进行如下规定：①铸铝硅燃气锅炉的结构应该是组合结构，锅片之间连接处必须可靠密封；②应采用 GB/T 16508 强度计算方法确定最小壁厚，并考虑铸造工艺；③应进行铸铝硅锅片抗冷凝水腐蚀实验以验证材料及工艺对抗腐蚀能力的影响规律。

发达工业化国家已广泛采用铸铝硅燃气冷凝锅炉作为单机 2.8MW 以下容量的热水采暖炉，而其中以 Bekaert 为代表的铸铝硅燃气热水采暖炉在我国占据主要市场，当然，国内铸铝硅合金企业面对国外产品也不示弱，迅速推出了一些和国外品牌类似的产品，但大多不具备自主知识产权。图 4-21 和图 4-22 示出了西安交通大学热能工程系应企业要求研制开发的双水道铸铝硅燃气冷凝锅炉和双水道铸铝硅冷凝换热器结构。

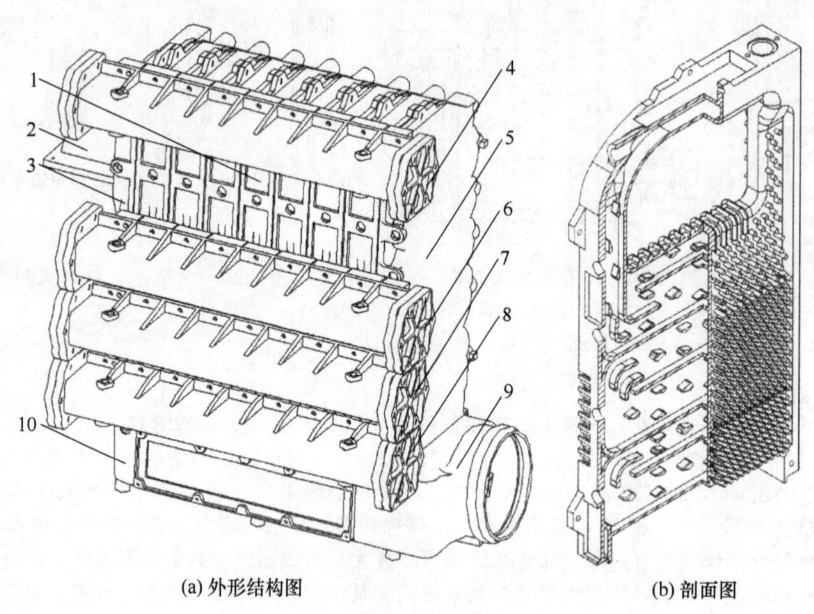

(a) 外形结构图　　(b) 剖面图

图 4-21 铸铝硅燃气冷凝锅炉

1—换热器中片；2—燃气进口；3—换热器前片；4—采暖水出口集箱；5—换热器后片；6—采暖水进口集箱；7—低温水出口集箱；8—低温水进口集箱；9—烟囱底座；10—承露盘

可见，铸铝硅燃气冷凝锅炉和图 4-19 所示的铸铁燃油锅炉结构只是外形上相似，但其内部结构差别很大，锅炉整体结构也是由 3 个基本锅片串接而成，即前锅片、中锅片和后锅片，前锅片一般用于固定燃烧机和控制器；中间为按锅炉容量发生增减的中锅片，是铸铝硅锅炉的主体热传递部件；后锅片一般只是为了完

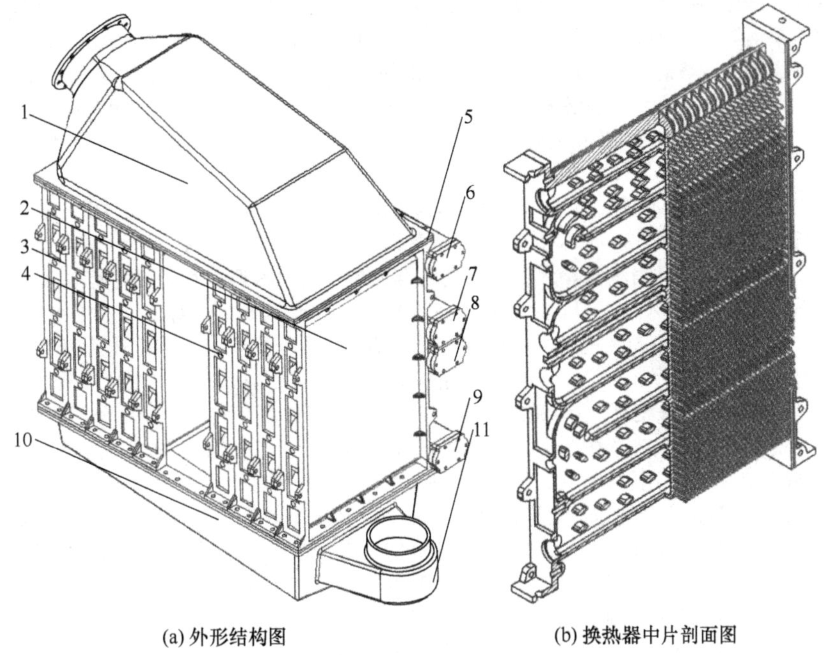

(a) 外形结构图　　(b) 换热器中片剖面图

图 4-22　铸铝硅燃气冷凝换热器

1—烟气进口烟箱；2—换热器后片；3—换热器前片；4—换热器中片；5—密封垫片；6—采暖水出口集箱；7—采暖水进口集箱；8—低温水出口集箱；9—低温水进口集箱；10—承露盘；11—烟囱底座

成本体密封。和铸铁锅炉不同的是，铸铝硅燃气冷凝锅炉采用冷凝强化传热，不需要三回程甚至四回程的烟气流通结构，系统回水被“∪”形水道从下而上和从上到下只有一个回程的烟气多次交叉逆流不断被加热成热水，从锅炉的辐射受热面顶部高位送出。因此，锅炉底部需要一个承接凝结水和烟气转弯的结构，该结构称为承露盘，烟气经承露盘汇集凝结水并转弯180°将烟气从锅炉尾部经烟囱向上排出，承露盘也起到了分离烟气中水滴的作用。欧洲国家的多数本体结构采用辐射炉膛＋针翅强化对流＋承露盘的一体化设计，而实际上这样的设计很浪费，采用铸铝硅的承露盘制造成本较高，承露盘和烟囱完全可以采用 PVC 等级的塑料来完成，炉膛也可以和中间对流强化段分离组合而成。锅炉本体上部主要是显热换热，受热面包括炉膛辐射和对流换热上段，下部主体主要是凝结换热，水道两侧平面板上铸造了如图 4-20 所示的锥形凸台翅片，也称针形翅片，这些针形翅片成为冷凝换热的主要对流受热面，从下部算起约 2/3 的针形翅片处于凝结换热的范畴。

二、不锈钢锅炉

新兴的不锈钢燃气冷凝锅炉集成了热能工程领域低氮排放、低氧燃烧、紧凑换热、新工艺和气候补偿动态控制等多项关键技术，实现了 $NO_x \leqslant 30mg/m^3$ 和锅炉热效率达到 98%～109%的双重技术目标。与传统的碳钢锅炉相比，不锈钢材料可有效抵抗冷凝水腐蚀；辐射和对流受热面呈一体化布置，可实现锅炉本体整体冷凝，无需外置换热器；当选用激光焊接的螺旋翅片管时，可实现层流或紊流强化，翅片螺距可小于 2mm，单位体积内的换热面积可达碳钢锅炉的 4 倍以上；当选用盘管结构时，间隙换热为层流强化，只需要 120mm 左右的冲刷尺寸就可以使排烟温度降至 45℃，利用螺旋翅片管折翅或盘管等实现高度小于 2mm 的缝隙式窄间隙烟气流道，消除换热过程的中心高温区，整体传热系数可达传统碳钢锅炉的 2 倍以上。虽然不锈钢价格是普通碳钢的 8～10 倍，但新结构、新工艺有效降低壁厚，仅使不锈钢锅炉造价仅略高于碳钢锅炉，但体积仅有碳钢锅炉的 1/3 以内，竞争力极高。炉膛部分可选 316Ti，有效避免冷凝水反复冷凝、汽化蒸干引起的点蚀或应力腐蚀开裂；烟气冷却和冷凝区域可采用 304L 及以上材料，抵抗冷凝水腐蚀。密排不锈钢光管束或不锈钢螺旋翅片管形成的缝隙表面可替代传统全预混燃烧器的多孔金属丝网表面，形成缝隙式水冷不锈钢燃烧器。预混气体从缝隙喷射而出后的炉膛内点火燃烧，火焰受到四周水冷管束冷却，火焰温度降至 1050℃及以下，显著降低热力型 NO_x 的生成，实现 $NO_x \leqslant 30mg/m^3$、$O_2 \leqslant 3.5\%$。不锈钢燃气冷凝锅炉具有灵活布置、高效节能、抗腐蚀性能优良等卓效优势，蕴藏着巨大的市场需求与光明的发展前景。

(1) 适用范围 根据国家技术及市场监督部门对新技术和新产品的通常认定方式，我国已对处于初步发展时期的不锈钢燃气冷凝锅炉的适用范围作了明确确定：①锅炉与烟气接触的所有部件均采用不锈钢材料；②用于制作盘管锅炉与水冷燃烧段不锈钢推荐采用316Ti级及以上的不锈钢；用于制作冷却段与冷凝段不锈钢推荐采用304L级及以上的不锈钢材料；③水管和锅炉不锈钢燃气冷凝锅炉按照国标GB/T 16507和GB/T 16508的规定进行技术评审和核准；对于采用复杂结构不锈钢燃气冷凝锅炉按照《锅炉》的规定进行技术评审和核准，锅炉冷态爆破验证试验应当参照《锅规》第12.3.2条要求进行，整体验证性水压试验应当参照《锅规》第12.3.3条要求进行，锅炉冷态爆破验证试验和整体验证性水压试验应由锅炉设计文件鉴定机构现场见证并出具鉴定意见。

(2) 不锈钢锅炉结构要求 目前不锈钢燃气冷凝锅炉主要分水管和锅壳锅炉，分别按照国标GB/T 16507和GB/T 16508进行设计与校核，水管和锅壳混合锅炉须同时参照两种标准进行计与校核计算。①不锈钢锅炉回水（给水）应先进入冷凝段，之后依次进入锅炉其他受热面；②对于承压热水锅炉和蒸汽锅炉，应按照GB/T 16507和GB/T 16508进行强度计算，保证壁厚符合强度要求；③整体冷凝不锈钢燃气锅炉的燃烧器一般采用顶置或水平放置，不可底置，以防止冷凝水滴落至燃烧头表面发生疲劳破坏。

目前国外企业研制的不锈钢燃气冷凝锅炉多数已进入中国市场。其中AIC、皓欧（Hoval）、爱赛为（ACV）等公司产品以不锈钢锅壳锅炉为主，为强化烟管传热，采用了长圆形（扁）截面烟管、内插螺旋扰流子、内插梳齿挤压铝片等强化传热方式；舒美达（Sermeta）等企业以长圆形（扁）截面不锈钢盘管水管锅炉为主；欧科（ELCO）推出了顶置水冷全预混燃烧器的不锈钢直管燃气冷凝锅炉，由光管和折翅螺旋翅片管两种管形组成；博世（BOSCH）和八喜（BAXI）企业分别供应锅壳和水管锅炉，给客户带来更多的选择。

西安交通大学热能工程系相应国内企业要求致力开发不锈钢燃气冷凝锅炉，经过市场调研，在综合考察制造工艺、能效和体积等因素的基础上，构思设计出了一种长圆形双盘管不锈钢燃气冷凝热水锅炉。图4-23示出了其整体结构和盘管单元件。盘管横截截面可分别为矩形或长圆形，受运输条件限制，钢厂生产的单根长圆形直管长度<12～14m，根据锅炉容量的大小，可绕制1～10圈，形成长圆形盘管单元件，相邻两圈之间的缝隙为0.6～2mm。每个长圆形盘管单元件通过外侧短边的进、出水口连接在进、出口集箱。拉撑固定杆起到拉紧支撑各个长圆形盘管单元件的作用。盘管中心布置燃气燃烧器，可分别选用全预混金属纤维表面和水冷预混燃烧器，燃烧后1050℃的高温烟气经过内盘管缝隙换热后可降低至200℃以下，再流经外盘管缝隙冷却冷凝后可降低至45℃以下。烟气流经盘管缝隙换热段总长度小于150mm，缝隙换热具有阻力低、换热系数高、层流强化的显著优点，锅炉钢耗量比传统碳钢锅炉降低70%以上。传统圆形盘管锅炉随着锅炉容量的增大所需的盘管模具也需增大，而长圆形盘管仅需增加长圆形的直段长度即可增加锅炉容量，仅用一套模具即可生产出多种容量的锅炉，初投资成本更低。更为重要的是，长圆形盘管是由2个直段和2个180°圆弧段构成，其变形量只是传统圆形盘管变形量的1/2，显著降低盘管变形量大、易于发生应力腐蚀开裂的风险。当然，燃气不完全燃烧产生的炭黑等颗粒物也会积聚在0.6～2mm的缝隙处，存在着易于堵塞的缺陷，应定期拆开长圆形盘管，松开拉撑固定杆以清洗每个盘管单元。

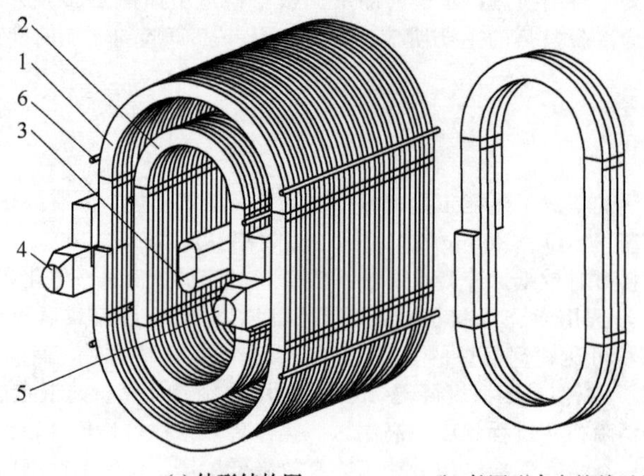

(a) 外形结构图　　(b) 长圆形内盘管单元件

图4-23　长圆形双盘管不锈钢冷凝热水锅炉

1—长圆形外盘管单元件；2—长圆形内盘管单元件；3—长圆形燃烧头；4—长圆形外盘管进口集箱；5—长圆形内盘管出口集箱；6—拉撑固定杆

如图4-24示出了国外EICO和国内COWAT直管不锈钢水冷燃烧冷凝热水锅炉结构，由顶置的平面水冷预混燃烧头、辐射光管段、折翅螺旋翅片管冷却段、折翅螺旋翅片管冷凝段、转弯水室、连接弯头、进出口集箱、承露盘等部件组成。平面水冷预混燃烧头、辐射光管段和折翅螺旋翅片管冷却段的管束排列结构如图 4-24（b）所示，将激光焊接的螺旋翅片管 4 个角度的翅片进行塑性变形弯折处理，降低相领翅片管中心距，单位体积内可以布置更多螺旋翅片管；在螺旋翅片管的烟气来流方向放置挡板，烟气只能从翅片弯折形成的缝隙中流动，实现缝隙层流强化换热。预混气体从折翅螺旋翅片管上部开口进入，在下部点火燃烧，火焰受到炉膛四周水冷管束冷却，降低了火焰温度，显著降低热力型 NO_x 生成。直管不锈钢水冷预混燃烧燃气冷凝热水锅炉采用新结构和新工艺，兼低氮、冷凝、高效、紧凑于一身，是未来整体燃气冷凝锅炉（无需外置换热器）的发展方向之一。

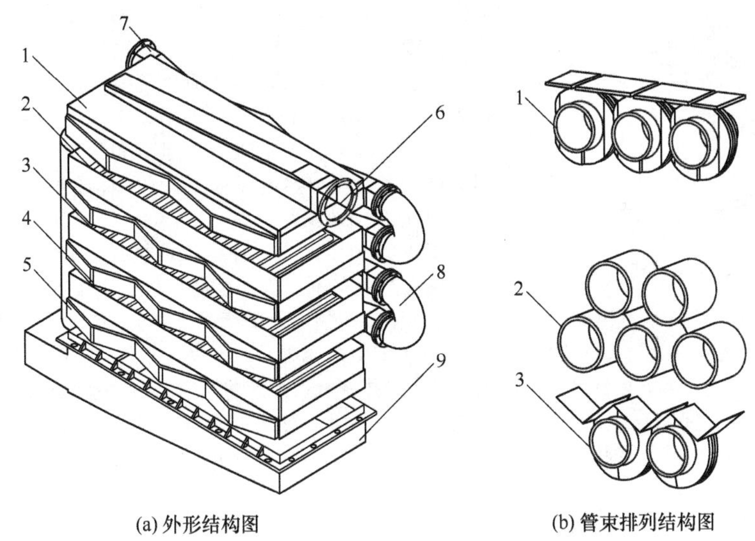

(a) 外形结构图　　(b) 管束排列结构图

图 4-24　直管不锈钢水冷预混燃烧燃气冷凝热水锅炉

1—水冷预混平面板式燃烧头（含水冷管束）；2—辐射光管段；3—折翅螺旋翅片管冷却段；4—折翅螺旋翅片管冷凝段；5—水管管束的转弯水室；6—预混气体进口；7—锅炉出水口；8—上下 2 排管束转弯水室的连接弯头；9—承露盘

三、间接加热锅炉

间接加热锅炉是指将其所产生的蒸汽完全用于在内部间接加热另一介质而向外供热的锅炉。间接加热锅炉主要用于给水品质不佳的场合。

1. 相变锅炉

相变锅炉主要有两种形式，即真空相变锅炉和压力相变锅炉。

相变锅炉是由通过在蒸汽锅炉的锅筒的蒸汽空间中加装二次回路的热交换管束而成。锅内管束间接地加热向外供热的热水，此时加热水的热量由管束外锅筒中的蒸汽提供。锅筒中的蒸汽（湿蒸汽）在受到管束的冷却后发生冷凝，即产生相变。利用蒸汽冷凝（相变）时的强烈换热，使二次回路的管束受热面大量减小，是相变锅炉经济性的基础。图 4-25 所示的为一种相变热水锅炉的工作原理。这种锅炉的工作压力取决于对外供应热水的温度。随着供水温度的提高，为了保持一定的管束换热温差，蒸汽的饱和温度必须提高，因而饱和压力也即锅内的压力也应相应地提高。根据供热温度的不同，锅内的工作压力可以从微真空直至相当数值的正压。显然，降低锅内的工作压力对锅炉工作安全性的提高及锅炉制造成本的降低极为有利。另外，锅炉的一次回路（锅炉本身）也可以直接向外供应一部分蒸汽，从而使锅炉成为所谓的汽水两用锅炉。后者实际上已成为一种部分间接加热锅炉。汽水两用锅炉尽管在水位调节等方面有一定的要求，但由于其能同时供汽和供水，因而在我国仍得到了应用。

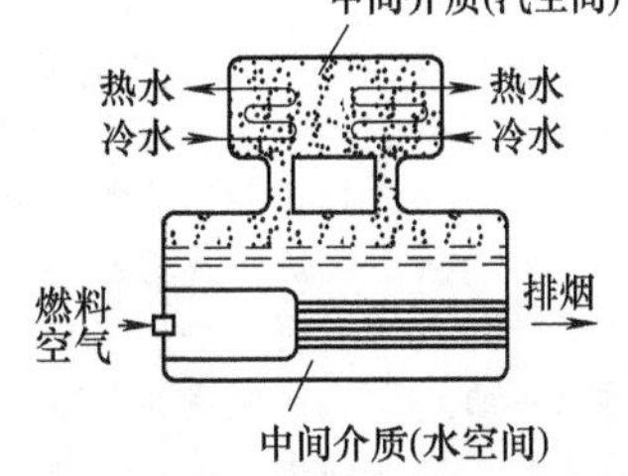

图 4-25　相变热水锅炉锅内工作示意

真空相变锅炉最早出现在日本，也被称为负压相变锅炉。真空相变锅炉是利用水在不同压力下，沸腾温度有所差异的特性来进行工作的。在一个大气压力下，水的沸腾温度是 100℃，而在 6mmHg（1mmHg=133.322Pa）的压力下，水的沸腾温度则为 4℃。真空相变热水锅炉则是在真空度为 20～500mmHg 的压力范围内工作的，对应的饱和温度是 15～85℃，在真空工作压力下燃烧使热介质水的温度上升到饱和温度，并在水面上产生相同温度的蒸汽；然后向二次换热器内通以冷水，管内的冷水被管外的水蒸气加热成热水送给用户，而管外的水蒸气则被冷却凝结成水滴流回水面再一次被加热，从而完成整个循环过程。真空相变热水锅炉在20世纪80年代初达到发展的高峰。因中间介质温度低，排烟温度低，使热效率提高而获得日本节能大奖；同时，因中间介质温度低于大气压力下的饱和温度，即使破裂，也不会引起汽水爆炸而获得了日本的皇冠大奖。

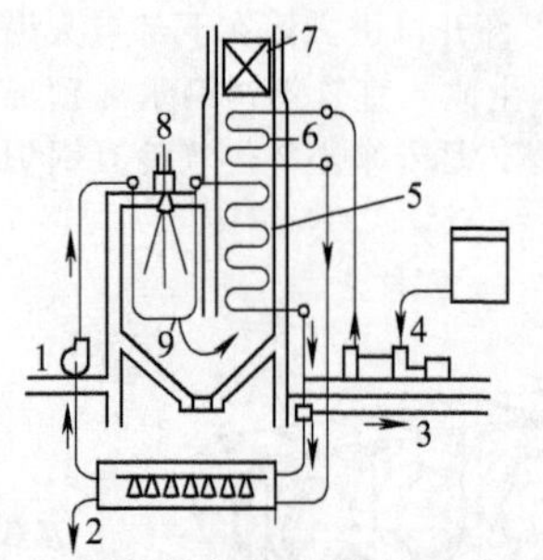

图 4-26 间接加热锅炉的工作原理

1—蒸汽循环泵；2—锅筒；3—过热蒸汽输出管；4—给水泵；5—对流过热器；6—省煤器；7—空气预热器；8—燃烧器；9—辐射过热器

如果中间热介质水不在负压下，而在一定压力下工作，则上述真空相变锅炉就变成压力相变锅炉。锅炉运行时不必担心向锅壳内漏入空气的问题，工艺检漏与常规锅炉一样，供暖热水的温度可以大于100℃。

尽管相变锅炉因为热介质水纯净度较高，受热面结垢状况得到有效的改善，具有一定的防结垢节能效果，但是，二次回路的结垢状况并没有改变，而且，和常规热水锅炉相比，相变锅炉增加了二次换热器回路，锅炉本体成本高于常规锅炉。

2. 间接加热锅炉

图4-26所示的为一种间接加热锅炉的工作原理。这种锅炉向外供应过热蒸汽。所产生的过热蒸汽中有一部分被送入锅筒，用来蒸发经省煤器加热的给水。因此，它只是蒸发部分为间接加热的锅炉。具体的工作过程如下：给水由给水泵经省煤器加热后进入锅筒。锅筒中所产生的蒸汽由蒸循环泵抽出，并送进布置在炉膛中的辐射过热器及安置在对流烟道中的对流过热器，使饱和蒸汽吸热后成为过热蒸汽。然后将一部分过热蒸汽输出，供汽轮机应用；其余部分过热蒸汽被送回锅筒，放出过热热量，加热锅筒内的水，使之形成饱和蒸汽。这样就保证了蒸汽在锅炉内的循环和输出。而易形成水垢的物质均留在不受烟气加热的锅筒内，因而在受热面管壁上就不会形成水垢。

四、废料锅炉

利用燃烧工业生产和日常生活中的废料所产生的热量来生产蒸汽的装置称为废料锅炉。可供燃烧的工业废料有木材加工业中的木屑、造纸工业中的废液（黑液）、制糖工业中的甘蔗渣以及其他植物废料等。日常生活中的城市垃圾当其可燃物较多时也叫作可燃废料。

1. 燃烧造纸废液的废料锅炉

在造纸工业中，常用碱法制浆。在碱法制浆中，每生产1t纸浆约有1.5t固形物（干质）溶解在制浆废液——黑液中。黑液中含有有机物、无机物和水。黑液固形物中有机物约占固形物的70%，主要是木质素和碳水化合物。黑液固形物中无机物约占固形物的30%，主要为NaOH、Na_2SO_4、NaS、Na_2CO_3和原料中的无机灰分。目前国内外造纸工业一般采用燃烧法来利用黑液，主要是为了回收碱。首先在蒸煮后将黑液与浆料分离，然后将黑液蒸发浓缩到50%以上，再将其送入锅炉中去燃烧，以便将有机物烧掉，燃烧所释放出来的热量用来产生蒸汽，供给发电及造纸用；燃烧所剩下来的无机物呈熔融状态，将其送入溶解槽内溶解后形成绿色溶液，称为绿液。绿液中主要成分是Na_2CO_3。然后将绿液与石灰水作用，即可得NaOH。制浆厂用此法回收1t碱的成本约为商品碱价格的40%。故利用燃烧法处理造纸废液，不仅能避免大量黑液直接排入江河湖泊从而造成环境污染，而且又能充分利用其化学能，尤其是还能回收大部分碱。为此，黑液燃烧锅炉又称为碱回收炉。燃烧黑液的锅炉的结构与一般室燃炉相仿。浓缩后的黑液通过喷嘴喷入炉膛燃烧。由于黑液的发热量很低，通常黑液固形物（干质）发热量仅为12560～15070kJ/kg，而且还含有大量水分，致使着火和燃烧很困难，故在燃用这种废料的同时需燃重油稳燃。这种锅炉可以是一种同时燃用多种燃料的锅炉。在燃用固态废料时，还需将其先送入带风扇磨煤机的闭式制粉系统中用热烟气干燥。图4-27所示的为燃用黑液的废料锅炉，其蒸汽压力为2.4MPa，蒸汽温度为250℃，额定蒸发量有35t/h、50t/h和75t/h三种。

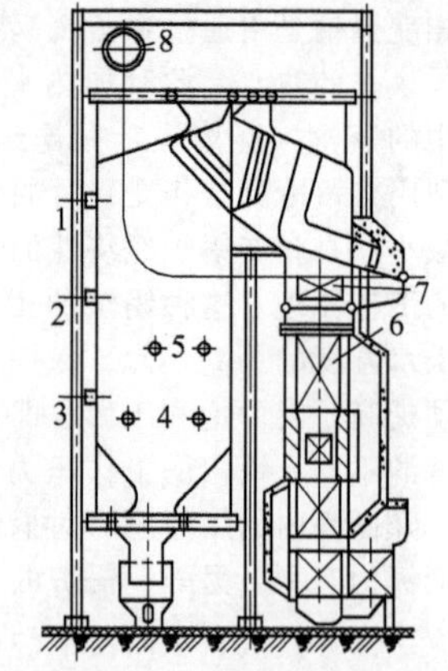

图 4-27 燃用黑液的废料锅炉

1—干燥用烟气出口；2—乏气燃烧器；3—黑液燃烧器；4—重油燃烧器；5—其他废料燃烧器；6—空气预热器；7—省煤器；8—锅筒

2. 燃烧垃圾的废料锅炉

城市垃圾的处理已成为当今世界上的一大问题。未经处理或处理不当的垃圾侵占了大量土地，并造成严重的环境污染。据调查，中国城市垃圾排放量正以10%的年增长速度递增。1989年城市垃圾排放量已达

69.51Mt，占地大于400km^2，约60多万亩，直接经济损失达80余亿元。同时藏在垃圾中的大量细菌、病毒仍在活动，并散逸到空气中，危害人们健康。焚烧法可使垃圾减容90%，并在焚烧过程中对垃圾进行消毒除菌，因而是垃圾无害化的有效途径；而且还可以回收能量，乃至综合利用。因此焚烧法是目前最有前途的垃圾处理方式。国外对垃圾焚烧技术的研究和开发进行得较早，最早是德国和法国，继而是英国、美国、日本等国。目前不少城市已有了垃圾热电厂、垃圾水泥厂等。如日本，几乎所有的垃圾都采用焚烧处理，拥有垃圾热电站102座，垃圾总处理能力达52kt/d、发电总容量为320MW。但是，垃圾焚烧是有条件的，垃圾中必须有一定量的可燃质（即有机物），使垃圾的发热量大于5000kJ/kg。根据对中国城市垃圾成分的预测计算，1995年中国大中城市的垃圾低位发热量可达5000kJ/kg的水平。垃圾焚烧多采用层状燃烧和流化床燃烧技术。由于垃圾的发热量低，含有大量无机物和水分，具有非均质性和多变性，其组分、状况等随收集地点和季节的不同而发生很大变化，并含有金属、砖瓦等不可燃物，因而保证垃圾燃烧过程的稳定性极为重要。为了避免二次污染，垃圾燃烧必须彻底。为此，对入炉垃圾的尺寸及性状的要求较高，并均需用油或气等高品质燃料助燃和伴烧。

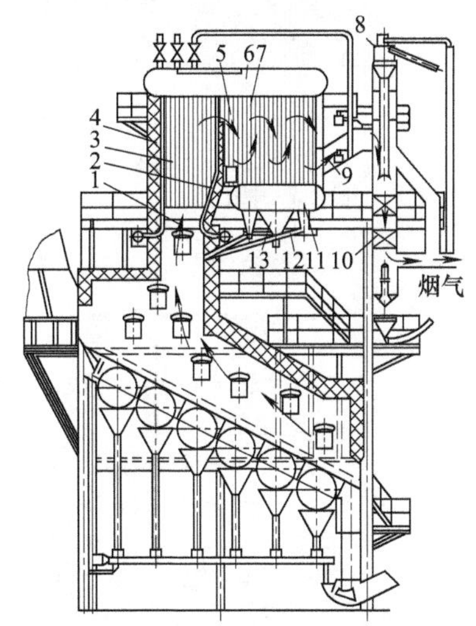

图 4-28 燃用垃圾的废料锅炉

1—燃尽室；2—后水冷壁；3—侧水冷壁；4—前水冷壁；5—中间烟室；6—上锅筒；7—锅炉管束；8—钢珠吹灰设备；9—蒸汽吹灰设备；10—省煤器；11—下锅筒；12—飞灰回收设备；13—灰斗

目前，垃圾焚烧中多采用层状燃烧技术和流化床燃烧技术。层状燃烧技术较为成熟，并具有体积小、操作方便、工作可靠等一系列优点。用于垃圾焚烧的层燃装置有辊式炉排，还有传统的往复推动炉排和链条炉排。图4-28所示为带辊式炉排的燃用垃圾的废料锅炉。锅炉的额定蒸发量为10t/h，蒸汽压力为1.27MPa，蒸汽温度为饱和温度。锅炉本体为双锅筒纵置式。炉排由6个连续倾斜安置的辊子组成。每一个辊子都有一套独立的传动机构，可以各自单独调速。弹簧给料机沿炉排宽度进给垃圾，炉排的各个辊子以不同的速度缓慢转动，使垃圾能按所要求的速度从一个辊子移动到下一个辊子，并得到翻松，从而得到彻底的燃烧。炉排下方相应地有6只一次风小风仓，其风量可以分别调节。各辊子由于缓慢转动，能周期性地脱离燃烧面，并得到一次风的冷却，因而其本身温度不高，可用普通铸铁制成。燃烧生成的烟气从炉膛依次流经燃尽室、中间烟室、锅炉管束和省煤器后排出锅炉。燃尽室的四周和中间烟室均布置有水冷壁管，水冷壁管的直径为51mm，节距有80mm、130mm和160mm三种。省煤器为钢管式。锅炉管束用蒸汽吹灰，而省煤器则用钢珠除灰。

五、特种工质锅炉及循环系统

特种工质锅炉是指其中的工质不是常用的水，而是其他流体的锅炉。作为热载体，饱和蒸汽在200℃以下时完全能满足要求，但在更高温度下应用蒸汽时，则要受到它在工业锅炉中生产困难的限制。因为随着温度的提高，饱和蒸汽压力急剧升高。如将气温从250℃升高到300℃，饱和蒸汽的压力要从4MPa升高到9MPa，即从中压升到高压。如要使用过热蒸汽，则需采用过热器，使锅炉的设备及运行复杂化，并使耗资增大。但是，工业上有不少物理和化学过程，如蒸馏、蒸发、熔碱、聚合等都是在200℃以上进行的，因此采用更高温度而无需很高压力的热载体以提高加热温度就具有很大的工程经济意义。高温热载体除了“高温低压”以外，还必须有足够的热稳定性、高的比热容及蒸发潜热，以便在保持规定温度下操作时有良好的热交换工况、灵敏的温度调节以及对受热体的均匀加热。另外，热载体应没有燃烧和爆炸的危险，还必须易于掌握及价廉易得。可在锅炉中使用的高温热载体有水银、矿物油、高温有机热载体及二氧化碳等。

1. 汞气与水蒸气联合循环热力系统

水银作为热载体有很多优点，尤其是有良好的热稳定性及很低的饱和蒸汽压力（400℃时只为0.2MPa）。但是水银蒸气有毒，故需要在真空内或在完全气密的设备内操作；水银和金属的润湿性不良，有碍于热交换；液体水银容重大，价格昂贵，且不易掌握。图4-29所示的为采用汞气与水蒸气两气联合循环电站的热力系统。在这种电站中，高温段采用汞气循环，而低温段则采用水蒸气循环。从图4-16中可见，汞由给汞泵送入汞气锅炉的锅筒中，然后流入汞气锅炉的受热面受热蒸发。汞的气液混合物从受热面流回锅筒后即进行气液分离，汞气从锅筒流往汞气轮机，推动后者做功并带动发电机发电。汞气从汞气轮机排出后，进入凝结蒸发器中凝结，并将潜热传给水，使之升温蒸发。凝结后的汞被给汞泵重新送回汞气锅炉的锅筒，而产生的水蒸气则流经蒸汽过热器后成为过热蒸汽。过热蒸汽被送往蒸汽轮机膨胀做功，并使发电机旋

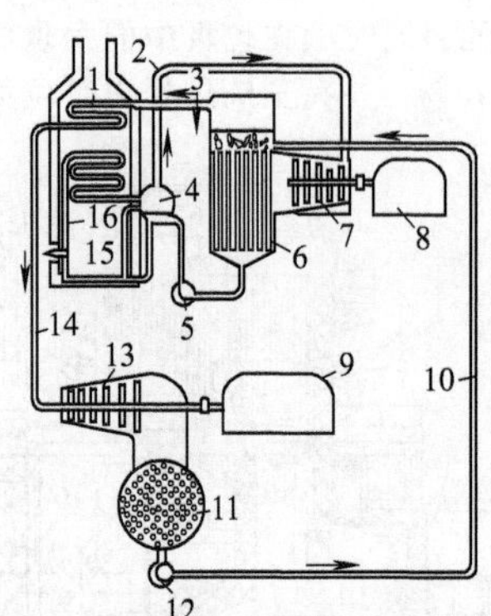

图 4-29 采用汞气与水蒸气联合循环电站的热力系统

1—蒸汽过热器；2—汞气管路；3—饱和蒸汽管路；4—汞气锅炉锅筒；5—给汞泵；6—凝结蒸发器；7—汞气轮机；8—汞气轮发电机；9—发电机；10—给水管路；11—蒸汽凝结器；12—给水泵；13—蒸汽轮机；14—过热蒸汽管路；15—炉膛；16—汞气锅炉受热面

转发电。蒸汽从蒸汽轮机排出后进入蒸汽凝结器中凝结，凝结水则被给水泵送入凝结蒸发器蒸发。此处由于汞在低压时具有较高的饱和温度，这样与中压的水蒸气组成两气联合循环就能得到较高的热力循环效率。在两气联合循环中，通常汞气锅炉的压力为 1.0MPa 左右，水蒸气压力为 2.94～3.92MPa，汞气轮机的排气绝对压力为 0.012MPa，蒸汽轮机的排汽绝对压力为 0.0039MPa。

2. 有机热载体锅炉

矿物油作为热载体，其加热温度受到它的热稳定性的限制，只能在单相液态下工作，因此在工业条件下用油加热很少超出 250～300℃。它的传热系数不大，一般不超过 580W/(m^3·K)。在用油加热时，因热交换强度不高、可容许的温度范围较窄，因此热交换设备的效率较低，温度控制较难。同时，因油对过热现象异常敏感，而在工业条件下又常会发生这种过热现象，因此，必须使油在系统中不断循环。循环泵短时期的停止，就能引起热载体的过热和分解。另外，油作为热载体还有一些其他的缺点：在长期操作后矿物油的黏度将急剧上升；生成的胶质将沾污热交换表面；在开始操作时，由于油中有水分，因而时常会发生油的激动；设备启动的时间较长，为了加速启动，油管必须装有蒸汽套等。尽管如此，由于油能高温低压，并且价廉易得，而上述问题又非难以解决，因此仍受到了重视。特别是油的成分、品质和性能不断得到改善和提高，近年来一种被称为导热油的热载体获得了越来越广泛的应用。导热油锅炉在中国较早出现在纺织印染行业，它具有温度高（约 300℃）、热量稳定、温度波动小（进出口温差仅 15～20℃）等优点，可提高纺织品热定型的质量。现已在交通运输（沥青加热）、粮食及木材加工（烘干）、轻工机械（如油漆烘干）、食品（焙烤）等多种工业领域中应用。因导热油在锅炉中始终保持单相（液态）运行，故一般采用强制循环，其受热面结构与小型直流锅炉相仿。但因锅炉容量较小、压力较低，因而也有其特点：紧凑、轻便，广泛采用螺旋盘管作受热面，并采用圆筒形或矩形外形。图 4-30 所示为一种导热油锅炉。这种导热油锅炉容量较大，为减小外形尺寸，将炉膛及对流受热面分成两个筒体。此时前筒体作为炉膛，只布置辐射受热面，与炉排配合采用较大的螺旋盘管直径：后筒体为多管圈式套置对流受热面。

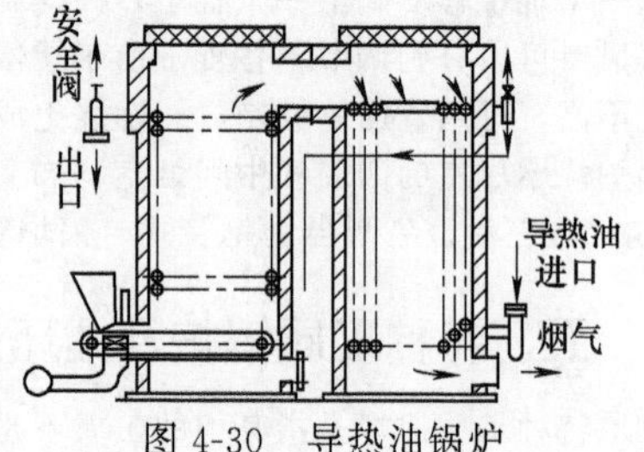

图 4-30 导热油锅炉

高温有机热载体能在 200～400℃之间有效工作。可作为高温热载体使用的高沸点有机化合物有联苯、联苯醚、萘，上述物质的二成分或三成分的共熔混合物，甘油、含硅有机化合物等。采用共熔混合物的目的是为了降低其熔点。在上述物质中应用最广的是联苯及联苯醚的低共熔混合物，简称为联苯混合物。这种联苯混合物在常压下的沸点为 258℃，凝固点为 12.3℃，临界温度为 528℃，临界压力为 4MPa。联苯混合物是无色液体，有刺鼻的特殊臭味，不溶于水，凝固时其体积缩小，形成了均匀的低共熔结晶，带有黄白色。如果是用工业原料制造联苯混合物，则其成品有淡棕色，沸腾时很快转变成棕色。联苯混合物的蒸发是恒沸进行的，即液体及所形成蒸汽的成分是同一的。因此在蒸发时，液体的某一成分不会发生浓缩以至改变了性质。联苯混合物的饱和蒸汽压力，在前述温度范围内只及水饱和蒸汽压力的 1/60～1/30。作为高温热载体，联苯混合物也具有其他相应的优良的物理和热力学性质。联苯混合物锅炉简称联苯锅炉，其结构与低压水蒸气锅炉基本上相同，主要为立式水管锅炉（参见第三节）。

3. 超临界二氧化碳动力循环系统

超临界二氧化碳（S-CO_2）作为热载体，兼具有黏性小（如气体）和密度大（如液体）等特殊的物理特性。当二氧化碳达到其临界点（7.38MPa，31.10℃）时具有高热容量、高密度、低压缩系数和低黏度等诸多特性，可作为优越的传热介质或循环工作介质。

超临界二氧化碳作为热载体的动力循环研究始于 20 世纪 40 年代，在 70 年代取得阶段性研究成果，但之后由于透平机械、紧凑式热交换器制造技术不成熟而中止，直至 21 世纪初，超临界二氧化碳动力循环研究在美国再度兴起，并被世界其他国家关注成为研究热点。各国纷纷在各领域中投入基于超临界二氧化碳作为热载体的动力循环技术的研究和实践中。这或将引发行业内新的技术制高点的激烈竞争和角逐，同时也将带起动力循环领域的一股新的浪潮。

目前在多项动力循环各领域中超临界二氧化碳正以极快的速度稳步发展：在第四代核反应堆各种候选技术中，超临界二氧化碳动力循环在使用传统结构材料的基础上更具稳定性，同时有效提高电力转换系统的安全性和可靠性，是极具竞争力与前景的方案之一。2011 年 SETO 启动的 SunShot 计划中大型聚焦型太阳能发电厂采用超临界二氧化碳作为循环工质提高太阳能发电效率备受世界关注：2014 年 Echogen 正式公布了功率等级 8MW 的 EPS100 机组的测试情况，成为世界上第一个进行商业示范的兆瓦级余热利用机组。Echogen 与韩国斗山重工合作，进军水泥、钢铁等工业领域，颇有取代自备电厂成为新兴余热发电设备的趋势：对于大型火力发电，超超临界燃煤发电技术其蒸汽参数需达到 35MPa、700℃以上，其高温部件需要采用昂贵的新型镍基合金使电厂造价升高，经济性不佳。这些超超临界燃煤发电技术由于存在明显的发展瓶颈的制约，同样也有望采用超临界二氧化碳新型工质动力循环进行重点突破。

新兴的超临界二氧化碳热载体技术可应用于聚光型太阳能热发电（CSP）、地热发电、第四代核能发电、舰船动力循环、火力及余热发电等动力循环发电领域，其采用布雷顿循环与蒸汽朗肯循环相比具有以下优良特性和主要优势。

① 超临界二氧化碳动力循环的结构经济简单，无需除氧器，污水处理设备和化学除盐等设备即可实现模块化建设，其机械结构紧凑，可减少系统的安装，维护和运行成本，整个系统规模只占常规蒸汽朗肯循环的 25%。

② 在透平入口温度高于 550℃时，超临界二氧化碳循环效率将高于蒸汽朗肯循环，且温度越高优势越明显，与现有蒸汽朗肯循环燃煤电厂的相比，超临界二氧化碳布雷顿循环燃煤电厂的预计发电效率可提高 6.2%～7.4%，平准化电力成本（LCOE）能减少 7.8%～13.6%。

③ 超临界二氧化碳循环对于低温端冷却温度的敏感性较小，在空冷条件下仍能保持较高的效率，并且循环中二氧化碳一直处于超临界状态，无相变不需要水冷，在缺水地区极具优势。

在展现了上述优良特性的同时，超临界二氧化碳动力循环也暴露了一些亟待解决的问题。

① 由于在二氧化碳临界点附近的物理性质为非线性特征，换热器中的热容量及热负荷会发生显著变化，导致换热器内难以保持热流和冷流之间的正温差使换热器内出现“夹点问题”，换热器夹点问题可以通过使用再压缩循环来解决。

② 超临界二氧化碳循环回热量大。就目前较为先进的 600℃等级含分流再压缩的超临界二氧化碳布雷顿循环发电系统而言，整个系统的回热量为锅炉吸热总量的 2～3 倍。高回热量有效地提高了平均吸热温度进而提高系统循环效率，但同时也需要克服回热器“夹点问题”和超临界二氧化碳锅炉气冷壁入口工质温度高，传热温压小，换热能力差，以及常规水冷壁布置形式不适用于超临界二氧化碳锅炉等相应的技术挑战。

③ 就材料而言，以往学者认为超临界二氧化碳的高温氧化性弱于水蒸气，基于现有火电站高温材料，超临界二氧化碳循环可运行于 700℃或更高的温度。但据最新相关研究表明，锅炉用耐热钢及高温合金在超临界二氧化碳环境中受到氧化及渗碳双重腐蚀作用，在氧化层内形成渗碳区，导致贫铬现象，加剧了应力腐蚀倾向，在焊缝、弯头等部位易导致应力开裂，同时渗碳腐蚀能加速奥氏体组织向马氏体组织的退化，降低韧性，促进腐蚀层的剥落。在超临界二氧化碳中服役的耐热钢及高温合金，其腐蚀速率及服役年限评价标准可能需重新制定。

目前基于火力发电的超临界二氧化碳动力循环系统还处于概念设计阶段，其中关键技术还有待突破和创新。对于整体超临界二氧化碳动力循环燃煤发电系统，研究较多的为设置分流再压缩以控制“夹点问题”。当循环系统经 1 次膨胀、3 次分流压缩时回热器的“夹点问题”能够有效克服，解决透平出口压力与压缩机入口压力相互依赖，参数不能独立调节等难点。考虑到设备成本及系统复杂性，西安交通大学采用 2 次再热、2 次分流再压缩形式确保各项综合参数最佳并对基于塔式燃煤锅炉的 1000MW 超临界二氧化碳动力循环发电系统进行深度优化研究。如图 4-31 所示，超临界二氧化碳经低温回热器放热后，在其出口处低压分流，一股经预冷器冷却后温度为 32～40℃，压力为 7.4～8.4MPa 被主压缩机压缩并进入低温回热器吸热；另一股直接被再压缩机压缩后与在低温回热器吸热的高压超临界二氧化碳汇合。随后高压超临界二氧化碳又依次在中温回热器、高温回热器中吸收热量并在锅炉中被加热为高温流体，进入高压透平做功时其入口温度为 500～700℃，压力为 14～40MPa。其中，从中温回热器高压侧出口引出部分低温超临界二氧化碳吸收锅炉中温烟气热量，从而降低排烟温度，提高锅炉效率。高温高压的超临界二氧化碳在高压透平中部分膨胀后再次返回到锅炉中进行再热使其压力升至 12～20MPa，之后进入低压透平完全膨胀做功。完全膨胀后的超临界二氧化碳温度仍然较高，故依次在高温回热、中温回热器和低温回热器中加热高压冷超临界二氧化碳，从而完成一个循环。经优化分析得知，当主压缩机入口压力 7.74MPa、再热压力 16MPa 时 S-CO_2 动力循环燃煤发电系统全厂热效率和全厂㶲效率同时达到最大，分别为47.92%和43.82%。

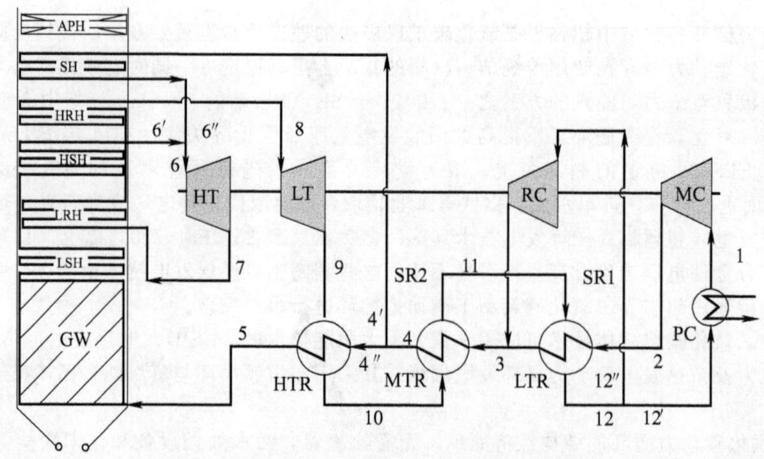

图4-31 超临界二氧化碳动力循环燃煤发电系统

GW—气冷壁；LSH—低温过热器；LRH—低温再热器；HSH—高温过热器；HRH—高温再热器；SH—过热器；APH—空预器；HT—高压透平；LT—低压透平；HTR—高温回热器；MTR—中温回热器；LTR—低温回热器；RC—再压缩机；MC—主压缩机；PC—预冷器

注：图中数字代表工程流质，与系统设备无关，省略注释

第三节 余热锅炉设计计算

和常规锅炉设计一样，余热锅炉设计计算主要包括结构设计、热力计算、烟风阻力计算、水循环计算及强度计算等系列过程。结构设计分总体方案设计和受热面结构设计，而受热面结构设计实际上是热力计算的重要构成部分。锅炉设计的原则是以安全可靠为前提确保安全性；以经济效益为目标确保经济性；以便于制造和安装确保可靠性；以便于维修使用确保使用性。

所谓热力计算是确定烟气行程中各种锅炉受热面吸收烟气热量的比例关系，通过热量平衡，计算出锅炉各受热面的结构尺寸，确保锅炉达到额定出力和参数。锅炉热力计算依据已知条件和计算目的不同分为设计计算和校核计算。

设计计算任务是在给定给水温度和燃料特性的前提下，为达到额定的参数和出力，选定的经济指标，设计锅炉各个受热面的结构尺寸，并为选配辅助设备和进行锅炉类型计算提供原始资料。设计计算是设计新锅炉时常用的计算方法，是一个从无到有的过程；校核计算是根据已有锅炉各受热面结构参数和热力系统，在锅炉参数、燃料种类或局部受热面发生变化时，通过计算确定各受热面各节点水温、蒸汽温度、烟温及空气温度，确定锅炉热效率和燃料消耗量等。校核计算是校核已有锅炉常用计算方法，主要目的是：校核条件发生变化后，参数出力如何变化以及受热面是否需要调整，校核计算是一个从有到变的过程。设计计算和校核计算依据相同的热工原理，公式和图表都是相同的，仅在于计算任务和所要求的数据不同。在设计计算时，对各受热面计算，因计算方便，也往往采用校核计算的方法。如：受热面两级布置时，第一级一般是校核计算，而另一级则会是设计计算。本手册主要涉及设计计算。

在设计余热锅炉时，首先应对余热锅炉进行结构设计，完成整体布置，然后，在结构设计的基础上进行热力计算、烟风阻力计算、受压元件强度计算和安全阀排放量计算，必要时还应进行水动力计算、钢构架结构强度及稳定性计算等。

一、余热锅炉整体布置

余热锅炉的整体布置可按下列原则选择。

① 第一类余热锅炉：可采用水管或烟管型余热锅炉的整体结构形式。

② 第二类余热锅炉：受热面一般采用翅片管或光管。采用光管时，烟气可作横向或斜向冲刷，但应适

当增大管子的横向和纵向节距，避免出现烟尘搭桥现象。若烟尘流动性能好，对管子磨损不严重的烟气，可提高烟气流速，以加强自清灰能力。

③ 第三类余热锅炉与第四类余热锅炉：应采用附有烟尘沉降室或辐射冷却室的多烟道炉型或直通式炉型。烟道应设有冷灰斗。这类余热锅炉受热面宜采用膜式壁或翅片管。并应在受热面易发生磨损的部位，采取防磨措施。

④ 第五类余热锅炉：除按烟尘浓度选用余热锅炉结构形式外，尚应采用钢板密闭炉墙。

烟管型余热锅炉一般包括前烟箱、管板、锅壳、烟管、后烟箱等部件。承受外压的烟管壁厚、承受内压的管板壁厚与拉撑管的数量和厚度应根据锅壳式锅炉强度计算标准 GB/T 16508 相关计算要求确定。

第一类水管型余热锅炉，其蒸发受热面采用管束受热面时，烟气宜作横向冲刷。在对流烟道内布置过热器时，受热面可以垂直或水平布置，烟气宜采用横向冲刷；当采用翅片管时，受热面应垂直布置，烟气也可采用纵向冲刷；在对流烟道内布置钢管省煤器时，一般水平布置，烟气做横向冲刷；当省煤器垂直布置时，其出口集箱最高位置应有排气装置。

余热锅炉应设有足够的各类门孔。余热锅炉受热面应设有清灰装置。第一类余热锅炉宜设清灰装置。

余热锅炉辅助燃烧装置可设计为与余热锅炉相结合和独立设置两种。结合式辅助燃烧装置要求在 0～100％负荷内有良好的调节性能时，在燃烧室内可不设水冷壁；独立式辅助燃烧装置一般采用自然通风，主要用于外置式过热器。

余热锅炉的辐射冷却室，应能合理地组织烟气的动力场，使烟气在进入后部烟道时，其烟温能降到烟尘凝固点以下 100～150℃。辐射冷却室的受热面宜采用膜式壁或翅片管结构，亦可在辐射冷却室顶棚、侧墙布置过热器受热面；烟气可从辐射冷却室或烟尘沉降室的顶部或前部进入；当烟气从顶部进入时，烟速可取 8～20m/s，当烟气从前部进入时，烟速一般取 3～8m/s；对从辐射冷却室或烟尘沉降室前部进入的烟气，其室中的烟速一般以 2～6m/s 为宜；对从辐射冷却室或烟尘沉降室顶部进入的烟气，其室中的烟速一般选用 1～3m/s；辐射冷却室或烟尘沉降室在烟气流动的纵深方向应有足够的长度，以便使烟尘在流动过程中逐步凝固和沉降。

对腐蚀性强或有毒性的烟气应采用膜式壁结构防止烟气泄漏。

余热锅炉炉墙有重型炉墙、轻型炉墙、敷管炉墙三类。对于第一、第二、第三类余热锅炉宜采用轻型炉墙；对蒸发量小于 4t/h 的余热锅炉可采用重型炉墙；对于炉墙严密性要求高或属于第五类的余热锅炉应采用膜式壁敷管炉墙。

余热锅炉构架的梁、柱、拉撑布置应考虑辅助燃烧室、冷却室的结构，各段受热面的布置及其支吊要求，所有门、孔及清灰装置的布置以及炉墙及炉板的支撑等因素的影响。

二、余热锅炉热力计算

余热锅炉热力计算一般推荐采用《锅炉机组热力计算标准方法》(1976 年版)；对于烟气量较小的低压余热锅炉热力计算可采用《烟道式余热锅炉设计导则》中附录 A 列出的计算方法进行简化计算。

(1) 热平衡计算　余热锅炉的热平衡计算是为了使进入余热锅炉的热量与有效利用的热量及各种损失的总和相平衡，并据此计算余热锅炉的产汽量和余热锅炉的利用率。

热平衡计算的方程式如下：

$$Q'=Q_1+Q_2+Q_3+Q_4+Q_5+Q_6 \tag{4-1}$$

式中　Q'——进入余热锅炉的热量，kJ/h；

Q_1——余热锅炉的有效利用热量，kJ/h；

Q_2——排烟热损失，kJ/h；

Q_3——化学不完全燃烧热损失，kJ/h；

Q_4——机械不完全燃烧热损失，kJ/h；

Q_5——散热损失，kJ/h；

Q_6——排灰渣热损失，kJ/h。

进入余热锅炉的热量按下式计算：

$$Q'=Q_y+Q_f+Q_{oh}+Q_{lk} \tag{4-2}$$

式中　Q_y——烟气带入的热量（可包括烟尘的焓值），kJ/h；

Q_f——工业炉窑炉口辐射热量，kJ/h；

Q_{oh}——连续吹灰介质带入的热量，kJ/h；

Q_{lk}——漏入余热锅炉的空气带入的热量，kJ/h。

烟气带入的热量按下式计算：

$$Q_y = I_y V_y + Q_x \tag{4-3}$$

式中 I_y——总的烟气的焓，kJ/m^3；

V_y——进入余热锅炉的烟气量，m^3/h；

Q_x——烟气携带物质的潜热化学燃烧热量，kJ/h。

炉口辐射热量按下式计算：

$$Q_f = 3.6 a_f C_o F_{lk}\left[\left(\frac{T_f}{1000}\right)^4 - \left(\frac{T_b}{1000}\right)^4\right] \tag{4-4}$$

式中 a_f——辐射体的黑度，一般取0.6～0.9；

C_o——绝对黑体的辐射系数；

F_{lk}——余热锅炉炉口面积，当工业炉窑出口面积较小时取工业炉窑的出口面积，m^2；

T_f——高温辐射体的热力学温度，K；

T_b——余热锅炉内辐射体的平均温度，K，在具体计算中可近似地取其等于余热锅炉管壁的热力学温度；

Q_f——炉口辐射的热量，kJ/h。

吹灰介质带入的热量，只有在使用蒸汽连续吹灰时才考虑。按下式计算：

$$Q_{oh} = 4.186 G_{oh}(I_{eq} - 2512) \tag{4-5}$$

式中 G_{oh}——连续吹灰时的蒸汽消耗量，kg/h；

I_{eq}——蒸汽的焓，kJ/kg。

(2) 余热锅炉的余热利用率与辅助燃烧装置的效率

① 余热利用率。

$$\eta_{yz} = 100 - \sum q = 100 - q_2 - q_3 - q_4 - q_5 - q_6 \tag{4-6}$$

式中 η_{yz}——余热锅炉的余热利用率，%；

q_2——余热锅炉的排烟热损失，%；

q_3——化学不完全燃烧热损失，%；

q_4——机械不完全燃烧热损失，%；

q_5——散热损失，%；

q_6——排尘渣热损失，%。

q_3～q_5 的计算方法和取值按《锅炉机组热力计算——标准方法》第五章中有关规定。

余热锅炉的排烟热损失按下式计算：

$$q_2 = \frac{Q_2}{Q'} \times 100 = \frac{I'' V''_y}{Q'}, \% \tag{4-7}$$

式中 I''——相应排烟温度下烟气的焓，kJ/m^3；

V''_y——余热锅炉出口烟气量，m^3/h。

排灰渣热损失按下式计算：

$$q_6 = \frac{Q_6}{Q'} \times 100 = \frac{G_h C_h t_h}{Q'}, \% \tag{4-8}$$

式中 G_h——在余热锅炉内沉降的烟尘量，kg/h；

C_h——烟尘的比热容，kJ/(kg·℃)；

t_h——烟尘的温度，℃，从冷却室排出的烟尘取 t_h=600℃左右，从对流受热面排出的烟尘取 t_h=200～300℃。

② 辅助燃烧装置的效率。

$$\eta_{by} = 100 - \sum q = 100 - q_{2by} - q_{3by} - q_{4by} - q_{5by} - q_{6by} \tag{4-9}$$

式中 η_{by}——辅助燃烧装置的效率，%；

q_{2by}——辅助燃烧时排烟热损失，%；

q_{3by}——辅助燃烧时化学不完全燃烧热损失，%；

q_{4by}——辅助燃烧时机械不完全燃烧热损失，%；

q_{5by}——散热损失，%；

q_{6by}——排灰渣热损失，%。

上述各项热损失的取值按《锅炉机组热力计算——标准方法》第五章中有关规定。

(3) 余热锅炉蒸发量

$$D_{bq}=\frac{\eta Q-Q_w}{(i_{bq}-i_{gs})+p(i_{bs}-i_{gs})} \tag{4-10}$$

$$D_{gq}=\frac{\eta Q-Q_w}{(i_{gq}-i_{gs})+p(i_{bs}-i_{gs})} \tag{4-11}$$

式中　D_{bq}、D_{gq}——饱和蒸汽和过热蒸汽的蒸发量，kg/h；

i_{bq}、i_{gq}——饱和蒸汽和过热蒸汽的焓，kJ/kg；

i_{gs}、i_{bs}——给水和饱和水的焓，kJ/kg；

p——排污率，按表 4-7 选用；

η——如求余热锅炉蒸发量，则为余热锅炉余热利用率 η_{yz}，如求辅助燃烧装置蒸发量，则为辅助燃烧装置的效率 η_{by}；

Q——如要求余热锅炉蒸发量，则为进入余热锅炉的总热量；

Q_w——外来工质加热所带走的热量，kJ/h。

表 4-7　余热锅炉排污率

给　水　条　件	排　　污　　率
以化学除盐水或蒸馏水为补给水的凝汽式电厂	1
以化学除盐水或蒸馏水为补给水的热电厂	2
以化学软水为给水的余热锅炉，$D>4$t/h	5
以化学软水为给水的余热锅炉，$D<4$t/h	8～12

(4) 辅助燃烧装置燃料量　辅助燃烧装置所需燃料量按下式计算：

$$B_{by}=\frac{Q_{by}}{Q_{dw}\eta_{by}} \tag{4-12}$$

式中　B_{by}——辅助燃烧所需要的燃料量，kJ/h 或 m^3/h；

Q_{by}——余热锅炉所需的辅助热量，kJ/h，可以式（4-10）或式（4-11）中反求；

Q_{dw}——燃料低位发热量，kJ/kg 或 kJ/m^3。

(5) 辐射冷却室换热计算

1）辐射冷却室容积和受热面积。辐射冷却室的容积按图 4-32 所示进行计算。

① 水冷壁管中心线所在的平面是容积的边界线；未敷设水冷壁的地方，炉墙壁面是容积的边界线。在冷却室出口断面上，以通过屏式过热器、凝渣管或蒸发受热面的第一排管中心线作为容积的边界线，如在冷却室中布置屏式过热器，冷却室的容积应扣除其所占的容积。

冷却室下部用水冷壁管构成冷灰斗的余热锅炉，一般取冷灰斗高度（h）的 1/2 处的水平面作为冷却室下部容积的边界线。

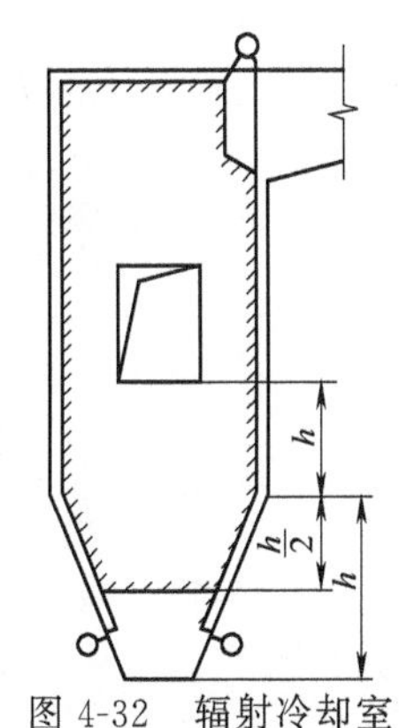

图 4-32　辐射冷却室容积计算

② 对烟气从一侧进入的余热锅炉，当烟气进口下部边缘与冷灰斗上部水平面的距离（h_1）小于 1m 时，冷灰斗的计算受热面积等于冷灰斗几何面积的 1/3，而烟气进口下部边缘距冷灰斗上部水平面大于 1m 时，不计冷灰斗受热面积。

对烟气从冷却室顶部进入，而冷却室中又无烟道隔墙，烟气在冷却室中水平流动时，不计冷灰斗受热面积；而冷却室中有烟道隔墙，并且烟气在冷却室中作上、下流动时，可根据隔墙底边与冷灰斗距离，将冷灰斗几何面积的 1/3～1/2 计入受热面积。

③ 贴墙水冷壁及双面曝光水冷壁的辐射受热面，可当作一连续平面来计算，该平面在吸热上与管子未污染的水冷壁相当，受热面积可按常规锅炉计算方法进行计算：

$$H_f=\sum(F_fX) \tag{4-13}$$

式中　H_f——水冷壁受热面积，m^2；

F_f——水冷壁所占据的炉墙面积，m^2；

X——水冷壁的角系数。

鳍片式水冷壁和膜式水冷壁角系数 $X=1$；在冷却室出口处布置有蒸发受热面、凝渣管及屏时，通过其第一排管子的角系数 $X=1$。

水冷壁所占据的炉墙面积（F_f）可按该水冷壁边界管子中线间的距离（b）与水冷壁管子曝光长度（L）的乘积来计算。在确定水冷壁所占据的炉墙面积（F_f）时，要扣除检查门、吹灰孔等未敷设水冷壁管的面积。冷却室辐射受热面积（H_f）与冷却室炉墙面积之比称为冷却室的水冷程度，即：

$$X=\frac{H_f}{F} \tag{4-14}$$

式中，F 为炉墙的面积，m^2。

2）辐射冷却室换热计算。辐射冷却室应吸收的热量，按热平衡方程式确定：

$$Q_{Lf}=\varphi(Q_L-I''_L V''_{Ly}) \tag{4-15}$$

式中 Q_{Lf}——冷却室应吸收的热量，kJ/h；

φ——保热系数；

Q_L——烟气进入冷却室的有效热量，kJ/h；

I''_L——冷却室出口处烟气的焓，kJ/m^3；

V''_{Ly}——冷却室出口处的烟气量，m^3/h。

烟气在冷却室内的有效热量按下式计算：

$$Q_L=Q'\frac{100-q_5}{100} \tag{4-16}$$

辐射冷却室受热面积吸热量按下列换热方程式计算：

$$Q_f=3.6C'H_f\zeta\left[\left(\frac{T_{yp}}{1000}\right)^4-\left(\frac{T_b}{1000}\right)^4\right] \tag{4-17}$$

式中 Q_f——冷却室受热面的吸收热量，kJ/h；

C'——辐射系数，$kW/(m^2\cdot K^4)$；

H_f——有效辐射受热面积，m^2；

ζ——辐射受热面污染系数；

T_{yp}——冷却室中烟气的平均热力学温度，K；

T_b——冷却室受热面管壁的热力学温度，K。

辐射系数按下式计算：

$$C'=a_h a_k C_o \tag{4-18}$$

式中 a_k——冷却室的折算黑度，见式（4-19）；

C_o——绝对黑体的辐射系数，$kW/(m^2\cdot K^4)$；

a_h——烟尘的辐射系数，见表 4-8。

表 4-8 烟尘辐射系数

烟尘量/(g/m^3)	烟尘辐射系数 a_h	烟尘量/(g/m^3)	烟尘辐射系数 a_h
0～50	1.0	200～300	1.25
50～100	1.05	>300	1.4
100～200	1.1		

冷却室的折算黑度（a_k）决定于火炬的有效黑度（a_φ）、辐射受热面的有效吸收能力（a_x）以及冷却室的水冷程度 X，按下式计算：

$$a_k=\frac{1}{\frac{1}{a_x}+X\left(\frac{1}{a_\varphi}-1\right)} \tag{4-19}$$

余热锅炉冷却室管壁积灰与工业炉窑种类、烟尘数量及性质有关。对烟气中烟尘较少或烟尘黏结性不强的余热锅炉，积灰厚度可取 5mm，对于烟尘量大和烟尘黏结性强的余热锅炉，积灰厚度可视同一般锅炉带销钉的水冷壁。

积灰厚度的选取与锅炉清除灰设施的强弱有关，清除灰设施强而有效的，积灰厚度一般为 5mm，相反取较大值。

烟尘辐射系数，根据烟气的含尘量，推荐按表 4-8 中的数值选取。

冷却室烟气的平均温度按下式计算：

$$T_{yp}=\frac{T'_L+T''_L}{2} \tag{4-20}$$

式中　T'_L，T''_L——冷却室烟气的进口和出口热力学温度，K。

在进行冷却室结构（设计）热力计算时，可按下式求出有效辐射受热面积：

$$H_f=\frac{Q_{Lf}}{\zeta C'\left[\left(\frac{T_{yp}}{100}\right)^4-\left(\frac{T_b}{100}\right)^4\right]}\text{，m}^2 \tag{4-21}$$

(6) 对流受热面计算　对流受热面热力计算时涉及三个热平衡方程式，首先是管外烟气放热的热平衡方程式，其次是热量通过管壁的传热方程式，第三是管内流体吸收热方程式，这三个热量是相等的，通过热量的平衡可以进行各种形式的对流受热面的热力计算。

① 热平衡方程式。余热烟气经过受热面时所放出的热量，扣除散失到周围的散热量，就是烟气的有效放热量，公式如下：

$$Q_p=\varphi V_y(I'-I''+\Delta\alpha I_{lk}) \tag{4-22}$$

式中　Q_p——烟气有效放热量，kJ/h；

φ——保热系数，考虑散热量的影响，可按相关公式计算；

V_y——进入余热锅炉的烟气流量，m^3/h：

I'——烟气进口焓，kJ/m^3；

I''——烟气出口焓，kJ/m^3。

$\Delta\alpha I_{lk}$——漏风所带入的热量，kJ/m^3。

② 传热方程式。传热方程式的基本形式是：

$$Q=3.6KH\Delta t \tag{4-23}$$

式中　Q——所求受热面以对流和辐射方式吸收的热量，kJ/h；

K——传热系数，W/(m^2·℃)；

Δt——平均温差，℃；

H——计算受热面积，m^2。

③ 工质吸收方程式。被加热工质所吸收的热量可按下式计算：

$$Q=D(i''-i')-Q_{nf} \tag{4-24}$$

式中　D——流过所求受热面的工质流量，kg/h；

i',i''——受热面入口及出口工质的焓，kJ/kg；

Q_{nf}——以辐射方式从冷却室获得的热量，kJ/h。

当受热面以对流受热面形式存在时，$Q_{nf}=0$。

④ 传热计算说明。从式（4-23）可以看出，传热量计算公式和传热系数（K）、计算受热面积（H）和平均温差（Δt）有关。对于余热锅炉的对流受热面而言，传热系数（K）、计算受热面积（H）和平均温差（Δt）等参量的计算公式和常规锅炉给出的推荐公式是完全相同的。但是有一点需要说明：考虑到余热锅炉烟气的实际灰尘浓度范围比较宽广，灰尘在受热面上的沉积和污染特性和常规的燃煤、燃油、燃气锅炉存在一定的差别，因此，在实际计算传热系数（K）时，应该注意相关系数的选取，否则会给设计计算带来较大误差。

三、余热锅炉水循环计算

余热锅炉水动力计算是在余热锅炉结构、水循环方式和受热面结构及系统布置确定之后，并经过热力计算校核受热面后进行的。余热锅炉水循环方式一般有自然循环、强制循环和自然与强制循环相结合三种。强制循环锅炉的蒸发受热面中的工质一般为一次性通过的强迫流动，水循环的可靠性可以得到有效保证；由于强制循环锅炉采用强迫流动，其水冷壁可以布置成垂直、水平、倾斜任意角度等不同形式的结构，金属耗量少，制造方便，启动和停炉的速度都比较快。但是，强制循环锅炉的给水泵及阀门组事故率比较高，降低了锅炉运行的可靠性及使用率；除此之外，蒸发受热面中两相流体的流动阻力较大，给水泵的电耗增加。自然循环方式结构简单、运行平稳、循环可靠性好，不需要循环水泵、复杂的控制及停电保护系统，维修少而方便，对运行人员操作要求比较低，特别适用于余热锅炉及中小型工业锅炉上。自然与强制循环相结合的水循环方式则兼有自然循环和强制循环的特点。

鉴于余热锅炉蒸发量和压力参数较低，余热锅炉设计时，自然循环方式往往成为首选。自然循环回路设计时，蒸发受热面多采用垂直布置的下降管和上升管或垂直布置的锅炉管束。近年来，也有相当一部分余热锅炉因为余热锅炉结构和系统总体设计的需要布置了多级水平布置的蛇形蒸发对流受热面，而水平布置的蛇形蒸发对流受热面在运行过程中容易发生停滞、倒流和汽水分层等水循环故障。尽管水平蛇形蒸发受热面一般布置在低烟温区，不会发生严重的爆管事故，但当水循环故障出现时，不仅使受热面热量传递的有效性降低，还会出现水动力的不稳定工况。因此，为保证自然循环余热锅炉的循环回路的安全稳定运行，必须进行精确的、细致的循环回路的结构设计和水动力计算。

(1) 现有锅炉水循环计算方法 锅炉行业目前执行和使用的锅炉水动力计算方法主要有《热水锅炉水动力计算方法》(JB/T 8659—1997) 等。但是这些标准并不完全适用于自然循环余热锅炉的水动力计算。

计算的基本原理主要有有效压头法、压差法，以及基于这两种方法发展衍生出的其他方法，如公式法、回路分析法等。

这几种方法各有特点，针对水动力计算和分析中的不同阶段和不同要求，如果应用得当可以发挥各自的长处。

① 有效压头法。有效压头法是按上升管和汽水引出管的有效压头（S_{yx}）之和等于下降管流动阻力（ΔP_{xj}）的条件画出水动力特性曲线（见图 4-33），从而确定回路的循环流速（v_0）、循环流量（G）和循环倍率（K），即：

$$\sum S_{yx}=\Delta P_{xj} \tag{4-25}$$

$$S_{yx}=(\overline{\rho}_{xj}-\overline{\rho}_{ss})gh-\Delta P_{ss} \tag{4-26}$$

$$S_{yd}=(\overline{\rho}_{xj}-\overline{\rho}_{ss})gh \tag{4-27}$$

式中 ΔP_{ss}——上升管的流动阻力，Pa；

ΔP_{xj}——下降管的流动阻力，Pa；

S_{yd}——运动压头，Pa；

S_{yx}——有效压头，Pa；

h——管子的高度，m；

$\overline{\rho}_{xj}$——下降管工质平均密度，kg/m^3；

$\overline{\rho}_{ss}$——上升管工质平均密度，kg/m^3；

g——重力加速度，m/s^2。

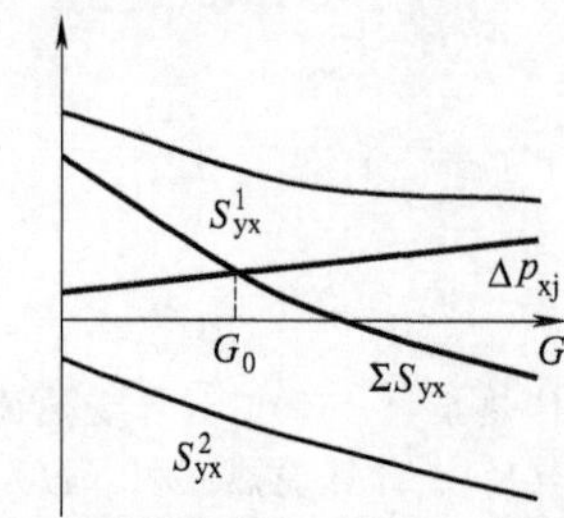

图 4-33 有效压头法的水动力特性曲线

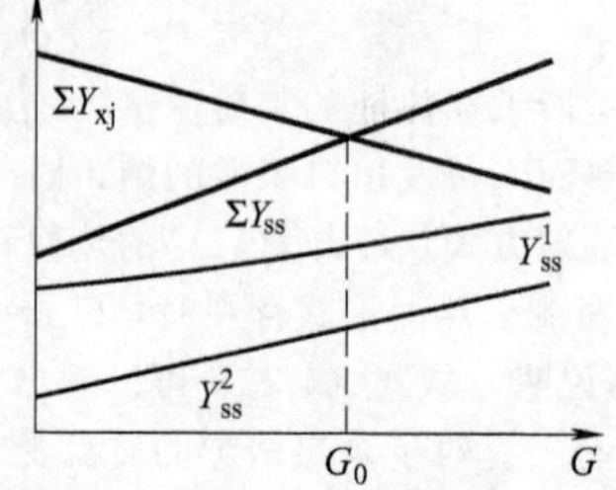

图 4-34 压差法的水动力特性曲线

② 压差法。压差法是按上升流动的总压差（Y_{ss}）等于下降管内流动的总压差（Y_{xj}）的条件画出水动力特性曲线（见图 4-34），从而确定循环特性参数 v_0、G 和 K，即：

$$\sum Y_{ss}=\sum Y_{xj} \tag{4-28}$$

$$Y_{xj}=\overline{\rho}_{xj}gh_{xj}-\Delta P_{xj} \tag{4-29}$$

$$Y_{ss}=\overline{\rho}_{ss}gh_{ss}+\Delta P_{ss} \tag{4-30}$$

式中 Y_{ss}——上升流动的压差，Pa；

Y_{xj}——下降流动的压差，Pa；

$\overline{\rho}_{xj}$——下降管工质平均密度，kg/m^3；

$\overline{\rho}_{ss}$——上升管工质平均密度，kg/m^3；

g——重力加速度，m/s^2；

h_{xj},h_{ss}——下降管和上升管高度，m。

(2) 自然循环水动力计算的思路 传统的自然循环水动力计算需要先手工画出水动力特性曲线，再作图求解，锅炉设计阶段的工作量很大。为了方便使用计算机求解，选用压差法，并按下面步骤进行计算：

① 数据准备，包括下降管、引入管、水冷壁、引出管的结构数据，热力计算数据；

② 对每一级蒸发段假设下降管流量 G_{xj}（由蒸发量、循环倍率的初值估算），计算循环倍率的初值 K_0，计算汽包欠焓（i_{qh}）。

a. 计算下降管阻力 dP_{xj}，引入管阻力 dP_{yr}，引出管阻力 dP_{yc}，分离器阻力 dP_{fl}。

b. 对每一级蒸发计算，压差方程如下：

$$dY=Y_{xj}-Y_{ss} \tag{4-31}$$

当 $dY<\varepsilon$（某一个极小值）时，继续；否则，用计算此时的 dP_{xj} 去反推 G_{xj}，迭代计算，直到满足式（4-31）的条件。

③ 从①和②步骤可以计算得到循环倍率（K）和汽包欠焓（i_{qh}），按每一级的循环流量分配每一级欠焓，并进行循环倍率误差校核，要求满足式（4-32）和式（4-33）：

$$|i_{qh0}-i_{qh}|<3\times 4.1868\text{kJ/kg} \tag{4-32}$$

$$|i_{qh0}-i_{qh}|/i_{qh}<0.3\text{kJ/kg} \tag{4-33}$$

如果不满足式（4-32）和式（4-33）的要求，则令 $i_{qh0}=i_{qh}$，从第 1 步重新开始计算，直到满足式（4-32）和式（4-33）。式中的数值根据计算精度而定。

④ 在满足式（4-32）和式（4-33）条件的基础上，根据循环回路的结构进行循环停滞、倒流、自由水面的校验，传热恶化的校验，改变或者优化结构参数。

在实际使用中，还可以对上述计算方法进行一定的简化。根据以上计算步骤，我们设计计算了 2500t/d 水泥生产线窑头余热锅炉（AQC 炉）和窑尾余热锅炉（SP 炉），证明了计算方法的可靠性，在多级蒸发面热量分配比较合理的情况下，可以忽略判断第二个条件，由此引起的偏差一般小于 10%。

（3）自然循环的可靠性校验

1）停滞。在循环回路中，个别上升管因受热不良，流动压头不足以克服下降管的阻力，使循环倍率等于 1。如果余热锅炉蒸发段引出管不存在提升段，如采用水下孔板来实现汽水分离，循环回路中就不会产生停滞。否则要进行安全性校验。

2）倒流。在循环回路中，个别上升管受热极差，在临近上升管向上流动的作用下，受热极差的上升管工质会被“倒抽”形成倒流现象。使用水下孔板的余热锅炉就会存在倒流形象，需要进行安全性校验。

3）水平蒸发管的汽水分层。自然循环水平蒸发管束的循环流速如果过小，就会导致汽水分层和污染物沉积等问题。一旦发生汽水分层，蒸发管束传热效率急剧下降，水平管上半部分得不到充分冷却，壁温升高，余热锅炉不但达不到设计性能要求，而且有爆管的危险。

目前还没有统一的针对低参数锅炉的水平蒸发面汽水分层的校验标准，但根据已有的水循环理论，实际设计过程中建议采用以下几种方法。

① 参照电站锅炉水动力计算方法。这种计算方法主要根据已知条件按照本书第十一章图 11-49，查取避免发生汽水分层时的界限质量流速。

② 经验法。实践经验表明：水平蒸发管束，若最小循环流速不小于 0.4m/s，就能保证可靠的水循环，当然，也有人认为，最小循环流速不应小于 0.5m/s。此时，应该根据水平管束的位置和具体情况进行选择。

③ 根据水平蒸发管内汽液两相流形图来判断。如应用贝克（Backer）流形图。

第四节　特种锅炉设计计算

和常规锅炉一样，特种锅炉设计计算也主要包括热力、阻力、水循环和强度计算，但具体过程具有特殊性。特种锅炉，当工质类型、对流换热方式、水循环方式、烟气冲刷方式发生变化时，设计原理和常规锅炉基本相同，可以参阅本书相关章节。本书限于篇幅，以铸铁锅炉为例，介绍特种锅炉的设计计算过程。而其他特种锅炉的设计计算可参阅相关著作。

一、热力计算和阻力计算

热力计算主要决定满足一定吸热量要求的受热面积大小和锅炉的热效率。锅壳式铸铁锅炉的主要受热面为炉胆和烟气纵掠带扩展受热面的平板壁面或矩形壁面。如锅片组成的炉胆上部在布置出烟口的情况下，其辐射换热系数应降低 10%左右。而关于烟气纵掠带扩展受热面的平板壁面或矩形壁面的换热计算应引起特别注意。

阻力计算决定锅炉本体的流体流动阻力，以选择能克服相应阻力的燃烧器，本节只介绍纵掠平板的阻力计算，其他形式转弯和截面突变局部阻力可查阅相关的参考书。

传热研究中，常用的无量纲准则数有两组，一组是 Nu、Re 和 Pr；一组是 St、Pr 和 Re。对于纵掠平板的流体传热计算，在起始段，为层流流动，继而流动向湍流过渡，不管是层流还是湍流，对纯平板流动可得到对流换热传热和阻力特性的近似解，如对于湍流下的纵掠平板，若采用平板长度（l）作为 Re 数的特征长度，则有 $Nu=hl/\lambda$，则：

对流换热系数 $$h=\lambda(0.037Re^{0.8}-871)Pr^{0.33}/l \tag{4-34}$$

范宁阻力系数 $$f=0.0592Re^{-0.2} \tag{4-35}$$

这种近似解只能用于一些简单的纵掠平板传热和阻力特性计算，对于铸铁锅片中的带扩展受热面的纵掠平板，其本身的几何通道比较复杂，流道是由多个平行的通道并联而使得流体分配不均匀，并且在流动过程中还要产生流动的二次分离和局部湍流。在这种情况下，设计中可借助根据试验数据绘制的曲线或拟合公式归纳出的关联式进行设计计算。

St 称为斯坦顿数，且 $St=Nu/(Pr\cdot Re)$，根据 A. P. Colburn 类似定律得传热因子 j：

$$j=St\cdot Pr^{2/3} \tag{4-36}$$

Kays 和 London 对各种传热平板表面进行了系统的传热和阻力特性研究，给出了平直翅片、人字形翅片、错位翅片等多种平板上扩展受热面的传热因子（j）关于 Re，以及阻力系数（f）关于 Re 的试验数据曲线及回归公式。应该指出的是，这些数据或公式的取得是有条件的，条件变化后，应进行适当修正。

如对于人字形翅片：

$$St=0.245Re^{-0.4}Pr^{-2/3} \tag{4-37}$$

$$f=0.393Re^{-0.25} \tag{4-38}$$

根据 $St=h/(G\cdot C_p)$，式中，G 是基于最小流通面积的质量流速，kg/(m^2·s)；C_p 为流体的定压比热容，J/(kg·K)。则人字形翅片壁面换热系数（h）和阻力系数（f_D）分别为：

$$h=0.245GC_pRe^{-0.4}Pr^{-2/3} \tag{4-39}$$

$$f_D=4f=1.572Re^{-0.25} \tag{4-40}$$

应该说明的是，关于流动阻力的计算，一般由范宁摩擦系数（f）和 Re 的关联式给出，而工程计算中的达西摩擦系数（f_D）是范宁摩擦系数（f）的 4 倍，即 $f_D=4f$。则流动阻力 Δh 为：

$$\Delta h=f_D l\rho v^2/(2d_d) \tag{4-41}$$

式中 ρ——气流密度，kg/m^3；

v——气流速度，m/s；

d_d——气流通道水力直径，m；

l——气流通道长度，m。

二、强度计算

强度计算决定锅片的壁厚以及拉撑件尺寸及其在平板上的排列方位。

铸铁锅炉强度计算主要是锅片的强度计算，按《锅壳锅炉》（GB/T 16508—2013）标准的附录 A 计算，并执行《热水锅炉安全技术监察规程》的相关要求。为了便于设计和使用，设计计算时灰铸铁 HT150 或 HT200 材料的抗拉强度可按《灰铸铁件》（GB 9439—2010）标准要求达到的抗拉强度的最小值选取。当然，按规程要求，对首次采用的锅片结构或改变锅片材料牌号时，应进行锅片或锅炉的冷态爆破试验。

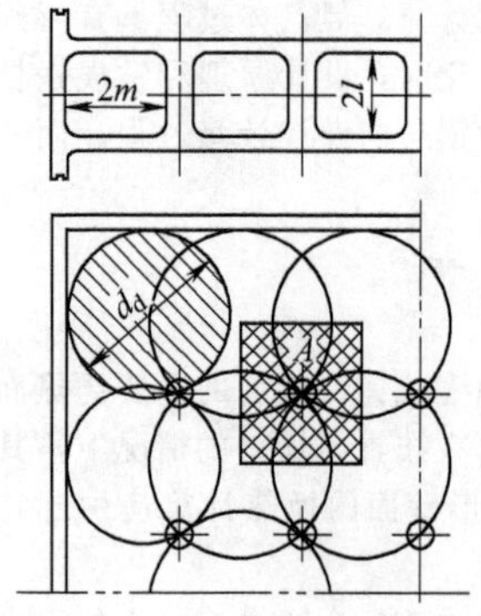

图 4-35 锅片强度计算简图

铸铁锅片的结构强度计算可分成锅片侧面壁厚计算和平面锅片计算两种。图 4-35 示出了某铸铁锅片的剖视图和强度计算时假想圆直径（d_J）和拉撑面积（A）的确定过程示意图。锅片侧面壁厚计算可以简化成截面形状为矩形结构进行计算，矩形结构受压件，在内压作用下，不仅承受拉应力，还有较大的弯曲应力，其最大应力一般发生在矩形结构的中部或角隅，可按 GB/T 16508—2013 标准的附录 A 进行计算。平面锅片的强度计算可按受拉撑的平板结构进行计算，平板结构在内应力的作用下，主要产生弯曲变形及弯曲应力，可按 GB/T 16508—2013 标准中的条款 7 进行计算。当然，平面锅片是由拉撑件和加固件拉撑的，因此在确定好假想圆直径（d_J）和拉撑面积（A）之后，还应计算拉撑铸铁锥体的截面积，可按 GB/T 16508—2013 标准中的条款 8 进行计算。

应该指出的是，虽然铸铁锅片的计算并不复杂，但铸件许用应力的计算应考虑铸件的受力状态，计算锅片侧面壁厚和平面锅片时，因锅片主要承受弯曲载荷，应力沿壁厚呈线性分布，因此GB/T 16508—2013标准中的附录A确定的许用应力应放大1.5倍再进行计算。如HT200在10～20mm时，GB 9439—2010要求的最小抗拉强度为195MPa，则计算弯曲件时，其计算许用应力在铸件不进行退火时为48MPa；而在计算拉撑件时，因为主要承受拉应力，其计算许用应力在铸件不进行退火时为32MPa，如下式所示：

$$[\sigma]=1.5\frac{R_m}{6}=1.5\frac{195}{6}=48 \tag{4-42}$$

$$[\sigma]=\frac{R_m}{6}=\frac{195}{6}=32 \tag{4-43}$$

通过组合模块式铸铁锅炉的设计实践，可以看到铸造锅炉有其自身固有的结构优势和性能特点，高效率低能耗，供热灵活，安装简单。铸造锅炉的性能优势使其成为小型供热锅炉中极具竞争力的产品。

由V法铸造批量化制造出的锅片，其铸造表面光洁度、尺寸精度、材质、强度及组织等性能优异。V法真空造型，不使用黏土、水，只使用干砂，在真空负压下使砂型硬固。用这种方法铸造，砂型中的铸件可以缓慢地冷却，产生的气体少，因此铸铁组织内的珠光体基体以及分布在基体上的片状石墨都得到均匀的生长，而且表层上含有微量的铜、铬，使得铁素体中的Cu、Cr按原状态保留，这些因素更有利地增进了石墨网络的形成，使铸铁锅片具有抗腐蚀性。

铸造锅炉在生产中比较关键的问题是铸造生产的自动化和标准化。目前我国有一些小型企业开始生产铸造锅炉，大都没有形成较大的生产规模；也有一些企业已开始进口国外散件锅片进行国内组装或代理国外厂家的铸造锅炉产品，已具有一定的销售规模。

第五章

电站锅炉结构

电站锅炉生产过热蒸汽用以推动蒸汽轮机。按循环方式，电站锅炉可分为自然循环电站锅炉、多次强制循环电站锅炉、电站直流锅炉和复合循环锅炉。

第一节　自然循环电站锅炉结构

自然循环电站锅炉利用循环回路中上升管内汽水混合物和下降管内水的密度差建立工质的循环。其特点是具有锅筒并只能在临界压力以下工作。

自然循环电站锅炉的循环回路由锅筒、集箱、下降管和上升管组成。下降管布置在炉墙外面，不受热，上端与锅筒相连以使锅筒内炉水流入管内，下端与集箱相连。上升管也称水冷壁管，布置在炉膛四周，吸收火焰的辐射热，使由下降管经下集箱进入上升管的炉水汽化产生蒸汽。上升管下端与下集箱相连，上端与锅筒相连，管内产生的汽水混合物回入锅筒，汽水混合物在锅筒内进行分离，分离后的炉水进入下降管，饱和蒸汽流入过热器进一步受热。

自然循环电站锅炉中，锅筒是蒸发受热面和过热器之间的固定分界点。锅筒的质量大、金属耗量多，制造、运输、安装都较为困难，且由于筒壁较厚而产生的较大筒壁温差限制了锅炉的启停速度，但由于锅筒的蓄热和蓄水能力较大，因而自然循环锅炉的自动调节要求较低，给水带入的盐分可通过排污除掉，所以对水处理的要求也较低。

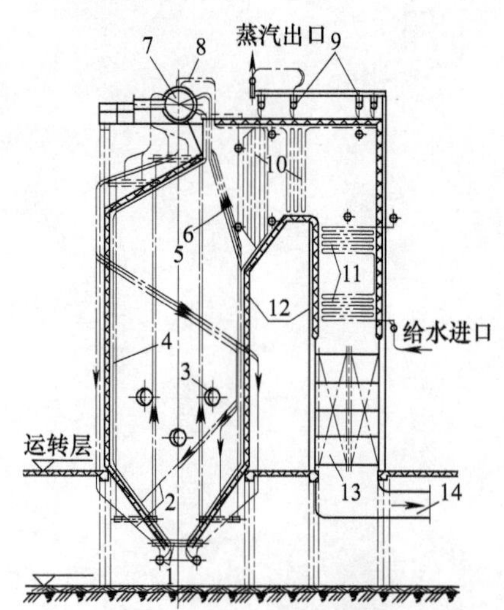

图 5-1　中压煤粉锅炉结构

1—水冷壁集箱；2—下降管；3—燃烧器；4—水冷壁；5—炉膛；6—凝渣管束；7—锅筒；8—饱和蒸汽引出管；9—过热器中间集箱；10—过热器；11—省煤器；12—炉墙；13—空气预热器；14—烟气出口

一、中压自然循环电站锅炉

国产中压自然循环电站锅炉的额定蒸汽压力为3.822MPa，额定蒸汽温度为450℃，额定蒸发量为35～130t/h，用于功率为6～25MW的汽轮发电机组。

对于中压锅炉，蒸发所需要的热量约等于或稍大于炉膛辐射吸热量，炉膛内布置水冷壁已能满足蒸发吸热的需要，不再需要锅炉管束这种对流蒸发受热面，一般可由后墙水冷壁引伸出几排凝渣管作为蒸发受热面，如果此时还不能满足蒸发吸热的需要，可将省煤器做成沸腾式而充当部分蒸发受热面。

中压自然循环电站锅炉一般采用火室燃烧方式或沸腾燃烧方式，但对于蒸发量≤65t/h的燃煤锅炉，也可采用层燃燃烧方式。尾部除布置省煤器外，还布置有空气预热器。

中压煤粉锅炉结构见图 5-1。锅炉采用“Π”形或称“倒 U”形布置、倾斜炉顶、单锅筒、固态排渣方式，两侧墙布置旋流式燃烧器或四角布置直流燃烧器，炉膛截面接近正方形，有时将炉膛出口处的后水冷壁设计成折烟角，以改善烟气冲刷及流动情况。

炉膛四周水冷壁由 ϕ60mm×3mm 的管子组成，管子之间的节距为 75mm。后墙水冷壁上部拉稀成凝渣管束，横向节距为 300mm，纵向节距为 250mm。

过热器布置成两级。饱和蒸汽从锅筒引出后沿顶棚管进入逆、顺流混合布置的第一级过热器，出来后经两侧减温器，然后通过第二级过热器两侧逆流段，经中间集箱混合后，再经顺流的第二级过热器的中部热段，最后由出口集箱引出。过热器第一级由 ϕ38mm×3.5mm 的 20 号钢管组成，第二级两侧由 ϕ42mm×3.5mm 的 20 号钢管及中部由 ϕ42mm×3.5mm 的 20 号钢或 12CrMo 钢管组成。过热器除第一级高温烟气进口处因拉稀呈错列外，其余都为顺列布置。

尾部受热面可单级布置，也可双级交错布置，取决于所需要的热空气温度。省煤器受热面一般由 ϕ32mm×3mm 的 20 号钢管组成，给水温度为 150℃ 或 170℃。空气预热器受热面一般由 ϕ40mm×1.5mm 的钢管组成。

图 5-2 为 SG-130/39 型中压煤粉炉结构。锅炉按无烟煤设计，采用直流燃烧器四角切圆燃烧。为了保证无烟煤的燃烧，在燃烧器中心标高上下 1.5m 处敷有卫燃带。为改善烟气的流动及冲刷条件，在炉膛上部设计了折烟角。尾部受热面采用省煤器和管式空气预热器双级交错布置，热空气温度为 400℃，排烟温度为 140℃，锅炉设计热效率为 88.65%。

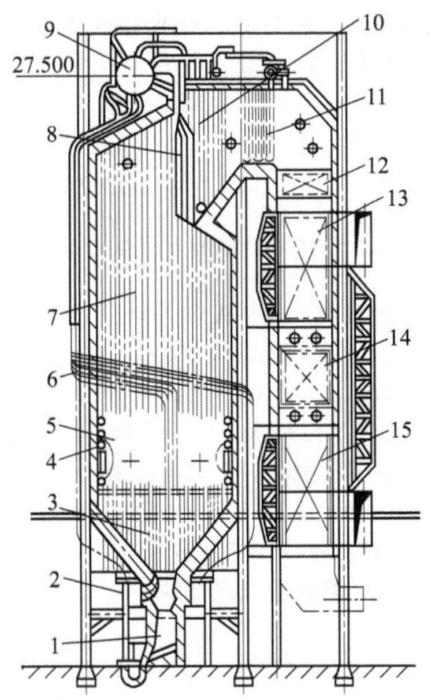

图 5-2 SG-130/39 型中压煤粉炉结构

1—灰渣炕；2—下集箱；3—冷灰斗；4—燃烧器；5—卫燃带；6—下降管；7—水冷壁；8—凝渣管；9—锅筒；10—第一级过热器；11—第二级过热器；12—第二级省煤器；13—第二级空气预热器；14—第一级省煤器；15—第一级空气预热器

图 5-3 为 CG35/3.82-MX 型循环流化床锅炉结构及燃烧系统示意。锅炉蒸发量为 35t/h，蒸汽压力为 3.82MPa，过热蒸汽温度为 450℃，给水温度为 150℃，热空气温度为 170℃，排烟温度为 159℃，燃用高硫煤掺混煤矸石，设计热效率为 85.01%。采用单锅筒，自然循环。

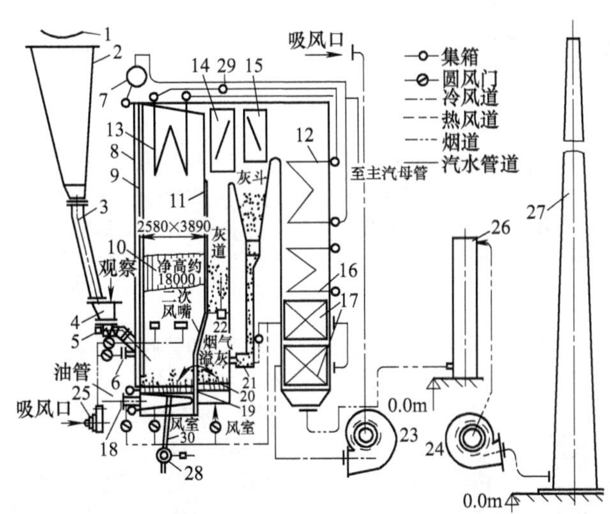

图 5-3 CG35/3.82-MX 型循环流化床锅炉结构及燃烧系统示意

1—带式刮板运煤机；2—原煤与煤矸石粉混合料仓；3—下料导管；4—炉前给煤斗；5—螺旋给料机；6—风力播煤管；7—锅筒；8—下降管；9—前水冷壁；10—侧水冷壁；11—后水冷壁；12—低温过热器；13—高温过热器；14—一级烟灰分离器；15—二级烟灰分离器；16—省煤器；17—空气预热器；18—热烟气发生器；19—主床风帽组合体；20—副床风帽组合体；21—灰循环 J 阀；22—锁灰器；23—高压离心式鼓风机；24—离心式引风机；25—二次风机；26—水膜除尘器；27—烟囱；28—炉内放灰锁气门；29—中间减温器；30—排渣管

燃烧设备由主床和副床组成。主床由若干个风帽拼合组成 1825mm×3890mm 的床面，设计床温为 850～950℃，副床床面 1025mm×3890mm，设计床温 700℃。主、副床下方各有风室，主风室内布置有预热管组。主风室两侧装有两台点火用的热烟气发生器，尺寸为 ϕ(400～1800)mm，每个发生器耗轻柴油 250kg/h，送风量 5000m^3/h，产生热烟气 13000m^3/h，出口烟温 850℃；炉前给煤斗的下方为 3 台螺旋给煤机，播煤风将煤吹入炉内。炉膛出口水平烟道内装有两级烟灰分离器，分离出的高温灰落主灰斗，分别经锁灰器和 J 阀进入副床燃烧，副床上燃烧产生的烟气，经床前上方的烟道孔进入炉膛，副床上的灰高至溢灰口时则溢流到主床。已燃尽的飞灰，通过分离器经尾部受热面进入水膜除尘器，最后经灰沟冲到沉灰池。

二、高压自然循环电站锅炉

国产高压自然循环电站锅炉的额定蒸汽压力为 9.8MPa，额定蒸汽温度为 510℃或 540℃，额定蒸发量为 220t/h 和 410t/h，多数采用火室燃烧方式，其他为流化床燃烧方式。

图 5-4 为 HG-220/100 型锅炉结构示意，锅炉额定蒸汽压力为 9.8MPa，额定蒸汽温度为 540℃，给水温度为 215℃，锅炉按烟煤设计，排烟温度为 120℃，锅炉设计热效率为 92.8%。

锅炉采用直流燃烧器，四角切圆燃烧，重油点火。炉膛四周布置有水冷壁。饱和蒸汽从锅筒出来后依次经过顶棚管过热器、低温对流过热器、第一级自凝水喷水减温器、屏式过热器、高温对流过热器冷段、第二级自凝水减温器、高温对流过热器热段。省煤器和空气预热器采取双级交错布置。省煤器双侧进水，空气预热器为双面进风的管式空气预热器。对流过热器采用蒸汽吹灰，屏式过热器采用振动吹灰，尾部受热面采用钢珠吹灰。

图 5-5 为 410t/h 循环流化床燃烧锅炉结构示意。设计煤种为四川高硫煤，锅炉过热蒸汽压力为 9.8MPa，过热蒸汽温度为 540℃，给水温度为 227℃，锅炉设计热效率为 90.7%。

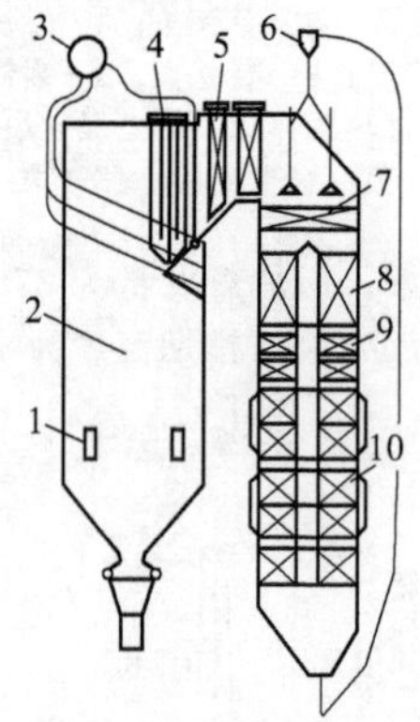

图 5-4 HG-220/100 型锅炉结构示意

1—燃烧器；2—水冷壁；3—锅筒；4—屏式过热器；5—对流过热器；6—钢珠除灰装置；7—第二级省煤器；8—第二级空气预热器；9—第一级省煤器；10—第一级空气预热器

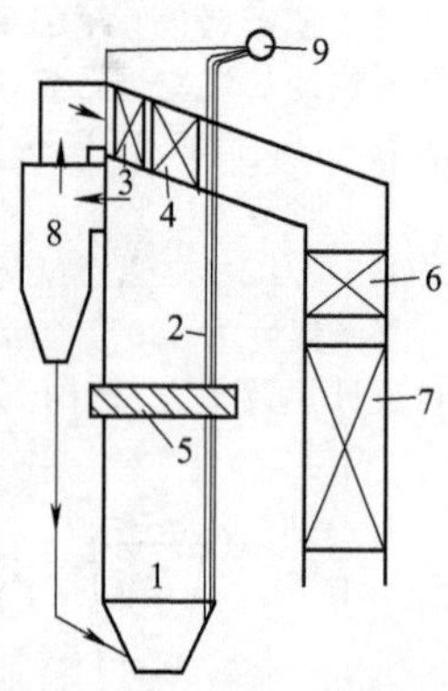

图 5-5 410t/h 循环流化床燃烧锅炉结构示意

1—主床；2—翼墙式水冷壁；3—第三级过热器；4—第一级过热器；5—第二级过热器（Ω 管屏）；6—省煤器；7—空气预热器；8—旋风分离器；9—锅筒

锅筒中心标高为 42.7m。炉膛由膜式水冷壁构成，下部锥段和炉膛出口处均由耐火防磨材料覆盖，炉膛宽度为 14.12m，深度为 7.08m（底部为 4m），高度为 30m，水冷部分为 25m。与后水冷壁垂直等距布置 6 片翼墙式水冷壁，距布风板 14.3m 处纵向布置 12 片 Ω 管屏（结构见图 5-6）作为第二级过热器。两个内衬耐火防磨材料内径约为 7m 的高温旋风分离器布置在炉前，分离器出口的烟气通道中依次布置第三级过热器和第一级过热器。尾部烟道中布置省煤器和空气预热器。

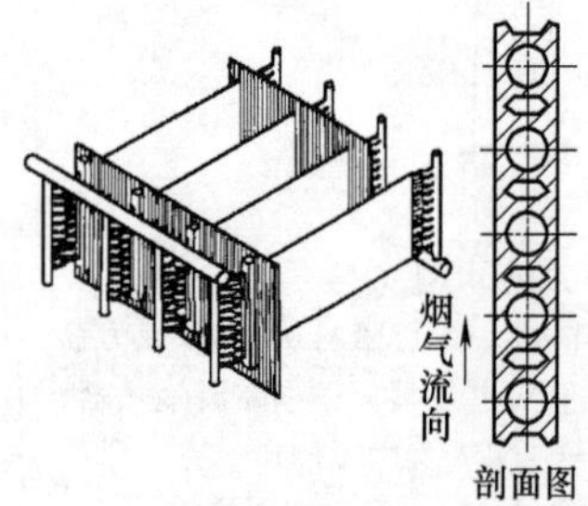

图 5-6 管屏过热器结构示意

给水经省煤器进入锅筒，通过 4 根 ϕ457.2mm 的下降管进入锅炉底部分配集箱。其中后墙集箱也向水冷布风板管供水，而布风板管又向前墙集箱供水，膜式水冷壁管径为 63.5mm，节距为 88mm。炉顶、侧墙及翼墙上升管直接引入锅筒，后墙上升管在锅炉顶部向前折弯，形成水冷炉顶，然后在一个共用集箱中与前墙水冷壁上升管相混合，经“凝渣”管屏后引入锅筒。从锅筒出来的饱和蒸汽依次经过第一级、第二级和第三级过热器，在第一和第二级过热器之后布置给水自动喷水减温器。这种辐射-对流混合型过热器使得锅炉负荷在发生变化时，汽温变化幅度较小。

额定负荷时，主床气流的空塔线速度为 4.5m/s。约为锅炉运行总风量 60%的一次风由空气预热器加热，并经风室和布风板进入炉膛，对床料进行流化。携带大量高温颗粒的高温烟气从炉顶前墙两侧分别进入两个高温旋风分离器，分离下来的固体颗粒经两个气力控制的自平衡“U”形阀及分叉管，从 4 根循环灰管送回炉膛下部，形成循环床。制备好的燃煤和脱硫用石灰石分别加入 4 根循环灰管内，与循环灰混合，一并进入炉膛。除一次风外，在炉膛锥段以上布置了上、下两层二次风，以保证床体流化、循环、脱硫及控制 NO_x 生成的效果。

三、超高压自然循环电站锅炉

国产超高压自然循环电站锅炉的额定蒸汽压力为 13.72MPa，过热汽温/再热汽温有 540℃/540℃和 555℃/555℃两种，额定蒸发量有 400t/h 和 670t/h 两种，给水温度为 240℃，分别配 125MW 和 200MW 汽轮发电机组，一般采用火室燃烧方式。

由于超高压自然循环电站锅炉普遍采用了中间再热，蒸发吸热所占比例进一步减小，过热及再热吸热量增加，因此，有必要将更多的过热器受热面放入炉膛中。除高压锅炉中已采用的顶棚管过热器及炉膛出口的屏式过热器外，还在炉膛上部前侧布置了所谓的前屏过热器，或占据整个炉膛上部的所谓大屏过热器，在水平烟道的后面及垂直烟井的上部布置了再热器。

图 5-7 为 400t/h 燃煤锅炉结构示意，锅炉的过热蒸汽压力为 13.72MPa，过热汽温/再热汽温为 555℃/555℃，再热蒸汽压力为 3MPa，再热蒸汽流量为 359.5t/h，给水温度为 234℃，锅炉整体外形呈倒“U”

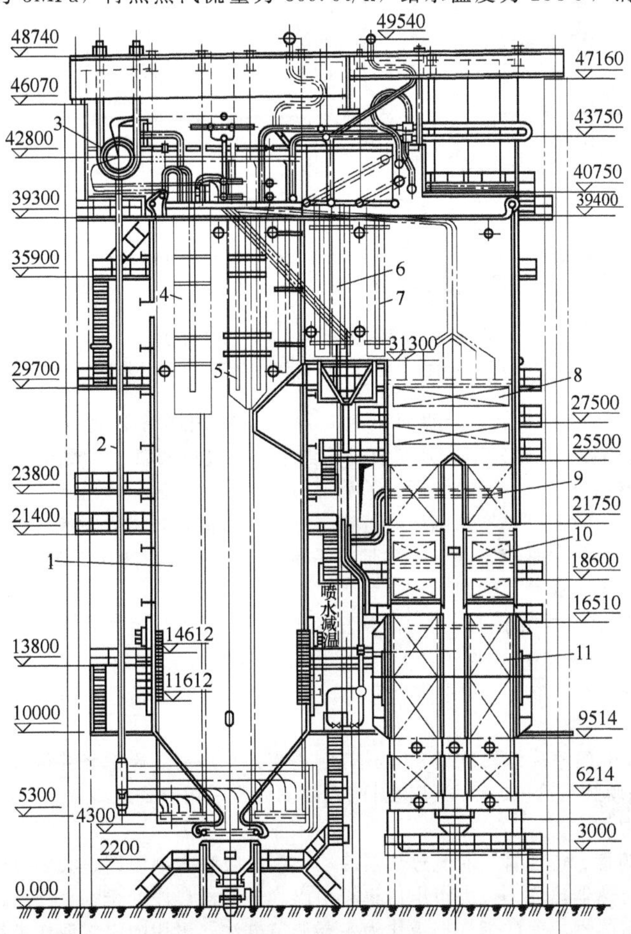

图 5-7　400t/h 燃煤锅炉结构示意

1—水冷壁；2—下降管；3—锅筒；4—前屏过热器；5—后屏过热器；6—对流过热器；7—再热器；8—第二级省煤器；9—第二级空气预热器；10—第一级省煤器；11—第一级空气预热器

形，采用直流燃烧器，四角切圆燃烧，设计燃料为开滦洗中煤，热空气温度为 365℃，排烟温度为 136℃，设计热效率为 87.5%。

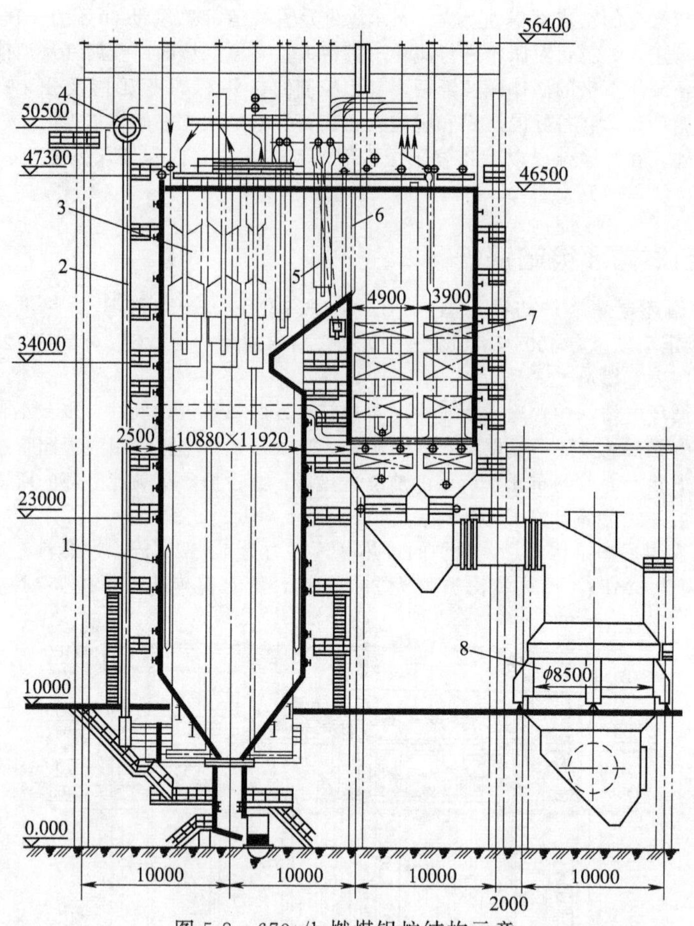

图 5-8 670t/h 燃煤锅炉结构示意

1—燃烧器；2—下降管；3—大屏过热器；4—锅筒；5—对流过热器；6—再热器；7—省煤器；8—空气预热器

炉膛水冷壁为膜式，分为 14 个独立循环回路，水冷壁所用鳍片管管径为 ϕ60mm×6mm，节距为 80mm。过热器由前屏过热器、后屏过热器及对流过热器组成。过热汽温度采用喷水减温调节，第一级喷水减温器布置在前屏过热器出口。蒸汽经喷水后进入后屏过热器，由后屏出来进入 10 只汽-汽热交换器，再进入对流过热器两侧。蒸汽出对流过热器两侧后进行第二级喷水减温，再进入对流过热器中间部分，最后从对流过热器出口集箱输出。再热器垂直布置于水平烟道后部，冷段逆流，热段顺流，热段和冷段之间布置汽-汽热交换器。另外还布置了事故喷水装置。

图 5-8 为 670t/h 燃煤锅炉结构示意。过热蒸汽压力为 13.72MPa，过热汽温度为 540℃，再热蒸汽压力（进口/出口）为 2.65MPa/2.45MPa，再热汽温度（进口/出口）为 323℃/540℃，再热蒸汽流量为 579t/h，给水温度为 240℃。锅炉按露天布置、燃用贫煤设计，做“倒 U”形布置，单锅筒、单炉膛，采用直流燃烧器，四角切圆燃烧。

炉膛由 ϕ60mm×6mm 的鳍片管按节距 80mm 焊制成膜式水冷壁，尾部竖井烟道两侧用同样尺寸的鳍片管焊成节距为 160mm 的膜式水冷壁，水平烟道斜底及两侧墙也采用膜式水冷壁。锅炉共有 24 个独立循环回路，用大直径下降管集中供水。

蒸汽流程顺序为顶棚管、包墙管、对流过热器冷段、第一级喷水减温器、大屏过热器、后屏过热器、第二级喷水减温器、对流过热器热段，最后由出口集箱引出。再热器热段处于水平烟道；冷段位于尾部竖井前部，再热汽温度用位于省煤器后面的烟气挡板作为主要调节方法，再用喷水减温作为细调节。

省煤器为单级布置，分两组并列布置在再热器冷段和过热器冷段管组的后面，管径为 ϕ32mm×4mm，错列布置。空气预热器采用两台直径为 ϕ850mm 的风罩转动的回转式空气预热器，热空气温度为 340℃。

图 5-9 为 DG440/13.7 型循环流化床锅炉整体布置示意。该锅炉为超高压带中间再热、单锅筒自然循

环、半露天布置、全钢架支吊结构，采用高温汽冷式旋风分离器进行汽固分离。

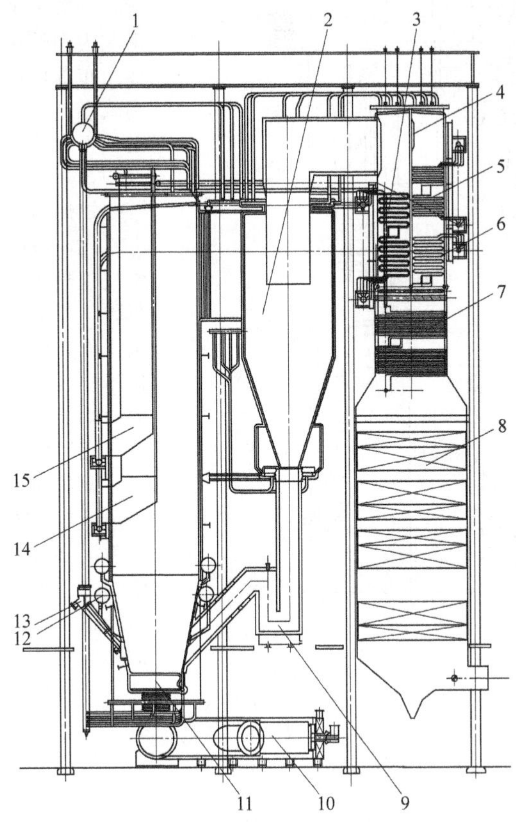

图 5-9　DG440/13.7 型循环流化床锅炉整体布置示意

1—锅筒；2—高温旋风分离器；3—低温再热器；4—中隔墙过热器；5—高温过热器；6—低温过热器；7—省煤器；8—空气预热器；9—回料阀；10—床下点火油燃烧器；11—水冷风室；12—二次风口；13—播煤机；14—屏式再热器；15—屏式过热器

锅炉由三跨组成：第一跨主要布置有炉膛；第二跨布置有两台经优化设计的高温旋风分离器；第三跨为尾部烟道。

炉膛采用全膜式水冷壁结构，在炉膛上部沿宽度方向分别布置有 6 片屏式过热器和 4 片屏式再热器以及 1 片沿炉膛高度方向布置的水冷蒸发屏。炉膛底部是由水冷壁管弯制围成的水冷风室。锅炉采用前墙集中给煤方式，6 台气力播煤装置均匀布置在前墙水冷壁下部；石灰石采用气力输送，3 个石灰石给料口布置在炉膛下部。炉底布置有床下点火油燃烧器，用于锅炉启动点火和低负荷稳燃。2 台风水冷流化床选择性排灰冷渣器布置在炉膛两侧。

2 台高温旋风分离器布置在第二跨钢架内，在旋风分离器下各布置 1 台回料器。由旋风分离器分离下来的物料经回料器直接返回炉膛。

尾部采用双烟道结构，上部被中隔墙过热器分为前烟道和后烟道，前烟道中布置有低温再热器，后烟道中布置有高温过热器及低温过热器，上部烟道为膜式包墙过热器所包覆；下部为单烟道，自上而下依次布置有省煤器及空气预热器，省煤器管束采用顺列布置，管式空气预热器采用卧式布置。

锅炉整体呈左右对称布置，支吊在锅炉钢架上。

四、亚临界压力自然循环电站锅炉

国产亚临界压力自然循环电站锅炉的额定蒸汽压力为 16.67MPa，过热汽温度/再热汽温度为 540℃/540℃、555℃/555℃和 570℃/570℃等，蒸发量为 1000t/h 和 2000t/h，给水温度为 260℃，配 300MW 和 600MW 汽轮发电机组。

图 5-10 为上海锅炉厂生产的 1025t/h 亚临界压力自然循环锅炉结构示意。锅炉型号为 SG1025-17.53-

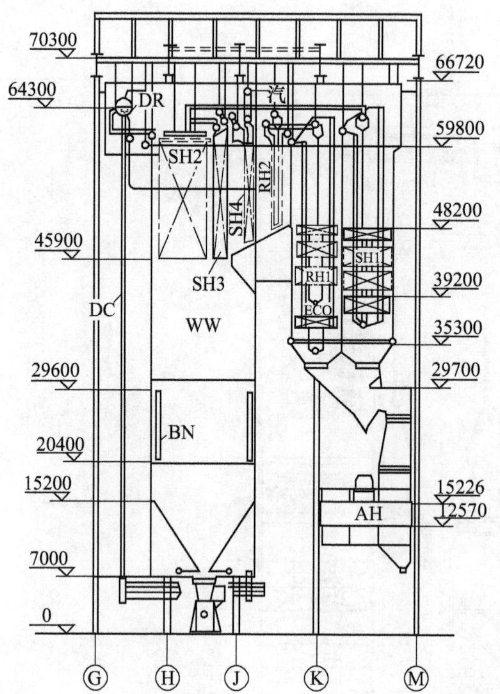

图 5-10 1025t/h 亚临界压力自然循环锅炉结构示意

DR—锅筒；DC—下降管；ECO—省煤器；WW—水冷壁；SH1—低温过热器；SH2—分隔屏；SH3—后屏；SH4—高温过热器；RH1—低温再热器；RH2—高温再热器；BN—燃烧器；AH—空气预热器

M842。锅炉本体采用单炉膛“倒 U”形布置，一次中间再热，燃用煤粉，制粉系统形式为钢球磨煤机中间储仓式热风送粉，四角布置切圆燃烧；采用直流宽调节比摆动式燃烧器（又称 WR 燃烧器），分隔烟道挡板调节再热汽温度，平衡通风，全钢结构，半露天岛式布置，固态机械除渣。

锅炉钢架为高强螺栓连接式构架，共分 6 层，炉顶大板梁顶面标高 71.8m。除空气预热器和机械出渣装置外，所有锅炉部件均悬吊在炉顶钢架上。为方便运行人员操作，在锅炉标高 31.2m 处的 G 排柱至 K 排柱区设有燃烧器区域的防雨设施，锅筒两端设有锅筒小室等露天保护设施，炉顶装有轻型大屋顶。

锅炉设有膨胀中心和零位保证系统。锅炉深度和宽度方向上的膨胀零点设置在炉膛深度和宽度中心线上，通过与水冷壁管相连的刚性梁上的承剪件，与钢架的导向装置相配合形成膨胀零点，垂直方向上的膨胀零点在炉顶大罩的顶部。所有受压件吊杆的位移量均相对于膨胀零点而言，对位移量大的吊杆设置了预进量，以改善锅炉运行时的吊杆受力状态。

锅炉采用全金属密封结构。炉顶、水平烟道和炉膛冷灰斗的底部均采用罩壳热密封结构，以提高锅炉整体密封性和美观性。

炉膛断面尺寸为深 12500mm，宽 13260mm，其深宽比为 1∶1.06，这样的截面为四角布置切圆燃烧方式创造了良好的条件，使炉膛烟气的充满程度较好，从而使炉膛四周的水冷壁吸热比较均匀，热偏差较小。

炉膛上部布置四大片分隔屏过热器，以消除炉膛出口烟气流的残余旋转，减少了进入水平烟道的烟气流量分布不均。

锅筒安置在锅炉上前方，锅筒中心线标高为 64.3m。锅筒内径为 1743 mm，壁厚为 145mm，锅筒筒身长度为 20500mm，筒身两端各与半球形封头相接，筒身与封头均用 BHW-35 材料制成。

给水分配管装在锅筒内下方，4 根大直径下降管则均匀布置在锅筒筒身底部，给水分配管在下降管座上方引出 4 根给水注入管，给水沿着注入管进入下降管中心，从而避免下降管座焊缝区与给水直接接触，消除了焊缝区产生过大温差应力的可能性。在下降管座入口处设置了栅网板，避免旋涡的产生，并防止下降管入口带汽，提高了水循环的安全性。

锅筒内设置了较多数量的轴流式旋风分离器和波形板干燥器，在负荷变化时可有效地保证蒸汽品质，还装有连续排污管、事故紧急放水管和加药管等。

三只单室水位平衡容器、两只双色水位表、一只核子水位计、两只电接点水位计分别布置在锅筒两端封头上，具有控制、监视和保护等功能。三只弹簧安全阀布置在锅筒两端封头上，其排放量大于 75%MCR。

锅筒筒身上还设置了若干压力测点和内外壁温测点，并设置有省煤器再循环管座、辅助蒸汽管座等。

648 根 60mm×8mm 材料为 20G、节距为 76mm 的管子组成的膜式水冷壁围成深 12.5m、宽 13.26m 的炉膛。整个水冷壁划分成 32 个独立回路，两侧墙各有 6 个回路，前后墙各有 6 个回路，其中最宽的回路由 28 根管子组成，位于前后墙中部。水冷壁四个角为大切角，每一切角处的水冷壁形成两个独立小回路。炉膛下部的切角形成燃烧器水冷套，与燃烧器组装后出厂。

前后墙水冷壁在标高 16.268m 处与水平成 55°夹角折成冷灰斗，向下倾至标高 8m 处，形成深度为 1.4m 的出渣口，与机械除渣装置相接。后墙在标高 41.639m 处形成深 3m 的折焰角。折焰角以与水平成 30°的夹角向后上方延伸，在标高 48.24m 处折向水平烟道底部，然后垂直向上形成三排排管至出口集箱。

过热器包括炉顶过热器、低温对流过热器、分隔屏及后屏过热器、高温过热器等部分。炉顶过热器分前炉顶和后炉顶，也包括水平烟道两侧墙，后烟井四周和隔墙及悬吊管等。

低温过热器布置在后烟井的后部烟道，由四组直径为57mm的蛇形管组和一垂直管段组成，是3根套矩形管组，共114排。

分隔屏布置在炉膛上方，共四大片，每片分隔屏由6小片管屏组成，每一小管屏由8根直径为51mm的管子组成。

后屏共20片，布置在分隔屏后部的炉膛出口处。每片屏由14根“U”形管组成。外围管子管径为60mm，内圈管子管径为54mm，屏高13.9m（炉膛内）。高温过热器位于折焰角上方，共38片管屏，每片由8根管子组成，最外一圈管子为60mm，其他管子直径为64mm。

再热器采用高温和低温二级布置。低温再热器位于尾部烟井前烟道。由两组57mm×4mm的5根套蛇形管组和垂直出口段组成，共114排。高温再热器位于水平烟道内。由57排8根套的57mm×4mm管屏组成。

省煤器仅有一组蛇形管组，布置在尾部烟井前烟道低温再热器的下方。省煤器共114排，管组由51mm×6mm的2根套蛇形管组成，顺列布置。

锅炉设置两台直径为10.33m的三分仓受热面回转式空气预热器，用以加热一次风和二次风。空气预热器漏风间隙采用自动控制，确保漏风率在12%以内。

在标高20.4～29.54m处，炉膛四角各布置了一组直流式燃烧器，每组燃烧器由5层一次风喷嘴、8层二次风喷嘴和2层三次风喷嘴组成，其中有3层二次风喷嘴中设置了轻油枪，并相应地配备了一只点火器。

锅炉配置两台对称布置的链条刮板式捞渣机，布置在出渣斗下方，并设置两台碎渣机与之配套。

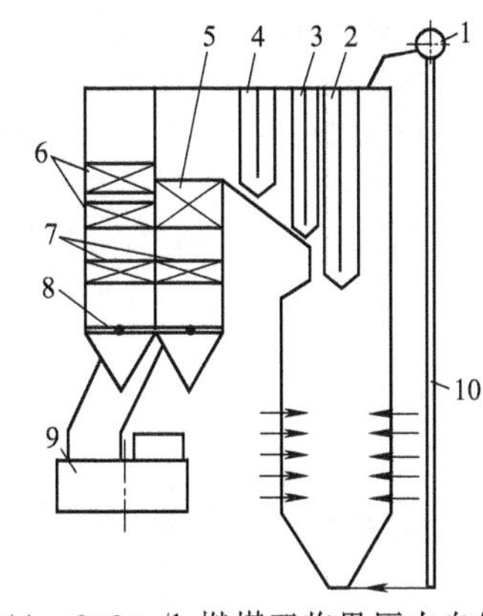

图5-11　2020t/h燃煤亚临界压力自然循环电站锅炉结构示意

1—锅筒；2—屏式过热器；3—第二级过热器；4—第二级再热器；5—第一级过热器；6—第一级再热器；7—省煤器；8—烟气调节挡板；9—回转式空气预热器；10—下降管

图5-11为一台英国制造的2020t/h燃煤锅炉结构示意。锅炉额定压力为16.67MPa，额定过热蒸汽温度为568℃，再热汽温度也为568℃。燃烧器布置在炉膛前、后墙上，上下各5排，每排6只，共计60只圆形燃烧器，由10台E型磨煤机供给煤粉。

炉膛水冷壁由12根从锅筒引出的内径为ϕ470mm的大直径下降管供水。锅筒内径为2210mm，壁厚为150mm，长33m。

烟气离开炉膛后，先流经节距为760mm的屏式过热器，再依次流经节距为450mm的第二级过热器和第二级再热器。烟气进入尾部竖井后，分为前后两股，前股流经水平布置的第一级过热器和省煤器，后股流经水平布置的第一级再热器和省煤器。省煤器后面装有烟气调节挡板，用以控制烟气按一定比例流过上述两烟道，而达到调节再热蒸汽温度的目的。前后两烟道间的隔墙用外径为ϕ51mm，节距为114mm的膜式水冷壁组成。

过热器沿锅炉宽度分为四个独立系统，各系统吸热量几乎相同。过热器采用两级喷水减温方法进行气温调节，第一级喷水布置在第一级过热器和屏式过热器之间，第二级喷水布置在屏式过热器和第二级过热器之间。第一级过热器和第一级再热器的四周也布置水冷壁管，其外径为ϕ51mm，节距为114mm。

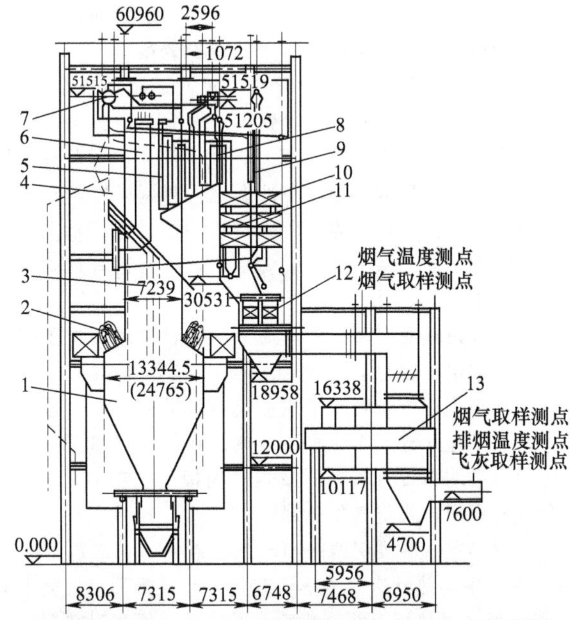

图5-12　FW300MW W型火焰亚临界自然循环锅炉

1—燃烧室；2—燃烧器；3—冷却室；4—集中下降管；5—高温过热器；6—大屏过热器；7—锅筒；8—高温再热器；9—低温过热器垂直管组；10—低温过热器水平管组；11—低温再热器；12—省煤器；13—回转式空气预热器

图5-12是东方锅炉厂引进FW技术后设计制造的W型火焰亚临界自然循环锅炉，与300MW汽轮发电机配套。尾部双烟

道结构，采用挡板调节再热汽温度，固态排渣，全钢结构，全悬吊结构，平衡通风，半露天布置。锅炉的额定参数为蒸发量1025t/h、过热蒸汽压力17.38MPa、过热蒸汽和再热蒸汽温度均为540℃、再热蒸汽流量851.37t/h、再热蒸汽出口压力3.73MPa和给水温度273℃，燃用阳泉无烟煤和寿阳贫煤的混煤，两种煤的比例为1∶1。

炉前后墙水冷壁向外扩展成炉拱，拱顶布置燃烧器。炉拱下部为燃烧室，上部为冷却室，两者组成W型火焰的炉膛。全炉膛高度42000mm，炉膛宽度26822mm，燃烧室的宽深比为1.63，燃尽室与燃烧室的深度比为0.52，即上炉膛的深度仅为下炉膛的52%。燃烧室敷有763m^2的卫燃带，约占下炉膛辐射受热面的40%。

过热器包括大屏过热器、低温过热器、高温过热器和顶棚过热器。大屏过热器布置在炉膛上部，高温过热器在折焰角的上方，低温过热器由三个水平管组和一个垂直管段组成，布置在后部竖井烟道内。蒸汽的流程为锅筒→顶棚过热器→各部包墙管→低温过热器→大屏过热器→高温过热器→汽轮机高压缸。过热汽温度用两级喷水减温调节，喷水减温器布置在大屏过热器的前后。

再热器由低温再热器和高温再热器组成，前者布置在尾部竖井的前烟道中，后者布置在水平烟道末端，两级再热器用过渡管连接。再热蒸汽温度用烟气挡板调节，并设事故喷水减温器。烟气挡板位于尾部竖井烟道的底部。

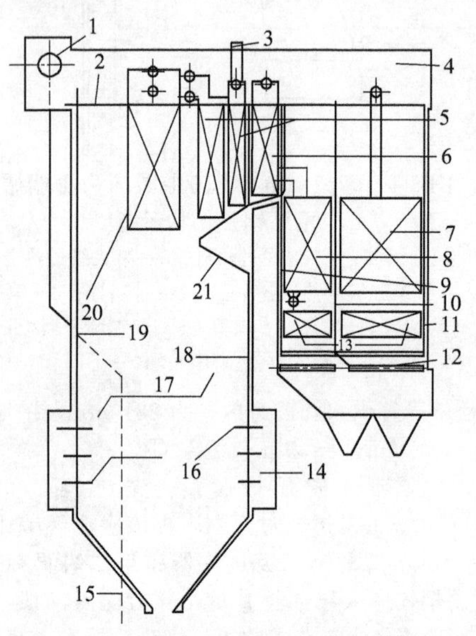

图5-13 北仑电厂600MW亚临界压力自然循环锅炉示意

1—锅筒；2—顶棚管；3—主蒸汽出口管；4—炉顶室；5—高温过热器；6—悬吊式过热器；7—低温过热器；8—水平再热器；9—尾部竖井的前包覆管；10—尾部竖井的分隔壁；11—尾部竖井的后包覆管；12—烟气挡板；13—省煤器；14—风室；15—集中下降管；16—燃烧器；17—炉膛；18—后墙水冷壁；19—前墙水冷壁；20—屏式过热器；21—折焰角

图5-13是北仑电厂引进的600MW亚临界压力自然循环锅炉示意。该炉由加拿大B&W公司设计制造，一次中间过热，“倒U”形半露天布置，与600MW汽轮发电机组配套。锅炉的额定参数如下：蒸发量2027t/h，过热蒸汽压力18.19MPa，过热蒸汽温度540℃，再热蒸汽进口/出口压力为4.18MPa/4.05MPa，再热蒸汽入口/出口温度为328℃/538℃，再热蒸汽流量1704t/h，锅炉给水温度276℃，空气预热器出口二次/一次风温为298℃/323℃，排烟温度131℃，锅炉热效率93.33%。

炉膛尺寸为19.5m×17.4m×55.65m，采用膜式水冷壁。水冷壁由ϕ63.3mm×6.1mm的内螺纹管组成，节距75mm，管子之间用鳍片焊接。在后水冷壁的上部，一部分水冷壁管垂直向上作为后水冷壁的悬吊管，另一部分水冷壁管弯成折焰角，并由折焰角向上延伸穿过水平烟道，形成后水冷壁垂帘管。水冷壁由4根大直径集中下降管供水。锅炉按烟煤设计，36只双调风旋流燃烧器分成3层布置在炉膛的前后墙，形成对冲燃烧。双调风燃烧器根据二次风旋转方向，可分为顺时针旋转和逆时针旋转两种。该炉同一面墙同一层的6个燃烧器中，顺、逆时针旋转的燃烧器各半。

屏式过热器布置在炉膛上方。高温过热器位于折焰角之上，它由一组进口管束和一组出口管束组成，顺流布置。水平烟道内布置悬吊式再热器。尾部竖井烟道被分隔为两个烟道，分别布置水平再热器和低温过热器。两个烟道的出口均布置有省煤器及烟气挡板。在它们之后还有2台三分仓回转式空气预热器。

过热蒸汽温度用两级喷水减温器调节，减温器布置在屏式过热器的前后。再热蒸汽温度用烟气挡板调节，在水平再热器进口的蒸汽管道上还装置了事故喷水减温器。主蒸汽的流程为锅筒→顶棚过热器及各类包覆管→低温过热器→第一级喷水减温器→屏式过热器→第二级喷水减温器→高温过热器→汽轮机高压缸。

锅炉装有30只短伸缩式吹灰器，用于炉膛吹灰。44只长伸缩式吹灰器，用于高温过热器和悬吊式再热器吹灰。16只长伸缩式吹灰器用于水平再热器、低温过热器和省煤器的吹灰。2只伸缩式吹灰器用于回转式空气预热器的吹灰。

第二节　多次强制循环电站锅炉结构

多次强制循环电站锅炉也称为控制循环锅炉或辅助循环锅炉，它与自然循环电站锅炉一样，具有锅筒，但与自然循环电站锅炉的不同点是：在锅炉循环回路的下降管和上升管之间加装循环泵，以提高循环回路的流动压头。由于工质做强制流动，因而，可以采用直径较小的锅筒、上升管和下降管，蒸发受热面布置比较自由，锅炉的起停时间比自然循环电站锅炉短，负荷调节范围增大。但由于有了循环泵，使锅炉的自用电耗增加了，而且循环泵长期在高压高温的条件下工作，不但需要特殊结构，相应也会影响整台锅炉运行的可靠性。循环泵的压头一般为 0.25～0.35MPa，消耗的功率相当于锅炉效率的 0.3%～0.4%。控制循环锅炉的循环倍率一般控制在 3～5。控制循环多用于亚临界压力，但也有用于超高压锅炉的。

图 5-14 为 1025t/h 亚临界一次中间再热的改进型控制循环锅炉结构示意。锅炉 MCR 工况下的过热蒸汽流量为 1025t/h。锅炉额定工况下的过热蒸汽流量为 931.8t/h，过热蒸汽出口压力为 17.3MPa，过热蒸汽出口温度为 541℃，再热蒸汽流量为 762t/h，再热蒸汽进口压力为 3.48MPa，再热蒸汽出口压力为 3.31MPa，再热蒸汽进口温度为 319℃，再热蒸汽出口温度为 541℃，给水温度为 275℃。

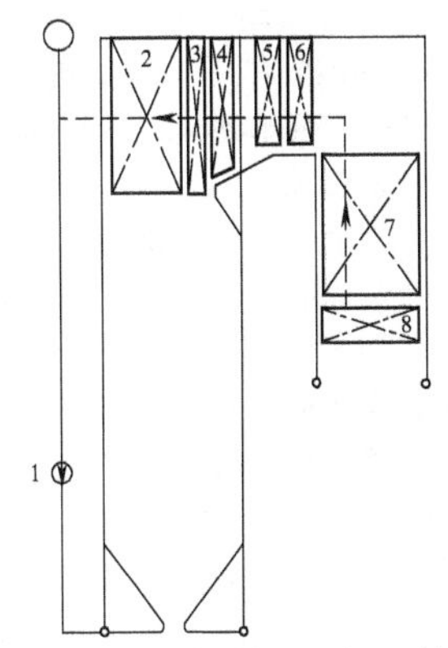

图 5-14　1025t/h 控制循环锅炉结构示意
1—循环泵；2—分隔屏过热器；3—后屏过热器；4—屏式再热器；5—末级再热器；6—末级过热器；7—低温水平过热器；8—省煤器

锅炉采用单炉膛、“倒 U”形、露天布置、高强度螺栓全钢架悬吊结构。按东胜-神木煤设计，采用正压直吹式制粉系统和燃烧器四角布置，同心反切燃烧方式，炉前布置 5 台 RPB-863 雷蒙型碗式中速磨煤机，每台有 4 根出口煤粉管道，接至同一层四角布置的煤粉燃烧器，5 台磨煤机分别接至 5 层煤粉燃烧器，燃烧器可向上、向下各摆动 30°。

炉膛宽度为 14022mm，深度为 12330mm，炉顶管中心线标高为 56900mm，锅筒中心线标高为 57820mm，炉顶大板梁标高为 65500mm，炉顶采用全密封结构，并设置大罩壳。炉膛采用气密式膜式水冷壁，炉底密封采用水封结构。

水冷壁由炉膛四周及折焰角延伸侧墙组成。过热器由炉顶管、尾部包覆管、延伸墙包覆管、低温过热器、分隔屏、后屏及末级过热器组成。分隔屏与后屏布置在炉膛上部出口处，末级过热器布置在延伸斜烟道上，低温过热器布置在尾部烟道内。再热器由墙式辐射再热器、屏式再热器和末级再热器组成，墙式辐射再热器布置在炉膛上部前墙和两侧墙前部，在折焰角及延伸墙斜烟道上依次布置了屏式再热器和末级再热器。省煤器为单级，布置在低温过热器下部。两台 ϕ10330mm 的三分仓转子回转式空气预热器布置在尾部烟道出口处。

锅筒采用 SA-299 碳钢材料，内径为 ϕ1778mm，筒身直段全长 13106mm，两端采用球形封头，筒身采用上下壁不等厚结构，上半部壁厚 201.6mm，下半部壁厚 166.7mm，锅筒内部采用环形夹层结构，以使上下壁温均匀，加快启、停速度。

水冷壁为外径 ϕ44.5mm 的光管和内螺纹管，节距为 57mm，管间用扁钢焊接形成完全气密封炉膛。折焰角是外径 ϕ51mm 的内螺纹管，节距为 63.33mm，管间用扁钢焊接。炉膛延伸侧墙采用外径 ϕ51mm 的光管，节距为 114mm，采用扁钢焊接。水冷壁冷灰斗炉底全部由外径 ϕ44.5mm 的光管组成，节距为 57mm，管间用扁钢焊接。水冷壁全部材料为碳钢。后水冷壁通过 23 根外径为 ϕ63.5mm 的内螺纹管作为悬吊管承载，所有变管径部位均采用锻压缩颈，在直径大的管端锻压成形，再与直径小的管端相焊接。

炉顶管前部构成炉膛顶部，后部构成后烟井顶部。前炉顶共 122 根，外径为 ϕ51mm 的合金钢管(15CrMo)，节距为 114mm，采用分段鳍片散装管。后炉顶共 100 根，外径为 ϕ51mm，材料为 20G，节距为 140mm，采用管子焊扁钢的膜式成排焊。延伸侧墙及尾部包覆过热器，包括水平烟道的两延伸侧墙及底部，后烟井的前、后及两侧墙，除后烟井前墙上部为光管外，其余均为扁钢膜式成排焊。低温水平过热器全部布置在后烟井内，共分三组水平蛇形管，全部由水冷悬吊管承重支吊，水平蛇形管每组为 99 排，最后由垂挂部分的垂直段从炉顶引出，每排蛇形管由 5 根并联管圈套弯，管子外径为 ϕ51mm，在水平蛇形管最下面一组的入口端，采用了分叉管结构，水平过热器管子材料，下部管组全部为 20G，中部管组为 20G 及 15CrMo，上部管组及垂直出口段均为 15CrMo。分隔屏共 4 片，布置在炉膛出口上部，每片有 6 组，每组各

8根，并联套管组成，管子外径为 ϕ51mm，材料除最外圈底部用合金钢 SA-213、T91 外，其余均为 12Cr1MoV 和 15CrMo。后屏共 20 片，每片由 14 根并联套管组成，最外圈管子外径为 ϕ60mm，其余内圈管外径为 ϕ54mm，横向节距为 684mm，材料除最外圈底部及最内圈管绕的底部用不锈钢（SA-213、TP347H）外，其余为 12Cr1MoV 和钢研 102。末级对流过热器共 81 排，每排由 4 根并联蛇形管套弯，管的外径为 ϕ51mm，材料均为钢研 102。

墙式辐射再热器布置在炉膛上部的前墙和两侧墙前部，并将部分水冷壁遮盖，前墙共布置 212 根管，两侧墙各布置 98 根管，管径为 ϕ54mm×5mm，材料均为 15CrMo。屏式再热器与末级对流再热器为串联布置，两级间无集箱，采用管子在炉外直接相连，此连接管的管径和长度各不相同，可作为调节同屏管子间的流量偏差，屏式再热器共有 30 片，每片有 14 根管子并联套弯，管子外径为 ϕ63mm，材料为 15CrMo、12Cr1MoV 和钢研 102、SA-213、T91，根据壁温使用在不同部位。末级对流再热器为 60 排，每排有 7 根管子并联套弯，管子外径为 ϕ63mm 和 ϕ52mm，材料为 12Cr1MoV、钢研 102 及 SA-213、T91，各自使用在不同部位。屏式再热器与末级再热器两级间的炉外连接管及进、出口接集箱的连接管的外径有 ϕ63mm、ϕ51mm、ϕ57mm 和 ϕ70mm 等，变管径均采用缩颈过渡连接。

给水由锅炉右侧单路流入省煤器进口集箱，经省煤器管组、中间连接集箱和悬吊管后，汇合在省煤器出口集箱，再由 3 根 ϕ219mm×25mm 的锅筒给水管道从省煤器出口集箱引入锅筒，混合后的水沿锅筒底部长度方向布置的 4 根大直径下降管流至汇合集箱，然后由连接管分别引入循环泵，每台循环泵出口有两只出口阀，循环泵将来自汇合集箱的水增压后打出，经过出口阀及出口管道进入四周相连通的、管径为ϕ914mm×100mm（材料为 SA-299）的环形集箱，水在环形集箱内经过滤网及节流孔板进入炉膛四周的侧水冷壁、前水冷壁、后水冷壁及延伸水冷壁，形成数十个平行回路，水在水冷壁内吸热形成汽水混合物，汇集至水冷壁上部集箱，通过汽水引出管进入锅筒。

锅炉采用 CC+循环系统，即“低压头循环泵+内螺纹管”，称为改进型控制循环，下降管系统中布置了低压头循环泵，以保证水冷壁内介质循环安全可靠，水冷壁四周采用了内螺纹管，可允许水冷壁中的质量流速降低、流量减少，使循环倍率从过去的 4 降低到 2。系统内布置了 3 台循环泵，其中投运 2 台就可以带 MCR 负荷，另 1 台为备用。

在环形集箱的每根水冷壁管的入口处装有不同孔径的节流孔板，以控制每根水冷壁管的流量。环形集箱后部与省煤器进口管道之间设有一根省煤器再循环管，其管径为 ϕ76mm×11mm，管道上装有再循环阀，锅炉启动时，再循环阀打开，环形集箱提供一部分水。约 40%MCR 流量，经再循环管送至省煤器，以防止省煤器汽化。

为了避免阻力过大，并非全部饱和蒸汽进入炉顶管过热器，而是有一部分被旁通，直接进入后烟井包覆管上集箱。从炉顶管过热器出口集箱引出的蒸汽经过后烟井包覆管、后烟井延伸侧墙，再汇总至低温过热器进口集箱，依次流过低温过热器、分隔屏、屏式过热器和末级过热器，再由末级过热器出口集箱引出至主蒸汽管道。

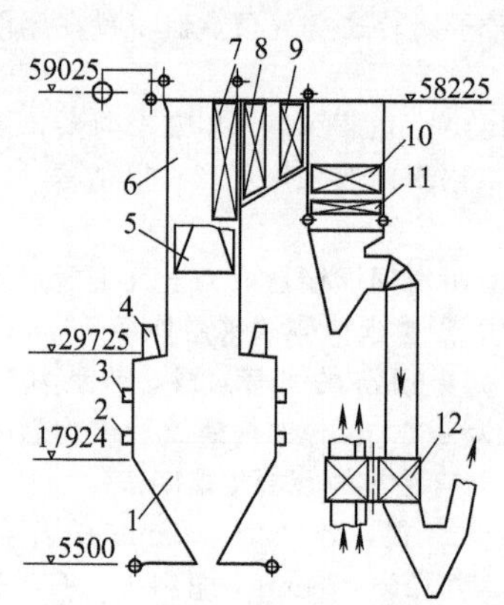

图 5-15 1096t/h 亚临界压力控制循环锅炉结构示意

1—燃烧室；2—下部乏气风；3—上部乏气风；4—燃烧器；5—低温再热器；6—炉膛；7—中温过热器；8—高温再热器；9—高温过热器；10—低温过热器；11—省煤器；12—回转式空气预热器

汽轮机高压缸排出的蒸汽分两路引入墙式辐射再热器进口集箱，经过墙式辐射再热器，由炉顶上部的出口集箱引出，通过 4 根连接管引至屏式再热器进口集箱，依次流经屏式再热器和末级再热器，由末级再热器出口集箱引出至再热蒸汽出口管道。

图 5-15 为某一 1096t/h 亚临界压力控制循环锅炉。锅炉为单锅筒、单炉膛、整体呈“倒 U”形、中间一次再热、W 形火焰、固态排渣、露天布置。额定工况下，蒸汽压力为 18.4MPa，蒸汽温度为 534℃，再热蒸汽压力为 4MPa，再热蒸汽温度为 538℃，排烟温度为 151℃。锅炉按松藻高硫无烟煤设计。

锅炉的炉膛分上、下两部分，下炉膛（燃烧室）宽 17.34m，深 17.70m，上炉膛（燃尽室）宽 17.34m，深度对称收缩为 9.078m。在收缩过渡段的斜坡上，前、后各布置向下射流的 18 只缝隙式煤粉燃烧器。燃烧器区域及其附近的水冷壁管上敷设有卫燃带。锅筒中心线标高为 59.025m，锅筒内径为 ϕ1175mm，筒体壁厚为 144mm，封头壁厚为 134mm，直段长约 15m，总长 17.5m，材料为 15MDV4.05，内部沿长度方向设有内夹套及旋风分离器等。配有 3 台由 KSB、HAYWARD TYLER FUJI 制造的炉水循环泵，每台泵的体积流量为 $2710m^3/h$，电机功率为 330kW；2 台泵运行可带满负荷，循环倍率为 2.9。

图 5-16 为某一配 500MW 汽轮发电机组的亚临界压力控制循环锅炉示意。锅炉额定压力为 16.95MPa，过热蒸汽温度为 569℃，再热蒸汽温度为 538℃，额定蒸发量为 1740t/h，给水温度为 275℃。锅炉由两台“倒 U”形布置的锅炉组成，两个炉膛均呈正方形，尺寸为 12200mm×12200mm，炉膛高度为 43.2m。炉膛出口处布置有屏式过热器，前墙上布置有辐射式再热器。炉膛出口烟温取为 1090℃，40 个转动式燃烧器布置在两个炉膛的四角锅筒，直径为 1820mm。

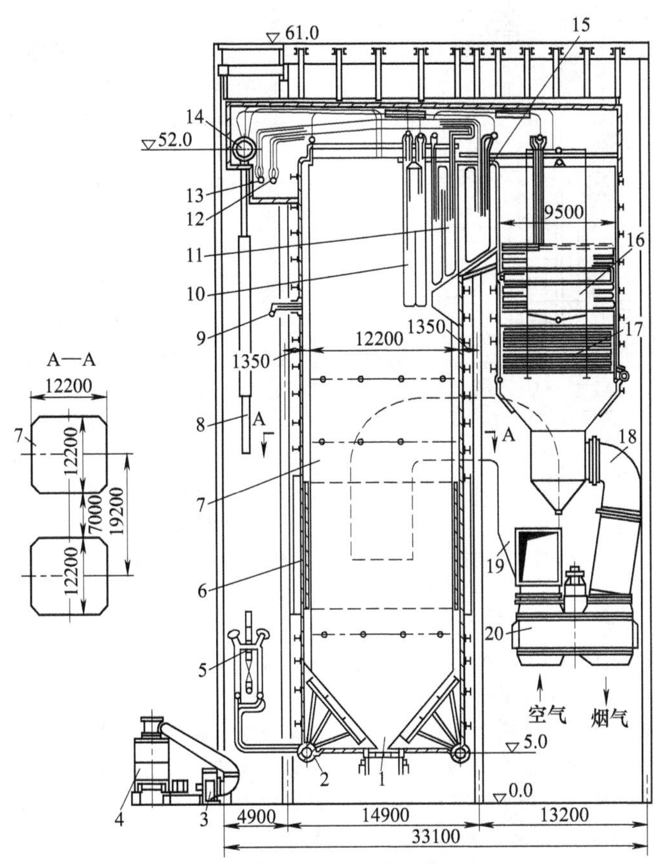

图 5-16　1740t/h 亚临界压力控制循环锅炉示意

1—冷灰斗；2—水冷壁下集箱；3—风机；4—磨煤机；5—循环泵；6—角式布置燃烧器；7—炉膛；8—下降管；9—墙式再热器进口集箱；10—屏式过热器；11—第二级对流过热器（热段）；12—过热器出口集箱；13—再热管出口集箱；14—锅筒；15—对流再热器；16—对流过热器；17—省煤器；18—烟道；19—热空气管道；20—回转式空气预热器

过热蒸汽温度采用喷水减温法调节，再热蒸汽温度应用转动燃烧器法及喷水减温法调节。

图 5-17 所示的 HG-2008/18.3-M 型锅炉，是哈尔滨锅炉厂采用 CE 技术设计制造的亚临界压力、一次中间再热、控制循环、平衡通风、直吹四角切圆燃烧锅炉。按燃用淮南烟煤设计。锅炉在额定负荷下的主要参数为蒸发量 2008t/h，过热蒸汽压力 18.29MPa，过热蒸汽温度 540.6℃，给水温度 278℃，再热蒸汽流量 1634t/h，再热蒸汽进口/出口压力 3.86MPa/3.64MPa，再热蒸汽进口/出口温度 315℃/540.6℃，排烟温度 135℃，锅炉热效率 92.2%，与 600MW 汽轮发电机组匹配。

锅炉为单炉体“倒 U”形半露天布置，炉膛宽度与深度为 18542mm×16432mm，冷灰斗倾角 55°，冷灰斗底部出渣口宽度为 1220mm。炉膛上部布置有墙式辐射再热器和大节距的分隔屏过热器，墙式再热器布置在前墙和两侧墙的水冷壁管的外面。水平烟道以后水冷壁垂帘管为分界面分成底面倾斜、方向相反的前后两部分以减少积灰。折焰角之前布置了后屏过热器，水平烟道中依次布置了后屏再热器、末级再热器和末级过热器。在尾部竖井烟道中顺序布置有立式及水平式低温过热器和省煤器。所有屏式和对流过热器、再热器和省煤器的管子均为顺列布置，这对炉顶密封、管束的吊挂和减轻飞灰磨损、提高吹灰器吹灰效果都有利。两

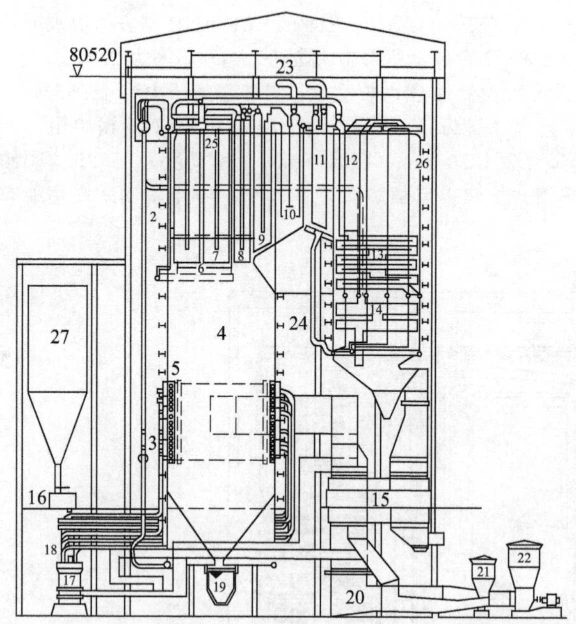

图 5-17 HG-2008/18.3-M 型亚临界压力控制循环锅炉
1—锅筒；2—下降管；3—循环泵；4—水冷壁；5—燃烧器；6—墙式辐射再热器；7—分隔屏过热器；8—后屏过热器；9—屏式再热器；10—高温对流再热器；11—高温对流过热器；12—立式低温过热器；13—水平低温过热器；14—省煤器；15—回转式空气预热器；16—给煤机；17—磨煤机；18—一次风管道；19—水封斗式除渣装置；20—风道；21—一次风机；22—送风机；23—锅炉钢架；24—刚性梁；25—顶棚管；26—包墙管；27—原煤仓

台CK型的三分仓容克式空气预热器对称地布置于尾部竖井下方。

锅筒布置在炉膛顶部，锅筒长为25760mm，内径为1778mm，锅筒壁厚采用不等厚度结构，锅筒上部壁厚198.4mm，下部壁厚166.7mm，锅筒材料为碳钢。锅筒内壁设置汽水混合物环形通道，锅筒内装设有涡轮分离器等汽水分离设备。

锅筒、下降管、循环泵、水包、水冷壁等组成循环回路。从锅筒底部引出六根直径为ϕ406mm的大直径集中下降管，通过进口集箱与三台循环泵连接。循环泵出口通过排放阀、连接管接至水冷壁底部的环形集箱（水包）的炉前段。在水包内部每根水冷壁管进口都装有不同孔径的节流圈，在节流圈前还装有滤网。水冷壁管在高热负荷区采用内螺纹管。水冷壁出口集箱通过导汽管接至锅筒上部。饱和蒸汽从锅筒顶部引出；省煤器来的给水接至锅筒下部下降管入口处。循环回路中工质流程如下：锅水经下降管、循环泵、连接管和水包进入水冷壁，在水冷壁中形成汽水混合物，进入上集箱，通过导汽管从上部送入锅筒，在锅筒内沿环形汽水通道从下部进入涡轮分离器进行汽水分离，分离出的蒸汽通过锅筒顶部的饱和蒸汽引出管送入过热器，分离出的水与给水混合后进入下降管。

锅炉采用单炉膛四角布置的摆动式燃烧器，切圆燃烧。每只燃烧器共有15层风室和29个喷嘴，一次风喷嘴可上、下摆动27°，二次风喷嘴可上、下摆动30°，顶部风喷嘴可向上摆动30°，向下摆动50°，用于调节再热汽温度，并设有上二次风以减少NO_x的生成。所有煤粉喷嘴设有周界风，并有挡板控制风量，以保证稳定高效的燃烧。锅炉点火方式：首先是高能点火器电弧点燃燃油，然后是用油点燃煤粉。高能电弧点火器安装在燃油风室靠近油枪头部，每只燃烧器设置3只点火器，相应配有伸缩式蒸汽雾化油枪，每支油枪容量为1800kg/h，全炉共12支，燃油量按锅炉的15%MCR计算。每支油枪旁设有可见光式油火焰检测器，三层共12只，达到判断油枪启动成功与否的依据。另外锅炉每只燃烧器的喷嘴内从上到下依次布置六层可见光式火焰检测系统，共24只，每层各喷口对应1只，作为全炉火焰的检测元件，并设置火焰检测器冷却风系统，对火焰检测器进行冷却和吹扫。

在炉膛上部右侧墙装有伸缩式热电偶温度计1只，用来测量锅炉启动期间的炉膛出口烟气温度，控制其不超过538℃，以防止过热器和再热器管壁超温。当机组并网时，手动退出温度计。炉膛冷灰斗底部两侧水冷壁处有大型人孔门各1个，作为冷灰斗出渣打渣用。

制粉系统采用正压直吹式，配有6台中速磨煤机，5台运行，1台备用。其优点是制粉单位电耗低，3只磨辊均为液力加载，设有CO浓度检测仪和蒸汽或CO_2高能喷射设施，以防止煤粉爆炸，每台磨出口各配置4根煤粉管道，管道的弯头铸成内外不等壁厚的结构，以防止磨损弯头，并在弯头内设有两块由冷硬镍合金铸铁制成的导流块，导流块不仅对风粉气流起导流作用，而且具有能吸收煤粉粒子冲蚀的作用，从而减少对铸铁弯头的磨损。一次风量不均匀性大于25%时，可增设节流孔板，使四角的一次风量趋于平衡。

锅炉的风烟系统采用动叶可调式双级轴流式一次风机两台，为锅炉燃烧提供足够的热风。该风机具有运行效率高（85.5%）、噪声低（<85dB）、风量测量装置新颖等特点，每台风机配有一套独立的润滑和工作油系统。两台引风机采用双速双吸离心式，转速为595r/min、496r/min，效率为85.5%、83.5%。设置了引风机盘车装置一套，保证转子启停的安全可靠，开设有高位油箱，用来保证厂用电中断时，风机能够安全停下来。锅炉配置三分仓容克式空气预热器两台，立式倒转，由二次风室到一次风室，这样能获得较高的二次风温，以加强燃烧，同时获得较低的一次风温，以降低调温用冷风的百分比。一、二次风温分别是312.2℃、320.6℃，空气预热器进出口烟温分别是357.7℃、123℃。在空气预热器一次风道和二次风道进口均装有暖风器，可提高

一、二次风进口风温，防止空气预热器发生低温腐蚀。另外，在尾部排烟出口装有四台电除尘器。

锅筒高度为73.304m，锅筒底部有6根ϕ406mm的下降管。在标高28.3m处由ϕ660mm的循环泵入口集箱汇集，通过三个管路配置低压头循环水泵3台，锅炉在设计参数工况下运行时，只需2台循环水泵，1台备用。

(1) 过热器与再热器　炉膛四周敷设内螺纹管膜式水冷壁，过热器系统分别由分隔屏、后屏、末级过热器、立式低温过热器和水平低温过热器等组成；再热器系统由屏式、墙式和末级再热器三部分组成。省煤器水平蛇形管布置于尾部烟道竖井底部，在水平过热器之下。其进口导管和炉膛下部环形集箱之间设有1根ϕ114mm省煤器再循环管，在锅炉达到连续供水之前保持全开，以保护省煤器的安全运行。锅筒上设有6只安全阀。另外，在过热器2只出口安全阀下游的主蒸汽管道上增设1只电磁安全阀。

一、二次汽温度调节方式按CE设计系统。过热器采用两级喷水，布置于低温过热器至分隔屏的大直径连接管上和后屏过热器与末级过热器之间，减温器采用笛形管式。再热器主要以燃烧器的摆角来调节，另外，在再热器的进口导管上装有两只雾化喷嘴式的喷水减温器，主要作事故喷水用。

(2) 水冷壁及水循环回路　锅炉采用熔烧焊膜式水冷壁结构，水冷壁管外径为50.8mm，节距为63.5mm，管子中间的空隙以熔焊金属填充，从而达到烟气的完全密封。

炉膛折焰角部分由外径为63.5mm的管子构成，节距为76.2mm，以熔烧焊形成管屏，炉膛延伸侧墙为ϕ63.5mm的管子，按127mm节距用连续鳍片焊成，炉膛上部顶棚管由外径为63mm的管子，按127mm节距用分段鳍片焊接而成。锅炉水冷壁的另一个特点就是水冷壁管的大部分是采用内螺纹管，这种内螺纹管能有效地防止运行时膜态沸腾的发生。工质在内螺纹管内流动时发生强烈扰动，将水压向壁面并迫使气泡脱离壁面被水带走，从而破坏汽膜层的形成，使管壁温度降低，保证水冷壁管的正常运行。

第三节　电站直流锅炉结构

直流锅炉是一种使给水一次通过各个受热面的锅炉。

电站直流锅炉的给水在水泵压头的作用下，顺序地一次通过加热、蒸发和过热受热面，转变成为所需要参数的过热蒸汽，其循环倍率为1.0，直流锅炉无锅筒，适用于各种压力，蒸发受热面的布置比较自由，此外，直流锅炉启停迅速、调节灵敏。但是，直流锅炉的给水晶质及自动调节要求较高，蒸发受热面阻力较大，给水泵耗电也较大。

直流锅炉的形式与构造的不同，主要反映在水冷壁和蒸发受热面的结构形式上。根据炉膛蒸发受热面布置方式的不同，直流锅炉可分为水平围绕管圈式、垂直上升管屏式和回带管屏式3种，见图5-18。

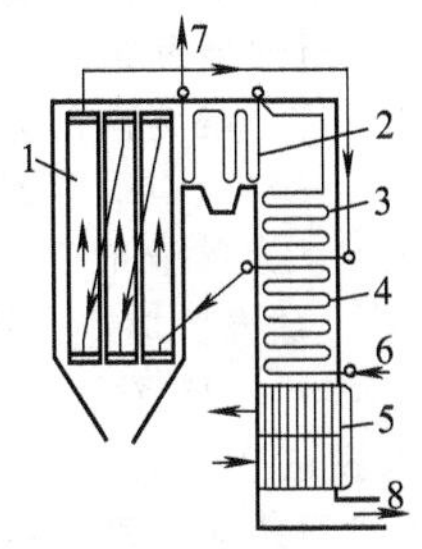

(a) 垂直上升管屏式

1—垂直管屏;2—过热器;3—外置式过渡区;4—省煤器;5—空气预热器;6—给水入口;7—过热蒸汽出口;8—烟气出口

(b) 回带管屏式

1—水平回带管屏;2—垂直回带管屏;3—过热蒸汽出口;4—过热器;5—外置式过渡区;6—省煤器;7—给水入口;8—空气预热器;9—烟气出口

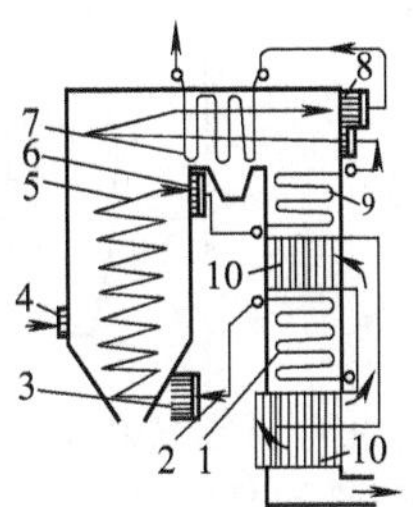

(c) 水平围绕管圈式

1—省煤器;2—炉膛进水管;3—水分配集箱;4—燃烧器;5—水平围绕管圈;6—汽水混合物出口集箱;7—对流过热器;8—壁上过热器;9—外置式过渡区;10—空气预热器

图5-18　3种直流锅炉的结构

水平围绕管圈式直流锅炉的蒸发受热面由许多根平行的管子组成管带，然后呈水平或微倾斜地自下向上沿炉膛四周盘旋上升。为了完成盘旋上升，至少应有一个墙上的水冷壁是微倾斜的。前苏联最早采用过这种形式的直流锅炉，故称兰姆辛型。这种形式的直流锅炉的优点是水冷壁不用中间集箱，没有不受热的下降管，因而节约金属，便于滑压运行，便于疏水排气，由于相邻管带外侧两根管子间的壁温差较小，适宜于整焊膜式结构。缺点是安装组合率较低，现场焊接工作量较大，制造工艺要求较高。

垂直上升管屏式直流锅炉又可分为一次垂直上升和多次垂直上升两种。一次垂直上升管屏式直流锅炉多用于大容量锅炉，又称UP型。多次垂直上升管屏式直流锅炉多用于中等容量锅炉，又称本生型，这种形式的直流锅炉的水冷壁由若干个垂直管屏组成，每个管屏又由几十根并联的上升管及两端的集箱组成，每个管屏宽1.2～2m，各管屏之间用2～3根不受热的下降管连接，使它们串联起来。垂直上升管屏式直流锅炉的优点是安装组合率高、制造方便。缺点是对滑压运行的适应性较差，多次垂直上升管屏式直流锅炉还由于有中间集箱和不受热的下降管道，金属耗量较大。

回带管屏式直流锅炉又称苏尔寿型，其水冷壁受热面由多行程回带管屏组成，根据回带迂回方式的不同，又可分为水平回带和垂直升降回带两种。回带管屏式直流锅炉的优点为布置方便、省金属，缺点为两集箱之间的管子很长、热偏差较大、制造困难，垂直升降回带还具有不易疏水排气，水动力稳定性较差的缺点。

随着锅炉技术的发展，具有不同形式水冷壁的直流锅炉有逐渐消除它们之间差异的趋势。本生型直流锅炉和苏尔寿型直流锅炉都大多采用螺旋式水冷壁，这种螺旋式水冷壁比一次垂直上升管屏更容易保证水冷壁中的工质量流速。大容量锅炉的炉膛下部辐射区可做成螺旋式水冷壁，而在上部辐射区则采用一次垂直上升管屏，这样，一方面便于采用悬吊结构，另一方面因为垂直管屏中是比容较大的过热蒸汽，容易保证足够的工质流速，同时由于炉膛上部热负荷已较低，两相邻垂直管屏的外侧管子的管壁温差已不致造成膜式壁的损坏，这种形式的直流锅炉仍称为本生型。垂直上升管屏式直流锅炉的炉膛下部可做成多次垂直上升管屏，炉膛上部做成一次垂直上升管屏，这种形式的水冷壁可以做成组合件，金属耗量少，最易于采用整焊膜式壁，便于全悬吊结构。

一、亚临界直流锅炉

图5-19为配125MW汽轮发电机组的SG-400/140型超高压直流锅炉的结构。锅炉的额定蒸发量为400t/h，额定蒸汽压力为13.72MPa，过热蒸汽温度为555℃，再热蒸汽温度为555℃，再热蒸汽进口压力为2.6MPa，再热蒸汽出口压力为2.45MPa，再热蒸汽流量为330t/h，给水温度为240℃，锅炉排烟温度为130℃，锅炉按铜川贫煤及韩城煤设计，设计热效率为91.40%。锅炉为水平围绕管圈式，呈“倒U”形布置，燃烧器采用直流式，四角切圆燃烧，固态排渣。锅炉炉膛由上、中、下三个辐射区组成。上辐射区包括水平烟道两侧和转弯烟室，其出口蒸汽已有5～8℃的微过热度。炉膛上部布置有前屏过热器和后屏过热器。第二级对流过热器和第二级对流再热器布置在水平烟道内。后竖井上部分隔为两部分，一部分中布置有第一级对流过热器；另一部分中布置第一级对流再热器。省煤器布置在两者之下，为单级布置。两台直径为6m的风罩回转式空气预热器，放在后烟井的最下部。

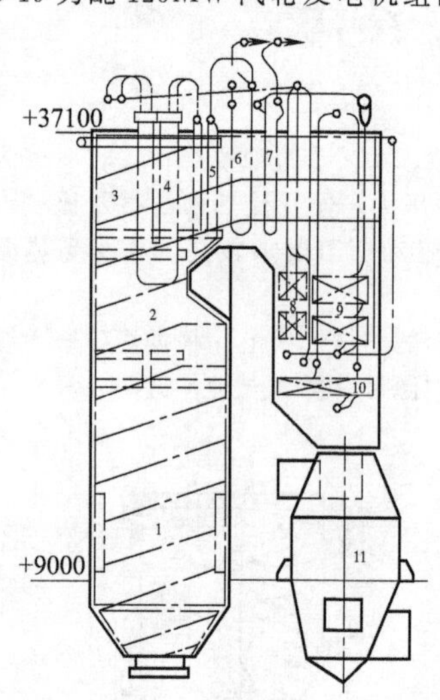

图5-19 SG-400/140型超高压直流锅炉结构
1—下辐射区；2—中辐射区；3—上辐射区；4—前屏过热器；5—后屏过热器；6—高温对流过热器；7—热段再热器；8—低温对流过热器；9—冷段再热器；10—省煤器；11—回转式空气预热器

给水通过给水泵送入尾部省煤器，经省煤器悬吊器，汇集至省煤器炉顶集箱，此时水温达278℃。然后从省煤器炉顶集箱分两路引至下辐射区进口集箱，再均匀分配到下辐射区管圈，下辐射区出口集箱处的工质为干度达57.5%的汽水两相混合物。再通过4根连接管引入分配器(混合器)，在分配器下部由4根连接管引到中辐射区进口集箱，并均匀分配到中辐射区各管圈，中辐射区出口的工质干度已达89%。工质分两路进入上辐射区进口集箱，并继续在上辐射区管圈中吸热，在上辐射区出口处，工质已有5～8℃的微过热度。

工质由上辐射区出口引入顶棚管过热器，并引往低温对流过热器进口集箱，经过第一级喷水减温后，流经低温对流过热器，在其出口处经第二级喷水减温，流经前屏过热器、后屏过热器、高温对流过热器冷段(逆流)、第三级喷水减温器、高温对流过热器热段（顺流）后输出。

再热蒸汽进入布置在尾部竖井中的低温再热器（逆流），在其进口装设事故喷水装置，在低温再热器和高温再热器之间的连接导管上装有微量喷水装置。高温再热器为顺流布置。

图5-20为某一配300MW汽轮发电机组的亚临界压力一次垂直上升管屏直流锅炉结构。锅炉额定蒸发

量为1000t/h，额定蒸汽压力为16.66MPa，过热蒸汽温度为555℃，再热蒸汽进口压力为3.43MPa，再热蒸汽出口压力为3.23MPa，再热蒸汽进口温度为325℃，再热蒸汽出口温度为555℃，再热蒸汽流量为830t/h，给水温度为265℃，热空气温度为295℃，排烟温度为150℃，锅炉按200号重油设计，设计热效率为91.66%。

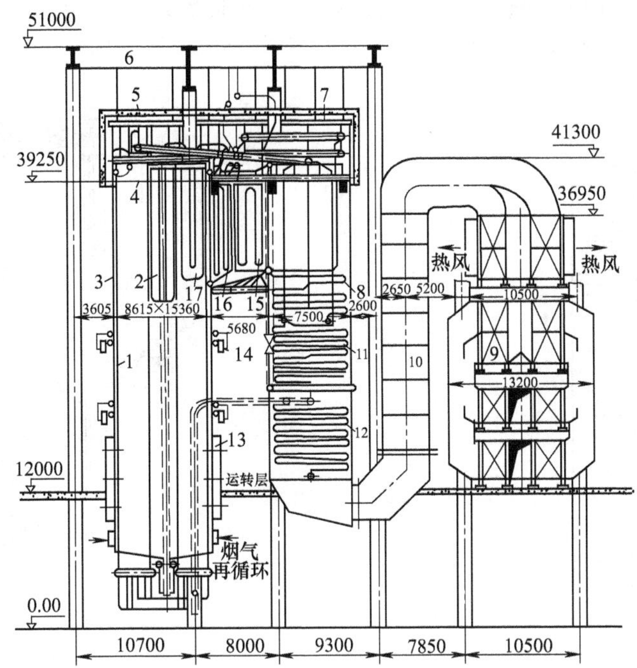

图5-20 1000t/h亚临界压力一次垂直上升管屏直流锅炉结构

1—双面露光水冷壁；2—前屏过热器；3—炉膛；4—炉顶管过热器；5—炉顶罩壳；6—大梁；7—过渡梁；8—第一级再热器；9—管式空气预热器；10—烟道；11—第一级过热器；12—省煤器；13—燃烧器；14—分配器；15—第二级再热器；16—第二级过热器；17—后屏过热器

锅炉采用一次垂直上升管屏，“倒U”形布置，单炉体、双炉膛结构。炉膛中间用双面露光水冷壁分隔为两个炉膛，使用30只旋流式燃烧器，错列布置在炉膛前、后墙上。

炉膛四周由ϕ22mm×5.5mm的小直径鳍片管组成的膜式水冷壁构成，工质在水冷壁中一次上升，中间经过两次混合，在燃烧器附近热负荷较高，故采用了内螺纹鳍片管以防止发生膜态沸腾。炉膛上部布置有前屏过热器和后屏过热器，水平烟道中布置了第二级对流过热器和第二级对流再热器，炉膛和水平烟道顶部设有炉顶管过热器。尾部竖井中，顺着烟气的流动方向布置有第一级再热器、第一级过热器和省煤器，三者均由第一级过热器出口的垂直悬吊管进行悬吊，省煤器以上的竖井四周及水平烟道两侧及底部均有包墙管过热器。过热器采用三级喷水及控制燃料-给水比来调节汽温，再热蒸汽温度用烟气再循环作为主调节，用喷水作为细调和事故处理手段。省煤器为单级布置，空气预热器采用管式，为防止尾部受热面的低温腐蚀，使用前置暖风器预先将冷空气加热到60℃，必要时可利用热空气再循环加热到90℃。

工质的流动顺序为省煤器、双面露光水冷壁、下辐射管屏、第一级分配器、中辐射管屏、第二级分配器、上辐射管屏、炉顶管过热器、竖井及水平烟道包墙管过热器、第一级喷水减温器、第一级对流过热器、悬吊管、第二级喷水减温器、前屏过热器、后屏过热器、第三级喷水减温器、第二级对流过热器、过热蒸汽出口集箱。

再热蒸汽的流动顺序为汽轮机高压缸排汽、事故喷水减温器、第一级对流再热器、微量喷水减温器、第二级对流再热器、集汽集箱、汽轮机中压缸。

图5-21为配600MW机组亚临界压力本生型直流锅炉结构。锅炉额定蒸发量1814.25t/h，主蒸汽压力为18.6MPa，主蒸汽温度为545℃（在100%～35%负荷范围内），再热蒸汽进口压力为4.36MPa，再热蒸汽出口压力为4.155MPa，再热蒸汽温度为545℃（在100%～75%负荷范围内），再热蒸汽流量为1687.68t/h，给水温度为257℃，排烟温度为140℃，按元宝山褐煤设计，设计热效率为91.5%。

锅炉炉膛断面呈正方形，尺寸为（20086×20086×59100）mm^3，燃烧器高度为19827mm。配置8台风扇磨煤机。直流式燃烧器共24只，分8组、3层，呈八角切圆燃烧方式。每只燃烧器包括2个一次风和上中下3个二次风，一次风中布置芯管十字风。设计一次风温为180℃，一次风速为14.3m/s，二次风温为290℃，二次风速为49.3m/s。风扇磨煤机设计出力为62.8t/h，最大出力为76t/h。干燥介质由热风、热炉烟和冷炉烟组成，混合温度为615℃。水冷壁区域布置72台水吹灰器，对流受热面区域布置9层共90只旋转式长行程伸缩型蒸汽吹灰器。2台回转式空气预热器的两端各装设1台蒸汽吹灰器。在59.5m处有抽热炉烟口，每面墙两个。在燃烧室57.6m处炉墙四周装有4个水冷却式工业电视摄像头，它们均装在每面墙左侧2.06m处，摄像头与炉墙垂直线水平方向成38°，且下倾5°，以便在电视屏幕上监视燃烧器运行和炉内燃烧情况。

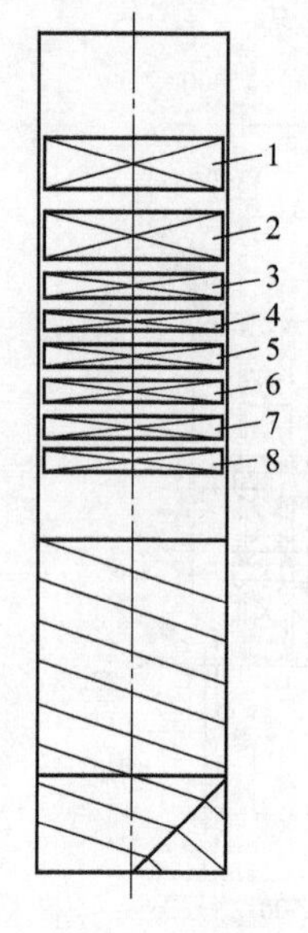

图5-21 600MW机组亚临界压力本生型直流锅炉结构

1—省煤器；2—一次再热器冷段；3—一级过热器；4—一级再热器热段；5—三级过热器；6—二级再热器；7—四级屏式过热器；8—二级过热器

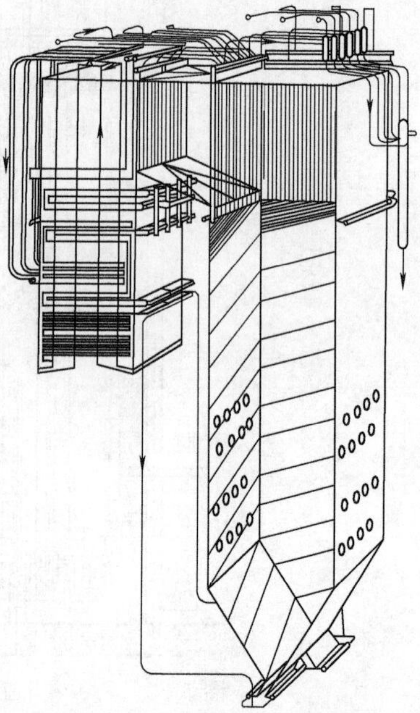

图5-22 720MW汽轮发电机组的直流锅炉汽水系统

锅炉整体外形呈半塔式布置。蒸发受热面采用了能适应变压运行的螺旋形管圈整焊膜式水冷壁，螺旋管圈倾斜角度为17.4576°。在8～55.12m之间布置螺旋形水冷壁管400根，55m以上包括对流烟道部分四周为垂直上升水冷壁，这样便于采用悬吊结构。从55.85m处的水冷壁出口集箱引出1204根垂直管，在77.125m处并成804根，即3根管中有一根直接上升至出口，管内有ϕ12mm的节流圈，另2根ϕ33.7mm×4.5mm；管合并成ϕ38mm×4.8mm管，管内无节流圈。垂直水冷壁出口环形集箱后有启动汽水分离器4只。

炉膛出口自下而上，依次布置有二级过热器、四级屏式过热器、二级再热器、三级过热器、一级再热器热段、一级过热器、一级再热器冷段和省煤器。前三级过热器为逆流布置，四级过热器为顺流布置。再热器为纯对流传热，一级为逆流布置，出口经四个喷水减温器并进行一次交叉混合后进入顺流的二级再热器。一、二、三级过热器出口均装有喷水减温器，其中二、三级喷水减温后各有一次交叉混合。分离器之后还设有零级喷水减温，用以控制中间点的微过热度。

由省煤器出来的烟气，通过下行烟道引至回转式空气预热器，然后经除尘器引至引风机。

图5-22为某一配720MW汽轮发电机组的直流锅炉汽水系统。锅炉额定蒸发量为2170t/h，额定蒸汽压力为19.11MPa，过热蒸汽温度为530℃，再热蒸汽温度为530℃，给水温度为245℃。锅炉可燃用油或煤，采用旋流式煤、油两用型燃烧器，共32只，前后墙各半布置，磨煤机采用MPS型，共4台，布置在锅炉两侧墙。

工质依次流过省煤器、下部蒸发受热面进口集箱、螺旋形下部蒸发受热面、炉膛上部垂直管屏、分离器、分离出来的蒸汽进入两侧墙过热器、炉膛前墙、炉顶管过热器、水平烟道两侧墙受热面、第一级喷水减温器、尾部烟道包墙管过热器、悬吊管过热器、第二级喷水减温器、对流过热器、第三级喷水减温器、出口集箱。分离器分离出来的水进入一个总的集水箱。

再热蒸汽依次流过第一级对流再热器、喷水减温器、第二级对流再热器、集汽集箱。

空气预热器采用回转式，布置在省煤器之后。

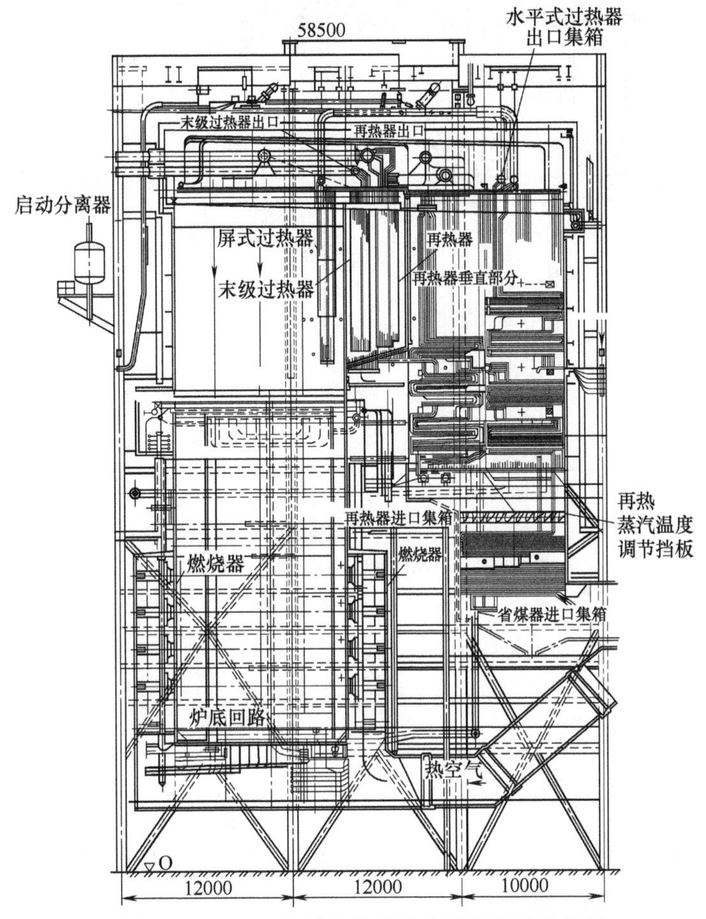

图 5-23　1950t/h 超临界压力直流锅炉总体布置

二、超临界直流锅炉

图 5-23 为美国 FW 公司生产的配 600MW 机组超临界压力直流锅炉总体布置，其炉膛受热面布置见图 5-24。

锅炉额定蒸发量为 1950t/h，过热蒸汽压力为 25.5MPa，过热蒸汽温度为 541℃，再热蒸汽温度为 568℃，再热蒸汽进口压力为 4.7MPa，再热蒸汽出口压力为 4.6MPa，再热蒸汽流量为 1600t/h。锅炉呈“倒 U”形布置，燃用重油或原油，燃烧器为前、后墙对冲布置，各为 4 排 4 列共 32 只压力雾化式燃烧器，炉膛为正压通风。给水温度为 283℃，空气预热器进口空气温度为 75℃，出口空气温度为 311℃，排烟温度为 141℃，设计热效率为 87.12%。

工质依次流过省煤器、炉膛各水冷壁管屏、尾部烟道四壁管屏、炉膛及尾部烟道的顶棚管、水平式一级过热器、屏式过热器、末级对流过热器。

炉膛下部为多次垂直上升管屏，炉膛上部为一次垂直上升管屏，回路 1～回路 6 依次为炉膛底部、炉膛下部前墙和两侧墙（前部）、炉膛下部两侧墙（中部）、炉膛下部后墙和两侧墙（后部）、炉膛上部四侧墙以及对流烟道各侧墙。炉膛水冷壁管径为 ϕ38mm，尾部竖井四管壁径为 ϕ57mm，采用鳍片管，鳍片宽度为 6mm，管子材料为含 0.5Cr 及 0.5Mo 的低合金钢。

尾部竖井烟道设计成平行的双烟道。靠近炉前一侧，布置有水平式再热器，在靠近炉后一侧布置有水平式第一级过热器及第二级省煤器。然后双烟道又合二为一，布置有第一级省煤器。面对炉膛的高温烟气处，布置有蒸汽温度较低的屏式过热器，末级过热器布置在其后面，两者都布置成顺流式。末级对流过热器之后布置有立式第二级再热器。过热蒸汽温度采用喷水调节。再热蒸汽温度采用烟道挡板调节。

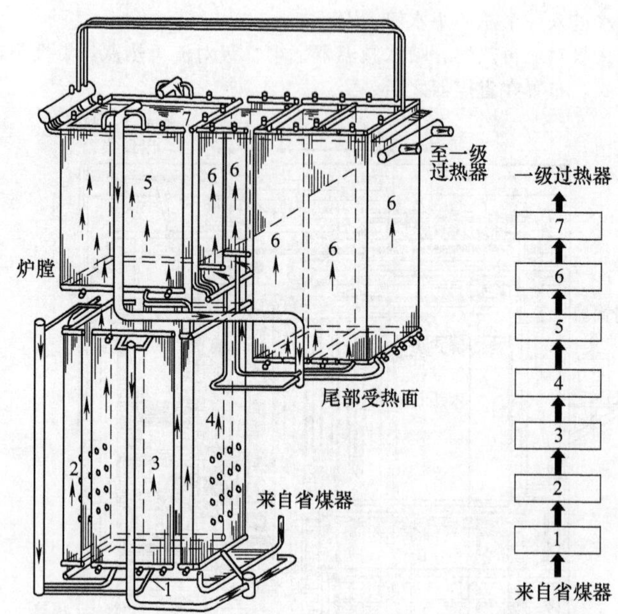

图 5-24 1950t/h 超临界压力直流锅炉炉膛受热面布置

1—回路 1，炉膛底部；2—回路 2，炉膛下部前墙和两侧墙（前）；3—回路 3，炉膛下部两侧墙（中间）；4—回路 4，炉膛下部后墙和两侧墙（后）；5—回路 5，炉膛上部四侧；6—回路 6，对流烟道各侧；7—顶棚管

空气预热器采用回转式，并有前置暖风器，将进入空气预热器的空气加热到 75℃。

图 5-25 为配 600MW 机组超临界压力直流锅炉的受热面布置。锅炉为单炉体，“倒 U”形布置。MCR 工况下，蒸发量为 1900t/h，主蒸汽压力为 25.4MPa，主蒸汽温度为 541℃，再热蒸汽流量为 1631t/h。额定蒸发量为 1844t/h，额定过热蒸汽压力为 25.2MPa，额定再热蒸汽流量为 1539t/h。再热蒸汽进口压力为 4.77MPa，再热蒸汽出口压力为 4.58MPa，再热蒸汽进口温度为 301℃，再热蒸汽出口温度为 569℃，给水温度为 286℃，热空气温度为 336℃，排烟温度为 130℃，按东胜-神木煤设计，设计热效率为 92.53%。锅炉的燃烧系统采用平衡通风，正压直吹式制粉系统，6 台 HP-943 型中速磨，采用宽范围调节比摆动式燃烧器，偏置二次风，四角切圆燃烧。炉膛截面为 18.816m×16.464m（宽×深）。

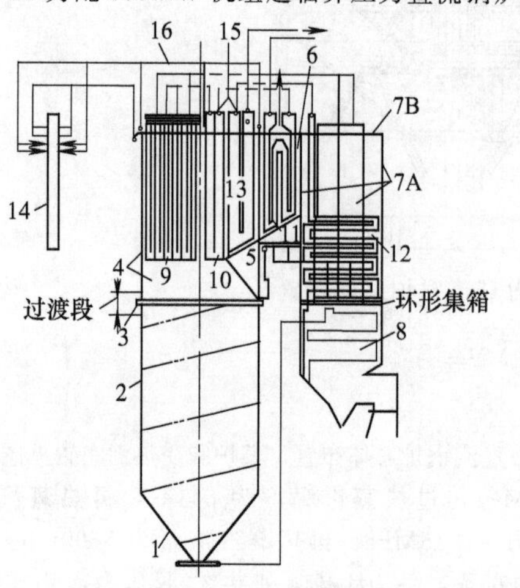

图 5-25 1900t/h 超临界压力直流锅炉的受热面布置

1—冷灰斗；2—螺旋上升管圈膜式水冷壁；3—中间混合集箱；4—垂直上升管圈膜式水冷壁；5—折焰角；6—延伸侧墙管；7A—包墙管过热器；7B—炉顶管过热器；8—省煤器；9—前屏过热器；10—后屏过热器；11—末级过热器；12—低温再热器；13—末级再热器；14—汽水分离器；15—集箱；16—连通管

给水经省煤器加热后进入底部的环形集箱，再由环形集箱经连接管引入灰斗水冷壁管。灰斗四周由 ϕ38mm×6.3mm、材质为 15Mo3、节距为 54mm 的光管焊接成膜式水冷壁。从灰斗出来的管子共 316 根，进入炉膛水冷壁部分。炉膛水冷壁由螺旋围绕管组成，管径为 ϕ38mm×5.6mm，材质为 13CrMo33，节距为 54mm（由光管焊接成膜式水冷壁）。从灰斗开始，似双头螺旋的形式盘旋上升，螺旋升角为 13.95°，其盘旋 1.74 圈。在标高为 47.882m 处（炉膛折焰角前），实现由螺旋管圈向垂直管屏的过渡，即进入前、后、左、右四面的中间混合集箱。集箱直径为 ϕ273mm×29mm，材料为 15NiCuMoNb5，即 WB-36。从混合集箱出来的管子，一路引入上部垂直水冷壁，共 928 根（ϕ33.7mm×5.6mm）；一路引入后墙折焰角，共 336 根（ϕ33.7mm×5.6mm 和 ϕ33.7mm×7.1mm）。两路受热面经并行受热后至出口集箱，再经连接管进入汽水分离器。分离器为立式布置，直径为 ϕ850mm×83mm，高约 24m，材料为 WB-36，体积为 13.62m^3，可存 8%MCR 的水流量。当锅

炉启动至37%MCR负荷时，分离器起到锅筒的作用，实现汽水混合物的分离，分离出的水排入疏水扩容器，回收工质，蒸汽则进入过热器系统。在37%MCR以上负荷，汽水分离器转为干态运行，只起集箱的作用。

过热器系统由炉顶管、包覆管、前屏、后屏及末级过热器组成。由炉顶管进口集箱引出168根管子作为炉顶管过热器。前部分炉顶管的规格为ϕ63.5mm×8mm，后部分的规格为ϕ70mm×8mm，材料为13CrMo44，节距为112mm。炉顶管至尾部烟井处通过三通结构分为两路，一路组成后炉顶管和尾部烟井后包覆管，另一路组成尾部烟井前包覆管，该两路包覆管分别进入尾部烟井下部环形集箱。从环形集箱分别引出三路受热面：其一为尾部烟井两侧包覆管；其二为悬吊管；其三为水平烟道延伸侧墙。后炉顶管、尾部烟井后包覆管和尾部烟井前包覆管的规格为ϕ51mm×6.3mm，材料为13CrMo44，数量为167根。尾部烟井两侧包覆管的规格为ϕ60.3mm×8.8mm，材料为13CrMo44，数量为3×55根。水平烟道延伸侧墙管的规格为ϕ48.3mm×6.3mm，材料为13CrMo44，数量为2×62根。

前屏过热器位于炉膛上部靠近前墙，起分隔烟气、减弱切向燃烧时，炉膛出口烟气残余旋转的作用。前屏共6片，沿炉膛宽度均布，S_1=2760mm，S_2=48mm，以3片为一组连接于同一对与侧墙平行的进、出口集箱。每片屏由6个小屏组成，共72根管，其中4根管由中间拉出作为该片大屏的夹持管。前屏管的规格为ϕ42.4mm×5.6mm和ϕ42.4mm×6.3mm，材料为10CrMo910。前屏过热器的集箱采用多路引入、集中引出的布置形式，由前屏引出的蒸汽，经一次喷水减温后，从中间引入后屏的分配集箱。

后屏位于前屏之后，靠近炉膛出口处，共20片，以10片为一组并联于沿炉膛宽度布置的同一对进、出口集箱。S_1=896mm，S_2=60mm，每片屏有21根“U”形管，其中内外圈各两根管子分别由上、下拉出作为该片屏的夹持管。管子规格和材料分别为：ϕ42.4mm×7.1mm，10CrMo910；ϕ42.3mm×6.3mm，X20CrMoV121；ϕ42.4mm×5.0mm，X20CrMoV121。从后屏出来的蒸汽经左右交叉和二次喷水减温后，由端部引入位于水平烟道内的末级过热器。

末级过热器为四回程并列，与烟气呈逆流布置，共82片，S_1=224mm，S_2=76mm，以41片为一组并联于沿烟道宽度方向布置的分配集箱，左右对称。每片管排由12根管子组成，其中内外圈在经过一个“U”形回程后作内外交换，以使内外圈管子间长度和吸热偏差减小。管子规格为ϕ38mm×5mm，ϕ38mm×6.3mm，ϕ38mm×7.1mm，ϕ38mm×8mm，材料均为X20CrMoV121。

低温再热器位于尾部烟井中，与烟气成逆流布置，共110片，S_1=168mm，S_2=120mm，每片有9根管，管的规格为ϕ60.3mm×4mm，材料为15CrMo3和13CrMo44。集箱连接系统可认为是对称的“L”形，其中出口段把相邻的两片管排合并成一片组成有18根管子的出口段，并在管排中留有3个高1m的小烟室，以减小同片间的热偏差。在低温再热器进口管上布置有喷水点，以便在事故状态下或蒸汽温度调节不足时使用。

高温再热器位于炉膛折焰角的上方，与烟气呈逆流布置，共33片，S_1=560mm，S_2=170mm，每片有16根“U”形管，管的规格和材料分别为：ϕ63.5mm×6.3mm，10CrMo910；ϕ63.5mm×6.3mm，X20CrMoV121；ϕ63.5mm×4.5mm，X8CrNiNb1613；ϕ63.5mm×5mm，X20CrMoV121。在“U”形管组下行的直管段中，靠内圈的8根管子在上行时分别被绕到外圈的位置上，以减小同片的热偏差。同时为了减小前级再热器沿炉膛宽度热偏差对后级的影响，低温再热器4根引出管在进入高温再热器之前进行左右交叉，再由高温再热器汇流集箱两端均匀引出。

省煤器管为ϕ42.4mm×5.6mm的15Mo3光管，与烟气呈逆流布置，共165片，每片由3根管子组成（3管圈）。锅炉的最后受热面为2台回转式三分仓空气预热器，分别布置在两侧斗，尾部烟道的省煤器下方。

图5-26所示东方锅炉厂（DBC）与巴布科克-日立公司（BHK）合作生产的1000MW超超临界压力机组锅炉（DG3000/26.15-Ⅱ1）系统布置。

锅炉为高效超超临界参数变压直流炉、一次再热、平衡通风、运转层以上露天布置、固态排渣、全钢构架、全悬吊结构Π型锅炉。设计煤种为兖矿煤和济北煤矿的混煤。锅炉的主要设计参数见表5-1。

锅炉采用单炉膛布置，炉膛下辐射区为带内螺纹管的螺旋管圈水冷壁，管径ϕ38.1mm×6.7mm。上辐射区为垂直管屏光管水冷壁，管径为ϕ31.8mm×6.7mm。采用低NO_x旋流式HT-NR3煤粉燃烧器，前后墙对冲燃烧方式。尾部为双烟道，再热汽温度采用烟气挡板调节。

根据锅炉燃用易结渣煤的特点，采用较大的炉膛容积（29810m^3）和炉膛断面积（529m^2），选取较小的炉膛热负荷（容积热负荷79kW/m^3、断面积热负荷4.5MW/m^2），降低整个炉膛温度，以便减小结渣的可能性，同时满足NO_x的排放要求。

锅炉配置双进双出钢球磨煤机，正压直吹式制粉系统，每台锅炉配6台磨煤机，5台磨煤机运行时带锅炉额定负荷BRL。

自给水管路出来的水进入位于尾部后竖井烟道下部的省煤器进口集箱，受热面由省煤器蛇形管组成。给水自下而上流经省煤器进口集箱，进入省煤器蛇形管主受热面，再通过省煤器吊挂管到锅炉上部的省煤器出

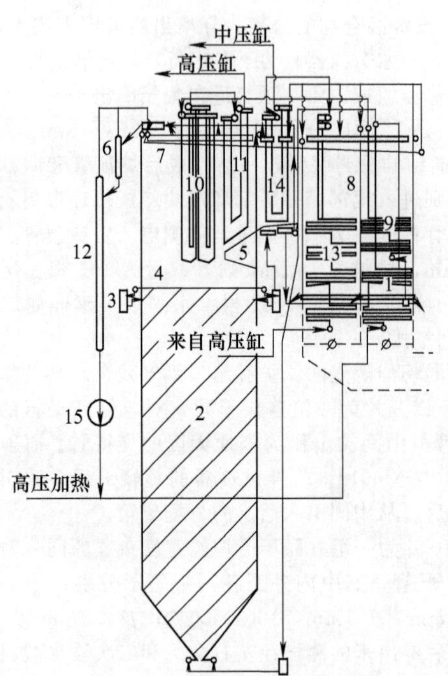

图 5-26 DBC-1000MW 超超临界压力机组锅炉系统布置

1—省煤器；2—螺旋水冷壁；3—螺旋水冷壁出口混合集箱；4—上部水冷壁；5—折焰角；6—启动分离器；7—顶棚过热器；8—包墙过热器；9—低温过热器；10—屏式过热器；11—高温过热器；12—储水箱；13—低温再热器；14—高温再热器；15—锅炉再循环泵（BCP）

口集箱。从锅炉两侧引出下水连接管进入水冷壁系统。

省煤器采用光管，管子规格 ϕ57mm，4 管圈，材质 SA-210C，横向节距 114.3mm，共 296 排，顺列布置于低温过热器下方，逆流方式换热，分上、下两组布置。

过热器由四级组成：顶棚及包墙管、水平对流低温过热器、屏式过热器、高温过热器。过热汽温度调节采用两级喷水减温，减温水量为 8% BMCR。再热器由位于尾部烟道的水平对流低温再热器及水平烟道出口处的高温再热器组成，在两级再热器之间设有事故喷水减温器。

过热器和再热器管屏的横向节距综合考虑了防止结渣、积灰、堵灰和受热面的传热效果。屏式过热器管屏横向节距的设计值为 1714.5mm，以防止挂渣产生阻塞，并增强辐射受热面的曝光面积。高温过热器、高温再热器和低温过热器以及低温再热器受热面横向节距分别为 914.4mm、342.9mm 和 114.3mm，以防止在有效吹灰情况下，发生受热面的过度沾污，并增强对流受热面的对流传热能力。

来自启动分离器的蒸汽由连接管导入顶棚。在高烟温辐射区域，顶棚管规格为 ϕ63.5mm，数量为 296 根，材质 SA-213T12，节距 114.3mm，在高过热区域后顶棚管管径为 ϕ57mm，数量为 296 根，材质 SA-213T2，节距 114.3mm。

表 5-1 DG3000/26.15-Ⅱ1 型锅炉的主要设计参数

参数	单位	B-MCR	BRL	参数	单位	B-MCR	BRL
锅炉蒸发量	t/h	3033	2889	再热器出口蒸汽压力(绝对)	MPa	4.9	4.641
过热器出口蒸汽压力(绝对)	MPa	26.25	26.11	再热器进口蒸汽温度	℃	354.2	347.8
过热器出口蒸汽温度	℃	605	605	再热器出口蒸汽温度	℃	603	603
再热蒸汽流量	t/h	2469.7	2347.1	省煤器进口给水温度	℃	302.4	298.5
再热器进口蒸汽压力(绝对)	MPa	5.1	4.841				

蒸汽从顶棚出口集箱经连接管进入包墙过热器，包墙过热器分两侧包墙，中隔墙，前、后包墙，包墙为全焊接膜式壁结构。前包墙进口段拉稀成前后两排，规格为 ϕ54mm，前排管径为 ϕ38.1mm，节距 228.6mm。下部膜式壁段管径为 ϕ38.1mm，节距 114.3mm。中隔墙进口段拉稀成前后两排，规格为 ϕ45mm，前排管径为 ϕ38.1mm，节距 228.6mm。下部膜式壁段管径为 ϕ38.1mm，节距 114.3mm。后包墙、侧包墙，管径规格 ϕ38.1mm，节距 101.6mm。水平烟道后部侧包墙，管径规格 ϕ31.8mm，节距 63.5mm。包墙系统管径材质均为 SA-213T2。

经过包墙系统加热后的蒸汽经左右两侧的包墙出口混合集箱充分混合后，由锅炉两侧引入低温过热器进口集箱，低温过热器布置在后竖井烟道的后烟道内，分为水平段和垂直出口段。低温过热器为顺列布置，逆流换热。水平段由 3 管圈绕成，共 296 排，管排横向节距 114.3mm，规格 ϕ57mm，材质 SA-213T12、SA-213T22；低温过热器垂直段管与水平段出口管相连，由每两排水平段合成一排垂直段，以降低烟速，减小磨损，管径规格 ϕ50.8mm，材质 SA-213T22，横向节距 228.6mm，共 148 排。低温过热器水平段管组通过省煤器吊挂管悬吊在大板梁上，垂直出口段通过低温过热器出口集箱悬吊在大板梁上。

蒸汽经过低温过热器加热后，经大口径连接管及一级减温器后引入屏式过热器混合集箱，混合集箱与每片屏式过热器进口分配集箱相连。辐射式屏式过热器布置在上炉膛区，沿炉宽方向布置 19 片管屏，共 38 片，在炉深方向分两组布置。管屏由外径为 ϕ45mm（外圈管为 ϕ50.8mm）的管绕成。屏式过热器管屏的横向节距 $S_1=1714.5$mm，纵向节距 $S_2=57$mm，炉内受热面管采用 Super 304H 和 HR3C（外三圈）。为防止管屏变形及渣桥的生成，屏式过热器设有定位滑动、管屏固定装置等。每片屏式过热器出口分配集箱与出口汇集集箱相连，蒸汽在汇集集箱中混合，并经第二级减温器后，进入高温过热器。

高温过热器沿炉宽方向布置 36 片，管排横向节距 $S_1=914.4$mm，纵向节距 $S_2=57$mm，每片管屏由 24 根管并联绕制而成，管径规格 ϕ45mm，炉内受热面管的材质为 Super 304H 和 HR3C（外三圈）。蒸汽经过高温过热器后，由出口集箱及蒸汽导管进入汽轮机高压缸。

再热器系统按蒸汽流程依次分为低温再热器和高温再热器两级。低温再热器布置在后竖井前烟道内，高温再热器布置在水平烟道内高温过热器之后。

低温再热器由水平段和垂直段两部分组成。水平段分四组布置于后竖井前部烟道内，由 6 根管子绕制而成。沿炉宽方向共布置 296 排，横向节距 $S_1=114.3$mm。下面三组管径规格为 ϕ57mm，管排的纵向节距 $S_2=76$mm，材质 SA-209T1a。最上一组管径规格为 ϕ57mm，管排的纵向节距 $S_2=76$mm，材质为 SA-209T1a 和 SA-213T22。低温再热器垂直段管子与水平段出口管相连，由每两排水平段合成一排垂直段，横向节距 $S_1=228.6$mm，横向排数 148 排，管径规格为 ϕ50.8mm，材质 SA-213T22。低温再热器水平段由包墙过热器支撑，垂直出口段通过低温再热器出口集箱悬吊在大板梁上。再热蒸汽经过低温再热器加热后进入出口集箱，在混合集箱内进行轴向混合后，经左右交叉导管进入高温再热器。

高温再热器共 98 片管屏，每片管屏有 12 根管子并绕成 U 形，管径规格 ϕ50.8mm，横向节距 $S_1=342.9$mm，纵向节距 $S_2=70$mm。炉内受热面管采用 Super 304H 和 HR3C（外三圈）。

第四节　复合循环锅炉结构

复合循环锅炉是在直流锅炉和控制循环锅炉的基础上发展起来的一种新型锅炉。根据循环负荷，复合循环锅炉又可分为部分负荷复合循环锅炉和全负荷复合循环锅炉。全负荷复合循环锅炉又称为低循环倍率锅炉。这两种锅炉的工作原理是相同的，都是在直流锅炉给水管管路上安装循环泵，借助循环泵的作用，保证锅炉在启动、停炉及低负荷运行时，使通过蒸发受热量的流量大于锅炉的给水流量。蒸发受热面的出口的一部分工质通过循环泵返回到该蒸发受热面的入口，从而使锅炉蒸发受热面在整个负荷范围内均有足够的质量流速。图 5-27 为两种锅炉的系统图及其蒸发量和蒸发区容积流量的关系曲线。由图可见，两者在系统上的

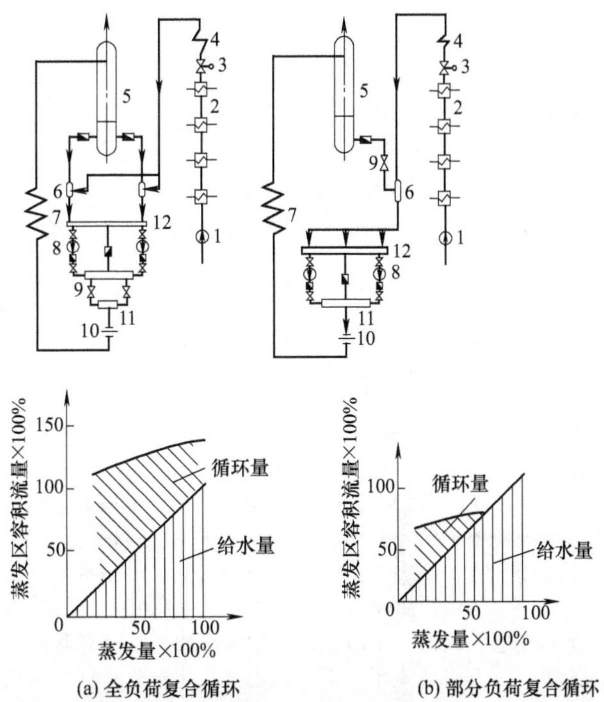

(a) 全负荷复合循环　　(b) 部分负荷复合循环

图 5-27　复合循环锅炉系统及其蒸发量和蒸发区容积流量的关系曲线

1—给水泵；2—高压加热器；3—给水调节阀；4—省煤器；5—汽水分离器；6—混合器；7—蒸发器；8—锅炉水循环泵；9—控制阀；10—节流圈；11—分配器；12—过滤器

差别主要在控制阀的装设位置不同。全负荷复合循环锅炉的控制阀只起节流作用，在各种负荷下再循环泵都投入运行。部分负荷复合循环锅炉的蒸发量达到一定值后，关闭控制阀，使锅炉按直流锅炉方式运行。

部分负荷复合循环锅炉的工作特点是：在低负荷时，使一部分水经过再循环管路，在蒸发受热面中进行再循环，以充分冷却辐射受热面，而在高负荷时，能自动切换成直流锅炉系统，再循环管路中没有循环流量，以减小蒸发受热面管中的流动阻力。纯直流与再循环的切换负荷值，根据具体条件设计，一般在30%～80%额定负荷之间，容量大的锅炉取低值。部分负荷复合循环锅炉多用于超临界压力。

一、部分负荷复合循环锅炉

图 5-28 为某一配 425MW 汽轮发电机组的亚临界压力部分负荷复合循环锅炉。锅炉额定压力为 20MPa，过热蒸汽温度、再热蒸汽温度均为 535℃，锅炉蒸发量为 1270t/h。锅炉作塔式布置，燃用天然气和重油，20 只燃烧器，四角布置。

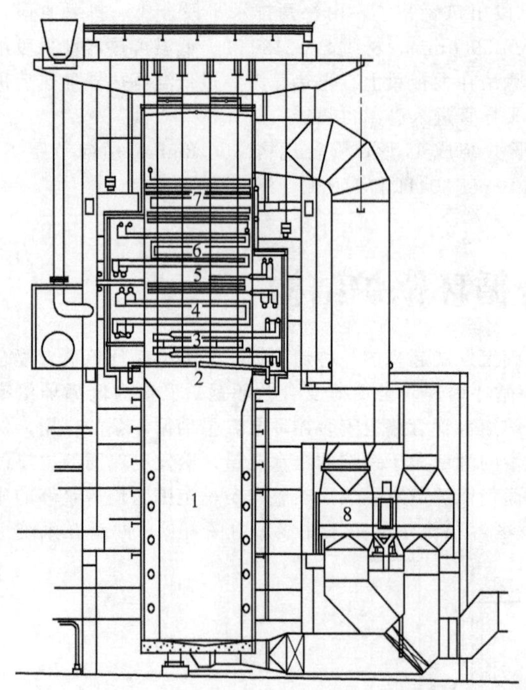

图 5-28 1270t/h 亚临界压力部分负荷复合循环锅炉

1—蒸发受热面；2—第一级对流过热器；3—第三级对流过热器；4—第二级再热器；5—第二级对流过热器；6—第一级对流再热器；7—省煤器；8—回转式空气预热器

炉膛辐射受热面采用螺旋形管圈，上部转换成垂直管布置，全部焊成膜式水冷壁。在汽水分离器的下降水管后面装有再循环泵，当负荷低于 35%额定负荷时，再循环泵投入运行，使蒸发受热面有循环流量通过，负荷大于 35%额定负荷时，切除循环泵，锅炉以纯直流方式运行。锅炉负荷在 75%～100%之间可定压运行，负荷低于 75%时，采用变压运行。

图 5-29 为某一配 900MW 汽轮发电机组的超临界压力部分负荷复合循环锅炉。锅炉额定压力为 25.5MPa，过热蒸汽温度和再热蒸汽温度均为 537℃，额定蒸发量为 2880t/h，“倒 U”形开式布置，采用四角切圆燃烧，摆动式燃烧器。炉膛被双面露光水冷壁分隔为二，炉膛水冷壁和尾部烟井包覆水冷壁中的工质都是垂直上升流动的，水冷壁管直径为 ϕ32mm，节距为 44mm，制成膜式水冷壁。锅炉的汽水流程顺序为：给水进入省煤器，省煤器出水引入混合球和由水冷壁引来的工质混合，混合后工质由下降管引入再循环泵，工质进入双面露光水冷壁、炉膛四周水冷壁、水平烟道及下降烟道的包覆水冷壁、工质流入大屏过热器、后屏过热器、对流过热器。再热器为两级对流式，布置在水平烟道中。当蒸发量低于 60%额定蒸发量时，再循环泵投入运行，大于此蒸发量，再循环泵自动解列。过热汽温度采用喷水调节，再热汽温度用摆动燃烧法进行调节，备有事故喷水装置。空气预热器为 3 台回转式空气预热器。

图 5-30 为某一配 1200MW 汽轮发电机组的超临界压力部分负荷复合循环锅炉的纵剖面和汽水流程。锅炉额定压力为 25MPa，过热蒸汽温度和再热蒸汽温度均为 545℃，额定蒸发量为 3950t/h，“倒 U”形布置，燃用高硫油和天然气，排烟温度为 127℃，锅炉效率为 93.86%。炉膛采用微正压燃烧，以减少过量空气系数，炉膛及烟道采用气密封膜式水冷壁。56 个燃烧器分三列布置在前后墙。在额定负荷下，在空气预热器前抽出 15%烟气进入炉膛下部，以降低最大热负荷和防止高温腐蚀。采用再循环烟气进入炉膛上部，来减少沿炉宽的烟温差别。在烟温大于 450℃处的水冷壁均用直径为 ϕ32mm×6mm 的鳍片钢管焊成，节距为 460mm。锅炉装有再循环泵，在低负荷时投入运行，以保证水冷壁运行的可靠性，并可使启动负荷降到额定蒸发量的 15%。过热汽温度采用二级喷水调节，再热汽温度采用烟气再循环和喷水方法调节。锅炉水冷壁采用垂直上升管屏，在炉膛出口布置屏式过热器，对流过热器和第二级再热器布置在水平烟道中，尾部竖井中布置有第一级再热器和省煤器。空气预热器采用 4 台直径为 12.93m 的回转式空气预热器，热空气温度为 327℃。

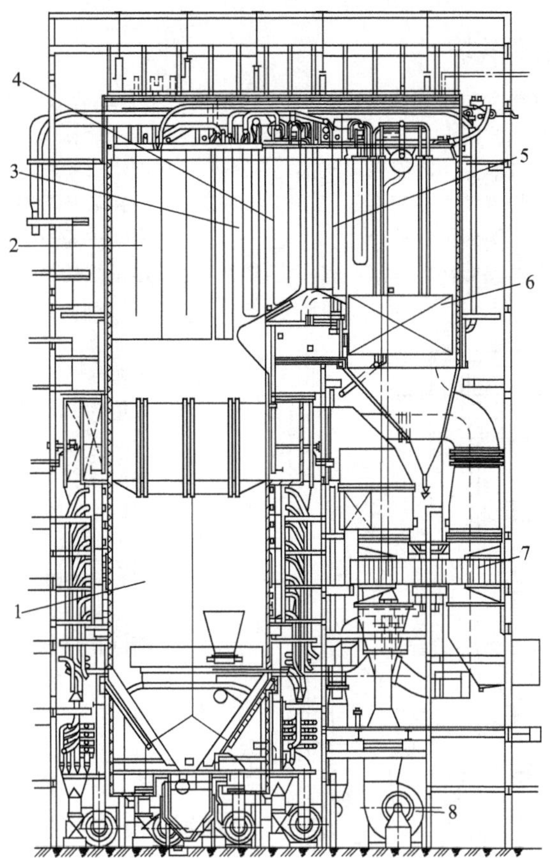

图 5-29　2880t/h 超临界压力部分负荷复合循环锅炉

1—双面露光水冷壁；2—大屏过热器；3—后屏过热器；4—对流过热器；5—对流再热器；6—省煤器；7—回转式空气预热器；8—送风机

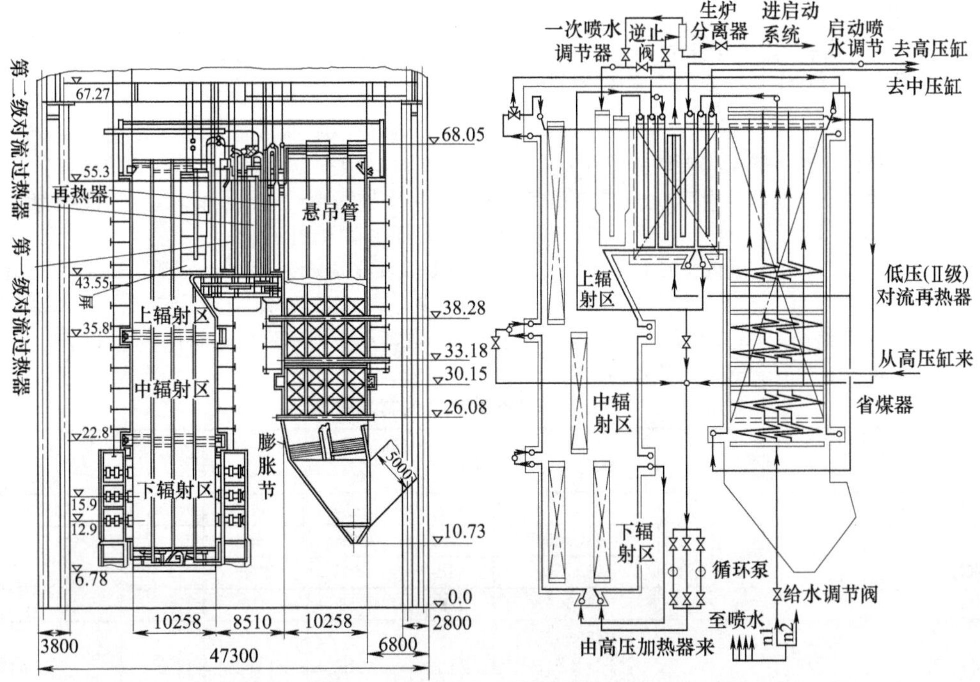

图 5-30　3950t/h 超临界压力部分负荷复合循环锅炉的纵剖面和汽水流程

二、全负荷复合循环锅炉

低循环倍率锅炉在额定负荷时的循环倍率为 1.2～2，随锅炉负荷的降低，循环倍率增大。它既有直流锅炉的特点，又有控制循环锅炉的特点。与自然循环锅炉和控制循环锅炉相比，它没有锅筒而只有汽水分离器，因而节省钢材。由于循环倍率低，因而循环泵的功率较小，与直流锅炉相比，在高负荷时，低循环倍率锅炉的工质流速要低得多，因此蒸发受热面中的流动阻力显著减少，在低负荷时，低循环倍率锅炉由于有较大循环流量，而使蒸发受热面能得到很好的冷却。但是，低循环倍率锅炉需要能够在高温、高压下长期可靠运行的循环泵，汽水分离器效率较低，出口蒸汽有一定湿度，对过热系统的受热面布置影响较大，水位及蒸汽温度调节较为复杂。

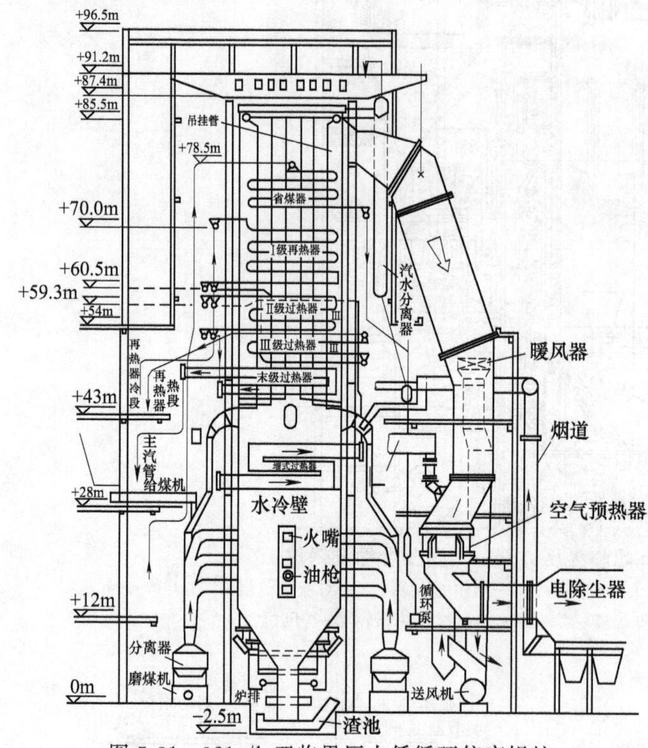

图 5-31 921t/h 亚临界压力低循环倍率锅炉

图 5-31 为某一配 300MW 汽轮发电机组的亚临界压力低循环倍率锅炉。锅炉额定蒸发量为 921t/h，最大连续蒸发量（MCR）为 947t/h，主蒸汽压力为 18.50MPa，主蒸汽温度为 545℃，再热蒸汽温度为 545℃，再热蒸汽流量为 815.4t/h，锅炉给水温度为 256℃。锅炉按元宝山褐煤设计，塔式布置，正方形炉膛（14.5m×14.5m），直流式燃烧器，六角切圆燃烧，配 6 台 S45-50 风扇式磨煤机，用高温炉烟（1050℃）、冷炉烟（130℃）和热空气（297℃）混合物作干燥剂（527℃）。

锅炉无锅筒，而有汽水分离器和循环泵。炉膛蒸发受热面中工质采用强制循环，从蒸发受热面出来的汽水混合物进入汽水分离器，分离后的蒸汽引向过热器，水则与省煤器出来的给水在混合器中混合后，经再循环泵送入炉膛蒸发受热面。锅炉 MCR 时的循环倍率为 1.42。辐射受热面为一次垂直上升的膜式水冷壁。炉膛下部四周为 ϕ30mm×5mm 的水冷壁管，共 1242 根，均匀分布（节距为 46.5mm）。两侧墙水冷壁管在 54m 标高处每两根合并为一根。前后墙水冷壁管在 45m 标高处间隔弯出 132 根作为悬吊管，其余管变径为 ϕ44.5mm×4.5mm，直伸到炉顶。水冷壁管的材料为 15Mo3。整个蒸发系统，根据热负荷的不同而分成 48 个回路，每个回路中根据水动力特性要求，在水冷壁管入口处配有最小为 ϕ14mm，最大为 ϕ24.5mm 不同规格的孔板，以保证水动力的均匀性。

在炉膛内标高为 30.16～39.8m 的水冷壁管处，每面墙上敷设有 ϕ38mm×5.3mm 的墙式辐射过热器管 74 根，炉壁上部沿烟气行程依次布置末级过热器、二级再热器、二级过热器、一级再热器、省煤器。各受热面的材料及管径见表 5-2。过热器有二级喷水减温：一级在低温过热器入口，二级在末级过热器入口。再热器有一级喷水减温，设在两级再热器之间。

表 5-2 921t/h 锅炉各受热面的材料及管径

名称	材料	管径/mm	根数/根	通流截面/m^2	内表面积/m^2	水体积/m^3	受热面积/m^2
省煤器	ST45.8	ϕ38×5	352	0.216	10000	70	12943
水冷壁	15Mo3	ϕ30×5	1242	0.39	3666	43	2301.38（炉膛受热面积）
		ϕ38×6	668	0.668	2733		
		ϕ38×6	528	0.28	310		
墙式过热器	15Mo3	ϕ38×5 ϕ38×5.3	296	0.89	1162	8	567
	10CrMo910	ϕ38×6.3					

续表

名称	材料	管径/mm	根数/根	通流截面/m^2	内表面积/m^2	水体积/m^3	受热面积/m^2
二级过热器	10CrMo910 13CrMo44	ϕ38×4.5 ϕ38×5.6	528	0.34	5920	42	6959
末级过热器	X20CrMoV121	ϕ38×6 ϕ38×7 ϕ38×8	560	0.3 0.25	1397	3	1831
一级再热器	15Mo3 13CrMo44 ST45.8	ϕ63.5×3.6	440	0.986	12390	190	14430
二级再热器	13CrMo44 10CrMo910	ϕ63.5×5 ϕ63.5×8	352	0.80	1800	23	1966

图 5-32 为某一配 500MW 机组亚临界压力低循环倍率锅炉。锅炉额定蒸发量为 1650t/h，过热蒸汽压力为 17.46MPa。过热蒸汽温度为 540℃，再热蒸汽进口压力为 4.211MPa，再热蒸汽出口压力为 4.003MPa，再热蒸汽进口温度为 333℃，再热蒸汽出口温度为 540℃，给水温度为 255℃，排烟温度为 139℃，按平朔洗中煤设计，设计热效率为 90.5%。

锅炉为塔式布置，炉膛截面为 19.44m × 15.30m，采用双蜗壳旋流式燃烧器，前、后墙错列布置，各三排，每排 4 只，共 24 只燃烧器，配 6 台 MPS-245 型中速磨直吹式制粉系统。

锅炉的循环倍率为 1.25～1.4。装有 6 台循环泵，分别布置在锅炉前后侧 6m 平台上，每侧 3 台，其中 2 台运行，1 台备用。

图 5-33 为该锅炉的汽水流程。

省煤器位于锅炉最上部的烟气低温区，进口集箱标高为 107.45m，出口集箱标高为 99.96m，呈逆流水平纵向布置，在省煤器中间有一个 1.2m 的空间，将其分成上、下两部分。给水经省煤器后，水温由 255℃提高到 283℃，烟气温度由 415℃下降到 335℃，省煤器为 4 重管圈，共 12 个行程，错列布置，横向节距为 135mm，纵向节距为 80mm。管内水速为 1.56m/s，平均烟气流速为 5.22m/s。上部管径为 ϕ38mm×5mm，下部管径为ϕ38mm×5.6mm，材料为 20 号钢。

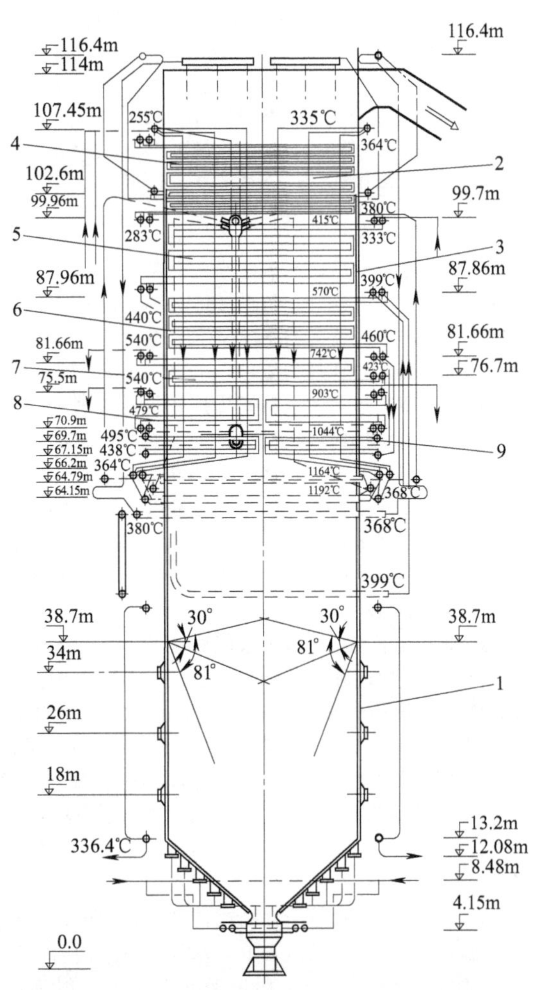

图 5-32 1650t/h 亚临界压力低循环倍率锅炉

1—蒸发受热面；2—内悬吊管；3—墙式过热器；4—省煤器；5—一级再热器；6—二级过热器；7—二级再热器；8—四级过热器；9—三级过热器

由省煤器出口集箱出来的水通过左右两侧的下降管，与分离器下部引出的循环水经混合三通汇合，然后经过燃烧器悬吊管，并由循环泵打入蒸发段进口集箱。循环泵工作温度为 336.4℃，压力为 20.6MPa，扬程为 85.4m。

蒸发段为一次垂直上升膜式水冷壁。循环泵出水由 4 根导管引入标高为 5.6m 的环形集箱，环形集箱用连接管再与各个分配集箱相连，而水冷壁管按回路连接到各自的分配集箱上。分配集箱共 32 个，前后墙各布置 7 个，左右墙各布置 9 个。分配集箱与环形集箱之间的连接管上装有节流圈，此外，前后墙膜式壁的每根管的入口段上也装有节流圈，以保证管内工质流量均匀。蒸发段出口集箱标高为 64.79m，水冷

壁管径为 ϕ32mm×6.3mm，节距为 45mm，共 1720 根，材料为 16Mo。

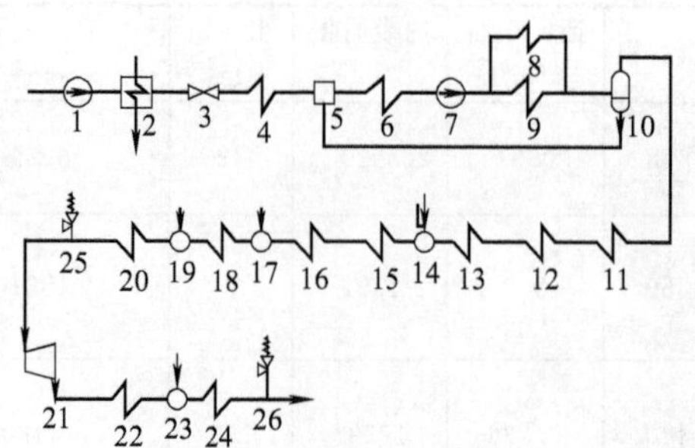

图 5-33 1650t/h 亚临界压力低循环倍率锅炉汽水流程

1—给水泵；2—高压加热器；3—给水阀；4—省煤器；5—混合三通；6—燃烧器悬吊管；7—循环泵；8—燃烧器冷却管；9—蒸发段；10—汽水分离器；11—内部悬吊管；12—墙式过热器Ⅰ；13—外部悬吊管；14——级减温器；15—辐射过热器（墙式过热器Ⅱ）；16—二级过热器；17—二级减温器；18—三级过热器；19—三级减温器；20—出口过热器（四级过热器）；21—汽轮机高压缸；22——级再热器；23—四级减温器；24—二级再热器；25—过热器安全阀；26—再热蒸汽安全阀

汽水分离器为圆柱形容器，直径为 ϕ950mm，高度约为 30m，在分离器上部有 1 个 4.5m 高的内套筒，内套筒用隔板分为上、下两部分。汽水混合物通过 4 根引入管呈水平向下 10°倾角，切向进入分离器隔板下部，经旋转分离，水沿筒壁向下流，蒸汽则经内套筒引出。在隔板上部内套管筒开有许多小孔。运行中上部空间充满蒸汽，从而可保证分离器上、下壁温一致。分离器上部还设有汽侧疏水，以供启动和停炉疏水用。在分离器下部设有水位测量装置、饱和水引出管、事故放水管及放水管。正常运行中，汽水分离器的水位在 13m 处，最大运行水位高度为 16m，最小运行水位高度为 10m，水位正常波动为 0.5m。当水位高于 24m 或低于 2m 时，循环泵跳闸，锅炉停止运行。

过热器分为四级，第一级包括内部悬吊管、对流区膜式壁过热器（墙式过热器Ⅰ）以及位于炉膛出口处的辐射过热器（墙式过热器Ⅱ）三部分，第二级为对流烟道中的逆流水平过热器，第三级为位于炉膛出口处的屏式顺流水平过热器，第四级为三级过热器后的顺流水平过热器。

内部悬吊管共有 6 排，每排 48 根。省煤器、再热器、过热器都通过内部悬吊管上的吊钩悬吊在炉顶梁上。蒸汽在悬吊管内由上向下流动，流速为 14.74m/s，出口温度为 368℃，最后由标高为 66.2m 处的集箱引出。内部悬吊管的管径为 ϕ38mm×6.3mm，材料为 12CrMoV。

墙式过热器Ⅰ与蒸发段共同构成锅炉的膜式壁，布置在炉膛上方。入口集箱标高为 64.15m，出口集箱标高为 102.6m。管内蒸汽流速为 7.5m/s，出口温度为 380℃。整个锅炉膜式壁通过墙式过热器Ⅰ出口集箱上的吊钩悬吊在炉顶梁上。墙式过热器Ⅰ的管径为 ϕ32mm×6.3mm，节距为 45mm，在出口处两根并为一根 ϕ44.5mm×7mm（节距为 67.5mm）的管子进入出口集箱，材料为 16Mo。

外部悬吊管用来悬吊锅炉各受热面的进出口集箱，以保证在热态时随炉体向下膨胀，管内蒸汽为等温向下流动，并进入墙式过热器Ⅱ的进口集箱。外部悬吊管的管径为 ϕ59mm×16mm 及 ϕ159mm×22mm，材料为 15CrMo。

墙式过热器覆盖在炉膛出口标高为 52.34～62m 处水冷壁管外侧，进出口集箱垂直布置。墙式过热器Ⅱ分为两个回路，前墙和右侧墙为一个回路，后墙和左侧墙为一个回路，每个回路共 150 根管，沿所属的两面墙水平绕行。管的规格为 ϕ51mm×6.3mm，材料为 12Cr1MoV，节距为 55mm。管内蒸汽进口温度为 380℃，出口温度为 399℃，蒸汽流速为 11.3m/s。进口处布置有一级减温器。

二级过热器布置在两级再热器之间，进口集箱标高为 87.86m，出口集箱标高为 81.66m。入口烟温为 742℃，出口烟温为 570℃，蒸汽温度从 399℃升高到 460℃，蒸汽流速为 10.62m/s。管径为 ϕ38mm×5mm，横向节距为 135mm，纵向节距为 100mm，6 重管圈，6 个行程，低温段材料为 15CrMo，高温段材料为 12Cr1MoV。

二级过热器出口集箱至三级过热器进口集箱的四根蒸汽导管上各布置有一个喷水减温器。

三级过热器为水平顺流布置，双面进汽，前后墙对称放置，进口集箱标高为 67.15m，出口集箱标高为 69.7m，横向节距为 540m，纵向节距为 65m，纵向 10 重管圈，2 个行程，低温段管的规格为 ϕ38mm×6.3mm，材料为 12Cr1MoV，高温段管的规格为 ϕ38mm×5.6mm，材料为 1Cr18Ni9Ti。经三级过热器后，烟温从 1164℃降低到 1044℃，蒸汽温度从 438℃升高到 495℃，管内蒸汽流速为 19.12m/s。

四级过热器的布置方式、横向节距及纵向节距都与三级过热器相同，为 19 重管圈，2 个行程，入口烟温为 1044℃，出口烟温为 903℃，进口汽温度为 479℃，出口汽温度为 540℃，管内蒸汽流速为 20.03m/s。四级过热器进口集箱标高为 70.9m，出口集箱标高为 75.5m。四级过热器管也有两种规格，炉墙以内部分为 ϕ32mm×5.6mm，材料为 1Cr18Ni9Ti，炉墙以外部分为 ϕ32mm×6.3mm，出口部分材料为 1Cr18Ni9Ti，入口部分材料为 12Cr1MoV。

为减小热偏差，三级过热器出来的蒸汽经左右交叉后引入四级过热器。四级过热器入口处布置三级喷水减温器。

一级再热器为水平逆流顺列布置，入口烟温为570℃，出口烟温为415℃，蒸汽温度从331℃升高到440℃。一级再热器进口集箱标高为99.7m，出口集箱标高为87.96m。管的规格为ϕ51mm×3.6mm，横向节距为135mm，纵向节距为100mm，共13重管圈，5个行程，管内蒸汽流速为10.54m/s。

二级再热器为水平顺流错列布置，进口集箱标高为76.7m，出口集箱标高为81.66m。入口烟温为903℃，出口烟温为742℃，进口汽温度为423℃，出口汽温度为540℃，管内蒸汽流速为31.28m/s。管的规格为ϕ54mm×3.6mm，横向节距为270mm，纵向节距为100mm，9重管圈，3个行程。入口段材料为12Cr1MoV，出口段材料为1Cr18Ni9Ti。

空气预热器为2台直径为ϕ3360mm，高2750mm，四仓格受热面回转式空气预热器。

第六章 锅炉主要受热面的结构

第一节　锅炉蒸发受热面的结构

使进入锅炉的工质（如给水）在锅炉中吸热汽化的受热面称为锅炉蒸发受热面。在热水锅炉和超临界压力锅炉中不存在蒸发受热面，水冷壁用作加热工质的辐射受热面。锅炉蒸发受热面以布置在炉膛中的吸收辐射热的水冷壁为主，称为辐射蒸发受热面。在低压锅炉中，由于水冷壁吸热不能满足全部工质汽化热的需要，因而在对流烟道中还需布置吸收对流传热量的锅炉管束，称为对流蒸发受热面。另一种对流蒸发受热面为中、高压锅炉中的凝渣管束。凝渣管束由炉膛后水冷壁在炉膛出口烟窗处"拉稀"形成，其作用为保护炉膛出口处的对流过热器不结渣堵塞。

一、自然循环锅炉的水冷壁结构

1. 水冷壁结构形式

各种自然循环工业锅炉的水冷壁布置方式可参见第三章有关的各种锅炉布置示意。一般水冷壁回路均由不受热的下降管和作为上升管的受热水冷壁管构成。下降管自上锅筒将炉水经下集箱引入水冷壁。下降管和水冷壁管的上端和上锅筒胀接或焊接，下端和下集箱焊接。图 6-1 所示为一种管架式自然循环工业锅炉的水冷壁结构。这种锅炉由位于四角的四根垂直大直径钢管（角管）及水平大直径钢管（集箱）形成框架。四根大直径角管受热较弱，成为下降管而位于炉膛两侧墙和后墙的受热强的水冷墙管为上升管，前墙的水冷墙管受热较弱也为下降管。各管之间以及管子与锅筒之间均用焊接方法连接。炉膛中部的倾斜管束为对流蒸发受热面管束。

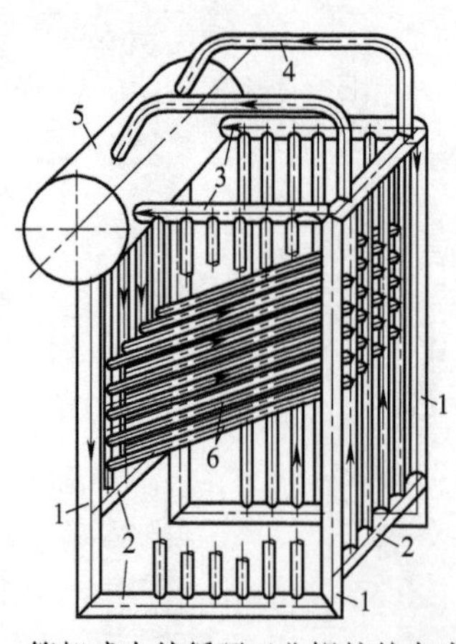

图 6-1　管架式自然循环工业锅炉的水冷壁结构

1—角管（下降管）；2—分配集箱；3—汇集集箱；4—汽连通管；5—锅筒；6—对流蒸发受热面

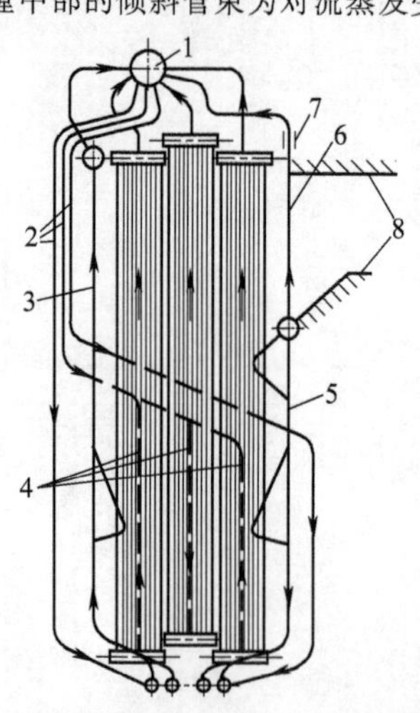

图 6-2　一台高压自然循环电站锅炉的炉膛水冷壁循环回路示意

1—锅筒；2—不受热下降管；3—前水冷壁；4—左侧水冷壁；5—后水冷壁；6—后水冷壁引出管；7—中间支座；8—对流烟道

锅筒内炉水经下降管及分配集箱进入各上升管。水在下降管和上升管中加热后形成汽水混合物，在汇集集箱中汇集后由汽连通管送回锅筒。汽水在锅筒中分离后，蒸汽流出锅筒，而水则和炉水混合后再流入下降管循环流动。

现代电站锅炉的水冷壁均由几个具有独立下降管和独立集箱的水冷壁循环回路组成。图 6-2 为一台高压自然循环电站锅炉的炉膛水冷壁循环回路示意。

锅炉左侧水冷壁由三个独立循环回路组成，这样可减少各水冷壁管之间的热偏差。其余各水冷壁也均由几个独立循环回路构成，在后水冷壁上部带有折焰角以改善烟气混合和对受热面的冲刷。这台锅炉是一台半开式液态排渣炉，因而前、后墙水冷壁在炉膛下方形成缩腰，在开式液态排渣炉和干态排渣炉中不存在此缩腰结构。

自然循环锅炉的水冷壁循环回路各管常用外径及其与锅筒和集箱连接形式可分别参见表 6-1 及表 6-2。

水冷壁的结构形式、特点及其应用场合可参见表 6-3 和图 6-3。

表 6-1 自然循环锅炉炉膛循环回路各管常用外直径 单位：mm

锅炉压力	水冷壁管外径	下降管外径	引出管外径	锅炉压力	水冷壁管外径	下降管外径	引出管外径
低压	51～60	51～108	76～108	高压超高压	60	159～426	133～159
中压	60	108～133	108～133	亚临界压力	60～76	≥426	159～219

表 6-2 水循环回路中管与锅筒和集箱的连接形式

名　称	连接形式及适用场合
水冷壁管与集箱连接形式	管与集箱直接相焊或管焊在集箱管接头上
水冷壁回路各管与锅筒的连接形式	胀接适用于低、中压锅炉；与锅筒上的焊接式管接头相焊，适用于中、小直径管；与锅筒的翻边式管接头相焊，适用于大直径下降管

表 6-3 水冷壁的结构形式、特点和应用场合

结构形式	特　点	应用场合
光管水冷壁[见图 6-3(a)]	其管间节距 S 与管子外直径 d 之比(S/d)：对火床锅炉为 2～2.5；对火室燃烧工业锅炉为 1.2～1.6；对中、大型电站锅炉为 1.05～1.2	应用最早，现仍广泛使用
鳍片管膜式水冷壁	有由光管和鳍片焊接而成的[见图 6-3(b)]和由轧制鳍片管焊成的[见图 6-3(c)]两种，可制成膜式水冷壁。膜式水冷壁具有气密性好，漏风少，炉膛可采用微正压燃烧，炉墙可只用轻型绝热材料及便于采用悬吊结构，易于组合安装等优点。此外，还可缩短启动和停炉时间，降低金属耗量的特点，其缺点为制造工艺复杂，两相邻管子金属温度差要求较严，不得超过 50℃，以免水冷壁变形损坏。国产电站锅炉轧制鳍片管尺寸为：管外径 60mm，鳍片宽 10mm，鳍片根部厚 9mm，鳍端厚 6mm，节距 80mm	在电站锅炉中得到广泛应用。对于快装式工业锅炉，为减轻炉墙质量也采用焊制的鳍片管膜式水冷壁，但 S/d 较电站锅炉的大，其结构参见图 6-4
带销钉的水冷壁[见图 6-3(d)]	水冷壁管上焊有销钉，销钉上敷有耐火填料，可减少水冷壁吸热，使炉膛中该部位炉温增高，以便燃料迅速着火和稳定燃烧，并能保持高温。销钉沿管长呈叉列布置，销钉长度为 20～25mm，直径为 6～12mm	用于旋风炉、液态排渣炉和炉膛卫燃带
带销钉的膜式水冷壁[见图 6-3(e)]		
双面露光水冷壁	在大型锅炉中，由于炉膛壁面面积的增加比锅炉容量增大相对较慢，因而有必要在炉膛中间布置双面露光的水冷壁，以保证炉膛出口烟温不过高。这种水冷壁两面受火焰辐射，其吸热量可比一般布置在壁面上的水冷壁高 1 倍。其管子外直径与一般水冷壁管相同，S/d 为 1.05 左右。这种水冷壁为垂直上升管屏，为平衡两侧压力，管屏上开有平衡孔，沿管高多处用小圆钢将各管焊成整体(见图 6-5)	用于大型锅炉(一般锅炉容量≥640t/h)

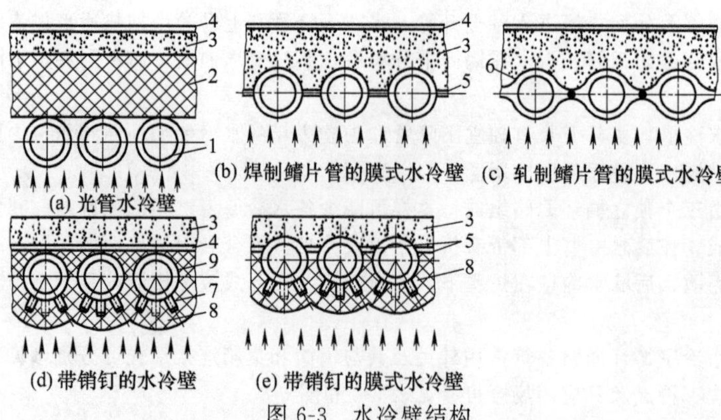

图 6-3 水冷壁结构

1—管子；2,8—耐火材料；3—绝热材料；4—炉皮；5—扁钢；6—轧制鳍片；7—销钉；9—铬矿砂材料

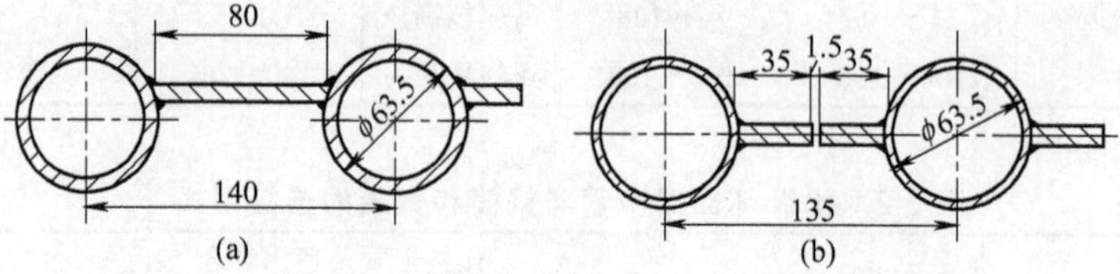

图 6-4 快装式工业锅炉的焊制鳍片管膜式水冷壁结构

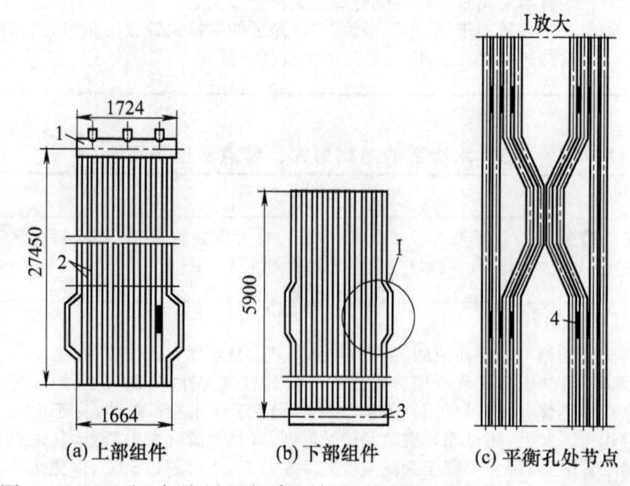

图 6-5 640t/h 自然循环超高压锅炉的双面露光水冷壁组件结构

1—上部出口集箱；2—水冷壁管；3—下部进口集箱；4—小圆钢

2. 水冷壁的支撑连接结构

锅炉运行时应保证水冷壁管及其集箱能自由膨胀，且各水冷壁管应保持在同一平面上，以免烧坏凸出于平面外的管子。为此，水冷壁管在沿管长方向均需有数处用拉固装置拉固。

图 6-6 所示为采用普通炉墙的光管水冷壁拉固装置结构示意。由于中、大型锅炉的水冷壁都吊挂在上集箱或锅筒上，其重量由构架承受，因而四侧水冷壁管均可自由向下膨胀。在每根水冷壁管的上半段装有支持支架，如图 6-6（a）所示。这种支架在安装前应使管上的钩子与构架上的角钢间留有间隙 x，在运行时水冷壁管将向下膨胀并使钩子支在角钢上。这样，一方面可避免上管段弯曲处发生变形，另外可使水冷壁管子保持在同一平面。水冷壁管下半段装有拉紧支架，这种支架可允许水管向下膨胀而不使其向

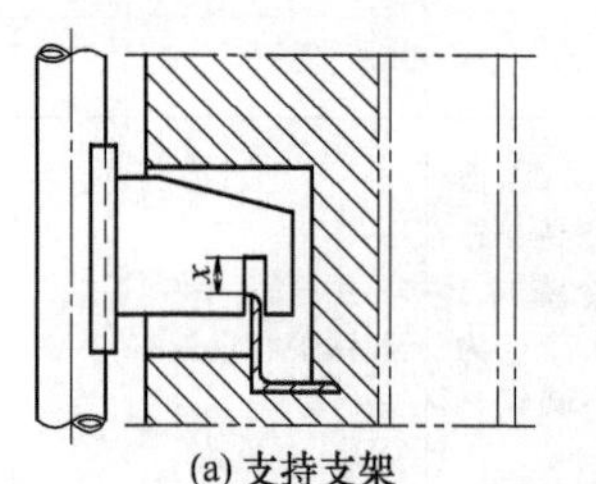

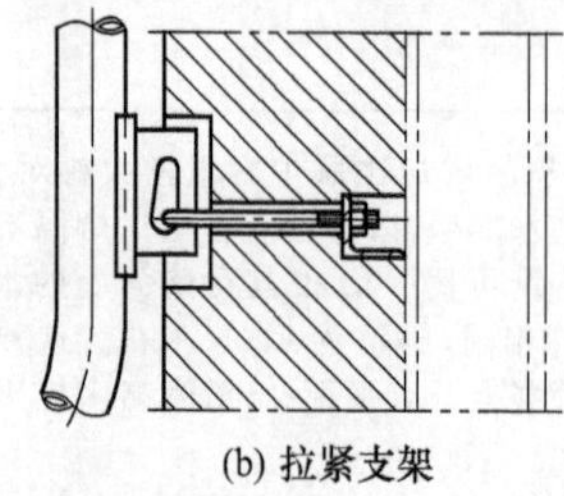

图 6-6 光管水冷壁的拉固装置

炉膛凸出。

图 6-7 所示为采用敷管炉墙的大、中型锅炉的水冷壁拉固装置。这种水冷壁制成刚性吊筐式，沿管长方向每隔 2.5～3.0m 装一刚性梁拉固装置，使四侧水冷壁连成一圈，上下可随水冷壁一起膨胀，以增加水冷壁刚度和减少炉膛爆燃时的损害。图 6-7 中，波形板与水冷壁管焊住，再通过连接装置拉固在可随水冷壁一起移动的横梁上。连接装置上开有椭圆孔，可保证集箱膨胀时水冷壁能横向移动。两个水冷壁管组交接处的刚性带结构示于图 6-8。由图 6-8 可见，在此结构中采用平板连接方法将两水冷壁的波形板连在一起。

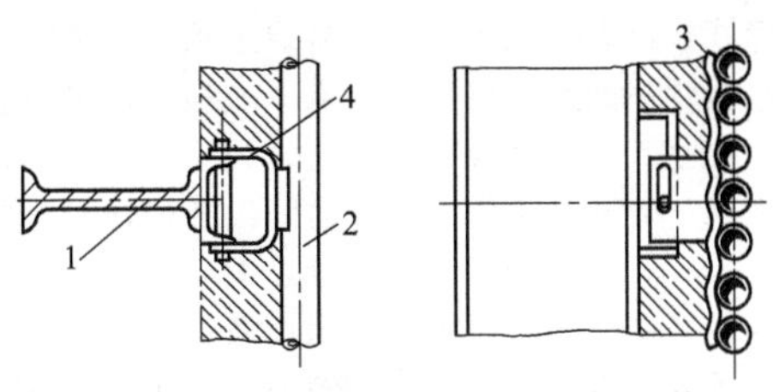

图 6-7 采用敷管炉墙水冷壁的拉固装置（刚性梁拉固装置）

1—横梁；2—水冷壁管；3—波形板；4—连接装置

图 6-9 所示为双面露光水冷壁和前墙水冷壁的连接结构。在沿管子高度上，双面露光水冷壁用图示结构与前墙水冷壁或后墙水冷壁固定数处。

二、强制循环锅炉的水冷壁结构

1. 水冷壁的结构形式

多次强制循环锅炉的水冷壁均为垂直上升管屏，其结构与自然循环锅炉的水冷壁结构相似。

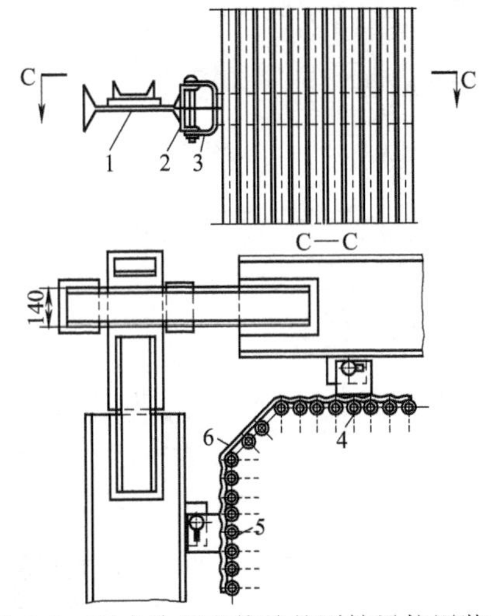

图 6-8 两水冷壁交接处的刚性梁拉固装置

1—横梁；2—槽钢；3—连接装置；4—侧水冷壁；5—前水冷壁；6—连接平板

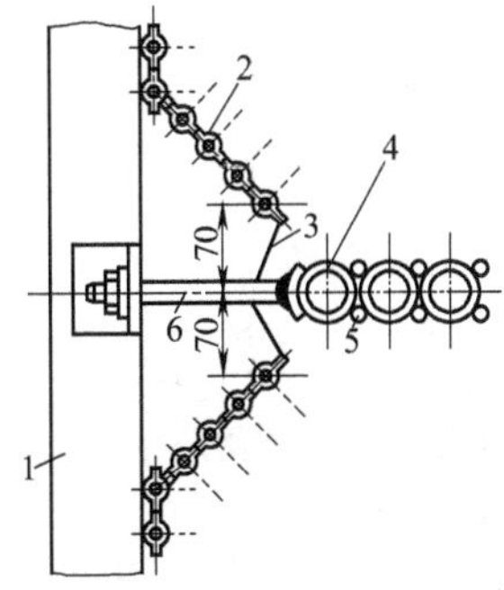

图 6-9 双面露光水冷壁和前墙水冷壁的连接结构

1—刚性梁；2—前水冷壁；3—连接平板；4—双面露光水冷壁；5—小圆钢；6—拉杆

直流锅炉水冷壁布置较自由，其基本形式有 5 种，即水平或微倾斜围绕管圈式、多次垂直上升管屏式、一次垂直上升管屏式、多行程垂直管屏式和多行程水平管屏式。这些水冷壁的特点及主要优缺点可参见表 6-4。

表 6-4 直流锅炉各种水冷壁的特点及主要优缺点比较

水冷壁形式	特点及主要优缺点
水平或微倾斜围绕管圈式	由多根并联的水平或微倾斜管子构成，沿炉膛周界盘旋而上形成水冷壁，无下降管。其优点为省金属、水动力较稳定、便于疏水排气、适宜滑压运行。缺点为安装组合率较低
多次垂直上升管屏式	水冷壁由多组垂直上升管屏构成。这些管屏作串联布置，相互之间由布置在炉外的不受热下降管进行连接，工质在各管屏中作多次垂直上升。其优点为安装组合率高，制造方便。缺点为金属消耗量较大。多用于中容量锅炉
一次垂直上升管屏式	水冷壁由多组并联的垂直上升管屏构成，工质在各管屏中同时作一次垂直上升。各管屏之间无下降管连接。优点为安装组合率高，制造方便，宜用于容量≥1000t/h 的大型锅炉
多行程垂直管屏式	由多行程垂直管屏构成整个炉膛的水冷壁。优点为布置方便、省金属；缺点为进、出口两集箱间的管子很长，热偏差较大，制造困难，水动力稳定性较差且不易疏水排气
多行程水平管屏式	由多行程水平管屏构成整个炉膛的水冷壁。优点为布置方便、省金属、易疏水排气；缺点为进、出口两集箱间的管子很长，热偏差较大，制造困难

现代直流锅炉的水冷壁大多采用一次或多次垂直上升管屏及水平或微倾斜围绕管圈形式或多行程水平管屏形式或两者的组合形式，从综合采用各种管屏的优点设计出合理的水冷壁结构。国产超高压 SG-400/140 型直流锅炉的水冷壁采用了水平或微倾斜围绕管圈的形式。国产亚临界压力 SG-1000/175 型直流锅炉采用了一次垂直上升管屏式水冷壁。为了减少热偏差，将水冷壁沿炉高分为下辐射、中辐射和上辐射三个管屏。在下辐射管屏与中辐射管屏之间以及中辐射管屏与上辐射管屏之间均装有分配器，使汽水混合物能均匀分配进入下一管屏中的各水冷壁管。图 6-10 所示为亚临界压力滑压运行直流锅炉的常用水冷壁结构示意。在这种水冷壁结构中，炉膛下部采用微倾斜围绕管圈式水冷壁，而在炉膛上部采用一次垂直上升式水冷壁。

图 6-11 所示为一台容量为 1000t/h 的超临界压力直流锅炉的汽水系统和水冷壁结构形式示意。图中下辐射区水冷壁采用多次垂直上升管屏，而中辐射区和上辐射区水冷壁采用多行程水平管屏形式。在整个水冷壁行程中共设置了三个混合器以减少各管的热偏差。

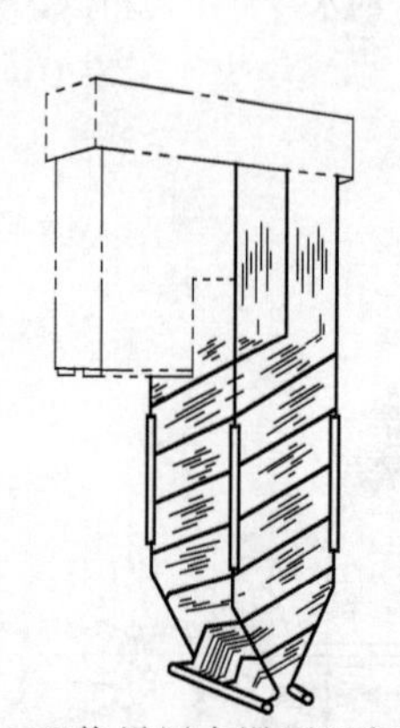

图 6-10　亚临界压力滑压运行直流锅炉的常用水冷壁结构示意

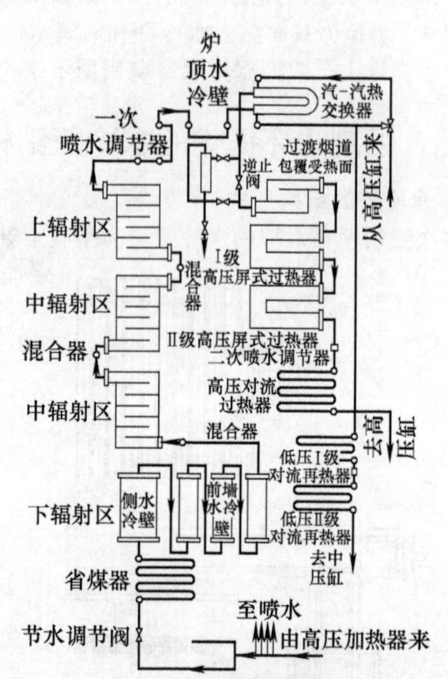

图 6-11　1000t/h 的超临界压力直流锅炉的汽水系统和水冷壁结构形式示意

图 6-12 所示为一台容量为 3950t/h 的超临界压力直流锅炉的汽水系统。由图 6-12 可见，这台锅炉的水冷壁采用一次垂直上升管屏形式。给水经省煤器进入悬吊管系统，然后做第一次混合，再进入下辐射区第一管屏，但有 60%工质流量经旁通直接进入下辐射区第二管屏。第二混合点在下辐射区后进入中辐射区管屏之前。第三混合点在中辐射区管屏与上辐射区管屏之间。工质在上辐射区管屏后的第四混合点后分成两部分：一部分（36%工质流量）经炉顶水冷壁；另一部分经旁通流经对流烟道及水平烟道的包覆壁。最后经第五混合点后进入过热器系统。第六混合点布置在一级对流再热器与二级对流再热器之间。

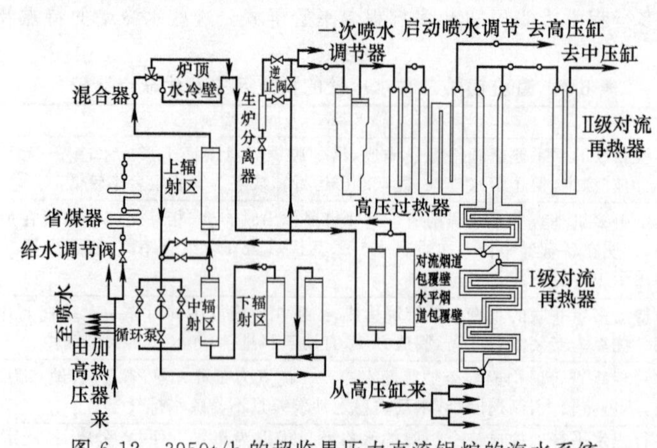

图 6-12　3950t/h 的超临界压力直流锅炉的汽水系统

其他直流锅炉水冷壁的结构形式可参见第五章。强制循环锅炉水冷壁的常用管的外直径可参见表 6-5。

表 6-5　强制循环锅炉水冷壁常用管的外直径　　单位：mm

锅炉类型	水冷壁管外径	下降管外径	引出管外径
高压、超高压直流锅炉	32～51	325～426	108～133
亚临界压力及以上直流锅炉	22～40	325～426	108～133
多次强制循环锅炉	42～51	325～426	133～159

2. 水冷壁的支撑连接结构

强制循环锅炉水冷壁是通过支撑或吊挂结构将质量传到构架上的。在设计布置支撑结构时应考虑到水冷壁的热膨胀问题。

(1) 垂直水冷壁的拉固装置　强制循环锅炉当采用垂直水冷壁和敷管炉墙时，如压力低于临界压力，也采用与自然循环锅炉相近的刚性梁拉固装置。如压力大于临界压力，由于水冷壁各管中的工质温度不像亚临界压力锅炉那样具有相同的沸腾温度，因而各管会因热膨胀量不同而存在少量相对位移。为此，超临界压力直流锅炉的垂直水冷壁拉固装置应保证各相邻管之间能存在少量相对位移的可能性。

图 6-13 所示为两种超临界压力直流锅炉垂直水冷壁的拉固装置结构。在图 6-13（a）的结构中，水冷壁各垂直管均与一块定距板相焊。定距板一方面保证了各相邻管之间的间隙，另一方面将 8～10 根管子连成一组，并保证各管能自由膨胀。最后每组管子用一方拉钩与构架相连。在图 6-13（b）的结构中，用小圆钢将 8～10 根管子焊成一组，并保持其应有的管子节距。每组管子用一拉钩与构架相连，以免凸出于炉膛内并用定距板置入炉墙，以防止这组管子的横向移动。

(2) 水平或微倾斜管圈式水冷壁的拉固支撑装置　水平或微倾斜管圈式水冷壁用于直流锅炉，图 6-14 为超高压 SG-400/140 型直流锅炉下辐射区的水平及微倾斜管圈式水冷壁的拉固支撑装置布置。

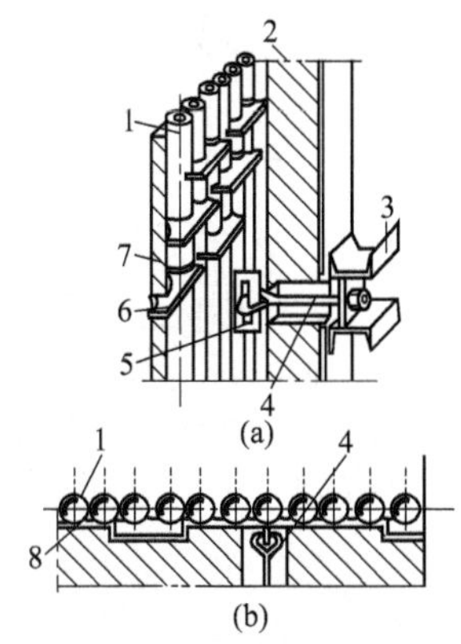

图 6-13　超临界压力直流锅炉垂直水冷壁的两种拉固装置结构

1—水冷壁管；2—炉墙；3—构架；4—拉钩；5—拉固板；6—定距板；7—卫燃带；8—小圆钢

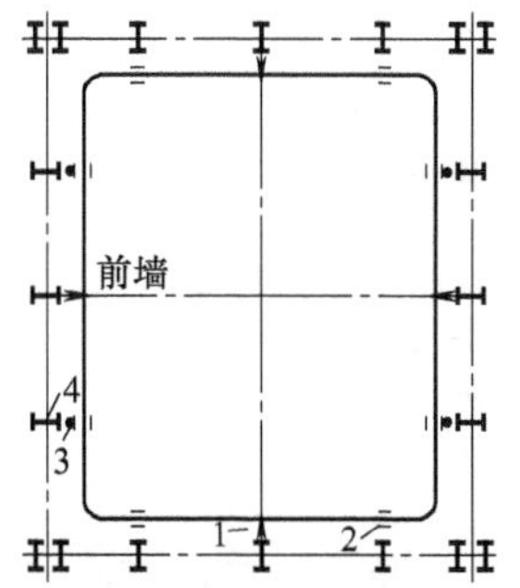

图 6-14　SG-400/140 型直流锅炉下辐射区的水冷壁拉固支撑装置布置

1—活动支点；2—固定支点；3—插销支点；4—柱

这种锅炉的中辐射区的水冷壁拉固支撑装置与下辐射区的相同。在上辐射区，由于管子在侧墙上延伸到后竖井上部，管子较长，热膨胀量大，所以在后竖井后墙处以剪式支点代替固定支点。其作用为使水冷壁管不能左右移动，但能成组向后竖井后墙方向移动。

这种锅炉的冷炉斗斜面上的水冷壁管采用小棒式支点。这台锅炉上所用的五种拉固支撑装置的作用和特点可参见表 6-6。

对于超临界压力直流锅炉，水冷壁管中工质温度不尽相同，各管的热膨胀量不一，因而水平或微倾斜围绕管圈式水冷壁的拉固支撑结构应保证各管之间能有一定量的相对位移。

图 6-20 所示为一种超临界压力直流锅炉的水平或微倾斜围绕式水冷壁的拉固支撑装置的结构示意。图中，每根管子在水平方向都可有一定的位移。

表 6-6 超高压直流锅炉的水平或微倾斜管圈式水冷壁的拉固支撑装置作用和特点

名　称	作用和特点
固定支点	其结构示于图 6-15。管子与垫块相焊，再经钢条和托座与柱相连。管子可自垫块处向两端方向膨胀，但不能移动。一般布置在管子中间部位，起固定管子及保持节距的作用
活动支点	其结构示于图 6-16。由垫块保持管子节距，以 8～10 根管子为一组，每组最底部一根管子焊在一段槽钢上，槽钢可在垫铁上滑动，并经垫铁和托座将这组管子重量传给柱。其作用为保证管子能自由伸长，并在水平方向都可移动
插销支点	其结构示于图 6-17。与活动支点相似，但各垫块上均焊有带椭圆孔的耳板。通过将插销插入耳板上的椭圆孔，可使一组管子连在一起而不至于滑落或凸出管子平面。其作用为防止离固定支点太远处的管段在转角处因各管膨胀不一而滑落或凸出于管子平面。当固定支点到管子转角处>4m 时，一般用插销支点代替活动支点
小棒式支点	其结构示于图 6-18。用于冷炉斗斜面上的水冷壁管支撑。其结构与活动支点相似，但在每根管子向炉墙一面均焊有一根小棒。靠这些小棒使各管均能支持在冷炉斗的斜面上
剪式支点	其结构示于图 6-19。一组管子经垫块、钢条和角钢等焊件后将重量传给托座和柱。这组管子不能左右移动，但可成组向垂直于炉墙方向移动。同时各管可自支点起向管子两端自由膨胀。用于在管子较长，膨胀量大时代替一个固定支点。以免管子较长时采用两个固定支点会发生管子转角处弯曲过大的缺点

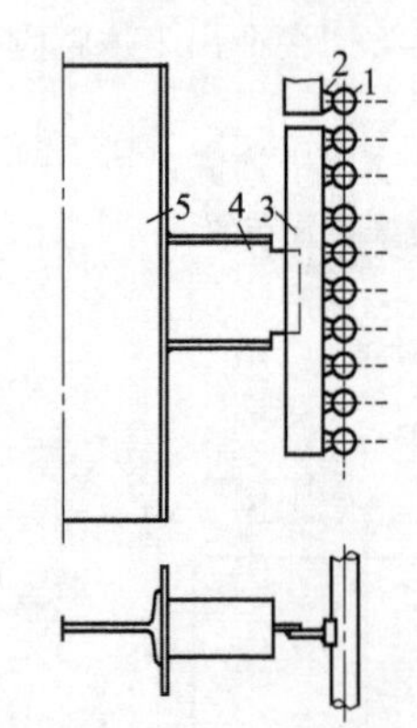

图 6-15　固定支点结构
1—管子；2—垫块；3—钢条；4—托座；5—柱

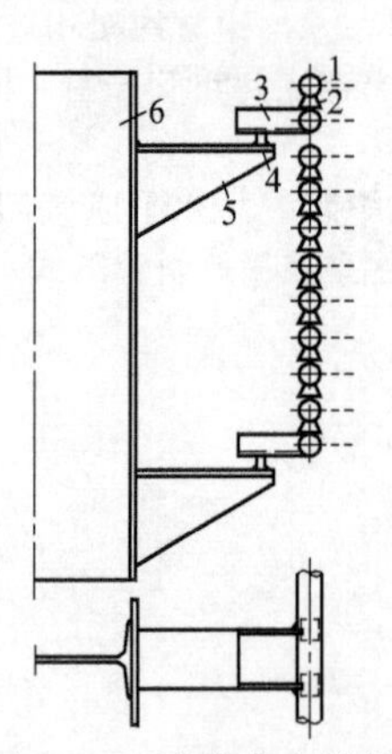

图 6-16　活动支点结构
1—管子；2—垫块；3—槽钢；4—垫铁；5—托座；6—柱

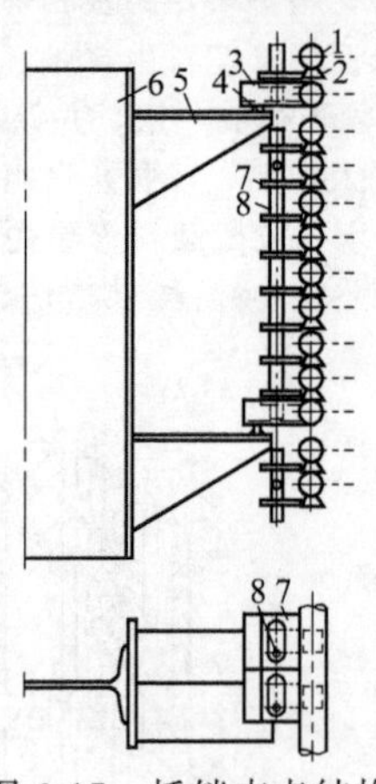

图 6-17　插销支点结构
1—管子；2—垫块；3—槽钢；4—垫铁；5—托座；6—柱；7—耳孔；8—棒状插销

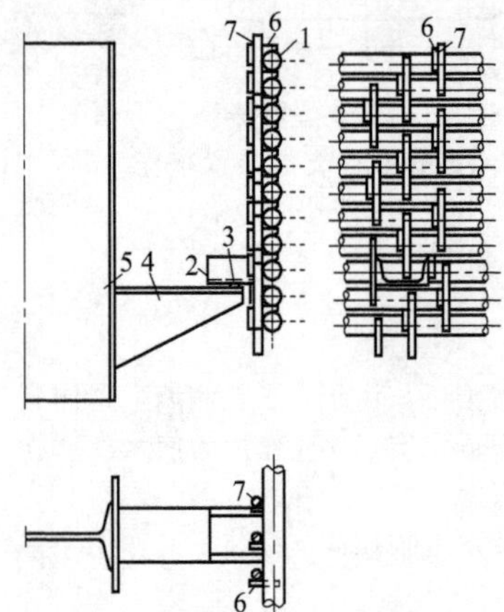

图 6-18　小棒式支点结构
1—管子；2—槽钢；3—垫铁；4—托座；5—柱；6—隔板；7—棒

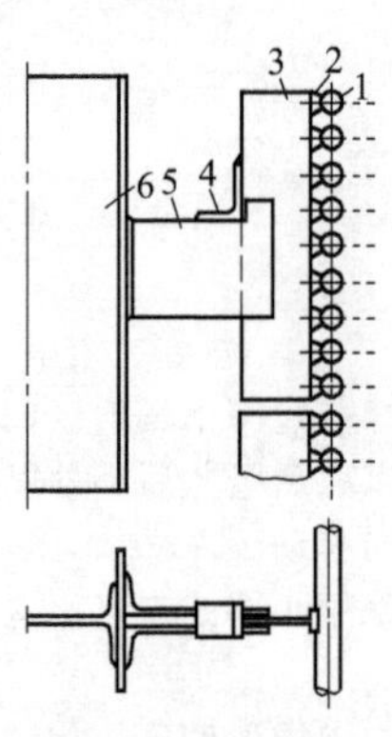

图 6-19　剪式支点结构
1—管子；2—垫块；3—钢条；4—角钢；5—托座；6—柱

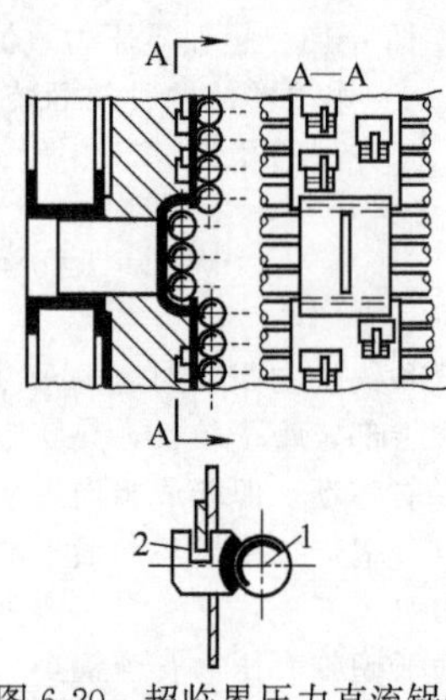

图 6-20　超临界压力直流锅炉的水平或微倾斜围绕式水冷壁的支撑拉固装置的结构示意
1—水冷壁；2—焊在管上的连接装置

三、倾斜围绕式水冷壁与垂直上升管屏式水冷壁的连接方法

现代变压运行直流锅炉常采用炉膛下辐射区水冷壁为倾斜围绕式，而在上辐射区则采用垂直上升管屏。这两种水冷壁之间的连接方法一般有两种，即采用中间集箱和采用分叉管。

图 6-21 为应用中间集箱连接倾斜水冷壁管和垂直上升水冷壁管的结构示意。图 6-21 中，下辐射区的倾斜管自上而下垂直进入中间集箱。中间集箱两侧引出的两排管子与上辐射区的垂直上升管的进口连接。下辐射区水冷壁管的鳍片上焊有一组马鞍形垫块，垫块另一侧焊在一组垂直吊板上。吊板再和焊在上辐射区垂直水冷壁管上的肋板相焊。这样，下辐射区水冷壁的重量就传到上辐射区垂直管子上，最后传到锅炉构架上。

如采用分叉管则可用焊接方法将一根下辐射区倾斜管与两根或两根以上的上辐射区垂直上升管相连接。

四、多次垂直上升管屏式水冷壁与位于上部的一次垂直上升管屏式水冷壁的连接方法

如炉膛下辐射区采用多次垂直上升管屏式水冷壁而炉膛上辐射区为一次垂直上升管屏式水冷壁，则可应用图 6-22 所示方法进行连接。图 6-22 中，炉膛下部水冷壁管和上部水冷壁管通过相互交叉方式与集箱连接并可通过吊板将下部水冷壁重量传给上部水冷壁，再经吊钩挂在锅炉构架上。

五、锅炉管束与凝渣管束结构

锅炉管束的结构形式可参见图 3-8～图 3-15。锅炉管束的管子在单锅筒锅炉中，一般上端和锅筒连接，下端和集箱相连。在双锅筒锅炉中，则管子两端常和上、下锅筒相连。锅炉管束可以顺列布置，也可叉列布置。叉列布置时传热效果好，但检修不便，因而只用于管子排数少的情况。顺列布置因检修方便得到广泛应用。

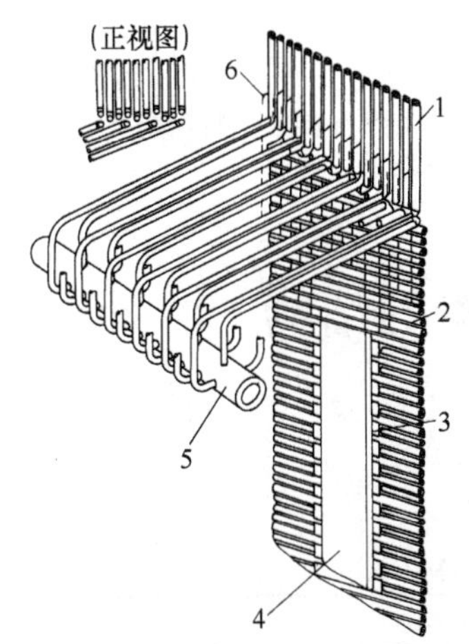

图 6-21 应用中间集箱连接倾斜水冷壁管和垂直上升水冷壁管的结构示意

1—上辐射区的垂直水冷壁管；2—下辐射区的倾斜水冷壁管；3—马鞍形垫块；4—垂直吊板；5—中间集箱；6—肋片

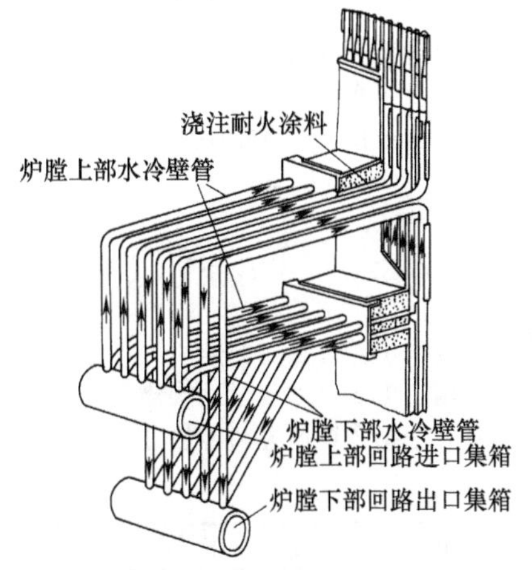

图 6-22 炉膛上、下垂直管屏之间的交叉连接结构

国产水管工业锅炉的锅炉管束管子外直径一般为 51mm，管子横向节距 S_1 与管子外径 d 之比（S_1/d）为 2.0～2.5。管子纵向节距 S_2 与管子外径 d 之比（S_2/d）为 1.5～2.0。管子弯曲半径为 160mm。

凝渣管束布置在炉膛出口处，由后墙水冷壁管拉稀成为叉列的几排对流管束。凝渣管束管子外直径与后水冷壁管管径相同。其纵向节距和横向节距与管子外直径的比值一般为 3～5。

凝渣管束用于中、低压锅炉和旧式高压锅炉。在现代高压和超高压锅炉中常采用屏式过热器来降低炉膛出口烟气温度，以防止后置的密集过热器受热面管束结焦堵塞。

六、锅筒和集箱的支撑结构

锅筒和集箱是水冷壁的重要连接部件。锅筒可以用支撑支座支撑在顶部构架上。考虑到锅筒在锅炉运行

时产生的热膨胀，支撑支座应保持一个为固定的，另一个为活动的。图 6-23 所示为锅筒活动支座的结构示意。图 6-23 中支座的上排滚柱可保证锅筒的纵向膨胀，下排滚柱可保证锅筒的横向位移。

锅筒另一种支撑方法为用两根 U 形吊杆吊挂在构架的梁上（见图 6-24）。在小型工业锅炉中锅筒也可支在重型炉墙上。

集箱的支撑也应考虑其受热膨胀量，一般采用一个固定支座，另一个为活动支座，以保证集箱的膨胀不受阻碍。对于前、后水冷壁的下集箱应考虑采用弹性支座，以减轻管子因自重和水重引起的弯头过大而变形（见图 6-25）。侧水冷墙下集箱可不装支座。

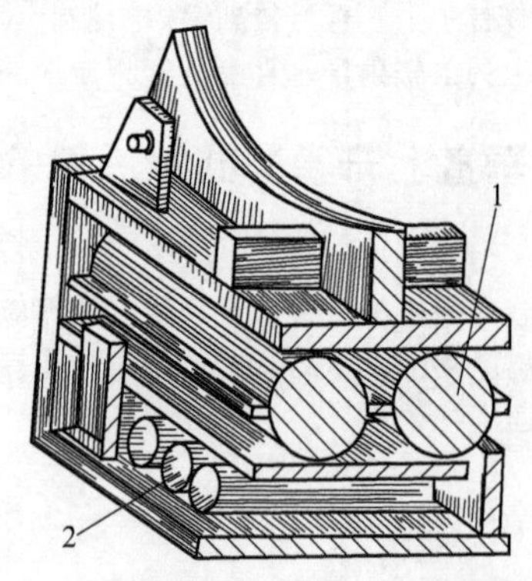

图 6-23 锅筒活动支座结构示意
1—上排滚柱；2—下排滚柱

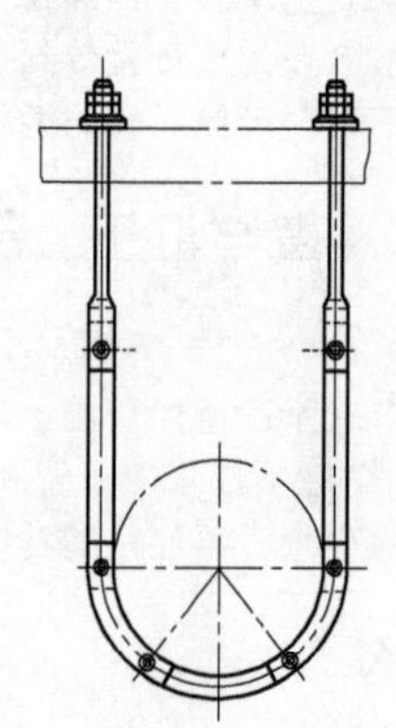

图 6-24 锅筒的吊挂装置示意

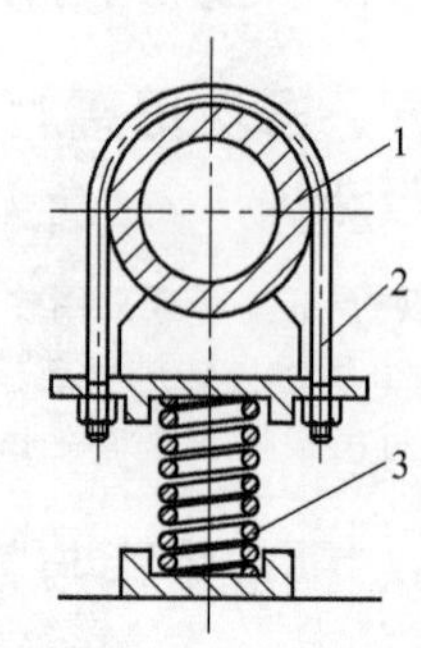

图 6-25 下集箱的弹性支座
1—集箱；2—夹持环；3—弹簧

七、水冷壁管的高温腐蚀及防止

锅炉受热面的高温腐蚀发生在烟温＞700℃的区域内。布置在炉膛火焰中心区的水冷壁管金属与含硫高温烟气接触会发生水冷壁管的高温腐蚀。减轻这类腐蚀的方法有：各燃烧器中燃料和空气分配均匀；火焰不直接冲刷管壁；过量空气系数不宜过小；采用添加剂和应用渗铝管作水冷壁管等。

第二节 锅炉过热器的结构

在电站锅炉中，过热器的作用为将饱和蒸汽加热到具有一定温度的过热蒸汽以提高电站效率。在工业锅炉中，根据用户需要也可装设过热器，但蒸汽温度一般不超过 400℃。

过热器可根据布置位置和传热方式分为几类，如表 6-7 所列。

表 6-7 过热器的类别及特点

过热器名称	特点	过热器名称	特点
对流式过热器	位于对流烟道，主要吸收对流热量	炉顶过热器	布置在炉顶，热负荷不高，吸热量不大
半辐射式（屏式）过热器	位于炉膛出口处或炉膛上部，呈挂屏式，吸收对流热量和辐射热量	包墙管过热器	布置在锅炉水平烟道和尾部竖井的壁面，主要靠烟气单面冲刷，传热效果较差
辐射式（墙式）过热器	位于炉膛墙上，吸收辐射热量		

工业锅炉的过热器均为对流式过热器，现代大型电站锅炉的过热器则常由对流式、半辐射式和辐射式过热器组成。

一、对流式过热器的结构

对流式过热器由一系列蛇形钢管和两个或更多个集箱构成。蛇形管由无缝钢管弯制而成，其外直径一般为 32～42mm。过热器管束常作顺列布置，管子横向节距与管子外径之比（S_1/d）为 2～3，其纵向节距与管子外径之比（S_2/d）为 1.6～2.5。

对流过热器的类别及特点可参见表 6-8。

图 6-28 所示为工业锅炉中立式对流过热器的结构布置示意。在图 6-28（a）中，立式过热器悬挂在锅炉顶部；在图 6-28（b）中，立式过热器固定在锅炉底部。

表 6-8　对流过热器的类别及特点

分类方法	过热器名称	特点
按蛇形管布置形式分类	立式过热器	蛇形管作垂直布置。优点为不易积灰，支吊方便；缺点为疏水排气不便，启动时易积空气，易烧坏管子
	卧式过热器	蛇形管作水平布置。优缺点与立式过热器相反
按烟气和空气的相对流动方向分类	顺流式过热器[见图 6-26(a)]	传热最差，受热面最多，过热器壁温最低。多用于高烟温区或过热器的最后一级
	逆流式过热器[见图 6-26(b)]	传热最好，受热面最小，过热器壁温最高。多用于低烟温区
	双逆流式过热器[见图 6-26(c)]	壁温和受热面大小居于顺流式和逆流式之间
	混流式过热器[见图 6-26(d)]	壁温和受热面大小居于顺流式和逆流式之间
按自集箱引出的重叠管圈数目分类	单管圈式或紧密布置单管圈式过热器[见图 6-27(a)及见图 6-27(b)]	紧密布置单管圈式可缩小过热器外形尺寸
	双管圈式[见图 6-27(c)]或多管圈式过热器	增加管圈数可降低管内蒸汽流速及管外烟气流速，使烟速及汽速符合设计过热器的要求值

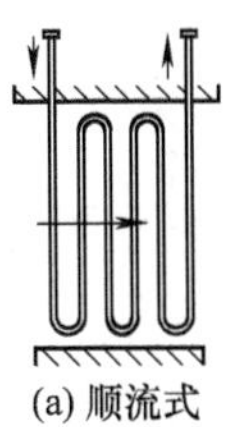
(a) 顺流式

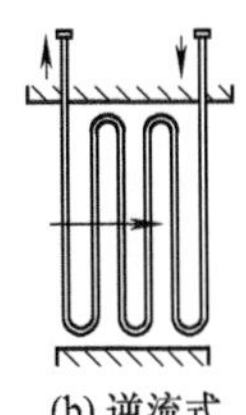
(b) 逆流式

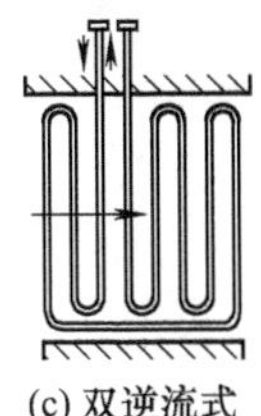
(c) 双逆流式

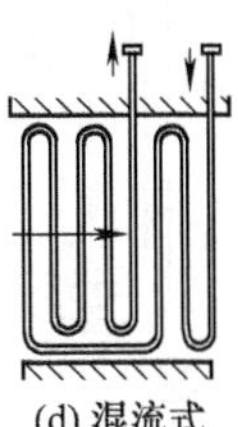
(d) 混流式

图 6-26　根据烟气与蒸汽流动方向划分的过热器形式

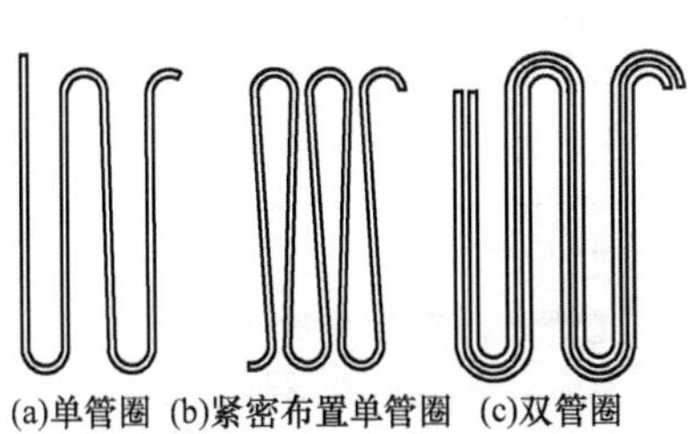

图 6-27　过热器蛇形管的管圈形式

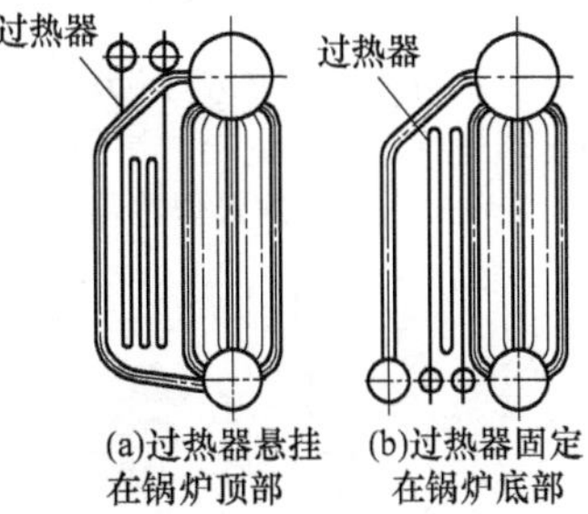

图 6-28　工业锅炉中立式对流过热器的结构布置示意

图 6-29 所示为工业锅炉中卧式对流过热器的结构布置示意。为提高管中蒸汽流速和管外烟气流速，可采用多个卧式过热器作串联布置的结构形式。

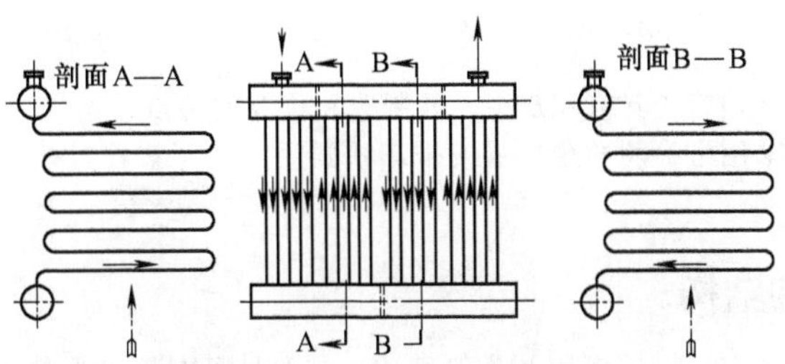

图 6-29　工业锅炉中卧式对流过热器的结构布置示意

图 6-30 所示为一台高压自然循环电站锅炉的立式对流过热器结构布置示意。图 6-30 中，蒸汽先经减温器进入第一级逆流式对流过热器，再经混流式过热器后进入中间集箱。此后由中间集箱经第二级顺流式过热器进入过热器出口集箱后输出。由于第二级过热器前烟温较高，接近 1000℃，为防止结焦，将烟温最高的前一排管子拉稀成两排，做叉列布置。这样可使前几排管子的横向节距（S_1）增加 1 倍，纵向节距（S_2）也相应增大，以免管子间结焦搭桥。

图 6-31 所示为一台高压直流锅炉的卧式过热器结构布置示意。图 6-31 中卧式过热器位于炉膛出口的水平烟道中。卧式过热器的蛇形管支撑在由炉顶过热器形成的悬吊管的支撑肋片上。为了降低进入卧式过热器的烟温，在其前面还布置有节距较大的凝渣管。此外，由定位管保持过热器管的节距。

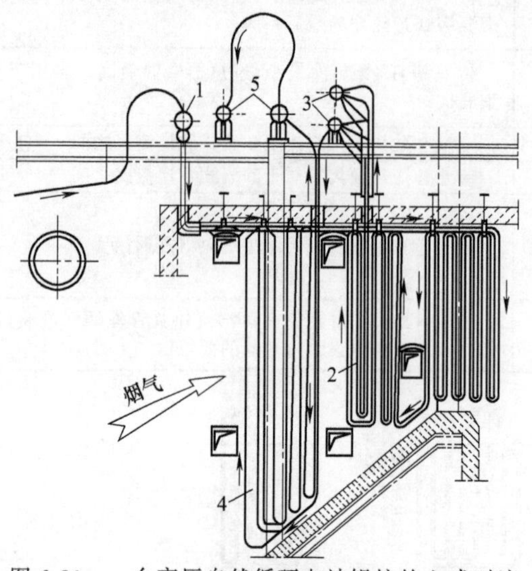

图 6-30 一台高压自然循环电站锅炉的立式对流过热器结构布置示意

1—减温器；2—第一级立式过热器的逆流部分；3—中间集箱；4—第二级立式过热器；5—过热器出口集箱

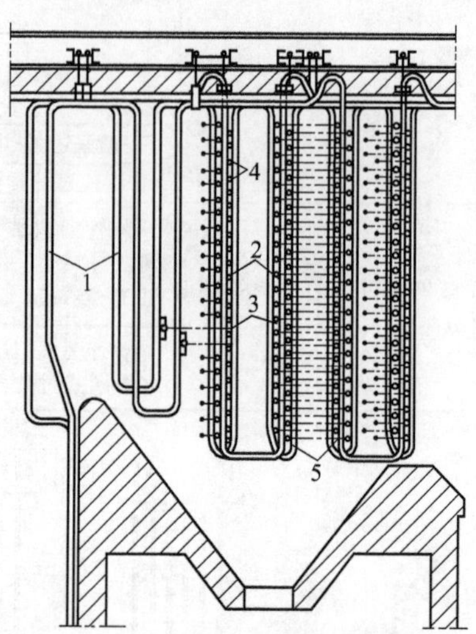

图 6-31 一台高压直流锅炉的卧式过热器结构布置示意

1—凝渣管；2—悬吊管；3—支撑肋片；4—卧式过热器的蛇形管；5—定位管

图 6-32 所示为一台超临界压力直流锅炉布置在下降竖井烟道中的卧式对流过热器结构布置示意。图 6-32 中，烟气自上向下流动，第一级过热器为逆流式，第二级为顺流式。为了保证必要的汽速，此过热器采用四管圈形式。过热器管焊在梁上的支架上。

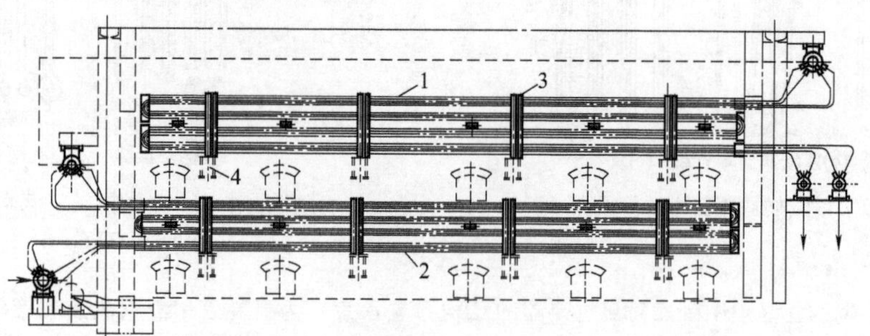

图 6-32 一台超临界压力直流锅炉的卧式对流过热器结构布置示意

1—第二级过热器；2—第一级过热器；3—支架；4—横梁

过热器管一般为光管，这种管子具有积灰少、易制造和价廉的特点，但烟速低时则光管的传热效果差。为了强化烟气侧的传热，可采用带纵肋的鳍片管或带环状圆肋的肋片管作过热器管，如图 6-33 所示，这样可减小过热器的受热面和尺寸。

二、屏式过热器的结构

屏式过热器由外径为 32～42mm 的钢管和集箱组成，一般吊悬在炉膛上部或炉膛出口处。每片屏中的管数一般为 15～30 根，根据所需蒸汽流速确定。屏与屏之间的节距（S_1）为 500～1000mm，每片屏中管子

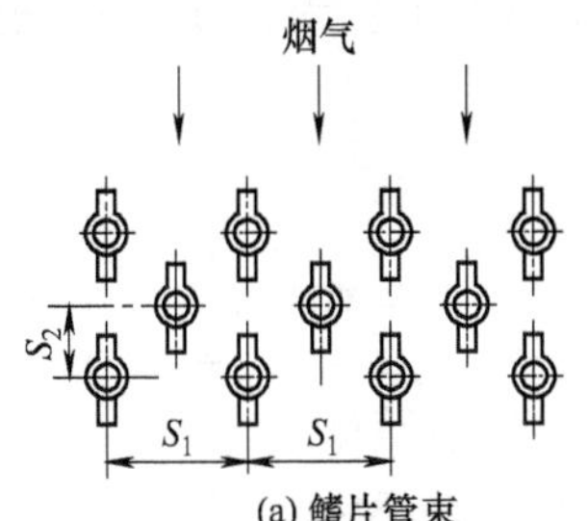

(a) 鳍片管束

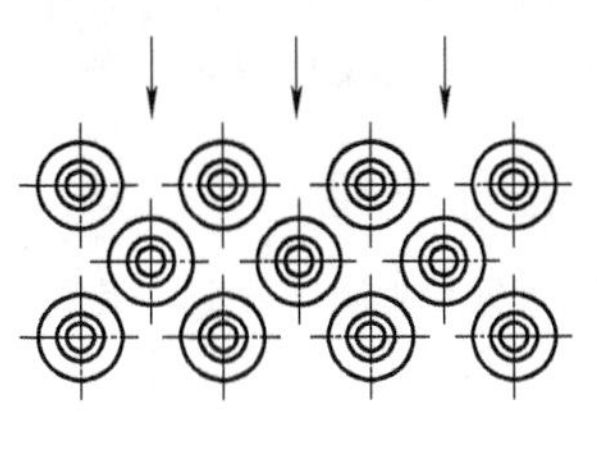
(b) 肋片管束

图 6-33　对流过热器的鳍片管束和肋片管束

之间的节距（S_2）与管外径之比（S_2/d）为 1.1～1.25。屏式过热器同时吸收对流传热量和辐射传热量，所吸收的对流热或辐射热在总吸热量中的份额依屏式过热器所在位置确定。

屏式过热器的类别及特点可参见表 6-9。

表 6-9　屏式过热器的类别及特点

屏式过热器类别	特　点
立式屏式过热器	屏式过热器的“U”形管作直立布置，如图 6-34 所示。立式结构简单，支撑方便，但排气疏水性差
卧式屏式过热器	屏式过热器的管子作卧式布置，如图 6-35 所示。其优缺点与立式屏式过热器相反
垂直疏水式屏式过热器	其结构如图 6-36 所示。这种屏式过热器的特点为疏水方便，支撑较卧式的简单，但结构稍复杂

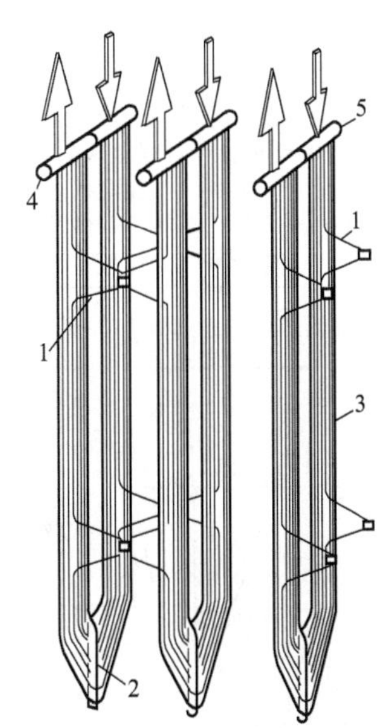

图 6-34　立式屏式过热器结构示意
1—连接管；2—包扎管；3—屏式过热器管子；4—一片屏的出口集箱；5—一片屏的进口集箱

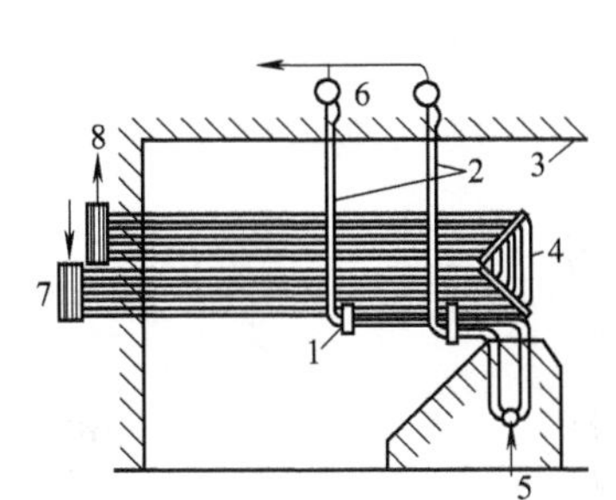

图 6-35　卧式屏式过热器结构示意
1—夹板；2—有水冷却的悬吊管；3—炉顶；4—屏式过热器；5—冷却水进口集箱；6—冷却水出口集箱；7—过热器进口集箱；8—过热器出口集箱

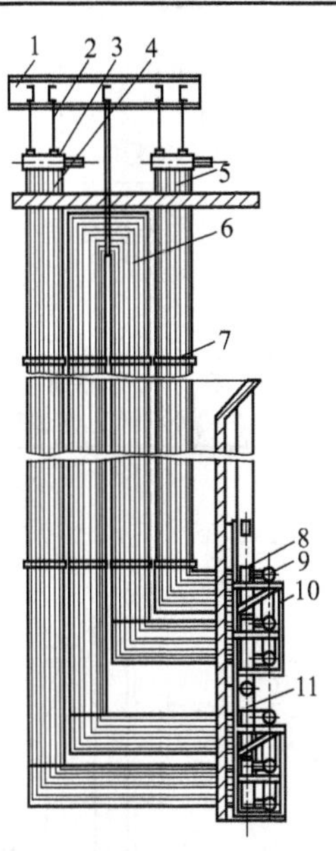

图 6-36　垂直疏水式屏式过热器结构示意
1—构架的上部梁；2—拉杆；3—左管组上集箱；4—左管组；5—右管组；6—中间管组；7—夹板；8—下集箱；9—连接集箱；10—金属结构；11—锅炉构架柱

在图 6-34 中包扎管的作用为将各片屏自身的管子夹紧，以免各管从屏的平面凸出。连接管由屏的管子中拉出形成并与相邻屏中的连接管夹持一起，以保持各屏之间的节距并增加屏的刚性。

在图 6-35 中，悬吊管用水冷却，由屏式过热器进口集箱引出，其作用为夹持卧式屏并支撑屏的重量。

在图 6-36 中，蒸汽自左管组的上部集箱进入，在屏式过热器中经过两次上升、两次下降的流动过程后，由右管组上部集箱输出。

屏式过热器管子一般均为光管，国外也试用过由鳍片管焊成的膜式屏式过热器。膜式屏式过热器与光管的相比，污染程度可减少且吸热量可增加12%，但制造较复杂。

三、辐射式过热器的结构

辐射式过热器主要布置在炉膛壁面上，吸收炉膛中辐射热量以加热蒸汽，所以也称墙式过热器。如与对流式过热器一起使用，有利于改善蒸汽温度、调节特性。这种过热器金属耗量少，但因炉膛热负荷高和管内蒸汽冷却性能差，故应注意运行安全性。运行时管内工质质量流速应保持在1000～1500kg/(m^2·s)的范围内。在启动时应采用给水冷却或用其他锅炉的蒸汽冷却等方法，来保证辐射式过热器管得到冷却。辐射式过热器管的外径范围与对流过热器的相同。

辐射式过热器的类别及特点可参见表6-10。

表6-10 辐射式过热器的类别及特点

分类方法	过热器类别	特点
按行程数分类	单行程辐射式过热器[见图6-37(a)]	蒸汽在过热器中做一次垂直上升或一次垂直下降流动
	双行程辐射式过热器[见图6-37(b)]	蒸汽在过热器中做先下降后上升流动
	对称布置双行程辐射式过热器[见图6-37(c)及图6-38]	蒸汽先在两侧过热器管组做下降流动，再集中在中间管组上升流出或先在中间管组下降流动，再在两侧管组上升流出
按布置在炉墙上的位置分类	布置在炉墙上部的立式辐射式过热器(见图6-38)	过热器直立布置在炉墙的上半部(可作单行程、双行程或对称布置双行程布置)。优点为可使过热器避开高热负荷的火焰中心区，但使自然循环水冷壁的高度降低，不利于自然循环锅炉的水循环。在大型直流锅炉上辐射区过热器中也见应用
	沿整个炉高直立布置的立式辐射式过热器(见图6-37)	过热器管沿全炉直立布置(可作单行程、双行程或对称布置双行程布置)。如用敷管炉墙，过热器管可与水冷壁管间隔布置(两水冷壁管中间布置两根过热器管)，使冷却较好的水冷壁管支撑敷管炉墙重量。优点为不影响自然循环锅炉的水循环，但部分过热器管位于高热负荷的火焰中心区，易烧坏
	在炉膛上部围绕炉壁布置的卧式辐射式过热器	用于大型直流锅炉的上辐射区的水平或微倾斜管圈式墙式过热器

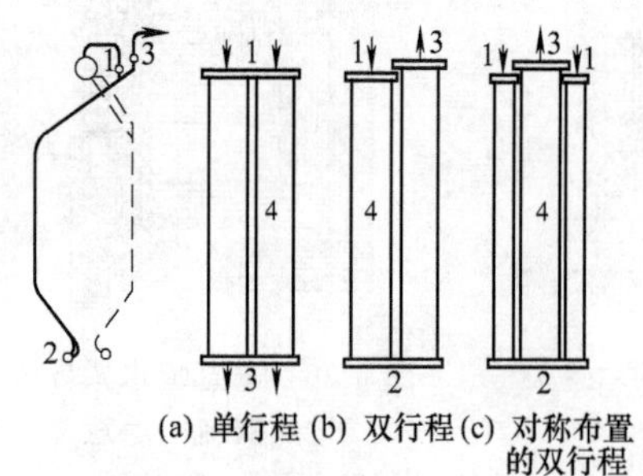

图6-37 辐射式过热器的布置方式（过热器位于前墙沿全炉高布置）
1—进口集箱；2—中间集箱；3—出口集箱；4—管子

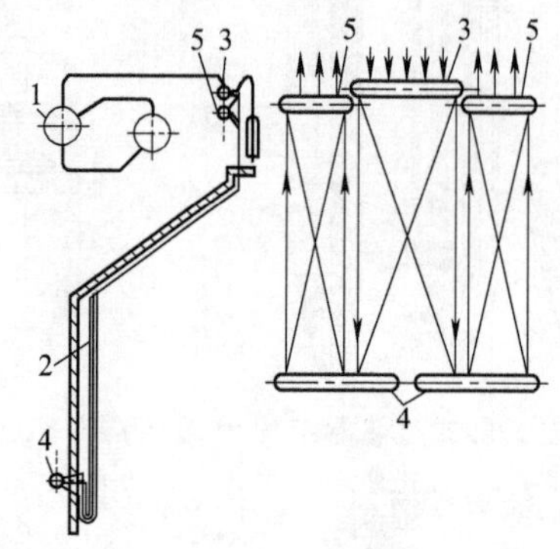

图6-38 位于前墙上部的辐射式过热器结构示意
1—锅筒；2—辐射式过热器；3—进口集箱；4—中间集箱；5—出口集箱

四、炉顶过热器与包墙管过热器的结构

炉顶过热器布置在炉顶，管径与对流式过热器管的相同，管子节距（S）与管子外径（d）之比（S/d）一般≤1.25。炉顶过热器的主要作用为在其上敷设耐火材料和保温材料以形成轻型炉顶。

包墙管过热器布置在大型锅炉的水平烟道和尾部竖井的壁面，其作用为使该处的敷管炉墙得以敷在过热器管子上。这种过热器的管径与对流过热器的相同。管子节距与管径之比（S/d）对光管一般≤1.25，对膜式管组为2～3。

五、过热器的支持结构

过热器的支持结构的功能为支撑过热器的重量，保证每一蛇形管的各管段均不凸出于蛇形管的平面，并保持平行连接的各蛇形管之间的横向节距和纵向节距。

图6-39所示为一般立式对流过热器的吊钩吊挂方法。图6-39中，过热器的双管圈蛇形管在用夹环夹持后吊在吊钩上。吊钩和焊在构架梁上的平板相焊，将过热器管重量传到构架上，由构架支撑。

立式过热器管的另一种支吊方法为吊挂在炉顶管上（见图6-40）。由图可见炉顶管上置有由耐热钢制成的波形板，两者之间有一层石棉垫片。立式过热器的蛇形管就支吊在波形板上。

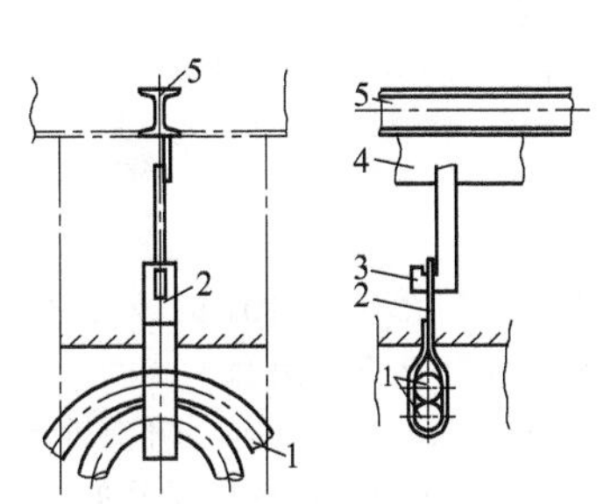

图6-39　立式对流过热器的吊钩吊挂方法

1—过热器蛇形管；2—夹环；3—吊钩；4—平板；5—构架梁

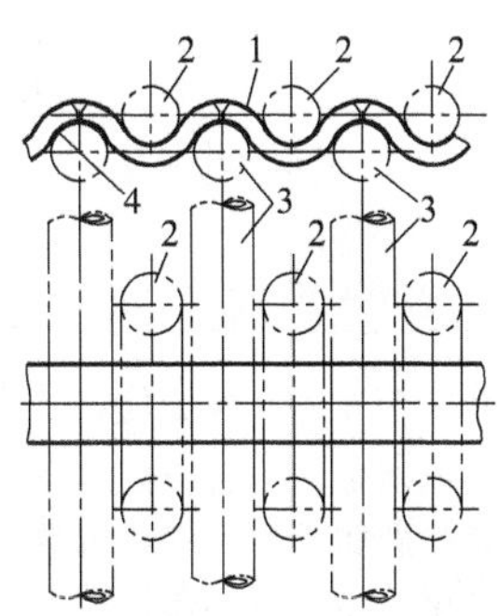

图6-40　用炉顶管支吊立式对流过热器管的示意

1—波形板；2—过热器蛇形管；3—炉顶管；4—石棉垫片

立式对流过热器为保持蛇形管之间的横向节距与纵向节距，需采用梳形板和定距夹板，其结构示于图6-41。这些零件在高烟温区的均需用耐热钢制成。

卧式对流过热器的管子可采用悬吊管支吊，如图6-31所示。图中过热器蛇形管支撑在焊在悬吊管上的支撑肋片上。管子的定位由定位管承担。卧式对流过热器管子也可采用耐热钢夹板和吊杆吊在构架顶部横梁上，如图6-42所示。

布置在“倒U”形布置锅炉较低烟温区尾部竖井中的卧式对流过热器，可采用支架支撑卧式对流过热器，如图6-32所示。图中支架由耐热钢制成，焊在支撑梁上。梁中有空气冷却，梁外包有绝热材料。

立式屏式过热器可通过支撑或支吊上部集箱的方式将过热器重量传给构架。屏与屏之间用连接管保持间距。每片屏上各管的间距可用包扎管（见图6-34）和定距板加以保证。

卧式屏式过热器可用图6-43所示的专用悬吊管支吊，图中悬吊管由带吊钩的吊杆吊在构架横梁上。一片屏中各管的节距由垫块保持。

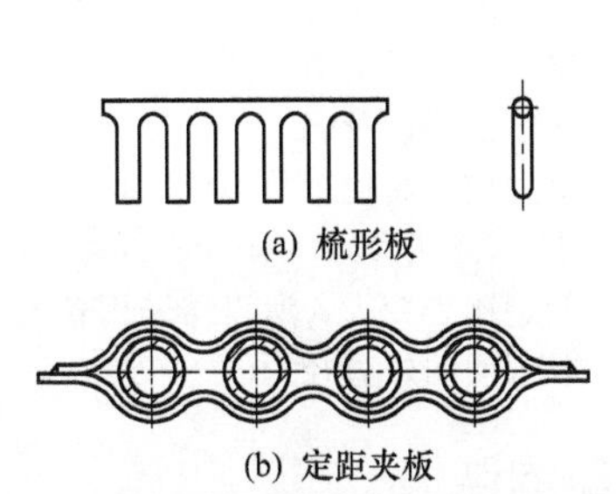

图6-41　用以保持立式对流过热器管节距的梳形板和定距夹板

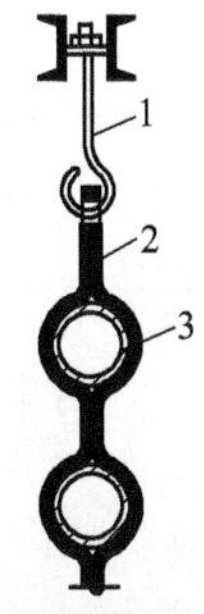

图6-42　用耐热钢夹板和吊杆支吊卧式对流过热器管

1—吊杆；2—夹板；3—卧式过热器管

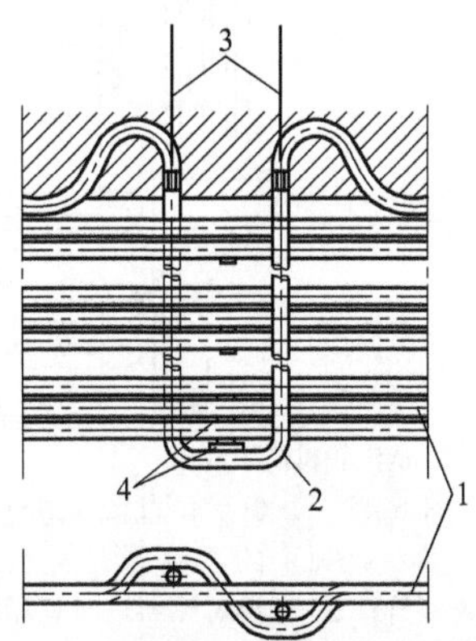

图6-43　卧式屏式过热器的支吊方法

1—卧式屏式过热器管；2—专用悬吊管；3—带吊钩的吊杆；4—垫块

炉顶过热器的支吊方法示于图 6-44。

布置在炉墙上的辐射式过热器的支持结构与蒸发受热面水冷壁的支持结构类似。

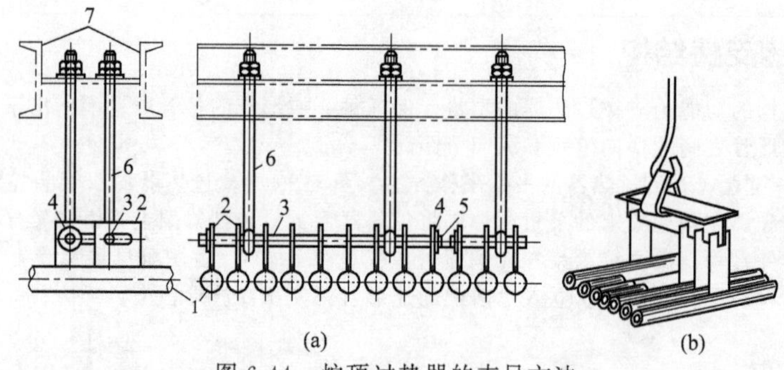

图 6-44 炉顶过热器的支吊方法

1—炉顶过热器管；2—吊耳；3—插销；4—垫圈；5—开口销；6—吊钩；7—梁

六、过热器管的高温腐蚀及防止

燃用K、Na、S等成分含量较多的煤时，灰垢中的 K_2SO_4 和 Na_2SO_4 在含有 SO_3 的烟气中会与管子表面氧化铁作用形成碱金属复合硫酸盐 $K_3Fe(SO_4)_3$ 及 $Na_3Fe(SO_4)_3$。这种复合硫酸盐在 550～710℃范围内熔化成液态，有强烈腐蚀性，在壁温为 600～700℃时腐蚀最严重。防止和减轻的方法为不使金属壁温超过 600～620℃，以免过热器或再热器管腐蚀。在煤中加入 $CaSO_4$ 和 $MgSO_4$ 等附加剂也可减轻腐蚀。

燃油中含有 V、Na、S 等化合物，会在受热面管壁上形成 V_2O_5 和各种钠钒化合物，其在壁温＞600～620℃时熔化成液态，严重腐蚀金属。烟气中的 SO_3 能起腐蚀催化剂的作用，防止或减轻的方法为采用低氧燃烧，可使 SO_3 含量减少并使 V_2O_5 形成量减少，可减轻腐蚀。在燃油中加入 $MgCl_2$ 的水溶液或 Ca、Al、Si 等盐类附加物，也能提高灰熔点，减轻钒腐蚀。但最有效方法为使过热器或再热器壁温＜600℃。

第三节 锅炉再热器的结构

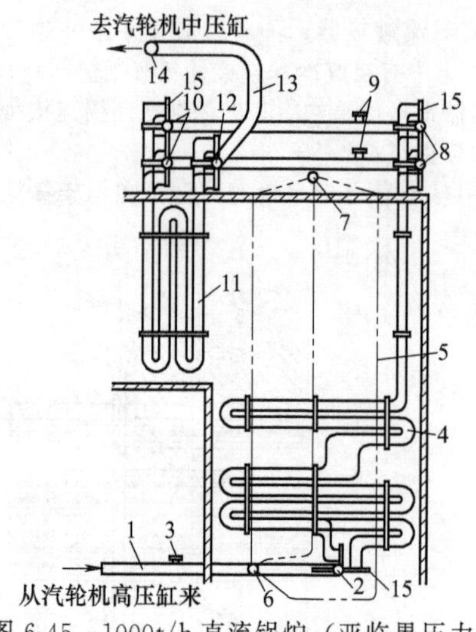

图 6-45 1000t/h 直流锅炉（亚临界压力）的再热器布置示意

1—连接管；2—低温再热器进口集箱；3—事故喷水装置；4—低温再热器管系；5—悬吊管；6—低温过热器出口集箱；7—低温过热器悬吊管出口集箱；8—低温再热器出口集箱；9—喷水减温器；10—高温再热器进口集箱；11—高温再热器管系；12—高温再热器出口集箱；13—连接管；14—集汽集箱；15—小集箱

锅炉再热器一般用于高压大型电站锅炉。国产锅炉容量大于 400t/h 的超高压电站锅炉均带有再热器。采用再热循环可以提高电站效率，但要增加设备投资费，根据技术经济比较，以用于高压以上大型锅炉为宜。

再热器与对流式过热器的构造相似，均由蛇形管和集箱组成。再热器中工质压力远低于过热器的，其压力约为过热器的 1/5，而再热器的出口蒸汽温度却等于或接近过热蒸汽出口温度。由于再热蒸汽压力较低、蒸汽传热系数小造成对管壁冷却能力差，所以再热器均为布置在烟温较低区的对流受热面，而不似过热器有辐射式和屏式过热器的形式。

再热系统的总阻力应不超过再热蒸汽进口压力的 10%，一般工质质量流速为 250～400kg/(m^2·s)。且由于工质压力较低、比容较大，所以需采用较大管径和多重管圈。一般管圈的外直径为 42～60mm。

一、再热器的结构

再热器的形式有立式对流再热器和卧式对流再热器两种。

图 6-45 所示为一台 1000t/h 直流锅炉中的再热

器布置示意。图 6-45 中再热器分为立式高温段（第二级）和卧式低温段（第一级）两部分，分别布置在水平烟道和对流竖井中。第一级和第二级再热器管子外径为 51mm，为七管圈结构。汽轮机高压缸排汽送入低温再热器。低温再热器出口分两路交叉进入第二级再热器。第二级再热器出口的再热蒸汽输入汽轮机中压缸。图中再热器的小集箱是起使管子系统和进、出集箱相连接的作用。

二、再热器的支持结构

再热器支持结构和对流式过热器的相同。布置在水平烟道中的立式再热器可用支吊的方法支撑。布置在下降竖井中的卧式再热器可用悬吊或支撑在支座上的方式进行支撑。在图 6-45 所示的再热器中，第一级卧式再热器采用悬吊管吊挂方式，而第二级立式再热器采用耐热钢制成的夹持装置吊挂在炉顶构架梁上。第二级立式再热器蛇形管下端弯头上装有定距梳形板以保持管子横向节距。

第四节　锅炉过热器和再热器的蒸汽温度调节

一、蒸汽温度变化及蒸汽温度调节方法分类

在电站锅炉中，锅炉输出的过热蒸汽温度力求稳定，以保证电站循环效率。在工业锅炉中，如带有过热器，则输出的过热蒸汽温度波动也不得大于容许偏差，以保证用汽单位的优质生产。锅炉过热蒸汽温度的容许偏差值可参见表 6-11。

表 6-11　过热蒸汽温度的容许偏差值

锅炉形式	过热蒸汽温度/℃	容许偏差/℃	备　注	锅炉形式	过热蒸汽温度/℃	容许偏差/℃	备　注
电站锅炉	额定过热蒸汽温度	≤±5 +10	在（75%～100%）额定负荷内 短期	工业锅炉	≤300 350 400	+30～−20 ±20 +10～−20	

影响过热蒸汽温度的因素众多，各种因素对于对流过热器的蒸汽温度的影响可参见表 6-12。

锅炉负荷增大时，对流式过热器的出口蒸汽温度将增高，而辐射式过热器的出口蒸汽温度将降低。因而联合使用对流式过热器和辐射式过热器可使负荷对出口过热蒸汽温度的影响减小。当额定负荷时，如过热器的辐射吸热量为过热器总吸热量的 40%～60%，则过热蒸汽温度随负荷变动而变化的特性曲线就较为平坦。

表 6-12　各因素对于对流式过热器的过热蒸汽温度的影响

影响因素	过热蒸汽温度变化/℃	影响因素	过热蒸汽温度变化/℃
锅炉负荷变化±10%	±10	给水温度变化±10℃	±(4～5)
锅炉炉膛过量空气系数变化±10%	±(10～20)	燃煤水分变化±1%	±1.5
		燃煤灰分变化±10%	±5

再热器的出口再热蒸汽温度变化也将影响电站循环效率。锅炉负荷降低时，再热蒸汽温度将因对流再热器吸热减少而下降。此外，定压运行时，再热器进口蒸汽温度也随负荷降低而降低，这也使再热器出口蒸汽温度下降。如采用滑压运行方式，可减小再热蒸汽温度随负荷而变化的数值。

为了在锅炉运行时能使蒸汽温度保持在规定范围内波动，就必须采用蒸汽温度调节措施。中国常用的蒸汽温度调节方法可参见表 6-13。

表 6-13　中国常用调节蒸汽温度的方法

调节蒸汽温度的方法	非中间再热机组	中间再热机组					调节蒸汽温度的方法	非中间再热机组	中间再热机组				
		过热蒸汽温度调节方法	再热蒸汽温度调节方法						过热蒸汽温度调节方法	再热蒸汽温度调节方法			
			无烟煤、多灰煤	烟煤	褐煤	油、气				无烟煤、多灰煤	烟煤	褐煤	油、气
蒸汽侧调节法							烟气侧调节法						
面式减温器	√						烟气挡板法			√	√		√
喷水减温器	√	√	√		√		烟气再循环法				√		√
汽-汽热交换器			√		√		改变火焰位置法	√	√				

二、面式减温器法

面式减温器是一种表面式热交换器，应用给水或炉水作为冷却剂来冷却蒸汽温度以调节气温。其类别及特点列于表 6-14。

表 6-14 面式减温器的类别及特点

类别	特 点
用给水冷却的面式减温器	其结构示于图 6-46。冷却水在管内流过，蒸汽在管外流动，改变冷却水流量可改变蒸汽的冷却程度。为防止低温冷却水管与高温厚壁外壳连接时产生温度应力，在连接处采用保护套管与冷却水管相焊的结构。其优点为传热温差大，减温器尺寸较小，但部分蒸汽会凝结形成凝结水，造成过热器热偏差
用炉水冷却的面式减温器	有布置在锅筒外和布置在锅筒内两种，用炉水作为冷却剂。前者结构与图 6-46 相仿，但管内流动过热蒸汽而管外流过炉水，炉水由锅筒引入减温器，受热后成汽水混合物，再回入锅筒；后者结构示于图 6-47。其优点为过热蒸汽冷却后不会形成凝结水，但传热温差小，减温器尺寸大且减温器渗漏时会使含盐量大的炉水渗入过热蒸汽，严重影响蒸汽质量。现已很少采用

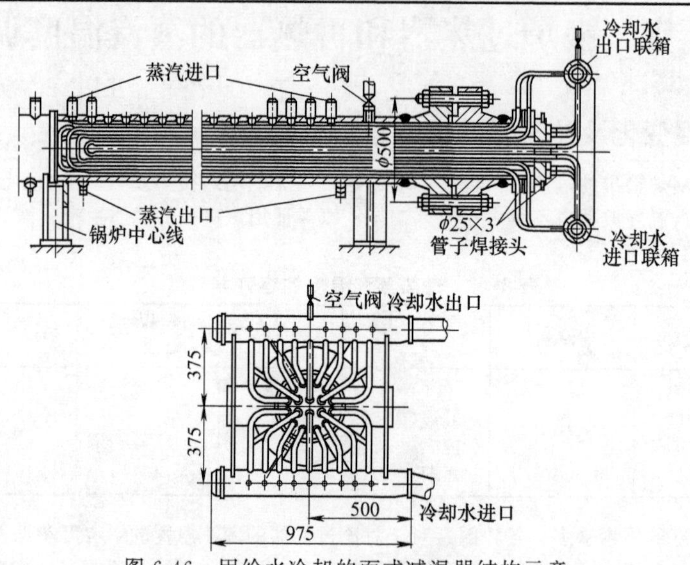

图 6-46 用给水冷却的面式减温器结构示意

以给水作冷却剂时，面式减温器与省煤器的连接系统示于图 6-48。

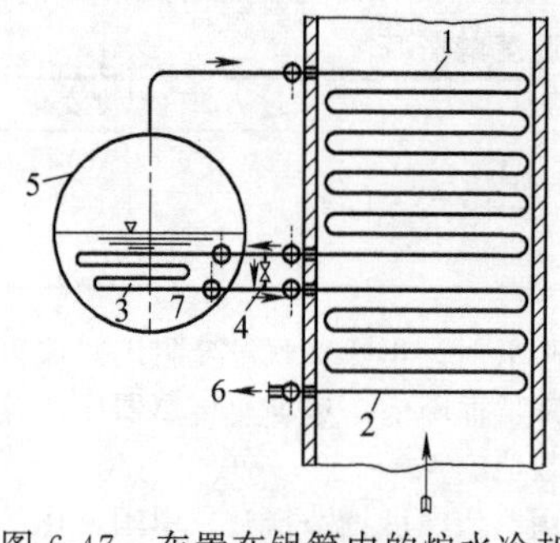

图 6-47 布置在锅筒内的炉水冷却面式减温器结构示意

1—第一级过热器；2—第二级过热器；3—面式减温器；4—调节阀；5—锅筒；6—过热器过热蒸汽出口集箱；7—炉水

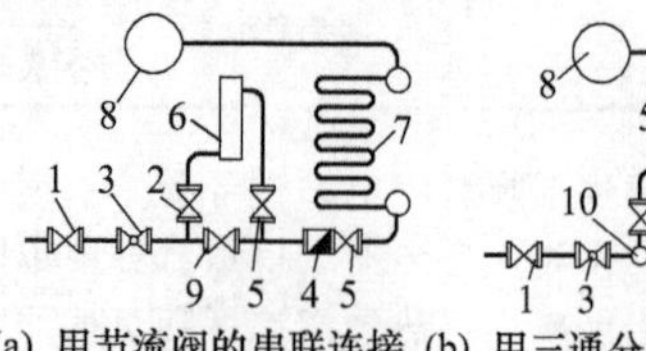
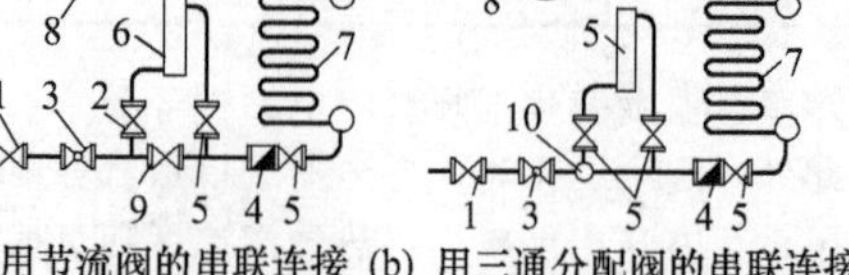

图 6-48 给水冷却的面式减温器与省煤器的连接系统

1—给水调节阀；2—减温器调节阀；3—调节阀；4—止回阀；5—隔离阀；6—减温器；7—省煤器；8—锅筒；9—节流阀；10—三通分配阀

在图 6-48 中，并联系统的缺点为通过省煤器前段的水量较少且经常变化，使省煤器工作不可靠，其优点为排烟温度低于采用串联系统时的温度。串联系统的缺点是由于调温提高了省煤器进口水温，使排烟温度增高，优点为省煤器水量不变，工作可靠。一般采用串联系统。在串联系统中用节流阀的系统，因节流阀调节量很小，当给水流量变化时，将影响减温器中的给水量，从而造成蒸汽温度的波动，因而更好的连接系统是采用三通分配阀的连接系统，如图 6-48（b）所示。

一般给水冷却的面式减温器可使蒸汽温度下降40～50℃，所用冷却水占给水量的40%～60%。

面式减温器布置在过热器出口端时，具有调节灵敏的优点，但过热器得不到保护。布置在过热器进口端时调节惯性大，且减温器中蒸汽会凝结形成大量凝结水，造成过热器热偏差，但可保护过热器管子不至管壁超温。减温器布置在过热器中间时既可保护过热器，又可调节惯性适中，因而这种布置方式用得最多。

面式减温器总的优点为冷却剂和蒸汽不直接接触，对冷却水品质无特殊要求，结构也较简单。缺点为调节惯性大，此外，额定负荷时减温器要吸收一部分过热蒸汽热量，以便负荷降低时能维持额定气温，因此过热器受热面将增大。

三、喷水减温器法

喷水减温器的工作原理为将洁净的水喷入过热蒸汽以达到降低过热蒸汽温度的目的，喷入的水质要求含盐量<0.3mg/kg。喷水减温器的类型及特点可参见表6-15。

表6-15 喷水减温器的类型及特点

分类方法	减温器类型	特点
根据喷入的水分类	给水喷水减温器	以给水或凝结水作为喷水喷入减温器，其连接系统示于图6-49。用于给水品质好的凝汽式高压电站锅炉。由喷水泵等方法将凝结水喷入减温器
	自制冷凝水喷水减温器	利用给水在面式凝结器中将部分饱和蒸汽凝结为冷凝水，利用冷凝水与喷水减温器之间的压差将水喷入过热蒸汽调温。其连接系统示于图6-50。面式凝结器的位置应比锅筒高2m以上，以便多余的冷凝水能流回锅筒
根据水的喷入方法分类	水室式喷水减温器	参见图6-51。水室式在文丘里管喉口处装有一环状水室，并在喉口上开有多排直径为3mm的喷水孔。孔内水速约1m/s，喉口汽速为70～120m/s。采用文丘里管可加强喷水与蒸汽的混合
	旋涡式喷水减温器	采用旋涡喷嘴，雾化质量较好。但该喷嘴为悬臂结构(见图6-52)，要防止发生共振
	多孔喷管式喷水减温器	参见图6-53。多孔喷管式喷孔直径为3mm，喷水速度为3～5m/s。结构简单，制造安装方便，但雾化质量略差

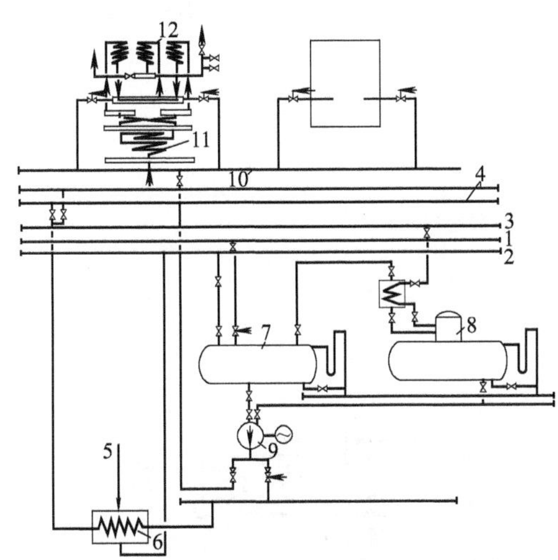

图6-49 给水喷水减温器连接系统示意

1—汽轮机凝结水；2—加热器凝结水；3—化学无盐水；4—给水；5—蒸汽；6—回热式加热器；7—加热器凝结水箱；8—除氧器；9—喷水泵；10—供喷水的凝结水管路；11,12—第一级过热器和第二级过热器

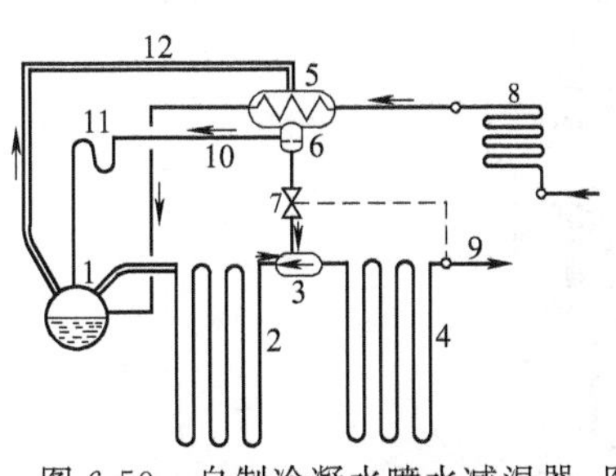

图6-50 自制冷凝水喷水减温器连接系统示意

1—锅筒；2,4—第一级过热器及第二级过热器；3—喷水减温器；5—凝结器；6—凝结水贮水器；7—凝结水阀；8—非沸腾式省煤器；9—喷水的热电偶冲量；10—凝结水溢流管；11—水封；12—饱和蒸汽管路

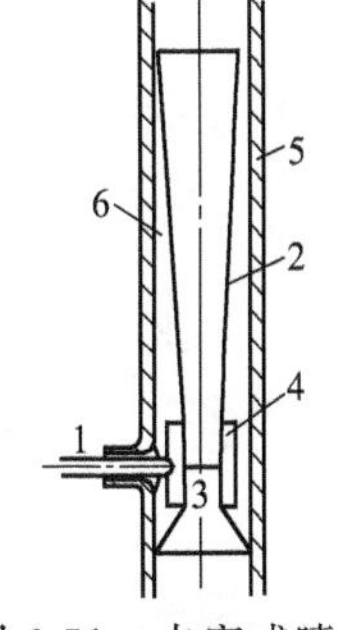

图6-51 水室式喷水减温器

1—凝结水管；2—文丘里管；3—喷水孔；4—水室；5—外壳；6—保护用蒸汽垫

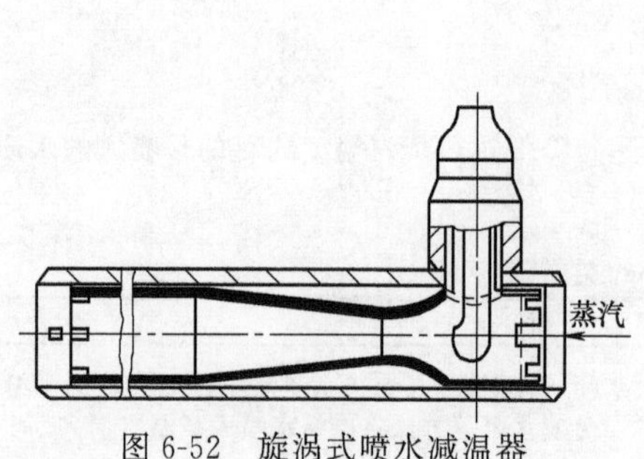

图 6-52 旋涡式喷水减温器

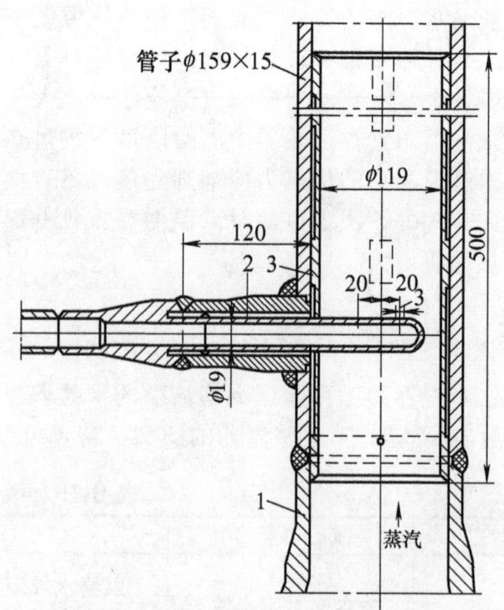

图 6-53 多孔喷管式喷水减温器

1—喷水减温器外壳；2—喷管；3—保护套管

表 6-15 中各种喷水式减温器在喷水处后面均需装置 3～5m 长的保护套管，使喷入水滴不与管壁接触，以免引起热应力且使水与蒸汽混合均匀。

喷水减温器总的优点为结构简单，调节灵敏，易于自动化。但要求喷入的水具有高的水质，且采用喷水减温器后，与面式减温器相似要增加过热器受热面。喷水减温在再热器蒸汽温度调节中只宜用作事故喷水减温，因为喷水会降低电站循环效率，对超高压机组而言，定压运行时，每喷 1% 给水量将使循环效率降低 0.1%～0.2%。

喷水式减温器除表 6-15 中所列主要类型外，还有图 6-54 和图 6-55 所示的形式，后者主要用于船用锅炉。在图 6-54 中，过热蒸汽和自环状喷管喷出的水混合后流经填料后流出，凝结水则由减温器下部凝结水管流出。在图 6-55 (a) 中水喷入蒸汽后，经两个开有栅格的圆筒使过热蒸汽和水混合，并使凝结水和蒸汽分离后将过热蒸汽自出口输出，凝结水自凝结水管输出。在图 6-55 (b) 中，过热蒸汽流过阀时由阀座处喷出的水加以冷却减温。

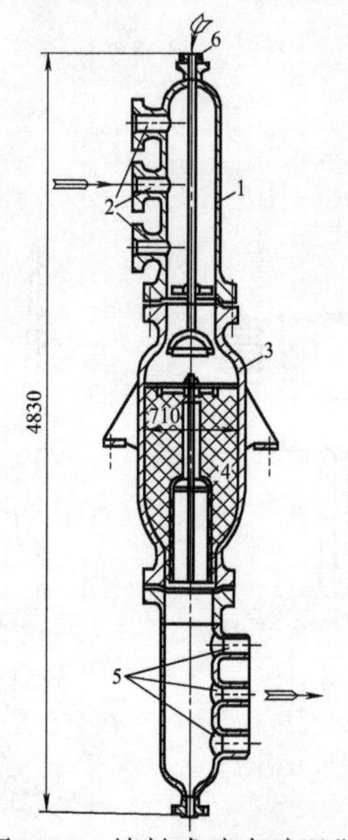

图 6-54 填料式喷水减温器

1—喷水减温器端部；2—过热蒸汽入口；3—减温器外壳；4—填料；5—过热蒸汽出口；6—凝结水出口

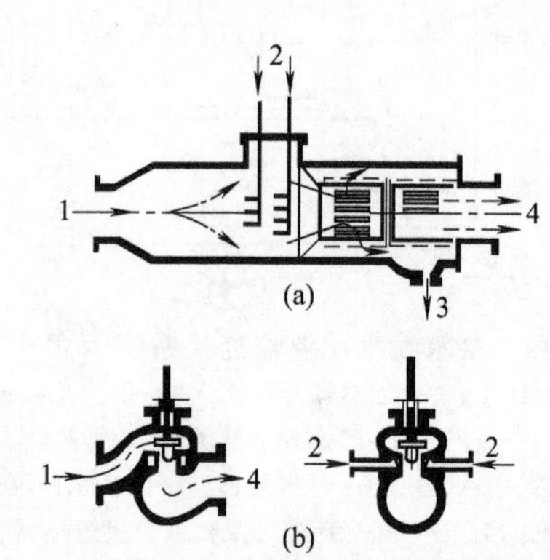

图 6-55 船用锅炉中的喷水式减温器

1—过热蒸汽入口；2—喷水入口；3—凝结水出口；4—经过减温的过热蒸汽出口

四、汽-汽热交换器法

锅炉负荷降低时，在具有较大辐射式过热器受热面的大型锅炉中，其过热蒸汽温度会因负荷降低而升高，而其再热蒸汽温度则会因此而降低。因而在这种锅炉中就可利用过热蒸汽经汽-汽热交换器加热再热蒸汽的方法来达到调节再热蒸汽温度的目的。汽-汽热交换器的类型及特点列于表 6-16。

表 6-16 汽-汽热交换器的类型及特点

类 型	特 点
两流式汽-汽热交换器	两流式汽-汽热交换器置于烟道外，其结构示于图 6-56。图中，热交换器为一"U"形套管，在大直径外管内装有 7 根小直径"U"形管。过热蒸汽流经小直径管，被加热的再热蒸汽在管子之间流过而得到加热。通过调节过热蒸汽或再热蒸汽流量来调节再热蒸汽温度
三流式汽-汽热交换器	将再热器制成"U"形屏式，布置在烟温为 850℃左右的烟道中。再热器管子内有一套管，套管中流过用以加热的过热蒸汽，再热蒸汽在套管外流动（见图 6-57）。再热器管外部有烟气冲刷也用以加热再热蒸汽。通过改变管外烟气量或流入套管的过热蒸汽量来调节再热蒸汽温度

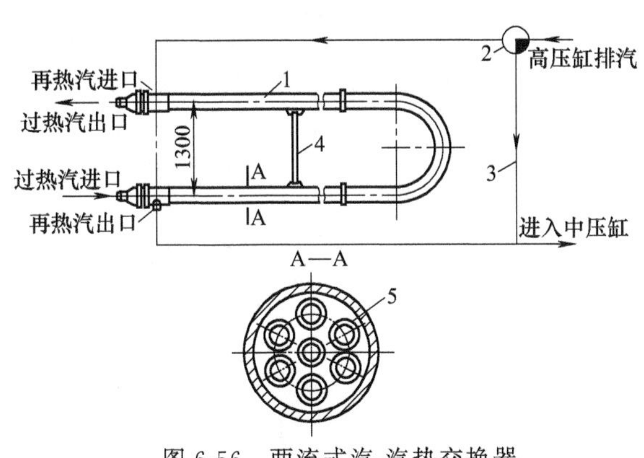

图 6-56 两流式汽-汽热交换器

1—汽-汽热交换器部件；2—调节阀；3—旁通管路；4—定距板；5—内管

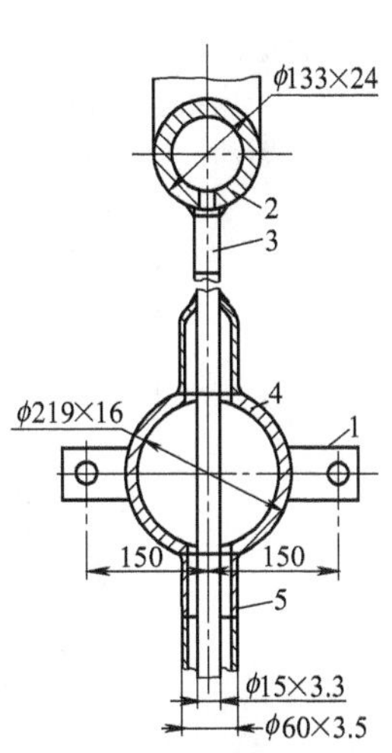

图 6-57 三流式汽-汽热交换器部件

1—耳板；2—过热蒸汽集箱；3—过热蒸汽管；4—再热蒸汽集箱；5—再热蒸汽管

汽-汽热交换器和过热器及再热器系统的连接方式有 3 种，可参见图 6-58。图 6-58（a）表明过热蒸汽全部流过汽-汽热交换器，通过调节流入的再热蒸汽的流量来调节再热蒸汽的温度。此法缺点为过热蒸汽系统的管道阻力损失过大。连图 6-58（b）使再热蒸汽全部通过汽-汽热交换器，通过调节流入的过热蒸汽流量来调节再热蒸汽的温度。此法缺点为需制造一个耐高压的大直径旁通阀，但过热器系统阻力小，因额定负荷时只有 5%左右的过热蒸汽量通过汽-汽热交换器。图 6-58（c）为一折中方法。此方法应用节流圈使一部分过热蒸汽通过汽-汽热交换器，然后调节再热蒸汽的流入量来调节再热蒸汽的温度。

汽-汽热交换器的优点为热交换器本身也是再热器受热面的一部分，可用少量受热面得到较大的调温幅

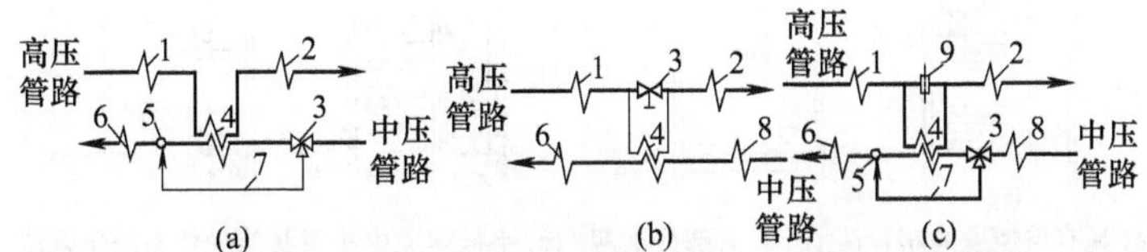

图 6-58 汽-汽热交换器的连接方式

1—过热器的辐射或半辐射受热面；2—过热器的对流受热面；3—蒸汽旁通阀；4—汽-汽热交换器；5—混合集箱；6,8—再热器对流受热面；7—旁通管；9—节流圈

度，且调温灵敏度较好。其缺点是制造难度增大，工艺要求高且管道连接系统复杂。

五、烟气再循环法

应用烟气再循环方法调节蒸汽温度的工作原理示于图 6-59。图中，再循环风机在省煤器后 250～350℃的烟道中将一部分烟气抽出并在炉膛下部送入炉膛。随着再循环烟量增加，炉膛温度降低，炉膛受热面吸热减少，炉膛出口烟温总的变化不大。但由于烟量增加，烟速增加，使对流过热器和对流再热器吸热量增大，且离炉膛越远的受热面，传热量增加越多。因而当烟气再循环时，布置在过热器后面的再热器蒸汽温度增高比过热器蒸汽温度增高量大。因而当负荷降低，再热蒸汽温度下降时，略增再循环烟量即可保证再热蒸汽温度在规定范围内。此时过热蒸汽温度变化不大，只要少量变动喷水即可保持过热蒸汽温度不变。在正常负荷时应保持再循环率为 5%的烟气再循环量，以冷却炉膛上装设的烟气再循环设备。

将再循环烟气送入炉膛上部对炉膛吸热影响不大，但可使炉膛出口烟温显著下降。此时，布置在高烟温区的对流式过热器吸热减少，而布置在烟温较低区的再热器吸热量变化不大，所以对调节再热蒸汽温度作用不大。图 6-59 中的虚线表示将再循环烟气送入炉膛上部的管路。

当采用烟气再循环方法调节再热蒸汽温度时，一般都同时设置将再循环烟气送入炉膛下部及上部的管路，前者用以调节再热蒸汽温度，后者用以必要时降低炉膛出口烟温以免高烟温区受热面超温和结焦。

烟气再循环法的优点为不需附加增加过热器的受热面，调节较灵敏；缺点是需增加烟气再循环风机，使厂用电增大，且在燃用煤粉时会使受热面磨损增加，此外，会使排烟温度略增从而使锅炉效率有所降低。此法更宜用于燃油及燃气锅炉，用于高灰分燃料时，在烟气进入再循环风机前应先经过除尘器。

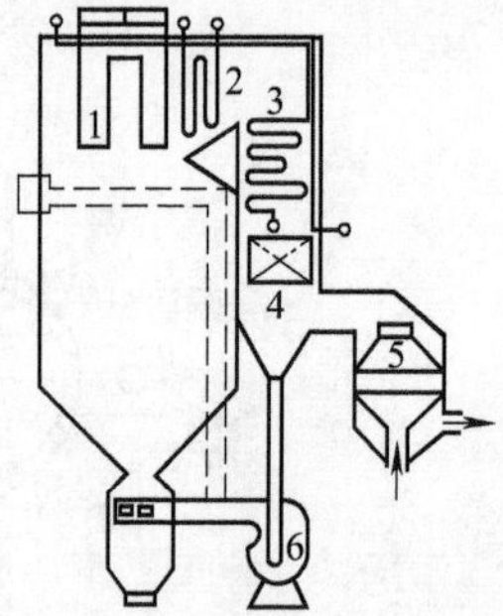

图 6-59 用烟气再循环法调节再热蒸汽温度的工作原理

1—屏式过热器；2—对流式过热器；3—再热器；4—省煤器；5—回转式空气预热器；6—再循环风机

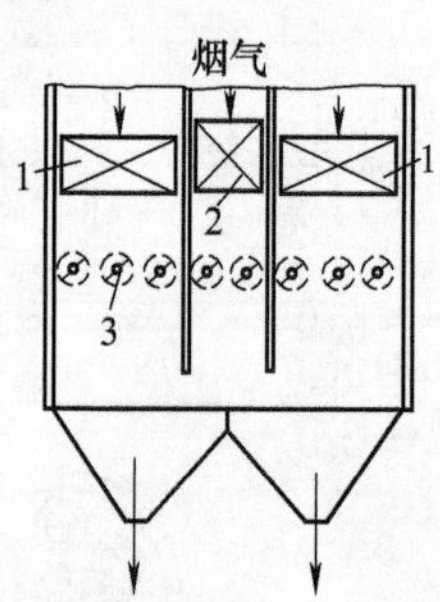

图 6-60 用烟气挡板法调节再热蒸汽温度的一种布置方案

1—再热器；2—省煤器；3—调节挡板

六、烟气挡板法

烟气挡板法也称烟气旁通法。其工作原理为利用挡板开度控制流过受热面的烟气量来调节气温。图 6-60 所示为常用的以烟气挡板法调节再热蒸汽温度的受热面布置方式。当然也可采用再热器后不布置挡板，使中间烟道空置（不布置省煤器)，并在其中布置挡板的布置方法。但这种方法具有使中间空烟道中挡板因处于高温烟气下而产生变形的缺点。

在无再热器的锅炉中也可采用烟气挡板法调节过热器的过热蒸汽温度。挡板和过热器的布置方法有图 6-61 所示的几种。

在图 6-61（a)、(b）两种方法因挡板处于烟温较高处易变形而少见采用，图 6-61（c）法用得较多。

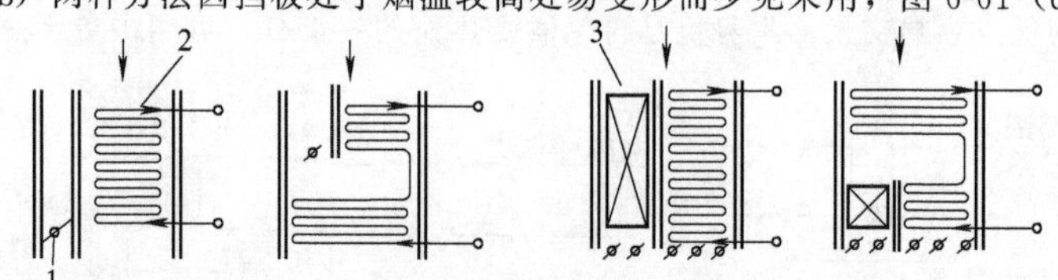

图 6-61 用烟气挡板调节过热蒸汽温度的布置方案

1—烟气挡板；2—对流过热器受热面；3—其他对流受热面

七、改变火焰位置法

使火焰中心位置升高可降低炉膛吸热量，提高炉膛出口烟气温度，从而使对流过热器和对流再热器吸热量增加。反之，则将使对流过热器和对流再热器吸热量下降。因而利用改变火焰位置的方法可调节过热蒸汽温度和再热蒸汽温度。

使火焰位置变动的常用方法有两种。一种是采用摆动式燃烧器，如图 6-62 所示。当燃烧器摆动 ±(20°～30°) 时可调节蒸汽温度 40～60℃。此法调节灵敏，惯性小，不需额外增加受热面和功率消耗。

在采用多层燃烧器的大型锅炉中，可通过停用一层燃烧器的方法来改变火焰位置以达到调节蒸汽温度的目的。如停用下排燃烧器可使火焰位置抬高。

在燃油的船用锅炉中，也有采用通过改变各燃烧器的燃油分配比例的方法来改变火焰位置，以达到调节过热蒸汽温度的目的。由图 6-63 可见，卧式过热器沿炉膛部分宽度布置。改变燃烧器 1、2、3 的燃油量比例可使火焰中心的位置变动。例如增加燃烧器 1 的燃油量比例，则可使过热蒸汽温度增高。

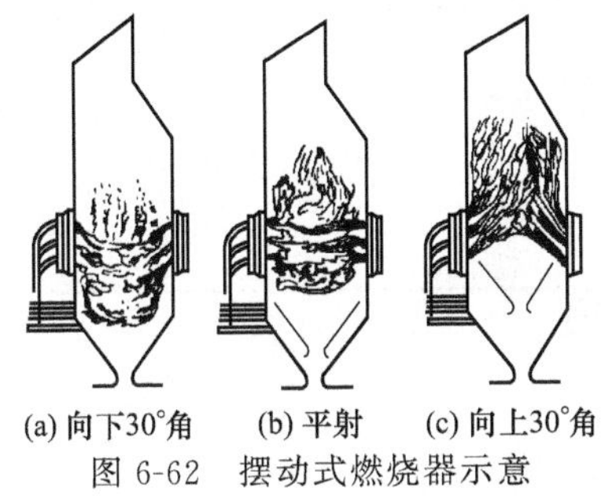

图 6-62 摆动式燃烧器示意

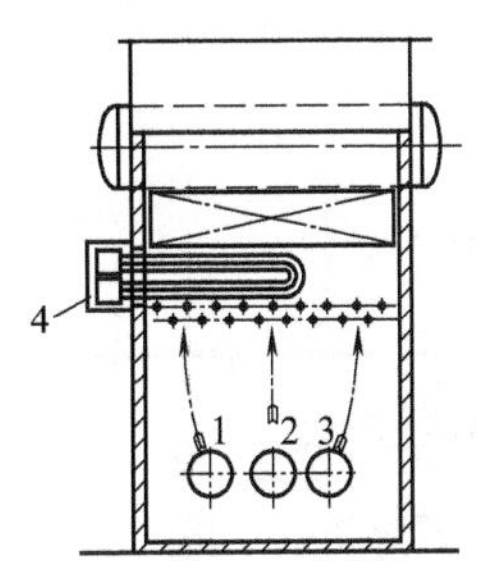

图 6-63 通过改变各燃烧器燃料量分配比例的方法来调节过热蒸汽温度的方法示意

1～3—油燃烧器；4—过热器

第五节 锅炉省煤器的结构

省煤器是现代锅炉的一个必备部件，其作用为利用锅炉尾部烟气的热量加热给水以降低排烟温度。应用省煤器后可提高锅炉热效率。省煤器的类型及特点列于表 6-17。

表 6-17 省煤器的类型及特点

分类方法	省煤器类型	特点
按出口工质状态分类	沸腾式省煤器	省煤器进口工质为水，出口工质为干度≤20%的汽水混合物。省煤器管材为钢管
	非沸腾式省煤器	省煤器进口工质为水，出口工质为至少低于饱和温度 30℃的水。省煤器管材为钢管，低压时也可用铸铁外肋管
按所用材料分类	钢管式省煤器	省煤器由蛇形钢管和钢集箱构成。可用于高压或低压。可以是沸腾式省煤器或非沸腾式省煤器
	铸铁式省煤器	省煤器用铸铁外肋管和铸铁弯头构成，只可用于压力低于 2.5MPa 的锅炉。均为非沸腾式省煤器

一、省煤器的结构

1. 铸铁式省煤器

铸铁式省煤器由一系列铸铁外肋管和铸铁连接弯头构成。图 6-64 为其结构示意。由图 6-64 可见，省煤器管作卧式串联布置，给水由下而上流动，水速应≥0.3m/s，以便水在加热过程中产生的气体（O_2、CO_2 等）能及时被水流带走而不至停在管壁上造成腐蚀。省煤器管外烟速一般为 8～10m/s。为了避免性脆的铸铁管因蒸汽骤凝发生水击而破裂，省煤器出口水温应比饱和温度至少低 30℃。图 6-65 所示为铸铁式省煤器的鳍片管结构。图 6-66 所示为省煤器的铸铁连接弯头结构。

铸铁式省煤器鳍片管现已标准化生产，用于压力≤1.6MPa的单根鳍片管尺寸列于表6-18。

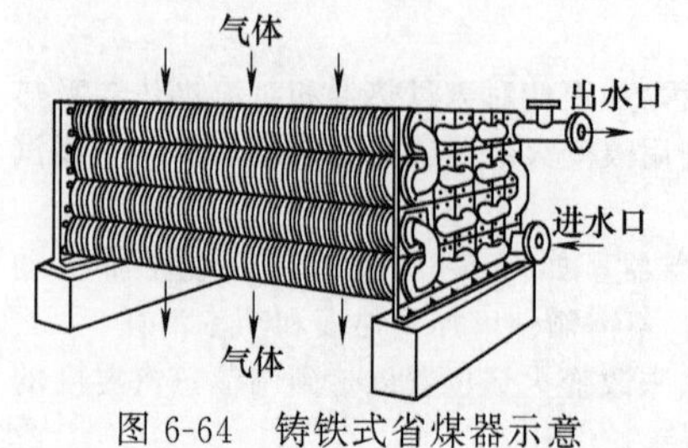

图6-64 铸铁式省煤器示意

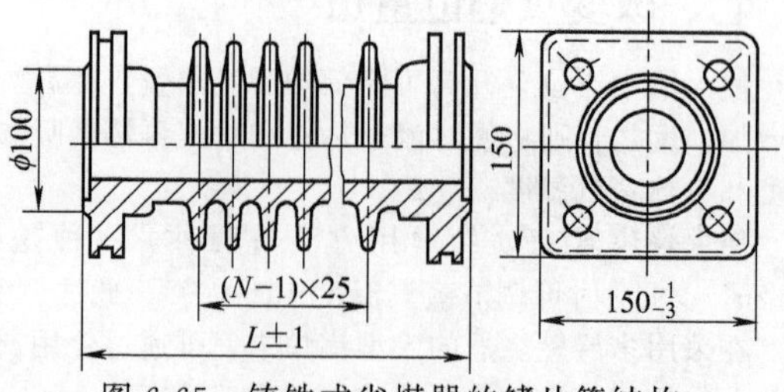

图6-65 铸铁式省煤器的鳍片管结构

表6-18 单根鳍片管的尺寸规格（p≤1.6MPa）

名称	1000-1.6-φ50型	1200-1.6-φ50型	1500-1.6-φ60型	2000-1.6-φ60型	2500-1.6-φ60型	3000-1.6-φ60型
壁厚/mm	8	8	8	8	8	8
外直径/mm	66	66	76	76	76	76
长度/mm	1000	1200	1500	2000	2500	3000
受热面积/m^2	0.77	1.09	2.18	2.95	3.72	4.49
烟气流通截面积/m^2	0.043	0.052	0.088	0.12	0.152	0.184
计算质量/kg	22.9	27.0	52.0	67.9	84.9	100.8
鳍片数/片	35	43	55	75	95	115

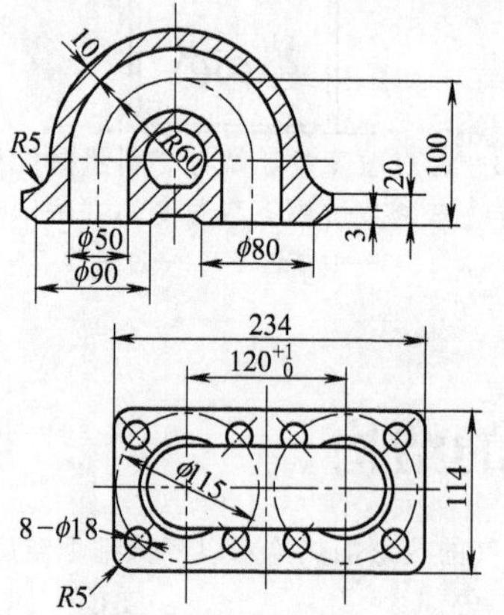

图6-66 铸铁式省煤器的铸铁连接弯头结构

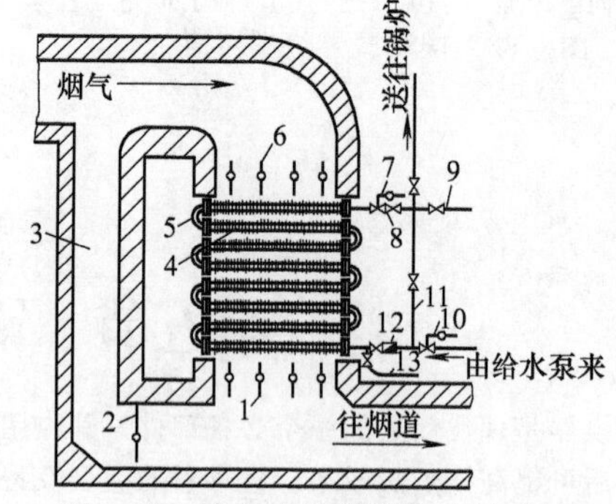

图6-67 铸铁式省煤器的连接系统

1—烟气挡板；2—旁通烟道挡板；3—旁通烟道；4—铸铁式省煤器管；5—连接弯头；6—烟道挡板；7,9,10—安全阀；8—截止阀；11—旁通管；12—止回阀；13—疏水管

铸铁式省煤器的安全性较差，连接弯头多，易漏泄，在其连接系统上要有烟气旁通烟道及直接向锅筒供水的给水旁路以便在锅炉启动、停炉或低负荷运行时，能将省煤器退出运行并能在运行中抢修。图6-67示有其连接系统。

铸铁式省煤器优点为壁厚，耐腐蚀，可用于给水未经除氧的工业锅炉及烟气外部腐蚀较严重区域。但易漏泄、笨重和易堵灰。应安装压缩空气吹灰器，不宜用饱和蒸汽吹灰。每一吹灰器吹3～4层管子。

2. 钢管式省煤器

钢管式省煤器由一系列并联蛇形管和集箱构成。管子做水平叉列布置，常用管子外直径为25～42mm。管子横向节距与管子外直径之比为2.0～3.0；管子纵向节距与外直径之比为1.5～2.0。图6-68所示为常用的钢管式省煤器结构。省煤器集箱一般布置在炉墙外，集箱和管子在墙外焊接连接。在大型锅炉中，自集箱引出的蛇形管为数众多。为避免管子穿墙时漏风过多，可采用图6-69所示的布置方式。在图6-69（a）中，集箱在炉墙外与少量穿墙连接管连接，连接管再在墙内和众多蛇形管连接。在图6-69（b）中，集箱横穿炉墙，集箱两端置于构架横梁上，而集箱在烟道中的部分则和省煤器蛇形管相连。

非沸腾式省煤器及沸腾式省煤器的非沸腾部分蛇形管中水速应≥0.3m/s；沸腾式省煤器沸腾部分蛇形管中水速应≥1.0m/s。省煤器中水阻力在高压和超高压时不大于锅筒压力的5%，中压时不大于8%，一般

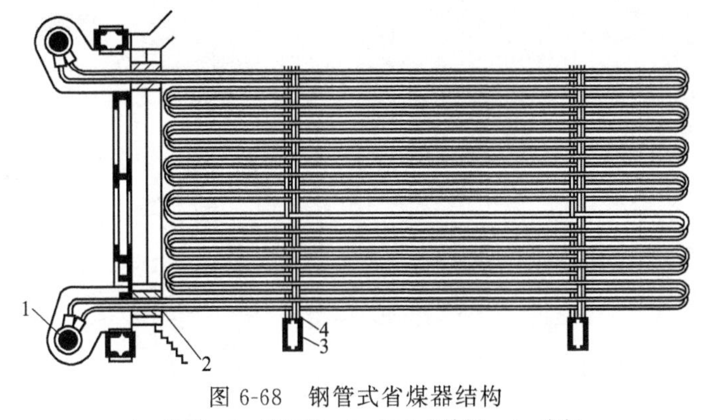

图 6-68　钢管式省煤器结构

1—集箱；2—蛇形管；3—空心支持梁；4—支架

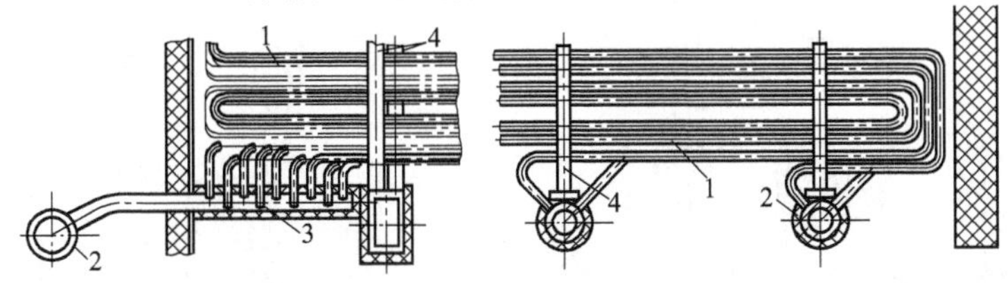

(a) 集箱通过穿墙连接管和蛇形管连接　(b) 集箱和蛇形管在烟道中连接

图 6-69　减少穿墙漏风的省煤器蛇形管和集箱连接方式

1—蛇形管；2—集箱；3—连接管；4—蛇形管支架

水速≤2m/s，以免阻力过大，使给水泵耗电增加。省煤器中烟气流速一般为 8～9m/s。

省煤器管中工质一般由下向上流动，以利于排除空气，避免产生局部氧气腐蚀，在沸腾式省煤器中可避免发生汽塞现象。在超临界压力锅炉中，由于水质好且不会发生气泡，所以省煤器也可布置成工质为自上而下的流动方式。

省煤器蛇形管可平行前墙布置，如图 6-70（b）和 6-70（c）所示。在图 6-70（b）中，为降低水速符合规定值，采用了双面进水的布置形式。省煤器蛇形管也可采用垂直前墙的布置形式，如图 6-70（a）所示。这种布置的优点为蛇形管水平段短，易于支撑。其缺点为靠近烟道后墙的全部蛇管段均磨损剧烈。平行前墙布置的形式则只有靠烟道后墙的几根蛇形管磨损剧烈，但支持结构复杂。一般煤粉炉采用蛇形管平行前墙布置的形式。燃油、燃气锅炉或液态除渣炉则蛇形管布置方向主要取决于保证水速所需的条件。

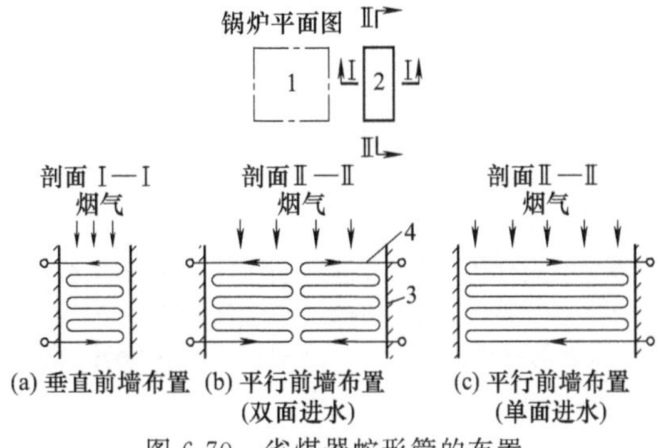

(a) 垂直前墙布置　(b) 平行前墙布置（双面进水）　(c) 平行前墙布置（单面进水）

图 6-70　省煤器蛇形管的布置

1—炉膛；2—烟道；3—炉墙；4—省煤器蛇形管

在小型锅炉中，省煤器中并联的管子不多。为了使省煤器管能合理地布置在烟道中（为保证必要的烟速），可采用几组串联布置管组的形式或采用图 6-71 所示的空间布置管子形式。图 6-72 中还示有其他各种可将管束布置成顺列布置或叉列布置的形式。采用空间布置的蛇形管还可减小省煤器管束的纵向节距，形成布置紧凑的小尺寸省煤器。

省煤器管子除常用的光管外，还可采用鳍片蛇形管（见图 6-73）和膜式省煤器管（见图 6-74）的结构形式。这些管子由于强化了烟气侧传热，可减小受热面及省煤器尺寸。此外，也可采用管外带环状肋片或螺旋形肋片的省煤器管以强化传热。

钢管式省煤器可制成沸腾式或非沸腾式省煤器，前一种省煤器的水管路系统示于图 6-75。管路中的再循环管用于启动时如省煤器内有蒸汽产生，锅筒水可进入省煤器。

二、省煤器的支持结构

省煤器的支持结构和卧式过热器或再热器的类似，可采用支托或悬吊两种方式。此外，也可以集箱为支持件，如图 6-69（b）所示，这种支持方式一般用于省煤器不太重的情况。

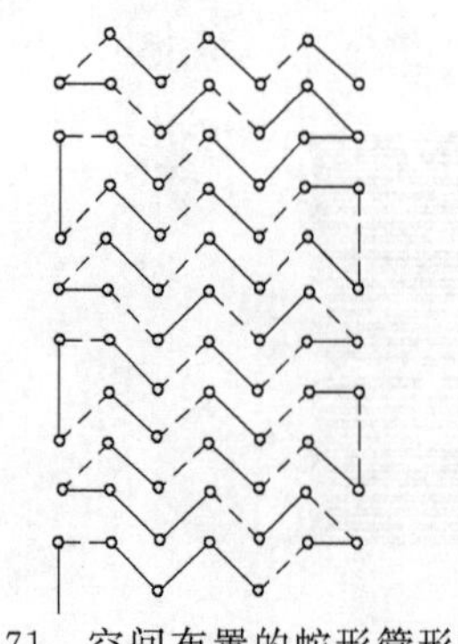

图 6-71 空间布置的蛇形管形式

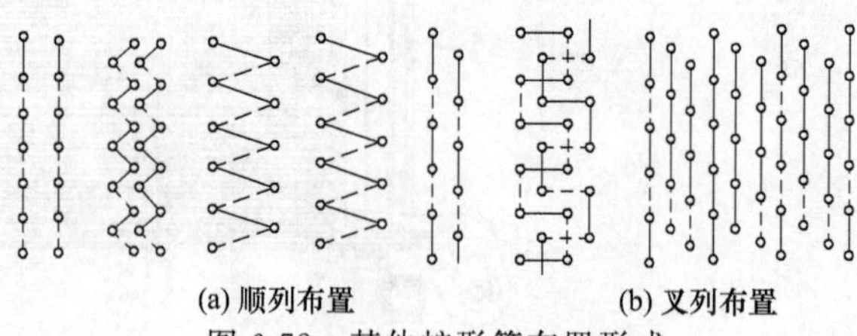

图 6-72 其他蛇形管布置形式

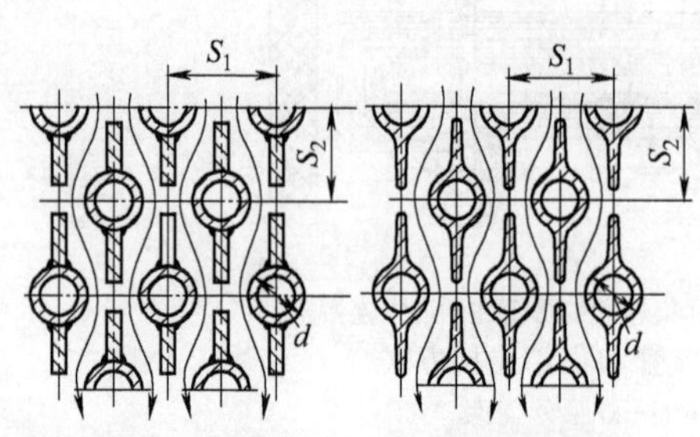

图 6-73 鳍片管省煤器的管子形状

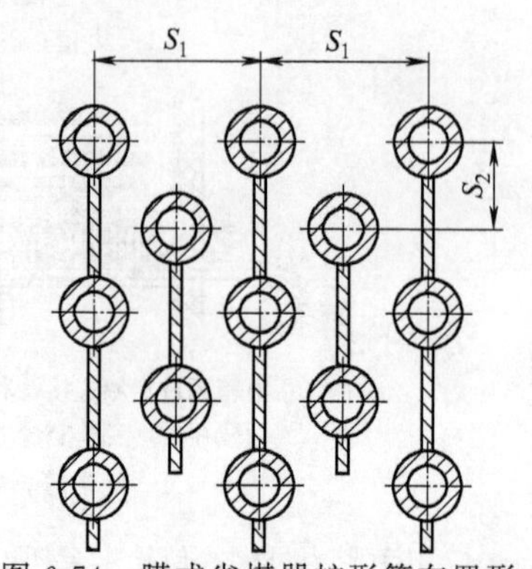

图 6-74 膜式省煤器蛇形管布置形式

为便于检修，当管子纵向节距和管子外直径之比为 1.5～2.0 时，省煤器管组高度应≤1.5m。当此比值≤1.5 时，管组高度应≤1m。如省煤器管组高度较大，应分为几个管组，管组间留有 550～600mm 的空间。省煤器管组与空气预热器之间的空间高度 800～1000mm。

三、省煤器的磨损与腐蚀

锅炉中的烟气，当燃用固体燃料时，常带有大量灰粒。当灰粒随烟气流过对流受热面管子时，由于灰粒的冲击和切削作用会对受热面管子产生磨损。当燃用发热量低而灰分高的燃料时更易发生磨损。

当燃用含硫燃料时，烟气中的三氧化硫在受热面壁温低于烟气露点时会发生受热面腐蚀。磨损和腐蚀对锅炉寿命和安全运行危害较大，在锅炉设计和运行中应设法减轻和防止。

省煤器及其同类结构的受热面的管子在同一烟道截面和同一管子圆周上的磨损程度都不相同。以“倒U”形布置的锅炉为例，布置在对流烟道转弯后的竖井中的省煤器管在靠近竖井后墙处的管子磨损最严重，

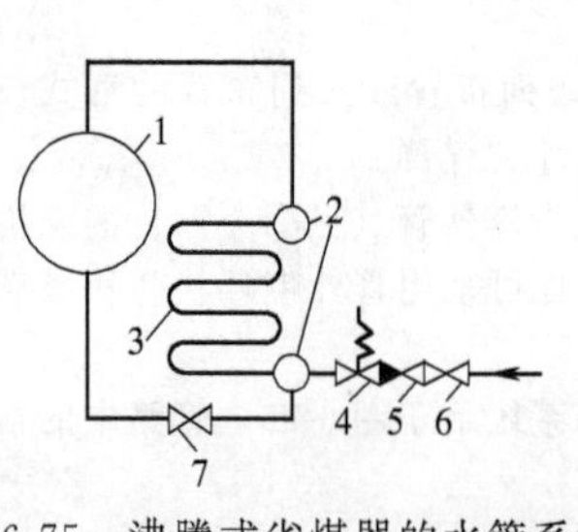

图 6-75 沸腾式省煤器的水管系统

1—锅筒；2—省煤器集箱；3—省煤器；4—安全阀；5—止回阀；6—截止阀；7—再循环管上的阀门

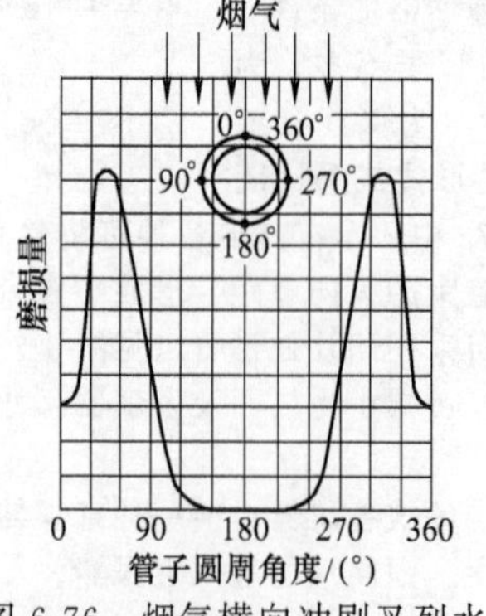

图 6-76 烟气横向冲刷叉列水平管时的磨损量分布情况

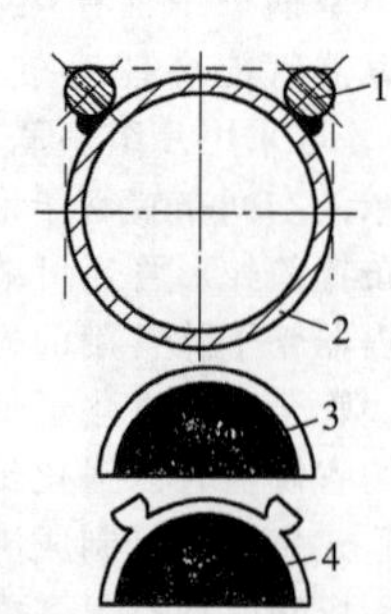

图 6-77 省煤器管上的防磨圆钢装置示意

1—防磨圆钢；2—管子；3—无圆钢时的管子磨损情况；4—焊圆钢后的磨损情况

因为烟气转弯后，靠近竖井后墙处的烟气所含灰粒浓度最大。

此外，当同一烟气横向流过水平布置的省煤器蛇形管时，同一管子圆周上的磨损程度也是不同的。图 6-76 示有同一烟气横向流过叉列水平管子时的沿管子圆周方向的磨损量分布曲线。

由图 6-76 可见，当横向冲刷叉列水平管时，磨损最严重处在与管子正前方成 30°～50°处。根据试验，叉列水平管的磨损较顺列的严重。

对省煤器或同类结构受热面可在管子磨损最严重处焊上钢条的方法来进行防磨，如图 6-77 所示。这种防磨方法用钢材少，对传热影响也小，并能有效防磨。

此外，对磨损严重的省煤器管段或弯头处可采用图 6-78 所示的防磨罩方法来减轻磨损。防磨罩的作用之一为可避免被保护的省煤器管段与烟气中的灰粒直接接触；其作用之二为可减小省煤器管弯头与炉墙之间间隙中的烟速，以减轻该处的管段磨损，如图 6-78（b）所示。

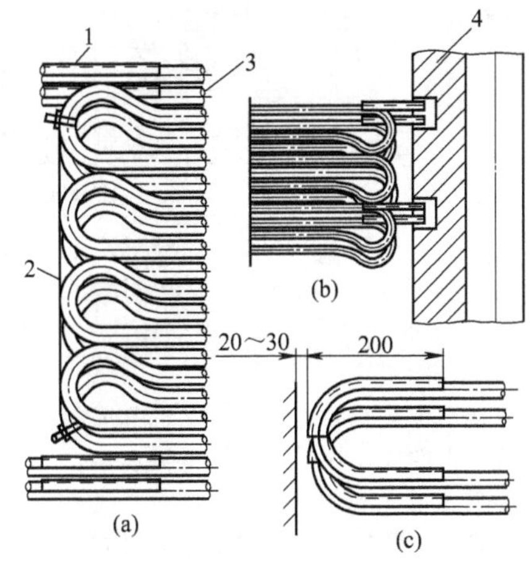

图 6-78　省煤器管的防磨罩装置示意（单位：mm）
1—防磨罩；2—防磨护板；3—省煤器蛇形管；4—炉墙

第六节　锅炉空气预热器的结构

空气预热器的作用为利用省煤器后排出的烟气的热量加热燃烧用的空气以利燃料的着火和燃烧，并可降低排烟温度以提高锅炉效率。空气预热器的类型及特点列于表 6-19。

表 6-19　空气预热器的类型及特点

分类方法	空气预热器类型	特点
按所用材料分类	钢管式空气预热器	它是最常用的空气预热器。由钢管和钢管板构成，一级布置时可使热空气温度达到 270℃，采用两级布置时可将热空气温度加热到 400℃及以上
	玻璃管式空气预热器	它由玻璃管和管板等组成。多用于燃用高硫燃料的锅炉以解决空气预热器烟气侧的低温腐蚀问题
	铸铁管式空气预热器	它由铸铁管构成，烟在管外流动，空气在管内流动。常在燃用含硫燃料且排烟温度较低锅炉中用作第一级空气预热器以对付低温腐蚀
	钢板式空气预热器	它由 1.5～2.0mm 的薄钢板焊成空气通道或烟气通道。烟气自上而下流动，空气的流动方向与烟气流动方向相垂直。这种空气预热器较笨重，由于钢板易弯曲变形，一般用于烟温低于 400℃处。现已很少采用
按结构或工作原理分类	表面式空气预热器	利用管子或钢板将烟气和被加热的空气隔开，并通过受热面壁面进行换热。这种空气预热器有各种管式空气预热器和板式空气预热器。其优点是漏风小，受热面固定和结构较简单，缺点是质量重，体积大
	再生式空气预热器	又称回转式空气预热器。这种预热器应用再生方式传热，烟气和空气在预热器中交替进行放热和吸热，以达到使烟气加热空气的目的。这种预热器按布置方式可分为垂直轴式和水平轴式两种；按部件旋转方式又可分为受热面旋转和风罩旋转两种。其优缺点与表面式空气预热器的刚好相反。即优点为外形小，质量轻，不易腐蚀；缺点为结构较复杂，漏风量较大

一、空气预热器的结构

1. 铸铁式空气预热器

铸铁式空气预热器由一系列具有椭圆形截面的、内外均有肋片的铸铁管和出口连接风罩组成。管内外的肋片起增强传热的作用。空气在管内做纵向冲刷，烟气在管外流动。管子做水平布置，其结构示于图 6-79。各管之间通过管子端部的小孔用螺栓连接。

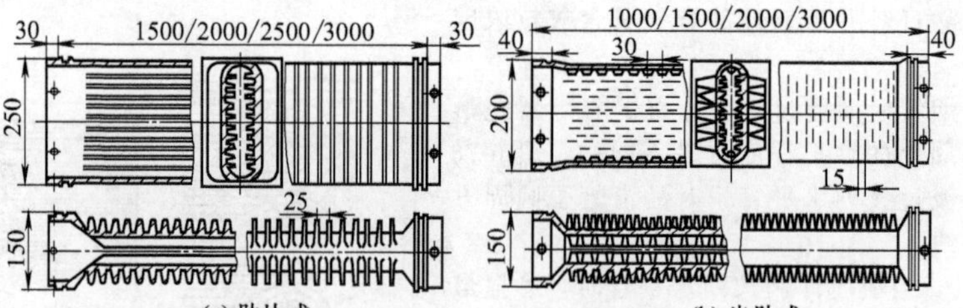

(a) 肋片式　　(b) 齿肋式

图 6-79　铸铁式空气预热器管子结构

这种空气预热器的优点为耐腐蚀和磨损，缺点为笨重，漏风较大。在燃用含硫燃料且排烟温度较低时有时用作第一级空气预热器以对付低温腐蚀。

2. 钢管式空气预热器

钢管式空气预热器有立式布置和卧式布置两种，大多数钢管式空气预热器均为立式布置。图 6-80 示有一种立式钢管空气预热器的结构示意。

在图 6-80 中，许多叉列钢管焊在上下管板上构成受热面，烟气在管内流过，空气在管外横向冲刷管子。中间管板用夹环固定在个别管子上，其作用为缩小空气流通截面积以保证所需空气流速。各空气通道间用空气连通罩连接。整个空气预热器通过下管板支持在预热器框架上，框架再将重量传给锅炉构架。预热器受热时向上膨胀，预热器上管板与构架和烟道之间的密封采用由薄钢板制成的有弹性的膨胀节结构来加以保证。在图 6-81 所示的膨胀节结构中，膨胀节 5 防止热空气漏入烟道，膨胀节 4 防止外界冷空气漏入烟道。

钢管式空气预热器的常用结构尺寸为：管子外直径 30～40mm，管壁厚度 1.2～1.5mm，相邻管孔之间的间隙至少保持 10mm。管子横向节距与外径之比为 1.5～1.9；管子纵向节距与外径之比为 1.0～1.2。上管板厚度为 15～20mm；中管板厚度为 5～10mm；下管板厚度为 20～25mm。管径为 40mm 时，管子高度应不高于 5m，管径为 51mm 时，管高不应超过 8m，以保证整个预热器的刚度，并便于管内清理。

钢管式空气预热器中最佳烟速为 10～14m/s，空气流速应为烟气流速的 1/2 左右，以提高传热效果。钢管式空气预热器的管径、节距和管子数目的选用均应保证预热器具有适宜的烟速和空气速度。

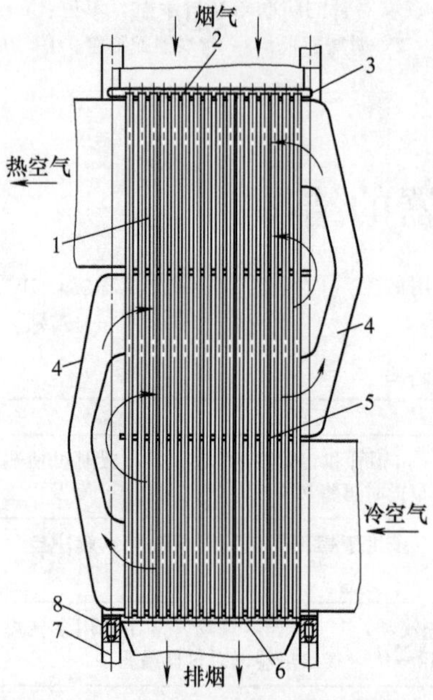

图 6-80　立式钢管空气预热器的结构示意

1—管子；2—上管板；3—膨胀节；4—空气连通罩；5—中间管板；6—下管板；7—构架；8—框架

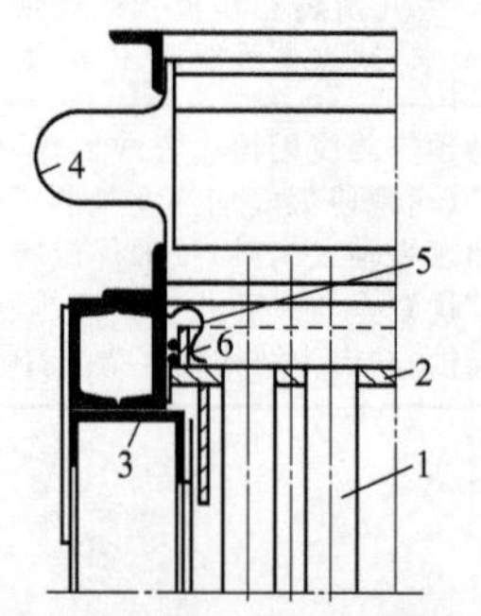

图 6-81　钢管式空气预热器的膨胀节结构示意

1—管子；2—上管板；3,6—石棉绳；4—锅炉构架与预热器框架间的膨胀节；5—框架与管板间的膨胀节

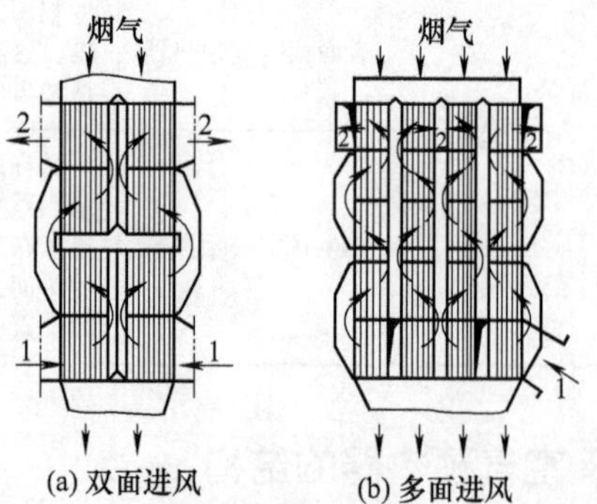

图 6-82　多面进风的钢管式空气预热器

1—冷风进口；2—热风出口

图 6-80 所示的钢管式空气预热器为一台中容量锅炉的钢管式空气预热器，采用单面进风的结构。在大容量锅炉中，空气量剧增，为保持适宜的风速，常采用多面进风，如图 6-82 所示。

一级钢管式空气预热器可用于将热空气温度最高加热到 270℃的情况。热空气温度需高于 270℃时必须采用两级钢管式空气预热器或采用一级钢管式及一级回转式空气预热器的组合布置方式，如图 6-83 所示。

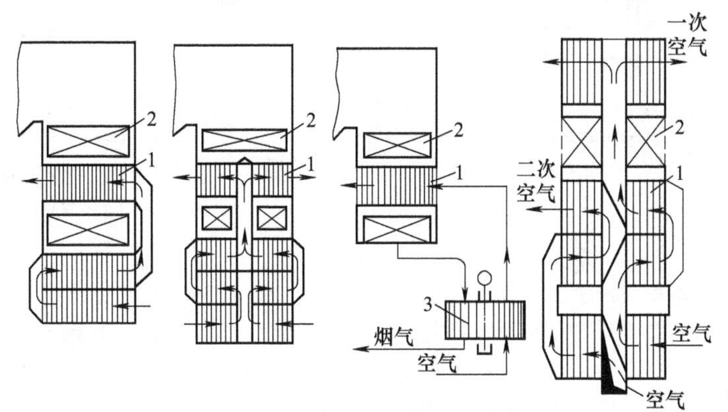

(a) 单面进风两级布置　(b) 双面进风两级布置　(c) 一级钢管式,一级回转式空气预热器的布置　(d) 一次风和二次风分别加热的两级布置

图 6-83　两级空气预热器的布置方法

1—管式空气预热器；2—省煤器；3—回转式空气预热器

在卧式钢管空气预热器中烟气在管外横向冲刷预热器管子，空气在管内流动，这种布置的钢管空气预热器的管壁温度可比立式布置时高 10～30℃，有利于减轻管子在烟气侧的腐蚀。一般用于燃用多硫重油的锅炉。图 6-84 所示为一台燃油船用锅炉中的卧式钢管空气预热器的布置。图中空气与烟气做逆流流动，在空气进口与出口间有一旁通阀门以便调节出口空气温度之用。卧式布置的缺点为易堵灰。

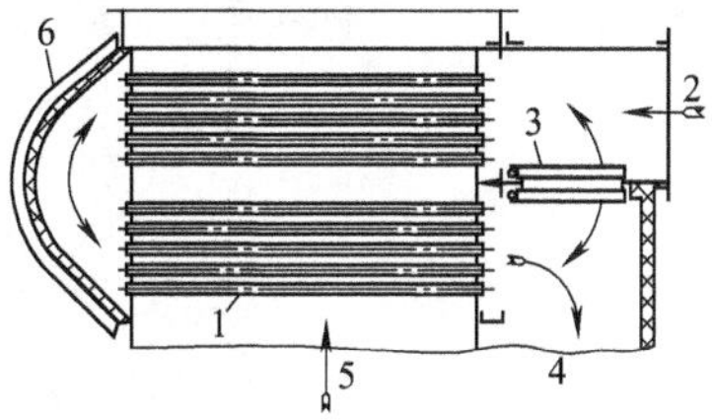

图 6-84　燃油船用锅炉中的卧式钢管空气预热器布置示意

1—预热器管；2—空气进口；3—旁通阀门；4—热空气出口；5—烟气进口；6—连通罩

卧式钢管空气预热器的管径一般为 38～42mm，其节距、烟速与省煤器的相同，一般烟速为 8～12m/s，空气流速为 6～10m/s。

3. 玻璃管式空气预热器

玻璃管式空气预热器的结构与钢管式空气预热器的相仿，但管子为玻璃管。玻璃管采用耐热玻璃，其性能可参见表 6-20。玻璃管式空气预热器的主要作用为解决空气预热器烟气侧的低温腐蚀问题。

表 6-20　玻璃化学成分与耐热性

名　称	化学成分/%							线膨胀系数(20～300℃)/10^{-7}	耐热性/℃
	SiO_2	B_2O_3	Al_2O_3	MgO/CaO	Fe_2O_3/BrO_2	ZnO/BaO	K_2O/Na_2O		
GG-17 料	80.5	12.75	2	0.35			0.4/4	32	300
95 料	77.48	14.2	2.42	/0.26	0.05		/5.51	37～42	210
重庆料	74.5	12.8	2	1.1		1.5	1.6/6.5	42.5	200
81 料	74.5	8	5		/0.5	/1.0	9	48～49	160
安瓿料	74.5	5.2	6.3	1.2		0.8	12.3	65	124
102 料	77	4.25	4	0.15		0.25	14	68～70	120
电子管料	65～70	0～1	0.5～1	/5～6			16	90	84

玻璃管与管板通过密封装置连接，常用结构可参见图 6-85。

图 6-85 中填料密封式采用石棉绒等填料均匀塞入玻璃管与管板之间的空隙，严密性好，结构简单，更换方便，多用于卧式布置。橡胶圈密封式结构也简单，密封性能好。

玻璃管空气预热器管箱中应装一些钢管以增强预热器刚性并支撑管板。立式布置时，玻璃管式预热器的管子节距以及空气流速与烟气流速比值与立式钢管空气预热器的相同。卧式布置时，空气速度与烟气速度之比以 1.5～2.0 为宜。玻璃管外径一般为 40～51mm，管长为 2～4m。

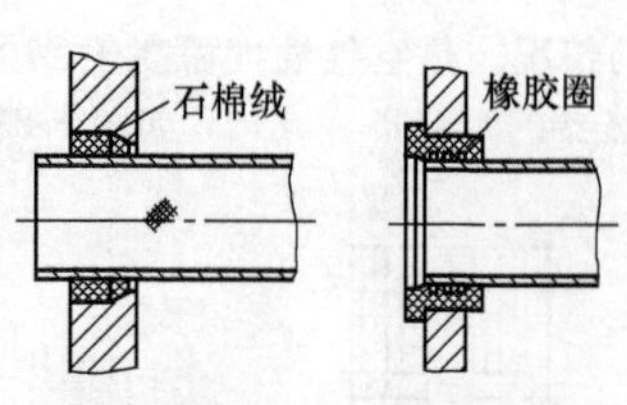

图 6-85 玻璃管与管板间的密封装置

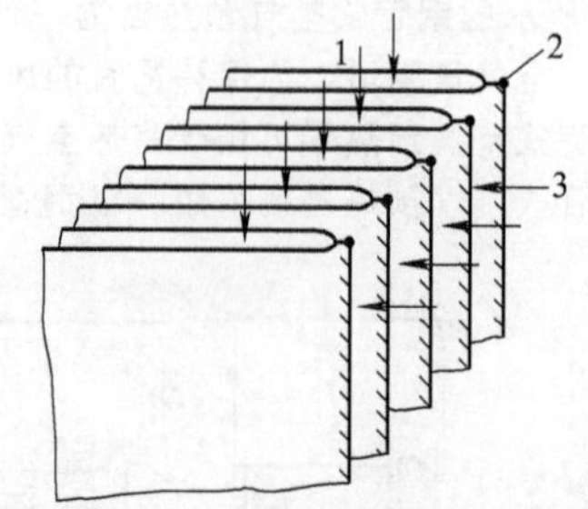

图 6-86 钢板式空气预热器结构示意
1—烟气入口；2—焊缝；3—空气入口

4. 钢板式空气预热器

钢板式空气预热器的结构示意于图 6-86。图 6-86 中预热器受热面由壁厚为 1.5～2.0mm 的薄钢板焊成，烟气自上而下经宽度为 18～27mm 的缝道流过，空气在水平方向经宽度为 12～18mm 的缝道流出。

钢板式空气预热器由于钢板易受热变形，其最高烟气工作温度为 400℃。这种空气预热器重量大于钢管式空气预热器，但工作可靠性比钢管式的差，因而已较少采用。

5. 受热面旋转的垂直轴回转式空气预热器

回转式空气预热器是在大型电站锅炉中得到广泛使用的空气预热器，具有结构紧凑、省金属等优点，但结构较复杂、漏风量较大。这种空气预热器利用再生方式传热，烟气和空气在预热器受热面中交替进行放热和吸热。

图 6-87 为受热面旋转的垂直轴回转式空气预热器的结构示意。

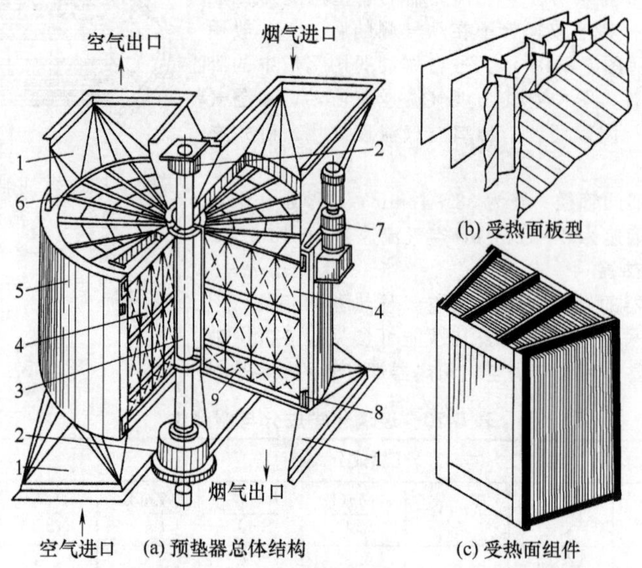

图 6-87 受热面旋转的垂直轴回转式空气预热器的结构示意
1—管道接头；2—轴承；3—轴；4—高温段受热面；5—外壳；6—转子；
7—电动机；8—密封装置；9—低温段受热面

这种空气预热器主要由轴、转子、外壳、传动装置和密封装置组成。转子中用隔板分成一系列小仓格，仓格中布满用 0.5～1.25mm 钢板制成的受热面。转子由电动机经减速器带动，以 1.5～4r/min 速率转动。转子由上、下轴承支持，轴承固定在横梁上。可以由上轴承承重，也可由下轴承承重。外壳由外壳圆筒、上下端板和上下扇形板组成。上下端板留有烟风通道的开孔，以备和烟风道连接。上下端板烟风通道开孔的中间为装有上下扇形板的密封区。在预热器的整个截面上烟气流通截面积占 40%～50%；空气流通截面积占 30%～45%；密封区为 8%～17%。烟气流过预热器的流速一般为 8～12m/s；空气流速与烟气流速相近。漏风系数为 0.1～0.2。

这种回转式空气预热器的可能发生漏风的部位有多处。由于转子与固定的外壳之间存在间隙，且被加热的空气与烟气之间有较大的压差，因而在运行中被加热的正压空气会漏入烟气。此外，外界冷空气压力也高于处于负压状态的烟气，因而也会从各种间隙漏入烟气。

为了减少漏风量，这种预热器中装有径向密封、环向密封和轴向密封三种密封装置。径向密封的方法之一示于图 6-88。图中，在预热器每块仓格板上下端都装有带密封头的弹簧钢片，弹簧钢片与扇形板间留有微量间隙，任一仓格板经过密封区时，弹簧钢片就与外壳上的扇形板构成密封。其作用为防止空气从空气通道穿过转子与扇形板之间的密封区漏入烟气通道。

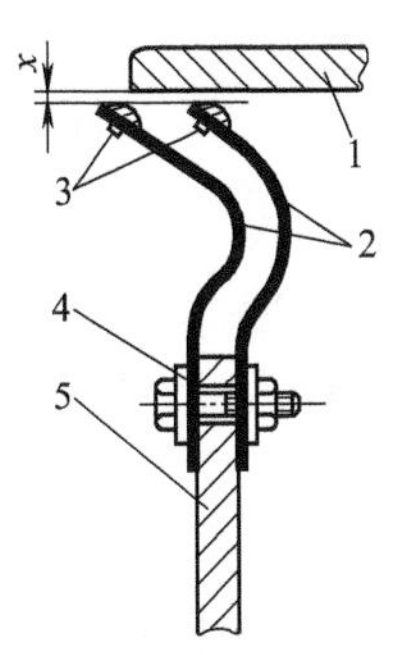

图 6-88 径向密封装置

1—扇形板；2—弧形密封板；3—密封头；4—螺栓；5—径向隔板（径向仓格板）

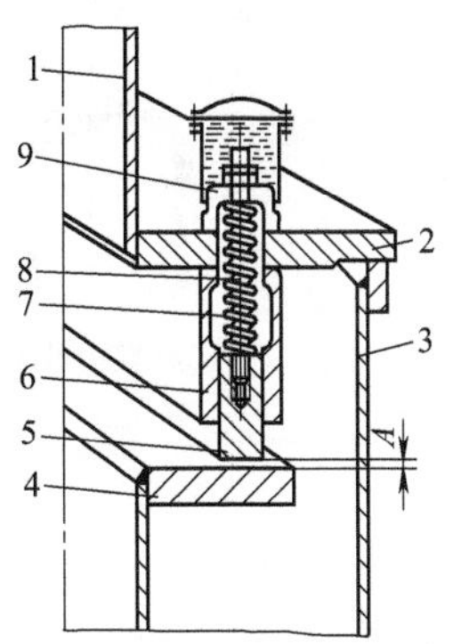

图 6-89 外环向上端密封装置结构示意

1—通道接头壁面；2—外壳上端板；3—外壳圆筒；4—转子外圆筒上端面；5—密封块；6—密封块导向板；7—弹簧；8—调节密封块位置的拉杆；9—弹簧盒盖

环向密封有外环向和内环向两种密封。外环向密封防止空气通过转子外圆筒的上下端面漏入外圆筒与外壳圆筒之间的间隙再漏入烟气通道。内环向密封的作用为防止空气通过上下轴端漏入烟气。图 6-89 所示为一种外环向上端密封装置的结构示意。图中，连在外壳上端板上的密封块和转子外圆筒上端面间保持一垂直方向的微量间隙以构成密封。外环向下端密封与上端密封的结构相同，只是密封块与外壳下端板相连，并和转子外圆筒下端面间保持一定微量间隙。另一种外环向密封装置为使外壳圆筒上的密封块与转子外圆筒间保持一微量径向间隙以形成密封。

轴向密封的作用为防止空气通过转子与外壳间的间隙漏入烟气。一般采用沿一圈间隙在外壳上装有一系列折角密封板，使板的端部与转子外圆筒保持微量间隙的方法来形成密封。

回转式空气预热器的受热面分高温段与低温段两种，前者在较高温度下工作，其受热面由齿形波形板和波形板组成，相隔排列，如图 6-90（a）所示。齿形波形板兼起定位作用以保持板间间隙。高温段受热面传热性能好，流动阻力也适当。低温段受热面由平板和齿形波形板组成，通道较大以减少积灰且钢板较厚以延长腐蚀损坏期限，其受热面结构参见图 6-90（b）。

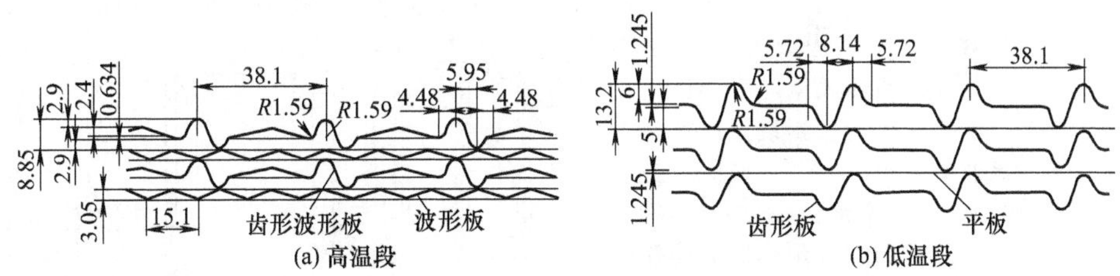

图 6-90 回转式空气预热器的高温段和低温段受热面结构（单位：mm）

6. 受热面旋转的水平轴回转式空气预热器

垂直轴回转式空气预热器的重量通过轴承传到锅炉构架上。当空气预热器尺寸增大后，将使构架尺寸因负重大而显著增大。受热面旋转的水平轴回转式空气预热器则转子重量可由支架直接传到地基上，因而构架尺寸较小，且对大型锅炉而言，烟气道和空气道也便于布置。图 6-91 所示为两种受热面旋转的水平轴回转式空气预热器的结构示意。

图 6-91（a）所示为一种双圆盘结构。空气由两侧引入空气预热器，经转向流经双圆盘后从两圆盘的中间输出；烟气则由中间引入，流经双圆盘后从两侧引出。这种结构适用于烟气量和空气量较大的情况。此时采用双圆盘结构可在保持合适流速下使转子直径大为减小，且烟气及空气的高温区域均在转子中部，轴承和

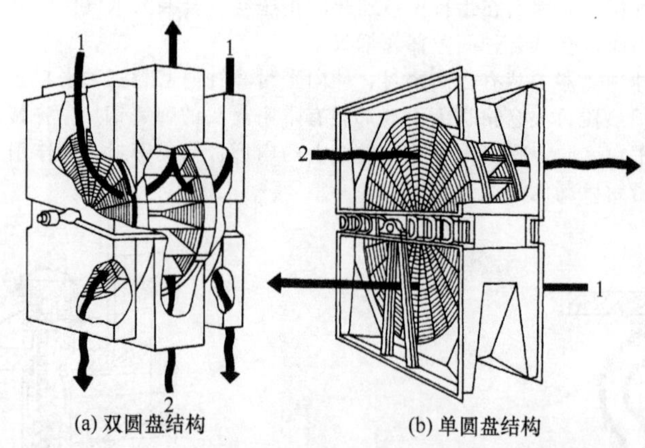

图 6-91 受热面旋转的水平轴回转式空气预热器的结构示意
1—空气；2—烟气

传动装置的温度均较低。

图 6-91（b）所示为单圆盘结构，空气和烟气都沿水平方向进出预热器的装满受热面的转子圆盘。

这种空气预热器在受热面装得不紧密和波形板腐蚀后，受热面易发生相对移动，从而造成受热面磨损和损坏事故。设计时应考虑防止受热面位移的问题。

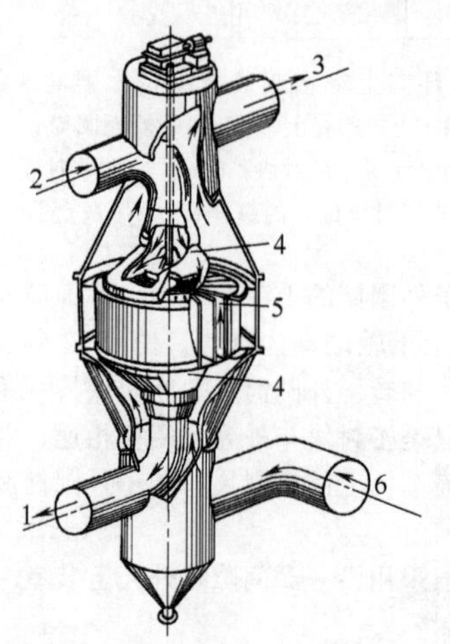

图 6-92 风罩旋转的回转式空气预热器
1—空气出口；2—空气入口；
3—烟气出口；4—回转风罩；
5—隔板；6—烟气入口

7. 风罩旋转的回转式空气预热器

大型回转式空气预热器的转子十分笨重，旋转时易发生受热面变形及轴弯曲等问题。风罩旋转的回转式空气预热器采用使受热面与烟道一起构成坚固的定子，而使重量小的风罩旋转的结构以达到再生式换热的目的。其优点为不易出现受热面因温度分布不均产生蘑菇状变形的缺点，且可使用重量大、强度低但能防腐蚀的陶瓷受热面。其缺点为结构较复杂。

风罩旋转的回转式空气预热器的结构示意于图 6-92。这种空气预热器由上下回转风罩、传动装置、作为定子的受热面、密封装置和烟道、风道构成。烟气在回转风罩外流经受热面并对受热面进行加热。空气经空气入口管、上部回转风罩后进入受热面吸热，然后经下回转风罩，空气出口管输出。电动机经减速器和轴使上下回转风罩同步以 0.75～1.4r/min 的转速旋转。风罩与固定风道相接处为圆形风口，另一端罩在定子受热面上为“8”字形风口，上下风罩结构相同。回转风罩与固定风道之间有环形密封，与定子之间也有密封装置。在整个定子截面上，烟气流通截面积占 50%～60%，空气流通截面积占 35%～45%，密封区占 5%～10%。受热面的结构与受热面旋转的空气预热器的受热面结构相同。

二、空气预热器的磨损与腐蚀

钢管式空气预热器的磨损主要在管子进口段 150～200mm 处，可采用图 6-93 所示的防磨短管来减轻磨损。防磨短管磨损后可更换，安装时应注意使套接防磨短管贴紧空气预热器管子，不能装成锥形以免缩小管子通道，造成堵灰现象。防磨短管的具体尺寸及安装方式可参见图 6-93。

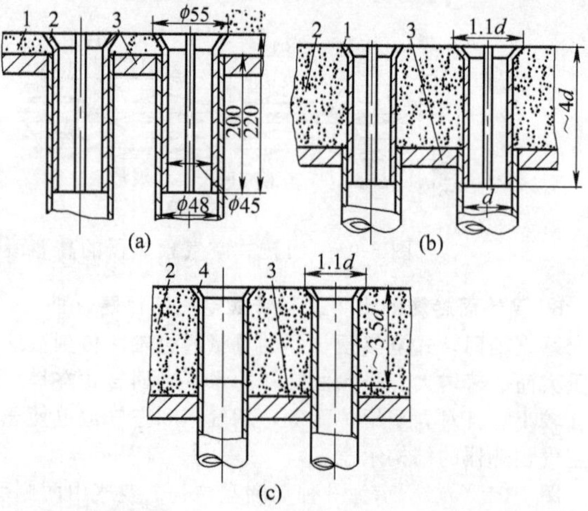

图 6-93 钢管式空气预热器的防磨短管装置
1—套接短管；2—绝热材料；3—管板；4—焊接短管

空气预热器布置在锅炉的较低烟温区，因而常发生受热面的低温腐蚀。烟气的水蒸气露点较低，一般为30～60℃，如壁温低于此值时，水蒸气将凝结在壁上造成氧腐蚀。如烟气中含有 SO_3 则会与水蒸气形成露点温度较高的硫酸蒸汽，且会在壁温低于硫酸蒸汽露点（可高达150℃以上）的受热面壁上凝结而使受热面金属严重腐蚀。这种腐蚀称为低温腐蚀。

如燃料中无硫，则使空气预热器受热面壁温提高到比水蒸气露点温度高10℃后便可防止低温腐蚀，方法是使排烟温度略微提高即可达到。如燃用含硫较多的燃料，则应使受热面壁温高于酸露点温度，此时应采用提高冷空气温度的方法来提高壁温，因为再用提高排烟温度的方法将使锅炉效率大为降低。提高冷空气温度的方法有热空气再循环法和间接加热空气法。

图6-94示有用热空气再循环来提高进口冷空气温度的两种方法。在图6-94（a）中，部分热空气被送风机吸入，与冷空气混合后再进入空气预热器以提高进风温度。在图6-94（b）中，采用一个专用再循环风机，这样送风机流量中无再循环空气量，可使总的风机功率减小。这种方法只宜用于将冷空气温度提高到50～65℃为止，否则锅炉效率将因排烟温度增高过多而降低太多。

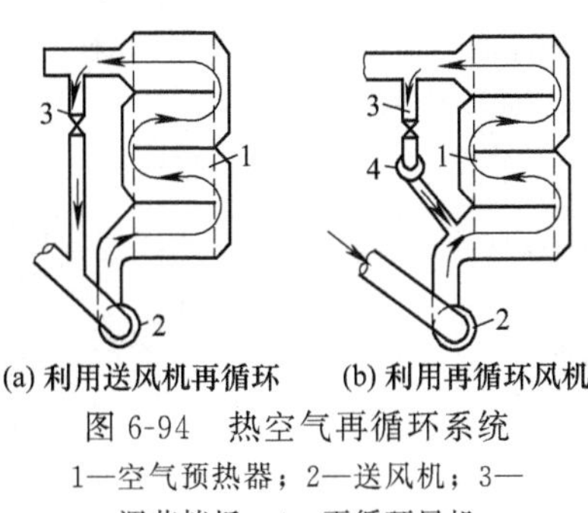

图6-94 热空气再循环系统
1—空气预热器；2—送风机；3—调节挡板；4—再循环风机

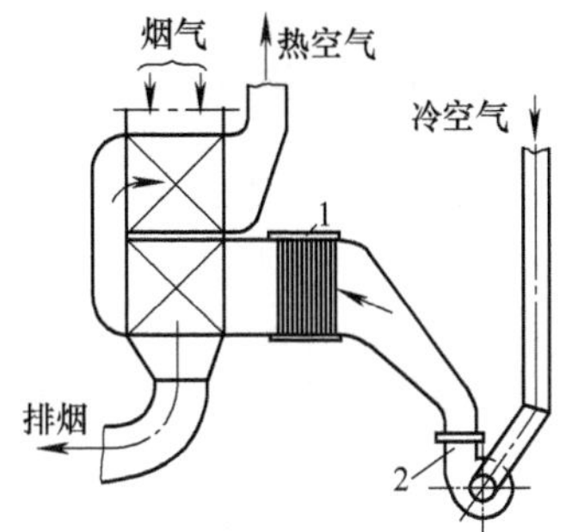

图6-95 用蒸汽暖风器预热空气系统
1—蒸汽暖风器；2—送风机

间接加热空气法主要有蒸汽加热法和低压省煤器加热法两种。图6-95所示为用蒸汽暖风器预热空气的系统示意。蒸汽暖风器为一个管式热交换器。管外流过空气，管内流过180℃左右的汽轮机低压抽汽。一般将空气在暖风器中加热到70～80℃，否则会使排烟温度上升，锅炉效率降低。

图6-96示有用低压省煤器的循环水加热冷空气的暖风器系统。循环水泵将除氧水在低压省煤器中循环，水温略高于烟气露点以免低压省煤器发生管外低温腐蚀。低压省煤器的循环水吸收烟气热量，再在暖风器管中将热量传给管外流过的空气，以提高进入空气预热器的进口空气温度。

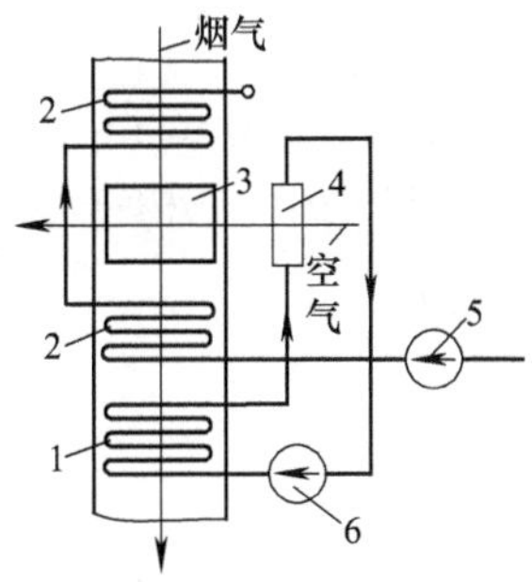

图6-96 用低压省煤器循环水加热的暖风器系统
1—低压省煤器；2—高压省煤器；3—空气预热器；4—暖风器；5—给水泵；6—循环泵

第七章 火床和火室燃烧设备

燃料在锅炉中燃烧的基本方式有火床燃烧、火室燃烧、流化（沸腾）床燃烧及旋涡燃烧四种，见图 7-1。火室燃烧可燃用固体、液体及气体燃料。其余燃烧方式主要燃用固体燃料。我国燃烧用的固体燃料主要是煤。

火床燃烧设备根据火床（又称炉排）的位置及运动状态又分为固定炉排炉［见图 7-1（a）］、链条炉排炉、振动炉排炉及往复炉排炉。

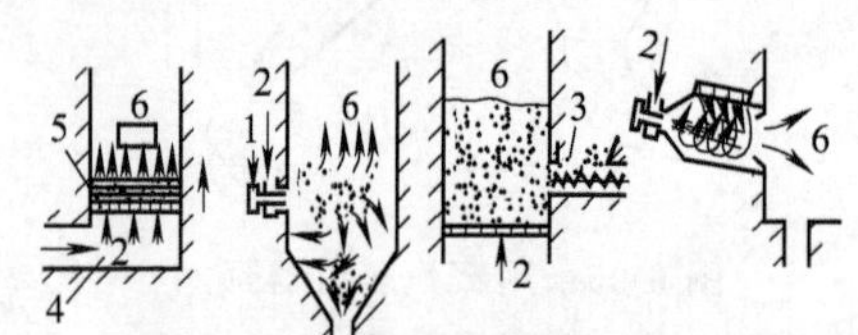

(a)火床燃烧 (b)火室燃烧 (c)流化床燃烧 (d)旋涡燃烧

图 7-1 锅炉燃烧的基本方式

1—一次风（燃料-空气混合物）；2—二次风（空气）；3—给煤机构；4—送风室；5—固定煤层；6—炉膛（燃烧室）

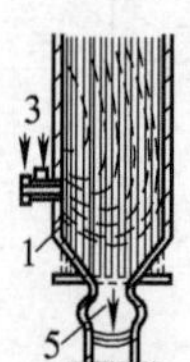

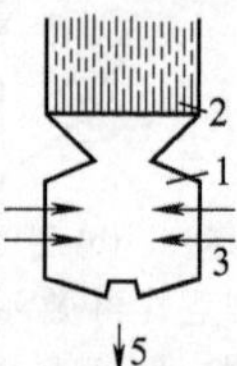

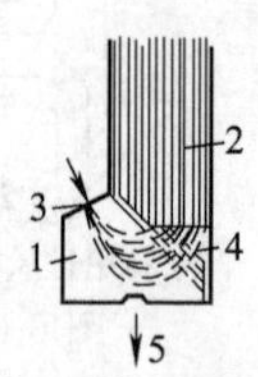

(a)固态除渣炉 (b)半开式单室液态除渣炉 (c)双室液态除渣炉

图 7-2 火室燃烧方式

1—炉膛（燃烧室）；2—冷却室；3—一次风（燃料-空气混合物）；4—捕渣管束；5—排渣口

火室燃烧设备根据排渣的状态可分为固态除渣炉和液态除渣炉（见图 7-2）。根据炉内燃烧空气动力工况的组织方式又可分为四角切圆燃烧火焰工况，前、后墙（或两侧墙）对称布置的 L 形火焰工况及 W 形燃烧火焰工况（见图 7-3）。

流化床燃烧设备根据炉内流态化的状态可分为鼓泡床炉及快速循环床炉。根据炉内压力的大小又分常压流化床炉和增压流化床炉（详见第八章）。

旋涡燃烧是根据强旋转流体力学原理，组织炉内旋涡燃烧火焰工况。由于炉内气流旋转速度极高，可达 100m/s 以上，所以燃烧十分强烈，炉内温度水平和燃烧的热负荷很高。灰渣是以液态排出（见图 7-4）。

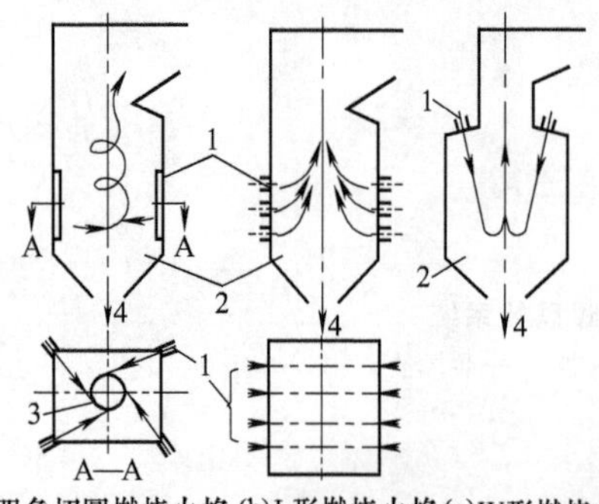

(a)四角切圆燃烧火焰 (b)L形燃烧火焰 (c)W形燃烧火焰

图 7-3 火室燃烧的炉内空气动力工况

1—燃烧器；2—炉膛（燃烧室）；3—假想切圆；4—排渣

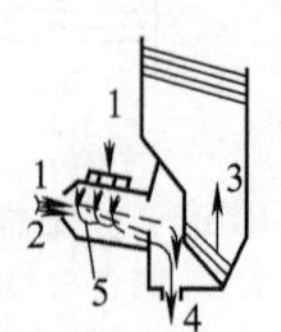

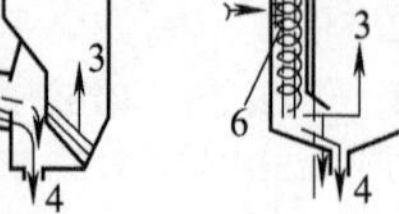

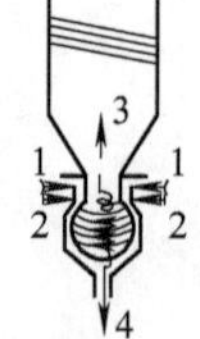

(a)卧式旋风炉(旋风筒可以水平或向下倾斜5°～20°)；(b)立式旋风炉 (c)半开式立式旋风炉

图 7-4 旋涡燃烧炉（又称旋风炉）

1—二次风；2—一次风（燃料-空气混合物）；3—烟气（燃烧产物）；4—液态排渣；5—卧式旋风筒；6—立式旋风筒

第一节　燃烧基本特性

一、浓度、温度和压力对燃烧化学反应速度的影响

燃烧化学反应速度的大小是指：在进行燃烧化学反应的单位空间（炉膛或炉排）、单位时间里，燃烧消耗的燃料量或释放热量的多少。在锅炉中的热力特性参数，炉膛容积热负荷 q_v、炉排面积热负荷 q_R 以及炉膛断面热负荷 q_F 等，表征了燃烧化学反应在特定范围内的反应速度大小。

1. 浓度对化学反应速度的影响

设有某一燃烧化学反应过程中的基元反应方程式为：

$$aA+bB=cC+dD \tag{7-1}$$

根据质量作用定律，该化学反应的速度 v_m 为：

$$v_m=k[A]^a[B]^b \tag{7-2}$$

式中　k——化学反应速度常数；

[A]，[B]——反应物浓度；

n——化学反应级数，在很多情况下，数值上 $n=a+b$，其中 a、b 分别表示了反应物 A、B 的浓度对化学反应速度的影响程度。n 用试验测定。

反应级数 n 越大，则表示浓度的影响越大。n 可以是整数，也可以是 0 和分数。不同反应级数 n 的实例如表 7-1 所列。

表 7-1　不同反应级数 n 的实例

名称	反应级数 n	反应方程	化学反应速度 v_c
零级反应	0	$2N_2O \xlongequal{Au} 2N_2+O_2$	$k[N_2O]^0=k$
一级反应	1	$2N_2O_5=4NO_2+O_2$	$k[N_2O_5]^1$
二级反应	2	$NO_2+CO=NO+CO_2$	$k[NO_2]^1[CO]^1$
三级反应	3	$2NO+O_2=2NO_2$	$k[NO]^2[O_2]^1$

不同反应级数 n 的特征关系如表 7-2 所列。

表 7-2　不同反应级数 n 的特征关系

反应级数 n	浓度 c 与反应时间 τ 的关系	反应半衰期 $\tau_{\frac{1}{2}}$	图　形
0	$c=-k_0\tau+c_0$	$\tau_{\frac{1}{2}}=\left(\frac{1}{2k_0}\right)c_0$	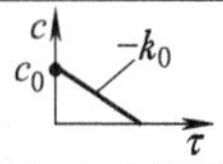
1	$\ln c=-k_1\tau+\ln c_0$ 或 $c=c_0\exp(-k_1\tau)$	$\tau_{\frac{1}{2}}=\frac{0.6932}{k_1}$	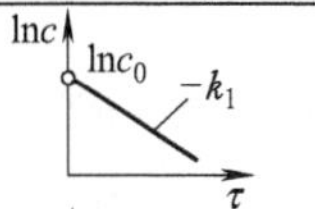 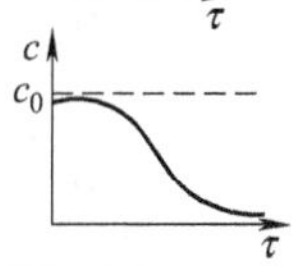
2	$\frac{1}{c}=k_2\tau+\frac{1}{c_0}$	$\tau_{\frac{1}{2}}=\left(\frac{1}{k_2}\right)\cdot\frac{1}{c_0}$	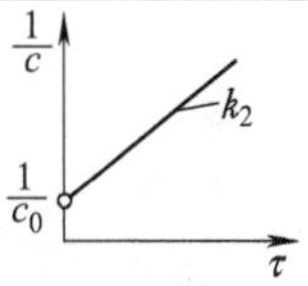
3	$\frac{1}{c^2}=2k_3\tau+\frac{1}{c_0^2}$	$\tau_{\frac{1}{2}}=\left(\frac{1.5}{k_3}\right)\frac{1}{c_0^2}$	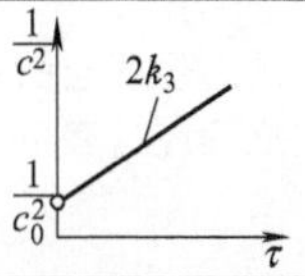

注：k_0、k_1、k_2、k_3 分别表示零级、一级、二级、三级反应速度常数；c_0 表示反应物初始浓度；c 表示反应时间为 τ 时的反应物浓度；$\tau_{\frac{1}{2}}$ 表示半衰期，即反应物浓度 $c=\frac{1}{2}c_0$ 时所经历的反应时间。

煤的燃烧是气相（空气）与固相间的异相化学反应。这种反应是在相的界面上进行的。在固体表面上进行的气体反应，一般经过如下5个过程：①气体分子向固体表面的扩散；②气体分子在固体表面上被吸附；③在固体表面上发生化学反应；④在表面上的反应生成物被解脱吸附（即解吸）；⑤生成物分子向周围空间扩散。

因此，异相反应速度除与浓度有关外，还与发生反应的相接触面的大小直接有关。显然，接触面（即固相的比表面积）增大，反应速度显著加快。

2. 温度对化学反应速度的影响

从式（7-2）可知，化学反应速度 $v_m \propto k$，根据阿累尼乌斯（Arrhenius）定律：

$$k = k_0 \exp\left(-\frac{E}{RT}\right) \tag{7-3}$$

式中 k_0——频率因子；

R——通用气体常数，$R=8.314\text{J/(mol}\cdot\text{K)}$；

T——反应温度，K；

E——活化能，J/mol。

对活化能做如下简单说明：要发生化学反应，反应物的分子必须要相互碰撞在一起反应才能得以进行。然而阿累尼乌斯发现，并非每一个发生碰撞的分子都能引起化学反应，而只有那些碰撞能量大，且足以破坏现存化学键并建立新的化学键的分子（通常称活化分子）之间的碰撞才是有效的。这种足以引起化学反应进行所需要的最小相对平均动能称为活化能。显然，活化能越大的化学反应，进行得越困难，即化学反应速度越慢。

碳和氧的燃烧反应属异相化学反应，其过程分一次反应和二次反应，见式（7-4）～式（7-7）及图7-5和图7-6。

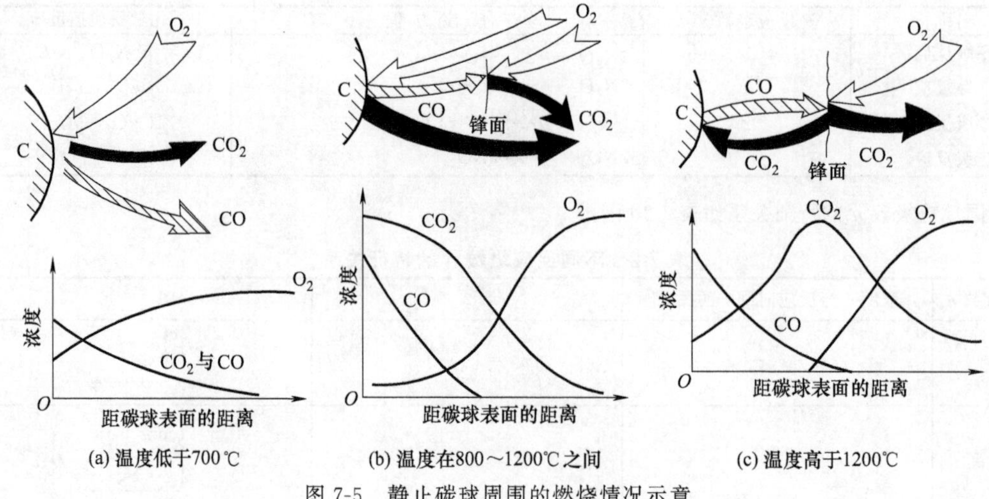

图7-5 静止碳球周围的燃烧情况示意

一次反应

$$4C + 3O_2 \xlongequal{<1300℃} 2CO + 2CO_2 \tag{7-4}$$

$$3C + 2O_2 \xlongequal{>1300℃} 2CO + CO_2 \tag{7-5}$$

二次反应

$$CO_2 + C \xlongequal{>1300℃} 2CO - 176\text{kJ/mol(C)} \tag{7-6}$$

$$2CO + O_2 \xlongequal{>700\sim750℃} 2CO_2 + 282\text{kJ/mol(CO)} \tag{7-7}$$

如果从碳燃烧反应的物质平衡和热量平衡的角度来讨论，该燃烧反应过程可以总体表示如下：

$$C + O_2 \xlongequal{} CO_2 + 395\text{kJ/mol(C)} \tag{7-8}$$

$$C + \frac{1}{2}O_2 \xlongequal{} CO + 113\text{kJ/mol(C)} \tag{7-9}$$

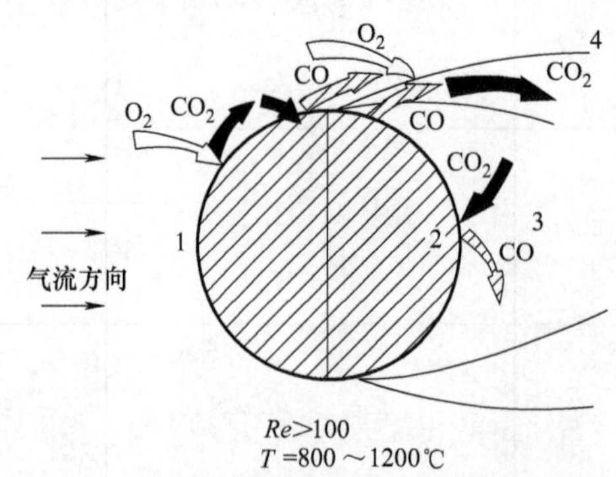

图7-6 流动介质中碳球表面的燃烧情况示意

1—迎风面；2—背风面；3—炭球尾迹中的回流区；4—火焰峰面

以上各式的化学反应频率因子 k_0 和活化能 E 值如

表 7-3 所列。

表 7-3　碳燃烧反应的频率因子 k_0 及活化能 E 值

化学反应	$C+O_2 = CO_2$	$CO_2+C = 2CO$	$CO+\frac{1}{2}O_2 = CO_2$	$C+\frac{1}{2}O_2 = CO$
频率因子 k_0	1.2×10^3m/s	7×10^9kg/(m³·s)	4×10^{11}kg/(m³·s)	3×10^5m/s
活化能 E/(kJ/mol)	101.0	204.0	125.0	111.0

其他各种燃料燃烧反应的活化能 E 列于表 7-4 中。

表 7-4　各种燃料燃烧化学反应的活化能 E　　单位：kJ/mol

燃料	无烟煤、贫煤	烟煤	褐煤	木炭	CH_4	C_3H_6	C_2H_4	CO
活化能 E	126～146.5（氧化反应）276～322（气化反应）	117～134（氧化反应）230～276（气化反应）	92～105（氧化反应）184～230（气化反应）	75～84	51.5（1400～1700K）90（1700～2000K）	38～50（火焰前沿）84～92（最大火焰温度区）	50（820～970K）92（970～1050K）	63～125（840～2360K）

从式（7-3）可知温度对化学反应速度的影响是十分巨大的。对不同活化能的化学反应，分别在低温区和高温区提高同样温度（如 100K），对化学反应速度的影响是不一样的。经计算，其化学反应常数比 $\left(\frac{k^{T+100}}{k^T}\right)$ 如下表所列：

温度/K	$\frac{k^{T+100}}{k^T}$	
	$E=8\times10^4$J/mol	$E=16\times10^4$J/mol
500→600	24.8	612.8
1500→1600	1.5	2.23

由上可知：① 在低温条件下，提高温度对提高化学反应速度的影响很大；② 对活化能大的反应，提高温度对提高化学反应速度的影响比对活化能小的反应效果更显著。

3. 压力对化学反应速度的影响

根据理想气体状态方程，反应物浓度［A］∝反应系统总压力 p，同样［B］∝p，由式（7-2）可知：

$$v_m \propto p^{a+b} \propto p^n \tag{7-10}$$

对于固体或液体燃料的燃烧，由于化学反应是异相反应，反应级数 n 必须通过试验求得，试验发现：对煤粉和重油的燃烧，$n\leqslant1.0$。对轻油 $n\doteq1.5\sim2.0$。对烃类燃料的燃烧，$n=1.8\sim2.0$。对 C 与 CO_2 之间的气化还原反应，$n=1.0$。对生物质燃料的燃烧，$n\doteq1.0$。

增加燃烧反应空间的压力 p 可以有助于加快燃烧反应速度，特别在联合循环系统中，锅炉燃烧室和燃气轮机燃烧室常采用正压燃烧，燃烧室的压力大小除满足循环系统的要求外，从燃烧的角度来看，显然燃烧反应强化，燃烧热强度比常压下燃烧有大幅度的提高。值得注意的是：燃烧热强度的提高，会影响到燃料在炉内停留时间的减小。因此应考虑到停留时间 τ 的减少不得低于燃料的燃尽时间 τ_{rj}。

燃料的燃尽时间 τ_{rj} 与压力 p 的关系如下：一定质量的燃料空气混合物，其体积 V 与压力 p 成反比，即 $V\propto\frac{1}{p}$单位时间内烧掉的反应物量 $v_mV\propto p^n\cdot\frac{1}{p}=p^{n-1}$。那么燃尽时间 $\tau_{rj}\propto\frac{1}{v_mV}\propto\frac{1}{p^{n-1}}$。对于反应级数 $n>1$ 的反应，τ_{rj} 与 p 成反相关关系。

二、燃料反应热力特性参数

在锅炉炉膛燃烧过程中，最能集中表征燃烧反应状况的热力特性参数是炉膛容积热负荷 q_V、炉排面积热负荷 q_R 和炉膛断面热负荷 q_F。

1. 炉膛容积热负荷 q_V

q_V 代表锅炉炉膛（或燃烧室）体积内燃烧放热的热功率大小。按下式计算：

$$q_V=\frac{Q}{V}=\frac{BQ_{net,V,ar}}{V},\text{kW/m}^3 \tag{7-11}$$

式中　Q——单位时间内，燃料燃烧的放热量（或放热功率），kJ/s 或 kW；

B——单位时间内的燃料消耗量，kg/s 或 m^3/s；

$Q_{net,V,ar}$——燃料的收到基低位发热量，kJ/kg 或 kJ/m^3；

V——供燃料燃烧的炉膛（或燃烧室）体积，m^3。

炉膛容积热负荷 q_V 是锅炉炉膛，（即燃烧室，下同）设计和运行中最重要的热力特性参数之一，特别对于火室燃烧来说，尤其重要。

在设计炉膛（或燃烧室）时，总是根据经验性的 q_V 值去确定 V 的大小，按式（7-11），即

$$V=\frac{BQ_{net,V,ar}}{q_V} \tag{7-12}$$

炉膛容积的边界范围如图 7-7 中阴影线内。

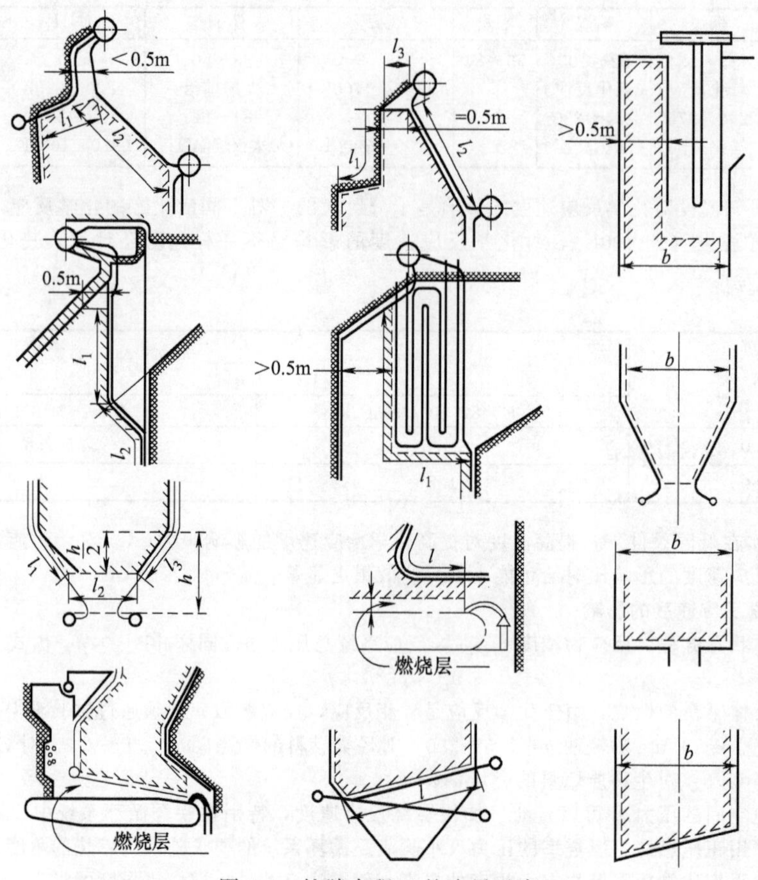

图 7-7 炉膛容积 V 的边界示意

显然，对于一个确定参数的锅炉，q_V 越大，则炉膛的体积相对越小，尺寸越紧凑。说明在较小的炉膛体积内，能烧掉更多的燃料，释放更多的热量，则炉内的温度水平就越高。当然，由于 q_V 越大，V 则越小，那么燃烧的燃料在炉内停留时间 τ 则减少。停留时间 τ 可按下式计算：

$$\tau\leqslant\frac{V}{BV_y} \tag{7-13}$$

式中 V_y——燃料燃烧的实际烟气量，m^3/kg 或 m^3/m^3；

式（7-13）中，当炉内的燃烧火焰气流充满度好、无死滞区或低速区时，取等号，否则停留时间还要减少。

q_V 值的大小取决于燃料的燃烧特性、燃烧方式及锅炉的容量。如果 q_V 的设计取值选取不合理，则会出现如下情况：q_V 过大，则锅炉投入运行后就可能因炉膛体积 V 过小，炉内温度水平很高而导致炉内结渣（对固体燃料而言）及燃料在炉内停留时间 τ 太短而燃尽度下降，造成较大的不完全燃烧热损失；反之，q_V 过小，炉内温度水平低，使燃烧稳定性下降。这些都严重威胁着锅炉运行的安全性和经济性。

在锅炉投入运行后，由于燃料的改变或锅炉实际运行负荷的变化，都会引起实际炉膛容积热负荷 q_V 的变化，

为保证锅炉正常运行，从燃烧及安全的角度来说，锅炉的负荷 D 和燃料在运行中不允许有过大幅度的变动。

表 7-5 是中国锅炉采用多年的炉膛容积热负荷 q_V 的大量数据的统计值。图 7-8（a）是德国燃用褐煤锅炉 q_V 值的统计曲线，图中虚线表示统计值的波动范围，图 7-8（b）是美国固态排渣锅炉 q_V 值的统计曲线。还有文献认为应考虑从最上层燃烧器中心线到炉膛出口烟窗中线之间的炉膛有效容积热负荷 $(q_V)_{yx}$，因为 $(q_V)_{yx}$ 决定了煤粉在炉内停留时间的长短。对固态排渣炉用无烟煤时，$(q_V)_{yx}$ 推荐值为 0.2～0.21MW/m³；燃用贫煤时，推荐值为 0.22～0.23MW/m³。对半开式液态排渣炉可分别比以上推荐值增加 20%左右。

表 7-5 q_V 的统计值　　单位：kW/m³

<table>
<tr><th colspan="2" rowspan="2">燃　料</th><th rowspan="2">固态①除渣炉</th><th colspan="3">液态除渣炉</th><th colspan="2">旋风炉</th><th colspan="4">火床炉③</th><th rowspan="2">沸腾炉</th></tr>
<tr><th>开式</th><th>半开式</th><th>熔渣段②</th><th>卧式</th><th>立式</th><th>链条炉</th><th>振动炉排炉</th><th>往复炉排炉</th><th>抛煤机炉</th></tr>
<tr><td rowspan="4">煤</td><td>无烟煤</td><td>100～140</td><td>≤145</td><td>≤170</td><td>520～700</td><td></td><td>≤1400</td><td rowspan="4">230～350</td><td rowspan="4">230～350</td><td rowspan="4">230～350</td><td rowspan="4">250～350</td><td rowspan="4">1700～2100</td></tr>
<tr><td>贫煤</td><td>110～165</td><td>150～185</td><td>165～200</td><td>520～700</td><td rowspan="2">≤3500～7000</td><td>≤1750</td></tr>
<tr><td>烟煤(包括洗中煤)</td><td>99～175</td><td>≤185</td><td>≤200</td><td>520～640</td><td>≤2300</td></tr>
<tr><td>褐煤</td><td>90～150</td><td></td><td></td><td></td><td></td><td>≤2300</td></tr>
<tr><td colspan="2">油</td><td>250～350</td><td></td><td></td><td></td><td></td><td></td><td></td><td></td><td></td><td></td><td></td></tr>
<tr><td colspan="2">天然气</td><td>≈350</td><td></td><td></td><td></td><td></td><td></td><td></td><td></td><td></td><td></td><td></td></tr>
</table>

① 对≥300MW 的锅炉及高水分的褐煤，取下限值或者低于下限值。
② 对半开式炉膛熔渣室取上限值。
③ 火床炉中燃料绝大部分是在炉排上燃烧，所以 q_V 又称可见炉膛容积热负荷。

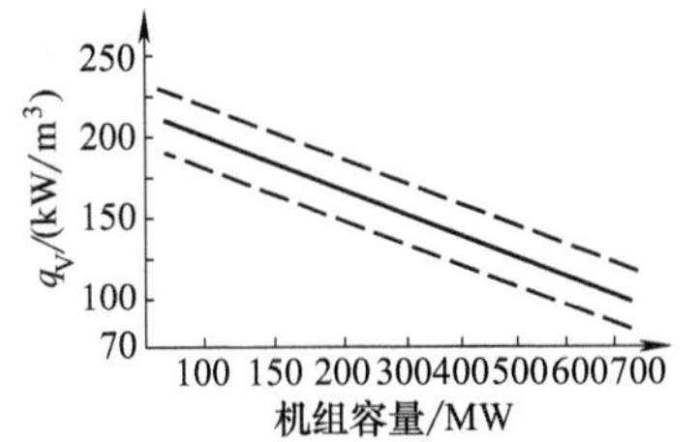

(a) 德国褐煤锅炉 q_V 值的统计曲线

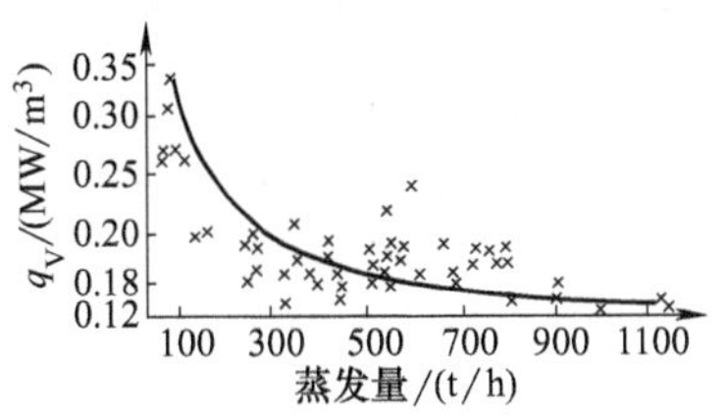

(b) 美国固态排渣锅炉 q_V 值的统计曲线

图 7-8 国外 q_V 值统计曲线

前苏联《锅炉机组热力计算标准方法（1988）》推荐的 q_V 值见表 7-6。

表 7-6 前苏联推荐的 q_V 值　　单位：kW/m³

<table>
<tr><th>燃烧方式</th><th>燃　料</th><th>允许的 q_V 值</th><th>q_3/%</th><th>q_4/%</th><th>飞灰份额 a_{fh}/%</th></tr>
<tr><td rowspan="8">固态排渣炉</td><td>无烟煤</td><td>140</td><td rowspan="8">0</td><td>6</td><td rowspan="8">0.95</td></tr>
<tr><td>半无烟煤</td><td>160</td><td>4</td></tr>
<tr><td>贫煤</td><td>160</td><td>2</td></tr>
<tr><td>烟煤</td><td>175</td><td>1～1.5①</td></tr>
<tr><td>洗中煤</td><td>160</td><td>2～3①</td></tr>
<tr><td>褐煤</td><td>185</td><td>0.5～1.0①</td></tr>
<tr><td>页岩</td><td>115</td><td>0.5～1.0</td></tr>
<tr><td>泥煤</td><td>160</td><td>0.5～1.0</td></tr>
<tr><td rowspan="2">油、气炉</td><td>重油</td><td>290</td><td colspan="2">0.1～0.5</td><td rowspan="2"></td></tr>
<tr><td>天然气、焦炉气</td><td>350</td><td colspan="2">0.1～0.5</td></tr>
<tr><td rowspan="4">液态排渣炉</td><td>无烟煤、半无烟煤</td><td>145</td><td rowspan="4">0</td><td>3～4</td><td>0.85</td></tr>
<tr><td>贫煤</td><td>185</td><td>1.5</td><td>0.80</td></tr>
<tr><td>烟煤</td><td>185</td><td>0.5</td><td>0.80</td></tr>
<tr><td>褐煤</td><td>210</td><td>0.5</td><td>0.7～0.8</td></tr>
</table>

① 对折算灰分 A_{ar}^{zs}<3.36g/MJ 的煤，取下限值。

图 7-9 给出了固态除渣煤粉锅炉在不同容量下的炉膛容积热负荷 q_V 和炉膛断面热负荷 q_F 值随锅炉容量增加的变化趋势。

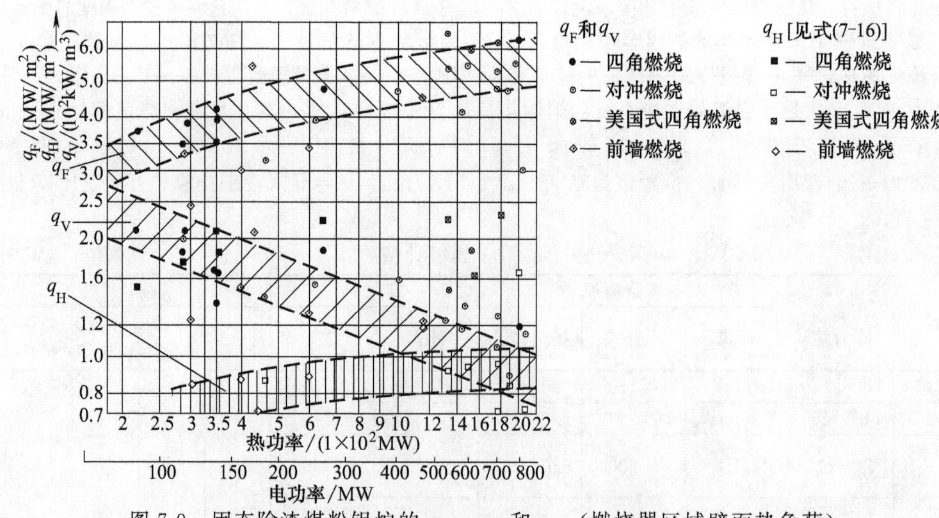

图 7-9 固态除渣煤粉锅炉的 q_V、q_F 和 q_H（燃烧器区域壁面热负荷）

一般来说，q_V 值的选取有两个基本原则：①保证燃料在高温炉膛内得到充分、及时的燃烧；②应有足够大的炉膛表面，以布置水冷壁，保证高温烟气在炉膛内得到足够的冷却。根据中国多年的实践，对于锅炉容量 $D\leqslant200t/h$ 的固态除渣煤粉炉，按经验推荐的 q_V 值，应用式（7-12）计算的炉膛体积（V），基本上能够同时满足燃烧和冷却的要求。但是，对于 $D\geqslant410t/h$ 的煤粉锅炉，随着容量的增加，从满足燃料燃烧的要求，炉膛体积 V 应随锅炉容量 D 成比例增大。但此时的炉膛冷却壁面积只随锅炉容量的$\frac{2}{3}$次方增大。显然，炉内冷却壁面不足，可能导致炉内结渣。因此，对 $D\geqslant410t/h$ 的情况，随着锅炉容量的增加，q_V 的选用值相应减少，以满足炉内高温烟气冷却的需要。

由于锅炉容量越大，燃烧与冷却两者不一致的情况越明显，所以在 $D\geqslant1000t/h$ 的煤粉锅炉设计中，只采用 q_V 值来确定炉膛的体积 V 已经不能满足工程实际的需要，而通常引入一个新的热力特性参数——炉膛断面热负荷 q_F。

对于燃油、气的锅炉，由于油、气的燃烧比煤更加容易，同时炉膛的冷却情况不再受炉膛内结渣的限制，所以油、气炉膛设计中主要从燃烧化学反应的角度来选用 q_V。因此其值比煤的要大得多，如表 7-5 所列。

对于火床燃烧锅炉，q_V 仅是一个参考性指标，因为绝大部分的燃煤都是在火床上完成燃烧过程的。此时炉膛体积 V 的大小对燃烧来说不是主要控制参量，V 的大小应满足高温烟气有足够冷却的要求。一般火床炉的容量较小，相对炉壁面积大，因此对烟气的冷却能力相对有富裕，所以火床炉的容积热负荷 q_V 值可以选用比煤粉炉更高的值，如表 7-5 所列。

2. 炉膛断面热负荷 q_F

q_F 是指燃烧器区域单位炉膛断面积上燃料燃烧放热的热功率。

$$q_F=\frac{Q}{F}=\frac{BQ_{net,V,ar}}{F},\ MW/m^2 \tag{7-14}$$

$$F=A\times B=\frac{BQ_{net,V,ar}}{q_F} \tag{7-15}$$

式中 F——燃烧器区域的炉膛横断面积，m^2；

A，B——炉膛断面的深度和宽度，m（以水冷壁中心线之间的距离计算）。

对确定参数的锅炉，q_F 值越大，则燃烧器区域炉膛断面积 F 相对越小，该区域燃烧化学反应强烈，温度水平高，但同时存在炉内结渣的可能。可见 q_F 的大小直接影响到燃烧火焰的稳定性和炉膛壁面的结渣状况。对大容量锅炉和液态除渣炉，总是按选取的 q_F 值用式（7-15）来确定炉膛断面积 F。

中国≤200MW 锅炉常用 q_F 的统计推荐值列于表 7-7 和图 7-9。对于 600～1000MW 的燃煤锅炉，q_F 应控制在 $5.7MW/m^2$ 以下。

影响选用 q_V 与 q_F 值的主要因素见表 7-8。

前苏联《锅炉机组热力计算标准方法（1988）》推荐的 q_F 允许值如表 7-9 所列。

表 7-7 q_F 的统计值[③,④]　　　　单位：MW/m^2

锅炉蒸发量 D(t/h)		220～230	400～410	670	1000	2000
切向燃烧	褐煤和易结渣煤[①]($t_2 \leqslant 1350℃$)	2.10～2.56	2.91～3.37	3.20～3.72	3.20～3.78	3.30～3.83
	烟煤	2.33～2.67	2.79～4.07	3.72～4.65	4.37～5.40	4.80～5.62
	无烟煤、贫煤	2.20～3.48	2.58～3.50	2.73～4.00	≈4.98	
前墙或对冲燃烧		2.21～2.79	3.02～3.72	3.49～4.07		
油、气[②]		4.07～4.77	4.19～5.23	5.23～6.16	6.12～7.79	7.09～8.14

① 对褐煤、易结渣煤取下限。

② 对天然气取上限。

③ 开式、半开式液态排渣炉 $q_F=(2.9～4.65)MW/m^2$。

④ 燃烧器多层布置时，选取的总 q_F 值比单层布置时要高。

表 7-8 影响 q_V 和 q_F 各因素的比较

热力参数	燃料		煤种		灰熔点[①] ST/℃		火焰形式[②]		燃烧方式		排渣		锅炉容量		燃烧器布置	
	油、气	煤	无烟煤贫煤	烟煤洗中煤	>1350	≤1350	前墙对冲	切向	旋风筒	火室炉	固态	液态	大	中、小	单层	多层
q_v	大>小		小<大		大>小		<		大≫小		小<大		小<大			
q_F	大>小		大>小		大>小		<		大≫小		小<大		大>小		小<大	

① 不包括无烟煤和贫煤。

② 工程上，切向燃烧选用的 q_V、q_F 值比前墙、对冲的值高。

表 7-9 前苏联推荐的 q_F 值

燃烧方式		燃料	热负荷 $q_F/(MW/m^2)$		
			前墙布置燃烧器	前、后墙对冲布置燃烧器	四角切向布置燃烧器
固态排渣炉	燃烧器单层布置	结渣性烟煤及褐煤 不结渣烟煤 泥煤	1.75 2.90 2.90	2.30 3.50	2.90
	沿高度布置燃烧器 2～3 层	结渣性烟煤及褐煤 不结渣烟煤 爱沙尼亚页岩	3.50 4.70 1.75	3.50 6.40 2.30	2.50 6.40 2.30
液态排渣炉		无烟煤、半无烟煤、贫煤 烟煤、褐煤	5.20 6.40		
油、气炉		天然气、重油	9.30		

德国和美国统计的 q_F 值见图 7-10。从图中可看出，在美国，对≥1500t/h 的锅炉，q_F 稳定在 5.7～6.4MW/m^2 之间。

对燃用燃烧稳定性较差的劣质煤时，应保证炉内有足够高的温度水平，以促进燃烧的稳定和强化。在炉内不结渣的前提下，q_V 和 q_F 应选用表 7-5 和表 7-7 中的较高值，中国部分主要电厂运行燃煤炉的 q_V、q_F 及 q_H 值如表 7-10 所列。

3. 燃烧器区域壁面热负荷 q_H(通常对大容量锅炉采用)

q_H 是指燃烧器区域单位壁面积上所平均的热功率。

$$q_H=\frac{BQ_{net,V,ar}}{UH},\ MW/m^2 \tag{7-16}$$

$$U=2(A+B)$$

式中 $BQ_{net,V,ar}$——燃烧热功率，MW

U——炉膛截面的周长，m；

A，B——炉膛截面的深度和宽度，m；

H——燃烧器区域的高度，m，通常指燃烧器最上排风口中心线到最下排风口中心线的距离再加 3m。

表 7-10 中国部分主要电厂运行燃煤炉的 q_V、q_F 及 q_H 值

容量等级/MW	锅炉型号	燃料特性						q_V/(kW/m^3)	q_F/(MW/m^2)	q_H/(MW/m^2)	炉膛体积及断面尺寸			燃烧方式	在用电厂
		$Q_{net,V,ar}$/(MJ/kg)	$w(V_{daf})$/%	$w(A_{ar})$/%	DT/℃	ST/℃	FT/℃				V/m^3	A/m	B/m		
1000	HG2950/27.46	22.76	36.44	11.00	1130	1160	1210	82.70	4.59			15.67	32.08	无隔墙八角双切圆	玉环　超超临界
	SG2955/27.9	23.42	36.49	12.00	1120	1170	1250	70.90	4.98	1.09	32383	21.48	21.48	四角切圆	外高桥三厂　超超临界
	DG3033/26.25	21.27	39.0	24.4	1270	1350	1410	79.0	4.50	1.60	30076	15.56	33.97	旋流对冲	邹县　超超临界
800	前苏 2650t/h	22.41	32.3	19.77	1110	1190	1270	84.33	4.19	1.42	27035	15.47	30.98	旋流对冲	绥中　超临界
660	DG1783/32.55-Ⅱ14	21.43	38.64	24.3		>1500		80	4.50	1.5		15.00	22.00	前后墙旋流对冲	蚌埠超超临界 605/623/623,℃
660	HG2060/26.15	21.61	37.80	26.96	>1500	>1500	>1500	77.0	4.30	1.43	20000	19.20	19.30	四墙切圆	芜湖　超超临界
600	DG1900/25.4	23.06	10.84	24.4	>1450	>1500	>1500	86.60	4.96	1.65	17180	15.46	19.42	旋流对冲	沁北　超临界
	HG1900/25.4	22.46	38.73	22.70	1310	1390	1470	83.47	4.32	1.53	17968	15.63	22.19	旋流对冲	鹤岗　超临界
	SG1910/25.4	23.00		10.26	1116	1156	1196	87.70	4.53	1.62	17182	17.70	18.82	四角切圆	镇江　超临界
	CE-sulzer1900/25.4	22.87	30.85	7.48		1150		126.8	4.77	1.10	11725	16.58	18.82	中速磨、直吹、切圆	石洞口二厂　超临界
	HG2008/186-M	20.92	35.58	25.82		>1482		94.8	5.16	2.67	16583	16.43	18.54	中速磨、直吹、切圆	平圩　亚临界
	HG2008/18.2	20.52	35.93	28.10	1110	1300	1400	102.9	5.64	1.62	16607	16.43	18.54	中速磨、直吹、切圆	哈尔滨三厂　亚临界
	HT2008/18.2-HM_3	13.20	43.84	26.39	1125	1150	1190	66.06	4.38	1.02	25950	20.05	20.19	风扇磨、直吹、切圆	元宝山　亚临界
	CE2008/18.2	22.44	22.82	19.77	1100	1190	1260	111.8	5.39	2.66	15484	16.43	19.54	中速磨、直吹、切圆	北仑港　亚临界
	DG2030/17.55	19.57	8.0	32.87	1290	1500	—	89.79	2.83		17408	16.01	34.48	W 火焰、双进双出	金竹山　亚临界
362	英 BW-1160/17.5	25.72	10.0	17.30	1400	>1500		145.5	3.43		7568	16.20	20.20	W 火焰、双进双出、钢球磨	岳阳　亚临界
360	法 Sfein-1099/18.4	21.60	9.31	30.45	1200	1310	1350	107.4	3.32		9457	17.70	17.34	W 火焰、钢球磨、中仓式	珞璜　亚临界
350	加 BW-1085/17.85	23.68	16.72	21.82	1300	1500		90.6	2.37		11500	16.64	26.8	W 火焰、中速磨、直吹	上安　亚临界
	三菱 CE-1150/17.25	23.44	22.82	19.77	1110	1190	1270	122.8	5.49	1.24				中速磨、直吹、切圆	福州　亚临界
	法 stein-1004/18.4	19.55	22.2	32.4		>1500		121.9	5.00	2.21	6600	12.63	12.74	钢球磨、中仓、切圆	江油　亚临界
	三菱 CE-1160/17.8	20.83	30.70	10.52	1100	1215	1260	104.7	4.66	2.66	8093	12.43	14.62	中速磨、直吹、切圆	宝钢　亚临界
	三菱 CE-1150/17.25	22.44	32.3	19.77		1190		122.8	5.49	2.58	7400	12.43	14.15	中速磨、直吹、切圆	大连　亚临界
	加 BW-1085/17.85	22.44	32.3	19.77	1100	1190	1260	130.2	5.00	1.97	6900	13.1	13.72	中速磨、直吹、旋流对冲	南通　亚临界
	日 IHI-1070	21.66	38.07	22.39		1340		148.6	4.26						沙角 B　亚临界

续表

容量等级/MW	锅炉型号	燃料特性						q_V/(kW/m^3)	q_F/(MW/m^2)	q_H/(MW/m^2)	炉膛体积及截面尺寸			燃烧方式	在用电厂
		$Q_{net,V,ar}$/(MJ/kg)	$w(V_{daf})$/%	$w(A_{ar})$/%	DT/℃	ST/℃	FT/℃				V/m^3	A/m	B/m		
300	罗马尼亚-1060/19.2	20.1	20.5	30.2	1210	1300	1400	104.5	5.35	0.921	9747	13.60	14.0	中速磨、直吹、旋流对冲	蒲城 亚临界
	SG1025/18.3-M319	23.4	11.90	22.70		1500	>1500	117.9	4.72	3.97	6631	12.50	13.30	钢球磨、中仓、切圆	阳逻 亚临界
	SG-1025/18.3-M314	24.36	14.93	21.50		>1500		133.0	5.69	4.07	6020	11.76	11.97	钢球磨、中仓、切圆	汉川 亚临界
	SG1025/171-1	22.61	15.50	26.70		1454		109.9	5.15	3.41	7451	12.20	13.03	钢球磨、中仓式、切圆	石洞口一厂 亚临界
	SG1025/16.7-M312	22.28	18.00	25.00		1450		110.2	5.14	2.77	7408	12.20	13.03	中速磨、直吹、切圆	望亭 亚临界
	HG1025/18.2-PM2	22.96	16.00	25.39		1420		112.5	4.87	2.79	7209.5	11.86	14.05	钢球磨、中仓、切圆	华鲁 亚临界
	DG1025/18.2-Ⅱ4	23.87	15.72	21.82		1500		112.6	4.67	2.40	7262	12.83	13.33	钢球磨、中仓、切圆	潍坊 亚临界
	北京 BW1025/18.3-M	23.88	15.72	21.82		1500		124.0	5.05	2.28	6567	12.07	13.35	钢球磨、中仓、旋流对冲	西柏坡 亚临界
	日三菱 1025/16.8	21.04	18.27	29.50		1420		115.5	4.72	1.88	6915	11.62	14.15	中速磨、直吹、切圆	黄台 亚临界
	SG1025/16.7-M315	19.51	23.45	31.83		1280		128.8	4.93	3.69	6350	12.5	13.26	钢球磨、中仓、切圆	渭河 亚临界
	SG1025/18.3-M316	22.87	30.85	7.19	1120	1150	1180	106.4	4.55	2.43	7392	12.30	14.02	中速磨、直吹、切圆	吴泾 亚临界
	SG1025/18.3-M317	21.63	38.07	22.39		1270		106.7	4.57	2.44	7392	12.33	14.02	中速磨、直吹、切圆	沙角 A 亚临界
	SG1025/177-1	20.99	44.61	24.44		1390		115.7	4.83	2.51	7248	11.79	14.06	中速磨、直吹、切圆	石横 亚临界
	SG1025/171	19.25	37.86	29.71		1460		173.7	5.70	2.95	4730	8.46	8.5×2	钢球磨、中仓、切圆	洛河 亚临界
	HG1025/18.2-YM	15.99	42.47	30.6	1280	1300	1320	108.8	4.71	2.48	7213	11.86	14.05	中速磨、直吹、切圆	铁岭 亚临界
	HG1025/18.2-YM3	23.81	32.0	11.0		1110		109.5	4.74	2.38	7213	11.86	14.05	中速磨、直吹、切圆	珠江 亚临界
	HG1025/18.2-YM6	22.41	32.1	19.77				108.2	4.75	2.39	7275	11.79	14.06	中速磨、直吹、切圆	妈湾 亚临界
	DG1000/171-1	17.22	42.07	32.6	1280	1376	1382	103.5	4.39	1.86	7302	12.83	14.70	钢球磨、中仓、切圆	邹县 亚临界
	WG1025/18.28-I	21.74	28.58	22.34	1168	1198	1220	81.9	4.35		9246	14.20	14.20	钢球磨、中仓、切圆	靖远 亚临界
	比 CMI-924/18.3	17.14	33.0	37.4	1430	1500	>1500	150.0	4.51	1.42	5152	13.08	13.08	中速磨、直吹、切圆	姚孟 亚临界
	北京 BW-1025/16.8-M	19.68	32.3	7.16		1280		116.5	4.88	2.18	7259	12.3	14.1	中速磨、直吹、旋流对冲	大坝 亚临界
	HG1025/18.2-HM5	11.29	48.37	27.49		1300		83.28	4.11	1.82	9737	14.05	14.30	风扇磨、直吹、切圆	双辽 亚临界

续表

容量等级/MW	锅炉型号	燃料特性						q_V/(kW/m^3)	q_F/(MW/m^2)	q_H/(MW/m^2)	炉膛体积及截面尺寸			燃烧方式	在用电厂
		$Q_{net,V,ar}$/(MJ/kg)	$w(V_{daf})$/%	$w(A_{ar})$/%	DT/℃	ST/℃	FT/℃				V/m^3	A/m	B/m		
200	HG670/140-5	21.70	7.7	23.25	1360	1390	1415	116.4	3.70		4828	11.26	13.50	钢球磨、中仓、切圆	焦作　超高压
	HG670/140-10	16.83	10～12	40.0		>1500		121.9	4.19		4668.8	11.66	11.66	钢球磨、中仓、切圆	韶关　超高压
	DG670/140-8	24.25	9.79	18.19	1100	1390	1420	134.4	4.42		4264.6	10.88	11.92	钢球磨、中仓、切圆	重庆　超高压
	DG670/140-11	18.84	13.0	32.87	1070	1200	1290	126.1	4.44		4567.7	10.88	11.92	钢球磨、中仓、切圆	白马　超高压
	DG670/140-8	22.85	16.0	24.84	1350	1400	1500	132.5	4.36		4268.6	10.88	11.92	钢球磨、中仓、切圆	镇海　超高压
	DG670/140-5	21.19	17.0	28.85		>1500		133.3	4.38		4259	10.88	11.92	钢球磨、中仓、切圆	马头　超高压
	DH670/140-4	20.09	18.0	31.0	1175	1240	1310	138.3	4.38		4110.4	10.88	11.92	钢球磨、中仓、切圆	秦岭　超高压
	HG670/140-9	18.11	34.18	30.82	1100	1330	1500	128.6	3.62		4479	11.66	13.66	钢球磨、中仓、切圆	邢台　超高压
	HG670/140-8	16.07	36.23	40.88		>1400		143.0	3.63		4040.7	11.66	13.66	钢球磨、中仓、切圆	荆门　超高压
	HG670/140-7	12.14	39.0	37.6	1150	1210	1250	126.7	3.57		4487	11.66	13.66	钢球磨、中仓、切圆	锦州　超高压
	HG670/140-9	13.10	43.0	45.7		>1500		128.9	3.61		4455	11.66	13.66	钢球磨、中仓、切圆	陡河　超高压
	DG670/140-4	18.64	24.25	29.67		>1500		137.2	4.41		4165.7	10.88	11.92	钢球磨、中仓、切圆	淮北　超高压
	DG670/140-5	26.72	29.78	7.34	1080	1110	1170	133.6	4.37		4241	10.88	11.92	钢球磨、中仓、切圆	大同二厂　超高压
	DG670/140-9	14.65	40.0	33.0	1240	1290	1320	107.5	3.93		5476.9	12.08	12.40	钢球磨、中仓、切圆	首阳山　超高压
	HG670/140-6	12.29	43.75	17.02	1160	1198	1278	130.0	3.64		4458	11.66	13.66	风扇磨、直吹、切圆	富拉尔基二厂　超高压
	WG670/13.7-6		47.0	19.8	1110	1130	1200					12.72	12.72	中速磨、直吹、切圆	龙口　超高压
100	DG410/100-3	12.50	21.67	49.20	1240	1400	1470	160.7	3.61		1871.6	9.12	9.12	钢球磨、中仓、切圆	合山　高压
	DG410/100-4	11.09	22.10	48.35	1240	1400	1470	151.1	3.72		2103	9.24	9.24	钢球磨、中仓、切圆	合山　高压
	WGZ410/100-7	20.09	2.98	28.0	1280	1360	1400	111.9	3.18		2647	9.04	10.32	钢球磨、中仓、切圆	永安　高压
	WGZ410/100-5	11.81	32.3	53.0		>1400		131.4	3.53		2509.6	9.04	10.32	钢球磨、中仓、切圆	大武口　高压
	WGZ410/100-10	14.76	60.61	25.52	1110	1130	1160	105.5	3.08		2967.8	9.84	10.32	风扇磨、直吹、切圆	龙口　高压
	WGZ410/100-8	12.35	53.41	11.84	1060	1100	1130	124.2	3.33		2501.7	9.04	10.32	风扇磨、直吹、切圆	小龙潭　高压

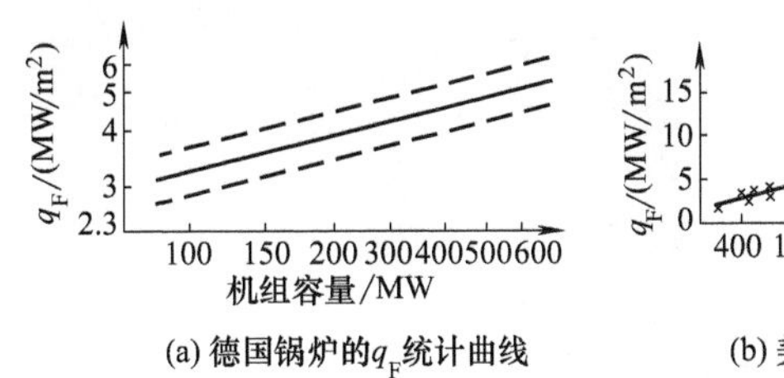

图 7-10　国外 q_F 值曲线

q_H 表征燃烧器区域的温度水平和热负荷的大小，可以判断燃料着火、燃烧的稳定性和燃烧器区域结渣的可能性。一般在大容量锅炉设计中，q_H 可作为 q_F 及 q_V 的辅助性热力参数指标。

根据经验推荐：燃用褐煤时，q_H 在 0.93～1.2MW/m² 之间；燃用无烟煤和贫煤时，q_H 在 1.4～2.1MW/m² 之间；燃用烟煤时，q_H 在 1.4～2.3MW/m² 之间。

4. 炉排面积热负荷 q_R（只用于火床燃烧锅炉）

q_R 是指单位炉排面积上燃烧放热的热功率，又称可见炉排面积热负荷。

$$q_R=\frac{Q}{R}=\frac{BQ_{net,V,ar}}{R},\ kW/m^2 \tag{7-17}$$

式中　R——供煤燃烧的炉排有效面积，m²。

q_R 是火床锅炉最主要热力特性参数。设计中，根据经验性的统计值 q_R 按式（7-17）计算出 R，即 $R=\dfrac{BQ_{net,V,ar}}{q_R}$。

q_R 的选取同样取决于燃烧和炉排冷却两个基本原则，并与燃料的燃烧特性、熔融特性以及燃烧设备的形式有关。锅炉设计中，q_R 值选取越大，则炉排的设计面积越小，这意味着，单位时间、单位炉排面积上燃烧的放热量越大，煤层的温度水平高，燃烧反应越强烈。但由于煤层温度高，相应炉排片的工作条件变得恶劣。如果燃用灰熔点较低的煤时，容易出现煤层结渣而影响锅炉安全、经济运行。因此，设计火床锅炉选用适当的 q_R 是十分关键的。表 7-11 给出了火床炉排面积热负荷 q_R 的统计值范围，可供设计和运行工况分析参考。

表 7-11　q_R 的统计值　　单位：kW/m²

<table>
<tr><th rowspan="2">煤　种</th><th colspan="3">火　床　炉</th><th rowspan="2">沸腾炉布风板</th><th rowspan="2">自然通风固定炉排炉</th></tr>
<tr><th>链条炉排（振动炉排）</th><th>往复炉排</th><th>抛煤机机械炉排</th></tr>
<tr><td>无烟煤</td><td>580～815</td><td>580～815</td><td rowspan="3">1050～1600</td><td rowspan="2">2100～3000</td><td rowspan="3">450～580</td></tr>
<tr><td>贫煤（包括洗中煤）</td><td>700～1050</td><td>755～930</td></tr>
<tr><td>褐煤</td><td>580～815</td><td>580～815</td><td>4650～7000</td></tr>
</table>

一台火床炉制成投运后，煤种变化及负荷变化都会引起锅炉实际的炉排面积热负荷改变而偏离设计值运行。所以，从燃烧安全和经济出发，标准规定工业锅炉不宜经常或长时间在＜60%～80%及＞100%额定负荷下运行。不应燃用与设计燃料燃烧特性差别很大的燃料，更不允许燃用跨越设计煤种门类的燃料。

三、碳燃烧反应的控制及燃烧速度

1. 碳燃烧反应区

因为碳的燃烧反应是碳与氧之间的异相化学反应。其化学反应速度不仅取决于化学反应本身的因素——化学反应常数 k，而且还取决于氧气从周围环境氧浓度为 c_∞ 处，向炭粒表面氧浓度 C_o 处进行质量扩散的传质系数 α_{zl}。在平衡的条件下，扩散到炭表面的氧量 $\alpha_{zl}(c_\infty-c_o)$ 应等于燃烧反应所消耗的氧气量 $K_b^{O_2}=\bar{k}C_\infty$ 变换后则有：

$$K_b^{O_2}=\bar{k}C_\infty=\left(\frac{C_\infty}{\dfrac{1}{k}+\dfrac{1}{\alpha_{zl}}}\right) \tag{7-18}$$

$$\bar{k}=\frac{1}{\frac{1}{k}+\frac{1}{\alpha_{zl}}} \tag{7-19}$$

式中 $\bar{k}$——折算反应常数。

如果用碳的消耗速度 K_b^c 来表示碳和氧的燃烧反应速度，则有：

$$K_b^c=\beta K_b^{O_2} \tag{7-20}$$

式中 β——相应于消耗单位质量的氧量所消耗掉的碳的质量。

在不同温度条件下，碳、氧间所进行的一、二次反应不同，所以 β 值是随温度变化的，具体变化列于表7-12。

表 7-12 碳、氧间反应的 β 值

温度条件	<750℃	750～1300℃	>1300℃
反应式	式(7-4)	按式(7-4)和式(7-7)进行，即式(7-8)	按式(7-5)和式(7-6)进行，即式(7-9)
炭球表面附近 CO 和 CO_2 浓度	$\frac{CO}{CO_2}=1$	$CO\approx 0$	$CO_2=0$
β	0.5	0.375	0.75

从式（7-19）中，根据 k 和 α_{zl} 的量级不同，而存在 3 种不同的燃烧区。

(1) 动力控制燃烧区 在低温下燃烧时，由于 $k \ll \alpha_{zl}$，即 $\frac{1}{k} \gg \frac{1}{\alpha_{zl}}$，此时式（7-18）便可以简化为：

$$K_b^{O_2}=kc_{\infty} \tag{7-21}$$

这表明在温度不高时，燃烧反应速度只取决于化学反应本身的因素——化学反应常数 k，而与氧气向炭表面的扩散因素关系不大。由于此时的化学反应速度很低，从远处周围环境扩散到炭球表面的氧气消耗量很少，所以可以认为炭表面的氧气浓度 c_b 近似等于远处的氧浓度 c_{∞}。燃烧反应速度仅取决于化学反应动力学因素的燃烧过程，称为动力控制燃烧或动力燃烧（区）。处于动力燃烧时，控制燃烧速度的关键是温度。显然，提高温度水平将能十分显著而有效地控制燃烧速度的增长。

(2) 扩散控制燃烧区 在高温下燃烧时，由于 $k \gg \alpha_{zl}$，即 $\frac{1}{k} \ll \frac{1}{\alpha_{zl}}$，此时，式（7-18）便可以简化为：

$$K_b^{O_2}=\alpha_{zl}c_{\infty} \tag{7-22}$$

这表明在温度水平很高的环境下，化学反应动力学的能力大大超过了氧气向炭球表面扩散传递的能力。这意味着，当氧气一扩散到炭球表面上，由于强烈的化学反应能力，氧立即被消耗掉，造成了炭球表面上氧气浓度 $c_b \approx 0$。这时的燃烧反应速度仅决定于氧气向炭表面的扩散传递能力，即取决于传质系数 α_{zl}，称该燃烧过程为扩散控制燃烧或扩散燃烧。在这样的工况下，控制燃烧过程的关键是氧气的扩散能力。显然，提高传质系数 α_{zl}，就能十分显著而有效地控制燃烧反应速度的增长。

(3) 动力-扩散控制燃烧区 当 k 和 α_{zl} 处在同一数量级时，即 $k \approx \alpha_{zl}$，这时，决定燃烧过程反应速度的动力学因素及质量扩散因素两者均不可忽略，则燃烧反应速度按式（7-18）计算。此时该燃烧过程处于动力控制和扩散控制之间，我们称其为动力-扩散控制燃烧或过渡燃烧。在过渡燃烧过程中，炭表面的氧气浓度 c_b 处在 $0\sim c_{\infty}$ 之间，同时提高温度和强化氧化向炭表面的扩散都能达到强化燃烧反应的目的。

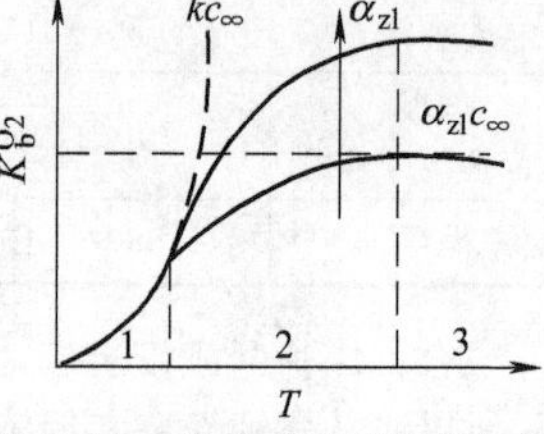

图 7-11 炭燃烧反应区示意

1—动力控制燃烧区；2—动力-扩散控制燃烧区；3—扩散控制燃烧区

处于三种燃烧区的工况示于图 7-11。

2. 碳燃烧反应区的判断

不同的燃烧反应区取决于化学反应能力与氧气质量扩散能力之间的量级关系。因此，可以用代表两种能力的物理量 α_{zl} 与 k 之比 $\frac{\alpha_{zl}}{k}$ 作为判断燃烧过程工况的准则，称为谢苗诺夫（СеМёнов）准则 Ce，即：

$$Ce=\frac{\alpha_{zl}}{k} \tag{7-23}$$

用 $\frac{k}{\alpha_{zl}}$ 来判断的称德姆柯勒（DamKöler）第二准则 Da_{II}，即：

$$Da_{\mathrm{II}}=\frac{k}{\alpha_{zl}} \tag{7-24}$$

同时，也有人用氧浓度比$\frac{c_b}{c_\infty}$来判断燃烧反应区，如表 7-13 所列。

表 7-13 碳燃烧反应区的判别界限

准则数	动力燃烧	过渡燃烧	扩散燃烧
$Ce=\frac{\alpha_{zl}}{k}$	>9.0	0.11～9.0	<0.11
$\frac{c_b}{c_\infty}$	0.9～1.0	0.1～0.9	0.1～0

由于热量传递与质量扩散都是通过分子不规则热运动扩散和湍流运动扩散所引起的迁移现象。实验和理论都说明传热与传质具有可比拟性。因此，引入对流传质努塞尔特（Nusselt）数 Nu^*，则：

$$Nu^*=\frac{\alpha_{zl}\delta_0}{D}$$

或

$$\alpha_{zl}=\frac{Nu^*D}{\delta_0} \tag{7-25}$$

式中 δ_0——炭球颗粒直径；

D——扩散系数，决定于压力 p 和温度 T。

当炭球表面斯蒂芬（Stefan）流不大时，希特林（хитрин）通过实验整理出 Nu^* 与雷诺数 Re 的关系：

$$Nu^*=2\times\frac{0.35\sqrt{Re}}{1-\exp(-0.35\sqrt{Re})} \tag{7-26}$$

式中 Re——按炭球直径 δ_0 和炭球与周围介质相对速度 v 计算的雷诺准则数，$Re=\frac{v\delta_0}{\nu}$。

可是，在煤粉锅炉燃烧中，由于煤粉颗粒直径 δ_0 很小，基本上随炉内气流而运动，按相对速度 v 计算的 $Re\ll1$，此时氧气向炭球表面的质量传递主要靠分子运动扩散。从式（7-26）可知，当 $Re\to0$ 时，其极限值为：

$$Nu^*_{Re\to0}=2.0 \tag{7-27}$$

而当 $Re>200$ 时：

$$Nu^*=0.7\sqrt{Re} \tag{7-28}$$

式（7-23）所表示的谢苗诺夫准则数 Ce 可表示如下：

$$Ce=\frac{\alpha_{zl}}{k}=\frac{Nu^*D}{\delta_0k_0\exp\left(-\frac{E}{RT}\right)}=\begin{cases}\dfrac{2D}{\delta_0k_0\exp\left(-\frac{E}{RT}\right)}, \text{当 } Re\ll1\text{时} & (7\text{-}29)\\[2ex] \dfrac{0.7\sqrt{Re}D}{\delta_0k_0\exp\left(-\frac{E}{RT}\right)}, \text{当 } Re>200\text{时} & (7\text{-}30)\end{cases}$$

由此可得到如下重要结论：①当 δ_0 一定时，随着温度 T 的升高，燃烧工况将朝向扩散控制方向转变；②当燃烧温度 T 一定时，随着炭球尺寸的减小，燃烧将向动力控制方向转变；③燃料的活化能 E 越大，化学反应速度越低，燃烧向动力区方向转变。

在锅炉煤粉燃烧中，颗粒直径 δ_0 一般处于 0.03～0.10mm 之间，在如此细小颗粒的燃烧中，一般均处在动力燃烧或过渡燃烧中。只有当那些较粗的炭粒（$\delta_0\geqslant$0.1～0.15mm）处在炉膛中心很高的温度区（≥1700℃）时，才有可能进入扩散控制燃烧区。因此，提高炉内温度水平总是加快煤粉燃烧反应速度的关键。对于火床燃烧，当颗粒直径 δ_0=10mm 时，温度在 1000～1200℃下，燃烧仍处于过渡区。

3. 各燃烧区的燃烧速度

(1) 动力燃烧区 按式（7-20）和式（7-21）可得碳燃烧反应速度计算式：

$$K_b^C=\beta kc_\infty=\beta c_\infty k_0\exp\left(-\frac{E}{RT}\right) \tag{7-31}$$

(2) 扩散燃烧区 按式（7-20）和式（7-22）可得：

$$K_b^C=\beta\alpha_{zl}c_\infty=\beta\cdot\frac{Nu^*D}{\delta_0}\cdot c_\infty \tag{7-32}$$

当 $Re \ll 1$ 时，$Nu^* = \frac{\alpha_{zl}\delta_0}{D} = 2$

则
$$K_b^C = \frac{2\beta D c_\infty}{\delta_0} \tag{7-33}$$

当 $Re > 200$ 时，$Nu^* = 0.70\sqrt{Re}$

则
$$K_b^C = \frac{0.70\sqrt{Re}\beta D c_\infty}{\delta_0} \tag{7-34}$$

(3) 过渡燃烧区 按式（7-20）和式（7-18）可得：

$$K_b^C = \frac{\beta c_\infty}{\dfrac{1}{k_0 \exp\left(-\dfrac{E}{RT}\right)} + \dfrac{1}{\left(\dfrac{Nu^* D}{\delta_0}\right)}} \tag{7-35}$$

无论处于扩散燃烧区或过渡燃烧区，减小炭颗粒的直径 δ_0 都有助于提高燃烧反应的速度。

四、影响炭球燃烧速度的其他因素

1. 多孔性炭粒的燃烧速度

在工程燃烧中的各种固体燃料炭都是多孔性的物质。在动力燃烧区（$k \ll \alpha_{zl}$）炭表面氧浓度 $C_b^{O_2} \approx C_\infty^{O_2}$ 因此，炭的异相燃烧反应不仅发生在炭粒的外表面，而且也可以在其内表面上进行。根据一些实验研究的估算，单位体积炭粒的内表面积 S_n 是相当可观的数字。对木炭 $S_n = 57 \sim 114\text{cm}^2/\text{cm}^3$，无烟煤 $S_n \approx 100\text{cm}^2/\text{cm}^3$，电极碳 $S_n = 70 \sim 500\text{cm}^2/\text{cm}^3$。

由于炭球内表面参与燃烧反应，将使式（7-18）中的 k 值增大，化学反应速度加快，式（7-18）中的 k 值增大，通常用包括炭球内、外表面均参与反应的总反应速度常数 k^* 表示，则有：

$$k^* = \left(1 + \frac{\delta_0}{6} S_n\right) \cdot k = (1 + \varepsilon S_n) \cdot k \tag{7-36}$$

或
$$k^*/k = 1 + \varepsilon S_n \geqslant 1$$

式中 δ_0——炭球直径；

S_n——炭球单位体积的内表面积；

k——化学反应速度常数；

ε——氧气能完全渗入炭球内表面的有效渗入深度，$\varepsilon = \frac{\delta_0}{6}$。

在不同燃烧控制区下的反应速度变化，如表 7-14 所列。

表 7-14 内孔表面积对燃烧反应速度的影响

燃烧区	ε	$\frac{k^*}{k}$	K_b^C
动力燃烧	$\frac{\delta_0}{6}$	$1+\varepsilon S_n$	$\beta c_\infty (1+\varepsilon S_n) k_0 \exp\left(-\frac{E}{RT}\right)$
过渡燃烧	$0 \sim \frac{\delta_0}{6}$	$1 \sim (1+\varepsilon S_n)$	$\dfrac{\beta c_\infty}{\dfrac{1}{(1+\varepsilon S_n) k_0 \exp\left(-\dfrac{E}{RT}\right)} + \dfrac{1}{\alpha_{zl}}}$
扩散燃烧	0	$\frac{1}{k} \ll \frac{1}{\alpha_{zl}}$	$\beta \frac{Nu^* D}{\delta_0} \cdot C_\infty$

2. 炭球的燃尽时间 τ_j

假定：① 燃烧过程中，炭球的密度 ρ 不变，即 $\rho =$ 常数；②炭球的直径 δ_0 在燃烧过程中，随时间 τ 而逐渐减小，直到 $\delta = 0$。

即
$$\tau = 0 \text{ 时}，\delta = \delta_0$$
$$\tau = \tau \text{ 时}，\delta = \delta$$
$$\tau = \tau_j \text{ 时}，\delta = 0$$

这就是通常的炭球燃烧“缩球模型”。根据该模型，对式（7-20）进行计算，可以得到不同燃烧区下的燃尽时间 τ_j。

(1) 扩散燃烧控制

$$\delta^2-\delta_0^2=-K_k\tau^k \tag{7-37}$$

这就是炭球燃烧的直径平方定律。

$$K_k=\frac{8\beta Dc_\infty}{\rho} \tag{7-38}$$

式中 K_k——扩散燃烧常数；

β——碳、氧燃烧化学摩尔比；

D——扩散系数；

c_∞——炭球燃烧周围环境中远处的氧浓度；

ρ——炭球密度。

如果考虑炭球扩散燃烧时斯蒂芬流的影响，此时的扩散燃烧常数：

$$K_k=8D\ln(1+\beta c_\infty) \tag{7-39}$$

式中符号意义同前。

当 $\delta=0$ 时，即炭球已燃尽。从式（7-37）可得出扩散燃烧控制条件下的炭球燃尽时间 τ_j^k。

$$\tau_j^k=\frac{\delta_0^2}{K_k}=\frac{\delta_0^2}{8D\ln(1+\beta c_\infty)} \tag{7-40}$$

(2) 动力燃烧控制

$$\delta-\delta_0=-K_d\tau^d \tag{7-41}$$

该式表明在动力燃烧时炭粒直径 δ 与燃烧时间 τ 呈线性关系变化。

$$K_d=\frac{2\beta c_\infty}{\rho}\cdot k_0\exp\left(-\frac{E}{RT}\right) \tag{7-42}$$

式中 K_d——动力燃烧系数。

其余符号同前。

式（7-42）中没有考虑炭球内孔表面参与燃烧对反应速度的促进作用。当考虑时，则式（7-42）为：

$$K_d=\frac{2\beta c_\infty}{\rho}k^*=\frac{2\beta c_\infty}{\rho}\left(1+\frac{\delta_0}{6}S_n\right)k_0\exp\left(-\frac{E}{RT}\right) \tag{7-43}$$

当 $\delta=0$，从式（7-41）可得出动力燃烧控制条件下的燃尽时间 τ_j^d：

$$\tau_j^d=\frac{\delta_0}{K_d} \tag{7-44}$$

(3) 过渡燃烧控制 过渡燃烧控制下的炭球燃烧时间，τ 可以分为动力燃烧时间 τ_j^d 和扩散燃烧时间 τ_j^k 两部分，则：

$$\tau=\tau_j^d+\tau_j^k \tag{7-45}$$

3. 灰分对焦炭燃烧过程的影响

考虑到焦炭燃烧过程中由于裹灰现象而阻止了氧气通过灰壳向中心部分焦炭燃烧面的扩散，从而减慢了在扩散燃烧下的燃烧速度，延长了燃尽时间。

在裹灰条件下焦炭球燃烧反应速度 $(K_d^C)_h$ 为：

$$(K_d^c)_h=\frac{\dfrac{2\beta D}{\delta_0}\cdot c_\infty}{\dfrac{1}{\varepsilon_h}+\dfrac{\delta}{\delta_0}\left(1-\dfrac{1}{\varepsilon_h}\right)} \tag{7-46}$$

$$\varepsilon_h=\frac{100-A}{100}$$

式中 ε_h——裹灰灰壳层的孔隙率；

A——燃烧焦炭球所含灰分的质量百分数，%；

δ_0——原始焦炭球的直径；

δ——燃烧时间为 τ 时，包在灰壳内的焦炭核心球的直径；

其余符号同前。

与无裹灰情况的燃烧速度 K_b^C 的计算式（7-32）相比，则得：

$$\frac{(K_b^C)_h}{K_b^C}=\frac{1}{\frac{1}{\varepsilon_h}+\frac{\delta}{\delta_0}\left(1-\frac{1}{\varepsilon_h}\right)}<1 \tag{7-47}$$

其燃尽时间 $(\tau_j^k)_h$ 为：

$$(\tau_j^k)_h=\frac{\rho\delta_0^2}{8\beta D\cdot c_\infty}\left(\frac{2}{3}+\frac{1}{3\varepsilon_h}\right)=\frac{\delta_0^2}{K_k}\left(\frac{2}{3}+\frac{1}{3\varepsilon_h}\right)=\tau_j^k\left(\frac{2}{3}+\frac{1}{3\varepsilon_h}\right) \tag{7-48}$$

即得

$$\frac{(\tau_j^k)_h}{\tau_j^k}=\left(\frac{2}{3}+\frac{2}{3\varepsilon_h}\right)>1 \tag{7-49}$$

式中 τ_j^k——无裹灰条件下，扩散燃烧的燃尽时间。

从式（7-45）可知：焦炭球中含灰量越多，即灰壳层的孔隙率越小，此时氧气的扩散阻力越大，裹灰对焦炭球燃烧反应速度和燃尽时间的影响越大。计算结果列于表 7-15，可供分析问题参考。

表 7-15 裹灰对焦炭球燃烧速度及燃尽时间的影响

类别	焦炭燃尽率/%	焦炭中的含灰量/%			
		10	20	30	40
由于裹灰导致焦炭球燃烧速度减少的百分数	90	−5.6	−11.8	−18.7	−26.3
	70	−3.5	−7.6	−12.4	−18.0
	50	−2.3	−4.9	−8.3	−12.1
燃尽时间增加的百分数	100	+3.7	+8.4	+14.3	+22.3

五、煤粒燃烧的一些试验结果

伊万诺娃（И. Л. ИВаНОВа）以 w（V_{daf}）＝47.8%、$Q_{net,V,ar}$＝13.81MJ/kg 的褐煤为试样，煤颗粒直径 δ_0＝150～800μm，用石英丝把煤试样悬挂在 1200～1600K 的环境中燃烧，氧气浓度 c_∞＝0.05～0.23kg/kg，试验发现煤粒燃烧大致分 4 个阶段。

(1) 煤的预热及挥发分着火阶段，经历的时间为 τ_1

$$\tau_1=2.5\times10^{15}T^{-4}\delta_0 \tag{7-50}$$

式中 τ_1——经历的时间，s；

T——燃烧试验环境的温度，K；

δ_0——煤试样的初始直径，m。

(2) 挥发分燃烧阶段，经历时间 τ_2（单位：s） $\tau_2=0.45\times10^6\delta_0^2$ (7-51)

(3) 焦炭预热至焦炭着火阶段，经历时间 τ_3（单位：s）

$$\tau_3=5.36\times10^7T^{-1.2}\delta_0^{1.5} \tag{7-52}$$

(4) 焦炭燃烧和燃尽阶段，经历时间 τ_4（单位：s）

$$\tau_4=1.11\times10^9T^{-0.9}\delta_0^2c_\infty^{-1} \tag{7-53}$$

式中 c_∞——燃烧环境中的氧浓度，kg/kg；

其余符号意义同前。

以上试验同时还发现：当焦炭颗粒较粗，环境温度较高时，处于扩散控制燃烧工况下。此时燃烧失重遵守缩球模型的扩散燃烧规律，即颗粒直径的平方随时间呈线性变化规律。试验发现：

$$\delta^2-\delta_0^2=-\left(\frac{\delta_0^2}{\tau_4}\right)\cdot\tau \tag{7-54}$$

施宝卡（M·shibaoka）对 δ_0＝150～180μm 的无烟煤，在 1200～1600K 温度条件下进行燃烧试验，得出焦炭燃尽时间 τ_j 的经验公式为：

$$\tau_j=2.28\times10^6\times\frac{100-A}{100}\cdot\frac{\rho\delta_0^2}{T^{0.9}c_\infty} \tag{7-55}$$

式中 τ_j——燃尽时间，s；

A——焦炭中含灰量的质量百分数，%；

ρ——焦炭的密度，kg/m^3；

δ_0——焦炭球直径，m；

T——燃烧环境温度，K；

c_∞——燃烧环境中的氧浓度，kg/kg。

埃森海（R. H. Essenhigh）对 w（V_{daf}）=36.3%、粒径为210～300μm的煤粒进行燃烧试验发现：煤粒置于逐渐升温的环境中进行缓慢加热，此时挥发分不着火燃烧，颗粒初始膨胀较多，内孔隙大，化学反应速度高，总的燃烧时间反而短；当煤粒突然置于高温环境中进行加速加热时，挥发分着火燃烧，煤粒几乎不发生膨胀，研究表明：煤的加热速度、膨胀状况以及挥发分释放条件对燃烧过程有决定性影响。试验发现：缓慢加热的总燃烧时间只有快速加热燃烧时间的77.0%。

根据试验数据综合，分别整理得出了挥发分燃烧时间 τ_V 及焦炭燃尽时间 τ_C 的经验公式如下：

$$\tau_V = k_V \delta_0^{n_v} \quad ,s \tag{7-56}$$

及

$$\tau_C = k_C \delta_0^{n_c} \quad ,s \tag{7-57}$$

式中　δ_0——煤粒初始直径，cm；

其余系数取值如表7-16所列。

表7-16　系数 k_V、k_C 及 n_V、n_C 取值

燃烧特性	k_V	n_V	k_C	n_C
$w(V_{def})$=9.9%～40.2%	44.6～91.4	1.82～2.63	2125～1060	2.02～1.94

以上学者的研究均发现：焦炭的燃尽时间 τ 与煤粒（焦炭）初始直径的平方 δ_0^2 成正比。

第二节　煤的火床燃烧

一、火床燃烧空气动力学特性

1. 煤层燃烧空气动力学稳定性

它是指煤粒在火床（即炉排）上燃烧时不被送风吹走而处于稳定状态的空气动力学特性。维持稳定状态的最高风速称其为临界风速 v_{lj}（又称沉降速度 v_c、悬浮速度 v_f）：

$$v_{lj} = \sqrt{\frac{4}{3}\left(\frac{\rho_m - \rho_0}{\rho_0}\right)\frac{g}{C}\cdot d} \tag{7-58}$$

式中　d——煤粒直径，m；

ρ_m——煤粒的密度，kg/m^3；

ρ_0——送风气流的密度，kg/m^3；

C——煤粒对气流的阻力系数，它是 $Re\left(=\frac{vd}{\nu}\right)$ 的函数，如图7-12所示。

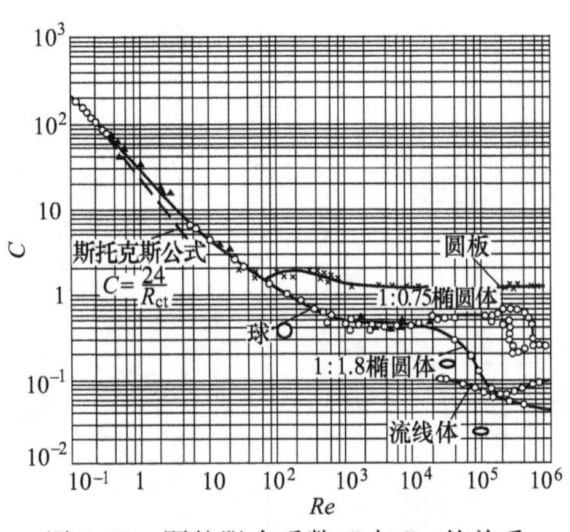

图7-12　颗粒阻力系数 C 与 Re 的关系

$$C = f(Re) = \frac{k}{Re^n} \tag{7-59}$$

系数 k、n 由试验决定，如表7-17所列。

表7-17　各种阻力区的 k、C 值及临界风速 v_{lj}

项　目	Re<1	Re=1～500	Re=500～2×10^5
阻力区	斯托克斯(Stokes)区	阿伦(Allen)区	牛顿(Newton)区
系数 k/系数 C	24/1	10/0.5	0.44/0
适用粒径 d/mm	<0.1	0.2～2.5	2.5～80
临界风速 v_{lj}	$\frac{1}{18\nu}\left(\frac{\rho_m-\rho_0}{\rho_0}\right)gd^2$	$1.2d\cdot\sqrt[3]{\frac{1}{\nu}\left(\frac{\rho_m-\rho_0}{\rho_0}\right)^2}$	$\sqrt{\frac{g}{0.33}\left(\frac{\rho_m-\rho_0}{\rho_0}\right)d}$

各种形状颗粒的阻力系数 C 值列于表 7-18，可供参考。

图 7-13 给出了在静止空气和水中球形颗粒沉降速度 v_c 与粒径 d、密度 ρ 的关系。

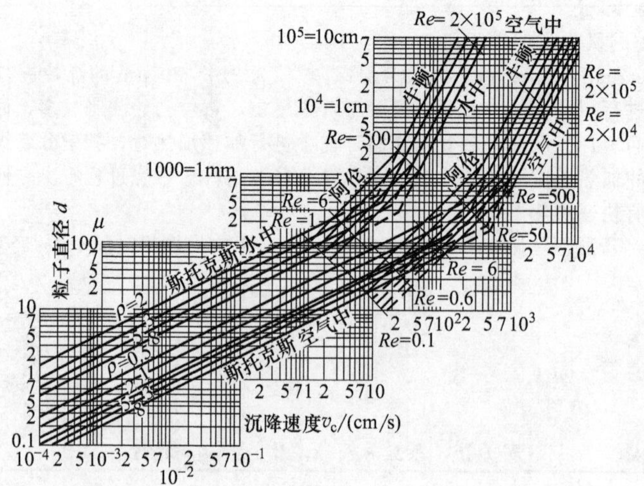

图 7-13 静止空气和水中的 ρ、d 与 v_c 的关系

表 7-18 各种形状颗粒的阻力系数 C（$Re \geqslant 100$）

颗粒形状	C	颗粒形状	C	颗粒形状	C
a, $a/10$	1.11	a, $7a$	0.98	a	0.44
a, $3a/4$	0.6	30°, a, a	0.04	a, $a/30$	0.39
a, a	0.91	a, 60°	0.51	a, $9a/5$	0.10
a, a	0.63	a, $7a$	0.77	$3a$, a	0.06
a, 30°	0.34	a, $a\times a$	0.91		

注：气流方向均为从下至上。

对形状不规则且绕自身轴不断旋转的颗粒，用表 7-18 中的阻力系数 C 带入式（7-58）计算的颗粒临界速度 v_{lj} 还必须进行修正，才能得到实际的临界速度 v_{lj}^{s}，则有：

$$v_{lj}^{s}=\frac{1}{\sqrt{\varphi}}\cdot v_{lj} \tag{7-60}$$

式中 φ——对不同形状颗粒阻力系数 C 的形状修正系数，如表 7-19 所列。

表 7-19 不同形状颗粒阻力系数 C 的形状修正系数 φ

颗粒形状	修正系数 φ	颗粒形状	修正系数 φ
表面光滑的球形颗粒	1	椭圆状颗粒	3.08
表面粗糙的球形颗粒	2.42	扁形颗粒	4.97
近似球形的颗粒	1.71		

当气流速度 $v\leqslant v_{lj}$ 时，颗粒稳定。当 $v>v_{lj}$ 时，颗粒将以速度 $u=(v-v_{lj})$ 被带走，这就导致煤粒（层）失稳，而出现“火口”。

2. 火床稳定性准则数 Y

$$Y=\frac{v}{\left(\frac{\rho_m-\rho_0}{\rho_0}\right)\frac{g}{C}\cdot d} \tag{7-61}$$

式中符号意义同式（7-58）。

Y 准则数是气流动压力与重力比值的反映。当气流速度 v 达到临界流速 v_{lj} 时，即此时火床稳定性也处于临界状态，则：

$$Y_{lj}=\frac{v_{lj}^{2}}{\left(\frac{\rho_m-\rho_0}{\rho_0}\right)\frac{g}{C}\cdot d} \tag{7-62}$$

Y_{lj} 越高，表明火床失稳的临界流速 v_{lj} 越高，则不容易失稳。当运行时的 $Y>Y_{lj}$ 时，火床失稳。

对球形颗粒，$Y_{lj}=1.33$。对非球形、不规则形状煤粒的火床，由于颗粒的实际阻力系数 C 增大，则 v_{lj} 减小，所以 Y_{lj} 比球颗粒小，相应的火床稳定性下降。

显然，颗粒越细、密度越小，形状越不规则（或偏于扁平），则火床上颗粒失稳的临界流速越低。即 Y_{lj} 越小，火床不稳定性增大。

3. 火床煤层的阻力特性

空气通过火床煤层的阻力压降 Δp 可按下式计算

$$\Delta p=\xi\cdot\frac{6(1-\varepsilon)}{\varphi_k-\varepsilon^3}\cdot\frac{h}{d}\cdot\rho_0 v^2,\ \text{Pa} \tag{7-63}$$

式中 ε——火床煤层中的空隙率，它反映了煤层颗粒堆积的紧密程度。

空隙率 ε 对气流通过火床煤层的流动阻力有很大影响。ε 与颗粒的形状、尺寸大小、分布、颗粒表面粗糙度及填充方式等多种因素有关。颗粒形状越不规则，表面越粗糙；或者颗粒的尺寸分布越均匀，筛分尺寸越窄；或者颗粒尺寸 d 与火床面当量直径 d_{hc} 之比 $\frac{d}{d_{hc}}$ 越大，则煤层的空隙率越大。一般火床炉空隙率为 0.3～0.4，鼓泡床沸腾炉达 0.45～0.65。

通常都用试验方法测得煤层的堆积密度 ρ_d 和煤的真实密度 ρ_{zs}，然后按下式计算煤层的空隙率 ε：

$$\varepsilon=1-\frac{\rho_d}{\rho_{zs}} \tag{7-64}$$

通过试验测得有关煤粒的真实密度 ρ_{zs} 和堆积密度 ρ_d 数值如下表所列：

名　称	煤矸石、无烟煤	烟煤	褐煤	飞灰
颗粒的真实密度 $\rho_{zs}/(kg/m^3)$	约 2400	约 2200	约 1400	约 2100
颗粒的堆积密度 $\rho_d/(kg/m^3)$	约 1200	约 1100	约 800	—

φ_k——煤及部分颗粒的形状系数。部分非球形颗粒的形状系数如下表所列，供参考。

名　称	煤粉	碎煤	碎砂	圆砂
形状系数 φ_k	0.73～0.75	0.60～0.65	0.8～0.9	0.92～0.98

ρ_0——空气流密度，kg/m^3；

h——煤层厚度，mm；

v——空气流通过火床煤层的空截面流速，m/s；

d——煤颗粒直径，mm。

对于颗粒大小不均匀的煤层，d 代表颗粒群的比表面积平均直径。

$$d=\frac{6(1-\varepsilon)}{S_V\varphi_k} \tag{7-65}$$

式中 S_V——颗粒群单位体积的比表面积，mm^2/mm^3，由实验确定；

ξ——修正后的煤层阻力系数，$\xi=f(Re)$，$Re=\frac{\varphi_k}{6(1-\varepsilon)}\cdot\frac{vd}{\nu}$ (7-66)

ξ 与 Re 的关系由试验曲线图 7-14 查得。

从图 7-14 可知，火床煤层阻力系数 ξ 分如下 3 个区：

当 $Re<10$时，层流区，$\xi=\frac{33}{Re}$ (7-67)

$Re=10\sim250$时，过渡区，$\xi=\frac{29}{Re}+\frac{1.25}{(Re)^{0.15}}$ (7-68)

$Re=250\sim5000$时，湍流区，$\xi=\frac{1.56}{(Re)^{0.15}}$ (7-69)

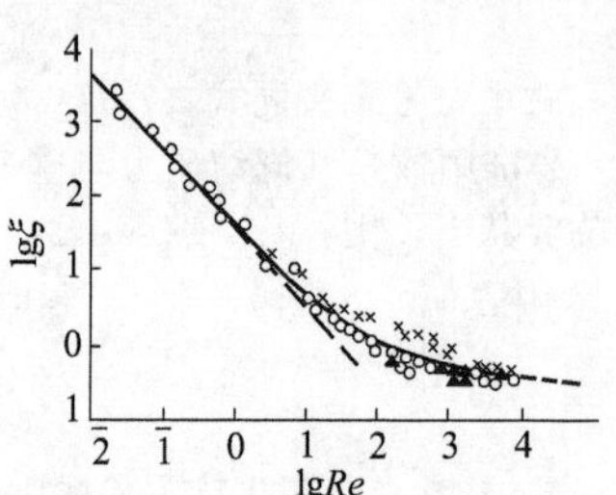

图 7-14 火床煤层阻力系数 ξ 与 Re 关系的实验曲线

以上计算公式由于颗粒群平均直径 d 很难计算准确，因此，推荐如下经验公式计算小容量火床炉排与煤层的阻力压降 Δp：

$$\Delta p=a\cdot\xi\left(\frac{\alpha D}{R}\right)^2 \tag{7-70}$$

式中 D——锅炉容量，对蒸汽锅炉为蒸发量，t/h；对热水锅炉为热功率，MW；

α——炉膛出口过量空气系数；

R——炉排面积，m^2；

a——系数，对蒸汽锅炉 $a=1.0$；对热水锅炉 $a=2.05$；

ξ——阻力系数，应由试验测得，具体如表 7-20 所列。

表 7-20 火床炉煤层阻力系数 ξ

通风方式	煤	烟煤	无烟煤
自然通风	约 150	约 150	220～225
机械通风①	250～350	250～350	350～525

① 对于 $D>10$t/h 的火床炉，取偏上限值。

对沸腾炉（鼓泡床）布风板的阻力压降也可用式（7-70）计算，但是公式中的几个物理量按如下规定计算：

过量空气系数 α 按 1.05～1.10 选取。

式（7-70）中的 R 应改用全部风帽通风小孔的截面积总和，m^2。

阻力系数 ξ 按式（7-71）计算：

$$\xi=b\cdot\frac{273+t}{273} \tag{7-71}$$

式中 t——空气温度，℃；

b——系数，$(6\sim8)\times10^{-2}$。

沸腾层中的阻力压降 Δp_{fc} 按下式计算：

$$\Delta p_{fc}=8H_0\rho_c \tag{7-72}$$

式中 H_0——静止料层的高度，m；

ρ_c——静止料层的堆积密度，kg/m^3，一般 $\rho_c=800\sim1200kg/m^3$。

4. 炉排冷却条件

在火床炉中，由于煤在火床炉排上完成燃烧全过程，炽热的煤粒与炉排直接接触，所以炉排工作条件比较恶劣。为改善炉排工作条件，提高可靠性。结构设计方面的措施如下。

选择合适的炉排通风截面比 r_{tf}（又称活截面比）。通常活截面积比是指炉排上通风孔总截面积与炉排面积的比值。r_{tf} 小则煤层中最高火焰区距炉排面的距离大，炉排受热情况改善，且炉排漏煤少。但是通风阻力显著增加，飞灰量增多。设计时应根据煤种综合考虑 r_{tf} 与通风阻力（火床阻力压降）、漏煤、飞灰的关系。对自然通风的火床炉排，$r_{tf}=0.20\sim0.40$；机械通风时，$r_{tf}\leqslant0.08\sim0.10$。各种炉排片的 r_{tf} 列于表 7-21。

表 7-21　各种炉排片的通风截面比 r_{tf}

炉排形式	固定炉排		链条炉排				振动炉排片	往复炉排片
	条状炉排	板状炉排	轻型链带炉排	大块链带炉排片	鳞片式炉排片	横梁式炉排片		
r_{tf}	0.2～0.40	0.08～0.20	0.10～0.16	0.045～0.08	约 0.06	约 0.045	0.045	0.07～0.12

选择合适的炉排片结构，提高炉排片自身冷却能力，炉排片冷却度（ω）是炉排片冷却肋片的侧面积总和与炉排片燃烧面积的比值，通常 ω 为 2～5。对自然通风的炉排片，应保证冷却能力偏向上限值。

二、固定炉排手烧炉

1. 固定炉排上燃烧的热力周期性

图 7-15 是固定炉排炉燃烧层结构及煤层中气体成分及温度随煤层高度的变化曲线。从图中可见，新燃料直接添加在高温煤层上，着火条件优越。这种着火方式又称“双面着火”或“无限制着火”。

固定炉排手烧炉以两次加煤之间的时间间隔为周期，在每一个周期内燃烧空气的供需关系极不适应。整个燃烧过程重复着这种周期性的状况，导致该炉型燃烧热损失 q_2、q_3 和 q_4 均很高，炉内温度水平低下，锅炉热效率极低。这种周期性的燃烧工况称为固定炉排炉燃烧过程的热力周期性。图 7-16 给出了在一个燃烧周期中空气的供需关系。

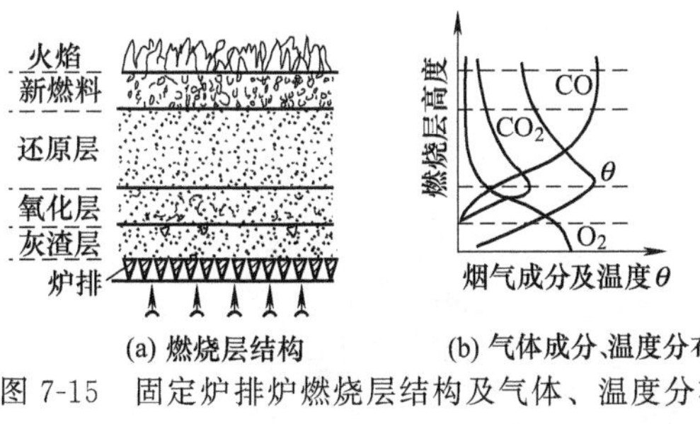

图 7-15　固定炉排炉燃烧层结构及气体、温度分布

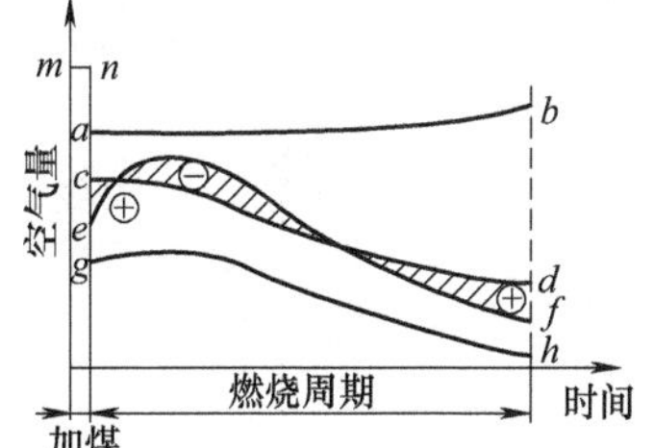

图 7-16　固定炉排炉燃烧周期中的空气供需关系

曲线 $mnab$、曲线 cd、曲线 ef、曲线 gh 分别表示在一个周期内进入炉内空气的总量（mn 为加煤期）、被有效利用于参与燃烧反应的空气量、燃烧所需的空气量、焦炭燃烧所需的空气量

图中曲线 ef 和曲线 cd 在纵坐标上的差值反映出了挥发分燃烧所需空气量供需间的失调。

提高固定炉排手燃炉燃烧经济性的措施应该是千方百计缩短燃烧周期和手工加煤时间，以及提高炉内温度水平和减少炉内漏风。

2. 固定炉排炉的形式

有两种基本形式：单层炉排和双层炉排。图 7-17 是消烟型单层固定炉排炉。

该型炉特点在于：炉排微倾斜其倾角为 6°～12°，新煤加在炉门口，逐渐向前推进，每次加煤量少、时间短，漏风带走的微细煤粒量少，且必须穿透高温的炉膛空间或高温煤层表面，有利于微细煤粒的燃烧和分离，故燃烧稳定，消烟尘效果很明显。

图 7-18 是反烧型双层固定炉排炉。

该型炉特点在于：炉内分上下两层炉排，上层通常用水冷却管组成固定炉排。其倾角为 10°～15°，管径多采用 ϕ(51～76)mm，上层炉排的通风截面比（r_{tf}）控制在 0.30～0.40，下炉排为普通的固定炉排。

双层炉排炉的燃烧过程是：煤从上炉门加入上炉排，预热、干燥、着火燃烧，细小的煤粒从上炉排漏至下炉排上继续完成燃烧、燃尽过程。上炉排燃烧的高温烟气及未燃尽挥发分穿过上煤层向下进入炉膛内继续燃烧，因此而得名“反烧”。反烧的直接效果是提高了燃烧效率，降低了烟尘排放的原始浓度。

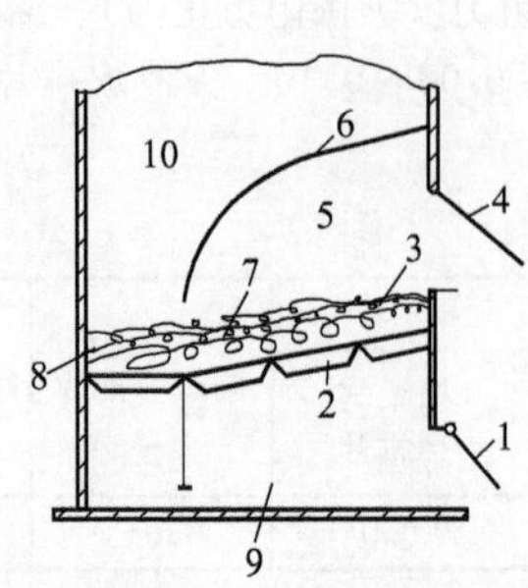

图 7-17　消烟型单层固定炉排炉

1—风室门；2—微倾斜固定炉排；3—新煤区；4—炉门；5—炉膛；6—炉拱；7—旺盛燃烧区；8—燃尽区灰层；9—风室；10—燃尽室

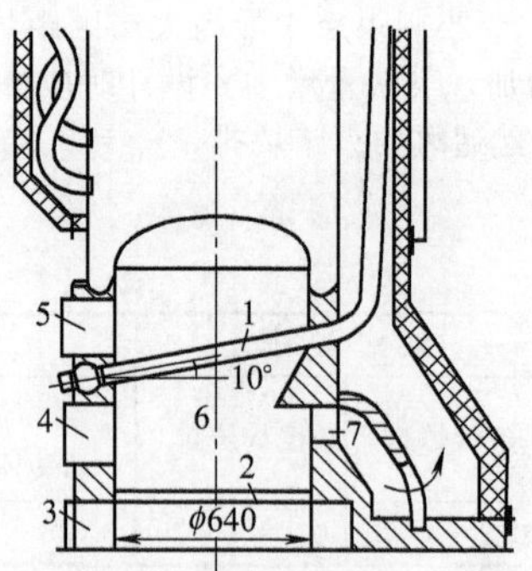

图 7-18　反烧型双层固定炉排炉

1—上炉排；2—下炉排；3—下炉门；4—中炉门；5—上炉门；6—燃烧室；7—炉膛烟气出口

上炉门用于加煤和供燃烧进风，通常运行中上炉门常开。中炉门用于点火和拨火，运行中常全关闭。下炉门用于出灰及供燃烧进风，运行中通常部分开启。在双层炉排炉中，燃烧过程调节以及适应于煤种、负荷变化时的调节，关键在于控制上、下炉门的开启度。

常用固定炉排片的结构有两种：板状炉排片和条状炉排片，见图 7-19。一般，条状炉排片适用于燃用发热量不太高的高挥发分烟煤。板状炉排片可燃用低挥发分的贫煤和无烟煤。

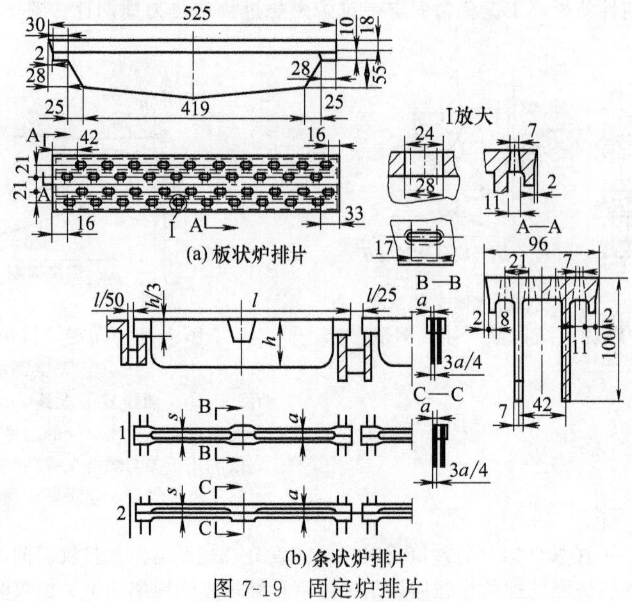

图 7-19　固定炉排片

燃煤固定炉排锅炉都是手工加煤操作的，故称手烧炉。由于其结构和工作原理上先天性的不足，燃烧效率极低，烟尘污染严重，劳动条件很差，现今在工业上已被淘汰。

三、链条炉排炉

1. 链条炉排上燃烧沿长度方向的热力周期性

图 7-20 给出了链条炉排沿长度方向煤经煤斗落到炉排上，一边随炉排由炉前向炉后运动，一边完成燃烧全过程及炉排煤层表面上的气体成分及分布。由图可见，炉排的头部和尾部供燃烧的氧量过剩，而中部氧量严重不足而造成 CO 不完全燃烧损失。这种沿炉排长度产生的燃烧空气量供需不协调性称为长度方向上的热力周期性。热力周期性决定了在炉排长度方向上应根据燃烧的需要单独送风——分仓送风。图 7-21 给出了按供需相适应原则组织配风的框图示意。

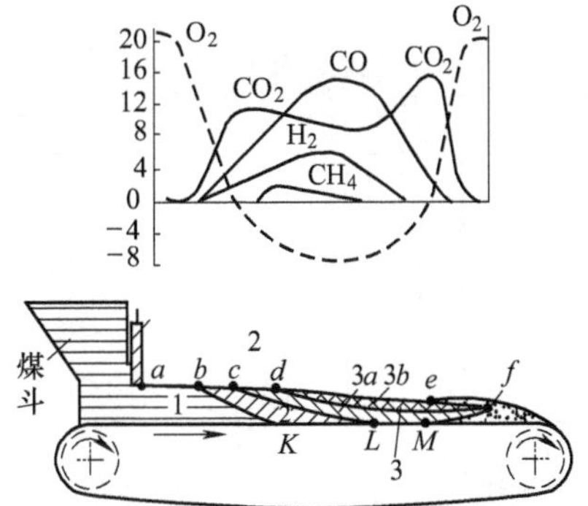

图 7-20　链条炉排上煤层燃烧区域示意

1—新燃料区；2—挥发分析出并燃烧区；3—焦炭燃烧区（3a 为氧化层，3b 为还原层）

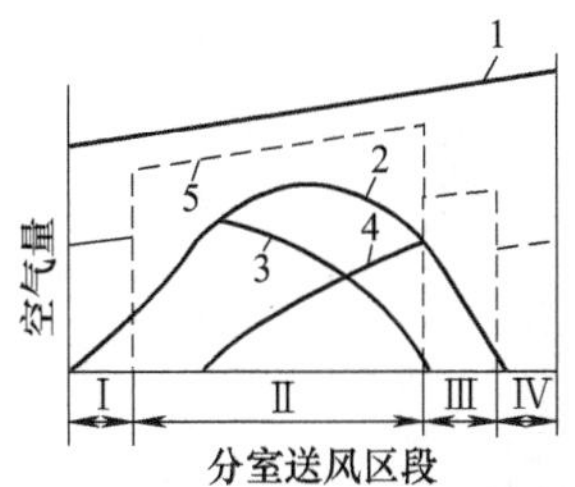

图 7-21　链条炉排炉燃烧空气供需关系示意

1—统仓送风条件下，沿炉排长度的空气量分布；2—沿炉排长度方向上燃烧所需空气量分布；3—挥发分燃烧所需空气量分布；4—焦炭燃烧所需空气量分布；5—分室送风条件下，空气供应量分布

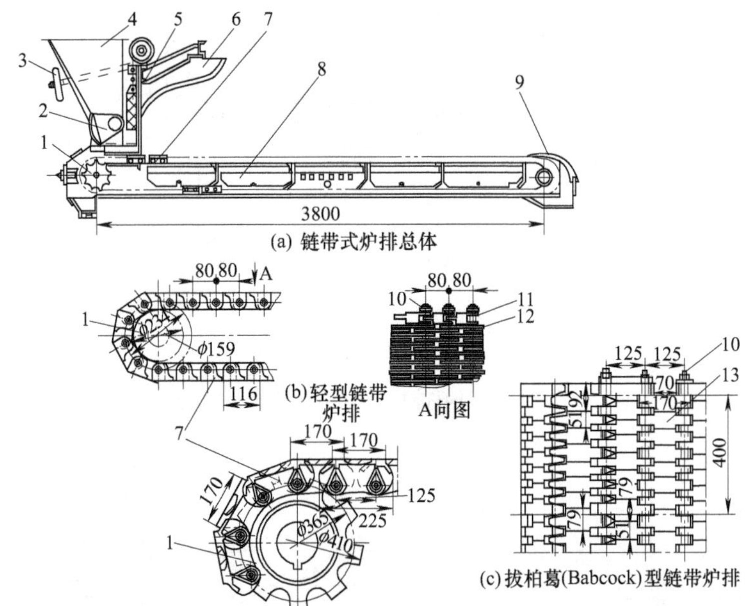

图 7-22　链带式炉排结构

1—主动链轮；2—煤斗“月亮”门；3—煤层厚度调节机构；4—煤斗；5—煤闸门；6—前拱支吊；7—链带式炉排；8—分仓送风风室；9—老鹰铁（挡渣块）；10—连接炉排片的圆钢拉杆；11—主动炉排片；12—从动炉排片；13—拔柏葛（Babcock）型炉排片（主动、从动炉排片合二为一）

2. 链条炉排的形式及结构

链条炉排有链带式、横梁式和鳞片式 3 种形式。

图 7-22 给出了链带式炉排的结构。一般链带式炉排由主动炉排片［图 7-23（a）、（b）］和从动炉排片［图 7-23（c）］用圆钢拉杆连接而成。从动炉排片的结构形式多种多样，尺寸大小也不尽统一，基本上可分为薄片式炉排片、大块炉排片（图 7-24）、大块活动芯炉排片（图 7-25）及拔柏葛（Babcock）炉排片（图 7-26）4 种。其中 Babcock 型炉排片同时承担主动和从动的两种功能。

采用带活动芯的大块炉排片是链带式炉排结构上的重大发展和进步。由薄片型发展到大块型，金属消耗量有较大幅度的下降，再由大块发展到把炉排片框体与活动芯分开，使得通风截面积存在于框体与活动芯的接触部位处，活动芯受到煤层及其自重的作用，故通风截面比易于控制和保证。同时，通风孔由原垂直孔改为倾斜孔，故炉排片上的漏煤率显著下降。活动芯的拆装和检修十分方便，性能对比如表 7-22 所列。

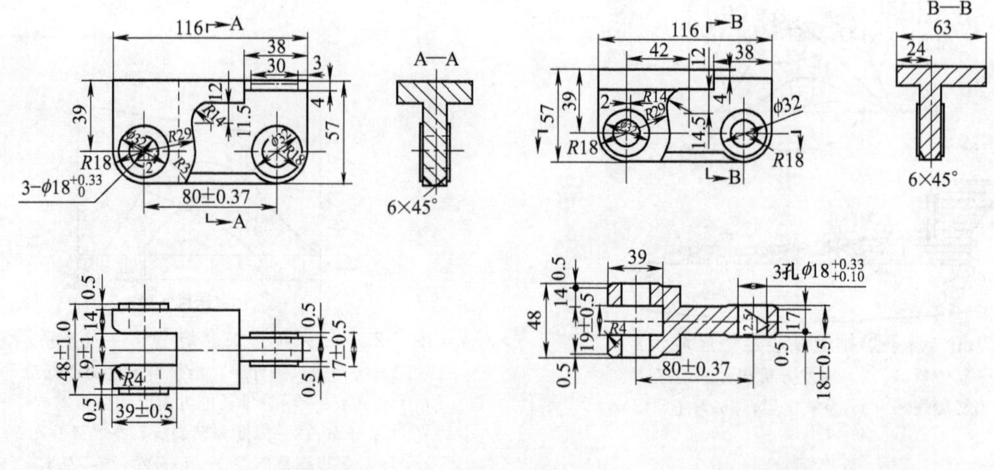

(a) 主动炉排片　　(b) 带侧密封的主动炉排片

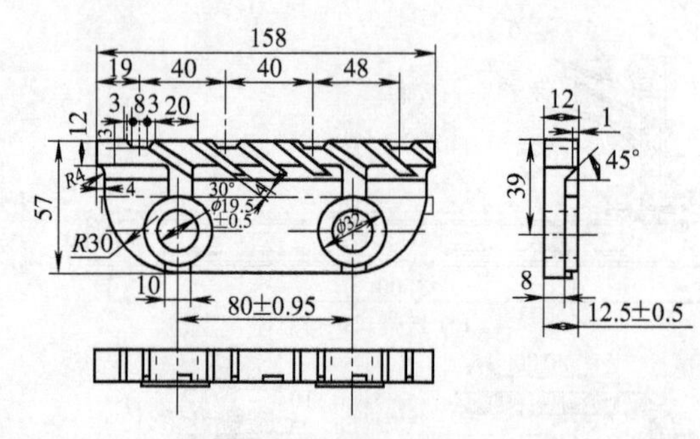

(c) 薄从动炉排片

图 7-23 主动炉排片及薄从动炉排片结构

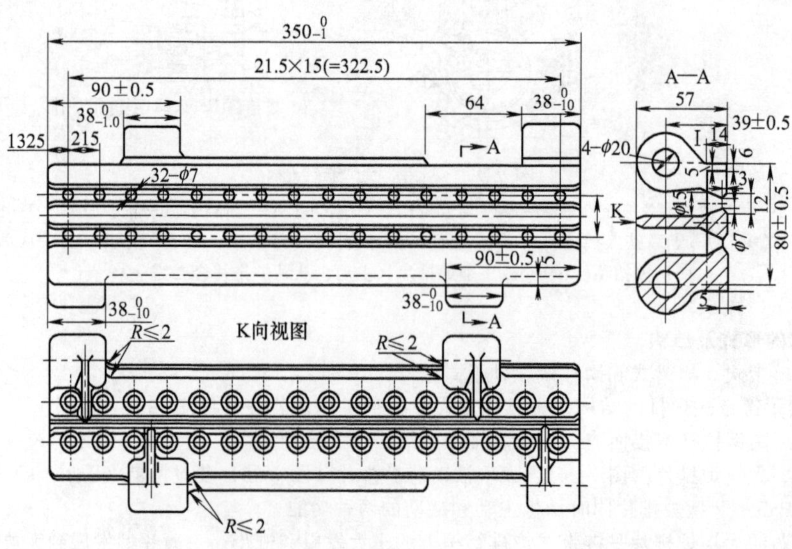

(a) 带圆通风孔

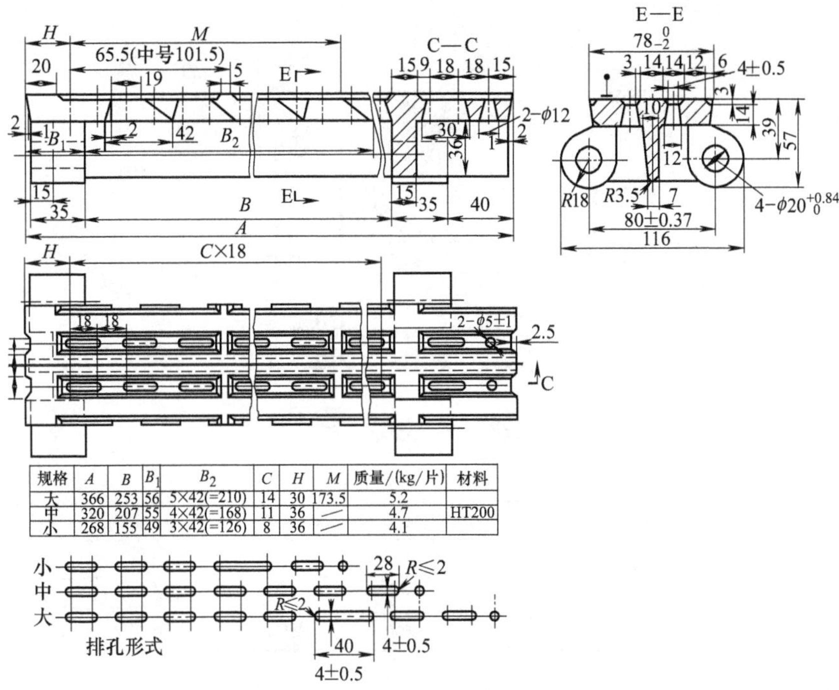

规格	A	B	B_1	B_2	C	H	M	质量/(kg/片)	材料
大	366	253	56	5×42(=210)	14	30	173.5	5.2	HT200
中	320	207	55	4×42(=168)	11	36	—	4.7	
小	268	155	49	3×42(=126)	8	36	—	4.1	

(b) 带条形通风孔

图 7-24　大块炉排片结构

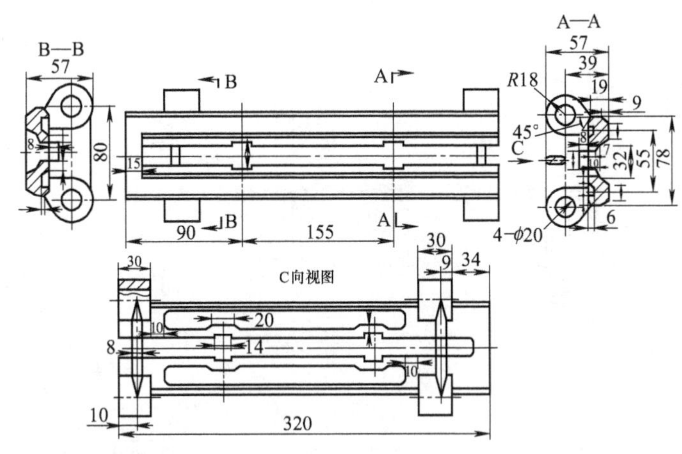

(a) 大块炉排片框体

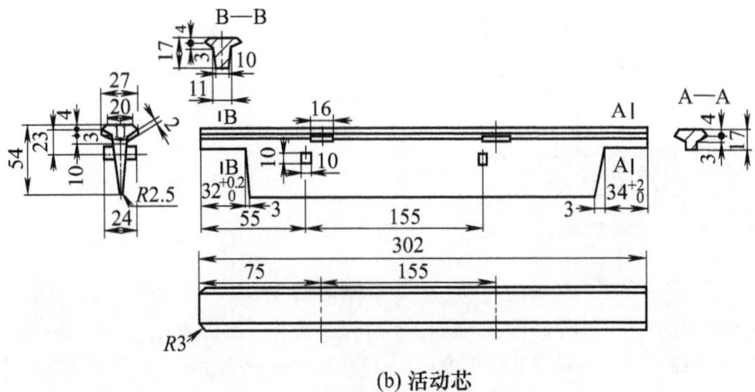

(b) 活动芯

图 7-25　大块活动芯炉排片结构

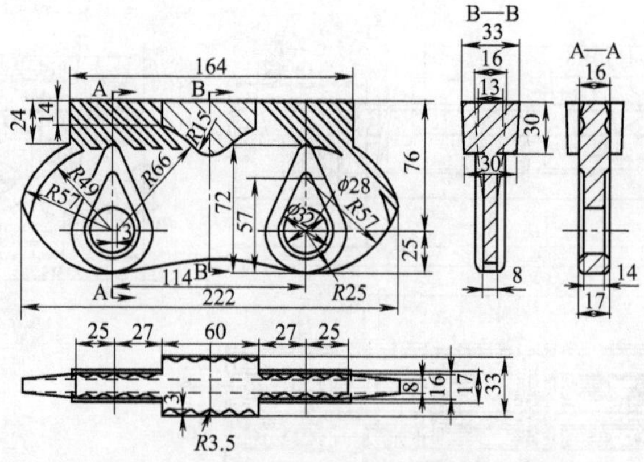

图 7-26 Babcock 型主从动统一的炉排片结构

表 7-22 链带炉排片性能比较

类型	漏煤量/%	炉排金属耗量/(kg/m²)	适用锅炉容量/(t/h)
普通薄片炉排片	约 5	650～750	≤4
大块炉排片		500～550	1～6(炉排片长度 300～350mm)
带活动芯大块炉排片	1～2	500～600	<15(炉排片长度 200～250mm)

图 7-27 是鳞片式炉排总体布置。图 7-28 是鳞片式链条炉排结构。该型炉排主要由鳞片式炉排片、夹板(又称手枪板)、链条、节距套管、铸铁滚筒等零件组成。炉排运行时，全部炉排的重量及煤层的重量由铸铁滚筒支撑，并在支架导轨上运动。图 7-29 给出了鳞片式炉排片工作状态及非工作状态时的位置示意和炉排尾部老鹰铁挡渣块的工作状态，图 7-30 为鳞片式不漏煤炉排片结构。

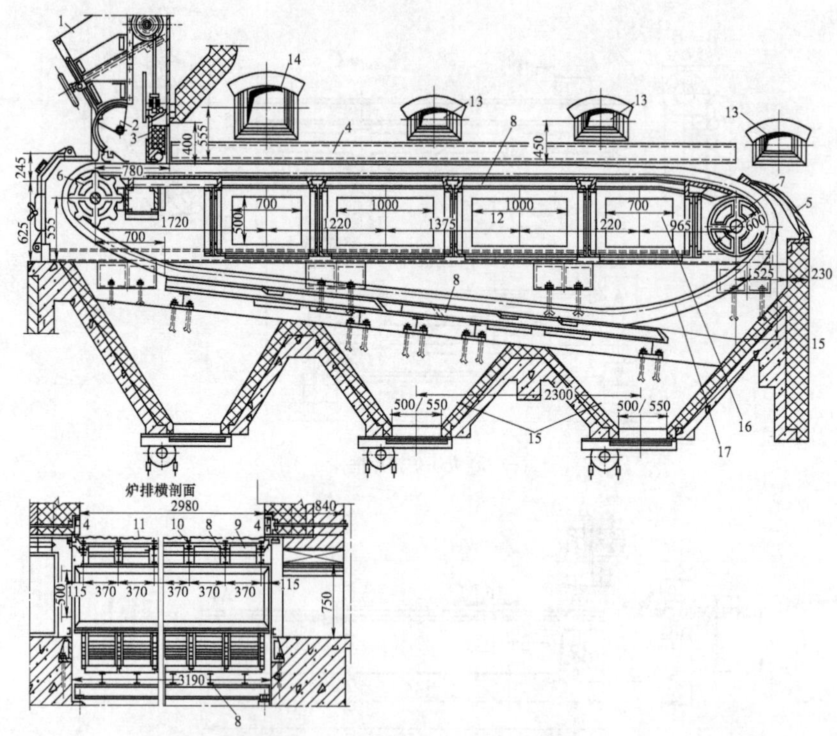

图 7-27 鳞片式炉排总体布置

1—煤斗；2—煤斗“月亮门”；3—煤闸门；4—防焦箱；5—老鹰铁（挡渣块）；6—主动链轮；7—从动轮；8—炉排支架；9—铸铁滚筒；10—夹板（又称手枪板）；11—鳞片式炉排片；12—风室进风口；13—拔火孔；14—人孔门；15—灰渣斗；16—分仓送风风室（此图为 4 个）；17—鳞片式链条炉排

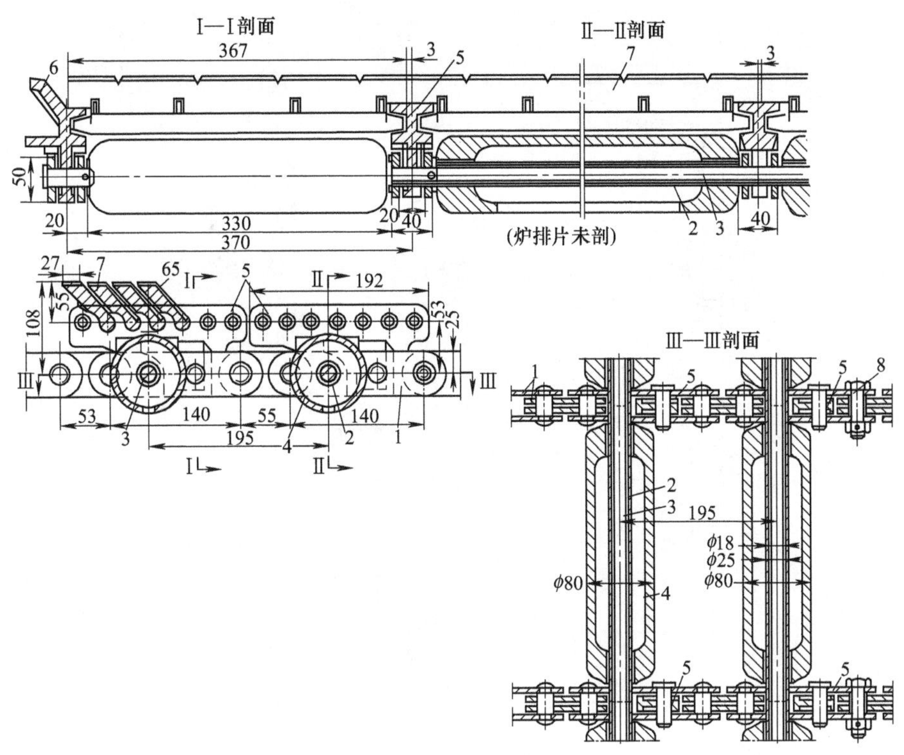

图 7-28 鳞片式链条炉排结构

1—链条；2—节距套管；3—圆钢拉杆；4—铸铁滚筒；5—中间夹板（又称手枪板）；6—带侧密封夹板；7—鳞片式炉排片；8—夹板与链条连接销轴

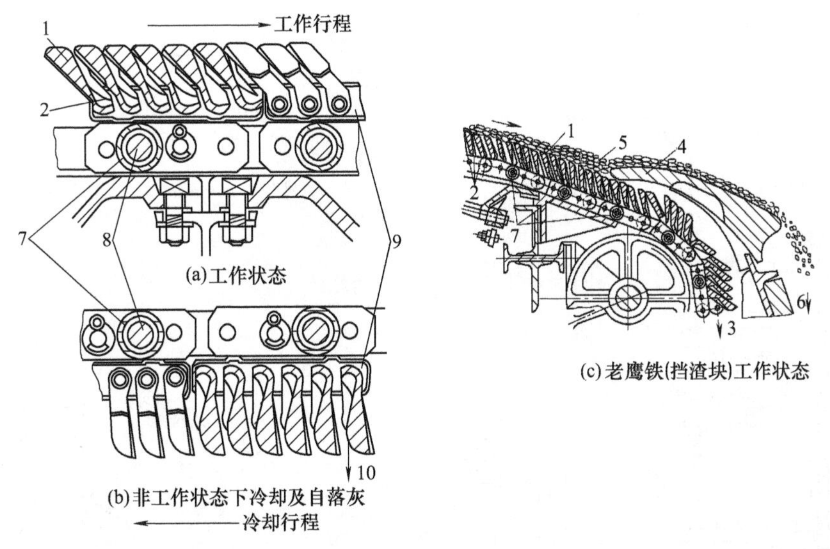

图 7-29 鳞片式炉排片的状态及位置示意

1—鳞片式炉排片；2—收集漏煤的凹窝；3—漏煤下落处；4—老鹰铁（挡渣块）；5—燃尽灰渣；6—灰渣落入灰渣井；7—铸铁滚筒；8—圆钢拉杆；9—手枪板；10—自清灰及漏煤下落处

图 7-31 是横梁式链条炉排的结构。该型炉排主要由刚性很强的横梁支架、链条及炉排片等组成。

链条炉排典型的侧密封装置主要有两种：接触式及迷宫式，分别示于图 7-32 中。

链条炉排锅炉中的挡渣装置，最典型的结构有老鹰铁（挡渣块）（见图 7-22 和图 7-29）和挡渣板（图 7-33）两种。

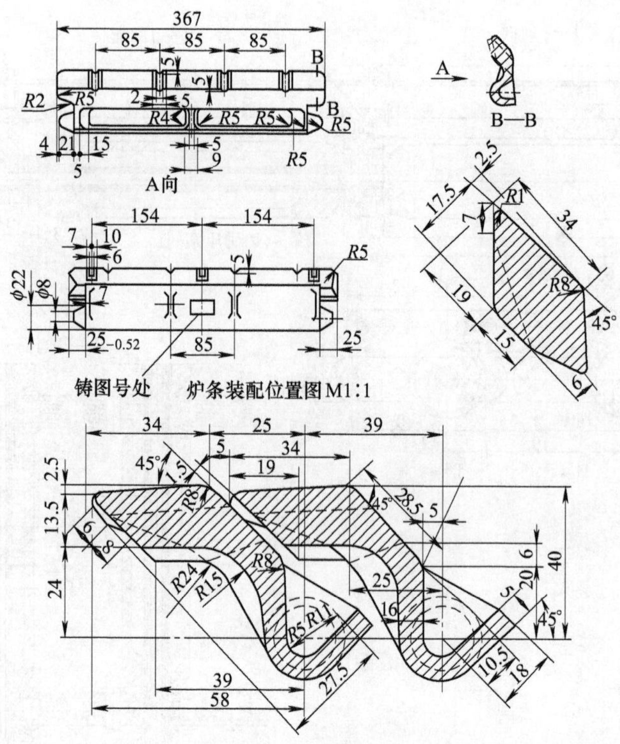

图 7-30 鳞片式不漏煤炉排片结构

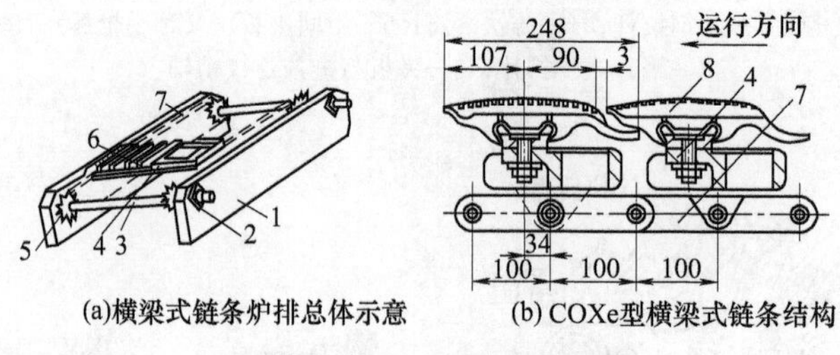

图 7-31 横梁式链条炉排结构

1—炉排墙板；2—轴承；3—轴；4—横梁支架；5—链轮；6—炉排片；7—链条；8—COXe 型炉排片

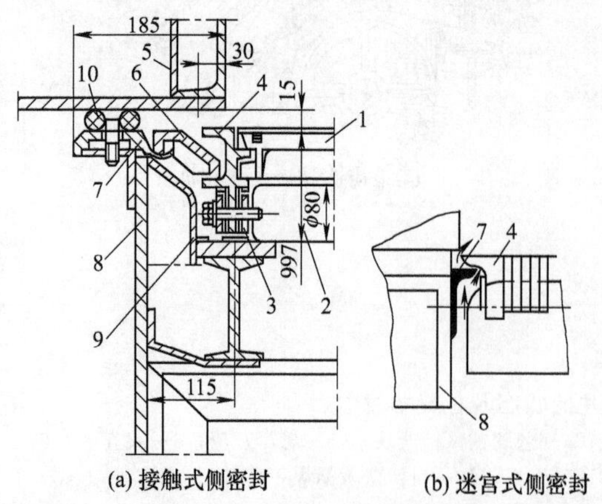

图 7-32 链条炉排的侧密封装置

1—炉排片；2—铸铁滚筒；3—链条；4—带侧密封的边夹板或炉排片；5—防焦箱；6—密封搭板；7—固定板；8—支架；9—密封薄板；10—石棉绳

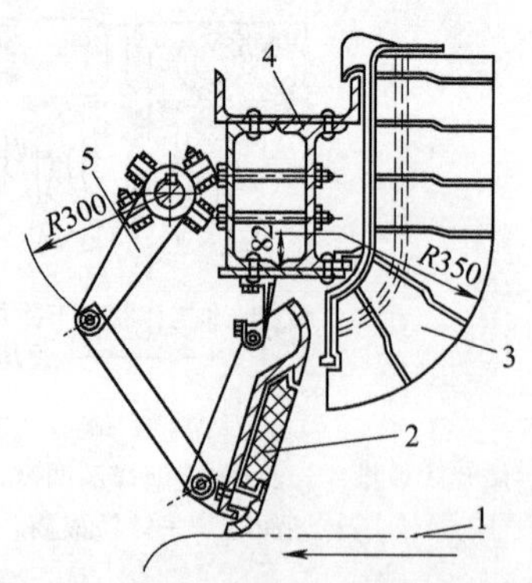

图 7-33 挡渣板的结构及位置示意

1—链条炉排；2—挡渣板；3—锅炉后拱墙；4—挡渣板固定支架；5—挡渣板调节机构

3. 链条炉排炉的热力特性

表 7-23 列出了链条炉排炉的热力特性。

表 7-23 链条炉排炉的热力特性

名称	褐煤	烟煤			贫煤	无烟煤		
		Ⅰ	Ⅱ	Ⅲ		Ⅰ	Ⅱ	Ⅲ
炉排面积热负荷 q_R/(kW/m^2)	580～815		700～1050			580～815		
炉膛容积热负荷 q_V/(kW/m^3)	230～350							
炉膛出口过量空气系数 α''_{lt}	1.2～1.4					1.3～1.5		
气体不完全燃烧热损失 q_3/%	0.5～2.0				0.5～1.0			
固体不完全燃烧热损失 q_4/%	5～10		10～15		8～12		10～15	
飞灰份额 a_{fh}	0.1～0.2					0.1～0.3		
送风温度 t_{rk}/℃	常温～200							
炉排速度/(m/h)	5～25							
煤层厚度/mm	60～250							
炉排运动方向	正转(从炉前向炉后)							
单位炉排面所需最小电机功率/(kW/m^2)	0.1～0.15							
链条炉最佳燃料状态	$w(M_{ar})$=8%～12%，$w(A_{ar})$≤30%，ST＞1200℃，最大煤块尺寸≤40mm，＜3mm 的颗粒含量≤30%							
炉排下风压/Pa	500～800					500～1000		

4. 链条炉的适用场合

表 7-24 列出了链条炉的适用容量范围。

表 7-24 链条炉的适用场合

名称	链带式	鳞片式	横梁式
	几乎可燃用各种固体燃料		
锅炉容量/(t/h) / 热功率/MW	6～8 / 4.2～5.6	10～20 / 7～14	65～75 / 45～50
炉排金属消耗量/(kg/m^2)	500～750	900～1200	1500～1700

链条炉排锅炉与煤粉锅炉相比，结构系统相对简单，特别在我国运行和制造经验比较成熟，目前在工业和集中采暖上，仍然得到应用。由于经济性和环保上的局限，工业和生活用链条炉最小容量应≥20t/h。其他型式的火床炉，由于结构、燃烧效率低下、环保等局限性，现今已基本淘汰。

5. 链条炉排片材料

表 7-25 列出了链条炉排片材料。

表 7-25 链条炉排片材料

类型	链带式	鳞片式	横梁式
主动炉排片(1～4t/h) (≥6t/h)	ZG270-500，KTH 350-10，ZG270-500		
从动炉排片	HT150	HT200	HT200
大块炉排片 (包括活芯)	HT200～HT150		

四、振动炉排炉

1. 振动炉排的结构形式

图 7-34 和图 7-35 分别为固定支点振动炉排和活动支点振动炉排结构。

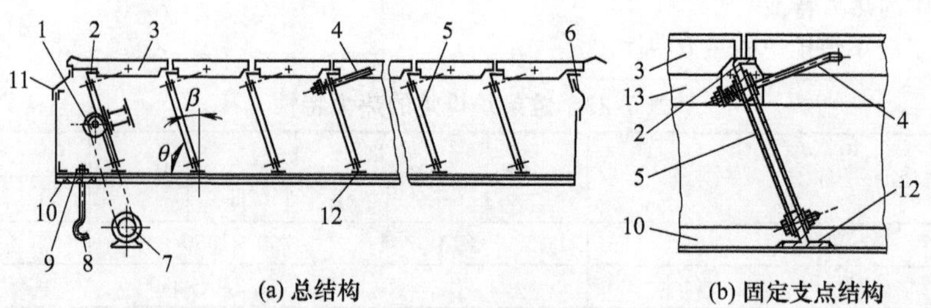

图 7-34 固定支点振动炉排结构

1—偏心块激振器；2—“7”字横梁；3—炉排片；4—拉杆；5—弹簧板；6—后密封；7—激振器电机；8—地脚螺钉；9—减振橡皮垫；10—下框架；11—前密封；12—固定支点；13—侧梁

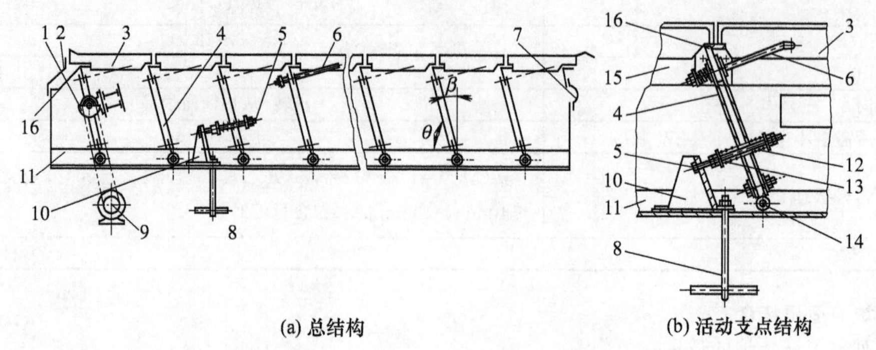

图 7-35 活动支点振动炉排结构

1—偏心块激振器；2—前密封；3—炉排片；4—弹簧板；5—减振弹簧螺杆；6—拉杆；7—后密封；8—地脚螺钉；9—激振器电机；10—支座；11—下框架；12—减振上弹簧；13—减振下弹簧；14—活动支点摆轴；15—侧梁；16—“7”字横梁

炉排平面一般有1°～2°的向后下倾角，也可以不下倾。

振动炉排结构上主要由炉排片、上框架、“7”字横梁、弹簧板、支点及激振器组成。固定支点与活动支点在结构上的区别主要在于弹簧板与下框架的连接点上。前者支点与下框架焊死，后者支点通过摆轴与下框架活动相连。两者的性能比较如表7-26所列。图7-36为振动炉排双穿芯活动炉排片结构。

表 7-26 固定支点与活动支点性能比较

名　称	固定支点结构	活动支点结构
弹簧板安装倾角 θ/(°)	55～70	
振动炉排振动角 β/(°)	90－θ	
振动炉排振幅可调范围/mm	＜4	2～8
炉排共振频率可调性	改变弹簧板厚度	改变减振上、下弹簧的压紧力及改变弹簧板厚度
炉排振动对地基、锅炉本体的影响	影响大，必须采取其他减振措施	有较好的缓冲和减振效果
制造、安装、结构	结构简单、加工量小、精度要求低	加工量大、装配质量要求高、结构复杂

2. 振动炉排的工作原理

振动炉排的燃烧特点与链条炉排基本相同。燃烧沿炉排长度方向上呈周期性分布，故要求沿炉排长度方向分仓送风，要求装设炉拱或二次风。由于炉排振动既能推动煤层前进，又能起到松动煤层、加强煤层内扰动的作用，故燃烧强烈，特别在火床中部的旺盛燃烧区，燃烧热强度很高，因此其煤种适应性比链条炉强。但炉排片的工作条件比较恶劣，这一方面是由于振动强化了燃烧；另一方面它没有链条炉排片能获得周期冷却的条件，故要十分重视炉排片的冷却。

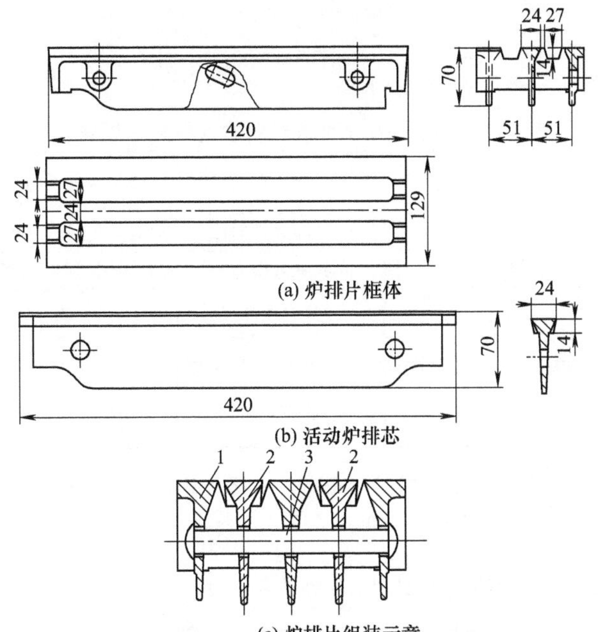

图 7-36　振动炉排双穿芯活动炉排片结构（通风截面比 $r_{tf}\approx 0.045$）

1—炉排片框体；2—活动炉排芯；3—销钉

图 7-37 为振动炉排弹簧板受激振器作用而振动时，炉排上煤粒工作的状况。

当弹簧板沿振动角（$\beta=90°-\theta$）向锅炉后上方振动时［见图 7-37（a）］，则煤粒的受力条件为：

$$f_h=(G+F\sin\beta)\cdot c \tag{7-73}$$

当弹簧板沿 β 角向前下方振动时［见图 7-37（b）］，则：

$$f_q=(G-F\sin\beta)\cdot c \tag{7-74}$$

$$F\propto mr\omega^2\sin at; \tag{7-75}$$

式中　f_h——煤粒与炉排之间向后的摩擦力；

f_q——煤粒与炉排之间向前的摩擦力；

G——煤粒所受的重力；

β——弹簧板的振动角；

c——煤粒与炉排间的摩擦系数；

F——因弹簧板振动，煤粒受到的惯性力，

m——激振器偏心块的质量；

r——激振器偏心块的偏心距；

ω——激振器的旋转角速度；

a——激振器振动的振幅；

t——激振器振动的周期。

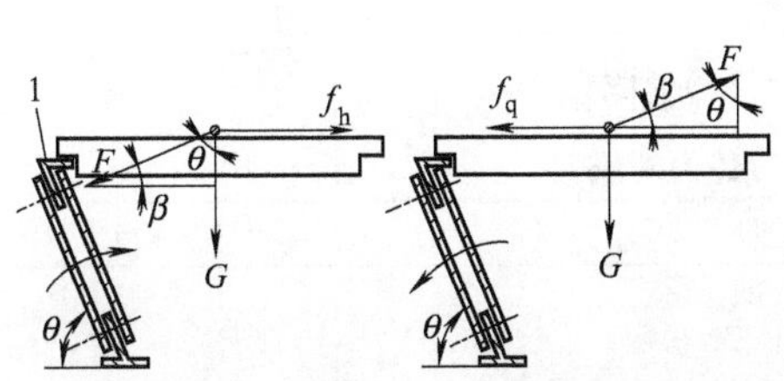

图 7-37　振动炉排弹簧板振动时的煤粒状态

1—“7”字形横梁

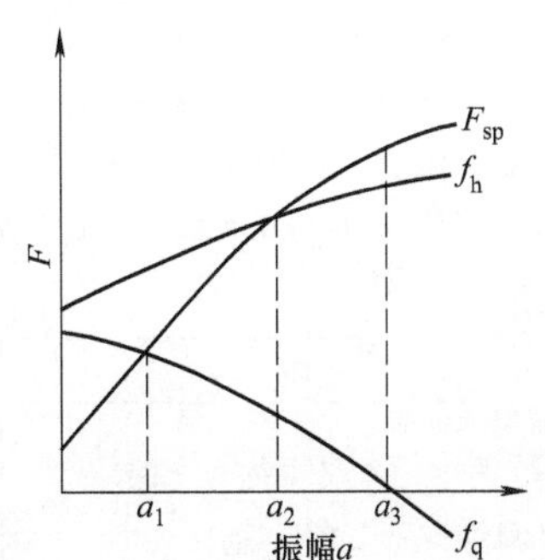

图 7-38　振动炉排上煤粒受力的关系

惯性力在水平方向的分力：

$$F_{sp}=F\cos\beta \tag{7-76}$$

以上各力之间的关系见图 7-38 和表 7-27。

表 7-27 振动炉排上的煤粒状态（参阅图 7-38）

振幅 a	惯性力垂直分量 $F\sin\beta$	惯性力水平分量 $F_{sp}=F\cos\beta$	弹簧板向后振动	弹簧板向前振动	煤粒运动状态
$<a_1$	$F\sin\beta<G$	$F\cos\beta<f_q<f_h$	煤粒随炉排向后	煤粒随炉排向前	原地未动
$a_1\sim a_2$		$f_q<F\cos\beta<f_h$	煤粒随炉排向后	煤粒因惯性向炉后滑动	间断向炉后滑动
$a_2\sim a_3$		$f_q<f_h<F\cos\beta$	煤粒因惯性向炉前滑动	煤粒因惯性向炉后滑动	“扭秧歌”式向炉后滑动
$>a_3$	$F\sin\beta>G$	$f_q<0$	煤粒因惯性向炉前滑动	煤粒因惯性被抛起，并向炉后方向运动	煤粒跳跃式向炉后运动，飞灰量剧增

振动炉排运行中，振幅处于 $a_1\sim a_3$ 之间是合适的。由于炉排设计时刚性的差异，一般水平振动炉排（或向炉后$-1°\sim-2°$的微倾角）振幅处于 3～5mm 之间，带倾斜（倾角向炉后方$-10°\sim-18°$）的振动炉排，其振幅处于 1～3mm 之间。

振动炉排运行中，煤层运动的不正常状况及消除办法列于表 7-28 中。

表 7-28 振动炉排煤层运动及炉排不正常状况和消除办法

各种不正常状况	主要原因	消除办法
炉排中部煤层起堆	侧梁刚性不足	加固侧梁
炉排两侧煤层向后运动速度快于中间煤层	“7”字横梁刚性不足	加固“7”字横梁
煤层在炉排上做无规则的乱转动	侧梁与“7”字横梁刚性均不足	重新设计、选材、增加刚性
煤层向一侧运动	两侧梁刚性不一致。煤层往往向刚性强的一侧运动或“7”字横梁安装不平行	(1)加固刚性不足的一侧梁； (2)应重新调整“7”字横梁的平行度
煤层在炉排上做忽前忽后的上、下往复跳动	炉排片拉杆过松	锁紧拉杆
锅炉本体、厂房及地基强烈振动	炉排固有频率(又称共振频率)与锅炉本体、厂房及地基固有频率相等，引起共振	(1)改变炉排刚性(即固有频率)： ①改变弹簧板厚度； ②对活动支点炉排，改变上、下弹簧的压紧程度。 (2)采取减振措施： ①下框架底部加防振垫； ②增加锅炉基础质量； ③锅炉基础周围开防振沟
煤层行进速率过低(<6m/h)	惯性力不足	(1)增加偏心块质量和偏心距； (2)增加炉排刚性

3. 振动炉排的一般特性

表 7-29 列出振动炉排的热力特性。表 7-30 列出振动炉排的一般特性。

表 7-29 振动炉排的热力特性

名　　称	数值范围	名　　称	数值范围
炉排面积热负荷 q_R/(kW/m^2)	900～1150	漏煤量/%	>5
炉膛容积热负荷 q_V/(kW/m^3)	230～350	飞灰份额 a_{fh}	0.1～0.3
炉膛出口过量空气系数 α''_{lt}	1.3～1.4	送风温度/℃	常温
气体不完全燃烧热损失 q_3/%	1～2	炉排下风压/Pa	400～800
固体不完全燃烧热损失 q_4/%	5～12		

表 7-30　振动炉排的一般特性

名　　称	水　平　炉　排		倾斜水冷炉排 （倾角$-10°\sim-18°$）
	固定支点	活动支点	
激振器偏心块转速/(r/min)	1200～1600	800～1000	600
振幅可调范围/mm	1～3	2～8	1～2
炉排振动角 β/(°)	20		
煤层厚度/mm	100～140		
煤层行进速度/(m/h)	>6(冷态)，>9(热态)		
炉排通风截面比 r_{tf}	约 0.045		0.02
炉排连续振动时间与周期之比	1∶20(即周期 120s，振动一次的时间 6s)		
炉排金属消耗量/(kg/m^2)	500～580		
优先适应煤种	贫煤、烟煤(Ⅱ类、Ⅲ类)		
优先推荐锅炉容量/(t/h 或 MW)	2～4t/h(1.4～2.8MW)，最大可达 10t/h		
炉排片材料	HT200		
弹簧板材料	16Mn		

五、往复炉排炉

1. 往复炉排的结构形式

图 7-39 和图 7-40 分别为倾斜往复炉排和水平往复炉排的总体结构。

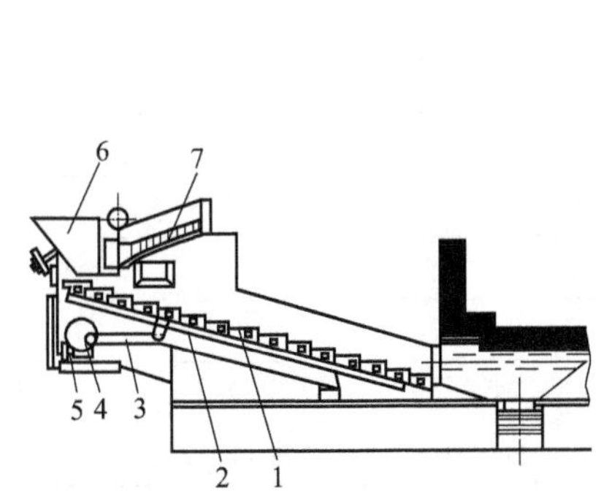

图 7-39　倾斜往复炉排总体结构

1—炉排片；2—斜梁；3—推拉杆；4—偏心轮；5—减速箱；6—煤斗；7—前拱

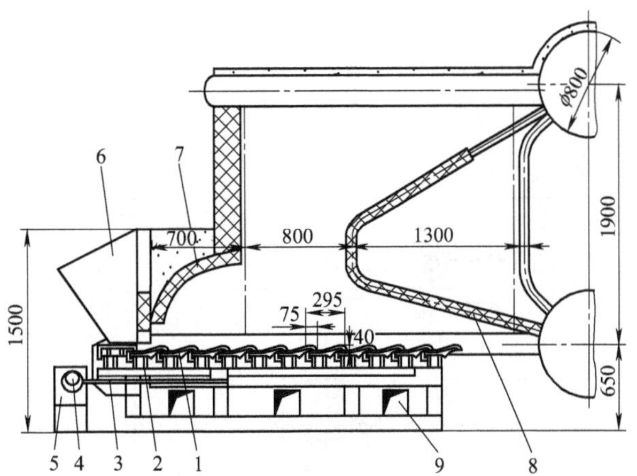

图 7-40　水平往复炉排总体结构（单位：mm）

1—炉排片；2—横梁；3—推拉杆；4—偏心轮；5—减速箱；6—煤斗；7—前拱；8—后拱；9—风仓

往复炉排是靠炉排片往复运动来实现给煤的燃烧设备。运动炉排片可以是间隔布置（即动炉排片与静炉排片间隔布置），也可以是全部炉排片均为动炉排片，只不过运行动作时，分组依次往复运动。燃料在往复炉排上的燃烧特性与链条炉基本相同。图 7-41 为往复炉排片结构。燃烧所需空气从炉排片下部送入，经炉排片前部 1～2mm 的缝隙及炉排片之间 5～7mm 的缝隙进入煤层供燃烧用，通风截面比 r_{tf} 较大，为 0.07～0.12。

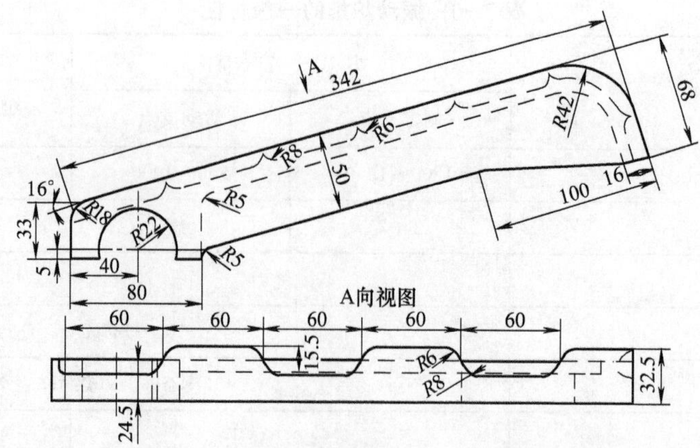

图 7-41 往复炉排片结构（单位：mm）

2. 往复炉排的热力特性及适用场合

表 7-31 列出往复炉排的结构特性。表 7-32 列出往复炉排的热力特性。

表 7-31 往复炉排的结构特性

名 称	倾斜往复炉排	水平往复炉排	名 称	倾斜往复炉排	水平往复炉排
炉排面倾斜角/(°)	12～20	0	可动炉排片往复运动频率/min^{-1}	3～6	
炉排通风截面比 r_{tf}	0.07～0.12		煤层厚度/mm	100～140	
可动炉排片行程/mm	50～90		炉排金属消耗量/(kg/m^2)	<650	

表 7-32 往复炉排的热力特性

名 称	褐 煤	烟 煤		贫 煤	无烟煤
		Ⅰ	Ⅱ		Ⅰ
炉排面积热负荷 q_R/(kW/m^2)	580～815		755～930		580～815
炉膛容积热负荷 q_V/(kW/m^3)	230～350				
炉膛过量空气系数 α''_{lt}	1.3～1.5				
飞灰份额 α_{fh}	0.15～0.20				
气体不完全燃烧热损失 q_3/%	0.5～2.0			0.5～1.0	
固体不完全燃烧热损失 q_4/%	7～10	9～12	7～10		9～12
送风温度 t_{rk}/℃	常温				
优先适应煤种	褐煤、烟煤(Ⅰ类、Ⅱ类)				
优先推荐锅炉容量/(t/h 或 MW)	2～6t/h(1.4～4.2MW)，最大可达 10t/h				
炉排下风压/Pa	500～800				
炉排片材料	HT200 或 RQTSi5				

六、抛煤机炉排炉

1. 抛煤机的工作原理及结构

抛煤机是一种机械化的给煤设备（见图 7-42）。可以通过机械、风力或机械-风力混合的方式实现给煤功能。改变机械叶轮的转速、风力喷口的风量、风速以及抛煤角度，调节板的前后位置来调节抛煤的行程。用改变活塞推煤板往复的频率和行程及给煤设备的给煤能力来调节抛煤量。

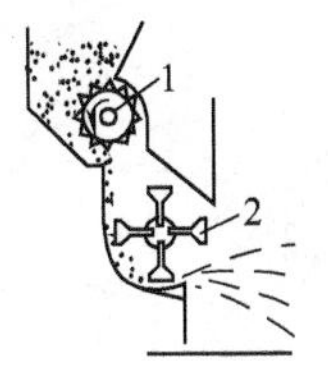
(a) 机械抛煤机

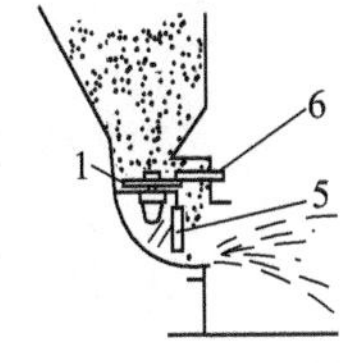
(b) 机械抛煤机

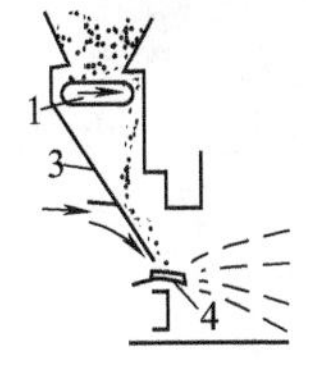
(c) 风力抛煤机

(d) 机械-风力抛煤机

图 7-42　抛煤机工作原理示意

1—给煤设备；2—叶轮式抛煤设备；3—下煤倾斜板；4—抛煤风进口；5—刮板式抛煤设备；6—抛煤角度调节板（又称分配板）；7—活塞推煤板

抛煤角度调节板（又称分配板）调节抛煤行程的原理示于图 7-43。

机械式抛煤机抛煤时，往往把大颗粒煤抛向远方，细屑煤却抛不远，堆在抛煤机口下面。而风力式抛煤机却恰恰相反，细屑煤抛向远方，大颗粒煤却堆在抛煤机口下面。两者均造成沿炉排长度上煤粒分布极不均匀，导致 q_4 损失增加。在燃烧组织中，抛煤机与链条炉排运行方向可以配合使用，如机械抛煤机配倒转炉排（指炉排运动方向从炉后向炉前），风力抛煤机配正转炉排（炉排从炉前向炉后方向运动），但是仍然不能根本改善 q_4 的状况。因此，工程上普遍采用机械-风力混合式抛煤机，其结构示于图 7-44，主要技术数据列于表 7-33 中。

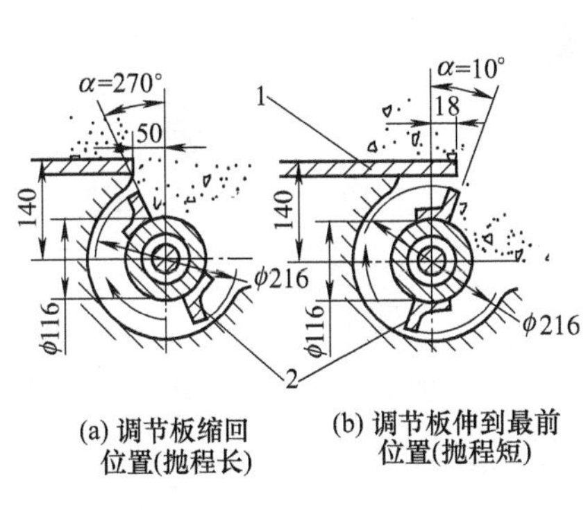

(a) 调节板缩回位置(抛程长)　(b) 调节板伸到最前位置(抛程短)

图 7-43　抛煤角度调节板工作原理

1—抛煤角度调节板；2—抛煤机叶轮

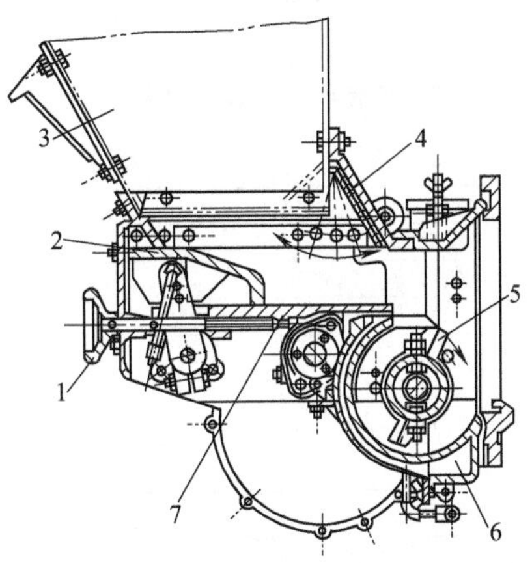

图 7-44　机械-风力混合式抛煤机结构

1—抛煤角度调节板位置调节手轮；2—活塞推煤板；3—煤斗；4—给煤调节机构；5—抛煤叶轮；6—抛煤风室；7—抛煤角度调节板

表 7-33　机械-风力混合式抛煤机主要技术数据汇总

名　称	数　值	名　称	数　值
转子直径/mm	216	抛煤机最大给煤量/(kg/h)	
转子长度/mm	340	第一挡	900～1600
配用电动机转速/(r/min)	930	第二挡	1800～3200
电动机功率/kW	1.0	抛煤风喷嘴出口空气速度/(m/s)	20
转子的圆周速度/(m/s)	4.52～10.16		
分配板(调节角度板)的可调距离/mm		风力抛煤需要的空气量/(m^3/h)	
由转子轴线向后	50	下喷嘴	320
由转子轴线向前	18	两侧喷嘴	230
活塞推煤板的频率/(次/min)		总的空气需要量	550
第一挡	23.4～52.6	对于装有抛煤机摇动炉排的抛煤风压头/Pa	700～800
第二挡	47.6～107.0		
活塞推煤板的最大行程/mm		冷却抛煤机外壳必须的空气压头/Pa	100
第一挡	37		
第二挡	31	冷却抛煤机外壳必须的空气量/(m^3/h)	80
第三挡	25		

通常抛煤机还可以分别与摇（摆）动炉排配合组成抛煤机固定炉排炉（摇动炉排结构示于图 7-45），与链条炉排配合组成抛煤机链条炉排炉。由于抛煤机给煤时，能把新鲜煤抛加在已燃煤层的上面，故燃料的着火性能好，具有“无限制着火”的优越性，同时部分细小煤粉在抛撒过程中，处于炉膛空间燃烧，故燃料适应性较广。

抛煤机运行中常见故障及消除方法列于表 7-34。

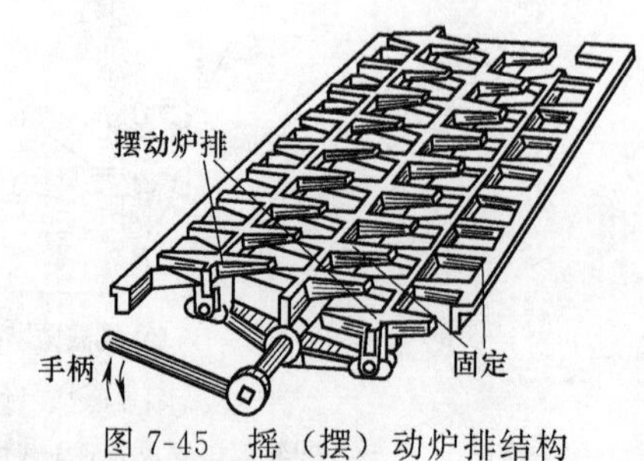

图 7-45 摇（摆）动炉排结构

表 7-34 抛煤机运行中常见故障及消除方法

常见故障	故障原因	消除方法
抛煤机出口煤堵塞	原煤水分偏高	(1)增大活塞给煤板行程 L 试验发现：当 $w(M_{ar})=10.4\%$、$L=28$mm 时，给煤正常。当 $w(M_{ar})$增至 14.7%时，出口全部堵死。把 L 增至 60mm，堵塞立即消除。 (2)改斜坡形推煤板为阶梯形或者延长斜坡形推煤板长度，并降低斜坡前端高度
抛煤风口四周结渣	抛煤风压头不足或流速过低	(1)改变喷口形式； (2)提高风压和风速

2. 抛煤机炉的热力特性

表 7-35 列出了抛煤机炉的热力特性。

表 7-35 抛煤机炉的热力特性

名称		抛煤机固定炉排炉	抛煤机链条炉
炉排面积热负荷 q_R/(kW/m²)		820～1300	1050～1600
炉膛容积热负荷 q_V/(kW/m³)		250～350	290～350
炉膛出口过量空气系数 α''_{lt}		1.3～1.4	
飞灰份额 α_{fh}		0.2～0.3	
气体不完全燃烧热损失 q_3/%		0.5～1.0	
固体不完全燃烧热损失 q_4/%		8～12(褐煤、烟煤、贫煤) 10～15(无烟煤Ⅲ类)	
送风温度 t_{rk}/℃		常温～200	
优先适应煤种		烟煤(Ⅱ、Ⅲ类)、贫煤[$w(M_{ar})<15\%$]	
优先推荐锅炉容量(或热功率)/(t/h 或 MW)		<10t/h (<7MW)	≥15t/h (>10.5MW)
风压/Pa	一次风压	500～800	
	抛煤风压	700～800	
	二次风及飞灰回燃	约 350	

七、其他形式的火床炉

1. 甘蔗渣炉

甘蔗渣炉见图 7-46（a）。甘蔗渣是一种高水分［$w(M_{ar})\approx 45\%\sim57\%$］、高挥发分［$w(V_{daf})\approx 40\%\sim45\%$］、低灰分［$w(A_d)\approx 2\%$］、低发热量的季节性燃料。在中国南方产糖地区较多。通常均采用链条炉与油（或气、煤粉）混合燃烧。适用容量 20～200t/h 锅炉。表 7-36 列出甘蔗渣炉的热力特性。

表 7-36 甘蔗渣炉的热力特性

名称	数值	名称	数值
炉排面积热负荷 q_R/(kW/m²)	1400～2300①	送风温度/℃	约 200
炉膛容积热负荷 q_V/(kW/m³)	160～210②	炉排下风压/Pa	500～800
炉膛出口过量空气系数 α''_{lt}	1.3～1.5	蔗渣喷播口距炉排垂直距离/m	1.5～2.5
气体不完全燃烧热损失 q_3/%	约 1.0	蔗渣喷播口的中心距/m	0.8～1.2
固体不完全燃烧热损失 q_4/%	约 2.0	喷播口到炉膛出口的垂直高度/m	≥8
飞灰份额 α_{fh}	0.55～0.75		

①蔗渣水分较低时，取偏上限值。

②采用链条炉排时，取偏上限值。

2. **木柴锅炉**

木柴锅炉见图 7-46（b）。木柴与蔗渣均是高水分、高挥发分、低灰、低发热量的燃料，燃烧组织的方式基本与甘蔗渣炉相同，可参照甘蔗渣炉的热力特性数据。图 7-46（b）结构可适用于<75t/h 的木柴燃烧锅炉。

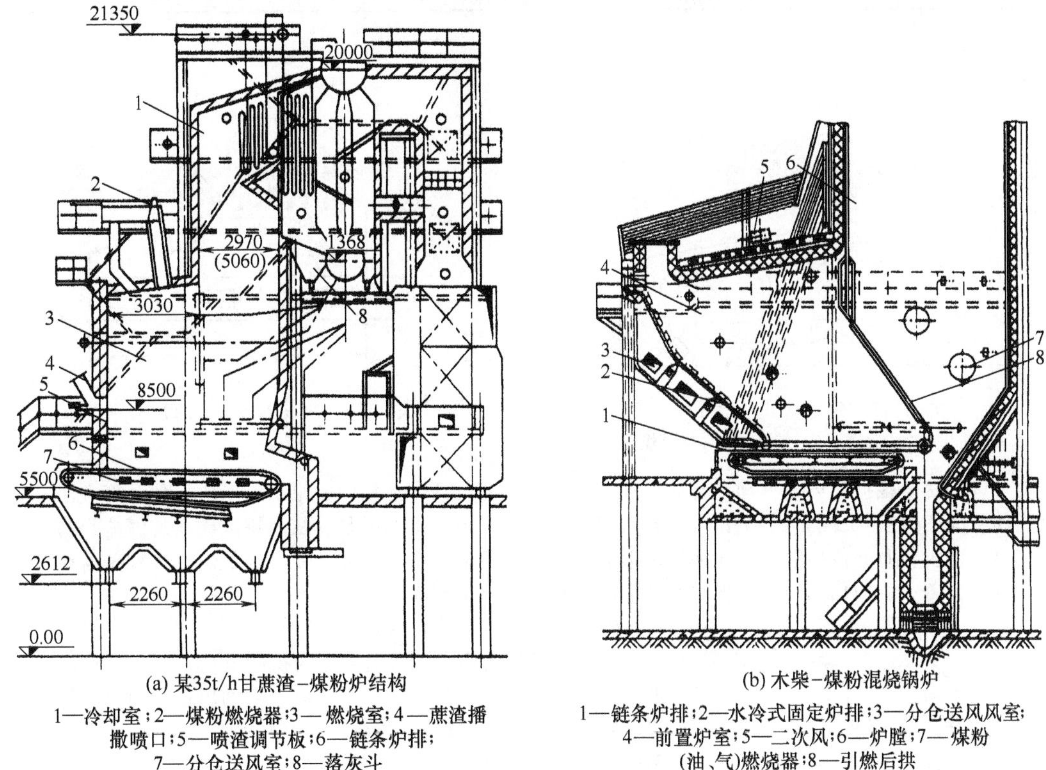

(a) 某35t/h甘蔗渣-煤粉炉结构

1—冷却室；2—煤粉燃烧器；3—燃烧室；4—蔗渣播撒喷口；5—喷渣调节板；6—链条炉排；7—分仓送风室；8—落灰斗

(b) 木柴-煤粉混烧锅炉

1—链条炉排；2—水冷式固定炉排；3—分仓送风风室；4—前置炉室；5—二次风；6—炉膛；7—煤粉(油、气)燃烧器；8—引燃后拱

图 7-46　其他形式火床炉

八、火床炉的炉拱设计

火床燃烧锅炉的炉拱是除炉排以外最重要的、也是最关键的燃烧设备部件。它与炉排紧密结合、协调运行是确保锅炉能及时着火、稳定燃烧、充分燃尽的关键。炉拱的合理布置能够优化炉内气流的空气动力工况及炉拱本身的蓄热辐射作用，为着火提供足够的热源和燃烧必需的氧气。长期以来，都是按经验设计炉拱。

1. **链条炉炉拱的经验性设计**

表 7-37 列出了链条炉炉拱尺寸经验值。对振动炉排、往复炉排炉拱可参照表 7-37 确定。表 7-38 列出了拱区烟速推荐值。图 7-47 示出链条炉的前后拱。

表 7-37　链条炉炉拱尺寸经验值

名　　称	符　　号	褐　　煤③	Ⅱ、Ⅲ类烟煤	贫煤⑥、无烟煤、Ⅰ类烟煤
前拱高度⑤/m	$h_1$①	1.4～2.3	1.6～2.6	1.6～2.1
前拱遮盖炉排长度	$\frac{a_1}{l}$	0.15～0.35	0.1～0.2	0.15～0.25
后拱高度/m	$h_2$①	0.8～1.2	0.9～1.3	0.9～1.3
后拱遮盖炉排长度	$\frac{a_2}{l}$	0.25～0.5	0.25～0.55④	0.6～0.7
后拱倾角/(°)	α	12～18	12～18	8～10
后拱至炉排面的最小高度/m	h②	0.4～0.55	0.4～0.55	0.4～0.55

① 炉排有效长度 l 值大，则取 h_1、h_2 偏大值。

② 对多灰或灰熔点低的煤，h 取大值。对 $w(V_{daf})$ 小的煤，h 取小值。

③ 对水分高的褐煤，h_1、$\frac{a_2}{l}$取大值，$\frac{a_1}{l}$、α 取小值。

④ 对难着火的Ⅱ类烟煤，$\frac{a_2}{l}$取大值。

⑤ h_1 主要取决于与后拱的配合。

⑥ $w(V_{daf})$ 高的贫煤按Ⅱ类烟煤设计。$w(V_{daf})$ 偏低的贫煤按无烟煤设计。

表 7-38 拱区烟速经验推荐值

烟　速	中国推荐值	美国推荐值	前苏联推荐值	烟　速	中国推荐值	美国推荐值	前苏联推荐值
后拱出口烟速 v_2/(m/s)	5～10	12～16（无烟煤）		前后拱间喉口烟速 v_h/(m/s)	5～6.5	8～12	5～7

2. 炉拱的动量（流率）设计法

见图 7-48。

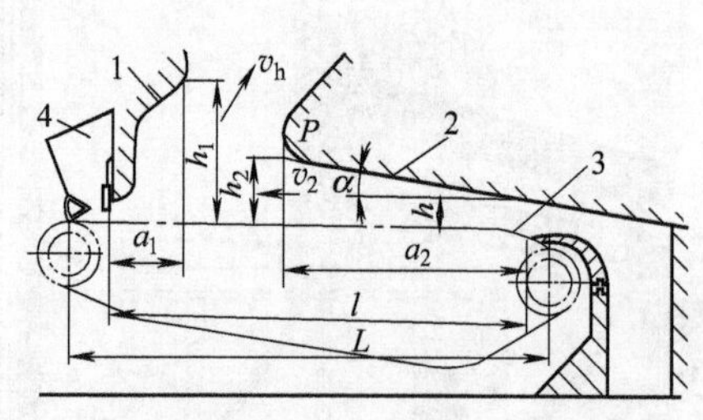

图 7-47 链条炉的前后拱

1—前拱；2—后拱；3—链条炉排；4—煤斗

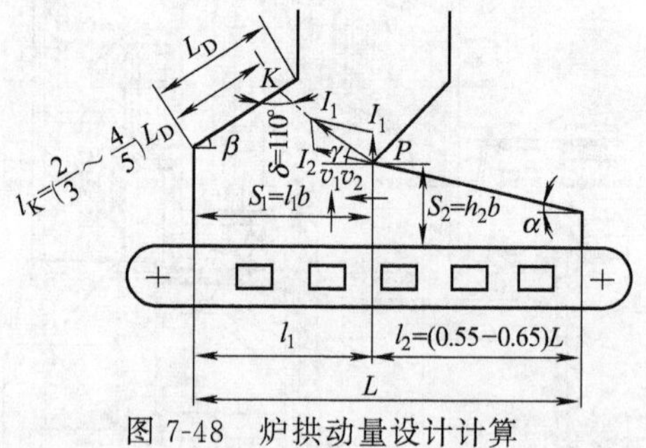

图 7-48 炉拱动量设计计算

动量设计法是根据炉内气流动量合成原理，使气流按照设计者的意图去组织流场的一种计算方法。炉内气流流动工况不外乎“L”形火焰和“α”形火焰两种。“α”形火焰路径是：从后拱区流出的气流经前拱导向转向煤层，再折转向上流出喉口。在前拱区形成一较大的回流，增强湍动，使气流中炽热炭粒分离在新鲜煤层上，可改善着火、增加燃尽率、提高充满度、延长炉内停留时间（见图 7-49）。

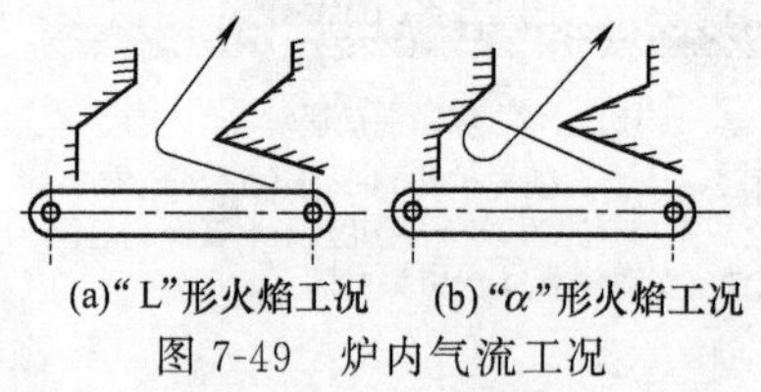

图 7-49 炉内气流工况

动量设计计算的简化假定如下。

（1）从后拱流出的烟气流向与后拱倾角 α 一致，后拱出口平均烟速 v_2 以 P 点（见图 7-47 及图 7-48）处的出口截面积计算，并假定为后拱出口气流动量 I_2 与前拱区上升气流动量 I_1 的合成点。对圆弧形出口的后拱（见图 7-47），由于弧形的导流作用，故后拱出口截面以圆弧与垂直线相切点（P 点）的尺寸计算。对尖角形出口的后拱，P 点就是该尖点。

（2）后拱以外的烟气流近似认为做垂直上升运动。考虑到前拱区“α”向下回流的影响，假定上升气流的流通截面积 S_1' 按面积 $S_1=l_1b$（b 为炉排宽）的 $\frac{1}{2}$ 计算，即设 $S_1'=\frac{1}{2}S_1$。上升气流平均速度为 v_1。

（3）假定沿炉排宽度方向上的气流分布是均匀的，即可简化为一维流动处理。

后拱区出口气流动量 I_2 的计算：

$$I_2=\int_{S_2}(\rho v)v\cdot \mathrm{d}S=\rho_2 v_2 Q_2\ ,\ \mathrm{N} \tag{7-77}$$

$$Q_2=kV_y B_j\cdot\frac{273+t_y}{273} \tag{7-78}$$

式中 ρ_2——后拱区烟气密度，kg/m³，按式（2-115）计算。

v_2——后拱出流烟气的平均流速，m/s，$v_2=\frac{Q_2}{S_2}$；

S_2——后拱出口的最大截面积，m²，$S_2=h_2'b$（h_2'为后拱出口 P 点的高度）；

b——炉排宽度，m；

Q_2——后拱出流烟气的流量，m³/s；

k——系数，对无烟煤、劣质煤 $k=0.7$，对烟煤 $k=0.55\sim0.65$；

V_y——标准状况下的实际烟气量，m³/kg，按式（2-104）计算；

B_j——计算燃料消耗量，kg/s，由热平衡计算求得；

t_y——烟气平均温度，℃；$t_y\approx0.25T_{lt}''+0.75T_{ll}$；

T_{lt}''——炉膛出口温度，℃；

T_{ll}——理论燃烧温度，℃。

I_2 的水平分量

$$I_{2x}=I_2\cos\alpha \tag{7-79}$$

I_2 的垂直分量 $$I_{2y}=I_2\sin\alpha \tag{7-80}$$

I_2 的大小，设计者可以用改变后拱的倾角 α、后拱出口高度 h_2、后拱的长度 l_2 等结构参数及风室配风方式（直接影响到 Q_2 的大小）等空气动力参数来调整。要求 $I_2\geqslant 10\sim15$N。

上升气流动量 I_1 的计算：

$$I_1=\int_{S_1}(\rho v)v\mathrm{d}S=\rho_1 v_1 Q_1\text{ ，N} \tag{7-81}$$

$$Q_1=(1-k)V_yB_j\frac{273+t_y}{273} \tag{7-82}$$

式中 ρ_1——前拱区烟气密度，kg/m^3，按式（2-115）计算；

v_1——上升气流平均速度，m/s，$v_1=\dfrac{Q_1}{S_1'}$；

S_1'——上升气流流通截面积，m^2，$S_1'=\dfrac{1}{2}S_1=\dfrac{1}{2}l_1b$；

Q_1——上升烟气流量，m^3/s。

式中其余符号意义同式（7-78）。

垂直上升烟气总动量 $$I_y=I_1+I_{2y} \tag{7-83}$$

水平方向烟气总动量 $$I_x=I_{2x} \tag{7-84}$$

合成动量 $$I=\sqrt{I_x^2+I_y^2} \tag{7-85}$$

合成动量 I 的方向角 $$\gamma=\arctan\frac{I_y}{I_x} \tag{7-86}$$

合成动量 I 与前拱相交于 K 点，与前拱的交角为 δ，可以用改变前拱倾角 β 或拱高 H 的设计来调整交点 K 的位置及 δ 角的大小。

当$\dfrac{l_K}{l_D}=0.66\sim0.80$、$\delta=110°\sim130°$时，此时前后拱的配合使炉内气流按"$\alpha$"工况运行。该"$\alpha$"工况下，炉拱设计的参数值总体要求如下表所列：

后拱长度设计的原则	保证旺盛燃烧区应覆盖在后拱之下，建议 $l_2/L=0.55\sim0.65$，对无烟煤可达0.70	前拱长度、高度及倾角设计的原则	保证$\dfrac{l_K}{l_D}=0.66\sim0.80$，$\delta=110°\sim130°$
后拱出口气流动量	$10\text{N}<I_2\leqslant15\text{N}$	前后拱配合的要求	保证喉口气流速度 $v_h=5\sim6.5$m/s

九、火床炉的二次风设计

1. 火床炉二次风的经验性设计

表 7-39 列出二次风经验性设计数据。二次风布置方式如图 7-50 所示。

表 7-39 二次风经验性设计数据

名称		一般火床炉		抛煤机炉
二次风布置方式		单侧（前或后墙）布置	双侧（即前后墙）布置	切圆布置
适用锅炉容量/(t/h)		≤4	≥6	≥10
二次风占总风量百分比/%		5～10		10～20
喷口	形状	圆形或矩形喷口		
	尺寸/mm	ϕ40～ϕ60 或长宽比为 3～5，短边尺寸 8～20		
	数量/只	2～7		
	离火床面高度/mm	≥300		
	喷口中心距/mm	400～600		
二次风出口速度/(m/s)		40～70		
二次风射流终端速度/(m/s)		4.5～5		
二次风介质		冷空气或蒸汽		
二次风压力/Pa		2000～3500		

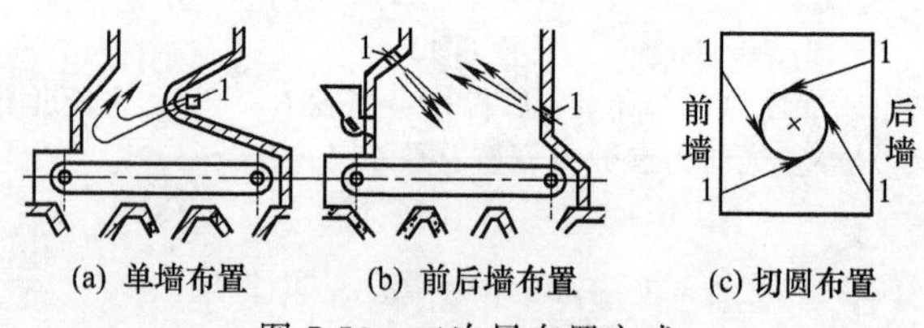

图 7-50 二次风布置方式

1—二次风口

2. 二次风的动量（流率）设计法

二次风的作用在于有效组织炉内烟气流场。使其按照设计者的意图，以增强烟气流在炉膛空间中的湍动和混合，改善炉内充满度，延长飞灰在炉内停留时间，达到改善着火、降低飞灰量、提高燃尽率的目的。要达到上述目的，二次风的设计必须保证有足够的喷口数量和二次风射流动量（流率），才能有能力控制和覆盖到炉内的每一个角落。否则，二次风起不到意想的作用。

动量设计法的关键参数是二次风单元动量（流率）I_{2k}^{d}。它是指每一个二次风只能控制和覆盖一个有限的区域，称为单元。在这个单元内，二次风所具有的能力称为单元动量（流率）I_{2k}^{d}：

$$I_{2k}^{d}=\rho_{2k}v_{2k}\left(\frac{Q_{2k}}{n}\right) \tag{7-87}$$

式中 ρ_{2k}——二次风密度，kg/m^3；

v_{2k}——二次风出口流速，m/s；

Q_{2k}——总二次风量，m^3/s，参见表 7-39；

n——二次风喷口的数量。

炉膛烟气上升的单元动量（流率）I_{y}^{d}：

$$I_{y}^{d}=\rho_{y}v_{y}\left(\frac{Q_{y}}{n}\right) \tag{7-88}$$

$$Q_{y}=V_{y}\cdot B_{j}\left(\frac{273+t_{y}}{273}\right) \tag{7-89}$$

式中 ρ_{y}——烟气密度，kg/m^3，按式（2-115）计算；

v_{y}——烟气上升速度，m/s，$v_{y}=\dfrac{Q_{y}}{F}$；

F——炉膛横截面积，m^2，为炉宽 $B\times$炉深 A；

Q_{y}——总烟气量，m^3/s；

V_{y}——实际烟气体积，m^3/kg，按式（2-104）计算；

B_{j}——计算燃料消耗量，kg/s，按热平衡计算求得。

动量设计法要求二次风单元动量与上升烟气的单元动量之比值为：

$$\frac{I_{2k}^{d}}{I_{y}^{d}}=7.5\sim9.0 \tag{7-90}$$

3. 示范性列车电站锅炉动量法设计二次风数据汇总

表 7-40 列出二次风设计参数。图 7-51 为二次风设计布置图。

表 7-40 8.5t/h 及 11t/h 列车电站抛煤机链条炉二次风设计参数

名称	8.5t/h 提高出力至 10t/h			11t/h 锅炉		
	前墙上部	前墙下部	后墙下部	前墙上部	前墙下部	后墙下部
喷口数量/只	2	2	3	2		3
喷口距火床面的高度 h/mm	1650	500	300	2100		450
喷口距锅炉中心线的距离 l/mm	475	475	一只在中心线上,另两只为 300	540		一只在中心线上,另两只为 520
喷口倾角 α/(°)	下倾 (15～20)	0	中间下倾 (10～15)两侧 0	下倾 34±2		17±2
二次风单元动量与烟气上升动量的比值	1.0～1.2			1.53		1.87
二次风与上升烟气的单元动量的比值	7.8			8.67		

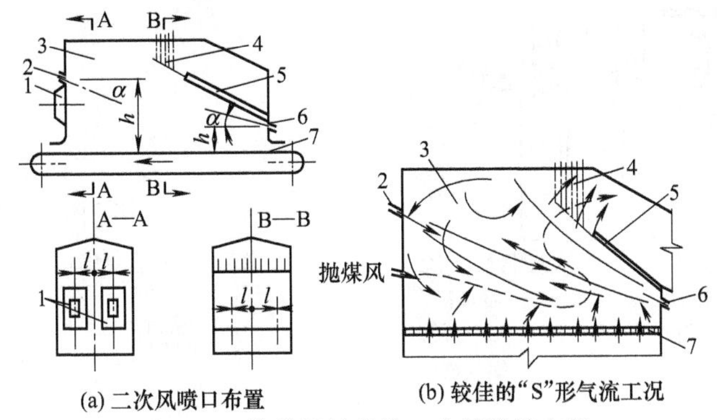

图 7-51 抛煤机链条炉二次风设计布置

1—抛煤机；2—前墙上二次风；3—炉膛；4—凝渣管；5—后拱；6—后墙二次风；7—炉排

第三节 煤粉制备系统及设备

一、制粉系统分类

制粉系统是火室燃烧必需的最主要的辅助设备。制粉系统的基本任务是按照燃烧的基本要求，把原煤块磨制成具有一定颗粒大小的煤粉；控制煤粉中水分在合适的范围，通常 $w(M_{mf})=(0.5\sim1.0)w(M_{ad})$；与煤粉燃烧器配合，实现干燥风量、磨煤通风量以及一次风量之间的匹配和协调。

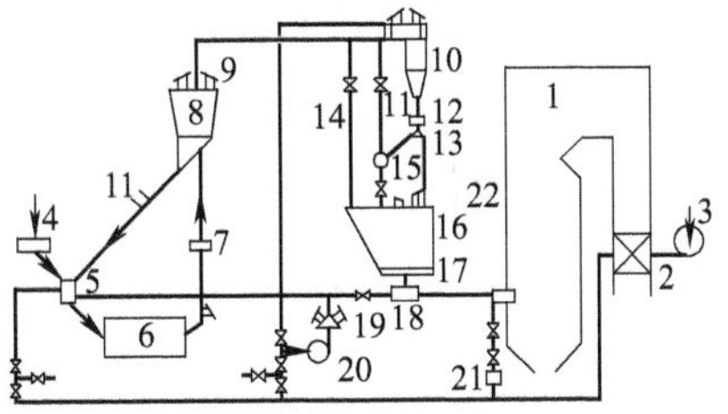

制粉系统主要有破煤机、给煤机、磨煤机、粗粉分离器、细粉（旋风）分离器、煤粉仓、给粉机及排粉机等部件。其中磨煤机是制粉系统中最重要的、必不可少的部分。为了适应各种类型的磨煤机、不同性质的燃料、不同负荷特性的锅炉以及其他具体条件，有多种类型的制粉系统。通常，从煤粉制备到后期管理来分有储仓式制粉系统和直吹式制粉系统两大类；而按送粉方式来分有乏气送粉和热风送粉之分。图 7-52～图 7-60 是配有钢球磨煤机、中速磨煤机、风扇磨煤机的储仓式制粉系统和直吹式制粉系统。

图 7-52 钢球磨煤机储仓式乏气送粉系统

1—锅炉；2—空气预热器；3—送风机；4—给煤机；5—下行干燥管；6—磨煤机；7—木块分离器；8—粗粉分离器；9—防爆门；10—细粉分离器；11—锁气器；12—木屑分离器；13—换向器；14—吸潮管；15—输粉机；16—煤粉仓；17—给粉机；18—风粉混合器；19—一次风箱；20—给粉机；21—二次风箱；22—燃烧器

储仓式制粉系统的主要特点在于磨制好的合格煤粉全部储存在（中间）煤粉仓内，然后经给粉机按锅炉燃烧需要量供给锅炉燃烧使用。这样，磨煤机的工况与锅炉运行间的直接关系不大，这就保证了整个设备和系统的可靠性。而在直吹系统中，磨制的合格煤粉全部直接送入锅炉内燃烧。故系统内不存在细粉分离器、煤粉仓及给粉机。锅炉运行与磨煤机的工作密切相关，因为在任何情况下锅炉的燃料消耗量与磨煤机的制粉量必须相等。

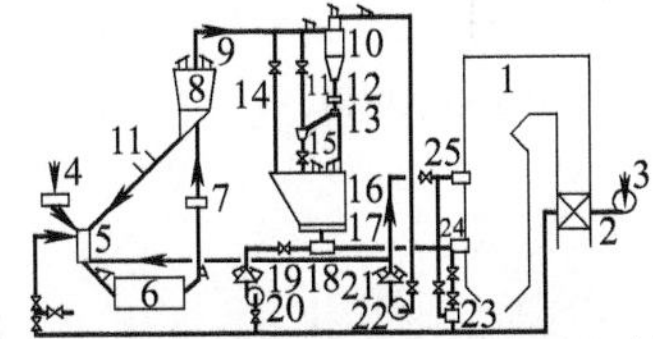

图 7-53 钢球磨煤机储仓式热风送粉系统

1—锅炉；2—空气预热器；3—送风机；4—给煤机；5—下行干燥管；6—磨煤机；7—木块分离器；8—粗粉分离器；9—防爆门；10—细粉分离器；11—锁气器；12—木屑分离器；13—换向器；14—吸潮管；15—输粉机；16—煤粉仓；17—给粉机；18—风粉混合器；19—一次风箱；20—一次风机；21—乏气风箱；22—给粉机；23—二次风箱；24—燃烧器；25—乏气喷嘴

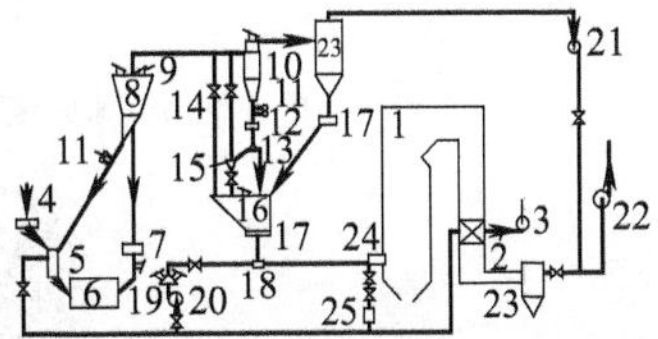

图 7-54 钢球磨煤机储仓式开式系统

1—锅炉；2—空气预热器；3—送风机；4—给煤机；5—下行干燥管；6—磨煤机；7—木块分离器；8—煤粉分配器；9—防爆门；10—细粉分离器；11—锁气器；12—木屑分离器；13—换向器；14—吸潮管；15—输粉机；16—煤粉仓；17—给粉机；18—风粉混合器；19—一次风箱；20—一次风机；21—给粉机；22—吸风机；23—除尘器；24—燃烧器；25—二次风箱

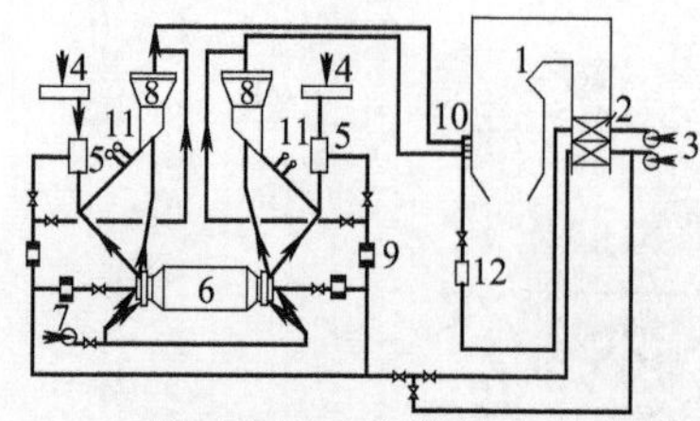

图 7-55 双进双出钢球磨煤机直吹式制粉系统

1—锅炉；2—空气预热器；3—送风机；4—给煤机；5—下行干燥管；6—磨煤机；7—密封风机；8—分离器；9—风量测量装置；10—燃烧器；11—锁气器；12—二次风箱

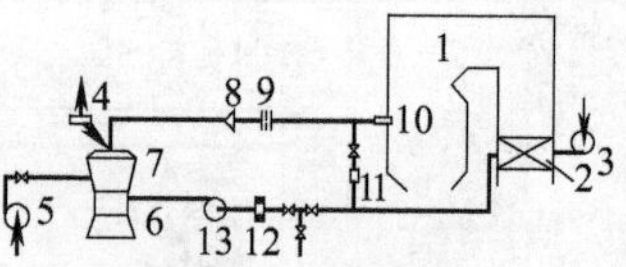

图 7-56 中速磨煤机正压直吹热一次风机系统

1—锅炉；2—空气预热器；3—送风机；4—给煤机；5—密封风机；6—磨煤机；7—分离器；8—煤粉分配器；9—隔绝门；10—燃烧器；11—二次风箱；12—风量测量装置；13—一次风箱

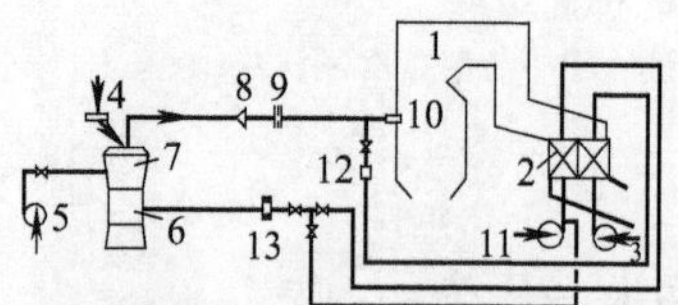

图 7-57 中速磨煤机正压直吹冷一次风机系统

1—锅炉；2—空气预热器；3—送风机；4—给煤机；5—密封风机；6—磨煤机；7—分离器；8—煤粉分配器；9—隔绝门；10—燃烧器；11—一次风箱；12—二次风箱；13—风量测量装置

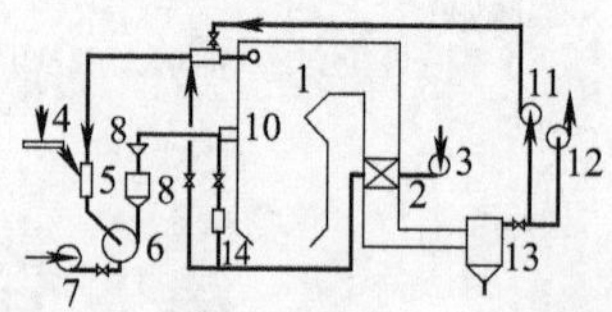

图 7-58 风扇磨煤机直吹式三介质干燥制粉系统

1—锅炉；2—空气预热器；3—送风机；4—给煤机；5—下行干燥管；6—磨煤机；7—密封风机；8—分离器；9—煤粉分配器；10—燃烧器；11—冷烟风机；12—吸风；13—除尘器；14—二次风箱

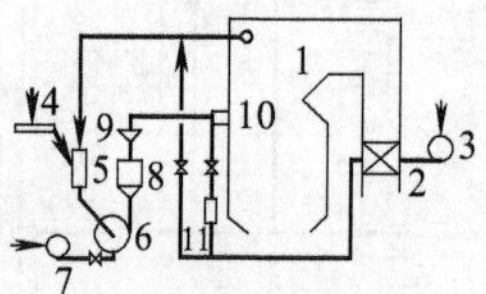

图 7-59 风扇磨煤机直吹式二介质干燥系统

1—锅炉；2—空气预热器；3—送风机；4—给煤机；5—下行干燥管；6—磨煤机；7—密封风机；8—分离器；9—煤粉分配器；10—燃烧器；11—二次风箱

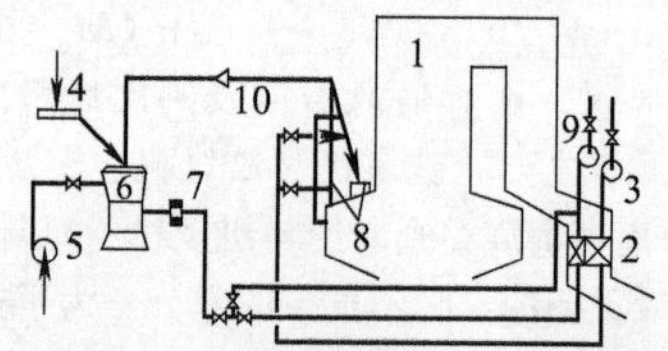

图 7-60 带煤粉浓缩的直吹式制粉系统

1—锅炉；2—空气预热器；3—送风机；4—给煤机；5—密封风机；6—磨煤机；7—风量测量装置；8—燃烧器；9—一次风箱；10—煤粉分配器

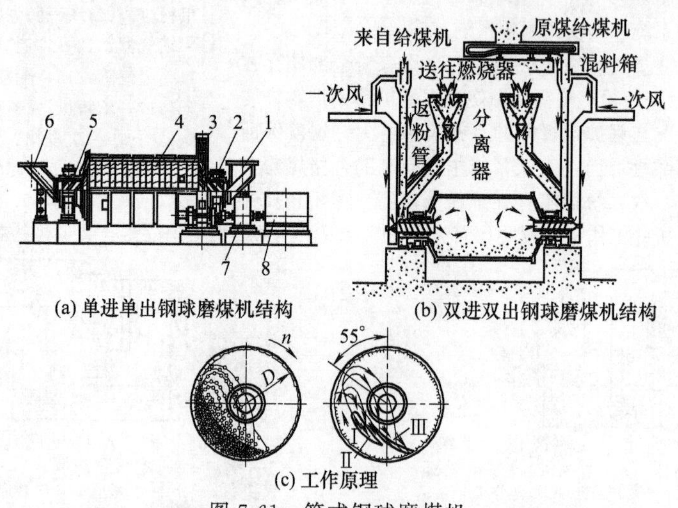

(a) 单进单出钢球磨煤机结构 (b) 双进双出钢球磨煤机结构

(c) 工作原理

图 7-61 筒式钢球磨煤机

1—进料装置；2—主轴承；3—传动齿轮；4—转动筒体；5—螺旋管；6—出料装置；7—减速器；8—电动机

Ⅰ—压力研磨；Ⅱ—摩擦研磨；Ⅲ—冲击破碎

对于制粉系统的选择，主要是根据煤的性质、磨煤机的形式、锅炉结构、锅炉容量和锅炉负荷性质等因素来确定。

二、磨煤机

1. 磨煤机的类型

磨煤机是将煤块破碎并磨制成煤粉的机械，按其转速可分成低速磨煤机，有钢球滚筒式和钢球锥筒式；中速磨煤机，有碗式磨煤机、轮式磨煤机、球环磨煤机和平盘磨煤机；高速磨煤机，有风扇磨煤机。图 7-61 是筒式钢球磨煤机结构和工作原理。图 7-62 是 MPS 型中速磨煤机工作原理。图 7-63 是 S 型风扇磨煤机。几种磨煤机的系列参数见表 7-41～表 7-46。

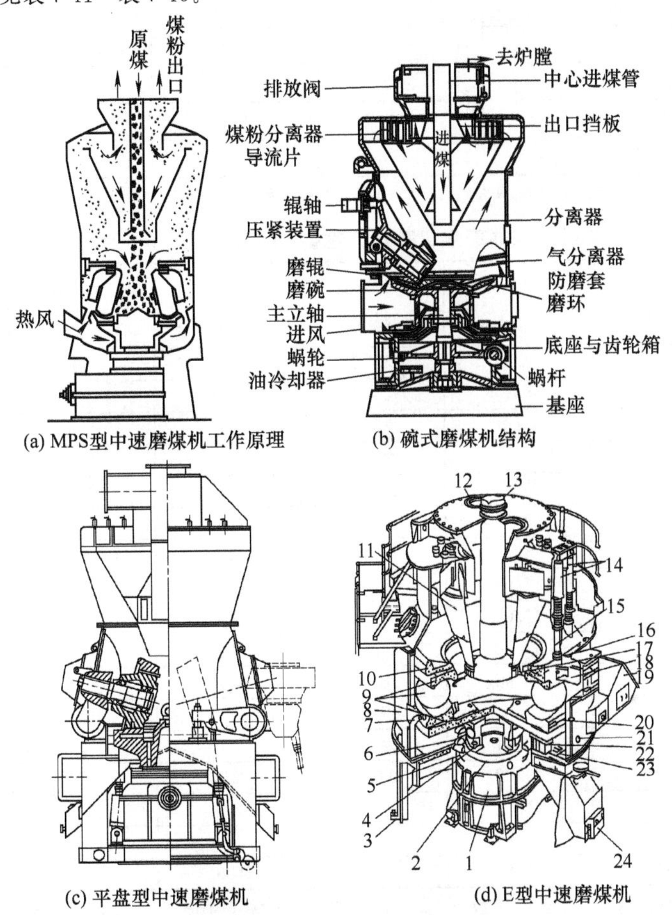

图 7-62　MPS 型中速磨煤机

1—传动装置；2—联轴器；3—机壳支座；4—下磨环轭架；5—密封风进口管；6—迷宫式密封；7—风环；8—机壳；9—碾磨部件；10—上磨环箍；11—分离器；12—煤粉出口；13—落煤管；14—液压缸；15—加压杆；16—加压杆杯座；17—铰接瓣门；18—上磨环箍定位装置；19—热风进口管；20—风环导槽；21—CO_2 气连接口；22—杂物刷；23—耐磨板；24—杂物排放门

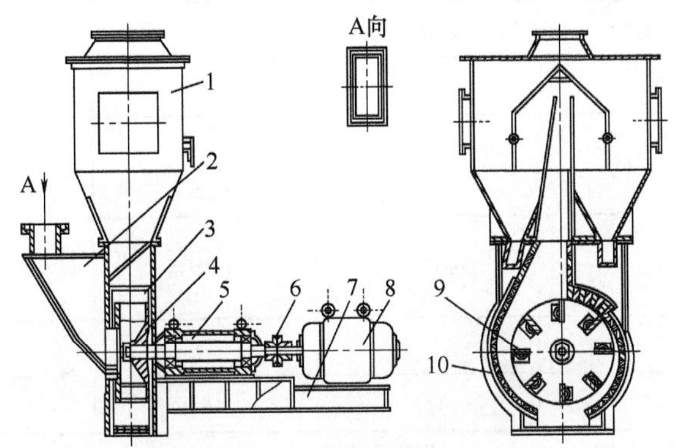

图 7-63　S 型风扇磨煤机

1—分离器；2—加料门；3—机体；4—叶轮；5—轴承箱；6—联轴器；7—底座；8—电动机；9—冲击板；10—护甲

表 7-41 BBD 双进双出钢球磨机系列参数

项目	BBD 3448	BBD 4060	BBD 4760	BBD 4772
内径(衬板内)/mm	3350	3950	4650	4650
筒长/mm	4940	6140	6140	7340
双锥型分离器直径/mm	2100	2900	3200	3500
磨煤机转速/(r/min)	18	16.6	15.3	15.3
电机功率/kW	830	1410	2140	2550
最大钢球质量/t	48	76	106	127
总质量(不包括给煤机、钢球、阀门)/t	119	191	245	263
基本出力/(t/h)	35	60	90	105

注：表中出力是在 HGI=150，$w(M_t)=8\%$，$R_{90}=18\%$时的基本出力。

表 7-42 钢球磨煤机基本特性参数 (JB/T 1386—2010)

型号	生产能力/(t/h)	筒体容积/m^3	工作转速/(r/min)	最大装球量/t	电动机功率/kW	机器质量/t
MG—1722	2	4.3	25.2	5	60	23
MG—1725	3	5.7	25.2	7.5	95	24
MG—2126	4	9.0	22.8	10	155	35
MG—2133	6	11.4	22.8	13	180	38
MG—2532	8	15.71	20.42	18	280	51
MG—2539	10	19.14	20.42	22	315	55
MG—2935	12	23.12	19.34	26	380	68
MG—2941	14	27.08	19.34	30	475	74
MG—2947	16	31.04	19.34	35	560	80
MG—3247	20	37.78	18.42	44	630	99
MG—3258	25	46.62	18.42	55	800	112
MG—3560	30	57.7	17.57	59	1000	146
MG—3570	35	67.31	17.57	69	1120	154
MG—3865	40	73.68	17.0	75	1250	192
MG—3872	45	81.62	17.0	85	1400	199
MG—3879	50	89.55	17.0	95	1600	210
MG—3886	55	97.49	17.0	105	1800	220

注：1. 表中生产能力是当煤的可磨性指数 $K_{VTI}=1.0$，全水分 $M_t=10\%$，外在水分 $M_f=7\%$，空气干燥基水分 $M_{ad}=2\%$，给煤粒度 $R_5=20\%$，煤粉细度 $R_{90}=8\%$，最大装球量时的近似生产能力。

2. 机器质量不含电动机、电控及研磨体（钢球）的参考重量。

表 7-43 球环式磨煤机系列规格

型 号	ZQM-111(E44)	ZQM-158(E70/62)	ZQM-178(7E)	ZQM-216(8.5E)	ZQM-254(10E)
基本出力/(t/h)	6.0	14.0	17.0	27.0	40.0
钢球直径/(mm/个数)	261/12	530/9	533/10	654/10	768/10
补充球直径/(mm/个数)	250/1	480/1	482/1	584/1	698/1
转速/(r/min)	107	48.5	45	40	37
电动机功率/kW	125	160	185	220	330

注：表中的出力是指哈氏可磨性指数 HGI=50、原煤全水分 $w(M_t)\leqslant10\%$、原煤收到基灰分 $w(A_{ar})\leqslant20\%$、煤粉细度$R_{90}=23\%$时的基本出力。

表 7-44　碗式磨煤机系列规格

型号	基本出力①/(t/h)	每台磨煤机最大空气流量②/(kg/s)	电动机功率/kW	电动机转速/(r/min)	型号	基本出力①/(t/h)	每台磨煤机最大空气流量②/(kg/s)	电动机功率/kW	电动机转速/(r/min)
HP763	33.7	14.1	355	1000	HP983	65.3	27.2	560	1000
HP783	36.5	15.2	355	1000	HP1003	68.7	28.6	560	1000
HP803	39.3	16.4	355	1000	HP1023	72.2	30.0	600	1000
HP823	41.8	17.4	400	1000	HP1043	75.8	31.6	650	1000
HP843	44.4	18.5	400	1000	HP1063	79.5	33.1	700	1000
HP863	47.1	19.6	400	1000	HP1103	87.2	36.3	750	1000
HP883	49.9	20.8	450	1000	HP1163	99.6	41.5	850	1000
HP903	52.8	22	450	1000	HP1203	108.4	45.1	950	1000
HP923	55.7	23.2	500	1000	HP1263	122.4	51.02	1050	1000
HP943	58.8	24.5	500	1000	HP1303	132.4	55.13	1150	1000
HP963	62.0	25.8	520	1000					

① 表中的出力是指哈氏可磨性指数 HGI=55、原煤全水分 $w(M_t)=12\%$（低热值烟煤）或 $w(M_t)=8\%$（高热值烟煤）、原煤收到基灰分 $w(A_{ar})\leqslant 20\%$、煤粉细度 $R_{90}=23\%$时的基本出力。

② 磨煤机的最小允许空气流量需通过试验确定。

表 7-45　轮式磨煤机系列规格

型　号	ZGM-95K	ZGM95G	MPS190	MPS225	MPS255	MP2116
基本出力①/(t/h)	33.2	42	38.0	58	79.3	43.81
磨盘直径/mm	1900	1900	1900	2250	2550	2120
磨辊直径/mm	1490	1550	1500	1750	1980	1650
磨盘转速/(r/min)	26.4	26.4	26.2	24.1	22.6	25.6
电动机功率/kW	355	450	380	580	800	560
入磨最大通风量/(kg/s)	—	—	16.8	24.8	33.1	21.65
阻力(含分离器)/kPa	5.55	5.91	6.38	6.97	7.45	6.77
密封风量/(kg/s)	1.33	1.33	1.31	1.54	1.66	1.42
外形尺寸(长×宽×高)/mm	10000×6000×7960	10000×6000×8300	10000×6000×8300	10500×6300×9500	10600×6700×10800	10000×6000×8300

① 指哈氏可磨性指数 HGI=50、煤粉细度 $R_{90}=20\%$、原煤水分 $w(M_t)=10\%$，原煤收到基灰分 $w(A_{ar})\leqslant 20\%$时的基本出力。详细可查阅 DL/T 5154—2012 标准。

表 7-46 S 型风扇磨煤机系列规格

型号	出力	叶轮直径	叶片高度	叶片宽度	转速	叶轮外缘线速度	特性数	EVT公司提供值		推荐值①			电机功率
								通风量	提升压头（带粉，$t''=120℃$）	通风量	提升压头（带粉，$t''=120℃$）	纯空气提升压头（$t''=120℃$）	
	B_{mo}/(t/h)	(D_2/D_1)/mm	L/mm	b/mm	n/(r/min)	ω_2/(m/s)	D_2^2bn	V_{tf0}/(m³/h)	H_μ/Pa	V_{tf0}/(m³/h)	H_μ/Pa	H_0/Pa	N/kW
S9.10(FM159.380)	9	1590/1010	290	380	1000	83.3	960.7	18000	2156	17000	2160	2800	225
S12.75(FM219.350)	12	2190/1490	350	350	750	86.0	1259	25000	2205	22000	2160	2800	300
S14.75(FM220.400)	14	2200/1500	350	400	750	86.4	1452	28000	2450	25000	2160	2800	340
S16.75(FM220.440)	16	2200/1500	350	440	750	86.4	1597	32000	2450	28000	2160	2800	380
S20.60(FM275.590)	20	2750/2030	360	480	600	86.4	2178	39000	2695	38000	2160	2800	400
S25.60(FM275.590)	25	2750/1850	450	590	600	86.4	2677	48000	2695	46000	2160	2800	450
S32.60(FM275.755)	32	2750/1850	450	755	600	86.4	3426	52000	2695	59000	2160	2800	700
S36.50(FM318.644)	36	3180/2270	454	644	500	83.3	3256	70000	2695	56000	2000	2700	800
S40.50(FM340.760)	40	3400/2420	490	760	500	89.0	4393	78000	3185	76000	2300	3000	880
S45.50(FM340.880)	45	3400/2420	490	880	500	89.0	5086	88000	3185	88000	2410	3100	1000
S50.50(FM340.970)	50	3400/2420	490	970	500	89.0	5607	97000	3185	97000	2480	3200	1100
S55.50(FM380.940)	55	3800/2644	578	940	450	89.5	6108	106000	3185	106000	2480	3200	1200
S57.50(FM340.1060)	57	3400/2470	465	1060	500	89.0	6127	—	—	106000	2480	3200	1250
S60.45(FM380.1030)	60	3800/2644	578	1030	450	89.5	6693	116000	2940	116000	2480	3200	1300
S65.45(FM380.1150)	65	3800/2644	578	1150	450	89.5	7473	126000	2940	130000	2580	3300	1425
S70.45(FM380.1200)	70	3800/2644	578	1200	450	89.5	7798	135000	2940	135000	2560	3300	1550
S80.42(FM400.1310)	80	4000/3644	678	1310	425	89.0	8908	—	—	154210	2560	3300	1750

① 表中提升压头值为冲击板磨损初期数值（不含分离器）。推荐值来源见《大机组中速磨煤机与风扇磨煤机出力问题研究》一文（热力发电，1995-1）。

2. **煤磨机性能参数的计算和台数确定**

磨煤机性能参数计算的目的是根据要求的磨煤机出力、通风量、煤粉细度等选择合适的磨煤机型号。

(1) 钢球磨煤机性能参数计算　钢球磨煤机磨煤出力、工作参数及功率计算见表 7-47。

表 7-47　钢球磨煤机磨煤出力、工作参数及功率

序号	名　称	计算公式及数据来源
一、钢球磨煤机出力计算		
1	筒体直径 D/m	按表 7-42 确定
2	筒体长度 L/m	按表 7-42 确定
3	筒体体积 V/m^3	按表 7-42 确定
4	筒体转速 n/(r/min)	按表 7-42 确定
5	筒体装球质量 G/t	最大装球量 G_{max}；最佳装球量 G_{zj}，给定
6	钢球堆积密度 $\rho_{gq}/(kg/m^3)$	选取 4.9
7	筒内充球系数 φ	$\frac{G}{\rho_{gq}V}$
8	粗粉分离器后煤粉细度 R_{90}/%	给定
9	煤可磨性系数 k_{km}	$2.32\left(\ln\frac{100}{R_{90}}\right)^{0.83}$
10	煤空气干燥基水分 $w(M_{ad})$/%	分析化验数据
11	煤收到基水分 $w(M_{ad})$/%	分析化验数据
12	煤粉水分 $w(M_{mf})$/%	在设计时，无烟煤、贫煤和烟煤：$(0.5\sim1.0)w(M_{ad})$ 褐煤、油页岩：$w(M_{ad})\sim[w(M_{ad})+8]$
13	磨煤机进口煤的水分 $w(M'_m)$/%	$\frac{w(M_{ar})[100-w(M_{mf})-40w(M_{ar})-w(M_{mf})]}{[100-w(M_{mf})]-w(M_{ar})-w(M_{mf})\times0.4}$
14	磨煤机内煤平均水分 $w(M_{pj})$/%	$\frac{w(M'_m)+3w(M_{mf})}{4}$
15	燃料收到基最大水分 $w(M_{ar,max})$/%	在无分析资料时 $w(M_{ar,max})=1+1.07w(M_{ar})$
16	水分变化对可磨系数的修正值 S_1	$\sqrt{\frac{[w(M_{ar,max})]^2-[w(M_{pj})]^2}{[w(M_{ar,max})]^2-[w(M_{ad})]^2}}$
17	原煤质量换算系数 S_2	$\frac{100-w(M_{pj})}{100-w(M_{ar})}$
18	原煤粒度对磨煤出力的修正系数 S_3	按表 7-48 和图 7-64 查取
19	工作燃烧可磨性指数 c_{km}	$k_{km}\cdot\frac{S_1S_2}{S_3}$
20	护甲形状修正系数 k_{hb}	波形护甲或梯形护甲：1.0，齿形护甲：1.10
21	运行磨损系数 k_{ms}	选取 0.9
22	最佳通风量 $V_{tf}^{zj}/(m^3/h)$	$\frac{38}{n\sqrt{D}}\cdot V(1000\sqrt[3]{k_{km}}+36R_{90}\sqrt{k_{km}}\sqrt[3]{\varphi})\left[\frac{101.3}{p}\right]^{0.5}$，$p$ 为当地大气压力，kPa；k_{km} 查图 7-65
23	通风量对磨煤出力的修正系数 k_{tf}	设计时实际通风量 $V_{tf}=V_{tf}^{zj}$，取 $k_{tf}=1.0$，运行时，当 $V_{tf}\neq V_{tf}^{zj}$ 时，查表 7-49 或图 7-66
24	磨煤机碾磨出力 B_m/(t/h)	$0.11D^{2.4}Ln^{0.8}\varphi^{0.6}c_{km}k_{hb}k_{ms}k_{tf}\left(\ln\frac{100}{R_{90}}\right)^{-\frac{1}{2}}$
25	磨煤机出力储备系数 k_c	$\frac{Z_mB_m}{B}$ Z_m——磨煤机台数； B——锅炉燃烧消耗量

续表

序号	名　　称	计算公式及数据来源
二、磨煤机工作参数计算		
26	筒体临界转速 n_{lj}/(r/min)	$\frac{42.3}{\sqrt{D}}$
27	筒体最佳转速 n_{zj}/(r/min)	$\frac{32.1}{\sqrt{D}}$
28	临界转速比 r_{lj}	$\frac{n}{n_{lj}}$
29	最佳转速比 r_{zj}	$\frac{n}{n_{zj}}=0.76$
30	最大充球系数 φ_{max}	$\frac{G_{max}}{\rho_{gq}V}$
31	最佳充球系数 φ_{zj}	$\frac{0.12}{\left(\frac{n}{n_{zj}}\right)^{1.75}}$用于波形护板，对于齿形护板用图 7-67，国产钢球磨煤机的 $\varphi_{zj}=(0.8\sim0.88)\varphi_{max}$
三、钢球磨煤机的电功率		
32	磨煤机传动装置的效率 η_{cd}	对一级减速箱齿轮传动 $\eta_{cd}=0.865$；对两级减速箱的摩擦传动 $\eta_{cd}=0.885$；对低速电机无减速箱的齿轮传动 $\eta_{cd}=0.92$；对低速电机无减速箱的摩擦传动 $\eta_{cd}=0.955$
33	电动机效率 η_{dj}	取 0.92
34	燃料修正系数 k_r	见图 7-68
35	筒体壁厚(包括护甲)S	按制造厂资料选取，一般为筒体直径的 1/40
36	钢球磨煤机电功率 N_m/kW	$\frac{1}{\eta_{cd}\eta_{dj}}(0.122D^3Ln\rho_{gq}\varphi^{0.9}k_{hb}k_r+1.86DL\,nS)$
37	磨煤机单位耗电 E_m/(kW·h/t)	$\frac{N_m}{B_m}$

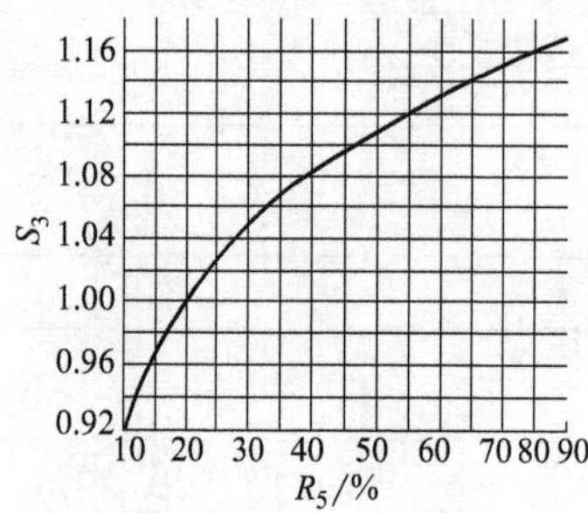

图 7-64　原煤粒度修正系数 S_3 和 R_5 的关系

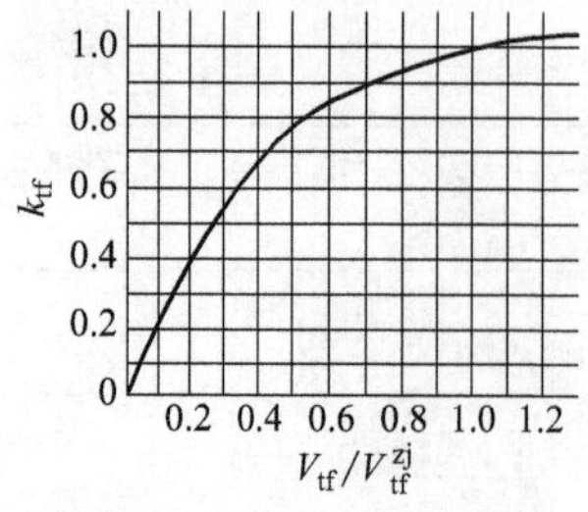

图 7-66　通风系数 k_{tf} 和 V_{tf}/V_{tf}^{zj} 的关系

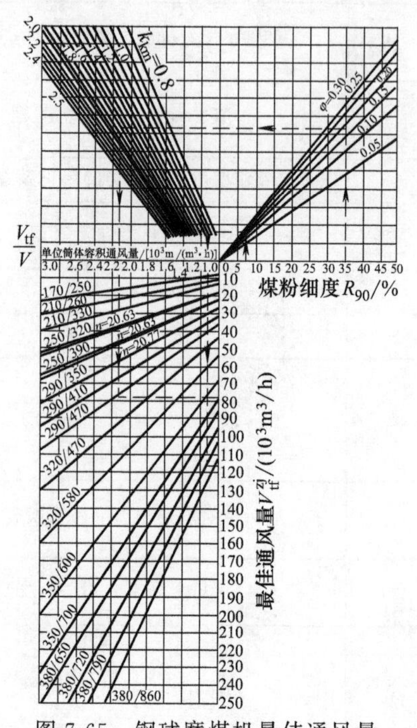

图 7-65　钢球磨煤机最佳通风量

表 7-48　S_3 与 R_5 的关系

R_5/%	5	10	15	20	25	30	35	40
S_3	0.85	0.91	0.96	1.0	1.03	1.05	1.07	1.09

图 7-64 中，R_5 为原煤在筛孔尺寸为 5mm×5mm 筛子上的筛余量。

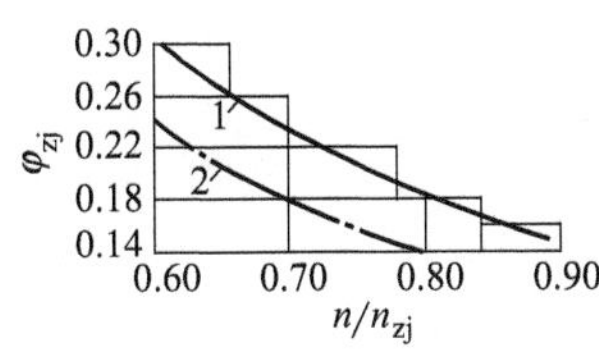

图 7-67　最佳钢球装载系数与相对转速 n/n_{zj} 的关系

1—波浪型护板；2—齿型护板

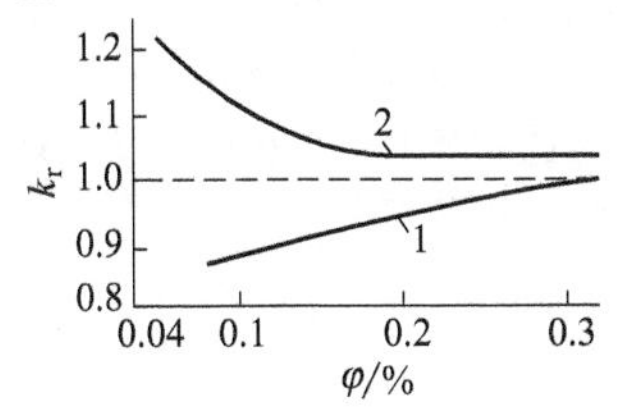

图 7-68　燃料修正系数 k_r 和 φ 的关系

1—无烟煤；2—褐煤、贫煤和烟煤

表 7-49　k_{tf} 与 V_{tf}/V_{tf}^{zj} 的关系

V_{tf}/V_{tf}^{zj}	0.4	0.6	0.8	1.0	1.2	1.4
k_{tf}	0.66	0.83	0.95	1.0	1.04	1.07

(2) 双进双出钢球磨煤机性能参数计算　双进双出钢球磨煤机的出力取决于磨制原煤特性（煤的可磨性指数、煤粉细度、原煤水分和煤粉水分）以及钢球装载量的大小。4 种 BBD 磨煤机（3448、4060、4760 和 4772）的出力由图 7-69 查得。

曲线的使用：从已知的 HGI 沿水平线到所要求的 R_{90} 细度线，从这一点垂直到水平的水分曲线（标有 5%）的相交点，然后沿着斜导线的平行线到代表煤的全水分和最终水分之差的数值曲线。然后，从此点垂直向上到装球量曲线的相交点（按照对应的 BBD 型号）。从这一点向左沿水平到磨煤机出力的刻度线。

原煤粒度需满足 100%通过 50mm 筛子和 95%以上通过 30mm 筛子。

最终水分 $w(M_{mf})$ 在没有试验数值时，可由图 7-70 查得。

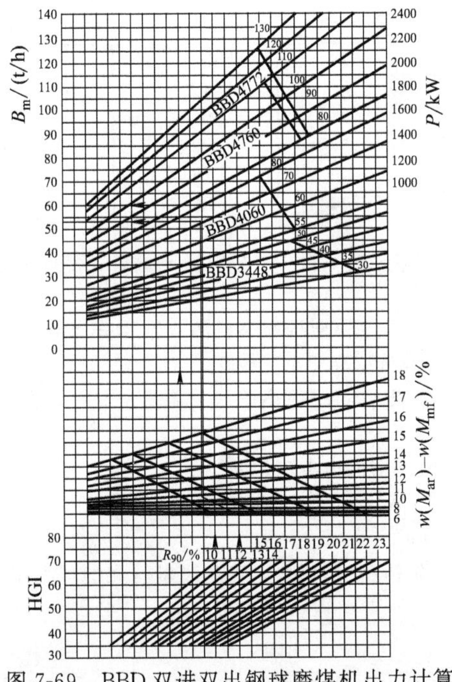

图 7-69　BBD 双进双出钢球磨煤机出力计算

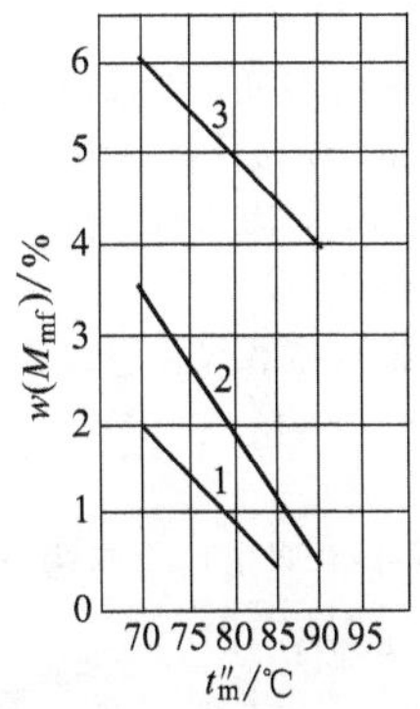

图 7-70　BBD 磨煤机最终水分 $w(M_{mf})$ 和磨煤机出口温度的关系

1—低挥发煤和烟煤；2—水分在 12%～14%的无烟煤；3—水分在 14%～20%的无烟煤

磨煤机轴功率消耗为：

$$N_{m}=N_{mo}(5.714\varphi+0.143) \tag{7-91}$$

式中 N_{mo}——基本功率取决于磨煤机型号，见表 7-50；

φ——钢球装载系数，%，$\varphi=\frac{G}{V\times 4.9}$；

G——钢球装载量，见表 7-50；

V——钢球磨煤机体积，m^3。

在计算电机功率时，电机效率为 95%，减速机效率为 98%，计算余量为 1.15。

磨煤机最大电功率为：

$$N_{max}=\frac{N_{m}}{0.95\times 0.98} \tag{7-92}$$

电动机功率为：

$$N_{dj}=1.15N_{max} \tag{7-93}$$

表 7-50 给出双进双出钢球磨煤机的装球量和轴功率。

表 7-50 BBD 双进双出钢球磨煤机的装球量和轴功率

磨煤机型号	3448	4060	4760	4772
基本功率 N_{mo}/kW	479	898	1351	1615
钢球装载量 G 的一般范围/t	26～48	45～79	63～100	75～122
最大钢球装载量 G_{max}/t	53.6	89.1	116.3	139
最大钢球装载系数 φ_{max}	0.246	0.237	0.223	0.223
G_{max} 时磨煤机轴功率 $N_{m,max}$/kW	741	1345	1915	2289
每台磨煤机的基本出力 B_{mo}/(t/h)①	36	64	88	107

① 表中出力是在下述条件下得出的：HGI=50，R_{90}=18%，$w(M_{ar})-w(M_{mf})$=10%，G 为装球范围上限。

磨煤机的通风量按风煤比计算求得，风煤比为磨煤机通风量与最大磨煤出力之比，此值在表 7-51 中给出。此值可在 1.40～1.70 之间变化，当要求较粗的煤粉（R_{90}>18.5%）时必须采用大于 1.50 的数值。

表 7-51 BBD 磨煤机风煤比、密封风量及通风量

BBD 型号	3448	4060	4760	4772
常用的风煤比 μ/(kg/kg)	1.5	1.5	1.5	1.5
每台磨煤机的密封风量/(kg/h)	3400	4000	4950	4950
双锥体分离器直径/mm	2100	2900	3200	3500
分离器设计流量 V_{fl}/(m^3/h)	64000	134000	163000	190000
磨煤机进口最大流量 $V_{jk,max}$/(m^3/h)	64300	134200	208500	208500

磨煤机通风量是指磨煤机出口处的计算风量，磨煤机进口处的风量为磨煤机通风量减去密封风量和原煤水分蒸发量。

对于给定的磨煤机，都选用同一种分离器。表 7-51 给出了各种型号磨煤机的双锥体分离器的直径和分离器的设计流量（V_{fl}）。在正常运行时分离器出口流量不推荐选取高于 V_{fl} 太多。

磨煤机进口最大通风量（按最大原煤量计算）必须小于表 7-51 中给出的最大流量 $V_{jk,max}$，否则磨煤机出力必须适当降低。

磨煤机系统（指磨煤机进口和分离器出口之间）压降的预期值由下式计算：

$$\Delta p=3700k_{p}\left(\frac{V_{fl}^{ck}}{V_{fl}}\right)^{2} \tag{7-94}$$

式中 V_{fl}^{ck}——分离器出口实际流量，是指磨煤机通风量（包括密封风量）、旁路风量与煤的蒸发水分之和，m^3/h；

V_{fl}——分离器设计流量，见表 7-51，m^3/h；

k_p——当地大气压力与海平面大气压力之比。

如果系统压降小于 $3700k_p$（单位：kPa，下同）时，磨煤机系统压降仍应按 $3700k_p$ 考虑，如果系统压降大于 $3700k_p$ 时，磨煤机系统压降按实际压降考虑，并应考虑一次风机压头有一定的余量。

(3) 轮式（MPS）磨煤机性能参数计算 MPS 型中速磨煤机碾磨出力按式（7-95）计算：

$$B_m = B_{mo} f_H f_R f_M f_A f_g f_e f_{si} \tag{7-95}$$

式中 B_{mo}——磨煤机的基本出力，t/h，参见表 7-45；

f_H——可磨性对磨煤机出力的修正系数，见表 7-52 或式（7-96）；

f_R——煤粉细度对磨煤机出力的修正系数，见表 7-52 或式（7-97）；

f_M——原煤水分对磨煤机出力的修正系数，见表 7-52 或式（7-98）；

f_A——原煤灰分对磨煤机出力的修正系数，见表 7-52 或式（7-99）；

f_g——原煤粒度对磨煤机出力的修正系数，f_g 取 1.0。

f_e——碾磨件磨损至中后期出力降低系数，取 f_e＝0.95；

f_{si}——分离器形式对磨煤出力的修正，静态分离 f_{si} 取 1.0；动静态旋转分离取 f_{si}＝1～1.07；

表 7-52 MPS 磨煤机出力修正系数

HGI	40	41	42	43	44	45	46	47	48	49	50	51	52	53	54	55
f_H	0.881	0.893	0.905	0.918	0.93	0.942	0.954	0.965	0.977	0.989	1	1.01	1.02	1.02	1.04	1.06
HGI	56	57	58	59	60	61	62	63	64	65	66	67	68	69	70	71
f_H	1.07	1.08	1.09	1.1	1.11	1.12	1.12	1.14	1.15	1.16	1.17	1.18	1.19	1.2	1.21	1.22
HGI	72	73	74	75	76	77	78	79	80	81	82	83	84	85	86	87
f_H	1.23	1.24	1.25	1.26	1.27	1.28	1.29	1.3	1.31	1.32	1.33	1.33	1.34	1.35	1.36	1.37
HGI	88	89	90													
f_H	1.38	1.39	1.4													
R_{90}/%	15	16	17	18	19	20	21	22	23	24	25	26	27	28	29	30
f_R	0.92	1.937	0.954	0.97	0.985	1	1.01	1.03	1.04	1.05	1.07	1.08	1.09	1.1	1.11	1.12
R_{90}/%	31	32	33	34	35	36	37	38	39	40						
f_R	1.14	1.15	1.16	1.17	1.18	1.19	1.2	1.2	1.21	1.22						
$w(M_t)$/%	4	4.5	5	5.5	6	6.5	7	7.5	8	8.5	9	9.5	10	10.5	11	11.5
f_M	1.07	1.06	1.06	1.05	1.05	1.04	1.03	1.03	1.02	1.02	1.01	1.01	1	0.994	0.989	0.983
$w(M_t)$/%	12	12.5	13	13.5	14	14.5	15	15.5	16	16.5	17	17.5	18	18.5	19	19.5
f_M	0.977	0.971	0.966	0.96	0.954	0.949	0.943	0.937	0.932	0.926	0.92	0.914	0.909	0.903	0.897	0.892
$w(M_t)$/%	20															
f_M	0.886															
$w(A_{ar})$/%	≤20	21	22	23	24	25	26	27	28	29	30	31	32	33	34	35
f_A	1	0.995	0.99	0.985	0.98	0.975	0.97	0.965	0.96	0.955	0.95	0.945	0.94	0.935	0.93	0.925
$w(A_{ar})$/%	36	37	38	39	40											
f_A	0.92	0.915	0.91	0.905	0.9											

$$f_H = \left(\frac{HGI}{50}\right)^{0.57} \tag{7-96}$$

$$f_R = \left(\frac{R_{90}}{20}\right)^{0.29} \tag{7-97}$$

$$f_M = 1.0 + [10 - w(M_{ar})] \times 0.0114 \tag{7-98}$$

$$f_A = 1.0 + [20 - w(A_{ar})] \times 0.005 \tag{7-99}$$

式中 HGI——哈氏可磨性指数；

R_{90}——煤粉细度，%；

$w(M_{ar})$——原煤收到基水分，%；

$w(A_{ar})$——原煤收到基灰分，%。

MPS 磨煤机碾磨件磨损后出力变化情况见图 7-71。在碾磨件质量减轻 15%以内，出力没有变化，在质量减少约 22%时将弹簧压力增加 10%（此时可使磨煤机功率相应增加 10%），此出力约为最大出力的 95%。

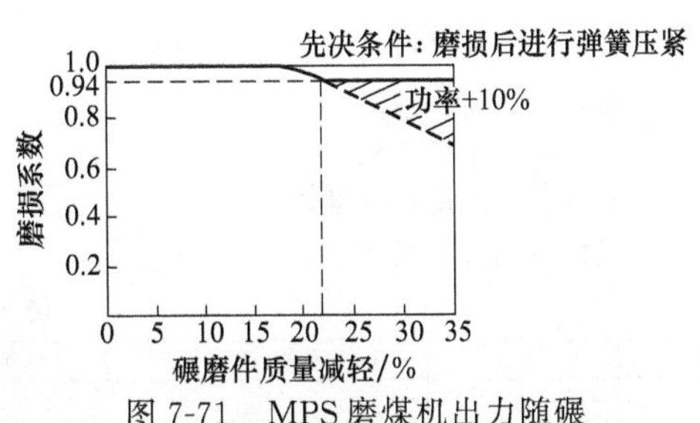

图 7-71 MPS 磨煤机出力随碾磨件磨损时的变化

MPS 磨煤机的通风量按图 7-72 确定，其中通风量的 100%数值按表 7-48 确定，通风量的 100%数值可以在±10 以内波动。通风量 100%时，风环风速设计为 75～85m/s，当风煤比较大时风环风速取低限，否则要取高限。

MPS 磨煤机阻力及其随出力的变化曲线见图 7-72，磨煤机辊轮的单面寿命和煤的磨损指数的关系见图 7-73。

上述出力计算适应于哈氏可磨度为 40～90 的贫煤和烟煤。

(4) 碗式磨煤机（RP、HP型）性能参数计算 碗式磨煤机的碾磨出力按式（7-100）计算或查综合图7-74。

$$B_m = B_{mo} f_H f_R f_M f_A f_g f_e f_{si} \tag{7-100}$$

式中 B_{mo}——磨煤机的基本出力，t/h，见表7-44；

f_H——煤的可磨性对磨煤机出力的修正，按式（7-101）计算；

f_R——煤粉细度对磨煤机出力的修正，按式（7-102）计算；

f_M——原煤水分对磨煤机出力的修正，按式（7-103）和式（7-104）计算；

f_A——原煤灰分对磨煤机出力的修正，按式（7-105）计算；

f_g——原煤粒度对磨煤机出力的修正，取 $f_g=1.0$；

f_e——碾磨件磨损至中后期出力下降系数，$f_e=0.9$；

f_{si}——分离器形式对磨煤出力的修正，静态和单转子动态分离器 $f_{si}=1.0$，动静态转子分离器 $f_{si}=1\sim1.07$。

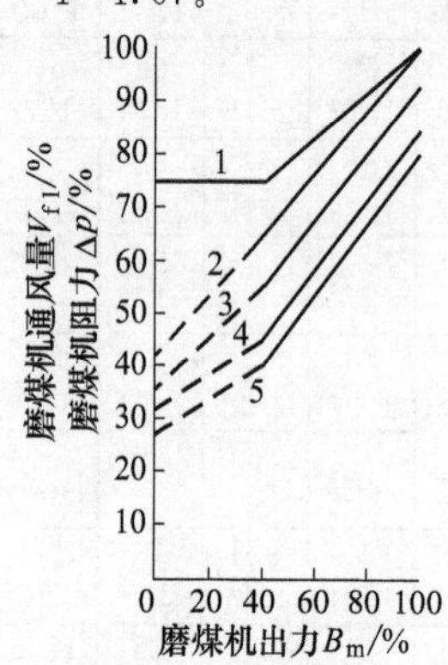

图7-72 轮式磨煤机通风量、阻力随出力的变化曲线

1—通风量随出力的变化；2—30%挡板开度下的阻力变化；3—50%挡板开度下的阻力变化；4—80%挡板开度下的阻力变化；5—磨本体阻力变化

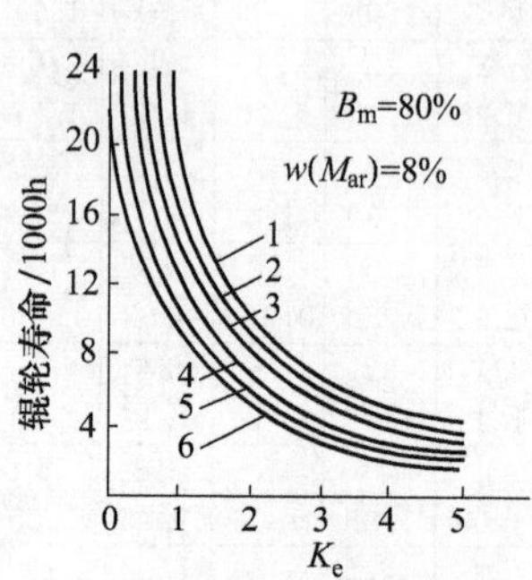

图7-73 轮式磨煤机辊轮寿命和煤的磨损指数的关系

1—$R_{90}=40\%$；2—$R_{90}=35\%$；3—$R_{90}=30\%$；4—$R_{90}=25\%$；5—$R_{90}=20\%$；6—$R_{90}=15\%$

$$f_H=\left(\frac{HGI}{55}\right)^{0.85} \tag{7-101}$$

$$f_R=\left(\frac{R_{90}}{23}\right)^{0.35} \tag{7-102}$$

对于低热值煤：

$$f_M=1.0+[12-w(M_{ar})]\times0.0125 \tag{7-103}$$

$$M_{ar}\leqslant12\%\text{时}, f_M=1.0$$

对于高热值煤：

$$f_M=1.0+[8-w(M_{ar})]\times0.0125 \tag{7-104}$$

$$M_{ar}\leqslant8\%\text{时}, f_m=1.0$$

高、低热值的划分界限见表7-53。

$$f_A=1.0+[20-w(A_{ar})]\times0.005 \tag{7-105}$$

式中 HGI——哈氏可磨性系数；

R_{90}——煤粉细度，%；

$w(M_{ar})$——原煤收到基水分；

$w(A_{ar})$——原煤收到基灰分。

高低热值的判断按表7-53。

表7-53 煤种分类

煤种		去水矿物基热值的计算及热值/(MJ/kg)	去矿物干燥基固定碳的计算及数值/%
计算式		$Q=\frac{Q_{net,V,ar}-0.116w(S_{ar})}{100-[1.08w(A_{ar})+0.55w(S_{ar})]}\times100$	$w(FC)_{adf}=\frac{w(FC)_{ar}-0.15w(S_{ar})}{100-[w(M_{ar})+1.08w(A_{ar})+0.55w(S_{ar})]}\times100$
判断	高热值煤	$Q=32.6\sim37.2$	$w(FC)_{adf}=40\sim86$
	低热值煤	$Q=25.6\sim32.6$	$w(FC)_{adf}=40\sim69$

注：表中 $Q_{net,V,ar}$ 为收到基低位发热值，MJ/kg；$w(S_{ar})$、$w(M_{ar})$、$w(A_{ar})$、$w(FC)_{ar}$ 为收到基硫分、水分、灰分和固定碳，%。

碗式磨煤机磨损中期，当增加油压后其出力约为初期出力的90%。碗式磨煤机通风量按图7-75确定。通风量的100%数值见表7-44。磨煤机出力的100%系指磨煤机的最大出力，在运行出力下的通风量按图7-75曲线所示变化。风环流速在任何出力下不得低于40m/s，如磨煤机最低出力按40%考虑，最低通风量按75%考虑，则满负荷时的风环流速应为55m/s以上。

RP磨煤机在100%负荷下的阻力值以RP783为基础，为3430Pa，每大一个型号时阻力增加98Pa，依此类推。RP903总阻力为4018Pa，RP923为4116Pa。RP磨煤机阻力随折向门开度变化不明显，在最粗和最细煤粉细度下阻力下降约5%。

磨煤机出力变化时磨煤机输入功率的变化见图7-76，RP磨煤机辊套寿命和煤的磨损指数的关系见图7-77。

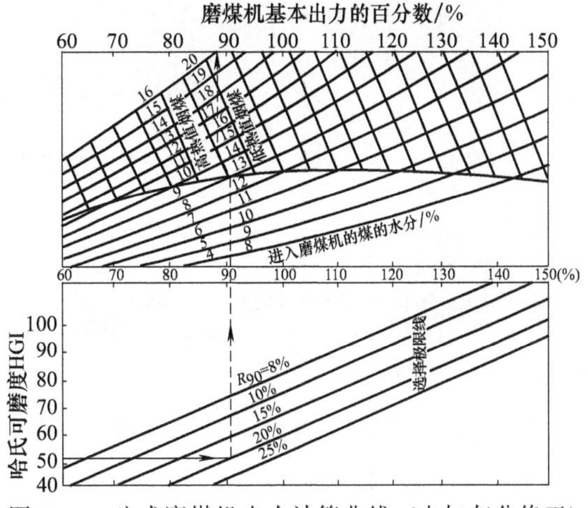

图7-74 碗式磨煤机出力计算曲线（未加灰分修正）

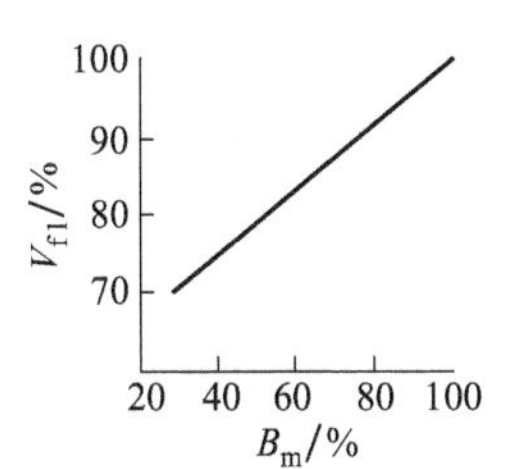

图7-75 碗式磨煤机通风量随磨煤机出力的变化曲线

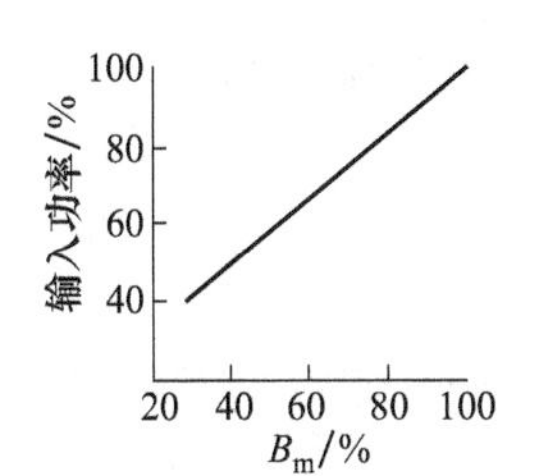

图7-76 碗式磨煤机输入功率随磨煤机出力的变化曲线

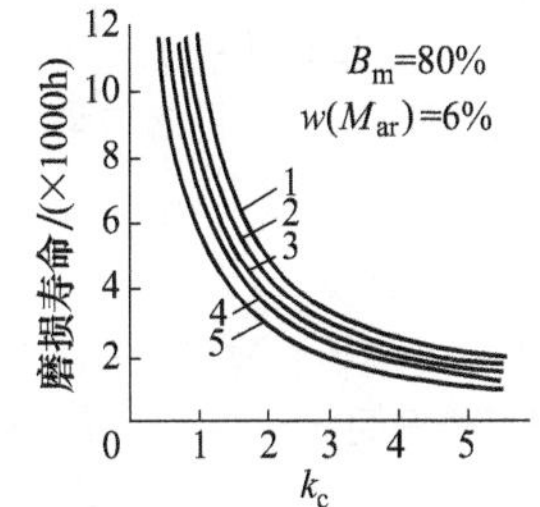

图7-77 碗式磨煤机辊套寿命和煤的磨损指数的关系［HP磨煤机（堆焊辊套）为图中寿命的2.6倍；RP磨煤机（堆焊辊套）为图中寿命的2.0倍］

1—R_{90}=30%；2—R_{90}=25%；3—R_{90}=20%；4—R_{90}=15%；5—R_{90}=10%

(5) 球环式磨煤机（E型）性能参数计算 球环式磨煤机的出力按式（7-106）计算：

$$B_m = B_{mo} f_H f_R f_M f_A f_g f_e f_{si} \tag{7-106}$$

式中 B_{mo}——磨煤机的基本出力，t/h，按表7-43选取；

f_H——煤的可磨性对磨煤机出力的修正系数，按图7-78或按式（7-107）确定；

f_R——煤粉细度对磨煤机出力的修正系数，按图7-78或按式（7-108）确定；

f_M——原煤水分对磨煤机出力的修正系数，按图7-78或按式（7-109）确定；

f_A——原煤灰分对磨煤机出力的修正系数，按图7-78或按式（7-110）确定；

f_g——原煤最大粒度对磨煤机出力的修正系数，按图7-78或按式（7-111）计算确定。

f_e——碾磨件磨损至中后期时出力降低系数，取 f_e=1.0；

f_{si}——分离器形式对磨煤机出力的修正系数，对静态挡板分离器取 f_{si}=1.0，对动静态分离器 f_{si}=1.0～1.07。

$$f_H = \left(\frac{HGI}{50}\right)^{0.58} \tag{7-107}$$

$$f_R = \left(\frac{R_{90}}{23}\right)^{0.48} \tag{7-108}$$

$$M_{ar}=10\%\sim14\%\text{时}，f_M = 1.0 + [10 - w(M_{ar})] \times 0.0125 \tag{7-109}$$

M_{ar}<10%时，f_M=1.0。

$$f_A=1.0+[20-w(A_{ar})]\times 0.005 \tag{7-110}$$

$A_{ar}\leqslant 20\%$时，$f_A=1.0$

$$f_g=\left(\frac{d_{max}}{19}\right)^{-0.23} \tag{7-111}$$

式中 d_{max}——原煤最大粒度，mm，其他符号意义同前。

球环磨煤机碾磨件磨损后出力没有变化。

磨煤机风环风速在100%出力下为75～90m/s，风煤比高时，风速可取下限，反之取上限。

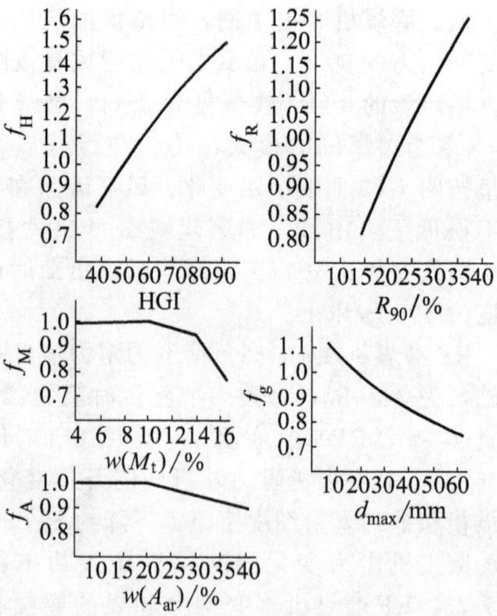

(6) 风扇磨煤机性能参数计算

① S型风扇磨煤机碾磨出力的确定。风扇磨煤机按原煤计的碾磨出力 B_m 按下式计算：

$$B_m=B'_m\cdot\frac{100-w(M_{mf})}{100-w(M_{ar})}=B_{mo}\cdot\frac{f}{100}\cdot\frac{100-w(M_{mf})}{100-w(M_{ar})} \tag{7-112}$$

式中 B'_m——按煤粉计的磨煤机实际出力，t/h；

B_{mo}——按煤粉计的磨煤机基本出力，t/h，根据所选磨煤机型号由表7-46查取；

$w(M_{mf})$——煤粉水分，%；

$w(M_{ar})$——收到基水分，%；

f——磨煤机碾磨出力系数，根据HGI、$w(A_d)$、R_{90} 由图7-79查取。

图7-78 球环磨煤机的出力修正系数

按式（7-112）求得的结果尚需进行校核计算，即满足：

$$B_m\geqslant(1.10\sim1.12)\frac{B}{n} \tag{7-113}$$

式中 n——磨煤机台数；

B——锅炉燃煤量，t/h。

若不能满足式（7-113）的条件，则应选择高一挡容量的磨煤机重新计算。

② 确定磨煤机电耗。S型风扇磨煤机的功率消耗按下式计算：

$$N=B_{mo}E_{mf}\cdot\frac{f}{100} \tag{7-114}$$

式中 E_{mf}——磨制单位质量煤粉的耗电量，kW·h/t，$E_{mf}=E_0k_1k_2$，其中 E_0、k_1 查图7-79，k_2 查表7-54；

B_{mo}——磨煤机基本出力，t/h；

f——磨煤机碾磨出力系数，由图7-79查出。

磨制原煤的单位能耗由式（7-115）计算：

$$E=\frac{N}{B_m} \tag{7-115}$$

③ S型风扇磨煤机通风量（通风出力）和提升压头的确定。风扇磨煤机的通风量直接影响其出力，磨煤机的通风量取决于在此通风下磨煤机的提升压头和管道阻力的平衡。

根据压头系数确定磨煤机通风量，压头系数 f_H 按下式计算：

$$f_H=\frac{\Delta p}{H_0k_tk_\mu k_3k_p} \tag{7-116}$$

式中 Δp——制粉系统总阻力，Pa，按制粉系统阻力计算确定；

k_p——大气压力对压头的修正系数，$k_p=\frac{P_a}{101.3}$，P_a 为当地大气压力，kPa；

H_0——基本纯空气提升压头，Pa，按表7-46确定；

k_t——温度修正系数，$k_t=\frac{393}{273+t''_m}$，$t''_m$ 磨煤机设计出口温度，℃；

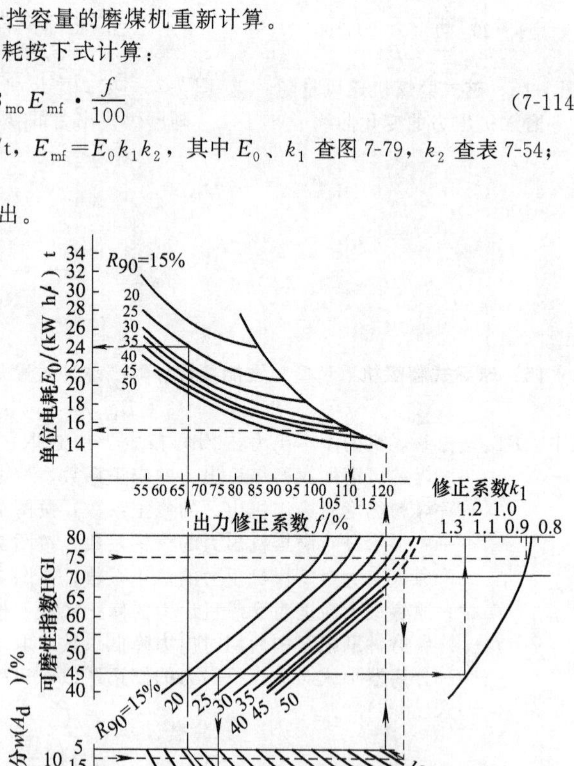

图7-79 S型磨煤机出力功率修正系数

k_μ——含粉下提升压头修正系数，按式（7-121）计算；

k_3——风扇磨煤机使用后期因磨损引起的提升压头修正系数，取 $k_3=0.9$。

根据压头系数 f_H 由图 7-80 曲线 b 求出流量系数 f_v，则通风量 V_{tf} 为：

$$V_{tf}=f_v V_{tf0} \tag{7-117}$$

表 7-54　S 型风扇磨煤机基本参数与修正系数 k_2

磨煤机型号	基本出力 B_{mo}/(t/h)	修正系数 k_2	磨煤机型号	基本出力 B_{mo}/(t/h)	修正系数 k_2	磨煤机型号	基本出力 B_{mo}/(t/h)	修正系数 k_2
2.150	2.0	1.1	10.75	9.2	0.980	36.50	35.0	0.92
3.150	3.2		12.75	12.0		40.50	38.5	
			16.75	15.6		45.50	43.5	
5.100	4.6	1.0				50.50	48.0	
6.100	5.5		20.60	20.0	0.950	55.50	52.5	
8.100	6.9		25.60	24.0		60.42	57.5	0.900
9.100	8.3		32.60	31.0		65.42	62.5	
						70.42	67.0	

式中　V_{tf0}——基本流量，m^3/h，按表 7-46 确定。

按式（7-117）计算的通风量 V_{tf} 应大于实际工程上要求的磨煤机的通风量 V_{sj}，即：

$$V_{tf}=(1.0\sim1.10)V_{sj}$$

这时，在设计出口温度 t''_m 和带粉下求出的磨煤机提升压头为：

$$H_\mu=H_0 f_H k_t k_\mu k_3 \tag{7-118}$$

④ 按流量系数确定提升压头。按设计要求的磨煤机通风量 V_{sj} 求得流量系数 f_v：

$$f_v=\frac{V_{sj}}{V_{tf0}} \tag{7-119}$$

由图 7-80 曲线 b 确定压头系数 f_H，再按式（7-118）求得磨煤机的提升压头 H_μ，并应满足：

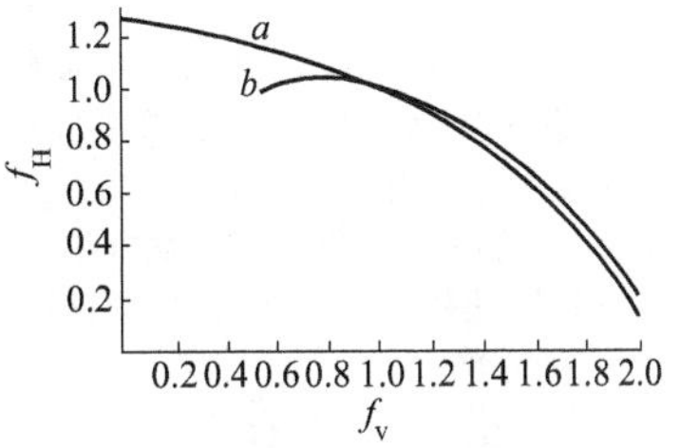

图 7-80　带有分离器的 S 型磨煤机通风特性曲线（$t'_m=250℃$，$t''_m=120℃$）

a—纯空气；b—含粉

$$H_\mu=(1.0\sim1.10)\Delta p \tag{7-120}$$

式中　Δp——磨煤机系统压降的计算值，Pa。

⑤ 含粉时磨煤机提升压头的修正。含粉气流提升压头修正系数 k_μ 按下式计算：

$$k_\mu=1-0.28\mu \tag{7-121}$$

式中　μ——磨腔内煤粉浓度，按下式计算：

$$\mu=\frac{B_m K}{V_{tf}\rho} \tag{7-122}$$

$$\lg\ln K=D+\frac{C}{n}\lg\ln\frac{100}{R_{90}} \tag{7-123}$$

式中　B_m——磨煤机碾磨出力，kg/h；

V_{tf}——磨煤机通风量，m^3/h；

ρ——20℃下空气密度，kg/m^3，取 $\rho=1.2kg/m^3$；

K——磨煤机内煤粉循环倍率；

D，C——与可磨性指数有关的常数，当 HGI 由 45 变到 80 时，C 值取 0.65～0.84，D 值取 −0.6033～0.069，按内插法计算。

n——煤粉均匀性系数，根据分离器结构不同 $n=0.8\sim1.1$。

⑥ 风扇磨煤机冲击板寿命计算。风扇磨煤机冲击板寿命可按试磨实测或按下式计算的磨损量确定：

$$\delta=20.0k_e\cdot\ln\left(\frac{100}{R_{90}}\right)\cdot\ln\left(\frac{B_{ml}}{S}\right)\cdot\frac{S}{B_{ml}},\ g/t \tag{7-124}$$

$$B_{ml}=(K+1)\frac{100-w(M_t)}{100}B_m,\ t/h \tag{7-125}$$

式中　k_e——冲击磨损指数；

B_{ml}——磨煤机存煤量；

K——循环倍率，按式（7-123）计算；

$w(M_t)$——煤的外在水分，%；

B_m——磨煤机碾磨出力，t/h；

S——碾磨件面积，m^2，制造厂提供。

冲击寿命按下式计算：

$$T=\frac{0.30G}{\delta B_m}，h \tag{7-126}$$

式中 G——纯冲击板质量，g；

0.30——冲击板利用率。

三、制粉系统热力计算

制粉系统热力计算的任务是，在保证干燥出力不小于磨煤出力的条件下，确定干燥剂的数量、干燥剂初温和组成成分；确定制粉系统终端干燥剂总量、温度、水蒸气含量和露点。

制粉系统工况参数的选择应满足以下要求。

① 计算的起点为燃料——原煤落入口；干燥剂——引干燥剂入磨煤机的导管截面。计算终点——在负压下运行的设备为排粉机入口处；在正压运行的设备——粗粉分离器出口断面。

② 制粉系统的终端温度应不高于设备（磨煤机和煤粉风机）轴承允许的温度和防爆要求的温度，但应高于干燥剂中水蒸气的露点。

③ 对于以惰化气氛设计的制粉系统，终端干燥剂中氧的体积份额应符合防爆规程的规定。

④ 终端干燥剂总量应与磨煤机通风量相符，直吹式和储仓式干燥剂输粉系统干燥剂中的空气量应与锅炉推荐的一次风量相符，或在它们的允许范围内。

⑤ 系统的通风量应使设备各部件中的流速在推荐值范围内，以保证煤粉的正常输送。

制粉系统的热力计算基本上是遵循系统带入热量与带出热量相等的热平衡原则。

1. 干燥剂量（g_1）的计算

各种磨煤机及制粉系统的干燥剂量（g_1）的计算见表 7-55。

2. 干燥剂初温（t_1）的计算

干燥剂的初温（t_1）可通过制粉系统热平衡求得。制粉系统热平衡方程式可写成如下形式：

输入制粉系统的热量=输出制粉系统的热量

(1) 输入制粉系统的热量 输入制粉系统的热量包括：具有一定初温的干燥剂的物理热（q_{gz}）、磨煤机工作时产生的热量（q_{jx}）、密封（轴封）风物理热（q_{mf}）、漏入冷风的物理热（q_{lf}）。

① 干燥剂的物理热（q_{gz}）计算公式如下所示。

当干燥剂仅为空气时：

$$q_{gz}=c_{gz}t_1g_1，kJ/kg \tag{7-127}$$

式中 c_{gz}——制粉系统入口干燥剂的质量比热容，kJ/(kg·℃)，按图 7-81 查取；

t_1——干燥剂的初温,℃，根据热平衡求取。

当干燥剂为热炉烟和热空气时：

$$q_{gz}=r_yc_yt_y+c_{rk}r_{rk}t_{rk}，kJ/kg \tag{7-128}$$

式中 t_y,t_{rk}——热烟气和热空气的温度,℃，根据锅炉设计；

r_y,r_{rk}——热烟气和热空气的份额，按热平衡计算；

c_{rk}——热空气的比热容，kJ/(kg·℃)，按图 7-81 查取；

c_y——热炉烟在 t_y 时的比热容，kJ/(kg·℃)，按式 (7-127) 计算：

$$c_y=c_{RO_2}r_{RO_2}+c_{N_2}r_{N_2}+c_{O_2}r_{O_2}+c_{H_2O}r_{H_2O}，kJ/(kg·℃) \tag{7-129}$$

$r_{RO_2}、r_{N_2}、r_{O_2}、r_{H_2O}$——组成烟气的三原子气体、氮气、氧气和水蒸气的质量份额，用元素分析和抽烟点的过量空气系数 α 按燃料燃烧产物计算；

$c_{RO_2}、c_{N_2}、c_{O_2}、c_{H_2O}$——三原子气体、氮气、氧气、水蒸气的比热容，kJ/(kg·℃)，按图 7-81 查取。

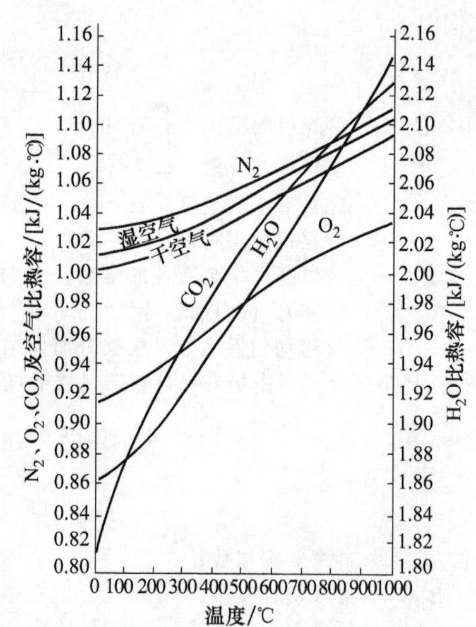

图 7-81 气体平均质量比热容

表 7-55　不同类型磨煤机和制粉系统的干燥剂量 g_1 的计算

项目	钢球磨煤机		正压直吹式磨煤机		E 型磨煤机	风扇磨煤机
	储仓式	直吹式	轮式磨、碗式磨	双进双出钢球磨		空气干燥
最佳通风量或基本通风量 V_{tf}^{zj}/(m³/h)或 V_{tf0}/(kg/s)	$\frac{38}{n\sqrt{D}}\cdot V(1000\sqrt[3]{k_{km}}+36R_{90}\sqrt{k_{km}}\sqrt[3]{\varphi})\times\left(\frac{101.3}{p}\right)^{0.5}$	$g_1=\frac{\rho_0 r_{1k}\alpha_1'' V^0}{1+k_{lf}}$ 式中　r_{1k}——一次风率，按表 7-66 选取； α_1''——炉膛出口过量空气系数； V^0——理论空气量，m³/kg； ρ_0——磨煤机入口始端干燥剂在标准状态下的密度，kg/m³	表 7-44 和表 7-45	表 7-51		式(7-117)
燃料蒸发水分 ΔM/(kg/kg)	$\frac{w(M_{ar})-w(M_{mf})}{100-w(M_{mf})}$		$\frac{w(M_{ar})-w(M_{mf})}{100-w(M_{mf})}$	$\frac{w(M_{ar})-w(M_{mf})}{100-w(M_{mf})}$		$\frac{w(M_{ar})-w(M_{mf})}{100-w(M_{mf})}$
制粉系统漏风率 k_{lf}/%	表 7-56		表 7-56	表 7-56		表 7-56
磨煤机基本出力或原煤出力 B_{mo}/(t/h) B_m/(t/h)	表 7-42		表 7-45	表 7-50		表 7-54
磨煤机出口煤粉空气混合温度 t_2/℃	按表 7-59 确定 t''_m，$t_2=t''_m-10$，在任何情况下，t_2 应高于露点温度 5℃，并不得低于 60℃		按表 7-59 确定 t''_m，$t_2=t''_m$，t_{2min} 应大于露点温度 2℃，并不得低于 60℃	按表 7-59 确定 t''_m，$t_2=t''_m$，t_{2min} 应大于露点温度 2℃，并不得低于 60℃		按表 7-59 确定 t''_m，$t_2=t''_m$，t_{2min} 应大于露点温度 2℃，并不得低于 60℃
当地大气压力 P_a/kPa	取当地大气压力		取当地大气压力	取当地大气压力		取当地大气压力
相当于设计压力下的负荷率 X_m/%			按设计负荷和磨煤机承担负荷	按设计负荷和磨煤机承担负荷	按设计负荷和磨煤机承担负荷	
相当于 X_m 下的通风率 φ_{tf}/%			表 7-57	表 7-57		
磨煤机密封风量 V_{mf}/(kg/s)			表 7-58	表 7-58		表 7-58
磨煤机出力修正系数 f			f_H、f_R、f_M、f_A、f_g		f_H、f_R、f_M、f_A、f_g	
干燥剂量 g_1/(kg/kg)	$\frac{\rho_0}{1+k_{lf}}\left(\frac{V_{tf}^{zj}}{1000B_m}\times\frac{273}{273+t_2}\times\frac{P_a}{101.3}-\frac{\Delta M}{0.804}\right)$		$\frac{3.6V_{tf}}{B_m}\times\frac{\varphi_{tf}}{X_m}$	$\frac{\mu\varphi_{tf}}{100}-3.6\frac{V_{mf}}{B_m X_m}-\Delta M$	$2.066\left(1-\frac{X_m}{100}\right)^{1.5}+1.75$	$\frac{\rho_0}{1+k_{lf}}\left(\frac{V_{tf}}{1000B_m}\times\frac{273}{273+t_2}\times\frac{P_a}{101.3}-\frac{\Delta M}{0.804}-\frac{3.6V_{mf}}{1.285B_m}\right)$

表 7-56 制粉系统漏风系数 k_{lf}

制粉系统形式	钢球磨煤机		中速磨煤机		风扇磨煤机	
	储仓式	直吹式	正压	负压	不带烟气下降管	带烟气下降管
漏风系数 k_{lf}	0.3～0.4	0.25	0	0.2	0.2	0.3

表 7-57 确定通风率 φ_{tf} 的公式

磨煤机形式	计算 φ_{tf} 的公式	备 注
RP、HP 磨煤机	$\varphi_{tf}=(0.6+0.4X_m)\times100\%$ $X_m>25\%$	$X_m\leqslant25\%$时 $\varphi_{tf}=70\%$
轮式磨煤机(MPS)	$\varphi_{tf}=(0.667+0.333X_m)\times100\%$ $X_m>40\%$	$X_m\leqslant25\%$时 $\varphi_{tf}=75\%$
BBD 双进双出磨煤机	$\varphi_{tf}=(0.4+0.5X_m)\times100\%$ $X_m>40\%$	$X_m\leqslant40\%$时 $\varphi_{tf}=60\%$

表 7-58 磨煤机密封风量

磨煤机	项目				
轮式(MPS)磨煤机	型号	MPS-190	MPS-212	MPS-225	MPS-255
	密封风总量/通过磨煤机密封风量/(kg/s)	1.3/0.78	1.42/0.95	1.53/1.02	1.65/1.10
球环式(E 型)磨煤机	型号	各种型号			
	密封风风量/(kg/s)	按磨煤机通风量 3%～5%计			
BBD 双进双出钢球磨煤机	型号	3448	4060	4760	4772
	密封风风量/(kg/s)	0.944	1.111	1.375	1.375
S 型风扇式磨煤机	型号	S36.50	S45.50		
	密封风风量/(kg/s)	2.14	2.14		

表 7-59 磨煤机出口最高允许温度 t''_m 单位：℃

制粉系统形式	用空气干燥	用烟气空气混合干燥
风扇磨煤机直吹式系统粗粉分离后	褐煤、页岩 约 100	约 180
钢球磨煤机贮仓式制粉系统	贫煤 100～130 烟煤 70～90 褐煤 60～70	褐煤 约 90 烟煤 约 120
双进双出钢球磨直吹式制粉系统分离后	烟煤 70～90 褐煤 60～70 贫煤 100～130	
中速磨煤机直吹式制粉系统分离后	$w(V_{daf})<40\%$ $t''_m=\frac{5[82-w(V_{daf})]}{3}\pm5$ $w(V_{daf})\geqslant40\%$ $t''_m=60\sim70$	
RP、RH 中速磨煤机直吹式制粉系统分离后	高热值烟煤<82,低热值<71,次烟煤褐煤<66	

② 磨煤机工作时产生的热 (q_{jx})。磨煤机工作时，部分机械能转变为热能。研磨机件所产生的机械热按下式计算：

$$q_{jx}=3.6k_{jx}E,\ \text{kJ/kg} \tag{7-130}$$

式中 k_{jx}——机械热转化系数，中速磨煤机为 0.6，钢球磨煤机为 0.7，风扇磨煤机为 0.8；

E——磨单位吨煤的电耗，kW·h/t，见磨煤机计算。

③ 密封（轴封）风物理热 (q_{mf})。为防止制粉系统内煤外泄，正压系统中有关部位采用空气密封。密封风量基本是一定的，其物理热按下式计算：

$$q_{mf}=\frac{3.6V_{mf}}{B_m}c_{mf}t_{mf},\ \text{kJ/kg} \tag{7-131}$$

式中　V_{mf}——密封风风量，kg/s，按表 7-58 选取；

c_{mf}——密封风的比热容，kJ/(kg·℃)，按图 7-81 确定；

t_{mf}——密封风温度,℃。

对于风扇磨煤机，轴封采用热风，在热风份额中已包括该项，故在热平衡时不列此项。

④ 漏入冷风的物理热 q_{lf}。负压制粉系统漏入冷风的物理热按下式计算：

$$q_{lf}=k_{lf}c_{lf}t_{lf}g_1,\ \mathrm{kJ/kg} \tag{7-132}$$

式中　k_{lf}——漏风系数，按表 7-56 确定；

t_{lf}——漏入冷风温度，℃，一般可取 20～30℃；

c_{lf}——冷风的比热容，kJ/(kg·℃)，按图 7-81 确定。

(2) 输出制粉系统的热量

① 蒸发原煤中水分消耗的热量 q_{zf}。

$$q_{zf}=\Delta M(2500+C_{H_2O}t_2-4.187t_{ym}),\mathrm{kJ/kg} \tag{7-133}$$

$$C_{H_2O}=\frac{3t^4}{10^{14}}+\frac{2t^3}{10^{10}}+\frac{3t^2}{10^7}+0.0001t+1.8576 \tag{7-134}$$

式中　t_{ym}——原煤温度，℃，一般取 0℃；

ΔM——所干燥的水分，%，按表 7-55 确定；

C_{H_2O}——水蒸气在 t_2 温度下的平均定压比热容，kJ/(kg·℃)，可按式（7-134）计算；

t——水蒸气温度。

t_2——制粉系统终端干燥剂温度，℃，按如下建议确定。

负压储仓式系统 $t_2=t''_m-10$℃；负压直吹式系统$t_2=t''_m-5$℃；正压直吹式系统 $t_2=t''_m$。为安全运行和防止煤粉爆炸，表 7-59 列出磨煤机出口温度 t''_m。

终端温度的最低值取决于离开设备时干燥剂的湿度（含湿量）。在任何情况下，为了煤粉的正常输送，干燥剂的终端温度 t_2 应高于露点 t_{ld}，并且不能低于 60℃，通常取值为：

对于储仓式制粉系统：$t_{2min}=t_{ld}+5$℃

对于直吹式制粉系统：$t_{2min}=t_{ld}+2$℃

露点 t_{ld} 可根据终端干燥剂中的水分含量 d 查表 7-60。

表 7-60　含湿量与露点的值

露点 t_{ld}/℃	含湿量 d/(g/kg)	露点 t_{ld}/℃	含湿量 d/(g/kg)	露点 t_{ld}/℃	含湿量 d/(g/kg)	露点 t_{ld}/℃	含湿量 d/(g/kg)	露点 t_{ld}/℃	含湿量 d/(g/kg)
0	3.789	19	13.85	38	43.76	57	129.1	76	413.1
1	4.075	20	14.75	39	46.36	58	136.7	77	443.1
2	4.380	21	15.72	40	49.11	59	144.8	78	475.9
3	4.706	22	16.74	41	52.02	60	153.4	79	512.1
4	5.053	23	17.82	42	55.09	61	162.5	80	552.0
5	5.423	24	18.96	43	58.34	62	172.3	81	596.4
6	5.817	25	20.17	44	61.76	63	182.6	82	645.9
7	6.236	26	21.44	45	65.38	64	193.7	83	701.6
8	6.681	27	22.79	46	69.19	65	205.6	84	764.5
9	7.155	28	24.22	47	73.24	66	218.2	85	835.9
10	7.659	29	25.72	48	77.51	67	231.8	86	918.0
11	8.195	30	27.32	49	82.03	68	246.4	87	101.3
12	8.764	31	29.00	50	86.80	69	262.0	88	112.4
13	9.369	32	30.78	51	91.85	70	278.8	89	125.6
14	10.01	33	32.66	52	97.21	71	297.0	90	141.6
15	10.69	34	34.65	53	102.9	72	316.7		
16	11.41	35	36.74	54	108.9	73	337.8		
17	12.18	36	38.95	55	115.2	74	360.8		
18	12.99	37	41.29	56	122.0	75	385.9		

注：含湿量 d 的单位为 g 水分/kg 空气。

对于用热空气作干燥剂的情况，1kg 干燥剂含湿量按下式计算：

$$d=\frac{g_1(1+k_{lf})d_k+1000\Delta M}{g_1\left[1+k_{lf}-\frac{(1+k_{lf})d_k}{1000}\right]},\ \mathrm{g/kg} \tag{7-135}$$

式中 d_k——空气中的含湿量，g/kg，通常采用 10g/kg。

以热烟、热风和冷风混合物作干燥剂时，d 按下式计算：

$$d=\frac{g_1[r_y d_y+(r_{rk}+r_{lk}+k_{lf})d_k]+1000\Delta M}{g_1\left[1+k_{lf}-\frac{r_y d_y+(r_{rk}+r_{lk}+k_{lf})d_k}{1000}\right]},\ \text{g/kg} \tag{7-136}$$

式中 d_y——烟气中的含湿量，g/kg，按下式计算：

$$d_y=\frac{12.4[9w(H_{daf})+w(M_{ar})]+1.293\alpha_y V^0 d_k}{1-0.01A_{ar}+1.306\alpha_y V^0}\text{g/kg} \tag{7-137}$$

式中 α_y——抽取炉烟处的过量空气系数；

V^0——理论空气量，m^3/kg；

H_{daf}——干燥无灰基氢，%。

② 乏气干燥剂带出的热量 q_2。

$$q_2=\left[(1+k_{lf})g_1+\frac{3.6V_{mf}}{B_m}\right]c_2 t_2 \tag{7-138}$$

式中 c_2——t_2 温度下湿空气的比热容，kJ/(kg·℃)，按图 7-81 确定。

其他符号意义同前。

③ 加热燃料消耗的热量 q_{jr}。

$$q_{jr}=\frac{100-w(M_{ar})}{100}\left[c_r^g+\frac{4.187w(M_{mf})}{100-w(M_{mf})}\right](t_2-t_r)+q,\ \text{kJ/kg} \tag{7-139}$$

$$q=\left[w(M_{ar})-w(M_{ad})\cdot\frac{100-w(M_{ar})}{100-w(M_{ad})}\right](335-2.09t_{a,min}),\ \text{kJ/kg} \tag{7-140}$$

式中 $w(M_{mf})$——煤粉水分，%，按表 7-47 确定；

t_r——原煤温度，℃，一般取 0℃；

t_2——终端干燥剂温度，℃；

c_r^g——燃料干燥基比热容，kJ/(kg·℃)，按煤平均温度 $\frac{1}{2}(t_2+t_r)$，查表 7-61；

$w(M_{ar})$——原煤收到基水分，%；

q——原煤解冻用热量，kJ/kg，对于最低日平均气温在 0℃以下又无解冻库时，按式（7-140）计算；

$t_{a,min}$——最低日平均温度（为负值），℃。

表 7-61 煤的干燥基定压比热容 C_r^g 单位：kJ/(kg·℃)

温度/℃	无烟煤	贫煤	烟煤	褐煤	页岩
0	0.767	0.814	0.883	0.933	0.856
100	0.881	1.13	1.221	1.248	0.994
200	0.992	1.447	1.541	1.563	1.132
300	1.102	1.764	1.896	1.878	1.269
400	1.213	2.081	2.234	2.192	1.407

④ 设备散热损失 q_5。制粉系统设备散热损失按下式计算：

储仓式系统 $$q_5=0.05q_{zr} \tag{7-141}$$

直吹式系统 $$q_5=0.02q_{zr} \tag{7-142}$$

式中 q_{zr}——输入制粉系统的总热量，kJ/kg，$q_{zr}=q_{gz}+q_{jx}+q_{mf}+q_{lf}$。 (7-143)

根据热平衡方程可有如下方程：

$$q_{gz}+q_{jx}+q_{mf}+q_{lf}=q_{zf}+q_2+q_{jr}+q_5 \tag{7-144}$$

解式（7-144），得到其解的一般表达式为：

$$t_1=\frac{q_{zf}+q_2+q_{jr}+q_5-q_{jx}-q_{mf}-q_{lf}}{c_{gz}g_1} \tag{7-145}$$

组成干燥剂的气体在起始计算断面处的温度应比抽出点的温度低 10℃。包括热风、温风都应比空气预热器处低 10℃。烟气的初温也同此规定。

当用热空气作为干燥剂时，干燥剂的初温 $t_1=t''_{rk}-10$℃。t''_{rk} 是从空气预热器出来的空气温度。

当用热空气和冷空气混合后作为干燥剂时，若 g_1 已知，可由式（7-145）解出所需干燥剂的热容量

($c_{gz}t_1$)，然后根据7-62温焓表的关系，确定所需干燥剂入口温度 t_1。也可根据式（7-146）～式（7-148）的关系解出。

表 7-62　1kg 干空气、湿空气的焓　　单位：kJ/kg

温度 t/℃		0	100	200	300	400	500	600	700	800	900	1000
干空气		0	100.6	202.3	305.7	411.3	519.4	629.8	742.4	856.8	973.4	1090.7
湿空气	d=10g/(kg干空气)	0	101.5	204.0	308.4	415	524	635.5	749.1	864.7	982.5	1101.1
	d=6.7g/(kg干空气)	0	101.2	203.5	307.5	413.8	522.5	633.6	746.9	862.2	979.5	1097.7

$$c_{gz}=c_{rk}r_{rk}+c_{lk}r_{lk} \tag{7-146}$$

$$r_{rk}+r_{lk}=1 \tag{7-147}$$

$$c_{gz}t_1=c_{rk}r_{rk}t_{rk}+c_{lk}r_{lk}t_{lk} \tag{7-148}$$

解式（7-148）和式（7-147）得：

$$r_{rk}=\frac{c_{gz}t_1-c_{lk}t_{lk}}{c_{rk}t_{rk}-c_{lk}t_{lk}} \tag{7-149}$$

若 g_1 已知，根据式（7-145）解出 $c_{gz}t_1$，求出 r_{rk}，r_{rk} 代入式（7-146）结合求出 c_{gz}，即可求出 t_1；若 g_1 未知，先假定 t_1，再代入式（7-146）～式(7-149)，用逐步逼近的方法算出 t_1。

当采用热空气和炉烟作为干燥气体时，应按烟气和空气各占的质量百分比计算，此时：

$$c_{gz}=c_yr_y+c_{rk}r_{rk} \tag{7-150}$$

$$r_y+r_{rk}=1 \tag{7-151}$$

$$c_yt_yr_y+c_{rk}t_{rk}(1-r_y)=c_{gz}t_1 \tag{7-152}$$

$$r_y=\frac{c_{gz}t_1-c_{rk}t_{rk}}{c_yt_y-c_{rk}t_{rk}} \tag{7-153}$$

用如前所述的同样方法，求解式（7-150）～式（7-153），并与式（7-145）结合求出 t_1。

当采用热空气和磨煤机后的气体混合物（再循环烟气）作为干燥剂时，应按热空气和再循环气体的质量百分比计算，此时：

$$c_{rk}r_{rk}t_{rk}+c_{zx}r_{zx}t_2=c_{gz}t_1 \tag{7-154}$$

$$r_{rk}+r_{zx}=1 \tag{7-155}$$

式中　r_{zx}——再循环气体在干燥剂中的份额，%；

c_{zx}——再循环气体在 t_2 下的比热容，kJ/(kg·℃)，按下式计算：

$$c_{zx}=\frac{g_1(1+k_{lf}-r_{zx})c_{rk}+\Delta Mc_{H_2O}}{g_1(1+k_{lf}-r_{zx})+\Delta M} \tag{7-156}$$

式中　c_{H_2O}——t_2 下水蒸气的比热容，kJ/(kg·℃)，按图7-81确定。

通过首先假定 t_1，求出 $c_{gz}t_1$，再用式（7-154）～式（7-156）和式（7-145）逐步逼近求出 t_1。计算所得结果还需对入口干燥剂的密度（标准状态下）ρ_{gz} 进行验算，使之与表7-55中所采用的初始设定值相差小于±2%。

采用再循环气体时入口干燥剂的密度为：

$$\rho_{gz}=\frac{1+0.85k_{lf}}{\frac{r_{rk}+0.85k_{lf}}{1.285}+\frac{r_{zx}}{\rho_{zx}}} \tag{7-157}$$

式中　ρ_{zx}——再循环气体的密度，kg/m³，按下式计算：

$$\rho_{zx}=\frac{g_1(1+k_{lf}-r_{zx})+\Delta M}{\frac{g_1(1+k_{lf}-r_{zx})}{1.285}+\frac{\Delta M}{0.804}} \tag{7-158}$$

3. 干燥剂的组成、份额、风量协调及一、二、三次风率的确定

(1) 磨煤通风量 V_{tf} 磨煤通风量的作用在于输送已磨制合格的煤粉。通常，随着磨煤通风量的增加，磨煤出力也应相应增大，所以磨煤机的出力 B_m 首先取决于通风量。

(2) 干燥通风量 V_{tf}^g 干燥通风量的任务在于为系统提供热量，使原煤的水分 [$w(M_{ar})$] 受热蒸发，最后达到合格煤粉的水分要求 [$w(M_{mf})$]。磨煤机的通风量可能提供的干燥能力，就是磨煤机的干燥出力。

根据前述热平衡计算，可以求出磨制 1kg 煤粉后在制粉系统出口端（温度为 t_2）干燥剂的容积量 V_{tf}^g 或质量 g_2。

对于用炉烟和热空气作为干燥剂时：

$$V_{tf}^g=\left(\frac{r_y}{\rho_y}+\frac{r_{rk}+k_{lf}}{1.285}\right)g_1+\frac{\Delta M}{0.804} \tag{7-159}$$

或

$$g_2=(r_y+r_{rk}+k_{lf})g_1+\Delta M \tag{7-160}$$

对于用热空气作为干燥剂时：

$$V_{tf}^g=\frac{(1+k_{lf})g_1}{1.285}+\frac{\Delta M}{0.804} \tag{7-161}$$

或

$$g_2=(1+k_{lf})g_1+\Delta M \tag{7-162}$$

对于用热空气和再循环剂混合物作为干燥剂时：

$$V_{tf}^g=\left(\frac{r_{zx}}{\rho_{zx}}+\frac{r_{rk}+k_{lf}}{1.285}\right)g_1+\frac{\Delta M}{0.804} \tag{7-163}$$

或

$$g_2=(r_{zx}+r_{rk}+k_{lf})g_1+\Delta M \tag{7-164}$$

如果要计算干燥剂的实际体积，尚要对上述参数计算中的所有各种情况下所得的 V_{tf}^g 进行温度和压力修正，即用 $V_{tf}^g\times\frac{101.3}{P_a}+\frac{273+t_2}{273}$。

(3) 一次风量 V_{lk} 一次风量的作用在于输送煤粉和供应部分燃料所需的氧量，在直吹式制粉系统及中仓式系统采用乏气送粉时，磨煤机的干燥风量（包括系统漏风）实质就是输粉的磨煤风量，送入燃料器时就是一次风量。而一次风量必须按煤的燃烧特性及燃烧工况的组织来确定。

送入锅炉炉膛的总风量（包括炉膛的漏风 $\Delta V=\Delta\alpha_1\cdot V^0$）为 $\alpha_1 V^0$（单位：m^3/kg 煤），其中一、二、三次风量分别为 V_{1k}、V_{2k}、V_{3k}（单位：m^3/kg），则从风量平衡可得到：

$$V_{1k}+V_{2k}+V_{3k}+V_{lf}=\alpha_1 V^0$$

等式同除以 $\alpha_1 V^0$ 并乘以 100%变成百分数，则：

$$r_{1k}+r_{2k}+r_{3k}+r_{lf}=100\% \tag{7-165}$$

式中 $r_{1k}=\frac{V_{1k}}{\alpha_1 V^0}\times100\%$，称为一次风率；

$r_{2k}=\frac{V_{2k}}{\alpha_1 V^0}\times100\%$，称为二次风率；

$r_{3k}=\frac{V_{3k}}{\alpha_1 V^0}\times100\%$，称为三次风率；

$r_{lf}=\frac{\Delta\alpha_1}{\alpha_1}$，称为炉膛漏风率。

关于一次风率 r_{1k} 有如下推荐数据，见表 7-63。

表 7-63 一次风率 r_{1k} 范围（固态排渣） 单位：%

项 目	无烟煤	贫煤	烟煤	褐煤
旋流燃烧器	15 (15～30)	20 (25～30)	25～40	40
四角布置直流燃烧器	20～25 (15～20)	20～25 (15～20)	25～45	16～40

使用表 7-63 中数据时，括号内的数据为热风送粉情况下的推荐值。并当采用烟气或烟气、热空气混合物作为干燥剂时，磨煤机出口干燥剂中的空气量应$\geqslant 0.15V^0$。

上述 3 种风量虽然定义和作用不同，但对制粉系统来说，它们实质上是一回事，是同一个风量，因此，在制粉系统设计时必须把它们统一起来，这就是所谓的风量协调。

(4) 风量协调

① 中间储仓式钢球磨煤机制粉系统乏气送粉。为使球磨机在最经济工况下运行，设计时按表 7-55 计算得最佳通风量 $V_{\rm tf}^{\rm zj}$，求出干燥剂量 g_1，再按制粉系统热平衡方程式（7-148）求出$c_{\rm gz}t_1$。热容量符合 $c_{\rm gz}t_1$ 的介质就是既能满足磨煤通风要求，又能满足干燥通风要求的介质。

对于水分不高的煤种，往往出现如下情况，即：

$$c_{\rm gz}t_1<c_{\rm rk}t_{\rm rk}$$

这说明用纯热空气作干燥剂时，热空气温度还嫌太高。此时常有两种协调办法。其一是掺温风或冷风，此时 $c_{\rm rk}t_{\rm rk}$ 就下降了，便满足 $c_{\rm gz}t_1=c_{\rm rk}t_{\rm rk}$。这种方法一般作为运行中的调节手段。其二是采用乏气再循环，就是把排粉机出口的一部分乏气再打回到磨煤机进口，与干燥剂一起进入磨煤机内，既保证干燥出力又满足磨煤出力的最佳通风要求。这就是乏气再循环，并有如下关系式：

$$r_{\rm zx}+r_{\rm rk}=1 \tag{7-166}$$

$$r_{\rm zx}c_{\rm zx}t_2+r_{\rm rk}c_{\rm rk}t_{\rm rk}=1 \tag{7-167}$$

联解上面两式得：

$$r_{\rm zx}=\frac{c_{\rm rk}t_{\rm rk}-c_{\rm gz}t_1}{c_{\rm rk}t_{\rm rk}-c_{\rm zx}t_2} \tag{7-168}$$

上述两风量与一次风量协调的要求是：使整个制粉系统的制粉总量 $g_1(1+k_{\rm lf}-r_{\rm zx})\cdot zB_{\rm m}$ 与燃烧所需的一次风量 $1.285\alpha_1V^0r_{1\rm k}B_{\rm j}$ 相等，则协调后的一次风率 $r_{1\rm k}$ 为：

$$r_{1\rm k}=\frac{g_1(1+k_{\rm lf}-r_{\rm zx})}{1.285\alpha_1V^0}\cdot\frac{ZB_{\rm m}}{B_{\rm j}} \tag{7-169}$$

按此调整 $r_{1\rm k}$ 与 $r_{\rm zx}$ 的关系，使 $r_{1\rm k}$ 能满足表 7-63 的要求。这时 $r_{\rm zk}=1-r_{1\rm k}-r_{\rm lf}$。

对水分很高的煤，可能出现 $c_{\rm gz}t_1>c_{\rm rk}t_{\rm rk}$ 的情况，这说明纯热空气干燥剂已不能满足干燥的要求，通常采用抽高温烟气与热空气的混合物作为干燥剂。按质量、热量平衡方程式（7-151）和式（7-152）求出 $r_{\rm y}$ 和 $r_{\rm rk}$ 后，再协调一次风量，即得：

$$r_{1\rm k}=\frac{(1+k_{\rm lf})g_1}{1.285\alpha_1V^0}\cdot\frac{ZB_{\rm m}}{B_{\rm j}} \tag{7-170}$$

从燃烧的观点，还得检验和控制干燥剂中的空气量应不小于 $0.15V^0$，所以还必须同时满足：

$$g_1(r_{\rm y}r_{\rm yk}+r_{\rm rk}+k_{\rm lf})ZB_{\rm m}\geqslant(0.15V^0)\cdot 1.285B_{\rm j} \tag{7-171}$$

式中 $r_{\rm yk}$——单位质量烟气中的空气量，kg/kg，可按下式计算：

$$r_{\rm yk}=\frac{1.285(\alpha-1)V^0}{1-0.01w(A_{\rm ar})+1.306\alpha_1V^0} \tag{7-172}$$

② 中间储仓式球磨机闭式制粉系统热风送粉。对于热风送粉的情况，制粉系统乏气全部作为三次风，三次风率为：

$$r_{3\rm k}=\frac{g_{3\rm k}}{1.285\alpha_1V^0}\cdot\frac{ZB_{\rm m}}{B_{\rm j}} \tag{7-173}$$

式中 $g_{3\rm k}$——三次风量，kg/kg。

当采用纯热空气或烟气和热空气作为干燥剂时：

$$g_{3\rm k}=g_1(1+k_{\rm lf}) \tag{7-174}$$

当用热空气+再循环时：

$$g_{3k}=g_1(r_{rk}+k_{lf})=g_1(1+k_{lf}-r_{zx}) \tag{7-175}$$

热风送粉时，煤粉与热风混合物作为一次风的温度 t_{1k}，t_{1k} 根据热平衡关系，可按下列公式近似计算：

$$t_{1k}=\frac{1.285\alpha_1 V^0 r_{1k}c_{rk}t_{rk}+c_{mf}t_{mf}}{1.285\alpha_1 V^0 r_{1k}c_{1r}+c_{mf}} \tag{7-176}$$

式中 c_{mf}——煤粉的比热容，kJ/(kg・℃)，按下式计算：

$$c_{mf}=c_{mf}^{g}\frac{100-w(M_{ar})}{100}+4.1868\frac{w(M_{ar})}{100} \tag{7-177}$$

式中 c_{mf}^{g}——煤粉干燥剂比热容，kJ/(kg・℃)，按照表 7-61 查取。

③ 直吹式系统。直吹式系统中，1kg 煤所需干燥剂就是相应的一次风量。即：

$$(1+k_{lf})g_1=1.25\alpha_1 V^0 r_{1k} \tag{7-178}$$

由此式求出的 g_1 代入热平衡方程式（7-141），求出 $c_{gz}t_1$。

如果 $c_{gz}t_1<c_{rk}t_{rk}$ 时，常向热空气中掺冷风或温风，其计算方法同式（7-146）～式（7-148），其冷风（或温风）份额 r_{1k}（r_{wk}）为：

$$r_{lk}=\frac{c_{rk}t_{rk}-c_{gz}t_1}{c_{rk}t_{rk}-c_{lk}t_{lk}} \tag{7-179}$$

$$r_{rk}=1-r_{lk} \tag{7-180}$$

四、制粉系统的空气动力学

制粉系统空气动力学计算的目的是确保制粉系统管道及部件、设备部件总的全压降，选取一次风机或排粉机设计参数，并保证合适的速度输送煤粉。

制粉系统各区段的全压降 Δp_{qy} 的计算，对任何不可压缩流体可以写成：

$$\Delta p_{qy}=p_1-p_2=\Delta p-g(z_2-z_1)(\rho_a-\rho_0)=\Delta p-p_{zs} \tag{7-181}$$

式中 p_1——截面 1 处的全压，Pa；

p_2——截面 2 处的全压，Pa；

Δp——截面 1 处到截面 2 处的全部阻力损失，Pa；

z_1——截面 1 的相对高度，m；

z_2——截面 2 的相对高度，m；

ρ_a——大气压力下的空气密度，kg/m³；

ρ_0——流体介质的密度，kg/m³；

p_{zs}——自生通风力，Pa。

制粉系统总压降包括管道摩擦阻力压降 Δp_{mc}、局部阻力压降 Δp_{jb}、设备和部件的阻力损失 Δp_{sb}、煤粉提升压头损失 Δp_{ts}、煤或煤粉加速压头损失 Δp_{js}、气体入口处负压 Δp_{fy} 及制粉系统的自生通风 Δp_{zs}。

(1) 摩擦阻力压降 Δp_{mc} 纯气体的摩擦阻力损失为：

$$\Delta p_{mc}=\lambda_0\frac{l}{d_{dl}}\cdot\frac{\rho_0 v^2}{2} \tag{7-182}$$

含粉气流的摩擦阻力损失为：

$$\Delta p_{mc\mu}=\lambda_\mu\frac{l}{d_{dl}}\cdot\frac{\rho_0 v^2}{2} \tag{7-183}$$

$$\lambda_\mu=\lambda_0(1+k\mu) \tag{7-184}$$

式中 l——管道长度，m；

d_{dl}——管道当量直径，m；

ρ_0——流体介质密度，kg/m³，制粉系统介质密度按式（7-159）～式（7-164）V_{tf}^{g} 与 g_2 的比值，并进行温度和压力的修正算出；

v——流体介质流速，m/s；

λ_0——纯气体的摩擦阻力系统，按流体力学或流体阻力手册中的公式计算；

λ_μ——含粉气体的摩擦阻力系数，按照下式进行计算；

μ——含粉气流的浓度，kg/kg，参考表 7-64；

k——煤粉浓度修正系数，对于垂直管道 $k=0.65$；对于水平管道 $k=1.0$，但 λ_μ 取下面两式计算结果中的较小者：

$$\lambda_\mu=\lambda_0(1+\mu)$$

$$\lambda_\mu=\lambda_0\cdot 1.5\mu$$

表 7-64　制粉系统各部分管道中煤或煤粉的浓度

序号	管段名称	公　式	备　注
	储仓式系统		
1	磨煤机入口管段	$\mu'_M=\dfrac{(1-a\Delta M)\cdot(K+1)}{g_1(1+0.85k_{lf})+a\Delta M}$	式中　K——循环倍率； a——入口干燥段失去的水分份额，一般取 $\alpha=0.4$； k_{lf}——漏风系统
2	磨煤机至粗粉分离器入口管段	$\mu''_M=\dfrac{(1-\Delta M)\cdot(K+1)}{g_1(1+0.85k_{lf})+\Delta M}$	
3	粗粉分离器出口及至细粉分离器入口管段	$\mu''_{cf}=\mu'_{xf}=\dfrac{1-\Delta M}{g_1(1+0.85k_{lf})+\Delta M}$	
4	细粉分离器出口至排粉机的管段、乏气送粉时混合器的管段和乏气三次风管段	$\mu''_{xf}=\dfrac{(1-\Delta M)(1-\eta_{xf})}{g_1(1+k_{lf})+\Delta M}$	式中　η_{xf}——细粉分离器效率
5	乏气送粉时混合器至燃烧器的管段	$\mu_{hr}=\dfrac{100-B_j(1-\Delta M)-V_{3k}\cdot\rho_2\cdot\mu''_{xf}Z_{Fan}}{(V_{tf}-V_{zx}-V_{3k})\cdot Z_{Fan}\rho_2}$	式中　V_{3k}——三次分量，m^3/h； V_{zx}——再循环风量，m^3/h； ρ_2——磨出口介质密度，kg/m^3； Z_{Fan}——排粉机或风机数
	直吹式系统		
6	中速磨煤机后至燃烧器管段	$\mu''_M=\dfrac{B_m(1-\Delta M)}{B_m(g_1+\Delta M)+3.6V_{mf}}$	式中　μ_1——高温烟气中飞灰浓度，kg/kg； V_{mf}——磨粉机密封风量，m^3/h； r_y，r_{ly}——热烟、冷烟份额； r_{rk}，r_{lk}——热空气、冷空气份额； 二介质干燥时将序号 7、8、9 三式中的冷烟份额 r_{ly} 代之以冷空气份额 r_{lk}
7	三介质干燥时之风扇入口混合室至落煤口管段	$\mu'_M=\dfrac{\mu_1 r_y}{r_y+r_{ly}+r_{rk}+0.3k_{lf}}$	
8	三介质干燥时之风扇磨落煤管至风扇磨入口	$\mu'_M=\dfrac{1+r_y g_1\mu_1-a\Delta M}{(r_y+r_{ly}+r_{rk}+k_{lf})g_1+\Delta M}$	
9	三介质干燥时风扇磨出口至燃烧器管段	$\mu''_M=\dfrac{1+r_y g_1\mu_1-a\Delta M}{(r_y+r_{ly}+r_{rk}+k_{lf})g_1+\Delta M}$	

(2) 局部阻力压降 Δp_{jb}　管路元件局部阻力按下式计算，对纯气体时局部阻力压降为：

$$\Delta p_{jb}=\xi_0\frac{\rho_0 v^2}{2} \tag{7-185}$$

对含粉气流的局部阻力压降为：

$$\Delta p_{jb\mu}=\xi_\mu\cdot\frac{\rho_0 v^2}{2} \tag{7-186}$$

式中 ξ_0——纯气体时的局部阻力系数，按流体阻力手册确定；

ξ_μ——含粉气流的局部阻力系数，按下式计算：

$$\xi_\mu=\xi_0(1+k\mu) \tag{7-187}$$

k 的确定如下所述。

① 含粉气流下圆截面缓转弯管的浓度修正系数 $k=5.5$；含粉气流下 90°圆截面焊接弯管的煤粉浓度修正系数按表 7-65 确定；正方形截面的缓转弯管的浓度修正系数按表 7-66 确定。

表 7-65 焊接弯管浓度修正系数

焊接弯管节数 n	1	2	3	4	5	6	>6
修正系数 k	2	2.48	2.96	3.44	3.92	4.4	4.4～5.5

表 7-66 正方形截面缓转弯管浓度修正系数

弯管半径与弯管宽度之比 R/B	0	1	2	3
修正系数 k	2	3.05	5.33	3.79

② 当由两个弯管组成的 U 形、平面 S 形和立体 S 形（见图 7-82）管路时，若 l/d 大于表 7-67 的值时，阻力系数分别按单个弯头进行计算；若 l/d 小于或等于表 7-67 的值时，阻力系数按组合弯管进行计算，纯气体时，组合弯头的局部阻力系数 $\xi_{z0}=\xi_0 c_0$；含粉气流时，组合弯头的阻力系数 $\xi_\mu=\xi_0 c_\mu$。c_0 和 c_μ 按表 7-67 确定。而 ξ_0 为单个弯头在纯气体时的阻力系数。

③ 等截面对称三通（见图 7-83）的浓度修正系数按表 7-68 确定，计算基准为总管平均速度。其含粉气流的阻力系数为：

$$\xi_\mu=k_\mu\xi_0 \tag{7-188}$$

式中 k_μ——浓度修正系数；

ξ_0——纯气体时的阻力系数。

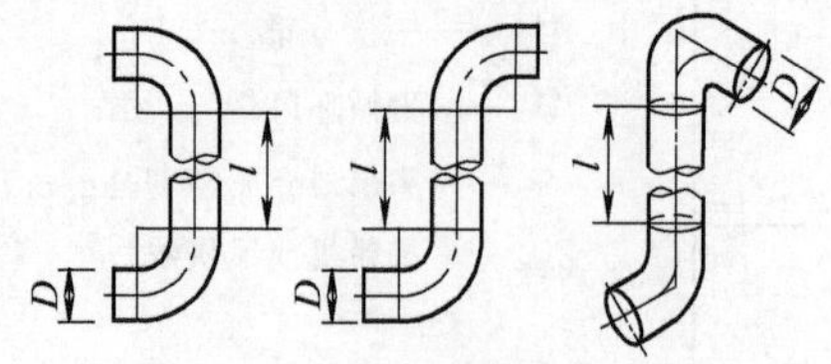

图 7-82 组合弯头示意

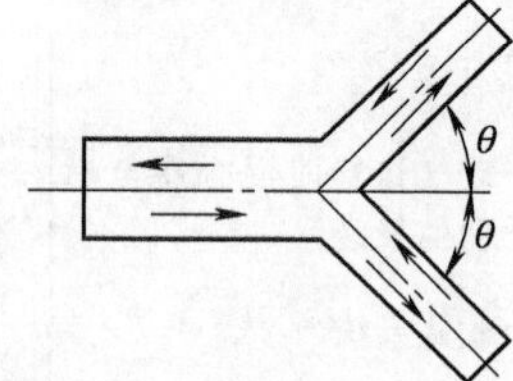

图 7-83 等截面对称三通管示意

表 7-67 组合弯管阻力系数

<table>
<tr><th rowspan="2">类型</th><th colspan="2">纯气体</th><th colspan="2">含粉气流</th></tr>
<tr><th>判别式</th><th>c_0 值</th><th>判别式</th><th>c_μ 值</th></tr>
<tr><td rowspan="3">平面 S 形</td><td rowspan="3">$l/d\leqslant10$</td><td rowspan="3">取 2 和
$(2.1-0.01l/d)$中大者</td><td rowspan="3">$l/d\leqslant30$</td><td>$l/d=0\sim20,\mu=0\sim0.1$kg/kg,
$c_\mu=(2+20\mu)$</td></tr>
<tr><td>$l/d=0\sim20,\mu=0.1\sim0.7$kg/kg,
$c_\mu=(2+20\mu)$</td></tr>
<tr><td>$l/d=20\sim30,c_\mu=2.5(1+5.5\mu)$</td></tr>
<tr><td>立体 S 形</td><td>$l/d\leqslant36$</td><td>取 2 和$(1.45-0.015l/d)$中小者</td><td>$l/d\leqslant10$</td><td>$1+10\mu$</td></tr>
<tr><td>U 形</td><td>$l/d\leqslant13$</td><td>取 2 和$(0.95-0.08l/d)$中小者</td><td>$l/d\leqslant10$</td><td>$1+9.7\mu$</td></tr>
</table>

表 7-68 等截面对称三通的煤粉浓度修正系数

<table>
<tr><th rowspan="2">角度 θ/(°)</th><th colspan="2">煤粉浓度修正系数 k_μ</th><th rowspan="2">角度 θ/(°)</th><th colspan="2">煤粉浓度修正系数 k_μ</th></tr>
<tr><th>分流管</th><th>汇流管</th><th>分流管</th><th>汇流管</th></tr>
<tr><td>22.5
30</td><td>$1+5.48\mu$
$1+5.27\mu$</td><td>$1+5.28\mu$
$1+3.89\mu$</td><td>45</td><td>$1+4.49\mu$</td><td>$1+3.3\mu$</td></tr>
</table>

④ 圆形、弧形、月牙形节流孔板的结构及节流比见图 7-84，纯气体和含粉气流的阻力系数见图 7-85，其中 $\mu=0$ 时为纯气体时的阻力系数。

(3) 设备和部件的阻力损失 Δp_{sb} 设备和部件的阻力损失一般按下式计算：

$$\Delta p_{sb}=\xi_0(1+k\mu)\frac{\rho_0 v^2}{2} \tag{7-189}$$

式中 ξ_0——纯空气下设备和部件的阻力系数，按表 7-69 选取；

k——气流含粉时的修正系数，按表 7-69 选取；

μ——设备或部件内部的煤粉浓度，kg/kg；

v——与 ξ_0 相应截面的气流速度，m/s；

ρ_0——设备或部件内部的气流密度，kg/m^3。

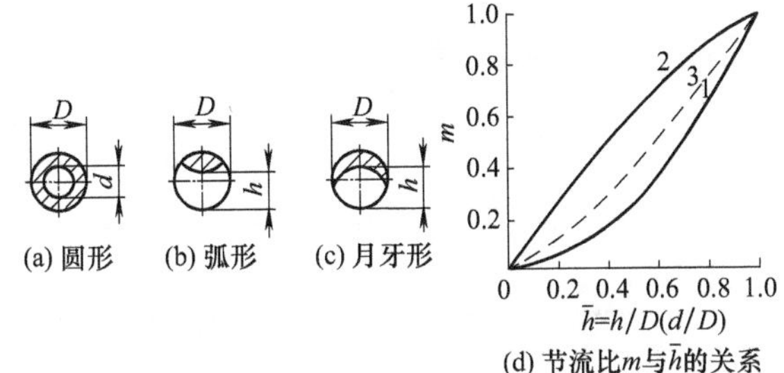

图 7-84 圆形、弧形、月牙形节流孔板的结构及节流比

1—圆形；2—弧形；3—月牙形

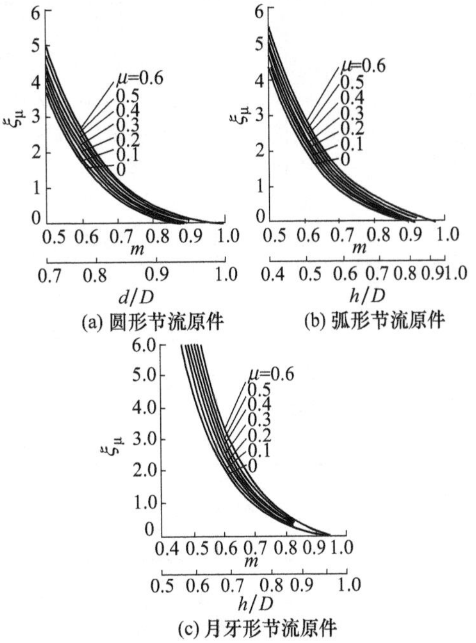

图 7-85 节流原件阻力系数

表 7-69 制粉系统设备和部件的阻力系数

设备和部件名称	阻力系数 ξ_0	含粉修正系数 k	计算截面
杂质收集器(包括与燃料相撞所造成的阻力损失)	3.0		干燥管进口管段
煤块进入管子处	0.2		管子中
下降干燥设备(无插入管)	0.4		干燥设备的截面
下降干燥设备(有插入管)	0.8		干燥设备的截面
钢球磨煤机(不包括管接头) 筒体 喉口	 0.5 0.4	 0.8 0.8	 喉口处 喉口处
钢球磨煤机管接头 椭圆形 槽形	 1.23 0.7	 0.8 0.8	 管接头末端 管接头末端
径向叶片型粗粉分离器 HG-CB、HG-CF 系列	5.65	1.95	进口管
径向叶片型粗粉分离器 HW-CB 系列	5.65	1.95	进口管
轴向叶片型粗粉分离器 HW-CB、HW-CF 系列	3.2		进口管
ЦККВ 型粗粉分离器	9.0		
旋风分离器			
HG-XB、HG-XF、DG-XB、HW-XB 系列 HNOГ A3 型	215	0	筒体截面

设备和部件名称	阻力系数 ξ_0	含粉修正系数 k	计算截面
旋风分离器 HG-LXB、HG-LXF 系列	215	0	筒体截面
旋风分离器 XS 型(TPRI-CY)系列	265	0	筒体截面
格栅式煤粉分配器 MF 系列	2.86		入口截面
肋片导流型煤粉分配器	1.46		入口截面
一次风箱 矩形截面 手套式	0.8 0.4	0.8 0.8	通往燃烧器的煤粉管道 通往燃烧器的煤粉管道
煤粉混合器 一般形式 引射式($2\alpha\leqslant15°$)	0.15 0.35	0.8 0.8	通往燃烧器的煤粉管道 通往燃烧器的煤粉管道
带双托板单面收缩式	0.35	0.8	通往燃烧器的煤粉管道
煤粉燃烧器 切向布置直流型 蜗壳旋流型 Babcock 型	 1.5 9.83 2.18	 0.8 0.8 0.8	 一次风喷口 一次风喷口 一次风喷口
ОРГ РЗС 型锥体 $\alpha=120°$时 $\alpha=90°$时	 3.5 2.0	 0.8 0.8	 一次风喷口 一次风喷口

对钢球磨煤机除应计算磨煤机本身的阻力外，还要计算进出口短管的阻力。钢球磨煤机本体的阻力按下式计算：

$$\Delta p_{m}=\left(2\xi_{hk}+\xi_{k}+\xi_{s}+\xi_{t}\cdot\frac{l_{t}}{D_{t}}\right)(1+0.8\mu)\frac{\rho_{0}v_{hk}^{2}}{2} \tag{7-190}$$

式中 ξ_{hk}，ξ_{t}——磨煤机喉口和筒体在纯气体流动下的阻力系数，见表 7-69；

ξ_{k}，ξ_{s}——断面扩、缩时纯气体流动下的局部阻力系数；

l_{t}——筒体长度，m；

D_{t}——筒体直径，m；

v_{hk}——喉口处气流速度，m/s。

实际计算时也可按下式近似计算：

$$\Delta p_{m}=3(1+0.8\mu)\frac{\rho_{0}v_{hk}^{2}}{2} \tag{7-191}$$

轮式（MPS 型）磨煤机、碗式（RP 型）磨煤机、球环式（E 型）磨煤机的阻力分别按表 7-70、表 7-71、表 7-72 直接查取。

表 7-70 100%负荷时轮式（MPS 型）磨煤机的阻力

磨煤机型号	MPS190 ZGM95	MPS225	MPS255	MP2116 MP2116A
阻力/Pa	6380	6970	7450	6770

表 7-71 100%负荷时碗式（RP 型）磨煤机的阻力

磨煤机型号 RPN	RP783	RP903	RP923
磨煤机阻力(包括分离器)Δp_{m}/Pa	3430	4018	4116
备注	型号为 N 的 RP 型磨煤机阻力计算公式 $\Delta p_{m}=3430+\frac{N-783}{20}\times 98$,Pa		

表 7-72 100%负荷时球环式（E 型）磨煤机的阻力

磨煤机型号	7E10	8.5E10	8.5E9	10E10	10E11
磨煤机阻力(包括分离器)Δp_{m}/Pa	5000	5300	5700	5850	6100

(4) 煤粉提升的压头损失 Δp_{ts} 煤粉提升的压头损失 Δp_{ts} 是指含粉气流上升运动时消耗在煤粉提升过程的能量。一般按下式计算：

$$\Delta p_{ts}=\sum\Delta z_{i}\mu_{i}\rho_{0}g \tag{7-192}$$

式中 Δz_{i}——某区段的提升高度（区段按煤粉浓度 μ 划分），m；

μ_{i}——区段的煤粉浓度，kg/kg；

ρ_{0}——气体密度，kg/m^3；

g——重力加速度，m/s^2。

储仓式系统的煤粉提升压头损失按下式计算：

$$\Delta p_{ts}=(\Delta z_{1}\mu_{cf}k_{1}+\Delta z_{2}\mu_{xf})\rho_{0}g \tag{7-193}$$

式中 Δz_{1}——粗粉分离器和（钢球）磨煤机轴心标高差，m；

Δz_{2}——粗粉分离器和细粉分离器的标高差，m；

μ_{cf}、μ_{xf}——粗粉分离器和细粉分离器前气流煤粉浓度，kg/kg；

k_{1}——考虑局部煤粉浓度增高的修正系数，$k_{1}=1.1$；

ρ_{0}——气体密度，kg/m^3。

直吹式制粉系统的煤粉提升的压头损失系按粗粉分离器至燃烧器间的总高度差来计算。当制粉系统总高度小于 10m，且 $\mu<0.1$kg/kg 时，可不考虑提升压头损失。

(5) 煤或煤粉加速压头损失 Δp_{js} 煤或煤粉加速压头损失 Δp_{js} 是指将煤粉（煤）由静止加速至稳定速度状态时所需的能量。制粉系统设计时仅计算干燥管和煤粉混合器至燃烧器管段的加速损失，并按下式计算：

$$\Delta p_{js}=\mu\rho_{0}v^{2} \tag{7-194}$$

式中 μ、ρ_{0}、v——相应于计算管段入口的浓度、气体密度和速度值。

(6) 气体入口处负压 Δp_{fy} 气体入口处负压的物理意义是将（干燥剂）入口处的负压看作系统要克服的一种阻力，加到总的阻力损失中，仅在负压制粉系统或采用烟气干燥的系统考虑此项。

对负压制粉系统，Δp_{fy} 按以下规定确定：

① 用空气作干燥剂时：$\Delta p_{fy}=200\text{Pa}$；

② 用热空气和炉烟混合物作干燥剂时：

抽烟口在炉膛出口时：$\Delta p_{fy}=20\sim50\text{Pa}$；

抽烟口在炉膛其他位置时，按下式计算：

$$\Delta p_{fy}=9.5\Delta z+200 \tag{7-195}$$

式中 Δz——抽烟口至炉膛出口垂直距离，m。

正压制粉系统的入口负压 Δp 按下述方法确定：

$\Delta p_{fy}=-p_{mm}$（p_{mm} 为磨煤机干燥介质入口处全压）

入口阻力按下式计算：

$$\Delta p=\xi_0\frac{\rho_0 v^2}{2} \tag{7-196}$$

式中 ξ_0——入口阻力系数；

ρ_0——吸入口处气体密度，kg/m^3。

(7) 制粉系统的自生通风 Δp_{zs} 制粉系统设计时，自生通风只在采用炉烟为干燥剂的直吹式制粉系统中才予考虑，其计算方法为：

$$\Delta p_{zs}=\pm\Delta z_i g\left(1.2\times\frac{p_a}{101.3}-\rho\frac{273}{273+t_{pj}}\times\frac{p_a}{101.3}\right) \tag{7-197}$$

式中 Δz_i——计算区段的高度，m；

ρ——标准状态下的气体密度，kg/m^3；

t_{pj}——计算区段的气体平均温度，℃，$t_{pj}=\frac{t_{i1}+t_{i2}}{2}$，$t_{i1}$、$t_{i2}$ 分别为区段进口和出口的温度。

所有区段自生通风值之代数和即为系统总的自生通风值。

五、直吹式制粉系统的计算

直吹式制粉系统的计算示例见表 7-73。

表 7-73 直吹式制粉系统的计算示例

序号	名称	计算公式	计算数据	结果
1	锅炉本体原始参数			
	炉型	1025t/h 亚临界、中间再热、控制循环		
	蒸发量 D_e/(t/h)	取自然力计算	MCR 工况	1025
	锅炉本体原始参数 D_0/(t/h)	取自然力计算	ECR 工况	907
	锅炉计算燃料消耗量 B_j/(t/h)	取自然力计算	MCR 工况	140.51
	空气预热器出口热风温度 t''_{rk}/℃	取自锅炉热力计算	一次风/二次风	341/348
	冷风温度 t_{lk}/℃	取自锅炉热力计算		20
2	煤质资料			
	收到基碳含量 $w(C_{ar})$/%			53.16
	收到基氢含量 $w(H_{ar})$/%			3.10
	收到基氧含量 $w(O_{ar})$/%			5.50
	收到基氮含量 $w(N_{ar})$/%			0.90
	收到基硫含量 $w(S_{ar})$/%			0.80
	收到基水分 $w(M_{ar})$/%			8.0
	收到基灰分 $w(A_{ar})$/%			28.54
	收到基低位发热量 $Q_{net,V,ar}$/(kJ/kg)			20496
	哈氏可磨性指数 HGI			54.36
	BTN 可磨性指数 K_{vti}			1.13
	空气干燥基水分 $w(M_{ad})$/%			2.4
	干燥无灰基挥发分 $w(V_{daf})$/%			18.8
	原煤温度 t_{ym}/℃			20
	煤粉细度 R_{90}/%			18
	空气含湿量 d_k(g/kg)	取用		10
3	磨煤机、制粉系统形式及数量	选用 HP 中速磨，正压直吹式制粉系统，冷一次风机，磨煤机型号 HP883，运行 4 台，备用 1 台		HP883 $E_m=4$
4	磨煤机出力计算			
	磨煤机的基本出力 B_{mo}/(t/h)	表 7-44		49.9
	可磨性修正系数 f_H	式(7-101)		0.99
	煤粉细度修正系数 f_R	式(7-102)		0.918

续表

序号	名　称	计算公式	计算数据	结果
4	含水去矿物基热值 Q/(kJ/kg)	$\frac{Q_{net,V,ar}-116w(S_{ar})}{100-[1.08w(A_{ar})+0.55w(S_{ar})]}\times 100$	$\frac{20496-116\times 0.80}{100-(1.08\times 28.54+0.55\times 0.80)}\times 100$	29683
	去矿物干燥基固定碳 $w(FC)_{adf}$/%	$\frac{[w(C_{ar})-0.5w(S_{ar})]\times 100}{100-w(M_{ar})+1.08w(A_{ar})+0.55w(S_{ar})}$	$\frac{(53.16-0.15\times 0.80)\times 100}{100-(8+1.08\times 28.54+0.55\times 0.80)}$	87.3
	煤种分类			按低热值
	原煤水分修正系数 f_M	式(7-103)		1.0
	原煤灰分修正系数 f_A	式(7-105)		0.957
	碾磨件磨损至中后期出力下降系数 f_e			0.9
	磨煤机碾磨出力 B_m/(t/h)	式(7-100)	$49.9\times 0.99\times 0.918\times 1.0\times 0.957\times 1\times 0.9$	39.06
	碾磨出力余度	Z_mB_m/B	$4\times 39.06/140.51$	1.11

结论：符合《火力发电厂设计规程》6.2.3条规定，符合本标准磨煤机出力不应小于锅炉最大出力燃煤量110%～120%的规定

序号	名　称	计算公式	计算数据	结果
5	磨煤消耗的功率			
	电网功率 N_{dw}/kW			450
	磨煤机电耗 E/(kW·h/t)	N_{dw}/B_m	450/39.06	11.52
6	热力计算			
(1)	初始干燥剂量			
	磨煤机基本通风量 V_{tf0}/(kg/s)	表7-44		20.8
	相当于设计出力下负荷率 X_m/%	$B\times 100/(B_mZ_m)$	$140.51\times 100/(39.06\times 4)$	89.93
	X_m下的通风率 φ_{tf}/%	$(0.6+0.4X_m)\times 100$	$(0.6+0.4\times 0.8993)\times 100$	95.97
	磨煤机密封风 V_{mf}/(kg/s)		暂取2.2kg/s	2.2
	原煤干燥失去的水分 ΔM/(kg/kg)	$\frac{w(M_{ar})-w(M_{mf})}{100-w(M_{mf})}$	$\frac{8-1.2}{100-1.2}$	0.069
	初始干燥剂量 g_1/(kg/kg)		$\frac{3.6\times 20.8}{49.9}\times\frac{95.97}{89.93}$	1.60
(2)	热平衡			
①	输入的总热量			
	干燥剂物理热			
	干燥剂初温 t_1/℃	先假定，后校核		270
	干燥剂初温下的比热容 c_{gz}/[kJ/(kg·℃)]	图7-81		1.03
	干燥剂物理热 q_{gz}/(kJ/kg)	$c_{gz}t_1g_1$	$1.03\times 270\times 1.60$	444.96
	冷风漏入的物理热 q_{lf}/(kJ/kg)	正压系统 $q_{lf}=0$		0
	密封风的物理热			
	密封风温度 t_{mf}/℃	取用		20
	密封风的比热容 c_{mf}			1.012
	密封风的物理热 q_{mf}/(kJ/kg)	$\frac{3.6V_{mf}}{B_m}\cdot c_{mf}t_{mf}$	$\frac{3.6\times 2.2}{49.9}\times 1.012\times 20$	4.10
	磨煤机工作时产生的热量			
	机械转化热系数 k_{jx}	式(7-130)		0.6
	磨煤机工作时产生的热 q_{jx}/(kJ/kg)	$3.6k_{jx}E$	$3.6\times 0.6\times 11.52$	24.88
	干燥磨制1kg煤输入的总热量 q_{zr}/(kJ/kg)	$q_{gz}+q_{lf}+q_{mf}+q_{jx}$	$444.96+0+4.1+24.88$	473.94

续表

序号	名称	计算公式	计算数据	结果
②	带出和消耗的总热量			
	蒸发原煤中水分消耗的热量			
	制粉系统末端温度 t_2/℃	$t_2=t''_m$		105
	磨煤机出口煤粉混合物温度 t''_m/℃	表 7-59		105
	蒸发原煤中水分消耗的热量 q_{zf}/(kJ/kg)	$\Delta M(2492+1.97t_2-4.1868t_{ym})$	0.069(2492+1.97×105−83.74)	180.40
	乏气干燥剂带出的热量			
	漏风系数 k_{lf}	正压 $k_{lf}=0$		0
	系统末端空气的比热容 c_2/[kJ/(kg·℃)]	图 7-81		1.01
	乏气干燥剂带出的热量 q_2/(kJ/kg)	$\left[(1+k_{lf})g_1+\frac{3.6V_{mf}}{B_m}\right]\cdot c_2t_2$	$\left[(1+0)\times1.60+\frac{3.6\times2.2}{39.06}\right]\times1.01\times105$	191.23
	加热燃料消耗的热量			
	燃料平均温度 t_{pj}/℃	$\frac{1}{2}(t_2+t_{mf})$	$\frac{1}{2}(105+20)$	62.5
	煤的干燥剂比热容 c_r^g/[kJ/(kg·℃)]	表 7-61		1.01
	原煤解冻热量 q/(kJ/kg)	$t_r>0℃$，$q=0$		0
	加热燃料消耗的热量 q_{jr}(kJ/kg)	$\frac{100-w(M_{ar})}{100}\cdot\left[c_r^g+\frac{4.187w(M_{mf})}{100-w(M_{mf})}\right]\cdot(t_2-t_{mf})+q$	$\frac{100-8}{100}\times\left(1.01+\frac{4.187\times1.2}{100-1.2}\right)\times(105-20)+0$	88.34
	设备散热损失 q_5/(kJ/kg)	$0.02q_{zr}$	0.02×473.94	9.48
	干燥、磨制 1kg 原煤带出和消耗的总热量 q_{zrc}/(kJ/kg)	$q_{zf}+q_2+q_{jr}+q_5$	180.40+191.23+88.34+9.48	469.45
7	热平衡方程求初温			
	干燥剂初温 t_1/℃	$(q_{zrc}-q_{jx}-q_{mf}-q_{lf})/(c_{gz}g_1)$	(469.45−24.88−4.10−0)/(1.03×1.60)	267.3
	所示初温与假定值相对误差 Δ/%	$\frac{\Delta t_1}{t_1}=\frac{\|267.3-270\|}{267.3}<1.5\%$ 符合要求		
8	干燥剂成分计算			
	热风温度 t_{rk}/℃	$t''_{rk}-10$	341−10	331
	热风比热容 c_{rk}/[kJ/(kg·℃)]	查图 7-81		1.031
	热风占干燥剂的份额 r_{rk}	$\frac{c_{gz}t_1-c_{lk}t_{lk}}{c_{rk}t_{rk}-c_{lk}t_{lk}}$	$\frac{1.03\times267.3-1.012\times20}{1.031\times331-1.012\times20}$	0.794
	冷风占干燥剂份额 r_{lk}	$1-r_{rk}$	1−0.794	0.206
9	终端干燥剂含湿量和露点计算			
	干燥剂含湿量 d/(g/kg)	$\frac{g_1(1+k_{ef})d_k+1000\Delta M}{g_1\left[1+k_{ef}-\frac{(1+k_{ef})d_k}{1000}\right]}$	$\frac{1.60(1+0)\times10+1000\times0.0688}{1.60\left[1+0-\frac{(1+0)\times10}{1000}\right]}$	53.66
	零点 t_{ld}	查表 7-60		41.55
		结论：$t_2-t_{ld}=105℃-41.55℃=63.45℃>2℃$，不会结露		

六、磨煤机及制粉系统类型的选择

1. 选择原则

① 在选择磨煤机和制粉系统时，应根据煤的燃烧、磨损、爆炸特性、可磨性、磨煤机的制粉特性及煤粉细度的要求，结合锅炉炉膛和燃烧器结构、煤中杂物等统一考虑，以保证机组安全、经济的运行。

② 当煤干燥无灰基挥发分大于10%时，制粉系统设计时应考虑防爆要求。

③ 煤的磨损特性可以用煤的磨损指数进行判断或通过试磨确定。

④ 煤的燃烧性能一般可根据煤的挥发分来判断，但劣质烟煤和贫煤燃烧性能需进行燃料着火温度的测定，甚至在试验台进行试烧后确定，以作为选择合适的制粉系统形式的依据。

⑤ 根据煤的着火温度选择制粉系统类型的界限，可查表7-74。

表7-74　制粉系统的选择和燃料着火温度的关系

燃料着火温度/℃	燃料着火特性	燃烧器形式	热风温度/℃	制粉系统
>900	极难燃	无烟煤型	>400	钢球磨储仓式热风送粉
800～900	难燃	无烟煤型	380～400	钢球磨储仓式热风送粉或双进双出钢球磨直吹式
700～800	中等可燃	贫煤型	340～380	钢球磨储仓式热风送粉或中速磨及双进双出钢球磨直吹式
600～700	易燃	烟煤型	300～340	钢球磨储仓式乏气送粉或中速磨直吹式
<600	极易燃	褐煤型	260～300	中速磨直吹式或风扇磨直吹式

⑥ 根据煤的磨损指数选择磨煤机的界限是依据磨煤机碾磨件的寿命近似划分。中速磨煤机碾磨件寿命应大于6000h，MPS型磨煤机指滚轮的单面寿命，E型磨煤机为补加钢球前的寿命。风扇磨煤机冲击板寿命应大于1000h，到上述寿命时的碾磨出力不应低于最大碾磨出力的90%。

2. 不同煤质条件下推荐的磨煤机及制粉系统类型

① 各类磨煤机及制粉系统适用范围见表7-75。

表7-75　磨煤机及制粉系统适用范围

煤种	煤特性参数						磨煤机及制粉系统	机组容量
	$w(V_{daf})/\%$	IT/℃	k_e	$w(M_t)/\%$	$R_{90}/\%$	$R_{75}/\%$		
无烟煤	≤10	>900	不限	≤15	约5	约8	钢球磨煤机储仓式热风送风	不限
		800～900	不限	≤15	5～10	8～15	钢球磨煤机储仓式热风送粉或双进双出钢球磨煤机直吹式	不限
贫瘦煤	10～15	800～900	不限	≤15	5～10	8～15	钢球磨煤机储仓式热风送粉或双进双出钢球磨煤机直吹式	不限
	10～20	700～800	>5	≤15	约10	约15	双进双出钢球磨煤机直吹式	不限
		700～800	≤5	≤15	约10	约15	中速磨煤机直吹式	不限
烟煤	20～37	700～800	—	≤15	约10	约15	中速磨煤机直吹式或双进双出钢球磨煤机直吹式	
		600～700	≤5	≤15	10～15	15～20	中速磨煤机直吹式	不限
		600～700	>5	≤15	10～15	15～20	双进双出钢球磨煤机直吹式	不限
		<600	≤5	≤15	10～15	20～26	中速磨煤机直吹式	不限
		<600	≤1.5	≤15	约15	约26	风扇磨煤机热风干燥直吹式	50MW以下
褐煤	>37	<600	≤5	≤15	30～35		中速磨煤机直吹式	不限
		<600	≤3.5	>19	45～50		三介质或二介质干燥风扇磨煤机直吹式	不限
				>40	50～60		带乏气分离风扇磨直吹式	

② 表中各类磨煤机磨损指数的界限仅是估计时采用，最终还应根据寿命计算或试磨结果按碾磨寿命要求确定。

③ 在磨煤机出力余度、一次风机风量余度较大（按规定的上限）、煤粉较粗（$R_{90}\geqslant 20\%$）时，中速磨煤机对煤磨损性能的适用界限可以放宽至 $k_e\leqslant 5.0$。

④ 在采用碗式磨煤机时应优先选用 HP 型磨煤机。

⑤ 蒸发量为 410t/h 及以上燃用烟煤锅炉，当使用切圆燃烧方式时，考虑磨煤机的提升压头有限及煤粉分配问题，不宜采用风扇磨粉机。

⑥ 蒸发量为 220t/h 及以下烟煤锅炉可以考虑采用风扇磨煤机，但考虑煤粉分配问题，管道设计流速需在 25m/s 以上。

⑦ 风扇磨煤机的烟气干燥系统，若经验计算系统中氧量满足防爆要求时，宜优先考虑采用热烟和热风介质干燥系统。

3. 磨煤机台数和出力余度的选择

(1) 直吹式制粉系统　磨煤机台数和出力根据 DL 5000—2000 规程，按下列要求选择。

① 机组容量小于 200MW 时，每台锅炉装设的中速磨煤机或风扇磨煤机宜不少于 3 台，其中 1 台备用。

② 机组容量大于 200MW 时，每台锅炉装设的中速磨煤机宜不少于 4 台，风扇磨煤机宜不少于 3 台，其中 1 台备用。

③ 当装设的风扇磨煤机为 6 台及以上时，其中可设 2 台备用（检修备用和运行备用）。

④ 当采用双进双出钢球磨时，一般不设备用磨煤机。每台锅炉装设的磨煤机宜不少于 2 台。

⑤ 磨煤机的计算出力应有备用余量，对中、高速磨煤机，在磨制设计煤时，除备用外的磨煤机，总出力应不小于锅炉最大连续出力时燃煤消耗量的 110%；在磨制校核煤种时，全部磨煤机在检修前的总出力应不小于锅炉最大连续出力时的燃料消耗量。

⑥ 双进双出钢球磨煤机，磨煤机总出力在磨制设计煤种时，应不小于锅炉最大连续出力时燃煤消耗量的 115%；在磨制校核煤种时，应不小于锅炉最大连续出力时的燃料消耗量；并应验算当其中 1 台磨煤机单侧运行时，磨煤机的连续总出力宜满足汽轮机额定工况时的要求。

⑦ 磨煤机的计算出力，对中速磨煤机和风扇磨煤机按磨损中后期出力考虑：对双进双出钢球磨煤机宜按制造厂推荐的钢球装载量取用。

(2) 钢球磨煤机储仓式制粉系统

① 每台锅炉装设的磨煤机台数不少于 2 台，不设备用。

② 每台锅炉装设的磨煤机计算总出力（大型磨煤机在最佳钢球装载量下）按设计煤种不应小于锅炉最大连续出力时燃煤消耗量的 115%；在磨制校核煤种时，应不小于锅炉最大连续出力时的燃料消耗量。

③ 当 1 台磨煤机停止运行时，其余磨煤机按设计煤种的计算出力应满足锅炉不投油情况下安全稳定运行的要求，必要时可由邻近的锅炉提供煤粉。

4. 制粉系统通风设备的选择

制粉系统风机压头（即风机全压）应不低于包括风机前后所有管道和设备在内的整个系统的全压降。将能最低限度满足上述要求所需的风机压头作为计算压头，则：

$$p_{cal}=\sum\Delta p'_{fan}+\sum p''_{fan} \tag{7-198}$$

式中　$\Delta p'_{fan}$——风机前所有设备和管道系统的全压降，Pa；

$\Delta p''_{fan}$——风机后所有设备和管道系统的全压降，Pa。

(1) 排粉机的计算压头　采用热风为干燥剂的储仓式乏气送粉、热风送粉以及负压直吹式制粉系统的排粉机计算压头 p_{cal}（单位：Pa）按下式：

$$p_{cal}=\sum\Delta p'_{fan}+\sum p''_{fan}=\sum\Delta p \tag{7-199}$$

式中　$\sum\Delta p$——制粉系统总阻力，Pa，根据制粉系统空气动力计算确定。

(2) 一次风机的计算压头　采用空气为干燥剂的热一次风机直吹式系统，热一次风机计算压头 p_{cal} 按下式：

$$p_{cal}=\sum\Delta p+\sum\Delta p'_{fan,f}+\sum p'_{fan,\xi}+\sum\Delta p_{F-M,f}+\sum\Delta p_{F-M,\xi} \tag{7-200}$$

式中　$\sum\Delta p'_{fan,f}$——热风总管至风机入口截面间管路总摩擦阻力，Pa；

$\sum\Delta p'_{fan,\xi}$——热风总管至风机入口截面间系统所有元件的局部总阻力，Pa；

$\sum\Delta p_{F-M,f}$——风机出口至磨煤机入口间管路总摩擦阻力，Pa；

$\sum\Delta p_{F-M,\xi}$——风机出口至磨煤机入口间管路总局部阻力，Pa。

采用热空气为干燥剂的冷一次风机直吹式系统，冷一次风机计算压头 p_{cal} 按下式：

$$p_{cal}=\sum\Delta p+\sum\Delta p'_{fan,f}+\sum p'_{fan,\xi}+\sum\Delta p_{F-AH,f}+\sum\Delta p_{F-AH,\xi}+\sum\Delta p_{AH-M,f}+\sum\Delta p_{AH-M,\xi}+\Delta p_{AH} \tag{7-201}$$

式中　$\sum\Delta p'_{fan,f}$——风机前管路总摩擦阻力，Pa；

$\sum\Delta p'_{fan,\xi}$——风机前管路系统所有局部总阻力，Pa；

$\sum\Delta p_{F-AH,f}$——风机出口至空气预热器入口间管路总摩擦阻力，Pa；

$\sum\Delta p_{F-AH,\xi}$——风机出口至空气预热器入口间管路总局部阻力，Pa；

$\sum\Delta p_{AH-M,f}$——空气预热器出口至磨煤机入口间一次风管路总摩擦阻力，Pa；

$\sum\Delta p_{AH-M,\xi}$——空气预热器出口至磨煤机入口间一次风管路总局部阻力，Pa；

Δp_{AH}——空气预热器阻力，Pa。

如果冷一次风机接在压力管道上，则此时风机的上述计算压头应减去吸入口处的全压。

(3) 风机计算通风量

① 排粉机通风量 Q_{cal}

$$Q_{cal}=Q_v \tag{7-202}$$

$$Q_v=V_2B_m\frac{101.3}{p'_{fan}}\times\frac{273+t_2}{273}\times10^3 \tag{7-203}$$

式中 Q_v——排粉机通风量，m^3/h；

p'_{fan}——风机入口处绝对压力，kPa；

V_2——1kg 原煤干燥剂的实际体积，m^3/kg；

t_2——干燥剂的终端温度，℃。

② 热一次风机通风量 Q_{cal}

$$Q_{cal}=\frac{B_Bg_1r_{ha}}{Z_{fan}\rho_{fan}}k \tag{7-204}$$

式中 B_B——锅炉额定负荷下的燃煤量，t/h；

r_{ha}——初始干燥剂中热风份额；

Z_{fan}——热一次风机台数；

ρ_{fan}——风机处气体（干燥剂）密度，kg/m^3；

k——单台风机负荷能力系数，单台风机时 $k=1$，多台风机时 $k=1.2$。

③ 冷一次风机通风量 Q_{cal}。直吹系统（干燥剂的冷空气来自一次风机的冷风道）：

$$Q_{cal}=\frac{B_B\times10^3}{Z_{fan}\rho_{la}(1-\varphi_{la,AH})}[g_1(r_{ha}+r_{la})] \tag{7-205}$$

式中 $\varphi_{la,AH}$——空气预热器一次风漏风率，为一次风漏风量占空气预热器入口一次风量的百分比。

直吹系统（干燥剂的冷空气来自一次风机系统之外的其他冷风道）：

$$Q_{cal}=\frac{B_Bg_1r_{ha}\times10^3}{Z_{fan}\rho_{la}(1-\varphi_{la,AH})} \tag{7-206}$$

储仓式制粉系统的冷一次风机可视不同情况按式（7-205）或式（7-206）计算。

(4) 制粉系统的风机选择

① 比转数。风机的选型是根据确定的设计风量和压头及使用条件来选择适合的风机形式和规格，国产风机大多数以比转数作为一个型号的标志，如 5-36、7-16、6-31 等，连字符后面的数字即是比转数，比转数按下式确定：

$$n_S=0.092n\frac{Q^{1/2}}{\left(\frac{1.2}{\rho}p\right)^{3/4}} \tag{7-207}$$

$$p=k_pp_{cal} \tag{7-208}$$

$$Q=k_QQ_{cal} \tag{7-209}$$

式中 n——风机转数，r/min，可预选设定；

ρ——工作流体密度，kg/m^3；

p——设计压头，Pa；

k_p——压头余量系数；

p_{cal}——计算压头；

Q——风机设计通风量，m^3/h；

k_Q——风量余量系数；

Q_{cal}——风机计算通风量，按式（7-202）确定。

按比转数确定风机形式后，根据式（7-208）和式（7-209）求得设计压头和设计风量，按制造厂提供的风机系列参数或性能曲线选择风机规格。

由于风机性能曲线表示的是气体在一定的状态（压力、温度或密度）下的特性，在利用这些曲线时还应将设计风压、风量折算到与曲线相符的状态，即：

$$p_0 = p\frac{\rho_0}{\rho} \tag{7-210}$$

$$Q_0 = Q \tag{7-211}$$

式中　ρ_0——性能曲线所对应的气体密度，kg/m^3；

ρ——设计工况下的气体密度，kg/m^3；

p_0——性能曲线上的风机压头（全压），Pa；

p——设计压头，Pa；

Q_0——性能曲线上的风量，m^3/h；

Q——设计风量，m^3/h。

风机规格选定后，其电动机所需功率按下式：

$$P = P_0\frac{\rho}{\rho_0} \tag{7-212}$$

式中　P——设计所需的电动机功率，kW；

P_0——性能曲线所确定的电动机功率，kW。

② 风机选择的有关规定。风机结构应适应输送介质的温度要求，排粉机用于储仓式制粉系统时，其设计的气体进口温度为70℃，允许的最高进口温度为150℃。离心式热一次风机设计的气体进口温度为250℃，允许的最高进口温度为300℃，当进口介质温度超过300℃时应按高温风机进行设计和选择。抽烟风机应按抽烟点温度来设计和选择。

风机应根据输送介质的含粉量采取相应的防磨措施。

风机的风量、压头余量的选择：采用三分仓空气预热器正压直吹系统的冷一次风机，风量余度不小于35%，另加温度余度。压头余量为30%。对于送风机串联的冷一次风机，压头余量可增加到35%。采用二分仓或管式空气预热器正压直吹系统的热一次风机，风量余度不小于5%，另加温度余度。压头余量不低于10%。采用三分仓空气预热器储仓式制粉系统的冷一次风机，风量余度宜为20%，另加温度余度。压头余量宜为25%。

排粉机风量余度不低于5%。压头余量不低于10%。密封风机风量余度不低于10%。压头余量不低于20%。

风机形式，对于正压直吹制粉系统或热风送粉储仓式制粉系统，当采用三分仓空气预热器时，冷一次风机宜采用单速离心风机，也可采用动叶可调轴流式风机。对于正压直吹制粉系统，当采用两分仓空气预热器时，热一次风机宜采用单速离心风机。排粉机采用离心风机。

七、制粉系统的其他设备和部件

1. 原煤仓

原煤仓的设计应按煤的特性进行，并满足下列条件：①原煤仓的容量必须满足电厂上煤方式下的锅炉运行要求；②在控制的煤流量下，保持连续的煤流；③原煤仓内不会出现搭桥和漏斗现象。

为满足上述要求，应采取如下措施。

① 煤仓的形状和表面应有利于煤流排出，不易积煤。大容量锅炉的原煤仓宜采用钢结构的圆筒仓形，下接圆锥形或双曲线形出口段，其内壁应光滑耐磨。双曲线形出口段截面不应突然收缩，圆锥形出口段与水平面交角不应小于60°；矩形斜锥式混凝土煤仓斜面倾角不小于60°，否则壁面应磨光或内衬光滑贴面；两壁面的交线与水平夹角应不小于55°；对于褐煤及黏性大或易燃的烟煤相邻两壁交线与水平面夹角不应小于65°，且壁面与水平面交角不应小于70°；相邻壁交角的内侧，宜做成圆弧形。

对于水分大的煤也可采用双曲线形煤仓。

② 原煤仓下方的金属小煤斗出口截面不应太小，其下部采用双曲线形小煤斗时，截面不应突然收缩。非圆形截面的大煤斗，其壁面倾角应大于70°。金属煤斗外壁宜设振动装置或其他防堵装置。

③ 煤仓内壁应光滑，不应有任何凹陷和凸出部位以及物件。

原煤仓应由非可燃材料（钢结构或钢筋混凝土结构）制成。对于水分大、易黏结的出口段可采用不锈钢板或内衬。

原煤仓的容积 V 按式（7-213）设计，即：

$$V=\frac{TB_{MCR}}{K_{fil}\rho_{m,b}Z} \tag{7-213}$$

式中 T——煤仓中存煤锅炉工作的小时数，h；

B_{MCR}——锅炉最大连续蒸发量时的燃煤量，t/h；

K_{fil}——煤仓充填系数，取决于煤仓上部尺寸，进煤口位置和煤的自然堆积角，可取 $K_{fil}=0.8$；

Z——除备用磨煤机所对应的原煤仓外的原煤仓数目；

$\rho_{m,b}$——原煤堆积密度，t/m^3。

对于直吹式系统，T 选 8～12h，低热值煤取下限；对于储仓式系统，T 的数值可按原煤仓和煤粉仓总的有效储煤量应满足锅炉最大连续蒸发量时 8～12h 耗煤量的原则来选择，高热值煤或每炉设置 2 台磨煤机时取上限值。

当原煤粒度 $R_5=20\%\sim45\%$时，则：

$$\rho_{m,b}=0.63\rho_{m,ap} \tag{7-214}$$

$$\rho_{m,ap}=\frac{100\rho_{m,t}}{100+(\rho_{m,t}-1)\times w(M)}\times\frac{100-w(M)}{100-w(M_{ar})} \tag{7-215}$$

$$\rho_{m,t}=\frac{100\rho_{0,t}}{100-w(A_{ad})\left(1-\frac{\rho_{0,t}}{2.9}\right)} \tag{7-216}$$

式中 $\rho_{m,ap}$——煤的视密度，t/m^3；

$w(M)$——煤含水饱和时的极限水分，可近似采用燃料的最大水分 $w(M_{max})$，%；

$w(M_{ar})$——煤的收到基水分，%；

$\rho_{m,t}$——煤的真密度，t/m^3；

$w(A_{ad})$——煤的空气干燥基灰分，%；

$\rho_{0,t}$——除去矿物质（灰分）的“纯煤”的真密度，t/m^3。

对于贫煤和无烟煤，则：

$$\rho_{0,t}=\frac{100}{0.56w(C_{daf})+5w(H_{daf})} \tag{7-217}$$

其他煤种

$$\rho_{0,t}=\frac{100}{0.334w(C_{daf})+4.25w(H_{daf})+23} \tag{7-218}$$

式中 $w(C_{daf})$、$w(H_{daf})$——煤的干燥无灰基碳、氢的含量，%。

另外，原煤仓还应设有防止大块煤和其他杂物进入的装置（如在进煤口处设置栅栏）。在严寒地区，对煤仓应采取防冻保温措施。对于直吹式制粉系统，原煤仓必须装设低煤位和给煤中断信号。

2. 煤粉仓

煤粉仓的设计应满足安全和使煤粉以一定的流速连续流出的要求，其形状应保证煤粉仓内自流干净。煤粉仓容量能满足 2～4h 锅炉最大连续出力运行的要求。

煤粉仓的容积按式（7-219）设计，即：

$$V'=\frac{TB_{mf}}{K_{fil}\rho_{mf,b}Z} \tag{7-219}$$

$$B_{mf}=B_{MCR}\frac{Q_{net,V,ad}}{Q_{net,V,ar}} \tag{7-220}$$

$$\rho_{mf,b}=0.35\rho_{mf,ap}+0.004R_{90} \tag{7-221}$$

$$\rho_{mf,ap}=\rho_{m,ap}\frac{100-w(M_{ar})}{100-w(M_{mf})} \tag{7-222}$$

式中 T——供锅炉满负荷运行的时间，h，一般 T 取 2～4h；

B_{mf}——锅炉最大连续蒸发量时的煤粉消耗量，t/h；

B_{MCR}——锅炉最大连续蒸发量下的燃料消耗量，t/h；

$Q_{net,V,ad}$——煤的空气干燥基低位发热量，MJ/kg；

$Q_{net,V,ar}$——煤的收到基低位发热量，MJ/kg；

K_{fil}——煤粉仓充填系数，K_{fil} 可取0.8～0.9；
Z——煤粉仓的数目（备用仓除外）；
$\rho_{mf,b}$——煤粉堆积密度，t/m^3；
R_{90}——煤粉细度，%；
$\rho_{mf,ap}$——煤粉的视密度，t/m^3；
M_{mf}——煤粉水分，%。

对无烟煤、贫瘦煤，$w(M_{mf}) \leqslant w(M_{ad})$；对于烟煤，$0.5w(M_{ad}) < w(M_{mf}) \leqslant w(M_{ad})$；对于褐煤（风扇磨磨制），$0.5w(M_{ad}) < w(M_{mf}) < w(M_{ad})$。

聚积的煤粉密度较式（7-221）计算的大15%～20%，而疏松的煤粉密度（如在给煤机中），则比式（7-221）计算的小20%～30%。

煤粉仓必须用非可燃燃料（钢或钢筋混凝土结构）制成。在设计煤粉仓时，还应满足以下条件：①煤粉仓应满足耐压要求并设置防爆门；②仓内表面光滑、耐磨，相邻两壁的交线与水平面的夹角不小于60°，壁面与水平面夹角不小于65°，相邻壁面交角内侧应制成$R \geqslant 200mm$的弧角；③煤粉仓外壁应考虑采取适当的保温措施，以防止结露和结冻；④煤粉仓必须密闭，与粉仓相连的管道等的结构均应保证严密；⑤对煤粉仓应采取适当的措施，以防止仓内水汽、空气、可燃气体和粉尘的聚集，并装设抽吸管（吸潮管）将其排除；⑥在煤粉仓上部应引入惰性气体及灭火介质。介质流要平行煤粉仓顶盖，并使其分开，以防煤粉飞扬；⑦煤粉仓应装设温度和粉位监测装置；⑧煤粉仓应有能将煤粉放净的设施。

3. 给煤机

给煤机是制粉系统供给锅炉燃料的主要辅机之一。对于大型锅炉，不仅要求其保证出力，而且还要求有良好的调节性能，以及供煤的连续性、均匀性，以保证锅炉稳定燃烧。

给煤机的种类很多，有圆盘式、皮带式、皮带重力式、刮板式和电磁振动式等。

(1) 圆盘式给煤机 圆盘式给煤机属容积式给煤机。它的特点是体积小、结构紧凑、密封性好，但煤种适应性差，主要用于松散状不黏结的煤。其工作原理为：原煤从落煤管落到旋转圆盘中央，以自然倾角向四周散开，电动机驱动圆盘带动原煤一起转动。煤被刮板从圆盘上刮下，落入下煤管。其给煤量可以通过改变刮板的位置以增加或减少被刮煤层的面积或改变圆盘的转速，或改变套筒的上下位置以改变燃料的体积来调节。

(2) 皮带式给煤机 皮带式给煤机也属容积式给煤机，其结构简单，维修方便。它可通过改变拖动电动机的转速或控制煤斗闸门的开度改变带上煤层厚度来改变给煤量。

皮带式给煤机的特点是：与其他给煤机相比，可将原煤进行较长距离地输送，原煤仓及磨煤机等设备易于布置；但这种给煤机由于无密闭罩壳，当来煤较干燥时，易造成粉尘飞扬，而当煤中水分过高时，会黏结在皮带上落在运转层地面，污染工作环境。运行中还会出现皮带跑偏现象。此外，该给煤机系统漏风较大，特别在磨煤机入口处，影响制粉系统的运行经济性。

(3) 皮带重力式给煤机 这是一种在普通皮带式给煤机的基础上发展起来的皮带传动称量式给煤机。它又分为电子计量和机械计量两种，其工作特点是称量煤流的质量而不是容积。就结构而言，两者基本相同，只在称量控制部分有所差异。

电子重力式给煤机具有输送连续称量的能力。煤从原煤斗通过煤闸门落入给煤机，被皮带输送至给煤机出口。在给煤机机壳内装有两根尺寸控制极为精确的称量托辊，它们与皮带组成一个称量跨。在称量跨中间装有精密的称量传感器，利用称量传感器测量单位皮带长度上煤的质量（kg/cm），并发出正比于该质量的称量信号。同时在主动皮带轮上装有光电测速传感器，采用高分辨率的编码器，能测出由电磁脉冲信号转换所得的皮带轮转速，并发出正比于速度的脉冲量。将这两个信号输入一个乘法器中，即可输出当时给煤量的实际值。

机械重力式给煤机的皮带输送机构与电子重力式给煤机基本相同。机械重力式给煤机的称量装置，是根据作用于三支点上的均布煤流载荷在中间支点受到的力为测量段上煤流重力的一半这个原理设计的。测量段的长度为主动轮转一周的皮带长度，则测量段上煤的质量就是主动轮每一周的给煤量。

(4) 刮板式给煤机 刮板式给煤机分为普通型和埋刮板型两种。

普通型刮板给煤机的主要结构由电动机、变速箱、前后轴、刮板链条及机壳组成。运行时由双链条带动平刮板来输送原煤。它对大块煤、木块、石块、铁块或其他杂物比较敏感，易卡链、断链，维护工作量大。因此，要求输煤系统碎煤机正常运行，并应设有木块分离装置。

埋刮板给煤机系单链条结构，刮板形状有“一”字形、“T”形或“U”形等，有圆钢或其他型钢构成，固定于链条上。因在输送过程中，刮板、链条全埋没在输送的原煤中，故称埋刮板给煤机。

埋刮板给煤机的工作原理是：当刮板水平运动时，原煤正受到刮板在运动方向的压力及原煤自身重力的作用，煤粒间存在内摩擦力，这种摩擦力保证了煤层的稳定状态，并足以克服原煤在机壳中移动而产生的外摩擦力，从而保证原煤形成连续整体的煤流而被输送。

埋刮板给煤机出力的调节由改变煤层厚度或改变驱动电动机的转速来达到。

MSD系列埋刮板给煤机的主要技术性能参数见表7-76。该型给煤机采用密封式箱体结构，是用于正、负压运行，出力为40～100t/h。用于储仓式制粉系统较多，也可用于中速磨煤机和风扇磨煤机直吹式制粉系统。该型给煤机用来输送全水分小于15%、粒度小于60mm的各种原煤。

表7-76 MSD系列埋刮板给煤机的主要技术性能参数

参数		MSD50	MSD63	MSD80
机槽宽度 B/mm		600	630	800
机槽高度 H/mm		400	500	580
料层高度 h/mm		150～200(可调)	150～300(可调)	
物料密度 ρ/(t/m^3)		0.5～1.6		
最大输出能力 q_V/(m^3/h)		90	100	120
刮板链条	节距 t/mm	200	250	
	速度 v/(m/s)	0.05～0.5		
	许用拉力 F/kN	98.1		
最大输送长度 L/m		30	35	30
电动机功率 N/kW		35～22	55～22	35～22
电动机型号		JXZT	JZT	
减速器型号		ZQ-NGW		

(5) 电磁振动式给煤机 电磁振动式给煤机出力的调节，是靠改变线圈的电压从而改变脉冲电磁力的大小来达到要求的给煤量。这种给煤机的优点是结构简单，无转动零部件，不需润滑，体积小，质量轻，占地少，耗电少等。其缺点是漏煤、漏风较大，调节性能较差，对煤种适应性差，尤其对潮湿粉状煤粒，出力往往降低很多，还会产生堵塞现象。而当煤质松散较干时，却又会产生自流而无法控制的情况。此外，输送距离较短，布置上受到一定的限制。ZG系列电磁振动式给煤机的技术性能参数见表7-77。

表7-77 ZG系列电磁振动式给煤机的技术性能参数

参数	ZG-20	ZG-50	ZG-100	ZG-200	ZG-300
给煤出力/(t/h)	20	50	100	200	300
入煤粒度/mm	≤80	≤150	≤250	≤300	≤350
线圈电压/V	0～90				
电源频率/Hz	50				
最大工作电流/A	25	45	66	96	124
控制原理	半波整流				
振动频率/Hz	50				
气隙/mm	1.8～2				
最大振幅/cm	16				
总质量/kg	114	356.7	600	910	

注：供货范围包括DK-1型控制器（ZG-300型配DK-2型控制器）。

(6) 正压链板式给煤机 正压链板式给煤机适用于双进双出钢球磨煤机。利用带翼状刮板的链节输送物料，除能适应可磨性差和强磨损性的煤外，对易造成其他给煤机堵塞的粘附性强的高水分的煤也适应。另外，这种给煤机还具有自动控制和电子计量功能，其性能参数见表7-78。

表7-78 正压链板式给煤机的技术性能参数

型号	机体中物料宽度/mm	出力/(t/h)	煤层厚度/mm			输送链节距/mm	出口煤阀尺寸/mm	主电动机功率/kW	总体尺寸(长×宽×高)/mm	质量/t
			最小	正常	最大					
HB-49	490	6～30	150	160	170	142	1000×490	11	8688×2435×2250	8
HD-79	790	16～80		190	220	260	1450×790	15	8688×3470×2850	15.6
HD-99	990	40～150		250	280	260	1450×990	18.5	8688×4070×2850	18.8

给煤机选配时，原则上给煤机的台数宜与磨煤机台数相同，但也有一台磨煤机配两台给煤机者（如双进双出钢球磨煤机）。给煤机的计算出力一般应大于磨煤机出力，应考虑1.10～1.20的余度系数。

4. **输粉机**

输粉机在中间贮仓式制粉系统中用于连接同炉或邻炉不同制粉系统，作输送或分配煤粉之用。

常用的输煤机类型有埋刮板输粉机、LF 型链式输粉机和螺旋输粉机（LSF、LS、GX 系列）。LY 链式埋刮板输粉机的型号以槽体宽度表示，LF 型链式输粉机型号表示方法则以公称出力为依据，螺旋输粉机的型号以螺旋叶片直径表示。各种类型输粉机型号表示方法如下：

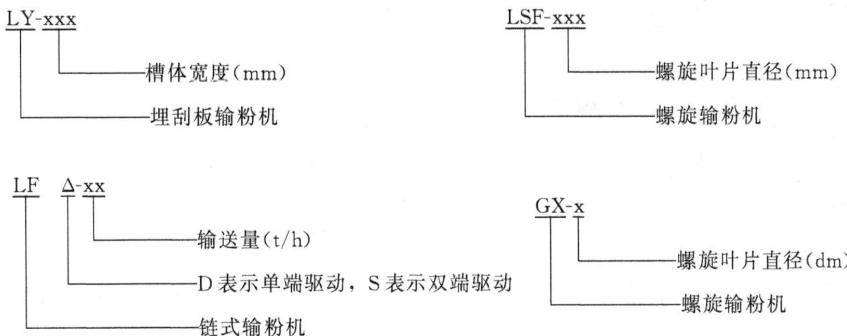

螺旋输粉机是由机壳和带螺旋叶片的转轴组成的螺旋本体，以锁气器、换向阀、连接管、出粉口闸板组成的进出粉装置和以驱动电机、减速箱组成的驱动装置两部分构成。其工作原理是利用螺旋的转动将煤粉沿机壳推移。

LSF 系列螺旋输粉机示意见图 7-86，主要技术参数见表 7-79。

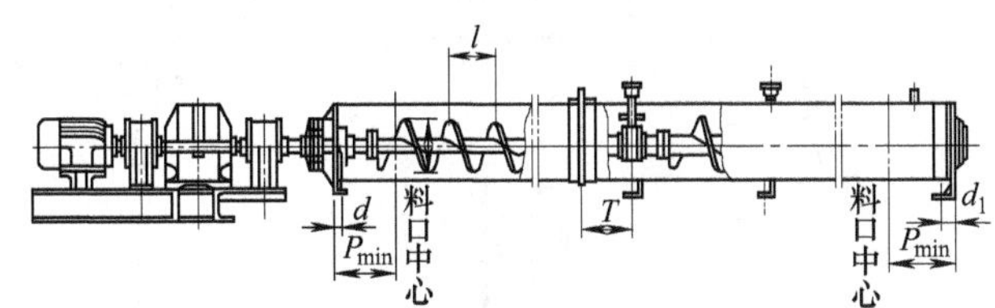

图 7-86　LSF 系列螺旋输粉机示意

表 7-79　LSF 系列螺旋输送机主要技术参数

型号	技术参数				
	最大输送量/(t/h)	T/mm	D/mm	输送距离/m	转速和驱动装置
LSF-300	25	240	300	50/100	根据实际输送长度设计
LSF-400	45	320	400	55/110	
LSF-500	85	400	500	60/120	

注：T——螺旋螺距；D——螺旋叶片直径。

5. **给粉机**

给粉机是在中间储仓式系统中把煤粉由煤粉仓送到一次风管再送至燃烧器的必要设备。为保证正常燃烧，给粉机应能稳定连续供粉，且送粉量应能方便有效地调节。

大、中容量锅炉制粉系统常采用叶轮式给粉机。给粉机的调节是通过改变给粉机转速的方法来实现的。为此，给粉机常配置滑差调速电动机，也可采用变频调速的方法。

国产的叶轮给粉机的型号以其公称出力（即额定出力最大值）来表示，如 GF—××，其中 GF 表示叶轮给粉机；××表示公称出力（t/h）。GF 系列叶轮给粉机的主要技术参数和外形见表 7-80 和图 7-87。

表 7-80　GF 系列叶轮给粉机主要技术参数

性　能	GF-1.5	GF-3	GF-6	GF-9	GF-12	GF-15
额定出力/(t/h)	0.5～1.5	1～3	2～6	3～9	4～12	5～15
煤粉密度/(t/m^3)	0.65					
叶轮直径/mm	313			386		
叶轮齿数 Z	12					
主轴转速/(r/min)	9～40	21～81				
传动比	1∶27	1∶13.5				
外形尺寸/mm	807×984×1158			989×1340×1213		
质量(不计电动机)/kg	354			480		

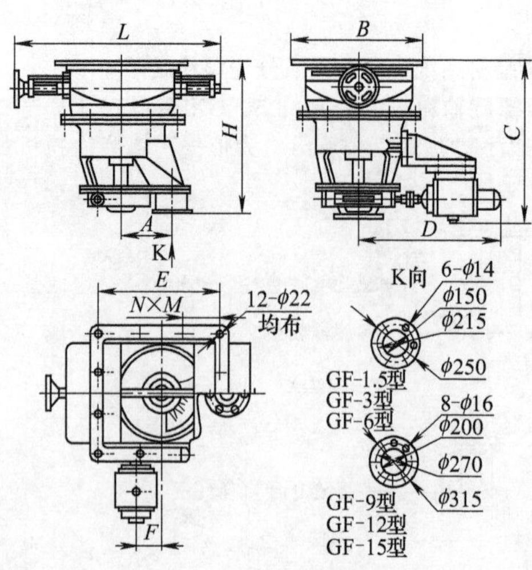

图 7-87 GF系列叶轮给粉机外形

6. 粗粉分离器

粗粉分离器的作用是将磨煤机磨制的煤粉按粒度进行分选，把粗颗粒分离出来返回磨煤机，而把符合细度要求的煤粉送出，供锅炉燃用。

不同形式的制粉系统（或磨煤机）应配置不同类型的粗粉分离器。图 7-88（a）是配钢球磨煤机的径向叶片型（HG-CB/CF 型离心式）粗粉分离器，这种分离器出口煤粉的组成很大程度上取决于径向调节挡板的位置，即挡板与分离器径向夹角 α，一般 α 的最佳运行角度为 45°～55°；图 7-88（b）是轴向叶片型离心式粗粉分离器，这种分离器出口煤粉的组成很大程度上取决于轴向调节挡板，一般挡板开度在 40°～50°时运行性能最佳；图 7-89 和图 7-90 为中速磨煤机配用的离心分离器和旋转式分离器；图 7-91 和图 7-92 是风扇磨煤机配用的惯性分离器和离心式分离器。径向型和轴向型离心分离器的体积强度推荐值列于表 7-81～表 7-83。

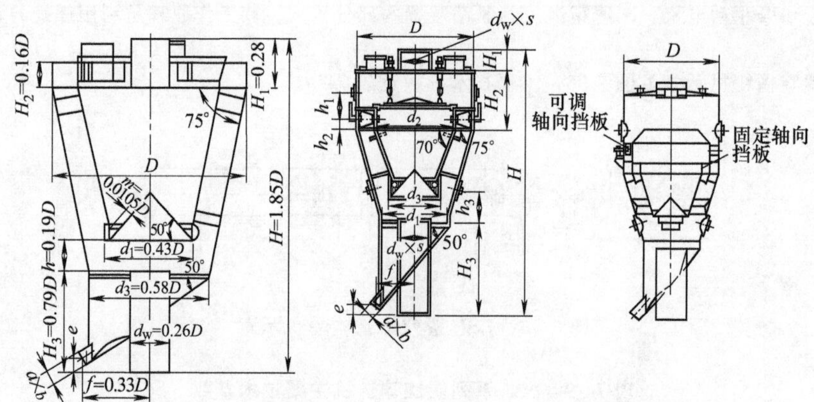

(a) HG-CB/CF型离心式粗粉分离器 (b) 轴向叶片型离心式粗粉分离器

图 7-88 径向和轴向离心式粗粉分离器

表 7-81 径向型（HG-CB、WG-CB）系列粗粉分离器的体积强度推荐值

单位：$m^3/(m^3 \cdot h)$

煤粉细度 R_{90}/% \ 分离器规格/mm	ϕ2500、ϕ2800、ϕ3400、ϕ3700	ϕ4000、ϕ4300	ϕ4700、ϕ5100、ϕ5500
6～15	1400～1800	1100～1500	950～1250
15～28	1800～2200	1500～1850	1250～1550
28～40	2200～2600	1850～2150	1550～1850

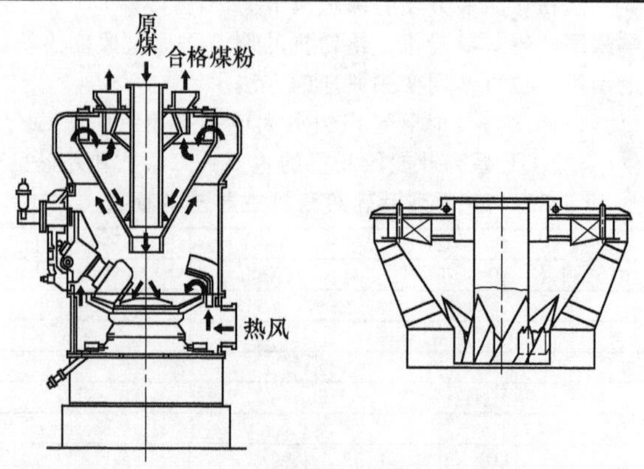

(a) RP型中速磨煤机的离心分离器 (b) MPS-190型中速磨煤机的离心分离器

图 7-89 中速磨煤机配用的离心分离器

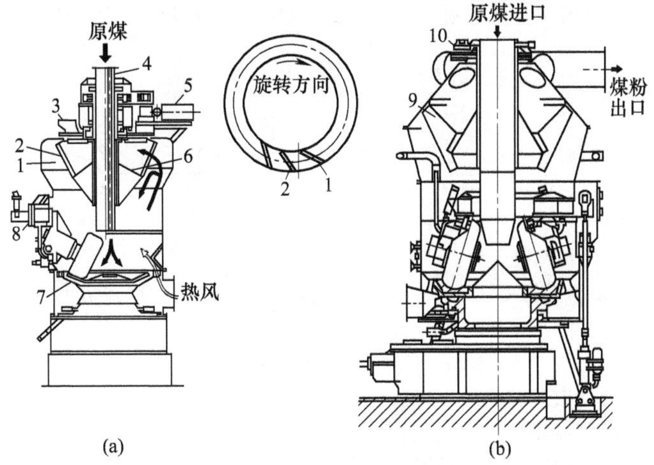

图 7-90　中速磨煤机配用的旋转式分离器

1—旋转式分离器；2—分离器叶片；3—煤粉出口管；4—原煤进口管；5—分离器驱动装置；6—防止煤粉堆集板；7—磨碗；8—加载油压装置

表 7-82　径向型（DG-CB）系列粗粉分离器的体积强度推荐值

单位：$m^3/(m^3 \cdot h)$

分离器规格/mm 煤粉细度 R_{90}/%	ϕ2500、ϕ2800、ϕ3100、ϕ3400	ϕ3700、ϕ4000、ϕ4300	ϕ4700、ϕ5100、ϕ5500
6～15	1750～2250	1600～2000	130～1600
15～28	2250～2750	2000～2400	1600～1900
28～40	2750～3250	2400～2800	1900～2200

表 7-83　轴向型（HW-CB）系列粗粉分离器的体积强度推荐值

煤粉细度 R_{90}/%	体积强度/[$m^3/(m^3 \cdot h)$]	煤粉细度 R_{90}/%	体积强度/[$m^3/(m^3 \cdot h)$]
4～6	900～1100	15～28	1500～1850
6～15	1100～1500	28～40	1850～2200

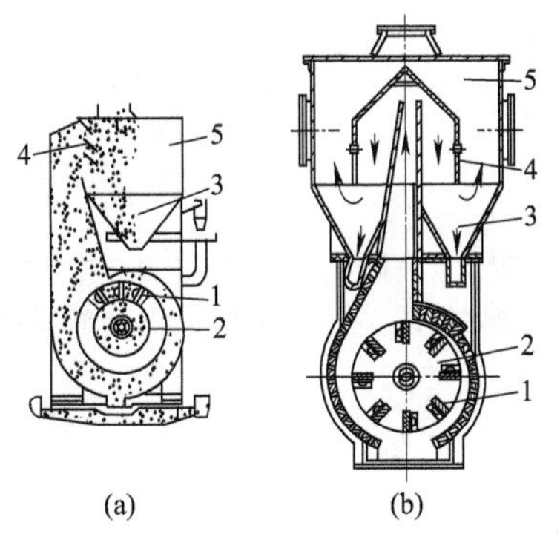

图 7-91　风扇磨煤机配用的惯性分离器

1—风扇磨打击板；2—叶轮；3—分离器回粉斗；4—折向挡板；5—分离器本体

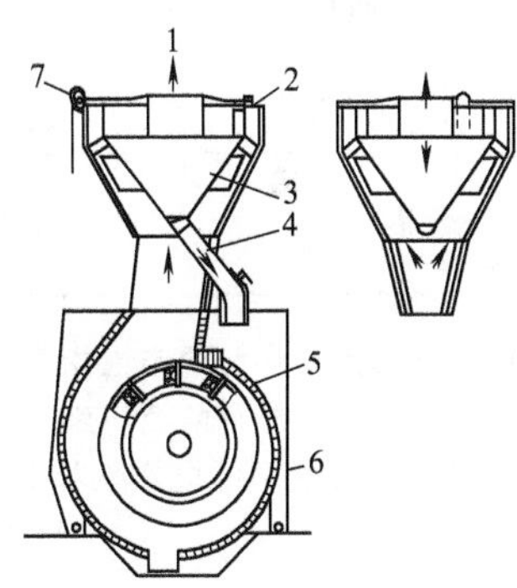

图 7-92　风扇磨煤机配用的离心式分离器

1—煤粉出口；2—调节挡板；3—分离器内锥体；4—回粉管；5—磨煤机叶轮；6—护甲；7—挡板调节装置

评价粗粉分离器性能指标有综合效率 η（包括细粉带出率 η_{xf} 和粗粉带出率 η_{cf}）、阻力 Δp 和阻力系数 ξ、循环倍率 K、煤粉细度 R_{90} 和煤粉均匀性指数 n、煤粉细度调节系数 ε 以及比表面积 f（表示金属消耗量）等。

(1) 综合效率 η　综合效率的定义为细粉带出率 η_{xf} 和粗粉带出率 η_{cf} 之差。细粉带出效率表示分离器出口的合格粉量占分离器入口处合格粉量的百分比：

$$\eta_{xf}=\frac{(100-R''_{90})B''}{(100-R'_{90})B'}\times 100,\ \% \tag{7-223}$$

粗粉带出效率表示分离器出口的不合格粗粉量占分离器入口不合格粗粉量的百分比：

$$\eta_{cf}=\frac{R''_{90}B''}{R'_{90}B'}\times 100,\ \% \tag{7-224}$$

综合效率：

$$\eta=\eta_{xf}-\eta_{cf}=\left[\frac{(100-R''_{90})B''}{(100-R'_{90})B'}-\frac{R''_{90}B''}{R'_{90}B'}\right]\times 100=\frac{100\times(R'_{90}-R''_{90})B''}{(100-R'_{90})R'_{90}B'}\times 100,\ \% \tag{7-225}$$

式中 B'，B''——分离器进、出口粉量，kg；

R'_{90}、R''_{90}——进、出口煤粉细度，%。

(2) 分离器阻力 Δp 及阻力系数 ξ 分离器阻力为气流经过分离器时所造成的压力损失：

$$\Delta p=p_1-p_2 \tag{7-226}$$

$$\Delta p=\xi H_d=\xi_0(1+k\mu'')H_d \tag{7-227}$$

式中 p_1，p_2——分离器进、出口的全压，Pa；

ξ_0——纯空气时分离器的阻力系数；

ξ——气固两相流动时分离器的阻力系数；

μ''——分离器出口煤粉浓度，kg/kg；

k——浓度修正系数；

H_d——分离器进口处气流动压，Pa。

(3) 循环倍率 K 循环倍率为粗粉分离器进口粉量与出口粉量之比。即：

$$K=\frac{B'}{B''}=\frac{B''+B_{hf}}{B''}=1+\frac{B_{hf}}{B''} \tag{7-228}$$

式中 B_{hf}——回粉量，kg；

B'——粗粉分离器进口粉量，kg；

B''——粗粉分离器出口粉量，kg。

循环倍率表明了气流从分离器中每带出 1kg 合格煤粉，在磨煤机内循环的煤粉量，前苏联资料和前西德 KSG 公司推荐的最佳循环倍率见表 7-84。根据物料平衡关系有：

$$B'=B''+B_{hf}\ \text{及}\ B'R'_{90}=B''R''_{90}+B_{hf}R^{hf}_{90}$$

得

$$K=\frac{R^{hf}_{90}-R''_{90}}{R^{hf}_{90}-R'_{90}} \tag{7-229}$$

式中 R^{hf}_{90}——回粉细度，%。

表 7-84 最佳循环倍率推荐值

煤种	钢球磨	中速磨、风扇磨	KSG 公司对风扇磨的推荐值
无烟煤	3		
贫煤、烟煤	2.2	7	2.5～3.5
褐煤	1.4	4	2～2.8

(4) 煤粉细度和煤粉均匀性指数 煤粉细度指分离器出口的煤粉细度 R''_{90}，它是反映粗粉分离器性能最直观的指标，其值由煤种的经济细度所决定。

煤粉均匀性指数 n 也指分离器出口的煤粉均匀性指数：

$$n=\frac{\left[\lg\ln\frac{100}{R''_{200}}-\lg\ln\frac{100}{R''_{90}}\right]}{0.3468} \tag{7-230}$$

式中，n 表明煤粉颗粒分布情况，对煤粉燃烧的经济性很有影响。n 值越大，煤粉颗粒越均匀，燃烧经济性越好。

(5) 煤粉细度调节系数 ε 煤粉细度调节系数是指粗粉分离器进、出口煤粉细度之比：

$$\varepsilon=\frac{R'_{90}}{R''_{90}} \tag{7-231}$$

式中，ε 越大，分离器对煤粉细度的调节能力越强；反之，调节能力差。ε 一般应接近于 5。

(6) 体积强度 体积强度定义为系统通风量 V_{tf} 与分离器体积 V 之比，即：

$$q=\frac{V_{tf}}{V} \tag{7-232}$$

在粗粉分离器选型时，体积强度不宜选得过高，体积强度过高则反映了分离器体积偏小，这将限制粗粉分离器的出力。

由于各种形式粗粉分离器的外形尺寸基本依几何相似的原则系列化，体积与直径 D 的三次方成比例，其分离器的体积可表示为：

$$V=KD^3 \tag{7-233}$$

式中　K——分离器的结构系数，对径向型 HG、WG 系列 $K=0.518$，轴向型 HW 系列 $K=0.79$。

粗粉分离器的选型可分为形式和参数两部分。形式的选择是根据要求的煤粉细度以及粗粉分离器运行特性、金属消耗量和布置形式选取合理的粗粉分离器；而参数的选择则是在形式确定后，按推荐的容积强度值，选定分离器的规格。在煤粉细度要求很细（$R_{90}<6\%$）时，宜选用轴向型粗粉分离器；而在煤粉细度要求不太细的场合，径向型分离器和轴向型分离器的性能一般都能满足要求，这时应进行技术经济比较后确定分离器的形式和规格。

表 7-85 和表 7-86 分别为径向型 HG、WG 系列和轴向型 HW-CB、ZCF 系列粗粉分离器技术规格表。

在选择粗粉分离器参数时，先根据煤种所需要的煤粉细度和选定的分离器形式，从表 7-81～表 7-83 中选取相应的体积强度，再根据系统通风量和式（7-233）计算出所需的分离器体积，用式（7-233）计算出分离器的直径，再根据表 7-85 和表 7-86 选定其规格。

表 7-85　径向型 HG、WG 系列粗粉分离器技术规格　　单位：mm（除 V 和质量）

名称及符号 型号	d	d_w $\times S$	D	H	H_1	H_2	H_3	d_2	d_3	d_1	a	e	f	h	δ	V/m^3	质量 /kg
WG-CB3400 WG-CF3400	ϕ3400	ϕ920 ×5	ϕ3440	6300	934	537	2693	ϕ2683	ϕ1984	ϕ1451	274	268	1162	646	584	20.27	6032 6059
WG-CB3700 WG-CF3700	ϕ3700	ϕ1020 ×5	ϕ3470	6900	1062	584	2929	ϕ2919	ϕ2157	ϕ1577	298	292	1265	703	635	26.27	7217 7235
WG-CB4000 WG-CF4000	ϕ4000	ϕ1020 ×5	ϕ4040	7400	1088	631	3166	ϕ3156	ϕ2330	ϕ1683	322	316	1368	760	687	33.12	8432 8445
WG-CB4300 WG-CF4300	ϕ4300	ϕ420 ×5	ϕ4340	8000	1212	679	3404	ϕ3394	ϕ2503	ϕ1829	346	339	1470	817	738	41.25	9638 9746
WG-CB4700 WG-CF4700	ϕ4700	ϕ1220 ×5	ϕ4740	8700	1280	742	3720	ϕ3710	ϕ2734	ϕ1998	379	371	1607	893	807	53.9	12451 12673
WG-CB5100 WG-CF5100	ϕ5100	ϕ1320 ×5	ϕ5140	9400	1348	805	4036	ϕ4026	ϕ2965	ϕ2166	411	402	1744	969	876	68.45	14563 14811
WG-CB5500 WG-CF5500	ϕ5500	ϕ1420 ×5	ϕ5540	10200	1516	868	4352	ϕ4342	ϕ3196	ϕ2334	443	434	1880	1045	944	86.20	16168 17158

表 7-86　轴向型 HG-CB、ZCF 系列粗粉分离器技术规格　　单位：mm

序号	规格尺寸	1	2	3	4	5	6	7	8	9	10	11
		ϕ2200	ϕ2500	ϕ2800	ϕ3100	ϕ3400	ϕ3700	ϕ4000	ϕ4300	ϕ4700	ϕ5100	ϕ5500
1	D①	2200	2500	2800	3100	3400	3700	4000	4300	4700	5100	5500
2	d_1	1600	1800	1996	2100	2400	2500	2600	8200	3220	3700	4000
3	$d_2$②	1300	1475	1684	1621	1994	2167	2338	2513	2744	2953	3206
4	d_w③	530	630	820(750)	820	1020	1120	1320	1420	1620	1720	2020
5	a	177	201	226	250	274	298	322	346	379	411	443
6	b	378	429	481	532	584	636	687	739	807	876	945
7	H	5000	5600	6300	7000	7700	8400	9100	9800	10700	11600	12500
8	H_1	397	372	480	556	618	673	784	860	890	998	1051
9	H_2	1127	1278	1400	1550	1710	1881	2000	2150	2384	2550	2767
10	H_3	1784	1985	2219	2456	2696	2933	3167	3404	2723	4035	4350
11	h_1	500	500	560	650	660	680	690	800	800	800	800
12	h_2	170	200	220	230	280	300	310	330	330	370	380
13	h_3	618	675	710	870	890	900	1000	1100	1200	1400	1400
14	c	130	160	188	212	252	282	309	339	366	420	447
15	f	742	855	957	1060	1162	1265	1368	1470	1607	1744	1880
16	折向门数量	30	30	30	30	30	30	30	30	36	36	36
17	防爆门数量	4	4	4	4	6	6	6	6	8	8	8
18	防爆门直径 ϕ	330	400	470	540	510	580	650	730	730	810	910
19	分离器容积/m^3	8.4	12.3	17.3	23.5	31.1	40.0	50.6	62.8	82.0	104.8	131.4
20	分离器质量/kg	4579	5112	6235	6824	8302	9347	10721	12194	14830	16646	18345

① 顶板外径 $=D+56$。

② d_2 系外径尺寸。

③ 进、出口管径 d_w 可由设计院根据流速要求提出变更口径，在订货时注明管道厚度。

7. 细粉分离器

细粉分离器是储仓式制粉系统中将制成的煤粉分离以便储入煤粉仓的装置。

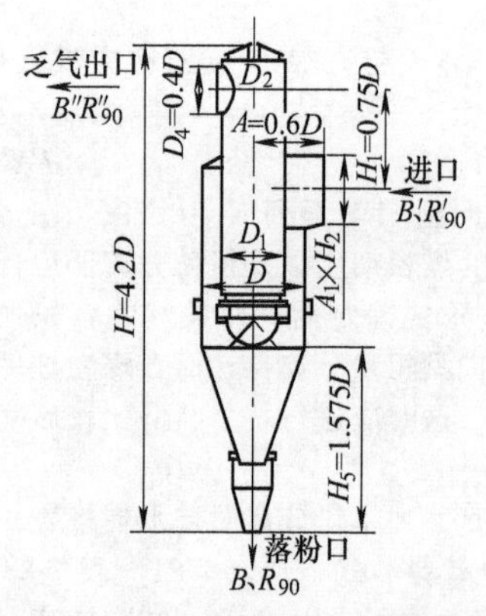

图 7-93 HG-LX 型细粉分离器结构

对细粉分离器的基本要求是在满足制粉系统通风量的前提下有高的分离效率、低的阻力，且运行可靠、不易磨损、设备紧凑、金属耗量低。

图 7-93 是 HG-LX 型细粉分离器结构，气粉混合物从进气口切向引入，沿外圆筒内壁形成向下运动的旋转气流，直至锥体的下部；然后又从锥体下部在筒体中央逆流而上，最后从中心管引出。因旋转离心力和转弯惯性力的作用，气流夹带的煤粉粒子被分离出来。分离出的煤粉沿锥体内壁滑落至集粉箱，乏气由排气口引出。

细粉分离器的分离效率用下式表示：

$$\eta=\frac{B}{B'}\times 100,\ \% \tag{7-234}$$

式中 B——分离器捕集的煤粉量，t/h；

B'——进入分离器的煤粉量，t/h。

根据煤粉质量平衡可得：

$$B'=\frac{R'_{90}}{100}=B\frac{R_{90}}{100}+B''\frac{R''_{90}}{100} \tag{7-235}$$

式中 B''——分离器出口乏气携带的煤粉量，t/h；

R_{90}，R'_{90}，R''_{90}——落粉，进粉，乏气带粉的煤粉细度，%。

从式（7-236）可知用煤粉细度表示分离效率的关系式：

$$\eta=\frac{R'_{90}-R''_{90}}{R_{90}-R''_{90}}\times 100,\ \% \tag{7-236}$$

一般情况下，乏气带粉的煤粉细度 R''_{90} 很小，接近 0，所以分离效率可近似：

$$\eta=\frac{R'_{90}}{R_{90}}\times 100,\ \% \tag{7-237}$$

影响细粉分离器分离效率的因素很多，如分离器的结构（筒径 D、入口尺寸、中心管直径及插入深度等）和运行参数（如气粉混合物入口温度等）。细粉分离器效率的高低，直接影响乏气中含粉量的多少。当 η 较低时，乏气中含粉量增多，将会加剧排粉机的磨损。当乏气作为三次风时，直接影响炉内燃烧工况。

细粉分离器是按照横截面强度的概念进行选型的，选型计算时，细粉分离器的直径按下式计算：

$$D=\sqrt{\frac{V_{tf}}{2830v}} \tag{7-238}$$

式中 V_{tf}——细粉分离器的通风量，m^3/h，由制粉系统计算确定；

v——按外筒体全截面计算的流速，一般为 $v=3\sim3.5m/s$。

细粉分离器的选型依据式（7-238）、图 7-94 和图 7-95 进行。假若煤粉细度和分离器直径的焦点偏离效率曲线的极限时，应重新调整分离器的直径，除此之外，还应控制细粉分离器的阻力 Δp 不应大于 1000Pa。当 D 确定以后，参考表 7-87 或有关生产厂的型号规格确定细粉分离器。

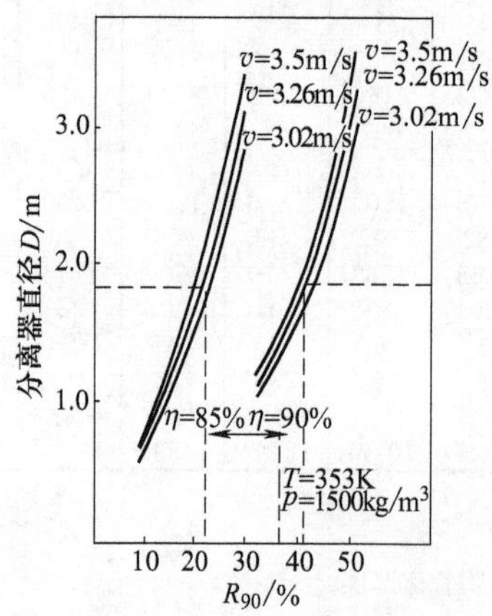

图 7-94 适用于 HG-XB（XF）、HW-XB、WG-XB（XF）型细粉分离器的选型曲线

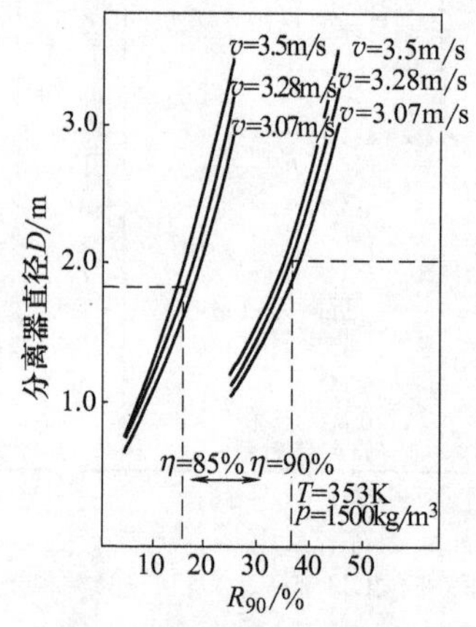

图 7-95 适用于 XS 型细粉分离器的选型曲线

表 7-87　HG-LX 系列细矮型细粉分离器技术规格　　单位：mm（除质量）

型号	旋向	结构特点	D	H	D_3	D_4	H_1	H_5	A	A_1	H_2	质量/kg
HG-LXBZ3200 HG-LXBY3200	左 右	有防爆门 无防爆门	3200	13490	400	1300	2410	5040	1920	640	1920	14013
HG-LXBZ3200 HG-LXBY3200	左 右	有防爆门 无防爆门	3200	12690	400	1300	2410	5040	1920	640	1920	13662
HG-LXBZ3500 HG-LXBY3500	左 右	有防爆门 无防爆门	3500	14640	450	1400	2630	5500	2100	710	2100	16505
HG-LXBZ3500 HG-LXBY3500	左 右	有防爆门 无防爆门	3500	1368	450	1400	1630	5500	2100	700	2100	16154
HG-LXBZ3800 HG-LXBY3800	左 右	有防爆门 无防爆门	3800	16090	450	1600	2890	5980	2280	760	2280	19308
HG-LXBZ3800 HG-LXBY3800	左 右	有防爆门 无防爆门	3800	15090	450	1600	1890	5980	2280	760	2280	18862
HG-LXBZ4000 HG-LXBY4000	左 右	有防爆门 无防爆门	4000	16790	500	1600	3000	6300	2400	800	2400	21200
HG-LXBZ4000 HG-LXBY4000	左 右	有防爆门 无防爆门	4000	15790	500	1600	3000	6300	2400	800	2400	20757
HG-LXBZ4250 HG-LXBY4250	左 右	有防爆门 无防爆门	4250	17860	500	1800	3235	6690	2550	850	2550	23773
HG-LXBZ4250 HG-LXBY4250	左 右	有防爆门 无防爆门	4250	16860	500	1800	3235	6690	2550	850	2550	23329
HG-LXBZ4500 HG-LXBY4500	左 右	有防爆门 无防爆门	4500	18740	550	1800	3380	7080	2700	900	2700	26419
HG-LXBZ4500 HG-LXBY4500	左 右	有防爆门 无防爆门	4500	17740	5500	1800	3380	7080	2700	900	2700	25975

8. 锁气器

储仓式制粉系统中锁气器是起密封作用的设备。由细粉分离器至煤粉仓的落粉管上应装设锁气器，以防止卸粉时空气漏入细粉分离器而破坏其正常工作。为防止粗细分离器至磨煤机的回粉管气体串通，在该管上也应装设锁气器。在细粉分离器的落粉管上常采用锥形锁气器（见图 7-96）。

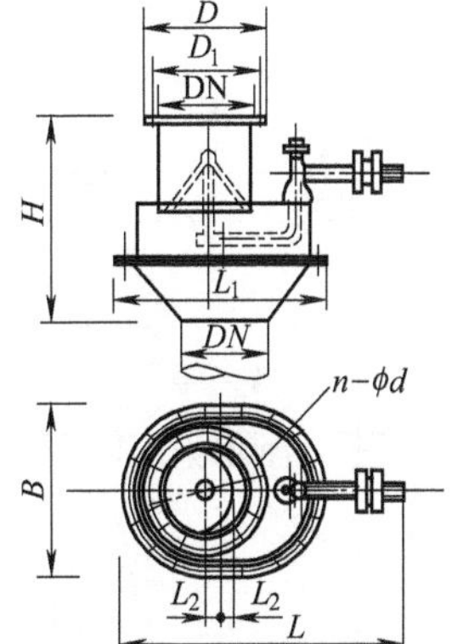

图 7-96　锥形锁气器

锁气器应能连续放粉，其壳体上应有手孔。一般在落粉管上垂直装设两个锁气器，以保证密封，并便于运行中调整和维护。锁气器上部应有足够的管段作为粉柱密封管段，该管段宜保持垂直或垂直方向的夹角不大于 5°。密封管段以上的管段允许倾斜，但与垂直方向的夹角不应大于 30°。

锥形锁气器上部的密封管段的垂直高度按式（7-239）确定，即：

$$h \geqslant 0.2\overline{p}+100 \tag{7-239}$$

式中　h——锁气器密封管段垂直高度，mm；

$\overline{p}$——细粉分离器平均负压（进、出口负压的平均值）的绝对值，Pa。

锥形锁气器的进口管内径按式（7-240）确定，即：

$$D_i=\sqrt{\frac{4q_m}{\pi q}} \tag{7-240}$$

式中　D_i——锁气器进口管内径，mm；

q——锁气器单位出力，kg/(mm^2·h)，用于煤粉时取 0.25～0.35kg/(mm^2·h)；

q_m——锥形锁气器出力，kg/h。

根据制粉系统出力确定：

$$q_m=B_m\frac{Q_{net,V,ar}}{Q_{net,V,ad}}\eta_{cyc}\times 10^3 \tag{7-241}$$

式中　B_m——制粉系统原煤出力，t/h；

η_{cyc}——细粉分离器效率，%；

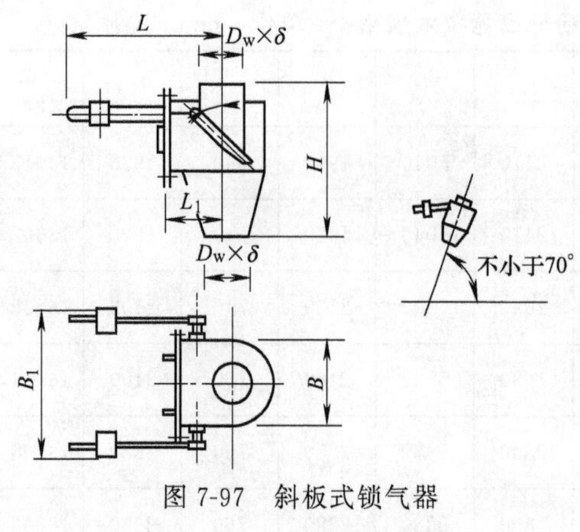

图 7-97 斜板式锁气器

$Q_{net,V,ar}$、$Q_{net,V,ad}$——煤收到基、空气干燥基（近似于煤粉）低位发热量，kJ/kg。

在粗粉分离器至磨煤机的回粉管上串联地安装两个锁气器。在回粉管的上游宜装置锥形锁气器，下游宜装置斜板式锁气器（见图 7-97）。斜板式锁气器与水平面的倾角为 65°～70°，重锤杆应保持水平。

斜板式锁气器上部也应有粉柱密封管段。该管段的垂直高度按式（7-239）确定（此时式中的$\bar{p}$为粗粉分离器入口负压的绝对值），但不得小于 800mm。

斜板式锁气器的进口管内径按式（7-240）确定，但式中的锁气器出力 q_m 应采用式（7-242）计算的数值，即：

$$q_m = B_m \frac{Q_{net,V,ar}}{Q_{net,V,ad}}(K_e - 1)\times 10^3 \tag{7-242}$$

式中 K_e——循环倍率。

无烟煤、贫煤、劣质烟煤近似取 $K_e=3$，烟煤 $K_e=2$。

锥形锁气器和斜板式锁气器的系列规格见表 7-88 和表 7-89。

表 7-88 W-ZS 型锥形锁气器系列规格 单位：mm（除 n 和质量）

序号	型号	公称直径 DN	L	H	B	L_1	D	D_1	L_2	d	螺栓孔数 n	质量/kg
1	HW-ZS-100	100	548	473	380	470	200	164	45	14	4	34.5
2	HW-ZS-150	150	619	524	431	521	251	215	45	14	8	46.3
3	HW-ZS-200	200	705	587	491	581	311	275	45	14	8	67.7
4	HW-ZS-250	250	839	655	545	635	365	330	45	14	8	80.3
5	HW-ZS-300	300	971	723	627	727	427	385	50	14	12	105.3
6	HW-ZS-350	350	1073	736	679	779	479	435	50	14	12	129.8
7	HW-ZS-400	400	1172	790	728	828	528	490	50	14	12	151.2
8	HW-ZS-450	450	1283	882	815	925	595	540	55	18	12	188.8
9	HW-ZS-500	500	1462	1018	873	983	645	600	55	18	12	282
10	HW-ZS-600	600	1562	1218	973	1033	745	700	55	18	16	354

注：表中符号见图 7-96。

表 7-89 HW-XS 型斜板式锁气器系列规格 单位：mm（除质量）

序号	型 号	公称直径 DN	$D_w\times\delta$	H	B	B_1	L	L_1	质量/kg
1	HW-XS-100	200	219×6	670	430	730	658	237	96
2	HW-XS-250	250	273×7	740	500	820	685	261	126
3	HW-XS-300	300	325×8	765	530	860	760	289	149
4	HW-XS-400	400	426×10	920	650	1010	811	340	229
5	HW-XS-500	500	530×6	1100	740	1130	1012	391	303
6	HW-XS-600	600	630×8	1200	840	1270	1127	441	

注：表中符号见图 7-97。

9. 煤粉分配器

大容量机组锅炉直吹式制粉系统需要装置煤粉分配器，以保证煤粉分配均匀。常见的有格栅式、扩散式和肋片导流式三种类型，其综合性能参数列于表 7-90。

表 7-90 煤粉分配器类型及其综合性能参数

类型	装设位置	结构	分支数	粉量相对偏差	阻力系数
格栅式	各种中速磨煤机分离器出口的垂直管道上	复杂	2,4,8	<±10.5%（分支数为 4 个）	2.86(分支数为 4 个)
扩散式	各种中速磨煤机分离器出口(一般与磨煤机构成一体)	简单	任意	<±15%（分支数为 4 个）	
肋片导流式	管道 90°转向处	一般	2	<±5%（分支数为 2 个）	1.46(分支数为 2 个)

格栅式分配器置于各种中速磨煤机分离器出口的垂直管道上，或其他垂直向上需要分叉的煤粉管道上。

扩散式分配器置于各种中速磨煤机分离器出口，一般与磨煤机构成一体。

肋片导流式分配器只适用于装设在由垂直上升转向水平，或水平转向垂直上升的90°转弯处。

10. 煤粉混合器

煤粉混合器是储仓式制粉系统中，将煤粉自给粉机下的落粉管连续均匀地送入一次风管，然后送入燃烧器的设备。常用的煤粉混合器类型见图7-99。煤粉混合器可按混合器至炉膛间送粉管段及设备总阻力$\sum\Delta p$以及送粉管道直径来选择。

混合器至炉膛间的总阻力$\sum\Delta p$可用式（7-243）计算，即：

$$\sum\Delta p=p_f+\lambda_\mu\frac{\sum l}{D}\frac{\rho_0 v^2}{2}+\sum\xi_\mu\frac{\rho_0 v^2}{2}+\Delta p_{mix}+\Delta p_{bur}+\rho_0\mu v^2 \quad (7\text{-}243)$$

$$p_f=9.5\Delta Z+200 \quad (7\text{-}244)$$

式中　p_f——燃烧器标高处炉膛负压绝对值，Pa；

ΔZ——炉膛出口至燃烧器的标高差，m；

$\lambda_\mu\frac{\sum l}{D}\frac{\rho_0 v^2}{2}$——混合器至燃烧器间管段摩擦阻力，Pa；

$\sum\xi_\mu\frac{\rho_0 v^2}{2}$——上述管段间含粉气流局部阻力总和，Pa；

Δp_{mix}——混合器阻力，Pa。

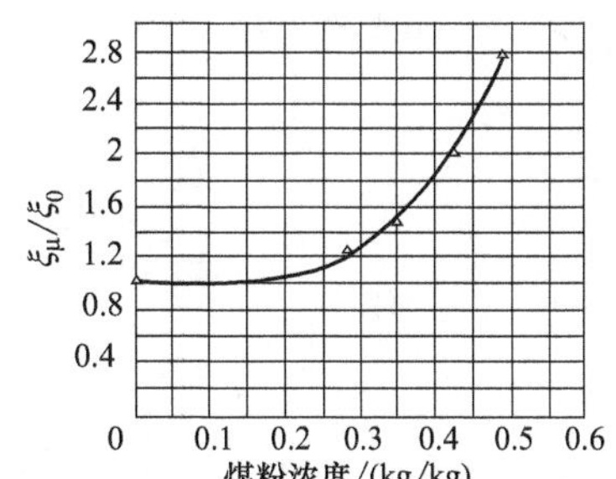

图7-98　煤粉混合器阻力系数与煤粉浓度的关系

对带托板的单面收缩混合器，其混合器局部阻力系数可按图7-98查取，或按式（7-245）计算：

$$\xi_\mu=16.57\mu^3-0.28\mu^2+0.42\mu+0.62 \quad (7\text{-}245)$$

式中　Δp_{bur}——燃料器阻力，Pa；

$\rho_0\mu v^2$——煤粉加速损失，Pa。

当$\sum\Delta p\leqslant$2kPa时，可采用双带托板的单面收缩式混合器，如果管道直径大于300mm，可采用图7-99（b）所示类型，管道直径小时用图7-99（a）所示类型。当$\sum\Delta p\geqslant$2kPa时，采用引射式混合器见图7-99（c）。引射式混合器的有关尺寸按如下公式计算。

① 喉部直径。喉部直径d的计算式为：

$$d=D\left(\frac{\rho_0 v^2 A}{C}\right)^{\frac{1}{2}} \quad (7\text{-}246)$$

$$C=\rho_0 v^2(0.5+\mu)+\lambda_\mu\frac{\sum l}{D}\times\frac{\rho_0 v^2}{2}+\sum\xi_\mu\frac{\rho_0 v^2}{2}+\Delta p_{bur}-200 \quad (7\text{-}247)$$

$$A=0.48-0.5\mu$$

式中　D——输粉管直径，m；

C，A——系数。

② 引射器喉部长度l。引射器喉部长度l的计算式为：

$$l=D$$

③ 当张角$2\alpha=15°$时，锥形部分的长度l_1：

$$l_1=\frac{D-d}{2\arctan 7.5°}=\frac{D-d}{0.23} \quad (7\text{-}248)$$

④ 引射式混合器总长L为：

$$L=2l_1+D \quad (7\text{-}249)$$

混合器的收缩段，托板宜用不锈钢材料或衬涂防磨材料。

混合器装设时，应使其内部托板呈水平位置。

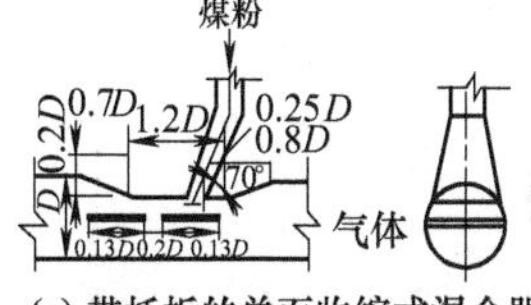

(a) 带托板的单面收缩式混合器

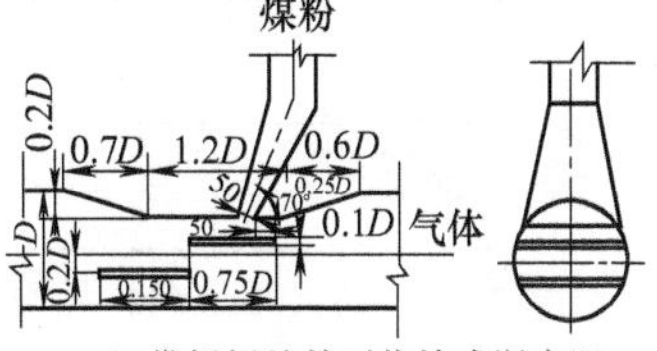

(b) 带托板的单面收缩式混合器

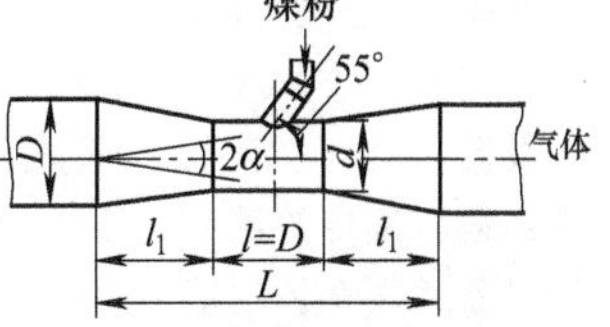

(c) 引射式混合器

图7-99　煤粉混合器的类型和主要结构参数

第四节　煤的火室燃烧

煤粉燃烧锅炉是火室炉中最重要，也是应用最广的一种。煤粉燃烧设备包括炉膛（燃烧室）、煤粉燃烧器和煤粉制备系统三大部分。

一、炉膛

1. 炉膛的功能

炉膛提供了一个足够大小的空间和壁面，其功能在于保证煤粉在炉膛空间的高温环境里充分燃尽。同时又通过炉膛壁面布置足够的水冷壁受热面，把燃烧后的高温烟气，在炉膛内及时冷却到对流受热面安全工作所允许、且炉内不结渣的温度范围内。要发挥好上述功能，必须使炉膛与燃烧器之间有良好的配合和相互适应。

2. 炉膛的形状及结构尺寸

见图 7-100 及表 7-91。

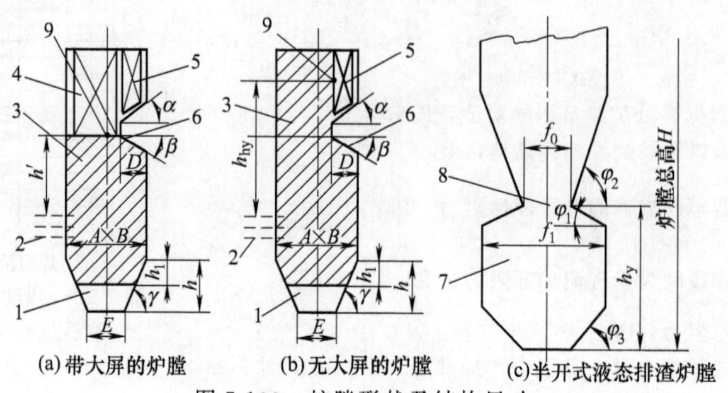

图 7-100 炉膛形状及结构尺寸

1—冷灰斗；2—燃烧器各喷口中心线位置；3—炉膛体积的范围；4—大屏过热器；5—屏式过热器；6—折焰角；7—熔渣室；8—半开式炉膛缩腰；9—炉膛出口温度的位置

表 7-91 炉膛结构尺寸的关系

α	β	γ	D	E	h_1	炉膛断面宽、深比$\frac{B}{A}$	
						切圆燃烧	前墙或前后墙对冲燃烧
30°～50°	15°～30°	50°～55°	$\left(\frac{1}{4}\sim\frac{1}{3}\right)A$	0.8～1.6m	$\frac{1}{2}h$	1～1.1	1.1～2.2

φ_1	φ_2	φ_3	h_y	截面积比$\frac{f_0}{f_1}$
15°～30°	60°～78°	7°～30°	$\left(\frac{1}{3}\sim\frac{1}{2}\right)H$	0.4～0.5

炉膛体积 V 的大小随燃料种类、锅炉容量及燃烧方式不同而不同，根据表 7-5 中的 q_V 值按式 (7-12) 计算求得。锅炉容量、参数相同时，煤粉炉炉膛体积比燃油或燃气炉的大。对燃油、气通用锅炉，按燃油炉确定炉膛体积，对燃煤、油通用锅炉，按燃煤炉确定炉膛体积大小。

炉膛截面积 $F=A\times B$（炉深×炉宽）的大小同样随燃料、容量、燃烧方式及燃烧器布置方式的不同而不同。根据表 7-7 中的 q_F 值按式 (7-15) 计算求得。并统一考虑到燃烧器及对流烟道烟气流速、锅筒长度等因素，最后确定炉膛的宽度 B 和深度 A。

为保证燃料在炉内能充分燃尽，在确定炉膛截面的深度和宽度时，还应考虑有足够的高度尺寸，以满足燃尽必须的火焰高度 h_{hy} 或 h' 的要求，见表 7-92 或图 7-100。

中国 670t/h 锅炉及美国 CE 锅炉系列中，煤、油、气炉的炉膛结构尺寸关系列于表 7-93 中。

表 7-92 火焰高度 h_{hy} 或 h' 值 单位：m

煤种	h_{hy}					h'
	65(75)t/h	130t/h	220t/h	400(410)t/h	≥670	
无烟煤(劣质煤)	8	11	13	17	≥18	$\frac{1}{2}(A+B)$
烟煤	7	9	12	14	≥17	
油	5	8	10	12	≥14	

表 7-93　中国和美国 CE 燃煤、油、气锅炉的炉膛尺寸关系比较

炉膛尺寸			炉深	炉宽	断面积	上高	全高	容积
中国 670t/h 锅炉		气炉	A	B	F	h	H	V
		油炉	$0.858A$	$1.628B$	$1.397F$		$1.126H$	$1.29V$
		煤炉	$1.261A$	$1.33B$	$1.677F$		$1.548H$	$2.07V$
CE 锅炉		气炉	D	W	F	h	H	V
		油炉	$1.05D$	$1.06W$	$1.11F$		$1.20H$	$1.34V$
		煤炉	$1.10D$	$1.12W$	$1.232F$		$1.50H$	$1.85V$
CE 煤种与炉膛关系①	烟煤	中 V_{daf}	D	W	F	h	H	
		高 V_{daf}、次烟煤	$1.06D$	$1.08W$	$1.15F$	$1.15h$	$1.05H$	
	褐煤	低 Na	$1.08D$	$1.16W$	$1.25F$	$1.17h$	$1.07H$	
		中 Na	$1.24D$	$1.26W$	$1.56F$	$1.52h$	$1.30H$	
		高 Na	$1.26D$	$1.29W$	$1.63F$	$2.10h$	$1.45H$	

① 此为 CE 公司根据煤灰结渣、沾污特性及其对炉内传热的影响，总结的对同容量、不同种类煤种炉膛结构尺寸参数间的比例关系。具体设计炉膛尺寸时，根据煤的特性，在此比例关系的基础上适当调整。此表中的煤种成分数据参见表 7-94。

表 7-94　CE 锅炉设计采用的典型煤质分析数据

类　型	中 V_{daf} 烟煤	高 V_{daf} 烟煤	次烟煤	低 Na 褐煤	中 Na 褐煤	高 Na 褐煤
工业分析/%						
水分	15.0	15.4	30.0	31.0	35.1	39.6
灰分	10.3	15.0	5.8	10.4	24.8	6.3
挥发分	31.6	33.1	32.6	31.7	24.1	27.5
固定碳	53.1	36.5	31.6	26.9	16.0	26.6
总计	100.0	100.0	100.0	100.0	100.0	100.0
灰分析/%						
SiO_2	40.0	46.4	29.5	46.1	64.2	23.11
Al_2O_3	24.0	16.2	16.0	15.2	18.6	11.29
Fe_2O_3	16.8	20.0	4.1	3.7	2.3	8.48
CaO	5.8	7.1	26.5	16.6	5.3	23.75
MgO	2.0	0.8	4.2	3.2	0.8	5.87
Na_2O	0.8	0.7	1.4	0.4	1.0	7.38
K_2O	2.4	1.5	0.5	0.6	1.0	0.70
TiO_2	1.3	1.0	1.3	1.2	0.8	0.45
P_2O_5	0.1	0.1	1.1	0.1	—	—
SO_3	5.3	6.0	14.8	12.7	—	17.69
其他	1.5	0.2	0.6	0.2	—	1.28
总计	100.0	100.0	100.0	100.0	100.0	100.0
灰熔融温度(弱还原性)						
IDT①/℃	1190	1090	1205	1130	1150	1110
ST/℃	1230	1160	1230	1205	1260	1145
FT/℃	1340	1250	1255	1265	1480	1210

① IDT 是开始变形温度。

3. 炉膛出口温度 t''_{lt}

见图 7-100 中的图注 9。

炉膛出口的烟气温度 t''_{lt} 是锅炉热力设计的重要热力参数，也是锅炉中以辐射换热为主的炉膛与对流换热区域的分界点特征参数，一方面，它决定了锅炉辐射受热面和对流受热面吸热量的比例分配关系，是锅炉整体优化换热的重要热物理量；另一方面，特别对燃煤锅炉，炉膛出口温度又决定了锅炉运行的安全性。如果 t''_{lt} 选择太高，即炉内辐射受热面布置太少（或者是炉膛容积过小），则会导致炉内或炉膛出口处对流受热面结渣；反之，如果 t''_{lt} 选择太低，即炉内辐射换热太多（或者是炉膛容积过大），导致炉内温度水平下降，影响换热强度和炉内的正常着火和燃烧。所以，确定炉膛出口温度 t''_{lt} 大小的原则是：综合考虑炉内辐射吸热与炉膛出口后对流吸热的比例优化（即经济性），及确保炉内和对流受热面不结渣（即安全性）两方面面定。表 7-95 列出了对炉膛出口温度 t''_{lt} 的一般要求。

表 7-95 对炉膛出口温度 t''_{lt} 的一般要求

名　称	煤[①]	油	气
炉膛出口温度 t''_{lt}/℃	≤DT－(50～100) 且≤1150	≤1250	≤1350

① 如果煤灰开始变形的温度 DT 与软化温度 ST 之差不大于 50℃时，即 ST－DT≤50℃，此时应控制 t''_{lt}≤ST－(100～150)。

对于大容量电站煤粉锅炉，目前制造厂常用（DT－100℃）和（ST－150℃）两者中的较小者作为炉膛出口温度 t''_{lt} 的控制性指标。

二、燃烧器的分类

煤粉燃烧器主要由一次风和二次风组成。有些燃烧器中带有三次风（指制粉系统乏气或其他特定用途的空气）。

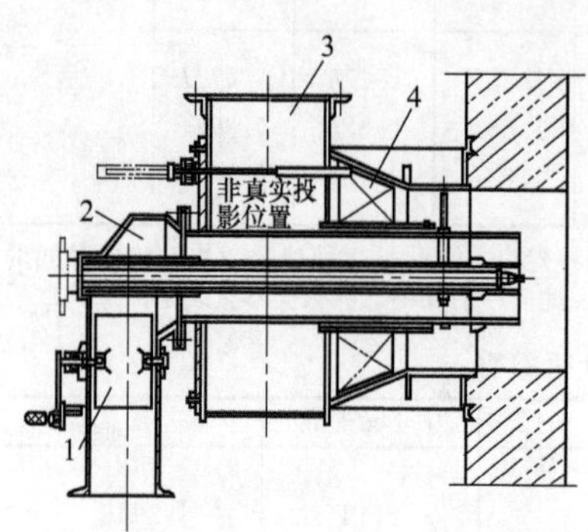

图 7-101 旋流式燃烧器

1—一次风调节挡板；2—一次风管；3—二次风管；4—二次风调节叶轮

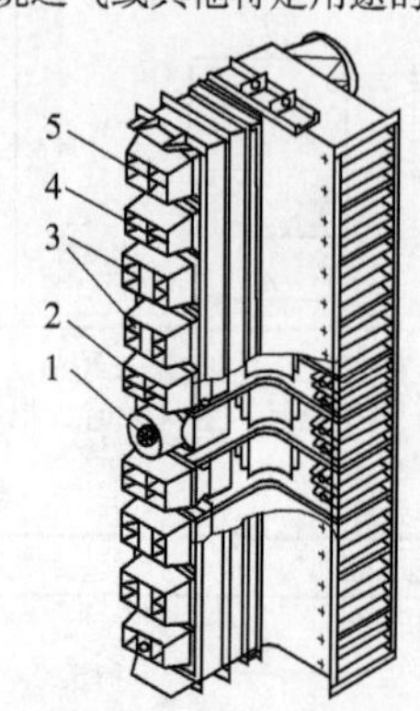

图 7-102 直流式燃烧器组

1—油喷嘴；2—下二次风；3—一次风；4—上二次风；5—三次风

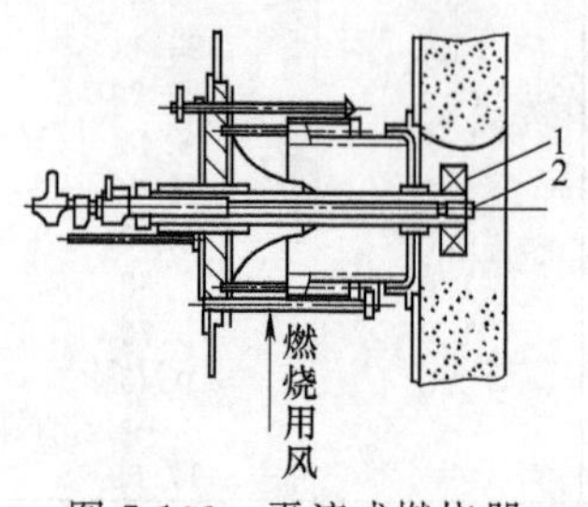

图 7-103 平流式燃烧器

1—稳焰器；2—油喷嘴

一次风是煤粉-空气的混合气流。一次风中的空气可以是热空气，也可以是制粉系统中的乏气。一次风的作用：一方面输送煤粉；另一方面为煤中挥发分的燃烧提供氧气。采用热空气的一次风称热风送粉，采用乏气的称乏气送粉。

二次风是 300～420℃的热空气。它的作用除为煤粉的燃烧提供充足的氧气外，它和一次风的配合，保证了氧气及时、充分地供给，并组织炉内的燃烧空气动力工况。

三次风是制粉系统的乏气。只有在热风送粉的中仓式制粉系统中才有乏气三次风。其特点在于乏气中带有一定量的很细的煤粉，送入炉内还能继续燃烧放热，但是乏气温度较低（一般为 60～80℃），送入炉内对燃烧有一定的影响。三次风设计布置的重要原则是不能干扰主燃烧区的流场和燃烧。

根据一、二次风是否旋转，燃烧器分旋流式燃烧器、直流式燃烧器及平流式燃烧器三大类。其结构如图 7-101～图 7-103 所示。各类燃烧器的主要特性列于表 7-96 中。

表 7-96 燃烧器的分类和特性

分类	旋流式	直流式	平流式
空气动力工况	回流区 φ 轴向速度 φ— 气流外扩展角	气流转向点 上升气流 0…20m/s	稳燃器 回流区

续表

分类	旋流式	直流式	平流式
混合工况	外缘卷吸高温烟气 混合 回流卷吸	外缘卷吸高温烟气 混合 外缘卷吸高温烟气 一次风 二次风	中心风 油粒
着火机理	二次风强烈旋转，射流中央出现回流区，起稳燃作用	一、二次风均为直流，四角喷出的射流相互引燃	少量空气（称为中心风）流过稳燃器，产生小回流区，起稳燃作用
射流特性	扩展角大，射程短，早期混合强烈，后期混合衰弱	射程长，后期混合较强	扩展角不大，射程较长，前后期混合均较强
布置位置	前墙、前后墙或两侧墙	四角或四墙	前墙、前后墙、四角或炉底
适用燃料	煤、油	煤、油	油、气

三、旋流式燃烧器

1. 旋流式燃烧器的结构

根据旋流器的结构不同，旋流式燃烧器分为蜗壳式、轴向叶片式及切向叶片式三种。如图 7-104～图 7-108 所示。

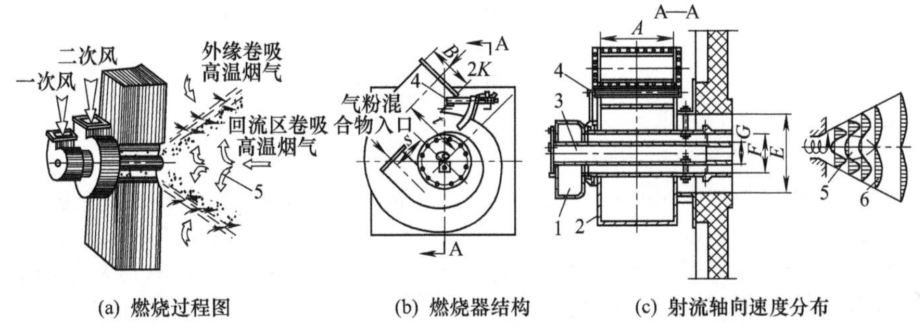

图 7-104 双蜗壳式旋流燃烧器

1—一次风蜗壳；2—二次风蜗壳；3—中心管；4—二次风舌形挡板；5—中心回流区；6—轴向速度分布

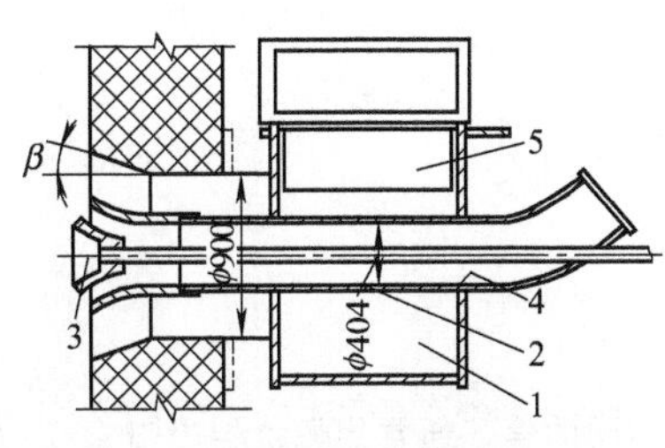

图 7-105 单蜗壳式旋流燃烧器

1—二次风蜗壳；2—一次风管；3—扩流锥（又称蘑菇头）；4—煤粉均流挡块；5—二次风调节挡板

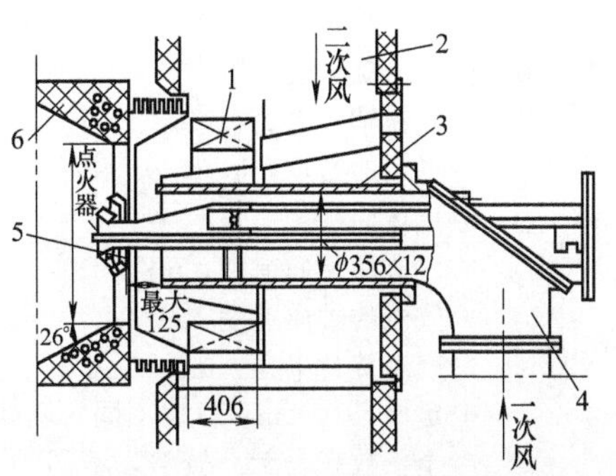

图 7-106 切向叶片式旋流燃烧器

1—切向叶片；2—二次风壳；3—中心管；4—一次风管；5—稳焰器；6—碳口

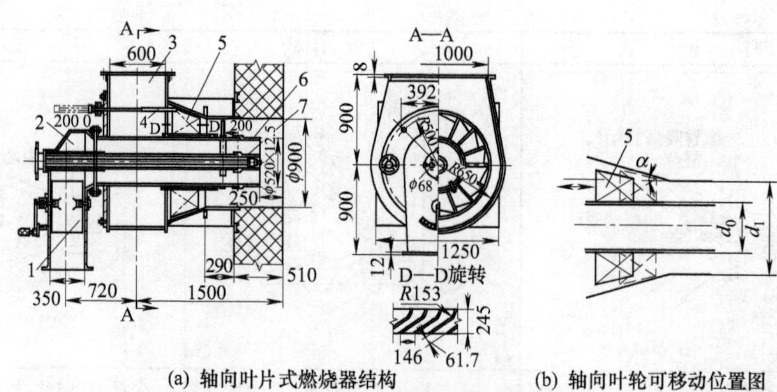

图 7-107 轴向叶片式旋流燃烧器

1—一次风调节挡板；2—一次风壳；3—二次风壳；4—轴向叶片调节杆；5—轴向叶片；6—一次风出口套管；7—中心管出口套管

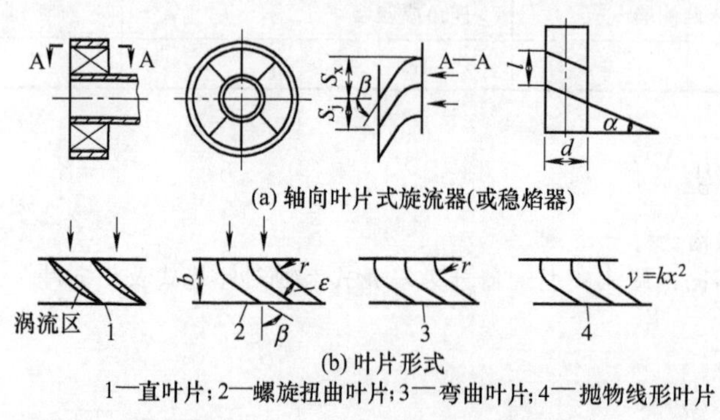

图 7-108 轴向叶片式旋流器及叶形

2. 旋转射流的空气动力特性

旋转射流可以在射流中心形成回流区，其轴向速度为负值（反流），如图 7-104（c）所示。回流区对一次风煤粉气流的着火及火焰的稳定有十分重要的意义。气流旋转越强烈，相应回流区较大，初期湍动混合强，但射流的衰减就越快，射程短，后期湍动弱。决定气流旋转强弱的空气动力参数称为旋流强度 n，它是气流旋转动量矩 M 与轴向动量矩 KL 的比值：

即

$$n=\frac{M}{KL} \tag{7-250}$$

$$M=\rho_0 Q v_q r \tag{7-251}$$

$$K=\rho_0 Q v_z \tag{7-252}$$

式中 M——气流旋转动量矩，N·m；

K——气流轴向动量，N；

ρ_0——气流的密度，kg/m^3；

Q——气体的体积流量，m^3/s；

v_q——气流的切向速度，m/s；

v_z——气流的轴向速度，m/s；

r——气流旋转半径，m；

L——定性尺寸，m；根据不同的燃烧器结构情况，L 可取不同的值。通常用燃烧器喷口直径的某一个倍数来表示。显然，不同的 L 值，其旋流强度的表达式及数值是不一样的，读者要特别注意。

当 $L=r$ 时，则 $n=v_q/v_z$，所以可以理解，旋流强度是气流切向速度 v_q 与轴向速度 v_z 比值的反映。

表 7-97 列举了旋流燃烧器的旋流强度计算式（参见图 7-109～图 7-111）。

表 7-97　旋流燃烧器的旋流强度计算式

气流出口通道形式	出口为环形截面的通道（有中心管）		出口为圆柱形的圆截面通道（无中心管）	
旋转强度符号	n	Ω_{dl}	n'	Ω'_2
定性尺寸 L	$L=\frac{\pi}{8}d_1$	$L=\frac{1}{4}\sqrt{d_1^2-d_0^2}$	$L=\frac{\pi}{8}d_1$	$L=\frac{1}{4}d_1$
旋流强度　蜗壳式	$\frac{2(d_1^2-d_0^2)l}{abd_1}$	$\frac{l\cdot\pi\sqrt{d_1^2-d_0^2}}{ab}$	$\frac{2d_1 l}{ab}$	$\frac{l\cdot\pi d_1}{ab}$
旋流强度　切向叶片式	$\frac{(d_1^2-d_0^2)\cos\alpha}{Zbd_1\sin\left(\frac{180^\circ}{Z}\right)\cdot\sin\left(\alpha+\frac{180^\circ}{Z}\right)}$	$\frac{\pi\sqrt{d_1^2-d_0^2}\cdot\cos\alpha}{2Zb\sin\left(\frac{180^\circ}{Z}\right)\cdot\sin\left(\alpha+\frac{180^\circ}{Z}\right)}$	$\frac{d_1\cos\alpha}{Zb\sin\left(\frac{180^\circ}{Z}\right)\cdot\sin\left(\alpha+\frac{180^\circ}{Z}\right)}$	$\frac{\pi d_1\cdot\cos\alpha}{2Zb\sin\left(\frac{180^\circ}{Z}\right)\cdot\sin\left(\alpha+\frac{180^\circ}{Z}\right)}$
旋流强度　轴向叶片式	$\frac{4d_{pj}A_0\sin\beta}{\pi d_1 A_1}$ $d_{pj}=\frac{2}{3}\left(\frac{d_1^3-d_0^3}{d_1^2-d_0^2}\right)$，m； $A_0=\frac{\pi}{4}(d_1^2-d_0^2)$，$m^2$； $A_1=\varepsilon Z(d_1-d_0)$，$m^2$； 式中　ε——出口叶片的平均间距，m； Z——轴向叶片数； β——轴向叶片倾斜角	$\frac{\pi d_{pj}d_{dl}\cdot\sin\beta}{A_1}$		
旋流强度　轴向叶轮式		$\frac{2A_1A_0d_{pj}\sin\beta}{d_{dl}[A_1+2\pi(a^2\tan\alpha+ad_1)\sin\frac{\alpha}{2}]^2}$ 式中　α——通道半锥角 a——叶轮拉出距离		

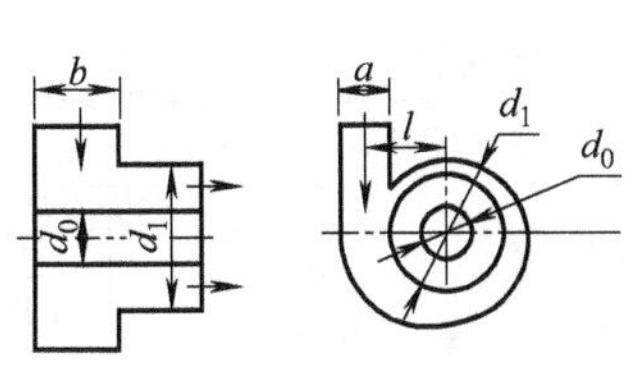

(a) 蜗壳式旋流燃烧器旋流强度计算尺寸

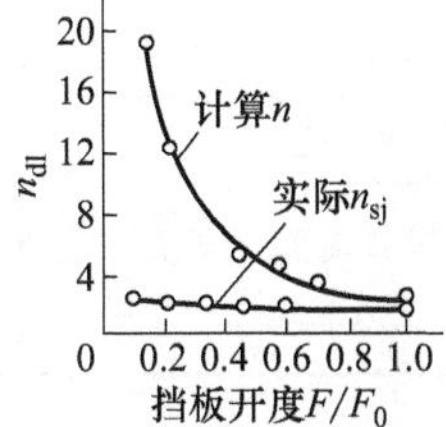

(b) 蜗壳式燃烧器旋流强度n调节范围

图 7-109　蜗壳燃烧器旋流强度

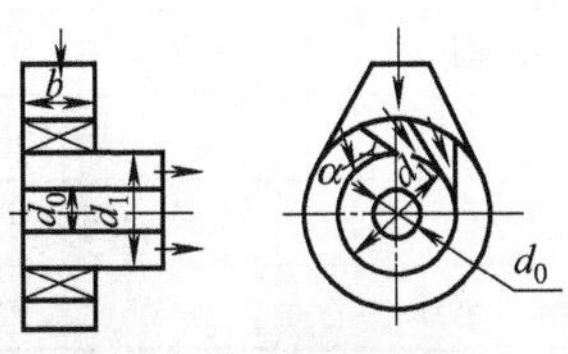

(a) 切向叶片式燃烧器旋流强度计算尺寸

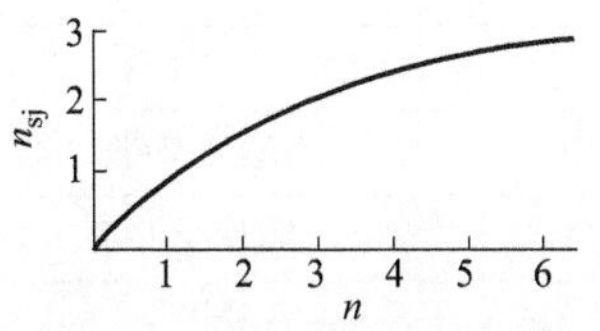

(b) 切向叶片式燃烧器实际旋流强度n_{sj}与理论计算值n的关系

图 7-110　切向叶片燃烧器旋流强度

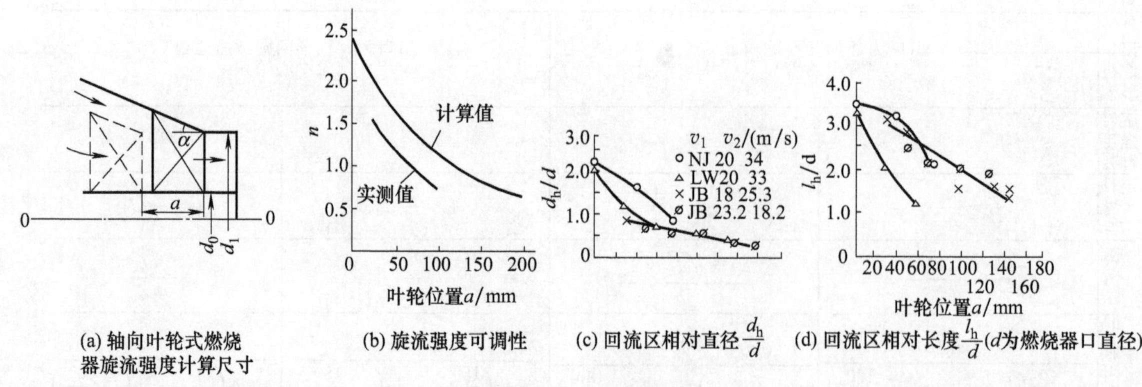

(a) 轴向叶轮式燃烧器旋流强度计算尺寸　(b) 旋流强度可调性　(c) 回流区相对直径$\frac{d_h}{d}$　(d) 回流区相对长度$\frac{l_h}{d}$(d为燃烧器口直径)

图 7-111　轴向叶片式燃烧器旋流程度 n

3. 旋流燃烧器的扩口结构

旋流燃烧器出口的形状有直喷口和带扩口的喷口（见图 7-112）两种，一般，当燃用挥发分较低的烟煤、贫煤时，中心管及一、二次风管喷口常采用扩口结构。图 7-112 中的扩口角 α 及气流预混段 l_1 对流场和回流区特性的影响很敏感。适当增大二次风扩口角 α_2 并在一次风口和中心管口设置相应的扩口，可以有效提高中心烟气回流，改善着火。

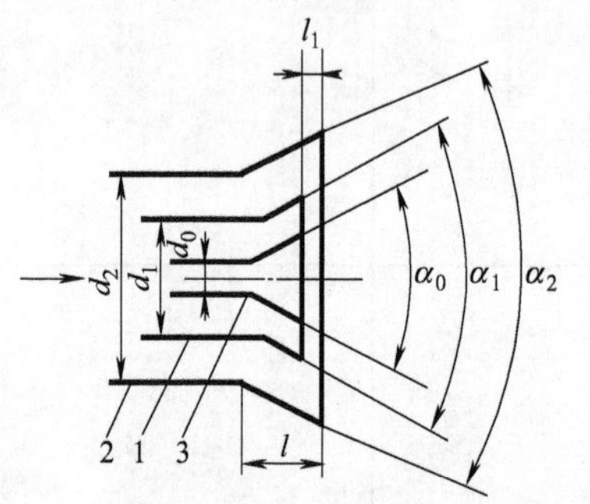

图 7-112　旋流燃烧器扩口示意

1—一次风管；l_1—一、二次风产混段；2—二次风管；3—中心管

由于旋转气流特性的复杂性，当今主要还是靠实验和经验的积累来综合指导旋流燃烧器的结构设计。

一般，对于低反应能力的煤种，建议 $\alpha_2=30°\sim60°$，$\alpha_1=0\sim50°$，$\alpha_0=0\sim40°$的范围选用。特别要强调的是，无论在什么情况下扩口不宜采用带圆角或角度大而短的结构，以防止出现开放型气流而导致流场的破坏及燃烧器喷口区域结渣。

对于预混段 l_1 的存在，有时可以增加一些回流，但是回流气体一般温度较低，对着火的影响往往是负面的，应尽可能短。对低反应能力的煤种，建议 $l_1=0$。

4. 旋流燃烧器的特性和参数

表 7-98 列出旋流燃烧器性能特征汇总。

表 7-98　旋流燃烧器性能特征汇总

名称		蜗壳式	轴向叶片式	切向叶片式
工作原理		一次风直流或靠蜗壳产生旋流,二次风靠蜗壳产生旋流	一次风直流,二次风轴向叶片产生旋流	一次风直流,二次风靠切向叶片产生旋流
旋流强度	调节方法	调节舌形挡板开度	调节轴向叶片在风道中的前后位置 a[图 7-111(a)]	调节切向叶片角度 α[图 7-110(a)]
	调节性能	调节幅度很小[图 7-109(b)]	调节幅度大,图 7-111,回流区直径和长度变化明显	较好[图 7-110(b)]
阻力特性 ξ		阻力大(图 7-113)	一次风阻力小,二次风中(图 7-113)	一次风小,二次风中(图 7-113)
出口气流	圆周向均匀度	很差,火焰偏斜(图 7-114)	均匀性好	均匀性较好
	外扩散角 φ	大(图 7-115)	中(图 7-115)	较小(图 7-115)
适应煤种		烟煤、洗中煤、褐煤及贫煤		

表 7-99 列举了某锅炉厂双蜗壳燃烧器的系列标准。表 7-100 列出中国部分电厂用轴向叶片燃烧器的结构尺寸及参数。

表 7-99　某锅炉厂双蜗壳燃烧器的系列标准

序号[1]	二次风入口		一次风入口		二次风套筒直径 E''/mm	一次风套筒直径 E'/mm	中心管直径 G/mm	一次风入口偏心距 S/mm	二次风入口偏心距 l/mm	一次风入口截面积 E_1/m^2	二次风入口截面积 E_2/m^2	一次风通道截面积 f_1/m	二次风通道截面积 f_2/m	通道面积之比 f_2/f_1	旋流强度		热功率	
	长度 A/mm	宽度 B/mm	长度 C/mm	宽度 D/mm											$(n_{dl})_{1k}$	$(n_{dl})_{2k}$	Q/MW	燃煤量 Q/(t/h)
1	1050	540	280	450	1000	490	219	385	785	0.126	0.567	0.15	0.573	3.82	3.01	2.67	W[2] 25 Y[3] 40	3.0～3.5 5
2	1050	540	330	450	1000	490	219	410	785	0.149	0.567	0.15	0.573	3.82	2.71	2.67	W 25 Y 40	3～3.5 5
3	1050	540	280	450	900	490	219	385	735	0.126	0.567	0.15	0.417	2.78	3.01	2.13	W 20 Y 30	2.5 4
5	1050	540	330	450	900	490	219	410	735	0.149	0.567	0.15	0.417	2.78	2.71	2.13	W 20 Y 30	2.5 4
6	950	450	280	450	1000	490	219	385	735	0.126	0.428	0.15	0.573	3.82	3.01	3.31	W 25 Y 40	3～3.5 5
8	950	450	230	350	1000	490	299	360	735	0.08	0.428	0.118	0.573	4.86	3.94	3.31	W 25 Y 40	3～3.5 5
9	950	450	280	450	1000	490	299	385	735	0.126	0.428	0.118	0.573	4.86	2.67	3.31	W 20 Y 40	3 5
10	950	450	330	450	900	490	219	410	690	0.149	0.428	0.15	0.417	2.78	2.71	2.65	W 20 Y 30	2.5 4
11	950	450	330	450	800	490	219	410	640	0.149	0.428	0.15	0.29	1.87	2.71	2.05	W 15 Y 25	2 3～3.5
12	950	450	230	350	900	490	320	360	690	0.08	0.428	0.106	0.417	3.93	3.73	2.65	W 20 Y 30	2.5 3.5
13	950	450	280	450	900	490	299	385	690	0.126	0.428	0.118	0.417	3.53	2.67	2.65	W 20 Y 30	2.5 3.5～4
14	700	350	280	450	700	490	219	385	590	0.126	0.245	0.15	0.17	1.13	3.01	2.53	W 12 Y 20	1.5 2.5
15	700	350	280	450	700	430	219	385	590	0.126	0.245	0.107	0.22	2.06	2.55	2.88	W 12 Y 20	1.5 2.5
16	700	350	230	350	700	430	320	360	590	0.08	0.245	0.063	0.22	3.49	2.87	2.88	W 10 Y 15	1～1.5 2～2.5
17	700	350	230	350	700	430	273	360	590	0.08	0.245	0.086	0.22	2.56	3.36	2.88	W 10 Y 15-20	1～1.5 2～2.5
18	700	350	230	350	700	430	299	360	500	0.08	0.245	0.075	0.22	2.93	3.13	2.88	W 10-1 Y 15	1.5 2
19	1050	540	250	400	1000	490	219	370	785	0.10	0.567	0.15	0.573	3.82	3.65	2.67	W 25 Y 40	3～3.5 5
20	950	450	280	450	800	490	299	385	640	0.126	0.428	0.118	0.29	2.45	2.67	2.05	W 15 Y 25	2 3～3.5

注：1. 序号 4 与 7 的数据缺；2. W—无烟煤；3. Y—烟煤。

表 7-100 中国部分电厂用轴向叶片燃烧器的结构尺寸及参数

序号	锅炉型号	导叶形式	燃烧器结构尺寸							旋流器					
			二次风出口直径/mm	一次风出口直径/mm	二次风出口截面积/m^2	一次风出口截面积/m^2	出口混合段长度/mm	二次风喷口扩口角度②/长度/[(°)/mm]	一次风扩流锥直径/角度/[mm/(°)]	调节距离/mm	叶片数目	叶片出口倾角/(°)	叶片弯曲半径/mm	叶片高度/mm	旋流器半锥角
1	HG410/100-1	轴向导叶	900/520	495/159	0.433	0.165	250	0	0	150	16	65	153	245	
2	HG410/100-1	轴向导叶	900/520	495/159	0.433	0.165	250	0	0	150	16	65	153	245	
3	SG-400t/h 再热汽包炉	轴向导叶	856/588	564/169	0.311	0.209	150	15/60	/25	150	12	65	187	320	
4	SG-400t/h 再热汽包炉	轴向导叶	856/580	540/159	0.317	0.219		15/60	/25	150	12	65	187	320	14°30′
5	HG-230/100-1	轴向导叶	810/510	480/180	0.31	0.171	320	15/100	280/15	200	16	65	131	234	15°
6	321-230/100	轴向导叶	800/—	456/133	0.167	0.377	0	23/150	一次风管 100/25 中心管 150/25	>100	12① 10	70			

序号	导叶形式	燃烧特性						燃烧器布置					炉膛		
		一次风速/(m/s)	二次风速/(m/s)	一次风率/%	二次风率/%	一次风温/℃	二次风温/℃	布置位置	燃烧器只数	燃烧器横向中心距/mm	燃烧器高度中心距/mm	燃烧器与侧墙距离/mm	炉膛尺寸(宽×深)/(mm×mm)	炉膛容积热负荷 $q_V=\frac{Q}{V}$/(kW/m^3)	炉膛断面热负荷 $q_F=\frac{Q}{F}$/(MW/m^2)
1	轴向导叶	24.5	30.0			110	330	前墙二排	12	2080	2570	1600	13585×7540		
2	轴向导叶	24.5	30.0					前墙二排	12	2080	2570	1600	13585×7540		
3	轴向导叶	20.0	30.0					前墙三排	12	2174	2400	—	11220×7440	197.7	4.01
4	轴向导叶	20.0	30.0					前墙四排	16	2240	2400	2250	11220×7440	197.7	3.99
5	轴向导叶	23.0	30.0	30	70	250	340	两侧墙各三只平排	6	2042.5				132.6	
6	轴向导叶	16.0	31.0	22	78	200	340	两侧墙各三只平排	2	3225					

① 两个旋流燃烧器，一个为 12 个叶片，一个为 10 个叶片。

② 表中角度为顶角的 1/2，即 $\frac{\alpha}{2}$。

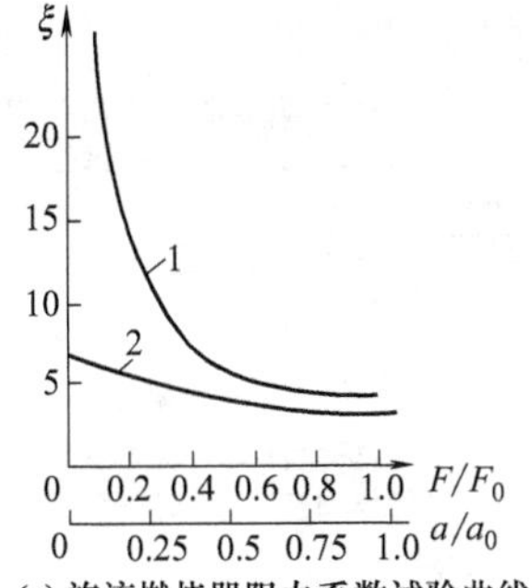

(a) 旋流燃烧器阻力系数试验曲线

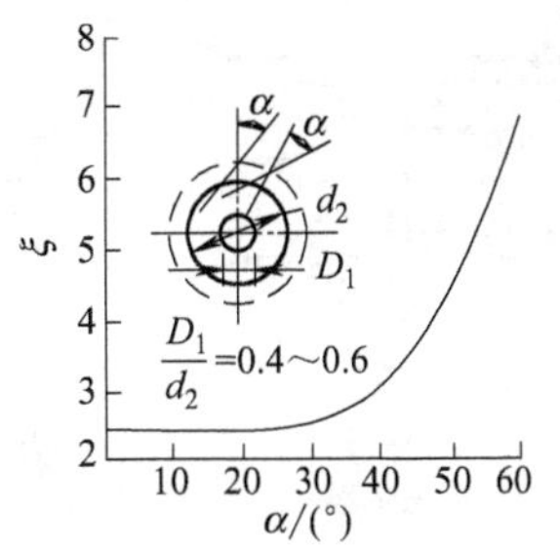

(b) 切向叶片燃烧器阻力系数曲线

图 7-113　旋流燃烧器的阻力系数

1—蜗壳式旋流器；2—轴向叶片式旋流器

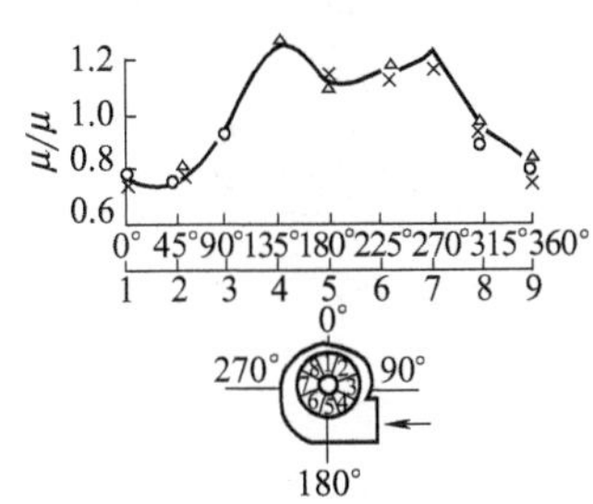

图 7-114　蜗壳式燃烧器出口煤粉浓度分布

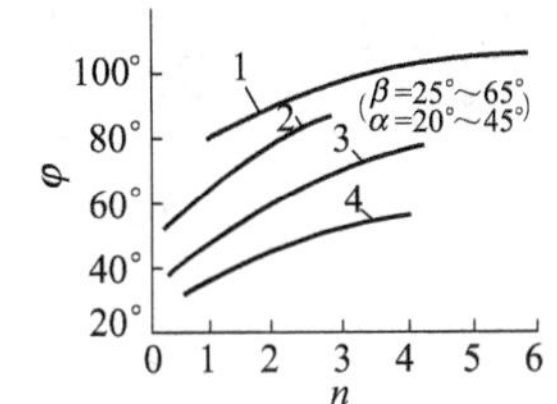

图 7-115　旋流强度 n 与气流外扩展角 φ 的试验结果

1—蜗壳式（$\frac{a}{b}=0.4$）；2—轴向叶片式（$\beta=25°\sim65°$，$\alpha=20°\sim45°$）；3—简单切向进风；4—切向叶片式（$\alpha=30°$）

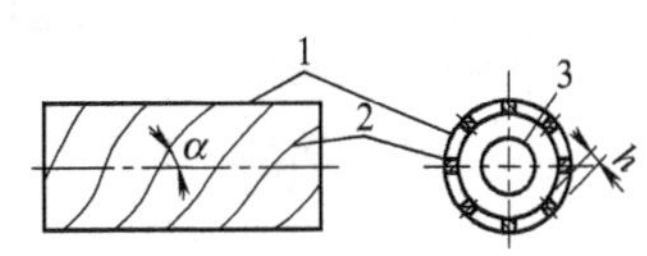

图 7-116　带均流肋条的一次风管

1—一次风管；2—均流条；3—中心管

中国针对双蜗壳式旋流燃烧器存在的出口气流沿周向极不均匀，造成火焰偏斜以及蜗壳式旋流器对旋流强度的调节性能不佳等缺陷进行了有成效的改进，主要关键技术及数据如下：

①在蜗壳一次风管内加装均流肋条（见图 7-116），形成内螺纹管；②二次风采用直板形轴向叶片旋流器，其结构简单，操作灵活。

以上两项改进技术的结合，使得一次风出口气流及煤粉浓度沿周向的分布及调节性能显著改善。在200MW 锅炉上成功地燃用贫煤和劣质烟煤。具体数据如表 7-101 所列。

表 7-101　均流条纹直叶片式旋流器参数

均流肋条			直叶片式旋流器开度角灵敏区[①] /(°)	扩口半角/(°)		扩口段长度 l 与喷口直径 d 之比 (l/d)
高度 h /mm	头数 /条	螺旋角 α /(°)		一次风	二次风	
10～18	8～10	45～55	40～60	20～25	25～35	0.4～0.5

① 开度角为 0°时，叶片全关；90°时，气流为直流。

5. 国内外旋流燃烧器的发展

为提高旋流燃烧器对煤种和负荷的适应性，并有效控制燃烧中 NO_x 的排放，技术措施主要是把分级送风与浓淡燃烧相结合，并应用在旋流燃烧器上（见图 7-117）。具体结构特点有以下 5 点：①把二次风分成内层二次风（又称二次风）和外层二次风（国外又称三次风）两股同轴环状气流，分别通过可调轴向叶片式旋流器调节两股气流的旋流强度，实现了双通道双调风；可以有效地控制回流区的大小和位置，以适应不同煤种和负荷的变化，同时控制 NO_x 的排放量；适用于烟煤和贫煤，不投油最低负荷为40%；②一次风采用固定式轴向叶片旋流器；③采用文丘里管或煤粉收集器等结构，组织煤粉径向浓淡或圆周向浓淡燃烧；④根据煤种特性在燃烧器出口可以设置单齿或双齿形火焰稳定环、火焰隔离环等，进一步

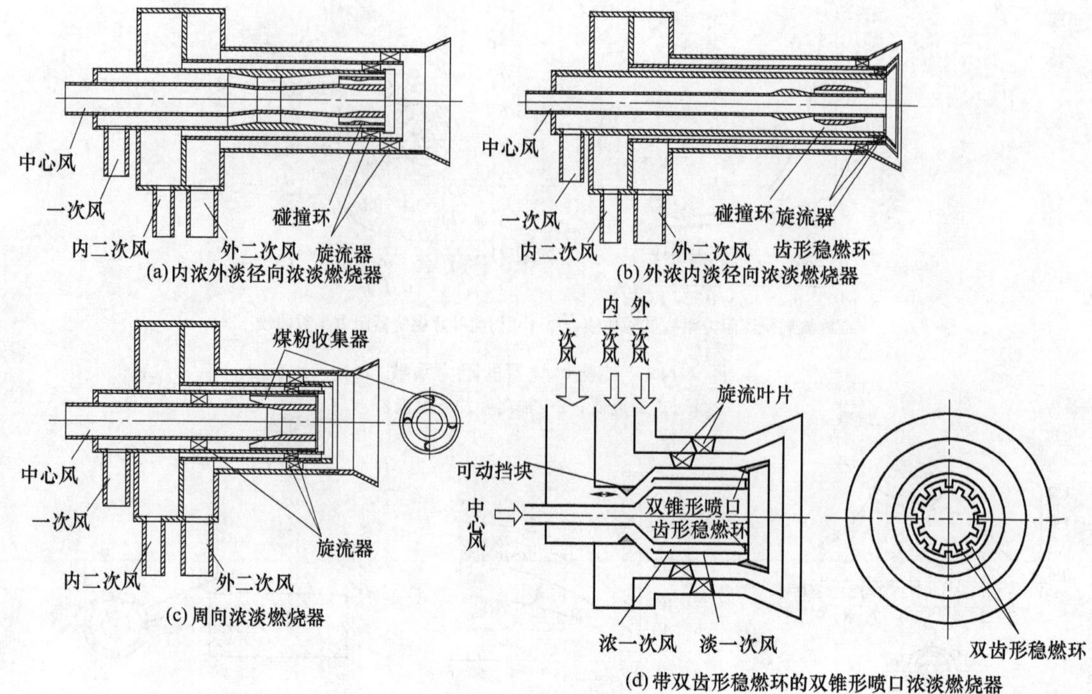

图 7-117 典型的浓淡旋流燃烧器结构示意

提高着火、燃烧火焰稳定性；⑤在旋流式燃烧器的上方设主上部燃尽风 OFA（over fine air），控制燃烧器本身（包括一次风、内二次风、外二次风）过量空气系数为 0.7～0.8，其余空气从 OFA 送入，可以有效控制 NO_x 排放。

图 7-118 与表 7-102 示出 Babcock 双通道旋流燃烧器及火焰结构和主要参数。

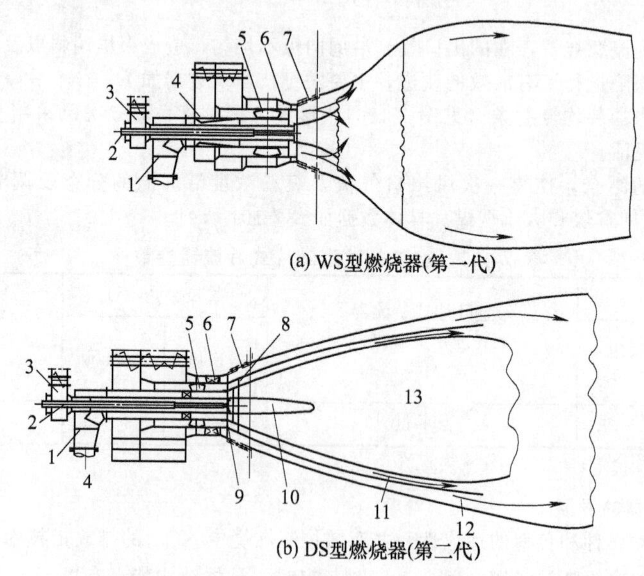

图 7-118 Babcock 双通道（双调风）旋流燃烧器及火焰结构

1—一次风；2—点火燃烧器；3—中心风；4—文丘里管；5—内层二次风旋流器；6—外层二次风旋流器；7—燃烧器出口的礦口；8—火焰隔离环；9—火焰稳定环；10—核心风；11—内层二次风；12—三次风（外层二次风）；13—火焰核心

图 7-119 与表 7-103 示出浓淡型双调风旋流燃烧器结构和主要参数。

表 7-102　Babcock 双调风旋流燃烧器的主要参数

名　称	一次风	内层二次风	外层二次风	核心风
风率/%	约 20	20～25	约 50	约 5
风速/(m/s)	约 20	约 30	约 40	20～25

表 7-103　浓淡型双调风旋流燃烧器主要参数

名　称	一次风	内层二次风	外层二次风	核心风
风率/%	约 15	13～15	约 70	0～5
风速/(m/s)	约 25	20～25	约 60	20～25

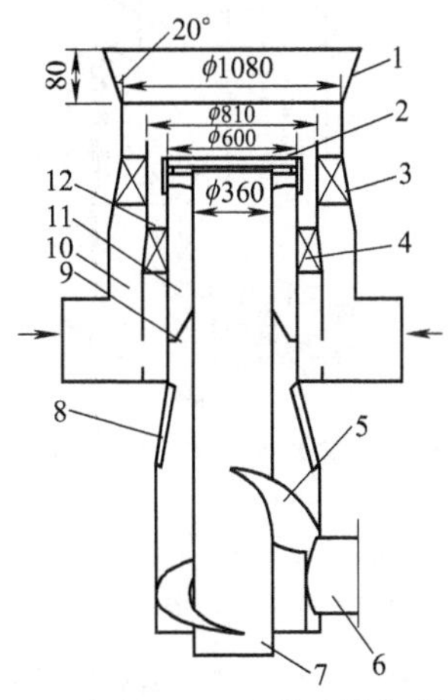

图 7-119　浓淡型双调风旋流燃烧器结构

1—燃烧器出口碳口；2—稳焰环；3—三次风（外层二次风）旋流器；4—内层二次风旋流器；5——次风旋流器；6——次风进口；7—中心风管；8—收缩管；9——次风管；10—三次风通道；11—煤粉浓缩器；12—二次风通道

图 7-120 示出低 NO_x 旋流燃烧器结构。

FW 旋流燃烧器的特点在于：一次风煤粉喷嘴内安装三次风管。在三次风管内安装轻油枪、重油枪和轻油火焰检测器。煤粉气流的外环安装二次风蜗壳。蜗壳的进风门由圆周均匀开孔的孔板罩和活动套筒组成。内、外层二次风旋流器由可调的径（切）向叶片组成。一次风气流经蜗壳产生旋流，为降低其旋流强度，在一次风管内壁装有与气流旋转方向相反的肋条。使一次风气流出口端的气、煤粉浓度分布比较均匀。同时为保持水冷壁表面处于氧化性气氛中，以降低高温腐蚀和水冷壁结渣，在炉膛的两侧墙下部和前墙底部的缝隙中以及前、后墙下部的圆孔中送入炉膛一定量的空气，称边界风。前者不用控制，后者通过冷风门调节。总边界风量占二次风量的 3%。边界风如图 7-121 所示。图 7-122 给出褐煤燃烧器示意。

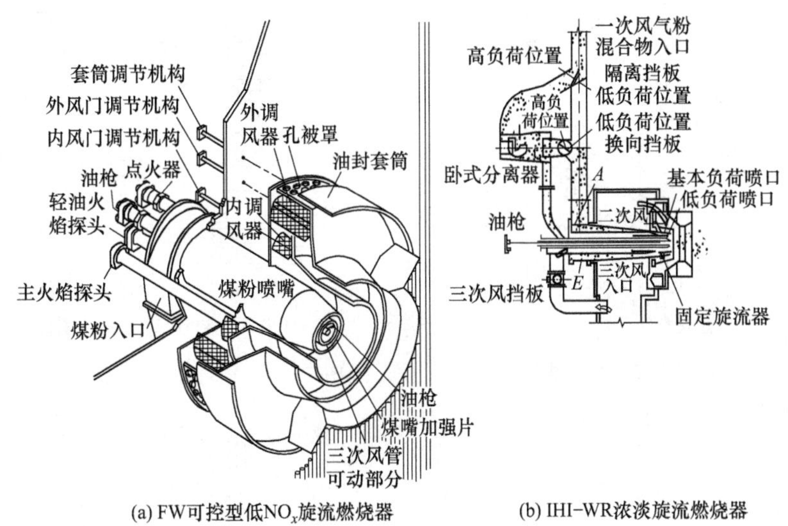

图 7-120　低 NO_x 旋流燃烧器结构

旋流燃烧器 NO_x 排放与过量空气系数的关系如图 7-123 所示。图 7-124 为前苏联燃用无烟煤的旋流燃烧器。表 7-104 给出前苏联 3 种蜗壳式燃烧器的主要参数。

旋流燃烧器一般最适宜于燃用收到基低位发热量 $Q_{net,V,ar} \geqslant 20MJ/kg$，挥发分 $w(V_{daf}) \geqslant 25\%$ 的烟煤。前苏联采用旋流燃烧器燃用无烟煤的主要措施在于增强炉内高温烟气的回流和减少着火吸热。具体结构上的措施如下：①适当增大二次风扩口（即碳口）的扩展角，对比数据如表 7-105 所列，必要时也可以在一次风口及中心管出口设置 0°～45°的扩口，扩口段的长度应适当短一些；②在不改变一次风出口截面积的情况下，适当增大中心管的直径，以减小一次风层的厚度，增大中心回流的效果；③取消或缩短一、二次风的预混段长度；④二次风分为内、外两层，以实现分级送风。

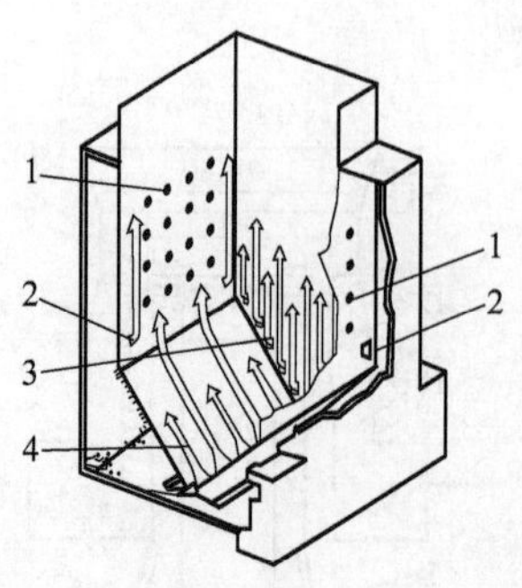

图 7-121 FW 旋流燃烧器的边界风系统

1—FW 旋流燃烧器；2—前、后墙边界风进风口；3—侧墙下部缝隙进入边界风；4—前墙底部缝隙进入边界风

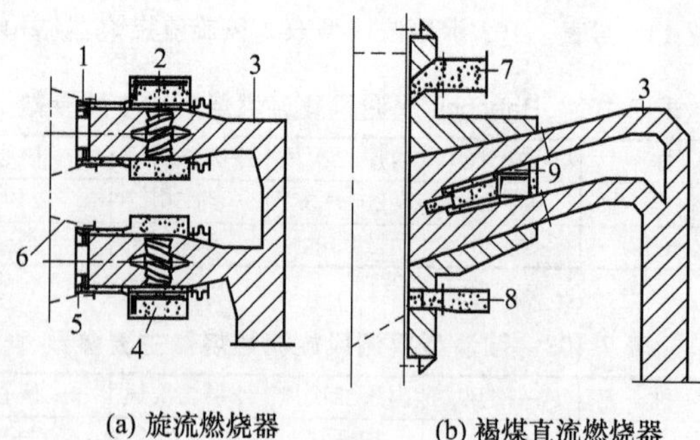

图 7-122 褐煤燃烧器示意

1—稳焰环；2—轴向叶片旋流器；3—一次风；4—二次风；5—二次风气流出口；6—燃烧器碳口；7—上燃烧风；8—下燃烧风；9—核心风

6. **旋流燃烧器的布置和配风系统**

旋流燃烧器气流旋转方向及其对火焰位置的影响示于图 7-125。

相邻两旋流燃烧器，不同旋向组合下，出口气流切向速度的分布特点示于图 7-126。

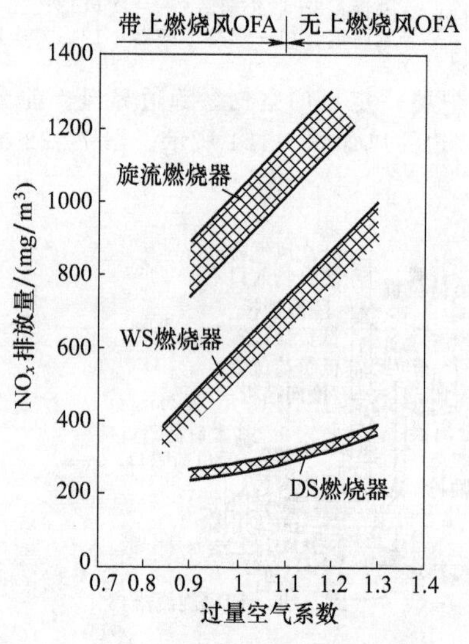

图 7-123 旋流燃烧器 NO_x 排放与过量空气系数的关系

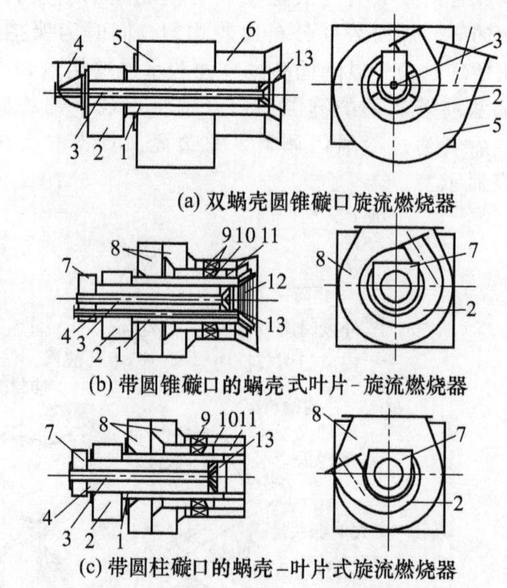

图 7-124 前苏联燃用无烟煤的旋流燃烧器

1—一次风；2—一次风蜗壳；3—油枪管；4—中心风；5—二次风蜗壳；6—二次风；7—中心风进风口；8—二次风进风室；9—轴向旋流叶片；10—内层二次风；11—外层二次风；12—冷却喷口的蛇形管；13—油燃烧稳焰器

表 7-104 前苏联 3 种蜗壳式燃烧器的主要参数

名　　称	Ⅰ　型	Ⅱ　型	Ⅲ　型
燃烧器出口结构	圆锥形碳口	圆锥形碳口	无扩角的圆柱形碳口
旋流器结构	一次风蜗壳 二次风蜗壳	一次风蜗壳 二次风轴向叶片	一次风蜗壳 二次风轴向叶片
中心管功能	中心管为带稳焰器的油燃烧器喷嘴		
二次风结构	二次风单通道结构	二次风分成内、外两环形通道(即双通道)	

续表

名　称	Ⅰ　型	Ⅱ　型	Ⅲ　型
炉膛容积热负荷/(kW/m^3)	128～180	90～150	90～150
机组容量/MW	100～200	100～250	100～250
炉膛过量空气系数	1.06～1.29	1.02～1.30	1.05～1.25
煤粉细度 R_{90}/%	5.6～14	5～14	5～11
一次风速/(m/s)	13～16.7	14.6～18.8	19.6～28.8
二次风速/(m/s)	17～26.5	15.2～29.7	19.2～34.8
三次风速/(m/s)	55～60	47～60	47～52
一次风率/%	16～18	15～20	16～20
二次风率/%	57～64	52～66	53～65
三次风率/%	20～24	18～27	18～25
每只燃烧器出力(燃煤量)/(t/h)	6.5～15	6～15	4.5～11.5
热风温度/℃	325～380	340～400	325～380
一次风阻力系数	9.0	7.0	5.0
二次风阻力系数	6.5	5.0	4.5
适用煤种	无烟煤		

表 7-105　旋流燃烧器二次风扩口角对比数据

煤种	褐煤、烟煤	贫煤	无烟煤	劣质烟煤
扩口角/(°)	0～30	20～40	40～60	参考贫煤和无烟煤

大容量电站锅炉旋流燃烧器前墙或前后墙对冲布置时，由于气流旋向的影响，会直接导致锅炉炉膛沿炉宽方向上温度场的偏差，应引起足够重视。图 7-127 是某电厂锅炉旋流燃烧器按图 7-125（c）布置时，实测的高温过热器各片管屏外圈管出口，炉外壁温分布的实测结果。

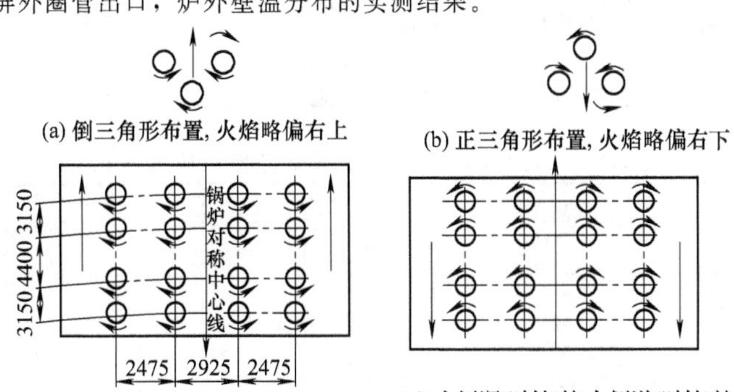

图 7-125　旋流燃烧器气流旋转方向及其对火焰位置的影响

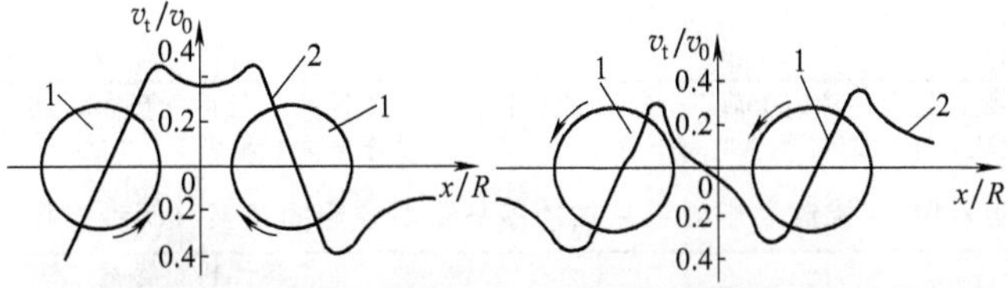

图 7-126　相邻旋流燃烧器出口气流切向速度的分布（箭头符号代表出口气流的旋转方向）

1—旋流燃烧器喷口；2—相邻两喷口出口气流切向速度合成后的分布

v_t—切向速度；v_0—喷口轴向速度；x—横向距离；R—喷口的半径

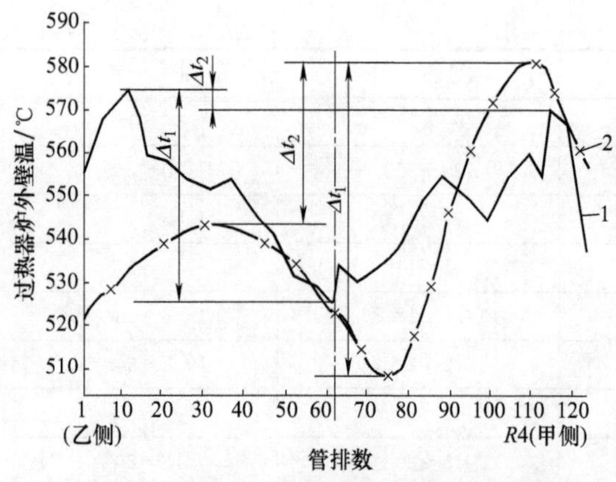

图 7-127 某电厂高温过热器炉外壁温实测数据

1—满负荷下；2—部分负荷下

Δt_1—峰尖与峰谷温差；Δt_2—两峰值温度差

温 差	200MW	320MW
Δt_1	73℃	48℃
Δt_2	38℃	3℃

从图 7-127 中证实了右逆左顺的旋流对冲方式，火焰温度呈中（间）低两（侧）高的流场分布工况。锅炉在部分负荷下运行时，燃烧器虽然会关停掉一部分，但是中低两高的流场和温度场分布的格局是没有改变的。

旋流燃烧器二次风的配风系统通常有两种，即总风箱系统和分层送风系统，示于图 7-128。

7. 旋流燃烧器设计的热力特性数据

表 7-106 列举每台锅炉的旋流燃烧器数目和热功率。

旋流燃烧器单只热功率的选定应考虑到燃烧本身的状况及炉膛断面尺寸与燃烧器个数、热功率的匹配两方面问题。特别对大容量锅炉，从防止炉内结渣、控制 NO_x 生成及提高锅炉低负荷适应能力方面，燃烧器单只热功率不宜太大。随着锅炉容量的增大有两种选择：如果炉膛宽度 B 和深度 A 都相应增大，则应适当增加单只燃烧器的个数及热功率；如果炉深 A 变化不大，主要增大炉宽 B，则单只燃烧器热功率变化不大，而主要是增加燃烧器的数量，如表 7-107 所列。近年来，对大容量旋流燃烧器锅炉逐渐趋向于炉膛深度基本不变，随着机组容量的增大只是相应地增加炉膛宽度和燃烧器的数量。可参见表 7-108～表 7-110 列举旋流燃烧器的空气动力参数。表 7-111 列举旋流燃烧器之间到水冷壁之间的距离。

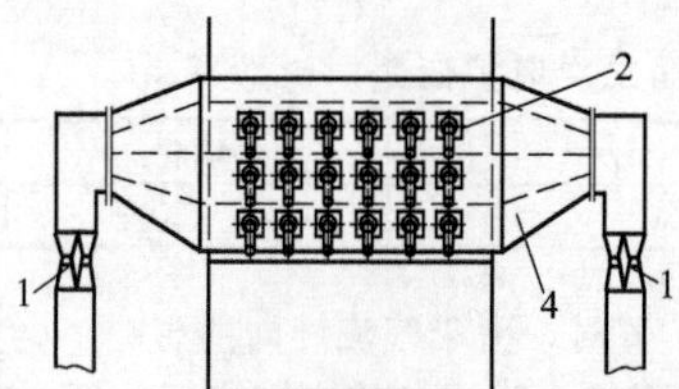

(a) 总风箱系统(前后墙布置燃烧器,风量测量点四个)
(每一平面层的四个燃烧器送风可以单独调节)

(b) 分层送风系统(每一层燃烧器单独送风,风量测量点六个)

图 7-128 二次风配风系统

1—风量测量装置；2—燃烧器；3—分层送风母管；4—总风箱

表 7-106 每台锅炉的旋流燃烧器数目和热功率①

发电机组功率/MW	锅炉的额定蒸发量 D/(t/h)	炉膛热功率 Q_1/MW	主燃烧器的数目和布置		每只燃烧器燃煤量 B_r/(t/h)	每只燃烧器的热功率 Q_r/MW
			前墙	前后墙或两侧墙		
6	35	27	2		3.0	15～10
12	75	58	3～4		3.7～3.0	20～10
25	130,120	93	4	4	3.7	25～15
50	220	169	4～6	4～6	7.4～3.7	50～25
100	410	314	8～16	8～16	7.4～3.7	50～25
200	670	608	16～24	16～24	11.2～3.7	50～25
300	935	849	24～36	24～36	15～3.7	75～25
500	1600	1280		24～48	15～5	75～35
800	2500	2000		48～70	18.6～5	80～35
1000	3200	2560		＞48～70	22.3～5	100～35

① 每台锅炉的燃烧器数目是指在额定负荷下运行时的数目，实际装设的数目可能更多，和制粉系统及磨煤机台数有关。为减少烟气中 NO_x 生成，单只燃烧器热功率不宜过大，单只热功率偏大，易引起炉内结渣。

表 7-107 旋流燃烧器单只热功率与锅炉容量的关系（两种选择）

名 称		单元机组容量/MW						
		200	300	350	375	450	500	550
英国 Babcock	燃烧器的数量/只	20	30		36		48	54
	单只燃烧器热功率/MW	27.5	27.0		27.4		27.7	27.5
	单只燃烧器的蒸汽容量/(t/h)	31.8	31.5		31.5		32.5	31.6

续表

名称		单元机组容量/MW						
		200	300	350	375	450	500	550
美国 Babcock	燃烧器的数量/只		24	24	24	24	30	
	单只燃烧器热功率/MW		33.3	38.9	41.1	50	44.5	
	单只燃烧器的蒸汽容量/(t/h)		40.5	47.3	49.1	55	59	

表 7-108 国外部分大容量锅炉旋流燃烧器热功率

名称	Swepco Welsh 电站	Cardinel 电站	Ecnsw 电站	Middle South 电站	Duke Belews Greek 电站	Aep (UP-108) 电站	Aep Amco/ Gavin 电站
单元机组容量/MW	550	650	660	890	1100	1320	1320
炉膛宽度 B/m	17.7	19.2	22.2	28.6	27.4	33.8	33.8
炉膛深度 A/m	15.5	15.5	15.5	15.5	15.5	15.5	15.5
炉膛断面热负荷/(MW/m^2)	5.5	5.8	5.5	5.4	6.4	7.2	6.7
单只燃烧器热功率/MW	36	36	39	36.5	36	37	36
燃烧器个数/只	40	45	42	64	72		

表 7-109 煤粉燃烧器一次风率（r_{1k}）与二次风率（r_{2k}） 单位：%

煤种	一次风率 $r_{1k}^{①}$					二次风率 r_{2k}
	无烟煤	贫煤	烟煤 $w(V_{daf})\leqslant 30\%$	烟煤 $w(V_{daf})>30\%$	褐煤	
乏气送粉[②]	—	20～25	25～30	25～35	20～45	$100-r_{1k}-r_{1t}$
热风送粉[③]	15～25	20～25	25～40 20～25(劣质烟煤)	约 25(劣质烟煤)	—	$100-r_{1k}-r_{3k}^{④}-r_{1t}^{⑤}$

① 对旋流燃烧器取偏下限值。
② 对直吹式制粉系统掺炉烟作干燥剂时，一次风率可略低于表中值。
③ 液态除渣锅炉取偏下限值。
④ r_{3k} 为三次风率，是制粉系统乏气量占送入炉内供燃烧用总风量（包括炉膛漏风量）的百分比，一般 $r_{3k}\approx 20\%$。
⑤ r_{1t} 是炉膛漏风量占燃烧总风量的百分比，称漏风率。

表 7-110 旋流燃烧器的空气动力参数

燃烧器形式	单只燃烧器的热功率/MW	无烟煤和贫煤			烟煤和褐煤			三次风速 v_{3k}/(m/s)
		一次风速 v_{1k}/(m/s)	二次风速 v_{2k}/(m/s)	$\frac{v_{2k}}{v_{1k}}$	一次风速 v_{1k}/(m/s)	二次风速 v_{2k}/(m/s)	$\frac{v_{2k}}{v_{1k}}$	
双蜗壳	23.0 35.0	14～16	18～21	1.3～1.4	20～22 22～24	26～28 28～30	1.3～1.4	—
	52.0	16～18	22～25	1.3～1.4	22～24	28～30		
	75.6	18～20	26～30	1.4～1.5	24～26	30～34		
一次风直流 二次风蜗壳	23.0 35.0	14～16	17～19	1.2～1.3	18～20	22～25	1.2～1.3	
一次风蜗壳 二次风轴向叶片	35.0 52.0	18～20	25～28	1.3～1.4	22～24	30～34	1.3～1.4	
	75.6	20～22	28～30	1.4～1.5	24～26	34～36	1.4～1.5	
中国旋流燃烧器数据		12～16(无烟煤) 16～20(贫煤)	15～22(无烟煤) 20～25(贫煤)	1.2～1.5	20～26	30～40(烟煤) 25～35(褐煤)	1.2～1.5	40～60

表 7-111 旋流燃烧器之间到水冷壁之间的距离（符号参见图 7-129）

名称	符号	相对距离	举例 某电厂 350MW
燃烧器中心线之间的水平距离			前后墙各 4×4
单层或双层顺列及液态排渣炉	S_r	$(2.2\sim3.0)d_r^{①}$	
单层或双层错列布置	S_r	$(3.5\sim4.0)d_r$	
多层顺列布置	$S_r^{②}$	$(2.0\sim3.0)d_r$	$2.39d_r$
燃烧器中心线之间的垂直距离			
错列布置	h_r	$(2.0\sim2.5)d_r$	
顺列布置	h_r	$(2.5\sim3.0)d_r$	$2.4d_r$ 和 $2.8d_r$
最边上的燃烧器中心到邻墙的距离	S_q	$(1.6\sim2.2)d_r$	$2.28d_r$
最下层燃烧器出口中心			
到冷灰斗上沿的距离(固态排渣炉)	h_r	$(2.0\sim2.5)d_r$	
到出渣口上沿的距离(液态排渣炉)	h_r	$(1.8\sim2.0)d_r$	

续表

名称	符号	相对距离	举例
			某电厂350MW
炉膛深度			
前后墙之间的距离(燃烧器布置在前墙时)	b	$>5d_r$	
装燃烧器的对面墙间距离(燃烧器对冲布置时)	a或b	$>6d_r$	$11.7d_r$

① d_r是燃烧器喷口的直径。

② 液态除渣炉偏下限。

四、旋流式煤粉预燃室

1. 旋流式煤粉预燃室的结构

旋流式煤粉预燃室常用在电站锅炉用于点火和稳定燃烧，以实现无油或少油点火及低负荷稳燃。实践证明，最宜燃用烟煤。

旋流式煤粉预燃室由一次风（带轴向叶片旋流器）、二次风（带轴向或切向旋流器）及预燃室三部分组成（见图7-130）。在预燃室内，气流在有限空间中受限流动，故一次风射流的外回流区很小或几乎没有，燃烧的组织主要靠中心内回流。但是由于空间有限，内回流区也不可能很大，这样火焰相对较长。因此，在结构上，一、二次风口间的距离比一般煤粉燃烧器大得多。

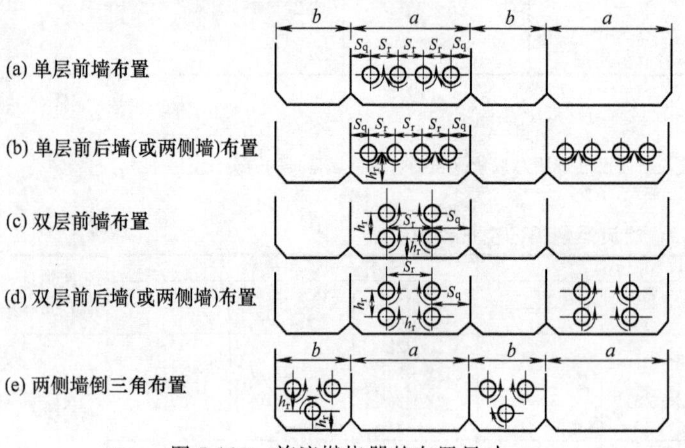

图7-129 旋流燃烧器的布置尺寸

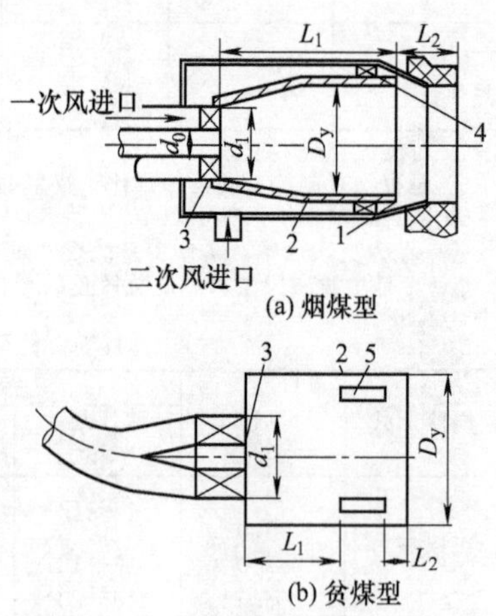

图7-130 旋流式煤粉预燃室结构

1—二次风喷口；2—预燃室筒体；3—一次风轴向叶片旋流器；4—二次风轴向叶片旋流器；5—二次风切向引入口

2. 煤粉预燃室的主要结构尺寸及参数

表7-112列出煤粉预燃室的主要尺寸及参数。表7-113列出中国部分旋流式预燃室的参数。

表7-112 煤粉预燃室的主要尺寸及参数

名称	数值	
	烟煤	贫煤
预燃室直径D_y/mm	600～800	800～1000
一次风口直径d_1与中心管径d_0的比值(d_1/d_0)	$1<\frac{d_1}{d_0}\leqslant 2$	
预燃直径与一次风口直径比D_y/d_1	≥2.5～3.0	≥1.8
一次风轴向叶片倾角β/(°)	约35	
着火段长度与预燃室直径比L_1/D_y	0.65～1.40	1.0～2.0
着火段长度L_1/mm	≥500～600	≥700～800
燃烧段长度与预燃室直径比L_2/D_y	0.4～0.6	
燃烧段长度L_2/mm	250～450	
一次风率r_{1k}/%	20～30	15～20
一次风速v_{1k}/(m/s)	约30	19～22
预燃室断面热负荷q_F/(MW/m^2)	5.2～6.2	

表 7-113 中国部分旋流式预燃室的参数

序号	数据名称	某电厂Ⅰ型	某电厂Ⅱ型	某电厂Ⅲ型	某电厂Ⅳ型	某电厂Ⅱ型	某第二热电厂	某热电厂Ⅱ型	某电厂	某电厂	某电厂	某电厂	某电厂
1	预燃室设计煤种	半无烟煤	半无烟煤	半无烟煤	半无烟煤	烟煤	烟煤	烟煤	鹤壁贫煤	烟煤	劣质烟煤	贫煤	劣质烟煤
2	预燃室结构形式	圆筒	渐扩	圆筒	圆筒	渐扩	渐扩(碗)	渐扩	圆筒	圆筒	圆筒	圆筒	渐扩(碗)
3	燃煤含水分 $w(M_{ar})$/%	6.2	8	8	8	8.77	4.23	7.5	8.0	6.0	6.23	7.05	9.97
4	燃煤灰分 $w(A_{ar})$/%	30.36	31.49	31.49	31.49	32.60	29.07	37.83	15.64	24	46.94	24.47	48.28
5	燃煤挥发分 $w(V_{daf})$/%	V_f=8.63	10.8	10.8	10.8	24.74	28.5	30.7	15.50	16.84	36.90	16.62	22～26.4
6	燃煤发热量 $Q_{net,V,ar}$/(MJ/kg)	20.151	19.908	19.908	19.908	20.088	19.7～21.8	17.886	26.67	21.876	12.368	23.173	11.18～12.03
7	燃烧室入口处直径 D_1/mm	700	306	760	1000	365		365	800	800	1000		
8	燃烧室出口处直径 D_y/mm	700	760	760	1000	870	800	800	800	800	1000	700	800
9	燃烟室总长 L/mm	1394	1550	2100	1800	1270	765	1200	约 1600	1850	1000	600	526
10	一次风口外径 d_1/mm	340	255	463	255	295	255	305	406	305	253	273	357
11	一次风口内径 d_0/mm	219	180	435	159	159	159	159	194	133	133	133	278
12	一次风叶片角度 β_1/(°)	35	30	35	30	30	20	30	45	30	20～45	20	
13	设计燃煤量 B/(kg/h)	1261	1998	1998	1998	2119	2000	2000	2156	1700～2000	2000	1500	2016
14	一次风率 r_{1k}/%	20	19.33	19.33	25	23	20.4	26.9	17	25	30	20	25
15	一次风速 v_{1k}/(m/s)	19	26.8	34.75	28.03	17.9	30	32.8	19.0	24～30	21.79	21.3	25
16	一次风粉混合温度 t_{1k}/℃	34.4	32.5/200	32.5/200	30/200	55/80	60		192.1	130/160	100/1381	206.6	
17	煤粉浓度 μ/(kg/kg)	0.5	0.77	0.77	0.6	0.607				0.6～0.8	0.44～0.76	0.647	
18	D_1/d_1	2.06	1.20	1.64	3.92	1.24	3.14	1.19	1.97	2.62	3.95	2.56	2.24
19	d_1/d_0	1.55	1.42	1.06	1.60	1.86	1.60	1.92	2.09	2.29	1.90	2.05	1.28
20	燃烧情况	小油枪伴烧	小油枪伴烧	小油枪伴烧	稳燃	稳燃	稳燃	稳燃	稳燃	稳燃	稳燃	小油枪伴烧	小油枪伴烧

3. **旋流式煤粉预燃室设计计算示例**

(1) **煤质** 新密贫煤，元素成分如下：

$w(C_{ar})=61.76\%$，$w(H_{ar})=2.98\%$，$w(O_{ar})=4.17\%$，$w(N_{ar})=1.34$，$w(S_{ar})=0.47\%$，$w(A_{ar})=22.13\%$，$w(V_{daf})=15.57\%$，$w(M_{ad})=5.0\%$，$w(M_{ar})=7.16$，$Q_{net,V,ar}=23718.2\text{kJ/kg}$。

(2) **其他参数** 理论空气量 $V^0=6.16\text{m}^3/\text{kg}$；燃料消耗量：$B=27.45\text{t/h}$；热风温度 $t_{rk}=290℃$。

(3) **设计计算列表** 见表 7-114。

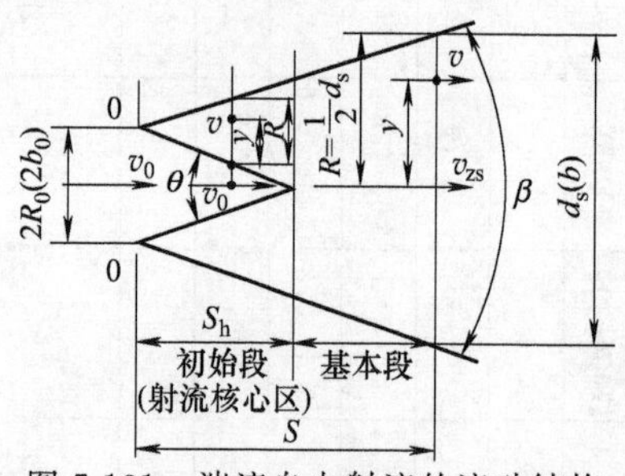

图 7-131 湍流自由射流的流动结构

五、直流式燃烧器

直流式燃烧器由一组一次风（煤粉空气混合物）口、二次风（热空气）口及三次风（制粉系统乏气）口组成。各股射流都不产生旋转（即旋流强度为 0）。

1. **直流式燃烧器的空气动力学特性**

(1) **湍流自由射流**

① 等温湍流自由射流的基本特性。湍流自由射流的结构如图 7-131 所示。对圆形喷口和长宽比≥5～10 的矩形喷口的湍流射流特性及有关计算公式列于表 7-115。

表 7-114 旋流式煤粉预燃室设计计算示例

名称	公式	结果
预燃室台数 n	选取	2
预燃室出力 $nB_y/(\text{kg/s})$	$0.16B=0.16\times27450/3600$	1.22
单只预燃室出力 $B_y/(\text{kg/s})$	$\frac{1}{2}(2B_y)$	0.61
预燃室出口过量空气系数 α_y	选取	0.5
预燃室热功率 Q_y/kW	$\alpha_y B_y Q_{dw}^y=0.5\times0.61\times23718.2$	7234.1
断面热负荷 $q_F/(\text{kW/m}^2)$	按表 7-112 选取	5580
一次风率 $r_{1k}/\%$	按表 7-112 选取	0.17
一次风量 $V_{1k}/(\text{m}^3/\text{s})$	$r_{1k}V^0B_y=0.17\times6.16\times0.61$	0.64
煤粉比热容 $c_{mf}/[\text{kJ/(kg·℃)}]$	按制粉系统计算	1.10
煤粉温度 $t_{mf}/℃$	磨煤机出口温度－10	60
热空气比热容 $c_{rk}/[\text{kJ/(kg·℃)}]$	按表 2-56	1.04
一次风粉混合温度 $t_{1k}/℃$	按制粉系统计算 $\frac{1.285\times1.0\times6.16\times0.17\times1.04\times280+1.1\times60}{1.285\times1.0\times6.16\times0.17\times1.03+1.1}$	184.2
一次风带入热量 Q_{1k}/kW	$1.285V_{1k}c_{rk}t_{rk}=1.285\times0.64\times1.03\times280$	237.2
煤粉带入热量 Q_{mf}/kW	$B_y c_{mf} t_{mf}=0.61\times1.10\times60$	40.3
煤粉燃烧放热量 Q_r/kW	$r_{1k}B_yQ_{dw}^y=0.17\times0.61\times23718.2$	2459.6
一次风的总热量 Q/kW	$Q_{1k}+Q_{mf}+Q_r$	2737.0
预燃室直径 D/m	$1.13\sqrt{\frac{Q}{q_F}}=1.13\sqrt{\frac{2737.0}{5580}}$	0.7914
实际预燃室直径 D_{sj}/m		0.8
一次风口平均直径 d_0/m	选用 0.37D	0.293
一次风速 $v_{1k}/(\text{m/s})$	按表 7-112 选取	19
一次风出口截面积 A_{1k}/m^2	$\frac{V_{1k}\cdot\frac{273+t_{1k}}{273}}{v_{1k}}=\frac{0.64\times\frac{273+180.2}{273}}{19}$	0.0559
轴向旋流器叶片数 Z	选定	12
旋流叶片厚度 δ/mm	选用	3
叶片倾斜角 $\beta/(°)$	选用	35
旋流器内径 d_1/m	$\bar{d}_0-\frac{A_{1k}}{\pi d_0\sin\beta-\delta Z}=0.293-\frac{0.0559}{3.1416\times0.293\sin35°-0.003\times12}$	0.179

续表

名　　称	公　　式	结　　果
	实际选用 $d_1=0.18$m	
旋流器外径 d_0/m	$\bar{d}_0+\dfrac{A_{1k}}{\pi d_0\sin\beta-Z\delta}=0.293+\dfrac{0.0559}{3.1416\times0.293\sin35°-0.003\times12}$	0.407
	实际选用 $\phi422\times6$ 的管子	
预燃段长度 L_1/m	按表 7-112 选取	1.0
二次风量 $V_{2k}/(m^3/s)$	$(\alpha_y-r_{1k})B_yV^0\dfrac{273+t}{273}=(0.5-0.17)\times0.61\times6.16\times\dfrac{273+280}{273}$	2.51
二次风口	选用两个喷口相对 180°切向引入	
二次风速 v_{2k}/(m/s)	选用	28
单个二次风口面积 A_2/m^2	$\dfrac{V_{2k}/2}{v_{2k}}=\dfrac{2.51/2}{28}$	0.045
二次风口长×宽$(A\times B)$/mm	按 $A:B=2.2$ 选用	320×140
预燃室燃烧段长度 L_2/m	按表 7-112 选取	0.350

在射流出口截面积及出口体积流量均相同的情况下，矩形喷口射流的速度衰减比圆形喷口射流的快，射程短。而矩形喷口中，长宽比越大，则衰减越快，射流与周围介质的卷吸混合越强。

表 7-115　等温湍流自由射流特性

	圆形喷口	矩形喷口[①]
断面上的速度分布规律——速度分布相似性 v——坐标为 y 点的速度 v_{zs}——断面轴心线上的速度	$\dfrac{v}{v_{zs}}=\left[1-\left(\dfrac{y}{R}\right)^{1.5}\right]^2$ 对于射流初始段 式中　y——横断面上任意点到等速核心区边界的距离； R——横断面上混合边界层的厚度(即射流外边界线至核心区边界线的距离) 对于射流基本段 式中　y——横断面上任一点到轴心线的距离； R——射流的半宽度	$\dfrac{v}{v_{zs}}=\left[1-\left(\dfrac{y}{R}\right)^{1.5}\right]^2$
轴心线上速度随射流的轴向距离 S 的变化	$\dfrac{v_{zs}}{v_0}=\dfrac{0.96}{\dfrac{aS}{R_0}+0.29}$ 式中　v_0——射流出口初速度； R_0(或 b_0)——喷口的半径(或矩形喷口的半高度)； a——湍流结构系数； 对圆形喷口，$a=0.07\sim0.09$； 对矩形喷口，$a=0.10\sim0.12$	$\dfrac{v_{zs}}{v_0}=\dfrac{1.2}{\sqrt{\dfrac{aS}{b_0}+0.41}}$
射流半扩展角 $\dfrac{\beta}{2}$ 射流基本段中流体体积流量 $\left(\dfrac{Q}{Q_0}\right)_i$ 的变化	$\tan\dfrac{\beta}{2}=3.4a$ $\left(\dfrac{Q}{Q_0}\right)_i=2.18\left(\dfrac{aS}{R_0}+0.29\right)$ 式中　Q——离喷口距离为 S 的断面上的体积流量； Q_0——喷口出口断面上的体积流量	$\tan\dfrac{\beta}{2}=2.44a$ $\left(\dfrac{Q}{Q_0}\right)_i=1.2\sqrt{\dfrac{aS}{b_0}+0.41}$
射流基本段中的断面平均流速 $\bar{v}$ 射流基本段中的质量平均流速 $\bar{v}_z$ 射流初始段中流体体积流量 $\left(\dfrac{Q}{Q_0}\right)_c$ 的变化 射流初始段核心区的长度 S_h 核心角 θ	$\bar{v}=0.198v_{zs}$ $\bar{v}_z=0.479v_{zs}$ $\left(\dfrac{Q}{Q_0}\right)_c=1+0.76\dfrac{aS}{R_0}+1.32\left(\dfrac{aS}{R_0}\right)^2$ $S_h=0.67\dfrac{R_0}{a}$ $\tan\dfrac{\theta}{2}=1.49a$	$\bar{v}=0.41v_{zs}$ $\bar{v}_z=0.694v_{zs}$ $\left(\dfrac{Q}{Q_0}\right)_c=1+0.43\dfrac{aS}{b_0}$ $S_h=1.03\dfrac{b_0}{a}$ $\tan\dfrac{\theta}{2}=0.97a$

① 指长宽比≥5～10 的喷口，当长宽比<5 时可按圆形喷口计算，公式中的 R_0 为喷口的当量半径。

② 不同温度和浓度条件下，湍流射流的混合特性。湍流射流在流动过程中与周围介质间通过湍动混合，进行着动量、热量和质量的交换和传递，简称“三传”。从而引起射流速度场、温度场和浓度场的变化。在射流发展的各个断面上存在着速度场、温度场和浓度场分布的相似性，即：

$$\sqrt{\frac{v}{v_{zs}}}=\frac{\Delta T}{\Delta T_{zs}}=\frac{\Delta c}{\Delta c_{zs}}=1-\left(\frac{y}{R}\right)^{1.5} \tag{7-253}$$

式中 v 和 v_{zs}——射流断面上坐标为 y 点处的速度和该射流断面轴心线上的速度；

ΔT，ΔT_{zs}——射流断面上坐标为 y 点处的剩余温度（$\Delta T=T-T_2$）和该射流断面轴心线上的剩余温度（$\Delta T_{zs}=T_{zs}-T_2$），剩余温度均指与周围环境介质温度 T_2 之差；

Δc，Δc_{zs}——射流断面上坐标为 y 点处的剩余浓度（$\Delta c=c-c_2$）和该射流断面轴心线上的剩余浓度（$\Delta c_{zs}=c_{zs}-c_2$），剩余浓度均指与周围介质浓度 c_2 之差；

R——射流断面的半宽度（见图 7-131）；

y——射流断面上某一点的纵向坐标位置（见图 7-131）。

轴心线上无量纲剩余温度$\frac{\Delta T_{zs}}{\Delta T_0}$和剩余浓度$\frac{\Delta c_{zs}}{\Delta c_0}$的近似计算式为：

对圆形喷口射流

$$\frac{\Delta T_{zs}}{\Delta T_0}=\frac{\Delta c_{zs}}{\Delta c_0}=\frac{0.706}{\frac{aS}{R_0}+0.29} \tag{7-254}$$

对矩形喷口射流

$$\frac{\Delta T_{zs}}{\Delta T_0}=\frac{\Delta c_{zs}}{\Delta c_0}=\frac{1.302}{\sqrt{\frac{aS}{b_0}+0.41}} \tag{7-255}$$

式中 ΔT_0——射流出口断面上的剩余温度（$\Delta T_0=T_0-T_2$）；

Δc_0——射流出口断面上的剩余浓度（$\Delta c_0=c_0-c_2$）；

其余符号意义同前。

考虑到射流出口温度 T_0 与周围环境介质温度 T_2 之比值 $\theta=\frac{T_0}{T_2}$ 变化的影响，射流断面上的无量纲速度比、剩余温度（浓度）比也发生相应变化。根据计算，对圆形喷口射流示于图 7-132。

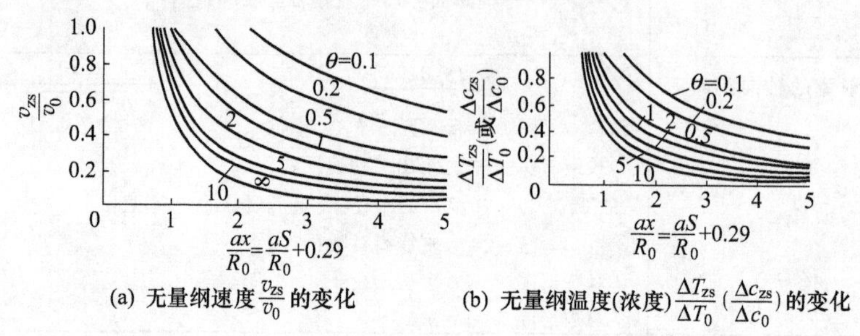

图 7-132 $\theta=\frac{T_0}{T_2}$对射流轴心线速度、温度（浓度）的影响

从图中可知：降低射流出口的无量纲温度 $\theta=\frac{T_0}{T_2}$，则射流轴心线上的无量纲速度$\frac{v_{zs}}{v_0}$、无量纲温度$\frac{\Delta T_{zs}}{\Delta T_0}$及无量纲浓度$\frac{\Delta c_{zs}}{\Delta c_0}$下降越慢，射流与周围介质间的动量、热量和质量交换越慢。射流无量纲速度、温度、浓度的定值核心区增长，射程增加。这表明：冷射流射入高温环境中，不易衰减，射程长，“三传”缓慢。

③ 射流本身因燃烧而不断升温条件下的湍流混合特性。当射流初始温度为 T_0（图 7-133 0—0 断面），进入炉膛后一路加热，当达到着火温度 T_1（图 7-133 的 1—1 断面）后即着火燃烧。为简化问题，近似认为着火燃烧是发生在射流出口处附近。着火后射流膨胀变粗，此时的射流半径 R_1 与温度 T_1 的平方根成正比，即：

$$R_1=R_0\sqrt{\frac{T_1}{T_0}} \tag{7-256}$$

根据计算，对圆形喷口射流沿轴心线上的无量纲速度$\frac{v_{zs}}{v_0}$、无量纲温度$\frac{\Delta T_{zs}}{\Delta T_1}$和无量纲浓度$\frac{\Delta c_{zs}}{\Delta c_1}$的变化示

于图 7-134。从图中可以看出：由于射流从喷口流出后，不断提高温度，直到着火燃烧，此时射流膨胀变粗（因为 $R_1>R_0$）导致轴心线上的速度、剩余温度、剩余浓度相对较高，使射流与周围介质间的动量、热量和质量的交换减弱。$\frac{T_1}{T_0}$越大，“三传”能力减弱越厉害，对着火燃烧越不利。显然，从湍流混合的角度出发，提高射流出口的初始温度 T_0，即减小$\frac{T_1}{T_0}$，将显著改善着火燃烧。

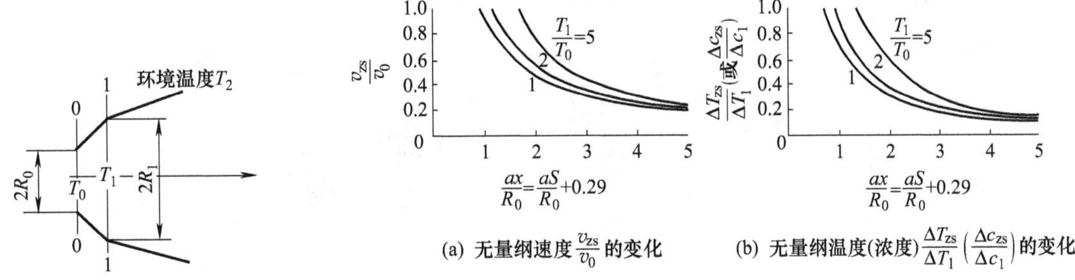

图 7-133 射流本身因燃烧而升温示意

图 7-134 射流本身有燃烧时的轴心线速度、温度、浓度变化

④ 气-固（液）两相射流中的湍流混合特性。锅炉一次风气流就是气-固（煤粉）或气-液（油雾）两相射流。由于颗粒粒径很小（绝大多数粒径均$<100\mu m$），且浓度不高，故假定颗粒随气流一起运动，并对射流断面上的速度场分布无显著性影响，根据计算，对圆形喷口射流沿轴心线上的无量纲速度$\frac{v_{zs}}{v_0}$、无量纲浓度$\frac{\Delta c_{zs}}{\Delta c_0}$的变化示于图 7-135，图中的 c_1 是射流出口断面上的颗粒浓度。对煤粉射流而言，c_1 就是出口的煤粉浓度。

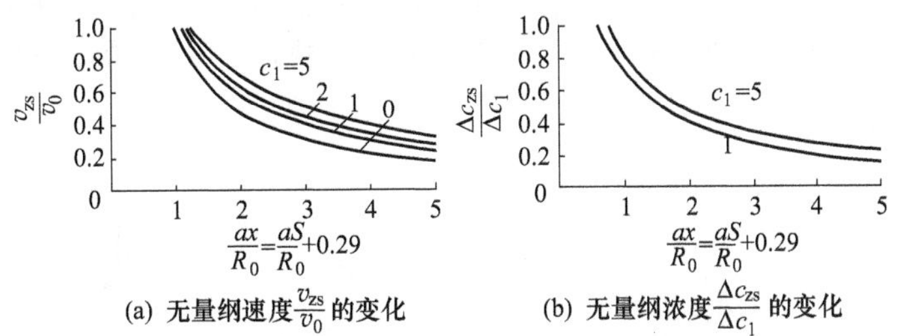

图 7-135 两相射流中，轴心线速度和浓度的变化

在锅炉一次风射流中，由于一次风量远远小于理论燃烧所需的空气量，所以在一次风出口断面上，实际燃料量相对比一次风空气所能供给完全燃烧的燃料量要多得多，即处于富燃料的浓度下。随着射流的不断向前发展，将与周围介质（包括二次风）湍流混合，则空气量一路增加，主射流轴心线上的燃料浓度 c_{zs} 则一路减小。当该浓度等于燃料-空气完全燃烧的理论化学当量比（c_{1r}）时，即 $c_{zs}=c_{1r}$，这样才可以认为该断面上的燃料已完全燃烧。此时该断面至喷口的无量纲距离叫作理论燃尽火焰长度$\left(\frac{aS_{1r}}{R_0}\right)$。从图 7-135 可知：喷口初始燃料浓度 c_1 越大（即一次风率越小）或者理论燃尽的浓度 c_{1r} 越小时，从供氧的角度来看都会使理论燃尽火焰的长度$\left(\frac{aS_{1r}}{R_0}\right)$增长。

按质量流量计算的任意射流断面上的平均燃料浓度 $\bar{c}$ 与该断面轴心线上燃料浓度 c_{zs} 的关系为：

$$\bar{c}=\frac{2}{3}c_{zs} \tag{7-257}$$

或

$$c_{zs}=1.5\bar{c} \tag{7-258}$$

可见，轴心线上的燃料浓度 c_{zs} 是该断面上平均浓度 $\bar{c}$ 的 1.5 倍。从燃料完全燃尽的角度出发，必须满足轴心线上燃料完全燃尽，即保证 $c_{zs}=c_{1r}$，所需的空气量应该使燃料在整个断面上均匀分布，即平均浓度为 $\bar{c}$ 时所需空气量的 1.5 倍。显然，这在实践上是不可能实现的。因此，在锅炉机组容量增大时，一次风口的尺寸相应增大，但不能按锅炉容量成比例的增加，而应该是相应增加喷口数量，使一次风口的尺寸 R_0 不至于有过大的增加，或者把一次风口分隔成几个小口，以控制单个喷口的尺寸 R_0 的大小，还可以通过增强湍动，加强一次风射流与周围介质的湍流混合，这些措施都可以有效地控制理论燃尽火焰的长度。

(2) 平行射流 平行射流间湍流混合强弱的空气动力参数条件是两者的动压比$\frac{(\rho v)_1}{(\rho v)_2}$。两者动压比越大，湍流混合越强烈。当动压比为 1.0 时，平行射流间因速度差引起的湍流扩散十分微弱。

① 平行射流流动结构。平行射流的流动结构如图 7-136 所示。

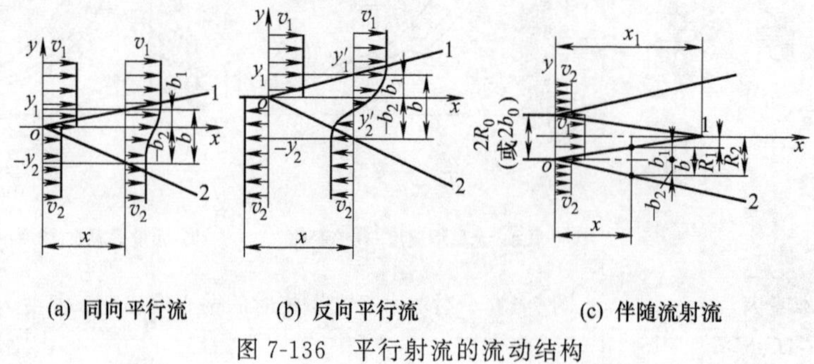

图 7-136 平行射流的流动结构

② 湍流混合特性。平行流混合边界层厚度$\frac{b_1}{x}$、$\frac{b_2}{x}$及伴随流射流无量纲初始段长度 $\overline{x}_1=\frac{x_1}{b_0}$与速度比 $m=\frac{v_2}{v_1}$的关系分别示于图 7-137 和图 7-138 中。伴随流射流初始段长度 x_1 是指射流湍流混合边界层主射流侧宽度 b_1 等于主射流喷口半高度 b_0 时的射流断面到喷口间的距离。从图 7-138 中看出，对于伴随流射流，当 $0.5<m<1.75$ 时，射流初始段长度 x_1 是射流喷口半高度 b_0 的 20 倍以上。如此长的初始段长度说明湍流混合不强。当 $m=1$（实质上是两者的动压比为 1），$\overline{x}_1\rightarrow\infty$，两股射流处于湍流无关状态。

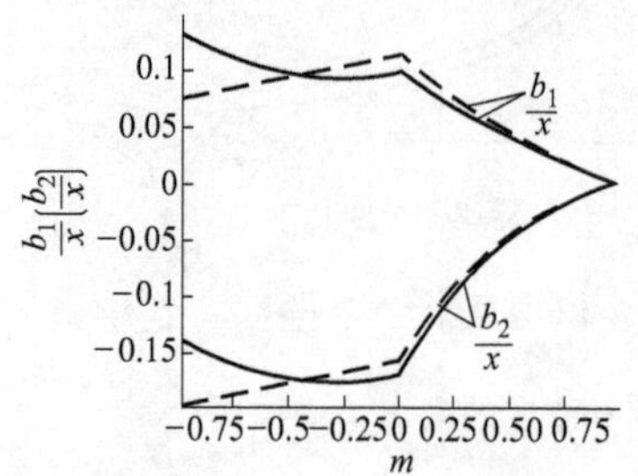

图 7-137 平行流混合边界层厚度随 m 值的变化
—— 平面平行流 – – – 平面伴随流射流

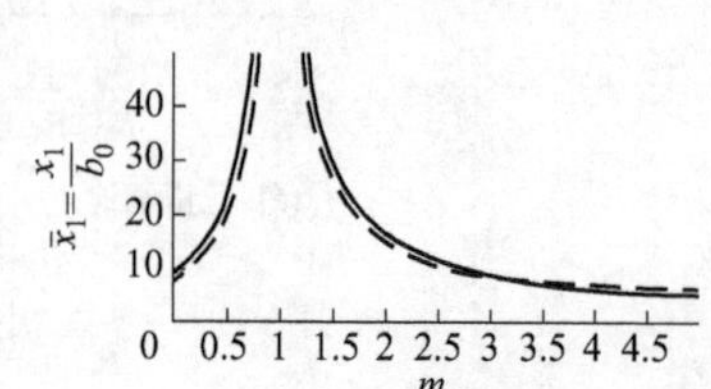

图 7-138 伴随流射流的无量纲初始长度$\overline{x}_1$
—— 平面伴随流射流 – – – – 圆喷口伴随流射流

从图 7-137 可见，反向平行流（即 $m<0$）的混合边界层厚度，显著大于同向平行流。所以，湍流混合更强烈。

平行射流主要段轴心线上的无量纲速度 $\Delta\overline{v}_{zs}=\frac{\Delta v_{zs}}{\Delta v_1}=\frac{v_{zs}-v_2}{v_1-v_2}$随射流发展的无量纲长度 $\overline{x}=\frac{x}{b_0}$的关系示于图 7-139 和图 7-140。

平行射流轴心线上的无量纲剩余温度 $\overline{\Delta T}_{zs}=\frac{T_{zs}-T_2}{T_1-T_2}$、无量纲剩余浓度 $\overline{\Delta c}_{zs}=\frac{c_{zs}-c_2}{c_1-c_2}$与无量纲速度 $\overline{\Delta v}_{zs}=\frac{v_{zs}-v_2}{v_1-v_2}$之间的关系如下：

$$\overline{\Delta T}_{zs}=\overline{\Delta c}_{zs}=k\overline{\Delta v}_{zs} \tag{7-259}$$

式中 T_1 和 T_2，c_1 和 c_2 及 v_1 和 v_2——平行射流主射流 1 和射流 2 出口的温度、浓度及速度；

T_{zs}、c_{zs} 和 v_{zs}——主射流某射流断面轴心线上的温度、浓度和速度；

k——常数，对平面伴随流射流 $k=0.86$，对圆喷口伴随流射流 $k=0.75$。

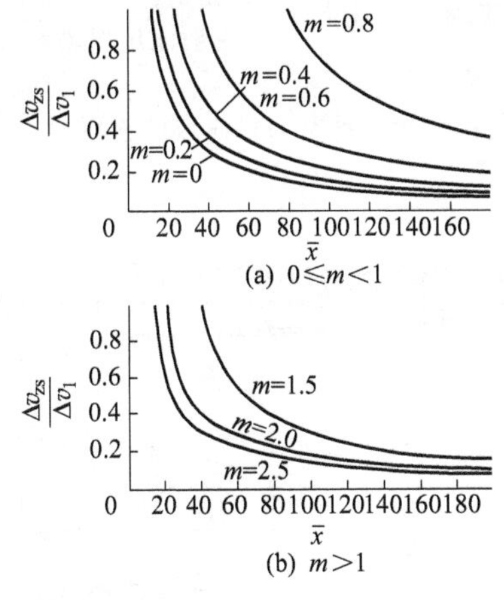

图 7-139 平行射流主要段轴心线上无量纲速度的变化 $\left(m=\frac{v_2}{v_1}\right)$

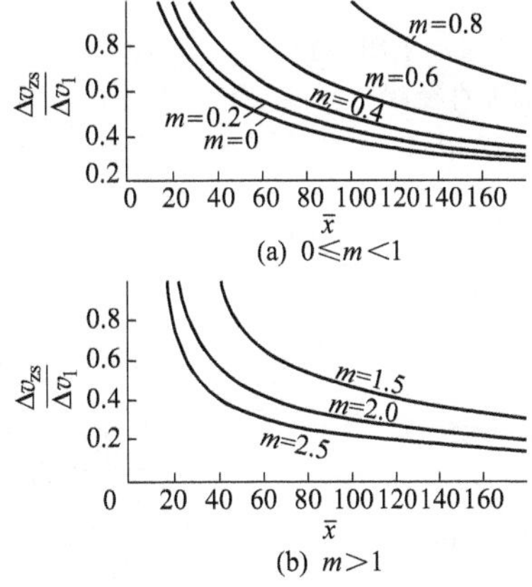

图 7-140 圆喷口平行射流轴心线上无量纲速度的变化 $\left(m=\frac{v_2}{v_1}\right)$

(3) 相交射流 相交射流间湍流混合强弱的空气动力参数条件是两者的动量流率比$\frac{(\rho v^2 f)_1}{(\rho v^2 f)_2}$，其比值为 1.0 时湍流混合最强烈。

① 相交射流的流动结构。两股射流轴心线以一定的角度相交，形成相交射流。两股射流相互撞击、混合后又形成一股合成的汇合流，该汇合流的横断面形状最初是压扁的椭圆形，然后又逐渐发展、卷吸周围介质，变成轴对称的圆形截面。相交射流的流动结构如图 7-141 所示。

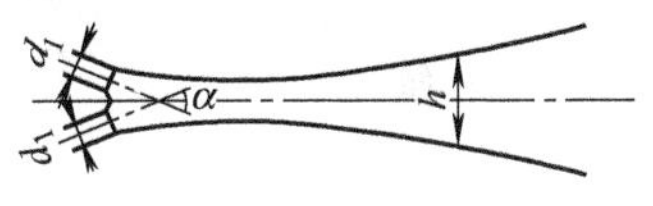

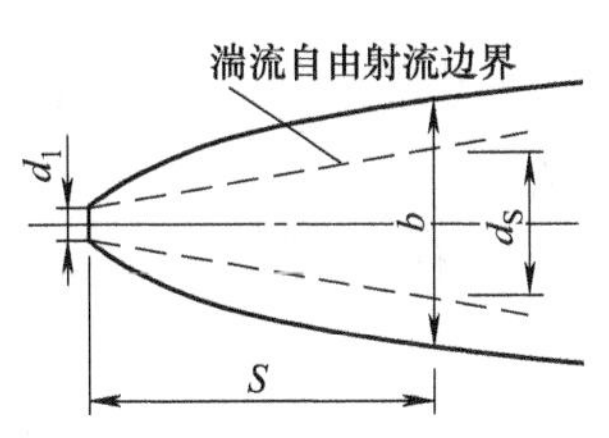

图 7-141 相交射流的流动结构

相交射流汇合后的断面变形大小反映了混合的强烈程度。常用两个无量纲物理量来表示，即变形值及主变形率。

变形值是相交射流横断面因撞击而压扁的宽度 b 与断面高度 h 的比值$\left(\frac{b}{h}\right)$。主变形率 φ 是横断面上尺寸的增量（$b-d_S$）与喷口直径 d_1 的比值（图 7-141）。

$$\varphi=\frac{b-d_S}{d_1} \tag{7-260}$$

式中 d_S——喷口直径为 d_1 的湍流自由射流，在离喷口距离为 S 处的断面直径。

根据主变形率 φ 的变化情况，相交射流的流动分 3 个区段，即：a. 初始段，从喷口到两射流外边界线相交为止，可以根据两喷口的间距、射流交角 α 及外边界线半扩展角$\frac{\beta}{2}$，用几何作图法求得；b. 过渡段，从初始段终端一直到主变形率 φ=常数时为止，这是两相交射流相互混合的主要区段；c. 主要段，过渡段以后属主要段，此区段的 φ=常数，说明两相交射流相冲撞引起的射流断面变形已消失，主要段就像一股新的自由射流向前发展。

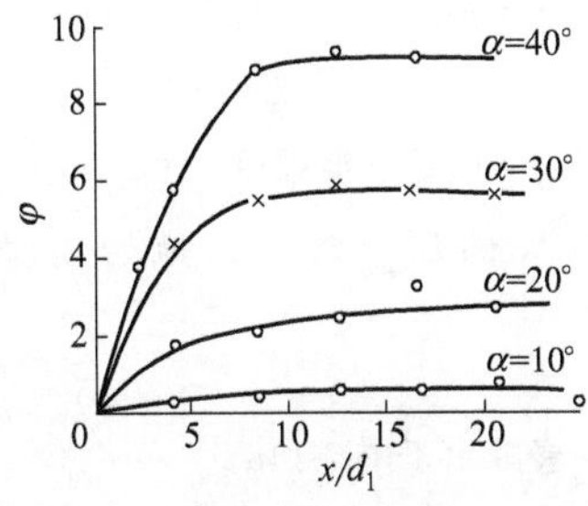

图 7-142 等直径、等动量相交射流的混合

② 等直径、等动量相交射流。喷口直径及出口射流动量均相等的两股相交射流，其主变形率 φ 变化的试验结果示于图 7-142，可用如下方程式表示：

$$\varphi=\varphi_0\left[1-\exp\left(-\frac{kx}{d_1}\right)\right] \tag{7-261}$$

式中 φ_0，k——由试验确定的经验常数，见表 7-116。

表 7-116 φ_0 和 k 的试验值

交角 α/(°)	10	20	30	40
φ_0	0.62	2.80	5.70	9.10
k	0.20	0.25	0.296	0.244

③ 等直径、不等动量相交射流。等直径相交射流随两股射流动量比 $M\left(M=\dfrac{\text{冲击射流出口动量 } M_2}{\text{主射流出口动量 } M_1}\right)$ 变化的试验结果示于图 7-143。

④ 不等直径相交射流。不等直径是指两相交射流喷口在与交角平面相垂直的平面上的投影尺寸不相等。其流动结构如图 7-144 所示，主变形率 φ 的变化示于图 7-145。

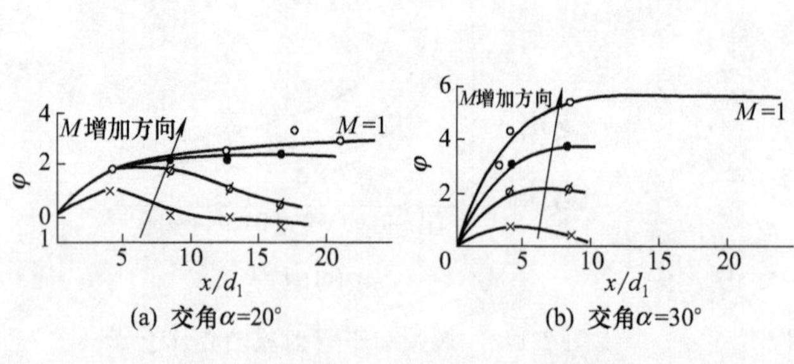

图 7-143 动量比 $M=\dfrac{M_2}{M_1}$ 对主变形率的影响

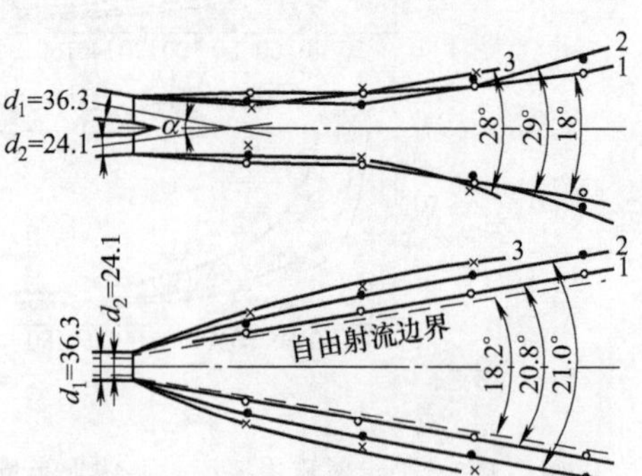

图 7-144 不等直径相交射流流动结构

1—$\alpha=10°$；2—$\alpha=20°$；3—$\alpha=30°$

⑤ 相交射流汇合流的运动方向及速度衰减。相交射流汇合流的运动方向示意如图 7-146 所示。可按下式计算偏角 β：

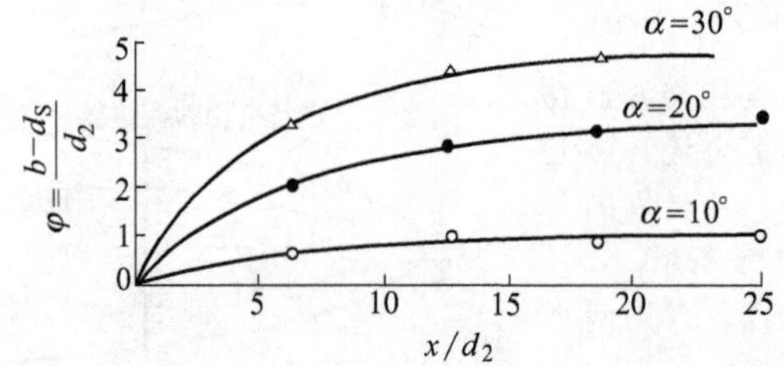

图 7-145 $\dfrac{d_1}{d_2}=1.5$ 时，相交射流主变形率 φ 的变化

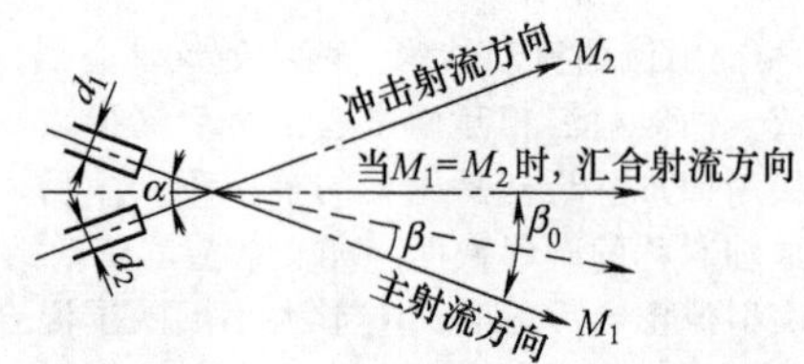

图 7-146 汇合流运动方向示意

$$\beta=\frac{\alpha}{2}\sqrt{5-\left(2-\frac{M_2}{M_1}\right)^2}-\frac{\alpha}{2} \tag{7-262}$$

或

$$\frac{\beta}{\beta_0}=\sqrt{5-\left(2-\frac{M_2}{M_1}\right)^2}-1 \tag{7-263}$$

式中符号见图 7-146，M_1 和 M_2 分别为主射流和冲击射流出口的原始动量。

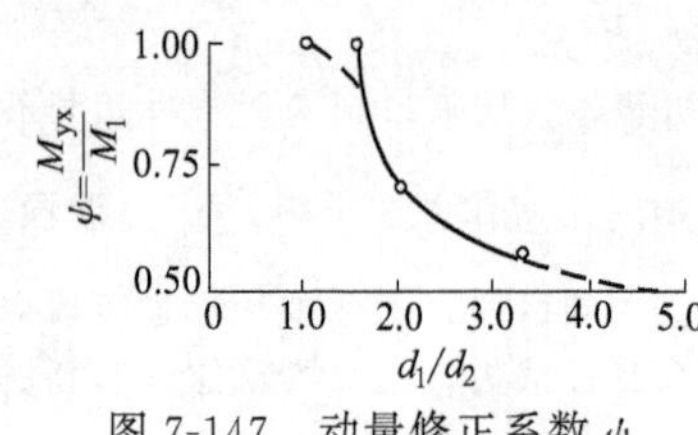

图 7-147 动量修正系数 ψ

试验表明，当 $\dfrac{d_1}{d_2}\geqslant 1.5$ 时，确定射流偏角 β 必须用实际参与射流撞击的那部分有效动量 M_{yx} 来计算，故应对喷口尺寸较大的那股射流出口动量 M_1 进行修正。有效动量 M_{yx} 按下式及图 7-147 确定：

$$M_{yx}=M_1 f\left(\frac{d_1}{d_2}\right)=\psi M_1 \tag{7-264}$$

式中 ψ——动量修正系数，查图 7-147，适用于圆形、正方形及长宽比 $\dfrac{A}{B}\leqslant 1.8$ 的长方形喷口；

M_1——喷口尺寸（指喷口在垂直于交角平面上的投影尺寸）较大的那个喷口的原始动量，$M_1=\rho v_1^2\cdot\left(\dfrac{\pi}{4}d_1^2\right)$。

相交射流汇合流沿运动方向轴心线上的无量纲速度，随无量纲长度 $\dfrac{x}{d}$ 的衰减示于图 7-148。

(4) 横向射流（或横穿射流）

① 垂直横向射流流动结构。横向射流的流动结构示于图 7-149。

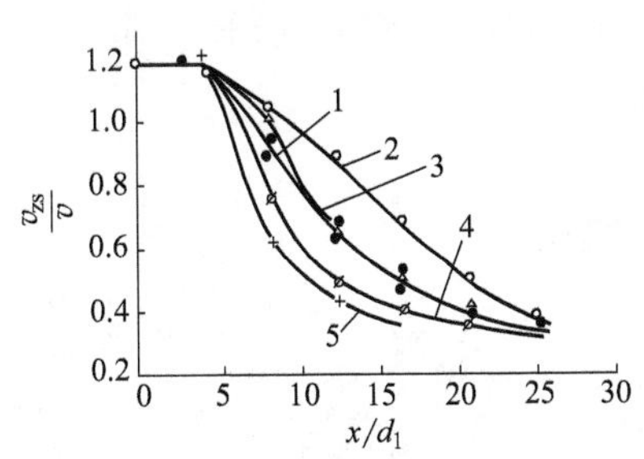

图 7-148　相交射流汇合流轴心线上无量纲速度的变化

[$\bar{v}$ 为两相交射流出口速度的平均值，即 $\bar{v}=\frac{1}{2}(v_1+v_2)$]

1—自由射流；2—$\alpha=10°$；3—$\alpha=20°$；4—$\alpha=30°$；5—$\alpha=40°$

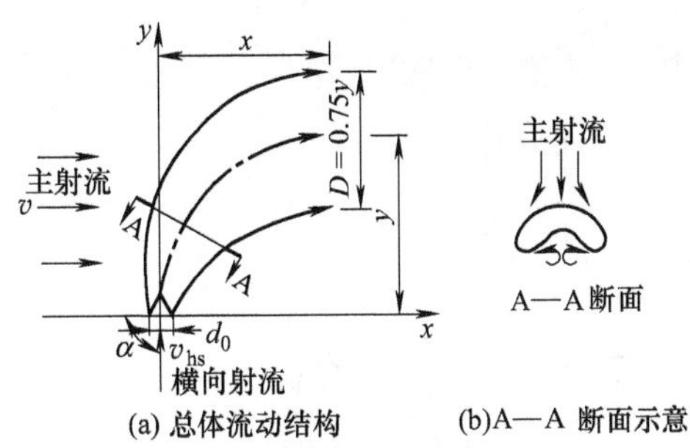

(a) 总体流动结构　(b)A—A 断面示意

图 7-149　横向射流的流动结构

② 横向射流射入深度及运动轨迹。射入深度是指横向射流与主气流流动方向一致时，射流断面上最大速度点到喷口平面间的垂直距离 y。

$$\frac{y}{d_0}=k\sqrt{\frac{(\rho v^2)_{hs}}{(\rho v^2)}} \tag{7-265}$$

式中　d_0——横向射流喷口直径，对 10>长宽比≥5 的平面缝形喷口，d_0 为主气流流动方向平面缝形喷口的长度尺寸 b_0；对正方形或矩形喷口，d_0 为当量直径，m；

k——试验常数，对平面缝形喷口，$k=\frac{1.2}{a}$（a 为湍流结构系数）；对圆形喷口（包括正方形及小长宽比矩形喷口），$k=2.2$；对圆形多股横向射流，k 值按图 7-150 决定（图中的 $\frac{S}{d_0}$ 为各喷口的纵向节距）；

$(\rho v^2)_{hs}$ 和 (ρv^2)——横穿（向）射流和主气流的单位面积动量值，N/m^2。

横向射流射入主气流中，按射流最大速度点定义的运动轨迹可按如下经验公式决定：

对圆形喷口（包括正方形及小长宽比的矩形喷口）：

$$\frac{ax}{d_0}=195\left[\frac{(\rho v^2)}{(\rho v^2)_{hs}}\right]^{1.3}\left(\frac{ay}{d_0}\right)^3+\left(\frac{ay}{d_0}\right)\lg(90°-\alpha) \tag{7-266}$$

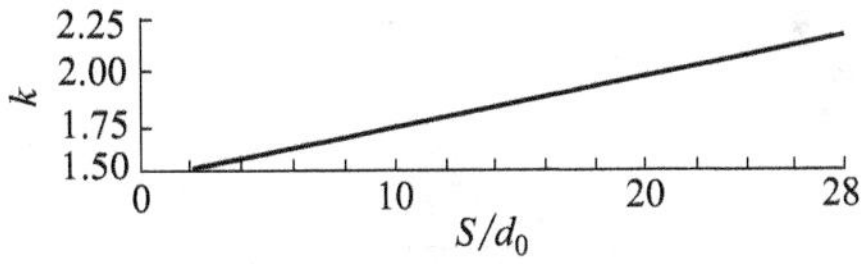

图 7-150　试验常数 k 的确定

该公式适用于横向射流入射角 $\alpha=45°\sim135°$（见图 7-149）和单位面积动量比 $\frac{(\rho v^2)}{(\rho v^2)_{hs}}=(0.145\sim8)\times10^{-2}$。

对平面缝形喷口：

$$\frac{ax}{b_0}=1.9\left[\frac{(\rho v^2)}{(\rho v^2)_{hs}}\right]\left(\frac{ay}{b_0}\right)^{2.5}+\left(\frac{ay}{b_0}\right)\lg(90°-\alpha) \tag{7-267}$$

该公式适用于入射角 $\alpha=60°\sim120°$。

式中　y——横向射流断面上最大速度点到喷口平面的垂直距离；

x——沿主气流流动方向上的坐标距离；

α——横向射流与主射流间的夹角（又称入射角）；

其余符号意义同前。

如果按横向射流射入主气流中，等浓度线上深入主气流中最远点的连线（见图 7-151 中的 OD 线）作为横向射流的运动轨迹，则有如下经验公式：

$$\frac{y}{d_0}=\left(\frac{v_{hs}}{v}\right)^{0.85}\left(\frac{x}{d_0}\right)^n \tag{7-268}$$

式中　n——系数，$n=0.34$。

该公式适用于 $\frac{v_{hs}}{v}\geqslant6.58$ 的情况。

横向射流轴心线上无量纲速度$\frac{v_{zs}-v}{v_{hs}-v}$和浓度的衰减均比自由射流快，试验结果示于图 7-152。

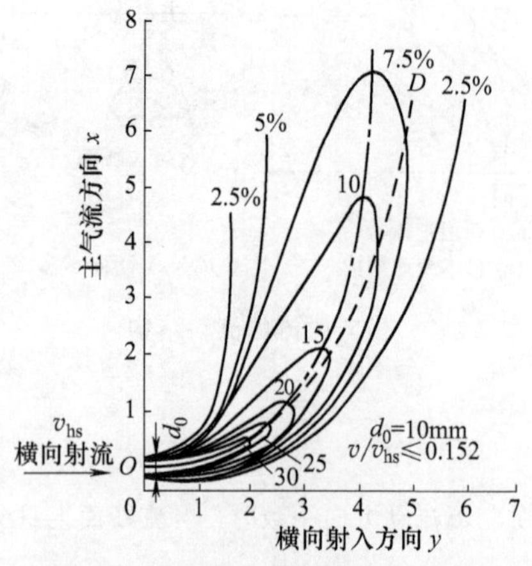

图 7-151 横向射流的浓度场及轨迹

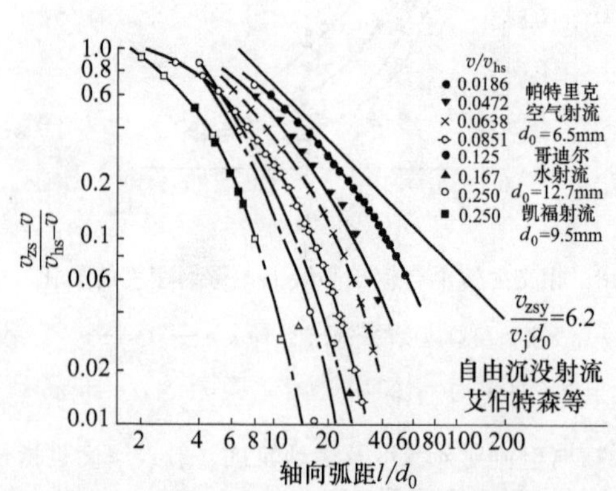

图 7-152 横向射流无量纲速度随轴向弧距的变化

(5) 切圆燃烧炉内空气动力学特性 切圆燃烧是燃烧器的各股直流射流按喷口几何轴心线相切于炉膛中心某一个假想切圆的方向喷入炉内，在炉内形成强烈的旋转、湍动和混合，完成燃料的加热、着火、燃烧和燃尽全过程。切向燃烧时，燃料的着火是各角顺序相互点燃，形成相互制约的炉内总体燃烧空气动力工况，其空气动力学特征量是假想切圆直径 d_{jx} 和旋转火焰的实际切圆直径 d_{sj}。一次风实际切圆直径 d_{sj} 的经验公式为：

$$\frac{d_{sj}}{\overline{B}}=(k_1+k_2+k_3)\left[\frac{(\rho v^2 F)_{2k}}{(\rho v^2 F)_{1k}}\right]^{0.16} \tag{7-269}$$

式中 $\overline{B}$——炉膛宽度 B 和深度 A 的平均值，$\overline{B}=\frac{1}{2}(A+B)$；

k_1——考虑假想切圆直径 d_{jx} 影响的经验系数；见表 7-117；

k_2——考虑整组燃烧器高度 h 影响的经验系数，$k_2=0.032h$；

k_3——考虑到燃烧器各个喷口间的总间隙 S 与燃烧器总高度 h 之比值$\frac{S}{h}$影响的经验系数，见表 7-118。

表 7-117 影响切圆直径 d_{sj} 的经验系数 k_1

$d_{jx}/\overline{B}$	0.035	0.07
k_1	0.16	0.195

表 7-118 影响切圆直径 d_{sj} 的经验系数 k_3

$\frac{S}{h}$	0.18	0.27	0.36
k_3	0.03	0.02	0.0

该经验估算公式适用条件为：$\frac{B}{A}=1\sim1.1$，燃烧器总高度 $h=3.2\sim7.3\text{m}$，二次风与一次风动量比 $\frac{(\rho v^2 F)_{2k}}{(\rho v^2 F)_{1k}}=1\sim5$。

影响实际切圆大小的另一个重要因素是射流射入炉内后，与左右两侧周围介质的卷吸补气条件。试验研究发现：射流与左右侧墙壁面的夹角>30°，左右两侧因卷吸补气条件不均衡而导致对气流偏斜（实际切圆增大）的影响已不再显著。

表 7-119 相对假想切圆直径$\frac{d_{jx}}{\overline{B}}$的常用范围

锅炉热功率/MW	≤100	≥200
固态排渣炉	0.08～0.12①	0.035～0.09①
液态排渣炉	0.08～0.11	0.06～0.10

① 对易结渣的煤选用偏下限值，对难着火的煤选用偏上限值。

适当增大切圆的大小可以有利于煤粉气流的着火和燃烧，但是大的切圆直径同时又增加了炉膛壁面结渣的可能性。因此，切圆直径大小的设计，对锅炉经济、稳定、安全的运行关系很大，一般选用相对假想切圆直径$\frac{d_{jx}}{\overline{B}}$的大致范围如表 7-119 所列。

2. 直流式燃烧器的基本结构特性和布置

(1) 直流结构　直流式燃烧器根据一、二次风口相互搭配的不同方式从结构上分为均等配风型及一次风集中布置型两大类，如图 7-153 所示。

均等配风的结构特点是把一、二次风口相间布置，形成均匀的搭配，即Ⅱ（二次风)-Ⅰ（一次风)-Ⅱ-Ⅰ-Ⅱ布局。这种结构很适合燃用挥发分较高的优质烟煤和褐煤，是典型的烟煤型燃烧器，又称均等配风燃烧器。

一次风集中布置的结构特点是把燃烧器中的一次风口相对集中地布置在一起，形成Ⅱ-Ⅰ-Ⅰ-Ⅱ的布局。一次风的集中意味着煤粉气流的着火和燃烧相对集中，这有利于提高燃烧器区域局部热负荷和温度水平，改善了燃料的着火条件。实践证明，这种结构形式的燃烧器最适于燃用挥发分低的贫煤、无烟煤及劣质烟煤等，又称无烟煤型燃烧器。

图 7-153 中的带侧二次风的燃烧器是均等配风与一次风集中布置的综合，从燃烧组织上看属于一次风集中布置型，有利于着火和燃烧。侧二次风是布置在一次风火焰的背火侧，即炉内总体旋转火焰的外侧，这对防止炉膛四墙区结渣十分有效，最适用于既难着火，且又易结渣的煤种。

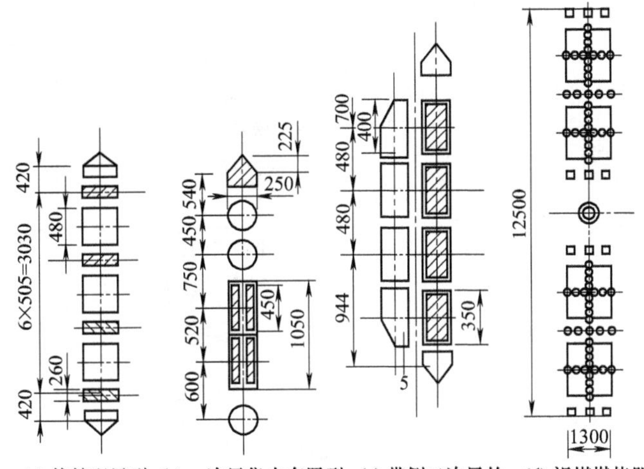

图 7-153　直流式燃烧器的基本结构形式

(2) 中国新型结构直流式煤粉燃烧器的研制和发展　国内外的直流式煤粉燃烧器形式多样，但从燃烧器总体结构上看都不外乎以上两大类结构。

近 30 年来，国内外煤粉燃烧器主要朝着高效、低污染燃烧的方向发展。具体如下所述。

① 燃烧器结构主要集中在一次风口结构的改进和发展。改善了气流流动工况，促进着火、燃烧稳定性的提高，实现高效率燃烧。最有代表性的有一次风折边型夹心风燃烧器、钝体燃烧器、“船形”燃烧器、大速差燃烧器、扁平射流燃烧器等。对中国煤粉燃烧技术的发展起到很大的推动作用。

② 主要集中在一次风气流内部煤粉浓度的分布上进行改进和发展，实现了一次风气流在最佳煤粉浓度下的浓淡燃烧，既提高了着火、燃烧的稳定性，又有效地控制了燃烧中 NO_x 的生成和排放。最有代表性的是水平可调浓淡燃烧器，国外的有 WR 燃烧器、PM 燃烧器、高煤粉浓度 W 型火焰燃烧技术等。

(3) 直流式燃烧器的布置　直流式燃烧器与炉膛的连接位置多种多样，可以把燃烧器布置在 4 个正角上（炉膛水冷壁切角），也可以让开四角立柱布置在前后墙上。前者主要用于炉膛断面为正方形或接近正方形（断面尺寸 $\frac{B}{A}\leqslant1.1$）的情况，后者多用于 $\frac{B}{A}>1.1$ 的矩形断面炉膛。西安交通大学与原武汉锅炉厂合作对四墙布置燃烧器炉内工况进行了研究，发现四墙布置燃烧器有很多优越性和特色。归纳为 3 条：①燃烧器处于四墙高热负荷区，着火及燃烧条件优越，特别有利于低挥发分及难燃劣质煤的着火；②炉内火焰中心区湍动度高，实际切圆小。实测湍动度比四角布置时提高 22%，实际切圆直径为四角布置时的 50%～60%；③炉膛出口左右侧流场的速度偏差比四角布置减小 17%，速度分布的最大不均匀性系数减小了 21%。热态试验数据比较如表 7-120 所列。

表 7-120 热态试验数据比较

燃烧器	煤种	燃烧方式	一次风喷口受炉内投射的热负荷	燃烧器区域壁面热负荷分布不均匀性	炉内沿宽度方向上温度分布的平均最大偏差	炉膛出口左右侧速度偏差
水平浓淡燃烧器	无烟煤	四角切圆	100%	1.15～1.20	100%	100%
		四墙切圆	164%	1.026	75.3%	减小 20%～23%

直流燃烧器常见布置方式如表 7-121 所列。

表 7-121 切向燃烧的直流燃烧器常见布置方式

布置方式	主要特点	备注
1. 正四角 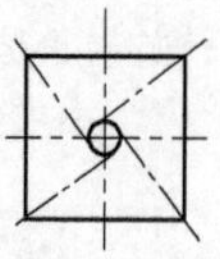	出口气流两侧补气条件差异小，气流偏离较轻，风粉管道对称 四角柱子不宜正四角布置	
2. 四墙布置 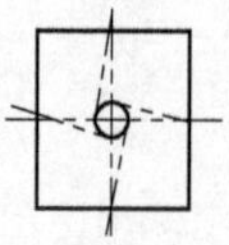	着火条件十分优越 炉内湍动度高，实际切圆较小 炉膛出口左右侧流场偏差小	西安交通大学与原武汉锅炉厂联合进行了实验室研究，提供了设计数据 国外 300MW 机组投标中有类似方案，但无试验数据
3. 大切角四角切圆 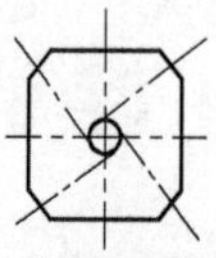	大切角可改善气流出口两侧补气条件 切角处的水冷壁弯管和炉墙密封结构较复杂	
4. 两角对冲(图中 1)，两角相切(图中 2) 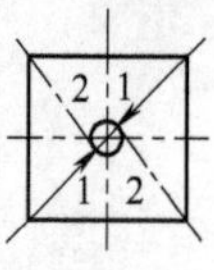 2 1 1 2	可改善炉膛出口气流的左右侧偏差 炉内气流流动稳定性下降	
5. 一对角切大圆(图中 2)，另一对角反切小圆(图中 1) 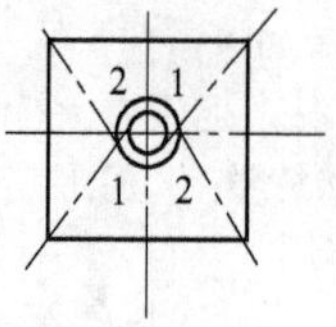 2 1 1 2	有利于改善炉膛出口气流左右侧偏差 炉内气流稳定性改善	
6. 同角正，反切圆 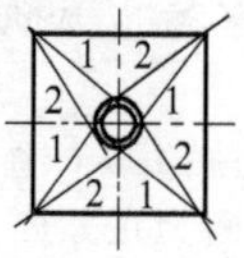 1 2 2 1 1 2 2 1	每一个角的一次风及个别上部二次风(图中 1)反切小圆而同一角的多数二次风(图中 2)正切(逆时针方向)大圆。对改善大容量锅炉炉膛出口左右侧流场和温度场的偏差特别有效	特别适用于≥300MW 机组锅炉
7. 六角(或八角)切圆 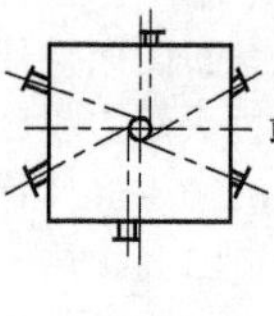或 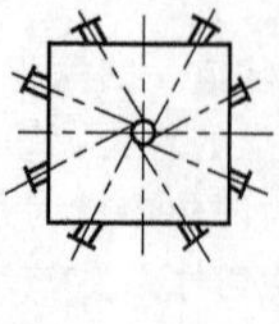	适用于截面较大的单炉膛，特别适用于大容量褐煤炉，可保持炉内气流有足够的旋转强度。风扇磨煤机可布置在炉膛周围，风粉管道短，立柱布置方便 为防止炉膛出口烟温偏差大，应避免相邻两角燃烧器同时停用，抽炉烟点布置也应恰当	德国 450t/h、900t/h 褐煤炉 罗马尼亚 1035t/h 褐煤炉 HG 670/140 褐煤炉

续表

布　置　方　式	主　要　特　点	备注
8. 八角双切圆	炉内烟气温度场和热负荷分布较为均匀，单只燃烧器热功率较小 炉膛中间无双面露光水冷壁	特别适用于≥800MW 机组的锅炉 HG 2950/27.46

3. **钝体燃烧器**

(1) 钝体燃烧器的结构及空气动力学特性　钝体燃烧器是华中科技大学研制开发的新型燃烧器。钝体是指非流线型物体，用在燃烧器上常采用三棱柱体，如图 7-154 所示。钝体流场及钝体后速度分布如图 7-155 所示。试验研究表明：钝体尾迹区内有一个内回流区，区内形成一对环形涡流。回流区的温度 T_{hl} 处于火焰温度 T_{hy} 和一次风温 T_0 之间。钝体燃烧器火焰稳定的条件为：

$$\frac{x_{zh}}{L}=\frac{c_{hy}T_{hy}-c_{hl}T_{hl}}{c_{hy}T_{hy}-c_0T_0} \tag{7-270}$$

式中　$\frac{x_{zh}}{L}$——无量纲着火距离；

c_{hy}、c_{hl}、c_0——火焰烟气、回流区烟气及一次风气流的比热容。

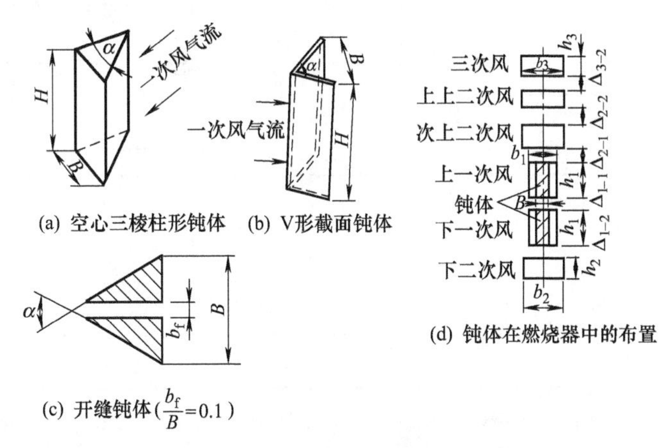

图 7-154　钝体的结构及布置

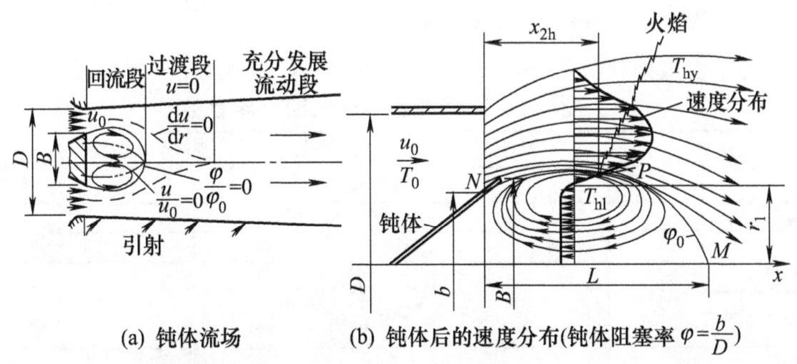

图 7-155　钝体燃烧器的流场及速度分布

同时发现钝体后回流区内湍流强度为自由射流的 2～5 倍。钝体锥角对回流区影响的试验曲线见图 7-156。钝体射流半扩展角（当钝体锥角 $\alpha=60°$时）可达 24°～28°，为自由射流半扩展角的 1.4～1.6 倍。

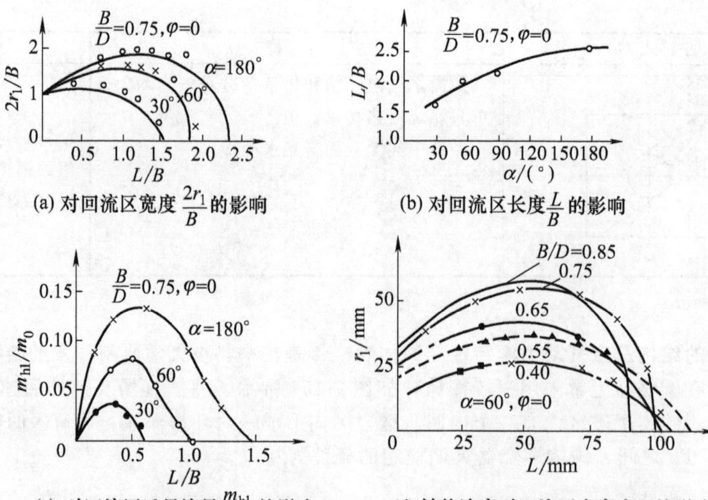

(a) 对回流区宽度 $\frac{2r_1}{B}$ 的影响　(b) 对回流区长度 $\frac{L}{B}$ 的影响

(c) 对回流区质量流量 $\frac{m_{hl}}{m_0}$ 的影响　(d) 钝体边宽对回流区半宽度 r_1 的影响

图 7-156　钝体锥角 α 对回流区的影响

(2) 钝体燃烧器设计主要参数　钝体及喷口结构参数推荐值列于表 7-122。

表 7-122　钝体及喷口结构参数

名　　称	符号	数　值	应用举例	
			无烟煤	劣质烟煤
钝体锥角	α	50°～65°	60°	55°～60°
钝体截面形状	—	等腰三角形	等腰三角形	
钝体底边 B 与一次风喷口宽度 D 的比值	$\frac{B}{D}$	0.40～0.65	0.5	0.5～0.55
钝体高度	H	等于喷口高度	等于喷口高度	
阻塞率	φ	0②	0②	
钝体阻力系数	ξ	1.80～1.90	1.55～1.65	
一次风口高宽比	$\frac{h_1}{b_1}$①	1.5～2.0	1.35～1.5	1.17～1.97
一、二次风口间的净空与钝体宽度比	$\frac{\Delta_{1-2}}{B}$	<3	1.6～2.0(上部) 1.3～1.70(下部)	约 2.10(上部) 1.2～2.0(下部)
二、三次风喷口高宽比	$\frac{h_2}{b_2}$或$\frac{h_3}{b_3}$	<1	0.75～0.95	

① 当两个相邻一次风喷口相距较近，当其净空距离 Δ 与喷口宽度 b_1 之比 $\frac{\Delta}{b_1}\approx 0.60$，可以采用扁平喷口$\left(即\frac{h_1}{b_1}\leqslant 1.0\right)$。

② $\varphi=0$ 表示钝体的尖端与一次风喷口的出口平面相平齐，即钝体未插入喷口中。阻塞率 φ 是钝体插入一次风喷口的宽度 b 与喷口宽度 D 的比值［见图 7-155 (b)］，φ 越大，阻力越大。

钝体燃烧器空气动力学参数推荐值列于表 7-123，该型燃烧器特别适用于燃用无烟煤、贫煤及劣质烟煤。

表 7-123　钝体燃烧器的空气动力学参数

名　　称	无烟煤、贫煤、劣质烟煤	
	常规推荐值	钝体燃烧器
一次风率 r_{1k}/%	20～25	25～33
一次风速 v_{1k}/(m/s)	20～25	>20～25
假想切圆直径 $\frac{d_{jx}}{\frac{1}{2}(炉深+炉宽)}$	0.08～0.12 (≤100MW 机组)	$\frac{(d_{jx})_{dt}}{d_{jx}}$①$=0.5～0.8$
回流区长度 L/钝体宽度 B		2.36
回流区宽度 $2r_1$/钝体宽度 B		2.0

① $(d_{jx})_{dt}$ 是采用钝体燃烧器时的假想切圆直径。

4. "船形"燃烧器

(1) "船形"燃烧器的结构　"船形"燃烧器是清华大学开发研制的新型燃烧器，其结构特点在于：在普通的直流式煤粉燃烧器一次风喷口中，加装一个形似“船体”的火焰稳定器而得名。其结构及其在燃烧器上的布置示意见图 7-157 和图 7-158。

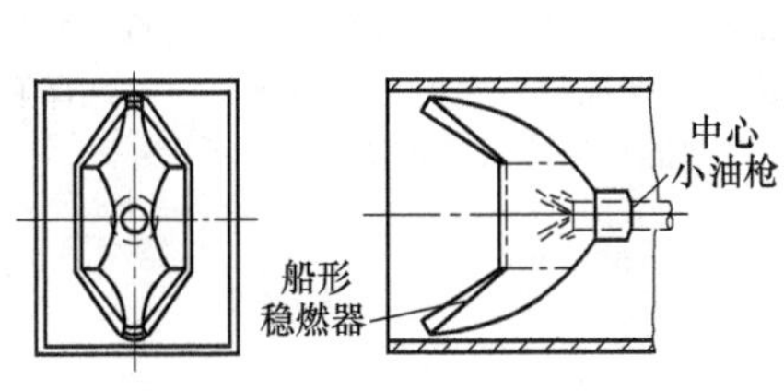

图 7-157 “船形”体结构示意

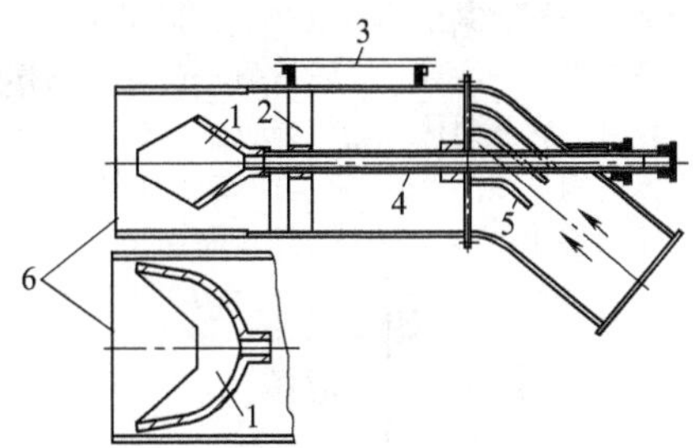

图 7-158 “船形”燃烧器结构示意

1—“船形”火焰稳定器；2—支架；3—检修门；4—中心小油枪；5—均流板；6—一次风喷口

(2)“船形”燃烧器空气动力特性 “船形”体后的流场结构示于图 7-159。从图中可以发现其流场有如下特点。

① 回流区尺寸不大。回流区宽度与船体最大宽度比约为 1.0，且回流区有一部分缩在一次风喷口内。

② 气体流出喷口后形成束腰状。然后射流的扩展与自由射流接近。在束腰之后出现煤粉浓度、氧浓度及火焰温度都高的“三高区”。“三高区”是船形燃烧器的理论基础。

③ 根据试验数据，船体处所引起流动阻力的增加相当于空口截面直流时阻力的 42%，一般为 200～500Pa。在阻力平方区测得船体和一次风出口的总阻力系数 ξ：按喷口出口速度计算时，$\xi=4.038$；按流体流过船形体时环形通道内的平均流速计算时，$\xi=1.41$。

(3)“船形”燃烧器设计 “船形”燃烧器设计的一次风速 v_{1k} 和一次风率 r_{1k} 以及各喷口的位置尺寸均与普通直流燃烧器相同。某电厂 200MW 无烟煤锅炉改用“船形”燃烧器的喷口布置方案如图 7-160 所示。该型燃烧器在无烟煤、烟煤和褐煤锅炉上都得到了成功的应用。

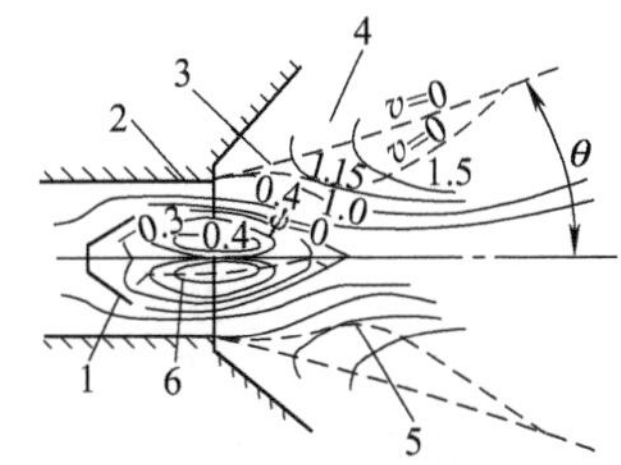

(a) 船体后的流场结构及流函数ψ分布

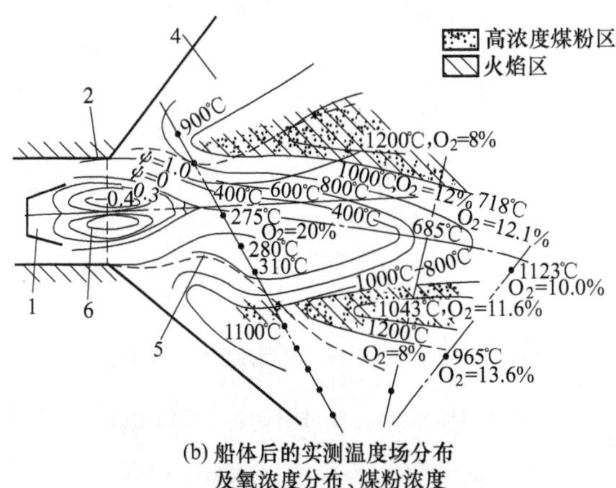

(b) 船体后的实测温度场分布及氧浓度分布、煤粉浓度分布的计算结果

图 7-159 “船形”体后的流场结构

1—“船形”火焰稳定器；2—一次风喷口；3—自由射流外边界线；4—锅炉炉膛；5—气流束腰；6—回流区

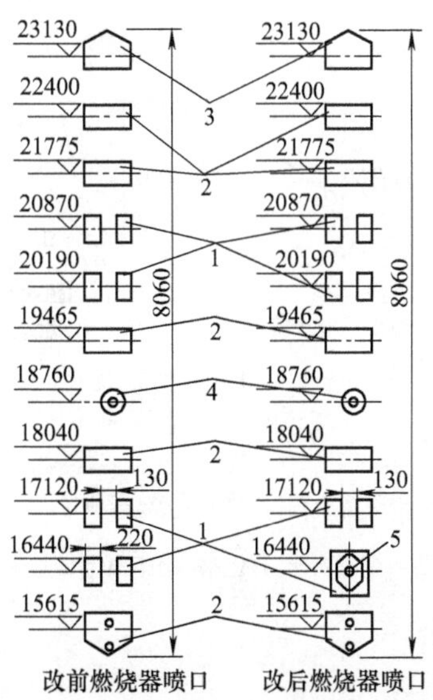

图 7-160 200MW 无烟煤锅炉“船形”燃烧器改造方案

1—一次风口；2—二次风口；3—三次风口；4—油喷口；5—“船形”体火焰稳定器

5. **一次风折边型夹心风燃烧器**（简称夹心风燃烧器）

（1）夹心风燃烧器的结构及混合特性 一次风折边型夹心风燃烧器是由西安交通大学与原武汉锅炉厂合作研制的新型燃烧器。其结构特点在于：把普通直流式煤粉燃烧器的一次风口改由3个平行的喷口来代替。这3个喷口分别是向火侧一次风口、背火侧一次风口及其中间布置的1个二次风口。这个设置在2个一次风之间的二次风又称夹心风，它从总体煤粉气流的内部供氧，同时也增强了一次风气流的综合抗偏转能力（即射流“刚性”）。燃烧器总体结构见图7-161。根据西安交通大学提出的充分发挥向火侧一次风射流着火优势的着火稳定性原则，研制出强湍动的折边型一次风喷口结构及两个一次风口对夹心风口非对称的布置方式。如图7-162所示。

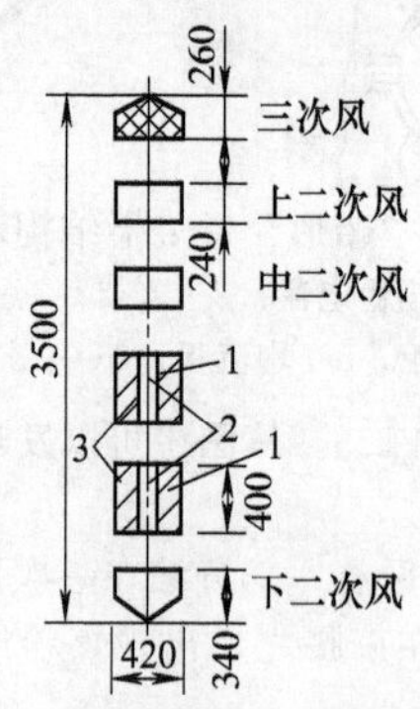

图7-161 无烟煤夹心风燃烧器示意

1—向火侧一次风口；2—夹心风口；3—背火侧一次风口

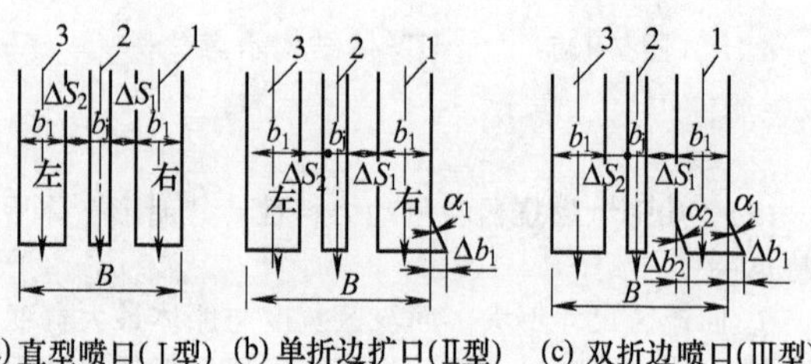

图7-162 夹心风燃烧器喷口形式及结构

1—向火侧一次风口；2—夹心风口；3—背火侧一次风口；ΔS_1、ΔS_2—夹心风口与相邻一次风口间的净空距离

试验研究表明，带单折边扩口及双折边喷口的向火侧一次风气流有强的湍动度和与周围高温介质的湍流混合能力，见图7-163和图7-164。从图7-163可知，在向火侧一次风无量纲着火距离$\frac{S}{B}=0.5\sim1.0$的范围内，夹心风混合入一次风中的量x_j，对Ⅱ型为0.02～0.04，对Ⅲ型则≪0.02；对高温烟气的混入量x_y，Ⅱ型≥0.10，Ⅲ型达0.12～0.35，可见在着火之前，夹心风对着火几乎无影响，可是卷吸了较大量的高温烟气，显然对着火是十分有利的。

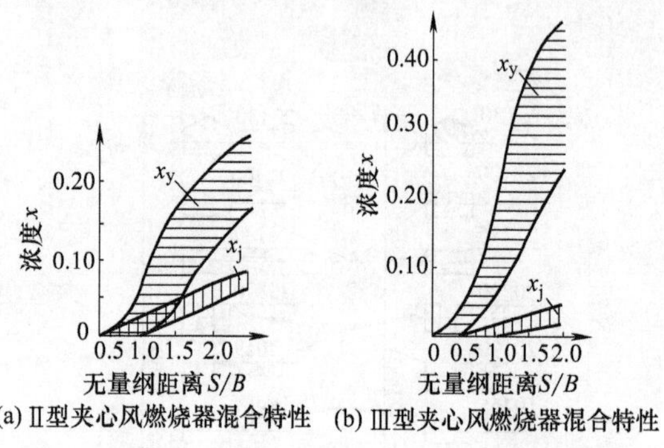

图7-163 单折边扩口（Ⅱ型）及双折边喷口（Ⅲ型）的湍流混合特性

x_j—向火侧一次风射流轴心线上，夹心风混入的浓度份额；x_y—炉内高温烟气混合到向火侧一次风射流轴心线上的份额；$\frac{S}{B}$—射流断面到喷口出口的无量纲距离（B是喷口宽度）

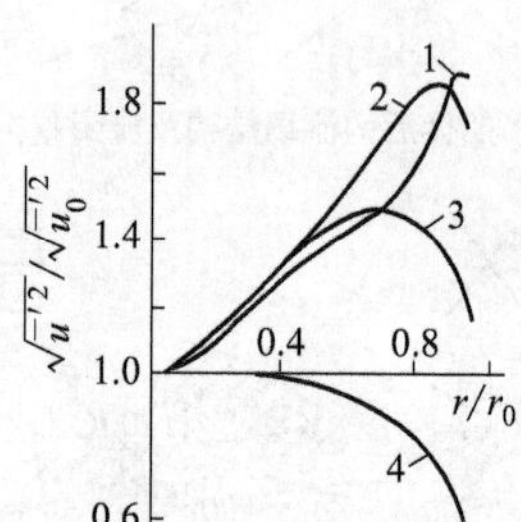

图7-164 半扩口角为2°扩口内的湍动度

1—扩口的进口断面；2,3,4—分别为距扩口进口断面100mm、200mm、400mm的断面

纵坐标$\frac{\sqrt{\overline{u'^2}}}{\sqrt{\overline{u'^2_0}}}$—某断面上纵向速度脉动的均方根与出口断面上纵向速度脉动均方根的比值；

横坐标$\frac{r}{r_0}$—扩口内某一点的无量纲半径值（r_0为某断面的半径）

根据试验数据整理的向火侧一次风射流轴心线上一次风所占有的质量份额x_{1k}随射流无量纲距离$\frac{S}{B}$的变化规律如下：

对Ⅱ型夹心风燃烧器

$$x_{1k}^{\mathrm{II}}=\frac{0.7}{0.587+0.174\left(\frac{S}{B}\right)} \tag{7-271}$$

对Ⅲ型夹心风燃烧器

$$x_{1k}^{\mathrm{III}}=\frac{0.7}{0.408+0.536\left(\frac{S}{B}\right)} \tag{7-272}$$

按试验数据，对Ⅱ型及Ⅲ型夹心风燃烧器燃用江西劣质烟煤时的着火热量计算结果示于图 7-165 和图 7-166。对Ⅱ型燃烧器，$\frac{S}{B}=1.1$ 时，对Ⅲ型燃烧器 $\frac{S}{B}=0.6\sim0.7$ 时，煤粉气流已开始着火。显然，与普通直流燃烧器相比，着火性能更优越。

(2) 夹心风燃烧器一次风口的设计　表 7-124 列举夹心风燃烧器一次风口结构尺寸。

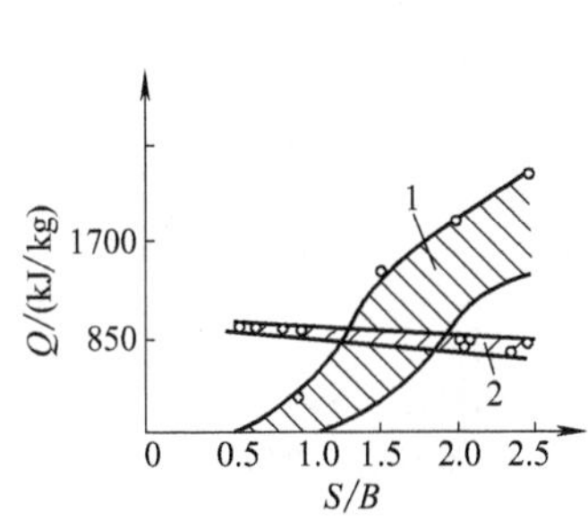

图 7-165　Ⅱ型夹心风燃烧器着火计算曲线
1—炉内卷吸为主的供热量曲线；
2—一次风气流着火所需的着火热量曲线

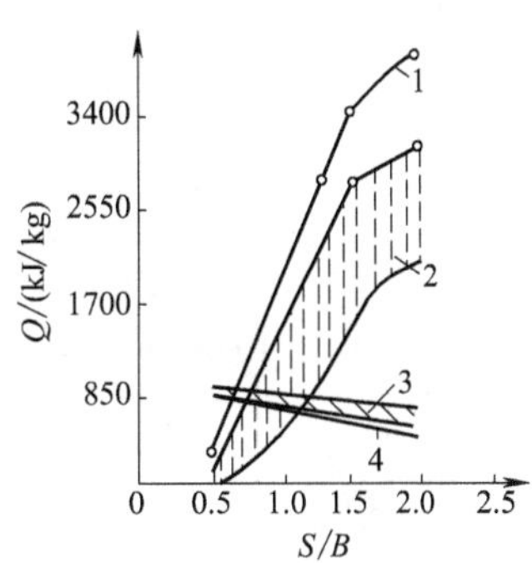

图 7-166　Ⅲ型夹心风燃烧器着火计算曲线
1,4—折边角 $\alpha_1 \neq \alpha_2$ 时的供热及着火热量曲线；
2,3—折边角 $\alpha_1=\alpha_2$ 时的供热及着火热量曲线

表 7-124　夹心风燃烧器一次风口结构尺寸（参见图 7-162）

名　称	夹心风燃烧器			名　称	夹心风燃烧器		
	Ⅰ型	Ⅱ型	Ⅲ型		Ⅰ型	Ⅱ型	Ⅲ型
夹心风与一次风喷口尺寸比 $\frac{B_j}{B_1}$	0.2～0.4			向火侧一次风与夹心风净空 $\frac{\Delta S_1}{B_j}$	1.0～2.3		
向火侧一次风口外扩口角 α_1/(°)	0	0～15	0～15	背火侧一次风与夹心风净空 $\frac{\Delta S_2}{B_j}$	1.0～2.0		
向火侧一次风口内折边角 α_2/(°)	0	0	0～25	夹心风与一次风动压比 $\frac{(\rho v^2)_j}{(\rho v^2)_{1k}}$	0～3.0		
外扩边与一次风喷口尺寸比 $\frac{\Delta B_1}{B_1}$	0	≤0.1	≤0.1	夹心风占二次风总量的百分比/%	10～15		
内折边与一次风喷口尺寸比 $\frac{\Delta B_2}{B_1}$	0	0	≤0.1	夹心风燃烧器适用煤种	烟煤	贫煤、劣质烟煤、无烟煤	

6. 大速差射流燃烧器

(1) 大速差射流燃烧器结构和空气动力学特性　大速差燃烧器是由清华大学与中国科学院力学研究所合作开发和研制的一种带稳焰腔的燃烧器。它利用一股高速射流与一次风射流的配合，形成强烈的中心回流区，并实现煤粉浓度的分布与回流区内的温度分布相适应，从而改善和强化了煤粉的着火和燃烧。图 7-167 是大速差射流燃烧器结构示意，试验研究发现：高速射流动量与一次风动量比 $I=\frac{(\rho v^2 f)_{gk}}{(\rho v^2 f)_{1k}}$ 对中心回流区的相对长度 $\frac{l_{hl}}{D}$（D 是燃烧器稳燃腔的直径，以下同）和回流区的起始点轴向相对位置 $\frac{x}{D}$ 有很大的影响，见图 7-168。从图可见，当动量比 I 从 0 增至 5 时，回流区长度 $\frac{l}{D}$ 迅速增加，中心回流区的起始位置提前。当 $I\geqslant5$ 后，$\frac{l}{D}$ 和 $\frac{x}{D}$ 都变化不大。图 7-169 给出了单边大速差下实测的湍流动能 $k=\frac{3}{2}\overline{u'^2}$（$\overline{u'^2}$ 是速度脉动的

均方值）的变化。发现当稳燃腔内沿轴向的无量纲长度$\dfrac{x}{D}$=1.34～2.15（见图7-169中曲线2和3）处，k值最大，这正是回流强度大的区域。

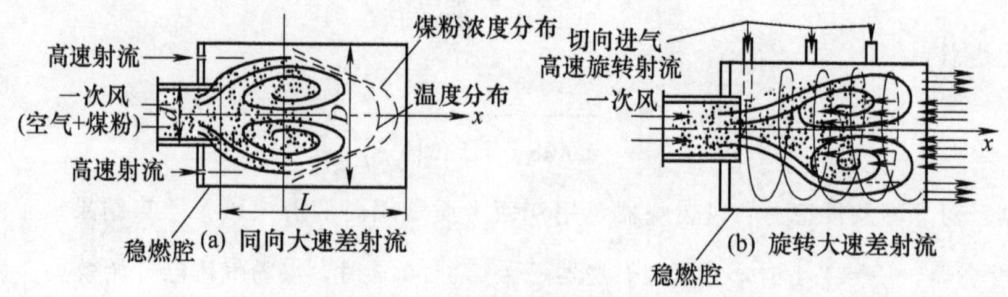

图7-167 大速差射流燃烧器结构示意

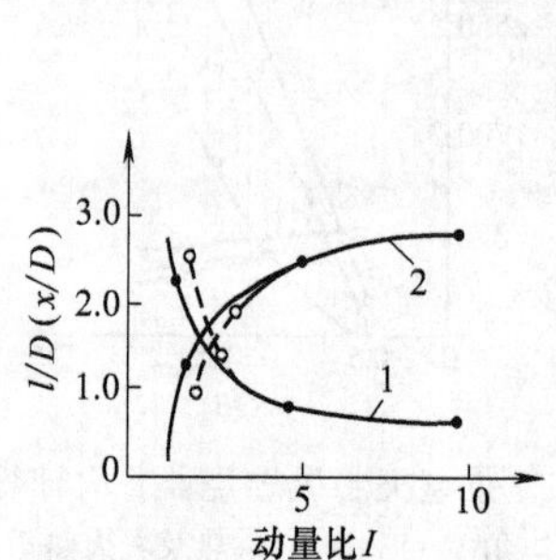

图7-168 动量比$I=\dfrac{(\rho v^2 f)_{gk}}{(\rho v^2 f)_{1k}}$对中心回流区的影响

1—回流区的起始位置$\dfrac{x}{D}$；2—中心回流区的长度$\dfrac{l}{D}$

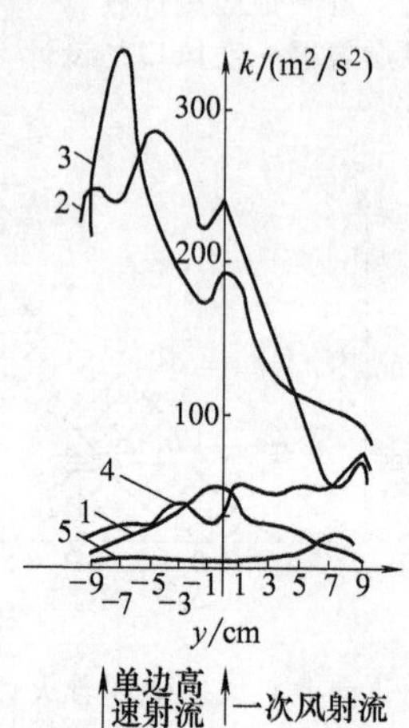

图7-169 回流区中的湍流动能k的实测值

1～5—分别代表在$\dfrac{x}{D}$=0.64、1.34、2.15、3.44和4.30处的k值

(2) 大速差射流燃烧器设计 表7-125列举了大速差燃烧器设计数据。

表7-125 大速差燃烧器设计数据

名称	点火用燃烧器	主燃烧器	名称	点火用燃烧器	主燃烧器
稳燃腔筒体直径 D/mm	按预燃室设计方法确定（一般D=350～500）		一次风速 v_{1k}/(m/s)	15～20	
筒体长度$\dfrac{l}{D}$	约3.0	≤2.0	高速射流与一次风动量比$\dfrac{(\rho v^2 f)_{gk}}{(\rho v^2 f)_{1k}}$	≥5	
高速射流介质	蒸汽或压缩空气				
高速射流流速 v_{gk}/(m/s)	约300（或声速）		高速射流压力 p_g/MPa	0.35～0.40	
高速射流喷孔布置	轴对称或非轴对称布置		适用煤种	无烟煤、贫煤、劣质烟煤	

7. 浓淡燃烧器

(1) 浓淡燃烧器工作原理 浓淡燃烧器是指在确定的一次风总量和燃烧煤粉总量不变的情况下，把一次风煤粉气流分成富煤粉（高煤粉浓度）气流和贫煤粉（低煤粉浓度）气流两股。前者在过量空气系数远小于1的情况下燃烧，后者则在过量空气系数>1的情况下燃烧，通称为浓淡燃烧。

试验研究发现：①随着煤粉浓度的增加，煤粉气流着火温度下降，着火距离缩短，着火提前，当煤粉浓度超过某一值（决定于煤种）时，着火反而推迟（见图7-170）；②对不同煤种组织浓淡燃烧时，存在一个最佳煤粉浓度值和最佳浓淡比，在最佳煤粉浓度和最佳浓淡比下，炉内燃烧稳定性好，温度水平高，表7-126给出了西安交通大学对最佳煤粉浓度的部分试验结果；③浓淡燃烧可以有效控制NO_x的生成和排放，见图7-171。对高煤粉浓度的火焰气流（如图中浓度c_1），由于氧量不足而形成还原性气氛，生成的$(NO_x)_1$少。另一股低煤粉浓度气流（如图中浓度c_2），由于燃烧时燃料不足，火焰温度低，生成的$(NO_x)_2$也少。因此，整个火焰中总 NO_x 生成量受到控制而减少。

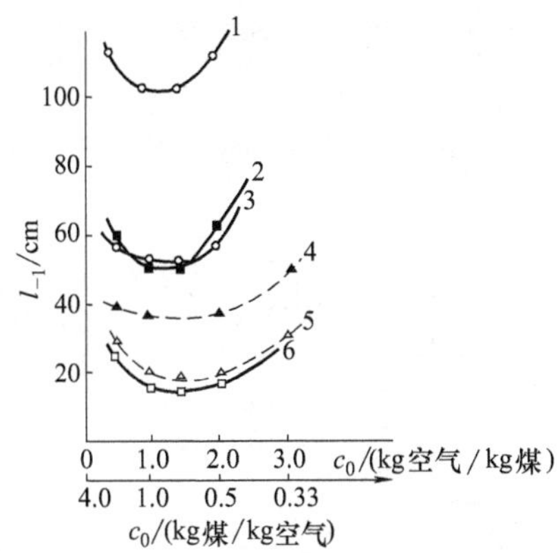

图 7-170 一次风中风煤比对着火距离的影响

1—永安无烟煤；2—合山劣质烟煤；3—黄石劣质烟煤；4—西山贫煤；5—大同烟煤；6—青山烟煤

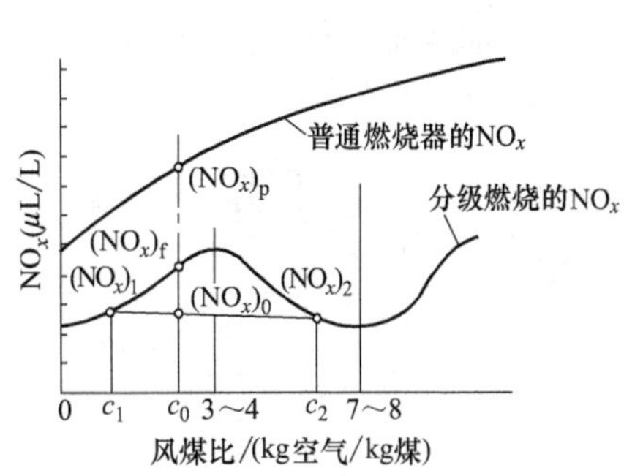

图 7-171 烟煤浓淡燃烧器 NO_x 的生成特性

表 7-126 最佳煤粉浓度的试验结果

名称	烟煤			贫煤		无烟煤	
	神木	石矻台	邹县	铜川	晋东南	宜宾	龙岩
挥发分 $w(V_{daf})$/%	31.1	37.7	40.3	22.1	16.8	9.5	6.6
灰分 $w(A_{ar})$/%	7.99	18.2	25.5	35.7	22.2	38.7	24.1
发热量 $Q_{net,V,ar}$/(MJ/kg)	28.8	22.7	18.8	20.5	25.8	20.6	23.3
一次风平均煤粉浓度（电站运行）$\overline{\mu}_{1k}$/(kg/kg)	0.33	0.40	0.50	0.53	0.49	0.60	0.60

名称	烟煤			贫煤		无烟煤	
	神木	石矻台	邹县	铜川	晋东南	宜宾	龙岩
一次风 20℃下的最佳煤粉浓度 μ_{zj}^{20}/(kg/kg)	0.44	0.47	0.6	0.57			
一次风 300℃下的最佳煤粉浓度 μ_{zj}^{300}/(kg/kg)	0.66	0.54	0.76	0.85	0.96	1.03	1.0
最佳浓淡比 $\left(\frac{\mu_n}{\mu_d}\right)_{zj}$	3.45			2.75	4.0	4.8	

显然，浓淡燃烧技术能有效降低燃烧中 NO_x 的排放。所以，第一代至第三代低 NO_x 燃烧器中的技术核心之一正是浓淡燃烧。

(2) 煤粉浓缩器的基本结构 煤粉浓缩是浓淡燃烧的技术关键。目前工程应用中，煤粉浓缩是利用惯性离心分离的原理来实现的。其具体结构多种多样，主要有旋风分离、管道弯头分离、百叶窗分离及叶片分离等几种，如图 7-172 所示。

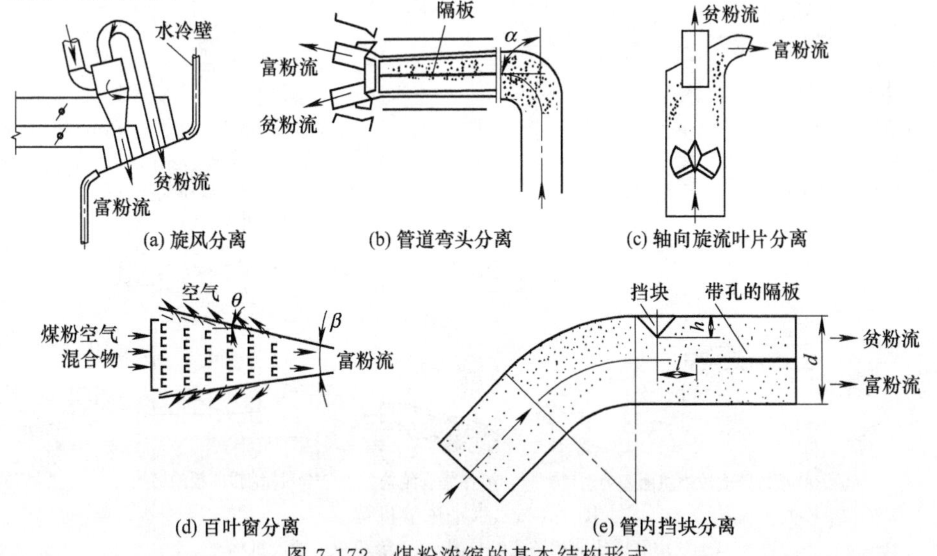

图 7-172 煤粉浓缩的基本结构形式

根据国内外的研究，各种浓缩机构的主要结构数据如下：① 管道弯头分离的有效分离弯曲角 $\alpha=55°\sim110°$为宜［图 7-172（b)］；② 管内分离挡块高度 h 与管径 d 之比$\dfrac{h}{d}=0.20\sim0.25$ 为宜［图 7-172（e)］；③ 百叶窗分离时，叶片的安装角 $\beta=35°$，叶片开度角 $\theta=30°$，叶片数单侧 3～5 片为宜［见图 7-172（d)］；④ 双弯头分离管内部的流动及结构尺寸如图 7-173 所示；⑤ 轴向旋流叶片型煤粉浓缩器结构如图 7-174 所示。其主要空气动力学和结构参数如表 7-127 所列。

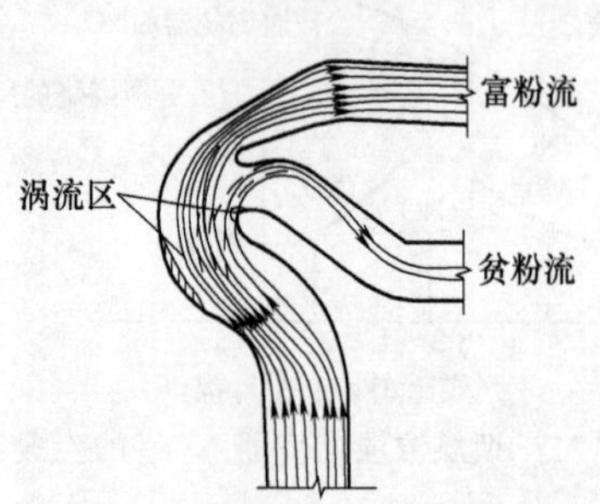

(a) 双弯头分离管内部气流流动图形

(b) 双弯头分离管结构尺寸(图中虚线为未经改进前的结构)

图 7-173 双弯头分离管结构

表 7-127 主要空气动力学和结构参数

气粉混合物流速/(m/s)	主燃烧器出口流速/(m/s)		浓缩器总阻力/Pa	轴向叶片阻力/Pa	$\dfrac{l}{D}$	$\dfrac{l_f}{D}$	$\dfrac{D_f}{D}$	$\dfrac{l_x}{D}$	$\dfrac{D_y}{D}$	叶片数	叶片安装角 α/(°)
	浓气流	淡气流									
12～16	17～18	约 25	500	100	1.2	0.8～1.0	0.8	0.65	0.8	约 20	60

前苏联还设计了一个与叶片浓缩器相配的煤粉气流分配器（见图 7-175），主要结构尺寸关系如下：缩腰直径 D_{sy} 与浓缩器筒直径 D 之比$\dfrac{D_{sy}}{D}=0.75$；缩腰高度 L_{sy} 与浓缩器筒直径 D 之比$\dfrac{L_{sy}}{D}=0.6\sim0.75$。

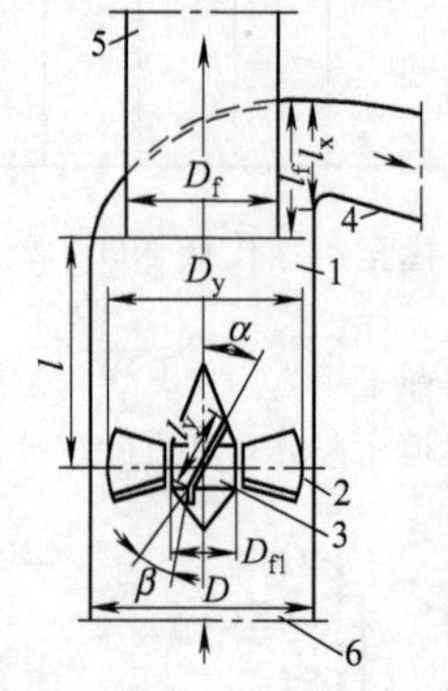

图 7-174 叶片型煤粉浓缩器结构

1—浓缩器外壳；2—轴向旋流叶片；3—分流锥；4—浓粉气流引出管；5—淡粉气流引出管；6—气粉混合物入口

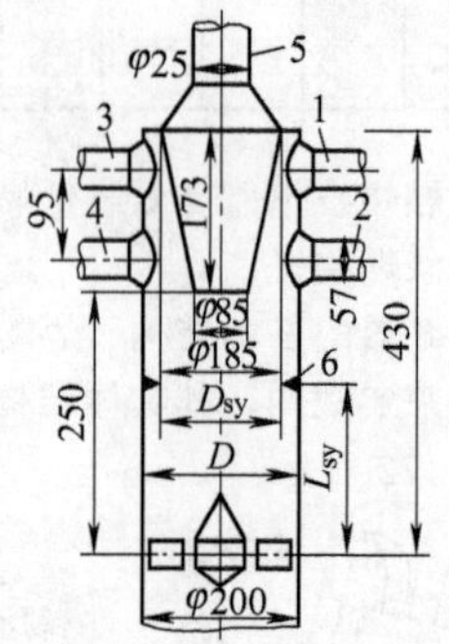

图 7-175 浓缩煤粉气流分配器（单位：mm）

1～4—浓煤粉气流引出管；5—淡煤粉气流引出管；6—缩腰

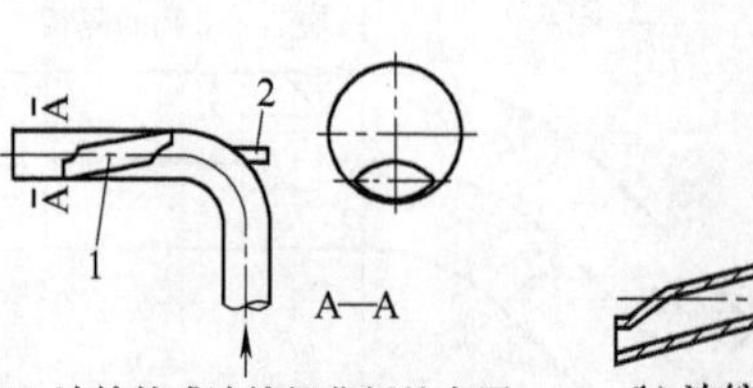

(a) 浓缩管或浓缩扭曲板的布置

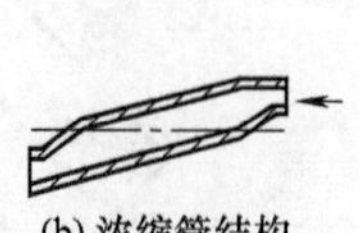

(b) 浓缩管结构

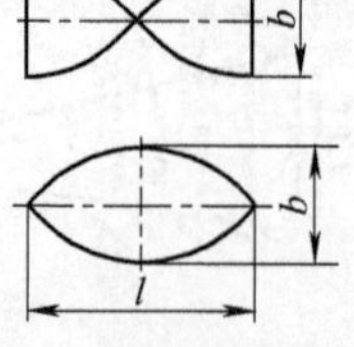

(c) 浓缩扭曲板的结构

图 7-176 水平浓缩机构

1—浓缩管或扭曲板的安装位置；2—煤粉浓度调节机构

图 7-120（b）为日本石川岛播磨重工业株式会社（IHI）研制的一种利用卧式旋风分离器实现煤粉浓淡燃烧的燃烧器装置。

（3）可调水平浓淡燃烧器 该型燃烧器组织浓、淡煤粉气流在水平方向（即浓气流在向火侧，淡气流在背火侧）上燃烧。通常是通过一个扭曲板或变异浓缩管把浓缩机构出来的浓气流引向向火侧，淡气流引向背火侧。其结构及布置示于图 7-176。

根据试验测定，气固两相流流经扭曲板的阻力系数 ξ_{qg} 计算式为：

$$\xi_{qg}=(0.135\mu+1)\xi_0 \tag{7-273}$$

$$\xi_0=3.23\theta^{-0.559}Re^{-0.2} \tag{7-274}$$

式中 μ——气固两相流的颗粒质量浓度，kg/kg；

ξ_0——单相流的阻力系数；

θ——扭曲板相对节距 $\left(\frac{l}{b}\right)$ 与扭曲角度 α（弧度）的比值 $\frac{\left(\frac{l}{b}\right)}{\alpha}$；

Re——雷诺数，$Re=\frac{vb}{\nu}$；

v——流速，m/s；

ν——流体运动黏性系数，m^2/s。

可调水平浓淡燃烧技术是中国的发明创造，首先由西安交通大学提出。

（4）国外浓淡燃烧技术介绍 国外组织浓淡燃烧是沿炉膛高度方向上来实施的。最典型的结构有由美国 CE 公司研制的 WR 燃烧器（wide range tip）和由日本三菱重工研制的 PM 燃烧器（pollution minimun）两种。前者是利用弯头或卧式旋风分离器实现煤粉浓缩，喷口内可有一 V 形扩流锥，主要结构尺寸如表 7-128 所列（见图 7-177）。

表 7-128 V 形扩流锥主要结构尺寸

扩流锥角 2α	喉口与进口截面比 $\frac{A_0}{A_1}$	出口与进口截面比 $\frac{A}{A_1}$	喷口扩张角 β	扩流锥 $\frac{b}{h}$
20°～25°	0.95	1.15～1.45	30°～60°	0.5

带 V 形扩流锥的喷口可以整体上、下摆动±20°。图 7-178 的上、下浓淡喷口可以单独摆动。

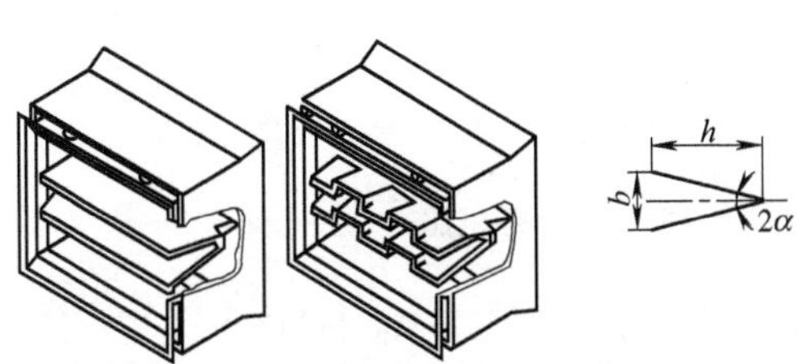

(a) V形扩流锥喷口 (b) 波浪形V形扩流锥 (c) 扩流锥结构尺寸

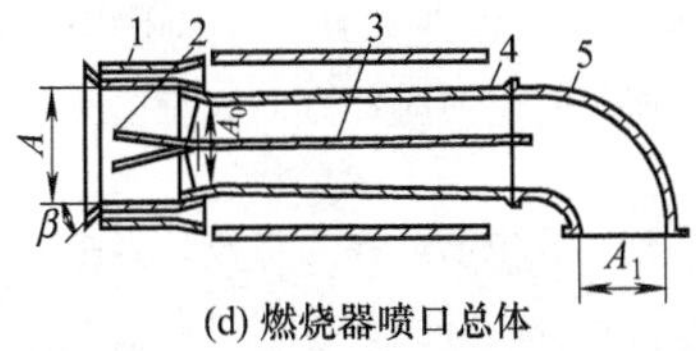

(d) 燃烧器喷口总体

图 7-177 带有 V 形扩流锥的 WR 燃烧器

1—二次风管；2—V 形扩流锥；3—上下浓淡隔板；4—一次风管；5—弯头

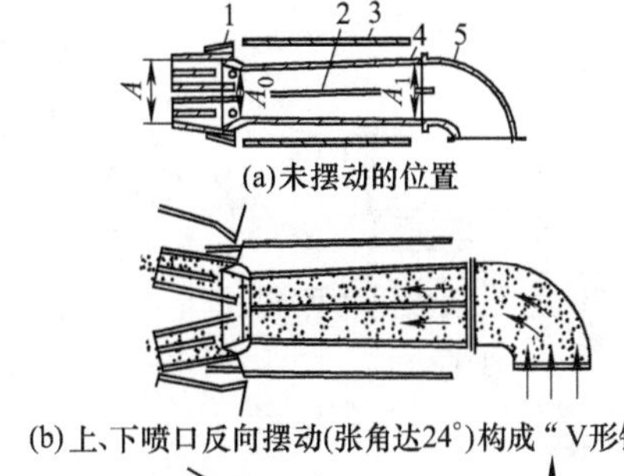

(a)未摆动的位置

(b)上、下喷口反向摆动(张角达24°)构成“V形钝体”

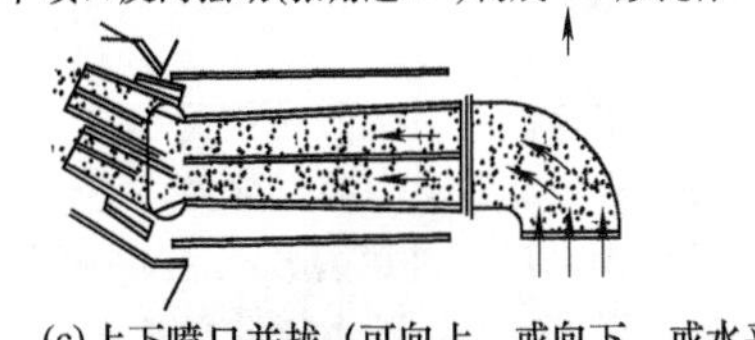

(c)上下喷口并拢（可向上，或向下，或水平）

图 7-178 浓淡喷口分别上下摆动的 WR 燃烧器

1—摆动机构；2—上下浓淡隔板；3—二次风管；4—一次风管；5—弯头

PM 燃烧器是利用双弯头管实现煤粉的浓缩。结构见图 7-173 和图 7-179。该型燃烧器在浓、淡两股煤粉气流喷口的中间以及上部都设置有再循环烟气喷口 SGR（separate gas recirculation）。其目的在于推迟二次风的混入，适当降低和分散燃烧区温度水平。

WR燃烧器和PM燃烧器在燃烧器上部都设置有上部燃尽风OFA（over fine air），其风量占二次风总量的10%～20%。实践证明，以上浓淡燃烧加推迟配风的办法可以收到降低NO_x的效果。但PM燃烧器在中国的运行实践中，发现飞灰可燃物偏高，故在改进设计中取消了SGR，并增大了底部二次风。

8. 直流式燃烧器设计的热力特性数据

表7-129给出直流式燃烧器的单只热功率及一次风喷口层数。

表7-129 直流式燃烧器的单只热功率及一次风喷口层数

机组功率/MW	锅炉容量/(t/h)	单只一次风口热功率/(MW/个)	每层一次风口个数及一次风层数/(个×层)	机组功率/MW	锅炉容量/(t/h)	单只一次风口热功率/(MW/个)	每层一次风口个数及一次风层数/(个×层)
12	65,75	7.0～9.5	4×2	200	670	23.5～41.0	4×(4～5)
25	130,120	9.5～14.0	4×2	300	1000	23.5～52.0	4×(5～6)
50	220	14.0～23.5	4×(2～3)	600	2000	30.0～65.0	4×(6～7)
100～125	410,400	18.5～29.0	4×(3～4)	1000	3000	40.0～65.0	8×(6～8)(八角双切圆)

直流式燃烧器的一、二次风率推荐值参见表7-109。按单只燃烧器热功率建议的一、二次风速推荐值如表7-130所列。对固、液态排渣炉的一、二、三次风速建议推荐值如表7-131所列。

表7-130 直流式燃烧器一、二次风速推荐值 单位：m/s

单只燃烧器热功率/(MW)	无烟煤、贫煤			烟煤、褐煤		
	一次风速 v_{1k}	二次风速 v_{2k}	$\frac{v_{2k}}{v_{1k}}$	一次风速 v_{1k}	二次风速 v_{2k}	$\frac{v_{2k}}{v_{1k}}$
23.0	18～20	28～30	1.5～1.6	24～26	36～45	1.5～1.6
35.0	18～20	29～32	1.6～1.7	26～28	42～48	1.6～1.7
52.0	20～22	34～34	1.6～1.7	28～30	48～50	1.6～1.7

表7-131 我国固、液态排渣炉的一、二、三次风速推荐值

炉型	无烟煤、贫煤			烟煤、褐煤			三次风速 v_{3k}
	一次风速 v_{1k}	二次风速 v_{2k}	$\frac{v_{2k}}{v_{1k}}$	一次风速 v_{1k}	二次风速 v_{2k}	$\frac{v_{2k}}{v_{1k}}$	
中国固态排渣炉	20～25	40～55	1.1～2.3	25～35(烟煤) 18～30(褐煤)	40～60	1.1～2.3	40～60
中国液态排渣炉	25～30	40～65		30～35	50～70		

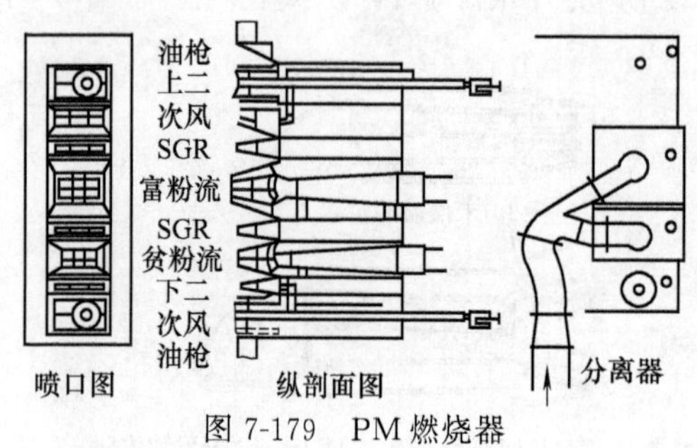

图7-179 PM燃烧器

对大容量切圆燃烧锅炉，由于喷口尺寸和数量的增加，每个角上的燃烧器高宽比$\frac{H}{D}$相应增大，为防止火焰射流因左右两侧补气条件不同，而发生火焰贴墙现象，对每个角上的燃烧器整体，沿高度上分组。根据我国运行实践的积累，建议每组高宽比$\frac{H_i}{b}$控制在3.5～5.0内，且每一组之间尚有足够大的间隙Δ，使间宽比$2.5>\frac{\Delta}{b}>2.0$，作为射流两侧压力平衡的通道。

考虑到地球自转的影响，在北半球，炉内切圆气流的旋转运动，以逆时针方向旋转更为稳定。故组织在炉内切圆燃烧时，切圆方向以逆时针方向为宜。

表7-132给出褐煤燃烧器（德国）特性数据举例。

中国元宝山电厂引进德国Sleinmüller公司600MW褐煤锅炉，结渣严重，经中国科技人员改造，把一次风速v_{1k}提高到18m/s，减小预混段长度基本解决燃烧器区的结渣问题。

表7-132 褐煤燃烧器（德国）特性数据举例（见图7-180）

名称	150MW	300MW	600MW	名称	150MW	300MW	600MW
一次风速 v_{1k}/(m/s)	12	12	12	二次风能量 E_2/kW	12.94	30.26	110.9
二次风速 v_{2k}/(m/s)	45	46	59	速度比 v_{2k}/v_{1k}	3.75	3.83	4.91
三次风速 v_{3k}/(m/s)	—	—	—	动量流率比 I_2/I_1	3.03	2.57	3.55
一次风动量流率 I_1/N	189.5	511.8	1056	能量比 E_2/E	11.4	9.85	17.5
二次风动量流率 I_2/N	575.0	1315.6	3758	烟气在炉内停留时间 τ/s	2.06	3.10	3.94
一次风能量 E_1/kW	114.0	3.07	6.34				

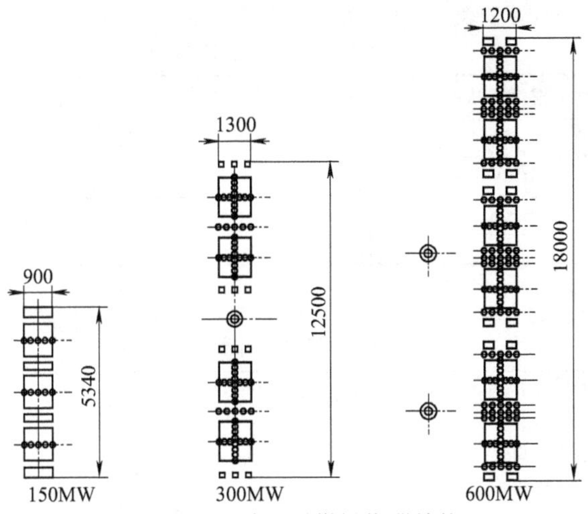

图 7-180　德国褐煤燃烧器结构

9. 普通直流式煤粉燃烧器设计计算示例

某台 200MW 机组贫煤锅炉四角直流式煤粉燃烧器一次风出口截面积及阻力计算。采用中间储粉仓的热风送粉系统，配钢球磨煤机。

① 一、二次风出口截面积计算如表 7-133 所列。

表 7-133　某台 200MW 机组锅炉四角直流式煤粉燃烧器的计算

名　称	计 算 公 式	结 果	名　称	计 算 公 式	结 果
计算燃煤量 B_j/(kg/h)	由热力计算	97×10^3	一次风混合物温度 t_1/℃	先假定后热平衡求出	t_1'
炉膛出口过量空气系数 α_1''	选定	1.2	加热每 kg 煤粉耗热 q_1/(kJ/kg)	$\frac{100-M_{mf}}{100}\times c_{mf}(t_1'-t_{mf})=\frac{100-10}{100}\times0.921\times(t_1'-60)$	$0.829t_1'-49.73$
热风温度 t_{rk}/℃	选定并与热力计算吻合	340	煤粉水分加热耗热 q_2/(kJ/kg)	$\frac{M_{mf}}{100}(595+0.45t_1'-t_{mf})\times4.187=\frac{10}{100}\times(595+0.45t_1'-t_{mf})\times4.187$	$224-0.19t_1'$
理论空气量 V^0/(m^3/kg)	由热力计算	5.673	一次风放热 q_3/(kJ/kg)	$1.285\alpha_1''V_0r_1(c_{rk}t_2-c_{kl}t_1')=1.285\times1.2\times5.673\times0.2(1.03\times335-1.02t_1')$	$603-1.78t_1'$
进入炉内的总空气流量 Q/(m^3/s)	$\frac{\alpha_1''V^0B_j}{3600}=\frac{1.2\times5.673\times97\times10^3}{3600}$	183.5	1kg 燃料蒸发的水分 ΔM/(kg/kg)	由制粉系统计算	0.0514
炉膛漏风系数 $\Delta\alpha_1$	由热力计算	0.05	磨煤机台数 Z_m	由制粉系统计算	2
炉膛漏风率 r_{lf}/%	$\frac{\Delta\alpha_1}{\Delta\alpha_1''}\times100=\frac{0.05}{1.2}\times100$	4.17	磨煤机出力 B_m/(kg/h)	由制粉系统计算	57.2×10^3
一、三次风率 r_1/r_3/%	表 7-109	20/20	一次风中的总煤粉量 B_{mf}/(kg/h)	$(1-\Delta M)(B_j-0.15Z_mB_m)=(1-0.0514)(97-0.15\times2\times57.2)\times10^3$	75.7×10^3
二次风率 r_2/%	$100-r_1-r_3-r_{lf}=100-20-20-4.17$	55.83	煤粉总耗热 Σq/(kJ/h)	$B_{mf}(q_1+q_2)=75.7[(0.829t_1'-49.73)+(224-0.19t_1')]\times10^3$	$(48.37t_1'-13192.2)\times10^3$
单根一次风管输入热量 Q_1/MJ	$\frac{B_jQ_{net,V,ar}}{n}=\frac{97\times21.2\times10^3}{16}$	128.6	热风总放热量 $\Sigma q'$/(kJ/h)	$B_jq_3=97(603-1.78t_1')\times10^3$	$(58491-172.7t_1')\times10^3$
一次风管根数 n	4×4	16	一次风混合物温度 t/℃	按热平衡 $\Sigma q=\Sigma q'$ 求得 $t_1=t_1'$	233.2
炉膛截面积 F_1/m^2	$A\times B=11.920\times10.880$	129.7	一次风口处一次风温 t_1/℃	$t_1'-5$	228.2
一次风速 v_1/(m/s)	表 7-130 中选取	25	一次风量 Q_1/(m^3/s)	$Qr_1\frac{273+t_1}{273}=183.5\times0.2\times\frac{273+228.2}{273}$	67.4
二次风速 v_2/(m/s)	表 7-130 中选取	45	一次风出口截面 F_1/m^2	$Q_1/v_1=67.4/25$	2.70
二次风温 t_2/℃	$t_{rk}-5=340-5$	335			
二次风量 Q_2/(m^3/s)	$Qr_2\frac{273+t_2}{273}=183.5\times0.5583\times\frac{273+335}{273}$	228.0			
二次风出口截面 F_2/m^2	$Q_2/v_2=228/45$	5.07			
煤粉水分 $w(M_{mf})$/%	由制粉系统计算	10			
煤粉温度 t_{mf}/℃	由制粉系统计算	60			
煤粉比热容 c_{mf}/[kJ/(kg·℃)]	由制粉系统计算	0.921			
混合器前热风比热容 c_{rk}/[kJ/(kg·℃)]	按 $t_2=335$℃查气体的热力学性质表	1.03			
一次风混合物中空气比热容 c_{kl}/[kJ/(kg·℃)]	按 $t_1=250$℃查气体的热力学性质表	1.02			

② 燃烧器一、二次风阻力计算如表 7-134 所列。

表 7-134 燃烧器一、二次风阻力计算

一次风阻力系数 ξ_1	按结构特性考虑煤粉浓度	3.2	二次风阻力系数 ξ_2	按结构特性	2.3
一次风密度 ρ_1/(kg/m³)	$1.293\dfrac{273}{273+t_1}=1.293\times\dfrac{273}{273+228.2}$	0.70	二次风密度 ρ_2/(kg/m³)	$1.293\times\dfrac{273}{273+t_2}=1.293\times\dfrac{273}{273+335}$	0.58
一次风阻力 Δp_1/Pa	$\xi_1\dfrac{\rho_1 v_1^2}{2}=3.2\times\dfrac{0.70\times25^2}{2}$	700	二次风阻力 Δp_2/Pa	$\zeta_2\dfrac{\rho_2 v_2^2}{2}=2.3\times\dfrac{0.58\times45^2}{2}$	1350

③ 三次风阻力计算如表 7-135 所列。

表 7-135 三次风计算列举

每千克燃料干燥剂量 g_1/(kg/kg)	由制粉系统计算	1.85	三次风流量 Q_3/(m³/s)	$V_3B_mZ_m/3600=\dfrac{1.492\times57.2\times10^3\times2}{3600}$	47.4
干燥剂中热风率 r_{sk}	由制粉系统计算	0.486			
制粉系统漏风率 k_{lf}	由制粉系统计算	0.25			
三次风量 g_3/(kg/kg)	$g_1(r_{sk}+k_{lf})=1.85\times(0.486+0.25)$	1.36	三次风速 v_3/(m/s)	选用	50
三次风率 r_3/%	$\dfrac{g_3Z_mB_m}{1.25\alpha_1''V^0B_j}=\dfrac{1.36\times2\times57.2\times10^3}{1.25\times1.2\times5.673\times97\times10^3}$	18.35	三次风口截面积 F_3/m²	$Q_3/v_3=\dfrac{47.4}{50}$	0.948
磨煤机出口温度 t''_m/℃	由制粉系统计算	100	三次风密度 ρ_3/(kg/m³)	$1.285\dfrac{273}{273+t_3}=1.285\dfrac{273}{273+90}$	0.966
三次风温度 t_3/℃	$t''_m-10=100-10$	90			
三次风比体积 V_3/(m³/kg)	$\left(\dfrac{g_3}{1.285}+\dfrac{\Delta M}{0.804}\right)\dfrac{273+t_3}{273}=\left(\dfrac{1.36}{1.285}+\dfrac{0.0514}{0.804}\right)\dfrac{273+90}{273}$	1.492	三次风阻力系数 ξ_3	按结构特性,考虑煤粉浓度	1.8
			三次风阻力 Δp_3/Pa	$\xi_3\dfrac{\rho_3 v_3^2}{2}=1.8\dfrac{0.966\times50^2}{2}$	2174

④ 燃烧器计算汇总（见表 7-136）。

表 7-136 燃烧器计算汇总

名称	风率/%	风温/℃	风速/(m/s)	出口面积/m²	阻力系数	阻力/Pa	名称	风率/%	风温/℃	风速/(m/s)	出口面积/m²	阻力系数	阻力/Pa
一次风	20	228.2	25	2.70	3.2	700	三次风	20	90	50	0.948	1.8	2174
二次风	55.83	335	45	5.07	2.3	1350							

六、燃烧控制 NO_x 排放的技术

燃烧控制 NO_x 排放的技术，实质上就是依据 NO_x 生成和还原的基本原理，重新组织和调整炉膛内的燃烧区域及其所处的环境条件（如温度、O_2 量、停留时间等），使控制 NO_x 的生成，同时促使已生成 NO_x 的还原，以达到降低 NO_x 排放目的的多种关键技术的综合集成。根据这些关键技术的不同组合，低 NO_x 燃烧技术大约经历了三代（阶段）的发展，概括如表 7-137 所列。

表 7-137 低 NO_x 燃烧器的三个发展阶段

低 NO_x 燃烧器	关键(核心)技术		
	1	2	3
第一代(阶段)	浓淡燃烧	低过量空气系数或烟气再循环	—
第二代(阶段)	浓淡燃烧	空气分级送入+OFA	—
第三代(阶段)	浓淡燃烧	空气分级送入+OFA	燃料分级燃烧(再燃)

浓淡燃烧控制 NO_x 的原理见图 7-171。

空气分级送入控制 NO_x 的原理，是用燃尽风 OFA 把炉内的燃烧全过程分成下部燃烧区（即燃烧器所

在区域）和 OFA 以上的燃尽区两段。对旋流燃烧器，按分级送风原则，把二次风分成内、外二层二次风（见图 7-117）。对于燃料分级送入控制 NO_x 的原理，是把炉内燃烧全过程分成下部主燃区（即燃烧器所在区域）、中间再燃区（再燃喷口至 OFA 区域）和 OFA 以上的燃尽区。这两种低 NO_x 燃烧技术的特点和主要研究数据列于表 7-138。

表 7-138 低 NO_x 燃烧核心技术部分试验数据

低 NO_x 燃烧核心技术			燃料量	过量空气系数 α	喷口位置 h 和 h_1 与炉膛当量直径 D 的比值	功能
空气分级	（图：OFA、h、燃烧器）	燃烧区	100%	<1.0 0.8～0.9(直流切圆) 0.7～0.8(旋流对冲)	$\frac{h}{D}=0.25\sim0.45$	燃烧、还原
		燃尽区	0	>1.0 (≈炉膛出口 α''_{et})		燃尽
燃料分级	（图：OFA、h、h_1、再燃口、燃烧器）	主燃区	75%～80%	≥1.0 (约 1.05)	$\frac{h_1}{D}=0.45\sim0.65$ $\frac{h}{D}=0.90\sim1.05$	充分燃烧
		再燃区	20%～25%	<1.0 (约 0.85)		燃烧、还原
		燃尽区	0	>1.0 (约 α''_{lt})		燃尽

第五节 油、气燃烧

一、油的燃烧特点

油的燃烧总是首先把燃料油雾化成<200～250μm 的油雾液滴，以扩大油的蒸发表面积，提高油的蒸发速度，实现油蒸气的燃烧。理论分析和试验研究均表明，油滴燃烧过程中，存在油滴直径的平方 δ^2 随燃烧时间 τ 呈线性变化关系，此即为直径平方直线定律：

$$\delta^2=-K\tau+\delta_0^2 \tag{7-275}$$

式中 δ_0——油滴燃烧的初始直径，m；

δ——燃烧时间 τ 时的油滴（剩余）直径，m；

K——油滴燃烧常数，m^2/s；实验测得 K 值如下：

油的种类	酒精	煤油	柴油
$K/(m^2/s)$	0.81×10^{-6}	0.96×10^{-6}	0.79×10^{-6}

从式（7-272）可知，初始直径为 δ_0 的油滴，燃尽（$\delta=0$ 时）所需的时间 τ_j 为：

$$\tau_j=\frac{\delta_0^2}{K} \tag{7-276}$$

由此可知，油的雾化是保证充分、及时燃烧和燃尽的关键。

油雾燃烧中，许多油滴总是边蒸发气化，边燃烧，形成扩散发光火焰锋面。只有一些很细的油滴，迅速蒸发气化，油蒸气与空气预混合后再受热着火、燃烧，形成预混合的不发光（或半发光）火焰。

燃料油及天然气的主要成分是烃类，在烃氧化化学反应的同时，如果缺氧或者与氧混合不匀时，烃类将产生热裂解反应，最终导致析炭而产生炭黑，影响燃尽并造成污染。烷烃裂解的基本反应是脱氢和断链反应，即：

$$C_nH_{2n+2}\xrightarrow{\text{脱氢}}C_nH_{2n}+H_2$$

$$C_{m+n}H_{2(m+n)+2}\xrightarrow{\text{断链}}C_mH_{2m}+C_nH_{2n+2}$$

$$C_nH_{2n+2}\xrightarrow{\text{脱氢}}C_nH_{2n}+H_2$$

烷烃裂解后生成烯（称一次反应）。以乙烯为例的二次反应与析炭过程如下：

$$\text{高温下}\quad C_2H_4\xrightarrow{>900\sim1100℃}C_2H_2+H_2$$

$$C_2H_2\xrightarrow{\text{析炭}}H_2+2C(\text{炭黑})$$

$$\text{中温下}\quad 3C_2H_4\xrightarrow{>500℃}C_6H_6+3H_2$$

$$C_6H_6\xrightarrow{\text{脱氢}}\text{多环芳烃}\xrightarrow{\text{析炭}}C(\text{炭黑})$$

按析炭的严重性，各种烃类燃料排序为：渣油＞重油＞重柴油＞轻柴油＞汽油＞液化石油气＞天然气。或者以碳氢比$\frac{C}{H}$来判断，显然$\frac{C}{H}$越大，析炭越多。在含碳数相同的情况下，不饱和烃（烯、炔）比饱和烃（烷）更易发生析炭。

为防止析炭，在燃烧技术上使一部分空气从火焰根部在烃受热阶段及时混入，或采用蒸汽雾化，都可以抑制或减轻析炭。

二、油燃烧器

燃油锅炉的燃烧器主要由雾化器（油喷嘴）和调风器组成。

油喷嘴雾化质量的主要指标有：①雾化粒径及均匀性；②雾化角（指雾化射流离喷口 200～250mm 的扩展角，故又称条件雾化角）；③雾化流沿圆周方向的流量密度分布。

根据油喷嘴雾化原理的不同，分为机械式油喷嘴（包括压力式和旋杯式两种）和介质式油喷嘴（可以蒸汽或空气为雾化介质）两大类。前者不需雾化介质（蒸汽或空气），靠惯性离心力实现雾化。其特性如表 7-139 所列。

表 7-139 油喷嘴的分类及其工作特性

名称	机械式油喷嘴			介质式油喷嘴			
	简单压力式	回油式	旋杯式	纯蒸汽式	蒸汽机械式	Y形	低压空气式
单只喷油嘴喷油量/(kg/h)	120～4000		＜1500	1200～2000		$<1\times10^4$	＜250
适用油黏度/°E	2～4		＜10	8～10			
油压/MPa	2～5		0.05～0.1	0.2～0.25	0.5～1.0	0.6～2.0	0.03～0.1
蒸汽(空气)压力/MPa	—		旋杯转速$(3\sim10)\times10^3$r/min	0.5～1.3			$(2\sim7)\times10^{-3}$
最大负荷调节比①	1∶1.4	1∶4	1∶5	1∶5		1∶10	1∶5
雾化粒径/μm	180～200		200～300	＜150		＜120	＜150
雾化角/(°)	60～100		50～80	40～70		70～110	—
性能特点及适用场合	靠油压产生惯性离心力使油雾化，故油压下降会使雾化质量变差，因此，仅适用于带基本负荷的锅炉。当油黏度＞4°E时，应加热，对重油加热温度110～130℃	调节方便，雾化角随回油压力的减小而有所增加。故调节性能好，适用于大、中型电站锅炉，其中分散小孔内回油喷嘴应用更普遍	依靠转杯高速转动产生的离心力使油雾化 一般转杯有5°锥角，一次风速40～100m/s，一次风率约为20%，火焰长2～3m，用于小容量锅炉	汽耗率②为0.4～0.6kg/kg，火焰长2.5～7m 结构简单、雾化质量较好，对油种适应性好，用于小容量锅炉	汽耗率低，一般为0.08～0.1kg/kg，用于电站锅炉	汽耗率很低，为0.02～0.05kg/kg，负荷变化时，雾化角几乎不变，负荷调节比可达1∶20，雾化粒径可达50μm，特别适用于大容量电站锅炉	油压很低，利用80m/s的高速空气使油雾化，雾化质量较好，对油质要求不高，适用于小型锅炉和工业炉
结构图	图 7-181	图 7-182	图 7-188	图 7-190	图 7-191	图 7-193	图 7-189

① 最大负荷调节比是指油喷嘴稳定运行状况下，最小喷油量与最大喷油量的比。

② 汽耗率是指雾化 1kg 油所消耗的蒸汽量/(kg/kg)。

油喷嘴的机械加工质量对雾化质量影响很大，要求严格控制尺寸公差，应保证雾化片、旋流片及分流片接合面的光洁度达到 9 级，喷孔、旋流室、切向槽的光洁度达到 7 级以上。

1. 压力式油喷嘴

压力式油喷嘴靠惯性离心力使油雾化，分简单压力式和回油式两种（见图 7-181 和图 7-182）。压力式油喷嘴雾化片和旋流片结构尺寸特性如下。

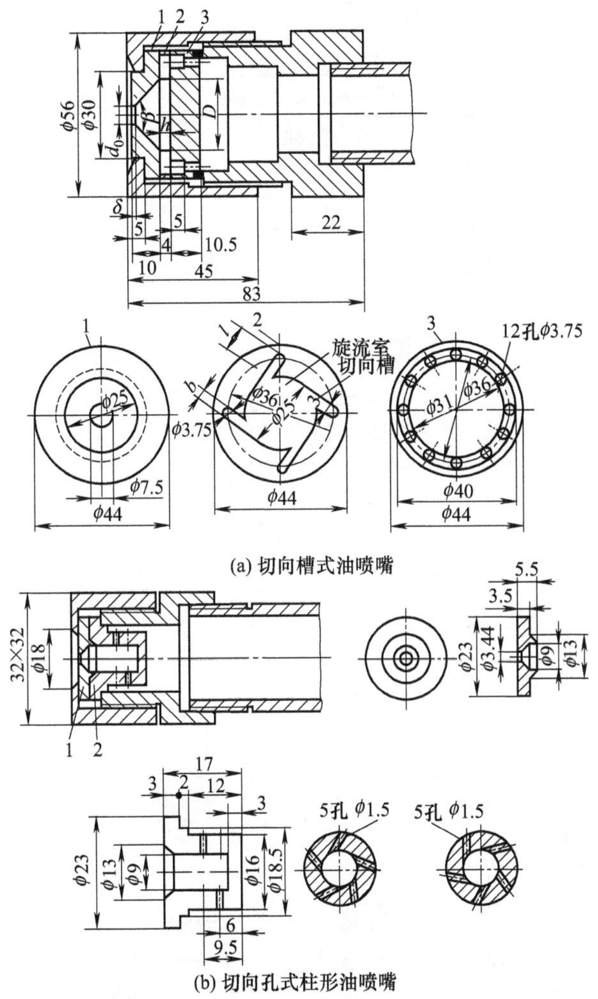

图 7-181　简单压力式油喷嘴（图中尺寸适用于喷油量为 1700～1800kg/h）

1—雾化片；2—旋流片；3—分流片

① 表征油旋转强度的几何特征数 B（又称结构特性系数）。

$$B=\frac{\pi d_0(D-b)}{4nbh} \tag{7-277}$$

式中　d_0 和 D——雾化片出口和进口直径；

b 和 h——旋流片切向槽宽度和深度；

n——切向槽的数量。

一般情况下，该几何特征数 $B=2.0\sim3.0$。对于最大喷油量 $G_{max}<1500$kg/h 的喷嘴，B 值可以$\leqslant2.0$。回油式油喷嘴的 B 值取 1.5～2.5，略小于简单压力式喷嘴。

② 雾化片喷口直径 d_0。d_0 增大，将使雾化角 α 增大，流量系数 μ 减小，油滴变粗，喷油量增大。在特征数 B 和油压不变的情况下，油滴的平均直径 d_y 与 $\left(\frac{d_0}{2}\right)^{0.4\sim0.6}$ 成正比。

喷口直径 d_0 与旋流室直径 D 之比 $\frac{d_0}{D}=0.25\sim0.40$。对大容量喷嘴尽可能取较小值。$\frac{d_0}{D}$过大，雾化流沿圆周方向上分布不均匀性加大，雾化质量下降。

③ 雾化片喷口厚度δ与喷口直径d_0之比$\frac{\delta}{d_0}=0.2\sim0.5$，$\frac{\delta}{d_0}$太大，则阻力增加，出口压力下降，雾化角减小，油滴变粗。

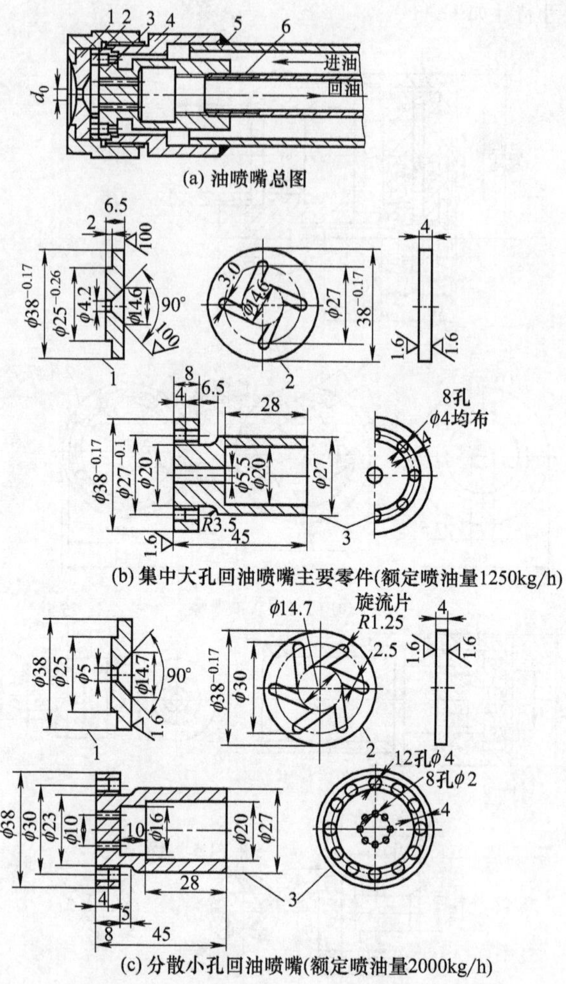

图 7-182 回油式油喷嘴（图中尺寸适用于喷油量为 2000kg/h）

1—雾化片；2—旋流片；3—分油嘴；4—喷嘴座；5—进油管；6—回油管

④ 雾化片锥角$\beta=90°\sim120°$，对大容量喷嘴取大值。

⑤ 旋流片切向槽长度l与宽度b之比$\frac{l}{b}=1.3\sim3.0$，试验发现当$\frac{l}{b}<1.0$时，油的旋转强度明显下降，雾化角减小，雾化质量变差。

旋流片切向槽宽度b与深度h之比$\frac{b}{h}\leqslant1.0$。

⑥ 旋流片切向槽数n。切向槽数适当增加时，雾化流的流量密度沿圆周方向的分布均匀。一般$n=3\sim6$，具体推荐如表 7-140 所列。

表 7-140 旋流片切向槽数 n

名称	数值		
单个喷嘴喷油量 G/(kg/h)	400～800	800～2000	2000～3600
喷口直径 d_0/mm	3～4	3～4.5	4.5～7.5
切向槽数 n/条	3	4	4～6

几种简单压力式油喷嘴结构特性及试验数据列于表 7-141。

表 7-141　几种简单压力式油喷嘴结构特性及试验数据

名称		数值							
结构特性	喷口直径 d_0/mm	3.0	3.34	4.0	4.0	4.52	5.0	5.1	7.5
	旋流室直径 D/mm	10.6	9.0	14.7	7.6	6.96	7.34	20	25
	喷口厚度 δ/mm	0.6	1.0	2.0	1.4	1.0	1.2	0.9	1.5
	切向槽数 n/条	4	2×5 孔	4	6	4	4	6	4
	槽宽 b/mm	1.9	1.18	3.14	1.76	1.78	2.0	3.0	3.0
	槽深 h/mm	2.2	—	2.36	2.3	1.98	2.58	2.5	4.0
试验数据	喷油量 G/(kg/h)	584	800	1008	1195	1070	1460	1510	1770
	雾化角 α/(°)	78	71.2	69.5	74.5	77.3	85.0	83.6	102
	油滴平均直径 d_y/μm	109	129	152	124	151	157	126	144
	油滴最大直径 d_{max}/μm	220	240	250	220	280	320	210	250

2. 简单压力式油喷嘴流量及雾化角的计算

理论喷油量

$$G=3600\mu\pi r_0^2\sqrt{2\rho p_0} \tag{7-278}$$

理论雾化角 $\alpha=f(B)$ [单位：(°)]，按图 7-183 曲线 1 查取。

式中　B——几何特征数，$B=\dfrac{\pi d_0\ (D-b)}{4nbh}$；

μ——理论流量系数，$\mu=f(B)$，按图 7-184 查取；

r_0——油喷嘴的出口半径，m；

ρ——油的密度，kg/m³；

p_0——进油压力，Pa。

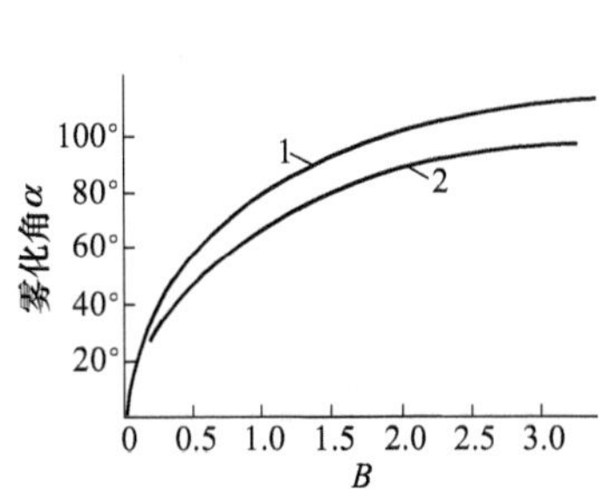

图 7-183　理论雾化角 α 与几何特征数 B 的关系

1—不考虑在油喷嘴出口处径向压力分布不同对出口轴向速度 v 的影响（认为 v=常数）；
2—考虑喷嘴出口处径向压力分布对出口轴向速度沿径向分布的影响（实际情况是，出口截面积半径越大处，离心力越大，压力高，故喷嘴出口相应半径处的轴向速度也越大）

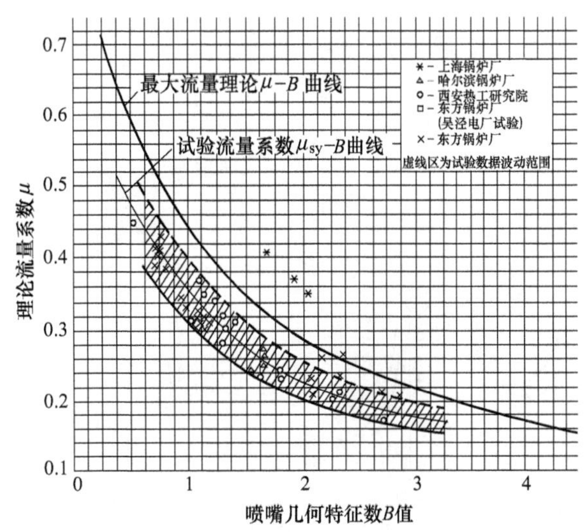

图 7-184　试验流量系数 μ_{sy} 与理论流量系数 μ 的比较（不回油）

式 (7-278) 是按理想流体得出的。对实际流体，应对理论流量系数 μ、理论雾化角 α 或者对几何特征数 B 进行修正。再用修正后的 μ_{sj} 代替理论的 μ 计算出实际的流量 G_{sj}。修正方法如表 7-142 所列。

3. 简单压力式油喷嘴的阻力特性

见图 7-185。

表 7-142 修正值 μ_{sj}、α_{sj} 和 B_{sj}

修正量	纯经验法		半经验公式法	计算方法
	经验系数法	经验公式法		
流量系数 μ_{sj}	$(0.815\sim0.88)\mu$	$\frac{0.37}{B^{1.1}}$	$\mu+\frac{B}{30}-0.125$ 适用条件： $B=0.5\sim3.0$ $G\geqslant300\text{kg/h}$	用 μ_{sj} 代入式(7-275)计算实际喷油量 G_{sj}
雾化角 α_{sj}	0.87α	$57B^{0.37}$ 适用条件： $B=0.8\sim1.8$ 进油压力 2MPa，油黏度 3°E 喷口直径 $d_0\leqslant5\text{mm}$		或者用 B 按图 7-183 曲线 2 查取 α_{sj}
几何特征数 B_{sj}		$2.094\left(\frac{d_0}{D-b}\right)^{0.862}\cdot B$ 适用条件：$B=1.42\sim4.33$ $d_0=5.75\sim7.20\text{mm}$		可用 B_{sj} 按图 7-184 查出 μ_{sj}，代入式(7-275)计算喷油量 G_{sj}

4. 回油式油喷嘴的主要参数

图 7-186 是回油式油喷嘴的油系统示意。图 7-186 中；说明：①考虑到冷态和热态时油密度对计算结果影响的相对误差≤4%，故试验流量系数曲线上的所有点全部按 $\rho_4^{20}=865\text{kg/m}^3$，黏度 $30\text{mm}^2/\text{s}$ 计算；②共计算 355 个油喷嘴、108 种不同工况。反映回油喷嘴工作状况的参数如下。

① 最大喷油量 G_{max} 和最大回油压力 p_{hmax}。分别指回油调节阀全关时的喷油量和回油管路中的压力。

② 额定喷油量 G。指在有一定回油量下的设计喷油量。

③ 最小喷油量 G_{min}。指回油调节阀全开时的喷油量。此时回油量达最大，回油压力达最低。

④ 调节比。最大调节比 $n_{max}=\frac{G_{max}}{G_{min}}=n_e g_e$，额定调节比 $n_e=\frac{G}{G_{min}}$

⑤ 额定喷油量比。$g_e=\frac{G_{max}}{G}$，一般 $g_e=1.15\sim1.30$ 为宜。

⑥ 额定回油系数 q_e。指在额定喷油量 G 下，总进油量（喷油量与回油量的总和）$\sum G$ 与额定喷油量的比值，即 $q_e=\frac{\sum G}{G}$。

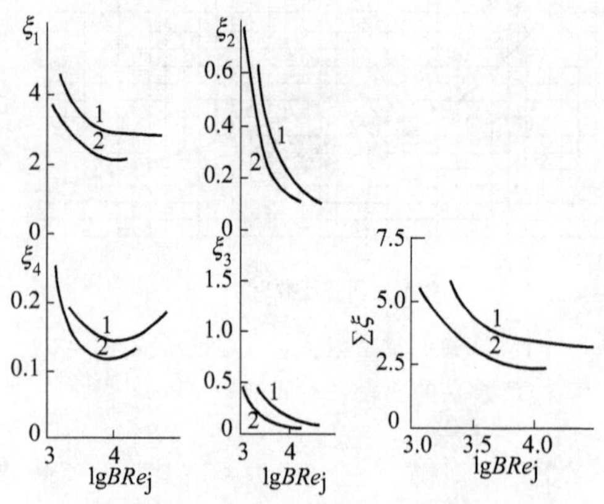

图 7-185 压力式油喷嘴阻力系数

1—切向槽式油喷嘴；2—切向孔式柱形油喷嘴；B—几何特征数；Re_j—计算雷诺数，$Re_j=\frac{v_j d_d}{\nu}$；v_j—计算速度，m/s，$v_j=\sqrt{\frac{2p}{\rho}}$；$p$—油压，Pa；$\rho$—油密度，kg/m³；$d_d$—旋流片切向槽当量直径，m，$d_d=\frac{2hb}{h+b}$；$\nu$—油的运动黏度，m²/s

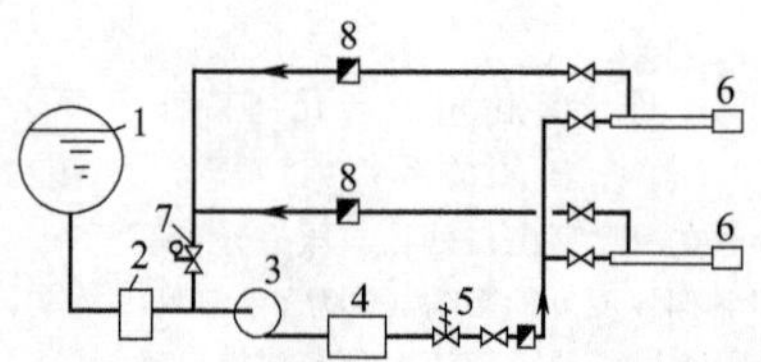

图 7-186 回油式油喷嘴的油系统示意

1—油箱；2—过滤器；3—油泵；4—加热器；5—速断阀；6—油喷嘴；7—回油调节阀；8—止回阀

⑦ 最大回油压力比 Z。指最大回油压力 $p_{\text{h max}}$ 与进油压力 p 之比，即 $Z=\frac{p_{\text{h max}}}{p}$。理论最大回油压力比 $Z_{\text{lr}}=\left(\frac{p_{\text{h max}}}{p}\right)_{\text{lr}}$ 按下式确定：

$$Z_{\text{lr}}=\left(\frac{p_{\text{h max}}}{p}\right)_{\text{lr}}=1-\mu^2 B^2\left(\frac{d_0}{d}\right)^2 \tag{7-279}$$

式中 B——几何特征（结构特性）数，按式（7-274）计算；

d_0——油喷嘴喷口直径，m；

d——对集中大孔回油喷嘴，d 为回油孔直径 d_{h}，m；

对分散小孔回油喷嘴，d 为回油孔的节圆直径 d_{jy}，m；

μ——理论流量系数，按 B 值查图 7-184。

回油式油喷嘴的主要结构参数如表 7-143 所列。

表 7-143 回油式油喷嘴的主要结构参数

分散小孔回油喷嘴			集中大孔回油喷嘴	
$\frac{\text{回流孔节圆 } d_{\text{jy}}}{\text{旋流室直径 } D}$	$\frac{\text{回流孔总面积 } n\pi r_{\text{h}}^2}{\text{喷油口面积 } \pi r_0^2}$	回流孔数 n	$\frac{\text{集中回流大孔直径 } d_{\text{h}}}{\text{喷口直径 } d_0}$	d_{h}
0.6～0.8	1～1.5	6～10	≥1.13 试验发现：当 $d_{\text{h}}/d_0\approx1.3$ 时，$\mu_{\text{sj}}=(1\sim1.1)\mu$	≤10mm

表 7-144 列出回油式油喷嘴的估算。

表 7-144 回油式油喷嘴的估算

计算量名称	集中大孔回油喷嘴	分散小孔回油喷嘴
最大喷油量 $G_{\max}$/(kg/h)	按式(7-275)计算 当 $\frac{\text{回油孔直径 } d_{\text{h}}}{\text{油喷口直径 } d_0}\approx1.3$ $\mu_{\text{sj}}=\mu$ μ 按图 7-184 查得	按式(7-275)计算 $\mu_{\text{sj}}\approx0.9\mu$ μ 按图 7-184 查得
最大回油压力比 Z	$Z_{\text{lr}}-\Delta$ Z_{lr} 按式(7-276)计算 当 $B\approx1.0$ 时，$\Delta=0.3$ $B\approx1.4$ 时，$\Delta=0.35$	$(0.7\sim0.8)Z_{\text{lr}}$ 当 $B<1.0$ 时，取小值 $B\approx2.0$ 时，取大值
最大回油压力 $p_{\text{h max}}$	$(Z_{\text{lr}}-\Delta)p_0$	$(0.7\sim0.8)Z_{\text{lr}}p_0$
最大进油量 $\Sigma G_{\max}$/(kg/h)	$3600\mu\pi(r_0^2+r_{\text{h}}^2)\sqrt{2\rho p_0}$ 其中 $\mu=\frac{S(1-2S^2)}{\sqrt{A^2(1-2S^2)+S^2}}$ $A=\frac{\pi}{4}\cdot\frac{D-b\sqrt{d_0^2+d_{\text{h}}^2}}{nbh}$ S 查图 7-187	$G_{\min}+G_{\text{h max}}$ 式中 $G_{\min}$——最小喷油量，kg/h； $G_{\text{h max}}$——最大回油量，kg/h
最小喷油量 $G_{\min}$/(kg/h)	$\left[\frac{(r_0^2-r_{\text{w}}^2)}{(r_{\text{h}}^2-r_{\text{w}}^2)+(r_0^2-r_{\text{w}}^2)}\right]\cdot\Sigma G_{\max}$ 其中 r_{w} 是旋涡半径，$r_{\text{w}}=S\cdot\sqrt{r_0^2+r_{\text{h}}^2}$	①先假定 $G_{\min}$ 则 $G_{\min}+G_{\text{h max}}=\Sigma G_{\max}$ ②计算 $c=\frac{G_{\min}}{G_{\min}+G_{\text{h max}}}$ ③计算新结构特性系数 B' $B'=\frac{B}{c}$ 并用 B' 查图 7-184 求出 μ ④实际流量系数 $\mu_{\text{sj}}=(0.7\sim0.8)\mu$ ⑤计算最小喷油量 $G_{\min}$ $G_{\min}=3600\mu_{\text{sj}}\cdot\pi r_0^2\sqrt{2\rho}$ 直到 $G_{\min}$ 的计算值与假定值一致为止

续表

<table>
<tr><th>计算量名称</th><th>集中大孔回油喷嘴</th><th>分散小孔回油喷嘴</th></tr>
<tr><td>最大回油量 $G_{h\max}/(kg/h)$</td><td>$\sum G_{max}-G_{min}$</td><td>$3600\mu(\pi r_h^2 n)\sqrt{2\rho(p_{h\max}-p_{min})}$
式中 μ——回油孔流量系数，μ 的试验结果
<table><tr><th>B</th><th>d_{jy}/m</th><th>d_h/m</th><th>孔数</th><th>μ</th></tr><tr><td>0.8</td><td>0.01</td><td>2×10^{-3}</td><td>8</td><td>0.52</td></tr><tr><td>1.34～2.08</td><td>0.012</td><td>2×10^{-3}</td><td>8</td><td>0.4～0.44</td></tr></table>$p_{h\max}$——最大回油压力，Pa；
p_{min}——回油阀全开时，回油管路中的压力，Pa；
n——回油孔数；
r_h——回油孔直径，m</td></tr>
<tr><td>最大调节比 n_{max}</td><td>G_{max}/G_{min}</td><td>G_{max}/G_{min}</td></tr>
<tr><td>雾化角 α/(°)</td><td colspan="2">根据结构特性系数 B 查图 7-183 曲线 2</td></tr>
</table>

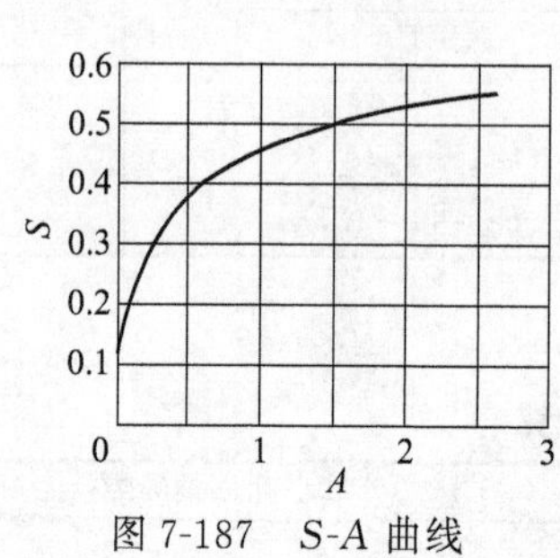

图 7-187 S-A 曲线

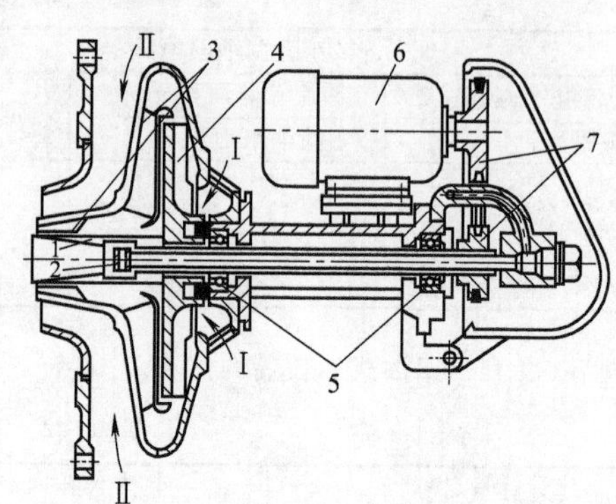

图 7-188 旋（转）杯式油喷嘴

1—旋杯；2—空心轴；3—一次风导流片；4—一次风机叶轮；5—轴承；6—电动机；7—转动皮带轮

Ⅰ—一次风；Ⅱ—二次风

表 7-145 给出部分压力式油喷嘴结构参数。

表 7-145 部分压力式油喷嘴结构参数

<table>
<tr><th>名 称</th><th colspan="12">数 值</th></tr>
<tr><td>喷孔直径 d_p/mm</td><td>1.5</td><td>1.5</td><td>2.0</td><td>2.5</td><td>3.0</td><td>3.5</td><td>3.85</td><td>4.25</td><td>4.5</td><td>2.75</td><td>3.05</td><td>3.55</td></tr>
<tr><td>槽宽 b/mm</td><td>1.5</td><td>2</td><td>2</td><td>2</td><td>2</td><td>2</td><td>1.6</td><td>1.7</td><td>2.5</td><td>1.5</td><td>1.8</td><td>1.8</td></tr>
<tr><td>槽深 h/mm</td><td>1.5</td><td>3</td><td>3</td><td>3</td><td>3</td><td>3</td><td>1.6</td><td>1.7</td><td>1.8</td><td>1.5</td><td>1.8</td><td>1.9</td></tr>
<tr><td>槽数 n/条</td><td>3</td><td>3</td><td>3</td><td>3</td><td>3</td><td>3</td><td>6</td><td>6</td><td>4</td><td>4</td><td>4</td><td>4</td></tr>
<tr><td>旋流室直径 D/mm</td><td>9.5</td><td>9.5</td><td>9.5</td><td>9.5</td><td>9.5</td><td>9.5</td><td>10</td><td>10</td><td>13</td><td>10</td><td>10</td><td>10</td></tr>
<tr><td rowspan="2">$\frac{\text{油压}\ p_0}{\text{喷油量}\ G}\Big/\left[\frac{\text{MPa}}{(\text{kg/h})}\right]$</td><td>$\frac{2}{155}$</td><td>$\frac{2}{220}$</td><td>$\frac{2}{300}$</td><td>$\frac{2}{400}$</td><td>$\frac{2}{510}$</td><td>$\frac{2}{635}$</td><td>$\frac{2}{800}$</td><td>$\frac{2}{960}$</td><td>$\frac{2}{720}$</td><td>$\frac{2}{400}$</td><td>$\frac{2}{480}$</td><td>$\frac{2}{560}$</td></tr>
<tr><td>$\frac{3.5}{198}$</td><td>$\frac{3.5}{270}$</td><td>$\frac{3.5}{400}$</td><td>$\frac{3.5}{550}$</td><td>$\frac{3.5}{680}$</td><td>$\frac{3.5}{845}$</td><td></td><td></td><td>$\frac{3.5}{910}$</td><td></td><td></td><td></td></tr>
<tr><td>雾化片锥角 β/(°)</td><td colspan="6">90</td><td colspan="2">100</td><td>90</td><td colspan="3">100</td></tr>
<tr><td>有无回油</td><td colspan="9">无</td><td colspan="3">有</td></tr>
</table>

5. 旋杯式油喷嘴

见图 7-188。

6. 蒸汽（空气）雾化油喷嘴

蒸汽（空气）雾化油喷嘴是靠有足够压力的蒸汽（空气）将油雾化，其调节比较大，低负荷下也能保证雾化质量较好。结构上分空气（纯蒸汽）雾化油喷嘴（分别见图 7-189 和图 7-190）和蒸汽机械雾化喷嘴（见图 7-191 和图 7-192）两种。后者是同时利用高速蒸汽流动和较高油压的综合作用使油雾化，因此耗汽量和油压都分别低于纯蒸汽雾化喷嘴和压力式机械雾化喷嘴。蒸汽机械雾化喷嘴又分为外混式和内混式两种形式。

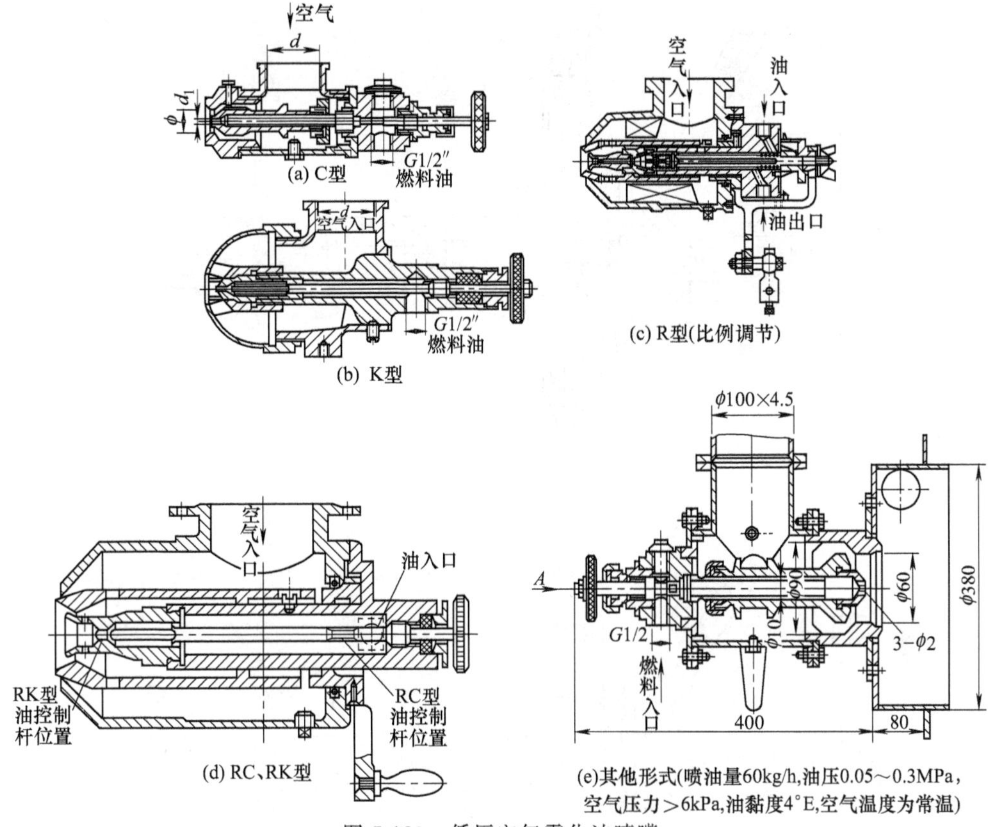

图 7-189　低压空气雾化油喷嘴

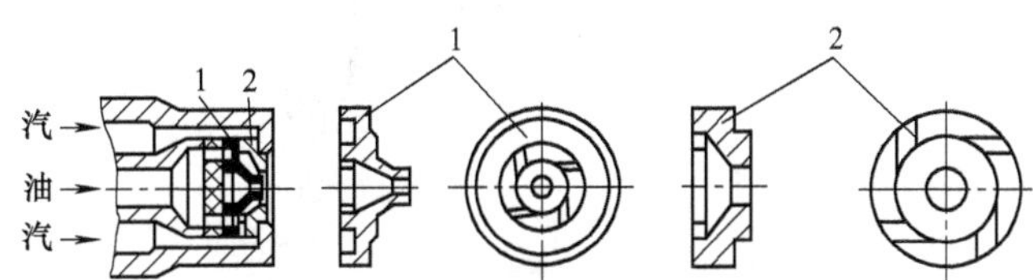

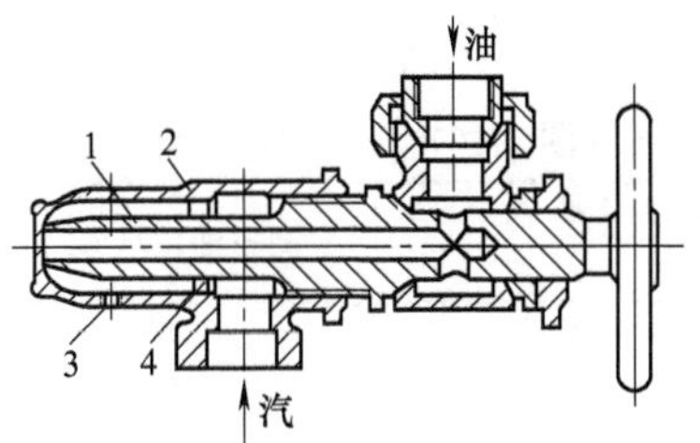

图 7-190　纯蒸汽雾化油喷嘴

1—油管；2—蒸汽管；3—定位螺孔；4—定位块

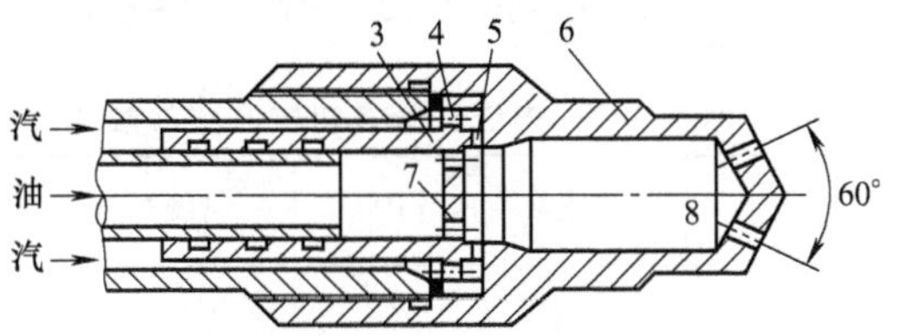

图 7-191　蒸汽机械雾化油喷嘴

1—油旋流片；2—蒸汽旋流片；3—分油配汽嘴；4—汽孔；5—汽槽；6—内混合室；7—油孔；8—油汽混合物喷口

表 7-146 给出纯蒸汽雾化油喷嘴的喷口直径。表 7-147～表 7-149 给出了蒸汽机械雾化喷嘴的试验数据和结构数据。

表 7-146　纯蒸汽雾化油喷嘴的喷口直径　　单位：mm

喷油量/(kg/h)	油压/MPa			
	0.1	0.2	0.3	0.4
20	1.34～1.6	1.13～1.35	1.02～1.22	0.95～1.13
50	2.05～2.54	1.73～2.14	1.55～1.93	1.45～1.8
100	2.9～3.6	2.44～3.0	2.2～2.7	2.04～2.5
200	4.3～5.08	3.43～4.26	3.1～3.96	2.9～3.6

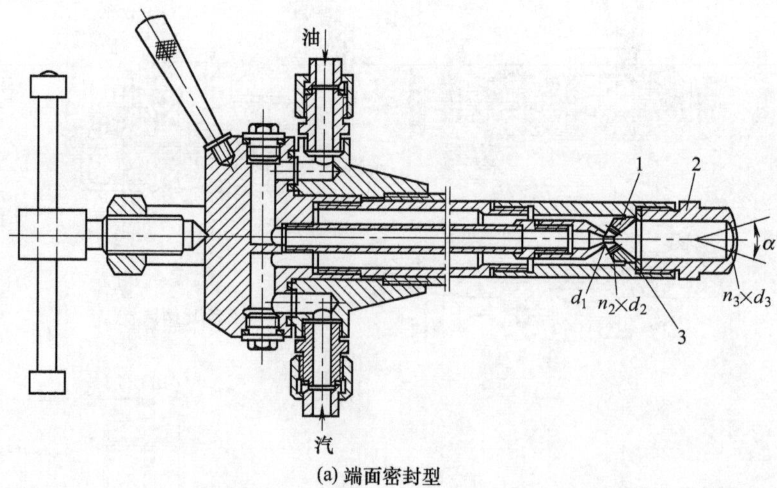

(a) 端面密封型

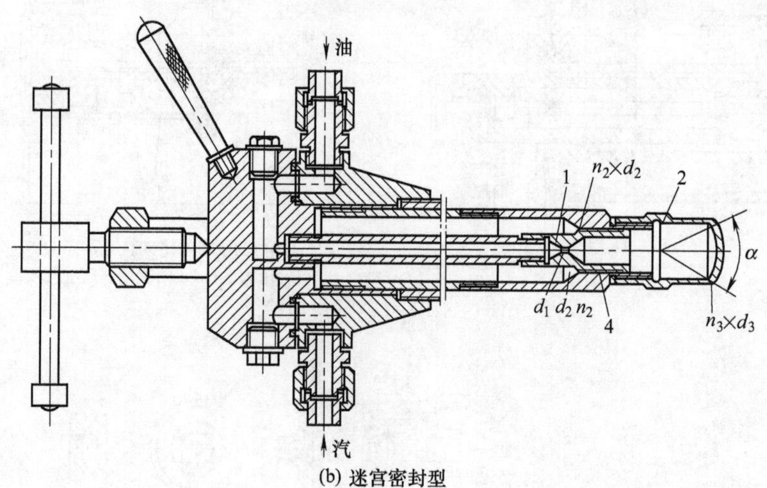

(b) 迷宫密封型

图 7-192 化工斜交型内混式蒸汽（空气）机械雾化喷嘴

1—内喷头；2—外喷头；3—端面密封垫圈；4—环形迷宫密封环

表 7-147 内混式蒸汽机械雾化油喷嘴的一些试验数据［见图 7-191（b）］

喷嘴结构尺寸	试验汽压/MPa	试验油压/MPa	汽耗率/(kg 汽/kg 油)	实测喷油量/(kg/h)
汽孔 ϕ4-16	0.8	0.75	0.0887	1650
汽槽 4×4-8	0.8	0.65	0.107	1260
油孔 ϕ4-8	0.7	0.65	0.09	1470
	0.7	0.55	0.097	1220
混合室喷孔 ϕ4-12	0.6	0.55	0.078	1270

表 7-148 小型内、外混式蒸汽机械雾化喷嘴结构数据

形式	油嘴孔径/mm	雾化片切向槽宽度×深度×槽数/(mm×mm×条)	旋流室直径/mm	蒸汽缝隙宽度/mm	混合室尺寸直径×长度/(mm×mm)	喷嘴出口孔径×孔数/mm	喷油量/(kg/h)
内混式	2.26	1.73×1.13×4	7.14	0.25	10×30	2×8	174
外混式	1.8	1.2×1.2×3	7.0	0.3	—	蒸汽喷孔直径 5.5	163

表 7-149 化工小型斜交内混式蒸汽（空气）机械雾化喷嘴结构数据

喷油量 /(kg/h)	油压 /MPa	压力 /MPa	雾化剂及温度 /℃	d_1 /mm	$n_2 \times d_2$ /mm	$n_3 \times d_3$ /mm	α/(°)	汽耗 /(kg/kg)	结构图
30	0.45～0.55		空气 常温	1.0	6×1	6×1	30	0.35～0.6	
60	0.45～0.55		空气 常温	1.3	8×1.2	18×1	45	0.35～0.6	图 7-192(a)
60	0.45～0.55	0.55～0.65	蒸汽 250	1.3	8×1.4	18×1.2	45	0.35～0.4	
30～72	0.5	0.6	蒸汽 250	1.35	6×1.4	12×1.5	35	0.4～0.55	图 7-192(b)

表 7-150～表 7-153 给出了各种空气雾化油喷嘴的特性数据。

表 7-150 C 型低压空气雾化油喷嘴出力表（过剩空气系数 α=1.0）

序号	油喷嘴规格	油喷嘴直径 /mm	空气喷口直径 /mm	不同空气压力①下的燃油量/(kg/h)				序号	油喷嘴规格	油喷嘴直径 /mm	空气喷口直径 /mm	不同空气压力下的燃油量/(kg/h)			
				3000	5000	7000	10000					3000	5000	7000	10000
1	1½	2.5	21	5	6.5	7.8	9.2		4″	4	60	47	60	70	85
2	2½	3	30	13.5	17.5	20.5	25	4	5″	5	75	65	83	98	118
			40	19	24	28	34	5	6″	5	95	100	130	150	212
3	4″	4	52	40	51	60	72	6	8″	5	125	160	210	235	297

① 压力单位为 Pa。

表 7-151 K 型低压空气雾化油喷嘴出力表

规格 d	油喷嘴直径 /mm	空气喷口直径 /mm	一次空气系数 α	油喷嘴燃油量/(kg/h) 空气压力/Pa					规格 d	油喷嘴直径 /mm	空气喷口直径 /mm	一次空气系数 α	油喷嘴燃油量/(kg/h) 空气压力/Pa				
				3000	4000	5000	6000	7000					3000	4000	5000	6000	7000
2½″	3	26	1	9.5	11	12.5	13.5	14.5	4″	4	50	1.2	25	29	32	35	37
			1.1	8.6	10	11.2	12	13				1.3	23	27	29	32.5	35
			1.2	8	9	10.3	11	12		4	56	1	43	50	55	60	65
			1.3	7.5	8.5	9.5	10.6	11.2				1.1	38	43	48	54	57
		32	1	12.2	14.5	16	17.2	18.5				1.2	34	40	46	50	54
			1.1	11.2	13.2	15	16	17				1.3	32	37	42	46	49
			1.2	10.2	12	13	14.3	15	6″	4	64	1	50	57.5	65	70	76
			1.3	9.6	11	12.3	13.2	14				1.1	45	52.5	59	64	68
	3.5	40	1	22	24	27	29	31				1.2	42	47.5	54	58	63
			1.1	18.3	22	24	27	28.5				1.3	38	44	50	54	58
			1.2	17.5	20	22.5	24	26.5			73	1	57	76	84	90	97
			1.3	16	18	20	22.5	24				1.1	60	69	77	85	90
4″	4	42	1	22	25	28	31	33				1.2	55	63	70	76	81
			1.1	20	23	26	28	30				1.3	50	57	64	70	76
			1.2	19	22	23	25	27.5			86	1	101	115	130	140	154
			1.3	17	19	21	23	25				1.1	92	105	118	130	140
		50	1	31	35	39	43	46				1.2	85	98	108	117	127
			1.1	28	32	36	40	42				1.3	77	90	100	110	118

注：油喷嘴所用燃料油黏度为 10°E，进油压力最低为 0.05MPa，适宜压力为 0.1～0.15MPa，空气正常压力为 4.9kPa（500mmH_2O），火焰长度约 1m，雾化角 90°。

表 7-152 R 型比例调节空气雾化油喷嘴出力表

型号	风压 4000Pa（二次风 35%）			风压 6000Pa（二次风 40%）			风压 8000Pa（二次风 44%）			风压 10000Pa（二次风 47%）			风压 12000Pa（二次风 49%）		
	需风量 /(m^3/h)	耗油量 /(kg/h)		需风量 /(m^3/h)	耗油量 /(kg/h)		需风量 /(m^3/h)	耗油量 /(kg/h)		需风量 /(m^3/h)	耗油量 /(kg/h)		需风量 /(m^3/h)	耗油量 /(kg/h)	
	最大	最大	最小	最大	最大	最小	最大	最大	最小	最大	最大	最小	最大	最大	最小
R-1.5	78	7.2	0.9	90	8.5	1.0	102	9.8	1.2	114	10.7	1.3	120	11.4	1.4
		9.7	1.2		11.9	1.5		14.2	1.8		15.7	2.0		17.0	2.1
R-2	126	11.8	1.5	150	14.2	1.8	174	16.5	2.1	186	17.8	2.2	198	19.0	2.4
		15.9	2.0		19.8	2.5		23.8	3.0		26.2	3.3		28.0	3.6

续表

型号	风压 4000Pa（二次风 35%）			风压 6000Pa（二次风 40%）			风压 8000Pa（二次风 44%）			风压 10000Pa（二次风 47%）			风压 12000Pa（二次风 49%）		
	需风量/(m^3/h)	耗油量/(kg/h)		需风量/(m^3/h)	耗油量/(kg/h)		需风量/(m^3/h)	耗油量/(kg/h)		需风量/(m^3/h)	耗油量/(kg/h)		需风量/(m^3/h)	耗油量/(kg/h)	
	最大	最大	最小	最大	最大	最小	最大	最大	最小	最大	最大	最小	最大	最大	最小
R-3	282	26.9 36.3	3.4 4.5	342	32.4 45.4	4.0 5.7	395	37.5 54.0	4.7 6.3	426	40.8 50.0	5.1 7.5	4.44	43.6 66.0	5.5 8.1
R-4	485	46 51.1	5.8 7.1	582	55.0 77.3	6.9 9.7	665	63.5 91.4	7.9 11.4	73.2	69.5 101.6	8.7 11.8	188	75.0 114.0	9.4 13.0
R-6	1100	100 142	12.5 12.8	1270	121 170	15.1 21.7	1470	160 201.5	17.5 23.1	1610	153.0 225.0	19.1 28.1	1720	164.0 244.0	20.5 30.5

注：1. 表中二次风量是指风套开启时由油喷嘴周围吸入的风量，这时油喷嘴耗油量列于表内每种型号中的下一格，上一格所示耗油量为风套全闭（二次空气量为 0）时的耗油量，风量和耗油量是按 20℃时计算的。

2. 本油喷嘴燃油黏度为 3.75°E 的重油，油喷嘴前进油压力为 0.04MPa，风压和油品黏度提高或降低的进油压力必须相应提高或降低。

7. Y 形油喷嘴

(1) Y 形油喷嘴的结构 结构见图 7-193。

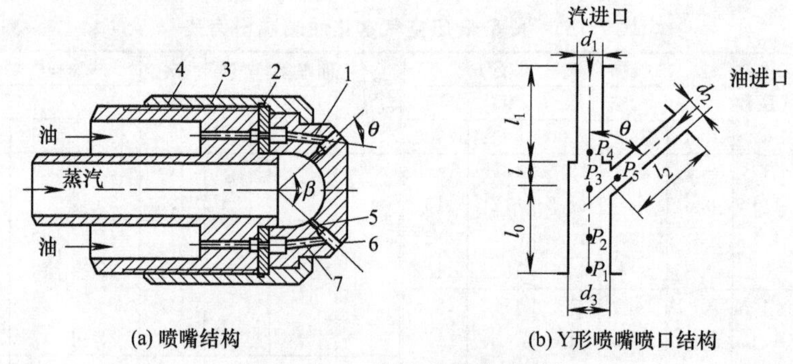

(a) 喷嘴结构　　(b) Y形喷嘴喷口结构

图 7-193 Y 形油喷嘴结构示意

1—喷头；2—分流片；3—压紧盖；4—喷头座；5—蒸汽进口管；6—油汽混合段；7—油进口管

Y 形油喷嘴主要部件是喷头和分流片。喷头由油孔、汽孔和混合段三部分组成，按结构形状称其为 Y 形油喷嘴，主要结构尺寸及参数如下。

① 混合段出口直径 d_3、汽进口直径 d_1、油进口直径 d_2 的关系：$\frac{d_3}{d_2}>1$；$\frac{d_3}{d_1}=1.4\sim1.8$；$\frac{d_2}{d_1}=1.1\sim1.4$（国外推荐$\frac{d_2}{d_1}=1.0$）。

表 7-153 RC、RK 型低压空气雾化油喷嘴出力表

型号 RC、RK	风压 4000Pa			风压 6000Pa			风压 8000Pa			风压 10000Pa			风压 12000Pa		
	需风量/(m^3/h)	耗油量/(kg/h)		需风量/(m^3/h)	耗油量/(kg/h)		需风量/(m^3/h)	耗油量/(kg/h)		需风量/(m^3/h)	耗油量/(kg/h)		需风量/(m^3/h)	耗油量/(kg/h)	
	最大	最大	最小	最大	最大	最小	最大	最大	最小	最大	最大	最小	最大	最大	最小
1.5″	183	15 17.5	2.4 183	220	15 21	3.2 4									
2″	126	16 21	32 4	150	20 26	4 5	174	16.8 22.8	146 288	186	11.1 25.2	2.15 3.11	198	182 26.8	2.3 3.46
3″	282	40 46	8 9	342	44 53	9.5 11.2	395	36 52	4.5 6.33	426	39.2 57.3	4.9 72	444	41.8 62.5	5.3 7.76
4″	485	46 64	9 12.8	582	55 70	12 14	665	61 87.7	76 10.85	732	66.9 98.5	83.4 12.3	786	72 109.3	9 12.5

注：1. RC、RK 型油喷嘴，除控油杆位置外，其余结构基本相同。

2. RC、RK 型油喷嘴，耗油能力相同，表内各型号喷嘴上下两格中所示耗油量，分别为风套全闭（二次空气为 0）和风套全开（鼓入二次空气）时的耗油量。

3. 两种形式油喷嘴要求油品黏度≤7°E，进油压力 0.05～0.25MPa，油温 80～100℃。

② 汽孔长度 $l_1=(2\sim10)d_1$；油孔长度 $l_2=(2\sim10)d_2$；预混段长度 $l\approx0.75d_1$；混合室长度 $l_0=(1.4\sim3.0)d_3$（国外推荐 4.5～5）。

③ 油汽入口角 $\theta\approx45^\circ\sim65^\circ$，以取偏上限值为宜。

④ 喷口孔数 $n=6\sim15$，喷口夹角 β 一般在 $55^\circ\sim115^\circ$ 范围内选择。

⑤ 雾化蒸汽压力 p_2 为 0.9～1.2MPa。

⑥ 雾化介质以过热蒸汽为好、温度 280～290℃。汽耗率为喷油量的 2%左右（或 0.02kg 汽/kg 油）。

⑦ 油压 p_y 为 1.2～1.8MPa。

(2) Y 形油喷嘴的估算 其计算式如下所列。

① 喷油量。

$$G_y=(\rho_y v_y \sum A_y)\times3600 \tag{7-280}$$

式中 ρ_y——油的密度，kg/m^3；

v_y——油孔出口的油速，m/s；

$$v_y=\mu_y\sqrt{\frac{2}{\rho_y}(p_5-p_3)\times10^6}$$

p_5，p_3——油孔出口前、后的压力，MPa，一般 $p_5\approx$ 油压，$p_3\approx a\cdot$ 蒸汽压力 $p_q\left(当\frac{p_y}{p_q}\geqslant1时，a\leqslant0.94\right)$；

μ_y——油流量系数，一般 $\mu_y\approx0.7$；

$\sum A_y$——油孔总截面积，m^2，$\sum A_y=n\cdot\left(\frac{\pi}{4}d_2^2\right)$。

② 汽耗量。

$$G_q=\left(\mu_q\cdot\varphi\cdot\sum A_q\sqrt{\frac{p_q\times10^6}{v_q}}\right) \tag{7-281}$$

式中 μ_q——蒸汽流量系数，一般 $\mu_q\approx0.45\sim0.65$；

φ——系数，过热蒸汽 $\varphi=2.09$，饱和蒸汽 $\varphi=2.99$，压缩空气 $\varphi=2.14$；

$\sum A_q$——汽孔总截面积，m^2，$\sum A_q=n\left(\frac{\pi}{4}d_1^2\right)$；

p_q——蒸汽绝对压力，MPa；

v_q——供汽压力 p_q 下的比容积，m^3/kg。

③ 汽耗率。

$$q=\frac{G_q}{G_y} \tag{7-282}$$

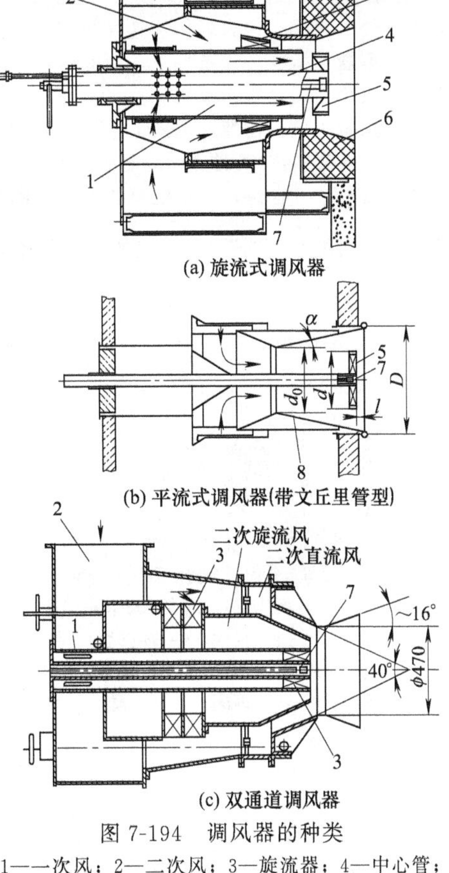

图 7-194 调风器的种类

1—一次风；2—二次风；3—旋流器；4—中心管；5—稳焰器；6—碹口；7—油喷嘴；8—文丘里管

8. 调（配）风器

调风器的作用是给油燃烧提供足够的空气，并形成有利的炉内燃烧空气动力场，保证着火、燃烧稳定。根据气流在调风器中是否旋转，可分成旋流式和平流式两种（见图 7-194），产生气流旋转的机构通常是蜗壳和轴（切）向叶片。平流式调风器的进风管有三种，即直筒型、收缩管型和文丘里管型。这种调风器阻力小，在一次风出口常设有稳焰器，它的作用是在油火焰根部送入一些旋转风，可以及时补氧，稳定火焰。

建议文丘里管喉口直径 $\frac{d_0}{D}=0.7\sim0.75$，扩压段半锥角 $\alpha=15^\circ\sim7.5^\circ$ [见图 7-194（b）]。

三、气体燃料的燃烧特点

1. 气体燃料的正常火焰传播速度 u_h

火焰传播速度是指燃烧火焰峰面在法线方向上的传播速度。可燃气体混合物在层流状态下的火焰传播速度称层流火焰传播速度，通常又称正常火焰传播速度 u_h。在湍流状态下的火焰传播速度称湍流火焰传播速度 u_t。

火焰传播有缓燃、爆炸和爆震 3 种方式。

(1) 缓燃 火焰峰面以导热和对流的方式把热量传递给未燃气体混合物，使燃烧过程连续不断地进行下去。其特点是火焰传播速度较低，一般为 0.01～1m/s 的数量级。火焰峰面厚度≤1mm。

(2) 爆炸 火焰峰面燃烧产生的高温烟气急剧膨胀产生冲击波，使未燃气体混合物绝热压缩、升温并迅速着火燃烧。其特点是火焰传播速度极快（可达 10^3 m/s 数量级），且速度是一个变化值。

(3) 爆震 指在一定条件下，对某一可燃气体混合物，以恒定的、最大速度传播的爆炸过程。绝大多数情况下的火焰传播都属于缓燃。

影响正常火焰传播速度 u_h 的主要因素有以下几种。

(1) 气体燃料-空气混合比的影响 图 7-195 给出了部分可燃气体火焰传播速度与燃气-空气混合物中，燃气体积百分数（含量）关系的试验曲线。图 7-196 给出了 u_h 与燃气混合物中一次空气系数 α_1（即燃气混合物中的空气量 V_k 与该燃气燃烧的理论空气量 V^0 之比，$\alpha_1=\frac{V_k}{V^0}$）的试验结果。

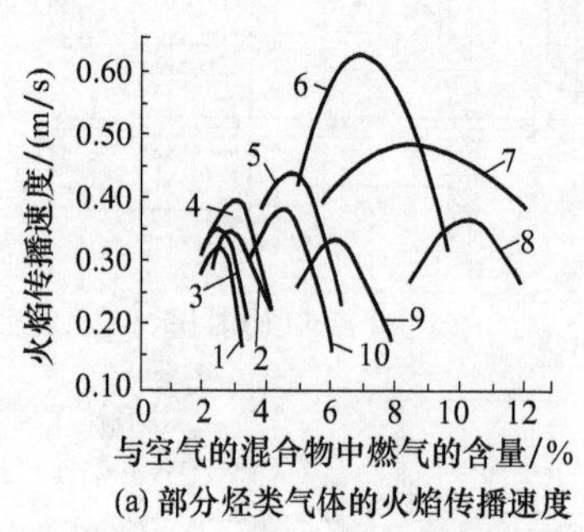

(a) 部分烃类气体的火焰传播速度

1—已烷；2—戊烷；3—环已烷；4—苯；5—丙烯；6—乙烯；7—二硫化碳；8—甲烷；9—丙酮；10—乙醚

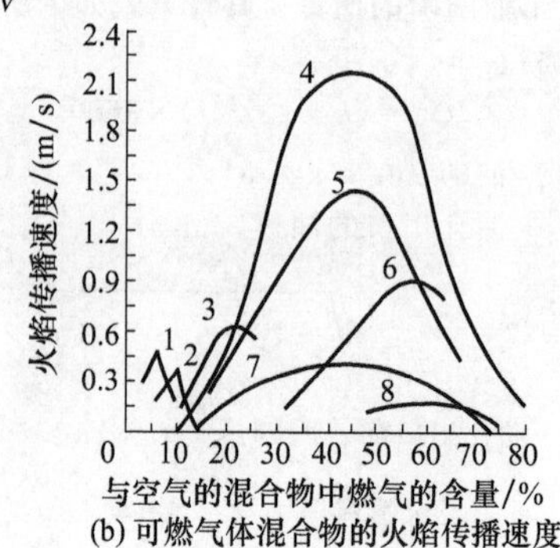

(b) 可燃气体混合物的火焰传播速度

1—乙烯；2—甲烷；3—焦炉煤气；4—氢气；5—水煤气；6—水煤气与发生炉煤气的混合物；7—一氧化碳；8—原料为焦的发生炉煤气

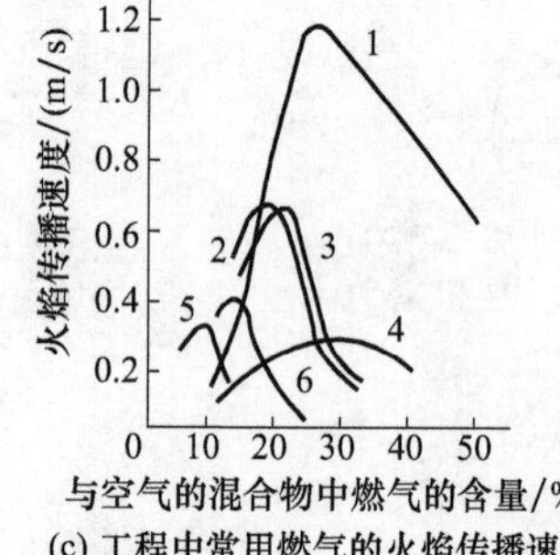

(c) 工程中常用燃气的火焰传播速度

1—水煤气（发热量 11.179MJ/m^3）；2—炼焦煤气（发热量 19.678MJ/m^3）；3—汽油增值水煤气（发热量 16.747MJ/m^3）；4—发生炉煤气（发热量 5.34MJ/m^3）；5—天然气（发热量 37.263MJ/m^3）；6—天然气与炼焦煤气的混合气（发热量 29.726MJ/m^3）

图 7-195 部分可燃气体火焰传播速度的试验结果

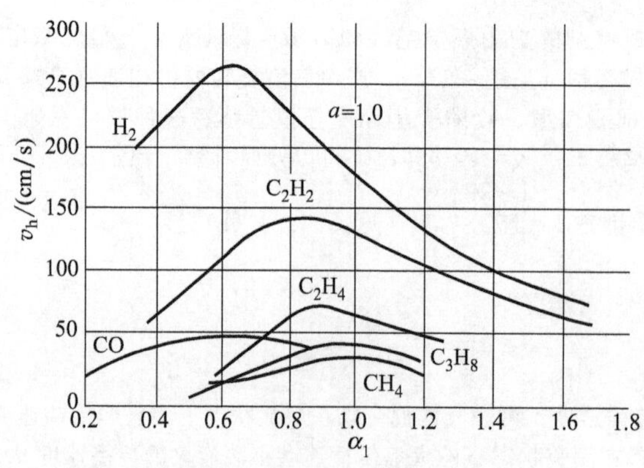

图 7-196 火焰传播速度与 α_1 关系

理论上，当一次风过量空气系数 $\alpha_1=1.0$（即达到化学计量比）时，燃烧化学反应最剧烈，化学反应速度最大。所以，可燃混合物的火焰传播速度达到最大，但试验发现，最大火焰传播速度出现在 α_1 略小于 1.0 的富燃料情况下。但是不管怎样，凡能提高化学反应速度的因素和措施都能有效提高火焰传播速度，在燃料极富（$\alpha_1\ll1$）或燃料极贫（即空气极富，$\alpha_1\gg1$）的可燃气体混合物中，都无法维持稳定的火焰缓燃波，故火焰在其中不可能传播。一般来说，燃料的分子量越大，可燃性的极限范围就越窄。

对烃类化合物的燃料-空气混合物，其最大火焰传播速度 u_{max} 多出在 $\alpha_1=0.8$～0.9 之间。表

7-154 中列出了部分燃料-空气混合物的 u_{max} 与相应的 α_1 值。

表 7-154 部分燃料-空气混合物的 u_{max} 与其对应的 α_1 值

项 目	H_2	CO	CH_4	C_2H_2	C_2H_4	C_2H_6	C_3H_6	C_3H_8	C_4H_8	C_4H_{10}
u_{max}/(m/s)	2.8	0.56	0.38	1.52	0.67	0.43	0.50	0.42	0.46	0.38
α_1	0.57	0.46	0.90	0.82	0.85	0.90	0.90	1.0	1.0	1.0

(2) 热物性参数的影响 最重要的综合热物性参数是热扩散系数 $a=\dfrac{\lambda}{C_p\rho}$，其中的 λ、C_p 和 ρ 分别是热导率、定压比热容和密度。

正常火焰传播速度 u_h 与 a 的关系是：$u_h \propto \sqrt{a}=\sqrt{\dfrac{\lambda}{C_p\rho}}$ (7-283)

改变可燃混合气的热物性，可以直接、显著地影响火焰的正常传播。图 7-197 给出了烃类可燃混合物最大火焰传播速度随碳原子数的变化。从图可知，饱和烃（烷类）最大火焰速度几乎与分子中的碳原子数无关（≈0.7m/s）。但对非饱和烃（炔类、烯类），碳原子越少，最大火焰速度越大。相同的碳原子数下，炔的分子量最小，火焰速度值最大。当碳原子数≥8 后，几乎都接近于烷类的最大火焰传播速度。

不同碳原子数下的火焰传播速度差异，是由于各自热扩散性的不同造成的。这种热扩散性是燃料分子量的函数。

如果向燃料混合物中添加一定量的惰性物质（如 CO_2、N_2、Ar 等），改变了混合气的热物性，使$\dfrac{\lambda}{C_p\rho}$比值降低，那么，正常火焰传播速度相应降低，可燃性极限范围缩小，且最大火焰传播速度值向燃料浓度较小的方向移动（见图 7-198）。

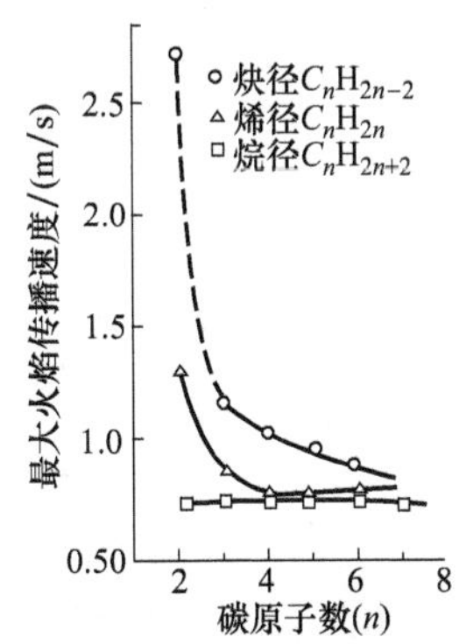

图 7-197 烃类分子中碳原子个数对最大火焰传播速度的影响

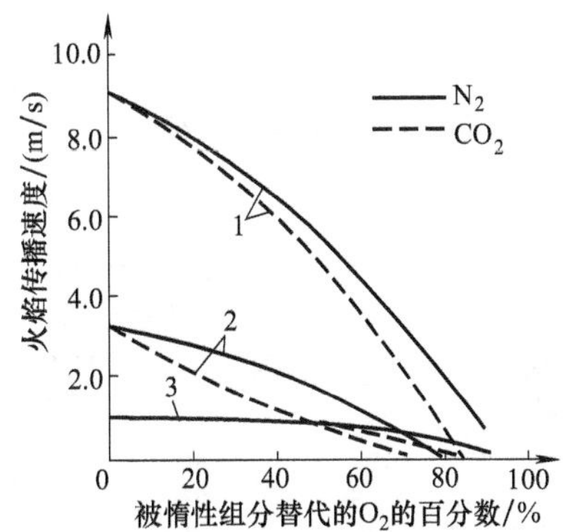

图 7-198 惰性组分 N_2、CO_2 影响火焰传播速度的试验结果

1—H_2 和 O_2 的混合物；2—CO 和 O_2 的混合物；3—CH_4 和 O_2 的混合物

燃气中惰性气体 N_2、CO_2 的影响按下式计算：

$$u_{dx}=[1-0.01V(N_2)-0.012V(CO_2)]u_{max} \tag{7-284}$$

式中 u_{dx}——考虑惰性气体 N_2 和 CO_2 影响后的实际火焰传播速度，m/s；

u_{max}——可燃混合气体的最大火焰传播速度，m/s；

$V(N_2)$,$V(CO_2)$——N_2 和 CO_2 占混合气中的体积百分数，%。

向燃料混合物中增添活性物质（如 H_2），在高温下利于离解反应，从而自由基浓度增大，既促进了化学反应速度又提高了火焰传播速度。向 CO-空气混合物中加入少量 H_2 或水蒸气，对提高燃烧反应和火焰传播速度有显著影响。

(3) 管径（或大孔孔径）**的影响** 正常火焰传播速度 u_h 随管径的减小而减小。当管径小到某一值时，致使火焰的散热急剧增大，火焰在此不能传播而熄灭。这个最小管径称临界直径或淬熄距离。甲烷-空气混合物的临界直径为 3.5mm，焦炉煤气-空气混合物的临界直径为 2.0mm，氢气-空气混合物的临界直径为0.9mm。

工程计算中，对不同管径（或火孔孔径）下的火焰传播速度作如下修正：

$$u_h^d = m_1 u_{max} \tag{7-285}$$

式中 u_h^d——管径为 d 时的火焰传播速度，m/s；

u_{max}——管径为25.4mm时的最大火焰传播速度，m/s，查表7-155；

m_1——管径对火焰传播速度影响的修正系数，查图7-199。

表7-155 可燃气体-空气混合物在 ϕ25.4mm管道中的最大火焰传播速度 u_{max}

气体种类	H_2	CO	CH_4	C_2H_6	C_3H_8	C_4H_{10}	C_2H_4	炼焦煤气	水煤气	发生炉煤气	油页岩高温干馏气
最大火焰传播速度 u_{max}/(m/s)	4.83	1.25	0.67	0.85	0.82	0.82	1.42	1.70	3.1	0.73	1.30
最大火焰传播速度下，燃气占混合物中的体积百分数/%	38.5	45.0	9.8	6.5	4.6	3.6	7.1	17.0	43.0	48.0	18.5

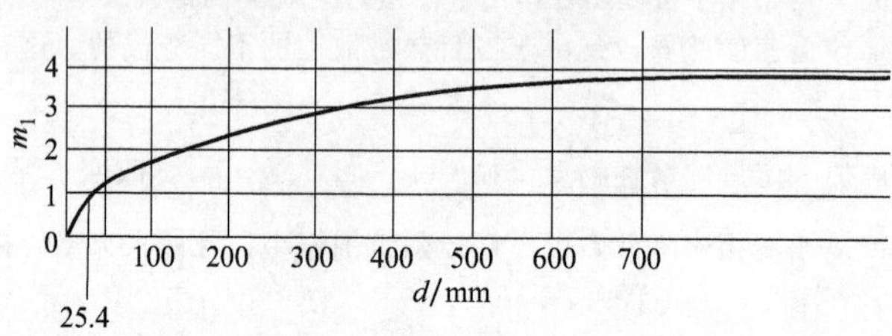

图7-199 管径 d 对 u_h 影响的系数 m_1

(4) 可燃气体混合物预热温度的影响

$$u_h^t = u_h \times \left(\frac{273+t}{273}\right)^{1.5\sim2.0} \tag{7-286}$$

式中 u_h^t——温度 t 时的火焰传播速度，m/s；

u_h——未考虑温度影响的火焰传播速度，m/s。

⑤ 刘易斯（Lewis）通过实验得到 u_h 与燃料混合物的压力 p 存在如下关系：

$$u_h \propto p^k = p^{\frac{n}{2}-1} \tag{7-287}$$

实验系数 k 如图7-200所示。n 为化学反应级数。u_h 与 n 和 k 的关系见表7-156。

表7-156 u_h 与 n 和 k 的关系

u_h/(m/s)	<0.5	0.5～1.0	>1.0
化学反应级数 n	<2	=2	>2
$K=\frac{n}{2}-1$	<0	=0	>0
u_h 与 p^k 的关系	反比	无关	正比

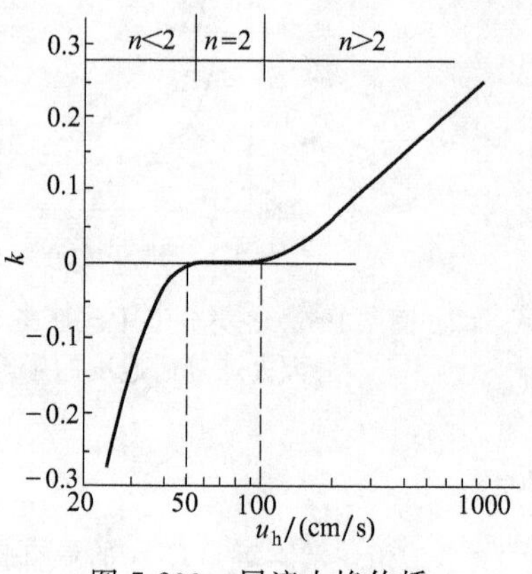

图7-200 层流火焰传播速度和 k 值的关系

压力 p 与常用可燃气体混合物正常火焰传播速度 u_h 间关系可参见表7-157。

可燃混合气体的火焰传播速度可按下式计算：

$$u_{max} = \frac{\sum\limits_{i=1} \frac{V(x_i)u_{max}^i}{V(l_i)}}{\sum\limits_{i=1} \frac{V(x_i)}{V(l_i)}} \tag{7-288}$$

式中 u_{max}——可燃混合气体的最大火焰传播速度，m/s；

u_{max}^i——各单一可燃气体的最大火焰传播速度，m/s，可查表7-154；

$V(x_i)$——可燃混合气体中（不含惰性气体），单一可燃成分的体积百分数（含量），%；

$V(l_i)$——对于各单一可燃气体-空气混合物中，达到最大火焰传播速度时，该可燃气体占混合物中的体积百分数，%，可查表7-155。

表7-157　压力 p 与正常火焰传播速度 u_h 的关系

可燃混合气体	过量空气系数 α	压力 p/Pa	u_h 与 p 的关系	化学反应级数 n	可燃混合气体	过量空气系数 α	压力 p/Pa	u_h 与 p 的关系	化学反应级数 n
CH_4-空气	1.0	0.07～0.1	p^0	2.0	C_4H_{10}-空气	α_{max}	0.025～0.1	$p^{0.17}$	2.34
	1.0	0.033～0.1	p^0	2.0	C_2H_2-空气	α_{max}	0.001～0.1	p^0	2.0
	1.0	0.025～0.1	$p^{-0.24}$	1.52		3.03	0.026～0.066	$p^{-0.47}$	1.06
	0.685	0.1～0.63	$p^{-0.45}$	1.10	C_2H_2-O_2	α_{max}	0.001～0.1	p^0	2.0
	0.625	0.025～0.63	$p^{-0.5}$	1.0	C_2H_4-空气	1.0	0.033～0.1	$\lg p$	
	0.605	0.026～0.06	$p^{-0.49}$	1.02		1.0	0.005～0.15	p^0	2.0
C_3H_8-空气	1.0	0.07～0.1	p^0	2.0		0.925	0.03～0.08	p^0	2.0
	1.0	0.033～0.1	p^0	2.0		0.714	0.035～0.1	$p^{-0.39}$	1.22
	1.0		$\lg p$			0.685	0.026～0.066	$p^{-0.31}$	1.38
	0.642	0.026～0.066	$p^{-0.30}$	1.40	汽油-空气	1.0	0.04～0.092	$p^{-0.31}$	1.38
	α_{max}	0.1～0.5	p^0	2.0		1.0	0.025～0.1	$p^{-0.15}$	1.70
	0.84	0.025～0.1	$p^{-0.30}$	1.40					

当 $Re>2300$ 进入湍流状态时，湍流火焰传播速度 u_t 要比层流时 u_h 大得多，可超过200cm/s。在湍流速度脉动 w' 的作用下，火焰反应区产生扭曲变形，形成了凹凸不平的火焰区，整个反应区火焰厚度 δ_t 要比层流时的火焰锋面厚度 δ_h 厚得多。

由于湍流的复杂性，很多学者通过实验研究了流动 Re 对湍流火焰传播速度 u_t 的影响。发现了 $\frac{u_t}{u_h}$ 随着 Re 的增加而不断增大，且随着湍流发展的不同状态有不完全一样的变化规律。图7-201中给出了实验结果。不同流动状态下，$\frac{u_t}{u_h}$ 与 Re 的关系如表7-158所列。

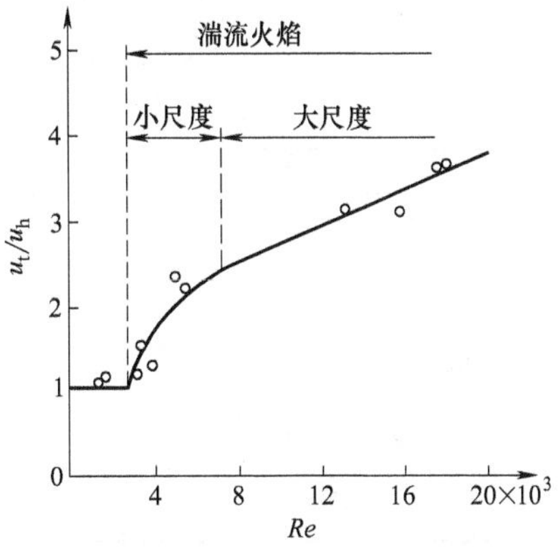

图7-201　Re 数对火焰传播速度的影响

湍流火焰中，不规则运动的微团平均尺寸小于层流火焰锋面厚度 δ_h 时，称小尺度湍流火焰。否则称大尺度湍流火焰。

表7-158　不同流动状态下 $\frac{u_t}{u_h}$ 与 Re 的关系

雷诺数 Re	≤2300	2300～6000	>6000
流动状态	层流	小尺度湍流火焰	大尺度湍流火焰
$\frac{u_t}{u_h}=f(Re)$	与 Re 无关	$\propto\sqrt{Re}$	$\propto Re$

在小尺度湍流火焰中，火焰区（锋面）厚度 $\frac{\delta_t}{\delta_h}=\sqrt{\frac{A_t}{a}}$。

式中　A_t——由小尺度湍流引起的折算热扩效率。

2. 气体燃料燃烧中的脱火和回火

按燃烧火焰传播的理论，要维持火焰的稳定，应保持燃料气向火焰锋面法线方向的运动速度与火焰传播速度相等。稳焰器的形式和结构特点示于图7-202和图7-203，其主要结构特性参数列于表7-159。当在火焰锋面的法线方向上，燃料-空气混合物的速度大于火焰传播速度时，火焰无法稳定维持在喷口处而脱离喷口，称为脱火。如果燃料气混合物速度小于火焰传播速度时，火焰同样无法稳定而发生火焰缩回到喷口内，并向燃料气源方向移动，可能引起爆炸和振动，称为回火。脱火和回火都是非正常的不稳定工况，应予防止。

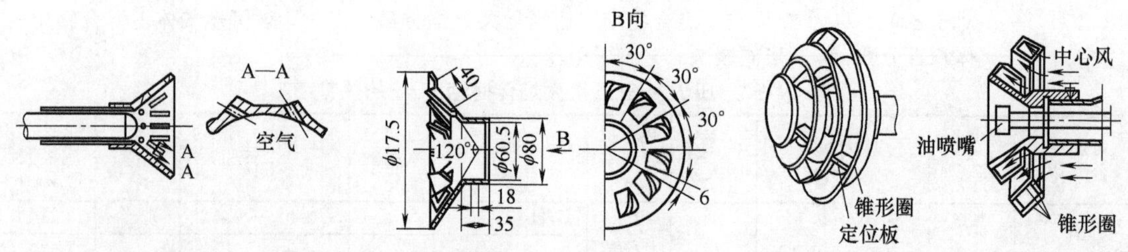

(a) 空气经扩流锥面槽孔切向进入雾化喷嘴根部，且扩流锥体后部有中心回流 (b) 空气经扩流锥面上的翅片切向进入火焰根部 (c) 三层扩流锥切向送入根部风

图 7-202 典型的三种扩流锥型切向稳焰器结构示意

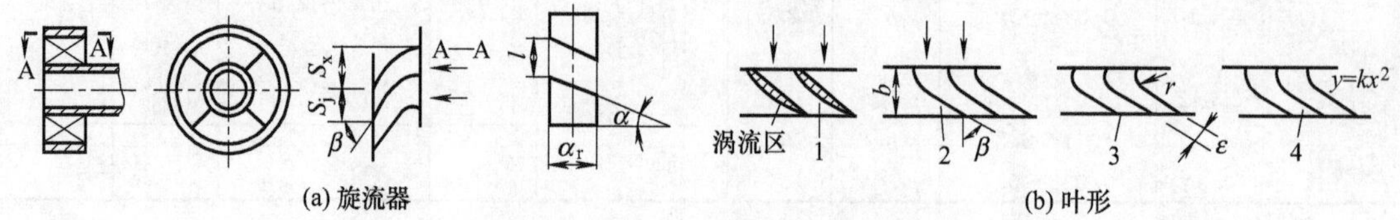

(a) 旋流器 (b) 叶形

图 7-203 轴向叶片旋流器及叶型

1—直叶片；2—螺旋扭曲叶片；3—弯曲叶片；4—抛物线形叶片

表 7-159 稳焰器的主要结构参数（见图 7-202 和图 7-203）

名 称	数 值	
直径比$\frac{d}{D}$	0.5～0.7(平流调风器)	0.2～0.4(直流调风器)
位置比$\frac{l}{D}$	0.1～0.2	
叶片倾角 β(或切向 α)	45°～60°(切向)	40°～55°(轴向)
叶片覆盖率 $k=\frac{S_x}{S_j}$	1.2～1.4(切向)	1.1～1.25(轴向)
阻力系数 ξ	$\left[0.92-0.49\left(\frac{d}{D}\right)^2\right]^{-2}$	

正常燃烧时，火焰的稳定范围与脱火和回火极限有关，也与一次风量 α_1（即一次空气 V_1 与理论空气 V^0 的比值$\frac{V_1}{V^0}$）以及燃料气喷口直径有关。一次风量 α_1 越小，发生脱火和回火的可能性也越小，但可能产生黄色的发光火焰。喷口直径减小时，火焰稳定范围增大（图 7-204）。

一般，因天然气的火焰传播速度较小，最大值在 0.35m/s 左右（见图 7-196）。所以，天然气最容易发生脱火。减少燃气的喷口速度，是防止脱火的有效措施之一。

火焰回火的可能性与火焰传播速度成正比。工程上，含氢较多的人工煤气最易回火。增大喷口直径（即减小燃气混合物速度）或提高燃烧温度及采用导热性差的陶瓷喷口等（即增大火焰传播速度）都容易发生回火。为防止回火，在结构上最好选用较小的喷口直径或在喷口处增加水冷以减小火焰传播速度。

图 7-204 是天然气燃烧火焰稳定范围曲线，可见：当一次风过量空气系数 $\alpha_1=0.5\sim0.7$，火焰稳定区域最大。

3. 气体燃烧火焰

气体燃料进入炉内燃烧过程中，当 $\alpha_1=0$ 时，燃气一边与空气混合，一边燃烧，处于扩散燃烧状态下，所形成的是扩散燃烧火焰，其燃烧速度及燃尽度主要决定于燃料与空气间的混合强度。当 $0<\alpha_1<1.0$ 时，即气体燃料在燃烧前与部分燃烧所需的空气均匀混合，然后再送入炉内燃烧，处于过渡燃烧下，形成部分预混燃烧火焰。当 $\alpha_1\geqslant1.0$ 时，为全预混燃烧（或无焰燃烧），部分预混燃烧火焰通常包括内焰和外焰两部分如图 7-205（b）和（c）所示。内焰为预混火焰，外焰为扩散火焰。当 α_1 较小时，内焰的下部呈深蓝色，其顶部为黄色，而外焰则为暗红色。随着 α_1 的增大，内焰的黄焰尖逐渐消失，其颜色逐渐变淡，高度缩短，外焰越来越不清晰；当 $\alpha_1>1$ 时，外焰完全消失，内焰高度有所增加；当 $\alpha_1=0$ 时为扩散火焰，没有内焰，

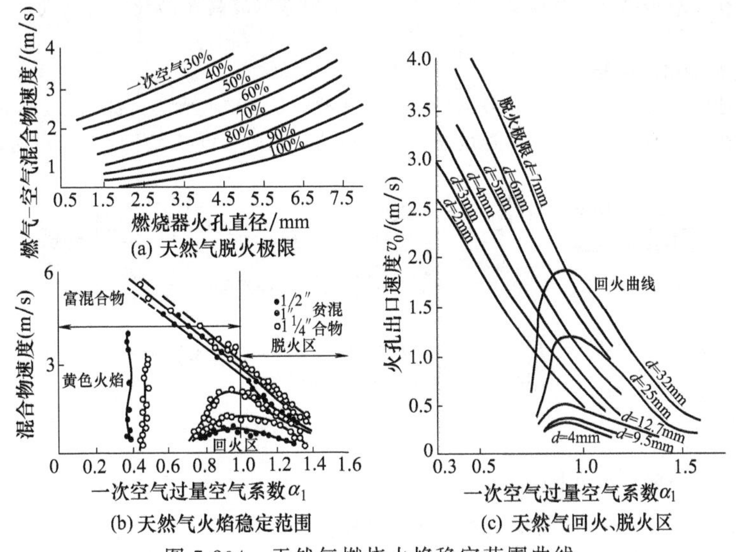

图 7-204　天然气燃烧火焰稳定范围曲线

只有一条长长的外火焰面。各种火焰结构随 α_1 的变化如图 7-205 所示。火焰特性如表 7-160 所列。

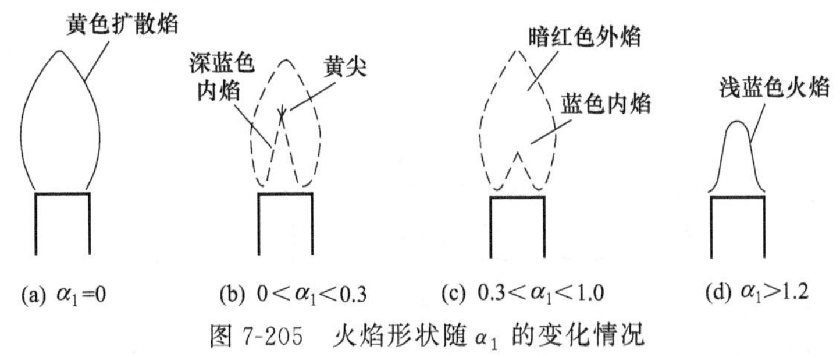

图 7-205　火焰形状随 α_1 的变化情况

表 7-160　气体燃烧火焰特性比较

名　称	扩散燃烧火焰		部分预混燃烧火焰	混燃烧火焰（无焰燃烧）
	层流	湍流		
一次风过量空气系数 α_1	$\alpha_1=0$		$0<\alpha_1<1.0$	$\alpha_1\geqslant1.0$
燃烧控制	扩散燃烧控制		过渡燃烧控制	动力燃烧控制
火焰结构	只存在外锥火焰锥面		同时存在内、外锥火焰锋面	外锥火焰锋面消失，只存在内锥火焰锋面
火焰最高温度(人工煤气)/℃	≤900	≤1200	约 1200	≥1200
火焰发光性	发光		半发光	不发光
火焰稳定性	不会回火，不易脱火		对天然气 $\alpha_{1k}=0.5\sim0.7$ 对炼焦煤气 $\alpha_{1k}=0.4\sim0.6$ 火焰稳定性最好	火焰稳定范围小，稳定性差

四、气体燃烧器

1. 燃烧器分类

燃烧器分类方法很多，最常用的是按燃烧方式和供风方式分类。

按燃烧方式分成扩散式（$\alpha_1=0$）、大气式（$\alpha_1\approx0.4\sim0.7$）及无焰式（$\alpha_1=1.05\sim1.10$）三种燃烧器。

按供风方式分成自然供风（靠炉膛负压吸入空气）、引射式（靠高速燃气引射空气）及机械鼓风式三种燃烧器。

2. 燃气喷口的结构形式和特性

燃气喷口分普通喷口（包括直孔口和收缩口两种）和拉伐尔喷口两大类，如图 7-206 所示。两类喷口的性能特性主要差别在于：前者喷孔的出口速度总是小于声速，而后者可以大于或等于声速。

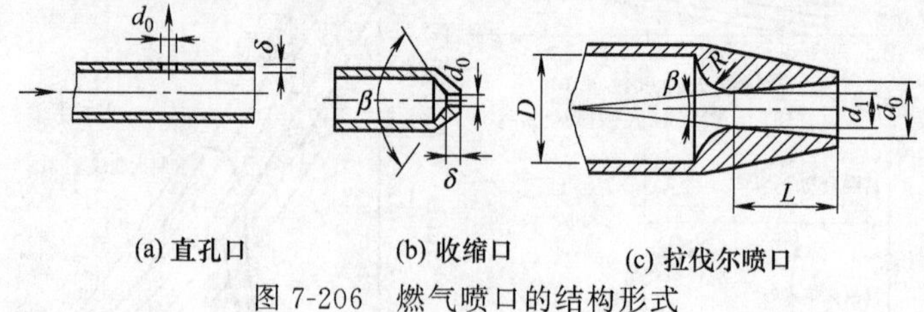

图 7-206 燃气喷口的结构形式

拉伐尔喷口的主要结构尺寸如下：$\beta=6°\sim10°$；$R=3d_1$；$D=(4\sim5)d_1$；$\tan\dfrac{\beta}{2}=\dfrac{\frac{1}{2}(d_0-d_1)}{L}$。

流体通过小孔时，在惯性力作用下，射流束收缩处断面积 f_{ss} 比喷口断面积 f_0 小。同时，因为通过喷口存在能量损失，故在流体收缩断面 f_{ss} 上的实际平均流速 v_{ss} 比不考虑损失的理论流速 v 小。引入两个系数：

流束收缩系数 $$\psi=\frac{f_{ss}}{f_0}$$

流速系数 $$\varphi=\frac{v_{ss}}{v}$$

流量系数 $$\mu_0=\psi\varphi \tag{7-289}$$

表 7-161 给出燃气喷口的结构及相应特性系数值。

表 7-161 燃气喷口的结构及相应特性系数值

孔形式	结构尺寸 δ/d_0	结构尺寸 β/(°)	推荐的流量系数 μ_0	参考数据 流量系数 μ_0	参考数据 流速系数 φ	参考数据 流束收缩系数 ψ
直孔口式①	<1	180	0.62	0.60	0.97	0.64
	1~3	180	0.70	0.82	0.82	1.00
收缩口式②	0	15	0.87	0.945	0.96	0.98
		20		0.920	—	—
		30		0.896	0.975	0.92
		45	0.80	0.850	0.98	0.87
		60		0.830	—	—
		90		0.760	—	—
	0.18	90	0.80	0.75	—	—
	0.36			0.84	—	—
	0.45		0.87	0.86	—	—
	0.56			0.90	—	—

孔形式	结构尺寸 δ/d_0	结构尺寸 β/(°)	推荐的流量系数 μ_0	参考数据 流量系数 μ_0	参考数据 流速系数 φ	参考数据 流束收缩系数 ψ
收缩口式②	1.13	90	0.87	0.87	—	—
	2.26		0.80	0.86	—	—
	4.52			0.83	—	—
	0~2	15	0.87	0.985	—	—
		20		0.98	—	—
		30	0.80	0.97	—	—
		45		0.96	—	—
		60		0.94	—	—
		90		0.92	—	—
	0.5~1.0	118	0.80	—	—	—
拉伐尔喷口式③		6~10	0.98	0.98	0.98	1.00

①、②、③分别见图 7-206（a）、（b）、（c）。

为简化喷口热功率计算，是 $d_0=1$mm 的热功率。它编制了几种常用燃气喷口的热功率实用计算表，见表 7-162 和表 7-163。表中查得的 ΔI 与喷孔直径 d_0 和单只喷口热功率 I 之间的简化关系如下：

$$I=d_0^2\cdot\Delta I \tag{7-290}$$

式中 ΔI——喷孔直径 $d_0=1$mm 时的热功率，kW/mm²；

d_0——喷口直径，mm；

Δp——喷口前、后表压差，$\Delta p=p_1-p_2$，Pa。

式（7-290）应用条件为：燃气温度为常温（15℃），燃气喷入环境的绝对压力 $p_0 \doteq p_2 = 1.03 \times 10^5$ Pa±5000Pa，燃气特性查阅表 2-63。

表 7-162　低压燃气（表压力 $p_1 \leqslant 0.05 \times 10^5$ Pa）**喷口直径 d_0 = 1mm 下的热功率 ΔI**（$\Delta I = a\sqrt{\Delta p}$）

单位：kW/mm²

燃料种类		油田伴生气			天然气			炼焦煤气			混合煤气		
喷口流量系数 μ_0		0.87	0.80	0.62	0.87	0.80	0.62	0.87	0.80	0.62	0.87	0.80	0.62
系数 $a \times 10^3$		41.3	38.0	29.4	39.4	36.3	28.1	24.0	22.1	17.1	15.8	14.5	11.2
喷口前后压差 Δp/Pa	200							0.339	0.312	0.242	0.222	0.205	0.159
	400							0.480	0.442	0.342	0.314	0.290	0.224
	500	0.923	0.849	0.658	0.882	0.811	0.628	0.537	0.494	0.382	0.353	0.324	0.250
	600	1.011	0.931	0.720	0.965	0.889	0.688	0.587	0.541	0.419	0.385	0.355	0.276
	800	1.168	1.075	0.831	1.114	1.027	0.795	0.678	0.624	0.484	0.444	0.409	0.317
	1000	1.306	1.201	0.930	1.247	1.147	0.889	0.756	0.698	0.541	0.499	0.458	0.355
	1500	1.600	1.471	1.140	1.526	1.404	1.087	0.930	0.855	0.662	0.595	0.550	0.426
	2000	1.847	1.698	1.315	1.762	1.621	1.256	1.073	0.987	0.765	0.702	0.649	0.502
	3000	2.261	2.081	1.611	2.158	1.984	1.537	1.314	1.209	0.936	0.859	0.794	0.615
	4000	2.611	2.402	1.861	2.492	2.293	1.776						
	5000	2.919	2.685	2.079	2.784	2.563	1.985						

表 7-163　中压燃气（表压力 $p_1 > 0.05 \times 10^5$ Pa）**喷口直径 d_0 = 1mm 下的热功率 ΔI**

单位：kW/mm²

燃料种类		中压油田伴生气			中压天然气			中压炼焦煤气			中压混合煤气		
喷口流量系数 μ_0		0.87	0.80	0.62	0.87	0.80	0.62	0.87	0.80	0.62	0.87	0.80	0.62
喷口前后压差 Δp/kPa	10	4.062	3.737	2.895	3.894	3.582	2.775	2.38	2.19	1.697	1.565	1.44	1.115
	15	4.965	4.567	3.538	4.764	4.382	3.395	2.91	2.676	2.073	1.913	1.76	1.363
	20	5.722	5.234	4.076	5.490	5.051	3.912	3.353	3.084	2.39	2.205	2.028	1.571
	25	6.371	5.86	4.539	6.474	5.635	4.365	3.741	3.441	2.665	2.462	2.265	1.755
	30	6.597	6.40	4.957	6.67	6.153	4.767	4.094	3.766	2.918	2.692	2.476	1.918
	35	7.484	6.885	5.332	7.21	6.634	5.138	4.413	4.059	3.145	2.905	2.672	2.07
	40	7.968	7.329	5.677	7.685	7.07	5.476	4.712	4.335	3.358	3.099	2.85	2.208
	45	8.433	7.758	6.009	8.126	7.476	5.79	4.989	4.589	3.555	3.283	3.02	2.34
	50	8.862	8.153	6.314	8.531	7.848	6.079	5.247	4.828	3.742	3.454	3.177	2.461
	55	9.275	8.532	6.608	8.919	8.205	6.356	5.493	5.052	3.915	3.616	3.326	2.576
	60	9.657	8.884	6.88	9.286	8.543	6.617	5.702	5.245	4.063	3.764	3.463	2.683
	65	10.02	9.218	7.14	9.646	8.874	6.873	5.946	5.47	4.238	3.914	3.60	2.789
	70	10.35	9.525	7.378	9.978	9.179	7.11	6.158	5.665	4.388	4.054	3.73	2.889
	80	11.035	10.150	7.862	10.61	9.762	7.562	6.549	6.024	4.668	4.316	3.970	3.075
	90	11.679	10.744	8.321	11.208	10.31	7.986	6.933	6.377	4.94	4.563	4.198	3.252

3. 计算示例

【例 7-1】 已知喷口前油田伴生气表压力 $p_1 = 5 \times 10^4$ Pa，喷口后压力 p_2 为大气压，喷孔直径 d_0 = 3mm，流量系数 $\mu_0 = 0.87$。求其热功率 I?

解：喷口前后压差 $\Delta p = 5 \times 10^4 - 0 = 5 \times 10^4$（Pa），此为中压燃气，查表 7-163，$\Delta I = 8.862$kW/mm²。所以　$I = d_0^2 \cdot \Delta I = 3^2 \times 8.862 = 79.76$（kW）。

【例 7-2】 已知喷口前天然气压力为 2×10^3 Pa，喷口后压力 p_2 为大气压，流量系数 $\mu_0 = 0.80$。求总热功率 $I = 50$kW，布置 10 个喷口时的喷孔直径 d_0?

解：喷口前后压差 $\Delta p = 2 \times 10^3$ Pa，每个喷口的热负荷为 $\frac{50}{10} = 5$kW。

查表 7-159，喷孔直径 d_0 = 1mm 时的热功率 $\Delta I = 1.621$kW/mm²，每个喷孔的直径 $d_0 = \sqrt{\frac{I}{\Delta I}} = \sqrt{\frac{5}{1.621}} = 1.76$mm。

【例 7-3】 已知喷孔直径 $d_0=1.2\text{mm}$，总热功率为 60kW，如果设计喷口数分别为 10 个和 15 个时，各需喷口前的天然气压力 p_1 为多少（喷口后压力为大气压，设喷口流量系数为 0.62）?

解：10 个和 15 个喷口时，每个喷口的热功率分别为 6kW 和 4kW。

当 $d_0=1\text{mm}$ 时的热功率分别为 $\Delta I_{10}=\dfrac{6}{1.2^2}=4.167\ (\text{kW/mm}^2)$

$$\Delta I_{15}=\frac{4}{1.2^2}=2.778\ (\text{kW/mm}^2)$$

查表 7-162，$\Delta I_{15}=2.778\text{kW/mm}^2$ 的喷口前压力 $p_1\approx10\text{kPa}$，$I_{10}=4.167\text{kW/mm}^2$ 的喷口前压力 p_1 处于 20～25kPa 之间，通过内插法求得 10 个喷口时的 $p_1=22.8\text{kPa}$。

4. 自然供风式燃气燃烧器

该型燃烧器的结构特点是：在燃气管道上钻一排或两排喷孔，燃气在压力下喷出喷孔，与环境中的空气一边混合、一边燃烧（即一次风过量空气系数 $\alpha_1=0$），属于扩散燃烧火焰，常用于生活及小型锅炉上。常见结构形式如图 7-207 所示。特性数据如表 7-164～表 7-166 所列。图 7-208 给出多缝式燃烧器计算线图。

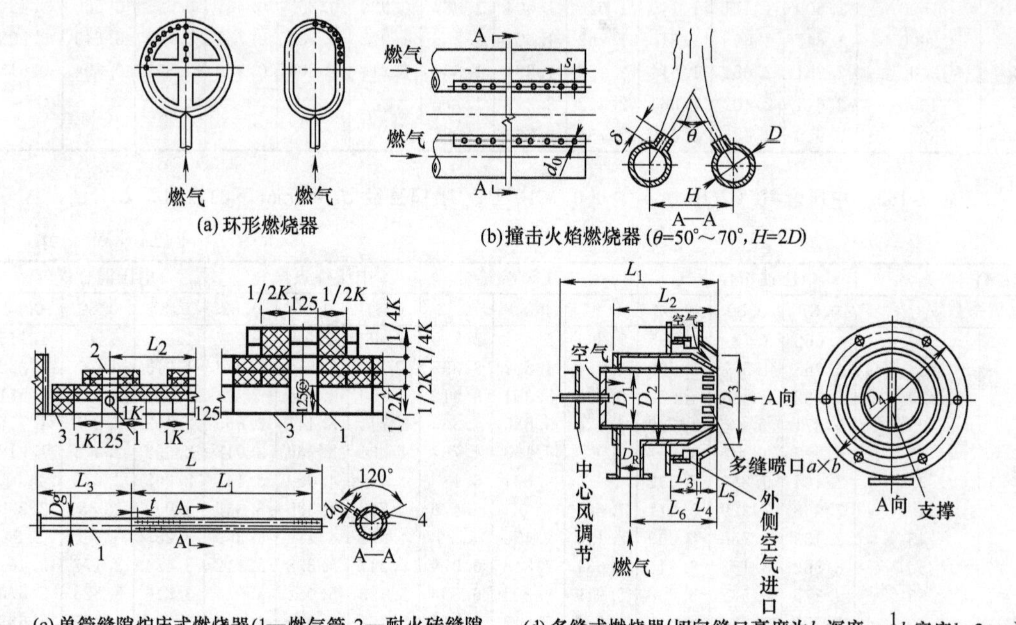

图 7-207 自然供风式燃气燃烧器基本结构形式

表 7-164 自然供风式燃烧器喷（火）孔设计参数［图 7-207（a）、（b）］

燃气种类	人工煤气				天然气				液化石油气			
火孔直径 d_0/mm	1	2	3	4	1	2	3	4	1	2	3	4
火孔额定热功率/(W/mm²)	930～1050	460～580	230～280	170～230	460	350	230	116	116	35	17.5	9.3
火孔中心距 S/mm	$(8\sim13)d_0$											
火孔深度 δ/mm	$(1.5\sim2.0)d_0$											

表 7-165 单管缝隙炉床式燃烧器结构尺寸 单位：mm

锅炉容量/(t/h)	D_g	L	L_1	L_2	L_3	d_0	t	总孔数	单排孔数	燃烧器数量
2	$1\frac{1}{2}''$	1950	988	1200	894	3	19	104	52	2
4	2″	2445	1456	1140	930	3	14	210	105	2
6.5	2″	3200	2166	758	940	3	19	230	115	3
10	$2\frac{1}{2}''$	3200	2205	758	930	3.5	17.5	254	127	3

表 7-166 多缝式燃烧器结构尺寸 单位：mm

型 号	天然气流量/(m^3/h)	D_R	D_1	D_2	D_3	D_4	L_1	L_2	L_3	L_4	L_5	L_6
Ⅰ	35～50	32	100	200	200	370	400	230	60	5	50	222
Ⅱ	50～75	50	150	250	250	440	460	300	60	5	50	265
Ⅲ	75～120	70	207	300	300	500	530	360	70	8	60	313
Ⅳ	120～175	80	259	350	350	570	600	420	70	8	70	366
Ⅴ	175～250	80	259	400	400	650	670	500	80	10	70	410
Ⅵ	250～350	100	259	400	400	650	670	500	80	10	70	410

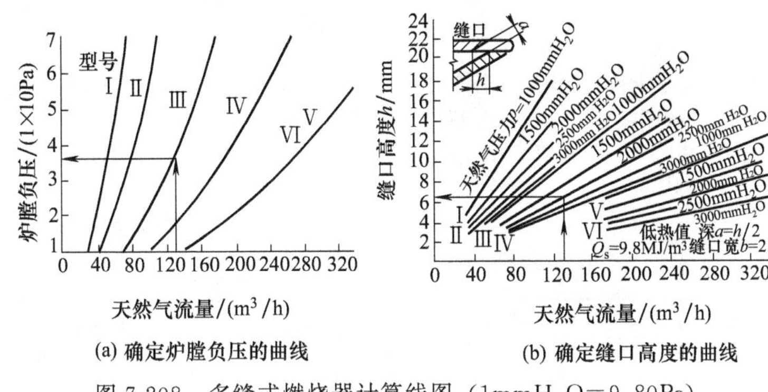

(a) 确定炉膛负压的曲线 (b) 确定缝口高度的曲线

图 7-208 多缝式燃烧器计算线图（$1mmH_2O=9.80Pa$）

5. 引射式燃烧器

(1) 结构特点 引射式燃烧器是利用燃气喷嘴高速（100～300m/s，甚至更高）喷射燃气流的引射作用，把燃烧所需的部分（或全部）空气吸入，经均匀混合后在火孔处燃烧。其结构形式分大气式燃烧器（一次风过量空气系数 $\alpha_1=0.4\sim0.7$）和无焰式燃烧器（$\alpha_1=1.05\sim1.10$）两大类，见图 7-209。

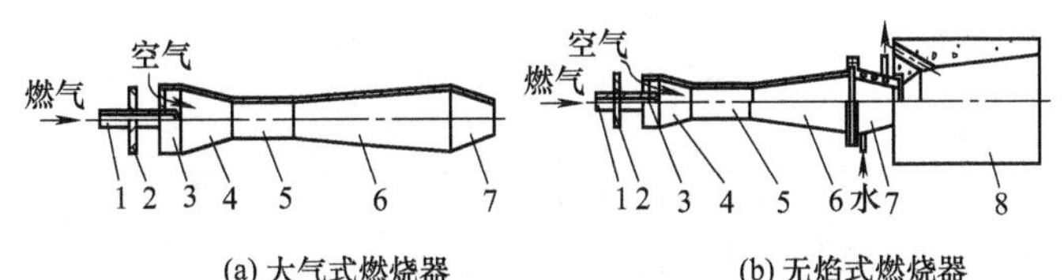

(a) 大气式燃烧器 (b) 无焰式燃烧器

图 7-209 大气引射式燃烧器

1—燃气喷嘴；2—一次风调节机构；3—支撑；4—收缩管；5—喉管；6—扩散管；7—水冷头部；8—无焰燃烧火道

图 7-210～图 7-212 分别为小热功率及大热功率大气式燃烧器结构。表 7-167 为多火孔直管式燃烧器特性，见图 7-210（a）。表 7-168 为多火孔弯管式燃烧器特性［见图 7-210（b）］，表 7-169 为单火孔工业锅炉燃烧器特性（见图 7-211）。

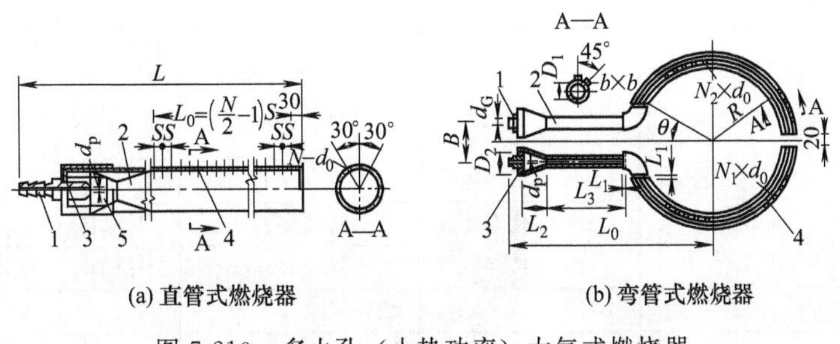

(a) 直管式燃烧器 (b) 弯管式燃烧器

图 7-210 多火孔（小热功率）大气式燃烧器

1—燃气喷嘴；2—引射器；3—支撑；4—燃烧器多火孔；5—调风套

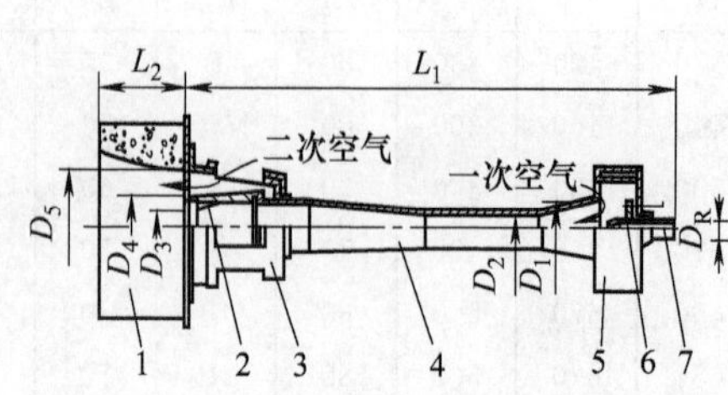

图 7-211 单火孔工业锅炉引射式燃烧器

1—火道；2—带稳焰孔的单火孔；3—二次风调节器；4—混合管；5—吸声罩；6—一次风调节板；7—燃气喷嘴

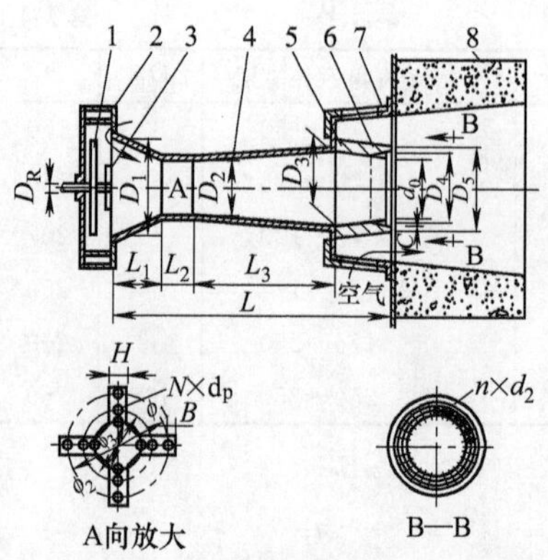

图 7-212 “十”字形多喷孔工业锅炉引射式燃烧器

1—一次风调节板；2—吸声罩；3—“十”字形多喷孔喷嘴；4—混合管；5—带稳焰孔的单火孔；6—稳焰孔；7—二次风调节器；8—火道

表 7-167 多火孔直管式燃烧器特性

名 称	Ⅰ型	Ⅱ型	Ⅲ型	Ⅳ型	Ⅴ型	Ⅵ型	适用燃气
热功率 I/kW	2.9	4.65	7.56	12.8	17.5	29.0	通用
燃气压力 p_1/Pa	800						炼焦煤气、混合煤气
	2000						油田伴生气
	3000						液化石油气
一次风过量空气系数 α_{1k}	0.5						炼焦煤气、混合煤气
	0.65						油田伴生气、液化石油气
燃气喷嘴直径 d_0/mm	0.95	1.2	1.5	2.0	2.3	3.0	液化石油气
	1.3	1.6	2.1	2.7	3.2	4.1	油田伴生气
	2.1	2.6	3.3	4.4	5.1	6.6	炼焦煤气
	2.7	3.4	4.3	5.7	6.5	8.5	混合煤气
喷火孔数及孔径 $N\times d_0$/(个×mm)	58×ϕ2.8	93×ϕ2.8	151×ϕ2.8	255×ϕ2.8	348×ϕ2.8	579×ϕ2.8	液化石油气、油田伴生气
	43×ϕ2.0	68×ϕ2.0	111×ϕ2.0	188×ϕ2.0	257×ϕ2.0	429×ϕ2.0	炼焦煤气、混合煤气
火管直径 D_1/in	$\frac{1}{2}$	$\frac{3}{4}$	1	$1\frac{1}{4}$	$1\frac{1}{2}$	2	通用
火孔中心距 S/mm	≥8						液化石油气、油田伴生气
	≥5						炼焦煤气、混合煤气

注：1in=25.4mm，下同。

表 7-168 多火孔弯管式燃烧器特性

名 称	Ⅰ型	Ⅱ型	Ⅲ型	Ⅳ型	说 明	名 称	Ⅰ型	Ⅱ型	Ⅲ型	Ⅳ型	说 明
热功率 I/kW	116	175	465	930		收缩管长度 L_2/mm	100	130	130	160	
适用于锅炉炉膛内径 D_{gl}/mm	440	730	1100	1300		混合管长度 L_3/mm	500	600	600	750	
						火管直径 D_1/in	2	$2\frac{1}{2}$	$2\frac{1}{2}$	3	
燃气压力 p_1/Pa	5000	5000	5×10^4	5×10^4	液化石油气						
	3000	3000	3×10^4	3×10^4	油田伴生气	收缩管直径 D_2/mm	110	140	140	160	
燃气喷嘴直径 d_p/mm	3.5	4.6	4.4	6.2	液化石油气	喷火孔高度 b/mm	15	15	20	20	
	5.2	6.4	6.0	8.5	油田伴生气	弯管半径 R/mm	160	300	450	560	
喷火口直径 d_0/mm	7.5	7.5	10	10		连接尺寸 L_1/mm	25	30	30	35	
喷火孔数目 N_1/个	30	55	40	80		燃气喷嘴中心距 B/mm	120	150	150	200	
N_2/个	25	50	35	70							

表 7-169 单火孔工业锅炉燃烧器特性

型号	热功率 /kW	燃气喷孔 d_p 个数×直径 /(个×mm)	稳焰孔 d_2 个数×直径 /(个×mm)	D_1 /mm	D_2 /in	D_3 /mm	D_4 /mm	D_5 /mm	L_1 /mm	L_2 /mm
Ⅰ型	581	4×ϕ4.6	15×ϕ10	ϕ119	2	ϕ62	ϕ105	ϕ150	500	200
Ⅱ型	1163	5×ϕ5.8	25×ϕ10	ϕ174	3	ϕ90	ϕ130	ϕ200	700	300
Ⅲ型	2326	6×ϕ7.4	35×ϕ10	ϕ225	4	ϕ116	ϕ160	ϕ250	900	350
Ⅳ型	3490	7×ϕ8.4	40×ϕ10	ϕ275	5	ϕ140	ϕ180	ϕ310	1000	400

图 7-213 为无焰燃烧器。表 7-170～表 7-173 给出各种无焰燃烧器特性。

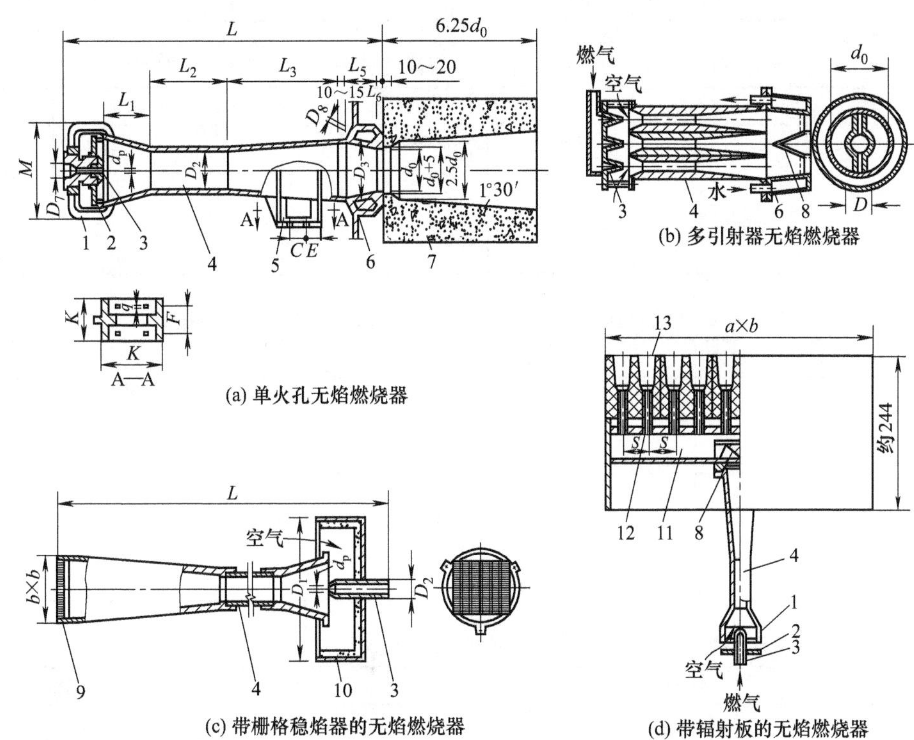

图 7-213 无焰燃烧器

1—喷嘴支撑；2——次风调风板；3—燃气喷嘴；4—混合管；5—支座；6—水冷头部；7—火道；8—稳焰锥体；9—栅格稳焰器；10—消声罩；11—分配室；12—火焰喷管；13—陶瓷燃烧火道

表 7-170 单火孔无焰燃烧器［见图 7-213 (a)］特性

名称	火孔直径 d_0/mm								燃气特性	
	86	100	116	134	154	178	205	235	压力 p_1/kPa	实用华白数 W_s
燃气喷孔直径 d_p/mm	5.4	6.3	7.3	8.4	9.6	11.1	12.8	14.7		11455
	5.2	6.1	7.0	8.1	9.3	10.8	12.4	14.2		11944
	5.0	5.8	6.8	7.8	9.0	10.4	11.8	13.7		12677
燃气流量 V_r/(m^3/h)	24.75	33.65	45.2	59.8	78.2	104.5	139	183.3	50	11455
	34.35	46.7	62.8	83.0	108.5	145.0	193	237.5	100	
	42.7	58.1	78.0	103.5	135.0	180.5	240	316.5	150	
	20.9	28.3	37.8	50.5	66.7	89	118.2	155.5	50	11944
	28.8	38.9	52	69	92	122	163	214	100	
	35	48.6	65	86.7	114.8	153	202	268	150	
	19.2	25.9	35.6	46.8	62.3	83.2	107	144	50	12677
	26.6	35.8	49.2	64.8	86.2	115.2	148.2	199.6	100	
	33.1	44.5	61.1	80.6	107.1	143	184.2	248.5	150	

续表

名称	火孔直径 d_0/mm								燃气特性	
	86	100	116	134	154	178	205	235	压力 p_1/kPa	实用华白数 W_s
混合管直径 D_2/mm	68	80	93	107	123	142	164	188		
扩散管出口直径 D_3/mm	115	135	155	181	207	240	277	316		
收缩管长度 L_1/mm	87	100	117	135	156	180	208	238		
混合管长度 L_2/mm	213	236	274	318	387	478	488	580		
扩散管长度 L_3/mm	234	273	315	366	420	436	558	635		
水冷头部长度 L_5/mm	86	100	116	132	152	176	204	230		

表 7-171 单火孔多引射器无焰燃烧器［见图 7-213（b）］特性

名称	Ⅰ型	Ⅱ型	Ⅲ型	Ⅳ型	Ⅴ型
燃气流量 V_r/(m^3/h)	37～132	26～114	67～196	31～140	140～350
燃气压力 p_1/kPa	5～60	3～60	7～60	3～60	18～60
火孔直径 d_0/mm	210	210	250	250	350
稳焰锥直径 D/mm	80	110	80	150	150

表 7-172 带栅格稳焰器的无焰燃烧器［见图 7-213（c）］特性

名称	Ⅰ型	Ⅱ型	Ⅲ型	说明
燃气流量 V_r/(m^3/h)	50 88 123	75.5 133 172.5	147 255 331	燃气压力 p_1=10kPa 燃气压力 p_1=30kPa 燃气压力 p_1=50kPa
燃气喷嘴直径 d_p/mm	10.8	13.2	19	
燃气进口管径 D_2/mm	50	50	80	
栅格稳焰器尺寸 $b\times b$/mm	203×203	243×243	344×344	
消声器直径 D_1/mm	500	560	675	

表 7-173 带辐射板的无焰燃烧器［见图 7-213（d）］特性

热功率 I/kW	64	140	232	326	465	640	872	1163
喷管根数×直径/(根×mm)	144×8	144×10	144×12	144×14	289×12	289×14	545×12	545×14
喷管总有效截面积 Σf/mm^2	1810	4080	7250	11300	14500	22700	27500	42900
喷管中心距 S/mm	50				35.7			
辐射板尺寸 $a\times b$/mm	605×605							

（2）引射式燃烧器火孔热功率及火孔流速的关系 引射式燃烧器的单位截面积火孔热功率 ΔI 与火孔出口流速 v_0 的关系如下：

$$v_0=\frac{\Delta I(1+\alpha_1 V^0)}{Q_{net}}\times 10^6 \tag{7-291}$$

或者

$$\Delta I=\frac{v_0 Q_{net}}{(1+\alpha_1 V^0)}\times 10^{-6} \tag{7-292}$$

式中 ΔI——单位火孔截面积上的热功率，kW/mm^2；

ΔI 的取值应按火焰稳定范围（见图 7-204）来确定。一般取脱火极限热功率 I_{th} 的 60%～70%。即 ΔI=(0.6～0.7) I_{th}；

v_0——火孔出口速度，m/s，可参阅表 7-174 和表 7-175；

Q_{net}——燃气的低位发热量，kJ/m^3；

V^0——燃气燃烧的理论空气量，m^3/m^3；

α_1——一次风过量空气系数。

表 7-174 大气式燃烧器火孔出口速度 v_0 推荐值　　单位：m/s

燃料种类	α_1	火孔直径 d_0/mm												
		5	10	15	20	25	30	40	50	60	70	80	90	100
天然气	0.6～0.65	1.8	2.1	2.3	2.5	2.7	2.9	3.2	3.5	3.8	4.1	4.4	4.7	5.0
液化石油气	0.6～0.65	2.1	2.5	2.7	3.0	3.2	3.5	3.8	4.2	4.5	4.8	6.3	6.7	7.0
炼焦煤气	0.55～0.6	4.3	5.0	5.5	6.0	6.5	7.0	7.6	8.4	9.1	9.8	10.5	11.3	12.0

表 7-175 无焰燃烧器火孔回火极限速度　　单位：m/s

燃料种类	火孔直径 d_0/mm															
	5	10	20	30	40	50	60	70	80	90	100	110	120	130	140	150
天然气	0.3	0.7	1.1	1.5	1.8	2.1	2.4	2.6	2.8	3.0	3.1	3.3	3.4	3.5	3.7	3.8
液化石油气	0.4	0.9	1.4	2.0	2.3	2.7	3.1	3.4	3.6	3.9	4.0	4.3	4.4	4.6	4.8	5.0
炼焦煤气	1.2	2.8	4.4	6.0	7.2	8.4	9.6	10.4	11.2	12.0	12.4	13.2	13.6	14.0	14.8	15.2
发生炉煤气	0.35	0.8	1.3	1.7	2.1	2.4	2.8	3.0	3.2	3.4	3.6	3.8	3.9	4.0	4.3	4.4

对多火孔燃烧器，火孔总截面积 Σf_0 按下式计算：

$$\Sigma f_0 = N\times\frac{\pi}{4}d_0^2=\frac{I\ (1+\alpha_1 V^0)}{v_0 Q_{net}}\times 10^6 \tag{7-293}$$

对单火孔燃烧器，则火孔直径 d_0 按下式计算：

$$d_0 = 1.13\times 10^3\sqrt{\frac{I\ (1+\alpha_1 V^0)}{v_0 Q_{net}}} \tag{7-294}$$

式中　N——多火孔燃烧器的火孔个数，单火孔燃烧器 $N=1$；

I——燃烧器的总热功率，kW，$I=(\Sigma f_0)\times\Delta I$。

(3) 引射器的结构及喉口直径 D_2 的确定　引射器有三种基本结构（见图 7-214），其中Ⅰ、Ⅱ型多用于大气式燃烧器，Ⅲ型常用于无焰式燃烧器。从图中可知，喉管直径 D_2 是设计引射器的主要结构参数。表 7-176 给出了 D_2 与燃气喷嘴直径 d_p 比值的经验值 $\left(\frac{D_2}{d_p}\right)_t$，可供引射器设计时参考。

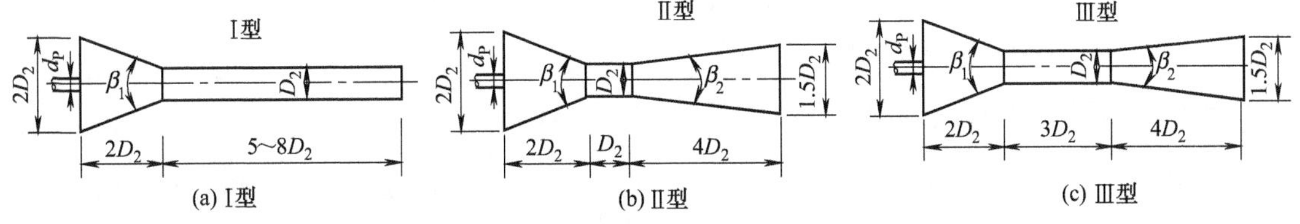

(a) Ⅰ型　(b) Ⅱ型　(c) Ⅲ型

图 7-214 引射器的结构（$\beta_1=25°$，$\beta_2=6°\sim8°$）

表 7-176 $\left(\frac{D_2}{d_p}\right)_t$ 经验推荐值

燃气种类	燃气压力/kPa		多火孔低压引射大气式燃烧器		单火孔低压引射大气式燃烧器		中(高)压引射无焰式燃烧器	
	低压	中(高)压	α_1	$\left(\frac{D_2}{d_p}\right)_t$	α_1	$\left(\frac{D_2}{d_p}\right)_t$	α_1	$\left(\frac{D_2}{d_p}\right)_t$
液化石油气	5	100	0.6～0.65	15～16	0.6～0.7	14～15	1.05	18～20
油田伴生气	2	50		10～11		9～10		12.5～13
天然气	2	50		9～10		8.5～9		12～12.5
炼焦煤气	1	30	0.5～0.55	5～6	0.5～0.6	6～7		7.5～8
混合煤气	0.8	30		3.5～4		4～5		5～5.5
发生炉煤气	1.5	10		2		2		2.4～2.5

喉口直径

$$D_2=\left(\frac{D_2}{d_p}\right)_t d_p$$

式中　d_p——燃气喷孔直径。

$\left(\frac{D_2}{d_p}\right)_t$ 查表 7-173。

(4) 计算示例

【例 7-4】 设计一台天然气低压多火孔直管式燃烧器［见图 7-210 (a)］。已知燃烧器总热功率 $I=175$kW，燃气流量$V_r=17.3m^3/h$，喷口前后压差 $\Delta p=2500$Pa，天然气发热量 $Q_{net}=36442kJ/m^3$，理论空气量 $V^0=9.64m^3/m^3$。

解：① 按图 7-206，选择 (b) 型燃气喷嘴，查表 7-158，其流量系数 $\mu_0=0.8$；

② 按 Δp 和 μ_0 查表 7-159，计算 $\Delta I=36.3\times10^{-3}\sqrt{2500}=1.815$ (kW/mm²)；

③ 按式 (7-290)，燃气喷嘴直径 $d_p=\sqrt{\dfrac{I}{\Delta I}}=\sqrt{\dfrac{175}{1.815}}=9.8$ (mm)；

④ 按表 7-176，$\left(\dfrac{D_2}{d_p}\right)=10$，则 $D_2=\left(\dfrac{D_2}{d_p}\right)_t d_p=10\times9.8=98$ (mm)，按图 7-214，选用Ⅱ型引射器；

⑤ 按表 7-174 选择火孔直径 $d_0=5$mm，$\alpha_1=0.6$，$v_0=1.8$m/s，按式 (7-293)，$\sum f_0=\dfrac{I(1+\alpha_1 V^0)}{v_0 Q_{net}}\times10^6=\dfrac{175\times(1+0.6\times9.64)}{1.8\times36442}\times10^6=18099$ (mm²)。

火孔数
$$N=\frac{\sum f_0}{\frac{\pi}{4}d_0^2}=\frac{18099}{\frac{\pi}{4}\times5^2}=922\text{（个）}$$

孔数太多，故重新选择 $d_0=10$mm，$\alpha_1=0.6$，$v_0=2.1$m/s

同样
$$\sum f_0=\frac{175\times(1+0.6\times9.64)}{2.1\times36442}\times10^6=15513\ (\text{mm}^2)$$
$$N=\frac{15513}{\frac{\pi}{4}\times10^2}=197.5\text{（个），所以取 198 个孔。}$$

【例 7-5】 设计一台天然气中压单火孔无焰燃烧器［见图 7-213 (a)］。已知燃烧器热功率 $I=552$kW，燃气流量$V_r=57m^3/h$，喷口前后压差 $\Delta p=5\times10^4$Pa，天然气特性同上例。

解：① 按图 7-206，选择 (b) 型燃气喷嘴，查表 7-158，其流量系数 $\mu_0=0.8$；

② 查表 7-160，$\Delta I=7.848$kW/mm²；

③ 按式 (7-290)，燃气喷嘴直径 $d_p=\sqrt{\dfrac{552}{7.848}}=8.38$ (mm)；

④ 按表 7-176，$\left(\dfrac{D_2}{d_p}\right)_t=12$，则 $D_2=12\times8.38=100.6$ (mm)，按图 7-214 选用Ⅲ型引射器；

⑤ 选图 7-214Ⅲ型引射器。先计算所选用火孔直径 d_0，最后与计算 d_0 吻合后，确定最终采用的 d_0 值。
按结构，火孔直径 $d_0=1.5D_2=1.5\times100.6\text{mm}=150.9\text{mm}$。
从表 7-172 应控制回火极限速度 $v\geqslant3.8$m/s。

⑥ 计算火口流速 v_0。
设火口燃气混合物温度 $t=80℃$，燃烧负荷调节比 $K=2$。
则 $v_0=K\left(\dfrac{273+80}{273}\right)v=2\times1.29\times3.8=9.82$ (m/s)

⑦ 按式 (7-294) 计算火孔直径
$$d_0=1.13\times10^3\sqrt{\frac{I(1+\alpha_{1k}V^0)}{v_0 Q_{net}}}$$
$$=1.13\times10^3\sqrt{\frac{552\times(1+1.05\times9.64)}{9.82\times36442}}$$
$$=147.9\ (\text{mm})$$

计算火孔直径 147.9mm 与选型选用直径 150.9mm 基本吻合，误差约 2%。
最后选用计算值并进位或整数 148mm 火口。

6. 鼓风式气体燃烧器

(1) 鼓风式燃烧器的结构 鼓风式燃烧器的空气供给是依靠风机来实现的，因此相比大气式燃烧器，其结构紧凑，单只燃烧器热功率大，负荷调节比大，故广泛用于各种锅炉中。该型燃烧器由配风器和燃气进气机构组成。根据燃气或空气是否作旋转运动，分为旋流式和平流式两大类，见表 7-177。蜗壳旋流式燃烧器在工业锅炉上广泛采用。平流式燃烧器多用于电站锅炉。

表 7-177　气体燃烧器分类及结构特点

名　称	配风机构	燃气进气机构	名　称	配风机构	燃气进气机构
旋流式燃烧器	蜗壳式 轴向叶片 切向叶片	中心进气、周边进气或中心与周边联合	平流式燃烧器	文丘里管或直管	中心进气、多枪进气或中心与周边联合

图 7-215（a）中的燃气进入内套层，从筒周边上的 2～3 排孔垂直射入中心的旋转空气流中，混合十分强烈。空气从蜗壳进入中心筒后，还有一小部分经中心筒上的小孔进入外夹层中，作为二次风从燃烧器喷孔流出。图 7-215（b）与图 7-215（a）结构上的不同点在于没有二次风，而在燃烧器出口加装了一个缩口，有利于火焰稳定。其结构特性分别列于表 7-178。

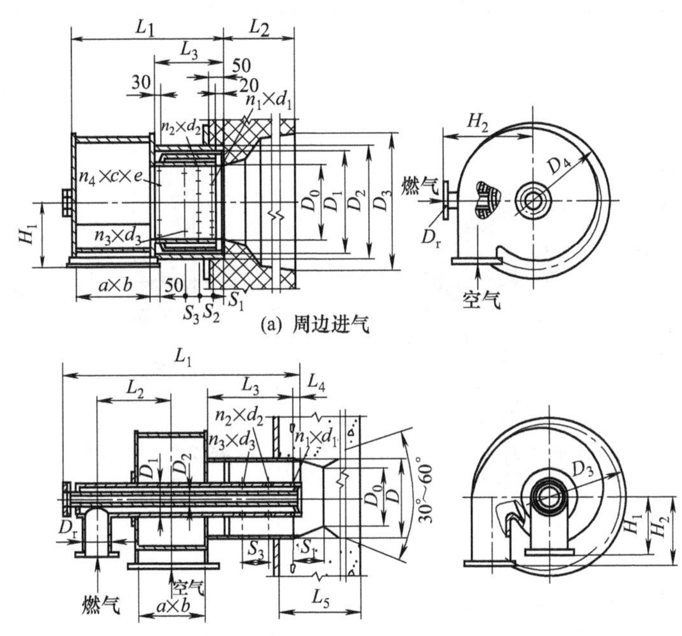

(a) 周边进气

(b) 中心进气

图 7-215　蜗壳式燃烧器

表 7-178　蜗壳式燃烧器特性数据

名　称	周边进气蜗壳式燃烧器					中心进气蜗壳式燃烧器			
	Ⅰ	Ⅱ	Ⅲ	Ⅳ	Ⅴ	Ⅰ	Ⅱ	Ⅲ	Ⅳ
燃烧器热功率 I/kW	1861	3722	5582	9300	18610	1744	3489	5234	8723
天然气									
燃气压力 p_1/Pa	15000					15000			
燃气进口管径 D_r/mm	50	80	100	125	150	50	80	100	125
进气孔数×孔径 $n_1 \times d_1$/(个×mm)	20×4	21×5.5	43×3.5	37×4.5	47×6	12×3.5	9×5.5	8×3	11×3.5
$n_2 \times d_2$/(个×mm)	2×10	3×12	11×7	10×10	9×14	6×7.5	5×12	8×6.5	10×7.5
$n_3 \times d_3$/(个×mm)	—	—	2×16	2×21	2×30	—	—	5×14.5	6×17
炼焦煤气									
燃气压力 p_1/Pa	10000					10000			
燃气进口管径 D_r/mm	100	125	150	200	250	100	125	150	200
进气孔数×孔径 $n_1 \times d_1$/(个×mm)	29×5	33×6.5	66×4	78×5	62×7	16×4	11×6	12×3.5	16×4
$n_2 \times d_2$/(个×mm)	3×11	4×14	13×9	16×11	17×15	9×9	10×13	11×7.5	12×9
$n_3 \times d_3$/(个×mm)	—	—	3×19	3×23	4×33	—	—	8×17	10×19.5
进气孔中心距 S_1/mm	140	140	140	140	180	100	150	100	100
S_2/mm	170	170	180	180	200	110	200	100	120
S_3/mm	—	—	240	270	300	—	—	220	190
长度 L_2/mm	420	520	660	850	1200	260	300	350	450
L_3/mm	280	280	430	560	650	300	400	500	600

续表

名称	周边进气蜗壳式燃烧器					中心进气蜗壳式燃烧器			
	Ⅰ	Ⅱ	Ⅲ	Ⅳ	Ⅴ	Ⅰ	Ⅱ	Ⅲ	Ⅳ
二次风进入外套层开孔数×孔长×孔宽 $n_4 \times c \times e$/(个×mm×mm)	8×12×8	10×12×8	14×12×8	17×12×8	25×12×8	—	—	—	—
空气进口截面 $a \times b$/(mm×mm)	91×240	126×330	156×410	202×530	285×750	—	—	—	—
直径 D_0/mm	240	330	410	530	750	210	300	380	490
D_1/mm	292	382	462	582	832	ϕ114×4	ϕ140×4.5	ϕ165×4.5	ϕ219×4.5
D_2/mm	338	428	508	628	848	50	50	50	50
D_3/mm	420	520	660	850	1200	D=234	320	405	520

平流式燃烧器示于图 7-216 和图 7-217。

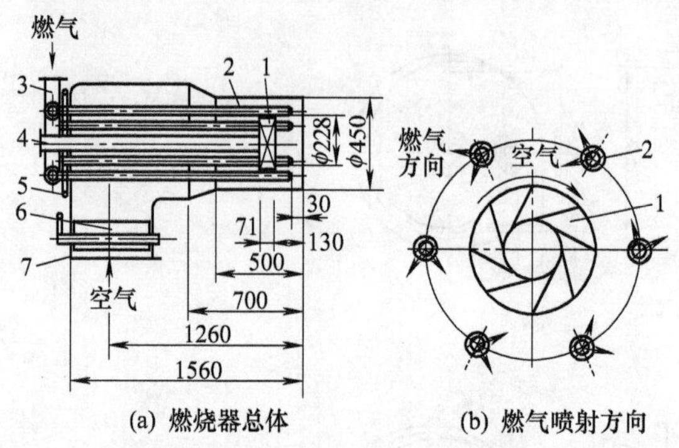

图 7-216 多枪平流式燃烧器

1—稳焰器；2—燃气喷枪；3—燃气进气管；4—看火孔；5—喷枪换向手柄；6—调风板；7—空气进口管

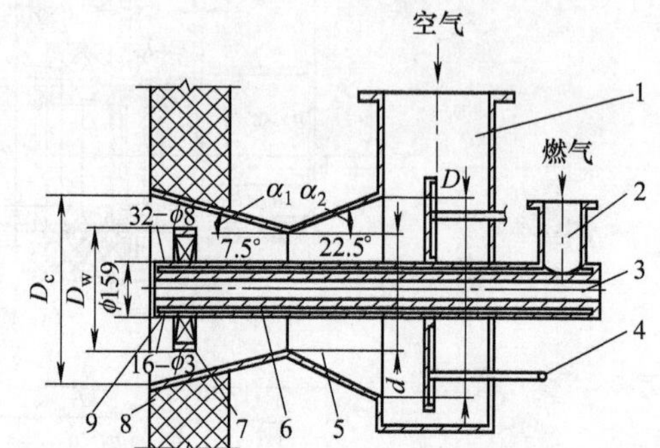

图 7-217 文丘里管平流式燃烧器

1—空气进口管；2—燃气进气管；3—点火孔；4—调风机构；5—文丘里管配风器；6—燃气管；7—稳焰器；8—炉墙；9—燃气喷孔

(2) 蜗壳旋流燃烧器的设计要点 见图 7-215。

① 燃烧器圆柱形通道直径 D

$$D=1.13\sqrt{\frac{I}{\Delta I}} \tag{7-295}$$

式中 I——燃烧器额定热功率，kW；

ΔI——燃烧器假想平均热功率，kW/mm²，对天然气 $\Delta I=(35\sim50)\times10^{-3}$ kW/mm²；空气在圆柱形通道的流速一般取 15～25m/s。

② 不同火孔直径 D_0 下的火焰长度推荐如表 7-179 所列$\left(\text{当结构参数}\frac{ab}{D_2}=0.35\text{时}\right)$。

$$D_0=(0.8\sim0.9)D$$

表 7-179 不同 D_0 下的推荐火焰长度

D_0/mm	ΔI/(kW/mm²)	火焰长度/m		D_0/mm	ΔI/(kW/mm²)	火焰长度/m	
		α=1.05	α=1.10			α=1.05	α=1.10
250	39×10^{-3}	2.3	2.1	400	39.5×10^{-3}	3.6	3.3
300	39.1×10^{-3}	2.7	2.5	450	40.2×10^{-3}	4.1	3.8
360	39.2×10^{-3}	3.3	3.0				

第一排燃气喷口到火孔（即 D_0 截面）的距离$=(0.1\sim0.2)D$，燃气空气混合物在 D_0 截面上的流速一般取 15～35m/s。

③ 燃气喷气孔排数 n：一般当 $I\leqslant4650$kW 时，n 取 2；当 $I\geqslant11630$kW 时，n 取 4。

④ 燃气喷气孔直径 d_{pi} 及射入空气流中的垂直射程 l_{si}：$\frac{d_{p2}}{d_{p1}}=\frac{l_{s2}}{l_{s1}}\approx2.2$；$\frac{d_{p3}}{d_{p1}}=\frac{l_{s3}}{l_{s1}}\approx4.84$；$\frac{d_{p4}}{d_{p1}}=\frac{l_{s4}}{l_{s1}}\approx10.65$。

式中符号的下标数代表燃气喷孔的排数。离燃烧器喷口最近的一排为“1”。

第 1 排孔的射程：$l_{s1}=\left(\frac{D-D_1}{2}\right)\times\frac{1}{m}$

式中 D，D_1——燃烧器圆柱形通道及中心管外径；

m——考虑喷气孔排数的系数，当 $n=2$ 时，$m=3.025$；$n=3$ 时，$m=6.655$；$n=4$ 时，$m=14.64$。

$\frac{l_{s1}}{d_{p1}}$按式（7-260）计算。

(3) 平流燃烧器的设计数据 如表 7-180 所列。

表 7-180 平流燃烧器的设计数据（图 7-217）

单个燃烧器热功率/kW	燃气压力 p_1 /kPa	空气阻力 /Pa	燃气喷口速度 /(m/s)	空气速度 /(m/s)	文丘里管				稳焰器与燃烧器出口直径比 $\frac{D_w}{D_c}$
					收缩角 α_2/(°)	扩散角 α_1/(°)	喉口直径与进口直径比 $\frac{d}{D}$	进、出口直径比 $\frac{D}{D_c}$	
$(1\sim165)\times10^3$	1～200	400～2000	150～230	50～60	45	15	0.66～0.70	1.0～1.08	0.6

第六节 W 型火焰锅炉

一、W 型火焰锅炉炉膛的结构特点

W 型火焰燃烧技术是由美国 FW 公司最先开发研制的一种高煤粉浓度燃烧技术。分别以直流燃烧器四角切圆燃烧技术著称的原 CE 公司和以旋流燃烧器前墙或对冲燃烧技术著称的 Babcock 公司都一致认为：当燃煤挥发分含量 $V_{daf}<13\%$时，采用 W 型火焰燃烧技术，是燃用低挥发分贫煤、无烟煤的最佳选择。燃用无烟煤时，一次风煤粉浓度 μ 控制在 1.0～1.3kg/kg；燃用贫煤时，$\mu=0.8\sim1.0$kg/kg。W 型火焰锅炉的炉膛结构示意和结构尺寸如图 7-218 和表 7-181 所示。该型锅炉炉膛结构的特点在于，炉膛分为上炉膛（即燃尽室）和下炉膛（即燃烧室）两部分。燃烧室的前墙和后墙分别向炉膛内部方向，以微小的倾角 β 收缩，形成前、后拱。在拱顶上布置一次风、乏气风及通入少量二次风的喷口，以上各股风统称拱顶风。主二次风和部分乏气风（或三次风）沿着前、后墙的高度方向，一般分 3～4 层以水平或微小下倾角方向喷入炉膛。典型的各风口布置示意见图 7-219。

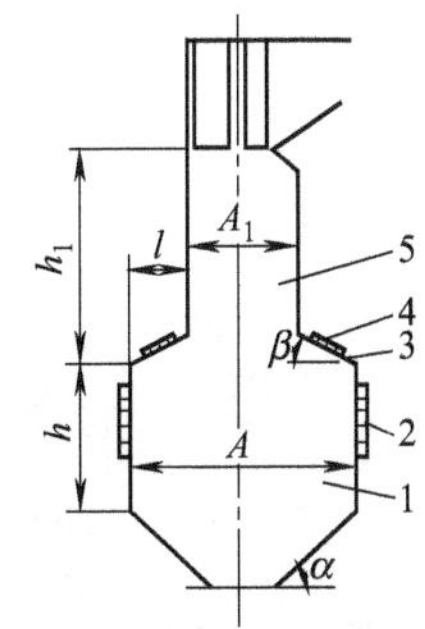

图 7-218 W 型火焰锅炉示意
1—燃烧室；2—二次风；3—前、后拱；4—燃烧器；5—燃尽室

表 7-181 W 型火焰锅炉炉膛结构尺寸

名称	数值	引进 W 型火焰锅炉尺寸		
		360MW(Stein)	362MW(Bel)	350MW(BW)
燃烧室高度 h/m	>8～10(大容量锅炉) 6～7(小容量锅炉)	11.8	8.96	8.69
燃尽室与燃烧室高度比$\frac{h_1}{h}$	1.3～2.0①	1.27	1.38	1.30
燃尽室与燃烧室深度比$\frac{A_1}{A}$	约 0.5	0.513	0.442	0.518
炉拱深度 l/m	3.0～6.0	4.31	4.525	3.96
冷灰斗倾角 α/(°)	49.5～58②	约 56		
炉拱倾角 β/(°)	0～15			

① 对 V_{daf} 很低的煤，可适当增大。

② 对 V_{daf} 低且易结渣的煤，取大值。

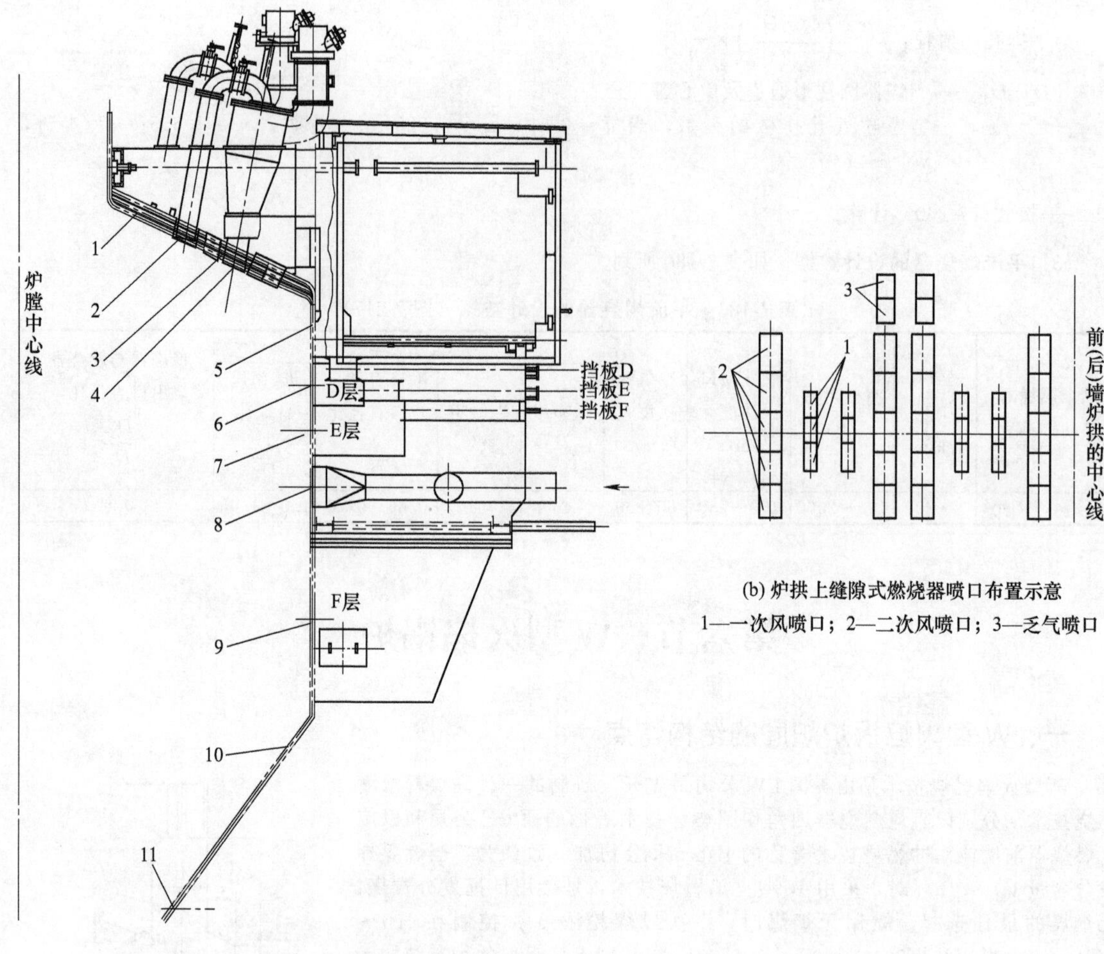

(a) 旋风分离式燃烧器拱及墙上喷口布置示意

1—后拱；2—乏气喷口；3—周界风(二次风)喷口；4—一次风喷口；
5—后墙；6—D层二次风喷口；7—E层二次风喷口；
8—乏气(三次风)喷口；9—F层二次风喷口；
10—冷灰斗；11—炉底风喷口

(b) 炉拱上缝隙式燃烧器喷口布置示意

1—一次风喷口；2—二次风喷口；3—乏气喷口

图 7-219 W 型火焰锅炉前、后拱及前、后墙喷口布置示意

前、后拱上布置垂直向下的拱顶风与前后墙上布置的二次风形成的燃烧火焰，在燃烧室下部汇合并向上流动，形成了“W”形的炉内火焰气流，然后进入上炉膛燃尽室，故而得名“W 型火焰锅炉”。有时，由炉底冷灰斗处送入少量热空气，用以调节再热汽温度或控制炉墙壁面气氛。

由于 W 型火焰锅炉燃烧室火焰充满度高，炉拱的保温效果好，所以炉内温度水平很高，特别适应于低挥发分煤种燃烧。该型锅炉的炉膛热力参数见表 7-182。我国部分电厂在运 W 型火焰锅炉的主要参数列于表 7-183。

表 7-182 W 型火焰锅炉炉膛热力参数值

热力学参数	单　位	煤的结渣性	
		一般	严重
全炉膛容积热负荷 q_V	kW/m³	≤110	<100
下炉膛容积热负荷 $q_{V,X}$	kW/m³	约 200	<175
下炉膛断面热负荷 $q_{F,X}$	MW/m²	约 3.0	2.3～3.0

表 7-183　中国部分电厂的 W 型火焰锅炉的主要参数

项　　目	某电厂		某电厂	某电厂	某电厂		某电厂	某电厂	某电厂	某电厂
机组编号	1 号、2 号	3 号、4 号	1 号、2 号	1 号、2 号	1 号、2 号	3 号、4 号	1 号、2 号	1 号	1 号、2 号	
机组额定功率/MW	350	310	362	360	300	300	300	300	300	600
锅炉额定蒸发量/(t/h)	1085	935	1080	1007	935	935	935	935	987.7	
BMCR 机组功率/MW	364	334	387	376	330	330	330	330	383	
锅炉蒸发量/(t/h)	1190	1025	1160	1099	1025	1025	1025	1025	1081.2	2030
锅炉制造厂	加拿大 B&W	东方锅炉厂（FW 技术）	英国 BEL	法国阿尔斯通	东方锅炉厂（FW 技术）	北京 B&W	东方锅炉厂（FW 技术）	东方锅炉厂（FW 技术）	法国阿尔斯通	东方锅炉厂
设计煤种	无烟煤∶贫煤=1∶3	无烟煤∶贫煤=1∶1	无烟煤∶贫煤=1∶3	重庆松藻无烟煤	阳泉无烟煤	阳泉无烟煤	贵州桥子山无烟煤	粤北地区红工无烟煤	混煤	娄底无烟煤
干燥无灰基挥发分 $w(V_{daf})$/%	14.5～18.5	13～17	10～14	13.5～15.5	11.5～14.5	9.85	9	10	10.93	8.0
收到基灰分 $w(A_{ar})$/%	19～25	21～25	20～26	25.0～31.0	22～28	23.86	27	40	27.48	32.87
收到基低位发热量 $Q_{net,V,ar}$/(MJ/kg)	22～24	20.5～24.5	25.7	19.4～23.4	21～23	23.65	21.46	16.84	21.83	19.57
初始变形温度/℃	1330	1300	1400	1200	>1500	>1500	1168	>1500	1360	1290
软化温度/℃	1500	1500	>1500	1310	>1500	>1500	1210	>1500	>1500	1500
全炉膛高度/m	42	39.4	43.1	51.9	39.4	42.2	43.2	42.3	52.1	50.15
下炉膛宽度×深度/(m×m)	26.82×16.46	24.76	20.24×16.22	17.34×17.68	24.76×13.34	21×15.6	24.76	24.76	17.34	34.48×16.01
全炉膛容积热负荷/(kW/m³)	78.21	122	122.9	97.7	109	99	103.4	105.7	87.2	89.79
下炉膛容积热负荷/(kW/m³)	152	258	226.6	190	258	212	258	258	164.2	
下炉膛断面热负荷/(MW/m²)	2.03	2.63	2.81	3.02	2.43	2.42	2.63	2.63	2.72	2.83
卫燃带面积/m²	763(原 1023)	657	579	580	657	598	675	675	约 500	1080
燃烧方式　燃烧器形式、数量/只	PAX-XCL 旋流 20	双旋风筒 24	直流缝隙式 32	直流缝隙式 36	双旋风筒 24	EL-XCL 旋流式 16	双旋风筒 24	双旋风筒 24	直流缝隙式 36	双旋风筒 36
制粉系统　制粉方式、磨煤机形式，台数	中速磨直吹式 MPS-89K，4	双进双出球磨直吹式 SVEDALA，4	双进双出球磨直吹式 4724 型，4	球磨中间储仓式抽炉烟 BBT4048，2	双进双出球磨直吹式 FWD-10D，4	中间储仓式热风送粉 MTT3865.4	双进双出球磨直吹式 FWD-11D，4	双进双出球磨直吹式 FWD-10D，4	球磨中间储仓式，开式 BI4084，2	双进双出直吹式 BBD4366.6
锅炉设计效率/%	90.88	91.71	88.86	90.02	90.85	90.86	90.59	90.61	91.0	91.16
不投油最低稳燃负荷/%	45[①]	40	52[①]	41[①]	45[①]	≤40	45	45	40	45
煤粉细度 R_{90}/%	10～25	8～12	5～16	7～11	12～14					

① 指试验值。

二、W 型火焰锅炉的燃烧器

燃烧器可分为旋风分离式和缝隙式两种（图 7-219）。

图 7-220 是典型的旋风分离式燃烧器示意。在一次风喷口内，装了一个“十”字消旋器，用以消除旋风分离后风粉混合物的残余旋转。西安交通大学的试验研究结果发现：①“十”字消旋器当与一次风喷口平齐时，能有效抑制射流的残余旋转，建议十字消旋器无量纲长度 L（即消旋器长度 l 与燃烧器喷口内径 d_0 的比值）为 1.0～2.0，如图 7-221 所示；②在燃烧器喷口的圆周方向上煤粉浓度高，喷口中心部分煤粉浓度低，形成了径向浓淡燃烧。而在出口射流的圆周方向上，又同时出现了 4 个高煤粉浓度区，形成了周向浓淡燃烧（见图 7-222）；③在 4 个高煤粉浓度区的旋向上游侧，有较强烈的高温烟气回流卷吸。以上特点为低挥发分煤种的着火燃烧创造了极为有利的环境和条件；④研究发现，国外引进技术中，一次风喷口轴心线向外侧偏 6°布置时，出现火焰冲刷前、后墙，极大地增加了水冷墙高温腐蚀和局部结渣的危险。建议一次风不向外侧偏转为好。

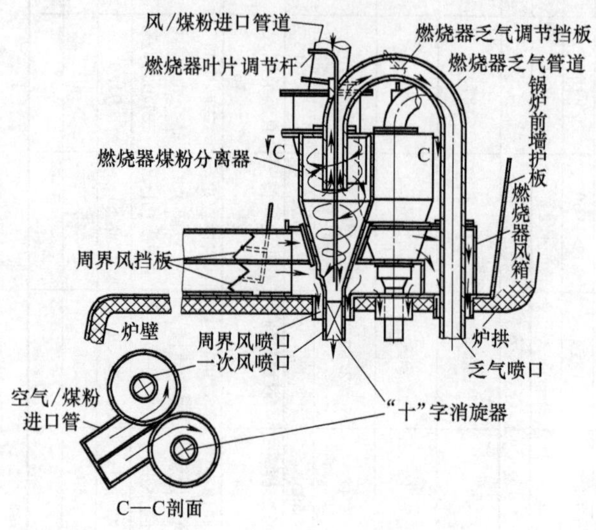

图 7-220 旋风分离式燃烧器示意

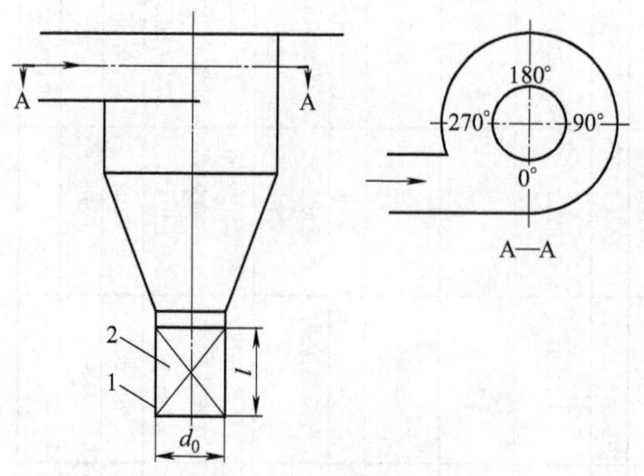

图 7-221 旋风分离式燃烧器喷口“十”字消旋器位置示意

1—燃烧器喷口；2—“十”字消旋器

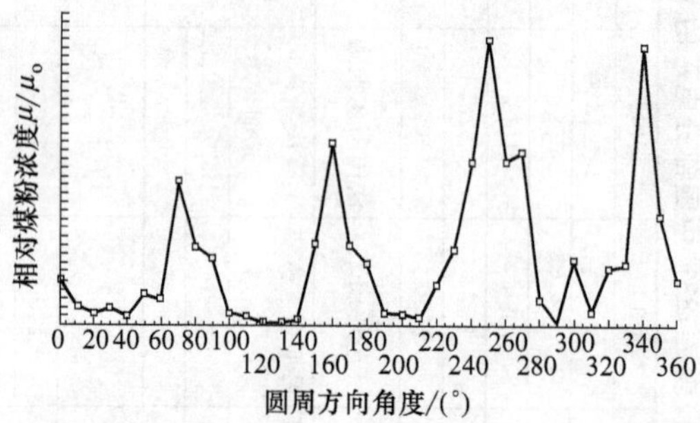

图 7-222 燃烧器出口圆周方向煤粉浓度分布

缝隙式燃烧器的配风特点在于，把大部分的空气（即二次风）从拱顶上送入燃烧室，少量空气（三次风）从前、后墙送入。射流为直流，一、二次风口作成长宽比分别为 2.0～3.5 和 3.0～7.0 的长方形，沿炉膛宽度方向相间，或相对集中地交替排列布置在拱顶上，每一排可以布置 3～6 个喷口［见图 7-219（b)］。总长宽比大的缝隙喷口，有利于煤粉的着火和燃烧。

考虑到低挥发分煤着火的需要，在 W 型火焰锅炉上最先采用了通过一次风交换以提高一次风温度的 PAX(primary air exchange) 型燃烧器，如图 7-223 所示。该型燃烧器的突出特点是：①高温热风置换了低温的乏气送粉风，提高了一次风粉混合物的温度，特别有利于低挥发分煤的着火；②一次风射流不旋转，但周围的内、外两层二次风旋流强度可调。根据煤种可控制外层与内层二次风量的比在 1.5～3.5 之间，实现良好的分级送风和少量减少 NO_x 排放的效果，但是 W 型火焰锅炉总体 NO_x 排放值很高。当前已不再新增该型机组。

W 型火焰锅炉燃烧器的主要空气动力学参数列于表 7-184。

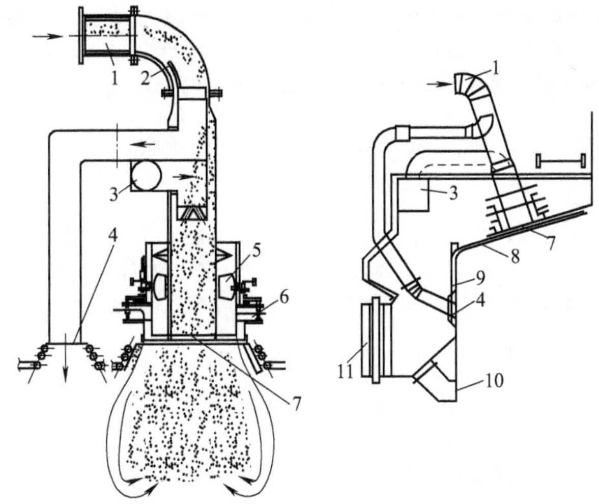

图 7-223 PAX 型燃烧器及其布置示意

1—置换前一次风粉混合物进口管；2—煤粉浓缩板；3—高温热空气进口；4—乏气风喷口；5—内二次风调节叶片；6—外二次风进口；7—高温一次风粉混合物喷口；8—前拱；9—前墙；10—分级二次风；11—高温二次风箱进口

表 7-184 W 型火焰锅炉燃烧器风速和风率

生产公司	FW	Babcock	Stein	Steinmüller	生产公司	FW	Babcock	Stein	Steinmüller
燃烧器形式	旋风分离式	缝隙式	缝隙式	缝隙式	二次风率 r_{2k}/%	15～70	55～70	50～60	约 52
					三次风率 r_{3k}/%	0～15	10～16	0～15	约 30
煤种	无烟煤	劣质烟煤	无烟煤	贫煤	乏气风率 r_f/%	<10	<10	<15	<10
挥发分 $w(V_{daf})$/%	4～10	约 18	约 9.0	约 14.0	一次风速 v_{1k}/(m/s)	约 15	10～15	约 12	约 11
灰分 $w(A_{ar})$/%	<20	约 25	约 30.0	约 20.0	二次风速 v_{2k}/(m/s)	10～20	20～40	30～35	30～35
一次风率 r_{1k}/%	5～18	15～20	10～15	约 18	三次风速 v_{3k}/(m/s)	8～10	0～40	0～40	约 25

三、W 型火焰锅炉的炉内空气动力工况

W 型火焰锅炉燃烧器拱顶各股风与前、后墙分级风的配合是十分重要的，不当的配风会导致炉内火焰短路或火焰直冲冷灰斗两种非正常炉内工况，致使炉膛喉口或冷灰斗结渣以及过热器超温。西安交通大学对各种配风工况进行了冷、热态试验，得到了形成正常“W”形火焰工况的配风关系如下。

① 拱顶风动量流率 M_g 与前、后墙分级风总动量流率 M_{ff} 的关系：

$$\frac{M_g}{M_{ff}}=1.15\sim2.1 \tag{7-296}$$

② 前、后墙各层分级风的动量流率，沿高度方向呈上小下大的宝塔形分布。下半部的动量流率 M_{fx} 与上半部的动量流率 M_{fs} 的比值 $\frac{M_{fx}}{M_{fs}}=2.0\sim2.5$。(7-297)

第七节 锅炉容量与炉内燃烧及空气动力工况相关性

锅炉容量 D 对炉内燃烧及空气动力工况的影响，可以用炉内燃烧的热力特征参数：炉膛容积热负荷 q_V、炉排面积热负荷 q_R、炉膛断面热负荷 q_F，以及炉内空气动力学参数：气流旋转动量流率矩 MR 等与它的相关性来表征。即

$$热负荷\ q=f(D)$$

$$动量流率矩\ MR=f(D)$$

该相关性是基于相似原理和量纲分析方法，针对某一特定的燃料（即指某燃料的发热量 Q 一定时）以及某一特定的燃烧方式（即指火床或火室燃烧）条件下建立的。分析中的结构及热力参数、空气动力参数均表示容量 D 变化的锅炉相对于某一基准锅炉容量 D_0 下量纲为一的相对值。

一、火床燃烧方式下，燃烧特性与容量D 的相关性

1. 火床炉的热力特征参数 q_R

火床炉燃用厘米级为主的燃料颗粒群，其燃烧全过程几乎都在炉排上完成，只有少量可燃成分是随烟气在有限的炉膛空间及有限的温度（一般＜1000℃）、短暂的炉内停留时间（一般＜4s）下燃烧。显然，火床燃烧锅炉中，炉排面积 R 是决定燃烧好坏最基础的结构特征参数。所以，工程上用炉排面积热负荷 $q_R=\frac{BQ}{R}$作为决定和表征火床上燃烧热强度的综合性热力特征参数。

2. 炉排面积 R、燃料消耗量 B 与锅炉容量D 的相关性

在确定的煤种下，B 和 D 存在正比例关系，即 $B\propto D$

为满足燃料燃烧的需要，同样存在 $R\propto B$ 关系，那么则有

$$R\propto B\propto D \tag{7-298}$$

3. 炉膛容积 V、炉排面积 R、炉膛表面积 f 与锅炉容量D 的相关性

按量纲分析，$V\propto R^{3/2}$，$f\propto R$。则有

$$f\propto R\propto D \tag{7-299}$$

$$V\propto R^{3/2}\propto D^{3/2} \tag{7-300}$$

炉膛比表面积

$$\frac{f}{V}\propto\frac{D}{D^{3/2}}=\frac{1}{D^{1/2}} \tag{7-301}$$

由此可知，炉膛比表面积$\frac{f}{V}$与 $D^{\frac{1}{2}}$ 成反比。显然，随着锅炉容量 D 的增加，比表面积减小；反之，锅炉容量越小，比表面积越大，即散热损失增大，炉内温度水平下降，这对保持锅炉稳定着火、燃烧、燃尽是不利的。当 D 减小到一定程度时，散热将可能导致炉膛稳定的燃烧过程被破坏。所以，从稳定燃烧的角度，炉膛的保温对燃烧的稳定性非常关键。

4. 炉排面积热负荷 q_R 与 D 的相关性

为满足煤在炉排上燃烧的要求，理论上 q_R 与 D 的相关性如下。

$$q_R=\frac{BQ}{R}\propto\frac{D}{D}=D^{\circ}$$

这表明火床炉 q_R 与 D 之间理论上没有直接相关关系，一旦煤种已定，q_R 应是一个确定值。

但是，从本质上 D 是通过其他的热力和结构参数对 q_R 产生实质性的影响。如果锅炉容量减小，炉膛比表面积$\frac{f}{V}$增大，炉内温度水平下降，其直接后果是导致锅炉热效率 η 的下降。能够有效燃烧放热的实际燃料量仅为 ηB，此时的实际炉排面积热负荷 q_R 为：

$$q_R=\frac{(\eta B)Q}{R}\propto\frac{\eta R}{R}=\eta \tag{7-302}$$

可知，火床燃烧锅炉的 q_R 受锅炉容量 D 的影响是通过热效率直接反映出来的。随着 D 的减小，燃烧条件变差，热负荷下降。锅炉容量越小，对燃烧的稳定性和有效性都是不利的。所以，为确保单台锅炉燃烧过程可持续稳定运行，必然存在单台最小极限容量的限制。反之，随着 D 的增大，炉内温度水平提高，燃烧条件改善，热负荷增加，此时应对炉排运行可靠性（防烧坏）和运行安全性（防结焦）给予重点关注。

5. 炉膛容积热负荷 q_V 与 D 的相关性

按式（7-298）、式（7-299）及 q_V 的定义存在如下关系：

$$q_V=\frac{BQ}{V}\propto\frac{D}{D^{\frac{3}{2}}}=\frac{1}{D^{\frac{1}{2}}} \tag{7-303}$$

由此式可知，q_V 与 $D^{\frac{1}{2}}$ 成反比，即锅炉容量 D 减小时，炉膛容积热负荷 q_V 增大，实质上是锅炉的炉膛容积 V 随容量 D 的$\frac{3}{2}$次方急剧减小所致。当锅炉小到家用手烧炉时，炉膛 V 已小到不复存在，即 $V\rightarrow 0$。原本部分可燃气体和烟气中携带的未燃尽炭已没有继续燃烧的空间，锅炉效率也降到了极低点。

6. 烟气在炉内停留时间 τ 与 D 的相关性

烟气在炉膛内停留时间 τ 的大小直接影响到锅炉的热效率。τ 决定于炉膛容积 V 和总烟气量 Q_y，即

$$\tau=\frac{V}{Q_y} \tag{7-304}$$

因为

$$Q_y \propto B \propto D \tag{7-305}$$

所以

$$\tau=\frac{V}{Q_y} \propto \frac{D^{\frac{3}{2}}}{D}=D^{\frac{1}{2}} \tag{7-306}$$

由此可知，τ 与 $D^{\frac{1}{2}}$ 成正比。当 D 减小时，τ 缩短，导致 q_3 和 q_4 热损失增加，锅炉效率 η 下降。这从经济性的角度表明，火床燃烧锅炉的单台容量也应该有一个下限值。反之，随着单台锅炉容量 D 的增大，烟气在炉内停留时间 τ 增加，对充分燃尽是有利的。这也是大容量锅炉显然比小容量锅炉热效率高的重要内因之一。

7. 火床炉炉排上厘米级燃煤颗粒燃烧特点

燃煤颗粒的初始粒径 d_0 与燃尽所需的时间 τ_{rj} 有直接的正相关性。根据埃森海（R. H. Essenhign）等的实验，τ_{rj} 大致与 d_0^2 成正比。

$$\tau_{rj} \propto d_0^{1.94\sim2.02} \tag{7-307}$$

厘米级煤粒的燃尽时间 τ_{rj} 是相当长的，远远大于微米级的煤粉。这正是火床燃烧先天性的不足，导致了其燃烧热强度和燃烧效率十分低下。因此，在火床燃烧中，对燃煤颗粒群中的大颗粒的尺寸和数量应该加以控制。

8. 火床燃烧控制区

由于火床燃烧热强度低，相应温度水平低下，且燃煤颗粒尺寸大，故其燃烧化学反应速度和燃烧供氧的扩散能力都较低，在多数情况下，火床主燃烧区都处在过渡燃烧控制状态下。所以，保持高温和强化通风均是强化火床燃烧的主要控制关键。

二、火室燃烧方式下，燃烧特性与容量D的相关关系

1. 火室燃烧锅炉的热力特征参数 q_V 和 q_F

在火室燃烧中，微米级大小的煤粉颗粒群及其热解产生的可燃成分，着火、燃烧、燃尽的全过程都是在炉膛空间之内完成的。炉膛容积 V 正是火室燃烧最基础的结构特征参数。炉膛容积热负荷 $q_V\left(=\frac{BQ}{V}\right)$ 和炉膛断面热负荷 $q_F\left(=\frac{BQ}{F}\right)$ 则是综合反映炉膛结构和燃烧状况的热力特征参数。它直接表征煤粉在有限的炉膛空间和一定的温度环境下着火、燃烧和燃尽的状态。

2. 炉膛容积 V、燃料消耗量 B 与锅炉容量D 的相关性

为满足燃烧的要求，必然存在如下关系，即

$$V \propto B \propto D \tag{7-308}$$

3. 炉膛容积 V 及断面积F、炉膛表面积 f 与 D 的相关性

按量纲分析和式（7-308）

$$F \propto f \propto V^{\frac{2}{3}} \propto B^{\frac{2}{3}} \propto D^{\frac{2}{3}} \tag{7-309}$$

那么，炉膛比表面积

$$\frac{f}{V} \propto \frac{D^{\frac{2}{3}}}{D}=\frac{1}{D^{\frac{1}{3}}} \tag{7-310}$$

可知，火室炉炉膛比表面积$\frac{f}{V}$与容量 $D^{\frac{1}{3}}$ 成反比。

显然，无论是火床炉还是火室炉，当 D 变化时，相对比表面积$\frac{f}{V}$都将受到明显影响，特别是当 D 减小时，锅炉相对散热都会增加，这对燃烧都是不利的。不过对于火床炉而言，D 减小对燃烧的不利影响会比火室炉更大、更敏感。

4. 炉膛容积热负荷 q_V 与容量 D 的相关性

从满足燃烧的要求　$V \propto B \propto D$

从保证炉内冷却要求，传热上应满足　$f \propto V \propto B \propto D$　(7-311)

从量纲上分析　$f \propto V^{\frac{2}{3}}$

随着锅炉容量 D 改变，炉膛容积 V 成正比例变化。但是表面积 f 的变化跟不上 V 的变化。具体地说，就是当 D 增加，B 和 V 成正比增大，但 f 只增大了 $V^{\frac{2}{3}}$。显然，炉内冷却表面积不足，有可能出现结渣的

危险。同样当 D 减小时，f 减小的量不够，造成炉内冷却表面过大而影响炉内稳定燃烧。因此，从炉内冷却安全的角度，仅从燃烧需求的 V 必须调整 $V^{\frac{1}{3}}$ 倍才能满足 $f \propto V$ 的需求。

所以，随着 D 的改变，炉膛实际容积 V_{sj} 应为：

$$V_{sj}=V^{\frac{1}{3}}V \propto aV \propto aB \propto aD \tag{7-312}$$

其中的 a 是一个与 $D^{\frac{1}{3}}$ 成正相关的经验性、量纲为 1 的系数。显然，当 D 增加，$a>1.0$；反之，当 D 减小，$a<1.0$。

按炉膛容积热负荷 q_V 的定义，则有

$$q_V=\frac{BQ}{V_{sj}} \propto \frac{D}{aD}=\frac{1}{a} \propto \frac{1}{D^{1/3}} \tag{7-313}$$

实质上，q_V 与锅炉容量 $D^{\frac{1}{3}}$ 成反比。

5. 炉膛断面热负荷 q_F 与容量 D 的相关性

由于 $V_{sj} \propto aV$，那么炉膛实际断面积 $F_{sj} \propto V_{sj}^{\frac{2}{3}} \propto a^{\frac{2}{3}} \cdot D^{\frac{2}{3}}$

按炉膛断面热负荷 q_F 的定义，则有

$$q_F=\frac{BQ}{F_{sj}} \propto \frac{D}{a^{\frac{2}{3}} \cdot D^{\frac{2}{3}}}=\left(\frac{1}{a^{\frac{2}{3}}}\right) \cdot D^{\frac{1}{3}} \tag{7-314}$$

由此可知，q_F 与锅炉容量 $D^{\frac{1}{3}}$ 成正比。随着锅炉向大容量高参数方向发展时，炉内温度水平不断增加，对燃烧是很有利的，但也增加了炉内结渣和高温腐蚀的危险。一般，对功率在 300～600MW 及其以上的锅炉，在设计和运行中要特别予以重视。

6. 烟气在炉内停留时间 τ 与容量 D 的相关性

按定义，

$$\tau=\frac{V_{sj}}{Q_y} \propto \frac{V^{\frac{4}{3}}}{D} \propto \frac{D^{\frac{4}{3}}}{D}=D^{\frac{1}{3}} \tag{7-315}$$

显然，随着锅炉容量 D 的增加，炉内停留时间 τ 与 $D^{\frac{1}{3}}$ 成正比增大，这对燃尽是有利的。特别煤粉锅炉，τ 是保证充分燃烧和燃尽的重要特征参量。因此，对小容量锅炉来说，锅炉容量的极限值必须保证煤粉在炉内有足够的燃尽时间 τ。

7. 火室锅炉炉内燃烧控制区

由于火室燃烧的煤粉颗粒尺度 d 是微米级的，供氧的质量扩散系数 α_{ze} 与粒径 d 成反比，所以扩散过程非常强烈。尽管炉内温度水平已经很高，但受结渣及高温腐蚀等安全性的限制，在多数情况下，火室燃烧仍处于动力燃烧控制区内。

表 7-185 列出了锅炉容量 D 与火床、火室炉各特征参数的相关关系。

表 7-185 锅炉容量 D 对不同燃烧方式下燃烧状况的影响

项　目	火床炉	火室炉
满足燃烧需求的基本关系	$R \propto B \propto D$	$V \propto B \propto D$
量纲基本关系	$f \propto R \propto D$ $V \propto R^{\frac{3}{2}} \propto D^{\frac{3}{2}}$	$F(f) \propto V^{\frac{2}{3}} \propto D^{\frac{2}{3}}$
比表面积	$\frac{f}{V} \propto \frac{1}{D^{\frac{1}{2}}}$	$\frac{f}{V} \propto \frac{1}{D^{\frac{1}{3}}}$
炉排面积(或炉膛断面)热负荷	$q_R \propto \eta$	$q_F \propto D^{\frac{1}{3}}$
炉膛容积热负荷	$q_V \propto \frac{1}{D^{\frac{1}{2}}}$	$q_V \propto \frac{1}{D^{\frac{1}{3}}}$
炉内停留时间	$\tau \propto D^{\frac{1}{2}}$	$\tau \propto D^{\frac{1}{3}}$
燃烧控制区	过渡区	动力区

三、火室炉切圆燃烧中炉内空气动力工况与锅炉容量 D 的相关关系

决定炉内四角切圆燃烧空气动力工况的特征参数是炉内气流旋转动量流率矩 MR。理论上 MR 等于射流的动量流率 M 与假想切圆半径 $r_{jx}=\frac{1}{2}d_{jx}$ 的乘积。

炉内射流的动量流率 $M \propto$ 燃料消耗量　　$B \propto D \propto V$　　(7-316)

从量纲上　　$d_{jx} \propto V^{\frac{1}{3}}$

所以　　$$MR = M \cdot \left(\frac{1}{2}d_{jx}\right) \propto DD^{\frac{1}{3}} = D^{\frac{4}{3}} \tag{7-317}$$

单位炉膛高度的旋转动量流率矩 $\frac{MR}{h} \propto D$

由此可见，MR 与 $D^{\frac{4}{3}}$ 成正比，$\frac{MR}{h}$ 与 D 成正比。随着锅炉向大容量发展，切圆燃烧下炉内气流的残余旋转动量流率矩也随 $D^{\frac{4}{3}}$ 相应增大，这是引起大容量锅炉炉膛出口流场和温度场左、右侧产生较大偏差而导致过热器、再热器超温爆管的内在原因。西安交通大学与国内三大锅炉制造厂合作，通过理论分析、计算和反复实验室实验，提出了“同角正、反切圆”布置，并提出了采用反、正切射流动量流率矩之比作为控制残余旋转动量流率矩的准则数 x_j。

即　　$$x_j = \frac{\text{反切动量流率矩 } MR^f}{\text{正切动量流率矩 } MR^z} = 0.95 \sim 1.15 \tag{7-318}$$

在以上 x_j 的控制范围内，可以有效控制住炉膛出口左、右侧流场和烟温的偏差，保证过热器和再热器的安全。

第八节　生物质燃烧技术

生物质是多种复杂高分子有机化合物的复合体，纤维素、半纤维素和木质素是生物质的主要成分，它们交织成高聚合物。纤维素、半纤维素和木质素是生物质中被利用的部分，可直接燃烧、热解、气化、发酵转化成所需的能源形式。

一、生物质燃烧利用方式

1. 生物质能利用方式

一般而言，生物质与化石燃料的利用方式相近。如图 7-224 所示，生物质能的利用方式主要包括物理转化、化学转化以及生物转化。

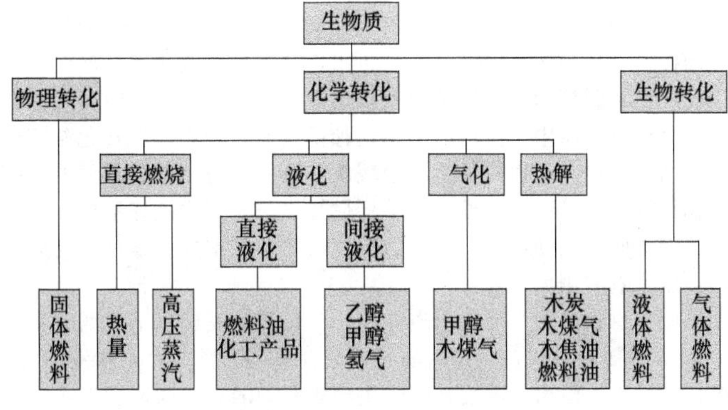

图 7-224　生物质能利用技术

目前，直接燃烧是生物质最方便，也是能量利用效率最高的一种方式。国内外生物质直接燃烧利用与化石燃料一样，主要有以下几种技术，如图 7-225 所示。

(1) 层燃炉燃烧　生物质中水分较多，会对燃烧产生影响。层燃炉炉膛容量大，适合于含水量高、尺寸不规则的生物质燃烧，生物质在该类型炉内有足够长的停留时间。层燃炉的高温区温度一般在 1000℃左右。但层燃炉燃烧时，炉内需要补充大量空气，否则氧气不足易造成生物质燃烧不充分。

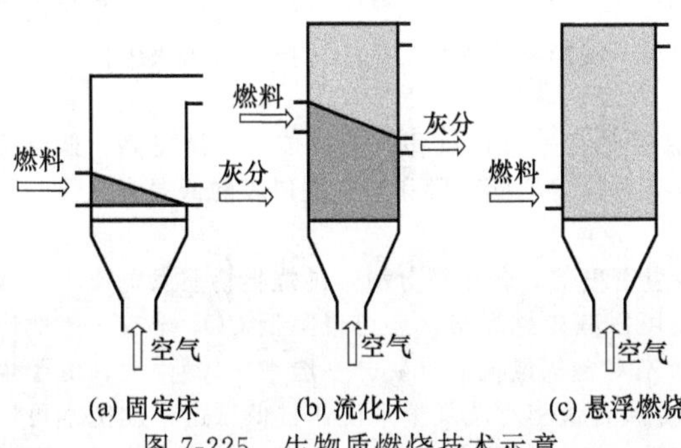

图 7-225　生物质燃烧技术示意

(2) 流化床燃烧　流化床锅炉中燃料混合充分，炉膛温度均匀性较好，因此流化床锅炉能够灵活适用不同生物质。

(3) 火室燃烧　生物质与煤或其他燃料在火室炉中悬浮混燃在北美、北欧等地应用较多。研究表明生物质与煤混燃可有效缓解全生物质燃烧锅炉高碱金属含量带来的结渣和腐蚀问题。

2. 生物质层燃炉燃烧技术

(1) 炉排焚烧锅炉　炉排焚烧炉是开发最早的炉

型，也是当前各国采用比较多的炉型。它采用活动式炉排，可使焚烧操作连续化、自动化。该炉型的核心部分是炉排。炉排的布置、尺寸、形状随着生物质水分、热值的差异以及制造厂的不同而不同。炉排有水平布置，也有呈倾斜面布置。炉排面上的燃烧设计分为预热段、燃烧段、燃尽段。炉排下部为宫式冷风，一次风可通过炉排间隙冷却炉排片，并从炉排片下以及侧面进入炉排片上部，同时还可以吹扫炉排间隙中的生物质与灰渣。

(2) 水冷式振动炉排锅炉技术特点 水冷式振动炉排锅炉具有燃料适应性范围广、负荷调节能力大、可操作性好和自动化程度高等特点，可广泛用于生物质燃料。在炉排设计中，物料通过炉排的振动实现向尾部运动，在炉排的尾部设有挡块，可以保证物料在床面上有一定的厚度，从风室来的一次风通过布置在床面上的小孔保证物料处于鼓泡松动运动状态，提高燃烧效率。水冷振动炉排因表面有水管冷却，炉排表面温度低，灰渣在炉排表面不易熔化，炉排也不易烧坏。如图 7-226 所示。

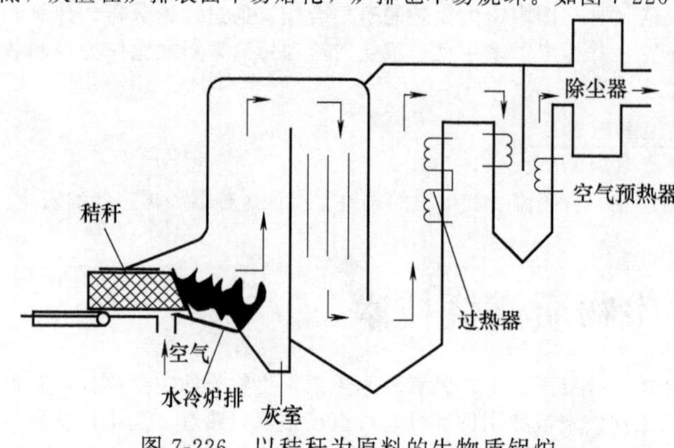

图 7-226 以秸秆为原料的生物质锅炉

针对生物质燃料的碱金属问题，通过在炉膛上部、后部增加低温的蒸发受热面使进入第一级对流受热面的烟气温度降低到相对安全的程度，缓解了尾部受热面碱金属问题。其他辅助措施包括降低高温烟气换热区管内工质的温度、采用耐腐蚀管材、强化吹灰以及增加检修次数等。

3. 生物质流化床燃烧技术

流化床锅炉适合燃用各种水分大、热值低的生物质，具有较广的燃料适应性；燃烧生物质流化床锅炉是大规模高效利用生物废料最有前途的技术之一。循环流化床一般由炉膛、高温旋风分离器、返料器、换热器等几部分组成。与炉排燃烧技术相比，流化床燃烧技术具有布风均匀、燃料与空气接触混合良好、SO_2 及 NO_x 排放少等优点，更适应燃烧水分过高、低热值的秸秆。

(1) 低温燃烧特性和炉膛温度均匀性 炉膛内大量惰性的床料和床料与燃料之间充分地混合使燃料燃烧放出的热量均匀，不会形成悬浮燃烧和层燃燃烧所难以避免的局部高温，这对于 NO_x 的排放控制有积极意义，同样也可减少秸秆中碱金属的析出，有效避免气相碱金属浓度的增加，降低低熔点共融物的形成。

(2) 物料循环和良好的炉内反应条件 物料循环和炉内良好混合可提供高效反应条件，通过合适的添加剂，在循环流化床中完全可以利用这种反应能力捕集甚至转化秸秆原料带入炉内的碱金属，从而实现主动控制碱金属的迁徙，进而可从根本上缓解碱金属盐对尾部受热面的危害。

(3) 较好的燃料适应性 在秸秆燃烧中，流态化燃烧不但能适应秸秆原料在种类、破碎条件、水分、杂质含量等方面的变动，维持良好的燃烧组织，更重要的是可以在燃料变动时，依然能够对碱金属引发的相关问题加以有效控制。

然而，要将生物质流化床进一步推广仍需要克服以下问题。

① 碱金属导致飞灰聚团，易造成返料系统不畅。大多数生物质的灰熔点较低，碱金属在高温下易析出。因此，应控制炉膛出口温度，减轻生物质锅炉的高温腐蚀和返料飞灰的聚团效应。通过在炉膛出口加水冷屏和屏式过热器来控制炉膛出口温度，并在返料系统上增加返料扰动风，能有效控制炉膛结渣和飞灰聚团，有助于返料系统的通畅。

② 生物质灰熔点低，容易沾污受热面，造成排渣困难。由于生物质锅炉烟气中灰的特性，在受热面表面沉积富含氯化物、硫酸盐、碳酸钙等物质，受热面的积灰不仅影响了锅炉的安全运行，也大大缩短了锅炉的运行周期。

③ 生物质灰中含钾物质性质活泼，高温和低温下易在受热面上造成沉积，阻碍传热并诱发高、低温腐蚀，其主要表现为过热器的高温腐蚀、省煤器的积灰、空气预热器的低温段和空气进口段的低温腐蚀。

4. 生物质与煤混合燃烧技术

由于大部分生物质燃料的含水量较高，组分复杂，能量密度低，分布较分散，纯烧生物质发电成本一般高于常规煤粉发电。采用生物质与煤混合燃烧技术，不仅可以减少燃煤量，还可以降低 CO_2 排放。一般应该控制生物质掺混比例小于总燃料量的 15%。由于生物质本身含灰量很低（灰分一般<10%），大大低于煤中含灰量（灰分一般在 20%～40%之间），释放出来的碱金属含量相对总灰量来说非常低，这样就基本可以解决生物质碱金属释放对受热面的沾污及腐蚀问题。生物质本身含有更低的硫和氮，所以掺混生物质还可以

降低锅炉污染物的排放浓度。但是，在煤粉炉、流化床锅炉或者层燃炉中混烧生物质，对给料及制粉系统有一点要求，需要有针对性地提出解决方案。

(1) 生物质混燃技术国内外发展概况

① 生物质混燃国外发展概况。生物质混燃发电技术已在挪威、瑞典、芬兰和美国得到应用，在美国和欧盟等发达国家和地区已建成一定数量生物质/煤混合燃烧发电示范工程，机组的规模在50～500MW或以上。早在2003年，美国生物质发电装机容量约达9.7×10^6kW，占可再生能源发电装机容量的10%，发电量约占全国总发电量的1%。其中生物质混燃发电在美国生物质发电中的比重占到3%～12%。

英国Fiddler Ferry电厂4台500MW机组，直接混燃压制的废木颗粒燃料、橄榄核等生物质，混燃比例为锅炉总输入热量的20%。荷兰Gelderland电厂635MW煤粉炉是欧洲大容量锅炉混燃技术的示范项目之一，以废木材为燃料，其燃烧系统独立于燃煤系统，对锅炉运行状态没有影响；系统于1995年投入运行，每年平均消耗约60000t木材（干重），相当于锅炉热量输入的3%～4%，替代燃煤约45000t。

芬兰Fortum公司于1999年在电厂的一台315MW四角切圆煤粉炉上进行了为期3个月的混燃测试，煤和锯末在煤场进行混合后送入磨煤机，采用含水率50%～65%（收到基）的松树锯末，锯末混合比例为9%～25%的质量比（体积混合比为25%～50%），系统基本上运行良好。

② 生物质混燃国内发展概况。2005年，首个农作物秸秆与煤粉混燃发电项目在山东枣庄十里泉发电厂投产，引进了丹麦BWE公司的技术与设备，对发电厂1台140MW机组的锅炉燃烧器进行了秸秆混燃技术改造，年消耗秸秆10.5×10^4t，可替代原煤约7.56×10^4t。山东通达电力公司将一台130t/h循环流化床锅炉的左右侧下部各一个二次风喷嘴改造为秸秆输送喷嘴，同时增加一套物料输送系统，使改造后的锅炉可以同时燃烧煤矸石和秸秆。

西安交通大学对生物质与大型煤粉炉燃煤混烧提出了全新思路，并在国电宝鸡第二发电厂4×300MW机组上进行了成功示范。该技术思路提出在火电厂不增加任何设备，而用生物质压缩机在农村对玉米秸秆、锯末、药渣、麦秆等生物质进行初步压型。压型后的生物质体积大大减少、密度增加，大幅度降低了收集成本和运输成本。在生物质大量产生时，电厂可及时大量低成本收集；在生物质产量较少的季节，电厂可以不烧生物质。由于压型设备离原料很近，收集成本较低，压型的生物质直接送到电厂，然后直接送入电厂磨煤机磨制，与煤粉一同进入锅炉中燃烧。这样，对电厂而言，不增加设备投资。实验表明：利用现有磨煤机可以研磨生物质压型燃料，比例在15%以下时，没发现腐蚀沾污现象，混燃后的飞灰完全满足水泥添加剂需要。在生物质供应淡季，生物质掺混比例为0，恢复全煤粉燃烧。

国电荆门电厂采用对生物质先进行气化，然后将气化气送入炉膛，实现生物质气化耦合燃煤发电。生物质全部采用稻壳，由于风机耐温最高为400℃左右，所以，高温气化后，气化气需要经过换热器降温至400℃左右，由气化气风机送入炉膛。该换热器经常由于焦油析出以及生物质气化释放的钾盐沾污导致堵塞，需定期清理。

(2) 生物质混燃技术特点 混燃可以充分利用已有燃煤电厂的现成设备，具有工程建设周期短、投资成本和操作成本低的优点，且生物质通过混燃在大型高效燃煤机组中利用可以实现非常高的生物质转化利用效率；从污染物角度看，混燃在大多数场合都有利于减少硫、氮气相污染物的排放，直接降低了CO_2的排放量；混燃可有效利用当地生物质废弃资源，避免农林业废弃物资源的浪费；混燃的燃料掺混比例灵活，避免过度依赖生物质燃料的供应，对于规避生物质燃料供应风险有积极的意义，因而是一种非常有生命力的生物质能利用方式。

从混燃技术角度分析，目前农林废弃物类生物质混燃主要有直接混燃、间接混燃和平行混燃3条技术路线：①直接混燃就是最常见的将生物质和化石燃料同时送入燃烧设备进行燃烧，是应用最多的一种形式；②间接混燃指采用液化或者气化技术先对生物质进行预处理，然后将生成的油或者燃气引入燃烧设备和化石燃料一起燃烧；③平行混燃是指使用专门添置的预处理、计量和破碎设备，添加定制的燃烧器，形成一个独立的系统分别与主燃料系统共同完成燃烧过程，这是针对大型煤粉锅炉或者燃气燃油锅炉经常采用的一种方法。

二、生物质燃烧中细颗粒物形成与受热面沉积腐蚀机理

1. 受热面结焦与积灰机理

受热面颗粒的沉积机理主要包括气态金属或盐蒸气的凝结效应、颗粒惯性碰撞效应、热泳迁移、涡扩散和化学反应。由于生物质原料本身含有较高的K、Cl，燃烧过程中释放的KCl(g)、K_2SO_4(g)在烟气温度降低或化学反应发生时，气态KCl将发生成核、聚集与表面生长，也会于管壁或灰颗粒表面发生异相凝结，进而粘附粗飞灰粒子（主要为硅酸盐类矿物质），在管壁表面形成沾污沉积。当含高浓度KCl的微细粒子不

足以黏结粗飞灰颗粒时，低熔点细灰颗粒重新富集，富集后的黏性盐会再次黏附粗飞灰颗粒，周而复始，形成交叠层，促进渣体的生长发展，形成典型的层状结渣。同时，周期性吹灰可促进交叠层形成。由于沉积层表面温度逐渐升高，沉积灰样中不同元素含量与不同熔点化合物的生成，造成交叠沉积层呈现不同颜色。气相含S组分可以使 KCl(g) 发生硫酸化，形成硫酸盐，会适当降低盐蒸气黏性。但是，硫酸化生成的单质硫酸盐可进一步相互反应，生成较高黏性的硫酸复合盐，如 $K_3Na(SO_4)_2$，其与KCl可同时促进结渣。此外，KCl(g) 也可能被硅铝酸化，阻碍细小微粒的生成，抑制结渣。因此，当生物质燃料与其他燃料混燃，加入各种添加剂，或者浸洗后，若原料内 (K+Cl)/(Si+Al) 比率与 $(K+S_{volatile})/(Si+Al)$ 比率升高，则生成更多含 KCl 及 $K_3Na(SO_4)_2$ 的气溶胶，初始沉积层形成速率加快，进而加剧壁面结渣。当 (K+Cl)/(Si+Al) 比率及 $(K+S_{volatile})/(Si+Al)$ 比率均下降，更多的K被Si、Al捕捉，生成硅铝酸盐及 HCl(g)、KCl 及 $K_3Na(SO_4)_2$ 生成量下降，初始沉积层形成速率减慢，KCl及 $K_3Na(SO_4)_2$ 生成量的下降，可以减轻或减慢壁面结渣。此外，大部分 KCl(g)、$K_3Na(SO_4)_2$ 及硅酸盐类矿物质形成飞灰，随烟气进入锅炉尾部烟气净化设备。

2. 受热面碱金属熔盐腐蚀行为

在燃秸秆类生物质电厂锅炉受热面的腐蚀与表面沉积的含钾化合物存在重要联系，Nielsen 等将该腐蚀过程分为3类：①金属或金属氧化物与气相含氯组分的腐蚀反应；②碱金属氯化物与金属的固相反应；③低温熔融碱金属盐同金属或金属氧化物的腐蚀反应。

国内某 130t/h 振动炉排高温高压生物质锅炉，其采用丹麦 BWE 公司燃烧技术，运行14个月后四级过热器发生泄漏，其源于某管束存在严重腐蚀，计算可知最大腐蚀速率高于 360nm/h。图 7-227 为某 100MW 循环流化床混燃 6%～10%高氯生物质 (Cl>1%) 过热器管束的腐蚀照片。

(a)

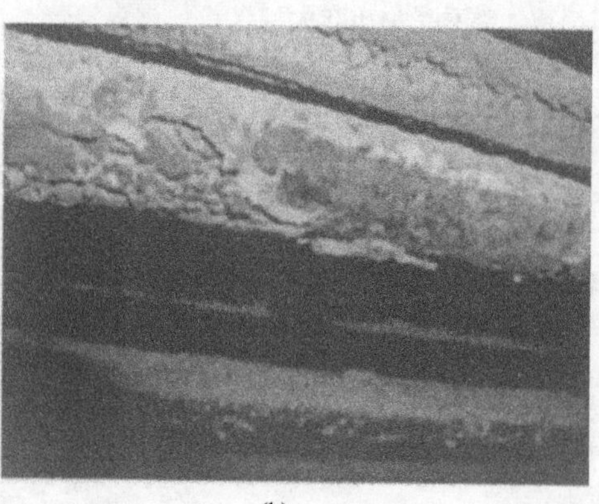

(b)

图 7-227 高氯生物质燃烧中管壁腐蚀

生物质燃烧过程中释放的气态氯化物遇到低温管壁时会凝结黏附于金属壁面。纯 KCl 的熔点为 771℃，在高温高压锅炉受热面表面会以部分熔融或固相颗粒的形式存在。此外，它也会与壁面其他无机盐形成低熔点共融物，显著降低壁面灰样熔点而加速壁面沉积与腐蚀速率。在氧化性气氛下，分子氯将会释放：

$$KCl+0.5SO_2+0.5H_2O+0.25O_2 \longrightarrow 0.5K_2SO_4+HCl \quad (\Delta G<0)$$

$$2KCl+xM+H_2O+1.5O_2 \longrightarrow K_2M_xO_4+2HCl \quad (\Delta G<0,\text{其中 M 为 Cr 与 Fe})$$

$$2HCl+0.5O_2 \longrightarrow Cl_2+H_2O$$

在 SO_2 气体存在条件下，金属壁面沉积的碱金属氯化盐还会发生硫酸化反应，生成 Cl_2 和氯化物。反应生成的分子氯存在于金属壁面氧化层金属多孔内，由于该分子具有较高的蒸气压和穿透扩散性，会穿过积灰层、氧化保护层向金属表面扩散，并与Fe元素发生反应生成金属氯化物。当沉积层温度高于氯化亚铁熔点时，会以气相氯化亚铁的形式挥发。但在气相氯化亚铁的传质扩散中遇到氧气则发生反应生成 Cl_2，生成的 Cl_2 又会向金属表面扩散渗透，因此造成壁面腐蚀持续进行。该腐蚀过程中分子氯具有转移金属基体中金属元素的作用。此外，生物质燃烧释放的气态碱金属氯化物，也会同金属、金属氧化物和金属碳化物发生腐蚀，其腐蚀反应如下式：

$$0.5M_2O_3+2(K/Na)Cl+1.25O_2 \longrightarrow (K/Na)_2MO_4+Cl_2$$

$$M+(K/Na)Cl+2O_2 \longrightarrow (K/Na)MO_4+0.5Cl_2$$

$$MC(s)+2(K/Na)Cl+2O_2 \longrightarrow MO+(K/Na)_2O+CO_2+Cl_2$$

第八章

流化床燃烧锅炉的特性、结构及计算

第一节 流化床燃烧锅炉的分类及发展

一、概述

流化床燃烧锅炉采用流化床燃烧方式进行燃料燃烧。煤或其他固体燃料的流化床燃烧是一种介于火床燃烧与煤粉燃烧之间的燃烧方式。在流化床燃烧锅炉中，煤被破碎机破碎成小于6mm的煤粒后加入燃烧室(炉膛)。燃烧室底部布置有多孔布风板，自布风板下方送入的空气流速较高。当气速高到临界流化速度时，即在此气速下气流对煤粒作用的拽力和浮力之和恰好与煤粒质量平衡时，煤粒即呈类似流体的状态。位于布风板上的颗粒床层开始流化和膨胀，达到所谓临界流化状态。

气速再增大，床层中会发生大量鼓泡现象。床层内出现由含颗粒稀少的气泡相和含颗粒众多的乳化相组成的两相状态。床层搅动强烈，但仍有明显的呈波动的床层分界面。煤粒在布风板上方一定的燃烧室高度内上下翻腾燃烧。新加入的煤粒进入体积比自身大数十倍的沸腾层中迅速着火燃烧。燃尽的灰渣由布置在炉膛中的溢流口或冷渣口排出炉外。这种流化床燃烧锅炉通常被称为鼓泡流化床锅炉。其炉膛气速一般为1.5～2.0m/s。

在鼓泡床中进一步增大气速，则床层将进一步膨胀，当气速超过平均粒径的颗粒终端速度时，大颗粒会被气流带出床层，在整个炉膛空间内燃烧，并随气流逸出炉膛（终端速度也称带出速度，是指颗粒在气体对其作用的拽力、浮力和重力的合力作用下，最终达到的颗粒稳定速度)。炉膛上部和下部的颗粒浓度差别比鼓泡流化床明显减少。这种流化床燃烧方式被称为快速流化床燃烧。为了将大量流出炉膛的颗粒收集后与新加入的煤粒按一定比例同时送回炉膛使用，需在炉膛出口装一个分离器，使烟气和颗粒分离。分离出来的颗粒由管道送回炉膛循环使用，而烟气则送入锅炉尾部烟道。这种快速流化床燃烧锅炉常称为循环流化床燃烧锅炉或简称为循环流化床锅炉。其炉膛气速一般为4～8m/s。

流化床燃烧锅炉与采用其他燃烧方式的燃煤锅炉相比具有下列一些主要特点。

(1) 可燃用的燃料范围宽 在流化床燃烧锅炉的炉膛中，沸腾层热容量较大，新加入的煤粒能迅速着火燃烧，且由于高温粒子在沸腾层中激烈运动，强化了整个燃烧与传热过程。因而能燃用各种固体燃料。从低挥发物的无烟煤到高硫烟煤乃至灰分含量高达40%～60%的高灰煤均可燃用。此外，这种锅炉还能燃用石油焦、页岩以及其他燃烧方式无法燃用的固体燃料或劣质煤，其燃料适用范围十分宽广。

(2) 燃烧效率高 在锅炉的各种燃煤方式中，火床燃烧的燃烧效率一般为85%～90%，煤粉火室燃烧因其燃料颗粒特细，可达到99%的燃烧效率。采用流化床燃烧方式时，虽然其燃料颗粒比煤粉炉粗数十倍乃至上百倍，但鼓泡流化床燃烧的燃烧效率仍可达到90%～96%。循环流化床燃烧的燃烧效率可高达97%～99%，因而在设计和运行良好的情况下，其燃烧效率可达到煤粉炉的水平。在鼓泡床燃烧锅炉中，燃料主要在炉膛中不高的床层高度区域中燃烧，燃烧时间较短。此外，细颗粒易被气流带出床层和炉膛造成一定燃烧损失，因而其燃烧效率比循环流化床燃烧锅炉低。

(3) 脱硫效果好 为了减少烟气中的SO_2含量、使之达到环保要求，可在锅炉尾部加装价格昂贵的烟气脱硫装置，或在燃烧过程中加入脱硫剂。

煤粉锅炉在采用石灰石脱硫剂时，一般将粒径为 8～10μm 的石灰石直接喷入炉温为 1100～1300℃的炉膛区域。为了表明脱硫时所需的 $CaCO_3$ 量，采用了一个钙硫的摩尔比值（Ca/S）作为综合指标来表明脱硫时钙的有效利用率。在煤粉锅炉中，由于气速高，脱硫剂在炉膛有效脱硫温度范围内停留时间很短，仅零点几秒到几秒，且脱硫温度不在最佳温度 850℃，因而脱硫效率不高。在 Ca/S 值为 2 时，脱硫效率低于 50%，脱硫剂利用率低于 20%。

在鼓泡床燃烧锅炉中，脱硫剂平均颗粒粒径为 1mm 左右，因在床层中翻腾，其平均停留时间比煤粉锅炉大为延长，且能在最佳反应温度 850℃下脱硫，因而脱硫效率高于煤粉锅炉，在以石灰石为脱硫剂、Ca/S 值为 2 时，其脱硫效率可达 80%，但脱硫剂中的细颗粒会被烟气带出炉膛造成脱硫剂损失。

在循环流化床锅炉中，脱硫剂是在最佳反应温度下进行脱硫，炉膛中燃料和物料的内循环、分离设备和回收设备造成的外循环使脱硫剂在炉膛内平均停留时间可长达数十分钟，因而脱硫过程可充分进行。流出炉膛的脱硫剂细颗粒也可通过外循环送回炉膛参加脱硫反应。如所用石灰石的 Ca/S 值为 2 时，其脱硫效率可高达 90%及以上，脱硫剂利用率可达 50%以上。在设计和运行良好的条件下，排入大气的烟气中的 SO_2 含量（标准状态）可小于 200mg/m^3，符合国家环保标准。

(4) 氮氧化物 NO_x 排放量低 锅炉排烟中另一种有害物质为氮氧化物 NO_x。NO_x 按其生成机理可分为热力型、快速型和燃料型 3 类：①热力型 NO_x 是燃烧用的空气中所含 N_2 在高温时氧化生成的；②快速型 NO_x 是燃料燃烧分解时所产生的中间产物与 N_2 反应生成的；③燃料型 NO_x 是燃料中所含有机氮化物在燃烧时氧化生成的。

在燃煤锅炉中，快速型 NO_x 含量较少，一般在总量的 5%以下，燃料型 NO_x 与热力型 NO_x 主要与燃烧温度密切相关。煤粉锅炉的炉膛温度在 1300℃左右，因而其 NO_x 排放浓度（体积分数，下同）一般为 $(400～600)\times10^{-6}$。流化床燃烧锅炉的炉膛温度在 850℃左右，因而鼓泡流化床锅炉的 NO_x 排放浓度就较低，一般为 $(300～400)\times10^{-6}$。而在循环流化床锅炉中由于合理组织了分段送风和分段燃烧，可以有效地将 NO_x 排放浓度控制在 $(50～200)\times10^{-6}$ 的范围内，可以满足各国环保法规的要求。

(5) 炉膛截面热负荷较高 火床燃烧锅炉的炉膛截面热负荷一般为 0.5～1.5MW/m^2。鼓泡流化床燃烧锅炉的炉膛截面热负荷与其相同，也为 0.5～1.5MW/m^2。但循环流化床锅炉由于炉膛气速高等原因，其炉膛截面热负荷可达 3～5MW/m^2，与煤粉锅炉的 4～6MW/m^2 相接近。因而循环流化床锅炉具备向大型锅炉发展的有利条件。

(6) 锅炉负荷调节范围广，调节速率快 煤粉锅炉的负荷调节比较小，一般为（1.4～2.5）∶1，鼓泡流化床锅炉的负荷调节比可达 3∶1，而循环流化床锅炉可达（3～4）∶1。此外，其负荷调节速率快，可达 4%/min。

(7) 较易实现灰渣的综合利用 由于低温燃烧和燃烧效率高，由锅炉排出的灰渣未经熔化过程且含碳量小。灰中尚含有大量的氧化钙和硫酸钙。因而灰渣的活性高，可用于水泥掺后料、建筑材料和砖瓦生产等方面的综合利用。

流化床燃烧锅炉，特别是循环流化床锅炉的一系列特点已使其发展为一种适用燃料范围广、高效低污染的燃煤锅炉，不仅适用于工业锅炉，也适用于大型电站锅炉，具有宽广的应用和发展前景。

流化床燃烧锅炉的不足之处为风机压头高、耗电大，床内受热面、炉墙及对流受热面的磨损比火床锅炉和火室锅炉严重。此外，排烟含尘浓度比火床炉高，对除尘设备要求较高。

二、流化床燃烧锅炉的分类

采用流化床燃烧方式的锅炉形式众多，总的来说可分为两大类：鼓泡流化床锅炉和循环流化床锅炉。前者炉膛气速相对较低，一般为 1.5～2.0m/s，容量较小，主要用作工业锅炉；后者为快速流化床锅炉，气速达 4～8m/s，并具备分离设备和回收设备，容量一般较大，主要用作电站锅炉。这两类锅炉的各自分类如下。

1. 鼓泡流化床锅炉的分类

(1) 按结构分类 火管流化床锅炉：烟气在火管内流过；水管流化床锅炉：汽水在管内流过。

(2) 按水循环方式分类 自然循环型流化床锅炉：只能在临界压力以下参数应用；直流型流化床锅炉：可在任何压力下应用，更适用于高压和超临界压力参数。

(3) 按炉膛烟气压力分类 常压流化床锅炉：炉膛内保持 20～30Pa 的负压运行；增压流化床锅炉：炉膛内保持较高正压，用于配蒸汽-燃气联合循环。

(4) 按锅炉形式分类　锅炉炉形很多，有“倒 U”形、“塔”形、“A”形、“D”形等流化床锅炉。

(5) 按布风装置形式分类　链带型流化床锅炉：空气通过链带吹入炉膛；风帽型流化床锅炉：空气通过布风板上的风帽小孔送入炉膛；密孔板型流化床锅炉：空气通过固定不动的布风板上密布的小孔送入炉膛。

(6) 按炉膛形式分类　带倒锥形炉膛的流化床锅炉：主要用于燃用宽筛分颗粒的小型工业流化床锅炉；带柱体形炉膛的流化床锅炉：主要用于蒸发量大于 35t/h 的中型以上鼓泡流化床锅炉。

(7) 按工质蒸汽压力分类　鼓泡流化床锅炉，与一般锅炉一样，可根据工质蒸汽压力，分为低压、中压、高压等不同压力等级的鼓泡流化床锅炉。

2. 循环流化床锅炉的分类

(1) 按分离器结构形式分类　采用绝热型旋风分离器的循环流化床锅炉；采用水冷型旋风分离器的循环流化床锅炉；采用汽冷型旋风分离器的循环流化床锅炉；采用方形水冷型旋风分离器的循环流化床锅炉；采用立式旋风分离器的循环流化床锅炉；采用卧式旋风分离器的循环流化床锅炉；采用惯性分离器的循环流化床锅炉；采用组合分离系统的循环流化床锅炉；采用旋涡分离器的循环流化床锅炉。

(2) 按分离器工作温度分类　采用高温分离器的循环流化床锅炉（分离器工作温度一般为 850～900℃）；采用中温分离器的循环流化床锅炉（分离器工作温度一般为 400～600℃）；采用低温分离器的循环流化床锅炉（分离器工作温度一般为 200～300℃）。

(3) 按有无外置式换热器分类　带外置式换热器的循环流化床锅炉；无外置式换热器的循环流化床锅炉。

(4) 按物料循环倍率分类　高循环倍率循环流化床锅炉（循环倍率＞20）；中循环倍率循环流化床锅炉（循环倍率为 6～20）；低循环倍率循环流化床锅炉（循环倍率为 1～5）。

(5) 按固体物料循环方式分类　采用外循环的循环流化床锅炉；采用内循环的循环流化床锅炉（使物料在炉膛内循环）。

(6) 按炉膛烟气压力分类　常压循环流化床锅炉：炉膛内保持 20～30Pa 的负压；增压循环流化床锅炉：炉膛内保持较高正压（可达 0.8～1.6MPa）。

(7) 按工质蒸汽压力分类　循环流化床锅炉与一般锅炉一样，可根据工质蒸汽压力，分为低压、中压、高压乃至超临界压力等不同压力等级的循环流化床锅炉。

(8) 按锅炉水循方式分类　自然循环型循环流化床锅炉：只能在临界压力以下参数应用；直流型循环流化床锅炉：可在任何压力下应用，更适宜在高压和超临界压力下应用。

三、流化床燃烧锅炉的发展

1. 流化床燃烧锅炉（包括鼓泡流化床锅炉和循环流化床锅炉）**在国外的发展**

国外流化床锅炉是在鼓泡流化床锅炉的研制和运行基础上发展起来的。循环流化床锅炉成为具有工业实用价值的新技术始于 20 世纪 60 年代。当时芬兰的 Ahlstrom 公司为了改进鼓泡流化床锅炉燃用泥煤的性能，进行了采用高温旋风分离器实现固体物料回入炉膛再循环的试验。试验表明，采用这一措施可以改善泥煤燃烧工况。在随后进行的一系列试验后，该公司于 20 世纪 70 年代末在芬兰建造了第一台商用循环流化床锅炉。该锅炉燃用泥煤，热功率为 15MW。其特点为采用炉外高温旋风分离器。由分离器分离所得的固体物料直接回入炉膛，不采用外置式换热器。并将这类锅炉定名为 Pyroflow 型循环流化床锅炉。

1981 年美国 Battelle 实验室和 Riley Stoker 公司合作生产了其第一台商用循环流化床锅炉。这台锅炉的蒸发量为 23t/h，也采用高温旋风分离器和外置式换热器，但其外置式换热器的特点分为冷段和热段，在冷段中布置有吸热受热面。分离器分离所得固体物料进入外置式换热器后，一部分流经热段，其余的流经冷段后再分别回入炉膛。锅炉负荷和炉膛温度可通过改变流经冷段和热段的固体物料量进行调节。

1982 年德国 Lurgi 公司建成其首台用于生产蒸汽和供热的循环流化床锅炉。这台锅炉燃用煤矸石并加石灰石脱硫以达到烟气排放标准，其容量为 84MW。Lurgi 公司产品的特点为采用高温旋风分离器和外置式换热器。旋风分离器分离下来的固体物料可直接回入炉膛，也可经外置式换热器换热后再进入炉膛。

1984 年瑞典 Studsvik 公司与美国 Babcock & Wilcox 公司共同生产了 Studsvik/Babcock 型循环流化床锅炉。其特点为不采用高温旋风分离器和外置式换热器，而是在炉膛出口后的水平烟道中布置了由一系列错列布置的合金钢“U”形梁组成的迷宫式惯性分离器，以分离自炉膛流出的高温烟气和固体物料。分离出来的固体物料落入储灰斗并回入炉膛，烟气则流入尾部井，继续加热对流受热面中的工质后，再除尘排出锅炉。

由于高温旋风分离器存在尺寸较大、阻力大和结构复杂等缺点，在 20 世纪 80 年代，德国的 Babcock 公司开发研制了 Circofluid 型循环流化床锅炉。其特点为在炉膛上部布置了多种受热面使炉膛出口烟温降到 400℃后，再使烟气等进入中温旋风分离器分离。分离后的物料回入炉膛再循环而烟气则流向锅炉尾部井继续加热工质。这种锅炉采用中循环倍率，一般为 10～15，所以是属于中温旋风分离器、中循环倍率型循环流化床锅炉。上面论述的其他类型循环流化床锅炉的分离器工作温度均为850℃左右，其循环倍率为40～80，因而属于高温分离器、高循环倍率型循环流化床锅炉。

此后，循环流化床锅炉因其各项优点而日益受到用户欢迎。不仅在工业锅炉中占有相当市场份额，而且在试验研究基础上，使技术进步而迅速进入燃煤电站锅炉市场。

以Lurgi型循环流化床锅炉为例，1985年Lurgi公司即在德国Duisburg第一热电厂投运了一台蒸发量为270t/h，蒸汽参数为14.5MPa、535℃/535℃的中间再热型电站锅炉。1990年在法国Emile Huchet电厂投运了一台燃用泥煤的电站锅炉，其蒸发量为367t/h，蒸汽参数为13.4MPa、540℃/540℃，用以配125MW机组。该锅炉由法国Stein Industrie公司建造。1990年和1991年在美国Waco电厂先后投运了两台由美国ABB/CE公司制造的Lurgi循环流化床锅炉。每台锅炉的蒸发量为500t/h，蒸汽参数为13.8MPa、540℃/540℃，燃用褐煤，用以配150MW的中间再热机组。1995年由法国Stein Industrie制造的配250MW的Lurgi大型循环流化床锅炉在法国Provence电厂投运，其蒸发量为747t/h，超高压参数，燃用褐煤。这台锅炉是2000年以前世界上最大容量的循环流化床锅炉。法国Stein Industrie公司随后又为美国Red Hills电厂生产了配250MW机组的循环流化床锅炉两台，每台蒸发量为753t/h，蒸汽参数为18.1MPa/3.65MPa、568℃/540℃，燃用褐煤，已于2002年投运，为波多黎哥生产了配255MW机组的电站锅炉两台，每台蒸发量为819.2t/h，蒸汽参数为17.37MPa/4.12MPa、541℃/541℃，燃用烟煤并于2001年投运。此外，还为美国Seward电厂提供了两台配292MW机组的循环流化床电站锅炉，每台蒸发量为871.8t/h，蒸汽参数为17.37MPa/4.71MPa、541℃/541℃，于2004年投运，为意大利ENEL电厂提供一台配340MW机组的循环流化床锅炉，其蒸发量为1013t/h，蒸汽参数为17MPa/3.6MPa、565℃/580℃。这种类型的循环流化床锅炉的配600MW机组的锅炉设计也已由法国Stein Industrie公司完成，其炉膛布置采用分叉形炉膛，即在炉膛下部分成两个密相床，与其上部稀相区形成分叉形布置，以解决大型炉膛中二次风穿透深度不够的难点。

在Pyroflow型循环流化床锅炉方面，1987年由芬兰Ahlstrom公司制造的蒸发量为420t/h的电站锅炉已在美国Nucla电厂投运，其蒸发量为420t/h，蒸汽参数为10.4MPa，540℃，燃用烟煤。1993年，另一台蒸发量为527t/h的电站锅炉在加拿大Pt. Aconi电厂投运，用以配165MW的中间再热机组，其蒸汽参数为12.78MPa，541℃/541℃，燃用高硫煤。

1993年由美国F. W.（Foster Wheeler）公司生产的FW型循环流化床电站锅炉在加拿大Nova Scota电厂投运。1995年该公司收购了芬兰Ahlstrom公司后，已成为当前世界上最大的循环流化床锅炉供货厂商。2000年由其生产的配235MW机组的锅炉在波兰Turow电厂投运。2002年由其生产的配300MW机组的循环流化床锅炉在美国Jacksonville的JEA电厂投运。装在意大利Sardinia的配340MW机组的循环流化床锅炉在2005年已投运。2003年由F. W.公司生产的460MW超临界压力循环流化床锅炉已在波兰开工建设，在2006年年底已投运。FW型循环流化床锅炉具有不少技术特点，例如锅炉中采用的气水冷高温旋风分离器、INTREX（整体式）外置换热器、方形高温分离器等均为其特有专利。

此外，德国Babcock公司生产的Circofluid型循环流化床电站锅炉，德国的LLB公司、美国的Combustion Power公司和日本的Mitsui公司等生产的循环流化床电站锅炉也都在努力向增大容量、提高参数方向发展。

2. 流化床燃烧锅炉（包括鼓泡流化床锅炉和循环流化床锅炉）**在国内的发展**

我国的流化床锅炉也是在鼓泡流化床锅炉的研制基础上得以发展的。20世纪60年代后期起，我国开展了鼓泡流化床锅炉的研究和产品的开发工作。蒸发量从4～130t/h的系列鼓泡流化床锅炉相继投运。至20世纪80年代初，已有约3000台鼓泡流化床锅炉投运。这些锅炉大多为小型工业锅炉，主要用于燃用煤矸石、油页岩等高灰劣质燃料，但其开发、研制和运行过程为后来循环流化床锅炉在我国的研制和发展提供了基础和经验。

1981年，国家科委启动了“煤的流化床燃烧技术研究”课题。国内相关研究所和院校先后投入了循环流化床锅炉的研究和产品开发工作。1984年，中国科学院工程热物理研究所建成了热功率为2.8MW的循环流化床燃烧试验装置，将我国的循环流化床锅炉研究工作引入了热态试验研究阶段。在试验研究基础上，该所与济南锅炉厂、开封锅炉厂和杭州锅炉厂先后联合开发了自蒸发量为10t/h乃至75t/h的用作工业锅炉和小型电站锅炉的循环流化床锅炉。与此同时，清华大学、浙江大学等高校与有关锅炉厂结合也开发了一批各有特色的循环流化床锅炉，但容量都不大，蒸汽参数也不高，到1995年左右我国已投运的75t/h以下的循环流化床锅炉已有300台左右。

20世纪90年代中期开始，我国进入了开发中容量循环流化床锅炉时期。以上海锅炉厂为例，在与中国科学院工程热物理研究所及日本三井造船株式会社合作下，开发了蒸发量为130t/h的中温中压循环流化床锅炉。锅炉的蒸汽参数为3.82MPa，450℃，为单锅筒自然循环锅炉。在结构上，在炉膛中布置膜式水冷壁，并采用汽冷式旋风分离器。这台锅炉燃料适应性广，可燃用不同挥发分的、低位发热量自8400～24300kJ/kg的多种煤种。随后，在重庆爱溪电厂建成并投运了一台蒸发量为220t/h的配500MW发电机组的高温高压循环流化床锅炉。在此期间，东方锅炉厂和哈尔滨锅炉厂也采用引进国外技术，或以与国内外合作的方式生产了蒸发量为220t/h的高温高压循环流化床锅炉。其中，哈尔滨锅炉厂生产的一台装在浙江协联热电公司，东方锅炉厂生产的一台装在浙江宁波中华纸业有限公司。

20世纪90年代中后期，我国从国外引进了一台Ahlstrom公司生产的蒸发量为410t/h的高温高压循环流化床电站锅炉。这台锅炉装在四川白马发电总厂的高坝电厂，燃用无烟煤并投运成功，为我国发展大型循环流化床电站锅炉提供和积累了重要的技术基础和运行经验。

20世纪末，国家为了更好地解决燃煤发电引起的环境恶化问题和进一步改造大批技术落后的原有发电机组，开展了蒸发量为410t/h（配100MW发电机组）的高温高压循环流化床电站锅炉和蒸发量为440t/h（配135MW发电机组）的超高压中间再热循环流化床电站锅炉的国内公开招标工作，以推动大容量循环流化床电站锅炉在国内的发展。面对这一良好机遇，上海锅炉厂、哈尔滨锅炉厂和东方锅炉厂等均在自己原有累积的技术基础上，通过联合国内院校和技术引进等措施迅速形成了具备制造大容量循环流化床电站锅炉的能力。

以哈尔滨锅炉厂为例，在联合西安热工研究院的情况下，其生产的首台配135MW机组的440t/h循环流化床锅炉在2002年在洛阳投运，蒸汽参数为13.7MPa/3.6MPa，540℃/540℃。其生产的配100MW机组的410t/h锅炉在2003年在分宜电站投运，蒸汽参数为9.8MPa，540℃。其生产的配210MW机组的循环流化床电站锅炉已在2006年在分宜电厂投运，蒸发量为670t/h，蒸汽参数为13.73MPa/2.38MPa，540℃/540℃。国产配330MW机组的循环流化床锅炉示范工程正在实施中，2007年3月已在江西分宜开工，在2008年已投运。

2002年后，随着循环流化床电站锅炉市场的扩大，国内原来一些主要生产中、小型循环流化床工业锅炉的厂家，也开始设计制造450t/h及以下的循环流化床电站锅炉。与此同时，国内循环流化床锅炉的进一步大型化的研究开发和技术引进工作也在积极进行。法国Alstom公司分别与我国三大锅炉厂合作，正在大力开发配300MW机组的循环流化床电站锅炉。与上海锅炉厂合作的为小龙潭电厂工程（2×300MW）；与东方锅炉厂合作的为白马电厂工程（300MW）和秦皇岛电厂工程（2×300MW）；与哈尔滨锅炉厂合作的为开运电厂工程（2×300MW）。每台锅炉蒸发量为1025t/h，蒸汽参数为17.4MPa/3.72MPa，540℃/540℃，其中白马电厂工程在2006年已投运。

根据2006年4月底的统计资料，在我国运行和建造中的50MW的循环流化床锅炉有326台、100MW等级的有36台、135MW等级的有142台、200MW等级的有14台、300MW等级的有20台。因而，统计时在50MW及以上等级的循环流化床锅炉在我国已达538台。我国已成为世界上大型流化床锅炉总台数最多和总装机功率最大的国家。

3. 循环流化床锅炉的发展趋向

随着国内外工业规模的不断扩大，用于各种工业企业的工业锅炉容量也必然增大。此外，热电联产也是提高化石燃料能量利用率的一种有效方法，可以将凝汽式电厂的大部分凝汽损失转而成为工业或民用热源。因而工业中的自备热电厂和居民区的供暖热电厂都能同时起到节约煤炭和改善环保的作用。用于热电联产的工业锅炉需要较高的蒸汽参数和较大容量，因此，循环流化床工业锅炉也必然要向增大容量和提高参数方向发展。目前现有循环流化床锅炉的容量和蒸汽参数用于未来的循环流化床工业锅炉已不成问题，因而下面主要对未来循环流化床电站锅炉的发展趋向作一概要论述。

由于世界经济和科技的发展，人口增多和生活水平的提高，电网容量日益增大，电厂发电机组的功率也在迅速增长。作为发电机组主要设备的电站锅炉容量也相应扩大，因为大容量锅炉与由小容量锅炉组成的达到同样容量的锅炉群相比，不仅操作方便，对环境污染少，而且在制造和运行总成本方面对电厂大有益处。至今最大的单台煤粉燃烧电站锅炉已可配1300MW发电机组。我国的电站锅炉主力机组也逐渐进入600～1000MW等级。因而循环流化床电站锅炉要与煤粉电站锅炉相竞争，就必须开发配300MW以上等级的大容量锅炉。

至今，F. W. 公司已在2000年完成了法国电力公司委托的600MW超超临界循环流化床直流锅炉的研究设计工作，这台锅炉的蒸汽参数为31MPa，593℃/593℃。在欧洲，由西班牙Endesa电力公司、F. W. 芬兰公司、德国、希腊、芬兰和西班牙合作研发的CFB-800研发项目正在进行。CFB-800研发的为一台配800MW机组的超超临界循环流化床直流锅炉，其蒸发量为2045t/h，蒸汽参数为31MPa，605℃/620℃。

Lurgi公司已和美国燃烧工程公司合作完成了配500MW机组的循环流化床锅炉方案设计工作，该锅炉的蒸发量为1359t/h，蒸汽参数为17.3MPa，540℃/540℃。法国Stein Industrie公司也完成了超临界压力配600MW机组的循环流化床锅炉的设计。

我国“十一五”科技发展规划中，也将自主开发600MW等级的超临界参数循环流化床锅炉列为战略目标和开发重点。至今，配600MW机组的国产超临界循环流化床锅炉的方案设计已由西安热工研究院完成。当然，要将其应用于实际工程中，尚需对炉内热负荷特性、外置换热器内受热面的保护、分离器的气-固分配特性以及入炉煤的扩散特性等重要技术问题进行深入研究。正在江西分宜电厂实施的国产330MW循环流化床锅炉示范工程在2008年投运后，可为国产600MW锅炉的设计和运行提供重要的技术基础和运行经验。

现今国内外在超大型循环流化床锅炉设计中，总体上还未脱离模块叠加或放大的阶段，这样锅炉大型化后对锅炉制造成本和运行费用总和的降低作用不大。应该进一步开发锅炉结构新技术，使超大容量循环流化床锅炉能设计成一种新型的整体化的锅炉形式。这样才能在发电设备市场上与超大型煤粉锅炉相竞争。因为目前单炉膛煤粉燃烧电站锅炉的容量已达1300MW等级。

循环流化床锅炉大型化后的另一需要解决的问题是总体外形尺寸较大。采用水冷或汽冷的方形旋风分离器或炉内有冷却的撞击式分离器有利于缩小锅炉总体尺寸，使之便于向大型化发展。采用高温分离器和低温分离器相结合的多级分离系统也是一种新趋向。总之，需发展新的结构使锅炉外形尺寸缩小。

循环流化床电站锅炉要大型化，除了在结构部件上需有所发展和改进外，还必须在设计理论上加强研究工作。特别是对循环流化床炉膛中的气-固多相流动、传热和传质的机理要加强研究力度。要着重对循环流化床中的内循环、燃烧份额分布、一次风与二次风的配比、炉膛内的传热系数以及合理的循环倍率等与锅炉设计密切相关的因素进行深入研究，得出其客观规律，以便能科学合理地设计出大型循环流化床锅炉。

由热力学可知，对凝汽式蒸汽发电循环而言，蒸汽初参数越高、中间再热次数越多，则发电循环的供电效率越高。因此，电站锅炉从来都是向着提高蒸汽参数和增加中间再热次数的方向发展的。只是由于冶金工业的发展水平、制造技术的限制以及当时技术经济比较落后的结果，才使各个时代的电站锅炉蒸汽参数限制在一定的水平。一个蒸汽参数为16.67MPa、555℃/555℃的亚临界压力电厂的供电效率为38%，而一个蒸汽参数为30.5MPa，582℃/600℃的超超临界压力电厂的供电效率可达47%。此外，根据计算，电厂效率每提高10个百分点，就可减少24%的电厂所有排放量（灰渣及CO_2等气体排放量）。因此采用超临界压力及超超临界压力可带来显著的节省能源和降低排放的效益。为此，近代的大型煤粉燃烧电站锅炉大多采用超临界压力及以上的参数，最大的超临界压力煤粉锅炉的容量已达1300MW等级。

与煤粉燃烧电站锅炉相比，现有循环流化床电站锅炉在蒸汽参数上尚处于亚临界压力水平，要与煤粉锅炉竞争，就必须向采用超临界压力直流锅炉方向发展。为了发展超临界参数循环流化床直流锅炉，法国Stein Industrie公司进行了超超临界压力循环流化床直流锅炉的研究工作。锅炉为Lurgi型，带两次中间再热，其容量为250MW，蒸汽参数为30MPa，580℃/580℃/580℃。F. W. 公司等也对炉内传热、炉膛热负荷和烟气流动特性等开展了深入测量和研究。研究表明，循环流化床炉膛沿高度热负荷分布远比煤粉炉的均匀，而且最高热负荷位于炉膛下部布风板以上区域，此区域覆盖有耐火材料且是工质温度最低处，因此在采用垂直管屏结构时，在任何工况下均不会出现炉内管子过热的问题。超临界乃至超超临界压力的煤粉炉已具有深厚的设计理论基础和丰富的制造运行经验。因而在此基础上发展超临界参数循环流化床锅炉并不存在实质性的技术问题。至今，已在研究开发的最大超临界参数循环流化床直流锅炉已达800MW等级，蒸汽参数为31MPa，605℃/620℃。

由上所述可见，在向超大容量、超超临界蒸汽参数不断发展的趋向中，循环流化床锅炉将是传统煤粉燃烧锅炉的强有力的竞争对手。这一锅炉技术的竞争将会进一步促进高效、洁净、经济、安全的大型锅炉的发展，必然会将循环流化床锅炉技术推向更高水平。

第二节　流化床燃烧锅炉的结构

一、常压鼓泡流化床锅炉的总体结构

1. 链带型流化床锅炉

图8-1所示为一台链带型流化床锅炉的总体结构。由图8-1可见，链带由一个活动的链条炉排构成，炉排前倾12°（一般为6°～18°）。空气沿炉膛深度方向按分段送风方式供给。前部风压高，进入炉膛的风速大，所以料层呈沸腾状态。后部风压小，料层比较稳定。因此，这种锅炉又称为半沸腾炉或半流化床炉。燃尽的灰渣由炉排排出炉外，落入灰井。炉内燃烧温度为1200℃左右。

炉排两旁自然地形成炽热的斜料堆，可提高燃烧稳定性并防止炉墙结渣。由于炉内沸腾层不高，一般只有600mm，所以沸腾层内不能布置受热面。

2. 风帽型流化床锅炉

图 8-2 所示为一台风帽型流化床锅炉的总体结构。

图中，料层底部为一固定不动的布风板。布风板为一多孔板，小孔上装有风帽，空气自风室经风帽上的小孔进入料层，使燃煤与灰粒在高为 1m 多的沸腾层内沸腾燃烧。产生的灰经溢流口溢出炉外。燃烧温度为 850℃左右。沸腾层中布置有适量钢管受热面，称为埋管受热面，其传热系数很高，为一般对流受热面传热系数的 4～5 倍，在有些设计中，采用密孔板代替风帽型布风板，这种锅炉就称为密孔板型鼓泡流化床锅炉。

图 8-2 所示的流化床锅炉的容量不大，因而采用了倒锥形炉膛的设计方法。

3. 带飞灰回燃的流化床锅炉

当鼓泡流化床锅炉燃用 0～10mm 的宽筛分燃料时，飞灰带出量较大，含碳量高，降低了燃烧效率。为此，华中理工大学、广州锅炉厂、浙江大学共同研制了图 8-3 所示的带飞灰回燃的流化床锅炉。

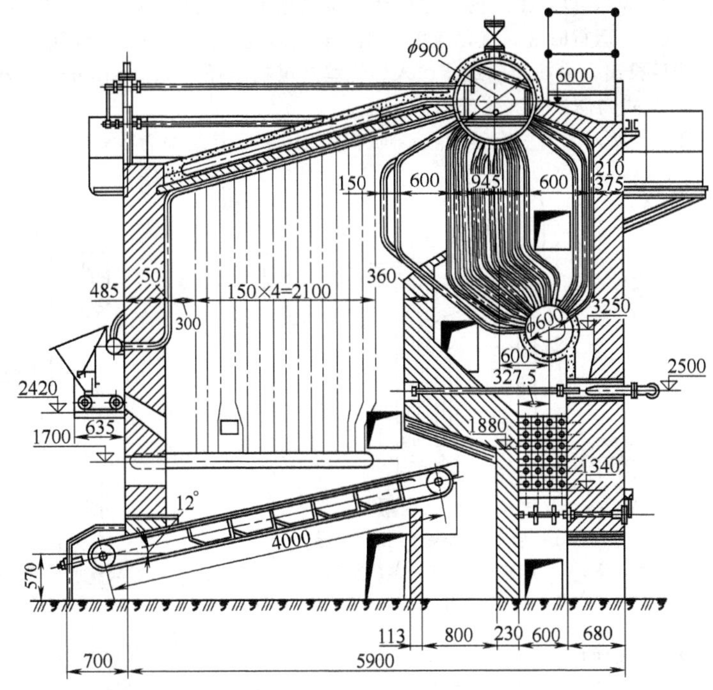

图 8-1　链带型流化床锅炉（SHT4-B 型）的总体结构（单位：mm）

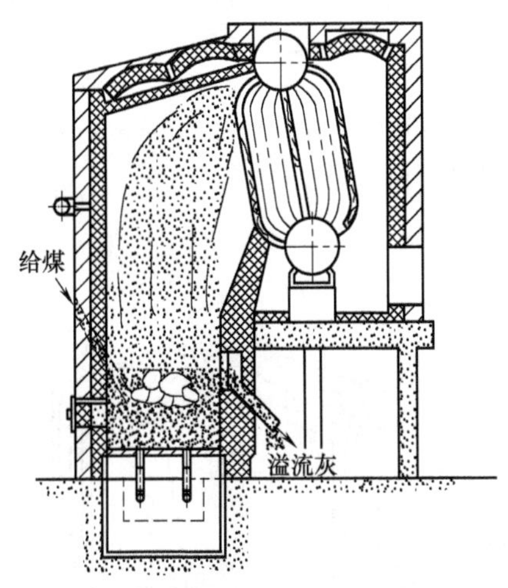

图 8-2　风帽型流化床锅炉的总体结构

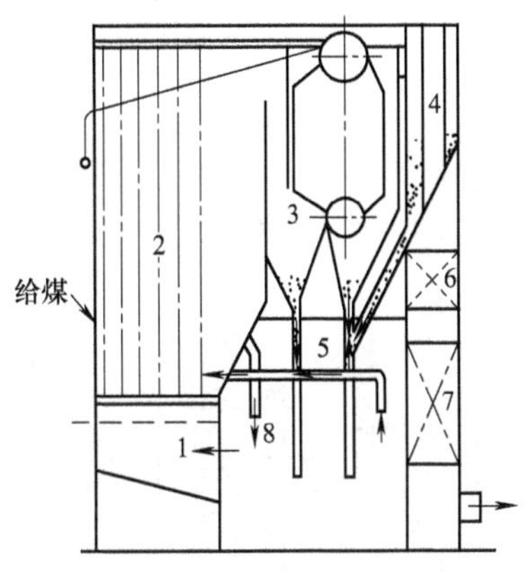

图 8-3　带飞灰回燃的流化床锅炉（10t/h）

1—风室；2—燃烧室；3—U 形段；4—多管除尘器；5—送灰装置；6—省煤器；7—空气预热器；8—溢渣管

图中，在燃烧室后面设置了 U 形燃尽分离段，以增加细颗粒在进入对流受热面之前的燃烧时间，并将分离下来的未燃尽含碳细颗粒送回燃烧室沸腾层再燃烧。在省煤器前设置多管除尘器并将收集到的飞灰也送回燃烧室再燃烧。此外，降低沸腾层上面的燃烧室气流速度（0.9m/s）以利于含碳细颗粒的燃尽。采取这些措施后，使锅炉燃烧效率达到 93%～95%。

4. 立式火管鼓泡流化床锅炉

图 8-4 所示为英国生产的热功率为 1.5MW 的立式火管流化床锅炉。

这台锅炉的燃烧室直径为 1.35m，高度为 2m。燃烧室中布置连接锅炉水空间和汽空间的热虹吸管 10 根

(直径 89mm)，以供工质的自然循环。布风板为水冷式。床料为石英砂，平均直径 0.8mm。静止料层厚度为 180mm，运行时最高流化速度为 3m/s，燃烧温度为 900℃。烟气在燃烧室出口流往对流受热面，再进入除尘器后排出，由螺旋输送器送入燃烧室的煤粒粒径为 12～25mm。送风机压头为 7448Pa。

5. 卧式内燃火管流化床锅炉

图 8-5 所示为另一台英国生产的流化床锅炉，其结构为卧式内燃火管式。

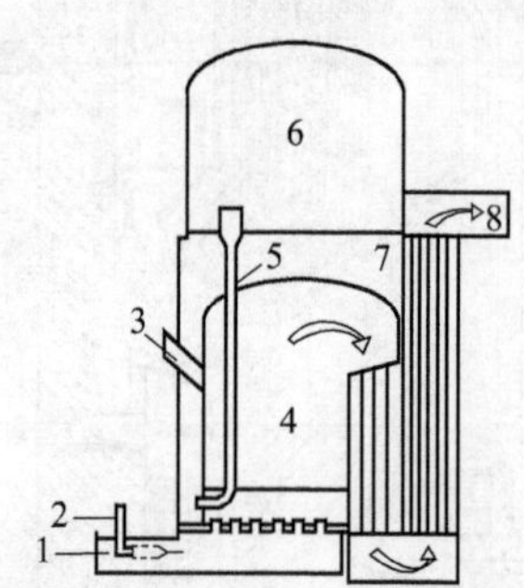

图 8-4 立式火管流化床锅炉

1—空气入口；2—启动用燃烧器；3—给煤；4—燃烧室；5—热虹吸管；6—蒸汽空间；7—水空间；8—烟气流往引风机

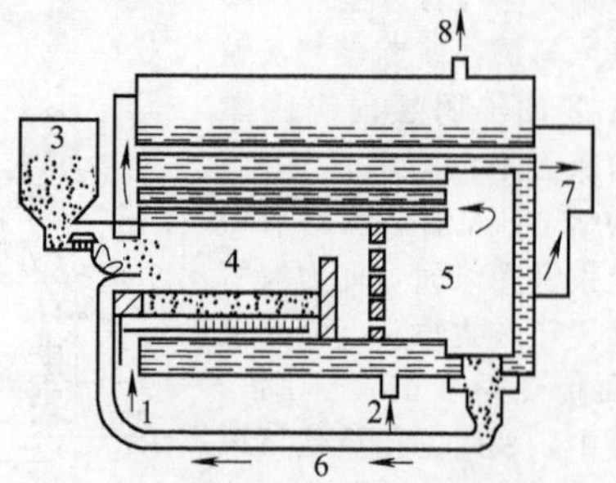

图 8-5 卧式内燃火管流化床锅炉

1—空气入口；2—水入口；3—给煤；4—燃烧室；5—燃尽室；6—飞灰循环燃烧输送系统；7—烟气流往除尘器；8—蒸汽出口

这台锅炉的蒸发量为 2t/h，布风装置为配管式。煤由抛煤机加入燃烧室，静止床料的厚度为 100mm。燃料在燃烧室燃烧后产生的烟气夹带着未燃尽颗粒等进入燃尽室。在燃尽室内分离下来的细颗粒由飞灰循环燃烧输送系统送回燃烧室再循环燃烧。床料采用一种高密度铝球，流化速度为 3m/s。烟气流出燃尽室后经烟火管加热工质，再流经除尘器后排出锅炉。

6. 水火管快装流化床锅炉

图 8-6 所示为英国 Babcock 公司等研制的水火管快装流化床锅炉。这种锅炉可设计成 7～45t/h。图示为一台容量为 13t/h 的锅炉，采用风帽式布风装置，床面积为 3.7m^2，静止床层高度为 150mm。床料为 0.9mm 的石英砂。由 14 根自然对流管倾斜地穿过床层作为倾斜埋管。炉膛布置有水冷壁。煤粒加入燃烧室后即着火燃烧，然后烟气经烟管和烟箱后流出锅炉。这种锅炉在燃用水洗后的 12～25mm 煤粒时，燃烧效率为 96.4%～98.5%。在燃用 0～12mm 煤粒时，燃烧效率降为 89%左右。

7. A 形流化床锅炉

图 8-7 所示为美国燃烧工程公司设计的 A 形流化床锅炉。

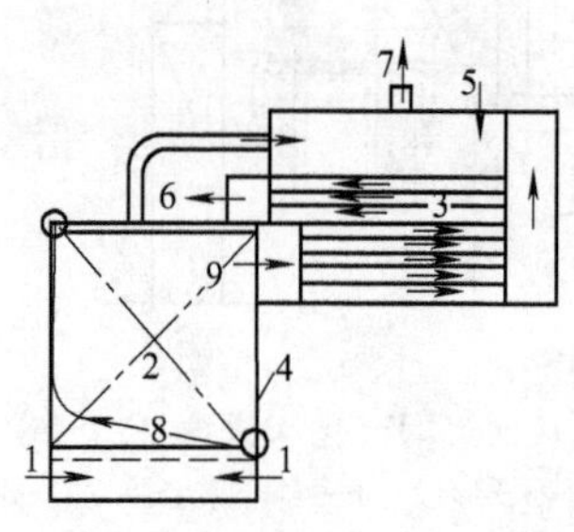

图 8-6 水火管快装流化床锅炉

1—空气入口；2—燃烧室；3—烟管；4—煤粒入口；5—给水入口；6—烟气出口；7—蒸汽出口；8—倾斜埋管；9—水冷壁

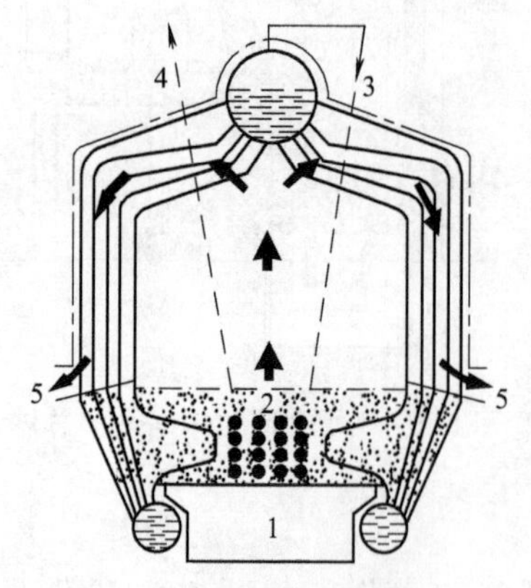

图 8-7 A 形流化床锅炉

1—风室；2—流化床；3—饱和蒸汽；4—过热蒸汽；5—烟气通往除尘器的出口

这台锅炉为“A”字形布置，由锅筒、两个联箱和受热面构成一个英文字母 A 的布置格局。空气由风室向上吹入料层，使形成流化床。燃料加入燃烧室后即在流化床中燃烧。燃烧产物沿图示箭头方向一面加热受热面中的工质，一面流向锅炉除尘器。锅筒与下面两集箱间有对流管束受热面连接，形成自然水循环。蒸汽集结在锅筒后，由饱和蒸汽管送往过热器，再向用户输出过热蒸汽。流化床中布置有埋管和过热器受热面。

8. D 形流化床锅炉

这台美国生产的流化床锅炉的总体布置像英文字母“D”，故名D形流化床锅炉（见图 8-8）。这是一台双锅筒自然循环流化床锅炉，流化床层中设置埋管受热面，过热器布置在炉膛上部。

9. 单锅筒带飞灰回燃的流化床锅炉

图 8-9 为东方锅炉厂生产的 35t/h 单锅筒带飞灰回燃系统的流化床锅炉。这台锅炉在流化床中设有埋管受热面，燃烧室内布置有膜式水冷壁，燃烧室上部设有屏式过热器，是一台自然循环锅炉，在尾部烟道上部设有百叶窗分离器和外置式旋风分离器，并将收集到的飞灰回入流化床中循环燃烧，其锅炉效率为 81.6%，用途为供矿务局自备电厂发电。

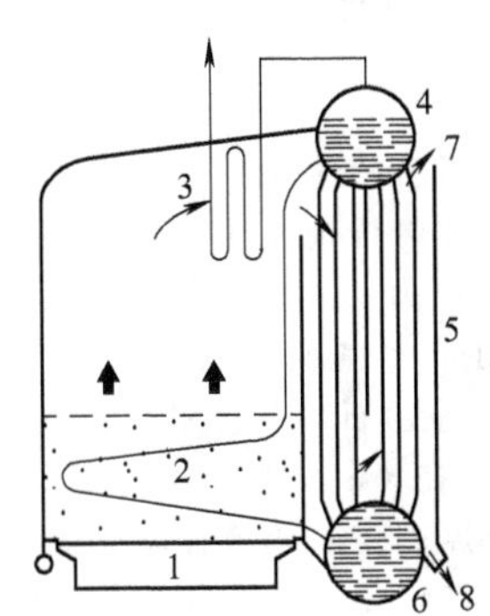

图 8-8　D 形流化床锅炉

1—风室；2—流化床；3—过热器；4—上锅筒；5—对流管束；6—下锅筒；7—烟气出口流往除尘器；8—排灰

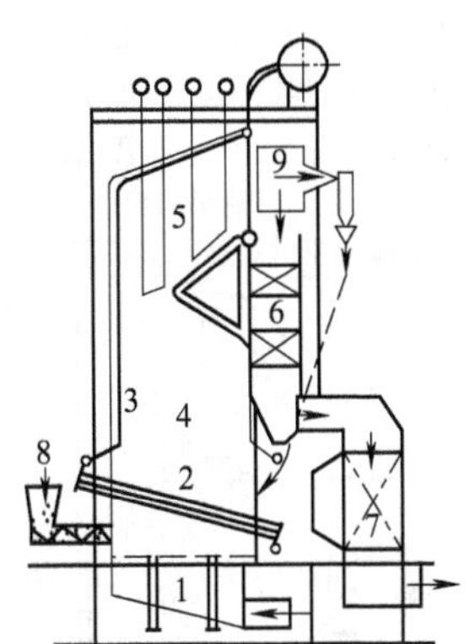

图 8-9　单锅筒带飞灰回燃的流化床锅炉

1—风室；2—斜埋管受热面；3—膜式水冷壁；4—燃烧室；5—过热器；6—省煤器；7—空气预热器；8—给煤；9—百叶窗分离器和旋风分离器

10. 倒 U 形布置的流化床锅炉

图 8-10 所示为上海锅炉厂生产的 130t/h 倒 U 形布置的流化床锅炉，供鸡西矿务局自备电站之用。燃用发热量为 7530kJ/kg 的洗煤矸石。锅炉作倒 U 形布置，设有埋管及过热器。未采用飞灰回燃系统，锅炉热效率为 70%～72%。锅炉炉膛装有水冷壁，尾部烟道中设有省煤器和空气预热器。

11. 分床式流化床锅炉

图 8-11 为美国设计的分床式流化床锅炉，锅炉蒸发量为 136t/h。这台锅炉的流化床由四个分床组成，

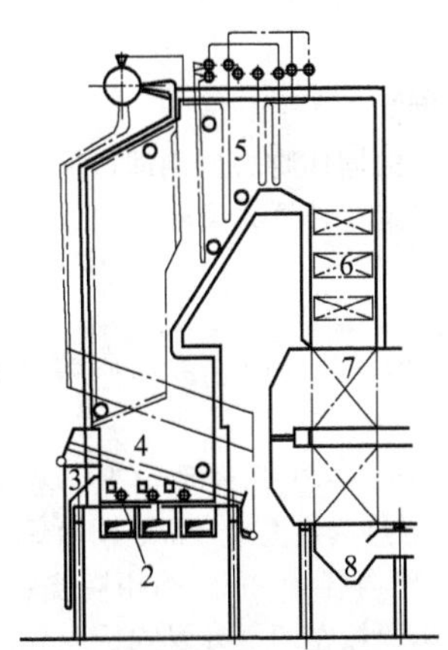

图 8-10　倒 U 形布置的流化床锅炉（130t/h）

1—风室；2—给煤口；3—溢流灰口；4—埋管；5—过热器；6—省煤器；7—空气预热器；8—沉灰斗

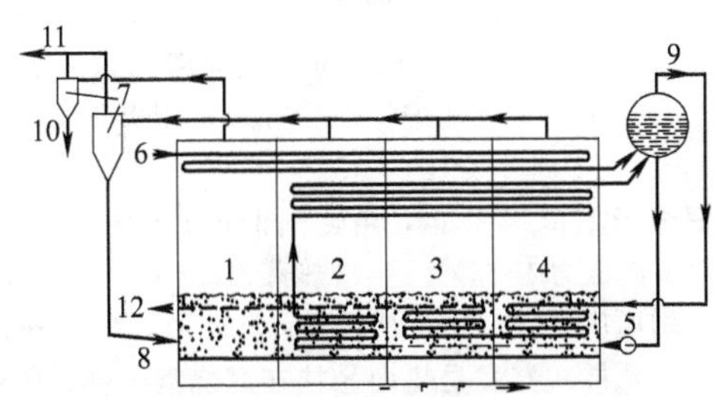

图 8-11　分床式流化床锅炉（136t/h）

1—点火和飞灰燃尽床；2—蒸发受热面床；3—第一级过热器床；4—第二级过热器床；5—水泵；6—给水入口；7—除尘器；8—飞灰回燃管；9—饱和蒸汽管；10—排灰；11—烟气去电除尘器；12—过热蒸汽输出管

燃用无烟煤，煤粒尺寸为6～12mm。静止床高600mm，流化床高度为1200mm。流化速度为3.6m/s。在燃烧室内，第一分床为点火及飞灰燃尽床，第二分床为蒸发受热面床，部分蒸发受热面作为埋管布置在该床的沸腾层内，第三和第四分床为过热器床，过热器受热面即为此二床沸腾层内的埋管受热面。在四个分床的悬浮段中布置有省煤器受热面，在第二和第三分床的悬浮段中还布置有蒸发受热面。床面积为 $3.6\times11.4m^2$。该锅炉为自然循环锅炉，具备飞灰回燃系统。

二、常压循环流化床锅炉的总体结构

1. Lurgi 型循环流化床锅炉

Lurgi 型循环流化床锅炉由德国 Lurgi 公司开发生产。经过专利技术转让，除德国 Lurgi 公司外，生产这种形式循环流化床锅炉的公司还有美国的 ABB-CE 公司、法国的 Stein 公司和德国的 LLB 公司（由 Lurgi 公司、Lentjes 公司和 Babcock 公司联合组成）等。

图 8-12 所示为该锅炉的典型结构。

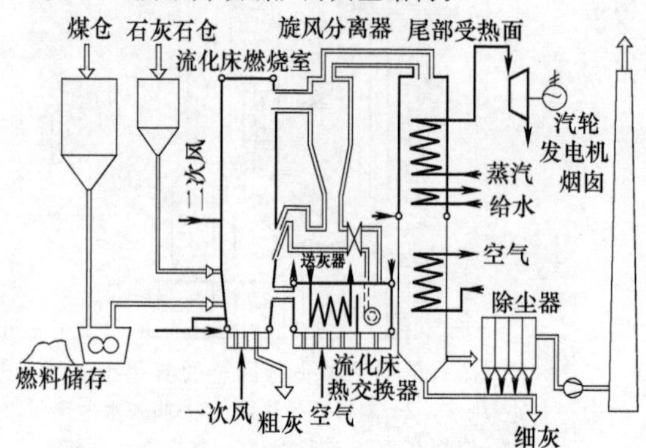

图 8-12　Lurgi 型循环流化床锅炉的典型结构

图中锅炉设备的基本工作过程如下。煤由煤场经抓斗和运煤皮带传输并加入燃料仓。再进入破碎机被破碎成粒径为0～7mm的煤粒后加入燃烧室。与此同时，用于燃烧脱硫的脱硫石灰石（粒径为100～200μm）也由石灰石仓加入燃烧室参与煤粒燃烧反应过程。在 Ca/S 值 = 1.5 时，脱硫效率为90%。炉内温度因受脱硫最佳温度的限制，保持在850～900℃。在较高气流速度（5～9m/s）作用下，大量固体颗粒随烟气带出燃烧室，并在旋风分离器中与烟气分离。分离出来的颗粒可直接回入燃烧室，也可经外置式换热器由工质吸热后再进入燃烧室再次参与燃烧过程。由旋风分离器分离出来的高温烟气则被引入锅炉尾部烟道，对布置在尾部烟道中的过热器、省煤器和空气预热器中的工质加热后再经除尘器（布袋式或电气除尘器）除尘后，由引风机排入烟囱再排入大气。

在汽水系统方面，给水由给水泵压入省煤器吸热后流入布置在燃烧室等处的水冷壁中吸热汽化后流入位于尾部烟道中的过热器，并在其中被烟气加热到规定的过热蒸汽温度和压力后输入汽轮机发电机组发电。

外置式换热器中被加热工质可以是给水或蒸汽。这些工质在外置式换热器中吸热后仍回入锅炉的汽水系统。燃烧及布风需要的一次风和二次风由冷空气在空气预热器中预热后分别从燃烧室底部及前墙送入。一次风率为40%～50%，过剩空气量为15%～20%，循环倍率为40左右，NO_x 排放浓度（体积分数）为 $<(100\sim300)\times10^{-6}$。负荷调节速率为大于5%/min，锅炉效率>90%。

外置式换热器实质上是一个有埋管受热面的鼓泡流化床换热器，流化速度为0.4～1.0m/s。

设置外置式换热器后的优点为只需调节进入外置换热器与直接进入燃烧室的固体物料比例即可控制床温及调节锅炉负荷，不需改变循环倍率等其他因素。此外，将再热器或过热器布置在外置式换热器中，调节蒸汽温度灵活方便。但缺点是增加了设备及运行的复杂性。

2. Duisburg 第一热电厂的 Lurgi 型循环流化床锅炉

这是一台本生型直流锅炉，燃烧方式采用 Lurgi 型循环流化床燃烧方式。图 8-13 为 Lurgi 型循环流化床锅炉。

这台锅炉于1985年投运，由德国 Lurgi 公司和德国 Babcock 公司联合制造。其工作参数如下：蒸发量270t/h，主蒸汽压力14.5MPa，再热蒸汽压力3.2MPa，主蒸汽温度535℃，再热蒸汽温度535℃，锅炉效率92.1%，排烟温度130℃。锅炉燃烧室呈筒形，高33m，下部内径为5m，上部内径为8m，采用陶瓷衬里。燃烧室内有6片屏式蒸发受热面悬挂在燃烧室上部。燃烧室内烟气及所带固体颗粒在两级外置式旋风分离器中分离后，固体物料可返回燃烧室或通过外置式换热器将热量传给布置在其中的蒸发受热面和再热器后再返回燃烧室。分离出来的高温烟气流入尾部对流井，流过过热器、省煤器、静电除尘器和空气预热器后由烟囱排入大气。这台锅炉燃用鲁尔煤，也可燃用低挥发分无烟煤。燃煤尺寸为0～3mm，石灰石尺寸为0～1mm。床料平均粒径0.35～0.45mm，流化速度为3.5～6.5m/s。给煤口距风帽高度为3.5m，二次风进口离风帽高度为9.5m。外置式换热器中流化速度为0.35～0.4m/s，全负荷时，飞灰循环倍率为45。负荷调

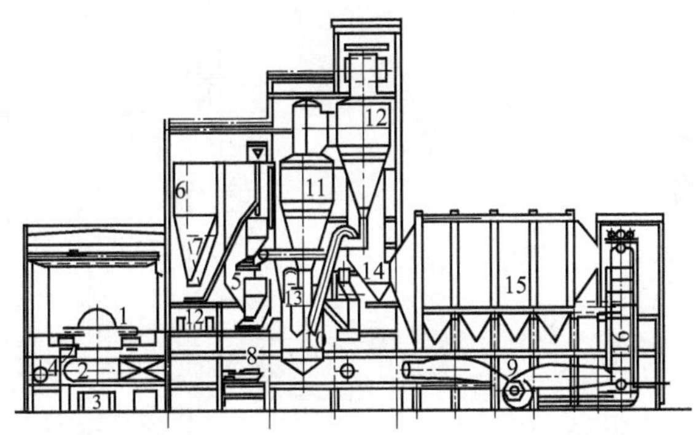

图 8-13 德国 Duisburg 热电厂的 Lurgi 型循环流化床锅炉

1—汽轮机；2—凝汽器；3—凝结水泵；4—给水加热器；5—灰仓；6—原煤仓；7—石灰仓；8—破碎机；9—引风机；10—燃烧室；11—一级分离器；12—二级分离器；13—外置换热器；14—尾部对流井；15—静电除尘器；16—空气预热器

节比为 3∶1，其变化速率为 5%/min。锅炉运行正常，在 Ca/S＝1.4 时，烟气中 SO_2 为 200～300mg/m^3，NO_x 为 25～50mg/m^3，烟中粉尘浓度为 8～20mg/m^3。这些指标均符合环保要求。

3. Emile Huchet 电厂的 Lurgi 型循环流化床锅炉

图 8-14 所示为法国 Emile Huchet 电厂的 Lurgi 型循环流化床锅炉。这台锅炉由法国 Stein 公司制造，1990 年投运。其蒸发量为 367t/h；锅炉具有再热器，蒸汽温度为 545℃/540℃，蒸汽压力为 13.4MPa/3.0MPa。可燃用干煤和煤泥。锅炉效率：燃干煤时为 89.83%；燃煤泥时为 87.46%。燃干煤时最低负荷可达 40%正常负荷，燃用煤泥时为 50%正常负荷。在 Ca/S 值＝2～3 时，满负荷时 SO_2 排放低于 280mg/m^3，NO_x 排放为 70～140mg/m^3。

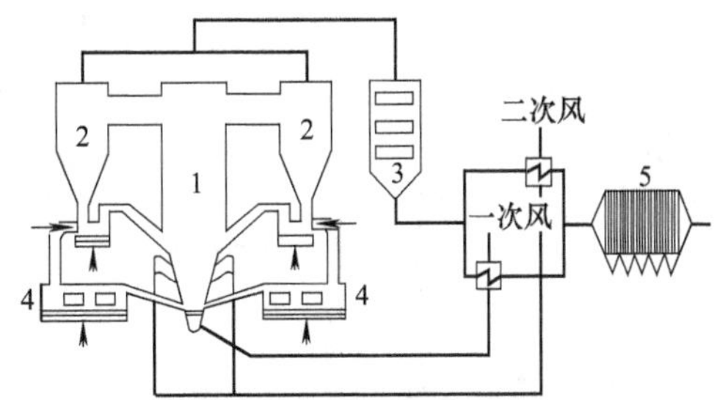

图 8-14 法国 Emile Huchet 电厂的 Lurgi 型循环流化床锅炉

1—燃烧室；2—旋风分离器；3—对流烟道；4—外置换热器；5—布袋除尘器

由图可见，该锅炉由燃烧室、两只旋风分离器、两个外置式换热器、对流烟道和布袋除尘器构成。炉膛中布置有水冷壁，外置换热器中布置有部分过热器和再热器受热面，对流烟道布置有省煤器、过热器和空气预热器等受热面。燃烧室横截面尺寸为 8.6m×11m，为自然循环锅筒锅炉。

4. Gardanne 的 Provence 电厂的 Lurgi 型循环流化床锅炉

图 8-15 所示为 Stein 公司制造并在 1995 年投运的法国 Gardanne 的 Provence 电厂的 Lurgi 型循环流化床锅炉。它是自然循环锅筒锅炉，燃用高硫褐煤，煤的收到基硫分为 3.68%，灰分为 28%～32%，水分为 11%～14%，低位发热量为 15MJ/kg。

这台锅炉的主要参数如下：过热蒸汽量 700t/h，再热蒸汽量 651t/h，蒸汽压力 16.3MPa/3.75MPa，蒸汽温度 565℃/565℃，锅炉效率 90.5%。配以 250MW 机组。

大型 Lurgi 型循环流化床锅炉燃烧室因深度太大，会造成由于二次风穿透力不够而引起的燃烧室中心缺氧。为解决此问题采用了“裤衩”形燃烧室的设计，即燃烧室下部分成两个密相床，与上部稀相区形成“裤衩”形布置形式（见图 8-16）。二次风在每个“裤衩”支腿上送入。这台锅炉燃烧室宽 11.5m，深 14.8m。由于炉膛深度太大，所以采用“裤衩”形燃烧室布置，每一“裤衩”支腿顶部截面积为 11.5m×7.4m。

每一“裤衩”支腿下部均有各自的一次风送风系统和管式空气预热器。由回转式空气预热器预热的二次风在每一“裤衩”支腿的周围送入燃烧室。这台锅炉的燃煤经破碎至 0～10mm 尺寸后，由重力输送至旋风分离器下的回送段再进入燃烧室。其燃烧室和旋风分离器的布置基本上是按图 8-14 的 Emile Huchet 电厂的锅炉放大设计的，亦即实际上是将两个 Emile Huchet 电厂的配 125MW 机组的锅炉连接在一起形成的布置，因而具有 4 个旋风分离器。其他方面大致与图 8-14 所示的循环流化床锅炉相似。

5. 我国与 ALSTOM 公司联合设计制造的配 300MW 机组的循环流化床锅炉

法国 Stein 公司隶属法国 ALSTOM 公司，是生产锅炉和环保设备的公司，1984 年经 Lurgi 公司许可开

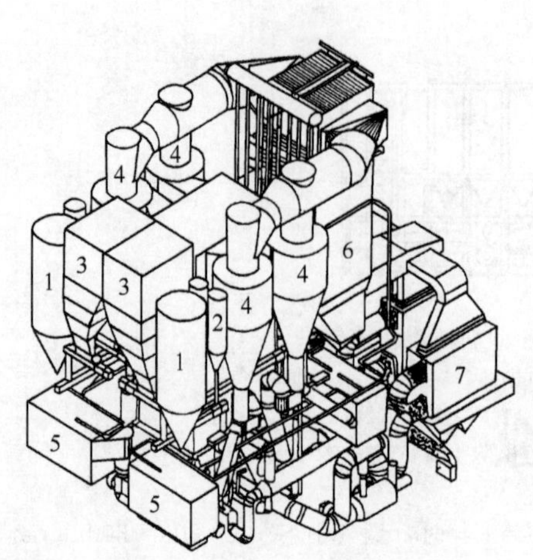

图 8-15 法国 Gardanne 的 Provence 电厂的 Lurgi 型循环流化床锅炉

1—煤仓；2—石灰石仓；3—燃烧室；4—旋风分离器；5—外置式换热器；6—尾部烟道；7—除尘器

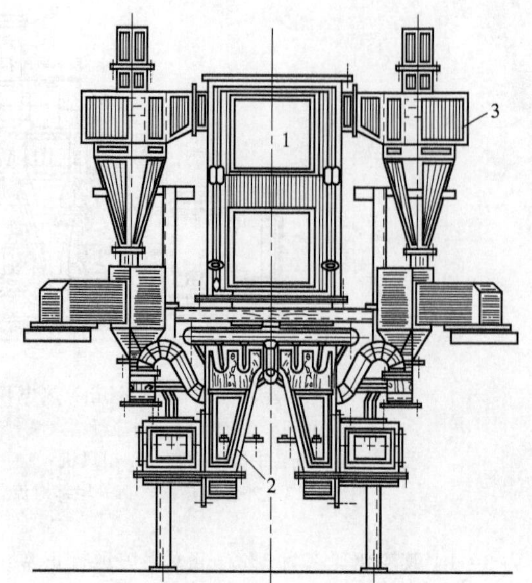

图 8-16 燃烧室的“裤衩”形布置

1—燃烧室上部；2—燃烧室下部的“裤衩”支腿；3—旋风分离器

始生产 Lurgi 型循环流化床锅炉。

我国与 ALSTOM 公司联合设计制造的配 300MW 机组的循环流化床锅炉是 Lurgi 型的，其主要铭牌工作参数如下：主蒸发量 1025t/h；再热蒸汽流量 843.93t/h；蒸汽压力 17.4MPa/3.706MPa；蒸汽温度 540℃/540℃；锅炉效率＞91.9%；脱硫效率＞90%；锅炉最低不投油稳燃负荷为 35%±5%铭牌蒸发量。图 8-17 为这台锅炉的结构示意。图 8-18 为其烟风系统流程示意。

这台锅炉为亚临界压力自然循环单锅筒锅炉。原煤经两级碎煤机破碎至粒径＜6mm 的煤粒后进入煤仓，然后经输煤系统进入四根回料管，与旋风分离器分离下来的颗粒物料一起进入燃烧室燃烧。石灰石经破碎至粒径＜1mm 后进入石灰石粉仓，再用空气输送作为脱硫剂，经回料管喷入燃烧室燃烧脱硫。

一次风经过一次风机、暖风器、四分仓回转式空气预热器后进入炉膛下部风室。二次风经二次风机、暖风器和空气预热器后进入燃烧室下部“裤衩”支腿。

由于燃烧室横截面尺寸较大，所以在下部采用“裤衩”形结构。燃烧室采用膜式水冷壁结构，布风板以下部分由水冷壁管弯制围成水冷风室。锅炉采用四个绝热式高温旋风分离器进行烟气和固体颗粒的分离。每个旋风分离器下面各设一个回料器和一个外置换热器。由分离器分离下来的物料一部分经回料器，另一部分经外置式换热器吸热冷却后进入燃烧室循环燃烧。图 8-18 所示的Ⓐ、Ⓑ、Ⓒ、Ⓓ四个外置式换热器中均布置有受热面。其中Ⓐ和Ⓓ中设置有第一级和第二级中温过热器（ITS1 和 ITS2）的受热面，通过控制流过其间的物料流量，可调节燃烧室温度；Ⓑ和Ⓒ中布置了低温过热器（LTS）和高温再热器（HTR）的受热面，通过控制其间的物料流量，可调节再热蒸汽温度。

燃烧室内燃烧产生的烟气和夹带的固体颗粒出燃烧室后即进入四个外置的旋风分离器。分离出来的烟气流入尾部竖井，依次流过高温过热器、低温再热器和省煤器后流入四分仓回转式空气预热器，此后再经电气除尘器后经烟囱排入大气。冷渣器采用风水冷冷渣器。冷渣器采用双流化床串联布置，并设置三个独立风室。流化床中设有省煤器受热面作为水冷受热面。

6. Texas New Mexico 电厂的 Lurgi 型循环流化床锅炉

这是一台美国 ABB-CE 公司引进 Lurgi 公司技术后生产的循环流化床锅炉。锅炉的主要工作参数如下：主蒸汽量 500t/h，蒸汽压力 12.41MPa/2.65MPa，蒸汽温度 541℃/541℃，再热蒸汽量 448t/h，锅炉效率 83.3%。这台锅炉可用以配 150MW 的发电机组。燃用 Texas 褐煤，其煤质特性为：水分 34%；灰分 21%；硫分 1.1%；低位发热量 15.5MJ/kg。

这台锅炉的总体结构与一般大容量 Lurgi 型循环流化床锅炉相似。燃烧室截面积为（12.3m×10.2m）125.46m^2，因而燃烧室下部采用“裤衩”形布置。锅炉的单锅筒做平行于前墙的横向布置。4 个绝热型外置

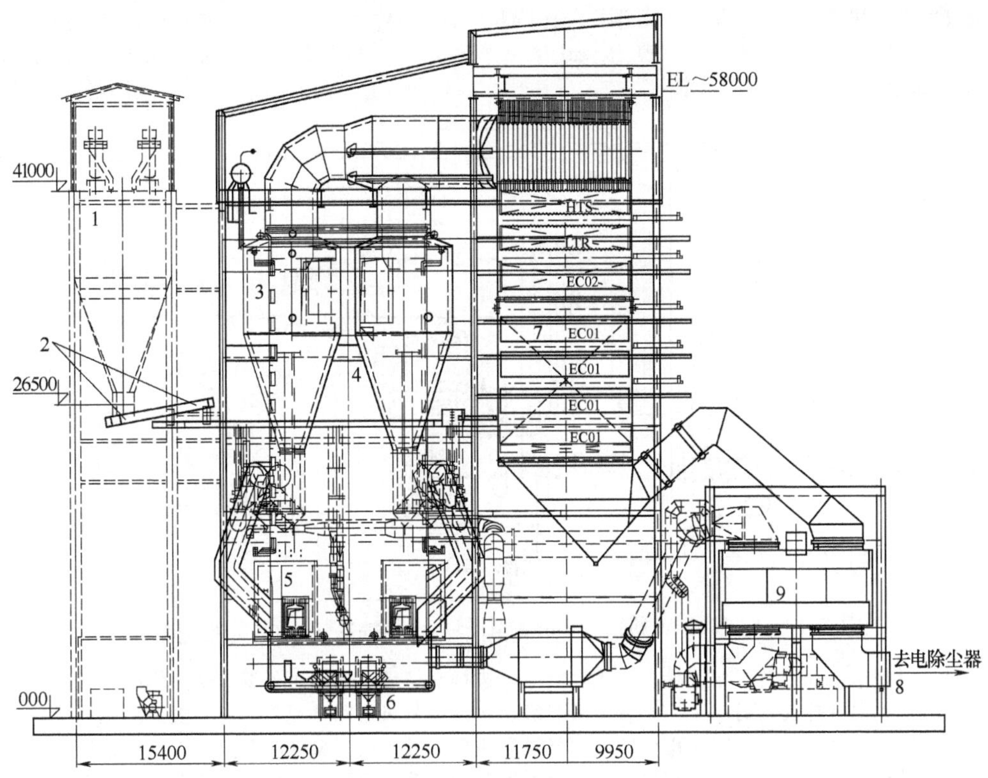

图 8-17　配 300MW 机组的 Lurgi 型循环流化床锅炉结构示意

1—煤仓；2—输煤系统；3—旋风分离器；4—燃烧室；5—外置式换热器；6—冷渣设备；7—尾部对流竖井；8—烟气出口；9—回转式空气预热器　EC01,EC02—第一级省煤器和第二级省煤器；HTS—高温过热器；LTR—低温再热器

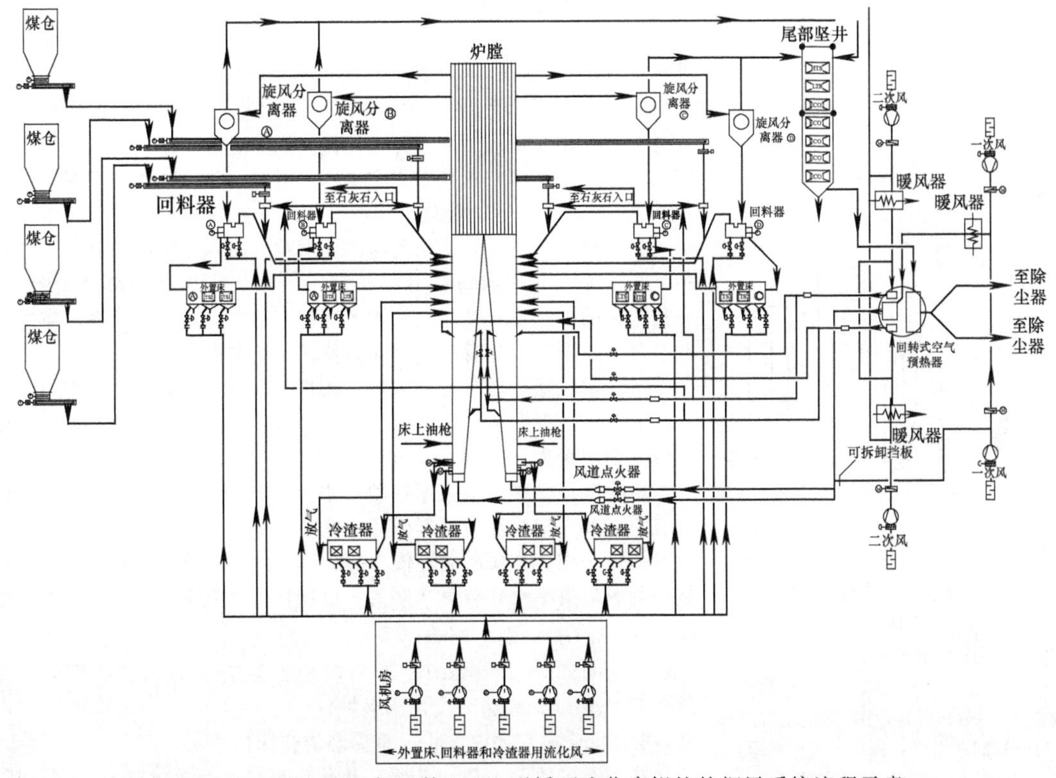

图 8-18　配 300MW 机组的 Lurgi 型循环流化床锅炉的烟风系统流程示意

ITS1,ITS2—第一级中温过热器和第二级中温过热器；LTS—低温过热器；HTR—高温再热器

旋风分离器对称布置在两侧墙。旋风分离器的内直径为 6.4m。燃烧室高 30.5m，密相流化床风速为 5m/s，分二级喷入二次风后，燃烧室上部风速为 6m/s，一次风量为总风量的 60%。锅炉排烟温度为 149℃。图 8-19 示有这台锅炉的汽水系统示意。

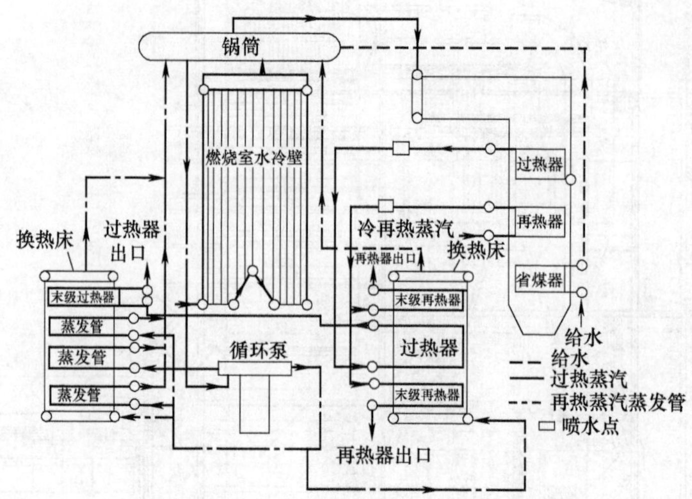

图 8-19 配 150MW 机组的 Lurgi 型循环流化床锅炉的汽水系统示意

这台锅炉燃烧室上部布置了水冷壁，采用自然循环进行水循环。在两个外置式换热器中一个布置了蒸发受热面和末级过热器受热面，另一个内布置了第二级过热器和末级再热器受热面。外置式换热器中的蒸发受热面和"裤衩"支腿内的水冷回路采用循环泵进行强制循环。过热蒸汽温度和再热蒸汽温度采用喷水及改变外置式换热器的传热来调节。也可采用改变燃烧室温度和变化蒸发受热面吸热来进行调节。这台锅炉进入燃烧室的煤粒粒径为 0～9.5mm，采用管式空气预热器和布袋式除尘器。这台锅炉的环保性能较好。由于采用了分段送风，NO_x 排放量只有 95mg/MJ，远低于允许值。在 Ca/S 值为 2.2 时脱硫效率达 90%，SO_2 排放量为 211mg/MJ，粉尘排放量为 4.3mg/MJ。这些数值均远低于环保允许值。

7. Pyroflow 型循环流化床锅炉

图 8-20 所示为由芬兰 Ahlstrom 公司开发研制的 Pyroflow 型循环流化床锅炉的典型结构示意。

图中，煤粒破碎至一定粒径后（对高灰燃料粒径为 2～12mm 及以下），和石灰石细粒分别由输入点加入燃烧室。煤粒随即燃烧并释出热量。燃烧产生的热量由布置在燃烧室四壁的水冷壁和布置在燃烧室上部的屏式过热器内的工质吸收，使炉膛保持 850℃左右的最佳脱硫温度。烟气夹带着物料流出燃烧室后进入高温旋风分离器，使烟气与固体颗粒分离，分离器的分离效率可达 99%。分离出来的物料由回料管回入燃烧室进行循环燃烧使用。分离出来的烟气由分离器顶部流入尾部烟道，经对流过热器、省煤器和空气预热器等吸热后，流过除尘器再由烟囱排入大气。

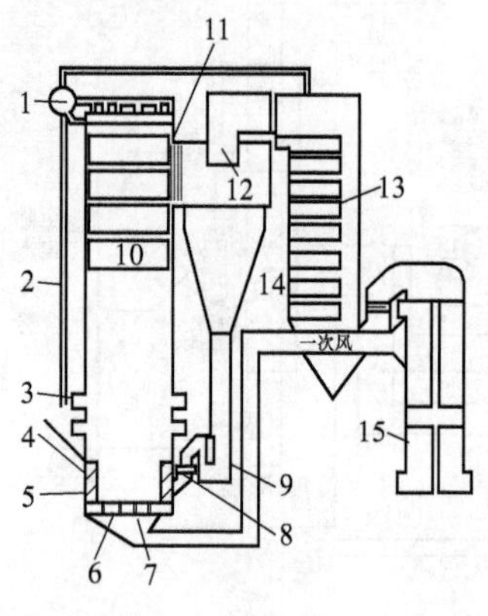

图 8-20 Pyroflow 型循环流化床锅炉的典型结构示意

1—锅筒；2—下降管；3—二次风；4—煤与石灰石输入处；5—卫燃带；6—布风板；7—一次风；8—回料管膨胀节；9—回料管；10—屏式过热器；11—燃烧室出口；12—旋风分离器；13—对流过热器；14—省煤器；15—空气预热器

一次空气通过燃烧室底部的布风板送入燃烧室，风速一般为 5～10m/s。一次风量占总风量的 40%～70%。二次风在燃烧室下半部沿燃烧室四周送入。

Pyroflow 型循环流化床锅炉的主要结构特点为无外置式换热器，燃烧室上部布置受热面。其循环倍率可达 70，因而与 Lurgi 型循环流化床锅炉一样，均属高循环倍率的循环流化床锅炉。这种循环流化床锅炉的脱硫效率对高硫煤＞90%，对低硫煤＞70%，其 NO_x 排放浓度＜200mg/m^3，负荷调节比为（3∶1）～（4∶1），负荷调节速率为 5%/min。1995 年美国 F. W. 公司收购了芬兰 Ahlstrom 公司后也开始生产 Pyroflow 型循环流化床锅炉。

8. Nucla 电厂的 Pyroflow 型循环流化床锅炉

这一电厂的 Pyroflow 型循环流化床锅炉由芬兰 Ahlstrom 公司制造。图 8-21 所示为这台锅炉的结构。

这一锅炉的主要工作参数如下：蒸发量 420t/h，蒸汽温度 540℃，蒸汽压力 10.4MPa。燃烧室高 33.5m，有两个燃烧室，每一燃烧室截面尺寸为 6.9m×7.4m。每一燃烧室有自己独立的煤、石灰石供给系统及灰渣排放系统。但两者的汽水系统共用一个锅筒，因而每一燃烧室不能单独运行。

锅炉燃用烟煤，锅炉效率为 88.27%，负荷调节比为 4∶1，负荷调节速率可达 5MW/min。

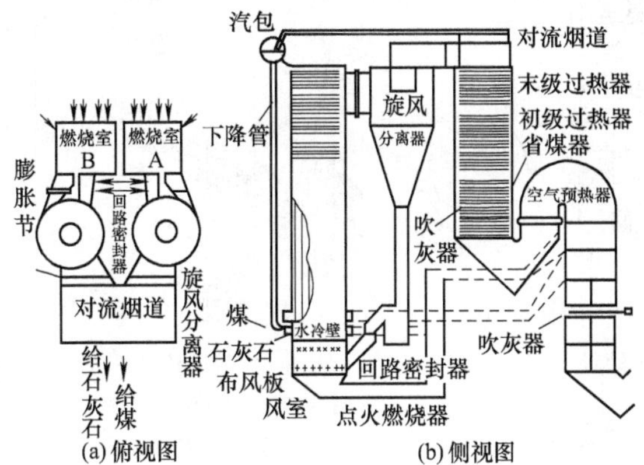

图 8-21 Nucla 电厂的循环流化床锅炉结构

由图 8-21 可见，这是一台自然循环锅炉，燃烧室中布置水冷壁，燃烧室上部布置了辐射式过热器。采用两个绝热型旋风分离器，每个直径为 7m。燃煤颗粒的给煤点在锅炉燃烧室前墙有两个，在后墙回料管上有一个。石灰石靠气力输送到前后墙给煤点附近进入燃烧室。每一燃烧室还有一个侧墙石灰石入口。煤粒的平均粒径为 3.5mm。锅炉燃烧效率为 97%左右。

锅炉燃烧室温度为 815～845℃、Ca/S 值为 1.5 时，脱硫效率为 70%，NO_x 排放<150mg/MJ。燃烧室中流化速度为 4.7m/s 左右。烟气从燃烧室流出后即进入旋风分离器进行气-固分离。分离下来的物料由回料管回入燃烧室。两个旋风分离器分离出来的烟气进入共同的对流烟道，并依次流过过热器、省煤器和空气预热器。最后经布袋除尘器和烟囱排入大气。

9. Pt. Aconi 电厂的 Pyroflow 型循环流化床锅炉

加拿大的 Pt. Aconi 电厂的循环流化床锅炉为 Pyroflow 型，用以配 165MW 发电机组。图 8-22 示有其锅炉结构。

这是一台自然循环中间再热锅炉，其主要工作参数如下：蒸发量 527t/h，蒸汽压力 12.78MPa/3.30MPa，蒸汽温度 541℃/541℃。燃用高硫高灰煤，硫分 5.01%，灰分 20.14%，发热量 24125kJ/kg。燃烧室截面尺寸为 7.5m×18m，四壁均设有水冷壁。燃烧室中部设有“Ω”形一级过热器管屏，上部布置有屏式蒸发受热面和辐射式二级过热器。烟气自燃烧室流出后，即进入直径为 8m 的两台旋风分离器。分离出来的物料由回料管送回燃烧室。烟气则流入对流烟道，依次流经末级过热器、二级再热器、一级再热器、省煤器和管式空气预热器后，经布袋除尘器和烟囱排入大气。布袋除尘器收集到的飞灰也回入燃烧室，以提高燃烧效率和脱硫剂利用率。

Ω 管屏是 Ahlstrom 公司在发展大型锅炉时为解决不设外置式换热器及消除管屏磨损而研制的一项专利，可用作过热器或再热器受热面。图 8-23 示意其结构。Ω 管由 10CrMo910 合金钢轧制的 Ω 特形管材焊成板状结构，因而称 Ω 管屏。管屏底部和顶部均焊有耐高温防磨护板（用 253MA 材料）。管屏板平面与燃烧室中上升气流方向平行，因而能经受高温下气-固两相流的长期冲刷。同时管屏又构成了布置在燃烧室中的汽冷梁。

在大容量高压高温锅炉中，给水加热和蒸汽过热的吸热比例上升，而蒸发吸热比例下降。如不设置外置式换热器，单靠燃烧室内布置的水冷壁蒸发受热面，将使燃烧室温度过高。因而必须将部分过热器或再热器布置在燃烧室内。在这台锅炉中，已采用了 Ω 管屏和部分辐射受热面作为过热器受热面，所以布置在燃烧室上部的屏式受热面就用作蒸发受热面。

屏式蒸发受热面与煤粉锅炉的屏式受热面一样均属双面曝光受热面。但在循环流化床锅炉中最大的不同点是磨损严重，所以应选用厚壁管，最下面的管子要有防磨保护钢箍和钢板。管束穿墙处应焊有套管且设计成密封盒结构。这样管束可自由膨胀，又可使燃烧室穿墙处密封。图 8-24 示有屏式受热面的穿墙结构示意。

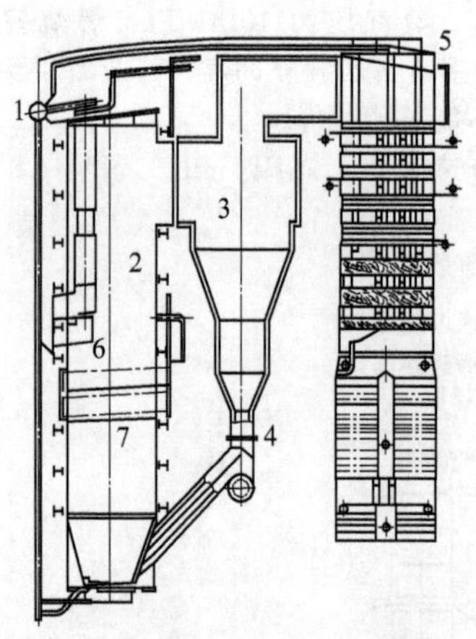

图 8-22 Pt. Aconi 电厂的循环流化床锅炉结构

1—锅筒；2—燃烧室；3—旋风分离器；4—回料管；5—对流烟道；6—屏式蒸发受热面；7—“Ω”形一级过热器管屏

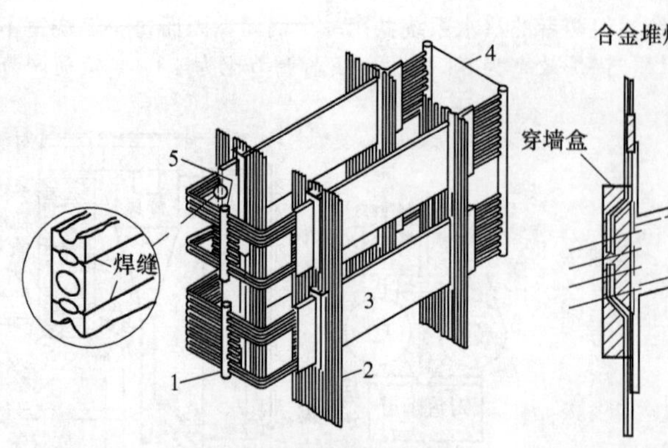

图 8-23 Pyroflow 型循环流化床的Ω管屏结构示意

1—进口集箱；2—水冷壁管；3—Ω管屏；4—中间集箱；5—出口集箱

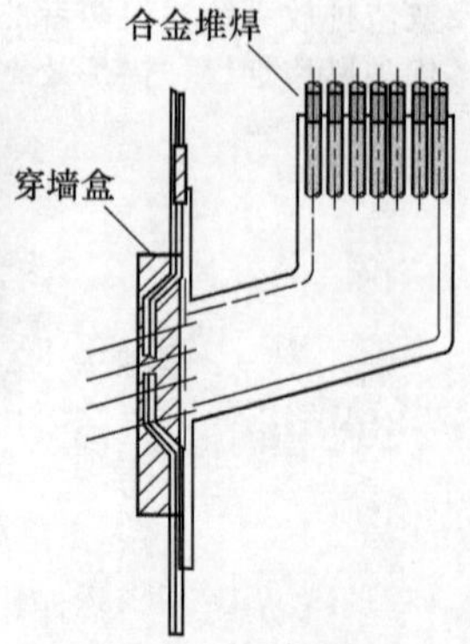

图 8-24 屏式受热面的穿墙结构示意

10. Circofluid 型循环流化床锅炉

图 8-25 所示为德国 Babcock 公司生产的 Circofluid 型带中温旋风分离器的循环流化床锅炉的典型结构。这种锅炉的特点：在二次风进入处的上方、在燃烧室内布置了屏式过热器、对流过热器、蒸发受热面和部分省煤器受热面。这样，使燃烧室和屏式过热器出口烟温为 850℃，而燃烧室出口烟温因受热面吸热而降为 400℃。

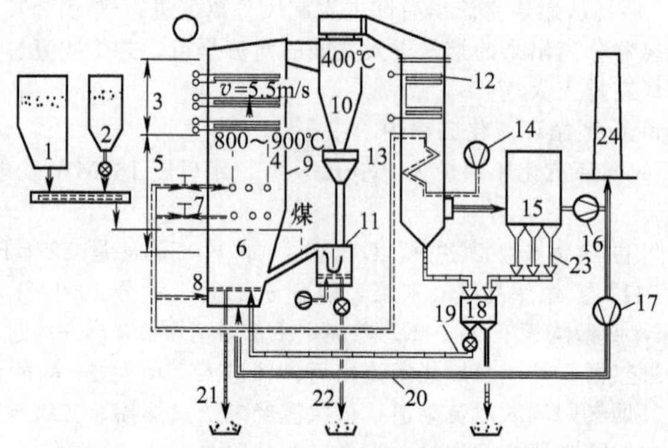

图 8-25 Circofluid 型循环流化床锅炉的典型结构

1—煤斗；2—石灰石斗；3—对流受热面；4—屏式过热器；5—悬浮段；6—床层；7—二次风；8——次风；9—燃烧室；10—中温旋风分离器；11—固体物料回送装置；12—省煤器；13—空气预热器；14—送风机；15—布袋除尘器；16—引风机；17—烟气再循环风机；18—除尘器束灰再循环装置；19—除尘器灰再循环管；20—烟气再循环管；21—流化床排渣管；22—分离器排灰管；23—除尘器排灰管；24—烟囱

由于进入旋风分离器的烟气温度只有 400℃，显著改善了分离器的高温工作条件，使分离器可采用较薄的耐火隔热材料。此外，由于烟温降低，烟气体积减小，可使分离器尺寸减小，分离器能耗降低。

这种锅炉为中循环倍率循环流化床锅炉，其循环倍率为 10～20。燃烧室出口飞灰浓度为 1.5～2.5kg/m^3。燃用的煤粒粒径为 0～12mm。一次风量为总风量的 60%。流化床的流化速度为 4.5m/s，为湍流床。悬浮段中气速不超过 5.5m/s，以减少该段中受热面的磨损。在屏式过热器面向烟气流的第一排管子上焊有防磨片。

一般无外置式换热器的循环流化床锅炉，如 Pyroflow 型循环流化床锅炉，都是采用改变进入锅炉的风量和煤量来调节负荷和床温的。例如，在锅炉负荷降低时，风量和燃煤量将成比例地减少。由于流化速度减小，燃烧室下部颗粒浓度增加，上部颗粒浓度降低且烟气量减少。从而使燃烧室上部传热系数下降，并使布置于其中的各受热面吸热量减少。这样，虽然燃煤量减少，释热量降低，但因为受热面吸热量减少和回入燃烧室的、温度略低于炉温的循环灰量减少，仍可保持燃烧室温度大致不变，仍保持在可达到最佳燃烧和最佳脱硫效果的炉温工况。

Circofluid 型循环流化床锅炉也是不采用外置式换热器的，其负荷和床温调节除采用上述调节方法外，还采用了较冷的除尘器后的灰量再循环回入燃烧室的方法来调节床温。此外，还采用排烟再循环的方法以保证锅炉低负荷时流化床的流态化运行。

这种锅炉的环保工况为在 Ca/S 值＝1.5～2.0 时，脱硫率为 90%，SO_2＜200mg/m^3，排放 NO_x 浓度＜200mg/m^3，排烟中的粉尘含量为 50mg/m^3。其负荷变化率为 5%/min，最低负荷为满负荷的 30%。

Circofluid 型循环流化床锅炉在 Offenbach 热电厂已投运两台高压锅炉。其主要工作参数为：蒸发量 110t/h，蒸汽压力 11.6MPa，蒸汽温度 535℃，锅炉效率 92%。锅炉燃用粒径为 0～6mm 的烟煤，是自然循环锅炉，烟气排放值均能满足德国排放标准。在 Coldenberg 电厂有一台 290t/h 的燃用高水分褐煤的 Circofluid 型锅炉也已投运。目前，这种锅炉容量最大的为安装在捷克的一台燃用褐煤的 350t/h 的高压电站锅炉。

从当前技术水平估计，设计和生产蒸发量为 700t/h 的这种锅炉是可行的。

11. FW 型循环流化床锅炉

F. W. 是美国 Foster Wheeler 公司的简称。FW 型循环流化床锅炉是这一公司的重要产品。F. W. 公司自 20 世纪 70 年代开始生产鼓泡流化床锅炉以来，逐渐延伸发展为目前世界上最大的循环流化床供货公司。1995 年在收购了 Ahlstrom 专门从事 Pyroflow 型循环流化床研制的公司后，得到了迅速的发展。其成功的专利技术包括有汽冷和水冷的高温旋风分离器，带矩形高温分离器的紧凑型循环流化床和整体式循环灰换热器（Integrated recycle heat exchanger，INTREX 循环灰换热器）等均为这种锅炉的设计特点。如以气固分离器技术为发展标志，则其技术发展过程可参见图 8-26。

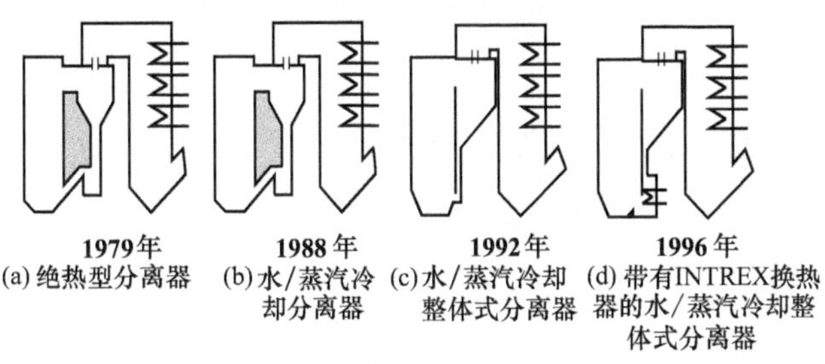

图 8-26　以分离器技术为发展标志的 FW 型循环流化床锅炉技术的发展历程

图 8-27 为一台 FW 型循环流化床锅炉（带 INTREX 换热器）的结构。

由图 8-27 可见，这是一台自然循环锅炉，采用汽冷或水冷的旋风分离器。烟气在燃烧室流出后即进入旋风分离器。分离出来的固体物料经 J 形阀流入 INTREX 换热器，再回入燃烧室。烟气则流经过热器、再热器、省煤器、空气预热器和除尘器后由烟囱排入大气。

INTREX 换热器的结构示意可参见图 8-28。

由图可见，INTREX 换热器底部有空气通入，因而实质上是一个流化床换热器。INTREX 具有水冷外壳，里面布置有过热器或再热器受热面。其作用与 Lurgi 型循环流化床的外置换热器相当，但布置在紧靠燃烧室后墙。其运行方式如下：锅炉启动时，由 J 形阀排出口进入 INTREX 换热器的物料不经布置于其内的受热面的冷却而直接送回燃烧室，因而启动升温快；启动时，INTREX 内的过热器或再热器尚无足够蒸汽通过，颗粒物料直接回入燃烧室，可保护这些受热面不至过热；启动后可按需调节，直接流入燃烧室或流经受热面的物料量，以调节燃烧室温度。

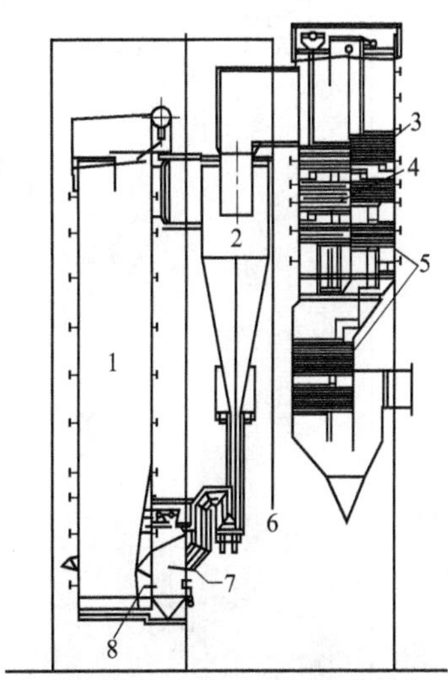

图 8-27　FW 型循环流化床锅炉（带 INTREX 换热器）的结构

1—燃烧室；2—旋风分离器；3—过热器；4—再热器；5—省煤器；6—J 形阀；7—INTREX 换热器；8—固体颗粒回送通道

已生产的 FW 型循环流化床锅炉的最大容量已达 1300t/h，用以配 460MW 的发电机组。其蒸汽压力为 27.5MPa/5.46MPa，蒸汽温度为 560℃/580℃。

F. W. 公司的循环流化床锅炉技术曾向其他锅炉厂转让。我国东方锅炉（集团）股份有限公司等也曾购买其设计制造技术。

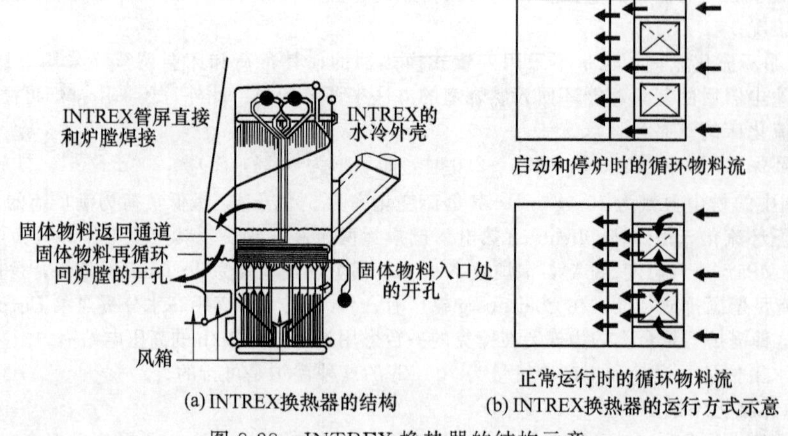

(a) INTREX换热器的结构 (b) INTREX换热器的运行方式示意

图 8-28 INTREX 换热器的结构示意

12. JEA 电厂的 FW 型循环流化床锅炉

美国 JEA 电厂的 FW 型循环流化床锅炉是一台 F. W. 公司制造的亚临界压力大型 FW 型循环流化床锅炉，其结构布置示于图 8-29。这台锅炉是用以配 300MW 发电机组的，锅炉主蒸发量为 906t/h，再热蒸汽量为 806t/h，蒸汽压力为 18.3MPa/4.0MPa，蒸汽温度为 540℃/540℃，锅炉效率为 90.6%。在 Ca/S 值 = 1.77 时，脱硫率为 96.8%。烟囱 SO_2 排放浓度为 125mg/m^3，NO_x 排放浓度为 91mg/m^3，均低于环保要求的排放标准。

该锅炉可以燃用 100% 的煤和石油焦，或能燃用两者任何比例的混合燃料。燃烧室高度 35m，宽度 26m，深度 6.7m。每台锅炉采用 3 个蒸汽冷却的旋风分离器，分离器直径为 7.3m。

13. FW 紧凑型循环流化床锅炉

旋风分离器的发展过程是从第一台的绝热型分离器发展到第二代用蒸汽或水冷却的圆形旋风分离器，但

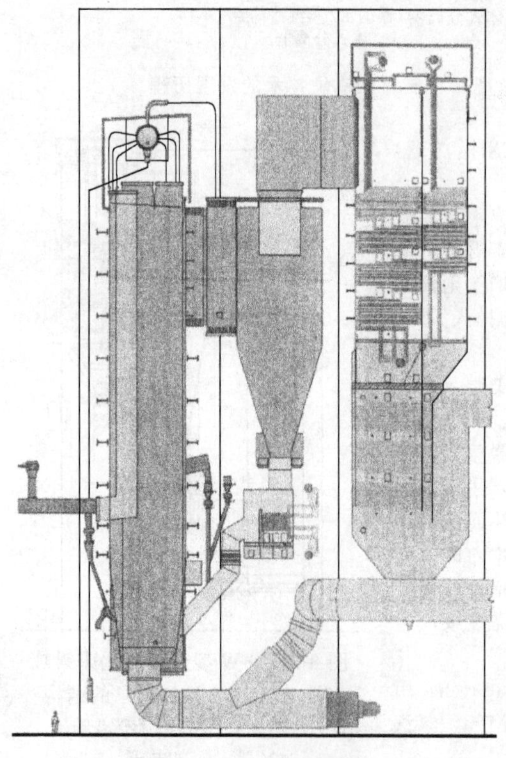

图 8-29 JEA 电厂的大型 FW 型亚临界压力循环流化床锅炉

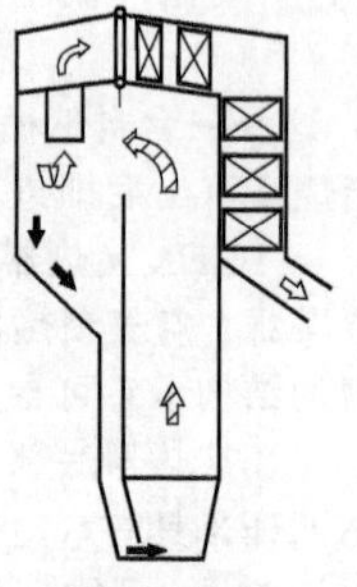

(a) 矩形分离器布置示意

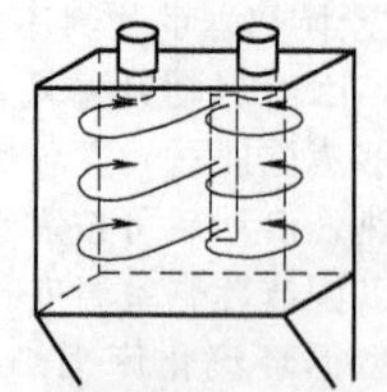

(b) 矩形分离器结构示意

图 8-30 矩形分离器

这两种分离器均布置在燃烧室与尾部对流井之间，造成锅炉整体布置不够紧凑，占地多。第三代矩形膜式壁分离器可采用与燃烧室膜式水冷壁构成一体的膜式水冷壁，结构简单，可使分离器与燃烧室组合成一个整体，使锅炉结构大为紧凑。F. W. 公司在采用这种矩形分离器后，即设计制造出一种 FW 紧凑型循环流化床锅炉。自 1994 年售出第一台后，至今已售出一大批，其中最大的锅炉容量已达 1300t/h。

由图 8-30 可见，这种分离器的入口为狭长形，分离器几个面均为平面，因此可用较易加工的冷却膜式壁组装构成，制造成本较低。此外，由于是矩形，所以便于多个分离器并列组合布置。

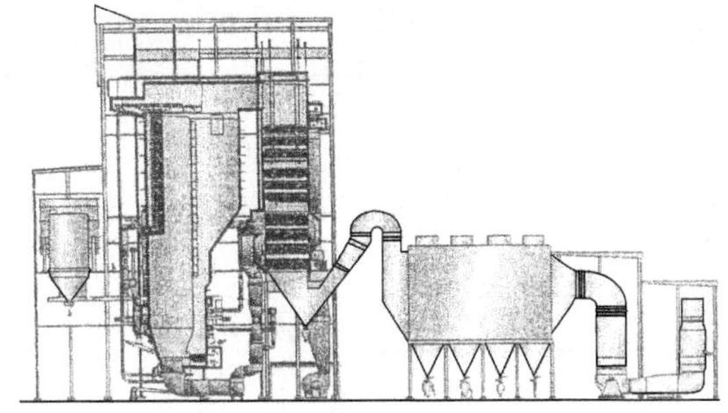

图 8-31 FW 紧凑型循环流化床锅炉结构
（波兰 Turow 电厂的配 262MW 机组的锅炉）

FW 紧凑型循环流化床锅炉的布置示于图 8-31。在大型锅炉中，分离器分离下来的高温回料一般通过 F. W. 专利 INTREX 换热器（见图 8-35）再进入燃烧室。

紧凑型循环流化床锅炉可进行模块化设计，便于锅炉的放大。图 8-32 所示为 FW 型循环流化床锅炉的模块化和放大示意。图 8-33 所示为波兰 Lagisza 电厂的配 460MW 发电机组的 FW 紧凑型超临界压力循环流化床锅炉示意。

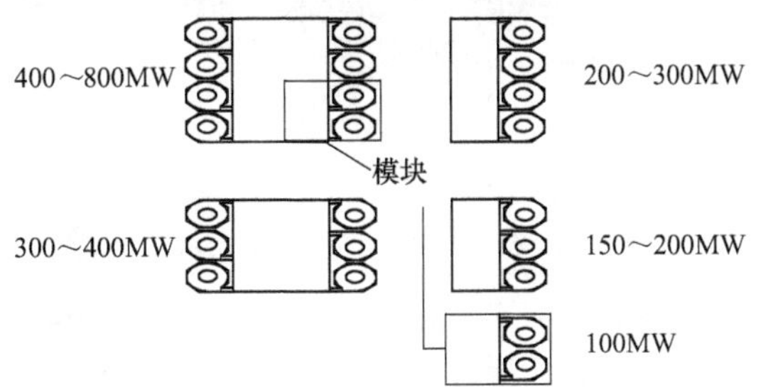

图 8-32 FW 型循环流化床锅炉的模块化和放大示意

图 8-33 Lagisza 电厂的 FW 紧凑型超临界压力循环流化床直流锅炉示意

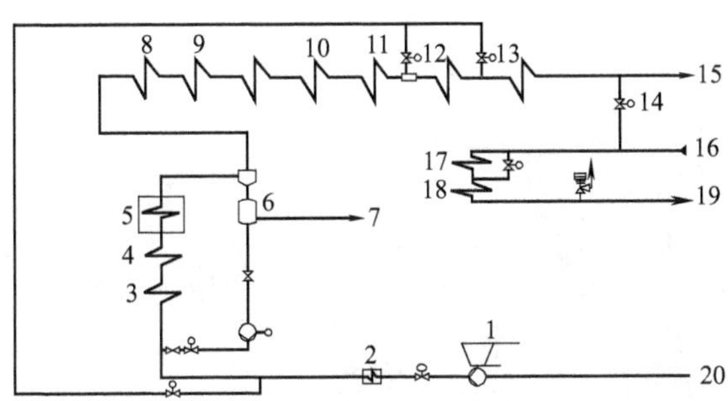

图 8-34 Lagisza 循环流化床锅的汽水系统示意

1—给水泵；2—高压加热器；3—省煤器；4—INTREX 换热器壁面；5—燃烧室；6—汽水分离器；7—去膨胀箱；8—燃烧室顶部；9—支持管；10—对流过热器Ⅰ；11—过热器Ⅱ；12—过热器Ⅲ；13—末级过热器；14—高压旁通阀；15—去汽轮机；16—汽轮机输出；17—再热器Ⅰ；18—再热器Ⅱ；19—去汽轮机；20—自给水箱输入

这台锅炉为有中间再热的本生型直流锅炉，压力为 27.5MPa/5.48MPa，蒸汽温度为 560℃/580℃。燃烧室高度为 48m，深度为 10.6m，宽度为 27.6m。锅炉设计煤种为烟煤。设计时的烟气排放值要求为 $SO_2 \leqslant 200mg/m^3$，$NO_x \leqslant 200mg/m^3$，粉尘 $\leqslant 30mg/m^3$。电厂的供电效率在净出力为 430MW 时应为 43.3%。

这台锅炉的汽水系统可参见图 8-34。图 8-34 中，给水经给水泵、高压加热器和省煤器后进入 INTREX 水冷壁和燃烧室水冷壁，然后经汽水分离器后，干蒸汽流过布置在燃烧室顶部的过热器、作为支持管的过热器和对流段过热器Ⅰ。过热器Ⅱ位于燃烧室上部，其下端有防磨设施。此后过热蒸汽流入 8 个矩形分离器的膜式壁，构成过热器Ⅲ。末级过热器Ⅳ布置在 8 个 INTREX 换热器中。后者布置在矩形分离器下两侧墙，与燃烧室连成一体。末级再热器也布置在 INTREX 换热器内。

紧凑型循环流化床的 INTREX 与图 8-28 所示的结构不同，可参见图 8-35。

在图 8-35 中，从矩形分离器分离下来的高温固体回料向下流入 INTREX 换热器的冷却室，流过换热器管束后，再经冷却室下部隔墙上的开口流入呈流态化的上行通道回入燃烧室。燃烧室下部的高温床料也可通过炉墙上的开口进入 INTREX 换热器。改变上行通道中的流化风速就可控制流过换热管束的循环灰量。

该锅炉的主蒸汽温度由两级喷水减温和调节给煤率控制。

这台锅炉在投标期间曾与超临界煤粉锅炉方案进行过比较。比较表明，循环流化床锅炉电厂总投资低，因为不需采用烟气脱硫和脱硝装置；电厂净效率可比采用煤粉锅炉高 0.3%；此外，燃料适应性也比煤粉锅炉好得多。

14. FW 型超大容量循环流化床锅炉

F. W. 公司在 2000 年完成了法国电力公司委托的配 600MW 发电机组的超临界压力紧凑型循环流化床锅炉的研究设计。这是一台中间再热直流锅炉，其主蒸汽参数为 31MPa 和 593℃。图 8-36 为这台锅炉的外观结构示意。

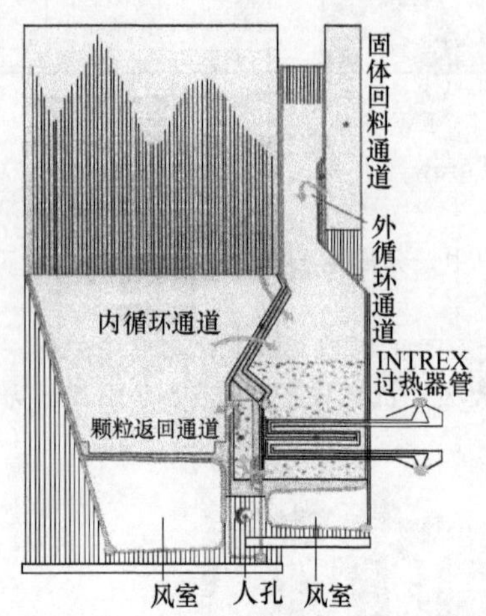

图 8-35 FW 紧凑型循环流化床的 INTREX 换热器

图 8-36 配 600MW 发电机组的 FW 型循环流化床锅炉的外观结构示意

2004 年 F. W. 公司完成了西班牙 ENDESA 电力公司委托的配 800MW 发电机组的超临界压力 FW 紧凑型循环流化床锅炉的设计，这台锅炉的主蒸汽流量为 2045t/h，再热蒸汽流量为 1760t/h，蒸汽压力为 30MPa/4.5MPa，蒸汽温度为 604℃/620℃。燃料为烟煤和石油焦，排烟温度为 90℃，电厂循环效率可达 45%。

这台锅炉燃烧室高度为 50m，宽度为 40m，深度为 12m。其设计烟气排放值如下：$SO_2 \leqslant 200mg/m^3$，$NO_x \leqslant 200mg/m^3$，粉尘$\leqslant 30mg/m^3$。图 8-37 为其外观结构示意。

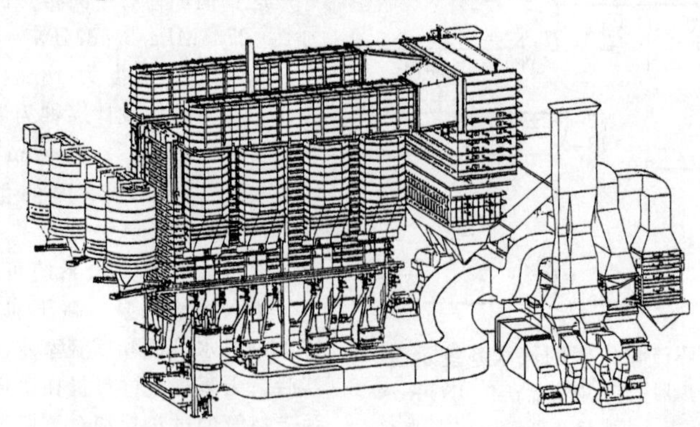

图 8-37 配 800MW 发电机组的 FW 型循环流化床锅炉的外观结构示意

15. 国产 FW 型循环流化床锅炉

图 8-38 所示为国产 DG 440/13.7 超高压循环流化床锅炉。锅炉为有中间再热的自然循环锅炉，按无外置式换热器的 FW 型锅炉设计。

燃烧室内布置了 6 片屏式过热器、4 片屏式高温再热器和 1 片水冷分隔墙。尾部烟道分隔为前后两部分，低温再热器布置在前一部分，对流过热器位于另一部分烟道。燃烧室用全膜式水冷壁。

煤粒破碎成 0～7mm 后送入燃烧下部的密相段。石灰石也在同时送入燃烧室，一次风量约占总风量的 60%。二次风沿燃烧室高度分两层送入。床温为 900℃左右，烟气出燃烧室后进入两个汽冷或绝热的旋风分离器进行烟气和所带颗粒分离。分离下来的颗粒经 J 形阀回料设备回入燃烧室循环燃烧。燃烧室下部设有流

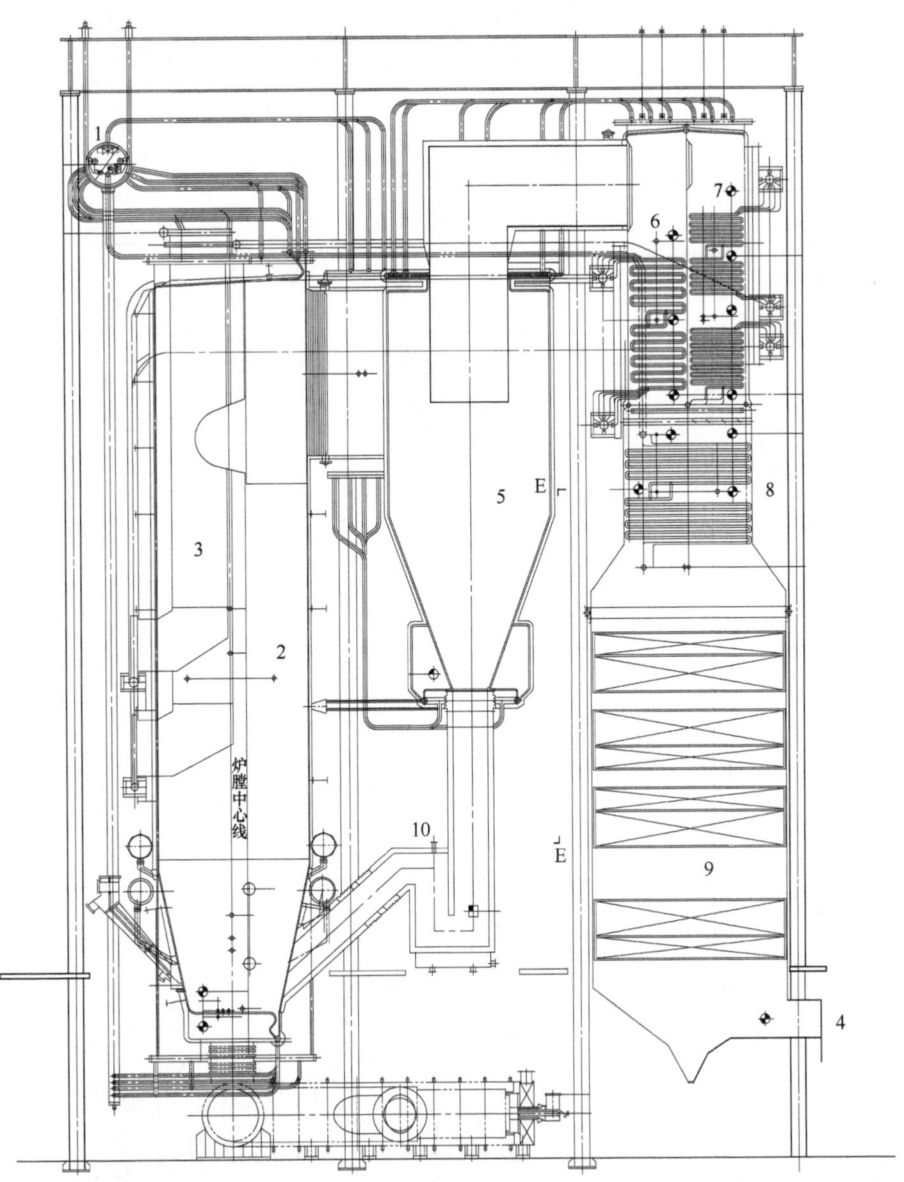

图 8-38　DG440/13.7 超高压循环流化床锅炉（不带外置式换热器）

1—锅筒；2—燃烧室；3—屏式受热面；4—烟气出口；5—旋风分离器；
6—再热器；7—过热器；8—省煤器；9—空气预热器；10—回料设备

化床冷渣器。分离出来的烟气经尾部烟道各受热面（包括省煤器和空气预热器）进入除尘器除尘，然后经烟囱排入大气。锅炉蒸发量为 440t/h，蒸汽压力为 13.7MPa，蒸汽温度为 540℃。

图 8-39 为这台锅炉的烟风流程系统。图 8-40 为这台锅炉的汽水系统。

DG 440/13.7 型超高压循环流化床锅炉也有带外置式换热器的结构，在这种锅炉中，燃烧室内只布置了 6 片屏式过热器和 1 片水冷隔墙。低温再热器就布置在外置换热器中，高温再热器设在尾部烟道内。

16. MSFB 型循环流化床锅炉

MSFB 为 multisolid fluidized bed（多种颗粒流化床）的缩写，是由美国 Battelle 研究中心研制开发的一种循环流化床形式。

其特点为采用高密度、价廉、损耗小和化学性稳定的颗粒作床料（如铁矿砂、氧化铝球等）。流化速度为 6～9m/s，以便燃用最大粒径高达 50mm 的燃料。重颗粒床料可使燃料、石灰石和灰粒停留时间延长并可研细大粒径煤粒。

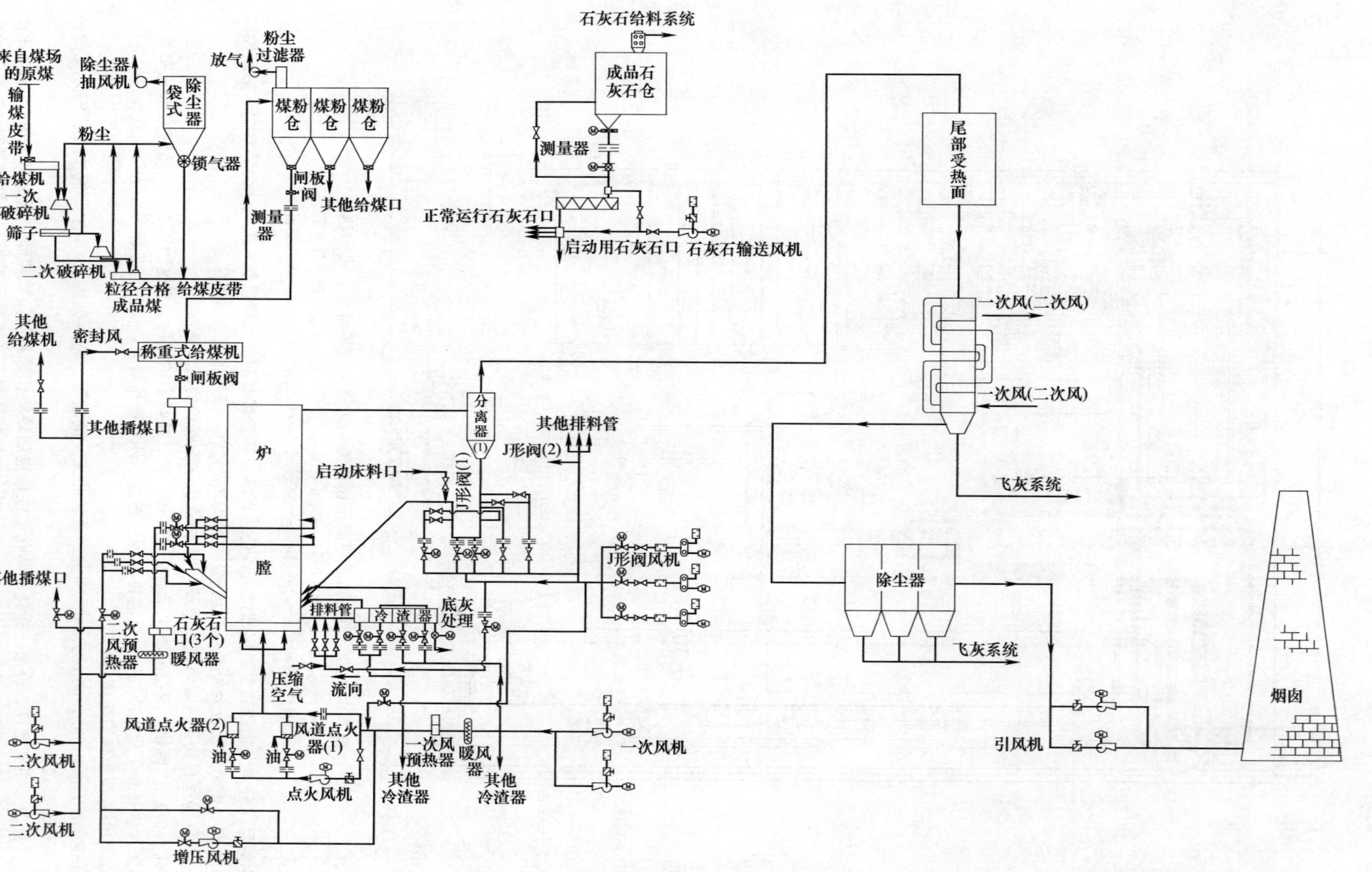

图 8-39 DG 440/13.7 超高压循环流化床锅炉的烟风流程系统

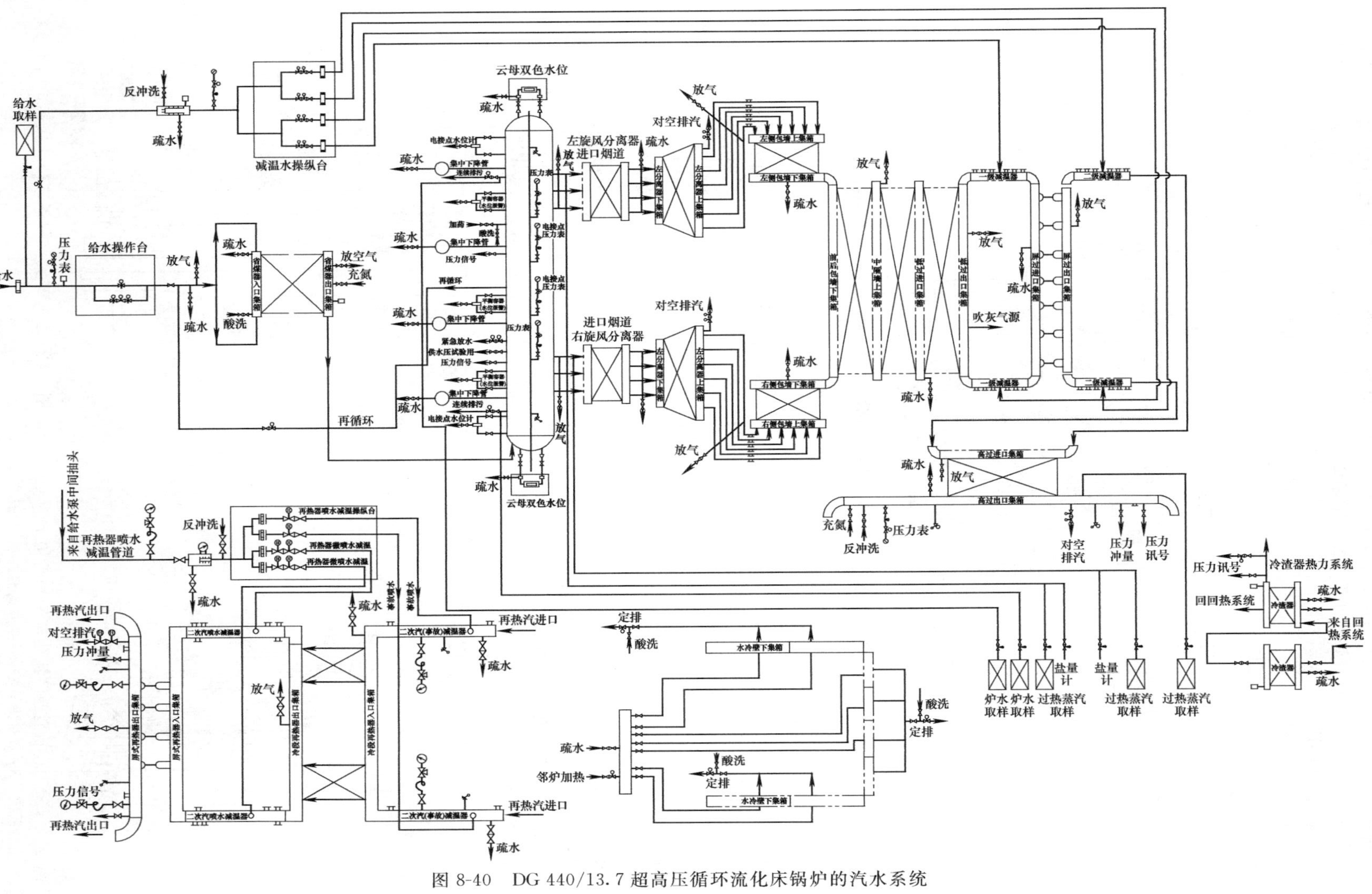

图 8-40　DG 440/13.7 超高压循环流化床锅炉的汽水系统

这种锅炉有带外置式换热器与不带外置式换热器的两种结构。其外置式换热器与 Lurgi 型锅炉的外置式换热器的主要区别在于：可将旋风分离器分离下来进入外置式换热器的物料分三路回入燃烧室，使调节负荷、床温和过热汽温度更加灵活方便。

图 8-41 为一台由日本三井造船株式会社应用 Battelle 技术制造的 MSFB 型带外置式换热器的循环流化床锅炉的结构示意。

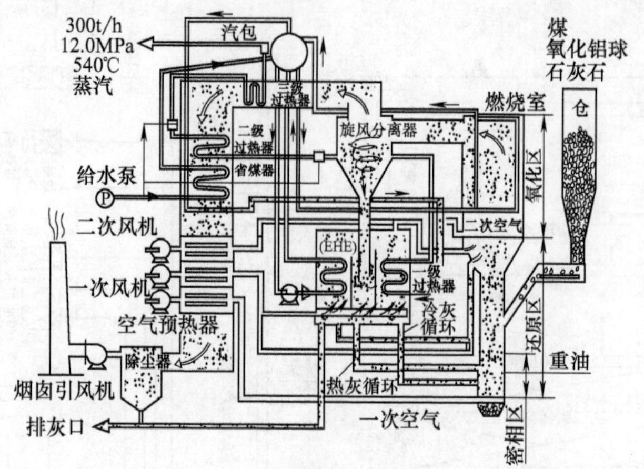

图 8-41 MSFB 型带外置式换热器的循环流化床锅炉的结构示意

这台锅炉蒸发量为 300t/h，压力为 12.0MPa，蒸汽温度为 540℃，无再热器，燃用烟煤和高硫重油渣，锅炉效率分别为 90%和 92%。

由图 8-41 可见，外置式外热器（EHE）中布置有第一级过热器和蒸发受热面。由旋风分离器分离下来的物料进入外置式换热器后有一部分热灰直接进入燃烧室下部的密相区，经受热面冷却后的冷灰有一部分也回入密相区，另一部分则送入二次风口上面的稀相区，其余的经排灰口排出。外置式换热器是一个鼓泡流化床，其流化风速为 0.5m/s 左右。

调节回入燃烧室的冷热物料量可控制燃烧室的床温和颗粒浓度。控制流过外置换热区中过热器的物料量便可调节过热蒸汽温度。

这台锅炉的环保特性为：NO_x <205mg/m^3；在 Ca/S 值<3 时 SO_2 <286mg/m^3。锅炉负荷在 100%～33%范围内运行时，可保证蒸汽参数在规定范围内。

17. Studsvik 型循环流化床锅炉

这种锅炉是瑞典 Studsvik 公司与美国 B&W 公司共同生产的，图 8-42 为其结构示意。

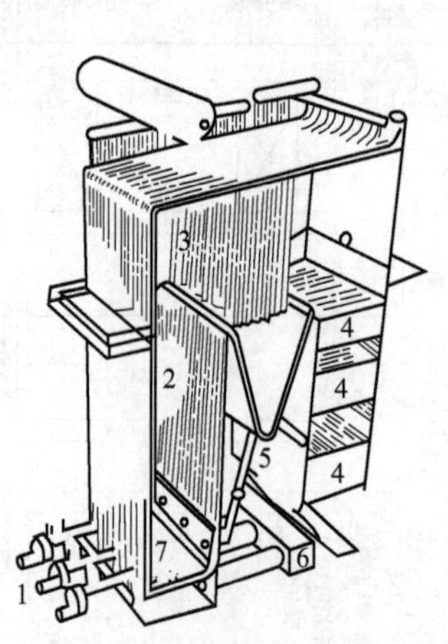

图 8-42 Studsvik 型循环流化床锅炉结构示意

1—给料系统；2—燃烧室；3—惯性分离器；4—对流受热面；5—颗粒储存室；6—一次风道；7—布风板

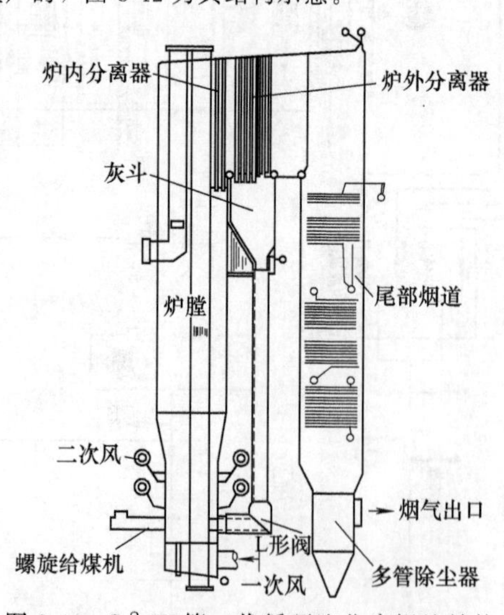

图 8-43 B&W 第二代循环流化床锅炉结构

由图 8-42 可见，这台锅炉的特点为不采用外置式换热器和外置式分离器，采用布置在锅炉烟道中的“U”形梁（槽形梁）惯性分离器代替旋风分离器。这样不但分离效率高而且阻力损失小。此外，可使锅炉整体结构紧凑，便于大型化。这种锅炉一次风率为 45%，床温为 850℃左右，燃烧效率可达 97%～99.7%（在燃煤粒度为 0～25mm 时）。NO_x 排放量≤200mg/m^3。

18. B&W 型循环流化床锅炉

B&W 型循环流化床锅炉由美国 B&W 公司研制。图 8-43 为其第二代循环流化床锅炉结构。

由图 8-43 可见，这台锅炉的特点为不用外置式换热器，受热面主要布置在燃烧室和尾部烟道。此外，采用了惯性式“U”形梁分离器，一部分布置在炉内，一部分布置在炉外。炉内布置了两排“U”形梁用以对高浓度颗粒进行粗分离（分离效率 75%），炉外水平烟道中布置有 7 排“U”形梁（分离效率 90%），两者综合分离效率达 97.5%。

“U”形梁呈错列布置，为避免分离出的颗粒被气流二次夹带，在“U”形梁底部布置有储灰斗，使分离入灰斗的颗粒能落下，经高温回料设备回入燃烧室下部。图 8-44 示为“U”形梁分离器的结构布置。在尾部烟道还设有多管分离器进一步除去烟中所含颗粒。

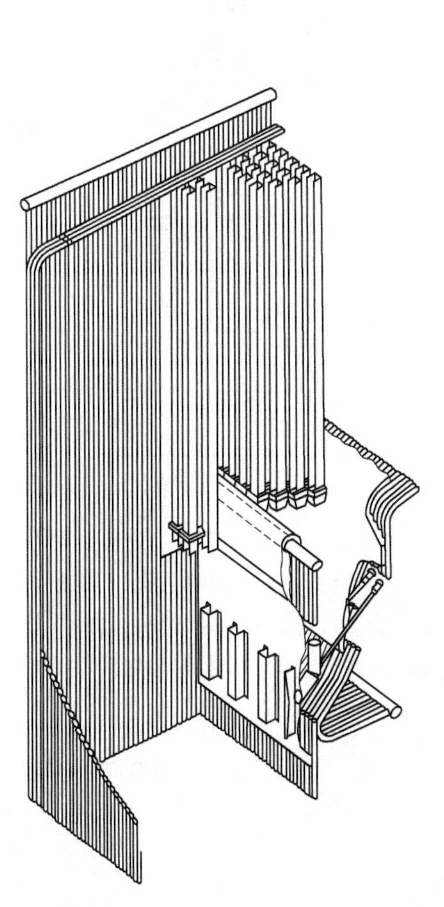

图 8-44 “U”形梁（槽形梁）分离器结构布置

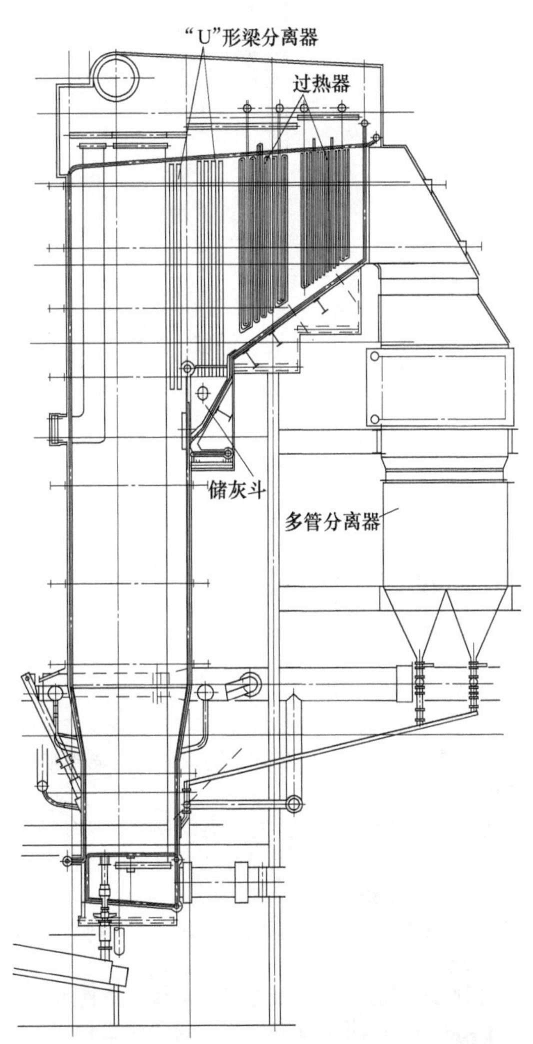

图 8-45 B&W 第三代循环流化床锅炉的结构

图 8-45 示为 B&W 第三代循环流化床锅炉的结构。其特点为全部采用锅炉内部气固分离技术，即将“U”形梁分离器全部布置在燃烧室出口处，取消了高温回料设备，使锅炉结构更简单紧凑。在尾部烟道下端还设置多管分离器进一步除去烟中颗粒。多管分离器除去的颗粒也经管路送回燃烧室下部。

这种应用高温分离器和低温分离器相结合的方式称为多级分离，是循环流化床未来发展的一个方向。

19. 内置旋风分离器型循环流化床锅炉

图 8-46 所示为英国 Kaverner 公司生产的内置旋风分离器型循环流化床锅炉的结构。

这种锅炉的特点是设法将一般外置的高温旋风分离器布置在燃烧室的上部空间。这种旋风分离器采用水冷或汽冷结构。燃烧室上部高温烟气从其周边切向进入旋风分离器进行气-固分离。分离出来的固体颗粒沿周边均匀回落入燃烧室内。这种布置方式使锅炉整体紧凑，并且使烟气和床料运动更为均匀。

20. 国产低循环倍率的循环流化床锅炉

循环倍率表明固体颗粒的循环量，是循环流化床锅炉的一个重要特性参数。一般将循环倍率大于 20 的称为高循环倍率循环流化床锅炉，将 6～20 的称为中循环倍率循环流化床锅炉。将 1～5 的称为低循环倍率循环流化床锅炉。Lurgi 型循环流化床锅炉与 Pyroflow 型循环流化床锅炉均属高循环倍率锅炉，Cirofluid 型循环流化床锅炉属中循环倍率锅炉，而图 8-47 所示的浙江大学与杭州锅炉厂研制的循环流化床锅炉，其循环倍率只有 2.5，因而是低循环倍率的循环流化床锅炉。

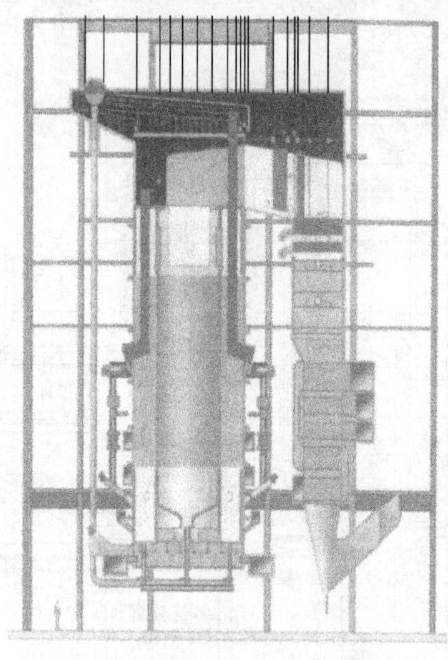

图 8-46 内置旋风分离器型循环流化床锅炉的结构

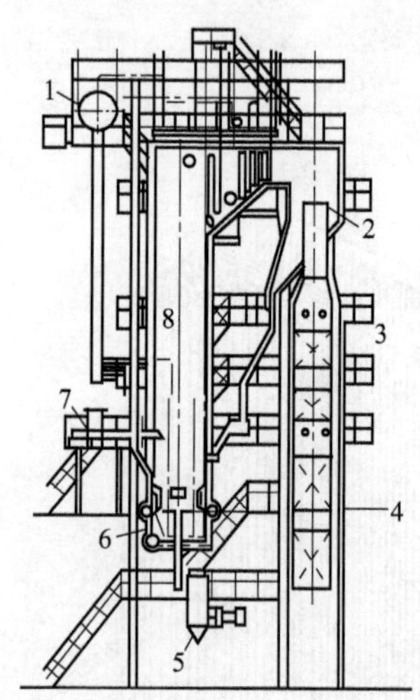

图 8-47 低循环倍率的循环流化床锅炉
1—锅筒；2—旋风分离器；3—省煤器；
4—空气预热器；5—冷渣器；6—风室；
7—螺旋给料机；8—燃烧室

这台锅炉燃用煤矸石等劣质燃料，为避免大量灰渣在燃烧室内循环，所以采用低循环倍率。这台锅炉燃烧室采用全膜式水冷壁，下部密相区采用耐火涂料使燃烧室截面缩小。为控制密相区床温，在密相区设置埋管受热面。

该锅炉采用下出灰、下出气的旋风分离器，布置在尾部烟道上方，使锅炉布置紧凑。分离器，进口烟温不高，为 450～600℃左右，因而分离器可用较薄的耐火材料。分离器分离出来的物料经回料管回入燃烧室。

锅炉蒸发量为 35t/h，蒸汽压力为 3.82MPa，蒸汽温度为 450℃，燃料粒度为 0～13mm，锅炉热效率为 84.07%，燃烧效率＞95%。在 Ca/S 值＜2.0 时，脱硫效率＞90%。烟气排放 NO_x ＜250mg/m^3，粉尘和 SO_2 达到环保要求。

21. 国产配 100MW 发电机组的循环流化床锅炉

图 8-48 所示为西安热工研究院和哈尔滨锅炉厂合作研制的配 100MW 发电机组的国产循环流化床锅炉的结构。这台锅炉安装在江西分宜电厂。其主要工作参数如下：蒸发量 410t/h，蒸汽压力 9.8MPa，蒸汽温度 540℃，锅炉效率 90.18%。

锅炉采用 H 形布置，4 个旋风分离器对称地布置在锅炉两侧。锅炉燃烧室高 35.71m，采用风帽型布风板。一次风量为总风量的 55%。燃烧室四周布置膜式水冷壁，管径为 ϕ60mm×5mm，节距 80mm。燃烧室上部直段截面积为 97.7m^2，下部布风板面积为 49.1m^2，流化速度为 4.93m/s。燃烧室两侧墙距布风板 6m 处开始收缩，形成锥段。锥段水冷壁有销钉并敷有耐磨耐火层。燃烧室温度为 920～950℃。

燃烧室上部设有屏式过热器（第二级）和水冷屏，其工质出口管均穿过燃烧室顶部。该区烟速为4.93m/s，以减轻受热面磨损。燃烧室两侧墙上部开烟窗以便烟气流入外置式旋风分离器。

旋内分离器为绝热型，内直径5.2m，内部砌有耐高温防磨隔热衬里。分离器下部与回料管及风控“U”形回料控制阀相连，使分离下来的物料回入燃烧室。

锅炉的第一级过热器和第三级过热器管子尺寸分别为ϕ38mm×5mm和ϕ38mm×4.5mm，均布置在尾部烟道。省煤器管径为ϕ32mm×5mm，也布置在尾部烟道。空气预热器为管式一级两流程卧式结构，管子尺寸为ϕ60mm×2.75mm。

冷渣器采用风水联合冷却方式，共4台冷渣器，原设计每台出力为6t/h，后来实际运行时，为了将排渣温度由350℃降为<150℃，在冷渣器中加装埋管，使每台出力提高到15t/h。

该锅炉燃用西茶煤，在Ca/S值=2.5时，SO_2=250～300mg/m^3，NO_x=150mg/m^3，可在30%额定负荷下不投油稳定运行。

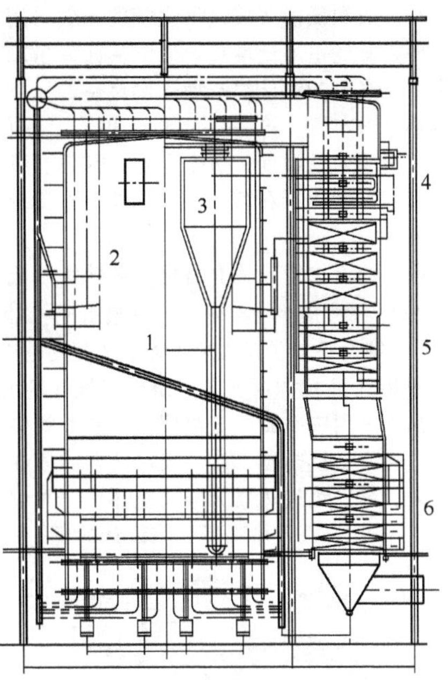

图8-48　国产配100MW发电机组的循环流化床锅炉的结构

1—燃烧室；2—屏式受热面；3—旋风分离器；4—过热器；5—省煤器；6—管式空气预热器

22. 国产配210MW发电机组的循环流化床锅炉

图8-49所示为西安热工研究院和哈尔滨锅炉厂合作研制的配210MW发电机组的国产循环流化床锅炉的结构。这台锅炉安装在江西分宜电厂，其主要工作参数如下：蒸发量670t/h，蒸汽压力13.73MPa/2.38MPa，蒸汽温度540℃/540℃，锅炉效率89.05%。

锅炉采用H形布置。4个绝热型旋风分离器分两组布置在燃烧室两侧。锅炉为单锅筒自然循环锅炉，燃用劣质烟煤，燃烧室温度为900℃。

燃烧室四周布置有水冷壁，管径为ϕ60mm×6.5mm。燃烧室上部直段为稀相区，下部锥段为密相区和过渡区。燃烧室内与后墙布置有屏式第二级过热器。燃烧室底部为风帽型水冷布风板。流化速度>5m/s。布风板面积为81.8m^2。

旋风分离器内直径为6.4m，其下部有立管与紧凑型分流回灰换热器相连，后者为西安热工研究院的专利技术。其结构示意可参见图8-50，共采用4个分流回灰换热器。

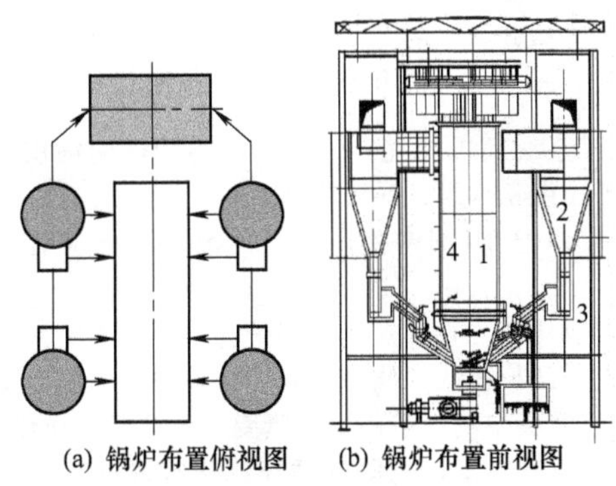

图8-49　国产配210MW发电机组的循环流化床锅炉的结构

1—燃烧室；2—旋风分离器；3—分流回灰换热器；4—屏式第二级过热器

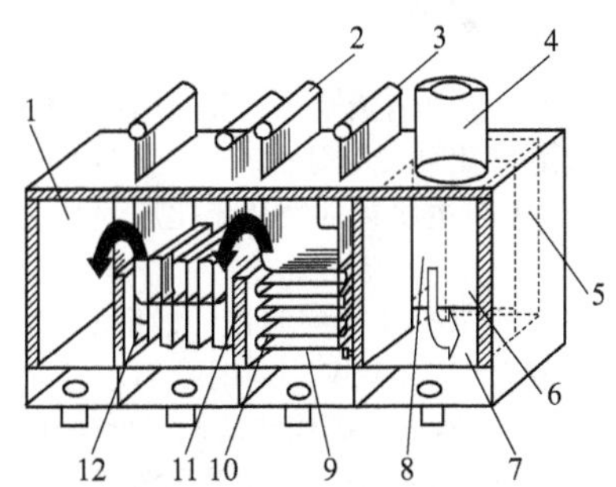

图8-50　分流回灰换热器结构示意

1—低温回料室；2—出口集箱；3—进口集箱；4—进灰管；5—灰分配室；6—回灰隔板；7—高温灰室；8—分流隔板；9—换热床；10—受热面；11—隔墙；12—低温换热床

分流回灰换热器将外置式换热器与回料阀合为一体，结构紧凑。分离器收集到的高温灰料经进灰管进入高温灰室后，通过回灰隔板下部开孔进入灰分配室。然后一部分灰经高温回灰管直接回入燃烧室，其他部分经分流隔板下部开孔进入高温换热床，再经低温换热床和低温回料室由低温回灰管回入燃烧室。

高温灰和低温灰回入燃烧室的比例采用气动调节。在其他风量不变时，如增加灰分配室的流化风，则高温灰回入燃烧室的量增加，低温灰回入量减小。此外，还可同时调节灰分配室的流化风和低温回料室的流化风来调节高温灰和低温灰回入燃烧室的比例，从而可实现循环流化床最佳工况的调节和控制。在 4 台分流回灰换热器内布置有第一级过热器和第二级再热器。在回灰换热器各仓室内壁均敷设耐磨保温材料以防磨损及保证安全的外壁温度；每个仓室下部设有排灰管以便发生事故时排出内部灰料。

第三级过热器和第一级再热器设在尾部烟道。过热器之间设有三级喷水减温器，再热器系统设有一级喷水减温器。

尾部烟道中还布置有省煤器和两级四流程管空气预热器（卧式布置）。设计时的 NO_x 排放量为 250mg/m^3，SO_2 排放值为 390mg/m^3。最低不投油稳燃负荷为 25%正常负荷。

23. 国内设计的配 300MW 及以上发电机组的循环流化床锅炉

图 8-51 所示为西安热工研究院设计的配 300MW 发电机组的 M 形亚临界压力循环流化床锅炉。

锅炉采用三个旋风分离器，布置在燃烧室和尾部烟道之间，分离器内直径为 8.5m。每个分离器下面设一个分流回灰换热器。第一级过热器布置在两个分流回灰换热器内。第二级再热器布置在另一台分流回灰换热器内。第二级过热器为屏式受热面，布置在燃烧室上部。第一级再热器和第三级过热器布置在尾部烟道。

图 8-52 为西安热工研究院设计的配 300MW 发电机组的 H 形循环流化床锅炉。

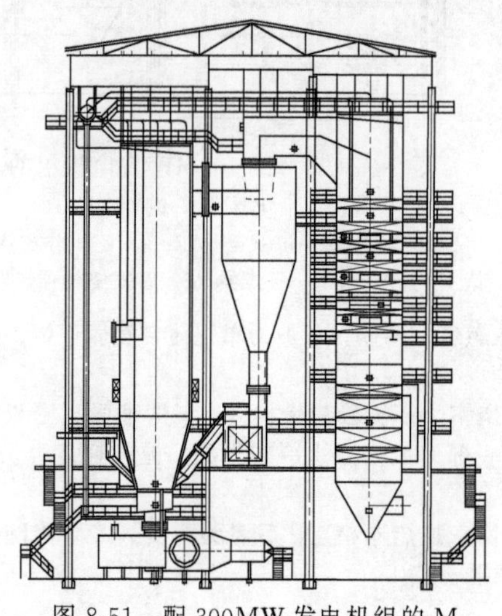

图 8-51　配 300MW 发电机组的 M 形循环流化床锅炉

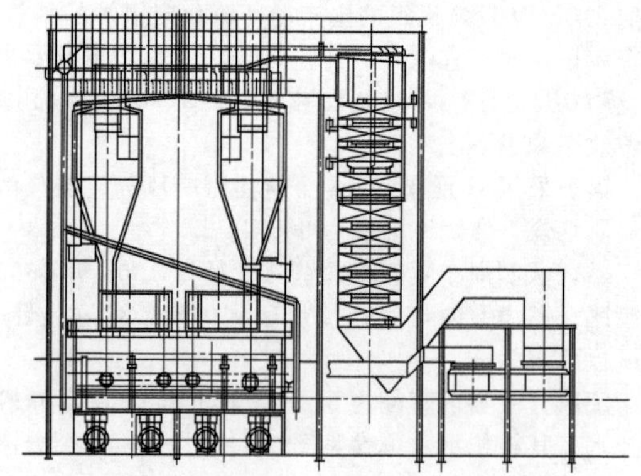

图 8-52　配 300MW 发电机组的 H 形循环流化床锅炉（侧视图）

这两种设计方案各有优点：M 形锅炉具有钢耗量小、给煤系统简单等优点，适于燃用烟煤的褐煤；H 形锅炉具有给煤及回灰均匀性好、分离性能较好等优点，适于燃用无烟煤、贫煤等难燃煤种。

配 300MW 发电机组的循环流化床锅炉的布置方式与图 8-50 配 210MW 发电机组的循环流化床锅炉的相似。

图 8-53 为西安热工研究院设计的配 600MW 发电机组的超临界压力循环流化床锅炉。

当容量增大到 600MW 一级时，循环流化床锅炉必然要采用 H 形布置。此时，锅炉需采用 6 个内直径为 8.5m 的旋风分离器分置燃烧室两侧。燃烧室采用一次上升垂直管圈结构。采用 4 个紧凑型分流回灰换热器。

大型循环流化床锅炉都采用放大设计方法。图 8-54 所示为西安热工研究院的循环流化床锅炉布置的放大过程示意。

在图 8-53 所示的锅炉燃烧室下部需采用“裤衩”管布置形式。

西安热工研究院设计的配 300MW 发电机组的 H 形循环流化床锅炉（见图 8-52）的主要设计参数如下：额定蒸发量 1025t/h，主蒸汽/再热汽压力 17.35MPa/3.64MPa，两者的温度 540℃/540℃。锅炉效率 90.6%，排烟温度 135℃。在 Ca/S 值＝2.2 时，脱硫效率为 90%。冷渣器排渣温度≤150℃。NO_x 排放量≤200mg/m^3。

24. 国产循环流化床热水锅炉

图 8-55 所示为一台额定热功率为 29MW 的循环流化床热水锅炉，其主要工作参数如下：出水压力 1.6MPa，出水温度 150℃，进水温度 90℃，燃用多灰煤，煤的灰分为 38.45%。

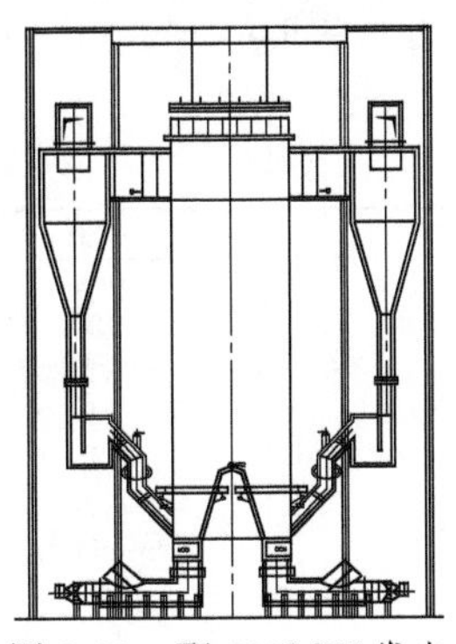

图 8-53　配 600MW 发电机组的超临界压力循环流化床锅炉

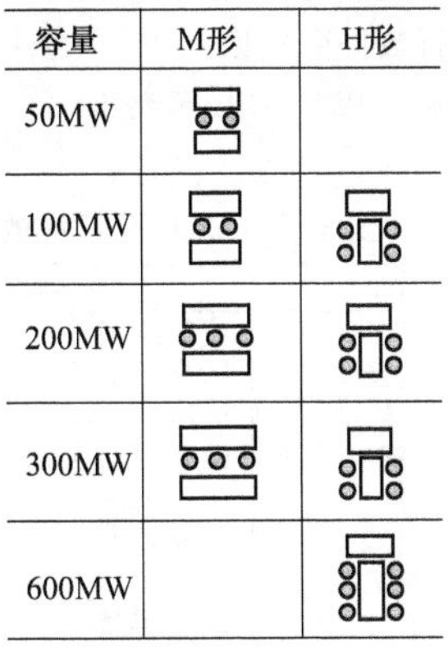

容量	M形	H形
50MW		
100MW		
200MW		
300MW		
600MW		

图 8-54　热工研究院设计的循环流化床锅炉放大过程示意

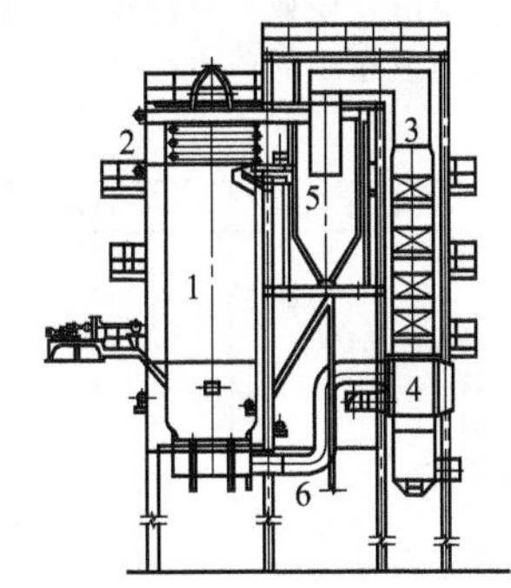

图 8-55　循环流化床热水锅炉

1—燃烧室；2—对流管束；3—省煤器；4—管式空气预热器；5—旋风分离器；6——次风道

该锅炉采用强制循环，锅炉燃烧室有水冷墙，燃烧室上方布置有对流排管，下部有埋管；尾部井布置有省煤器与管式空气预热器。

烟气经旋风分离器后，收集到的灰料由 L 形阀回料设备回入燃烧室。燃烧室密相区物料温度为 800～900℃，进入旋风分离器的烟温为 575℃，属于中温分离。

一次风量为总风量的 60%，自布风板下进入燃烧室。二次风在燃烧室悬浮区四角喷入以增强扰动强化燃烧。料层温度可通过调节给煤量、增加一次风量进行调节。

这台锅炉为低循环倍率锅炉，其循环倍率<5。

三、增压、流化床锅炉的蒸汽-燃气联合循环发电系统

根据燃烧室压力，鼓泡流化床锅炉可分为常压鼓泡流化床锅炉和增压鼓泡流化床锅炉两类。常压循环流化床锅炉运行时保持燃烧室顶部有 20～30Pa 的负压，此时，燃料是在常压或接近常压的空气中流化燃烧的，燃烧室断面热负荷为 0.7～2.1MW/m^2。而在增压流化床锅炉中，燃烧室压力可达 0.8～1.6MPa，在此压力下燃烧有利于燃烧过程和传热过程的强化，燃烧室断面热负荷可提高到约 10MW/m^2。因而增压流化床锅炉的燃烧室截面要比常压的小得多，占地面积也相应减少。

此外，采用增压流化床锅炉可进行蒸汽-燃气联合循环发电。其发电系统如图 8-56 所示。

由图 8-56 可见，增压流化床锅炉布置在一个压力容器内，目的是使包容在其中的锅炉燃烧室不易烟气泄漏和结构简化，此外，可使锅炉结构中的高压高温部件能在较低压差下工作。

图中，给水经除氧器由给水泵压入省煤器、燃烧室水冷壁受热面及过热器后送入蒸汽轮机高压缸膨胀做功，带动汽轮发电机组发电，其中在中压级将再热蒸汽送入锅炉再热器吸热，升温到再热蒸汽出口汽温度时回入蒸汽轮机做功发电。燃料在锅炉燃烧室中燃烧后进入旋风分离器，使烟气及所夹带的固体物料分离，物料经排灰管排出，烟气由于压力较高，可输入燃气轮机做功发电。燃气轮机排出的烟气进入省煤器烟道加热给水后排出。燃气轮机在发电同时带动一台压气机，产生压缩空气供压力壳体中空气增压之用。

蒸汽轮机的排汽则进入冷凝器。经冷却的凝结水经加热器后进入除氧器除氧。

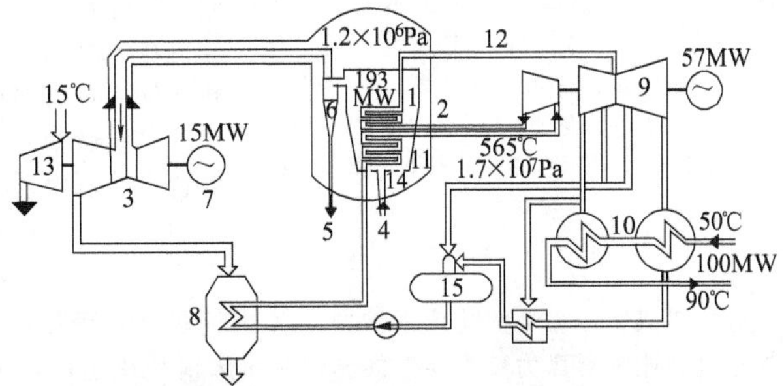

图 8-56　增压流化床锅炉的蒸汽-燃气联合循环发电系统（P-200 型系统）

1—燃烧室；2—压力壳体；3—燃气轮机；4—给煤；5—排灰；6—旋风分离器；7—发电机；8—省煤器；9—蒸汽轮机；10—冷凝器；11—过热汽管；12—再热汽管；13—压气机；14—增压流化床锅炉；15—除氧器

这一蒸汽-燃气联合循环发电系统首先由瑞典ABB Carbon公司开发，称为P-200型增压流化床锅炉发电系统。

P-200型在西班牙Escatron电厂的运行数据可参见表8-1。这种增压鼓泡流化床燃煤蒸汽-燃气联合循环系统的电厂发电效率要比相同参数的常规蒸汽电厂发电效率高3%～5%，其发电效率可达39%～41%（亚临界压力或超临界压力）。

表8-1　Escatron电厂P-200型系统的运行数据

参数名称	单位	数值	参数名称	单位	数值
输出功率	MW	79	流化速度	m/s	0.9
煤种		褐煤	床高	m	3.5
含硫量	%	7	床压	bar①	12
含灰量	%	36	给煤量	kg/s	18
脱硫剂		石灰石	脱硫剂量	kg/s	7
脱硫方式		干式	脱硫效率	%	>90
给煤点		16	蒸汽流量	kg/s	60
旋风分离器		9×2	SO_x 排量	mg/MJ	<50
蒸汽压力	bar①	95	Ca/S值		1.8
蒸汽温度	℃	510	NO_x 排量	mg/MJ	150
过量空气分数	%	15	燃烧效率	%	99

① $1bar=10^5Pa$。

自1990年Escatron电厂采用的P-200型系统投运以来，这种技术在国际上已商业化。据不完全统计，全球在瑞典、西班牙、美国和德国等国家已有8家电厂采用这种联合循环发电系统，主蒸汽运行压力自高压直到超临界压力，最大容量为360MW。

四、常压循环流化床锅炉的蒸汽-燃气联合循环发电系统

由于常压循环流化床锅炉技术的成熟以及比常压鼓泡流化床锅炉在效率、大型化、环保指数和负荷调节等方面的优点，因而在应用常压燃煤流化床锅炉进行蒸汽-燃气联合循环发电时，都选用常压循环流化床锅炉。

图8-57所示为燃煤常压循环流化床锅炉型蒸汽-燃气联合循环发电系统示意。这种联合循环也称前置循环或空气气化循环。

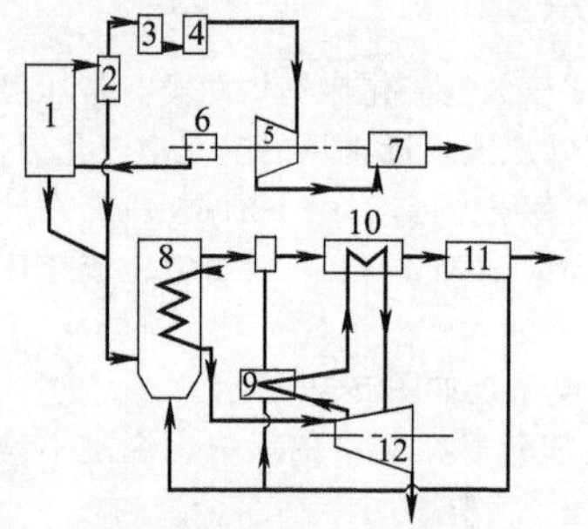

图8-57　燃煤常压循环流化床锅炉型蒸汽-燃气联合循环发电系统示意

1—增压气化炉；2—旋风分离器；3—煤气冷却器；4—煤气净化器；5—燃气轮机；6—压气机；7—余热锅炉；8—常压循环流化床锅炉；9—外置式换热器；10—再热器；11—空气预热器；12—蒸汽轮机

图中，煤先在鼓风增压气化炉中部分气化。气化炉工作温度为1000℃。用于脱硫的石灰石与煤同时加入气化炉以便脱硫。粗煤气自气化炉逸出后先在旋风分离器中除尘，再在煤气冷却器中降温到400～600℃。此后，流入陶瓷棒煤气净化器中进一步除去细颗粒，并使煤气中所含的挥发性碱金属凝结脱除，形成清洁煤气。气化炉中的增压空气来自压气机。由气化炉底部排出的半焦和自旋风分离器和煤气净化器中排出的颗粒均送入常压循环流化床锅炉燃烧，并加热锅炉受热面中的给水使之产生合格蒸汽。

该系统中的清洁煤气输入燃气轮机燃烧室燃烧，生成的高温烟气先在燃气轮机中做功并带动压力机和发电机发电。燃气轮机排出的烟气送入余热锅炉中加热加水和在空气预热器中加热空气后自烟囱排出。循环流化床锅炉产生的蒸汽则送入汽轮发电机组做功并发电。蒸汽轮机引出的再热蒸汽在送入布置在外置换热器内及布置在锅炉尾部烟道中的再热器受热面再热后又回入蒸汽轮机做功。蒸汽轮机的排汽则在凝结器凝结成凝结水，再经加热、除氧后回入锅炉给水系统。

这种燃煤常压循环流化床锅炉型蒸汽-燃气联合循环发电系统，如采用先进的进口工质温度为1260℃的燃气轮机和亚临界压力蒸汽参数的循环流化床锅炉机组，其供电效率约为47%。如采用更为先进的燃气轮机和超临界压力参数的蒸汽发电循环，则供电效率可达到50%以上。

五、增压循环流化床锅炉的蒸汽-燃气联合循环发电系统

常压循环流化床锅炉中，燃料是在处于常压或接近于常压的炉膛中进行燃烧的，而在增压循环流化床锅炉中，燃料是在炉膛压力为0.8～1.6MPa的条件下燃烧的。由于传热系数是与烟气密度近似成正比的，如炉膛压力增加10倍，锅炉换热面积可减小为原来1/8。因此，增压循环流化床锅炉的体积要比常压的小得

多。此外，增压也有利于强化燃烧过程，可提高燃烧效率。

因此，开发研制增压锅炉型蒸汽-燃气联合循环发电系统是国际上解决高效洁净利用煤炭发电技术的研究热点。其中，研制该系统中最为关键的部件——燃煤增压流化床锅炉尤为研究重点。

由于增压循环流化床锅炉比常压循环流化床锅炉和增压鼓泡流化床锅炉所具有的下列一系列优点，蒸汽-燃气联合循环必然向燃煤增压循环流化床锅炉型蒸汽-燃气联合循环方向发展。首先，常压循环流化床锅炉的炉膛截面热强度一般为3MW/m^2，增压鼓泡流化床锅炉的为10MW/m^2（炉膛压力为1.5MPa），而增压循环流化床锅炉的可达40MW/m^2（炉膛压力为1.5MPa）。在相同容量下，增压循环流化床锅炉因炉膛截面热强度大，其炉膛截面积以及包容锅炉的压力容器尺寸均要比增压鼓泡流化床锅炉的小。由于占地面积小，更便于向大型化发展。在环保方面，增压鼓泡流化床锅炉的NO_x排放值为140～280mg/m^3，Ca/S值为2时的脱硫效率为95%。而增压循环流化床锅炉的NO_x排放值为70mg/m^3，Ca/S值为2时的脱硫效率为95%。因此，增压循环流化床锅炉具有更好的环保性能，特别在部分负荷运行时。此外，在变负荷性能、燃烧效率、维护检修等方面，增压循环流化床锅炉也均优于增压鼓泡流化床锅炉。

国外对增压循环流化床锅炉型蒸汽-燃气联合循环的开发工作始于20世纪80年代的中后期。Ahlstrom公司在其1989年建成的增压循环流化床实验台的试验基础上，开发了容量为80MW的增压循环流化床蒸汽-燃气联合循环发电系统。随后，日本的Pyropower公司等完成了容量为350MW的这种发电系统的设计。该设计中，蒸汽参数为16.9MPa，566℃/566℃，锅炉炉膛压力为1.2MPa。在该设计中，由于循环流化床锅炉炉膛温度不能高于900℃，因而燃气轮机进口烟温只有870℃，其循环供电效率为41%左右。为了提高燃气轮机进口烟气温度以便增加循环供电效率，在其新一代设计中增加了气化炉和前置燃烧室装置，其发电系统示意如图8-58所示。

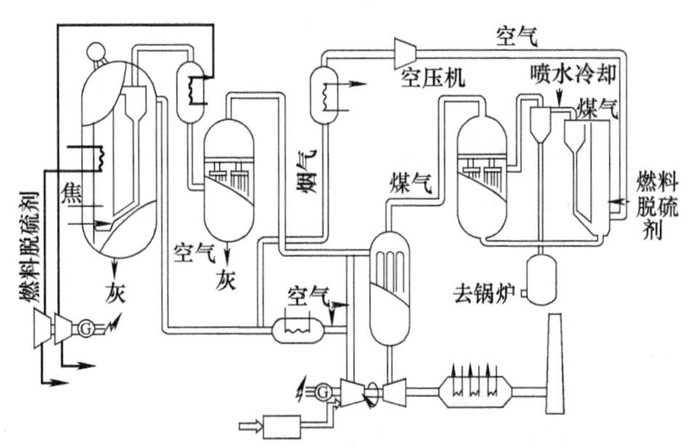

图8-58 Ahlstrom公司的燃煤增压循环流化床锅炉型蒸汽-燃气联合循环发电系统示意

由图8-58可见，压气机输出的高压空气一部分送到内置循环流化床锅炉的压力容器中，使锅炉炉膛增压；另一部分输入增压循环流化床气化炉中，使加入炉中的燃料和脱硫剂进行部分燃烧、气化并脱硫。气化炉生成的粗煤气经旋风分离器和过滤器除尘后送入顶置燃烧室，和输入的压缩空气混合燃烧（补燃），使同时进入燃烧室的、由锅炉排出的烟气温度提高到能与先进燃气轮机相匹配的程度（1200～1300℃），这样可以增加燃气轮机的发电比例及发电效率。此后，这一补燃增温后的高温烟气输入燃气轮机做功并带动发电机发电，再由燃气轮机排出，经余热回收后由烟囱排出。气化炉排出的半焦和旋风分离器、过滤器排出的颗粒经输焦系统输入循环流化床锅炉燃烧，生成的烟气经旋风分离器和加热对流受热面中的工质一起后流往烟气过滤器除尘。除尘后的清洁烟气在顶置燃烧器增温后输入燃气轮机做功发电。这一新的增压循环流化床锅炉型联合循环发电系统可将供电效率由41%提高到47%，已由Ahlstrom公司完成了容量为150MW的发电系统设计。此系统中的增压循环流化床锅炉的特点为无外置式换热器。增压气化炉采用增压循环流化床形式。

图8-59所示为Foster Wheeler公司开发的新一代增压循环流化床锅炉型蒸汽-燃气联合循环发电系统示意。这一方案也采用了气化炉和补燃技术，其特点为循环流化床锅炉具有外置式换热器，且过热器和再热器均布置在其内。其增压气化炉采用增压喷流鼓泡床形式。此外，锅炉炉膛采用高过量空气系数运行，顶置燃烧室中不需另加清洁空气。

在这一发电系统中，增压循环流化床锅炉的炉膛压力为1.6MPa，压缩空气进入温度为300℃，以便冷却压力容器的壳体。炉膛温度为870℃。

上述两种发电系统的供电效率在燃气轮机进气温度大于1300℃及蒸汽参数采用超临界压力，二次中间再热时均可超过50%。

LLB公司在1991年起也建立了增压循环流化床锅炉实验台并进行了大量试验工作。现已设计了容量为80MW的增压循环流化床锅炉型蒸汽-燃气联合循环发电系统。其设计表明，将炉膛、旋风分离器和尾部对流烟道分别安装在三个压力容器中要比安装在一个压力容器中好，前者使压力容器空间利用率大为提高、可减少投资、提高制造质量和缩短制造周期。此外，该公司进行的大量试验工作也证明了增压循环流化床锅炉

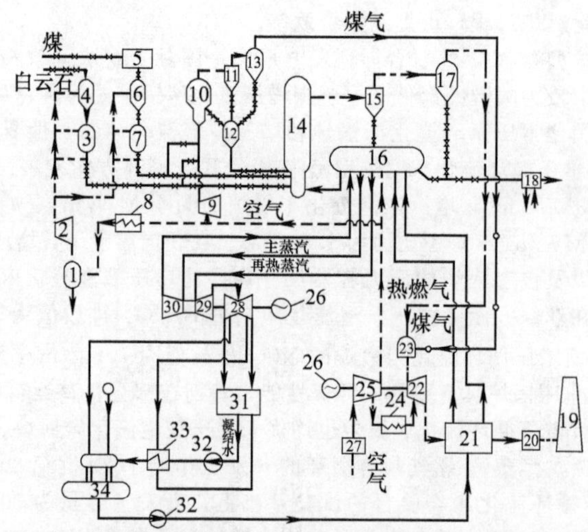

图 8-59 Foster Wheeler 公司的增压循环流化床锅炉型蒸汽-燃气联合循环发电系统示意

1—干燥器；2,25—压气机；3—石灰石一次喷射器；4—石灰石仓喷射器；5—煤处理设备；6—储煤仓喷射器；7—煤的一次喷射器；8—空气冷却器；9—空气增压器；10—部分气化炉；11—旋风分离器；12—锁气器；13—陶瓷过滤器；14—循环流化床锅炉炉膛；15—旋风分离器；16—外置式换热器；17—陶瓷过滤器；18—灰冷却器；19—烟囱；20—袋式除尘器；21—余热锅炉；22—燃气轮机；23—顶置燃烧室；24—空气冷却器；26—发电机；27—空气滤清器；28—低压汽轮机；29—中压汽轮机；30—高压汽轮机；31—凝结器；32—水泵；33—给水加热器；34—除氧器

在效率、环保、负荷调节等方面均优于增压鼓泡流化床锅炉。

六、布风装置的结构

布风装置的结构和尺寸的合理性与流化床内物料的流化质量密切相关，因而会显著影响锅炉的燃烧以及锅炉的安全性和经济性。

1. 布风装置的作用

布风装置的作用主要如下：①支撑床料；②使空气均匀地分布在整个燃烧室的横截面上，并使床料和物料均匀地流化。

2. 布风装置的结构

布风装置的结构主要有两种，即风帽形布风装置和密孔板形布风装置。

图 8-60 所示为风帽形布风装置的结构。由图可见，风帽形布风装置由风帽、布风板（花板）、风室和保护层构成。

应用较广的风帽结构为蘑菇形和圆柱形，其结构形式示于图 8-61。蘑菇形风帽阻力较大，但气流分布均匀。小孔一般开在帽头上。如开在圆柱上，易造成粒径较大的杂物卡在帽檐底下，造成小孔堵塞。

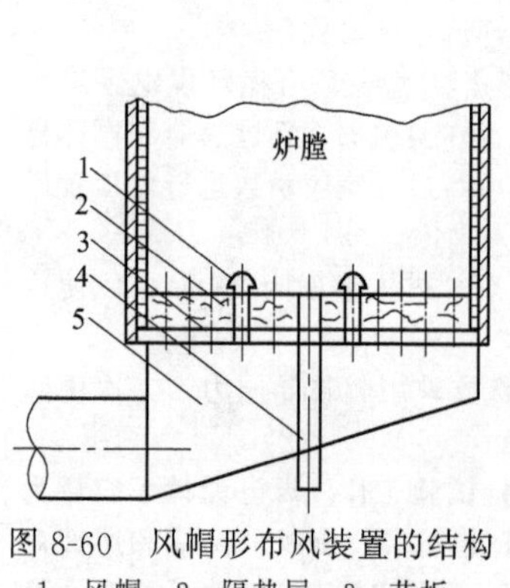

图 8-60 风帽形布风装置的结构

1—风帽；2—隔热层；3—花板；4—冷渣管；5—风室

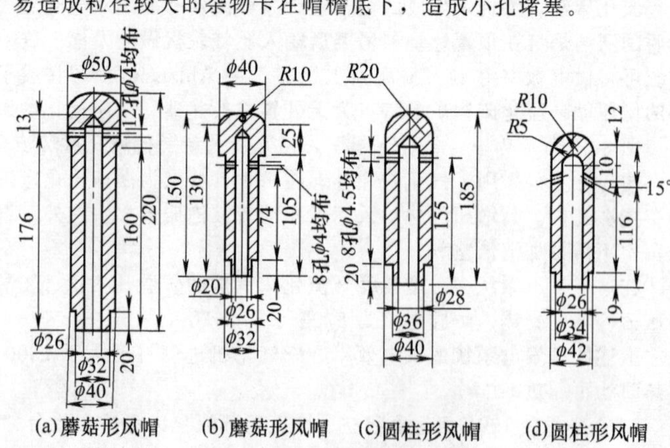

图 8-61 常用风帽结构

圆柱形风帽阻力较小，易制造，但气流分配性略差。小孔直径一般为4～6mm，其中心线可以水平也可向下倾斜15°，以利于积存在小孔面的粗颗粒的流动。每一风帽开孔6～12个，可作单排或双排均匀布置。

风帽材料可用耐热铸铁RQTSi5.5、RTSi5.5或耐热不锈钢（耐温要求高时）。

此外，还有四种风帽在循环流化床锅炉中得到应用：图8-62所示为定向风帽（装在水冷布风板上）。图8-63所示为钟罩形风帽和T形风帽；图8-64所示为猪尾形风帽。

图8-62中所示的定向风帽的作用为定向吹动，将大渣粒排向排渣口，此外，还可增加床底的扰动。主要用于燃烧室内的布风板，其出风口安装必须到位，否则易造成其他风帽的严重磨损。

图8-63所示的钟罩形风帽可有效防止灰渣堵塞风帽小孔；T形风帽出口气流向下，有利于防止风帽间沉积较大渣粒。

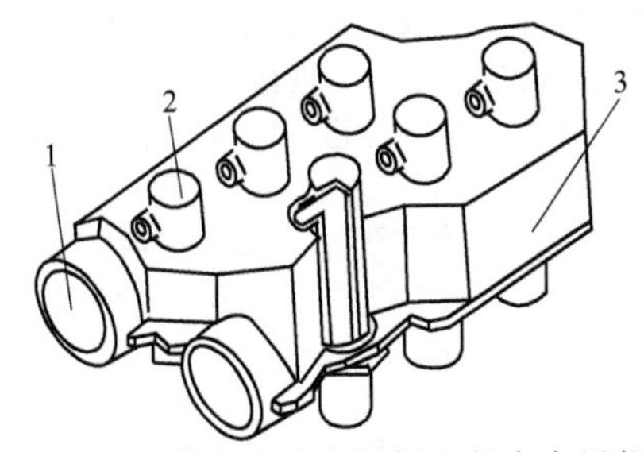

图8-62 装在水冷布风板上的定向风帽

1—水冷管；2—定向风帽；3—隔热层

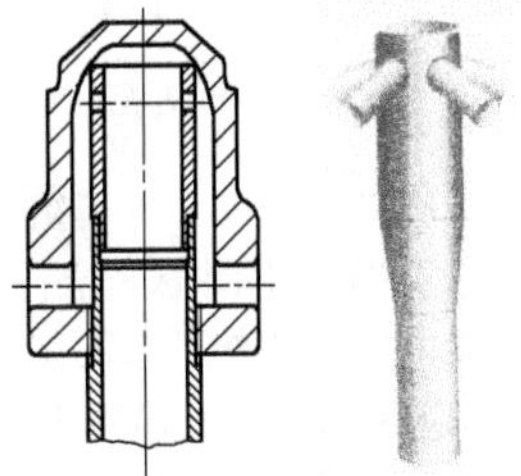

图8-63 钟罩形和T形风帽

图8-64所示为Pyropower公司开发的猪尾形风帽。其特点为风帽出风小孔与隔热耐火层齐平，不像其他风帽都要高出耐火层一定距离，容易引起在高温床料中的烧损，此外，可防止床料颗粒落入风室。

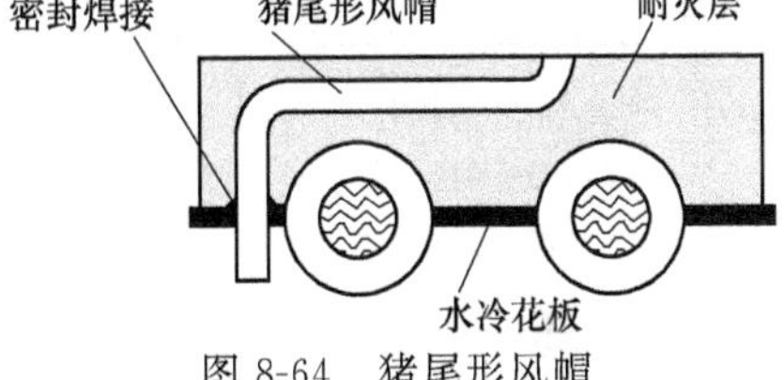

图8-64 猪尾形风帽

风帽小孔喷出口空气速度称为小孔风速。小孔风速大，有利于床层流化、扰动和换热；但阻力大，风机耗电多。一般对粒度为0～10mm的燃煤，小孔风速取35～40m/s；粒度为0～8mm的燃煤，小孔风速取30～35m/s。密度大的煤种取高值，密度小的煤种取低值。

在小孔风速选定后，可按下式算出风帽小孔总面积$\sum f$。

$$\sum f=\frac{\alpha_L B_j V^0}{3600 v_{0r}}\times\frac{273+t_0}{273} \tag{8-1}$$

式中 α_L——流体床中过量空气系数；

B_j——计算燃料量，kg/s；

V^0——标准状态下的理论空气量，m^3/kg；

t_0——进风温度，℃；

v_{0r}——小孔风速，m/s。

每个风帽的小孔数m可按下式算得：

$$m=\frac{4\sum f}{n\pi d_{0r}^2} \tag{8-2}$$

式中 n——风帽个数；

d_{0r}——小孔直径，m。

每个风帽小孔数应取偶数。式（8-1）和式（8-2）可反复计算，以使所有参数均在合理范围之内。由于流化床四周壁面的摩擦力、冷渣管要占据布风面积以及进煤口的燃料浓度较高等因素影响配风，故为了配风均匀，在这些部位的风帽小孔直径可取得稍大，以使其流化风量相对增加20%左右，所以在实际设计中常采用变开孔率布风板。

确定风帽小孔直径和孔数也可采用开孔率的概念进行设计。开孔率为各风帽小孔总面积$\sum f$与布风板面积之比。对鼓泡流化床，开孔率一般为2%～3%。床料密度大，煤粒粗可取上限值，反之则取下限。对于循环流化床，由于流化风速高，开孔率可设计得较高。

布风板（花板）的作用是初步分配气流并支撑风帽和耐火隔热保护层。其形状依燃烧室形状而定。为了便于固定，在燃烧室截面四周的布风板尺寸应多留50～100mm。布风板的开孔，即风帽的位置，一般为等边三角形排列。开孔中心距一般为风帽直径的1.5～1.75倍。布风板上，为了能排除大颗粒杂物，应开设冷渣管。如容量为75t/h的循环流化床锅炉的流化床布风板一般有3个冷渣管，图8-65所示为一种矩形布风板

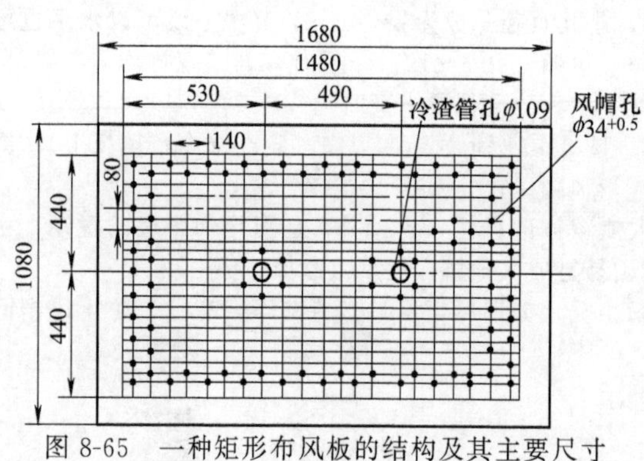

图 8-65 一种矩形布风板的结构及其主要尺寸

的结构及其主要尺寸。

大型循环流化床锅炉采用热风点火并要求启动停炉时间短，变负荷快。为了适应这些要求，常采用水冷布风板（见图 8-63)。水冷管由水冷壁管的一部分弯曲延伸构成。水冷管之间焊上的鳍片即形成布风板，可参见图 8-68。水冷布风板上的风帽呈顺列布置，风帽间节距要大于传统鼓泡床布风板的风帽节距。其上的风帽可以为定向风帽或猪尾形风帽等。为了避免运行过程中产生汽水分层现象，水冷布风板应与水平方向有一个<15°的夹角，有的锅炉将此夹角选为 4°。

布风板的阻力较大，则床的布风较均匀，但风机电耗也较大。要保持稳定的流化状态，布风板阻力需为整个床层阻力（即布风板阻力与料层阻力之和）的 25%～30%。

布风板上应有耐火隔热保护层，以免布风板受热挠曲变形。图 8-66 示有耐火隔热保护层在布风板上的设置。

布风装置中风室的作用为连接风道和燃烧室，对其要求为均流与稳压，图 8-67 示有常见的四种风室形式。图 8-67（a)～(c) 三种风速的均流和稳压效果均不够理想，一般在容量很小的锅炉上用。较常用的为等压风室，其主要结构尺寸可见表 8-2。

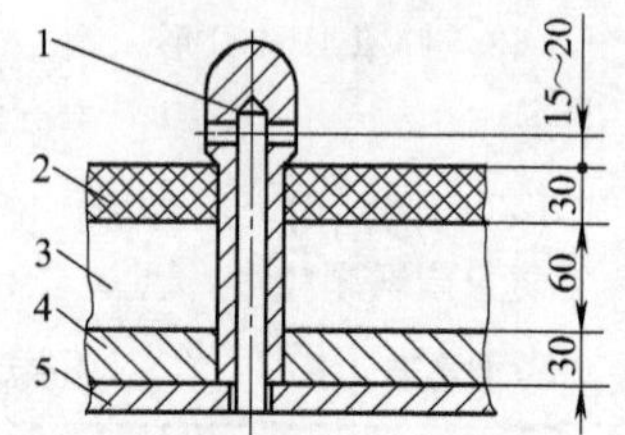

图 8-66 耐火隔热保护层在布风板上的设置

1—风帽；2—耐火层；3—隔热层；4—密封层；5—布风板

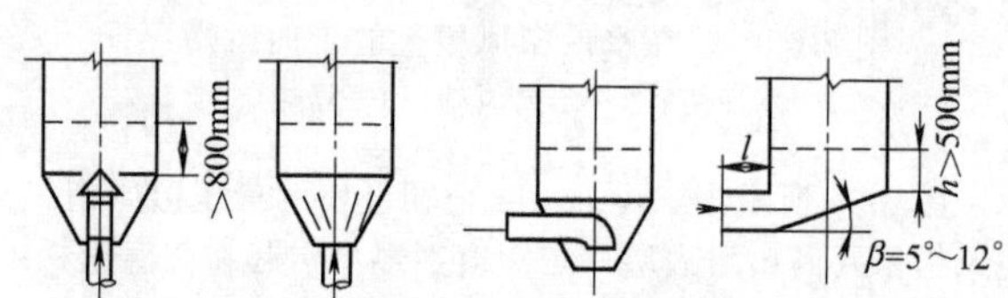

图 8-67 常见风室结构示意

表 8-2 等压风室主要结构尺寸

名　称	数　值	名　称	数　值
稳压段高度 h/mm	>500	风室底边倾角 β/(°)	5～20(一般为 8～12)
风室进口直段 l/mm	>(1～3)D,D 为进风管当量直径	风室内平均流速/(m/s)	1～2
风室进口风速/(m/s)	<10,一般在 5 左右	风室中上升气速/(m/s)	<1.5

中、大型循环流化床锅炉，为满足启动时高温烟气冲刷的要求，一般采用水冷布风板和水冷风室（见图 8-68)。在采用床下风道燃烧器点火时，水冷风室内壁与水冷布风板下面的需敷设耐火保护层。

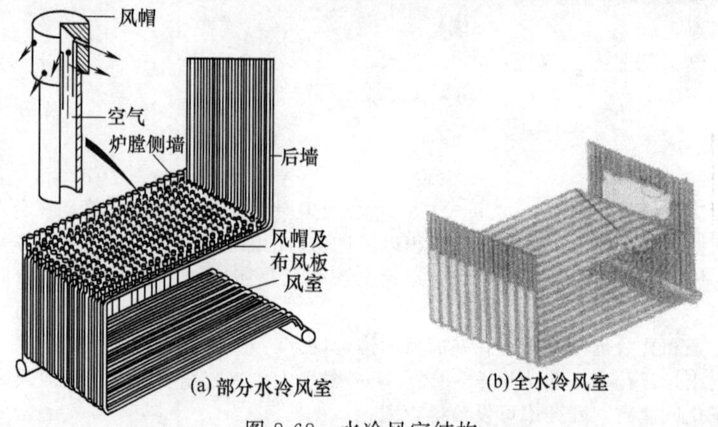

图 8-68 水冷风室结构

由图 8-68（a）可见，水冷风室及布风板均由后墙膜或水冷壁延伸弯制而成，两侧为侧水冷壁的一部分。等压风室进风端无膜式水冷壁，这一结构常用于采用床上启动燃烧器点火的中型循环流化床锅炉。

图 8-68（b）为国产配 135MW 机组的循环流化床锅炉采用的全水冷风室结构。水冷管直径为 60mm，风室

前部及底部由前水冷壁管拉稀后加焊扁钢组成，两侧为侧墙膜式水冷壁延伸形成。水冷布风板由管径为 88.5mm 的内螺纹管加扁钢焊接而成。这种风室结构较复杂，用于采用风道燃烧器点火的大型循环流化床锅炉。

风道用以连接风机与风室。风道中风速高，则阻力大、耗电多；风速小，则风通当量直径大，使风道尺寸大且耗材料多。对金属风道，设计时的经济风速为 10～15m/s。

布风装置的另一种形式为密孔板型布风装置。密孔板形布风装置源自链条炉排的布风设备。其中的密孔板即为一个厚 15～30mm 的固定炉排，板上开有密集的小直孔或上小下大的锥形小孔。小孔成等边三角形排列，孔径通常为 ϕ3mm/ϕ6mm、ϕ4mm/ϕ8mm、ϕ5mm/ϕ10mm。小孔风速为 15～20m/s，开孔率为 10%～15%。布风板一般为狭长形，长宽比为 3～10。其阻力只有风帽形的 $\frac{1}{4}\sim\frac{1}{2}$，为 300～800Pa，因而所需风机压头低，耗电少。但其布风均匀性和流化质量较差，因而有时在鼓泡式流化床锅炉中采用，其应用不如风帽型广。图 8-69 所示为一台鼓泡流化床锅炉中应用的密孔板形布风装置的结构。

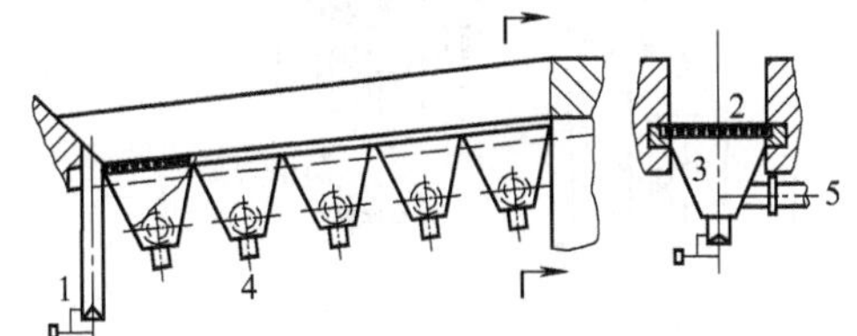

图 8-69 鼓泡流化床锅炉中密孔板形布风装置的结构

1—冷灰管；2—密孔板；3—风室；4—放灰管与防爆门；5—进风管

由图 8-69 可见，为使冷灰排放顺利，密孔板略向冷灰口方向倾斜 4°左右。为使布风均匀，将风室分隔成多个，每个风室有单独的进风管和调风门。

七、分离装置

分离装置用以对循环流化床锅炉烟气中夹带的固体颗粒进行气-固分离。

循环流化床锅炉的分离装置主要有两类，即旋风分离器和惯性分离器，也可以将这两类结合形成多级组合分离装置。旋风分离器利用旋转气流对颗粒产生的离心力使其从气流中分离出来；惯性分离器依靠气流方向突然改变时，颗粒由于惯性作用仍按原方向运动撞击到某些挡板而被分离收集下来。

1. 旋风分离器的分类

(1) 按进风方式分类 可分为蜗壳切向进风式、螺旋切向进风式、狭缝切向进风式和轴向进风式。

(2) 按布置方式分类 可分为立式布置和卧式布置。

(3) 按排气方式分类 可分为上排气式和下排气式。

(4) 按简体材料分类 可分为有耐火材料的绝热式、水冷式和汽冷式。

(5) 按进口烟气温度分类 可分为高温旋风分离器、中温旋风分离器和低温旋风分离器。

(6) 按简体横截面形状分类 可分为圆形的和矩形的。

2. 旋风分离器的结构

图 8-70 所示为立式旋风分离器的多种进风结构。图 8-71 所示为卧式旋风分离器的多种进风结构。

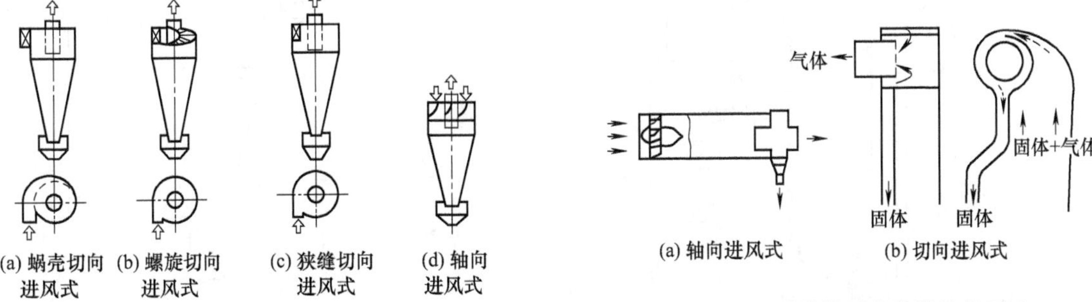

图 8-70 立式旋风分离器结构示意

图 8-71 卧式旋风分离器结构示意

图 8-72 所示为有耐火材料的绝热式旋风分离器的筒壁结构。图 8-72（a）为砖砌结构，图 8-72（b）为浇灌结构。这种旋风分离器筒体由钢制外壳和内设绝热耐火和防磨材料层构成。这是当前应用较多的旋风分离器结构形式，具有技术成熟、造价较低等特点。其缺点为旋风分离器体积较大，其内衬可厚达 400mm，锅炉启停时间长、占地多，较易发生在其内部燃烧和结焦的现象。

具有水冷筒壁的水冷式旋风分离器的外壁由膜式水冷壁构成，在膜式水冷壁表面上衬以 25～50mm 厚的耐火防磨材料。分离器最外层为金属外壳，在金属外壳与水冷壁之间衬有 50～100mm 厚的隔热材料。

汽冷式旋风分离器的结构与水冷式类似，但管内冷却工质为蒸汽。图 8-73 所示为一种汽冷式旋风分离器的结构。由图可见，旋风分离器的外壁由膜式过热器管构成。分离器顶部和底部均有环形集箱与过热器管连接，用作汽冷管的过热器管子在分离器顶部向内弯曲以便与烟气出口管形成密封结构。汽冷管在分离器底部采用向外弯曲的轴管结构，以免与相邻管子重叠。冷却工质在分离器冷却管中自下向上流过分离器。

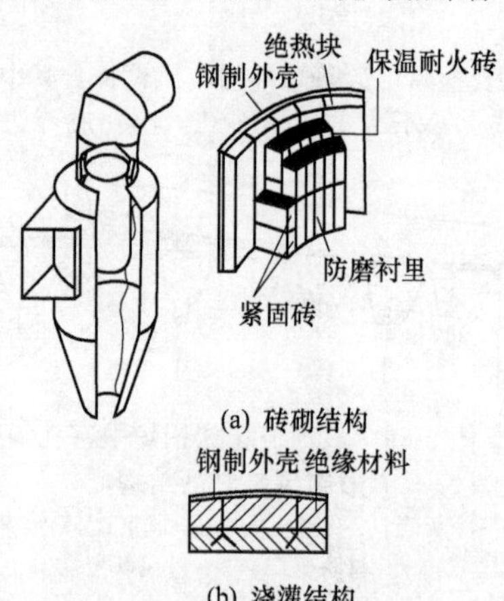

图 8-72 高温绝热式旋风分离器的筒壁结构

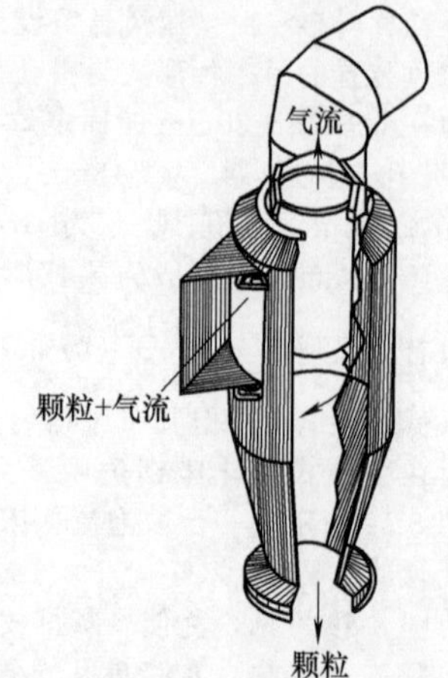

图 8-73 汽冷式旋风分离器的结构

汽冷式或水冷式旋风分离器的优点为耐火防磨内衬薄，能减少锅炉启停时间，减少耐火材料用量，并降低维护费用。此外，可减少分离器质量和尺寸，可降低分离器外表面温度，使散热损失减小。其缺点为制造工艺较复杂，因而制造成本较高。

以上论及的均为圆截面旋风分离器。矩形截面旋风分离器主要用于紧凑型循环流化床锅炉，其结构和布置可参见图 8-30。

常用的旋风分离器，其排气方式一般采用上排气形式。在一定的锅炉整体布置方式下，例如当锅炉作“倒 U”形布置时，采用布置在锅炉尾部、井上部的下排气式旋风分离器就可使锅炉结构紧凑，占地减少。

图 8-74 所示为华中理工大学与武昌锅炉容器厂研制的下排气循环流化床锅炉中的下排气式旋风分离器的布置示意。在这种布置中，水平烟道中布置有过热器，使烟温降到 600℃及以下，以便减小分离器尺寸，使其可以布置在尾部烟道上部。此外，过热器中烟速应较低（5～6m/s），并采用防磨措施。这种旋风分离器较适用于中、低循环倍率的循环流化床锅炉。

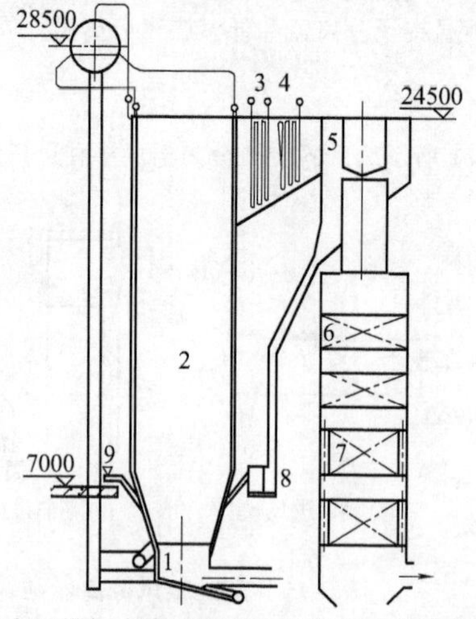

图 8-74 具有下排气式旋风分离器的循环流化床锅炉布置示意

1—布风装置；2—燃烧室；3—高温过热器；4—低温过热器；5—下排气式旋风分离器；6—省煤器；7—空气预热器；8—流化送灰器；9—给煤装置

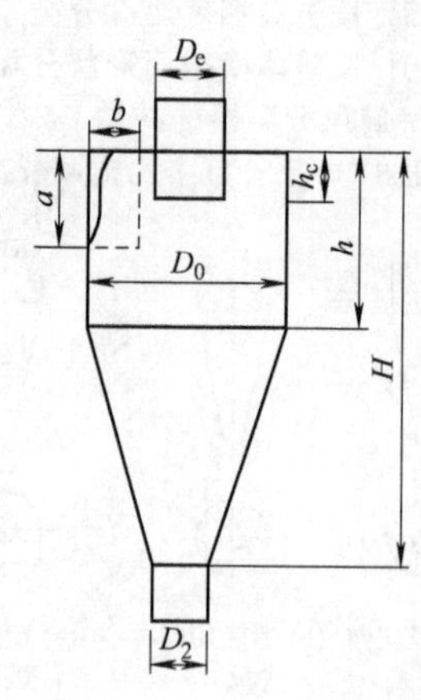

图 8-75 旋风分离器结构尺寸示意

3. 旋风分离器的设计注意点

旋风分离器通常按几何比例进行设计，几何比例相同，分离器可保持相近的性能。图 8-75 为一台狭缝切向进风式高温旋风分离器的结构尺寸示意。

表 8-3 列有高温旋风分离器的典型设计参数。

表 8-3 高温旋风分离器的典型设计参数

设计参数	数值范围	设计参数	数值范围
入口浓度 $c/(\mathrm{kg/m^3})$	0.5～20	d_{50}(50%效率)/μm	约 35
粒径 d_p/μm	<1～1000	压降 Δp/Pa	1000～2000
气体流量 $Q/(\mathrm{m^3/h})$	<250000		

表 8-4 列出的为 Basu 给出的 4 台循环流化床锅炉所用高温旋风分离器的比例尺寸。

表 8-4 4 台循环流化床锅炉的旋风分离器比例尺寸

锅炉序号	$\frac{a}{D_0}$	$\frac{b}{D_0}$	$\frac{D_e}{D_0}$	$\frac{h_c}{D_0}$	$\frac{h}{D_0}$	$\frac{H}{D_0}$	$\frac{D_2}{D_0}$	半锥角/(°)	D_0/m
1	0.75	0.725	0.47	0.6	1.75	3.9	0.146	11.6	5.46
2	0.83	0.33	0.45	0.626	1.08	1.8	0.52	18.7	7.7
3	0.81					2.79			4.3
4	1.84				1.01	2.37			5.9

表 8-5 所示为部分循环流化床锅炉的高温旋风分离器的主要尺寸及特性参数。

表 8-5 部分循环流化床锅炉旋风分离器的主要尺寸及特性参数

锅炉序号	热功率/MW	分离器个数	筒体直径/m	850℃时每个分离器的气流量/$(10^6\mathrm{m^3/h})$	入口气速①/(m/s)
1	67	2	3	0.175	43
2	75	2	4.1	0.19	25
3	109	2	3.9	0.285	41
4	124	2	4.1	0.325	43
5	124	1	7.2	0.54	23
6	207	2	7.0	0.55	25
7	211	2	6.7	0.55	27
8	230	2	6.8	0.6	29
9	234	2	6.7	0.61	30
10	327	2	7.0	0.85	38
11	394	3	5.9	0.68	43
12	396	2	7.3	1.03	43
13	422	4	7.1	0.55	24

① 设旋风分离器入口面积为筒体直径的平方除以 8。

在设计循环流化床锅炉的高温旋风分离器时，要注意进口气速的选用以及各部分结构尺寸间的相互配合以保证高效分离。主要应注意下列各点。

① 入口速度一般取 18～35m/s。

② 一般切向进口采用扁高的矩形进口，$a/b=2\sim3$，$b=(0.2\sim0.25)D_0$，$a=(0.4\sim0.75)D_0$。

③ $h=(1\sim2)D_0$，圆筒高度过高对分离效率增大影响不大。

④ 排气管直径 D_e 小，则分离效率高，但阻力大，一般 $D_e/D_0=0.4\sim0.75$，常取为 0.5。

⑤ 排气管插入深度 h_c 小，则阻力小，但易发生气流短路，影响分离效率，一般 $h_c=(0.3\sim0.75)D_0$。

⑥ 分离器总高度 H 一般为 $(3.5\sim4.5)D_0$。

⑦ 排料口直径 $D_2=(1\sim1.2)D_e$，其最后确定还应考虑与返料机构的立管直径相一致。

⑧ 一般而言，进口速度增大则旋风分离器分离效率增大。但如进口速度 v_i 超过 1.25 倍沉降速度 v_s 时，会导致颗粒被气流再夹带而使分离效率降低，所以要检验所选用的进口速度 v_i，使 $v_i<1.25v_s$。

沉降速度 v_s 可按下式计算：

$$v_s=2.991\left[\frac{4g\mu(\rho_p-\rho_g)}{3\rho_g^2}\right]^{1/3}\left[\frac{\left(\frac{b}{D_0}\right)^{0.4}}{\left(\frac{l-b}{D_0}\right)^{1/3}}\right]D_0^{0.067}v_i^{2/3} \tag{8-3}$$

式中 μ——气体动力黏度，Pa·s；

ρ_p——颗粒密度，kg/m³；

ρ_g——气体密度，kg/m³。

⑨ 分离效率为50%的颗粒直径 d_{50} 用下式计算：

$$d_{50}=\left[\frac{9\mu b}{2\pi N v_i(\rho_p-\rho_g)}\right]^{1/2}, \text{m} \tag{8-4}$$

式中 N——气体的旋转圈数，按图8-76确定。

⑩ 不同粒径颗粒的基准分级分离效率可按图8-77确定。颗粒浓度影响可按图8-78修正。总分离效率 η 按下式计算：

$$\eta=\sum \eta_i x_i, \% \tag{8-5}$$

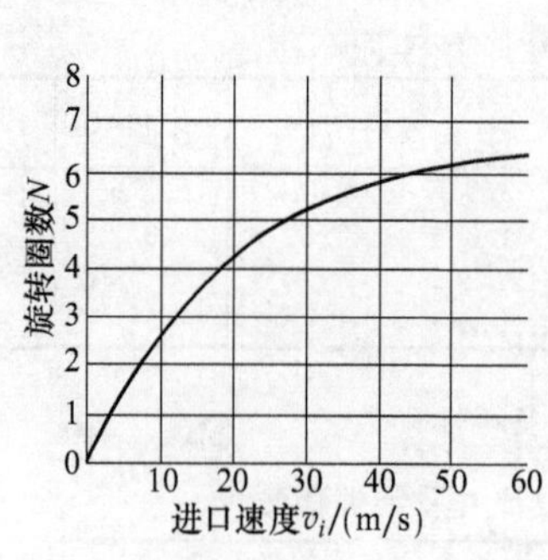

图8-76 气体旋转圈数 N 与进口速度 v_i 的关系曲线

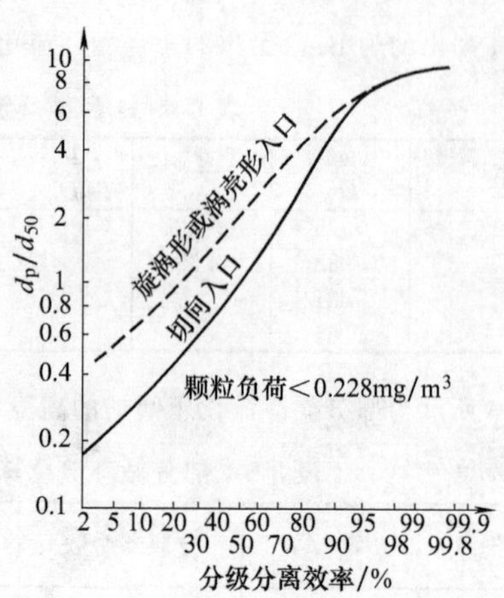

图8-77 颗粒相对粒径 d_p/d_{50} 与分级分离效率的关系曲线

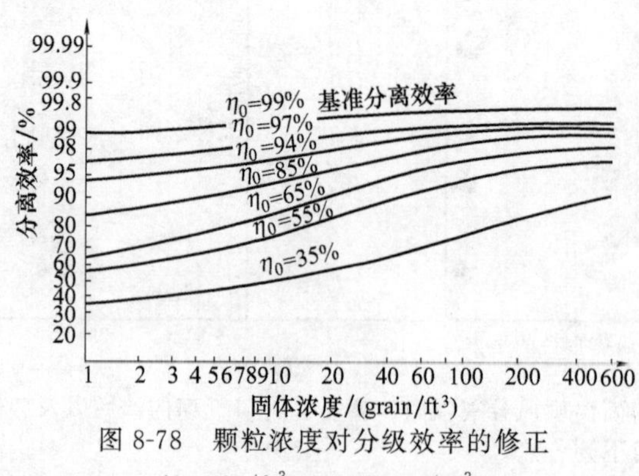

图8-78 颗粒浓度对分级效率的修正

(1grain/ft³=0.228mg/m³)

⑪ 旋风分离器阻力 Δp 用下式计算：

$$\Delta p=\xi\frac{\rho_g v_i^2}{2}, \text{Pa} \tag{8-6}$$

式中 ξ——阻力系数，可用Shepherd-Lapple式计算，即 $\xi=Kab/De^2$；其中 $K=16$（标准切向进口），$K=7.5$（有进口叶片），$K=12$（螺旋面进口）。

⑫ 旋风分离器的旋风筒直径 D_0 可按下式计算：

$$D_0=\left(\frac{Q}{N\bar{a}\bar{b}v_i}\right)^{1/2}, \text{m} \tag{8-7}$$

式中 Q——气体流量，m^3/s；

$\bar{a}$——相对进口高度 $\bar{a}=\frac{a}{D_0}$，式中 a 为进口高度；

$\bar{b}$——相对进口宽度 $\bar{b}=\frac{b}{D_0}$，式中 b 为进口宽度；

N——分离器个数。

⑬ 在确保分离器结构尺寸与锅炉本体布置相协调、分离效率高能满足锅炉所需循环倍率的基础上，还

应优化分离器的各项结构尺寸，使分离器阻力小、造价低、运行可靠、维护方便。

4. 旋风分离器设计计算示例

【例 8-1】 设计一个旋风分离器，烟气温度为 850℃，烟气流量为 $300m^3/s$，气固混合物浓度为 $10kg/m^3$。循环物料的含碳量为 2.5%，炭密度为 $1300kg/m^3$，灰密度为 $2400kg/m^3$。

解： ① 入口速度选取为 $v_i=28m/s$。

② 旋风分离器直径 D_0。取 $\bar{a}=0.5m$，$\bar{b}=0.25m$，旋风分离器直径 D_0 为：

$$D_0=\left(\frac{Q}{N\bar{a}\bar{b}v_i}\right)^{\frac{1}{2}}=\left(\frac{300}{1\times0.5\times0.25\times28}\right)^{\frac{1}{2}}=9.26\ (m)$$

此值太大，可采用两个旋风分离器并联，这时每个旋风筒的直径为：

$$D_0=\left(\frac{Q}{N\bar{a}\bar{b}v_i}\right)^{\frac{1}{2}}=\left(\frac{300}{2\times0.5\times0.25\times28}\right)^{\frac{1}{2}}=6.5\ (m)$$

根据高温旋风分离器的设计经验，取高温旋风分离器的尺寸比例如下，并计算如下：

$$a=0.5\times6.5=3.25\ (m)$$
$$b=0.25\times6.5=1.63\ (m)$$
$$D_e=0.5\times6.5=3.25\ (m)$$
$$h_c=0.6\times6.5=3.90\ (m)$$
$$H=3.75\times6.5=24.40\ (m)$$
$$h=1.75\times6.5=11.40\ (m)$$

③ 离心力沉降速度 v_s 校验：

$$v_s=2.991\times\left[\frac{4g\mu\ (\rho_p-\rho_g)}{3\rho_g^2}\right]^{\frac{1}{3}}\left[\frac{\left(\frac{b}{D_0}\right)^{0.4}}{\left(\frac{1-b}{D_0}\right)^{\frac{1}{3}}}\right]D_0^{0.067}v_i^{\frac{2}{3}}$$

$$=2.991\times\left[\frac{4\times9.8\times4.465\times10^{-5}\times(2400-0.305)}{3\times0.305^2}\right]^{\frac{1}{3}}\times\frac{0.25^{0.4}}{(1-0.25)^{\frac{1}{3}}}\times6.5^{0.067}\times28^{\frac{2}{3}}$$

$$=48.8\ (m/s)$$

入口速度 v_i 小于沉降速度 v_s，入口速度选取合理。

④ 气流旋转圈数按照图 8-76 选取，$N=5$。

⑤ 理论切割直径按式 (8-4) 计算：

$$d_{50}=\sqrt{\frac{9\mu b}{2\pi Nv_i(\rho_p-\rho_g)}}$$

对灰粒

$$d_{50}=\sqrt{\frac{9\times4.465\times10^{-5}\times1.63}{2\times3.14\times5\times28\times(2400-0.305)}}\times10^6$$
$$=17.62\ (\mu m)$$

炭粒的切割直径为

$$d_{50}=39.4\times\left(\frac{2400}{1300}\right)^{\frac{1}{2}}=23.94\ (\mu m)$$

⑥ 理论分级分离效率 η_0：如图 8-77 所示，固粒浓度对分级效率的修正如图 8-78 所示进行，分离效率见表 8-6。

表 8-6　灰粒分离效率计算

x_i(灰)	$d_p/\mu m$	d_p/d_{50}	η_0	η_i(按浓度修正)	$\eta_i x_i$
0.02	7.5	0.43	0.21	0.69	0.0138
0.06	12	0.68	0.35	0.90	0.054
0.05	17	0.96	0.46	0.93	0.0465
0.10	26	1.47	0.62	0.98	0.098
0.10	47	2.67	0.81	0.985	0.0985
0.05	72	4.08	0.86	0.99	0.495
0.5	112	6.36	0.94	0.992	0.496
0.12	170	9.65	0.995	0.998	0.1198
合计					0.976

续表

x_i(炭)	$d_p/\mu m$	d_p/d_{50}	η_0	η_i(按浓度修正)	$\eta_i x_i$
0.05	12	0.50	0.24	0.24	0.012
0.05	20	0.835	0.44	0.94	0.047
0.05	32	1.34	0.57	0.97	0.0485
0.30	59	2.46	0.74	0.987	0.296
0.20	103	4.30	0.87	0.992	0.1984
0.20	380	15.87	1.00	1.00	0.20
0.15	1100	45.95	1.00	1.00	0.15
合计					0.95

进入旋风分离器的灰量为 $(1-0.025)\times300\times10=2925$ (kg/s)

飞灰量为 $(1-0.976)\times2925=70.2$ (kg/s)

循环灰含碳量为 $0.025\times300\times10=75$ (kg/s)

飞灰含碳量为 $(1-0.95)\times75=3.75$ (kg/s)

飞灰含碳率为 $3.75/(3.75+70.2)=5.1\%$

⑦ 压降。压降按式 (8-6) 计算：

$$\xi=K\times\frac{ab}{D_e^2}=\frac{16\times3.25\times1.63}{3.25^2}=8.0$$

$$\Delta p=\xi\times\frac{\rho_g v_i^2}{2}=8.0\times\frac{0.305\times28^2}{2}=956 \quad (\text{Pa})$$

5. 惯性分离器的分类

(1) 按有无分流分类 可分为无分流式惯性分离器和分流式惯性分离器。

(2) 按惯性分离原理分类 可分为百叶窗式分离器和撞击式分离器。

6. 惯性分离器的结构

图 8-79 为无分流式惯性分离器和分流式惯性分离器的典型结构。在无分流式分离器中，气固两相流体整体经急转折，使颗粒在惯性作用下分离出来。这种分离器结构简单，但分离效率不高。图 8-79 (b) 中所示的分流式惯性分离器实质上为一种百叶窗式分离器。由图 8-79 可见，进入分离器的气固两相流体被分流成多股支流。每股支流在其相应的百叶挡板形成的通道中转弯撞击，使所带颗粒在惯性作用下分离出来。

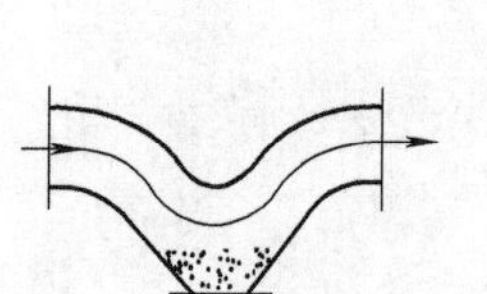

(a) 无分流式惯性分离器

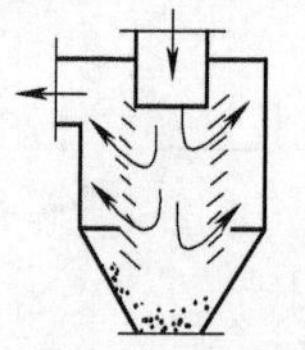

(b) 分流式惯性分离器

图 8-79 无分流式和分流式惯性分离器的典型结构

百叶窗式分离器的分离原理是急转弯气流中颗粒与气流的滑移造成的颗粒对百叶窗平板的撞击而形成颗粒的分离。如果在气流流动方向上设置多排挡板或其他阻挡元件，使气流多次转弯，颗粒与阻挡元件多次撞击而使之分离下来，则这种分离装置一般就称为撞击式惯性分离器或因气流的多次曲折流动而称为迷宫式惯性分离器。

图 8-80 所示为部分撞击式惯性分离器的结构。

在图 8-80 中 (a)～(f) 所示的撞击元件由于无冷却，需由高温合金钢制成；图 8-80 (g)～(i) 的撞击元件为受热面管子，管内有工质流过，可以得到冷却。

7. 惯性分离器的设计注意点

① 百叶窗分离器进口气速一般选用 12～15m/s，速度过高易引起已捕集颗粒的二次夹带。其阻力低，一般为 200Pa 左右。

② 撞击式分离器常用于分离较粗颗粒的场合，适宜分离粒径＞10μm 的颗粒。其阻力较低，一般为 250～400Pa。

③ 惯性分离器的分离效率和阻力与一系列因素有关，如撞击元件的形式、布置方式、进口气速、颗粒浓度和粒径尺寸等，因而其分离效率和阻力应由实际情况试验确定。

如浙江大学研发的带倒钩鳍片管式分离器的分离效率 η 经试验确定后可按下式计算，即：

$$\eta=1-109S_t^{-12.8}\left(\frac{7.2}{c_i}\right)^{0.2}Z^{-1.06}, \% \tag{8-8}$$

$$S_t=\frac{\rho_p v_i d_p^2}{18\mu D_0} \tag{8-9}$$

式中 c_i——入口颗粒浓度，kg/m^3；

Z——撞击件纵向排数；

S_t——斯托克斯准则数，按式（8-9）计算；

ρ_p——颗粒密度，kg/m^3；

v_i——进口速度，m/s；

d_p——颗粒粒径，m；

μ——气体动力黏度，Pa·s；

D_0——撞击件特征尺寸，m。

在结构参数一定时，其阻力也需经试验确定。进口气速大，则阻力大，在进口气速为 4m/s 时，其阻力为 250～300Pa。

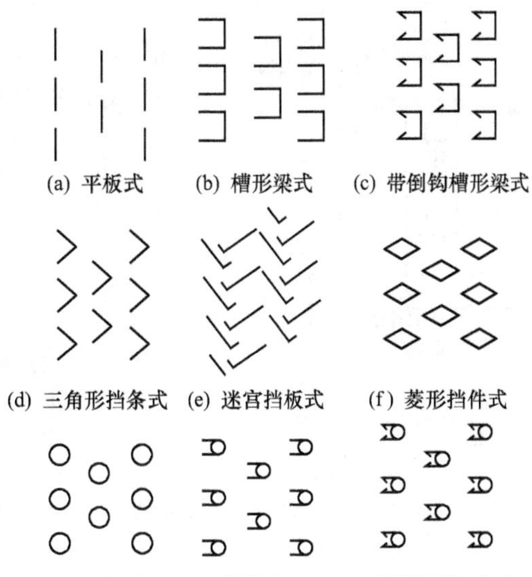

图 8-80 部分撞击式惯性分离器的结构

8. 多级组合式分离装置

旋风分离器分离效率虽高，但体积大、结构复杂、制造和运行费用均较高。惯性分离器结构简单，但分离效率较低。如采用多级分离，发挥各种分离器的优点，则可有效提高分离效率和便于结构布置。可将惯性分离器与旋风分离器相结合，或采用多级惯性分离器组合。具体组合示例可参见图 8-43 和图 8-45。组合分离器的总分离效率 η_T（如由三个分离器组合）可按下式计算：

$$\eta_T=\eta_1+(1-\eta_1)\eta_2+[1-\eta_1-(1-\eta_1)\eta_2]\eta_3,\ \% \tag{8-10}$$

式中 η_1、η_2、η_3——用于组合的三个分离器的各自分离效率，%。

在多级组合分离装置中不采用两个旋风分离器的组合方案，因为这种方案阻力太大。

八、回料装置

1. 回料装置的作用

回料装置位于分离器与锅炉燃烧室之间，由立管和回料器组成。其作用主要有 3 项：①保证物料能稳定地从分离器出口输入燃烧室；②防止燃烧室烟气短路进入分离器，破坏物料循环；③调节物料循环量以适应锅炉负荷变化的需要，其主要部件是回料阀。

2. 回料器的分类

(1) 按作用分类 可分为阀型和自动调整型。

(2) 按形式分类 可分为 L 形、J 形、U 形等。

(3) 按调节方式分类 可分为流通阀和可控阀。

3. 回料器的结构

图 8-81 示有循环流化床锅炉中常用的回料器结构。图 8-81（a）、(b) 分别为 L 形阀和 J 形阀，在阀的侧面有空气输入（或称松动风）。这两种阀均为流通阀，即只能进行阀的开启和关闭，阀开启后的物料流量是不可调节的，完全由循环回路的压力平衡决定。图 8-81（c）、(d) 所示的 U 形阀和流化床式回料阀在底部均有流化空气送入，可以通过改变风量来调控物料流量，因而均属可控阀一类。大型循环流化床锅炉的可控回料阀，不仅在其底部有流化风，而且在其侧面和立管上也设置有松动风管，以确保回料阀回料通畅。

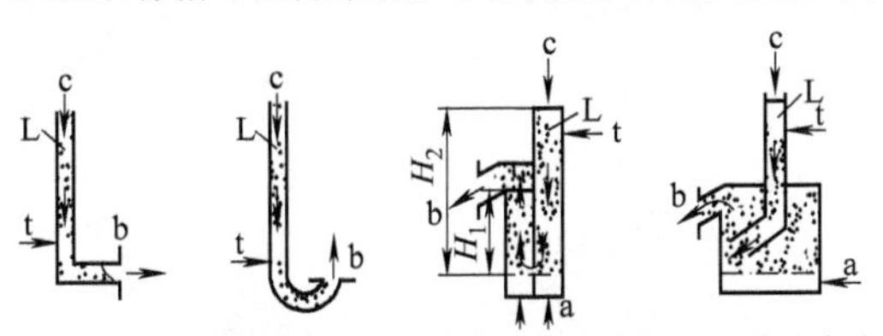

图 8-81 循环流化床锅炉的回料器结构

a—流化空气；b—回料进入燃烧室；c—来自分离器的颗粒物料；t—输送风；L—料腿立管

4. L 形阀设计注意点

在循环床的整个回路中（见图 8-82），应阻止燃烧室内的烟气经回料装置短路进入分离器，而导致燃烧过程的恶化。因此，在压（阻）力关系上必须满足：

$$\Delta p_1-\Delta p_f \geqslant \Delta p_s+\Delta p_c \tag{8-11}$$

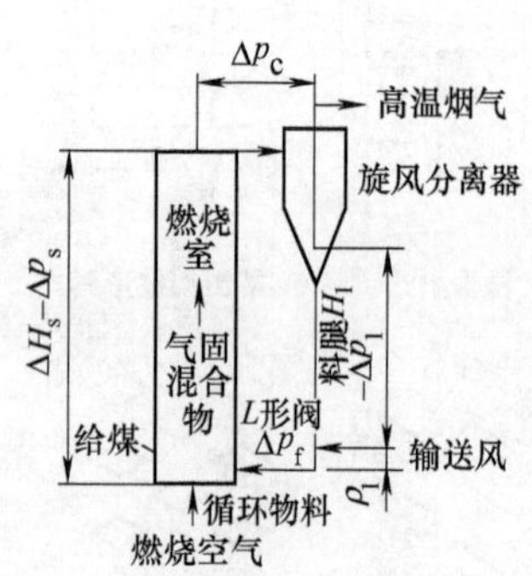

图 8-82 循环流化床燃烧室、分离器及回料系统

$$或\ \Delta p_1 \geqslant \Delta p_s + \Delta p_c + \Delta p_f \tag{8-11a}$$

式中 Δp_1——回料装置中，回料柱的静止压力，Pa；

Δp_f——回料流过回料阀的阻力压降，Pa；

Δp_s——气固流在燃烧室内流动的阻力压降，Pa；

Δp_c——气固流从燃烧室出口经分离器的流动阻力压降，Pa。

式（8-11）的极限关系应该是：

$$\Delta p_1^{min} = \Delta p_s + \Delta p_c + \Delta p_f,\ \mathrm{Pa} \tag{8-12}$$

式中 Δp_1^{min}——必须保证的最小料柱静压力。

$$\Delta p_1^{min} = \rho(1-\varepsilon_1) g H_1^{min} \tag{8-13}$$

式中 ρ——回料颗粒的真实密度，kg/m^3；

ε_1——回料柱内正常流动时的空隙率，一般取 $\varepsilon_1 \approx$ 临界流化空隙率 ε_{lj}；

H_1^{min}——料柱必须的最小高度，m。

由式（8-13）可得到防止炉内烟气短路的最小料柱高度为：

$$H_1^{min} = \frac{\Delta p_1}{\rho(1-\varepsilon_{lj}) g} = \frac{\Delta p_s + \Delta p_c + \Delta p_f}{\rho(1-\varepsilon_{lj}) g},\ \mathrm{m} \tag{8-14}$$

回料在料腿立管中伴随有气体的向下滑动。管内不允许出现气泡或流态化，否则物料受阻。在循环床回料系统设计中，一般实际的料腿高度 $H_1=(1.5\sim2.0)\ H_1^{min}$。

表 8-7 列出 L 形阀的主要结构参数。

表 8-7 L 形阀的主要结构参数

名 称	参数范围值	名 称	参数范围值
回料柱最小高度 H_1^{min}/m	$\dfrac{\Delta p_s+\Delta p_c+\Delta p_f}{\rho(1-\varepsilon_{lj})g}$	回料装置管径 D/m	$\sqrt{\dfrac{4G_1}{\pi u_1 \rho(1-\varepsilon_{lj})}}$ 式中 G_1—回料量,kg/s
料腿立管设计高度 H_1/m	$(1.5\sim2.0)H_1^{min}$		
料腿中回料下滑速度 v_1/(m/s)	$\leqslant 0.3$	输送风口的高度 h/m	$(2\sim6)D$
		L 形阀水平段长度 l/m	$(4\sim8)D$

5. L 形阀计算示例

【例 8-2】 循环流化床采用了两套带 L 形阀的回料装置，回料温度 800℃，循环倍率 25，给煤量 $B=2.78$kg/s，已知燃烧室部分流动阻力压降 $\Delta p_s=21\times10^3$Pa，L 形阀阻力压降 $\Delta p_f=14.1\times10^3$Pa，燃烧室出口至高温分离器出口阻力压降 $\Delta p_c=14\times10^3$Pa。临界状态空隙率 $\varepsilon_{lj}\approx0.50$，回料真实密度 $\rho=2245$kg/m^3。试求主管直径 D 和最小高度 H_1^{min}。

解：按式（8-14），则：

$$H_1^{min} = \frac{\Delta p_s + \Delta p_c + \Delta p_f}{\rho(1-\varepsilon_{lj}) g} = \frac{21\times10^3 + 14\times10^3 + 14.1\times10^3}{2245\times(1-0.50)\times9.81} = 4.46\ (\mathrm{m})$$

按表 8-7，选用立管高度 $H_1=1.5H_1^{min}=1.5\times4.46=6.69$ (m)

回料在主管的下滑速度 v_1 按表 8-7 选为 0.15m/s。

每套回料装置循环物料量 $G_1=\frac{1}{2}KB=\frac{1}{2}\times25\times2.78=34.75$ (kg/s)

按表 8-7，$D=\sqrt{\dfrac{4G_1}{\pi u_1\rho\ (1-\varepsilon_{lj})}}=\sqrt{\dfrac{4\times34.75}{\pi\times0.15\times2245\times\ (1-0.50)}}=0.512$ (m)

6. U 形阀设计注意点

U 形阀结构见图 8-83。该型回料装置中，料腿内气固流通过下部狭缝或孔进入阀体（实际上是一个小流体床）内，以流化状态溢流入循环床燃烧室中。为阻止燃烧室烟气经回料阀短路流入分离器，而导致燃烧循环的破坏，同样必须保证有足够高的料柱高度 H_2。

$$H_2 = \frac{\Delta p_0 + (p_1 - p_2)}{\rho(1-\varepsilon_{lj}) g} + H_1,\ \mathrm{m} \tag{8-15}$$

式中 Δp_0——回料通过下部狭缝或孔的阻力压降；

$p_1 - p_2$——U 形阀前后的压差。

U 形阀传送的回料量 G 按下式计算：

$$G = \xi \times A \times \sqrt{\rho(1-\varepsilon_{lj})(p_1 - p_2)}, \text{kg/s} \tag{8-16}$$

式中，A——U 形阀底部狭缝或孔通道的横截面积，m^2；

ξ——回料通过 U 形阀的阻力系数，一般 $\xi \approx 0.5 \sim 0.65$。

表 8-8 列有 U 形阀回料器主要结构参数。

表 8-8　U 形阀回料器的主要结构参数

名　　称	参 数 范 围	名　　称	参 数 范 围
回送物料量 G_1/(kg/s)	循环倍率 K×燃料消耗量 B	回料器进料侧深度/m	$0.56D_0$（D_0 为底部通道直径）
	立管根数 n	回料器宽度/m	$1.4D_0$
料腿主管直径 D/m	$\geqslant 2.65\left[\dfrac{G_1}{\rho(1-\varepsilon_{lj})\pi\sqrt{g}}\right]^{0.4}$	回料器出料口高度/m	$\geqslant 2D_0$
		出料侧倒锥角 β/(°)	10

在大型循环流化床锅炉中，为了避免向燃烧室集中回料引起燃烧室内床料分布不均匀以及局部区域磨损严重，因而采用“一分二”回料装置（回料阀）。图 8-84 所示为两种“一分二”回料装置的示意。

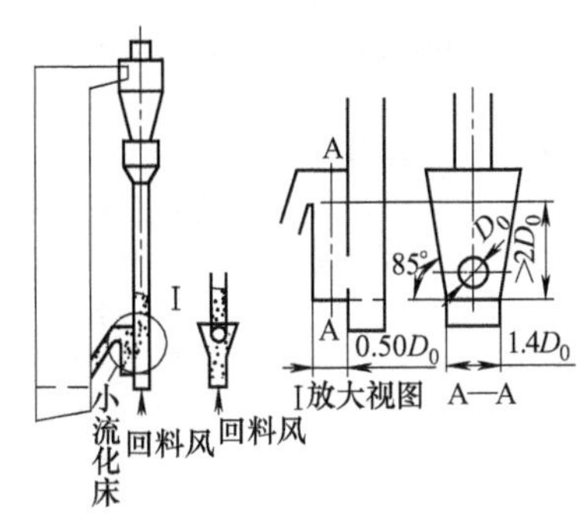

图 8-83　U 形阀结构

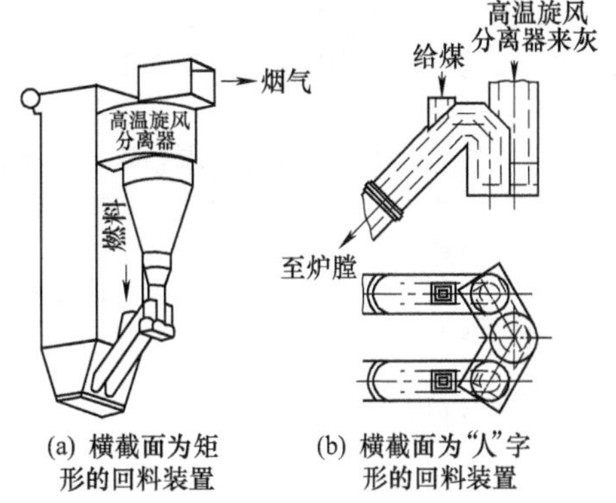

图 8-84　两种“一分二”回料装置的示意

第三节　流化床锅炉的流态化特性与床内传热特性

一、流态化及其特性

1. 流态化

当气体连续向上流过堆积有固体颗粒的床层时，如流速较低，固体颗粒静止不动，床层高度保持不变，则这种流动状态称为固定床状态。随着气速增加，固体颗粒逐渐被上升气流悬浮起来，床层的空隙率增大，床层高度也随之升高。此时床层能呈现类似于流体的特性，例如床层上表面能保持基本水平，较轻的大物体能悬浮在床层表面，床层内的颗粒能从容器底部侧壁孔口喷出等现象。这种现象称为固体颗粒的流态化，这样的床层称为流化床。根据上升气速的不同，流化床具有不同的流态化状态，主要有鼓泡床状态、腾涌床状态、湍流床状态、快速床状态和最后达到的气力输送状态。

流态化的不同状态是以不同流化速度（指床层中的空截面流速）下的床层阻力特性为特征的，如图 8-85 所示。当床层中的空截面流速（流化速度）v > 临界流化速度 v_{lj} 时，床层膨胀，空隙率增加，所以单位床层高度的压降 Δp 总是随气流速度增大呈下降趋势。

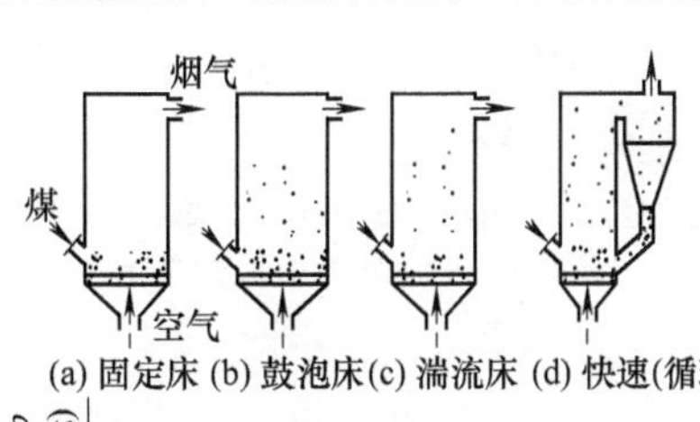

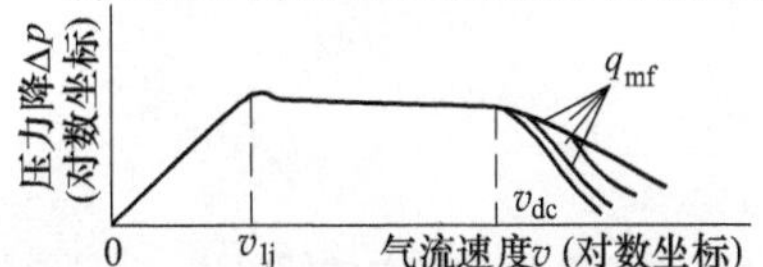

图 8-85　流态化的各种状态

q_{mf}—颗料质量流速；v_{lj}—临界流化速度；v_{dc}—颗粒带出速度

2. 各种流态化状态的特征

(1) 鼓泡床状态 流化速度 $v>v_{lj}$，床层膨胀，床面高度和空隙率都明显增大。床内颗粒运动已不限于局部地区，而在整个床内循环翻腾，床内形成由气泡相（含颗粒很少）和乳化相（充满颗粒的密相）组成的两相状态。此时，有明显的床层分界面，但界面有波动。一般，保证鼓泡床内良好流化状态的流化速度约为 v_{lj} 的 3.5～4.5 倍，床层高度 h 与静止料层高度 h_0 之比（又称膨胀比）约为 2。

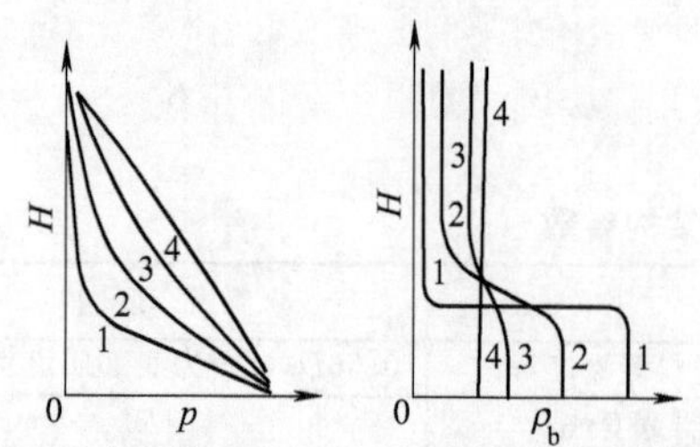

(a) 床内静压沿床高的分布 (b) 床层密度沿床高的分布

图 8-86 流化床内压力 p、密度 ρ_b 沿床高 H 的分布

1—鼓泡床；2—湍流床；3—快速床；4—稀相气力输送

(2) 腾涌床状态 这是一种不正常的流态化状态，应该避免。其特征在于气沟聚合长大，甚至占据床层中的整个截面而形成大气泡层，像活塞一样，把颗粒推到床层表面上。到某一位置时，由于压力下降，气泡层破裂崩溃。这样循环重复，造成床面波动起伏十分剧烈，床层压降 Δp 极不稳定。一般在床径小、床层厚的鼓泡床中，当流化速度增加时容易出现腾涌状态。

(3) 湍流床状态 当流化速度增大到足够高时，腾涌状态结束，床层压力波动减小并趋于比较平稳，流化床进入湍流床状态。其主要特征在于，床层中气泡相的尺寸不再随气速的增加而聚合长大，只是不断增多气泡的数量和分布密度。床层界面模糊，炉内形成上部颗粒浓度小的稀相区和下部颗粒浓度大的密相区。湍流床和鼓泡床状态下，其流化速度都处在临界流化速度 v_{lj} 和颗粒带出速度 v_{dc} 的范围内。

(4) 快速床状态 当流化速度 $v>$颗粒带出速度 v_{dc} 后，大量颗粒被带出燃烧室，并随着气流速度的增加，颗粒带出量增大，可以说颗粒和气流全部充满了整个炉膛空间。流化床中已不存在定形的气泡相，只是部分颗粒均匀地分布在气流中形成稀的连续相，其余颗粒呈絮团状悬浮在连续的稀相中。炉膛上部和下部的颗粒浓度差别显著减少（见图 8-86）。上部为浓度均匀的稀相区，服从气力输送规律。下部为密相区，中心部分为气固两相垂直向上流动，四周环形区为气固向下反流（见图 8-87），其交界处的 $\frac{r}{r_0}=0.85$。最大颗粒浓度区发生在 $\frac{r}{r_0}=0.85\sim0.96$ 之间，床内颗粒内循环率很高。中心区与环流区颗粒交换和卷吸作用导致气固相之间的相对速度 v_{xd} 达到最大（见图 8-88）。为维持快速床状态，必须把带出颗粒收集起来，再送回快速床内循环运动，这就是循环流化床。在循环流化床锅炉中，把单位时间内循环颗粒的质量与燃料消耗量的比值称为循环倍率。这是循环床锅炉的一个非常重要的特征参数。

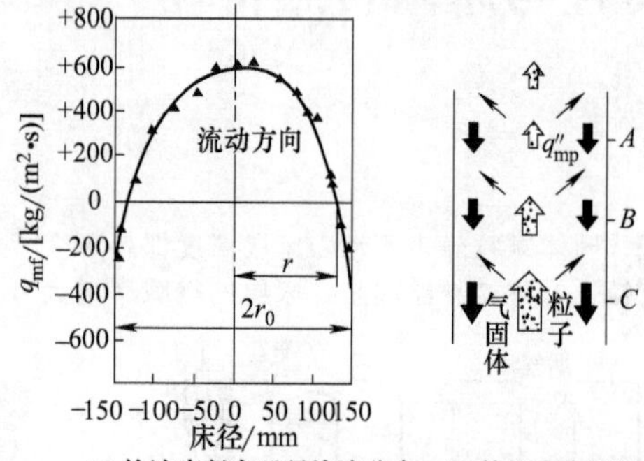

(a) 快速床径向质量流速分布 (b) 快速床内颗粒环流示意

图 8-87 快速床内颗粒质量流速的分布

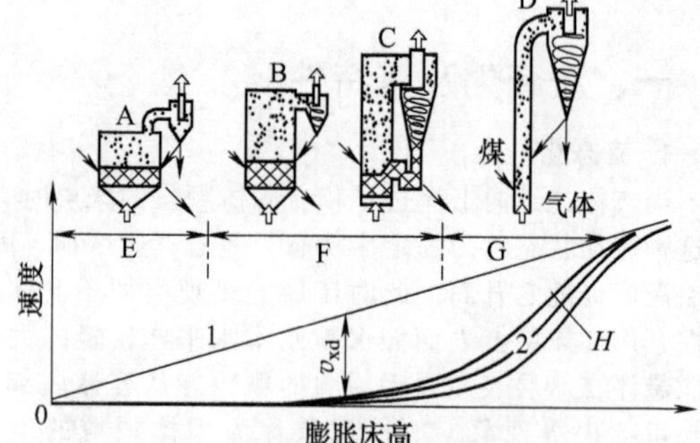

图 8-88 流化床中气流与固体颗粒相对速度与床层膨胀高度的关系

A—鼓泡床；B—湍流床；C—快速（循环）床；D—气力输送；E—鼓泡床区；F—湍流区；G—气力输送区

1—平均气体速度；2—平均颗粒速度；v_{xd}—气固之间的相对速度（又称滑移速度）；H—颗粒质量流率增加方向

二、流化床的特征速度

1. 临界流化速度 v_{lj}

它是由固定床转变为鼓泡流化床的最小空截面流速，其值决定于颗粒的组成、颗粒的密度和气流的黏性

等。计算方法和经验公式很多，但均与实际情况有较大的偏差，因此只能算是估算。

临界雷诺数 Re_{lj} 与阿基米德数 Ar 的准则关系如下：

$$Re_{lj}^2+2C_1Re_{lj}-C_2Ar=0 \tag{8-17}$$

解得

$$Re_{lj}=\frac{v_{lj}d_{pj}}{v}=\sqrt{C_1^2+C_2Ar}-C_1 \tag{8-18}$$

所以

$$v_{lj}=(\sqrt{C_1^2+C_2\mathrm{Ar}}-C_1)\left(\frac{\nu}{d_{pj}}\right) \tag{8-18a}$$

$$d_{pj}=\frac{100}{\sum\left(\frac{x_i}{\overline{d}_i}\right)} \tag{8-19}$$

$$\overline{d}_i=\frac{1}{2}(d_i+d_{i+1}) \tag{8-20}$$

$$Ar=\left(\frac{\rho-\rho_0}{\rho_0}\right)\cdot g\cdot\frac{d_{pj}^3}{\nu^2} \tag{8-21}$$

$$C_1=\frac{42.86(1-\varepsilon_{lj})}{\varphi}$$

$$C_2=\frac{\varphi\varepsilon_{lj}^3}{1.75}$$

式中　ν——烟气的运动黏性系数，m^2/s；

d_{pj}——床层颗粒群的平均直径，m；

$\overline{d}_i$——筛孔尺寸分别为 d_i 和 d_{i+1} 两相邻筛子的算术平均孔径，m；

x_i——颗粒尺寸处于 d_i 和 d_{i+1} 之间的质量分数，%；

Ar——阿基米德准则数，它是浮升力与黏性力比值的反映；

ρ——颗粒的真实密度，kg/m^3，参见第七章；

ρ_0——烟气的密度，kg/m^3。

考虑到非球形颗粒形状系数 φ 及临界流化状态下的床层空隙率 ε_{lj} 难以计算，故不少学者进行了自己的试验，归纳出了各自的一组数据 C_1 和 C_2，以及相应的 ε_{lj} 和 φ 值，供计算时参考，见表 8-9。

表 8-9　式（8-17）中 C_1 和 C_2 的试验值

年代	研究者	C_1	C_2	ε_{lj}	φ	年代	研究者	C_1	C_2	ε_{lj}	φ
1966 年	Wen,Yu	33.7	0.0408	0.474	0.671	1979 年	Richardson	25.7	0.0365	0.40	1.0
1968 年	Bourgeois	25.46	0.0384	0.407	0.997	1982 年	Grace	27.2	0.0408	0.43	0.898
1977 年	Saxena	25.28	0.0571	0.486	0.871	1984 年	Thonglimp	19.9	0.0320	0.335	—
1978 年	Babu	25.25	0.0651	0.519	0.816	1985 年	Zheng	18.75	0.0313	0.33	—

对极小颗粒，Re_{lj} 相对很小，式（8-17）中的第一项可以忽略，

则

$$Re_{lj}=\frac{C_2}{2C_1}\times Ar=\frac{\varphi^2\varepsilon_{lj}^3}{150(1-\varepsilon_{lj})}\cdot\left(\frac{\rho-\rho_0}{\rho_0}\right)g\cdot\frac{d_{pj}^3}{\nu_2} \tag{8-22}$$

或

$$v_{lj}=\frac{\varphi^2\varepsilon_{lj}^3}{150(1-\varepsilon_{lj})}\cdot\left(\frac{\rho-\rho_0}{\rho_0}\right)g\,\frac{d_{pj}^2}{\nu} \tag{8-22a}$$

对于大颗粒，Re_{lj} 相对很大，式（8-17）中的第二项可以忽略，

则

$$Re_{lj}=\sqrt{C_2Ar}=\left[\left(\frac{\varphi\varepsilon_{lj}^3}{1.75}\right)\cdot\left(\frac{\rho-\rho_0}{\rho_0}\right)g\cdot d_{pj}\right]^{0.5}\cdot\frac{d_{pj}}{\nu} \tag{8-23}$$

或

$$v_{lj}=\left[\left(\frac{\rho\varepsilon_{lj}^3}{1.75}\right)\cdot\left(\frac{\rho-\rho_0}{\rho_0}\right)gd_{pj}\right]^{0.5} \tag{8-23a}$$

式中，符号意义同前。

形状系数 φ 和临界状态床层空隙率 ε_{lj} 仍然难以计算，可参照表 8-9 中 Babu 的试验数据计算。一般情况下，鼓泡床保证良好流化质量的速度（或操作速度）约为临界流化速度 v_{lj} 的 1.5～2.5 倍。

2. 鼓泡床极限速度v_{jx}

在 v_{jx}（单位：m/s）下，床内固体颗粒大量被气流带出：

$$v_{jx}=\frac{Ar}{18+0.61\sqrt{Ar}}\left(\frac{\nu}{d_{pj}}\right) \tag{8-24}$$

式中，符号意义同前。

3. 鼓泡床不产生腾涌的最大速度v_{max}（单位：m/s）

$$v_{max}=0.07\sqrt{gD}+v_{lj} \tag{8-25}$$

式中 D——鼓泡床的当量直径，m，$D=\frac{4F}{U}$；

F——鼓泡床的横截面积，m^2；

U——鼓泡床的湿周，m；

其余符号意义同前。

4. 鼓泡床的床层阻力 Δp（单位：Pa）

$$\Delta p=\rho g h_{lj}(1-\varepsilon_{lj}) \tag{8-26}$$

式中 h_{lj}——临界流化状态下，床层的高度，m，

ε_{lj}——临界流化状态下，床层的空隙率。

5. 计算示例

【例 8-3】 一台鼓泡床沸腾炉，床温 850℃，临界流化状态下床层高度 $h_{lj}=0.55$m，鼓泡床横截面尺寸（1.8×2.2）m^2，煤粒真实密度 $\rho=2245kg/m^3$，标准状况下烟气密度 $\rho_y=1.34kg/m^3$。煤粒的筛分数据如下：

粒径 $d_i \sim d_{i+1}$/mm	0～1	1～2	2～5	5～7	7～9	9～10
质量百分数 x_i/%	16.5	27.3	32.1	18.6	4.2	1.3

求 v_{lj}、v_{jx}、不产生腾涌的 v_{max} 及床层阻力 Δp。

解：① 计算平均粒径 d_{pj}：

$$d_{pj}=\frac{100}{\sum\frac{x_i}{d_i}}=\frac{100}{\left(\frac{16.5}{0.5}+\frac{27.3}{1.5}+\frac{32.1}{3.5}+\frac{18.6}{6}+\frac{4.2}{8}+\frac{1.3}{9.5}\right)\times\frac{1}{10^{-3}}}=1.56\times10^{-3}\ (m)$$

② 床层内烟气密度 ρ_0：

$$\rho_0=1.34\times\frac{273}{273+850}=0.326\ (kg/m^3)$$

③ 烟气运动黏性系数 $\nu=141.59\times10^{-6}\ m^2/s$（查表）

④ 阿基米德准则数 Ar：

$$Ar=\frac{d^3(\rho-\rho_0)g}{\nu^2\rho_0}=\frac{(1.56\times10^{-3})^3\cdot(2245-0.326)\times9.81}{(141.59\times10^{-6})^2\times0.326}=12791$$

⑤ 根据试验数据 $\varepsilon_{lj}=0.52$，形状系数 $\varphi=0.79$

⑥ 系数

$$C_1=\frac{42.86(1-\varepsilon_{lj})}{\varphi}=\frac{42.86(1-0.52)}{0.79}=26.04$$

$$C_2=\frac{\varphi\varepsilon_{lj}^3}{1.75}=\frac{0.79\times0.52^3}{1.75}=0.0634$$

⑦ 临界流化速度 v_{lj}，按式（8-18a）：

$$Re_{lj}=\frac{v_{lj}d_{pj}}{\nu}=\sqrt{C_1^2+C_2Ar}-C_1=\sqrt{26.04^2+0.0634\times12791}-26.04=12.55$$

$$v_{lj}=\frac{Re_{lj}\nu}{d_{pj}}=\frac{12.55\times141.59\times10^{-6}}{1.56\times10^{-3}}=1.14\ (m/s)$$

⑧ 鼓泡床极限速度 v_{jx}，按式（8-24）：

$$v_{jx}=\frac{Ar}{18+0.61\sqrt{Ar}}\left(\frac{\nu}{d_{pj}}\right)=\frac{12791}{18+0.61\sqrt{12791}}\left(\frac{141.59\times10^{-6}}{1.56\times10^{-3}}\right)=13.34\ (m/s)$$

⑨ 不发生腾涌的最大速度 v_{max}，按式（8-25）：

床当量直径 $D=\frac{4F}{U}=\frac{4\times1.8\times2.2}{2(1.8+2.2)}=1.98$（m）

$$v_{max}=0.07\sqrt{gD}+v_{lj}=0.07\sqrt{9.81\times1.98}+1.14=1.45\ (m/s)$$

⑩ 床层阻力 Δp，按式（8-26）：

$$\Delta p=\rho g h_{lj}(1-\varepsilon_{lj})=2245\times9.81\times0.55(1-0.52)=5814\ (Pa)$$

三、快速（循环）床的特征速度

1. 从普通流化床转变为快速床的界限速度v_{ks}

$$v_{ks}=0.203\sqrt{gd_{pj}}\left[\frac{GD(\rho-\rho_0)}{\nu\rho_0}\right]^{0.193}\left(\frac{D}{d_{pj}}\right)^{0.328} \tag{8-27}$$

式中　G——固体颗粒的质量流量，kg/(m^2·s)；

D——快速床的当量直径，m；

其余符号意义同前。

2. 从快速床转变成气力输送的界限速度v_{qs}

$$v_{qs}=0.508\sqrt{gd_{pj}}\left[\frac{GD(\rho-\rho_0)}{\nu\rho_0}\right]^{0.138}\left(\frac{D}{d_{pj}}\right)^{0.471} \tag{8-28}$$

3. 计算示例

【例 8-4】 有循环流化床，循环倍率 $K=40$，燃料消耗量 $B=0.392$kg/s，其余数据同上一计算示例。求界限速度 v_{ks} 和 v_{qs}。

解：① 固体颗粒质量流量 G

$$G=\frac{KB}{F}=\frac{40\times0.392}{1.8\times2.2}=3.96\ [kg/(m^2\cdot s)]$$

② 从普通流化床转变为快速循环床的界限速度 v_{ks}，按式（8-26）计算：

$$v_{ks}=0.203\sqrt{9.81\times1.56\times10^{-3}}\left[\frac{3.96\times1.98(2245-0.326)}{141.59\times10^{-6}\times0.326}\right]^{0.193}\left(\frac{1.98}{1.56\times10^{-3}}\right)^{0.328}=11.86\ (m/s)$$

③ 从快速床转变为气力输送的界限速度 v_{qs}，按式（8-27）计算：

$$v_{qs}=0.508\sqrt{9.81\times1.56\times10^{-3}}\left[\frac{3.96\times1.98(2245-0.326)}{141.59\times10^{-6}\times0.326}\right]^{0.138}\left(\frac{1.98}{1.56\times10^{-3}}\right)^{0.471}$$

$$=27.8\ (m/s)$$

四、鼓泡流化床锅炉燃烧室的气固两相流动工况

鼓泡流化床锅炉燃烧室内的气固两相流动工况可参见图 8-89。由图可见，燃烧室内沿高度可分为密相区和悬浮区两区，在两区之间还存在一小段喷射区。当气体以一定速度流经床层时使床层形成鼓泡床状态。此时床层具有明显的床层表面，在床层内存在低颗粒密度的区域，称为气泡，也存在高颗粒密度的区域，称为乳化相或密相。两者在床内相互运动和相互作用形成燃烧室底部的密相区。气泡在上升过程中会合并长大，在上升到床层表面时会发生破裂，并将气泡顶部的颗粒和尾部的颗粒喷射进床层上方空间。此时，较大的颗粒会落回密相区，较细的颗粒会被气流携带（夹带）呈悬浮状离开床区，形成一个颗粒密度随高度增加而减小的稀相区。这一区域可一直延伸到燃烧室出口，通常称为悬浮区，其高度称为悬浮区高度。但当悬浮区高度增大到一定程度时，颗粒密度就不再随高度增大而减小，这一高度称为输送离析高度或以 TDH 表示。最后，烟气夹带细小颗粒自燃烧室出口流出，并造成机械不完全燃烧损失。

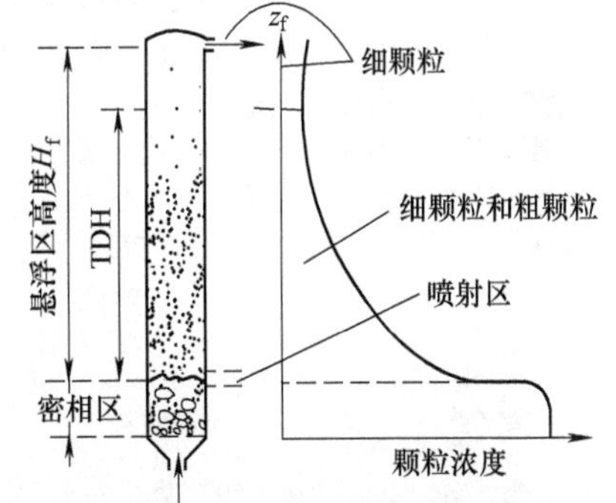

图 8-89　鼓泡流化床锅炉燃烧室中的分区及颗粒密度随高度变化工况示意

五、循环流化床锅炉燃烧室的气固两相流动工况

循环流化床锅炉燃烧室气固两相的流动工况可分为几个区域，即底部区域、过渡区域、稀相区域和出口区域（见图 8-90）。

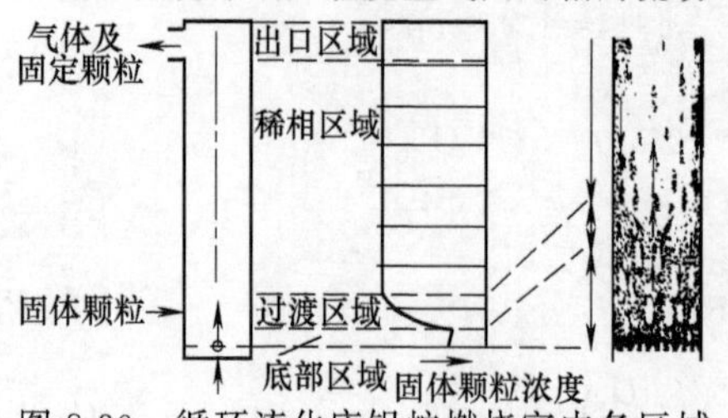

图 8-90 循环流化床锅炉燃烧室内各区域位置及相应颗粒浓度示意

循环流化床锅炉燃烧室的底部区域的高度不大，但颗粒浓度大，一般处于鼓泡流化床或湍流流化床的状态。大量气体以气泡方式流过此区域，当其到达底部区域的顶端时会破碎，并将大量固体颗粒喷入过渡区域。同时从稀相区域回落下来的大量颗粒也进入过渡区域。在该区域中，固体颗粒的混合强度较高，有利于传热及混合。所以循环流化床锅炉的加煤口和回料口一般均位于此区域。过渡区域之上为颗粒浓度较小的稀相区和出口区。

图 8-91 和图 8-92 为 Svensson 等在瑞典 Chalmers 大学 12MW 循环流化床锅炉上测得的燃烧室沿炉高的压力变化和床层密度变化曲线。该锅炉燃烧室高度为 13.5m，横截面积为 1.47m×1.42m，流化风速为 1.5～5.5m/s，未投二次风，床温为 1100℃左右。其床层底部区域在布风板之上约 400mm 高度范围内，此区域内颗粒密度特大，区域内压力梯度 d_p/d_h 保持常数。图中 Δp_{ref} 表示床层底部至布风板以上 1.5m 处的压力降值。底部区域之上相应为密度渐小的过渡区域、稀相区域和出口区域。

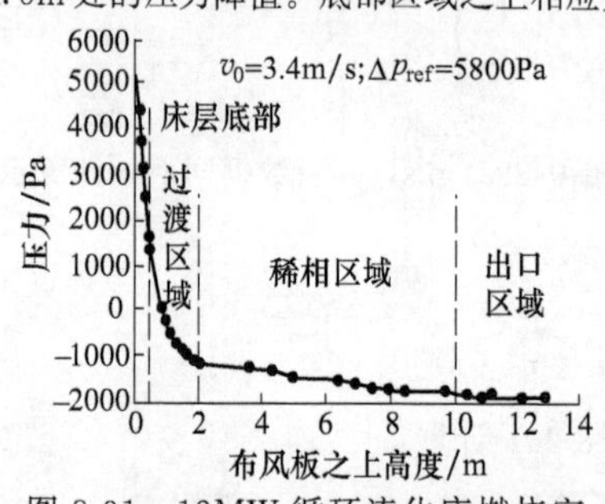

图 8-91 12MW 循环流化床燃烧室内沿炉高压力的分布曲线

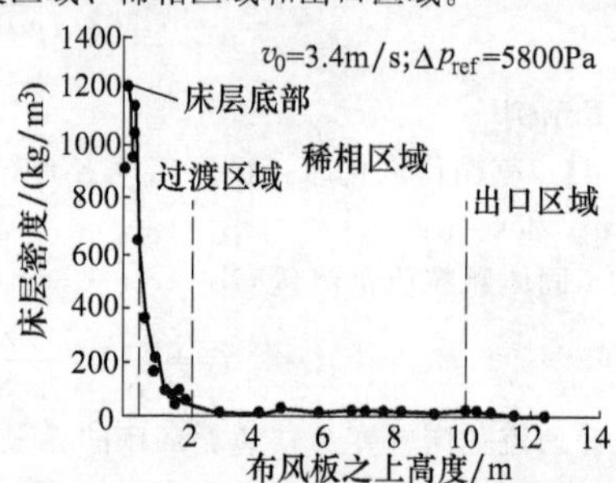

图 8-92 12MW 循环流化床燃烧室内沿炉高床层密度的分布曲线

图 8-93 为 Duisburg 电站的循环流化床锅炉燃烧室内测得的颗粒体积浓度 C_V 和轴向压力分布与燃烧室高度的关系曲线。该锅炉蒸发量 270t/h，蒸汽参数为 14.5MPa 和 535℃/535℃，为 Lurgi 型循环流化床本生型中间再热直流锅炉。图中颗粒体积浓度 C_V 等于颗粒体积与气固两相总体积之比值。

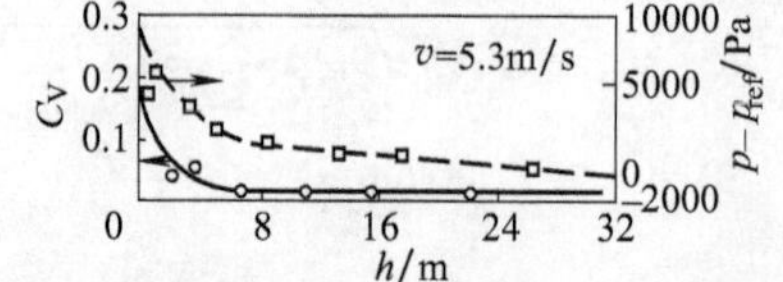

图 8-93 Duisburg 电站循环流化床锅炉的沿高度方向的颗粒体积浓度和压力分布曲线

由图可见，在底部有一个 C_V 较高的区域，C_V 可达 0.2，然后是向上延伸数米的过渡区，再上面是占有大部分燃烧室高度的稀相区，其中平均 C_V 值一般低于 1%。

图 8-94 所示为另一台循环流化床锅炉燃烧室内沿炉高方向床层密度变化曲线，在底部区域 C_V 值为 0.2，颗粒密度约为 400kg/m³，在燃烧室出口处接近稀相气力输送状态，C_V 值只有 0.002，密度为 5kg/m³ 左右。

在循环流化床燃烧室的稀相区内，燃烧室中间部分的颗粒一般向上流动，而在壁面附近存在由下降颗粒形成的环状下降流动，且越接近壁面下降颗粒越多。图 8-95 所示为沿燃烧室深度方向测得的局部地区颗粒质量流速 $G_{s,local}$。图中，上面的曲线为向上颗粒的，下面的曲线为向下颗粒的，中间的曲线为两者的合成曲线。

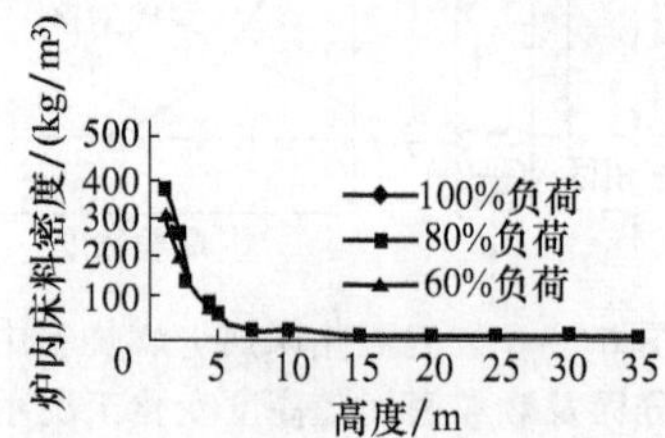

图 8-94 循环流化床锅炉燃烧室内沿炉高方向床层密度变化曲线

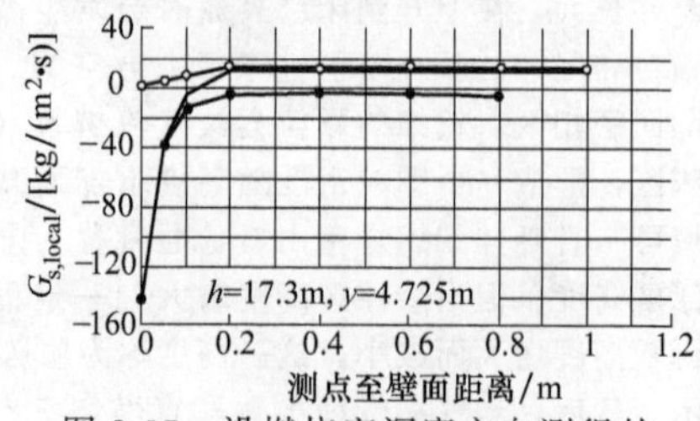

图 8-95 沿燃烧室深度方向测得的颗粒质量流速 $G_{s,local}$

循环流化床锅炉燃烧室稀相区内轴向颗粒的混合机理至今尚未清楚，横向颗粒的混合机理报道很少，因而还需进行更多的深入研究。

六、循环流化床锅炉其他部件内的气固两相流动工况

1. 旋风分离器中的气固两相流动工况

从循环流化床锅炉燃烧室流出的气体与固体颗粒混合物是一种气固两相流体。这一气固两相流体以高速沿切向进入旋风分离器上部筒体形成高速旋涡流动。此时，受离心力影响，较粗颗粒率先被甩向壁面并沿壁面下滑，其余颗粒被旋转气流带往分离器下部锥体继续分离。最后，气流从旋风分离器中心以反旋转方式经分离器排气管流出，并带走少量来不及分离的微细颗粒。被分离出来的固体颗粒则沿下部排灰管排出。图 8-96 示有旋风分离器内的工质大致流动工况。

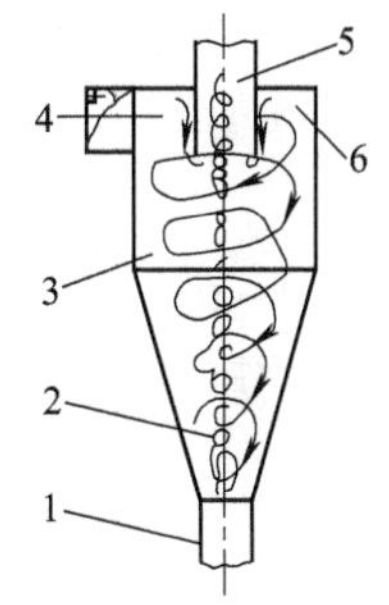

图 8-96　旋风分离器内工质流动工况示意
1—排灰管；2—圆锥筒体；3—圆柱筒体；4—进气管；5—排气管；6—顶盖

旋风分离器中的实际流动工况是十分复杂的。其气体流动具有三元特性，存在切向速度、径向速度和轴向速度。切向速度对颗粒分离与捕集起主要作用，在其作用下使颗粒由分离器中心向壁面离心沉降。径向速度很小，大部分是向心的，只有中心部分才有小部分向外的径向流。轴向速度也很复杂，存在外侧下行流与内侧上行流两个区域。此外，分离器中还存在三种二次流，即在排气管处环形空间的二次流、排气管下部区域的短路流和圆锥筒体和排灰口附近的偏流。环形空间二次流与排气管下入口处的短路流均令将颗粒带入排气管，影响分离效率。锥体下部的偏流会使已浓集在壁面处的颗粒重新卷入上行的内旋流中，使分离效率降低。

图 8-97　百叶窗分离器中气固两相流的流动工况

一般而言，旋风分离器的分离效率随进口速度增加而增加但其阻力也随之增大。但进口速度加大于 1.25 倍颗粒终端沉降速度，则已分离到壁面的颗粒会被高速气流重新夹带，使分离效率下降。

旋风分离器存在一个临界颗粒浓度。当进口物料浓度小于临界浓度时，颗粒在分离器中的运动状况不发生团聚现象，分离器分离效率也随颗粒浓度增加而增加。如浓度过大，则分离效率会随浓度增加而减小。

2. 惯性分离器中的气固两相流动工况

图 8-97 所示为百叶窗分离器中气固两相流的流动工况。

由图可见，远离百叶窗的颗粒随主流向下运动。靠近百叶窗的随气流偏转并与百叶窗叶片碰撞。碰撞角小于 90°者，在叶片前端被分离下来；等于 90°者，方向不明，视当地脉动速度而定。大于 90°者会被气流带走；此外，细颗粒也会随气流流逸出百叶窗。

一般而言，气流速度增大，使气流绕流叶的回转角增大，有利于提高分离效率。

撞击式惯性分离器依靠气流中颗粒撞击分离器元件的方式来分离颗粒。撞击分离器式样众多，图 8-98 以光管式撞击分离器的元件为例来表明其中气固两相流的流动工况。

在气固两相流体中，由于颗粒动量大于气体动量，因而在气流绕流圆柱过程中，固体颗粒会偏离气流方向并撞击在圆柱体壁面形成气固分离。对于一定直径的圆柱体，能撞击圆柱壁面的颗粒与圆柱中心线存在一个确定的对应值 $y_{\min}$。颗粒与圆柱体中心线距离小于 $y_{\min}$ 的所有颗粒都会撞击圆柱体壁面而被分离。

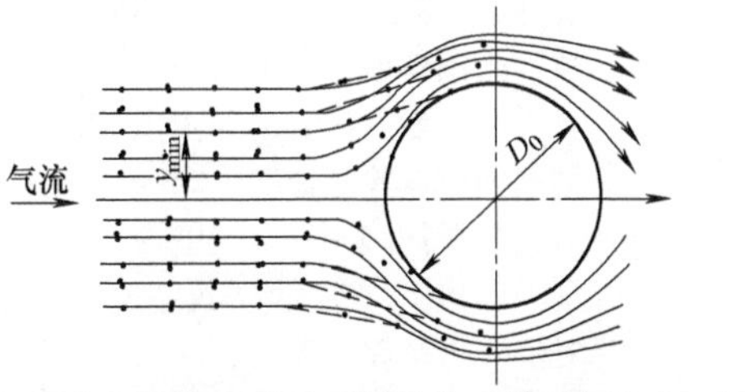

图 8-98　气固两相流体流过圆柱体时的两相流动工况
—— 气流流线；- - - -颗粒惯性碰撞轨迹

试验表明，多排呈错列布置的撞击式分离器，前 4 排元件的颗粒分离量约为 7 排元件总分离量的 90%～95%。因此，一般撞击式分离器错列布置 4～5 排撞击元件已可满足并达到一定分离效率的要求。

3. 立管中的气固两相流动工况

连接分离器固体颗粒出口与回料阀之间的管道称为立管。立管中的物料可以处于流态化状况，也可处于

非流态化状态。物料处于流态化时总有气体向上倒窜，如进入分离器，会严重影响分离器分离效率。因而立管中的流态一般是非流态化的，亦即，其中固体颗粒处于柱塞状移动床流动状态。

七、鼓泡流化床锅炉燃烧室中的传热特性

在鼓泡流化床锅炉的燃烧室中存在燃烧室底部的密相区和在密相区之上一直到燃烧室出口之前的悬浮区（稀相区）（见图 8-89）。因此燃烧室的传热计算可分为两部分，即密相区传热计算和悬浮室的传热计算。在密相区内一般布置有埋管受热面。

在悬浮室内（包括喷射过渡区），气相为连续相，固体颗粒为离散相，其换热计算可按层燃炉燃烧室的相同方法计算。

在密相区中，气泡是离散相，固体颗粒是连续的乳化相。由于气泡的剧烈扰动，温度与床温相同，迅速运动着的颗粒团不断冲刷受热面。当其停驻在壁面期间，实现从颗粒到壁面的不稳定导热，同时自身温度降低，然后离开壁面被新的颗粒团所替代。显然颗粒团在单位时间内的停驻频率大小和停驻时间长短，颗粒本身物理性质等均影响传热能力。

当颗粒较大（>1.0mm）和流化速度较高时，颗粒隙间的气体处于湍流状态，因此粒子与壁面间的气体受到强烈的扰动而使传热强化。在床温高于 600℃时，高温床料的辐射作用也变显著。在床温为 1000℃时辐射传递热量约占总传热量的 35%。所以密相区放热系数应包括对流分量 α_d 和辐射分量 α_f。

对流放热系数 α_d 的计算公式大致可分为两类：一类是根据大量试验数据整理而得的准则方程；另一类是依据上述传热模型和部分经验数据用数值计算或解析方法求得的计算公式。后一类计算方法目前大多比较繁杂，准确性也不如前一类，但有助于对传热过程的分析和规律性的揭示与掌握。而前一种方法则因简单、应用方便而仍得到重视，但应注意不同公式的适用范围。

(1) 对流放热系数的经验方式

① 对于横置管束与竖置管束，Gelperin 提出如下的 α_d 最大值计算式。

横置叉排管束 $S_1/D_g=2\sim9$；$S_2/D_g=1\sim10$

$$\frac{\alpha_{d\max}d}{\lambda_y}=0.74Ar^{0.22}\left[1-\frac{D_g}{S_1}\left(1+\frac{D_g}{S_2+D_g}\right)\right]^{0.25} \tag{8-29}$$

横置顺排管束 $S_1/D_g=2\sim9$；$S_2/D_g=1\sim10$

$$\frac{\alpha_{d\max}d}{\lambda_y}=0.79Ar^{0.22}\left(1-\frac{D_g}{S_1}\right)^{0.25} \tag{8-30}$$

垂直管束 $S_1/D_g=1.25\sim5.0$

$$\frac{\alpha_{d\max}d}{\lambda_y}=0.75Ar^{0.22}\left(1-\frac{D_g}{S_1}\right)^{0.14} \tag{8-31}$$

$$d=1/\Sigma\left(\frac{v_i}{d_i}\right) \tag{8-32}$$

$$Ar=d^3\rho_y(\rho_1-\rho_y)g/\mu^3 \tag{8-33}$$

式中 d——固体粒子平均直径，m；

v_i——粒径 d_i 的质量份额，d_i 为某种粒径；

D_g——管外径，m；

Ar——阿基米德准则；

g——重力加速度，m/s^2；

ρ_y、ρ_1——烟气和固体颗粒密度，kg/m^3；

μ——烟气黏度，Pa·s；

λ_y——烟气热导率，W/(m·K)；

α_d——对流放热系数，$W/(m^2\cdot K)$；

S_1、S_2——管束的横向和纵向节距，m，对于垂直管束为等边三角形布置，S_1 为边长。

试验研究表明，当管束的管排数超过 4 排时，传热系数将比计算值减小 4%。

② 当管束横向节距超过 4 倍管径、纵向节距超过 2 倍管径和单排竖埋管等情况下，可按下述经验公式计算：

$$\alpha_d=19.8\lambda_y^{0.6}d^{-0.36}\rho_1^{0.2} \tag{8-34}$$

该式适用于颗粒平均粒径 $d_{pj}=1.0\sim3.0$mm，$\rho_1=1500\sim2200kg/m^3$ 的条件。

(2) 根据乳化团传热机理得对流放热系数 按乳化团传热机理导得的对流放热系数公式为：

$$\alpha_d=\frac{1-f_p}{R_1+0.45R_2} \tag{8-35}$$

$$f_p=0.08553\left[\frac{v_{1f}^2\left(\frac{v}{v_{1j}}\right)-1}{gd}\right]^{0.1948} \tag{8-36}$$

$$v_{1j}=0.0882\mathrm{Ar}^{0.528}(\nu/d) \tag{8-37}$$

$$R_1=d/3.75\lambda \tag{8-38}$$

$$\lambda=\lambda^*+360dv_{1j}\rho_y c_y \tag{8-39}$$

$$\lambda^*=\lambda_y\left[1+\frac{(1-\varepsilon_{1j})\left(1-\frac{\lambda_1}{\lambda_y}\right)}{\frac{\lambda_y}{\lambda_1}+0.28\varepsilon_{1j}^{0.63}\left(\frac{\lambda_1}{\lambda_y}\right)^{0.13}}\right] \tag{8-40}$$

$$R_2=\sqrt{\frac{\pi\tau}{\rho\lambda c}} \tag{8-41}$$

$$\tau=8.932\left[\frac{gd}{v_{1j}(v-1)^2}\right]^{0.0756}\left(\frac{d}{0.025}\right)^{0.5} \tag{8-42}$$

式中 f_p——气泡贴壁所占的时间份额，按式（8-36）计算；

d——平均粒径，m；$d=\varphi\sum\limits_i \frac{v_i}{100}d_i$，其中系数 $\varphi=0.6\sim0.62$，$d_i=\sqrt{d_i'+d_{i+1}'}$，d_i'、d_{i+1}'是相邻两筛网的孔径；

v_{1j}——临界流化速度，m/s；

R_1——乳化团贴壁时接触热阻，$(m^2\cdot K)/W$；

λ——乳化团有效热导率，W/(m·K)；

λ^*——基本热导率，W/(m·K)，在床温为 800～1000℃范围内，固体颗粒热导率 $\lambda_1=0.302\sim0.325$W/(m·K)，临界空隙率 $\varepsilon_{rj}=0.5$，c_y 为烟气比热容，kJ/(kg·K)；

R_2——乳化团热阻，$(m^2\cdot K)/W$；

ρ——乳化团密度，kg/m^3，$\rho=(1-\varepsilon_{1j})\ \rho\approx0.5\rho_1$；

c——乳化团比热容，kJ/(kg·℃)，取为灰比热容，按表 8-10 查取；

τ——乳化团贴壁时间，s。

表 8-10 灰比热容

温度/℃	200	300	400	500	600	700	800	900	1000	1100	1200
c/[kJ/(kg·℃)]	0.846	0.879	0.899	0.917	0.933	0.946	0.959	0.971	0.984	0.996	1.004

前述各式中 v 为空截面速度（单位：m/s）。按上述方法求得的是单管放热系数。对垂直埋管，其放热系数是 $\psi_1\psi_2\alpha_d$，ψ_1 是考虑管中心距炉墙的距离 e 的影响系数，ψ_2 是考虑节距影响的系数。水平顺排管束的放热系数为 $\psi_3\alpha_d$，当纵向管排数超过 4 时，再将 ψ_3 减小 3%；水平叉排管束的放热系数为 $\psi_4\alpha_d$，同样，当纵向管排数超过 4 时，ψ_4 还需减小 4%～8%。ψ_1、ψ_2、ψ_3、ψ_4 的值由图 8-99 查取。

(3) 辐射放热系数 α_f 辐射放热系数 α_f 由下式计算：

$$\alpha_f=\frac{5.673\times10^{-8}}{\left(\frac{1}{a_w}+\frac{1}{a_f}\right)-1}\frac{T_f^4-T_w^4}{T_f-T_w} \tag{8-43}$$

式中 α_f——辐射放热系数，$W/(m^2\cdot K)$；

T_f、T_w——床温和埋管壁温，K；

a_f、a_w——鼓泡床黑度和管壁的黑度。

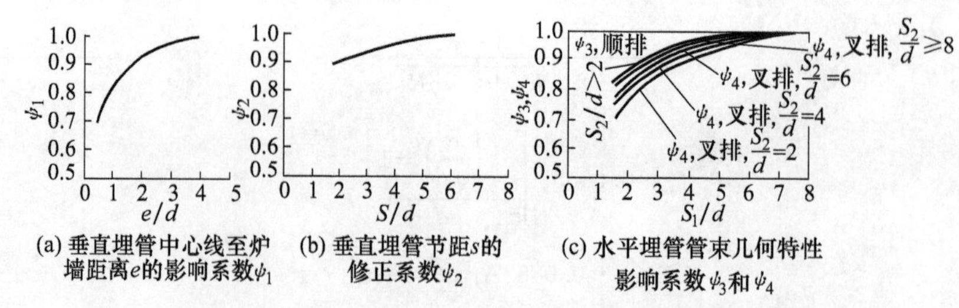

图 8-99 修正系数 ψ_1、ψ_2、ψ_3 和 ψ_4（e＝管中心线至炉墙的距离）

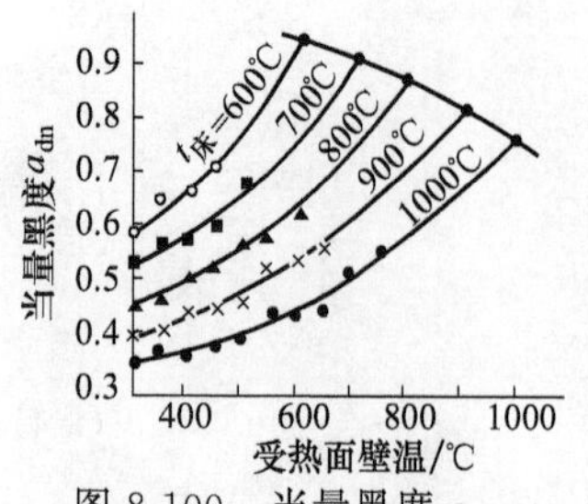

图 8-100 当量黑度 a_{dn}

由于鼓泡床黑度难以确定，因此可用 Baskakov 提出的当量黑度 a_{dn} 来代替系统黑度，a_{dn} 由图 8-100 查得。

(4) 密相区总传热系数 总传热系数 K 按下式计算：

$$K=\alpha_d+\alpha_f \tag{8-44}$$

式中 K——总传热系数，W/(m^2·K)。

八、循环流化床锅炉燃烧室中的传热特性

为了正确设计和运转循环流化床锅炉，必须掌握循环流化床燃烧室中的传热规律，正确确定燃烧室内的传热系数。但是，由于循环流化床锅炉燃烧室内的流动工况和传热工况的复杂性以及测试难度，同时关系到商业机密，相关报道不多。至今对于循环流化床锅炉燃烧室内总传热系数的确定尚无统一的方法。

循环流化床锅炉的燃烧室通常可分为下部的密相区和上部的稀相区。一般在稀相区布置水冷壁，而在密相区内布置耐火内衬。

对于燃烧室内的传热系数虽已进行了一系列研究，但对其计算或选用仍停留在经验的或半经验、半理论的基础上。

1. 燃烧室总传热系数的实测值和经验关联式

实测表明，循环流化床锅炉在铺设耐火层以上的燃烧室总传热系数约为 150～250W/(m^2·℃)。各制造厂家有的就根据本厂设计制造经验，在上述范围内选定总传热系数，再进行锅炉设计。

图 8-101 为浙江大学对一台 200t/h Pyroflow 型循环流化床锅炉的燃烧室传热系数进行测定的结果。这台锅炉的燃烧室尺寸和运行参数可参见表 8-11。图 8-102 为 Wang 等对一台 465t/h 循环流化床锅炉的燃烧室内的传热系数进行测定的结果。这台锅炉的燃烧室尺寸和运行参数可参见表 8-11。

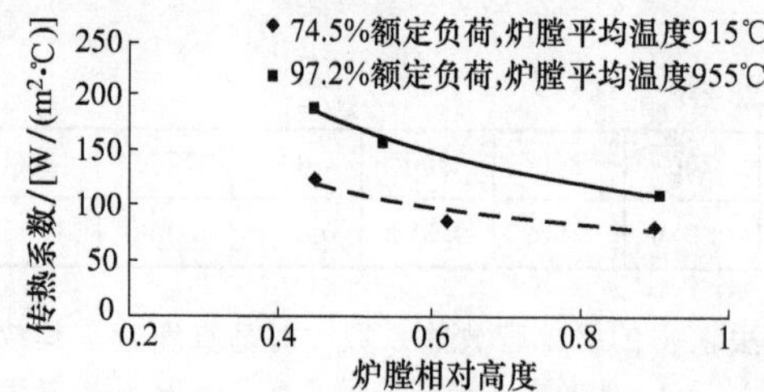

图 8-101 220t/h 循环流化床锅炉燃烧室传热系数沿燃烧室相对高度变化的测试结果

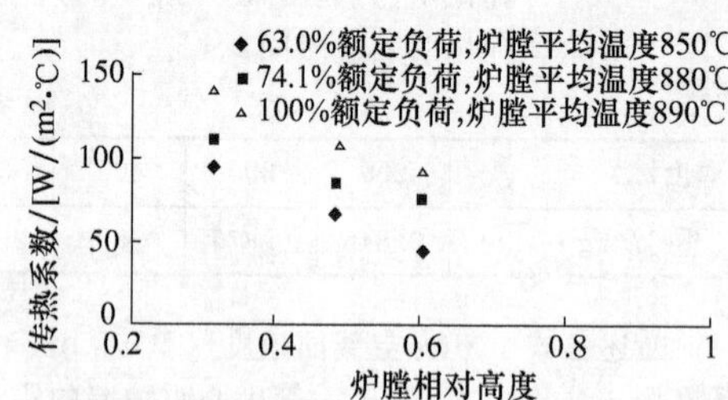

图 8-102 465t/h 循环流化床锅炉燃烧室传热系数的测试结果

图 8-103 为程乐鸣绘制的一台配 165MW 机组的循环流化床锅炉燃烧室内的传热系数测定曲线。图中横坐标为颗粒浓度。颗粒浓度增大表明燃烧室高度降低。这台锅炉的结构示于图 8-104。

图 8-104 所示锅炉的燃烧室尺寸和运行参数可参见表 8-11。图中，燃烧室下部水冷壁敷有耐火材料。第一级过热器为 Omega 屏式结构。布置在燃烧室上部的垂直屏式受热面中一部分为第二级过热器，另一部分为蒸发受热面。

由程乐鸣等统计得出的部分循环流化床锅炉燃烧室内测得的传热系数值列于表 8-11。

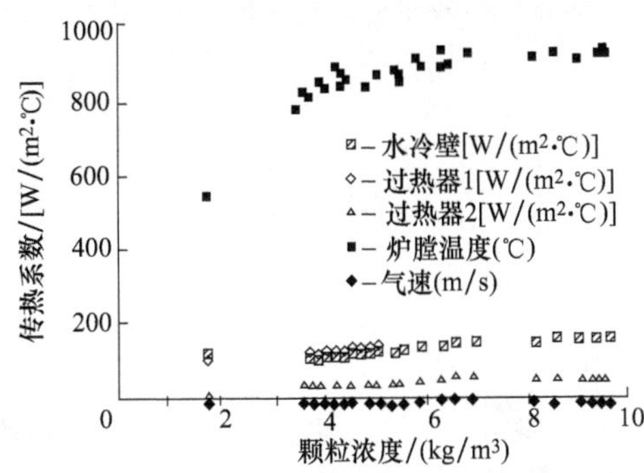

图 8-103 配 165MW 机组的循环流化床锅炉燃烧室内传热系数测试结果

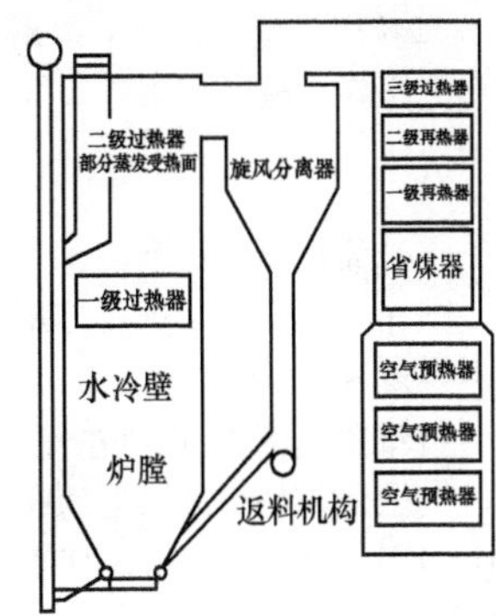

图 8-104 配 165MW 机组的循环流化床锅炉的结构

表 8-12 所示为 Golriz 等统计列出的大型循环流化床锅炉燃烧室中传热系数的经验关联式。表中所列的经验关联式大多以 $K=aC^b$ 的形式表示。但床温的增高必然会使辐射换热增大，同时还使床内气体热导率增大，从而会使总传热系数提高。因而，目前一般将燃烧室内总传热系数 K 的经验关联式表达为：

$$K=aC^bT_r^c \tag{8-45}$$

式中 a、b、c——经验常数；

C——固体颗粒平均浓度，kg/m³；

T_r——平均床温，K。

表 8-11 部分循环流化床锅炉燃烧室内传热系数范围

厂 址	功率/MW	传热系数/[W/(m²·℃)]	燃烧室尺寸(长×宽×高)/m	燃烧室风速/(m/s)	燃烧室温度/℃
瑞典 Chalmers	12	100～160	1.7×1.7×13.5	1.8～6.1	640～880
法国 Carling	125	90～160	8.6×11×33	—	850
加拿大 Chatham	72	170～220	3.96×3.96×23	6.4	875
加拿大	165	110～170	7×18×36	4.6～5.2	800～950
中国扬中	50	～168	5.45×2.9×21	5.8～6.1	950
中国建江	50	150～300	3×6×20	约 5.1	920
中国杭州	50	113～195	5.5×8.94×26	5.0	900～970
中国山东	135	93～140	6.6×13.1×38	5.2～5.9	800～930

表 8-12 循环流化床燃烧室传热系数的部分经验关联式

研究人员	传热系数 K 的经验关联式 K/[W/(m²·℃)]	燃烧室颗粒平均浓度 C/(kg/m³)	燃烧室温度 T_r/℃
Andersson 等(1992)	$K=30C^{0.5}$	5～80	750～895
Golriz 等(1994)	$K=88+9.45C^{0.5}$	7～70	800～850
Basu 等(1996)	$K=40C^{0.5}$	5～20	750～850
Andersson(1996)	$K=70C^{0.085}$	>2	637～883
	$K=58C^{0.36}$	≤2	

2. 燃烧室总传热系数的计算模型方法（环-核结构流动模型）

循环流化床锅炉的燃烧室总传热系数也可通过传热理论计算模型得到。研究表明，在布置水冷壁的燃烧室稀相区中，沿燃烧室横断面可分为两个区：一个为位于燃烧室中部的核心区；另一个为核心区与燃烧室壁面之间形成的环形区。在核心区内低颗粒浓度的气固混合物以较高速度向上流动，而在环形区内颗粒浓度较高并汇集成颗粒团沿壁面慢速下滑离散，但气体仍向上流动。在稀相区中截面平均固体颗粒体积份额 $\bar{\varepsilon}_s$ 按式（8-46）沿燃烧室高度呈指数曲线衰减。

$$\bar{\varepsilon}_s=\varepsilon_1+(\varepsilon_a-\varepsilon_1)e^{-az} \tag{8-46}$$

式中 $\bar{\varepsilon}_s$——截面平均固体颗粒体积份额；

ε_a——在 0.16～0.4 之间，流化风速高时取高值；

ε_1——取 0.01；

a——与流化风速 v_0 成正比，可按 $av_0=4$ 计算；

z——燃烧室密相区以上的高度，m。

循环流化床锅炉燃烧室中烟气和固体颗粒向水冷壁的传热由颗粒团对流传热分量、颗粒分散相的对流传热分量、颗粒团辐射传热分量和颗粒分散相辐射传热分量四部分组成。总传热系数 K 可由下式表示：

$$K=\delta_p\alpha_{pd}+(1-\delta_p)\alpha_{gd}+\delta_p\alpha_{pf}+(1-\delta_p)\alpha_{gf} \tag{8-47}$$

式中 K——总传热系数，W/(m^2·℃)；

δ_p——颗粒团覆盖壁面面积的平均百分率；

α_{pd}——颗粒团的对流换热系数，W/(m^2·℃)；

α_{gd}——颗粒分散相的对流换热系数，W/(m^2·℃)；

α_{pf}——颗粒团辐射换热系数，W/(m^2·℃)；

α_{gf}——颗粒分散相的辐射换热系数，W/(m^2·℃)。

式（8-46）中的颗粒团覆盖壁面面积的平均百分率 δ_p 与截面平均固体颗粒体积份额 $\bar{\varepsilon}_s$ 有关，可按下列经验式求得：

$$\delta_p=3.5\bar{\varepsilon}_s^{0.37} \tag{8-48}$$

(1) 颗粒团对流换热系数 α_{pd} 的计算方法 式（8-47）中的 α_{pd} 可由下式计算：

$$\alpha_{pd}=\frac{1}{\left(\dfrac{1}{\alpha_w}+\dfrac{1}{\alpha_e}\right)} \tag{8-49}$$

$$\frac{1}{\alpha_w}=\frac{d_p}{n\lambda_g} \tag{8-50}$$

$$\alpha_e=\sqrt{\frac{4\lambda_{pa}\rho_{pa}c_{pa}}{\pi\tau_{pa}}} \tag{8-51}$$

式中 α_w——颗粒团与壁面的接触换热系数，按式（8-50）计算，W/(m^2·℃)；

α_e——颗粒团自身换热系数，按式（8-51）计算，W/(m^2·℃)；

n——系数，可取 2.5；

λ_g——烟气热导率，W/(m·℃)；

d_p——固体颗粒平均直径，m；

λ_{pa}——颗粒团的热导率，W/(m·℃)；

ρ_{pa}——颗粒团密度，kg/m^3；

c_{pa}——颗粒团的定压比热容，J/(kg·℃)；

τ_{pa}——颗粒团贴壁时间，s。

颗粒团的定压比热容 c_{pa} 可按下式计算：

$$c_{pa}=c_{pp}\varepsilon_{sa}\frac{\rho_p}{\rho_{pa}}+c_{pg}(1-\varepsilon_{sa})\frac{\rho_g}{\rho_{pa}} \tag{8-52}$$

式中 c_{pp}、c_{pg}——颗粒、气体的定压比热容，J/(kg·℃)；

ε_{sa}——颗粒团内的颗粒体积份额；

ρ_p、ρ_g——颗粒、气体的密度，kg/m^3。

颗粒团密度 ρ_{pa} 可按下式计算：

$$\rho_{pa}=\rho_p\varepsilon_{sa}+\rho_g(1-\varepsilon_{sa}) \tag{8-53}$$

颗粒团内的颗粒体积份额 ε_{sa} 可按 Lints 关系式计算：

$$\varepsilon_{sa}=1.23\bar{\varepsilon}_s^{0.54} \tag{8-54}$$

颗粒团的热导率 λ_{pa} 可按下列 Gelperin 关系式计算：

$$\lambda_{pa}=\lambda_g\left[1+\frac{\varepsilon_{sa}\left(1-\frac{\lambda_g}{\lambda_p}\right)}{\frac{\lambda_g}{\lambda_p}+0.28(1-\varepsilon_{sa})^{0.63a}}\right] \tag{8-55}$$

式中，$a=(\lambda_g/\lambda_p)^{-0.18}$。

式（8-50）中的颗粒团贴壁时间可由式（8-56）和式（8-57）联合解得。

Glicksman 认为颗粒团进入环形区贴壁后加速下滑，达到最大速度 v_{max} 后离开壁面。颗粒团的贴壁下滑时间 τ_{pa} 与下滑距离 L 之间的关系可表示为：

$$L=\frac{v_{max}^2}{g}\left[\exp\left(\frac{-g\tau_{pa}}{v_{max}}\right)-1\right]+v_{max}\tau_{pa} \tag{8-56}$$

Glicksman 测得的 v_{max} 值为 1.26m/s 左右。

颗粒团沿壁面下滑距离根据 Wu 的研究可采用下式计算：

$$L=0.0178C^{0.596} \tag{8-57}$$

式中 C——燃烧室内截面平均颗粒浓度，kg/m^3。

(2) 颗粒分散相的对流换热系数 α_{gd} 计算方法 壁面未被颗粒团覆盖的部分接受含有少量颗粒的气体对流换热。这种气固混合物称为固体颗粒分散相。其对流换热系数 α_{gd} 可应用 Wen 等得出的关系式计算：

$$\alpha_{gd}=\frac{\lambda_g}{\alpha_p}\frac{c_{pp}}{c_{pg}}\left(\frac{\rho_{dis}}{\rho_p}\right)^{0.3}\left(\frac{v_t^2}{gd_p}\right)^{0.21}Pr \tag{8-58}$$

式中 v_t——颗粒的终端速度，m/s；

d_p——颗粒直径，m；

ρ_{dis}——颗粒分散相的密度，kg/m^3；

Pr——普朗特数。

颗粒分散相的密度 ρ_{dis} 按下式计算：

$$\rho_{dis}=\varepsilon_{sc}\rho_p+(1-\varepsilon_{sc})\rho_g \tag{8-59}$$

式中 ε_{sc}——颗粒分散相内的颗粒体积份额，%，可取 0.001%。

(3) 颗粒团辐射换热系数 α_{pf} 的计算方法 颗粒团辐射换热系数 α_{pf} 可按下式计算：

$$\alpha_{pf}=\frac{\sigma(T_r^4-T_w^4)}{\left(\frac{1}{a_p}+\frac{1}{a_w}-1\right)(T_r-T_w)} \tag{8-60}$$

式中 σ——玻尔兹曼常数，W/(m^2·K^4)，取值 5.673×10^{-8}W/(m^2·K^4)；

T_r——燃烧室温度，K；

T_w——壁面温度，K；

a_p——颗粒团黑度；

a_w——壁面黑度。

Grace 得出的颗粒团黑度计算式为：

$$a_p=0.5(1+a_p') \tag{8-61}$$

式中 a_p'——颗粒黑度。

(4) 颗粒分散相的辐射换热系数 α_{gf} 的计算方法 颗粒分散相的辐射换热系数 α_{gf} 可按下式计算：

$$\alpha_{gf}=\frac{\sigma(T_r^4-T_w^4)}{\left(\frac{1}{a_d}+\frac{1}{a_w}-1\right)(T_r-T_w)} \tag{8-62}$$

$$a_d=\left[\frac{a_p'}{(1-a_p')B}\left(\frac{a_p'}{(1-a_p')B}+2\right)\right]^{0.5}-\frac{a_p'}{(1-a_p')B} \tag{8-63}$$

式中 a_d——颗粒分散相黑度，可按式（8-63）计算；

B——系数，取 0.5～0.667。

(5) **该传热系数的计算模型应用示例** 东南大学房德山等曾应用此计算模型针对一台 12MW 循环流化床锅炉的结构数据和运行参数进行了燃烧室的传热特性的仿真计算。循环流化床锅炉密相区布置耐火内衬，而水冷壁全布置在上部稀相区。因而其计算仅考虑了燃烧室内气固混合物与水冷壁的传热。

其计算结果示于图 8-105～图 8-108，图 8-105 所示为颗粒团覆盖壁面的份额 δ_p 随燃烧室高度的变化。

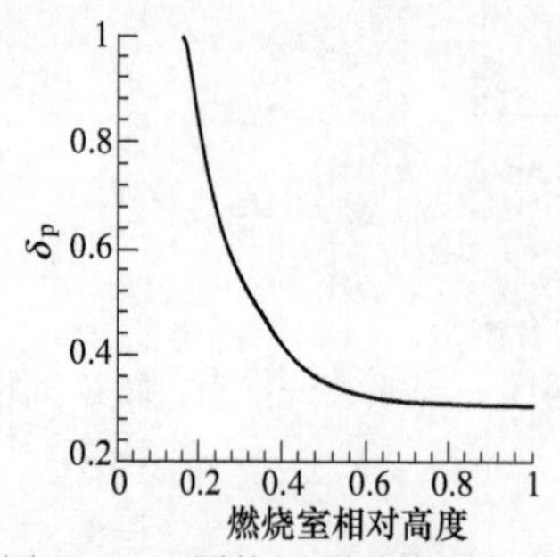

图 8-105 颗粒团覆盖壁面的份额随燃烧室相对高度的变化

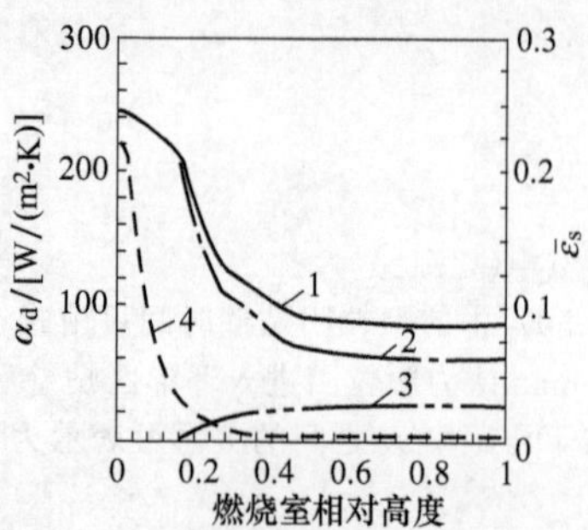

图 8-106 对流换热系数和截面平均颗粒体积份额随燃烧室相对高度的变化

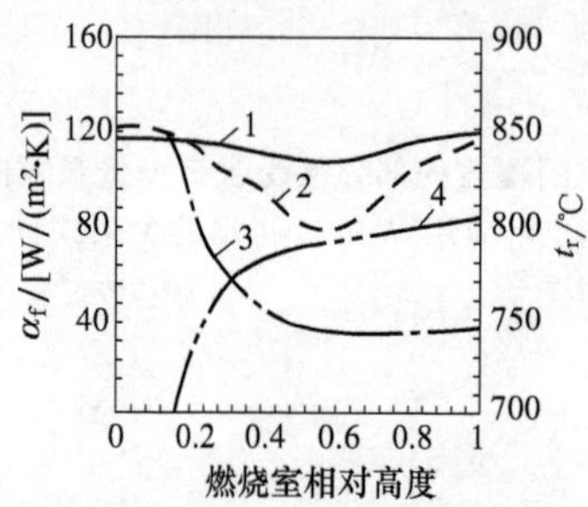

图 8-107 辐射换热系数和燃烧室温度随燃烧室相对高度的变化

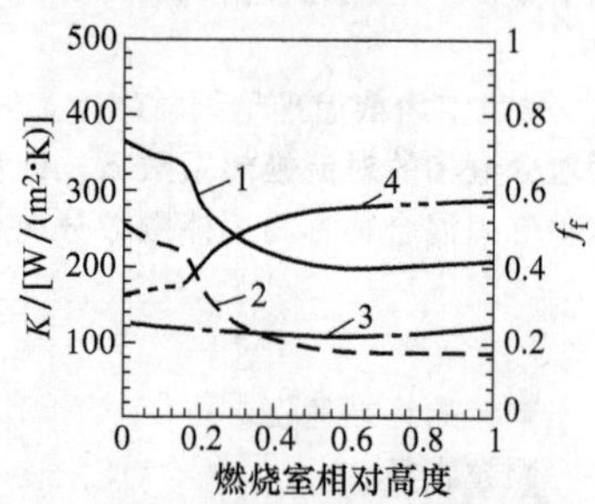

图 8-108 总传热系数 K 和辐射换热份额 f_f 随燃烧室相对高度的变化

图 8-106 所示为对流换热系数和截面平均颗粒体积份额随燃烧高度的变化。图 8-106 中，曲线 1 为考虑了颗粒团覆盖壁面的份额后的颗粒和气体总对流换热系数变化；曲线 2 为考虑了颗粒团覆盖壁面的份额后的颗粒对流换热系数变化；曲线 3 为考虑了颗粒团覆盖壁面的份额后的气体对流换热系数变化；曲线 4 为平均颗粒体积份额的变化曲线。

图 8-107 为辐射换热系数和燃烧室温度随燃烧室相对高度的变化。图中，曲线 1 为考虑了颗粒团覆盖壁面的份额后的颗粒和气体的总辐射换热系数的变化。曲线 2 为考虑了颗粒团覆盖壁面的份额后的燃烧室（环形区）温度随燃烧室相对高度的变化。曲线 3 和曲线 4 分别为考虑了颗粒团覆盖壁面的份额后的颗粒辐射换热系数和气体辐射换热系数的变化。

图 8-108 所示为总传热系数 K、总对流换热系数 α_d、总辐射换热系数 α_f 和辐射换热份额 f_f 随燃烧室相对高度的变化。图中，曲线 1 为考虑了颗粒团覆盖壁面份额后的总传热系数 K 的变化。曲线 2 和曲线 3 为考虑颗粒团覆盖壁面份额后的总对流换热系数和总辐射换热系数的变化。曲线 4 为辐射换热系数占总传热系数的份额 f_f 的变化。

该仿真计算表明，循环流化床锅炉燃烧室的对流换热系数随燃烧室高度的增加而减小，辐射换热系数则变化不大。对流换热中的主要份额为颗粒团的对流换热。截面平均颗粒体积份额是影响对流换热的主要因素。在燃烧室下部的辐射换热主要是由于颗粒团的辐射换热。在稀相区辐射换热主要是由于颗粒分散相的辐射换热。辐射换热系数的大小与燃烧室温度密切相关。辐射换热系数占总传热系数的份额随燃烧室高度的增加而增大。

3. 燃烧室总传热系数的计算方法

清华大学在国内外学者对循环流化床锅炉燃烧室内流动和换热研究基础上提出了一种计算这种锅炉燃烧室内总传热系数 K 和受热面吸热量 Q 的计算方法。

循环流化床燃烧室受热面的吸热量为：

$$Q=KH_t\Delta T \tag{8-64}$$

式中 K——总传热系数，W/(m²·K)；

Q——总传热量，W；

ΔT——温差，K，按式（8-65）计算；

H_t——烟气侧总面积，m^2。

温差 ΔT 计算式为：

$$\Delta T = T_r - T_f \tag{8-65}$$

式中　T_r——床侧温度，K；

T_f——工质温度，K。

基于烟气侧总面积的传热系数 K 可写作：

$$K = \frac{1}{\frac{1}{\alpha_{bn}} + \frac{1}{\alpha_2}\frac{H_t}{H_f} + \varepsilon_{as} + \frac{\delta_1}{\lambda}} \tag{8-66}$$

式中　α_{bn}——床向壁面总表面积的名义换热系数，按式（8-73）计算，W/(m^2・K)；

α_2——工质侧换热系数，按前述相关资料求取，W/(m^2・K)；

H_f——工质侧换热面积，m^2；

ε_{as}——附加热阻，壁面污染和附加耐火层热阻，(m^2・K)/W；

δ_1——管壁厚，m；

λ——受热面金属热导率，W/(m・K)。

ε_{as} 按下式计算：

$$\varepsilon_{as} = \varepsilon_s + \frac{\delta_a}{\lambda_a} \tag{8-67}$$

式中　ε_s——受热面污染系数，(m^2・K)/W；

δ_a——受热面耐火层厚度，m；

λ_a——耐火层热导率，W/(m・K)。

λ_a 按下式计算：

$$\lambda_a = \alpha_0 + \alpha_1 \overline{T}_a \tag{8-68}$$

式中　α_0——与耐火材料相关的系数，W/(m・K)，可查有关数据，对循环流化床锅炉可取 2.5×10^{-3} W/(m・K)；

α_1——与耐火材料有关的系数，W/(m・K^2)，可查有关资料，对循环流化床锅炉可取 2.5×10^{-7} W/(m・K^2)；

$\overline{T}_a$——耐火层平均温度，K。

$\overline{T}_a$ 可按下式计算：

$$\overline{T}_a = \frac{T_r + T_w}{2} \tag{8-69}$$

式中　T_r——床侧温度，K；

T_w——受热面壁温，K。

受热面壁温在床温在 750～950℃ 的循环流化床条件下可按下式计算：

$$T_w = T_f + \Delta T_w \tag{8-70}$$

式中　ΔT_w——受热面管壁外侧温度与内侧工质温度之差，K。

温差 ΔT_w 可按下式计算：

$$\Delta T_w = 0.7(T_r - T_f)N\left(\frac{H_{fin}}{H_f}\right)^{\varpi}\frac{1000}{\alpha_2} \tag{8-71}$$

式中　H_{fin}——鳍片面积，m^2；

N——与受热面受热工况相关的系数，单面受热时 $N=1$，双面受热时 $N=2$；

ϖ——与材料有关系数，对合金钢 $\varpi=1$，对碳钢 $\varpi=0.4$。

受热面金属热导率 λ 按下式计算：

$$\lambda = b_0 + b_1 \overline{T}_w \tag{8-72}$$

式中　b_0、b_1——与所用金属材料有关的系数，可查相关资料求得，两者单位相应为 W/(m・K) 和 W/(m・K^2)；

$\overline{T}_w$——壁面平均温度，K，等于 $(T_w+T_f)/2$。

名义换热系数 α_{bn} 受管子节距、鳍片厚度、壁面污染情况的影响，按下式计算：

$$\alpha_{bn}=\left[\frac{H_{fin}}{H_t}\eta+\frac{H_{cn}}{H_t}\right]\frac{\alpha_b}{1+\varepsilon_s\alpha_b} \tag{8-73}$$

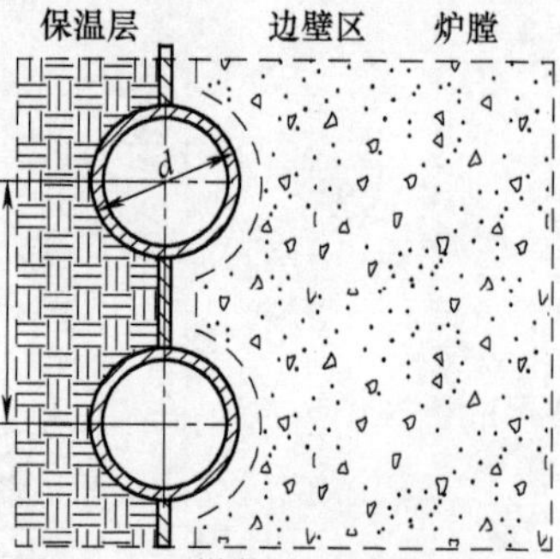

式中 α_b——床侧换热系数，W/(m^2·K)；

η——鳍片利用系数；

H_{cn}——光管面积，m^2。

保温层 边壁区 炉膛

图 8-109 燃烧室受热面结构

在图 8-109 所示的燃烧室受热面结构中，各受热面之间存在下列关系：

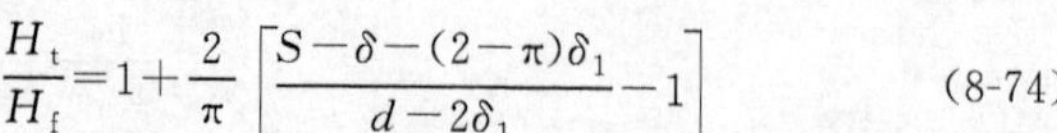

$$\frac{H_t}{H_f}=1+\frac{2}{\pi}\left[\frac{S-\delta-(2-\pi)\delta_1}{d-2\delta_1}-1\right] \tag{8-74}$$

$$\frac{H_{fin}}{H_t}=\frac{S-d}{S-\delta+\left(\frac{\pi}{2}-1\right)d} \tag{8-75}$$

$$\frac{H_{cn}}{H_t}=\frac{\frac{\pi}{2}d-\delta}{S-\delta+\left(\frac{\pi}{2}-1\right)d} \tag{8-76}$$

式中 S——管节距，m；

δ——鳍片厚度，m。

鳍片利用系数 η 为：

$$\eta=\frac{\mathrm{th}(\beta h')}{\beta h'} \tag{8-77}$$

$$\beta=\left[\frac{N\alpha_b}{\delta\lambda(1+\varepsilon_s\alpha_b)}\right]^{0.5} \tag{8-78}$$

式中 β——与受热、鳍片结构尺寸及材料有关的系数，按式 (8-78) 计算；

h'——鳍片有效高度，按式 (8-79) 计算，m。

实际鳍片高度为：

$$h=\frac{S-d}{2} \tag{8-79}$$

鳍片有效高度：

$$h'=\frac{0.8h\ \exp\left(\frac{S}{5d}\right)}{\sqrt{N}} \tag{8-80}$$

式 (8-73) 中的床侧换热系数 α_b 可按下式计算：

$$\alpha_b=\frac{H_p}{H_t}\alpha_f+\alpha_d \tag{8-81}$$

式中 α_f——辐射换热系数，W/(m^2·K)；

α_d——对流换热系数，W/(m^2·K)；

H_p——烟气侧换热面投影面积，m^2；

H_t——烟气侧换热面积，m^2。

在式 (8-80) 中，H_p/H_t 按下式计算：

$$\frac{H_p}{H_t}=\frac{S}{S-d+\frac{\pi}{2}d-\delta} \tag{8-82}$$

辐射换热系数 α_f 按下式计算：

$$\alpha_f=a\sigma(T_r+T_w)(T_r^2+T_w^2) \tag{8-83}$$

式中 σ——玻尔兹曼常数，W/(m^2·K^4)；

a——床与壁之间的系统黑度。

系统黑度 a 按下式计算：

$$a=\frac{1}{\frac{1}{a_r}+\frac{1}{a_w}-1} \tag{8-84}$$

$$a_r=a_p+a_g-a_pa_g \tag{8-85}$$

式中 a_r——床层黑度，包括气体黑度 a_g 和固体物料黑度 a_p，按式（8-85）计算；

a_w——壁面黑度，为 0.5～0.8。

固体物料黑度 a_p 按下式计算：

$$a_p=\left[\frac{a_{ps}}{(1-a_{ps})B}\left(\frac{a_{ps}}{(1-a_{ps})B}+2\right)\right]^{0.5}-\frac{a_{ps}}{(1-a_{ps})B} \tag{8-86}$$

$$a_{ps}=1-\exp(-C_aC^{n_1}) \tag{8-87}$$

式中 B——系数，0.5～0.667；

a_{ps}——物料表面平均黑度，按式（8-87）计算；

C_a——常数，等取值 0.1～0.2；

C——颗粒浓度，kg/m^3。

烟气黑度 a_g 按下式计算：

$$a_g=1-\exp(1-kpS) \tag{8-88}$$

$$k=\left(\frac{0.55+2r_{H_2O}}{\sqrt{S}}-0.1\right)\left(1-\frac{T_r}{2000}\right)r_\Sigma \tag{8-89}$$

式中 p——燃烧室烟气压力，MPa；

S——烟气辐射层厚度，m；

k——烟气辐射减弱系数，按式（8-89）计算；

r_{H_2O}——烟气中水蒸气份额；

r_Σ——烟气中三原子气体份额；

S——烟气辐射层厚度，m。

在循环流化床锅炉燃烧室中，贴壁的颗粒团形成的边壁层厚度随布风板高度增加而变小，烟气辐射发生在边壁层中，辐射层厚度（S）也随燃烧高度增加而变小，且与床直径有关。S 值可按下式计算：

$$\frac{S}{d_0}=0.55Re_0^{-0.22}\left(\frac{z_0}{d_0}\right)^{0.21}\left(\frac{z_0-z}{z_0}\right)^{0.73} \tag{8-90}$$

$$Re_0=\frac{vd_0}{\nu_g} \tag{8-91}$$

$$d_0=\frac{2x_0y_0}{x_0+y_0} \tag{8-92}$$

式中 z_0——从布风板到床体顶部的距离，m；

z——计算点距离布风板的高度，m；

v——近壁区烟气速度，m/s；

d_0——燃烧室当量直径，m；

ν_g——烟气运动黏度，m^2/s；

x_0——燃烧室截面宽度，m；

y_0——燃烧室截面深度，m。

式（8-81）中的对流换热系数 α_d 由烟气对流换热系数和颗粒对流换热系数两部分组成，即：

$$\alpha_d=\alpha_d^g+\alpha_d^p \tag{8-93}$$

$$\alpha_d^g=C^gv^{0.7} \tag{8-94}$$

$$\alpha_d^p=C^pv^m\alpha_d^{p_0} \tag{8-95}$$

$$C^p=0.3\{1-\exp[-0.3065\exp(0.21C)]\} \tag{8-96}$$

式中 α_d^g——烟气对流换热系数，$W/(m^2 \cdot K)$；

α_d^p——颗粒对流换热系数，$W/(m^2 \cdot K)$；

C^g——系数，等取值 2～3；

v——流化速度，m/s；

C^{p}——系数，按式（8-96）计算；

m——流化速度影响系数，取为0.5；

$\alpha_{d}^{p_0}$——初始流态条件下颗粒对流理论换热系数，其值与颗粒粒度、温度及受热面布置有关；

C——颗粒浓度，kg/m^3。

应用上述方法可计算燃烧室局部地区的传热系数，如已知颗粒浓度的分布规律，则可算得床侧传热系数的分布。

在循环流化床锅炉燃烧室中，随燃烧室高度增加，颗粒浓度 C 一般呈指数下降，即：

$$C=a\frac{G_s}{v}\exp\left(-b\frac{z}{z_0}\right) \tag{8-97}$$

式中 C——颗粒物料浓度，kg/m^3；

z_0——燃烧室总高度，m；

z——计算部位高度，m；

v——烟气流速，m/s；

G_s——基于稀相区床面积的颗粒物料循环流率，kg/(m^2·s)；

a、b——系数。

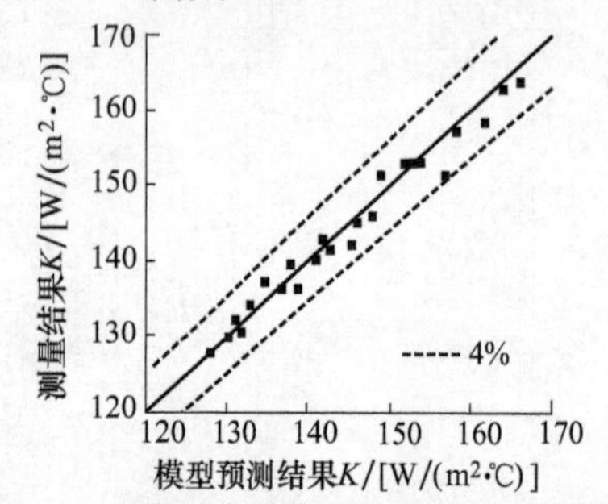

图 8-110 循环流化床锅炉燃烧室向壁传热系数 K 的计算结果与测量结果的比较

对式（8-97）积分可得平均颗粒物料浓度 $\overline{C}$：

$$\overline{C}=\int_0^1 Cd\left(\frac{z}{z_0}\right) \tag{8-98}$$

对于某个受热面，可以根据其所在区域的平均固体颗粒物料浓度来预测受热面的平均传热系数。利用这一计算方法曾对16台运行的循环流化床锅炉燃烧室受热面的传热系数进行预测计算，再与运行结合比较。比较结果示于图8-110，绝大多数误差在4%以内，最大误差小于5%。预测的受热面包括水冷壁、水冷屏、过热器/再热器屏；受热面材料有碳钢和合金钢；管子规格和节距包括 ϕ38×5-50、ϕ42×5-50、ϕ38×6-50、ϕ42×6-60、ϕ51×5-80、ϕ51×5-100、ϕ60×5-80、ϕ60×5-100。

第四节 流化床锅炉主要换热部件的设计

一、鼓泡流化床锅炉的燃烧室设计

鼓泡流化床锅炉的燃烧设备主要由燃烧室、布风装置和风室组成。有关布风装置和风室的结构与设计可参见本章第二节相关部分。

我国鼓泡流化床锅炉的燃烧室结构主要有倒锥形（见图8-111）和柱体形（见图8-112）两种。表8-13示有部分鼓泡流化床锅炉燃烧室的主要尺寸。

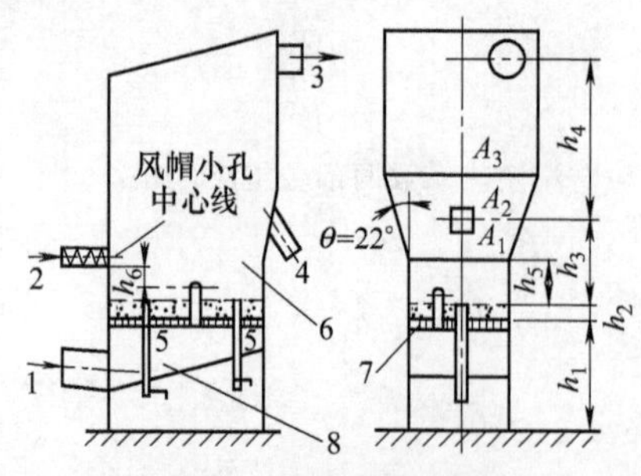

图 8-111 倒锥形燃烧室结构

1—送风口；2—给煤机；3—燃烧室出口；4—灰渣溢流口；5—冷渣出渣口；6—燃烧室；7—布风装置；8—等压风室

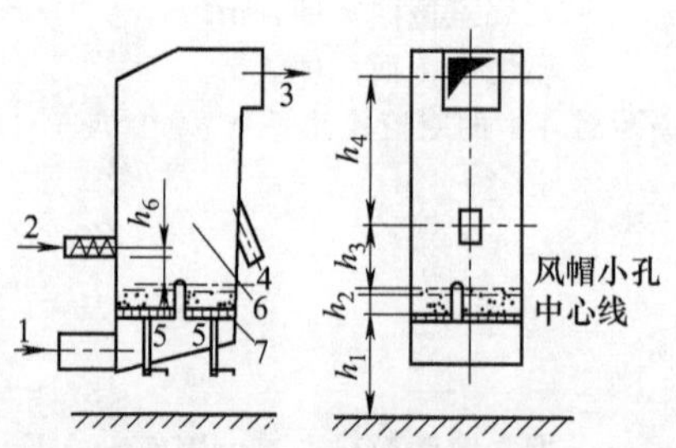

图 8-112 柱体形燃烧室结构

1—空气进口；2—给煤机；3—燃烧室出口；4—冷渣出渣管；5—等压风室；6—燃烧室；7—布风装置

鼓泡流化床锅炉燃烧室可分为位于下部的密相区（沸腾段）和位于密相区以上直到燃烧室出口的稀相区（悬浮段），由于沸腾段中埋管的传热方式与悬浮室内水冷壁的不同，在进行燃烧室内换热计算时，必须分别进行。其总传热系数 K 的计算方法可参见本章第三节相关部分。

鼓泡流化床锅炉燃烧室的传热计算任务在于求得沸腾段和悬浮段的出口烟气温度以及相应的埋管受热面和水冷壁的吸热量。

沸腾段的体积周界规定为：底部布风板耐火层表面、四周壁面或水冷壁中心线所在平面，顶部溢流口下沿以上 150mm 处的横断面。对于没有溢流口的场合，上表面取为静止料层高度的 2～2.4 倍处的横截面。

表 8-13　部分鼓泡流化床锅炉燃烧室的主要尺寸

符号	名　称	确定原则	推荐值/mm
h_1	布风板高度	根据锅炉容量、风室结构决定，并考虑除灰渣、检修方便	2200～6000
h_2	布风板保护层厚度	根据风帽高度而定	90～120
h_3	溢流口高度（沸腾段高度）	决定于静止料层的高度 h_0，一般对于 0～8mm 炉料，h_0=350～550mm	$h_3\approx(2\sim2.4)h_0$
h_4	悬浮段高度	应大于颗粒的自由分离高度(TDH)	3000～4000
h_5	垂直段高度	保证床料不分层，流化质量好	h_5 略大于 h_0
h_6	给煤口高度	布置在溢流口对面的炉墙上，使煤粒有足够的行程；使煤在床内能播散开，不结渣	≥300～400(正压给煤) h_3+(100～200)(负压给煤)
θ	倒锥角半角	应大于细颗粒的自然堆积角，保证上升气流不出现死区	≥10°

悬浮段的体积周界规定为：以沸腾段上表面为底面，燃烧室壁或水冷壁中心线所在平面为四面周界，悬浮室出口烟窗为出口截面所围成的空间。

图 8-113 为沸腾段中埋管的 3 种布置方式示意。图 8-114 为埋管防磨元件示意。

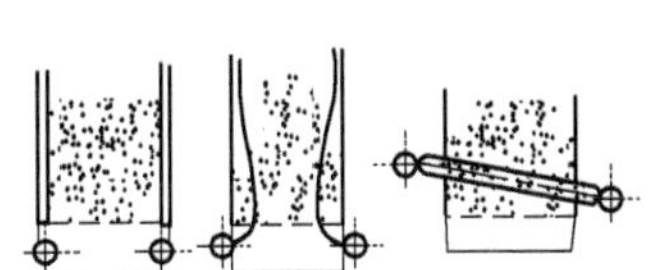

图 8-113　埋管布置方式示意

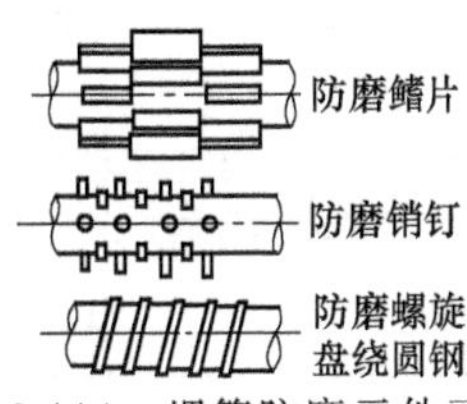

图 8-114　埋管防磨元件示意

对于受热面完全埋在床料中的情况，埋管受热面按管子外壁面积计算。对于部分埋入床料中的情况，换热面积按实际浸埋外表面计算。即：

$$F_m = n\pi dl \tag{8-99}$$

式中　d——埋管外直径，m；

n——埋管根数；

l——埋管浸埋长度，m。

埋管上如焊有各种防磨元件，应考虑其传热面积 ΔF_{fm}。对于焊有防磨鳍片和销钉的，可按下式计算：

$$\Delta F_{fm} = 0.3F_{fm} \tag{8-100}$$

式中　F_{fm}——防磨销钉或鳍片的总表面积，m^2。

此时埋管的总传热面积为：

$$F_{zm} = F_m + \Delta F_{fm} \tag{8-101}$$

沸腾段埋管的烟气侧热平衡可计算如下。由于进入沸腾段的燃料只有部分达到完全燃烧，因此定义沸腾段内燃料燃烧份额 δ 如下：

$$\delta = \frac{100-(q_{3ft}+q_{4ft})}{100-(q_3+q_4)} \tag{8-102}$$

式中　q_{3ft}——沸腾段的化学不完全燃烧损失百分数，%，由下列经验式确定：对石煤、无烟煤：$q_{3ft}=q_3+0.5$；对褐煤和Ⅰ类烟煤；$q_{3ft}=q_3+2$；

q_{4ft}——沸腾段的机械不完全燃烧损失百分数，%，$q_{4ft}=100-q_{3ft}-\delta(100-q_3-q_4)$。

由于燃料一部分是在沸腾段上空进行燃烧，所以沸腾段出口实际过量空气系数 α'_{ft} 大于名义沸腾段过量空气系数 α_{ft}，其关系如下：

$$\alpha'_{ft} = \frac{100-q_4}{100-q_{4ft}}\alpha_{ft} \tag{8-103}$$

沸腾段出口的烟气焓 I''_{ft} 应按实际过量空气系数 α'_{ft} 确定：

$$I''_{ft}=I_y^0+(\alpha'_{ft}-1)I_k^0+I_{fh} \tag{8-104}$$

I''_{ft} 是以沸腾段内 1kg 实际燃料量为基础计算的。沸腾段的进入燃烧室热量 Q_l 用下式求取：

$$Q_l=Q_r\frac{\delta(100-q_3-q_4)-q_{6yl}}{100-q_4} \tag{8-105}$$

式中 Q_r——锅炉输入热量；

q_{6yl}——溢流灰物理热损失百分数。

埋管受热面的烟气侧热平衡式为：

$$Q_m=\varphi B_j\left(Q_l-\frac{100-q_{4ft}}{100-q_4}I''_{ft}\right) \tag{8-106}$$

式中 Q_m——埋管受热面吸热量。

悬浮段受热面的吸热量 Q_{xf} 计算如下。从沸腾段逸出的固体和气体可燃物在悬浮段空间内进一步燃尽。相应于 1kg 计算燃料消耗量，带入悬浮段的热量包括沸腾段出口烟气焓和在悬浮段内进一步燃尽的可燃物所析出的热量，因此为：

$$Q'_{xf}=\frac{100-q_{4ft}}{100-q_4}I''_{ft}+\frac{Q_r}{100-q_4}(1-\delta)\left(100-q_3-q_4-\frac{q_{6yh}}{1-\delta}\right)+\Delta\alpha_{xf}I_k^0 \tag{8-107}$$

式中 Q'_{xf}——燃料带入悬浮段的热量，kJ/kg；

$\Delta\alpha_{xf}$——悬浮段漏风系数；

q_{6yh}——烟道灰物理热损失，如烟道灰不是从悬浮段分离下来，而是从对流烟道中分离出来，则取 $q_{6yh}=0$。

悬浮段受热面吸热量 Q_{xf} 的热平衡方程式为：

$$Q_{xf}=\varphi B_j(Q'_{xf}-I''_{xf}) \tag{8-108}$$

式中 I''_{xf}——悬浮段出口烟气焓，亦即鼓泡流化床锅炉燃烧室出口烟气焓。

鼓泡流化床锅炉燃烧室的部分热力特性数据列于表 8-14。

表 8-14 鼓泡流化床锅炉的热力特性数据

名 称	石煤或煤矸石			烟煤	无烟煤	褐煤
	Ⅰ类	Ⅱ类	Ⅲ类	Ⅰ类	Ⅰ、Ⅱ类	
沸腾层过量空气系数 α_{ft}	1.1～1.2			1.1～1.2	1.1.～1.2	1.1～1.2
沸腾层燃烧份额 δ	0.85～0.95			0.75～0.85	0.95～1.0	0.7～0.8
气体不完全燃烧热损失 q_3/%	0～1.0	0～1.5	0～1.5	0～1.5	0～1.0	0～1.5
固体不完全燃烧热损失 q_4/%	21～27	18～25	15～21	12～17	18～25	5～12
飞灰份额 a_{fh}	0.25～0.35	0.25～0.40	0.4～0.52	0.4～0.5	0.4～0.5	0.4～0.6
飞灰中可燃物含量 C_{fh}/%	8～13	10～19	11～19	15～20	20～40	10～20
每 100mm 料层厚的阻力 Δp_1/Pa	1000～1100			700～750	850～900	500～600
布风板下风压 p/Pa	5500～6500			5000～6500	4500～6500	5000～6000
沸腾床截面热负荷 q_F/(MW/m²)	1.5～2.8			1.5～2.8		
正常流化速度 v/(m/s)	(3.5～4.5)v_{lj}（v_{lj} 为临界流化速度）					

二、循环流化床锅炉的燃烧室设计

1. 循环流化床锅炉的理论和实际空气量计算

非循环流化床锅炉燃煤时所需的理论空气量可按第二章列出的计算式计算，即 1kg 燃料完全燃烧所需的理论空气量（标准状态）V^0 应为：

$$V^0=0.0889w(C_{ar})+0.265w(H_{ar})+0.0333w(S_{ar})-0.0333w(O_{ar}) \tag{8-109}$$

式中 V^0——1kg 固体燃料完全燃烧所需的理论空气量，m^3/kg；

$w(C_{ar})$、$w(H_{ar})$、$w(S_{ar})$ 和 $w(O_{ar})$——1kg 收到基固体燃料中，碳、氢、硫和氧的质量百分数，%。

如燃烧所需理论空气量用质量表示，则为：

$$L^0=1.293V^0=0.115w(C_{ar})+0.342w(H_{ar})+0.0431w(S_{ar})-0.0431w(O_{ar}) \tag{8-110}$$

式中 L^0——用质量表示的理论空气量，kg/kg。

在燃煤的循环流化床锅炉中，燃料一般含硫较多，需在燃烧时加入石灰石脱硫。石灰石加入燃烧室后，先经煅烧反应生成CaO，其反应式为：

$$CaCO_3 \longrightarrow CaO + CO_2 - 1830\ kJ/kg \tag{8-111}$$

此后，CaO经下列反应式吸收燃煤过程中的SO_2形成$CaSO_4$：

$$CaO + SO_2 + \frac{1}{2}O_2 \longrightarrow CaSO_4 + 15141kJ/kg \tag{8-112}$$

由式（8-111）可见，在硫化反应中也需要氧气。亦即，在用石灰石脱硫的循环流化床锅炉中，在理论空气量中还应增加因硫转化成$CaSO_4$所需的空气量。这部分所需的质量空气量按$0.0238w(S_{ar})$计算。

因此单位质量煤完全燃烧和脱硫所需的理论干燥空气量用质量表示应为：

$$L^0 = 0.115w(C_{ar}) + 0.342w(H_{ar}) + 0.0431w(S_{ar}) - 0.0431w(O_{ar}) + 0.0238w(S_{ar}) \tag{8-113}$$

用体积表示为：

$$V^0 = 0.0889w(C_{ar}) + 0.265w(H_{ar}) + 0.0333w(S_{ar}) - 0.0333w(O_{ar}) + 0.0184w(S_{ar}) \tag{8-114}$$

实际所需空气量应多于理论空气量，应等于理论空气量乘以过量空气系数α，即实际质量空气量L应为：

$$L = \alpha L^0 \tag{8-115}$$

实际体积空气量V应为：

$$V = \alpha V^0 \tag{8-116}$$

单位质量标准实际空气中水蒸气含量为0.010kg/kg，标准状态下，单位立方米干空气中所含水蒸气体积为$0.0161m^3/m^3$。据此，即可算出燃烧和脱硫过程中所需的实际湿空气量。

2. 循环流化床锅炉的理论和实际烟气量计算

如每千克燃料完全燃烧后产生的理论烟气量容积以V_y^0表示，烟气中的CO_2、H_2O、N_2和SO_2的容积分别以V_{CO_2}、V_{H_2O}、V_{N_2}和V_{SO_2}表示，则以容积表示的理论烟气量V_y^0可用下式计算：

$$V_y^0 = V_{CO_2} + V_{H_2O}^0 + V_{N_2}^0 + V_{SO_2} \tag{8-117}$$

式中　V_y^0——用容积表示的理论烟气量，m^3/kg。

每千克燃料中，所含$C_{ar}/100$（单位：kg）的碳所产生的CO_2容积V_{CO_2}按下式计算：

$$V_{CO_2} = 1.866 \times \frac{C_{ar}}{100} \tag{8-118}$$

脱硫剂中$CaCO_3$和$MgCO_3$煅烧时产生的额外CO_2容积按下式计算：

$$V_{CO_2} = 0.7 \times \frac{S_{ar}}{100} R(1 + 1.19x_{MgCO_3}/x_{CaCO_3}) \tag{8-119}$$

式中　x_{MgCO_3}——石灰石中$MgCO_3$的质量分数；

x_{CaCO_3}——石灰石中$CaCO_3$的质量分数；

R——锅炉进料中的钙硫摩尔比。

每千克燃料中，$S_{ar}/100$（单位：kg）的硫，如只有部分硫转化为$CaSO_4$，则烟气中的SO_2容积V_{SO_2}可按下式计算：

$$V_{SO_2} = 0.7 \times \frac{S_{ar}}{100}(1 - \eta_{sr}) \tag{8-120}$$

式中　η_{sr}——床内脱硫率。

烟气中的理论水蒸气容积$V_{H_2O}^0$来源于燃料中的水分（W_{ar}），石灰石中的水分、燃料中的氢（H_{ar}）燃烧生成的水蒸气容积和理论空气量V^0带入的水蒸气容积，（$V_{H_2O}^0$）可按下式计算：

$$V_{H_2O}^0 = 0.0124W_{ar} + 0.0124L_q x_q + 0.111H_{ar} + 0.0161V^0 \tag{8-121}$$

式中　x_q——石灰石中的水分质量分数；

L_q——单位质量煤脱硫所需的石灰石质量，kg/kg，按式（8-122）计算。

如煤中不含CaO，L_q按下式计算：

$$L_q = \frac{100S_{ar}/100}{32x_{CaCO_3}} R' \tag{8-122}$$

式中　R'——煤与脱硫剂给料中的钙硫摩尔比。

烟气中的氮气来自燃料和空气，其理论容积计算如下：

$$V_{N_2}^0=0.79V^0+0.008N_{ar} \tag{8-123}$$

在实际空气量工况下，燃料燃烧产生的实际烟气量 V_y 应为理论烟气量 V_y^0，过剩干空气量 $(\alpha-1)V^0$，随过剩干空气量带入的过剩水蒸气量 $0.0161(\alpha-1)V^0$ 和因硫未完全除去而留在烟气中的氧气之和。具体计算式为：

$$V_y=V_y^0+(\alpha-1)V^0+0.0161(\alpha-1)V^0+0.35(1-\eta_{sr})S_{ar}/200 \tag{8-124}$$

将以容积表示的实际烟气量中所含各气体项乘以相应的气体密度，可得到以质量表示的实际烟气量 G_y，计算式如下：

$$\begin{aligned}G_y=&L^0\alpha(1+0.01)-0.2315L^0+3.66\times\frac{C_{ar}}{100}+9\times\frac{H_{ar}}{100}\\&+\frac{W_{ar}}{100}+L_q x_q+\frac{N_{ar}}{100}+2.5\times\frac{S_{ar}}{100}(1-\eta_{sr})\\&+1.375\times\frac{S_{ar}}{100}R(1+x_{MgCO_3}/x_{CaCO_3})\end{aligned} \tag{8-125}$$

式中 G_y——实际质量烟气量，kg/kg。

烟气中还带有一部分煤灰或脱硫剂，称为飞灰。飞灰具有一定的焓值，在热力学计算中应加以考虑。每千克煤燃烧时产生的飞灰质量 G_{fa} 按下式计算：

$$G_{fa}=\alpha_{fa}\frac{A_{ar}}{100} \tag{8-126}$$

式中 G_{fa}——每千克煤燃烧时产生的飞灰质量，kg/kg；

$\frac{A_{ar}}{100}$——煤中灰分质量含量；

α_{fh}——飞灰份额，表示煤中灰分成为飞灰的份额，0.25～0.6。

3. 烟气焓的计算

实际燃烧产物，即烟气焓值 I_y 由理论燃烧烟气焓、过量空气焓及飞灰焓值三部分组成。具体计算方法可参见第二章相关部分。

4. 循环流化床锅炉的热平衡计算

循环流化床锅炉的热平衡表明送入锅炉的热量与输出锅炉的热量之间的平衡关系。通过热平衡分析和计算，可以确定锅炉效率和燃料消耗量。

在炉膛中加入脱硫剂的循环流化床锅炉中，其热量平衡可由式（8-127）表示：

$$Q_r=Q_1+Q_2+Q_3+Q_4+Q_5+Q_6+Q_7-Q_8 \tag{8-127}$$

式中 Q_r——送入锅炉的热量，kJ/kg；

Q_1——锅炉有效利用热量，kJ/kg；

Q_2——锅炉排烟热损失，kJ/kg；

Q_3——锅炉中气体未完全燃烧损失，kJ/kg；

Q_4——锅炉中固体未完全燃烧损失，kJ/kg；

Q_5——锅炉散热损失，kJ/kg；

Q_6——锅炉灰渣热物理损失，kJ/kg；

Q_7——脱硫剂煅烧吸热的热损失，kJ/kg；

Q_8——硫盐化放出的热量，kJ/kg。

如果以各项热量占总输入热量的百分数来表示热量平衡，则可由式（8-128）表示：

$$\sum_1^8 q_i=q_1+q_2+q_3+q_4+q_5+q_6+q_7-q_8=100 \tag{8-128}$$

式中，$q_i=\frac{Q_i}{Q_r}\times100,\%$，$i=1$，…，6。

锅炉热效率 η 表示锅炉中有效利用热量占锅炉总输入热量的百分比，因而可用下式计算：

$$\eta=\frac{Q_1}{Q_r}=q_1=100-(q_2+q_3+q_4+q_5+q_6+q_7-q_8) \tag{8-129}$$

(1) 送入锅炉的热量 Q_r 的计算 在不用外部热源加热空气的锅炉中，送入锅炉的热量按下式计算（以1kg固体燃料为基准）：

$$Q_r = Q_{arL} + i_r + i_q \tag{8-130}$$

式中　Q_{arL}——燃料的收到基低位发热量，kJ/kg；

i_r——燃料的物理显热，kJ/kg；

i_q——加入炉膛的脱硫剂的物理显热，kJ/kg。

燃料发热量应由氧弹测定。在不便测定或不需精确测定情况下，也可根据元素分析或工业分析结果用经验式近似算得。

国际上应用较多的根据元素分析计算燃料低位发热量的计算式为：

$$Q_{arL} = 339w(C_{ar}) + 1030w(H_{ar}) - 109[w(O_{ar}) - w(S_{ar})] - 25.1w(W_{ar}) \tag{8-131}$$

燃料的低位发热量表明其燃烧产物中水分已吸收气化潜热（约 2510kJ/kg）成气态时的发热量。如燃料燃烧产物中水分未吸收气化潜热，仍为液态时的燃料发热量则称为高位发热量。

燃料收到基低位发热量 Q_{arL} 和收到基高位发热量 Q_{arH} 之间的换算关系式为：

$$Q_{arL} = Q_{arH} - 25.1[9w(H_{ar}) + w(W_{ar})] \tag{8-132}$$

i_r 和 i_q 可分别按式（8-133）、式（8-134）计算：

$$i_r = c_r t_r \tag{8-133}$$

$$i_q = L_q c_q t_q \tag{8-134}$$

式中　c_r——燃料的比热容，kJ/(kg·℃)；

t_r——燃料温度，℃；

L_q——每千克煤固硫所需脱硫剂的质量，kg/kg；

c_q——脱硫剂比热容，kJ/(kg·℃)；

t_q——脱硫剂温度，℃。

（2）锅炉有效利用热量 Q_1 的计算　锅炉总的有效利用热量等于工质的总吸热量，即：

$$BQ_1 = D_{gq}(i_{gq} - i_{gs}) + D_{zq}(i''_{zq} - i'_{zq}) + D_{ps}(i_{ps} - i_{gs}) + Q_{qt} \tag{8-135}$$

式中　B——实际燃料消耗量，kg/s；

D_{gq}——过热蒸汽流量，kg/s；

i_{gq}——过热蒸汽的焓值，kJ/kg；

i_{gs}——给水焓值，kJ/kg；

D_{zq}——再热蒸汽流量，kg/s；

i'_{zq}——再热蒸汽进口焓值，kJ/kg；

i''_{zq}——再热蒸汽出口焓值，kJ/kg；

D_{ps}——排污水流量，kg/s；

Q_{qt}——其他有效利用热量，如送往用户的蒸汽或热水带走的热量，kW。

由于锅炉效率 $\eta = BQ_1/(BQ_r)$，BQ_1 可由式（8-135）算得，Q_r 可由式（8-130）算得，因而只要确定各项热损失 $q_2 \sim q_8$，按式（8-129）求出 η 后，即可得出实际燃料消耗量 B 值。并由式（8-135）求出每千克燃料的锅炉有效利用的热量 Q_1 值。

（3）锅炉排烟热损失 Q_2（或 q_2）的计算　锅炉排烟热损失是由于锅炉排烟温度比送入锅炉的冷空气温度高而造成的热损失，可按下式计算：

$$q_2 = \frac{Q_2}{Q_r} \times 100 = \frac{(I_{py} - \alpha_{py} I^0_{lk}) \times \dfrac{100 - q_4}{100}}{Q_r} \times 100, \% \tag{8-136}$$

式中　α_{py}——锅炉排烟处的过量空气系数；

I_{py}——排烟的焓值，kJ/kg；

I^0_{lk}——进入锅炉的冷空气焓，kJ/kg。

α_{py} 在设计时可按所选用的炉膛过量空气系数与烟气所流经的各部件的漏风系数迭加确定。I^0_{lk} 可按冷空气温度为 30℃确定。I_{py} 一般为低温空气预热器出口处的烟气焓值。式（8-136）中的（$100 - q_4$）/100 项是考虑机械不完全燃烧损失所作的修正。排烟温度高则排烟热损失大，锅炉效率低，但空气预热器尺寸小，锅炉造价减少。排烟温度低则情况相反，但排烟温度过低则尾部受热面低温腐蚀危险性增加。因此，排烟温度的选用应根据技术经济比较确定。循环流化床锅炉由于采用炉内脱硫，产生的 SO_3 少，设计时采用的排烟温度应比煤粉炉低得多。但通常，商用循环流化床锅炉的排烟温度仍采用较为保守的数值（130℃），以保证适宜的经济性与运行安全性。

（4）锅炉中气体未完全燃烧热损失 Q_3（或 q_3）的计算　这项热损失是由于燃烧产物中存在未燃尽可燃

气体 CO、H_2、CH_4 等而造成的热量损失。q_3 一般很小，在锅炉设计时按经验推荐值选取，对循环流化床锅炉 $q_3=0\sim0.5\%$。

(5) 锅炉中固体未完全燃烧热损失 Q_4（或 q_4）的计算 这项热损失是由于燃料中未燃尽炭随锅炉灰排出锅炉引起的热量损失。商用循环流化床锅炉的 q_4 一般为 0.5%～2.0%。炉膛高度大，旋风分离器分离效率高，则 q_4 损失减小。在运行中，如能测得燃用 1kg 煤所产生固体废料（灰、脱硫产物、炭等质量总和）中的质量含碳量 x_C，则 q_4 可按下式计算：

$$q_4=\frac{Q_4}{Q_r}\times100=\frac{328x_CL_T}{Q_r}\times100,\ \% \tag{8-137}$$

式中 L_T——每千克燃料燃烧产生的固体废料，kg/kg，其计算式见式（8-138）。

(6) 锅炉的散热损失 Q_5（或 q_5）的计算 锅炉的散热损失是由于锅炉炉墙、烟风管道、烟囱等向大气散热而造成的热量损失。循环流化床锅炉除有锅炉炉墙等锅炉主要散热部件外，还有旋风分离器和外置式换热器，因而其散热损失比煤粉炉大。其散热损失 q_5 一般为 0.2%～0.5%，设计时可从中选用。

(7) 锅炉的灰渣物理显热损失 Q_6（或 q_6）的计算 炉内脱硫的循环流化床锅炉中，灰渣由燃料中的灰含量和脱硫产物等组成。灰渣一部分由床内排放，一部分由袋式除尘器或静电除尘器收集后排放。前者约占全部灰渣的 10%～70%，温度和炉温相同；后者温度为 130℃左右，与排烟温度相近。灰渣物理显热损失 Q_6 即由这两部分灰渣量及其相应比热容和灰温的乘积之和构成，$q_6=\frac{Q_6}{Q_r}\times100$（单位：%）。

燃烧 1kg 固体燃料所产生的灰渣或固体废料 L_T 为：

$$L_T=L_w+\frac{A_{ar}}{100}(1-\eta_c)-x_{CaO} \tag{8-138}$$

式中 L_w——燃烧单位质量燃料产生的脱硫产物按式（8-137）计算，kg/kg；

$\frac{A_{ar}}{100}$——燃料的收到基灰分数；

η_c——燃烧效率；

x_{CaO}——单位质量燃料中 CaO 的百分含量。

脱硫产物 L_w 由硫酸钙、氧化钙、氧化镁和惰性物质组成，可按下式计算：

$$L_w=136\times\frac{\frac{S_{ar}}{100}}{32}\eta_{sr}+56\left(\frac{L_qx_{CaCO_3}}{100}-\frac{\frac{S_{ar}\eta_{sr}}{100}}{32}\right)+\frac{40L_qx_{MgCO_3}}{80}+L_qx_{in} \tag{8-139}$$

式中 x_{CaCO_3}——脱硫剂中的 $CaCO_3$ 质量分数；

x_{MgCO_3}——脱硫剂中的 $MgCO_3$ 质量分数；

x_{in}——脱硫剂中的惰性成分的质量分数；

η_{sr}——床内脱硫率；

L_q——单位质量燃料脱硫所需脱硫剂质量，kg/kg。

(8) 锅炉中脱硫剂煅烧吸热的热损失 Q_7（或 q_7）的计算 脱硫剂石灰石或白云石中均含有碳酸钙、碳酸镁和杂质。在炉膛内煅烧时，这两种碳酸盐煅烧成相应氧化物的反应过程均为吸热反应，从而造成热量损失。如脱硫剂中 $CaCO_3$ 的质量分数为 x_{CaCO_3}，$MgCO_3$ 的质量分数为 x_{MgCO_3}，则前者的煅烧热损失相对于燃用每千克燃料可按式（8-140）计算，后者可按式（8-141）计算：

$$q_{7CaCO_3}=\frac{Q_{7CaCO_3}}{Q_r}=\frac{x_{CaCO_3}L_q\times1830}{Q_r}\times100,\ \% \tag{8-140}$$

$$q_{7MgCO_3}=\frac{Q_{7MgCO_3}}{Q_r}=\frac{x_{MgCO_3}L_q\times1183}{Q_r}\times100,\ \% \tag{8-141}$$

(9) 硫盐化放出的热量 Q_8（或 q_8）的计算 硫盐化过程放出的热量 Q_8 可按下式计算：

$$q_8=\frac{Q_8}{Q_r}=\frac{\frac{\eta_{sr}S_{ar}}{100}\times15141}{Q_r}\times100,\ \% \tag{8-142}$$

5. **循环流化床锅炉的质量平衡**

循环流化床锅炉在运行时应使其固体物料保持质量平衡。输入循环流化床锅炉的主要固体物料为燃料和脱硫剂，有些情况还需加入些补充床料。在燃烧和脱硫过程中除形成烟气、释放热量外，形成的固体废料主要为燃料中的灰、脱硫产物和少量未燃尽的炭。烟气经各受热面进行热交换后通过除尘器经烟囱排出锅炉。固体废料则将在流化床排渣口、返料机构或外置式换热器排灰口、尾部烟道下部排灰口和袋式除尘器或静电除尘器出灰口排出。

为了使固体物料的给料系统和废料排出系统设计合理，必须掌握固体物料的进入量和进入部位，固体废料的排出量和排出部位。固体物料的进入部位集中在炉膛，进入量也可由前述计算式确定。固体废料的排出总量已可由前述计算式算得，但在各排出部分上的排出量分布由于受燃料品种、炉型、循环倍率、运行工况等因素的影响而较难确定。炉膛流化床排渣主要排除不能参加循环的大颗粒废料。否则，这些颗粒会积聚在布风板区域，影响流化和锅炉正常运行。外置式换热器排灰口排除一部分灰可减轻尾部受热面磨损和尾部除尘器负荷。尾部受热面及除尘器出灰口排出的主要是小颗粒细灰。在固体废料排出量分布资料不够的情况下，只好采用保守的设计方法。一般可将细灰收集和排出设备按固体废料总量设计，而将床内排渣设备按固体废料总量的一半设计。

6. **燃烧室(炉膛)主要热力参数的确定**

(1) 炉膛平均温度的确定 在循环流化床锅炉中，炉膛温度主要应保证燃烧效率高和脱硫剂脱硫效率高。此外还应保持 NO_x 等的排放较低。炉膛温度的选择和循环流化床锅炉的结构形式、燃料的品种等有关。在循环流化床锅炉炉膛中，由于运行风速较高，气固两相混合强烈，因而炉膛温度场远比煤粉炉均匀，上下温差不大。在 Lurgi 型或 Pyroflow 型高循环倍率循环流化床锅炉中，炉膛出口烟温只略低于或近似等于炉膛平均温度。在中循环倍率的 Circofluid 型循环流化床锅炉中，在炉膛密相区温度高，而在悬浮段由于布置了不少受热面，因而炉膛出口温度就降低不少。

一般循环流化床锅炉炉膛温度是按最佳脱硫温度和有利于抑制 NO_x 生成的温度（850℃）来选定的。对高硫分、高水分等不易燃烧的燃料，为了提高燃烧效率，可适当提高炉膛温度，但不宜超过 900℃。因而高循环倍率的循环流化床锅炉炉膛和中、低循环倍率循环流化床锅炉的炉膛密相区，其炉膛温度均在 850～900℃范围内选用。中、低循环倍率循环流化床锅炉的炉膛出口温度，则根据其悬浮段中布置受热面的多少而定。在 Circofluid 型锅炉中，其炉膛出口温度为 400℃。由于循环流化床锅炉炉膛温度远低于煤粉炉，因而使燃料灰分软化和燃料中碱金属升华引起的结渣、结灰等问题得以避免或大为减轻。

(2) 燃料、脱硫剂等的颗粒粒径确定 在循环流化床锅炉炉膛中存在各种固体颗粒。燃料颗粒的作用为着火燃烧，释放热量并产生灰粒和烟气。脱硫剂颗粒的作用为发生脱硫反应并生成脱硫废料。此外，还有为保持炉内存料量而加入炉内的惰性物料，如沙等。这些物料颗粒对于循环流化床锅炉的炉内传热，炉温均匀性起着重要的作用。为了保证循环流化床锅炉的正常运行，这些固体颗粒的粒径应保持在一定范围内。以煤粒为例，送入炉膛的煤粒粗细不一，其中终端速度小于气体速度的细煤粒将被气流带走，进入旋风分离器。如其粒径大于旋风分离器临界直径，则这些煤粒将被旋风分离器捕获，经回料器再次送入炉内。由此可见，只有粒径大于分离器临界直径和终端速度小于气流速度的较粗煤粒才在炉内多次循环并进行燃烧。小于分离器临界直径的细小煤粒应在一次经过炉膛时尽量燃尽以减少燃料损失。终端速度高于气体速度的粗大煤粒则滞留在炉内燃烧，随后，在其烧损或碎裂成细末后才被气流带出炉膛。因此，燃料颗粒尺寸应符合一定粒径范围的要求，此要求与炉型、煤种等有关。高灰燃料宜采用粒径尺寸较小的颗粒，如 Ahlstrom 公司对高灰燃料一般采用粒径小于 13mm 的颗粒，而对低灰燃料则采用粒径小于 20mm 的颗粒。对生物质燃料采用粒径小于 50mm 的颗粒。Lurgi 公司采用的燃料颗粒尺寸也与煤种有关，对高灰燃料，其燃料颗粒粒径小于 10mm，最佳粒径为 150～250μm。

石灰石等脱硫剂的颗粒尺寸一般应<1～2mm。脱硫剂粒径小则脱硫反应好，但过细则在其未充分反应前已被气流带入分离器，并经分离器逸出。其最适宜尺寸应在运行风速下能被气流带走，但又能在分离器中得到回收再回入炉膛，此尺寸可由计算确定（文献推荐，石灰石颗粒粒径一般为 0～2mm，大于 1mm 的比例应不大于 10%）。

在燃用无灰木柴或低灰分、低硫分燃料时，需要补加惰性物料，以增加循环物料。为了使循环流化床锅炉的物料循环得以正常运行，所补加的惰性物料颗粒尺寸应和炉内循环物料的颗粒尺寸大致相同。

物料颗粒尺寸的组成和分布对炉膛内沿炉高或其他各处的颗粒浓度和传热影响较大。颗粒尺寸确定不适宜，会影响锅炉燃烧、脱硫和出力。

(3) 炉膛运行风速和断面热负荷的确定 循环流化床锅炉的炉膛运行风速增高，则在其他情况相同时，炉膛横断面尺寸减小，炉膛断面热负荷增高。因而炉膛运行风速的确定是与炉膛断面热负荷的确定相关联的。

运行风速过小会影响循环流化床的正常流化运行，不利于燃烧和传热过程的进行且使锅炉尺寸增大。运行速度过大，则虽然炉膛横断面尺寸减小，但为了布置足够的炉膛受热面确保炉温，就需增加炉膛高度，使锅炉造价增大。此外，运行风速过高会使风机能耗增大和炉膛内受热面磨损增加。因此，必须根据燃用的燃料特性及其颗粒粒径分布选用一适宜的运行风速。一般运行风速在 5m/s 左右，断面热负荷为 3～4MW/m^2（文献推荐，冷态风速宜控制在 0.9～2.0m/s）。

(4) 循环倍率的确定 循环倍率的大小与炉膛中烟气所带固体颗粒浓度、炉内传热系数、受热面布置、燃料燃尽程度、脱硫效率、分离器效率、负荷调节范围、风机压头及耗电量、负荷调节范围以及受热面磨损等一系列问题有关。因而是循环流化床锅炉的设计和运行时的一个重要参数。

循环倍率增大，亦即增大循环物料量，可增加煤粒和脱硫剂颗粒在炉内的总停留时间，因而可提高燃烧效率和脱硫效率，并可增加炉内传热和受热面吸热量，但会使炉膛总阻力增大，使风机耗电增加，并使受热面磨损增加。至今，循环倍率的大小主要根据各制造厂家的炉型和制造经验确定。例如：Pyroflow 型循环流化床锅炉，其循环倍率一般为 25～40；Lurgi 型循环流化床锅炉，其循环倍率为 40 左右。这些均属高循环倍率型循环流化床锅炉。Circofluid 型循环流化床锅炉属于中循环倍率型，其循环倍率一般为 10～15，这是对于热值高、灰分少、水分少的煤的情况。对于多灰、多水分、低热值的煤，其循环倍率可低于 6。介于上述两者之间的煤，其循环倍率可取 6～10。对于质地很差的劣质煤，循环流化床锅炉的循环倍率可在 2～4 中选用［对我国目前所用宽筛分煤（0～10mm），文献推荐，在采用炉膛外循环时可选用循环倍率为 3～40，对低灰优质煤、石油焦用石灰石进行炉膛外循环的循环倍率宜选用 20 以上的］。

(5) 过量空气系数的确定 过量空气系数如选用过高，则将使锅炉排烟热损失增大，使锅炉热效率降低。如选用过低，则燃烧效率和脱硫效率降低。一般炉膛过量空气系数可在 1.1～1.2 范围内选用。

(6) 一次风与二次风的比例确定 在循环流化床锅炉中，为了有效抑制 NO_x 的生成、降低 NO_x 的排放量，都采用分段燃烧。这样，就需将燃烧所需空气量分为一次风和二次风送入炉膛。一次风一般由布风板送入炉膛，一次风的作用为，保证床内密相区的固体颗粒能正常流化运行，并保证密相区燃料的气化和燃烧。一次风需克服布风板和床内密相区的阻力，所需高压风机的能耗较大。二次风在床内密相区上方进入炉膛，其作用为保证炉膛上部的燃烧，并使炉膛中生成的 NO_x 量减少。二次风由于在炉膛密相区上方进入炉膛，阻力小，所需风机压头较低，能耗小。一般燃用劣质燃料时，采用的一次风比例较高，燃用高挥发分燃料时，可选用稍低的一次风比例。各锅炉制造厂根据出厂的锅炉炉型与设计制造经验选用不同的一次风与二次风比例。一次风的比例一般为总风量的 40%～60%，这样 NO_x 排放量最少。在燃用劣质煤时，一次风比例可高达 70%～80%。

一次风速必须保证物料颗粒的正常流化。二次风的风速一般为 30～50m/s，应保证其在炉膛深度或宽度方向上的穿透深度。

(7) 煤和脱硫剂给料中的钙硫摩尔比的确定 循环流化床锅炉中，脱硫率达 85%～90%时的 Ca/S 摩尔比为 1.5～2.5。煤中含硫量较低，石灰石反应活性不强和炉膛温度不在最佳脱硫温度时取高值。

7. 燃烧室（炉膛）尺寸的确定

(1) 炉膛尺寸应满足的要求 炉膛尺寸主要为炉宽、炉深、炉高和炉膛下部截面收缩部分的尺寸，炉膛尺寸的确定需要考虑一系列因素。例如炉膛的横断面尺寸应满足炉膛运行风速的要求，应保证炉膛内能布置足够的受热面以确保工质的吸热和最佳的脱硫脱硝炉温。此外，还应保证二次风的穿透程度、燃料挥发分的炉内扩散均匀性和尾部受热面的合理布置等问题。

炉膛高度应保证燃料中低于分离器能捕集到的颗粒临界直径的细小颗粒在炉膛中一次通过时能燃尽，应保证脱硫所需最少的烟气在炉内的停留时间，应保证炉内能布置所需的全部或大部分锅炉蒸发受热面并保证最佳炉温。此外，还应保证回料机构的立管侧有足够的保持循环回路中循环物料流动所需的静压头和保证自然循环锅炉的水循环安全可靠。

由于要满足的要求众多，因而炉膛尺寸一般只能先从满足某些要求出发得出一个尺寸，然后以此尺寸对其他要求进行检验和修正，直到确定出一个能满足各项要求的最终尺寸。在满足各项要求的前提下，炉膛高度应力求低，以减少锅炉造价。

(2) 炉膛横断面积、炉宽与炉深的确定 在进行锅炉设计计算前，锅炉容量、蒸汽参数、煤的元素分析、排烟温度、脱硫剂的成分、钙硫化、脱硫效率、燃烧效率、离开锅炉的灰渣温度、灰中含碳量、给水温度和冷、热空气温度均已给定或选定。

首先进行燃烧和脱硫所需的理论空气量和实际空气量计算。再进行燃烧 1kg 煤产生的理论烟气量和实际烟气量计算，并算出各种温度下的烟气焓值和灰渣焓值，列出温焓表，或画出相应的温焓图。

此后，进行循环流化床锅炉的热平衡计算，算出锅炉的各项热损失、有效利用热量和锅炉总输入热量。

由此求出锅炉热效率和燃料消耗量。

同时进行锅炉固体物料的质量平衡计算，得出每秒钟的固体废料的排出量及排出部位。算出总空气量、总烟气量和脱硫剂给料量。

选定炉膛温度，求出该温度的烟气密度。根据以往设计经验选择一个能保证流化的炉膛运行风速，根据该炉温下的烟气容积流量即可求得锅炉炉膛的横断面积。这一横断面积是否合适，应采用断面热负荷是否过高或过低来进行检验。将锅炉总输入热量除以炉膛横断面积可得出相应的炉膛断面热负荷。如此值在一般允许的断面热负荷值范围内，则可认为初步检验合格。在炉宽和炉深的确定方面，一般可采用深宽比为 1∶1 或 1∶2 来算得。但炉深不宜超过 8m，以保证二次风的穿透。

(3) 炉膛高度的确定 炉膛高度可先根据其所需满足的要求之一进行计算，然后再对算得值按其他要求进行检验和修正，最后得出一个能满足各种要求的最终炉膛高度。

1) 满足脱硫所需炉高的计算。如果先考虑脱硫所需的炉膛高度，则可按以下方法计算。先假设一个脱硫所需烟气在炉膛内停留时间 t（对电站用循环流化床锅炉，烟气在炉膛内停留时间一般为 2～5s）。然后将炉膛中心烟气速度（取为炉膛平均运行风速的 1.5 倍）与 t 相乘即可得出按脱硫要求所需的炉膛高度 h。这一脱硫高度是否足够，尚需按下式检验：

$$L_q=\frac{3.12\eta_{sr}H\rho_b\dfrac{S_{ar}}{100}-100P^0\dfrac{A_{ar}}{100}v_0\eta_s\ln(1-\eta_{sr})}{\eta_s[K_{max}x_{CaCO_3}\rho_b H+100P^0v_0\ln(1-\eta_{sr})]} \tag{8-143}$$

式中 L_q——单位质量燃料脱硫所需脱硫剂质量，kg/kg；

ρ_b——平均床层密度，kg/m^3；

P^0——孔隙堵塞常数，可用仪器测得，(s·kmol)/m^3；

v_0——炉膛运行风速，m/s；

η_{sr}——脱硫效率，%；

η_s——分离器效率，%；

K_{max}——脱硫剂最大转化率，可用仪器测得。

按式 (8-143) 算得的炉膛高度如大于先前算得值，则以式 (8-143) 算得的炉膛高度为准。

2) 满足最佳炉温及受热面布置要求所需炉高的计算。这一炉膛高度尚需检验可否使炉内能布置下足够受热面以保持设计所需最佳炉温 850～900℃。要进行此项检验，应先根据炉膛热平衡计算算得炉膛出口烟温为 850℃时炉膛内的工质吸热量。炉膛的热平衡式如下：

$$Q_{hz}+Q_{ls}+Q_s+I_{yl}=Q_r+Q_k+Q_h \tag{8-144}$$

式中 Q_r——燃料送入炉膛的热量，其中包括脱硫剂带入热量，kJ/kg；

Q_k——热空气和漏风带入热量，kJ/kg；

Q_h——回料器回灰带入炉膛的热量，kJ/kg；

I_{yl}——850℃的炉膛出口烟气焓，其中应包括烟气所带再循环灰焓，kJ/kg；

Q_{hz}——冷灰带走热量，kJ/kg；

Q_{ls}——炉膛散热损失，kJ/kg；

Q_s——炉膛内工质吸热量，kJ/kg。

在式 (8-144) 中，I_{yl} 可根据 850℃在已算得的温焓表上查得。其他各项也均可由温焓表查得或算得，因而可得出相应于每千克燃料，炉膛内工质应吸收的热量 Q_s 值。只有炉内工质吸收这些热量才能保证炉膛出口烟温为 850℃。由此也可算得炉内工质总吸热量占炉膛总输入热量的比例。根据对不同煤种计算，为保持炉膛出口温度为 850℃，炉膛内吸热量应为总输入热量的 55%～60%。

炉膛内吸热量首先应保证蒸发受热面吸收。炉膛中应吸收的热量能否满足蒸发受热面的蒸发吸热需求，应视锅炉工质参数而定。

根据锅炉工质参数的不同，工质的总吸热量（总焓增）以及工质在加热、蒸发、过热和再热等过程中所吸热量占总吸热量的分配比例可由蒸汽表算得。部分锅炉工作参数下的锅炉工质各过程的吸热量分配比例见表 8-15。

由表 8-15 可见，对中压循环流化床锅炉，其工质蒸发所需吸热量比例 62.4%已基本上可在炉膛水冷壁内吸纳。其少量欠缺部分，可将省煤器设计成沸腾式省煤器，使工质在省煤器中补充吸收一部分蒸发热量。工质过热吸热量约占总吸热量的 20%，只需采用对流式过热器就可加以吸纳。

表 8-15 锅炉工质各过程的吸热量分配比例

蒸汽参数及给水温度			吸热量分配比例		
过热蒸汽压力/MPa	(过热蒸汽温度/再热蒸汽温度)/℃	给水温度/℃	加热/%	蒸发/%	(过热/再热)/%
1.27	350	105	14.4	72.3	13.3
3.82	450	150	17.9	62.4	19.7
9.81	540	215	20.4	49.5	30.1
13.72	540/540	240	21.2	33.8	29.8/15.2
16.69	540/540	270	23.5	23.7	36.4/16.4

对高压循环流化床锅炉，其蒸发吸热量为总输入热量的50%左右，已低于炉膛内应吸收的热量。因此，为了保持炉膛出口烟气温度为850℃，应在炉膛上部布置一部分屏式过热器，或采用外置式换热器，将一部分过热器受热面布置在其中。

对超高压和亚临界压力循环流化床锅炉，其蒸发吸热量相应只有总吸热量的34%和24%左右，而过热和再热吸热量相应要占总吸热量的45%和53%。因而炉膛中要布置更多的过热器或再热器受热面。除了可在炉膛中布置Ω屏式过热器受热面或其他屏式受热面外，也可考虑采用墙式过热器，或在外置式换热器中布置过热器或再热器受热面。

在具体进行炉膛高度是否满足炉膛受热面布置要求时，可先算出相应于锅炉参数的单位时间的工质总蒸发吸热量值（可根据蒸发量、蒸汽表进行计算）BQ_{zf}，其中对采用非沸腾式省煤器的，还应包括省煤器出水的欠热热量。然后根据式（8-145）算得所需炉内蒸发受热面积 H 值。

$$BQ_{zf}=K\Delta tH \tag{8-145}$$

式中 K——炉内总传热系数，kW/(m^2·℃)；

Δt——炉膛温度850℃与水冷壁管壁面温度之差，℃；

H——所需炉内蒸发受热面面积，亦即炉内实际水冷壁面积，m^2；

B——燃料量，kg/s。

将实际水冷壁面积在炉膛中进行布置，得出在炉膛四壁布置水冷壁所需炉墙面积，其中包括炉膛四壁开孔所需面积。将此炉墙面积除以两倍的炉宽和炉深之和，即可求出炉膛高度。如此炉高大于前两次算得的炉高，即以此炉高作为算得值。同时可算得为保持炉膛出口温度为850℃，炉内应有的吸热量值。如锅炉蒸发吸热量值小于炉内受热面应吸纳的热量值，则可在炉膛中再布置屏式过热器或再热器以吸收余下的热量。

如炉膛采用膜式水冷壁，其管子外直径为 d，节距为 S，则实际水冷壁面积与其投影面积之比，亦即与炉墙面积之比 y 可按式（8-146）计算：

$$y=\frac{\left(\frac{\pi d}{2}+S-d\right)}{S} \tag{8-146}$$

将水冷壁实际面积除以 y 值，可得布置这些水冷壁所需的四壁炉墙面积。在计算时，如炉顶也布置水冷壁管，则在将按式（8-145）算得的实际水冷壁面积用于计算炉高时，应扣除这部分水冷壁面积。

在式（8-145）中，计算温差 Δt 时所用到的水冷壁管壁温度，可取其等于管内水的饱和温度再加25℃。

对于式（8-145）中的炉内总传热系数 K 的确定，目前尚无统一的方法。由于循环流化床锅炉炉膛内传热过程的复杂性，虽已对其进行了一系列研究，但对其计算或选用仍停留在经验的或者半经验半理论的基础上。实测表明，循环流化床锅炉炉膛内在铺设耐水层以上的炉内总传热系数为150～250W/(m^2·℃)。各制造厂家有的就根据本厂设计制造经验，在上述范围内选定总传热系数 K，再进行式（8-145）的计算。

循环流化床锅炉的炉膛总传热系数也可通过传热理论计算模型用数值计算方法算得。具体计算方法可参见本章第三节有关部分。

以上所述均为保持最佳炉温850℃、并使炉膛内能布置得下所需受热面的要求来计算炉膛高度的方法。按此方法算得的炉高应和已算得的保证脱硫所需的炉高相比较并取其大者作为实际炉高。

3）满足小于临界粒径煤粒一次通过炉膛时燃尽所需炉高的计算。此外，炉膛高度还应保证燃料中低于分离器能捕集到的颗粒临界直径的细小颗粒在炉膛内一次通过时燃尽。根据这一要求来计算所需炉膛高度可按以下方法进行。

先根据旋风分离器或其他分离器的设计得出其所能捕集的最小煤粒直径，即颗粒临界直径 d_c。按式（8-147）可算得粒径小于4mm的煤粒燃尽时间 t_b 为：

$$t_b = \frac{\rho_C d_c C_{O_2}}{48 k_0} \tag{8-147}$$

式中 t_b——煤粒燃尽时间，s；

ρ_C——炭密度，kg/m^3；

d_c——颗粒临界直径，m；

C_{O_2}——氧气浓度，一般可用炉膛平均氧气浓度，kmol/m^3；

k_0——反应速度常数，m/s。

k_0 可用 Field 计算式（8-148）计算：

$$k_0 = 595 T_p \exp\left(-\frac{149200}{RT_p}\right),\ \mathrm{m/s} \tag{8-148}$$

式中 T_p——煤粒热力学温度，K；

R——气体常数，kJ/kmol，一般取 8.314kJ/kmol。

煤粒通过炉膛的停留时间可按式（8-149）计算，计算时使停留时间就等于临界粒径煤粒所需的燃尽时间，就可算得保证小于临界粒径的煤粒一次经过炉膛即燃尽所需炉膛高度 h 值。

$$t_b = \frac{h \rho_m}{G_s} \tag{8-149}$$

式中 h——炉膛高度，m；

ρ_m——炉膛中气固两相流平均密度，kg/m^3；

G_s——循环物料流率，kg/(m^2·s)。

循环物料流率可由选定的循环倍率与总燃料量相乘再除以炉膛横截面积求得。

如在此以前算得的炉膛高度大于按式（8-149）算得的 h 值，则已满足了小于临界粒径的煤粒在通过炉膛时一次燃尽的要求；否则，应将按式（8-149）确定的炉膛高度定为最终炉膛高度。

4）满足循环物料流动所需压头及水循环要求所需炉高的计算。此外，炉膛高度还应保证回料装置的立管侧有足够的保持循环回路中循环物料流动所需的静压头。这方面的设计计算方法可参见本章有关回料装置及其设计一节的论述。如果循环流化床锅炉是一台自然循环锅炉，则炉膛高度还必须保证锅炉水循环的安全可靠，这对超高压力或亚临界压力锅炉大为重要。对此应进行仔细的水循环计算来得出可确保水循环安全的炉膛高度，有关这方面计算可参见锅炉水循环计算标准或相关锅炉手册。

最后，应将根据上述各种要求计算所得炉膛高度的最大值确定为最终采用的炉膛高度。

(4) 炉膛下部尺寸的确定 以上计算的炉膛高度为炉膛上部的高度，亦即在炉膛铺设耐火材料区域上方的炉膛高度。炉膛下部采用由布分板送入的一次风作流化风速，一次风区高度一般为 2～3m，为还原区。为了防止腐蚀和储热，该区应绝热和铺设耐火材料，一般不布置任何受热面。二次风通常布置在炉膛上部与下部的交界处，在二次风口以下铺设耐水材料。为了使低负荷时炉膛下部也能保证流化，一般设计时均使二次风风口上方和下方保持相同的流化气速。这样就必须缩小炉膛下部的横截面积。通常炉膛下部截面积较小，在布风板以上呈锥形扩口，铺角由经验确定，一般小于 45°。一次风区高度也不能太低，因为在此区还需布置一系列的炉膛进口和出口。

8. 炉膛开孔的确定

炉膛是循环流化床锅炉的一个主要部件，进入炉膛的物料有燃料、脱硫剂和循环物料；进入炉膛的空气有一次空气和二次空气；输出炉膛的物料和气体有炉膛底部的排出灰渣、炉膛上部输入分离器的循环物料和烟气。此外，还需在炉膛壁面上装备炉门、防爆门、观察孔以及一系列测量仪表。这些均需通过炉膛开孔才能实现。

通常炉膛需要开设的孔口有燃料入口、脱硫剂入口、排渣口、循环物料进口、一次风及二次风进口、炉膛出口以及炉门、防爆门、观察孔、测量孔等。这些开孔的数量和位置必须恰当，以保证循环流化床锅炉的安全经济运行。

(1) 燃料入口 燃料入口一般位于炉膛下部铺有耐火材料的还原区，力求离二次风入口远些，以便使细煤粒在被高速气流带走前能增长停留时间。为了防止炉内高温气体从燃料入口返吹，燃料入口处压力应大于炉膛压力。

燃料入口个数与燃料挥发分、炭的反应活性等燃料特性以及炉内横向混合程度有关，尚无理论计算方法确定。收集发表的一系列商用循环流化床锅炉的每个燃料入口输入热量和相应每个点的床面积选用确定可参变为选用确定可参见表 8-16。

表 8-16 商用循环流化床锅炉燃料入口个数和输入热量

锅炉输入热量/MW	燃料入口个数	每个入口输入热量/MW	每个入口对应的床面积/m^2	锅炉输入热量/MW	燃料入口个数	每个入口输入热量/MW	每个入口对应的床面积/m^2
750	12	63	20	300	6	50	16
500	4	125	35	120	2	60	15
500	8	63	18	90	1	90	20
375	6	63	24	80	2	40	13
315	6	53	17	60	2	34	9

由表 8-16 可见，在每个燃料入口相对应的床面积方面差距较大，为 9～35m^2，一般如燃料反应活性高、挥发分高可取低值，反之取高值。

(2) 脱硫剂入口 脱硫剂由于量少、粒度细可用气力输送喷入炉膛，也可在燃料入口或循环物料入口加入。常用脱硫剂如石灰石的脱硫化学反应速率要比煤粒燃烧速率低得多。

(3) 一次风和二次风入口 一次风通常由布风板底部送入，由于需克服的阻力较大，需用高压风机输入。二次风入口在炉膛下部铺设耐火材料部分的上方，可以单层送入，也可多层送入。二次风阻力较小，所需风机压头相对也较低。

目前对二次风的射流混合工况研究不够，因而尚难对其入口个数及风速进行优化确定。如二次风能穿透炉膛深度，则可将其入口沿炉宽布置。二次风速可在 30～50m/s 的范围内选用。

(4) 炉膛出口 炉膛出口在炉膛上部，可采用直角转弯形，这样可增加转弯对颗粒的分离作用，使炉内固体颗粒浓度增加，颗粒在床内停留时间延长。

(5) 循环物料进口 为了增加循环物料中的碳和未反应脱硫剂在炉内的停留时间，一般将由分离下来的循环物料回入炉膛的进口布置在二次风口以下的炉膛下部区域。

(6) 炉膛排渣口 炉膛排渣口用于在床层底部排放床料。这样一面可保持床内固体物料的存量，另一面可保持固体颗粒尺寸的分布，不使过大的颗粒聚集在床层底部。排渣阀应布置在床的最低处。排渣管可布置在布风板上，并设有窗式挡板以防止大颗粒团堵塞排渣口，也可布置在炉壁靠近布风板处。

燃料颗粒小而均匀，排渣口个数可与燃料入口个数相同，对颗粒尺寸较大的燃料可适当增加排渣口个数。

排渣口排出灰渣的温度接近床温，在其后面一般设有冷渣器以回收部分热量。

(7) 炉膛上的观察孔、防爆门和炉门等开孔 这些开孔由设计人员视需要而定，其开孔原则和开孔时水冷壁管避让孔口的处理方法与一般锅炉相同。

9. 炉膛受热面结构的确定

循环流化床锅炉的炉膛受热面主要为布置在炉墙上作为蒸发受热面的水冷壁。其结构通常为膜式水冷壁，与一般锅炉的相同。有时为了增加水冷壁传热面积，降低炉膛高度或避免采用外置式换热器和炉膛内屏式受热面可在水冷壁管上加置垂直壁面的鳍片（见图 8-115）。这种鳍片一般高 26mm，厚 3mm，计算传热面积时可按鳍片两面的面积计算，鳍片效率为 80%～90%。对于外径为 50mm、节距为 75mm 的膜式水冷壁而言，采用鳍片后可增加约 25%的吸热量。鳍片过长可能使鳍端金属温度过高而烧损。

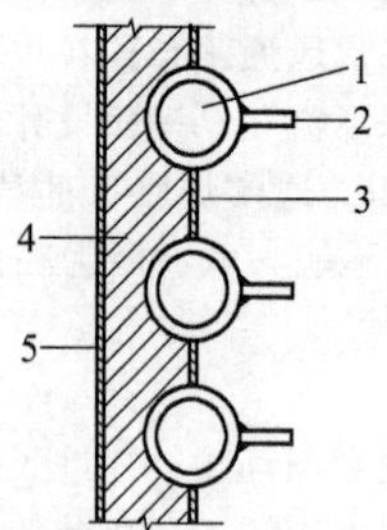

图 8-115 带鳍片的膜式水冷壁管结构
1—水冷壁管；2—鳍片；3—钢膜；4—绝热材料；5—炉皮

有时在炉膛上部或中部还布置有 Ω 管屏式受热面、垂直布置屏式受热面以及水平布置管式受热面等。这些受热面主要是作为过热器或再热器受热面的一部分。

垂直布置屏式受热面的结构为自炉膛侧墙进入炉膛再从炉膛顶部引出。其传热计算可按双面曝光受热面进行计算。水平布置管式过热器或再热器一般见用于带中温分离器的循环流化床锅炉，布置在炉膛上部，与较稀的上升气流及固体颗粒接触。其传热系数比布置在炉壁上的受热面低，一般为 0.05～0.15kW/(m^2 · ℃)。在尚无精确的传热系数计算方法时，其传热系数可采用常规锅炉的热力计算标准中计算对流过热器或再热器的方法计算。

三、循环流化床锅炉外置式受热面和对流受热面的设计

1. 外置式换热器设计计算

外置式换热器是 Lurgi 型循环流化床锅炉中首先采用的一种换热设备。一般布置在旋风分离器下部。分

离器捕集到的固体颗粒物料通过排灰管和机械阀使一部分物料直接返回炉膛，另外一部分物料则进入外置式换热器换热降温后再回入炉膛。通过改变进入外置式换热器的物料量可以调节炉膛温度。在外置式换热器中可布置过热器、再热器或蒸发受热面，这对于发展高参数大容量循环流化床电站锅炉中解决过热器、再热器受热面等布置不下的困难有重要意义。外置式换热器除了便于调节负荷或调节炉温，无需变动循环倍率等因素外，还具有使锅炉扩大燃料适应范围的优点。此外，如在其中布置过热器或再热器受热面可使蒸汽温度调节简便。

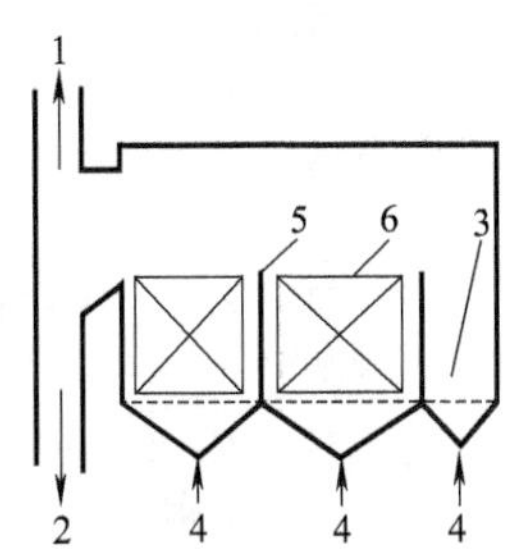

图 8-116 外置式换热器结构

1—与炉膛相通的气体管路；2—冷物料回入炉膛管路出口；3—分离器下来的热物料；4—流化空气；5—隔墙；6—受热面

外置式换热器实质上是一个布置有埋管受热面的鼓泡流化床换热器，其结构如图 8-116 所示。由图可见，外置式换热器中布置有蒸发受热面、再热器与过热器三种受热面，各受热面间根据温度不同用隔墙隔开以达到最佳传热效果。流化风自布风板下送入，风速不大使物料沸腾。热物料自分离器落入外置式换热器后即与受热面进行换热，加热工质并被冷却后回入炉膛。外置式换热器上部与炉膛之间有一气体旁通管，使外置式换热器上部与炉膛间保持压力平衡，以保证换热器中冷物料能顺利回入炉膛。此外，也可使这一热空气作为二次风回入炉膛提高锅炉热效率。

外置式换热器的一般运行工况如下：流化速度 0.4～1.0m/s；固体颗粒粒径为 100～300μm；碳的质量分数 1%；床侧传热系数 0.3～0.5kW/(m² · ℃)。

循环流化床锅炉外置式换热器的设计计算可按以下方法进行。外置式换热器从燃烧每千克燃料中吸收的热量 Q_{eh} 可按式（8-150）算得：

$$Q_{eh}=I_{yl}-I_{yc}-Q_{es}-Q_{hr}-Q_{hl} \tag{8-150}$$

式中 I_{yl}——850℃的炉膛出口烟气焓，其中包括烟气所带灰焓，kJ/kg；

I_{yc}——旋风分离器出口烟气焓，其中包括烟气带往后部烟道的灰焓，kJ/kg；

Q_{es}——外置式换热器散热损失，kJ/kg；

Q_{hr}——旋风分离器捕集的直接回入炉膛的循环物料热量，kJ/kg；

Q_{hl}——外置式换热器排出的物料热量，kJ/kg。

按式（8-150）算得外置式换热器中受热面吸热量 Q_{eh} 后，即可按式（8-151）算得所需受热面积 H：

$$\left(1-\frac{q_4}{100}\right)BQ_{eh}=KH(T_b-T_0) \tag{8-151}$$

式中 K——总传热系数，kW/(m² · ℃)；

H——外置式换热器中所需布置的受热面面积，m²；

T_b——床温度，℃；

T_0——工质温度，℃。

外置式换热器中的总传热系数 K 可按下式计算：

$$K=\frac{1}{\dfrac{r_0}{r_i\alpha_2}+\dfrac{r_0\ln(r_0/r_i)}{\lambda}+\dfrac{1}{\alpha_1}} \tag{8-152}$$

式中 α_2——管子内侧换热系数，kW/(m² · ℃)；

α_1——管子外侧换热系数，kW/(m² · ℃)；

r_0——受热面管子外半径，m；

r_i——受热面管子内半径，m；

λ——管子金属热导率，kW/(m · ℃)。

管内工质为水，如在省煤器或蒸发器中加热段的工况，由于工质对内管壁的换热系数 α_2 要比管子外侧换热系数 α_1 大得多，因而可将式（8-152）中的分母第一项 $r_0/r_i\alpha_2$ 忽略不计。

如管内工质为过热蒸汽或再热蒸汽，则 α_2 可按锅炉计算标准中的计算式或计算图计算。

受热面外侧换热系数 α_1 可用 Andeen 和 Glicksman 经验式进行计算。此式用于计算鼓泡床层对管子的换热系数，适用于细颗粒鼓泡床工况。在外置式换热器中颗粒粒径为 100～300μm，要比一般鼓泡床中颗粒粒径 400～1500μm 细得多。该经验式为：

$$\alpha_1=900(1-\varepsilon)\frac{\lambda_g}{2r_0}\left[\frac{2v_0r_0\rho_p}{\mu}\frac{\mu^2}{d_p^3\rho_p^2g}\right]^{0.326}Pr^{0.3}$$

$$+\frac{\sigma(T_{\mathrm{b}}^{4}-T_{\mathrm{w}})}{\left(\frac{1}{a_{\mathrm{b}}}+\frac{1}{a_{\mathrm{s}}}-1\right)(T_{\mathrm{b}}-T_{\mathrm{w}})} \tag{8-153}$$

$$a_{\mathrm{b}}=0.5(1+a_{\mathrm{b}}') \tag{8-154}$$

式中 σ——常数，等于 $5.67\times10^{-11}\mathrm{kW/(K^4\cdot m^2)}$；

λ_g——气体热导率，kW/(m·K)；

v_0——床层空截面风速，m/s；

μ——气体黏度，$(\mathrm{N\cdot s})/\mathrm{m}^2$；

ρ_p——床料密度，$\mathrm{kg/m^3}$；

ε——床层空隙率；

d_p——床料平均颗粒直径，m；

T_b——外置式换热器床层温度，K；

T_w——管壁温度，K；

a_b——床层黑度；

a_s——管壁黑度；

g——重力加速度，$9.81\mathrm{m/s^2}$；

a_b'——床料黑度。

外置式换热器中受热面的磨损要比一般鼓泡流化床的轻，因为其中固体颗粒细而且流化风速低。外置式热器并非循环流化床锅炉的必不可少的部件。是否设置外置式热器主要由设计人员根据具体情况和设计理念而定。

2. 对流受热面设计计算

在循环流化床锅炉中，对流受热面包括过热器、再热器、省煤器与空气预热器。在高温分离器型循环流化床锅炉中，烟气及其所带灰粒自分离器出来后即进入布置有一系列对流受热面的后部烟道，并与受热面中工质进行热交换。

对于布置在分离器后面的对流受热面而言，其设计计算方法要点如下：①在设计计算前，先根据给定的蒸汽参数、给水温度、选定的排烟温度、热风温度、省煤器出水温度等利用工质侧热平衡和烟气侧热平衡计算方法预先估算各受热面的吸热量和受热面前后的烟温；②根据烟气与工质的进出口温度及其相对流向，确定平均温压、工质及烟气的平均温度，然后求得烟气及工质的平均流速；③确定烟气对流放热系数、烟气辐射放热系数和烟气侧总放热系数；④对于过热器及空气预热器尚需确定过热蒸汽侧及空气侧的放热系数；⑤根据各对流受热面及其具体情况确定污染系数、热有效系数或利用系数；⑥算得受热面总传热系数并根据传热方程式确定所需对流部件的受热面面积；⑦进行受热面布置，如实际布置有受热面面积和算得值有差别，应根据实际布置的受热面积校核受热面吸热量、烟气和工质的出口温度。

在结束整台锅炉热力计算时，可按式（8-155）确定锅炉热力计算的误差：

$$\Delta Q=Q_{\mathrm{r}}\eta-\sum Q\left(1-\frac{q_4}{100}\right),\ \mathrm{kJ/kg} \tag{8-155}$$

式中 Q_r——送入锅炉的热量，kJ/kg；

η——锅炉效率，%；

q_4——锅炉中固体未完全燃烧损失，%；

$\sum Q$——工质侧各受热面吸热量总和，按各受热面的热平衡方程式求得的热量，kJ/kg。

如果计算正确，应满足下述条件：

$$\frac{|\Delta Q|}{Q_{\mathrm{r}}}\times100\leqslant0.5 \tag{8-156}$$

具体的各对流受热面的热力计算方法可参见常规锅炉的锅炉热力计算标准。在计算烟气侧放热系数时，应特别注意循环流化床锅炉在对流受热面烟道中烟气含灰浓度较高的情况，要考虑灰浓度增高对提高辐射放热系数等的影响。通常循环流化床锅炉对流烟道中烟气所含飞灰浓度要比煤粉锅炉的高 1 倍，因而除了要考虑飞灰浓度增高对传热增高以及所需受热面面积减少的影响外，还必须考虑飞灰浓度增高对管子磨损带来的影响。

在设计循环流化床锅炉对流受热面时应选择适宜的低于煤粉锅炉的烟速，设法降低速度场和飞灰浓度场的不均匀性。应采用膜式或鳍片式受热面，尽量采用顺列管束。此外，还可采用炉内飞灰除尘器以及其他一系列煤粉锅炉中常用的防磨技术。

第五节　流化床锅炉的燃烧特点及烟气污染物排放量的控制

一、流化床锅炉的燃烧特点及影响因素

1. 概况

流化床锅炉的燃烧具有燃烧温度较低但燃烧良好的特点。其燃烧室温度一般保持在 850～1050℃范围内，比层燃炉和煤粉炉的燃烧室温度都低。此温度应比煤的灰渣变形温度低 100～200℃，否则会出现大面积结渣，并导致流化床燃烧条件的破坏。

流化床上积累的大量灼热床料是一个蓄热容量很大的热源，使进入的燃料易于着火燃烧。10t/h 的鼓泡流化床锅炉的床料有 2～2.5t，35t/h 鼓泡流化床锅炉的床料有 6～8t，220t/h 循环流化床锅炉的床料可达 18～25t。床料具有 850～1050℃的高温，可燃物含量不到 5%。每秒钟加入锅炉的燃煤颗粒量不到这些灼热床料的 1%。煤粒在床料加热下即迅速燃烧放热，一面加热工质，一面使炉内温度稳定。所以，流化床燃烧对燃料的适应性强，能烧优质燃料和各种劣质燃料。

鼓泡流化床锅炉和循环流化床锅炉大多采用 0～10mm 宽筛分煤粒。煤粒进入燃烧室后随炉料上下翻腾并存在横向播散的水平运动，在燃烧室停留时间较长。在鼓泡流化床锅炉中，一部分细小煤粒在密相区被气流夹带或被气泡破裂的飞溅作用进入稀相区燃烧，其中一部分细粒子随烟气带出燃烧室，一部分相对较粗粒子再回密相区。在循环流化床锅炉中，流出燃烧室的颗粒经旋风分离器分离捕集后，可通过回料装置再回燃烧室循环流动，因而燃尽率较高。

流化床锅炉的容积热强度相当于链条炉的 5 倍，面积热强度相当于链条炉的 3～4 倍。

2. 单颗煤粒在流化床锅炉中的燃烧过程

单颗煤粒进入流化床锅炉燃烧室后，煤粒即被大量高温床料包围和加热，并依次经过干燥和加热、挥发分析出、着火及焦炭燃烧等过程。在着火和焦炭燃烧过程中还发生煤粒的膨胀、破碎和磨损现象，上述各个过程的界限并不明显。试验表明，这些过程是相互重叠发生的。图 8-117 示为 3mm 粒径的煤粒在流化床锅炉燃烧室中燃烧过程的示意和各过程的时间量级。

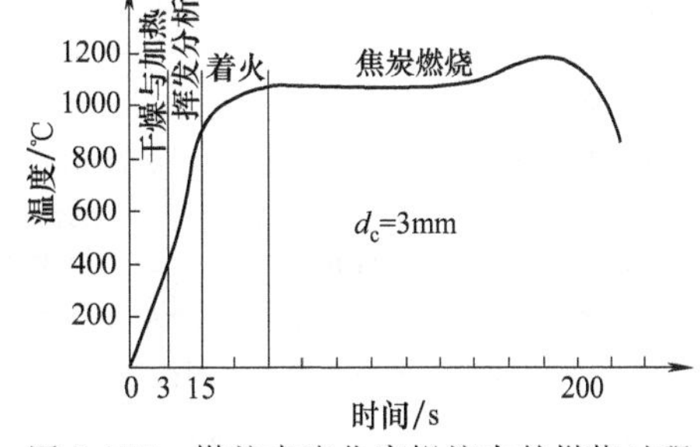

图 8-117　煤粒在流化床锅炉中的燃烧过程

(1) 煤粒的干燥和加热过程　加入流化床燃烧室的新煤粒被大量灼热床料包围，并得到迅速干燥和加热至接近床温，煤粒的加热速率为 100～1000℃/s。加热速率的大小与煤粒尺寸、床内物料的空隙率、流化速度和床温等多种因素有关。

(2) 挥发分析出和燃烧过程　煤粒中的挥发分由多种烃类化合物组成并在不同阶段析出。挥发分的第一个稳定析出阶段为 300～400℃时；第二个稳定析出阶段为 500～600℃；第三个稳定析出阶段为 800～1000℃。

挥发分的发热量约占总的煤燃烧热值的 40%，因而挥发分的析出和燃烧对流化床的燃烧性能有重要影响。挥发分着火温度低，能迅速燃烧，因而其组成与析出总量对煤的燃烧稳定性影响较大。

挥发分的析出和燃烧是重叠进行的。挥发分燃烧在氧和未燃挥发分的边界上呈扩散火焰，扩散火焰的位置由氧的扩散速率和挥发分析出速率所决定。如氧的扩散速率低，火焰离煤粒表面就远。

(3) 焦炭燃烧过程　随着挥发分不断析出，以至挥发分析出速率不足以维持扩散火焰时，扩散火焰就在煤粒表面上形成，此时焦炭燃烧就同时开始。

焦炭是多孔颗粒。具有大量尺寸及式样不同的内孔，其表面要比焦炭外表面大得多。焦炭燃烧可在焦炭外表面或内孔孔壁上发生。其燃烧工况视燃烧室工况及焦炭特性确定。

如化学反应速率远低于氧扩散速率，例如在循环流化床锅炉启动过程中温度低，化学反应速率也低的情况或是在细颗粒燃烧时扩散阻力很小的情况，则氧能扩散到整个多孔焦炭颗粒中，使燃烧在整个颗粒内均匀进行，此时焦炭密度降低而直径近乎不变。

如化学反应速率与氧扩散速率相近，则氧在焦炭靠近外表面的小孔中已近乎耗尽，氧在焦炭中透入深度有限。这种燃烧工况常见于鼓泡流化床和循环流化床锅炉中某些区域的中等粒径焦炭的燃烧。

如化学反应速率很高，氧扩散速率相对较低，则氧刚到达焦炭外表面即被化学反应消耗。这种燃烧工况常见于大颗粒焦炭，也称扩散控制燃烧。

(4) 煤粒的膨胀、破碎和磨损 当煤粒进入炽热床料时，煤粒水分先蒸发，在达到热解温度时，煤粒挥发分开始析出。随着煤粒挥发分的析出，煤粒发生膨胀。由于热解的进行和挥发分的滞留，颗粒内部压力急剧增高。压力超过一定值后，颗粒表面可能崩裂，产生破碎。煤粒的破碎不但影响燃烧而且产生细飞灰，危害环境。

煤粒在流化床燃烧过程中，粒径是不断变化的。在循环流化床锅炉中，煤粒尺寸和粒径分布受到两种因素的影响：一种是大颗粒煤粒在加热过程中内外温差引起的热应力、挥发分析出时的压力和煤分子中不稳定键受热或燃烧引起的煤粒快速破裂；另一种因素是煤粒与物料或炉壁的机械磨损而引起的粒径减小。

在循环流化床锅炉中，煤粒的磨损速率约比鼓泡流化床锅炉的高 1～4 倍。

3. 流化床锅炉的燃烧区域

循环流化床锅炉的燃烧区域由燃烧室（炉膛）下部亦即二次风口以下的密相区、燃烧室上部亦即二次风口以上的稀相区和高温旋风分离器区构成。

带中温旋风分离器的循环流化床锅炉和鼓泡流化床锅炉则只有燃烧室上部的稀相区和燃烧室下部的密相区两个燃烧区域。

燃烧室下部的密相区靠一次风将床料和加入的煤粒流化，一次风量为燃烧所需总风量的 40%～80%。密相区充满灼热物料，是稳定的着火源，新加入的煤粒以及从高温分离器收集的未燃尽焦炭均送入该区。燃料挥发分的析出和部分燃烧均在此区域内进行。

燃烧室上部的稀相区中的颗粒浓度比密相区中低得多，其高度也比密相区高。从密相区流入稀相区的焦炭和一部分挥发分在此区以富氧状态燃烧。焦炭颗粒在其中心区域向上运动再贴壁向下移动进行多次内循环，延长了燃烧室停留时间，有利于焦炭颗粒的燃烧。在循环流化床锅炉中，逸出燃烧室的未燃尽焦炭和可燃气体将进入高温旋风分离器。一氧化碳和挥发分可在其中燃烧，但由于该处氧浓度低和停留时间短，焦炭在其中燃烧份额很小。此后，焦炭被收集进入回料系统，再送回密相区燃烧。

4. 流化床锅炉燃烧的主要影响因素

(1) 燃煤特性的影响 对挥发分含量高、结构松软的烟煤、褐煤等燃料，燃烧速率较高。对挥发分含量少、结构密实的无烟煤、贫煤等燃料，燃烧速率较低。这些煤粒表面燃烧后会形成一层灰壳，煤粒不易燃尽。

对于燃料焦炭呈粉末状的不结焦燃料在流化床中有可能来不及燃尽成焦炭粉末就被气流带出燃烧室，这增加了机械不完全燃烧损失，故应采用回燃设备。

燃料的灰熔点各不相同，流化床中的温度应低于灰熔点，否则结渣后流化床不能维持正常流化及保证燃煤的有效燃烧。

(2) 煤粒粒径的影响 我国流化床锅炉一般燃用粒径为 0～10mm 的宽筛分煤粒。其中<0.5mm 的细煤粒占 25%～30%。这些细煤粒送入燃烧室后往往来不及燃尽就被烟气带出燃烧室，造成机械不完全燃烧损失。因此应力求减少其带出量，并设法将其收集后送回燃烧室循环燃烧。

(3) 布风装置的影响 流化床的布风装置应保证底部流化质量良好，配风均匀并形成细流以减小初始气泡直径，否则将使燃烧效率降低。所以布风装置一般采用小直径风帽，进行风帽的合理布置及排列，并采用设计良好的等压风室以提高流化质量。

(4) 给煤方式的影响 给煤点应分散布置，以免煤量集中加入。一般给煤点不宜少于 2 个。给煤点附近煤量较集中，其挥发分燃烧使给煤点附近形成缺氧区，使该处细颗粒因缺氧而无法燃烧，易被烟气带走，造成机械不完全燃烧损失。如在给煤口上方布置二次风，可明显改善燃烧。

(5) 床温的影响 床温提高有利于提高挥发分析出速率和缩短煤粒燃尽时间，但受到燃料灰熔点的限制，通常床温高限应根据燃煤的灰变形温度确定，一般为 900～1000℃。对于加入脱硫剂的循环流化床锅炉，应将床温力求保持最佳脱硫反应温度在 850～870℃之间。

(6) 床体结构的影响 床体结构应能合理组织气流，使可燃物与空气充分混合与搅拌。对小型鼓泡流化床锅炉可采用较大悬浮段横截面积，降低气速以延长细颗粒在其中的停留时间及提高燃尽程度；对循环流化床锅炉应适当减少稀相区横截面积，以便燃烧室内形成环核结构流动形式的内循环，延长颗粒在稀相区的停留时间。对飞出燃烧室的细颗粒应采用气固分离设备，将细颗粒收集并送回燃烧室循环燃烧。鼓泡流化床锅炉也可采用飞灰回燃设备，将飞灰送回燃烧室燃烧。

(7) 运行水平的影响 运行水平对燃烧工况有重要影响。锅炉在运行中应根据负荷和煤质的不同，随时调整燃烧工况，保持合理的风量分配和正常的床温，以降低化学不完全燃烧损失和机械不完全损失。

二、流化床锅炉烟气污染物的生成及排放量的控制

1. 流化床锅炉的烟尘生成及排放控制

我国鼓泡流化床锅炉和循环流化床锅炉的燃煤粒径大多小于10mm，有 30%～50%的粗渣从燃烧室以冷

渣或溢流渣形式排出，另外有20%～30%的细渣从锅炉烟道系统中排出。因而如燃用灰分少的优质煤，其烟气带出的飞灰不多。但在燃用劣质煤或煤矸石等劣质燃料时，其烟气含尘量就较大。一般其烟气含尘量为$10\sim30g/m^3$。为了降低烟气中的含尘量，在燃烧室出口处装设了旋风分离器、百叶窗分离器等气固分离设备。在锅炉后面还要布置两级除尘器如多管分离器、水膜除尘器、电除尘器或布袋除尘器等，以使排出烟尘量符合环保要求。

具体的烟尘排放标准及除尘设备和技术可参见本书第十八章。

2. 流化床锅炉中 SO_2 的生成及排放控制

(1) SO_2 的生成　燃煤中的硫以四种形态存在，即硫化物硫、硫酸盐硫、有机硫及元素硫。其中硫酸盐硫是不可燃的，是煤灰的组成部分，其他均为可燃硫，占煤中硫分的90%以上，其中硫化物硫和有机硫为主要硫分。

煤燃烧时，可燃硫在受热过程中从煤中释放出来并被氧化生成SO_2。其反应为：

$$S+O_2 = SO_2+296kJ/mol \tag{8-157}$$

由于燃煤矿物质中含有CaO，因而具有自脱硫作用，能除去部分SO_2。

$$CaO+\frac{1}{2}O_2+SO_2 = CaSO_4+486kJ/mol \tag{8-158}$$

在燃烧室高温条件下，如存在氧原子，部分SO_2会反应生成SO_3：

$$SO_2+\frac{1}{2}O_2 = SO_3 \tag{8-159}$$

在循环流化床锅炉中，由于燃烧室温度较低，由SO_2转化为SO_3的量很少。硫酸气体在温度降低时会与烟气中水分反应生成硫酸雾。SO_2、SO_3和硫酸雾如不经处理排入大气，就会造成大气污染并形成酸雨。

(2) 脱硫反应机理　燃料燃烧时生成的SO_2可以通过与CaO、MgO等碱金属氧化物反应而生成$CaSO_4$、$MgSO_4$等物质而被固定在灰渣中。

流化床锅炉中一般采用钙基材料如石灰石作为脱硫剂来脱除SO_2。

石灰石被破碎成颗粒并加入循环流化床燃烧室后，首先发生$CaCO_3$的煅烧反应，即石灰石在高温下分解为CaO和CO_2，如下式所示：

$$CaCO_3 \longrightarrow CaO+CO_2 \tag{8-160}$$

CaO在氧化性气氛中遇到SO_2便发生下列脱硫反应：

$$CaO+\frac{1}{2}O_2+SO_2 \longrightarrow CaSO_4 \tag{8-161}$$

如在还原性气氛中，则煤中硫分会生成H_2S，并在遇到$CaCO_3$和CaO时，发生下列反应：

$$CaCO_3+H_2S \longrightarrow CaS+H_2O+CO_2 \tag{8-162}$$

$$CaO+H_2S \longrightarrow CaS+H_2O \tag{8-163}$$

如CaS再遇到氧气，则会发生下列反应：

$$2CaS+3O_2 \longrightarrow 2CaO+2SO_2 \tag{8-164}$$

$$CaS+2O_2 \longrightarrow CaSO_4 \tag{8-165}$$

所以，不论在何种气氛下，石灰石与煤中硫的最终反应产物均为$CaSO_4$。

当$CaCO_3$煅烧成CaO时，由于$CaCO_3$的摩尔体积约为CaO的2倍，因而原$CaCO_3$内的自然孔隙扩大了许多，有利于SO_2进入孔隙与CaO发生脱硫反应。但是，由于脱硫产物$CaSO_4$的摩尔体积比$CaCO_3$的还要大，因而CaO反应生成$CaSO_4$后体积会发生膨胀，脱硫剂的孔隙及其入口均被体积增大的$CaSO_4$反应产物所堵塞，使脱硫剂表面形成一层致密的$CaSO_4$薄层。这一薄层阻止SO_2进一步与内部的CaO反应，使内部大量CaO无法利用。所以在鼓泡流化床锅炉加入石灰石脱硫时，脱硫效果不够理想。钙硫摩尔比不仅总大于1，而且在燃用高硫煤时可达到5以上（例如燃用含硫3%的高硫煤并要脱硫效率达80%时）。

图8-118所示为石灰石在燃烧脱硫反应过程中的脱硫原理示意。

如增加脱硫剂的细度，以增加脱硫剂反应的接触面，在鼓泡床锅炉中，细脱硫颗粒会被直接吹出燃烧室，仍不能有效利用。

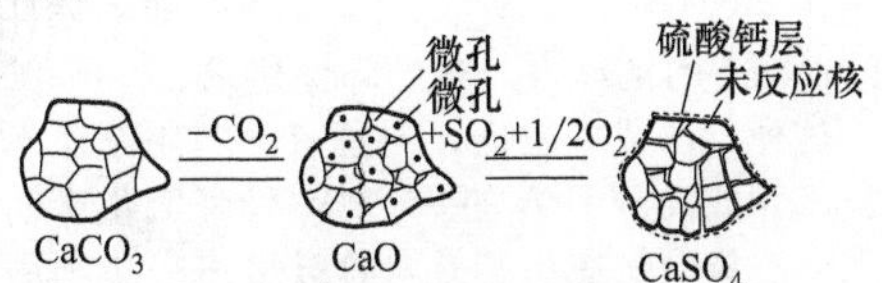

图8-118　石灰石在燃烧脱硫过程中的脱硫原理示意

在循环流化床锅炉中，采用石灰石脱硫时，由于燃烧室出口处布置的旋风分离器的分离作用，可使石灰石在床内反复循环利用，脱硫过程中，在脱硫剂表面形成的$CaSO_4$薄膜也因在床内不断循环磨损而剥离，使未反应的CaO继续与SO_2反应。这样，就使石灰石利用率大为提高。在循环流化床锅炉中，如燃用含硫量为3%～3.5%的煤种时，如采用高活性的石灰石，则如保持钙硫摩尔比为1.5～2.5，就使脱硫效率达到90%以上。

(3) 脱硫的主要影响因素

① Ca/S摩尔比的影响。Ca/S摩尔比的计算式为：

$$\text{Ca/S摩尔比}=\frac{\text{脱硫剂消耗量}\times\text{CaO含量(\%)}/56}{\text{燃料消耗量}\times\text{S含量(\%)}/32} \tag{8-166}$$

Ca/S摩尔比增大能提高脱硫效率和降低SO_2排放浓度。但Ca/S摩尔比增大到一定数值后，脱硫效率就增长缓慢，并带来灰渣热损失增加、影响燃烧工况和炉内磨损增大等不良后果。因此实际上存在一个较经济的Ca/S摩尔比值。此值对循环流化床锅炉而言在1.5～2.5范围内，对鼓泡流化床锅炉则稍大一些。

② 脱硫剂与燃煤的颗粒直径的影响。图8-119所示为石灰石粒径对部分循环流化床锅炉与鼓泡床锅炉脱硫效率的影响曲线。曲线表明，脱硫剂粒度小，则循环流化床锅炉的脱硫效率高。鼓泡流化床在较大粒度范围内也呈现此特点。一般循环流化床锅炉采用的石灰石粒径为0～2mm，平均粒径为100～500μm，但不宜小于100μm，否则也会增大其飞灰逃逸量。鼓泡流化床锅炉的石灰石粒径小，则扬析大。其最佳脱硫剂粒径应是使床内的平均粒径处于扬析切割直径左右的粒径。煤粒太大，不利于燃烧和脱硫，煤粒过小也会使脱硫效率下降。

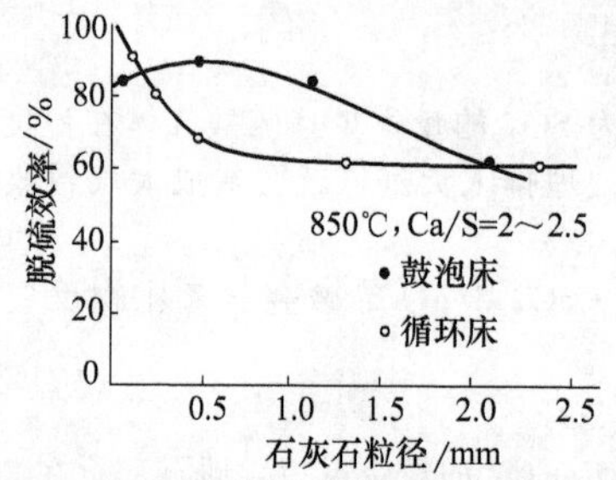

图8-119 石灰石粒径对脱硫效率的影响曲线

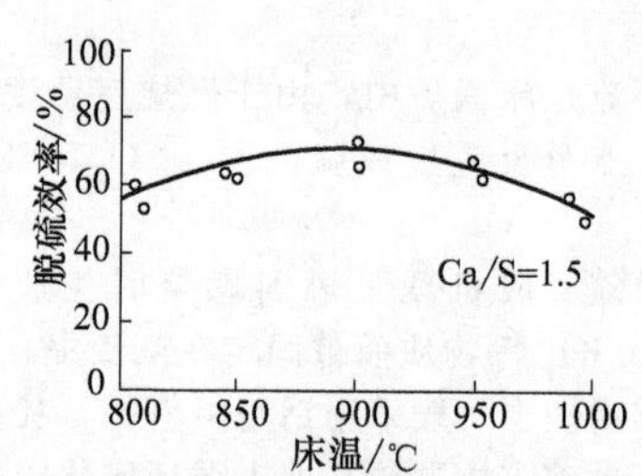

图8-120 床温对脱硫效率影响的部分循环流化床锅炉试验曲线

③ 床温的影响。图8-120为床温对脱硫效率影响的部分循环流化床锅炉试验曲线。鼓泡流化床锅炉的最佳脱硫温度为850℃。循环流化床锅炉一般选择床温为850～900℃。床温低于850℃。将使N_2O排放量显著增高。

④ 过量空气系数的影响。过量空气系数与脱硫效率的关系并不密切，但在鼓泡流化床锅炉中，如过量空气系数小于1.0后，会使脱硫效率显著下降。

⑤ 循环倍率的影响。增加循环倍率可提高脱硫效率，因为飞灰再循环增大了石灰石在床内的停留时间，提高了脱硫剂的利用率。

⑥ 床内风速的影响。床内风速增加对鼓泡流化床锅炉而言将增加扬析量，SO_2的停留时间也将减小。这些变化对减少SO_2脱除的影响要大于风速增加使床温均匀化和颗粒磨损带来的对脱硫的促进作用。因此，会使脱硫效率有所下降。对于循环流化床锅炉而言，增加风速能增加循环量，因而对脱硫效率影响较小。

⑦ 分段燃烧的影响。不同的分段燃烧会造成燃烧室内氧气分布浓度的不同变化，从而影响燃烧气氛和化学反应方式的变化。对脱硫效率的影响需进行试验研究验证才能确定。

⑧ 给料方式的影响。给料包括给煤和给石灰石两个方面。给料方式指的是物料投入流化床的位置组合与分布。给料点及其分布会对燃烧和脱硫过程带来较大的影响。给料点不宜少于两个，但也不宜过多，以免使给料系统复杂化。对于实际工况，应根据实际需要和已有经验进行设计。

⑨ 负荷变化的影响。循环流化床锅炉负荷变化时，在相当大范围内，其脱硫效率变化不大。但在负荷处于锅炉变负荷能力极限时，可能发生脱硫效率明显降低的现象。

(4) SO_2的排放量控制 循环流化床锅炉普遍采用炉内加入脱硫剂的燃烧脱硫方法。实际运行工况表明，在Ca/S摩尔比为1.5～2.5时，能够保证脱硫效率在90%以上，并将SO_2排放浓度有效控制在100～300mg/m^{3}的范围内，达到环保要求。

这种方法成本较低，但脱硫剂利用率还不够。国外最新的循环流化床锅炉的脱硫工艺已开始采用复合脱硫技术。如美国JEA的300MW循环流化床锅炉除了采用常规的燃烧脱硫方法，再在锅炉尾部加装一个简易的烟气洗涤湿法脱硫装置，这样可进一步利用飞灰中未反应的石灰石作脱硫剂。其具体方法为炉内燃烧脱硫时的Ca/S摩尔比为1.5，脱硫效率为80%，再经洗涤脱硫后，脱硫总效率可达95%。此法可有效提高石灰石脱硫剂的利用率，降低锅炉脱硫成本。

3. 流化床锅炉中 NO_x 的生成及排放控制

（1）NO_x 的生成　煤燃烧时会产生一氧化氮（NO）、二氧化氮（NO_2）和一氧化二氮（N_2O）等氮氧化物，其中 NO 占 90%以上，NO_2 占 5%～10%，而 N_2O 只有 1%左右。这些氮氧化物总体上以 NO_x 表示。

NO_x 根据生成机理可分为三类，即热力型 NO_x、快速型 NO_x 和燃料型 NO_x。

① 热力型 NO_x。热力型 NO_x 是燃烧时空气中的氮和氧在高温下生成的 NO_x。一般在温度低于 1350℃时不生成热力型 NO_x。流化床锅炉的床温为 850～950℃，所以，在燃烧室中基本上不产生热力型 NO_x。

② 快速型 NO_x。快速型 NO_x 是煤燃烧时空气中的氮和燃料中的碳氢离子团等反应后成生的 NO_x。一般对不含氮的碳氢燃料在较低温度燃烧时才考虑快速型 NO_x 的排放量。在燃煤的流化床锅炉的燃烧条件下一般不考虑快速型 NO_x 的问题。

③ 燃料型 NO_x。燃料型 NO_x 是燃料燃烧时，燃料中含有的氮化合物热分解再氧化而生成的 NO_x。这是流化床锅炉燃烧时形成的 NO_x 中的主要部分，常占 NO_x 总量的 95%以上。在流化床锅炉燃烧时生成的 NO_x 中，N_2O 的数量比其他燃烧方式生成的大得多。这是由于燃烧时 N_2O 在温度为 800～900℃范围内生成浓度最大，且在燃烧室中停留时间越长，其浓度也越高。这些条件正符合流化床锅炉，特别是循环流化床锅炉的工作条件。

（2）NO_x 生成的主要影响因素

① 过量空气系数的影响。过量空气系数的减小有利于形成还原性气氛，因而 NO_x 排放量明显下降。

② 分段燃烧的影响。分段燃烧可使燃烧室中 NO_x 生成区处于缺氧燃烧的还原性气氛中，因而有利于减少 NO_x 的排放。

③ Ca/S 摩尔比的影响。循环流化床锅炉中用石灰石脱硫时，富余的 CaO 是 NO_x 的催化剂。因而在保证脱硫的情况下，采用低的 Ca/S 摩尔比有利于降低 NO_x 的排放量。

④ 床温的影响。床温较低可使燃料型 NO_x 降低，但会使 NO_x 中的 N_2O 排放量升高。因而综合对燃烧、脱硫和 NO_x 生成等因素的考虑，流化床锅炉燃烧室床温处于 850～950℃的范围是合适的。

⑤ 循环倍率的影响。循环倍率增高不仅对脱硫有利，而且对 NO_x 排放量减少也有效果。

⑥ 燃烧特性的影响。在流化床锅炉中，燃料氮含量越高，则 NO_x 排放量越大。

（3）NO_x 的排放量控制　有关流化床锅炉的 NO_x 排放标准以及 NO_x 的减排方法，可参见本书第十八章的相关部分。

采用循环流化床燃烧方式，通过组织合理燃烧和适当的运行参数，已可将锅炉 NO_x 的排放量有效控制在 100～450mg/m^3 的范围内，完全达到 NO_x 的规定排放标准。

三、我国循环流化床锅炉的运行情况分析

我国现有不同容量的循环流化床锅炉近 3000 台，其中容量为 410～480t/h（配 100～150MW 机组）的达 150 余台。至 2007 年年底，已投运的配 300MW 机组的循环流化床锅炉也有 10 台。

由于循环流化床锅炉具有燃料适应性强、负荷调节性强以及环保性能好的多种优点，大量循环流化床锅炉的投入运行对于优化我国电力装备、提高我国整体资源利用率及降低污染物排放等方面起到了积极作用。

由于循环流化床锅炉大量装备的时间较短，运行经验相对不足，因而对其运行工况进行实际检验和分析是十分必要的。

中国电力企业联合会科技服务中心和全国电力行业 CFB 机组技术交流服务协作网曾于 2004～2006 年举办了三届 135MW 级（配 135～150MW）机组的循环流化床锅炉运行工况评比统计活动。参加统计的 135MW 级机组数量在 2004 年为 18 台、2005 年为 29 台、2006 年为 48 台，因而其统计数值对 135MW 机组具有代表意义，同时也反映了在此期间我国循环流化床锅炉的运行水平。其统计结果如下。

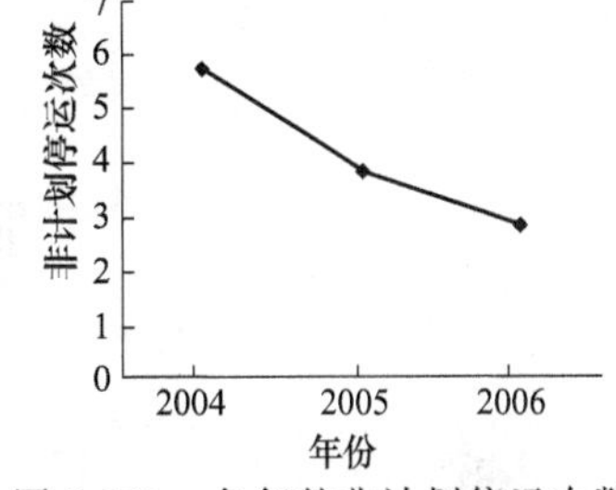

图 8-121　各年的非计划停运次数

1. 可靠性指标

图 8-121 所示为非计划停运次数，此参数反映了因各种故障导致锅炉机组停运次数。表 8-17 所列为 135MW 级机组的历年最长连续运行时间。

表 8-17　135MW 级机组的历年最长连续运行时间

年份	2004	2005	2006	2007
天数/d	139	200	268	>350

由图 8-121 及表 8-17 可见，随着运行经验的积累、锅炉系统的改善和设计技术的进步，循环流化床锅炉

的非计划停运次数逐年下降。最长连续运行时间已大于350d，已和普通煤粉锅炉相当。

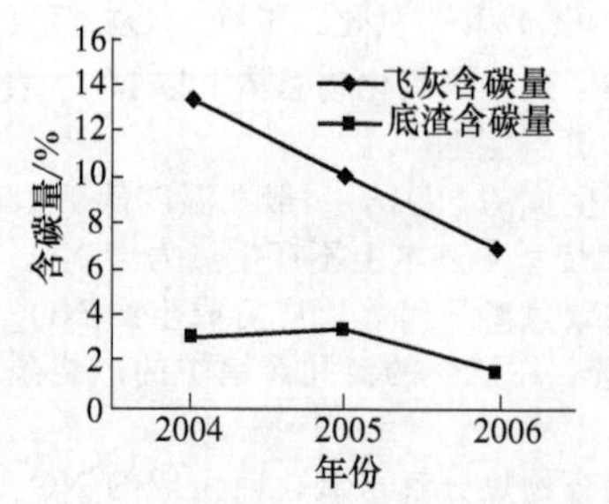

图8-122 135MW级循环流化床锅炉的历年飞灰及底渣含碳量变化曲线

2. 经济性指标

(1) 飞灰/底渣含碳量 图8-122所示为135MW级循环流化床锅炉的历年飞灰及底渣含碳量变化曲线。

由图8-122可见，循环流化床锅炉的飞灰及底渣含碳量均逐年下降。目前有些电厂，如开封电厂，其飞灰含碳量已降到＜2%，这表明其燃烧效率已和普通煤粉炉的相当。

(2) 排烟温度 图8-123所示为循环流化床锅炉的历年排烟温度与设计值的比较。由图8-123可见，其实际排烟温度均高于设计值。其原因之一为尾部受热面积灰，原因之二为其一次风压高，因而风机出口空气温度就要比环境温度高20℃左右，这必然减少了尾部受热面的温压，使排烟温度升高。在先前设计时未考虑这一因素。根据循环流化床锅炉炉内脱硫，其烟气含硫量小于煤粉炉的特点，有利于减轻低温腐蚀。所以设计时可采取较低的排烟温度。

(3) 点火/助燃用油量 图8-124为每台锅炉每年的点火/助燃用油量的逐年变化曲线。

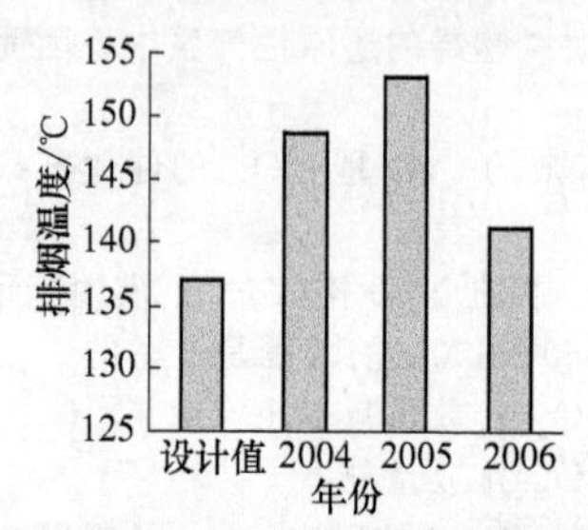

图8-123 循环流化床锅炉的排烟温度与设计值的比较

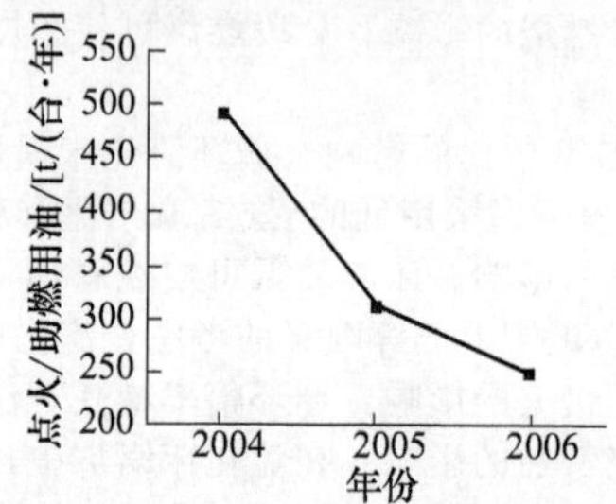

图8-124 点火/助燃用油量变化曲线

由图8-124可见，循环流化床锅炉的点火/助燃耗油量自2004～2006年下降了50%。其原因之一是运行水平提高，使点火耗油量不断降低；原因之二为连续运行时间的逐年增大，降低了点火次数及耗油量。循环流化床锅炉点火时要加热大量床料，因而点火耗油量大于普通煤粉炉，但由于床料的大量储热，可不需助燃用油，而在30%额定负荷下稳定运行，其总耗油量低于煤粉锅炉。

(4) 厂用电率 图8-125所示为采用135MW级循环流化床锅炉机组电厂的厂用电率逐年变化曲线。

在循环流化床锅炉中，由于布风系统、床料及旋风分离器等的阻力较大，必须采用压头较高的风机，因而其厂用电率一般高于煤粉锅炉。此外，在设计时为了保证有足够的风压以保证锅炉的正常流化和运行，常将风压进一步放大，选用压头更高的风机，这样更导致厂用电率的增高。

厂用电率高低还和锅炉负荷率的大小有关。负荷率高，则厂用电率低，反之亦然。图8-126所示为2004～2006年间的135MW机组的负荷率变化曲线。

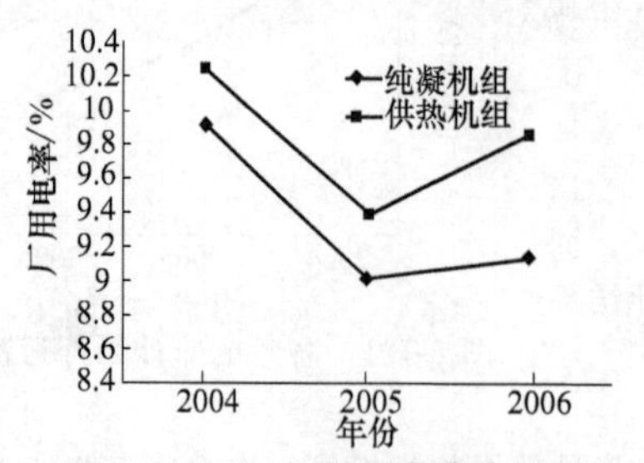

图8-125 135MW级循环流化床锅炉机组电厂的厂用电率逐年变化曲线

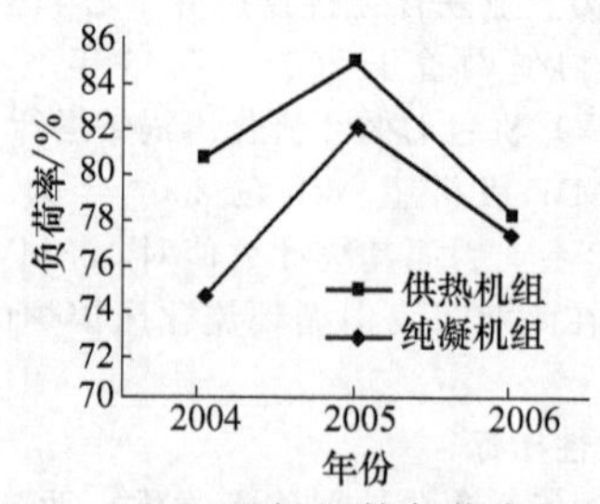

图8-126 135MW机组的负荷率变化曲线

由图8-125可见，135MW纯凝机组的厂用电率平均值大于9%，比常规煤粉锅炉的厂用电率平均值(7.56%)高。

在2004～2005年间，135MW机组的厂用电率下降较多，这是由于其负荷率提高、设计时风压余量取得较小以及锅炉技术改进的综合结果所致。

在 2005～2006 年期间，厂用电率有所增高，这主要是锅炉负荷率降低所致。锅炉负荷率降低，会导致风机电耗相对增加。

在图 8-125 中，供热机组的厂用电率高于纯凝机组。这是由于供热后一方面减少了发电量；另一方面又增加了供热电耗的原因造成的。

如果负荷率较高且通过技术改进，循环流化床锅炉的厂用电率是可以达到与煤粉锅炉厂用电率相同的水平，135MW 机组的负荷率变化曲线如图 8-126 所示。据统计，广东新会双水电厂的纯凝机组由于负荷率较高及改进了二次风系统，使得厂用电率降低到 7.79%。华盛江泉热电厂由于负荷率长期稳定在 95%以上，其厂用电率只有 7.59%。

(5) 供电煤耗　135MW 循环流化床锅炉机组的供电煤耗的逐年变化曲线示于图 8-127。

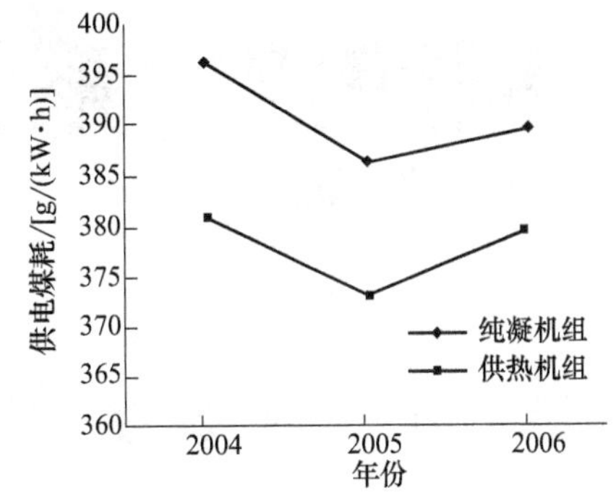

图 8-127　135MW 循环流化床锅炉机组的供电煤耗的逐年变化曲线

由图可见，循环流化床锅炉发电机组的供电煤耗总体较高。供热机组由于扣除了供热部分的耗煤量，所以其供电煤耗低于纯凝机组。

2005 年煤耗较低以及 2006 年煤耗增高主要是由于负荷率的变化所致，负荷率高则煤耗低。

据统计，2006 年供电煤耗最低的纯凝循环流化床锅炉发电机组为神火电厂机组，其煤耗为 369g/(kW·h)，煤耗最低的供热机组为济宁电厂机组，其煤耗为 358.79g/(kW·h)。这样的煤耗水平已和常规煤粉锅炉相差不多。因此，如负荷率高且稳定，再加上技术改进，循环流化床锅炉的煤耗是可以提高到常规煤粉锅炉的水平。

(6) SO_2 和 NO_x 的排放浓度　循环流化床锅炉的烟尘排放浓度，由于大多采用了布袋尘器和电除尘器，大致与煤粉锅炉的相近，可满足国家排放标准。

循环流化床锅炉由于其燃烧温度较低且采用了炉内脱硫技术，其 SO_2 排放浓度和 NO_x 排放浓度均可满足国家排放标准（见图 8-128）。

循环流化床锅炉的脱硫效率很高，很多机组可以达到 95%，因而有利于燃用高硫燃料。

(7) 灰渣利用率　循环流化床锅炉的灰渣一般用作建筑材料，如制造水泥和结构填充材料等。其灰渣利用率呈现逐年升高的趋势，见图 8-129，在 2006 年，灰渣利用率已达 94%以上。

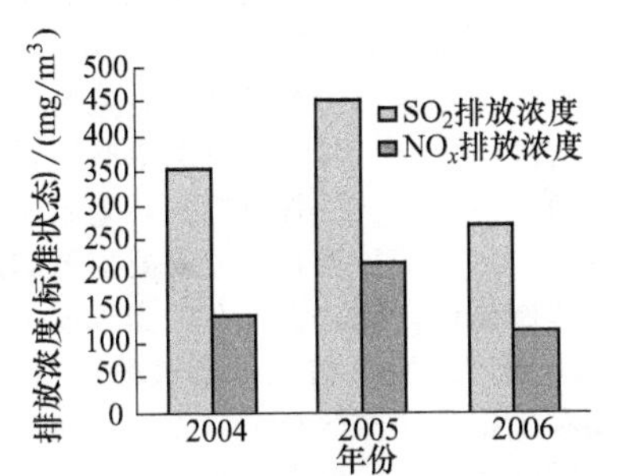

图 8-128　135MW 循环流化床锅炉的 SO_2 和 NO_x 的排放浓度

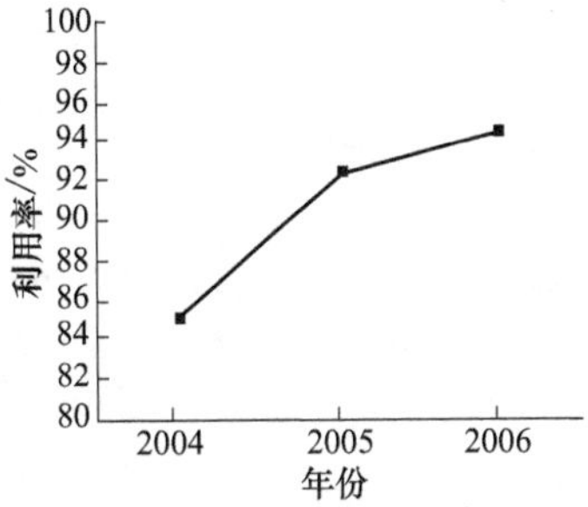

图 8-129　灰渣利用率

从已投入运行的 300MW 循环流化床锅炉机组的运行情况分析，锅炉效率均可达到 92%左右，比 135MW 循环流化床锅炉机组的高，脱硫效率在 Ca/S 摩尔比低于 1.8 时，可达到 94%，NO_x 排放浓度可低于 $80mg/m^3$。但其厂用电率比煤粉锅炉高 3%左右，比采用湿法烟气脱硫的煤粉锅炉高 2%。

第九章

锅炉热力系统及设计布置

第一节 锅炉参数、容量和燃料对受热面布置的影响

影响锅炉受热面布置的主要因素有锅炉的工质参数、容量和燃料的特性。另外，蒸汽温度的调节方法，汽水管道与烟气、空气、煤粉等管道的布置方式，以及整个电站布置的合理性对锅炉的整体布置也有一定的影响。

一、锅炉参数对受热面布置的影响

水蒸气作为锅炉的工质，从水进入锅炉到出锅炉成为过热蒸汽，其在锅炉中吸取的热量由三部分组成，即加热吸热量、蒸发吸热量和过热吸热量。这三部分吸热量应分别主要在省煤器、蒸发受热面和过热器中吸取。显然，水蒸气参数对锅炉受热面布置的影响是十分显著的。由水蒸气的性质可知，随着压力的升高，蒸发吸热量越来越小，到达临界压力时减为零，超临界压力就不存在蒸发吸热。相应地，蒸发受热面也就随压力的升高而不断减小，直至为零而被取消。加热吸热量和过热吸热量除与压力有关以外，还与锅炉的给水温度和送出的过热蒸汽温度有关。由此可见，这三部分吸热量及其间的相对比例完全取决于锅炉参数。至于以上三种受热面，则不仅与它们的吸热量有关，而且为了保持有一定的传热温差，还需要根据其工质温度选择恰当的烟气温度区间。这就是说，锅炉参数在相当程度上决定了三种受热面的大小和布置位置。图 9-1 所示的是水蒸气的焓值与压力、温度的关系曲线。从图中可以看出，饱和蒸汽焓 i''在 3.9MPa 以前随压力的增高而增大，在此压力以后则随压力的增高而减小。饱和水焓 i'则随压力的增高而增大。过热蒸汽焓 i_{gq} 随压力的增高略有减小，但随蒸汽温度的增高而增大。在临界点 A，工质为单相，饱和蒸汽焓值等于饱和水焓。另外，根据锅炉参数的特点，随着压力的增高，给水温度 t_{gs} 增高，因而给水焓值 i_{gs} 也不断增大。表 9-1 中列出了不同锅炉参数下工质吸热量的分配比例。

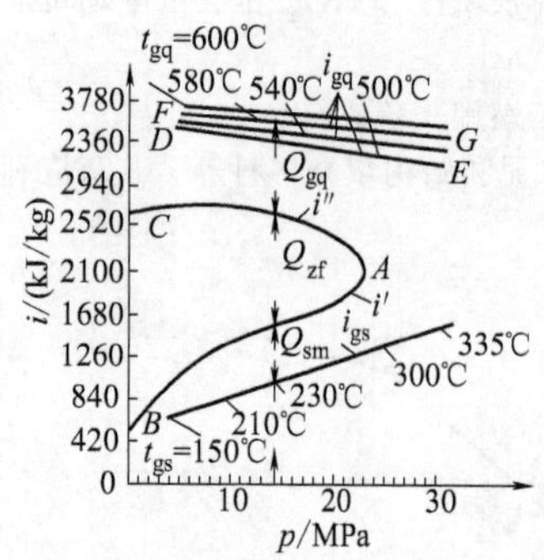

图 9-1 水蒸气的焓值与压力、温度的关系

表 9-1 锅炉工质吸热量的分配比例

蒸汽参数及给水温度			吸热量比例/10^2		
蒸汽表压 /MPa($kgf/cm^2$①)	蒸汽温度 t_{gq}/℃	给水温度 t_{gs}/℃	加热 Q_{sm}	蒸发 Q_{zf}	过热 Q_{gq}
1.27(13)	350	105	14.4	72.3	13.3
3.82(39)	450	150	17.9	62.4	19.7
9.81(100)	540	215	20.4	49.5	30.1
13.72(140)	540/540	240	21.2	33.8	29.8/15.2
16.69(170)	540/540	270	23.5	23.7	36.4/16.4
25.48(260)	600	260	33	0	67

① $1kgf/cm^2$＝98.0665kPa。

不同参数的锅炉受热面的布置格局如下。

1. 低压锅炉

蒸发吸热量很大，大于炉膛辐射传热量。为此，必须将一部分蒸发受热面布置到炉膛之后的对流传热部分中去。这部分蒸发受热面在水管锅炉中称为锅炉管束或对流管束，在火管锅炉中就是烟管受热面。为了布置下大量的锅炉管束，低压水管锅炉一般采用双锅筒以连接管束。过热吸热量较小，甚至不进行过热。相应的过热器受热面也较小，且蒸汽温度较低，可布置在烟温较低的区域，以便全部采用碳钢制造。不进行过热时，直接输出饱和蒸汽，锅炉中不装设过热器。加热吸热量不大，但因给水温度低，因而为了降低排烟度，通常优先装用省煤器。有时采用空气预热器，尤其是当有较多高温回水进入给水而不宜采用省煤器时。

2. 中压锅炉

蒸发所需的吸热量已约等于或稍大于炉膛辐射的吸热量，工质在炉膛水冷壁中基本上能够吸到所需的蒸发吸热量，所以不需要布置锅炉管束，可采用单锅筒结构。如果水冷壁吸热量还不能满足蒸发吸热量的需要而有少量欠缺时，可将省煤器设计成沸腾式的，使工质在省煤器中补充吸收一部分蒸发吸热量。根据过热吸热量，过热器通常只需要采用对流式，并布置在凝渣管后面高温对流区以加强传热，节省耐热钢材。省煤器和空气预热器已成为必需的受热面。两者可作单级或双级交错布置，视热空气温度的高低而定。

3. 高压锅炉

炉膛辐射吸热量已大于工质蒸发所需的吸热量。与此同时，过热蒸汽的温度提高，过热吸热量增大较多，约占总吸热量的 1/3，过热器受热面较大。这样，就需要将少量的过热器受热面布置到炉膛中去，这就是通常用的顶棚管过热器和屏式过热器。采用了部分辐射式和半辐射式过热器受热面后，不仅消耗的钢材减少，而且过热器的蒸汽温度的调节特性也有所改善。省煤器和空气预热器的布置方式与中压锅炉中相同。但此时水冷壁吸热量已能满足蒸发吸热的要求且有余，一般不需要采用沸腾式省煤器，除非在燃用很湿的燃料时。

4. 超高压锅炉与亚临界压力锅炉

蒸发吸热量进一步减少，过热吸热量进一步增加。而且为了进一步提高电站效率，还采用蒸汽的中间再热。这样，过热和再热的吸热量就占了总吸热量的 45%以上，相应地在炉膛中就需要安置更多的过热器受热面。除了顶棚管和屏式过热器以外，常需采用墙式过热器。当然，此时屏式过热器也布置得更多，甚至布满整个炉膛上部。这种布满整个炉膛上部的屏式过热器被称为大屏。再热器一般安置在对流部分，布置在对流过热器之间或与对流过热器间隔布置，但也有布置在炉膛中的墙式再热器。这种包括顶棚管、屏式和墙式在内的辐射式过热器与对流式过热器相组合的过热器系统，以及这样的再热器布置方式，不仅满足工质吸热量合理分布的需要，而且也解决了过热器、再热器受热面较大而不易布置的问题，并可节省耐热钢材和改善蒸汽温度的调节特性。

5. 超临界压力锅炉

工质已成单相，不存在蒸发吸热量，因而也不存在蒸发受热面，整台锅炉的受热面只分两种，即加热受热面及过热器。此时加热吸热量约占总吸热量的 30%，其余吸热量均为过热吸热量。另外，正因工质已成单相，不分汽水，也就没有汽水之间那样明显的密度差，因此炉膛水冷壁不能采用自然水循环，目前都用直流锅炉或复合循环锅炉。此外，尽管不存在蒸发受热面，但工质仍存在着最大比热容区，此区受热面易发生传热恶化现象而导致爆管，因而应将此区的管屏布置在传热热负荷较低的区域，如炉膛四角或中辐射区。

二、容量对锅炉受热面布置的影响

如果将锅炉炉膛的形状视为接近某种棱柱形，就可以粗略地认为炉膛体积与其线尺寸的三次方成正比，而炉膛的壁面积则与其线尺寸的平方成正比。因此，随着锅炉容量的增大，炉膛体积的增大要比炉膛壁面积增大快。这样，一方面，大容量锅炉的炉膛壁面积比小容量锅炉的炉膛壁面积相对减少；另一方面，从燃烧燃料产生热量的功率来看，则锅炉的容量大致与炉膛体积成比例；而从炉膛水冷壁吸热以保持炉膛出口烟温度不至过高的能力来看，锅炉的容量则应与炉膛的壁面积成比例。由此可见，大容量锅炉炉膛的燃烧能力超过其传热能力，而中、小容量锅炉则相反。为此，在大容量锅炉中，单布置水冷壁将难以使炉膛出口烟温降低到能够防止在对流受热面区域结渣的程度，必须再布置双面露光水冷壁和双面受热的屏式过热器才能缓和这一矛盾。即使如此，为了满足传热，大容量锅炉的炉膛体积仍然有一定的富余。相反，在小型锅炉中，炉膛尺寸主要取决于燃烧设备的布置，炉膛壁面积相对较大，为此就应当增大水冷壁管的布置节距，甚至有某些墙面上不布置水冷壁，此时就需考虑炉墙的保护问题，而往往需要采用重型炉墙。即使如此，小型锅炉的炉膛出口温度一般仍有些偏低。

锅炉宽度是锅炉的一个方向的线尺寸，它随容量增加而增加的速度必然比炉壁面积增大的速度更慢，相应地折算到锅炉单位宽度上的蒸发量 D/B 随锅炉容量的增大而迅速增大。图 9-2 所示的为统计所得的锅炉蒸发量 D 与锅炉宽度 B 的比值（D/B）随锅炉蒸发量变化的曲线。锅炉宽度对对流受热面的布置有很大的影响。过热器、再热器、省煤器的管圈片数及空气预热器的管子排数均与锅炉的宽度成正比。由于随着容量的增大，D/B 急剧增大，因此大容量锅炉的宽度相对较少，对流受热面的流通截面偏小，导致工质和烟气流速过高，而受热面也难以布置而显得不足。为此，对流过热器和再热器就需采用多重管圈结构、省煤器采用双面进水及多重管圈结构、管式空气预热器采用双面进风结构，以免介质流速过大。为了保证传热，过热器、再热器和省煤器需采用紧凑式布置和强化传热技术。空气预热器则往往用体积紧凑的回转再生式取代管式。在解决上述问题中，加大尾部对流竖井的深度也是首先要采取的措施。此外，在大容量锅炉中，考虑到对流部件数量大和级数多而布置困难的情况，有时还改变锅炉的布置形式，即采用一些具有多通道、多转折的对流烟道的锅炉形式来取代一般的“倒 U”形布置。在小容量锅炉中情况恰恰相反，小容量工业锅炉通常采用单筒体的立式布置，没有尾部对流竖井。

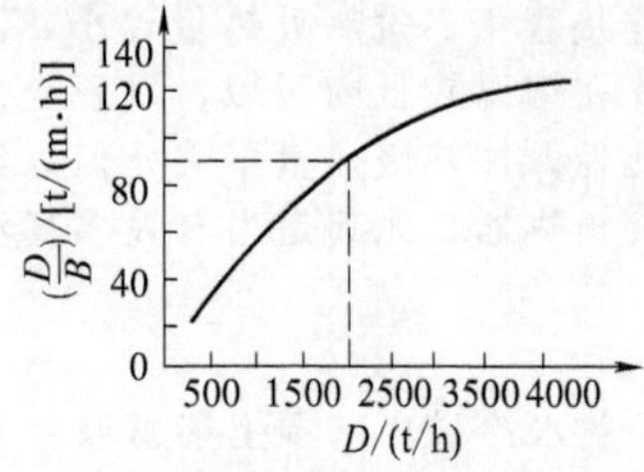

图 9-2　$D/B=f(D)$ 的关系曲线

由于锅炉容量一般总是与参数相联系的：大容量锅炉一般采用高参数；相反，中小容量锅炉则采用中低参数。因此，大容量锅炉一般总是具有高参数布置的特点，而中小容量锅炉则通常有中低参数的性质。

三、燃料对锅炉受热面布置的影响

燃料对锅炉受热面布置的影响如下。

燃料水分增多，炉膛中理论燃烧温度下降，而炉膛出口温度则基本上由保证对流受热面不结渣的条件来决定，因而炉膛吸热量减少，对流吸热量相应增多，对流受热面也就增加。不过，此时由于炉温降低，炉内辐射传热减弱，辐射受热面未必能相应减少。相反，为了保证燃尽，应有更高的炉膛，以增长火焰长度。

挥发分低，着火不易，燃尽也难，炉膛高度也应增大。

水分高和挥发分低的燃料都要求较高的热空气温度，以保证顺利着火，从而使空气预热器增大，并要求与省煤器双级交错布置，这在大型锅炉中常使“倒 U”形布置的尾部竖井中难以布置下受热面。

灰分多的燃料易使对流受热面受到剧烈的磨损，因而必须降低烟气流速而使受热面积增多，有时还需采用防磨、减磨的受热面结构形式。灰分的变形温度和软化温度低会导致受热面结渣，应根据使对流受热面不结渣的条件来选择炉膛出口温度，这就影响到炉膛辐射受热面吸热量和对流受热面吸热量的比例，故也就影响到整台锅炉受热面的尺寸和结构。另外，为了中间除灰，有时还采用多烟道的锅炉布置形式。

燃料含硫量高会造成低温区受热面的低温腐蚀和堵灰，以及在高温区受热面的高温腐蚀。为此，对低温区需要选取较高的排烟温度，并采取防腐及防堵的结构措施。在高温区则应采取措施以保证管子壁温不超过 600℃。

燃料发热量低可能是由于燃料可燃成分中较低发热量的成分增多或较高发热量的成分减少所致，也可能是因惰性物质水分和灰分高引起。由于可燃成分所产生的烟气量和其发热量基本成比例，当燃料可燃成分的发热量降低时，虽然每 1kg 燃料的烟气量减少，但所需的燃料量相应增加，因此总的烟气量基本上不变。这样它们对受热面布置的影响不大。至于惰性物质水分和灰分高导致发热量降低的直接影响，则是使所需的燃料量相应增加，从而在每公斤燃料的惰性物质高的基础上又使总的惰性物质量进一步增多。而惰性物质水分和灰分本身对受热面布置的影响则已在上面分析过。

以上三种是影响受热面布置的主要因素，其他如蒸汽温度的调节方法、钢材品级乃至受热面本身的形式（如空气预热器形式）等也都会对受热面的尺寸和布置产生一定的影响。

第二节　锅炉热力系统

锅炉热力系统是一种表明锅炉各受热面沿烟气流程布置位置、相互联系和配合的系统性热力布置。锅炉热力系统应保证锅炉的工作在安全可靠的条件下达到最大的经济效益。当锅炉参数、容量和燃用燃料不同时锅炉热力系统也随之变动。

一、低压小容量工业锅炉的热力系统

低压小容量工业锅炉有水管和火管两种形式，具有水冷壁（包括水冷管和浸水火筒）、锅炉管束（包括水管和烟管）和省煤器。输出过热蒸汽的锅炉还装有过热器。一般不装空气预热器，只有燃用无烟煤及回水温度较高而不宜安装省煤器等者除外。水管锅炉通常采用双锅筒结构，以便于连接锅炉管束。过热器布置在锅炉管束的中间。

图 9-3 所示的为双锅筒低压水管工业锅炉的热力系统。在此锅炉系统中，过热器布置在两段锅炉管束之间，并与烟气成逆流布置。本系统不装空气预热器。

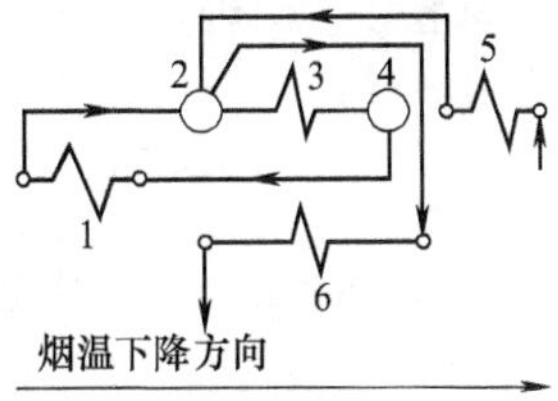

烟温下降方向

图 9-3　双锅筒低压水管工业锅炉的热力系统

1—水冷壁；2—上锅筒；3—锅炉管束；4—下锅筒；5—省煤器；6—过热器

二、中压中容量电站锅炉的热力系统

中压中容量电站锅炉的受热面由水冷壁、凝渣管、过热器、省煤器和空气预热器组成。因一般不使用锅炉管束，因而基本上都采用单锅筒结构。过热器分两级布置，减温器通常布置在两级过热器之间。当热空气温度高于 270℃时，省煤器和空气预热器作相互交叉的双级布置。图 9-4 所示为常见的中压中容量电站锅炉的热力系统。由图中可见，省煤器和空气预热器采用相互交叉的双级布置。

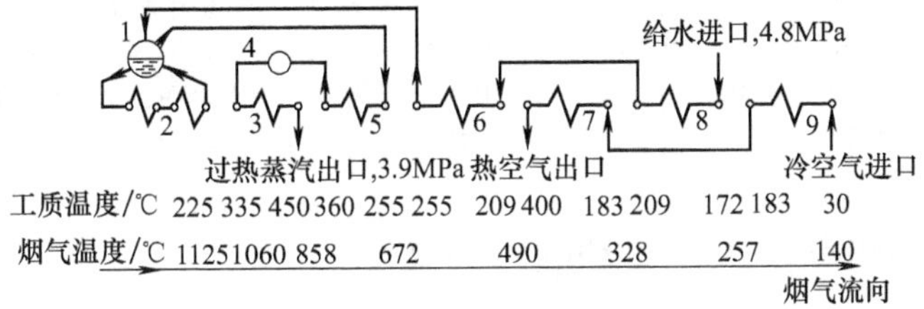

图 9-4　中压中容量电站锅炉的热力系统

1—锅筒；2—水冷壁和凝渣管；3—第二级过热器；4—减温器；5—第一级过热器；6—第二级省煤器；7—第二级空气预热器；8—第一级省煤器；9—第一级空气预热器

三、高压大容量电站锅筒锅炉的热力系统

高压大容量电站锅筒锅炉在受热面部件上的不同点主要有两点。其一，在过热器设计方面，它已采用半辐射式的屏式过热器。这是因为这种锅炉的过热吸热量增多，开始需要有一部分炉膛辐射传热量用于蒸汽的过热。此处饱和蒸汽自锅筒引出后先流经屏式过热器，然后再流经第一级对流式过热器和第二级对流式过热器后输出。其二，在省煤器设计方面，中压锅炉因蒸发吸热量较多，在燃用低发热量较高水分的燃料时需采用沸腾式省煤器；而高压锅炉则因蒸发吸热量减少，通常采用非沸腾式省煤器。图 9-5 所示的为常用的高压大容量锅筒锅炉的热力系统。

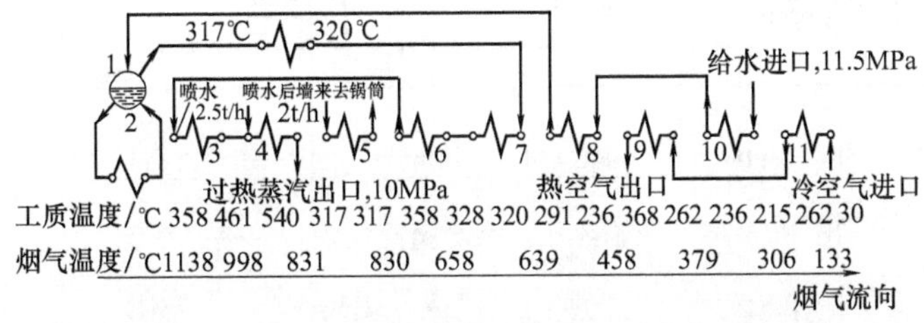

图 9-5　高压大容量锅筒锅炉的热力系统

1—锅筒；2—水冷壁；3—屏式过热器；4—第二级过热器；5—后墙引出管；6—第一级过热器；7—后竖井包覆管；8—第二级省煤器；9—第二级空气预热器；10—第一级省煤器；11—第一级空气预热器

四、超高压大容量电站锅筒锅炉的热力系统

超高压锅炉与高压锅炉相比，压力更高，过热吸热量更多，容量一般也更大。此时一方面需要有中间再热，使过热器和再热器的布置有合理配合；另一方面，过热吸热中从炉膛吸取辐射热量所占的比例更大，常采用辐射过热器、半辐射过热器和对流过热器相组合的过热器系统，这样不仅符合吸热量的分配规律，而且还可改善过热器的蒸汽温度调节特性。此外，过热器应分为数级，每级之间有交叉混合以减小热偏差。再热器在不采用减温减压保护系统时，应布置在烟温低于800℃的区域内，以免在突然降负荷时，再热器壁温超过允许值。图 9-6 所示为常见的超高压大容量自然循环电站锅炉的热力系统。

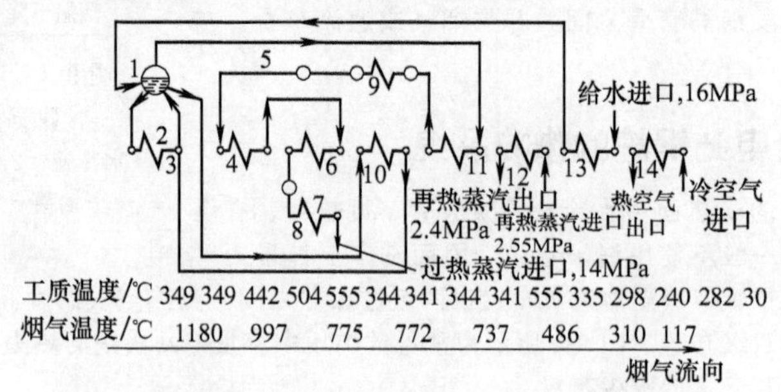

图 9-6 超高压大容量自然循环电站锅炉的热力系统

1—锅筒；2—炉膛；3—水冷壁；4—屏式过热器；5—第一级喷水（5t/h）；6—第一级过热器；7—第二级喷水（4.9t/h）；8—第二级过热器；9—炉顶过热器；10—后墙引出管；11—转弯烟室；12—再热器；13—省煤器；14—空气预热器

五、亚临界压力大容量直流锅炉的热力系统

图 9-7 所示为国产亚临界压力大容量直流锅炉的热力系统。锅炉为单炉体、双炉膛结构。双面露光，水冷壁将炉膛分隔为双炉膛，这主要是为了满足四角布置燃烧器进行切圆燃烧要求炉膛截面尽量接近正方形的需要和解决大容量锅炉炉壁面积相对减少、辐射受热面布置不下的矛盾。锅炉汽水循环系统对应于两个炉膛分为独立的并联回路。整个过热器系统的布置原则基本上与超高压锅炉相同。过热蒸汽温度的调节除控制燃料量和给水量使之保持一定的比例外，还采用三级喷水调温。再热器采用烟气再循环作为主要调温方法，另外还在第一级过热器和第二级过热器之间装设微量喷水减温设备作为细调节。

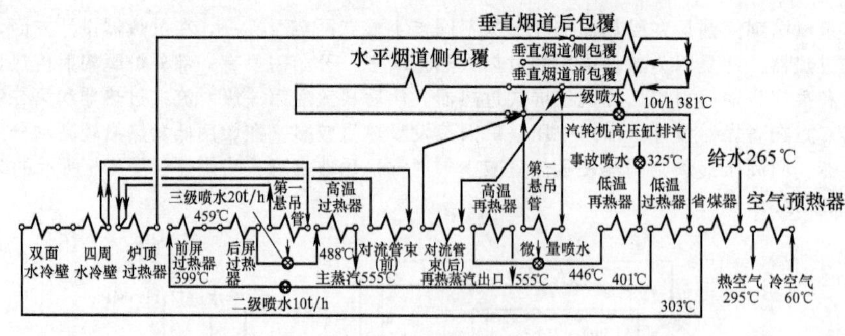

图 9-7 国产亚临界压力大容量直流锅炉的热力系统

六、超临界压力大容量锅炉的热力系统

图 9-8 所示为前苏联超临界压力大容量直流锅炉 П-57 的热力系统。锅炉蒸发量为 1650t/h，压力为 25MPa，过热蒸汽温度/再热蒸汽温度为 545℃/545℃。锅炉为单炉体，炉膛水冷壁采用垂直上升管屏。过热蒸汽温度应用喷水减温调节，再热蒸汽温度应用汽-汽热交换器调节。

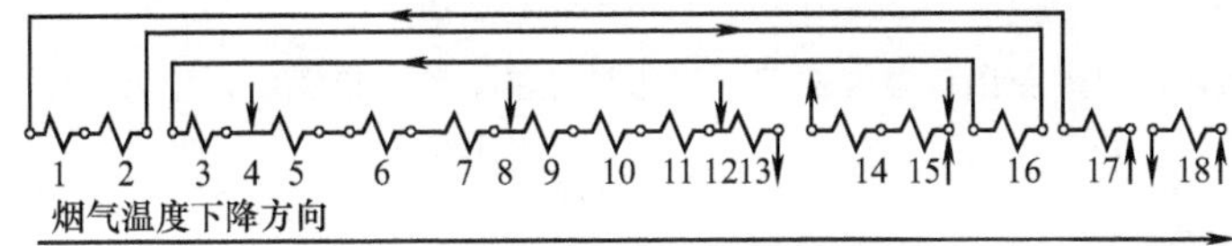

图 9-8 前苏联超临界压力大容量直流锅炉的热力系统

1—下辐射区Ⅰ；2—下辐射区Ⅱ；3—中辐射区Ⅰ；4—喷水（66t/h）；5—中辐射区Ⅱ；6—炉顶过热器；7—汽-汽热交换器；8—喷水（25t/h）；9—上辐射区；10—屏式过热器Ⅰ；11—屏式过热器Ⅱ；12—喷水（41t/h）；13—对流过热器；14—再热器；15—喷水；16—过渡区；17—省煤器；18—空气预热器

П-57 型锅炉各受热面的进出口工质温度与出口烟气温度列于表 9-2。

表 9-2 П-57 型锅炉各部件的进出口工质温度和出口烟气温度

部件名称	烟气出口温度/℃	工质进口温度/℃	工质出口温度/℃	部件名称	烟气出口温度/℃	工质进口温度/℃	工质出口温度/℃
下辐射区Ⅰ		314	370	屏式过热器Ⅰ	1054	448	474
下辐射区Ⅱ		370	393	屏式过热器Ⅱ	1021	474	504
中辐射区Ⅰ		406	426	对流过热器	858	492	545
中辐射区Ⅱ		420	460	再热器	666	391	545
炉顶过热器	1192	460	488	过渡区	501	393	406
汽-汽热交换器	—	488	447	省煤器	385	277	314
上辐射区	980	443	448	空气预热器	131	30	340

第三节 锅炉炉膛及对流受热面的设计布置

一、炉膛的设计布置

炉膛是锅炉的燃烧空间和辐射传热的受热面，也是锅炉中尺寸最大、工作最重要的部件。炉膛设计布置应满足燃烧、传热和工作安全的要求。具体的基本要求如下：①合理布置燃烧设备，确保足够的燃烧容积，以使燃料着火迅速、燃烧完全，且各壁面热负荷均匀；②正确布置炉膛辐射受热面，务使炉膛出口烟温合适，以防止对流受热面的结渣；③炉膛辐射受热面——水冷壁应具有可靠的水动力特性；④炉膛结构紧凑，金属及其他材料消耗少，便于制造、安装、检修和运行。

二、炉膛出口温度的选择

烟气从炉膛流出以后，传热方式和流动方式都发生明显的变化：烟气传热方式基本上从辐射变为对流，因而炉膛出口温度实际上是决定辐射受热面和对流受热面吸热比例的指数；烟气流动方式从炉膛中的大空间进入密集的对流受热面，此后如再发生结渣就会导致烟气通道的堵塞，从而使锅炉无法工作。由此可见，炉膛出口温度应从两个方面，即经济性和安全性来确定。根据技术经济比较，与最佳的辐射受热面积和对流受热面积比例对应的最经济的炉膛出口温度，对火室炉而言在 1200～1400℃之间。但实际上为了防止对流受热面结渣，炉膛出口温度还受灰分熔融特性即工作安全性的限制。

目前，一般以灰分的变形温度 t_1 作为不发生结渣的极限温度。在炉膛出口处不布置屏式受热面的锅炉，炉膛出口温度指凝渣管束前的烟气温度，此温度应稍低于 t_1；如灰分软化温度 t_2 和 t_1 相差小于 100℃，则此温度应不超过（t_2－100℃）。当缺乏灰熔点的可靠资料时，炉膛出口温度应≤1150℃。

当炉膛出口有屏式受热面时，可认为屏式受热面有 50℃的温降，因而屏后烟温不应超过（t_1－50℃）或（t_2－150℃）。屏前温度对于弱结渣性煤应＜1250℃，对于强结渣性煤应＜1100℃，对于一般结渣性煤应＜1200℃。

燃油锅炉的炉膛出口温度可比燃煤锅炉的为高，但为了防止过热器高温腐蚀和管壁温度过高，通常≤1250℃。

燃气锅炉无结渣问题，其炉膛出口温度按理可取为最经济炉膛出口温度，但为了避免过热器管壁温度过高，通常炉膛出口温度≤1350℃。

三、水冷壁的布置

水冷壁是锅炉的辐射蒸发受热面。水冷壁的设计布置包括其结构设计、热力计算及水循环可靠性的保证三方面。各类水冷壁的结构（包括其支持结构）及结构参数（管径、节距等）已在第六章第一节中叙述，水冷壁受热面的热力计算将在第十章中详述，此处主要论述水冷壁水循环回路的布置。水冷壁循环回路的布置与其循环方式有关。对于不同的循环方式，水冷壁循环回路有其不同的布置要点。

1. 自然循环锅炉水冷壁循环回路的布置

一方面，由于自然水循环完全依靠水、汽密度差所形成的压头来建立，而循环压头则又是靠受热来产生，流动的阻力也与受热有关；另一方面，管内流动的是汽水混合物，而汽和水两相的导热（冷却）能力相差甚大，因此，循环回路的循环可靠性以及管壁的可靠冷却，就必须完全依靠合理布置水冷壁回路来实现，即必须合理处理结构和受热，以使有足够的循环压头克服流动阻力，尽量使管壁与水接触，并尽可能减小各平行工作管的流动和受热偏差。为此，在水冷壁布置中应遵循以下各点。

① 应将水冷壁分成若干个组件，以使同一组件中各平行工作的管子的吸热量相近，尤其宜将受热弱的管子划成单独的组件。

② 下降管、汽水混合物引出管的流通截面积与其相关的上升管的流通截面积应保持适当比例，以限制循环回路的流动阻力，使之不过大。截面比的推荐值列于表9-3和表9-4。尽可能不用中间集箱和引出管，而使上升管和锅筒直接相连，以减少流动阻力。高压以下锅炉采用分散下降管，此时一个回路中应采用两根或多于两根的下降管，以使进水能均匀地分配给各上升管。高压以上锅炉多采用集中下降管，此时与同一下降管相连的回路不宜超过6个，以免回路过于复杂，对循环不利。下降管中的流速不宜过高，以免发生带汽现象。下降管和上升管的入口水速推荐值列于表9-5。另外，上升管单位截面积蒸汽产量对自然循环回路的工作可靠性也有较大的影响。随着锅炉容量的增大，炉膛壁面积相对减小，可布置的水冷壁管数相对减少，因而每根水冷壁管必须产生更多的蒸汽。上升管单位截面积蒸汽产量的推荐值列于表9-6。

③ 受热上升管不应作水平布置或水平倾角小于15°的微倾斜布置，以免汽水分层而使管子受损。对于链条炉排的防焦箱，上升管应从其顶部引出，以便随时排出停留在那里的蒸汽；进水管应从其端部引入，以防止防焦箱受热段中形成无水流动的死角。

表9-3 引出管与上升管截面积比推荐值

锅筒压力/MPa	4～6	10～12	14～16	17～19
截面积比①	0.35～0.45	0.4～0.5	0.5～0.7	0.6～0.8

① 对双面露光水冷壁应增加60%～70%。

表9-4 下降管与上升管截面积比推荐值

锅筒压力/MPa		4～6	10～12	14～16	17～19
截面比	对分散下降管	0.2～0.3	0.35～0.45	0.5～0.6	0.6～0.7
	对集中下降管	—	0.3～0.4	0.4～0.5	0.5～0.6

表9-5 上升管和下降管入口水速推荐值

单位：m/s

锅筒压力/MPa	4～6	10～12	14～16	17～19
上升管入口水速				
上升管引入锅筒	0.5～1.0	1.0～1.5	1.0～1.5	1.5～2.5
有上集箱	0.4～0.8	0.7～1.2	1.0～1.5	1.5～2.5
双面水冷壁	—	1.0～1.5	1.5～2.0	2.5～3.5
下降管入口水速	≤3	≤3.5	≤3.5	≤4

表9-6 上升管单位截面积蒸汽产量的推荐值

锅筒压力/MPa	4～6		10～12	14～16	17～19
锅炉蒸发量/(t/h)	≤75	≥120	160～420	400～670	≥850
水冷壁高度/m	10～20	12～24	20～40	25～45	30～55
上升管单位截面积蒸汽产量/[t/(h·m²)]					
燃煤	60～120	120～200	250～400	420～550	650～800
燃油	75～150	150～250	320～480	520～680	750～900

④ 水冷壁的循环回路应有足够的高度，以保证有足够的循环压头。

工业用蒸汽锅炉通常均为自然循环低压、小容量锅炉。其水冷壁回路设计虽然也应满足上述要求，如不采用受热水平管或倾角<15°的微倾斜管等，但因其工作压力低、水汽密度差大，水循环较为可靠，极少发生爆管，爆管一般只发生在水质差、导致管内严重结垢、且管子受热强度又较高时。因此，对工业锅炉水冷壁循环回路的一些布置要求可以适当降低。如其引出管和上升管截面积之比为0.35左右，下降管和上升管

的截面积比值为0.2～0.3。在压力<0.8MPa时，循环回路的高度可低至2～3m；在工业锅炉应用的其他压力范围内，循环回路的高度不低于6m已可保证水循环的可靠性。同时，为了简化结构，工业锅炉中也有采用较复杂的循环回路，而不十分追求回路划分的明确性。事实上由上下锅筒连成的锅炉管束就是一种水循环十分复杂的回路系统，但其水循环的可靠性却是毋庸置疑的。此外，这种锅炉的上升管全部从上锅筒的水空间进入，应该认为是对水循环可靠性的一种附加的保证。

2. 强制循环锅炉水冷壁循环回路的布置

在强制循环的锅炉中，水冷壁循环回路的循环可靠性主要依靠工质在管子中保持足够的流速来保证，而工质的流速则是由水泵提供的机械压头来产生。但是，过高的流速显然又会引起水泵电耗不必要的增加。

对于多次强制循环锅炉，为了使各管流量分配均匀，水冷壁管进口装有节流圈（见图9-9），节流圈的直径应根据每根管子的吸热量和阻力来选用。为了减小各管的受热不均匀性，水冷壁也应划分回路。循环泵入口水应有一定过冷度，同时下降管中的水速也不应过高，以防止汽化。多次强制循环锅炉多用于亚临界压力，表9-7中列有亚临界参数时这种锅炉水冷壁回路的一些主要设计参数。

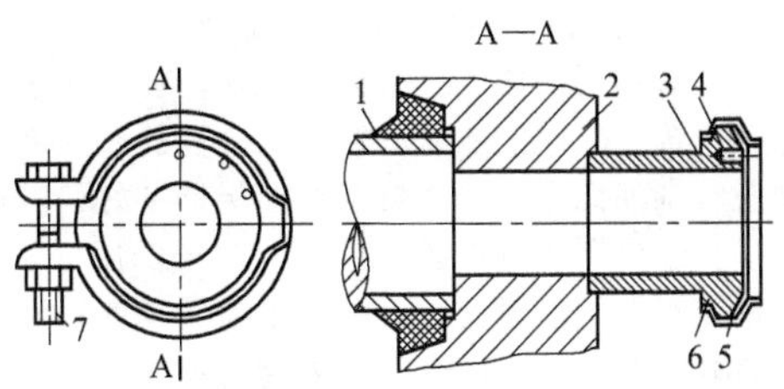

图9-9　节流圈结构

1—上升管；2—分配集箱；3—节流圈管接头；4—定位销；5—节流圈；6—固定夹；7—螺栓

表9-7　多次强制循环锅炉水冷壁回路设计参数

上升管单位截面积蒸汽产量 /[t/(m^2·h)]	循环水速 /(m/s)	下降管入口流速 /(m/s)	节流圈中水速 /(m/s)
约1400	≥0.5	≤2.5	6～9

对于直流锅炉，水冷壁管中的工质流速与管组的水动力稳定性、管壁允许温度之间有密切的关系。流速增大，则运行可靠性增加，但水气流动阻力增大，水泵电耗量增多。在额定负荷时，直流锅炉下辐射区的工质流速可按表9-8选取。水冷壁热强度高时，质量流速选用较大值。在同一炉膛中，可通过选用不同管径的管子，在不同热强度部位采用不同的质量流速。

为了保证每一管屏在混合前热偏差不致过大，各管屏的工质吸热量应保持一定数值。通常水平或微倾斜管圈的热力不均匀较小，各段管圈的工质焓增可取837～1256kJ/kg；对于其他形式的管屏可取工质焓增为210～628kJ/kg。热力不均匀大的多次垂直上升管屏中的工质焓增取小值。

表9-8　直流锅炉下辐射区的工质流速质量　　单位：kg/(m^2·s)

压　　力	水平或微倾斜围绕管圈	垂直上升管屏		回带管屏	
		一次上升	多次上升	水平回带	垂直回带
低于临界压力	1200～3000	1600～2700	1200～2000	1500～2500	1300～1700
超临界压力	1500～3000	2100～2700	1600～2000	2000～3000	1900～3000

对于低倍率循环锅炉，由于存在工质的再循环，其额定负荷时的水冷壁管质量流速可选用比直流锅炉的同类型管屏的低些，通常为900～1600kg/(m^2·s)。其循环倍率，亦即进入水冷壁管的水量与水冷壁蒸发量的比值为1.2～2.0。对于亚临界压力低倍率循环锅炉，其分离器进口汽水混合物的干度x在额定负荷下取为0.5～0.8，锅炉容量较小或水冷壁热强度大时取小值。

对于超临界压力的部分负荷复合循环锅炉，若在低于80%额定负荷时投入工质再循环的，则额定负荷时，水冷壁的工质流速可按表9-9选取。另外，为了避免分离器产生过大的热应力，这种锅炉中额定负荷下水冷壁出口蒸汽的过热度通常小于40℃。

表9-9　超临界部分负荷复合循环锅炉水冷壁中工质的质量流速

燃料	受热面最大热强度/(W/m)[kcal①/(m^2·h)]	额定负荷下最低允许流速/[kg/(m^2·s)]	燃料	受热面最大热强度/(W/m)[kcal①/(m^2·h)]	额定负荷下最低允许流速/[kg/(m^2·s)]
气体	291×10^3[250×10^3]	700	煤	407×10^3～523×10^3 [350×10^3～450×10^3]	1000～1450
油	582×10^3[500×10^3]	1700			

① 1kcal=4.1868kJ。

四、对流受热面的设计布置

锅炉中的对流受热面有凝渣管、锅炉管束、过热器、再热器、省煤器及空气预热器。这些受热面的结构已在第六章的相应节段中叙述。其中凝渣管和锅炉管束不仅结构简单，而且其设计布置所涉及的问题也较少，故此处不再提及。

1. 过热器与再热器的设计布置

过热器和再热器设计布置的任务，首先在于根据锅炉的参数、容量、锅炉形式和所用钢材的耐热性能选择好其系统，亦即按照经济性和安全性的原则确定其传热方式、布置位置（温度范围）及结构形式，在此过程中应特别注意尽量减小热偏差和保持良好的温度调节特性。

(1) 过热器和再热器的系统 对于低压锅炉，因其过热吸热量小、受热面也少，因而均采用对流过热器，单级布置。但因其所用材料多为低碳钢，许用温度低（<450℃），故蒸汽温度虽低（250～400℃），仍一般将其布置在部分锅炉管束之后、烟气温度700～800℃的烟道内。

对于中压锅炉，其过热器系统也比较简单，过热器亦为纯对流式，但所处的烟温较高（900～950℃），且通常为两级布置，蒸汽在两级之间通过中间集箱进行混合，以减小热偏差。也有再进行左右交叉的以进一步减小热偏差。

对于高压及超高压以上锅炉，过热吸热量增多，过热器结构复杂，还具有再热器，一般采用半辐射-对流式过热器或辐射-半辐射-对流过热器系统以解决过热器与再热器受热面的布置问题，改善蒸汽温度调节特性。图9-10所示的为几种高压及超临界压力大容量锅炉的过热器与再热器布置系统。这些系统适合于不同的具体条件，应根据技术经济比较来加以选用。

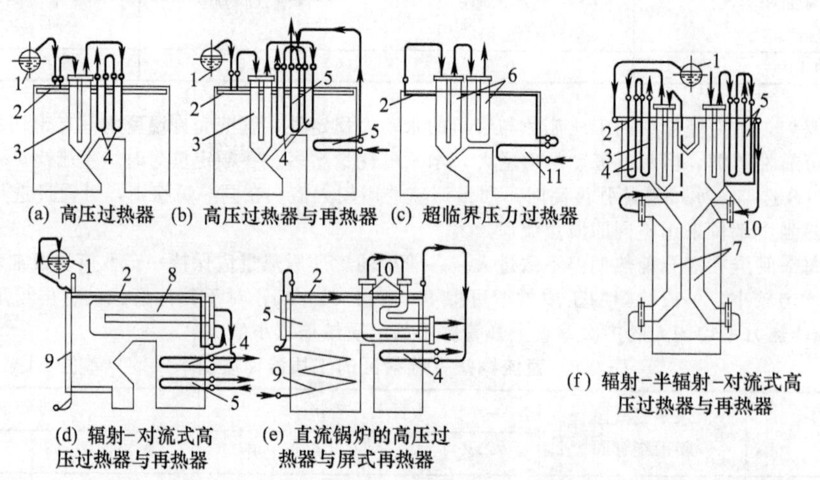

图9-10 高压及超临界压力大容量锅炉的过热器与再热器系统

1—锅筒；2—炉顶过热器；3—高压垂直布置屏式过热器；4—高压对流过热器；5—对流再热器；6—超高压屏式过热器；7—辐射式屏式过热器；8—高压卧式布置屏式过热器；9—墙式过热器；10—屏式再热器；11—超临界压力对流过热器

对流过热器分级时，每级中的蒸汽焓增不宜超过250kJ/kg，以免热偏差过大；两级过热器中间通常设有减温装置，以调节过热器出口蒸汽的温度。为了保证蒸汽温度调节的灵敏性，末级过热器中工质的焓增不宜过大：对中压锅炉不宜超过295kJ/kg；对高压及高压以上锅炉不宜超过168kJ/kg。

(2) 过热器与再热器的热偏差 在过热器和再热器的工作过程中，由于烟气侧和工质侧各种因素的影响，各平行管中工质的吸热量是不同的，这种平行管列中工质焓增不均匀现象称为热偏差。热偏差的计算及其影响因素可参见第十一章第一节。

(3) 过热器和再热器系统示例 图9-11所示的为HG-75/39-1中压锅炉的过热器系统。过热器布置在水平烟道内，分两级。为了尽量节省或不用合金钢材料，本过热器系统在总体上采用顺流布置。第一级以逆-顺混流流动布置在高温区，第二级布置在烟温较低的区间。蒸汽在第一级过热器出口集箱处用8根连接管左右交叉引入两个表面式减温器，然后进入第二级过热器。在第二级过热器中，蒸汽先逆流，进入中间集箱混合后，再顺流沿中部过热器管进入过热器出口集箱。

图9-12所示的为WG-220/100-Ⅱ型高压锅炉的过热器系统。过热器分为四级，为半辐射-对流式，蒸汽

经二次喷水减温和交叉混合后输出锅炉。

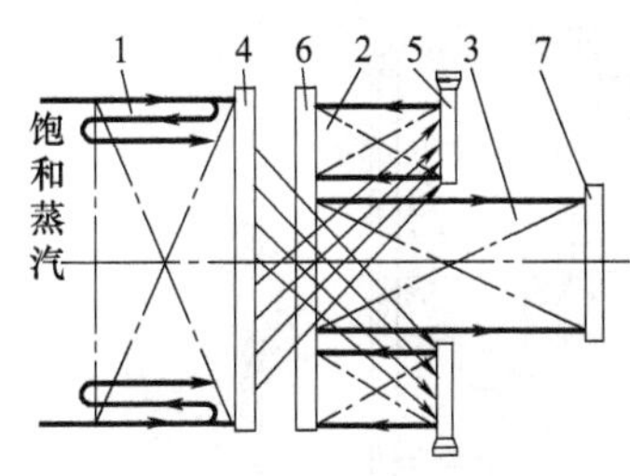

图 9-11 中压锅炉过热器系统

1—第一级过热器；2—第二级过热器两侧管组；3—第二级过热器中间管组；4—第一级过热器出口集箱；5—减温器；6—第二级过热器中间集箱；7—过热器出口集箱

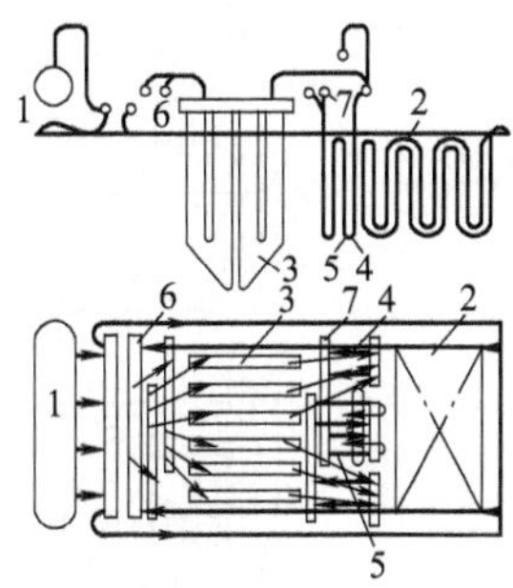

图 9-12 高压锅炉过热器系统

1—锅筒；2—第一级过热器；3—第二级过热器；4—第三级过热器；5—第四级过热器；6—第一级喷水；7—第二级喷水

图 9-13 示有 HG-410/100-1 型高压大型锅炉的过热器系统。本过热器由屏式过热器、炉顶过热器及对流过热器所组成，亦属半辐射-对流式。为了节省或避免采用昂贵的高合金钢，最后一级为对流式，且又将其分为二段。考虑到锅炉容量较大，炉膛较宽，为了减小乃至消除沿宽度的热偏差，蒸汽在过热器中进行二次喷水减温和三次交叉混合后输出。

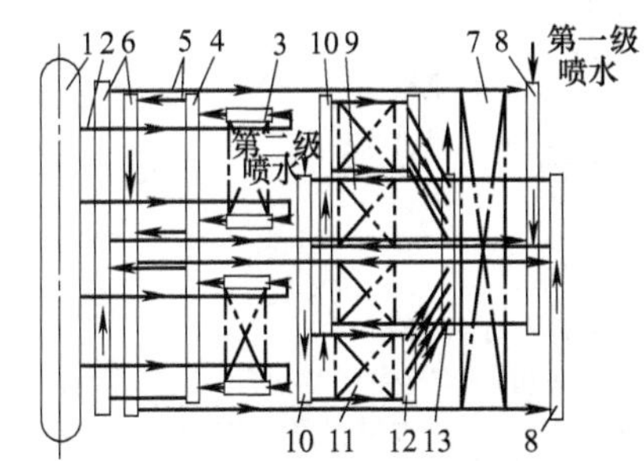

图 9-13 高压大型锅炉过热器系统

1—锅筒；2—连接管；3—屏式过热器；4—屏式过热器出口集箱；5—炉顶过热器；6—炉顶过热器中间集箱；7—第一级过热器；8—第一次喷水减温；9—第二级过热器中间部分；10—第二次喷水减温；11—第二级过热器两侧部分；12—第二级过热器出口集箱；13—集汽集箱

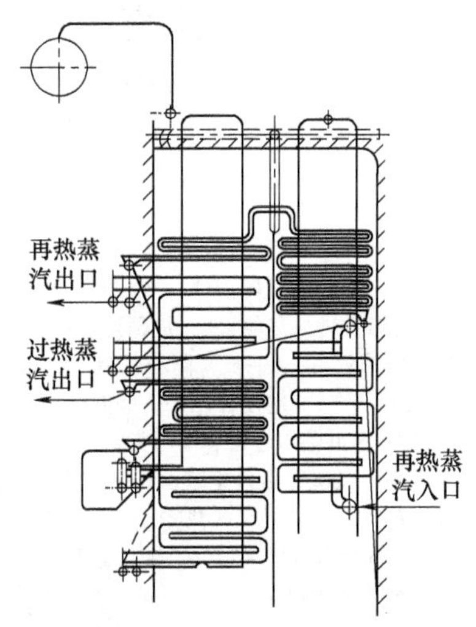

图 9-14 超高压箱式油炉的过热器与再热器系统

图 9-14 所示为国产 670t/h 箱式油炉的过热器和再热器系统。锅炉额定压力为 13.72MPa，蒸汽温度为 540℃，整个系统布置在炉膛上部。为了保证有适当的烟气流速，利用由管排构成的隔墙将烟道分隔成左右两半。烟气自左侧烟道向上流动，依次流过屏式过热器、高温对流过热器、高温再热器及低温对流过热器的一部分，至炉顶后沿炉顶过热器转弯至右侧，并向下流动，依次流过低温对流过热器的另一部分及低温再热器后流出系统。蒸汽自锅筒引出后经炉顶过热器进入第一级（低温对流）过热器，再经第二级（屏式）过热器和第三级（高温对流）过热器后输出。再热蒸汽也先后经两级再热器后输出。

图 9-15 所示为 SG-1000/170 型亚临界压力大型直流锅炉的过热器和再热器系统。此过热器系统由如下各部分组成：炉顶过热器、水平烟道与竖井包覆管、第一级对流过热器、前屏过热器、后屏过热器和第二级对流过热器。从炉膛水冷壁流出的微过热蒸汽先进入炉顶过热器和竖井后墙包覆管，再分为竖井侧墙包覆管和前墙包覆管两路上升；而竖井前墙包覆管则又在水平烟道处分成三路上升，一路为水平烟道侧墙包覆管，第二路为第二悬吊管，第三路为水平烟道底部包覆管、顶部包覆管和对流管束，在炉顶再与竖井侧墙包覆管出口的蒸汽汇合；包覆出口汇合的蒸汽再经低温对流过热器，悬吊管，前、后屏式过热器及第二级对流过热器后输往汽轮机。蒸汽在过热器中经过三次喷水减温和多次交叉混合以减小热偏差。再热器分为两级，其系统如图 9-15（c）所示。

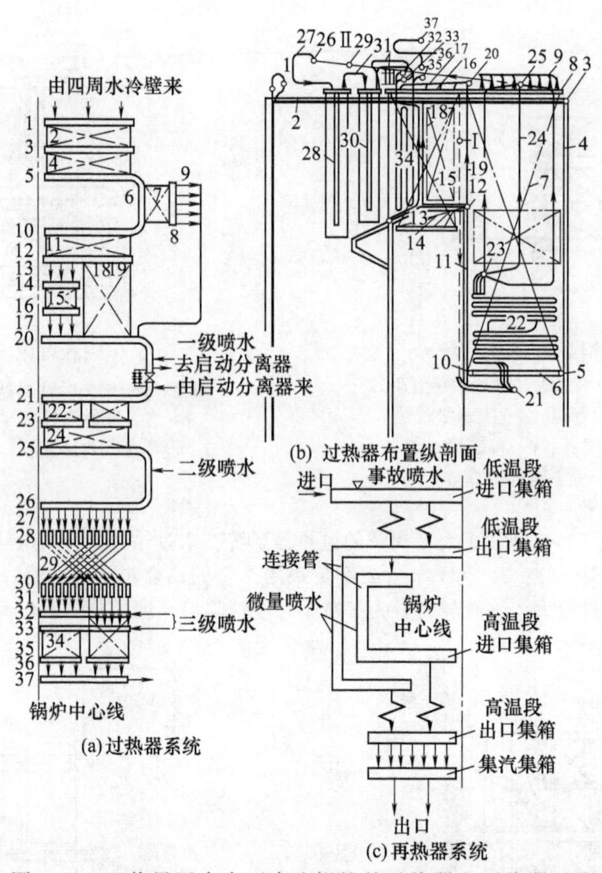

(a)过热器系统 (b) 过热器布置纵剖面 (c)再热器系统

图 9-15 亚临界压力大型直流锅炉的过热器和再热器系统

1—炉顶过热器进口集箱；2—炉顶过热器管；3—竖井后墙包覆管进口集箱；4—竖井后墙包覆管；5—竖井后墙包覆管出口集箱；6—竖井侧墙包覆管进口集箱；7—竖井侧墙包覆管；8—竖井侧墙包覆管出口集箱；9,13,17,27,29,31,36—连接管；10—竖井前墙包覆管进口集箱（5、6、10 组成“Π”形集箱）；11—竖井前墙包覆管；12—竖井前墙包覆管中间集箱；14—水平烟道侧墙包覆管进口集箱；15—水平烟道侧墙包覆管；16—水平烟道侧墙包覆管出口集箱；18—对流管束；19—第二悬吊管；20—包覆管汇集集箱；21—第一级过热器进口集箱；22—第一级过热器管；23—第一级过热器出口集箱；24—第一级过热器悬吊管；25—第一级过热器悬吊管出口集箱；26—前屏过热器进口集箱；28—前屏过热器；30—后屏过热器；32,33—第二级过热器进口集箱；34—第二级过热器管；35—第二级过热器出口集箱；37—主蒸汽集汽集箱

在高参数大容量锅炉中，再热蒸汽温度的调节方法对系统的布置也有较大的影响。由于喷水减温不经济而不宜采用，因此除了在蒸汽侧调节方法中采用汽-汽热交换器调节法外，广泛采用各种烟气侧调节方法，其中烟气再循环法、摆动燃烧器法与烟气挡板法应用较广。采用烟气挡板法时，需要将装设过热器和再热器的烟道分隔为两个或数个并联烟道，使两者分居其一，以便通过开闭烟气挡板以改变通过各分隔烟道烟气量的办法调节再热蒸汽的温度。同时，分隔烟道还能在锅炉启动时起到保护再热器的作用。在国外，有不少大容量锅炉在过热器和再热器区域采用这种分隔烟道结构。

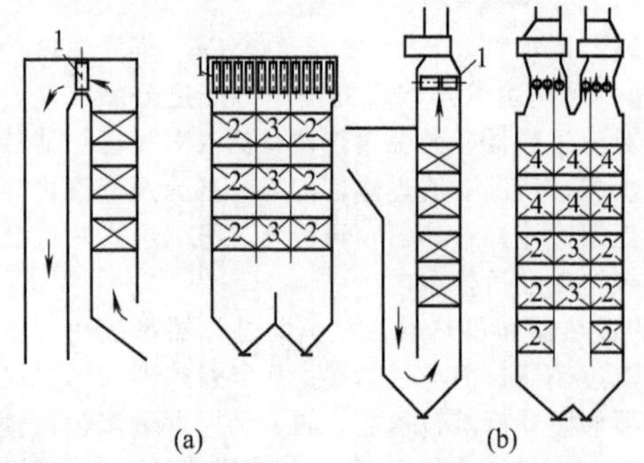

(a) (b)

图 9-16 德国采用垂直前墙的分隔烟道布置过热器和再热器的布置方式

1—调节挡板；2—再热器；3—对流过热器；4—省煤器

图 9-16 所示为德国采用垂直前墙的分隔烟道布置过热器和再热器的布置方式。对流竖井分隔为三个平行烟道，在平行烟道中分别布置过热器和再热器，并通过开闭装在低温端的挡板来调节再热蒸汽的温度。

图 9-17 所示为美国 F. W. 公司所采用的几种大型锅炉的

过热器和再热器布置系统。图中所有布置形式均采用分隔烟道结构。其中图 9-17（a）所采用的分隔烟道可使全部烟气不通过再热器，这种布置系统用于配 500～600MW 机组的锅炉中。图 9-17（e）的过热器布置在水平烟道中，一次再热器和二次再热器分别布置在尾部竖井的分隔烟道中。此布置用于一台额定蒸发量为 2400t/h 的锅炉上，该锅炉的蒸汽参数为：压力为 24.1MPa，蒸汽温度及二次中间再热蒸汽的温度为（543/552/556)℃。

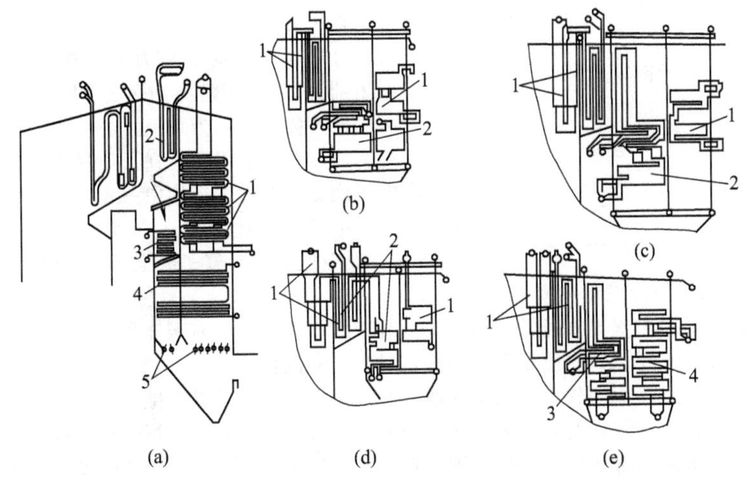

图 9-17　F. W. 公司的几种大型锅炉的过热器与再热器布置系统

1—过热器；2—再热器；3——次再热器；4—二次再热器；5—省煤器

图 9-18 所示为法国菲夫-邦纳公司配 600MW 机组的大型锅炉过热器与再热器系统。其过热器系统由辐射式-半辐射式-对流式过热器所组成；再热器系统由屏式和对流式再热器组成。锅炉的对流竖井分隔为两个平行烟道：其中之一占竖井深度的 60%，用以布置第一级再热器；另一平行烟道中布置第一级过热器。第二级再热器则布置在屏式过热器之后。烟气调节挡板布置在省煤器前烟温为 450～470℃的区域。

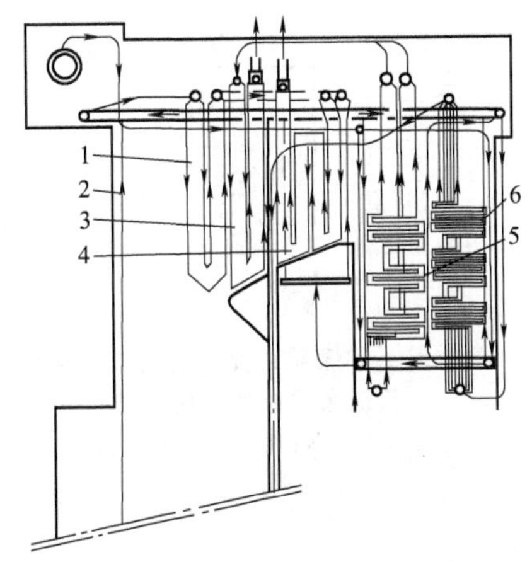

图 9-18　法国菲夫-邦纳公司配 600MW 机组的大型锅炉过热器与再热器系统

1—屏式过热器；2—辐射式过热器；3—第二级再热器；4—末级过热器；5—第一级再热器；6—第一级对流过热器

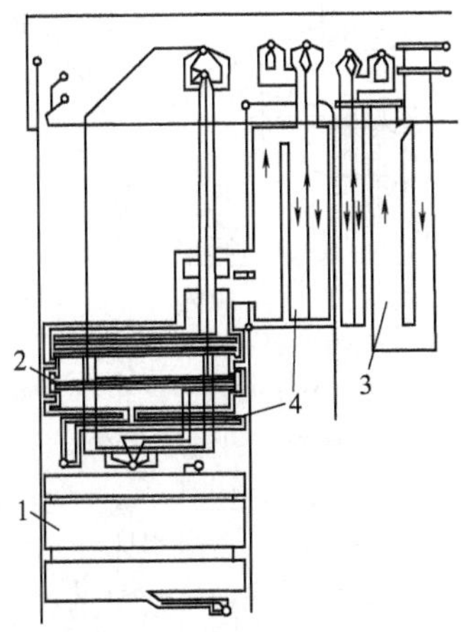

图 9-19　美国拔伯葛公司配 1300MW 机组的超临界压力锅炉的过热器与再热器系统

1—省煤器；2—第一级过热器；3—末级（屏式）过热器；4—再热器

图 9-19 所示为美国拔伯葛公司配 1300MW 机组的超临界压力锅炉的过热器与再热器系统。锅炉压力为 24.10MPa，蒸汽温度为（537/537)℃。过热蒸汽温度采用喷水调节，再热蒸汽温度则应用以烟气再循环为主、以喷水为辅的调节方式。作为过热器末级的屏式过热器及作为第二级再热器的屏式再热器都布置在炉膛上部，但过热器和再热器出口处温度最高的管圈则布置在管束中间，以减少气室辐射。第一级过热器与第一级再热器布置在下降竖井中。省煤器布置在竖井的最下面。锅炉后端布置着 3 台水平轴回转式空气预热器。

前苏联最初设计的大型锅炉常采用双炉体。如配 300MW 机组的 ТПП-110 型超临界压力锅炉即是采用双炉体“倒 U”形布置。在这种锅炉中过热器装在一个炉体中，再热器装在另一炉体中。这种布置方式对于同时调节过热蒸汽温度和再热蒸汽温度较为方便，但由于双炉体投资大，运行复杂，在后来的设计中未再采用。又如在“T”形布置的锅炉中也有采用将过热器布置在一个竖井中、再热器布置在另一个竖井中的系统，然后再用烟气挡板分配流入两竖井烟气量等方法调节蒸汽的温度。

表 9-10 过热器与再热器中工质的质量流速

形　式	质量流速/[kg/(m²·s)]
对流过热器	
中压	250～400
高压	500～1000
屏式过热器	800～1000
墙式过热器	1000～1500
再热器	250～400

(4) 过热器及再热器的工质与烟气流速 各种过热器与再热器中工质的质量流速可参见表 9-10。过热器和再热器中工质流速应根据管子必需的冷却及系统流动总阻力不过大这两个条件来选取。过热器系统的总阻力应不超过过热器出口压力的10%；再热器系统的总阻力应不超过再热蒸汽进口压力的10%。再热器本体阻力约为总阻力的一半。过热器和再热器中的烟气流速应该在管子不受磨损及不易积灰的条件下通过技术经济比较来确定。在燃煤锅炉中一般为 10～14m/s，在燃油炉和燃气锅炉中可提高到 20m/s。额定负荷时的最低烟速应不低于 6m/s，以免低负荷时管子因烟速过低而积灰。

2. 省煤器与空气预热器的设计布置

省煤器和空气预热器的布置方式通常有单级布置和双级布置两种。双级布置时，省煤器和空气预热器各分成两组，并作相互交叉布置。其实质是以减小第一级省煤器的传热温压来获得第二级空气预热器传热温压的增大，目的是以省煤器受热面的较少增加来换取空气预热器受热面的较多减少。但同时也增加了连接管道和风道等金属耗量，并使对流烟井的布置复杂化。因此，双级布置只有当根据燃料燃烧要求热空气温度较高时才是合理的。通常，如采用管式空气预热器则当热空气温度高于 270℃时需采用双级布置；如采用回转式空气预热器，则须当热空气温度高于 350℃时才采用双级布置。

管式空气预热器与省煤器作单级布置时的温压分布示于图 9-20。当给定热空气温度、冷空气温度、排烟温度与省煤器进口烟温，则省煤器和空气预热器的吸热量分配即已确定。由图 9-20 可见，随着热空气温度的提高，空气预热器进口烟温与出口热空气温度的差值将越来越快地减小，到后来不仅导致空气预热器受热面的急剧增大，而且甚至无法达到所要求的空气预热温度。

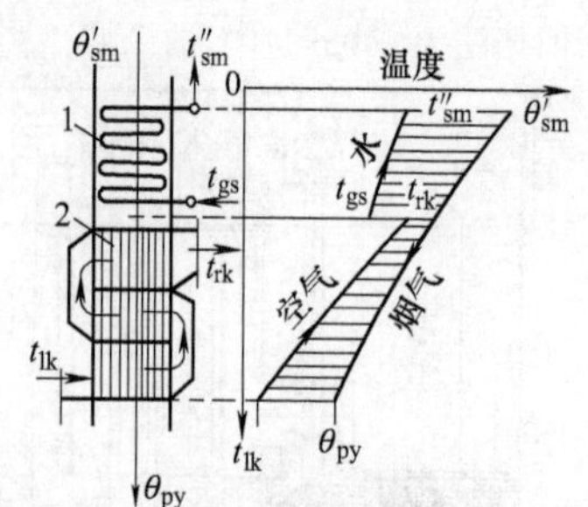

图 9-20 省煤器和空气预热器单级布置时的温压分布

1—省煤器；2—空气预热器；t_{lk}—冷空气温度；t_{rk}—热空气温度；t_{gs}—给水温度；t''_{sm}—省煤器出口水温；θ'_{sm}—省煤器进口烟温；θ_{py}—排烟温度

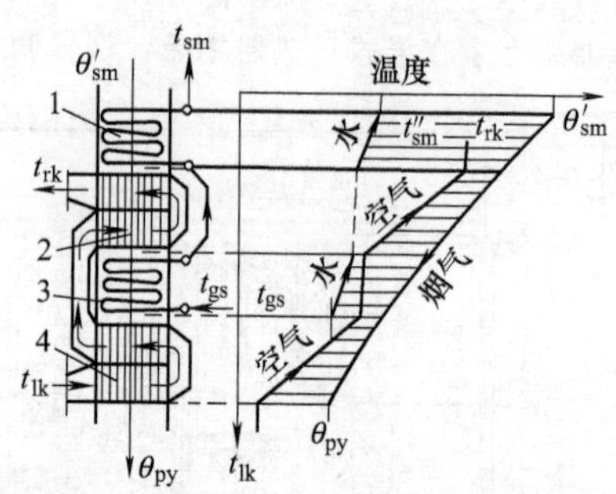

图 9-21 省煤器和管式空气预热器作双级布置时的温压分布

1—第二级省煤器；2—第二级空气预热器；3—第一级省煤器；4—第一级空气预热器（各温度符号同图 9-20）

图 9-21 所示的为管式空气预热器与省煤器作双级布置时的温压分布。由图 9-21 可见，当给定排烟温度、热空气温度、冷空气温度及第二级省煤器进口烟温时，随着第一级空气预热器出口空气温度的提高，第一级省煤器的出口烟温与给水温度之差增大，而第一级空气预热器的进口烟温与其出口热空气温度的差值却越来越快地减小，这就导致省煤器总金属耗量的减小，而空气预热器总金属耗量则越来越快地增大。反之亦然。显然，必有第一级空气预热器出口空气温度使省煤器和空气预热器的金属耗量或投资的总和最小。根据技术经济比较，经济的布置应保持第一级省煤器的出口烟温和给水温度之差为 40～50℃，第一级空气预热器的进口烟温与出口热空气温度的差值为 30℃左右。第二级管式空气预热器的进口烟温一般不应超过 480℃，以免由碳钢制成的上管板过热损坏。

省煤器和空气预热器中的烟速、水速、空气流速的选用可参见第五章相关部分。

锅炉排烟温度是锅炉设计中最重要的数据之一。它的选择应考虑安全性和经济性两个方面：一方面应避免低温受热面的低温腐蚀；另一方面应从金属耗量和运行煤耗之间的增减来进行经济比较。根据技术经济比较，对于蒸发量＞75t/h 的锅炉可根据表 9-11 选用，对于蒸发量≤75t/h 的锅炉可按表 9-12 选用。

表 9-11 ＞75t/h 锅炉的排烟温度推荐值 单位：℃

燃料的折算水分	t_{gs}＝150℃		t_{gs}＝215～235℃		t_{gs}＝265℃	
	燃料价格较低	燃料价格较高	燃料价格较低	燃料价格较高	燃料价格较低	燃料价格较高
$w_{zs}^{y}\leqslant 3$	110～120	110	120～130	110	130～140	110～120
$w_{zs}^{y}=4\sim 20$	120～130	110～120	140～150	120～130	150～160	130～140
$w_{zs}^{y}>20$	130～140	—	160～170	—	170～180	—

表 9-12 ≤75t/h 的锅炉排烟温度推荐值 单位：℃

燃料的折算水分	蒸发量＜10t/h	蒸发量＞10t/h
$w_{zs}^{y}\leqslant 3$ 的煤，天然气	160～180	120～130
$w_{zs}^{y}=4\sim 20$ 的煤	180～200	140～150
重油	160～180	150～160

第十章

锅炉热力计算

锅炉热力计算分为设计计算和校核计算两种，它们的计算原理或方法相同，但计算的已知条件和目的不同。

设计计算是在设计新锅炉时运用的方法，其目的是根据给定的锅炉参数、蒸发量、蒸汽和给水参数、燃料资料和选定的效率、燃烧方法等数据，确定锅炉各部件的受热面面积和主要结构尺寸以及燃料消耗量、送风量和排烟量等。设计计算一般与锅炉结构设计同时进行，同时为空气动力计算、水动力计算、强度计算及其他计算和辅机选型提供数据。

校核计算是锅炉结构已定燃料变更时应进行的计算，其目的是按已有锅炉结构尺寸和给定的蒸发量、蒸汽和给水参数、燃料资料等条件，确定锅炉效率、燃料消耗量、送风量、排烟量、各受热面前后烟气与工质温度、各受热面中烟气与工质流速等，从而达到校核锅炉所要求的蒸发量的可能性与锅炉的经济性、可靠性。

锅炉热力计算的一般顺序如下：①按设计或校核任务书要求确定原始数据；②根据燃料性质、燃烧方式、锅炉构造进行空气平衡计算；③根据各受热面进、出口过量空气系数，进行理论空气量、烟气量计算并编制烟气性质表和焓温表；④假定排烟温度进行热平衡计算，确定各项热损失，计算锅炉效率、燃料消耗量和保热系数等；⑤假定预热空气温度，进行炉内换热计算；⑥按烟气流向对烟道内各个受热面进行热力计算，各受热面计算时一般分两步进行，先作结构特性计算，后作传热计算；⑦热力计算数据的修正和热平衡计算误差的校核；⑧列出整个锅炉机组的主要热力计算数据的汇总表。

第一节　炉膛辐射受热面的换热计算

一、概述

锅炉炉膛内的换热过程十分复杂。炉内传热与燃料燃烧、空气和燃料及燃烧产物的流动同时进行。随着烟气和火焰流向炉膛出口过程的发展，沿程火焰温度发生剧烈变化，火焰中的辐射成分也有改变，因此沿火焰长度方向火焰黑度也非定值；燃烧不同燃料时所形成的火焰辐射的物质成分不同，火焰的辐射特性也不同，炉膛内辐射受热面通常由于被灰垢所包覆，且燃用不同燃料时，灰垢厚度与物性也不同，处于炉内不同位置处的灰垢层厚度与性质也有差异，因此灰垢层表面温度也不同。炉内换热以辐射为主，兼有一定比例的对流换热，除旋风炉外对流换热的比例一般都不超过5%。上述多种复杂因素作用的结果，使得至今为止还未找到严格精确的理论计算方法，目前工程上炉内换热计算的方法仍然采用以简化的传热模型与相似理论为基础，根据大量试验和运行数据进行补充修正而得到的半经验或经验公式。

二、基本原理

1. 火焰辐射

(1) 三原子气体的辐射　锅炉炉内火焰及烟气中，不论燃用的是固体燃料、气体还是液体燃料，都含有三原子气体，这些三原子气体与高温烃分解后的炽热炭黑颗粒及煤粉燃烧中的焦炭粒子、灰粒等均具有辐射能力。三原子气体则是各种燃料燃烧所形成火焰中的共同辐射成分。

常见工业应用场合，三原子气体借助于增加或释放储存在分子内部的某些能量而吸收或辐射能量，这种能量的传递变化是通过分子转动或分子内原子振动来实现的。但烟气中的三原子气体主要是CO_2、H_2O和

SO_2 等，CO_2 和 H_2O 只吸收和辐射光谱中的某部分能量，这一波长范围称为光带。图 10-1 是 CO_2 和 H_2O 的主要光带，表 10-1 为它们的光带数据。由图 10-1 和表 10-1 可知，其辐射光带均在可见光范围之外，因此燃料完全燃烧只生成三原子气体时，火焰为不发光火焰，如气体燃料充分预混后完全燃烧所形成的火焰。其次，它们的辐射与吸收是有选择性的，对光带以外的辐射线，气体为透明体。CO_2 光带相对较窄，H_2O 光带相对宽些，部分波长范围内两者有所重叠。气体中能量的吸收和发射都是在整个容积中进行的，当热辐射射线穿过气体时，它的能量被沿途气体吸收而减少，减少的程度取决于途中所遇到的气体分子的数目，而气体本身的辐射也取决于一定方向上气体分子的数目，只是分子数的大小对它的影响恰恰与对吸收时的影响相反，分子数越多，气体本身辐射的强度就越大。

表 10-1　CO_2 和 H_2O（蒸汽）的主要光带数据

气体	二氧化碳	水蒸气
光带/μm	2.36～3.02 4.01～4.80 12.5～16.5	2.24～3.27 4.80～8.50 12.0～25.2

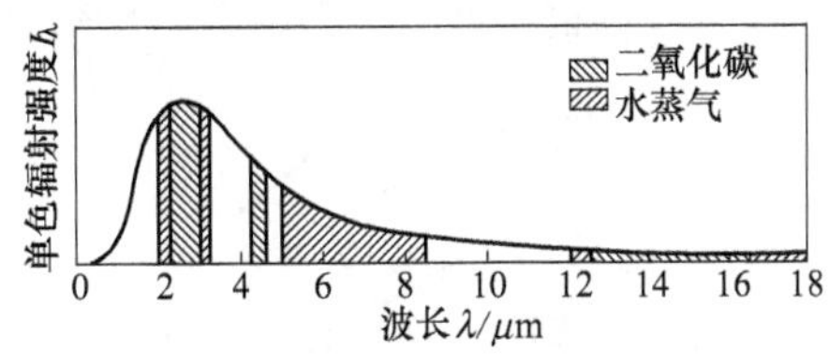

图 10-1　1100K 时 CO_2 和 H_2O（蒸汽）的辐射光带

不同光带或同一光带内不同波长上其单色辐射减弱系数（k_1）随波长而有较大的改变，因此选择性气体总的穿透率（τ）和总的吸收率（α）应由下式来计算：

$$\tau=\frac{I-\sum_{i=1}^{n}I_i(1-e^{-K_\lambda S})}{I}=\frac{\int_0^\infty I_\lambda d\lambda-\sum_{i=1}^{n}\int_{\Delta\lambda_i}I_{\lambda_i}d\lambda+\sum_{i=1}^{n}\int_{\Delta\lambda_i}I_{\lambda_i}e^{-K_\lambda S}d\lambda}{\int_0^\infty I_\lambda d\lambda} \quad (10\text{-}1)$$

$$\alpha=\frac{\sum_{i=1}^{n}\int_{\Delta\lambda_i}I_{\lambda_i}d\lambda-\sum_{i=1}^{n}\int_{\Delta\lambda_i}I_{\lambda_i}e^{-K_\lambda S}d\lambda}{\int_0^\infty I_\lambda d\lambda} \quad (10\text{-}2)$$

式中　I——初辐射强度；
I_{λ_i}——某一光带内单色辐射强度；
$\Delta\lambda_i$——光带波长范围；
λ——单色波长；
K——单色辐射减弱系数；
S——辐射层厚度。

从上述两式可知，总穿透率和总吸收率不仅与气体本身性质有关，而且与入射辐射的光谱分布也有关。如辐射源是与气体温度相同的黑体，则吸收率为：

$$\alpha=\frac{\sum_{i=1}^{n}\int_{\Delta\lambda_i}I_{b_i}(1-e^{-K_\lambda S})d\lambda}{I_b} \quad (10\text{-}3)$$

$$\alpha=a \quad (10\text{-}4)$$

式中　I_b——黑体辐射强度；
$I_{b\lambda}$——黑体单色辐射强度。

若辐射源是与气体温度相同的灰体，同样也得出上述相同的结论。

在工程计算中，气体黑度一般由图表查取，图 10-2 和图 10-3 即为 Hottel 推荐的气体黑度线算图，图中虚线是外推数据。近年来的试验数据表明 CO_2 的外推数据基本可靠，而 H_2O（蒸汽）外推数据误差则比较大。

当气体和辐射源或气体与包围壳体温度不相同时，气体吸收率则不等于其黑度，气体吸收率可按 Hottel 试验数据规律总结的下列公式计算：

$$\alpha_g=\alpha\left(\frac{T_q}{T_b}\right)^n \quad (10\text{-}5)$$

式中　α——按图 10-2 或图 10-3 求得的吸收率；
T_q——气体温度，K；
T_b——壳体温度，K；
n——指数，对水蒸气 n=0.45；对二氧化碳 n=0.65；对不含灰烟气近似取 n=0.4。

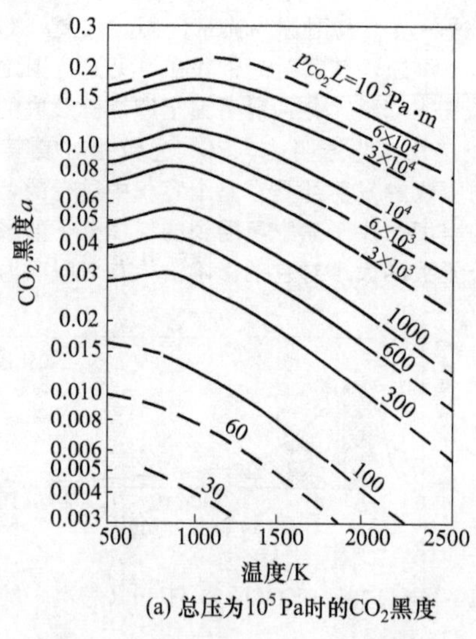

(a) 总压为10^5 Pa时的CO_2黑度

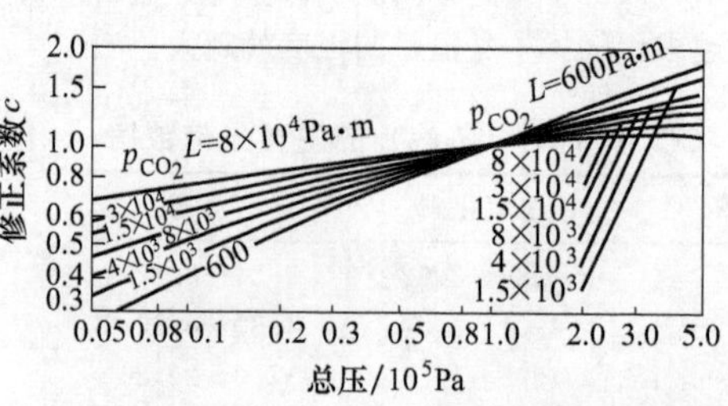

(b) CO_2与透明气体混合物的总压修正系数c

图 10-2 二氧化碳的黑度

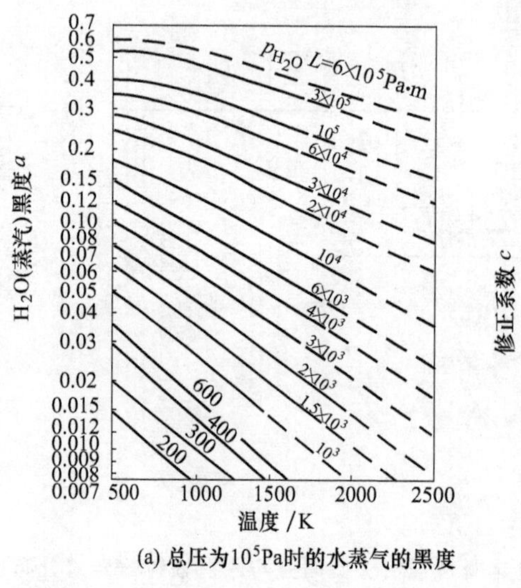

(a) 总压为10^5Pa时的水蒸气的黑度

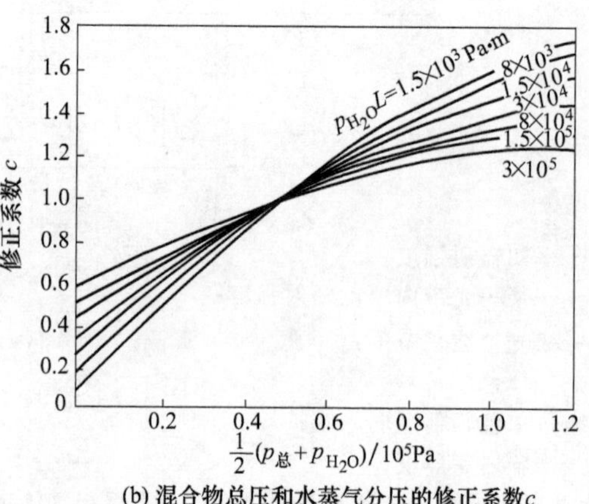

(b) 混合物总压和水蒸气分压的修正系数c

图 10-3 水蒸气的黑度

锅炉烟气中 CO_2 和 H_2O 是同时存在的，但混合气体的总辐射要比每一种气体单独辐射的总和要小一些。这是因为两种气体的部分光带相互掩盖，产生相互吸收作用的缘故，这时气体的总黑度为：

$$a=a_{CO_2}+a_{H_2O}-\Delta a \tag{10-6}$$

式中 Δa——修正值，可查图 10-4 确定。锅炉烟气修正项的数值并不大，仅为 2%～10%，因此现行的锅炉热力计算方法中认为也可以不做修正。

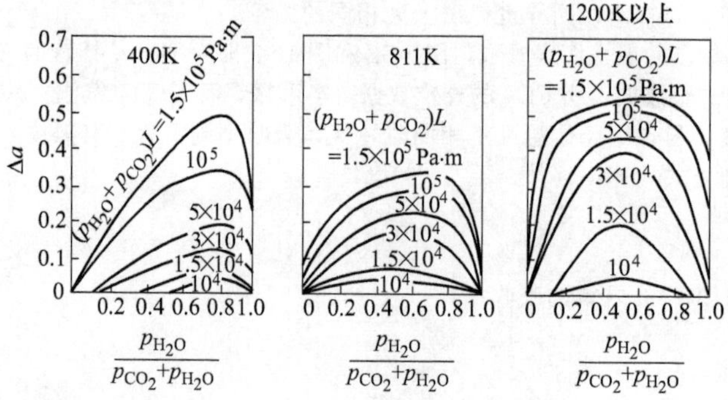

图 10-4 考虑 CO_2 与 H_2O 光带中部分重合的黑度修正项

在前苏联热力计算标准中，当温度在450～1650℃范围内，$p_{CO_2}/p_{H_2O}=0.5\sim5.0$（此范围包括煤、重油、天然气和高炉煤气的烟气。燃用高水分的褐煤和天然气时，$p_{CO_2}/p_{H_2O}\approx0.5$，燃用重油时，$p_{CO_2}/p_{H_2O}=1.06$，无烟煤时则为3.90，高炉煤气时则为5.0），$p_{H_2O}S=0.392\sim127.4\text{kPa}\cdot\text{m}$、$p_{CO_2}S=0.784\sim160.7\text{kPa}\cdot\text{m}$ 的范围内，由 Hottel 的试验数据整理而得的三原子气体辐射减弱系数由如下公式计算：

$$k_q=10\left(\frac{0.78+1.6r_{H_2O}}{\sqrt{10p_qS}}-0.1\right)\left(1-0.37\frac{T_1''}{1000}\right) \tag{10-7}$$

如忽略 CO_2 和 H_2O 光带重合的影响而不做修正，k_q 可按下式计算：

$$k_q=10\left(\frac{0.8+1.6r_{H_2O}}{\sqrt{10p_qS}}\right)\left(1-0.38\frac{T_1''}{1000}\right) \tag{10-8}$$

$$S=3.6\frac{V_1}{F_1} \tag{10-9}$$

式中 k_q——三原子气体辐射减弱系数，$\text{m}^{-1}\cdot\text{MPa}^{-1}$；

p_q——三原子气体分压力，MPa；

r_{H_2O}——火焰中水蒸气的体积份额；

T_1''——炉膛出口烟气温度，K；

S——炉膛有效辐射层厚度，m；

V_1——炉膛体积，m^3；

F_1——炉壁面积，m^2。

式（10-7）的线算如图10-5所示。

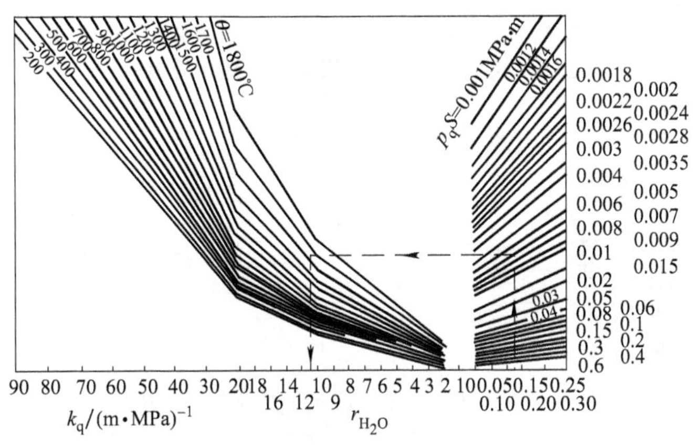

图10-5 三原子气体的辐射减弱系数的线算

(2) 火焰中灰粒的辐射 根据煤种和燃料磨制方式的不同，焦炭粒子燃尽后形成的灰粒直径在10～25μm范围内有所不同。这些灰粒对火焰辐射有强烈的影响，高温下使火焰发光，是构成固体燃料燃烧火焰的主要辐射成分。根据 Maxwell 关于浑浊气体中光的传播理论的分析，热辐射穿过含灰气体时部分辐射被灰粒所吸收，部分辐射则在灰粒表面产生绕射作用，这取决于射线波长 λ 与灰粒直径 d 的比值。试验结果表明，在飞灰质量浓度不变时，灰粒的单色辐射减弱因子 k_λ 随 $(d/\lambda)^{1/3}$ 的增加而线性地增大，反之单色辐射减弱因子逐渐减小。这一变化规律在灰粒直径较小时更为明显，如图10-6所示。

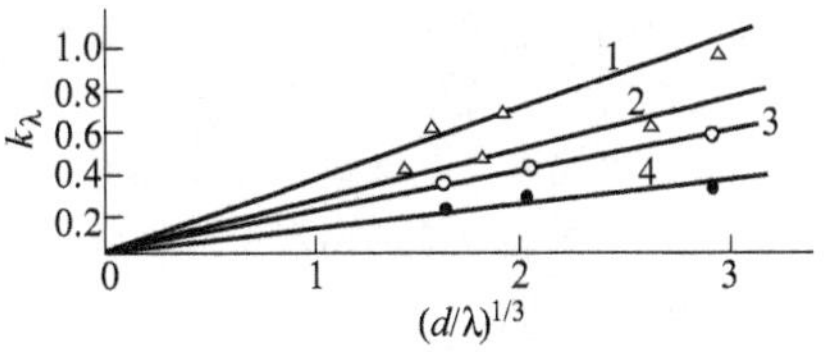

图10-6 单色辐射减弱因子 k_λ 随 $(d/\lambda)^{1/3}$ 的变化规律

1—褐煤，平均灰粒直径21μm；2—烟煤，平均灰粒直径17.5μm；3—褐煤，平均灰粒直径25μm；4—多灰分烟煤，平均灰粒直径25μm

根据试验数据，对于全光谱上的辐射减弱因子 k 可以表达成：

$$k=A\left(\frac{d}{\lambda_{max}}\right)^{1/3} \tag{10-10}$$

式中 d——灰粒直径，μm；

λ_{max}——单色辐射力最强的波长，μm；

A——经验系数，与燃料种类、灰粒形状和灰粒光学特性有关。

对于锅炉烟气 $\pi(d/\lambda)$ 处于 5～50 范围内的情况，根据 Wien 位移定律 $T\lambda_{max}=2900\mu m\cdot K$，用灰粒平均直径 d_h 代替 d，经推导整理后得到含灰气体辐射减弱系数为：

$$k_h=\frac{55900}{\sqrt[3]{T_1''^2 d_h^2}} \tag{10-11}$$

式中 k_h——含灰气体辐射减弱系数，$m^{-1}\cdot MPa^{-1}$；

T_1''——炉膛出口烟温，K；

d_h——灰粒平均直径，μm，按表 10-2 选取。

表 10-2 灰粒平均直径

燃烧设备		煤种	灰粒平均直径/μm	燃烧设备	煤种	灰粒平均直径/μm
煤粉炉	球磨机	各种煤	13	旋风炉	煤粉	10
	中速磨或锤击磨	各种煤(除泥煤)	16		碎煤粒	20
	中速磨或锤击磨	泥煤	24	火床炉	各种煤	20

(3) 火焰中焦炭粒子的辐射 煤燃烧时煤颗粒中水分与挥发物释放出来后剩下的部分就是焦炭粒子。其粒径远大于灰粒及炭黑粒子，为 30～150μm，取决于煤的种类和燃烧方式。焦炭粒子具有很强的辐射能力并使火焰发光，是煤燃烧火焰中的主要辐射成分之一。焦炭粒子的粒径和浓度沿火炬长度是连续变化的，如图 10-7 所示。在传热计算中通常使用其平均值。焦炭粒子的辐射减弱系数主要与焦炭的浓度有关，试验证实含有直径较大（$d\gg\lambda$）的焦炭粒子的气流在炭粒浓度 μ 与辐射层厚 S 的乘积值 $\mu S<30g/m^2$ 的条件下，光学厚度 τ 与 μS 的关系为线性的，直线斜率（有效辐射减弱截面）为一定值，如图 10-8 所示。锅炉实验数据表明 τ/S 比值只在很窄的范围内变化，对于高反应煤 τ/S 为 0.05 左右，对低反应煤 τ/S 为 0.09～0.102。因此焦炭粒子辐射减弱系数在确定的燃料与燃烧方式下可以近似地取为定值。

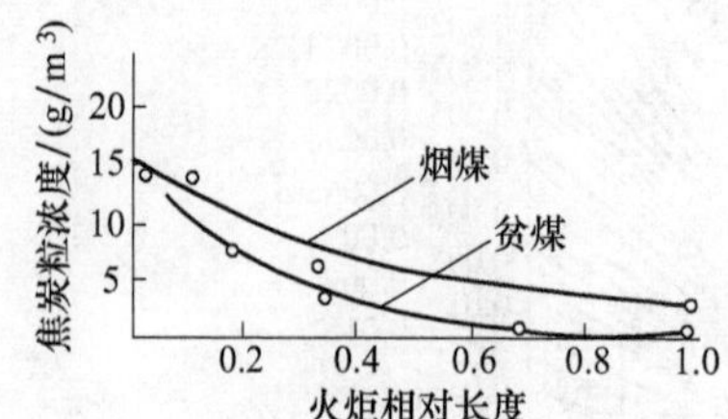

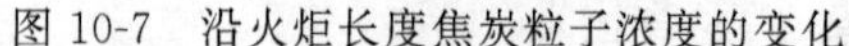

图 10-7 沿火炬长度焦炭粒子浓度的变化

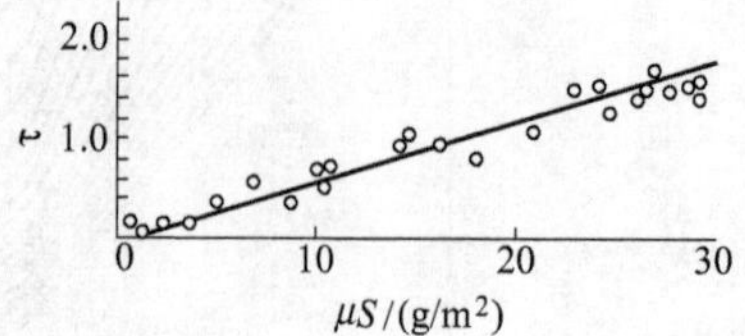

图 10-8 煤燃烧火焰中光学厚度与 μS 乘积的关系

前苏联 1973 年版的锅炉机组热力计算标准方法中规定焦炭粒子辐射减弱系数按下式计算：

$$k_j=10x_1x_2 \tag{10-12}$$

式中 k_j——焦炭粒子辐射减弱系数，$m^{-1}\cdot MPa^{-1}$；

x_1——考虑煤种影响的系数，对无烟煤和贫煤 $x_1=1$；对烟煤和褐煤等高反应能力燃料 $x_1=0.5$；

x_2——考虑燃烧方式影响的系数，对煤粉炉 $x_2=0.1$；层燃炉则 $x_2=0.03$。

(4) 火焰中炭黑粒子的辐射 炭黑粒子是烃类在高温下裂解产生的炭微粒，它可以在可见光谱和红外光谱范围内连续发射辐射能，炭黑粒子发射的辐射能一般是三原子气体的 2～3 倍。由于它的辐射光谱中含可见光，故使火焰发光。液体、气体燃料的主要成分是烃类，当不完全燃烧时就有大量炭黑粒子出现，因此出现发光火焰。炭黑粒子的出现使火焰辐射能力大大提高，是液体、气体燃料火焰中的主要辐射成分。固体燃料的挥发物中的烃类亦可形成炭黑，但试验表明它们对固体燃料火焰辐射的影响较小。

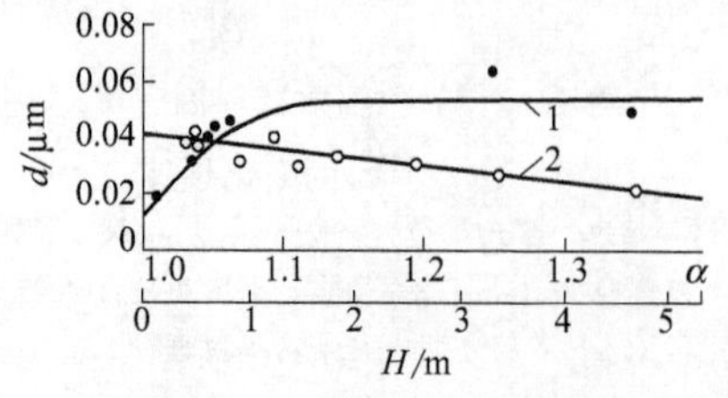

图 10-9 炭黑粒子粒径沿火焰长度方向上的变化
1—炭黑粒径尺寸随过量空气系数的变化；
2—炭黑粒径尺寸随炉膛高度的变化

炭黑粒子的辐射特性很复杂，与微粒直径 d、微粒浓度 μ 和辐射波长有关。根据锅炉实测数据，炭黑粒径沿火焰长度上的变化并不显著，但随过量空气系数 α 的变化很大，如图 10-9 所示，一般炭黑粒子的直径为 0.01～0.5μm，呈颗粒状或絮状，在燃烧器区域附近炭黑粒子的尺寸要大于炉膛上部炭黑粒子的尺寸，但通常也不超过 0.5μm。炭黑粒子的粒度不同，对入射辐射的吸收能力也不同。当微粒直径小于 0.1μm 时，载有这种微粒气流的单色吸收率仅与入射波长有关而与粒径无关，如图 10-10 所示。当粒径在 0.1～1.0μm 之间时，α_λ 既与波长 λ 有关，又与粒径 d 有关；当粒径大于 1.0μm 后，α_λ 与波长无关，只与粒径有关。

从以上叙述可知，含有炭黑粒子的气流，在炭黑粒子很小时，即 $\rho=\pi d/\lambda \ll 1$，无论发射或吸收均具有选择性，这时 α_λ 与 λ 的关系基本上是线性的；当微粒尺寸很大时，即 $\rho=\pi d/\lambda \gg 1$，载有炭黑粒子的气流可近似为灰体。由于影响因素很多，理论分析十分困难，目前炭黑及发光火焰的黑度仍依靠试验研究来确定。图 10-11 是 Sato 和 Kunitomo 关于发光火焰黑度的研究结果，它与图 10-10 所示情况相符很好。由辐射波长位移定理可推得，对锅炉重油或气体燃料燃烧火焰，其吸收率或黑度仅与温度、炭黑微粒尺寸和浓度有关。

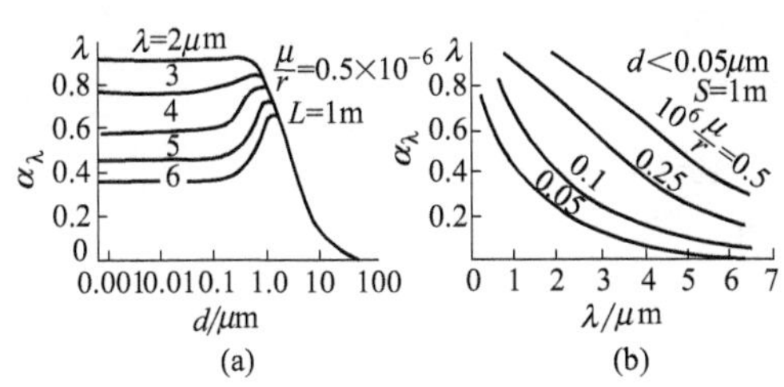

图 10-10　炭黑粒子单色吸收能力与粒径及波长的关系

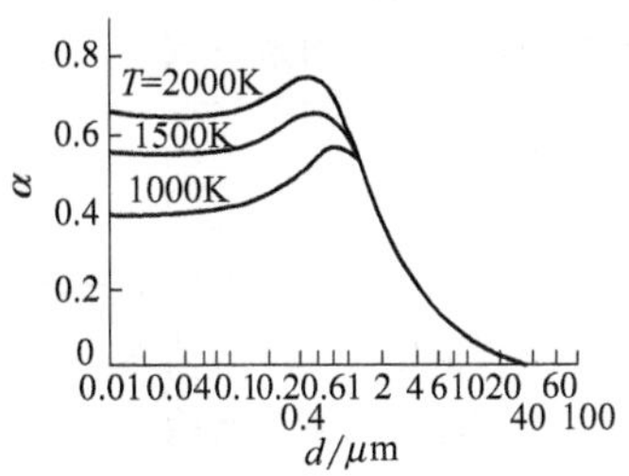

图 10-11　发光火焰黑度与炭黑粒子尺寸的关系

炭黑粒子的单色减弱系数可以表示为如下形式：

$$k_{\lambda \mathrm{th}}=c\frac{\mu_{\mathrm{th}}}{\lambda^n} \tag{10-13}$$

式中　c——常数；

n——试验指数，一般取为 1.0；

μ_{th}——炭黑浓度（标准状态），g/m^3。

对负压炉膛（或燃烧室）

$$\mu_{\mathrm{th}}=0.068(2-\alpha)\frac{\mathrm{C_{ar}}}{\mathrm{H_{ar}}} \tag{10-14}$$

对于正压炉膛（或燃烧室）

$$\mu_{\mathrm{th}}=0.068(2-\alpha)\frac{\mathrm{C_{ar}}}{\mathrm{H_{ar}}}\frac{p}{p_0} \tag{10-15}$$

式中　α——炉膛过量空气系数；

$\frac{\mathrm{C_{ar}}}{\mathrm{H_{ar}}}$——燃料的碳氢比；

p——燃烧室压力，Pa；

p_0——标准大气压力，Pa，取为 9.81×10^4 Pa。

对于发光火焰中炭黑的单色减弱系数可表示为：

$$k_\lambda=f(\lambda)\mu_{\mathrm{th}} \tag{10-16}$$

发光火焰中炭黑的全光谱的减弱系数 k_{th} 与波长无关，一般用单色辐射强度最大的波长 λ_{max} 表示，由维恩定理知 λ_{max} 取决于温度 T，所以：

$$k_{\mathrm{th}}=f(T)\mu_{\mathrm{th}} \tag{10-17}$$

沿火焰长度炭黑粒子的浓度是不断变化的。为此在计算中采用平均炭黑微粒浓度 $\overline{\mu}$。试验结果表明，$\overline{\mu}$ 与过量空气系数 α 和燃料的性质 $\mathrm{C_{ar}/H_{ar}}$ 有关，图 10-12 是平均浓度 $\overline{\mu}$ 的实测结果。可由式（10-14）或（10-15）计算。

对气体燃料：

$$\frac{\mathrm{C_{ar}}}{\mathrm{H_{ar}}}=0.12\sum\frac{m}{n}\mathrm{C}_m\mathrm{H}_n \tag{10-18}$$

式中　m——碳原子数；

n——氢原子数。

而对于重油$\frac{\mathrm{C_{ar}}}{\mathrm{H_{ar}}}$约为 8，对于气体燃料则小于 4。上式适用于 $1\leqslant\alpha\leqslant2$ 范围，当 $\alpha>2$ 时，取 $k_{\mathrm{th}}=0$，由试验确定 $f(T)$ 的函数形式后，炭黑粒子的全光谱减弱系数就可以确定了。前苏联 1973 年版

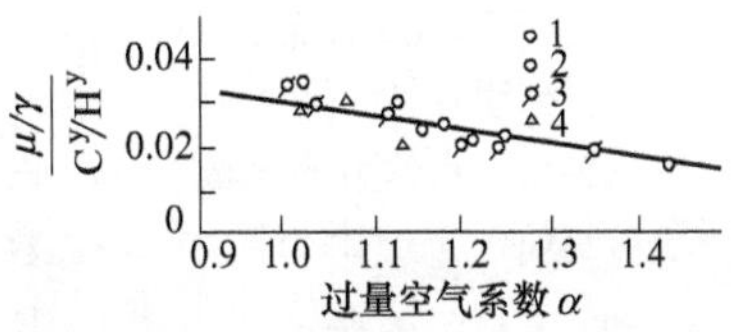

图 10-12　不同燃料的$\frac{\overline{\mu}_{\mathrm{th}}}{\mathrm{C_{ar}/H_{ar}}}$值与过量空气系数 α 的关系

1—重油；2—柴油；3—索拉油；4—天然气

热力计算标准方法中推荐的计算式是：

$$k_{th}=0.30(2-\alpha)(1.6\times10^{-3}T_1''-0.5)\frac{C_{ar}}{H_{ar}} \tag{10-19}$$

(5) 火焰黑度 在如下假设条件下：①所有燃料（无论固体、液体或气体）的火焰均被视为灰体；②火焰黑度均用 $a=1-e^{-k_pS}$ 形式计算，其中辐射减弱系数 k_p 是考虑了各种辐射成分作用在内的总的辐射减弱系数；③总辐射减弱系数是各辐射成分的减弱系数的代数和；④计算公式中涉及温度、烟气成分等均以炉膛出口截面上的数据为准。煤等固体燃料的火焰黑度主要由火焰中的主要辐射成分三原子气体、灰粒和焦炭粒子的辐射能力所决定，可按下式来计算：

$$a_{hy}=1-e^{-(k_qr+k_h\mu_{fh}+k_j)pS} \tag{10-20}$$

$$\mu_{fh}=w(A_{ar})r_{fh}/100G_y \tag{10-21}$$

式中 k_q——三原子气体辐射减弱系数，按式（10-7）计算；

r——火焰中三原子气体总容积份额，$r=r_{H_2O}+r_{CO_2}$；

k_h——灰粒辐射减弱系数，按式（10-11）计算；

k_j——焦炭粒子辐射减弱系数，按式（10-12）计算；

p——炉膛压力，MPa，对一般锅炉 $p=0.1$MPa；

S——有效辐射层厚度，由式（10-9）计算；

μ_{fh}——火焰中飞灰无因次浓度；

$w(A_{ar})$——燃料中含灰份额（收到基），%；

G_y——烟气质量分数（或质量密度），kg/kg 或 kg/m^3，可由燃烧产物计算获得；

r_{fh}——飞灰份额。

气体燃料和液体燃料火焰的主要辐射成分是三原子气体和炭黑粒子。一般在燃烧器区域附近炭黑粒子较多，火焰为发光火焰；远离燃烧器区域炭黑粒子燃尽，辐射成分以三原子气体为主，火焰为不发光火焰。所以，气体与液体燃料燃烧时炉膛火焰可分为发光与不发光两部分，发光部分充满程度与燃料种类、燃烧器及燃烧工况均有关。其火焰黑度按下式来计算：

$$a_{hy}=ma_{fg}+(1-m)a_q \tag{10-22}$$

式中 a_{fg}——火焰发光部分的黑度；

a_q——火焰不发光部分的黑度；

m——火焰发光系数，表示发光部分充满炉膛的份额。

发光火焰的黑度由下式计算：

$$a_{fg}=1-e^{-(k_qr+k_{th})pS} \tag{10-23}$$

式中 k_{th}——炭黑粒子的辐射减弱系数，由式（10-19）来计算；

其他符号意义同前。

不发光火焰的黑度即三原子气体的黑度，由下式计算：

$$a_q=1-e^{-k_qrpS} \tag{10-24}$$

式中，所有符号意义同前；k_q 由式（10-7）计算。

发光系数 m 与燃料种类和炉膛容积热负荷 q_V 有关，对于开式和半开式炉膛，当 $q_V\leqslant400$kW/m^3 时，m 值与锅炉负荷无关，燃油时 $m=0.55$，燃气时 $m=0.1$，当 $q_V\geqslant407$kW/m^3 时，m 值可从图 10-13 查得。

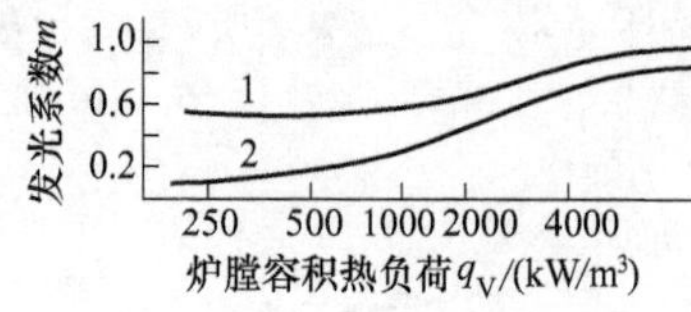

图 10-13 火焰发光系数

1—重油；2—气体燃料

2. 炉膛受热面的辐射特性

炉膛中与火焰辐射换热的炉壁面由两部分组成，即为受热面（水冷壁管和炉墙是由耐火材料构成的绝热体）。受热面的辐射特性与炉内换热过程关系密切。目前采用的炉膛换热计算方法中通常采用角系数、污染系数和热有效系数三个物理量来描述炉膛受热面的辐射特性。

(1) 角系数 x 受热面的角系数是指火焰发出的辐射能（包括炉墙的反射辐射能）投射到水冷壁管上的百分数，即：

$$x=\frac{\text{投射到受热面上的辐射能}}{\text{火焰投射到炉壁上的总辐射能}} \tag{10-25}$$

角系数 x 是一个纯几何因子，仅与受热面的几何形状及相对位置有关，而与受热面外表面的黑度、温度等因素无关。因此它还可以表示成：

$$x=\frac{\text{表面无灰垢状态下的吸热量}}{\text{火焰发出的有效辐射热量}} \tag{10-26}$$

角系数值可用数学方法计算求得，各种不同常见结构或布置方式下水冷壁角系数可查图 10-14 获得。

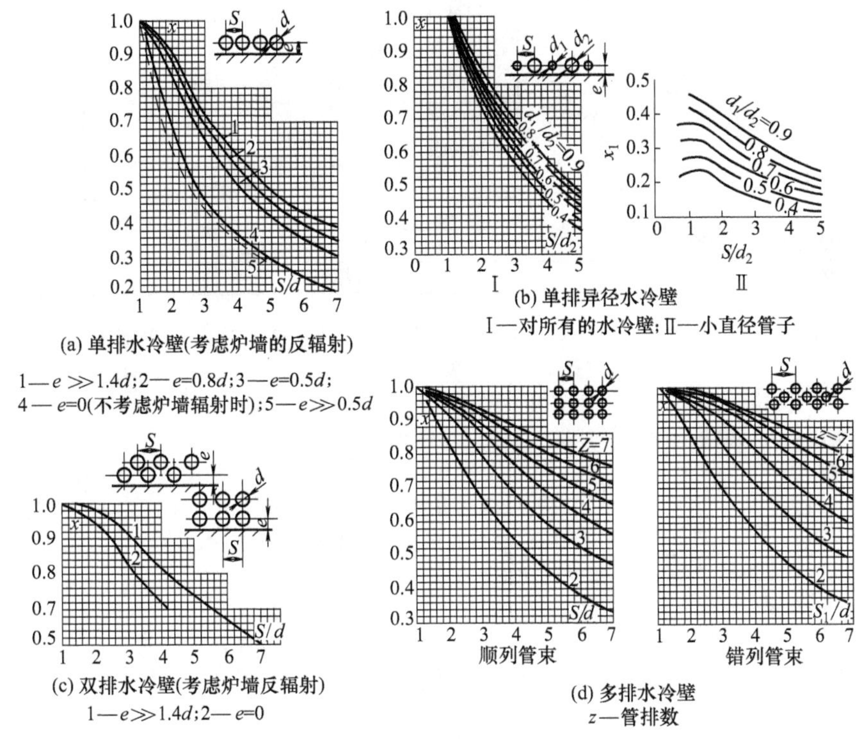

图 10-14 水冷壁的角系数 x

膜式水冷壁和用铸铁块覆盖起来的水冷壁，角系数 x 总等于 1。在炉膛出口烟窗处布置有锅炉管束或凝渣管及屏等，通过其第一排管的平面的角系数为 1。

角系数与壁面积 F 的乘积称为有效辐射面积 H_{fi}：

$$H_{fi}=x_iF_i \tag{10-27}$$

当炉膛内各面墙上水冷壁管的几何形状及结构布置不相同时，炉膛的总有效辐射面积 H_f 为：

$$H_f=\sum x_iF_i \tag{10-28}$$

整个炉膛辐射受热面的平均角系数 $\overline{x}$ 为：

$$\overline{x}=\frac{\sum x_iF_i}{\sum F_i} \tag{10-29}$$

$\overline{x}$ 也称为炉膛的水冷程度。现代锅炉炉膛的水冷程度都很高，一般都大于 0.9，大容量锅炉的水冷程度常在 0.98 左右。

(2) 污染系数 ζ 表示水冷壁管被灰垢所污染程度的物理量称污染系数 ζ，其含义为：

$$\zeta=\frac{\text{水冷壁管表面为非黑体或灰垢所覆盖时的吸热量}}{\text{水冷壁管表面黑度为 1 或表面无灰垢时的吸热量}} \tag{10-30}$$

污染系数越小，表明水冷壁受污染的程度越严重，这时炉壁温度升高，换热面黑度减小，水冷壁吸收辐射热的能力降低。

污染系数与燃料种类、燃烧方式和水冷壁形式有关。表 10-3 是目前采用的试验数据基础上 ζ 的推荐值。

对于液态排渣炉中覆盖有耐火材料的部分水冷壁的污染系数由下式计算：

$$\zeta=b(0.53-0.25t_{sz}/1000) \tag{10-31}$$

式中 t_{sz}——渣的熔点，℃，可取比灰熔点 t_s 低 50℃的值；

b——经验系数，对单室炉和双室炉 $b=1.0$，半开式炉膛 $b=1.2$。

表 10-3 污染系数的推荐值

水冷壁形式	燃料种类		ζ
光管水冷壁和膜式水冷壁	气体燃料		0.65
	重油		0.55
	层燃炉		0.60
	煤粉炉	烟煤、褐煤 无烟煤($c_{fh}\geqslant12\%$) 贫煤($c_{fh}\geqslant8\%$)	0.45
		无烟煤($c_{fh}<12\%$) 贫煤($c_{fh}<3\%$)	0.35
		褐煤($w_{zs}\geqslant14\%$,烟气干燥,直吹式)	0.55
		页岩	0.25
固态除渣炉有耐火涂料的水冷壁	所有燃料		0.2
覆盖耐火砖的水冷壁	所有燃料		0.1

对于双面曝光水冷壁及屏式过热器，其污染系数 ζ 的值比贴墙水冷壁低 0.1，而膜式双面曝光水冷壁和屏，则降低 0.05。

当炉膛出口布置有屏式过热器等受热面时，考虑到屏间烟气向炉膛的反辐射影响，对屏与炉膛分界面即烟窗面的污染系数应乘以修正系数 β，也即：

$$\zeta_p=\beta\zeta \tag{10-32}$$

式中，β 按炉膛出口烟温和燃料种类由图 10-15 确定。

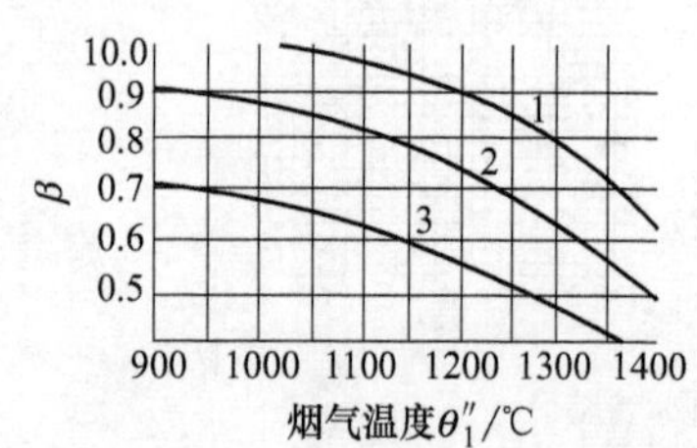

图 10-15 考虑屏间烟气反辐射影响的修正系数

1—固体燃料；2—重油；3—气体

(3) 热有效系数 ψ 灰垢所覆盖的水冷壁管的吸热量与火焰有效辐射的比值称为热有效系数 ψ：

$$\psi=\zeta x \tag{10-33}$$

ψ 值越大，表示水冷壁的实际吸热能力越强。ψ 值很大程度上取决于水冷壁表面的受污染程度。它可以用热力探测值直接测得。

当炉墙为具有不同角系数的水冷壁所覆盖或水冷壁仅覆盖了部分炉墙时，则热有效系数的平均值为：

$$\psi_{pj}=\frac{\sum\psi_i F_i}{\sum F_i} \tag{10-34}$$

对未敷设水冷壁的区段 $\psi=0$。

三、炉膛几何尺寸计算

炉膛几何特征主要指炉膛体积和炉壁面积，它们是计算炉膛火焰有效辐射层厚度的基本参数。炉膛体积的选择决定于炉膛容积热负荷的选择，炉膛截面热负荷的大小则决定炉膛几何形状的选择和炉壁面积。设计中炉膛容积热负荷、炉膛截面热负荷的选取与燃料种类、燃烧方式等有关。本节只说明锅炉结构、燃烧形式及布置方式一经确定后，炉膛体积和炉壁面积的具体计算中的一些规定或常规做法。

1. 炉膛体积计算

炉膛体积按图 10-16 所示的虚线包围区域计算。体积的边界是水冷壁管中心线所在的平面或者是绝热耐火保护层的向火面，未敷设水冷壁的地方则是炉膛的壁面。炉膛出口处是以通过屏式过热器、凝渣管或锅炉管束的第一排管子的中心线的平面作为边界。炉膛下部的容积边界是炉底或冷灰斗 1/2 高度的水平面。

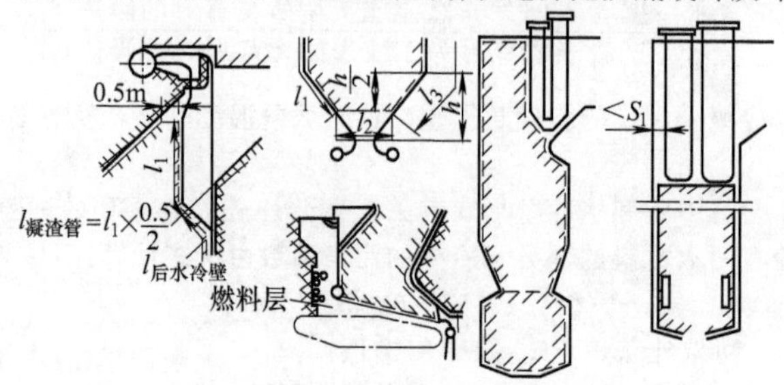

图 10-16 炉膛体积及水冷壁曝光长度的确定

在层燃炉中，以燃料层的向火面（外表面）作边界。如以炉排面及通过炉排两端和挡渣板的垂直平面作边界，则应在计算炉膛体积时扣除燃料层和灰渣层的体积。燃料层和灰渣层的平均厚度可取为：烟煤150～200mm，褐煤300mm，木屑500mm。对抛煤机炉因燃料层厚度较小，可不予扣除，即煤层厚度取为零。

当屏式过热器沿整个炉膛断面布置在炉膛上部，如图10-17（a）、（b）所示，或如图10-17（c）所示布置在出口窗而占据炉膛部分断面时，炉膛体积不包括屏区体积。当屏作其他方式布置，如图10-17（d）～(f）时，屏区体积要计算在炉膛体积中去。

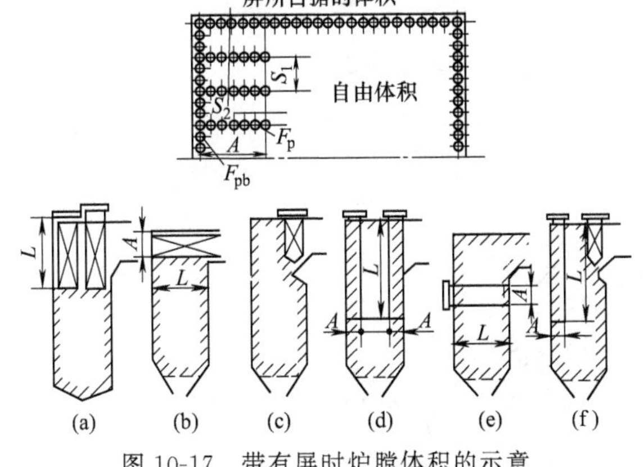

图10-17 带有屏时炉膛体积的示意

2. **炉壁面积计算**

炉壁总面积 F_1 按包覆炉膛体积的表面积来计算。对炉膛内双面曝光水冷壁及屏，以其边界管中心线间距离和管子曝光长度的乘积的两倍作为相应的炉膛面积。在计算半开式炉膛燃烧室时，炉壁面积应包括位于燃烧室及冷却室之间的烟窗面积。

炉膛容积中包含有辐射式屏式受热面时，炉壁总面积等于下列面积之和：空体积的炉壁面积 F_k、屏的面积 F_p 和屏区水冷壁的面积 F_{pb}。后两项应考虑它们的曝光不完全性。因此炉壁总面积为：

$$F_1=F_k+Z_pF_p+Z_{pb}F_{pb} \tag{10-35}$$

$$Z_p=\frac{a_p}{a_k} \tag{10-36}$$

$$Z_{pb}=\frac{a_{pb}}{a_k} \tag{10-37}$$

$$a_p=a_{pj}+\varphi_p c_p a_k \tag{10-38}$$

$$a_{pb}=a_{pj}+\varphi_{pb} c_{pb} a_k \tag{10-39}$$

$$\tau_A=-\ln(1-a_{hy})\frac{A}{S_k} \tag{10-40}$$

$$S=\frac{3.6V}{F_k+F_p+F_{pb}}\left(1+\frac{F_p}{F_p+F_{pb}}\frac{V_k}{V_1}\right) \tag{10-41}$$

式中 F_1——炉壁面积，m^2；

Z_p，Z_{pb}——屏及屏区水冷壁的曝光不均匀系数；

a_k——炉膛空体积的火焰黑度；

a_p，a_{pb}——屏和屏区水冷壁的火焰黑度；

a_{pj}——屏间体积的火焰黑度；

φ_p，φ_{pb}，c_p，c_{pb}——系数，按图10-18查取；

S_k——炉膛空体积有效辐射层厚度，m；

a_{hy}——炉膛火焰黑度；

S——有效辐射层厚度，m；

V_k，V_1——炉膛空体积和炉膛总容积，m^3。

图10-18使用中应注意以下几点。

① 如屏区与空体积间界面是两个平面，则取其中较大的作为朝向炉腔体积的假想窗口，并以尺寸 L 表征。

② 在确定 c_p 时，如屏的深度 A 小于屏的间距 S_1，则取 $\omega=A/L$；如 $A\geqslant S_1$，则取 $\omega=S_1/L$。在确定 c_{pb} 时，如果 $L\geqslant S_1$，则取 $\omega=A/L$；如 $L<S_1$，则 $\omega=A/S_1$。

③ 屏区内与屏平行的水冷壁的火焰黑度 $a_{pb}=a_p$。

④ 屏区内与屏及假想窗口垂直的水冷壁，可按 φ_p 线图取用 φ_{pb}，但应使用 A/L 代替 A/S_1 值，系数 c_{ph} 按 c_p 线图查取。

⑤ 屏区内与假想窗口平行的水冷壁，可按图中 φ_{pb} 和 c_{pb} 取用。

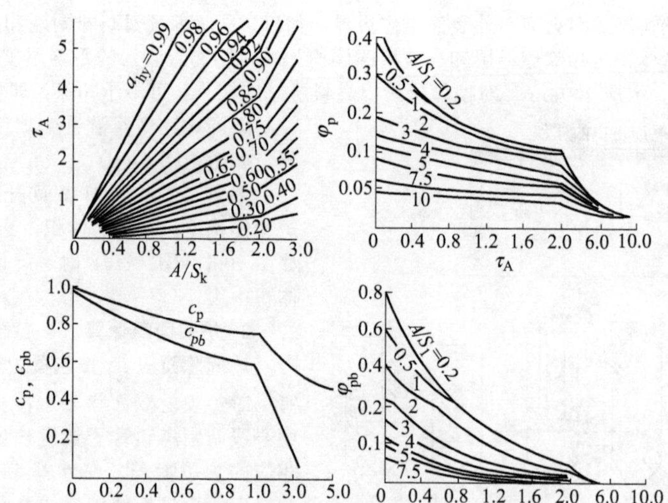

图 10-18 屏的曝光不均匀性修正系数

⑥ 对有两个空体积的炉膛［如图 10-17（c）所示］，应按两个容积的有效辐射层厚度的算术平均值 S_{pj} 来计算 a_k，而式（10-38）、式（10-39）右端第二项加倍。

3. 辐射受热面计算

炉膛水冷壁及双面曝光水冷壁的辐射受热面可当作一连续平面来计算：

$$H=\sum x_i F_{li} \tag{10-42}$$

式中 H——辐射受热面积，m^2；

x_i——水冷壁角系数，按图 10-14 确定；

F_{li}——水冷壁所占据的炉壁面积，F_{li} 等于该水冷壁边界管子中心线间的距离 b 与水冷壁管曝光长度 l 的乘积：

$$F_{li}=bl \tag{10-43}$$

确定 F_{li} 时还应扣除炉壁上未敷设管子的区段和燃烧器等的面积。对于双面曝光水冷壁和屏：

$$F_{li}=2bl \tag{10-44}$$

炉膛体积中含有屏时，屏与屏区水冷壁的有效辐射受热面积按下式计算：

$$H_p=F_pZ_px_p \tag{10-45}$$

$$H_{pb}=F_{pb}Z_{pb}x_{pb} \tag{10-46}$$

式中 x_p，x_{pb}——屏及屏区水冷壁的角系数；

H_p，H_{pb}——屏及屏区有效辐射受热面积，m^2；

F_p，F_{pb}，Z_p，Z_{pb} 含义同前。

四、炉膛换热计算

1. 炉膛换热的基本方程式

(1) 热平衡方程式 通常将随同 1kg 燃料送入炉膛的热量称为炉膛的有效放热量 Q_1(kJ/kg)。如果燃烧过程中火焰与炉壁间没有热交换，Q_1 全部用来加热 1kg 燃料燃烧后的产物，也就是 1kg 燃料在绝热燃烧条件下燃烧产物烟气所具有的温度被称作理论燃烧温度 T_{ll}(K)。实际锅炉炉膛中，由于火焰与炉壁间存在热交换，因此火焰及烟气的温度远低于理论燃烧温度。由能量守恒定律可知，烟气在炉膛内的换热量可以看成烟气从理论燃烧温度降到炉膛出口温度所释放的焓差值，即：

$$Q=\varphi B_j(Q_1-I''_l)\text{，kW} \tag{10-47}$$

式中 B_j——计算燃料消耗量，kg/s；

I''_l——炉膛出口烟气焓；

φ——保温系数，由于炉壁向炉膛外部环境散热，火焰传给炉壁的热量并未全部由受热面吸收，φ 值即是表征这种环境散热损失大小的系数。

可由下式计算：

$$\varphi=1-\frac{q_5}{\eta+q_5} \tag{10-48}$$

式（10-47）即为热平衡方程式，它也可以用烟气在 T_{ll} 和 T''_l（炉膛出口烟温）间的平均比热容 Vc_{pj} 表示成如下形式：

$$Q=\varphi B_j Vc_{pj}(T_{ll}-T''_l) \tag{10-49}$$

(2) 辐射换热方程式 辐射换热方程式可以有两种表示形式，分别介绍如下。

① 直接计算辐射换热式。根据斯蒂芬-玻尔兹曼定律，按照简化的炉内换热物理模型，把火焰和炉壁看成是两个无限大的平行表面，那么其换热量为：

$$Q=a_{xt}F_l\sigma_0(T_{hy}^4-T_b^4),\ \mathrm{kW} \tag{10-50}$$

$$a_{xt}=\frac{1}{\dfrac{1}{a_{hy}}+\dfrac{1}{a_b}-1} \tag{10-51}$$

式中 σ_0——绝对黑体的辐射常数，$\mathrm{kW/(m^2\cdot K^4)}$，其值为 $5.70\times10^{-11}\mathrm{kW/(m^2\cdot K^4)}$；

F_l——炉壁面积，$\mathrm{m^2}$；

T_{hy}，T_b——火焰、炉壁的平均温度，K；

a_{xt}——系统黑度；

a_{hy}，a_b——火焰、炉壁的黑度。

由于式（10-50）中包含 T_{hy}、T_b、a_b 等物理量，这些物理量，特别是 a_b、T_b 很难用试验方法测定，也难以用理论方法准确计算，因此上述表达方式在工程计算上存在许多困难，一般并不采用。

② 有效辐射计算换热式。根据热有效系数的定义，炉壁单位面积上的吸热量为热有效系数 ψ 与火焰对炉壁的有效辐射 q_{yxl} 的乘积，因此炉壁的总换热量为：

$$Q=F_l\varphi q_{yxl} \tag{10-52}$$

如果采用试验等方法测定出 ψ 和 q_{yxl}，则通过式（10-52）可方便地计算出炉膛换热量。

假设 q_{yxl} 仍然用四次方定理形式表示，即：

$$q_{yxl}=a_l\sigma_0 T_{hy}^4 \tag{10-53}$$

式中 a_l——炉膛黑度，它既不是火焰黑度也非火焰与炉壁的系统黑度，而是对应于火焰有效辐射的一个假想黑度。

2. 炉膛黑度和炉膛系统黑度

前苏联热力计算标准中炉膛换热计算采用的是炉膛黑度，而中国工业锅炉热力计算方法中用的是炉膛系统黑度。

炉膛黑度 a_l 是相应于火焰有效辐射的假想黑度，对室燃炉 a_l 可按下式计算：

$$a_l=\frac{a_{hy}}{a_{hy}+(1-a_{hy})\psi} \tag{10-54}$$

对层燃炉，a_l 按下式计算：

$$a_l=\frac{a_{hy}+(1-a_{hy})\rho}{1-(1-a_{hy})(1-\varphi)(1-\rho)} \tag{10-55}$$

式中 ρ——炉排面积 R 与炉膛总壁面积 F_l 之比，$\rho=R/F_l$。

炉膛系统黑度是基于参与换热物体为非黑体而对换热计算所引入的校正系数，即表示换热系统偏离由黑体组成的系统在换热量上减小的程度，它与火焰黑度 a_{hy}、被污染的水冷壁表面黑度 a_b 和表示水冷壁管疏密程度的炉膛水冷程度 x_s 有关，可按下式计算：

$$a_{xt}=\frac{1}{\dfrac{1}{a_b}+x_s\dfrac{(1-a_{hy})(1-\rho')}{1-(1-a_{hy})(1-\rho')}} \tag{10-56}$$

式中 x_s——炉膛水冷程度；

a_b——污染的水冷壁管表面黑度，$a_b=0.8$；

ρ'——火床面积与炉壁面积之比，$\rho=R/(F_l-R)$。

为计算方便，炉膛黑度和炉膛系统黑度均制成图表，可分别从图 10-19 和图 10-20 中查取。

3. 单室炉换热计算公式

单室炉包括煤粉炉和层燃炉。中国锅炉行业目前采用的炉膛换热基本公式为：

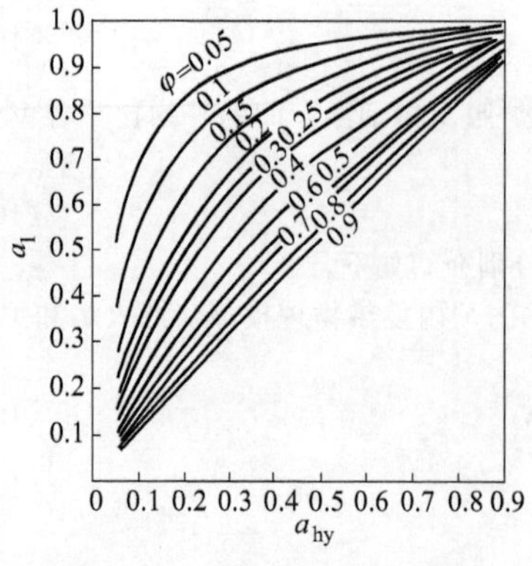

图 10-19 室燃炉的炉膛黑度

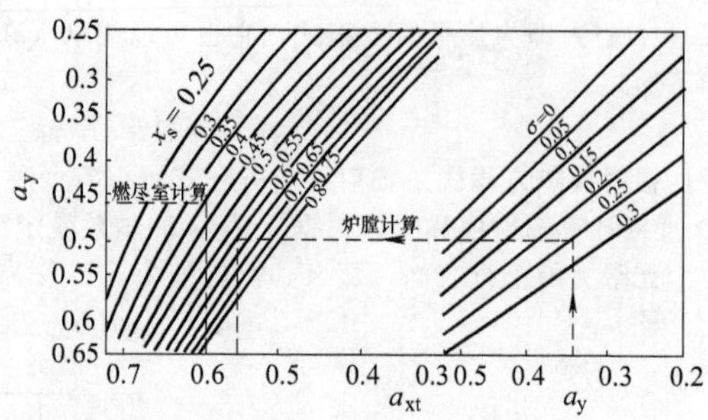

图 10-20 炉膛和燃尽室的系统黑度

$$\theta_1''=\frac{B_0^{0.6}}{Ma_1^{0.6}+B_0^{0.6}} \tag{10-57}$$

式中 a_1——炉膛黑度；

B_0——玻尔兹曼准则数；

M——考虑燃料条件影响的参数；

θ_1''——无量纲炉膛出口温度，$\theta_1''=T_1''/T_{ll}$。

为方便计算，式（10-57）又表达成如下形式：

$$\theta_1''=\frac{T_{ll}}{M\left(\frac{5.67\times10^{-11}\psi F_1 a_1 T_{ll}^3}{\varphi B_j Vc_{pj}}\right)^{0.6}+1}-273 \tag{10-58}$$

或者

$$F_1=\frac{\varphi B_j Vc_{pj}(T_{ll}-T_1'')}{5.67\times10^{-11}a_1\varphi MT_1''T_{ll}}\sqrt[3]{\frac{1}{M^2}\left(\frac{T_{ll}}{T_1''}-1\right)^2} \tag{10-59}$$

式中 θ_1''——炉膛出口烟温，℃；

F_1——炉壁面积，m^2；

ψ——热有效系数；

Vc_{pj}——燃料的燃烧产物在 $T_1''\sim T_{ll}$ 温度区间内的平均比热容，kJ/(kg·K)；

φ——保温系数。

式（10-58）和式（10-59）的适用范围为 $\theta_1''\leqslant0.7$。

玻尔兹曼准则数按下式计算：

$$B_0=\frac{\varphi B_j Vc_{pj}}{5.67\times10^{-11}\psi F_1 T_{ll}^3} \tag{10-60}$$

考虑燃烧条件对炉内换热计算影响的参数 M 应根据燃烧方式和燃料种类等因素来计算。对于单室炉 M 值取决于沿炉高火焰最高温度点所处的相对位置 x_{max}。

$$M=A-Bx_{max} \tag{10-61}$$

式中 x_{max}——从冷灰斗一半或水平炉底起算的火焰最高温度点的相对位置，等于最高温度点高度与炉膛高度的比值；

A，B——与燃料种类和燃烧方式有关的系数，如表 10-4 所列。

表 10-4 公式（10-61）中系数 A、B 的取值

燃烧方式和燃料种类		A	B
室燃炉	重油和气体燃料	0.54	0.2
	高挥发分煤	0.59	0.5
	无烟煤、贫煤及多灰分烟煤	0.56	0.5
火床燃烧，一切煤种		0.59	0.5

不论 x_{max} 值如何，煤粉炉的 M 值不允许超过 0.5。对半开式炉，燃用高挥发分煤、气体和重油时取 $M=0.48$，燃用无烟煤、贫煤时取 $M=0.46$。

x_{max} 按下式计算：

$$x_{max}=x_r+\Delta x \tag{10-62}$$

式中 x_r——燃烧器的相对标高，等于燃烧器轴线高度 h_r 与炉膛高度 H_1 的比值，如图 10-21 所示；

Δx——修正值，其值见表 10-5。

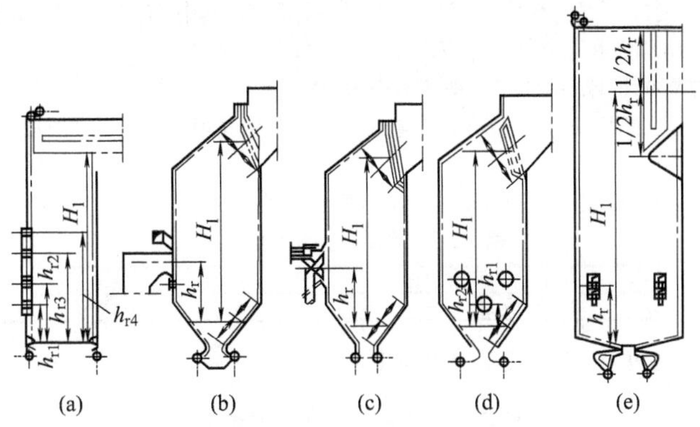

图 10-21 燃烧器布置的相对标高的确定

表 10-5 火焰最高温度点相对位置的修正值

燃烧形式	Δx	燃烧形式	Δx
前墙或对冲布置直流式燃烧器,和前墙或对冲多层布置扰动式燃烧器	$D \leqslant 420$t/h 为 0.1 $D > 420$t/h 为 0.05	重油及气体燃料	燃烧器中过量空气系数 $\alpha_r < 1$ 时,为 $2(1-\alpha_r)$
水平布置燃烧器	0	竖井炉	$D \leqslant 35$t/h 时,为 0.15 水平喷口时,为 0
摆动式燃烧器上、下摆动 20°	±0.1		分流器向下导流时,为−0.15

当多层布置燃烧器时，燃烧器轴线高 h_r 按下式计算：

$$h_r = \frac{n_1 B_1 h_{r1} + n_2 B_2 h_{r2} + n_3 B_3 h_{r3} + \cdots}{n_1 B_1 + n_2 B_2 + n_3 B_3 + \cdots} \tag{10-63}$$

式中 h_r——燃烧器的轴线高度，m；

n_1，n_2，n_3——第一、二、三排燃烧器的数量；

B_1，B_2，B_3——相应于第一、二、三排燃烧器中每个燃烧器的燃料量，kg/s；

h_{r1}，h_{r2}，h_{r3}——第一、二、三排燃烧器轴线离炉底或冷灰斗中点的高度，m。

当燃烧器布置在炉顶、烟气从下部引出时，$x_{max}=0.25\sim0.30$，对于风力抛煤机等薄层燃烧火床炉取 $x_{max}=0$，链条炉及固定炉排火床炉取 $x_{max}=0.14$。

1kg 燃料燃烧产生的烟气的平均比热容按下式计算：

$$Vc_{pj} = \frac{Q_1 - I_1''}{T_{ll} - T_1''},\ \text{kJ/(kg·K)} \tag{10-64}$$

$$Q_1 = Q_r\left(1 - \frac{q_3 + q_6}{100 - q_4}\right) + Q_k + Q_{wr} \tag{10-65}$$

$$Q_k = (\alpha_1'' - \Delta\alpha_1 - \Delta\alpha_{zf}) I_{rk}^0 + (\Delta\alpha_1 + \Delta\alpha_{zf}) I_{lk}^0 \tag{10-66}$$

式中 I_1''——炉膛烟气出口焓值，kJ/kg；

Q_1——炉膛内有效放热量，kJ/kg；

Q_r——每 1kg 燃料送入炉膛的可用热量，kJ/kg；

Q_{wr}——外加热源加热空气的热量，kJ/kg；

Q_k——每 1kg 燃料所需空气带入炉膛的热量，kJ/kg；

I_{rk}^0——理论空气量在热空气温度时的焓，kJ/kg；

I_{lk}^0——理论空气量在冷空气温度时的焓，kJ/kg；

α_1''——炉膛出口空气过量系数；

$\Delta\alpha$——漏风系数。

对于层燃炉，中国工业锅炉热力计算方法给出的校核或设计计算公式如下：

$$B_0\left(\frac{1}{a_{xt}} + m\right) = \frac{(\theta_1'')^{4n}}{1 - \theta_1''} \tag{10-67}$$

$$a_{xt} = \frac{1}{1.25 + x \cdot \dfrac{(1-a_{hy})(1-\rho)}{1-(1-a_{hy})(1-\rho)}} \tag{10-68}$$

式中 B_0——玻尔兹曼准则数，$B_0=\varphi B_j V c_{pj}/(5.67\times10^{-11}H_f T_{ll}^3)$，其中 H_f 是炉膛辐射受热面积，$H_f=\psi F_1$；

θ_1''——无量纲炉膛出口温度，$\theta_1''=T_{ll}/T_1''$；

n——指数，对抛煤机炉取 $n=0.7$，对于其他炉取 $n=0.6$；

m——考虑水冷壁表面积灰对辐射换热影响的系数，其值可从表 10-6 中查取；

a_{xt}——系统黑度。

火焰黑度 a_{hy}、炉排面积与炉膛总壁面积之比 ρ 和炉膛平均角系数 x 的计算如前所述。

表 10-6 积灰影响系数 m

锅炉工作压力/MPa	0.7	1.0	1.3	1.6	2.5	3.9
m	0.13	0.14	0.15	0.16	0.18	0.21

已知 $B_0\left(\frac{1}{a_{xt}}+m\right)$后，也可以按表 10-7 用内插法求取 θ_1''。

表 10-7 $B_0\left(\frac{1}{a_{xt}}+m\right)$和 θ_1''的关系

θ_1''	0.6	0.62	0.64	0.66	0.68	0.70	0.72	0.74	0.76	0.78	0.80
抛煤机炉($n=0.7$)	0.598	0.690	0.796	0.912	1.061	1.228	1.424	1.655	1.932	2.267	2.677
其他炉($n=0.6$)	0.736	0.836	0.952	1.085	1.238	1.416	1.623	1.867	2.156	2.504	2.927

对于小于 50MW 的高、中压煤粉锅炉，上海锅炉厂研究所提出如下简化的公式：

校核计算：

$$\theta_1''=\sqrt[4]{\frac{B_j V c_{pj}(T_{ll}-T_1'')}{\sigma_0 a_1 M\psi_{pj}F_1}}-273 \tag{10-69}$$

设计计算：

$$F_1=\frac{B_j(Q_1-T_1'')}{\sigma_0 a_1 M\psi_{pj}T_1''^4} \tag{10-70}$$

式中 θ_1''——炉膛出口烟温，℃；

F_1——炉膛壁面积，m^2；

M——炉膛几何特性系数，按表 10-8 查取；

σ_0——绝对黑体辐射常数为 5.7×10^{-11} kW/($m^2\cdot K^4$)；

ψ_{pj}——炉壁平均吸热能力，$\psi_{pj}=\sum(F_1\psi)_i/\sum(F_1)_i$；光管水冷壁和凝渣管处出口窗的 ψ 值查图 10-22；屏进口烟窗取 $\psi=0.25$；覆盖有耐火涂料炉壁取 $\psi=0.15$；

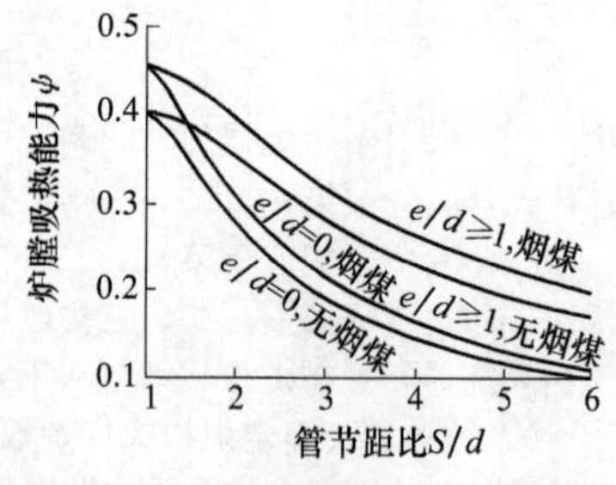

图 10-22 炉壁吸热能力 ψ 值曲线

其他符号同前。计算时需采用逐次逼近法。

表 10-8 几何特性系数 M 的值

h/d_{dl}	1.2	1.3	1.4	1.5	1.6	1.7	1.8	1.9	2.0	2.1	2.2
M	1.14	1.24	1.35	1.46	1.56	1.65	1.74	1.82	1.89	1.96	2.03

注：表中 h 及 d_{dl} 分别为燃烧器中心线至炉出口截面中心线高度和燃烧器中心线处炉横断面的当量直径，$d_{dl}=4\times$该断面面积/该断面周长。

炉膛换热计算的基本步骤如下。

当给定炉膛结构做校核计算时，需预先假定炉膛出口烟温以求得火焰黑度和烟气平均比热容。如从式(10-58)、式 (10-67) 或图 10-23、图 10-24 求得的出口烟温与假定值之差超过±100℃，则需按计算中求得的出口烟温法去校准 Vc_{pj} 和 a_{hy} 之值，并重新计算出口烟温。

如需设计计算时，则在给定炉膛出口烟温后，可按式 (10-59) 或线算图求取炉壁面积 F_1。为此须先假定水冷壁的热有效系数 ψ 和系数 M 的值。当算出炉壁面积与确定了炉膛尺寸后，须校验水冷壁热有效系数假定值与从计算结果求出的值是否相等，这两个数值之差不得超过 ψ 值的±5%。

4. 双室炉膛换热计算公式

双室炉包括扰动式炉、卧式旋风炉和立式旋风炉。

双室炉炉膛换热计算时先将燃烧室和冷却室当作一整体看待，仍使用式 (10-58) 来进行计算。但其中参数 M 的取值有所不同，对扰动式炉和卧式旋风炉取 $M=0.47$；对立式旋风炉取 $M=0.53$。光管水冷壁的污染系数按单室炉取用；涂有耐火涂料的带销钉区水冷壁的污染系数则按式 (10-31) 计算。式 (10-31) 的经验系数 b，对卧式旋风炉及燃用碎煤粒的燃尽室取 $b=1.7$；对煤粉炉 $b=2.0$。对于立式旋风筒（高度为

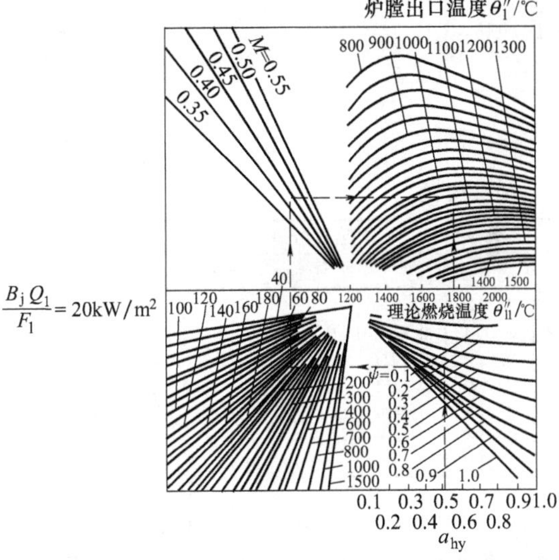

图 10-23 单室炉与半开式炉的传热计算线算图

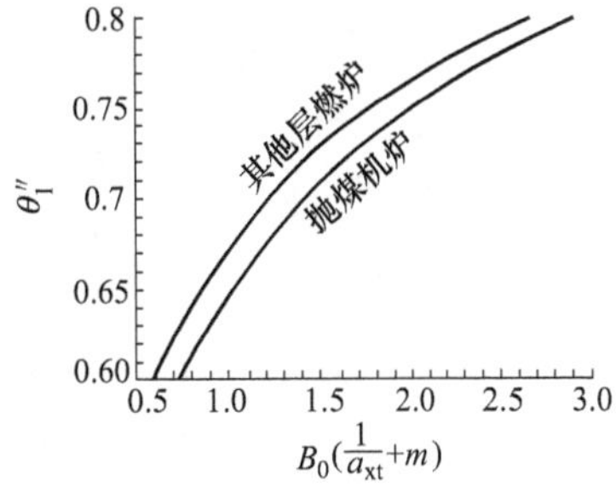

图 10-24 层燃炉膛传热计算线算图

8～11m)，污染系数按下式计算：

$$\zeta=1.4\left(0.53-0.25\frac{t_{sz}}{1000}\right)[1.36-0.06w(A_{zs})] \tag{10-71}$$

式中 $w(A_{zs})$——燃料折算灰分，$A_{zs}=[w(A_{ar})/Q_{net,V,ar}]\times 4186$；

t_{sz}——渣的熔点温度，℃。

带销钉水冷壁的燃烧室内（开式液态除渣炉的溶渣段、半开式及双室炉的燃烧室、旋风炉的旋风筒和燃尽室以及立式旋风筒）的换热计算按下式进行：

$$\theta_r^4=\frac{B_0^{0.5}}{0.40+B_0^{0.5}} \tag{10-72}$$

捕渣管束出口烟温按下式计算：

$$\theta''_{ps}=\frac{2\Delta\beta B_j Q_{net,V,ar}}{2B_j Vc''+\alpha_d F_d}+\theta'\left[\frac{2B_j Vc'-\alpha_d F_d}{2B_j Vc''+\alpha_d F_d}\right]+t_{hb}\frac{2\alpha_d F_d}{2B_j Vc''+\alpha_d F_d}-\left[1+\left(\frac{T''}{T'}\right)^4\right]\frac{\sigma_0 a_1 T'^4}{2B_j Vc''+\alpha_d F_d}\psi F \tag{10-73}$$

$$\Delta\beta=(0.3\sim0.4)\frac{q_{3r}+q_{4r}}{100} \tag{10-74}$$

式中 θ''_{ps}——捕渣管束出口烟气温度，℃；

ψF——热有效系数与布置在区段中的水冷壁及捕渣管束总面积的乘积；

t_{hb}——灰壁层温度，℃，等于灰熔点 t_3+100℃；

α_d——对流放热系数，kW/(m^2·℃)；

$\Delta\beta$——在管束中燃料燃尽的份额；

q_{3r}——燃烧室化学不完全燃烧损失分数；

q_{4r}——燃烧室机械不完全燃烧损失分数。

由于冷却室热交换数据不足，其吸热量是按炉内总吸热量与燃烧室及捕渣管吸热量的差值来确定的。

冷却室的有效放热量由下式计算：

$$Q_l=Q_r\left(1-\frac{q_3+q_6}{100-q_4}\right)+Q_h-Q_{wr}-Z_r\frac{B_{jr}(Q_f+Q_d)_r}{\varphi B_j}-\frac{Z_r B_{jr} Q_{bz}}{\varphi B_j} \tag{10-75}$$

式中 Q_l——冷却室有效放热量，kJ/kg；

$(Q_f+Q_d)_r$——前置燃烧室吸热量，kJ/kg；

Q_{bz}——捕渣管束吸热量，kJ/kg；

Z_r——前置燃烧室数；

B_{jr}——前置燃烧室计算燃料消耗量，kg/s。

其余符号意义同前。

燃烧室末端烟气温度高于1700℃时，还应考虑三原子气体分解的热耗量Q_q：

$$Q_q=12636\alpha_{CO_2}V_{CO_2}+10798\alpha_{H_2O}V_{H_2O} \tag{10-76}$$

式中　Q_q——三原子气体分解的热耗量，kJ/kg；

V_{CO_2}，V_{H_2O}——烟气中CO_2和H_2O的体积，m^3/kg；

α_{CO_2}，α_{H_2O}——CO_2和H_2O的分解率，按表10-9确定。

表10-9　CO_2和H_2O的分解率

烟气温度 θ/℃	二氧化碳分解率						水蒸气分解率					
	烟气中二氧化碳体积份额						烟气中水蒸气体积份额					
	0.04	0.08	0.12	0.16	0.20	0.25	0.04	0.08	0.12	0.16	0.20	0.25
1700	0.038	0.03	0.026	0.024	0.022	0.02	0.014	0.012	0.01	0.009	0.008	0.008
1800	0.063	0.050	0.044	0.04	0.037	0.035	0.024	0.019	0.017	0.015	0.015	0.014
1900	0.101	0.081	0.072	0.065	0.061	0.056	0.040	0.032	0.028	0.026	0.025	0.024
2000	0.165	0.134	0.118	0.108	0.100	0.094	0.057	0.046	0.04	0.035	0.035	0.034
2100	0.239	0.196	0.173	0.159	0.149	0.139	0.085	0.068	0.06	0.054	0.052	0.051
2200	0.351	0.292	0.261	0.241	0.226	0.212	0.123	0.099	0.088	0.076	0.076	0.074

在许多热水锅炉中，炉膛之后还布置有燃尽室。如炉膛与燃尽室之间的烟窗只被一排水冷壁管隔开，或者被由一排水冷壁管拉稀形成的管束隔开，对于这一部分水冷壁管或管束可以只考虑辐射换热，而不计算对流传热。但在炉膛与燃尽室之间被较多的管束受热面隔开时，则应考虑管束的对流传热。烟窗处管束的角系数按下式计算：

$$x=1-(1-x_1)(1-x_2)(1-x_3)\cdots(1-x_n) \tag{10-77}$$

式中　x_1，x_2，…，x_n——烟窗处管束的各排管的角系数，可根据图10-14查取。

烟窗辐射受热面积等于x与烟窗几何面积的乘积。在中国层燃炉计算方法中规定该辐射受热面按双面受热考虑，分别计算在炉膛和燃尽室受热面。

对于层燃炉，燃尽室内的燃烧份额很小，对简化计算，可将燃尽室当作冷却室计算，燃尽室的热平衡方程即写为：

$$Q_{rj}=\varphi(I'_{rj}-\Delta\alpha_{rj}I^0_{lk}-I''_{rj}) \tag{10-78}$$

式中　Q_{rj}——对应于每1kg煤在燃尽室的放热量，kJ/kg；

I'_{rj}，I''_{rj}——燃尽室进、出口烟气焓，kJ/kg；

$\Delta\alpha_{rj}$——燃尽室的漏风系数。

燃尽室内烟气的平均比热容为：

$$Vc_{pj}=\frac{I'_{rj}+\Delta\alpha_{rj}I^0_{lk}-I''_{rj}}{\theta'_{rj}-\theta''_{rj}} \tag{10-79}$$

式中　Vc_{pj}——燃尽室内烟气平均比热容，kJ/(kg·℃)；

θ'_{rj}，θ''_{rj}——燃尽室进、出口烟气温度，℃。

燃尽室内烟气黑度a_y仍然用$a_y=1-e^{-kpS}$计算。其辐射减弱系数按下式计算：

$$k=k_qr+k_{fh} \tag{10-80}$$

式中，k_qr的含义和计算与前述固体燃料火焰黑度计算相同，但这里的飞灰辐射减弱系数k_{fh}与前述k_g略有不同，k_{fh}按下式计算：

$$k_{fh}=\frac{7600\mu_{fh}}{\sqrt[3]{T^2}} \tag{10-81}$$

式中，计算用的温度T应为燃尽室进出口处烟气温度的算术平均值，即：

$$T=\frac{T'_{rj}+T''_{rj}}{2} \tag{10-82}$$

燃尽室系统黑度按下式计算：

$$a_{rj}=\frac{1}{\dfrac{1}{a_b}+x_s\dfrac{1-a_y}{a_y}} \tag{10-83}$$

式中　a_b——水冷壁表面的黑度，通常取$a_b=0.8$；

x_s——燃尽室水冷程度；

a_y——燃尽室内烟气黑度。

也可以利用图10-20来求取燃尽室的系统黑度。

燃尽室内烟气的有效平均温度T_{pj}按下式计算：

$$T_{pj}=\sqrt{T'_{rj}T''_{rj}} \tag{10-84}$$

燃尽室换热计算式为：

$$B_0\left(\frac{1}{a_{rj}}+m\right)=\frac{\theta''^2_{rj}}{1-\theta''_{rj}} \tag{10-85}$$

式中　B_0——玻尔兹曼准则数，$B_0=\dfrac{\varphi B_j Vc_{pj}}{\sigma_0 H_{rj} T_j^3}$；

θ''_{rj}——无量纲出口烟温，$\theta''_{rj}=T''_{rj}/T'_{rj}$；

m——系数，按表 10-7 查取。

燃尽室出口烟温也可按下式计算：

$$\theta''_{rj}=0.5B_0\left(\frac{1}{a_{rj}}+m\right)\left[\sqrt{1+\frac{1}{B_0\left(\frac{1}{a_{rj}}+m\right)}}-1\right] \tag{10-86}$$

为方便计算，将式（10-86）绘成图，如图 10-25 所示。

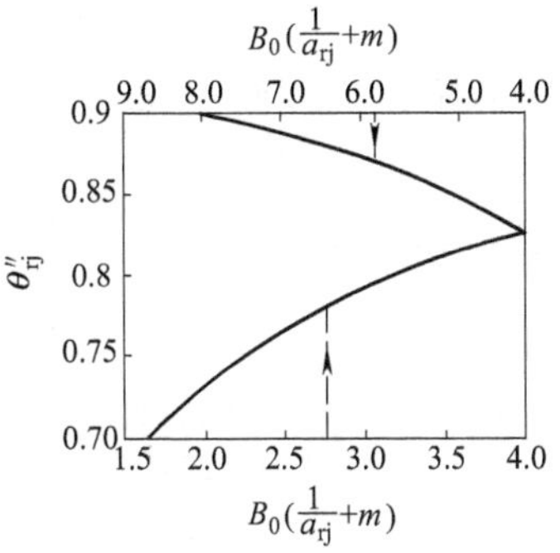

图 10-25　燃尽室的传热计算线算图

燃尽室多采用校核计算，其计算步骤如下：

在计算完燃尽室的几何特性后，预先估选 T''_{rj}，计算烟气平均比热容 Vc_{pj} 和系统黑度 a_{rj}；选取 m 值，计算 $B_0\left(\dfrac{1}{a_{rj}}+m\right)$，根据式（10-86）或图 10-25 算出烟气出口温度 T''_{rj}；如计算所得 T''_{rj} 与预先估选值相差不大于±100K，则可认为计算合格，否则重新估取 T''_{rj}，重复上述计算过程，直至满足计算合格判据为止。

第二节　半辐射和对流受热面的换热计算

一、传热基本方程式

锅炉半辐射受热面指的是布置在炉膛上部的屏式受热面，该受热面同时兼以辐射和对流方式吸收热量。其中前屏以辐射为主，常合并在炉膛计算中。而对于后屏则为两种换热量的叠加。为使计算简便，在锅炉传热计算中常将辐射换热折算为对流方式进行计算。为此，定义烟气与受热面间辐射换热热流密度 q_f 与它们之间温压 Δt 的比值为辐射放热系数 α_f，即：

$$\alpha_f=\frac{q_f}{\Delta t},\ \mathrm{kW/(m^2\cdot K)} \tag{10-87}$$

故受热面烟气侧放热系数 α_1 为对流放热系数 α_d 和 α_f 之和。

锅炉对流受热面指的是凝渣管束、锅炉管束、对流过热器、再热器、省煤器及空气预热器等受热面。这些受热面的结构、布置方式及烟气、工质的热工参数均不相同，但它们都以对流换热为主，其换热计算可按同样方法进行。

半辐射及对流受热面换热计算的基本方程包括传热方程和热平衡方程。

传热方程为：

$$Q_d=\frac{KH\Delta t}{B_j} \tag{10-88}$$

式中　Q_d——所求受热面以对流及辐射方式总吸收热量。该热量系对 1kg（或 1m³）燃料而言，kJ/kg（或 kJ/m³）；

K——传热系数，kW/(m²·K)；

Δt——温压，℃；

H——受热面面积，m²；

B_j——计算燃料消耗量，kg/s（或 m³/s）。

热平衡方程的计算如下。

烟气放出热量 Q_d 为：

$$Q_d=\varphi(I'-I''+\Delta\alpha I^0_{lf}),\ \mathrm{kJ/kg(或\ kJ/m^3)} \tag{10-89}$$

式中　I'，I''——烟气在受热面处进出口焓值，kJ/kg（或 kJ/m³）；

I^0_{lf}——理论冷空气焓值，按空气温度计算，对空气预热器按进出口空气平均温度 $(t'_{ky}+t''_{ky})/2$ 计算，kJ/kg（或 kJ/m³）；

$\Delta\alpha$——计算受热面漏风系数；

φ——保温系数。

各受热面工质吸收热量分别按下式计算。

对屏式过热器及炉膛出口处对流过热器：

$$Q_d=\frac{D}{B_j}(i''-i')-Q_f \tag{10-90}$$

对布置在对流烟道中的过热器、再热器、省煤器和直流锅炉过渡区：

$$Q_d=\frac{D}{B_j}(i''-i') \tag{10-91}$$

对空气预热器：

$$Q_d=\left(\beta''_{ky}+\frac{\Delta\alpha_{ky}}{2}\right)(I^{0''}_{ky}-I^{0'}_{ky}) \tag{10-92}$$

式中 i'，i''——工质进出口焓值，kJ/kg；

Q_f——来自炉膛的辐射吸热量，kJ/kg（或 kJ/m^3）；

β''_{ky}——空气预热器空气侧出口的过量空气系数；

$\Delta\alpha_{ky}$——空气预热器漏风系数；

$I^{0'}_{ky}$，$I^{0''}_{ky}$——空气预热器进、出口理论空气焓，kJ/kg（或 kJ/m^3）。

对管内工质温度不变的锅炉管束不必给出工质吸热量计算式。

计算屏式过热器时，Q_f 的计算式为：

$$Q_f=Q'_f-Q''_f \tag{10-93}$$

$$Q'_f=\frac{\beta\eta_g q_1 F''_1}{B_j} \tag{10-94}$$

式中 Q''_f——屏本身辐射给屏后受热面的热量，kJ/kg（或 kJ/m^3）；

Q'_f——屏入口截面（炉膛出口）所吸收炉膛辐射热量，kJ/kg（或 kJ/m^3）；

F''_1——炉膛出口烟窗截面积，m^2；

q_1——炉膛辐射受热面平均热负荷，kW/m^2；

β——考虑炉膛与屏相互影响的修正系数，按图 10-15 确定；

η_g——沿炉膛高度方向热负荷分布不均匀系数，按图 10-26 确定。

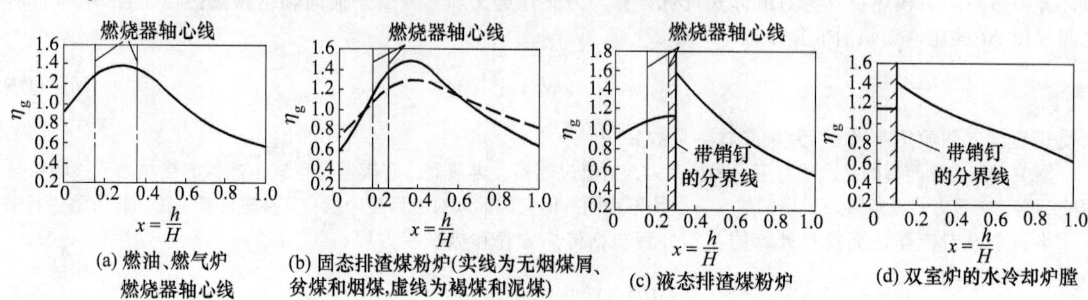

图 10-26 沿炉膛高度热负荷分布不均匀系数

Q''_f的计算式：

$$Q''_f=\frac{Q'_f(1-a)x''_p}{\beta}+\frac{5.67\times10^{-11}aF''_pT_{pj}\xi_r}{B_j} \tag{10-95}$$

式中 a——屏间烟气黑度；

F''_p——屏后受热面烟窗截面积，m^2；

T_{pj}——屏间烟气平均温度，K；

x''_p——屏进口截面对出口截面的角系数；

ξ_r——考虑燃料影响的修正系数，对煤及重油 $\xi_r=0.5$；对天然气 $\xi_r=0.7$；对页岩 $\xi_r=0.2$。

对于后屏 x''_p按下式计算：

$$x''_p=\sqrt{\left(\frac{b}{S_1}\right)^2+1}-\frac{b}{S_1} \tag{10-96}$$

对于大屏，x''_p按相互垂直具有一公共边的矩形平面间的角系数计算，由图 10-27 确定。在上式和图中，b 为屏宽度；S_1 为屏间距离；h 为屏高度。

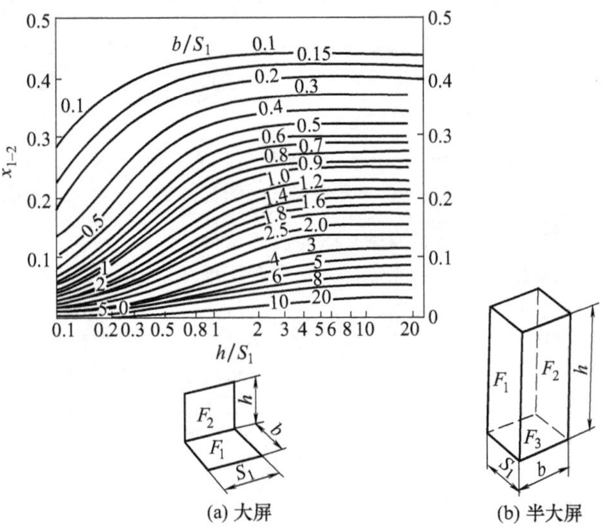

(a) 大屏　(b) 半大屏

图 10-27　屏进口截面对出口截面角系数计算图

对于半大屏 x''_p按下式计算：

$$x''_p=\frac{F_1x_{1\text{-}2}+F_3x_{3\text{-}2}}{F_1+F_3} \tag{10-97}$$

式中　$x_{1\text{-}2}$——F_1 对 F_2 的角系数；

$x_{3\text{-}2}$——F_3 对 F_2 的角系数；

其余符号含义如图 10-27 所示。

小型锅炉中，炉膛出口为凝渣管束或锅炉管束。当管排数大于或等于 5 排时，则炉膛出口烟窗的辐射热量可认为全被管束所吸收；当管排数少于 5 排时，部分辐射热量穿过管束为后继受热面所吸收，此时管束所吸收炉膛的辐射热量为：

$$Q_f=\frac{x_{gs}\eta_g q_1 F''_1}{B_j} \tag{10-98}$$

式中　x_{gs}——管束角系数。

管束内工质总吸热量等于按式（10-88）确定的对流吸热量与按式（10-98）确定的辐射吸热量之和。

对流受热面中工质为蒸汽和水时，受热面积按管外壁表面积计算。管式空气预热器及板式空气预热器受热面积按烟气与空气侧的平均表面积计算。回转式空气预热器的受热面积按所有蓄热板的双侧表面积计算。对标准蓄热板，其表面积可按下式计算：

$$H=0.95\times0.785D_n^2k_{gb}hC \tag{10-99}$$

式中　H——标准蓄热板受热面积，m^2；

D_n——转子内径，m；

k_{gb}——考虑隔热板、横挡板、中心管占据部分横截面后的修正系数，按图 10-29 确定；

h——蓄热元件有效高度，m；

C——单位容积中装载的按双面计算的受热面积，m^2，查表 10-14；

0.95——考虑蓄热元件的充满程度。

屏式过热器受热面积按双面曝光辐射受热面积计算：

$$H=2x_pF_p \tag{10-100}$$

式中　F_p——由屏的最边管围成的平面面积，m^2；

x_p——屏的角系数。

对顺列管束，如纵向相对节距 $S_2/d\leqslant1.5$，横向相对节距 $S_1/d>4$ 时，受热面则按屏计算。

二、对流传热系数的计算

1. 基本公式

锅炉对流受热面的传热过程是：热烟气以辐射及对流方式对管子外壁放热，管外壁向管内壁的导热以及管内壁对管内介质的对流放热。通常因运行原因，管子内外壁面均有水垢或灰垢。因此该传热过程的传热系数应考虑此部分热阻，故传热系数 K 的综合式为：

$$K=\frac{1}{\frac{1}{\alpha_1}+\frac{\delta_h}{\lambda_h}+\frac{\delta_b}{\lambda_b}+\frac{\delta_{sg}}{\lambda_{sg}}+\frac{1}{\alpha_2}},\ \mathrm{kW/(m^2\cdot K)} \tag{10-101}$$

式中 α_1，α_2——放热介质对管壁及管壁对吸热介质的放热系数，$\mathrm{kW/(m^2\cdot K)}$；

δ_h，δ_b，δ_{sg}——管外壁灰层厚度、金属管壁和管内壁水垢层厚度，m；

λ_h，λ_b，λ_{sg}——灰垢、金属和水垢的热导率，$\mathrm{kW/(m^2\cdot K)}$。

通常，烟气侧或空气侧的热阻远大于金属热阻，故后者 δ_b/λ_b 可忽略不计。但计算汽-汽热交换时，金属管壁热阻仍需计算。在正常运行工况下，锅炉水质可保证水垢很少，故水垢热阻 δ_{sg}/λ_{sg} 亦可忽略。

灰垢层热阻不可避免且与许多因素有关，如燃料种类、烟气流速、管径及布置方式和灰粒尺寸等。由于目前尚缺乏系统的数据资料，故采用污染系数 $\varepsilon=\delta_h/\lambda_h$ 和热有效系数 ψ 来考虑它的影响。ψ 的物理意义为被污染管子传热系数与清洁管传热系数之比值。

因此传热系数可简化为：

$$K=\frac{1}{\frac{1}{\alpha_1}+\varepsilon+\frac{1}{\alpha_2}},\ \mathrm{kW/(m^2\cdot K)} \tag{10-102}$$

或

$$K=\psi\frac{1}{\frac{1}{\alpha_1}+\frac{1}{\alpha_2}},\ \mathrm{kW/(m^2\cdot K)} \tag{10-103}$$

烟气对管壁的放热系数可按下式计算：

$$\alpha_1=\xi(\alpha_d+\alpha_f),\ \mathrm{kW/(m^2\cdot K)} \tag{10-104}$$

式中 ξ——考虑烟气对受热面冲刷不完全的修正系数，或称为利用系数。现代锅炉横向冲刷管束 $\xi=1$；图 10-28 所示的混向冲刷取 $\xi=0.95$。屏及空气预热器的 ξ 在以后章节中介绍。考虑隔板、横挡板、中心管占据部分截面后的修正系数见图 10-29。

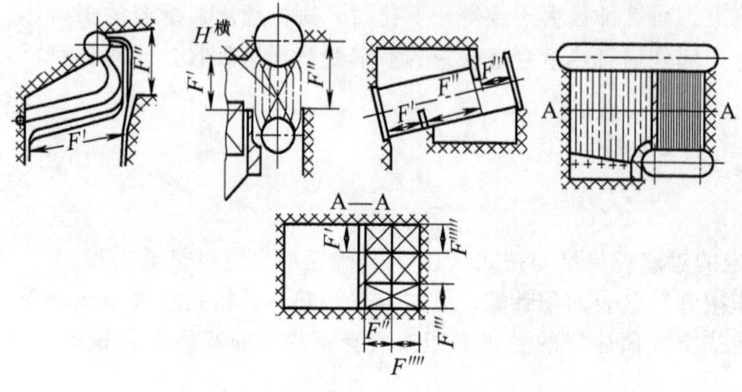

图 10-28 利用系数为 0.95 的混向冲刷管束示意

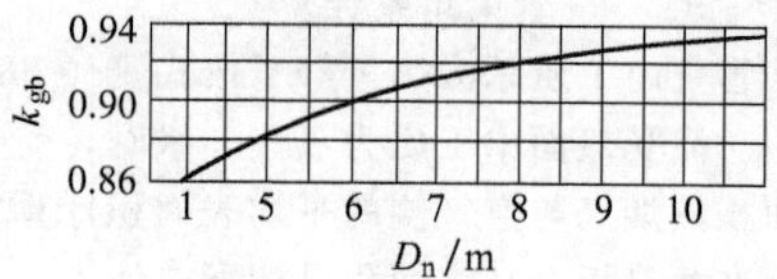

图 10-29 考虑隔板、横挡板、中心管占据部分横截面后的修正系数 k_{gb}

锅炉中各对流受热面的传热系数 K 的计算式从表 10-10～表 10-12 中选用。

表 10-10 对流过热器传热系数 K

单位：$\mathrm{kW/(m^2\cdot K)}$

叉排		顺排
燃煤	燃油或燃气	燃煤、油或燃气
$\frac{1}{\frac{1}{\alpha_1}+\varepsilon+\frac{1}{\alpha_2}}$	$\psi\frac{1}{\frac{1}{\alpha_1}+\frac{1}{\alpha_2}}$	$\psi\frac{1}{\frac{1}{\alpha_1}+\frac{1}{\alpha_2}}$

表 10-11 省煤器、直流锅炉过渡区、蒸发受热面及超临界压力锅炉对流过热器传热系数 K

单位：$\mathrm{kW/(m^2\cdot K)}$

叉排		顺排
燃煤	燃油或燃气	燃煤、油或燃气
$\frac{1}{\frac{1}{\alpha_1}+\varepsilon}$	$\psi\alpha_1$	$\psi\alpha_1$

表 10-12 空气预热器传热系数 K

单位：$\mathrm{kW/(m^2\cdot K)}$

管式	回转式
$\xi\frac{\alpha_1\alpha_2}{\alpha_1+\alpha_2}$	$\frac{\xi c}{\frac{1}{r_y\alpha_1}+\frac{1}{r_k\alpha_2}}$

表 10-12 中 r_y、r_k 为烟气和空气侧受热面各占总受热面份额。如烟气冲刷占 180°，空气冲刷占 120°，密封区为 2×30°时，$r_y=0.5$；$r_k=0.333$。c 为考虑不稳定传热影响的系数，对厚度为 0.6～1.2mm 的蓄热板，c 值与转速有如下表所示：

n/(r/min)	0.5	1.0	≥1.5
c	0.85	0.97	1.0

对于屏式过热器：

$$K=\frac{1}{\frac{1}{\alpha_1}+\left(1+\frac{Q_f}{Q_d}\right)\left(\varepsilon+\frac{1}{\alpha_2}\right)},\ \mathrm{kW/(m^2\cdot K)} \tag{10-105}$$

$$\alpha_1=\xi\left(\alpha_d\frac{\pi d}{2S_2x_p}+\alpha_f\right),\ \mathrm{kW/(m^2\cdot K)} \tag{10-106}$$

式中 $\left(1+\frac{Q_f}{Q_d}\right)$——考虑屏吸收炉膛辐射热的乘数；

Q_f——屏所吸收的炉膛辐射热量，按式（10-93）计算；

Q_d——屏所吸收的屏间烟气传热量，按式（10-89）计算；

α_1——烟气侧放热系数。

2. 烟气和空气流速

在烟气或空气作横向和斜向冲刷光滑管束或助片管束时，应采用最小截面原则来确定烟气或空气流通截面积。即流通截面为垂直于气流方向的管排中心线所在的平面，其面积等于烟道整个截面积与管或肋片管所占面积之差。

介质横向冲刷光滑管束的流通截面积为：

$$F=ab-n_1ld \tag{10-107}$$

式中 a，b——烟道的断面尺寸，m；

d——管子外径，m；

l——管子长度，m；

n_1——单排管的管子根数。

介质纵向冲刷受热面时：

若介质在管内流动
$$F=n\frac{\pi d_n^2}{4} \tag{10-108}$$

若介质在管间流动
$$F=ab-n\frac{\pi d_n^2}{4} \tag{10-109}$$

式中 d_n——管子内径，m；

n——管束中管子根数。

对于带横向肋片的管子，其流通截面积为：

$$F=\left[1-\frac{1}{S_1/d}\left(1+2\frac{h}{S_1}\cdot\frac{\delta}{d}\right)\right]ab \tag{10-110}$$

式中 δ，h——肋片平均厚度和高度，m：

S_1，S_1——管子横向节距和肋片节距，m。

当所求受热面烟道由流通截面不同的几段组成，且它们的受热面结构特性、冲刷特性均相同时，则平均流通截面积按各部分烟道所具有的受热面积加权平均，即：

$$F_{pj}=\frac{H_1+H_2+H_3+\cdots}{\frac{H_1}{F_1}+\frac{H_2}{F_2}+\frac{H_3}{F_3}+\cdots} \tag{10-111}$$

式中 H_1，H_2，H_3…——对应于流通截面积分别是 F_1、F_2、F_3…的受热面积。

若烟道流通截面平滑渐变，则平均流通截面积按烟道进、出口截面积的几何平均值计算：

$$F_{pj}=\frac{2F'F''}{F'+F''} \tag{10-112}$$

式中 F'，F''——烟道进、出口截面积。

在烟道截面积相差不超过 25%时可按算术平均值求其平均截面积。对于并联有旁通烟道的情况，其计算流通截面积按下式计算：

$$F_{pj}=F_g+F_p\sqrt{\frac{\xi_g(\theta_g+273)}{\xi_p(\theta_p+273)}} \tag{10-113}$$

式中 F_g，F_p，ξ_g，ξ_p，θ_g，θ_p——管束所在烟道和旁通烟道的流通面积、流动阻力系数及烟道的平均温度。

烟气流动情况较为复杂的一些管束，计算流通截面的方式示于图 10-30 中。图中 F'、F''分别表示受热面烟道的进、出口流通截面积；H 为受热面积，其下角码分别表示横向或纵向冲刷受热面。

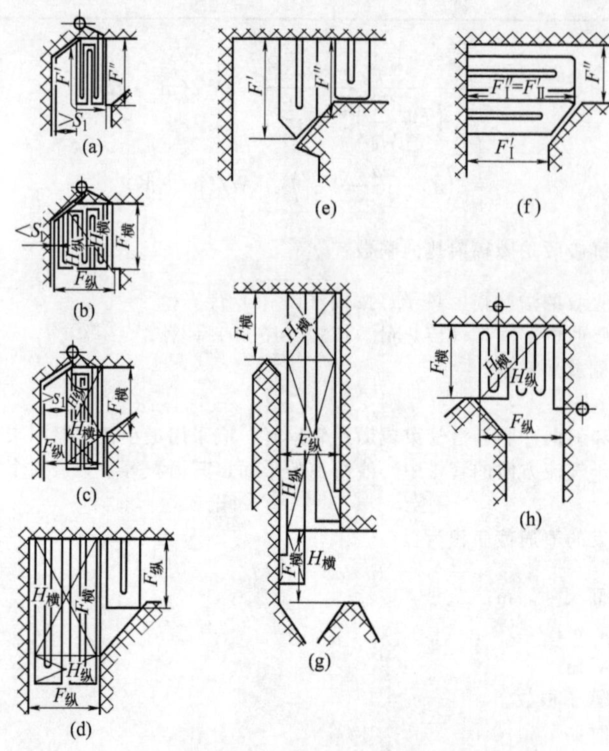

图 10-30 烟气冲刷受热面情况复杂时流通截面积的确定

对于回转式空气预热器烟气和空气的流通截面积按下式计算：

$$F_y = 0.785D_n^2X_yk_{xr}k_{gb} \tag{10-114}$$

$$f_k = 0.785D_n^2X_kk_{xr}k_{gb} \tag{10-115}$$

式中 F_y，f_k——烟气、空气流通截面积，m^2；

D_n——转子内径，m；

k_{xr}——考虑转子横截面被蓄热元件占据一部分的修正系数，k_{xr} 与蓄热板组的当量直径 d_{dl} 及板厚有关，可查表 10-13 确定；

k_{gb}——考虑隔板、横挡板、中心管占据部分截面后的修正系数，按图 10-29 查取。

对于一些非标准板型，其流通截面应按实际图纸尺寸确定。

对于冷段，其流通截面等于 1.02 乘以按式（10-114）、式（10-115）求得的值。

确定了介质流通截面积之后，可按下列公式计算介质流速。

烟气流速：

$$v_y = \frac{B_jV^y(\theta+273)}{273F} \tag{10-116}$$

空气流速：

$$v_k = \frac{B_j\beta_{ky}V^0(t+273)}{273F} \tag{10-117}$$

式中 B_j——计算燃料消耗量，kg/s 或 m^3/s；

V^y——所求受热面烟气量，m^3/kg 或 $m^3/(N\cdot m^3)$；

V^0——理论空气量，m^3/kg 或 m^3/m^3；

θ——所求受热面烟气平均温度，℃；

t——所求受热面空气平均温度，℃；

β_{ky}——空气预热器空气侧过量空气系数；

F——烟气或空气流通截面积，m^2。

表 10-13 给出了蓄热元件结构特性。

表 10-13　蓄热元件结构特性

形　式	δ/mm	d_{dl}/mm	k_{xr}	c/m^{-1}
强化型	0.5,0.63	9.32,9.6	0.912,0.89	396,365
普通型	0.63	7.8	0.86	440
冷段平板型	1.2	9.8	0.81	325

3. 蒸汽和水流速

蒸汽或水的流速按下式计算：

$$v=\frac{DV_{pj}}{f} \tag{10-118}$$

式中　v——蒸汽或水流速，m/s；

f——蒸汽或水的流通截面积，m^2；

V_{pj}——蒸汽或水的比容，m^3/kg；

D——蒸汽或水的质量流量，kg/s。

4. 放热系数

如前所述，锅炉受热面放热系数包括对流和辐射放热系数，这里只讨论对流放热系数，而辐射放热系数将在随后讨论。众所周知，对流放热系数除与介质流速有关外，还与受热面结构特性、冲刷方式等因素有关。

(1) 横向冲刷管束　在锅炉各对流受热面中，过热器、再热器、省煤器、直流锅炉过渡区及凝渣管、锅炉管束等多为横向冲刷，管式空气预热器空气侧亦为横向冲刷。管束的排列方式有叉排和顺排两种，如图 10-31 所示。横向节距 S_1，横向相对节距 $\sigma_1=S_1/d$；纵向节距 S_2，纵向相对节距 $\sigma_2=S_2/d$；斜向节距 S_2'，斜向相对节距 $\sigma_2'=\sqrt{S_2^2+\left(\frac{S_1}{2}\right)^2}\Big/d$。

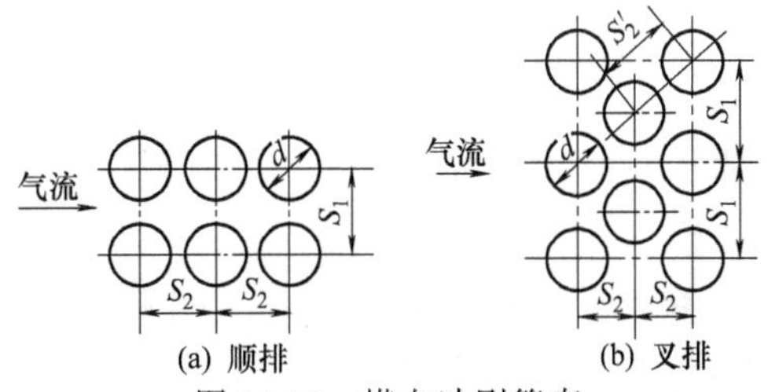

图 10-31　横向冲刷管束

① 烟气横向冲刷顺列管束的对流放热系数。

$$\alpha_d=c_s c_n \frac{\lambda}{d} Re^{0.05} Pr^{0.33} \tag{10-119}$$

$$c_s=0.2\left[1+(2\sigma_1-3)\left(1-\frac{\sigma_2}{2}\right)^3\right]^{-2} \tag{10-120}$$

式中　Re——雷诺数，$Re=\frac{v_d}{\nu}$，其中 ν 为烟气的运动黏度，m^2/s；

Pr——普朗特数，$Pr=\frac{\rho\nu c_p}{\lambda}$，其中 c_p 为烟气定压比热容，kJ/(kg·K)；ρ 为烟气密度，kg/m^3；λ 为烟气热导率，kW/(m·K)；

c_s——考虑管束相对节距影响的修正系数；当 $\sigma_2\geqslant 2$ 或 $\sigma_1\leqslant 1.5$ 时，$c_s=0.2$

c_n——沿烟气行程方向管排数修正系数；当 $n_2<10$ 时，$c_n=0.91+0.0125(n_2-2)$；当 $n_2\geqslant 10$ 时，$c_n=1$。　(10-121)

α_d、c_s、c_n 亦可按图 10-32 查取。

② 烟气横向冲刷叉排光滑管束时的对流放热系数。

$$\alpha_d=c_s c_n \frac{\lambda}{d} Re^{0.6} Pr^{0.33} \tag{10-122}$$

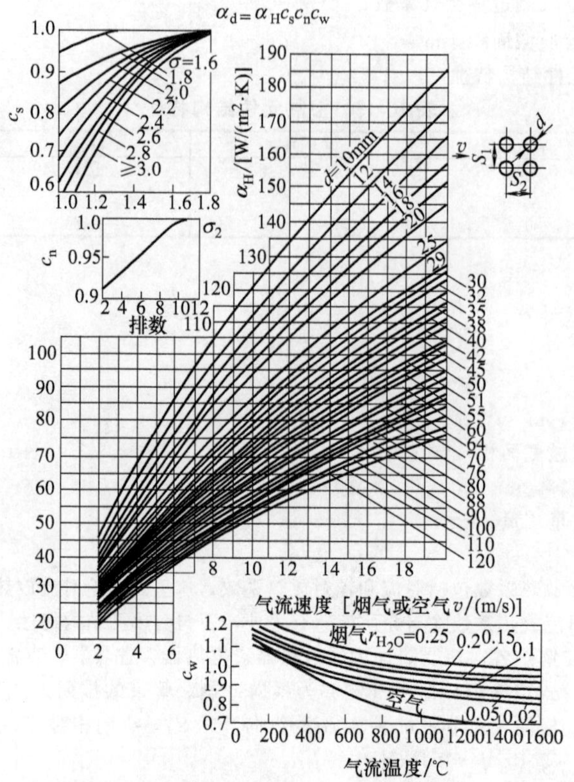

图 10-32 横向冲刷顺列光滑管束的对流放热系数

式中 α_d——横向冲刷叉排管束的对流放热系数，kW/(m^2·K)；

c_s——节距修正系数，根据 σ_1 和 $\varphi=\dfrac{\sigma_1-1}{\sigma_2'-1}$确定，当 $0.1<\varphi\leqslant1.7$ 时 $c_s=0.34\varphi^{0.1}$；当 $1.7<\varphi\leqslant4.5$、$\sigma_1<3$ 时 $c_s=0.275\varphi^{0.5}$；当 $1.7<\varphi\leqslant4.5$、$\sigma_1\geqslant3$ 时 $c_s=0.34\varphi^{0.1}$；

c_n——管排数修正系数，根据管束纵向排数 n_2 和 σ_1 来确定，当 $n_2<10$、$\sigma_1<3.0$ 时 $c_n=3.12n_2^{0.05}-2.5$；当 $n_2<10$、$\sigma_1\geqslant3.0$ 时 $c_n=4n_2^{0.02}-3.2$；当 $n_2\geqslant10$ 时 $c_n=1$。

α_d、c_s、c_r 亦可按图 10-33 查取。

(2) 纵向冲刷管束 锅炉受热面管内的汽水工质均为纵向冲刷，管外烟气作纵向冲刷的受热面及部分受热面包括空气预热器烟气侧、锅炉管束、屏式过热器或省煤器等。在回转式空气预热器中，冲刷气流的方向与蓄热板成一定角度，非单纯纵向冲刷，对此将给出专用计算公式，见后文。通常烟气纵向冲刷受热面时，多属于高度湍流流动（空气、水及蒸汽亦如此），只是在板式空气预热器中流体运动的雷诺数小于 10^4，处于层流与湍流的过渡区。

压力和温度远离临界状态下的单相湍流介质对受热面作纵向冲刷时的对流放热系数为：

$$\alpha_d=0.023\frac{\lambda}{d_{dl}}Re^{0.8}Pr^{0.4}c_t c_d c_l \tag{10-123}$$

本公式适用范围 $Re=(1\sim50)\times10^4$，对过热蒸汽上限可达 200×10^4，$Pr=0.6\sim120$。定性尺寸为当量直径，定性温度为流体平均温度。

式 (10-123) 中，d_{dl} 为当量直径。当介质在圆管内流动时，$d_{dl}=d_n$（管内径）。当介质在非圆形通道内流动时，d_{dl} 按下式计算：

$$d_{dl}=\frac{4F}{U} \tag{10-124}$$

式中 F——通道横截面积，m^2；

U——通道横截面的边界长度（湿周长度），m。

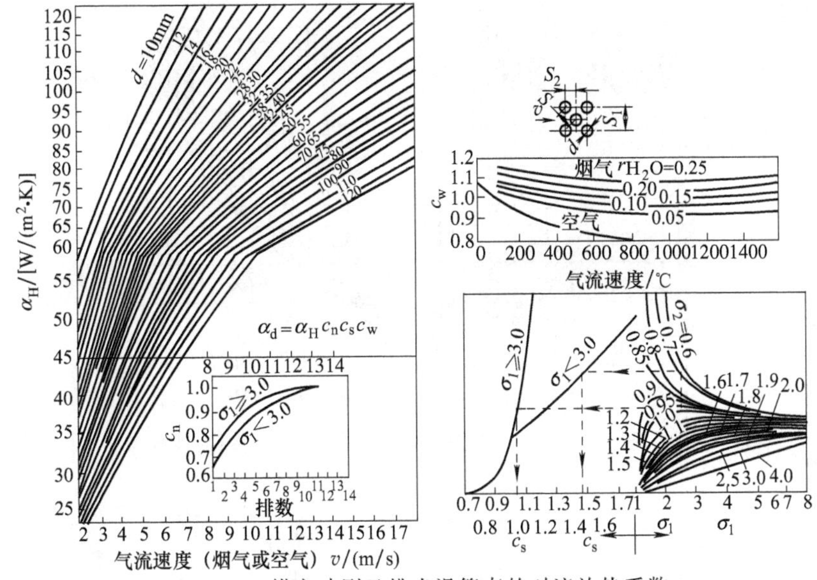

图 10-33　横向冲刷叉排光滑管束的对流放热系数

对于布置有屏和对流管束的矩形烟道，当量直径 d_{dl} 可按下式计算：

$$d_{dl}=\frac{4\left(ab-n\frac{\pi d^2}{4}\right)}{2(a+b)+n\pi d} \tag{10-125}$$

式中　a，b——烟道横截面净尺寸，m；

n——管子根数。

对于板式空气预热器等狭长缝隙通道：

$$d_{dl}\approx2\times(\text{缝隙宽度}) \tag{10-126}$$

式（10-123）中 c_t 为温压修正系数，取决于流体和壁面温度 T、T_b：

$$c_t=\left(\frac{T}{T_b}\right)^n \tag{10-127}$$

当气体被加热时 $n=0.5$；当气体被冷却时 $n=0$；在过热蒸汽或水冲刷时，内壁与介质温差很小，取 $c_t=1$。

式（10-123）中，c_d 为环形通道单面受热修正系数，其值可按图 10-34 确定；环形通道双面受热或非环形通道 $c_d=1$。

式（10-123）中，c_l 为相对长度修正系数，仅在 $l/d<50$，管道入口无圆形导边时才修正，其值可查图 10-35。烟气纵向冲刷时 c_l 只应用于锅炉管束，不应用于屏。

对于烟气、空气、非临界区域蒸汽和远离临界状态的高温未沸腾水的对流放热系数 α_d 还可从图 10-35～图 10-37 确定。

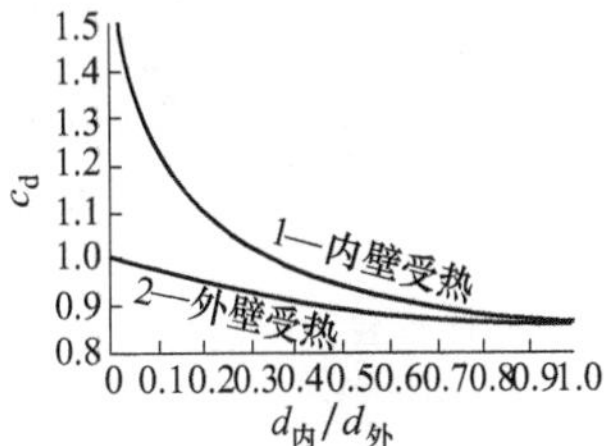

图 10-34　环形通道中流动时的修正系数 c_d

(3) 空气预热器对流放热系数　对于板式空气预热器，$Re<10^4$ 时的对流放热系数：

$$\alpha_d=0.00365\frac{\lambda}{\nu}vPr^{0.4} \tag{10-128}$$

式中　α_d——板式空气预热器对流放热系数，kW/(m²·K)；

λ——空气或烟气热导率，kW/(m·K)；

ν——空气或烟气运动黏度系数，m²/s；

Pr——空气或烟气普朗特数。

流体平均温度为定性温度。α_d 也可按图 10-38 查得。

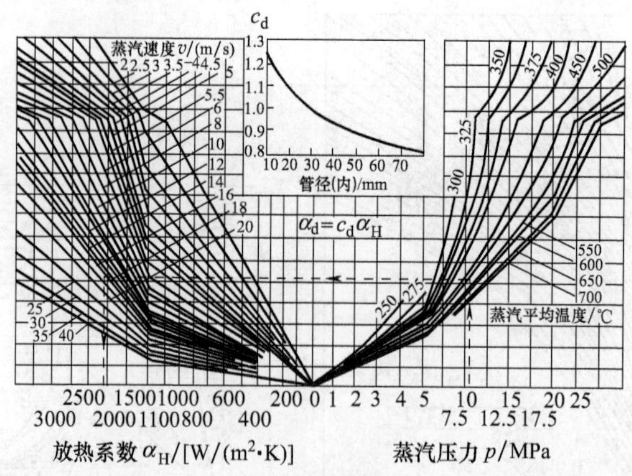

图 10-35 临界状态以下过热蒸汽作纵向冲刷时的对流放热系数

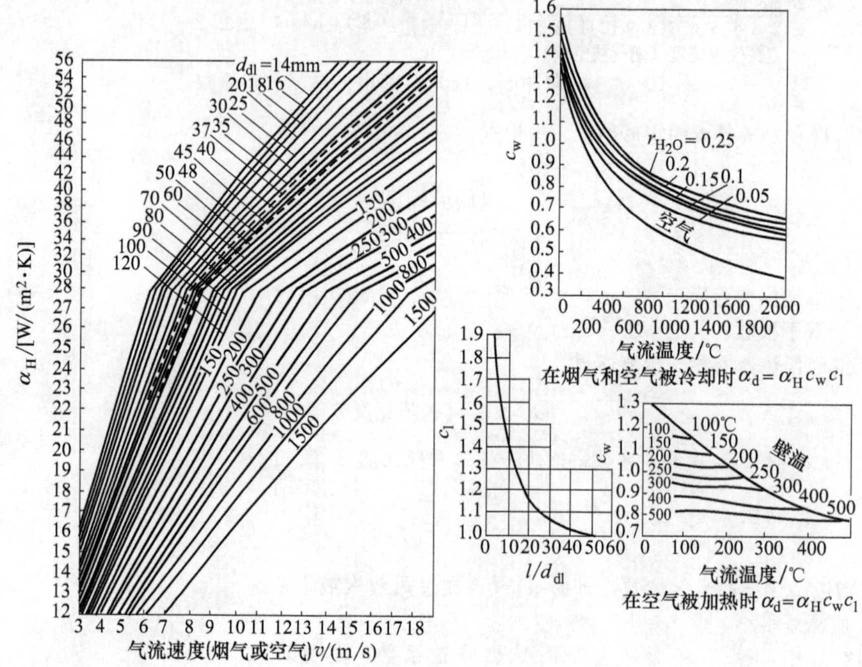

图 10-36 空气和烟气作纵向冲刷时的对流放热系数

对于回转式空气预热器，对流放热系数按下式计算：

$$\alpha_d = A\frac{\lambda}{d_{dl}}Re^{0.8}Pr^{0.4}c_t c_l \tag{10-129}$$

式中 α_d——回转式空气预热器对流放热系数，kW/(m^2·K)；

c_t，c_l——温压修正系数和相对长度修正系数，分别按式（10-127）及图 10-36 确定。

公式适用范围 $Re=(1\sim10)\times10^3$，常见工况下 Re 不会超限，无需校核。蓄热元件平均壁温按下式计算：

$$t_b = \frac{\theta_y r_y + t_k r_k}{r_y + r_k} \tag{10-130}$$

式中 t_b——蓄热元件平均壁温，℃；

θ_y，t_k——烟气及空气平均温度，℃；

r_y，r_k——烟气及空气侧受热面各占总受热面的比例。

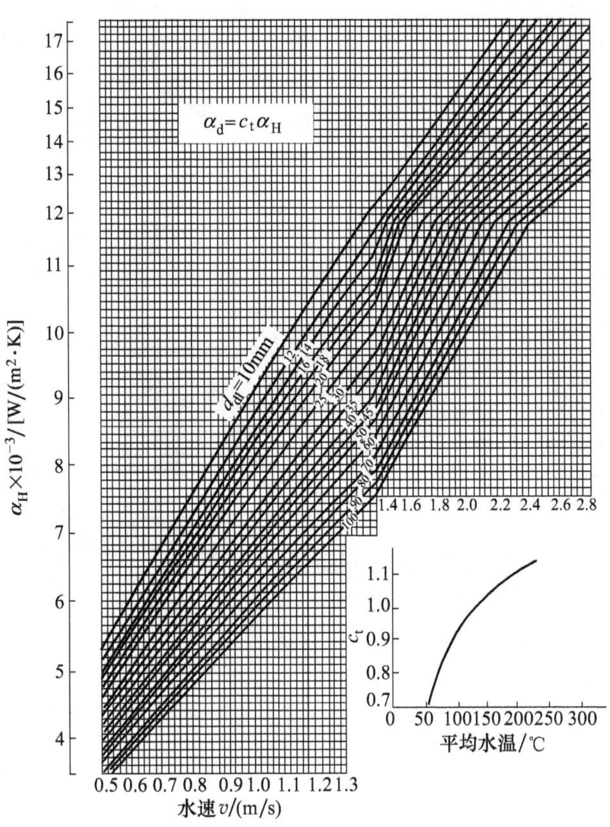

图 10-37 未沸腾水作纵向冲刷时的对流放热系数

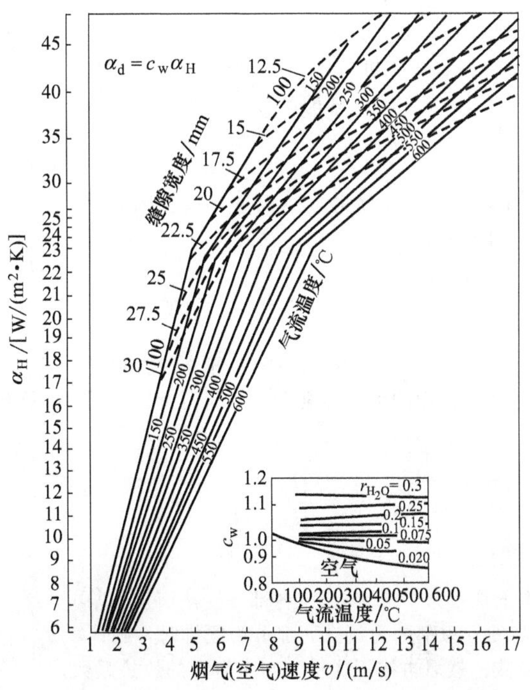

图 10-38 板式空气预热器对流放热分数

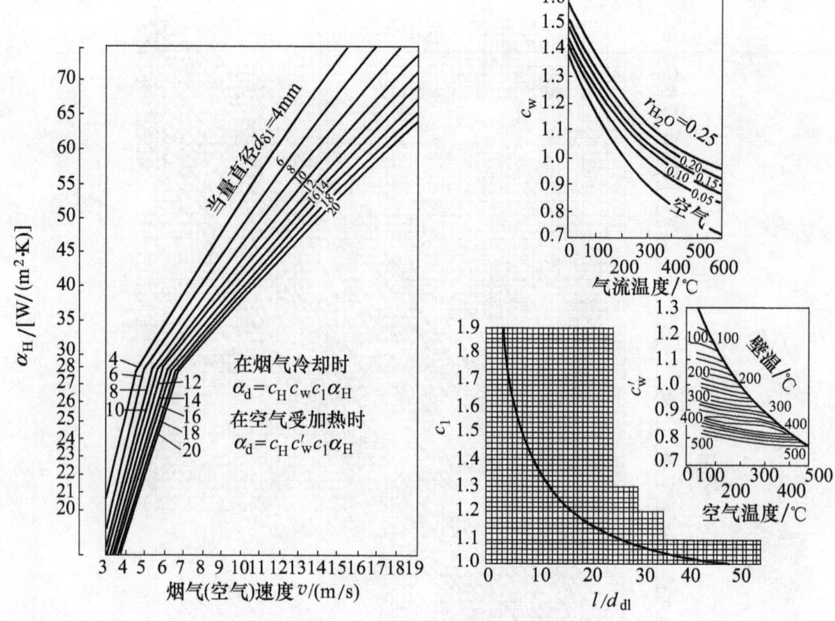

图 10-39 回转式空气预热器的对流放热系数

式（10-129）中，系数 A 与蓄热元件形式有关。

对强化型，图 10-40（a）：

当 $a+b=2.4$mm 时，$A=0.027$；

当 $a+b=4.8$mm 时，$A=0.037$；

对普通型，图 10-40（b）：$A=0.027$。

对冷段：

当蓄热元件为平板加平定位板时，图 10-40（c）：$A=0.021$；

当采用搪瓷蓄热板时，A 比金属板降低 5%；

当采用方形截面的搪瓷蓄热板时，$A=0.021$。

回转式空气预热器的对流放热系数亦可从图 10-39 的线算图查得。虚线用于验证线算图的适用性。如果速度与温度的坐标线交点高出与缝隙宽度相应的虚线时，α 值按图 10-36 确定。

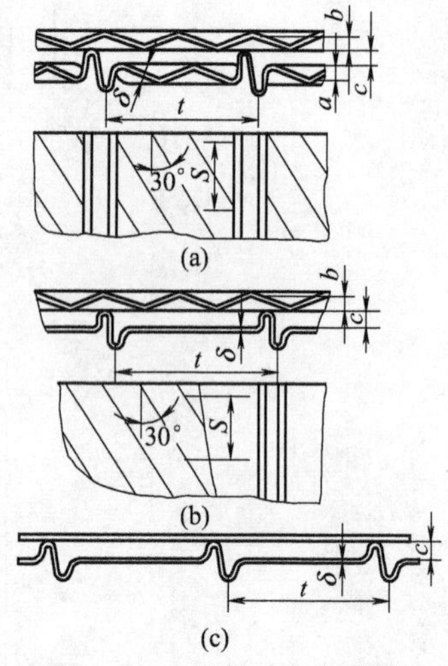

图 10-40 回转式空气预热器的蓄热元件

(4) 特殊情况的计算

① 节距改变。当受热面管束的节距在横向或纵向变化时，则计算 α_d 时所用的节距应采用下式求得的平均值：

$$S_{pj}=\frac{S'H'+S''H''+\cdots}{H'+H''+\cdots} \tag{10-131}$$

式中 H'，H''，…——对应于管节距为 S'、S''、…的各部分受热面积。

② 管径改变。当烟道中某些受热面的烟气冲刷方式相同而管径不同时，则计算 α_d 所用的管径应采用按下式计算得到的平均管径：

$$d_{pj}=\frac{H_1+H_2+\cdots}{\dfrac{H_1}{d_1}+\dfrac{H_2}{d_2}+\cdots} \tag{10-132}$$

式中 H_1，H_2，…——对应于管径为 d_1、d_2、…各部分受热面积。

③ 排列方式改变。当受热面管束部分为叉排而部分为顺排时，则计算 α_d 时应按整个管束的平均温度及流速分别求出各部分的放热系数。然后再按下式求出整个管束的放热系数。

$$\alpha_d=\frac{\alpha_c H_c+\alpha_s H_s}{H_c+H_s} \tag{10-133}$$

式中　α_d——整个管束的对流放热系数，kW/(m²·K)；

α_c，α_s——叉排及顺排部分的放热系数，kW/(m²·K)；

H_c，H_s——叉排及顺排部分的受热面积，m²。

但当 $H_c>0.85(H_c+H_s)$ 或 $H_s>0.85(H_c+H_s)$ 时，则整个管束可按叉排或顺排计算。

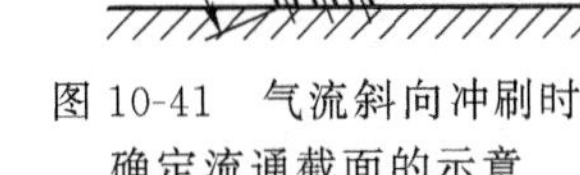

图 10-41　气流斜向冲刷时确定流通截面的示意

④ 斜向冲刷。当气流斜向冲刷管束时，如图 10-41 所示，应先按通道横截面积乘以 $1/\sin\beta$ 求得计算流通截面，然后再按横向冲刷计算对流放热系数 α_d。

⑤ 冲刷方式改变。当受热面冲刷方式部分为纵向冲刷，部分为横向冲刷时，则整个受热面的总对流放热系数 α_d 按下式计算：

$$\alpha_d=\frac{\alpha_h H_h+\alpha_s H_s}{H_h+H_s} \tag{10-134}$$

式中　α_d——总对流放热系数，kW/(m²·K)；

α_h，α_s 和 H_h，H_s——横向冲刷和纵向冲刷的放热系数，kW/(m²·K) 和受热面积，m²。

5. 扩展表面受热面传热系数

锅炉扩展受热面的形式很多，常见的有肋片管、鳍片管、销钉管及膜式对流受热面等，如图 10-42 所示。肋片的形状有圆形、方形及更复杂的形状。

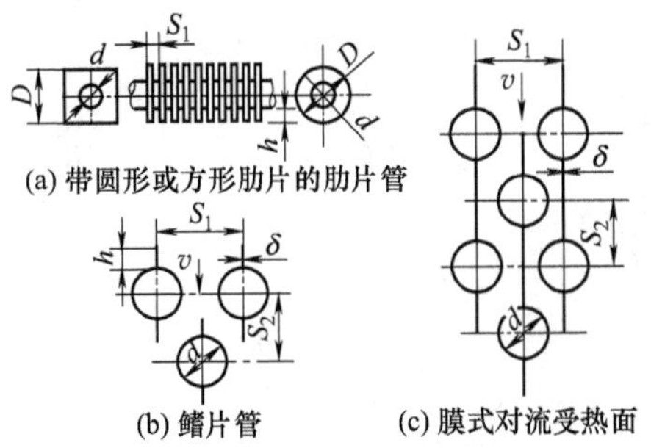

图 10-42　锅炉用扩展受热面

但无论哪种扩展对流受热面，按烟气侧全部受热面 H 计算的传热系数为：

$$K=\frac{1}{\dfrac{1}{\alpha_{1zs}}+\dfrac{1}{\alpha_{2zs}}\cdot\dfrac{H}{H_n}} \tag{10-135}$$

式中　K——传热系数，kW/(m²·K)；

α_{1zs}，α_{2zs}——烟气和工质侧折算放热系数，kW/(m²·K)；

H，H_n——烟气和工质侧总表面积，m²。

由于锅炉受热面中烟气侧热阻总是大于工质侧，因此仅在烟气侧扩展表面，这样 $\alpha_{2zs}=\alpha_2$。而当计算省煤器时，$1/\alpha_2$ 可忽略。烟气侧 α_{1zs} 取决于烟气对管壁的放热系数 α_1 和肋片及灰垢层热阻：

$$\alpha_{1zs}=\left[\frac{H_{lb}}{H}E\mu+\frac{H_g}{H}\right]\frac{\psi_{lb}\alpha_d}{1+\varepsilon\psi_{lb}\alpha_d} \tag{10-136}$$

式中　α_{1zs}——烟气侧折算放热系数，kW/(m²·K)；

H_{lb}/H——烟气侧肋片表面积与烟气侧全部表面积之比。

对于圆形肋片管：

$$\frac{H_{lb}}{H}=\frac{(D/d)^2-1}{(D/d)^2-1+2(S_{lb}/d-\delta/d)} \tag{10-137}$$

对于方形肋片管：

$$\frac{H_{lb}}{H}=\frac{2[(D/d)^2-0.785]}{2[(D/d)^2-0.785]+\pi(S_{lb}/d-\delta/d)} \tag{10-138}$$

对于鳍片管及膜式对流受热面：

$$\frac{H_{lb}}{H}=\frac{4h}{4h-\pi d-2\delta} \tag{10-139}$$

式中 D——圆形肋片直径或方形肋片的边长；
d——管子外径；
h——肋片高度；
δ——肋片平均厚度；
S_{lb}——肋片节距；
H_g/H——管子无肋片部分面积与烟气侧全部表面积之比，$\frac{H_g}{H}=\frac{H-H_{lb}}{H}$；
E——表征肋片传热量有效程度的参数，亦称为肋效率。其值取决于肋片形状、厚度以及材质的热导率等因素，按图10-43查得。

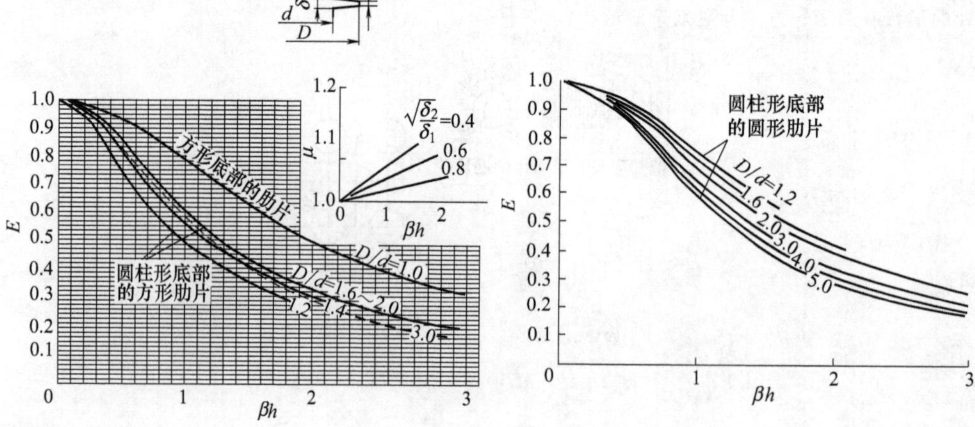

图10-43 肋片的热效率 E

对于由金属构成的圆柱形小杆件（例如金属线肋片管式暖风器上），E 按方形底部的肋片 $D/d=1.0$ 的那条曲线查取。

图中 β 按下式计算：

$$\beta=\sqrt{\frac{2\psi_{lb}\alpha_d}{\delta\lambda_1(1+\zeta\psi_{lb}\alpha_d)}} \tag{10-140}$$

计算销钉形肋片时，δ 应以 $d_0/2$ 代替，d_0 是销钉的直径。λ_1 为肋片金属的热导率，kW/(m·K)。

对于膜式对流受热面，E 值按下式计算：

$$E=\frac{\text{th}(\beta h)}{\beta h} \tag{10-141}$$

对于鳍片管束，E 值按下式计算：

$$E=\frac{\text{th}[\beta(h+\delta/2)]}{\beta(h+\delta/2)} \tag{10-142}$$

式中 μ——沿高度肋片厚度变化的影响系数，按图10-43查取，图中 δ_1、δ_2 为肋片底部及顶部厚度；
ψ_{lb}——考虑肋片表面放热不均匀的影响系数，对圆柱形底部肋片 $\psi_{lb}=0.85$，对直线形底部肋片、销钉式肋片 $\psi_{lb}=0.9$，对鳍片管及膜式对流受热面 $\psi_{lb}=1.0$；
ζ——污染系数，$(m^2\cdot K)/kW$；
α_d——肋片表面对流放热系数，$kW/(m^2\cdot K)$。

α_d 的求法如下。

(1) 横向冲刷圆形肋片管顺排管束

$$\alpha_d = 0.105 c_n c_s \frac{\lambda}{S_{lb}} \left(\frac{d}{S_{lb}}\right)^{-0.54} \left(\frac{h}{S_{lb}}\right)^{-0.14} \left(\frac{v S_{lb}}{\nu}\right)^{0.72} \tag{10-143}$$

式中 c_n——沿气流方向管子排数 n_2 的修正系数，当 $n_2<4$ 时，按图 10-44 确定；当 $n_2 \geqslant 4$ 时，$c_n=1.0$；

c_s——管束相对节距修正系数，当 $\sigma_2 \leqslant 2$ 时，按图 10-44 确定；当 $\sigma_2 \geqslant 2$ 时，$c_s=1.0$；

λ——烟气在定性温度下的热导率，kW/(m·℃)；

d——肋基外径，m；

S_{lb}——肋片节距，m；

h——肋片高度，m；

v——最小截面处烟气流速，m/s；

ν——烟气运动黏度系数，m^2/s。

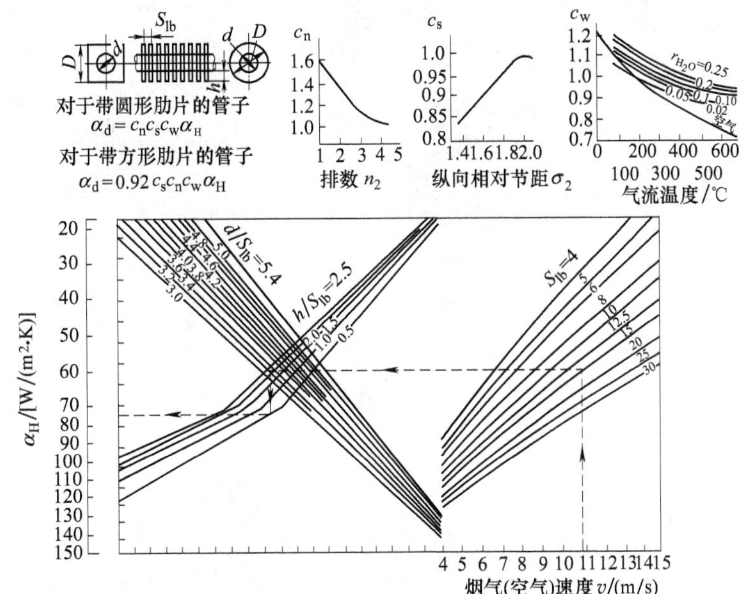

图 10-44 横向冲刷圆形肋片管顺排管束的对流放热系数

(2) 横向冲刷圆形肋片管叉排管束

$$\alpha_d = 0.227 c_n \varphi^{0.2} \frac{\lambda}{S_{lb}} \left(\frac{d}{S_{lb}}\right)^{-0.54} \left(\frac{h}{S_{lb}}\right)^{-0.14} \left(\frac{v S_{lb}}{\nu}\right)^{0.65} \tag{10-144}$$

式中 c_n——沿气流方向管子排数 n_2 的修正系数，按图 10-45 确定；

φ——考虑相对节距影响的修正系数，$\varphi=\dfrac{\sigma_1-1}{\sigma_2'-1}$。

其余符号的意义与式 (10-143) 相同。

(3) 横向冲刷方形肋片管顺排或叉排管束 对于方形肋片管束，无论顺排或叉排方式，其对流放热系数均可按相应排列方式的对流放热系数乘以 0.92 求取。该圆形肋片的直径等于方形肋片的边长，如图 10-44 和图 10-45 所示，即 $(\alpha_d)_{方形}=0.92(\alpha_d)_{圆形}$。

(4) 横向冲刷叉排鳍片管束

$$\alpha_d = 0.14 c_n \varphi^{0.24} \frac{\lambda}{d} \left(\frac{vd}{\nu}\right)^{0.68} \tag{10-145}$$

式中 c_n——沿气流方向管子排数 n_2 的修正系数，按图 10-46 确定；

d——管子外径，m。

α_d 亦可按图 10-46 查取。

(5) 横向冲刷叉排膜式对流受热面

$$\alpha_d = c_n c_s \frac{\lambda}{d} \left(\frac{vd}{\nu}\right)^{0.7} \tag{10-146}$$

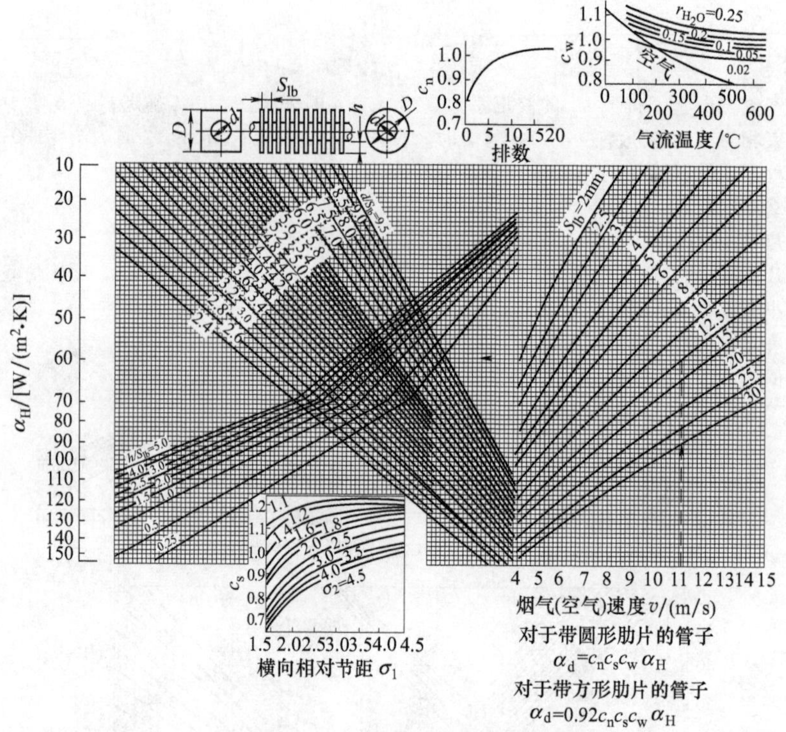

图 10-45 横向冲刷圆形肋片管叉排管束的对流放热系数

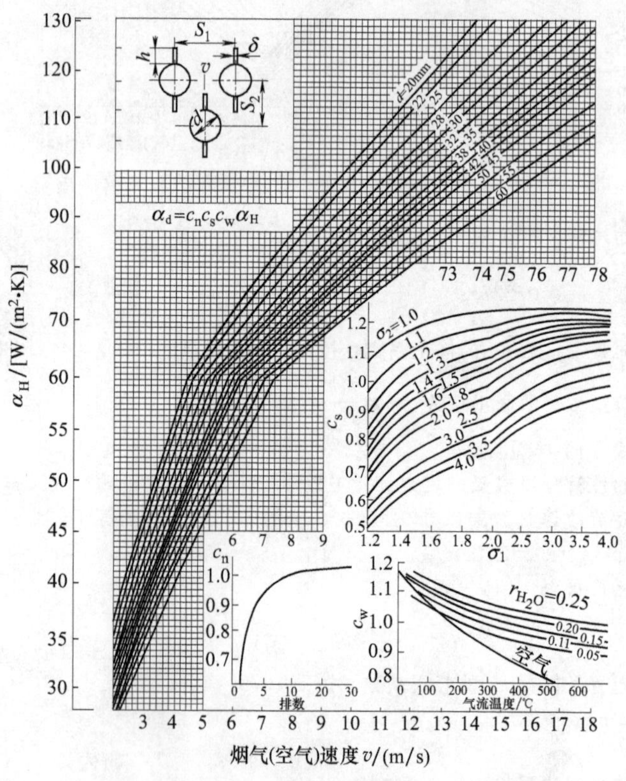

图 10-46 横向冲刷叉排鳍片管束的对流放热系数

(6) 横向冲刷顺排膜式对流受热面

$$\alpha_d=0.051\frac{\lambda}{d}\left(\frac{vd}{\nu}\right)^{0.75} \tag{10-147}$$

式中　c_n——沿气流方向管排数 n_2 的修正系数，按图 10-47 查取；

c_s——管束相对节距修正系数，

当 $0.6\leqslant\varphi\leqslant1.2$ 及所有的 S_1/d 时 $c_s=0.108\varphi^{0.1}$，

当 $1.2<\varphi\leqslant2.2$ 及 $S_1/d\leqslant3$ 时 $c_s=0.1\varphi^{0.5}$，

当 $1.2<\varphi\leqslant2.2$ 及 $S_1/d>3$ 时 $c_s=0.108\varphi^{0.1}$；

其余符号的意义同式（10-143）。

对于中国工业锅炉中通常采用的铸铁肋片式省煤器，可根据图 10-48 的线算图查得传热系数 K。该值已考虑了积灰和吹灰的影响，如在不吹灰的条件下运行，则传热系数应降低 20%。当燃用重油时，铸铁肋片式省煤器的传热系数应降低 25%。

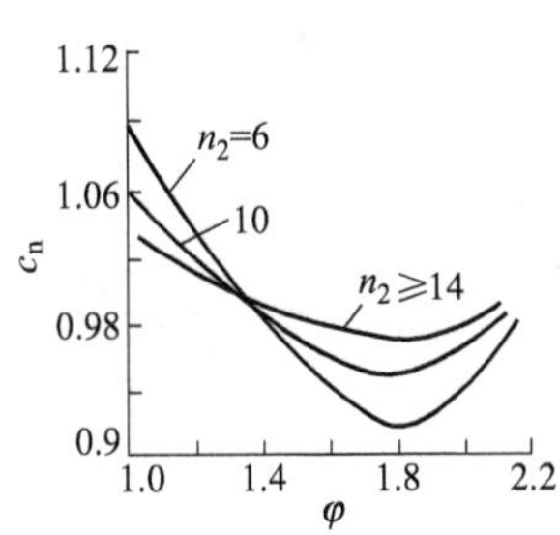

图 10-47　膜式对流受热面管排修正系数

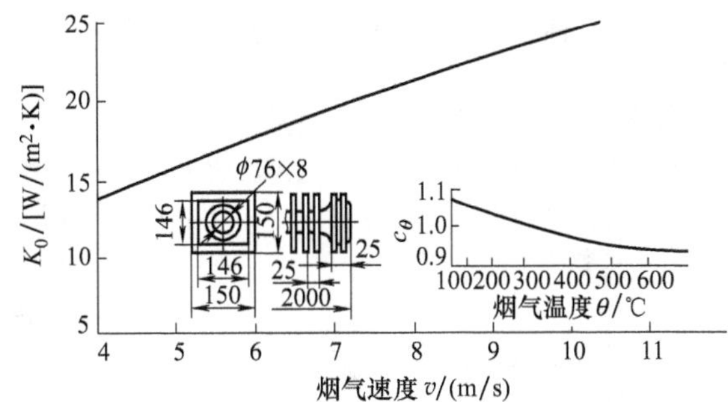

图 10-48　铸铁肋片式省煤器的对流放热系数 $K=K_0c_\theta$

表 10-14 给出了单根铸铁省煤器管的特性数据。

表 10-14　单根铸铁省煤器管特性数据

名　称	ϕ66mm×8mm		ϕ76mm×8mm				名　称	ϕ66mm×8mm		ϕ76mm×8mm			
长度/mm	1000	1200	1500	2000	2500	3000	烟气流通截面积/m²	0.043	0.052	0.088	0.12	0.152	0.184
受热面积/m²	0.77	1.09	2.18	2.95	3.72	4.49	计算质量/kg	22.9	27.0	52.0	67.9	83.6	99.3

三、辐射放热系数的计算

炉膛中产生的高温烟气流经对流受热面时主要以对流方式把热量传递给受热面中的工质。但是烟气中的三原子气体以及随烟气一起流动的飞灰粒子均具有一定的辐射能力，它们也将以辐射方式将热量传递给受热面内的工质。因此锅炉对流受热面烟气侧放热系数 α_1 由对流放热系数 α_d 和辐射放热系数 α_f 组成。然而烟气与管束间的辐射换热过程是很复杂的，不同于炉膛中火焰的辐射换热过程，因为对流受热面中的烟气和管壁都不是黑体，辐热能要经过多次反射和吸收之后才能被受热面吸收，而多次反射吸收的过程不同于两个无限大平行平面间的辐射能的反射和吸收模式。这就给辐射换热量的计算带来很大麻烦。为简化计算，本节推荐的 α_f 计算式是在下述条件下导出的。

① 管壁黑度 $a_b=0.8$，捕渣管管壁黑度 $a_b=0.68$。计算中只考虑烟气与管壁的一次吸收辐射能。被忽略的多次反射与吸收部分用增加管壁黑度的方法进行校正，即用管束黑度 $a_{gs}=\frac{1+a_b}{2}$替代管壁黑度。

② 计算烟气黑度时，对于气体和液体燃料只考虑三原子气体，而对于固体燃料则考虑三原子气体和灰粒。也就是把烟气和管束间的辐射换热看成是两黑体间的换热。

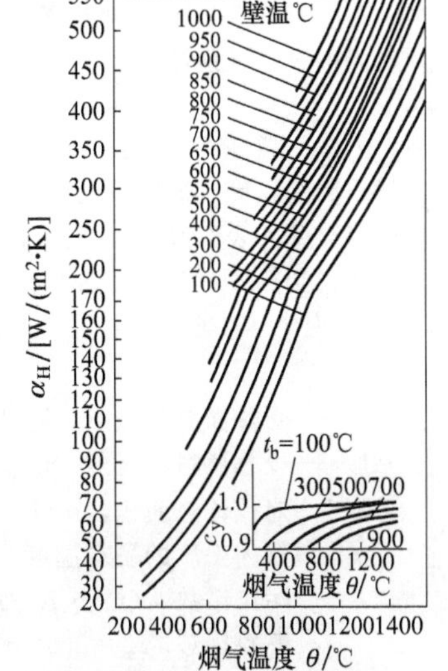

图 10-49　辐射放热系数

1. 辐射放热系数

辐射放热系数按下列公式或图 10-49 确定。

对含灰气流：

$$\alpha_f = 5.67 \times 10^{-11} a_y T_y^3 \frac{1-\left(\frac{T_{hb}}{T_y}\right)^4}{1-\frac{T_{hb}}{T_y}} \tag{10-148}$$

对不含灰气流：

$$\alpha_f = 5.67 \times 10^{-11} a_y T_y^3 \frac{1-\left(\frac{T_{hb}}{T_y}\right)^{3.6}}{1-\frac{T_{hb}}{T_y}} \tag{10-149}$$

对含灰气流：$\alpha_f = \alpha_H a_y$；对不含灰气流：$\alpha_f = \alpha_H a_y c_y$。

式中 α_f——辐射放热系数，kW/(m^2·K)；

a_y——烟气黑度，$a_y = 1 - e^{-kpS}$；

T_y——烟气温度，取受热面进出口温度的算术平均值，K；

T_{hb}——灰壁温度，K。

2. 烟气黑度 a_y、灰壁温度 T_{hb} 等的计算规定

(1) 烟气黑度 对流受热面中烟气黑度仍采用气体黑度的计算公式：$a_y = 1 - e^{-kpS}$。

式中，p 为受热面中烟气的绝对压力，对于非压力燃烧锅炉取 $p = 0.1$MPa。

辐射减弱系数按下式计算：

$$k = k_q r_q + k_h \mu_h \tag{10-150}$$

式中 k_q——三原子气体辐射减弱系数，m^{-1}·MPa^{-1}，可按式 (10-7) 计算；

r_q——烟气中三原子气体容积份额；

k_h——烟气中灰粒辐射减弱系数，m^{-1}·MPa^{-1}，可按式 (10-11) 计算；

μ_h——每1kg燃料产生的烟气中飞灰的质量浓度。

对于不含灰气流，上式中的 $\mu_h = 0$。

(2) 烟气有效辐射层厚度 对不同的管束结构，S 的计算公式如下。

对光管管束：

$$S = 0.9d\left(\frac{4}{\pi}\frac{S_1 S_2}{d^2} - 1\right) \tag{10-151}$$

式中 d——管子外径，m。

对屏式受热面：

$$S = \frac{1.8}{\frac{1}{A}+\frac{1}{B}+\frac{1}{C}} \tag{10-152}$$

式中 A，B，C——相邻两片屏之间烟室的高、宽及深。

对高温级空气预热器：

$$S = 0.9 d_n \tag{10-153}$$

式中 d_n——管子内径，m。

(3) 灰壁温度 锅炉燃用固体或液体燃料时，烟气中的灰粒会在受热面上沉积，沉积的灰层由于其热导率小而使管壁外表面温度提高。各受热面灰壁温度计算规定如下。

对屏式受热面、对流过热器、再热器及包墙管过热器：

$$T_{hb} = t + \left(\zeta + \frac{1}{\alpha_2}\right)\frac{B_j Q}{H} + 273 \tag{10-154}$$

式中 Q——受热面总传热量，kJ/kg 或 kJ/m^3；

B_j——计算燃料消耗量，kg/s 或 m^3/s；

H——对流传热面积，m^2；

t——管内工质的平均温度，一般取该级过热器进、出口温度的算术平均值，℃；

ζ——污染系数，(m^2·K)/kW，对于燃用固体燃料顺列布置取 $\zeta = 4.3$(m^2·K)/kW，对于燃用液体燃料锅炉取 $\zeta = 2.6$(m^2·K)/kW。

对凝渣管：$T_{hb} = t + 353$，K。

对 $\theta'>400℃$单级布置省煤器和双级布置的第二级省煤器，直流锅炉过渡区以及工业锅炉的锅炉管束：$T_{hb}=t+333$，K。

对 $\theta'\leqslant 400℃$单级布置省煤器和双级布置的第一级省煤器：$T_{hb}=t+298$，K。

对燃用气体燃料的所有受热面：$T_{hb}=t+298$，K。

对高温级空气预热器：$T_{hb}=\dfrac{\theta_y+t_k}{2}+273$，K。

式中 θ_y、t_k、t 分别为烟气、空气及管内工质的平均温度，℃。

3. 位于管束前或管束之间烟室的辐射

可近似地用增大计算辐射放热系数 α_f'的方法来考虑，α_f'的计算式如下：

$$\alpha_f'=\alpha_f\left[1+A\left(\frac{T_{qs}}{1000}\right)^{0.25}\left(\frac{l_{qs}}{l_{gs}}\right)^{0.07}\right] \tag{10-155}$$

式中　α_f'——考虑管束前或管束之间烟气空间辐射的辐射放热系数，kW/(m^2·K)；

α_f——管束本身烟气辐射放热系数，kW/(m^2·K)；

A——系数，与燃料种类有关，燃用重油及天然气燃料时 $A=0.3$，燃用烟煤或无烟煤屑时 $A=0.4$，燃用褐煤或页岩时 $A=0.5$；

l_{gs}——管束在烟气流动方向的深度，m；

l_{qs}——烟气空间在烟气流动方向的深度，m；

T_{qs}——计算管束前烟气空间的烟气温度，K。

4. 位于管束后的烟气空间对管束的辐射

其作用很小，可忽略。屏间和屏后的烟气空间的黑度与屏黑度相近，对屏的辐射也可忽略不计。对凝渣管亦如此。

5. 烟气空间对贴壁受热面、管束及独立的管排的辐射热量

按下式计算：

$$Q_f=\alpha_f\frac{\theta_{pj}-t_{hb}}{B_j}H_f \tag{10-156}$$

式中　Q_f——辐射放热量，kJ/kg；

α_f——按式（10-148）或式（10-149）计算的辐射放热系数，kW/(m^2·K)；

t_{hb}——灰壁面温度，℃，求法同前；

H_f——辐射受热面积，m^2，求法按式（10-28）；

θ_{pj}——烟气平均温度，℃。

四、受热面污染系数、热有效系数和利用系数的计算

对流受热面的污染是指受热面在含灰气流中的积灰过程。受热面积灰后，灰垢层增大了烟气侧热阻，从而严重地影响受热面的传热能力。锅炉对流传热计算分别用污染系数 ζ、热有效系数 ψ 和利用系数 ξ 来考虑污染对传热的影响。由于积灰过程与燃料种类、受热面布置形式以及锅炉运行工况等因素有关，因此以上系数均是通过试验和锅炉实际运行条件下的测量而得到的经验系数。

(1) 污染系数　污染系数 ζ 主要是考虑燃用固体燃料时，对横向冲刷叉排管束的污染的影响。其定义式为：

$$\zeta=\frac{1}{K}-\frac{1}{K_0} \tag{10-157}$$

式中　K，K_0——管壁上有灰垢和无灰垢时的传热系数，kW/(m^2·K)；

ζ——污染系数，(m^2·K)/kW。

根据模型试验和运行分析，燃用固体燃料叉排管束的污染系数 ζ 可按下式计算：

$$\zeta=c_d c_{kl}\zeta_0+\Delta\zeta \tag{10-158}$$

$$c_{kl}=1-1.18\lg\frac{R_{30}}{33.7} \tag{10-159}$$

式中　ζ_0——基准污染系数，通过模型试验获得，试验条件为管径 $d=38$mm，灰粒度 $R_{30}=33.7\%$，各种节距的管束，其值可查图 10-50；

$\Delta\zeta$——考虑其他影响因素的附加修正值，查表 10-15；

c_d——管径修正系数，查图 10-50；

c_{kl}——灰粒度修正系数，在一般缺少 R_{30} 资料的情况下，可取 $c_{kl}=1.0$。

对屏式过热器也是采用污染系数来考虑积灰对传热的影响。当锅炉燃用固体燃料时，屏式过热器的污染系数

ζ由图 10-51 确定；当锅炉燃用重油时，屏式过热器的污染系数 $\zeta=5.2(m^2\cdot K)/kW$；当锅炉燃用气体燃料时，屏式过热器的 $\zeta=0$，即不考虑积灰的影响。

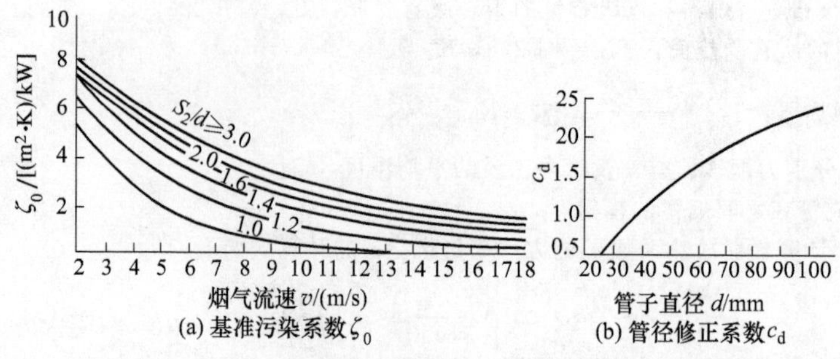

图 10-50 燃用固体燃料时叉排管束的污染系数

表 10-15 污染系数的附加值 $\Delta\zeta$ 单位：$(m^2\cdot K)/kW$

受热面名称	积松灰的煤	无烟煤屑		褐煤
		有吹灰装置	无吹灰装置	有吹灰装置
第一级省煤器及 $\theta'\leqslant400℃$ 的单级省煤器	0	0	1.72	0
第二级省煤器、再热器及 $\theta'>400℃$ 的单级省煤器	1.72	1.72	4.30	2.58
过热器	2.58	2.58	4.30	3.44

对带横向肋片的管束在燃用固体燃料时的污染系数 ζ 可按图 10-52 查得；当燃用重油时 $\zeta=17.19(m^2\cdot K)/kW$；燃用气体燃料时 $\zeta=4.29(m^2\cdot K)/kW$。

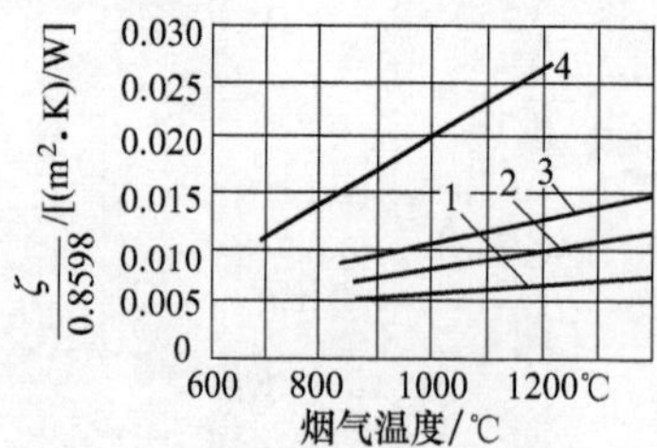

图 10-51 屏式过热器的污染系数

1—不结渣煤；2—弱结渣煤（有吹灰装置）；3—弱结渣煤（无吹灰装置）；4—油页岩（有吹灰装置）

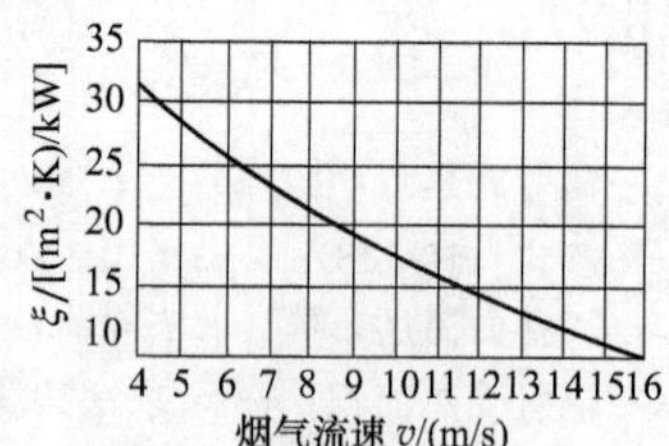

图 10-52 带横向肋片的管束在燃用固体燃料时的 ζ

对鳍片管束和膜式对流受热面的污染系数 ζ 按光管管束计算。

(2) **热有效系数** 当锅炉燃用固体燃料时，顺列布置的管束以及燃用液体燃料和气体燃料的各种布置的管束因积灰污染对传热的影响是用热有效系数 ψ 来表示的，其定义式为：

$$\psi=\frac{K}{K_0} \tag{10-160}$$

式中 K_0，K——清洁管和污染管的传热系数，$kW/(m^2\cdot K)$，根据试验模型和实际运行锅炉的对流受热面的热平衡试验可得到不同的 K_0 和 K 值，然后按式（10-160）确定出 ψ。

实际应用中，ψ 值可从表 10-16 和表 10-17 中查取。

对鳍片管束和膜式对流受热面，ψ 则按光管取用。

当 $\alpha''_1\leqslant1.03$，燃用重油而无吹灰时 ψ 值仍按表 10-17 取用；当有吹灰时，所有受热面的 ψ 值应比表 10-17 中给出数值增加 0.05。

表 10-16 固体燃料和燃用气体燃料时的热有效系数 ψ

受热面名称	燃料种类	ψ	受热面名称	烟温	ψ
顺列布置的过热器、凝渣管和工业锅炉的锅炉管束	贫煤、无烟煤 烟煤、褐煤和洗中煤 油页岩	0.6 0.65 0.5	第一级省煤器和单级省煤器	$\theta'\leqslant400℃$	0.9
			第二级省煤器、过热器及其他受热面	$\theta'>400℃$	0.85

表 10-17 燃用重油时的热有效系数 ψ ($\alpha_1''>1.03$)[①]

受热面名称	烟速/(m/s)	ψ	受热面名称	烟速/(m/s)	ψ
省煤器、直流锅炉过渡区(有吹灰装置)	4～12 12～20	0.7～0.65 0.65～0.6	水平烟道中的顺排过热器(无吹灰装置)、凝渣管束、锅炉管束	12～20	0.6
尾部对流井中的过热器(有吹灰装置)	4～12	0.65～0.6	工业锅炉省煤器，进口水温≤100℃	4～12	0.55～0.5

① 较低的烟气流速对应较大的 ψ 值。

如重油中加入菱苦土、白云石等固体添加剂以减轻受热面腐蚀，则第二级省煤器、直流锅炉过渡区和过热器等受热面的积灰会增加，故其 ψ 值应比表 10-17 中所列数值降低 0.05。如用液体添加剂，则对工业锅炉省煤器的 ψ 值增加 0.05，其他受热面仍按表 10-17 取用。

(3) 利用系数 屏式过热器的利用系数 ξ 是对烟气冲刷不完全的修正系数，其值根据烟气流速查图 10-53。当烟气流速 $v_y \geq 4\text{m/s}$ 时，取 $\xi=0.85$。

管式空气预热器的利用系数是考虑积灰和冲刷不完全的修正系数。其值可查表 10-18。

表 10-18 管式空气预热器的利用系数

燃 料	第一级(低温级)	第二级(高温级)
无烟煤	0.8	0.75
重油	0.8	0.85
其他煤种及气体燃料	0.85	0.85

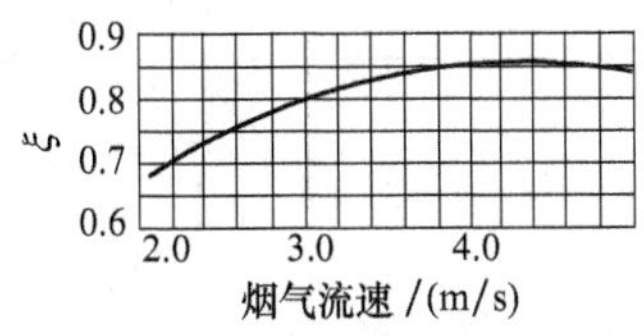

图 10-53 屏式过热器的利用系数 ξ

该表所列数据系指无中间隔板的情况，当有一块中间管板时，ζ 降低 0.1；当有两块隔板时，ζ 降低 0.15。对于燃油锅炉，表中所列数据只适用于 $t'_{ky}>80℃$ 的场合，倘若 $t'_{ky}<80℃$ 或 $\alpha_1''>1.03$，则 ζ 值也应降低 0.1。

对于回转式空气预热器，其利用系数 ζ 与燃料种类无关，只取决于漏风系数。当漏风系数 $\alpha_{ky}=0.2$～0.25 时，取 $\xi=0.8$；当漏风系数 $\alpha_{ky}=0.15$ 时，取 $\zeta=0.9$。

如果锅炉燃用重油等液体燃料，而进入空气预热器（无论管式或回转式空气预热器）的空气温度较高，也就是说在受热面上不会发生潮湿积灰，则 $\zeta=0.8$；当空气的进口温度较低（管式空气预热器 $t''_{lk}<80℃$，回转式空气预热器 $t''_{lk}<60℃$ 时），$\zeta=0.7$。如果炉膛出口过量空气系数 $\alpha_1''>1.03$，则低温段空气预热器的利用系数 $\zeta=0.7$。

(4) 特殊情况的计算 对于横向冲刷和纵向冲刷都有的光管管束，其 ζ 或 ψ 应按各区段平均烟速分别求出。纵向冲刷区段的 ζ 或 ψ 都按横向冲刷时取数据。对于混向冲刷的屏，按横向冲刷或纵向冲刷区段中的平均烟温分别求出 ζ 和按各区段平均烟温分别求出 ζ。然后按各区段受热面积为权重求出其平均值。

当锅炉燃用混合燃料时，如煤-油混烧、油-气混烧等，应按污染程度严重的燃料计算上述各系数值。如果锅炉燃用重油后，再燃用气体燃料，则受热面的热有效系数取用两者的算术平均值。当锅炉燃用固体燃料后，再燃用气体燃料，则应按固体燃料计算。

五、平均温压的计算

锅炉的对流受热面大多是间壁式换热器，冷热流体彼此互不接触，因此由于对流传热作用，不同的受热面位置有着不同的温差。传热计算中把冷热流体在整个受热面中的平均温差称为温压。温压的大小与两种介质的温度及相互间流动方向有关。若介质之一在整个受热面范围内温度不变，则温压大小与它们之间相互流动方向无关。

(1) 逆流和顺流 冷热流体彼此反向平行流动的受热面连接方案称为逆流；彼此同向平行流动的称为顺流。这两种方案的温压可按对数温压计算：

$$\Delta t=\frac{\Delta t_d-\Delta t_x}{\ln\dfrac{\Delta t_d}{\Delta t_x}} \tag{10-161}$$

式中 Δt——对数温压，℃；

Δt_d，Δt_x——受热面两端温差中较大的和较小的温度差值，℃。

当 $\Delta t_d/\Delta t_x \leq 1.7$ 时，上述对数温压可用算术平均温压代替：

$$\Delta t'=\frac{\Delta t_d+\Delta t_x}{2} \tag{10-162}$$

式中 $\Delta t'$——算术平均温压，℃。

(2) 混合流 既非纯逆流又非纯顺流的连接方案称为混合流。对于这种连接方案，若按顺流计算的平均温压 Δt_{sl} 和按逆流计算的平均温压 Δt_{nl}，满足 $\Delta t_{sl} \geqslant 0.92\Delta t_{nl}$ 时，则混合流温压可按下式计算：

$$\Delta t''=\frac{\Delta t_{sl}+\Delta t_{nl}}{2} \tag{10-163}$$

式中 $\Delta t''$——混合流平均温压，℃。

不满足 $\Delta t_{sl} \geqslant 0.92\Delta t_{nl}$ 的混合流方案，其温压计算如表 10-19 所列。

表 10-19 混合流温压计算表

布置系统	简 图	计算公式	确定 ψ 值的线算图中的参数	图号
串联混合流Ⅰ		$\Delta t=\psi\Delta t_{nl}$	$A=H_{sl}/H$ $P=\tau_2/(\theta'-t')=(t''-t')/(\theta'-t')$ $R=\tau_1/\tau_2=(\theta'-\theta'')/(t''-t')$	图 10-54
串联混合流Ⅱ		$\Delta t=\psi\Delta t_{nl}$	$A=H_{sl}/H$ $P=\tau_2/(\theta'-t')=(\theta'-\theta'')/(\theta'-t')$ $R=\tau_1/\tau_2=(t''-t')/(\theta'-\theta'')$	图 10-54
并联混合流		$\Delta t=\psi\Delta t_{nl}$	$P=\frac{\tau_x}{\theta'-t'}, R=\frac{\tau_d}{\tau_x}$ 式中 τ_d——烟气或工质温度变化量的较大者 τ_x——烟气或工质温度变化量的较小者	图 10-55
交叉流		$\Delta t=\psi\Delta t_{nl}$	$P=\frac{\tau_x}{\theta'-t'}, R=\frac{\tau_d}{\tau_x}$ 如总流向不是逆流而是顺流时： $P_1=\frac{1-[1-P(R+1)]^{\frac{1}{n}}}{R+1}$ (n:交叉次数) 然后用 P_1 代替 P，由图 10-56 曲线 1 查得 ψ 值	图 10-56

交叉流的线算图是按各行程的受热面相等的情况作出的。若各行程受热面不等，但其偏差小于 20%，且按线算图求出的整个受热面的 $\psi \geqslant 0.9$，仍可采用该线算图求取。

如受热面连接系统与上述各系统均不相同，又不满足 $\Delta t_{sl} \geqslant 0.92\Delta t_{nl}$，则需将受热面分为几个区段进行计算。先确定介质之一的中间温度值，由热平衡方程求出另一介质温度值，然后按这些温度值分段计算温压。中间温度是否正确，由下式校核：

$$\frac{Q_1}{Q_2}=\frac{\Delta t_1 H_1}{\Delta t_2 H_2} \tag{10-164}$$

式中 Q_1，Q_2——各段工质吸热量；

H，Δt——各段的受热面和温压。

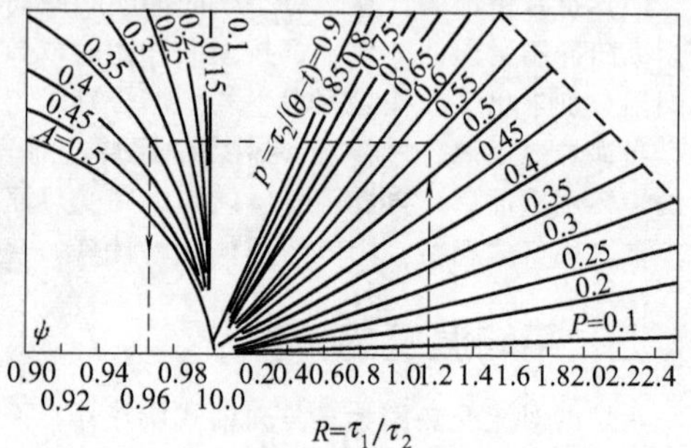

图 10-54 串联混合流的温压修正系数 ψ
（A 为顺流区段受热面积与整个受热面积之比）

整个受热面平均温压用下式计算（单位:℃）：

$$\Delta t=\frac{\Delta t_1 H_1+\Delta t_2 H_2}{H_1+H_2} \tag{10-165}$$

(3) 特殊情况的计算 如果在所计算的受热面中，工质的比热容变化很大或工质状态发生变化，例如 $p>12$MPa 的高压过热器、入口湿度很大的过热器、直流锅炉过渡区或沸腾式省煤器，都不能直接根据工质的进出口温度来求平均温压，否则误差将很大。此时应按每一段中工质比热容基本为定值或状态不变的原则，将受热面分成几段。然后分别求出各段温压，再按下式求出整个受热面的平均温压（单位:℃）：

$$\Delta t=\frac{Q_1+Q_2+\cdots}{\frac{Q_1}{\Delta t_1}+\frac{Q_2}{\Delta t_2}+\cdots} \tag{10-166}$$

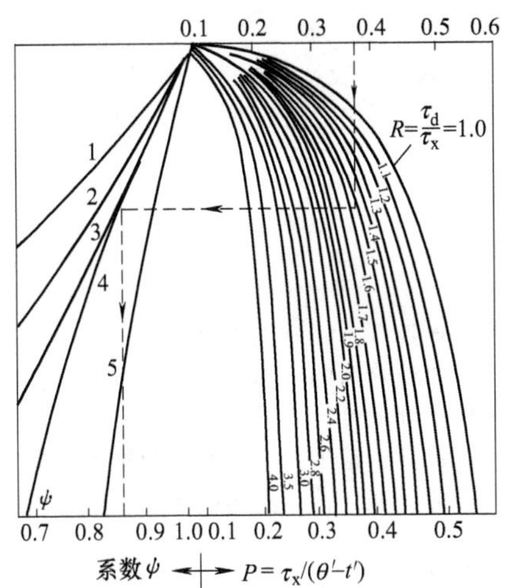

图 10-55 并联混合流的温压修正系数 ψ

1—多行程介质的两个行程均为顺流；2—多行程介质的三个行程中两个为顺流，一个为逆流；3—多行程介质的两个行程中，一个为顺流，一个为逆流；4—多行程介质的三个行程中，两个为逆流，一个为顺流；5—多行程介质的两个行程均为逆流

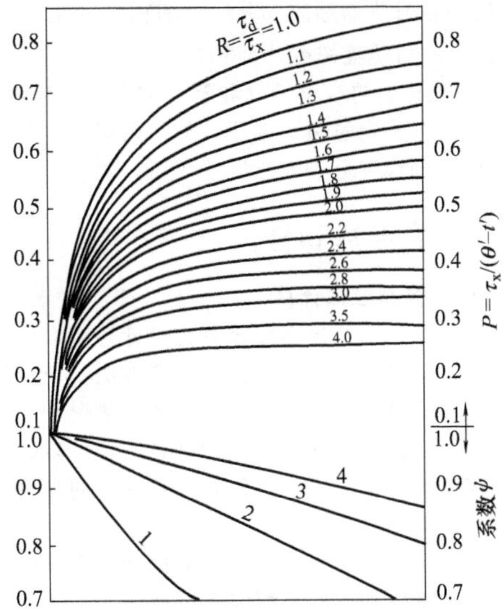

图 10-56 交叉流的温压修正系数

1—一次交叉流；2—二次交叉流；3—三次交叉流；4—四次交叉流

对于下列情况可采用简化计算方法。

① 逆流布置的沸腾式省煤器，出口工质汽含量 $x \leqslant 30\%$时，可用下面假想的出口水温 t_{jx} 计算温压，其结果有足够的准确性：

$$t_{jx}=t_{bh}+\frac{\Delta i_{ft}}{2} \tag{10-167}$$

式中 t_{jx}——假想水温，℃；

Δi_{ft}——沸腾部分工质的焓增，$\Delta i_{ft}=i''_{sm}-i'_{bh}$，kJ/kg；

i''_{sm}——省煤器出口汽水混合物的焓，kJ/kg；

i'_{bh}——饱和水焓，kJ/kg；

t_{bh}——饱和温度，℃。

该简化公式的适用条件为省煤器工质进口端温差（$\theta''-t'$）应满足表 10-20 所列数值。

表 10-20 省煤器进口端最低温压的规定

锅炉额定压力 p/MPa	<1.4	>1.4		
省煤器进口水温 t'/℃	≥20	100～139	140～179	≥180
进口端最小温差($\theta''-t'$)/℃	≥100	≥150	≥100	≥80

如（$\theta''-t'$）过小，应分段计算平均温压。

② 对于减温器装在饱和蒸汽端（即过热器进口端）的过热器，由于减温使过热器的初始段内的工质存在蒸发过程，工质会发生状态变化。但若能满足下列条件，仍可按通常的方法计算温压，而不必分段计算：

$$\frac{(1-x)r}{i''_{gr}-i'_{gr}} \leqslant 0.2 \tag{10-168}$$

式中 $(1-x)$——过热器进口蒸汽温度，x 为干度；

r——汽化潜热，kJ/kg；

i''_{gr}，i'_{gr}——过热器出、进口过热蒸汽焓，kJ/kg。

③ 对于串联混合方案的过热器不能满足式（10-168）的条件时，则需分段计算。这时过热段顺流连接的受热面所占份额 A 为：

$$A=\frac{H_{sl}}{H\left[1-\frac{(1-x)r}{i''_{gr}-i'_{gr}}\right]} \tag{10-169}$$

式中 H_{sl}——过热器顺流部分受热面积，m^2；

H——过热器总受热面积，m^2。

计算出 A 值后再根据烟气和蒸汽的终温去计算过热段的 P、R 两参数及逆流温压，利用图 10-54 求出温压修正系数，并确定过热段温压。如过热段 P、R 两参数超出图 10-54 所包括的范围，则各段温压须根据烟气及蒸汽的中间温度分别对二区段进行计算。

六、对流受热面传热计算方法

1. 设计计算和校核计算

锅炉对流受热面的传热计算分为设计计算和校核计算。所谓设计计算系指已知受热面的吸热量及工质的进、出口温度来确定受热面面积的计算方法。而校核计算则是在已知受热面的结构特性、工质入口温度及烟气入口温度等条件下，来确定受热面的传热量和烟气及工质的出口温度的计算方法。

在进行各对流受热面的设计计算之前，可以先根据给定的蒸汽参数、给水温度、选定的排烟温度、热风温度、省煤器出口水温等预先估算各受热面的吸热量和受热面前后的烟温。在各受热面计算完毕后，再对选定数据进行适当的调正。

设计计算的大体步骤如下：①根据烟气和工质的进出口温度以及它们的相对流向，确定平均温压、工质及烟气平均温度，然后确定烟气及工质流速；②确定对流放热系数 α_d 及辐射放热系数 α_f；③确定烟气侧放热系数 α_1，对于过热器及空气预热器还需确定工质侧的放热系数 α_2；④根据不同情况确定污染系数 ζ、热有效系数 ψ 或利用系数 ξ；⑤根据传热方程式确定受热面积；⑥进行受热面的布置，如实际布置的受热面面积和计算值有出入，应根据实际布置的受热面面积校核受热面吸热量、烟气和工质的出口温度。

校核计算的大体步骤如下：①先假定受热面的烟气出口温度并查表求出其焓值，然后按烟气侧热平衡方程式 $Q_{rp}=\varphi(I''-I'+\Delta\alpha I_{lf}^0)$ 求出烟气放热量；②按工质侧热平衡式求出工质出口焓及温度（蒸发受热面除外）；③同设计计算①～④；④根据传热方程式确定受热面的传热量 Q_{cr}；⑤按式（10-170）求出计算误差 ΔQ。

$$\Delta Q=\frac{|Q_{rp}-Q_{cr}|}{Q_{rp}}\times 100\% \tag{10-170}$$

对于无减温器的过热器，$\Delta Q<3\%$；对于有减温器的过热器、锅炉管束、省煤器及空气预热器等，$\Delta Q<2\%$；对于防渣管，$\Delta Q<5\%$。则计算可认为结束，受热面的吸热量为 Q_{rp}。

若计算误差超过上述范围，则需重新假定烟气出口温度再次进行计算，直至达到要求。若第二次假定温度与第一次相差小于 50℃，则可不必重算传热系数。

2. 过热器计算

过热器传热计算仍以烟气侧热平衡方程式和传热方程式为基础，同时再辅以工质侧吸热方程式（10-90）：

$$Q=\frac{D(i''-i')}{B_j}-Q_f\text{，kJ/kg 或 kJ/m}^3$$

当给定过热蒸汽出口参数，求受热面积时，应先求得过热器接受来自炉膛的辐射热量 Q_f 后，再按上式求出过热器对流吸热量，此热量应与烟气放热量相等，并求得过热器出口烟温及焓值，再以传热方程中求得所需受热面积。不过在求过热器烟气侧放热系数时，也得预定过热器结构布置以及依大致尺寸进行试算。

当过热器布置在对流烟道中，且其前面的对流管束 $n_2>5$ 排时，它接收来自炉膛的辐射热量可忽略不计。如过热器前面布置半辐射屏式过热器，则对流过热器工质的吸热量中应减去屏对后部受热面的有效辐射热量 Q_f''，Q_f''按式（10-95）计算。

半辐射屏式过热器的传热计算一般是在布置好屏的结构尺寸后进行，计算目的是校核该屏的对流传热量是否满足工质的对流吸热量要求。计算时可根据过热器系统各级吸热量分配结果计算出屏的进口工质的温度和焓，然后再根据屏的进口温度和焓值，按下式计算出屏出口烟气的温度和焓值：

$$Q_d=\varphi(I'-I'')-Q_f''\text{，kJ/kg 或 kJ/m}^3 \tag{10-171}$$

如果对流传热量与工质对流吸热量的相对误差 $\Delta Q\leqslant 2\%$，则认为所布置的屏的结构尺寸合适，计算结束。若没有布置减温器，则相对误差不应超过 3%。如果相对误差不满足上述要求，则需重新布置屏的结构或重新分配各级过热器的吸热量，再进行计算，直到满足上述规定为止。

3. 防渣管及锅炉管束计算

防渣管受热面接受来自炉膛的辐射热量可用下式计算：

$$Q_f=\frac{Y_{ch}q_fF_{ch}x_{nz}}{B_j}\text{，kJ/kg 或 kJ/m}^3 \tag{10-172}$$

如管束的纵向排数 $n_2 \geqslant 5$ 排，则可认为由炉膛辐射给管束的热量全部被管束吸收。当管子排数 $n_2 < 5$ 排时，就会有一部分热量穿过管束投射到后面的受热面上，其热量为：

$$Q_f = \frac{(1-x_{nz})Y_{ch}q_f F_{ch}}{B_j} \tag{10-173}$$

式中 Y_{ch}——烟窗处炉膛辐射热流密度分布系数，如烟窗设在整个炉墙上部，$Y_{ch}=0.6$；如烟窗设在炉膛一侧且沿炉膛高度，$Y_{ch}=0.8$；对燃尽室的烟窗，$Y_{ch}=1.0$；

q_f——炉膛辐射受热面平均热流密度，kW/m^2；

F_{ch}——烟窗面积，m^2；

x_{nz}——凝渣管束的有效角系数。

防渣管束一般采用校核方法计算。

锅炉管束传热计算的原则与防渣管束相同。不过，锅炉管束沿烟气流向一般分成几个行程，每个行程的烟速和结构参数不同时应分行程进行计算。

4. 直流锅炉过渡区计算

直流锅炉过渡区由蒸发段和过热段组成，为了简化计算可将其合并在一起计算，传热温压为烟气与饱和水的平均温压。若过渡区出口工质的过热蒸汽的温度超过饱和温度 40℃以上，则应将过渡区的蒸发段和过热段分别计算。

热力计算时，工质的对流吸热量（或烟气的放热量）与所布置受热面的传热量的相对误差 $\Delta Q < 2\%$，则计算认可。否则应重新布置受热面或重新分配工质的吸热量，使相对误差满足上述要求。

5. 省煤器计算

省煤器是热力计算中工质侧的最后一个受热面，在设计省煤器时，工质的总吸热量已为定值，即：

$$Q_{sm} = Q_r \eta \frac{100}{100-q_4} - (Q_f + Q_p + Q_{gr} + Q_{gs} + Q_{zr} + Q_{gd}) \tag{10-174}$$

式中 Q_f、Q_p、Q_{gr}、Q_{gs}、Q_{zr}、Q_{gd}——炉膛辐射受热面、屏、对流过热器、锅炉管束、再热器、直流锅炉过渡区受热面内工质的吸热量。

根据 Q_{sm} 可按下式求出工质出口焓值：

$$i''_{sm} = \frac{B_j Q_{sm}}{D_{sm}} + i'_{sm},\ \mathrm{kJ/kg} \tag{10-175}$$

式中 D_{sm}——省煤器的实际流量，应考虑到锅炉排污增加的给水量 D_{pw} 和通过面式减温器的水流量 D_{jw}，kg/s；

i'_{sm}——省煤器进口水的实际焓值，kJ/kg。

若面式减温器的减温水再回到省煤器时应考虑减温器吸热量，即：

$$i'_{sm} = i_{gs} + \Delta i_{jw} \frac{D_{gr}}{D_{sm}},\ \mathrm{kJ/kg} \tag{10-176}$$

当省煤器分为两级布置时，应根据尾部受热面双级布置原则，分配各级省煤器工质吸热量，然后分级进行计算。

当省煤器有旁通烟道时，部分烟气由于挡板不严密而漏过省煤器。对双重挡板，可取泄漏烟气量等于 5%；对单重挡板则可取为 10%。在计算通过省煤器烟气量时应考虑这一泄漏量。泄漏的烟气和流经省煤器的烟气混合，以混合后的温度作为混合点后烟温。

6. 空气预热器计算

空气预热器的传热计算除了应用传热方程和烟气侧热平衡方程式之外，还需应用空气侧热平衡方程式，以求得空气预热器的吸热量。

空气预热器一般也采用校核计算方法进行计算。

7. 附加受热面计算

现代锅炉中，在同一烟道中往往布置有两种受热面，其中面积较大的一种称为主受热面，另一种则称为附加受热面。

附加受热面可采用下述简化方法计算：如果附加受热面积不超过主受热面积的 5%，则不必将其单独计算，可将其包括在按工质流向与其串联的主受热面中，或者折算到主受热面中去。若不满足上述要求，则必须将附加受热面进行单独计算。

单独计算的附加受热面，其传热系数设定为与主受热面相同；在确定主受热面烟气终温时，须预先估算附加受热面的吸热量，并将其合并到主受热面的吸热量中，所估算之值是否正确，须在计算附加受热面传热温压之后加以校验，附加受热面的估算值与计算值的相对误差 $\Delta \leqslant 10\%$ 时，认为估算正确。

与主受热面平行布置（按烟气流动方向）的附加受热面，它的对流传热温压等于烟道中平均烟温与附加受热面中工质的平均温度之差。而与主受热面串联布置的附加受热面，其温压可取其等于烟道出口处的烟气温度与附加受热面中工质平均温度之差。

8. 计算误差的校核

在进行校核计算时，需预先估计锅炉的排烟温度和热空气温度，然后进行热平衡及各受热面传热计算。如果最终得到的排烟温度与估算值相差不超过±10℃；计算得到的热空气温度与估计值不超过±40℃，则可认为计算合格，并以计算得到的两温度值为结果，重新进行热平衡计算，校准排烟损失、锅炉效率、耗煤量等。

如果计算得到的排烟温度或热空气温度超过上述规定，要重新估算并重复计算，直到满足要求为止。如果前后两次计算中，由于排烟温度不同引起的计算燃料消耗量变动不超过±2%，则在后一次计算中，各对流受热面的传热系数可不重算，只需校准温度、温压及吸热量。

在结束热力计算时，可按下式确定锅炉热力计算的误差：

$$\Delta Q=Q_{\mathrm{r}}\frac{\eta}{100}-\Sigma Q\left(1-\frac{q_4}{100}\right),\ \mathrm{kJ/kg}\ 或\ \mathrm{kJ/m^3} \tag{10-177}$$

式中 Q_{r}——锅炉入炉热量，kJ/kg 或 $\mathrm{kJ/m^3}$；

η——锅炉热效率，%；

ΣQ——工质侧各受热面吸热量总和，它们是根据各受热面的热平衡方程式求得的热量，kJ/kg 或 $\mathrm{kJ/m^3}$；

q_4——机械未完全燃烧损失，%。

如果计算正确，应满足下述条件：

$$\frac{|\Delta Q|}{Q_{\mathrm{r}}}\times 100\leqslant 0.5\% \tag{10-178}$$

第三节 锅炉热力计算机计算

一、概述

锅炉机组的热力计算是锅炉设计或校核中必须完成的一项烦琐而又十分重要的任务。随着锅炉向高参数、大容量发展，锅炉热力计算过程中有成百上千个数据需要多次试算与迭代，使问题变得更为复杂。以前在进行锅炉热力计算时，大都是靠人工手算来完成的，往往需要花费大量人力和时间，而且还不一定能保证得出十分正确的结果。如果某个数值发生变化，则需要重复大量的计算才能得知引起的其他参数或状态变化，因此在进行多种设计方案的选择与比较时就显得十分困难。此外，人工计算的精度也不高，因此只要求满足工程上的需要就可以了。

近几十年来计算机技术的迅猛发展及其在数值计算中的巨大优势，使其在越来越多的领域内得到广泛的应用。在锅炉热力计算中，大量的前后相关的数据传递以及重复迭代计算，十分适合电子计算机的使用，也使得繁复巨大的锅炉热力计算工作有了大幅度改进的机会和可能。使用电子计算机来进行锅炉热力计算将成为不可缺少的、唯一有效地改进和提高锅炉设计计算水平的途径。它使设计人员可以从繁重而重复的计算中解放出来，把主要精力用于各种结构参数和方案的选择与优化，同时也可以避免人工计算容易出现的差错及人工计算中查找线图等因主观因素而出现的人与人之间略为不同的结果，降低了大量计算引起的积累误差。更为突出的优点是使用计算机将能极大地提高计算速度和工作效率，如采用锅炉校核热力计算通用程序在中型计算机上对一台400t/h锅炉计算一个方案仅需1～3min，计算18个方案占用机器时间也仅为45～55min。对一台130t/h锅炉上机计算100个方案仅用机时90min，大大地节省了时间，提高了效率。所以使用计算机进行锅炉热力计算，在效率、正确率和精度等方面均有人工计算无法比拟的优势。由于电子计算机计算速度快、精度高，并且有记忆和逻辑判断能力，它把锅炉设计水平提高到一个崭新的阶段。利用计算机可以快速地对各种设计方案进行比较，得出更佳的设计方案；可以对各种影响因素进行预测；还可以对锅炉负荷变化、燃料变化以及减温水量、旁路烟气量、再循环烟气量等调节因素进行计算分析，以预先了解锅炉的各种静态特性与运行调节特性。从而确定较佳的锅炉结构设计方案，或适应燃料变化而进行的锅炉结构方案的改变。

二、锅炉热力计算机计算的基本方法及步骤

采用计算机进行锅炉热力计算的步骤和方法大致如下：①把实际问题用数学算式表达出来，即通常所谓的建立研究对象的数学模型，写出解决实际问题的数学公式或方程式；②对数学模型选用适当的计算方法，在允许精度范围内确定计算步骤，并编制程序框图；③编写计算机源程序；④输入源程序和原始数据至计算机，由计算机执行并输出计算的结果。

就锅炉机组校核热力计算而言，其数学模型实质上是大量代数方程用循环迭代方法进行求解。这些代数方程就是前述各节所介绍的锅炉热力计算公式，计算方法也比较简单。

程序编写过程中应考虑源程序在计算机执行时可以中间停顿进行人机对话。源程序的输入和运算，对于FORTRAN语言，要经过将源程序编译成目标程序，把几个目标程序块连接起来成为执行程序等编译与连接过程。

按计算的内容和基本方法，整个锅炉热力计算可以分为预备性计算、炉膛热力计算以及半辐射和对流受热面的热力计算三部分，这三部分的主要内容介绍如下。

1. 预备性计算

在进行预备性计算前，程序首先必须输入所有的已知数据，包括额定蒸发量、过热蒸汽、再热蒸汽的压力和温度，给水温度和压力，燃料特性参数等设计参数；还有各部分受热面的漏风系数、飞灰份额，燃料温度，冷、热空气温度，受热面各部位工质的压力，减温水量等辅助设计参数；此外还要输入锅炉设备中各受热面和烟道的全部结构参数。辅助设计参数中一部分只是作为初始值先给定，在以后的迭代计算中将改变其数值。有了上述已知数据，即可进行如下准备性计算，这些计算是在进行受热面热力计算前必须完成的。

(1) 燃料特性参数基的换算　在热力计算中使用的燃料的元素成分基准是收到基，挥发分基准是干燥无灰基，发热量基准是收到基低位发热量。考虑到输入燃料特性参数有不同的基，为使计算程序通用化，有必要对输入的燃料特性参数进行基间换算。各元素成分从输入的基准换算成收到基只需乘以如下转换因子Y：

$$Y=[100-w(W_{ar})]/[100-w(W)] \tag{10-179}$$

式中　$w(W)$——已知燃料输入的水分含量，%；

$w(W_{ar})$——燃料收到基水分，%。

如果输入的是干基，则$w(W)=0$；若输入的是空气干燥基，则$w(W)=w(W_{ad})$；若输入的是收到基，则$w(W)=w(W_{ar})$。如果输入的元素成分是干燥无灰基，则转换因子为Y：

$$Y=[100-w(W_{ar})-w(A)]/100 \tag{10-180}$$

式中　$w(A)$——燃料收到基灰分，%。

在通用程序中，对于元素成分不同的基、挥发分不同的基以及燃料发热量不同的基，通过控制量J1、J2、J3来进行选择。其中J1=1表示输入的元素成分是干基或收到基或空气干燥基。J1=2表示输入的元素成分是干燥无灰基。J2=1和J2=2分别表示输入的挥发分是空气干燥基和干燥无灰基。J3=1、J3=2或J3=3分别表示燃料发热量是锅筒空气干燥基、高位空气干燥基和低位收到基。

(2) 煤种的确定　锅炉热力计算中，对不同煤种应有不同的考虑。通常把煤分为无烟煤、贫煤、烟煤、褐煤四种，严格来说，煤种分类问题十分复杂。在锅炉热力计算中一般只简单地按干燥无灰基挥发分的大小来分类。程序中用选择控制量I_{coal}来确定，判别准则如下：

$$I_{coal}=1,\ V'\leqslant 10\% ; \tag{10-181}$$

$$I_{coal}=2,\ 10\%<V'\leqslant 20\% ; \tag{10-182}$$

$$I_{coal}=3,\ 20\%<V'\leqslant 37\% ; \tag{10-183}$$

$$I_{coal}=4,\ 37\%<V' \tag{10-184}$$

(3) 燃料与燃烧产物计算　锅炉各受热面热力计算之前，必须先完成空气量、烟气量及其焓的计算。在人工进行锅炉热力计算时，往往先编制一张烟气的焓温表，以便在各个受热面计算时对烟气焓温进行查取。在计算机进行锅炉热力计算时，为完成相同的任务，程序必须能够根据指令随时在需要时进行烟气焓与温度的计算，即能让计算机既编制温焓表又能"查"取焓温值。因此特需编制计算烟气温度的外部函数子程序，同样原理也可编制计算空气温度、给水温度、过热蒸汽温度等的外部函数子程序。图10-57即为已知焓求温度的程序框图。

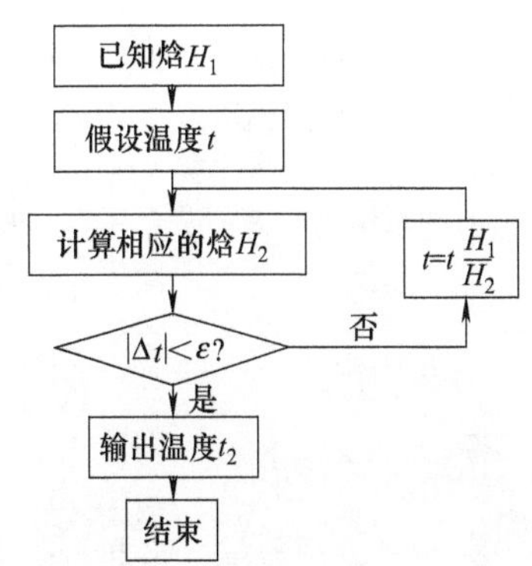

图10-57　已知焓求温度的程序框图

(4) 锅炉热平衡计算 锅炉各部分的热损失的计算是按照《锅炉机组热力计算标准方法》中的规定进行的。如排烟热损失 q_2 根据排烟温度计算得到；散热损失 q_5 根据锅炉容量大小（额定负荷）按线图上曲线拟合公式计算，再按实际有效负荷 D_{yx} 大小进行修正而得；灰渣物理热损失 q_6 按飞灰份额和炉渣温度计算获得。化学不完全燃烧热损失 q_3 和机械不完全燃烧热损失 q_4 按《锅炉机组热力计算标准方法》中的规定，根据燃料种类和燃烧方式来确定。对一般固态排渣煤粉炉 $q_3=0$，对无烟煤、贫煤、烟煤和褐煤，q_4 近似地取为4%、3%、2%和1%。这样，燃烧效率与过量空气系数的关系在计算中未得到反映，这在变工况热力计算时必须特别注意。

2. 炉膛热力计算

炉膛内热力计算的基本方程和方法即如本章第一节中所介绍的那样。以热平衡方程和辐射传热方程这两个非线性代数方程为基本方程，以炉膛出口烟温计算为具体校核对象。由于在计算烟气平均热容量、炉膛黑度等过程中，必须预先知道炉膛出口温度，所以在炉膛热力计算中，采用隐函数的迭代求解去逐步逼近真值的方法，先假定一个炉膛出口烟温，再对各未知量进行计算，最后由式（10-58）算得炉膛出口烟温。再把计算值与预先假定值比较，按计算精度要求进行迭代。

3. 半辐射和对流受热面的热力计算

烟气从炉膛出口出来以后，经流半辐射受热面和对流受热面，最后排出烟囱。锅炉热力计算就是按烟气流动方向逐个求取各受热面的传热量、进出口烟温、烟焓和未知的工质参数。一直按同样的方法计算到锅炉出口。

半辐射和对流受热面的热力计算是以本章第二节所介绍的公式和方法来进行的。概言之即以烟气侧和工质侧的热平衡方程和传热方程为基本方程式。针对某一受热面，在已知其进口处烟气温度和焓的条件下，先假定该受热面出口的烟气焓或者假定工质在该受热面内的全部吸热量，然后根据传热学原理求得工质侧对流放热系数，烟气侧对流放热系数和辐射放热系数。再求取总的传热系数、温差，以及由传热方面表示的传热量。根据热平衡原理得出出口处烟气的焓温值和工质的吸热量。把计算值与假定值进行比较，按精度要求逐次迭代逼近。

三、图表的处理

在人工进行锅炉热力计算时，为简化计算，使用了许多线算图和曲线、表格。为实现锅炉热力的计算机计算，必须首先解决这些图表的处理问题。一般总是把图、曲线及表格都用相应的计算公式代替，而避免数据的直接输入，查用时按插值原理用计算机进行插值计算。这样将占用大量存储单元，并使计算时间加长。鉴于锅炉热力计算的总体精度要求不高，采用计算机进行锅炉机组热力计算前都首先对图表进行处理，得出一批有足够精度的回归公式。

1. 锅炉热力计算中图表的处理方法

锅炉热力计算中图表的处理方法原则上尽可能采用现有的经验公式或半经验公式。如过热蒸汽的比容可采用科霍状态方程来计算：

$$V=\frac{0.4706T}{1020p}-\frac{0.9172}{\left(\frac{T}{100}\right)^{2.82}}-(10.2p)^2\left[\frac{1.31\times10^4}{\left(\frac{T}{100}\right)^{14}}+\frac{4.38\times10^{15}}{\left(\frac{T}{100}\right)^{31.6}}\right] \tag{10-185}$$

式中 T——过热蒸汽温度，K；

p——过热蒸汽压力，MPa；

V——过热蒸汽比容，m^3/kg。

横向冲刷错列管束的灰污系数可用下式计算：

$$\varepsilon=c_d\varepsilon_0+\Delta\varepsilon \tag{10-186}$$

$$\varepsilon_0=0.0108\times10^{-nv} \tag{10-187}$$

$$n=0.052+0.094(d/S_2)^4 \tag{10-188}$$

式中 c_d——$c_d=\frac{\ln d}{0.7676}+5.2606$；

$\Delta\varepsilon$——附加值，对固态排渣煤粉炉可近似取如下值：无烟煤、贫煤，$\Delta\varepsilon=0.0017(m^2\cdot℃)/W$；烟

煤、褐煤，$\Delta\varepsilon=0.0026(m^2 \cdot ℃)/W$；

v——烟气流速，m/s；

S_2——管排纵向节距，m；

d——管子直径，m。

在没有现成的经验公式可用时，可采取对已知数据进行回归分析。回归分析时，应尽量使用较为简单的回归公式。如计算辐射传热的灰污系数时，考虑屏式过热器与炉膛间热交换影响的修正系数 β，可用一元线性回归得到计算公式，即：

$$\beta=1-3.8367\times10^{-6}(\theta_1''-1000)^{1.86266} \qquad (10\text{-}189)$$

对于大多数的图表处理，主要还得运用多项式回归方法。一元 n 次多项式的回归计算程序框图如图 10-58 所示。

在锅炉热力计算中有很多物性参数是与压力、温度两个参数有关，因此经常需要进行二元多项式回归。因篇幅有限，有关程序示例从略。表 10-21 给出有关数据。

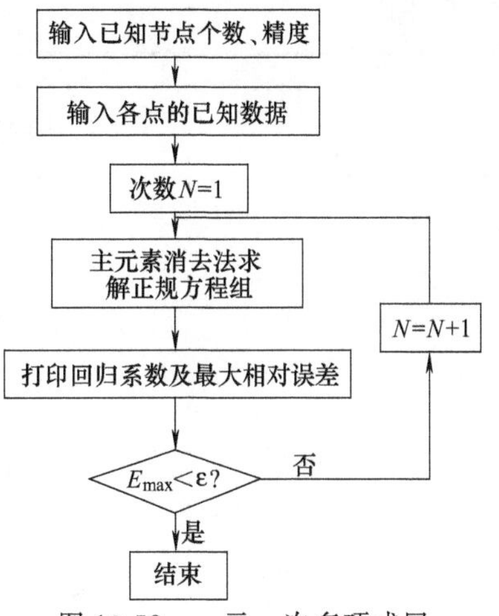

图 10-58 一元 n 次多项式回归计算程序框图

表 10-21 水蒸气比容与温度、压力的关系 单位：m^3/kg

温度/℃	压力/MPa				
	9.81	10.79	11.77	12.75	13.73
350	0.02302	0.02016	0.01773	0.01561	0.01372
400	0.02703	0.02408	0.02161	0.01950	0.01768
450	0.0304	0.02728	0.02467	0.02245	0.02055
500	0.03347	0.03015	0.02780	0.02503	0.02302
550	0.03636	0.03283	0.02989	0.02740	0.02527

2. 各种物性参数的拟合公式

表 10-22 列出了通过线性回归的图表处理获得的锅炉热力计算所需各种物性参数的拟合公式。公式中所用的单位为工程单位。计算程序中均已考虑了单位间的换算系数，所以本书所介绍的程序中输入、输出数据均是国家法定计量单位的数值。

表 10-22 各种物性参数的拟合公式

(1)饱和水焓

$$h_{bhw}=243.30000+0.924999p$$

(2)饱和水比容

$$V_{bhw}=9.0482857\times10^{-4}+4.94214286\times10^{-6}p$$

(3)饱和蒸汽焓

$$h_{bhs}=666.4226+0.1492591p-2.802013\times10^{-3}p^2$$

(4)饱和蒸汽比容

$$V_{bhs}=0.04072089-2.89950877\times10^{-4}p+5.9709816\times10^{-7}p^2$$

(5)欠饱和水焓

$$h_{gs}=4.449998\times10^2-2.781998p-4.618747T+3.561664\times10^{-2}pT+2.331249\times10^{-2}T^2-1.499999\times10^{-4}T^2p-3.124998\times10^{-5}T^3+0.20833\times10^{-7}T^3p$$

(6)过热蒸汽焓

$$h_{gr}=-2.664326\times10^5+4.004477\times10^3p+2.869161\times10^3T-4.298883\times10pT+1.661255\times10^{-1}p^2T-1.551864\times10p^2-1.22760\times10T^2+1.838171\times10^{-1}pT^2-7.088055\times10^{-4}p^2T^2+2.615334\times10^{-2}T^3-3.913269\times10^{-4}pT^3+1.506331\times10^{-6}p^2T^3-2.773678\times10^{-5}T^4+4.147540\times10^{-7}pT^4-1.594197\times10^{-9}p^2T^4+1.171432\times10^{-8}T^5-1.750699\times10^{-10}pT^5+6.721056\times10^{-13}p^2T^5$$

(7)空气比热容

$$c_k=0.315192+0.356195\times10^{-5}T+0.607910\times10^{-7}T^2+0.171993\times10^{-9}T^3-0.202497\times10^{-13}T^4-0.713308\times10^{-17}T^5$$

续表

(8)飞灰比热容

$$c_{fh}=0.176617+0.177888\times10^{-3}T-0.264382\times10^{-6}T^2+0.171993\times10^{-9}T^3-0.202497\times10^{-13}T^4-0.713308\times10^{-17}T^5$$

(9)烟气比热容

$$c_y=1.387636\times10^5-2.112597\times10^3p+8.098128p^2-1.785254\times10^3T+2.721870\times10^2pT-1.044717\times10^{-1}p^2T+9.529423T^2-1.445100\times10^{-1}pT^2+5.592844\times10^{-4}p^2T^2-2.701706\times10^{-2}T^3+4.131881\times10^{-4}pT^3-1.590490\times10^{-6}p^2T^3+4.291373\times10^{-5}T^4-6.573644\times10^{-7}pT^4+2.534291\times10^{-9}p^2T^4-3.621391\times10^{-8}T^5+5.556426\times10^{-10}pT^5-2.145495\times10^{-12}p^2T^5+1.268594\times10^{-11}T^6-1.949649\times10^{-13}pT^6+7.540092\times10^{-16}p^2T^6$$

(10)三原子气体比热容

$$c_{RO_2}=0.382314+0.252072\times10^{-3}T-0.166334\times10^{-6}T^2+0.764571\times10^{-10}T^3-0.205555\times10^{-13}T^4+0.234072\times10^{-17}T^5$$

(11)氮气比热容

$$c_{N_2}=0.309291-0.537392\times10^{-5}T+0.626203\times10^{-7}T^2-0.477101\times10^{-10}T^3+0.154361\times10^{-13}T^4-0.188190\times10^{-17}T^5$$

(12)水蒸气的比热容

$$c_{H_2O}=0.356723+0.247952\times10^{-4}T+0.572072\times10^{-7}T^2-0.353934\times10^{-10}T^3+0.915389\times10^{-14}T^4-0.926914\times10^{-18}T^5$$

(13)空气热导率

$$\lambda_k=0.21049+0.64300\times10^{-4}T-0.22534\times10^{-7}T^2+0.73307\times10^{-11}T^3-0.10449\times10^{-14}T^4$$

(14)空气运动黏度

$$\nu_k=0.13334\times10^{-4}+0.86303\times10^{-7}T+0.11379\times10^{-9}T^2-0.56220\times10^{-13}T^3+0.23531\times10^{-16}T^4$$

(15)烟气热导率

$$\lambda_y=0.19640869\times10^{-1}+0.72610926\times10^{-4}T+0.14915302\times10^{-8}T^2$$

(16)烟气运动黏度

$$\nu_y=0.12224\times10^{-4}+0.74346\times10^{-7}T+0.11243\times10^{-7}T^2-0.40385\times10^{-3}T^3+0.82039\times10^{-17}T^4$$

(17)蒸汽动力黏度

$$\mu_s=2.41514\times10^{-3}-1.14528\times10^{-4}p+1.28595\times10^{-6}p^2-7.64924\times10^{-9}p^3+2.17299\times10^{-11}p^4-2.60055\times10^{-5}T+1.21264\times10^{-6}Tp-1.31030\times10^{-8}Tp^2+7.56786\times10^{-11}Tp^3-2.15867\times10^{-13}Tp^4+1.12075\times10^{-7}T^2-5.09782\times10^{-9}T^2p+5.27515\times10^{-11}T^2p^2-2.94286\times10^{-13}T^2p^3+8.45381\times10^{-16}T^2p^4-2.39769\times10^{-10}T^3+1.06390\times10^{-11}T^3p-1.04803\times10^{-13}T^3p^2+5.60676\times10^{-16}T^3p^3-1.62816\times10^{-18}T^3p^4+2.55105\times10^{-13}T^4-1.10259\times10^{-14}T^4p+1.02662\times10^{-16}T^4p^2-5.21424\times10^{-19}T^4p^3+1.53831\times10^{-16}T^4p^4-1.08020\times10^{-16}T^5+4.54108\times10^{-18}T^5p-3.96264\times10^{-20}T^5p^2+1.88337\times10^{-22}T^5p^3-5.68493\times10^{-25}T^5p^4$$

(18)蒸汽热导率

$$\lambda_s=1.29322\times10-2.19349\times10^{-1}p+9.54988\times10^{-4}p^2-1.04242\times10^{-1}T+1.76780\times10^{-3}pT-7.65421\times10^{-6}p^2T+3.15702\times10^{-4}T^2-5.33976\times10^{-6}pT^2+2.30250\times10^{-8}p^2T^2-4.24160\times10^{-7}T^3+7.16392\times10^{-9}pT^3-3.07888\times10^{-11}p^2T^3+2.13477\times10^{-10}T^4-3.60082\times10^{-12}pT^4+1.54321\times10^{-14}p^2T^4$$

四、锅炉热力计算的计算机程序框图

1. 程序结构

本节介绍的程序均可用于 IBM-PC 微型计算机，也可用于各种兼容机及大型计算机。程序用 FORTRAN77 语言编制而成，采用积木块式结构、便于进行编辑加工和修改。这里因篇幅限制仅介绍至计算高温过热器出口的五个程序块，即一个热力计算主程序块（MAIN），两个包括所有图表处理和计算中要调用的外部函数、子程序在内的预备计算子程序块（AUX1 和 AUX2）、一个后屏过热器计算程序块（HP）、一个高温过热器计算程序块（GR）。这里介绍的锅炉热力计算程序有如下结构的特点，使用中需予以注意。

① 采用大量子程序，使主程序结构紧凑。而将计算中多次要调用的外部函数和子程序集中于两个子程序块，其内容如表 10-23 和表 10-24 所列。AUX1 是炉膛热力计算中要调用的，AUX2 是对流受热面热力计算中要调用的。

表 10-23　第一子程序块（AUX1）的内容简介

名称	计算内容	类型	名称	计算内容	类型
AA	BB 计算时调用的系数	子程序	MUfh	飞灰浓度	子程序
BB	屏、屏区辐射系数、放热系数		QHD	黑度	
CK	空气比热容	外部函数	TK	空气温度	外部函数
FFH	飞灰焓		TY	烟气温度	
GRQH	过热蒸汽焓		VH_2O	水蒸气体积	
GSH	给水焓		VY	烟气体积	
HY	烟气焓		X	角系数	

表 10-24　第二子程序块（AUX2）的内容简介

名称	计算内容	类型	名称	计算内容	类型
AF	辐射放热系数	外部函数	SMU	蒸汽动力黏度	外部函数
BR	蒸汽比热容		TS	蒸汽温度	
EHU	错列对流管束灰污系数		TW	水温度	
HBHS	饱和蒸汽焓		VBHS	饱和蒸汽比容	
HBHW	饱和水焓		VCPW	水的比容	
KNU	空气运动黏度		VGRS	过热蒸汽比容	
LNDT	对流平均温差		YLAM	烟气热导率	
QA2	对流放热系数	子程序	YNU	烟气运动黏度	
QK	空气预热器传热系数		YPr	烟气普朗特数	

由于程序采用了积木式结构，将不同的几个程序块连接在一起即成为一个执行程序，可执行不同的任务。如把主程序块和第一子程序块连接，就可以进行炉膛热力计算；把主程序块、两个子程序块、后屏过热器计算子程序块连接，即可进行炉膛和后屏过热器的热力计算。

② 将所有的输入数据建立一个数据库文件，与主程序形成相互独立的结构。鉴于锅炉热力计算有大量输入数据，并考虑改变各种数据进行变工况或不同设计方案计算的方便，本程序采用 OPEN 语句建立一个通道，使主程序与已建立的数据库文件（NUM）发生联系，进行数据传输。这样，数据不在主程序里，每次改变数据就不必进行新的编辑、编译、连接等工作，只需执行原有执行程序与新的数据库文件发生数据传送就可以了。这对数据的检查和修改均十分方便。

③ 采用了同样的 OPEN 语句，建立了一个通道存放输出结果，也即建立了输出结果文件（RESULT），便于实现各种输出要求。

④ 程序中设计了多处人机对话语句，以便程序执行到适当地方能自动停下来，用键盘输入必要的信息后再继续运算。

2. 程序计算框图

(1) 锅炉热力计算的总程序框图　以 SG-400/140-50415 型锅炉为例，大型电站锅炉机组热力计算的总程序框图如图 10-59 所示。

按程序框图，当输入已知数据后，程序大致上执行如下几步计算：①燃料与燃烧产物计算和锅炉热平衡计算，这部分也称为预备性计算；②炉膛热力计算；③后屏过热器和高温过热器热力计算；④高温再热器、转向室、低温过热器热力计算；⑤旁路省煤器、主省煤器和空气预热器热力计算；⑥锅炉总热平衡校核与循环迭代计算。

(2) 预备性计算的框图　图 10-60 示出了预备性计算的框图。其内容如前所述。

(3) 炉膛热力计算框图　炉膛热力计算的框图如图 10-61 所示。

(4) 后屏过热器热力计算框图　如图 10-62 所示。

(5) 高温过热器热力计算框图　如图 10-63 所示。

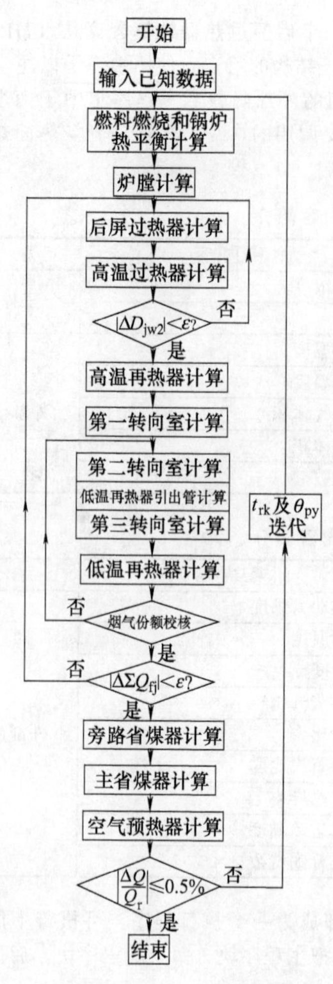

图 10-59 锅炉热力计算的总程序框图

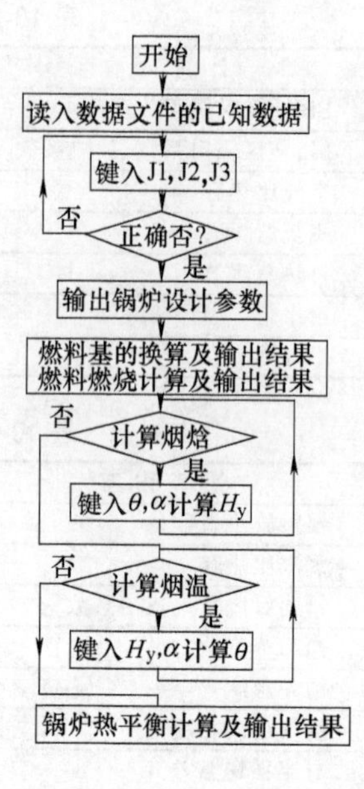

图 10-60 预备性计算框图

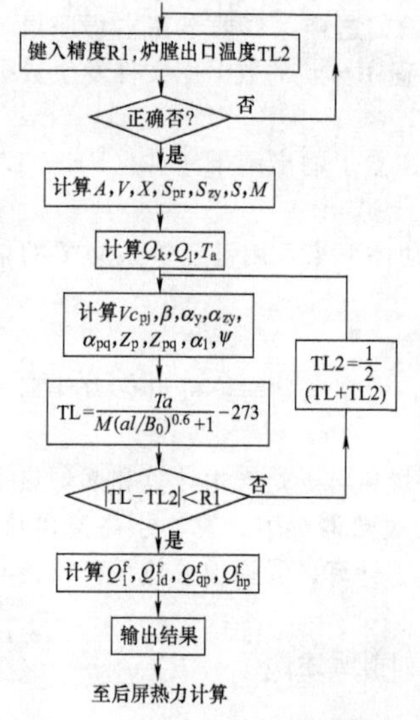

图 10-61 锅炉炉膛热力计算框图

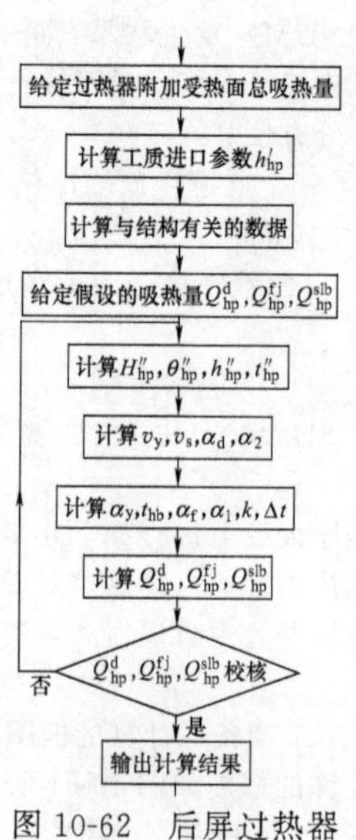

图 10-62 后屏过热器热力计算框图

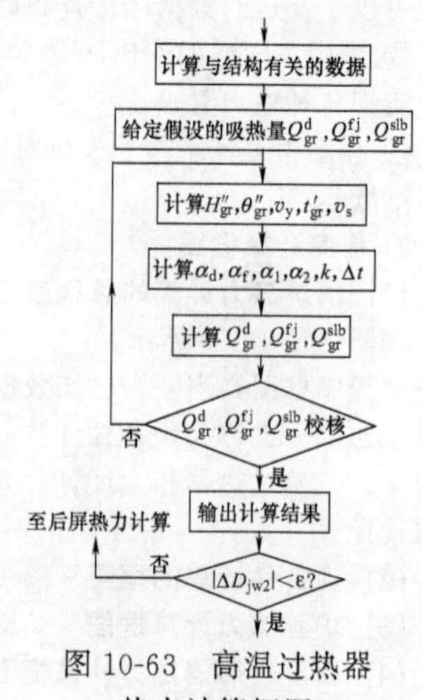

图 10-63 高温过热器热力计算框图

第四节 锅炉机组热力计算示例

一、某1000t/h大型电站锅炉机组部分受热面热力计算示例

该锅炉为亚临界压力中间再热自然循环锅筒锅炉。其受热面的布置如图10-64所示。

炉膛的出口处的前墙及两侧墙前半部布置有壁式再热器，炉膛上部设有大屏及后屏过热器。顺烟气流动方向依次布置中温再热器、高温再热器、高温过热器、低温过热器和省煤器受热面，尾部并列布置两台回转式空气预热器。锅炉主要技术数据如表10-25所列。其冷空气温度 $t_{lk}=20℃$。暖风器出口空气温度 $t_c=60℃$，炉膛出口过量空气系数 $\alpha_1''=1.2$，炉膛漏风系数 $\Delta\alpha_1=0.05$，排烟温度 $\theta_{py}=159℃$。

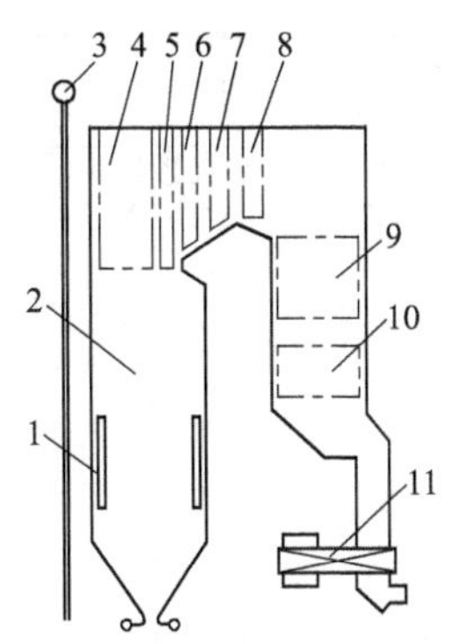

图10-64 1000t/h电站锅炉受热面布置

1—燃烧器；2—炉膛；3—锅筒；4—大屏过热器；5—后屏过热器；6—中温过热器；7—高温再热器；8—高温过热器；9—低温过热器；10—省煤器；11—空气预热器

表10-25 锅炉主要技术数据

名称	数值
锅炉额定蒸发量 D_1/(t/h)	1000
过热蒸汽压力(绝对压力) p_1/MPa	16.76
过热蒸汽温度 t_1/℃	555
再热蒸汽流量 D_2/(t/h)	854
再热蒸汽压力(进口/出口,绝对压力) p_2'/p_2''/MPa	3.61/3.38
再热蒸汽温度(进口/出口) t_2'/t_2''/℃	335/555
给水温度 t_{gs}/℃	260
再热蒸汽喷水量 ΔD_{zr}^{jw}/(t/h)	4.68
再热蒸汽喷水温度 t_{zr}^{jw}/℃	164
再热蒸汽喷水压力(绝对压力) p_{zr}^{jw}/MPa	3.43

锅炉设计煤种的收到基组成如下：①碳 $w(C_{ar})=42.18\%$；②氢 $w(H_{ar})=3.82\%$；③氧 $w(O_{ar})=7.79\%$；④氮 $w(N_{ar})=0.72\%$；⑤硫 $w(S_{ar})=1.22\%$；⑥水分 $w(W_{ar})=11.67\%$；⑦灰分 $w(A_{ar})=32.60\%$；⑧低位发热量 $Q_{net,V,ar}=17228.7$kJ/kg。

1. 锅炉热力计算的辅助计算

(1) 空气平衡 各受热面所在烟道的漏风系数及出口过量空气系数选择见表10-26。

表10-26 受热面烟道漏风系数及出口过量空气系数

受热面名称	漏风系数 $\Delta\alpha$	出口过量空气系数 α''	受热面名称	漏风系数 $\Delta\alpha$	出口过量空气系数 α''
炉膛、后屏过热器	炉膛0.05,后屏0.00	1.20	低温过热器	0.02	1.26
中温再热器	0.02	1.22	省煤器	0.02	1.28
高温再热器至转向室	0.02	1.24	空气预热器	0.12	1.40

(2) 燃烧产物体积及焓的计算 各计算如下所述。

理论空气量（标准状况下）：
$$V^0=\frac{1}{0.21}\left(1.866\frac{C_{ar}}{100}+5.56\frac{H_{ar}}{100}+0.7\frac{S_{ar}}{100}-0.7\frac{O_{ar}}{100}\right)$$
$$=\frac{1}{0.21}\left(1.866\times\frac{42.18}{100}+5.56\times\frac{3.82}{100}+0.7\times\frac{1.22}{100}-0.7\times\frac{7.79}{100}\right)$$
$$=4.5404\ (\mathrm{m^3/kg})$$

理论烟气量（标准状态下）：

RO_2 理论体积：$$V_{RO_2}^0=1.866\frac{C_{ar}+0.375S_{ar}}{100}=1.866\times\frac{42.18+0.375\times1.22}{100}=0.7956\ (\mathrm{m^3/kg})$$

H_2O 理论体积：$$V_{H_2O}^0=11.1\frac{H_{ar}}{100}+1.24\frac{W_{ar}}{100}+0.0161V^0$$

$$=11.1\times\frac{3.82}{100}+1.24\times\frac{11.67}{100}+0.0161\times4.5404$$

$$=0.6418\ (m^3/kg)$$

N_2 理论体积：$V^0_{N_2}=0.79V^0+0.8\frac{N_{ar}}{100}=0.79\times4.5404+0.8\times\frac{0.72}{100}=3.5927\ (m^3/kg)$

受热面烟道中的烟气平均特性如表 10-27 所列。

表 10-27 受热面烟道中的烟气平均特性

计算数值名称	炉膛及后屏	中温再热器	高温再热器至转向室	低温过热器	省煤器	空气预热器
出口过量空气系数 α''	1.20	1.22	1.24	1.26	1.28	1.40
平均过量空气系数 α	1.20	1.21	1.23	1.25	1.27	1.34
$(\alpha-1)V^0$	0.9087	0.9541	1.0450	1.1359	1.2267	1.5448
$V_{H_2O}=V^0_{H_2O}+0.161(\alpha-1)V^0$	0.6565	0.6573	0.6587	0.6602	0.6617	0.6667
$V_y=V_{RO_2}+V^0_{N_2}+V_{H_2O}+(\alpha-1)V^0$	5.9552	6.0014	6.0937	6.1861	6.2784	6.6015
$r_{RO_2}=V_{RO_2}/V_y$	0.1336	0.1326	0.1306	0.1286	0.1267	0.1205
$r_{H_2O}=V_{H_2O}/V_y$	0.1102	0.1095	0.1081	0.1067	0.1054	0.1010
$r_q=r_{RO_2}+r_{H_2O}$	0.2438	0.2421	0.2387	0.2353	0.2321	0.2215
$\mu_h=a_{fh}A_{ar}/100G_y$	0.0377	0.0374	0.0368	0.0363	0.0358	0.0327
$G_y=1-\frac{A_{ar}}{100}+1.306\alpha V^0$	7.7897	7.8490	7.9676	8.0862	8.2048	8.9757

不同过量空气系数下燃烧产物的温焓表如表 10-28 所列。

表 10-28 不同过量空气系数下燃烧产物温焓表

θ/℃	$V_{RO_2}=0.7956m^3/kg$		$V^0_{N_2}=3.5927m^3/kg$		$V^0_{H_2O}=0.6418m^3/kg$		$A_{ar}=32.6\%$ $a_{fh}=0.9$		I^0_y /(kJ/kg)	$V^0=4.5404m^3/kg$	
	$(c\theta)_{CO_2}$	$(c\theta)_{CO_2}\times V^0_{RO_2}$	$(c\theta)_{N_2}$	$(c\theta)_{N_2}\times V^0_{N_2}$	$(c\theta)_{H_2O}$	$(c\theta)_{H_2O}\times V^0_{H_2O}$	$(c\theta)_{fh}$	$\frac{A_{ar}}{100}a_{fh}\times(c\theta)_{fh}$	$\Sigma(3+5+7)$	$(c\theta)_k$	$I^0_k=(c\theta)_kV^0$
1	2	3	4	5	6	7	8	9	10	11	12
100	169	134.5	130	467.1	151	96.9	81	23.7	698.5	132	599.3
200	357	234.0	260	934.1	304	195.1	169	49.6	1413.2	266	1207.7
300	559	444.7	392	1408.3	463	297.2	264	77.4	2150.2	403	1829.8
400	772	614.2	527	1893.4	626	401.8	360	105.6	2909.4	542	2460.9
500	996	792.4	664	2385.6	794	509.6	459	134.5	3687.6	684	3105.6
600	1222	972.2	804	2888.5	967	620.6	560	164.2	4481.3	830	3768.5
700	1461	1162.4	946	3398.7	1147	736.1	663	194.6	5297.2	979	4445.1
800	1704	1355.7	1093	3926.8	1335	856.8	767	225.1	6139.3	1130	5130.7
900	1951	1552.2	1243	4465.7	1524	978.1	874	256.4	6996.0	1281	5816.3
1000	2202	1751.9	1394	5008.2	1725	1107.1	984	288.7	7867.2	1436	6520.0
1100	2457	1954.8	1545	5550.7	1926	1236.1	1096	321.6	8741.6	1595	7241.9
1200	2717	2161.6	1695	6089.6	2131	1367.7	1206	353.8	9618.9	1754	7963.9
1300	2976	2367.7	1850	6646.5	2344	1504.4	1360	399.0	10518.6	1913	8685.8
1400	3240	2577.7	2009	7217.7	2558	1641.7	1571	460.9	11437.1	2076	9425.9
1500	3504	2787.8	2164	7774.6	2779	1783.6	1758	515.8	12346.0	2239	10166.0
1600	3767	2997.0	2323	8345.8	3001	1926.0	1830	536.9	13268.8	2403	10910.6
1700	4035	3210.2	2482	8917.1	3227	2071.1	2066	606.2	14198.4	2566	11650.7
1800	4303	3423.5	2642	9491.9	3458	2219.3	2184	640.8	15134.7	2729	12390.8
1900	4571	3636.7	2805	10077.5	3688	2367.0	2385	699.8	16081.0	2897	13153.5
2000	4843	3853.1	2964	10648.8	3926	2519.7	2512	737.0	17021.6	3064	13911.8
2100	5115	4069.5	3127	11234.4	4161	2670.5	2640	774.6	17974.4	3232	14674.6
2200	5387	4285.9	3290	11820.0	4399	2823.3	2760	809.8	18929.2	3399	15432.8

续表

$I_y=I_y^0+(\alpha-1)I_k^0+I_{fh}$											
$\alpha=1.2$		$\alpha=1.22$		$\alpha=1.24$		$\alpha=1.26$		$\alpha=1.28$		$\alpha=1.40$	
I_y	ΔI_y	I_y	ΔI_y	I_y	ΔI_y	I_y	ΔI_y	I_y	ΔI_y	I_y	ΔI_y
13	14	15	16	17	18	19	20	21	22	23	24
								890.0		961.9	
									911		984
								1801.0		1945.9	
									938.9		1013.6
						2703.3		2739.9		2959.5	
							951.5		964.2		1039.9
				3605.6		3654.8		3704.1		3999.4	
					961.8		974.8		987.6		
				4567.4		4629.6		4691.7			
					982.5		995.7		1009.0		
		5474.6		5549.9		5625.3		5700.7			
			995.1		1008.7		1022.2		1035.7		
		6469.7		6558.6		6647.5		6736.4			
			1023.5		1037.2		1050.9				
7390.5		7493.2		7595.8		7698.4					
	1025.2		1038.8		1052.5		1066.2				
8415.7		8532.0		8648.3		8764.6					
	1044.2		1058.3		1072.4						
9459.9		9590.3		9720.7							
			1066.1		1080.6						
	1051.7										
10511.6		10656.4		10801.3							
	1053.9		1068.4								
11565.5		11724.8									
	1089.3										
12654.8											
	1128.4										
13783.2											
	1111.8										
14895.0											
	1092.8										
15987.8											
	1146.9										
17134.7											
	1119.0										
18253.7											
	1157.8										
19411.5											
	1129.5										
20541.0											
	1142.9										
21683.9											
	1141.7										
22825.6											

锅炉热平衡及燃料消耗量计算如表 10-29 所列。

表 10-29 锅炉热平衡及燃料消耗量计算

数值名称	计算公式及数据	结果
燃料低位发热量 $Q_{net,V,ar}$/(kJ/kg)	给定	17228.7
冷空气温度 t_{lk}/℃	给定	20
理论冷空气焓 I_{lk}^0/(kJ/kg)	按 t_{lk} 查表 10-28	119.9
暖风器出口空气温度 t_c/℃	给定	60
暖风器出口理论空气焓 I_c^0/(kJ/kg)	按 t_c 查表 10-28	359.6
炉膛出口过量空气系数 α_1''	给定	1.2
炉膛漏风系数 $\Delta\alpha_1$	给定	0.05
制粉系统漏风系数 $\Delta\alpha_{zf}$	见制粉系统计算	0.10
空气预热器漏风系数 $\Delta\alpha_{ky}$	制造厂保证值	0.12
空气预热器进口风量比 β'	$\alpha_1''-\Delta\alpha_1-\Delta\alpha_{zf}+\Delta\alpha_{zy}=1.2-0.05-0.1+0.12$	1.17
空气在暖风器内吸热量(外界热量)Q_{wr}/(kJ/kg)	$\beta'(I_c^0-I_{lk}^0)=1.17\times(359.6-119.9)$	280.4
输入热量 Q_r/(kJ/kg)	$Q_{net,V,ar}+Q_{wr}=17228.7+280.4$	17509.1
排烟温度 θ_{py}/℃	预选	159
排烟焓 I_{py}/(kJ/kg)	按 $\theta_{py}=159$℃，$\alpha_{py}=1.40$ 查表 10-28	1542.5
机械不完全燃烧热损失 q_4/%	制造厂保证值	2.0
化学不完全燃烧热损失 q_3/%	制造厂保证值	0
散热损失 q_5/%	见第二章	0.2
飞灰系数 α_{fh}	见第二章	0.9
灰渣比 α_{hz}	$1-\alpha_{fh}=1-0.9$	0.1
排渣焓 $(ct)_{hz}$/(kJ/kg)	按 $t_{hz}=600$℃查表 10-28	559.8
灰渣物理热损失 q_6/%	$\left[\alpha_{hz}\dfrac{A_{ar}}{100}(ct)_{hz}/Q_r\right]\times100$	
	$=\left(0.1\times\dfrac{32.6}{100}\times559.8/17509.1\right)\times100$	0.10
排烟热损失 q_2/%	$\dfrac{I_{py}-\alpha_{py}I_{lk}^0}{Q_r}\left(1-\dfrac{q_4}{100}\right)\times100$	
	$=\dfrac{1542.5-1.40\times119.9}{17509.1}\left(1-\dfrac{2}{100}\right)\times100$	7.69
锅炉总的热损失 $\sum\limits_{i=2}^{6}q_i$/%	$q_2+q_3+q_4+q_5+q_6=7.69+0+2+0.2+0.10$	9.99
锅炉热效率 η/%	$100-\sum\limits_{i=2}^{6}q_i=100-9.99$	90.01
保热系数 φ	$1-\dfrac{q_5}{\eta+q_5}=1-\dfrac{0.2}{90.01+0.2}$	0.998
过热蒸汽出口焓 i_1''/(kJ/kg)	按 $p_1=16.76$MPa，$t_1=555$℃查水蒸气性质表①	3443.2
过热蒸汽流量 D_1/(kg/s)	$1000\times10^3/3600$	277.78
再热蒸汽流量 D_2/(kg/s)	$854\times10^3/3600$	237.22
再热蒸汽入口焓 i_2'/(kJ/kg)	按 $p_2'=3.61$MPa，$t_2'=335$℃查水蒸气性质表	3066.9
再热蒸汽出口焓 i_2''/(kJ/kg)	按 $p_2''=3.38$MPa，$t_2''=555$℃查水蒸气性质表	3575.8
再热蒸汽喷水量 ΔD_{zr}^{jw}/(kg/s)	$4.68\times10^3/3600$	1.30
再热蒸汽喷水焓 i_{zr}^{jw}/(kJ/kg)	按 $p_{zr}^{jw}=3.43$MPa，$t_{zr}^{jw}=164$℃查水蒸气性质表	694.4
给水温度 t_{gs}/℃	给定	260
给水焓 i_{gs}/(kJ/kg)	按 $p_{gs}=19.6$MPa，$t_{gs}=260$℃查水蒸气性质表	1133.8
锅炉有效利用热量 Q_{gl}/kW	$D_1(i_1-i_{gs})+(D_2+\Delta D_{zr}^{jw})(i_2''-i_2')+\Delta D_{zr}^{jw}(i_2'-i_{zr}^{jw})=277.78(3443.2-1133.8)+(237.22+1.3)(3575.8-3066.9)+1.3\times(3066.9-694.4)$	765972.2
燃料消耗量 B/(kg/s)	$\dfrac{Q_{gl}\times100}{\eta Q_r}=\dfrac{765972.2\times100}{90.01\times17509.1}$	48.60
计算燃料消耗量 B_j/(kg/s)	$B\left(1-\dfrac{q_4}{100}\right)=48.60\left(1-\dfrac{2}{100}\right)$	47.63

① 系指《国际单位制的水和水蒸气性质》，下同。

2. 炉内换热计算

炉内换热计算的目的是计算锅炉炉膛出口烟气温度 θ_1''。该炉膛的结构特性计算列于表10-30，带有屏的炉膛校核热力计算如表10-31所列。炉膛结构尺寸如图10-65所示。

表10-30 炉膛结构特性计算

数值名称	计算公式及数值	结果
侧墙面积		
F_{ci}/m^2	$(12.829+7.0145)\times4.152\times\frac{1}{2}$	41.20
F_{cii}/m^2	11.1252×28.337	315.25
F_{ciii}/m^2	$[11.1252+(12.829-0.8519-2.3383)]\times1.350\times\frac{1}{2}$	14.02
F_{civ}/m^2	$15.50\times(12.829-0.8519-5.051)$	107.35
侧墙总面积 F_c/m^2	$F_{ci}+F_{cii}+F_{ciii}+F_{civ}=41.20+315.25+14.02+107.35$	477.82
前墙面积		
F_{qi}/m^2	$14.7066\times\left(5.0686+\frac{7.0145}{2}\right)$	126.12
F_{qii}/m^2	$28.337\times(13.1826+2\sqrt{0.8519^2+0.762^2})$	438.33
F_{qiii}/m^2	$1.350\times(13.1826+2\times1.143)$	20.88
F_{qiv}/m^2	$15.50\times(13.1826+2\times1.143)$	239.76
前墙总面积 F_q/m^2	$F_{qi}+F_{qii}+F_{qiii}+F_{qiv}=126.12+438.33+20.88+239.76$	825.09
后墙面积		
F_{hi}/m^2	$14.7066\times\left(5.0686+\frac{7.0145}{2}\right)$	126.12
F_{hii}/m^2	$28.337\times(13.1826+2\sqrt{0.8519^2+0.762^2})$	438.33
F_{hiii}/m^2	$14.7066\times\frac{2.3383}{\cos30^\circ}$	39.71
后墙总面积 F_h/m^2	$F_{hi}+F_{hii}+F_{hiii}=126.12+438.33+39.71$	604.16
炉顶面积 F_d/m^2	$14.7066\times(12.829-5.051)$	114.39
出口烟窗面积 F_{ch}/m^2	$14.7066\times(5.051-2.3383+15.50)$	267.85
炉墙总面积 F_l/m^2	$2F_c+F_q+F_h+F_d+F_{ch}=2\times477.82+825.09+604.16+114.39+267.85$	2767.13
大屏壁面积 F_p/m^2	$15.50\times2.989\times2\times8$	741.27
炉膛空容积内炉墙面积 F_{lk}/m^2	$2(F_{ci}+F_{cii}+F_{ciii})+F_{qi}+F_{qii}+F_{qiii}+F_{hi}+F_{hii}+F_{hiii}$ $=2(41.20+315.25+14.02)+126.12+438.33+20.88+126.12+438.33+39.71$	1930.43
屏区炉墙面积 F_{pb}/m^2	$2F_{civ}+F_{qiv}+F_d+F_{ch}=2\times107.35+239.76+114.39+267.85$	836.70
炉膛总体积 V_l/m^3	$477.82\times14.7066+(14.7066+13.1826)\times0.8519\times\frac{1}{2}\times[(28.337+1.35+15.50)+28.337]$	7900.40
炉膛空体积 V_{lk}/m^3	$7900.40-107.35\times14.7066-(14.7066+13.1826)\times0.8519\times\frac{1}{2}\times15.50$	6137.50
屏区空间体积 V_p/m^3	$V_l-V_{lk}=7900.40-6137.50$	1762.90
全炉膛有效辐射层厚度 S/m	$\frac{3.6V_l}{F_{lk}+F_{pb}+F_p}\left(1+\frac{F_p}{F_{lk}+F_{pb}}\times\frac{V_{lk}}{V_l}\right)$ $=\frac{3.6\times7900.40}{1930.43+836.7+741.27}\left(1+\frac{741.27}{1930.43+836.7}\times\frac{6137.5}{7900.4}\right)$	9.79
空容积区有效辐射层厚度 S_k/m	$\frac{3.6V_{lk}}{F_k}=\frac{3.6\times6137.5}{1930.43+(12.829-2.3383)\times14.7066-2\times0.8519\times0.762\times\frac{1}{2}}$	10.60
屏区空间有效辐射层厚度 S_p/m	$\frac{3.6V_p}{2F_d+15.50\times14.7066+2F_{4c}+F_p+(13.1826+2\times1.143)\times15.50}=$ $3.6\times1762.90/[2\times114.39+15.50\times14.7066+2\times107.35+741.27+(13.1826+2\times1.143)\times15.50]$	3.84

表 10-31 带有屏的炉膛校核热力计算

数值名称	计算公式及数据	结果
炉膛出口烟气温度(θ_1'')/℃	先假定	1100
炉膛出口烟气焓(L_1'')/(kJ/kg)	按 $\alpha_1''=1.2$,(θ_1'')=1100℃查表 10-28	10511.6
空气预热器出口风量比 β''	$\alpha_1''-\Delta\alpha_1-\Delta\alpha_{zf}=1.2-0.05-0.1$	1.05
热空气温度 t_{rk}/℃	热平衡计算预选	320
理论热空气焓 I_{rk}^0/(kJ/kg)	按 $t_{rk}=320$℃查表 10-28	1956.0
空气带入炉膛热量 Q_k/(kJ/kg)	$\beta''I_{rk}^0+(\Delta\alpha_1+\Delta\alpha_{zf})I_{lk}^0=1.05\times1956.0+(0.05+0.1)\times119.9$	2071.8
燃料在炉内有效放热量 Q_1/(kJ/kg)	$Q_r\dfrac{100-q_3-q_4-q_6}{100-q_4}+Q_k-Q_{wr}$ $=17509.1\dfrac{100-0-2-0.1}{100-2}+2071.8-280.4$	19282.6
理论燃烧温度 θ_a^0/℃	按 $\alpha_1''=1.20$,$Q_1=19282.6$ 查表 10-28	1888.9
燃料产物的平均比热容 V_yc_{pj}/[kJ/(kg·K)]	$\dfrac{Q_1-(I_1'')}{\theta_a^0-(\theta_1'')}=\dfrac{19282.6-10511.6}{1888.9-1100}$	11.12
燃烧器布置高度 h_r/m	$4.152+9.1975$	13.35
燃烧器布置相对标高 x_r	$h_r/h_1=\dfrac{13.35}{41.589}$	0.321
修正量 Δx	正常运行时燃烧器下摆 10°	−0.05
火焰最高温度区相对标高 x_{max}	$x_r+\Delta x=0.321-0.05$	0.271
参数 M	$0.59-0.5x_{max}=0.59-0.5\times0.271$	0.4545
烟气中水蒸气体积份额 r_{H_2O}	按 $\alpha=1.20$ 查表 10-27	0.1102
烟气中三原子气体体积份额 r_q	按 $\alpha=1.20$ 查表 10-27	0.2438
三原子气体分压力 p_q/MPa	$r_qp=0.2438\times0.1$	0.02438
三原子气体辐射力 p_qS/(m·MPa)	0.02438×9.79	0.2387
三原子气体辐射减弱系数 k_y/(m·MPa)$^{-1}$	$\left(\dfrac{7.8+16r_{H_2O}}{3.16\sqrt{p_qS}}-1\right)\left[1-0.37\dfrac{T_1''}{1000}\right]$ $=\left(\dfrac{7.8+16\times0.1102}{3.16\sqrt{0.2387}}-1\right)\left(1-0.37\dfrac{1100+273}{1000}\right)$	2.5555
灰粒的辐射减弱系数 k_h/(m·MPa)$^{-1}$	$\dfrac{55900}{\sqrt[3]{(T_1'')^2d_h^2}}=\dfrac{55900}{\sqrt[3]{(1100+273)^2\times13^2}}$	81.847
飞灰浓度 μ_h/(kg/kg)	按 $\alpha=1.20$ 查表 10-27	0.0377
焦炭粒的辐射减弱系数 k_j/(m·MPa)$^{-1}$	按第一节选取	10
无量纲量 x_1	按第一节选取	0.5
无量纲量 x_2	按第一节选取	0.1
炉内介质总吸收力 kpS	$(k_yr_q+k_h\mu_h+k_jx_1x_2)pS=(2.5555\times0.2438+81.847\times0.0377+10\times0.5\times0.1)\times0.1\times9.79$	4.120
火焰黑度 a_{hy}	$1-e^{-kpS}=1-e^{-4.120}$	0.9838
空体积区介质辐射特性		
三原子气体辐射力 p_qS_k/(m·MPa)	0.02438×10.60	0.2584
三原子气体辐射减弱系数 k_{yk}/(m·MPa)$^{-1}$	$\left(\dfrac{7.8+16r_{H_2O}}{3.16\sqrt{p_qS_k}}-1\right)\left[1-0.37\dfrac{T_1''}{1000}\right]$ $=\left(\dfrac{7.8+16\times0.1102}{3.16\sqrt{0.2584}}-1\right)\left(1-0.37\dfrac{1100+273}{1000}\right)$	2.4371

续表

数值名称	计算公式及数据	结果
介质总吸收力 $k_k pS_k$	$(k_{yk}r_q+k_h\mu_h+k_jx_1x_2)pS_k=(2.4371\times0.2438+81.847\times0.0377+10\times0.5\times0.1)\times0.1\times10.60$	4.4306
空容积火焰黑度 α_{hyk}	$1-e^{-k_\kappa pS_k}=1-e^{-4.4306}$	0.9881
屏区空间介质辐射特性		
三原子气体辐射力 $p_qS_p/(m\cdot MPa)$	0.02438×3.84	0.0936
三原子气体辐射减弱系数 $k_{yp}/(m\cdot MPa)^{-1}$	$\left(\frac{7.8+16r_{H_2O}}{3.16\sqrt{p_qS_p}}-1\right)\left(1-0.37\frac{T''_1}{1000}\right)=\left(\frac{7.8+16\times0.1102}{3.16\sqrt{0.0936}}-1\right)\left(1-0.37\frac{1100+273}{1000}\right)$	4.3747
介质总吸收力 $k_p pS_p$	$(k_{yp}r_q+k_h\mu_h+k_jx_1x_2)pS_p=(4.3747\times0.2438+81.847\times0.0377+10\times0.5\times0.1)\times0.1\times3.84$	1.7864
屏区火焰黑度 α_{hyp}	$1-e^{-k_p pS_p}=1-e^{-1.7864}$	0.8324
屏宽与空体积辐射层有效厚度比值 B/S_k	$(2\times2.989+0.200)/10.60$	0.5828
屏宽与屏长度之比 ω	因为 $B>S_1$，取 $\omega=S_1/L=2.7432/15.50$	0.1770
修正系数 c_p	$S_1=2743.2mm$，$B>S_1$，查图 10-18	0.93
参数 τ_A	$-[\ln(1-a_{hy})]\frac{B}{S_k}=[\ln(1-0.9838)]\frac{6.178}{10.60}$	2.403
屏的辐射系数 φ_p	$B/S_1=6.178/2.7432=2.252$，查图 10-18	0.074
屏受热面处辐射层有效黑度 a_p	$a_{hyp}+\varphi_pc_pa_{hyk}=0.8324+0.074\times0.93\times0.9881$	0.9004
屏的曝光不均匀系数 z_p	$a_p/a_{hyk}=0.9004/0.9881$	0.9112
屏区两侧墙受热面处辐射层有效黑度 a_{cp}	$a_{cp}=a_c$	0.9004
屏区两侧墙受热面曝光不均匀系数 z_{cp}	$a_{cp}/a_{hyk}=0.9004/0.9881$	0.9112
屏区前墙受热面的辐射系数 φ_{qp}	根据 τ_A 和 B/S_1，查图 10-18 中 φ_{pb} 图	0.025
修正系数 c_{qp}	查图 10-18 中 c_{pb} 图	0.79
屏区前墙受热面处辐射层有效黑度 a_{qp}	$a_{hyp}+\varphi_{qp}c_{qp}a_{hyk}=0.8324+0.025\times0.79\times0.9881$	0.8519
屏区前墙受热面曝光不均匀系数 z_{qp}	$a_{qp}/a_{hyk}=0.8519/0.9881$	0.8622
屏区出口烟窗曝光不均匀系数 z_{chp}	$z_{chp}=z_{qp}$	0.8622
屏区顶棚受热面的辐射系数 φ_{dp}	查图 10-18 中 φ_p	0.09
修正系数 c_{dp}	查图 10-18 中 c_p	0.88
屏区顶棚受热面处辐射层有效黑度 a_{dp}	$a_{hyp}+\varphi_{dp}c_{dp}a_{hyk}=0.8324+0.09\times0.88\times0.9881$	0.9107
屏区顶棚受热面曝光不均匀系数 z_{dp}	$a_{dp}/a_{hyk}=0.9107/0.9881$	0.9217
考虑曝光不均匀后屏本身计算面积 z_pF_p/m^2	0.9112×741.27	675.45
考虑曝光不均匀后屏区侧墙计算面积 $2z_{cp}\times F_{clV}/m^2$	$2\times0.9112\times107.35$	195.68
考虑曝光不均匀后屏区前墙计算面积 $z_{qp}\times A_{clV}/m^2$	0.8622×239.76	206.72
考虑曝光不均匀后屏区出口烟窗计算面积 $z_{chp}\times F'_{ch}/m^2$	$0.8622\times15.50\times14.7066$	196.54
考虑曝光不均匀后屏区顶棚计算面积 $z_{dp}F_d/m^2$	0.9217×114.39	105.43

续表

数值名称	计算公式及数据	结果
考虑曝光不均匀后炉膛总壁面积F_1'/m²	$F_{1k}+(5.051-2.3383)\times14.7066+z_pF_p+2z_{cp}F_{c1V}+z_{qp}F_{q1V}+z_{chp}F'_{ch}+z_{dp}F_d$ $=1930.43+39.89+675.45+195.63+206.72+196.54+105.43$	3350.09
炉壁前、后、侧墙水冷壁角系数x_s	膜式水冷壁	1.0
炉膛前、后、侧墙水冷壁污染系数ζ_s	查表10-3	0.45
屏的角系数x_p	$S/d=61/51=1.196$，查图10-14	0.92
屏的污染系数ζ_p	见表10-2，0.45－0.1	0.35
顶棚受热面角系数x_d	膜式顶棚	1.0
顶棚受热面污染系数ζ_d	查表10-3	0.45
出口烟窗角系数x_{ch}		1.0
出口烟窗污染系数ζ_{ch}	查图10-15，0.45×0.98	0.441
炉膛前、后、侧墙水冷壁热有效系数ψ_s	$\zeta_sx_s=0.45\times1.0$	0.45
屏受热面热有效系数ψ_p	$\zeta_px_p=0.35\times0.92$	0.322
顶棚受热面热有效系数ψ_d	$\xi_dx_d=0.45\times1.0$	0.45
出口烟窗热有效系数ψ_{ch}	$\xi_{ch}x_{ch}=0.441\times1.0$	0.441
炉膛平均热有效系数ψ_{pj}	$\sum\psi_iF_iF_1'$ $=[0.45(1930.43+39.89)+0.322\times675.45+0.45(195.63+206.72+105.43)+0.441\times196.54/3350.09]$	0.4237
炉膛黑度a_1	$\dfrac{a_{hy}}{a_{hy}+(1-\alpha_{hy})\psi_{pj}}=\dfrac{0.9838}{0.9838+(1-0.9838)\times0.4237}$	0.9931
炉膛出口烟气温度θ_1''/℃	$\dfrac{T_a}{M\left(\dfrac{5.67\times10^{-11}\psi_{pj}A_1'a_1T_a^3}{\varphi B_jV_yC_{pj}}\right)^{0.6}+1}-273=$ $\dfrac{2161.9}{0.4545\left(\dfrac{5.67\times10^{-11}\times0.4237\times3350.09\times0.9931\times2161.9^3}{0.998\times47.63\times11.12}\right)^{0.6}+1}-273$	1090
验算$\|\theta_1''-(\theta_1'')\|$/℃	$\|1090-1100\|$ $\|\theta_1''-(\theta_1'')\|<100$℃，计算合格	10
炉膛出口烟气焓I_1''/(kJ/kg)	按$\alpha_1''=1.2$，$\theta_1''=1090$℃，查表10-28	10406.4
炉膛辐射吸热量Q_f/(kJ/kg)	$\varphi(Q_1-I_1'')=0.998(19282.6-10406.4)$	8858.4
炉膛辐射受热面热强度q_F/(kW/m²)	$Q_fB_j/H_1'=\dfrac{8858.4\times47.63}{3350.09}$	125.9
炉膛容积热负荷q_V/(kW/m³)	$Q_rB_j/V_1=\dfrac{17509.1\times47.63}{7900.40}$	105.6
炉膛断面热负荷q_A/(kW/m²)	$Q_rB_j/F=\dfrac{17509.1\times47.63}{12.829\times14.7066-4\times0.8519\times0.762\times0.5}$	4451.8

3. 半辐射和对流受热面的换热计算

(1) 后屏过热器的热力计算 该1000t/h锅炉后屏过热器的结构尺寸如图10-66所示。该锅炉后屏过热器的结构特性计算示于表10-32中，其后屏过热器的校核热力计算列于表10-33中。

(2) 回转式空气预热器的热力计算 1000t/h锅炉采用了两台回转式空气预热器，预热器冷段结构特性如表10-34所列，热段结构特性如表10-35所列。其冷段校核热力计算如表10-36所列，热段校核热力计算如表10-37所列。

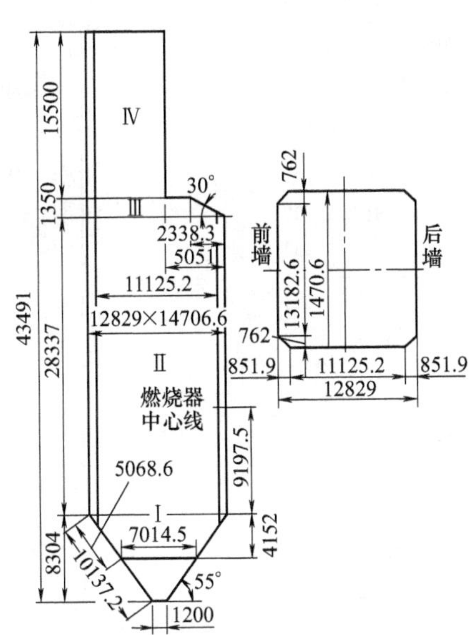

图 10-65 1000t/h 锅炉炉膛结构尺寸

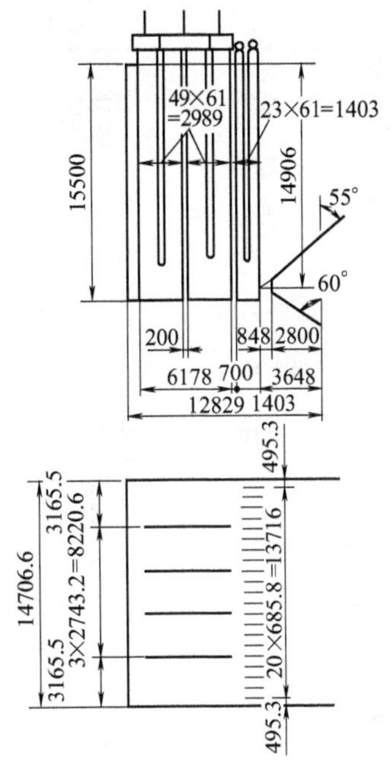

图 10-66 后屏过热器的结构尺寸

表 10-32 后屏过热器结构特性计算

数值名称	计算公式及数据	结果
管径×壁厚 $d\times\delta$/(mm×mm)	按设计图纸	51×8
屏的数量 n_p/片	按设计图纸	21
每片屏并联管子根数 n/根	按设计图纸	12
横向平均节距 S_1/mm	按设计图纸,14706.6/22	668.5
纵向节距 S_2/mm	按设计图纸	61
纵向排数 n_2	按设计图纸	24
横向相对节距 S_1/d	668.5/51	13.11
纵向相对节距 S_2/d	61/51	1.20
屏的角系数 x	按图 10-14	0.91
屏的受热面积 H_p/m²	$2n_px\times15.50\times1.403=2\times21\times0.91\times15.50\times1.403$	831.2
屏区内附加受热面面积 顶棚 H_{dp}/m²	$x_{dp}=1.0$ 时,14.7066(1.403+0.848)×1.0	33.10
侧墙水冷壁 H_{sl}/m²	膜式水冷壁 $x_{sl}=1.0$,15.50(5.051−2.80)×2×1.0	69.78
进口窗辐射受热面积 H_{ch}/m²	由炉膛结构计算,见表 10-31 $x=1.0$	267.85
屏的辐射受热面积 H_{fp}/m²	$H_{ch}\dfrac{H_p}{H_p+H_{dp}+H_{sl}}=267.85\dfrac{831.2}{831.2+33.10+69.78}$	238.35
屏区顶棚辐射受热面积 H_{fdp}/m²	$H_{ch}\dfrac{H_{dp}}{H_p+H_{dp}+H_{sl}}=267.85\dfrac{33.10}{831.2+33.10+69.78}$	9.49
屏区侧墙水冷壁的辐射受热面积 H_{fsl}/m²	$H_{ch}\dfrac{H_{sl}}{H_p+H_{dp}+H_{sl}}=267.85\dfrac{69.78}{831.2+33.10+69.78}$	20.01
烟气入口流通截面积 F'_y/m²	[15.5+(5.051−2.8)]×14.7066−21[15.5+(5.051−2.8)]×0.051	242.05
烟气出口流通截面积 F''_y/m²	14.7066×14.906−14.906×21×0.051	203.25
烟气平均流通截面积 F_y/m²	$\dfrac{2F'_yF''_y}{F'_y+F''_y}=\dfrac{2\times242.05\times203.25}{242.05+203.25}$	220.96
蒸汽流通截面积 f/m²	$n_pn\dfrac{\pi d_n^2}{4}=21\times12\times\dfrac{\pi\times(0.035)^2}{4}$	0.2425
辐射层有效厚度 S/m	$\dfrac{1.8}{\dfrac{1}{A}+\dfrac{1}{B}+\dfrac{1}{C}}=\dfrac{1.8}{\dfrac{1}{15.50}+\dfrac{1}{0.6685}+\dfrac{1}{1.403}}$	0.792

表 10-33 后屏过热器校核热力计算

数值名称	计算公式及数据	结果
进口烟气温度 θ'/℃	由炉膛热力计算	1090
进口烟气焓 I'_y/(kJ/kg)	由炉膛热力计算	10406.4
屏区热负荷分布系数 η	按图 10-26	0.64
炉膛出口烟窗辐射热负荷 q_{fch}/(kW/m²)	$\eta q_f=0.64\times126.6$	81.02
出口烟窗处屏的辐射热负荷 q_{fp}/(kW/m²)	$\beta q_{fch}=0.98\times81.02$	79.40
屏入口断面吸收的辐射热 Q_{fr}/(kJ/kg)	$q_{fp}F_r/B_j=\dfrac{79.40\times14.7066(15.50+5.051-2.8)}{47.63}$	435.2
布置于屏后管簇(中温再热器)的辐射受热面积 H_c/m²	14.7066×14.0966	207.3
屏入口断面对出口断面的角系数 x_p	$\sqrt{(l/S_1)^2+1}-l/S_1=\sqrt{\left(\dfrac{1.403}{0.6685}\right)^2+1}-\dfrac{1.403}{0.6685}$	0.2261
屏出口烟温(θ'')/℃	先假定	1025
出口烟气焓(I''_y)/(kJ/kg)	按 $\alpha=1.2$,$(\theta'')=1025$℃查表 10-28	9722.8
烟气平均温度 θ_{pj}/℃	$\dfrac{1}{2}[\theta'+(\theta'')]=\dfrac{1}{2}(1090+1025)$	1057.5
乘积 pr_qS	$0.1\times0.2438\times0.792$	0.0193
三原子气体辐射减弱系数 k_y/(m·MPa)$^{-1}$	$\left(\dfrac{7.8+16r_{H_2O}}{3.16\sqrt{pr_qS}}-1\right)\left(1-0.37\dfrac{\theta_{pj}+273}{1000}\right)$ $=\left(\dfrac{7.8+16\times0.1102}{3.16\sqrt{0.0193}}-1\right)\times\left(1-0.37\dfrac{1057.5+273}{1000}\right)$	10.55
灰粒辐射减弱系数 k_h/(m·MPa)$^{-1}$	$\dfrac{55900}{\sqrt[3]{T_{pj}^2d_h^2}}=\dfrac{55900}{\sqrt[3]{(1057.5+273)^2\times13^2}}$	83.58
烟气中飞灰浓度 μ_h/(kg/kg)	按 $\alpha=1.2$ 查表 10-27	0.0377
辐射减弱系数 k/(m·MPa)$^{-1}$	$k_yr_q+k_h\mu_h=10.55\times0.2438+83.58\times0.0377$	5.7231
总吸收力 k_pS	$5.7231\times0.1\times0.792$	0.4533
屏间烟气黑度 a	$1-e^{-kpS}=1-e^{-0.4533}$	0.3645
燃料种类修正系数 ξ_r	按第二节式(10-95)	0.5
自炉膛和后屏传给中温再热器的辐射热量 Q_{fc}/(kJ/kg)	$\dfrac{Q_{fr}(1-\alpha)x_p}{\beta}+\dfrac{5.67\times10^{-11}\alpha A_cT_{pi}^4\xi_r}{B_j}$ $=\dfrac{435.2(1-0.3645)\times0.2261}{0.98}+$ $[5.67\times10^{-11}\times0.3645\times207.3\times$ $(1057.5+273)^4\times0.5]/47.63$	204.7
后屏区受热面(包括附加受热面)自炉膛获得的辐射热量 Q_f/(kJ/kg)	$Q_{fr}-Q_{fc}=435.2-204.7$	230.5
后屏所得辐射热量 Q_{fp}/(kJ/kg)	$Q_f-\dfrac{H_{fp}}{H_{fp}+H_{fdp}+H_{fsl}}=230.5\times\dfrac{238.35}{238.35+9.49+20.01}$	205.1
顶棚所得辐射热量 Q_{fdp}/(kJ/kg)	$Q_f\dfrac{H_{fdp}}{H_{fp}+H_{fdp}+H_{fsl}}=230.5\times\dfrac{9.49}{238.35+9.49+20.01}$	8.2
水冷壁所得辐射热量 Q_{fsl}/(kJ/kg)	$Q_f\dfrac{H_{fsl}}{H_{fp}+H_{fdp}+H_{fsl}}=230.5\times\dfrac{20.01}{238.35+9.49+20.01}$	17.2
后屏和附加受热面的热平衡热量 Q_{rp}/(kJ/kg)	$\varphi(h'_y-h''_y)=0.998\times(10406.4-9722.8)$	682.2
后屏热平衡热量 Q_{rpp}/(kJ/kg)	预选	616
预棚热平衡热量 Q_{rpdp}/(kJ/kg)	预选	28

续表

数值名称	计算公式及数据	结果
水冷壁热平衡热量 Q_{rpsl}/(kJ/kg)	682.2−616−28	38.2
屏进口蒸汽温度 t'/℃	预选	459
屏进口蒸汽焓 i'/(kJ/kg)	按 $t'=459℃$，$p'=17.4MPa$ 查水蒸气性质表	3145.6
后屏总吸热量 Q_p/(kJ/kg)	$Q_{fp}+Q_{rpp}=205.1+616$	821.1
蒸汽在后屏内焓增 Δi/(kJ/kg)	$\dfrac{B_jQ_p}{D_p}=\dfrac{47.63\times 821.1}{274.61}$ 其中后屏蒸汽流量 $D_p=988.6t/h=274.61kg/s$	142.4
屏出口蒸汽焓 i''/(kJ/kg)	$h'+\Delta h=3145.6+142.4$	3288
屏出口蒸汽温度 t''/℃	按 $i''=3288kJ/kg$，$p''=17.15MPa$ 查水蒸气性质表	502.5
蒸汽平均温度 t_{pj}/℃	$\dfrac{1}{2}(t'+t'')=\dfrac{1}{2}\times(459+502.5)$	480.8
大温差 Δt_d/℃	$\theta'-t''=1090-502.5$	587.5
小温差 Δt_x/℃	$(\theta'')-t'=1025-459$	566
比值 $\Delta t_d/\Delta t_x$	587.5/566	1.038
后屏传热温压 Δt_p/℃	因为 $\Delta t_d/\Delta t_x=1.038<1.7$，$\theta_{pj}-t_{pj}=1057.5-480.8$	576.7
后屏内蒸汽平均流速 v_q/(m/s)	$\dfrac{D_pV_{pj}}{f}=\dfrac{274.61\times 0.016781}{0.2425}$ 按 t_{pj}，p_{pj} 查水蒸气性质表，$V_{pj}=0.016781m^3/kg$	19.0
管壁对蒸汽的放热系数 α_2/[kW/(m²·℃)]	查图 10-36	5.2335
烟气平均流速 v_y/(m/s)	$\dfrac{B_jV_y(\theta_{pj}+273)}{273F_y}=\dfrac{47.63\times 5.9552(1057.5+273)}{273\times 220.96}$	6.26
对流放热系数 α_d/[kW/(m²·℃)]	查图 10-32 0.05001×1.0×0.7×0.94	0.03291
污染系数 ζ	见表 10-3	6.8788
灰污壁表面温度 t_b/℃	$t_{pj}+\dfrac{(Q_{fp}+Q_{rpp})B_j}{H_p}\left(\zeta+\dfrac{2}{\alpha_2}\right)$ $=480.8+\dfrac{(205.1+616)\times 47.63}{831.2}\times\left(6.8788+\dfrac{1}{5.2335}\right)$	813.4
辐射放热系数 α_f/[kW/(m²·℃)]	$5.67\times 10^{-11}\dfrac{\alpha_h+1}{2}aT_{pj}^3\dfrac{1-(T_b/T_{pj})^4}{1-(T_b/T_{pj})}$ $=5.67\times 10^{-11}\dfrac{0.8+1}{2}\times 0.3645\times$ $(1058.4+273)^3\times\dfrac{1-\left(\dfrac{813.4+273}{1057.5+273}\right)^4}{1-\left(\dfrac{813.4+273}{1057.5+273}\right)}$	0.1327
污染系数 ζ'	见表 10-3	0.85
烟气对管壁的放热系数 α_1/[kW/(m²·℃)]	$\left(\alpha_d\dfrac{\pi d}{2s_2x}+\alpha_f\right)\zeta'=$ $\left(0.03291\times\dfrac{0.051\pi}{2\times 0.061\times 0.91}+0.1327\right)\times 0.85$	0.1532
传热系数 K/[kW/(m²·℃)]	$\dfrac{\alpha_1}{1+\left(1+\dfrac{Q_{fp}}{Q_{rpp}}\right)\left(\varepsilon+\dfrac{1}{\alpha_2}\right)\alpha_1}$ $=\dfrac{0.1532}{1+\left(1+\dfrac{205.1}{616}\right)\left(6.8788+\dfrac{1}{5.2335}\right)\times 0.1532}$	0.0627
屏的传热吸热量 Q_{crp}/(kJ/kg)	$\dfrac{KH_p\Delta t}{B_j}=\dfrac{0.0627\times 831.2\times 576.7}{47.63}$	630.3

续表

数值名称	计算公式及数据	结果
相对偏差 ΔQ/%	$\frac{\lvert Q_{crp}-Q_{rpp}\rvert}{Q_{rpp}}\times100=\frac{630.3-616}{616}\times100$	2.32
允许误差[ΔQ]/%	$\Delta Q>[\Delta Q]$，重新假定[θ'']，作第二次计算	2
屏出口烟温[θ'']/℃	第二次假定	1021
出口烟气焓 I''_y/(kJ/kg)	按 $\alpha=1.2,\theta''=1021$℃查表 10-28	9680.8
烟气平均温度 θ_{pj}/℃	$\frac{1}{2}(\theta'+\theta'')=\frac{1}{2}(1090+1021)$	1055.5
后屏和附加受热面的热平衡热量 Q_{rp}/(kJ/kg)	$\varphi(I'_y-I''_y)=0.998(10406.4-96808)$	724.1
后屏热平衡热量 Q_{rpp}/(kJ/kg)	预选	632.6
顶棚热平衡热量 Q_{rpdp}/(kJ/kg)	预选	31
水冷壁热平衡热量 Q_{rpsl}/(kJ/kg)	724.1−632.6−31	60.5
后屏总吸热量 Q_p/(kJ/kg)	$Q_{fp}+Q_{rpp}=204.8+632.6$	837.7
蒸汽在后屏内焓增 Δi/(kJ/kg)	$\frac{B_jQ_p}{D_p}=\frac{47.63\times837.7}{274.61}$	145.3
屏出口蒸汽焓 i''/(kJ/kg)	$i'+\Delta i=3145.6+145.3$	3290.9
屏出口蒸汽温度 t''/℃	按 $i''=3290.9$kJ/kg，$p''=17.15$MPa，查水蒸气性质表	503.2
蒸汽平均温度 t_{pj}/℃	$\frac{1}{2}(t'+t'')=\frac{1}{2}(459+503.2)$	481.1
后屏传热温压 Δt/℃	$\theta_{pj}-t_{pj}=1055.5-481.1$	574.4
屏的传热吸热量 Q_{crp}/(kJ/kg)	$\frac{KH_p\Delta t}{B_j}=\frac{0.0627\times831.2\times574.4}{47.63}$	628.5
相对偏差 ΔQ/%	$\frac{\lvert Q_{crp}-Q_{rpp}\rvert}{Q_{rpp}}\times100=\frac{\lvert 628.5-632.6\rvert}{632.6}\times100$	0.65
附加受热面校核	$\Delta Q<[\Delta Q]$计算合格	
顶棚内工质温度 t_{dp}/℃	由顶棚受热面计算知	362.8
顶棚受热面温压 Δt_{dp}/℃	$\theta_{pj}-t_{dp}=1055.5-362.8$	692.7
顶棚受热面传热吸热量 Q_{crdp}/(kJ/kg)	$\frac{KH_{dp}\Delta t_{dp}}{B_j}=\frac{0.0627\times33.1\times692.7}{47.63}$	30.2
相对偏差 ΔQ/%	$\frac{\lvert Q_{crdp}-Q_{rpdp}\rvert}{Q_{rpdp}}\times100=\frac{\lvert 30.2-31\rvert}{31}\times100$	2.6
允许误差[ΔQ]/%	$\Delta Q<[\Delta Q]$计算合格	10
屏区水冷壁内工质温度 t_{sl}/℃	$p=18.72$MPa 饱和温度	360.2
水冷壁受热面温压 Δt_{sl}/℃	$\theta_{pj}-t_{sl}=1055.5-360.2$	695.3
水冷壁受热面传热吸热量 Q_{crsl}/(kJ/kg)	$\frac{KH_{sl}\Delta t_{sl}}{B_j}=\frac{0.0627\times69.78\times695.3}{47.63}$	63.9
相对偏差 ΔQ/%	$\frac{\lvert Q_{crsl}-Q_{rpsl}\rvert}{Q_{rpsl}}\times100=\frac{\lvert 63.9-60.5\rvert}{60.5}\times100$ $\Delta Q<[\Delta Q]$计算合格	5.62

表 10-34 回转式空气预热器冷段结构特性

数值名称	计算公式及数据	结果
转子内径 D_n/mm	按结构图纸	10320
芯轴外径 d_w/mm	按结构图纸	2948
预热器台数 n	按锅炉整体设计	2
分隔仓数量	烟、风仓各 11 个，密封仓 2 个	24
烟气冲刷面积份额 x_y	按结构设计	0.4583

续表

数值名称	计算公式及数据	结果
空气冲刷面积份额 x_k	按结构设计	0.4583
受热元件直径 d_{dl}/mm		7.6
考虑传热元件占据面积的有效流通面积系数 K_{yj}	制造厂给定	0.901
考虑隔板、横挡板占据面积的有效流通面积系数 K_{gb}	制造厂给定	0.96
装载受热元件的环形面积 S_m/m^2	$\frac{\pi}{4}(D_n^2-d_w^2)=\frac{\pi}{4}(10.32^2-2.948^2)$	76.82
烟气流通截面积 F_y/m^2	$nx_yK_{yj}K_{gb}S_m=2\times0.4583\times0.901\times0.96\times76.82$	60.90
空气流通截面积 F_k/m^2	$nx_kK_{yj}K_{gb}S_m=2\times0.4583\times0.901\times0.96\times76.82$	60.90
冷段高度 h_1/m	按结构设计	0.30
单位体积内受热面积 $C_1/(m^2/m^3)$	制造厂给定	400
冷段受热面积 H_1/m^2	$0.95h_1C_1S_mK_{gb}n=0.95\times0.3\times400\times76.82\times0.96\times2$	16814.4

表 10-35 回转式空气预热器热段结构特性

数值名称	计算公式及数据	结果
转子内径 D_n/mm	按结构图纸	10320
芯轴外径 d_w/mm	按结构图纸	2948
预热器台数 n	按锅炉整体设计	2
分隔仓数量	烟、风仓各 11 个，密封仓 2 个	24
烟气冲刷面积份额 x_y	按结构设计	0.4583
空气冲刷面积份额 x_k	按结构设计	0.4583
受热元件直径 d_{dl}/mm	强化型蓄热板	9.1
考虑传热元件占据面积的有效流通面积系数 K_{yj}	制造厂给定	0.901
考虑隔板、横挡板占据面积的有效流通面积系数 K_{gb}	制造厂给定	0.96
装载受热元件的环形面积 S_m/m^2	$\frac{\pi}{4}(D_n^2-d_w^2)=\frac{\pi}{4}(10.32^2-2.948^2)$	76.82
烟气流通截面积 F_y/m^2	$nx_yK_{yj}K_{gt}S_m=2\times0.4583\times0.901\times0.96\times76.82$	60.90
空气流通截面积 F_k/m^2	$nx_kK_{yj}K_{gb}S_m=2\times0.4588\times0.901\times0.96\times76.82$	60.90
热段高度 h_r/m	按结构设计	1.9
单位体积内受热面积 $C_r/(m^2/m^3)$	制造厂给定	395
热段受热面积 H_r/m^2	$0.95nh_rC_rS_mK_{gb}=0.95\times2\times1.9\times395\times76.82\times0.96$	105159.8

表 10-36 回转式空气预热器冷段校核热力计算

数值名称	计算公式及数据	结果
排烟温度(即出口烟温)θ_{py}/℃	按热平衡计算查表 10-29	159
排烟焓 I_{py}/(kJ/kg)	按 $\theta_{py}=159$℃，$\alpha_{py}=1.40$ 查表 10-28	1542.5
冷段入口空气温度(暖风器出口风温)t'/℃	按锅炉整体设计	60
冷段入口风量比 β'	$\alpha_1''-\Delta\alpha_1-\Delta\alpha_{zf}+\Delta\alpha_{ky}=1.2-0.05-0.1+0.12$	1.17
冷段入口理论空气焓 $I_k^{0\prime}$/(kJ/kg)	按 $t'=60$℃查表 10-28	359.58
冷段出口空气温度(t'')/℃	假定	120
冷段出口理论空气焓 $I_k^{0\prime\prime}$/(kJ/kg)	按(t'')=120℃查表 10-28	721

续表

数值名称	计算公式及数据	结果
冷段出口风量比 β''	$\beta'-\frac{1}{2}\Delta\alpha_{ky}=1.17-\frac{1}{2}\times0.12$	1.11
冷段对流吸热量 Q_{dx}/(kJ/kg)	$\left(\beta''+\frac{1}{2}\Delta\alpha_{kyl}\right)(I_k^{0''}-I_k^{0'})=\left(1.11+\frac{0.06}{2}\right)(721-359.58)$	412
烟气入口焓 I'_y/(kJ/kg)	$\frac{Q_{dx}}{\varphi}+I_{py}-\Delta\alpha_{hyl}\left(\frac{I_k^{0''}+I_k^{0'}}{2}\right)$ $=\frac{412}{0.998}+1542.5-0.06\left(\frac{359.58+721}{2}\right)$	1922.9
入口烟气温度 θ'/℃	按 $\alpha=1.34$，$I'_y=1922.9$kJ/kg 由表 10-28 查取	205.1
平均烟气温度 θ_{pj}/℃	$\frac{1}{2}(\theta'+\theta_{py})=\frac{1}{2}(205.1+159)$	182.1
平均空气温度 t_{pj}/℃	$\frac{1}{2}[t'+(t'')]=\frac{1}{2}(60+120)$	90
大温差 Δt_d/℃	$\theta_{py}-t'=159-60$	99
小温差 Δt_x/℃	$\theta'-(t'')=205.1-120$	85.1
传热温压 Δt/℃	因为 $\Delta t_d/\Delta t_x=99/85.1=1.16<1.7$，$\theta_{pj}-t_{pj}=182.1-90$	92.1
烟气流速 v_y/(m/s)	$\frac{B_jV_y(\theta_{pj}+273)}{273F_y}=\frac{47.63\times6.6015(182.1+273)}{273\times60.90}$	8.61
空气流速 v_k/(m/s)	$\frac{B_jV^0\left(\beta''+\frac{1}{2}\Delta\alpha_{kyl}\right)(t_{pj}+273)}{273F_k}$ $=\frac{47.63\times4.5404\left(1.11+\frac{1}{2}\times0.06\right)(90+273)}{273\times60.90}$	5.38
传热元件平均壁温 t_b/℃	$\frac{x_y\theta_{pj}+x_kt_{pj}}{x_y+x_k}=\frac{0.4583\times182.1+0.4583\times90}{0.4583+0.4583}$	136.1
烟气对壁面放热系数 α_y/[kW/(m^2·℃)]	查图 10-39 $1.6\times1.14\times1.02\times0.04129$	0.07681
受热面对空气放热系数 α_k/[kW/(m^2·℃)]	查图 10-39 $1.6\times1.12\times1.02\times0.02791$	0.05102
污染系数 ζ	见表 10-3	0.85
考虑非稳定换热的影响系数 c	见表 10-3 转换 $n=1.14$r/min	1.0
传热系数 K/[kW/(m^2·℃)]	$\frac{\zeta c}{\frac{1}{x_k\alpha_k}+\frac{1}{x_y\alpha_y}}=\frac{0.85\times1.0}{\frac{1}{0.4583\times0.05102}+\frac{1}{0.4583\times0.07681}}$	0.01265
冷段传热量 Q_{ct}/(kJ/kg)	$\frac{KH_1\Delta t}{B_j}=\frac{0.01265\times16814.4\times92.1}{47.63}$	411.3
偏差 ΔQ/%	$\frac{\lvert Q_r-Q_{dx}\rvert}{Q_{dx}}\times100=\frac{\lvert 411.3-412\rvert}{412}\times100$ $\Delta Q<[\Delta Q]=2\%$，计算合格	0.17

表 10-37 回转式空气预热器热段校核热力计算

数值名称	计算公式及数据	结果
出口烟气温度(冷段入口烟温)θ''/℃	由预热器冷段热力计算	205.1
出口烟气焓 I''_y(kJ/kg)	按 $\theta''=205.1$kJ/kg，$\alpha=1.34$ 计算烟气焓	1922.9
入口空气温度 t'/℃	由预热器冷段热力计算	120
入口理论空气焓 $I_k^{0'}$/(kJ/kg)	按 $t'=120$℃查表 10-28	721
出口空气温度(t''_1)/℃	第一次假定	310
出口理论空气焓 $I_k^{0''}$/(kJ/kg)	按$(t''_1)=310$℃查表 10-28	1892.9
热段出口风量比 β''	$\alpha''_1-\Delta\alpha_1-\Delta\alpha_{zf}=1.2-0.05-0.1$	1.05

续表

数值名称	计算公式及数据	结果
热段漏风系数 $\Delta\alpha_{kyr}$	$\frac{1}{2}\Delta\alpha_{ky}=\frac{1}{2}\times 0.12$	0.06
热段空气对流吸热量 Q_{dx}/(kJ/kg)	$\left(\beta''+\frac{1}{2}\Delta\alpha_{kyr}\right)(I_k^{0\prime\prime}-I_k^{0\prime})=\left(1.05+\frac{1}{2}\times 0.06\right)(1892.9-721)$	1265.7
烟气入口焓 I_y'/(kJ/kg)	$I_y''+\frac{Q_{dx}}{\varphi}-\Delta\alpha_{kyr}\left(\frac{I_k^{0\prime\prime}+I_k^{0\prime}}{2}\right)$ $=1922.9+\frac{1265.7}{0.998}-0.06\left(\frac{1892.9+721}{2}\right)$	3112.7
入口烟气温度 θ'/℃	按 $h_y'=3112.7$kJ/kg,$\alpha=1.28$ 查表 10-28	338.7
空气平均温度 t_{pj}/℃	$\frac{1}{2}(t'+t_1'')=\frac{1}{2}\times(120+310)$	215
烟气平均温度 θ_{pj}/℃	$\frac{1}{2}(\theta'+\theta'')=\frac{1}{2}\times(338.7+205.1)$	271.9
大温差 Δt_d/℃	$\theta''-t'=205.1-120$	85.1
小温差 Δt_x/℃	$\theta'-t''=338.7-310$	28.7
温压 Δt/℃	$\frac{\Delta t_d-\Delta t_x}{\ln\frac{\Delta t_d}{\Delta t_x}}=\frac{85.1-28.7}{\ln\frac{85.1}{28.7}}$	51.9
烟气平均流速 v_y/(m/s)	$\frac{B_jV_y(\theta_{pj}+273)}{273F_y}=\frac{47.63\times 6.6015(271.9+273)}{273\times 60.90}$	10.31
空气平均流速 v_k/(m/s)	$\frac{B_jV^0\left(\beta''+\frac{1}{2}\Delta\alpha_{kyr}\right)(t_{pj}+273)}{273F_k}$ $=\frac{47.63\times 4.5404\left(1.05+\frac{1}{2}\times 0.06\right)(215+273)}{273\times 60.90}$	6.86
传热元件平均壁温 t_b/℃	$\frac{x_y\theta_{pj}+x_kt_{pj}}{x_y+x_k}=\frac{0.4583\times 271.9+0.4583\times 215}{0.4583+0.4583}$	243.5
烟气对壁面放热系数 α_y/[kW/(m^2·℃)]	$1.6\times 1.05\times 1.0\times 0.04664$,查图 10-39	0.07853
受热元件对空气放热系数 α_k/[kW/(m^2·℃)]	$1.6\times 0.95\times 1.0\times 0.03384$,查图 10-39	0.05144
污染系数 ζ	见表 10-3	0.85
考虑非稳定换热的影响系数 c	按表 10-3 转速 $n=1.14$r/min	1.0
传热系数 K/[kW/(m^2·℃)]	$\frac{\zeta c}{\frac{1}{x_k\alpha_k}+\frac{1}{x_y\alpha_y}}=\frac{0.85\times 1.0}{\frac{1}{0.4583\times 0.05144}+\frac{1}{0.4583\times 0.07853}}$	0.01210
热段传热量 Q_{cl}/(kJ/kg)	$\frac{KH_r\Delta t}{B_j}=\frac{0.01210\times 105159.8\times 51.9}{47.63}$	1386.5
偏差 ΔQ/%	$\frac{\lvert Q_{cr}-Q_{dx}\rvert}{Q_{dx}}\times 100=\frac{\lvert 1386.5-1265.7\rvert}{1265.7}\times 100$	9.5
	$\Delta Q>[\Delta Q]=2\%$,需重新假定 t''	
出口空气温度$[t_1'']$/℃	第二次假定	330
出口理论空气焓 $I_k^{0\prime\prime}$/(kJ/kg)	按$[t_1'']=330$℃查表 10-28	2019.1
热段空气对流吸热量 Q_{dx}/(kJ/kg)	$\left(\beta''+\frac{1}{2}\Delta\alpha_{kyr}\right)(I_k^{0\prime\prime}-I_k^{0\prime})$ $=\left(1.05+\frac{1}{2}\times 0.06\right)(2019.1-721)$	1402
烟气入口焓 I_y'/(kJ/kg)	$I_y''+\frac{Q_{dx}}{\varphi}-\Delta\alpha_{kyr}\left(\frac{I_k^{0\prime\prime}+I_k^{0\prime}}{2}\right)$ $=1922.9+\frac{1402}{0.998}-0.06\left(\frac{2019.1+721}{2}\right)$	3245.5
入口烟气温度 θ'/℃	按 $I_y'=3245.5$kJ/kg,$\alpha=1.28$ 查表 10-28	352.4
空气平均温度 t_{pj}/℃	$\frac{1}{2}\{t'+[t_1'']\}=\frac{1}{2}(120+330)$	225
烟气平均温度 θ_{pj}/℃	$\frac{1}{2}(\theta'+\theta'')=\frac{1}{2}(352.4+205.1)$	278.6
大温差 Δt_d/℃	$\theta''-t'=205.1-120$	85.1
小温差 Δt_x/℃	$\theta'-[t_1'']=352.4-330$	22.4

续表

数值名称	计算公式及数据	结果
传热温压 Δt/℃	$\dfrac{\Delta t_d-\Delta t_x}{\ln\dfrac{\Delta t_d}{\Delta t_x}}=\dfrac{85.1-22.4}{\ln\dfrac{85.1}{22.4}}$	47.0
热段传热量 Q_{cr}/(kJ/kg)	$\dfrac{KH_r\Delta t}{B_j}=\dfrac{0.01210\times105159.8\times47}{47.63}$	1255.6
偏差 ΔQ/%	$\dfrac{\lvert Q_{cr}-Q_{dx}\rvert}{Q_{dx}}\times100=\dfrac{\lvert1255.6-1402\rvert}{1402}\times100$ $\Delta Q>[\Delta Q]$,第二次计算仍不合格,利用图解法确定 t'' 值,见图 10-67	10.4

由图 10-67 解得出口空气温度 $t''=319$℃，在此温度下，进行回转式空气预热器热段热力计算，如表 10-38 所列。

表 10-38 回转式空气预热器热段热力计算

数值名称	计算公式及数据	结果
出口空气温度 t''/℃	由图 10-67 确定	319
出口理论空气焓 $I_k^{0''}$/(kJ/kg)	按 $t''=319$℃查表 10-28	1949.7
热段空气对流吸热段 Q_{dx}/(kJ/kg)	$\left(1.05+\dfrac{1}{2}\times0.06\right)(1949.7-721)$	1327
烟气入口焓 I'_y/(kJ/kg)	$1922.9+\dfrac{1327}{0.998}-0.06\left(\dfrac{1949.7+721}{2}\right)$	3172.4
入口烟气温度 θ'/℃	按 $I'_y=3172.4$kJ/kg,$\alpha=1.28$ 查表 10-28	344.9
空气平均温度 t_{pj}/℃	$\dfrac{1}{2}(120+319)$	219.5
烟气平均温度 θ_{pj}/℃	$\dfrac{1}{2}(344.9+205.1)$	275
大温差 Δt_d/℃	205.1−120	85.1
小温差 Δt_x/℃	344.9−319	25.9
传热温压 Δt/℃	$\dfrac{85.1-25.9}{\ln\dfrac{85.1}{25.9}}$	49.8
热段传热量 Q_{cr}/(kJ/kg)	$\dfrac{0.01210\times105159.8\times49.8}{47.63}$	1330.4
偏差 ΔQ/%	$\dfrac{\lvert1330.4-1327\rvert}{1327}\times100$ $\Delta Q<[\Delta Q]$计算合格	0.26

二、某130t/h中参数燃煤锅炉机组全部受热面热力计算示例

1. 设计参数要求

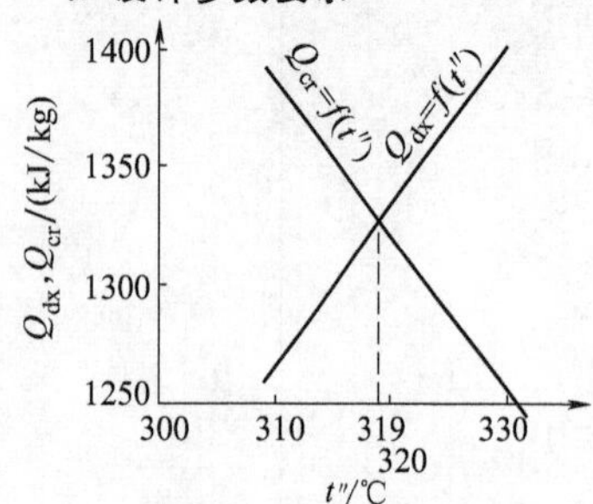

图 10-67 出口空气温度 t''的图解法

各项数据如下。

(1) 锅炉额定蒸发量 $D=36.1$kg/s (130t/h)

(2) 过热蒸汽参数 压力 $p_{gr}=3.9$MPa；温度 $t_{gr}=450$℃

(3) 汽包蒸汽压力 $p=4.3$MPa

(4) 给水参数 压力 $p_{gs}=4.9$MPa；温度 $t_{gs}=170$℃

(5) 排污率 $p_{pw}=2\%$

(6) 排烟温度 $\theta_{py}=148$℃

(7) 预热空气温度 $t_{rk}=340$℃

(8) 冷空气温度 $t_{lk}=30$℃

(9) 空气中含水蒸气量 $d=10$g/kg

2. 燃料特性

各特性如下。

(1) 燃料名称 混合烟煤。

(2) 煤的收到基成分。

① 碳 $w(C_{ar})=46.51\%$。

② 氢 $w(H_{ar})=3.05\%$。

③ 氧 $w(O_{ar})=5.46\%$。

④ 氮 $w(N_{ar})=0.76\%$。

⑤ 硫 $w(S_{ar})=2.99\%$。

⑥ 水分 $w(W_{ar})=10.01\%$。

⑦ 灰分 $w(A_{ar})=31.21\%$。

(3) 煤的无灰干燥基挥发分　$w(V_{daf})=31.60\%$。

(4) 灰熔点特性　DT=1280℃；ST=1360℃；FT=1390℃。

(5) 煤的可磨度　$K=1.2\sim1.4$。

(6) 煤的收到基低位发热量　$Q_{net,V,ar}=18359$kJ/kg。

3. 锅炉基本结构的确定

锅炉总体结构上采用单锅筒Π型布置，上升烟道为燃烧室和凝渣管两部分，水平烟道内布置两级悬挂对流过热器，垂直下行烟道中布置两级省煤器和两级管式空气预热器。

锅炉炉膛全部布满光管水冷壁，炉膛出口凝渣管簇由锅炉后墙水冷壁延伸组成，在炉膛出口处采用由后墙水冷壁延伸构成的折焰角，以使烟气更好地充满炉膛。

对流过热器分两级布置，由悬挂式蛇形管束组成，两级过热器之间装有锅炉自制冷凝水喷水减温装置，由进入锅炉的给水来冷却饱和蒸汽制成凝结水，回收凝结放热量后再进入省煤器。

省煤器和空气预热器采用两级配合布置，以节省受热面并减小钢材消耗量。

锅炉采用 4 根集中下降管，分别供水给 12 组水冷壁系统。

锅炉的燃烧方式采用四角布置直流燃烧器。按照煤种特性选用中速磨煤机负压直吹系统。

锅炉本体结构布置如图 10-68 所示。

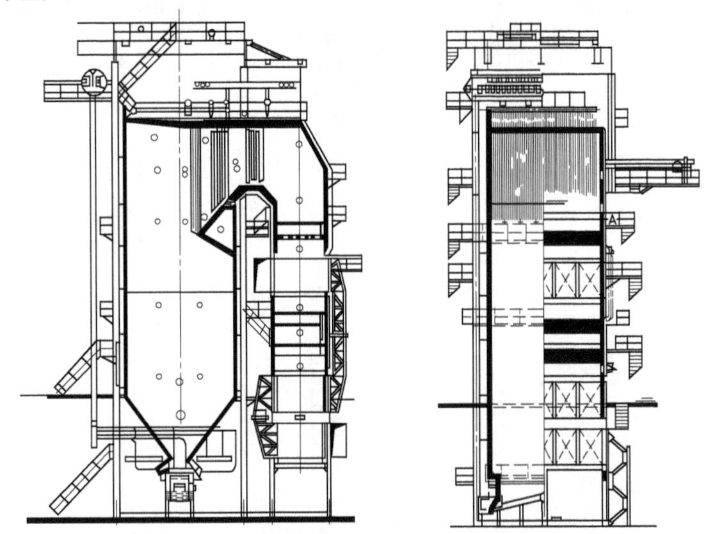

图 10-68　130t/h 中参数燃煤锅炉本体结构布置

4. 辅助计算

(1) 空气平衡　烟道各处过量空气系数及各受热面的漏风系数选择如表 10-39 所列。

表 10-39　烟道中各受热面的漏风系数及过量空气系数

烟道名称	过量空气系数		漏风系数	烟道名称	过量空气系数		漏风系数
	入口 α'	出口 α''	$\Delta\alpha$		入口 α'	出口 α''	$\Delta\alpha$
炉膛		1.2	0.1	上级省煤器	1.23	1.25	0.02
凝渣管簇	1.2	1.2	0	上级空气预热器	1.25	1.28	0.03
第二级对流过热器	1.2	1.215	0.015	下级省煤器	1.28	1.30	0.02
第一级对流过热器	1.215	1.23	0.015	下级空气预热器	1.3	1.33	0.03

空气预热器出口热空气的过量空气系数为：

$$\beta''_{ky}=\alpha_1-\Delta\alpha_1-\Delta\alpha_f=1.2-0.1-0.04=1.06$$

式中　$\Delta\alpha_f$——制粉系统的漏风系数（以理论空气量为基础）。

(2) 燃烧产物体积及焓的计算　煤完全燃烧（$\alpha=1$）时理论空气量及燃烧产物体积计算如下。

理论空气量为：

$$V^0=0.0889(C_{ar}+0.375S_{ar})+0.265H_{ar}-0.0333O_{ar}$$

$$=0.0889(46.51+0.375\times2.99)+0.265\times3.05-0.0333\times5.47$$

$$=4.861\ (m^3/kg)$$

RO_2 理论体积为：

$$V_{RO_2}^0=1.866\times\frac{C_{ar}+0.375S_{ar}}{100}=1.866\times\frac{46.51+0.375\times2.99}{100}=0.889\ (m^3/kg)$$

N_2 理论体积

$$V_{N_2}^0=0.79V^0+0.8\frac{N_{ar}}{100}=0.79\times4.861+0.8\times\frac{0.76}{100}=3.846\ (m^3/kg)$$

H_2O 理论体积：

$$V_{H_2O}^0=0.111H_{ar}+0.0124W_{ar}+0.0161V^0$$
$$=0.111\times3.05+0.0124\times10+0.0161\times4.861=0.541\ (m^3/kg)$$

烟道各处不同过量空气系数下燃烧产物的特性见表 10-40。锅炉热平衡及燃料消耗量计算如表 10-41 所列。不同过量空气系数下燃烧产物的温焓值如表 10-42 所列。

表 10-40 烟气特性

名称及公式	炉膛及凝渣管	第二级过热器	第一级过热器	上级省煤器	上级空气预热器	下级省煤器	下级空气预热器
出口处过量空气系数 α''	1.2	1.215	1.23	1.25	1.28	1.3	1.33
平均过量空气系数 $\alpha_{pj}=0.5(\alpha'+\alpha'')$	1.2	1.208	1.223	1.24	1.265	1.290	1.315
过剩空气量 $(\alpha_{pj}-1)V^0/(m^3/kg)$	0.972	1.011	1.084	1.167	1.288	1.410	1.531
H_2O 体积 $V_{H_2O}=V_{H_2O}^0+0.0161(\alpha_{pj}-1)V^0/(m^3/kg)$	0.557	0.557	0.558	0.56	0.562	0.564	0.566
烟气总体积 $V_y=V_{H_2O}+V_{N_2}^0+V_{RO_2}+(\alpha_{pj}-1)V^0/(m^3/kg)$	6.264	6.303	6.377	6.462	6.585	6.709	6.832
RO_2 体积份额 $r_{RO_2}=V_{RO_2}/V_y$	0.142	0.141	0.139	0.138	0.135	0.133	0.13
H_2O 体积份额 $r_{H_2O}=V_{H_2O}/V_y$	0.089	0.088	0.0875	0.0867	0.0853	0.084	0.083
三原子气体总体积份额 $\sum r=r_{RO_2}+r_{H_2O}$	0.232	0.229	0.227	0.225	0.22	0.217	0.213
烟气质量 $G_y=1-\frac{A_y}{100}+1.306\alpha_{pj}V^0/(kg/kg)$	8.306	8.357	8.452	8.56	8.719	8.877	9.036
飞灰浓度 $\mu_{fh}=\frac{A_{ar}\alpha_{fh}^{①}}{100G}/[kg/(kg烟)]$	0.0338	0.0336	0.0332	0.0328	0.0322	0.0317	0.0311

① 取 $\alpha_{fh}=0.9$。

表 10-41 热平衡及燃料消耗量计算

序号	名称	公式及计算	结果
1	燃料拥有热量 $Q_j^g/(kJ/kg)$	任务书给定	18359
2	排烟温度 $\theta_{py}/℃$	任务书给定	148
3	排烟焓 $I_{py}/(kJ/kg)$	查表 10-42 $\alpha''_{py}=1.33$	1443
4	冷空气温度 $t_{lk}/℃$	任务书给定	30
5	冷空气焓 $I_{lk}^0/(kJ/kg)$	见表 10-42	193
6	气体未完全燃烧损失 $q_3/\%$	见第二章	0.5
7	固体未完全燃烧损失 $q_4/\%$	见第二章	1.5
8	排烟热损失 $q_2/\%$	$(I_{py}-\alpha_{py}I_{lk}^0)(100-q_4)/Q_j^g$ $=(1443-1.33\times193)(98.5)/18359$	6.36
9	外部冷却损失 $q_5/\%$	制造厂提供数据	0.66
10	锅炉效率 $\eta_{gl}/\%$	$100-(q_4+q_3+q_3+q_5)=100-(0.5+1.5+6.36+0.66)$	90.98
11	过热蒸汽出口焓 $i''_{gr}/(kJ/kg)$	$p=3.0MPa, t=450℃$，查水蒸气性质表	3332.4
12	饱和水焓 $i_{bh}/(kJ/kg)$	$p=4.3MPa$，查水蒸气性质表	1109.5
13	给水焓 $i_{gs}/(kJ/kg)$	$p=4.9MPa, t=170℃$，查水蒸气性质表	721.65
14	排污率 $p_{pw}/\%$	任务书给定	2
15	锅炉总吸热量 $Q_{gl}/(kJ/s)$	$D(i''_{gr}-i_{gs})+0.02D(i_{bh}-i_{gs})$ $=36.11(3332.4-721.65)+0.02\times$ $36.11(1109.5-721.65)$	94556
16	燃料消耗量 $B/(kg/s)$	$\frac{100Q_{gl}}{\eta Q_{net,v,ar}}=\frac{94556}{18359\times0.9098}$	5.661
17	计算燃料消耗量 $B_j/(kg/s)$	$B\left(1-\frac{q_4}{100}\right)=5.661\times0.985$	5.5761
18	空气预热器吸热量 $Q_{ky}/(kJ/kg)$	$\beta''_{ky}(I_{rk}^0-I_{lk}^0)=1.06\times(2228-193)$	2158
19	空气预热器吸热量与燃料热量的百分比 $q_{ky}/\%$	$\frac{Q_{ky}}{Q_j^g}\times100=\frac{2158}{18359}\times100$	11.75
20	保热系数 φ	$\frac{1}{1+\frac{q_5}{\eta_{gl}+q_{ky}}}=\frac{1}{1+\frac{0.66}{90.98+11.75}}$	0.9936

表 10-42 烟气温焓值

烟气温度 θ/℃	$V^0_{RO_2}=$ 0.889m³/kg		$V^0_{N_2}=$ 3.846m³/kg		$V^0_{H_2O}=$ 0.541m³/kg		$\frac{A}{100}\alpha_{fh}=$ 0.281kg/kg		$I^0_y=V^0_{RO_2}+I^0_{N_2}+I^0_{H_2O}+I_{fh}$	$V^0=$ 4.861m³/kg		$I_y=I^0_y+(\alpha-1)I^0_k$						
	$\bar{c}_{CO_2}\theta$ /(kJ/m³)	$I^0_{RO_2}=V^0_{RO_2}\times\bar{c}_{CO_2}\theta$ /(kJ/kg)	$\bar{c}_{N_2}\theta$ /(kJ/m³)	$I^0_{N_2}=V^0_{N_2}\times\bar{c}_{N_2}\theta$ /(kJ/kg)	$\bar{c}_{H_2O}\theta$ /(kJ/m³)	$I^0_{H_2O}=V^0_{H_2O}\times\bar{c}_{H_2O}\theta$ /(kJ/kg)	$\bar{c}_{fh}\theta$ /(kJ/kg)	$I_{fh}=\frac{A}{100}\alpha_{fh}\times\bar{c}_{fh}\theta$ /(kJ/kg)	/(kJ/kg)	$\bar{c}_k\theta$ /(kJ/m³)	$I^0_k=V^0\bar{c}_k\theta$ /(kJ/kg)	$\alpha''_1=1.2$	α''_{gr} Ⅱ $=1.215$	α''_{gr} Ⅰ $=1.23$	α''_{sm} Ⅱ $=1.25$	α''_{ky} Ⅱ $=1.28$	α''_{sm} Ⅰ $=1.3$	α''_{ky} Ⅰ $=1.33$
100	170	151	130	499	151	82	81	23	755	132	643							967
200	358	318	260	1000	304	165	169	48	1531	266	1294						1919	1958
300	559	497	392	1507	463	250	264	74	2328	403	1958					2876	2915	
400	772	686	527	2026	626	339	360	101	3152	542	2634				3811	3890	3942	
500	996	886	664	2554	795	430	458	129	3999	684	3326			4764	4831	4930		
600	1223	1087	804	3092	967	523	560	157	4859	830	4035			5787	5868			
700	1461	1299	946	3638	1147	621	662	186	5745	980	4762		6769	6840				
800	1704	1515	1093	4203	1336	723	767	216	6657	1130	5495		7838					
900	1951	1734	1243	4782	1524	824	875	246	7586	1281	6228	8832	8925					
1000	2202	1958	1394	5362	1725	933	984	277	8530	1436	6981	9926						
1100	2458	2185	1545	5942	1926	1042	1097	308	9477	1595	7754	11028						
1200	2717	2415	1696	6521	2131	1153	1206	339	10428	1754	8528	12134						
1800	4304	3826	2642	10161	3458	1871	2186	614	16472	2730	13271	19126						
1900	4572	4064	2805	10789	3689	1996	2386	671	17520	2897	14084	20337						
2000	4844	4306	2964	11401	3927	2125	2512	706	18538	3065	14898	21518						

5. **燃烧室设计和传热计算**

(1) 煤粉燃烧器的形式及布置 采用角置直流式煤粉燃烧器，分布于炉膛四角。燃烧器的中心距冷灰斗上沿为1.938m，每组燃烧器有两个一次风口、两个二次风口和两个废气燃烧器。燃烧器特性计算如表10-43所列。

表 10-43 燃烧器特性计算

序号	名 称	公式及计算	结果
1	一次风份额 r_1/%		30
2	三次风份额[②] r_3/%	由制粉系统来的干燥剂	25
3	二次风份额 r_2/%	$100-r_1-r_3$	45
4	一次风出口速度 v_1/(m/s)	选用	25
5	二次风出口速度 v_2/(m/s)	选用	35
6	一次风体积流量 V_1/(m³/s)	$r_1\beta''V^0B_j\dfrac{273+t_{rk}}{273}=$ $0.3\times1.06\times4.861\times5.576\times\dfrac{273+330}{273}$	19.04
7	二次风体积流量 V_2/(m³/s)	$r_2\beta''^{①}V^0B_j\dfrac{273+t_{rk}}{273}$	28.56
8	三次风体积流量 V_3/(m³/s)	$r_3\beta''V^0B_j\dfrac{273+70}{273}$	9.0
9	每个一次风口面积 f_1/m²	$\dfrac{V_1}{n_1v_1}=\dfrac{19.04}{2\times4\times25}$	0.09
10	每个二次风口面积 f_2/m²	$\dfrac{V_2}{n_2v_2}=\dfrac{28.56}{2\times4\times35}$	0.10
11	每个三次风口面积 f_3/m²	$\dfrac{V_3}{n_3v_3}=\dfrac{9}{2\times40}$	0.11

① β''是空气预热器出口的过量空气系数，见表10-45。

② 三次风进入废气燃烧器。

(2) 燃烧室尺寸的确定

① 炉膛宽度及深度。由于采用角置直流式燃烧器，炉膛采用正方形截面。选取炉膛截面热负荷 $q_r=2598.3\text{kW/m}^2$，所以炉膛截面积为：

$$F=\frac{BQ_j^g}{q_F}=\frac{5.661\times18359}{2598.3}=40\ (\text{m}^2)$$

取炉膛宽度 $a=6336$mm，炉膛深度 $b=6336$mm。布置 $\phi60\text{mm}\times3\text{mm}$ 的水冷壁管，管间距 $S=64$mm，侧面墙的管数为100根，前、后墙的管数为98根。

② 燃烧室炉墙面积的决定。燃烧室炉墙断面尺寸见图10-69。

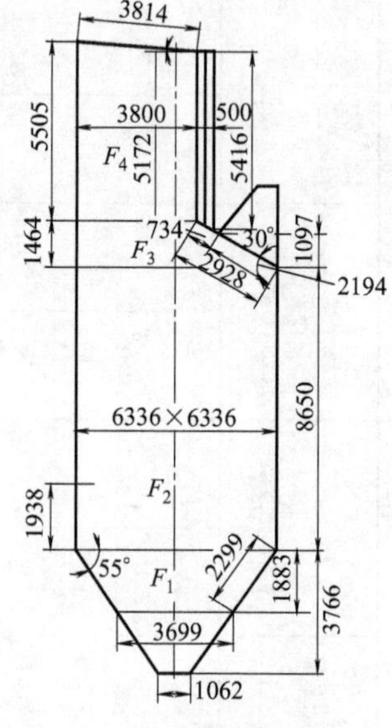

图10-69 炉膛侧墙断面尺寸

侧墙面积：
$$F_c=F_1+F_2+F_3+F_4=\frac{1}{2}(6.336+3.699)\times1.883+6.336\times8.65+\frac{1}{2}(3.8+6.336)\times1.464+\frac{1}{2}(5.172+5.505)\times3.8=91.96\ (\text{m}^2)$$

前墙面积：
$$F_q=\left(5.505+1.464+8.65+2.299+\frac{1}{2}\times3.699\right)\times6.336=125.25\ (\text{m}^2)$$

后墙面积：
$$F_h=\left(2.194+8.65+2.299+\frac{1}{2}\times3.699\right)\times6.336=94.99\ (\text{m}^2)$$

出口窗面积：$F_{ck}=(5.172+0.734)\times6.336=37.42\ (\text{m}^2)$

顶棚面积：$F_d=3.814\times6.336=24.17\ (\text{m}^2)$

炉膛总面积：$F_1=2\times91.96+F_q+F_h+F_{ch}+F_d=2\times91.96+125.25+94.99+37.42+24.17=465.75\ (\text{m}^2)$

燃烧器占有面积：$F_r=5.2\text{m}^2$

炉膛体积：$V_l=F_c\times\alpha=91.96\times6.336=582.66$（$\text{m}^3$）

容积热负荷：$q_V=\dfrac{BQ_j^g}{V_l}=\dfrac{5.661\times18359}{582.66}=178\times10^3$（$\text{kW/m}^3$）

(3) 燃烧室水冷壁的布置　水冷壁采用 ϕ60mm 光管、节距 $S=64$mm 管子悬挂炉墙，管子中心与炉墙间距 $e=0$。

每面墙宽为 6336mm，侧墙布置 100 根管子，前后墙布置 98 根管子。后墙的水冷壁管子在折焰角处有叉管，直叉管垂直向上连接联箱，可以承受后墙管子和炉墙的重量，斜叉管组成凝渣管和折焰角。凝渣管有 72 根管子，折焰角上有 22 根管子，另 4 根管直接向上与联箱连接。侧墙水冷壁向上延伸，在折焰角区域和凝渣管区域形成附加受热面。燃烧室结构特性见表 10-44。燃烧室的传热计算如表 10-45 所列。

表 10-44　燃烧室结构特性计算

序号	名　称	公式及计算	结果		
			前、后、侧	预棚	出口窗
1	水冷壁管规格 $d\times\delta$/(mm×mm)		ϕ60×3	ϕ60×3	ϕ60×3
2	管节距 S/mm		64	85①	
3	相对值 S/d		1.067	1.417	
4	管中心与炉墙距离 e/mm		0	30	
5	相对值 e/d		0	0.5	
6	角系数 x		0.99	0.94	1
7	炉墙面积 F_l/m^2		404.16	24.17	37.42
8	水冷壁有效辐射面积 H/m^2	除去 F_R	394.97	22.72	37.42
9	灰污系数 ε		0.45	0.45	0.45
10	水冷壁受热面平均热有效性系数 ψ_{pj}	$\Sigma\varepsilon H/F_l=\dfrac{0.45\times455}{465.75}$	0.4397		
11	炉膛体积 V_l/m^3		582.66		
12	烟气辐射层有效厚度 S/m	$3.6\dfrac{V_l}{F_l}$	4.5		
13	燃烧器中心高度 h_r/m	1.938+1.883	3.821		
14	炉膛出口高度 h_l/m	$1.883+8.65+1.097+\dfrac{1}{2}\times5.539$	14.4		
15	燃烧器相对高度 x_r	$\dfrac{h_r}{h_l}=\dfrac{3.821}{14.4}$	0.265		
16	火焰中心相对高度 x_h	$x_r+\Delta x=0.265+0$	0.265		

① 用加权平均法求出：$\dfrac{64+64+128}{3}$mm=85mm。

表 10-45　燃烧室（炉膛）的传热计算

序号	名　称	公式及计算	结果
1	炉膛出口过量空气系数 α_l''	见表 10-40	1.2
2	炉膛漏风系数 $\Delta\alpha_l$	非膜式水冷壁，无护板	0.1
3	煤粉系统漏入风系数 $\Delta\alpha_f$	中速磨，负压运行	0.04
4	热空气温度 t_{rk}/℃	选用	340
5	热空气焓 I_{rk}^0/(kJ/kg)	查表 10-42	2227
6	冷空气温度 t_{lk}/℃		30
7	冷空气焓 I_{lk}^0/(kJ/kg)	查表 10-42	193
8	空气预热器出口的过量空气系数 β''	$\alpha_l''-\Delta\alpha_l-\Delta\alpha_f=1.2-0.1-0.04$	1.06
9	空气进入炉膛的热量 Q_k/(kJ/kg)	$\beta''I_{rk}^0+(\Delta\alpha_l+\Delta\alpha_f)I_{lk}^0=1.06\times2227+0.14\times193$	2387.6

续表

序号	名 称	公 式 及 计 算	结果
10	燃料有效放热量 Q_a/(kJ/kg)	$Q_j^g\frac{100-(q_4+q_3)}{100-q_4}+Q_k=18359\frac{98}{98.5}+2387.6$	20653
11	理论燃烧温度 θ_a/℃	查表 10-42($\alpha=1.2$)	1927
12	炉膛出口烟温(θ''_1)/℃	先假定,供计算$\overline{V}c$ 等用	1050
13	炉膛出口烟焓 I''_1/(kJ/kg)	查表 10-42($\alpha=1.2$)	10477
14	烟气平均热容量$\overline{V}c$/[kJ/(kg·℃)]	$(Q_a-I''_1)/(\theta_a-\theta''_1)=(20653-10477)/(1927-1050)$	11.6
15	容积份额水蒸气/三原子气体 $r_{H_2O}/\sum r$	查表 10-40($\alpha''=1.2$)	0.089/ 0.232
16	烟气密度(标准状况)ρ_y/(kg/m^3)	$G_y/V_y=8.306/6.264$	1.326
17	飞灰浓度 μ_{fh}/(kg/kg)	查表 10-40($\alpha''=1.2$)	0.0338
18	飞灰颗粒平均直径 d_{fh}/μm	用中速磨,选取	16
19	三原子气体辐射减弱系数 $k_q\sum r$/(m·MPa)$^{-1}$	$10.2\left[\frac{0.78+1.6r_{H_2O}}{(10.2p\sum rS)^{0.5}}-0.1\right]\left(1-0.37\frac{T''_1}{1000}\right)\sum r$ $=10.2\left[\frac{0.78+1.6\times0.089}{(10.2\times0.0232\times4.5)^{0.5}}-0.1\right]\times$ $\left(1-0.37\frac{1323}{1000}\right)\times0.232$	0.95
20	灰粒辐射减弱系数 $k_{fh}\mu_{fh}$/(m·MPa)$^{-1}$	$43850\rho_y\mu_{fh}/(T''_1d_{fh})^{2/3}$	2.52
21	焦炭辐射减弱系数 k_{jt}/(m·MPa)$^{-1}$	$k_jx_1x_2=10\times0.5\times1$	0.5
22	火焰辐射减弱系数 k/(m·MPa)$^{-1}$	$(k_q\sum r+k_{fh}\mu_{fh}+k_{jt})=0.95+2.52+0.5$	3.97
23	火焰辐射吸收率 kpS	$kpS=3.97\times0.1\times4.5$	1.7865
24	火焰黑度 a_h	$1-e^{-kpS}=1-e^{-1.7865}$	0.8324
25	炉膛黑度 a_1	$a_h/[a_h+(1-a_h)\psi_{pj}]=0.8324/[0.8324+0.1676\times0.4397]$	0.9187
26	火焰中心高度系数 M	$0.59-0.5x_h=0.59-0.5\times0.265$	0.4575
27	炉膛出口烟温 θ''_1/℃	$T_a\Big/\left[\left(\frac{5.67\times10^{-11}\psi_{pj}F_1a_1T_a^3}{\varphi B_j\overline{V}_c}\right)^{0.6}+1\right]-273$ $=2200\Big/\left[\left(\frac{5.67\times10^{-11}\times0.4397\times465.75\times0.9187\times2200^3}{0.9936\times5.5761\times11.6}\right)^{0.6}+1\right]-273$	1065
28	炉膛出口烟焓 I''_1/(kJ/kg)	查表 10-42($\alpha=1.2$)	10642
29	炉内辐射传热量 Q_1/(kJ/kg)	$\varphi(Q_a-I''_1)=0.9936(20653-10642)$	9946.9
30	辐射受热面热负荷$\overline{q}_F$/(kW/m^2)	$B_jQ_1/H=5.5761\times9946.9/455$	121.9

(4) 燃烧室辐射吸热量的分配 燃烧室辐射吸热量中有部分由凝渣管及高温过热器吸收。

① 凝渣管直接吸收燃烧室的热量。其辐射受热面是燃烧室的出口窗 F_{ck}，凝渣管吸收的热量与管束角系数有关。按照凝渣管的横向相对节距 $S_1/d=4.27$，可从图 10-14 中查无炉墙反射曲线得到单排管角系数$x=0.32$，现凝渣管为 3 排，总的角系数 x_{nz} 为：

$$x_{nz}=1-(1-x)^3=0.686$$

凝渣管的辐射受热面积为：

$$H_{nz}=x_{nz}F_{ck}=0.686\times37.42=25.67\ (m^2)$$

由于出口窗位于燃烧室上部，热负荷比较小，需要考虑沿高度的热负荷不均匀系数。出口窗中心的高度为 h_1，从冷灰斗中心到炉顶的总高度为$\sum h$。按下式计算结果：

$$\frac{h_1}{\sum h}=\frac{14.4\text{m}}{\left(14.4+\frac{1}{2}\times 5.538\right)\text{m}}=0.838$$

和燃烧器中心相对高度 $x_r=0.265$，从本手册第十一章可查得 $\eta_r^h=0.68$。

所以凝渣管吸收的辐射热量：

$$Q_{nz}^f=\eta_r^h\overline{q}_F H_{nz}=0.68\times 121.9\times 25.67=2127.8\ (\text{kW})$$

② 高温过热器直接吸收燃烧室的辐射热量。

$$Q_{gr}^f=\eta_r^h\overline{q}_F\times(37.42-25.67)=0.68\times 121.9\times 11.75=974\ (\text{kW})$$

③ 水冷壁的平均辐射受热面热负荷。

$$\overline{q}_s=[Q_1B_j-(Q_{nz}^f+Q_{gr}^f)]\times\frac{1}{(455-37.42)}=(55466-3101.86)\frac{1}{417.6}=125.4\ (\text{kW/m}^2)$$

6. 凝渣管的换热计算

凝渣管束为错列布置，由后墙水冷壁延伸组成，每四根相邻的管子组成第一、二、三排和折焰角，管束间横向节距为 4mm×64mm。

凝渣管束的结构见图 10-70。

凝渣管结构特性计算如表 10-46 所列。

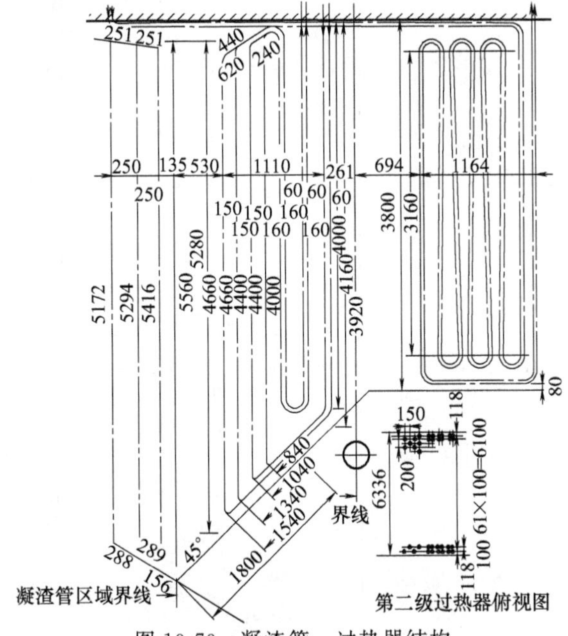

图 10-70 凝渣管、过热器结构

表 10-46 凝渣管结构特性计算

序号	名 称	公式及计算	结果
1	管子规格 $d\times\delta$/(mm×mm)		ϕ60×3
2	横向管子节距 S_1/mm		256
	纵向管子节距 S_2/mm		250
3	横向相对节距 σ_1	$S_1/d=256/60$	4.27
	纵向相对节距 σ_2	$S_2/d=250/60$	4.17
4	管子数目		
	第一排 n_1		23
	第二排 n_2		24
	第三排 n_3		25
5	每根管计算长度		
	第一排 l_1/m	$5.172+0.734$	5.906
	第二排 l_2/m	$5.294+0.445+\frac{1}{2}\times 0.251$	5.865

续表

序号	名称	公式及计算	结果
	第三排 l_3/m	$5.416+0.156+\frac{1}{2}\times0.502$	5.823
6	凝渣管受热面面积 H/m²	$(n_1l_1+n_2l_2+n_3l_3)\pi d$	79.6
7	侧墙水冷壁在本区的附加受热面面积 H_{fj}/m²	$\frac{635}{64}\times0.06\times5.356\times\pi$	10
8	计算受热面面积 H_j/m²	$H+H_{fj}$	89.6
9	烟气辐射层有效厚度 S/m	$0.9d\left(\frac{4}{\pi}\sigma_1\sigma_2-1\right)$	1.17
10	烟气流通截面 F_y/m²	$l(a-nd)=(5.294+0.445)(6.336-24\times0.06)$	28.1

凝渣管的传热计算如表 10-47 所列。

表 10-47 凝渣管的传热计算

序号	名称	公式及计算	结果
1	入口烟温 θ'/℃	见表 10-45	1065
2	入口烟焓 I'/(kJ/kg)	见表 10-45	10642
3	出口烟温 θ''/℃	先假定，后校核	974.3
4	出口烟焓 I''/(kJ/kg)	查表 10-42($\alpha=1.2$)	9644.8
5	烟气热平衡放热量 Q_y/(kJ/kg)	$\varphi(I'-I'')=0.9936(10642-9644.8)$	990.8
6	平均烟温 $\bar{\theta}$/℃		1019.7
7	烟气体积(标准状况) V_y/(m³/kg)	查表 10-40($\alpha''=1.2$)	6.264
8	体积份额之比(水蒸气/三原子气体) $r_{H_2O}/\sum r$	查表 10-40($\alpha''=1.2$)	0.089/0.232
9	烟气密度(标准状况) r_y/(kg/m³)	$G_y/V_y=\frac{8.306}{6.264}$	1.326
10	飞灰浓度 μ_{fh}/(kg/kg)	查表 10-40($\alpha''=1.2$)	0.0338
11	飞灰颗粒平均直径 d_{fh}/μm	选用	16
12	烟气流速 v_y/(m/s)	$\frac{B_jV_y}{F_y}\frac{\bar{\theta}+273}{273}=\frac{5.5761\times6.264}{28.1}\times4.735$	5.89
13	烟气对流放热系数 α_d/[W/(m²·℃)]	$\alpha_0\cdot c_z\cdot c_w\cdot c_s=54.66\times0.88\times0.95\times0.93$	42.49
14	三原子气体辐射减弱系数 $k_g\sum r$/(m·MPa)$^{-1}$	$10.2\left[\frac{0.78+1.6r_{H_2O}}{(10.2pS)^{0.5}}-0.1\right]\left(1-0.37\frac{T}{1000}\right)\sum r$ $=10.2\left[\frac{0.78+1.6\times0.089}{(10.2\times0.0232\times1.17)^{0.5}}-0.1\right]\times$ $\left(1-0.37\frac{1292.7}{1000}\right)0.232$	2.022
15	飞灰辐射减弱系数 $k_{fh}\mu_{fh}$/(m·MPa)$^{-1}$	$43850r_y\mu_{fh}/(Td_{fh})^{\frac{2}{3}}$	2.576
16	烟气辐射吸收力 kpS	$(k_q\sum r+k_{fh}\mu_{fh})pS=(2.029+2.576)\times0.1\times1.17$	0.538
17	烟气黑度 a	$1-e^{-kpS}=1-e^{-0.538}$	0.416
18	管内工质温度 t/℃	饱和温度($p=3.92$MPa)	255
19	管壁灰污层温度 t_h/℃	$t+80$	335
20	烟气辐射放热系数 α_f/[W/(m²·℃)]	$a\alpha_0=0.416\times197.7$	82.24
21	烟气总放热系数 α_1/[W/(m²·℃)]	$\alpha_d+\alpha_f=42.49+82.24$	124.7
22	热有效系数 ψ	选用	0.65
23	传热系数 K/[W/(m²·℃)]	$\psi\alpha_1$	81
24	平均温压 Δt/℃	$\bar{\theta}-t=1019.7-255$	764.7
25	传热量 Q_c/(kJ/kg)	$\frac{K\Delta tH}{1000B_j}=\frac{81\times764.7\times89.6}{1000\times5.5761}$	995.3
26	误差 ΔQ/%	$\frac{Q_y-Q_c}{Q_y}\times100=\frac{990.8-995.3}{990.8}\times100$	−0.5 (合格)

7. 过热器的换热计算

从锅筒出来的饱和蒸汽先被引到凝渣管上方的蒸汽联箱，经顶棚管到第一级对流过热器入口联箱，通过悬挂的蛇形管逆流至出口联箱，最后一圈管束为顺流布置，以避免出口管束与顶棚管的交叉。由第一级对流过热器出口联箱出来的蒸汽进入喷水减温器，该喷水由锅筒中引出的饱和蒸汽凝结而得，冷却水为进入省煤器前的给水。蒸汽经减温后进入第二级过热器入口联箱，蒸汽在第二级对流过热器中先逆流后顺流，此处第一圈管束为逆流，其余均为顺流，这可以使过热器出口高温蒸汽处于较低温的烟气流中。

第二级对流过热器的第一、二排管级成四排错列管，使管节距增大，防止堵灰；其余均为顺列布置。由于同一组受热面内既有错列、又有顺列布置，而计算时用的平均温压是按整组受热面来计算的，传热系数也要用整组受热面的平均值，因此采用加权平均法来计算下列参数：横向节距 S_1，纵向节距 S_2，烟气流通截面积 F，对流放热系数 α_d，灰污系数 ε，最后算得传热系数 K。加权平均的方法是用错列、顺列受热面的面积来加权的。

第一、二级对流过热器的结构如图 10-70 所示。

第二级过热器结构特性计算如表 10-48 所列，其热力计算见表 10-49。

第一级过热器结构特性计算如表 10-50 所列，其热力计算见表 10-51。

计算中的喷水减温水量是假定的，取 $\Delta D=1\text{kg/s}$，可以使减温幅度 $\Delta t=22.6℃$，相应减焓幅度 $\Delta i=54.8\text{kJ/kg}$。如增加减温水量 ΔD，可以增加减温幅度，但同时要增加第一级过热器的受热面积。

表 10-48　第二级（高温）过热器的结构特性计算

序号	名　　称	公 式 及 计 算	结果
1	管子规格 $d\times\delta/(\text{mm}\times\text{mm})$		$\phi42\times3.5$
	错列管束		
2	横向节距 S_1/mm		200
3	纵向节距 S_2/mm		150
4	横向相对节距 σ_1	S_1/d	4.76
5	纵向相对节距 σ_2	S_2/d	3.57
6	横向管排数 z_1		31
7	纵向管排数 z_2		4
8	平均管长 L_c/m	$\frac{1}{4}(4.66+4.66+4.4+4.4)$	4.53
9	受热面 H_c/m^2	上部和下部倾斜段并入顺列管束 $\pi dz_1z_2L_c=\pi\times0.042\times31\times4\times4.53$	74
	顺列管束		
10	横向节距 S_1/mm		100
11	纵向节距 S_2/mm	$\frac{60+160}{2}$	110
12	相对横向节距 σ_1	S_1/d	2.38
13	相对纵向节距 σ_2	S_2/d	2.62
14	横向管排数 z_1		62
15	纵向管排数 z_2		6
16	每根管平均长度 L_{sh}/m	考虑倾斜段长度，平均值按 1/2 长度计算为 0.25，总长 4+0.25	4.25
17	受热面 H_{sh}/m^2	$\pi dz_1z_2L_{sh}=\pi\times0.042\times62\times6\times4.25$	208.6
18	错列、顺列总受热面 H/m^2	$H_c+H_{sh}=74+208.6$	282.6
19	加权平均横向节距 S_1/mm	$\frac{S_cH_c+S_{sh}H_{sh}}{H_c+H_{sh}}=\frac{200\times74+100\times208.6}{282.6}$	126.2
20	加权平均纵向节距 S_2/mm	$=\frac{150\times74+110\times208.6}{282.6}$	120.5
21	相对横向节距 σ_1	$S_1/d=\frac{126.2}{42}$	3
22	相对纵向节距 σ_2	$S_2/d=\frac{120.5}{42}$	2.87
23	辐射层有效厚度 S/m	$0.9d\left(\frac{4}{\pi}\sigma_1\sigma_2-1\right)=0.9\times0.042\left(\frac{4}{\pi}\times3\times2.87-1\right)$	0.377
24	蒸汽流通截面 f/m^2	$\frac{\pi}{4}d_n^2\cdot n=0.785(0.035)^2\times124$	0.119
25	错列区烟气流通截面 F_c/m^2	$a(h_r+h_c)\frac{1}{2}-z_1d(l_r+l_c)\frac{1}{2}=\frac{1}{2}[6.336(5.28+4.83)-31\times0.042(4.66+4.4)]$	26.13

续表

序号	名　称	公式及计算	结果
26	顺列区烟气流通截面 F_{sh}/m^2	$\frac{1}{2}[6.336(4.63+4.18)-62\times0.042(4+4)]$	17.5
27	平均烟气流通截面 F_y/m^2	$\frac{(H_c+H_{sh})}{\left(\frac{H_c}{F_c}+\frac{H_{sh}}{F_{sh}}\right)}=\frac{282.6}{\left(\frac{74}{26.13}+\frac{208.6}{17.5}\right)}$	19.2
28	两侧水冷壁附加受热面 H_1/m^2	$\frac{1901}{64}\times4.74\times\pi\times0.06$	26.54
29	折焰角附加受热面 H_2/m^2	$\frac{1}{2}\pi dnl=\frac{1}{2}\pi\times0.06\times22\times1.8$	3.73
30	顶棚管附加受热面 H_3/m^2	按一排计算：$\frac{1}{2}\pi dnl=0.5\times\pi\times0.038\times63\times1.92$	7.22

表 10-49　第二级（高温）过热器的热力计算

序号	名　称	公式及计算	结果
1	直接吸收炉膛辐射热 $Q_{gr}^f/(kJ/kg)$	974/5.5761	174.5
2	入口烟温 $\theta'/℃$	见表 10-47	974.3
3	入口烟焓 $I'/(kJ/kg)$	见表 10-47	9644.8
4	蒸汽出口温度 $t''/℃$	任务书	450
5	蒸汽出口焓 $i''/(kJ/kg)$	查水蒸气性质表	3332.4
6	蒸汽入口温度 $t'/℃$	假定	327
7	蒸汽入口焓 $i'/(kJ/kg)$	按 $p=4.1$MPa，查水蒸气性质表	3033.8
8	蒸汽吸热量 $Q_q/(kJ/kg)$	$\frac{D}{B_j}(i''-i')=\frac{36.1}{5.5761}(3332.4-3033.8)$	1933.2
9	附加受热面吸热量 $Q_{1+3}/(kJ/kg)$	假定，其中顶棚为 58，水冷壁为 244	302
10	烟气放热量 $Q_y/(kJ/kg)$	$Q_q-Q_f+Q_{1+3}=1933.2-174.5+302$	2060.7
11	烟气出口焓 $I''/(kJ/kg)$	$I'-\frac{Q_y}{\psi}+\Delta\alpha I_{lk}=9644.8-\frac{2060.7}{0.9936}+0.015\times193$	7573.7
12	烟气出口温度 $\theta''/℃$	查表 10-42($\alpha=1.215$)	775.3
13	平均烟温 $\bar{\theta}/℃$	$\frac{1}{2}(\theta'+\theta'')=\frac{1}{2}(974.3+775.3)$	874.7
14	烟气体积(标准状况)$V_y/(m^3/kg)$		6.303
15	水蒸气体积份额 r_{H_2O}		0.088
16	三原子气体体积份额 $\sum r$		0.229
17	烟气密度(标准状况)$\rho_y/(kg/m^3)$	$G_y/V_y=8.357/6.303$	1.326
18	飞灰浓度 $\mu_{fh}/(kg/kg)$		0.0336
19	飞灰颗粒平均直径 $d_{fh}/\mu m$	按中速磨选用	16
20	烟气流速 $v_y/(m/s)$	$\frac{B_jV_y}{F_y}\cdot\frac{\bar{\theta}+273}{273}=\frac{5.5761\times6.303}{19.2}\cdot\frac{874.7+273}{273}$	7.7
21	错列区烟气对流放热系数 $\alpha_{dc}/[W/(m^2\cdot℃)]$	$\alpha_{0c}c_{zc}c_{wc}c_{sc}=73\times0.91\times0.94\times0.96$	60
22	顺列区烟气对流放热系数 $\alpha_{dsh}/[W/(m^2\cdot℃)]$	$\alpha_{0sh}c_{zsh}c_{wsh}c_{ssh}=61.4\times0.96\times0.95\times1$	56
23	烟气平均对流放热系数 $\alpha_d/[W/(m^2\cdot℃)]$	$(\alpha_{dc}H_c+\alpha_{dsh}H_{sh})/H=\frac{60\times74+56\times208.6}{282.6}$	57
24	蒸汽平均温度 $\bar{t}/℃$	$\frac{1}{2}(t'+t'')=\frac{1}{2}(450+327)$	388.5
25	蒸汽比容 $V/(m^3/kg)$	查水蒸气性质表	0.0716
26	蒸汽流速 $v_q/(m/s)$	$\frac{DV}{f}=\frac{36.1\times0.0716}{0.119}$	21.7
27	蒸汽放热系数 $\alpha_2/[W/(m^2\cdot℃)]$	$\alpha_0c_d=1279\times0.96$	1228

续表

序号	名　称	公 式 及 计 算	结果
28	三原子气体辐射减弱系数 $k_q\sum r/(\mathrm{m}\cdot\mathrm{MPa})^{-1}$	$10.2\left[\dfrac{0.78+1.6r_{H_2O}}{(10.2p\sum rS)^{0.5}}-0.1\right]\left(1-0.37\dfrac{T}{1000}\right)\sum r$ $=10.2\left[\dfrac{0.78+1.6\times0.088}{(10.2\times0.1\times0.229\times0.377)^{0.5}}-0.1\right]$ $\left(1-0.37\dfrac{1147.7}{1000}\right)0.229$	4
29	飞灰辐射减弱系数 $k_{fh}\mu_{fh}/(\mathrm{m}\cdot\mathrm{MPa})^{-1}$	$43850\gamma_y\mu_{fh}/(Td_{fh})^{\frac{2}{3}}$	2.75
30	烟气辐射吸收力 kpS	$(k_q\sum r+k_{fh}\mu_{fh})pS=(4+2.75)\times0.1\times0.377$	0.254
31	烟气黑度 a	$1-e^{-kpS}=1-e^{-0.254}$	0.2247
32	灰污系数		
	错列管 $\varepsilon_c/[(\mathrm{m}^2\cdot℃)/\mathrm{W}]$	$\varepsilon_0c_{sh}c_d+\Delta\varepsilon=0.0043\times1\times1.1+0.00258$	0.0073
	顺列管 $\varepsilon_{sh}/[(\mathrm{m}^2\cdot℃)/\mathrm{W}]$	选用	0.0043
33	平均灰污系数 $\varepsilon/[(\mathrm{m}^2\cdot℃)/\mathrm{W}]$	$\dfrac{H}{\left(\dfrac{H_c}{\varepsilon_c}+\dfrac{H_{sh}}{\varepsilon_{sh}}\right)}=\dfrac{282.6}{\left(\dfrac{74}{0.0073}+\dfrac{208.6}{0.0043}\right)}$	0.0048
34	管壁灰污层温度 t_h/℃	$\bar{t}+\left(\varepsilon+\dfrac{1}{\alpha_2}\right)\dfrac{1000B_j}{H}(Q_q)=388.5+$ $\left(0.0048+\dfrac{1}{1228}\right)\dfrac{5576.1}{282.6}\times1933.2$	603
35	辐射放热系数 $\alpha_f'/[\mathrm{W}/(\mathrm{m}^2\cdot℃)]$	$\alpha_0a=204\times0.2247$	45.8
36	修正后辐射放热系数 $\alpha'_f/[\mathrm{W}/(\mathrm{m}^2\cdot℃)]$	$\alpha+\left[1+0.4\left(\dfrac{T_{kj}}{1000}\right)^{0.25}\left(\dfrac{l_{kj}}{l_{gz}}\right)^{0.07}\right]$ $=45.8\left[1+0.4\left(\dfrac{974.3+273}{1000}\right)^{0.25}\times\left(\dfrac{0.665}{1.11}\right)^{0.07}\right]$	64.5
37	烟气总放热系数 $\alpha_1/[\mathrm{W}/(\mathrm{m}^2\cdot℃)]$	$\alpha_d+\alpha_f'=57+64.5$	121.5
38	热有效系数 ψ	选用	0.65
39	传热系数 $K/[\mathrm{W}/(\mathrm{m}^2\cdot℃)]$	$\psi\dfrac{\alpha_1\alpha_2}{\alpha_1+\alpha_2}=0.65\dfrac{121.5\times1228}{121.5+1228}$	71.9
40	平均温压计算 纯逆流温压 Δt_{nl}/℃	$\dfrac{\Delta t_d-\Delta t_x}{\ln(\Delta t_d/\Delta t_x)}=\dfrac{(974.3-445)-(775-327)}{\ln\dfrac{974.3-445}{775-327}}$	485
	修正系数 ψ_t	表10-19，图10-55	0.985
	平均温压 Δt/℃	$\Delta t_{nl}\psi_t=485\times0.985$	478
41	传热量 Q/(kJ/kg)	$\dfrac{K\Delta tH}{1000B_j}=\dfrac{71.9\times478\times282.6}{1000\times5.5761}$	1742
42	水冷壁附加受热面$(H_1+H_2)/\mathrm{m}^2$		30.27
	平均温压 Δt/℃	$\bar{\theta}-t_1=874.7-255$	619.7
	传热系数 $K/[\mathrm{W}/(\mathrm{m}^2\cdot℃)]$	取主受热面的 K	71.9
	传热量 Q_1/(kJ/kg)	$\dfrac{K\Delta tH}{1000B_j}=\dfrac{71.9\times619.7\times30.27}{5576.1}$	241.8
43	顶棚附加受热面 H_3/m^2		7.22
	平均温压 Δt/℃	$\bar{\theta}-t_s=874.7-256$	618.7
	传热系数 $K/[\mathrm{W}/(\mathrm{m}^2\cdot℃)]$	取主受热面的 K	71.9
	传热量 Q_3/(kJ/kg)	$\dfrac{K\Delta tH}{1000B_j}=\dfrac{71.9\times618.7\times7.22}{5576.1}$	57.6

续表

序号	名　称	公 式 及 计 算	结果
44	总传热量ΣQ/[W/(m^2·℃)]	$Q+Q_1+Q_3=1742+241.8+57.6$	2041.4
45	误差ΔQ/%	$100\times\dfrac{Q_y-\Sigma Q}{Q_y}=100\times\dfrac{2060.7-2041.4}{2060.7}$	0.9（合格）
46	主过热器热量误差ΔQ/%	$\dfrac{[Q_y-(Q_1+Q_3)-Q]}{Q_y-(Q_1+Q_3)}=\dfrac{1758.7-1742}{1758.7}$	0.95（合格）
47	顶棚受热面出口蒸汽焓i_d/(kJ/kg)	$i_r+\dfrac{Q_3B_j}{(D-\Delta D)}=\dfrac{58\times5.5761}{36.1-1}+2799$	2808.2
	顶棚受热面出口蒸汽温度t_d/℃		257

表 10-50　第一级过热器的结构特性计算

序号	名　称	公 式 及 计 算	结果
1	管子规格$d\times\delta$/(mm×mm)		$\phi38\times3.5$
2	横向管子节距S_1/mm		100
3	纵向管子节距S_2/mm	$\dfrac{1164}{15}$	77.6
4	横向相对节距σ_1	S_1/d	2.63
5	纵向相对节距σ_2	S_2/d	2.04
6	横向管排数z_1		63
7	纵向管排数z_2		16
8	每根管子平均长度l/m	$8\times3.16+4(0.13+0.075)\pi+0.974+1.16$	29.99
9	顶棚管子长度l_d/m	$0.694+0.9+1.0$	2.6
10	受热面H/m^2	$2z_1\pi dl+z_1\pi dl_d=63\pi\times0.038(2\times29.99+2.6)$	470.7
11	辐射层有效厚度S/m	$0.9d\left(\dfrac{4}{\pi}\sigma_1\sigma_2-1\right)=0.9\times0.038\left(\dfrac{4}{\pi}\times2.63\times2.04-1\right)$	0.199
12	蒸汽流通截面f/m^2	$2z_1\dfrac{\pi}{4}d_n^2=2\times63\times0.785\times(0.031)^2$	0.095
13	烟气流通截面F_y/m^2	$6.4\times3.8-63\times0.038\times3.63$	15.63

表 10-51　第一级过热器的热力计算

序号	名　称	公 式 及 计 算	结果
1	入口烟温θ'/℃	见表 10-49	775.3
2	入口烟焓I'/(kJ/kg)	见表 10-49	7573.7
3	蒸汽入口温度t'/℃	见表 10-49	257
4	蒸汽入口焓i'/(kJ/kg)	见表 10-49	2808.2
5	减温水量ΔD/(kg/s)	先假定，后校核	1
6	减温水焓i_{bh}/(kJ/kg)	见表 10-41 的饱和水焓	1109.5
7	高温过热器入口蒸汽焓$i_{Ⅰ}$/(kJ/kg)	见表 10-49	3033.8
8	低温过热器出口蒸汽焓i''/(kJ/kg)	$(i_{Ⅱ}D-\Delta D_{ibh})\dfrac{1}{D-\Delta D}=(3033.8\times36.1-1\times1109.5)\dfrac{1}{35.1}$	3088.6
9	低温过热器出口蒸汽温度t''/℃	由$p=4.1$MPa 查水蒸气性质表	349.6
10	蒸汽吸热量Q_q/(kJ/kg)	$(D-\Delta D)(i''-i')/B_j=\dfrac{35.1}{5.5761}(3088.6-2808.2)$	1765
11	烟气出口焓I''/(kJ/kg)	$I'-\dfrac{Q_q}{\varphi}+\Delta\alpha I_{lk}=7573.7-\dfrac{1765}{0.9936}+0.015\times193$	5800
12	烟气出口温度θ''/℃	查表 10-42($\alpha=1.23$)	601.3
13	平均烟温$\bar{\theta}$/℃	$\dfrac{1}{2}(\theta'+\theta'')=\dfrac{1}{2}(775+601)$	688

续表

序号	名　称	公 式 及 计 算	结果
14	烟气体积(标准状况)$V_y/(m^3/kg)$	查表10-40($\alpha''=1.23$)	6.377
15	水蒸气体积份额 r_{H_2O}	查表10-40($\alpha''=1.23$)	0.0875
16	三原子气体体积份额$\sum r$	查表10-40($\alpha''=1.23$)	0.227
17	烟气密度(标准状况)$\rho_y/(kg/m^3)$	$G_y/V_y=8.452/6.377$	1.325
18	飞灰浓度 $\mu_{fh}/(kg/kg)$	查表10-40($\alpha''=1.23$)	0.0332
19	烟气流速 $v_y/(m/s)$	$\frac{B_jV_y}{F_y}\frac{\bar{\theta}+273}{273}=\frac{5.5761\times6.377}{15.63}\times\frac{688+273}{273}$	8
20	烟气对流放热系数 $\alpha_d/[W/(m^2\cdot℃)]$	$\alpha_0c_sc_zc_w=65\times1\times1\times0.96$	62.5
21	蒸汽平均温度$\bar{t}$/℃	$\frac{1}{2}(t'+t'')=\frac{1}{2}(257+349.6)$	303.3
22	蒸汽比容 $V/(m^3/kg)$	由 $p=4.1$MPa 查水蒸气性质表	0.0574
23	蒸汽流速 $v_q/(m/s)$	$\frac{DV}{f}=\frac{35.1\times0.0574}{0.095}$	21.2
24	蒸汽放热系数 $\alpha_2/[W/(m^2\cdot℃)]$	$\alpha_0c_d=1512\times0.99$	1496.8
25	三原子气体辐射减弱系数 $k_q\sum r/(m\cdot MPa)^{-1}$	$10.2\left[\frac{0.78+1.6r_{H_2O}}{(10.2pS)^{0.5}}-0.1\right]\left(1-0.37\frac{T}{1000}\right)\sum r=$ $10.2\left[\frac{0.78+1.6\times0.0875}{(0.227\times0.199)^{0.5}}-0.1\right]\left(1-0.37\frac{961}{1000}\right)\times0.227$	6.19
26	飞灰辐射减弱系数 $k_{fh}\mu_{fh}/(m\cdot MPa)^{-1}$	$43850\rho_y\cdot\mu_{fh}/(Td_{fh})^{2/3}$ $=[43850\times1.325/(961\times16)^{2/3}]\times0.0332$	3.06
27	烟气辐射吸收力 kpS	$(k_q\sum r+k_{fh}\mu_{fh})pS=(6.19+3.06)\times0.1\times0.199$	0.184
28	烟气黑度 a	$1-e^{-kpS}=1-e^{-0.184}$	0.168
29	灰污系数 ε	选用	0.0043
30	管壁灰污层温度 t_h	$\bar{t}+\left(\varepsilon+\frac{1}{\alpha_2}\right)\frac{1000B_z}{H}Q_q=303.3+\left(0.0043+\frac{1}{1496.8}\right)$ $\frac{1000\times5.5761}{470.7}\times1765$	408
31	辐射放热系数 $\alpha_f/[W/(m^2\cdot℃)]$	$\alpha_0a=118.6\times0.168$	20
32	修正后辐射放热系数 $\alpha_f'/[W/(m^2\cdot℃)]$	$\left[1+0.4\left(\frac{T}{1000}\right)^{0.25}\left(\frac{k_j}{l_{gz}}\right)^{0.07}\right]$ $=\left[1+0.4\left(\frac{961}{1000}\right)^{0.25}\left(\frac{0.955}{1.164}\right)^{0.07}\right]\alpha_f$	27.8
33	烟气总放热系数 $\alpha_1/[W/(m^2\cdot℃)]$	$\alpha_d+\alpha_f'=62.5+27.8$	90.3
34	热有效系数 ψ	选用	0.65
35	传热系数 $K/[W/(m^2\cdot℃)]$	$0.65\frac{\alpha_1\alpha_2}{\alpha_1+\alpha_2}=0.65\frac{90.3\times1496.8}{90.3+1496.8}$	55.35
36	平均温压计算 Δt/℃	$\frac{\Delta t_d-\Delta t_x}{\ln\Delta t_d/\Delta t_x}=[(775-349.6)-(601-257)]/\ln\frac{425.4}{344}$	383.26
37	传热量 $Q/(kJ/kg)$	$\frac{K\Delta tH}{1000B_j}=\frac{55.35\times383.26\times470.7}{5576.1}$	1790.7
38	误差 ΔQ/%	$\frac{Q_q-Q}{Q_q}\times100=\frac{1765-1790.7}{1765}\times100$	−1.45

8. 锅炉受热面的热量分配

(1) 锅炉总有效吸热量 Q_{gl}

$$Q_{gl}=94556\text{kW}（见表10-41）$$

(2) 炉膛总传热量

$$B_jQ_l=5.5761\times9946.9=55465\ (\text{kW})\ (\text{见表 10-45})$$

(3) 凝渣管区域传热量

$$B_jQ_y=5.5761\times990.8=5525\ (\text{kW})\ (\text{见表 10-47})$$

(4) 第二级过热器区域传热量

$$B_jQ_y=5.5761\times2060.7=11491\ (\text{kW})\ (\text{见表 10-49})$$

(5) 第一级过热器总传热量

$$B_jQ_q=5.5761\times1765=9842\ (\text{kW})\ (\text{见表 10-51})$$

(6) 省煤器所需吸热量（上级和下级）

$$B_jQ_{sm}=94556-(55465+5525+11491+9842)=12233\ (\text{kW})$$

(7) 空气预热器所需吸热量（上级和下级）

$$\begin{aligned}B_jQ_{ky}&=B_j\left(\beta_k''+\frac{1}{2}\Delta\alpha_k\right)(I_{rk}^0-I_{lk}^0)\\&=5.5761\left(1.06+\frac{1}{2}\times0.06\right)(2227-193)\\&=12362\ (\text{kW})\end{aligned}$$

(8) 排烟温度校核

$$\begin{aligned}I_{py}&=I''-\frac{B_jQ_{sm}+B_jQ_{ky}}{B_j\varphi}+\Delta\alpha_{ky}\left(\frac{I_{rk}^0+I_{lk}^0}{2}\right)+\Delta\alpha_{sm}I_{lk}^0\\&=5800-4439.2+0.06\times\left(\frac{2227+193}{2}\right)+0.04\times193\\&=1441.1\ (\text{kJ/kg})\end{aligned}$$

$$\theta_{py}=147.8℃$$

经比较与设计要求值相差 0.2℃，计算合格。

9. 省煤器的换热计算

省煤器布置两级受热面，即上、下两级省煤器，采用水平蛇行管束受热面。其联箱布置在侧墙，采用单面进水方式。

由于所用煤种含灰分很高，故采用防磨措施。在管组的烟气入口处的第一、二排管，管子弯头部分及靠前、后墙的两排管子都装有防磨盖板。有防磨盖板的管子，其有效受热面只能按 1/2 计算。

下级省煤器设计中受热面尺寸选择的比上级省煤器大，这是为使上级空气预热器有足够的传热温压。为检修方便，下级省煤器的受热面中间留有 1m 空间，相当于有两个管组，在每个管组的烟气入口处都装上防磨盖板。

省煤器出口水为未饱和水，其欠焓值选为 9.85kJ/kg。上、下两级省煤器的结构如图 10-71 及图 10-72 所示。上级省煤器的结构特性计算见表 10-52、其传热热力计算见表 10-53。下级省煤器的结构特性计算见表 10-54，其传热热力计算见表 10-55。

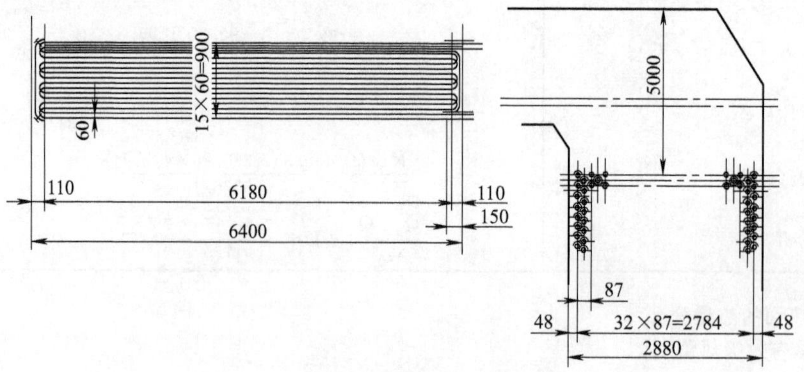

图 10-71 上级省煤器的结构（单位：mm）

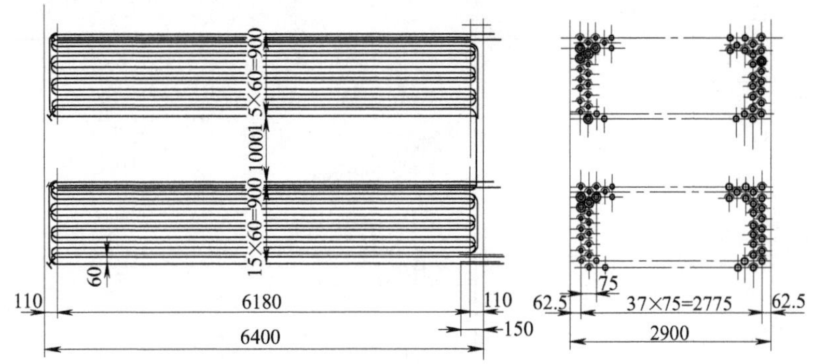

图 10-72 下级省煤器的结构（单位：mm）

表 10-52 上级省煤器的结构特性计算

序号	名 称	公 式 及 计 算	结果
1	管子规格 $d\times\delta$/(mm×mm)		$\phi32\times3$
2	横向节距 S_1/mm		87
3	纵向节距 S_2/mm		60
4	相对横向节距 σ_1	S_1/d	2.718
5	相对纵向节距 σ_2	S_2/d	1.875
6	横向排数/纵向排数 z_1/z_2	$\frac{33+32}{2}/16$	32.5/16
7	并联管数 n		65
8	烟道宽度 a/m		6.4
9	烟道深度 b/m		2.88
10	受热面布置管长 l_b/m	$z_1z_2\times6.18+7n\pi R=32.5\times16\times6.18+65\times7\times\pi\times0.06$	3299.4
11	装防磨板处		
	最上面二排管长 l_1/m	$n\times6.18=65\times6.18$	401.7
	靠墙各二排管长 l_2/m	$2\times(z_2-2)\cdot6.18=2\times14\times6.18$	173
	进、出口穿墙区 l_3/m	$2\times n\times0.15$	19.5
	弯头 l_4/m	$n\times7\times\pi\times R=65\times7\times\pi\times0.06$	85.72
12	有效受热面管长 l/m	$l_b-\frac{1}{2}(l_1+l_2+l_3+l_4)=3299.4-0.5(401.7+173+19.5+85.72)$	2959.4
13	受热面积 H/m²	$\pi dl=\pi\times0.032\times2959.4$	297.5
14	烟气流通截面 F_y/m²	$6.4\times2.88-z_1d\times(6.18+2\times R)=6.4\times2.88-32.5\times0.032(6.18+2\times0.06)$	11.88
15	辐射层有效厚度 S/m	$0.9d\left(\frac{4}{\pi}\sigma_1\sigma_2-1\right)=0.9\times0.032\left(\frac{4}{\pi}\times2.718\times1.875-1\right)$	0.158

表 10-53 上级省煤器的传热热力计算

序号	名 称	公 式 及 计 算	结果
1	入口烟温 θ'/℃	见表 10-51	601.3
2	入口烟焓 I'/(kJ/kg)	见表 10-51	5800
3	水出口焓 i''/(kJ/kg)	$i_{gs}+\frac{\Delta D_r}{1.02D}+\frac{B_jQ_{sm}}{1.02D}=721.65+\frac{1\times1688}{1.02\times36.1}+\frac{5.5761\times2193.8}{1.02\times36.1}$	1099.7
4	水出口温度 t''/℃	查水蒸气性质表	253

续表

序号	名　　称	公 式 及 计 算	结果
5	沸腾度 $X/\%$	欠焓 $\Delta i_{qh}=9.85\text{kJ/kg}$	0
6	水入口温度 $t'/℃$	假定	214.4
7	水入口焓 $i'/(\text{kJ/kg})$	查水蒸气性质表	919.8
8	水吸热量 $Q_s/(\text{kJ/kg})$	$1.02D(i''-i')\frac{1}{B_j}=1.02\times36.1(1099.7-919.8)\frac{1}{5.5761}$	1187.6
9	出口烟气焓 $I''/(\text{kJ/kg})$	$I'-\frac{Q_s}{\varphi}+\Delta\alpha I_{lk}=5800-\frac{1187.6}{0.9936}+0.02\times193$	4608.6
10	出口烟气温度 $\theta''/℃$	查表 10-42($\alpha''=1.25$)	478.2
11	平均烟温 $\bar{\theta}/℃$	$\frac{1}{2}(\theta'+\theta'')=\frac{1}{2}(601.3+478.2)$	540
12	平均水温 $\bar{t}/℃$	$\frac{1}{2}(t'+t'')=\frac{1}{2}(253+214.4)$	233.7
13	烟气体积(标准状况)$V_y/(\text{m}^3/\text{kg})$	查表 10-40($\alpha''=1.25$)	6.462
14	水蒸气体积份额 r_{H_2O}	查表 10-40($\alpha''=1.25$)	0.0867
15	三原子气体体积份额 Σr	查表 10-40($\alpha''=1.25$)	0.225
16	飞灰浓度 $\mu_{fh}/(\text{kg/kg})$		0.0328
17	烟气流速 $v_y/(\text{m/s})$	$\frac{B_jV_y}{F_y}\frac{\bar{\theta}+273}{273}=\frac{5.5761\times6.462}{11.88}\cdot\frac{540+273}{273}$	9.03
18	烟气对流放热系数 $\alpha_d/[\text{W}/(\text{m}^2\cdot℃)]$	$\alpha_0c_zc_wc_s=89.55\times1\times0.97\times1$	86.86
19	三原子气体辐射减弱系数 $k_q\Sigma r/(\text{m}\cdot\text{MPa})^{-1}$	$10.2\left[\frac{0.78+1.6r_{H_2O}}{(10.2pS)^{0.5}}-0.1\right]\left[1-0.37\frac{T}{1000}\right]\Sigma r=$ $10.2\left[\frac{0.78+1.6\times0.0867}{(0.225\times0.158)^{0.5}}-0.1\right]$ $(1-0.37\times0.813)\times0.225$	7.5
20	飞灰辐射减弱系数 $k_{fh}\mu_{fh}/(\text{m}\cdot\text{MPa})^{-1}$	$43850r_y\mu_{fh}/(Td_{fh})^{2/3}=43850\times1.3247\times0.0328/(813\times16)^{2/3}$	3.377
21	烟气辐射吸收力 kpS	$(k_q\Sigma r+k_{fh}\mu_{fh})pS=(7.5+3.377)\times0.1\times0.158$	0.1718
22	烟气黑度 a	$1-e^{-kpS}$	0.158
23	管壁灰污层温度 $t_b/℃$	$\bar{t}+60=233.7+60$	293.7
24	辐射放热系数 $\alpha_f/[\text{W}/(\text{m}^2\cdot℃)]$	$\alpha_0a=75.6\times0.1579$	11.93
25	修正辐射放热系数 α_f'	$\alpha_f\left[1+0.4\left(\frac{T'}{1000}\right)^{0.25}\left(\frac{l_{kj}}{l_{gz}}\right)^{0.07}\right]=11.93\left[1+0.4\left(\frac{874}{1000}\right)^{0.25}\left(\frac{5000}{900}\right)^{0.07}\right]$	17
26	灰污系数 $\varepsilon/[(\text{m}^2\cdot℃)/\text{W}]$	$\varepsilon_0c_sc_d+\Delta\varepsilon=0.0031\times1\times0.75+0.0017$	0.004
27	传热系数 $K/[\text{W}/(\text{m}^2\cdot℃)]$	$\frac{\alpha_d+\alpha_f'}{1+\varepsilon(\alpha_d+\alpha_f')}=\frac{86.86+17}{1+0.004\times103.86}$	73.38
28	平均温压 $\Delta t/℃$	$\frac{\Delta t_d-\Delta t_x}{\ln\Delta t_d/\Delta t_x}=[(601.3-253)-(478.2-214.4)]/\ln\frac{348.3}{263.8}$	304
29	传热量 $Q/(\text{kJ/kg})$	$K\Delta tH/1000B_j=73.38\times304\times297.5/1000\times5.5761$	1190
30	误差 $\Delta e/\%$	$\frac{1187.6-1190}{1187.6}\times100$	0.2 (合格)

表 10-54 下级省煤器的结构特性计算

序号	名称	公式及计算	结果
1	管子规格 $d\times\delta$/(mm×mm)		$\phi32\times3$
2	横向节距 S_1/mm		75
3	纵向节距 S_2/mm		60
4	相对横向节距 σ_1	$S_1/d=\frac{75}{32}$	2.34
5	相对纵向节距 σ_2	$S_2/d=\frac{60}{32}$	1.88
6	横向排数/纵向排数 z_1/z_2	$\frac{1}{2}(38+37)/32$	37.5/32
7	并联管数 n		75
8	烟道宽度 a/m		6.4
9	烟道深度 b/m		2.9
10	受热面布置管长 l_b/m	$z_1z_2\times6.18+n\pi R(z_2/2-1)+(1-2R)n=37.5\times32\times6.18+75\pi\times0.06\times15+0.88\times75$	7694
11	装防磨板处		
	每组最上面二排管长 l_1/m	$2n\times6.18=2\times75\times6.18$	927
	靠墙各二排管长 l_2/m	$2(z_2-4)6.18=2\times28\times6.18$	346.08
	进、出口穿墙区 l_3/m	$2\times n\times0.15=2\times75\times0.15$	22.5
	弯头及中间直段 l_4/m	$n\pi R(z_2/2-1)=75\times\pi\times0.06\times15$	212
12	有效受热面管长 l/m	$l_b-\frac{1}{2}(l_1+l_2+l_3+l_4)=7694-\frac{1}{2}(927+346.08+22.5+212)$	6940
13	受热面 H/m^2	$\pi dl=\pi\times0.032\times6940$	697.7
14	烟气流通截面 F_y/m^2	$ab-z_1d(6.18+2R)=6.4\times2.9-37.5\times0.032\times6.3$	11
15	辐射层有效厚度 S/m	$0.9d\left(\frac{4}{\pi}\sigma_1\sigma_2-1\right)=0.9\times0.032\left(\frac{4}{\pi}\times2.34\times1.88-1\right)$	0.133

表 10-55 下级省煤器的传热热力计算

序号	名称	公式及计算	结果
1	烟气入口温度 θ'/℃		369.2
2	烟气入口焓 I'/(kJ/kg)	—	3584.2
3	水入口焓/温度 i_{gs}/t/[(kJ/kg)/℃]		721.65/170
4	减温水放出热量 Q_w/(kJ/kg)	$\Delta D_r/(1.02D)=1688/(1.02\times36.1)$	45.84
5	水实际入口焓 i'/(kJ/kg)	$i_{qs}+Q_w=721.65+45.84$	767.5
6	水入口温度 t'/℃		180.6
7	出口水温 t''/℃	假定	214.4
8	出口水焓 i''/(kJ/kg)	按 $p=4.9$MPa 查水蒸气性质表	919.8
9	吸热量 Q_s/(kJ/kg)	$1.02D(i''-i')\frac{1}{B_j}=1.02\times36.1(919.8-767.5)\frac{1}{5.5761}$	1005.8
10	漏风系数 $\Delta\alpha$		0.02
11	出口烟焓 I''/(kJ/kg)		2568.4
12	出口烟温 θ''/℃		265.2
13	平均烟温 $\bar{\theta}$/℃	$\frac{1}{2}(\theta'+\theta'')$	317.2

续表

序号	名称	公式及计算	结果
14	烟气体积(标准状况)V_y/(m^3/kg)	查表 10-40	6.709
15	烟气流速 v_y/(m/s)	$B_j V_y/F_y \frac{(\bar{\theta}+273)}{273}=\frac{5.5761\times 6.709}{11}\times\frac{317.2+273}{273}$	7.36
16	水蒸气体积份额 r_{H_2O}	查表 10-40($\alpha''=1.3$)	0.084
17	烟气对流放热系数 α_d/[W/(m^2·℃)]	$\alpha_0 c_z c_w c_s=78.5\times 1\times 1\times 1$	78.5
18	平均水温 $\bar{t}$/℃	$\frac{1}{2}(t'+t'')=\frac{1}{2}(180.6+214.4)$	197.5
19	管壁温度 t_b/℃	$\bar{t}+25$	222.5
20	三原子气体体积份额$\sum r$	查表 10-40($\alpha''=1.3$)	0.217
21	三原子气体辐射减弱系数 $k_q\sum r$/(m·MPa)$^{-1}$	$10.2\left[\frac{0.78+1.6r_{H_2O}}{(10.2p\sum rS)^{0.5}}-0.1\right]\left(1-0.37\frac{T}{1000}\right)\sum r=$ $10.2\left[\frac{0.78+1.6\times 0.084}{(10.2\times 0.1\times 0.217\times 0.133)^{0.5}}-0.1\right]$ $\left(1-0.37\frac{590.2}{1000}\right)\cdot 0.217$	8.96
22	飞灰浓度 μ_{fh}/(kg/kg)	查表 10-40($\alpha''=1.3$)	0.0316
23	飞灰的辐射减弱系数 $k_{fh}\mu_{fh}$/(m·MPa)$^{-1}$	$43850\rho_y\mu_{fh}/(Td_{fh})^{2/3}=43850\times 1.323$ $\times 0.0316/(590\times 16)^{2/3}$	4.0
24	烟气辐射吸收力 kSp	$(k_g\sum r+k_{fh}\cdot\mu_{fh})pS=(8.96+4)0.1\times 0.133$	0.172
25	烟气黑度 a	$1-e^{-kpS}=1-e^{-0.172}$	0.158
26	烟气辐射放热系数 α_f/[W/(m^2·℃)]	33.7×0.158	5.3
27	修正辐射放热系数 α_f'/[W/(m^2·℃)]	$\alpha_f\left[1+0.4\left(\frac{590.2}{1000}\right)^{0.25}\left(\frac{1}{1.8}\right)^{0.07}\right]=1.336\times 5.3$	7.1
28	灰污系数 ε/[(m^2·℃)/W]	$c_d c_s\varepsilon_0\Delta\varepsilon=0.75\times 1\times 0.0036+0$	0.0027
29	烟气侧放热系数 α_1/[W/(m^2·℃)]	$\alpha_d+\alpha_f'=78.5+7.1$	85.6
30	传热系数 K/[W/(m^2·℃)]	$\frac{\alpha_1}{1+\varepsilon\alpha_1}=85.6/(1+0.0027\times 85.6)$	69.5
31	平均温压 Δt/℃	$(\Delta\tau_d-\Delta\tau_x)/\ln\left(\frac{\Delta\tau_d}{\Delta\tau_x}\right)=\left[(369.2-214.4)-(265.2-180.6)\right]/\ln\left(\frac{154.8}{84.6}\right)$	116.2
32	传热量 Q/(kJ/kg)	$K\Delta tH/(1000B_j)=69.5\times 116.2\times 697.7/5.5761\times 1000$	1010
33	误差 Δe/%	$\frac{1005.8-1010}{1005.8}\times 100$	0.46 (合格)

10. 空气预热器的热力计算

空气预热器也分成上、下两级布置，采用管式预热器。上级空气预热器有一个管组，由四个并列管箱组成。

下级空气预热器有两个管组，每个管组由四个并联管箱组成，下管组处在低温烟气区，如发生低温腐蚀，可更换下管组。为便于更换，下管组放在立柱之间，所以其深度方向的尺寸选择较小，下级空气预热器的空气行程为二行程。

上下两级空气预热器的结构如图 10-73 与图 10-74 所示。上级空气预热器的结构特性计算见表 10-56，其传热热力计算见表 10-57。下级空气预热器的结构特性计算见表 10-58，其传热热力计算见表 10-59。

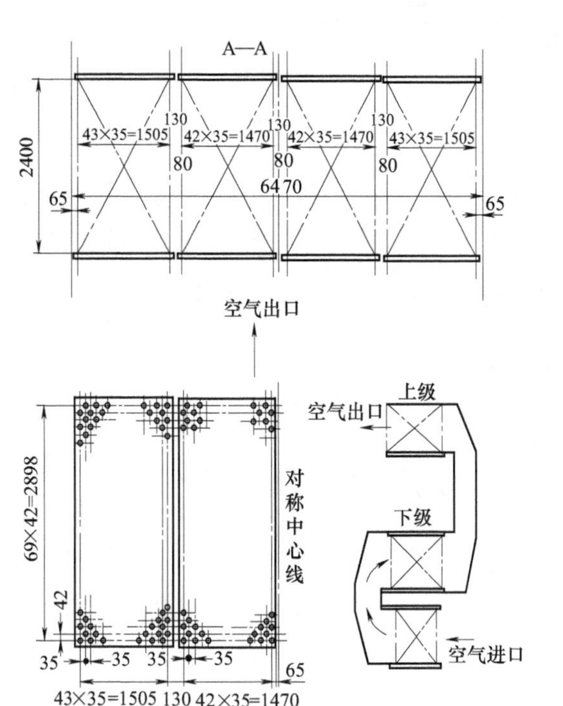

图 10-73 上级空气预热器的结构

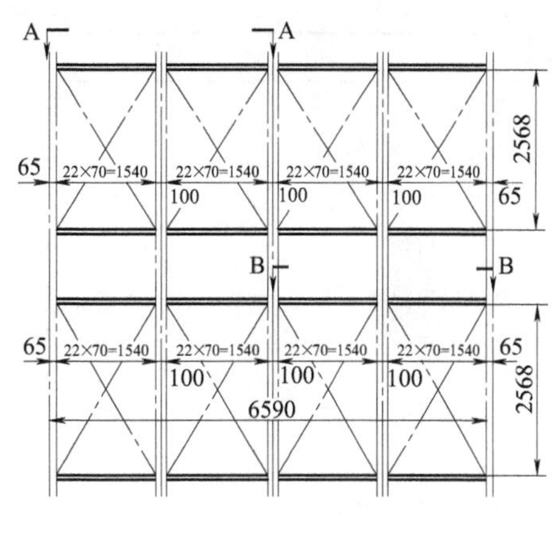

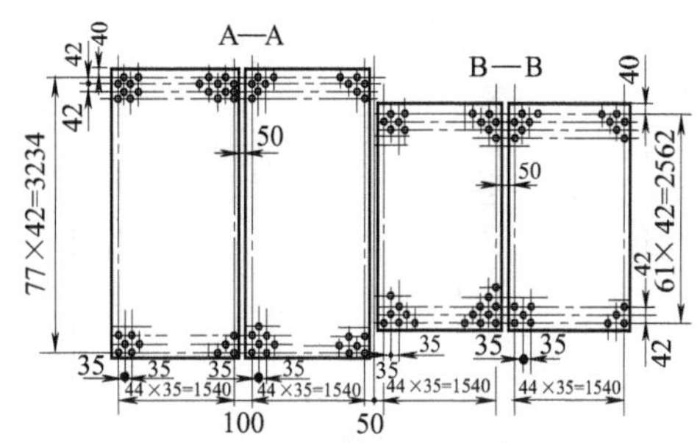

图 10-74 下级空气预热器的结构

表 10-56 上级空气预热器的结构特性计算

序号	名 称	公 式 及 计 算	结 果
1	管子规格 $d\times\delta/(\mathrm{mm}\times\mathrm{mm})$		$\phi40\times1.5$
2	横向节距 S_1/mm 纵向节距 S_2/mm		70 42
3	相对横向节距 σ_1 相对纵向节距 σ_2	S_1/d S_2/d	1.75 1.05
4	烟道宽度 a/m		6.47
5	烟道深度 b/m		2.978
6	横向管数 z_1		87
7	沿空气流向管排数 z_2		70
8	管子根数 n	z_1z_2	6090
9	管子高度 l/m		2.4
10	总受热面 H/m^2	$\pi d_{\mathrm{pj}}nl=\pi\times0.0385\times6090\times2.4$	1767.8
11	空气流通截面 $F_\mathrm{k}/\mathrm{m}^2$	$[a-z_1d-3\times0.08]l$	6.6
12	烟气流通截面 $F_\mathrm{y}/\mathrm{m}^2$	$n\frac{\pi}{4}(d-2\sigma^5)^2=6090\times0.785(0.037)^2$	6.54

表 10-57 上级空气预热器的传热热力计算

序号	名称	公式及计算	结果
1	烟气入口温度 θ'/℃	见表 10-53	478.2
2	烟气入口焓 I'/(kJ/kg)	见表 10-53	4608.2
3	空气入口温度 t'/℃	假定	190.4
4	空气入口焓 i'/(kJ/kg)	查表 10-42	1232.2
5	空气出口温度 t''/℃	任务书	340
6	空气出口焓 i''/(kJ/kg)		2227
7	平均空气温度 $\bar{t}$/℃	$\frac{1}{2}(t'+t'')=\frac{1}{2}(190.4+340)$	265.2
8	平均空气焓 $\bar{i}$/(kJ/kg)	$(i'+i'')\frac{1}{2}=\frac{1}{2}(1232.2+2227)$	1729.6
9	出口过量空气系数 β''	进炉膛的热空气份额,查表 10-45	1.06
10	空气吸热量 Q_k/(kJ/kg)	$\left(\beta''+\frac{\Delta\alpha}{2}\right)(i''-i')=(1.06+0.015)(2227-1232.2)$	1069
11	烟气出口焓 I''/(kJ/kg)	$I'-\frac{Q_k}{\varphi}+\bar{i}\cdot\Delta\alpha=4608.2-\frac{1069}{0.9936}+0.03\times1729.6$	3584.2
12	烟气出口温度 θ''/℃	($\alpha''=1.28$)查表 10-42	369.2
13	平均烟温 $\bar{\theta}$/℃	$\frac{1}{2}(\theta'+\theta'')=\frac{1}{2}(478.2+369.2)$	423.7
14	烟气体积(标准状况)V_y/(m^3/kg)	($\alpha''=1.28$)查表 10-40	6.585
15	烟气流速 v_y/(m/s)	$(B_jV_y/F_y)\frac{\bar{\theta}+273}{273}=\frac{5.576\times6.585}{6.54}\times\frac{696.7}{273}$	14.3
16	相对管长 l/d		65
17	水蒸气体积份额 r_{H_2O}		0.0853
18	烟气侧放热系数 α_y/[W/(m^2·℃)]	$\alpha_0c_1c_w=45.4\times1\times0.95$	43
19	空气流速 v_k/(m/s)	$(\beta''\times\Delta\alpha/2)V^0B_j(\bar{t}+273)/(F_k\times273)=$ $1.075\times4.861\times5.576\times538.2/(61.6\times273)$	8.7
20	空气侧放热系数 α_k/[W/(m^2·℃)]	$\alpha_0c_sc_wc_z=79\times1.11\times0.91\times1$	79.9
21	污染系数 ζ	单行程,选用	0.85
22	传热系数 K/[W/(m^2·℃)]	$\zeta\frac{\alpha_y\alpha_k}{\alpha_y+\alpha_k}=0.85\frac{43\times79.9}{43+79.9}$	23.76
23	入口温压 Δt_x/℃	$\theta'-t''=478.2-340$	138.2
24	出口温压 Δt_d/℃	$\theta''-t'=369.2-190.4$	178.8
25	逆流温压 Δt_{nl}/℃	$\Delta t_d-\Delta t_x/\ln\frac{\Delta t_d}{\Delta t_x}=178.8-138.2/\ln\frac{178.8}{138.2}$	157.6
26	大温降 τ_d/℃	$t''-t'=340-190.4$	149.6
27	小温降 τ_x/℃	$\theta'-\theta''=478.12-369.2$	109
28	参数 P	$\tau_x/(\theta'-t')=109/(478.2-190.4)$	0.379
29	参数 R	$\tau_d/\tau_x=149.6/109$	1.37
30	温压修正系数 ψ	查表 10-19,图 10-55	0.9
31	温压 Δt/℃	$\psi\Delta t_{nl}=0.9\times157.6$	141.8
32	传热量 Q/(kJ/kg)	$\frac{K\Delta tH}{1000B_j}=\frac{23.76\times141.8\times1767.8}{1000\times5.576}$	1068
33	误差 Δe/%	$\frac{1069-1068}{1069}\times100$	0.09

表 10-58 下级空气预热器的结构特性计算

序号	名称	公式及计算	结果		
			上管组	下管组	综合值
1	管子规格 $d\times\delta$/(mm×mm)			ϕ40×1.5	
2	横向节距 S_1/mm		70	70	
	纵向节距 S_2/mm		42	42	
3	相对横向节距 σ_1		1.75	1.75	
	相对纵向节距 σ_2		1.05	1.05	
4	烟道宽度 a/mm		6590	6590	
5	烟道深度 b/mm		3314	2642	
6	横向管数(平均)z_1	0.5(23+22)×4	90	90	
7	沿空气流向管排数 z_2		78	62	70
8	管子根数 n	z_1z_2	7020	5580	6300
9	管子高度 l/m		2.568	2.568	
10	总受热面 H/m^2	$\pi d_{pj}nl$	2180	1733	3913
11	空气流通截面 F_k/m^2	$al-z_1d_wl-3\times0.05l$①			7.3
12	烟气流通截面 F_y/m^2	$(n_{上}+n_{下})0.5\times\frac{\pi}{4}d_n^2$			6.77

① 管箱间隔板厚为 50mm。

表 10-59 下级空气预热器的传热热力计算

序号	名称	公式及计算	结果
1	烟气入口温度 θ'/℃	见表 10-55	265.2
2	烟气入口焓 I'/(kJ/kg)	见表 10-55	2568.4
3	空气入口温度 t'/℃	任务书	30
4	空气入口焓 i'/(kJ/kg)	查表 10-42($\alpha=1$)	193
5	空气出口温度 t''/℃	见表 10-57	190.4
6	空气出口焓 i''/(kJ/kg)	见表 10-57	1232.2
7	平均空气温度 $\bar{t}$/℃	$\frac{1}{2}(t'+t'')=\frac{1}{2}(30+190.4)$	110.2
8	平均空气焓 $\bar{i}$/(kJ/kg)	$\frac{1}{2}(i'+i'')=\frac{1}{2}(193+1232.2)$	712.6
9	出口过量空气系数 β''	$1.06+\Delta\alpha=1.06+0.03$	1.09
10	空气吸热量 Q_k/(kJ/kg)	$\left(\beta''+\frac{\Delta\alpha}{2}\right)(i''-i')=(1.09+0.015)(1232.2-193)$	1148.3
11	烟气出口焓 I''/(kJ/kg)	$I'-\frac{Q_k}{\varphi}+\Delta\alpha\cdot\bar{i}=2568.4-\frac{1148.3}{0.9936}+0.03\times712.6$	441.5
12	烟气出口温度 θ''/℃	查表 10-42($\alpha=1.33$)	1434.1
13	平均烟温 $\bar{\theta}$/℃	$\frac{1}{2}(\theta'+\theta'')$	206.6
14	烟气体积(标准状况)V_y/(m^3/kg)	查表 10-40	6.832
15	烟气流速 v_y/(m/s)	$\frac{B_jV_y}{F_y}\frac{(\bar{\theta}+273)}{273}=\frac{5.5761\times6.832}{6.77}\frac{(206.6+273)}{273}$	9.88
16	相对管长 l/d	2568/40	64.2
17	水蒸气体积份额 r_{H_2O}	查表 10-40	0.083
18	烟气侧放热系数 α_y/[W/(m^2·℃)]	$\alpha_0c_1c_w=33.7\times1\times1.11$	37.4
19	空气流速 v_k/(m/s)	$\left(\beta''+\frac{\Delta\alpha}{2}\right)V_0B_j(\bar{t}+273)/(F_k\times273)=1.105\times$ $4.861\times5.5761\times1.4\times\frac{1}{7.3}$	5.76

续表

序号	名称	公式及计算	结果
20	空气侧放热系数 α_k/[W/(m²·℃)]	$\alpha_0 c_s c_w c_z = 62.8 \times 1.11 \times 0.99 \times 1$	69
21	污染系数 ζ		0.75
22	传热系数 k/[W/(m²·℃)]	$\zeta \dfrac{\alpha_k \alpha_y}{\alpha_k + \alpha_y} = 0.75 \dfrac{37.4 \times 69}{37.4 + 69}$	18.2
23	入口温压 $\Delta\tau'$/℃	$\theta' - t'' = 265.2 - 190.4$	74.8
24	出口温压 $\Delta\tau''$/℃	$\theta'' - t' = 147.9 - 30$	117.9
25	逆流温压 Δt_0/℃	$\dfrac{\Delta\tau'' - \Delta\tau'}{\ln(\Delta\tau''/\Delta\tau)} = (117.9 - 74.8) \Big/ \ln\left(\dfrac{117.9}{74.8}\right)$	94.7
26	大温降 τ_d/℃	$t'' - t' = 190.4 - 30$	160.4
27	小温降 τ_x/℃	$\theta' - \theta'' = 265.2 - 147.9$	117.3
28	参数 P	$\tau_x/(\theta' - t') = 117.3/(265.2 - 30)$	0.5
29	参数 R	$\tau_d/\tau_x = 160.4/117.3$	1.367
30	温压修正系数 ψ	查表 10-19，图 10-55	0.94
31	温压 Δt/℃	$\psi \Delta t_0 = 0.94 \times 94.7$	89
32	传热量 Q/(kJ/kg)	$k \Delta t H / 1000 B_j = 18.2 \times 89 \times 3913 / 5576.1$	1137
33	误差 Δe/%	$\dfrac{1148.3 - 11.37}{1148.3} \times 100$	0.98
		排烟温度相差 148－147.9＝0.1℃（合格）	

11. 计算结果汇总（见表 10-60）

表 10-60 130t/h 锅炉热力计算结果汇总表

序号	名称	炉膛	凝渣管	第二级过热器	第一级过热器	上级省煤器	上级空气预热器	下级省煤器	下级空气预热器
1	烟气出口温度 θ''/℃	1065	974.3	775.3	601.3	478.2	369.2	265.2	147.9
2	介质进口温度 t'/℃	255	255	327	257	214.4	190.4	180.6	30
3	介质出口温度 t''/℃	255	255	450	349.6	253	340	214.4	190.4
4	介质平均流速 v/(m/s)			21.7	21.2		8.7		5.76
5	烟气平均流速 v_y/(m/s)		5.89	7.7	8	9.03	14.3	7.36	9.88
6	平均温压 Δt/℃		764.7	478	383.26	304	141.8	116.2	89
7	传热系数 K/[W/(m²·℃)]		81	71.9	55.35	73.38	23.76	69.5	18.2
8	受热面积 H/m²		89.6	282.6	470.7	297.5	1767.8	692	3913
9	附加受热面积 H_1/m²		10	37.49					
10	总传热量（包括附加热量）Q/kW	55465	5525	11491	9842	6622	5961	5608	6403

三、某 600MW 亚临界参数大型电站锅炉热力计算示例

该锅炉采用单炉膛，“倒 U”形布置、自然循环平衡通风、一次中间再热、前后墙对冲燃烧、尾部双烟道，再热蒸汽温度采用烟气挡板调节。其结构与整体布置如图 10-75 所示。

锅炉的水循环系统由汽包、下降管、下水连接管、水冷壁上升管及汽水连接管组成。汽包中的炉水经下降管和下水连接管引到水冷壁下集箱，再经水冷壁上升管和汽水引出管引入汽包。炉膛水冷壁采用全焊接的膜式管屏，在炉膛水冷壁的高热负荷区域采用了内螺纹管。

过热器及再热器受热面的布置采用了辐射-对流型，这种布置方式可确保锅炉在负荷变化范围内达到额定的蒸汽参数，并获得良好的蒸汽温度特性。过热器受热面由四部分组成：一是包括了顶棚、后竖井烟道四壁与分隔墙及水平烟道两侧墙；二是布置在尾部竖井后烟道内的水平对流过热器；三是位于炉膛上部的大屏过热器；四是位于折焰角上方的末级过热器；过热蒸汽温度调节采用二级喷水减温。再热器由位于尾部前烟道的水平对流再热器受热面及位于末级过热器后的末级再热器组成。再热蒸汽温度通过尾部烟道挡板调节。

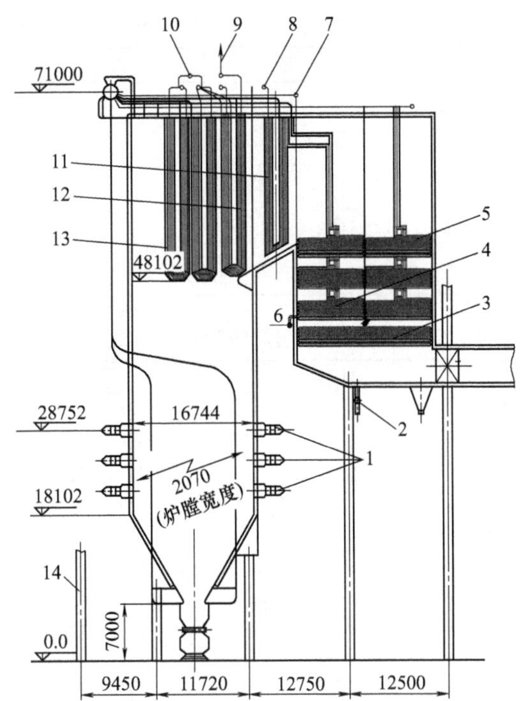

图 10-75　某 2070t/h 亚临界参数大型锅炉结构

1—燃烧器；2—给水进口；3—省煤器；4—低温再热器；5—低温过热器；6—再热器进口；7——一级减温器；8—再热器出口；9—主蒸汽出口；10—二级减温器；11—末级再热器；12—末级过热器；13—屏式过热器；14—锅炉钢架

省煤器布置在尾部后竖井水平低温过热器及低温再热器的下方，低过热器及低再热器下方的省煤器并联布置。水平低温过热器蛇形管及低温再热器蛇形管均通过省煤器出口管子进行吊挂。

燃烧器采用了前后墙对冲分级燃烧技术。在炉膛前后墙各分三层布置低 NO_x 轴流式煤粉燃烧器，每层布置 5 只燃烧器，全炉共设有 30 只燃烧器。在最上层燃烧器的上部布置了燃尽风喷口（OFA）。每只燃烧器均设有油枪，用于启动和维持低负荷燃烧。

该锅炉的热力计算采用电算模式，并在设计煤种和校核煤种情况下，计算了汽轮机主汽门全开工况，即锅炉的最大蒸发量（VWO）、汽轮机的最大连续出力工况（TMCR）、汽轮机的额定出力工况（TRL）以及汽轮机保证热耗工况（THA）等多种工况，得到了大量设计资料，有力地保证了锅炉在各种工况下的稳定运行和方案对比，是人力计算所不可比拟的。有关本锅炉热力计算的计算机程序本节不便论述，其计算结果汇总如下。

表 10-61 及表 10-62 是该锅炉的煤质资料及炉膛几何结构数据。表 10-63～表 10-76 给出了锅炉各种工况热力计算电算结果。除特殊标明外，冷风温度（即空气预热器进风温度）均为 24.7℃。

表 10-61　2070t/h 锅炉煤质资料

项　　目	符　号	单　位	设计煤种	校核煤种
元素分析基				
收到基碳	$w(C_{ar})$	%	47.62	65.54
收到基氢	$w(H_{ar})$	%	3.01	3.59
收到基氧	$w(O_{ar})$	%	8.77	10.21
收到基氮	$w(N_{ar})$	%	0.88	0.79
收到基硫	$w(S_{ar})$	%	0.47	0.12
收到基水分	$w(M_{ar})$	%	13.25	14.30
收到基灰分	$w(A_{ar})$	%	26.00	5.45
干燥无灰基挥发分	$w(V_{daf})$	%	38.00	34.15
收到基低位发热量	$Q_{net,V,ar}$	MJ/kg	17.981	24.6

续表

项目	符号	单位	设计煤种	校核煤种
哈氏可磨指数	HGI		57	62
煤灰熔融性(弱还原性气氛)				
变形温度	DT	℃	1250	1100
软化温度	ST	℃	≥1400	1170
半球温度	HT	℃		1180
流动温度	FT	℃		1180

表 10-62 2070t/h 锅炉炉膛几何结构数据

名称	符号	单位	公式及计算	结果
侧墙面积	F_{I}	m^2	(16.744+8.6888)×5.752/2	73.14
侧墙面积	F_{II}	m^2	30.45×16.744	509.85
侧墙面积	F_{III}	m^2	(13.849+16.744)×1.547/2	23.66
侧墙面积	F_{IV}	m^2	17.503×(13.849−2.008)	207.25
侧墙总面积	$F_{侧}$	m^2	$F_{\mathrm{I}}+F_{\mathrm{II}}+F_{\mathrm{III}}+F_{\mathrm{IV}}$	813.9
前墙面积	$F_{前1}$	m^2	20.7×(17.503+1.547+30.45)	1024.65
前墙面积	$F_{前2}$	m^2	20.7×(7.0219+8.6888/2)	235.28
前墙总面积	$F_{前}$	m^2	$F_{前1}+F_{前2}$	1259.9
后墙面积	$F_{后1}$	m^2	20.7×(7.0219+8.6888/2)	235.28
后墙面积	$F_{后2}$	m^2	20.7×30.45	630.32
后墙面积	$F_{后3}$	m^2	20.7×2.895/cos25°	66.12
后墙总面积	$F_{后}$	m^2	$F_{后1}+F_{后2}+F_{后3}$	931.7
炉顶面积	$F_{顶}$	m^2	20.7×(13.849−2.008)	245.11
出口窗面积	$F_{窗}$	m^2	20.7×(17.503+2.008)	403.88
全大屏	F_q	m^2	16片×2 2×32×[17.503×(1.204×2+0.762)−0.762×15.88+(0.223+0.762)×0.223/2+0.85²]	2723.30
炉膛包覆面积	F_{lt}	m^2	$2\times F_{侧}+F_{前}+F_{后}+F_{顶}+F_{窗}$ F_q	7191.8
水冷壁角系数	x_s	—	膜式壁结构	1.0
水冷壁受热面	H_s	m^2	$x_s(2\times F_{侧}+F_{前}+F_{后})$	3819.5
大屏角系数	x_d	—	43/38=1.1316,图 10-14(a)曲线 5	0.975
大屏辐射受热面	H_d	m^2	$x_d\times F_q$=0.975×2723.3	2655.2
顶棚角系数	x_{dp}	—		1.0
顶棚辐射受热面	H_{dp}	m^2	$x_{dp}\times F_{顶}$=1×245.11	245.11
燃烧器面积	$F_{燃}$	m^2		70.0
炉内辐射受热面	H_l	m^2	$H_d+H_s+F_{顶}+F_{燃}-F_{燃}$ =2655.2+3819.5+245.1+403.9−70	7053.7
水冷程度	ψ	—	H_l/F_{lt} 7053.7/7191.8	0.9808
炉膛容积	V_l	m^3	20.7×813.9	16848.1
辐射层有效厚度	S	m	$3.6\times V_l/F_{lt}$	8.4337
炉膛断面面积	F	m^2	20.7×16.744	346.6
出口窗中心至冷灰斗中心高	H	m	5.752+30.45+1.547+17.503/2	46.50
燃烧中心至冷灰斗中心高	H_j	m	满负荷运行 5 台磨 (2×31.904+2×27.504+23.104)/5−(19.854−5.752)	14.282
火焰中心相对高度	X_h	—	$H_j/H+0.05$ =14.282/46.5+0.05	0.3571
炉膛燃烧修正系数	M	—	$0.59-0.5X_h$ =0.59−0.5×0.357	0.4114

表 10-63 锅炉热力计算电算结果（设计燃料，VWO负荷）

名称	符号	单位	数据	名称	符号	单位	数据	名称	符号	单位	数据	名称	符号	单位	数据
锅炉一次蒸汽蒸发量	D_1	t/h	2070.0	排烟损失	Q_2	%	5.10	炉膛容积	V_1	m^3	16848.1	一次蒸汽调温方式	—	喷水减温	
一次蒸汽出口压力	p_1	MPa(a)	17.50	化学不完全燃烧损失	Q_3	%	0.00	炉膛断面面积	F	m^2	346.6	第一级喷水量	ΔD_1	t/h	35.81
一次蒸汽出口温度	T_1	℃	540.9	机械不完全燃烧损失	Q_4	%	0.80	炉膛辐射受热面积	H_1	m^2	7053.7	第二级喷水量	ΔD_2	t/h	23.87
二次蒸汽出口流量	D_2	t/h	1768.2	散热损失	Q_5	%	0.20	理论燃烧温度	T_a	℃	1994.8	二次蒸汽调温方式	—	烟气挡板	
二次蒸汽进口压力	p_i	MPa(a)	4.16	灰渣物理热损失	Q_6	%	0.08	炉膛辐射吸热量	Q_t	kJ/kg	9848.0	RH侧烟气份额	r	—	0.293
二次蒸汽出口压力	p_o	MPa(a)	3.98	锅炉效率	Q_1	%	93.82	炉膛容积热负荷	q_V	kW/m^3	92.72	环境空气温度	T_h	℃	20.0
二次蒸汽出口温度	T_2	℃	541.0	总燃料消耗量	B	t/h	314.76	炉膛断面热负荷	q_F	kW/m^2	4507.37	炉膛污染系数	ζ	—	0.475
锅筒工作压力	p	MPa(a)	19.00	计算燃料消耗量	B_p	t/h	312.24	炉膛有效面积热负荷	q_H	kW/m^2	121.16	燃烧修正系数	M	—	0.421

名称	对流受热面面积	烟气进口温度	烟气出口温度	工质进口温度	工质出口温度	过剩空气系数	烟气平均流速	工质平均流速	温压	传热系数	吸热量	附加吸热量
符号	H	T_{g1}	T_{g2}	T_1	T_2	α	$\overline{v}_g$	$\overline{v}_h$	ΔT	K	Q	Q_f
单位	m^2	℃	℃	℃	℃	—	m/s	m/s	℃	W/(m²·℃)	kJ/kg	kJ/kg
全大屏	0	1096.2	1096.3	387.9	472.1//464.0	1.180	0	0	0	0	2407.1	222.5
后屏	1202.6	1096.3	1036.8	464.0	503.3	1.180	8.9	19.3	582.8	71.6	845.6	39.6
高温过热器	1449.4	1037.1	965.3	503.3	540.9	1.180	8.9	19.9	478.9	80.5	734.8	94.4
水冷管束1	174.6	965.5	959.5	361.4	361.4	1.180	10.3	0	601.1	50.8	61.5	0
高温再热器	5546.0	959.5	794.0	419.9	540.9	1.180	11.2	22.2	396.0	62.9	1590.3	95.1
水冷管束2	282.0	794.0	785.0	361.4	361.4	1.180	9.7	0	428.1	63.3	88.1	0
吊挂管1	333.7	785.2	776.1	364.4	363.0	1.180	10.3	36.2	417.0	57.2	91.6	0
中温再热器	1833.5	775.8	730.3	387.0	419.9	1.180	10.1	22.4	348.1	61.1	448.9	4.8
转向室1	401.9	730.4	703.7	296.0	303.5	1.180	9.5	13.5	197.7	143.6	124.5	136.7
吊挂管2	476.1	703.7	694.7	363.0	363.1	1.180	7.5	17.1	336.2	33.3	61.2	0
垂直低温过热器	1776.8	694.8	656.4	387.2	393.5//387.9	1.180	6.7	6.1	284.6	44.9	261.6	2.2
转向室2	397.4	656.6	625.4	299.6	303.5	1.180	6.2	5.9	128.2	131.8	72.8	140.3
低温再热器	4977.9	703.7	520.3	351.4	387.0	1.180	8.3	22.6	235.1	37.6	506.3	15.1
水平低温过热器	7654.0	625.4	519.5	372.5	386.6	1.180	8.3	5.5	189.2	41.9	697.7	16.1
水平低温过热器	16549.5	519.8	406.2	363.1	372.5	1.180	9.7	5.9	84.8	45.2	729.4	21.3
低温再热器	6289.0	520.5	413.3	333.1	351.4	1.180	7.8	16.7	119.2	32.2	277.5	14.8
上级省煤器	4305.9	413.5	360.4	283.5	291.9//303.5	1.180	5.6	0	97.4	29.3	143.2	0
下级省煤器	4039.0	406.2	376.4	283.5	295.5//303.5	1.180	7.5	0	101.6	40.1	192.3	0
上级空气预热器	227153.0	370.3	150.6	55.7	320.3	1.220	9.0	6.1	70.1	10.9	2002.1	0
下级空气预热器	37245.0	150.6	121.6	24.7	56.2	1.260	6.9	4.2	95.7	5.7	232.5	0

注：1.//表示喷水减温后工质出口温度或省煤器吊挂管出口进入汽包的工质温度，下同；2. MPa(a) 指绝对压力，下同。

表 10-64 锅炉热力计算电算结果（设计煤种，TMCR负荷）

名称	符号	单位	数据	名称	符号	单位	数据	名称	符号	单位	数据	名称	符号	单位	数据
锅炉一次蒸汽蒸发量	D_1	t/h	2010.7	排烟损失	Q_2	%	5.08	炉膛容积	V_l	m^3	16848.1	一次蒸汽调温方式	—	喷水减温	
一次蒸汽出口压力	p_1	MPa(a)	17.46	化学不完全燃烧损失	Q_3	%	0.00	炉膛断面积	F	m^2	346.6	第一级喷水量	ΔD_1	t/h	33.38
一次蒸汽出口温度	T_1	℃	540.9	机械不完全燃烧损失	Q_4	%	0.80	炉膛辐射受热面积	H_l	m^2	7049.9	第二级喷水量	ΔD_2	t/h	22.25
二次蒸汽出口流量	D_2	t/h	1720.4	散热损失	Q_5	%	0.21	理论燃烧温度	T_a	℃	1993.5	二次蒸汽调温方式	—	烟气挡板	
二次蒸汽进口压力	p_i	MPa(a)	4.05	灰渣物理热损失	Q_6	%	0.08	炉膛辐射吸热量	Q_t	kJ/kg	9917.0	RH侧烟气份额	r	—	0.316
二次蒸汽出口压力	p_o	MPa(a)	3.88	锅炉效率	Q_1	%	93.83	炉膛容积热负荷	q_V	kW/m^3	90.60	环境空气温度	T_h	℃	20.0
二次蒸汽出口温度	T_2	℃	541.0	总燃料消耗量	B	t/h	307.57	炉膛断面热负荷	q_F	kW/m^2	4404.46	炉膛污染系数	ζ	—	0.475
锅筒工作压力	p	MPa(a)	18.91	计算燃料消耗量	B_p	t/h	305.11	炉膛有效面积热负荷	q_H	kW/m^2	119.22	燃烧修正系数	M	—	0.421

名称	对流受热面面积	烟气进口温度	烟气出口温度	工质进口温度	工质出口温度	过剩空气系数	烟气平均流速	工质平均流速	温压	传热系数	吸热量	附加吸热量
符号	H	T_{g1}	T_{g2}	T_1	T_2	α	$\overline{v}_g$	$\overline{v}_h$	ΔT	K	Q	Q_f
单位	m^2	℃	℃	℃	℃	—	m/s	m/s	℃	W/(m²·℃)	kJ/kg	kJ/kg
全大屏	0	1088.1	1088.2	386.9	472.1//464.3	1.180	0	0	0	0	2423.9	224.1
后屏	1202.6	1088.1	1029.6	464.3	503.5	1.180	8.6	18.8	574.9	69.6	837.6	39.1
高温过热器	1449.4	1029.8	959.5	503.5	540.9	1.180	8.6	19.4	472.3	78.2	723.7	93.0
水冷管束1	174.6	959.6	953.6	361.0	361.0	1.180	10.0	0	595.5	49.4	60.6	0
高温再热器	5546.0	953.5	790.4	421.3	541.2	1.180	10.9	22.2	390.4	61.2	1565.7	94.0
水冷管束2	282.0	790.3	781.7	361.0	361.0	1.180	9.4	0	425.0	61.5	86.9	0
吊挂管1	333.7	781.8	772.4	364.0	362.7	1.180	10.0	35.6	413.7	56.0	91.3	0
中温再热器	1833.5	772.4	727.4	388.4	421.3	1.180	9.9	22.4	343.6	59.5	443.2	4.7
转向室1	401.9	727.4	700.6	294.5	301.6	1.180	9.2	13.3	193.4	143.3	124.3	136.4
吊挂管2	476.1	700.8	691.6	362.8	362.9	1.180	7.0	16.8	333.4	31.8	59.6	0
垂直低温过热器	1776.8	691.8	653.1	386.1	392.2//386.8	1.180	6.3	5.9	282.7	42.8	254.0	2.2
转向室2	397.4	653.2	621.7	297.4	301.6	1.180	5.9	5.8	121.6	131.2	70.6	137.1
低温再热器	4977.9	700.8	520.0	350.2	388.4	1.180	8.8	22.6	233.9	39.2	537.9	16.0
水平低温过热器	7654.0	621.4	516.4	371.8	385.4	1.180	7.8	5.4	186.6	39.8	670.6	15.5
水平低温过热器	16549.5	516.1	404.3	362.9	371.8	1.180	9.2	5.7	82.4	42.8	687.8	20.5
低温再热器	6289.0	519.8	412.8	330.1	350.2	1.180	8.2	16.7	121.0	33.6	300.6	15.8
上级省煤器	4305.9	412.7	360.9	281.6	290.8//301.6	1.180	5.9	0	99.1	30.4	150.3	0
下级省煤器	4039.0	404.6	374.5	281.6	292.6//301.6	1.180	7.1	0	102.1	38.1	187.8	0
上级空气预热器	227153.0	368.8	151.0	56.0	318.4	1.220	8.8	6.0	70.4	10.7	1991.6	0
下级空气预热器	37245.0	150.9	121.3	24.7	56.7	1.260	6.7	4.1	95.4	5.6	236.0	0

表 10-65 锅炉热力计算电算结果（设计燃料，TRL 负荷）

名称	符号	单位	数据	名称	符号	单位	数据	名称	符号	单位	数据	名称	符号	单位	数据
锅炉一次蒸汽蒸发量	D_1	t/h	2010.7	排烟损失	Q_2	%	5.07	炉膛容积	V_1	m^3	16848.1	一次蒸汽调温方式	—	喷水减温	
一次蒸汽出口压力	p_1	MPa(a)	17.46	化学不完全燃烧损失	Q_3	%	0.00	炉膛断面积	F	m^2	346.6	第一级喷水量	ΔD_1	t/h	36.75
一次蒸汽出口温度	T_1	℃	540.8	机械不完全燃烧损失	Q_4	%	0.80	炉膛辐射受热面积	H_1	m^2	7053.7	第二级喷水量	ΔD_2	t/h	24.50
二次蒸汽出口流量	D_2	t/h	1711.6	散热损失	Q_5	%	0.21	理论燃烧温度	T_a	℃	1993.2	二次蒸汽调温方式	—	烟气挡板	
二次蒸汽进口压力	p_i	MPa(a)	4.02	灰渣物理热损失	Q_6	%	0.08	炉膛辐射吸热量	Q_t	kJ/kg	9912.6	RH 侧烟气份额	r	—	0.311
二次蒸汽出口压力	p_o	MPa(a)	3.84	锅炉效率	Q_1	%	93.84	炉膛容积热负荷	q_V	kW/m^3	90.66	环境空气温度	T_h	℃	20.0
二次蒸汽出口温度	T_2	℃	541.0	总燃料消耗量	B	t/h	307.76	炉膛断面热负荷	q_F	kW/m^2	4407.18	炉膛污染系数	ζ	—	0.475
锅筒工作压力	p	MPa(a)	18.91	计算燃料消耗量	B_p	t/h	305.30	炉膛有效面积热负荷	q_H	kW/m^2	119.24	燃烧修正系数	M	—	0.421

名称	对流受热面面积	烟气进口温度	烟气出口温度	工质进口温度	工质出口温度	过剩空气系数	烟气平均流速	工质平均流速	温压	传热系数	吸热量	附加吸热量
符号	H	T_{g1}	T_{g2}	T_1	T_2	α	$\overline{v}_g$	$\overline{v}_h$	ΔT	K	Q	Q_f
单位	m^2	℃	℃	℃	℃	—	m/s	m/s	℃	W/(m^2·℃)	kJ/kg	kJ/kg
全大屏	0	1088.3	1088.5	387.1	472.7//464.1	1.180	0	0	0	0	2422.8	224.0
后屏	1202.6	1088.3	1030.3	464.1	503.3	1.180	8.6	18.8	575.6	69.7	838.3	39.1
高温过热器	1449.4	1030.0	960.1	503.3	540.8	1.180	8.6	19.4	472.8	78.3	724.8	93.0
水冷管束 1	174.6	960.1	954.2	361.0	361.0	1.180	10.0	0	596.1	49.5	60.7	0
高温再热器	5546.0	954.1	790.4	419.4	540.6	1.180	10.9	22.3	391.9	61.3	1571.8	94.0
水冷管束 2	282.0	790.7	782.1	361.0	361.0	1.180	9.4	0	425.3	61.6	87.1	0
吊挂管 1	333.7	781.8	772.7	364.0	362.8	1.180	10.0	35.5	413.8	56.1	91.4	0
中温再热器	1833.5	772.7	727.4	386.6	419.7	1.180	9.9	22.4	345.4	59.5	445.2	4.7
转向室 1	401.9	727.6	700.8	294.2	301.2	1.180	9.2	13.3	193.8	143.4	124.5	136.3
吊挂管 2	476.1	700.7	692.1	362.8	362.9	1.180	7.1	16.8	333.5	32.0	60.0	0
垂直低温过热器	1776.8	692.0	653.9	386.7	393.0//387.0	1.180	6.4	5.9	282.5	43.1	255.6	2.2
转向室 2	397.4	653.6	622.0	297.1	301.2	1.180	5.9	5.8	124.5	131.3	71.9	137.9
低温再热器	4977.9	700.7	519.4	348.8	386.8	1.180	8.6	22.6	235.0	38.6	531.3	15.8
水平低温过热器	7654.0	622.3	516.6	372.1	386.0	1.180	7.9	5.4	186.6	40.1	676.0	15.7
水平低温过热器	16549.5	516.7	404.3	362.9	372.1	1.180	9.3	5.7	82.5	43.2	696.4	20.7
低温再热器	6289.0	519.2	411.5	329.0	349.0	1.180	8.1	16.7	121.1	33.0	297.2	15.5
上级省煤器	4305.9	411.2	359.3	281.2	290.4//301.2	1.180	5.8	0	97.9	30.3	148.2	0
下级省煤器	4039.0	404.3	374.6	281.2	292.3//301.2	1.180	7.2	0	102.4	38.4	187.8	0
上级空气预热器	227153.0	368.5	150.5	55.9	318.1	1.220	8.8	6.0	70.2	10.7	1989.1	0
下级空气预热器	37245.0	150.6	121.1	24.7	56.7	1.260	6.7	4.1	95.1	5.6	235.6	0

表 10-66 锅炉热力计算电算结果（设计煤种，THA 负荷）

名 称	符号	单位	数据	名 称	符号	单位	数据	名 称	符号	单位	数据	名 称	符号	单位	数据
锅炉一次蒸汽蒸发量	D_1	t/h	1876.1	排烟损失	Q_2	%	5.00	炉膛容积	V_1	m^3	16848.1	一次蒸汽调温方式	—	喷水减温	
一次蒸汽出口压力	p_1	MPa(a)	17.27	化学不完全燃烧损失	Q_3	%	0.00	炉膛断面积	F	m^2	346.6	第一级喷水量	ΔD_1	t/h	27.30
一次蒸汽出口温度	T_1	℃	540.7	机械不完全燃烧损失	Q_4	%	0.80	炉膛辐射受热面积	H_1	m^2	7053.7	第二级喷水量	ΔD_2	t/h	18.20
二次蒸汽出口流量	D_2	t/h	1612.3	散热损失	Q_5	%	0.22	理论燃烧温度	T_a	℃	1992.0	二次蒸汽调温方式	—	烟气挡板	
二次蒸汽进口压力	p_i	MPa(a)	3.59	灰渣物理热损失	Q_6	%	0.08	炉膛辐射吸热量	Q_t	kJ/kg	10097.4	RH 侧烟气份额	r	—	0.371
二次蒸汽出口压力	p_o	MPa(a)	3.44	锅炉效率	Q_1	%	93.90	炉膛容积热负荷	q_V	kW/m^3	85.76	环境空气温度	T_h	℃	20.0
二次蒸汽出口温度	T_2	℃	541.0	总燃料消耗量	B	t/h	291.13	炉膛断面热负荷	q_F	kW/m^2	4169.05	炉膛污染系数	ζ	—	0.475
锅筒工作压力	p	MPa(a)	18.72	计算燃料消耗量	B_p	t/h	288.80	炉膛有效面积热负荷	q_H	kW/m^2	114.90	燃烧修正系数	M	—	0.421

名 称	对流受热面面积	烟气进口温度	烟气出口温度	工质进口温度	工质出口温度	过剩空气系数	烟气平均流速	工质平均流速	温压	传热系数	吸热量	附加吸热量
符号	H	T_{g1}	T_{g2}	T_1	T_2	α	$\overline{v}_g$	$\overline{v}_h$	ΔT	K	Q	Q_f
单位	m^2	℃	℃	℃	℃	—	m/s	m/s	℃	$W/(m^2 \cdot ℃)$	kJ/kg	kJ/kg
全大屏	0	1069.5	1069.2	383.9	471.7//464.8	1.180	0	0	0	0	2468.0	228.2
后屏	1202.6	1069.5	1013.1	464.8	504.0	1.180	8.0	17.8	556.8	65.2	819.0	37.7
高温过热器	1449.4	1013.2	946.0	504.0	540.7	1.180	8.1	18.3	457.0	72.9	696.9	89.7
水冷管束 1	174.6	945.9	940.5	360.2	360.2	1.180	9.4	0	583.0	46.2	58.6	0
高温再热器	5546.0	940.3	782.7	423.5	541.1	1.180	10.2	23.6	378.8	57.4	1505.4	91.4
水冷管束 2	282.0	782.7	774.3	360.2	360.2	1.180	8.9	0	418.3	57.5	84.6	0
吊挂管 1	333.7	774.1	765.2	362.5	361.5	1.180	9.4	34.2	407.6	53.2	90.2	0
中温再热器	1833.5	764.9	721.2	391.1	423.7	1.180	9.3	24.0	334.2	56.0	428.2	4.6
转向室 1	401.9	721.2	694.4	289.3	297.1	1.180	8.7	12.8	184.9	142.2	124.8	135.0
吊挂管 2	476.1	694.5	685.4	361.5	361.7	1.180	6.1	16.2	328.3	28.6	55.8	0
垂直低温过热器	1776.8	685.5	646.4	382.8	388.4//383.8	1.180	5.5	5.5	279.7	38.3	237.1	2.0
转向室 2	397.4	646.4	613.7	293.2	297.1	1.180	5.1	5.4	112.9	129.6	68.6	129.3
低温再热器	4977.9	694.5	519.2	346.2	391.1	1.180	9.7	24.0	232.1	42.5	611.9	18.3
水平低温过热器	7654.0	613.6	509.2	369.9	382.2	1.180	6.8	5.1	181.4	35.2	609.3	14.2
水平低温过热器	16549.5	509.6	401.2	361.7	369.9	1.180	7.9	5.5	79.3	37.8	617.5	18.7
低温再热器	6289.0	519.0	409.7	321.1	346.2	1.180	9.1	17.6	126.1	36.5	361.1	18.4
上级省煤器	4305.9	409.7	358.7	277.1	287.5//297.1	1.180	6.6	0	100.5	32.7	173.0	0
下级省煤器	4039.0	401.2	370.2	277.1	288.1//297.1	1.180	6.1	0	102.8	33.8	178.2	0
上级空气预热器	227153.0	364.6	148.3	56.2	316.2	1.220	8.2	5.7	67.9	10.2	1968.1	0
下级空气预热器	37245.0	148.4	119.5	24.7	56.2	1.260	6.3	3.9	93.5	5.3	230.8	0

表 10-67 锅炉热力计算电算结果（校核燃料，VWO 负荷）

名称	符号	单位	数据	名称	符号	单位	数据	名称	符号	单位	数据	名称	符号	单位	数据
锅炉一次蒸汽蒸发量	D_1	t/h	2070.0	排烟损失	Q_2	%	5.76	炉膛容积	V_1	m^3	16848.1	一次蒸汽调温方式	—	喷水减温	
一次蒸汽出口压力	p_1	MPa(a)	17.50	化学不完全燃烧损失	Q_3	%	0.00	炉膛断面积	F	m^2	346.6	第一级喷水量	ΔD_1	t/h	64.08
一次蒸汽出口温度	T_1	℃	541.1	机械不完全燃烧损失	Q_4	%	0.80	炉膛辐射受热面积	H_1	m^2	7053.7	第二级喷水量	ΔD_2	t/h	42.72
二次蒸汽出口流量	D_2	t/h	1768.2	散热损失	Q_5	%	0.20	理论燃烧温度	T_a	℃	1905.9	二次蒸汽调温方式	—	烟气挡板	
二次蒸汽进口压力	p_i	MPa(a)	4.16	灰渣物理热损失	Q_6	%	0.10	炉膛辐射吸热量	Q_t	kJ/kg	8518.6	RH 侧烟气份额	r	—	0.222
二次蒸汽出口压力	p_o	MPa(a)	3.98	锅炉效率	Q_1	%	93.14	炉膛容积热负荷	q_V	kW/m^3	93.40	环境空气温度	T_h	℃	20.0
二次蒸汽出口温度	T_2	℃	541.0	总燃料消耗量	B	t/h	349.57	炉膛断面热负荷	q_F	kW/m^2	4540.16	炉膛污染系数	ζ	—	0.475
锅筒工作压力	p	MPa(a)	19.00	计算燃料消耗量	B_p	t/h	346.77	炉膛有效面积热负荷	q_H	kW/m^2	116.39	燃烧修正系数	M	—	0.423

名称	对流受热面面积	烟气进口温度	烟气出口温度	工质进口温度	工质出口温度	过剩空气系数	烟气平均流速	工质平均流速	温压	传热系数	吸热量	附加吸热量
符号	H	T_{g1}	T_{g2}	T_1	T_2	α	$\overline{v}_g$	$\overline{v}_h$	ΔT	K	Q	Q_f
单位	m^2	℃	℃	℃	℃	—	m/s	m/s	℃	$W/(m^2 \cdot ℃)$	kJ/kg	kJ/kg
全大屏	0	1096.9	1097.0	391.9	476.5//461.9	1.180	0	0	0	0	2082.1	192.5
后屏	1202.6	1097.0	1038.4	461.9	502.0	1.180	9.1	19.2	585.7	75.4	782.1	37.6
高温过热器	1449.4	1038.2	967.7	502.0	541.1	1.180	9.1	19.9	481.2	84.3	689.2	89.3
水冷管束 1	174.6	967.8	961.7	361.4	361.4	1.180	10.6	0	603.3	54.0	59.1	0
高温再热器	5546.0	961.6	794.8	412.0	540.8	1.180	11.5	22.1	401.5	66.1	1528.2	90.3
水冷管束 2	282.0	794.8	786.1	361.4	361.4	1.180	9.9	0	429.0	66.3	83.3	0
吊挂管 1	333.7	786.3	777.1	364.7	363.3	1.180	10.5	35.5	417.7	60.2	86.9	0
中温再热器	1833.5	777.1	730.5	376.7	412.0	1.180	10.4	22.0	357.9	64.0	435.8	4.5
转向室 1	401.9	730.6	704.5	296.0	303.5	1.180	9.7	13.3	197.1	148.8	116.1	127.4
吊挂管 2	476.1	704.5	659.8	363.4	363.6	1.180	8.4	16.8	336.6	37.4	62.1	0
垂直低温过热器	1776.8	695.7	659.6	395.5	403.9//391.9	1.180	7.6	6.3	277.4	50.7	259.8	2.3
转向室 2	397.4	659.8	630.4	298.9	303.5	1.180	7.1	6.1	137.6	134.8	71.5	139.2
低温再热器	4977.9	704.5	513.1	347.4	376.7	1.180	6.4	22.2	237.6	31.1	380.8	11.1
水平低温过热器	7654.0	630.5	526.8	376.3	394.7	1.180	9.5	5.7	190.0	47.6	718.7	16.9
水平低温过热器	16549.5	526.8	410.3	363.6	376.3	1.180	11.1	5.9	88.8	51.2	782.8	22.8
低温再热器	6289.0	513.1	407.8	333.1	347.4	1.180	6.0	16.6	114.2	26.4	197.0	10.4
上级省煤器	4305.9	408.0	354.9	283.5	290.7//303.5	1.180	4.3	0	92.5	24.9	103.2	0
下级省煤器	4039.0	410.6	380.9	283.5	297.2//303.5	1.180	8.6	0	105.1	45.6	202.4	0
上级空气预热器	227153.0	373.7	159.5	58.6	326.2	1.220	9.3	6.3	70.9	11.1	1862.3	0
下级空气预热器	37245.0	159.4	129.2	24.7	58.4	1.260	7.2	4.3	102.8	5.8	228.9	0

表 10-68 锅炉热力计算电算结果（校核煤种，TMCR 负荷）

名称	符号	单位	数据	名称	符号	单位	数据	名称	符号	单位	数据	名称	符号	单位	数据
锅炉一次蒸汽蒸发量	D_1	t/h	2010.7	排烟损失	Q_2	%	5.70	炉膛容积	V_1	m^3	16848.1	一次蒸汽调温方式	—	喷水减温	
一次蒸汽出口压力	p_1	MPa(a)	17.46	化学不完全燃烧损失	Q_3	%	0.00	炉膛断面积	F	m^2	346.6	第一级喷水量	ΔD_1	t/h	64.31
一次蒸汽出口温度	T_1	℃	540.9	机械不完全燃烧损失	Q_4	%	0.80	炉膛辐射受热面积	H_1	m^2	7053.7	第二级喷水量	ΔD_2	t/h	42.87
二次蒸汽出口流量	D_2	t/h	1720.4	散热损失	Q_5	%	0.21	理论燃烧温度	T_a	℃	1904.9	二次蒸汽调温方式	—	烟气挡板	
二次蒸汽进口压力	p_i	MPa(a)	4.05	灰渣物理热损失	Q_6	%	0.10	炉膛辐射吸热量	Q_t	kJ/kg	8556.2	RH 侧烟气份额	r	—	0.238
二次蒸汽出口压力	p_o	MPa(a)	3.88	锅炉效率	Q_1	%	93.19	炉膛容积热负荷	q_V	kW/m^3	91.22	环境空气温度	T_h	℃	20.0
二次蒸汽出口温度	T_2	℃	541.0	总燃料消耗量	B	t/h	341.44	炉膛断面热负荷	q_F	kW/m^2	4434.63	炉膛污染系数	ζ	—	0.475
锅筒工作压力	p	MPa(a)	18.91	计算燃料消耗量	B_p	t/h	338.71	炉膛有效面积热负荷	q_H	kW/m^2	114.19	燃烧修正系数	M	—	0.421

名称	对流受热面面积	烟气进口温度	烟气出口温度	工质进口温度	工质出口温度	过剩空气系数	烟气平均流速	工质平均流速	温压	传热系数	吸热量	附加吸热量
符号	H	T_{g1}	T_{g2}	T_1	T_2	α	$\overline{v}_g$	$\overline{v}_h$	ΔT	K	Q	Q_f
单位	m^2	℃	℃	℃	℃	—	m/s	m/s	℃	W/(m²·℃)	kJ/kg	kJ/kg
全大屏	0	1091.9	1092.1	391.1	476.9//461.7	1.180	0	0	0	0	2091.3	193.4
后屏	1202.6	1092.0	1033.7	461.7	501.8	1.180	8.8	18.7	581.1	73.5	777.8	37.3
高温过热器	1449.4	1033.7	964.0	501.8	540.9	1.180	8.9	19.4	477.3	82.0	682.8	88.5
水冷管束 1	174.6	964.3	958.3	361.0	361.0	1.180	10.3	0	600.2	52.6	58.6	0
高温再热器	5546.0	958.0	792.7	411.8	540.7	1.180	11.2	22.1	398.8	64.5	1517.6	89.7
水冷管束 2	282.0	792.8	784.2	361.0	361.0	1.180	9.7	0	427.5	64.5	82.7	0
吊挂管 1	333.7	784.1	775.0	364.3	363.2	1.180	10.3	34.9	415.8	59.0	87.1	0
中温再热器	1833.5	774.8	728.7	376.9	412.2	1.180	10.1	22.0	355.6	62.5	433.6	4.5
转向室 1	401.9	728.9	702.3	293.7	301.6	1.180	9.5	13.0	194.1	148.9	116.7	127.8
吊挂管 2	476.1	702.4	693.7	363.2	363.4	1.180	8.0	16.5	334.7	36.0	61.1	0
垂直低温过热器	1776.8	693.8	657.9	395.1	403.5//391.1	1.180	7.2	6.1	276.0	48.7	254.2	2.2
转向室 2	397.4	657.6	628.0	296.7	301.6	1.180	6.8	5.9	136.7	134.7	72.2	137.6
低温再热器	4977.9	702.4	512.8	345.6	377.1	1.180	6.7	22.2	237.5	32.1	403.8	11.7
水平低温过热器	7654.0	627.8	524.6	376.0	394.1	1.180	9.0	5.5	187.9	45.7	699.7	16.5
水平低温过热器	16549.5	524.3	409.4	363.4	375.9	1.180	10.6	5.7	87.4	49.1	753.7	22.3
低温再热器	6289.0	512.9	407.7	330.1	345.7	1.180	6.3	16.6	116.7	27.3	212.3	11.1
上级省煤器	4305.9	407.5	355.2	281.6	289.0//301.6	1.180	4.5	0	94.3	25.6	108.7	0
下级省煤器	4039.0	409.4	379.0	281.6	295.7//301.6	1.180	8.2	0	105.3	43.7	201.4	0
上级空气预热器	227153.0	372.1	158.4	58.3	324.4	1.220	9.1	6.2	70.8	10.9	1854.9	0
下级空气预热器	37245.0	158.8	128.1	24.7	58.4	1.260	7.0	4.2	101.9	5.7	230.7	0

表 10-69 锅炉热力计算电算结果（校核煤种，TRL 负荷）

名称	符号	单位	数据	名称	符号	单位	数据	名称	符号	单位	数据	名称	符号	单位	数据
锅炉一次蒸汽蒸发量	D_1	t/h	2010.7	排烟损失	Q_2	%	5.76	炉膛容积	V_1	m^3	16848.1	一次蒸汽调温方式	—	喷水减温	
一次蒸汽出口压力	p_1	MPa(a)	17.46	化学不完全燃烧损失	Q_3	%	0.00	炉膛断面积	F	m^2	346.6	第一级喷水量	ΔD_1	t/h	66.52
一次蒸汽出口温度	T_1	℃	540.9	机械不完全燃烧损失	Q_4	%	0.80	炉膛辐射受热面积	H_1	m^2	7053.7	第二级喷水量	ΔD_2	t/h	44.35
二次蒸汽出口流量	D_2	t/h	1711.6	散热损失	Q_5	%	0.21	理论燃烧温度	T_a	℃	1904.7	二次蒸汽调温方式	—	烟气挡板	
二次蒸汽进口压力	p_i	MPa(a)	4.02	灰渣物理热损失	Q_6	%	0.10	炉膛辐射吸热量	Q_t	kJ/kg	8550.4	RH 侧烟气份额	r	—	0.232
二次蒸汽出口压力	p_o	MPa(a)	3.84	锅炉效率	Q_1	%	93.13	炉膛容积热负荷	q_V	kW/m^3	91.35	环境空气温度	T_h	℃	20.0
二次蒸汽出口温度	T_2	℃	541.0	总燃料消耗量	B	t/h	341.92	炉膛断面热负荷	q_F	kW/m^2	4440.92	炉膛污染系数	ζ	—	0.475
锅筒工作压力	p	MPa(a)	18.91	计算燃料消耗量	B_p	t/h	339.19	炉膛有效面积热负荷	q_H	kW/m^2	114.27	燃烧修正系数	M	—	0.421

名称	对流受热面面积	烟气进口温度	烟气出口温度	工质进口温度	工质出口温度	过剩空气系数	烟气平均流速	工质平均流速	温压	传热系数	吸热量	附加吸热量
符号	H	T_{g1}	T_{g2}	T_1	T_2	α	$\overline{v}_g$	$\overline{v}_h$	ΔT	K	Q	Q_f
单位	m^2	℃	℃	℃	℃	—	m/s	m/s	℃	$W/(m^2 \cdot ℃)$	kJ/kg	kJ/kg
全大屏	0	1092.6	1092.3	391.3	477.3//461.5	1.180	0	0	0	0	2089.9	193.2
后屏	1202.6	1092.5	1034.2	461.5	501.7	1.180	8.9	18.7	581.7	73.6	778.4	37.3
高温过热器	1449.4	1034.2	964.4	501.7	540.9	1.180	8.9	19.4	477.8	82.2	683.8	88.5
水冷管束 1	174.6	964.7	958.6	361.0	361.0	1.180	10.3	0	600.6	52.7	58.7	0
高温再热器	5546.0	958.8	792.9	410.9	540.8	1.180	11.2	22.1	399.7	64.6	1519.3	89.8
水冷管束 2	282.0	793.0	784.4	361.0	361.0	1.180	9.7	0	427.7	64.7	82.7	0
吊挂管 1	333.7	784.3	775.2	364.4	363.2	1.180	10.3	34.8	415.9	59.1	87.1	0
中温再热器	1833.5	775.3	729.2	375.2	410.9	1.180	10.2	22.0	357.6	62.6	435.0	4.5
转向室 1	401.9	729.0	702.7	293.4	301.2	1.180	9.5	13.0	195.0	148.9	117.1	127.8
吊挂管 2	476.1	702.8	694.1	363.2	363.5	1.180	8.1	16.5	335.1	36.3	61.4	0
垂直低温过热器	1776.8	694.2	658.2	395.7	404.2//391.2	1.180	7.3	6.1	275.6	49.1	255.4	2.2
转向室 2	397.4	658.2	628.6	296.4	301.2	1.180	6.8	6.0	136.7	134.8	72.2	138.5
低温再热器	4977.9	702.8	510.4	344.1	375.2	1.180	6.6	22.2	237.9	31.5	396.1	11.5
水平低温过热器	7654.0	628.6	525.7	376.4	394.9	1.180	9.1	5.5	188.4	46.1	706.9	16.7
水平低温过热器	16549.5	525.4	409.8	363.5	376.4	1.180	10.7	5.7	87.9	49.6	765.9	22.6
低温再热器	6289.0	510.2	404.9	329.0	344.1	1.180	6.1	16.6	115.2	26.7	205.5	10.7
上级省煤器	4305.9	404.8	351.7	281.2	288.6//301.2	1.180	4.4	0	91.4	25.1	107.0	0
下级省煤器	4039.0	409.7	379.7	281.2	295.4//301.2	1.180	8.3	0	106.2	44.1	201.4	0
上级空气预热器	227153.0	371.7	159.7	59.5	324.2	1.220	9.1	6.2	70.6	10.9	1844.4	0
下级空气预热器	37245.0	159.5	129.4	24.7	58.4	1.260	7.0	4.2	102.9	5.7	231.9	0

表 10-70 锅炉热力计算电算结果（校核煤种，THA 负荷）

名 称	符号	单位	数据	名 称	符号	单位	数据	名 称	符号	单位	数据	名 称	符号	单位	数据
锅炉一次蒸汽蒸发量	D_1	t/h	1876.1	排烟损失	Q_2	%	5.59	炉膛容积	V_1	m^3	16848.1	一次蒸汽调温方式	—	喷水减温	
一次蒸汽出口压力	p_1	MPa(a)	17.27	化学不完全燃烧损失	Q_3	%	0.00	炉膛断面积	F	m^2	346.6	第一级喷水量	ΔD_1	t/h	54.77
一次蒸汽出口温度	T_1	℃	540.7	机械不完全燃烧损失	Q_4	%	0.80	炉膛辐射受热面积	H_1	m^2	7053.7	第二级喷水量	ΔD_2	t/h	36.51
二次蒸汽出口流量	D_2	t/h	1612.3	散热损失	Q_5	%	0.22	理论燃烧温度	T_a	℃	1903.1	二次蒸汽调温方式	—	烟气挡板	
二次蒸汽进口压力	p_i	MPa(a)	3.59	灰渣物理热损失	Q_6	%	0.10	炉膛辐射吸热量	Q_t	kJ/kg	8712.5	RH 侧烟气份额	r	—	0.287
二次蒸汽出口压力	p_o	MPa(a)	3.41	锅炉效率	Q_1	%	93.28	炉膛容积热负荷	q_V	kW/m^3	86.34	环境空气温度	T_h	℃	20.0
二次蒸汽出口温度	T_2	℃	541.0	总燃料消耗量	B	t/h	323.16	炉膛断面热负荷	q_F	kW/m^2	4197.23	炉膛污染系数	ζ	—	0.475
锅筒工作压力	p	MPa(a)	18.72	计算燃料消耗量	B_p	t/h	320.58	炉膛有效面积热负荷	q_H	kW/m^2	110.05	燃烧修正系数	M	—	0.421

名 称	对流受热面面积	烟气进口温度	烟气出口温度	工质进口温度	工质出口温度	过剩空气系数	烟气平均流速	工质平均流速	温压	传热系数	吸热量	附加吸热量
符号	H	T_{g1}	T_{g2}	T_1	T_2	α	$\overline{v}_g$	$\overline{v}_h$	ΔT	K	Q	Q_f
单位	m^2	℃	℃	℃	℃	—	m/s	m/s	℃	$W/(m^2 \cdot ℃)$	kJ/kg	kJ/kg
全大屏	0	1074.5	1074.2	388.0	476.1//462.0	1.180	0	0	0	0	2129.5	196.9
后屏	1202.6	1074.2	1018.5	462.0	502.3	1.180	8.3	17.7	564.2	68.8	761.3	36.1
高温过热器	1449.4	1018.3	951.2	502.3	540.7	1.180	8.3	18.3	463.1	76.5	658.3	85.4
水冷管束 1	174.6	951.2	945.4	360.2	360.2	1.180	9.6	0	588.1	49.2	56.7	0
高温再热器	5546.0	945.3	785.1	414.3	541.0	1.180	10.5	23.7	387.3	60.5	1461.7	87.4
水冷管束 2	282.0	785.3	776.8	360.2	360.2	1.180	9.1	0	420.8	60.3	80.3	0
吊挂管 1	333.7	776.9	767.9	362.8	361.9	1.180	9.7	33.6	410.0	56.1	86.2	0
中温再热器	1833.5	767.8	722.9	378.9	414.3	1.180	9.5	23.7	347.2	58.8	420.7	4.4
转向室 1	401.9	722.8	696.5	289.3	297.1	1.180	8.9	12.6	185.6	148.1	117.2	127.2
吊挂管 2	476.1	696.4	687.9	362.0	362.3	1.180	7.1	15.9	330.3	32.6	57.6	0
垂直低温过热器	1776.8	687.8	651.1	391.4	399.1//388.1	1.180	6.4	5.7	273.6	43.7	238.6	2.1
转向室 2	397.4	651.4	620.5	292.4	297.1	1.180	5.9	5.6	123.0	133.3	68.5	131.0
低温再热器	4977.9	696.4	513.5	341.0	378.9	1.180	7.7	23.7	237.6	35.4	470.0	13.6
水平低温过热器	7654.0	620.6	518.3	374.0	390.6	1.180	7.9	5.2	183.9	40.8	644.4	15.4
水平低温过热器	1659.5	518.3	405.9	362.3	373.9	1.180	9.3	5.5	84.2	43.8	685.6	20.7
低温再热器	6289.0	513.4	405.6	321.2	341.0	1.180	7.2	17.5	123.3	30.1	262.2	13.1
上级省煤器	4305.9	405.8	354.5	277.1	286.2//297.1	1.180	5.2	0	97.0	27.8	127.9	0
下级省煤器	4039.0	406.0	475.4	277.1	290.1//297.1	1.180	7.2	0	106.9	39.0	188.9	0
上级空气预热器	227153.0	368.2	156.1	57.2	321.6	1.220	8.5	5.8	69.5	10.4	1842.3	0
下级空气预热器	37245.0	155.9	126.1	24.7	57.8	1.260	6.6	4.0	99.7	5.4	227.2	0

表 10-71 锅炉热力计算电算结果（设计煤种，90%THA 负荷）

名称	符号	单位	数据	名称	符号	单位	数据	名称	符号	单位	数据	名称	符号	单位	数据
锅炉一次蒸汽蒸发量	D_1	t/h	1661.3	排烟损失	Q_2	%	4.89	炉膛容积	V_1	m^3	16848.1	一次蒸汽调温方式	—	喷水减温	
一次蒸汽出口压力	p_1	MPa(a)	17.22	化学不完全燃烧损失	Q_3	%	0.00	炉膛断面积	F	m^2	346.6	第一级喷水量	ΔD_1	t/h	17.23
一次蒸汽出口温度	T_1	℃	540.9	机械不完全燃烧损失	Q_4	%	0.80	炉膛辐射受热面积	H_1	m^2	7053.7	第二级喷水量	ΔD_2	t/h	11.49
二次蒸汽出口流量	D_2	t/h	1438.2	散热损失	Q_5	%	0.25	理论燃烧温度	T_a	℃	1989.0	二次蒸汽调温方式	—	烟气挡板	
二次蒸汽进口压力	p_i	MPa(a)	3.40	灰渣物理热损失	Q_6	%	0.08	炉膛辐射吸热量	Q_t	kJ/kg	10424.2	RH 侧烟气份额	r	—	0.459
二次蒸汽出口压力	p_o	MPa(a)	3.28	锅炉效率	Q_1	%	93.98	炉膛容积热负荷	q_V	kW/m^3	77.44	环境空气温度	T_h	℃	20.0
二次蒸汽出口温度	T_2	℃	541.0	总燃料消耗量	B	t/h	262.89	炉膛断面热负荷	q_F	kW/m^2	3764.66	炉膛污染系数	ζ	—	0.475
锅筒工作压力	p	MPa(a)	18.43	计算燃料消耗量	B_p	t/h	260.79	炉膛有效面积热负荷	q_H	kW/m^2	107.11	燃烧修正系数	M	—	0.421

名称	对流受热面面积	烟气进口温度	烟气出口温度	工质进口温度	工质出口温度	过剩空气系数	烟气平均流速	工质平均流速	温压	传热系数	吸热量	附加吸热量
符号	H	T_{g1}	T_{g2}	T_1	T_2	α	$\overline{v}_g$	$\overline{v}_h$	ΔT	K	Q	Q_f
单位	m^2	℃	℃	℃	℃	—	m/s	m/s	℃	W/(m^2·℃)	kJ/kg	kJ/kg
全大屏	0	1034.8	1034.8	380.5	472.0//467.0	1.180	0	0	0	0	2547.9	235.6
后屏	1202.6	1034.7	982.8	467.0	505.9	1.180	7.1	15.9	522.3	58.1	786.6	35.5
高温过热器	1449.4	982.6	920.4	505.9	540.9	1.180	7.1	16.3	427.9	64.6	650.0	84.1
水冷管束 1	174.6	920.4	915.3	358.9	358.9	1.180	8.3	0	559.0	40.9	55.1	0
高温再热器	5546.0	915.2	767.6	430.3	541.2	1.180	9.1	22.3	355.3	51.2	1394.9	86.8
水冷管束 2	282.0	767.9	759.8	358.9	358.9	1.180	7.9	0	404.9	51.0	80.4	0
吊挂管 1	333.7	759.9	750.6	361.7	361.1	1.180	8.4	31.4	393.8	48.6	88.1	0
中温再热器	1833.5	750.6	709.5	399.3	430.4	1.180	8.3	22.8	313.8	50.2	399.7	4.4
转向室 1	401.9	709.8	683.2	281.5	289.5	1.180	7.7	11.8	172.4	140.4	126.7	132.7
吊挂管 2	476.1	683.2	673.8	361.1	361.4	1.180	4.7	14.8	317.2	24.1	50.4	0
垂直低温过热器	1776.8	673.8	632.5	378.6	383.6//380.4	1.180	4.2	4.8	271.4	32.2	214.2	1.8
转向室 2	397.4	632.5	597.6	285.6	289.5	1.180	3.9	4.7	98.1	125.6	64.2	117.6
低温再热器	4977.9	683.2	518.1	345.8	399.4	1.180	10.7	22.8	223.4	46.2	709.2	21.9
水平低温过热器	7654.0	597.7	494.7	368.0	378.0	1.180	5.2	4.5	168.9	28.9	515.3	12.3
水平低温过热器	16549.5	494.8	394.4	361.4	368.0	1.180	6.1	4.9	69.7	30.6	486.1	15.8
低温再热器	6289.0	518.1	408.2	313.8	345.9	1.180	10.1	16.5	129.4	40.0	448.7	22.7
上级省煤器	4305.9	408.4	356.8	269.5	283.6//289.5	1.180	7.3	0	104.9	35.5	217.1	0
下级省煤器	4039.0	394.5	362.2	269.5	279.4//289.5	1.180	4.7	0	103.5	27.2	159.3	0
上级空气预热器	227153.0	358.6	146.2	56.6	311.8	1.220	7.4	5.1	65.9	9.4	1929.9	0
下级空气预热器	37245.0	146.3	117.3	24.7	55.6	1.260	5.7	3.5	91.6	4.9	230.8	0

表 10-72 锅炉热力计算电算结果（设计煤种，75%THA 负荷，冷风温度 33.3℃）

名称	符号	单位	数据	名称	符号	单位	数据	名称	符号	单位	数据	名称	符号	单位	数据
锅炉一次蒸汽蒸发量	D_1	t/h	1363.2	排烟损失	Q_2	%	5.07	炉膛容积	V_1	m^3	16848.1	一次蒸汽调温方式	—	喷水减温	
一次蒸汽出口压力	p_1	MPa(a)	14.35	化学不完全燃烧损失	Q_3	%	0.00	炉膛断面积	F	m^2	346.6	第一级喷水量	ΔD_1	t/h	53.82
一次蒸汽出口温度	T_1	℃	541.1	机械不完全燃烧损失	Q_4	%	0.80	炉膛辐射受热面积	H_1	m^2	7053.7	第二级喷水量	ΔD_2	t/h	35.88
二次蒸汽出口流量	D_2	t/h	1193.1	散热损失	Q_5	%	0.30	理论燃烧温度	T_a	℃	1935.5	二次蒸汽调温方式	—	烟气挡板	
二次蒸汽进口压力	p_i	MPa(a)	2.83	灰渣物理热损失	Q_6	%	0.08	炉膛辐射吸热量	Q_t	kJ/kg	10679.0	RH 侧烟气份额	r	—	0.491
二次蒸汽出口压力	p_o	MPa(a)	2.71	锅炉效率	Q_1	%	93.74	炉膛容积热负荷	q_V	kW/m^3	65.63	环境空气温度	T_h	℃	20.0
二次蒸汽出口温度	T_2	℃	541.0	总燃料消耗量	B	t/h	222.78	炉膛断面热负荷	q_F	kW/m^2	3190.25	炉膛污染系数	ζ	—	0.475
锅筒工作压力	p	MPa(a)	15.17	计算燃料消耗量	B_p	t/h	221.00	炉膛有效面积热负荷	q_H	kW/m^2	92.99	燃烧修正系数	M	—	0.421

名称	对流受热面面积	烟气进口温度	烟气出口温度	工质进口温度	工质出口温度	过剩空气系数	烟气平均流速	工质平均流速	温压	传热系数	吸热量	附加吸热量
符号	H	T_{g1}	T_{g2}	T_1	T_2	α	$\overline{v}_g$	$\overline{v}_h$	ΔT	K	Q	Q_f
单位	m^2	℃	℃	℃	℃	—	m/s	m/s	℃	$W/(m^2 \cdot ℃)$	kJ/kg	kJ/kg
全大屏	0	981.1	981.3	370.2	487.0//464.6	1.221	0	0	0	0	2610.2	241.3
后屏	1202.6	981.2	934.7	464.6	505.9	1.221	5.9	16.2	472.7	49.6	749.9	33.8
高温过热器	1449.4	934.8	879.5	505.9	541.1	1.221	6.0	16.5	383.5	55.0	598.0	80.4
水冷管束 1	174.6	879.3	874.3	343.0	343.0	1.221	7.0	0	533.8	34.5	52.5	0
高温再热器	5546.0	874.5	743.6	437.3	541.1	1.221	7.7	22.6	319.6	43.6	1261.8	84.1
水冷管束 2	282.0	743.8	736.1	343.0	343.0	1.221	6.7	0	396.9	43.6	79.4	0
吊挂管 1	333.7	735.8	727.3	352.4	352.7	1.221	7.2	34.4	378.9	42.6	87.7	0
中温再热器	1833.5	727.3	690.3	407.3	437.3	1.221	7.1	23.3	285.2	43.3	369.6	4.4
转向室 1	401.9	690.3	664.2	275.4	284.1	1.221	6.6	12.9	151.9	134.0	127.0	134.6
吊挂管 2	476.1	664.0	654.3	352.8	353.6	1.221	3.8	16.2	306.0	21.2	50.2	0
垂直低温过热器	1776.8	654.3	613.7	380.6	388.0//370.2	1.221	3.4	5.2	249.0	28.3	203.6	1.8
转向室 2	397.4	613.5	577.0	279.3	284.1	1.221	3.1	5.1	89.8	118.9	65.4	118.7
低温再热器	4977.9	664.0	513.2	350.8	407.3	1.221	9.9	23.3	206.0	42.6	711.3	23.5
水平低温过热器	7654.0	576.8	479.2	364.9	379.8	1.221	4.2	4.8	151.9	24.9	471.9	11.9
水平低温过热器	16549.5	479.2	384.0	353.6	364.9	1.221	4.9	5.4	63.4	26.1	446.3	15.2
低温再热器	6289.0	513.1	407.1	314.8	350.8	1.221	9.5	16.7	124.0	37.2	473.0	25.9
上级省煤器	4305.9	407.4	351.6	258.1	276.4//284.1	1.221	6.8	0	111.2	33.4	256.6	0
下级省煤器	4039.0	383.9	349.9	258.1	269.2//284.1	1.221	3.8	0	102.8	23.6	162.4	0
上级空气预热器	227153.0	349.5	144.6	63.2	305.3	1.271	6.4	4.5	60.9	8.5	1926.2	0
下级空气预热器	37245.0	144.5	117.0	33.3	62.1	1.320	5.0	3.2	83.0	4.5	225.6	0

表 10-73 锅炉热力计算电算结果（设计煤种，50%THA 负荷，冷风温度 43.5℃）

名 称	符号	单位	数据	名 称	符号	单位	数据	名 称	符号	单位	数据	名 称	符号	单位	数据
锅炉一次蒸汽蒸发量	D_1	t/h	905.5	排烟损失	Q_2	%	5.65	炉膛容积	V_1	m^3	16848.1	一次蒸汽调温方式	—	喷水减温	
一次蒸汽出口压力	p_1	MPa(a)	9.58	化学不完全燃烧损失	Q_3	%	0.00	炉膛断面积	F	m^2	346.6	第一级喷水量	ΔD_1	t/h	65.78
一次蒸汽出口温度	T_1	℃	541.1	机械不完全燃烧损失	Q_4	%	1.20	炉膛辐射受热面积	H_1	m^2	7053.7	第二级喷水量	ΔD_2	t/h	43.86
二次蒸汽出口流量	D_2	t/h	808.0	散热损失	Q_5	%	0.46	理论燃烧温度	T_a	℃	1718.7	二次蒸汽调温方式	—	烟气挡板	
二次蒸汽进口压力	p_i	MPa(a)	1.93	灰渣物理热损失	Q_6	%	0.08	炉膛辐射吸热量	Q_t	kJ/kg	10625.9	RH 侧烟气份额	r	—	0.459
二次蒸汽出口压力	p_o	MPa(a)	1.85	锅炉效率	Q_1	%	92.61	炉膛容积热负荷	q_V	kW/m^3	46.13	环境空气温度	T_h	℃	20.0
二次蒸汽出口温度	T_2	℃	541.0	总燃料消耗量	B	t/h	157.23	炉膛断面热负荷	q_F	kW/m^2	2242.43	炉膛污染系数	ζ	—	0.475
锅筒工作压力	p	MPa(a)	9.95	计算燃料消耗量	B_p	t/h	155.34	炉膛有效面积热负荷	q_H	kW/m^2	65.049	燃烧修正系数	M	—	0.421

名 称	对流受热面面积	烟气进口温度	烟气出口温度	工质进口温度	工质出口温度	过剩空气系数	烟气平均流速	工质平均流速	温压	传热系数	吸热量	附加吸热量
符号	H	T_{g1}	T_{g2}	T_1	T_2	α	$\overline{v}_g$	$\overline{v}_h$	ΔT	K	Q	Q_f
单位	m^2	℃	℃	℃	℃	—	m/s	m/s	℃	W/(m^2·℃)	kJ/kg	kJ/kg
全大屏	0	883.0	883.0	351.4	509.6//459.2	1.443	0	0	0	0	2597.2	240.1
后屏	1202.6	883.0	845.3	459.2	505.0	1.443	4.5	16.9	382.1	39.0	703.7	33.9
高温过热器	1449.4	845.5	801.8	505.0	541.1	1.443	4.6	17.1	300.6	43.4	536.9	81.8
水冷管束 1	174.6	801.7	797.4	310.6	310.6	1.443	5.4	0	488.9	26.5	52.6	0
高温再热器	5546.0	797.5	695.8	444.4	540.7	1.443	6.0	22.7	254.1	33.9	1104.7	86.5
水冷管束 2	282.0	695.8	688.5	310.6	310.6	1.443	5.3	0	381.5	34.6	86.3	0
吊挂管 1	333.7	688.3	680.6	333.9	336.5	1.443	5.6	38.0	349.2	34.3	92.4	0
中温再热器	1833.5	680.4	650.5	414.7	444.4	1.443	5.6	23.6	234.6	34.4	342.7	4.6
转向室 1	401.9	650.2	625.4	261.6	272.8	1.443	5.2	14.2	132.8	116.7	138.2	149.0
吊挂管 2	476.1	625.4	615.9	336.5	338.7	1.443	3.2	17.9	282.9	18.5	57.6	0
垂直低温过热器	1776.8	616.1	582.4	393.9	406.9//351.4	1.443	2.8	5.8	197.9	25.2	205.7	2.2
转向室 2	397.4	582.3	546.3	266.5	272.8	1.443	2.6	5.7	86.0	106.8	78.8	141.7
低温再热器	4977.9	625.4	497.3	359.7	414.7	1.443	7.4	23.8	171.5	32.3	639.0	24.5
水平低温过热器	7654.0	546.2	463.5	364.4	392.6	1.443	3.5	5.4	124.3	22.0	486.6	14.4
水平低温过热器	16549.5	463.5	371.4	338.7	364.4	1.443	4.2	6.0	59.8	23.1	528.7	19.6
低温再热器	6289.0	497.1	403.1	322.3	359.7	1.443	7.2	17.2	106.6	28.6	444.2	29.9
上级省煤器	4305.9	403.2	338.3	235.9	262.1//272.8	1.443	5.2	0	120.7	26.8	323.2	0
下级省煤器	4039.0	371.4	334.9	235.9	253.4//272.8	1.443	3.3	0	108.2	21.1	213.7	0
上级空气预热器	227153.0	334.8	138.3	70.5	291.3	1.503	5.2	3.8	54.8	7.4	2133.9	0
下级空气预热器	37245.0	138.4	113.4	43.5	68.5	1.564	4.1	2.8	69.9	3.9	236.8	0

表 10-74 锅炉热力计算电算结果（校核煤种，90%THA 负荷）

名称	符号	单位	数据	名称	符号	单位	数据	名称	符号	单位	数据	名称	符号	单位	数据
锅炉一次蒸汽蒸发量	D_1	t/h	1661.3	排烟损失	Q_2	%	5.43	炉膛容积	V_1	m^3	16848.1	一次蒸汽调温方式	—	喷水减温	
一次蒸汽出口压力	p_1	MPa(a)	17.22	化学不完全燃烧损失	Q_3	%	0.00	炉膛断面积	F	m^2	346.6	第一级喷水量	ΔD_1	t/h	40.37
一次蒸汽出口温度	T_1	℃	540.9	机械不完全燃烧损失	Q_4	%	0.80	炉膛辐射受热面积	H_1	m^2	7053.7	第二级喷水量	ΔD_2	t/h	26.91
二次蒸汽出口流量	D_2	t/h	1438.2	散热损失	Q_5	%	0.25	理论燃烧温度	T_a	℃	1900.5	二次蒸汽调温方式	—	烟气挡板	
二次蒸汽进口压力	p_i	MPa(a)	3.40	灰渣物理热损失	Q_6	%	0.10	炉膛辐射吸热量	Q_t	kJ/kg	9015.0	RH 侧烟气份额	r	—	0.370
二次蒸汽出口压力	p_o	MPa(a)	3.28	锅炉效率	Q_1	%	93.42	炉膛容积热负荷	q_V	kW/m^3	77.91	环境空气温度	T_h	℃	20.0
二次蒸汽出口温度	T_2	℃	541.0	总燃料消耗量	B	t/h	291.62	炉膛断面热负荷	q_F	kW/m^2	3787.53	炉膛污染系数	ζ	—	0.475
锅筒工作压力	p	MPa(a)	18.43	计算燃料消耗量	B_p	t/h	289.28	炉膛有效面积热负荷	q_H	kW/m^2	102.76	燃烧修正系数	M	—	0.421

名称	对流受热面面积	烟气进口温度	烟气出口温度	工质进口温度	工质出口温度	过剩空气系数	烟气平均流速	工质平均流速	温压	传热系数	吸热量	附加吸热量
符号	H	T_{g1}	T_{g2}	T_1	T_2	α	$\overline{v}_g$	$\overline{v}_h$	ΔT	K	Q	Q_f
单位	m^2	℃	℃	℃	℃	—	m/s	m/s	℃	$W/(m^2 \cdot ℃)$	kJ/kg	kJ/kg
全大屏	0	1041.4	1041.4	384.6	476.2//464.3	1.180	0	0	0	0	2203.5	203.7
后屏	1202.6	1041.5	988.7	464.3	504.1	1.180	7.3	15.9	530.8	61.1	730.4	34.0
高温过热器	1449.4	989.1	926.4	504.1	540.9	1.180	7.3	16.3	435.1	67.5	614.3	80.1
水冷管束 1	174.6	926.5	921.0	358.9	358.9	1.180	8.5	0	564.8	43.4	53.3	0
高温再热器	5546.0	920.9	771.1	421.6	541.1	1.180	9.3	22.1	364.5	53.8	1356.2	83.1
水冷管束 2	282.0	771.1	762.9	358.9	358.9	1.180	8.1	0	408.1	53.5	76.3	0
吊挂管 1	333.7	762.8	754.1	362.0	361.6	1.180	8.6	30.9	396.7	51.1	84.3	0
中温再热器	1833.5	753.9	711.6	387.8	421.5	1.180	8.5	22.4	326.6	52.6	392.4	4.2
转向室 1	401.9	711.7	685.4	285.6	293.6	1.180	7.9	11.6	170.1	146.3	117.8	125.0
吊挂管 2	476.1	685.5	676.6	361.6	362.0	1.180	5.6	14.6	319.2	27.5	52.1	0
垂直低温过热器	1776.8	676.7	639.1	386.3	393.0//384.6	1.180	5.0	5.0	267.5	36.5	215.8	1.9
转向室 2	397.4	639.2	607.0	288.9	293.6	1.180	4.7	4.9	105.5	130.2	64.2	120.1
低温再热器	4977.9	685.5	514.3	340.8	387.8	1.180	8.9	22.4	230.1	39.7	566.1	16.8
水平低温过热器	7654.0	606.8	506.4	371.9	386.0	1.180	6.2	4.6	174.1	33.6	558.1	13.4
水平低温过热器	16549.5	506.6	400.6	362.0	371.8	1.180	7.3	4.9	77.0	35.8	568.1	17.7
低温再热器	6289.0	514.2	405.4	313.8	340.7	1.180	8.3	16.4	128.2	34.0	341.6	16.8
上级省煤器	4305.9	405.5	353.5	269.5	281.5//293.6	1.180	6.0	0	102.7	30.9	167.5	0
下级省煤器	4039.0	400.7	369.2	269.5	282.2//293.6	1.180	5.7	0	108.3	32.2	178.7	0
上级空气预热器	227153.0	361.7	152.7	57.1	317.6	1.220	7.6	5.2	66.6	9.6	1811.1	0
下级空气预热器	37245.0	152.4	123.0	24.7	57.3	1.260	5.9	3.6	96.7	5.0	223.5	0

表 10-75 锅炉热力计算电算结果（校核煤种，75%THA负荷，冷风温度 33.3℃）

名称	符号	单位	数据	名称	符号	单位	数据	名称	符号	单位	数据	名称	符号	单位	数据
锅炉一次蒸汽蒸发量	D_1	t/h	1363.2	排烟损失	Q_2	%	5.72	炉膛容积	V_1	m^3	16848.1	一次蒸汽调温方式	—	喷水减温	
一次蒸汽出口压力	p_1	MPa(a)	14.35	化学不完全燃烧损失	Q_3	%	0.00	炉膛断面积	F	m^2	346.6	第一级喷水量	ΔD_1	t/h	71.37
一次蒸汽出口温度	T_1	℃	540.9	机械不完全燃烧损失	Q_4	%	0.80	炉膛辐射受热面积	H_1	m^2	7053.7	第二级喷水量	ΔD_2	t/h	47.58
二次蒸汽出口流量	D_2	t/h	1193.1	散热损失	Q_5	%	0.30	理论燃烧温度	T_a	℃	1851.6	二次蒸汽调温方式	—	烟气挡板	
二次蒸汽进口压力	p_i	MPa(a)	2.83	灰渣物理热损失	Q_6	%	0.10	炉膛辐射吸热量	Q_t	kJ/kg	9254.7	RH侧烟气份额	r	—	0.401
二次蒸汽出口压力	p_o	MPa(a)	2.71	锅炉效率	Q_1	%	93.07	炉膛容积热负荷	q_V	kW/m^3	66.10	环境空气温度	T_h	℃	20.0
二次蒸汽出口温度	T_2	℃	541.0	总燃料消耗量	B	t/h	247.40	炉膛断面热负荷	q_F	kW/m^2	3213.21	炉膛污染系数	ζ	—	0.475
锅筒工作压力	p	MPa(a)	15.17	计算燃料消耗量	B_p	t/h	245.42	炉膛有效面积热负荷	q_H	kW/m^2	89.49	燃烧修正系数	M	—	0.421

名称	对流受热面面积	烟气进口温度	烟气出口温度	工质进口温度	工质出口温度	过剩空气系数	烟气平均流速	工质平均流速	温压	传热系数	吸热量	附加吸热量
符号	H	T_{g1}	T_{g2}	T_1	T_2	α	$\overline{v}_g$	$\overline{v}_h$	ΔT	K	Q	Q_f
单位	m^2	℃	℃	℃	℃	—	m/s	m/s	℃	$W/(m^2 \cdot ℃)$	kJ/kg	kJ/kg
全大屏	0	989.2	989.4	375.0	491.6//461.7	1.221	0	0	0	0	2262.1	209.1
后屏	1202.6	989.2	941.8	461.7	504.0	1.221	6.1	16.1	482.7	52.1	695.5	32.4
高温过热器	1449.4	942.0	886.6	504.0	540.9	1.221	6.2	16.5	391.8	57.4	564.5	76.5
水冷管束 1	174.6	886.4	881.4	343.0	343.0	1.221	7.2	0	540.8	36.6	50.6	0
高温再热器	5546.0	881.5	747.5	428.6	540.9	1.221	7.9	22.4	329.6	45.8	1229.5	80.5
水冷管束 2	282.0	747.7	740.0	343.0	343.0	1.221	6.9	0	400.8	45.4	75.3	0
吊挂管 1	333.7	740.0	731.2	353.0	353.6	1.221	7.4	33.9	382.3	44.8	83.9	0
中温再热器	1833.5	731.2	692.7	395.9	428.6	1.221	7.3	22.9	298.3	45.3	363.4	4.2
转向室 1	401.9	692.9	666.9	274.6	284.1	1.221	6.8	12.7	151.8	140.2	119.4	126.9
吊挂管 2	476.1	666.9	657.9	353.6	354.6	1.221	4.6	16.0	308.2	23.9	51.6	0
垂直低温过热器	1776.8	657.9	622.2	392.4	401.7//375.0	1.221	4.1	5.4	242.3	31.8	200.6	1.9
转向室 2	397.4	621.9	588.8	279.3	284.1	1.221	3.8	5.2	96.3	124.6	65.8	120.7
低温再热器	4977.9	666.9	509.1	345.3	395.9	1.221	8.3	23.0	212.9	37.1	577.1	18.4
水平低温过热器	7654.0	588.6	494.3	371.2	391.4	1.221	5.1	5.0	157.3	28.9	509.6	13.2
水平低温过热器	16549.5	494.5	392.6	354.6	371.3	1.221	6.0	5.4	72.4	30.5	536.7	17.8
低温再热器	6289.0	509.0	404.0	314.8	345.3	1.221	7.9	16.6	122.7	32.0	362.9	19.6
上级省煤器	4305.9	404.0	348.7	258.1	274.0//284.1	1.221	5.7	0	109.1	29.4	199.1	0
下级省煤器	4039.0	392.6	359.0	258.1	272.4//284.1	1.221	4.7	0	110.3	27.2	180.9	0
上级空气预热器	227153.0	353.4	153.4	66.3	311.4	1.271	6.7	4.7	61.8	8.7	1793.2	0
下级空气预热器	37245.0	153.2	124.3	33.3	64.3	1.320	5.2	3.3	90.0	4.6	224.4	0

表 10-76 锅炉热力计算电算结果（校核煤种，50%THA 负荷，冷风温度 43.5℃）

名称	符号	单位	数据	名称	符号	单位	数据	名称	符号	单位	数据	名称	符号	单位	数据
锅炉一次蒸汽蒸发量	D_1	t/h	905.5	排烟损失	Q_2	%	6.19	炉膛容积	V_1	m^3	16849.0	一次蒸汽调温方式	—	喷水减温	
一次蒸汽出口压力	p_1	MPa(a)	9.58	化学不完全燃烧损失	Q_3	%	0.00	炉膛断面积	F	m^2	346.6	第一级喷水量	ΔD_1	t/h	74.73
一次蒸汽出口温度	T_1	℃	540.8	机械不完全燃烧损失	Q_4	%	1.20	炉膛辐射受热面积	H_1	m^2	7049.9	第二级喷水量	ΔD_2	t/h	49.82
二次蒸汽出口流量	D_2	t/h	808.0	散热损失	Q_5	%	0.46	理论燃烧温度	T_a	℃	1653.3	二次蒸汽调温方式	—	烟气挡板	
二次蒸汽进口压力	p_i	MPa(a)	1.93	灰渣物理热损失	Q_6	%	0.10	炉膛辐射吸热量	Q_t	kJ/kg	9262.0	RH 侧烟气份额	r	—	0.381
二次蒸汽出口压力	p_o	MPa(a)	1.85	锅炉效率	Q_1	%	92.05	炉膛容积热负荷	q_V	kW/m^3	46.41	环境空气温度	T_h	℃	20.0
二次蒸汽出口温度	T_2	℃	541.0	总燃料消耗量	B	t/h	174.41	炉膛断面热负荷	q_F	kW/m^2	2256.10	炉膛污染系数	ζ	—	0.475
锅筒工作压力	p	MPa(a)	9.95	计算燃料消耗量	B_p	t/h	172.32	炉膛有效面积热负荷	q_H	kW/m^2	62.88	燃烧修正系数	M	—	0.421

名称	对流受热面面积	烟气进口温度	烟气出口温度	工质进口温度	工质出口温度	过剩空气系数	烟气平均流速	工质平均流速	温压	传热系数	吸热量	附加吸热量
符号	H	T_{g1}	T_{g2}	T_1	T_2	α	$\overline{v}_g$	$\overline{v}_h$	ΔT	K	Q	Q_f
单位	m^2	℃	℃	℃	℃	—	m/s	m/s	℃	W/(m²·℃)	kJ/kg	kJ/kg
全大屏	0	888.4	888.4	357.5	514.0//456.4	1.443	0	0	0	0	2263.8	209.3
后屏	1202.6	888.5	850.5	456.4	503.2	1.443	4.6	16.8	389.7	40.6	649.9	32.1
高温过热器	1449.4	850.4	806.3	503.2	540.8	1.443	4.7	17.1	306.3	45.0	503.9	77.1
水冷管束 1	174.6	806.3	801.9	310.6	310.6	1.443	5.5	0	493.5	27.8	50.1	0
高温再热器	5546.0	801.8	698.4	437.6	540.7	1.443	6.1	22.6	261.0	35.2	1067.5	81.9
水冷管束 2	282.0	698.5	691.1	310.6	310.6	1.443	5.4	0	384.2	35.8	81.1	0
吊挂管 1	333.7	691.1	683.3	335.1	338.0	1.443	5.8	37.5	350.6	35.8	87.5	0
中温再热器	1833.5	683.2	652.0	405.3	437.6	1.443	5.7	23.3	244.8	35.7	335.7	4.4
转向室 1	401.9	651.9	627.0	262.3	273.7	1.443	5.4	14.0	133.0	122.7	130.7	139.1
吊挂管 2	476.1	627.1	618.6	338.1	340.6	1.443	3.7	17.7	283.5	20.4	57.5	0
垂直低温过热器	1776.8	618.6	590.1	411.4	425.7//357.5	1.443	3.3	6.0	185.0	27.5	188.8	2.2
转向室 2	397.4	590.1	556.9	266.5	273.7	1.443	3.1	5.8	91.2	113.1	78.9	141.0
低温再热器	4977.9	627.1	492.9	354.9	405.3	1.443	6.2	23.5	176.6	28.8	529.3	19.4
水平低温过热器	7654.0	557.0	479.4	375.7	409.9	1.443	4.2	5.6	124.1	24.7	491.6	15.7
水平低温过热器	16549.5	479.4	381.2	340.6	375.7	1.443	5.0	6.0	67.2	26.1	607.6	22.4
低温再热器	6289.0	493.1	399.4	322.3	354.9	1.443	6.1	17.1	104.7	25.3	349.4	23.0
上级省煤器	4305.9	399.6	335.6	235.9	259.2//273.7	1.443	4.4	0	118.9	23.8	249.8	0
下级省煤器	4039.0	381.1	344.0	235.9	257.2//273.7	1.443	3.9	0	115.8	23.6	234.8	0
上级空气预热器	227153.0	339.4	143.5	70.1	296.7	1.503	5.4	3.9	56.7	7.5	2014.2	0
下级空气预热器	37245.0	143.4	118.0	43.5	70.1	1.564	4.2	2.8	73.9	4.0	231.4	0

锅炉水动力学和管内传热

第一节　强制流动并联管组的水动力学

一、概述

锅炉各主要部件，其受热面均由许多并联在进口集箱（分配集箱）和出口集箱（汇集集箱）之间的管子组成，形成并联管组。例如炉膛水冷壁、过热器、再热器和省煤器的受热面均属此例。

并联管组中的工质可以是单相流体（水或汽），也可以是两相流体（汽水混合物），工质的流动方式有的是强制流动，也有的是自然循环，如过热器、再热器、省煤器和直流锅炉蒸发受热面中的工质就是强制流动，而自然循环锅筒锅炉蒸发受热面中的工质却是靠自然循环的。本节主要讨论强制流动并联管组的水动力学，自然循环并联管组的水动力学将在第二节中阐述。

常用的强制流动并联管组的形式示于图 11-1。

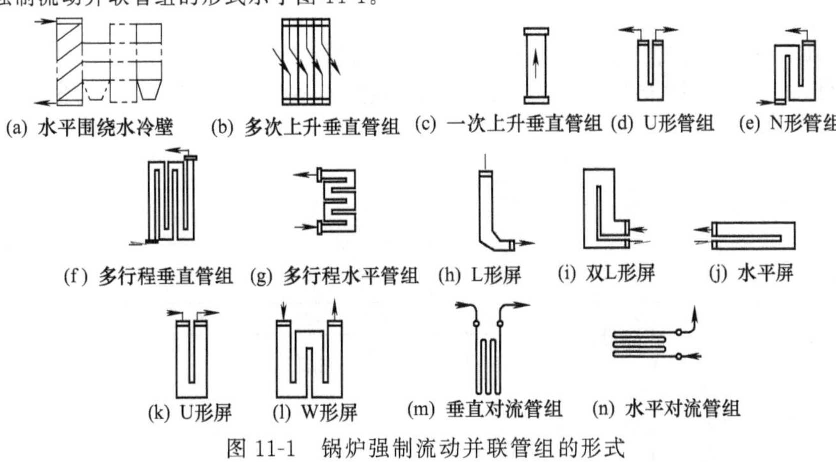

图 11-1　锅炉强制流动并联管组的形式

二、热偏差、流量偏差及其对策

1. 热偏差

各并联管中工质焓增不同的现象称为热偏差，热偏差大小可用热偏差系数（或简称热偏差）表示，其数学式为：

$$\rho=\frac{\Delta i_{\mathrm{p}}}{\Delta i_{\mathrm{pj}}} \tag{11-1}$$

式中　ρ——热偏差系数；

Δi_{p}——并联管组中工质焓增最大管子（称偏差管）中的工质焓增值，kJ/kg；

Δi_{pj}——并联管组工质平均焓增值，kJ/kg。

根据焓增计算式可进一步导得：

$$\rho=\frac{q_{p}H_{p}G_{pj}}{q_{pj}H_{pj}G_{p}}=\frac{\eta_{r}\eta_{j}}{\eta_{l}} \tag{11-2}$$

式中 q_p、q_{pj}——偏差管和平均工况管的热负荷，kW/m^2；

H_p、H_{pj}——偏差管和平均工况管的受热面，m^2；

G_p、G_{pj}——偏差管和平均工况管的工质质量流量，kg/s；

η_r——热负荷不均匀系数，$\eta_r=q_p/q_{pj}$；

η_l——流量不均匀系数，$\eta_l=G_p/G_{pj}$；

η_j——结构不均匀系数，$\eta_j=H_p/H_{pj}$。

由式（11-2）可见，并联管组的热偏差与管子的热力特性、水力特性和结构特性有关。结构不均匀系数与受热面布置方式和各管的几何尺寸有关，设计中应力求保持各管受热面和结构尺寸相同，一般可估计为$\eta_j=0.95\sim1.0$。因此，热偏差主要是由管组的热负荷不均匀性和流量不均匀性引起的。在并联管组中受热最强而流量最小的管子工作条件最恶劣，其热偏差也最大。

要完全消除热偏差是不可能的，因此，为了可靠运行，锅炉各并联管组受热面的热偏差应保持在低于该受热面的容许热偏差的水平。容许热偏差由受热面金属的可靠性条件确定，其一般表示式如下：

$$\rho_{ys}=\frac{\Delta i_{ys}}{\Delta i_{pj}} \tag{11-3}$$

式中 ρ_{ys}——容许热偏差系数；

Δi_{ys}——偏差管中工质容许焓增值，kJ/kg；

Δi_{pj}——平均工况管的工质焓增值，kJ/kg。

过热器和再热器的容许热偏差根据所用管子金属的最高容许温度确定。其法为由金属容许温度定出偏差管容许出口工质温度及其相应容许焓增值，再由式（11-3）确定容许热偏差系数。

省煤器工质温度低又处于烟温较低区域，即使有较大热偏差也不至使管子金属过热损坏，所以对一般非沸腾式省煤器不需校验其热偏差。沸腾式省煤器的出口容许工质干度应小于0.2，铸铁省煤器和热水锅炉并联管组中不容许工质汽化，其出口水温应至少比饱和水温低25～30℃，因而可根据这些条件确定各自的容许热偏差值。

蒸发受热面的容许热偏差值应根据受热面出口的容许蒸汽干度定出，以保证不出现传热恶化和膜式水冷壁相邻鳍片管壁温相差过大（>50℃）等工况。

2. 流量不均匀系数

(1) 流量不均匀系数的通用计算式 流量偏差指的是并联管中偏差管的工质质量流量G_p与平均工况管中工质质量流量G_{pj}之比。流量偏差可用上述流量不均匀系数η_l表示。经推导后，可得流量偏差或流量不均匀系数η_l的通用计算式为：

$$\eta_{l}=\frac{G_{p}}{G_{pj}}=\sqrt{\frac{Z_{pj}\overline{V}_{pj}+2(V_{c}-V_{j})_{pj}}{Z_{p}\overline{V}_{p}+2(V_{c}-V_{j})_{p}}\left[1+\frac{(\Delta p_{h}-\Delta p_{f})_{pj}-(\Delta p_{h}-\Delta p_{f})_{p}+hg(\overline{\rho}_{pj}-\overline{\rho}_{p})}{Z_{pj}\frac{(\rho v)_{pj}^{2}}{2}v_{pj}+(\rho v)_{pj}^{2}(V_{c}-V_{j})_{pj}}\right]} \tag{11-4}$$

如不计加速压力降，则式（11-4）可简化为：

$$\eta_{l}=\sqrt{\frac{Z_{pj}\overline{V}_{pj}}{Z_{p}\overline{V}_{p}}\left[1+\frac{(\Delta p_{h}-\Delta p_{f})_{pj}-(\Delta p_{h}-\Delta p_{f})_{p}+hg(\overline{\rho}_{pj}-\overline{\rho}_{p})}{Z_{pj}\frac{(\rho v)_{pj}^{2}}{2}\overline{V}_{pj}}\right]} \tag{11-5}$$

式中 下角 p——偏差管的；

下角 pj——平均工况管的；

Z——摩擦阻力与局部阻力的综合系数，按式（11-6）计算；

$\overline{V}$——管中工质的平均比容，m^3/kg；

$\overline{\rho}$——管中工质的平均密度，kg/m^3；

g——重力加速度，m/s^2；

h——管子进口与出口之间的垂直高度，m；

ρv——管内工质的质量流速，$kg/(m^2\cdot s)$；

Δp_h——汇集集箱在计算处的压力变化值，Pa；

Δp_f——分配集箱在计算处的压力变化值，Pa；

V_c、V_j——管子出口和进口处的工质比容，m^3/kg。

式（11-4）和式（11-5）中的Z值可按下式计算：

$$Z=\lambda \frac{l}{d_n}+\sum \xi_{jb} \tag{11-6}$$

$$\lambda=\frac{1}{4\left(\lg 3.7\frac{d_n}{k}\right)^2} \tag{11-7}$$

式中 l——管子长度，m；

d_n——管子内直径，m；

$\sum \xi_{jb}$——各项局部阻力系数之和；

λ——管子摩擦系数，按式（11-7）计算；

k——管子内壁绝对粗糙度，对碳钢和珠光体钢管为 0.06mm，对奥氏体钢管为 0.008mm。

由集箱进入管子的进口阻力系数 ξ_j 可由表 11-1 查得；由锅筒进入管子的进口阻力系数 ξ_j 可由表 11-2 查得；管子出口阻力系数 ξ_c 可由表 11-3 查得。

表 11-1 由集箱进入管子的进口阻力系数 ξ_j

序号	进口形式		ξ_j	
			$d_n/d_{jx}\leqslant 0.1$	$d_n/d_{jx}>0.1$
1	沿集箱长度均匀进入管子	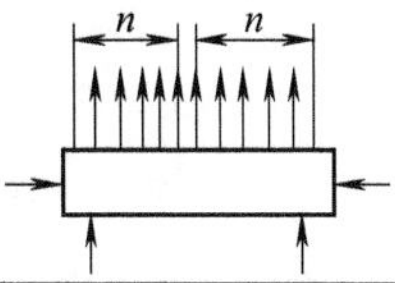 n[①]$\leqslant 30$	0.5	0.7
		$n>30$	0.6	0.8
2	由集箱端部进入管子	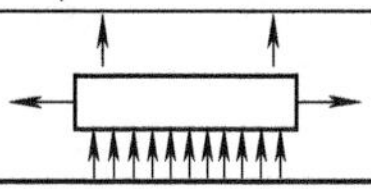	0.4	
3	由集箱端侧进入管子		0.5	

① n=引出管数/引入管数。

表 11-2 由锅筒进入管子的进口阻力系数 ξ_j

序号	进口形式	ξ_j
	一般下降管	
1	直接入口	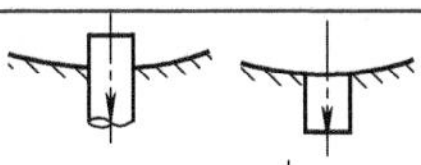 0.5
2	具有锥形扩管入口	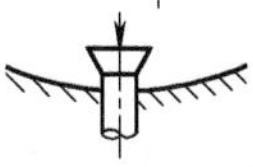 0.25
3	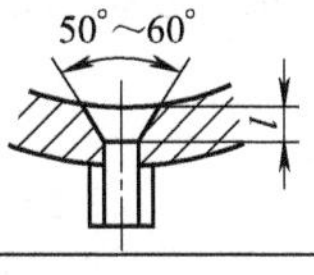 具有 50°～60°扩角的锥形进口 $l/d_n\leqslant 0.1$ $l/d_n\geqslant 0.2$	0.25 0.1
	大直径下降管[①]	
4	管口与锅筒齐平	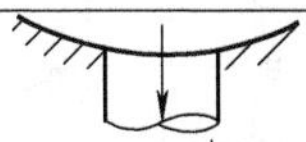 0.74
5	管口伸入锅筒内壁	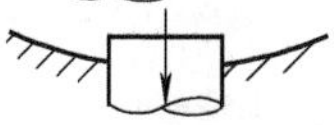 0.70
6	管子进口装十字隔板，其上端与锅筒内壁齐平	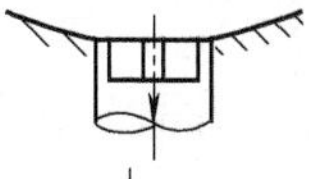 0.88
7	管子进口装十字隔板，其上端与锅筒内壁齐平，但十字隔板上端伸入锅筒内壁	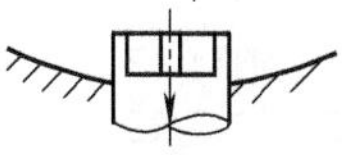 0.80
	翻边大直径下降管	
8	管口与锅筒内壁齐平	见下表
9	管端装有格栅	$\xi_j+0.56$

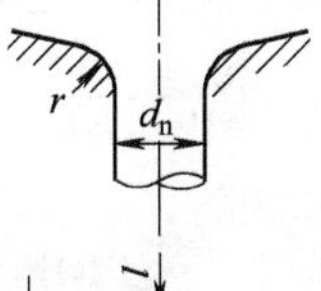

序号 8 的 ξ_j：

r/d_n	0.01	0.02	0.03	0.04	0.05
ξ_j	0.74	0.62	0.53	0.45	0.38
r/d_n	0.06	0.08	0.12	>0.12	
ξ_j	0.35	0.26	0.10	0.05	

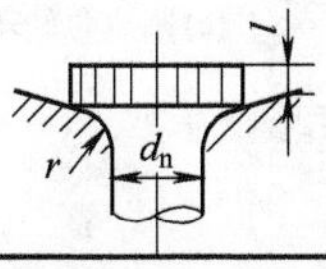

续表

序号	进 口 形 式	ξ_j
	翻边大直径下降管	
10	管端装有十字隔板	$\xi_j+0.14$ $\xi_j+0.1$

① 下降管直径与锅筒直径之比大于 0.15 时，按大直径下降管计算；大直径下降管如设在锅筒端侧或封头上，其阻力系数可取比上值大 25%。

表 11-3 管子出口阻力系数 ξ_c

序号	出口形式		ξ_c
1	出口进入分配集箱		
	多管分散引入		1.1
	端部轴向引入		0.7
	端部侧面引入		1.1
2	出口进入汇集集箱	各种形式	1.1
3	出口进入锅筒		1.0

管子弯头局部阻力系数 ξ_{wt} 按下式计算：

$$\xi_{wt}=\xi_{wt}^0 k_\Delta \tag{11-8}$$

式中 ξ_{wt}^0——弯头基本阻力系数，对缓转弯头由图 11-2（a）查得，对圆边急转弯头由图 11-2（c）查得；

k_Δ——粗糙度修正系数，由图 11-2（b）查得。

式（11-4）及式（11-5）中，$(\Delta p_h-\Delta p_f)_{pj}-(\Delta p_h-\Delta p_f)_p$ 值可按下述方法计算：$(\Delta p_h-\Delta p_f)_{pj}$ 为平均流量管处的汇合集箱压力变化值与该处的分配集箱压力变化值之差；$(\Delta p_h-\Delta p_f)_p$ 为最小流量管（偏差管）处的汇合集箱压力变化值与该处的分配集箱压力变化值之差。此两项差值之差和平均流量管、最小流量管在集箱上的相对位置与集箱连接系统有关。

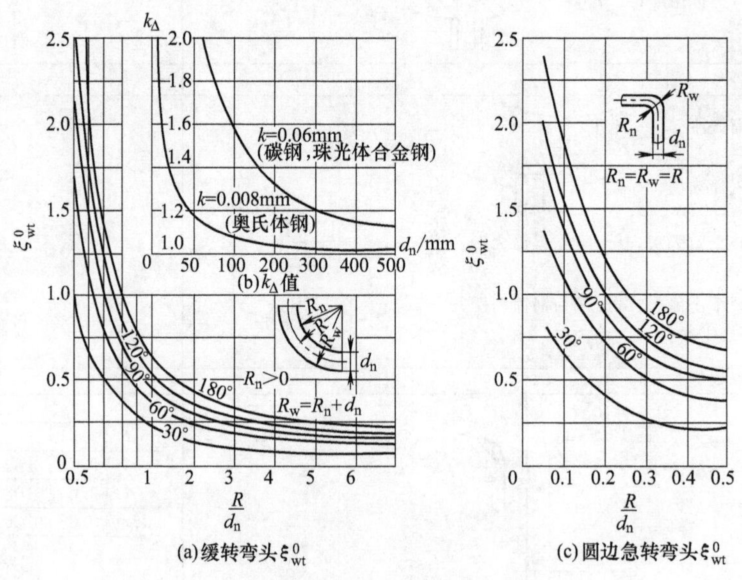

图 11-2 弯头基本阻力系数 ξ_{wt}^0 及粗糙度修正系数 k_Δ

图 11-3 为锅炉各部件并联管组的常用集箱连接系统。

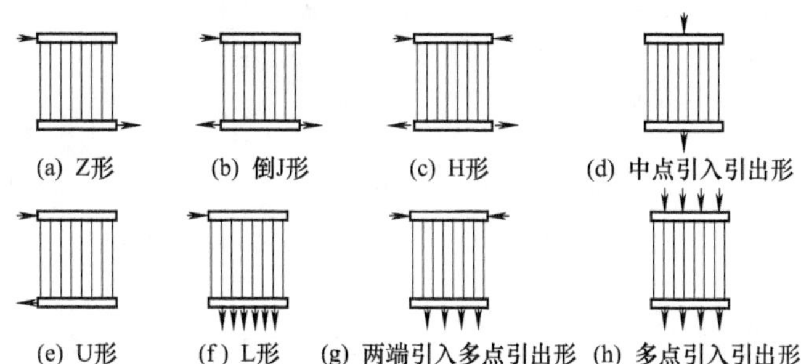

图 11-3　锅炉并联管组常用集箱连接系统

并联管组中平均流量管、最小流量管和最大流量管在集箱上的相对位置 X/L 可由表 11-4 中查得。在表 11-4 中，X 为 Z 形连接分配集箱进口的距离，L 为分配集箱的有效区长度（集箱与受热面管子相连接区域的长度）。

表 11-4　平均流量管、最小流量管和最大流量管相对位置 X/L 值

集箱连接系统	平均流量管	最小流量管	最大流量管	集箱连接系统	平均流量管	最小流量管	最大流量管
Z 形	0.54	0	1.0	中点引入引出形	0.25	0.5	0
U 形	0.42	1.0	0	L 形	0.42	0	1.0
倒 J 形	0.67	0.25	1.0	两端引入多点引出形	0.16	0	0.5
H 形	0.21	0.5	0				

Z 形集箱连接系统中，任何 X/L 值处的 $\Delta p_h-\Delta p_f=\Delta p_{hL}\left[1-\left(\frac{X}{L}\right)^2\right]-\Delta p_{fL}\frac{X}{L}\left(2-\frac{X}{L}\right)$。U 形集箱连接系统中，任何 X/L 值处的 $\Delta p_h-\Delta p_f=(\Delta p_{hL}-\Delta p_{fL})\frac{X}{L}\left(2-\frac{X}{L}\right)$。其他集箱连接系统的有关计算式也均可用理论导得。根据这些计算式可按表 11-4 导出任意 X/L 值时各连接系统的 $(\Delta p_h-\Delta p_f)_{pj}-(\Delta p_h-\Delta p_f)_p$ 值的计算式。其中最小流量管的计算式已列于表 11-5。

表 11-5　$(\Delta p_h-\Delta p_f)_{pj}-(\Delta p_h-\Delta p_f)_p$ 值的计算式（最小流量管的）

集箱连接系统	计　算　式	集箱连接系统	计　算　式
Z 形	$-0.29\Delta p_{hL}-0.79\Delta p_{fL}$	中点引入引出形	$-0.33\Delta p_{hL}+0.33\Delta p_{fL}$
U 形	$-0.33\Delta p_{hL}+0.33\Delta p_{fL}$	L 形	$-0.27\Delta p_{hL}-0.66\Delta p_{fL}$
倒 J 形	$0.14\Delta p_{hL}-0.45\Delta p_{fL}$	两端引入多点引出形	$-0.77\Delta p_{hL}-0.58\Delta p_{fL}$
H 形	$-0.33\Delta p_{hL}+0.33\Delta p_{fL}$		

注：Δp_{hL} 及 Δp_{fL} 值按相应集箱段中的实际流量计算。

在表 11-5 中，Δp_{hL} 为汇集集箱中的总压力变化值，Δp_{fL} 为分配集箱中的总压力变化值。对各种集箱连接系统均应按相应集箱段中的实际流速计算。不同集箱连接系统中集箱沿轴向的压力分布和进、出口流速可参见图 11-4。

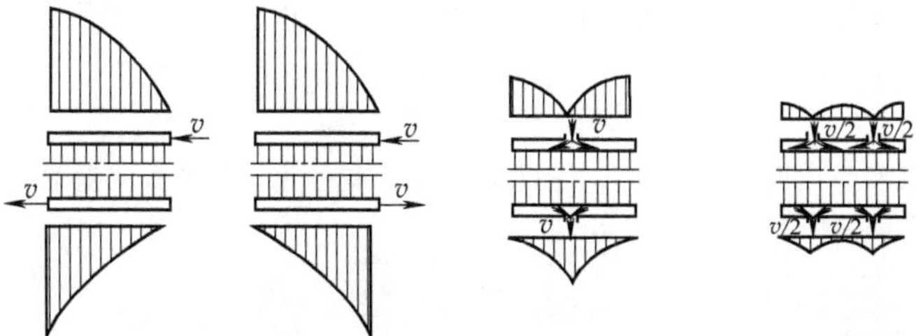

图 11-4　集箱连接系统对集箱中压力分布及进、出口流速的影响

（图中所示曲线为沿集箱长度的压力分布曲线）

Δp_{hL} 的计算式为：

$$\Delta p_{hL}=K_h\rho\frac{v_h^2}{2} \tag{11-9}$$

式中 K_h——汇集集箱中的压力变化系数，按式（11-10）计算；

ρ——工质密度，kg/m^3；

v_h——汇集集箱出口端工质流速，m/s。

K_h 值按下式计算：

$$K_h = 2 + \frac{\lambda L}{3d} \tag{11-10}$$

式中 λ——管子摩擦阻力系数，按式（11-7）计算，其中 d_n 应采用集箱内直径；

d——集箱内直径，m；

L——集箱的有效区长度，m。

Δp_{fL} 的计算式为：

$$\Delta p_{fL} = K_f \rho \frac{v_f^2}{2} \tag{11-11}$$

式中 v_f——分配集箱进口处工质流速，m/s；

K_f——分配集箱中的压力变化系数，按式（11-12）计算。

K_f 值的计算式为：

$$K_f = 0.76 - \frac{\lambda L}{3d} \tag{11-12}$$

式中，λ，d 含义同式（11-10）。

对于多点引入、多点引出的集箱连接系统，由于集箱中压力变化不大，可认为 $(\Delta p_h - \Delta p_f)_{pj} - (\Delta p_h - \Delta p_f)_p$ 值等于零。即认为在这种连接系统中，因集箱压力变化引起的流量偏差可忽略不计。

(2) 流量不均匀系数的简化计算式 式（11-5）为不计加速压力降的并联管组流量偏差或流量不均匀系数 η_1 的计算式。对于不同锅炉受热面，此式可简化成多种形式。

对非沸腾式省煤器，如采用多点引入和多点引出的集箱连接系统可采用下列最简单的计算式：

$$\eta_1 = \sqrt{\frac{Z_{pj}}{Z_p}} \tag{11-13}$$

对非沸腾式省煤器，如采用集箱端部引入及端部引出的连接形式，则还需考虑集箱压力变化的影响，应采用下列简化式：

$$\eta_1 = \sqrt{\frac{Z_{pj}}{Z_p}\left[1 + \frac{(\Delta p_h - \Delta p_f)_{pj} - (\Delta p_h - \Delta p_f)_p}{Z_{pj}\dfrac{(\rho v)^2_{pj}}{2}\overline{V}_{pj}}\right]} \tag{11-14}$$

在非沸腾式省煤器中，当水平布置时其 η_1 值一般>0.9。

对沸腾式省煤器和过热器一般应用式（11-5）计算 η_1 值。在式（11-5）中，如中括号中的集箱压力变化项和分母之比$\geqslant 0.05$，则集箱压力变化项需要计算；如中括号中的重位压力降差项 $hg(\overline{\rho}_{pj} - \overline{\rho}_p)$ 与分母之比$\geqslant 0.05$，则重位压力降差项也需计算，这种情况一般发生在一次上升墙式过热器中。过热器中由于分段较多，比容偏差一般不大，高压时如 $\Delta i_{pj} < 170$kJ/kg，中压时如 $\Delta i_{pj} < 120$kJ/kg，则式（11-5）中的比容偏差项 $\overline{V}_{pj}/\overline{V}_p$ 可以略而不计。

对亚临界压力直流锅炉、多次强制循环锅炉的蒸发受热面和超临界压力直流锅炉的大比热容区受热面，可不计集箱压力变化对流量偏差的影响。如为水平布置的并联管组，可采用下式计算 η_1：

$$\eta_1 = \sqrt{\frac{Z_{pj}\overline{V}_{pj}}{Z_p\overline{V}_p}} \tag{11-15}$$

如果直流锅炉的水平蒸发受热面管子进口为了使管内水动力特性稳定和减少流量偏差等原因而装设节流圈，则采用下式：

$$\eta_1 = \sqrt{\frac{1 + Z_{pj}\overline{V}_{pj}/\xi_{jl}V_{jl}}{1 + Z_p\overline{V}_p/\xi_{jl}V_{jl}}} \tag{11-16}$$

式中 ξ_{jl}——节流圈局部阻力系数，其计算式见式（11-32）；

V_{jl}——流过节流圈工质的比容，m^3/kg。

对一次上升垂直管组，η_1 计算式为：

$$\eta_1 = \sqrt{\frac{Z_{pj}\overline{V}_{pj}}{Z_p\overline{V}_p}\left[1 + \frac{2gh(\overline{\rho}_{pj} - \overline{\rho}_p)}{Z_{pj}(\rho v)^2_{pj}\overline{V}_{pj}}\right]} \tag{11-17}$$

对一次下降垂直并联管组：

$$\eta_1=\sqrt{\frac{Z_{pj}\overline{V}_{pj}}{Z_p\overline{V}_p}\left[1-\frac{2gh(\overline{\rho}_{pj}-\overline{\rho}_p)}{Z_{pj}(\rho v)_{pj}^2\overline{V}_{pj}}\right]} \tag{11-18}$$

对于U形并联管圈，η_1 按下式计算：

$$\eta_1=\sqrt{\frac{Z_{pj}\overline{V}_{pj}}{Z_p\overline{V}_p}\left\{1-\frac{2gh[(\overline{\rho}_x-\overline{\rho}_s)_{pj}-(\overline{\rho}_x-\overline{\rho}_s)_p]}{Z_{pj}\overline{V}_{pj}(\rho v)_{pj}^2}\right\}} \tag{11-19}$$

式中 $\overline{\rho}_s$ 和 $\overline{\rho}_x$——上升管及下降管中工质平均密度，kg/m^3。

对于采用一次上升垂直管组的直流锅炉而言，当管组中并联的上升管受热不均匀时，受热强的管子中的工质比容增大，使摩擦阻力增大，按式（11-17）将使流量不均匀系数 η_1 减小。亦即，将使受热强的管子中流量下降。但是仍由式（11-17）可见，由于受热强的管子中工质密度的下降又会使 η_1 增大，这将使受热强的管子中流量增大。亦即，由于各并联管之间重位压降差别的增大会产生自然循环系统的自补偿效应，因而各管吸热偏差对管组的流量不均匀具有双重影响，受热强的管子中流量变化取决于管内重位压降与摩擦阻力变化的比值大小。如摩擦阻力增大的影响大于重位压降减小的影响，则受热强的管内流量减小，反之则流量增加。

3. 热负荷不均匀系数

流量偏差是造成热偏差的一个原因，造成热偏差的另一个主要原因为并联管组的热负荷不均匀性或各管的吸热不均匀性。并联管组各管的热负荷不均匀性的大小用热负荷不均匀系数 η_r 表示，$\eta_r=q_p/q_{pj}$。

(1) 炉膛热负荷不均匀系数 炉膛辐射受热面的热负荷沿炉高、炉宽、炉深和各炉墙间都存在不小的差别。炉膛受热面的局部热负荷计算方法在中国电站锅炉水动力计算方法中采用下式：

$$q=\eta_r^g\eta_r^q\eta_r^k\overline{q}_1c \tag{11-20}$$

式中 q——炉膛壁面局部热负荷，kW/m^2；

η_r^g——沿炉膛高度热负荷不均匀系数；

η_r^q——各墙间热负荷不均匀系数；

η_r^k——沿炉膛宽度（深度）热负荷不均匀系数；

$\overline{q}_1$——炉膛壁面平均热负荷，由热力计算确定，kW/m^2；

c——修正系数。

炉墙间热负荷不均匀系数 η_r^q 表示炉膛同一标高处，某墙的平均热负荷与全周界平均热负荷的比值，按表11-6查取。

表 11-6 各墙间热负荷不均匀系数 η_r^q

燃烧器布置位置	单炉膛炉壁受热面			双炉膛炉壁受热面			双面露光受热面
	前墙	侧墙	后墙	前墙	侧墙	后墙	
前墙	0.8	1.0	1.2	$0.8\left(\frac{2+1.1\times\frac{b}{a}}{2+\frac{b}{a}}\right)$	$1.0\left(\frac{2+1.1\times\frac{b}{a}}{2+\frac{b}{a}}\right)$	$1.2\left(\frac{2+1.1\times\frac{b}{a}}{2+\frac{b}{a}}\right)$	0.9
两侧墙	$1.2-0.31\frac{b}{a}$	$1.31-0.2\frac{a}{b}$	$1.2-0.31\frac{b}{a}$				
前后墙油炉	$1-0.1\frac{b}{a}$	1.1	$1-0.1\frac{b}{a}$	$\left(1-0.1\times\frac{a}{b}\right)\times\left(\frac{2+1.01\times\frac{b}{a}}{2+0.9\times\frac{b}{a}}\right)$	$1.1\left(\frac{2+1.01\times\frac{b}{a}}{2+0.9\times\frac{b}{a}}\right)$	$\left(1-0.1\times\frac{b}{a}\right)\times\left(\frac{2+1.01\times\frac{b}{a}}{2+0.9\times\frac{b}{a}}\right)$	0.99
四角	1.0	1.0	1.0	$\frac{2+1.1\times\frac{b}{a}}{2+\frac{b}{a}}$	$\frac{2+1.1\times\frac{b}{a}}{2+\frac{b}{a}}$	$\frac{2+1.1\times\frac{b}{a}}{2+\frac{b}{a}}$	0.9
层燃炉	1.0	1.0	1.0				

注：a—单个炉膛宽度；b—炉膛深度。

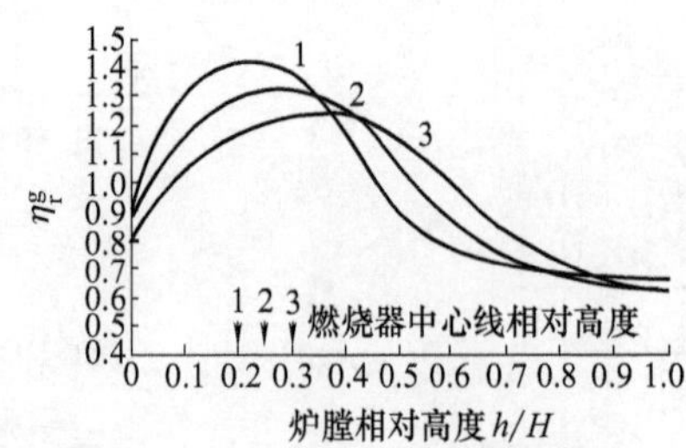

图 11-5 四角布置燃烧器固态排渣煤粉炉的 η_r^g 曲线

沿炉膛高度热负荷不均匀系数 η_r^g 表示炉膛某标高处全周界的平均热负荷与整个炉膛受热面平均热负荷的比值。可根据燃料、燃烧器布置方式和排渣方式在中国电站锅炉水动力计算方法的有关线算图上查取。图 11-5 为四角布置燃烧器固态排渣煤粉炉的 η_r^g 曲线。

沿炉宽（炉深）热负荷不均匀系数 η_r^k 表示炉内某一相对标高炉膛某侧壁上的局部热负荷与该炉壁平均热负荷之比。可根据不同燃料、燃烧方式、燃烧器布置方式，在中国电站锅炉水动力计算方法有关线图上查取。图 11-6 为固态除渣煤粉炉的 η_r^k 曲线；图 11-7 为前后墙布置燃烧器的燃油锅炉的 η_r^k 曲线。

修正系数 c 可由下式求出：

$$c=\frac{F_1}{\sum_{i=1}^{n}\eta_r^{qi}\eta_r^{gi}\eta_r^{ki}F_1^i} \tag{11-21}$$

式中 F_1——炉膛壁面投影面积，m^2；

F_1^i——将面积 F_1 分为 n 个面积单元，F_1^i 为其中任一炉膛壁单元面积；$i=1$、2、3、…、n，m^2；

η_r^{qi}、η_r^{gi}、η_r^{ki}——第 i 块炉壁单元面积的各墙间、沿炉高、沿炉宽的热负荷不均匀系数。

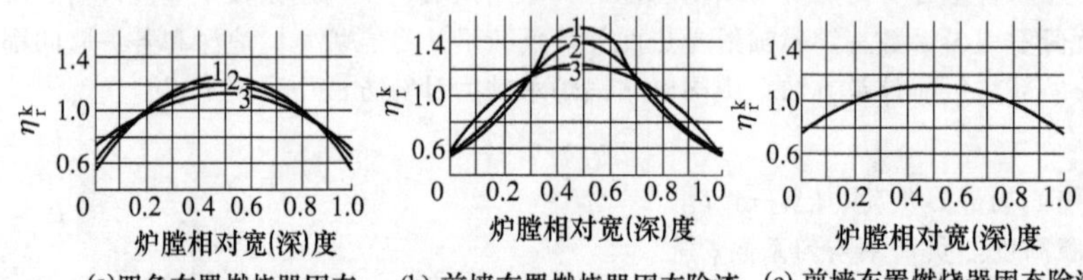

(a)四角布置燃烧器固态除渣煤粉炉的 η_r^k 曲线　(b) 前墙布置燃烧器固态除渣煤粉炉两侧墙的 η_r^k 曲线　(c) 前墙布置燃烧器固态除渣煤粉炉前后墙的 η_r^k 曲线

图 11-6 固态除渣煤粉炉的 η_r^k

1—燃烧器区域；2—整个炉墙；3—炉膛出口处

根据式（11-20）求得偏差管及平均工况管的热负荷值，即可按 q_p/q_{pj} 求得该管组的热负荷不均匀系数。

（2）烟道热负荷不均匀系数 对流烟道的热负荷分布是不均匀的。一般认为沿炉宽分布是对称的，烟道中部热负荷最高，两侧热负荷最小。令烟道最大热负荷不均匀系数 $\eta_{rmax}=\beta$，位于烟道中部相对坐标 $x=0.5$ 处，最小热负荷不均匀系数 $\eta_{rmin}=\alpha$，位于烟道两侧，相对坐标 $x=0$ 及 $x=1.0$ 处。x 为相对于烟道宽度的相对宽度坐标。则烟道中热负荷不均匀系数的分布函数可用下式表示：

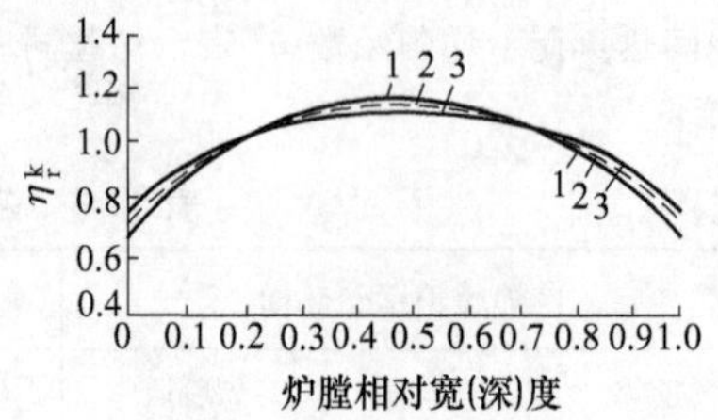

图 11-7 前后墙布置燃烧器的燃油锅炉的 η_r^k 曲线

1—燃烧器区范围；2—整个炉墙；3—炉膛出口处

$$\eta_{rx}=\beta+A\mid x-0.5\mid^{1.5}+B\mid x-0.5\mid^{2.5} \tag{11-22}$$

表 11-7 沿对流烟道宽度的最大和最小热负荷不均匀系数 β 和 α 值

烟道类型	β	α	烟道类型	β	α
沿水平烟道宽度	1.25	0.7	沿下降烟道宽度	1.20	0.8
沿上升烟道宽度	1.30	0.6			

在上式中，$A=2.5\sqrt{2}(7-5\beta-2\alpha)$，$B=7\sqrt{2}(3\beta+2\alpha-5)$，而 β 及 α 值可按表 11-7 选取。

如果并联管组中各排管子是按等节距布置的，且布置在全烟道宽度上时，管组中各排管子的热负荷不均匀系数 η_r 可按下法计算：

$$\eta_r=n\int_{x}^{x+\frac{1}{n}}\eta_{rx}\mathrm{d}x \tag{11-23}$$

式中 n——按计算管组管排节距计算的全烟道宽度上的总管排数；

x——计算管排对应于全烟道的相对宽度坐标，$x=(i-1)/n$；

i——按 n 排管子计算的烟道坐标方向上的计算管排序号；

η_{rx}——烟道中热负荷不均匀系数的分布函数，按式（11-22）计算。

如果并联管组按部分烟道宽度布置时，则按下式计算各排管子的热负荷不均匀系数 η'_r：

$$\eta'_r = \frac{\eta_r(x_2 - x_1)}{\int_{x_1}^{x_2} \eta_{rx} \mathrm{d}x} \tag{11-24}$$

式中 η'_r——按部分烟道宽度布置时各排管子的热负荷不均匀系数；

η_r——按式（11-23）计算；

η_{rx}——按式（11-22）计算；

x_2，x_1——计算管组所占烟道宽度的首、末相对坐标。

4. 减小热偏差的对策

减小热偏差除应在设计时力求保证各并联管结构一致外，应着重采取措施减小热负荷不均匀性和流量偏差。常用的一些措施列于表 11-8。

表 11-8 减小热偏差的常用措施

锅炉并联管组名称	具 体 措 施
炉膛的强制流动水冷壁受热面	(1)沿炉宽将垂直水冷壁分为若干个独立的并联管组，一般每组宽度为 1.5～2.5m，以减少水冷壁沿炉宽的热负荷不均匀性。对直流锅炉的水平围绕式水冷壁，水平管带高度一般≤3m，如管内流速过高，可将其分为多股并绕，以减少沿炉高的热负荷不均匀性； (2)重位压力降对减少垂直上升管组的流量偏差起有利作用，单行程垂直管组应采用上升流动系统，必须采用下降流动系统时，应提高工质质量流速以增加流动阻力。对上升-下降流动系统的并联管组应采用分配集箱在下、汇集集箱在上的布置方式； (3)在直流锅炉蒸发受热面中可应用在单相水管段进口装节流圈的方法来使各管中流量分布均匀。直流锅炉蒸发受热面可采用分级管组措施，对水平围绕管组每级焓增为 850～1250kJ/kg，对其他形式管组为 200～630kJ/kg。热负荷不均匀性大者取小值
对流过热器受热面	(1)采用多点引入、多点引出集箱连接系统； (2)沿烟道宽度分组布置，并采用交叉管、中间集箱以减少沿烟道宽度的热负荷不均匀性影响，参见图 11-8； (3)避免在过热器管束中形成烟气走廊； (4)将过热器分为若干级管组，每级工质焓增不超过 250～400kJ/kg，末级过热器焓增一般不超过 120～200kJ/kg； (5)合理利用结构不均匀、流量不均匀和热负荷不均匀以减小热偏差，一般结构不均匀可忽略不计，烟道中部热负荷大而两侧热负荷小，可采用图 11-9 所示集箱连接方式来利用流量偏差均衡热负荷偏差以减小热偏差； (6)增大集箱内直径，尤其是汇集集箱内直径以减少集箱压力变化
屏式过热器受热面	(1)各片屏之间的热偏差可采用利用流量偏差均衡热负荷偏差的措施减小热偏差； (2)同一片屏中各管因长度、弯头不同、热负荷不同存在的热偏差可采用图 11-10 所示措施减小热偏最大的外圈管子的热偏差值
辐射式过热器	对布置在炉膛壁上的辐射式过热器可采用较狭的管组来减小热偏差

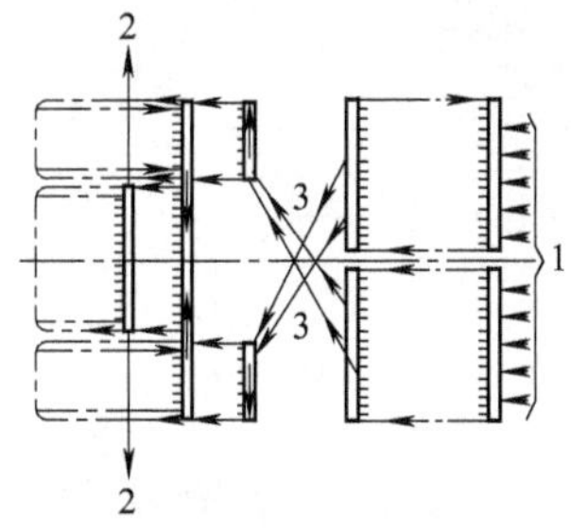

图 11-8 带交叉混合和分组的高压过热器系统

1—蒸汽进口；2—蒸汽出口；3—交叉管

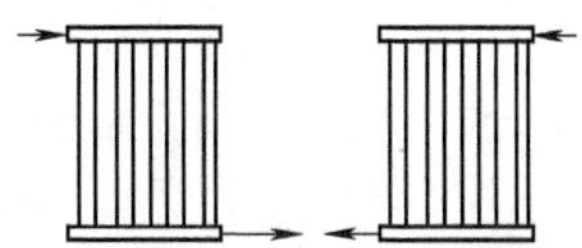

图 11-9 利用流量偏差（烟道中间管子流量大）来均衡热负荷偏差（烟道中间热负荷大）的集箱连接系统示意

三、水平蒸发管组的水动力学

1. 水平蒸发管组的水动力特性

强制流动水平蒸发管组在一定工况下还会因管组水动力特性的多值性而引起流量偏差。

水动力特性指的是并联管组受热面在热负荷一定时的工质流量与压降的关系。可以用流量 G 或质量流速 ρv 为横坐标，压力降 Δp 为纵坐标用曲线表示出流量和压力降的关系，这种曲线称为水动力特性曲线。当工质不受热或为单相流体时，水平管的水动力特性曲线是一条单值二次曲线，对应于一个压力差，只有一个流量。如不计重位压力降和加速压力降，其数学式为：

$$\Delta p = Z\frac{(\rho v)^2}{2}\overline{V} \tag{11-25}$$

式中 Z——等于 $\lambda l/d_n + \sum\xi_{jb}$；

$\overline{V}$——管内工质平均比容，m^3/kg；

ρv——管内工质质量流速，$kg/(m^2 \cdot s)$。

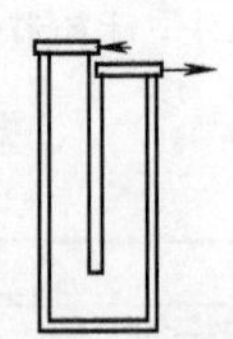

(a) 外圈管子采用较大管径和更好材料

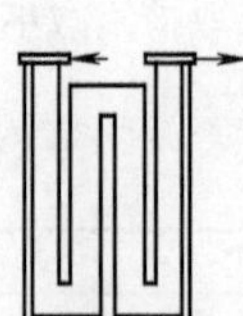

(b) 采用外圈管子短路以增大流量和减少受热管长

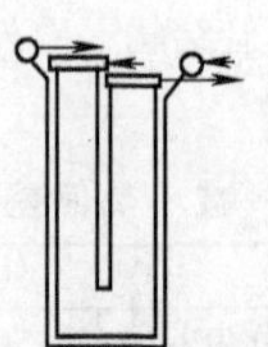

(c) 用管内工质温度较低的受热面管子保护外圈管子

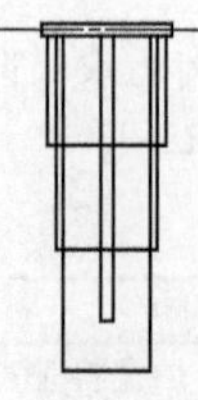

(d) 采用外圈两管截短的方法

(e) 采用外圈管子短路再加内外管组交叉的方法

图 11-10 屏式过热器减轻外圈管子热偏差的方法

沿管长均匀受热的水平蒸发管的水动力特性曲线的数学式可近似表达如下（不计局部阻力，假定汽水混合物为均相流体，并令其摩擦阻力系数和单相的相同）：

$$\Delta p = AG^3 - BG^2 + CG \tag{11-26}$$

式中

$$A = \frac{\lambda(V'' - V')\Delta i_{qh}^2}{4f^2 dq_1 r} \tag{11-27}$$

$$B = \frac{\lambda l}{2f^2 d}\left[\frac{\Delta i_{qh}}{r}(V'' - V') - V'\right] \tag{11-28}$$

$$C = \frac{\lambda(V'' - V')l^2 q_1}{4f^2 dr} \tag{11-29}$$

式中 V''、V'——饱和汽与饱和水的比容，m^3/kg；

l——管子长度，m；

r——汽化潜热，kJ/kg；

q_1——每米管长的吸热量，kW/m；

d——管子内直径，m；

λ——单相流体摩擦阻力系数；

f——管子流通截面积，m^2；

Δi_{qh}——管子进口工质的欠焓，kJ/kg。

式（11-26）为一多值的不稳定 3 次曲线，会出现在一个压力降下可能有 3 种不同流量的现象。

根据不同的 A、B、C 值，可得出受热蒸发管的不同水动力特性曲线，如图 11-11 所示。理论推导表明，要保持此三次曲线为单值的条件为 $B^2 - 3AC \leqslant 0$。

根据 $B^2 - 3AC \leqslant 0$ 的条件，可导得保证受热水平蒸发管水动力特性曲线单值性所要求的进口工质欠焓应为：

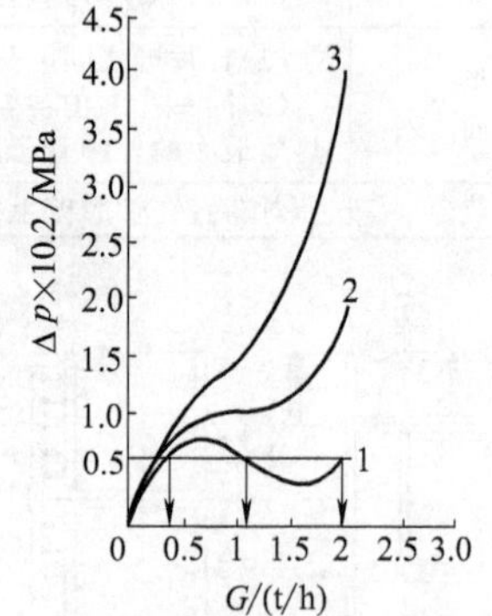

图 11-11 受热蒸发管的水动力特性三次曲线

1—不稳定曲线，$A=1$，$B=3$，$C=3$，$B^2-3AC>0$；
2—稳定曲线的界限，$A=1$，$B=3$，$C=3$，$B^2-3AC=0$；
3—稳定曲线，$A=1$，$B=2.5$，$C=3$，$B^2-3AC<0$

$$\Delta i_{qh} = \frac{7.46r}{c\left(\frac{V''}{V'} - 1\right)} \tag{11-30}$$

式中 c——修正系数，与压力有关，$p \leqslant 10MPa$ 时 $c=2$；$10MPa < p \leqslant 14MPa$ 时 $c = \frac{p}{3.92} - 0.5$（式中，p

的单位为 MPa)；$p>14$MPa 时 $c=3$。

2. **影响水平蒸发管水动力特性的因素**

影响直流锅炉水平蒸发管水动力特性曲线稳定性的主要因素有压力、热负荷、进口工质欠焓和加热水段阻力。

压力对水平蒸发管水动力特性曲线的影响示于图 11-12。压力越高，水动力特性越稳定，一般在 17MPa 以上已不会发生水动力特性多值性问题。

超临界压力直流锅炉虽工质均为单相流体，但由于在大比热容区内密度变化大，因而在一定条件下也会产生水动力特性多值现象，参见图 11-13。由图可见，如进口工质焓 $i_1>1256$kJ/kg，可保证水动力特性有足够的稳定性。但如在各种运行条件下，不能全部保证上述 i_1 值（如高压高热器解列使 i_1 值下降），则在设计时必须保持锅炉在启动负荷时的最低管内质量流速 $\rho v>600\sim700$kg/(m^2·s)，才能保证水动力特性曲线单值。

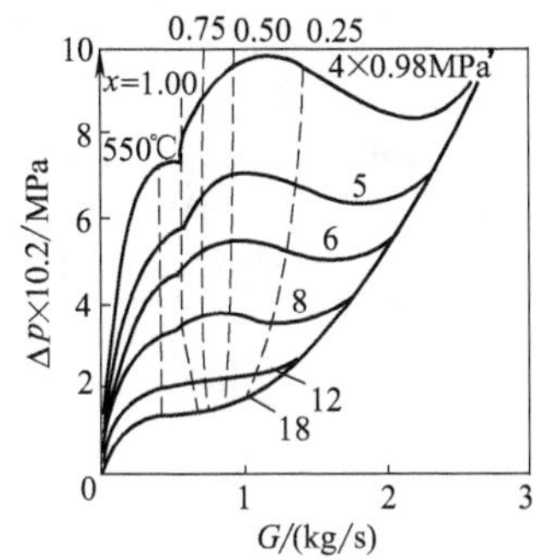

图 11-12　压力对水动力特性曲线的影响

（进口工质焓 $i_1=628$kJ/kg；管子总吸热量 $Q=1256$kW；管长 $l=300$m；管子外直径×壁厚=44.5mm×5mm）

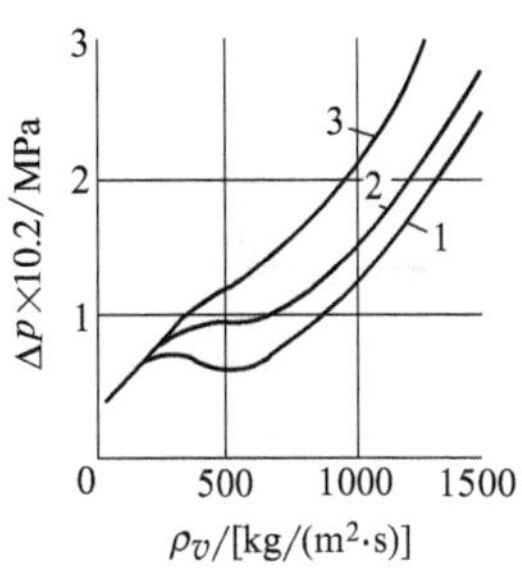

图 11-13　超临界压力下的水动力特性曲线

（$p=29.4$MPa；$Q=837$kW；$l=200$m；$d=38$mm×4mm）

1—$i_1=837$kJ/kg；2—$i_1=1047$kJ/kg；3—$i_1=1256$kJ/kg

热负荷对水平蒸发管的水动力特性曲线的影响示于图 11-14。这是对一台蒸发量为 200t/h、压力为 14MPa 的直流锅炉在启动压力 $p=3$MPa，进口工质焓 $i_1=628$kJ/kg 时得出的一组曲线。由图可见，在一定条件下热负荷越大，发生水动力特性曲线多值性的范围越大，要保证水动力特性单值性所需的流量值越大。

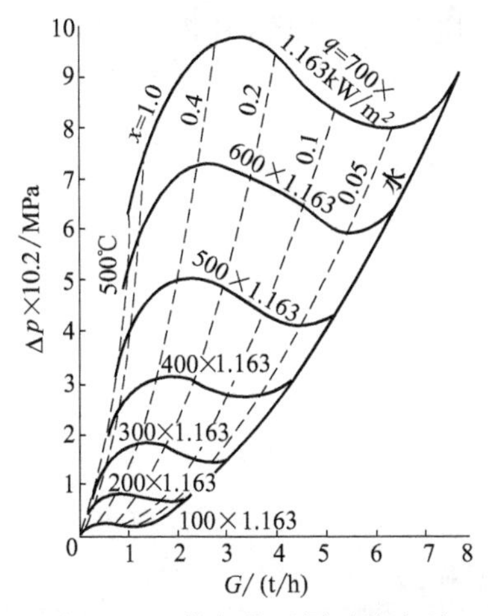

图 11-14　热负荷不同时的水平蒸发管水动力特性曲线

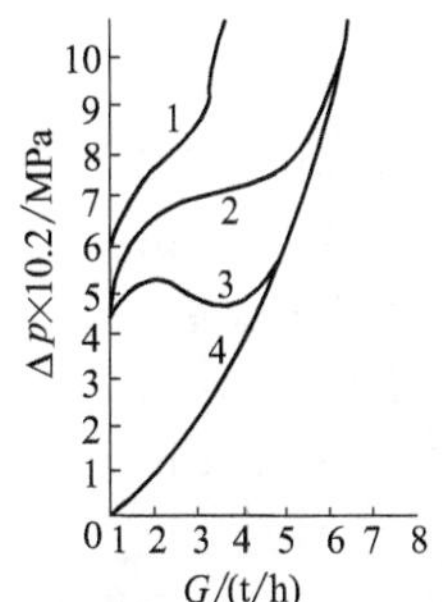

图 11-15　进口水温改变对水平蒸发管水动力特性曲线的影响（$p=4$MPa，相应的饱和水温为 250℃）

1—进口水温 $t_1=210$℃；2—$t_1=180$℃；3—$t_1=150$℃；4—未加热管

进口工质欠焓或工质温度对水平蒸发管水动力特性曲线的影响示于图 11-15。当进口水温增加或进口水的欠焓减小时，水动力特性曲线稳定性增加。当进口水温等于饱和水温，亦即欠焓为零时，水动力特性曲线是单值的。

直流锅炉蒸发受热面管子进口应为具有欠焓的单相水。将具有欠焓的进口水加热到饱和温度所需的管子长度称为加热水段，增加加热水段阻力可增加水动力特性的稳定性。

3. 防止水平蒸发管中水动力特性不稳定的措施

消除水平蒸发管水动力特性多值性以提高水动力稳定性的措施可参见表 11-9。

表 11-9 消除水平蒸发管水动力曲线多值性的措施

措施名称	简要说明
提高压力	采用较高工作压力和启动压力。对新设计锅炉压力与电站投资及运行经济性有关的情况，不能以此来保证水动力曲线稳定性。如条件许可，对运行锅炉可采用提高启动压力的方法
提高进口水温	建议在额定负荷时进水欠焓为 170～210kJ/kg，以保证在各种工况下进口工质均为单相水
在蒸发管进口装节流圈	参见图 11-16。这是一种通过装节流圈以提高热水段阻力的措施。节流圈阻力按式(11-31)计算。节流圈孔的直径不小于 5mm，一般为 9～12mm
分段增加管径	在加热水段采用小直径管，在蒸发管段采用二级逐渐增大直径的管子(见图 11-17)，这样可增大热水段阻力以改善蒸发管的水动力特性。对压力为 14MPa 的 400t/h 直流锅炉，一般可采用 ϕ34mm×4mm、ϕ38mm×4mm 和 ϕ51mm×6mm 三种直径的分段管子

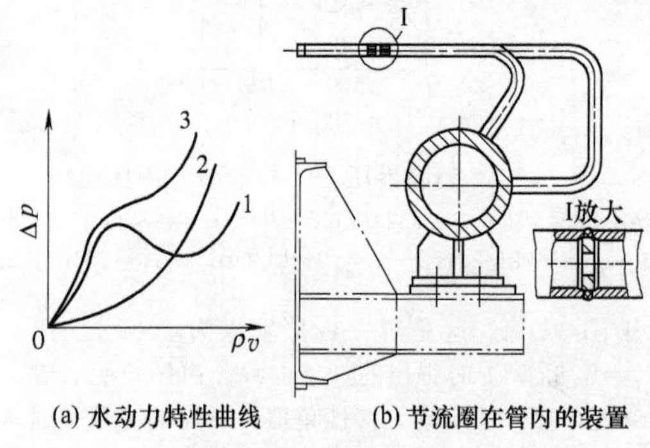

(a) 水动力特性曲线 (b) 节流圈在管内的装置

图 11-16 用节流圈使水动力特性曲线稳定的示意

1—未加节流圈的水动力特性曲线；2—节流圈阻力特性曲线；3—加节流圈后的水动力特性曲线

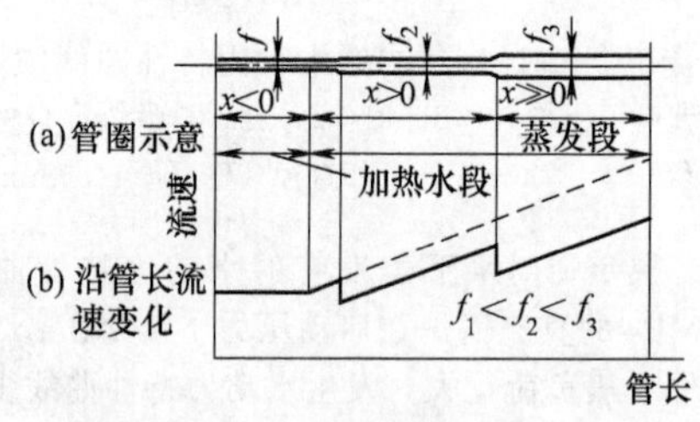

图 11-17 逐段增加管径方法示意

x—干度；f—管子截面积

节流圈阻力按下式计算：

$$\Delta p_{\rm jl}=\xi_{\rm jl}\frac{G^2V'}{2f^2} \tag{11-31}$$

式中 $\xi_{\rm jl}$——节流圈局部阻力系数，按式 (11-32) 计算；

V'——进口水比容，m^3/kg；

G——管子中的质量流量，kg/s；

f——管子流通截面积，m^2。

节流圈局部阻力系数 $\xi_{\rm jl}$ 按下式计算：

$$\xi_{\rm jl}=\left\{0.5+\left[1-\left(\frac{d_0}{d_{\rm n}}\right)^2\right]^2+\tau\left[1-\left(\frac{d_0}{d_{\rm n}}\right)^2\right]\right\}\left(\frac{d_{\rm n}}{d_0}\right)^4 \tag{11-32}$$

式中 d_0，$d_{\rm n}$——节流圈开孔直径和管子内直径，m；

τ——与节流圈长度 l 和孔径 d_0 之比 (l/d_0) 有关的系数，按表 11-10 查取。

表 11-10 系数 τ 值

l/d_0	0	0.2	0.4	0.6	0.8	1.0	1.2	1.6	2.0	2.4
τ	1.35	1.22	1.10	0.84	0.42	0.24	0.16	0.07	0.02	0

加装节流圈后校验水平蒸发管水动力特性稳定性的计算式应改为：

$$\Delta i_{\rm qh} \leqslant \left(1+\frac{\xi_{\rm jl}}{Z}\right)\frac{7.46r}{c\left(\dfrac{V''}{V'}-1\right)} \tag{11-33}$$

四、垂直蒸发管组的水动力学

1. 受热均匀的垂直蒸发管的水动力特性

如略去较小的加速压力降不计，垂直蒸发管中必须计及的压力降为管子的摩擦阻力压力降、局部阻力压力降与重位压力降，重位压力降等于管内工质的重度与管子高度的乘积，在垂直上升管中为正值，在垂直下降管中为负值。

图 11-18 和图 11-19 分别为一次垂直上升蒸发管和一次垂直下降蒸发管的水动力特性曲线，由图可见前者的总水动力特性曲线是稳定的（单值），而后者是不稳定的（具有多值性，相应于一个压力降 Δp 可以有两种流量 G_1 和 G_2）。

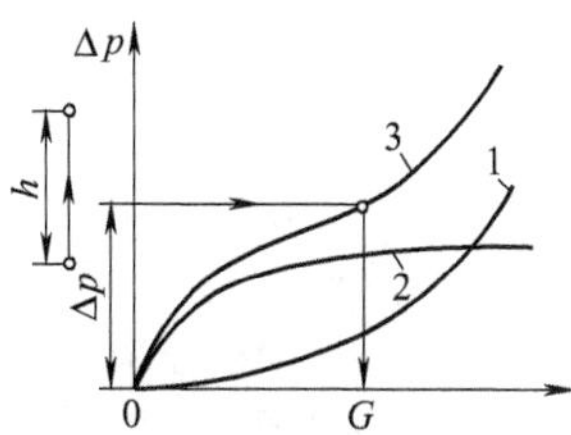

图 11-18　一次垂直上升蒸发管的水动力特性曲线
1—摩擦阻力和局部阻力压力降曲线（简称流动特性曲线）；2—重位压力降曲线；3—总水动力特性曲线

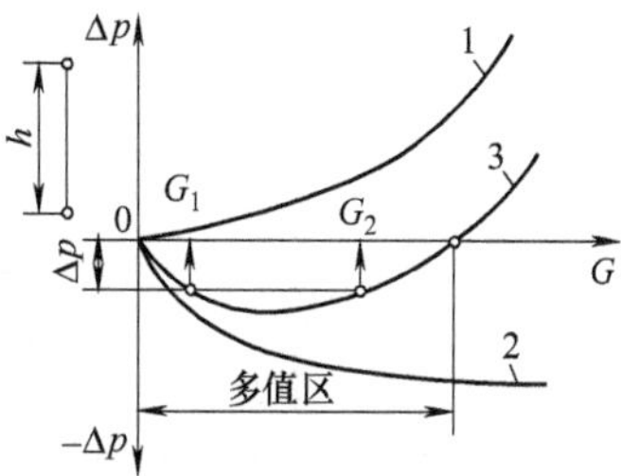

图 11-19　一次垂直下降蒸发管的水动力特性曲线
1—摩擦阻力和局部阻力压力降曲线（简称流动特性曲线）；2—重位压力降曲线；3—总水动力特性曲线

倒 U 形和 U 形蒸发管的水动力特性曲线示于图 11-20 和图 11-21。这两类蒸发管，如摩擦阻力和局部阻力压力降曲线为单值的，与总重位压力降曲线相加后其水动力曲线有可能变为多值的。

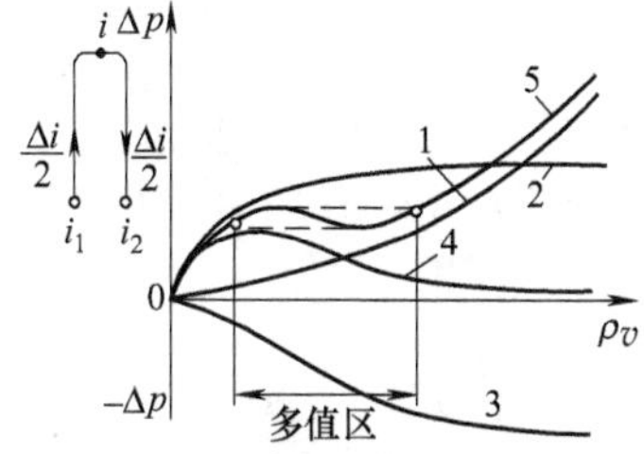

图 11-20　倒 U 形蒸发管的水动力特性曲线
1—流动特性曲线；2—上升管段的重位压力降曲线；3—下降管段的重位压力降曲线；4—总重位压力降曲线；5—总水动力特性曲线

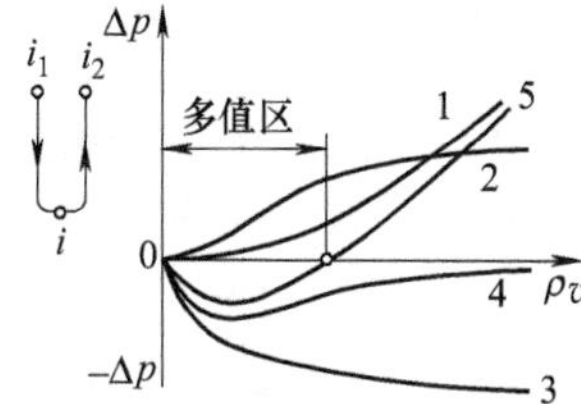

图 11-21　U 形蒸发管的水动力特性曲线
1—流动特性曲线；2—上升管段的重位压力降曲线；3—下降管段的重位压力降曲线；4—总重位压力降曲线；5—总水动力特性曲线

N 形及 И 形蒸发管的水动力特性曲线示于图 11-22 及图 11-23。对 N 形管如流动阻力特性曲线是单值的，则在进口工质欠焓较小时，其水动力特性曲线是单值的，而在进口工质欠焓较大时会变为多值；对 И 形蒸发管，如流动阻力特性曲线是单值的，其水动力特性曲线总是多值的。

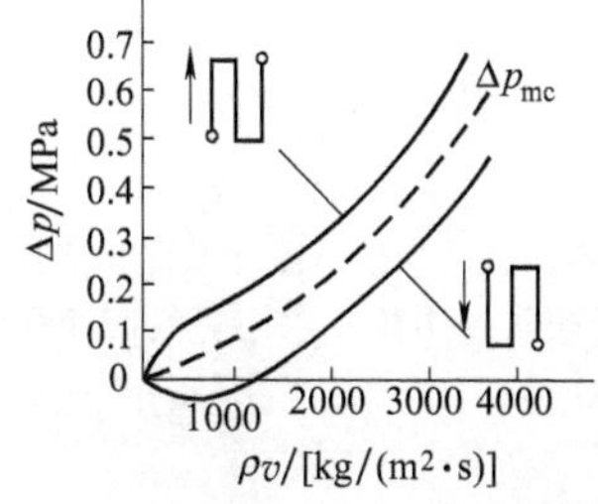

图 11-22　进口欠焓小时的 N 形及 И 形蒸发管水动力特性曲线

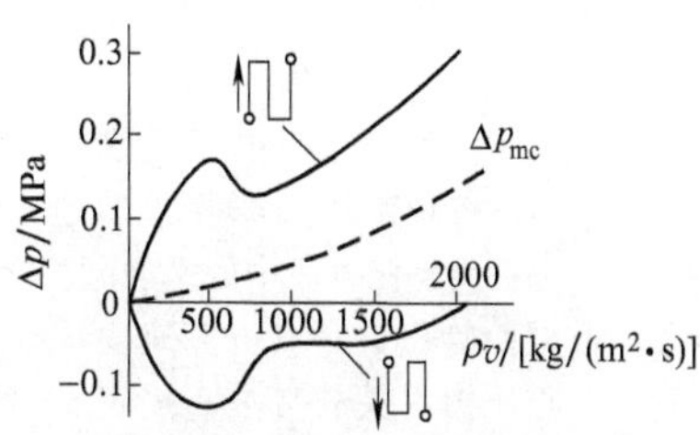

图 11-23　进口欠焓大时的 N 形及 И 形蒸发管水动力特性曲线

对于作多次上升和下降流动的并联蒸发管，因流动阻力压力降在总压力降中所占份额大，而使重位压力降对水动力特性稳定性的影响减小。当上升管段及下降管段的总数大于10时，管子的水动力特性稳定性可用前述水平蒸发管的水动力特性稳定性判别式（11-30）或式（11-33）进行校验。

2. 受热不均匀的垂直上升管组的水动力特性

在一次垂直上升管组中，即使水动力特性是稳定的，如各管受热不均匀，则在管组中受热弱的管中可能出现流动的停滞和倒流现象。图11-24为垂直上升并联管组中出现停滞或倒流的示意。在图11-24（a）中，受热弱的管子因其中重位压力降较大，其特性曲线在管组特性曲线之上。又因热负荷低，其曲线比管组的平缓。由于并联管组中各管的进出口压力是相等的。当管组流量降低，工作点降为A'点时，受热弱的管子工作点将在B'点，而其管内流动已接近流量为零的停滞点T。

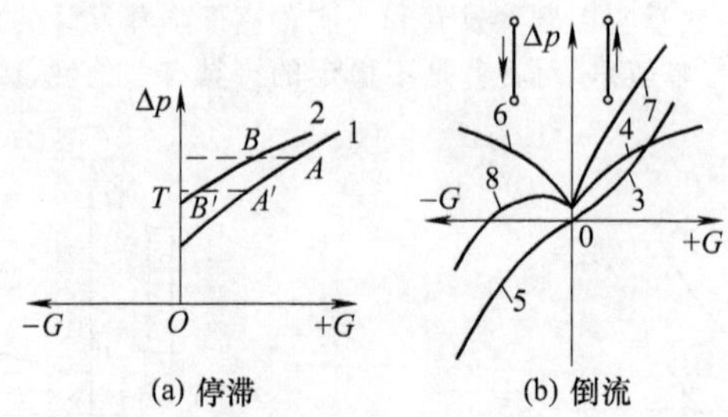

图11-24 垂直上升并联管组中出现停滞或倒流时的示意

1—平均工况管的水动力特性曲线；2—受热弱管子的水动力特性曲线；3—平均工况管的流动阻力压力降曲线；4—平均工况管的重位压力降曲线；5—倒流管的流动阻力压力降曲线；6—倒流管的重位压力降曲线；7—平均工况管总水动力特性曲线；8—倒流管的总水动力特性曲线

当受热弱的管子热负荷低到一定程度时，管内会出现工质自上而下的倒流现象。当工质倒流时，流动阻力压力降和重位压力降符号相反。图11-24（b）中采用四个象限来绘制水动力特性曲线，并规定，向上流动时流量为正，向下流动时为负；下集箱中工质压力与上集箱中工质压力之差为正；反之为负。图11-24（b）中右边曲线（第一象限）为平均工况管的流动阻力压力降特性曲线、重位压力降曲线和合成后的总水动力特性曲线；第二和第三象限中的曲线为倒流管的曲线，其中重位压力降为正值，阻力压力降因倒流为负值，合成后的总水动力特性曲线成为一条有一个转折点的向下曲线。如果平均工况管的压力降小于受热弱管子中发生倒流的极限点处的压力降，受热弱管内即出现倒流工况。只要管组中工作压力降大于受热弱管中发生停滞时的压力降［相应于图11-24（a）中的T点的压力降］，就不会发生停滞；只要管组中工作压力降大于受热弱管中发生倒流的极限点就不会发生倒流。

校验强制流动管组内不出现停滞的条件为：

$$\frac{\Delta p_{gz}^{min}}{\Delta p_{tz}} \geqslant 1.05 \tag{11-34}$$

式中 Δp_{gz}^{min}——锅炉最低负荷时管组的压力降，Pa；

Δp_{tz}——受热弱管子在停滞时的压力降，Pa。

锅炉最低负荷时管组的压力降可通过水动力计算方法求得。Δp_{tz}可按下式计算：

$$\Delta p_{tz} = \rho' g(h_{rs} + h_{rq}) + \sum_{i=1}^{n}[(1 - K_{\alpha i}\phi_{tzi})\rho' + K_{\alpha i}\phi_{tzi}\rho'']gh_i + [\phi'_{tz}\rho'' + (1 - \phi'_{tz})\rho']gh_{rh} \tag{11-35}$$

$$\phi_{tzi} = \frac{v''_{0i}}{Av''_{0i} + B} \tag{11-36}$$

$$\phi'_{tz} = \frac{v''_{0c}}{0.95v''_{0c} + B} \tag{11-37}$$

式中 $K_{\alpha i}$——第i段管子倾斜修正系数；

v''_{0i}——各段校验管中平均蒸汽折算速度，等于各段管中平均蒸汽体积流量与管子流通截面积之比，m/s；

ϕ_{tzi}，ϕ'_{tz}——分别为停滞各段中的平均截面含汽率、蒸汽穿过出口不受热管段中静止水层时的截面含汽率；

v''_{0c}——校验管出口蒸汽折算速度，m/s；

A、B——与压力有关的常数，按表11-11查取；

h_{rq}、h_i、h_{rh}——受热前管段高度、第i管段高度和受热后管段高度，m。

直流锅炉的上升管屏都不必校验倒流，如需校验，可绘制四个象限的水动力特性曲线确定。

表 11-11　系数 A 及 B

工作压力/MPa	A	B	式(11-36)的有效范围	式(11-37)的有效范围	工作压力/MPa	A	B	式(11-36)的有效范围	式(11-37)的有效范围
1	0.965	0.518	$v_0''<10$m/s	当算出的 ϕ'_{tz} 值大于 1 时，令 $\phi'_{tz}=1$	10	1.086	0.139	$v_0''<10$m/s	当算出的 ϕ'_{tz} 值大于 1 时，令 $\phi'_{tz}=1$
1.3	0.970	0.501			11	1.110	0.114		
2.0	0.984	0.462			12	1.113	0.945		
3.0	0.992	0.396			14	1.135	0.062		
4.0	0.999	0.334			15.5	1.159	0.048	$v_0''<5$m/s	
4.5	1.004	0.312			16	1.182	0.0431	$v_0''<4.75$m/s	
6.0	1.019	0.251			18	1.217	0.0384	$v_0''<3$m/s	
8.0	1.071	0.186			20	1.290	0.032		

超临界压力直流锅炉的上升管组，如各管吸热不均匀使各管工质密度差别大时也会发生停滞和倒流。此时，不发生停滞时的上升管组的质量流速应符合下式要求：

$$(\rho v)_{pj}>4.4\sqrt{\frac{h\ (\rho_j-\rho_{pj})}{\sum\xi\overline{V}_{pj}}} \tag{11-38}$$

式中　$(\rho v)_{pj}$——上升管组的工质平均质量流速，kg/(m^2·s)；

ρ_j——管子进口工质密度，kg/m^3；

$\overline{V}_{pj}$、ρ_{pj}——管组中平均工况管的工质平均比容和平均密度，m^3/kg，kg/m^3；

$\sum\xi$——平均工况管的总阻力系数；

h——上升管组高度，m。

对受热不均匀的 U 形或倒 U 形垂直蒸发管组，只要使管组的平均质量流速保持在使进、出口压力降不低于受热强的偏差管水动力特性曲线的最低点（见图 11-25 中的 A 点），即可避免水动力特性不稳定的影响。此时，平均工况管中的质量流速为与 D 点相对应的界限质量流速 $(\rho v)^*$。考虑安全系数后，允许的平均工况管的最低质量流速应为：

$$\rho v=a(\rho v)^* \tag{11-39}$$

式中，a 为安全系数，等于 1.3～1.5。

对超临界压力的多行程管组，如为入口集箱在下部，出口集箱在上部的单数行程管组，均具有单值的水动力特性，如 N 形管组等；对进出口集箱在同一标高的多行程管组（行程数>8～10），只要工质质量流速>700kg/(m^2·s)，流动可稳定；工质进口焓值>2300kJ/kg 时，各种行程的上升-下降管组，包括 U 形均可得到单值的水动力特性曲线。

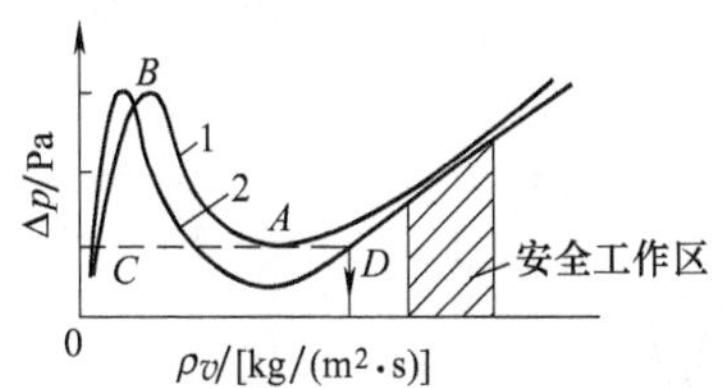

图 11-25　U 形或倒 U 形管组中允许最低质量流速的确定方法示意

1—受热强的偏差管；2—管组的平均工况管

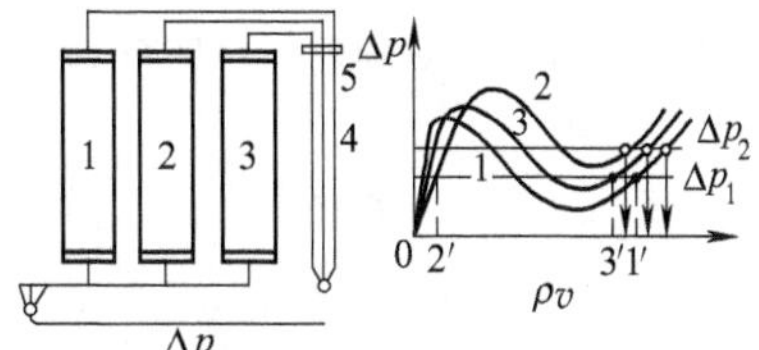

图 11-26　并联受热一次垂直上升管组与不受热下降管直接连接时的水动力特性曲线

1,2,3—并联的受热上升管组及其相应的水动力特性曲线；4—不受热下降管；5—上部混合集箱

在垂直蒸发管组的连接系统中，不仅受热管组的形式对水动力特性的稳定性有影响，不受热连接管道的连接方式也对管组的水动力特性的稳定性和安全运行有影响。在图 11-26 中，三个受热的一次垂直上升管组原来的水动力特性曲线是稳定的，但如果未设混合集箱，则连接不受热下降管后，此三管组就具有倒 U 形管组的多值水动力特性。如三个管组的工作压力降在 Δp_1，则中间管组将在小流量（工作点为 2′）下工作，运行不安全。如工作压力为 Δp_2，则三个管组均具有较高的质量流速，工作是可靠的。如此三管组在连接下降管时加装集箱，则其水动力特性将是单值而可靠的。

在分析直流锅炉复杂管组连接系统的水动力特性时必须研究其总水动力特性曲线。在图 11-27 (a) 所示的两个串联管组的系统中，其总水动力特性曲线可根据工质流量相等原则由曲线 1 和曲线 2 相加得到。在图 11-27 (b) 所示的两个并联管组的系统中，其总水动力特性曲线可根据压力降相等原则由曲线 1 和曲线 2 相加得出。

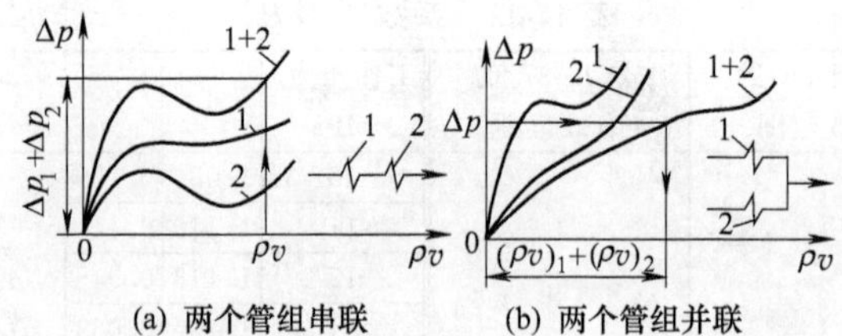

图 11-27 直流锅炉的复杂管组的总水动力特性曲线

应注意，在直流锅炉中，不仅蒸发受热面管组会出现水动力特性的多值性问题，在生炉工况下，在屏式过热器、对流过热器和悬挂管中也可能产生多值的水动力特性，因为在生炉启动过程中，这些受热面都要经过加热水区段和蒸发区段这一过渡工况。

五、蒸发管的脉动性流动

1. 脉动的类别与危害

直流锅炉的蒸发管组在一定工况下会发生脉动性流动或简称脉动。

脉动可分为整体脉动、管间脉动和管屏（或称管组）脉动三类。

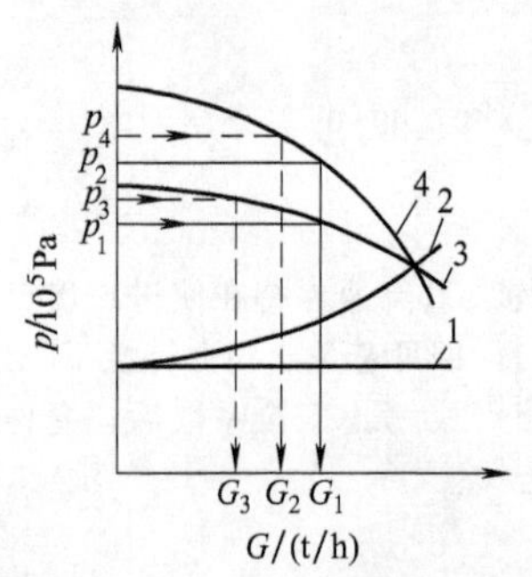

图 11-28 离心式水泵特性曲线的陡度对给水量变化的影响

1—锅炉出口压力曲线；2—锅炉进口压力曲线；3—较平的水泵特性曲线；4—较陡的水泵特性曲线

整体脉动时，整个并联蒸发管组的给水流量和蒸汽流量均会发生周期性脉动，而且蒸发量最大时给水量最小。这种脉动主要是由于直流锅炉等强制循环锅炉使用特性曲线较平的离心式水泵引起的。图 11-28 示有离心式水泵特性曲线的陡度对给水量变化的影响。

由图 11-28 可见，当工况变化，蒸发受热面中压力由 p_1 增加到 p_3 时，对具有曲线 3 的泵，其流量将自 G_1 减少到 G_3；而对具有曲线 4 的泵，其流量只从 G_1 减少到 G_2。压力增高使给水量减少，从而使蒸发管中蒸汽量减少。蒸汽量减少会使管中压力降低，这样又使给水量增加，从而形成流量脉动。如采用特性曲线足够陡的离心式水泵，使压力波动时相应流量波动不大或采用活塞式水泵，则就不会发生整体脉动。

此外，当燃料量、压力、给水量剧烈波动时也会引起整体脉动，但这种脉动的振幅是变化的，无严格周期且是衰减型的，当扰动停止时脉动消失，见图 11-29（a）。

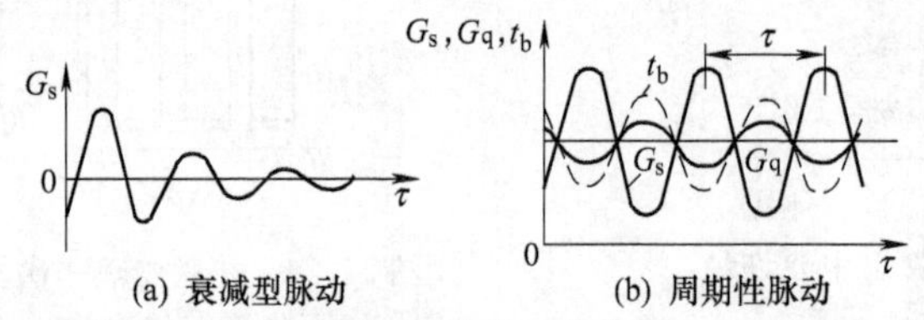

图 11-29 衰减型脉动和周期性脉动（水流量 G_s、蒸汽流量 G_q 和壁温 t_b 随时间 τ 变化的脉动曲线）

管间脉动发生于各并联管之间，此时并联管的总流量以及进、出口集箱间的压差并无显著变化，但并联管中某些管子之间却发生周期性流量脉动。此时一部分管子进口水流量与出口汽流量均发生脉动且成 180°相位差。壁温 t_b 也发生周期性脉动，其相位与蒸汽流量的脉动曲线相位相同，见图 11-29（b）。

屏间脉动发生于并联的管屏之间，其本质与管间脉动相同。一部分管屏与另一部分管屏间的脉动相位相反，相差 180°，因而管屏中的流量脉动而总流量不变。

脉动在蒸发管中是必须避免发生的，当脉动发生时管内沸点不断在沿管长变动，管壁温度会因交替与水及汽接触而周期性剧烈变化，这样会使金属产生疲劳破坏。

2. 脉动的防止和校验

蒸发管的整体脉动可通过采用特性曲线较陡的离心式水泵或采用活塞式水泵加以防止和解决。

工作压力、质量流速、蒸发管加热水段阻力、热负荷、蒸发管含汽段阻力等对蒸发管管间脉动均有影响，前三者增大时脉动不易发生，后两者增大时能促使产生脉动。

防止管间脉动的有效方法为提高管内工质质量流速，在各并联管进口装节流圈以提高加热水段的阻力和对水平管采用分级直径管圈等。另一有效方法为采用图 11-30 所示的呼吸箱装置。呼吸箱装设在管内工质干度 $x=0.15\sim0.20$ 处，用连接管使各并联蒸发管与之相通，这样可使各蒸发管的压力和流量相互平衡，有利于消除脉动。

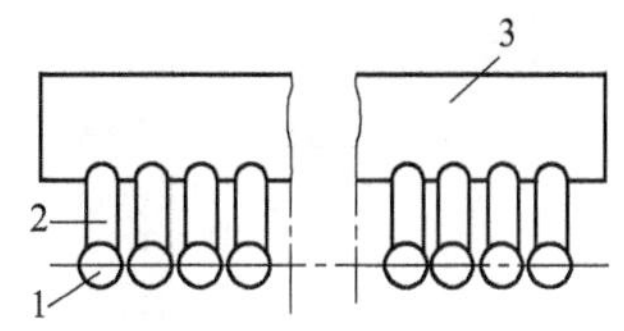

图 11-30　呼吸箱装置

1—并联蒸发管；2—连接管；3—呼吸箱

管屏间的脉动防止或消除方法与管间脉动的方法类似。

水平蒸发管不发生管间脉动所需的最小质量流速 $(\rho v)_{\min}^{\mathrm{sp}}$ 可按下式确定：

$$(\rho v)_{\min}^{\mathrm{sp}}=4.62\times10^{-6}K_{\mathrm{p}}(\rho v)_{\min}^{p=10}\frac{ql}{d} \tag{11-40}$$

式中　$(\rho v)_{\min}^{\mathrm{sp}}$——水平管不发生脉动所需的最小质量流速，kg/(m² · s)；

q——管子内壁平均热负荷，kW/m²；

l——管子受热段长度，m；

d——管子内直径，m；

$(\rho v)_{\min}^{p=10}$——压力为 10MPa 时的不发生脉动所需的最小质量流速，kg/(m² · s)；

K_{p}——压力修正系数。

$(\rho v)_{\min}^{p=10}$ 和 K_{p} 值可按已知管子进口段阻力系数 ξ_{jl}（包括进口节流阻力系数、进口局部阻力系数和受热前管段阻力系数）、进口工质欠焓和工作压力由图 11-31 查取。

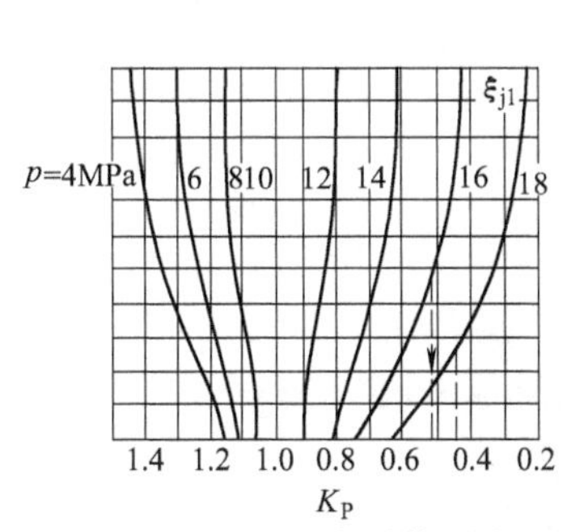

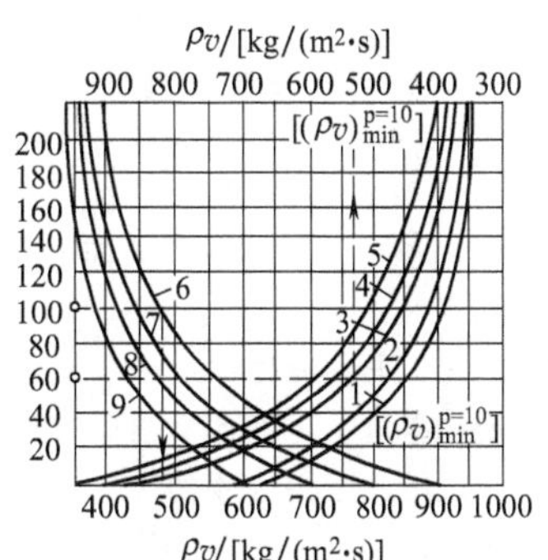

图 11-31　水平管圈防止脉动的最小质量流速的确定

1～9—相应的欠焓 Δi_{qh} 为 8、12、20、42、84、126、210、295、420（单位：kJ/kg）

如果水平管圈采用分级直径管圈，则 $(\rho v)_{\min}^{\mathrm{sp}}$ 按下式计算：

$$(\rho v)_{\min}^{\mathrm{sp}}=4.62\times10^{-6}K_{\mathrm{p}}(\rho v)_{\min}^{p=10}\frac{\left(q_1l_1+q_2l_2\dfrac{d_1}{d_2}+\cdots+q_il_i\dfrac{d_1}{d_i}\right)\left(\dfrac{d_1}{d_i}\right)^{0.25}}{d_1} \tag{11-41}$$

式中　1，2，…，i——不同管径的区段序号。

垂直上升管屏防止脉动所需的质量流速高于水平管的，其所需的防止脉动最小质量流速 $(\rho v)_{\min}^{\mathrm{cz}}$ 可按下式计算：

$$(\rho v)_{\min}^{\mathrm{cz}}=c(\rho v)_{\min}^{\mathrm{sp}} \tag{11-42}$$

式中　c——修正系数，按图 11-32 查取。

对于重位压力降不超过总压力降 10% 的微倾斜管屏和上升下降管屏，其不发生脉动的最小质量流速可取为水平管屏的 1.2 倍；如重位压力降较大，则按垂直上升管屏计算。对于复杂的屏间脉动，如为水平的并联屏，不发生脉动的最小质量流速可按式（11-40）计算，如为垂直上升的并联屏可按式（11-42）计算。

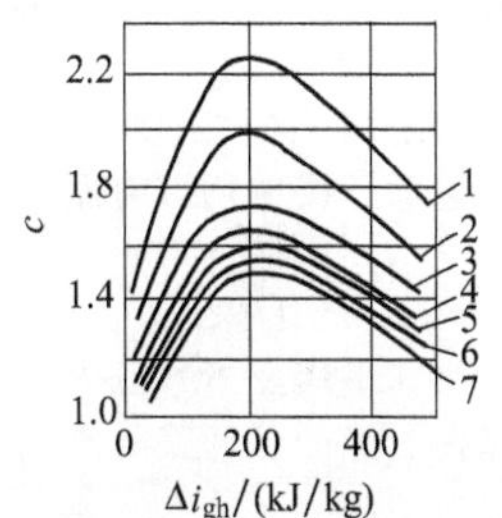

图 11-32　修正系数 c 的线算图

1～7—相应压力为 4，6，8，10，12，14，16（单位：MPa）

复杂的并联管屏如多次炉内上升、炉内下降的管屏，为防止屏间脉动应保证：

$$\frac{\Delta p_{jl}+\Delta p_{jr}}{\Delta p_{zf}}>a \tag{11-43}$$

式中 Δp_{jl}、Δp_{jr}、Δp_{zf}——节流圈、加热水段和蒸发段的阻力，Pa；

a——系数，与压力有关，按表 11-12 查取。

表 11-12 式（11-43）中的系数 a

p/MPa	4.0	6.0	8.0	10.0	12.0	14.0
a	0.80	0.65	0.52	0.37	0.16	0.10

式（11-40）的应用范围为：$p=4\sim18$MPa；进口欠焓 $\Delta i_{qh}=21\sim420$kJ/kg；加节流圈后的进口阻力系数 $\xi_{jl}=0\sim300$；受热面热负荷为 58～580kW/m^2；水平管内汽水混合物流量脉动频率＜0.2～0.25Hz 的工况。平均误差为 10%～15%；最大误差为 20%。

防止脉动的计算应按锅炉启动负荷及最低负荷的工况进行。实际质量流速如大于算出的防止脉动所需的最小质量流速值，则不会发生脉动。否则应增大进口节流度重新计算，直到实际质量流速超过算出值为止。

第二节 自然循环锅炉的水动力学

一、自然循环的基本方程式及水循环计算方法

自然循环锅炉水动力学的任务是研究这种锅炉的水动力特性以保证水循环的可靠性。在受热的上升管中必须有一定的水速使管子得到冷却，不得出现流动停滞、倒流、汽水分层和膜态沸腾等现象。

图 11-33 为自然循环锅炉蒸发受热面回路的示意。具有欠热的水自锅筒进入下降管，然后流经下集箱后进入上升管。在上升管中，水受热并在 A 点开始沸腾。A 点前的高度为上升管的水段高度 H_s，A 点后的高度为上升管的含汽段高度 H_q。最后，汽水混合物自上升管出口段 H_{rh} 输回锅筒。图中 H_{qi} 为不受热段高度，$H_1+H_2+H_3$ 为受热段高度。

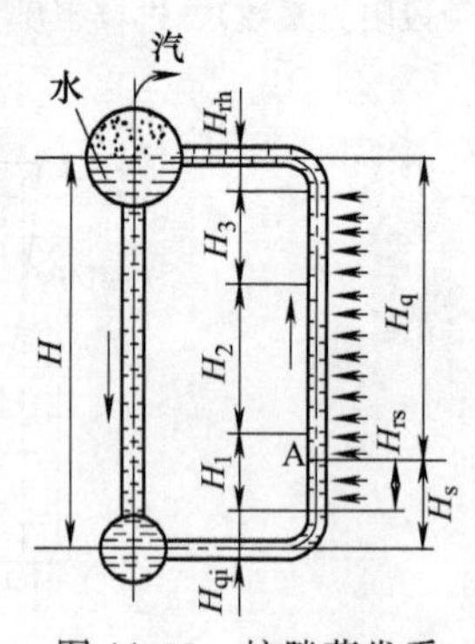

图 11-33 炉膛蒸发受热面回路示意

对稳定流动的循环回路而言，回路任一截面上的作用力是平衡的。在 A 点截面上，可列出下列自然循环基本方程式：

$$\rho' gH_q-\Delta p_{xj}+\rho' gH_s=\rho_h gH_q+\Delta p_{ss}+\rho' gH_s \tag{11-44}$$

式中 ρ'——下降管中水的密度，一般取为锅筒压力下饱和水的密度，kg/m^3；

ρ_h——上升管含汽段中汽水混合物的平均密度，kg/m^3；

g——重力加速度，m/s^2；

Δp_{xj}——下降管阻力，Pa；

Δp_{ss}——上升管阻力，Pa；

H_s——上升管的水段高度，m；

H_q——上升管的含汽段高度，m。

式（11-44）的左面各项之和表明自下降管侧计算的从锅筒到下集箱的压差，通常以 Y_{xj} 表示；式（11-44）的右面各项之和表明自上升管侧计算的从锅筒到下集箱的压差，通常以 Y_{ss} 表示。利用在工作点 Y_{xj} 应等于 Y_{ss} 的原理来计算水循环的方法称为压差法。

式（11-44）可改写成下式：

$$H_q(\rho'-\rho_h)g=\Delta p_{xj}+\Delta p_{ss} \tag{11-45}$$

式（11-45）的左面项称为运动压头，通常用 S_{yd} 表示，其作用为克服下降管和上升管的阻力，产生水循环动力。

将运动压头中用以克服下降管阻力的压头称为有效压头，通常用 S_{yx} 表示，其计算式为：

$$S_{yx}=S_{yd}-\Delta p_{ss}=\Delta p_{xj} \tag{11-46}$$

式中 S_{yx}——有效压头，Pa。

利用在工作点 S_{yx} 应等于 Δp_{xj} 的原理来计算水循环的方法称为有效压头法。应用压差法或有效压头法均可算得自然循环回路的水动力特性。

二、上升管含汽段高度和汽水混合物密度的计算

1. 含汽段高度 H_q 的确定方法

无论应用哪一种方法计算自然循环回路都必须确定上升管含汽段高度 H_q。为确定 H_q，必须先算出上

升管热水段 H_{rs} 的高度。

根据热平衡，可导出 H_{rs} 的计算式如下：

$$H_{rs}=\frac{\Delta i_{qh}-\Delta i_{xj}-\Delta i_{dq}+\frac{\Delta i'}{\Delta p}\rho' g\left(H-H_{qi}-\frac{\Delta p_{xj}}{\rho' g}\right)\times 10^{-6}}{\frac{Q_1}{H_1 G_0}+\rho' g\frac{\Delta i'}{\Delta p}\times 10^{-6}} \tag{11-47}$$

式中　H_{rs}——上升管热水段高度，m；

Δi_{qh}——下降管进口水的欠焓，kJ/kg；

Δi_{xj}——下降管受热使工质产生的焓增，kJ/kg；

Δi_{dq}——下降管带汽使工质产生的焓增，kJ/kg；

$\frac{\Delta i'}{\Delta p}$——每变化 1MPa 压力时饱和水焓的变化，(kJ/kg)/MPa；

Q_1——上升管在第一加热段（高度 H_1）的吸热量，kW；

Δp_{xj}——下降管阻力，Pa；

G_0——上升管中水的质量流量，kg/s。

当省煤器为沸腾式时，下降管进口水的欠焓 Δi_{qh} 取为零。对两段蒸发锅炉，盐段的欠焓取为零，净段水的欠焓按下式计算：

$$\Delta i_{qh}=\frac{i'-i''_{sm}}{K}\frac{D}{D_{jd}} \tag{11-48}$$

式中　Δi_{qh}——净段下降管进口水的欠焓，kJ/kg；

i'——锅筒压力下的饱和水焓，kJ/kg；

i''_{sm}——省煤器出口水焓，kJ/kg；

D——锅炉蒸发量，t/h；

K——循环倍率；

D_{jd}——净段蒸发量，t/h。

循环倍率等于进入上升管的水流量 G_0 与上升管出口的汽流量 D 之比，即：

$$K=\frac{G_0}{D} \tag{11-49}$$

循环倍率 K 也可用上升管出口工质干度（或称质量含汽率）x 表示，等于 $1/x$。在应用式（11-48）时，K 可按表 11-13 取用。

表 11-13　循环倍率 K 的推荐值

锅炉形式	压力/MPa	蒸发量/(t/h)	循环倍率 K	锅炉形式	压力/MPa	蒸发量/(t/h)	循环倍率 K
亚临界压力锅炉	17～19	≥800	4～6	中压锅炉	4～6	35～240	15～25
超高压锅炉	14～16	185～670	5～8	次中压锅炉	2～3	20～200	45～65
高压锅炉	10～12	160～420	8～15	低压锅炉	≤1.5	≤15	100～200

对于有清洗装置的锅炉，如给水全部通过清洗装置，Δi_{qh} 取为零。如部分水通过清洗装置，则 Δi_{qh} 按下式计算：

$$\Delta i_{qh}=\frac{i'-i''_{sm}}{K}\frac{1-\eta_{qx}}{1+\eta_{qx}\frac{i'-i''_{sm}}{r}} \tag{11-50}$$

式中　η_{qx}——清洗水量与给水量之比；

r——锅筒压力下的汽化潜热，kJ/kg。

在计算低负荷水循环时，循环倍率可按下式估算：

$$K=\frac{1}{0.15+0.85\frac{D}{D_0}}K_0 \tag{11-51}$$

式中　K_0——按表 11-13 选取的额定负荷下的循环倍率；

D——运行时的锅炉蒸发量，t/h；

D_0——额定负荷时的锅炉蒸发量，t/h。

现代锅炉下降管一般是不受热的，此时 Δi_{xj} 为零。如下降管受热，管中工质焓增可按下式计算：

$$\Delta i_{xj}=\frac{Q_{xj}}{G_{xj}} \tag{11-52}$$

式中 Q_{xj}——下降管吸收的热量，kW；

G_{xj}——通过下降管的水量，kg/s。

下降管因带汽而使工质产生的焓增 Δi_{dq} 可根据压力和下降管从锅筒水容积的带汽量 ϕ_{xj} 按图 11-34 查得。

下降管的带汽量 ϕ_{xj} 由图 11-35 查得。

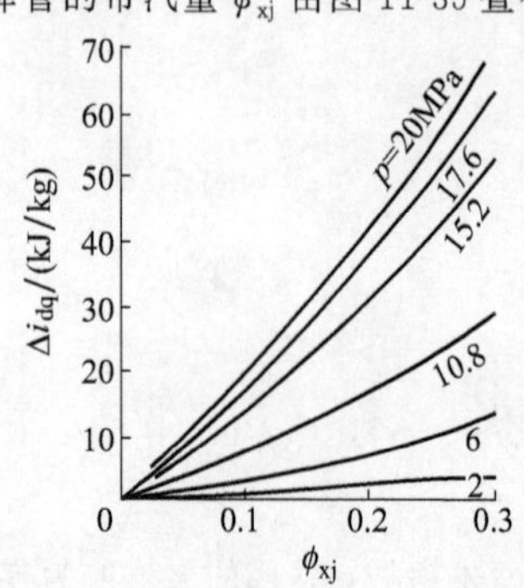

图 11-34 下降管带汽的工质焓增 Δi_{dq} 和带汽量 ϕ_{xj} 及压力 p 的关系曲线

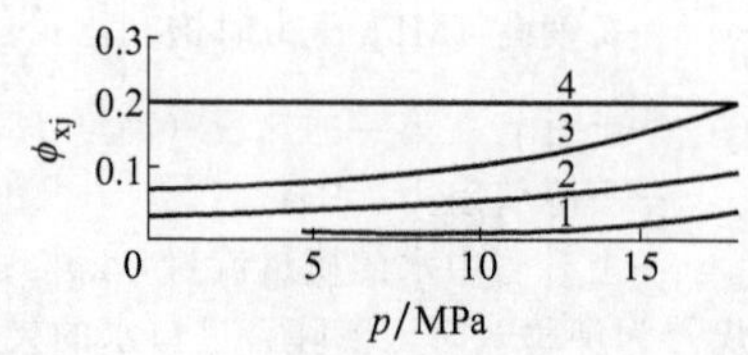

图 11-35 下降管带汽量 ϕ_{xj} 和压力 p 的关系

在图 11-35 中，曲线 1 适用于采用锅内旋风分离器；带有分离锅筒；锅筒水容积内上升管与下降管有隔板隔开，锅筒内水速为 0.1m/s 的工况。曲线 2 适用于大直径下降管；下降管进口带淹没式罩箱；锅筒水容积内上升管与下降管间有隔板隔开，锅筒内水速为 0.2m/s 的工况。曲线 3 用于下降管上面带有进口截面不淹没的罩箱；在下降管前有改变水流方向的隔板；在锅筒水容积内上升管与下降管间有隔板隔开，锅筒内水速为 0.3m/s；没有隔板的工况。曲线 4 用于第二、第三段蒸发的下降管，而不使用锅内旋风分离器的工况。

锅筒内的水速 v_s 按下式计算：

$$v_s=\frac{DK}{\rho' f} \tag{11-53}$$

式中 f——进入下降管的循环水流通截面积，m^2。

当水纵向流动时：

$$f=0.39d_{gt}^2\pm\Delta h d_{gt} \tag{11-54}$$

式中 d_{gt}——锅筒内直径，m；

Δh——水位离开锅筒中心线的距离，m。

当水横向流动时：

$$f=hl \tag{11-55}$$

式中 h——平均水位到锅筒底部或隔板的平均高度，m；

l——布置下降管区域的锅筒长度，m。

在下列情况可不计下降管的带汽量：当下降管接入锅炉的下锅筒或锅外分离器时；下降管虽与上锅筒连接，但主要的汽水混合物引入另一锅筒时；当压力低于 11MPa 且锅筒内装有锅内旋风分离器时。

由图 11-33 可见，含汽段高度 H_q 即为 H 和水段总高度 H_s 之差。加热水段 H_{rs} 算得后，加上受热段前面的不受热段高度 H_{qi} 即为水段总高度 H_s。因而求得 H_{rs} 后即可确定含汽段高度 H_q 值。

如上升管在锅筒汽空间引入，则含汽段高度只算到锅筒正常水位处。

2. 汽水混合物密度 ρ_h 的计算方法

上升管中含汽段汽水混合物的平均密度 ρ_h 可按下式计算：

$$\rho_h=\phi\rho''+(1-\phi)\rho' \tag{11-56}$$

式中 ϕ——截面含汽率；

ρ'、ρ''——饱和水与饱和汽密度，kg/m³。

垂直上升管的截面含汽率按下式计算：

$$\phi=c\beta \tag{11-57}$$

式中 c——系数，由图 11-36 查得；

β——体积流量含汽率，等于蒸汽体积流量和汽水混合物体积流量之比，可根据干度 x 值，按 $\beta=\dfrac{1}{1+\left(\dfrac{1}{x}-1\right)\dfrac{\rho''}{\rho'}}$ 算得。

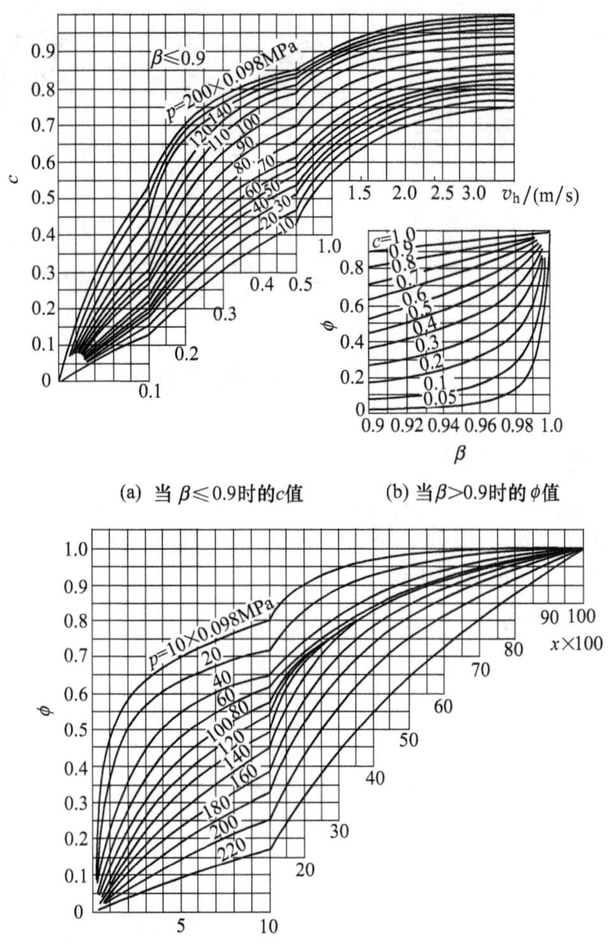

(c) 当v_h>3.5m/s时的φ值

图 11-36 垂直上升管的截面含汽率 ϕ 值线算图

图 11-36 中的混合物流速 v_h 可按下式求得：

$$v_h=\frac{v_0}{1-\beta\left(1-\frac{\rho''}{\rho'}\right)} \tag{11-58}$$

式中 v_0——循环流速，即为上升管入口水速，m/s。

对内直径小于 30mm 的管子，在应用图 11-36 时，混合物流速应按下式计算：

$$v_h^j=\sqrt{\frac{0.03}{d}}v_h \tag{11-59}$$

式中 d——管子内直径，m；

v_h——按式（11-58）求得的混合物流速，m/s。

对于倾斜管，其截面含汽率按垂直上升管的 ϕ 值乘以修正系数 K_α，即：

$$\phi=K_\alpha c\beta \tag{11-60}$$

式中 K_α——管子水平倾角修正系数，按图 11-37 查取。

在图 11-37 中，对压力 $p=1\sim8$MPa 范围内者，按图 11-37（a）查取；对 8～10MPa 时，按图 11-37（b）左侧查取，查取时 K_α 按 $p=8$MPa 及 $p=10$MPa 的值（用 K_8 和 K_{10} 表示）用内插法求取：

$$K_\alpha=K_{10}-(K_{10}-K_8)\frac{p-8}{2} \tag{11-61}$$

对 $p=10\sim20$MPa 的 K_α，按图 11-37（b）右侧查取，图中 α 为管子的水平倾角。

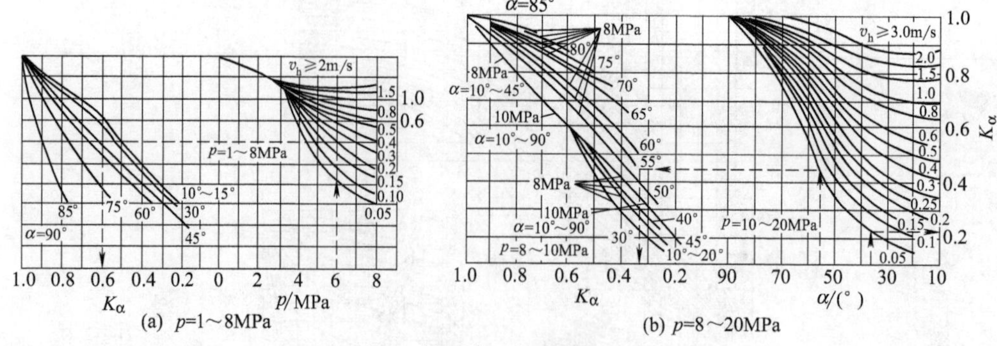

图 11-37 管子水平倾角修正系数 K_α

三、循环回路中的阻力计算

自然循环锅炉的循环回路阻力由下降管阻力和上升管阻力构成。下降管及上升管水段的工质为单相水，其摩擦阻力和局部阻力按单相流体计算公式（11-25）计算。上升管含汽段内工质为汽水混合物，其摩擦阻力和局部阻力按下列汽水混合物计算公式计算。

1. 汽水混合物摩擦阻力计算式

汽水混合物摩擦阻力计算式为：

$$\Delta p_{\mathrm{mc}}=\lambda\ \frac{l}{d}\frac{\rho' v_0^2}{2}\left[1+x\psi\left(\frac{\rho'}{\rho''}-1\right)\right] \tag{11-62}$$

式中 Δp_{mc}——汽水混合物摩擦阻力，Pa；

ψ——汽水混合物摩擦阻力修正系数，按图 11-38 查取；

x——蒸汽干度，对于受热管，x 按平均值计算。

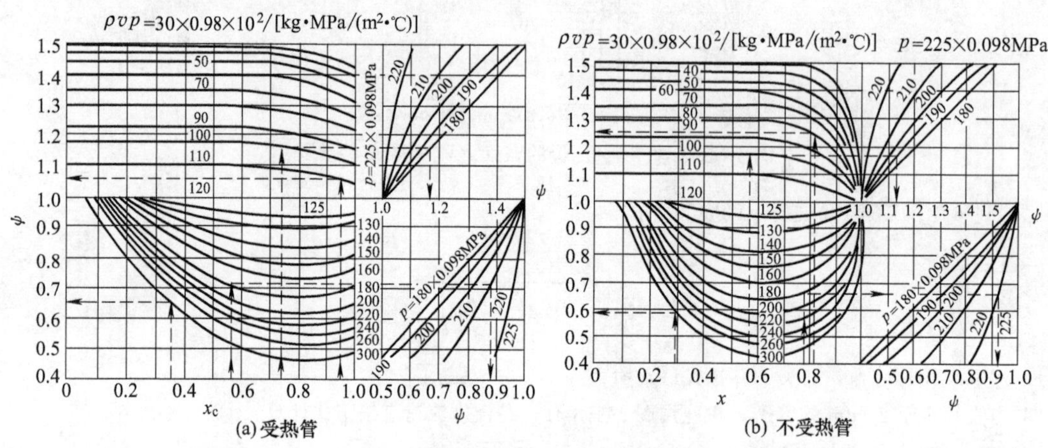

图 11-38 汽水混合物摩擦阻力修正系数 ψ 值的线算图

在图 11-38 中，当 p<17.6MPa 时按纵坐标查 ψ，当 $p\geqslant$17.6MPa 时，按横坐标查 ψ 值。图 11-38（a）适用于进口为饱和水（$x=0$）、出口含汽率为 x_c 时的受热管。当受热管进口为汽水混合物时，其平均修正系数 $\overline{\psi}$ 按下式计算：

$$\overline{\psi}=\frac{\overline{\psi}_2 x_2^2-\overline{\psi}_1 x_1^2}{x_2^2-x_1^2} \tag{11-63}$$

式中 $\overline{\psi}_2$，$\overline{\psi}_1$——按出口含汽率 x_2 和进口含汽率 x_1 图 11-38（a）中查得的数值。

2. 汽水混合物局部阻力计算式

汽水混合物局部阻力计算式为：

$$\Delta p_{\mathrm{jb}}=\xi_{\mathrm{jb}}\ \frac{\rho' v_0^2}{2}\left[1+x\left(\frac{\rho'}{\rho''}-1\right)\right] \tag{11-64}$$

式中　Δp_{jb}——汽水混合物局部阻力，Pa；

ξ_{jb}——汽水混合物局部阻力系数，由锅炉水力计算标准查取。

下降管的总阻力一般由下降管进口局部阻力、弯头阻力、进入集箱的出口局部阻力及摩擦阻力组成。上升管的总阻力由水段的进口局部阻力、摩擦阻力、蒸发段及引出段的局部阻力和摩擦阻力以及管子出口阻力组成。如上升管引入锅炉蒸汽空间时，应计入将汽水混合物提升到超过锅筒正常水位的阻力损失，称为提升阻力 Δp_{tz}，其值按下式计算：

$$\Delta p_{tz}=(1-\phi)(\rho'-\rho'')gh \tag{11-65}$$

式中　Δp_{tz}——提升阻力，Pa；

ϕ——上升管出口处的截面含汽率；

h——上升管超过锅筒正常水位的高度，m。

四、循环回路计算方法

循环回路计算的目的是为了确定循环回路的水流量。以有效压头法为例，其基本计算步骤如下：a. 根据锅炉结构数据和热力计算数据划分循环回路，并进行吸热量分配；b. 按表 11-13 数据假设锅炉的循环倍率并算出锅筒中水的欠焓值；c. 对于一个循环回路的上升管组，假设 3 个循环速度 v_0 值，再按上升管组的总流通截面算出 3 个相应的循环流量 G 值；d. 计算对应于 3 个循环流量的下降管流动阻力 Δp_{xj}，并绘制下降管阻力 Δp_{xj} 与循环流量的关系曲线；e. 计算开始沸腾点高度、加热水区段高度和含汽段高度，各值均按 3 个循环流量计算；f. 按对应的 3 个循环流量算得 3 个运动压头、上升管阻力和有效压头，并绘制有效压头 S_{yx} 和循环流量的关系曲线；g. $S_{yx}=f(G)$ 和 $\Delta p_{xj}=f(G)$ 的两根曲线是绘在同一坐标图上的，由两曲线的交点可得循环回路的有效压头和循环流量值，按所得循环流量确定循环倍率 K 及水的欠焓 Δi_{qh}，并检验与原选用值的误差，如相对误差≤30%，计算合格；h. 按 c.～g. 项重复进行其他各循环回路的计算并绘制类似的水动力特性曲线；i. 合并各循环回路的循环流量和蒸发量，求出锅炉的总循环流量和循环倍率。最小循环水速，对中压以下锅炉应不小于 0.2m/s；对高压以上锅炉应不小于 0.3m/s。

图 11-39 所示为简单循环回路的特性曲线。图中横坐标为循环流量 G，纵坐标为有效压头 S_{yx} 和下降管阻力 Δp_{xj}。在一定热负荷下，随循环流量增加，由于上升管含汽率减小，而阻力有所增加，因而有效压头下降。但下降管阻力是随循环流量增大而增加的。在回路工作点上，有效压头等于下降管阻力，此点即为两曲线的交点。图 11-39 中的 G_1、G_2、G_3 为计算开始时假设的 3 个循环流量。由两曲线交点可解得工作时的循环流量 G 和有效压头 S_{yx} 值。

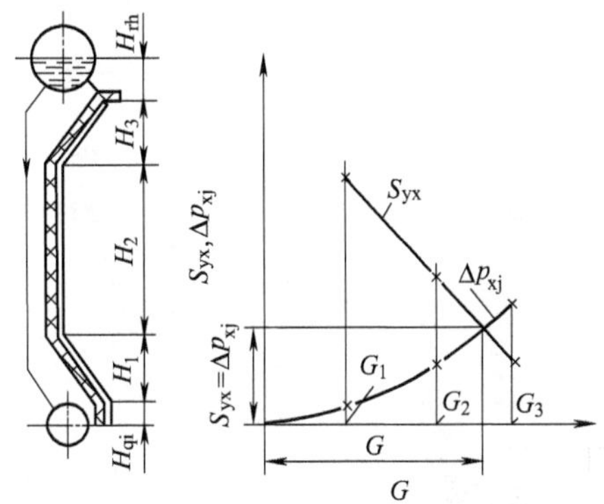

图 11-39　简单循环回路的特性曲线

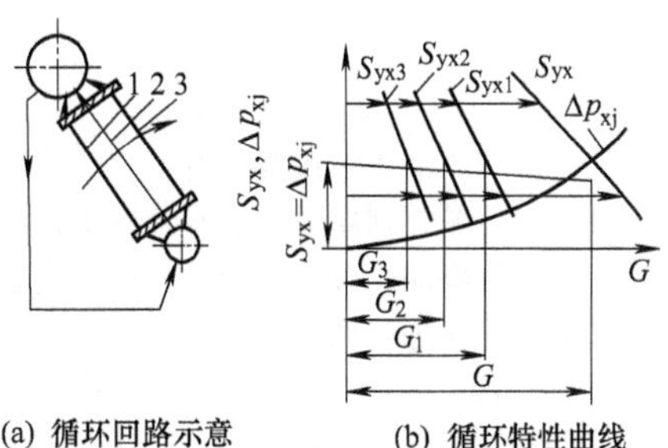

图 11-40　平行管排水循环特性曲线

图 11-40（a）所示为一复杂循环回路，由具有共同下降管的平行管组成。此循环回路常用于锅炉管束。此时，因具有共用的下降管，每一管排的有效压头应相等；而各管排的流量之和应等于下降管中总的循环流量，即：

$$S_{yx}=S_{yx1}=S_{yx2}=S_{yx3} \tag{11-66}$$

$$G=G_1+G_2+G_3 \tag{11-67}$$

图 11-40（b）上示有这一循环回路的特性曲线及其求解方法。先建立相应于三个管排的三根有效压头和循环流量关系曲线 S_{yx1}、S_{yx2}、S_{yx3}，并算出下降管阻力和循环流量关系曲线 $\Delta p_{xj}=f(G)$。按式（11-66）和式（11-67）可作出此复杂循环回路的有效压头 S_{yx} 和流量 G 的关系曲线，其法为在有效压头相同时将三根管排的流量相加。此循环回路的 $S_{yx}=f(G)$ 曲线和 $\Delta p_{xj}=f(G)$ 曲线的交点即为工作点。由此工作点可解出循环回路的有效压头和总循环流量 G 以及各管排中的循环流量 G_1、G_2、G_3。

对于由几个不同特性的串联管段组成的循环回路可按流量相等、压头相加原则进行图解。

如用压差法进行水循环计算，则也可用类似于有效压头法的步骤假定三个循环速度 v_0，求出三个相应的循环流量 G。再在纵坐标为压差 Y 和横坐标为流量 G 的图上画出对应于三个循环流量的 $Y_{ss}=f(G)$ 曲线和 $Y_{xj}=f(G)$ 曲线。此两曲线的相交点即为工作点。由工作点可得出被计算循环回路中的工作流量值。按所得循环流量确定循环倍率 K，并检验此 K 值与原选用的 K 值的相对误差。如相对误差≤30%，则计算合格。

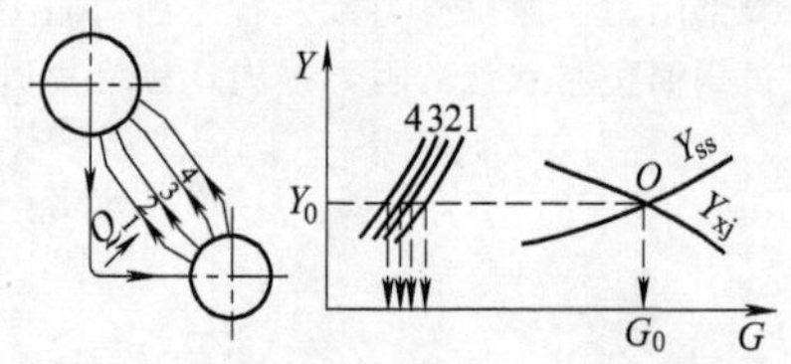

图 11-41 用压差法在并联循环回路中求解水循环工作点的示意

1—Y_{ss1}；2—Y_{ss2}；3—Y_{ss3}；4—Y_{ss4}

用压差法计算并联循环回路的方法可参见图 11-41。图中，四排受热不同的并联管排具有共同的下降管。在稳定工况下，各管排的压差应相等，流经各排管的水流量总和应等于流经下降管的流量。因此可用与简单回路相同的方法求出每排上升管的压差特性曲线 Y_{ss1}、Y_{ss2}，…，然后在压差相同的条件下将各排对应的流量相加，得到合并的上升管压差曲线 Y_{ss}。再绘制下降管的压差特性曲线 Y_{xj}。两曲线的交点即为整个回路的工作点。由此交点作一水平线与 Y_{ss1}、Y_{ss2} 等曲线相交，几个交点即为各管排的工作点。

对于上升管由几个不同特性的串联管段组成的循环回路，可按流量相等，各上升管段的压差 Y_{ss} 相加的原则进行图解。

五、水循环可靠性校核

根据水循环计算可求出锅炉的循环倍率。为了保证水循环的可靠性，在水循环计算中还需校核是否出现循环停滞、自由水面、倒流、下降管带汽、下降管汽化及循环倍率过低等工况。

在同一排上升管中，各管的热负荷和结构特性都有偏差，因而各上升管中的循环流速是不同的。对于热负荷小的管子，其循环水速小。如上升管从锅筒水空间引入，在一定工况下会产生停滞现象或倒流现象。当在受热弱的上升管中发生停滞时，此管的有效压头不足以克服下降管阻力，使汽水混合物处于停滞状态。此时管壁上附有气泡，得不到足够的水膜冷却会导致管壁超温破坏。当在一定工况下，受热弱的上升管中发生倒流时，工质在管内向下流动。如倒流速度小。则气泡受浮力作用可能积聚在弯头等处使管壁过热损坏。

如受热弱的上升管自蒸汽空间引入锅筒，则在一定工况下会发生自由水面现象。自由水面以上为缓慢流动的蒸汽，在自由水面以上的受热管段会因蒸汽传热不良而过热损坏。在自由水面处由于水位波动，管壁温度随之变动而会产生疲劳破坏。

避免发生停滞的条件为：

$$\frac{S_{tz}}{S_{yx}}\geqslant 1.1 \tag{11-68}$$

$$S_{tz}=\sum H_i\phi_{tzi}(\rho'-\rho'')g \tag{11-69}$$

式中 S_{tz}——停滞有效压头，Pa，按式（11-69）计算；

S_{yx}——循环回路工作点有效压头，Pa；

ϕ_{tzi}——停滞时各加热段的截面含汽率，按图 11-42 查取；

H_i——各加热区段的高度，m。

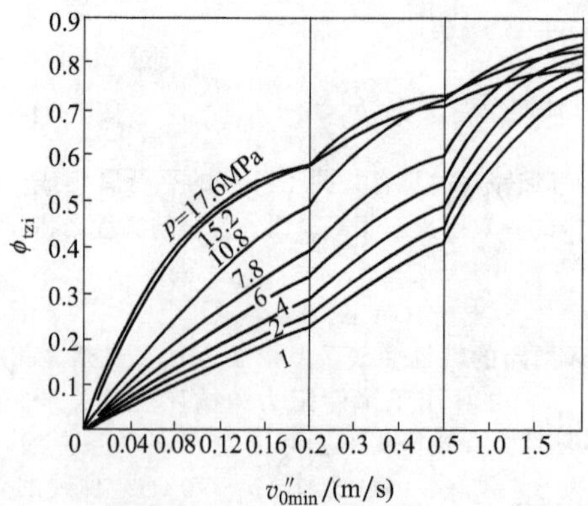

图 11-42 受热管段停滞时的截面含汽率 ϕ_{tzi} 的线算图

在图 11-42 中，横坐标为受热最差管中的蒸汽折算速度 $v''_{0\min}$，按下式计算：

$$v''_{0\min}=\eta_{\mathrm{rlmin}}v''_0 \tag{11-70}$$

式中 $v''_{0\min}$——受热最差管中的蒸汽折算速度，m/s；

v''_0——循环回路各上升管平均的蒸汽折算速度，其值等于上升管中的蒸汽容积流量除以上升管截面积，m/s；

η_{rlmin}——循环回路中各平行管间热负荷不均匀系数，可按表 11-14 选用。

表 11-14 受热管最小热力不均匀系数 η_{rlmin}

沿炉壁并联组件数	η_{rlmin}	沿炉壁并联组件数	η_{rlmin}
1,2	0.5	4,5,6	0.7
3	0.6	>6	0.8

避免发生自由水面的条件为：

$$\frac{S_{\mathrm{tz}}-\Delta p_{\mathrm{ts}}}{S_{\mathrm{yx}}}\geqslant 1.1 \tag{11-71}$$

$$\Delta p_{\mathrm{ts}}=(1-\phi''_{\mathrm{tz}})(\rho'-\rho'')gh \tag{11-72}$$

式中 Δp_{ts}——提升阻力损失，Pa，按式（11-72）计算；

ϕ''_{tz}——按受热最差管出口蒸汽折算速度 $v''_{0\min}$ 在图 11-43 中查得。

不发生倒流的条件为：

$$\frac{S_{\mathrm{dl}}}{S_{\mathrm{yx}}}\geqslant 1.1 \tag{11-73}$$

$$S_{\mathrm{dl}}=S^{\mathrm{b}}_{\mathrm{dl}}(H-H_{\mathrm{h0}}) \tag{11-74}$$

式中 S_{dl}——倒流压头，Pa，按式（11-74）计算；

H，H_{h0}——回路总高度及受热前区段高度，m；

$S^{\mathrm{b}}_{\mathrm{dl}}$——倒流比压头，按图 11-44 查取。

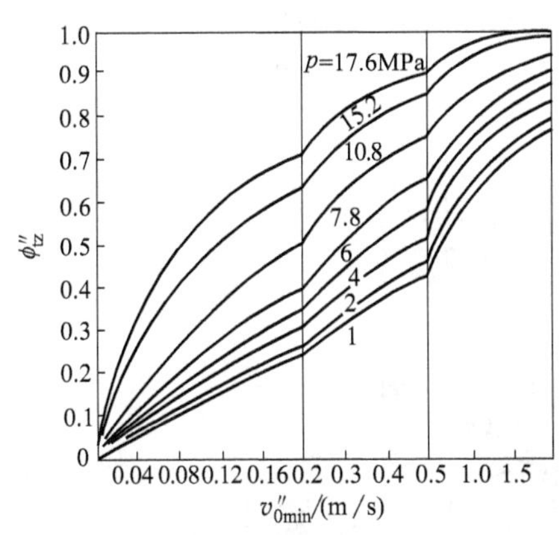

图 11-43 不受热管段停滞时的截面含汽率

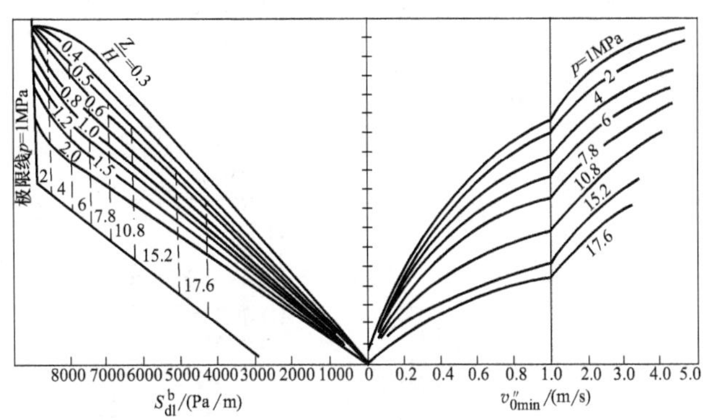

图 11-44 倒流比压头线算图

在图 11-44 中，横坐标为受热最差管的蒸汽折算速度，其值按下式计算（图中 Z/H 为单位高度上的阻力系数，$Z=\lambda l/d+\sum\xi_{\mathrm{jb}}$）：

$$v''_{0\min}=\eta_{\mathrm{rlmin}}v''_{0\mathrm{pj}}-\Delta v''_0 H \tag{11-75}$$

$$v''_{0\mathrm{pj}}=\frac{H_{\mathrm{n}}v''_{0\mathrm{n}}+H_{\mathrm{n}-1}v''_{0\mathrm{n}-1}+\cdots+H_1v''_{01}+H_{\mathrm{qi}}v''_{0\mathrm{qi}}}{H_{\mathrm{n}}+H_{\mathrm{n}-1}+\cdots+H_1+H_{\mathrm{qi}}} \tag{11-76}$$

式中 $v''_{0\min}$——受热最差管的蒸汽折算速度，m/s；

$v''_{0\mathrm{pj}}$——倒流管中蒸汽平均折算速度，m/s，按管段高度用式（11-76）计算；

$\Delta v''_0$——水静压修正系数，根据 $v''_{0\min}$ 及压力 p 在图 11-45 中查取，m/s。

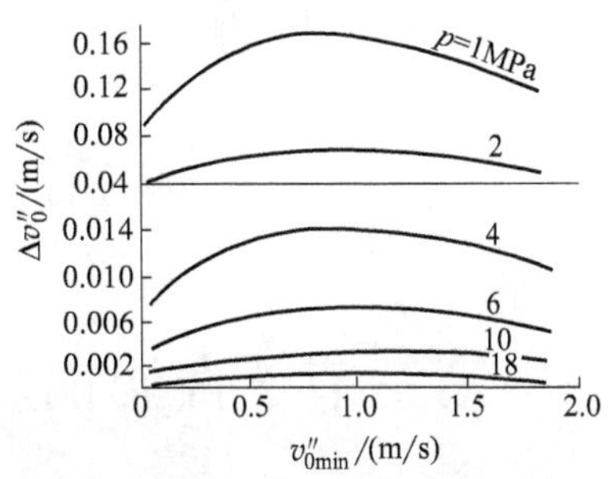

图 11-45 水静压修正系数线算图

在倒流管中，汽水混合物自上而下流动，从最上部开始吸热，产生蒸汽，越往下产生蒸汽越多，编号仍按上升管，计算从上而下进行。

在水循环回路中，采用合适的下降管与上升管的截面积比 F_{xj}/F_{ss} 与汽水引出管（用于带上集箱的水冷壁，使上集箱汽水工质引往锅筒的管子）和上升管截面积比 F_{yc}/F_{ss} 可减小发生停滞、倒流等水循环问题。常用的这些比值列于表 11-15。

表 11-15 常用的 F_{xj}/F_{ss} 与 F_{yc}/F_{ss} 值

锅筒压力/MPa	4～6	10～12	14～16	17～19
锅炉蒸发量/(t/h)	35～240	160～420	400～670	≥800
分散下降管 F_{xj}/F_{ss}	0.2～0.35	0.35～0.45	0.5～0.6	0.6～0.7
集中下降管 F_{xj}/F_{ss}	0.2～0.3	0.3～0.5	0.4～0.5	0.5～0.6
F_{yc}/F_{ss}	0.35～0.45	0.4～0.5	0.5～0.7	0.6～0.8

循环倍率过小，在蒸发管中可能发生沸腾传热恶化，使壁温急剧增高，导致管子过热损坏。不发生传热恶化的最小循环倍率 K_{min} 对不同压力的锅炉是不同的，可参见表 11-16。

表 11-16 最小循环倍率 K_{min}

压力 p/MPa	5	10	14	18
K_{min}	1.7	2.1	2.8	4.2

比较表 11-13 和表 11-15 可见，对压力低于 10MPa 的自然循环锅炉，实际循环倍率都比 K_{min} 大得多，所以不会发生传热恶化问题。一般对压力高于 11MPa 的自然循环锅炉，才需对受热最强管的传热恶化问题进行校核。

为防止下降管进口动压及局部阻力损失超过下降管进口以上的水静压力而使进口处水自动汽化的现象，下降管进口之上需保证的水柱高度 h 应满足：

$$h>1.5\frac{v_{xj}^2}{2g} \tag{11-77}$$

式中 v_{xj}——下降管进口流速，m/s。

为了防止水进入下降管时在下降管进口截面上形成旋涡斗使下降管带汽，对中压以下锅炉，下降管进口截面上部的水柱高度应不小于 4 倍下降管内径，进口水速不大于 3m/s。否则应在入口处加装栅板。对高压以上锅炉，均应装栅格板，当采用大直径集中下降管时，还可在入口处装设十字板，以防止形成旋涡斗。这些结构示于图 11-46。

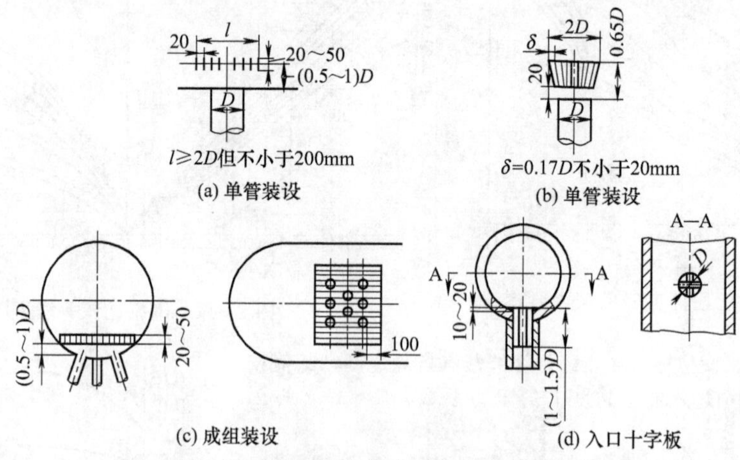

图 11-46 下降管上部栅板装置及入口十字板结构

第三节 直流锅炉与多次强制循环锅炉的水动力学

一、直流锅炉及其改进形式

在直流锅炉中，蒸发受热面的工质流动不是像自然循环锅筒锅炉那样依靠下降管和上升管中工质的密度差来推动，而是同省煤器和过热器中一样全部依靠给水泵的压头来实现，因而可以用于任何高的压力参数。水在水泵的压头作用下，按顺序一次通过加热、蒸发和过热各个受热面。工质沿管子流动时被加热、蒸发、过热，最后被过热到所需温度后输出。所以在直流锅炉的所有受热面中工质均为强制流动。在其蒸发受热面中，给水一次全部蒸发完毕，其循环倍率等于1.0。

直流锅炉有别于锅筒锅炉的另一特点是无锅筒。所以汽水通道中的加热区、蒸发区和过热区之间无固定分界线。而在锅筒锅炉中，锅筒的存在，固定了加热、蒸发和过热三个区段。

直流锅炉的不正常工况，诸如本章第一节论及的脉动、停滞以及管壁过热等工况均发生于质量流速较低，亦即低负荷时，为了保证运行可靠性，直流锅炉的最低允许负荷必须使水冷壁蒸发管中有足够大的质量流速。一般其最低负荷为额定负荷的25%～35%，这样在额定负荷时蒸发管内质量流速一般高达2000～2500kg/(m^2·s)，工质流动阻力可达3.5～4.5MPa。在这样的最低负荷下启动，其启动热量损失和工质损失也很大。后期发展的用于300MW机组以上的低循环倍率锅炉和复合循环锅炉改进了直流锅炉的汽水系统，在汽水系统中增加了再循环泵和分离器（见图11-47）。这样可使炉膛水冷壁蒸发受热面中的流量是给水流量和再循流量之和，而过热器中工质流量则等于给水量，亦即循环倍率大于1.0。这类锅炉可将允许的最低负荷降到额定负荷的5%左右，额定负荷所选用的质量流速可比直流锅炉的低得多，而再循环泵所耗功率很小，因此可使锅炉工质流动阻力大为减小，并可节省启动热损失和工质损失。低循环倍率锅炉的循环倍率为1.2～2.0。复合循环锅炉在高负荷下切断再循环泵按直流工况运行，在负荷低于额定负荷的65%～80%时投入循环泵，按低循环倍率锅炉运行。超临界压力复合循环锅炉不需要用分离器。

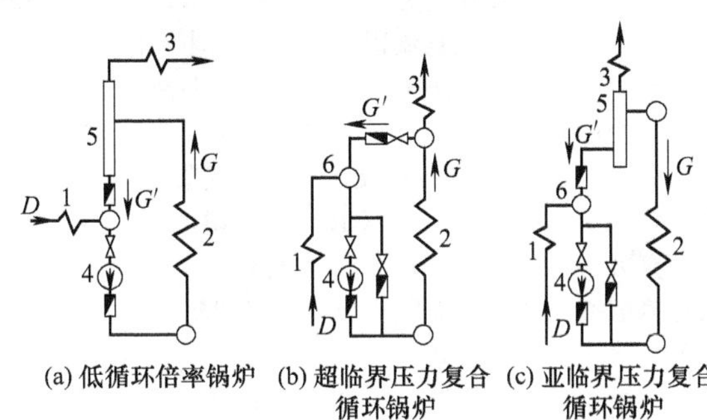

图11-47　低循环倍率锅炉和复合循环锅炉系统

1—省煤器；2—水冷壁；3—过热器；4—再循环泵；5—分离器；6—混合器

在大型超临界压力直流锅炉设计中，如采用光管螺旋管圈水冷壁，正常负荷时管内质量流速可高达2800～3000kg/(m^2·s)。但如采用内螺纹管一次上升垂直管屏的水冷壁结构，由于内螺纹管的旋流作用和一次上升垂直管屏的自然循环流量补偿作用，可使这种锅炉的设计质量流速降低到2000kg/(m^2·s)及以下。这样可降低水冷壁流动阻力，节省运行损耗和减小水泵压头。此外，还可降低启动系统容量和成本，减少启动过程的工质和热量损失。

近20年来，国内外设计生产的大型变压运行超临界压力锅炉和超超临界压力直流锅炉中不少采用了内螺纹管一次上升垂直管屏的水冷壁结构。水冷壁在额定负荷的设计质量流速为1800kg/(m^2·s)左右，启动阶段的质量流速为450kg/(m^2·s)左右。浙江玉环电厂和江苏泰州电厂1000MW超超临界压力锅炉的最大设计质量流速为1848kg/(m^2·s)，最小设计质量流速为464kg/(m^2·s)。日本三菱公司700MW超超临界压力锅炉在25%额定负荷时的水冷壁最低质量流速为500kg/(m^2·s)，因为低于此值，内螺纹管的旋流作用减弱，因而其满负荷水冷壁质量流速为2000kg/(m^2·s)。在超临界压力锅炉中，一般水冷壁质量流速超过1200kg/(m^2·s)后，内螺纹管一次上升垂直管屏各管中的自然循环正流量补偿特性（亦即受热强的管子中流量会增加）将消失，并转变为负流量补偿特性。

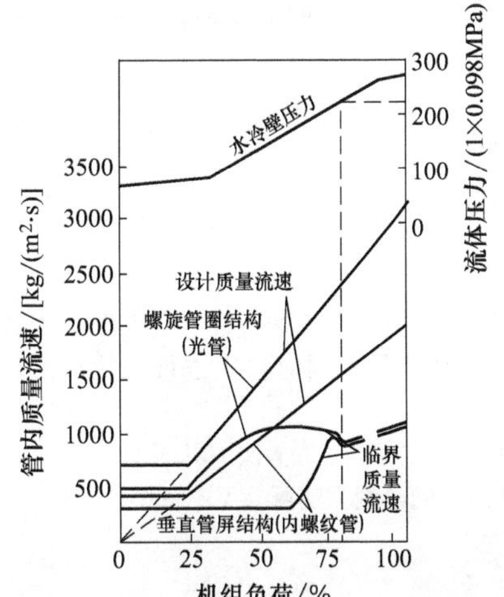

图11-48　燃烧室水冷壁的设计质量流速、临界质量流速与负荷的关系曲线

图11-48为一台国外设计的大型超临界压力变压运行直流锅炉在采用光管螺旋管圈水冷壁结构和采用内螺纹管一次上升垂直管屏结构时的水冷壁质量流速的设计值、临界质量流速与锅炉负荷的关

系曲线。这台锅炉采用ϕ28.6mm×5.8mm的内螺纹管作水冷壁管。在0～25%额定负荷的启动过程中，为保证水动力稳定性及管子间壁温偏差，其临界质量流速对一次上升垂直管屏水冷壁应不低于350kg/(m^2·s)。在25%～60%额定负荷时，水冷壁处于亚临界压力范围的低干度区，其运行工况主要保证不发生膜态沸腾，其临界流速也应不低于350kg/(m^2·s)。在75%～100%额定负荷时，水冷壁处于近临界压力和超临界压力的高干度区，其运行工况应防止蒸干过程的壁温飞升，其临界质量流速应不低于1000kg/(m^2·s)。

图11-48中还示有采用光管螺旋管圈水冷壁结构时的设计质量流速临界质量流速和负荷变化的关系曲线。

二、直流锅炉的水动力计算特点

直流锅炉水动力计算的目的有3个，即：确定蒸发受热面的最佳结构和工况参数；校核锅炉受热面的工作可靠性，并提出提高可靠性的措施；计算锅炉整个汽水系统的压力损失，并确定给水泵压头。此外，直流锅炉水动力计算还可为汽水系统的动态特性计算提供原始资料，并为锅炉运行方式提供依据。

直流锅炉的水动力计算有下述特点。

(1) 将炉膛水冷壁划分为管组并分配吸热量 和自然循环锅炉一样，直流锅炉的水动力计算是在锅炉受热面布置和热力计算完成后进行的。在进行水动力计算之前，应先考虑受热面管组的划分以确定其结构尺寸。为了减少热负荷不均匀性和流量偏差，炉膛水冷壁按同一管组内各管的热负荷、结构特性和阻力特性尽量相同的原则被划分成若干个并联管组。当然在划分管组时，也应考虑管组的安装和运输问题。对于多次上升型直流锅炉和具有中间混合集箱的一次上升型直流锅炉，为了减小水冷壁沿宽度的热负荷不均匀性，一般每个管组的宽度为1.5～2.5m。水平围绕直流锅炉的炉膛受热面，一般要求其水平管带高度不大于3m。

为了减少汽水混合物在蒸发管中的热偏差，经过每一管组后的工质焓增Δi应有所限制。对于水平围绕管带因吸热不均匀较小，一般可取$\Delta i=840\sim1250$kJ/kg；其他形式管组一般取$\Delta i=210\sim630$kJ/kg；当同一管组各管的吸热不均匀性较大时，Δi取小值。因而还需按上述焓增要求，沿管长将管组划分为若干区段。

炉膛受热面的局部热负荷计算方法可采用式（11-20）进行计算。

(2) 直流锅炉整体水阻力计算顺序应与工质流程相反 直流锅炉整体水阻力计算的目的是为了确定锅炉整个汽水系统的压力损失，并确定给水泵压头。直流锅炉过热器出口工质压力是给定的已知参数，因而为了确定整个汽水系统的压力损失和水泵压头，其计算顺序必须从锅炉过热器出口集箱开始与工质流程方向相反逐段计算，一直算到给水泵出口为止。最后根据所需克服的锅炉整体阻力选用具有足够压头的水泵。

各部件的总压力降由摩擦阻力压力降、局部阻力压力降和重位压力降组成，计算方法参见本章前面各节。加速压力降一般可略而不计。在确定各管组计算流量时，应扣除各级用以调温的喷水量。在计算阻力时，所需的工质比容、流速均可按各管组中的平均压力计算。在一系列并联管组中，如各管组之间或同一管组的各管之间的阻力系数差别小于20%，则可选用一根具有平均流量、平均吸热量及平均阻力系数的管子计算其阻力，以代表该并联管组的阻力。如大于20%，则应计算各管组或各管子的流量分配及该并联管组或管组的阻力。计算方法参见本章第一节。

(3) 进行低负荷及启动负荷时的水动力计算 只有在特殊要求下才进行低负荷时的锅炉整体阻力计算。低负荷的锅炉整体阻力一般可按下式估算：

$$\Delta p_{\mathrm{d}}=\Delta p\left(\frac{D_{\mathrm{d}}}{D}\right)^{1.7} \tag{11-78}$$

式中 Δp_{d}——低负荷时的阻力，Pa；

Δp——额定负荷时的阻力，Pa；

D_{d}，D——低负荷及额定负荷时的工质流量，kg/s。

(4) 流量分配计算 在不同负荷下，通过直流锅炉各受热面的工质总流量是已知的。但在各并联管组或一个管组中的各并联管子之间，如因各管组的管子数目、管径、管长或吸热量不同时，要进行流量分配计算，以便校核其工作可靠性，并提出提高可靠性的措施。

为了确定在串联和并联的复杂系统中的流量分配，可采用绘制水动力特性曲线的方法来解决（见图11-27）。

(5) 直流锅炉水动力特性曲线绘制方法 直流锅炉蒸发管水动力特性曲线的绘制方法可参见本章第一节。

三、直流锅炉的水动力可靠性校验

由本章第一节可知，直流锅炉并联蒸发管的工作可靠性校验项目有下列一些：水动力特性单值性校验；停滞和倒流校验；汽水分层校验；流量偏差和热偏差校验；管壁温度校验。

对于低于临界压力的单级管径水平并联管组或垂直上升管组，如满足式（11-33），则其水动力特性是单值的。对于其他形式的管组，其水动力特性是否单值应作水动力特性曲线图来判别，作图及判别方法参见本章第一节。对低于临界压力的多次上升下降并联蒸发管组，其流动特性曲线是否单值也可用式（11-33）判别。

对于超临界压力并联管组，凡入口集箱在下部、出口集箱在上部的单数行程管组都具有单值的水动力特性。进出口集箱在同一标高的多行程管组（行程数>8～10），如工质质量流速大于 700kg/(m^2·s)，则流动特性曲线是单值的。当工质进口焓值大于 2300kJ/kg 时，各种行程的上升-下降管组都可得到单值的水动力特性曲线。

直流锅炉中对于具有多值水动力特性曲线的并联蒸发管组可以用式（11-39）确定其允许的工作范围。或者按本章第一节所述方法，如加装节流圈等来改进其水动力特性曲线。

在受热不均匀的直流锅炉垂直上升管组中，在受热弱的管内可能出现流动的停滞。对于不出现停滞工况的校验可按式（11-34）进行。超临界压力下的直流锅炉垂直上升受热管组的倒流工况校验应根据绘制四个象限的水动力特性曲线进行校验。低于临界压力的上升管组不需进行倒流校验。

对于管子与水平倾角小于 15°的直流锅炉受热蒸发管应进行不发生汽水分层的校验。水平管不发生分层所需的工质质量流速可按图 11-49 查取。

中国电站锅炉水动力计算方法推荐，为保证不发生水平管汽水分层所需的最小质量流速：对辐射受热面为 400kg/(m^2·s)，对于对流受热面为 300kg/(m^2·s)。此两推荐值比按图 11-49 查得的值低。这是由于两者所规定的反映汽水分层特性的上下管壁温差数值不同所引起的。图 11-49 规定的不分层时的上下管壁温差小，所以允许的最小质量流速高。

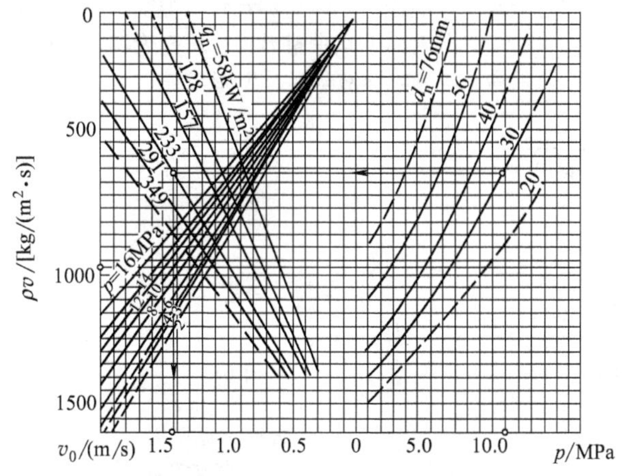

图 11-49　水平沸腾管中工质最小质量流速线算图

超临界压力直流锅炉的水平管中也会出现上下管壁温差，此温差约为 20～30℃，因而无需进行可靠性校验。

直流锅炉并联蒸发管中的工质流量偏差及热偏差可按本章第一节所述方法进行校验。应使偏差管中的流量偏差和热偏差均小于容许值，不允许偏差管中出口工质焓值超过容许值或流量减少到发生传热恶化的程度。

低于临界压力的直流锅炉并联蒸发管是否出现脉动流动的校验可按本章第一节所述方法进行。对水平管组的管间脉动可按式（11-40）或式（11-41）进行校验。对于垂直上升管组的管间脉动可按式（11-42）进行校验。水平的或垂直上升的并联管屏也可分别用式（11-40）或式（11-42）校验屏间脉动。对于复杂的并联管屏，例如多次炉内上升，炉内下降的管屏，屏间脉动可按式（11-43）校验。

直流锅炉蒸发受热面中存在干度从 0 至 1.0 的全部区段，应特别注意对可能出现沸腾传热恶化的管段做管壁温度校验。

直流锅炉的安全运行，除上述可靠性指标需校验和保证外，还需注意汽水混合物在并联管中的均匀分配问题。如分配不均匀会在各管中造成较大的流量偏差和热偏差。

四、直流锅炉并联管的工质分配和混合

直流锅炉各并联受热管中汽水混合物的分配不均匀会造成质量流量偏小的管子发生工质过热、壁温过高现象，从而可能导致爆管事故。在直流锅炉中为了减少热偏差，需要沿管长将蒸发受热面分为用中间集箱连接的一段受热面。这样在沸点后各段蒸发受热面中就存在汽水混合物在各受热并联管中的分配均匀性问题。此外，现代直流锅炉中不少采用炉膛下部水冷壁用少量螺旋管绕成、而上部水冷壁用管数较多的垂直管组成的形式。在螺旋管屏与垂直管组之间常采用分叉管或集箱进行连接，因而在垂直管组中也存在汽水混合物分

配均匀性问题。

对汽水混合物自端部引入集箱而自侧面均匀引出工质的中间集箱，混合物分配均匀性和集箱中的混合物轴向流速有关，轴向流速高则分配均匀性好。压力、集箱直径及集箱引出管之间的节距对分配影响不大。当轴向流速 v_h 与水膜破裂临界速度 v_c 的比值 $v_h/v_c \geqslant 0.45$ 时，分配已较均匀。临界速度 v_c 可按下式计算：

$$v_c = 800\sqrt{\frac{\sigma}{\rho'' g}} \tag{11-79}$$

式中 σ——水的表面张力，N/m；

ρ''——饱和蒸汽密度，kg/m^3。

对于沿集箱长度多点引入的分配集箱，汽水混合物在集箱中的轴向速度可按下式计算：

$$v_h = \frac{4G}{2n\rho_h \pi d_{jx}^2} \tag{11-80}$$

式中 G——流入集箱的汽水混合物质量流量，kg/s；

n——引入管数目；

d_{jx}——集箱内直径，m。

只要 $v_h \geqslant 0.45v_c$，分配集箱向各支管分配的汽水混合物就较均匀。

如汽水混合物由集箱侧面多点引入且各引入管中混合物分配均匀，则由集箱下部多点引出时也可得到较好的分配效果。

在炉膛下部为螺旋式水冷壁、上部为垂直上升水冷壁的现代大型变压运行直流锅炉中，两种水冷壁之间常用中间集箱或分叉管连接。图 11-50 示出多种中间集箱形式。研究表明，在图 11-50 中，分配均匀性以对称形一类中的I形最佳，非对称等距离类较好，非对称形及 L 形较差。

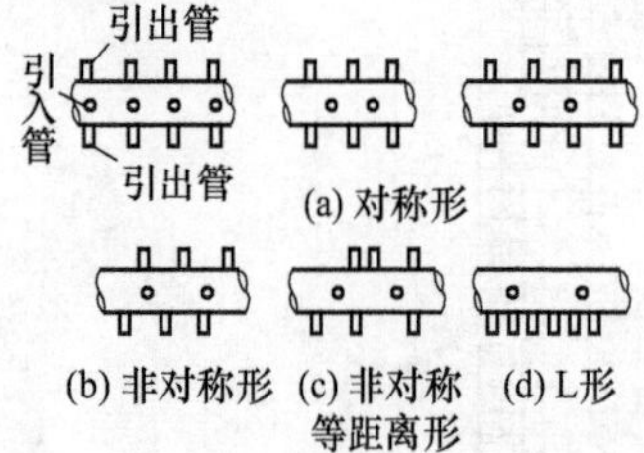

图 11-50 直流锅炉中间集箱形式

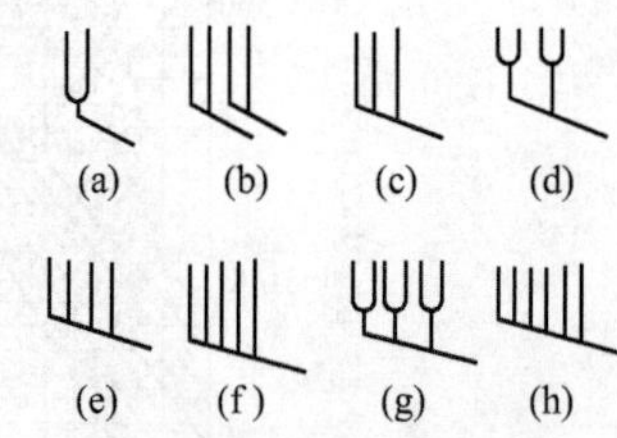

图 11-51 直流锅炉中可采用的分叉管形式

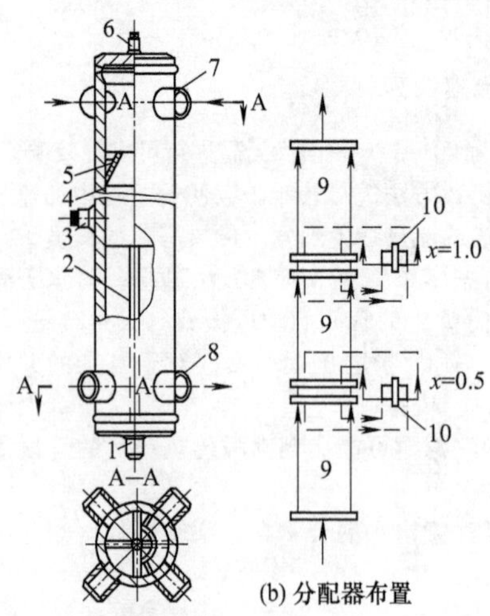

图 11-52 一次垂直上升管屏中的分配器结构及布置示意

1—放水管；2—隔板；3—含汽率测点；4—筒体；5—锥形套管；6—放汽管；7—汽水混合物进入管；8—汽水混合物输出管；9—垂直管屏；10—分配器

图 11-51 所示为直流锅炉中可采用的分叉管形式。研究表明，分叉管中并联的垂直支管越少，汽水混合物分配越均匀。

当汽水混合物由多根引入管引入集箱时，为了保证混合物在下一管组中分配均匀，各引入管中的汽水混合物应首先用分配器分配均匀。图 11-52 为一次垂直上升管屏中的分配器结构及布置示意。

除汽水混合物需均匀分配外，单相流体也需混合均匀和分配均匀。在低循环倍率锅炉中，从汽水分离器分离出来的饱和水与省煤器水混合后进入再循环泵，两种水温相差可达 50℃。为尽量降低温度应力，并使进入再循环泵的工质温度均匀，所以装有混合器。混合器有筒形及球形两种，图 11-53 所示为筒形结构。再循环泵进口还应装过滤器以滤去杂质。

再循环泵后应装分配器（见图 11-54），分配器中水进入后先经均匀孔板再分配到各分配管中去。每一分配管进口装有不同孔径的节流圈，以调整流量。

亚临界压力低循环倍率锅炉中设有汽水分离器，将水冷壁引来的汽水混合物中的汽水分开，使蒸汽不进入再循环泵。汽水分离器采用沿圆周切向布置的导管将汽水混合物引入，导管向下倾斜 5°。汽水在分离器中分离后，分别从汽、水管道引出（见图 11-55）。为避免再循环泵吸入口处汽化，汽水分离器必须有一定水位高度，以保证在再循环泵前吸水管压头大于此正吸水压头。

超临界压力复合循环锅炉的再循环系统不需用汽水分离器，但仍有混合器及分配器。由于压力特高，故制成球形，称混合球和分配球。图 11-56 示出一种混合球结构。混合球应使省煤器来水和水冷壁来的工质混合均匀。省煤器来的管子轴线应与球径向线所成夹角保持 15°左右。分配球的结构示于图 11-57。再循环系统中的过滤网分别装在混合球与分配球中，不需另装过滤器。

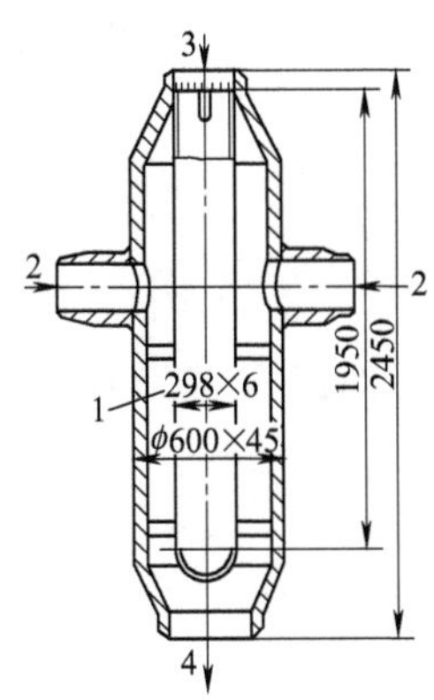

图 11-53 筒形混合器

1—内管［开有 ϕ(7～10)mm 小孔，共 3400cm²］；2—汽水分离器来水；3—省煤器来水；4—混合后出口

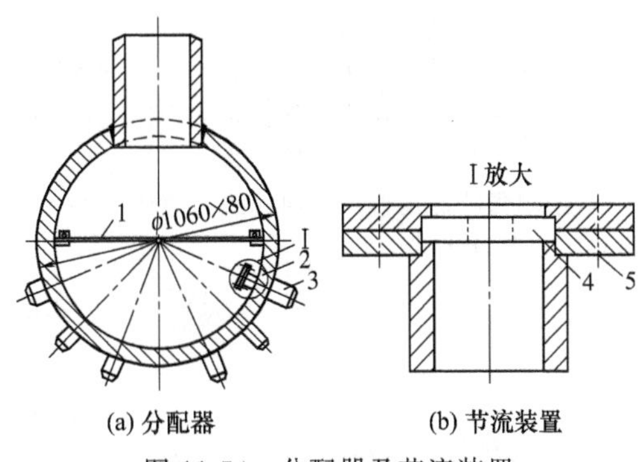

图 11-54 分配器及节流装置

1—均匀孔板；2—节流装置；3—分配管；4—节流圈；5—固定螺栓

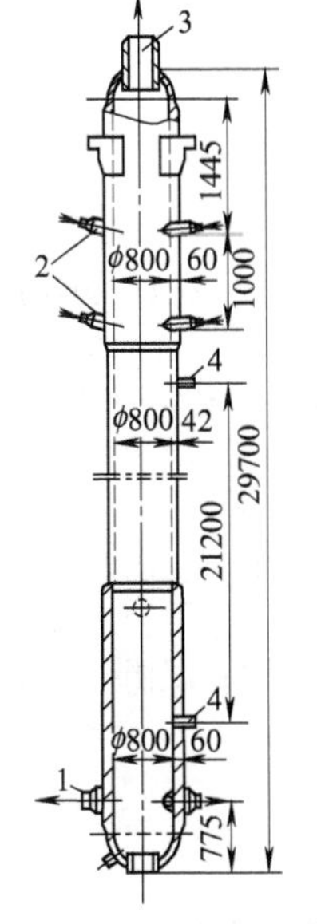

图 11-55 汽水分离器

1—再循环水出口；2—汽水混合物引入导管；3—蒸汽出口；4—水位控制器连接管

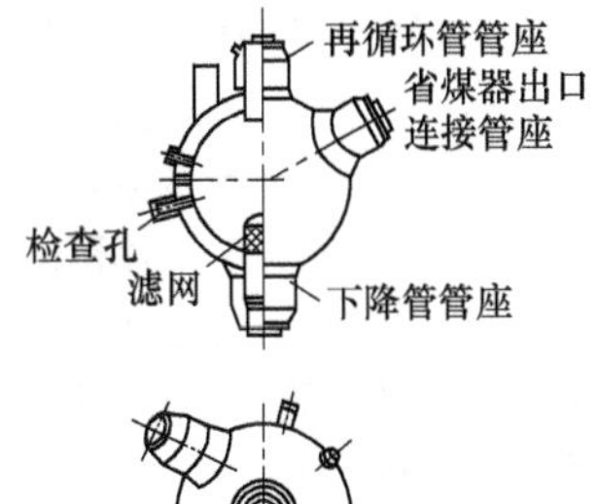

图 11-56 混合球结构

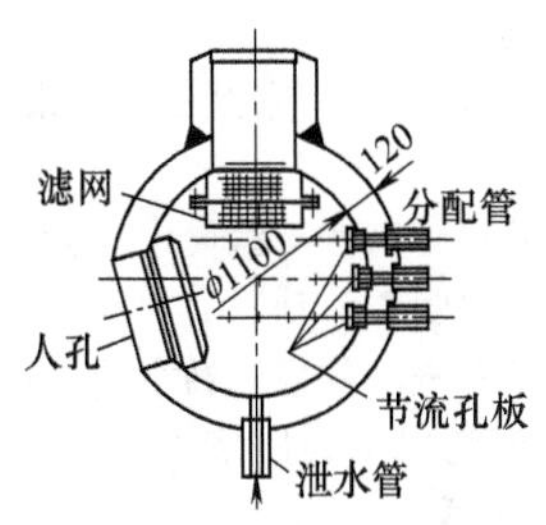

图 11-57 分配球结构

五、多次强制循环锅炉的水动力计算特点

多次强制循环锅筒锅炉在结构上与自然循环锅炉的差别为在下降管系统中加装了循环泵。由于管内工质流动靠泵的驱动，可提高亚临界压力时的水冷壁管的工作可靠性。通常循环倍率为 4～5。

这种锅炉的水动力计算与自然循环锅炉相比有以下特点。

1）循环回路中的流量主要由循环泵特性及管路特性所定。锅炉负荷变化时，如循环泵工作台数不变，则流量变化不大，因此如额定负荷下循环回路工作可靠，则在低负荷时回路工作亦可靠。因而只要校核额定负荷下的循环可靠性即可。循环倍率可根据设计要求选定。

2）应进行循环泵可靠性校核。

3）各回路的流量分配采用装在回路进口的节流圈来强制性分配。其水动力计算步骤如下。

① 先选定循环倍率，通常先考虑保证正常传热因素。

② 根据各回路的吸热量及该回路出口的平均出口含汽率分配各回路的流量。

$$G_{hl}=\frac{Q_{hl}}{xr+\Delta i_{qh}} \tag{11-81}$$

式中 G_{hl}——回路的质量流量，kg/s；

Q_{hl}——回路的总吸热量，kJ/s；

x——回路出口平均质量含汽率，即回路循环倍率的倒数；

Δi_{qh}——按锅筒压力计算的进入回路水的欠焓，按式（11-48）计算，kJ/kg；

r——按锅筒压力计算的汽化潜热，kJ/kg。

③ 绘制回路的压差特性曲线或有效压头特性曲线。在计算上升管热水段（H_{rs}）高度时，要把泵的压头考虑进去，其计算式为：

$$H_{rs}=\frac{\Delta i_{qh}-\dfrac{\Delta i'}{\Delta p}\rho' g\left(H-H_{qi}-\dfrac{\Delta p_{jl}}{\rho' g}+\dfrac{\Delta p_{b}}{\rho' g}\right)\times 10^{-6}}{\dfrac{Q_1}{H_1 G_0}+\rho' g\dfrac{\Delta i'}{\Delta p}\times 10^{-6}} \tag{11-82}$$

式中 Δi_{qh}——回路水欠焓，kJ/kg，按式（11-48）计算；

H——循环回路总高度，m；

H_{qi}——加热前段高度，m；

$\dfrac{\Delta i'}{\Delta p}$——每变化 1MPa 压力时饱和水焓变化，(kJ/kg)/MPa；

Q_1——上升管在第一加热段（高度 H_1）的吸热量，kW；

G_0——上升管中水的质量流量，kg/s；

Δp_{jl}——回路进口处所装节流圈阻力，Pa，先假定后校正；

Δp_{b}——循环泵压头，可近似取为 3.0×10^5 Pa。

④ 选择循环泵，画出循环泵特性曲线。循环泵特性曲线与回路特性曲线的交点即为回路工作点。

工作可靠性的校核主要应保证管壁温度正常。具体指标应为：不发生传热恶化；不出现脉动现象；水力特性是单值的；不出现停滞和倒流现象；循环泵不发生汽化等。对水平管还应检查是否发生汽水分层现象。

不发生传热恶化的校核方法可见本章后面的有关传热恶化章节。对于停滞及倒流问题，对垂直上升管组按自然循环锅炉检验停滞和倒流方法进行检验。对于水力特性单值性，脉动和分层问题可按直流锅炉有关问题检查方法检验。

对循环泵汽化问题，应保证循环泵入口处的压差大于循环泵的汽蚀余量（由泵制造厂提供）。即应保证：

$$h-h_{lz}\geqslant 1.1\Delta h_{e} \tag{11-83}$$

式中 h——吸水管高度（锅筒水位到泵进口高度），m；

h_{lz}——吸水管中流动阻力，m；

Δh_{e}——以米表示的泵汽蚀余量，m。

通常正常运行时不会使循环泵汽化，但在锅炉降压时则可能汽化，所以对降压速度应有限制。允许降压速度可按下式计算：

$$\frac{\partial p}{\partial \tau}=\frac{\Delta i+[h-\Delta h_{e}-h_{ez}]\rho g\dfrac{\partial i'}{\partial p}\times10^{-6}}{\dfrac{l}{v}\dfrac{\partial i'}{\partial p}+\dfrac{M_j}{\rho v f}c_j\dfrac{\partial t}{\partial p}} \tag{11-84}$$

式中 $\dfrac{\partial p}{\partial \tau}$——容许降压速度，MPa/s；

Δi——吸水管中水的欠焓，kJ/kg；

$\dfrac{\partial i'}{\partial p}$——压力变化时饱和水焓的变化，kJ/(kg·MPa)；

l、v、f——吸水管长度（m）、水速（m/s）和管截面积（m^2）；

M_j——吸水管金属质量，kg；

c_j——吸水管金属比热容，kJ/(kg・℃)；

$\frac{\partial t}{\partial p}$——当压力改变时，管子金属的变化率，计算时认为金属温度为饱和温度，℃/MPa；

ρ——吸水管中水的密度，kg/m³。

一般中小型锅炉的循环泵台数可选2台（1台运行，1台备用）；大型锅炉选用2～3台并联运行，1台备用。

第四节　热水锅炉的水动力学

一、循环倍率与下降管进口水温

热水锅炉的循环倍率等于锅炉各循环回路中的循环水量与进入锅炉的回水量之比，以数学式表示为：

$$K=\frac{\sum G_i}{G_h} \tag{11-85}$$

式中　K——锅炉循环倍率；

$\sum G_i$——锅炉各循环回路的循环水质量流量之和，kg/s；

G_h——锅炉回水质量流量，kg/s。

对于有锅筒的热水锅炉，其循环倍率可以>1，也可以<1。图11-58所示为具有两个循环回路的热水锅炉在循环倍率$K>1$时的锅筒内工质流量平衡示意。图中，循环水量（G_1+G_2）大于回水量G。循环水量进入带隔板的锅筒后，数值上与锅炉供水量G相等的一部分循环水量作为供水量输出锅筒，余下的循环水量和回水量一起进入两个循环回路的下降管。

利用热平衡关系式可导得$K>1$时循环回路下降管进口水温t_{xj}的计算如下：

$$t_{xj}=t_r-K(t_r-t_h) \tag{11-86}$$

式中　t_r——锅筒输出的热水温度，℃；

t_h——回水温度，℃。

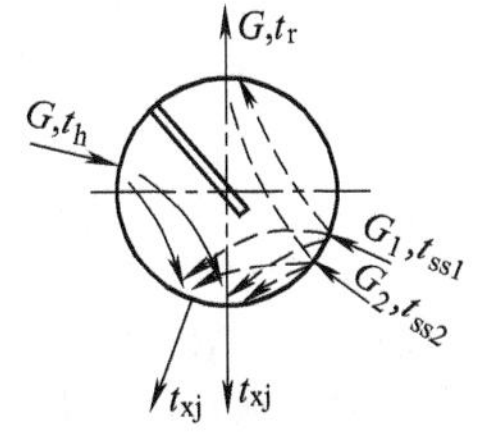

图11-58　$K>1$时两个循环回路热水锅炉的锅筒内水流量平衡示意

G_1，G_2—两个循环回路的循环水量，kg/s；t_{ss1}，t_{ss2}—两个回路的循环水温度，℃

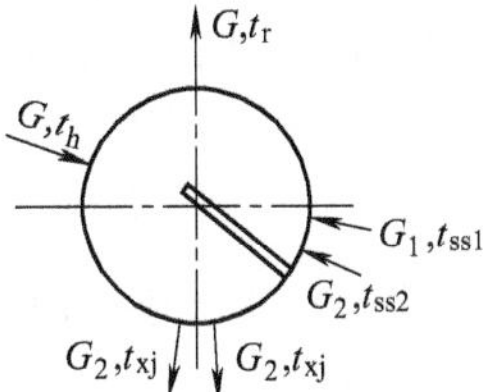

图11-59　$K<1$时的带隔板锅筒内的工作质量流量平衡示意

图11-59为$K<1$时的带隔板锅筒内的工质质量流量平衡示意。由图可见，为使下降管进口水温最低，应使进入下降管的工质全部为回水，余下的回水则与上升管出口的热水混合后作为锅筒输出的热水，自锅筒引出。因此$K<1$时，下降管进口水温等于回水温度，即：

$$t_{xj}=t_h \tag{11-87}$$

对于无锅筒的强制流动直流式热水锅炉，则其循环倍率$K=1$。

二、自然循环热水锅炉的水循环计算方法

1. 下降管进口水温已知时的水循环计算

自然循环热水锅炉依靠下降管和上升管之间的热水密度差来推动热水在水循环回路中循环流动。其水循环计算方法与自然循环蒸汽锅炉的基本相似。对于下降管进口水温已知时的水循环回路，其水循环计算步骤如下：a. 根据锅炉结构数据和热力计算数据划分循环回路，并进行吸热量分配；b. 对一个循环回路的上升管组假设3个循环水速，并按上升管组的总流动截面算出3个相应的循环流量值；c. 算出对应于3个循环流量的下降管阻力Δp_{xj}，并绘出下降管阻力与循环流量的关系曲线$\Delta p_{xj}=f(G)$；d. 按假设的水速算出的3个

循环流量算出3个对应的运动压头S_{yd}、3个对应的上升管阻力Δp_{ss}和3个有效压头S_{yx}值（如采用有效压头法求解水循环），并绘制$S_{yx}=f(G)$曲线；e. $S_{yx}=f(G)$和$\Delta p_{xj}=f(G)$两曲线的交点即为此循环回路的工作点，由此工作点得出的有效压头值和循环流量值即为此循环回路的实际工作值；f. 按b.～e.项重复进行其他各循环回路的计算，并绘制类似的曲线，以得出各循环回路的循环流量和有效压头值；g. 合并各循环回路的循环流量，求出锅炉的总循环流量和循环倍率；h. 校验各循环回路中各管的水速是否符合不发生过冷沸腾工况的要求。具体校验方法参见本节的后述部分。

2. 下降管进口水温未知时的水循环计算

当下降管进口水温未知时，水循环计算基本步骤如下。

① 根据锅炉结构数据和热力计算数据划分循环回路。为便于说明假设全炉划分为三个不同的简单循环回路。

② 对第一个循环回路的上升管组假设三个循环水速，并按上升管组的总流通截面积算出三个相应的循环流量G值。由于下降管进口水温未知，先假定一个下降管进口水温t_{xj1}。

③ 计算对应于三个循环流量和t_{xj1}值的下降管阻力与循环流量的关系曲线$\Delta p_{xj1}=f(G)$；同时算出对应的有效压头与循环流量关系曲线$S_{yx1}=f(G)$（如采用有效压头法计算水循环）；此两曲线的交点A即为下降管进口水温为t_{xj1}时的此回路的工作点（见图11-60）。

④ 再假定两个下降管进口水温t_{xj2}和t_{xj3}，依同法可得出下降管进口水温为t_{xj2}和t_{xj3}时的工作点B及C（见图11-60）。A、B、C三点的连接曲线即为工作点随循环流量和下降管进口水温而变化的曲线。A点为t_{xj1}和G_A时的工作点，B点为t_{xj2}和G_B时的工作点，C为t_{xj3}和G_C时的工作点。用此三点在纵坐标为循环流量G、横坐标为t_{xj}的图上作出第一个循环回路Ⅰ的$G_Ⅰ=f(t_{xj})$曲线（见图11-61）。

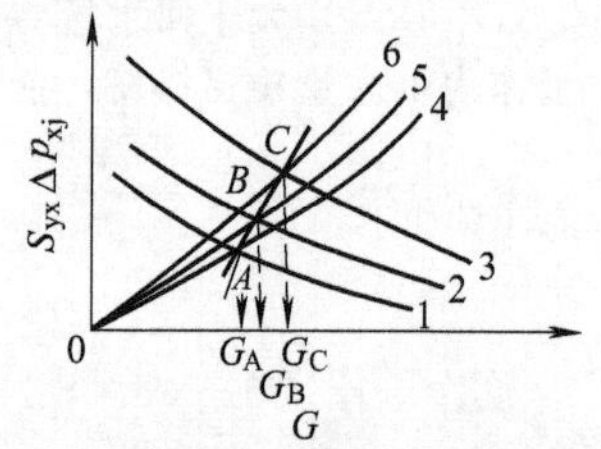

图11-60 下降管进口水温未知时，一个简单循环回路的水循环特性曲线

1—$S_{yx1}=f(G)$；2—$S_{yx2}=f(G)$；3—$S_{yx3}=f(G)$；4—$\Delta p_{xj1}=f(G)$；5—$\Delta p_{xj2}=f(G)$；6—$\Delta p_{xj3}=f(G)$

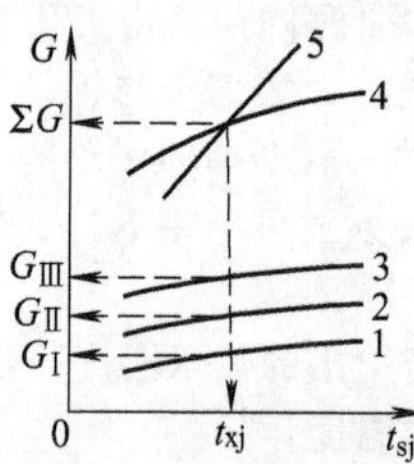

图11-61 各循环回路的流量与下降管进口水温的关系曲线

1—$G_Ⅰ=f(t_{xj})$；2—$G_Ⅱ=f(t_{xj})$；3—$G_Ⅲ=f(t_{xj})$；4—$\Sigma G=f(t_{xj})$；5—$\Sigma G=f(t_{xjk})$

⑤ 按②～④项重复进行其他两个回路的计算，并绘出类似的曲线$G_Ⅱ=f(t_{xj})$和$G_Ⅲ=f(t_{xj})$（见图11-61）。

⑥ 根据并联叠加原则，在同一t_{xj}下，各并联循环回路的循环流量之和应等于锅炉的总循环流量，应用此法将三个回路的三条流量和下降管进口水温曲线相加得出$\Sigma G=f(t_{xj})$曲线（见图11-61）。

⑦ 根据已假定的进口水温t_{xj1}、t_{xj2}和t_{xj3}，在图11-61所示的$\Sigma G=f(t_{xj})$曲线上求出相应的总循环流量ΣG_1、ΣG_2和ΣG_3，并应用式（11-85）求得相应的循环倍率K_1、K_2及K_3（计算时锅炉回水质量流量可根据锅炉热功率、输出热水温度与回水温度算出）。用式（11-86）根据算得的循环倍率K_1、K_2及K_3算出相应的下降管进口水温t_{xjk_1}、t_{xjk_2}和t_{xjk_3}。

⑧ 将ΣG_1、ΣG_2及ΣG_3及其相应的t_{xjk_1}、t_{xjk_2}和t_{xjk_3}，在图11-61上画出$\Sigma G=f(t_{xjk})$曲线。此曲线和已画在图上的$\Sigma G=f(t_{xj})$曲线的交点即为工作点。由工作点可求出工作时的下降管进口水温t_{xj}值和锅炉总循环流量ΣG值。由求得的工作点的下降管进口水温t_{xj}作一垂直线，由此线与$G_Ⅰ=f(t_{xj})$，$G_Ⅱ=f(t_{xj})$和$G_Ⅲ=f(t_{xj})$曲线的交点，可得出各循环回路的循环流量$G_Ⅰ$、$G_Ⅱ$和$G_Ⅲ$。

⑨ 校验各循环回路中各管的水速是否已符合不发生过冷沸腾工况的要求。校验方法参见本节的后述部分。

3. 自然循环回路设计注意点

主要包括：a. 水冷壁应力求采用垂直上升管组，管子内直径应不小于44mm；b. 水冷壁管应尽量采用和锅筒直接相连的形式以减小上升管阻力；c. 水冷壁应分成几个组件。同组件管子应在高度、阻力和受热情况方面尽可能接近，以增加循环可靠性；d. 循环回路中的下降管与上升管截面积比f_{xj}/f_{ss}可按表11-17选取，锅炉管束下降管区域的工质流通截面积与管束总流通截面积之比可在0.44～0.48范围内选取；e. 各管组出口水温应有25℃以上的欠焓；管组中各管出口水温应有15℃以上的欠焓，以免发生饱和沸腾；f. 循环回路中的上升管水速应符合不发生过冷沸腾工况的要求。

表 11-17　下降管与上升管截面积比推荐值

循环回路高度/m	>2	>4	>5	>10
截面积比 f_{xj}/f_{ss}	0.65	0.60	0.55	0.45

三、强制循环热水锅炉的水动力计算

1. 水动力计算步骤

强制循环热水锅炉由一系列平行连接的并联管子和集箱构成，依靠泵的扬程使水在锅炉管中流动。强制循环热水锅炉的水动力计算的目的在于算得整台热水锅炉的压力损失和确定泵所需扬程，并查明锅炉受热面结构布置的合理性和运行可靠性。其计算步骤如下：a. 根据锅炉的结构数据和热力计算数据划分受热面管组，同一管组的各管热负荷、结构特性和阻力特性尽量相同以减少热负荷不均匀性和流量不均匀性；b. 从热水锅炉出口集箱或锅炉进口管道开始，逐段计算各部件及管道压力降。根据算得的总压力降选用具有足够扬程的水泵；c. 建立锅炉管的水动力特性曲线，检验特性曲线的稳定性并确定锅炉的工作流量是否大于曲线多值区的流量；d. 检查出口水温较高的偏差管会否发生过冷沸腾，这些管子一般热负荷较高、水速较低，亦即热偏差系数较大。校验不发生过冷沸腾方法参见本节下述部分；e. 校核各管组出口水温是否具有 25℃以上的欠焓，管组中各管出口水温是否有 15℃以上的欠焓。

2. 并联管组设计注意点

包括：a. 水冷壁应采用垂直上升管组，水冷壁管子内直径不小于 44mm。对流受热面管子内直径应不小于 32mm；b. 水冷壁采用其他管组形式时，应保证实际锅炉工作流量大于与这种管组的水动力特性曲线多值区相对应的流量值；c. 并联管组的集箱连接系统应采用 U 形连接系统或其他使流量偏差较小的连接系统；d. 各管组出口水温应具有 25℃以上的欠焓，管组中各管出口水温应具有 15℃以上的欠焓，以免发生饱和沸腾；e. 锅炉受热面管内平均水速可按本节下述有关平均水速内容选取；f. 如采用上升下降型管组，每管顶部应装排气阀以便于锅炉上水及排除管内空气。

四、热水锅炉过冷沸腾防止及受热管内平均水速选用

1. 过冷沸腾的危害及其防止

热水锅炉受热管的横截面上各点水温是不同的，靠近管壁水温高而中心水温低。当截面上水的平均温度未达饱和温度而管壁温度已超过饱和温度达一定值时，内管壁上将生成气泡。生成的气泡与锅炉管中具有欠热的水接触时，即冷凝消失。这种形式的沸腾称为过冷沸腾。

过冷沸腾时气泡的生成和消失可能引起水击，从而导致锅炉部件的振动和损坏。此外，汽化处管壁会因该处水的盐类蒸浓而产生结垢，使热阻增大，壁温升高，所以热水锅炉的受热面管内不容许发生过冷沸腾。

过冷沸腾的发生与水速、管子热负荷、压力等因素有关。不发生过冷沸腾的水速可按下列方法计算。

(1) 对除氧水在周向均匀受热的垂直上升管或垂直下降管中流动的工况　当水的雷诺数 $Re \geqslant 10^4$ 时：

$$v \geqslant \left[\frac{q_n d_n^{0.2} \mu^{0.8}}{0.023\lambda\rho^{0.8} Pr^{0.4}(t_{bh}+1.87q_n^{0.3}/p^{0.15}-t_s-5)}\right]^{1.25} \tag{11-88}$$

式中　v——管内水速，m/s；

q_n——管子内壁热负荷，kW/m^2；

d_n——管子内直径，m；

μ——水的动力黏度系数，N·s/m^2；

λ——水的热导率，kW/(m·℃)；

Pr——水的普朗特数；

t_{bh}——管内水压下的水饱和温度，℃；

t_s——管内水的截面平均温度，℃；

p——管内水的绝对压力，MPa；

ρ——水的密度，kg/m^3。

当水的雷诺数 $2300 < Re < 10^4$ 时：

$$v \geqslant \frac{\mu}{\rho d_n}\left[\frac{q_n d_n}{0.116\lambda Pr^{1/3}(t_{bh}+1.875q_n^{0.3}/p^{0.15}-t_s-5)}+125\right]^{1.5} \tag{11-89}$$

(2) 对未除氧水在周向均匀受热的垂直上升管或垂直下降管中流动的工况　当水的雷诺数 $Re \geqslant 10^4$ 时：

$$v \geqslant \left[\frac{q_n d_n}{0.023\lambda\rho^{0.8}Pr^{0.4}(t_{bh}+0.064q_n^{0.9438}/p^{0.2731}-t_s-5)}\right]^{1.25} \tag{11-90}$$

当水的雷诺数 $2300<Re<10^4$ 时：

$$v \geqslant \frac{\mu}{\rho d_n}\left[\frac{q_n d_n}{0.116\lambda Pr^{1/3}(t_{bh}+0.064q_n^{0.9438}/p^{0.2731}-t_s-5)}+125\right]^{1.5} \tag{11-91}$$

(3) 对周向均匀受热的倾斜管中的工况 对除氧水根据 Re 数分别用式（11-88）或式（11-89）计算水速 v 值。对未除氧水用式（11-90）或式（11-91）计算。但计算时用 cq_n 值代替上述各式中的 q_n 值进行计算。c 为管子倾角修正系数，由表 11-18 查取。

表 11-18 c 值与倾角 θ 的关系

管子与垂直方向夹角 θ/(°)	15	30	45	60	75	90
c	1.025	1.050	1.100	1.170	1.225	1.250

(4) 对水沿周向不均匀受热垂直上升管或垂直下降管中流动的工况 对除氧水按 Re 值用式（11-88）或式（11-89）计算水速；对未除氧水用式（11-90）或式（11-91）计算。但计算时用管子内壁最大热负荷 q_{nmax} 代替上述各式中的 q_n 值进行计算。q_{nmax} 按下式计算：

$$q_{nmax}=\beta\mu_{fl}q_{wmax} \tag{11-92}$$

式中 q_{nmax}，q_{wmax}——计算截面处管子的内壁及外壁沿周向最大热负荷，kW/m²；

β——管子外直径 d_w 与管子内直径 d_n 之比；

μ_{fl}——管内壁热量分流系数，对炉膛水冷壁管由图 11-62 查取，对于对流受热面由图 11-63 查取。

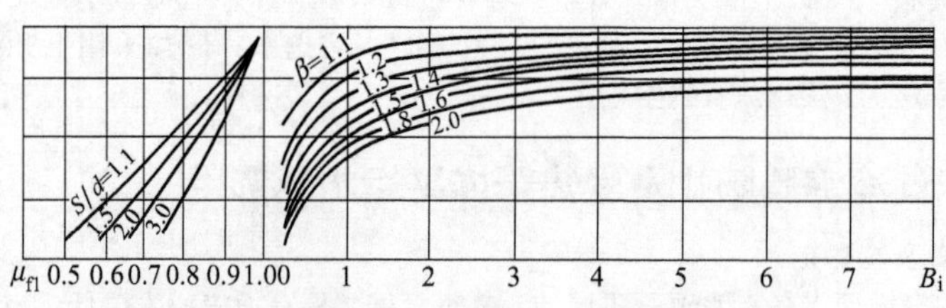

图 11-62 水冷壁管的热量分流系数 μ_{fl}（光管）

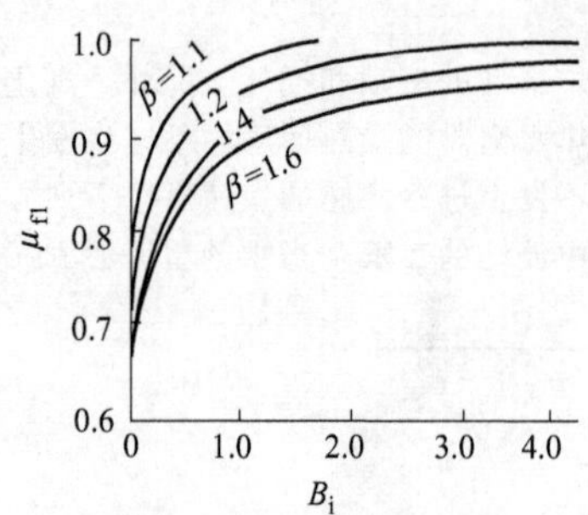

(a) 非拉稀管束的第一排管子及拉稀管束的第一排、第二排管子

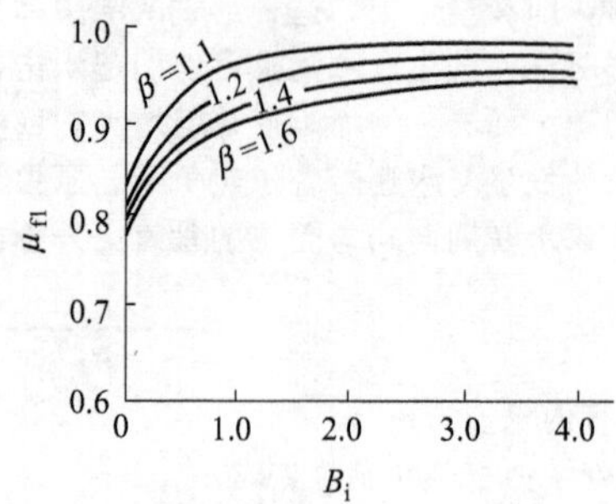

(b) 除(a)中情况以外的各排管子

图 11-63 对流受热面管子的热量分流系数 μ_{fl}

图 11-62 和图 11-63 中的横坐标为毕奥数 B_i，可按下式计算：

$$B_i=\frac{d_n\alpha_2}{2\beta\lambda_j} \tag{11-93}$$

式中 α_2——管内壁对管内水的对流放热系数，按式（11-94）或式（11-95）计算，kW/(m² · ℃)；

λ_j——管壁金属热导率，kW/(m · ℃)，由表 11-19 查取；

d_n——管子内直径，m。

当水的雷诺数 $Re\geqslant10^4$ 时：

$$\alpha_2=0.023\frac{\lambda}{d_n}Re^{0.8}Pr^{0.4} \tag{11-94}$$

表 11-19　锅炉常用钢管热导率 λ_j 值　　单位：kW/(m·℃)

钢号	平均壁温/℃						钢号	平均壁温/℃					
	100	200	300	400	500	600		100	200	300	400	500	600
20 钢	50.7	48.6	46	42.2	39		15CrMo	45.6	44.3	42.2	39.5	36.8	33.7
12CrMo	50.2	50.2	50.2	48.6	46	46	12Cr1MoV	35.6	35.6	35.1	33.5	32.2	30.6

当水的雷诺数 $2300<Re<10^4$ 时：

$$\alpha_2=0.116\frac{\lambda}{d_n}(Re^{2/3}-125)Pr^{1/3} \tag{11-95}$$

式中　λ——管内水的热导率，kW/(m·℃)。

炉膛水冷壁管的 q_{wmax} 可按式（11-20）计算；对流受热面的 q_{wmax} 可按热力计算确定的该管外表面热负荷计算。

对于常用的内直径为 54mm 的均匀受热的垂直上升管或下降管，管内除氧水不发生过冷沸腾的最低安全水速除按式（11-89）计算外，也可在表 11-20 中查取；对同样工况的管内未除氧水不发生过冷沸腾的最低安全水速也可在表 11-21 中查得。

表 11-20　管内除氧水不发生过冷沸腾的最低安全水速（管子内直径 $d_n=0.054$m）

单位：m/s

p/MPa	t_s/℃	q_n/(kW/m²)					
		30	55	80	105	130	155
0.5	70	0.04	0.08	0.12	0.17	0.22	0.27
	80	0.04	0.08	0.13	0.18	0.24	0.30
	90	0.05	0.09	0.15	0.21	0.27	0.33
	100	0.05	0.11	0.17	0.24	0.31	0.38
	110	0.07	0.14	0.21	0.30	0.38	0.47
	120	0.09	0.18	0.28	0.39	0.50	0.61
	130	0.14	0.27	0.42	0.57	0.72	0.88
	140	0.27	0.52	0.78	1.03	1.29	1.55
0.8	70	0.04	0.06	0.10	0.13	0.17	0.21
	80	0.04	0.06	0.10	0.14	0.18	0.23
	90	0.04	0.07	0.11	0.15	0.20	0.24
	100	0.04	0.08	0.12	0.17	0.22	0.27
	110	0.04	0.09	0.14	0.19	0.25	0.31
	120	0.05	0.11	0.17	0.23	0.30	0.37
	130	0.06	0.13	0.21	0.29	0.37	0.46
	140	0.09	0.18	0.28	0.39	0.50	0.61
	150	0.14	0.28	0.44	0.59	0.75	0.91
	160	0.31	0.60	0.88	1.16	1.45	1.73
1.1	70	0.03	0.05	0.08	0.11	0.15	0.18
	80	0.03	0.05	0.09	0.12	0.16	0.19
	90	0.03	0.06	0.09	0.13	0.16	0.20
	100	0.03	0.06	0.10	0.14	0.18	0.22
	110	0.03	0.07	0.11	0.15	0.20	0.25
	120	0.04	0.08	0.13	0.17	0.23	0.28
	130	0.05	0.09	0.15	0.21	0.27	0.33
	140	0.06	0.12	0.19	0.26	0.33	0.41
	150	0.08	0.16	0.24	0.34	0.43	0.53
	160	0.11	0.23	0.36	0.49	0.62	0.76
	170	0.22	0.43	0.64	0.86	1.08	1.31
1.4	90	0.03	0.05	0.08	0.11	0.14	0.18
	100	0.03	0.05	0.09	0.12	0.15	0.19
	110	0.03	0.06	0.09	0.13	0.17	0.21
	120	0.03	0.07	0.10	0.14	0.19	0.23
	130	0.03	0.08	0.12	0.17	0.22	0.27
	140	0.04	0.09	0.14	0.20	0.26	0.32
	150	0.05	0.11	0.18	0.24	0.31	0.39
	160	0.07	0.15	0.23	0.32	0.41	0.51
	170	0.11	0.22	0.34	0.46	0.59	0.72
	180	0.20	0.40	0.60	0.81	1.02	1.23

续表

p/MPa	t_s/℃	q_n/(kW/m²)					
		30	55	80	105	130	155
1.7	90	0.03	0.05	0.07	0.10	0.13	0.16
	100	0.03	0.05	0.08	0.11	0.14	0.17
	110	0.03	0.05	0.08	0.11	0.15	0.18
	120	0.03	0.06	0.09	0.13	0.16	0.20
	130	0.03	0.06	0.10	0.14	0.18	0.23
	140	0.03	0.08	0.12	0.16	0.21	0.26
	150	0.04	0.09	0.14	0.20	0.25	0.31
	160	0.05	0.11	0.18	0.24	0.31	0.39
	170	0.07	0.15	0.23	0.32	0.41	0.51
	180	0.11	0.23	0.35	0.48	0.61	0.74
	190	0.21	0.42	0.63	0.85	1.07	1.30
2.6	110	0.02	0.04	0.06	0.09	0.12	0.14
	120	0.02	0.04	0.07	0.10	0.12	0.15
	130	0.02	0.05	0.07	0.10	0.13	0.17
	140	0.03	0.05	0.08	0.12	0.15	0.19
	150	0.03	0.06	0.09	0.13	0.17	0.21
	160	0.03	0.07	0.11	0.15	0.20	0.21
	170	0.04	0.08	0.13	0.18	0.23	0.29
	180	0.05	0.10	0.16	0.23	0.29	0.36
	190	0.07	0.14	0.22	0.30	0.39	0.48
	200	0.10	0.21	0.32	0.44	0.56	0.69
	210	0.19	0.37	0.56	0.76	0.97	1.17

表 11-21 管内未除氧水不发生过冷沸腾的最低安全水速（管子内直径 d_n=0.054m）

单位：m/s

p/MPa	t_s/℃	q_n/(kW/m²)					
		30	55	80	105	130	155
0.5	70	0.04	0.08	0.13	0.17	0.22	0.27
	80	0.05	0.09	0.14	0.19	0.24	0.30
	90	0.05	0.10	0.16	0.22	0.27	0.33
	100	0.06	0.12	0.19	0.25	0.32	0.39
	110	0.07	0.15	0.23	0.31	0.39	0.47
	120	0.10	0.21	0.31	0.42	0.52	0.64
	130	0.17	0.33	0.49	0.63	0.77	0.89
	140	0.43	0.76	1.02	1.24	1.43	1.59
0.8	70	0.04	0.06	0.10	0.14	0.18	0.22
	80	0.04	0.07	0.11	0.15	0.19	0.23
	90	0.04	0.07	0.12	0.16	0.20	0.25
	100	0.04	0.08	0.13	0.18	0.23	0.28
	110	0.04	0.10	0.15	0.20	0.26	0.31
	120	0.06	0.12	0.18	0.24	0.31	0.37
	130	0.07	0.15	0.23	0.31	0.39	0.47
	140	0.11	0.21	0.32	0.43	0.52	0.63
	150	0.18	0.34	0.52	0.67	0.82	0.95
	160	0.53	0.91	1.22	1.17	1.68	1.86
1.1	70	0.03	0.06	0.08	0.12	0.15	0.19
	80	0.03	0.06	0.09	0.12	0.16	0.19
	90	0.03	0.06	0.09	0.13	0.17	0.21
	100	0.03	0.07	0.10	0.14	0.18	0.22
	110	0.04	0.07	0.12	0.16	0.20	0.25
	120	0.04	0.09	0.13	0.18	0.23	0.29
	130	0.05	0.10	0.16	0.22	0.28	0.34
	140	0.06	0.13	0.20	0.27	0.35	0.42
	150	0.09	0.18	0.27	0.37	0.46	0.55
	160	0.14	0.28	0.42	0.55	0.68	0.80
	170	0.31	0.58	0.83	1.05	1.24	1.41

2. 热水锅炉受热管中的平均水速选用

对于额定热功率≥20MW的具有受热的上升、下降管子结构的强制循环热水锅炉，其上升和下降管中的最小容许水速可按受热管热负荷 q 在图 11-64 中选取。

对于水冷壁及省煤器管均为上升流动管的强制循环热水锅炉，可采用比图 11-64 所示数值更低的最小容许水速。当受热管热负荷<232kW/m^2 时，这类热水锅炉的最小容许水速可在表 11-22 中查取。

表 11-22 水冷壁及省煤器均为上升流动时的强制循环热水锅炉最小容许水速（q<232kW/m^2）

部件名称	最小容许水速/(m/s)	
	上升管	下降管
省煤器	0.4～0.6	未采用
水冷壁	0.12～0.22	未采用
锅炉管束	0.06～0.08	0.8～1.4

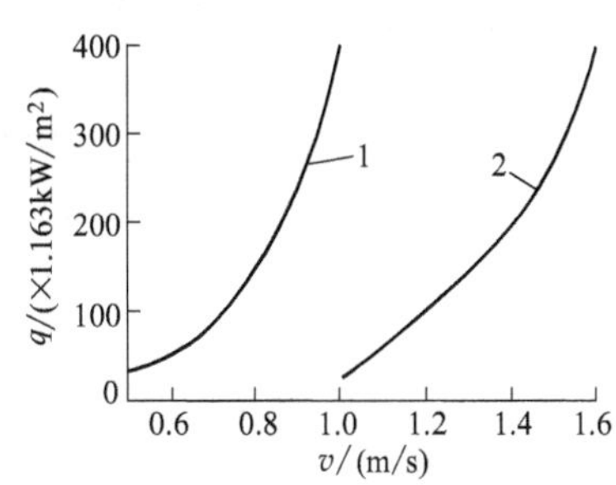

图 11-64 强制循环热水锅炉受热管的最小容许水速 v 和热负荷 q 的关系曲线

1—水做上升流动；2—水做下降流动

在表 11-22 中，受热强、水平或微倾斜管中的水速可选用高一些的数值。

对于水冷壁管均为垂直上升管的自然循环热水锅炉也可按表 11-22 选用各种受热面管子中的最低容许水速。但锅炉管束的下降管水速，因热负荷低，最低水速可选为 0.2～0.3m/s。

当然，各管内的实际水速均应大于保证强制循环热水锅炉水动力特性稳定所需水速，以及保证各种热水锅炉受热管中防止发生过冷沸腾所需的水速。

第五节 传热恶化及其防止措施

一、管内传热恶化现象

受热管内工质作核态沸腾时，放热系数很高，管子内壁温度接近于工质饱和温度。此时，管子内壁上流动着一层环状水膜，管子中间为夹带水滴的汽流在流动。当管子均匀受热时，沿管长蒸汽干度逐渐增大，环状水膜逐渐变薄。当水膜被汽流撕破或蒸干时，管壁得不到足够冷却，放热系数急剧下降，壁温开始飞升，出现传热恶化现象。这种因蒸干发生的传热恶化一般称为第二类传热恶化。当热负荷很高时，即使在干度很小时也会发生传热恶化现象。此时主要是由于热负荷高，汽化核心连成汽膜造成膜态沸腾所致。这种传热恶化称为第一类传热恶化。

开始发生传热恶化时的工质含汽率（干度）称为临界干度 x_{lj}；因传热恶化而内壁温度达到最高值处的含汽率称为最高壁温处的含汽率 x_{max}。

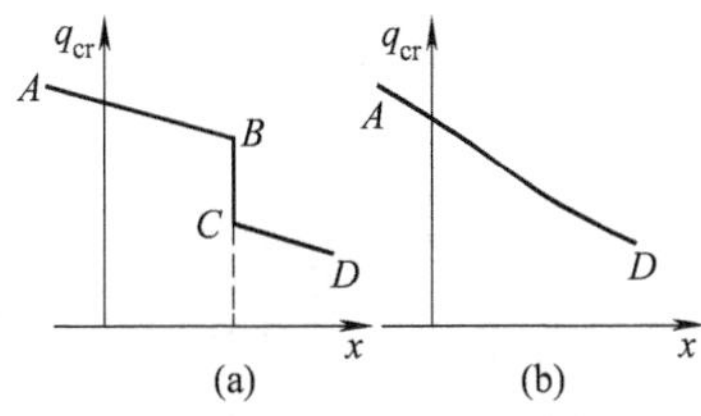

图 11-65 发生传热恶化时的热负荷与临界干度的关系

为了保证锅炉受热蒸发管的安全工作，必须防止出现传热恶化时的临界干度 x_{lj} 或者必须使发生传热恶化时的蒸发管最高壁温 t_{max} 低于管子钢材的容许值。

二、垂直上升管中的传热恶化计算

垂直上升蒸发管中开始发生传热恶化时的临界干度 x_{lj} 根据发生传热恶化时的热负荷 q_{cr} 与 x_{lj} 的关系可分为图 11-65 所示的（a）、（b）两种类型。

对于管子内直径>15mm，满足下列条件者为图 11-65（a）型，不满足者为图 11-65（b）型。

$$\begin{cases} p\leqslant 8\text{MPa},\ \rho v\leqslant 3000\text{kg/(m}^2\cdot\text{s)} \\ 8\text{MPa}\leqslant p\leqslant 17\text{MPa},\ \rho v\leqslant \dfrac{3000}{9}(17-p) \\ 17\text{MPa}<p\leqslant 20\text{MPa},\ \text{任何}\ \rho v\ \text{值} \end{cases} \tag{11-96}$$

图 11-65（a）型中的 B、C 点的热负荷 q_{crB} 和 q_{crC} 由表 11-23 确定。

对于图 11-65（a）型的 BC 段，x_{lj} 按下式计算：

$$x_{lj}=b_d x_{lj2} \tag{11-97}$$

表 11-23 q_{crB} 及 q_{crC} 值

压力/MPa	5	6	7	8	9	10	11	12	13	14	15
q_{crB}/(kW/m²)	1.16×10³	1.16×10³	1.16×10³	1.16×10³	1.16×10³	1.16×10³	0.93×10³	0.7×10³	0.58×10³	0.47×10³	0.35×10³
q_{crC}/(kW/m²)	0.70×10³	0.58×10³	0.47×10³	0.35×10³	0.23×10³	0	0	0	0	0	0

对于图 11-65（a）型的 AB 段，x_{lj} 按下式计算：

$$x_{lj}=b_d x_{lj2}-b_q\left(\frac{q-q_{crB}}{1.163}\right)\times10^{-2} \tag{11-98}$$

对于图 11-65（a）型的 CD 段，x_{lj} 按下式计算：

$$x_{lj}=b_d x_{lj2}-b_q\left(\frac{q-q_{crC}}{1.163}\right)\times10^{-2} \tag{11-99}$$

对于图 11-65（b）型工况，x_{lj} 按下式计算：

$$x_{lj}=b_d x_{lj1}-b_q\left(\frac{q\times10^{-2}}{1.163}-4\right) \tag{11-100}$$

以上各式中 x_{lj1}——管径为 20mm，热负荷为 465kW/m² 时发生传热恶化时的临界干度，按图 11-66 确定；

x_{lj2}——管径为 20mm，与热负荷无关的传热恶化临界干度，由图 11-67 确定；

q——管子内壁热负荷，kW/m²；

q_{crB}、q_{crC}——按表 11-23 确定，kW/m²；

b_d——管径修正系数，按图 11-68 查取；

b_q——热负荷修正系数，按图 11-69 查取。

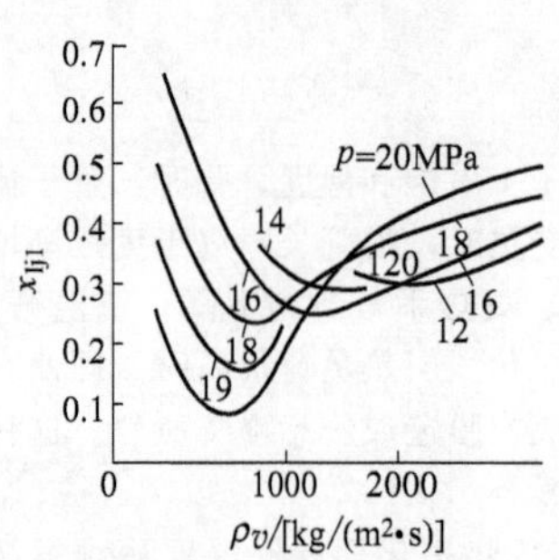

图 11-66 x_{lj1} 线算图

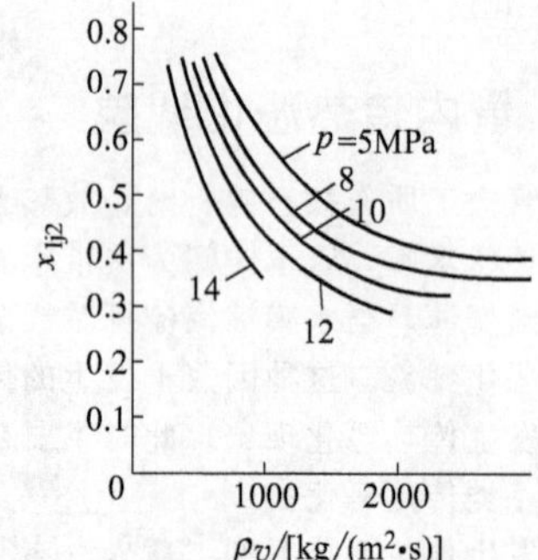

图 11-67 x_{lj2} 线算图

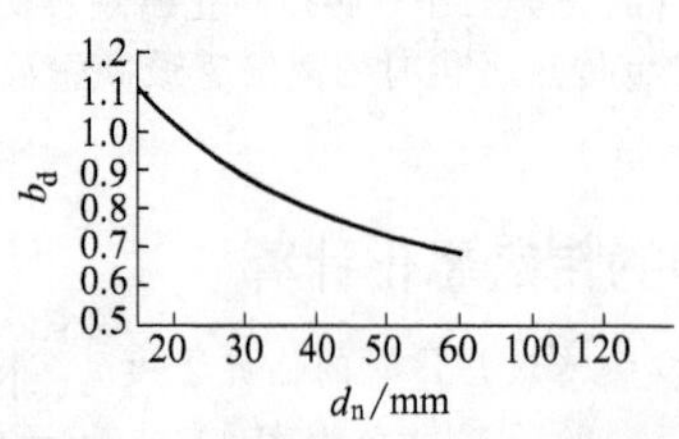

图 11-68 管径修正系数 b_d 线算图

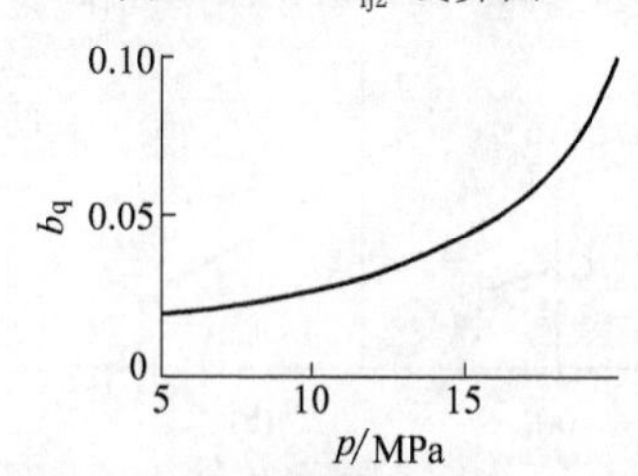

图 11-69 热负荷修正系数 b_q 线算图

以上是针对沿周界均匀受热的垂直蒸发管内出现传热恶化的计算 x_{lj} 方法。对于单面受热的锅炉水冷壁管，应按所校验管子截面上的最大外壁热负荷折算到内壁，作为式（11-97）～式（11-100）中的 q 来计算 x_{lj} 值。但由此得出值偏低，应作如下的修正：按式（11-100）求得的 x_{lj} 值乘以 1.5；对于按式（11-97）～式（11-99）求得的 x_{lj} 值可加上 $\Delta x=0.1$。这种修正方法亦适用于对水平倾角大于 60°的管子。

三、水平管和倾斜管的传热恶化计算

水平管上面部分的管内传热工况要比下面部分的差得多，因此水平管中传热恶化开始得比垂直管早，其临界干度可由表 11-24 确定。

表 11-24　水平蒸发管的临界干度 x_{lj}^{sp} 值

压力/MPa	x_{lj}^{sp}	压力/MPa	x_{lj}^{sp}
1～5	0.3	10～15	0.1
5～10	0.2	15～17	0

倾斜管内的临界干度可按下式计算：

$$x_{lj}=x_{lj}^{sp}+(x_{lj}^{s}-x_{lj}^{sp})\frac{\alpha}{90} \tag{11-101}$$

式中　x_{lj}^{s}——垂直管中的临界干度；

α——倾斜管与水平方向形成的倾角。

四、传热恶化后的管内放热系数及x_{max}计算

传热恶化后的管内工质放热系数 α_2 可按下式计算：

$$\alpha_2=\frac{\lambda''}{d_n}Nu=\frac{\lambda''}{d_n}0.023\left(\frac{\rho' v_0 d_n}{\rho''\nu''}\right)^{0.8}(Pr'')^{0.4}\left[x+\frac{\rho''}{\rho'}(1-x)\right]^{0.8}y \tag{11-102}$$

$$y=1-0.1\left(\frac{\rho'}{\rho''}-1\right)^{0.4}(1-x)^{0.4} \tag{11-103}$$

式中　ρ'、ρ''——相应为饱和水及饱和汽的密度，kg/m^3；

Pr''——饱和汽的普朗特数；

ν''——饱和汽的运动黏性系数，m^2/s；

v_0——循环水速，m/s；

x——干度；

λ''——饱和汽热导率，W/(m·℃)。

受热管传热恶化后最高壁温处的含汽率 x_{max} 可按下式计算：

$$x_{max}=x_{lj}+\Delta x \tag{11-104}$$

$$\Delta x=0.045+\frac{0.048}{2.3-0.1p} \tag{11-105}$$

式中　p——压力，MPa。

受热管传热恶化后的最高壁温可按下式计算：

$$t_{max}=t_{bh}+\frac{q}{\alpha_2} \tag{11-106}$$

式中　t_{bh}——管内工质饱和温度，℃；

q——管子内壁热负荷，W/m^2；

α_2——用 x_{max} 代入式（11-102）得出的工质放热系数，$W/(m^2·℃)$。

五、超临界压力时的管内传热恶化

超临界压力时，在工质的大比热容区有可能出现传热恶化现象。研究表明，为了保证超临界压力锅炉大比热容区管内不出现传热恶化现象，应保持：

$$\frac{q}{\rho v}<0.42\text{kJ/kg} \tag{11-107}$$

式中　q——管子内壁热负荷，kW/m^2；

ρv——质量流速，$kg/(m^2·s)$。

此时，垂直管内放热系数 α_2 可按下式计算：

$$\alpha_2=0.023\frac{\lambda}{d}Re^{0.8}Pr_{min}^{0.4} \tag{11-108}$$

式中　α_2——工质放热系数，$W/(m^2·℃)$；

λ——工质热导率，W/(m·℃)；

Pr_{min}——按壁温及工质平均温度确定的 Pr 数，取两者中的较小者。

水平管或倾斜管内的顶部工质放热系数可按下式计算：

$$\alpha_2^{sp}=B\alpha_2^{s} \tag{11-109}$$

式中 α_2^{sp}——水平管或倾斜管顶部的放热系数，W/(m² · ℃)；

α_2^{s}——垂直管的放热系数，W/(m² · ℃)，按式（11-108）计算（当 $q/\rho v \leqslant 0.42$kJ/kg 时），按式（11-112）计算（当 $q/\rho v > 0.42$kJ/kg）；

B——系数，按图 11-70 查取。

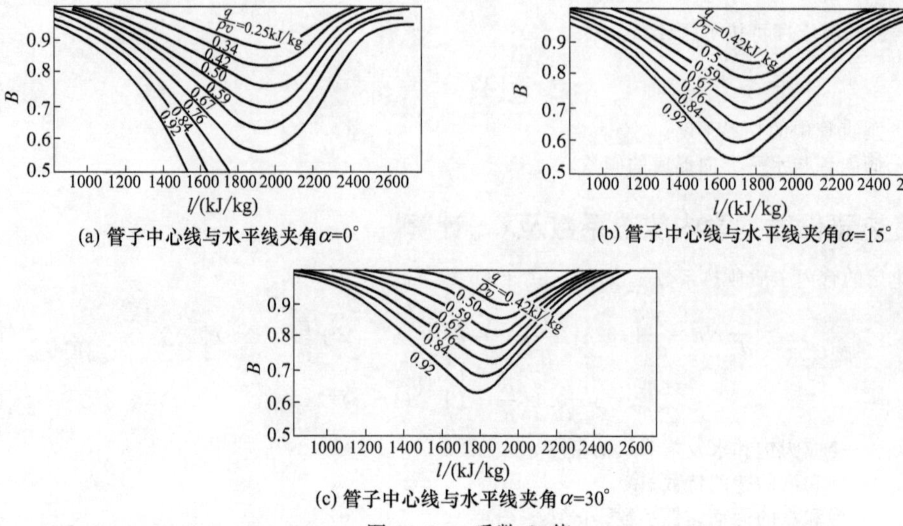

(a) 管子中心线与水平线夹角α=0°　(b) 管子中心线与水平线夹角α=15°

(c) 管子中心线与水平线夹角α=30°

图 11-70 系数 B 值

六、传热恶化的防止措施

为防止沸腾管中传热恶化，除采用提高工质质量流速方法外，还可采用在沸腾管中装扰流子和采用内螺纹管来推迟传热恶化，降低壁温。

图 11-71 示有扰流子结构及加装扰流子后推迟传热恶化的明显效果。扰流子为塞在沸腾管内的扭成螺旋状的金属片，两端固定在管壁上，每隔一段长度上留有顶住管壁的定位小凸缘。装扰流子后使管壁流体和管中心流体能因扰动而混合充分，但流动阻力有所增加。

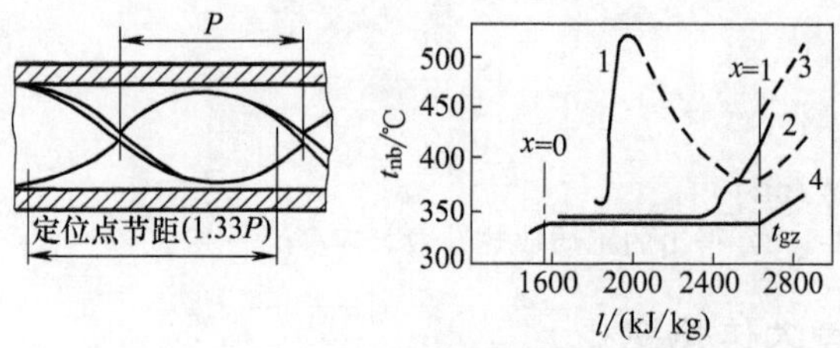

(a) 扰流子结构　(b) 在p=18.5MPa, ρv=1500kg/(m²·s)时扰流子推迟传热恶化效果[P—螺距，为(2.5～4.4)d]

图 11-71 扰流子结构及推迟传热恶化的效果

1—无扰流子，q_n=500kW/m²；2—装扰流子，q_n=1400kW/m²；3—无扰流子，q_n=1400kW/m²；4—工质温度 t_{gz}

采用内螺纹管也可推迟传热恶化。图 11-72 为我国研制的带鳍片的四头内螺纹管结构。图 11-73 示有这种管子在p=18.5MPa，q=490kW/m²，ρv=1000～1100kg/(m² · s）时的壁温分布与鳍片光管的工况比较。由图可见，鳍片光管在 x=0.3 时传热开始恶化，鳍片内螺纹管直到 x=0.8 时才出现传热恶化、壁温升高的现象。

单侧受热时，带鳍片四头内螺纹管中开始发生传热恶化的质量含汽率（临界干度）x_{lj} 可按下式计算：

$$x_{lj}=(605-22.9p)(0.86q)^{-0.6}(\rho v)^{0.33} \tag{11-110}$$

如按上式算出 $x_{lj} \geqslant 1$，则表明在 x=0～1 的范围内不会发生传热恶化。

内螺纹管和扰流子对超临界压力时的传热恶化现象也有减轻其后果的作用。

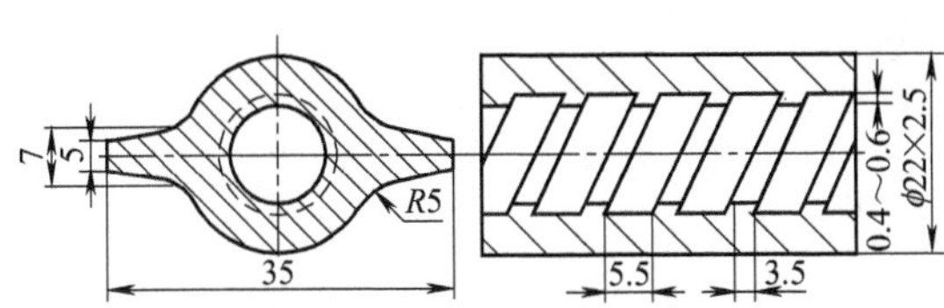

图 11-72　带鳍片四头内螺纹管结构

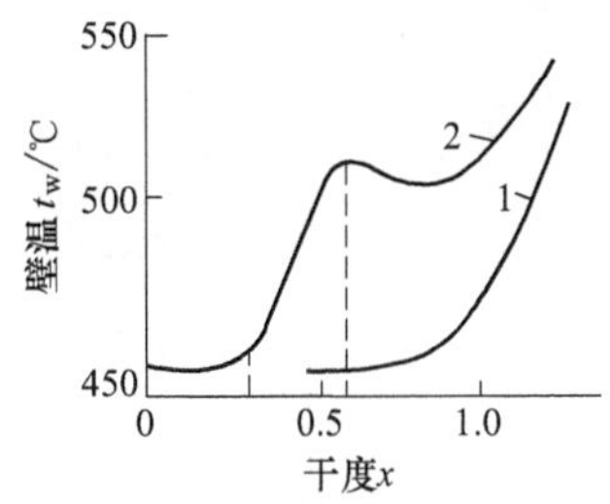

图 11-73　鳍片四头内螺纹管与鳍片光管的传热特性

1—鳍片四头内螺纹管；2—鳍片光管

第六节　管壁温度计算

一、管子正面内壁温度、外壁温度和平均壁温计算

单面受热管子的正面内壁温度 t_n 按下式计算：

$$t_n = t + \mu_{fl} \frac{\beta}{\alpha_2} q_{wmax} \tag{11-111}$$

式中　t——壁温计算点处管内工质温度，℃；

q_{wmax}——壁温计算点处正面外壁最大热负荷，kW/m²；

μ_{fl}——水冷壁管内壁热量分流系数，对光管由图 11-62 查取；对鳍片管（膜式壁）按图 11-74 查取；

β——管子外直径与内直径之比；

α_2——壁温计算点管子内壁与工质间的放热系数，kW/(m²·℃)。

单面受热管子正面外壁温度 t_w 按下式计算：

$$t_w = t + \mu_{fl}\beta \frac{q_{wmax}}{\alpha_2} + \overline{\mu}_{fl}\beta \frac{q_{wmax}}{(1+\beta)} \frac{2\delta}{\lambda_j} \tag{11-112}$$

式中　δ——管壁厚度，m；

λ_j——管子金属热导率，kW/(m·℃)，由表 11-19 查取；

$\overline{\mu}_{fl}$——管子沿厚度平均热量分流系数，对光管由图 11-62 查取；对鳍片管（膜式壁）按图 11-74 查取。

用于强度计算的平均管壁温度 t_b 按下式计算：

$$t_b = \frac{t_w + t_n}{2} \tag{11-113}$$

在计算中，q_{wmax} 按式（11-20）计算，但如算出的锅炉燃烧器区域的热负荷超过表 11-25 所列数值，则选用表 11-25 所列热负荷值作为 q_{wmax} 进行计算。

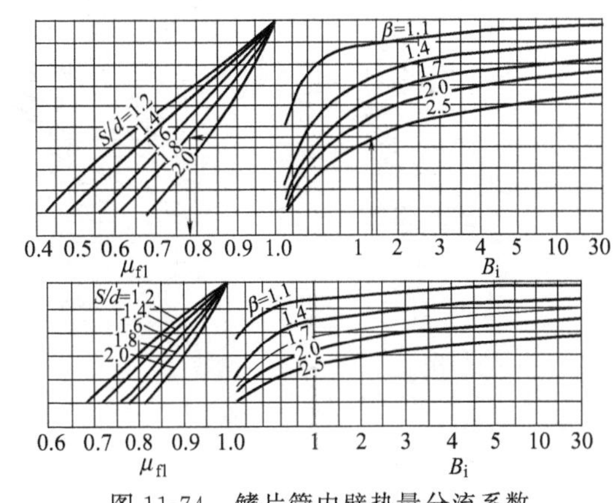

图 11-74　鳍片管内壁热量分流系数 μ_{fl} 和平均热量分流系数 $\overline{\mu}_{fl}$

在计算壁温时，为了确定管子金属的热导率必须先估算一个壁温。此时对最大热负荷 $q_{wmax} \leqslant 400$kW/m² 的垂直和微倾斜管，壁温可估为等于工质饱和温度加 60℃。

表 11-25　炉膛燃烧器区域最大热负荷　　单位：kW/m²

固态排渣煤粉炉	液态排渣煤粉炉	燃油锅炉	天然气锅炉
无烟煤贫煤，褐煤	褐煤		
400	465	520	400

对于下列工况，不需进行管壁温度校验计算：亚临界压力以下正常核态沸腾区的蒸发管（除燃油炉膛外）；位于烟温＜500℃处的蒸发管组；位于烟温＜600℃处的珠光体钢过热器及烟温＜700℃处的奥氏体钢过热器。

二、鳍片管的鳍根和鳍端温度计算

鳍片管的结构参数示于图 11-75，图中鳍片高度 $h=H/2$，b_d 为鳍端厚度，b_g 为鳍根厚度。

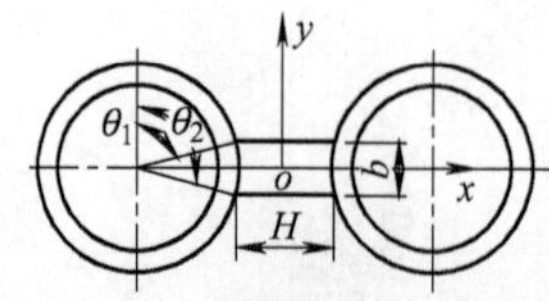
(a) 矩形鳍片管

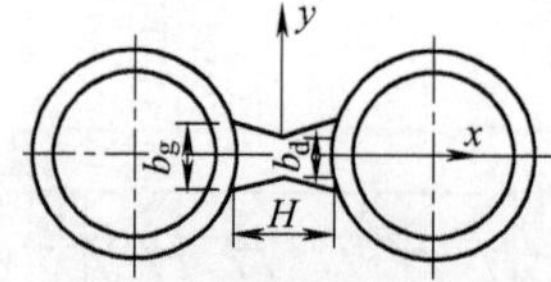
(b) 梯形鳍片管

图 11-75 鳍片管结构示意

鳍根温度 t_{qg} 按下式计算：

$$t_{qg}=t+(\mu_{n1}Kq_{wmax}+\mu_{n2}q_{wmax})\frac{\beta}{\alpha_2}+(\overline{\mu}_{n1}Kq_{wmax}+\overline{\mu}_{n2}q_{wmax})\frac{\delta}{\lambda}\frac{2\beta}{\beta+1} \tag{11-114}$$

式中 t——工质温度，℃；

K——通过鳍根的平均热负荷与管子正面外壁热负荷之比，按图 11-76 查取；

μ_{n1}、μ_{n2}——鳍片部分热流和管子部分热流对鳍片部分内壁热量分流系数，按图 11-77 查取；

$\overline{\mu}_{n1}$、$\overline{\mu}_{n2}$——鳍片部分热流和管子部分热流对鳍片部分平均热量分流系数，按图 11-78 查取。

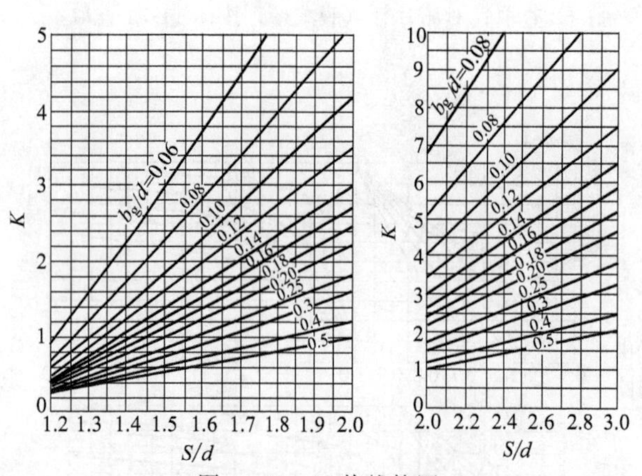

图 11-76 K 值线算图

S—管子节距；d—管外径；b_g—鳍根厚度

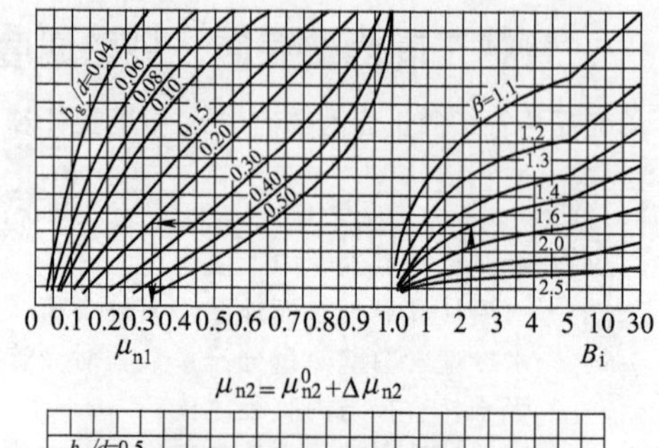

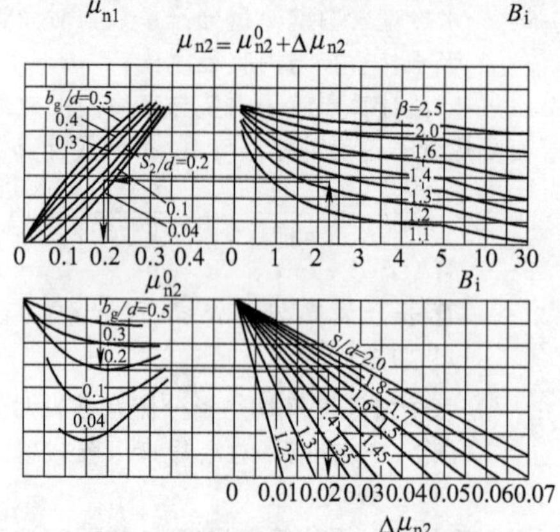

图 11-77 鳍片部分内壁热量分流系数 μ_{n1} 和 μ_{n2}

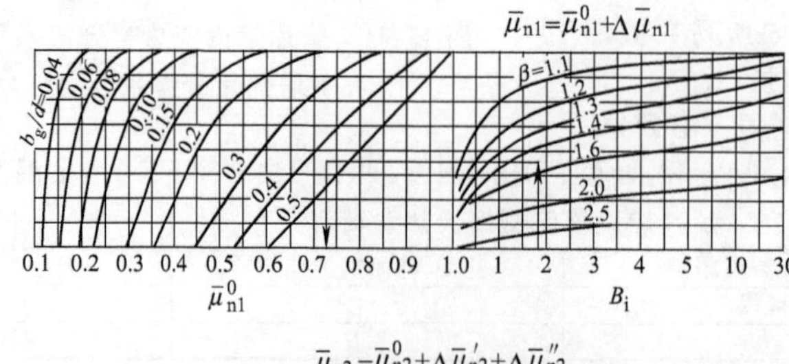

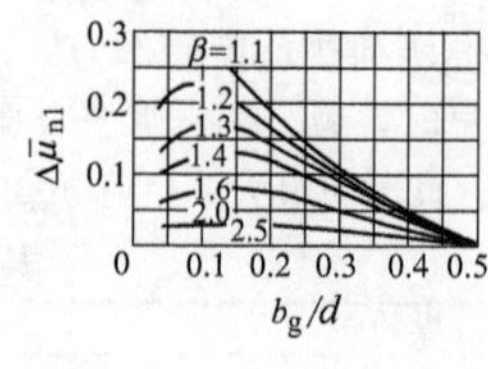

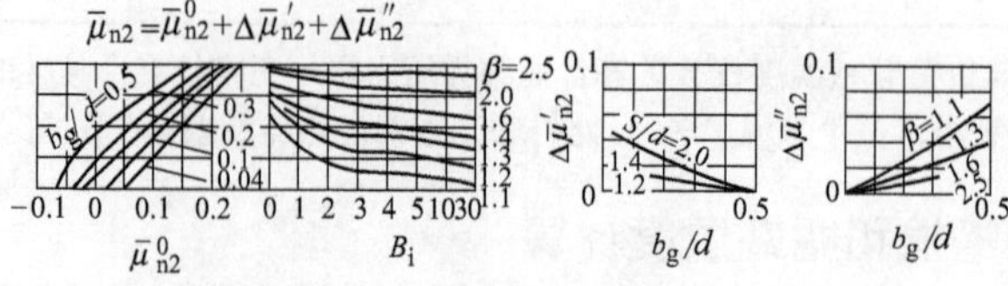

图 11-78 鳍片部分平均热量分流系数 $\overline{\mu}_{n1}$ 和 $\overline{\mu}_{n2}$

鳍片管鳍端温度（或相邻光管间所焊扁钢的中点温度）t_{qd} 按下式计算：

$$t_{qd}=t_{qg}+\frac{Kq_{wmax}b_g}{\lambda}\left[\frac{h}{b_g+b_d}+\frac{3(b_g+b_d)}{16h}\right] \tag{11-115}$$

式中　b_g——鳍根厚度，m；

b_d——鳍端厚度，m；

h——鳍片高度，m；

λ——鳍片部分金属热导率，kW/(m·℃)。

三、管内工质温度和管内放热系数的计算

计算点的管内工质为汽水混合物时，工质温度为饱和温度。

对过热蒸汽管组，计算点的工质焓值 i 按下式计算：

$$i=\bar{i}+\left(\frac{\eta_r}{\eta_l}-1\right)(\bar{i}-i_r) \tag{11-116}$$

式中　i——计算点处工质焓，kJ/kg；

$\bar{i}$——管组计算点上各管的蒸汽平均焓，kJ/kg；

i_r——管组入口蒸汽焓，kJ/kg；

η_r——沿管组宽度热负荷不均匀系数，参见本章第一节有关热负荷不均匀系数部分；

η_l——流量不均匀系数，参见本章第一节有关部分。

根据工质焓值再得出工质温度值。

欠焓水在管内流动时的放热系数可按下式计算：

$$\alpha_2=0.023\frac{\lambda}{d}Re^{0.8}Pr^{0.4} \tag{11-117}$$

式中，所有物性按流体平均温度确定，定性尺寸用管子内直径。上式对水及 $Re>10^6$ 的过热蒸汽及 $i<1000$kJ/kg 或 $i>2700$kJ/kg 的超临界压力工质均可适用。

对核态沸腾工质可用下法计算：

$$\alpha_2=\alpha\sqrt{1+1.027\times10^{-9}\left(\frac{\rho' v_h r}{q}\right)^{3/2}\left(\frac{0.7\alpha_{ch}}{\alpha}\right)^2} \tag{11-118}$$

$$\alpha=\sqrt{\alpha_{dx}^2+(0.7\alpha_{ch})^2} \tag{11-119}$$

$$\alpha_{dx}=0.023\frac{\lambda}{d}Re^{0.8}Pr^{0.4}\left(\frac{\mu_{nb}}{\mu_{gz}}\right)^{0.11} \tag{11-120}$$

$$\alpha_{ch}=3.16\left(\frac{p^{0.14}}{0.722}+0.019p^2\right)q^{0.7} \tag{11-121}$$

式中　α_{dx}——单相流体强迫对流传热系数，W/(m²·℃)；

α_{ch}——沸腾时沸腾放热系数，W/(m²·℃)；

Re——按循环流速 v_0 计算的雷诺数；

v_h——混合物速度，m/s；

r——汽化潜热，kJ/kg；

p——压力，MPa；

q——热负荷，W/m²；

μ_{nb}，μ_{gz}——按内壁温度和按工质温度计算的黏度，Pa·s。

以上各式中的物性均按工质温度确定。

上式适用条件为：$p=0.2\sim17$MPa；$q=8\times10^4\sim6\times10^6$ W/m²；$v_h=1\sim300$m/s；$\left(\frac{v_h\rho' r}{q}\right)\left(\frac{0.7\alpha_{ch}}{\alpha}\right)^{4/3}>5\times10^4$。

计算 α_2 时需先假定一个内壁温度以确定 μ_{nb}，算出 α_2 后，再按 $t_{nb}=t_{bh}+q/\alpha_2$ 校核算出的 t_{nb} 值是否与假定的相符。如不相符，则应重新假定一个新的 t_{nb} 后再校核，直到相符为止。

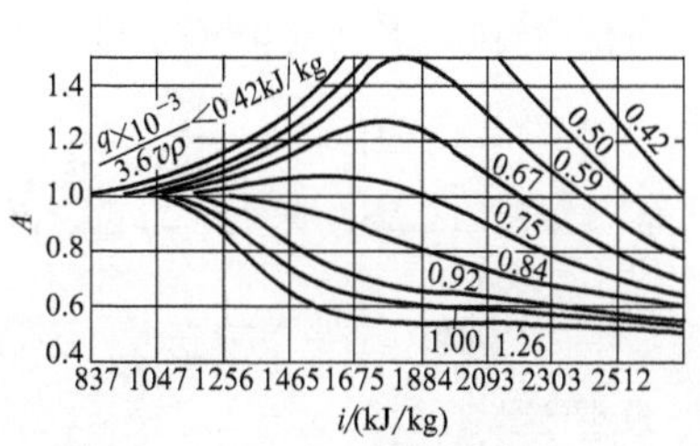

图 11-79　A 值线算图

对于 $i=1050\sim2720$kJ/kg 的超临界压力工质的管内放热系数，可用下式计算：

$$\alpha_2 = A\alpha_0 \tag{11-122}$$

式中 α_0——按式（11-107）计算，W/(m^2·℃)；

A——按图 11-79 查取。

对水平管或倾斜管的顶部放热系数可按式（11-109）计算。

第七节 计算示例

【例 11-1】 试计算一台 14MPa、400t/h 锅炉的再热器的最大流量管和最小流量管的热偏差。再热器布置在倒 U 形布置锅炉的尾部下降烟道内，分左右两组沿炉宽对称布置。再热器垂直于前墙做水平布置，两组再热器均采用 Z 形集箱连接系统，如图 11-9 所示。分配集箱内直径 $d_f=0.386$m，汇集集箱内径 $d_h=0.374$m，受热面管内径 $d=0.035$m。管组排数 $n=55$，每排 5 根管子，排间节距 $S=0.09$m，管长 $l=85$m。管子总局部阻力系数 $\sum\xi=10.5$，管组质量流量 $G=165$t/h。出口工质压力 $p_h=2.45$MPa，进口工质比容 $V_f=0.1012\text{m}^3/\text{kg}$，出口工质比容 $V_h=0.1537\text{m}^3/\text{kg}$。进口工质焓 $i_f=3072$kJ/kg，出口工质焓 $i_h=3586.6$kJ/kg。各管结构相同，出口平均蒸汽温度为 555℃。

解：由表 11-7 可知，沿下降烟道宽度的最大热负荷不均匀系数为 1.2，位于烟道中部，最小热负荷不均匀系数为 0.8，位于烟道两侧。

下面计算最大流量不均匀系数和最小流量不均匀系数。由于是水平布置，重位压力降一项可不计。由于各管结构相同，所以结构不均匀系数 $\eta_j=1.0$。各管流动阻力系数相等，平均工况管的 Z_{pj} 等于偏差管的 Z_p。由于是对称的，只需计算一组再热器管组。现计算左面一组。

先计算管组的结构参数：

分配集箱流通截面积 $f_f=\dfrac{\pi d_f^2}{4}=\dfrac{3.14}{4}\times 0.386^2=0.1169\ (\text{m}^2)$

汇集集箱流通截面积 $f_h=\dfrac{\pi d_h^2}{4}=\dfrac{3.14}{4}\times 0.374^2=0.1098\ (\text{m}^2)$

管子总流通截面积 $f_g=55\times 5\times\dfrac{\pi}{4}\times 0.035^2=0.264\ (\text{m}^2)$

分配集箱进口处工质流速 $v_f=\dfrac{V_f G}{3.6 f_f}=\dfrac{0.1012\times 165}{3.6\times 0.1169}=39.68\ (\text{m/s})$

汇集集箱出口处工质流速 $v_f=\dfrac{V_h G}{3.6 f_h}=\dfrac{0.1537\times 165}{3.6\times 0.1098}=64.16\ (\text{m/s})$

分配集箱、汇集集箱和管子均为低合金钢，粗糙度 $k=0.06$mm。

分配集箱的摩擦阻力系数按式（11-7）计算为：

$$\lambda=\frac{1}{4\left(\lg 3.7\times\dfrac{d}{k}\right)^2}=\frac{1}{4\left(\lg 3.7\times\dfrac{386}{0.06}\right)^2}=0.0131$$

汇集集箱的摩擦阻力系数为：

$$\lambda=\frac{1}{4\left(\lg 3.7\times\dfrac{374}{0.06}\right)^2}=0.0225$$

流量最小的偏差管距分配集箱进口的相对距离 $X/L=0$；流量最大的偏差管的 $X/L=1.0$（由表 11-4 查得）。

汇集集箱和分配集箱长度为 $l=S(n-1)=0.09\times(55-1)=4.86$（m）。

分配集箱的总压力变化由式（11-11）计算为：

$$\Delta p_{fL}=\left(0.76-\frac{\lambda l}{3d}\right)\rho_f\frac{v_f^2}{2}=\left(0.76-\frac{0.0131\times 4.86}{3\times 0.386}\right)\times\frac{39.68^2}{2}\times\frac{1}{0.1012}=5485\ (\text{Pa})$$

汇集集箱的总压力变化为 Δp_{hL}，由式（11-9）计算为：

$$\Delta p_{hL}=\left(2+\frac{\lambda}{3}\frac{l}{d}\right)\rho_h\frac{v_h^2}{2}=\left(2+\frac{0.01313\times 4.86}{3\times 0.374}\right)\times\frac{64.16^2}{2}\times\frac{1}{0.1537}=27545\ (\text{Pa})$$

最小流量管的 $(\Delta p_h-\Delta p_f)_{pj}-(\Delta p_h-\Delta p_f)_p$ 由表 11-5 查出为：

$$(\Delta p_h-\Delta p_f)_{pj}-(\Delta p_h-\Delta p_f)_p=-0.29\Delta p_{hL}-0.79\Delta p_{fL}=-0.29\times 27545-0.79\times 5485=-12321\ (\text{Pa})$$

最大流量管的（$\Delta p_h-\Delta p_f$）$_{pj}$ 按 Z 形集箱连接系统，按 $\Delta p_h-\Delta p_f=\Delta p_{hL}\left[1-\left(\frac{X}{L}\right)^2\right]-\Delta p_{fL}\frac{X}{L}\left(2-\frac{X}{L}\right)$ 计算，当 $X/L=1.0$ 时（最大流量管的相对位置），可算得（$\Delta p_h-\Delta p_f$）$_p=-\Delta p_{fL}$。平均流量管的相对位置为 $X/L=0.54$，用同样计算式可算得（$\Delta p_h-\Delta p_f$）$_{pj}=0.71\Delta p_{hL}-0.79\Delta p_{fL}$。

所以最大流量管的（$\Delta p_h-\Delta p_f$）$_{pj}-$（$\Delta p_h-\Delta p_f$）$_p=0.71\Delta p_{hL}+0.21\Delta p_{fL}$。按此式可算得（$\Delta p_h-\Delta p_f$）$_{pj}-$（$\Delta p_h-\Delta p_f$）$_p=0.71\times27545+0.21\times5485=20709$（Pa）。

管内平均工质质量流速（ρv）$_{pj}$ 为：

$$(\rho v)_{pj}=\frac{G}{3.6f_g}=\frac{165}{3.6\times0.264}=173.6\ [\mathrm{kg/(m^2\cdot s)}]$$

工质平均焓增 $\Delta i_{pj}=i_h-i_f=3586.6-3072=514.6$（kJ/kg）。此值>120kJ/kg，对中压应考虑偏差管和平均工况管中因工质比容不同带来的对流量偏差的影响。

平均工况管中的工质平均比容 $\overline{V}_{pj}=(V_f+V_h)/2=(0.1012+0.1537)/2=0.1275$（m^3/kg）。

偏差管中的工质平均比容由于出口比容未知，所以需先假定一个出口比容后算出，最后求出偏差管中热偏差后再对此假定的出口比容进行校核。

假定最小流量管工质出口比容为 0.15m^3/kg，最大流量管出口比容为 0.16m^3/kg，则可求得前者的管内工质平均比容 $\overline{V}_p=(0.1012+0.15)/2=0.1256$（m^3/kg），后者管内工质平均比容 $\overline{V}_p=(0.1012+0.16)/2=0.1306$（m^3/kg）。

用式（11-5）计算流量不均匀系数 η_1。最小流量管中的 η_1 为：

$$\eta_1=\sqrt{\frac{\overline{V}_{pj}}{\overline{V}_p}\left[1+\frac{(\Delta p_h-\Delta p_f)_{pj}-(\Delta p_h-\Delta p_f)_p}{Z_{pj}\frac{(\rho v)^2}{2}\overline{V}_{pj}}\right]}=\sqrt{\frac{0.1275}{0.1256}\left[1-\frac{12321}{65.121\times\frac{(173.6)^2}{2}\times0.1275}\right]}=0.957$$

最大流量管中的 η_1 为：

$$\eta_1=\sqrt{\frac{0.1275}{0.1306}\left[1+\frac{20709}{65.121\times\frac{(173.6)^2}{2}\times0.1275}\right]}=1.067$$

因此，最小流量管的热偏差系数 $\rho=\eta_r/\eta_1=0.8/0.957=0.836$；最大流量管的热偏差系数 $\rho=1.2/1.067=1.125$。

最小流量管中工质出口焓值 i_{cp} 可按热偏差定义式（11-1）算出：

$$i_{cp}=i_f+\rho(i_h-i_f)_{pj}=3072+0.836(3586.6-3072)=3502\ (\mathrm{kJ/kg})$$

由 $p=2.45$MPa 和 $i_{cp}=3502$kJ/kg 查过热蒸汽表，可得出口温度 $t_{cp}=518$℃，出口工质比容 $V_{cp}=0.1463$m^3/kg。此算得的比容值和假定的比容值相差不多，对 ρ 值计算差<1%，所以认为假定合格。

最大流量管中工质出口焓值为：

$$i_{cp}=3072+1.1(3586.6-3072)=3638\ (\mathrm{kJ/kg})$$

其出口工质温度 $t_{cp}=579$℃，出口工质比容 $V_{cp}=0.1583$m^3/kg，和假定值接近，可认为假定合格。

最小流量管排（每排 5 根）中的工质流量 $\eta_1G_{pj}=(0.957\times165)/55=2.871$（t/h）。

平均流量为每排 165/55＝3（t/h）。

最大流量管排（每排 5 根）中的工质流量为 1.1×165/55＝3.3（t/h）。

由此例题可见，由于采用了合理的集箱连接系统，使热负荷最大处管内流量最大，所以减小了再热器的热偏差值。但即使这样，最大流量管中的工质焓增仍过高，其出口工质温度接近 580℃。应根据此工质温度结合烟气温度进行管壁温度计算，以确定选用更好钢材或采用其他措施减小壁温。由于采用了合理的集箱连接系统，使最小流量管中的工质出口温度低于工质平均出口温度 555℃，仅有 518℃。

【例 11-2】 一台具有水平围绕水冷壁的直流锅炉的下辐射区，由 30 根长 173.6m、内直径为 30mm 的并联管子组成。其启动参数为压力 $p=5.88$MPa，给水流量 $G=60$t/h。进口水焓 $i_1=418.6$kJ/kg，一根管子的总吸热量 $Q=2863$MJ/h。试问在上述启动工况下，管内水动力特性是否稳定？如不稳定，应装设多大孔径的节流圈？已知：管子有 12 个碳钢弯头，弯曲半径为 60mm。

解：根据水蒸气表可得 $p=5.88$MPa 时饱和水比容 $V'=0.0013149$m^3/kg，饱和汽比容 $V''=0.03313$m^3/kg，汽化潜热 $r=1578.96$kJ/kg，饱和水焓 $i'=1206.8$kJ/kg。

因而进口工质欠焓 $\Delta i_{qh}=1206.8-418.6=788.2$（kJ/kg）。

由式（11-30）不装节流圈时的水动力特性单值条件为其进口水欠焓应保证：

$$\Delta i_{qh} \leqslant \frac{7.46r}{c\left(\frac{V''}{V'}-1\right)}$$

由于 $p<10$MPa，所以修正系数 $c=2.0$。

$$\Delta i_{qh} \leqslant \frac{7.46\times 1578.96}{2\left(\frac{0.03313}{0.0013149}-1\right)}=243.4\ (\text{kJ/kg})$$

由于实际欠焓为788.2kJ/kg，大于上值，所以水动力特性是不稳定的，必须加装节流圈。管内摩擦阻力系数 λ 按式（11-7）计算，可得：

$$\lambda=\frac{1}{4\left(\lg 3.7\times\frac{30}{0.06}\right)^2}=0.0234$$

根据锅炉水动力计算标准，按90°弯头、$R/d_n=2$ 的汽水混合物的弯头局部阻力系数和单相流体的弯头局部阻力系数是相同的，所以可按式（11-8）计算。即 $\xi_{wt}=\xi_{wt}^0 k_\Delta=0.26\times 2=0.52$。12个弯头的总局部阻力系数 $\sum\xi_{wt}=12\times 0.52=6.24$。由分配集箱进入管子的进口阻力系数 ξ_j 由表11-1查得为0.5。管子出口汽水混合物进入汇集集箱的阻力系数由水动力计算标准查得为 $\xi_c=1.2$。总的管子阻力系数为：

$$Z=\lambda\frac{l}{d_n}+\sum\xi_{jb}=0.0234\times\frac{173.6}{0.03}+6.24+0.5+1.2=143.35$$

按式（11-33）计算 $\Delta i_{qh}=788.2$kJ/kg 时所需的节流圈阻力系数 ξ_{jl}。由式（11-33）可得：

$$\xi_{jl}=\left[\frac{\Delta i_{qh} c\left(\frac{V''}{V'}-1\right)}{7.46r}-1\right]Z=\left[\frac{788.2\times 2\left(\frac{0.03313}{0.0013149}-1\right)}{7.46\times 1578.96}-1\right]143.35=320.84$$

节流圈的 l/d_0 取为0.4，则 τ 值由表11-10查得为1.1。按式（11-32）可算出节流圈开孔直径 d_0。

$$320.84=\left\{0.5+\left[1-\left(\frac{d_0}{0.03}\right)^2\right]^2+1.1\left[1-\left(\frac{d_0}{0.03}\right)^2\right]\right\}\left(\frac{0.03}{d_0}\right)^4$$

由上式可算得 $d_0=0.00863\text{m}=8.63\text{mm}$。如 $d_0\leqslant 8.63\text{mm}$，则此水平蒸发管组的水动力特性是稳定的。

【例 11-3】 在本章例2中所列的具有水平围绕水冷壁的直流锅炉下辐射受热面中，如其他条件不变，启动时的进口水焓 $i_1=787.8$kJ/kg，是否会发生脉动流动现象。如发生脉动，求应加装的为消除脉动的节流圈孔径。

解： 进口工质欠焓　$\Delta i_{qh}=i'-i_1=1206.8-787.8=419$（kJ/kg）

启动时的工质质量流速为：

$$\rho v=\frac{G}{f}=\frac{60\times 10^3}{3600n\frac{\pi d_n^2}{4}}=\frac{60\times 10^3}{3600\times 30\times\frac{3.14\times 0.03^2}{4}}=785\ [\text{kg}/(\text{m}^2\cdot\text{s})]$$

管子内壁热负荷为：

$$q=\frac{Q}{\pi d_n l}=\frac{2863\times 10^6/3600}{3.14\times 0.03\times 173.6}=48630\ (\text{W/m}^2)$$

如不加装节流圈，且未加装前的管段阻力很小，则进口阻力系数 $\xi=0$。此时由图11-31右面曲线按 $\xi=0$，$\Delta i_{qh}=419$kJ/kg 可得 $(\rho v^{p=9.8})_j=625\text{kg}/(\text{m}^2\cdot\text{s})$；按 $p=5.88$MPa 及 $\xi=0$ 由图11-31左面曲线可得 $K_p=1.1$。按式（11-40）可得：

$$(\rho v)_j=4.62\times 10^{-9}\times 1.1\times 625\times\frac{48630\times 173.6}{0.03}=893.8\text{kg}/(\text{m}^2\cdot\text{s})$$

由于实际 $\rho v=785\text{kg}/(\text{m}^2\cdot\text{s})<893.8\text{kg}/(\text{m}^2\cdot\text{s})$，所以如进口不加节流圈，工质会发生脉动。

节流圈阻力系数 ξ 应为多大才可防止脉动，需采用试算法确定。取 $\xi=20$，可查得 $(\rho v^{p=9.8})_j=535\text{kg}/(\text{m}^2\cdot\text{s})$，$K_p=1.12$，可算得 $(\rho v)_j=779\text{kg}/(\text{m}^2\cdot\text{s})$。由于实际质量流速为 $785\text{kg}/(\text{m}^2\cdot\text{s})$，略大于 $(\rho v)_j$，所以加装阻力系数为 $\xi=20$ 的节流圈后，工质将不再发生脉动。

按式（11-32）可算出 ξ 为20的节流圈开孔直径 d_0。将节流圈长度与孔径 d_0 之比取为0.4，则 τ 由表11-10查得为1.1。代入式（11-32）可得：

$$20=\left\{0.5+\left[1-\left(\frac{d_0}{0.03}\right)^2\right]^2+1.1\left[1-\left(\frac{d_0}{0.03}\right)^2\right]\right\}\left(\frac{0.03}{d_0}\right)^4$$

由上式可解得 $d_0=0.01635\text{m}=16.35\text{mm}$。

【例 11-4】 试计算一台自然循环锅炉侧水冷壁的水循环，锅筒压力为4.41MPa。省煤器为沸腾式。此水循环回路示于图11-80，由锅筒、下降管、中间上升管组和后上升管、下集箱、上集箱、汽水混合物引出管和供水管组构成。其结构尺寸如下：锅筒水位到下集箱中心线之间的距离 $h=18.05\text{m}$；下降管长度 $L=17.25\text{m}$；下降管内直径 $d=299\text{mm}$（流通截面积 $f_{xj}=0.07\text{m}^2$）。下降管流通截面积与上升管流通截面积之比 $f_{xj}/f_{ss}=0.588$；管子粗糙度 $k=0.08\text{mm}$，进口局部阻力系数 $\xi_j=0.5$。每一上升管组有两根供水管，供水管内直径 299mm，流通截面积（对每一上升管组而言）为 $f_s=0.024\text{m}^2$。供水管流通截面积与上升管流通截面积之比 $f_s/f_{ss}=0.024/0.0595=0.403$。中间上升管组的供水管长度为 4.97m；后上升管组供水管长度为 6.73m。管子粗糙度 $k=0.08\text{mm}$。总局部阻力系数 $\sum\xi=2.4$。

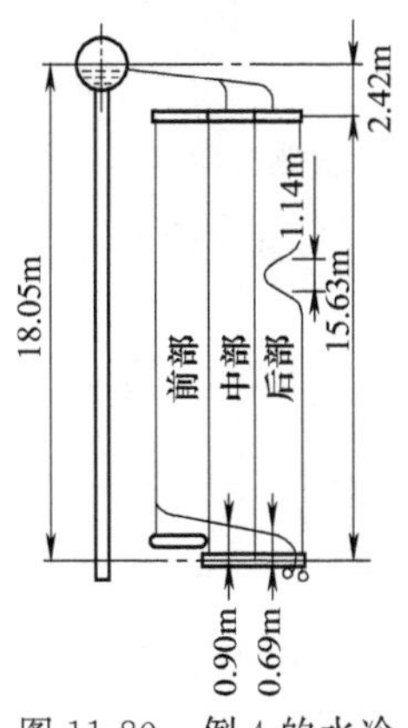

图 11-80　例 4 的水冷壁水循环系统示意

汽水混合物引出管内直径及数量与供水管相同，因而其流通截面积 f_y 与上升管流通截面积之比也为 0.403。引出管长度对中间上升管组为 7.99m，对后上升管组为 6.47m。总局部阻力系数对中间上升管组为 3.3；对后上升管组为 2.5。管子粗糙度 $k=0.08\text{mm}$。每一上升管组均由内直径为 54mm 的 26 根管子组成，每一上升管组的上升管流通截面积 f_{ss} 为 0.0595m^2。上、下集箱间距离为 15.63m；引出管的垂直高度为 2.42m。中间上升管组的不受热管段高度为 0.9m，对后上升管组的为 0.69m。中间上升管组的平均受热管段高度为 14.73m，而对后上升管组为 13.8m（在后上升管组中有 1.14m 因受后墙突出部分影响而未受热，见图 11-80）。管子粗糙度 $k=0.08\text{mm}$，管子进口阻力系数 $\xi_j=1.2$。汽水混合物自引出管出来后经汽水分离器进入锅筒，汽水分离器阻力系数为 $\xi=4.5$，汽水分离器流通面积与上升管组流通面积之比为 0.577。

解：本例题采用压差法求解水循环参数。

① 先计算下降管的 Y_{xj}。由锅炉锅筒压力 $p=4.41\text{MPa}$，由水蒸气表可得饱和水密度 $\rho'=790\text{kg/m}^3$。$\rho'\text{gh}=790\times9.8\times18.05=139743\ (\text{Pa})$。

假定三个上升管的循环流速 $v_0=0.5\text{m/s}$、1.0m/s 和 1.5m/s，可得每一上升管组中的相应质量流量 $G=23.5\text{kg/s}$、47kg/s 和 70.5kg/s（按 $G=\rho' v_0 f_{ss}$ 计算）。下降管中相应水速 $v_{xj}=v_0 f_{ss}/f_{xj}=0.85\text{m/s}$、$1.7\text{m/s}$ 和 2.55m/s。

下降管摩擦阻力系数按式（11-7）计算为：

$$\lambda=\frac{1}{4\left(\lg 3.7\times\dfrac{299}{0.08}\right)^2}=0.0146$$

下降管阻力压力降按式（11-25）计算，可得（将三个 v_{xj} 代入计算）：

$$\Delta p_{xj}=\left(0.0146\times\frac{17.25}{0.299}+0.5\right)\frac{v_{xj}^2}{2}\times790=383\text{Pa}、1533\text{Pa}\ 和 3448\text{Pa}$$

相应于上述三个循环流速 v_0 或质量流量 G，可得下降管 Y_{xj} 的相应三个数值如下：

$$Y_{xj}=\rho' gh-\Delta p_{xj}=139743-\Delta p_{xj}=139360\text{Pa}、138210\text{Pa}\ 和 136295\text{Pa}$$

根据上述假定的三个循环流速 v_0 或三个循环流量 G 可画出 $Y_{xj}=f(G)$ 曲线。

② 供水管的流动阻力 Δp_s 计算。当 $v_0=0.5\text{m/s}$、1.0m/s 和 1.5m/s 时，供水管水速 v_s 相应为 $v_s=v_0 f_{ss}/f_s=v_s/0.403=1.24\text{m/s}$、$2.48\text{m/s}$ 和 3.72m/s。中间上升管组的供水管阻力可按下式计算：

$$\Delta p_s=\left(\lambda\frac{l}{d}+\sum\xi\right)\frac{v_s^2}{2}\rho'=\left(0.01766\frac{4.97}{0.125}+2.4\right)\frac{v_s^2}{2}\times790=1884\text{Pa}、7526.4\text{Pa}\ 和 16934.4\text{Pa}$$

上式中 $\lambda=1/\{4[\lg(3.7\times125/0.08)]^2\}=0.01766$。后上升管组供水管阻力为：

$$\Delta p_s=\left(0.01766\frac{6.73}{0.125}+2.4\right)\frac{v_s^2}{2}\times790=2038.4\text{Pa}、8153.6\text{Pa}\ 和 18326\text{Pa}$$

③ 上升管阻力压力降 Δp_{ss} 的计算。由于省煤器是沸腾式，下降管中水可认为是饱和水，上升管中无热水段，所以上升管只由未受热段和蒸发段两部分构成。

相应于 $v_0=0.5\text{m/s}$、1.0m/s 和 1.5m/s 或 $G=23.5\text{kg/s}$、47kg/s 或 70.5kg/s。中间上升管组的上升管未受热段阻力为：

$$\Delta p_1=\left(\lambda\frac{l}{d}+\sum\xi\right)\frac{v_0^2}{2}\rho'=\left(0.0216\frac{0.9}{0.054}+0.9\right)\frac{v_0^2}{2}\times790=124.43\text{Pa}、497.72\text{Pa}\ 和 1119.87\text{Pa}$$

在上式中，λ 按式（11-7）算得为 0.0216，$\sum\xi=0.9$。

对后上升管组，用同法可得上升管未受热段阻力为：

$$\Delta p_1=\left(0.0216\frac{0.69}{0.054}+0.9\right)\frac{v_0^2}{2}\times790=113.4\text{Pa、}453.6\text{Pa 和}1020.6\text{Pa}$$

根据热力计算，中间上升管组吸收辐射热 q 为 3995.82kW；后上升管组工质吸热为 3743.54kW。

中间上升管组产生的蒸汽质量流量为（汽化潜热 $r=1680.7\text{kJ/kg}$）：

$$G_{q1}=\frac{q}{r}=\frac{3995.82}{1680.7}=2.377\ (\text{kg/s})$$

后上升管组产生的蒸汽质量流量为：

$$G_{q2}=\frac{3743.54}{1680.7}=2.227\ (\text{kg/s})$$

中间上升管出口蒸汽干度 $x_c=\frac{G_{q1}}{G}$。相应于 $G=23.5\text{kg/s}$、47kg/s 和 70.5kg/s，$x_c=0.101$、0.050 和 0.0337。对后上升管组，$x_c=0.0948$、0.047 和 0.0316。

质量流速 $\rho v=\rho' v_0$。对中间上升管组和后上升管组，当 $v_0=0.5\text{m/s}$、1.0m/s 和 1.5m/s 时，相应的 $\rho v=395\text{kg/(m}^2\cdot\text{s)}$、$790\text{kg/(m}^2\cdot\text{s)}$ 和 $1185\text{kg/(m}^2\cdot\text{s)}$。

汽水混合物摩擦阻力修正系数 ψ 可根据 $x_c/2$ 和 $p\rho v$ 值在图 11-38（a）上查得。对于受热管段，相应于上述三个 ρv 值和锅筒压力 $p=4.41\text{MPa}$ 可查得 ψ 值分别等于 1.5、1.48 和 1.42。

$p=4.41\text{MPa}$ 时，饱和水与饱和汽的密度比 $\rho'/\rho''=790\text{kg/cm}^3/22.3\text{kg/cm}^3=35.43$。将此比值和 $x=x_c/2$ 代入式（11-62），可得相应于 $v_0=0.5\text{m/s}$、1.0m/s 和 1.5m/s，中间上升管受热蒸发段的摩擦阻力为：

$$\Delta p_{2m}=0.0216\times\frac{14.73}{0.054}\frac{v_0^2}{2}790\left[1+\frac{x_c}{2}\psi\left(\frac{790}{22.3}-1\right)\right]=2098.9\text{Pa、}5291.2\text{Pa 和}9549.2\text{Pa}$$

受热蒸发管段的局部阻力可按式（11-64）计算。相应于出口局部阻力系数 $\xi=1.2$ 和三个假定的 v_0 值可得其局部阻力为：

$$\Delta p_{2j}=1.2\frac{v_0}{2}790\left[1+x_c\left(\frac{790}{22.3}-1\right)\right]=530.5\text{Pa、}1289.6\text{Pa 和}2303.6\text{Pa}$$

中间上升管受热蒸发段阻力为：

$$\Delta p_2=\Delta p_{2m}+\Delta p_{2j}=2629.4\text{Pa、}6580.8\text{Pa 和}11852.8\text{Pa}$$

用同法，可算得后上升管组受热蒸发段的摩擦阻力（相应于 $x_c=0.0948$、0.047 和 0.0316）为：

$$\Delta p_{2m}=2005.7\text{Pa、}5113.5\text{Pa 和}9280.4\text{Pa}$$

其局部阻力相应为 $\Delta p_{2j}=505.2\text{Pa}$、1240.8Pa 和 2226.5Pa。

后上升管受热蒸发管段的阻力为：

$$\Delta p_2=\Delta p_{2m}+\Delta p_{2j}=2510.9\text{Pa、}6354.3\text{Pa 和}11506.9\text{Pa}$$

当上升管组中的质量流量 $G=23.5\text{kg/s}$、47kg/s 和 70.5kg/s 时，中间上升管组的总阻力相应为：

$$\Delta p_{ss}=\Delta p_1+\Delta p_2=2753.83\text{Pa、}7078.52\text{Pa 和}12972.67\text{Pa}$$

后上升管组的总阻力相应为：

$$\Delta p_{ss}=\Delta p_1+\Delta p_2=2624.3\text{Pa、}6807.9\text{Pa 和}12527.5\text{Pa}$$

④ 汽水混合物引出管的阻力压力降 Δp_y。当上升管循环流速 $v_0=0.5\text{m/s}$、1.0m/s 和 1.5m/s 时，汽水混合物引出管中的相应循环流速为 $v_0 f_s/f_y=v_0/0.403=1.24\text{m/s}$、2.48m/s 和 3.72m/s。其相应质量流速 $\rho v=979.6\text{kg/(m}^2\cdot\text{s)}$、$1959.2\text{kg/(m}^2\cdot\text{s)}$ 和 $2938.8\text{kg/(m}^2\cdot\text{s)}$。

引出管是不受热的，也可应用式（11-62）计算其摩擦阻力，但计算时应将 x_c 代入式中计算，而不是应用 $x_c/2$ 计算。对于中间上升管组的引出管，其总局部阻力系数 $\sum\xi=3.3$，长度为 7.99m。后上升管组的引出管的总局部阻力系数 $\sum\xi=2.5$，长度为 6.47m。管子粗糙度为 0.08mm，摩擦阻力系数 $\lambda=0.01766$。引出管的局部阻力可按式（11-64）计算。

汽水混合物摩擦阻力修正系数 ψ 值可根据 x_c 和 ρv 值在图 11-38（b）上查得（压力为 $p=4.41\text{MPa}$）。对于上述三个 ρv 值，ψ 值相应为 1.45，1.25 和 1.0。

当 $\rho v=979.6\text{kg/(m}^2\cdot\text{s)}$、$1959.2\text{kg/(m}^2\cdot\text{s)}$ 和 $2938.8\text{kg/(m}^2\cdot\text{s)}$ 时，根据上法算得的中间管组引出管总阻力（摩擦阻力和局部阻力之和）相应为 $\Delta p_y=13113.4\text{Pa}$、30456.1Pa 和 52289.5Pa。后上升管组引出管的总阻力 $\Delta p_y=9654.8\text{Pa}$、22610.2Pa 和 38960.0Pa。

⑤ 上升管中工质的 $\sum\rho_i h_i g$ 的计算。上升管中的 $\sum\rho_i h_i g$ 由三部分组成，即上升管中不受热水段的 $\rho_1 h_1 g$、上升管蒸发段的 $\rho_2 h_2 g$ 和上升管引出管的 $\rho_2 h_3 g$。其中 ρ 为工质密度，kg/m^3；h 为管段垂直高度，m；g 为重力加速度，等于 9.81m/s^2。

中间上升管组和后上升管组中的$\sum\rho_i h_i g$的计算过程和计算结果（相应于假设的三个循环流速$v_0=0.5\text{m/s}$、1.0m/s和1.5m/s）列于表11-26。

表 11-26 上升管中$\sum\rho_i h_i g$的计算汇总表

名　称	中间上升管组			后上升管组		
循环流速v_0(假定)/(m/s)	0.5	1.0	1.5	0.5	1.0	1.5
循环流量G(按v_0算出)/(kg/s)	23.5	47	70.5	23.5	47	70.5
热水段高度h_1(给定)/m	0.9			0.69		
$\rho_1 h_1 g=790h_1\cdot 9.8$/Pa	6967.8			5341.98		
蒸发段高度h_2/m	14.73			14.94		
上升管出口干度x_c	0.101	0.050	0.0337	0.0948	0.047	0.0316
上升管平均干度$\overline{x}=x_c/2$	0.0505	0.025	0.0169	0.0474	0.0235	0.0158
平均容积流量含汽率$\overline{\beta}=\dfrac{1}{1+\left(\dfrac{1}{\overline{x}}-1\right)\rho''/\rho'}$	0.653	0.476	0.378	0.638	0.46	0.363
上升管汽水混合物平均流速[按式(11-58)计算]v_h/(m/s)	1.368	1.861	2.371	1.316	1.808	2.317
系数c，按图11-36(a)查得	0.71	0.76	0.79	0.70	0.75	0.78
上升管平均截面含汽率[按式(11-57)计算]ϕ	0.464	0.362	0.299	0.447	0.345	0.283
上升管蒸发段工质平均密度[按式(11-56)计算]ρ_2/(kg/m^3)	433.79	512.09	560.46	446.84	525.14	572.74
上升管蒸发段的$\rho_2 h_2 g$/Pa	62619.3	73921.7	80904.1	65422.7	76886.8	83856.1
引出管段的高度h_3/m	2.42			2.42		
引出管段的平均干度$\overline{x}=x_c$	0.101	0.050	0.0337	0.0948	0.047	0.0316
引出管段的平均容积流量含汽率$\overline{\beta}$	0.799	0.651	0.553	0.788	0.636	0.536
引出管段的循环流速v_{0y}/(m/s)	1.24	2.48	3.72	1.24	2.48	3.72
引出管段中混合物流速v_h/(m/s)	5.548	6.757	8.035	5.299	6.492	7.766
引出管段中的截面含汽率[由图11-36(c)查得]ϕ	0.645	0.534	0.465	0.641	0.525	0.460
引出管段中的混合物密度ρ_3/(kg/m^3)	289.73	380.04	433.01	297.90	386.95	436.86
引出管段工质的$\rho_3 h_3 g$/Pa	6871.2	9013.1	10269.3	7064.9	9176.9	10360.6
$\sum\rho_i h_i g=\rho_1 h_1 g+\rho_2 h_2 g+\rho_3 h_3 g$/Pa	76458.3	89902.6	98141.2	77829.6	91405.7	99558.68

⑥ 汽水分离器阻力计算。汽水分离器中工质密度与引出管中的密度ρ_3相同。汽水混合物中工质流速$v_{se}=\rho_1 v_0/(0.577\rho_3)=790v_0/(0.577\rho_3)$。其中0.577为分离器流通面积与上升管组流通面积之比。对中间上升管组，当$v_0=0.5\text{m/s}$、1.0m/s和1.5m/s时，可算得$v_{se}=2.68\text{m/s}$、3.88m/s和4.976m/s。对后上升管组，当$v_0=0.5\text{m/s}$、1.0m/s和1.5m/s时，可算得$v_{se}=2.58\text{m/s}$、3.76m/s和4.92m/s。

汽水分离器的阻力Δp_{se}可按下式计算：

$$\Delta p_{se}=\xi\frac{v_{se}^2}{2}\rho_3=4.5\frac{v_{se}^2}{2}\rho_3$$

对中间上升管组，当$v_0=0.5\text{m/s}$、1.0m/s和1.5m/s时，相应的$\Delta p_{se}=4682.1\text{Pa}$、$12872.9\text{Pa}$和$24123.5\text{Pa}$。对后上升管组，当$v_0=0.5\text{m/s}$、$1.0\text{m/s}$和$1.5\text{m/s}$时，相应的$\Delta p_{se}=4461.6\text{Pa}$、$12308.7\text{Pa}$和$23793.3\text{Pa}$。

⑦ 计算上升管组的Y_{ss}值。按下式计算：

$$Y_{ss}=\sum\rho_i h_i g+\Delta p_{se}+\Delta p_{ss}+\Delta p_s+\Delta p_y$$

如以Y_{ss1}表示中间上升管组的Y_{ss}值，则当循环流速$v_0=0.5\text{m/s}$、1.0m/s和1.5m/s时，或相应的两上升管组的总循环流量$G=169\text{t/h}$、338t/h和507t/h时，可算得$Y_{ss1}=98891.63\text{Pa}$、$147836.52\text{Pa}$和$204461.27\text{Pa}$。

以Y_{ss2}表示后上升管组的Y_{ss}值，则当循环流速$v_0=0.5\text{m/s}$、1.0m/s和1.5m/s时或相应的循环流量$G=84.5\text{t/h}$、169t/h和253.5t/h时，可算得$Y_{ss2}=96608.7\text{Pa}$、141286.1Pa和193165.48Pa。

⑧ 用图解法求出上升管组循环流量。在图11-81中，建立起上升组管组的$Y_{ss1}=f(G)$曲线，$Y_{ss2}=f(G)$曲线和下降管的$Y_{xj}=f(G)$曲线。

总的循环特性曲线为$Y_{ss}=Y_{ss1}+Y_{ss2}=f(G)$。在图11-81中，$Y_{ss}=f(G)$曲线和$Y_{xj}=f(G)$曲线的交点即为工作点$A$。由此可得出总质量流量$G=600\text{t/h}$；中间上升管组的质量流量$G_1=290\text{t/h}$；后上升管组的质量流量$G_2=310\text{t/h}$。

⑨ 校核水循环可靠性。中间上升管组的循环倍率$K=G_1/G_{q1}=290\times10^3/(3600\times2.377)=33.89$。后上升管组的循环倍率$K=310\times10^3/(3600\times2.227)=38.66$。两者均符合中压锅炉循环倍率要求，且比表11-16

所列最小循环倍率大得多，所以不会发生传热恶化。

上升管中会否发生停滞，可按式（11-68）检验。检验应对上升管组中受热最弱管进行。中间上升管组及后上升管组的受热管最小热力不均匀系数按表 11-14 查得 η_{rlmin} 为 0.6。中间上升管组的平均折算汽速 $v_0''=G_{\mathrm{q1}}/(2\rho''f_{\mathrm{ss}})=2.377/(2\times22.3\times0.0595)=0.895\mathrm{m/s}$。受热最弱管中折算汽速按式（11-70）为：$v_{0\min}''=\eta_{\mathrm{rlmin}}v_0''=0.6\times0.895=0.537\mathrm{m/s}$。由图 11-42 可查得受热管停滞时的截面含汽率 $\phi_{\mathrm{tz}}=0.51$。由式（11-69）可得停滞有效压头 $S_{\mathrm{tz}}=H\phi_{\mathrm{tz}}(\rho'-\rho'')\mathrm{g}=14.73\times0.51(790-22.3)\times9.8=56518\mathrm{Pa}$。循环回路工作点有效压头 S_{yx} 等于工作流量时的下降管阻力 Δp_{xj}。工作流量为 600t/h 时下降管的流速 $v_{\mathrm{xj}}=600\times10^3/(790\times0.07\times3600)=3.0\mathrm{m/s}$。由此可算得 $S_{\mathrm{yx}}=\Delta p_{\mathrm{xj}}=4815\mathrm{Pa}$。由于 $S_{\mathrm{tz}}/S_{\mathrm{yx}}>1.1$，所以中间上升管组的上升管不会发生停滞。

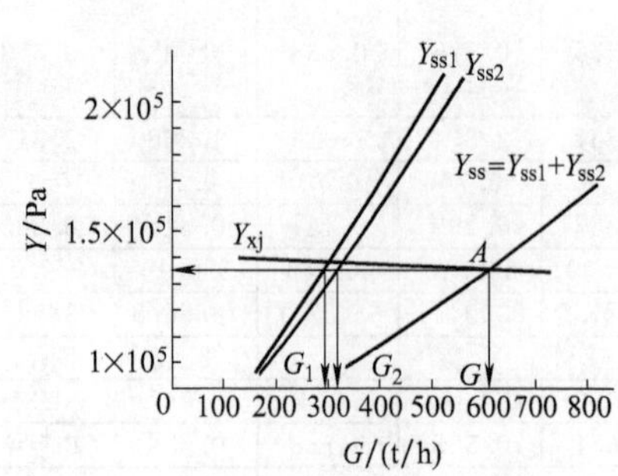

图 11-81 $Y_{\mathrm{ss}}=f(G)$ 及 $Y_{\mathrm{xj}}=f(G)$ 曲线

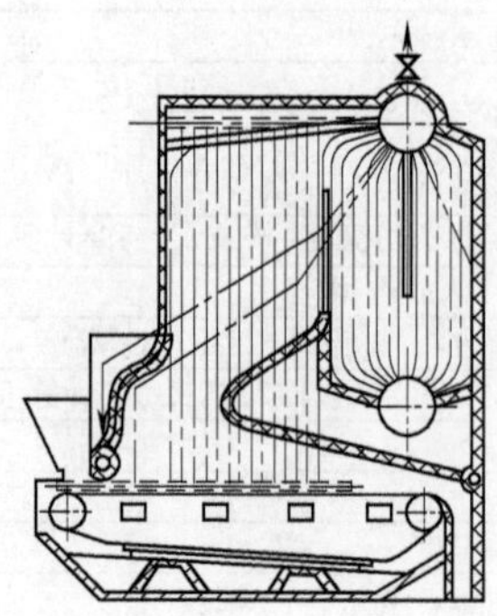

图 11-82 例 5 的热水锅炉结构及回路示意

中间上升管组会否发生倒流可按式（11-73）检验。检验应对受热最差管进行。受热最差管中的蒸汽折算速度按式（11-75）计算，可得 $v_{0\min}''=0.6\times0.895-0.011\times15.63=0.365\mathrm{m/s}$（其中 0.011 为 $\Delta v_0''$，由图 11-45 经试算法得出）。由 $v_{0\min}''$、p 和单位高度上的阻力系数 $Z/H=8.352/15.63=0.53$，在图 11-44 上查得倒流比压头 $S_{\mathrm{dl}}^{\mathrm{b}}=3000\mathrm{Pa/m}$。倒流压头按式（11-74）计算 $S_{\mathrm{dl}}=S_{\mathrm{dl}}^{\mathrm{b}}(H-H_{\mathrm{h0}})=3000(15.63-0.9)=44190\mathrm{Pa}$。由于 $S_{\mathrm{dl}}/S_{\mathrm{yx}}>1.1$，所以中间上升管组的上升管不会发生倒流。

其下降管进口水速未大于 3m/s，如保证下降管进口截面上部的水柱高度大于 4 倍下降管内直径，将不会产生下降管带汽现象，否则应在下降管入口处加装栅板。

后上升管组的水循环可靠性可按同法检验。检验表明后上升管组的水循环也是可靠的。

【例 11-5】 一台自然循环热水锅炉，工作压力（表压）为 $p=0.7\mathrm{MPa}$，供水温度 $t_{\mathrm{r}}=95℃$，回水温度 $t_{\mathrm{h}}=70℃$。锅炉热功率为 4200kW。锅炉的结构布置和循环回路示于图 11-82。回水为除氧水。试求各循环回路中的水流量，并校验循环回路的可靠性。锅炉的结构数据和热力计算数据见表 11-27。

表 11-27 锅炉结构数据和热力计算数据

名称符号及单位	前水冷壁	后水冷壁	侧水冷壁(一侧)	对流管束
上升管长度 l/mm	5959	7930	4780	3200
上升管根数 n	9	9	12	126
下降管长度 l/mm	6500	5800	7080	3200
下降管根数 n	2	2	1	105
上升管总局部阻力系数 $\Sigma\xi$	2.5	2.2	1.5	1.8
下降管总局部阻力系数 $\Sigma\xi$	2.1	2.1	2.0	1.7
上升管外直径×壁厚$(d\times\delta)$/(mm×mm)	51×3	51×3	51×3	51×3
下降管外直径×壁厚$(d\times\delta)$/(mm×mm)	89×4	89×4	108×4	51×3
受热面面积 A/m^2	3.913	4.499	4.625	99.4
上升管高度 H/m	3.672	4.78	4.374	2.85
上升管总流通截面积 $f_{\mathrm{ss}}/\mathrm{m}^2$	0.0143	0.0143	0.0191	0.2
下降管总流通截面积 $f_{\mathrm{xj}}/\mathrm{m}^2$	0.0103	0.0103	0.0157	0.167
受热面热负荷 $q/(\mathrm{kW/m^2})$	107.83	107.83	107.83	
摩擦阻力系数 λ				
上升管	0.0211	0.0211	0.0211	0.0211
下降管	0.0183	0.0183	0.0174	0.0211
上升管总吸热量 Q_{ss}/kW	421.93	485.13	498.72	1290.9
下降管总吸热量 Q_{xj}/kW	0	0	0	432.6

解：① 锅炉总回水量 G_h 可按下式计算：

$$G_h=860Q/(t_r-t_h)=860\times4200/(95-70)=144480\ (kg/h)$$

② 前水冷壁回路水循环计算：列于表 11-28 中。

表 11-28 前水冷壁回路水循环计算

名称符号及单位	计算式	计算结果								
下降管进口水温 t_{xj}/℃	假设三个 t_{xj} 值	70	70	70	80	80	80	90	90	90
回路循环流量 G/(kg/h)	对已假设的每一个 t_{xj} 值假设三个循环流量	7500	10000	12500	7500	10000	12500	7500	10000	12500
下降管平均水温 t_{xj}/℃	由于下降管不受热,所以等于进口水温	70	70	70	80	80	80	90	90	90
下降管工质平均密度 ρ_{xj}/(kg/m³)	查水蒸气性质表	978	978	978	972	972	972	965.45	965.45	965.45
下降管流动阻力压力降 Δp_{xj}/Pa	$\left(\lambda\dfrac{l}{d}+\Sigma\xi\right)\rho_{xj}v_{xj}^2/2$, $v_{xj}=G/(3600f_{xj}\rho_{xj})$	74.65	132.78	207.37	75.11	133.53	208.64	75.62	134.43	210.05
上升管出口水温 t''_{ss}/℃	$t''_{ss}=t_{xj}+860\dfrac{Q_{ss}}{G}$	118.38	106.28	99.02	128.38	116.28	109.02	138.38	126.28	119.02
上升管平均水温 t_{ss}/℃	$0.5(t_{xj}+t''_{ss})$	94.19	88.14	84.51	104.19	98.14	94.51	114.19	108.14	104.51
上升管平均工质密度 ρ_{ss}/(kg/m³)	查水蒸气性质表	962.65	966.74	968.71	955.75	959.76	962.32	947.69	952.56	955.11
上升管流动阻力压力降 Δp_{ss}/Pa	$\left(\lambda\dfrac{l}{d}+\Sigma\xi\right)\rho_{ss}v_{ss}^2/2$, $v_{ss}=G/(3600f_{ss}\rho_{ss})$	58.36	103.31	161.1	58.78	104.07	162.17	59.28	104.85	163.40
下降管重位压力降 Δp_{zwxj}/Pa	$\Delta p_{zwxj}=\rho_{xj}gH$	35193.9	35193.9	35193.9	34978	34978	34978	34742.3	34742.3	34742.3
上升管重位压力降 Δp_{zwss}/Pa	$\Delta p_{zwss}=\rho_{ss}gH$	34645.8	34793	34863.8	34397.4	34541.8	34633.9	34107.4	34282.6	34374.4
回路有效压头 S_{yx}/Pa	$S_{yx}=(\Delta p_{zwxj}-\Delta p_{zwss})-\Delta p_{ss}$	489.74	297.59	169	521.82	332.13	181.93	575.62	354.85	204.5

应用表 11-28 中数据作出前水冷壁回路的水循环特性曲线（见图 11-83）。作图时对应于三个 t_{xj} 值的三条 $\Delta p_{xj}=f(G)$ 曲线太靠近，无法表示，所以用其平均值作为 $\Delta p_{xj}=f(G)$ 曲线绘在图上。

③ 后水冷壁回路水循环计算：列于表 11-29 中。

应用表 11-29 中数据作出后水冷壁回路的水循环特性曲线（见图 11-84）。作图时对应于三个 t_{xj} 值的三条 $\Delta p_{xj}=f(G)$ 曲线太靠近，无法表示，所以用其平均值曲线作为 $\Delta p_{xj}=f(G)$ 曲线绘在图上。

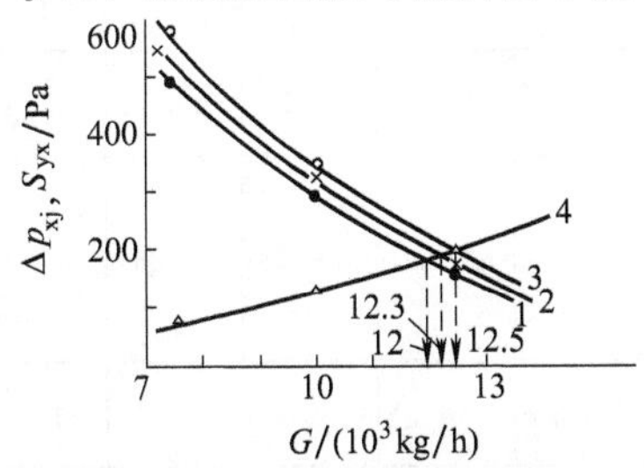

图 11-83 前水冷壁回路的水循环特性曲线

1—$t_{xj}=70$℃时的 $S_{yx}=f(G)$ 曲线；

2—$t_{xj}=80$℃时的 $S_{yx}=f(G)$ 曲线；

3—$t_{xj}=90$℃时的 $S_{yx}=f(G)$ 曲线；

4—$\Delta p_{xj}=f(G)$ 曲线

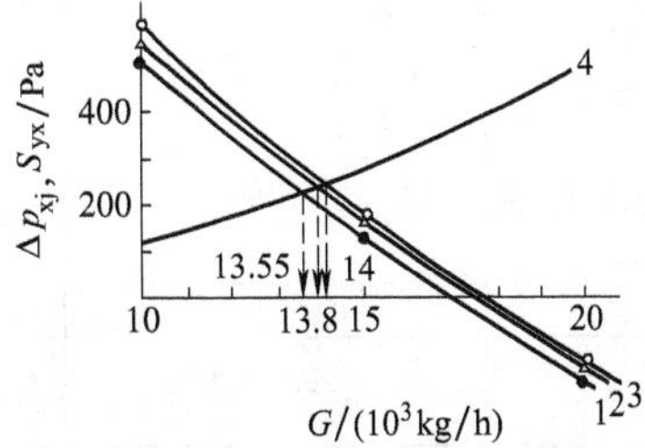

图 11-84 后水冷壁回路的水循环特性曲线

1—$t_{xj}=70$℃时的 $S_{yx}=f(G)$ 曲线；

2—$t_{xj}=80$℃时的 $S_{yx}=f(G)$ 曲线；

3—$t_{xj}=90$℃时的 $S_{yx}=f(G)$ 曲线；

4—$\Delta p_{xj}=f(G)$ 曲线

表 11-29 后水冷壁回路水循环计算

名称符号及单位	计算式	计算结果								
下降管进口水温 t_{xj}/℃	假设三个 t_{xj} 值	70	70	70	80	80	80	90	90	90
回路循环流量 G/(kg/h)	对已假设的每一个 t_{xj} 值假设三个循环流量	10000	15000	20000	10000	15000	20000	10000	15000	20000
下降管平均水温 t_{xj}/℃	因下降管不受热，所以等于进口水温	70	70	70	80	80	80	90	90	90
下降管工质平均密度 ρ_{xj}/(kg/m³)	查水蒸气性质表	978	978	978	972	972	972	965.45	965.45	965.45
下降管流动阻力压力降 Δp_{xj}/Pa	$\left(\lambda\frac{l}{d}+\Sigma\xi\right)\frac{\rho_{xj}v_{xj}^2}{2}$, $v_{xj}=\frac{G}{3600f_{xj}\rho_{xj}}$	126.8	285.3	507.2	127.6	287.1	510.3	128.5	289	513.8
下降管重位压力降 Δp_{zwxj}/Pa	$\Delta p_{zwxj}=\rho_{xj}gH$	45813.4	45813.4	45813.4	45532.4	45532.4	45532.4	45225.5	45225.5	45225.5
上升管出口水温 t''_{ss}/℃	$t''_{ss}=t_{xj}+860\frac{Q_{ss}}{G}$	111.72	97.81	90.86	121.72	107.81	100.86	131.72	117.81	110.86
上升管平均水温 t_{ss}/℃	$0.5(t_{xj}+t''_{ss})$	90.86	83.91	80.43	100.86	93.91	90.43	110.86	103.91	100.43
上升管工质平均密度 ρ_{ss}/(kg/m³)	查水蒸气性质表	964.88	969.46	971.72	957.85	962.74	965.16	950.3	956.02	958.22
上升管流动阻力压力降 Δp_{ss}/Pa	$\left(\lambda\frac{l}{d}+\Sigma\xi\right)\frac{\rho_{ss}v_{ss}^2}{2}$, $v_{ss}=\frac{G}{3600f_{ss}\rho_{ss}}$	115.72	259.13	459.61	116.52	260.94	462.73	117.5	262.77	466.09
上升管重位压力降 Δp_{zwss}/Pa	$\Delta p_{zwss}=\rho_{ss}gH$	45198.8	45413.4	45519.3	44869.5	45098.6	45211.9	44515.9	44783.8	44886.9
回路有效压头 S_{yx}/Pa	$S_{yx}=(\Delta p_{zwxj}-\Delta p_{zwss})-\Delta p_{ss}$	498.88	140.87	−165.51	546.38	172.86	−142.23	592.1	178.93	−127.49

④ 侧水冷壁回路水循环计算（一侧）：列于表 11-30 中。

表 11-30 侧水冷壁回路水循环计算（一侧）

名称符号及单位	计算式	计算结果								
下降管进口水温 t_{xj}/℃	假定	70	70	70	80	80	80	90	90	90
回路循环流量 G/(kg/h)	对已假设的每一个 t_{xj} 值假设三个循环流量	10000	15000	20000	10000	15000	20000	10000	15000	20000
下降管平均水温 t_{xj}/℃	因下降管不受热，所以等于进口水温	70	70	70	80	80	80	90	90	90
下降管工质平均密度 ρ_{xj}/(kg/m³)	查水蒸气性质表	978	978	978	972	972	972	965.45	965.45	965.45
下降管流动阻力压力降 Δp_{xj}/Pa	$\left(\lambda\frac{l}{d}+\Sigma\xi\right)\frac{\rho_{xj}v_{xj}^2}{2}$, $v_{xj}=\frac{G}{3600f_{xj}\rho_{xj}}$	51.72	116.38	206.9	52.04	111.10	208.18	52.39	117.89	209.59
下降管重位压力降 Δp_{zwxj}/Pa	$\Delta p_{zwxj}=\rho_{xj}gH$	41922.4	41922.2	41922.2	41664.8	41664.8	41664.8	41384	41384	41384
上升管出口水温 t''_{ss}/℃	$t''_{ss}=t_{xj}+860\frac{Q_{ss}}{G}$	112.89	98.59	91.45	122.89	108.59	101.45	132.89	118.59	111.45
上升管平均水温 t_{ss}/℃	$0.5(t_{xj}+t''_{ss})$	91.45	84.3	80.73	101.45	94.3	90.73	111.45	104.3	100.73
上升管工质平均密度 ρ_{ss}/(kg/m³)	查水蒸气性质表	964.5	969.18	971.53	957.58	962.37	964.97	950.12	955.75	958.03

续表

名称符号及单位	计算式	计算结果								
上升管流动阻力压力降，Δp_{ss}/Pa	$\left(\lambda\frac{l}{d}+\Sigma\xi\right)\frac{\rho_{ss}v_{ss}^2}{2}$，$v_{ss}=\frac{G}{3600f_{ss}\rho_{ss}}$	34.44	77.49	137.76	34.69	78.04	138.7	34.96	78.52	139.7
上升管重位压力降 Δp_{zwss}/Pa	$\Delta p_{zwss}=\rho_{ss}gH$	41343.5	41543.9	41644.6	41046.7	41252	41363.4	40726.9	40942	41066
回路有效压头 S_{yx}/Pa	$S_{yx}=(\Delta p_{zwxj}-\Delta p_{zwss})-\Delta p_{ss}$	544.26	300.81	139.84	583.41	334.16	162.7	622.14	363.48	178.3

应用表 11-30 中数据作出侧水冷壁回路的水循环特性曲线（见图 11-85）。作图时对应于三个 t_{xj} 值的三条 $\Delta p_{xj}=f(G)$ 曲线太靠近，无法表示，所以用其平均值曲线作为 $\Delta p_{xj}=f(G)$ 曲线绘在图上。

⑤ 对流管束回路水循环计算：列于表 11-31 中。

应用表 11-31 中数据作出对流管束回路的水循环特性曲线（见图 11-86）。作图时对应于三个 t_{xj} 值的三条 $\Delta p_{xj}=f(G)$ 曲线太靠近，无法表示，所以用其平均值曲线作为 $\Delta p_{xj}=f(G)$ 曲线绘在图上。

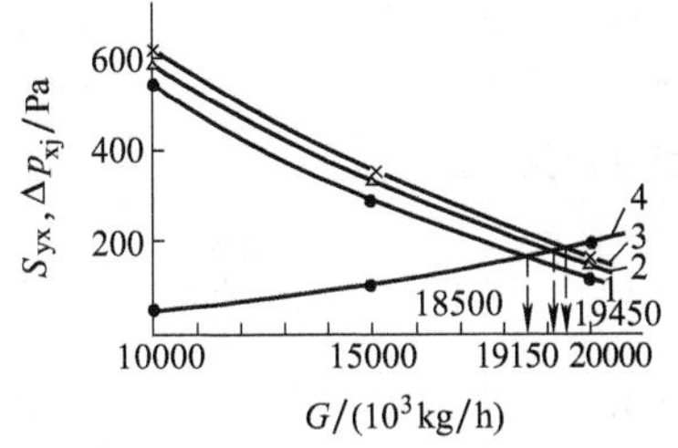

图 11-85　侧水冷壁回路的水循环特性曲线（一侧）

1—t_{xj}=70℃时的 $S_{yx}=f(G)$ 曲线；
2—t_{xj}=80℃时的 $S_{yx}=f(G)$ 曲线；
3—t_{xj}=90℃时的 $S_{yx}=f(G)$ 曲线；
4—$\Delta p_{xj}=f(G)$ 曲线

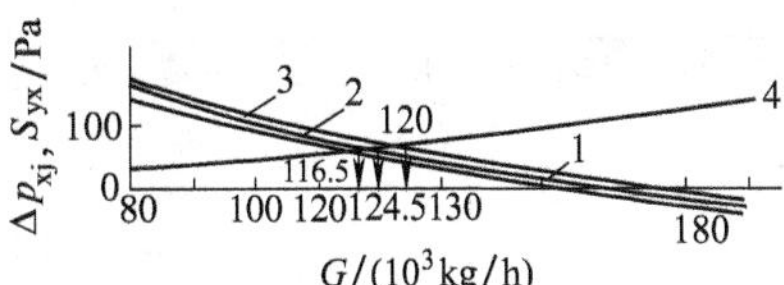

图 11-86　对流管束回路水循环特性曲线

1—t_{xj}=70℃时的 $S_{yx}=f(G)$ 曲线；
2—t_{xj}=80℃时的 $S_{yx}=f(G)$ 曲线；
3—t_{xj}=90℃时的 $S_{yx}=f(G)$ 曲线；
4—$\Delta p_{xj}=f(G)$ 曲线

⑥ 用图解法求解水循环各特性值：由图 11-84～图 11-87 各图的 $\Delta p_{xj}=f(G)$ 曲线与 $S_{yx}=f(G)$ 曲线的交点可得出不同下降管进口水温 t_{xj} 时的各回路循环流量及总循环流量。这些数值列于表 11-32 中。

根据表 11-32 数据，绘制各回路循环流量的 $G=f(t_{xj})$ 曲线和总循环流量 $\Sigma G=f(t_{xj})$ 曲线。这些曲线示于图 11-87。

由表 11-32 数据还可算得不同 t_{xj} 时的全炉循环倍率 K 值。计算结果列于表 11-33 中。表中循环倍率按式（11-85）计算。由循环倍率 K 可按式（11-86）反算出下降管进口水温 t_{xjk}。

表 11-31　对流管束回路水循环计算

名称符号及单位	计算式	计算结果								
下降管进口水温 t_{xj}/℃	假定	70	70	70	80	80	80	90	90	90
回路循环流量 G/(kg/h)	对已假定的每一个 t_{xj} 值假设三个循环流量	80×10^3	130×10^3	180×10^3	80×10^3	130×10^3	180×10^3	80×10^3	130×10^3	180×10^3
下降管出口水温 t''_{xj}/℃	$t''_{xj}=t'_{xj}+860\frac{Q_{xj}}{G}$	74.65	72.86	72.07	84.65	82.86	82.07	94.65	92.86	92.07
下降管平均水温 t_{xj}/℃	$0.5(t'_{xj}+t''_{xj})$	72.33	71.43	71.04	82.33	81.43	81.04	92.33	91.43	91.04
下降管工质平均密度 ρ_{xj}/(kg/m^3)	查水蒸气性质表	976.66	977.13	977.42	970.5	970.97	971.35	963.86	964.41	964.69
下降管流动阻力压力降 Δp_{xj}/Pa	$\left(\lambda\frac{l}{d}+\Sigma\xi\right)\frac{\rho_{xj}v_{xj}^2}{2}$，$v_{xj}=\frac{G}{3600f_{xj}\rho_{xj}}$	29	76.61	146.83	29.18	77.1	147.75	29.23	77.62	148.77

续表

名称符号及单位	计算式	计算结果								
下降管重位压力降 Δp_{zwxj}/Pa	$\Delta p_{zwxj}=\rho_{xj}gH$	27278.1	27291.2	27299.3	27106.1	27119.2	27129.8	26920.6	26936	26943.8
上升管出口水温 t''_{ss}/℃	$t''_{ss}=t_{xj}+860\frac{Q_{ss}}{G}$	88.53	81.4	78.24	98.53	91.4	88.24	108.53	101.4	98.24
上升管平均水温 t_{ss}/℃	$0.5(t''_{xj}+t''_{ss})$	81.59	77.13	75.16	91.59	87.13	85.16	101.59	97.13	95.16
上升管工质平均密度 ρ_{ss}/(kg/m³)	查水蒸气性质表	970.97	973.7	974.94	964.32	967.3	968.6	957.3	960.43	961.82
上升管流动阻力压力降 Δp_{ss}/Pa	$\left(\lambda\frac{l}{d}+\Sigma\xi\right)\frac{\rho_{ss}v_{ss}^2}{2}$，$v_{ss}=\frac{G}{3600\rho_{ss}f_{ss}}$	20.98	55.24	105.78	21.12	55.61	106.47	21.28	55.94	107.22
上升管重位压力降 Δp_{zwss}/Pa	$\Delta p_{zwss}=\rho_{ss}gH$	27119.2	27195.4	27230.1	26933.5	27016.7	27053	26737.4	26824.8	26863.6
回路有效压头 S_{yx}/Pa	$S_{yx}=(\Delta p_{zwxj}-\Delta p_{zwss})-\Delta p_{ss}$	137.92	40.56	−36.56	151.48	46.89	−29.67	161.92	55.26	−27.02

表 11-32 不同 t_{xj} 值时的各循环回路循环流量及总流量值

假设的下降管进口水温 t_{xj}/℃	前墙流量 G/(kg/h)	后墙流量 G/(kg/h)	对流管束流量 G/(kg/h)	侧墙流量 G/(kg/h)		全炉循环流量 ΣG/(kg/h)
				一侧	两侧	
70	12000	13550	116.5×10^3	18500	37000	179×10^3
80	12300	13800	120×10^3	19150	38300	184.4×10^3
90	12500	14000	124.5×10^3	19450	38900	189.9×10^3

表 11-33 不同 t_{xj} 值时的全炉循环倍率 K 值

假设的下降管进口水温 t_{xj}/℃	全炉循环流量 ΣG/(kg/h)	相对应的全炉循环倍率 K	根据循环倍率反算出的下降管进口水温 t_{xjk}/℃
70	179050	1.239	74.82
80	184400	1.276	75.41
90	189900	1.314	75.97

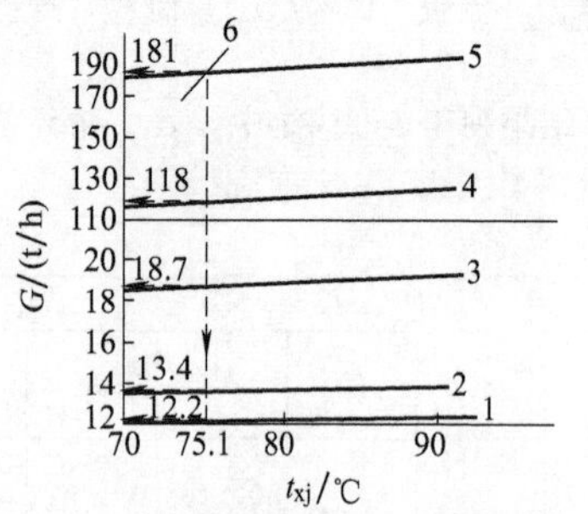

图 11-87 各回路的 $G=f(t_{xj})$ 曲线及全炉循环流量的 $\Sigma G=f(t_{xj})$ 曲线

1—前水冷壁回路的 $G=f(t_{xj})$ 曲线；
2—后水冷壁回路的 $G=f(t_{xj})$ 曲线；
3—侧水冷壁回路的（一侧）$G=f(t_{xj})$ 曲线；
4—对流管束回路的 $G=f(t_{xj})$ 曲线；
5—全炉的 $\Sigma G=f(t_{xj})$ 曲线；
6—全炉的 $\Sigma G=f(t_{xjk})$ 曲线

根据表 11-33 数据作出 $\Sigma G=f(t_{xjk})$ 曲线，并绘于图 11-87 上。在图 11-87 中，由 $\Sigma G=f(t_{xj})$ 曲线与 $\Sigma G=f(t_{xjk})$ 曲线的交点可求出实际的下降管进口水温值及实际全炉循环流量 ΣG 值。由图可见，实际的下降管进口水温 $t_{xj}=75.1$℃；实际的 ΣG 值为 181000kg/h。各回路的循环流量值也可由此图读出。全炉水循环计算结果列于表 11-34。

表压力为 0.7MPa 时的饱和温度为 170.41℃。由表 11-34 可见，各循环回路上升管出口水温均比此饱和温度低 60℃以上，所以在运行中符合要求，不会发生饱和沸腾。

⑦ 校验回路中会否发生过冷沸腾：为此需校验各回路中受热最弱管和受热最强管中的水速是否符合大于发生过冷沸腾的流速要求。

下面以前水冷壁回路受热最弱管为例来校验是否其中水速已满足防止发生过冷沸腾的要求。前水冷壁回路的受热最强管以及其他各回路均可用同法校验有否发生过冷沸腾的可能。

前水冷壁受热最弱管中的流量仍采用图解法求解。其法为先假定受热最弱管中的 3 个流量，然后求出相应于这 3 个假设流量的 3 个上锅筒与下集箱之间的压差。计算方法及结果列于表 11-35。

表 11-34 全炉水循环计算结果汇总表

名称符号及单位	计算式	前墙回路	后墙回路	侧墙回路		对流管束回路
				一侧	两侧	
下降管进口水温 t_{xj}/℃	由图 11-87 解得	75.1	75.1	75.1	75.1	75.1
回路循环流量 G/(kg/h)	由图 11-87 解得	12.2×10^3	13.4×10^3	18.7×10^3	37.4×10^3	118×10^3
全炉循环倍率 K	$K=\frac{\sum G}{G_h}=\frac{181000}{144480}$	1.25	1.25	1.25	1.25	1.25
上升管进口水温 t'_{ss}/℃	$t_{xj}+860\frac{Q_{xj}}{G}$	75.1	75.1	75.1	75.1	78.3
上升管出口水温 t''_{ss}/℃	$t'_{ss}+860\frac{Q_{ss}}{G}$	104.8	106.2	98.1	98.1	87.7
上升管平均水温 t_{ss}/℃	$0.5(t'_{ss}+t''_{ss})$	89.95	90.65	86.6	86.6	83
上升管工质平均密度 ρ_{ss}/(kg/m³)	查表	966.1	965.1	967.68	967.68	970.03
上升管中平均水速 v_{ss}/(m/s)	$\frac{G}{3600f_{ss}\rho_{ss}}$	0.245	0.269	0.281	0.281	0.169

表 11-35 前水冷壁受热最弱管中的流量计算

名称符号及单位	计算式	计算结果		
下降管进口水温 t_{xj}/℃	由水循环计算结果汇总表查得	75.1		
受热最弱管(偏差管)中的流量 G_{min}/(kg/h)	假定	500	1000	1500
偏差管出口水温 t''_{ssp}/℃	$t_{xj}+860\frac{Q\eta_{rmin}}{nG_{min}}$，$n=9$ 根，$\eta_{rmin}=0.5$，$Q=421.93$kW	115.38	95.24	88.53
偏差管平均水温 t_{ssp}/℃	$0.5(t_{xj}+t''_{ssp})$	95.24	85.17	81.82
偏差管中工质平均密度 ρ_{ssp}/(kg/m³)	查水蒸气性质表	961.72	968.71	970.87
偏差管重位压力降 Δp_{zwss}/Pa	$\rho_{ssp}gH$	34608.1	34863.87	34941.6
偏差管流动阻力压力降 Δp_{sspj}/Pa	$\left(\lambda\frac{l}{d}+\sum\xi\right)\frac{\rho_{ssp}v_{ssp}^2}{2}$，$v_{ssp}=G_{min}/(3600f_{ssp}\rho_{ssp})$	20.08	83.4	187.23
上锅筒与下集箱之间的压差 Δp/Pa	$\Delta p=\Delta p_{sspj}+\Delta p_{zwss}$			

将表 11-35 中的相应于 3 个假设流量的 Δp 值画成 $\Delta p=f(G)$ 曲线（见图 11-88）。

图 11-88 中的曲线与根据平均工况管算出的上锅筒与下集箱之间的压差值 Δp 的交点即为受热最弱管的工作点。由此工作点可确定前水冷壁受热最弱的偏差管中的循环流量值。

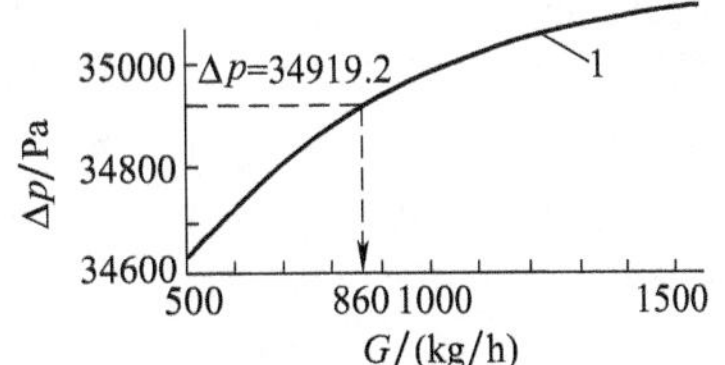

图 11-88 前水冷壁受热最弱管中工质流量的确定
1—$\Delta p=f(G_{min})$

上锅筒与前水冷壁下集箱之间的压差 Δp 可根据前水冷壁平均工况管的参数算得如下。

平均工况管的流动阻力压力降：

$$\begin{aligned}\Delta p_{sspj}&=\left(\lambda\frac{l}{d}+\sum\xi\right)\frac{\rho_{ss}v_{ss}^2}{2}\\&=\left(0.0211\frac{5.959}{0.045}+2.5\right)\frac{966.1\times0.245^2}{2}\\&=153.88\ (\text{Pa})\end{aligned}$$

平均工况管的重位压力降：

$$\Delta p_{zwss}=\rho_{ss}gH=966.1\times9.8\times3.672=34765.7\ (\text{Pa})$$

上锅筒与前水冷壁下集箱间的压差：

$$\Delta p=\Delta p_{sspj}+\Delta p_{zwss}=153.88+34765.7=34919.6\ (\text{Pa})$$

将此 Δp 值在图 11-88 上画一水平线与图上的 $\Delta p=f(G)$ 曲线相交点即为工作点。由此可得前水冷壁受热最弱管中的实际流量为 860kg/h。依此流量可算出前水冷壁受热最弱管中的水速 v_{min}，如表 11-36 所列。

表 11-36 受热最弱管中的水速 v_{min} 计算

名称符号及单位	计 算 式	计算结果
偏差管中实际流量 G_{min}/(kg/h)	由图 11-88 解得	860
偏差管出口实际水温 t''_{ssp}/℃	$t_{xj}+860\dfrac{Q\eta_{rmin}}{nG_{min}}$	98.54
偏差管平均水温 t_{ssp}/℃	$0.5(t_{xj}+t''_{ssp})$	86.82
偏差管平均工质密度 ρ_{ssp}/(kg/m³)	查表	967.49
偏差管中水速 v_{min}/(m/s)	$v_{min}=\dfrac{G_{min}}{3600f_{ssp}\rho_{ssp}}$	0.155

将受热最弱管中水速与不发生过冷沸腾的水速相比，如 v_{min} 大于此流速值，则在此受热最弱管中不会发生过冷沸腾。

该锅炉的回水为除氧水，受热最弱管中的工质雷诺数经计算已大于 10^4，所以不发生过冷沸腾的水速可按式（11-88）计算。经计算如水速≥0.1m/s可不发生过冷沸腾。前水冷壁受热最弱管中水速为 0.155m/s，所以不会发生过冷沸腾。依同法可校验前水冷壁受热最强管以及其他各回路会否发生过冷沸腾的问题。

【例 11-6】 压力为 11MPa，管子内直径为 43mm 的垂直管，质量流速 $\rho v=1600\text{kg}/(\text{m}^2\cdot\text{s})$，内表面热负荷 $q=100\text{kW/m}^2$。试计算沿管子长度均匀回热时发生传热恶化的最高壁温。

解：先按式（11-96）判断发生传热恶化的类型。因为压力为 11MPa，符合 $8\text{MPa}\leqslant p\leqslant 17\text{MPa}$ 的条件。且 $\rho v=1600\text{kg}/(\text{m}^2\cdot\text{s})$，符合 $\rho v\leqslant\dfrac{3000}{9}(17-11)=2000\ [\text{kg}/(\text{m}^2\cdot\text{s})]$ 的条件。所以传热恶化的类型为图 11-65（a）型。

按表 11-23 确定传热恶化发生在图 11-65（a）中的 AB 段、BC 段还是 CD 段。由表 11-23 查得，当 $p=11\text{MPa}$ 时，$q_{crB}=930\text{kW/m}^2$，$q_{crC}=0$，而例题中的 q 值在两者之间，所以传热恶化发生在图 11-65（a）中的 BC 段。

用式（11-97）确定传热恶化时的含汽率 x_{lj}。式中管径修正系数 b_d 由图 11-68 查得为 0.78，x_{lj2} 由图 11-67 查得为 0.34，所以 $x_{lj}=b_d x_{lj2}=0.78\times0.34=0.2652$。

由式（11-105）求 Δx 值：$\Delta x=0.045+\dfrac{0.048}{2.3-0.1\times11}=0.085$。

最高壁温处的含汽率 $x_{max}=x_{lj}+\Delta x=0.2652+0.085=0.3502$。

传热恶化后的管内放热系数 α_2 按式（11-102）计算，但需先算出 y 值。

在 $p=11\text{MPa}$ 时，由水蒸气物性表查得 $\rho'=675.2\text{kg/m}^3$，$\rho''=61.09\text{kg/m}^3$，$\nu''=0.368\times10^{-2}\text{m}^2/\text{s}$，$Pr''=1.9053$，$\lambda''=7.15\text{W}/(\text{m}\cdot℃)$。由这些数值按（式 11-103）可算得 y 值为：

$$y=1-0.1\left(\frac{\rho'}{\rho''}-1\right)^{0.4}(1-x)^{0.4}=1-0.1\left(\frac{675.2}{61.09}-1\right)^{0.4}(1-0.3502)^{0.4}=0.788$$

$$\alpha_2=\frac{7.15}{0.043}\times0.023\left(\frac{1600\times0.043}{61.09\times0.00368}\right)^{0.8}(1.9053)^{0.4}\left[0.3502+\frac{61.09}{675.2}(1-0.3502)\right]^{0.8}\times0.788=185.96\ [\text{W}/(\text{m}^2\cdot℃)]$$

发生传热恶化时的最高壁温 t_{max} 可按式（11-106）算得：

$$t_{max}=t_{bh}+\frac{q}{\alpha_2}=316.58+\frac{100\times10^3}{185.96}=854\ (℃)$$

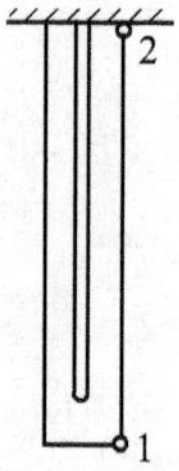

图 11-89 例 7 的第一级屏式受热面示意

【例 11-7】 试计算图 11-89 所示锅炉第一级屏式受热面的管壁温度。

解：受热面的最高管壁温度可能发生在处于最大热负荷区段中的工质焓最大点 1 处，也可能发生在全受热面中工质焓值最大点 2 处。所以应着重对这两点的管壁温度进行校核。

管壁温度计算是在热力计算和水力计算后进行的，因为不少数据需采用热力计算和水力计算的结果。具体计算方法及结果列于表 11-37。

表 11-37　管壁温度计管过程及结果

名称符号及单位	计算式	点 1		点 2	
		计算	结果	计算	结果
管外径及厚度$(d\times\delta)$/mm×mm	结构数据		32×6		32×6
外径和内径比 β	$d/(d-2\delta)$	32/20	1.6	32/20	1.6
屏吸热不均匀系数 η_p			1.0		1.0
被校核管吸热不均匀系数 η_r			1.3		1.3
结构不均匀系数 η_j	由结构数据确定		1.0		1.0
流量不均匀系数 η_l	由水力计算确定		0.97		0.97
计算断面前管段蒸汽焓增 Δi/(kJ/kg)	由热力计算算得		262.9		383.4
计算断面处蒸汽焓 i/(kJ/kg)	$i'+\Delta i$	2893+262.9	3155.9	2893+383.4	3276.4
计算断面处蒸汽温度 t/℃	查水及水蒸气性质表	按 $p=27.2$MPa 及 i 值查得	505	按 $p=26.8$MPa 及 i 值查得	537
计算断面处蒸汽最大焓 i_{max}/(kJ/kg)	$i+\left(\frac{\eta_r\eta_j}{\eta_l}-1\right)\Delta i$	$3155.9+\left(\frac{1.3\times1}{0.97}-1\right)\times262.9$	3245.3	$3276.4+\left(\frac{1.3\times1}{0.97}-1\right)\times383.4$	3406.8
计算断面处蒸汽最高温度 t_{max}/℃	查水及水蒸气性质表	$p=27.2$MPa	529	$p=26.8$MPa	577
计算断面处蒸汽温度超出平均温度的数值 Δt_c/℃	$t_{max}-t$	529−505	24	577−537	40
计算断面处烟气温度 t_y/℃	由炉膛分区段热力计算得出		1308		1116
烟气对管壁的放热系数 α_1/[kJ/(m^2·s·℃)]	由热力计算确定		0.6064		0.1667
蒸汽质量流速 ρv/[kg/(m^2·s)]	$D\eta_l/(f_q\times3600)$，D 为每管的汽流量，kg/s；f_q 为每管蒸汽流通面积，m^2		1228.35		1228.35
蒸汽热导率 λ/[kW/(m·℃)]	查蒸汽性质表		1.06161×10^{-4}		1.0558×10^{-4}
蒸汽黏性系数 μ/[(N·s)/m^2]	查水及水蒸气性质表		3.2885×10^{-5}		3.34278×10^{-5}
Pr 数	查水及水蒸气性质表		1.1725		1.098
蒸汽侧放热系数 α_2/[kJ/(m^2·s·℃)]	$0.023\frac{\lambda}{d}Re^{0.8}Pr^{0.4}$		6.549		6.216
管壁金属热导率 λ_j/[kJ/(m·s·℃)]			0.02471		0.02453
毕奥数 B_i	按式(11-93)计算，$d\alpha_2/(2\beta\lambda_j)$	$\frac{0.032\times6.549}{2\times1.6\times0.02471}$	2.65	$\frac{0.032\times6.216}{2\times1.6\times0.02453}$	2.54
热量分流系数 μ_{fl}	对屏的第一排管子 $\mu_{fl}=1.0$；对其余各排按图 11-62 中 $S/d=1.1$ 曲线确定		1.0	由图 11-62 查得	0.85
污染系数 ε/[(m^2·s·℃)/kJ]	由热力计算确定		9.03		7.396
管子周界最大热负荷处平均单位面积吸热量 q_l/[kJ/(m^2·s)]	$\frac{t_y-t}{\mu_{fl}\beta q_l\left[\frac{\delta}{\lambda_j}\frac{2}{(\beta+1)}+\frac{1}{\alpha_2}\right]}$		180.23		69.77

续表

名称符号及单位	计算式	点 1		点 2	
		计算	结果	计算	结果
管子平均外壁温度 t_w/℃	$t+\beta\mu_{fl}q_1\left[\frac{\delta}{\lambda_j}\frac{2}{(\beta+1)}+\frac{1}{\alpha_2}\right]$		603		576
校核原来在热力计算中假定的灰壁温度 t_h	$t_h=t_w+0.25\varepsilon q_1$		1010		705
算得的 t_h 为 1010℃及 705℃，与原假设的 1000℃及 700℃接近，计算结果合格					
最大热负荷 q_{max}/[kJ/(m^2·s)]	$\eta_p\eta_r q_1$	$1.0\times1.3\times180.23$	234.8	$1.0\times1.3\times69.77$	90.7
平均管壁最高温度 t_b/℃	$t+\Delta t_c+\beta\mu_{fl}q_{max}\times\left[\frac{\delta}{\lambda_j}\frac{1}{(\beta+1)}+\frac{1}{\alpha_2}\right]$	$505+24+1.6\times1.0\times234.8\left[\frac{0.006}{0.024711}\times\frac{1}{(1.6+1)}+\frac{1}{6.555}\right]$	621	$537+40+1.6\times0.85\times90.7\left[\frac{0.006}{0.02453}\times\frac{1}{(1.6+1)}+\frac{1}{6.216}\right]$	608

第十二章 蒸汽品质及锅筒内件

第一节 锅炉蒸汽品质及其污染原因

一、蒸汽净化的必要性

蒸汽锅炉的最终产品应是不仅数量（即出力）满足需要，而且质量符合要求的蒸汽。蒸汽质量包括蒸汽参数（压力和温度）和品质。所谓的蒸汽品质是指蒸汽中杂质含量的多少。理论上，离开锅筒或进入过热器的饱和蒸汽应该不含有任何水分（即干度 $x=1$），也不含有任何杂质，即应为纯净的干蒸汽。但是，由于各种各样的原因，上述理想情况并不存在，离开锅筒或进入过热器的蒸汽总是含有一定数量的水分和杂质。

对于电站锅炉，合格的蒸汽品质是保证锅炉和汽轮机安全经济运行的重要条件。如果蒸汽中含有过多的杂质，则可能产生以下的问题：a. 部分杂质沉积在过热器管及其他受热蒸汽管内壁上，形成盐垢，使管壁温度升高，钢材蠕变加速，甚至产生裂纹而发生爆管事故；b. 蒸汽携带剩余杂质进入汽轮机膨胀做功时，随着压力的降低，部分杂质将析出并沉积在汽轮机的通道部分，致使叶片粗糙度增加、线型改变和蒸汽通道截面减小，使汽轮机的阻力增大，出力和效率降低；c. 部分杂质沉积在与汽轮机调速有关的部件上，造成调速机构卡涩，轴向推力增大，甚至破坏转子两端的止推轴承，叶片上积垢严重时，影响转子的平衡而造成严重的机组振动，甚至造成重大事故；d. 部分杂质沉积在蒸汽管道的阀门处，引起阀门开启困难，关闭不严而漏汽。

对于工业锅炉，蒸汽品质除影响锅炉过热器管的安全性外，若生产用汽与产品是直接接触的，还影响产品质量及工艺条件。所以，应该严格控制锅炉送出的蒸汽的品质，使其达到一定的指标，为此必须进行蒸汽的净化。

二、蒸汽品质标准

蒸汽锅炉输出的蒸汽，其压力和温度的偏差值及变化的速度应符合国家标准中的规定。根据长期运行的经验，蒸汽的品质也必须符合有关标准。我国制定的标准《火力发电机组及蒸汽动力设备水汽质量》（GB/T 12145—2016）目前主要适用于临界压力以下的火力发电机组及蒸汽动力设备（包括正常运行和停、备用机组启动）。

我国临界压力以下的电站锅炉正常运行和启动时的蒸汽品质标准分别见表 12-1 和表 12-2，为防止汽轮机积结金属氧化物，蒸汽中铜和铁的含量也不得超过规定的量，见表 12-3。超临界机组正常运行时的蒸汽质量标准见表 12-4，启动时的蒸汽质量标准见表 12-5。

对于工业锅炉，蒸汽品质应符合下列要求：对于有过热器的工业锅炉，饱和蒸汽的湿度≤1%，对于无过热器的水管锅炉，饱和蒸汽的湿度≤3%；对于无过热器的锅壳式锅炉，饱和蒸汽的湿度≤5%，工业用过热蒸汽的含钠量应<300μg/kg。

表 12-1 临界压力以下的电站锅炉正常运行时的蒸汽质量标准

炉型		锅筒锅炉			直流锅炉			
压力/MPa		3.8～5.8	5.9～18.3		5.9～18.3		18.4～22	
指标类别		标准值	标准值	期望值	标准值	期望值	标准值	期望值
钠/(μg/kg)	磷酸盐处理	≤15	≤10	—	≤10	≤5	<5	<3
	挥发性处理		≤10	≤5				
电导率(氢离子交换后,25℃)/(μS/cm)	磷酸盐处理	—	≤0.30		—	—	—	—
	挥发性处理				≤0.30	≤0.30	≤0.30	≤0.30
	中性水处理及联合水处理	—	—		≤0.20	≤0.15	<0.20	<0.15
二氧化硅/(μg/kg)		≤20	≤20		≤20		<15	<10

表 12-2 临界压力以下的电站锅炉启动时的蒸汽质量标准

炉型	锅炉压力/MPa	氢交换电导率(25℃)/(μS/cm)	二氧化硅/(μg/kg)	钠/(μg/kg)	铁/(μg/kg)	铜/(μg/kg)
锅筒锅炉	3.82～5.78 5.88～18.62	≤3 ≤1	≤80 ≤60	≤50 ≤20	— ≤50	— ≤15
直流锅炉			≤30	≤20	≤50	≤15

表 12-3 临界压力以下的电站锅炉蒸汽中铜和铁的含量

炉型	锅筒锅炉				直流锅炉			
压力/MPa	3.8～15.6		15.7～18.3		15.7～18.3		18.4～25	
指标类别	标准值	期望值	标准值	期望值	标准值	期望值	标准值	期望值
铁/(μg/kg)	≤20	—	≤20	—	≤10	—	≤10	—
铜/(μg/kg)	≤5	—	≤5	≤3	≤5	≤3	≤5	≤2

表 12-4 超临界压力下电站锅炉正常运行时的蒸汽质量标准

项目	氢交换电导率(25℃)/(μS/cm)	二氧化硅/(μg/kg)	钠/(μg/kg)	铁/(μg/kg)	铜/(μg/kg)
标准值	<0.20	≤15	≤5	≤10	≤3
期望值	<0.15	≤10	≤2	≤5	≤1

表 12-5 超临界压力机组汽轮机冲转前的蒸汽质量标准

项目	氢交换电导率(25℃)/(μS/cm)	二氧化硅/(μg/kg)	钠/(μg/kg)	铁/(μg/kg)	铜/(μg/kg)
标准值	≤0.50	≤30	≤20	≤50	≤15

注：要求 8h 内达到表 12-4 中的标准值。

三、蒸汽被污染的原因及提高蒸汽品质的途径

所谓的蒸汽被污染，是指蒸汽携带盐分的现象。蒸汽携带盐分的原因有 2 种：a. 饱和蒸汽携带了含盐的水滴，称为机械性携带；b. 蒸汽中溶解有某些盐分，称为溶解性携带。随压力的升高，蒸汽溶解盐分的能力增大。一定压力下，蒸汽对不同盐分的溶解能力不同，即蒸汽的溶盐具有选择性。因此，溶解性携带又称选择性携带。

机械性携带造成的蒸汽含盐量为：

$$S_{q}^{jx}=\frac{w}{100}S_{ls} \tag{12-1}$$

式中 S_{q}^{jx}——机械性携带造成的蒸汽含盐量，mg/kg；

w——蒸汽中携带的水分含量，即蒸汽湿度，%；

S_{ls}——炉水含盐量，mg/kg。

溶解性携带造成的蒸汽中携带某种盐分的量 S_q^{rj} 为：

$$S_q^{rj}=\frac{a^M}{100}S_{ls}^M \tag{12-2}$$

式中　a^M——某种盐分的分配系数，表明某种盐分在蒸汽中的量与此盐分在和蒸汽相接触的炉水中含量之比，%；

S_{ls}^M——炉水中所含此盐分的量，mg/kg。

饱和蒸汽中溶盐总量为各种盐分溶解量之和，即：

$$\Sigma S_q^{rj}=\Sigma\left(\frac{a^M}{100}S_{ls}^M\right) \tag{12-3}$$

饱和蒸汽携带的总盐分应为机械性携带与溶解性携带之和，即：

$$S_q=S_q^{jx}+\Sigma S_q^{rj}=\frac{w}{100}S_{ls}+\Sigma\left(\frac{a^M}{100}S_{ls}^M\right) \tag{12-4}$$

蒸汽含盐还可用携带系数 k 来表示，k 表明蒸汽含盐占炉水含盐的百分数，即：

$$k=\frac{S_q}{S_{ls}}\times 100\% \tag{12-5}$$

对于蒸汽中某种盐分的含量也可以用某种盐分的携带系数 k^M 来表示，即：

$$S_q^M=\frac{k^M}{100}S_{ls}^M \tag{12-6}$$

以上说明，蒸汽中携带盐分的多少取决于炉水的含盐浓度、蒸汽中机械携带的水分含量以及各种盐分在蒸汽中的溶解能力。

炉水中的含盐量主要是给水带入的，也可能有一小部分是腐蚀产物，其量一般很小，可忽略。因此，可建立盐分平衡方程：

$$(100+P_{pw})S_{gs}=100S_q+P_{pw}S_{ls} \tag{12-7}$$

式中　S_{gs}——给水含盐量，mg/kg；

P_{pw}——排污率，即排污水量占锅炉蒸发量的质量分数，%。

由上式可以看出，提高蒸汽品质的途径有如下几种方法。

(1) 提高给水品质　排污率不变时，提高给水品质，可使炉水含盐量减少，蒸汽品质得以提高。给水品质主要受补给水品质的影响，因此应根据技术经济比较，采用合理的水处理系统。另外，由于凝汽器汽、水侧的压力低于循环水侧的压力，因此，必须避免凝汽器的泄漏，防止循环水进入给水系统中。

(2) 增加排污量　给水进入锅炉后由于不断蒸发而浓缩，使得炉水的含盐浓度比给水高得多。为保持一定的炉水含盐浓度，需连续地排除部分炉水，称为连续排污。增加排污量，可使炉水含盐浓度降低，从而提高蒸汽品质，但使热损失增加和补给水量增大。允许的最大排污率见表 12-6。

表 12-6　允许的最大排污率

给水条件	排污率/%
以化学除盐水或凝结水为补给水的凝汽式电厂锅炉	>1
以化学除盐水或凝结水为补给水的热电厂锅炉	>2
以化学软水为补给水的凝汽式电厂锅炉	>2
以化学软水为补给水的热电厂锅炉	>5
以化学软水为补给水的工业用汽锅炉	8～12,无采暖负荷时可达 15

注：排污率 $P_{pw}=\frac{排污量}{蒸发量}\times 100\%=\frac{D_{pw}}{D}\times 100\%$，$P_{pw}$ 应≥0.3%。

(3) 改进锅筒内部装置　提高汽水分离效率，采用分段蒸发、蒸汽清洗等方法来提高蒸汽品质。

四、机械性携带及其影响因素

锅筒锅炉中，汽水混合物的分离过程是在锅筒内进行的。当饱和蒸汽从炉水中引出时，总带有一些水滴，而将炉水中的一部分盐分带入饱和蒸汽，称这种带盐机理为蒸汽的机械性携带。

水滴的形成过程有以下两种（见图 12-1）。

(1) 液流被机械打碎　从上升管进入锅筒的汽水混合物，由于具有较大的动能，当冲击水面、冲击锅筒内部装置或相互撞击时，会引起大量的炉水飞溅，形成大量水滴。这些水滴进入锅筒的蒸汽空间后，直径较大的水滴靠自重会返回液面，直径较小的水滴则被蒸汽带走，造成蒸汽带水。

(2) 汽泡从水面下穿出 汽泡会在蒸发表面破裂，从而引起炉水飞溅，形成水滴。

(a) 由于汽水混合物撞击水面而形成水滴

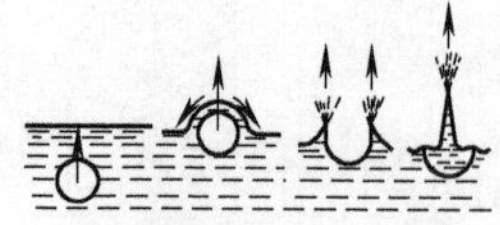

(b) 由于汽泡在水面破裂而形成水滴

图 12-1 蒸汽空间中水滴形成示意

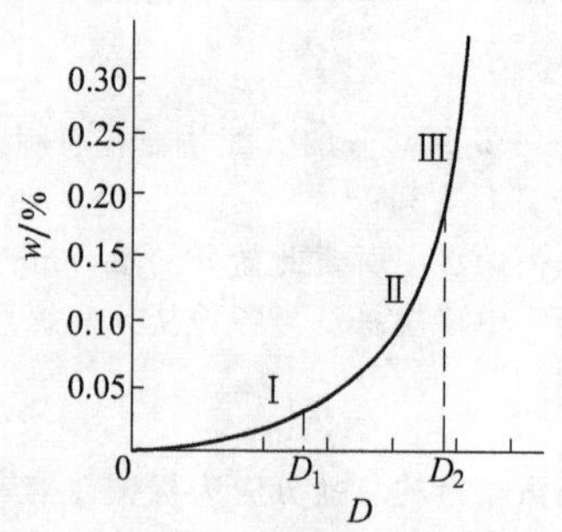

图 12-2 蒸汽湿度与锅炉负荷的关系

影响蒸汽机械性携带的主要因素如下。

(1) 锅炉负荷 在蒸汽压力、锅筒结构及尺寸和炉水含盐量一定的条件下，由试验方法获得的蒸汽湿度与锅炉负荷的关系如图 12-2 所示。随锅炉负荷的增加，汽水混合物穿出水面或撞击水面造成的炉水飞溅量增大，蒸汽空间的汽速也增大，因此蒸汽带水能力增强。另外，由于锅筒水空间汽泡的增多、水位膨胀，使得实际蒸汽空间高度减小而不利于汽水自然分离。因此，随锅炉负荷的增加，蒸汽湿度增大。由图还可以看出，随着锅炉负荷的增加，存在着 3 个区域，即：当 $D<D_1$ 时，蒸汽带水较少，并且随锅炉负荷的增加，蒸汽湿度增加较慢，称这一区域为第Ⅰ负荷区；当 $D_1<D<D_2$ 时，蒸汽湿度增加较快，称这一区域为第Ⅱ负荷区；当 $D>D_2$ 后，蒸汽湿度急剧增加，称这一区域为第Ⅲ负荷区。

图 12-2 所示的曲线及负荷区的划分与锅炉结构（如上升管引入锅筒的方式、汽水分离装置的结构等）、炉水含盐量、压力等有关，应由热化学试验确定。此曲线可用下式近似表示：

$$w=AD^n \tag{12-8}$$

根据试验，指数 n 的数值为：第Ⅰ负荷区，$w\leqslant 0.03\%$，$n=1\sim3$；第Ⅱ负荷区，$w=(0.03\sim0.2)\%$，$n=2.5\sim4$；第Ⅲ负荷区，$w>0.2\%$，$n=8\sim10$。

为了应用上的方便，常用下列参数来表示锅筒的蒸汽负荷。

① 蒸发面负荷。通过锅筒水面单位面积的蒸汽流量称为蒸发面负荷。当蒸汽流量用体积流量时，称为蒸发面体积负荷，用 R_A 表示 [单位：$m^3/(m^2\cdot h)$]；当蒸汽流量用质量流量时，称为蒸发面质量负荷，用 R'_A 表示 [单位：$kg/(m^2\cdot h)$]。即：

$$R_A=q_m v''/A \tag{12-9}$$

$$R'_A=q_m/A \tag{12-10}$$

式中 q_m——蒸汽质量流量，kg/h；

v''——蒸汽比体积，m^3/kg；

A——锅筒水面的面积，m^2。

② 蒸汽空间负荷。通过蒸汽空间单位容积的蒸汽体积流量，称为蒸汽空间体积负荷，用 R_V 表示 [单位：$m^3/(m^3\cdot h)$]；当蒸汽流量用质量流量时，称为蒸汽空间质量负荷，用 R'_V 表示 [单位：$kg/(m^3\cdot h)$]。即：

$$R_V=q_m v''/V$$

$$R'_V=q_m/V$$

式中 V——蒸汽空间的体积，m^3。

不同锅筒压力下，蒸汽湿度与蒸汽空间体积负荷的关系如图 12-3 所示。

电站锅炉的蒸汽空间体积负荷 R_V 的推荐值见表 12-7，工业锅炉的蒸汽空间体积负荷 R_V 的推荐值见表 12-8。

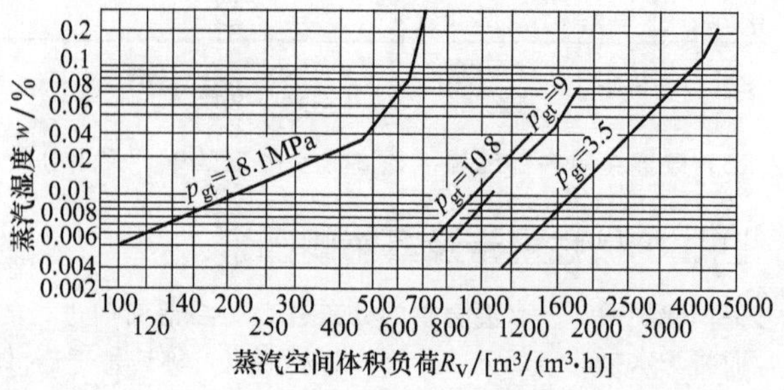

图 12-3 蒸汽湿度与蒸汽空间体积负荷的关系

表 12-7　电站锅炉蒸汽空间体积负荷 R_V 的推荐值

锅筒压力 p_{gt}/MPa	蒸汽空间体积负荷 R_V/[m^3/(m^3·h)]	锅筒压力 p_{gt}/MPa	蒸汽空间体积负荷 R_V/[m^3/(m^3·h)]
4.3	500～1000	15.2	250～300
10.8	350～400		

表 12-8　工业锅炉蒸汽空间体积负荷 R_V 的推荐值

锅筒压力 p_{gt}/MPa	蒸汽空间体积负荷 R_V/[m^3/(m^3·h)]	锅筒压力 p_{gt}/MPa	蒸汽空间体积负荷 R_V/[m^3/(m^3·h)]
0.4	630～1310	1.3	580～1200
0.7	610～1280	1.6	570～1150
1.0	610～1250	2.5	540～1080

根据蒸汽品质的要求，由式（12-8）、式（12-11）及图 12-3、表 12-5 或表 12-6 可确定允许的蒸汽湿度、允许的蒸汽空间体积负荷或锅筒的尺寸。在确定锅筒尺寸时，应考虑一定的安全储备。

(2) 蒸汽空间高度　试验得出的蒸汽空间高度与蒸汽湿度的关系示于图 12-4。当蒸汽空间高度较小时，大量的飞溅炉水将被汽流带走，因而蒸汽湿度很大。随蒸汽空间高度的增加，蒸汽湿度迅速减少。但当蒸汽空间高度达到 0.6m 左右时，蒸汽湿度的变化就很平缓。这说明采用过大的锅筒尺寸对汽水分离并不必要。

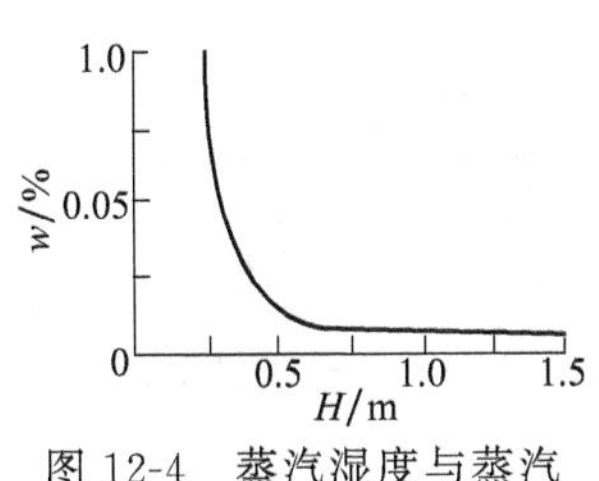

图 12-4　蒸汽湿度与蒸汽空间高度的关系

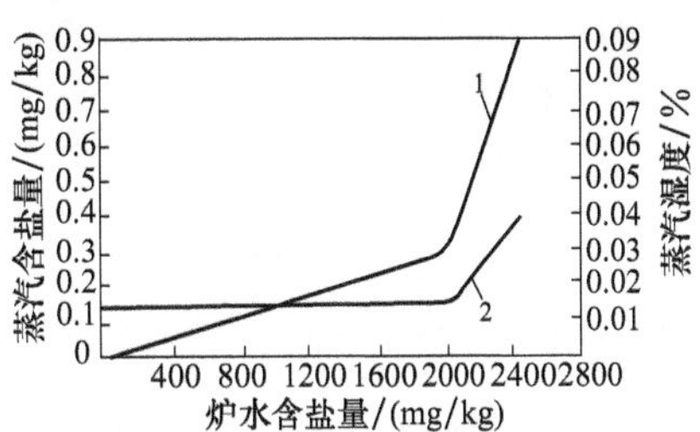

图 12-5　蒸汽湿度、蒸汽含盐量与炉水含盐量的关系

1—蒸汽湿度与炉水含盐量的关系；
2—蒸汽含盐量与炉水含盐量的关系

(3) 炉水含盐量　炉水含盐量增加使炉水黏度及表面张力增大，其结果是小汽泡不易合并成大汽泡，小汽泡在水中上升的速度变慢，使水位膨胀加剧，水面上形成泡沫层，这将减小蒸汽空间高度。另外，汽泡破裂时形成的水滴细小，较易为蒸汽带走。因此，炉水含盐量的增加将使蒸汽湿度增大。蒸汽湿度和炉水含盐量的关系见图 12-5，该图还示出蒸汽含盐量和炉水含盐量的关系。

(4) 蒸汽压力　蒸汽压力升高，饱和水的表面张力减小，水膜越易被破碎为更细小的水滴，且此时汽水密度更接近，汽水更不易分离。因此，随压力的升高，蒸汽湿度似有增加的趋势。但实际中，压力升高后蒸汽密度变大，当蒸发面负荷一定时，蒸汽上升速度减小，所以，在上述因素的综合作用下，只有当压力高于 15MPa 时蒸汽湿度才随压力的增加有显著增长的趋势。

对于高参数、大容量锅炉，水质条件都很好，此时炉水含盐量不是影响蒸汽品质的主要因素。由于锅筒的体积不是随锅炉容量按比例增加的，有时蒸汽空间负荷强度超过一般的推荐值，考虑运输和安装的方便，大容量锅炉的锅筒直径及长度往往选得偏小，而且随着压力的增高，锅筒内实际水位增高，这往往表现为蒸汽品质对变工况（负荷波动、水位波动等）的适应能力较差。此时，有效空间高度成为影响机械携带的主要因素。特别是对于调峰机组，负荷的变动往往引起水位的波动。因此，选用合适的锅筒内径，是保证蒸汽品质的主要因素之一。对于中、低参数的小容量锅炉及补水率很大的供热锅炉，炉水含盐量一般为影响蒸汽品质的主要因素。

五、选择性携带及其影响因素

饱和蒸汽和过热蒸汽都具有直接溶解盐分的能力。某种盐分的分配系数 a^M 表明了蒸汽溶解该盐分的能力。试验表明，压力一定时，某种盐分的 a^M 值不变。但 a^M 随压力的增高而增大，即蒸汽的溶盐能力随压力增高而增强。

锅炉炉水中常见的一些盐分的分配系数与压力的关系见图 12-6，并可近似地用下式表示：

$$a^{M}=\left(\frac{\rho''}{\rho'}\right)^{n} \tag{12-11}$$

式中 ρ'——饱和水的密度，kg/m^3；

ρ''——饱和蒸汽的密度，kg/m^3；

n——指数，取决于盐分的种类，见表 12-9。

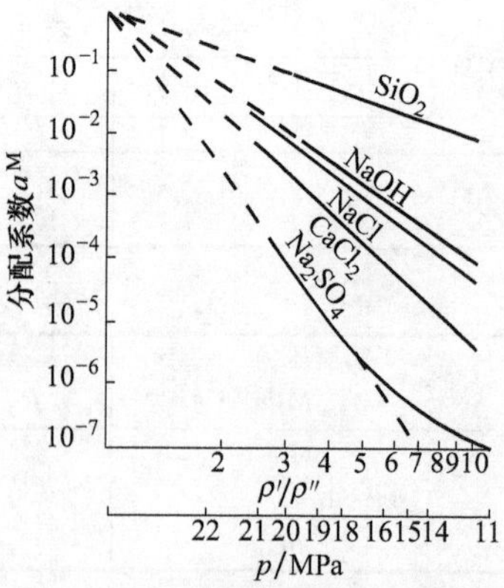

图 12-6 各种盐分的分配系数与压力的关系

随着压力的增加，蒸汽与水的密度差减小，蒸汽与水的性质靠近，因而使蒸汽溶解盐分的能力与水接近，而使盐分的分配系数增大，当达到临界压力时，则分配系数 $a^M=1$。对于中压及低压工业锅炉，由于各种盐分的分配系数小，蒸汽溶盐性能低且允许的蒸汽湿度较高，因此饱和蒸汽中的盐分主要来自机械性携带，可不必考虑蒸汽溶盐带来的盐分增加。但在高压锅炉中就必须考虑蒸汽溶解盐分的问题。

按饱和蒸汽溶解盐分能力的大小，可将炉水中常见的盐分分为三大类：第一类 $n<1.0$；第二类 $n=1.0\sim3.0$，第三类 $n>4.0$。第一类为最易于溶于蒸汽的盐分，如锅炉金属材料的腐蚀产物 Fe_3O_4 及 Al_2O_3 等，但这类盐分在炉水中的含量很少，溶于蒸汽中的量也少，可以忽略。蒸汽中溶盐的主要成分是第二类盐分硅酸 H_2SiO_3，这种盐分在水中含量高且分配系数较大，在 11MPa 时，其 a^M 值为 1%，18MPa 时可达 8%。第三类为难溶于蒸汽的盐分，其中 NaCl 等 n 值略大于 4.0 的盐分在超高压时，其分配系数仍应考虑，而对于 n 值更大的盐分，即使压力很高，溶于蒸汽的量仍极少，可不予考虑。

表 12-9 指数 n 值

盐分种类	SiO_2	NaOH	NaCl	$CaCl_2$	Na_2SO_4
n 值	1.9	4.1	4.4	5.5	8.4

因此，溶于饱和蒸汽的盐分中最应注意的是硅酸，这不仅由于硅酸的分配系数大，而且硅酸在汽轮机中沉淀时会形成不溶于水的难以清洗的 SiO_2 沉淀物，严重时将迫使汽轮机停机进行机械清理。硅酸的分配系数列于表 12-10（实验室数据）及表 12-11（工业试验结果）。

表 12-10 硅酸的分配系数 pH＝10～11（实验室数据）

蒸汽压力/MPa	2.94	3.92	4.90	5.88	8.86	7.84	8.82	9.80	10.78
硅酸分配系数/%	0.03	0.038	0.05	0.07	0.10	0.16	0.30	0.60	0.92
蒸汽压力/MPa	11.76	12.75	13.73	14.71	15.69	16.66	17.65	18.14	
硅酸分配系数/%	1.25	1.70	2.2	2.8	3.8	5.2	7.3	9.0	

表 12-11 硅酸的分配系数（工业试验结果）

锅筒压力/MPa	4.41	10.78	14.7	18.14
硅酸分配系数/%	0.05～0.08(对于石灰二级钠盐处理系统) 0.1(对于氢钠盐处理系统)	1.0	3～4	9～12

硅酸的分配系数除与压力有关外，还与炉水的 pH 值有关。锅筒内的水温较高，pH 值也较高，给水中溶解状态和胶体状态的硅化合物进入锅筒后都成为溶解状态。炉水中的硅化合物有一部分是溶解状态的硅酸盐，一部分是硅酸，蒸汽溶解携带的主要是硅酸，对硅酸盐的溶解能力则很小。炉水中硅酸与硅酸盐之间处于水解平衡状态：

$$HSiO_3^- + H_2O \rightleftharpoons H_2SiO_3 + OH^- \tag{12-12}$$

当炉水中 pH 值提高时，水中的 OH^- 浓度增加，平衡向生成硅酸盐方向移动，以分子形态 H_2SiO_3 存在于炉水中的硅酸含量减少，饱和蒸汽中溶入的硅酸将减少，硅酸的分配系数下降。硅酸的分配系数 a^M 与炉水 pH 值的关系曲线示于图 12-7。

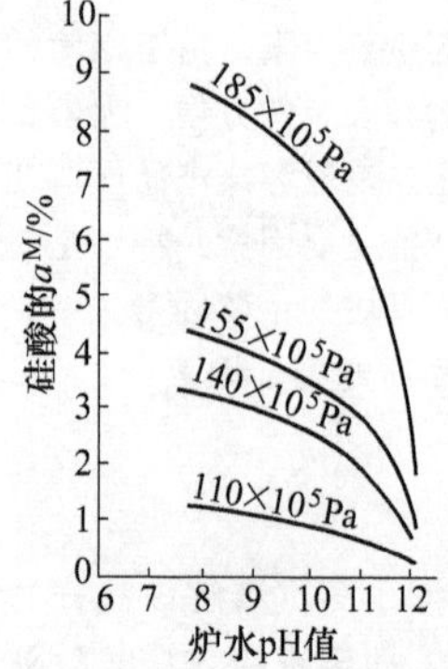

图 12-7 硅酸的分配系数 a^M 与炉水 pH 值的关系

按式（12-11）计算的指数 n 随 pH 值的增加而增加，见表 12-12。当 pH>9 时，影响较大；pH>12 后，影响又逐渐减小。

实际运行中，炉水碱度也不能过大，否则将使炉水表面的泡沫层增加，使蒸汽的机械携带量剧增，还可能引起金属的苛性脆化，所以不能依靠增大 pH 值的办法来降低蒸汽中的硅酸含量。

表 12-12 指数 n 值

pH	n	pH	n
7.8～9	1.8	11.3	2.1
10.3	1.95	12.1	2.4

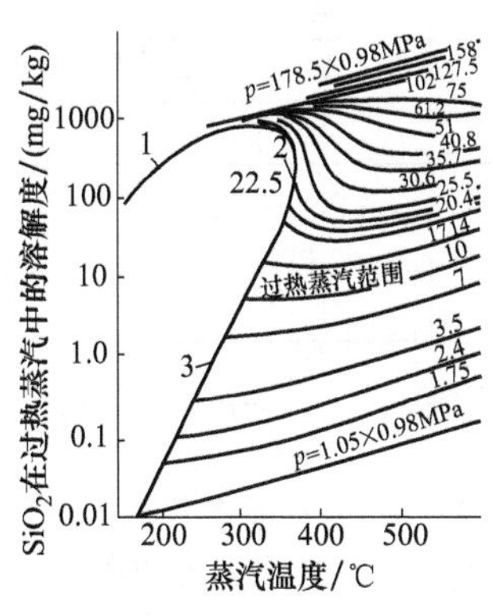

图 12-8 SiO_2 在过热蒸汽中的溶解度曲线

1—饱和水线；2—临界点；3—饱和蒸汽线

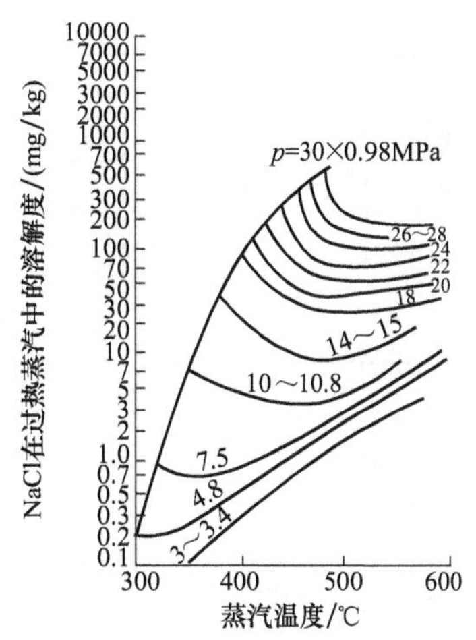

图 12-9 NaCl 在过热蒸汽中的溶解度曲线

如上所述，饱和蒸汽中溶解的盐分主要为硅酸。一般说来，饱和蒸汽中所携带的水滴中的盐分主要为 NaCl、NaOH 和 Na_2SO_4 等钠的化合物。饱和蒸汽在过热器中被加热而成为过热蒸汽后，由于过热蒸汽对各种盐分具有一定的溶解度，若饱和蒸汽所携带的某种盐分的数量大于该盐分在过热蒸汽中的溶解度，则该盐分的多余部分就会沉积在过热器的管内壁上，反之，则该盐分将溶于过热蒸汽并随之进入汽轮机。饱和蒸汽中的硅酸在过热蒸汽中会失水而成为 SiO_2，图 12-8 给出了 SiO_2 在过热蒸汽中的溶解度随蒸汽温度的变化曲线。图 12-9 和图 12-10 分别给出了 NaCl 和 Na_2SO_4 随蒸汽温度的变化曲线。

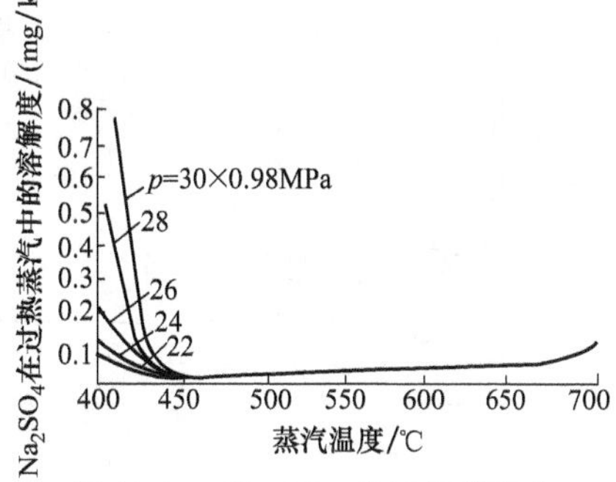

图 12-10 Na_2SO_4 在过热蒸汽中的溶解度曲线

由以上各图可以看出：饱和蒸汽中易于溶解的盐分在过热蒸汽中的溶解度较大；压力越高，溶解度越大；压力一定时，随蒸汽温度的增加，有的盐分的溶解度下降，有的增加，有的则先下降然后上升；过热蒸汽温度很高时，蒸汽接近于理想气体，盐分的溶解度受温度的影响大，而受压力的影响相对减小；超临界压力下的盐分溶解度的规律性与低于临界压力的情况相类似。

第二节 锅筒内件

一、锅筒的作用及结构

锅筒是锅筒型锅炉中最重要的圆柱形承压容器，价格昂贵，其主要作用如下。

① 接受从省煤器来的给水，向过热器输送饱和蒸汽，连接上升管和下降管构成循环回路。所以，锅筒是水被加热、蒸发和过热三个过程的连接枢纽。

② 锅筒中存有一定数量的饱和水，因而具有一定的蓄热能力。当工况发生变化时，可以减缓蒸汽压力变化的速度。蓄水量越大，越有利于负荷发生变化时的运行调节。

③ 锅筒内部安装有给水、加药、排污、分段蒸发和蒸汽净化等装置以改善蒸汽品质。此外，锅筒上还装有压力表、水位计和安全阀等附件。

小型锅炉常装有两个或两个以上的锅筒，位于下部的锅筒俗称泥鼓。由于下锅筒内不装设汽水分离等元件，其直径可小于上锅筒的直径。现代锅炉的锅筒一般是不受热的，锅筒承受饱和蒸汽压力并在饱和温度下工作。

锅筒尺寸、材料和壁厚根据锅炉的容量、参数的不同而不同。中国自然循环锅炉的锅筒内径和材料如表12-13所列。

表 12-13 中国自然循环锅炉的锅筒内径和材料

压力	低压	中压	高压	超高压	亚临界压力
内径/mm	800～1200	1400～1600	1600～1800	1600～1800	1600～1800
壁厚/mm	16～25	32～46	60～100	80～100	130～202
材料	A3g 20g	20g 16Mng 15MnVg	22g 14MnMoVg 19Mn5	14MnMoVg 18MnMoNbg BHW35	BHW35 SA-299

当锅炉容量小、压力低、对蒸汽品质要求不高以及内部装置形式简单时，可采用较小的内径。多次强制循环锅筒锅炉的锅筒内径也可选得小些。

图12-11示出了中国产超高压400t/h锅炉的锅筒本体结构。锅筒外面有许多管接头，连接着各管道，如给水管、上升管来的引入管、下降管、饱和蒸汽引出管以及连续排污管、事故放水管和加药管等。还有一些连接各种测量仪表及自动控制装置的管道等。锅筒内部用以提高蒸汽品质的装置在图中没有示出。

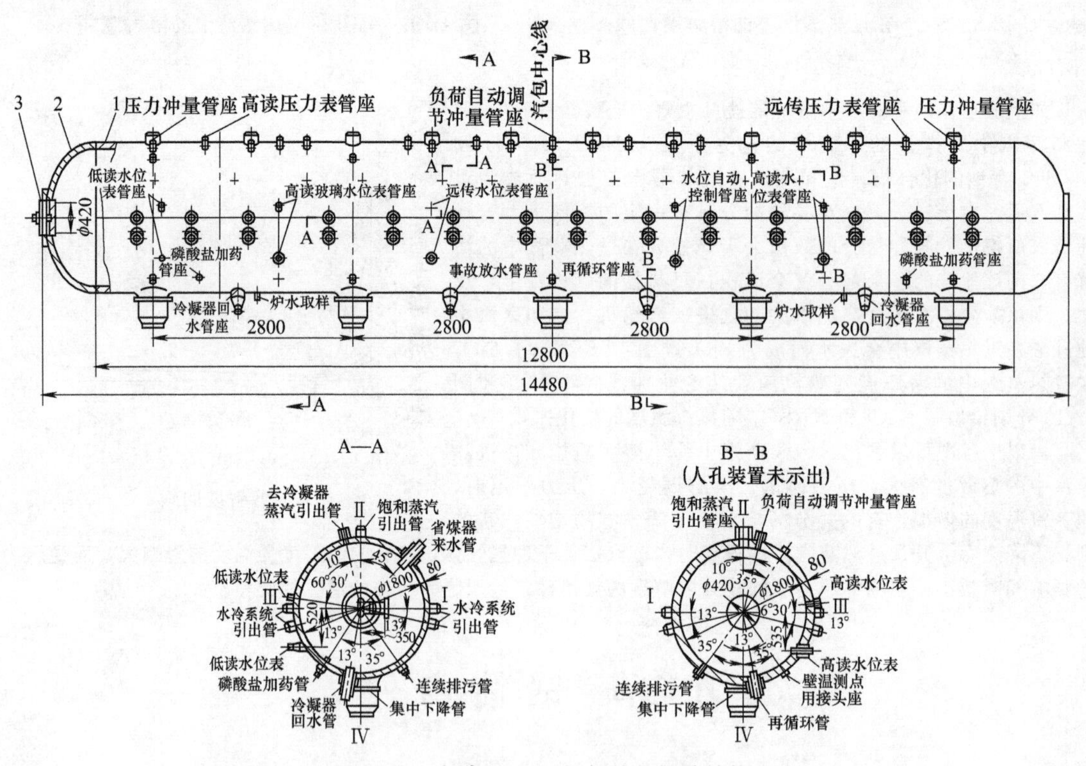

图 12-11 超高压 400t/h 锅炉的锅筒结构

1—锅炉本体；2—锅筒封头；3—人孔

锅筒两端的端盖称为封头。为了保证封头具有足够的强度，封头可为平封头、椭球形封头及半球形封头。低压锅炉常采有平封头或椭球形封头；中压锅炉一般采用椭球形封头；高压及超高压锅炉则多采用半球形封头。

为了便于进入锅筒内部进行设备的安装和检修工作，在锅筒的一端或两端的封头上开设人孔，如图12-12所示。人孔一般为椭圆形，常用尺寸为420mm×325mm，最小尺寸为400mm×300mm。人孔上的孔盖俗称倒门，是用拉力螺丝由锅筒里面向外关紧的。人孔之所以做成椭圆形，是为了使人孔盖能够放进锅筒。运行中锅筒内的压力可进一步将孔盖压紧。

二、锅筒内件的任务

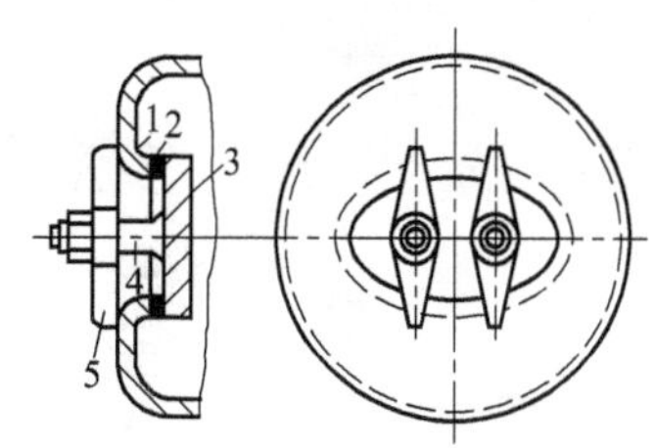

图 12-12　锅筒的椭圆形人孔盖
1—锅筒封头；2—衬垫；3—人孔盖；4—螺栓；5—活梁

锅筒内件，也称锅筒内部装置，是布置在锅筒内部，用以净化蒸汽、分配给水、排污和加药等装置的总称。锅筒起着储存水量、进行汽水分离和排除一部分盐分以保持合理的炉水浓度的作用。为了保证这些任务的顺利完成，需要在锅筒内部加装一些元件，包括汽水分离装置、蒸汽清洗装置、分段蒸发设备、排污装置、给水管和加药管等。

从上升管进入锅筒的汽水混合物的流速很高，一般为 4～5m/s，最大可达 10m/s。这些动能很大的汽水混合物冲击锅筒内部的炉水时，会引起大量的炉水飞溅。因此，首先应采用一些分离元件来消除其动能。

分离装置有一次分离元件和二次分离元件。一次分离元件的作用是消除汽水混合物的动能并初步把蒸汽和循环水分离，带有少量水分的蒸汽还要有足够的空间高度进行重力分离，然后进入二次分离元件进行机械分离，使蒸汽进一步得以“干燥”，最后由锅筒引出送至过热器。在进行汽水分离时，要尽量减少水室含汽量，防止下降管带汽，以免影响水循环的可靠性，对于高压及超高压锅炉，为了降低蒸汽的溶解性携带，需要组织合理而有效的蒸汽清洗。一般说来，给水带入锅筒的盐分总是大于蒸汽带出的盐分。随着锅炉工作时间的增长，炉水中的盐分将不断增加。可以通过排污的方法引出一定量的盐分，使炉水含盐量维持稳定，并控制在允许的范围内。

三、汽水分离装置

降低机械性携带的办法是进行汽水分离，将蒸汽携带的水分分离出去。汽水混合物的分离一般利用下列基本原理进行：a. 重力分离，利用蒸汽与水的密度差进行自然分离；b. 惯性力分离，利用汽水两相流体改变方向时的惯性力进行汽水分离；c. 离心力分离，利用汽水两相流体旋转时产生的离心力进行汽水分离；d. 水膜分离，利用使水黏附在金属壁面上形成水膜流下而进行汽水分离。

设计汽水分离装置时，要尽量做到：使锅筒内的蒸汽负荷沿锅筒长度和宽度方向分布均匀；防止汽水混合物、蒸汽和水对水面的直接冲击，避免微小水滴的出现；组织好分离装置的疏水，避免分离后的水滴被二次带走；防止汽泡被带进下降管，影响水循环的可靠性；制造安装简单，检查维修方便。

1. 一次分离元件

一次分离元件也称为粗分离元件。其作用是消除汽水混合物进入锅筒时带有的动能并将蒸汽和水初步分离，进入锅筒的汽水混合物的干度一般小于 10%，一次分离元件出口的蒸汽湿度应降低到 0.5%～1.0%。常用的一次分离元件有旋风分离器、挡板（包括进口挡板、缝隙挡板）、水下孔板和钢丝网等。

(1) 旋风分离器　旋风分离器主要利用离心力分离原理，同时也综合应用了重力分离和水膜分离原理来进行汽水分离。锅内旋风分离器可分为立式、卧式和涡轮式三类。旋风分离器一般由筒体、筒底和波形板顶帽三部分组成。图 12-13 为立式旋风分离器的筒体结构和工况示意。从上升管来的具有很大动能的汽水两相混合物沿切线方向引入旋风分离器的筒体，使其由直线运动转变为旋转运动，从而形成离心力，水贴筒壁下流，汽在筒内螺旋上升，筒内水面呈上凹抛物面。筒内汽空间中还有少量水滴，这些水滴在汽空间中依靠离心力和重力的作用进一步得以分离。最后，当蒸汽通过旋风筒上部的波形板顶帽时，靠水膜分离原理使蒸汽进一步降低水分。为了防止筒壁上部的薄层水膜被上升汽流撕破，在筒体顶部装有开式溢流环。沿筒体内壁旋转上升的水膜可由此溢流环溢出，否则容易被汽流撕破而影响分离效果，溢流环与筒体间保持一定的间隙，此间隙既要保证水膜能顺利流出，又要防止蒸汽窜出。为了防止分离下采得的水向下排出时中心带汽，筒底装有一圆形底板，使水只能由底板周围环形通道排出。通道中装有导向叶片，其倾斜方向与水流旋转方向相同。

影响旋风分离器分离效果的主要因素有汽水混合物的进口流速、筒体高度及筒内停留时间、筒体直径和运行参数等。评价旋风分离器的分离效果，不仅要看出口处蒸汽携带水分的多少，还要看底部排水带汽量的多少。底部排水带汽量与离心分离效果、筒底结构、筒体没入锅水的深度及排水速度等有关。

锅内立式旋风分离器有柱形筒体和锥形筒体两种。中国产锅炉多采用图 12-14 所示的柱形筒体，其结构尺寸列于表 12-14。筒体用 2～3mm 的钢板卷成，低压及中压锅炉常用直径为 ϕ290mm 的筒体，高压及超高压锅炉则常用直径为 ϕ315mm 和 ϕ350mm 的筒体。若筒体直径太小，则布置的台数要多，给安装和检修带来不便；若直径太大，虽然台数可减少，但离心分离效果降低，也容易造成各旋风分离器间的负荷分配不均匀。

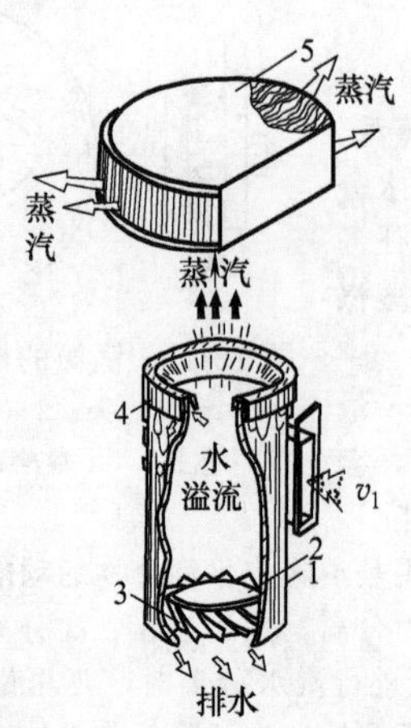

图 12-13 立式旋风分离器的筒体结构和工况示意

1—筒体；2—筒底；3—导向叶片；4—溢流环；5—波形板顶帽

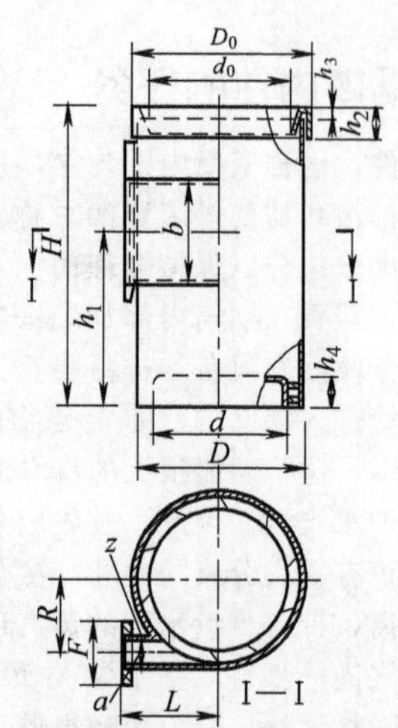

图 12-14 旋风分离器的柱形筒体

表 12-14 旋风分离器柱形筒体的结构尺寸　　单位：mm

规格	D	d_0	d	D_0	H	h_1	h_2	h_3	h_4	R	F	a	z	L	b
ϕ260	260	210	200	280	482	287	65	17	50	108	110	50	2	170	250
ϕ290	290	240	244	304	482	287	65	7	50	118	120	50	2	185	249
ϕ315	315	260	244	329	517	300	50	17	50	130.5	110	50	2	172	180
ϕ350	350	294	280	368	S36	308	54	19	52	148	124	50	2	195	200

旋风分离器顶帽的作用是均匀引出蒸汽，消除汽流的旋转并进一步分离水分。国产中压锅炉常使用水平式百叶窗方形顶帽，见图 12-15（a）；高压和超高压锅炉则多使用立式百叶窗圆形顶帽、梯形顶帽或伞形顶帽，见图 12-15（b）～（d）。图 12-15（b）的详细尺寸见表 12-15。

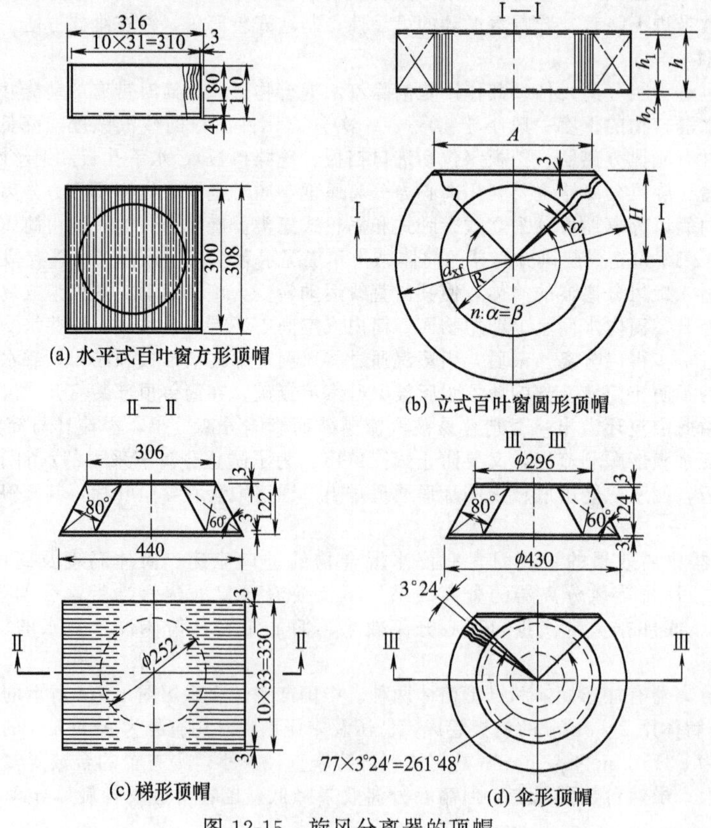

(a) 水平式百叶窗方形顶帽

(b) 立式百叶窗圆形顶帽

(c) 梯形顶帽

(d) 伞形顶帽

图 12-15 旋风分离器的顶帽

表 12-15　立式百叶窗圆形顶帽的结构尺寸　　单位：mm

规格	d_{xf}	h	h_1	h_2	A	H	R	n	α	β
配 ϕ315 筒	464	122	116	3	352	157	152	72	3°36′	259°12′
配 ϕ350 筒	502	119	115	2	341	184	170	79	3°36′	271°14′

分析汽水混合物在旋风分离器内的运动特性可知，提高汽水混合物进入旋风筒的速度可提高离心分离的效果，但会使旋风分离器的阻力增大，并可能影响水循环工况。过高的入口速度也会使入口管内的水滴被粉碎，增加筒内分离的负担，易于撕破旋风筒内壁的水膜造成蒸汽的二次湿润。锅内旋风分离器汽水混合物的入口速度的推荐值见表 12-16。

表 12-16　锅内旋风分离器汽水混合物入口速度推荐值

锅炉压力 p_{gt}/MPa	1.3	1.6	2.5	中压	高压	超高压
入口速度 v_1/(m/s)	6.5～9.0	6.0～8.5	5.5～8.0	5.0～8.0	4.0～6.0	4.0～6.0

锅内旋风分离器的负荷取决于旋风筒内蒸汽的轴向上升速度。低压时此速度一般不超过 1.1m/s，中压时不超过 0.7m/s，高压时不超过 0.4m/s。具体的允许负荷见表 12-17。

表 12-17　每台中国产锅内柱形筒体旋风分离器的允许负荷　　单位：t/h

锅筒绝对压力/MPa	旋风分离器直径/mm			
	ϕ260	ϕ290	ϕ315	ϕ350
1.37	1.2～1.5	1.5～1.8		
1.67	1.3～1.6	1.6～2.0		
2.55	1.5～1.9	1.8～2.4		
4.41	2.5～3.0	3.0～3.5	3.5～4.0	4.0～4.5
10.89	4.0～5.0	5.0～6.0	6.0～7.0	7.0～8.0
15.30		7.0～7.5	8.0～9.0	9.0～11.0

通过旋风分离器的阻力一般较大，约 5000～20000Pa，可按下式计算：

$$\Delta p=\xi\frac{\rho_h v_1^2}{2}=\xi\frac{(K\rho''v_0'')^2}{2\rho}\left[1+\frac{\rho'}{K\rho''}-\frac{1}{K}\right] \tag{12-13}$$

式中　ρ_h——汽水混合物的密度，kg/m^3；

v_1——汽水混合物的入口速度，m/s；

ξ——阻力系数，多台旋风分离器并联时 ξ=3.5～4.0，单位式连接时 ξ=3.0；

K——循环倍率；

v_0''——旋风分离器入口管截面上的蒸汽折算速度，m/s。

另外一种柱形筒体是在筒体内汽水混合物入口引管上半部加装导流板，见图 12-16。导流板向筒内延伸 135°，称这种形式的筒体为导流式筒体。加装导流板可延长汽水混合物在筒内的停留时间，从而增加离心分离效果，并使允许负荷增大。当高参数锅炉采用这种筒体的旋风分离器时，应先进行热态试验，以鉴定加装导流板后对旋风分离器底部排水带汽的影响。导流式筒体的结构尺寸见表 12-18。

表 12-18　旋风分离器导流式筒体的结构尺寸　　单位：mm

规格	D	d_0	d	D_0	H	h_1	h_2	h_3	h_4	h_5	R	a	z	L	b	c
ϕ315	315	260	244	329	517	300	50	17	50	108	130.5	50	2	172	180	35
ϕ350	350	294	280	368	517	308	54	19	52	88	148	50	2	148	200	40

拔柏葛型锅炉中的立式旋风分离器采用锥形筒体，其结构见图 12-17。筒体上部无溢流环，而是采用内翻式边缘。这样虽可避免溢流环往筒外甩水的缺点，但是边缘的溢水有时会破坏水膜沿筒体内部的流动，而且制造工艺复杂，所以其他类型的分离器中很少采用内翻式边缘。

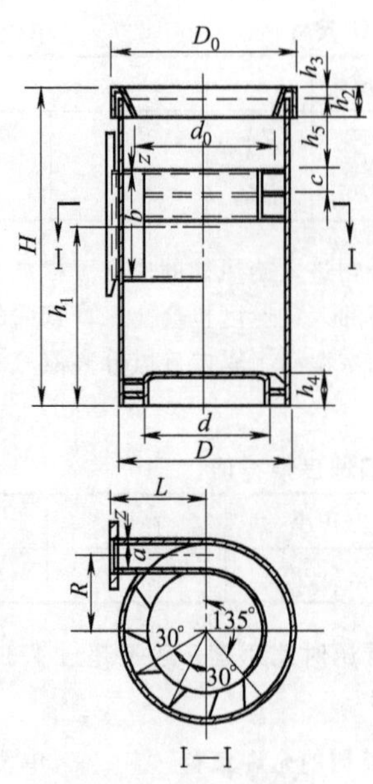

图 12-16 旋风分离器导流式筒体

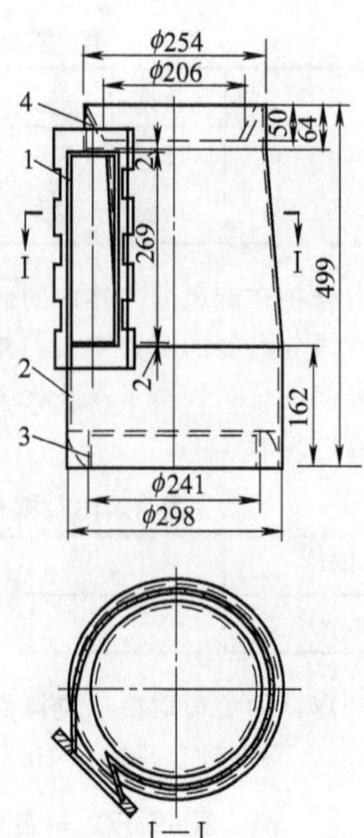

图 12-17 拔柏葛型旋风分离器的锥形筒体

1—汽水混合物入口引管；2—锥形筒体；3—排水导叶盘；4—内翻式边缘

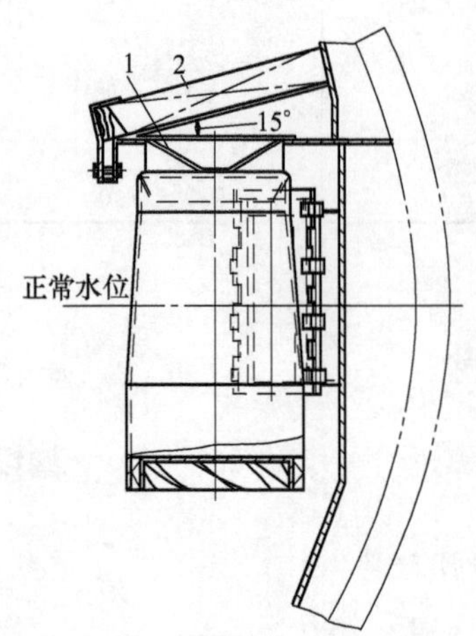

图 12-18 拔柏葛型旋风分离器顶帽的布置方式

1—钢丝网；2—百叶窗顶帽

拔柏葛型旋风分离器的顶帽结构也与常用的形式不同，见图 12-18。在旋风筒顶部装一层钢丝网以均匀引出蒸汽，其上再装倾斜布置的百叶窗顶帽。百叶窗与旋风筒之间有一定的间距，可使顶帽前的蒸汽负荷均匀，并可使蒸汽进入百叶窗，首先把大量水分分离掉。

拔柏葛型旋风分离器的建议负荷见表 12-19。

旋风分离器的筒底的作用是消除或减弱排水的旋转运动，减少排水带汽并使分离出来的水能平稳地流入水室。图 12-19 示有 4 种筒底结构形式。导叶盘筒底可防止或减少旋风筒中心的汽流由筒底窜出的所谓“脱底”现象。国产锅炉多采用这种形式。导向叶片沿圆盘周围倾斜布置，叶片的倾斜方向应与水流的旋转方向一致，可使排水平稳进入水室，但不能消除水流的旋转。径向导叶盘的叶片沿圆形底盘的圆周径向布置，可消除排水的旋转运动并防止或减少蒸汽窜入水室，但阻力较大。圆锥台筒底的尺寸较大，可减少汽泡大量窜出的危险，阻力也较小。十字挡板筒底结构简单，也可消除排水的旋转，但容易跑蒸汽。

旋风分离器的安装标高应使进口管下边缘在锅筒正常水位以上，以免进口管淹没在水中。筒体的下边缘应没入正常水位 200mm，最少不得少于 180mm，以形成可靠的水封，防止蒸汽从筒底窜出。为了防止

表 12-19 拔柏葛型旋风分离器的建议负荷

旋风分离器直径 /mm	锅炉蒸发量 /(t/h)	锅炉压力 /MPa	旋风分离器台数	旋风分离器每台平均负荷/(t/h)	筒体中轴向汽速 /(m/s)
ϕ290	150	3.33	43	3.5	0.882
	175	6.96	42	4.2	0.487
ϕ298	380	14.51	62	6.1	0.265
	590	18.14	88	6.7	0.197
	810	18.14	96	8.4	0.248
	850	18.14	92	9.2	0.272

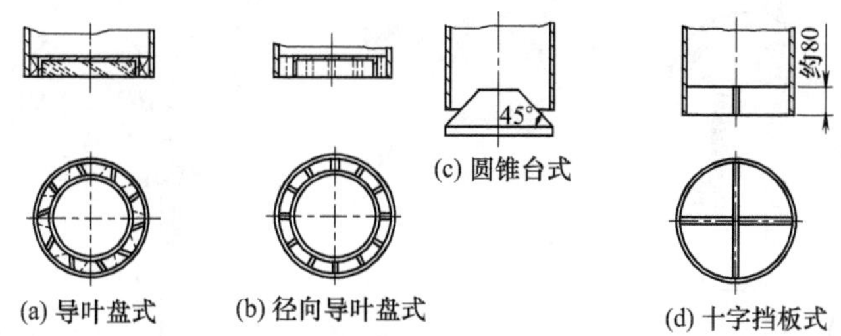

图 12-19 旋风分离器的筒底结构形式

锅筒水位偏斜，应采取左旋和右旋的旋风分离器交错排列的方式来保持水位平稳。为了均匀引出蒸汽，相邻两台立式百叶窗顶帽之间的最小间隙不得小于 50mm，为了消除排水的动能和挡住一部分下窜的汽泡，使之向上运动，并减少排水对水室的扰动，旋风分离器下部应装稳水板或托斗。稳水板多为几台旋风分离器公用一块，而托斗一般为单位式或两台旋风分离器共用一个。托斗用 3mm 厚的钢板制成，底部开有放水孔或留出放水间隙，以便停炉时放掉积水，防止钢板腐蚀。图 12-20 示出了适用于 ϕ290mm 旋风分离器底部托斗结构及尺寸。

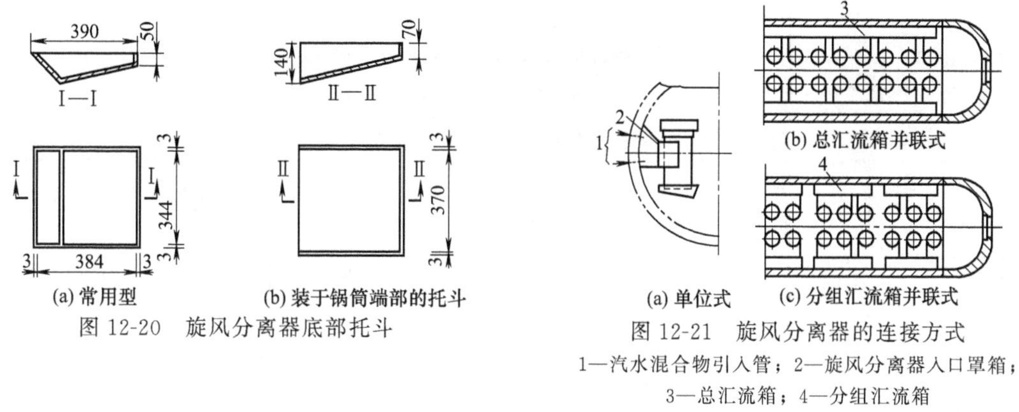

图 12-20 旋风分离器底部托斗

图 12-21 旋风分离器的连接方式

1—汽水混合物引入管；2—旋风分离器入口罩箱；3—总汇流箱；4—分组汇流箱

汽水混合物引入旋风分离器的方式有单位式、总汇流箱并联式及分组汇流箱并联式 3 种，见图 12-21。将一根或两根汽水混合物引入管与一台或两台旋风分离器相连接的方式称为单位式，这种连接方式的优点是阻力小，但水冷壁的受热不均匀将直接影响到旋风分离器间的负荷分配，而且引入罩箱的制造和安装都较复杂。总汇流箱并联式将汽水混合物全部引入汇流箱，再分配到各旋风分离器，其优点是结构简单，但阻力大且各旋风分离器之间负荷分配不均匀。分组汇流箱并联式将各循环回路来的汽水混合物分别引入相应的汇流箱。各汇流箱均与一定数量的旋风分离器相连。中国产锅炉多采用分组汇流箱并联式，俄国生产的锅炉有时采用单位式，拔柏葛公司的锅炉多采用总汇流箱并联式。

卧式旋风分离器是福斯特-惠勒公司和石川岛播磨公司专用的分离装置，由水平放置的圆柱形筒体、汽水混合物入口通道、排水孔板及排水导向板组成，见图 12-22。汽水混合物沿切向进入筒体，在离心力的作用下，水被甩向筒壁并经排水导向板和排水通道流入锅筒水空间，蒸汽则被推到筒体中间，由筒体两端的圆孔排出，故蒸汽的轴向速度较低。其优点是由于轴向速度低可以提高蒸汽负荷。其缺点是由于蒸汽空间小，重力分离条件差，而且当锅筒水位波动时，分离工况不稳定，另外，它的排水有可能扰动炉水或撞击锅筒内其他设备而引起水滴飞溅。

涡轮式旋风分离器又称轴流式旋风分离器，它由外筒、内筒、与内筒相连的集汽短管、螺旋导叶装置和百叶窗顶帽等构成，见图 12-23。汽水混合物由筒体底部轴向进入，经过筒内固定式导向叶片时，由于离心力的作用，水被挤压到内筒壁上，并向上做螺旋运动，到达顶部后从内筒与外筒间的环缝中流入水空间。蒸汽由筒体中心部分上升经集汽短管、百叶窗板组成的梯形顶帽进入汽空间。集汽短管的直径直接影响到汽水分离效果。若内筒上部筒壁上水层的内直径小于集汽短管直径，将有大量水分进入集汽短管而使出口蒸汽的湿度增加。反之，则有蒸汽被带入疏水夹层，这不仅使疏水阻力增加，还会引起水室波动，水位膨胀加剧。理论上，只有两个直径相等时才获得最好的汽水分离效果。由于锅炉实际运行中负荷是经常变化的，不可能使得这两个直径总是相等。实践表明，集汽管与内筒的直径比在 0.8～0.85 之间为宜。为减少疏水带汽，可在内筒上部开一些缝隙，使一部分被分离下来的水旁通，以降低内筒上缘处的水速；也可在疏水夹层中装阻尼环或填充物，以增加阻力、减少带汽。

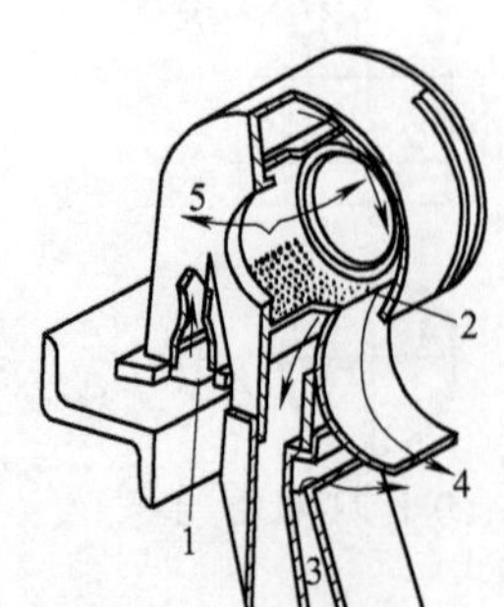

图 12-22 卧式旋风分离器结构示意

1—汽水混合物入口通道；2—排水孔板（一次疏水出口）；3—排水通道（二次疏水出口）；4—排水导向板；5—蒸汽出口

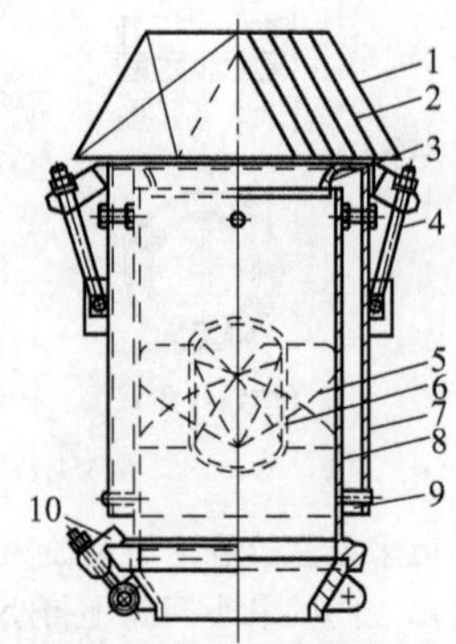

图 12-23 涡轮式旋风分离器结构示意

1—梯形顶帽；2—百叶窗板；3—集汽短管；4—钩头螺栓；5—固定式导向叶片；6—芯子；7—外筒；8—内筒；9—疏水夹层；10—支撑螺栓

涡轮式旋风分离器在锅筒中安装时，应使导向叶片下缘高于正常水位 30mm 左右。

某些实际锅炉采用涡轮式旋风分离器的设计负荷见表 12-20，可供参考。

表 12-20 锅轮式旋风分离器的设计负荷（供参考）

旋风分离器直径（内筒/外筒）/(mm/mm)	锅炉蒸发量/(t/h)	锅炉压力/MPa	旋风分离器台数	每台平均负荷/(t/h)	筒内轴向汽速/(m/s)	锅炉形式
$\phi216/\phi286$	170	12.45	30	5.67	0.584	自然
	389	13.83	72	5.40	0.507	循环
	650	14.91	88	7.4	0.585	锅炉
$\phi216/\phi286$	1050	18.24	84	12.5	0.692	强制
$\phi254/\phi350$	1120	18.68	64	17.5	0.655	循环
$\phi254/\phi350$	1160	18.24	72	16.1	0.634	锅炉

锅内旋风分离器中实际蒸汽负荷要比按锅炉蒸发量及旋风分离器台数算得的平均负荷大。这是因为旋风分离器之间负荷分配不均、排水中带汽以及清洗装置上部有凝结汽量（因省煤器出口水温一般低于饱和温度）等原因造成的。考虑了排水中带汽量后的实际负荷在高压及超高压时约为平均负荷的 1.1 倍，在亚临界压力时约为平均负荷的 1.15 倍。

锅内旋风分离器作为一次分离元件，在中压以上的电站锅炉中被普遍采用。对蒸汽品质要求较高的低压工业锅炉中也可采用。

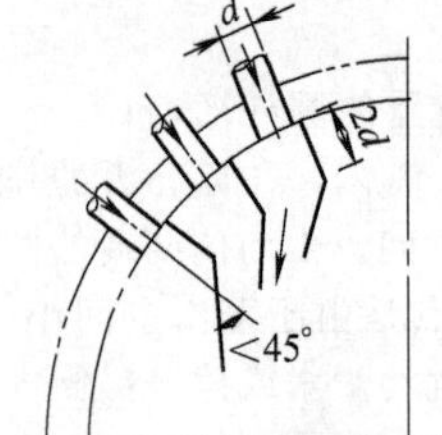

图 12-24 进口挡板

(2) 挡板 挡板分为两类：一类称为进口挡板；另一类称为缝隙挡板。

进口挡板用 3～5mm 的钢板制成，安装在汽水混合物引入管的进口处，见图 12-24。其作用是消除汽水混合物进入时的动能，并借助工质的转弯对汽水进行惯性分离。进口挡板适用于汽水混合物进口流速 v_2 较低的情况（中压时 $v_2<3$m/s；高压时 $v_2<2.5$m/s），否则会将汽水混合物中的水滴碰得太细而造成蒸汽二次带水。挡板与汽流间的夹角应小于 45°，以免冲破挡板上形成的水膜。引入管管口到挡板的距离应大于 2 倍引入管内直径，以免撞击过猛形成细水滴。每排引入管应装单独的挡板，挡板两端应装端板或拉条来加固，挡板上部与锅筒内壁对严后点焊，不得有间隙。

设计进口挡板时，主要是控制相邻两块挡板下端最窄截面的蒸汽速度 v_3 不应太大，v_3 的设计推荐值见表 12-21。

表 12-21 挡板间蒸汽流速 v_3 的推荐值

压力/MPa	0.49	0.785	1.079	1.37	1.67	2.55	4.41	7.85	10.89
v_3/(m/s)	2.9～4.4	2.3～3.5	2～3	1.8～2.7	1.6～2.5	1.3～2.0	1～1.5	0.7～1.05	0.5～0.8

缝隙挡板将锅筒空间分为两部分。汽水混合物自引入管引出经缝隙挡板进入蒸汽空间时，受到两次转弯而产生惯性分离，见图 12-25。适用范围为低压和中压，用于高压时如水位波动易影响蒸汽品质；汽水混合

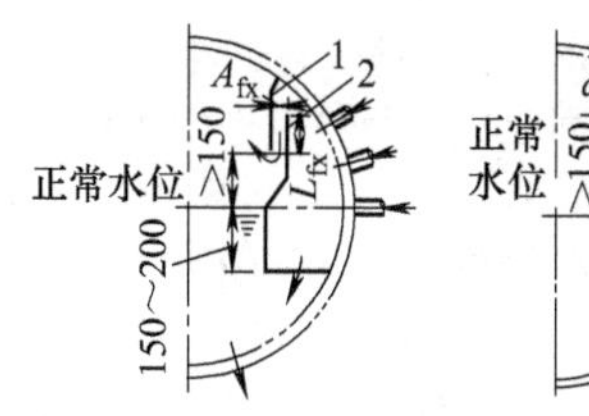

(a) 简单的缝隙挡板

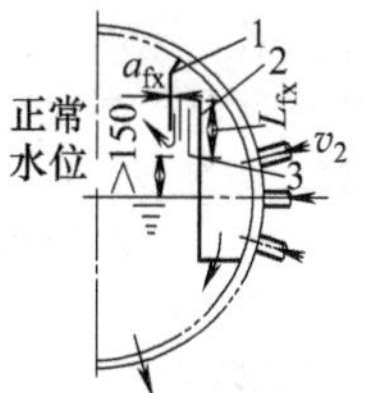

(b) 加装分流板

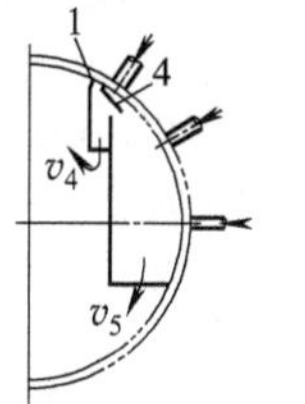

(c) 加装导向板

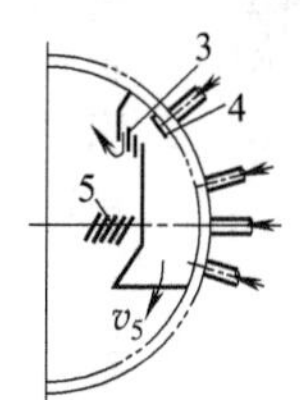

(d) 加装水下栅板

图 12-25　缝隙挡板及其布置方式

1—上挡板；2—下挡板；3—分流板；4—导向板；5—水下栅板

物入口速度 $v_2=2\sim3$m/s，汽水混合物引入管靠近锅筒正常水位线上、下 30°，沿锅筒长度均匀引入。

设计时要保证缝隙挡板间通流速度 v_4 及下部排水速度 v_5 在允许的范围内，否则缝隙出口蒸汽可能冲起炉水，造成水滴飞溅。推荐的 v_4 值见表 12-22。排水速度 v_4 在低压时应保持 0.5～1.0m/s，中压时＜0.2m/s，高压时＜0.15m/s，以免排水带汽引起水位膨胀。

表 12-22　缝隙挡板间蒸汽通流速度 v_4 的推荐值

压力/MPa	0.49	0.785	1.079	1.37	1.67	2.55	4.41	7.85	10.89
v_4/(m/s)	2.5～3.7	2～3	1.7～2.6	1.5～2.3	1.4～2.1	1.1～1.7	0.9～1.35	0.65～0.95	0.46～0.7

缝隙挡板也用 3～5mm 厚的钢板制成，上挡板和下挡板组成缝隙通道。缝隙宽度 A_{fx} 应保证允许的蒸汽流速 v_4，两块挡板的重叠长度 L_{fx} 应为 A_{fx} 的 2 倍，见图 12-25（a）；若缝隙很宽，不能满足此要求时，可用分流板把缝隙分为几个平行段，使分流板的长度 L_{fx} 为分段缝宽 a_{fx} 的 2 倍，见图 12-25（b）；当汽水混合物引入锅筒位置较高时，应加装导向板，见图 12-25（c）；若缝隙出口的蒸汽速度较大或离水面较近，可加装水下栅板，见图 12-25（d）。

布置缝隙挡板时，上挡板下缘与正常水位的距离应大于 150mm，以免汽流冲击水面。下挡板的下缘应没入常水位 150～200mm 以形成可靠的水封，防止蒸汽由挡板底部窜出。挡板两端要加端板以防工质由两端逸出。

（3）水下孔板　水下孔板是布置在锅筒水空间中的平孔板，见图 12-26。适用于汽水混合物由水位下引入的低压和中压锅炉，也可用于小容量高压锅炉，但要注意防止下降管带汽。

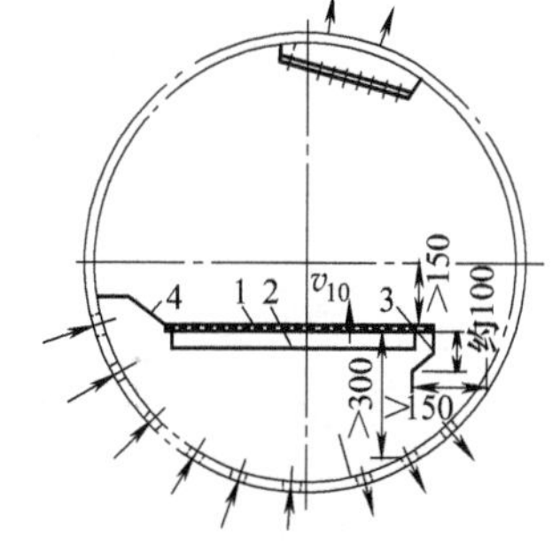

图 12-26　水下孔板及其布置方式

1—水下孔板；2—加固筋；3—侧封板；4—导板

当汽水混合物在孔板下面引入时，靠小孔的节流作用，在孔板下面形成一层蒸汽垫，使汽泡能均匀流过孔板，沿锅筒宽度均匀分布，同时还消除了汽水混合物的动能。合适的蒸汽穿孔速度是形成稳定蒸汽垫的基本条件，推荐的小孔中蒸汽流速见表 12-23。

表 12-23　水下孔板小孔中的蒸汽流速推荐值

压力/MPa	0.49	0.785	1.079	1.37	1.67	2.55	4.41	7.85	10.89
汽速/(m/s)	8.5～9	6.5～7	5.5～6	5～5.5	4.5～5.0	3.5～4	2.5～3	1.5～2	1.1～1.5

孔板用厚 3～5mm 的钢板制成，孔径推荐为 8～12mm，应装于锅筒正常水位下 150～200mm 处，孔板侧端与锅筒内壁的距离不小于 150mm 以保证孔板上的水畅通流下，三个侧面应装高度为 80～100mm 的侧封板以保持蒸汽垫厚度。引入水空间的蒸汽应尽量全部通过水下孔板，孔板长度最好不小于 2/3 的锅筒直段长。水下孔板区域尽可能不布置下降管，以防止下降管带汽。若不得不布置下降管，则下降管入口距水下孔板的距离应不小于 300mm，否则应在下降管入口处加装栅板或十字板。

蒸汽通过水下孔板的阻力系数取决于水下孔板的小孔总面积占水下孔板总面积的份额，见表 12-24。

表 12-24　水下孔板的阻力系数

板上小孔面积份额	0.05	0.1	0.15	0.2	0.3	0.4	0.5	0.6
阻力系数	2.7	2.5	2.2	2.0	1.6	1.3	1.0	0.7

(4) 钢丝网分离器 有时为简化分离装置，采用钢丝网作为一次分离元件。适用于水质好的中、低压锅炉。

图 12-27 示出了钢丝网分离器的组件和布置方式。钢丝网分离器由钢丝网组件构成。钢丝网组件由 n 层 8 目 18 号钢丝网与（$n-1$）层 1.2mm×1.1mm 钢板网间隔排列组成。用扁钢作好边框，将钢丝网与钢板网压入，再用两条扁钢压住（扁钢用螺栓固定在边框上，切勿与钢丝网点焊），即构成钢丝网组件。单级钢丝网组件一般用 5 层钢丝网和 4 层钢板网组成，约 30mm 厚。多级组件（最多三级）的每一级为 4 层钢丝网和 3 层钢板网组成，约 20mm 厚，级间距为 25mm。每块组件的大小以能进入锅筒人孔门为限，安装布置钢丝网分离器时，为了防止汽水混合物直冲钢丝网分离器，可在其入口处加装预分离组件或挡板，见图 12-27 (c)。钢丝网组件有垂直与倾斜两种布置方式。倾斜布置时，为了便于疏水，组件与水平方向的夹角 $\alpha>50°$，见图 12-27 (d)，组件的最低点应比正常水位高 50mm，以免受锅筒水位波动的影响。垂直布置时，组件下缘应没入正常水位下 150mm，以构成可靠的水封，减少排水带汽。

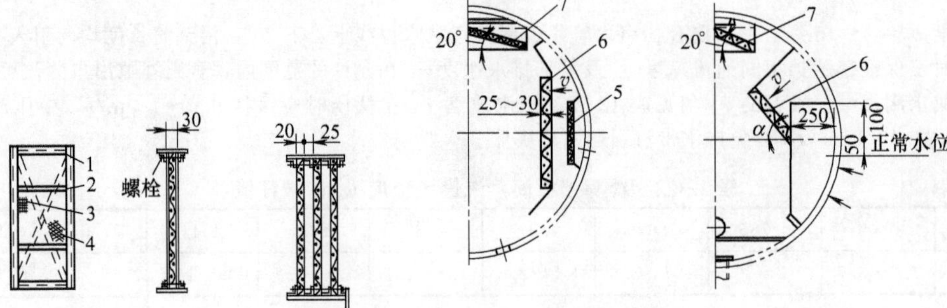

图 12-27 钢丝网分离器的组件和布置方式

1—边框；2—扁钢；3—钢丝网；4—钢板网；5—预分离钢丝网；6—一次分离钢丝网；7—二次分离元件

设计钢丝网分离器时，以网前的蒸汽折算速度作为控制指标。不同压力下允许的蒸汽折算速度见表 12-25。

表 12-25 钢丝网前允许的蒸汽折算速度

锅筒压力(表压)/MPa	0.49	0.785	1.079	1.37	1.67	2.55	4.41	7.85	10.89
网前蒸汽允许速度/(m/s)	1.5	1.15	0.95	0.85	0.75	0.6	0.4	0.25	0.2

2. 二次分离元件

二次分离元件也称细分离元件，利用离心式、膜式及节流作用的原理将蒸汽中携带的细小水滴分离出来。常用的二次分离元件主要有均汽板、集汽管、百叶窗（波形板）、钢丝网及蜗壳式分离器等。

(1) 均汽板 均汽板是装设在锅筒顶部的具有一定宽度和长度的多孔板。它利用多孔板的节流作用使蒸汽沿锅筒的长度和宽度方向都均匀分布，防止蒸汽负荷局部集中，从而能有效地利用锅筒的汽空间、降低蒸汽的上升速度，有利于进行重力分离。均汽板还可以阻挡一些小水滴，因而具有一定的细分离作用。均汽板适用于各种容量和参数的锅炉，可单独使用，也可与百叶窗或钢丝网配合使用。

均汽板在锅筒内的布置方式见图 12-28。

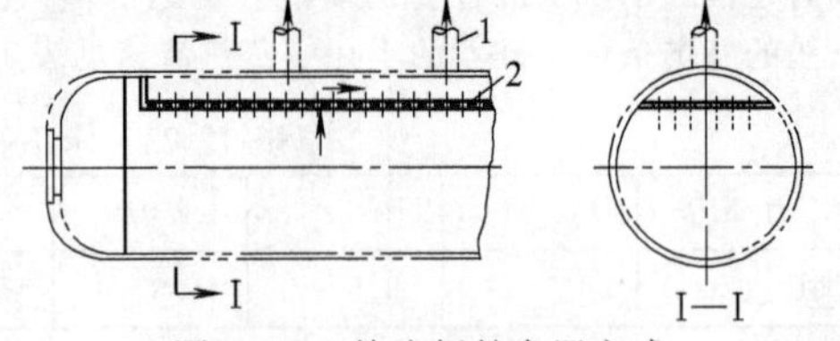

图 12-28 均汽板的布置方式

1—饱和蒸汽引出管；2—均汽板

均汽板有均匀开孔和不均匀开孔两种，可按蒸汽引出管的根数及其沿锅筒长度的分布情况选用。均汽板一般用 3～4mm 的钢板制成，开孔孔径为 5～8mm，孔距不超过 60mm。均汽板的总长度应不小于锅筒直段长度的 2/3，以增加蒸汽空间的利用程度。若均汽板较宽，应装加固筋。两端均有封板，以防止蒸汽不流经小孔而短路。均汽板可点焊在支撑件上，也可用销子固定（易于脱落），每块均汽板的尺寸以能进入锅筒人孔门为限，相邻两块板之间须留有 1～2mm 的安装间隙。均汽板应尽量布置得高些，一般均汽板上部弓形面积高度为 80～120mm。均汽板应高出正常水位 100mm 以上。

设计均汽板时须控制蒸汽穿孔速度、均汽板上部通道中蒸汽的纵向速度、均汽板前蒸汽上升速度及均汽板的阻力等指标。

均汽板前蒸汽上升速度太高会影响重力分离。蒸汽穿孔速度过高则阻力太大，过低则不能起到均匀蒸汽负荷的作用。均汽板孔中汽速和板前汽速的推荐值见表 12-26。

表 12-26　均汽板孔中汽速和板前汽速的推荐值

锅筒绝对压力/MPa	0.49	0.78	1.08	1.37	1.67	2.55	4.41	7.84	10.89	15.3
孔中汽速推荐值/(m/s)	25	20	17	15	13.5	11	8	6.5	6	4
孔中汽速最大值/(m/s)	30	23.5	20	18	16.5	3.5	10	8.5	8	6
板前汽速/(m/s)	1.5～1.8	1.2～1.4	1～1.2	0.9～1.1	0.8～1	0.65～0.95	0.5～0.6	0.4～0.45	0.3～0.35	0.25～0.3

均汽孔板上部通道中蒸汽的最大纵向速度应不超过孔中汽速的 1/2，以使纵向流动阻力相对较小，均汽板能较好地起到均匀蒸汽负荷的作用。

均汽孔板的阻力系数可查表 12-24。阻力应小于 3000Pa，否则应调整孔中汽速。

为了防止饱和蒸汽引出管附近抽吸大量蒸汽，影响均匀负荷的作用，饱和蒸汽管的入口蒸汽速度不得超过孔中汽速的 70%。若不能满足此要求，可在引出管下面加一盲板，见图 12-29。蒸汽通过盲板四周进入饱和蒸汽引出管，盲板入口蒸汽速度也不得超过孔中汽速的 70%。也可采用在面对引出管部位的均汽板上不开孔的方法来代替盲板。盲板一般作成方形，盲板的尺寸（或均汽板上不开孔的尺寸）应不小于 $2d_{ych}^{n}\times 2d_{ych}^{n}$（$d_{ych}^{n}$ 为蒸汽引出管的内径）。

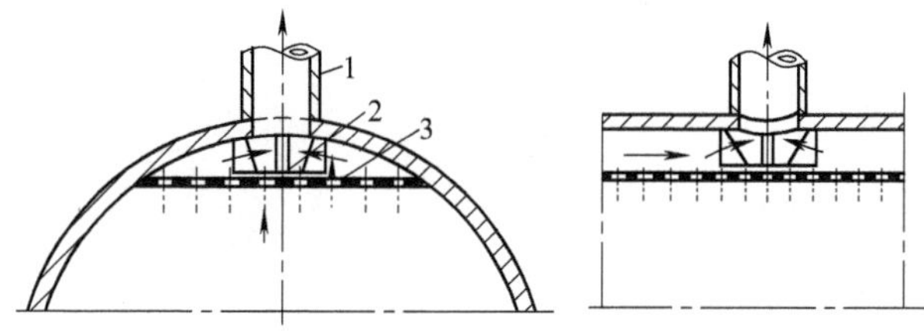

图 12-29　盲板的安装方式

1—饱和蒸汽引出管；2—盲板；3—均汽板

当饱和蒸汽引出管的根数很少、管间距又很大时，均汽板上部通道中蒸汽的最大纵向速度会较大，或均汽板的阻力超过 3000Pa。若要降低上部通道中蒸汽的纵向速度，均汽板要下移，这样会使蒸汽自然分离空间减少。此时，可采用不均匀开孔的均汽板。

所谓的不均匀开孔有两种方法：一是改变每排的孔数或孔径；二是改变孔间节距（指沿锅筒长度方向的孔距）。考虑到加工的方便，一般采用第二种做法。

不均匀开孔时，孔距可由计算得出。具体做法是保持均汽板单位长度的蒸汽负荷强度沿锅筒长度不变，这就必须使均汽板不同部位的阻力有所不同。越靠近蒸汽引出管，孔距应越大，使单位面积的孔数减少，蒸汽流速加大，穿孔阻力也加大。孔距的计算可按表 12-27 中的步骤进行。给定不同的 L_x 值可算得相应的孔距 S_x 值，然后检验最大纵向流速与最大穿孔速度是否符合要求，如符合或接近，则计算完成，否则须重新选定第一排孔中蒸汽流速，再进行计算。最后可画出如图 12-30 所示的 L_x-S_x 曲线。为了便于制造，按选用的均汽板宽度 a_{jqb}。把曲线分为若干等份，以每一等份中的平均孔距作为该块均汽板的开孔间距。a_{jqb} 越小，开孔情况与计算结果越接近。一般情况 a_{jqb} 取 250～350mm。

表 12-27　不均匀开孔的均汽板的孔距计算

序号	名　称	计算公式	备　注
1	通过均汽板的蒸汽流量 D/(t/h)	已知	
2	均汽板的长度 L_{jqb}/m	结构尺寸	
3	均汽板单位长度的负荷强度 q_{jqb}/[kg/(s·m)]	$\dfrac{D}{3.6L_{jqb}}$	沿均汽板长度，q_{jqb} 应为常数
4	均汽板上开孔孔径 d_{ko}/m	选定	
5	每排孔的通流面积 f_{ko}/m²	$n_{ko}\dfrac{\pi}{4}d_{ko}^2$	n_{ko} 为选定的每排孔数
6	第一排孔中蒸汽流速 v_q^1/(m/s)	选定，一般为 4～6	
7	开始的孔间距 S_1/m	$\dfrac{f_{ko}v_q^1\rho''}{q_{jqb}}$	
8	均汽板上部纵向通道截面积 F_{zd}/m²	由结构布置	
9	与第一排孔相距为 L_x 处的孔距 S_x/m	$\sqrt{S_1^2+1.5\left(\dfrac{f_{ko}}{F_{zd}}\right)^2L_x^2}$	L_x 为选定值

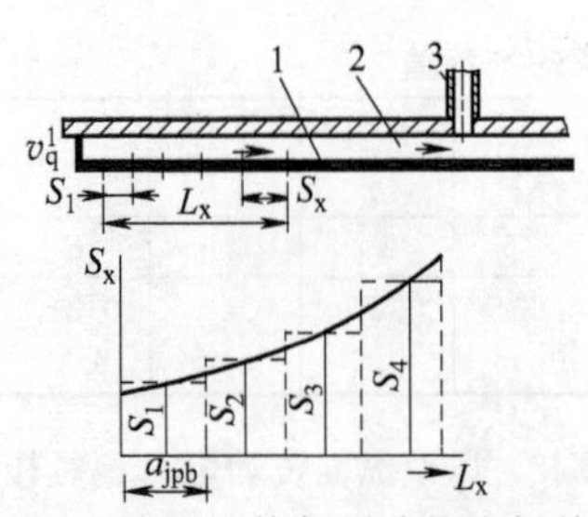

图 12-30 不均匀开孔均汽板的孔距 S_x 与 L_x 的关系曲线

1—均汽板；2—均汽板上部的纵向通道；3—饱和蒸汽引出管

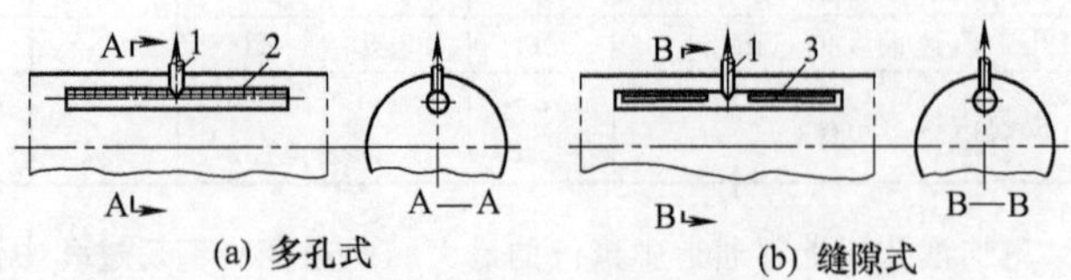

(a) 多孔式 (b) 缝隙式

图 12-31 集汽管

1—饱和蒸汽引出管；2—多孔式集汽管；3—缝隙式集汽管

(2) **集汽管** 低压小容量锅炉通常仅有一根饱和蒸汽引出管，此引出管附近的蒸汽流动速度较大，容易造成蒸汽带水。为了均匀蒸汽空间负荷和便于安装，常采用集汽管来代替均汽板。

集汽管有缝隙式和多孔式两种，见图 12-31。

缝隙式集汽管的缝隙形状一般为等腰梯形，缝隙中的蒸汽平均速度 v_{pj} 可按表 12-28 选用。缝隙始端（远离蒸汽引出管侧）的宽度 b_0 按下式计算：

$$b_0=\frac{DV''}{3.6v_{pj}\sum L} \tag{12-14}$$

式中 D——蒸发量，t/h；

V''——蒸汽的比容，m^3/kg；

$\sum L$——缝隙总长度。

表 12-28 蒸汽在缝隙中的平均速度

压力/MPa	0.49	0.78	1.08	1.37	1.67	2.55
汽速/(m/s)	22～25	19～23	16.5～19.5	14.5～18.5	13～16	11～13

缝隙终端（靠近蒸汽引出管处）的宽度 b_L 按下式计算：

$$b_L=\frac{b_0}{\sqrt{1+1.05\left(\frac{v_{max}}{v_{pj}}\right)^2}} \tag{12-15}$$

式中 v_{max}——集汽管中最大汽速，m/s，按下式计算：

$$v_{max}=\frac{DV''}{3.6n\frac{\pi d^2}{4}} \tag{12-16}$$

式中 n——缝隙数目；

d——集汽管内直径，m。

缝隙总长度不宜小于 2/3 锅筒长度。集汽管直径可按表 12-29 选用。

表 12-29 缝隙式集汽管直径推荐值 单位：mm

<table>
<tr><th rowspan="2">压力/MPa</th><th colspan="8">蒸汽引出管在锅筒中部的蒸发量/(t/h)</th><th colspan="5">蒸汽引出管布置在一端的蒸发量/(t/h)</th></tr>
<tr><th>0.5</th><th>1.0</th><th>1.5</th><th>2.0</th><th>4.0</th><th>6.0</th><th>10</th><th>15</th><th>0.5</th><th>1.0</th><th>1.5</th><th>2.0</th><th>4.0</th></tr>
<tr><td>0.49</td><td rowspan="2">φ102×4</td><td rowspan="3">φ102×4</td><td rowspan="3">φ108×4</td><td rowspan="2">φ133×4</td><td></td><td></td><td></td><td></td><td rowspan="2">φ102×4</td><td>φ133×4</td><td>φ159×4.5</td><td>φ219×6</td><td></td></tr>
<tr><td>0.78</td><td rowspan="2">φ159×4.5</td><td rowspan="2">φ219×6</td><td>φ273×7</td><td></td><td rowspan="2">φ108×4</td><td rowspan="3">φ133×4</td><td rowspan="2">φ159×4.5</td><td rowspan="3">φ219×6</td></tr>
<tr><td>1.08</td><td></td><td rowspan="2">φ108×4</td><td rowspan="3">φ219×6</td><td rowspan="2">φ273×7</td><td rowspan="4"></td></tr>
<tr><td>1.37</td><td rowspan="3"></td><td rowspan="3">φ89×4</td><td rowspan="3">φ102×4</td><td rowspan="2">φ133×4</td><td rowspan="2">φ159×4.5</td><td rowspan="3">φ102×4</td><td rowspan="2">φ133×4</td></tr>
<tr><td>1.67</td><td rowspan="2">φ102×4</td><td rowspan="2">φ219×6</td><td rowspan="2">φ108×4</td><td>φ159×4.5</td></tr>
<tr><td>2.55</td><td>φ108×4</td><td>φ133×4</td><td>φ159×4.5</td><td>φ108×4</td><td>φ133×4</td></tr>
</table>

多孔式集汽管也有均匀开孔与不均匀开孔之分，其设计原则和计算方法与均汽板基本相同。均匀开孔的集汽管，孔中汽速按表 12-26 选取。集汽管中蒸汽的最大纵向速度应等于孔中汽速的 1/2，一般取为 3～8m/s（低压锅炉取大值），由此可确定集汽管的内径。

对于不均匀开孔的集汽管，孔距的计算方法与均汽板相同，只是把相应计算式中的 F_{zd} 换为 f_{jqg}（集汽管的截面积），即：

$$S_x=\sqrt{S_1^2+1.5\frac{f_{ko}^2}{f_{jqg}^2}L_x^2} \tag{12-17}$$

布置集汽管时，应使其尽量靠近锅筒的顶部。小孔或缝隙应布置在集汽管上部的两侧，以增加蒸汽行程和重力分离空间高度，提高汽水分离的效果。对着蒸汽引出管的部位，集汽管上不允许开孔（或槽），以免抽出大量的蒸汽。开孔直径一般为 8～12mm，太小容易堵塞。集汽管的两端均应堵死。集汽管应装疏水管，集汽管的长度大于 1m 时应装两根疏水管，疏水管位于集汽管的最低位置。或者在集汽管底部开有数个 ϕ5mm 的小孔。蒸汽引出管可位于集汽管中间，也可位于集汽管一端。

(3) 百叶窗 百叶窗分离器作为一种有效的二次分离元件，广泛应用于各种压力和容量的锅炉。

百叶窗分离器由许多块波形板相间排列组成。经一次分离后的湿蒸汽低速进入波形板后，沿波形轨道作曲线流动，在转弯处，水滴被惯性力甩在波形板上并形成水膜向下流动，分离出来的水滴也沉落在水膜上。已形成的水膜靠自重不断地向下流动，在百叶窗最低处聚积成水滴。当水滴大到一定程度，其自重大于附着力及汽流对它的浮力时则落入水空间。

显然，百叶窗分离器的分离效果与入口蒸汽的湿度、蒸汽速度、疏水条件及波形板的线型有关。

实践表明，入口蒸汽湿度在一定范围内，对分离效果影响不大。但湿度太大，波形板上水膜增厚易发生水膜撕破而造成蒸汽二次带水工况。因此，当蒸汽湿度较大时，蒸汽流速不能太高。当锅筒中有蒸汽清洗装置时，由于入口蒸汽湿度增加，百叶窗入口蒸汽允许速度要降低 20%～30%。

百叶窗分离器的布置方式有水平式和立式两种，见图 12-32。水平布置时蒸汽向上流动，板上水膜的疏水向下流动，易发生疏水受阻工况而影响汽水分离。立式布置时，蒸汽流动方向则和疏水方向垂直或近乎垂直，疏水条件有改善，见图 12-33。但立式布置时占据的空间较大。

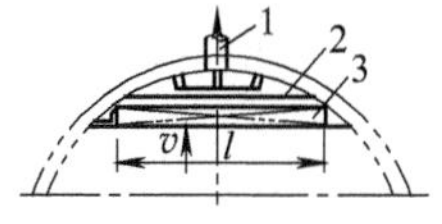

(a) 水平式

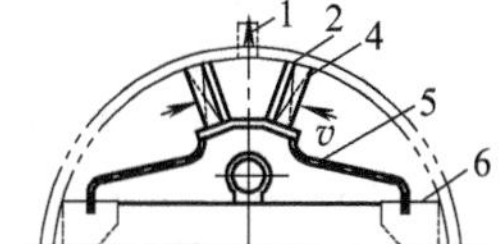

(b) 立式(疏水引入清洗水溢水斗)

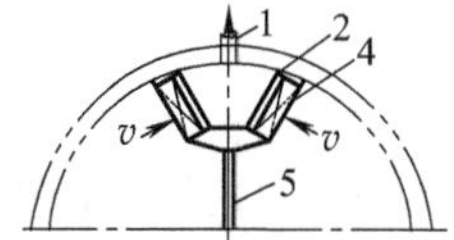

(c) 立式(疏水引入水室)

图 12-32 百叶窗分离器的布置方式

1—饱和蒸汽引出管；2—均汽板；3—水平式百叶窗；4—立式百叶窗；5—疏水管；6—清洗水溢水斗

百叶窗前的最大允许汽速可由下式计算：

$$v=K\frac{\sqrt[4]{\sigma g(\rho'-\rho'')}}{\sqrt{\rho''}} \tag{12-18}$$

式中 σ——饱和水的表面张力，N/m；

g——重力加速度，m/s^2；

K——特性系数，由试验得出，对水平式百叶窗分离器为 0.4；对立式百叶窗分离器，有蒸汽清洗装置时为 0.9，无蒸汽清洗装置时为 1.2。

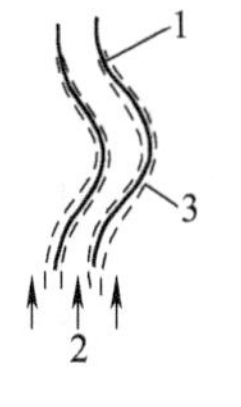

(a) 水平式

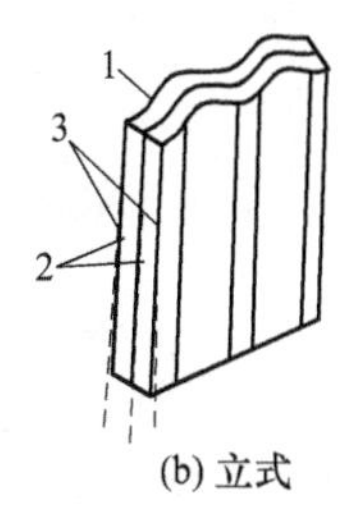

(b) 立式

图 12-33 百叶窗分离器的汽流方向与疏水方向的相对关系

1—波形板；2—蒸汽流向；3—水膜流向

国内外采用的标准波形板的线型和百叶窗分离器组件见图 12-34。波形板用厚 0.8～1.0mm 的薄钢板压制而成，边框用厚 3mm 的钢板制作。百叶窗组件的尺寸以能进入锅筒人孔为限。相邻两块波形板的间距为 10mm。组装时应保证波形板间距的均匀，相邻两组百叶窗间组成的蒸汽通道也应与波形的间距相同。水平布置时，百叶窗分离器的总长度要求超过锅筒直段长度的 2/3。

百叶窗分离器一般与均汽板配合使用，蒸汽先经过百叶窗分离器，再经过均汽板，两者相隔距离为 30～40mm。立式百叶窗分离器应加装疏水管，有蒸汽清洗装置时，疏水管可插入清洗水的溢水斗中，无清洗装置时，应插入锅筒的最低水位以下。

(4) 钢丝网 由于钢丝网分离器的阻力小、制造工艺简便而且造价低廉，在中国产锅炉中常采用钢丝网

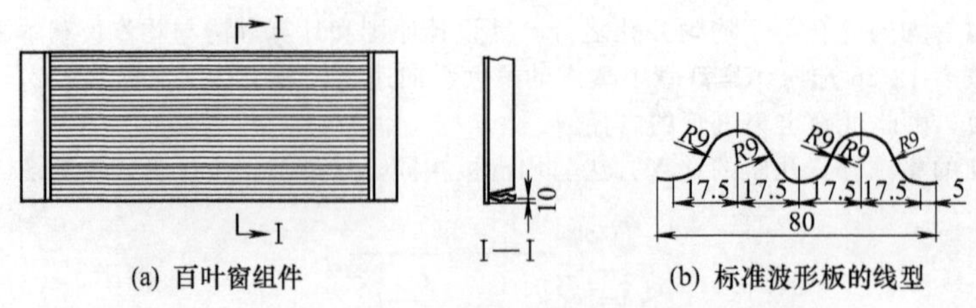

(a) 百叶窗组件　　(b) 标准波形板的线型

图 12-34　百叶窗分离器的组件及标准波形板的线型

作为二次分离元件。

作为二次分离元件的钢丝网组件与作为一次分离元件的钢丝网组件基本相同，但布置方式不同。二次分离的钢丝网布置在锅筒的汽空间，主要有V形、倒V形及半立式三种，见图12-35。一般都与均汽板配合使用，均汽板与钢丝网的间距为20～30mm。V形及倒V形布置时，一般不装疏水管，分离出的水分由最低点疏出。从疏水的通畅性来考虑，倒V形布置优于V形布置。这两种布置方式的钢丝网组件的夹角为120°～140°。半立式布置方式与立式百叶窗相同，需装疏水管。钢丝网的最低点与锅筒正常水位的距离不得小于350mm。

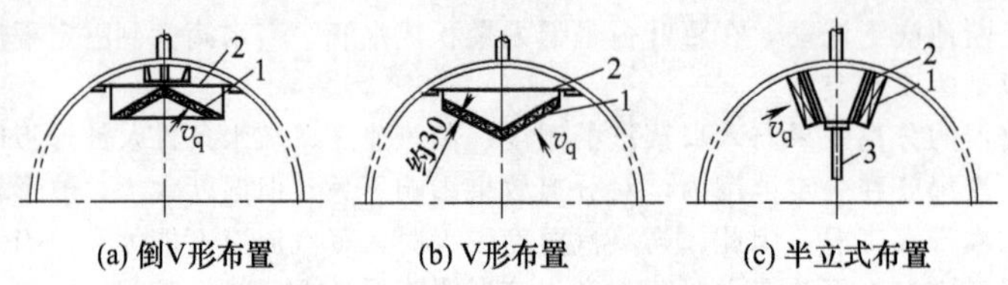

(a) 倒V形布置　　(b) V形布置　　(c) 半立式布置

图 12-35　二次分离钢丝网的布置方式

1—钢丝网组件；2—均汽板；3—疏水管

设计钢丝网分离器时，主要是控制网前的蒸汽折算速度 v_{qzs}。不同压力下允许的 v_{qzs} 的数值见图12-36。

(5) 蜗壳式分离器　汽质要求较高的低压小容量工业锅炉中广泛采用蜗壳式分离器。蜗壳式分离器由缝隙式集汽管及其两端外面的蜗壳组成。湿蒸汽切向进入蜗壳，靠离心力的作用将汽水分离。水沿蜗壳内表面向下流动，经疏水管排入锅筒水空间，而蒸汽则经缝隙进入集汽管。这种分离器具有分离及均衡蒸汽空间负荷的双重作用。蜗壳式分离器的结构和布置方式见图12-37。

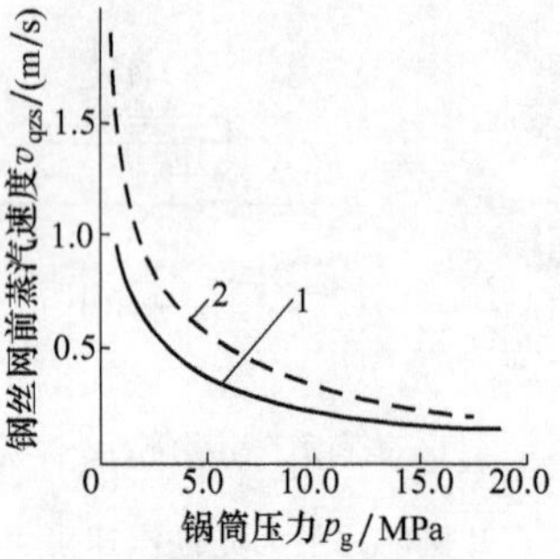

图 12-36　网前蒸汽折算速度 v_{qzs} 与压力的关系曲线

1—推荐采用值；2—最大允许值

蒸汽流经分离器时，由于流动阻力，使得分离器中的压力低于锅炉筒压力，疏水管中水位比锅筒水位高 H_c，见图12-38。

H_c 的大小可按下式计算：

$$H_c=\frac{\Delta p}{(\rho'-\rho'')g} \tag{12-19}$$

式中　Δp——蜗壳分离器的阻力，Pa。

$$\Delta p=0.05v^2\rho'' g \tag{12-20}$$

式中　v——蜗壳分离器最小截面处的汽速，m/s。

如果 v 增大，疏水管中的水位增高，有可能导致炉水倒吸入分离器，使汽质恶化。实际汽速应小于表12-30中列出的最大汽速 v_{max}。

表 12-30　蜗壳式分离器最小截面处的最大汽速 v_{max}

绝对压力/MPa	0.49	0.78	1.08	1.37	1.67	2.55
v_{max}/(m/s)	15.4	12.9	11.5	10	9.4	7.6

设锅筒最高水位到分离器下缘的垂直距离为 H，设计时应同时满足 $H/H_c\geqslant 2.5$ 和 $H-H_c>40$～50mm，以确保水位变化对分离效果的影响。当选用的 v 值满足上述要求时，即可按已确定的 v 值来计算分离器蜗壳最小截面处的面积 f_{wk}：

$$f_{wk}=\frac{D}{\rho'' v} \tag{12-21}$$

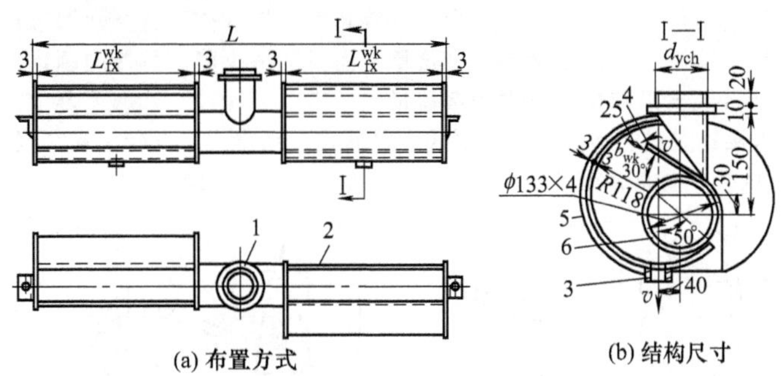

图 12-37 蜗壳式分离器的结构和布置方式（图中尺寸适用于批 33mm×4mm 的集汽管）

1—饱和蒸汽引出管；2—蜗壳式分离器；3—疏水管；4—蒸汽入口；5—蜗壳；6—集汽管

进而可确定蜗壳式分离器的最窄截面的宽度 b_{wk}：

$$b_{wk}=\frac{f_{wk}}{n_{fx}^{wk}L_{fx}^{wk}} \tag{12-22}$$

式中 L_{fx}^{wk}——最窄截面处缝隙的长度，m；

n_{fx}^{wk}——缝隙的条数。

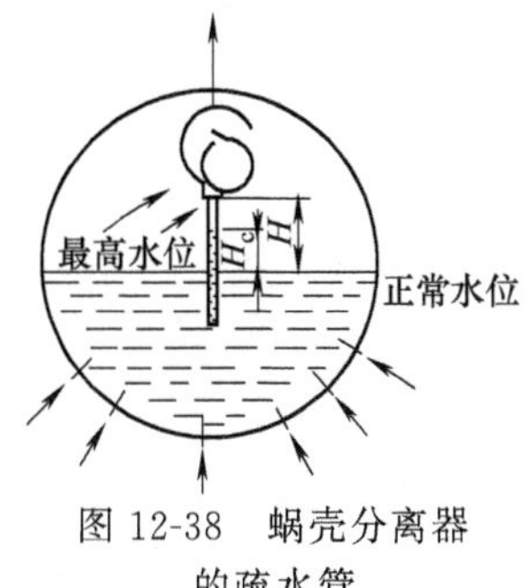

图 12-38 蜗壳分离器的疏水管

蜗壳式分离器的总长度应不小于 2/3 的蜗筒直段长度，据此可确定每条缝隙的长度 L_{fx}^{wk}。缝隙尺寸可按式（12-14）和式（12-15）确定，集汽管直径可按表 12-29 确定。

疏水管中的水速应小于 0.4m/s，以确保水在疏水管中流动时不会充满整个断面，使得锅炉运行压力瞬间降低。疏水部分汽化时，蒸汽可由截面的空隙处上升，回到集汽管。若水速过大，向上流动的蒸汽会阻碍疏水下流，并携带一些水分进入集汽管，降低蒸汽品质。可按表 12-31 选用疏水管直径及根数。

表 12-31 每个蜗壳式分离器的疏水管径及根数

锅炉蒸发量/(t/h)	≤2	4	6	10
管子根数	1	1	2	2
直径/mm	ϕ25×2	ϕ32×2.5	ϕ25×2	ϕ32×2.5

可按下式校核疏水管的总截面积 f_{ss}：

$$f_{ss}=\frac{0.1D}{3.6v_s\rho'} \tag{12-23}$$

式中 v_s——疏水管中的水速，m/s；

0.1——表示蒸汽进入分离器时的带水率为 10%。

疏水管底部应没入水空间。为防止水空间的上升、汽泡进入疏水管而阻碍疏水的顺利下流，可在疏水管的出口处焊一段直径为 ϕ100mm，高为 100mm 左右的圆管，圆管底部封死，顶部板上开有 ϕ10～12mm 的小孔 6～8 个，疏水管插入圆管的高度可取 60～80mm，如图 12-39 所示。

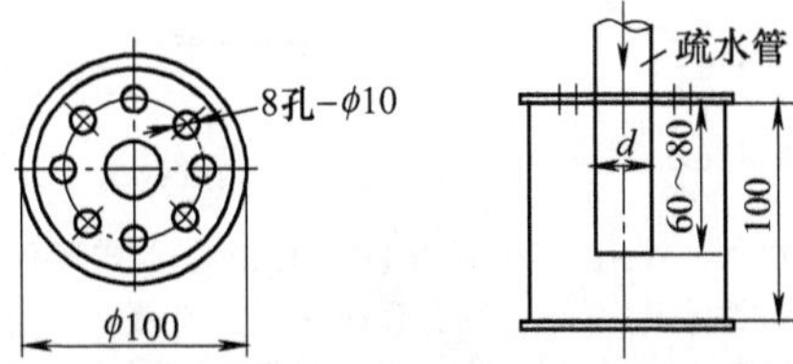

图 12-39 疏水管下部圆管

四、蒸汽清洗装置

所谓蒸汽清洗，就是使蒸汽通过较为干净的水层或水雾（一般用给水作为清洗水），利用给水和锅水浓度的差别来降低蒸汽溶解携带的盐分。在较高压力下，溶解性携带（亦称选择性携带）成为蒸汽污染的主要原因，仅靠汽水分离装置只能减少蒸汽携带的盐分含量，而不能解决蒸汽溶盐问题，因此，除采用汽水分离装置外，还需采用蒸汽清洗装置以减少蒸汽中的溶盐量。

清洗装置按蒸汽与水接触方式的不同分为喷水式、雨淋式、水膜式、自凝式和穿层式等，分别见图 12-40 和图 12-41。对清洗装置的基本要求是能使蒸汽与水充分接触，具有最大的接触面积，以提高清洗效率。

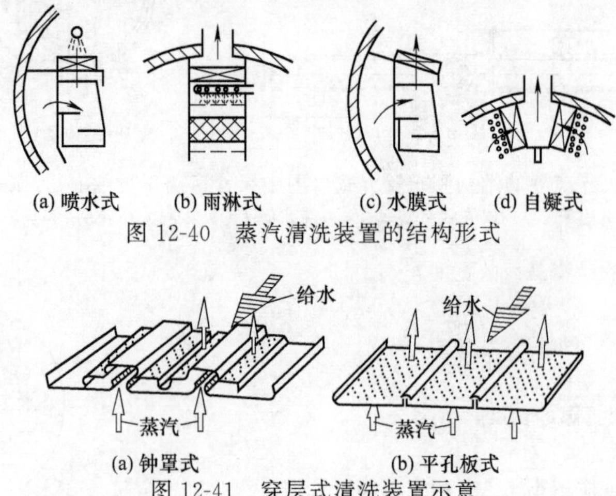

图 12-40 蒸汽清洗装置的结构形式

图 12-41 穿层式清洗装置示意

喷水式是将给水喷入旋风分离器以上的蒸汽空间，以对蒸汽进行清洗。雨淋式清洗采用三级逆流清洗，旋风分离器出来的蒸汽自下而上通过下孔板、钢丝网及上孔板，然后通过百叶窗分离器，给水在上孔板之上喷入。水膜式清洗的方法是将旋风分离器顶部的百叶窗倾斜放置，给水从百叶窗上端送入，蒸汽穿过百叶窗时，与波形板壁面匀水膜接触起清洗作用。自凝式清洗是在蒸汽空间布置几排用给水冷却的冷凝管圈，蒸汽通过管圈时部分冷凝成凝结水，利用这部分凝结水起清洗作用。

目前广泛采用的是穿层式清洗装置，有钟罩式和平孔板式两种。这种清洗装置的清洗效率一般为 60%～70%。由于钟罩式清洗装置结构复杂，阻力比平孔板式大 1 倍，因此，我国普遍采用平孔板式清洗装置。

钟罩式清洗装置由下底板和上盖板两部分组成，蒸汽从下底板缝中进入清洗装置，在两板之间经两次转弯后穿出孔板以及孔板上面的清洗水层。清洗后的给水溢出挡板，流入锅筒水空间。一般通过进口缝隙的流速不大于 0.8m/s，通过孔板的流速为 1.0～1.2m/s。

平孔板式清洗装置由若干块平孔板组成。蒸汽自下而上穿过孔板经清洗水层进行清洗，给水从清洗孔板的一端引入，或引至清洗孔板的中间分成两部分流过清洗孔板，然后由两端流入水空间。孔板厚度一般为 2～3mm，开孔直径为 5～6mm，蒸汽穿孔速度为 1.3～1.6m/s。采用平孔板式清洗装置，其有效清洗面积可比钟罩式增加 1/3，而阻力却减小 1/2。平孔板式清洗装置的布置方式和结构见图 12-42。

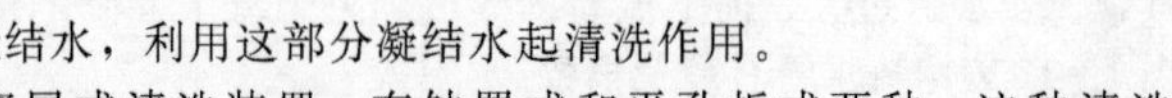

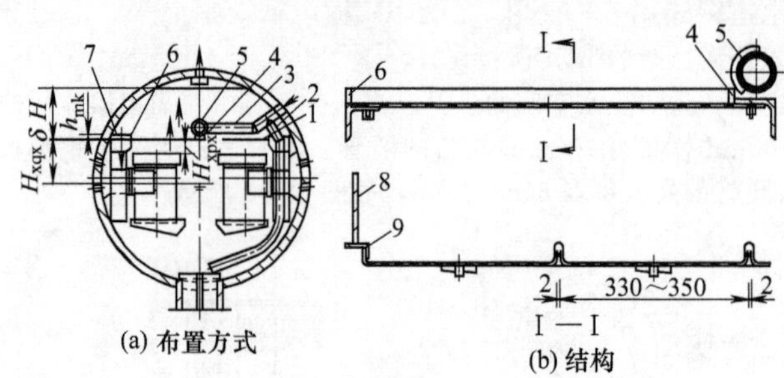

图 12-42 平孔板式清洗装置的布置方式和结构

1—清洗孔板；2—旁路水管；3—清洗水管；4—配水门槛；5—清洗水配水装置；6—溢水门槛；7—溢水斗；8—端部封板；9—角铁（密封用）

平孔板式清洗装置要使蒸汽得到较好的清洗，需要保证以下几点。

(1) 保证孔板上有连续的清洗水层、不出现干孔板区 选用的蒸汽穿孔速度值，不仅应保证在额定工况下能形成连续的清洗水层，而且还应保证在 50%额定负荷（特殊情况下要保证 30%额定负荷）下不出现干孔板区。平孔板清洗装置不出现干孔板区的极限工况如图 12-43 所示。当清洗水在孔板上流动时有局部的漏

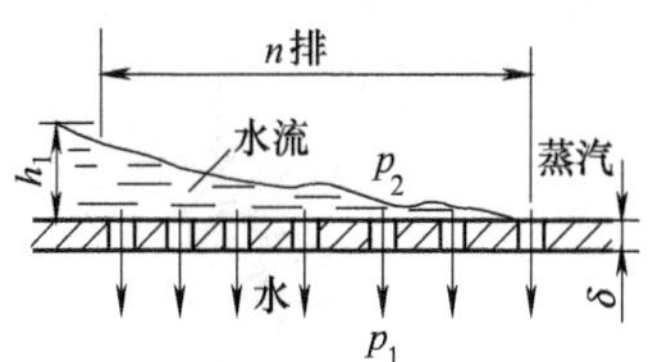

图 12-43　平孔板清洗装置不出现干孔板区极限工况示意

水，而到最后一排时尚未漏干，这样在整个孔板上都能形成清洗水层，从而保证清洗孔板正常工作。

(2) 保证必要的清洗水层厚度　清洗水层太薄，清洗效果较差。但过厚的清洗水层也是不必要的，一般为 30～50mm。清洗水层的厚度与清洗水量、清洗水的分配方式、溢水方式以及溢水门槛高度等有关。

(3) 合适的清洗水量及合理的给水分配方式　由于蒸汽穿过清洗水层时会产生大量的蒸汽凝结，一般并不用全部给水进行清洗，清洗水比例不宜过大，以 40%～50%为宜。清洗水管和旁路水管的连接方式见图 12-44。图 12-44（a）是将省煤器出水管中的一部分直接接到清洗水配水集箱，作为清洗水管，其余则直接引入锅筒水空间，成为旁路水管。这种连接方式的特点是锅炉负荷变化时，清洗水的比例基本不变，是国产锅炉采用最多的方式。图 12-44（b）和图 12-44（c）是将给水全部送到清洗水配水集箱，旁路水管则由配水集箱引出。

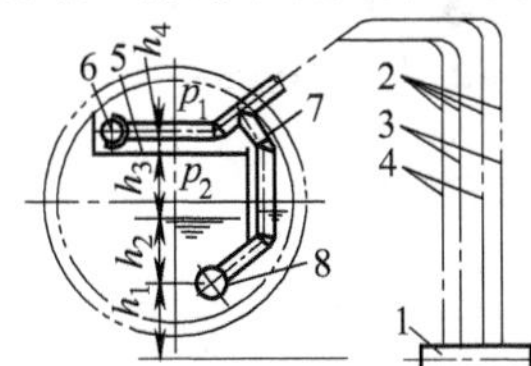
(a) 旁路水管直接引入水室

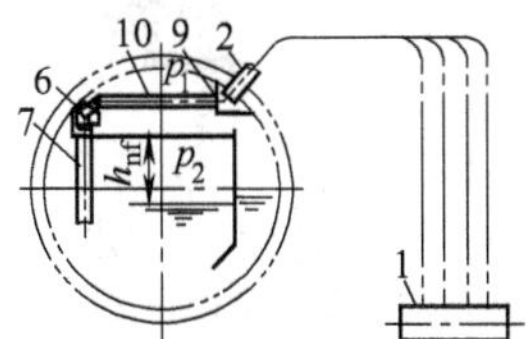
(b) 旁路水管由配水联箱底部引出

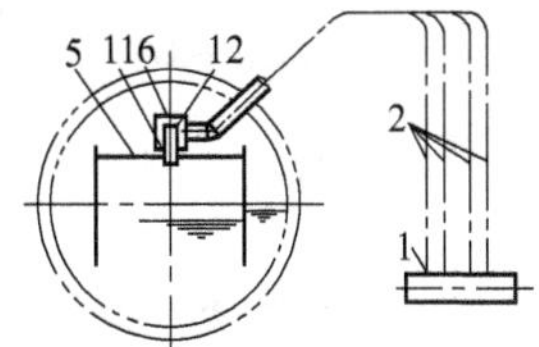
(c) 旁路水由配水联箱上部溢出

图 12-44　清洗水管和旁路水管的连接方式

1—省煤器出口联箱；2—省煤器出水管；3—清洗水来水管；4—旁路水来水管；5—清洗装置；6—清洗水配水联箱；7—锅筒内的旁路水管；8—旁路水配水装置；9—省煤器来水汇流箱；10—清洗水分支管；11—清洗水配水孔板；12—旁路水溢水槽

当分配方式确定后，可通过选择适当的管径和通道阻力来达到所要求的清洗水比例。

(4) 保证清洗装置上水层均匀、溢流通畅　清洗水的配水方式有单侧和双侧两种，相应地，溢水也有单侧和双侧之分，见图 12-45。平孔板清洗装置一般都采用双侧配水及溢水方式，即把配水装置布置在清洗孔板的中心部位，向两侧配水，通过溢流挡板或溢流斗溢流到水空间。清洗水溢流侧应加装溢流门槛以保持必要的清洗水层厚度。对于超高压锅炉，门槛高度约为 25mm，高压锅炉时则为 15～20mm，如为单侧溢水，门槛高度值相应降低。

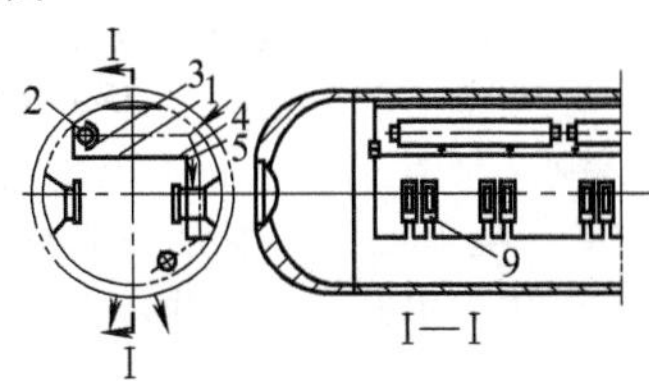

(a) 单侧配水和溢水方式

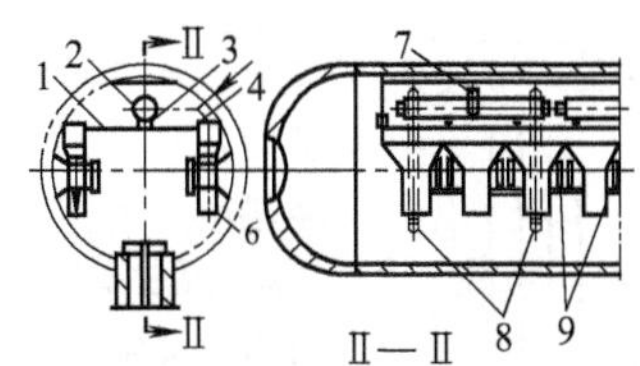

(b) 双侧配水和溢水方式

图 12-45　清洗装置的配水和溢水方式

1—清洗孔板；2—清洗水配水装置；3—配水门槛；4—溢水门槛；5—溢水挡板；6—溢水斗；7—清洗水管；8—旁路水管；9—旋风分离器引管法兰

由于省煤器出口水温一般低于饱和温度，因此要防止清洗水直接冲击锅筒内壁，以免造成热应力不均。对于高压以上的锅炉，应加装保护筒壁的挡板或溢水斗。溢水斗或溢水挡板的下缘应淹没在正常水位下至少 150mm，以形成良好的水封。清洗水的溢水速度应小于 0.1m/s，以免溢水夹带蒸汽。

(5) 合理的清洗水配水装置　由于清洗水配水装置装在清洗板上部的汽空间，因此，不仅要求其配水均匀，而且要求其能够消除水的动能，使之均匀溢流，不造成汽空间水滴飞溅或冲起清洗水。

清洗水配水装置一般由配水母管或联箱、导向罩及配水门槛等三部分组成，配水门槛装在清洗板的上面，导向罩与配水门槛配合起消除动能和均匀溢水的作用。配水联箱为方形或圆管，可借压力配水，也可保持一定水头、靠溢流来配水。图 12-46 示出了 4 种形式的配水装置。其中，图 12-46（c）是中国产锅炉普遍采用的形式，图 12-46（d）是前苏联 EП-670/140 型锅炉所采用的配水装置。

如果省煤器为沸腾式，则应采用双相流体配水箱。双相流体配水箱的作用是把省煤器来水中的蒸汽分离出来，并将清洗水沿清洗板均匀分配。图 12-47 示出了两种形式的双相流体配水箱。

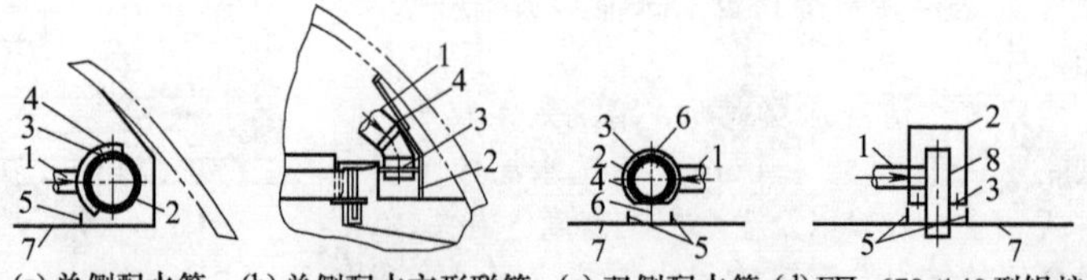

图 12-46 清洗水配水装置的形式

1—来水管；2—配水母管或配水联箱；3—配水孔；4—导向罩；5—配水门槛；6—分隔板；7—清洗孔板；8—溢水槽

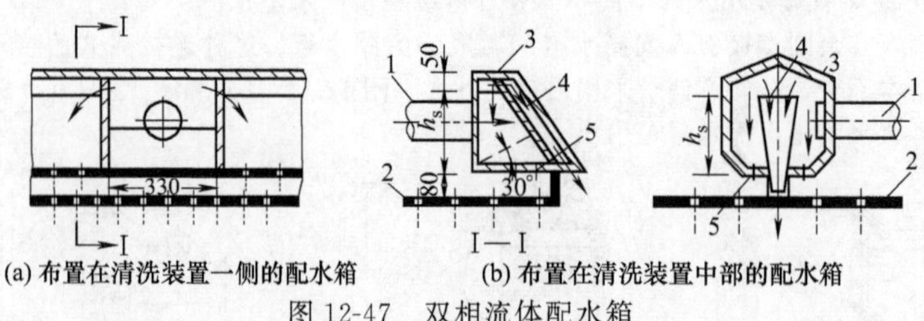

图 12-47 双相流体配水箱

1—给水管；2—清洗孔板；3—配水箱；4—旁路通道；5—配水小孔

对于大型锅炉，若给水品质较好，不采用蒸汽清洗已能满足蒸汽品质的要求，则可取消蒸汽清洗装置以简化锅内装置结构。目前，中国的高压及超高压锅炉都采用除盐水作为补给水，若运行正常，水质符合现行的水气监察规程规定，不装清洗装置一般也能保证合格的蒸汽品质。但在实际运行中，由于凝汽器的泄漏，新投产的锅炉，由于设备在运输和组装场地存放过程中受到污染，投产初期，汽、水质量往往达不到规定的指标。因此，对于高压及超高压锅炉来说，采用清洗装置仍是改进蒸汽品质的简便措施。对于亚临界压力锅炉，由于蒸汽溶解硅酸的分配系数增大，清洗装置的效率降低，此时应主要依靠提高给水品质来保证蒸汽的品质。

五、分段蒸发

在一些给水品质较差的中、高压热电站锅炉中常采用分段蒸发的方法来提高蒸汽品质或减小排污量。

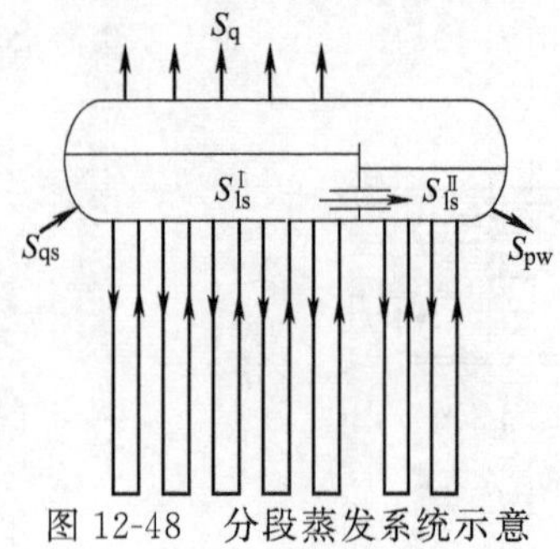

图 12-48 分段蒸发系统示意

图 12-48 给出了分段蒸发系统示意。用隔板将锅筒的水容积分隔成两段，各段都有自己的下降管和上升管，形成独立的循环回路。给水直接进入连接受热面较多的区域（称为净段），净段的一部分炉水由连通管流入连接受热面较少的区域（称为盐段），锅炉的排污从盐段引出。显然，净段的炉水浓度较小，产生的蒸汽品质较高，盐段的炉水浓度较高，产生的蒸汽品质较差。但盐段的蒸发量一般只占锅炉总蒸发量的5%～20%，绝大部分蒸汽从炉水品质好的净段产生，两者混合后的总的蒸汽品质仍有所提高。

理论上，分段的数目越多，分段蒸发的效果越好，但分段太多会使结构复杂，因而实际中仅采用两段或三段蒸发。第一段炉水浓度最小，称为净段，其余各段称为盐段。

常用的分段蒸发连接系统见图 12-49。图 12-49（a）为未分段常规蒸发系统。两段蒸发有锅内盐段及锅外盐段两种，三段蒸发一般以锅内作为第二段，以锅外旋风分离器作为第三段。

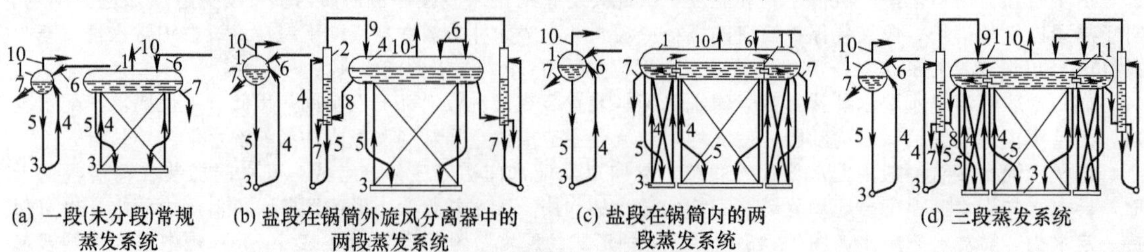

图 12-49 分段蒸发连接系统

1—锅筒；2—锅外旋风分离器；3—循环回路下集箱；4—蒸发管；5—下降管；6—给水管；7—排污管；8—锅筒到锅外分离器的供水管；9—锅外分离器到锅筒的蒸汽输入管；10—饱和蒸汽输出管；11—锅筒内隔板

采用锅内盐段的优点是结构简单、盐段的蒸发量没有限制。缺点是盐段炉水的回流率大，影响分段蒸发的效果，采用锅外盐段的优点是可以避免炉水回流，使分段蒸发的效果更好；锅外旋风分离器的空间尺寸不受限制，可有较高的高度，允许更高的炉水浓度，排污量可减少。缺点是投资费用增多，连接系统较复杂，旋风分离器数目最多采用4只（每段2只），盐段蒸发量不能太大。

设计锅内盐段时，最重要的是要减少盐段炉水的回流量。锅筒内的分段隔板应尽量提高，至少要比盐段水位高200～300mm。但隔板高度又受到蒸汽通过流速的限制，一般不超过表12-32所列的数值。水连通管每端布置一根，水的流速控制在0.2～0.5m/s的范围内，中心标高至少应比锅筒正常水位低350mm，尽量靠近锅筒底部。

表12-32 盐净段蒸汽通道中允许的最大蒸汽流速

锅筒压力/MPa	1.47	2.94	4.41	10.89	15.3
蒸汽流速/(m/s)	3.5	2.5	2.0	1.0	0.7

净段给水应远离连通管的进口，以防清洁的给水直接流入盐段。连接管的进出口与下降管应有一定的距离，以免下降管的抽力影响盐段与净段的水位。连通管的长度不能太短，一般不小于800mm。由于通过水连通管及蒸汽通道有阻力，盐段水位低于净段水位，一般控制这一水位差在30～50mm的范围内。若水位差过大，则盐段水位过低，影响水循环的安全性；若水位差过小，则水连通管的阻力太小，在工况变动时，易使盐段炉水从水连通管回流到净段。一般通过水连通管的阻力应保持200～300Pa。

采用锅外盐段时，若采用两段蒸发系统，盐段出力一般为15%左右；若为三段蒸发系统，第三层出力为5%～10%。锅外旋风分离器水位与锅筒水位差取决于蒸汽连通管及水连通管的阻力，一般为300～500mm，极限水位差小于1000mm，外置旋风分离器的汽水混合物引入管中心应比锅筒正常水位高300～500mm。外置旋风分离器的锅壳下缘应比锅筒正常水位高300mm以上。接到外置旋风分离器的定期排污管应加装节流圈，连续排污管的位置应比下降管入口高1000mm以上。

随着锅炉水处理技术的发展，给水品质大为提高，高压以上的锅炉，炉水含盐已不再是影响蒸汽品质的主要因素，加上分段蒸发增加结构的复杂性和运行的不便，因此，包括中压电站锅炉一般可不采用分段蒸发系统。对工业锅炉和水质较差的已投产锅炉，分段蒸发系统尚有采用价值。

六、排污装置

在锅炉运行中排出一些浓度较大的炉水，称为锅炉排污。其作用是使炉水含盐量维持在允许的范围内，以减小炉水膨胀、泛沫，减少蒸汽的湿度和含盐量，并减少蒸发管内的结垢。

锅炉排污有连续排污和定期排污两种。连续排污是在运行中连续地从锅筒中排放一些炉水、悬浮物及油脂；定期排污则是定时地从锅筒的底部或水冷壁下集箱的底部排放部分炉水，主要目的是排放水渣及沉淀物，以免沉聚在锅炉受热面上。

为了提高排污效率，减少排污量，连续排污装置应装设在炉水浓度最高的区域，并远离给水管和加药管，应沿锅筒长度均匀排水，以保持炉水浓度的均匀性。排污管一般用直径ϕ28～60mm的管子做成，管上开有ϕ8～12mm的小孔。排污管内的最大纵向水速一般不超过0.5m/s，小孔中的水速为排污管内的纵向水速的2～2.5倍。若以旋风分离器作为一次分离元件，排污管应装在筒底托斗附近。盐段排污管多采用斜削口的管子，装在封头附近，斜削口进口水速为0.1～0.15m/s。盐段和净段的排污管应装在正常水位以下200～300mm处，以免吸入汽泡。小型锅炉可以采用带吸口的排污管，吸口靠近锅筒水面，可排出悬浮物及油脂等。这种形式的排污管称为喇叭形表面排污管。喇叭管的内直径一般为ϕ18～28mm，入口水速应小于0.1m/s。为保证沿锅筒长度均匀排污，喇叭管与排污母管连接处可装孔径为ϕ8mm的节流圈。喇叭管的根数和排污母管直径见表12-33。

表12-33 喇叭管的根数和排污母管直径

锅炉额定负荷/(t/h)	10	15	20	35	65
n_{lb}	4	6	8	6～14	10～16
d_{pwg}/mm	ϕ38×3	ϕ45×5	ϕ45×3	ϕ51×3	ϕ57×3

排污装置的布置方式示于图12-50。

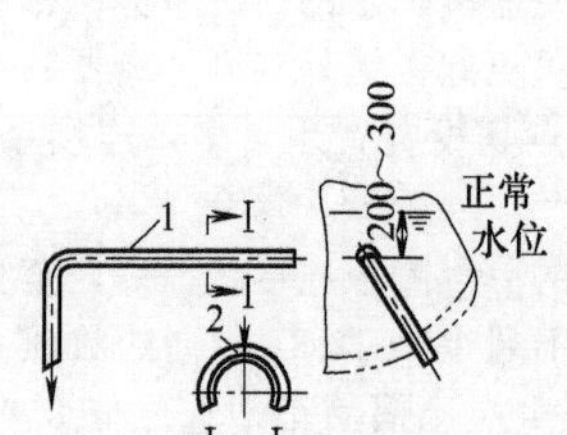

(a) 不分段蒸发系统的排污装置

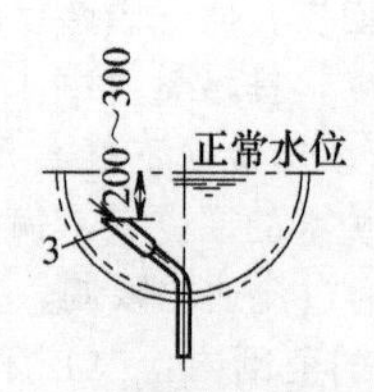

(b) 分段蒸发系统盐段的排污装置

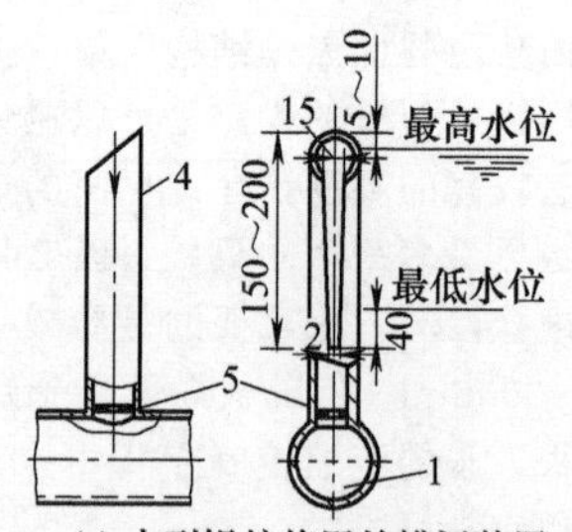

(c) 小型锅炉使用的排污装置

图 12-50 排污装置的布置方式

1—排污母管；2—炉水吸入孔；3—斜削口；4—喇叭管；5—节流圈

七、锅筒内部的辅助装置

(1) 给水分配装置 给水分配装置的作用是使给水按预定部位分配并与炉水混合，以组织合理的锅内水工况。主要有压力配水管，清洗水配水装置等。

压力配水管是一根两端有堵板，管上开有间距为 100～200mm、直径为 $\phi(8\sim12)$mm 的小孔的母管。由省煤器来的给水接到配水母管上后，在压力的作用下，靠小孔的节流作用沿预定部位均匀分配并消除动能。压力配水管一般装在锅筒的水空间、靠近下降管的部位。以水下孔板作为一次分离元件的中小型锅炉，也可装在水下孔板之上。压力配水管的布置方式见图 12-51。

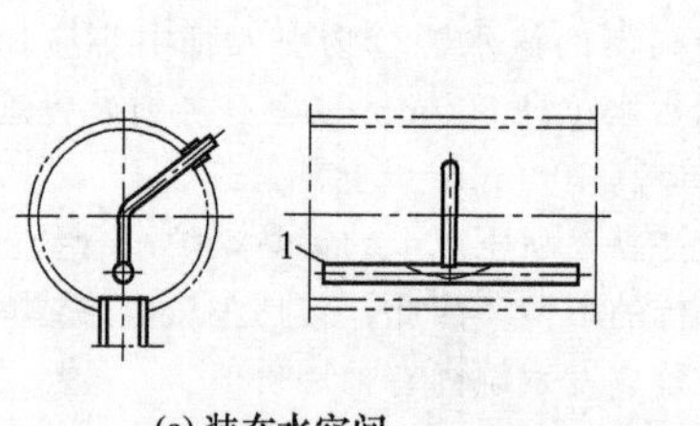

(a) 装在水空间　　(b) 与水下孔板配合

图 12-51 压力配水管的布置方式

1—压力配水管；2—水下孔板；3—导向板

为考虑变工况、排污或其他情况的需要，给水管中的水流量应考虑为锅炉蒸发量的 1.2～1.5 倍。管上小孔中的水速，对于中压和高压锅炉为 3～4m/s；对于超高压锅炉应小于 2m/s。给水管中水速一般等于或小于孔中水速的 1/2。

(2) 加药管 加药管的作用是沿锅筒全长均匀分配磷酸盐，与给水混合后，使水中的易结垢盐类成为易排除的沉渣并在金属表面形成一层保护膜，防止苛性脆化。

加药管的直径一般在 ϕ50mm 左右，沿管长均匀开 ϕ3～5mm 的小孔。保持孔中流速大于或等于加药母管中的最大纵向速度的 2.0～2.5 倍。加药管应远离排污管，靠近给水管或下降管入口。

(3) 事故放水管 事故放水管的作用是当锅炉满水时迅速排放部分炉水以防酿成事故。一般用 ϕ89～133mm 的管子制成。管口标高对应于锅筒的正常水位线或设计最高水位线。为防止在管口处产生旋涡，可在管口处装设十字挡板或在上部装设顶罩。

事故放水管的布置见图 12-52。

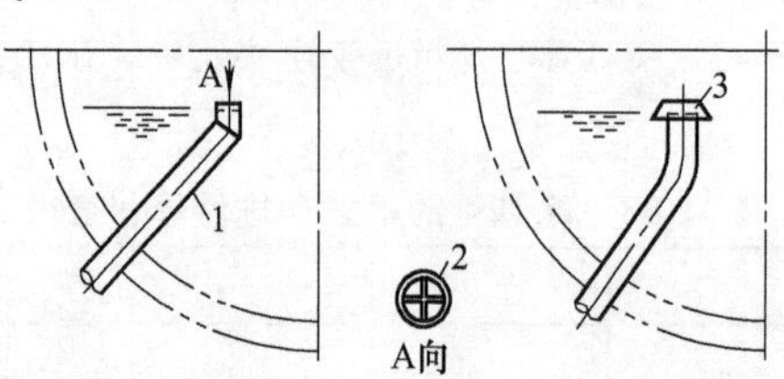

(a) 管口上装有十字挡板　　(b) 管口上装有顶罩

图 12-52 事故放水管布置

1—事故放水管；2—十字挡板；3—顶罩

(4) 下降管入口保护装置 为了防止在下降管入口处形成旋涡斗、将蒸汽带入下降管而影响水循环，可在下降管入口处加装保护装置，常用的下降管入口保护装置主要有栅格和十字挡板，见图 12-53。

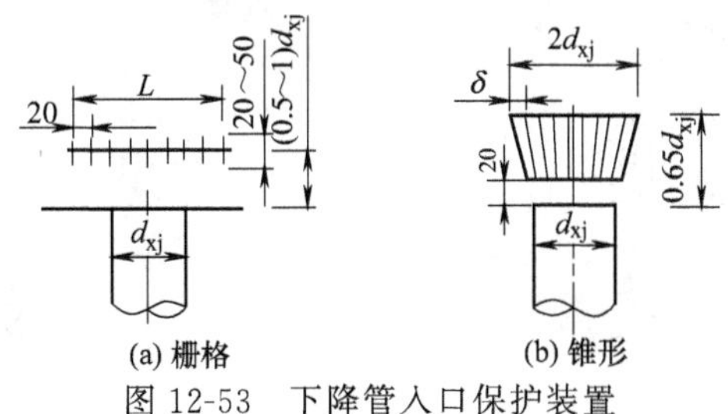

图 12-53 下降管入口保护装置

八、典型锅筒内件布置

常见的低压工业锅炉锅筒内件布置方式见图 12-54。

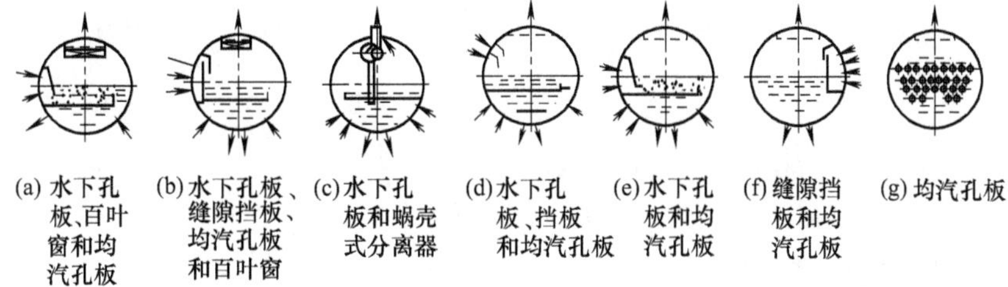

图 12-54 低压工业锅炉锅筒内件布置示意
（配水管、加药管和排污管等未示出）

对装有过热器的水管锅炉可采用如下 3 种布置方式：水下孔板为粗分离设备，百叶窗分离器和均汽板为细分离设备，见图 12-54（a）；水下孔板和缝隙挡板为粗分离设备，均汽孔板和百叶窗分离器（或钢丝网分离器）为细分离设备，见图 12-54（b）；水下孔板为粗分离设备，蜗壳式分离器为细分离设备，见图 12-54（c）。

对未装过热器的水管锅炉可采用如下 3 种布置方式：①水下孔板为粗分离设备，均汽孔板或集汽管为细分离设备，见图 12-54（e）；②水下孔板和挡板为粗分离设备，均汽孔板或集汽管为细分离设备，见图 12-54（d）；③缝隙挡板为粗分离设备，均汽孔板或集汽管为细分离设备，见图 12-54（f）。

对于锅壳式锅炉，一般可在锅筒顶部装均汽孔板或集汽管，见图 12-54（g）。

常见的中压锅炉锅筒内件布置方式见图 12-55。

当汽水混合物由汽空间引入锅筒时，可用垂直挡板，见图 12-55（a），图 12-55（d）作为粗分离设备。当汽水混合物由水空间引入锅筒时，可用水下孔板作为粗分离设备，见图 12-55（e）。若锅筒的蒸汽负荷较大，汽水混合物的入口流速较高，则可采用锅内旋风分离器作为粗分离设备，见图 12-55（f）。细分离设备可采用均汽孔板和百叶窗分离器，也可采用钢丝网分离器。

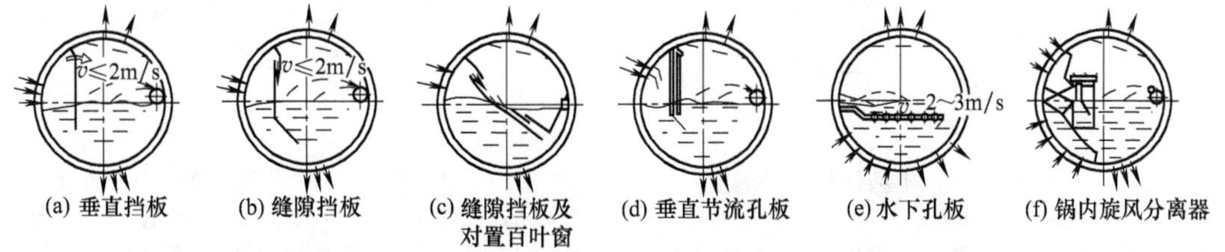

图 12-55 中压锅炉锅筒内件布置示意

图 12-56 为一粗分离设备和细分离设备均采用钢丝网分离器的中压锅炉锅筒内件布置。图 12-57 为一粗分离设备采用旋风分离器、细分离设备采用钢丝网分离器的中压锅炉锅筒内件布置。

中国产高压和超高压锅炉主要采用旋风分离器作为粗分离设备，配以穿层清洗装置，采用百叶窗分离器加均汽孔板作为细分离设备，有时也可仅采用钢丝网分离器或仅采用均汽孔板作为细分离设备。

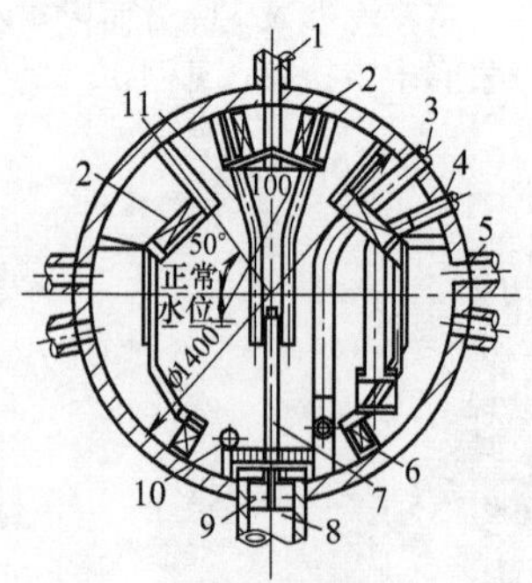

图 12-56 采用钢丝网分离器的中压锅炉锅筒内件布置方式

1—饱和蒸汽引出管；2—钢丝网分离器；3—排污管；4—给水管；5—汽水混合物引入管；6—疏水箱；7—事故放水管；8—下降管；9—十字挡板；10—加药管；11—疏水管

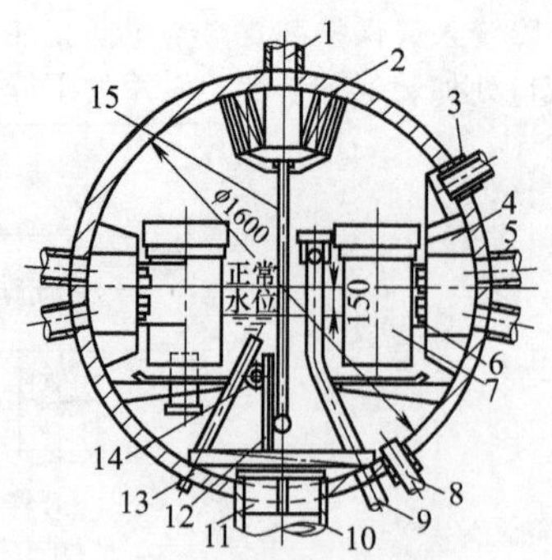

图 12-57 采用旋风分离器的中压锅炉锅筒内件布置

1—饱和蒸汽引出管；2—钢丝网分离器；3—给水管；4—汇流箱；5—汽水混合物引入管；6—旋风分离器引入管；7—旋风分离器；8—再循环管；9—溢水管；10—下降管；11—十字挡板；12—加药管；13—事故放水管；14—排污管；15—疏水管

图 12-58 所示为 DG-670/140-Ⅰ型锅炉锅内装置。

图 12-59 所示为一多次强制循环（即控制循环）锅炉的锅筒内部装置组合布置。该锅筒与自然循环锅炉的重要差别是锅筒内部采用环形夹层结构作为汽水混合物的通道。由于采用控制循环方式，允许锅筒内部有大的流动阻力，为环形夹层结构的使用提供了条件。采用环形夹层的优点在于大大减少了锅筒在启动过程中的上、下壁温差。从水冷壁来的汽水混合物从锅筒的顶部沿着环形通道流动，使得锅筒内壁的上、下部金属均与同一种工质（即汽水混合物）接触，所以在启动中无需再考虑锅筒的上、下壁温差问题，从而提高了启动的速度。由于采用锅炉水循环泵，保证了回路中所需的运动压头，故可以采用流动阻力大、分离效率高、轴向进口带内置螺旋形叶片的轴流式分离器作为一次分离元件。另外，因采用的给水品质好，可以不用蒸汽清洗，给水直接送至下降管入口附近。

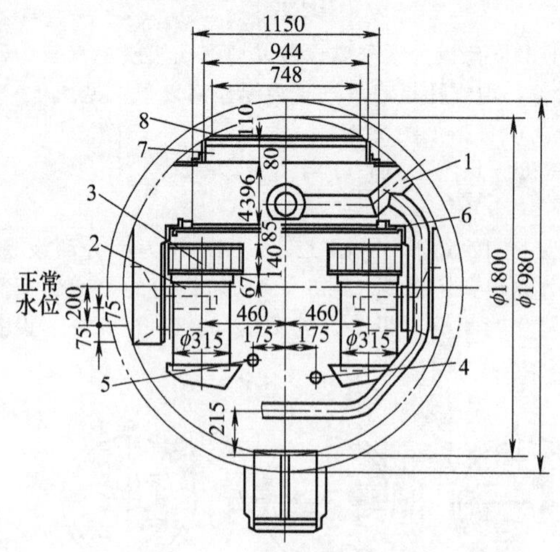

图 12-58 DG-670/140-Ⅰ型锅炉锅内装置

1—给水管；2—旋风分离器；3—卧式百叶窗顶帽；4—加药管；5—排污管；6—穿层式清洗装置；7—卧式百叶窗分离器；8—均汽孔板

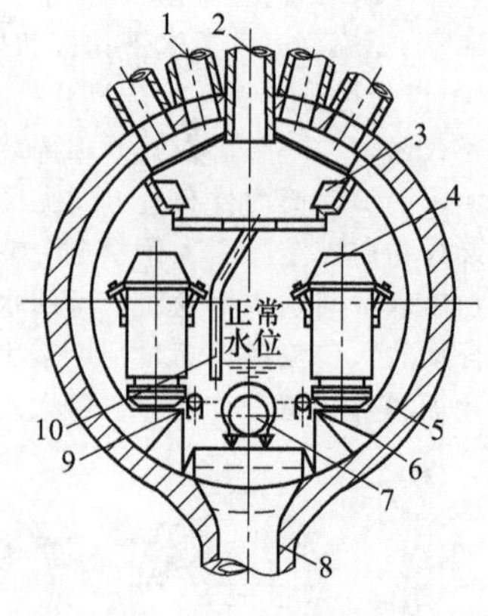

图 12-59 多次强制循环锅炉锅筒内部装置

1—汽水混合物引入管；2—饱和蒸汽引出管；3—百叶窗；4—涡轮分离器；5—汽水混合物汇流箱；6—加药管；7—给水管；8—下降管；9—排污管；10—疏水管

由水冷壁来的汽水混合物从锅筒的顶部引入，沿着锅筒内壁和夹套之间的环形夹层向下流动，开始进行汽水分离。分离过程经历以下三个阶段。第一次分离是在旋风分离器中进行的。当汽水混合物向上进入旋风分离器内圆筒时，在转向叶片作用下产生离心旋转运动，使得较重的水沿内筒壁向上流动，在内圆筒顶部遇

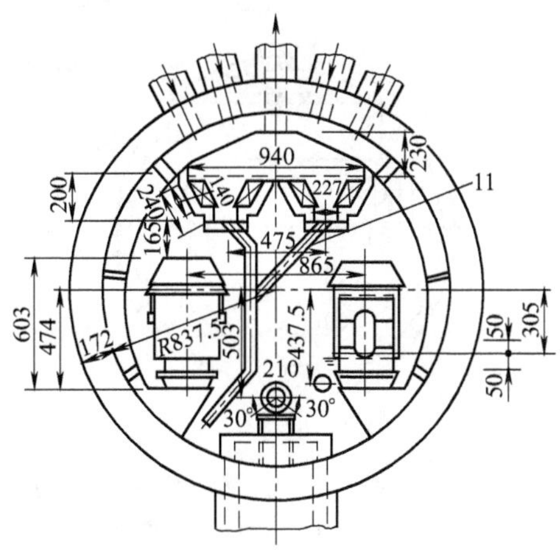

图 12-60　拔柏葛型锅炉的典型锅内装置

到转向弯板而折向下方，通过两个圆筒之间的通道流回到锅筒水空间。分离出的蒸汽继续向上流动去进行第二次分离。第二次分离是在旋风分离器顶部布置的波形板顶帽中进行的。蒸汽在通过薄板之间的曲折通道时，频繁改变着流动方向，由于惯性作用，使得蒸汽中包含的水分打到波形板上，并形成连续的水膜，水膜垂直向下流动，回到水空间，而蒸汽则水平地从顶帽周围流出。第三次分离过程为在锅筒的顶部沿锅筒长度方向布置有数排百叶窗分离器，各排间装有疏水管道，当蒸汽以相当低的速度穿过百叶窗弯板间的曲折通道时，携带的残余水分会沉积在波形板上，水分不会被蒸汽再次带起，而是沿着波形板流向疏水管道，通过这些管道返回到锅筒水空间。

典型的拔柏葛型锅炉的锅内装置是由锥形筒体旋风分离器与 V 形布置的二次分离百叶窗组合而成。图 12-60 所示为一台蒸发量为 380t/h，锅筒压力为 14.61MPa，过热蒸汽出口压力为 13.33MPa 的锅炉的锅筒内件布置。

美国燃烧工程公司生产的锅炉有自然循环和控制循环两种循环方式，多采用涡轮式旋风分离器作为粗分离设备，采用 V 形或 W 形百叶窗或钢丝网分离器作为细分离设备。图 12-61（a）和图 12-61（b）分别为蒸发量为 1050t/h 及 1160t/h 的亚临界压力强制循环锅炉的锅筒内件布置；图 12-61（c）为一同等容量级别的自然循环锅炉的锅筒内件布置。

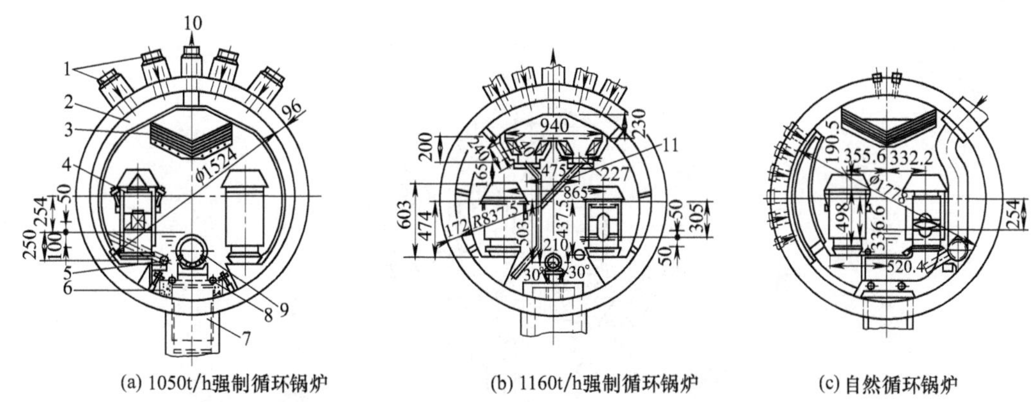

图 12-61　美国燃烧工程公司生产的锅炉锅筒内件

1—汽水混合物引入管；2—密封夹层；3—百叶窗或钢丝网分离器；4—涡轮式旋风分离器；
5—排污管；6—孔板罩箱；7—下降管；8—加药管；9—配水管；
10—饱和蒸汽引出管；11—疏水管

福斯特-惠勒公司生产的锅炉锅筒内件多采用卧式旋风分离器作为粗分离设备，采用百叶窗分离器或钢丝网分离器作为细分离设备，见图 12-62。

图 12-63 示出了 DG-1025/18.2-Ⅱ$_4$ 型锅炉的锅筒总布置。锅筒所用的钢材为 13MnNiMo54（BHW35），锅筒的内径为 1792mm，壁厚为 145mm，筒身长度为 20m，两端为球面封头，锅筒总长为 22.25m，锅筒中

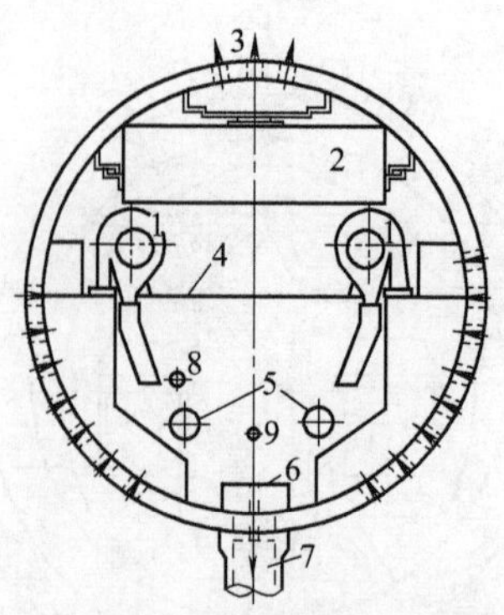

图 12-62 福斯特-惠勒型锅炉典型锅内装置

1—卧式旋风分离器；2—百叶窗分离器或钢丝网分离器；3—饱和蒸汽引出管；4—孔板；5—配水管；6—防旋装置；7—下降管；8—排污管；9—加药管

心线的标高为 65m，锅筒的正常水位在锅筒中心线以下 100mm 处，水位正常值是±50mm，整个锅筒由两根 ϕ190mm 的 U 形吊杆悬吊在炉顶的大梁上。

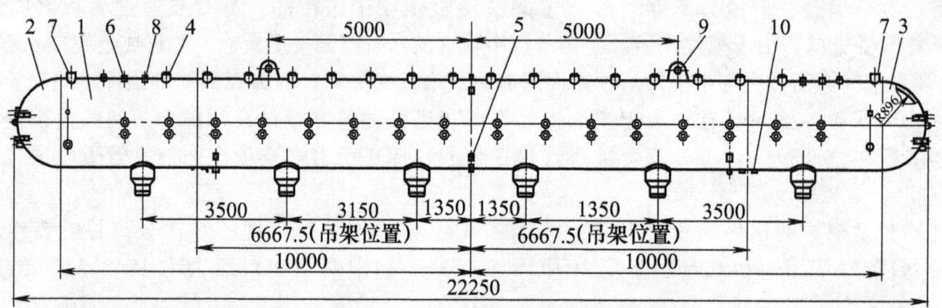

图 12-63 DG-1025/18.2-Ⅱ$_4$ 型锅炉锅筒总布置

1—筒身；2—左封头；3—右封头；4～6,8—管座接头；7—安全阀接头；9—吊耳；10—挡块

锅筒内采用单段蒸发系统，一次分离元件是 108 个 ϕ315mm 的切向导流式旋风分离器，二次分离元件为立式百叶窗分离器，如图 12-64 所示。

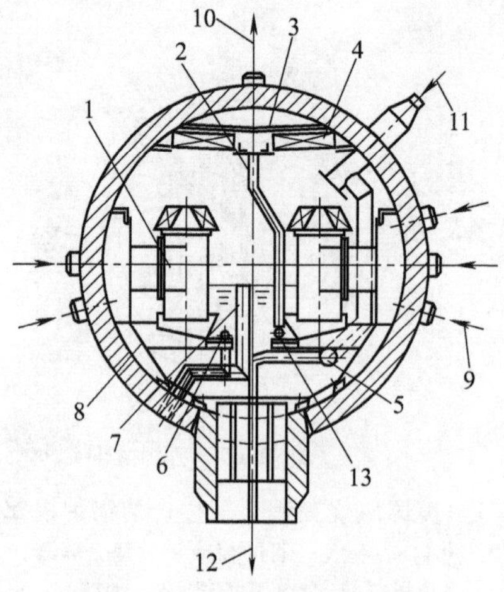

图 12-64 锅筒内部设备

1—旋风分离器；2—疏水管；3—均汽孔板；4—百叶窗分离器；5—给水管；6—排污管；7—事故放水管；8—连通箱；9—汽水混合物；10—饱和蒸汽；11—给水；12—循环水；13—加药管

锅筒由一个圆柱形筒体的两个球形封头组成，筒体由 10 块 4m×3.2704m 的钢板制成，整个筒体有两道纵焊缝和六道环焊缝，如图 12-65 所示。

锅筒和许多管子相连，下面对这些连接管做一说明。

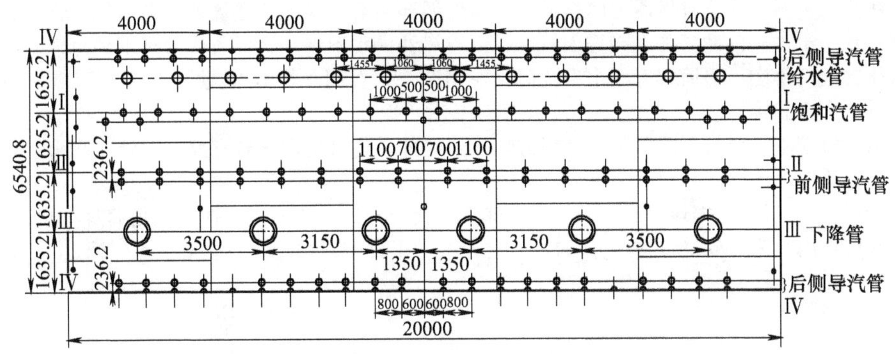

图 12-65 锅炉展开布置

(1) 导汽管 水冷壁出口联箱引出的 94 根导汽管从锅筒的前、后两侧与锅筒相连。锅筒的前侧有两排导汽管，每排 16 根；锅筒的后侧有 3 根导汽管，其中上排与下排各 20 根，中间 22 根，后侧共 62 根。

汽水混合物进入锅筒后全部进入连通箱内。锅筒的下半部采用了内夹套结构，夹层内侧是汽水混合物，夹层将省煤器来的给水与水冷壁来的炉水隔开，以保持锅筒上、下壁温的一致。由于锅筒前侧接有 32 根导汽管，锅筒后侧接有 62 根导汽管，因此后侧的水通过夹层流向前侧，这就使得锅筒上、下壁温保持一致。

(2) 给水管 从省煤器出口联箱引出 12 根 ϕ159mm×18mm 的管子接到锅筒的后侧上方，给水管通过套管变成 ϕ76mm×4mm 的管子进入锅筒内部，最终汇集到 ϕ133mm×6mm 的总管上。给水总管在锅筒水容积内。给水总管上开有三排给水孔，中间一排给水孔为水平方向，另外两排给水孔与水平成 45°角，如图 12-66 所示，给水孔的孔形为椭圆形。另外，从锅筒内的总管上接有 6 根 ϕ76mm×4mm 的管子，将给水直接引入 6 根下降管内。

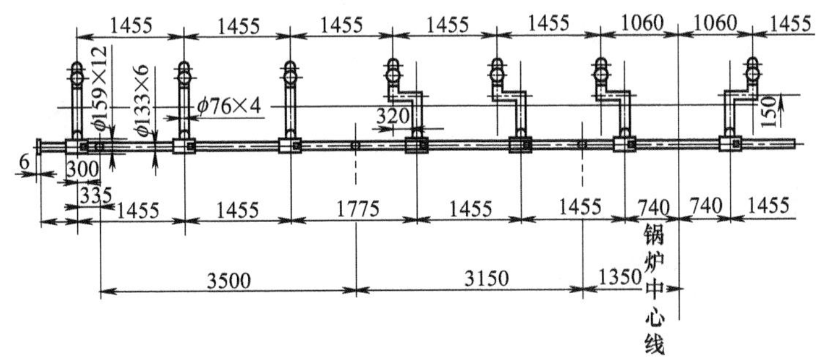

图 12-66 锅筒给水管

(3) 连续排污管 锅筒的连排总管位于锅筒前下侧正常水位以下 300mm 处，水平布置，距锅筒垂直中心面 175mm 处，母管规格 ϕ76mm×4mm，在总管的顶部开有 105 个排污孔，其孔距为 170mm，自锅筒下部引出两根 ϕ60mm×3mm 管子，这两根引出管距锅筒中心 6.2m，在连排管上装有电动闸阀和调节阀（*DN*50、*PN*32MPa）。连排管是将浓度最大的炉水排出，以降低炉水的含盐量，提高蒸汽的品质，运行中应根据炉水中硅酸根离子的含量调节阀门的开度。

(4) 加药管 锅筒加药管安装在锅筒正常水位线以下 300mm 处，位于锅筒的后侧，距离锅筒中心垂直面 175mm，规格为 ϕ60mm×3mm，加药管朝下有 59 个孔，其间距为 300mm，加药管进入锅筒的引入管为 ϕ42mm×6mm，从锅筒中间与给水同一位置处引入。

(5) 事故放水 锅筒内有一根事故放水管，事故放水管设在锅筒中心线下 100mm 处的锅筒前侧，距锅筒垂直中分面 80mm，事故放水管在锅筒内侧为 ϕ89mm×4.5mm，锅筒外侧为 ϕ133mm×16mm。在事故放水管的入口处有十字形隔板，防止事故放水时产生涡流。事故放水的作用是锅筒水位太高时，紧急放水，以确保安全。

(6) 饱和蒸汽管 从锅筒的顶部引出 16 根饱和蒸汽管进入过热器，这些管子的规格为 ϕ159mm×18mm。

(7) 再循环管 在右数第四根下降管的 24.9m 处引出 2 根 ϕ133mm×20mm 的管子接到省煤器入口联箱上，作为省煤器的再循环管，在再循环管上装有再循环阀。

再循环管的作用是防止锅炉启停过程中省煤器干烧。点火启动时，给水量很小，省煤器常常是间断进水，如果省煤器中的水不流动，就可能使省煤器管子干烧而超温。当锅炉启、停过程中给水中断时，打开再循环阀，在锅筒、再循环管及省煤器之间就形成了自然循环回路，保护了省煤器。当锅炉有给水量时，应关闭再循环阀，否则给水从再循环管直接进入锅筒，而省煤器内水不流动，使省煤器得不到冷却。

(8) 锅筒安全门管座 锅筒共有3个安全门（左侧2个，右侧1个），这些安全门的管座一端与锅筒焊接，另一端与安全门相接。

(9) 其他连接管 在筒身上除了上述介绍的连接管道外，还有自用汽管、反冲洗管、锅筒壁温测点、水位及压力测点的管座。

(10) 锅筒封头 锅筒两端球面封头的材料及厚度与筒身相同，用两道环向焊缝把筒身与封头连在一起，封头呈半球面型，内径为896mm，在锅筒的封头上各有一个自密封人孔及一套双色水位计。

实用锅炉手册

下册

第三版

林宗虎　徐通模　主编

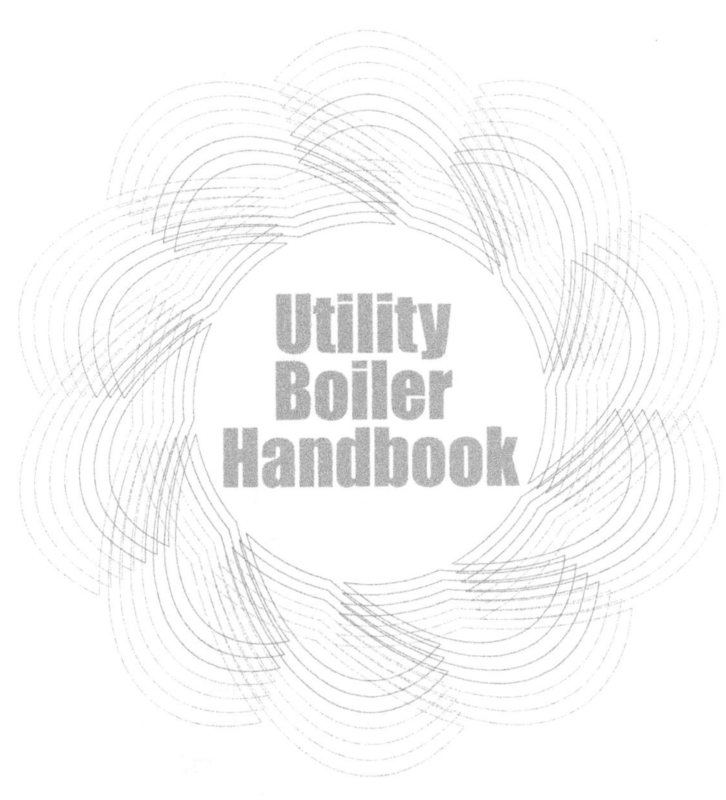

化学工业出版社
·北京·

目录

第一章　锅炉的类别、参数及型号

第二章　燃料、燃烧产物及热平衡计算

第三章 工业锅炉结构

第四章 余热锅炉及特种锅炉的结构及设计

第五章 电站锅炉结构

第六章 锅炉主要受热面的结构

第七章 火床和火室燃烧设备

第八章　流化床燃烧锅炉的特性、结构及计算

第九章　锅炉热力系统及设计布置

第十章　锅炉热力计算

第十一章 锅炉水动力学和管内传热

第十二章 蒸汽品质及锅筒内件

第十三章　锅炉水处理与给水设备

第十四章　锅炉通风阻力计算及通风设备

第十五章　锅炉炉墙和构架

第十六章　锅炉管件及吹灰、排渣装置

第十七章 锅炉测试

第十八章 燃煤电站锅炉环境保护

第十九章 超低排放和深度节水一体化技术及工程示范

第二十章 锅炉金属材料及受压元件强度计算

第二十一章　锅炉主要部件的制造工艺

第二十二章　火电厂锅炉的运行及调整

参考文献

第十三章 锅炉水处理与给水设备

第一节 水中杂质

自然界中的水因不时与外界接触，且溶解能力强，均不同程度地含有各种杂质。水中杂质根据颗粒大小可分为悬浮物、胶体和溶解物质三类，如表 13-1 所列。除这三类杂质外水中还含有多种微生物。

表 13-1 水中杂质类别

类　别	溶　解　物　质	胶　　体	悬　浮　物
颗粒尺寸	<1nm	1～100nm	0.1～1μm 及以上
外观特征	透明，质子显微镜可见	有一定浊度，超显微镜可见	浑浊，100nm～1μm 的显微镜可见。1mm 以上的肉眼可见

(1) 悬浮物 悬浮物包括砂土、石子、铁屑等无机化合物和动植物有机体的微小碎片、纤维或腐烂产物。根据各种物质的尺寸和密度，有些漂浮水面，有些悬浮水中，有些沉于水底。它是一种较易用自然沉降和澄清过滤去除的杂质。

(2) 胶体 胶体主要是铁、铝、硅的化合物及动植物有机体的分解产物，以带电荷胶体微粒形式较均匀地存在于水中，不易用自然沉降方法除去，可以用混凝方法除去。

(3) 溶解物质 溶解物质的颗粒尺寸微小，一般<1nm，通常以离子、分子或气体状态存于水中。这类杂质不能用混凝、沉降或过滤等方法除去。一般需用离子交换、膜分离或蒸馏技术才能除去。水中常见的离子和溶解气体列于表 13-2。水中氧溶解度和 H_2S、CO_2、O_2 在水中的溶解度分别列于表 13-3 和表 13-4 中。

表 13-2 水中的主要离子和溶解气体

名　称	符　号	属　性	浓度数量级
钠离子 钾离子 钙离子 镁离子	Na^+ K^+ Ca^{2+} Mg^{2+}	阳离子	(几～几万)mg/L
铵离子 铁离子 锰离子	NH_4^+ Fe^{2+} Mn^{2+}	阳离子	(十分之几～几)mg/L
铜离子 锌离子 镍离子 钴离子 铝离子	Cu^{2+} Zn^{2+} Ni^{2+} Co^{2+} Al^{3+}	阳离子	<0.1mg/L
重碳酸根 氯离子 硫酸根	HCO_3^- Cl^- SO_4^{2-}	阴离子	(几～几万)mg/L
氟离子 硝酸根 碳酸根	F^- NO_3^- CO_3^{2-}	阴离子	(十分之几～几)mg/L

名　称	符　号	属　性	浓度数量级
硫氢酸根 硼酸根 亚硝酸根 溴离子 碘离子 磷酸氢根 磷酸二氢根	HS^- BO_3^- NO_2^- Br^- I^- HPO_4^{2-} $H_2PO_4^{2-}$	阴离子	<1/10mg/L
氧气	O_2	溶解气体	一般为 5～10mg/L，随温度和压力而变，大气压下，氧在水中溶解度可参见表 13-3
二氧化碳	CO_2	溶解气体	大气中的二氧化碳在水中的饱和浓度为 0.45mg/L 左右
硫化氢	H_2S	溶解气体	H_2S 分压力为大气压时，其水中溶解度可参见表 13-4

表 13-3 压力为 0.098MPa 时水与空气接触时水中氧的溶解度 单位：mg/L

温度/℃	O_2	温度/℃	O_2	温度/℃	O_2	温度/℃	O_2
0	14.6	8	11.8	16	9.9	40	6.5
1	14.2	9	11.6	17	9.7	45	6.0
2	13.8	10	11.3	18	9.5	50	5.6
3	13.4	11	11.0	19	9.3	60	4.8
4	13.1	12	10.8	20	9.1	70	3.9
5	12.8	13	10.5	25	8.3	80	2.9
6	12.4	14	10.3	30	7.5	90	1.6
7	12.1	15	10.1	35	7.0	100	0

表 13-4 当 H_2S、CO_2 和 O_2 的分压为大气压时这些气体在水中的溶解度 单位：mg/L

温度/℃	CO_2	O_2	H_2S	温度/℃	CO_2	O_2	H_2S	温度/℃	CO_2	O_2	H_2S
0	3350	69.5	7070	20	1690	43.4	3850	50	760	26.6	1780
5	2770	60.7	6000	25	1450	39.3	3380	60	580	22.8	1480
10	2310	53.7	5110	30	1260	35.9	2980	80		13.8	765
15	1970	48.0	4410	40	970	30.8	2360	100		0	0

根据表 13-4，如知这些气体在大气中的含量，可算得这些气体在水中的溶解度。例如，在 20℃ 和大气中含 0.03%CO_2 时，CO_2 在水中的溶解度等于 1690mg/L×0.03/100＝0.51mg/L（1690mg/L 由表 13-3、表 13-4 查得，0.03/100 为 CO_2 的分压力）。

第二节 锅炉水质标准

如将天然水用作锅炉给水，则在蒸发过程中天然水中杂质就逐渐浓缩，到达一定浓度时就在锅炉受热面上析出形成沉淀，通常称之为水垢。水垢热导率为钢的 1/30～1/50，受热面积水垢后，将使管壁温度急剧增加，严重时会使管子烧坏引起爆管等事故。结水垢后，由于传热效率降低，将使锅炉热效率降低，使燃料量增加。结水垢后可引起下面要论述的垢下腐蚀，加速管子损坏，此外，给水品质不良会引起锅水（也称炉水）品质恶化，使蒸汽带盐大增，从而使引起过热器积盐、阀门结盐和汽轮机积盐等造成的运行不可靠性或事故。因而对于锅炉的给水必须进行处理，并规定水质指标。

锅炉的主要水质指标如下。

① 硬度。表示水中钙盐、镁盐的总含量。硬度分碳酸盐硬度和非碳酸盐硬度两类。前者表示水中溶解的重碳酸钙［$Ca(HCO_3)_2$］及重碳酸镁［$Mg(HCO_3)_2$］的含量。当加热到沸腾时，这类盐分以泥渣状态沉淀出来，所以又称为暂时硬度。后者表示水中溶解的氯化钙（$CaCl_2$）、氯化镁（$MgCl_2$）、硫酸镁（$MgSO_4$）、硫酸钙（$CaSO_4$）及其他钙镁盐的含量。这类盐分煮沸时不易沉淀，又称为永久硬度。这两类硬度之和称为总硬度。硬度单位用 mmol/L 表示。

② 碱度。碱度表示水中 OH^-、HCO_3^-、CO_3^{2-} 及其他一些弱酸盐类的总和。因为这些盐类在水溶液中呈碱性。碱度又可分为氢氧根碱度、碳酸根碱度及重碳酸根碱度。碱度单位为 mmol/L。

③ 含盐量。表示水中阳离子和阴离子的总含量，单位为 mg/L。

④ pH 值。用来表示水的酸碱性。pH＝7 时，水为中性；pH＞7 时，水呈碱性；pH＜7 时，水呈酸性。

⑤含氧量。表示水中氧的含量，单位为 mg/L。

⑥含油量。表明水中含油量，单位为 mg/L。

⑦ 溶解固形物。用以限制锅水总含盐量。取锅水水样蒸干后，在 105～110℃ 烘箱中干燥至恒重，其残渣即为溶解固形物，单位为 mg/L。

⑧ 相对碱度。表明水中游离的 NaOH 含量和含盐量之比。

⑨ 磷酸根（PO_4^{3-}）。表明水中的 PO_4^{3-} 含量。天然水中一般不含 PO_4^{3-}。为了进一步清除锅水中易形成水垢的残余钙镁盐分，有时在锅筒内加入磷酸盐，使之与钙镁盐类作用后生成泥渣沉淀再由排污排去。此时锅水中会出现 PO_4^{3-} 含量。锅水中 PO_4^{3-} 应保持适量，过多将影响蒸汽品质。单位为 mg/L。

在中压和高压以上锅炉的给水水质标准中还有规定的含铁量、含铜量及含二氧化碳量，后者会引起汽水管道的腐蚀。当采用联氨除氧时，水质指标中还有规定的联氨含量。

在锅筒锅炉（也称汽包锅炉）中，给水带入的盐分大部分随排污除去，小部分随蒸汽带入过热器及汽轮机，其余则留在锅水中，在蒸发回路中循环。所以锅水标准的制订必须考虑到防止水垢、腐蚀与蒸汽带盐等方面的因素。锅水中规定的允许硅酸含量由蒸汽所允许的硅酸含量确定；锅水中的碱度需综合考虑金属腐蚀及防止汽轮机中沉积难溶的硅酸盐两方面因素确定。锅水的总含盐量一般用溶解固形物作为近似衡量指标。

根据《工业锅炉水质》（GB/T 1576—2018）标准，对于额定出口压力≤2.5MPa、以水为介质的固定式蒸汽锅炉和汽水两用锅炉，一般应采用锅外化学水处理，其水质应符合表 13-5 的规定。

表 13-5　$p\leqslant2.5$MPa 的工业锅炉水质标准

水样	额定蒸汽压力/MPa		$p\leqslant1.0$		$1.0<p\leqslant1.6$		$1.6<p\leqslant2.5$		$2.5<p<3.8$	
	补给水类型		软化水	除盐水	软化水	除盐水	软化水	除盐水	软化水	除盐水
给水	浊度/FTU		≤5.0							
	硬度/(mmol/L)		≤0.03							$\leqslant5\times10^{-3}$
	pH 值(25℃)		7.0～10.5	8.5～10.5	7.0～10.5	8.5～10.5	7.0～10.5	8.5～10.5	7.5～10.5	8.5～10.5
	电导率(25℃)/(μS/cm)		—		$\leqslant5.5\times10^{2}$	$\leqslant1.1\times10^{2}$	$\leqslant5.0\times10^{2}$	$\leqslant1.0\times10^{2}$	$\leqslant3.5\times10^{2}$	≤80.0
	溶解氧①/(mg/L)		≤0.10			≤0.050				
	油/(mg/L)		≤2.0							
	铁/(mg/L)		≤0.30					≤0.10		
锅水	全碱度②/(mmol/L)	无过热器	4.0～26.0	≤26.0	4.0～24.0	≤24.0	4.0～16.0	≤16.0	≤12.0	
		有过热器	—		≤14.0		≤12.0			
	酚酞碱度/(mmol/L)	无过热器	2.0～18.0	≤18.0	2.0～16.0	≤16.0	2.0～12.0	≤12.0	≤10.0	
		有过热器	—		≤10.0					
	pH 值(25℃)		10.0～12.0						9.0～12.0	9.0～11.0
	电导率(25℃)/(μS/cm)	无过热器	$\leqslant6.4\times10^{3}$		$\leqslant5.6\times10^{3}$		$\leqslant4.8\times10^{3}$		$\leqslant4.0\times10^{3}$	
		有过热器	—	—	$\leqslant4.8\times10^{3}$		$\leqslant4.0\times10^{3}$		$\leqslant3.2\times10^{3}$	
	溶解固形物/(mg/L)	无过热器	$\leqslant4.0\times10^{3}$		$\leqslant3.5\times10^{3}$		$\leqslant3.0\times10^{3}$		$\leqslant2.5\times10^{3}$	
		有过热器	—		$\leqslant3.0\times10^{3}$		$\leqslant2.5\times10^{3}$		$\leqslant2.0\times10^{3}$	
	磷酸根/(mg/L)		—	10～30					5～20	
	亚硫酸根/(mg/L)		—		10～30				5～10	
	相对碱度		<0.2							

① 对于供汽轮机用汽的锅炉给水溶解氧应小于或等于 0.050mg/L。

② 对蒸汽质量要求不高，并且无过热器的锅炉，锅水全碱度上限值可适当放宽，但放宽后锅水的 pH（25℃）不应超过上限。

注：额压蒸汽压力小于或等于 2.5MPa 的蒸汽锅炉，补给水采用除盐处理，且给水电导率小于 10μS/cm 的，可控制锅水 pH 值（25℃）下限不低于 9.0、磷酸根下限不低于 5mg/L。

对于蒸发量≤2t/h、压力≤1.0MPa 的蒸汽锅炉和汽水两用锅炉，如对汽、水品质无特殊要求，也可采用锅内加药处理，但必须对锅炉的结垢、腐蚀和水质加强监督。其水质应符合表 13-6 的规定。

表 13-6　$p\leqslant1.0$MPa、$D\leqslant2$t/h 的工业锅炉水质标准

项　目	给　水	锅　水	项　目	给　水	锅　水
悬浮物/(mg/L)	≤20	—	pH 值(25℃)	≥7	10～12
总硬度/(mmol/L)	≤4	—	溶解固形物/(mg/L)	—	<5000
总碱度/(mmol/L)	—	8～26			

承压热水锅炉的给水应进行锅外处理，对于功率≤4.2MW 非管架式承压热水锅炉和常压热水锅炉，可采用锅内加药处理，但必须加强对锅炉结垢，腐蚀和水质的监督。其水质应符合表 13-7 的规定。

对于直流（贯流）锅炉给水应采用锅外化学水处理，其水质应按表 13-5 中额定蒸汽压力大于 1.6MPa、

表 13-7 热水锅炉的水质标准

项　目	锅内加药处理		锅外化学处理	
	给　水	锅　水	给　水	锅　水
悬浮物/(mg/L)	≤20	—	≤5	—
总硬度/(mmol/L)	≤6	—	≤0.6	—
pH 值①(25℃)	≥7	10～12	≥7	10～12
溶解氧②/(mg/L)	—	—	≤0.1	—
含油量/(mg/L)	≤2	—	≤2	—

① 通过补加药剂使锅水 pH 值控制在 10～12。

② 额定功率≥4.2MW 的承压热水锅炉给水应除氧，额定功率<4.2MW 的承压热水锅炉和常压热水锅炉给水应尽量除氧。

小于 2.5MPa 的规定。

余热锅炉及电热锅炉的水质指标应符合同类型、同参数锅炉的要求。

电站锅炉的水质标准可参见我国国家标准《火力发电机组及蒸汽动力设备水汽质量标准》(GB 12145—2016)。

电站锅炉（除超临界压力锅炉）的给水质量标准应符合表 13-8 的规定，对于液态排渣炉和原设计为燃油的锅炉，其给水的硬度、铁和铜的含量应符合比其压力高一级锅炉的规定。

表 13-8 电站锅炉给水质量标准

炉型	锅炉过热蒸汽压力/MPa	电导率(氢离子交换后,25℃)/(μS/cm)		硬度	溶解氧	铁	铜		钠		二氧化硅	
				μmol/L	μg/L							
		标准值	期望值		标准值	标准值	标准值	期望值	标准值	期望值	标准值	期望值
汽包炉	3.8～5.8	—	—	≤2.0	≤15	≤50	≤10	—	—	—	应保证蒸汽二氧化硅符合标准	
	5.9～12.6	—	—	≤2.0	≤7	≤30	≤5	—	—	—		
	12.7～15.6	≤0.30	—	≤1.0	≤7	≤20	≤5	—	—	—		
	15.7～18.3	≤0.30	≤0.20	约 0	≤7	≤20	≤5	—	—	—		
直流炉	5.9～18.3	≤0.30	≤0.20	约 0	≤7	≤10	≤5	≤3	≤10	≤5	≤20	—
	18.4～25	≤0.20	≤0.15	约 0	≤7	≤10	≤5	≤3	≤5	—	≤15	≤10

给水的联氨、油的含量及 pH 值应符合表 13-9 的规定。

表 13-9 给水的联氨、油含量和 pH 值标准

炉型	锅炉过热蒸汽压力/MPa	pH(25℃)	联氨/(μg/L)	油/(mg/L)
汽包炉	3.8～5.8	8.8～9.2	—	<1.0
	5.9～12.6	8.8～9.3(有铜系统)或 9.0～9.5(无铜系统)	10～15 或 10～30(挥发性处理)	≤0.3
	12.7～15.6			
	15.7～18.3			
直流炉	5.9～18.3	8.8～9.3(有铜系统)或 9.0～9.5(无铜系统)	10～15 或 10～30(挥发性处理)	≤0.3
	18.4～25.0		20～50	<0.1

注：1. 压力在 3.8～5.8MPa 的机组，加热器为钢管，其给水 pH 值可控制在 8.8～9.5。

2. 用石灰-钠离子交换水为补给水的锅炉，应改为控制汽轮机凝结水的 pH 值，最大不超过 9.0。

3. 对大于 12.7MPa 的锅炉，其给水的总碳酸盐（以二氧化碳计算）应小于或等于 1mg/L。

采用给水加氧处理（OT）可使给水系统中碳钢在高流速水中发生的快速腐蚀现象减轻，使给水含铁量降低，管内结垢速度降低。直流锅炉加氧处理给水时，其溶解氧含量、pH 值和电导率应符合表 13-10 的规定。

表 13-10 给水溶解氧含量、pH 值和电导率标准

处理方式	pH(25℃)	电导率(经氢离子交换后,25℃)/(μS/cm)		溶解氧/(μg/L)	油/(mg/L)
		标准值	期望值		
中性处理	7.0～8.0(无铜系统)	≤0.20	≤0.15	50～250	约 0
联合处理	8.5～9.0(有铜系统)	≤0.20	≤0.15	30～200	约 0
	8.0～9.0(无铜系统)				

汽轮机凝结水质量标准参见表 13-11 和表 13-12。

表 13-11 凝结水的硬度、钠和溶解氧的含量和电导率标准[①]

锅炉过热蒸汽压力/MPa	硬度/(μmol/L)	钠/(μg/L)	溶解氧/(μg/L)	电导率(经氢离子交换后,25℃)/(μS/cm)		二氧化硅/(μg/L)
				标准值	期望值	
3.8～5.8	≤2.0	—	≤50	—		应保证炉水中二氧化硅含量符合标准
5.9～12.6	≤1.0	—	≤50			
12.7～15.6	≤1.0	—	≤40	≤0.30	<0.20	
15.7～18.3	约 0	≤5[③]	≤30[②]			
18.4～25.0	约 0	≤5[③]	≤20[②]	<0.20	<0.15	

① 对于用海水、苦咸水及含盐量大而硬度小的水作为汽轮机凝汽器的冷却水时，还应监督凝结水的钠含量等。

② 采用中性处理时，溶解氧应控制在 50～250μg/L；电导率应小于 0.20μS/cm。

③ 凝结水有混床处理的钠可放宽至 10μg/L。

表 13-12 凝结水经氢型混床处理后的硬度与二氧化硅、钠、铁、铜的含量和电导率标准

硬度/(μmol/L)	电导率(经氢离子交换后,25℃)/(μS/cm)		二氧化硅	钠	铁	铜
	标准值	正常运行值	μg/L			
约 0	≤0.20	≤0.15	≤15	≤5[①]	≤8	≤3

①凝结水混床处理后的含钠量应能满足炉水处理的要求。

汽包锅炉的炉水可根据制造厂的规范并经水气品质试验确定，可参考表 13-13 的规定控制。

表 13-13 汽包炉炉水含盐量、氯离子和二氧化硅含量标准

锅炉过热蒸汽压力/MPa	处理方式	总含盐量[①]	二氧化硅[①]	氯离子[①]	磷酸根/(mg/L)			pH 值[①](25℃)	电导率(25℃)/(μS/cm)
		mg/L			单段蒸发	分段蒸发			
						净段	盐段		
3.8～5.8	磷酸盐处理	—	—	—	5～15	5～12	≤75	9.0～11.0	—
5.9～12.6		≤100	≤2.00[②]	—	2～10	2～10	≤50	9.0～10.5	<150
12.7～15.8		≤50	≤0.45[②]	≤4	2～8	2～8	≤40	9.0～10.0	<60
15.9～18.3	磷酸盐处理	≤20	≤0.25	≤1	0.5～3	—	—	9.0～10.0	<50
	挥发性处理	≤2.0	≤0.20	≤0.5	—	—	—	9.0～9.5	<20

① 均指单段蒸发炉水，总含盐量为参考指标。

② 汽包内有洗汽装置时，其控制指标可适当放宽。

补给水的质量，以不影响给水质量为标准，其质量标准可按表 13-14 控制。

锅炉启动时，给水质量应符合表 13-15 的标准，并在 8h 内达到正常运行时的标准。

表 13-14 补给水质量标准

种类	硬度/(μmol/L)	二氧化硅/(μg/L)	电导率(25℃)/(μS/cm)		碱度/(mmol/L)
			标准值	期望值	
一级化学除盐系统出水	约 0	≤100	≤5②	—	—
一级化学除盐-混床系统出水②	约 0	≤20	≤0.30①	≤0.20①	—
石灰、二级钠离子交换系统出水	≤5.0	—	—		0.8～1.2
氢-钠离子交换系统出水	≤5.0	—	—		0.3～0.5
二级钠离子交换系统出水	≤5.0	—	—		—

① 离子交换器出水质量应能满足炉水处理的要求。

② 对于用一级化学除盐系统加混床出水的一级盐水的电导率可放宽至 10μS/cm。

表 13-15 锅炉启动时给水质量标准

锅炉形式	锅炉过热蒸汽压力/MPa	硬度/(μmol/L)	铁	溶氧	二氧化硅
			μg/L		
汽包锅炉	3.8～5.8	≤10.0	≤150	≤50	—
	5.9～12.6	≤5.0	≤100	≤40	—
	12.7～18.3	≤5.0	≤75	≤30	≤80
直流锅炉	—	约 0	≤50	≤30	≤30

超临界机组对水汽品质要求高，随着超临界机组在我国的增多和运行、管理水平的提高，《火力发电机组及蒸汽动力设备水汽质量》（GB/T 12145—2016）标准规定，为减少蒸发段的腐蚀结垢、保证蒸汽品质、给水质量应符合表 13-16 的规定，为了防止水汽系统的腐蚀，需对给水加药，全挥发或加养等调节处理，调节控制应符合 13-17 的规定。

表 13-16 锅炉给水质量

控制项目		标准值和期望值	过热蒸汽压力/MPa					
			汽包炉				直流炉	
			3.8～5.8	5.9～12.6	12.7～15.6	>15.6	5.9～18.3	>18.3
氢电导率(25℃)①/(μS/cm)		标准值	—	≤0.30	≤0.30	≤0.15[a]	≤0.15	≤0.10
		期望值	—	—	—	≤0.10	≤0.10	≤0.08
硬度/(μmol/L)		标准值	≤2.0	—	—	—	—	—
溶解氧/(μg/L)	AVT(R)	标准值	≤15	≤7	≤7	≤7	≤7	≤7
	AVT(O)	标准值	≤15	≤10	≤10	≤10	≤10	≤10
铁/(μg/L)		标准值	≤50	≤30	≤20	≤15	≤10	≤5
		期望值	—	—	—	≤10	≤5	≤3
铜/(μg/L)		标准值	≤10	≤5	≤5	≤3	≤3	≤2
		期望值	—	—	—	≤2	≤2	≤1
钠/(μg/L)		标准值	—	—	—	—	≤3	≤2
		期望值	—	—	—	—	≤2	≤1
二氧化硅/(μg/L)		标准值	应保证蒸汽二氧化硅符合表 1 的规定			≤20	≤15	≤10
		期望值				≤10	≤10	≤5
氯离子/(μg/L)		标准值	—	—	—	≤2	≤1	≤1
TOCi/(μg/L)		标准值	—	≤500	≤500	≤200	≤200	≤200

① 没有凝结水精处理除盐装置的水冷机组，给水氢电导率应不大于 0.30μS/cm。

表 13-17 全挥发处理给水的调节指标及加氧处理给水 pH 值、氢电导率和溶解氢的含量

炉型	锅炉过热蒸汽压力/(MPa)	pH 值(25℃)	联氨/(μg/L)	
			AVT(R)	AVT(O)
汽包炉	3.8～5.8	8.8～9.3	—	—
	5.9～15.6	8.8～9.3(有铜给水系统)或 9.2～9.6①(无铜给水系统)	≤30	—
	>15.6			
直流炉	>5.9			

续表

pH 值(25℃)	氢电导率(25℃)/(μS/cm)		溶解氧/(μg/L)
	标准值	期望值	标准值
8.5～9.3	≤0.15	≤0.10	10～150②

① 凝汽器管为铜管和其他换热器管为钢管的机组，给水 pH 值宜为 9.1～9.4，并控制凝结水铜含量小于 2μg/L。无凝结水精除盐装置、无铜给水系统的直接空冷机组，给水 pH 值应大于 9.4。

② 氧含量接近下限值时，pH 值应大于 9.0。

注：采用中性加氧处理的机组，给水的 pH 值宜为 7.0～8.0（无铜给水系统），溶解氧宜为 50μg/L～250μg/L。

凝结水泵出口水质应满足表 13-18 的要求。

表 13-18 凝结水泵出口水质

锅炉过热蒸汽压力/MPa	硬度/(μmol/L)	钠/(μg/L)	溶解氧①/(μg/L)	氢电导率(25℃)/(μS/cm)	
				标准值	期望值
3.8～5.8	≤2.0	—	≤50	—	
5.9～12.6	≈0	—	≤50	≤0.30	—
12.7～15.6	≈0	—	≤40	≤0.30	≤0.20
15.7～18.3	≈0	≤5②	≤30	≤0.30	≤0.15
>18.3	≈0	≤5	≤20	≤0.20	≤0.15

① 直接空冷机组凝结水溶解氧浓度标准值为小于 100μg/L，期望值小于 30μg/L。配有混合式凝汽器的间接空冷机组凝结水溶解氧浓度宜小于 200μg/L。

② 凝结水有精除盐装置时，凝结水泵出口的钠浓度可放宽至 10μg/L。

初给水的质量以保证给水质量合格为标准。超临界压力锅炉的补给水质量可参考表 13-19 的指标进行控制。

表 13-19 锅炉补给水质量

锅炉过热蒸汽压力/MPa	二氧化硅/(μg/L)	除盐水箱进水电导率(25℃)/(μS/cm)		除盐水箱出口电导率(25℃)/(μS/cm)	TOCi①/(μg/L)
		标准值	期望值		
5.9～12.6	—	≤0.20	—	≤0.40	—
12.7～18.3	≤20	≤0.20	≤0.10		≤400
>18.3	≤10	≤0.15	≤0.10		≤200

① 必要时监测。对于供热机组，补给水 TOCi 含量应满足给水 TOCi 含量合格。

超临界锅炉启动时的水质标准见表 13-20。

表 13-20 超临界锅炉启动时的水质标准

项 目	氢电导率(25℃)/(μS/cm)	二氧化硅/(μg/L)	铁/(μg/L)	溶解氧/(μg/L)	硬度/(μmol/L)
标准值	≤0.65	≤30	≤50	≤30	约 0

第三节 锅炉受热面的结垢与腐蚀

一、锅炉受热面的结垢

带有杂质的给水在锅炉中受热时，水中的重碳酸盐类会受热分解，生成难溶的沉淀物。水中非碳酸盐类的溶解度是随温度升高而逐渐下降的，当达到饱和浓度后，这种盐类便沉淀析出。

当水在锅炉中不断蒸发、浓缩，使盐浓度超过饱和浓度后，一些盐类也将从水中析出，形成结晶沉淀物质。结晶可以以壁面粗糙点为核心直接形成在受热面壁上，也可以以水中的胶体质点、气泡及其他物质的悬浮质点为核心形成在水体积中。在水体积中结晶形成的悬浮的晶体颗粒，较松软，称为泥渣，可以通过锅炉排污清除。在壁面上结晶，将在金属表面上形成坚硬而质密的沉淀物，称为水垢。一般将沉积在省煤器受热面和蒸发受热面上的沉淀物称为水垢，将因蒸汽带盐而沉积在过热器受热面上的沉积物称为盐垢。

易形成泥渣的物质主要有 $CaCO_3$、$Mg(OH)_2$、$Mg_3(PO_4)_2$、$2MgO \cdot SiO_2$、$Mg(OH)_2 \cdot MgCO_3$、$Ca_{10}(OH)_2(PO_4)_6$ 以及 Fe_2O_3、Fe_3O_4、CuO 和 Cu_2O 及有机物等。其中 $Mg(OH)_2$ 和 $Mg_3(PO_4)_2$ 是以泥渣形式从炉水中沉淀出来的，但易粘在受热面上形成坚硬的派生水垢。

水垢按其化学成分可分为下列几种。

(1) 钙、镁水垢 钙、镁水垢主要成分为钙镁盐类，有时可达 90%以上。按其化合成分又可分为下列 4 种。

① 碳酸盐水垢。是最常见的水垢，主要成分是钙、镁的碳酸盐，化合形态以碳酸钙（$CaCO_3$）为主，也存在部分镁的化合物。这种水垢主要在水未沸腾处形成，如在凝汽器、给水管道和非沸腾式省煤器中，但在炉水中强烈沸腾条件下则形成泥渣。

② 硫酸盐水垢。主要化学成分为 CaO 和 SO_3，化合物形态为 $CaSO_4$、$CaSO_4 \cdot 2H_2O$、$2CaSO_4 \cdot H_2O$ 等。这种水垢坚硬质密，常沉积在温度高、蒸发率较大的受热面上，如水冷壁管和锅炉管束。

③ 硅酸盐水垢。主要成分为硅酸钙和硅酸镁。化合物形态有 $CaSiO_3$ 和 $5CaO \cdot 5SiO_2 \cdot H_2O$ 等。这种水垢最硬，导热性差，通常在锅炉热负荷高的沸腾管如水冷壁管和沸腾炉埋管等处形成。

④ 混合水垢。是由钙、镁的碳酸盐、硫酸盐、硅酸盐以及铁铝氧化物组成。其性质随成分不同而差别较大。

各种钙、镁水垢的定性判别方法可见表 13-21。

表 13-21 钙、镁水垢的定性判别方法

水垢名称	色别	定性判别方法
碳酸盐水垢	白色	加盐酸后溶解，生成大量气泡，余渣很少
硫酸盐水垢	黄色	加盐酸后溶解缓慢；加氯化钡可生成大量白色沉淀物
硅酸盐水垢	灰白色	在热盐酸中可缓慢溶解；用 Na_2CO_3 可在 800℃熔融；也溶于氢氟酸

(2) 硅酸盐水垢 这种水垢主要成分是铝、铁的硅酸化合物。一般含有 40%～50%的 SiO_2，25%～30%的铝和铁的氧化物以及 10%～20%的 NaOH。化合物形态有 $Na_2O \cdot Fe_2O_3 \cdot 4SiO_2$、$Na_2O \cdot Al_2O_3 \cdot 4SiO_2 \cdot 2H_2O$ 等。锅炉给水中的铝、铁化合物和硅酸主要来自补给水和凝汽器泄漏的冷却水。

(3) 磷酸盐铁水垢 这种水垢主要成分为磷酸亚铁钠 $NaFePO_4$ 和磷酸亚铁 $Fe_3(PO_4)_2$。发生在锅炉炉水采用磷酸盐处理且炉水中 PO_4^{3-} 及铁含量过高时。一般在有分段蒸发的盐段水冷壁管中生成，因为这里 PO_4^{3-} 含量很高。这种水垢呈白色，容易从管壁上脱落。

(4) 氧化铁水垢 这种水垢主要成分为铁的氧化物。此外还有少量的金属铜、铜的氧化物及钙、镁、硅和磷酸盐。一般发生在大型锅炉中高热负荷区的水冷壁管壁上。其主要成因是给水和炉水中含铁量过高及高热负荷。这种水垢通常外表面为咖啡色，内层为灰色而垢下则有少量白色盐类。

(5) 铜水垢 当热力系统中铜合金的部件受到腐蚀时，铜的腐蚀产物便随给水进入锅炉，形成铜垢。这种水垢中金属铜含量较高，可达 30%以上，而且在垢层中分布不均匀。表层铜含量高达 70%～90%，靠近管壁处只有 10%～25%。主要发生在热负荷强的水冷壁管上。

在给水品质较差的工业锅炉中，水垢主要为钙、镁水垢。在电站锅炉中，水处理设备好，给水硬度很小，已基本上不发生钙、镁水垢，其水垢主要为氧化铁水垢、铜水垢和硅酸盐水垢。

二、锅内水垢的防止方法

主要包括：a. 加强锅炉的给水水处理，防止锅炉金属腐蚀，减少给水中铁与铜的含量，保证给水水质达到标准规定的要求；b. 加强锅炉炉水水质的调控，保证炉水水质达到标准规定的要求，防止炉水中 PO_4^{3-} 及其他杂质的含量过高；c. 加强补给水的处理；d. 防止凝汽器泄漏，如发现凝结水硬度增高，应迅速查明泄漏并加以消除。

三、锅炉受热面和管路的内部腐蚀

锅炉受热面和管路的内部腐蚀指的是锅炉汽水通道中发生的金属腐蚀。金属腐蚀使承压的锅炉受热面和管路的金属强度降低，从而导致爆管或其他严重事故，所以必须加以密切监督和防止。

1. 金属腐蚀的类型

金属材料与周围介质（如水、水蒸气、空气等）接触时，因发生化学或电化学过程而受到的损坏称为金属腐蚀。根据腐蚀过程的机理主要可分为化学腐蚀和电化学腐蚀两类。金属的化学腐蚀虽不如电化学腐蚀那样普遍和严重，但较易在高温环境下发生。

(1) 化学腐蚀　当金属与非电解质接触时，介质中的分子被金属表面所吸附，并分解为原子。最后，这些原子与金属原子化合生成腐蚀产物。这种由金属和工质直接进行化学反应而引起的腐蚀称为化学腐蚀。

如腐蚀产物是挥发性的，则金属表面的腐蚀反应将继续下去。如腐蚀产物可附着在金属表面上形成一层能覆盖金属全部表面的覆盖膜，则此膜能成为保护膜并能降低金属的腐蚀速度。

(2) 电化学腐蚀　金属与工质发生电化学腐蚀时，在反应过程中会产生局部电流。这种腐蚀的原理可简述如下。

金属的晶格是由带正电荷的金属正离子（Me^+）和带负电荷的电子（e^-）组成，可表示为 $Me^+ \cdot e^-$。当金属与电解质溶液接触后，金属表面的正离子受到极性水分子的作用发生水化。如果水化时所产生的水化能足以克服金属晶格中金属正离子与电子之间的引力，则一些金属正离子（Me^+）即脱落下来，进入与金属表面接触的液层中形成水化金属离子（$Me^+ \cdot nH_2O$），即：

$$Me^+ \cdot e^- + nH_2O \longrightarrow Me^+ \cdot nH_2O + e^- \tag{13-1}$$

过剩电子 e^- 仍在金属表面上，使金属带负电，而水化的金属离子进入溶液则使紧靠金属表面的液层带正电。这样就在金属与溶液的界面上形成双电层，使金属与溶液之间产生电位差。此时，如正、负电荷之间的静电作用已能阻止金属正离子继续进入电解质溶液，则金属的腐蚀被抑制。但如溶液中存在某些易接受电子的其他正离子，则金属表面上的过剩电子将从金属转入溶液中，并与溶液中的正离子结成中性原子。在此过程中，随着电子移动将产生电流。同时，由于电子移入溶液，金属上的电荷平衡遭到破坏，将促使金属正离子继续进入溶液，金属将继续腐蚀。

此外，锅炉所采用的各种金属都不是纯铁，总含有其他化学成分，金属表面氧化膜层也是不均匀的，腐蚀产物在金属表面上的沉淀情况以及与金属接触的电解质溶液的成分也是不同的，因此金属表面上存在着无数电极电位有差异的部分，形成了无数个微小的原电池。电位较低的阳极因失去电子并将自己的正离子投入溶液而被腐蚀。

阴阳两极间的电位差越小，则金属的电化学腐蚀越小。通常将能使两电极间的电位差减小的过程称为电极的极化过程，将能促使两电极极化的物质称为极化剂。将能使两电极的电位差增加的过程称为去极化过程，相应的物质称为去极化剂。能促使阳极电位增加，亦即阻止阳极正离子进入溶液的物质称为阳极极化剂；促使阴极电位降低，即能阻止阴极的过剩电子放电的物质称为阴极极化剂。当溶液中含极化剂时可使金属腐蚀速度减慢。将能使阳极去极化，亦即能促进阳极的正离子进入溶液的物质称为阳极去极化剂；将能使阴极去极化，亦即能促进阴极过剩电子放电的物质称为阴极去极化剂。溶液中含去极化剂时可加速金属的腐蚀过程。

根据腐蚀形式来区分，金属腐蚀可分为表 13-22 和图 13-1 所示的 8 种。

表 13-22　金属腐蚀类型（按形式区分）

名　称	特　点	名　称	特　点
均匀腐蚀	金属与腐蚀性介质接触的表面以大致相同的速度遭受腐蚀，见图 13-1(a)	选择性腐蚀	发生于多种金属组成的合金中，只有其中某一种金属发生腐蚀，如图 13-1(e)所示
不均匀腐蚀	金属与腐蚀性介质接触的表面以不同的速度遭受腐蚀，见图 13-1(b)	小孔腐蚀	集中发生在个别小点上，最终可造成金属壁穿孔，如图 13-1(f)所示
溃疡腐蚀	是一种局部腐蚀，腐蚀坑较深，尺寸较大，如图 13-1(c)所示	穿晶腐蚀	腐蚀贯穿晶粒本体，使金属产生极细的裂缝，如图 13-1(g)所示
点腐蚀	斑点状腐蚀，如图 13-1(d)所示	晶间腐蚀	腐蚀沿金属晶粒边界进行，形成的裂纹极细，只有用专门仪器才能发现，见图 13-1(h)

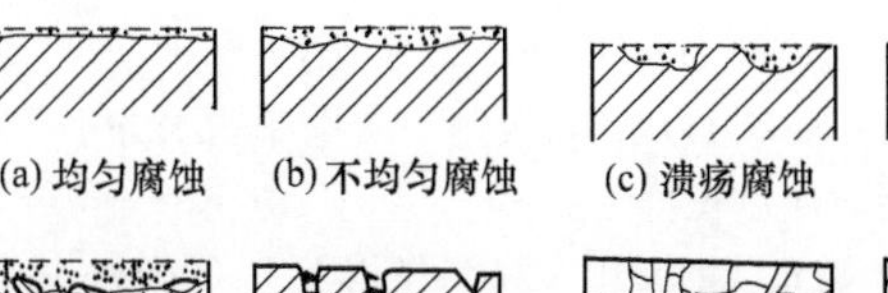

(a) 均匀腐蚀　(b) 不均匀腐蚀　(c) 溃疡腐蚀　(d) 点腐蚀

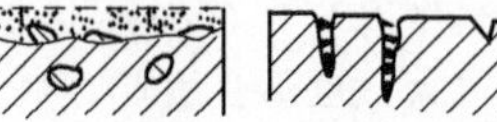

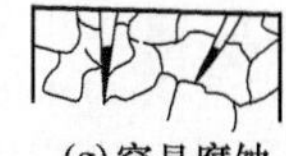

(e)选择性腐蚀　(f)小孔腐蚀　(g) 穿晶腐蚀　(h) 晶间腐蚀

图 13-1　金属腐蚀类型

2. 锅炉内部主要腐蚀形式

锅炉汽水通道内发生的腐蚀统称为锅内腐蚀。锅内腐蚀主要有汽水腐蚀、气体腐蚀、碱性腐蚀、垢下腐蚀、苛性脆化、腐蚀疲劳、冲击腐蚀和空穴腐蚀等。

(1) 汽水腐蚀 汽水腐蚀是过热器中的主要腐蚀方式，属均匀腐蚀。它是一种纯化学腐蚀，是由于金属铁被过热蒸汽氧化而发生的。在蒸发管中当发生汽水分层或循环停滞时也会发生。

过热蒸汽在450℃时，可以直接和碳钢发生下列反应：

$$3Fe+4H_2O \longrightarrow Fe_3O_4+4H_2\uparrow \quad (13\text{-}2)$$

当温度≥570℃时，其反应生成物为 Fe_2O_3，即：

$$Fe+H_2O \longrightarrow FeO+H_2\uparrow \quad (13\text{-}3)$$

$$2FeO+H_2O \longrightarrow Fe_2O_3+H_2\uparrow \quad (13\text{-}4)$$

(2) 气体腐蚀 锅炉给水如不除氧，就会含有较多氧气，有时还含有二氧化碳气体。这些气体均会引起金属腐蚀。

① 氧气腐蚀。氧是强烈的阴极去极化剂，能吸收阴极电子形成氢氧根离子（OH^-），因而使腐蚀过程加剧，其化学反应式为：

$$O_2+4e^-+2H_2O \longrightarrow 4OH^- \quad (13\text{-}5)$$

此外，氧又能作为阳极去极化剂，因为水中无氧时，铁溶解形成氢氧化亚铁[$Fe(OH)_2$]，即：

$$Fe+2H_2O \longrightarrow Fe(OH)_2+H_2\uparrow \quad (13\text{-}6)$$

当有氧气时，使 $Fe(OH)_2$ 氧化成不溶于水的氢氧化铁[$Fe(OH)_3$]沉淀出来，其反应式为：

$$4Fe(OH)_2+O_2+2H_2O \longrightarrow 4Fe(OH)_3\downarrow \quad (13\text{-}7)$$

由于 $Fe(OH)_3$ 的沉淀，使阳极周围的铁离子大为减小，这将促进阳极上的铁离子转入水溶液，因而加速了腐蚀。

当 O_2 的去极化反应速度增加到一定程度时，氧又能使金属表面形成一层氧化铁保护膜，阻止金属腐蚀。当氧气与受热面接触不均匀时，有氧处生成氧化铁保护膜，无氧处仍为铁。由于氧化铁与铁的电位不同，形成微电池。氧化铁为阴极，铁为阳极，这样使铁的部分受到腐蚀。

氧气腐蚀是锅炉中最常见的腐蚀形式。锅炉给水管道和省煤器管易发生氧腐蚀，因为含氧的给水中的氧气首先与这些金属表面接触。氧气腐蚀一般为点腐蚀或溃疡腐蚀，是省煤器管泄漏的主要原因之一。锅炉停用时如过热器积水，过热器管也会受到氧腐蚀。

② 二氧化碳气体腐蚀。当水中存在二氧化碳气体时，能使水溶液中氢离子（H^+）浓度增加。H^+ 是阴极去极化剂，所以使腐蚀加剧。其反应式为：

$$CO_2+H_2O \rightleftharpoons H_2CO_3 \rightleftharpoons H^++CO_3^{2-} \quad (13\text{-}8)$$

当水中同时存在 O_2 和 CO_2 气体时，则在阴极上同时存在 O_2 和 H^+ 作为去极化剂，因而加剧了对铁的腐蚀。当 O_2 和 CO_2 同时存在，CO_2 还可起催化剂的作用，能使炉水中的氢氧化亚铁[$Fe(OH)_2$]变为不溶于水的氢氧化铁[$Fe(OH)_3$]沉淀，其反应式为：

$$Fe(OH)_2+2CO_2 \longrightarrow Fe(HCO_3)_2 \quad (13\text{-}9)$$

$$4Fe(HCO_3)_2+2H_2O+O_2 \longrightarrow 4Fe(OH)_3\downarrow+8CO_2\uparrow \quad (13\text{-}10)$$

在式(13-10)中游离出来的 CO_2 再与 $Fe(OH)_2$ 起作用，使上述反应变为循环过程，直至 O_2 耗尽。因此，当水中存在 O_2 时，只要有少量 CO_2，即可使腐蚀过程加剧。

CO_2 气体腐蚀一般为均匀腐蚀，形成的铁锈粗而松，不能形成保护膜，可以使腐蚀过程不断进行下去。

(3) 碱性腐蚀 碱性腐蚀也是一种电化学腐蚀。当炉水碱度（NaOH）过高时，由铁和金属壁上非铁成分及炉水可组成许多微电池，此时阳极上发生的过程为：

$$Fe+2OH^- \longrightarrow Fe(OH)_2+2e^- \quad (13\text{-}11)$$

阴极上发生的过程为：

$$2e^-+2H_2O \longrightarrow 2OH^-+H_2 \quad (13\text{-}12)$$

在碱溶液中，阳极消耗 OH^- 而形成 $Fe(OH)_2$，阴极则由于电子与水分子作用形成 OH^-，并放出 H_2。阴极上得到 OH^-，再补充到阳极上去，使过程持续进行。

如炉水中 NaOH 浓度不大（约 1～3mg/kg），则在高温作用下 $Fe(OH)_2$ 将变为 Fe_3O_4，在金属表面形成保护膜，可抗腐蚀。如果温度很低，即使 NaOH 浓度很大，也不会引起金属腐蚀。只有既是高温又在 NaOH 浓度很高时，阳极形成的 $Fe(OH)_2$ 才会转变为 Na_2FeO_2，然后再水化形成疏松的 Fe_3O_4，不能起保护膜作用。其反应式为：

$$Fe(OH)_2 + 2NaOH \longrightarrow Na_2FeO_2 + 2H_2O \quad (13\text{-}13)$$

$$3Na_2FeO_2 + 4H_2O \longrightarrow Fe_3O_4 \downarrow + 6NaOH + H_2 \uparrow \quad (13\text{-}14)$$

在此过程中 NaOH 未被消耗，只是将金属铁变为磁性氧化铁，并放出氢气。其总反应式为：

$$3Fe + 4H_2O + nNaOH \longrightarrow Fe_3O_4 + 2H_2 \uparrow + nNaOH \quad (13\text{-}15)$$

碱性腐蚀一般具有局部性特征，呈现小沟槽或不规则的溃疡腐蚀特性。温度越高，NaOH 浓度越大，腐蚀过程越严重。这种腐蚀通常发生在金属组织有缺陷、有非金属夹杂物、有残余应力以及炉水蒸浓处，如焊缝、水垢缝隙、汽水分层处和水循环停滞处。碱性腐蚀的特征为形成凹凸不平的腐蚀坑。

(4) 垢下腐蚀　当锅炉金属表面积有水垢时，在水垢下面发生的腐蚀称为垢下腐蚀。当浓缩炉水中游离的 NaOH 很多，金属表面上的 Fe_3O_4 保护膜遭到破坏，金属暴露在水垢下强碱性浓缩炉水中时，便会发生碱性垢下腐蚀。

当浓缩炉水中含有较多的 $MgCl_2$ 和 $CaCl_2$ 时，这两种化合物会和水作用生成盐酸。在水垢下将聚积很多 H^+，发生酸性水对金属的腐蚀，或称为酸性垢下腐蚀。

(5) 苛性脆化　苛性脆化是受高应力的锅炉钢在高碱溶液中所产生的一种电化学腐蚀。在高应力下，晶粒与晶界产生电位差，会形成微电池。晶粒为阴极，晶界为阳极。在 NaOH 含量高的炉水作用下可引起晶界的腐蚀，所以属于晶间腐蚀。苛性脆化必须在以下 3 个条件同时存在时才会发生，即：炉水中含有较高浓度的游离 NaOH；在锅炉结构上有造成炉水高度浓缩的地区；在金属中有接近于其屈服点的拉伸应力。

(6) 腐蚀疲劳　腐蚀疲劳发生在金属受到交变热应力，并同时受到电化学腐蚀的工况。此时金属的疲劳极限大为降低，形成穿晶裂缝而破坏，属于穿晶腐蚀类型。一般发生于受热蒸发管中产生汽水混合物的脉动流动或汽水分层流动时。

(7) 冲击腐蚀　冲击腐蚀是由于液体湍流或冲击造成的磨损作用所造成。当同时存在电化学腐蚀时，两者可相互作用加速腐蚀进程。腐蚀部位呈深洼状，发生在管道上的调节阀、节流阀等处。

(8) 空穴腐蚀　这种腐蚀是由于高速液体因流动不规则产生了只有微量水气或低压空气的空穴而造成的。由于压力和流动条件的经常变化，空穴会周期性产生和消失。空穴消失时，靠近空穴的金属表面受到水击作用，使金属表面氧化膜受到破坏，使腐蚀继续深入。在沸腾式省煤器中，如工况变动，已产生的气泡可能与较低温度的水接触而骤然凝结，造成空穴，从而产生水击现象。

3. 锅炉内部腐蚀的防止

要防止锅炉内部腐蚀，首先应加强水处理，使给水和炉水品质符合标准规定值。此外，还可采用下述方法以防止或减轻锅内腐蚀。

① 防止汽水腐蚀的方法为消除倾斜角度小的蒸发管段，确保水循环正常。对于过热蒸汽温度较高的过热器应采用耐热、耐腐蚀性能较好的合金钢管。

② 对于氧气腐蚀可提高给水管和省煤器管的水速，使 O_2 不停留在金属表面的个别点上。这样可使腐蚀由点腐蚀变为均匀腐蚀，使管子不易腐蚀穿孔。对 CO_2 气体腐蚀的防止，主要应在给水和补给水中去除 CO_2 及碳酸化合物。

③ 对于碱性腐蚀的防止，应设法减少炉水中的游离苛性钠量。

④ 防止腐蚀疲劳应从消除应力方面着手。如直流锅炉中不得发生流量脉动，蒸发管不能有汽水分层现象，锅筒和给水管连接处应采用保护套管。

第四节　锅炉水处理及其系统

锅炉水处理包括水的净化、软化、除盐和除气等过程。各种锅炉可按照相应的水质标准采用不同的水处理方法和水处理系统。

一、水的净化处理

水的净化包括天然水、补给水、凝结水和回水的净化。

1. 天然水和补给水的净化

补充热力系统中汽水损失的水称为补给水。补给水一般为天然水，所以其净化方法与天然水相同。天然水中含有悬浮杂质和胶体杂质，首先应采用凝聚、澄清、过滤等方法进行净化处理，以去除这些杂质。

(1) 凝聚 凝聚处理是在澄清器中进行的，应在水中加入凝聚剂使大量细小杂质结合成絮状物再进行澄清。常用的凝聚剂为铝盐和铁盐，其特性可见表 13-23。

表 13-23 常用凝聚剂及其特性

名称	化学式	适宜的pH值范围	储存容器材料	特性
硫酸铝	$Al_2(SO_4)_3 \cdot 18H_2O$	5.7～7.5	干态：铁、钢、混凝土 湿态：铅、橡胶、沥青、不锈钢	天然水碱度<0.2mmol/L时，常需加碱
硫酸钾铝（明矾）	$K_2SO_4 \cdot Al_2(SO_4)_3 \cdot 24H_2O$	5.7～7.5	干态：铁、钢、混凝土 湿态：橡胶、铅、沥青、不锈钢	
碱式氯化铝（PAC）	$[Al_n(OH)_mCl_{3n-m}]$	7～8	干态：铁、钢、混凝土 湿态：橡胶、塑料、陶瓷	使用时不需加碱，适用范围广，凝聚效率高，尤其适用于有色水的凝聚
硫酸亚铁（又称绿矾）	$FeSO_4 \cdot 7H_2O$	5～11	干态：铁、钢、混凝土 湿态：铅、橡胶、沥青、不锈钢	适用于碱度高的水处理，常与石灰处理联合使用。不能用于水的脱色
三氯化铁	$FeCl_3 \cdot 6H_2O$	5～11	橡胶、玻璃、陶瓷、塑料	适用于高浊度水的处理
氧化镁	MgO	10.2～10.4	钢、塑料、纸袋	能除去水中的溶硅。处理后水中溶解固形物含量不增加
聚合硫酸铁（PFS）	$[Fe_2(OH)_n(SO_4)]_{3-m}$	4～11	干态：铁、钢、混凝土 湿态：铅、橡胶、沥青、不锈钢	适用于低浊度水的处理

(2) 澄清 澄清是一种利用凝聚沉淀分离的原理使水中非溶解性杂质与水分离的过程。澄清过程包括 3 个连续进行的阶段，即加药混合、反应和分离。这 3 个阶段均在澄清器中完成。常用的澄清器类型及其特点列于表 13-24。

表 13-24 常用澄清器类型及其特点

类型	特点
静力式澄清器	
平流式澄清器	早期使用的澄清器。其中水与凝聚剂的混合、絮凝和利用重力沉降澄清分成三级独立进行。澄清时间长，一般需 2～6h
斜管（板）式澄清器	混合、絮凝和澄清分开进行。其特点为在平流式澄清器里放置斜管（板）沉淀装置，可提高澄清效果。平流式加装斜管（板）后可使出力增加 50%～100%
固体接触式澄清器	原水与药剂混合反应后在一定上升流速下形成悬浮状态的絮凝层。随后新形成的絮凝与先前生成的絮凝层接触可改善絮凝的分离效果。这种澄清器单位面积出力比平流式大得多，且出水水质有所提高

续表

类型	特点
泥渣悬浮式澄清器	
脉动式澄清器	也是泥渣悬浮式澄清器的一种。开始时，在真空泵作用下水在进水室上升，当达到高水位时空气阀开启，停止进水而进水室内的水经澄清器底部的配水装置进入澄清器，并将器内泥渣层托起。在进水室水位降到低水位时，空气阀关闭，真空泵使水又进入进水室配水管，不再对澄清器配水，泥渣层在重力作用下被压缩。这样周而复始，使泥渣层处于脉动悬浮状态。当水流通过泥渣层时，先前形成的絮凝大多被阻截。未截住的絮凝随水流上升继续长大而沉降下来。清水经顶部流出。水流的脉动使过剩的泥渣进入泥斗内再经排泥管排出
ЦНИИ 型澄清器（石灰处理用澄清器）	ЦНИИ 型是前苏联设计的一种澄清器，是一种泥渣悬浮式澄清器，用于石灰处理澄清和镁剂除硅。与用凝聚剂澄清的不同点为反应产物为 $CaCO_3$ 和 $Mg(OH)_2$，而不是絮凝。原水经空气分离器脱气后，由喷嘴切向在底部进入澄清器。药剂在高于进水口 100～200mm 处加入。水经水平和垂直隔板后进入反应区、过渡区和出水区后，经集水槽输出泥渣经浓缩器与水分离并由排泥管排出。处理温度要求较高，为 40℃±1℃。见图 13-2。
泥渣再循环式澄清器	
机械搅拌式澄清器	利用泥渣从沉降区返回到絮凝区的再循环来达到提高絮凝体积浓度、促进絮凝成长和提高澄清效果的目的。这种澄清器应用机械搅拌器来完成泥渣再循环过程
水力循环式澄清器	其特点是利用喷嘴进水本身具有的能量来完成泥渣再循环的。可省去机械驱动设备并节省能量
PWT 式澄清器	用于低温石灰处理。采用机械式搅拌，搅拌速度不宜太低，否则影响出水质量。具有操作简便，对负荷变动适应性强等特点
快速反应器	可用于低 pH 值(9～9.5)石灰处理，反应只产生 $CaCO_3$ 沉淀。水进入后数分钟内可完成反应，其残余碱度高于慢速澄清器

在表 13-24 中，固体接触式澄清器大多属于高速沉降澄清器，澄清器效率高，外形尺寸小，水在澄清器中停留的时间可从平流式澄清器的 6h 缩短到 1～2h。

石灰处理用的澄清器除表 13-24 中列入的，其他澄清器有的经改装后也可用于石灰处理，如机械搅拌式澄清器。

(3) 过滤 由于澄清器出水中还含有一定悬浮固形物、胶体物和未沉降的沉积物，所以还需将澄清水经过过滤处理，以免上述杂质污染后续的水处理设备。过滤即是用多孔介质将水中悬浮状固形物去除，从而获得清水的过程。

常用的过滤设备及其特点可见表 13-25。

(4) 天然水和补给水的净化处理系统 图 13-5 所示为一种天然水和补给水的净化处理系统，所用澄清器为水力循环式澄清器。图 13-5 中，天然水一部分进入溶解箱与加入的凝聚剂混合后由加药泵打入水力循环澄清器。大部分天然水由底部进入澄清器，经澄清后输入无阀过滤器过滤。过滤后的澄清水输入清水箱并由清水泵输出到下一水处理设备。

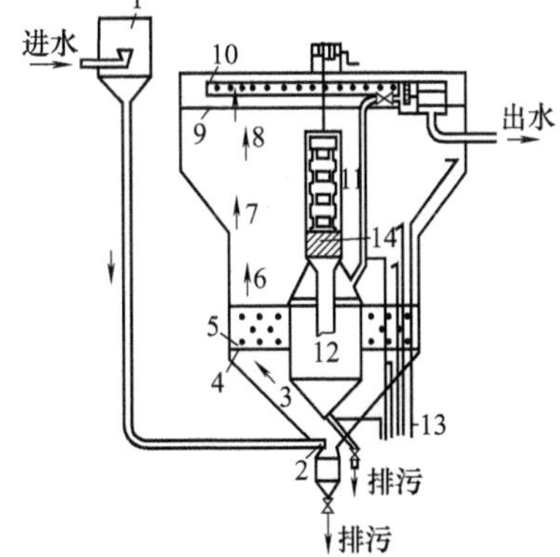

图 13-2 ЦНИИ 型澄清器

1—空气分离器；2—喷嘴；3—混合区；4—水平隔板；5—垂直隔板；6—反应区；7—过渡区；8—出水区；9—水栅；10—集水槽；11—排泥系统；12—泥渣浓缩器；13—采样管；14—可动罩

2. 凝结水和回水的净化

凝结水和回水中，常含有水汽系统中铜、铁等腐蚀产物的微小颗粒。这些颗粒大多能穿过普通滤料，因而应采用覆盖过滤器和磁力除铁过滤器将其除去。

表 13-25 常用过滤设备及其特点

名称	特点
单室单层过滤器（见图 13-3）	是一种压力式过滤器，采用钢外壳。过滤水在压力下由进水系统流经滤层，然后经配水系统流入清水池。当滤层逐渐被悬浮颗粒饱和，水阻力增大时，应停止运行并进行反冲洗。压力式过滤器比重力式的滤速高，省地省钱，但阀门多，操作麻烦
双室单层过滤器（见图 13-4）	过滤水一部分在压力作用下自下而上流经滤层，其余由上而下流经滤层。过滤后的水经中间排水装置引出。反洗时，先用压缩空气吹洗 5～10min，再自中间排水装置输入反洗时冲刷上部滤层。然后停用压缩空气，由中间排水装置和底部同时进水进行反洗
多层滤料过滤器	均属压力式过滤器，工作压力一般不超过 0.59MPa。双层滤料一般由无烟煤和石英砂组成；三层滤料一般由无烟煤、石英砂和石榴石组成。滤层总厚度可选取 60cm、75cm 和 90cm。一般采用 75cm
重力式无阀过滤池	滤池无阀门，不需专人操作，运行和反洗靠自身整定的增长阻力和固定冲洗水量自行转换。多用于小供水量

续表

名　　称	特　　点
单阀或双阀过滤池	工作原理与无阀滤池基本相同。但在其虹吸管上设置阀门。可用阀强制反洗，改善运行效果
虹吸过滤池	滤池的进水和冲洗均由虹吸管完成，而虹吸管的虹吸形成和破坏由滤池的真空系统控制。在中、大供水量下使用时，可避免使用大型阀门。缺点是结构较复杂
悬挂式纤维过滤器	水流自下而上通过被压实的纤维束即可得到过滤。可进行深层过滤
活性炭过滤器	活性炭一般用作气体或液体的过滤吸附，达到净化目的。可用来除臭、脱色、除氯、除有机物、胶体物、重金属和放射性物质等

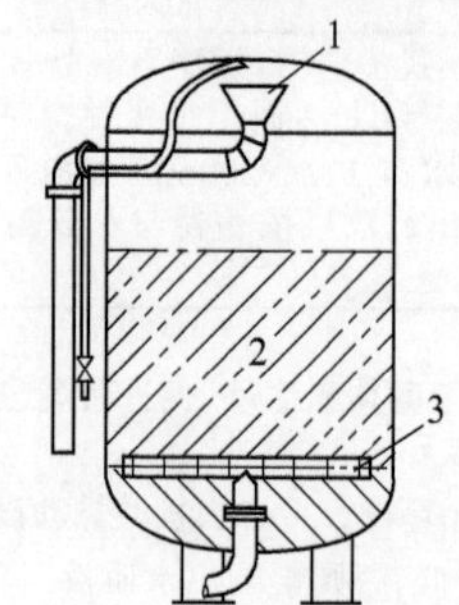

图 13-3　单室单层过滤器
1—进水装置；2—滤料；3—配水系统

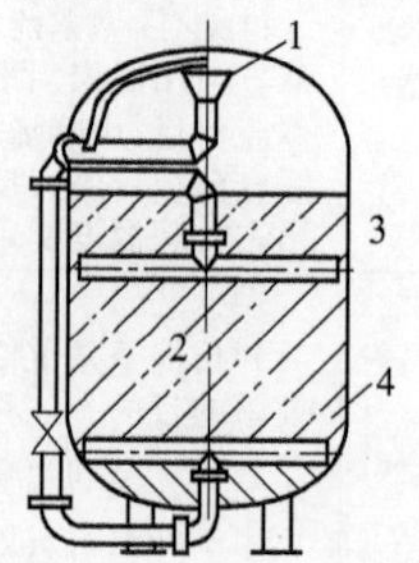

图 13-4　双室单层过滤器
1—进水装置；2—滤料；3—中间排水装置；4—配水系统

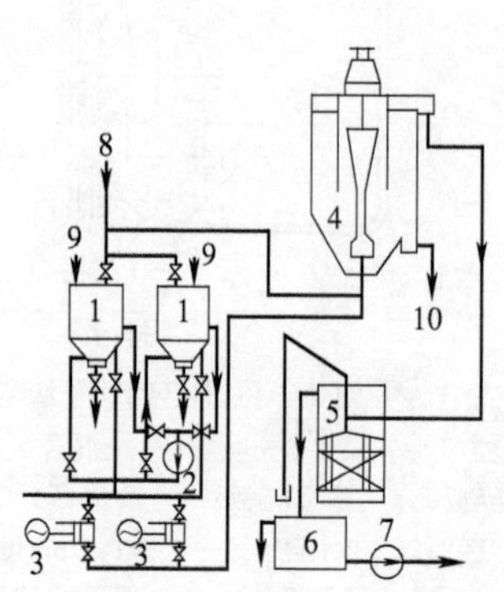

图 13-5　天然水和补给水的净化处理系统
1—溶解箱；2—水力搅拌器；3—加药泵；4—水力循环澄清器；5—无阀过滤器；6—清水箱；7—清水泵；8—天然水进入管；9—凝聚剂入口；10—排泥渣管

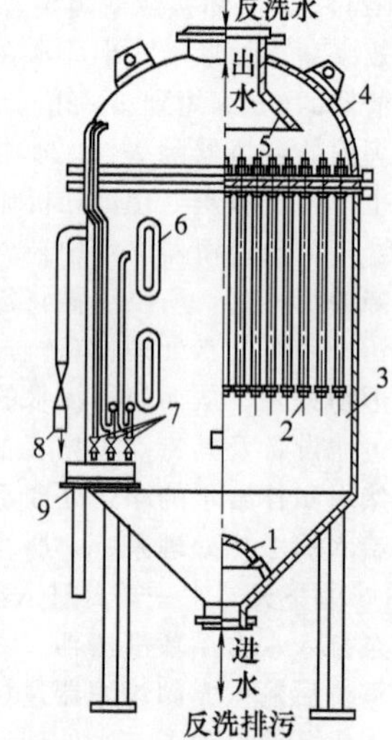

图 13-6　覆盖过滤器的结构
1—水分配罩；2—滤元；3—本体；4—上封头；5—集水漏斗；6—观察孔；7—取样管及压力表；8—放气管；9—取样槽

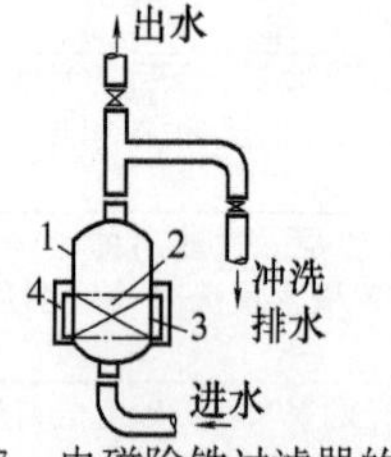

图 13-7　电磁除铁过滤器的结构
1—本体；2—铁球层；3—激磁线圈；4—铁罩

覆盖过滤器的结构示于图 13-6。过滤器内装有许多由聚碳酸酯塑料制成的管状滤水元件，简称滤元。滤元外表面覆盖一层薄滤膜，水穿过滤膜进入滤元除去杂质后汇总流出。

磁力除铁过滤器有永磁式和电磁式两种。电磁除铁过滤器利用电流通过线圈时产生的磁场去除水中铁的腐蚀产物，其结构示于图 13-7。图中，本体为一非磁性圆筒，筒内装有磁性材料制成的小球，筒体外装有激磁线圈。线圈通直流电产生强磁场使小球磁化。当水自下而上流过小球层时，水中金属腐蚀物即被吸于小球上。小球应定期消磁，用水冲去吸附于其上的金属腐蚀物后再投入运行。过滤速度 1000m/h。这种过滤器设备紧凑，操作简单，不耗用滤料。

在直流锅炉电站和亚临界压力锅筒锅炉电站，由于给水水质要求高，需要对凝结水进行全部或部分处理才能作为给水的组成部分。对高压和超高压锅筒锅炉在正常运行时可不作处理，只有当疏水或热用户返回的凝结水质地很差时或启动时才作处理。因而对高压电站，全厂设置一套能处理最大机组的凝结水处理设备是适宜的。当水质差时投运处理装置，而在水质达到标准值时就解除。这对提高机组的安全经济运行有很大好处。

二、水的软化

1. 药剂处理法

药剂软化大多与净化过程同时进行，这样可将软化后生成的沉淀物一起除去。常用方法有石灰软化处理法和石灰-纯碱软化处理法。

(1) 石灰软化处理法 最简单的炉外药剂软化法为石灰软化处理法（简称石灰法）。石灰法将生石灰与水化合成氢氧化钙，即：

$$CaO+H_2O \longrightarrow Ca(OH)_2$$

将 $Ca(OH)_2$ 加入被处理水中，与水中的钙、镁的重碳酸盐及其他镁盐作用，生成碳酸钙和氢氧化镁沉淀下来，其反应式为：

$$Ca(HCO_3)_2+Ca(OH)_2 \longrightarrow 2CaCO_3\downarrow+2H_2O \tag{13-16}$$

$$Mg(HCO_3)_2+2Ca(OH)_2 \longrightarrow 2CaCO_3\downarrow+Mg(OH)_2\downarrow+2H_2O \tag{13-17}$$

$$MgCl_2+Ca(OH)_2 \longrightarrow Mg(OH)_2\downarrow+CaCl_2$$

$$MgSO_4+Ca(OH)_2 \longrightarrow Mg(OH)_2\downarrow+CaSO_4 \tag{13-18}$$

$$CO_2+Ca(OH)_2 \longrightarrow CaCO_3\downarrow+H_2O \tag{13-19}$$

石灰处理后，主要是消除水中钙、镁盐的重碳酸盐，所以水中硬度、碱度及含盐量都能降低。但不能去除水中的非碳酸盐硬度，即主要去除水的暂时硬度。处理后水的残余硬度仍在0.7～1mmol/L左右，即使对工业锅炉也不能满足给水要求，一般不宜单独使用。

(2) 石灰-纯碱软化处理法 石灰-纯碱软化处理法（简称石灰-纯碱法）除加石灰外，还加入纯碱，后者的作用为去除非碳酸盐硬度。其反应式如下：

$$CaSO_4+Na_2CO_3 \longrightarrow CaCO_3\downarrow+Na_2SO_4 \tag{13-20}$$

$$CaCl_2+Na_2CO_3 \longrightarrow CaCO_3\downarrow+2NaCl \tag{13-21}$$

$$MgSO_4+Na_2CO_3 \longrightarrow MgCO_3+Na_2SO_4 \tag{13-22}$$

$$MgCl_2+Na_2CO_3 \longrightarrow MgCO_3+2NaCl \tag{13-23}$$

$$Ca(OH)_2+Na_2CO_3 \longrightarrow CaCO_3\downarrow+2NaOH \tag{13-24}$$

碳酸镁可与熟石灰作用而被除去：

$$MgCO_3+Ca(OH)_2 \longrightarrow CaCO_3\downarrow+Mg(OH)_2\downarrow \tag{13-25}$$

石灰-纯碱软化后，水的残余硬度仍较大，这是由于硫酸钙有一定的溶解度。提高水温可降低其溶解度，所以宜用温热水处理（热法）。当水温为70～80℃时，残余硬度为0.3～0.4mmol/L；当水温为90～100℃时，残余硬度为0.1～0.2mmol/L。此外，在软化时常加入凝聚剂，以消除胶体物质。

此法宜用于全碱度小于全硬度的水，可用于无水冷壁的低压锅炉的补给水处理。如用作离子交换的预处理，则需将热法处理后的水温降至40℃左右。

2. 离子交换软化处理法

离子交换法根据交换过程的不同可用于水的软化、除碱和除盐。离子交换软化法是当前广泛采用的方法，较易控制水质且能将水的硬度降到药剂软化法所无法达到的水平。

离子交换软化处理法的工作原理为利用一种称作离子交换剂的物质。这种物质遇水时可将其本身所具有的某种离子和水中同符号的离子相互交换。通过交换，水中的钙镁离子被吸着在交换剂上而交换剂的离子进入水中。这样就可除去水中的硬度。

离子交换剂分为有机及无机两类，常用的离子交换剂及其特性见表13-26。

表 13-26 常用离子交换剂及其特性

类型	名称	特性
无机质类	天然海绿砂	因交换能力小，已很少使用，属早期使用交换剂
	天然钠沸石	
有机质类	碳质离子交换剂(磺化煤)	因机械强度低、耐热性差、再生剂耗量大，现已较少使用
	合成离子交换树脂	目前得到广泛使用

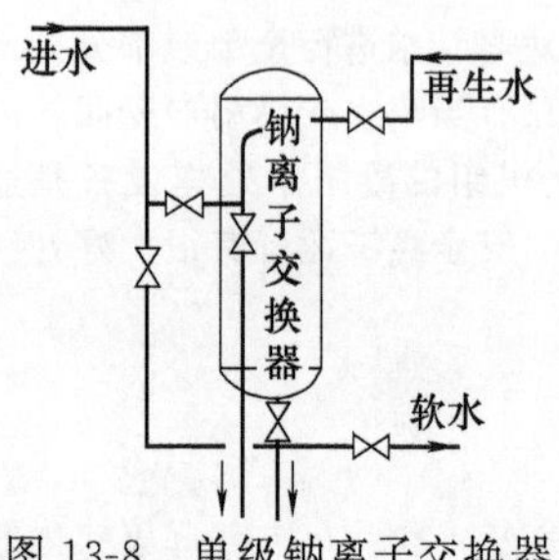

图 13-8 单级钠离子交换器

离子交换剂能与溶液中阳离子交换的称为阳离子交换剂，如氢离子交换剂（RH）、钠离子交换剂（RNa）和铵离子交换剂（RNH_4）。能与溶液中阴离子交换的交换剂称为阴离子交换剂，以 ROH 表示。

(1) 单级钠离子交换法 这是中、小型锅炉常用方法。水的软化在单级钠离子交换器中进行（见图 13-8）。其部分反应式如下：

$$Ca(HCO_3)_2+2NaR \longrightarrow CaR_2+2NaHCO_3 \tag{13-26}$$

$$CaSO_4+2NaR \longrightarrow CaR_2+Na_2SO_4 \tag{13-27}$$

$$MgCl_2+2NaR \longrightarrow MgR_2+2NaCl \tag{13-28}$$

经钠离子交换后，软化水中总含盐量未降低，原水中的阴离子 Cl^-、SO_4^{2-} 和 HCO_3^- 等并未改变，只是将易形成水垢的钙镁化合物变为不形成水垢的钠化合物。

钠离子交换剂与被处理水经过离子交换后，其钠离子逐渐被钙镁离子置代而失去软化能力。此时应采用食盐水溶液进行再生还原，其反应式如下：

$$2NaCl+CaR_2 \longrightarrow 2NaR+CaCl_2 \tag{13-29}$$

$$2NaCl+MgR_2 \longrightarrow 2NaR+MgCl_2 \tag{13-30}$$

还原时形成的 $CaCl_2$ 和 $MgCl_2$ 为溶解性盐类，可用水冲洗除去，而使钠离子交换剂得到还原。

用单级钠离子交换法可使水中残余硬度降低到不超过 0.035mmol/L。如被处理水水质较差或对软化水要求较高时（要求残余硬度＜0.02mmol/L），则应考虑使用两级钠离子交换。在低压锅炉中一般可用一级钠离子交换，而在中、高压锅炉中，则必须采用两级处理。

(2) 两级钠离子交换法 图 13-9 所示为串联布置的两级钠离子交换软化系统。进水先入第一级钠离子交换器，使硬度降到 0.2mmol/L 以下，然后进入第二级钠离子交换器软化，使出水的残余硬度达到锅炉要求的标准。

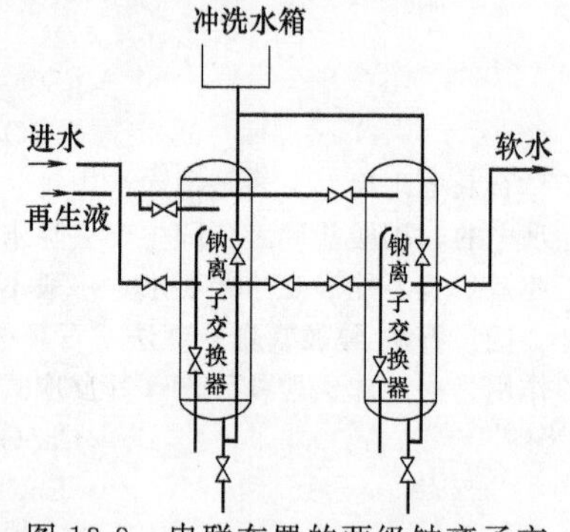

图 13-9 串联布置的两级钠离子交换软化系统

(3) 钠离子交换后加酸 采用钠离子交换后的软水，其碱度基本不变，如需降低碱度，必须加酸处理，将一部分碱度中和。一般控制残余碱度为 0.3～0.6mmol/L。加酸处理时会增加水的含盐量。其反应式为：

$$2NaHCO_3+H_2SO_4 \longrightarrow Na_2SO_4+2CO_2+2H_2O \tag{13-31}$$

此法主要用于低压锅炉。

(4) 氢离子交换法 氢离子交换软化水的工作原理是利用离子交换剂中的氢离子置换被处理水中的钙镁离子，其部分反应式为：

$$Ca(HCO_3)_2+2HR \longrightarrow CaR+2H_2O+2CO_2 \tag{13-32}$$

$$CaSO_4+2HR \longrightarrow CaR_2+H_2SO_4 \tag{13-33}$$

$$MgCl_2+2HR \longrightarrow MgR_2+2HCl \tag{13-34}$$

$$MgSO_4+2HR \longrightarrow MgR_2+H_2SO_4 \tag{13-35}$$

通过氢离子交换后的软化水变成酸性水，因而不宜直接用作锅炉给水，必须进一步处理。处理方法之一为将酸性水除去二氧化碳后加碱中和至过剩碱度为 0.35mmol/L 左右为止。另一种方法为采用后述的氢离子-钠离子交换联合软化法。

氢离子交换剂的还原剂为 1.5%～2%浓度的稀硫酸溶液，还原时的反应式为：

$$CaR_2+H_2SO_4 \longrightarrow 2HR+CaSO_4 \tag{13-36}$$

$$MgR_2+H_2SO_4 \longrightarrow 2HR+MgSO_4 \tag{13-37}$$

(5) 氢离子-钠离子交换联合软化法 氢离子-钠离子联合工作系统可分为综合的氢离子-钠离子软化法、氢离子-钠离子并联软化法和氢离子-钠离子串联软化法。

综合的氢离子-钠离子软化法在离子交换器中同时装有氢离子交换剂层和钠离子交换剂层，也称双层离子交换器。水先经上层的氢离子交换剂层，使水呈酸性。然后再经下层钠离子交换剂，吸收酸性水中的氢离子，其反应式为：

$$H_2SO_4+2NaR \longrightarrow 2HR+Na_2SO_4 \tag{13-38}$$

$$HCl + 2NaR \longrightarrow HR + NaCl \tag{13-39}$$

这样，水中酸性消除，一部分未被上层氢离子吸收的残余钙、镁离子也被钠离子交换剂吸收。由于水中尚有部分碳酸盐硬度，故使处理后的软化水保持一定碱度。

氢离子-钠离子并联软化系统示于图 13-10。图中，进水分别在氢离子和钠离子交换器中软化，再将氢离子交换器产生的酸性水和钠离子交换器产生的碱性水混合。最后进入除 CO_2 器除去游离的 CO_2。采用并联法时，可根据进水水质，调节进入氢离子和钠离子交换器水量的比例来控制软化水的碱度。

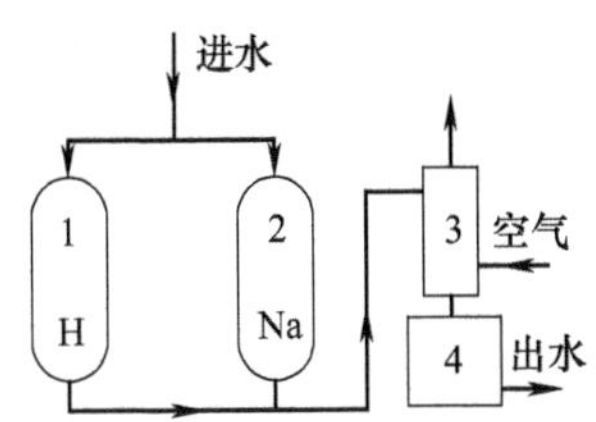

图 13-10 氢-钠离子并联软化系统

1—氢离子交换器；2—钠离子交换器；3—除 CO_2 器；4—水箱

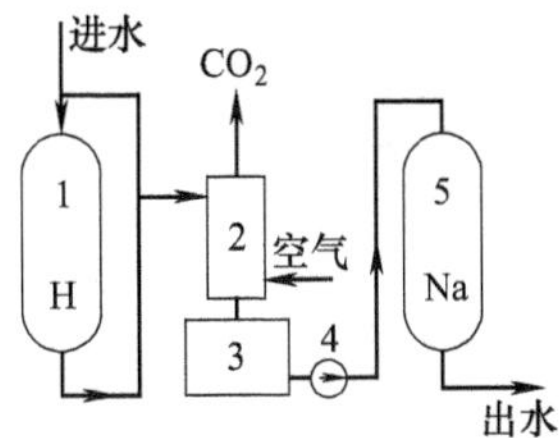

图 13-11 氢-钠离子串联软化系统

1—氢离子交换器；2—除 CO_2 器；3—水箱；4—泵；5—钠离子交换器

图 13-11 所示为氢离子-钠离子串联软化系统。在此系统中，部分进水先在氢离子交换器中软化，再与其余未经软化的水混合。混合后的水经除 CO_2 器除去游离的 CO_2 后，进入中间水箱。最后用泵送入钠离子交换器软化。此系统适用于进水碱度较大时。

上述三种氢离子-钠离子交换软化法可得出不同的出水残余碱度。综合的氢离子-钠离子软化法的出水残余碱度约为 1.0～1.5mmol/L；串联系统的约为 0.7mmol/L；并联系统比较容易调整，残余碱度可不大于 0.35mmol/L。

(6) 铵离子-钠离子交换软化法 铵离子交换软化法的工作原理与氢离子交换软化法相同，只是交换剂不用酸还原，而是用铵盐，如 NH_4Cl、$(NH_4)_2SO_4$，使交换剂还原成铵离子交换剂 NH_4R。其还原反应式为：

$$CaR_2 + 2NH_4Cl \longrightarrow 2NH_4R + CaCl_2 \tag{13-40}$$

$$MgR_2 + 2NH_4Cl \longrightarrow 2NH_4R + MgCl_2 \tag{13-41}$$

在软化水的过程中，其部分反应式为：

$$Ca(HCO_3)_2 + 2NH_4R \longrightarrow CaR_2 + 2NH_4HCO_3 \tag{13-42}$$

$$MgSO_4 + 2NH_4R \longrightarrow MgR_2 + (NH_4)_2SO_4 \tag{13-43}$$

$$CaCl_2 + 2NH_4R \longrightarrow CaR_2 + 2NH_4Cl \tag{13-44}$$

反应中生成的 NH_4HCO_3、$(NH_4)_2SO_4$、NH_4Cl 在锅炉中会受热分解，即：

$$NH_4HCO_3 \longrightarrow NH_3\uparrow + CO_2\uparrow + H_2O \tag{13-45}$$

$$(NH_4)_2SO_4 \longrightarrow 2NH_3\uparrow + H_2SO_4 \tag{13-46}$$

$$NH_4Cl \longrightarrow NH_3\uparrow + HCl \tag{13-47}$$

因此铵离子交换法与氢离子交换法一样，软化水中生成酸，所以也要和钠离子交换联合使用。一般不用串联，因为 NH_4^+ 和 Na^+ 的活性相近，串联时水中 NH_4^+ 又会被 Na^+ 置换而达不到除碱的效果。一般用 NH_4^+-Na^+ 并联交换系统，与图 13-10 所示系统类似。但由于用铵离子软化的水，在未受热前不会分解生成 CO_2，故在此系统中不需装设除 CO_2 器。

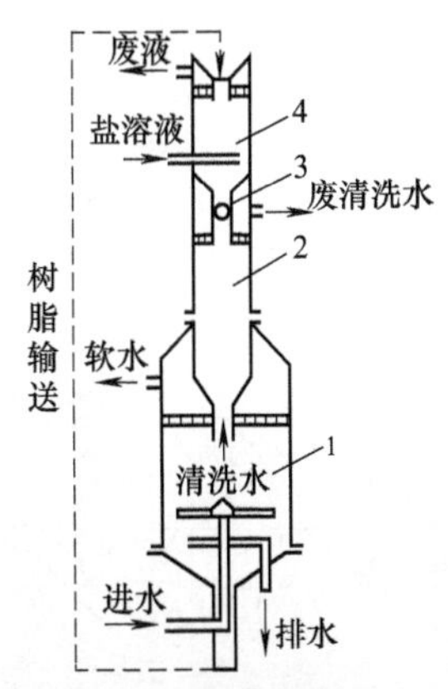

图 13-12 单塔移动床离子交换装置工作原理

1—交换塔；2—清洗塔；3—浮子阀；4—再生塔

(7) 移动床离子交换软化法 前述离子交换软化装置中的交换剂均需还原再生，存在再生周期。交换剂是分层失效的，为了保证软化水质量必须在下部留有一定的保护层，因而交换剂利用率低，还原耗盐量大。但设备少，操作简单。这种离子交换器称为固定床离子交换器。

移动床离子交换装置的特点为可以半连续地进行水处理。图 13-12 示有这种装置的工作原理。

图 13-12 中，交换塔、再生塔和清洗塔合成一体成为单塔。交换剂装在交换塔中，进水自下而上流过交换剂，软水经交换塔上部孔板流出。软

化过程中，失效交换剂随部分软水从塔底部送往再生塔。经一定时间后停止进水软化，开启排水阀排水，而清洗塔借重力自动向交换塔补充相同数量的已还原、清洗过的交换剂。约数十秒到几分钟后，关闭排水阀，继续进行软化。再生塔中定期通入一定浓度的食盐溶液进行交换剂还原再生。

移动床离子交换的优点是交换剂利用率高，还原剂用量省，软化水水质好。其缺点为交换剂磨损大，其补充量多。移动床离子交换装置的工作过程是半连续式的。宜用于处理水量大，生水硬度高的情况。除单塔式外，还有双塔式和三塔式等式样。

(8) 流动床离子交换软化法 流动床离子交换软化装置可以连续工作。按运行方式可分为重力式和压力式两种，后者尚不成熟，应用不多。按运行系统可分为单塔式、双塔式和三塔式三种。目前应用最多的为重力双塔式流动床，如图 13-13 所示。

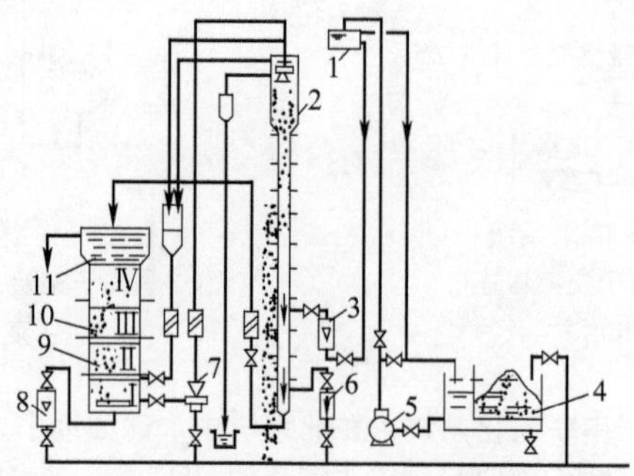

图 13-13 双塔式流动床离子交换水处理装置（钠型）

1—盐液高位槽；2—再生清洗塔；3—盐液流量计；4—盐液制备槽；
5—盐液泵；6—清洗水流量计；7—水力喷射器；8—原水流量计；
9—过水单元；10—浮球装置；11—交换塔

图中右面部分为再生液制造系统。原水从交换塔底部进入，使交换剂悬浮，并从交换塔上部流出。交换剂也在流动。再生后的交换剂借重位差自再生塔底部输入交换塔顶部并在交换塔内与原水作用。使钠型交换剂变成钙型或镁型而失效的交换剂较重，可沉到交换塔底部。此后靠水力喷射器将其送入再生塔顶部，逐渐下落并与向上流动的再生液和清洗水相遇而得到再生和清洗。再生后的交换剂在再生塔底部重新输入交换塔。再生液经流量计注入再生塔。清洗水经流量计注入再生塔后分为两股，一股将再生后的交换剂送入交换塔，另一股在再生塔中向上流动对再生的交换剂进行清洗并使饱和的再生液（饱和食盐溶液）进行稀释。

流动床的优点为出水质量高，能连续工作，操作较方便，需要的交换剂量少。但适应水质和水量变化的能力差，厂房较高，交换剂磨损大。

3. 磁场软化处理法

磁场软化处理法的原理为使水流过一个磁场，流动方向与磁力线相交。水中钙镁离子受到磁场作用，破坏了原来离子间静电引力状态，每一离子按外界磁场同一方向建立新的磁场，导致结晶条件改变，形成很松弛的结晶物质。这些物质不以水垢形态附着在受热面上，因而避免了锅炉结水垢。

磁场软化水处理是应用磁力软水器进行的，这种软水器可分永久磁铁式和电磁线圈式两大类。永久磁铁式构造简单，易于制造，又不需外加电源，因而已有不少定型产品。常用的有方形磁水器、圆形磁水器和圆盘放磁磁水器，其结构示意可相应参见图 13-14～图 13-16。

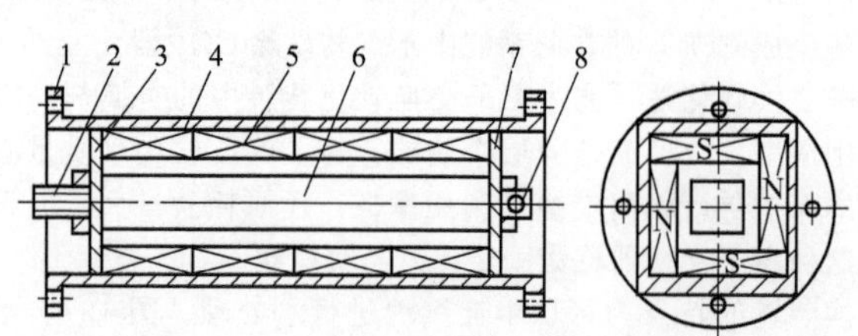

图 13-14 方形永磁式磁水器结构示意

1—法兰；2—螺丝；3—上压板；4—壳体；5—方形磁体；
6—方形铁心；7—下压板；8—开口销

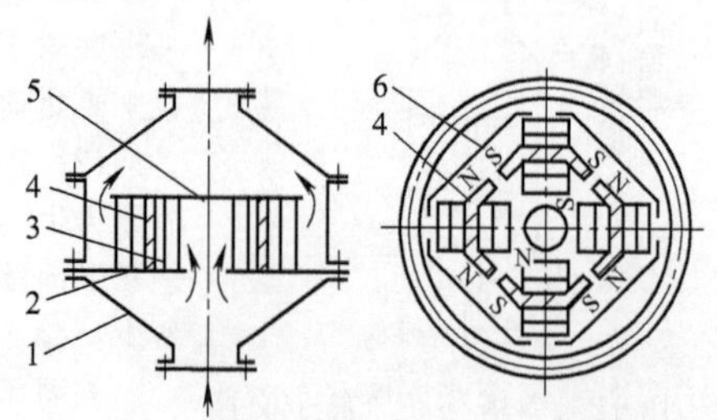

图 13-15 圆形永磁式磁水器结构示意

1—外壳；2—进水带孔铜托板；3—方形磁铁；
4—汇磁板；5—上挡板；6—带孔护板

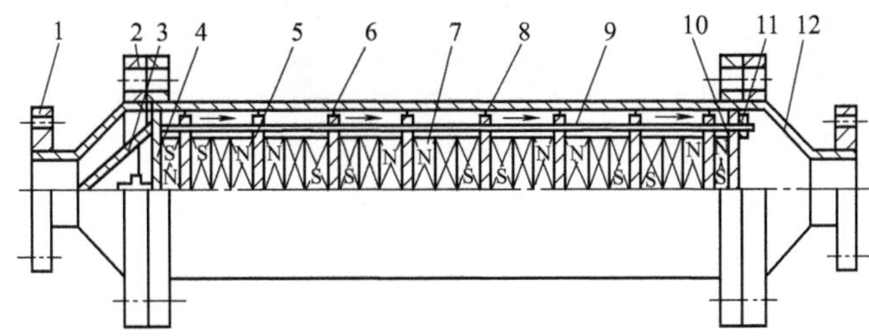

图 13-16　圆盘放磁磁水器结构示意

1—小法兰；2—大法兰；3—分流器；4—上压板；5—导磁板；6—壳体；7—方形磁块；8—固定销；9—铜螺杆；10—下压板；11—螺帽；12—大小头

电磁式磁水器按电源可分为直流式和交流式；按绕线方式可分为内绕式和外绕式。因外绕式比内绕式易于制造，交流电源比直流电源使用方便，因而目前所用的电磁式磁水器大多为交流外绕式。图 13-17 所示为内绕式磁水器结构示意；图 13-18 所示为外绕式磁水器结构示意。

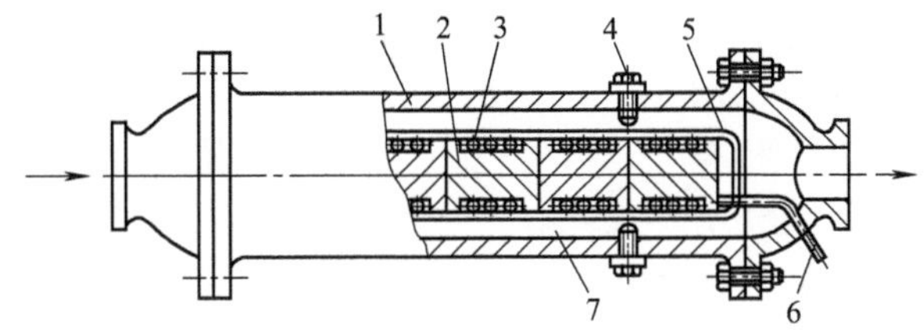

图 13-17　内绕线圈式电磁软水器结构示意

1—水壳；2—磁柱体；3—线圈；4—固定铜螺丝；5—铜筒；6—电线导管；7—过水间隙

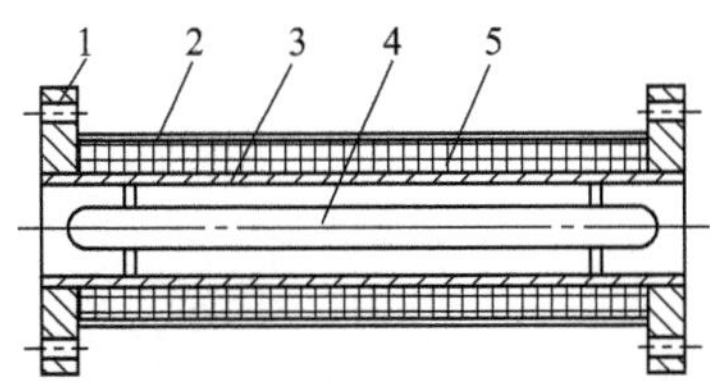

图 13-18　外绕线圈式电磁软水器结构示意

1—法兰；2—铁皮外壳；3—导水管（铜、铝或硬塑料管）；4—铁心（硅钢）；5—线圈

磁力软水器应装在给水泵前，以免承受高压。进口前最好装一磁性过滤器，以防含铁杂质吸附在磁铁上引起磁短路。软水器最好立式布置，水流方向由下而上，使水充满软水器，防止产生气泡，使水能均匀磁化。水流速度不大于 1m/s；水经过磁场时间不小于 0.6s；磁钢对数不少于 8 对。经过磁化的水不宜久置，不要与空气接触。故给水箱应装在软水器之前。

对于含盐量大于 2000mg/L，总硬度大于 5mmol/L 的水，经磁场处理后，防垢能力达 50%以上。对于含盐量小于 2000mg/L，总硬度小于 5mmol/L，且钙离子大于 2.5 倍镁离子的水，防垢能力可达 80%以上。

磁场软化处理法一般只用于小型锅炉，如取暖锅炉和对蒸汽品质要求不高的工业锅炉。

4. 其他软化处理方法

(1) 石灰-纯碱再加磷酸盐软化方法　石灰-纯碱软化后，水的残余硬度较大。此时，可将水加热到 98℃以上，再用磷酸三钠等磷酸盐作补充软化，这样可使残余硬度降到 0.035～0.07mmol/L。当用磷酸三钠时，其反应式为：

$$3Ca(HCO_3)_2+2Na_3PO_4 \longrightarrow Ca_3(PO_4)_2\downarrow+6NaHCO_3 \tag{13-48}$$

$$3Mg(HCO_3)_2+2Na_3PO_4 \longrightarrow Mg_3(PO_4)_2\downarrow+6NaHCO_3 \tag{13-49}$$

$$3CaSO_4+2Na_3PO_4 \longrightarrow Ca_3(PO_4)_2\downarrow+3Na_2SO_4 \tag{13-50}$$

$$3MgSO_4+2Na_3PO_4 \longrightarrow Mg_3(PO_4)_2\downarrow+3Na_2SO_4 \tag{13-51}$$

石灰-纯碱再加磷酸盐软化方法的流程示意见图 13-19。

(2) 锅内加碱处理　锅内软化处理是在锅筒内加入药剂以进行水处理。对锅筒锅炉一般先将给水在锅炉外进行软化处理，再在锅筒内进行锅内辅助处理。对低压、小容量、大水容积无水冷壁的工业锅炉，为节省

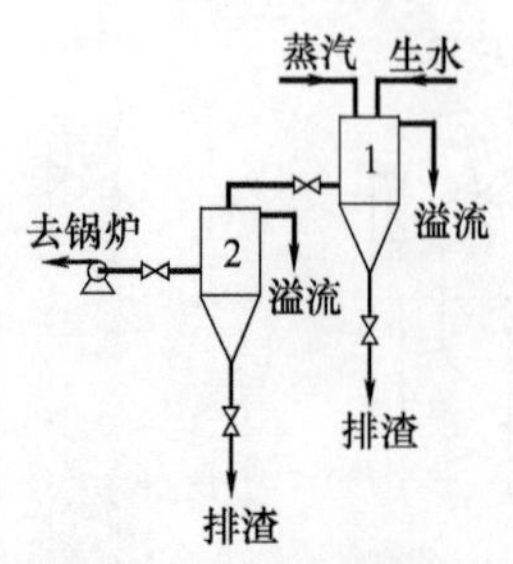

图 13-19 石灰-纯碱再加磷酸盐软化法的流程示意

1—用石灰-纯碱软化的软化罐；2—用磷酸盐作补充软化的软化罐

水处理设备费用，有时仅采用锅内处理。

对于压力为 1.5MPa 以下的低压锅炉，可在锅筒中加入纯碱 Na_2CO_3 作为处理药剂，利用炉水中过剩的 CO_3^{2-} 与 Ca^{2+} 和 Mg^{2+} 作用，其反应式如下：

$$Ca^{2+} + CO_3^{2-} \longrightarrow CaCO_3 \downarrow \tag{13-52}$$

$$CO_3^{2-} + H_2O \longrightarrow 2OH^- + CO_2 \uparrow \tag{13-53}$$

$$Mg^{2+} + 2OH^- \longrightarrow Mg(OH)_2 \tag{13-54}$$

反应生成的 $CaCO_3$ 和 $Mg(OH)_2$ 呈泥渣状，可随排污除去。

(3) 加磷酸盐 当压力大于 1.5MPa 时，纯碱将发生水解，其反应式为：

$$Na_2CO_3 + H_2O \longrightarrow 2NaOH + CO_2 \tag{13-55}$$

这样，炉水中不能保持必要的 CO_3^{2-} 浓度，且由于产生了苛性钠（NaOH），使炉水碱度过高，对锅炉金属不利。因此，当压力大于 1.5MPa 时，通常采用磷酸三钠（Na_3PO_4）或磷酸氢二钠（$Na_2HPO_4 \cdot 12H_2O$）作为锅内水处理药剂。炉水中的钙镁离子与磷酸根离子（PO_4^{3-}）结合后生成溶解度较小的钙镁磷酸盐类，再用排污方法除去。其反应式可参见式（13-48）～式（13-51）。

反应中生成的磷酸钙，由于炉水温度高、碱度大，即转变为松软的水化磷灰石泥渣并随排污除去。其反应式如下：

$$10Ca_3(PO_4)_2 \cdot 2H_2O + 6NaOH \longrightarrow 3Ca_{10}(OH)_2(PO_4)_6 \downarrow + 2Na_3PO_4 + 20H_2O \tag{13-56}$$

当炉水中保持一定的 PO_4^{3-} 时，炉水中的硬度离子浓度可减少到不能形成水垢的程度。

磷酸三钠的加入量按下式计算：

$$G = \frac{126.73DH_0 + D_{py}\rho(PO_4^{3-})}{k} \tag{13-57}$$

式中 G——磷酸三钠加入量，g/h；

D——给水量，t/h；

H_0——给水总硬度，mmol/L；

D_{py}——排污水量，t/h；

$\rho(PO_4^{3-})$——炉水中应保持的 PO_4^{3-} 过剩量，对工业锅炉一般为 15～20mg/L，对电站锅炉可参见表 13-13；

k——工业用磷酸三钠的纯度，%；

126.73——磷酸三钠（$1/3Na_3PO_4 \cdot 12H_2O$）的摩尔质量，mg/mmol。

(4) 加防垢剂 对低压、小容量、大水容积、无水冷壁的火管锅炉，为节省水处理设备费用，可以只采用锅内水处理。可采用由磷酸三钠、烧碱、纯碱和栲胶组成防垢剂，加入锅筒与给水中的硬度盐作用，生成松散的泥渣沉淀下来，再用排污方法除去。

防垢剂的药剂用量根据进水的硬度参考表 13-27 确定，采用加防垢剂方法时必须加强排污。

表 13-27 防垢剂用量

每吨水所需药剂量/(g/t)	水的总硬度/(mmol/L)					
	<1.8	1.8～3.6	3.6～5.4	5.4～7.0	7.0～9.0	9.0～11
磷酸三钠	10	15	20	25	35	45
烧碱	3	5	7	9	12	15
纯碱	22	30	38	46	53	65
栲胶	5	5	5	5	5	5

上述防垢剂俗称三纳-胶法，是一种以无机药剂为主的防垢剂。另一种有效的防垢剂为以有机膦酸盐与聚羧酸盐为主的有机药剂防垢剂。常用的有机膦酸盐为乙二胺四亚甲基膦酸钠或聚丙烯酸钠，所用的聚羧酸盐为聚马来酸或水解聚马来酸酐等。这种防垢剂用后对炉水而言增加了有机物质，所以在运行中应注意化验炉水碱度，按指标要求，控制合宜的排污率（5%～10%）。这种防垢剂的用量应根据水质由试验确定。一般有机膦酸盐的用量为 2g/t H_2O，聚羧酸盐的用量为 4～6g/t H_2O，再加适量的碱（Na_2CO_3 或 NaOH）以保持炉水的碱度在规定范围内。

三、水的除盐

在高压以上锅炉中，由于蒸汽溶盐能力增强，且高温高压下易产生腐蚀，因而必须对锅炉给水进行除盐处理。

以往电站锅炉常采用蒸馏法除盐，即将给水加热汽化，使盐分留在水中，蒸汽再冷凝成蒸馏水使用。此法成本较高。随着离子交换技术的进展，化学除盐方法已得到广泛应用。

化学除盐采用阴阳离子交换的方法除盐。其法为应用 H^+ 型阳离子交换剂将水中各阳离子交换成 H^+；用 OH^- 型阴离子交换剂将水中各阴离子交换成 OH^-；这样即可将水中各种盐类除去。

除盐系统由一台阳离子交换器和一台阴离子交换器串联组成，称为一级复床除盐系统，如图 13-20 所示。在此系统中进水先通过一个装有 H^+ 型阳离子交换剂的氢离子交换器，出水呈酸性。然后通过除 CO_2 器，将水中含有的 CO_2 气体除去。最后，使水通过装有强碱性阴离子交换剂的阴离子交换器，将水中各种阴离子吸附在交换剂上，而交换剂上的 OH^- 被置换到水中，和水中的 H^+ 结合成水。

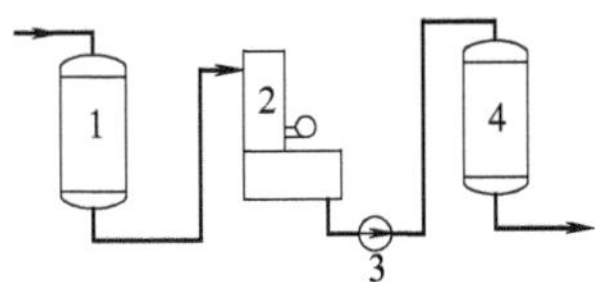

图 13-20 一级复床除盐系统

1—阳离子交换器（阳床）；2—除 CO_2 器；3—中间水泵；4—阴离子交换器（阴床）

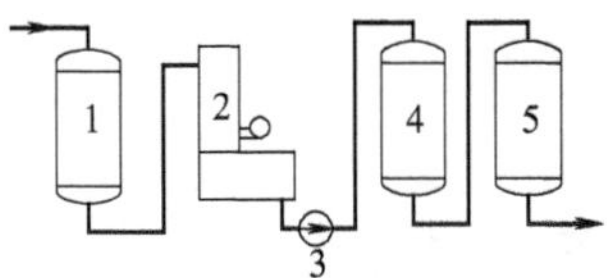

图 13-21 一级复床加混床除盐系统

1—阳床；2—除 CO_2 器；3—中间水泵；4—阴床；5—混床

除 CO_2 器布置在阴离子交换器前面的原因在于碳酸的酸性比硅酸强，所以不先除去 CO_2 将影响阴离子交换剂对硅酸的吸附。除 CO_2 器（或称除碳器）的原理及结构可参见下面有关除气的论述。

如经一级复床除盐系统还不能满足水质要求时，可采用两级复床除盐系统。如水质要求更高，可采用混床除盐系统。图 13-21 所示为一级复床加混床除盐系统。

混床的特点为将阴阳离子交换剂放在同一个离子交换器中。当水通过交换剂时，同时起到阴离子和阳离子交换作用。交换剂失效后，利用其相对密度差呈分层状态，然后进行还原、清洗，最后将两种交换剂混合均匀，投入下一周期运行。由于阴阳离子交换剂相互混合，水经阳离子交换后又立即进行阴离子交换，所以除盐很彻底。混床除盐设备示于图 13-22。混床结构的特点为有上、中、下三个窥视窗和两种树脂交界面再生剂收集装置（中间排液装置）。中间窥视窗用以观察设备中树脂的水平面；下部窥视窗用来检测树脂床准备再生前阳、阴离子交换树脂的分界线；上部窥视窗作为观察反洗时树脂的膨胀情况。

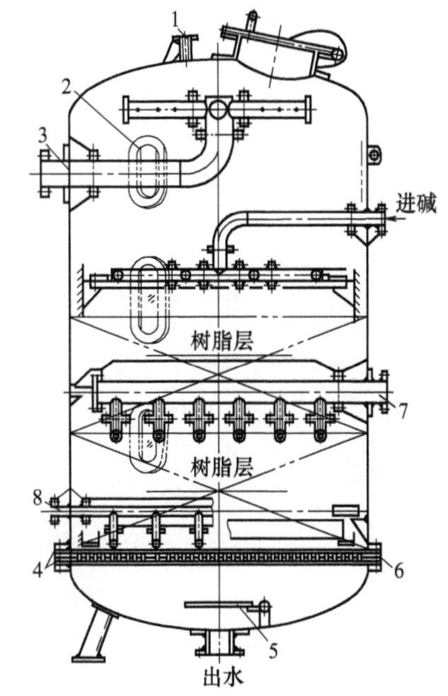

图 13-22 混床除盐设备

1—排气器；2—窥视窗；3—进水装置；4—底部排水系统；5—滤布层（多孔板排水系统）；6—挡水板；7—中间排液装置；8—进压缩空气装置

图 13-21 所示的一级复床加混床除盐系统用于高压以上的锅炉。这些锅炉对水质要求高。在此系统中，一面可提高给水纯度，另一面如复床失效可起保护水质作用。

上述均为固定床除盐方法。常用固定床离子交换除盐系统的出水质量及适用情况可参见表 13-28。

表 13-28 常用固定床离子交换除盐系统的出水质量及适用情况

除盐系统名称	出水质量		适用情况
	电导率(25℃) /(μS/cm)	二氧化硅 /(mg/L)	
一级复床	<10	<0.1	中压锅炉补给水率高；如进水碱度<0.5mmol/L 或有石灰预处理时，可考虑省去除 CO_2 器
一级复床加混床	<0.2	<0.02	高压及以上锅筒锅炉和直流锅炉

续表

除盐系统名称	出水质量		适用情况
	电导率(25℃)/(μS/cm)	二氧化硅/(mg/L)	
弱酸阳离子交换器加一级复床	<10	<0.1	用于中压锅炉补给水率高；进口水碱度较高；进口水的硬度与碱度比值约等于1～1.5
一级复床加强酸阳离子交换器及混床	<0.2	<0.02	用于高压及以上的锅筒锅炉和直流锅炉；进口水碱度较高
强酸阳离子交换器，除CO_2器，弱碱阴离子交换器加混床	<1	<0.2	用于进水中强酸阴离子含量高且二氧化硅含量低的情况

高压、超高压、亚临界锅筒锅炉和直流锅炉应选用一级复床除盐加混床除盐系统。当进水质量较好，减温方式为表面式或自冷凝式时，高压锅筒锅炉可选用一级复床除盐系统。中压锅筒锅炉一般选用一级复床除盐系统。

四、水的除气

水的除气包括除去水中的氧气和二氧化碳气体。

1. 水的除氧方法

根据气体溶解定律，水温越高，其溶解度越小；水面上某种气体分压力越小，这种气体在水中的溶解度也越小。因此水的除氧可采用加热水到沸点以及使水面上氧气分压力减小的方法来达到。这种方法称为热力除氧法。也可采用在水中加入反应剂使水中的氧在进锅炉前转变为其他化合物的方法来除去。这种方法称为化学除氧法。此外，利用含氧水与不含氧气气体强烈混合，使水中氧气析出的方法也可除氧，这种方法称为解析除氧法。

(1) 热力除氧

① 热力除氧器的类别。热力除氧的原理为将容器中的水在定压下（一般表压为0.02～0.025MPa）加热到沸点，使水中的溶氧析出。同时及时排出水面上的氧气等气体，使容器中的蒸汽的分压力近乎等于水面上的全压力，而其他气体的分压力趋近于零。这样，溶于水中的氧气及其他气体即可从水中逸出并被除去。因此热力除氧不仅能除氧，还能除去水中的CO_2、NH_3和H_2S等气体。氧气及二氧化碳气体的溶解量和水温（t）的关系可参见图13-23。

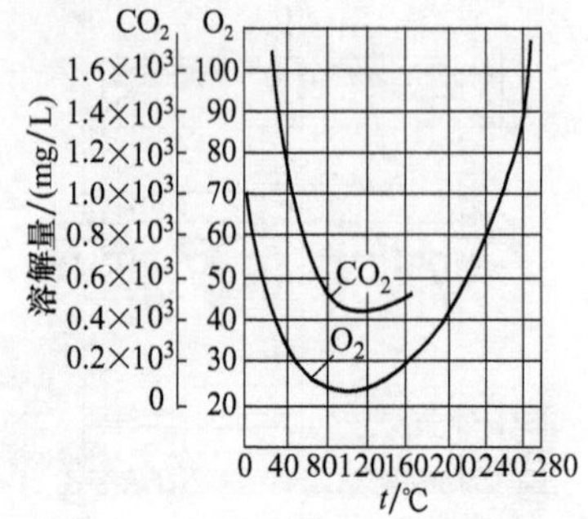

图13-23 氧气及二氧化碳气体的溶解量与水温（t）的关系曲线

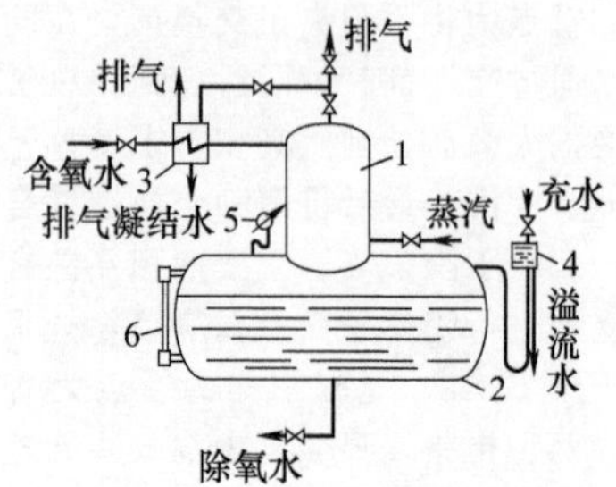

图13-24 热力除氧器系统

1—脱气塔；2—贮水箱；3—排气冷却器；4—安全水封；5—压力表；6—水位表

用以进行热力除氧的设备称为热力除氧器，由脱气塔和贮水箱组成。其类别可参见表13-29。其系统图示于图13-24。

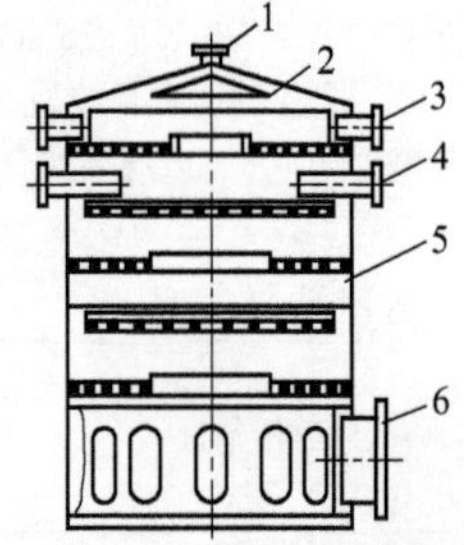

图13-25 淋水盘式除氧器的脱气塔结构

1—排气管；2—挡水板；3，4—含氧水入口；5—淋水盘；6—蒸汽进口

② 淋水盘式除氧器。不同热力除氧器的结构区分主要在脱气塔。淋水盘式除氧器的脱气塔结构示于图13-25。含氧水从塔上部引入，蒸汽由塔下部引入。含氧水经多层多孔淋水盘后以淋落方式和蒸汽接触，并被加热到沸点。水中析出的气体同剩余的蒸汽经排气管排出，除氧水落入贮水箱。

③ 喷雾式除氧器。图13-26为喷雾式除氧器的脱气塔结构。图中，需除氧的水经喷嘴雾化成细滴。雾状水滴再经填料落至除氧水贮水箱。蒸汽由下而上流动以加热水滴。除去的氧气等气体和部分蒸汽由顶部排气管排出。这种除氧器结构简单，维

护方便，比淋水盘式除氧器体积小，因而应用较广。

表 13-29　热力除氧器的类别和特点

分类方法与名称	名　称
按加热被除氧水的方式区分	
混合式除氧器	将蒸汽输入除氧器，使水与蒸汽接触并被加热到除氧器工作压力下的沸点
过热式除氧器	先将水加热到水温超过除氧器工作压力下的沸点，然后将此过热水送入除氧器使过热水因减压而汽化
按除氧器工作压力区分	
真空式除氧器	工作压力(绝对压力)为 0.03MPa 左右
大气压力式除氧器	工作压力(绝对压力)为 0.12MPa 左右
高压式除氧器	工作压力(绝对压力)为 0.6MPa 左右
按除氧器结构区分	
淋水盘式除氧器	借淋水盘使含氧水淋落并和蒸汽接触加热(见图 13-25)
喷雾式除氧器	含氧水经喷嘴雾化后与自下而上的蒸汽接触加热(见图 13-26)
旋膜式除氧器	含氧水在起膜器形成旋膜再与蒸汽接触加热(见图 13-27)

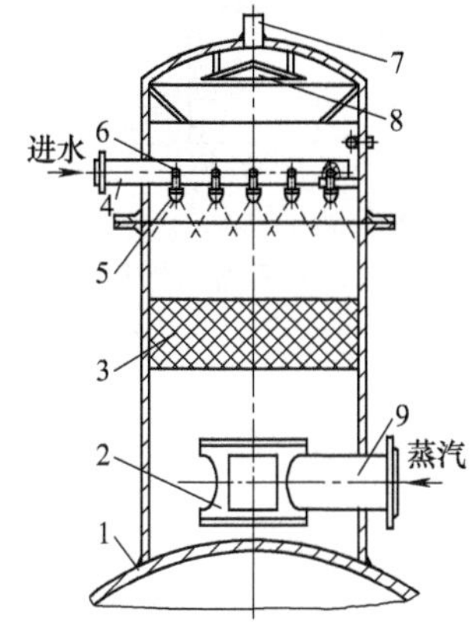

图 13-26　喷雾式除氧器的脱气塔结构
1—除氧水贮水箱；2—蒸汽分配器；3—填料；4—进水管；5—喷嘴；6—支管；7—排气管；8—圆锥挡板；9—进气管

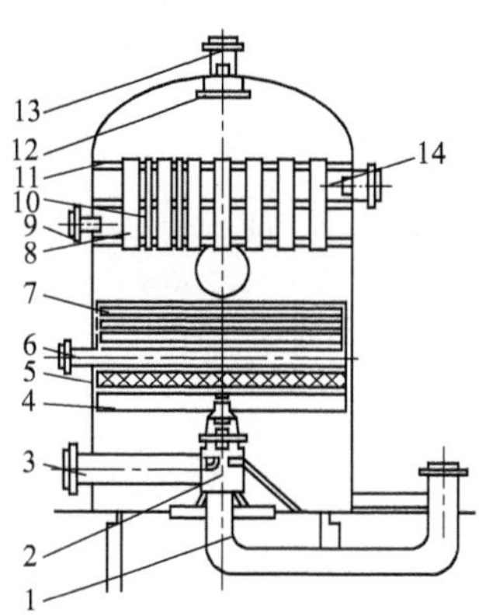

图 13-27　旋膜式除氧器的脱气塔结构
1,3—蒸汽进口管；2—喷汽口；4—支承板；5—填料；6—疏水进口管；7—淋水设备；8—起膜器管；9—汽室挡板；10—连通管；11—挡板；12—挡水管；13—排气管；14—进水管

④ 旋膜式除氧器。旋膜式除氧器的脱气塔结构示于图 13-27。脱气塔由起膜器、填料等构成。起膜器由一系列钢管组成，各管的上端及下端均开有切向的下倾小孔。起膜器被隔板分隔成两室：水室和汽室。

含氧水经水室由切向小孔进入起膜器管后即沿管壁旋转下流并在管出口处形成旋转水膜。汽室中的蒸汽从起膜器下端进入管内，从下部流来的蒸汽排出除氧器。水自起膜器管流出后与下部来的蒸汽接触并被加热到沸点后落入贮水箱。这种除氧器形式较新，除氧效果好。

⑤ 真空式除氧器。对于锅炉房中同时装有蒸汽锅炉或有蒸汽来源的锅炉可采用各种大气压力式热力除氧器。在没有蒸汽来源的热水锅炉可采用真空式热力除氧器进行除氧。

图 13-28 所示为一种真空式除氧器的系统图。图中，经过净化处理的补给水经水-水热交换器和蒸汽冷却器的加热后进入除氧器。除氧器中加热含氧水所需的蒸汽由锅炉高温水（110～150℃）进入真空式除氧器后沸腾蒸发产生。真空除氧器中的真空度的保持和水中析出的气体的排除依靠抽气器来完成。抽气器的动力由水泵提供。

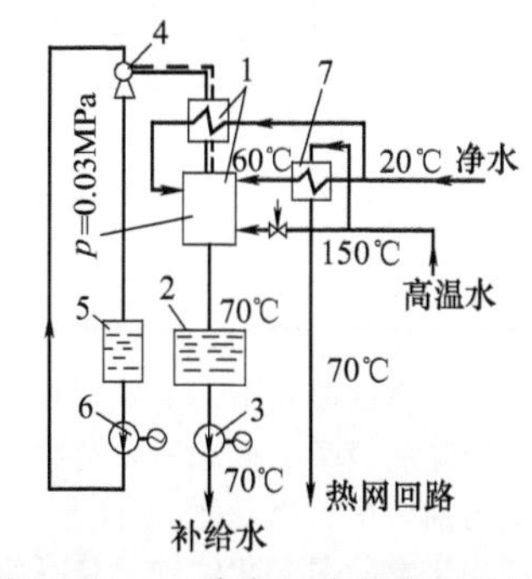

图 13-28　一种真空式除氧器的系统
1—具有排出蒸汽冷却器的真空式除氧器；2—已除氧水的贮水箱；3—补给水泵；4—用水射流为动力的抽气器；5—抽气器用水的水箱；6—泵；7—水-水热交换器

图 13-29 所示为前苏联设计的一种真空式除氧器的结构。工作压力（绝对压力）为 0.03MPa，过热水自底部管道进入除氧器而汽化，含氧水自上部送入除氧器再经上、下分配盘分散后与汽接触加热。最后蒸汽及自水中析出的气体自除氧器顶部逸出，已除氧水由底部

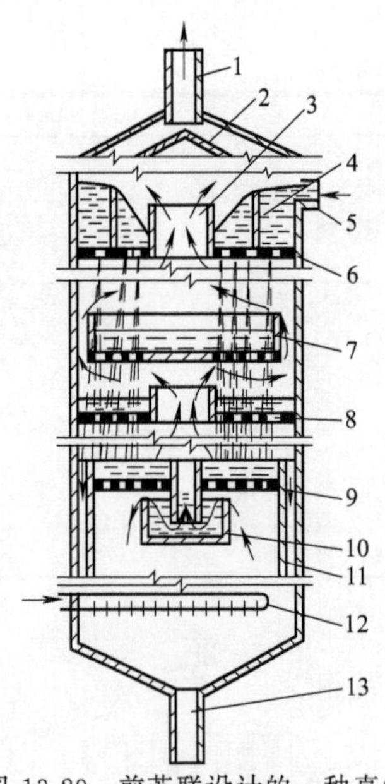

图 13-29 前苏联设计的一种真空式除氧器结构

1—排除蒸汽及气体混合物的管道；2—挡水板；3—出汽管；4—环状板；5—含氧水进入管；6—上分配盘；7—水流分配盘；8—下水流分配盘；9—淋水盘；10—水封；11—除氧水溢水管；12—过热水进入管；13—除氧水输出管

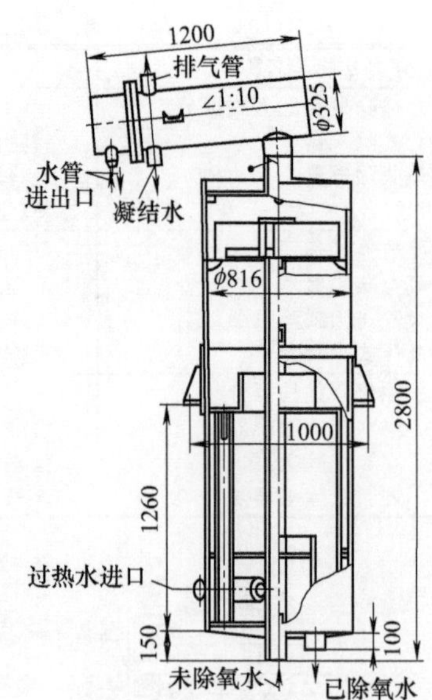

图 13-30 带有排出蒸汽冷却器的真空式除氧器结构尺寸

管道流入贮水箱。

这种除氧器尺寸不大，但除氧效果较好。生产除氧水 100t/h 的除氧器的直径为 1.2m，高度为 2.8m。

图 13-30 为另一种前苏联设计制造的带有排出蒸汽冷却器的真空式除氧器结构尺寸，其工作压力（绝对压力），为 0.03MPa。这样除氧器已有系列产品，最小容量可生产除氧水 5t/h，最大容量可生产除氧水 1200t/h。

此外，图 13-26 所示的喷雾式除氧器也可用作真空式除氧器。此时不再具备进气管，但进入的含氧水温度应比除氧器运行真空下相对应的饱和温度高 3～5℃。这样，使过热水喷入真空式除氧器后能自行蒸发、沸腾，使水中所含氧等气体析出。

设计和运转真空式除氧器时需掌握水中溶解氧量与温度、压力的关系，此时可参阅表 13-30。

表 13-30 水中含氧量 单位：mg/L

水面上绝对压力/MPa	水温/℃									
	0	10	20	30	40	50	60	70	80	90
0.08	11	8.5	7.0	5.7	5.0	4.2	3.4	2.6	1.6	0.5
0.06	8.3	6.4	5.3	4.3	3.7	3.0	2.3	1.7	0.8	0
0.04	5.7	4.2	3.5	2.7	2.2	1.7	1.1	0.4	0	0
0.02	2.8	2.0	1.6	1.4	1.2	1.0	0.4	0	0	0
0.01	1.2	0.9	0.8	0.5	0.2	0	0	0	0	0

应用真空式除氧器时必须保持整个管路系统（包括各种部件如水箱、阀门等）的严密性，否则会漏入空气，影响除氧效果。已除氧水的贮水箱也需作高位布置，否则输送已除氧水的泵将在负压下工作，容易漏入空气，增加水中含氧量。

(2) 化学除氧 化学除氧包括钢屑除氧和反应剂除氧。

① 钢屑除氧。钢屑除氧的工作原理为使水通过钢屑除氧器，除氧器中所装钢屑被氧化，从而可将水中的溶解氧除去。其反应式为：

$$3Fe+2O_2 \longrightarrow Fe_3O_4 \tag{13-58}$$

钢屑除氧器的结构示于图 13-31。除氧器中所装钢屑材料为切削不久的 0～6 号碳钢钢屑。钢屑一般厚 0.5～1mm，长 8～12mm。装入除氧器前先用 3%～5%碱液洗去附在钢屑表面的油污；再用 2%～3%的硫酸溶液处理20～30min；最后用热水冲洗，使钢屑表面易与氧起作用。

钢屑装入除氧器后要压紧，钢屑装填密度一般为0.8～1.0t/m^3。钢屑除氧的反应速度与水温有关。水温80～90℃时的反应速度要比水温为20～30℃时大15～20倍。一般水温保持在70℃以上。水温为80℃时，水与钢屑的接触时间约需3min。水中含氧量高，则水速要小。一般水中含氧3～5mg/L时，水速为20～70m/h。

钢屑除氧器设备简单，运行方便，但新换钢屑时效果较好，以后逐渐下降。这种方法约可除去水中50%的含氧量，宜和其他除氧方法联合使用。

② 反应剂除氧。在水中加入反应剂除氧也是常用的除氧方法。反应剂均为还原剂，有亚硫酸钠（Na_2SO_3）、亚硫酸（H_2SO_3）、氢氧化亚铁[$Fe(OH)_2$]及联氨（N_2H_4）等。锅炉用水的除氧反应剂以亚硫酸钠和联氨用得最多。当锅筒压力在4.1MPa或以下时，化学除氧的反应剂一般采用亚硫酸钠。亚硫酸钠为白色或无色结晶，易溶于水，无毒价廉。因此这种方法的优点是价廉，无毒性且反应剂加入量易掌握。但缺点是会增大水中含盐量，由下式可见与氧反应时会生成Na_2SO_4。

$$2Na_2SO_3+O_2 \longrightarrow 2Na_2SO_4 \tag{13-59}$$

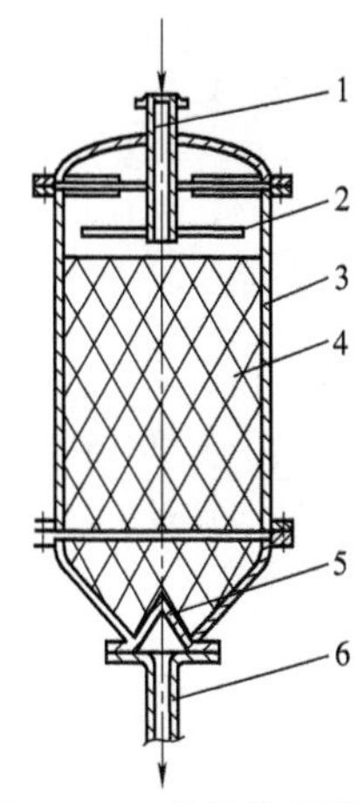

图13-31　钢屑除氧器结构
1—进水管；2—进水分配器；3—外壳；4—钢屑层；5—出水罩；6—出水管

应用时所加反应剂量，一般可按10kg工业亚硫酸钠相当于1kg给水中的溶氧进行控制。亚硫酸钠与氧的反应时间（τ）与水温、过剩量以及水的pH值等因素有关。温度高、过剩量多则反应加快，具体可参见表13-31。

表13-31　Na_2SO_3与氧的反应时间τ　　单位：min

反应温度/℃	无过剩量时	过剩量为25%～30%时	反应温度/℃	无过剩量时	过剩量为25%～30%时
40	5～6	2.5～3.0	80	<2.0	<0.1
60	2.5	<2.0	100	<1.0	—

亚硫酸钠与氧反应时最佳pH值为9～10。其加药方式一般将亚硫酸钠配成6%～10%的溶液，再通过压差式加药罐等加入水中。

亚硫酸钠在温度大于280℃后会分解生成H_2S和S_2O等有害气体，会腐蚀金属管道及部件。因此不能用于高压锅炉。

当锅炉锅筒压力大于4.1MPa时，化学除氧一般采用联氨。联氨在常温下为无色液体，遇水后能结合成稳定的无色液体水合联氨（$N_2H_4 \cdot H_2O$）。联氨易燃，挥发性强且有毒。空气中联氨蒸汽量最高不准超过1mg/L，否则遇火会爆炸。因此，使用联氨时必须有相应的安全措施。

联氨是一种强还原剂，能使水中的溶氧按下式还原生成无害的水及氮气。

$$N_2H_4+O_2 \longrightarrow 2H_2O+N_2 \tag{13-60}$$

联氨与水的反应速度与水温、水的pH值和水中的联氨过剩量有关。水温低于100℃时反应很慢，高于150℃则反应很快。水的pH值在9～11之间，反应速度最快。联氨过剩量大则反应速度快，但过剩量过多会使金属腐蚀增加，因而一般控制锅炉进水中的联氨过剩量在10～50μg/L的范围内。在pH值为9～9.5，水温为103～105℃时，联氨与氧的完全化合仅需2～3s。

联氨价贵且有毒，一般用于高压电站锅炉，与热力除氧器联合使用除氧。

(3) 解析除氧　解析除氧也是根据气体溶解定律来进行除氧的。其工作原理为使含氧水与不含氧气体混合，由于不含氧气体中氧气分压力接近于零，溶于水中的氧气即会因水面上氧气分压力极小而从水中析出。

图13-32所示为解析除氧装置的系统示意。

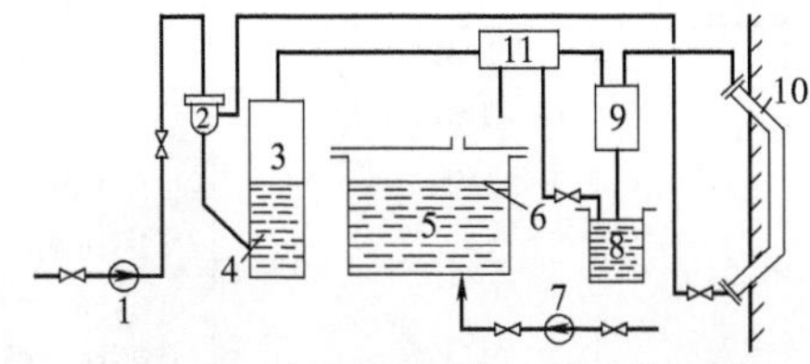

图13-32　解析除氧装置的系统示意
1—除氧水泵；2—喷射器；3—解析器；4—挡板；5—水箱；6—木板；7—给水泵；8—水封；9—气水分离器；10—反应器；11—气体冷却器

在图13-32中，需除氧的水流经除氧水泵、喷射器而进入解吸器。汽水混合物在解析器中分离，已除氧的水流入给水箱。给水箱水面上设有活动隔板，保证给水箱中已除氧水与大气隔绝。从解析器上部引出的带氧气体经气体冷却器及汽水分离器而进入反应器。反应器布置在锅炉的烟温为500～600℃的烟道内。反应器中装有木炭，热的木炭与流入反应器的气体中的氧气反应生成二氧化碳气体。因此，在反应器出口的气体中已不存在氧气。这种气体靠喷射器作用流入喷射器内，并与需除氧的水强烈混合后流入解析器，再循环工作。

解析除氧的优点是设备简单，容易制造，运行方便和不用化学药品。可以在水温较低下得到满意的除氧效果，适用于小型锅炉和热水锅炉。其缺点为除氧效果受到反应器温度、木炭所含水分、负荷变化及水温、水压等条件的影响，而且只能除氧，不能除去其他气体。此外，除氧后将使水中的二氧化碳含量增加。

2. 水的除二氧化碳气体方法

除二氧化碳气体的设备称为除碳器或脱碳器，在原水中碳酸盐硬度大于0.8mmol/L时应设除碳器。除碳器应设在强碱离子交换器之前。常用的除碳器有鼓风式和真空式两类。

(1) 鼓风式除碳器 由于空气中的CO_2分压力很低，这样当鼓风机鼓入的空气与水接触时就可将CO_2从水中解析出来并随空气排出。图13-33所示为鼓风式除碳器的结构。

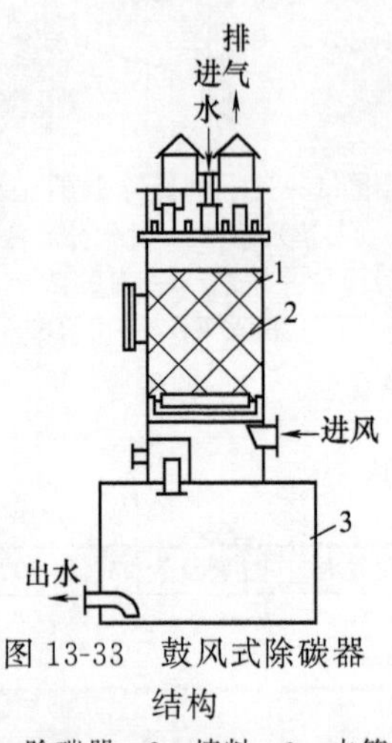

图13-33 鼓风式除碳器结构

1—除碳器；2—填料；3—水箱

除碳器本体由金属或塑料制成。除碳器内部装有填料（填料有瓷环、聚丙烯多面空心球等）。水从除碳器上部进入，经配水设备淋下，通过填料层后排入水箱。鼓风机将用来除去CO_2气体的空气自除碳器底部送入，由上部排出。在填料层中，空气与水广泛接触，由于空气中CO_2分压力很小，所以将CO_2从水中解析出来并随空气排出。水通过除碳器后可使CO_2含量降至5mg/L以下。

(2) 真空式除碳器 真空式除碳器的工作原理与热力除氧原理相似。这种除碳器利用水在沸腾状态时，气体的溶解度接近于零的特点去除水中所溶解的二氧化碳和氧等气体。工作时利用抽真空使水在常温下呈沸腾状态除去气体。进水温度应高于该真空度下相对应的饱和温度约为3～4℃，以保证除气效果。

真空式除碳器主要由喷水装置、填料层和布置在除碳器外的真空系统组成。

真空除碳器与热力除碳器相比，对水量和水温的瞬时波动不敏感，除气效果比较稳定。缺点是其后的各级水箱均需采取与空气隔绝的可靠措施。

五、锅炉水处理系统的选择

工业锅炉水处理系统的选择可参见表13-32。表中H为硬度，A为碱度。

表13-32 工业锅炉水处理方法选择参考表

炉型和参数		原水水质情况		水处理方法	
炉型	蒸发量/(t/h)	H/(mmol/L)	A与H的关系	锅外处理	锅内处理
立式火管锅炉、立式水管锅炉、卧式内燃锅炉		<0.018	$A-H>1$	(1)加入硫酸铵；(2)加硫酸	天然碱处理
			$A-H=0.5\sim1$		天然碱处理
			$A-H<0.5$		纯碱处理或防垢剂处理
水火管锅炉	<2	>0.018	$A-H\leqslant0$ $H<1$mmol/L	石灰处理	纯碱处理或防垢剂处理
			$A-H>0$	(1)部分水用钠离子交换加硫酸铵；(2)部分水用钠离子交换加硫酸	天然碱处理
			$A-H<0$	部分水用钠离子交换	纯碱处理或防垢剂处理

续表

炉型和参数		原水水质情况		水处理方法	
水管锅炉	>2	<2.5	$A<1$	一级钠离子交换	当锅炉压力>1.568MPa时，锅内应加磷酸三钠处理
			$A>1$	(1)铵离子-钠离子交换； (2)钠离子交换加酸； (3)氢离子-钠离子交换	
			$A>2,(A-H)<0$	石灰-钠离子交换	
燃油锅炉、燃气锅炉		>2.5～5		考虑两级钠离子交换	

电站锅炉水处理系统的选择，主要根据水源水质、电站形式和锅炉形式进行技术经济比较后确定。

对于凝汽式电站，自然循环高压锅炉的水处理系统一般可采用补给水经一级复床化学除盐后与凝结水混合。再经低压加热器、除氧器、给水泵、高压加热器后进入锅炉。

直流锅炉不能排污，对水质要求高，其给水主要是汽轮机凝结水，并以深度除盐和除硅的补给水或蒸发器产生的蒸馏水作补充。一般采用补给水一级除盐后和凝结水混合，经过滤器除铁、铜后再经混床作深度除盐，制成合格的凝结水。此后，凝结水经凝结水升压泵升压后流经低压加热器、除氧器、给水泵和高压加热器进入锅炉省煤器。一般在除氧器输出的水中加入 N_2H_4 作为辅助除氧。加入 NH_3 是为了调节水的 pH 值。

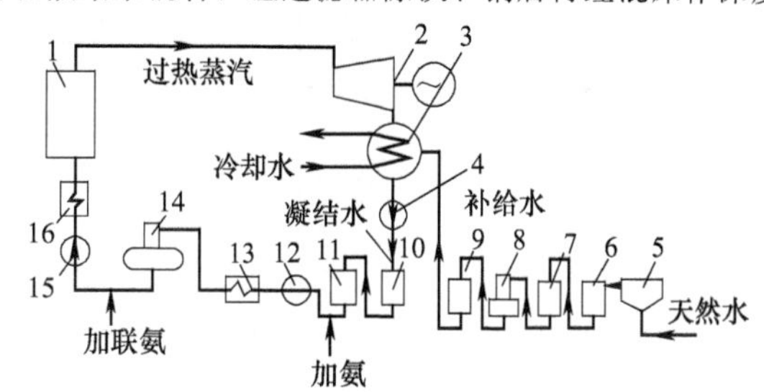

图 13-34　亚临界压力大型直流锅炉的水处理系统
1—锅炉；2—汽轮机；3—凝汽器；4—凝结水泵；5—澄清器；6—滤池；7—阳离子交换器；8—除二氧化碳器；9—阴离子交换器；10—过滤器；11—混床；12—升压泵；13—低压加热器；14—除氧器；15—给水泵；16—高压加热器

图 13-34 示有一台亚临界压力大型直流锅炉上应用上述水处理方案的系统。超高压以上的锅筒锅炉也可采用类似系统。

随着锅炉机组参数和给水水质的提高，给水处理方式也在不断发展和完善。为了指导电站锅炉正确选用给水处理方式，我国国家能源局于 2016 年 2 月发布了电力行业标准《火电厂汽水化学导则》(DL/T 805.4—2016)。此导则对锅炉给水采用还原性全挥发处理［即锅炉给水加氨和还原剂如联氨的处理，简称 AVT (R)］、氧化性全挥发处理［即锅炉给水只加氨的处理，简称 AVT (O)］以及加氧处理［即锅炉给水加氧处理，简称 OT］的选用原则及给水质量控制标准提出了要求。这些处理方式的作用是抑制给水系统金属的一般性腐蚀和高流速水中发生的快速腐蚀。可以根据测量水的氧化还原电位 (ORP) 值来确定给水处理方式，给水采用 OT 时，通常 ORP>+100mV，锅炉水质按表 13-33 控制。采用 AVT (O) 时，ORP 在 0～+80mV，锅炉水质按表 13-34 控制。采用 AVT (R) 时，通常 ORP<−200mV，锅炉水质按表 13-35 控制。

表 13-33　OT 时锅炉给水质量标准

锅炉过热蒸汽压力/MPa		汽包锅炉		直流锅炉	
		>15.6		>18.3	
		标准值	期望值	标准值	期望值
氢电导率[①] (25℃)/(μS/cm)		≤0.15	≤0.10	<0.10	≤0.08
pH 值(25℃)	中性处理	6.7～8.0	—	8.5～9.3	
	碱性处理	8.5～9.3[②]	—		
溶解氧[③]/(μg/L)		10～80	20～30	10～150	—
铁/(μg/L)		≤5	≤3	<5	≤3
铜/(μg/L)		≤3	≤2	<2	≤1
钠/(μg/L)		—	—	<2	≤1
二氧化硅/(μg/L)		≤10	≤5	<10	≤5
氯离子/(μg/L)		≤2	≤1	<1	≤1

续表

锅炉过热蒸汽压力/MPa	汽包锅炉		直流锅炉	
	>15.6		>18.3	
	标准值	期望值	标准值	期望值
TOCi μg/L	≤200	—	<200	—

① 汽包下降管炉水的氢电导率应小于 1.5μS/cm。

② 溶解氧控制低限时，pH 应控制接近于高限。

③ 汽包下降管炉水的溶解氧含量应小于 10μg/L。

表 13-34 AVT(O) 时锅炉给水质量标准

锅炉过热蒸汽压力/MPa		汽包锅炉						直流锅炉			
		3.8～5.8	5.9～12.6	12.7～15.6		>15.6		5.9～18.3		>18.3	
		标准值	标准值	标准值	期望值	标准值	期望值	标准值	期望值	标准值	期望值
氢电导率(25℃)/(μS/cm)	有凝结水精除盐	—	—	—	—	≤0.15	≤0.10	≤0.15	≤0.10	≤0.10	≤0.08
	无凝结水精除盐	—	≤0.30	≤0.30	≤0.20	≤0.30	≤0.20				
pH 值(25℃)	无铜给水系统①	9.2～9.6	9.2～9.6	9.2～9.6	—	9.2～9.6	—	9.2～9.6	—	9.2～9.6	—
溶解氧/(μg/L)		≤15	≤10	≤10	—	≤10	—	≤10	—	≤10	—
铁/(μg/L)		≤30	≤20	≤10	≤5	≤10	≤5	≤10	≤5	≤5	≤3
铜/(μg/L)		≤10	≤5	≤3	≤2	≤3	≤2	≤3	≤2	≤2	≤1
钠/(μg/L)		—	—	—	—	—	—	≤3	≤1	≤2	≤1
氯离子/(μg/L)		—	—	—	—	≤2	≤1	≤1	—	≤1	—
二氧化硅/(μg/L)		应保证蒸汽二氧化硅符合 GB/T 12145				≤10	≤5	≤10	≤5	≤10	≤5
TOCi/(μg/L)		—	≤500	≤500	—	≤200	—	≤200	—	≤200	—
硬度/(μmol/L)		≤2.0	—	—	—	—	—	—	—	—	—

① 对于凝汽器管为铜管的无铜给水系统，pH 值宜控制在 9.1～9.3。

表 13-35 AVT(R) 时锅炉给水质量标准

锅炉过热蒸汽压力/MPa		汽包锅炉						直流锅炉			
		3.8～5.8	5.9～12.6	12.7～15.6		>15.6		5.9～18.3		>18.3	
		标准值	标准值	标准值	期望值	标准值	期望值	标准值	期望值	标准值	期望值
氢电导率(25℃)/(μS/cm)	有凝结水精除盐	—	—	—	—	≤0.15	≤0.10	≤0.15	≤0.10	≤0.10	≤0.08
	无凝结水精除盐	—	≤0.30	≤0.30	≤0.20	≤0.30	≤0.20				
pH 值(25℃)	有铜给水系统	8.8～9.3	8.8～9.3	8.8～9.3	—	8.8～9.3	—	8.8～9.3	—	8.8～9.3	—
	无铜给水系统①	9.2～9.6	9.2～9.6	9.2～9.6	—	9.2～9.6	—	9.2～9.6	—	9.2～9.6	—
溶解氧/(μg/L)		≤15	≤7	≤7	—	≤7	—	≤7	—	≤7	—
铁/(μg/L)		≤50	≤30	≤15	≤10	≤10	≤5	≤10	≤5	≤5	≤3
铜/(μg/L)		≤10	≤5	≤5	≤3	≤3	≤2	≤3	≤2	≤2	≤1
钠/(μg/L)		—	—	—	—	—	—	≤3	≤2	≤2	≤1
氯离子/(μg/L)		—	—	—	—	≤2	≤1	≤1	—	≤1	—
二氧化硅/(μg/L)		应保证蒸汽二氧化硅符合 GB/T 12145				≤10	≤5	≤10	≤5	≤10	≤5
联氨②/(μg/L)	有铜给水系统	10～30	10～30	10～30	—	10～30	—	10～30	—	10～30	—
	无铜给水系统	<30	<30	<30	—	<30	—	<30	—	<30	—
硬度/(μmol/L)		≤2.0	—	—	—	—	—	—	—	—	—
TOC_i/(μg/L)		—	≤500	≤500	—	≤200	—	≤200	—	≤200	—

① 对于凝汽器管为铜管的无铜给水系统，pH 值宜控制在 9.1～9.3。

② 对于有铜给水系统，应控制除氧器入口联氨的含量。

第五节 锅炉给水设备及其选用

常用的锅炉给水设备有蒸汽注水器、蒸汽活塞式水泵、离心式水泵和电动活塞泵等，其作用为向锅炉连续供应给水。

一、蒸汽注水器

蒸汽注水器的工作原理为利用锅炉内的蒸汽引射给水，使之升压而注入锅炉，其结构示于图 13-35。图中，蒸汽从锅炉沿管道进入注水器的蒸汽喷嘴，以高速喷出，使该喷嘴出口处产生真空，将水吸入注水器。蒸汽和水在混合喷嘴中混合并被冷凝。由于混合喷嘴的截面是渐缩的，在其出口水以很高速度射出并进入射水喷嘴。射水喷嘴的截面是渐扩的，水在其中流速渐降，压力不断上升直至超过锅炉压力而进入锅炉中。图中的溢流阀是在注水器开始运行时用以排除注水器中原有空气的。

蒸汽注水器的优点为结构简单，无运动部件，操作简便，占地小，不需外部能量即能将给水压入锅炉。其缺点为注水量小，效率低，只适宜于小型蒸汽锅炉中应用。常用规格有 4 号、6 号和 8 号 3 种，其给水量分别为 0.35t/h、0.75t/h 和 1.3t/h。工作压力为 0.2～0.7MPa，给水温度≤40℃。

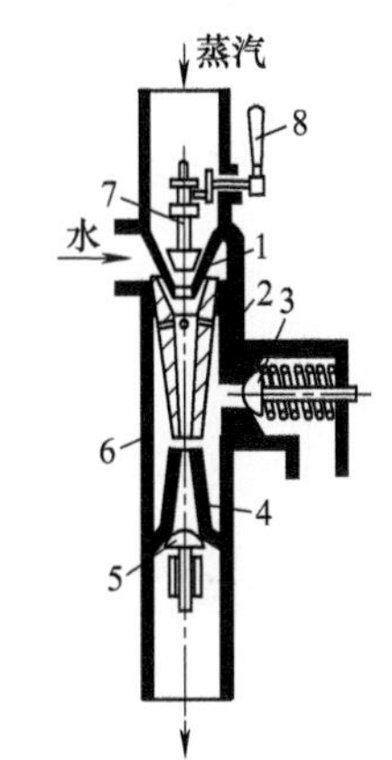

图 13-35 蒸汽注水器的结构
1—蒸汽喷嘴；2—混合喷嘴；3—溢流阀；4—射水喷嘴；5—止回阀；6—注水器壳；7—进汽针形阀；8—手柄

二、蒸汽活塞式水泵

蒸汽活塞式水泵由蒸汽机和活塞式水泵两部分构成，又称为蒸汽往复泵。为简化运动机构，蒸汽机活塞和水泵活塞装在同一活塞杆上。蒸汽机的进汽和排汽由滑阀控制。当蒸汽机汽缸中活塞两边的空间轮流进汽和排汽时，就使活塞前后往复运动，并带动水泵活塞作同样的往复运动，使水泵周期性地进水和出水。

图 13-36 所示为一种常用的卧式双缸蒸汽活塞式水泵的结构。这种活塞泵由两组蒸汽机-水泵组合而成，两组汽缸中的活塞的运动方向恰好是相反的，因而又称为双作用蒸汽活塞泵。

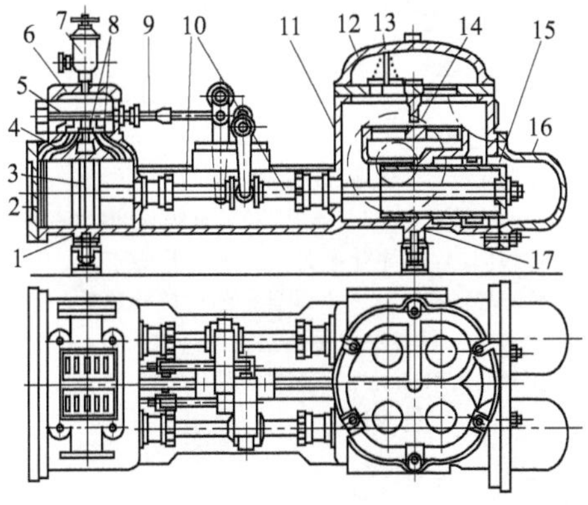

图 13-36 卧式双缸蒸汽活塞式水泵的结构
1—汽缸；2—汽缸盖；3—汽缸活塞；4—进汽通道；5—滑阀；6—滑阀盖；7—油杯；8—排汽通道；9—滑阀连杆；10—汽、水活塞连杆；11—水缸；12—水缸盖；13—弹簧压出阀；14—进水道；15—水缸活塞；16—活塞端盖；17—泵底座

蒸汽活塞泵工作可靠，启动方便，操作维护简单。其缺点为工作具有间歇性，给水量有一定的脉动，且蒸汽耗量较大。一般用于小型工业锅炉或作为停电时工作的备用泵。

三、离心式水泵

离心式水泵的工作原理示于图 13-37。这种泵在锅炉给水设备中得到广泛应用。离心式水泵简称离心泵，主要由外壳和叶轮组成。运行时先使泵内注满水。当装有叶片的叶轮被电动机带动旋转时，叶轮中的水随叶轮一起旋转，并在离心力的作用下由内向外缘甩出。在此过程中，压力不断增大，最后从外壳周缘经排水管排出。为了能将甩于叶轮周缘的水汇集起来输出，外壳流道应不断增大，通常制成蜗牛状，称为蜗壳。在蜗壳中部，由于水不断被甩走而形成真空，新的水就在水面上大气压力的作用下由吸水管从蜗壳中心沿轴向吸入泵内。

当出水压力要求较高时可采用多级水泵。图 13-38 所示为用于中国产 300MW 发电机组的 DG-500-240 型分段式多级离心式给水泵的结构。这一水泵型号的意义如下：“DG”表示多级式锅炉给水泵；“500”表示流量为 500t/h；“240”表示在给水泵输水温度下的扬程为 23.814MPa（243kgf/cm^2）。图 13-38 所示多级式水

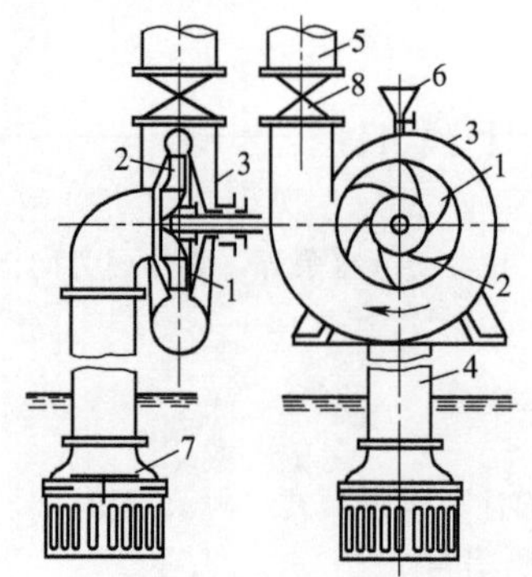

图 13-37 离心式水泵的工作原理
1—叶轮；2—叶片；3—泵外壳；4—吸水管；5—排水管；6—泵壳上的注水漏斗；7—底阀及滤水器；8—阀门

泵的特点为在泵轴上同时装设几个叶轮，并用隔板将各叶轮彼此隔开，每级叶轮均有导叶将水引入下一级继续增压，最后用出水管将水输出。首级叶轮为双吸式以改善汽蚀性能。这种结构的多级离心泵称为分段式多级离心式水泵。多级泵由于能进行多次升压，所以出水压力能成倍增高。

分段式多级离心式水泵的优点为可以承受较高压力的泵的圆形中段较易制造，可按压力需要，增加或减少中段级数；其缺点为拆卸和装配较困难，叶轮是向着吸入口方向顺序排列的，因而有很大的从高压侧向低压侧的轴向力，需用平衡装置进行平衡。

分段式多级离心泵的适用范围如下：压力为 0.98～34.34MPa；流量为 5～210m^3/h；可以用电动机或汽轮机驱动。

除分段式多级离心泵外，常用的多级离心泵还有水平中开式和圆筒式。图 13-39 所示为水平中开式多级离心泵结构。其特点为泵体制成沿轴中心线水平中开的形式，进水管与出水管都同下部泵体浇铸成整体。其优点为装拆方便，易于维修，轴向作用力可由叶轮对称排列自行平衡。其缺点为泵体内流道复杂，需要较高的铸造加工技术。因内部加工困难，不宜用于小容量泵。

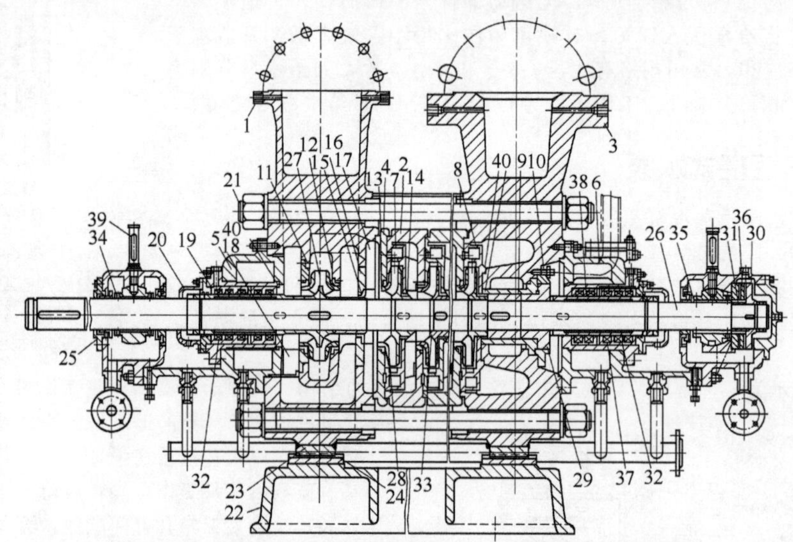
图 13-38 DG-500-240 型分段式多级离心式给水泵的结构
1—进水段；2—中段；3—出水段；4—中间隔板；5—进水尾盖；6—出水尾盖；7—导叶；8—末级导叶；9—平衡圈；10—平衡圈压盖；11—进水段压盖；12—首级密封环；13—次级密封环；14—导叶衬套；15—进水段衬套；16—进水段焊接盖；17—进水段焊接隔板甲；18—进水段焊接隔板乙；19—密封室；20—密封室端盖；21—拉紧螺栓；22—底座；23—纵销；24—纵销滑槽；25—横销；26—轴；27—首级叶轮；28—次级叶轮；29—平衡盘；30—推力盘；31—推力盘挡套；32—轴套；33—叶轮卡环；34—进水段轴承；35—出水段轴承；36—平面推力块；37—浮动环；38—支撑环；39—起重员环；40—“O”形密封圈

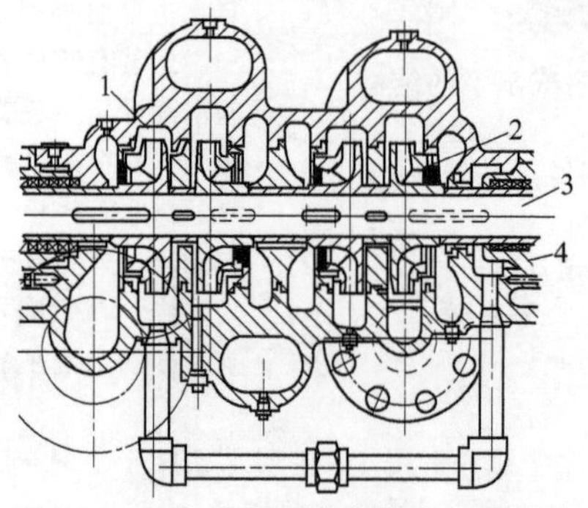

图 13-39 水平中开式多级离心泵结构
1—泵体；2—叶轮；3—轴；4—轴承

此泵的性能适用范围为：压力为2.94～14.72MPa，流量约为24～480m^3/h。

图13-40所示为圆筒型多级离心泵的结构。这种泵的泵体制成双层套壳，内壳体与转子组成一个组合体，装在铸钢制成的圆筒型外壳体内。外壳体的高压端有端，拆下端盖可取出内壳组合体，因而具有装拆方便的优点。这种泵的内壳体结构有分段式和水平中开式两种。在内壳体与外壳体之间的间隙中充满由水泵最后一级叶轮排出的高压水。

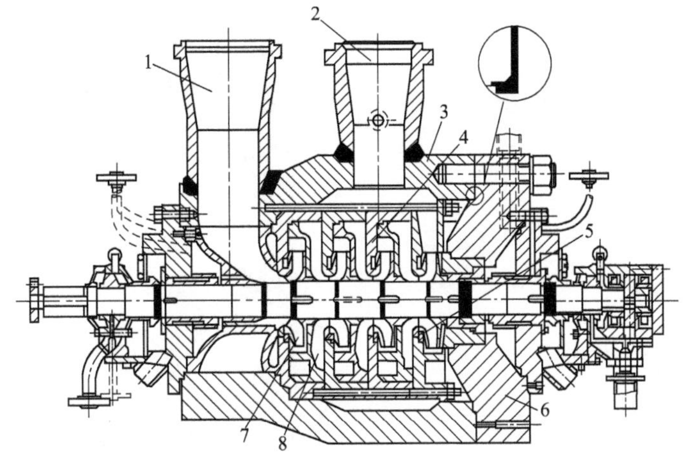

图13-40　分段式内壳体的圆筒型多级离心泵结构

1—进水口；2—出水口；3—外壳体；4—内壳体；5—叶轮；6—外壳体端盖；7—叶片通道；8—导叶

这种水泵的性能适用范围为：压力为9.8～34.34MPa，流量为60～2100m^3/h。近代超高压以上大容量锅炉给水泵大多采用这一种形式的水泵。

四、强制循环锅炉用的循环泵

循环泵的工质是高温高压的锅炉水。由于一般的机械密封都不能保证泵轴封的密封性，因而都采用无轴封形式。其特点为将电动机与泵共置于一个密封的压力壳体内。无轴封泵有采用屏蔽电动机的和采用湿式电动机的两种，后者得到更为广泛的应用。图13-41所示为由湿式电动机带动的循环水泵的结构。

图13-41中，泵部分与一般离心泵的相同，但电动机的定子和转子均用防水聚氯乙烯绝缘电缆绕制而成。泵叶轮和电动机转子固定在同一轴上并装在一个密封壳体内，故不需采用任何密封结构。电动机浸在冷却水中并处于锅炉压力之下。电动机的冷却靠装在轴上的辅助叶轮带动高压冷却器中高压冷却水进行冷却。泵体到电动机之间的热传导用隔热件隔绝。隔热件中通有低压冷却水进行冷却。

湿式电动机可装在泵体之下或泵体之上。图13-41中所示为常用的湿式电动机装在泵体之下的型式。湿式电动机的冷却系统对其工作可靠性至关重要，图13-42所示为循环泵湿式电动机的冷却系统示意。

图13-42中，高压冷却水在冷却器中用低压冷却水冷却。电动机出口的高压冷却水温度约为40～50℃，最高不超过50℃。低压冷却水的入口压力为0.15～0.4MPa，调节其流量可控制电机出口高压冷却水的温度。隔热件也用低压冷却水冷却，由隔热件流出的低压冷却水温度不应超过40℃。

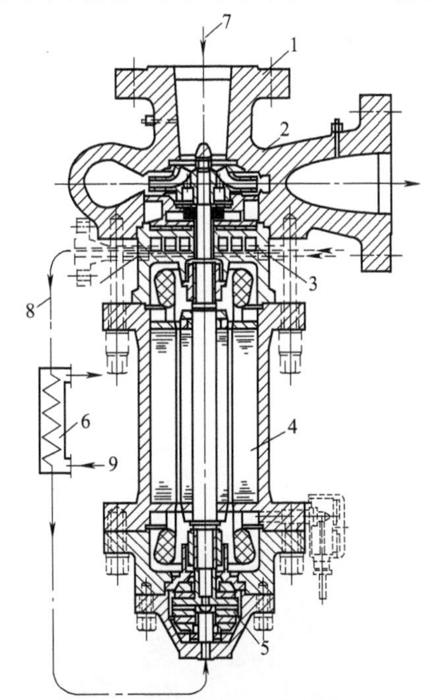

图13-41　由湿式电动机带动的循环水泵

1—泵进水段法兰；2—泵出水段；3—隔热件低压冷却水进口；4—定子；5—电机端盖；6—冷却器；7—泵进水口；8—高压冷却水管；9—低压冷却水进口

在由屏蔽电动机带动的循环水泵中，屏蔽电动

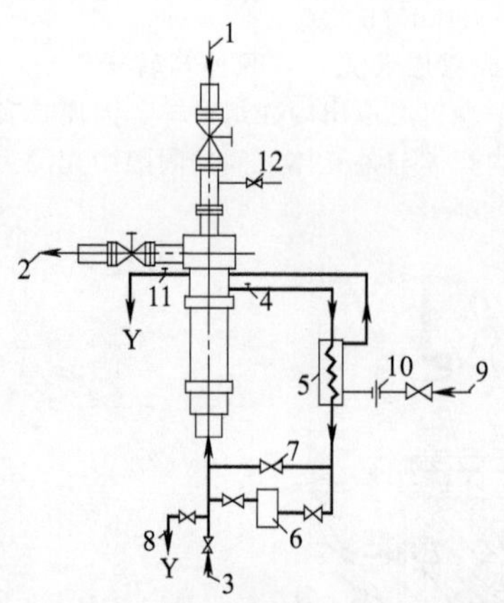

图 13-42 循环泵湿式电动机的冷却系统

1—泵进水管；2—泵出水管；3—启动前用作泵及高压冷却系统的给水管；4—高压冷却水温度监视；5—冷却器；6—过滤器；7—旁路阀；8—疏水阀；9—低压冷却水入口；10—流量控制；11—隔热件出口水温度监视；12—排气阀

机的定子和转子的线圈是由特殊的金属皮保护使之与冷却水隔开而处于干燥状态的。由于屏蔽电动机的定子与转子间的间隙较大，磁路损失大，因此效率比湿式电动机效率低。因此强制循环电站锅炉大多采用由湿式电动机带动的循环泵以节省厂用电。

循环泵一般悬吊在进入水冷壁前的管道上，不需任何支持，因此可随管道热膨胀而移动。安装时应使泵组位置与管道垂直并注意不使进、出管道传给水泵任何应力。

无轴封循环泵的电动机电压可用 380～6000V；泵的流量可达 $60m^3/min$；电动机冷态功率可达 700～1000kW。

五、泵的选用

泵的主要参数为流量和扬程。选用泵时应使流量和扬程有一定储备，因此选用时的计算流量应为：

$$Q_j=\beta_1 Q \tag{13-61}$$

式中 Q_j——选泵时的计算流量，m^3/h；

Q——按额定负荷计算的流量，m^3/h；

β_1——流量储备系数，一般为 1.1。

选用泵时的计算扬程 H_j 应为：

$$H_j=\beta_2 H \tag{13-62}$$

式中 H_j——选泵时的计算扬程，mH_2O（$1mH_2O=9.80665kPa$，下同）；

H——按额定负荷计算时的扬程，mH_2O；

β_2——扬程储备系数，一般为 1.1～1.2。

根据确定的 Q_j 和 H_j，可在水泵产品样本中选用符合要求的水泵。

锅炉通风阻力计算及通风设备

第一节　锅炉通风阻力计算概述与原理

一、通风过程与通风方式

锅炉正常运行时，必须连续地将燃烧所需空气送入炉膛，并将燃烧产物排走，这种连续送风和排除燃烧产物的过程称为锅炉的通风过程。视锅炉类型和容量大小不同，锅炉通风方式可分为自然通风与机械通风两种。自然通风指利用烟囱中热烟气与外界冷空气间密度差所形成的自生通风力来克服锅炉通风阻力，一般仅适用于烟风阻力较小、无尾部受热面的小型锅炉。机械通风则指借助风机所产生的压头来克服通风阻力。机械通风又分为平衡通风、负压通风和正压通风三种。现代锅炉特别是燃煤锅炉常采用平衡通风，其烟风通道原则性系统如图 14-1 所示。

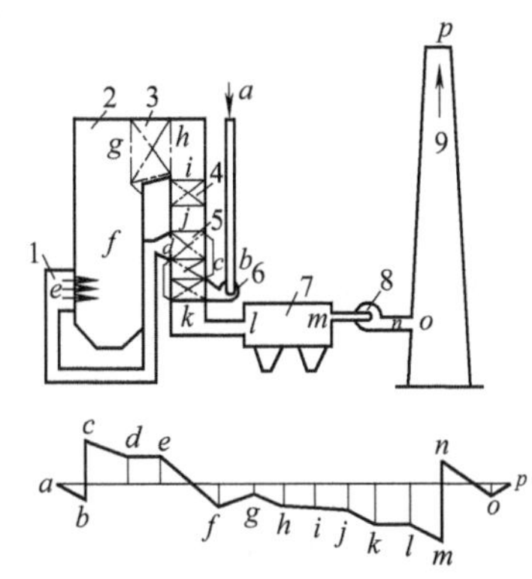

图 14-1　平衡通风烟风通道原则性系统

1—燃烧器；2—炉膛；3—过热器；4—省煤器；5—空气预热器；6—送风机；7—除尘器；8—引风机；9—烟囱

平衡通风是在锅炉烟风通道系统中同时装设送风机和引风机。利用送风机压头克服风道及燃烧设备等中的全部风道阻力；利用引风机压头克服全部烟道系统阻力。在炉膛出口处保持 20～30Pa 的负压。平衡通风使风道中正压不大，而锅炉炉膛及全部烟道又均处在合理的负压下运行（见图 14-1），因此既能有效地调节送引风，满足燃烧需要，又使锅炉房安全卫生条件均较好。

负压通风只装设引风机，利用引风机入口压头来克服全部烟、风道阻力，锅炉处于较大的负压下运行，漏风量增大，锅炉效率下降，它仅适用于通风阻力不大的小型锅炉。

正压通风是在锅炉烟、风系统中只装设送风机，利用送风机出口压头来克服全部烟、风道阻力。此时烟、风道均处于正压，燃烧强度有所提高，消除了锅炉漏风，减少了排烟损失，风机寿命长电耗少，但炉墙、炉门和烟道严密性要求更高。国内外已有不少燃油、燃气锅炉采用了这种通风方式。

机械通风又称作强制通风，为满足环保要求强制通风系统仍须建造一定高度的烟囱，把烟气中灰粒和有害气体散逸到高空中以减小附近地区的大气污染。

锅炉通风阻力计算在锅炉热力计算后进行，在已知锅炉各部位温度工况、烟风道结构特性和风量下进行校核计算，计算目的有 2 个：a. 计算烟风侧的流动阻力，校核锅炉结构设计的合理性；b. 选择保证锅炉经济稳定运行所需送风机和引风机。

二、锅炉通风阻力计算原理

锅炉烟气、空气的流动阻力（Δh_{lz}）包括沿程摩擦阻力（Δh_{mc}）、局部阻力（Δh_{jb}）和横向冲刷管束阻力（Δh_{hx}）3 项。

(1) 沿程摩擦阻力 指气流在等截面直通烟、风道中的流动阻力，包括纵向冲刷管束的阻力。由下式计算：

$$\Delta h_{mc}=\lambda \frac{l}{d_{dl}}\frac{\rho v^2}{2} \tag{14-1}$$

式中 Δh_{mc}——摩擦阻力，Pa；

λ——摩擦阻力系数；

l——通道长度，m；

d_{dl}——当量直径，其值等于4倍通道流通面积除以流体与管道壁接触的周界长度，m；

ρ——气体密度，kg/m^3，按气流平均温度计算；

v——气流速度，按气流进出口算术平均温度计算，m/s。

(2) 局部阻力 指因通道截面和流向变化而引起的局部阻力，按下式计算：

$$\Delta h_{jb}=\xi_{jb}\frac{\rho v^2}{2} \tag{14-2}$$

式中 Δh_{jb}——局部阻力，Pa；

ξ_{jb}——局部阻力系数，其值取决于各种局部阻力的形式。

(3) 横向冲刷管束阻力 指气流横向冲刷光管或肋片管管束的流动阻力，不论有无热交换均可按下式计算：

$$\Delta h_{hx}=\xi_{hx}\frac{\rho v^2}{2} \tag{14-3}$$

式中 Δh_{hx}——横向冲刷管束的流动阻力，Pa；

ξ_{hx}——横向冲刷管束的流动阻力系数，与管束结构形式、管排数和 Re 数有关。

总而言之，锅炉烟风流动阻力 Δh_{lz} 可用下列通式表示：

$$\Delta h_{lz}=\xi\frac{\rho v^2}{2} \tag{14-4}$$

式中 ξ——各类阻力系数；

$\frac{\rho v^2}{2}$——动压头，Pa。

锅炉烟风系统流动阻力的计算可归结为合理地确定各处的动压头 $\rho v^2/2$ 的值和各类阻力系数的值。

(4) 动压头的确定 动压头 $\rho v^2/2$ 主要取决于以下各项。

① 气体（烟气或空气）密度 ρ。

$$\rho=\rho_0\frac{273}{273+t} \tag{14-5}$$

式中 ρ_0——标准状态下的气体密度，kg/m^3，空气为 $1.293kg/m^3$，烟气约为 $1.34kg/m^3$；

t——气体温度，℃。

② 气流（烟气或空气）速度 v。烟风阻力计算是在锅炉额定负荷下进行的。其主要原始数据（速度、温度、有效面积及其他结构参数）均取自热力计算或按热力计算标准方法规定确定。所有对流受热面中气流速度和状态参数，除通道阻力集中在该区段始端或终端的单个局部区段的情况外，均按该区段的算术平均值进行计算。

烟气或空气的计算速度为 v：

$$v=V/(3600F) \tag{14-6}$$

式中 V——烟气或空气流量，m^3/h；

F——烟风通道的有效截面积，m^2。

(5) 烟风通道有效截面积的计算

① 管内流动时有效截面积 F。

$$F=n\pi d_n^2/4 \tag{14-7}$$

式中 n——并联管子数；

d_n——管子内径，m；

n——单流程管子根数。

② 管外纵向冲刷时的有效截面积 F。

$$F=ab-n\pi d_w^2/4 \tag{14-8}$$

式中 a，b——烟风管道横截面的净尺寸，m；

d_w——管子外径，m。

③ 横向冲刷光管管束时的有效截面积 F。

$$F=ab-n_1d_wl \tag{14-9}$$

式中　n_1——垂直于气流方向的一排管子数；

l——管子受烟气冲刷的长度，m。

④ 气流斜向冲刷管束时的有效截面积 F。仍按式（14-9）计算，但尺寸 a 及 b 均应采用位于管子中心线平面上的烟风通道截面的尺寸，如图 14-2 所示。

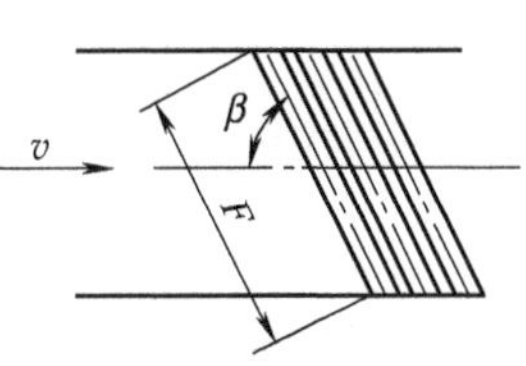

图 14-2　斜向冲刷管束时的有效流通截面积示意

⑤ 横向冲刷肋片管束时的有效截面积 F。

$$F=\left[1-\frac{1}{S_1}\left(d-2h_1+\frac{2h_1\delta}{S_{lp}}\right)\right]ab \tag{14-10}$$

式中　S_1——管束的横向节距，m；

d——肋片管外径，m；

h_1，δ——肋片高度和平均厚度，m；

S_{lp}——肋片间距，m。

⑥ 几个冲刷特性相同、而有效截面积不同的受热面区段烟风通道的有效截面积计算方法如下。

对横向冲刷，按速度与排数成正比的条件将有效截面积进行加权平均：

$$F=\frac{n'_2+n''_2+\cdots}{\frac{n'_2}{F'}+\frac{n''_2}{F''}+\cdots} \tag{14-11}$$

对纵向冲刷，按速度与区段长度成正比的条件将有效截面积进行加权平均：

$$F=\frac{l'+l''+\cdots}{\frac{l'}{F'}+\frac{l''}{F''}+\cdots} \tag{14-12}$$

式中　F'、$F''\cdots$，n'_2、$n''_2\cdots$，l'、$l''\cdots$——烟风道中各区段的有效截面积及相应的管排数和长度。

如果各区段的气流速度已由热力计算求得，则可按下式直接加权平均求取平均气流速度：

$$v=\frac{n'_2v'+n''_2v''+\cdots}{n'_2+n''_2+\cdots} \tag{14-13}$$

为使平衡通风和微正压锅炉的通风计算方法统一并简化计算，各类阻力均制成线算图，所有线算图均按标准大气压（101325Pa 压力）和 0℃下的干空气绘制。对不同状态的烟、空气，需对按线算图查取的数据进行修正。动压头的线算如图 14-3 所示。

图 14-3　标准大气压（101325Pa）下空气动压头

(6) 各类阻力系数 ξ 的确定

1）沿程摩擦阻力系数。由式（14-1）知沿程摩擦阻力系数为：

$$\xi=\lambda\frac{l}{d_{dl}} \tag{14-14}$$

对于圆管道 $d_{dl}=d_n$（内径）

对于非圆管道　$d_{dl}=\frac{4F}{U}$　(14-15)

$$\lambda=0.11\left(\frac{k}{d_{dl}}+\frac{68}{Re}\right)^{0.23} \tag{14-16}$$

式中　F——通道截面积，m^2；

U——气流冲刷壁面的总周界，m；

λ——管道摩擦阻力系数；

k——管壁绝对粗糙度，按表 14-1 查取，m。

对于管式空气预热器和板式空气预热器，λ 可由下式计算：

$$\lambda=0.335\left(\frac{k}{d_{dl}}\right)^{0.17}Re^{-0.14} \tag{14-17}$$

对回转式空气预热器，λ 按如下计算式计算：

$$\lambda=\lambda_0(1+11.1\bar{k}) \tag{14-18}$$

$$\lambda_0=0.303(\lg Re-0.9)^{-2} \tag{14-19}$$

式中 $\bar{k}$——无因次粗糙度，按板型不同由表 14-2 查取 $(a+b)^*$ 和 S 等结构尺寸后由 $\bar{k}=\frac{(a+b)^*}{S}$ 计算求得；

λ_0——光滑管内摩擦阻力系数。

表 14-1 各种管道的管壁绝对粗糙度

通道形式	绝对粗糙度值 $k\times10^3$/m	通道形式	绝对粗糙度值 $k\times10^3$/m
管式、板式空气预热器，管式受热面(外壁)	0.2	锈蚀严重的钢管	0.7
		水泥砂浆勾缝的砖壁	0.8～6.0(平均 2.5)
钢板烟风道(考虑焊缝)	0.4	混凝土通道	0.8～9.0(平均 2.5)
钢管烟道	0.12	玻璃管	0.0015～0.01(平均 0.005)
铸铁管和铸铁板	0.8		

表 14-2 回转式空气预热器板型结构特性（见图 14-4）

板型	a/mm	b/mm	c/mm	S/mm	$(a+b)^*$/mm	d_{dl}/mm
波形板与波形定位板	2.4	2.4	3.0	30.5	5.24	9.6
波形板与平定位板		2.4		30.5	2.6	7.8
平板与平定位板			4.5			9.8

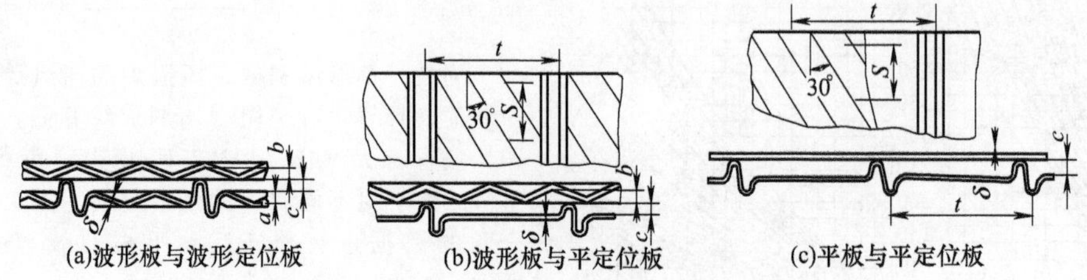

图 14-4 回转式空气预热器板型尺寸

表 14-2 中 $(a+b)^*$ 为计入波纹高度的平均公差。

对回转式空气预热器冷段采用的平板结构，其 λ 值按下式计算：

$$\lambda=\lambda_0 c_1 \tag{14-20}$$

式中，c_1 为修正系数，由图 14-5 查取。当冷段采用陶瓷板时，λ 值按式（14-20）算得值再增加 10%。

在锅炉受热面中，由于管式空气预热器管内气体流速不高，其阻力属于“过渡区”范围，并且传热方面有明显影响，因此需进行传热修正。

$$\Delta h_{mc}=\Delta h_{mc0}\left(2\Big/\sqrt{\frac{T_b}{T_1}}+1\right)^2 \tag{14-21}$$

式中，Δh_{mc0}——不考虑传热影响时的摩擦阻力计算值，Pa；

T_1，T_b——烟气及管壁的平均温度，℃。

纵向冲刷管束的阻力系数可按管束的当量直径从图 14-6 上查取，当锅炉烟风道摩擦阻力在管道总压力损失中所占份额不大时，也常近似地取为常数，如表 14-3 所示。

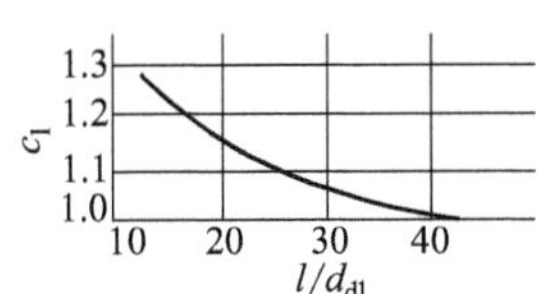

图 14-5　冷段修正系数 c_1

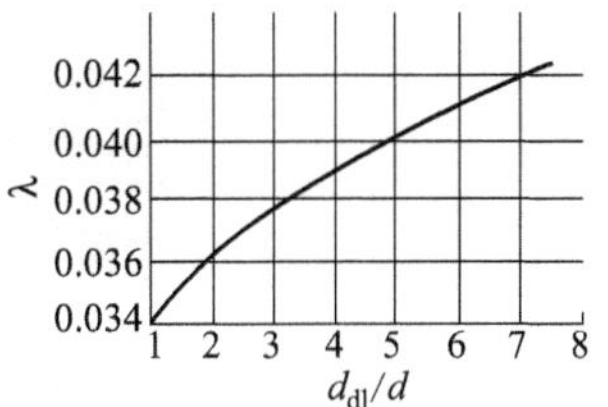

图 14-6　纵向冲刷光滑管束的摩擦阻力系数

表 14-3　摩擦阻力系数 λ 值

通道种类	λ	通道种类	λ
纵向冲刷光滑管束	0.03	硅石混凝土的烟囱筒身	0.02
无耐火内衬的钢制烟风道	0.02	砖烟囱和钢筋混凝土烟囱	0.05
有耐火内衬的钢制烟风道，砖与混凝土烟道		金属烟囱	
		当 $d_0 \geqslant 2$m	0.015
当 $d_{dl} \geqslant 0.9$m 时	0.03	当 $d_0 < 2$m	0.02
当 $d_{dl} < 0.9$m 时	0.04	屏式受热面	0.04

2）局部阻力系数。由于烟、风道中气流流动均属滞流，局部阻力系数 ξ 与雷诺数 Re 无关，其值只决定于产生局部阻力的通道部件的几何形状，可由表 14-4 查取。局部阻力的种类很多，还有其他各类形式的弯头串联、三通、分配集箱和汇流集箱等，需要时可参考《锅炉设备空气动力计算（标准方法）》及有关资料。如各类三通的局部阻力系数可按其几何形状分对称三通与不对称三通，按气流的流动方向分成集流与分流两种，其局部阻力系数的计算式如下所示。

不对称集流三通侧管和直管局部阻力分别为：

$$\Delta h_c = \xi_0 \frac{\rho v^2}{2}$$

$$\Delta h_z = \xi_z \frac{\rho v^2}{2}$$

式中　ξ_0——侧管阻力系数，由图 14-7（a）及图 14-8（a）确定；

ξ_z——直管阻力系数，由图 14-7（b）及图 14-8（b）确定。

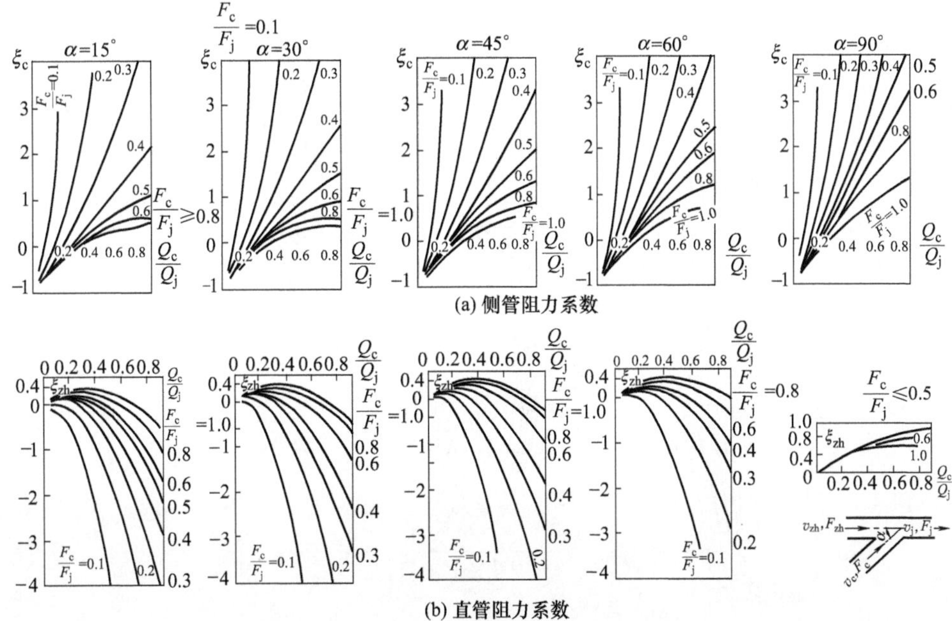

图 14-7　不对称集流三通的阻力系数（$F_s = F_j$）

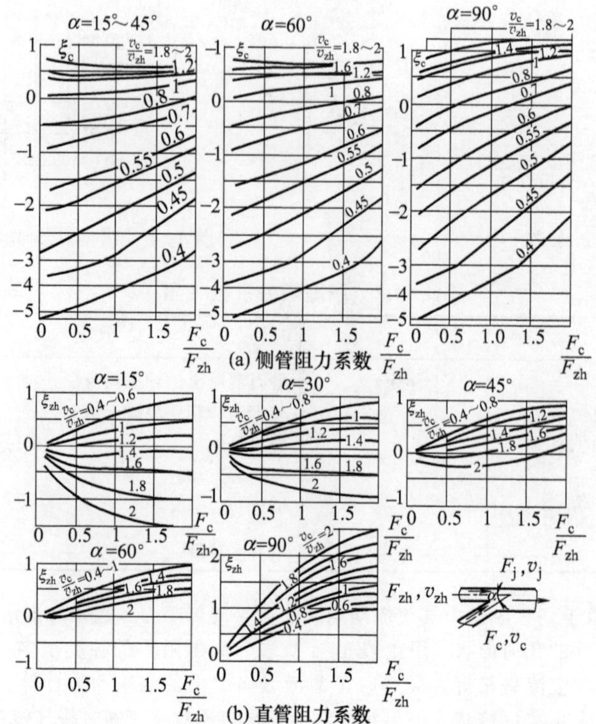

图 14-8 不对称集流三通的阻力系数（$F_{zh}+F_c=F_j$）

对称集流三通局部阻力由下式计算：

$$\Delta h_c=\xi_0\frac{\rho v^2}{2}$$

式中 ξ_0——局部阻力系数，由图 14-9 确定。

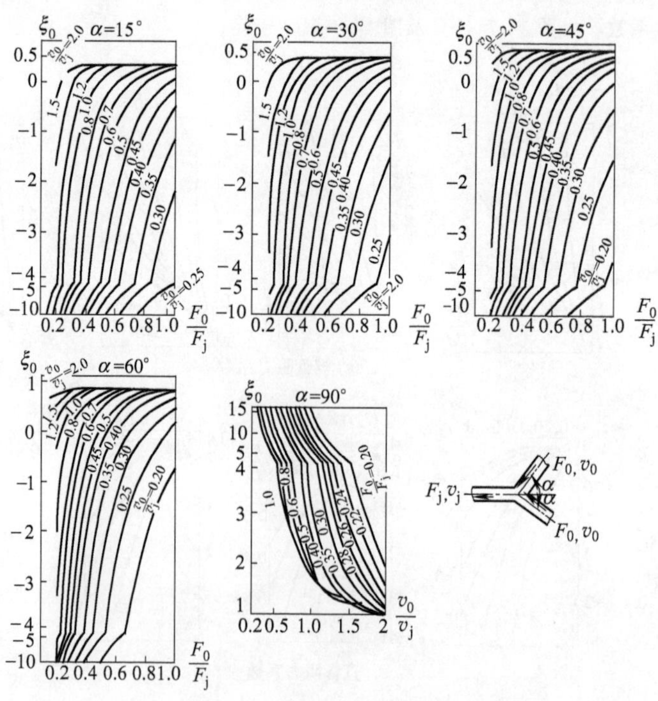

图 14-9 对称集流三通的局部阻力系数

表 14-4　截面变化及转变局部阻力系数

<table>
<tr><th>序号</th><th>名　　称</th><th>简　　图</th><th colspan="4">局部阻力系数</th></tr>
<tr><td>1</td><td>直边与壁相平的通道入口</td><td> 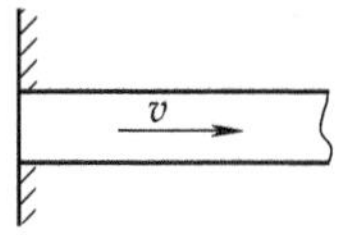</td><td colspan="4">$\xi=0.5$</td></tr>
<tr><td>2</td><td>直边伸出壁外的通道入口</td><td> 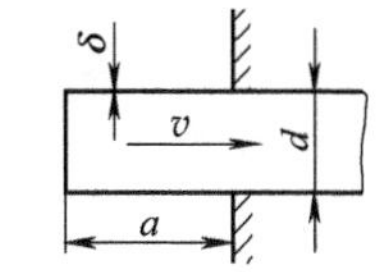</td><td colspan="4">当 $\delta/a\approx0$(δ 为壁厚),$a/d\geqslant0.2,\xi\approx1.0$
当 $\delta/d\geqslant0.04,\xi\approx0.5$
当 $0.05<a/d<0.2,\xi\approx0.85$</td></tr>
<tr><td>3</td><td>带圆边的通道入口</td><td> 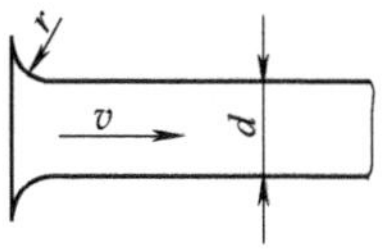</td><td colspan="4">当 $r/d=0.05$
边与壁平 $\xi=0.25$
边伸出壁外 $\xi=0.4$
当 $r/d=0.1$,均为 $\xi=0.12$
当 $r/d=0.2$,均为 $\xi=0.02$</td></tr>
<tr><td rowspan="8">4</td><td rowspan="8">带直边扩口的通道入口</td><td rowspan="4"> 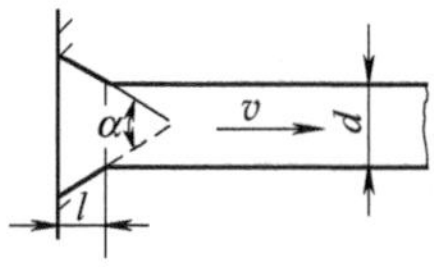(a)与壁相平</td><td>ξ</td><td colspan="2">$\frac{l}{d}=0.1\sim0.2$</td><td>$\geqslant0.3$</td></tr>
<tr><td>$\alpha=30°$</td><td colspan="2">0.25</td><td>0.3</td></tr>
<tr><td>$\alpha=50°$</td><td colspan="2">0.2</td><td>0.15</td></tr>
<tr><td>$\alpha=90°$</td><td colspan="2">0.25</td><td>0.2</td></tr>
<tr><td rowspan="4"> 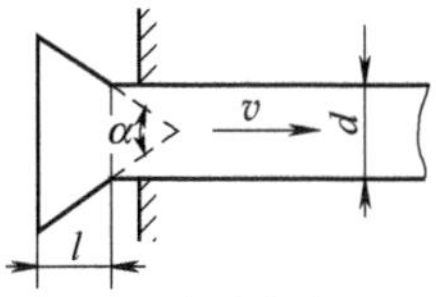(b)伸出壁外</td><td>ξ</td><td>$\frac{l}{d}=0.1$</td><td>0.2</td><td>$\geqslant0.3$</td></tr>
<tr><td>$\alpha=30°$</td><td>0.55</td><td>0.35</td><td>0.2</td></tr>
<tr><td>$\alpha=50°$</td><td>0.45</td><td>0.22</td><td>0.15</td></tr>
<tr><td>$\alpha=90°$</td><td>0.41</td><td>0.22</td><td>0.18</td></tr>
<tr><td rowspan="2">5</td><td rowspan="2">吸风管</td><td> 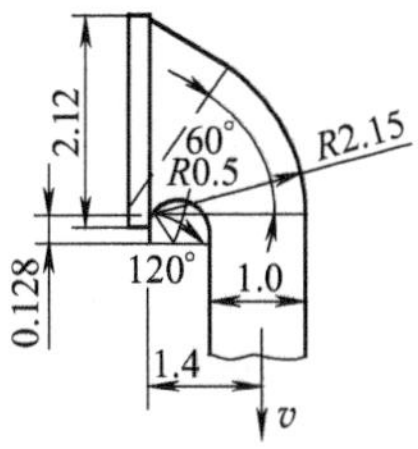</td><td colspan="4">无挡板 $\xi=0.2$
有挡板 $\xi=0.3$</td></tr>
<tr><td> 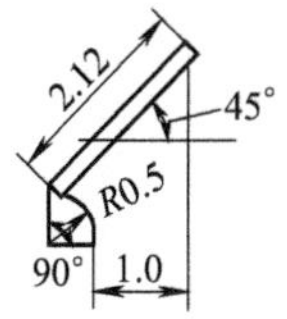</td><td colspan="4">无挡板 $\xi=0.1$
有挡板 $\xi=0.2$</td></tr>
<tr><td>6</td><td>通道出口(烟囱除外)</td><td> 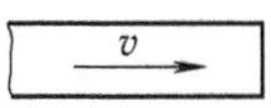</td><td colspan="4">$\xi=1.1$
当出口装有缩口时(1≥20d_{dl})
$\xi=1.0$</td></tr>
<tr><td>7</td><td>罩下的通道入口</td><td rowspan="2"> 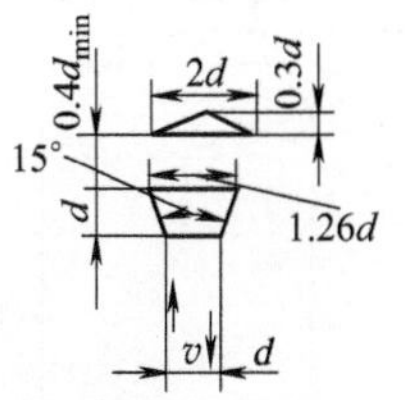</td><td>$\xi=0.5$</td><td colspan="3" rowspan="2">ξ 值只适用于图中罩的形式,此系最好的一种</td></tr>
<tr><td>8</td><td>罩下的通道出口</td><td>$\xi=0.65$</td></tr>
</table>

续表

<table>
<tr><th>序号</th><th>名　　称</th><th>简　　图</th><th>局部阻力系数</th></tr>
<tr><td>9</td><td>经栅板或锐边孔板的通道入口</td><td> 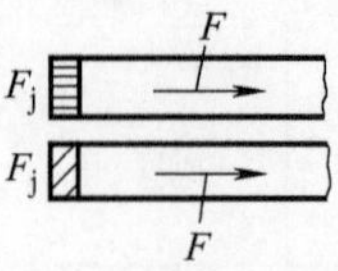</td><td>$\xi=\left(1.707\dfrac{F}{F_j}-1\right)^2$
式中　F——通道有效面积；
F_j——栅板或孔板有效面积</td></tr>
<tr><td>10</td><td>经一个侧面锐边孔口的通道入口</td><td rowspan="2"> 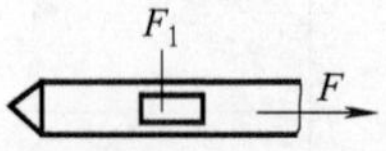</td><td>当 $F_1/F\leqslant0.4$，$\xi=2.5\left(\dfrac{F}{F_1}\right)^2$
当 $F_1/F>0.4$，$\xi\approx2.25\left(\dfrac{F}{F_1}\right)^2$</td></tr>
<tr><td>11</td><td>经相对面两个孔口的通道入口</td><td>当 $F_1/F\leqslant0.7$，$\xi\approx3.0\left(\dfrac{F}{F_1}\right)^2$
式中　F_1——孔的总面积</td></tr>
<tr><td>12</td><td>经栅板或锐边孔板的通道出口</td><td> </td><td>$\xi=\left(\dfrac{F}{F_j}+0.707\dfrac{F}{F_j}\sqrt{1-\dfrac{F_j}{F}}\right)^2$</td></tr>
<tr><td>13</td><td>经一个侧面孔口的通道出口</td><td rowspan="2"> 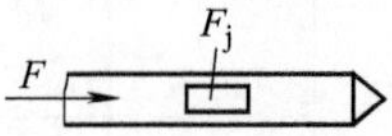</td><td>当 $F_j/F\leqslant0.7$，$\xi=2.6\left(\dfrac{F}{F_j}\right)^2$
当 $0.7<F_1/F\leqslant1.0$，$\xi=3.0\left(\dfrac{F}{F_j}\right)^2$</td></tr>
<tr><td>14</td><td>经相对面两个孔口的通道出口</td><td>当 $F_j/F\leqslant0.6$，$\xi=2.9\left(\dfrac{F}{F_j}\right)^2$
式中　F_j——孔的总面积</td></tr>
<tr><td>15</td><td>流经通道内的栅板或锐边孔板</td><td> 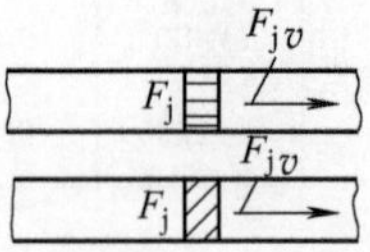</td><td>$\xi=\left(\dfrac{F}{F_j}-1+0.707\dfrac{F}{F_j}\sqrt{1-\dfrac{F_1}{F}}\right)^2$</td></tr>
<tr><td>16</td><td>挡板或转动阀全开时</td><td> 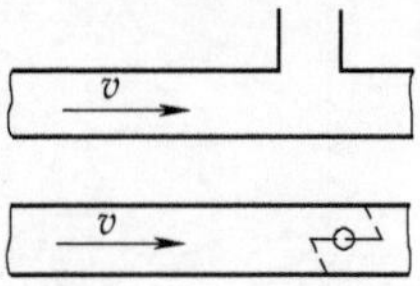</td><td>$\xi=0.1$</td></tr>
<tr><td>17</td><td>直通道中的缩口</td><td> 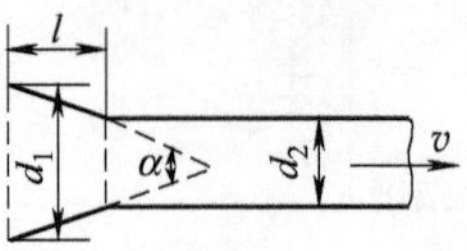</td><td>当 $\alpha<20^\circ$，$\xi=0$　当 $\alpha>60^\circ$，按截面突然变化
当 $\alpha=20^\circ\sim60^\circ$，$\xi=0.1$　　$\tan\dfrac{\alpha}{2}=\dfrac{d_1-d_2}{2l}$</td></tr>
<tr><td>18</td><td>闸板</td><td> 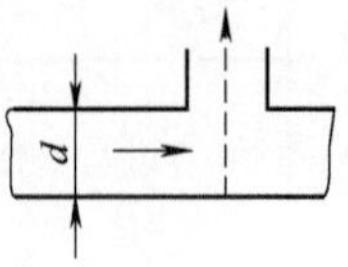</td><td><table><tr><td>开启程度/%</td><td>5</td><td>10</td><td>30</td><td>50</td><td>70</td><td>90</td><td>100</td></tr><tr><td>ξ</td><td>1000</td><td>200</td><td>18</td><td>4</td><td>1</td><td>0.22</td><td>0.1</td></tr></table></td></tr>
<tr><td>19</td><td>突然扩大</td><td> 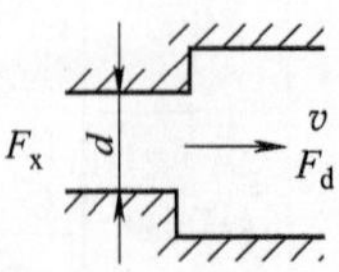</td><td><table><tr><td>F_x/F_d</td><td>0</td><td>0.2</td><td>0.4</td><td>0.6</td><td>0.8</td><td>1.0</td></tr><tr><td>ξ</td><td>1.1</td><td>0.7</td><td>0.4</td><td>0.18</td><td>0.05</td><td>0</td></tr></table></td></tr>
</table>

续表

序号	名称	简图	局部阻力系数
20	突然缩小	F_d → d F_x	见下表 20
21	缓弯头	b, a, R, r, α；$R=r+b/2$ 对于圆管 $b=d$ $b=a$	$\xi=\xi_0 c_a c_{a/b}$，见下表 21
22	直通道中扩张管	d, d_1, α, K	见下表 22
23	焊接弯头	d, R	$\xi=\xi_0 c_a$（c_a 同序号 21），见下表 23
24	内外侧均呈弧形的急弯头	b, r	$\xi=\xi_0 c_a c_{a/b}$（c_a 及 $c_{a/b}$ 同序号 21），见下表 24
25	内侧呈弧形的急弯头	b, r	$\xi=\xi_0 c_a c_{a/b}$，见下表 25

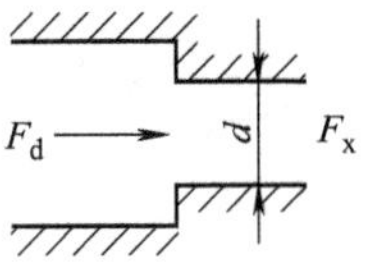

20 突然缩小

F_x/F_d	0	0.2	0.4	0.6	0.8	1.0
ξ	0.5	0.4	0.3	0.2	0.1	0

21 缓弯头

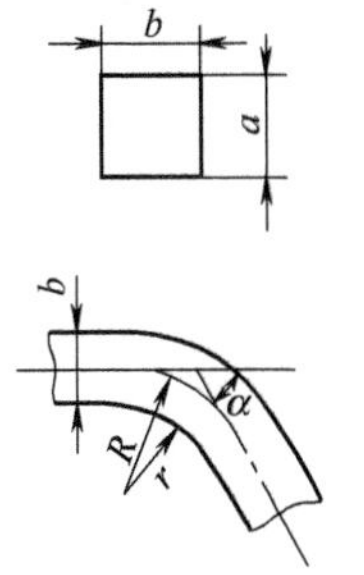

$\xi=\xi_0 c_a c_{a/b}$

R/b	0.6	0.7	0.8	0.9	1.2	2.0	3.0
ξ_0	1.0	0.7	0.5	0.36	0.28	0.20	0.15
$\alpha/(°)$	0	30	60	90	120	150	180
c_a	0	0.45	0.75	1.0	1.9	2.6	3.0

$c_{a/b}$（R/b \ a/b）	0.4	0.6	0.8	1.0	2.0	3.0	4.0	8.0
≤2	1.22	1.14	1.07	1.0	0.86	0.85	0.9	1.0
>2	1.55	1.35	1.15	1.0	0.45	0.40	0.43	0.6

22 直通道中扩张管

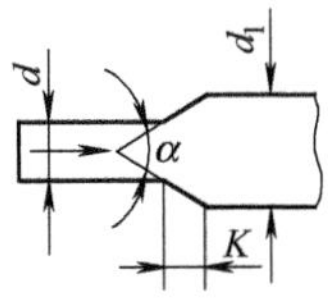

$\alpha<40°$时，$\xi=K\xi_0$；ξ_0 按序号 13 取用

$\alpha/(°)$	5	10	20	30	40
K	0.07	0.17	0.43	0.81	1.0

$\alpha>40°$时，按序号 13 突然扩大取用

$\tan\dfrac{\alpha}{2}=\dfrac{d_1-d}{2K}$，矩形截面 α 取最大角度

23 焊接弯头

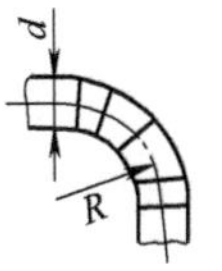

$\xi=\xi_0 c_a$（c_a 同序号 21）

R/d	0.6	0.7	0.8	0.9	1.0	2.0	3.0
ξ_0	1.0	0.87	0.80	0.74	0.70	0.34	0.23

24 内外侧均呈弧形的急弯头

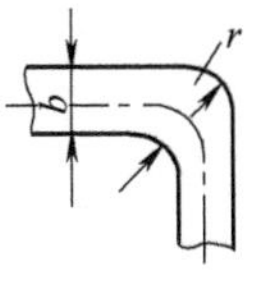

$\xi=\xi_0 c_a c_{a/b}$（c_a 及 $c_{a/b}$ 同序号 21）

r/b	0.1	0.2	0.3	0.4	0.5	0.6
ξ_0	0.84	0.53	0.38	0.32	0.27	0.25

25 内侧呈弧形的急弯头

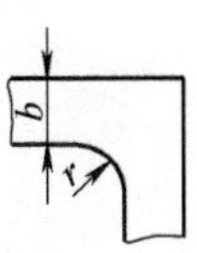

$\xi=\xi_0 c_a c_{a/b}$

r/b	0.1	0.2	0.3	0.4	0.5	0.6	0.7
ξ_0	1.05	0.83	0.70	0.63	0.57	0.53	0.50

（c_a 及 $c_{a/b}$ 同序号 21）

续表

<table>
<tr><th>序号</th><th>名　　称</th><th>简　　图</th><th>局部阻力系数</th></tr>
<tr><td>26</td><td>不对称分支三通</td><td>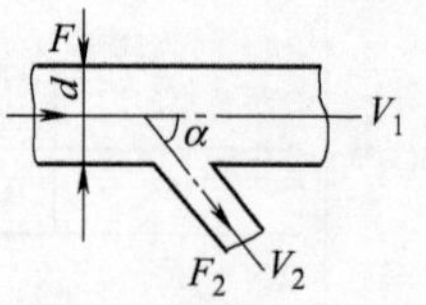

F——主管截面积
F_2——支管截面积
V_2——支管风量份额
V_1——主管风量份额
$V_1+V_2=1$</td><td>支管局部阻力系数 $\xi=V_2^2(F/F_2)^2\xi_0$
<table>
<tr><th>$V_2(F/F_2)$ / ξ_0 / $\alpha/(^\circ)$</th><th>0.4</th><th>0.6</th><th>0.8</th><th>1.0</th><th>1.5</th><th>2.0</th></tr>
<tr><td>45</td><td>4</td><td>1.4</td><td>0.7</td><td>0.5</td><td>0.4</td><td>0.5</td></tr>
<tr><td>90</td><td>7</td><td>3</td><td>1.8</td><td>1.3</td><td>0.8</td><td>0.6</td></tr>
</table>
主管局部阻力系数 $\xi=V_1^2\xi_0$
<table>
<tr><td>V_1</td><td>0.2</td><td>0.4</td><td>0.6</td><td>0.8</td><td>1.0</td></tr>
<tr><td>ξ_0</td><td>5.0</td><td>0.9</td><td>0.2</td><td>0.02</td><td>0</td></tr>
</table></td></tr>
<tr><td>27</td><td>风机出口的渐扩风道</td><td>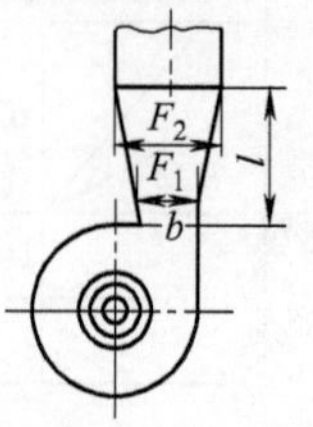
</td><td><table>
<tr><th>F_2/F_1 / ξ / l/b</th><th>1.5</th><th>2.0</th><th>2.5</th><th>3.0</th><th>3.5</th></tr>
<tr><td>1.0</td><td>0.20</td><td>0.47</td><td>0.60</td><td></td><td></td></tr>
<tr><td>2.0</td><td>0.04</td><td>0.22</td><td>0.40</td><td>0.54</td><td>0.70</td></tr>
<tr><td>3.0</td><td></td><td>0.12</td><td>0.22</td><td>0.35</td><td>0.47</td></tr>
<tr><td>4.0</td><td></td><td></td><td>0.15</td><td>0.24</td><td>0.34</td></tr>
</table>
注：如果用 F_2 截面上的速度来计算阻力，则 ξ 值应为表内数值的 $(F_2/F_1)^2$ 倍</td></tr>
<tr><td>28</td><td>管束中转弯</td><td>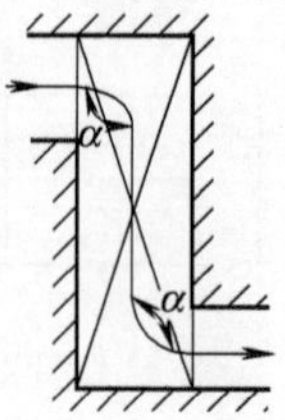
</td><td>$\alpha=45^\circ$　　$\xi=0.5$
$\alpha=90^\circ$　　$\xi=1.0$
$\alpha=180^\circ$　　$\xi=2.0$
注：计算截面积 F 取转变前后截面积的平均值</td></tr>
<tr><td>29</td><td>烟囱入口</td><td>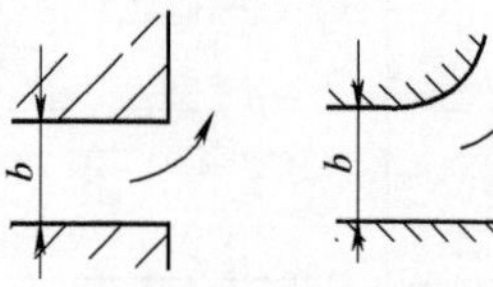

(a)　　(b)</td><td>图(a) $\xi=1.4$；
图(b) $\xi=0.9$</td></tr>
<tr><td>30</td><td>吸风机或风机的进口</td><td>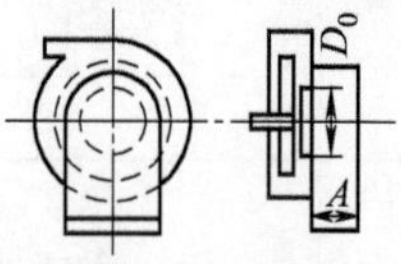
</td><td>$\xi=0.7$</td></tr>
<tr><td>31</td><td>二次风蜗壳</td><td>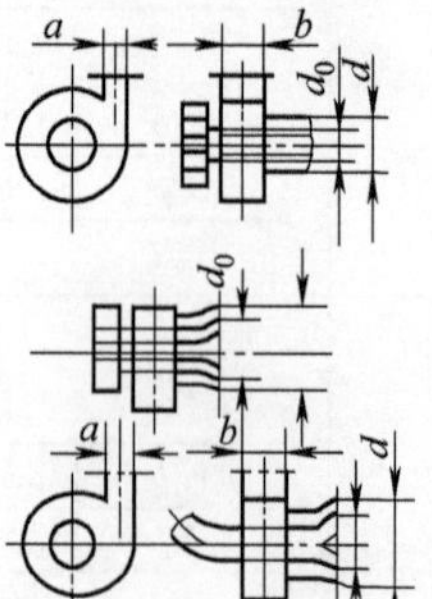
</td><td>当 $a/b=0.3\sim0.9$；$d_0/d\leqslant0.61$；
$ab/d^2=0.55\sim0.72$；
$\xi=5.0$(已包括出口损失)</td></tr>
</table>

续表

序号	名　称	简　图	局部阻力系数
32	在管束中转弯		$\alpha=45°$　$\xi=0.5$ $\alpha=90°$　$\xi=1.0$ $\alpha=180°$　$\xi=2.0$
33	三通管道合流	$G_1F_1\xi_1$, $G_0F_0\xi_0$, G_2F, K, R $R=3K$, $F=F_1$	见下表
34	三通管道分流	$G_1F_1\xi_1$, $G_0F_0\xi_0$, G_2F, K, R $R=3R$, $F=F_1$	见下表
35	等错弯头	α, d, R	见下表

序号 33：

$\frac{G_0}{G_2}$	F_0/F_1 为下值时的 ξ_0 值			F_0/F_1 为下值时的 ξ_1 值	
	0.25	0.5	1.0	0.5	1.0
0.1	−0.60	−0.60	−0.60	0.20	0.20
0.2	0.00	−0.20	−0.30	0.20	0.22
0.3	0.40	0.00	−0.10	0.10	0.25
0.4	1.20	0.25	0.00	0.00	0.24
0.5	2.30	0.40	0.01	−0.10	0.20
0.6	3.60	0.70	0.20	−0.20	0.18
0.7	—	1.00	0.30	−0.30	0.15
0.8	—	1.50	0.40	−0.40	0.00

序号 34：

$\frac{G_0}{G_2}$	F_0/F_4 为下值时的 ξ_0 值				F_0/F_1 为下值时的 ξ_1 值	
	0.25	0.5	0.75	1.0	0.25	1.0
0.1	0.70	0.61	0.65	0.68	—	—
0.2	0.50	0.50	0.55	0.56	—	—
0.3	0.60	0.40	0.40	0.45	—	—
0.4	0.80	0.40	0.35	0.40	0.05	0.03
0.5	1.25	0.50	0.35	0.30	0.15	0.05
0.6	2.00	0.60	0.38	0.29	0.20	0.12
0.7	—	0.80	0.45	0.29	0.30	0.20
0.8	—	1.05	0.58	0.30	0.40	0.29
0.9	—	1.50	0.75	0.38	0.46	0.35

序号 35：$\xi=\xi_0 K_{a/b}$

R/d \ ξ_0 \ $\alpha/(°)$	30	45	60	90
1.5	0.18	0.25	0.30	0.39
1.0	0.23	0.30	0.38	0.48

$K_{a/b}$ 同序号 22

3）横向冲刷管束的阻力系数。气流横向冲刷管束的阻力系数与管束的结构形式、沿介质流动方向的管排数和雷诺数 Re 等有关。这部分阻力还包括介质进入和流出管束时由于截面收缩和扩大所引起的压力损失。

① 横向冲刷顺列光滑管束的阻力系数，对如图 14-10 所示的气流横向冲刷顺列光滑（不带鳍片）管束的阻力系数 ξ 按下式确定：

$$\xi=\xi_0 n_2 \tag{14-22}$$

式中　n_2——沿气流方向的管排数；

ξ_0——一排管子的阻力系数，其值与 $\sigma_1=S_1/d$、$\sigma_2=S_2/d$ 和 $\psi=\frac{S_1-d}{S_2-d}$有关，其中 S_1、S_2 分别为

管束横向和纵向节距，d 为管外径。

当 $\sigma_1 \leqslant \sigma_2$ 且 $0.06 \leqslant \psi \leqslant 1$ 时，$\xi_0 = 2(\sigma_1 - 1)^{-0.5} Re^{-0.2}$ (14-23)

当 $\sigma_1 > \sigma_2$ 且 $1 \leqslant \psi \leqslant 8$ 时，$\xi_0 = 0.38(\sigma_1 - 1)^{-0.5}(\psi - 0.94)^{-0.59} Re^{-0.2/\psi^2}$ (14-24)

当 $\sigma_1 > \sigma_2$ 且 $8 < \psi \leqslant 15$ 时，$\xi_0 = 0.118(\sigma_1 - 1)^{-0.5}$ (14-25)

在顺列管束范围内节距数值交替变化时，如节距数值在式（14-23）～式（14-25）的同一公式范围时，阻力系数可按节距平均值进行计算；如节距数值处在式（14-23）～式（14-25）的不同公式范围，则应将阻力系数加权平均，或按不同节距管排数将它们相加。

② 横向冲刷错列光滑管束的阻力系数。可按下列公式或方法计算阻力系数：

$$\xi = \xi_0 (n_2 + 1) \tag{14-26}$$

式中 n_2——沿气流方向的管排数；

ξ_0——管束中一排管子的阻力系数，其值与 $\sigma_1 = S_1/d$ 和 $\psi = \dfrac{S_1 - d}{S_2' - d}$ 以及 Re 数有关（$S_2' = \sqrt{\dfrac{1}{4}S_1^2 + S_2^2}$，称为管子对角线节距，m）

对宽节距管束，即 $\psi > 1.7$ 且 $3.0 < \sigma_1 \leqslant 10$ 时：

$$\xi_0 = 1.83\sigma_1^{-1.46} \tag{14-27}$$

对非宽节距管束：

$$\xi_0 = c_s Re^{0.27} \tag{14-28}$$

式中 c_s——错列管束的结构系数，与 ψ 和 σ_1 有关。

当 $0.1 \leqslant \psi \leqslant 1.7$ 时，

对 $\sigma_1 \geqslant 1.44$ 的管束：

$$c_s = 3.2 + 0.66(1.7 - \psi)^{1.5} \tag{14-29}$$

对 $\sigma_1 < 1.44$ 的管束：

$$c_s = 3.2 + 0.66(1.7 - \psi)^{1.5} + \frac{1.44 - \sigma_1}{0.11}[0.8 + 0.2(1.7 - \psi)^{1.5}] \tag{14-30}$$

当 $1.7 < \psi \leqslant 6.5$ 时，

对 $1.44 \leqslant \sigma_1 \leqslant 3.0$ 的管束：

$$c_s = 0.44(\psi + 1)^2 \tag{14-31}$$

对 $\sigma_1 < 1.44$ 的管束：

$$c_s = [0.44 + (1.44 - \sigma_1)](\psi + 1)^2 \tag{14-32}$$

在错列管束范围内节距数值交替变化时，如果所有节距数值均符合上述公式中同一公式的适用范围时，其阻力系数可按节距的算术平均值进行计算，否则则按 c_s 或 ξ_0 的加权平均值来计算。

表 14-5 错列管束斜向节距对阻力的修正系数

$\sigma_{2'} = \dfrac{S_{2'}}{d}$	<1.15	1.15	1.17	1.19	1.21	1.23
$c_{\sigma_{2'}}$	>2	1.4	1.28	1.17	1.08	1.02

对于对角线节距很小的管束（如管式空气预热器），当 $\sigma_2' = S_2'/d \leqslant 1.23$ 时，由于制造公差引起的节距偏差对整个管束的阻力影响很大，应乘以修正系数 $c_{\sigma_{2'}}$（由表 14-5 查取）。

③ 斜向冲刷光滑管束的阻力系数。当气流斜向冲刷管束时（见图 14-2），其阻力系数可同样按横向冲刷公式来计算，但其流速应根据斜向截面来计算。此种情况下如冲刷角 $\beta \leqslant 75°$，无论是顺列或错列管束，都先按纯横向冲刷来计算，然后对其结果再乘以系数 1.1。

当气流在管束内部转弯时，管束流动阻力应计入烟气转弯所引起的局部阻力，转弯局部阻力为：

$$\Delta h_{jb} = \xi \frac{\rho v^2}{2} \tag{14-33}$$

式中 ξ——管束内部烟气转弯局部阻力系数，由烟气转弯的角度来确定；当转弯角度为 45°时 $\xi = 0.5$，转弯角度为 90°时 $\xi = 1.0$，转弯角度为 180°时 $\xi = 2.0$。

对于转弯角度≤90°情况，流速 v 按转弯前后烟气流速的平均值计算。对于 180°转弯角，流速按转弯前后和中间位置三个烟气流速的算术平均值计算。计算管束流动阻力时不再考虑转弯的影响。

④ 横向冲刷错列肋片管管束的阻力系数。气流横向冲刷如图 14-11 所示错列布置的肋片管管束时，其阻力系数仍按一般通式计算：

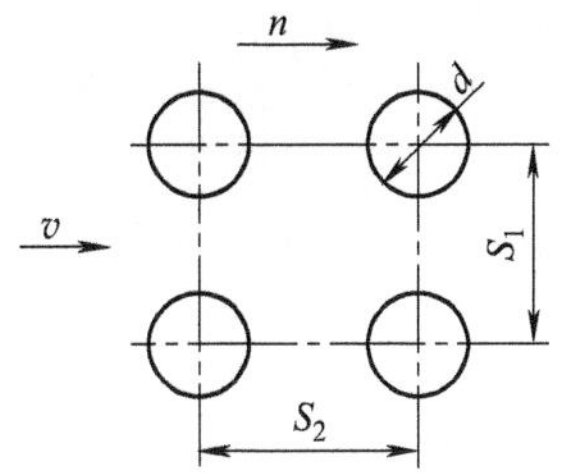

图 14-10　横向冲刷顺列布置管束

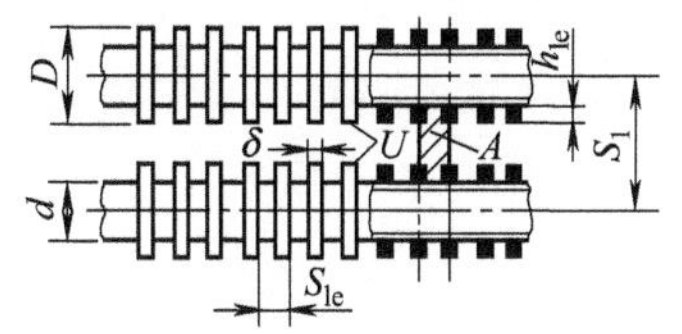

图 14-11　横向肋片管束结构尺寸

$$\xi=\xi_0 n_2 \tag{14-34}$$

$$\xi_0=c_s c_n Re_1^{-0.25} \tag{14-35}$$

$$c_s=5.4(l/d_{dl})^{0.3} \tag{14-36}$$

$$d_{dl}=\frac{4F}{U}=\frac{2[S_{le}(S_1-d)-2\delta h_{le}]}{2h_{le}+S_{le}} \tag{14-37}$$

式中　n_2——沿管束深度（气流方向）的管排数；

ξ_0——管束一排管子的阻力系数；

c_s——错列肋片管束的形状系数，与比值 l/d_{dl} 有关，当 $0.16\leqslant l/d_{dl}<6.55$、$Re_1=(2.2\sim180)\times10^3$ 时，其值按式（14-36）计算；

c_n——排数 $n\leqslant5$ 时的修正系数，由图 14-12（a）查取，当 $n\geqslant6$ 时 $c_n=1$；

l——定性尺寸，m；

Re_1——按由段设条件确定的尺寸 l 计算的雷诺数，$Re=\frac{vl}{\nu}$；

d_{dl}——管束收缩横截面的当量直径，m；

F——气流通道中最大收缩横截面积，m^2；

U——受流动介质冲刷的壁面横截面周界长，m；

S_1——管束中管子的横向节距，m；

S_{le}——肋片的节距，m；

d——光管直径，m；

h_{le}——肋片高度，m；

δ——肋片平均厚度，m。

肋片管的定性尺寸按下式计算：

$$l=\frac{H_g}{H}d+\frac{H_1}{H}\sqrt{\frac{H_1'}{2n_r'}} \tag{14-38}$$

式中　H，H_g，H_1——肋片管的全表面积、肋片间光管（支撑管）段的表面积及肋片的表面积，m^2；

H_1'——肋片两平面的表面积（不包括其端面的面积），m^2；

d——光管直径，m；

n_r——肋片总表面积为 H_1 时管子上的肋片数。

对方形肋片管，式（14-38）变成下式：

$$l=\frac{\pi d^2(S_{le}-\delta)}{\frac{H}{n}}+\frac{2(a_{le}-0.785d^2)+4h_{le}\delta}{\frac{H}{n}}\times\sqrt{a_{le}^2-0.785d^2} \tag{14-39}$$

$$\frac{H}{n}=\pi d(S_{le}-\delta)+2(a_{le}^2-0.785d^2)+4h_{le}\delta$$

式中　a_{le}——肋片边长，$a_{le}=2h_{le}+d$，m；其中，h_{le}、S_{le}、δ 分别为肋片的高度、节距和平均厚度，m。

对圆形肋片管 l 值按下式计算：

$$l=\frac{(S_{le}-\delta)n_r d}{L\beta}+\frac{0.5n_r(D^2-d^2)+Dn_r\delta}{Ld\beta}\sqrt{0.785(D^2-d^2)} \tag{14-40}$$

式中　D——肋片外缘的直径（肋片直径），m；

L——肋片表面积等于 H_1 时的管子长度，m；

β——管子的肋化系数（总表面积与直径为 d 的光管表面积比）。

当 $Re_1 > 180\times10^3$（这在 $vl>5$ 时可能发生）时，对应于管束中一排的阻力系数按下式确定：

$$\xi_0 = 0.26(l/d_{dl})^{0.3}c_n \tag{14-41}$$

⑤ 横向冲刷顺列横向肋片管管束的阻力系数。气流横向冲刷顺列横向肋片管管束的阻力系数仍可按下式计算：

$$\xi = \xi_0 n_2$$
$$\xi_0 = c_s c_n Re_1^{-0.08} \tag{14-42}$$

式中 n_2——沿管束深度方向的管排数；

ξ_0——对应于管束中一排管子阻力系数；

c_n——管排数修正系数，由图 14-12（b）查取（$n_2<5$ 时），$n_2\geqslant6$ 时 $c_n=1$；

Re_1——按假设条件假定的尺寸 l 计算的雷诺数，$Re=\dfrac{vl}{\nu}$；

c_s——顺列管束的形状系数，它与比值 l/d_{dl} 及 $\psi=\dfrac{S_1-d}{S_2-d}$有关，$S_1$ 及 S_2 为管束中管子的横向及纵向节距。对 $0.9\leqslant l/d_{dl}\leqslant11.0$，$0.5\leqslant\psi\leqslant2.0$，$Re=(4.3\sim160)\times10^3$ 范围内的场合：

$$c_s = 0.52(l/d_{dl})^{0.3\psi^{-0.68}} \tag{14-43}$$

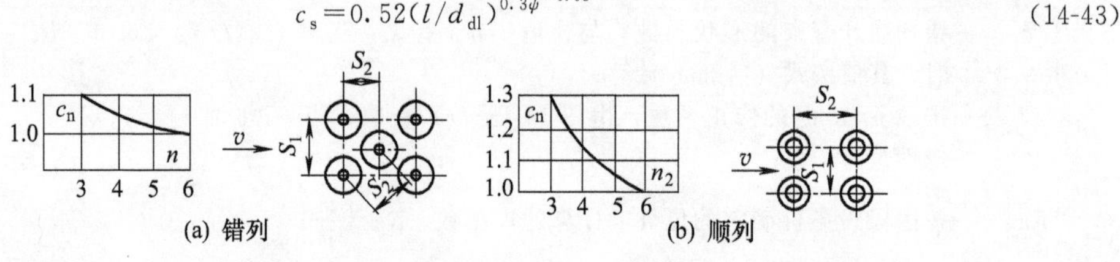

图 14-12 横向肋片管错列及顺列管束在横向冲刷时管排数修正系数

⑥ 横向冲刷错列纵向肋片管的阻力系数。在计算这种情况下的阻力时，仍按横向冲刷光管错列管束的阻力公式计算，然后再加大 20%的余度。即：

$$\Delta h = 1.2\Delta h_{hx} \tag{14-44}$$

式中 Δh_{hx}——布置相同的光管管束阻力，Pa，按式（14-4）、式（14-5）及式（14-26）确定。

对如图 14-13（a）所示的纵向肋片管束，若两相邻（沿烟气流程）鳍片间的间隙 a 比鳍片顶部厚度 δ 的 5 倍还小时，必须考虑计算截面被鳍片阻塞的程度，阻塞程度大小由下式确定：

$$\delta' = \delta b \tag{14-45}$$

式中，当 $2<\dfrac{a}{\delta}<5$ 时，$b=\dfrac{5-a/\delta}{3}$；当 $a/\delta\leqslant2$ 时，$b=1$。

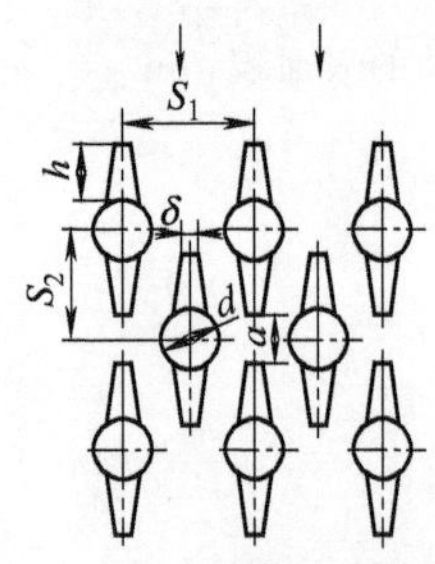

(a) 纵向肋片管束 (b) 膜板错列膜式管束

图 14-13 纵向肋片管束横向冲刷示意

考虑阻塞后的横向有效截面 F' 由下式计算：

$$F' = a_y b_y - n_1 l(d+\delta') \tag{14-46}$$

式中 a_y，b_y——烟道横截面尺寸，m；

n_1——垂直于烟气流方向的每排管子数；

l——管子长度，m。

系数 c_s 也按式（14-29）～式（14-32）计算，但用实际节距 S_1 确定。

对于如图 14-13（b）所示的由钢板焊成的直膜板错列膜式管束，其阻力按下式计算：

$$\Delta h = 1.1\Delta h_{hx} \tag{14-47}$$

第二节 锅炉烟道阻力计算

锅炉烟道的阻力计算属校核计算，是在锅炉额定负荷下热力计算之后，已知各部分受热面烟道烟气流速、烟温、烟道有效截面积和其他结构特征基础上进行的。

烟道阻力的计算步骤是：从炉膛开始，沿烟气流动方向，依次计算各部分受热面的烟气阻力（包括炉膛负压、锅炉本体管束、蒸汽过热器、省煤器、空气预热器、除尘器、烟道及烟囱等）；再按规定对烟气密度、气流中飞灰浓度和烟气压力等因素进行必要的修正；然后再算出各段烟道的自生通风力，由此即可求得烟道总压降，并据此选择引风机压头、型号。

一、烟道总阻力

锅炉烟道的总阻力主要包括以下各项：

$$\sum \Delta h_{y}=\Delta h_{1}+\Delta h_{bt}+\Delta h_{gr}+\Delta h_{sm}+\Delta h_{ky}+\Delta h_{cc}+\Delta h_{yd}+\Delta h_{yz} \tag{14-48}$$

式中 Δh_1——炉膛真空度，即炉膛出口负压值，Pa；

Δh_{bt}——锅炉本体管束阻力，Pa；

Δh_{gr}——锅炉蒸汽过热器阻力，Pa；

Δh_{sm}——锅炉省煤器阻力，Pa；

Δh_{ky}——锅炉空气预热器阻力，Pa；

Δh_{cc}——除尘器阻力，Pa；

Δh_{yd}——烟道阻力，Pa；

Δh_{yz}——烟囱阻力，Pa。

以上各项阻力按其结构流动参数根据上节原理分别计算，计算中应注意如下问题。

(1) 炉膛阻力 Δh_1 在采用平衡通风方式时，炉膛是鼓风、引风的分界点。炉膛既不能因正压向外喷火，也不能因负压过大而引起大量冷风漏风，炉内应保持微负压。有鼓风机时，一般炉膛出口处宜保持 20～30Pa 的负压；无鼓风机时，一般为 40～80Pa 负压。

对于特殊结构的炉膛设计或炉膛后带有燃尽室的结构，在 Δh_1 中还应考虑烟气流收缩、扩大及旋转阻力损失。

(2) 锅炉本体管束阻力 Δh_{bt} 锅炉本体管束包括凝渣管束和对流管束两种。锅炉本体管束阻力一般由横向冲刷管束阻力、纵向冲刷管束及在管内、外的转弯阻力等组成，其计算方法如前节所述。对布置在炉膛出口的稀疏凝渣管束，当其管排数 $n_2 \leqslant 5$、烟气流速 $v \leqslant 10$m/s 时或 $n_2 \leqslant 2$、$v \leqslant 15$m/s 时，其阻力可略而不计。当烟速或管排数大于上述范围时，按横向冲刷管束计算。

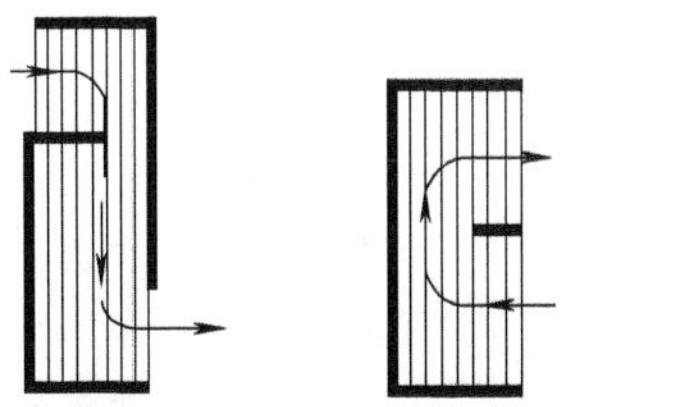

(a) 混合冲刷管束　(b) 带有横向隔板的管束

图 14-14 混合冲刷管束

对如图 14-14 所示既有横向又有纵向的混合冲刷管束，可按烟气流动假想中线进行计算，即计算横向冲刷的每个区段时仅考虑管排数的一半，而计算纵向冲刷的管子长度取两个横向冲刷区段的假想中线间距离。当有横向隔板时（见图 14-14），计算可这样考虑：隔板隔到处的管排数按横向冲刷计算，未被隔到的管排数的一半也按横向冲刷计算；纵向冲刷的管子长度仍取两横向冲刷区段假想中线间距离。

对于部分顺列部分错列的管束的横向冲刷，应分别计算它们的阻力，然后叠加起来。交界处的一排管子计入前面一组计算中。

(3) 蒸汽过热器阻力 Δh_{gr} 蒸汽过热器多为小直径管子（ϕ32mm，ϕ42mm）组成的蛇形管束，布置于炉膛出口或水平烟道中，一般均为横向冲刷。

对布置在炉膛出口的屏式过热器，由于烟气流速很小，其流动阻力与自生通风力近乎抵消，一般可忽略。对布置在水平烟道内的屏式过热器，如烟速大于 10m/s，假定按纵向冲刷进行计算，其冲刷长度等于烟气流流过的平均长度，通道当量直径取屏间节距的两倍。

对吊挂式过热器，当管束中烟气有 90°转弯时，总阻力由以下 3 部分组成：①气流横向冲刷阻力，按管束进口截面的烟速和管束受横向冲刷的总排数来确定；②纵向冲刷阻力，其计算长度等于进口烟窗中心与下部管圈末端之间的距离；③管束中烟气 90°转弯阻力。

当管束烟道存在烟气走廊时，若始末端有隔板封闭，可不计影响，否则必须考虑烟气走廊通道截面对烟速的影响。

(4) 省煤器阻力 Δh_{sm} 对光滑蛇形管省煤器错列或顺列布置，烟气横向冲刷时按前节公式计算；对非标准肋片式省煤器也按前节介绍方法计算即可。

对一般工业锅炉中常用的仿前苏联 BTИ 型和 ЦKTИ 型横向肋片管标准铸铁省煤器，其阻力系数可按下式确定（已列入受热面污垢积灰影响）：

$$\xi=0.5n_2 \tag{14-49}$$

(5) 管式空气预热器阻力 Δh_{ky} 管式空气预热器多为立管式，烟气通常在管内流动，空气则横向冲刷管束在管外流动。其烟气侧阻力由管内摩擦阻力和管子进口和出口局部阻力所组成，计算式如下：

$$\Delta h_{ky}=\Delta h_{mc}+(\xi'+\xi'')\frac{\rho v^2}{2} \tag{14-50}$$

式中 Δh_{mc}——沿程管内摩擦阻力，由式（14-14）确定；

ξ'，ξ''——进、出口局部阻力系数，根据管子有效总截面积与空气预热器前后烟道有效截面积之比$\overline{f}$由表 14-6 查取。

表 14-6 管式空气预热器 ξ' 和 ξ'' 值

$\overline{f}$	0	0.1	0.2	0.3	0.4	0.5	0.6	0.7	0.8	0.9
ξ'	0.5	0.45	0.4	0.35	0.30	0.25	0.20	0.15	0.10	0.05
ξ''	1.1	0.90	0.70	0.55	0.40	0.27	0.27	0.10	0.05	0.02

表中
$$\overline{f}=\frac{0.785d_n^2}{S_1S_2} \tag{14-51}$$

式中 d_n——管子内径，m；

S_1，S_2——管束沿宽，深方向的节距，m。

对水平布置的管式空气预热器，烟气在管间流动，按一般横向冲刷管束计算。

(6) 烟道阻力 Δh_{yd} 在烟道阻力计算中，从尾部受热面到除尘器的烟道阻力按热力计算的排烟流量及烟温计算；除尘器到引风机以及引风机后的烟道按引风机处烟气流量及温度计算；如无除尘器，从尾部受热面到引风机烟道亦按引风机处烟温与烟气流量计算。

引风机处烟气流量为：

$$Q_y=B_j(V_{py}+\Delta\alpha V_k^0)\frac{\theta_{yf}+273}{273} \tag{14-52}$$

$$\theta_{yf}=\frac{\alpha_{py}\theta_{py}+\Delta\alpha t_{lk}}{\alpha_{py}+\Delta\alpha} \tag{14-53}$$

式中 V_{py}——尾部受热面后排烟体积，m^3/kg；

$\Delta\alpha$——尾部受热面后烟道漏风系数；

θ_{yf}——引风机处烟气温度；

α_{py}，θ_{py}——尾部受热面后排烟过量空气系数及排烟温度；

$\Delta\alpha$——$\Delta\alpha$ 的取值，一般每 10m 长砖烟道 $\Delta\alpha=0.05$，每 10m 长钢烟道 $\Delta\alpha=0.01$，旋风除尘器 $\Delta\alpha=0.05$，电气除尘器 $\Delta\alpha=0.1$；

V_k^0——理论空气需要量（标准状况下），取自热力计算，m^3/kg；

t_{lk}——冷空气温度，℃。

在确定烟道尺寸时，烟气速度值的选取要综合考虑。为避免积灰，含尘烟气速度于较长水平区段内锅炉额定负荷下应高于 7～8m/s。对燃用磨损性灰分的燃料时，为防止灰分对烟道的强烈磨损，在除尘器前区段，烟速不宜高于 12～15m/s。烟道的经济烟速，在自然通风时为 3～5m/s，不宜大于 6m/s；在机械通风时为 12～18m/s，不宜大于 25m/s。

烟道摩擦阻力相对于局部阻力较小，砖制混凝土烟道 $\lambda=0.05\sim0.08$，铁板壁烟道 $\lambda=0.03\sim0.04$。

在自然通风时因烟囱抽力有限，各项阻力都须计算，机械通风时可做如下简化。

① 锅炉烟道截面较大、相对长度 l/d_{dl} 较短者，当烟速<12m/s 时可不计摩擦阻力；烟速在 12～25m/s 时，可用近似方法计算，即选择烟道截面不变和最长的一、二段求出每米长摩擦阻力，然后乘以烟道总长而近似得到总的摩擦阻力。

② 烟道局部阻力（转弯、分叉、变截面和阀门）计算的简化：a. 如计算区段内 $\xi<0.1$ 的局部阻力小于 2 个，可忽略，若超过 2 个均取 $\xi=0.05$；b. 缓转变（R/b 或 $R/d\geqslant0.9$）因阻力很小，在机械通风烟速小于 25m/s 时其 90°转弯取 $\xi=0.3$，其他角度转弯按角度正比关系换算；c. 对 $R/d\geqslant1.5$ 的 90°焊接急转弯，当烟速小于 25m/s 时取 $\xi=0.4$；d. 截面急剧变化不超过 15%的阻力可不予考虑；e. 截面平缓扩大（不超过 30%）及截面平缓减小（扩散角 $\alpha\leqslant45°$）时的阻力可忽略不计；f. 上行和下行烟道产生的自生通风力可由式（14-54）近似计算；g. 除尘器阻力 Δh_{cc}，除尘器阻力损失与形式、结构有关，可从产品说明书中直接查取其一般取查范围，如表 14-7 所列；h. 烟囱阻力 Δh_{yz}，在机械通风时烟囱阻力原则上与其他元件阻力同样

计算，其自生通风力也与全部烟道自生通风力一起计算，烟囱中烟温用引风机处烟温，不考虑烟气冷却。

$$\Delta h_z = H(1.2 \sim 365/\theta) \tag{14-54}$$

式中　Δh_z——自生通风力，Pa；

H——烟道上下标高差；

θ——烟气平均热力学温度，K。

表 14-7　各种除尘器性能参数

除尘器形式	烟速/(m/s)	效率 η/%	阻力/Pa	除尘器形式	烟速/(m/s)	效率 η/%	阻力/Pa
沉降室式除尘器	0.5～1.5	40～60	50～100	湿式除尘器	13～18	80～90	300～700
惯性除尘器	10～15	60～65	400～500	过滤除尘器	0.5～1.0	80～99	1000～2000
离心式除尘器	15～20	70～90	500～1000	静电除尘器	1～2	99	100～200

烟囱阻力由摩擦阻力和出口阻力组成：

$$\Delta h_{yz} = \Delta h_{mc} + \Delta h_{ch} = \left(\frac{\lambda}{8i} + \xi_c\right)\frac{\rho_{pj} v_c^2}{2} \tag{14-55}$$

式中　v_c——烟囱出口处烟气流速，m/s；

λ——摩阻系数，一般近似取 $\lambda=0.03$，对钢制和砖砌以及混凝土烟囱 $\lambda=0.015 \sim 0.05$；

ξ_c——烟囱出口阻力系数，一般取 $\xi_c=1.0 \sim 1.1$；

i——烟囱的锥度，通常 $i=0.02$；

ρ_{pj}——烟囱内烟气平均密度，kg/m^3。

烟囱出口烟速和烟囱一样，需根据环境条件选择，增加烟速和烟囱高度都能使锅炉房所在局部地区有害气体与飞灰浓度降低。机械通风时，小型锅炉的烟囱在大于 20m 高的出口烟速约为 15m/s，小于 20m 高时约为 12m/s。自然通风时，为防止冷风倒灌，烟囱出口烟速应不低于 6～10m/s。

二、自生通风力

锅炉烟风道各段的自生通风力（h_{zs}）包括强制引风的烟囱在内均可按下式计算：

$$h_{zs} = (\rho_0 - \rho_{pj})g(z_2 - z_1) \tag{14-56}$$

如果周围空气温度为 20℃，空气密度为 1.29kg/m^3，则自生通风力为：

$$h_{zs} = \pm H\left(1.2 - \rho_y^0 g \frac{273}{273+\theta_y}\right) \tag{14-57}$$

$$\rho_y^0 = \frac{1 - 0.01w(A_{ar}) + 1.306\alpha V^0}{V_y} \tag{14-58}$$

式中　H——所计算烟道初终截面之间的高度差，m；

θ_y——烟道中烟气的平均温度，℃；

ρ_y^0——标准状态下烟气的密度，kg/m^3，由式（14-58）确定；

$w(A_{ar})$——炉前燃料收到基灰分，%；

α——烟气中过量空气系数（因 α 的改变对 ρ_y^0 值影响很小，可将从燃烧室到引风机的任何区段的 α 值代入式中）；

V^0——理论空气量（标准状况下），m^3/kg；

V_y——在所采用的过量空气系数下燃烧产物总体积，m^3/kg。

上述参数均取自热力计算。在机械通风方式下，烟道总阻力大大超过自生通风力，计算时可作些简化。如对Ⅱ型布置锅炉，后部竖井烟道可按竖井总高度和平均烟温计算；空气预热器出口到引风机出口和引风机出口到烟囱出口两段的烟温均可简化使用引风机处烟气温度来计算。整个烟风道的总自生通风力是各段的总和：

$$H_{zs} = \sum h_{zs} \tag{14-59}$$

三、烟道总压降

锅炉烟气通道的总压降是全部阻力与总自生通风力的差，即：

$$\Delta H = \Delta H_{lz} - H_{zs} \tag{14-60}$$

式中　ΔH_{lz}——考虑修正后的烟道全部流动阻力，Pa；

H_{zs}——烟道总的自生通风力，Pa。

在使用上述公式方法计算烟道各部分阻力时，均是对标准大气压及0℃时干空气进行的。其密度 $\rho_0=1.293\text{kg/m}^3$。烟道实际阻力还需对上述结果进行烟气密度、气流中灰分浓度和烟气压力进行修正。修正后的烟道流动总阻力可按下式计算：

$$\Delta H_{lz}=[\sum\Delta h_1(1+\mu)+\sum\Delta h_2]\frac{\rho_y^0}{1.293}\frac{101325}{b_y},\ \text{Pa} \tag{14-61}$$

$$\mu=\frac{w(A_{ar})a_{fh}}{100\rho_y^0 V_{ypj}} \tag{14-62}$$

$$b_y=b-\frac{\sum\Delta h}{2} \tag{14-63}$$

式中 $\sum\Delta h_1$——炉膛出口到除尘器总阻力，Pa；

$\sum\Delta h_2$——除尘器后总阻力，Pa；

μ——飞灰质量分数，kg/kg，按式（14-62）计算；

a_{fh}——飞灰占总灰量的份额；

V_{ypj}——从炉膛出口到除尘器的平均烟气体积，按平均过量空气系数计算，m^3/kg；

b_y——烟气平均压力，等于当地平均大气压减去烟道总阻力的1/2，Pa；

$\sum\Delta h$——未经修正的吸入侧烟道总阻力，Pa；

b——平均大气压力，由锅炉房位置的海拔高度确定，按表14-8查取。

表 14-8 平均大气压与海拔高度 H 的关系

H/m	<200	500	1000	1500	2000	2500	3000
b/mmHg	约760	712	670	633	598	563	350

注：1mmHg=133.322Pa，下同。

受热面积灰对烟气各段阻力影响的修正系数可见表14-9，各段阻力计算值应乘以 K 值进行修正。

第三节 锅炉风道阻力计算

锅炉风道阻力计算与烟道相同，也是按锅炉额定负荷在热力计算后进行。锅炉风道总阻力包括如下几项：

$$\sum\Delta h=\Delta h_{lk}+\Delta h_{ky}+\Delta h_{rf}+\Delta h_{lp}+\Delta h_{lc} \tag{14-64}$$

式中 $\sum\Delta h$——风道总阻力，Pa；

Δh_{lk}——冷空气风道阻力，Pa；

Δh_{ky}——空气预热器阻力，Pa；

Δh_{rf}——热风道阻力，Pa；

Δh_{lp}——炉排阻力，Pa；

Δh_{lc}——燃料层阻力，Pa。

对火室炉，Δh_{lp} 与 Δh_{lc} 两项为零，但增加燃烧器阻力。

（1）冷风道阻力计算中，送风机送入的冷风量由下式计算：

$$V_{lk}=B_j V^0(\alpha_1''-\Delta\alpha_1+\Delta\alpha_{zf}+\Delta\alpha_{ky})\frac{273+t_{lk}}{273} \tag{14-65}$$

式中 V_{lk}——冷空气流量，m^3/h；

α_1''——炉膛出口过量空气系数；

$\Delta\alpha_1$、$\Delta\alpha_{zf}$、$\Delta\alpha_{ky}$——炉膛、制粉系统和空气预热器漏风系数。

风速小于10m/s时，冷风道摩擦阻力可不计；风速为10～20m/s时可选择1～2段最长的冷风道计算，然后乘以冷风道总长度与计算段长度的比值即可。冷风道的局部阻力按烟道中类似方法计算。

（2）回转式空气预器的空气侧阻力计算与烟气侧相同，计算后的修正也相同。

空气横向冲刷错列管束的管式空气预热器阻力仍按前述方法计算。管式空气预热器与风道连接阻力按局部阻力计算，当 $a/h<0.5$ 时（见图14-15），按一个180°弯头计算，$\xi=3.5$；此时风速按 F_1、F_2 和 F_3 三个截面的平均值计算，即：

$$F=\frac{1}{\frac{1}{F_1}+\frac{1}{F_2}+\frac{1}{F_3}}, \ \mathrm{m}^2 \tag{14-66}$$

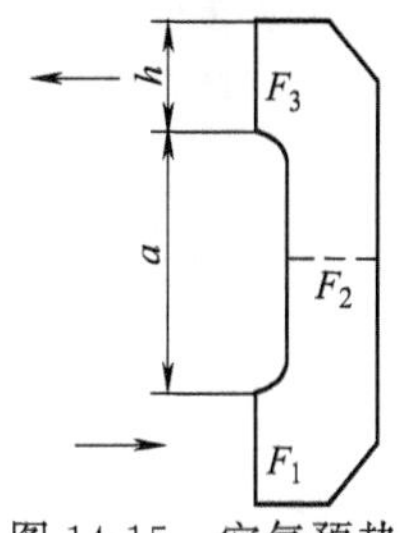

图 14-15　空气预热器转折风箱

当 $a/h>0.5$ 时，按两个 90°弯头计算，$\xi=2\times0.9$，其风速按如下流通截面计算：

$$F=\frac{1}{\frac{1}{F_1}+\frac{1}{F_3}}, \ \mathrm{m}^2 \tag{14-67}$$

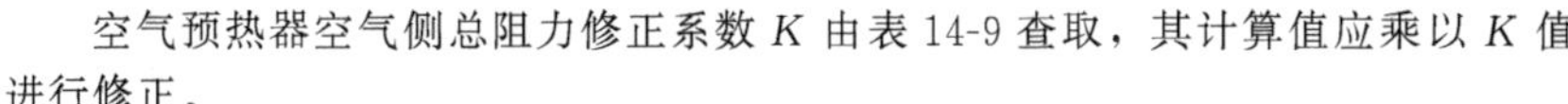

空气预热器空气侧总阻力修正系数 K 由表 14-9 查取，其计算值应乘以 K 值进行修正。

表 14-9　各受热面计算阻力的修正系数 K

受　热　面	K	受　热　面	K
屏式受热面	1.2	有烟气水平转变的小容量锅炉	1.0
水平烟道过热器		有燃尽室的小型锅炉	1.15
除积黏结灰外的燃料，有吹灰	1.2	分联箱锅炉	0.9
积黏结灰的煤，有吹灰	1.8	非标准肋片省煤器	
泥煤、重油混烧	2.0	有吹灰时	1.4
竖井中过热器与过渡区		无吹灰时	1.8
除油和气外各种燃料，有吹灰	1.2	管式空气预热器	
重油(有吹灰)和气体	1.0	空气侧行程数 $n\leqslant2$	1.05
第一、二级省煤器及单级省煤器		空气侧行程数 $n\geqslant3$	1.15
固体燃料，积松灰	1.1	烟气侧	1.1
固体燃料，积黏结灰	1.2	回转式空气预热器	
气体	1.0	除重油外的各种燃料	1.0
第一级省煤器和单级省煤器燃重油，钢珠除灰	1.2	重油	1.1
第二级省煤器，燃重油，钢珠除灰	1.0	板式空气预热器	
鳍片管省煤器	1.2	烟气侧	1.5
锅炉管束		空气侧	1.2
多锅筒直水管混合冲刷锅炉	0.9		

(3) 热风道阻力计算与冷风道同，热空气流量为：

$$V_{\mathrm{rk}}=B_{\mathrm{j}}V^0(\alpha_1''-\Delta\alpha_1-\Delta\alpha_{\mathrm{zf}})\frac{273+t_{\mathrm{rk}}}{273}, \ \mathrm{m}^3/\mathrm{h} \tag{14-68}$$

式中　t_{rk}——热空气温度，℃；

其他符号含义与式 (14-65) 同。

(4) 各种燃烧设备的阻力均按下式计算：

$$\Delta h=\xi\frac{\rho v^2}{2} \tag{14-69}$$

式中　Δh——各种燃烧设备阻力，Pa。

对火室炉，ξ 值取决于燃烧器形式；摆动式燃烧器 $\xi=1.5$；旋流式气体重油燃烧器 $\xi=3.0$；旋流式煤粉燃烧器的 ξ 则随结构不同而异。计算燃烧器 Δh 值时，v 按二次风出口流速计算。

火床炉中通过炉排和煤层厚度的阻力可参见表 14-10。

表 14-10　火床炉炉排和燃料层空气阻力 Δh 值

炉　型	煤　种	阻力 Δh/Pa	炉　型	煤　种	阻力 Δh/Pa
链条炉	烟煤、褐煤 无烟煤	800 1000	抛煤机转动炉	烟煤、褐煤 无烟煤	800 1000
风力抛煤链条炉	烟煤、褐煤	800	手烧炉	烟煤 无烟煤、褐煤	800 1000
抛煤机链条炉	烟煤、褐煤 页岩	500 600			

沸腾炉布风板阻力也可按上式计算，其中 v 为风帽小孔风速，一般为 30～45m/s，阻力系数 ξ 约为 2.2～2.5，料层阻力按下列经验计算：

$$\Delta h_{lc}=0.8H_0\rho \tag{14-70}$$

式中 H_0——料层高度，m；

ρ——料层堆积密度，kg/m^3，一般为 1000～1200kg/m^3。

(5) 风道总阻力即为上述各项的总和。当地海拔若大于 200m，则需考虑大气压力修正，修正后的总阻力为：

$$\Delta H_{lz}=\sum\Delta h\,\frac{101325}{b_k} \tag{14-71}$$

$$b_k=b+\frac{\sum\Delta h}{2} \tag{14-72}$$

式中 b_k——风道中空气平均压力，Pa；如 $\sum\Delta h\leqslant 3000$Pa，可取 b_k 为当地平均大气压力；当 $\sum\Delta h>3000$Pa，则 b_k 按下式计算：

b——当地大气压，Pa。

锅炉风道的自生通风力由下式计算：

$$h_{zs}=\pm Hg\left(1.2-\frac{352}{273+t_k}\right) \tag{14-73}$$

式中 h_{zs}——风道自生通风力，Pa；

t_k——风道中空气温度，℃；

H——计算风道初终截面间高度差，m。

各部分自生通风力计算所得值的总和即为风道的总自生通风力 H_{zs}，即 $H_{zs}=\sum h_{zs}$。

锅炉风道总压降 ΔH 按下式计算：

$$\Delta H=\Delta H_{ls}-H_{zs}-S_1' \tag{14-74}$$

式中 ΔH——风道总压降，Pa；

ΔH_{ls}——风道总阻力，Pa，$\Delta H_{ls}=\sum\Delta h$，见式 (14-64)；

S_1'——炉膛内空气进口高度上的负压，Pa；当烟气出口在炉膛上部时，$S_1'=S_1''+0.95Hg$；当烟气出口在炉膛下部时，则有 $S_1'=S_1''-0.95Hg$；式中 S_1'' 为烟道计算中炉膛出口处负压，Pa；而 H 为空气进口到炉膛出口中心间的垂直距离，m。

第四节 锅炉通风设备及其选用

锅炉主要通风设备是送风机和引风机，在使用烟气再循环的锅炉中还装设烟气再循环风机。三者中送风机输送洁净冷空气工作条件最好，引风机输送较高温度的含灰烟气，烟气再循环风机输送温度更高的含尘烟气，后两者应考虑轴承冷却与工作条件下耐高温、耐腐蚀、耐磨损问题。锅炉各风机风压不高，属通风机范围，工作原理有离心式和轴流式两种，我国目前锅炉上主要使用的是离心式风机。

风机性能参数有流量 Q、全压 H、转速、功率 N 和效率，在确定了锅炉额定负荷下烟风道的阻力与流量后，即可选择风机型号。

旧式离心式风机效率 η=60%～70%，近年采用的机翼型叶片离心式风机效率可达 90%，选择风机时应使其经常工作区域（80%左右负荷）在其效率最高区域内。风机厂性能表或风机铭牌上标出的性能数据，是指效率不低于该风机最高效率的 90%时对应的性能，可按此值选用。

由于通过引风机的介质为高温烟气，一般在 150～200℃，且带有灰粒，引风机易受磨损，因此引风机工作转速不宜高于 960r/min，叶片数也不宜多，叶片和机壳的钢板宜较厚，引风机轴承须用水冷却，以延长其使用寿命。而送风机转数 n 一般可高于引风机转数。

中、小容量锅炉，送、引风机常按单炉布置，没有备用。单炉布置时，风量余量不少于 10%，风压余量不少于 20%。大容量锅炉（如 $D\geqslant$120t/h），则送、引风机均应拥有一定备用率，一般选取两台送风机和两台引风机，每台送、引风机流量按锅炉容量的 60%～70%计算。

由于风机产品是以标准大气压下空气为介质，并选定温度（送风机为 20℃；引风机为 200℃）作为设计参数，因此选择风机时，一定要考虑当地气压和介质温度对风机性能参数的修正，并不能超过其规定的介质温度。

为保证锅炉在大气压力波动、燃料种类变化、运行中烟、风道阻力变化时能可靠地运行，以及考虑到送、引风机性能的可能偏差，对风机流量和压头必须留有一定储备。因此，送风机和引风机的计算流量为：

$$Q_j=\beta_1 V\frac{101325}{p_{amb}},\ m^3/s \tag{14-75}$$

式中　V——锅炉额定负荷下烟气或空气量，m^3/s；

β_1——流量储备系数，取1.1；

p_{amb}——风机安装处的大气压力，Pa。

风机的计算压头为：

$$H_j=\beta_2\Delta H \tag{14-76}$$

式中　ΔH——锅炉风道或烟道系统总压降，Pa；

β_2——压头储备系数，取1.2。

折算到风机设计压头为：

$$H_{zs}=K_\rho H_j \tag{14-77}$$

式中　K_ρ——折算系数，按下列方法计算：

对引风机

$$K_\rho=\frac{1.293}{\rho_y^0}\times\frac{T}{T_j}\times\frac{101325}{b} \tag{14-78}$$

对送风机

$$K_\rho=\frac{T}{T_j}\times\frac{101325}{b} \tag{14-79}$$

式中　T——额定负荷下，送、引风机中空气或烟气热力学温度，K；

T_j——制造厂设计时选取的计算温度，K；

ρ_y^0——标准大气压及0℃时烟气密度，kg/m^3。

风机电动机功率由下式计算：

$$N=\beta_3\frac{Q_j H_j}{3600\times10^3\eta} \tag{14-80}$$

式中　N——风机电动机功率，kW；

β_3——电动机功率储备系数，一般取1.05；

η——计算工况下风机运行效率，一般离心式风机为0.6～0.7，采用高效离心式风机时为0.9。

根据计算所得风机流量和压头，即可由工厂产品目录选用风机型号。选择时应利用风机特性曲线，使在运行时间最长的锅炉负荷下，运行最为经济。

第五节　烟囱的计算

一、烟囱的作用与自然抽力

自然通风时，烟道全部阻力全靠烟囱的自生通风力来克服。烟囱的自生通风力也叫自然抽力，可按下式计算：

$$S=H_{yz}g\left(\rho_k^{\ominus}\frac{273}{273+t_k}-\rho_y^{\ominus}\frac{273}{273+\theta_{yz}}\right)\frac{b}{101325} \tag{14-81}$$

式中　S——烟囱自然抽力，Pa；

$\rho_k^{\ominus}$，$\rho_y^{\ominus}$——标准状态下空气与烟气的密度，kg/m^3；$\rho_k^{\ominus}=1.293kg/m^3$，$\rho_y^{\ominus}=1.34$，$kg/m^3$；

t_k——外界空气温度，℃；

θ_{yz}——烟囱内烟气平均温度，℃；

H_{yz}——烟囱高度，m；

g——重力加速度，$9.81m/s^2$；

b——当地大气压，Pa。

烟囱每米高度产生的自然抽力可由表14-11查取。

表 14-11 烟囱每米高度的抽风力 S 单位：mmHg

θ_y/℃ \ t_k/℃	−30	−20	−10	0	+10	+20	+30	θ_y/℃ \ t_k/℃	−30	−20	−10	0	+10	+20	+30
140	0.565	0.515	0.470	0.415	0.368	0.320	0.277	280	0.780	0.728	0.680	0.629	0.581	0.535	0.490
160	0.597	0.550	0.502	0.451	0.403	0.357	0.312	300	0.800	0.751	0.703	0.652	0.605	0.558	0.513
180	0.631	0.585	0.537	0.486	0.438	0.392	0.347	320	0.820	0.772	0.724	0.673	0.625	0.579	0.534
200	0.665	0.620	0.572	0.521	0.473	0.427	0.382	340	0.842	0.792	0.744	0.693	0.645	0.599	0.554
220	0.698	0.650	0.602	0.551	0.503	0.457	0.412	360	0.862	0.810	0.762	0.711	0.663	0.617	0.572
240	0.728	0.678	0.630	0.579	0.531	0.485	0.440	380	0.880	0.827	0.779	0.728	0.680	0.634	0.589
260	0.755	0.705	0.657	0.606	0.558	0.512	0.467								

注：1mmHg=133.322Pa。

烟囱内烟气平均温度在自然通风时须按下式精确计算：

$$\theta_{yz}=\theta'_y-\frac{H\Delta\theta}{2} \tag{14-82}$$

式中 θ'_y——烟囱进口烟温，按前两节中方法确定；

$\Delta\theta$——每米烟囱内烟气温度降低值，由表 14-12 查取。其中 D 为在最大负荷下由一个烟囱负担的各锅炉蒸发量之和，t/h。

表 14-12 每米高度烟囱的烟气温度降

烟 囱 种 类	$\Delta\theta$/(℃/m)	烟 囱 种 类	$\Delta\theta$/(℃/m)
无衬铁烟囱	$2/\sqrt{D}$	砖烟囱厚度≤0.5m	$0.4/\sqrt{D}$
有衬铁烟囱	$0.8/\sqrt{D}$	砖烟囱厚度>0.5m	$0.2/\sqrt{D}$

强制通风时，烟囱作用是将烟气排向高空，使附近环境处于允许的污染程度之下。烟气中 SO_2 排出量可按下式算得：

$$M_{SO_2}=20S^yB_j(1-\eta'_{SO_2}) \tag{14-83}$$

式中 M_{SO_2}——烟气中 SO_2 排出量，kg/h；

η'_{SO_2}——锅炉烟道中排除飞灰所带走的 SO_2 份额，与燃料有关，可由表 14-13 查取。

表 14-13 烟道中排除飞灰带走的 SO_2 份额 η'_{SO_2}

燃料	褐煤	烟煤	页岩	泥煤	其他固体燃料	重油	气体
η'_{SO_2}	0.2	0.02	0.5	0.15	0.1	0.02	0

烟气中飞灰排出量可按下式计算：

$$M_{fh}=10\left[w(A_{ar})+q_4\frac{Q_{net,V,ar}}{34000}\right]B_ja_{fy}(1-\eta_{cc}) \tag{14-84}$$

式中 M_{fh}——烟气中飞灰排出量，kg/h；

$w(A_{ar})$——燃料收到基灰分，%；

q_4——机械未完全燃烧损失，%；

a_{fy}——烟气中飞灰份额，kg/kg；

$Q_{net,V,ar}$——燃料收到基低位热值，kJ/kg；

B_j——计算燃料消耗量，kg/h；

η_{cc}——除尘器除尘效率，参见表 14-14。

表 14-14 除尘器除尘效率 η_{cc}

形 式	旋风子式	多管旋风子式	离心式水膜式	文丘里湿式	电器除尘器
η_{cc}	0.8～0.9	0.7～0.8	0.8～0.9	0.92～0.97	0.95～0.99

二、烟囱高度的计算

电站锅炉的烟囱高度根据电站有害物质排出量确定，其推荐值见表 14-15。

烟囱可分为砖烟囱、钢筋混凝土烟囱及钢板烟囱三种，钢板烟囱的高度不宜超过 30m，砖烟囱的高度不宜超过 60m，烟囱高度超过 80m 时钢筋混凝土烟囱的造价要比砖烟囱低。烟囱高度的选择不但要保证锅炉正常通风，同时还需满足环境要求，即满足《锅炉烟尘排放标准》及《大气环境质量标准》等有关规定。

表 14-15　电站锅炉烟囱高度推荐值

飞灰排出量/(t/h)	SO_2 排出量/(t/h)	烟囱高度/m	相当电站容量/10^4kW
0.5 以下	1 以下	60～80	1.2～2.5
0.5～1	1～2	80～100	5
1～3	2～6	100～120	10～20
3～5	6～10	120～150	30
5～10	10～20	150～180	45～80
10 以上	20 以上	180～210	100～120

工业锅炉中火床炉烟囱高度按蒸发量由表 14-16 选取。对煤粉炉烟囱高度不应低于 45m。

表 14-16　火床炉烟囱高度推荐值

锅炉蒸发量/(t/h)	烟囱高度/m	锅炉蒸发量/(t/h)	烟囱高度/m
＜4	20	9～15	30
5～8	25	＞16	45

对自然通风小型锅炉，烟囱高度必须满足下式：

$$S-\Delta h_{yz}\geqslant 1.2\Delta H_{lz} \tag{14-85}$$

由此可得烟囱高度为：

$$H=\frac{1.2\Delta H_{1z}+\Delta h_{yz}\dfrac{\rho_y^{\ominus}}{1.293}\dfrac{101325}{b}}{g\left(\rho_k-\rho_y^{\ominus}\dfrac{273}{273+\theta_{yz}}\right)\dfrac{b}{101325}} \tag{14-86}$$

式中　H——烟囱高度，m；

ρ_k——烟囱外界空气密度，kg/m^3；

Δh_{yz}——烟囱阻力损失，包括摩擦阻力及出口阻力损失，Pa；

ΔH_{lz}——锅炉烟风道总阻力，Pa；

θ_{yz}——烟囱内烟气平均温度，℃，由式（14-82）计算。

自然通风时的烟囱高度应按夏季最高平均温度、最低气压和最大负荷来计算，如算得烟囱高度大于 50m 时，则应采用强制通风。

烟囱出口烟速应根据允许有害物质和飞灰浓度的排放标准值条件来确定，表 14-17 是烟气出口流速的推荐值。

表 14-17　烟囱出口烟速推荐值

烟囱类型	烟囱高度/m	出口烟速/(m/s)	烟囱类型	烟囱高度/m	出口烟速/(m/s)
大、中型电站的砖烟囱或钢筋混凝土烟囱	60～80	10～14	工业锅炉砖烟囱或钢筋混凝土烟囱	60	16～23
	100	10～15		30～45	10～15
	120	10～20	钢烟囱	＞20	约 15
	150～180	20～30		＜20	约 12
	250	25～35	自然通风		6～10

根据烟气流速即可计算烟囱出口截面的内直径。

第六节　锅炉通风阻力计算示例

【例 14-1】 36.1kg/s（130t/h）燃煤锅炉通风阻力计算过程示例。

以下通过具体例题介绍锅炉通风阻力计算中烟、风侧各项阻力的计算过程。下面按烟、风气流流向进行各部分阻力计算。计算的基本数据如表14-18所列。

表14-18 锅炉通风阻力计算的主要数据

序号	名称	凝渣管	过热器Ⅱ		过热器Ⅰ	转向室	省煤器Ⅱ	空气预热器Ⅱ	省煤器Ⅰ	空气预热器Ⅰ
			拉稀	密集						
1	烟气平均温度 θ/℃	1020	874.8	874.8	688.3	601.3	539.8	423.7	317.2	206.6
2	空气平均温度 t/℃							265.2		110.2
3	烟气平均流速 v_y/(m/s)	5.89	7.70	7.70	8.00	6.26	9.03	14.3	7.36	9.88
4	空气平均流速 v_k/(m/s)							8.7		5.76
5	管径 d/mm	60	42	42	38		32	$\phi 40\times1.5$	32	$\phi 40\times1.5$
6	横向管距 S_1/mm	256	200	100	100		87	70	75	70
	相对横向管距 S_1/d	4.27	4.76	2.38	2.63		2.718	1.524	2.34	1.524
7	纵向管距 S_2/mm	250	150	110	77.6		60	42	60	42
	相对纵向管距 S_2/d	4.71	3.57	2.62	2.04		1.875	1.05	1.875	1.05
8	计算参数 $\dfrac{S_1-d}{S_2-d}$	1.032	1.463	0.853	1.566		1.96		1.536	
9	沿烟气流动方向管排数 z_2	3	4	6	16		16	70	32	2×70
10	排列或流动方式	错列	错列	顺列	顺列		错流	纵列	错列	纵流
11	管长 l/m							2.40		2.568

1. 烟气侧流动阻力计算

(1) 凝渣管 烟气经过凝渣管时为横向冲刷，管子错列布置，按式(14-26)计算阻力系数ξ。已知烟气平均流速$v_y=5.89\text{m/s}$，烟气平均温度$\theta=1020℃$，因此得：

$$\Delta h_0=2.35\text{Pa}$$

由管外径$d=60\text{mm}$，可查得$c_d=0.84$，按$S_1/d=4.27$，$S_2/d=4.17$可查得$c_s=1$，由$\Delta h_{lz}=c_s c_d \Delta h(n_2+1)$知：

$$\Delta h_{lz}=1\times0.84\times2.35\times(3+1)=7.91\ (\text{Pa})$$

(2) 高温过热器 经过高温过热器的烟气仍然是横向冲刷，管子顺列布置。但拉稀部分管束为错列，密集部分为顺列。

① 拉稀部分阻力，仍采用凝渣管阻力计算公式：

$$\Delta h_{lxgr}^{gw}=c_s c_d \Delta h_0(n_2+1)$$

由已知烟气平均流速$v_y=7.70\text{m/s}$，烟气平均温度$\theta=874.8℃$知$\Delta h_0=3.97\text{Pa}$，根据管外径$d=42\text{mm}$，取$c_d=0.93$；$S_1/d=4.76$和$S_2/d=3.57$，得$c_s=1$。因此有：

$$\Delta h_{lxgr}^{gw}=1\times0.93\times3.97\times(4+1)=18.4(\text{Pa})$$

② 密集部分阻力：因$S_1/d<S_2/d$，采用下列公式：

$$\Delta h_{mjgr}^{gw}=c_s\xi_0 n_2\frac{\rho v^2}{2}$$

由前述方法可得$c_s=0.55$，$\xi_0=0.54$，$n_2=6$，按流速v可算得动压头$\rho\dfrac{v^2}{2}=9.51\text{Pa}$，因此：

$$\Delta h_{mjgr}^{gw}=0.55\times0.54\times6\times9.51=16.95(\text{Pa})$$

考虑修正系数$K=1.2$，修正后高温过热器烟气总阻力为：

$$\Delta h_{gr}^{gw}=K(\Delta h_{lxgr}^{gw}+\Delta h_{mjgr}^{gw})=1.2\times(18.4+16.95)=42.42(\text{Pa})$$

(3) 低温过热器 烟气为横向冲刷顺列管束。已知$S_1/d>S_2/d$，所以采用下列公式：

$$\Delta h = c_s c_{Re} \xi_0 n_2 \frac{\rho v^2}{2}$$

由烟气流速可得动压头$\frac{\rho v^2}{2}=11.77\text{Pa}$，由结构参数可取$c_s=0.32$，$\xi_0=0.515$，$c_{Re}=1.07$，而$n_2=16$，考虑修正系数$K=1.2$，修正后低温过热器烟气阻力为：

$$\Delta h_{gr}^{gw} = K c_s c_{Re} \xi_0 n_2 \frac{\rho v^2}{2} = 1.2 \times 0.32 \times 1.07 \times 0.515 \times 16 \times 11.77 = 39.85(\text{Pa})$$

(4) 烟道转向室部分　属于变截面转角未圆化弯头，入口截面积$F_1=6.4\times3.8=24.32(\text{m}^2)$；出口截面积$F_2=6.4\times2.88=18.43(\text{m}^2)$，$F_2/F_1=0.758$；由图14-17可查得$K\Delta\xi_0=0.98$。小截面处烟气流速：

$$v_y = \frac{B_j V_y}{F_2}\left(1+\frac{\theta}{273}\right)$$

已知$B_j=6.462\text{kg/s}$，$V_y=5.5761\text{m}^3/\text{kg}$，$F_2=18.43\text{m}^2$，$\theta=601.3℃$，因此可算得$v_y=6.26\text{m/s}$，动压头$\frac{\rho v^2}{2}=7.85\text{Pa}$；转弯角度系数$B$由图14-18按几何结构参数查得为$B=1$，截面形状系数$c=0.89$，阻力为：

$$\Delta h_{zw} = K\Delta\xi_0 Bc\frac{\rho v^2}{2} = 0.98\times1\times0.89\times7.85 = 6.85\ (\text{Pa})$$

(5) 第二级省煤器　烟气为横向冲刷错列管束，已知烟气平均流速$v_y=9.03\text{m/s}$，烟温为$\theta=539.8℃$，管外径$d=32\text{mm}$，$S_1/d=2.718$和$S_2/d=1.875$，按前述同样方法，可算得或查得动压头$\frac{\rho v^2}{2}=6.27\text{Pa}$，$c_d=1.0$，$c_s=1$，考虑修正系数$K=1.2$，因此由$\Delta h_{sm2}=c_s c_d \Delta h_0 K\ (n_2+1)$得：

$$\Delta h_{sm2} = 1.2\times6.27\times(16+1) = 127.9\ (\text{Pa})$$

(6) 第二级空气预热器　烟气流经空气预热器时为纵向冲刷管内流动，流动阻力由入口局部阻力、管内流动沿程摩擦阻力和出口局部阻力三部分组成。所以：

$$\Delta h_{ky2} = K\left[\Delta h_{yc} + (\xi_{rk}+\xi_{ck})\frac{\rho v^2}{2}\right]$$

其中，$\Delta h_{yc}=\lambda\frac{1}{d_{dl}}(\rho v^2/2)\left(\frac{2}{\sqrt{\frac{T_b}{T}}+1}\right)^2$为沿程阻力。

已知：$\lambda=0.03$（可查取），$l=2.4\text{m}$，$d_{dl}=0.037\text{m}$，$\frac{\rho v^2}{2}=43.4\text{Pa}$

$$T_b = \left(\frac{\theta+t}{2}\right)+273 = \left(\frac{423.7+265.2}{2}\right)+273 = 617.5\ (\text{K})$$

$$T = (423.7+273) = 696.7\ (\text{K})$$

所以有

$$\Delta h_{yc} = 0.03\times\frac{2.4}{0.037}\times43.4\left(\frac{2}{\sqrt{\frac{617.5}{696.7}}+1}\right) = 87\ (\text{Pa})$$

由进、出口截面积比：

$\frac{F_x}{F_d}=\frac{n\frac{\pi}{4}d_{dl}^2}{a\times b}=\frac{16\times\frac{\pi}{4}\times0.037^2}{6.47\times2.898}=0.000917$，可查得进、出口局部阻力系数分别为$\xi_{rk}=0.5$，$\xi_{ck}=1.1$，考虑修正系数$K=1.1$，因此：

$$\Delta h_{ky2} = K\left[\Delta h_{yc}+(\xi_{rk}+\xi_{ck})\frac{\rho v^2}{2}\right] = 1.1\times[87+(0.5+1.1)\times50] = 183.7\ (\text{Pa})$$

(7) 第一级省煤器　烟气为横向冲刷错列管束。已知烟气$v_y=7.36\text{m/s}$，$\theta=317.2℃$，可查得$\frac{\rho v^2}{2}=5.4\ \text{Pa}$，按管束结构参数，管外径$d=32\text{mm}$，$S_1/d=2.34$，$S_2/d=1.875$可查得$c_d=1$，$c_s=1$，考虑修正系数$K=1.2$，因此可按前述同样方法算得烟气流阻为：

$$\Delta h_{sm1}=1.2\times5.4\times(32+1)=213.84\ (Pa)$$

(8) 第一级空气预热器 烟气经第一级空气预热器时与第二级类似，烟气阻力仍由三部分组成，即入口局部阻力、管内沿程摩擦阻力和出口局部阻力。只是由于第一级空气预热器为串联双管箱，所以要按双流程计算阻力。类似第二级空气预热器的算法，在已知 $\lambda=0.03$（查取），$l=2.568m$，$d_{dl}=0.037m$，$\frac{\rho v^2}{2}=36.26Pa$，$T_b=\frac{\theta+t}{2}+273=\frac{206.6+110.2}{2}+273=431(K)$，$T=206.6+273=479.6(K)$ 等数据条件下，可以按下列公式：

$$\Delta h_{ky1}=K\left[\Delta h_{yc}+2\times(\xi_{rk}+\xi_{ck})\frac{\rho v^2}{2}\right]=303.0Pa$$

所以烟气侧总的理论计算通风阻力为（1）～（8）各项之和：

$$\Sigma\Delta h_0=\Delta h_{lz}+\Delta h_{gr}^{gw}+\Delta h_{gr}^{dw}+\Delta h_{zw}+\Delta h_{sm2}+\Delta h_{kyz}+\Delta h_{sm1}+\Delta h_{ky1}=949.1Pa$$

由于以上计算中所用动压头数据均为空气的，所以需要考虑烟气密度修正，乘以修正值 $\rho_y^{\ominus}/\rho_k^{\ominus}$。标准状态下空气密度 $\rho_k^{\ominus}=1.293kg/m^3$。标准状态下烟气密度为 $\rho_y^{\ominus}$ 由下式计算：

$$\rho_y^{\ominus}=\frac{1-0.01w(A_{ar})+1.306\alpha V^{\ominus}}{V_y}$$

现已知 $w(A_{ar})=31.22\%$，$V^{\ominus}=4.861m^3/kg$，过量空气系数 α 取全部受热面的平均值：

$$\alpha=\frac{1}{2}(1.2+1.33)=1.265$$

而 $V_y=V_y^{\ominus}+(\alpha-1)V^{\ominus}(1+0.0161)$

$$V_y^{\ominus}=V_{RO_2}+V_{H_2O}^{\ominus}+V_{N_2}^{\ominus}=0.889+0.541+3.846=5.276\ (m^3/kg)$$

所以 $$V_y=5.276+(1.265-1)\times4.861\times(1+0.0161)=6.585\ (m^3/kg)$$

所以 $$\rho_y^{\ominus}=\frac{1-0.01\times31.22+1.306\times1.265\times4.861}{6.585}=1.324\ (kg/m^3)$$

所以 $$\frac{\rho_y^{\ominus}}{\rho_k^{\ominus}}=\frac{1.324}{1.293}=1.024$$

修正后烟气侧总流动阻力为 $\Sigma\Delta h=\frac{\rho_y^{\ominus}}{\rho_k^{\ominus}}\Sigma\Delta h_0=1.024\times949.1=971.9(Pa)$

(9) 烟气侧自生通风力计算 炉膛自生通风力为：

$$\Delta h_1=-9.32H$$

炉膛负压为 $h_1''=20Pa$，炉膛高度（从燃烧器中心到炉膛出口高度）$H=11.32m$，因此：

$$\Delta h_1=-9.32\times11.32=-105.5\ (Pa)$$

尾部烟道自生通风力为：由于尾部烟道高 $H=15.786m$，平均烟温为 $\bar{\theta}=\frac{1}{2}(\theta+\theta')=0.5(601.3+147.9)=374.6(℃)$。因此尾部通风力为：

$$\Delta h_{wb}=\left[1.2-\rho_y^{\ominus}\left(\frac{273}{273+\bar{\theta}}\right)\right]gH=\left[1.2-1.324\left(\frac{273}{273+374.6}\right)\right]\times9.8\times15.786=99.3\ (Pa)$$

(10) 锅炉烟气侧总的通风阻力

$$\Delta H=\Sigma\Delta h+\Delta h_1+\Delta h_{wb}=971.9+20-105.5+99.3=985.7\ (Pa)$$

2. 空气预热器空气侧流阻计算

(1) 第一级空气预热器流阻 空气为横向冲刷错列管束。已知空气流速 $v_k=5.76m/s$，温度 $t=110.2℃$，可得 $\Delta h_0=4.41Pa$。已知管外径 $d=40mm$，$c_d=0.94$，$S_1/d=1.524$，$S_2/d=1.05$，所以 $c_s=1.04$，管排数 $n_2=70$，所以有：

$$\Delta h_{ky1}=c_s c_d\Delta h_0(n_2+1)=1.04\times0.94\times4.41\times(70+1)=306.1\ (Pa)$$

(2) 第一级空气预热器两管箱间联通箱流阻

根据联通箱尺寸：

$$F_1=2.568\times6.44=16.54\ (\mathrm{m}^2)$$

$$F_2=1.12\times6.44=7.21\ (\mathrm{m}^2)$$

$$F_3=2.568\times6.59=16.92\ (\mathrm{m}^2)$$

计算其平均流通截面积为：$F=\dfrac{3}{\dfrac{1}{F_1}+\dfrac{1}{F_2}+\dfrac{1}{F_3}}=11.6\mathrm{m}^2$

空气体积流量：　$V_\mathrm{k}=\beta B_\mathrm{j}V^\ominus\dfrac{(t+273)}{273}=1.105\times4.861\times5.5761\times\left(\dfrac{110.2+273}{273}\right)=42.0\ (\mathrm{m}^3/\mathrm{s})$

联通箱空气平均流速：　$v_\mathrm{k}=V_\mathrm{k}/F=42.0/11.6=3.62\ (\mathrm{m/s})$

由结构参数可查表得 $K=1.05$，$\xi=3.5$；由空气流速 $v_\mathrm{k}=3.62\mathrm{m/s}$ 得动压头$\dfrac{\rho v^2}{2}=6.0\mathrm{Pa}$，因此流阻为：

$$\Delta h_2=K\xi\frac{\rho v^2}{2}=1.05\times3.5\times6=22.05\ (\mathrm{Pa})$$

(3) 第一、二级空气预热器联通箱流阻　联箱的结构尺寸为，出入口间距离 $a=3.84\mathrm{m}$，管箱高 $h=2.4\mathrm{m}$，所以 $a>0.5h$，可按两个 90°弯头计算流动阻力。弯头阻力系数 $\xi=K\Delta\xi_0BC$。

对下方弯头：

$$\frac{F_2}{F_1}=\frac{1.12\mathrm{m}^2}{2.566\mathrm{m}^2}=0.436$$

由图 14-17 查得 $K\Delta\xi_0=0.55$，从图 14-18 查得 $B=1$，根据弯头宽深比 6.58/1.12=5.88 可查得 $C=0.74$，因此有：

$$\xi=K\Delta\xi_0BC=0.55\times1\times0.74=0.407$$

空气体积流量

$$V_\mathrm{k}=\beta B_\mathrm{j}V^\ominus\left(\frac{t+273}{273}\right)=1.105\times4.861\times5.5761\times\left(\frac{190.4+273}{273}\right)=50.84\ (\mathrm{m}^3/\mathrm{s})$$

小截面处流速为：

$$v_\mathrm{k}=\frac{V_\mathrm{k}}{F_2}=\frac{50.84}{1.12\times6.59}=6.89\ (\mathrm{m/s})$$

相应的动压头 $\Delta h_0=18.1\mathrm{Pa}$。联通管箱下弯头的流动阻力为：

$$\Delta h_3=\xi\Delta h_0=0.407\times18.1=7.4\ (\mathrm{Pa})$$

对上弯头：

$$\frac{F_2}{F_1}=\frac{2.4}{1.12}=2.14$$

由图 14-17 查得 $K\Delta\xi_0=1.05$，由图 14-18 得 $B=1$，$C=0.73$（$b/a=6.47/1.12=5.93$），因此有：

$$\xi=K\Delta\xi_0Bc=1.05\times1\times0.74=0.767$$

小截面空气流速及动压头 Δh_0 同前：$\Delta h_0=18.1\mathrm{Pa}$，因此上弯头流动阻力为：

$$\Delta h_4=\xi\Delta h=0.767\times18.1=13.9\ (\mathrm{Pa})$$

(4) 第二级空气预热器流阻　空气横向冲刷错列管束，已知空气流速 $v_\mathrm{k}=8.7\mathrm{m/s}$，空气温度为 $t=265℃$，流动阻力按下式计算：

$$\Delta h_5=c_\mathrm{s}c_\mathrm{d}\Delta h_0(n_2+1)$$

其中 Δh_0 由 v_k、t 查得为 $\Delta h_0=7.55\mathrm{Pa}$，管外径 $d=40\mathrm{mm}$，$c_\mathrm{d}=0.94$，$S_1/d=1.524$，$S_2/d=1.05$，所以$c_\mathrm{s}=1.04$，因而：

$$\Delta h_5=c_\mathrm{d}c_\mathrm{s}\Delta h_0(n_2+1)=0.94\times1.04\times7.55\times(70+1)=524\ (\mathrm{Pa})$$

(5) 自生通风力计算　第一级空气预热器上下管箱中心距 $h_1=3.118\mathrm{m}$，第一级出口到第二级中心距$h_2=6.284\mathrm{m}$，空气加权平均温度为：

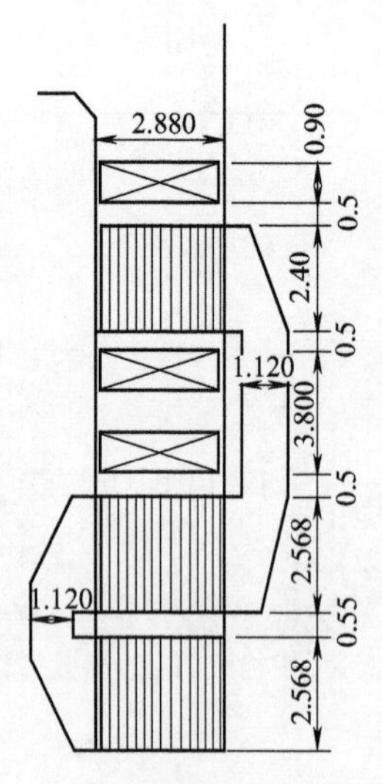

图 14-16 空气预热器、省煤器及尾部烟道布置的结构尺寸示意

$$t_k=\frac{h_1t_1+h_2t_2}{h_1+h_2}=\frac{3.118\times110.2+6.284\times190.4}{3.118+6.284}=163.8\ (℃)$$

所以自生通风力为：$\Delta h_6=(\rho_k-\rho_1)g(z_2-z_1)=\rho_k^{\ominus}\left(\frac{273}{273+t_k}-\frac{273}{273+t_{lk}}\right)g(-H)=1.293\left(\frac{273}{273+163.8}-\frac{273}{273+30}\right)\times9.81\times(-9.402)=-32.9$ (Pa)

所以空气预热器总流动阻力为：

$$\begin{aligned}\sum\Delta H&=\Delta h_1+\Delta h_2+\Delta h_3+\Delta h_4+\Delta h_5+\Delta h_6\\&=306.1+22.05+7.4+13.9+524+(-32.9)\\&=840.6\ (\text{Pa})\end{aligned}$$

空气预热器出口到燃烧器的流动阻力，需要有风道设计资料及数据方可进行计算，这里从略。

图 14-16 是本例题中空气预热器、省煤器及尾部烟道布置的结构尺寸示意。

通常，在设计和校核计算中习惯于将计算过程及结果列表表示。以下给出了某台锅炉的烟道通风阻力的列表计算示例。

【例 14-2】 烟道通风阻力的列表计算示例。

表 14-19 为某台锅炉烟道通风阻力计算的列表过程与结果。

【例 14-3】 空气侧阻力的列表计算示例

表 14-20 为某台锅炉空气预热器空气侧阻力计算的列表过程与结果。

表 14-19 烟道通风阻力计算列表

序号	数值名称	计算公式	计算数据	结果
1	炉膛出口负压 h''_1/Pa			−20
2	屏式过热器阻力 Δh_p/Pa	可不考虑		0
3	高温对流过热器阻力			
	管子直径及布置 d/mm	顺列布置		$\phi38$
	相对横向节距 σ_1	S_1/d	90/38	2.37
	相对纵向节距 σ_2	S_2/d	77.3/38	2.03
	纵向排数 n_2			12
	烟气平均温度 θ_{pj}/℃	由热力计算得		929.5
	烟气密度 ρ/(kg/m³)	$\rho_0\frac{273}{273+\theta_{pj}}$	$1.34\frac{273}{273+929.5}$	0.304
	烟气平均流速 v_y/(m/s)	由热力计算得		12.17
	雷诺数 Re	v_yd/υ	$12.17\times0.038/148.49\times10^{-6}$	3114.4
	系数 ψ	$\frac{S_1-d}{S_2-d}$	$\frac{90-38}{77.3-38}$	1.32
	一排管子的阻力系数 ξ_0	$0.38(\sigma_1-1)^{-0.5}\times(\psi-0.94)^{-0.59}Re^{-\frac{0.2}{\psi^2}}$	$0.38(2.37-1)^{-0.5}\times(1.32-0.94)^{-0.59}\times3114.4^{-\frac{0.2}{1.32^2}}$	0.228
	管束的阻力系数 ξ	$n_2\xi_0$	12×0.228	2.74
	高温对流过热器阻力 $\Delta h_{grⅡ}$/Pa	$\xi\frac{\rho v_y^2}{2}$	$2.74\times0.304\times12.17^2/2$	61.6
4	后墙引出管阻力 Δh_{hq}/Pa	可忽略不计		0
5	低温对流过热器阻力			
	管子直径及布置 d/mm	顺列布置		$\phi38$
	相对横向节距 σ_1	S_1/d	90/38	2.37
	相对纵向节距 σ_2	S_2/d	96.7/38	2.54
	系数 ψ	$(S_1-d)/(S_2-d)$	(90−38)/(96.7−38)	0.89
	管子纵向排数 n_2			16
	烟气平均温度 θ_{pj}/℃	由热力计算得		748.7

续表

序号	数值名称	计算公式	计算数据	结果
	烟气密度 ρ/(kg/m³)	$\rho_0 \dfrac{273}{273+\theta_{pj}}$	$1.34 \dfrac{273}{273+748.7}$	0.358
	烟气平均流速 v_y/(m/s)	由热力计算得		12.45
	雷诺数 Re	$v_y d/\nu$	$12.45\times0.038/113.9\times10^{-6}$	4153.6
	一排管子的阻力系数 ξ_0	$2(\sigma_1-1)^{-0.5}Re^{-0.2}$	$2(2.37-1)^{-0.5}\times4153.6^{-0.2}$	0.323
	管束阻力系数 ξ	$n_2\xi_0$	16×0.323	5.17
	低温对流过热器阻力 $\Delta h_{gr\,I}$/Pa	$\xi\dfrac{\rho v_y^2}{2}$	$5.17\times0.358\times12.45^2/2$	143.3
6	转弯烟室阻力 $\Delta h_{2}v$/Pa	不计		0
7	高温省煤器阻力			
	管子直径及布置 d/mm	错列布置		ϕ25
	相对横向节距 σ_1	S_1/d	70/25	2.8
	相对纵向节距 σ_2	S_2/d	30/25	1.2
	纵向排数 n_2			16
	斜向节距 $S_{\frac{1}{2}}$/mm	$\sqrt{\dfrac{1}{4}S_1^2+S_2^2}$	$\sqrt{\dfrac{1}{4}\times70^2+30^2}$	46.1
	系数 ψ	$(S_1-d)/(S_{\frac{1}{2}}-d)$	$(70-25)/(46.1-25)$	2.13
	错列管束形状系数 c_s	$0.44(\psi+1)^2$	$0.44(2.13+1)^2$	4.32
	烟气平均温度 θ_{pj}/℃	由热力计算得		550.4
	烟气密度 ρ/(kg/m³)	$\rho_0 \dfrac{273}{273+\theta_{pj}}$	$1.34 \dfrac{273}{273+550.4}$	0.444
	烟气平均流速 v_y/(m/s)	由热力计算得		8.56
	雷诺数 Re	$v_y d/\nu$	$8.56\times0.025/79.26\times10^{-6}$	2700
	一排管子的阻力系数 ξ_0	$c_s Re^{-0.27}$	$4.32\times2700^{-0.27}$	0.512
	管束阻力系数 ξ	$(n_2+1)\xi_0$	$(16+1)\times0.512$	8.70
	高温省煤器阻力 $\Delta h_{sm\,II}$/Pa	$\xi\dfrac{\rho v_y^2}{2}$	$8.70\times0.444\times8.56^2/2$	141.5
8	高温空气预热器阻力			
	管子直径及布置 d/mm	纵向冲刷		$\phi40\times1.5$
	烟气行程长度 l/m			3.2
	烟气平均温度 θ_{pj}/℃	由热力计算得		427.9
	烟气密度 ρ/(kg/m³)	$\rho_0 \dfrac{273}{273+\theta_{pj}}$	$1.34 \dfrac{273}{273+427.9}$	0.522
	烟气平均流速 v_y/(m/s)	由热力计算得		13.66
	雷诺数 Re	$v_y d_{dl}/\nu$	$13.66\times0.037/60.9\times10^{-6}$	8299.2
	管壁表面绝对粗糙度 k/mm			0.2
	摩擦阻力系数 λ	$0.335\left(\dfrac{k}{d_{dl}}\right)^{0.17}Re^{-0.14}$	$0.335\left(\dfrac{0.2}{0.037}\right)^{0.17}\times8299.2^{-0.14}$	0.126
	高温空气预热器阻力 $\Delta h_{ky\,II}$/Pa	$\lambda\dfrac{l}{d_{dl}}\dfrac{\rho v_y^2}{2}$	$0.126\dfrac{3.2}{0.037}\times\dfrac{0.522\times13.66^2}{2}$	531.4
9	低温省煤器阻力			
	管子直径及布置 d/mm	错列布置		ϕ25
	相对横向节距 σ_1	S_1/d	70/25	2.8
	相对纵向节距 σ_2	S_2/d	30/25	1.2
	纵向排数 n_2			24
	斜向节距 $S_{\frac{1}{2}}$/mm	$\sqrt{\dfrac{1}{4}S_1^2+S_2^2}$	$\sqrt{\dfrac{1}{4}\times70^2+30^2}$	46.1
	系数 ψ	$(S_1-d)/(S_{\frac{1}{2}}-d)$	$(70-25)/(46.1-25)$	2.13

续表

序号	数值名称	计算公式	计算数据	结果
	错列管束形状系数 c_s	$0.44(\psi+1)^2$	$0.44(2.13+1)^2$	4.32
	烟气平均温度 θ_{pj}/℃	由热力计算得		345.9
	烟气密度 ρ/(kg/m³)	$\rho_0\dfrac{273}{273+\theta_{pj}}$	$1.34\dfrac{273}{273+345.9}$	0.591
	烟气平均流速 v_y/(m/s)	由热力计算得		8.86
	雷诺数 Re	$v_y d/\nu$	$8.86\times0.025/49.5\times10^{-6}$	4474.7
	一排管子阻力系数 ξ_0	$c_s Re^{-0.27}$	$4.23\times4474.7^{-0.27}$	0.446
	管束阻力系数 ξ	$(n_2+1)\xi_0$	$(24+1)\times0.446$	11.16
	低温省煤器阻力 $\Delta h_{sm\,\mathrm{I}}$/Pa	$\xi\dfrac{\rho v_y^2}{2}$	$11.16\times0.591\times8.86^2/2$	258.9
10	回转式空气预热器阻力			
	当量直径 d_{dl}/mm	纵向冲刷		9.6
	烟气行程长度 l/m			2.05
	烟气平均温度 θ_{pj}/℃	由热力计算得		217.6
	烟气密度 ρ/(kg/m³)	$\rho_0\dfrac{273}{273+\theta_{pj}}$	$1.34\dfrac{273}{273+217.6}$	0.746
	烟气平均流速 v_y/(m/s)	由热力计算得		10.12
	雷诺数 Re	$v_y d_{dl}/\nu$	$10.12\times0.0096/33.44\times10^{-6}$	2905.3
	假想无因次粗糙度 $\overline{k}$			0.171
	光滑管道摩擦阻力系数 λ_0	$\dfrac{0.303}{(\lg Re-0.9)^2}$	$\dfrac{0.303}{(\lg2905.3-0.9)^2}$	0.0461
	回转式空气预热器阻力系数 λ	$\lambda_0(1+11.1\overline{k})$	$0.0461(1+11.1\times0.171)$	0.134
	回转式空气预热器阻力 Δh_{kyI}/Pa	$\lambda\dfrac{l}{d_{dl}}\dfrac{\rho v_y^2}{2}$	$0.134\dfrac{2.05}{0.0096}\times\dfrac{0.746\times10.12^2}{2}$	1090.3
11	烟道总阻力 Δh/Pa	$\sum\Delta h_i$	$-20+61.6+143.3+141.5+5364+258.9+1090.3$	2207

表 14-20 空气预热器空气侧阻力计算列表

序号	数值名称	计算公式	计算数据	结果
1	低温回转式空气预热器阻力			
	当量直径 d_{dl}/mm			9.6
	空气平均温度 t_{pj}/℃	由热力计算得		145
	空气密度 ρ/(kg/m³)	$\rho_0\dfrac{273}{273+t_{pj}}$	$1.293\dfrac{273}{273+145}$	0.844
	空气平均流速 v_k/(m/s)	由热力计算得		7.535
	雷诺数 Re	$v_k d_{dl},\nu$	$7.535\times0.0096/29.42\times10^{-6}$	2458.7
	光滑管道摩擦阻力系数 λ_0	$\dfrac{0.303}{(\lg Re-0.9)^2}$	$\dfrac{0.303}{(\lg2458.7-0.9)^2}$	0.0488
	回转式空气预热器阻力系数 λ	$\lambda_0(1+11.1\overline{k})$	$0.0488(1+11.1\times0.171)$	0.1416
	回转式空气预热器阻力 Δh_1/Pa	$\lambda\dfrac{l}{d_{dl}}\dfrac{\rho v_k^2}{2}$	$0.1416\times\dfrac{2.05}{0.0096}\times0.844\times7.535^2/2$	724.2
2	高温空气预热器阻力			
	管子直径及布置 d/mm	错列		$\phi40$
	相对横向节距 σ_1	S_1/d	60/40	1.5
	相对纵向节距 σ_2	S_2/d	42/40	1.05
	纵向排数 n_2			48
	斜向节距 $S_{\frac{1}{2}}$/mm	$\sqrt{\dfrac{1}{4}S_1^2+S_2^2}$	$\sqrt{\dfrac{1}{4}\times60^2+42^2}$	51.6

续表

序号	数值名称	计算公式	计算数据	结果
3	系数 ψ	$(S_1-d)/(S_{\frac{1}{2}}-d)$	(60－20)/(51.6－40)	3.444
	错列管束形状系数 c_s	$0.44(\psi+1)^2$	$0.44(3.444+1)^2$	8.69
	空气平均流速 v_k/(m/s)	由热力计算得		7.485
	空气平均速度 t_{pj}/℃	由热力计算得		320
	空气密度 ρ/(kg/m³)	$\rho_0\dfrac{273}{273+t_{pj}}$	$1.293\dfrac{273}{273+320}$	0.595
	雷诺数 Re	$v_k d/\nu$	$7.485\times0.04/51.14\times10^{-6}$	5854.5
	一排管子阻力系数 ξ_0	$c_s Re^{-0.27}$	$8.69\times5854.5^{-0.27}$	0.835
	错列管束阻力系数 ξ	$(n_2+1)\xi_0$	(48＋1)×0.835	40.93
	高温空气预热器阻力 Δh_2/Pa	$\xi\dfrac{\rho v_k^2}{2}$	$40.93\times0.595\times7.485^2/2$	682.1
	空气预热器风道总阻力 Δh/Pa	$\Delta h_1+\Delta h_2$	724.2＋682.1	1406.3
		连接风道的阻力未计		

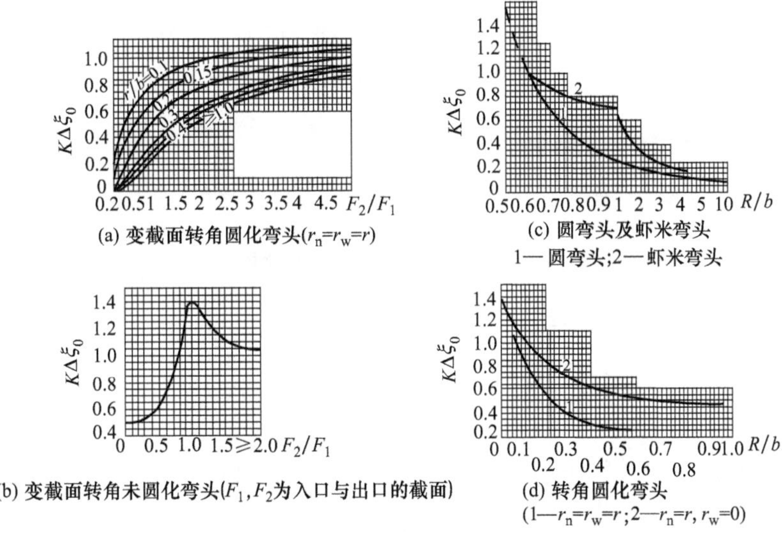

(a) 变截面转角圆化弯头($r_n=r_w=r$)

(b) 变截面转角未圆化弯头(F_1, F_2为入口与出口的截面)

(c) 圆弯头及虾米弯头
1—圆弯头；2—虾米弯头

(d) 转角圆化弯头
(1—$r_n=r_w=r$；2—$r_n=r$, $r_w=0$)

图 14-17 常用弯头的局部阻力系数

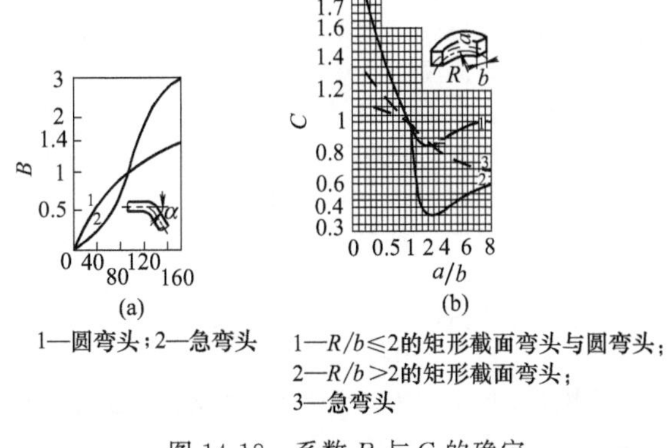

(a)

1—圆弯头；2—急弯头

(b)

1—$R/b\leqslant2$的矩形截面弯头与圆弯头；
2—$R/b>2$的矩形截面弯头；
3—急弯头

图 14-18 系数 B 与 C 的确定

第十五章 锅炉炉墙和构架

第一节 锅炉炉墙及其结构

一、对锅炉炉墙结构的基本要求及炉墙形式

锅炉炉墙是锅炉的外壳。它将锅炉内燃烧着的火焰、高温烟气以及各受热面部件与外界隔绝，是锅炉的重要组成部分。炉墙的主要作用如下。

(1) 绝热 防止锅炉内热量的散失，最大限度地减少锅炉的散热损失，并以此保证炉内燃烧所需的高温及锅炉房内安全运行所需的环境温度。

(2) 密封 当锅炉负压运行时，防止外界冷空气漏入炉内，确保运行经济性；当锅炉正压运行时，防止火焰和烟灰喷出，确保运行人员安全和环境卫生。

(3) 形状和流道 构成一定形状和尺寸的烟气流道，使锅炉中的烟气按既定的方式依次流过各受热面。

为了保证炉墙能起到上述作用，它必须满足如下要求。

(1) 优良的绝热性 锅炉的散热损失和炉墙外表面温度在很大程度上取决于炉墙结构与炉墙材料的选取。为了保证锅炉运行的经济性和安全性，对于大型锅炉，要求其散热损失不超过0.3%～0.5%；而对炉墙的外表面温度及最大热流量则限制如下：①对于配50MW以上机组的锅炉，在室内布置时环境温度按25℃，炉墙外表面温度不超过50℃，最大热流量不超过290W/m^2；在室外布置时环境温度按当地年平均气温来确定，炉墙外表面温度不超过40℃，最大热流不超过290W/m^2；②对于配50MW以下机组的锅炉，在室内布置时环境温度按25℃，炉墙外表面温度不超过55℃，最大热流量不超过350W/m^2；在室外布置时环境温度按当地年平均气温来确定，炉墙外表面温度不超过50℃，最大热流量不超过350W/m^2。

(2) 良好的密封性 炉墙的密封性对锅炉运行的经济性乃至安全性都会产生很大的影响。对于负压运行的锅炉，由于炉墙密封不严所引起的外界冷空气的漏入，不仅增加了锅炉的排烟热损失，而且还造成了引风机电耗的徒然增大，同时也恶化了炉内的燃烧过程。其中仅漏风直接降低锅炉效率的数值就可达：漏风量每增加$\Delta\alpha=0.1$，锅炉效率降低约0.4%～0.5%。对于正压运行的锅炉，则炉墙的泄漏会导致向外喷热烟尘，危及运行人员的安全和环境卫生，故要求炉墙有更高的密封性。

(3) 足够的耐热性 锅炉炉墙的内侧受到炉膛内火焰的高温辐射，或受到高温烟气的冲刷，有的部位还与灼热的炉渣接触，因而炉墙应具有足够的耐高温性能，并应能承受相当大的温度波动与抵抗灰渣侵蚀的能力，但是在不同的锅炉部位和在不同类型的锅炉中，炉墙有不同的内壁温度，因而也就有不同的耐热性要求。炉膛内炉墙内壁的温度最高，随着烟气因放热而温度不断下降，随后各烟道的炉墙温度也逐渐降低，因而对耐热性的要求也有所降低。在旧式锅炉和现代小型锅炉中，炉膛内壁有相当部分不敷设水冷壁或敷设的水冷壁管节距很大，炉墙内壁温度很高，因而要求其能耐高温。现代的大中型锅炉炉膛内都布满水冷壁，有时在高温烟道部分也敷设水冷壁，炉墙内壁温度一般不超过800～900℃。有些新型锅炉中炉膛水冷壁管的节距很小（$S/d=1.0$），炉墙内壁温度可降到400～500℃以下；更有不少新型锅炉，尤其是大型锅炉还采用膜式水冷壁，此时对炉墙的耐热要求更可大为降低，乃至可以将其视为是一种单纯的保温层。

(4) 一定的机械强度 在炉墙上作用着各种力，包括炉墙自重、锅炉正常运行时的烟气压力、炉膛内轻度爆燃所造成的突发性烟气压力、炉内火焰脉动所引起的振动和地震时的水平惯性力等。为抵抗上述各种作用力而不发生破坏，锅炉炉墙应具有一定的机械强度。

此外，显然还要求炉墙的重量轻、结构简单、价格低廉等。

炉墙的上述各项要求，一般难以用一种材料来满足。例如，耐热性能好的材料往往绝热性能较差，而且较重；密封用的材料则更有不同的选择标准。为了更好地满足以上各项要求，锅炉炉墙通常设计成由几层组成。一般为三层，即内侧耐热层、中间绝热层和外壁密封层，各层采用不同的材料。但是，尽管如此，各层的作用有时也不能截然分开。

随着锅炉形式和受热面结构的发展，锅炉炉墙也经历过三个发展阶段，并相应地形成了 3 种基本的结构形式，即重型炉墙、轻型炉墙和敷管炉墙。这三类炉墙的主要差别在于炉墙材料及支撑方式的不同。

二、重型炉墙

重型炉墙是用砖材直接砌筑在锅炉基础上而成的，其结构类似于普通砖墙。重型炉墙的特点有二：其一是使用重质材料——砖块；其二为重量由锅炉基础直接承受，因而也称为基础式炉墙。这种炉墙多用于蒸发量小于 35t/h 的锅炉，尤其是水冷管稀少或无水冷壁的炉膛部分。

重型炉墙由内层耐热层和外层保温-密封层组成。耐热层采用标准耐火砖（230mm×113mm×65mm），外层则以机制红砖（240mm×115mm×53mm）为主。每一层砖有一定的砌法，使上下的砖缝不至贯穿。红砖外墙的四壁转角处的砖块砌筑呈互相“咬”住状态，四壁自行形成整体，不需使用或仅需使用很少的钢架件来箍住外墙，因而重型炉墙的结构能很简单就可保持其强度。重型炉墙为了防止内墙与外墙间脱离和倾斜，内墙在每高 5～8 层砖就需将一层耐火砖伸入红砖外墙中，即砌一层牵连砖，或者每层有几块耐火砖作牵连砖，但各层牵连砖的位置在垂直线上应错开。而且当锅炉墙体高于 10m 时，必须采用金属构件进行加固和牵连，牵连结构常采用拉钩和衔铁结构，并采用特制的异形砖与之衔合砌筑。考虑到重型炉墙受到结构稳定性和砌体强度的限制，炉墙高度一般仍不宜超过 10～12m。

重型炉墙内外两层的厚度及总厚度应根据红砖的耐热温度、所允许的炉墙外表面温度及热流量来确定。考虑到红砖的保温性能较差，墙身砖缝又多，可在耐火砖和红砖之间留一 7～20mm 空气夹层，或增设优质保温材料层，常用硅藻土砖（250mm×123mm×65mm）以改善重型炉墙的保温性能。重型炉墙的各层厚度及总厚度可按表 15-1 和表 15-2 选取。总厚度一般为 1.5～3.5 砖，相应于 360～855mm 厚。内层是 0.5～1 块耐火砖；外层为 1～2.5 砖红砖，或 0.5 砖硅藻土砖加 1～2.5 砖红砖。现代锅炉炉膛部分的重型炉墙总厚度通常为 500mm 左右，相应于内层 1 砖厚耐火砖，外层 1 砖厚红砖；对流受热面部分的炉墙总厚度通常为 360～473mm，相应于内层 0.5 砖厚耐火砖，外层 1～1.5 砖红砖，而当烟气温度低于 500℃时，内层也可用红砖砌成。

表 15-1　普通重型炉墙厚度　　单位：mm

简　图	红砖厚度 B	砖缝总厚度 δ	耐火砖厚度 A	炉墙总厚度 S
$A\ \frac{\delta}{2}\ C\ \frac{\delta}{2}\ B$ / S	240	5～7	230	475～480
	240＋115	2×(5～7)	230	595～605
	240×2	2×(5～7)	230	720～730
	240×2＋115	3×(5～7)	230	840～855

表 15-2　加保温层（硅藻土砖）的重型炉墙厚度　　单位：mm

简　图	耐火砖厚度 A	硅藻土砖厚度 C	砖缝总厚度 δ	红砖厚度 B	炉墙总厚度 S
$A\ \delta\ B$ / S	113	123	2×2	240	480
	113	123	2×2＋(5～7)	240＋115	600～605
	113	123	2×2＋(5～7)	240×2	725～730

重型炉墙虽其结构简单，并与普通住房砖墙相近，但其砌筑工艺却比普通砖墙的严格得多，砖缝厚度的规定就是其中之一：内层耐火砖在高温区砖缝灰浆厚度应为 1～2mm，其他部位不大于 3mm；外层红砖的

砖缝灰浆厚度应不大于5～7mm。

炉墙中高温内层墙内应设置膨胀缝，以使内层墙受热后得以较自由的膨胀。炉墙膨胀缝有水平和垂直之分。水平膨胀缝通常设置在内墙的分段卸载结构处，如图15-1所示。两条水平膨胀缝的垂直间距（即内墙的分段高度）一般为2～3m。此外，在垂直炉墙与顶棚炉墙的交界处也应设置水平膨胀缝。炉墙的垂直膨胀缝优先设置在炉墙的角部，如图15-2所示。当炉墙宽度大于5～6m时，应在炉墙中部位置增设一定数量的垂直膨胀缝。

在膨胀缝中应嵌入石棉绳以防止漏风及缝隙被灰渣等堵塞而失去作用。膨胀缝的尺寸及石棉绳的直径应合适，可通过计算来确定。计算的前提如下。

① 膨胀缝中填充的石棉绳，其压缩量不应超过原直径的2/3。

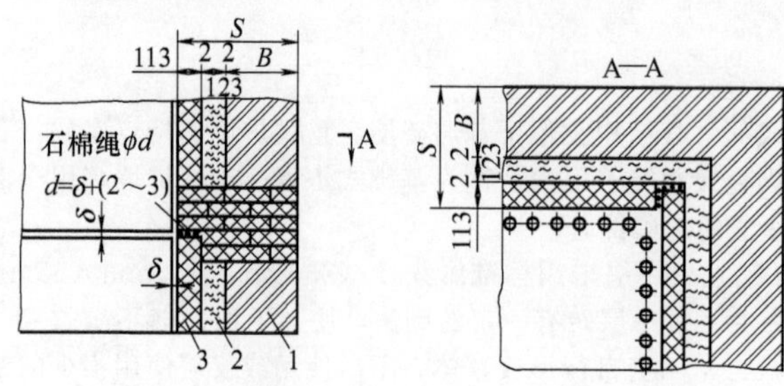

图15-1 内墙的分段卸载结构及水平膨胀缝

1—红砖；2—硅藻土砖；3—耐火砖

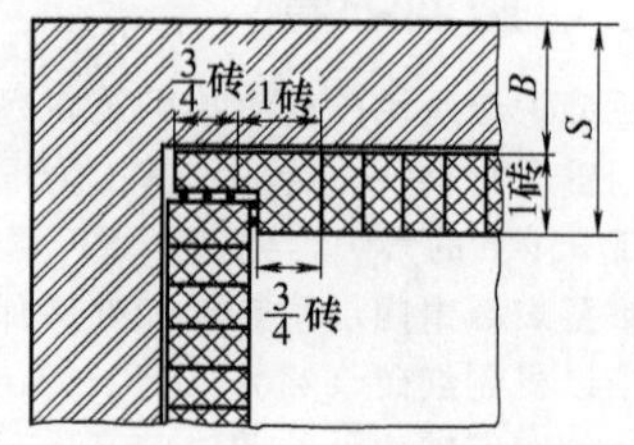

图15-2 炉墙角部的垂直膨胀缝

② 石棉绳直径以比缝宽大2mm为宜，以保持其在缝中的紧密性。

③ 内墙全长的膨胀量平均分配到墙的两边。根据上述条件，可列出如下两式：

$$b=d-2 \text{ 及 } b=\frac{1}{3}d+\frac{1}{2}\Delta$$

从而可解得

$$d=0.75\Delta+3$$

式中 d——石棉绳直径，mm；

b——膨胀缝宽度，mm；

Δ——内墙全长的膨胀量，mm。

内墙的全长膨胀量可根据所用耐火砖的线膨胀率和残余线收缩率及内墙的全长来确定：

$$\Delta=L(\alpha-\beta)$$

式中 α，β——耐火砖的线膨胀率及残余线收缩率，其值可按表15-3选取；

L——内墙全长，mm。

表15-3 耐火砖的线膨胀率和残余线收缩率

内墙材料	温度范围/℃	线膨胀率×100	残余线收缩率×100
黏土质耐火砖砌体	300～1200	0.7	0.3
硅酸盐水泥耐火混凝土	1000～1200	0.75	0.4～0.8
矾土水泥耐火混凝土	1000～1200	0.55～0.6	0.4～0.8

重型炉墙的优点是结构简单、耐热性好，适合于小型散装锅炉。其缺点是厚度大、质量重，常用的2～2.5砖厚的重型炉墙，其质量约为1000～1200kg/m^2，而且多为手工砌筑，费时多、造价高。因此不宜用于较大容量的锅炉。

三、轻型炉墙

轻型炉墙也称为托架式或护板框架式炉墙。其主要特点在于炉墙是沿高度分段支撑在水平托架上，每段炉墙的重量由其相应的各排托架均匀地传递到锅炉构架上。因此，这种炉墙的高度不受限制。另外，为了减轻支撑重量，采用轻质高效的保温材料及单独的密封层。轻型炉墙广泛应用于蒸发量为35～130t/h的锅炉中。这种炉墙按所用材料不同，可以有砖砌和混凝土两种。混凝土轻型炉墙的墙体呈大块壁板状，故又称壁板炉墙。

砖砌轻型炉墙分为三层：内层为耐火层，采用黏土质耐火砖；中层为保温层，可采用一层硅藻土砖，但一般多用两层，即里层硅藻土砖，外层石棉白云石板或矿渣棉板等保温板；最外面为密封层，由覆盖在炉墙外表面的钢制护板所组成，后者用2～3mm厚的钢板沿四边焊于由型钢制成的护板框架上面而成。耐热层与保温层的总厚度按表 15-4 选取。

表 15-4　砖砌轻型炉墙的总厚度　　　单位：mm

简　　图	耐火砖厚度 A	113							
	硅藻土砖厚度 C	123							
	砖缝总厚度 δ	2×2=4							
	保温板厚度 B	0	20	40	60	80	100	120	140
	炉墙总厚度 S	240	260	280	300	320	340	360	380

砖砌轻型炉墙的结构如图 15-3 所示。每一段砖墙砌体由一排水平的铸铁或钢制托架支撑，各排托架均固定在相应的构架框架梁上，见图 15-3（a）。两排托架的垂直间距常不超过 3m。耐火砖砌体的牵连结构如图 15-3（b）所示。沿高度每隔 500～1000mm 用一排铸铁拉钩，将与其头部衔合的、砌在内层普通耐火砖中的异形砖拉住，拉钩则固定在与护板相焊的管子上。拉钩的横向间距为 1～2 块砖长（即 232～464mm）。在耐热层中应设置膨胀缝：每段炉墙之间在托架处设水平膨胀缝，即上下两异形砖之间保持 7～15mm 的膨胀缝，缝中填石棉绳［见图 15-3（a）］。另外，在垂直墙与顶棚炉墙的交界处也需设水平膨胀缝。垂直膨胀缝优先设置在炉墙角部。对于较宽的炉墙，沿宽度每隔 3～4m 还需设置一道垂直膨胀缝。

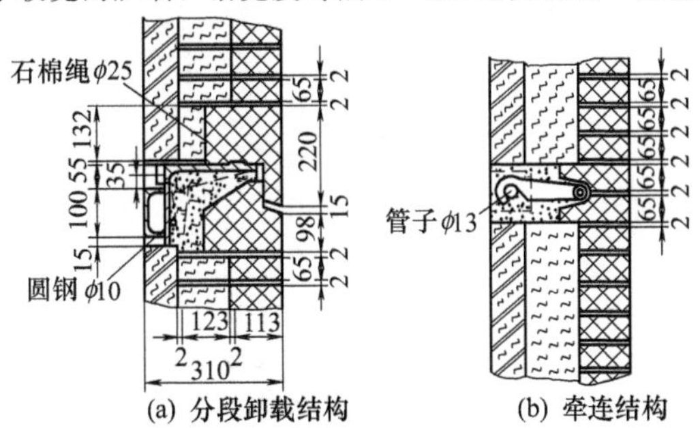

图 15-3　砖砌轻型炉墙的分段卸载与牵连结构

混凝土轻型炉墙通常也分为三层。内层耐热层是用耐火混凝土浇制而成。对于垂直墙部位，一般预制成耐火混凝土板。板块尺寸通常为 2500mm×1000mm 左右。每一板块均有钢制框架作为骨架。为了便于耐火混凝土固定在框架上并保持足够的强度，在耐火混凝土中加设钢筋网，钢筋网用 ϕ6mm 圆钢制成，网格尺寸为 120mm×120mm，钢筋的两端点焊在框架上，钢筋交叉处用退过火的 ϕ1.6mm 铁丝扎牢。钢筋上应涂以 2mm 厚的沥青，以防止耐火混凝土因与钢筋的膨胀系数不同而引起裂缝。沥青在高温下熔烧后会几乎消失体积而在钢筋和耐火混凝土之间形成相应尺寸的空隙。中层保温层一般有两层，里层为保温混凝土，外层为蛭石板等保温板。最外层现已不用钢板，而改用密封涂料，以节省大量薄钢板。密封涂料通常在烘炉时涂上，涂抹前应在框架上点焊上 ϕ1.6mm×20mm×20mm 铁丝网。砌体总厚度，即耐热层和保温层的总厚度可按表 15-5 选取。

表 15-5　混凝土轻型炉墙的总厚度　　　单位：mm

简　　图	A	50～60							
	C	50～60							
	δ	5		2×5					
	B	135～115	155～135	170～155	190～170	210～190	230～210	250～230	270～250
	S	240	260	280	300	320	340	360	380

注：含义同表 15-4。

混凝土轻型炉墙通常是通过炉墙托架将重量传到锅炉构架上去的，与砖砌轻型炉墙相似。其牵连结构采用拉钩牵拉方式，如图 15-4 所示。拉钩的垂直和水平间距取决于护板框架上横杆和竖杆的间隔。这种炉墙的耐火混凝土层中的膨胀缝是这样形成的：将大块的混凝土板划分为若干较小的方块，在各方块的垂直和水平交界面上留出缝道，即成为垂直和水平膨胀缝，膨胀缝的宽度为 4～5mm。方块的宽度和长度通常为 0.7～1.0m，最好使膨胀缝的布置与护板框架的横杆和竖杆的位置相对应。此外，如前所述，在炉角处仍然应优先布置垂直膨胀缝，在垂直炉墙与顶棚炉墙的交界处应设置水平膨胀缝。

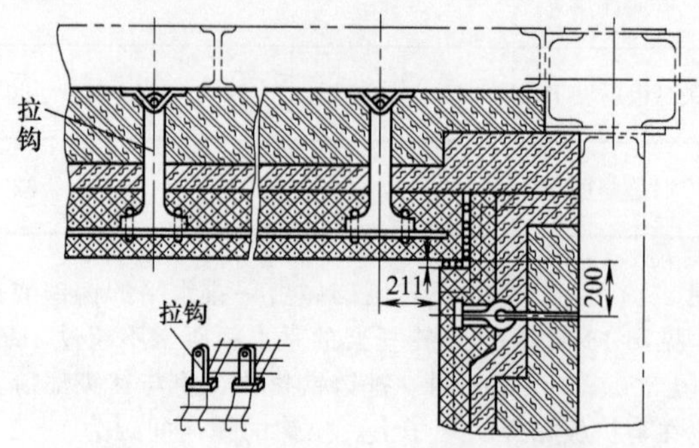

图 15-4　混凝土轻型炉墙的牵连结构

砖砌轻型炉墙一般用于内壁温度在 600～1000℃之间，例如水冷壁管布置较稀（$S/d=1.3\sim1.5$）的炉膛等处。混凝土轻型炉墙则通常用于烟气温度低于 800℃的对流受热面烟道转向室以及省煤器烟道等能够采用大型混凝土预制件的地方。砖砌轻型炉墙与混凝土轻型炉墙相比较，其优点主要是其耐热性（包括耐高温、抵抗温度波动和灰渣侵蚀的能力）较好，密封性和机械强度也稍好；其缺点主要是金属耗量大、砌筑很麻烦，尤其还使用大量异形砖，从而使炉墙成本高、施工速度慢。因此，现代大中型锅炉的尾部烟道已很少采用砖砌式，而改用混凝土式轻型炉墙。

四、敷管炉墙

敷管炉墙是直接敷贴在锅炉受热面管子上面的一种超轻型炉墙，也称为管承炉墙或管上炉墙。它要求其依托的受热面管子的节距要小（$S/d<1.25$）或采用膜式水冷壁。敷管炉墙的内壁最高温度通常低于 500～600℃，内壁的平均温度一般仅 350～400℃。可见此时对炉墙的耐热性要求已大为降低，炉墙常利用保温性能较优良的、容重较小的材料作成，总厚度通常不超过 200～250mm，质量仅为 190～200kg/m^2 炉墙面积(不包括刚性梁的质量)。敷管炉墙无需沿高度分段，且总高度不受限制。炉墙的重量全部均匀地分布到锅炉受热面管子上，再经管子由悬吊结构传递到锅炉的顶板大梁或锅炉构架上去。

敷管炉墙的层次结构与依托管子的结构及其节距大小有关。图 15-5 所示的为光管水冷壁敷管炉墙结构。

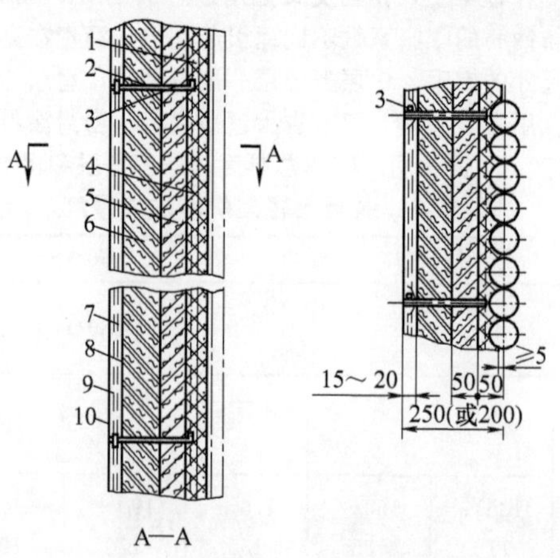

图 15-5　光管水冷壁敷管炉墙结构

1—钢筋网；2—拉杆；3—圆钢；4—耐火混凝土；5—保温混凝土；6—保温板；7,9—镀锌铅丝网；8—抹面；10—密封层炉墙仍由耐热层、保温层及密封层所组成。内层耐热层为耐火混凝土；保温层有两层：中里层为保温混凝土，中外层为保温板；外表层为密封涂料抹面层。如果中里层墙工作温度高于600℃，就应采用硅藻土质保温混凝土。相反，如果水冷壁管排列很紧密，炉墙面温度不超过400～450℃，则保温层可简化成一层，并采用轻质保温混凝土或保温板。

在浇灌第一层耐火混凝土之前，先在水冷壁管上点焊上 ϕ3.5mm×40mm×40mm 的钢筋网，且每隔400mm×400mm 的间距在管上焊上 ϕ8mm 的钢拉杆，再用 ϕ6mm×200mm 的小圆钢压住钢筋网，并将其与拉杆相焊以固定住钢筋网。然后在管子间的缝中塞上 ϕ5mm 的石棉绳或油纸条（鳍片管不需要塞），以免浇灌耐火混凝土时泄漏。浇至所需厚度后将表面抹平，其后再把向火面的耐火混凝土勾缝压平。待耐火混凝土养护凝固后再浇灌保温混凝土，并将表面抹平。保温混凝土凝固后再放置（或浇灌）保温板。此后在保温板外表面覆盖上 ϕ2mm×25mm×25mm 的镀锌铅丝网，再抹上厚5～10mm 的抹面，再铺放 ϕ1mm×10mm×10mm 的镀锌铅丝网，同样用 ϕ6mm 的小圆钢将两层铅丝网压紧并将其与拉杆相焊。最后在铅丝网外涂抹5～10mm 厚的密封层（露天锅炉涂冷沥青膏）。

当炉膛采用膜式水冷壁时，炉墙内壁面温度仅400℃左右，耐热层就可取消，此时敷管炉墙就直接由保温层和密封层组成。这种敷管炉墙与普通的保温层无多大差别。图15-6所示为膜式水冷壁敷管炉墙的结构。保温层由两层组成：第一层为超细玻璃棉，压实后厚度为35mm左右；第二层为蛭石砖或珍珠岩保温砖，厚度为130mm左右。外表层为密封抹面。这种炉墙的保温层也可采用泡沫石棉，以减轻重量。此时整个炉墙由三层50mm厚的泡沫石棉毡叠置而成。施工过程中应使各层泡沫石棉毡错缝，但不使用任何灰浆或黏结剂，厚度压缩50%。炉墙内外表面贴上玻璃布，炉墙外表面用镀锌铅丝网压住，并利用焊在鳍片上的支撑钉及弹性压板予以固定。炉墙最外层必要时可用1.0～1.5mm厚的波纹外护板加以保护。

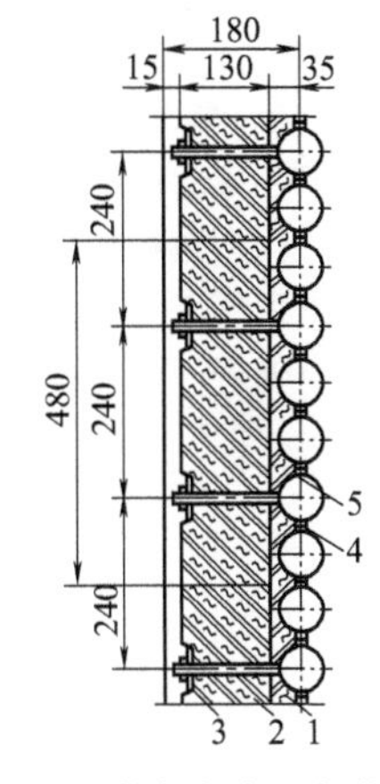

图15-6 膜式水冷壁敷管炉墙
1—填实超细玻璃棉；2—蛭石砖或珍珠岩保温砖；3—密封抹面及铁丝网；4—螺栓及压板；5—膜式水冷壁

敷管炉墙可以在工地上和受热面一起组装成组合件（包括看火孔、防爆门、人孔等附件），这些大型组合件在安装时整体起吊组装。考虑到水冷壁管很长，起吊前必须另作临时框架将其加固，以防炉墙变形和开裂。临时的加固框架在吊装以后即被拆除，并可回收再用。

敷管炉墙因其是直接敷贴在锅炉受热面的管子上的，故要求管排平整。另外，在炉膛和烟道内会出现不小的正压或负压，而使炉膛的大面积炉墙受到很大的横向推力，此时水冷壁系统还必须能抵抗这种推力而不使炉墙凸起和出现裂缝。对于悬吊结构的锅炉而言，炉膛水冷壁系统所受的外部作用力主要是垂直拉力，因此只需要增强其横向的刚性和整体性以抵抗横向推力即能保持管排的平整。为此沿锅炉高度方向每隔2～3m设置一圈刚性梁，将炉墙和管子围箍起来，使之成为具有刚性的平面。这种一道道的加强箍，使炉膛水冷壁系统成为一个刚性的整体。刚性梁的结构如图15-7所示。为了保证炉膛的受热膨胀，刚性梁具有水平滑移装置［见图15-7（a）］。对于露天布置的锅炉，在刚性梁上还必须加装防雨板［见图15-7（c）］。

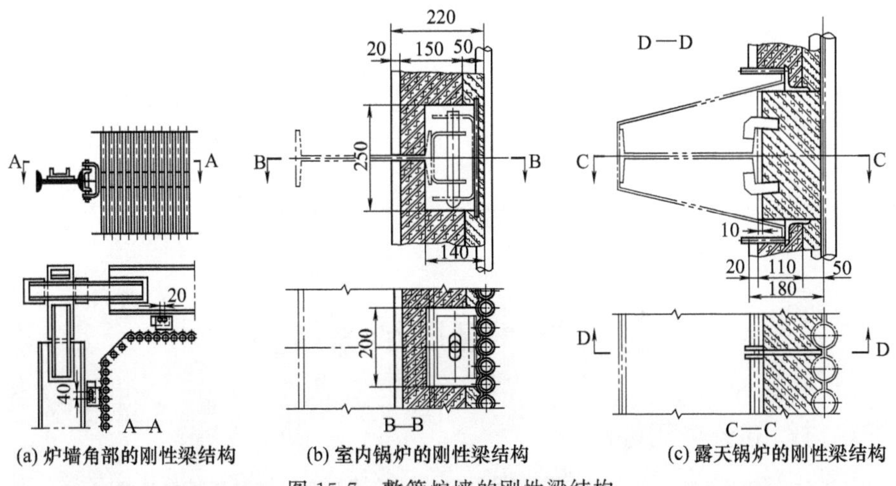

(a) 炉墙角部的刚性梁结构　(b) 室内锅炉的刚性梁结构　(c) 露天锅炉的刚性梁结构

图15-7 敷管炉墙的刚性梁结构

敷管炉墙与砖砌式轻型炉墙相比较，其质量轻，钢材消耗少，成本低，且易于做成复杂的形状，又可以和受热面一起组装，从而大大地简化了安装工作、加速了安装进度。因此敷管炉墙适合于蒸发量在220t/h以上的大型锅炉。随着锅炉容量的不断增大，敷管炉墙已成为锅炉炉墙的主要形式。但是，正如以前所述，敷管炉墙的应用要符合两个基本条件，即要有宜于依托的受热面管子，且管子的节距要较小。例如采用水平管圈和壁式辐射过热器的直流锅炉一般就不宜采用敷管炉墙。同时，即使在同一台锅炉中，悬吊式炉膛部分最适宜于采用，尾部受热面就未必适宜，而空气预热器烟道则不能采用敷管炉墙。这样，由于支撑方式不同，采用敷管炉墙的炉膛或加上一部分对流烟道与采用普通轻型炉墙的后部之间的连接部位就存在一个密封问题。这需要通过正确选择敷管炉墙的布置范围来解决。一般来说，高温和垂直的结合面不易密封，而低温和水平的结合面的膨胀补偿装置则十分简单和可靠。图15-8所示的为倒U形布置锅炉中敷管炉墙布置的四种可能的方案。

图15-8（a）是前吊后支结构，即除炉膛部分悬吊外，其余部分均为支撑结构。此时，只有炉膛部分可以采用敷管炉墙，而其余部分均采用轻型炉墙。显然，运行时水冷壁向下和向前后及左右膨胀，而过热器区的水平烟道则是固定的，这样在界面 m_1—n_1 处需设置三向膨胀缝装置，且那里的烟温很高，因此该方案不足取。图15-8（b）的悬吊范围已扩展到转向室末端，此时水平烟道和转向室都采用包墙管结构以支托敷管炉墙。在界面 m_1—n_1 处需设水平膨胀节。图15-8（c）的悬吊范围已扩展到上级省煤器末端，此时从水平烟道到上级省煤器末端均采用包墙管结构，相应地在此范围内采用敷管炉墙。图15-8（d）为尾部烟道内布置单级省煤器、并采用回转式空气预热器的锅炉，此时基本上为全悬吊结构，可全部采用敷管炉墙，因此锅炉本体具有最好的密封性，但在界面 m_1—n_1 处应设置三向的膨胀补偿装置。不过那里的烟温已经不高，且界面尺寸也很小。

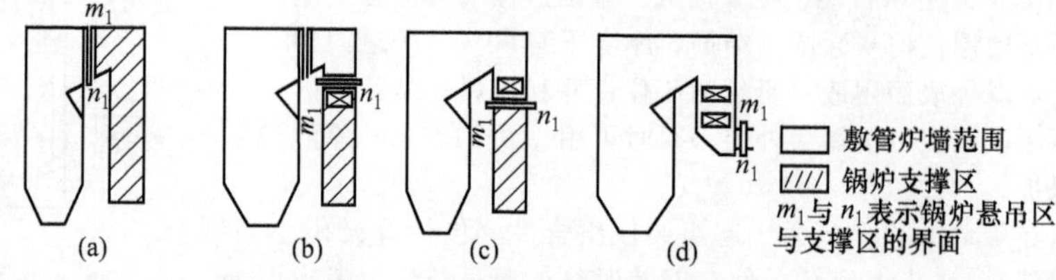

图15-8 敷管炉墙的布置范围

近代大容量锅炉炉墙的关键在于密封，而其密封的优劣又取决于炉墙中紧贴管子的金属密封（一次密封）。因为这种锅炉尽管采用受热面的全悬吊结构，从而使垂直方向具有膨胀自由而不引起外部约束所产生的附加力和热应力。但是大型锅炉尺寸很大、温度变化幅度也较大，因而胀缩量颇大，炉墙金属密封件与所连接的结构件（受热面）之间的温差所引起的热应力比较大；同时，由于这种锅炉的受热面结构复杂、膨胀无序，导致一些部位如管子穿墙处、特别是炉顶的炉墙密封容易损坏，造成漏风、漏灰和管子被拉裂后发生漏水等问题。炉顶炉墙因不仅膨胀尺寸大，而且还存在与垂直墙的很大长度的交界密封和大量的管子穿墙，因此泄漏已成为突出的问题。为了解决大型锅炉的炉墙泄漏问题，首先必须建立“膨胀中心”（膨胀死点），并采用专门的导向装置来保证膨胀中心的膨胀为零，以便以此来变无序膨胀为有序膨胀。然后根据距膨胀中的距离、温度差算得各部位的膨胀差和膨胀方向，设计得恰当的金属密封结构，并采用相应的补偿以控制住热应力。至于膨胀中心的位置，应该通过综合分析来确定。首先，它显然应该位于受热面的吊挂面内，对倒U形锅炉来说也就是在炉顶大罩壳的顶部水平面内。其次，膨胀中心在水平面的位置则应处于膨胀的对称中心线上，一般取锅炉的纵向中心线与炉膛的横向中心线的交点。在近代大型锅炉的炉墙中，应用着各种新型的金属密封结构，并采用了相应的膨胀补偿措施，从尺寸小、温度变化不大部位的折边板结构到大尺寸场合下所用的各种膨胀节结构等都有。密封件在高温烟气中暴露面积较大时，应采取分段切槽的办法以减小热应力。从密封件的用材来看，虽碳钢和不锈钢都有使用，但不锈钢作密封件，其附加应力要比碳钢高30%左右。同时不锈钢与碳钢相焊，焊接处会产生脱碳，降低强度，故较大的间隙未必宜用不锈钢。

第二节 锅炉炉墙材料

一、炉墙材料的分类和性能

锅炉炉墙材料分为耐火材料、保温材料和密封材料。另外还有充填材料和其他辅料。

炉墙上常用的耐火材料有成型耐火材料，如耐火砖以及不定型耐火材料，如各种耐火混凝土、耐火塑料等。保温材料也有成型的保温材料，如各种保温砖、保温板等，以及不定形的保温材料，如各种保温混凝土和松散状纤维材料等。密封材料有金属和非金属两类。非金属密封材料有各种密封涂料和抹面材料。

耐火材料的高温性能及其指标主要有下列各项。

(1) 耐火度　耐火度是材料抵抗高温作用而不熔化的性能。耐火度是一个温度极限，材料在接近这一温度时就丧失其工作能力。因此，耐火度决不能认为是材料的容许工作温度。由于耐火材料不是一种单一的纯化学结晶物质，而是属于多相系统，所以不存在一个固定的熔点，而只有一个软化的温度区间。因此，耐火度是一个技术性的指标。决定耐火度的根本因素是材料的化学-矿物组成及其分布。材料中氧化铝的含量越多，材料的耐火度就越高。耐火度是耐火材料最重要的性能指标之一。

(2) 荷重软化温度　通过高温荷重变形试验来测定。荷重软化温度是指耐火材料在一定的静荷重（通常取 0.2MPa）下，按照规定的升温速度加热至发生一定的变形量（如自膨胀最大点压缩原试样高度的 0.6%变形）的相应温度。荷重软化温度是一个表示材料抵抗负荷和高温共同作用的能力的指标。它反映了材料的高温结构强度。荷重软化温度越高，使用温度越高。荷重软化温度与材料的化学组成及组织结构有关。它与耐火度的差值对黏土砖有较大的数值，达到 350～400℃。

(3) 热震稳定性　烧成的耐火制品对于急冷急热的温度变动的抵抗能力，称为热震稳定性。在规定的试验条件下，试样经受 1100℃至冷水的急冷急热而不破裂的次数作为热震稳定性的度量。

(4) 高温体积稳定性（残余性收缩或膨胀）　高温体积稳定性是指耐火制品在高温下长期使用中会进一步烧结和产生如再结晶和玻璃化等物相变化，导致体积的收缩或膨胀。这种体积的变化是不可逆的。大部分耐火材料在高温作用下体积收缩。

(5) 抗渣性　抗渣性是指耐火材料在高温下抵抗灰渣的化学腐蚀和物理作用的性能。材料的抗渣性与温度、材料和灰渣的化学组成及它们在该温度下的物理性质有关。选用耐火材料时应注意到熔渣的性质，以便使两者的性能（主要是酸碱性）相适应。从这一点来看，锅炉中宜采用中性或半酸性耐火材料。

炉墙材料的一般力学性质和物理性能及其指标如下。

(1) 机械强度　是指抵抗机械作用力而不破裂的能力。通常用材料的耐压强度和抗折强度来表示。它主要用来判断成型材料的强度、抗撞击、抗磨损等的性能。

(2) 导热性　炉墙材料的导热性以热导率表示。热导率与材料状态和使用温度有关。热导率的倒数即为热阻系数，表示材料的保温性能。热导率是炉墙材料尤其是保温材料的一个重要性能指标。

(3) 密度　密度是材料单位体积的质量。炉墙材料的密度直接关系到锅炉构架和基础的荷载大小，因而要求密度尽可能小。但是材料（包括同一种材料）的密度减小会使机械强度和导热能力降低。

(4) 热胀性　材料的热胀性以其线膨胀系数来表示。它是计算炉墙受热时耐火层膨胀量的依据。但在考虑耐火材料的热膨胀时应同时计及其残余收缩。热胀性更是影响材料本身热震稳定性的主要因素之一。

(5) 透气度　在一定的压差下，气体透过材料的程度称为透气度，计量单位为 μm^2。即在 1Pa 的压差下，黏度为 1Pa·s 的气体透过面积为 $1m^2$、厚度为 1m 的材料层的气体体积流量为 $1m^3/s$ 时，透气度为 $1m^2$。常用单位 μm^2 即为此值单位的 10^{-12}。材料的透气度直接关系到炉墙的密封性能。

二、耐火材料

耐火材料一般是指耐火度在 1580℃以上的无机非金属。按化学成分可分为酸性、碱性和中性；按耐火度可分为普通耐火材料（1580～1770℃）、高级耐火材料（1770～2000℃）、特级耐火材料（2000℃以上）和超级耐火材料（高于 3000℃）；按化学-矿物组成可分为硅酸铝质（黏土砖、高铝砖、半硅砖）、硅质、镁质、碳质、白云石质、锆英石质等。

锅炉炉墙中所用的耐火材料一般为普通耐火材料，属硅酸铝质，包括各种耐火砖、耐火混凝土和耐火可塑料。

(1) 耐火砖　根据所用原料的不同，锅炉炉墙中使用的耐火砖有如下两种。

① 耐火黏土砖。采用耐火黏土煅烧成的熟料作为原料，以生耐黏土作为结合剂烧结而成。其 Al_2O_3 含量在 30%～48%。其他组成是 SiO_2（50%～65%）及少量碱金属与碱土金属的氧化物（不超过 5%～7%）。耐火黏土砖属于半酸性或弱酸性的耐火材料，它能抵抗酸性渣的侵蚀，但对碱性渣的抵抗力较弱。热震稳定性较好，但抗高温性能稍差，荷重软化温度为 1350℃。

② 高铝耐火砖。其 Al_2O_3 的含量比耐火黏土砖高，大于 48%。被列为具有一些酸性倾向的中性耐火材料。高铝耐火砖的耐火度和荷重软化温度比耐火黏土砖高，抗渣性也较好。在锅炉炉墙中，高铝耐火砖一般

只有在燃油或燃气锅炉的炉底及其他高温区才常采用。

(2) 耐火混凝土 它是一种能长期承受高温作用的特种混凝土，又称为耐火浇注料，属于不定形耐火材料。它是由粒状骨料（集料）、黏结剂和粉状掺和料按一定比例配合，加水（对水泥黏结剂）搅拌、浇注与养护而成。这种混凝土在常温下迅速产生强度，在高温下烧结成致密而坚固的耐火石料。耐火混凝土和耐火砖相比的优点是：具有可塑性和整体性，便于复杂成型，气密性好，寿命长；制作工艺简单，不必预先烧成，施工方便、灵活、生产效率高；原料广泛、易得，高温性能好等。在锅炉炉墙中得到了广泛应用。

耐火混凝土中黏结剂的结合性质可以是水硬性结合、陶瓷结合和化学结合等。按照所采用的黏结剂不同，耐火混凝土主要可分为水泥黏结剂耐火混凝土和无机黏结剂耐火混凝土两种。常用的水泥黏结剂混凝土有硅酸盐水泥耐火混凝土和矾土水泥耐火混凝土等。无机黏结剂耐火混凝土有水玻璃耐火混凝土、磷酸耐火混凝土和磷酸铝耐火混凝土等。黏结剂的种类和用量将对耐火混凝土的性能产生十分重要的影响。

耐火混凝土的骨料是耐火混凝土的骨架，对耐火混凝土的高温物理化学性能起决定性作用。骨料的种类很多，凡是可用作耐火砖的原料者，如黏土、高铝矾土熟料等均可作为耐火骨料。其次，耐火砖粒、铬矿砂或碳化硅粒等也常用作耐火骨料。耐火混凝土的粒度组成是构成其特性值的基本条件之一。骨料的粒度组合应根据最紧密堆积原则来选择，但一般必须根据构体壁厚调整粒度大小，并与施工性能也有很大关系。为避免粗颗粒与水泥石之间在加热过程中产生的膨胀差值过大而导致两者结合的破坏，提高混凝土硬化后的体积稳定性和耐热震性，除应选用低膨胀性的骨料外，还应适当控制其极限粒度。一般认为，振动成型者应控制在 10～15mm 以下；机压成型者应小于 10mm；对大型制品或整体构筑物不应大于 25mm；皆应小于断面最小尺寸的 1/5。

掺合料是粒度小于 0.088mm 占 70%以上的骨料细磨粉料。加入掺合料的目的在于：提高耐火混凝土的致密度；增加耐火混凝土拌合物的和易性；改善烧结性能，提高耐火混凝土构体的高温结构强度等。考虑到由于黏结剂的加入，耐火混凝土往往会产生助熔作用而给耐火混凝土基质带来不利影响，常采用等级比骨料更优良的掺和粉料，以使其基质与骨料的品质相当。

水灰比是指调制时所加入的水的质量与水泥和掺合料质量之和之比。水泥凝结硬化速度与硬化后的强度除与水泥特性有关外，主要由水灰比决定。最适当的水灰比应相应于强度为最高者。它与水泥的品种、骨料状况（吸水率、形状、表面特征）以及施工时密实化的手段有关。如用手工捣打，可取水灰比为 0.4～0.45；若为振动成型，则取为 0.3～0.35。水分过多，则流动性过强，颗粒发生偏析，强度下降；水分过少则不仅流动性过差，而且结合强度也不够。这都是使用水泥时非常容易产生的现象。

(3) 耐火可塑料 耐火可塑料是由粒状骨料、粉状掺合料与可塑黏土等黏结剂和增塑剂配合、加入少量水分、经充分混炼所组成的一种呈硬泥膏状并在较长时间内保持较高可塑性的不定形耐火材料。它与耐火混凝土相似，两者的差别在于：首先是成分和骨料的粒度有所不同；其次是两者的制作和使用方式不同。耐火可塑料是先在耐火材料厂配制成粗坯料，用塑料袋等密封包装，可长时间储存。使用时将其直接放在砌筑部位，用气锤或手锤捣打成无缝的砌体。与耐火混凝土相比，耐火可塑料的优点有：现场使用方便、无需特殊的施工技术、不必专门养护；热稳定性佳、抗剥落性强、使用寿命长；整体密封性好等。耐火可塑料主要用于以下各方面：①带销钉的水冷壁管上的涂料，如炉膛卫燃带涂料、液态排渣炉熔渣段的水冷壁覆盖层；②锅筒和集箱等的遮高温烟气的保护层涂料；③烟道内金属件防磨覆盖层；④用作管子穿墙处及管子稠密交叉处的高温填塞密封料，以代替异形耐火砖；⑤修补局部破损的炉墙。

锅炉炉墙耐火材料常用的耐火砖、耐火混凝土和耐火可塑料的成分和主要特性如表 15-6～表 15-8 所列。

在近二十多年来，迅速发展的循环流化床锅炉中，由于炉内金属受热面和耐火材料受到高温高含尘烟气的不断冲刷，使得这些锅炉的固体表面磨损严重。为了减少磨损，一方面在各部件设计上采用各种防磨结构和防磨措施，另一方面在炉墙材料上要采用合理的耐火、耐磨材料。用于金属承压部件（例如炉膛下部水冷壁、汽冷式旋风分离器等）上的耐火、耐磨材料主要应考虑采用耐磨性和黏合性好、不易自部件脱落的材料。对于无冷却的非承压、但受到高温高速烟气流或物料流冲刷的部件，如无冷却旋风分离器、冷渣器、分离器出口烟道、回料器等，用于其上的耐火耐磨材料主要应考虑采用耐磨、耐高温和保温性能好的材料。在无冷却的部件内部往往采用双层耐火耐磨材料，最靠近外层金属板的是保温层，内层是耐火耐磨层。

表 15-9 列有一台 410t/h 循环流化床锅炉主要部件所用耐火耐磨材料名称。表 15-10 为国外技术生产的循环流化床锅炉所用耐磨耐火材料的性能特性。

表 15-6 锅炉用耐火砖的成分与主要特性

指标	耐火黏土砖		高铝耐火砖		
	(GON)-40	(GON)-35	(LZ)-65	(LZ)-55	(LZ)-48
Al_2O_3 含量×100	40	35	65～75	55～65	48～55
耐火度/℃	≥1730	≥1690	≥1790	≥1770	≥1750
荷重软化温度/℃	≥1300	≥1250	≥1500	≥1470	≥1420
重烧线收缩率/10^2	≤0.5 (1400℃,2h)	≤0.5 (1350℃,2h)	≤0.7 (1500℃,3h)	≤0.7 (1500℃,3h)	≤0.7 (1450℃,3h)
显气孔率/10^2	≤26	≤26	≤23	≤23	≤23
常温耐压强度/MPa	≥20	≥15	≥40	≥40	≥40

表 15-7 锅炉用耐火混凝土的成分与主要特性

名称	成分组成			密度/(kg/m^3)	耐压强度/MPa	耐火度/℃	荷重软化温度/℃	气孔率/×100	残余线收缩率/×100	最高工作温度/℃	热导率/[W/(m·℃)]
	黏结剂	骨料	掺和剂及其他								
矾土水泥耐火混凝土	400 号以上矾土水泥(15%～20%)	矾土熟料、黏土熟料、废高铝砖和废耐火黏土砖,小于5mm 的颗粒 30%～40%,5～15mm 的 30%～40%	材料与骨料相同(颗粒小于 0.088mm 的不少于 70%)0～15%	2100～2300	≥20	1610～1650	1250～1300	20～25	0.7 (1200℃,2h)	1200～1300	$0.744+0.0007t_p$
硅酸盐水泥耐火混凝土	400 号以上硅酸盐水泥(15%～20%)	黏土熟料及废耐火黏土砖,小于 5mm 的 35%～40%,5～15mm 的 30%～40%	材料与骨料相同(颗粒小于 0.088mm 的不少于 70%)≤15%	2100～2300	≥20	<1100	1200	20～22	0.7 (1200℃,2h)	1000～1100	$0.744+0.0007t_p$
磷酸耐火混凝土	磷酸溶液(浓度 40%～45%) 15%(外加)	矾土熟料,小于 5mm 的 40%,5～15mm 的 30%	矾土熟料(粒径小于 0.088mm 的不少于 80%) 30%,矾土水泥 2%～5%(外加)	2400～2600	≥20	>1770	1620		−1.0～+1.0 (1400℃)	1450～1600	$0.744+0.0007t_p$
水玻璃耐火混凝土	水玻璃溶液 13%～16%	矾土熟料、黏土熟料及废耐火黏土砖,小于 5mm 的 40%,5～15mm 的 30%	材料与骨料相同(粒径小于 0.088mm 的不少于 70%)30%,氟硅酸钠 1.5%～2%(外加)	2100～2200	≥20	1580	1300	14～26	0.7 (1200℃,2h)	1000	$0.744+0.0007t_p$

注:t_p——炉墙的平均温度,℃。

表 15-8 锅炉用耐火可塑料的成分与主要特性

名称	成分组成		密度/(kg/m^3)	荷重软化温度/℃	耐压强度/MPa	最高工作温度/℃
	黏结剂	骨料				
矾土水泥耐火可塑料	耐火黏土 15%,矾土水泥 10%	耐火砖粒 75%	1800～1900	1200～1300	12～15(硬化后) 4～6(最高工作温度下)	<1200
硅酸盐水泥耐火可塑料	耐火黏土 20%～25%,500 号硅酸盐水泥 5%～10%	耐火砖粒 70%～75%	1800～1900	1150～1200	12～15(硬化后) 4～6(最高工作温度下)	<1100
矿渣硅酸盐水泥耐火可塑料	耐火黏土 15%,400 号矿渣硅酸盐水泥 25%	硅藻土砖粒 60%	800～850	700	0.8～1.0 (硬化后)	<700

注:骨料的颗粒百分比为:<1mm 的细粉以及 1～3mm、3～6mm 和 6～8mm 的颗粒各占 15%～35%。

表 15-9 一台 410t/h 循环流化床锅炉主要部件所用耐火耐磨材料名称

材料名称	使用部件
耐磨可塑料	汽冷式旋风分离器、炉膛、蒸发水冷壁、屏式过热器
高强度保温浇注料	旋风分离器出口烟道、立管、回料器、冷渣器、点火风道、预燃室
耐磨浇注料	旋风分离器出口烟道、立管、回料器、冷渣器
耐火砖	点火风道
耐火浇注料	点火风道
高强度绝热砖	点火预燃室

表 15-10 国外技术生产的耐磨耐火材料的性能特性

材料名称	密度/(kg/m³)	耐压强度/MPa	耐火度/℃	气孔率/%	热导率/[W/(m·℃)]
耐火耐磨可塑料	2400～2600	86.2(1000℃)	≥1790	≤17(1100℃,3h后)	1.3(1093℃)
耐磨耐火烧注料	2050(815℃)	37.58(1093℃)	>1750	<23(815℃,3h后)	1.3(1000℃)

材料名称	线变化率/%	抗折强度/MPa	热震稳定性	抗磨损性(ASTMC—704)/cm³
耐火耐磨可塑料	−0.2	16.6(1093℃)	900℃～水冷,25次无破损	≤8
耐磨耐火浇注料	−0.1(982℃)	8.62(982℃)	900℃～水冷,25次无破损	16.7(815℃);22.2(980℃)

表 15-10 所列的耐磨耐火可塑料的主要化学成分（成品质量%）为：Al_2O_3=72.3；SiO_2=20.3；Fe_2O_3=1.0；TiO_2=1.9；P_2O_5=3.9。

表 15-10 中所列耐磨耐火浇注料的主要化学成分（成品质量%）为：SiO_2=46.7；Al_2O_3=44.4；CaO=7.2；TiO_2=0.8；Fe_2O_3=0.4；MgO=0.3。

表 15-11 所列为国内某厂生产的耐磨耐火材料的性能特性，这种材料的成分主要如下。耐磨耐火砖的成分：33.06%SiO_2，1.23%Fe_2O_3，63.72%Al_2O_3；耐磨耐火浇注料的成分：11.02%SiO_2，1.18%Fe_2O_3，81.85%Al_2O_3；耐磨耐火可塑料的成分：11.44%SiO_2，0.88%Fe_2O_3，80.34%Al_2O_3。

表 15-11 部分国产耐磨耐火材料的性能

材料名称	密度/(kg/m³)	耐压强度/MPa	耐火度/℃	气孔率/%	热导率/[W/(m·℃)]
耐磨耐火砖	2460	96.3	1770	19	1.278
耐磨耐火浇注料	2730	71.9(1000℃,3h后)	1750	20	1.211
耐磨耐火可塑料	2850	113.6(1000℃,3h后)	1790		1.271

材料名称	线膨胀率/%	抗折强度/MPa	热震稳定性	抗磨损性(1000℃,3h)/cm³
耐磨耐火砖	0.53(1000℃)		1100℃～空冷,31次无裂缝	9.5
耐磨耐火浇注料	0.32(1000℃)	15.3(1000℃,3h后)	1100℃～水冷, 30次无破损碎裂现象	7.2
耐磨耐火可塑料	0.56(1000℃)	22.5(1000℃,3h后)	1100℃～水冷, 30次无破损现象	5.4

三、保温绝热材料

锅炉炉墙保温层中常用各种材质的保温砖、保温板、保温毡和保温混凝土等。对保温绝热材料最重要的要求是热导率低；同时还要求其密度小、价格低；另外，还要求其耐热温度不低于使用温度，并具有一定的机械强度等。保温材料的原料可分为有机物材料和无机物材料两大类。有机物保温材料的密度较小、价格便宜，但耐热温度较低。锅炉炉墙保温层中只用无机物保温材料，其中绝大多数是矿物质，它们的最高使用温度可达 300～900℃。锅炉炉墙所用的保温绝热材料按其成分可分为如下几类。

(1) 硅藻土质保温材料 它以硅藻土为原料，在其中附加一些能燃尽的可燃物后，经高温焙烧而成。锅炉炉墙中常用的硅藻土保温制品有硅藻土砖与硅藻土板。硅藻土是一种黄灰色或绿灰色的沉积岩石，组织松软较轻，气孔率可达85%，是一种高温保温材料。其化学成分最主要为SiO_2，其次是Al_2O_3和Fe_2O_3，另外还有少量其他金属氧化物以及结合水。

(2) 膨胀蛭石保温材料 蛭石是一种复杂的铁、镁含水硅铝酸盐类、系黑云母和金云母经水化或风化后所形成的再生矿物。其化学成分主要为SiO_2、MgO及Al_2O_3，蛭石在受热脱水时，处于它的封闭层空间的水分就会蒸发而产生压力，导致保积膨胀。在800℃时体积达到最大值，形成膨胀蛭石。由于蛭石受热时形态的变化很像水蛭（俗称蚂蝗）的蠕动，故名。膨胀蛭石的密度小、热导率小，是一种优良的保温材料。膨胀蛭石可以直接填充在设备夹层中作保温，也可用水玻璃或水泥作黏结剂制成蛭石板、蛭石瓦等制品。

(3) 膨胀珍珠岩保温材料 珍珠岩是一种酸性含水火山玻璃质熔岩，因具有珍珠裂隙结构而得名。当焙烧时，珍珠岩突然受热达到软化温度，玻璃质中的结合水汽化而产生很大的压力，使珍珠岩的体积迅速膨胀。当玻璃质冷却至软化温度以下后，便凝结成多孔的轻质保温材料，即膨胀珍珠岩。它除了密度小和热阻高以外，还具有许多其他的优点，如对温度的耐久性高，化学热稳定性好，而且还无味、无毒、不燃烧、不腐蚀等。膨胀珍珠岩可直接用作保温材料，也可用水玻璃或水泥作黏结剂制成制品。

(4) 保温混凝土 保温混凝土是以多孔的轻质保温材料如硅藻土砖的碎料、膨胀珍珠岩或蛭石等作为骨料，用矾土水泥、硅酸盐水泥，乃至水玻璃作为黏结剂，加水配制而成。经浇注养护可制成任意形状的保温制品。保温混凝土具有一系列的优点：耐热温度高，热导率低，可整体浇注，密封性能较好等。在锅炉炉墙中常作为紧贴耐火混凝土层的保温层。

(5) 纤维状保温材料 纤维状保温材料的特点是密度最小，热导率很小，不燃烧等。它根据其制造的原料可分为三类，即由熔化的岩石制得的矿物棉、由熔化的矿渣制得的矿渣棉、由熔化的玻璃制得的玻璃棉。这种保温材料用作膜式水冷壁敷管炉墙的保温绝热层尤为合适。它可以直接敷填也可制成毡状敷盖。目前常用的新型纤维状保温材料有超细玻璃纤维与硅酸盐耐火纤维。

超细玻璃纤维是一种特别细而软的纤维，呈白色棉状，外观与棉花相似，皮肤触其无刺激感。它不仅是一种优良的保温绝热材料，而且还是一种高效吸音材料。

硅酸盐耐火纤维也称为陶瓷纤维，是一种特别耐高温的纤维状保温材料，其最高使用温度为1000～1100℃。硅酸盐耐火纤维通常制成毡状。其热导率随温度与密度而变化。见表15-12。

表 15-12 硅酸铝耐火纤维的热导率 单位：W/(m·℃)

密度/(kg/m³)	100℃	400℃	700℃	1000℃
100	0.058	0.1163	0.209	0.337
250	0.064	0.093	0.14	0.209
350	0.0698	0.0814	0.121	0.122

锅炉炉墙常用保温绝热材料的性能见表15-13，几种保温混凝土的成分及性能见表15-14。

表 15-13 常用保温绝热材料的性能

指标	硅藻土砖	膨胀蛭石		膨胀珍珠岩		无碱超细玻璃棉毡	硅酸铝耐火纤维
		水泥蛭石制品	水玻璃蛭石制品	水泥珍珠岩制品	水玻璃珍珠岩制品		
使用温度/℃	<900	<600	<800	<600	<600	≤600	1000～1100
耐压强度/MPa	0.7～1.1	>0.25	>0.5	>0.4	>0.4		
密度/(kg/m³)	550～650	430～500	400～450	350～400	250～300	40～60(生产密度) 60～80(使用密度)	70～90(生产密度) 150～200(使用密度)
热导率/[W/(m·℃)]	$0.1+0.000228t_p$	$0.103+0.000198t_p$		$0.065+0.000105t_p$		0.0349	见表15-9

注：t_p为保温层的平均温度，℃。

表 15-14 几种保温混凝土的成分及性能

名称	使用温度/℃	密度/(kg/m³)	热导率/[W/(m·℃)]	组成及配比			备注
				黏结剂	骨料	其他材料	
硅藻土保温混凝土	<900	1000	$0.267+0.000128t_p$	400号以上硅酸盐水泥20%	硅藻土砖粒65%	石棉15%	硅藻土砖粒组成：<1mm，25%；1～3mm，50%；3～8mm，25%

续表

名称	使用温度/℃	密度/(kg/m³)	热导率/[W/(m·℃)]	组成及配比			备注
				黏结剂	骨料	其他材料	
珍珠岩保温混凝土	<600	≤400	0.105+0.000233t_p	500号以上硅酸盐水泥1份(体积比)	膨胀珍珠岩10～12份(体积比)		膨胀珍珠岩密度≤110kg/m³
蛭石保温混凝土	<600	450～800	0.08+0.000165t_p	500号以上硅酸盐水泥1份(体积比)	膨胀蛭石6～8份(体积比)		膨胀蛭石密度<180kg/m³，颗粒3～10mm

注：t_p 为保温混凝土层的平均温度，℃。

四、密封涂料

密封涂料主要作为密封层，用于敷管炉墙的外表层；混凝土轻型炉墙的外表层也采用密封涂料作为密封层，以替代金属护板。另外，外表的密封涂料层还具有防护作用，保护炉墙免受外界环境的侵蚀。这对露天布置的锅炉更为重要。锅炉炉墙所用的密封涂料应具有较小的透气度，以保证炉墙有良好的密封性，以减少漏风。为此还应具有足够的弹性，以使涂料层的压缩及膨胀变形的允许值不小于炉墙的最大变形。同时，密封涂料层应能经受100～150℃的温度作用，另外，密封涂料还应有良好的抗蚀能力。锅炉炉墙中常用的几种密封涂料的配方及主要性能列于表15-15中。

表15-15　几种密封涂料的配方及主要性能

名称	主要材料						另加材料	密度/(kg/m³)	热导率/[W/(m·℃)]	使用范围
	石棉	400号硅酸盐水泥	石英粉(或硅藻土粉)	耐火砖粉	生耐火黏土	沥青				
石棉耐火抹面	40%	10%	—	40%	10%	—	水玻璃8%	1600	0.407(当i≤75℃时)	<160℃，用于锅炉顶板抹面
石棉硅藻土抹面	20%～25%	25%～30%	50%～60%	—	—	—		1000	0.407(当i≤50℃时)	<160℃，用于轻型混凝土炉墙抹面
石棉硅藻土涂料	30%	—	70%	—	—	—	水玻璃10%～12%			用于重型炉墙抹面
石棉沥青膏涂料(也称沥青油膏)	34%	16%	—	—	—	50%	煤油45%，加水泥10%～30%和水的水泥浆			用于露天锅炉炉墙外表面的密封防护涂料

第三节　炉墙的传热计算

炉墙传热计算的目的有二：一是计算炉墙内壁的最高温度，以便选择适当的耐火材料；另一是计算炉墙内壁的平均温度，并同时计算炉墙的耐火层、保温层的温度以及总的热损失，以校验各层温度是否超过各层材料的耐热温度以及热损失是否超过规定。

一、炉墙内壁最高温度和平均温度的计算

锅炉炉膛内的四壁一般总是有水冷壁管遮护，此时炉膛内壁温度的分布是不均匀的。显然，以两根管子中间 A 点的温度最高，管子正背后的温度最低（见图15-9）。

如果以角码1表示火焰，2表示水冷壁管，3表示炉墙，则炉墙内壁的最高温度可按下式计算：

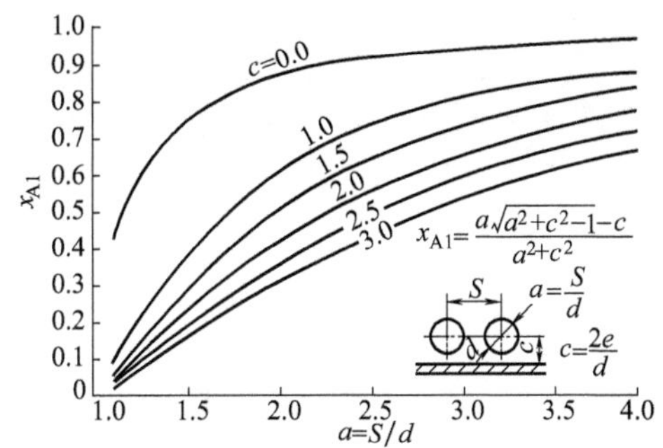

图 15-9　确定角系数 x_{A1} 的曲线

$$T_{3max}=4\sqrt{\frac{x_{A1}a_1T_1^4+x_{A2}a_1T_2^4}{x_{A1}a_1+x_{A2}a_2}} \tag{15-1}$$

式中　T_{3max}——炉墙最高温度，K；

T_1、T_2——火焰、管壁温度，K；

a_1、a_2——火焰与管壁的黑度；

x_{A1}、x_{A2}——由炉墙最高温度点 A 到火焰和到水冷壁管的角系数。

炉墙内壁平均温度可按下式计算：

$$T_3=4\sqrt{\frac{(1-x^2)a_1T_1^4+x_{12}a_2T_2^4}{(1-x_{12})a_1+x_{12}a_2}} \tag{15-2}$$

式中　T_3——炉墙内壁平均温度，K；

x_{12}——火焰到水冷壁管的平均角系数。

火焰温度 T_1 可按如下方法确定：

当计算炉膛燃烧部位炉墙内壁最高温度时，取 $T_1=T_r$。此处：T_r 为燃烧温度，$T_r=0.8t_a+273$，t_a 为理论燃烧温度，℃。

当计算炉顶部位炉膛内壁最高温度时，取 $T_1=T_1''$，T_1''为炉膛出口烟气温度，K。

当计算冷灰斗部位炉墙内壁最高温度时，取 $T_1=\sqrt{T_rT_{hd}}$，T_{hd} 为冷灰斗处烟气温度，通常取为1073～1173K。

当计算整个炉膛部分炉墙内壁平均温度时，可取 $T_1=\sqrt{T_rT_1''}$。

管壁温度 T_2 在炉墙传热计算中应取管壁向着炉墙面的平均温度，一般可根据《蒸汽锅炉受压元件强度计算标准》所推荐的近似公式来计算，即按 $T_2=t+\Delta t+273$ 计算。此处 t 为管内工质温度，℃；Δt 为温度附加值，℃。对于管内为汽水混合物的炉膛水冷壁，t 就是管内工质在相应压力下的饱和温度 t_b，而光管的 $\Delta t=60$℃，鳍片管则另有取值，对于壁式辐射过热器 $\Delta t=70$℃；对于对流过热器 $\Delta t=40$℃；对于省煤器 $\Delta t=30$℃。

x_{A1} 是由最高温度点 A 到火焰的角系数，它与水冷壁管相对节距 $a=\frac{S}{d}$及参数 $c=\frac{2e}{d}$有关。x_{A1} 可根据 a 及 c 由下式算出：

$$x_{A1}=\frac{a\sqrt{a^2+c^2-1}-c}{a^2+c^2}$$

x_{A1} 也可由图 15-9 查得。

x_{A2} 是由炉墙内壁最高温度点 A 到水冷壁管的角系数，它可按下式算出：

$$x_{A2}=1-x_{A1}$$

x_{12} 是由火焰到水冷壁管的平均角系数，它与水冷壁管结构及管子相对节距 S/d 有关，可由图 15-10 曲线查取或按图中的计算公式算得。

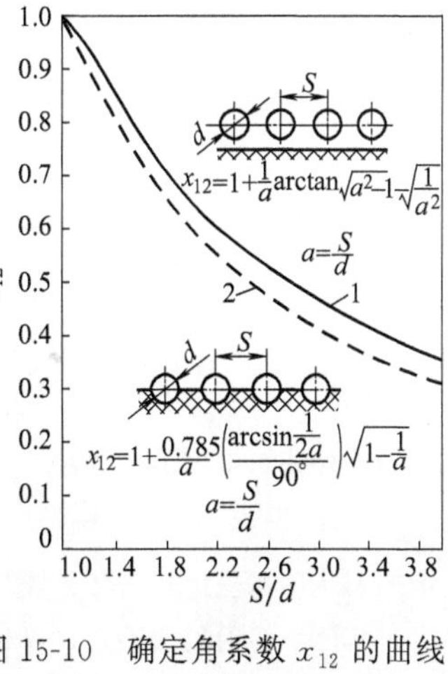

图 15-10　确定角系数 x_{12} 的曲线

火焰黑度 a_1 与燃料、燃烧方式、炉膛形状、尺寸以及炉内燃烧工况等有关，可取用锅炉热力计算中炉膛辐射换热计算部分的相应取值（见第一节）。水冷壁管的黑夜 a_2 和炉墙材料的黑度 a_3 可从表 15-16 查得。

对于无水冷壁管遮蔽的对流受热面烟道，炉墙内壁最高温度可取为该烟道的进口烟气温度，即 $T_{3max}=$

T'。炉墙内壁平均温度 T_3 可按下式算得：

$$T_3=\frac{\sqrt[4]{T_1^4a_1+T_2^4a_2(1-a_1)x_{32}+(q_d-q_s)\frac{1}{c_3}\times10^8}}{a_1+(1-a_1)x_{32}a_2} \tag{15-3}$$

式中 x_{32}——由炉墙到管束的角系数，当管束排数很多时，可取 $x_{32}\approx1$；

a_1——烟道中烟气的黑度；

q_d——炉墙内壁面的对流放热强度，W/m²，$q_d=\alpha_d(T_1-T_3)$；

α_d——烟气与炉壁面的对流放热系数，W/(m²·℃)；

q_s——炉墙外壁面的散热强度，W/m²，$q_s=\alpha_s(T_w-T_k)$；

α_s——炉墙外壁面对周围空气的放热系数；

T_w——炉墙外壁温度；

T_k——周围空气温度；

c_3——炉墙壁的辐射系数，W/(m²·K⁴)，可按表 15-17 选取，或用 $c_3=c_0a_3=5.7a_3$ 计算。

表 15-16 钢管和炉墙材料的黑度

材 料 名 称	温度/℃	a_2 和 a_3
在 600℃温度以下，氧化后的钢管表面	200～600	0.80
氧化铁(铁锈)	500～1600	0.85～0.95
石棉板	40～370	0.93～0.945
黏土耐火砖(表面有煅烧釉层)	1100	0.75
耐火砖或耐火混凝土	—	0.80～0.90
硅藻土保温砖	—	0.90

表 15-17 表面温度为 100℃时炉墙材料的辐射系数

材 料 名 称	辐射系数 c_3/[W/(m²·K⁴)]	材 料 名 称	辐射系数 c_3/[W/(m²·K⁴)]
钢护板	4.07～4.65	粗糙的抹面灰泥	4.88～5.0
建筑用红砖	5.35	铝板(不抛光的)	2.33～2.91

注：c_3 系 100℃时的值，其他温度时也取此值。

二、炉墙的传热计算

当炉墙内表面平均温度 T_3、炉墙外部周围空气温度 T_k 已知后，炉墙的散热损失 q_s 即可根据炉墙各层串联导热的原理按下式算出：

$$q_s=\frac{T_3-T_k}{\sum R} \tag{15-4}$$

$$\sum R=R_1+R_2+R_3+\cdots+R_m+R_s=\sum_i^m\frac{\delta_i}{\lambda_i}+\frac{1}{\alpha_s} \tag{15-5}$$

式中 $\sum R$——自炉墙内壁到外部空气的总热阻，(m²·℃)/W；

δ_i——炉墙各层的厚度，m；

λ_i——炉墙各层在其平均温度下的热导率，W/(m·℃)；

α_s——炉墙外壁对空气的放热系数，W/(m²·℃)；

R_m、R_s——炉墙最后一层的热阻和炉墙外壁到空气的热阻，(m²·℃)/W。

炉墙外壁对空气的放热系数由如下两部分组成：

$$\alpha_s=\alpha_d+\alpha_f \tag{15-6}$$

式中 α_d——对流放热系数，W/(m²·℃)；

α_f——辐射放热系数，W/(m²·℃)。

对流放热系数 α_d 在下述条件下按如下公式确定：对于室内锅炉的平壁表面，在自由对流条件下，且当炉墙外壁温度与周围空气温度的差值 $t_w-t_k>5$℃时，

对于垂直表面　　$\alpha_d=2.56\sqrt[4]{t_w-t_k}$

对于水平表面　　$\alpha_d=3.26\sqrt[4]{t_w-t_k}$

辐射放热系数 α_f 是按照它与对流传热温差的乘积等于辐射放热量的习惯方法来折算的，即：

$$\alpha_f=\frac{c_3\left[\left(\frac{T_w}{100}\right)^4-\left(\frac{T_k}{100}\right)^4\right]}{t_w-t_k}$$

式中，炉墙外壁的辐射系数 c_3 按表 15-7 选取，也可根据其黑度算出。

一般情况下，对于室内锅炉的平壁表面，炉墙外壁对空气的放热系数 α_s 可足够精确地按下式直接算得：

$$\alpha_s=9.77+0.07(t_w-t_k)$$

有时，也可将 α_s 近似地当作常数，并取 $\alpha_s=11.63\text{W}/(\text{m}^2\cdot℃)$。

对于露天锅炉，因受外界风速的影响，α_s 应按下式计算：

$$\alpha_s=11.63+7\sqrt{v_k}$$

式中　v_k——炉壁外表面周围的风速，m/s，室外平均风速由气象部门或有关部门提供，当无确切资料时可取 $v_k=3\sim5\text{m/s}$。

根据流过炉墙的热量 q_s 是串联而连续地通过各层的这一情况（见图 15-11），可以求出各层交界面的温度。亦即：

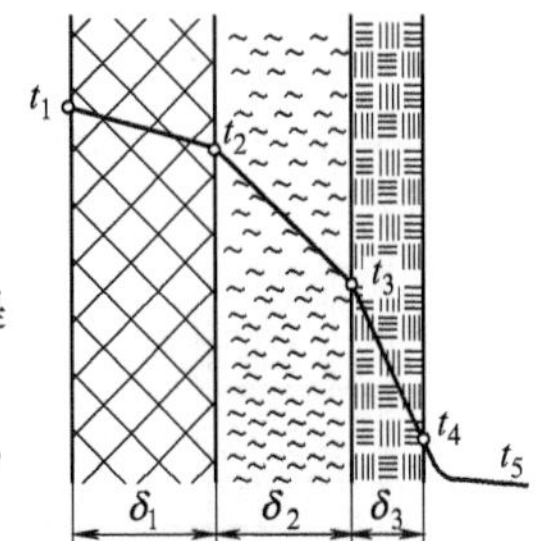

图 15-11　炉墙各层材料的温度分布

$$q_s=\frac{t_1-t_2}{R_1}=\frac{t_2-t_3}{R_2}=\cdots=\frac{t_m-t_w}{R_m}=\frac{t_w-t_k}{R_s}$$

$$t_2=t_1-q_sR_1,\ t_3=t_2-q_sR_2,\ \cdots,\ t_w=t_m-q_sR_m=t_k-q_sR_s$$

第四节　锅炉构架的分类与结构

一、锅炉构架及其类型

支撑锅筒、水冷壁、对流受热面和炉墙的钢结构或钢与钢筋混凝土混合结构称为锅炉构架。锅炉构架是锅炉的骨架。它不仅承受锅炉的质量并将其传递至锅炉基础或整个厂房的基础，而且还起着保持锅炉各组件相对位置的作用。为此，锅炉构架应有足够的强度和刚度。在力学上，它是一种超静定结构。

锅炉构架的形式和锅炉的容量、锅炉的形式、锅炉及其各部分的结构（尤其是炉墙类型）有密切的关系。

小型锅炉结构简单、尺寸小、重量轻、整体性强，往往可以利用其部件本身支撑，并将它们直接安装在锅炉基础上或支撑在钢筋混凝土短柱上，尽可能不采用钢结构支撑或悬吊；同时，由于常采用重型炉墙，其质量也可直接支撑在锅炉基础上。因此，小型锅炉的构架基本上不承重，只起辅助的支撑作用，主要用来箍紧护墙、连接锅炉所需的平台和扶梯，有时也用来支撑个别部件的质量及承受不大的水平推力。这种构架常是一种用小型型钢连接而成的轻便钢结构。

大、中型锅炉的构架是一种庞大而较为复杂的结构，它有着完全不同的形式。首先，根据锅炉的支吊方式不同而有所不同：支撑式锅炉主要部件、特别是锅筒和炉墙等的重量是自下而上通过构架立柱由构架分散地直接支撑，因而构架和锅炉的联系十分紧密；而悬吊式锅炉的部件则自成一体，由锅炉构架的顶部大梁自上而下地整体悬吊，因而构架和锅炉联系较为松散。支撑式锅炉一般需要另建锅炉房；而在悬吊式锅炉中，锅炉构架则往往与锅炉房建筑合一而成为“露天锅炉”。露天锅炉由于没有单独的锅炉房，从而节省了厂房的投资。随着锅炉容量的增大，锅炉的体积和锅炉房的体积逐渐接近，因此大容量锅炉采用露天形式是一种合理的趋势。但是悬吊式锅炉要求其部件自相组合成一体，这对轻型炉墙的采用是十分不利的。敷管炉墙的出现大大简化了悬吊式锅炉的结构，从而促进了这类锅炉发展，其次，从锅炉构架杆件系统的结构特性来分，中、大型锅炉的构架主要可分为框架式和桁架式两大类。两者的根本区别在于其用以保持结构稳定性的支撑体系不同：前者由梁和柱的刚性连接而成；后者则采用桁架的形式。框架式构架为了保持其结构的稳定性和刚性，往往需要布置较多的横梁，并需要有较大的杆件截面尺寸，因而一般为较壮实的空间框架（见图 15-12）。桁架式构架则以其杆件系统来保持其结构的稳定性和刚性，整体刚性大，倾斜少，可用截面尺寸较小的杆件，因而是一种较细瘦但却很刚劲的空间钢结构。桁架式构架的各个平面由桁架组成，或在框架内加斜支撑而成（见图 15-13 的炉膛部分）。刚架式构架的优点是便于锅炉本体布置，特别有利于轻型炉墙的固定，制造和安装较为简单。其缺点是刚性较小，承受水平力的能力差；材料利用率较低，构架很大时金属耗量大。这种构架可用于任何形式的锅炉，特别适用于采用轻型炉墙的锅炉。桁架式构架则相反，它适合于构架尺寸大、承受水平作用力、锅炉重量集中于炉顶的场合。

对于支撑式锅炉，当使用轻型炉墙时，宜采用框架式构架；但当露天布置或安装于地震区，尤其当构架尺寸较大时，则应尽量采用桁架式构架；尾部构架由于斜杆布置较困难，通常采用框架式构架。对于悬吊式锅炉，构架通常由刚性较大而强度较低的钢筋混凝土框架和钢结构炉顶梁格所组成（见图 15-14）；但当钢筋混凝土框架过高时（如塔式布置锅炉），则应以桁架式构架取代钢筋混凝土框架；锅炉尾部为单级回转式空气预热器时，应另设构架支撑。对于尾部受热面为双级布置时，通常尾部也另设钢结构框架支撑。这类锅炉可称为半悬吊式锅炉。

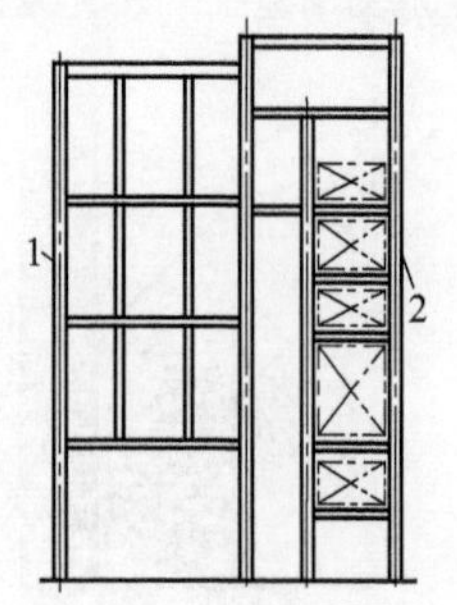

图 15-12 框架式构架

1—炉膛部分构架；2—尾部构架

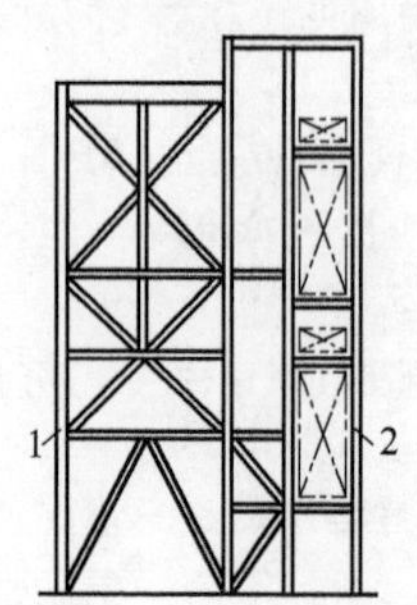

图 15-13 桁架式构架

1—炉膛部分构架；2—尾部构架

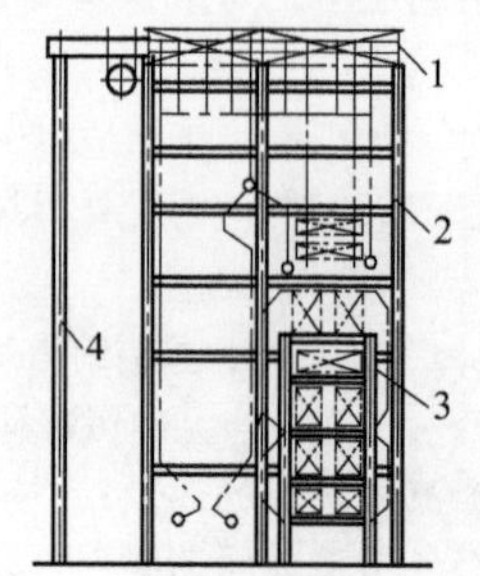

图 15-14 悬吊式锅炉的构架

1—炉顶梁格；2—钢筋混凝土框架；3—尾部构架；4—厂房主柱

二、框架式构架

框架式构架是由横梁和立柱所组成的多层少跨空间框架结构。柱可分为角柱（主柱）和中柱两种。沿炉膛及尾部烟道炉墙外壁四角布置角柱，前部组成炉膛构架，后部组成尾部构架。当角柱间距较大时，需要在其间布置中柱以减小梁的跨度，从而减少梁的金属耗量。但同时也增加了柱的金属耗量。因此，中柱的数量乃至是否需要布置中柱，除应满足锅炉结构需要外，还应考虑尽量使梁和柱的总金属耗量最小。一般当角柱间距大于 8m 时，需布置中柱。框架式构架柱的布置如图 15-15 所示。由图可以看出，角柱间距的确定应根据炉墙外围的尺寸并考虑燃烧器布置上的需要。

锅炉构架的钢柱一般用型钢制成。从构造形式来看，钢柱可以分为实腹柱和格构柱。格构柱由各分支组成，分支间用连缀系相连，连缀系有缀板和缀条两种。格构柱可以改变分支间的距离，以得到对两个主轴的稳定性相等，从而能较充分地利用分肢的材料；且外表面平整，易与其他构件连接；但连缀系是一些不连续的板条，只起联系作用，不能直接传递压力，而且这种柱的制造较为麻烦，安装运输时也较易损坏，因此，只有当柱的宽度较大时，采用格构柱才更为经济。常用的柱截面形式如图 15-16 所示。柱对构架的方向应这样来选择，使它们无论在纵向或横向都给予必要的刚度，并尽可能使这两个方向的刚度近乎相等。当构架尺寸很大、满足钢柱刚度所需的钢材大大超过为保证强度所需的钢材时，可采用钢筋混凝土柱。此时由于钢筋混凝土柱的截面很大，使构架远离炉墙，导致轻型炉墙支托困难。但这却可使燃烧器的布置较为自由，并对构架同时作为锅炉房结构有利。

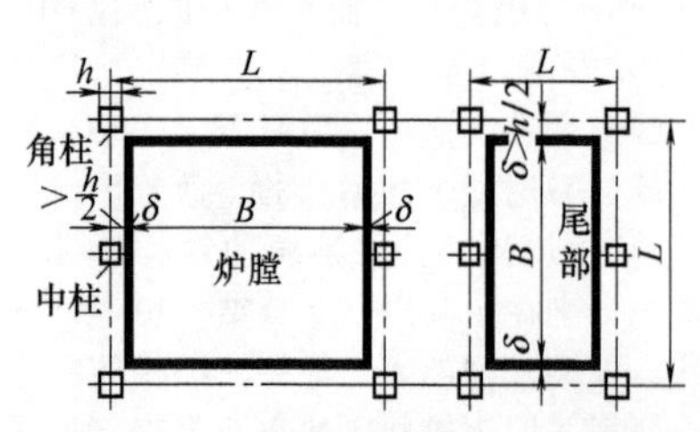

图 15-15 框架式构架柱的布置

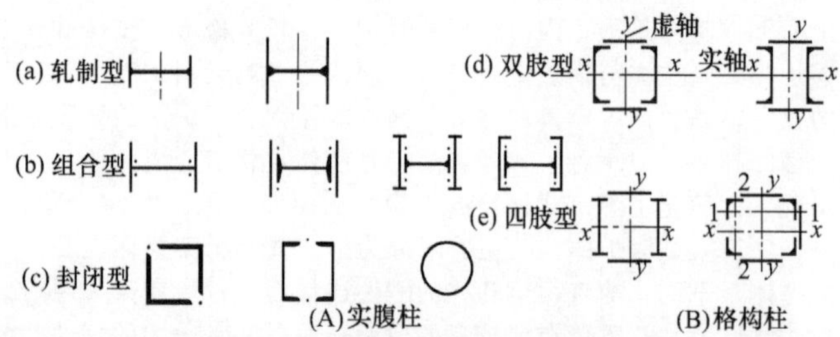

图 15-16 锅炉构架钢柱常用的截面形式

框架构架中梁的作用除支撑锅炉构件外，还起着保证柱的稳定性和构架刚性的作用。主梁可分为支撑梁、框架梁和炉顶梁三种。对于锅筒式锅炉而言，支撑梁主要是锅筒支撑梁，它主要是用来支撑锅筒和锅炉主要受热面的大梁。框架梁主要用来保证构架的稳定性和刚性。炉顶梁用来支撑锅炉炉顶部分质量。

框架式构架中采用单跨固接梁。各立面的主梁应布置成圈形，避免高度不整齐的层次。这不仅能改善柱的工作条件，而且还能增大构架的整体抗扭刚度。主梁间距离不宜过大，以确保证柱的稳定性和构架的刚性。不过实际上由于受热面与轻型炉墙的支撑要求、以及护板制造和运输尺寸的限制等，梁间的距离不可能很大。轻型炉墙护板的最大允许高度如表 15-18 所列。考虑到锅炉构架的荷载分布不均匀，尤其是锅筒式锅炉中，主要重量集中在上部锅筒支撑梁上。因此，对于大容量锅炉，锅筒支撑梁也有采用铰接，使大弯矩局限在支撑梁上，以避免普遍给柱带来较大的弯矩。当轻型炉墙的护板与梁柱之间有足够的连接强度时，可产生相当的承载能力。对于具有护板的框架，护板上下梁的挠度可认为相等，梁所受的荷载只与其本身的刚度成正比。此时如果梁间距离能相同或最大与最小距离之比小于 1.3，则每根梁所承受的荷载即可大致相等，即均匀平均荷载，因而它们的截面积可设计成相同，这样也就简化了构架的布置。另外，护板还具有一定的抗剪能力，对于露天布置的锅炉，当标准风压≤0.0005MPa 时构架可不考虑风载作用；当标准风压>0.0005MPa 时风载可按标准风压减去 0.0005MPa 计算。当锅炉设置在地震区时，地震烈度七度或八度降低一度考虑。而当炉墙护板与梁、柱紧密连接（焊接）时，对于水平力的作用，整片刚架犹如一个整体，显示出很大的刚性，因而也有称这种构架为“刚盘式构架”。但这种结构重量大、制造和安装困难、热应力大，因而较少使用。炉顶梁由主梁、次梁和小梁组成炉顶框架。炉顶主梁一般与柱刚性连接，次梁垂直于主梁布置，小梁主要用于支吊。

表 15-18　轻型炉墙护板的最大允许高度　　单位：m

立杆型号	材料	上层或下层高度	中间层高度	立杆型号	材料	上层或下层高度	中间层高度
I＊12	16Mn A3	5 5	6 5	I＊16	16Mn A3	6 6.5	7.5 7.5
I＊14	16Mn A3	5.5 6	6.5 6	I＊18	16Mn A3	7 7	8 9

注：1. 表中数值按以下条件计算：立杆间距 1m；炉墙厚度 310mm；煤粉爆炸力 0.003MPa；炉墙偏心距 190mm；护板允许挠度 1/320。

2. 表适用于有三层以上横梁的框架，各梁间都有护板。

3. 当框架中护板不连续（即上下层无护板）时，按表中上层或下层数值。

构架梁按制造方法可分为型钢梁和组合梁两种。型钢梁制造方便，但因其腹板受轧制条件限制，厚度较需要者为大，因而材料消耗较多，而且其截面尺寸也受轧制条件限制。组合梁则相反，材料省、质量轻、尺寸不受限制。锅炉构架中钢梁常用的截面形式如图 15-17 所示。

(a)工字钢 (b)槽钢 (c)双槽钢 (d)双工字钢 (e)组合工字钢 (f)组合双腹板梁

图 15-17　锅炉构架钢梁常用的截面形式

框架式构架中的主梁一般采用双槽钢或双工字钢所组成的封闭形截面，而尾部框架梁则均用双槽钢截面。这种截面形式不仅适合于承受两个方向的弯曲和抗扭，而且还便于与其他构件相连接。对于荷载很大的锅筒支撑梁及横跨炉顶的炉顶大梁则往往采用双腹板组合梁，这种梁具有较大的横向刚度，不仅梁本身具有较好的总稳定性，而且能承受一定的横向作用力。构架的次梁通常均采用型钢，如工字钢、槽钢等。

三、桁架式构架

桁架式构架是以桁架作为支撑体系以保持其结构稳定。这种构架可有两种形式：一种是“纯”桁架结构，即各个面除锅筒支撑梁外，不设横梁，完全由腹杆和弦杆组成；另一种则是在框架中加斜支撑的混合结构。为了达到结构上的一致，布置腹杆时应尽量保证水平腹杆之间的高度相等。斜腹杆的布置有多种方式，以下是常用的 3 种，如图 15-18 所示。图 15-18（a）为交叉斜杆，这种斜腹杆的支撑刚度较大；图 15-18（b）为单向斜杆，这种斜腹杆结构简单，布置方便；图

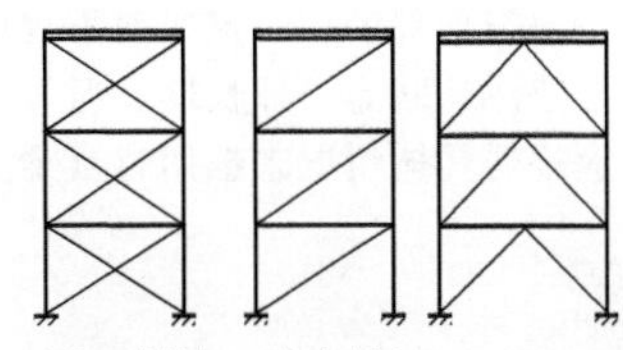

(a)交叉斜杆 (b)单向斜杆 (c)人字斜杆

图 15-18　桁架式构架中腹杆的布置

15-18 (c) 为人字斜杆，属于半斜杆式，当柱距较大时采用。

桁架式构架由于有整体刚度大、材料利用率高、抗水平力作用大等优点，在大型锅炉中受青睐。而敷管炉墙的采用又为这种构架的使用创造了条件。悬吊式锅炉虽在国内大多采用钢筋混凝土框架加金属炉顶梁格的构架结构，但在国外则常用钢结构构架。当采用钢结构构架，特别是为露天布置时，桁架式构架、敷管炉墙及悬吊式结构的结合是大型锅炉设计中一种理想的组合。

大型悬吊锅炉的主要质量约上千吨，包括锅筒、受热面、炉墙均通过吊钩等悬吊在炉顶梁格或桁架上。当锅炉露天布置或在地震区时，炉顶梁格还要承受风载和地震水平力的作用。因此，在这种锅炉中炉顶梁格已成为构架的关键部位。

悬吊式锅炉的炉顶梁格是由主梁、次梁、小梁和支撑系统所组成的桁架（见图 15-19）。主梁直接支撑在柱顶，并由此将悬吊荷载传递给柱。主梁因跨度大、荷载重常采用单腹板组合梁。主梁可有横向布置和纵向布置两种布置方式。考虑到由跨度大的梁来承受较大荷载较为经济，因此通常主梁都是沿锅炉宽度方向布置，即采用横向布置（见图 15-19）。因为沿锅炉宽度方向的柱距一般大于沿深度方向的柱距，当沿锅炉宽度方向的柱距小于或接近沿深度方向的柱距时，主梁可采用纵向布置（见图 15-20）。此时可将主梁布置成一端或两端悬臂梁，以减小主梁跨度内的弯矩。塔式布置锅炉的主梁就常采用这种布置。

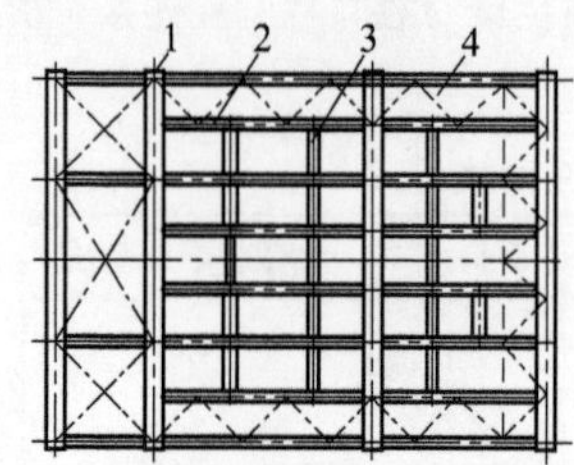

图 15-19 主梁横向布置的炉顶梁格

1—主梁；2—次梁；3—小梁；4—支撑系统

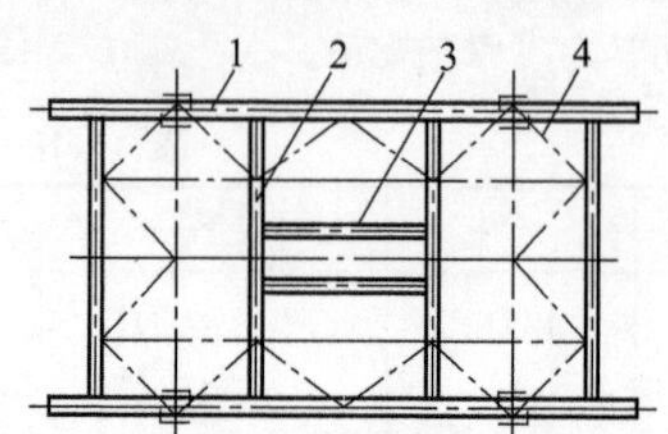

图 15-20 主梁纵向布置的炉顶梁格

1—主梁；2—次梁；3—小梁；4—支撑系统

次梁是直接支吊荷载并将其传递给主梁的构件。次梁应对称于锅炉中心线布置，并在主梁两侧成一直线（见图 15-19），其跨度应小于主梁。次梁与主梁应采用刚性连接。当支吊点不在次梁位置时，需安置小梁来支吊荷载。小梁与次梁相连，它不仅传递荷载给次梁，而且还能保证次梁的稳定，并能传递炉顶的水平力。

炉顶梁格的支撑系统用以保证主梁端部的稳定性和使炉顶梁格在水平方向具有一定的整体刚度。支撑结构一般用交叉斜杆形式。按照支撑的作用方式，支撑可分为端部支撑、平面支撑和侧向支撑。端部支撑用以防止主梁两端部截面的扭转。平面支撑的作用是保持炉顶梁格在水平方向的整体刚度和主梁的总稳定性。侧向支撑作为主梁的侧向支撑点，用以保证主梁的总稳定性。炉顶梁格支撑系统的布置如图 15-21 所示。

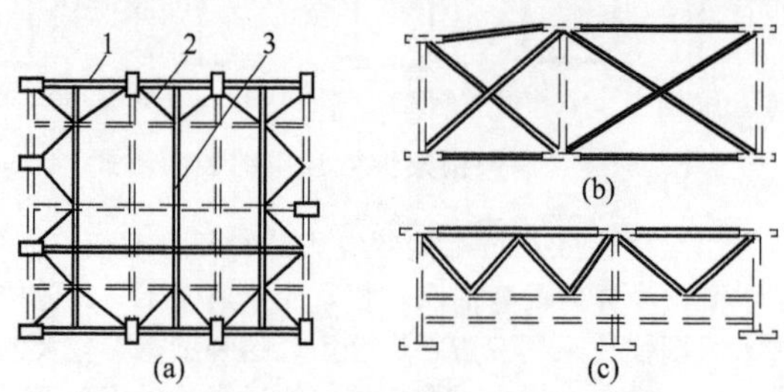

图 15-21 炉顶梁格支撑系统布置

1—端部支撑；2—平面支撑；3—侧面支撑

当锅炉顶部的支吊点多而不规则时，可在炉顶梁格下设置过渡梁，以调整吊点位置，简化梁格布置，减少吊杆数量，缩短吊杆长度。但因过渡梁是一种重复的传力构件，过渡梁的设置容易导致金属耗量的增加，因此应根据具体情况来选用过渡梁。过渡梁可用单梁式也可采用框架式。

锅炉管件及吹灰、排渣装置

第一节　锅炉管道及阀门

一、锅炉管道

(1) 设计压力和设计温度　设计压力是指管道运行中介质的最大工作压力。对充水管道，应考虑压力损失及静压力的影响。

设计温度一般是指管道运行中介质的最高工作温度。

(2) 公称直径与公称压力　为了便于管道及其附件的系列化和配套使用，管道及其附件常用公称直径和公称压力表示其规格，分别用 *DN* 和 *PN* 表示。

应该指出的是，*DN* 仅是用于管道系统元件的字母和数字组合的尺寸标识，它由字母 *DN* 和后面的无因次整数数字组成。这个数字与端部连接件的孔径或外径（单位：mm）等特征尺寸直接相关。

也就是说，公称直径是为了设计、制造、安装和检修的方便而人为规定的一种标准直径。对于无缝钢管、水、煤气输送管，其公称直径的数值，既不是管子的内径也不是管子的外径，而是与之相近的整数。例如公称直径是 100mm 的管子，其管子的外径有三种规格 108mm、102mm、114mm，其内径与壁厚有关。对于阀门和铸铁管，公称直径就等于其实际内径。而对于工艺设备，公称直径就是设备的内径。

公称压力是指管道及其附件在基准温度下允许的最高工作压力。公称压力是与管道元件的力学性能和尺寸特性相关的标识，由字母 *PN* 和后面的无因次数字组成。

公称压力是为了设计、制造、安装和检修的方便，而人为规定的一种压力。对标明公称压力的管道及其附件，其工作压力随着介质温度的提高而降低。对碳钢制品而言，当介质温度在 200℃以下时，管道及其附件的工作压力等于其公称压力，即管道及其附件的机械强度不受温度的影响。当介质温度高于 200℃时，由于其机械强度降低，工作压力低于公称压力，介质温度越高，工作压力越低。例如，某碳钢阀门的工作压力与介质温度之间的关系见表 16-1。

表 16-1　阀门工作压力与介质温度的关系　　单位：MPa

公称压力/MPa	介质温度/℃						
	200	250	300	350	400	425	450
4.0	4.0	3.7	3.3	3.0	2.8	2.3	1.8
6.4	6.4	5.9	5.2	4.7	4.1	3.7	2.9
10.0	10.0	9.2	8.2	7.3	6.4	5.8	4.5

所以，在选择管道及阀门压力等级时，除了要考虑介质的压力外，还要考虑介质的温度。由表 16-1 就可以明白为什么中压锅炉过热蒸汽的压力只有 3.9MPa，而主蒸汽系统上的阀门公称压力要选用 10MPa 了。

常用的管道及附件公称直径见表 16-2。其公称压力见表 16-3。

表 16-2　管道及附件的公称直径（GB/T 1047—2019）　　单位：mm

6	8	10	15	20	25	32	40	50	65
80	100	125	150	200	250	300	350	400	450
500	550	600	650	700	750	800	850	900	950

续表

1000	1050	1100	1150	1200	1300	1400	1500	1600	1700
1800	1900	2000	2100	2200	2300	2400	2500	2600	2700
2800	2900	3000	3200	3400	3600	3800	4000		

注：1. 除相关标准中另有规定外，*DN* 后跟的无量纲数字不代表测量值，也不应用于计算。

2. 采用 *DN* 标识的标准，应该给出 *DN* 与管道元件尺寸之间的关系，例如 DN/OD 或 DN/ID。

表 16-3 管道及附件的公称压力（GB/T 1048—2019） 单位：MPa

PN 系列	*PN* 2.5	*PN* 6	*PN* 10	*PN* 16	*PN* 25	*PN* 40
Class 系列	Class 2.5①	Class 75	Class 125②	Class 150	Class 250②	Class 300
PN 系列	*PN* 63	*PN* 100	*PN* 160	*PN* 250	*PN* 320	*PN* 400
Class 系列	(Class 400)	Class 600	Class 800③	Class 900	Class 1500	Class 2000④
PN 系列	—	—	—	—	—	
Class 系列	Class 2500	Class 3000⑤	Class 4500⑥	Class 6000⑦	Class 9000⑧	

① 适用于灰铸铁法兰和法兰管件。
② 适用于铸铁法兰、法兰管件和螺纹管件。
③ 适用于承插焊和螺纹连接的阀门。
④ 适用于锻钢制的螺纹管件。
⑤ 适用于锻钢制的承插焊和螺纹管件。
⑥ 适用于对焊连接的阀门。
⑦ 适用于锻钢制的承插焊管件。

注：1. 除相关标准中另有规定外，无量纲数字不代表测试值，也不应用于计算。

2. 带括号的公称压力数字不推荐使用。

(3) 允许流速 管道中介质的允许流速是根据正常运行时不产生水击、振动以及经济因素等决定的。蒸汽、水和压缩空气管道的允许流速见表 16-4。

表 16-4 蒸汽、水和压缩空气管道的允许流速

工作介质	管道种类	流速①/(m/s)	工作介质	管道种类	流速①/(m/s)
过热蒸汽	*DN*>200	40～60	锅炉给水	往复泵出口管	1～2
	DN=200～100	30～50		给水总管	1.5～3
	DN<100	20～40	凝结水	凝结水泵吸水管	0.5～1.0
饱和蒸汽	*DN*>200	30～40		凝结水泵出水管	1～2
	DN=200～100	25～35		自流凝结水管	<0.5
	DN<100	15～30	生水	上水管、冲洗水管(压力)	1.5～3
二次蒸汽	利用的二次蒸汽管	15～30		软化水管、反洗水管(压力)	1.5～3
	不利用的二次蒸汽管	60		反洗水管(自流)、溢流水管	0.5～1
废汽	利用的锻锤废汽管	20～40		盐水管	1～2
	不利用的锻锤废汽管	60	冷却水	冷水管	1.5～2.5
乏汽	排汽管(从受压容器中排出)	80		热水管(压力式)	1～1.5
	排汽管(从无压容器中排出)	15～30	热网循环水	供回水管	
	排汽管(从安全阀排出)	200～400		室外管网	0.5～3
锅炉给水	水泵吸水管	0.5～1.0		锅炉房出口②	(与热网干管一致)
	离心泵出口管	2～3	压缩空气	小于 1.0MPa 压缩空气管	8～12

① 小管取较小值，大管取较大值。
② 当热网管径未确定时，可按单位管长的压降 $\Delta h \approx 100\text{Pa/m}$ 来确定其管径。

(4) 管径计算 管道内径 D_n 按下式计算：

$$D_n = 594.5\sqrt{\frac{GV}{v}} \tag{16-1}$$

式中 D_n——管道内径，mm；
G——介质流量，t/h；
V——介质比容，m^3/kg；
v——介质流速，m/s。

选择管径时，一般是先根据表 16-4 在允许流速范围内选定一介质流速，然后按式（16-1）计算得出所需管径。由于在产品中不一定有这种规格的管子，可选取与计算值最接近并略大于计算值的管子。锅炉主蒸汽管直径和流速见表 16-5。给水管直径及流速见表 16-6。过热器连通管蒸汽流速见表 16-7。

表 16-5 蒸汽锅炉主蒸汽管直径和流速

锅炉容量/(t/h)	蒸汽温度/℃	蒸汽压力/MPa	主蒸汽管外径×壁厚/mm×mm	根数	蒸汽流速/(m/s)
6.5	饱和	1.3	133×4	1	21.2
10	饱和	1.3	159×4.5	1	22.6
20	饱和	1.3	219×6	1	23.7
20	400	2.5	159×7	1	40.5
35	450	3.9	159×7	1	48.2
65	450	3.9	219×9	1	46.4
75	450	3.9	219×9	1	53.5
120	450	3.9	273×11	1	55.1
130	450	3.9	273×11	1	59.7
220	540	10.0	273×20	1	51.4
410	540	10.0	273×20	2	48
400	555	14.0	273×20	2	32.4
670	540	14.0	377×36	2	45.5
1000	555	17.0	353×40	2	47.4

表 16-6 锅炉给水管直径和流速

锅炉容量/(t/h)	给水管尺寸外径×壁厚/mm×mm	数量	水速/(m/s)	锅炉容量/(t/h)	给水管尺寸外径×壁厚/mm×mm	数量	水速/(m/s)
6.5	57×3.5	1	0.94	130	159×7	1	2.45
10	57×3.5	1	1.48	220	219×16	1	2.7
20	89×4	1	1.13	410	273×20	1	3.24
35	89×4.5	1	2.17	400	325×24	1	2.34
65	108×4	1	2.54	670	377×36	1	3.15
75	108×4	1	2.93	1000	299×34	2	4.14
120	159×7	1	2.32				

表 16-7 过热器联通管蒸汽流速 单位：m/s

锅炉形式	低压锅炉	中压锅炉	高压锅炉	超高压锅炉	亚临界锅炉
饱和蒸汽	15～25	15～25	10～15	10～15	—
过热蒸汽	25～40	25～40	20～30	15～25	20～30

为了简化计算，有时也可由线算图直接查得管径。图 16-1 用于蒸汽管道，图 16-2 用于水管的计算。

(5) 管道阻力的计算 介质沿管道内流动的总阻力为直管段的阻力和局部阻力之和，即：

$$\Delta p=\Delta p_z+\Delta p_j \tag{16-2}$$

式中 Δp_z——直管段的阻力，Pa；

Δp_j——局部阻力，Pa。

直管段的阻力可表示为：

$$\Delta p_z=\Delta hl \tag{16-3}$$

式中 Δh——单位长度的阻力，Pa/m；

l——管道长度，m。

Δh 按下式计算：

$$\Delta h=1.225\times10^{15}\lambda\frac{G^2}{2gD_n^5\rho} \tag{16-4}$$

式中 ρ——介质密度，kg/m^3；

g——重力加速度，m/s^2；

λ——摩擦阻力系数，取决于管道内介质的流动状况及管内表面的粗糙度，可按表 16-8 查取。

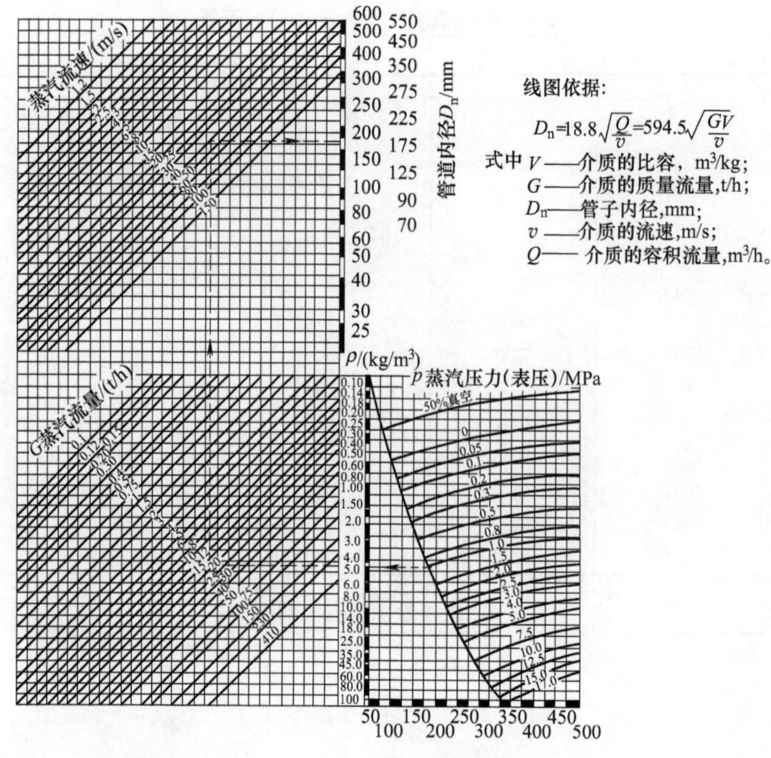

图 16-1 蒸汽管管径线算图

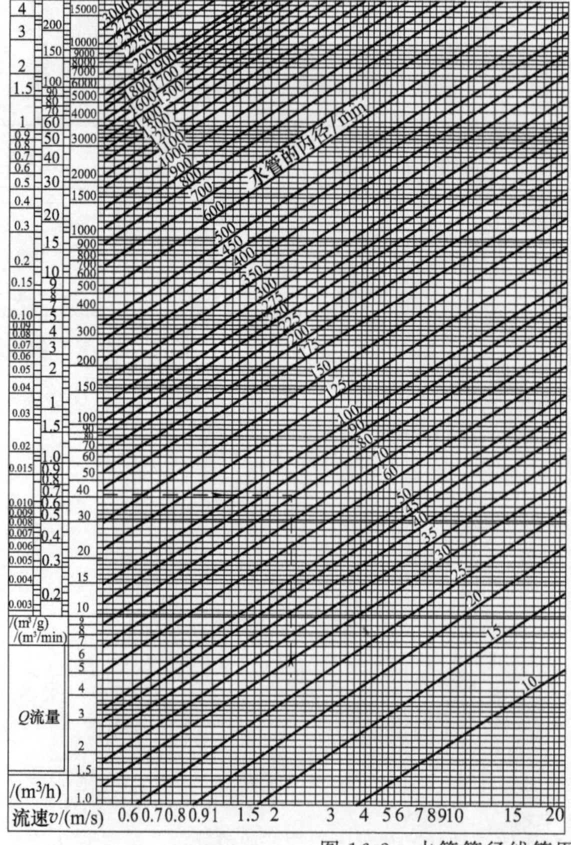

线图依据:

$$D_n=18.8\sqrt{\frac{GV\times10^3}{v}}=18.8\sqrt{\frac{Q}{v}}$$

式中 G——介质的质量流量,t/h;

Q——介质的容积流量,m³/h;

V——介质的比容,m³/kg;

D_n——管道内径,mm;

v——介质的流速,m/s。

图 16-2 水管管径线算图

表 16-8 摩擦阻力系数 λ

D_n/mm	k_0=0.1	k_0=0.15	k_0=0.2	k_0=0.3	k_0=0.5	k_0=1.0	k_0=2.0
10	0.0379	0.0437	0.0488	0.0572	0.0714	0.101	0.155
15	0.0332	0.0379	0.0419	0.0488	0.0599	0.0819	0.120
20	0.0304	0.0346	0.0379	0.0438	0.0532	0.0714	0.101
25	0.0294	0.0321	0.0352	0.0395	0.0485	0.0645	0.0893
32	0.0264	0.0297	0.0325	0.0371	0.0442	0.0581	0.0793
40	0.0249	0.0279	0.0304	0.0345	0.0408	0.0532	0.0714
50	0.0234	0.0262	0.0284	0.0321	0.0379	0.0485	0.0645
65	0.0219	0.0244	0.0265	0.0290	0.0348	0.0443	0.0579
70	0.0215	0.0233	0.0258	0.0290	0.0339	0.0430	0.0559
80	0.0207	0.0230	0.0250	0.0279	0.0325	0.0408	0.0532
100	0.0196	0.0217	0.0234	0.0262	0.0304	0.0379	0.0485
125	0.0191	0.0205	0.0222	0.0246	0.0284	0.0352	0.0446
150	0.0178	0.0196	0.0211	0.0234	0.0270	0.0332	0.0418
200	0.0167	0.0183	0.0196	0.0217	0.0249	0.0304	0.0379
250	0.0159	0.0174	0.0186	0.0203	0.0234	0.0284	0.0352
300	0.0153	0.0167	0.0178	0.0196	0.0223	0.0270	0.0332
350	0.0148	0.0161	0.0172	0.0187	0.0215	0.0258	0.0316
400	0.0144	0.0156	0.0167	0.0183	0.0207	0.0249	0.0304
450	0.0140	0.0153	0.0164	0.0179	0.0201	0.0240	0.0293
500	0.0137	0.0149	0.0159	0.0174	0.0196	0.0234	0.0284

表中的绝对粗糙度 k_0 推荐采用下列数值：过热蒸汽管，k_0=0.1mm；饱和蒸汽管及压缩空气管，k_0=0.2mm；热水管、凝结水管，k_0=0.5mm；开式系统凝结水管，k_0=1.0mm。

管段的局部阻力可按下式计算：

$$\Delta p_j = 1.225\times 10^{12}\sum\xi\frac{G^2}{2gD_n^4\rho} \tag{16-5}$$

式中 $\sum\xi$——管道中的局部阻力系数之和，各种管道附件局部阻力系数见表 16-9。

表 16-9 各种管道附件局部阻力系数

编号	名称	图例	特性说明	阻力系数 ξ
1	90°光滑弯管		$R=d$	1.0
			$R=2d$	0.7
			$R=3d$	0.5
			$R=4d$	0.3
			$R=5d$	0.2
2	90°皱纹弯管		$R=2d$	1.1
			$R=3d$	0.8
			$R=4d$	0.5
3	焊制弯管	一接头	$\theta=90°$	1.3
			$\theta=60°$	0.7
			$\theta=45°$	0.3
			$\theta=30°$	0.2
		二接头	$\theta=90°$	0.7
		三接头	$\theta=90°$	0.5

编号	名称	图例	特性说明	阻力系数 ξ
4	异形管（两焊接）		—	0.5
5	光滑方形伸缩器		—	1.7
6	皱纹方形伸缩器		—	2.0
7	波形伸缩器		—	2.5
8	套管式伸缩器		—	0.3
9	光滑Ω形伸缩器		—	2.2
10	皱弯Ω形伸缩器		—	3.0
11	皱纹Ω形伸缩器		—	4.0

续表

编号	名称	图例	特性说明	阻力系数 ξ
12	直三通		—	1.0
13	直三通		—	1.5
14	直三通		—	1.5
15	直三通		—	2.0
16	直三通（分流管）			2.0
17	直三通（汇流管）			3.0
18	异形管			1.5
19	截止阀			7.0
20	角形截止阀			6.0
21	直通截止阀			0.5
22	角通旋塞			0.4
23	直通旋塞		根据孔的截面不同而异	0.6 2.0
24	闸阀			0.5
25	升降式止回阀			7.0
26	旋启式止回阀			3.0
27	水表			1.5 3.0
28	水汽分离器			10
29	除污器			12
30	开式减温器			10
31	文丘里管		$\xi=(0.15\sim0.2)\times\left[1-\left(\frac{F_1}{F_2}\right)^2\right]$ 最佳角 $\delta=6°\sim8°$	

编号	名称	图例	特性说明	阻力系数 ξ
32	突缩管（流速大时）		$\frac{d_1}{d_2}=1.5$	0.3
			$\frac{d_1}{d_2}=2$	0.4
			$\frac{d_1}{d_2}=3$	0.5
			$\frac{d_1}{d_2}=10$	0.6
33	突涨管（流速大时）		$\frac{d_1}{d_2}=1.5$	0.3
			$\frac{d_1}{d_2}=2$	0.6
			$\frac{d_1}{d_2}=3$	0.8
			$\frac{d_1}{d_2}=10$	1.0
34	调压板（测流速用）		$\frac{d}{D}=0.35$	150
			$\frac{d}{D}=0.40$	75
			$\frac{d}{D}=0.45$	45
			$\frac{d}{D}=0.50$	28
			$\frac{d}{D}=0.60$	11
			$\frac{d}{D}=0.7$	4
			$\frac{d}{D}=0.8$	1.5
35	喷管进口			1.25
36	喷管进口			0.56
37	喷管进口			3.0
38	暖气片			3.0
39	热水暖气锅炉			2.5
40	与流向垂直的网			0.9 1.2
41	焊接			0.1

(6) 管道的伸长和补偿 由于环境温度变化或热介质温度高于安装时管道的温度，管道会进行热伸长。伸长量可按下式计算：

$$\Delta L=\alpha L(t_2-t_1) \tag{16-6}$$

式中 ΔL——伸长量，mm；

L——管长，mm；

t_1——管壁最低温度，可取室外采暖空气计算温度，℃；

t_2——管壁最高温度，取热介质的最高温度，℃；

α——管材的线膨胀系数，mm/(m·℃)，α 值见表 16-10。

表 16-10 钢材的弹性模数及线膨胀系数

管壁温度 t/℃	弹性模数 E/MPa	线膨胀系数 α/[mm/(m·℃)]	$E\times\alpha$/[kg·mm/(s²·m·℃)]	管壁温度 t/℃	弹性模数 E/MPa	线膨胀系数 α/[mm/(m·℃)]	$E\times\alpha$/[kg·mm/(s²·m·℃)]
20	2.05×10^5	1.18×10^{-2}	2.42×10^4	250	1.82×10^5	1.31×10^{-2}	2.38×10^4
75	1.99×10^5	1.20×10^{-2}	2.39×10^4	275	1.79×10^5	1.32×10^{-2}	2.36×10^4
100	1.975×10^5	1.22×10^{-2}	2.41×10^4	300	1.755×10^5	1.34×10^{-2}	2.35×10^4
125	1.95×10^5	1.24×10^{-2}	2.42×10^4	325	1.727×10^5	1.35×10^{-2}	2.33×10^4
150	1.93×10^5	1.25×10^{-2}	2.41×10^4	350	1.695×10^5	1.36×10^{-2}	2.31×10^4
175	1.915×10^5	1.27×10^{-2}	2.43×10^4	375	1.665×10^5	1.37×10^{-2}	2.28×10^4
200	1.875×10^5	1.28×10^{-2}	2.40×10^4	400	1.63×10^5	1.38×10^{-2}	2.25×10^4
225	1.847×10^5	1.30×10^{-2}	2.40×10^4				

注：1. 钢材是指 A2、A3、A4、10、15 及 20 号钢。

2. 表中 α 为由 0℃加热至 t 的平均线膨胀系数。

管道的热伸长量如得不到补偿，将使管子承受巨大的热应力，热应力的大小按下式计算：

$$\sigma_y=E\alpha\Delta t\times10^{-3}=E\alpha(t_2-t_1)\times10^{-3} \tag{16-7}$$

式中 σ_y——热应力，MPa；

E——弹性模数，MPa。

为了保证管道在热状态下稳定而安全的工作，减少管道热胀冷缩时产生的应力，对管道受热时的热伸长量应进行补偿。

1) 管道自然补偿 布置热力管道时应尽量利用管道本身自然弯曲（柔性）来补偿管道的热伸长。当弯管转角小于 150°时，能用作自然补偿，大于 150°时不能用作自然补偿。自然补偿的管道臂长不应超过 20～25mm，弯曲应力不应超过 $[\sigma]=78.48$MPa。

锅炉管道设计中自然补偿常用的为 L 形直角弯、Z 字形折角弯及空间立体弯三类自然补偿。

① L 形直角弯自然补偿。L 形自然补偿管段见图 16-3。其短臂长度 l 按下式计算：

$$l=\sqrt{\frac{\Delta LD}{300}\times1.1} \tag{16-8}$$

式中 ΔL——长臂 L 的热伸长量，mm；

D——管道外径，mm。

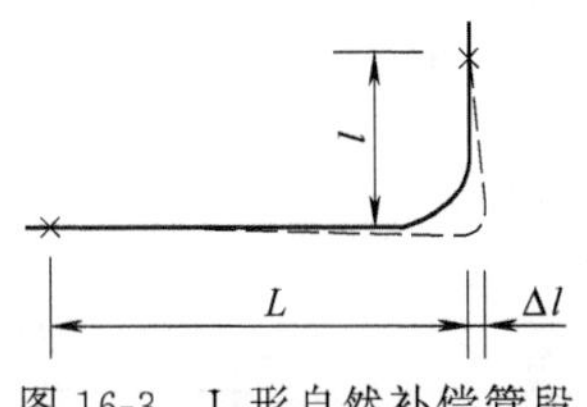

图 16-3 L 形自然补偿管段

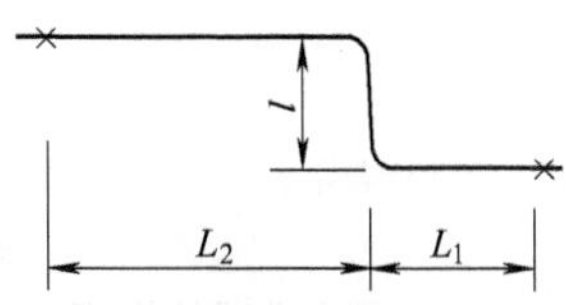

图 16-4 Z 形自然补偿管段

② Z 形折角弯自然补偿。Z 形自然补偿管段见图 16-4。短臂长度 l 按下式计算：

$$l=\left\{\frac{6\Delta tED}{10^3[\sigma](1+1.2K)}\right\} \tag{16-9}$$

式中 Δt——计算温差，℃；

E——管材的弹性模数，MPa；

$[\sigma]$——弯曲允许应力，MPa；

K——等于 L_1/L_2。

③ 空间立体弯自然补偿。空间立体管段的自然补偿能力是否满足要求，可按下式判别：

$$\frac{DN\Delta L}{(L-U)^2}\leqslant 208 \tag{16-10}$$

式中　DN——管道公称直径，mm；

ΔL——管道三个方向热伸长量的向量和，mm；

L——管道展开总长度，m；

U——管道两端固定点之间的直线距离，m。

上式的使用条件为：一根管道，管材及管径一致，两端必须为固定点；中间无限位支吊点，无分支管。

2）管道热伸长补偿器

① 套管式补偿器。套管式补偿器的结构见图 16-5。这种补偿器尺寸较小，因而占地面积较少，补偿量也较小，并且需经常检修、更换填料，否则介质容易泄漏。

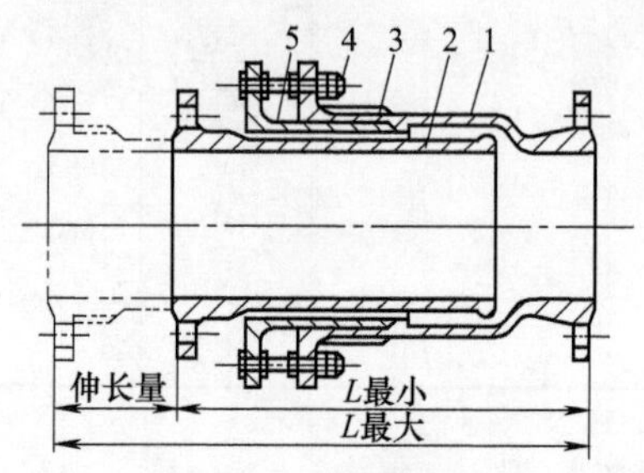

图 16-5　套管式补偿器

1—外壳；2—伸缩管；3—填料；4—紧固螺栓；5—填料压盖

套管式补偿器的伸缩量要求见表 16-11。

表 16-11　套管式补偿器伸缩量要求

公称直径/mm	原始长度 L_1/mm	伸缩量 Δl/mm	公称直径/mm	原始长度 L_1/mm	伸缩量 Δl/mm
32	128	50	100	315	75
40	144	50	125	330	75
50	161	50	150	380	100
65	169	75	200	670	100
80	195	75	250	710	100

注：原始长度 L_1 系指套管伸缩节没有发生位移的长度。

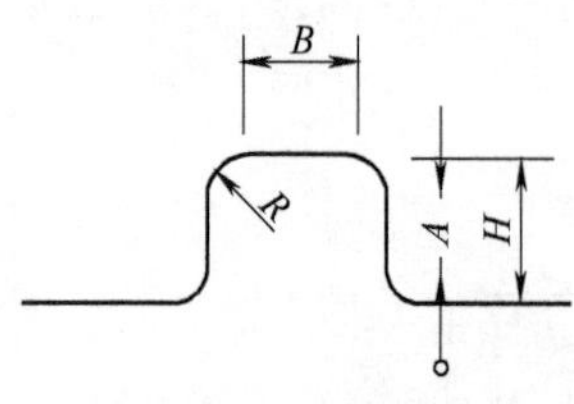

图 16-6　方形补偿器

② 方形补偿器。方形补偿器是最常用的一种补偿器，见图 16-6。其补偿能力见表 16-12。表中，1 型，$B=2A$；2 型，$B=A$；3 型，$B=0.5A$；4 型，$B=0A=0$。

方形补偿器的自由臂（导向支架至补偿器外伸臂的距离）一般为 40 倍公称直径的长度。安装方形补偿器时一般要预拉伸，当介质温度小于 250℃时预拉伸量为计算热伸长量的 50%，当介质温度为 250～400℃时预拉伸量为计算热伸长量的 70%，当介质温度大于 400℃时预拉伸量为计算热伸长量的 100%。

表 16-12　方形补偿器规格表

补偿能力 ΔL/mm	型号	公称直径 DN/mm											
		20	25	32	40	50	65	80	100	125	150	200	250
		外伸臂长 $H=A+2R$/mm											
30	1	450	520	570									
	2	530	580	630	670								
	3	600	760	820	850								
	4		760	820	850								

续表

补偿能力 ΔL/mm	型号	公称直径 DN/mm											
		20	25	32	40	50	65	80	100	125	150	200	250
		外伸臂长 $H=A+2R$/mm											
50	1	570	650	720	760	790	860	930	1000				
	2	600	750	830	870	880	910	930	1000				
	3	700	850	930	970	970	980	980					
	4		1060	1120	1140	1050	1240	1240					
75	1	680	790	860	920	950	1050	1100	1220	1380	1530	1800	
	2	830	930	1020	1070	1080	1150	1200	1300	1380	1530	1800	
	3	980	1060	1150	1220	1180	1220	1250	1350	1450	1600		
	4		1350	1410	1430	1450	1450	1350	1450	1530	1050		
100	1	780	910	980	1050	1100	1200	1270	1400	1590	1730	2050	
	2	970	1070	1170	1240	1250	1330	1400	1530	1670	1830	2100	2300
	3	1140	1250	1360	1430	1450	1470	1500	1600	1750	1830	2100	
	4		1600	1700	1780	1700	1710	1720	1730	1840	1980	2190	
150	1		1100	1260	1270	1310	1400	1570	1730	1920	2120	2500	
	2		1330	1450	1540	1550	1660	1760	1920	2100	2280	2630	2800
	3		1560	1700	1800	1830	1870	1900	2050	2230	2400	2700	2900
	4		—	—	2070	2170	2200	2200	2260	2400	2570	2800	3100
200	1		1240	1370	1450	1510	1700	1830	2000	2240	2470	2840	
	2		1540	1700	1800	1810	2000	2070	2250	2500	2700	3080	3200
	3			2000	2100	2100	2220	2300	2450	2670	2850	3200	3400
	4					2720	2750	2770	2780	2950	3130	3400	3700
250	1			1530	1620	1700	1950	2050	2230	2520	2780	3160	
	2			1900	2010	2040	2260	2340	2560	2800	3050	3500	3800
	3					2370	2500	2600	2800	3050	3300	3700	3800
	4						3000	3100	3230	3450	3640	4000	4200

注：表中 ΔL 是按安装时冷拉 ΔL/2 计算的。如采用折皱弯头，补偿能力可增加 1/3～1。

③ 球形补偿器。球形补偿器是一种新型补偿器，其结构见图 16-7。球形补偿器被安装在热力管道上，受热后以球体为回转中心自由转动，吸收管道的热位移，从而减小管道的热应力，其动作原理见图 16-8。球形补偿器最宜用于有三向位移的管道。

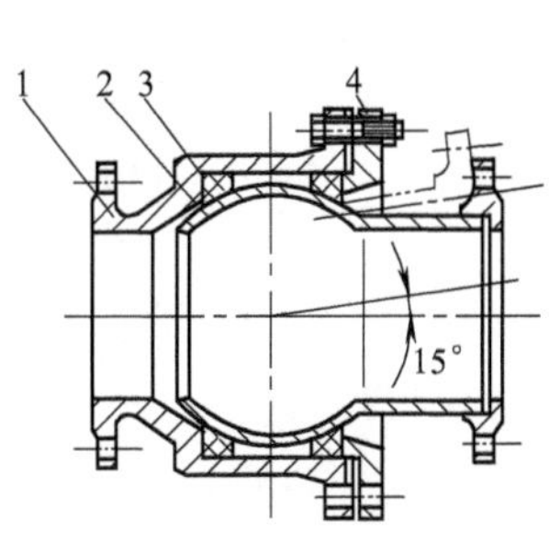

图 16-7　球形补偿器

1—壳体；2—球体；3—密封圈；4—压紧法兰

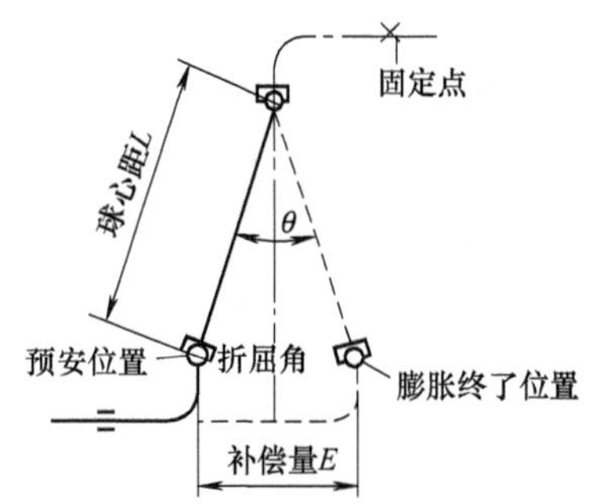

图 16-8　球形补偿器工作原理

(7) 管道的支撑和吊装　管道的固定或支撑应按不同要求选用不同形式的支、吊架。支、吊架的形式主要有固定支架、滑动支架，导向滑动支架、刚性吊架、穿墙管道滑动支架、穿楼板管道滑动及固定支架、弹簧支吊架等。

支吊架的布置及选型应满足管道补偿和位移的要求。

固定支架用于管道上不允许有任何方向位移和转动的支撑点。固定支架应生根在牢固的厂房结构物上。活动支架或刚性吊架用于管道上无垂直位移或垂直位移很小的地方。导向支架用于限制或引导管道某些方向位移的支撑点。弹簧支吊架用于有垂直位移的支吊点。管道穿墙时应装设滑动支架，墙洞的大小应不妨碍管道的位移。垂直管道通过楼板时，应装专用套管，套管不应限制管道的位移且不承受管道的垂直负荷。

支吊架间距应适当。间距过小，支吊架过密，将造成钢材的浪费；间距过大，一方面管道会因自重产生的弯曲应力过大而破坏，另一方面管道因自重产生的弯曲挠度过大而不能满足疏水、放水的要求。支吊架的最大允许间距，应结合主厂房和管道布置的具体情况，考虑到管道荷重和自重应力的合理分布，按强度、刚度两个条件，通过计算来确定。

按强度条件计算的支吊架最大允许间距为：

$$L_{max}=2.24\sqrt{\frac{1}{9.8q}W\varphi\sigma_e^t} \tag{16-11}$$

按刚度条件计算的支吊架最大允许间距为：

$$L_{max}=0.19\sqrt[3]{\frac{9.8}{q}E_t I i_0} \tag{16-12}$$

以上两式中 L_{max}——最大允许间距，m；

q——管道单位长度质量，kg/m，应包括自身质量、保温材料的质量，水管应包括水的质量（强度计算时计入，刚度计算时不计入）；

W，I——管子的断面系数和惯性矩，cm^3 和 cm^4，管道常用计算数据可查表 16-13；

φ——管子横向焊缝系数，$D_w>108$mm、$t>350$℃时 $\varphi=0.9$，其余情况 $\varphi=0.7$；

E_t——计算温度下钢材的弹性模数，MPa，查表 16-10；

i_0——管子疏水、放水坡度，一般为 0.002；

σ_e^t——钢材热态额定许用应力，MPa。

表 16-13　管道支吊架设计常用计算数据表

DN/mm	外径×壁厚 $D_w\times S$/mm×mm	有效截面积/cm^2	I/cm^4	W/cm^3	DN/mm	外径×壁厚 $D_w\times S$/mm×mm	有效截面积/cm^2	I/cm^4	W/cm^3
6	12×2.5	0.386	0.09	0.15	80	89×3.5 89×4.0	52.60 51.50	86.0 96.6	19.3 21.7
10	14×2 16×2.5	0.785 0.95	0.14 0.25	0.21 0.28	100	108×4 108×4.5	78.54 77.00	176.8 196	32.7 36.3
15	18×2 18×3	1.54 1.13	0.32 0.41	0.36 0.46	125	133×4 133×6	122.71 115.00	337 484	50.7 72.7
20	25×2 25×3	3.46 2.82	0.96 2.90	0.77 1.81	150	159×4.5 159×7	176.71 165.00	652 967	82 122
25	32×2.5 32×3.5	5.72 4.91	2.49 3.22	1.56 2.00	200	219×6 219×7	336.53 332	2294 2617	208 248
32	38×2.5 38×3.5	8.54 7.54	4.34 5.70	2.26 3.00	250	273×7 273×8	527 518	5170 5853	379 429
40	45×2.5 45×3.5	12.55 11.30	7.65 10.0	3.40 4.44	300	325×8 325×9	750 740	10000 11160	616 687
50	57×3 57×3.5	21.90 19.63	18.6 21.5	6.52 7.44	350	377×9 377×10	1010 999	17600 19430	934 1031
65	73×3 73×3.5 73×4	35.20 34.10 33.15	40.5 46.3 50.6	11.10 12.40 13.82	400	426×9 426×10	1310 1295	25650 28290	1204 1328

常用管道支吊架最大间距见表 16-14。

支吊架应有足够的强度和刚度，应考虑到管道自身、附配件、水、保温层等质量以及管道变形作用在支架上的力，通过计算，设计和选用安全可靠的支、吊架。

在管道较重的附件近旁、三通处，应尽量装设支、吊架，水泵出口管段也应装设可靠的支架，以便承重和减少振动；安全阀排汽管内介质流速较高，应装设稳定性好的支、吊架。

设计吊架时，拉杆的长度应能调整，一般用端部拉杆进行上部或下部的调整，当不能采用上部或下部螺纹调整拉杆长度时才采用花篮螺丝进行中间调整。

表 16-14 常用管道支吊架最大间距

直径	规格	自身单位质量	水的单位质量	泡沫混凝土保温层				管道单位质量/(kg/m)						最大允许间距/m								
				蒸汽管 $t\leqslant 200℃$		凝结水管 $t\leqslant 100℃$		蒸汽管		凝结水管		不保温管道		蒸汽管			凝结水管			不保温管道		
				厚度	质量	厚度	质量	满水	无水	满水	无水	满水	无水	强度	刚度	推荐值	强度	刚度	推荐值	强度	刚度	推荐值
D_g/mm	$D_w\times S$/(mm×mm)	q_k/(kg/m)	q_s/(kg/m)	δ/mm	q_b/(kg/m)	δ/mm	q_b/(kg/m)	q						L_{max}								
25	32×2.5	1.76	0.57	50	13.52	35	9.28	15.85	15.28	11.61	11.04	2.33	1.76	1.94	1.61	1.6	2.23	1.79	1.8	4.97	3.31	3.3
32	38×2.5	2.19	0.86	55	16.23	35	10.12	19.28	18.42	13.17	12.31	3.05	2.19	2.13	1.81	1.8	2.52	2.08	2.0	5.24	3.70	3.7
40	45×2.5	2.62	1.26	55	17.00	35	10.75	20.88	19.62	14.63	13.37	3.88	2.62	2.52	2.15	2.1	2.92	2.44	2.4	5.68	4.20	4.2
50	57×3.5	4.62	1.96	60	20.06	35	11.69	26.64	24.68	18.27	16.31	6.58	4.62	3.34	2.81	2.8	3.88	3.24	3.2	6.46	4.92	4.9
65	73×3.5	6.00	3.42	65	24.76	35	13.19	34.18	30.76	22.61	19.19	9.42	6.00	3.86	3.37	3.3	4.50	3.95	3.9	6.96	5.82	5.8
80	89×3.5	7.38	5.28	70	29.50	35	15.00	42.16	36.88	27.66	22.38	12.66	7.38	4.39	3.90	3.9	5.07	4.61	4.6	7.50	6.68	6.6
100	108×4	10.26	7.85	75	34.89	40	18.95	53.00	45.15	37.06	29.21	18.11	10.26	5.17	4.63	4.6	5.70	5.36	5.3	8.17	7.60	7.6
125	133×4	12.73	12.27	80	42.04	45	24.55	67.04	54.77	49.55	37.28	25.00	12.73	5.86	5.40	5.4	6.15	6.13	6.1	8.65	8.76	8.6
150	159×4.5	17.15	17.67	85	49.63	45	27.54	84.45	66.78	62.36	14.69	34.82	17.15	6.73	6.30	6.3	6.99	7.20	7.0	9.31	9.90	9.3
200	219×6	31.52	33.65	90	74.50	50	37.88	139.67	106.02	103.05	69.40	65.17	31.52	8.66	8.20	8.2	8.80	9.45	8.8	11.03	12.30	11.0
250	273×7	45.92	52.7	100	95.36	55	57.76	193.98	141.28	156.38	103.68	98.62	45.92	10.1	9.76	9.7	9.63	10.80	9.6	12.15	14.20	12.1
300	325×8	62.54	75.0	105	112.7	60	70.41	250.24	175.24	207.95	132.95	137.54	62.54	11.6	11.3	11.3	10.68	12.4	10.6	13.10	15.95	13.1
350	377×9	81.68	101.2	110	130.1	65	84.07	312.98	211.78	266.95	165.75	182.88	81.68	13.0	12.83	12.8	11.59	13.9	11.6	14.00	17.60	14.0
400	126×9	92.55	130.7	115	148.9	70	97.79	372.15	241.45	321.04	190.34	223.25	92.55	13.83	13.95	13.8	12.00	15.1	12.0	14.40	19.20	14.4

同一吊架可以吊装多根管，但对于位移值或位移方向不相同的管道，不应使用同一吊架。

支吊架应尽量生根在土建结构的梁、柱或钢架上，生根结构应采用插墙支撑或与土建预埋件相焊接的方式；若无预埋件时，可采用梁箍包梁或槽钢夹柱的方式，楼板、砖墙、钢筋混凝土屋架上一般不宜生根。

悬臂生根结构的支吊架，其悬臂长一般不大于800mm。较长的悬臂支吊架，应在其受力较大方向加斜撑。

(8) **管道保温** 保温的作用如下。

① 节约能源。保温可减少散失到外界的热量，从而节约大量能源。管道若不保温，热损失可高达12%～22%。

② 增加管道和设备的使用年限。管道和设备由于增加了保温及油漆层，可保护管道及设备不受外界侵蚀，从而增加使用年限。

③ 改善和保护工作人员的劳动条件。一般规定在周围空气温度为25℃时，保温结构的外表面温度不应超过50℃，对于重油管道则不应超过35℃，保护工作人员不被烫伤。

④ 保证生产过程的要求。例如，对热水管道需防止冻结，对重油管道需保持油温稳定，控制热介质在管道内的温降以及保证保温层的外表面温度不高于某一值以适应特殊要求等。

管道设计中，应根据所设计的项目，因地制宜、就地取材，选用来源广泛、价廉耐用的保温材料。选用的主保温材料应符合下列要求：热导率小；耐热温度较高并在较高温度下性能稳定；富于多孔性，密度小，一般不超过600kg/m^3；具有一定的机械强度，一般抗压强度不宜低于0.3MPa；热介质温度大于120℃时，保温材料中不应含有机物和可燃物，当介质温度在80～120℃时，允许使用有机物与无机物混合制品，当介质温度低于80℃时，允许使用有机物品，但应不至侵蚀金属管壁和不影响四周空气卫生及不易吸鼠虫菌类等生物；吸湿性小，存水性弱，特别当管道在地沟中或无沟埋设时，不允许采用吸水性大、存水性强及含有硫化物的材料；容易制造成型，便于安装。

常用的保温材料及其特性见表16-15。

表16-15 常用保温材料及其特性

材料名称	密度/(kg/m^3)	常温热导率/[kW/(m·K)]	热导率方程	最高使用温度/K(℃)	耐压强度/MPa	特性及规格
超轻微孔硅酸钙	<170	0.047[①]		923(650)	抗折>0.2	含水率<4%
普通微孔硅酸钙	200～250	0.051～0.052	$0.048+0.0001t_p$[②]	923(650)	抗压>0.5	重量吸水率390%
酚醛树脂黏结岩棉制品	80～200	0.04～0.05(50℃时)	$0.03\sim0.034+0.0014t_p$	623(350)	抗折≥0.25	纤维平均直径4～7μm，酸度系数≥1.5，含湿率<1.5%
硅溶胶黏结岩棉制品	80～200	<0.03(50℃时)		973(700)		纤维平均直径3～4μm，增水率99.9%，不燃性A_1级，酸度系数≥2
沥青矿渣棉制品	100～120	0.04～0.045(20～30℃时)	$0.04+0.00017t_p$	523(250)	抗折0.15～0.2	纤维平均直径≤7μm，含湿率<2%，含硫量<1%，黏结剂含量3%
酚醛矿渣棉制品	80～150	0.036～0.045(20～30℃时)	$0.04+0.00015t_p$	623(350)	抗折0.15～0.2	纤维平均直径≤5μm，含湿率<1.5%，黏结剂含量1.5%～3%
超细玻璃棉管壳	40～60	0.026～0.03	$0.026+0.0002t_p$	673(400)		
酚醛玻璃棉管壳	120	0.03	$0.029+0.00021t_p$	523(250)		
防水树脂珍珠岩制品	<220	0.0517		573(300)	抗压>0.45	吸水率<8%
水玻璃珍珠岩制品	200～300	0.045～0.065	$0.056\sim0.06+0.0001t_p$	873(600)	抗压>0.6	吸水率200%～220%
水泥珍珠岩制品	350～450	0.06～0.072	$0.06\sim0.064+0.0001t_p$	873(600)	抗压>0.46	吸水率150%～250%
石棉绳	≤1000	0.14	$0.11+0.00013t_p$	473～823(200)～(550)	抗拉0.003	

① 该值为平均温度(70±5)℃时得出。

② t_p为保温材料的平均温度。

忽略热介质至管壁和管子本身的热阻，管道单位长度的散热损失可由下式确定：

$$\Delta q=\Delta Q/l=\frac{\pi(t_p-t_0)}{\frac{1}{2\lambda_b}\ln\frac{d_{bw}}{d_w}+\frac{1}{\alpha_1 d_{bw}}}(1+\beta) \tag{16-13}$$

式中　Δq——管道单位长度散热损失，kW/m；

t_p、t_0——热介质与周围介质的平均温度，℃；

d_w、d_{bw}——管外径与主保温层外径，$d_{bw}=d_w+2\delta$（δ为保温层厚度），m；

λ_b——保温层热导率，kW/(m·℃)；

α_1——保温层外表面向周围介质的放热系数，kW/(m²·℃)，α_1可按下式确定：

$$\alpha_1=1.163\times10^{-3}(10+6\sqrt{v}) \tag{16-14}$$

v——保温层附近空气流动速度，m/s；

β——管道附件、阀门等的局部热损失系数，%。

由式（16-13）可知，若已知Δq，忽略β，则保温层厚度可由下式求得：

$$\ln\frac{d_{bw}}{d_w}=2\lambda_b\left[\frac{\pi(t_p-t_0)}{\Delta q}-\frac{1}{\alpha_1 d_{bw}}\right] \tag{16-15}$$

从经济的原则，可预先确定管道的最大允许热损失，由此可确定保温层的经济厚度δ_{bj}：

$$\delta_{bj}=2.75\frac{d_w^{1.2}(\lambda_b/1.16)^{1.35}t_w^{1.73}}{(q_x/1.16)^{1.5}} \tag{16-16}$$

式中　δ_{bj}——保温层经济厚度，mm；

d_w——管外径，mm；

λ_b——保温层热导率，kW/(m·℃)；

t_w——管道外表面温度，℃；

q_x——最大允许热损失，W/m，可按表16-16选取。

表16-16　管道最大允许热损失　　单位：W/m

管外径/mm	热介质温度/℃						
	100	150	200	250	300	350	400
57	69.6	92.8	104.4				
108	98.6	127.6	150.8	191.4	208.8	232	255.2
159	121.8	156.6	191.4	226.2	249.4	266.8	307.4
216	139.2	185.6	226.2	272.6	301.6	330.6	365.4
267	156.6	214.6	255.2	307.4	342.2	382.8	423.4
325	179.8	243.6	284.2	348.0	388.6	423.4	475.6
376	197.2	266.8	324.8	382.8	423.4	464	516.2
427	214.6	295.8	353.8	411.8	458.2	498.8	551
529	255.2	342.2	406.0	475.6	481.4	580	632.2

管道保温结构形式有很多，主要取决于保温材料及其制品和管道的敷设方式。常用的保温结构形式有如下几种。

① 涂抹式。用胶泥状保温材料直接湿抹于管子上。所用的胶泥状保温材料一般为石棉硅藻土、碳酸镁石棉粉等。为了增加金属表面与保温材料的黏结力，可先用较稀的石棉硅藻土或Ⅵ级石棉灰浆散敷作底层，厚度为3～5mm。待底层完全干燥后再涂第二层，厚度为10～15mm，以后每层厚度为15～25mm，直至设计要求厚度。最后一层的表面应抹光，无裂缝。施工时，要求周围空气的温度不低于0℃。为加速干燥过程，可在管内通入不高于150℃的热介质。

涂抹式保温结构见图16-9。

② 预制式。主保温材料在专门的场地或工厂预制成砖形、扇形或半圆形瓦块。材料一般为泡沫混凝土

或硅藻土，施工时先用石棉硅藻土作底层，然后安放预制瓦块，并将纵横接缝错开，接缝处用石棉硅藻土灰浆或其他湿抹式保温材料填实。

预制式保温结构见图 16-10。

③ 填充式。将松散的或纤维状的保温材料（如矿渣棉、玻璃棉等）填充于管子四周的特殊套子、铁丝网（或铁皮壳）中。铁丝网用支撑圈支撑成圆形，用镀锌铁丝悬挂在管子上。悬挂镀锌铁丝设在两支撑圈中间。

填充式保温结构见图 16-11。支撑圈的关系尺寸见表 16-17。

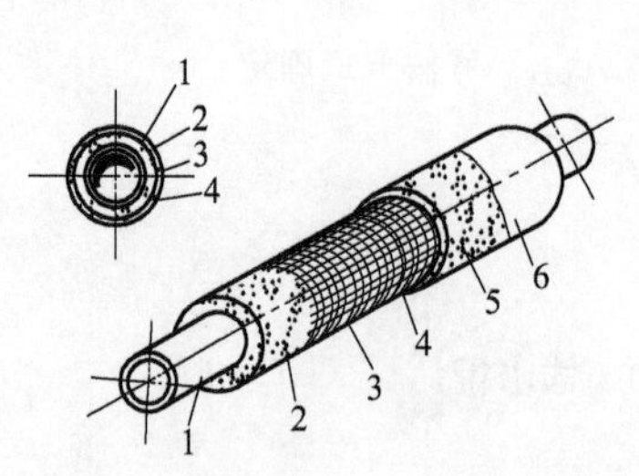

图 16-9 涂抹式（胶泥）保温结构

1—防锈漆；2—胶泥保温层；3—方格镀锌铁丝网（当保温外径小于 200mm 时不用）；4—绑扎（$d=1.0\sim1.6$mm 镀锌铁丝）；5—保护壳；6—表面色漆

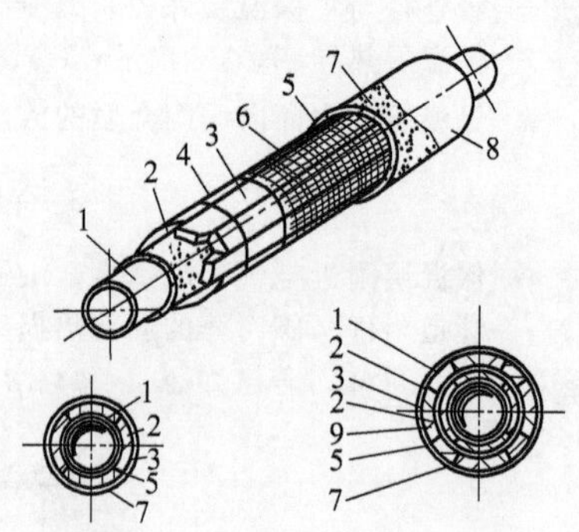

图 16-10 预制式保温结构

1—防锈漆；2—石棉硅藻土垫层 3～5mm；3—第一层保温层制件；4—镀锌铁丝或打包铁皮；5—方格铁丝网（当保温外径小于 200mm 时不用）；6—绑扎（$d=1.0\sim1.6$mm 镀锌铁丝网）；7—保护壳；8—表面色漆；9—第二层主保温层

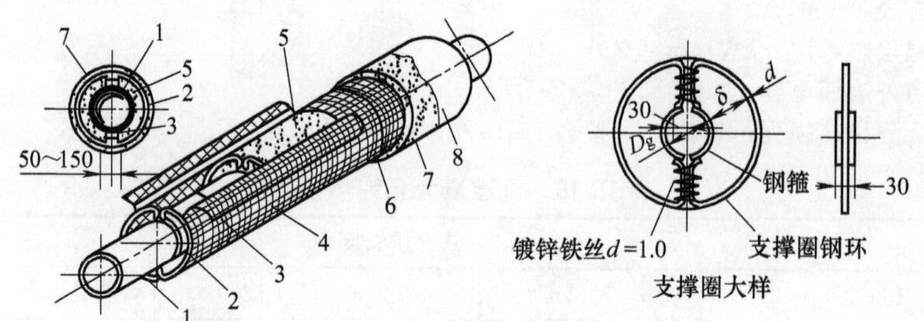

图 16-11 填充式保温结构

1—防锈漆；2—支撑圈；3—悬挂镀锌铁丝（$d=2.0$mm）；4—镀锌铁丝网（$d=0.8$mm，网格 5mm×5mm）；5—保温材料；6—绑扎（$d=1.0\sim1.6$mm 镀锌铁丝网）；7—保护层；8—表面色漆

表 16-17 支撑圈的关系尺寸

管子公称直径 D_g/mm	70～80	100～150	200～300
支撑圈间距	400	500	600
钢环直径 d/mm	4	5	6
钢箍厚度 δ/mm	1.5	1.5	2

④ 捆扎式。将有弹性的织物、席状物、绳子、纽带等成件保温制品捆扎在管子上。保温材料多用矿渣棉毡或玻璃棉毡。为防止长期运行后保温材料下坠，宜加悬挂镀锌铁丝，见图 16-12。

如果保温材料为矿渣棉或玻璃棉成型制品（毡、板、瓦）时，保温结构见图 16-13。如果保温材料比较松软，在包扎时难以整理成圆形时，可在保温层外加厚纸板或油毡以使保温外观圆滑、平整，见图 16-14。

对于带蒸汽伴随管的油管的保温，由于既要使热量保持在管道内，又要便于将蒸汽的热量传到油中，也就是要保证油管与蒸汽管间的空间能够自由传热，须用一层镀锌铁丝网按图 16-15 所示进行包扎，然后再施工保温层，保温材料尽量选用棉毡。

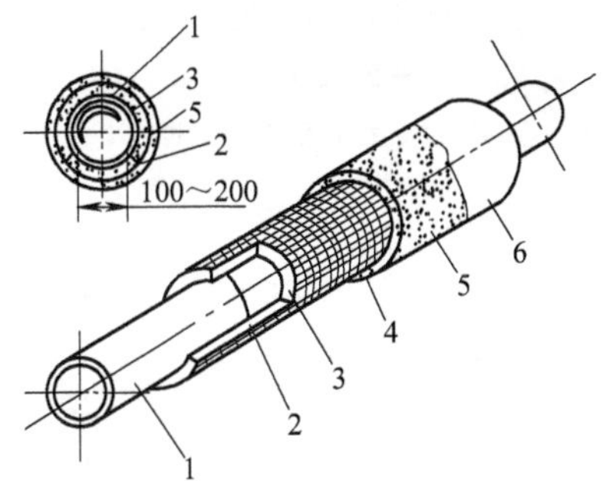

图 16-12 捆扎式保温结构（一）

1—防锈漆；2—悬挂镀锌铁丝（$d=2.0$mm）；3—矿渣棉或玻璃棉制品；4—镀锌铁丝网（$d=1.0\sim1.6$mm，间距 200～300mm）；5—保护层（用密纹玻璃布包扎）；6—表面色漆（磁漆或冷底子油）

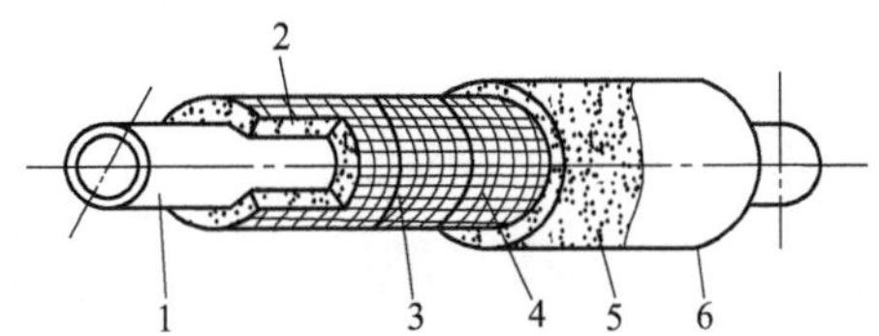

图 16-13 捆扎式保温结构（二）

1—防锈漆；2—矿渣棉（玻璃棉）毡；3—方格镀锌铁丝网（当保温管直径≤500mm 时不用）；4—镀锌铁丝网（$d=1.0$mm）；5—保护层（用密纹玻璃布包扎）；6—表面色漆（磁漆或冷底子油）

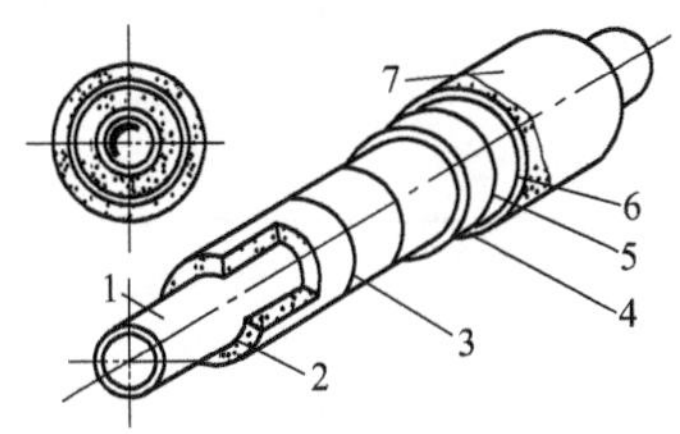

图 16-14 松软保温制品结构

1—防锈漆；2—松软保温制品层；3—镀锌铁丝网（$d=1\sim2$mm，间距 300～400mm）；4—厚纸板（$\delta=1.0\sim1.5$mm）或油毡（$\delta=1.4$mm）；5—镀锌铁丝网（$d=1.0$mm，间距 200～300mm）；6—保护层（密纹玻璃布）；7—表面色漆

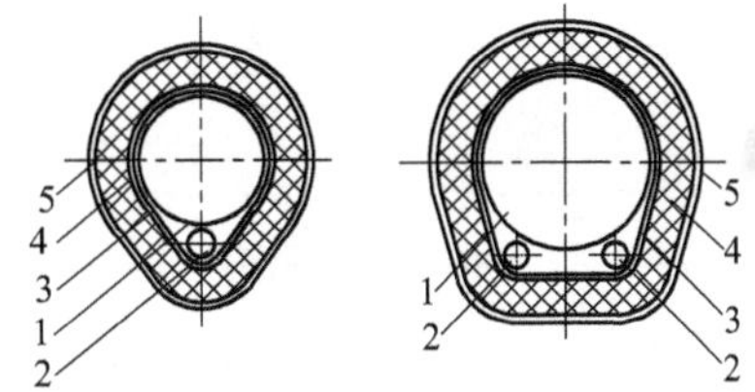

图 16-15 带蒸汽伴随管的油管的保温结构

1—油管；2—蒸汽伴随管；3—镀锌铁丝网；4—主保温层；5—保护层

阀门的保温结构主要有以下 2 种。

① 涂抹式。将湿的保温材料（如石棉硅藻土等）直接涂抹在阀体上。先用较稀的石棉硅藻土或Ⅱ级石棉灰浆作底层，厚度 3～5mm，再涂抹主保温层，每层厚度约 10mm，待第一层干燥后再涂第二层。保温层外用 $d=1.2$mm，网格 100mm×100mm 的镀锌铁丝网覆盖，铁丝网需用 $d=1.2$mm 镀锌铁丝作加强圈，外层涂抹保护壳，结构见图 16-16。

② 捆扎式。将玻璃布或石棉布缝制的软垫捆扎于阀体上。软垫内装玻璃棉或优质的矿渣棉，软垫的厚度等于所需的保温层厚度，软垫外用铁丝或玻璃丝带直接绑扎。也可用棉毡绑扎于阀体上，然后用玻璃布缠紧并用镀锌铁丝扎牢，结构见图 16-17。

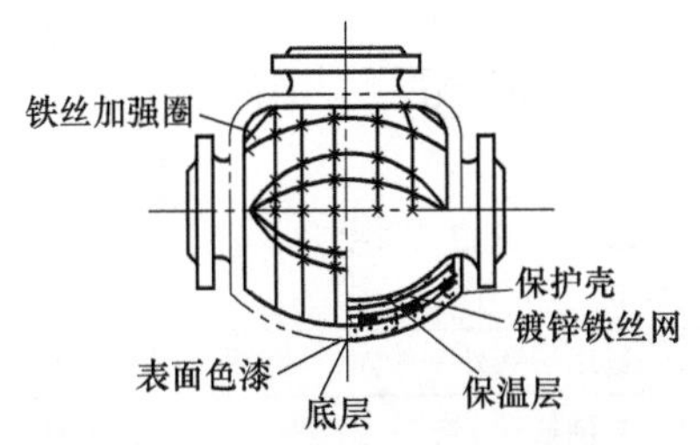

图 16-16 涂抹式阀门保温结构

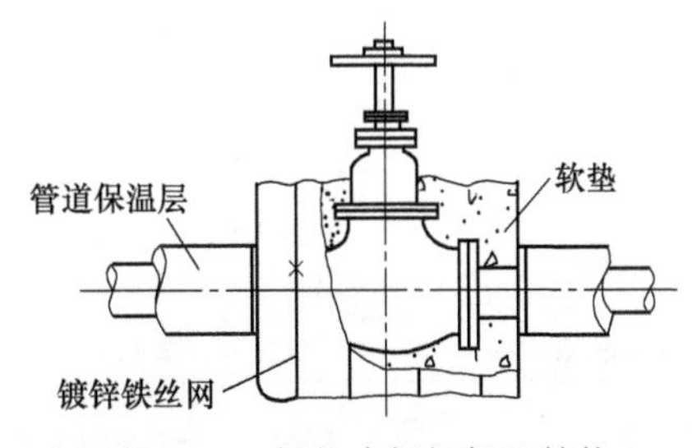

图 16-17 捆扎式阀门保温结构

法兰、弯头、三通等管道附件均需采取有效的保温措施。

为了保护保温材料、延长保温结构的使用寿命，防止雨水及潮湿空气的侵蚀，减少热损失，使外表面齐整、美观、便于涂刷各种色漆，在保温材料的外表面都有保护层。保护层结构应根据供应条件、管道所处的环境、保温材料类型等因素选用。

常用的保护层有以下 3 种。

① 涂抹式。涂抹式保护层常用的材料为沥青胶泥和石棉水泥。石棉水泥类涂抹式保护层不能在室外管道上应用。当保温层外径小于 200mm 时，保护层厚度为 15mm，当保温层外径大于 200mm 时，保护层厚度为 20mm。沥青胶泥保护层配方之一见表 16-18。

表 16-18 自熄性沥青胶泥配方

材料名称	质量/kg	百分比/%	材料名称	质量/kg	百分比/%
茂名 5 号沥青	1.5	26.3	四氯乙烯	1.5	26.3
橡胶粉(32 目)	0.2	3.5	氯化石蜡	0.5	8.8
中质石棉泥	2.0	35.1			

② 金属板式。采用 0.3～0.8mm 厚的镀锌薄钢板，铝板制成外壳，壳的接缝必须搭接，以防雨水进入。

③ 包扎式。主要有玻璃布缠包和玻璃钢管壳捆扎两种。玻璃布保护层一般在室内使用，采用厚度为 0.1～0.16mm 的中碱细格平纹玻璃布。玻璃钢管壳要用镀锌铁丝捆扎或用环氧树脂黏合管壳接缝，管壳厚度为 0.8～1.6mm，有红、绿、黄等颜色，可根据管内介质种类进行选用。

(9) 管道油漆 油漆的作用是保护管道及设备的内、外表面，使其不产生或延缓金属的腐蚀，还可标记管内介质的种类及流向。在液体和气体介质中均可使用，施工简便，价格便宜，但涂层一般较薄，耐久较差。

常用油漆的特性及用途见表 16-19。

表 16-19 常用油漆的特性及用途

名称	成分或特点	用途
生漆(大漆)	生漆是漆树分泌之汁液，有优良的耐蚀性能，漆层机械强度也相当高	适用于腐蚀性介质的设备管道，使用温度约 150℃，可用于金属、木材、混凝土表面
锌黄防锈漆	由锌铬黄、氧化锌、填充料、酚醛漆料、催干剂与有机溶剂组成	适用于钢铁及轻金属表面打底，对海洋性气候及海水侵蚀有特殊防锈性
红丹醇酸及红丹防锈漆	用红丹、填充料、醇酸树脂[或油性(磁性)漆料]、催干剂与有机溶剂研磨调剂而成	用于黑色金属表面打底，不应暴露于大气之中，必须用适当的面漆覆盖
混合红丹防锈漆	用红丹、氧化铁红、填充料、聚合干性油、催干剂与有机溶剂调研而成	适用于黑色金属表面作为防锈打底层
铁红防锈漆	用氧化铁红、氧化锌、填充料、油性或磁性漆料等配成	适用于室外黑色金属表面可作为防锈底漆或面漆用
铁红醇酸底漆	由颜料、填充料与醇酸清漆制成，附着力强，防锈性和耐气候性较好	适用于高温条件下黑色金属表面
头道底漆	用氧化铁红、氧化锌、炭黑、填充料等和油基漆料研磨调制而成	适用于黑色金属表面打底，能增加硝基磁漆与金属表面附着力
磷化底漆	由聚乙烯醇缩丁醛树脂溶解于有机溶剂中，再和防锈颜料研磨而成，使用时研入预先配好的磷化液	作有色及黑色金属的底层防锈涂料，且能延长有机涂层使用寿命，但不能代替一般底漆
厚漆(铅油)	以颜料和填料混合于干性油或精油中，经研磨制成的软膏状物	适用于室内外门、窗、墙壁铁木建筑物等表面作底漆或面漆
油性调和漆	用油性调和漆料或部分酚醛漆料、颜料、填充料等配制经研磨细腻而成	适用于室内涂覆金属及木材表面，耐气候性好
磁性调和漆	用磁性调和漆料和颜料等配制，经研磨细腻而成	适用于室外一般建筑物、机械门窗等表面
铝粉漆	用铝粉浆和中油酸树脂漆料及溶剂制成	专供散热器、管道以及一切金属零件涂刷之用
酚醛磁漆	用酚醛树脂与颜料或加少量填充料调剂研磨而成	抗水性强、耐大气性较磁性调和漆好，适用于室外金属和木材表面
醇酸树脂磁漆	以各式颜料和醇酸漆研磨调制而成	适用于金属、木材及玻璃布的涂刷，漆膜保光性好

续表

名　　称	成分或特点	用　　途
耐碱漆	用耐碱颜料、橡胶树脂软化剂和溶剂制成	用于金属表面防止碱腐蚀
沥青漆	天然沥青或人造沥青溶于干性油或有机溶剂内配制而成	用于不受阳光直接照射的金属、木材、混凝土
耐酸漆	用耐酸颜料、橡胶树脂软化剂溶剂制成	用于金属表面防酸腐蚀
耐热铝粉漆	用特制清漆与铝粉制成并用PC—2溶剂稀释磁漆	用于受高温高湿部件，在300℃以下防锈不防腐
耐热漆(烟囱漆)	用固定性树脂和高温稳定性颜料制成	用于不高于300℃的防锈表面，如钢铁烟囱及锅炉
过氯乙烯漆	由过氯乙烯树脂、中性颜料酯类溶剂制成，抗酸抗碱优良	底漆直接应用在黑色金属、木材、水泥表面，磁漆涂在底漆上，清漆作面层，使用温度在－20～60℃
乙烯基耐酸碱漆	用合成材料聚二乙烯基二乙炔制成，耐一般酸碱、油、盐、水	用于工业建筑内部的防化学腐蚀
环氧耐腐蚀漆(冷固型)	由颜料、填充料、有机溶剂、增塑剂与环氧树脂经研磨配制而成，再混入预先配好的固化剂溶液	具有优良耐酸、耐盐类溶液及有机溶剂的腐蚀，漆膜具有优良的耐湿性、耐寒性，对金属有特别良好的附着力，使用温度150～200℃
环氧铁红底漆	用环氧树脂和防锈颜料研磨配制而成	用于黑色金属的表面，防锈耐水性好，漆膜坚韧耐久
有机硅耐高温漆	由乙氧基聚硅酸加入醇酸树脂与铝粉混合配制而成	用于400～500℃高温金属表面作防腐材料
清油	由干性油或加部分半干性油经熬炼并加入干燥剂制成	用于调稀厚漆和红丹，也可单独刷于金属木材织物等表面作为防污、防锈、防水使用

对不保温管道，室内管道宜先涂刷两度防锈漆，再涂刷一度调和漆；室外管道宜先涂刷两度铁红防锈底漆，再涂刷两度铁红防锈面漆；油管道宜先涂刷一度铁红醇酸底漆，再涂刷一度醇酸磁漆；管沟中的管道宜先涂刷一度防锈漆，再涂刷两度青漆。

对保温管道，当介质温度低于120℃时，管道表面应涂刷两度防锈漆，当介质温度高于120℃时，管道表面一般不涂刷防锈漆，当保温结构采用黑铁皮作保护层时，应在铁皮内外表面涂刷两度防锈漆，外表面再涂两度铝粉漆或涂两度环氧铁红底漆和两度酚醛磁漆。

锅炉房内的管道表面或其保温层表面的油漆颜色，应按管道类别有所区别，其规定见表16-20。管道上一般应有表示介质流动方向的箭头。介质有两个方向流动的可能时，应标示出两个相反方向的箭头。箭头一般漆白色或黄色，底色浅者则漆深色箭头。

表16-20　管道涂色规定

管道名称	颜　　色		管道名称	颜　　色	
	底色	色环		底色	色环
过热蒸汽管	红	黄	压缩空气管	蓝	
饱和蒸汽管	红		油管	橙黄	
排汽管	红	黑	石灰浆管	灰	
废汽管	红	绿	菱苦土溶液管	灰	白
锅炉排污管	黑		硫酸亚铁溶液管	褐	—
锅炉给水管	绿		磷酸三钠溶液管	浅绿	红
疏水管	绿	黑	原煤管	亮灰	黑
凝结水管	绿	红	煤粉管	亮灰	
软化(补给)水管	绿	白	盐水管	浅黄	
生水管	绿	黄	冷风道	蓝	黄
热水管	绿	蓝	热风道	蓝	
解吸除氧气体管道	浅蓝		烟道	暗灰	

注：1. 色环的宽度（以管子或保温层外径为准），外径小于150mm者，为50mm；外径为150～300mm者，为70mm；外径大于300mm者，为100mm。

2. 色环与色环之间的距离视具体情况掌握，以分布匀称，便于观察为原则。除管道弯头及穿墙处必须加色环外，一般直管段上环间距离可取1～5m。

二、阀门

阀门是管道系统中的重要部件，它用以切断或接通管路介质，调节介质的流量和压力，改变介质的流动方向，保护管路系统以及设备安全。

按用途，阀门可分为关断阀门、调节阀门和保护阀门。关断阀门用来切断或接通管道介质，如闸阀、截止阀、球阀、蝶阀、旋塞及隔膜阀等；调节阀门用来调节介质的压力和流量，如调节阀、减压阀、节流阀及疏水阀等；保护阀门用来排除多余介质，防止压力超过规定值，如安全阀、止回阀及快速关断阀等。

按公称压力，阀门可分为真空阀门、低压阀门、中压阀门、高压阀门和超高压阀门。真空阀门是指公称压力 $PN<0.1$MPa 的阀门；低压阀门是指 0.1MPa$\leqslant PN \leqslant$1.6MPa 的阀门；中压阀门是指 2.5MPa$\leqslant PN \leqslant$6.4MPa 的阀门；高压阀门是指 10MPa$\leqslant PN \leqslant$80MPa 的阀门；超高压阀门是指 $PN \geqslant$100MPa 的阀门。

按介质工作温度，阀门可分为超低温阀门、低温阀门、常温阀门、中温阀门和高温阀门。超低温阀门用于介质工作温度 $t<-100$℃的阀门；低温阀门用于介质工作温度-100℃$\leqslant t<-40$℃的阀门；常温阀门用于介质工作温度-40℃$\leqslant t<120$℃的阀门；中温阀门用于介质工作温度 120℃$\leqslant t \leqslant$450℃的阀门；高温阀门用于介质工作温度 $t>450$℃的阀门。

按操纵方法，阀门可分为手动阀门、电动阀门、气动阀门和液动阀门。手动阀门是指借助手柄、手轮、杠杆、齿轮、链轮、蜗轮等，由人力来操纵的阀门；电动阀门是指借助电动机、电磁等电力来操纵的阀门；气动阀门是指借助压缩空气来操纵的阀门；液动阀门是指借助水、油等液体传递外力来操纵的阀门。

阀门材料是根据介质的工作参数（压力、温度）来决定的。低压低温阀门的壳体可用铸铁制成；高中压、中温阀门可用碳钢制造；高温高压阀门用合金钢制造。

中低压管道阀门的连接可采用法兰连接，高压高温管道阀门的连接则多采用焊接连接。

中华人民共和国机械行业标准《阀门型号编制方法》（JB/T 308—2004）规定了通用阀门的型号编制、类型代号、驱动方式代号、连接形式代号、结构形式代号、密封面材料代号、阀体材料代号和压力代号的表示方法，适用于通用中闸阀、截止阀、节流阀、蝶阀、球阀、隔膜阀、旋塞阀、止回阀、安全阀、减压阀、蒸汽疏水阀、排污阀、柱塞阀的型号编制。

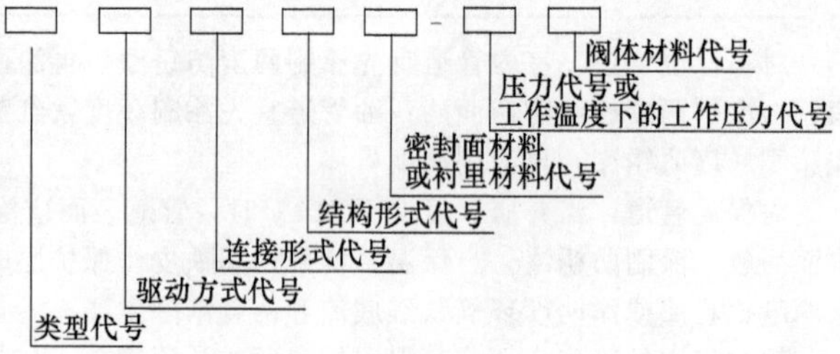

阀门型号编制的顺序由阀门类型、驱动方式、连接形式、结构形式、密封面材料或衬里材料类型、公称压力代号或工作温度下的工作压力代号、阀体材料七个单元组成。

□ □ □ □ □ - □ □

阀体材料代号

压力代号或工作温度下的工作压力代号

密封面材料或衬里材料代号

结构形式代号

连接形式代号

驱动方式代号

类型代号

阀门类型代号由汉语拼音字母表示，按表 16-21 的规定表示。

表 16-21 阀门类型代号

阀门类型	代号	阀门类型	代号	阀门类型	代号
弹簧载荷安全阀	A	截止阀	J	柱塞阀	U
蝶阀	D	节流阀	L	旋塞阀	X
隔膜阀	G	排污阀	P	减压阀	Y
杠杆式安全阀	GA	球阀	Q	闸阀	Z
止回阀和底阀	H	蒸汽疏水阀	S		

当阀门还具有其他功能作用或带有其他特异结构时，在阀门类型代号前再加注一个汉语拼音字母，按表 16-22 的规定。

表 16-22 具有其他功能作用或带有其他特异结构的阀门表示代号

第二功能作用名称	代号	第二功能作用名称	代号
保温型	B	排渣型	P
低温型	D①	快速型	Q
防火型	F	（阀杆密封）波纹管型	W
缓闭型	H		

① 低温型指允许使用温度低于-46℃的阀门。

驱动方式代号用阿拉伯数字表示，按表 16-23 的规定。

表 16-23　阀门驱动方式代号

驱动方式	代号	驱动方式	代号	驱动方式	代号
电磁动	0	正齿轮	4	液动	7
电磁-液动	1	锥齿轮	5	气-液动	8
电-液动	2	气动	6	电动	9
蜗轮	3				

注：代号 1、代号 2 及代号 8 是用在阀门启闭时，需有两种动力源同时对阀门进行操作。

安全阀、减压阀、疏水阀、手轮直接连接阀杆操作结构形式的阀门，本代号省略不表示。

对于气动或液动机构操作的阀门：常开式用 6K、7K 表示；常闭式用 6B、7B 表示。

防爆电动装置的阀门用 9B 表示。

连接形式代号用阿拉伯数字表示，按表 16-24 的规定。

表 16-24　阀门连接端连接方式代号

连接形式	代号	连接形式	代号
内螺纹	1	对夹	7
外螺纹	2	卡箍	8
法兰式	4	卡套	9
焊接式	6		

各种连接形式的具体结构、采用标准或方式（如法兰面形式及密封方式、焊接形式、螺纹形式及标准等），不在连接代号后加符号表示，应在产品的图样、说明书或订货合同等文件中予以详细说明。

阀门结构形式用阿拉伯数字表示，按表 16-25 规定。

表 16-25　阀门结构形式代号

类型	结构形式	代号	类型	结构形式	代号
闸阀	弹性闸板	0	蝶阀		
阀杆升降式(明杆)	刚性闸板		密封型	单偏心	0
楔式闸板	楔式单闸板	1		中心垂直板	1
	楔式双闸板	2		双偏心	2
平行式闸板	平行式单闸板	3		三偏心	3
	平行式双闸板	4		连杆机构	4
阀杆非升降式(暗杆)	单闸板	5	非密封型	单偏心	5
	双闸板	6		中心垂直板	6
				双偏心	7
				三偏心	8
截止阀、节流阀、柱塞阀				连杆机构	9
阀瓣非平衡式	直通流道	1	隔膜阀	屋脊流道	1
	Z 形流道	2		直流流道	5
	三通流道	3		直通流道	6
	角式流道	4		Y 形角式流道	8
	直流流道	5	旋塞阀		
阀瓣平衡式	直通流道	6	填料密封	直通流道	3
	角式流道	7		T 形三通流道	4
球阀				四通流道	5
浮动球	直通流道	1	油密封	直通流道	7
	Y 形三通流道	2		T 形三通流道	8
	L 形三通流道	4	止回阀		
	T 形三通流道	5	升降式阀瓣	直通流道	1
固定球	直通流道	7		立式结构	2
	四通流道	6		角式流道	3
	T 形三通流道	8	旋启式阀瓣	单瓣结构	4
	L 形三通流道	9		多瓣结构	5
	半球直通	0		双瓣结构	6
			蝶形止回式		7

续表

类型	结构形式	代号	类型	结构形式	代号
安全阀			蒸汽疏水阀		1
弹簧载荷弹簧封闭结构	带散热片全启式	0		浮球式	3
	微启式	1		浮桶式	
	全启式	2		液体或固体膨胀式	4
	带扳手全启式	4		钟形浮子式	5
杠杆式	单杠杆	2		蒸汽压力式或膜盒式	
	双杠杆	4		双金属片式	6
弹簧载荷弹簧不封闭结构且带扳手结构	微启式、双联调	3		脉冲式	7
				圆盘热动式	8
	微启式	7			9
	全启式	8	排污阀		
带控制机构全启式		6	液面连接排放	截止型直通式	1
脉冲式		9			
减压阀	薄膜式	1	液底间断排放	截止型角式	2
	弹簧薄膜式	2		截止型直流式	5
	活塞式	3		截止型直通式	6
	波纹管式	4		截止型角式	7
	杠杆式	5		浮动闸板型直通式	8

除隔膜阀外，当密封副的密封面材料不同时，密封面或衬里材料代号以硬度低的材料表示。阀座密封面或衬里材料代号按表 16-26 规定的字母表示。

表 16-26 密封面或衬里材料代号

密封面或衬里材料	代号	密封面或衬里材料	代号	密封面或衬里材料	代号
锡基轴承合金(巴氏合金)	B	衬胶	J	奥氏体不锈钢	R
搪瓷	C	蒙乃尔合金	M	塑料	S
渗氮钢	D	尼龙塑料	N	铜合金	T
氟塑料	F	渗硼钢	P	橡胶	X
陶瓷	G	衬铅	Q	硬质合金	Y
Cr13 系不锈钢	H				

隔膜阀以阀体表面材料代号表示。

阀门密封副材料均为阀门的本体材料时，密封面材料代号用“W”表示。

阀体材料代号用表 16-27 的规定字母表示。

表 16-27 阀体材料代号

阀体材料	代号	阀体材料	代号	阀体材料	代号
碳钢	C	铬镍系不锈钢	P	铜及铜合金	T
Cr13 系不锈钢	H	球墨铸铁	Q	钛及钛合金	Ti
铬钼系钢	I	铬镍钼系不锈钢	R	铬钼钒钢	V
可锻铸铁	K	塑料	S	灰铸铁	Z
铝合金	L				

注：CF3、CF8、CF3M、CF8M 等材料牌号可直接标注在阀体上。

对于连接形式为“法兰”、结构形式为：闸阀的“明杆”“弹性”“刚性”和“单闸板”，截止阀、节流阀的“直通式”，球阀的“浮动球”“固定球”和“直通式”，蝶阀的“垂直板式”，隔膜阀的“屋脊式”，旋塞阀的“填料”和“直通式”，止回阀的“直通式”和“单瓣式”，安全阀的“不封闭式”、“阀座密封面材料”在命名中均予省略。

阀门在工作状态下的压力称为阀门的工作压力。它与阀门的材质和介质的工作温度有关，用 P 表示。P 字右下角的数字为介质最高温度除以 10 的商取整数，如 P_{42} 表示阀门介质最高温度为 425℃时的工作压力。

当介质最高温度小于 450℃时，标注公称压力数值。当介质最高温度大于 450℃时，标注工作温度和工作压力。如工作温度为 540℃，工作压力为 9.8MPa（100kgf/cm^2）的阀门，其压力代号为 P_{54}9.8（P_{54}100）。

以上代号只是一般规定，不包括各制造厂自行编制的型号和新产品型号。

根据阀门型号，就可以知道阀门的结构和性能特点。如Z944T-10型阀门，根据代号顺序，“Z”表示闸阀，“9”表示电动机驱动，第一个“4”表示法兰连接，第二个“4”表示明杆平行式双闸板结构，“T”表示密封面材质是铜，“10”表示公称压力为1.0MPa（$10kgf/cm^2$），阀体材料代号未标出，表示此阀门阀体材料为灰铸铁。所以，此阀门是电动机驱动、法兰连接的明杆平行式双闸板灰铸铁闸阀，其公称压力为1.0MPa。

再如J461H-P_{54}250V型阀门，根据代号顺序，“J”表示截止阀，“4”表示圆柱齿轮传动，“6”表示焊接连接，“1”表示直通式结构，“H”表示密封面材质是合金钢，“P_{54}250”表示工作压力为24.7MPa（$250kgf/cm^2$），工作温度为540℃，“V”表示此阀门阀体材料为铬钼钒钢。所以，此阀门是圆柱齿轮传动、焊接连接的直通式铬钼钡钢截止阀，其工作温度为540℃时，最高工作压力为24.7MPa。

更多的阀门型号和名称编制方法示例如下：电动、法兰连接、明杆楔式双闸板，阀座密封面材料由阀体直接加工，公称压力PN0.1MPa、阀体材料为灰铸铁的闸阀：Z942W-1电动楔式双闸板闸阀；手动、外螺纹连接、浮动直通式，阀座密封面材料为氟塑料、公称压力PN4.0MPa、阀体材料为1Cr18Ni9Ti的球阀：Q21F-40P外螺纹球阀；气动常开式、法兰连接、屋脊式结构并衬胶、公称压力PN0.6MPa、阀体材料为灰铸铁的隔膜阀：$G6_K$41J-6气动常开式衬胶隔膜阀；液动、法兰连接、垂直板式、阀座密封面材料为铸铜、阀瓣密封面材料为橡胶、公称压力PN0.25MPa、阀体材料为灰铸铁的蝶阀：D741X-2.5液动蝶阀；电动驱动对接焊连接、直通式、阀座密封面材料为堆焊硬质合金、工作温度540℃时工作压力17.0MPa、阀体材料铬钼钒钢的截止阀：J961Y-P_{54}170V电动焊接截止阀。

在管道及阀门的检修和安装中，经常需要识别并判断阀门的规格和性能，以利于安装和更换。

通用阀门必须使用和可选择使用的标志项目如表16-28所列。

表16-28　阀门的标志

项目	标　　志	项目	标　　志	项目	标　　志
1	公称直径(DN)	8	螺纹代号	14	工位号
2	公称压力(PN)	9	极限压力	15	衬里材料代号
3	受压部件材料代号	10	生产厂编号	16	质量和试验标记
4	制造厂名或商标	11	标准号	17	检验人员印记
5	介质流向的箭头	12	熔炼炉号	18	制造年、月
6	密封环(垫)代号	13	内件材料代号	19	流动特性
7	极限温度/℃				

注：阀体上的公称压力铸字标志值等于10倍的兆帕（MPa）数，设置在公称直径数值的下方时，其前不冠以代号“PN”。

如果手轮尺寸足够大，手轮上应设以指示阀门关闭方向的箭头或附加“关”字。

对于公称直径大于或等于50mm阀门，表中1～4项是必须使用的标志，应标记在阀体上；表中5和6项只有当某类阀门标准中有此规定时才是必须使用的标志，它们应分别标记在阀体及法兰上；如果各类阀门标准中没有特殊规定，则表中7～19项是按需选择使用的标志，当需要时，可标记在阀体或标牌上。

对于公称直径小于50mm的阀门，表中1～4项是必须使用的标志。标记在阀体上还是标牌上，由产品设计者规定。

在不同位置可以附加表中任何一项标志。例如：设在阀体上的任何一项标志，也可以重复设在标牌上；只要附加标志不与表中标志发生混淆，可以附加其他任何标志，如产品型号等。

阀门的类别、驱动方式和连接形式可按阀门的外形加以识别。阀门在出厂前按阀体材料、密封面材料及驱动装置不同，在阀门的不同部位涂上不同颜色的油漆，以示区别。

表示阀体材料的涂漆颜色，涂在阀体和阀盖的不加工表面上，其涂漆颜色如表16-29所列。

表16-29　阀体材料识别涂漆色

阀体材料	识别涂漆颜色	阀体材料	识别涂漆颜色
灰铸铁、可锻铸铁	黑色	耐酸钢或不锈钢	浅蓝色或不涂色
球墨铸铁	银色		
碳素钢	灰色	合金钢	蓝色

注：1. 根据用户要求，允许改变涂漆颜色。

2. 铜合金不涂漆。

表示密封面材料的涂漆颜色，涂在传动的手轮、手柄、扳手或自动阀件的阀盖上，其涂漆颜色如表16-30所列。

表 16-30 密封面材料识别涂漆色

密封面材料	识别涂漆颜色	密封面材料	识别涂漆颜色
青铜或黄铜	红色	硬质合金	灰色周边带红色条
巴氏合金	黄色	塑料	灰色周边带蓝色条
铝	铝白色	皮革或橡胶	棕色
耐酸钢或不锈钢	浅蓝色	硬橡胶	绿色
渗氮钢	淡紫色	直接在阀体上制作密封面	同阀体的涂色

注：关闭件的密封材料与阀体上的密封材料不同时，应按关闭件密封材料涂漆。

表示衬里材料的涂漆颜色，带有衬里的阀门应在其连接法兰的外圆表面上涂以补充识别油漆颜色，如表16-31所列。

表 16-31 衬里材料涂漆颜色

衬 里 材 料	识别涂漆颜色	衬 里 材 料	识别涂漆颜色
搪瓷	红色	铅锑合金	黄色
橡胶及硬橡胶	绿色		
塑料	蓝色	铝	铝白色

表示传动装置的涂漆颜色，按下列规定：①电动装置，普通型涂中灰色，三合一（户外、防爆、防腐）型涂天蓝色；②气动、液动、齿轮传动等其他传动机构的涂漆与阀体材料涂漆相同。

(1) 闸阀 闸阀也称闸板阀、闸门阀。它通过闸板密封面与阀座密封面的相互贴合来阻止介质流过，并依靠顶楔、弹簧或闸板的楔形来增强密封效果。它的启闭件（闸板）在垂直于阀内通道中心线的平面内作升降运动，像闸门一样截断介质。

闸阀的主要特点是：流动阻力小；结构长度（与管道相连接的两端面间的距离）较小；启闭较省力；介质的流动方向不受限制；高度大，启闭时间长；密封面易被擦伤；零件较多，结构复杂，制造、维修困难，成本高。

闸阀主要用于截断汽、水等介质，不宜用于调节介质流量。

根据闸板结构形式的不同，闸阀可分为楔式闸阀和平行式闸阀两类。楔式明杆闸阀如图16-18所示。楔式闸阀采用楔式闸板，楔式闸板有弹性闸板、楔式单闸板和楔式双闸板之分，见图16-19。弹性闸板由于在闸板的垂直平分面上加工出一个环形沟槽，从而使闸板具有一定的弹性，当闸板与阀体阀座配合时，可以靠闸板的微量弹性变形来补偿闸板密封面与阀座密封面之间楔角的偏差，以保证密封良好。弹性闸板适用于各种压力、温度的中、小口径闸阀。楔式单闸板结构简单，尺寸小，使用比较可靠，但加工精度高，启闭过程中密封面易发生擦伤，温度变化时闸板容易被楔住。单闸板适用于常温、中温，各种压力的闸阀。楔式双闸板的两块闸板用球面顶心铰接成楔形闸板，闸板密封面的楔角可以靠顶心自动调整，因而对密封面楔角的加工精度要求不高，当温度变化时，不易被卡住，也不易产生擦伤，闸板密封面磨损后可以在顶心处加垫片补偿，便于维修，但结构复杂。双闸板不适用于黏性介质，通常用于水和蒸汽介质。平行式明杆闸阀如图16-20所示。平行式闸阀的闸板两密封面相互平行，并有平行式单闸板和平行式双闸板之分。平行式单闸板结构简单，加工方便，但高度尺寸大，很难靠其自身达到强制密封。为保证密封性，须采用固定或浮动的软质密封阀座。平行式单闸板主要适用于中、低压，大、中口径，介质为油类、煤气或天然气的闸阀。平行式

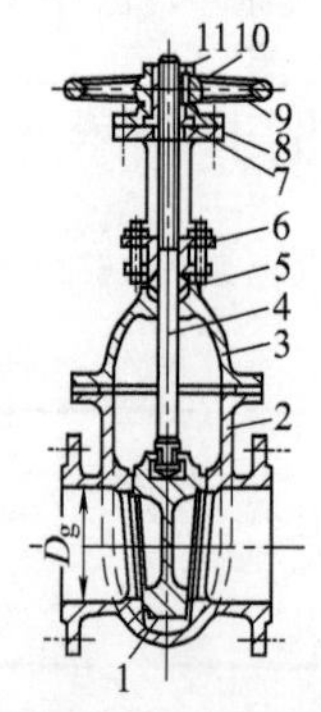

图 16-18 楔式明杆闸阀

1—楔式闸板；2—阀体；3—阀盖；4—阀杆；5—填料；6—填料压盖；7—套筒螺母；8—压紧环；9—手轮；10—键；11—压紧螺母

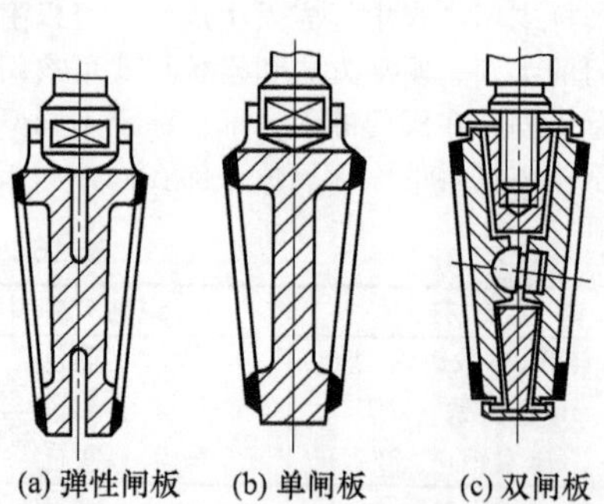

图 16-19 楔式闸板

双闸板多采用撑开式。撑开式平行双闸板是用顶楔将两块闸板撑开并压紧在阀座密封面上从而达到密封的目的。撑开式平行双闸板有上顶楔和下顶楔两种。图 16-20 所示闸阀的双闸板为下顶楔式，上顶楔式平行双闸板见图 16-21。平行式双闸板多用于低压、中小口径的闸阀。

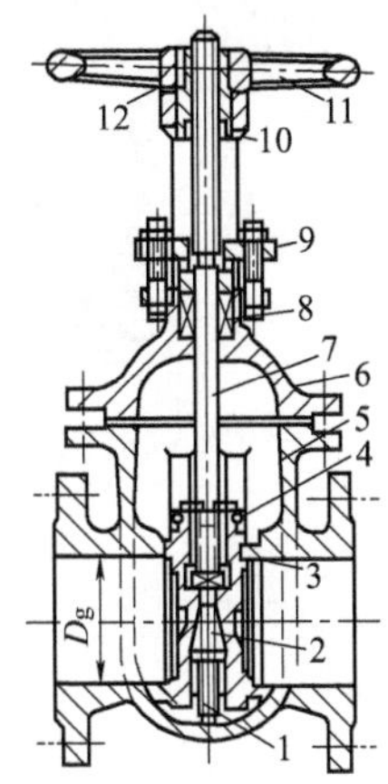

图 16-20 平行式明杆闸阀

1—平行式双闸板；2—模块；3—密封圈；4—铁箍；5—阀体；6—阀盖；7—阀杆；8—填料；9—填料压盖；10—套筒螺母；11—手轮；12—键

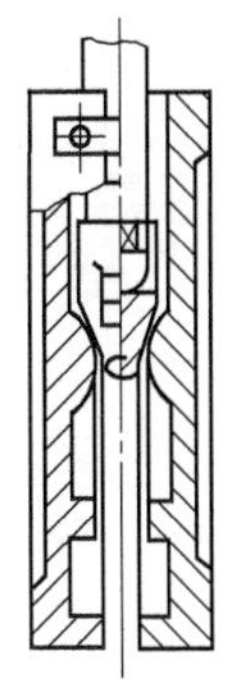

图 16-21 上顶楔式平行双闸板

按照闸阀阀杆上螺纹位置的不同，闸阀又可分为明杆式和暗杆式两类。明杆式闸阀的阀杆螺纹露在上部，与之配合的阀杆螺母装在手轮中心，旋转手轮就是旋转螺母，从而使阀杆升降。图 16-18 和图 16-20 所示的闸阀为明杆式。明杆式闸阀的闸板启开时，阀杆升出手轮以上，视升出高度即可判断，阀门的开闭或开度的大小，而且由于阀杆在阀体外面，润滑和检查都很方便，也可避免管内介质的腐蚀。但阀杆升高时多占空间，螺纹外露后，容易粘上空气中的尘埃，加速磨损，因此应尽量安装在室内。暗杆式闸阀的阀杆螺纹在下部，与闸板中心螺母配合，升降闸板依靠旋转阀杆来实现，而阀杆本身并不上下移动，见图 16-22。暗杆式闸阀占空间较小，但从外面看不出阀门的启闭及开度，容易产生误操作甚至扭坏阀杆，阀杆也容易受到管内介质的腐蚀。

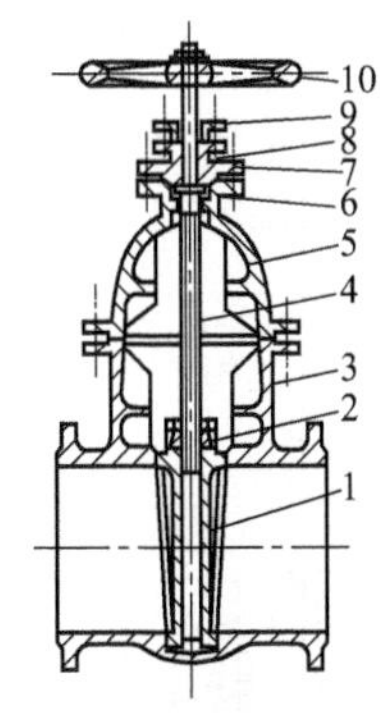

图 16-22 暗杆式闸阀

1—楔式闸板；2—套筒螺母；3—阀体；4—阀杆；5—阀盖；6—止推凸肩；7—填料函法兰；8—填料；9—填料压盖；10—手轮

(2) 截止阀 截止阀的闭合原理是依靠阀杆压力使阀芯密封面与阀座密封面紧密贴合，阻止介质流通。

截止阀的特点是：与闸阀比较，结构简单，制造、维修方便；启闭时阀芯与阀座密封面之间无相对滑动，因而磨损与擦伤均不严重，密封性能好；启闭时阀芯行程小，因而高度较小；启闭力矩大，启闭较费力；阀体内介质通道比较曲折、在各类截断类阀中流动阻力最大。此外，截止阀只允许介质单向流动，一般是“低进高出”，故安装时须注意截止阀的进出口方向。

截止阀的动作特性是阀芯沿阀座中心线移动。截止阀的作用主要是切断，也可粗略调节流量，但不能当节流阀使用。

按通道方向，截止阀可分为直通式、直角式和直流式 3 种。直通式截止阀的进出口通道呈一直线，但经过阀座时要拐 90°的弯，见图 16-23。直角式截止阀的进出口通道呈一直角，见图 16-24。直流式截止阀的进出口通道呈一直线，与阀座中心线相交。这种截止阀，阀杆是倾斜的，见图 16-25。

直通式截止阀可安装在直管线上，并且操作方便，但流动阻力较大；直流式截止阀的流动阻力最小，但阀杆倾斜，开启高度大，操作不便；直角式截止阀安装在垂直相交的管路上，主要用于较大通径、较高压力的场合。

(3) 调节阀 调节阀在机组热力系统的运行调整中起重要作用，可以用来调节蒸汽、给水或减温水的流量，也可以调节压力。调节阀的调节作用一般都是靠节流原理来实现的，所以其确切的名称应叫节流调节阀，但通常简称为调节阀。调节阀可分为升降式和回转式两大种类。

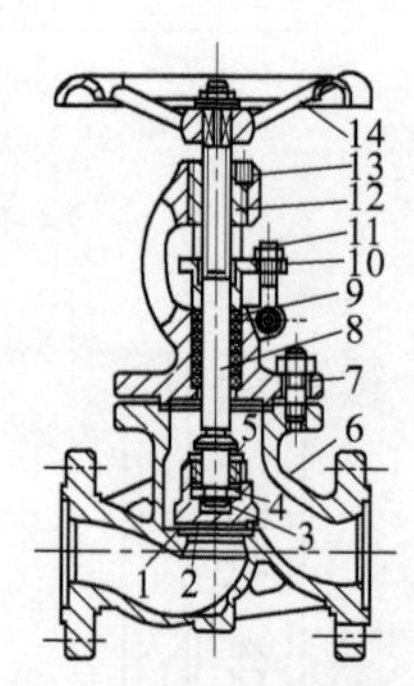

图 16-23 直通式截止阀

1—阀座；2—阀；3—垫片；4—阀芯螺帽；5—开口锁片；6—阀体；7—阀盖；8—阀杆；9—填料；10—填料压盖；11—螺栓；12—螺帽；13—轭；14—手轮

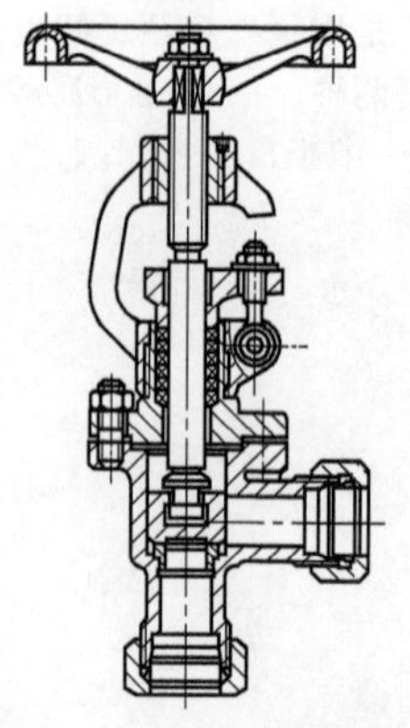

图 16-24 直角式截止阀

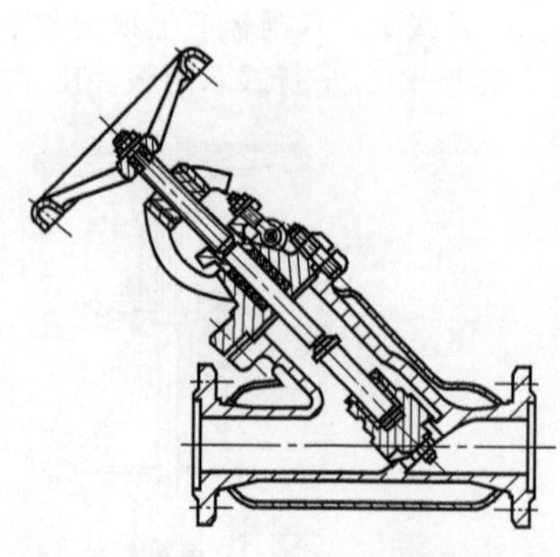

图 16-25 直流式截止阀

升降式调节阀主要有单级节流调节阀（针形调节阀）、多级节流调节阀、柱塞式调节阀、挡板式调节阀等。

单级节流调节阀的结构如图 16-26 所示。阀芯与阀座密封面为锥面密封，阀芯顶部有一似针突出的曲面部分，用来进行调节，其阀杆与阀芯为一体式，通过改变阀杆的轴向位置来改变阀处的通流面积，从而达到调节流量的目的，但仅适用于压降较小的管路。

多级节流调节阀的结构如图 16-27 所示。

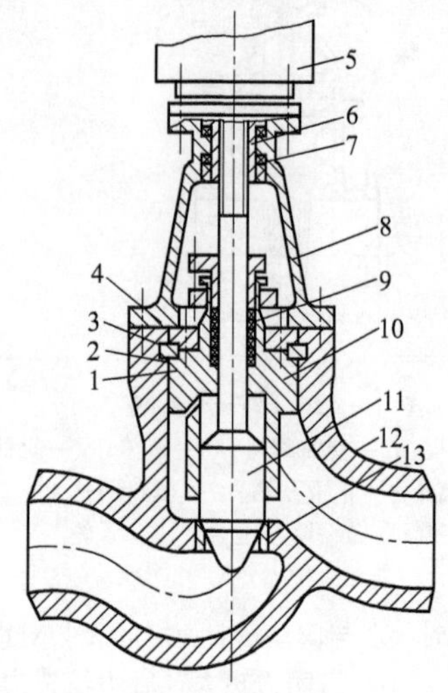

图 16-26 单级节流调节阀（针形调节阀）

1—密封环；2—垫圈；3—四合环；4—压盖；5—传动装置；6—阀杆螺母；7—止推轴承；8—框架；9—填料；10—阀盖；11—阀杆；12—阀壳；13—阀座

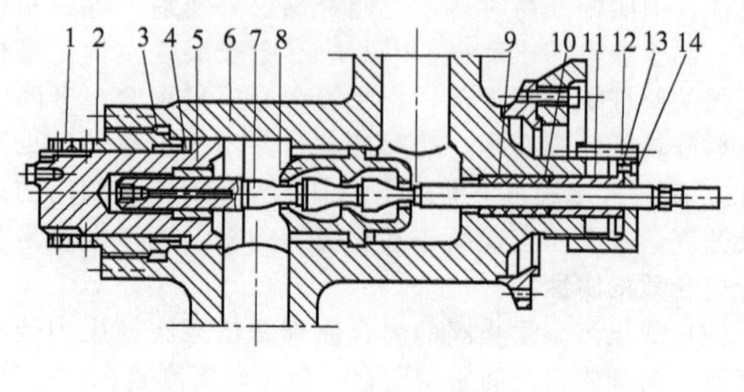

图 16-27 多级节流调节阀

1—自密封螺母；2—压紧螺栓；3—填料螺栓；4—自密封填料圈；5—自密封阀头；6—阀体；7—阀杆；8—阀座；9—导向垫圈；10—填料；11—格兰压盖；12—附加环；13—格兰螺帽；14—锁紧螺母

多级节流调节阀的特点是：流体介质要经过 2～5 次节流才能达到调节目的，阀座与阀芯上有 2～5 对阀线，调节时阀杆作轴向移动，介质经过几次节流，能达到较高的调节灵敏度。这类调节阀适用于有较大压降的管道，缺点是结构复杂。

柱塞式调节阀的结构如图 16-28 所示。柱塞式调节阀的阀座为圆筒式，周围有流体可通过圆筒的孔眼，介质通过阀瓣在阀座中作轴向移动时，改变阀座流通面积来进行调节流量。

挡板式调节阀的结构如图 16-29 所示。内部结构与闸阀相似，阀板为一实心矩形闸板，阀座呈平行式，阀体为直通式，阀瓣上部与阀杆用挂接方式联动，阀体内侧附有两条平行滑道，闸板可沿其滑道上下滑动，阀内出口侧阀座为圆形孔板，采用焊接方式进行密封，依靠工质压力紧贴于孔板。闸板全部挡住时，孔为关闭状态，在闸板上升时，露出的孔数增多，使工质流量逐渐增加，反之，在闸板下降时，使工质流量逐渐减少。通过闸板的上升和下降，达到调节流量的作用。挡板式调节阀大体上是这种结构，区别在于阀瓣上开孔的形状不同，有圆孔、方孔或三角形孔等不同形状；阀座为一圆环形密封面，用于调节不同压力和流量。

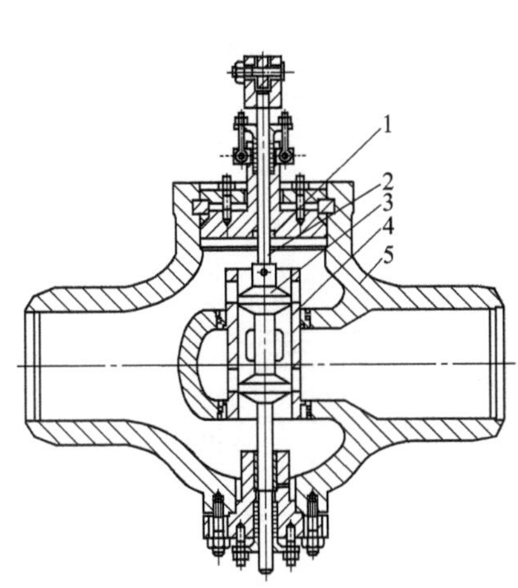

图 16-28　柱塞式调节阀

1—自密封阀盖；2—阀杆；3—阀瓣；4—阀座；5—阀体

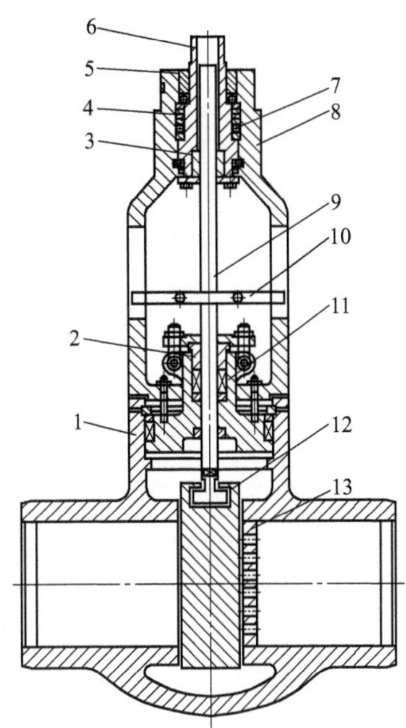

图 16-29　挡板式调节阀

1—阀体；2—填料压盖；3—衬套；4—盘形弹簧；5—制动螺母；6—阀杆螺母；7—轴承；8—阀盖框架；9—阀杆；10—开度板；11—阀盖；12—闸板；13—出口网板

回转式窗口节流调节阀如图 16-30 所示。

回转式窗口节流调节阀的阀瓣为圆筒形，阀座也为圆筒形，阀瓣和阀座均开有窗口。阀门流量的调节是靠圆筒形的阀瓣相对于阀座回转进而改变阀瓣上的窗口面积来实现的，阀门的开关范围是 60°，由装在阀门上方的开度指示板来指示。当阀瓣上的窗口与阀座上的窗口完全错开时，调节阀流量仅为漏流量；当窗口完全吻合时，调节阀流量最大。该阀在调节时，阀杆不作轴向位移，而只作回转运动。这种调节阀以国产为多，结构较为简单，但在关闭时，其漏流量较大。

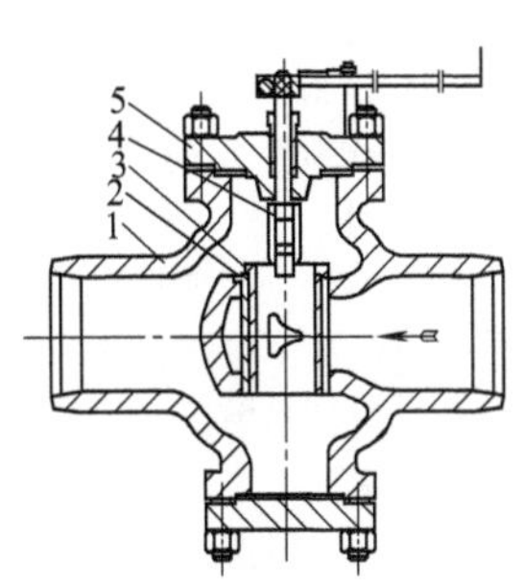

图 16-30　回转式窗口节流调节阀

1—阀体；2—阀座；3—阀瓣；4—阀杆；5—阀盖

(4) 旋塞阀　旋塞阀也称考克或旋塞。它依靠旋塞体绕阀体中心线的旋转来达到开启或关闭的目的。它可用来切断、分配介质或改变介质的流向。

按通道的数目，旋塞阀可分为直通式、三通式和四通式等。直通式旋塞阀用于截断介质，它的阀体有呈一直线的两个进、出口通道。三通式旋塞阀的阀体有 3 个进、出口通道。四通式旋塞阀有 4 个进、出口通道。三通式和四通式旋塞阀用于改变介质的流动方向或进行介质分配。

按压紧方式，旋塞阀可分为紧定式、填料式、自封式和油封式等。紧定式旋塞阀的结构最为简单，仅由阀体和塞子组成，塞子的下端伸出阀体之外，并加工出螺纹，当拧紧锁紧螺母时，便将塞子往下拉，使其压紧在阀体上，见图 16-31。填料式旋塞阀由阀体、塞子、填料和填料压盖组成，当拧紧填料压盖上的螺母往下压紧填料时便同时将塞子压紧在阀体密封面上，从而防止介质的泄漏，见图 16-32。自封式旋塞阀旋塞体与阀体的密合依靠介质自身的力量。介质从进口进入倒置的旋塞体上的小孔后，进入旋塞体大头下方，将其向上推紧，下方的弹簧起预紧作用，见图 16-33。油封式旋塞阀的结构与填料式旋塞阀基本相同，主要区别在于油封式旋塞阀设有注油装置，并在塞子的密封锥面上加工有横向及纵向油沟，见图 16-34。

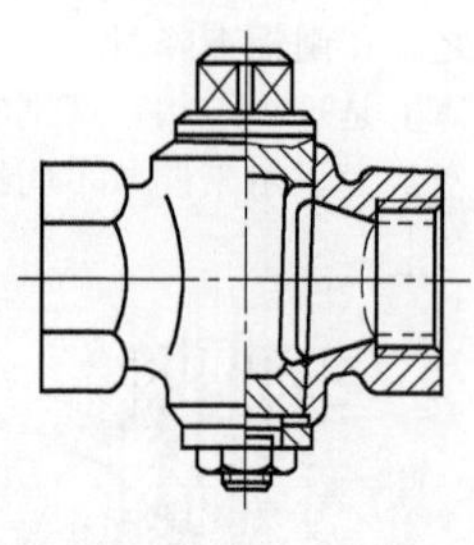
图 16-31 紧定式旋塞阀

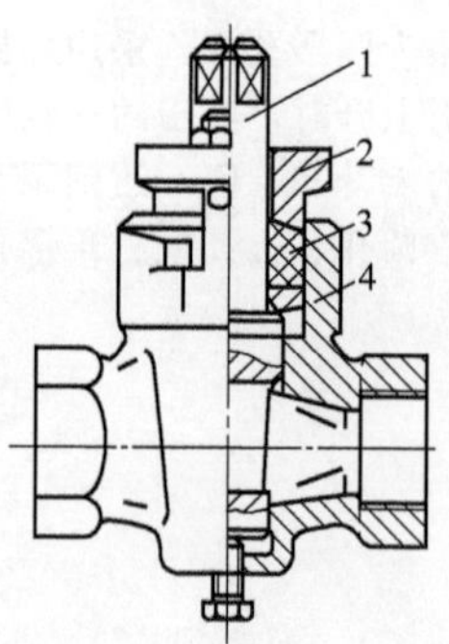

图 16-32 填料式旋塞阀
1—塞子；2—填料压盖；3—填料；4—阀体

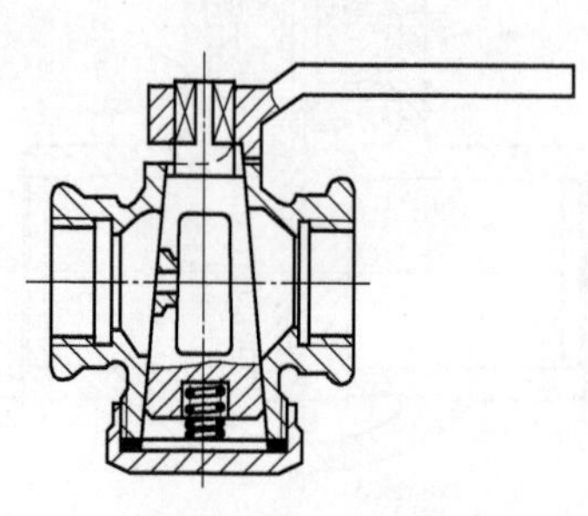
图 16-33 自封式旋塞阀

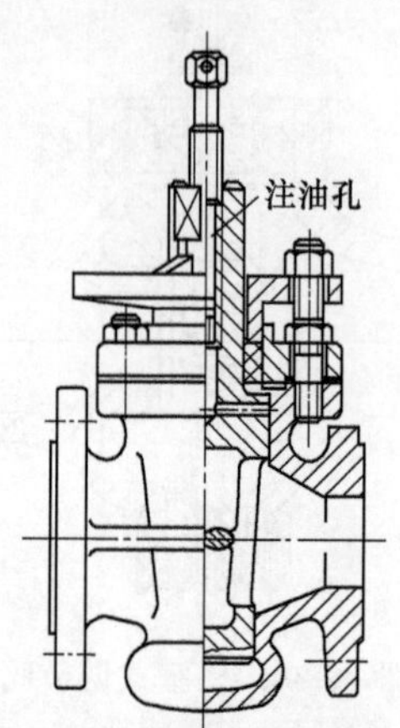

图 16-34 油封式旋塞阀

旋塞阀的特点是：结构简单、体积小、质量轻，启闭迅速，操作方便，流动阻力小，但密封面易磨损，启用力较大。由于旋塞阀启闭时其密合面仅相互滑动而不分离，固体杂物不会沾污密合面而破坏其密封性，因此特别适用于含悬浮物的介质。旋塞阀常用于排污系统、水、燃料油、燃料气系统的快速启闭。

(5) 球阀 球阀是在旋塞阀的基础上发展起来的，但球阀的启闭件是一个球体，围绕着阀体的垂直中心线作回转运动使闸门开启或闭合。球阀密封可靠，结构简单，维修方便，密封面与球面常在闭合状态，不易被介质冲蚀。

球阀有浮动球式和固定球式两种。浮动球式球阀的球体是可以浮动的，在介质压力下球体被压紧到出口侧的密封圈上，从而保证密封。浮动球式球阀结构简单，单侧密封，密封性能较好，但启闭力矩较大，一般适用于中、低压，小口径的场合。浮动球式球阀的结构见图 16-35。固定球式球阀的球体被上下两端的轴承固定，只能转动，不能产生水平位移。为保证密封性，必须有能产生推力的浮动阀座，使密封圈压紧在球体上。固定球阀结构复杂，外形尺寸大，但由于介质对球体的压力是由轴承来承受的，密封圈不易磨损，使用寿命长，密封圈与球体间的摩擦力较小，启闭较省力，一般适用于较大口径、较高压力的场合。固定球式球阀的结构见图 16-36。

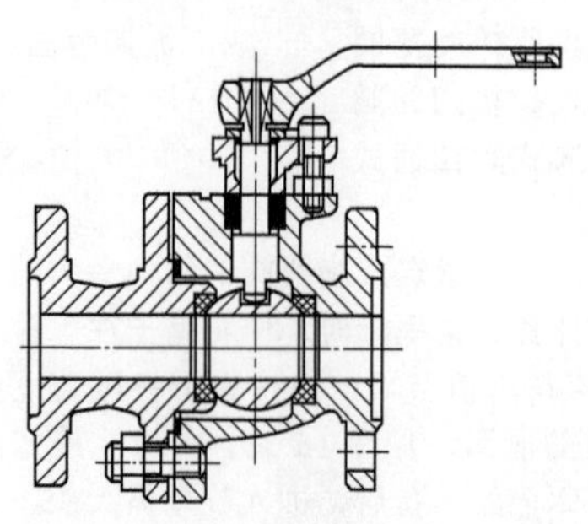
图 16-35 浮动球式球阀

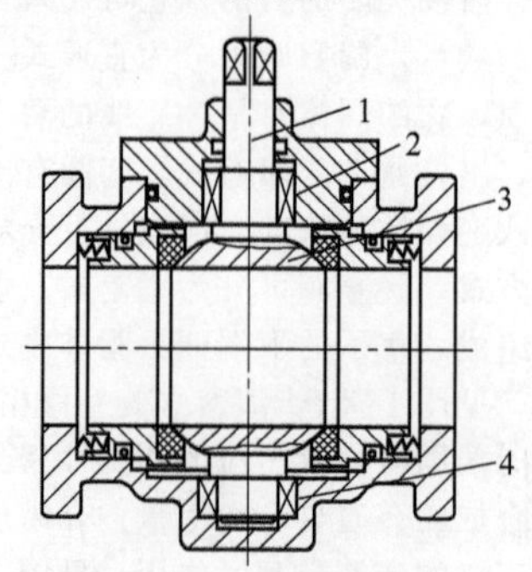

图 16-36 固定球式球阀
1—阀杆；2—上轴承；3—球体；4—下轴承

球阀与旋塞阀一样，可以作成直通式、三通式、四通式等。

(6) 止回阀 止回阀也称逆止阀、单向阀等，它依靠介质本身的力量来进行开启或闭合，它的作用是阻止介质倒流。

按结构的不同，止回阀可分为升降式和旋启式两大类。升降式止回阀的阀芯沿阀体垂直中心线移动。这类止回阀又有卧式和立式之分。卧式止回阀装于水平管道，阀体外形与截止阀相伺，见图 16-37。立式升降止回阀装于垂直管道，见图 16-38。旋启式止回阀的阀芯围绕座外的销轴旋转，见图 16-39。

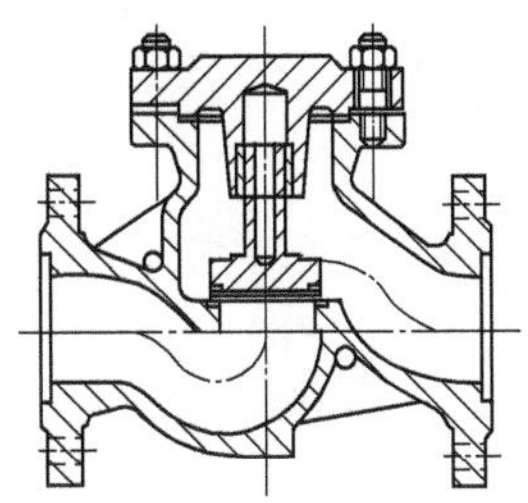

图 16-37 卧式升降止回阀

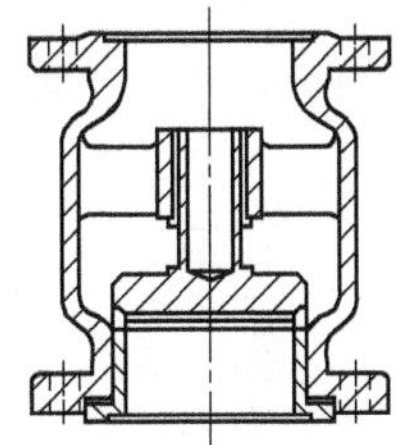

图 16-38 立式升降止回阀

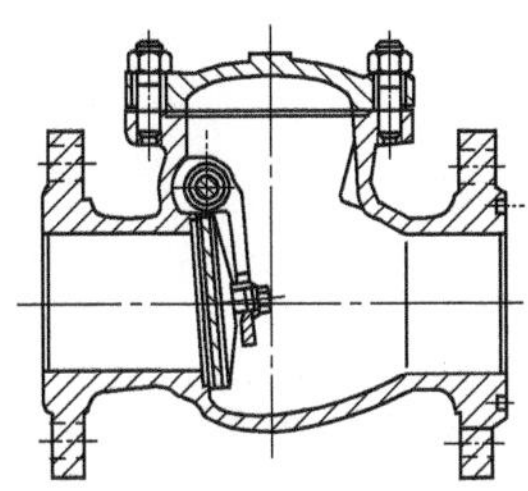

图 16-39 旋启式止回阀

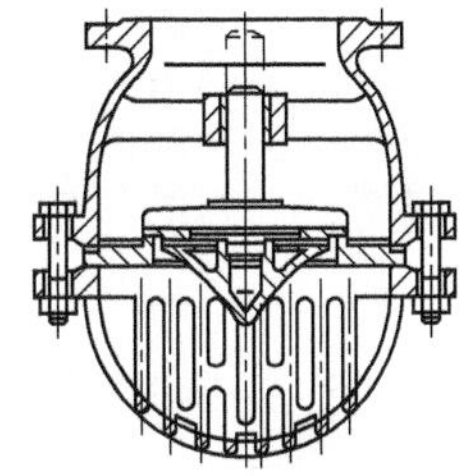

图 16-40 升降式底阀

升降式止回阀常用于低压、小口径场合，旋启式止回阀多用于中高压、大口径场合。

常见的吸水底阀是一种专用止回阀，一般也为升降式，见图 16-40。底阀主要安装在无自吸能力的水泵吸水管尾端，且必须投入水中。它的作用是防止进入吸水管中的水或启动前预灌在水泵和吸水管中的水倒流，保证水泵正常启动。

(7) 蝶阀 蝶阀又叫翻板阀。它的启闭件是呈圆盘状的蝶板，用一根轴从中间固定在管道中，轴的一端伸出管外，蝶板可沿轴线转动，旋转角度的大小便是阀门的开闭度。

根据蝶板在阀体中的安装方式，蝶阀可分为中心对称板（垂直板）式、斜板式、偏置板式和杠杆式。中心对称板式蝶阀的阀杆与蝶板均垂直放置，阀杆从蝶板的径向中心穿过，依靠紧配合或固定销与蝶板固定在一起，见图 16-41 (a)。它的阻流面积较小，但密封面容易被擦伤，不易保证密封性，一般只用于调节流量。斜板式蝶阀的阀杆垂直放置，而蝶板则倾斜放置，见图 16-41 (b)。它的密封性较好，但阀座密封圈的倾斜角加工和维修较困难。偏置板式蝶阀的阀杆与蝶板都垂直放置，但蝶板密封圈和阀座密封圈偏离阀杆中心线，位于阀杆的一侧，见图 16-41 (c)。它的密封性能好，加工和维修方便，但有效流通截面积小，流动阻力大。杠杆式蝶阀的阀杆水平安装，而且偏离阀座平面和阀座通道中心线，采用杠杆机构带动蝶板启闭，见图 16-42，杠杆式蝶阀的密封不在其周边上，而在蝶板一侧。开启时，蝶板首先平移，与阀座脱离后再旋转，

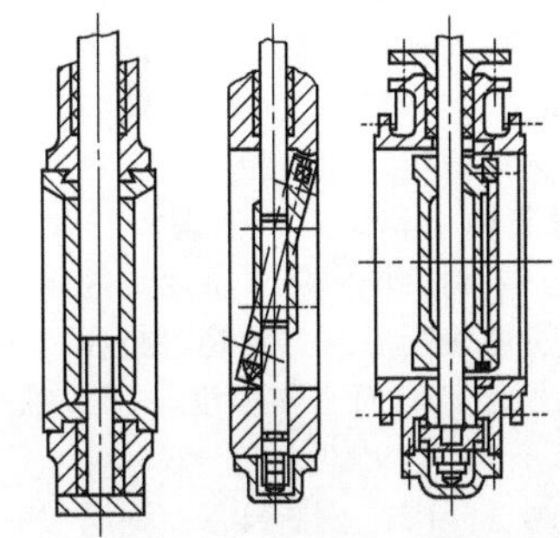

(a) 中心对称板式 (b) 斜板式 (c) 偏置板式

图 16-41 蝶阀的阀板形式

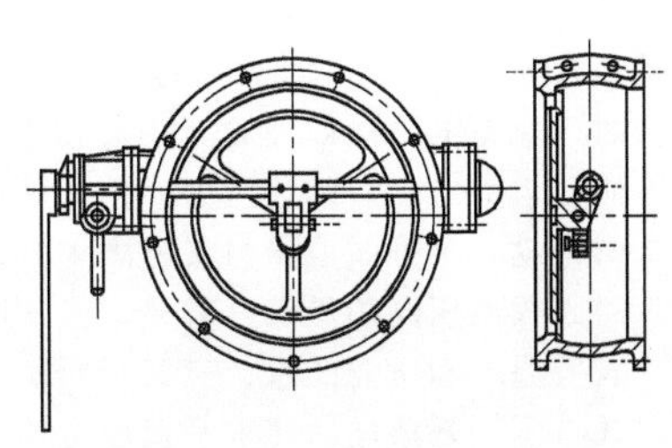

图 16-42 杠杆式蝶阀

因而密封面不易被擦伤，密封性能好，密封面加工和维修方便。

蝶阀结构简单，开闭迅速（只需旋转90°），切断和节流都能用，流动阻力小，操作省力，但用料单薄，经不住高温高压。通常蝶阀仅用于风路、水路和某些气路。

(8) 隔膜阀 隔膜阀是一种特殊的截断阀，它依靠柔软的橡胶膜或塑料膜来控制介质的流动。由于隔膜把阀体内腔与阀盖内腔隔开，使位于隔膜上方的阀杆、阀芯等零件不受介质的腐蚀，不会产生介质外漏，省去了填料函密封结构。

根据结构形式，隔膜阀可分成屋脊式、截止式和闸板式3种。屋脊式（也叫凸缘式）隔膜阀主要有直通式和直角式，分别见图16-43和图16-44。截止式隔膜阀的结构形状与截止阀相似，见图16-45。闸板式隔膜阀的结构形状与闸阀相似，见图16-46。

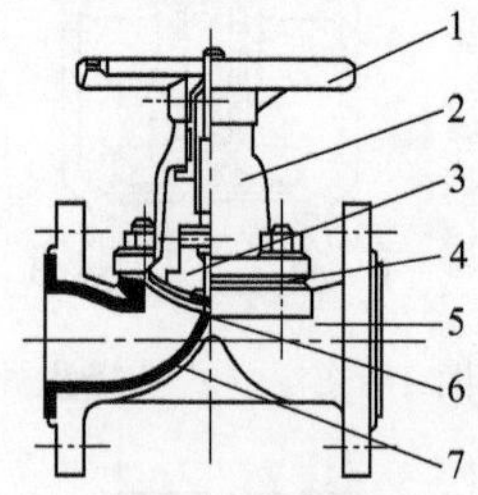

图16-43 屋脊式隔膜阀（直通式）

1—手轮；2—阀盖；3—压闭圆板；4—弹性橡胶；5,7—隔膜；6—衬里

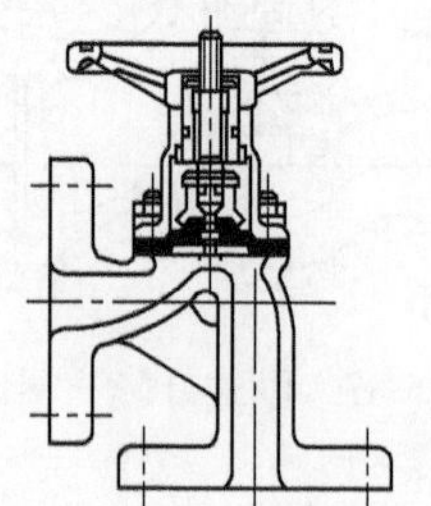

图16-44 直角式隔膜阀

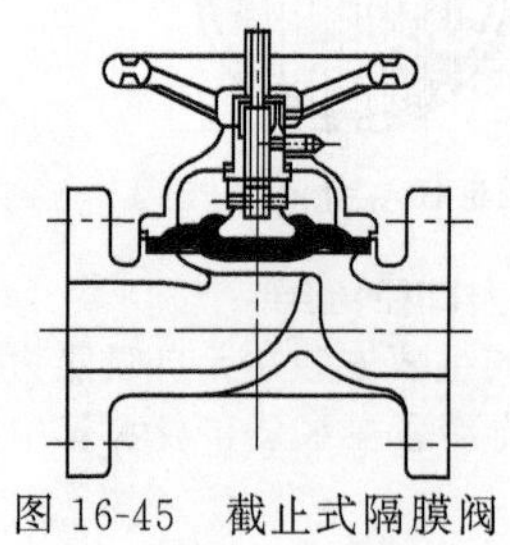

图16-45 截止式隔膜阀

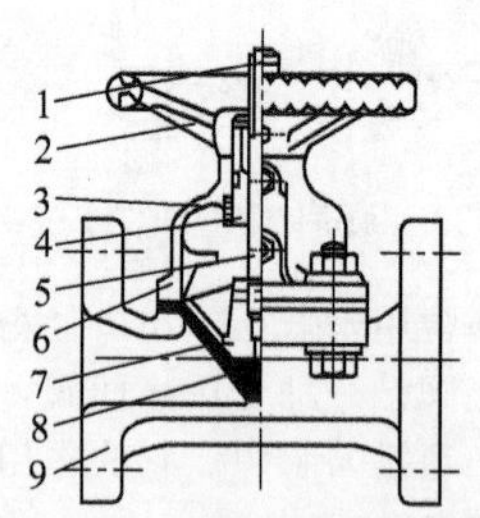

图16-46 闸板式隔膜阀

1—开度标尺；2—手轮；3—轴承；4—阀杆螺母；5—阀杆；6—阀盖；7—压闭圆板；8—隔膜；9—阀体

隔膜阀主要用于压力不超过0.6MPa、温度低于100℃的腐蚀性介质及不允许介质外漏的场合。

(9) 减压阀 减压阀是指通过调节和节流将介质的压力降低，并通过阀后压力的直接作用而使阀后压力保持在一定范围内的阀门。虽然减压阀和节流阀都利用节流效应起降压作用，但节流阀的出口压力是随进口压力而变化的，而减压阀却能进行自动调节，使阀后压力保持稳定。

按结构形式，减压阀可分为薄膜式、弹簧薄膜式、活塞式、波纹管式和杠杆式等，其中最常用的是弹簧薄膜式和活塞式。

弹簧薄膜式减压阀是直接依靠薄膜两侧受力的平衡来保持阀后压力恒定的减压阀。这种减压阀主要由阀体、阀杆、阀盖、阀芯、薄膜、调节弹簧和调整螺钉等组成，见图16-47。其动作原理如下：使用前，阀芯在进口压力和调节弹簧作用下处于关闭状态。使用时，可顺时针方向拧动调整螺钉，顶开阀芯，使介质流向阀后，于是阀后压力逐渐上升，同时介质压力也作用在薄膜上，压缩调节弹簧向上移动，阀芯也随之向关闭方向移动，直到介质压力与调节弹簧作用力平衡，这时阀后压力将保持恒定；如果阀后压力上升超过了所规定的压力时，原来的平衡即被破坏，薄膜下方的压力上升，推动薄膜向上移动，并带动阀芯向关闭方向运动，于是流动阻力增加，阀后压力降低，并达到新的平衡。反之，如果阀后压力低于所规定的压力，阀芯就向开启方向运动，于是阀后压力又随之上升，达到新的平衡。这样便可使阀后压力始终保持在一定范围内。

弹簧薄膜式减压阀的灵敏度较高，但薄膜的行程小，而且容易损坏，因而工作温度、压力都受到限制。它适用于较低温度和压力的水、空气等介质。

活塞式减压阀是通过活塞来平衡压力的减压阀，主要由阀体、阀盖、阀杆、主阀芯、副阀芯、活塞、膜片和调节弹簧等组成，见图16-48。它的动作原理如下：当调节弹簧在自由状态时，主阀芯和副阀芯由于阀前压力的作用和它们下面有弹簧顶着而处于关闭状态，拧动调整螺钉，顶开副阀芯，介质由进口通道经副阀

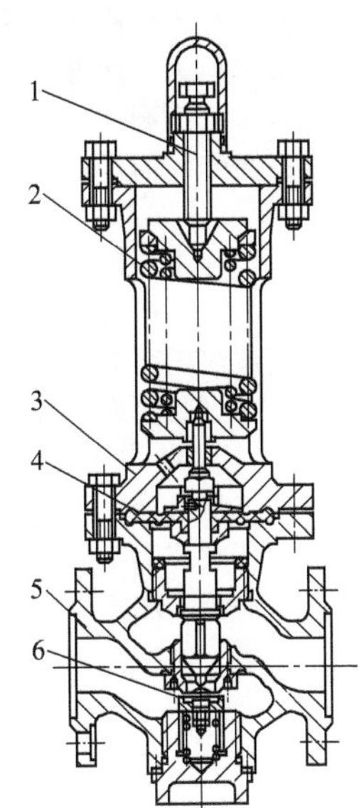

图 16-47　弹簧薄膜式减压阀

1—调节螺钉；2—调节弹簧；3—阀盖；4—薄膜；5—阀体；6—阀芯

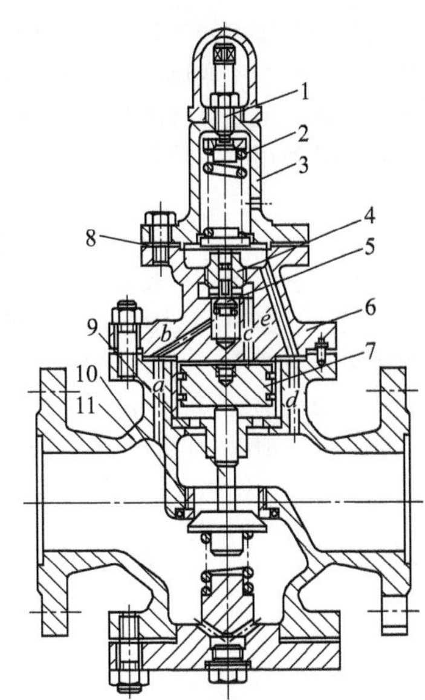

图 16-48　活塞式减压阀

1—调整螺钉；2—调节弹簧；3—帽盖；4—副阀座；5—副阀芯；6—阀盖；7—活塞；8—膜片；9—主阀芯；10—主阀座；11—阀体

芯进入活塞上方，由于活塞的面积比主阀芯大而受力后向下移动，使主阀芯开启，介质流向出口，并同时进入膜片下方，阀后压力逐渐上升至所需的压力并与弹簧平衡，阀后压力保持在一定的误差范围之内，如果阀后压力升高，使原来的平衡遭到破坏，此时膜片下的介质压力大于调节弹簧的压力，膜片即向上移动，副阀随之向关闭方向运动，使流入活塞上方的介质减少，压力亦随之下降，引起活塞与主阀芯上移，减小了主阀芯的开度，出口压力也随之下降，达到新的平衡。反之，出口压力下降时，主阀芯向开启方向移动，阀后压力又随之上升，达到新的平衡。

活塞式减压阀体积小，活塞行程大，但活塞与汽缸的摩擦力较大，因而灵敏度较低，加工制造也困难。活塞式减压阀适用于介质压力较高的场合。

(10) **疏水阀**　疏水阀也叫阻汽排水阀、汽水阀、疏水器等，它的作用是自动排泄不断产生的凝结水并阻止蒸汽逸出。

按照动作原理，疏水阀可分为浮子型、热膨胀型和热动力型 3 种。

浮子型疏水阀利用蒸汽与冷凝水的重量差，使浮子升降来启闭阀芯。按浮子结构又可分成浮球式、钟形浮子和浮桶式三种。浮球式疏水阀的浮子是一个圆球，见图 16-49。当凝结水液面到一定高度时，浮球上升，通过杠杆作用将出口阀打开；当液面下降时，浮球跟着落下，以浮球的重力和杠杆的作用将出口阀关死，所以排出去的只是水，没有蒸汽。钟形浮子式疏水阀依靠钟罩的动作来阻汽排水，见图 16-50。其动作原理如下：未使用时，钟罩下沉，阀芯处于开启状态。通入蒸汽时，管道中的冷凝水及冷空气，被蒸汽压力推动进入阀内，并通过开启的阀芯和出口管道排出阀外。钟罩内的冷空气接触双金属片，双金属片便自动打开放气

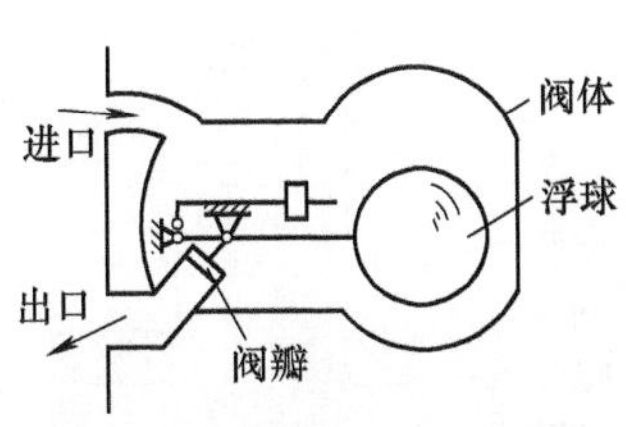

图 16-49　浮球式疏水阀

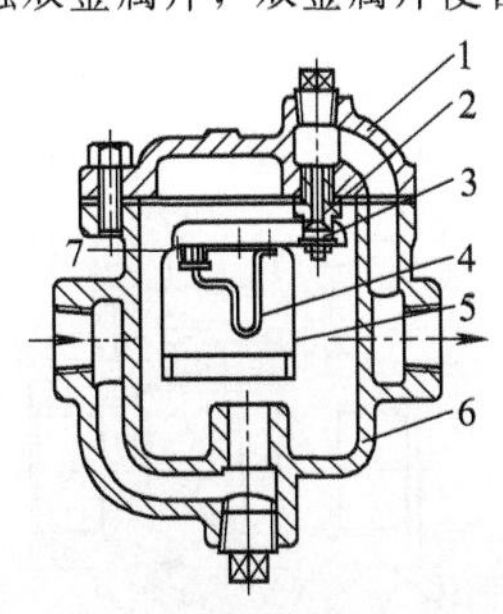

图 16-50　钟形浮子式疏水阀

1—阀盖；2—阀座；3—阀芯；4—双金属片；5—钟罩；6—阀体；7—放气孔

孔，使冷空气从该孔排出，于是蒸汽进入钟罩，使双金属片温度上升到100℃左右，由于两种金属的膨胀系数不同，使双金属片产生变形而自动关闭放气孔。这时钟罩内的压力将高于钟罩外部压力，使钟罩浮起，通过杠杆把阀芯关闭，阻止蒸汽泄漏。当冷凝水又陆续进入阀内，钟罩内的蒸汽也大部分冷凝成水，于是在钟罩和杠杆的重量的作用下，钟罩下沉，阀芯开启，冷凝水从出口通道排出。浮桶式疏水阀的作用原理与钟形浮子式相似。

热膨胀型疏水阀也叫恒温型疏水阀，它利用蒸汽与冷凝水的温度差使膨胀元件动作来启闭阀芯。按膨胀元件结构又可分为波形管式和双金属片式两种。波形管式疏水阀的结构见图16-51。波形管内装有易挥发的液体，如氯乙烷、乙醇等。波形管用导热性能良好的材料（如黄铜片）制成。当阀体内积存凝结水时，温度下降，波形管内压力减小，波形管收缩，带动阀芯上升，打开阀门，将凝结水排出。当蒸汽进入阀体时温度升高，波形管内液体挥发膨胀，波形管推动阀芯下降，关闭通路。双金属片式疏水阀的结构见图16-52。凝结水在进入疏水阀之前处于低温状态，阀孔开启，所以启动时系统中大量空气能通过疏水阀顺利排出，低温的凝结水也畅通。当凝结水温提高到一定程度，双金属片受热变形，产生的力作用在阀芯上，当该力大于疏水阀中的压力时，就关闭阀芯，停止排水。当凝结水在管道中散热，温度降低后，双金属片变形作用力小于疏水阀中压力时，开启阀芯，排出凝结水。

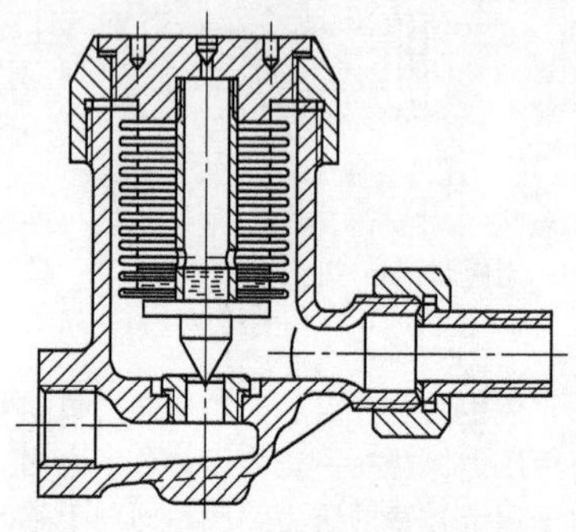

图16-51 波形管式疏水阀

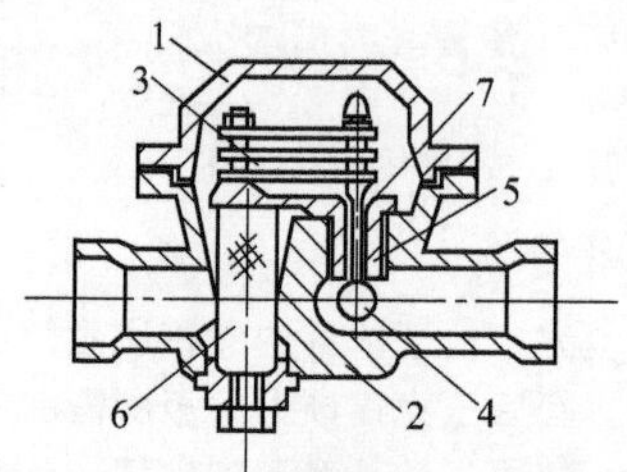

图16-52 双金属片式疏水阀

1—阀盖；2—壳体；3—双金属片；4—阀芯；5—阀座；6—过滤网；7—阀杆

热动力型疏水阀利用蒸汽和水的热力性质不同而直接启闭阀芯。它又可分为热动力式和脉冲式两种。热动力式疏水阀利用蒸汽和冷凝水的动压和静压的变化来使阀芯动作，见图16-53。未使用时，阀片靠自重落到阀座上，疏水阀处于关闭状态。当冷凝水进入阀内时，阀片被抬起，冷凝水连续排出。当冷凝水排完后，蒸汽开始进入阀内，并以高速从阀片下方流过，使阀片下方静压力降低，阀片因上下产生压差而落到阀座上，疏水阀处于关闭状态，阻止蒸汽排出。当冷凝水再进入阀内时，阀片又被抬起，疏水阀又开始排水。脉冲式疏水阀的结构见图16-54。当空气和冷凝水进入阀内时，控制盘下方压力升高，使阀芯开启。空气和冷凝水经过阀芯与阀座之间的隙缝，从出口管道排出。小部分介质经过控制盘流入倒锥形缸，进入控制盘上方的凝结水，其中一部分再蒸发变成二次蒸汽，体积膨胀，压力增高，而使阀芯关闭，停止排放。随着冷凝水继续进入阀内，控制盘上方压力降低，阀芯重新开启，于是又开始排出冷凝水。

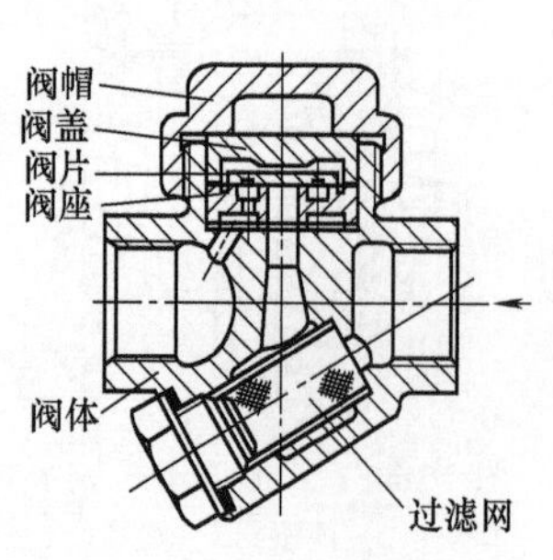

图16-53 热动力式疏水阀

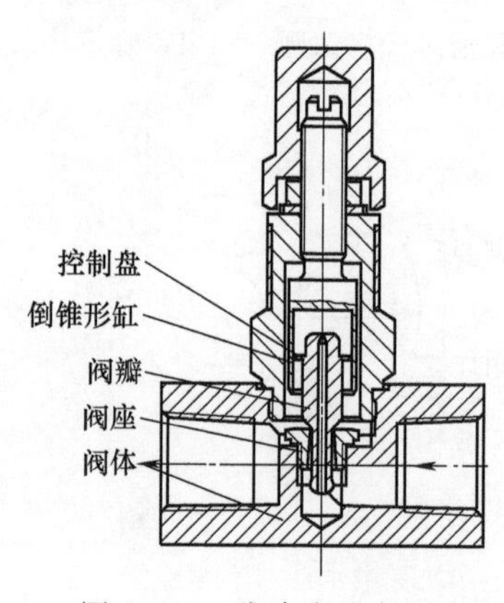

图16-54 脉冲式疏水阀

(11) **安全阀** 安全阀是一种安全保护用阀，它通过向系统外排放介质来防止管路或设备内介质压力超过规定数值。安全阀是一种自动机构，当承压系统内介质的压力过分升高而超过规定数值时，它能自动开启，将过剩的介质排放到低压系统或大气中去，降低压力，使设备免遭破坏；当压力恢复到规定数值时，安全阀又能自动关闭。在发电厂中，安全阀用在锅炉锅筒、过热器、再热器、高压加热器、除氧器、抽汽和供汽等压力容器和管道上。

与安全阀有关的名词术语如下。

① 工作压力：指安全阀处于关闭状态、密封面间无介质泄漏时的进口压力。

② 始启压力：安全阀在运行状态下丧失密封性的瞬时进口压力，亦称整定压力。

③ 开启高度：指安全阀从关闭状态到开启状态，阀芯在垂直方向上的行程。

④ 排放压力：安全阀阀芯达到规定开启高度时的进口压力。

⑤ 回座压力：排放后安全阀关闭，介质停止流动时的进口压力。

⑥ 理论排量：指在理想状态下（假定无阻力、介质呈等熵流动时）的计算排量。计算理论排量时，进口压力应等于额定排放压力。

⑦ 额定排量：安全阀在额定排放压力下必须达到的排量。

⑧ 额定排量系数：指安全阀额定排量与理论排量的比值。

⑨ 喉径：指安全阀阀座通道最小截面处的直径。

按结构形式，安全阀可分为静重式、杠杆式、弹簧式和脉冲式。按阀芯开启高度，可分为微启式和全启式。按使用要求，可分为封闭式和开式，有毒有腐蚀性介质用封闭式，空气和蒸汽则用开式。

静重式安全阀是一种比较简单、原始的安全阀，它主要由阀体、阀座、阀芯、环状生铁块、载重套、外罩、防飞螺栓等组成，见图 16-55。它利用直接压在阀芯上的环状生铁块所产生的重力来平衡介质作用于阀芯下部的托力，当介质对阀芯的托力超过生铁块所产生的重量时，阀芯被顶起，排放泄压。始启压力的调整是通过增加或减少生铁块重量的办法来实现的，静重式安全阀结构简单，制造方便。但由于加载的重量和体积有限，它的口径不能作得很大，工作压力也不可能太高。此外，它对安装的垂直度要求较高，对振动也很敏感，易产生泄漏。这种安全阀一般只在小型低压锅炉上使用。

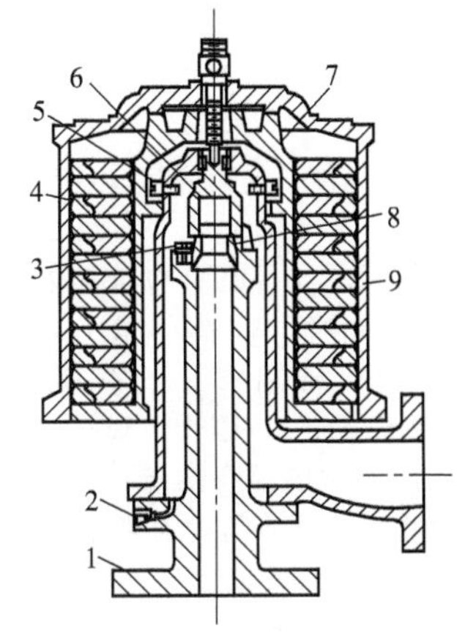

图 16-55 静重式安全阀

1—阀体；2—泄水孔；3—阀座螺栓；4—环状生铁块；5—防飞螺栓；6—阀罩；7—载重套；8—阀座；9—外罩

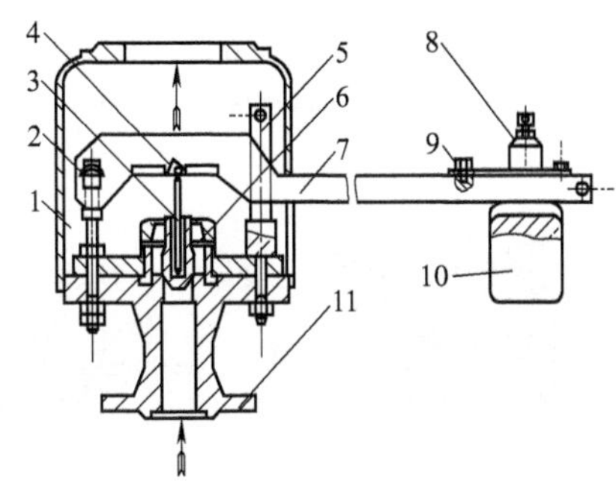

图 16-56 杠杆式安全阀

1—阀罩；2—支点；3—阀杆；4—力点；5—导架；6—阀芯；7—杠杆；8—固定螺丝；9—调整螺丝；10—重锤；11—阀体

杠杆式安全阀的结构见图 16-56。它通过杠杆使预加载荷作用在阀芯上，用重锤所产生的力矩来平衡介质压力所产生的托力矩。当重力矩大于托力矩时，阀芯紧压在阀座上，锅炉保持在允许工作压力下运行。当重力矩小于托力矩时，阀门开启，排放泄压。这种安全阀始启压力的调整既可通过改变重锤重量来达到，也可通过改变重锤和杠杆支点之间的距离来实现。杠杆式安全阀结构简单，调整方便，工作可靠。但由于其阀杆载荷一般不超过 7350N，重锤不超过 735N，因此，这种安全阀主要用于中低压锅炉。

弹簧式安全阀的结构见图 16-57。它利用被预先压缩了的弹簧所产生的弹性力来平衡介质压力作用于阀芯下部的托力。当介质压力作用于阀芯下部的托力大于弹簧作用于阀芯上部的压力时，弹簧被进一步压缩，阀芯被顶起排放泄压。当托力小于弹簧压力时，阀芯被压紧于阀座上，阀门关闭。弹簧式安全阀始启压力的调整一般是通过拧紧或放松安全阀上的调整螺丝，从而改变弹簧的预变形量来实现的。

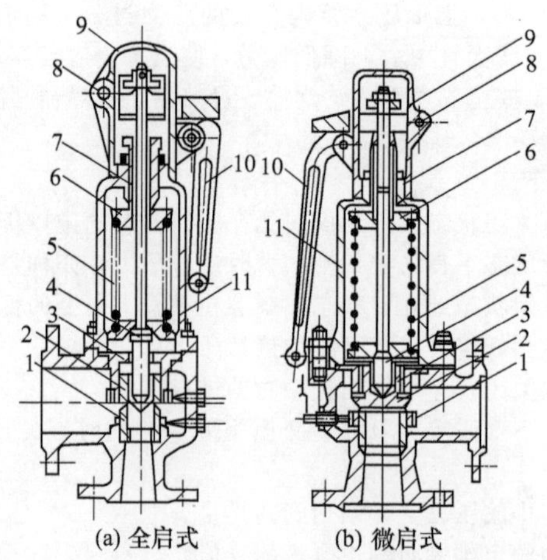

图 16-57 弹簧式安全阀

1—阀座；2—阀芯；3—阀盖；4—阀杆；5—弹簧；6—弹簧压盖；7—调整螺丝；8—销子；9—阀帽；10—手柄；11—阀体

弹簧式安全阀结构紧凑，体积小，质量轻，启闭动作可靠，对振动不敏感，可用于固定或移动设备上，安装位置也不受限制。但作用在阀芯上的弹性力随开启高度而变化，因而阻碍阀芯迅速达到开启高度，对弹簧的性能要求很严，所以制造困难，由于长期处于高温下的弹簧性能将发生变化，所以不适用于过高温度的场合。

弹簧式安全阀的阀体与角式截止阀阀体相似，其进口通道与排放入口通道成90°角。为提高介质流速，进口通道采用缩口形式。出口通道则比较宽阔，以减少流动阻力，有利于介质的排放。

封闭式安全阀的出口通道与排放管道相连，把容器或设备中的介质排放到预定地方。不封闭式安全阀没有排放管路，直接将介质排放到周围大气中，所以它只适用于对人或周围环境没有污染的介质。

微启式安全阀常作成渐开式，它的阀芯上升高度随介质压力变化而逐渐变化。开启高度仅为阀座喉径的1/40～1/20，主要用于液体介质的场合。全启式安全阀常作成急开式，当阀芯开启后，逸出的气体压力降低，体积膨胀，从而将阀芯托起，因此它的阀芯在开启后迅速上升到开启高度。它的开启高度等于或大于阀座喉径的1/4。主要用于气体或蒸汽的场合。

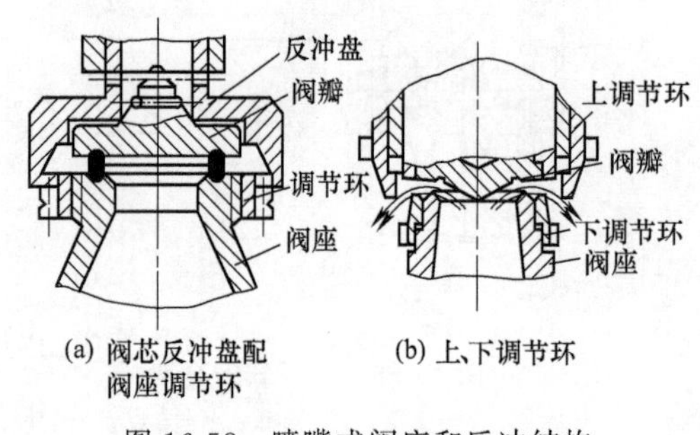

图 16-58 喷嘴式阀座和反冲结构

微启式安全阀的阀芯与阀座结构与截止阀相似，在阀座上安置调节环。结构简单，但排量小，同时阀芯的启闭会对阀座造成冲击。全启式安全阀一般采用喷嘴式阀座和反冲结构，见图16-58。喷嘴式阀座具有较大的缩口，当阀芯开启后，介质以很高的流速通过阀座喉部，使阀芯受到巨大的冲力。反冲结构通常采用阀芯反冲盘配阀座调节环见图16-58（a）或阀芯阀座分别配置调节环见图16-58（b）的形式。反冲结构的作用是利用改变阀芯上方喷出介质的流向，使介质的部分动能转变成阀芯的升力，推动阀芯迅速地达到规定的开启高度。利用调节环还可以调节安全阀的开启压力和回座压力。全启式安全阀结构较为复杂，但排放介质的能力较大。

现代大容量高压锅炉上广泛采用的是一种可以用压缩空气控制的活塞式盘形弹簧安全阀，见图16-59。当切断压缩空气气源时，这种安全阀与前述的普通安全阀的工作原理是一样的，其盘形弹簧的压力也可通过调整螺丝来进行调整。压缩空气的切断和接通是由压力继电器来控制的。当接通气源时，压缩空气通入活塞上部，在阀芯上附加了一个向下的作用力，使之关闭严密。如果气压升高超过规定数值，压力继电器动作，活塞上部的压缩空气被切断，同时接通活塞下部的压缩空气。由于活塞面积大大超过阀芯的面积，故能产生足够大的作用力将阀芯提起，排出蒸汽。气压恢复后，压力继电器又自动切换活塞上、下部的压缩空气，在压缩空气附加力的作用下，安全阀迅速回座关闭。由于利用了附加的压缩空气压力，改善了安全阀的密封性能，减少了泄漏，延长了使用寿命，提高了启闭的灵敏度。

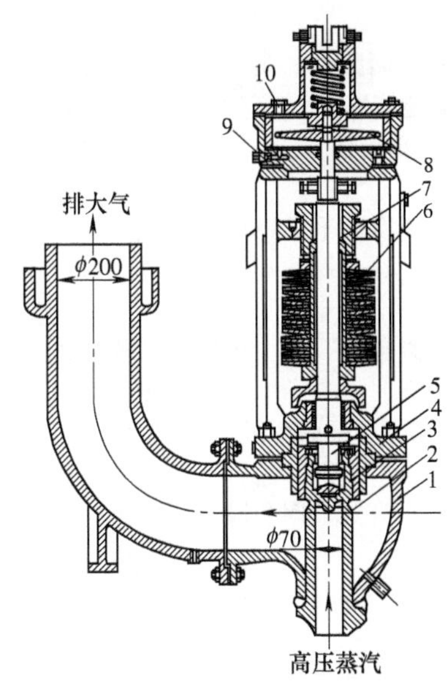

图 16-59　活塞式盘形弹簧安全阀

1—阀体；2—阀座；3—阀芯；4—阀盖；5—阀杆；6—盘形弹簧；7—调整螺丝；8—活塞；9—活塞下部压缩空气入口；10—活塞上部压缩空气入口

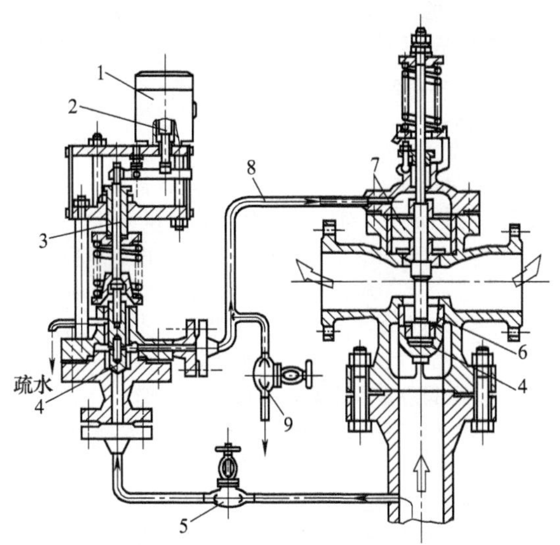

图 16-60　脉冲式安全阀

1—电磁铁；2—活动铁芯；3—调整螺帽；4—阀芯；5—脉冲阀入口阀；6—阀座；7—气动活塞；8—脉冲管；9—节流阀

脉冲式安全阀主要用于高压大容量锅炉中。图 16-60 是脉冲式安全阀。脉冲式安全阀由活塞式安全阀（主阀）和脉冲系统组成，脉冲系统包括脉冲阀（副阀）、脉冲管路及电磁装置等。正常情况下，主安全阀的阀芯被高压蒸汽压紧而处于关闭状态。当蒸汽压力超过规定值使脉冲式安全阀动作时，利用脉冲阀打开主安全阀，即脉冲阀在蒸汽压力或电磁装置的作用下先动作，排出少量蒸汽，形成压力脉冲。脉冲阀排出的蒸汽经脉冲管引到气动（主安全阀）活塞的上部。由于活塞的受压面积大于阀芯的受压面积，可以同时克服蒸汽和弹簧的作用力而将主安全阀打开，排出大量蒸汽。当气压降低到一定数值后，脉冲阀关闭，主安全阀活塞上部的压力随汽源被切断而消失，于是主安全阀在下部蒸汽压力的作用下也关闭。活塞上的余汽可起缓冲作用，使主阀缓慢关闭以减轻阀芯与阀座的撞击。

排量是安全阀的主要性能参数之一，它主要取决于喉径和开启高度。锅炉安全阀的总排汽能力按下式计算：

$$E=0.235A(10.2p+1)K=0.235A(10.2p+1)K_pK_g \tag{16-17}$$

式中　E——安全阀排汽能力，kg/h；

p——安全阀入口处的蒸汽压力（表压），MPa；

A——安全阀流道面积，mm^2；

K——蒸汽比容修正系数；

K_p——压力修正系数，见表 16-32；

K_g——蒸汽过热修正系数，见表 16-32。

表 16-32　修正系数 K、K_p、K_g 值

p/MPa		K_p	K_g	$K=K_pK_g$
$p\leqslant12$	饱和	1	1	1
	过热	1	$\sqrt{V_b/V_g}$	$\sqrt{V_b/V_g}$
$p>12$	饱和	$\sqrt{2.1/(10.2p+1)V_b}$	1	$\sqrt{2.1/(10.2p+1)V_b}$
	过热	$\sqrt{2.1/(10.2p+1)V_b}$	$\sqrt{V_b/V_g}$	$\sqrt{2.1/(10.2p+1)V_g}$

注：表中 V_b、V_g 分别为压力 p 时的饱和蒸汽及过热蒸汽比体积（单位：m^3/kg），$\sqrt{V_b/V_g}$ 也可用 $\sqrt{1000/(1000+2.7T_g)}$ 代替，其中 T_g 为蒸汽过热度。

安全阀本身应具有足够的受压强度，超压时能可靠地开启，稳定地排放泄压，降压后能迅速地回座并保持良好密封。除此之外，《蒸汽锅炉安全技术监察规程》中对安全阀的安装、使用还作了如下一些规定。

① 每台锅炉至少应装设两个安全阀（不包括省煤器安全阀）。但如果锅炉的额定蒸发量小于或等于 0.5t/h，或锅炉额定蒸发量小于 4t/h 且装有可靠的超压联锁保护装置，可只装一个安全阀。可分式省煤器出口处、蒸汽过热器出口处、再热器入口处和出口处以及直流锅炉和启动分离器，都必须装设安

全阀。

② 锅炉的安全阀应采用全启式弹簧式安全阀、杠杆式安全阀和控制式安全阀（脉冲式、气动式、液动式和电磁式等）。选用的安全阀应符合有关技术标准的规定。对于额定蒸汽压力小于或等于 0.1MPa 的锅炉，可采用静重式安全阀或水封式安全装置。水封装置的水封管内径不应小于 25mm，且不得装设阀门，同时应有防冻措施。

③ 锅筒（锅壳）上的安全阀和过热器上的安全阀的总排放量，必须大于锅炉额定蒸发量，并且在锅筒（锅壳）和过热器上所有安全阀开启后，锅筒（锅壳）内蒸汽压力不得超过设计时计算压力的 1.1 倍。强制循环锅炉按锅炉出口处受压元件的计算压力计算。

④ 过热器和再热器出口处安全阀的排放量应保证过热器和再热器有足够的冷却。直流锅炉启动分离器的安全阀排放量应大于锅炉启动时的产汽量。省煤器安全阀的流道面积由锅炉设计单位确定。

⑤ 对于额定蒸汽压力小于或等于 3.8MPa 的锅炉，安全阀的流道直径不应小于 25mm；对于额定蒸汽压力大于 3.8MPa 的锅炉，安全阀的流道直径不应小于 20mm。

⑥ 安全阀应铅直安装，并应装在锅筒（锅壳）、集箱的最高位置。在安全阀和锅筒（锅壳）之间或安全阀和集箱之间，不得装有取用蒸汽的出汽管和阀门。

⑦ 几个安全阀如共同装置在一个与锅筒（锅壳）直接相连接的短管上，短管的流通截面积应不小于所有安全阀流道面积之和。

⑧ 采用螺纹连接的弹簧式安全阀，其规格应符合 JB 2202《弹簧式安全阀参数》的要求。此时，安全阀应与带有螺纹的短管相连接，而短管与锅筒（锅壳）或集箱的筒体应采用焊接连接。

⑨ 安全阀应装设排汽管，排汽管应直通安全地点，并有足够的流通截面积，保证排汽畅通。同时排汽管应予以固定。如排汽管露天布置而影响安全阀的正常动作时，应加装防护罩。防护罩的安装应不妨碍安全阀的正常动作与维修。安全阀排汽管底部应装有接到安全地点的疏水管。在排汽管和疏水管上都不允许装设阀门。省煤器的安全阀应装排水管，并通至安全地点。在排水管上不允许装设阀门。

⑩ 安全阀排汽管上如装有消声器，应有足够的流通截面积，以防止安全阀排放时所产生的背压过高影响安全阀的正常动作及其排放量。消声板或其他元件的结构应避免因结垢而减少蒸汽的流通截面。

⑪ 杠杆式安全阀应有防止重锤自行移动的装置和限制杠杆越出的导架；弹簧式安全阀应有提升手把和防止随便拧动调整螺钉的装置；静重式安全阀应有防止重片飞脱的装置；控制式安全阀必须有可靠的动力源和电源。

⑫ 锅筒（锅壳）和过热器的安全阀整定压力应按表 16-33 的规定进行调整和校验。

表 16-33 安全阀整定压力

额定蒸汽压力/MPa	安全阀的整定压力	额定蒸汽压力/MPa	安全阀的整定压力
≤0.8	工作压力＋0.03MPa	＞5.9	1.05 倍工作压力
	工作压力＋0.05MPa		1.08 倍工作压力
$0.8<p\leqslant5.9$	1.04 倍工作压力		
	1.06 倍工作压力		

注：1. 锅炉上必须有一个安全阀，按表中较低的整定压力进行调整。对有过热器的锅炉，按较低压力进行调整的安全阀，必须为过热器上的安全阀，以保证过热器上的安全阀先开启。

2. 表中的工作压力，对于脉冲式安全阀系指冲量接出地点的工作压力，对其他类型的安全阀系指安全阀装置地点的工作压力。

省煤器、再热器、直流锅炉启动分离器的安全阀整定压力为装设地点工作压力的 1.1 倍。

⑬ 安全阀启闭压差一般应为整定压力的 4%～7%，最大不超过 10%。当整定压力小于 0.3MPa 时，最大启闭压差为 0.03MPa。

⑭ 对于新安装锅炉的安全阀及检修后的安全阀，都应校验其整定压力和回座压力。控制式安全阀应分别进行控制回路可靠性检验和开启性能试验。

⑮ 在用锅炉的安全阀每年至少应校验一次。检验的项目为整定压力、回座压力和密封性等。安全阀的校验一般应在锅炉运行状态下进行。如现场校验困难或对安全阀进行修理后，可在安全阀校验台上进行，此时只对安全阀进行整定压力调整和密封性试验。安全阀校验后，其整定压力、回座压力、密封性等检验结果应记入锅炉技术档案。安全阀经校验后，应加锁或铅封。严禁用加重物、移动重锤、将阀瓣卡死等手段任意提高安全阀整定压力或使安全阀失效。锅炉运行中安全阀严禁解列。

⑯ 为防止安全阀的阀瓣和阀座粘住，应定期对安全阀作手动的排放试验。

第二节　锅炉吹灰及防爆装置

锅炉炉膛水冷壁上的结垢，不仅会使炉膛吸热量减少，影响锅炉的蒸发量，而且还会使炉膛出口烟温升高，导致过热蒸汽温度升高，威胁过热器的安全性。对流受热面上的积灰和堵灰，不仅增加传热阻力、通风阻力，降低锅炉热效率，而且也会影响尾部受热面工作的安全性。

为确保锅炉的各受热面都能够长期、高效运行，必须正确设计、布置、投运吹灰装置。

一台大型电站锅炉上需要布置很多台吹灰器，并与管道、阀门一起构成一个或几个吹灰系统，相互配合共同完成整台锅炉的吹灰功能。最为传统并仍被广泛使用的是采用压缩空气、锅炉排污水、饱和蒸汽或过热蒸汽等作为吹灰介质的吹灰器。大型电站锅炉上多采用过热蒸汽作为吹灰介质。这是因为过热蒸汽具有来源容易，对炉内燃烧和传热影响较小，吹灰系统简单、投资少，吹灰效果好等优点。进入吹灰器的过热蒸汽压力一般为 1～2MPa。

近年来，声波吹灰器、气体脉冲式吹灰器等新型吹灰器得到推广使用。

采用过热蒸汽作为介质的吹灰系统主要由汽源总隔绝阀、吹灰减压阀、连接管道、吹灰器隔绝阀、吹灰器和控制设备以及吹灰疏水系统所组成，有的还装有介质过滤器。某电厂 300MW 燃煤机组的吹灰系统及吹灰器在锅炉上的分布如图 16-61 所示。

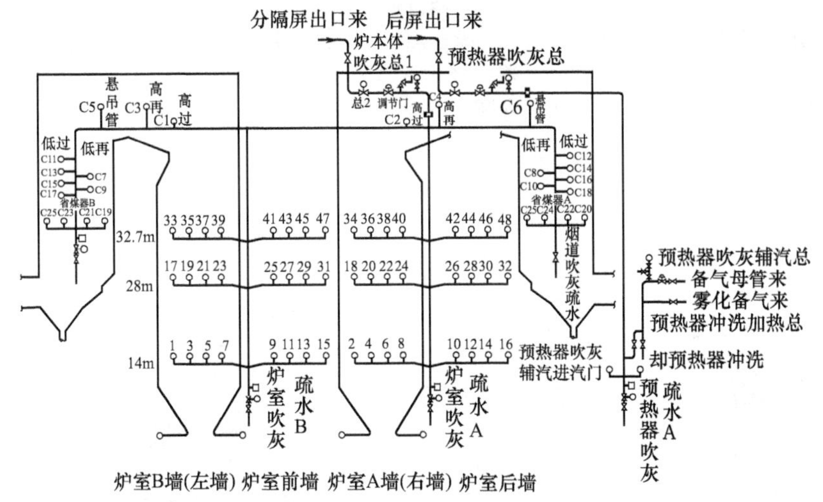

图 16-61　某 300MW 燃煤锅炉吹灰系统

吹灰器的控制方式过去多采用单台独立控制方式。对于大型煤粉锅炉，通常均装有几十台乃至一百多台各种形式的吹灰器，一般都实行程序控制，这不但减轻了运行人员的工作负担，而且也提高了吹灰器的吹灰效果和减少了蒸汽消耗，从而改善了锅炉运行的安全性和经济性。吹灰器程控又分为全程控和部分程控。全程控即所有的吹灰器及其相关的阀门都按顺序全部投入程控，程控系统一旦启动，各吹灰器和电动阀均自动投入工作，这是一种大系统程控。部分程控按需要将部分吹灰器及其相关的电动阀投入程控，是一种小系统程控。有些高度自动的机组，其吹灰系统作为一个子系统与机组的计算机控制系统相连接，可按时按规定或根据需要自动投入吹灰系统，无需工作人员发出指令。

一、蒸汽吹灰装置

采用蒸汽作为吹扫介质的吹灰器主要有旋转伸缩式、固定式两种。旋转伸缩式吹灰器又分为短式和长式两种。

炉膛水冷壁或其他壁面一般选用短伸缩式吹灰器，这种吹灰器的特点是：吹灰管边行进边旋转，到位后行走停止（伸缩行程较短），喷嘴作 360°吹扫后，吹灰管反向旋转和后退，直至喷嘴头部退至炉墙内的停用位置。吹灰器与炉墙通过安装法兰进行连接，其重量由水冷壁承受，热态时随水冷壁的膨胀一起同步位移。

目前，大型电站锅炉上广泛采用的 IR-3D 型炉膛吹灰器就是一种短伸缩式吹灰器，主要用于吹扫炉膛水冷壁上的积灰和结渣。该型号的吹灰器采用单喷嘴前行到位后定点旋转吹扫的工作方式。另外，可根据积灰和结渣的性质和锅炉不同部位的吹灰要求对吹扫弧度、吹扫圈数和吹扫压力进行相应的调整，以达到最理想的吹扫效果。

IR-3D 型炉膛吹灰器主要由吹灰器阀门（鹅颈阀）、内管（供汽管）、吹灰枪管（螺纹管）及喷嘴、驱动系统、导向杆系统、前支撑系统以及电气控制机构等部分组成，如图 16-62 所示。

IR-3D 型炉膛吹灰器的主要技术参数如下：

吹灰器行程	267mm
吹灰器行进速度	290mm/min
吹灰枪转速	2.3r/min
吹灰介质	蒸汽或空气
吹灰压力	约 1.5MPa
吹灰蒸汽耗量/运行时间	约 30kg/2.76min 约 60kg/3.62min 约 90kg/4.49min
喷嘴口径	25.4mm
有效吹灰半径	1.5～2m

鹅颈阀是控制吹灰介质进入吹灰器的阀门，位于吹灰器的下部，是吹灰器的主要部件，因其形如鹅颈，俗称鹅颈阀。鹅颈阀也是吹灰器的主要支撑部件，吹灰器全部部件的重量都支撑在该阀上。鹅颈阀与不锈钢内管（供汽管）连在一起，输送吹灰介质（蒸汽）经过螺纹管到喷嘴。阀门内有压力调节装置，可根据现场的吹灰要求，进行压力调整。阀门上还装有启动臂。运行中，由安装在螺纹管上的凸轮操纵启动臂，控制该阀门的开启和关闭。当阀门开启后，吹扫介质就被输送到装在吹灰器螺纹管端部的喷嘴，随即开始进行吹扫。鹅颈阀上还设有单向空气阀，以防止炉内腐蚀性烟气进入吹灰器。

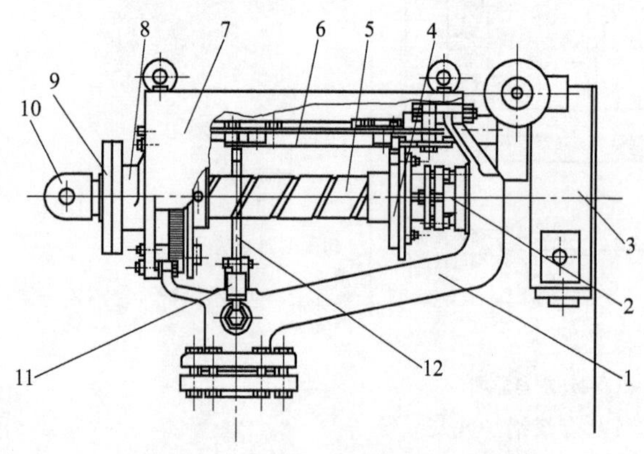

图 16-62 IR-3D 型炉膛吹灰器结构

1—鹅颈阀；2—内管；3—电控箱；4—凸轮；5—螺纹管；6—支撑导向机构；7—罩板；8—前支撑座；9—墙箱；10—喷嘴；11—空气阀；12—启动臂

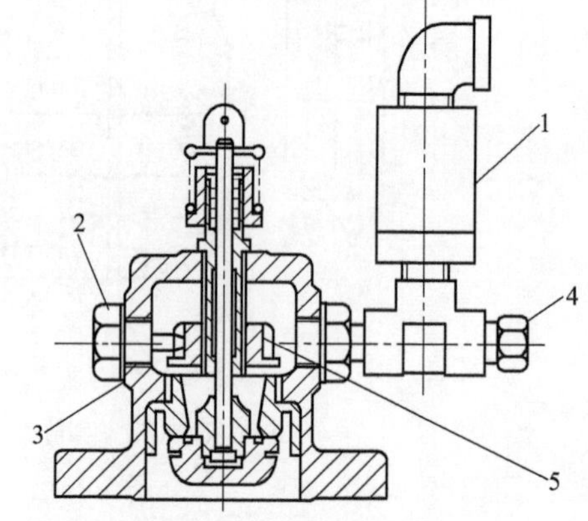

图 16-63 鹅颈阀内部结构

1—空气阀；2—锁紧螺塞；3—垫圈；4—调压盘；5—接压力表的螺塞

鹅颈阀内部结构如图 16-63 所示。顺时针旋转调压盘时，阀后压力升高；逆时针旋转调压盘时，阀后压力降低。调好后，保证锁紧螺塞的销头插在调压盘的凹槽中。当吹灰器工作时，在蒸汽压力的作用下空气阀自动关闭；当吹灰器停运时，排汽阀自动开启，空气可进入吹灰器。

内管是表面高度抛光的不锈钢管供汽管，与鹅颈阀连接，其作用是将吹灰介质输送到吹灰枪管。

吹灰枪管是一根外面加工有螺纹的管子，一般称螺纹管。它也是吹灰器的一个重要组成部件。吹灰就是靠吹灰枪的伸缩运动自动打开和关闭鹅颈阀，并输送吹灰介质至喷嘴的。螺纹管前端加工有内螺纹，并通过次内螺纹与喷嘴连接。螺纹管的后端是填料室，用以装入填料，实施吹灰枪管与内管间的密封，从而保证了吹灰蒸汽顺利的输送。同时吹灰器工作时的伸缩运动也正是靠螺纹管外表面上的双头螺旋槽来完成的，所以它既是此吹灰器的吹灰枪，也是重要的传动部件。螺纹管上装有随之运动的凸轮，当螺纹管运动至一定位置时，凸轮将鹅颈阀打开，则吹扫介质进入吹灰枪。吹灰器的喷头为一标准件，上面有一个后倾 3°的喷嘴，口径为 25.4mm。喷头尾部带有螺纹，可根据炉墙厚度来调节喷头旋入螺纹管的长度。

支撑板安装在吹灰器的上部，支撑板上安装有控制凸轮的导向杆和靠弹簧复位的前后棘爪。

驱动系统的任务是为吹灰枪的伸缩及旋转提供动力。IR-3D型吹灰器的驱动系统由电动机、蜗轮箱（一般减速比为1∶60）和一组开式传动的齿轮及驱动销和螺纹管等组成，吹灰器的旋转和伸缩运动最终通过两个驱动销和螺纹管来完成。螺纹管伸缩时不旋转，旋转时不伸缩。

电气控制机构可以调节吹灰器吹扫的圈数和提供吹灰终了信号。电气控制机构位于吹灰器后端，箱内装有行程开关。行程开关由蜗轮轴传动的齿轮系控制。改变主控制齿轮上撞销的位置，可以调整吹灰器的吹扫圈数和吹灰角度。

墙箱是吹灰器与锅炉预留接口连接的密封接口箱，同时也是将吹灰器固定在炉墙上的支撑点。

吹灰时，按下启动按钮，电源接通，减速传动机构驱动前端大齿轮顺时针方向转动，大齿轮带动喷头、螺纹管及后部的凸轮同方向转动。转动一定角度后，凸轮的导向槽导入后棘爪和导向杆，凸轮、螺纹管及喷头不再转动而沿导向杆前移，喷头及螺纹管伸向炉膛内。当螺纹管伸到前极限位置即喷嘴中心距水冷壁向火面38mm时，凸轮脱开导向杆，拨开前棘爪，带动喷嘴、螺纹管一起再随大齿轮转动。随之，凸轮开启阀门、吹灰开始。吹灰过程由后端的电气控制箱控制。完成预定的吹灰圈数后，控制系统使电动机反转，喷嘴、螺纹管和凸轮同时反转，随之阀门关闭，吹灰停止。

凸轮继续转动，当凸轮的导向槽导入前棘爪和导向杆后，喷头、螺纹管和凸轮停止转动而退至后极限位置，然后凸轮脱开导向杆，拨开后棘爪继续作逆时针方向旋转，直至控制系统动作，电源断开，凸轮停在起始位置。至此，吹灰器完成了一次吹灰过程。

长伸缩式吹灰器是借助于顶部带有喷嘴的长吹灰管，远距离悬臂伸入炉内，吹扫悬吊式受热面的一种吹灰器。吹灰管停用时全部退至炉外。这种吹灰器可以用来吹扫炉膛折焰角下方和大屏过热器，也可吹扫水平烟道和后烟井的各种受热面。它是应用范围较广的吹灰器，其主要特点包括：吹灰管纯作悬臂伸缩，不需炉内支吊；喷嘴口径较大，吹扫能力强，配以适当的旋转速度，可以相对地节省能耗；吹灰管停用时全部退出炉外，所以受温度限制少，受烟气腐蚀的程度轻；构造复杂，用材和制造要求高，所以造价也较高。

长伸缩式吹灰器通常用于500～1200℃的温度范围，所以，当没有吹扫介质进入时，吹灰管不允许伸入炉内。当烟气温度高于1100℃时，吹灰介质的流量要符合冷却管材需要的最小流量。

我国生产的一种长旋转伸缩式吹灰器的结构见图16-64。吹灰器启动后，跑车即沿工字梁向前移动，当吹灰枪喷头离开炉墙进入烟道一段距离后，吹灰器阀门自动开启，进行吹灰。吹灰枪的行程依靠安装在工字梁两端的行程开关控制。当跑车前进到触及前端行程开关时，电动机开始反转，跑车退回。吹灰枪喷头退到距炉膛适当距离时，阀门自动关闭，停止吹灰。当跑车触及后端行程开关时，吹灰器回到起始位置，电源切除，吹灰器完成了一次吹灰动作。吹灰枪行程为2～6m。

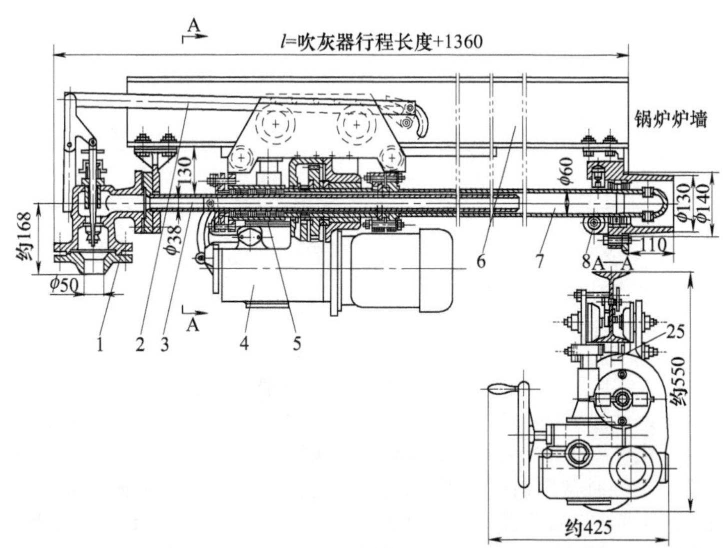

图16-64　长旋转伸缩式吹灰器

1—吹灰器阀门；2—启闭机构；3—内管；4—跑车；5—转动密封结构；6—工字梁；7—吹灰枪；8—密封支架

当跑车前后移动时，吹灰枪一边前进（或后退），一边转动，作螺旋运动。吹灰枪喷头上的两只拉伐尔喷嘴沿螺旋线轨迹将两股流体射向对流受热面。这种吹灰器上有专门的调节机构，使吹灰枪伸和退出时的轨迹恰好错开约1/4节距，如图16-65所示，从而用尽可能少的吹灰介质，收到尽可能高的吹灰效果。

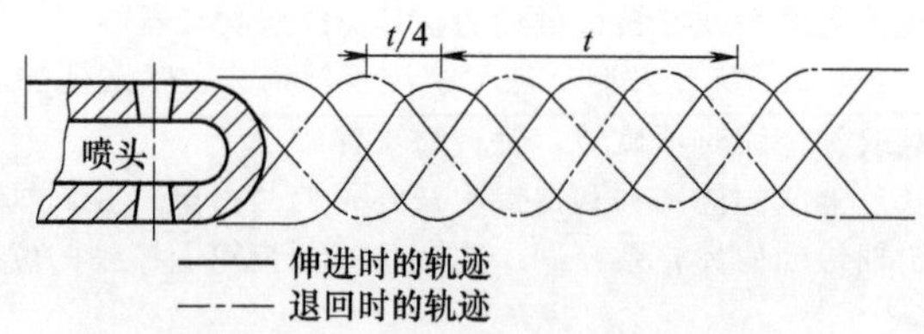

图 16-65 吹灰器喷嘴进、退轨迹错开示意

实践表明，吹扫效果与喷嘴的结构有关。目前广泛采用的喷嘴主要有直角直孔形、渐缩直孔形、文丘里型和拉伐尔型等。直角直孔形喷嘴由于内部的热膨胀不够完全，使得射流在离开喷嘴后，有一向外扩张的作用，射流的有效范围较大，但其速度较低，适用于吹扫大面积管簇及疏松积灰。渐缩直孔形喷嘴具有较高的喷射效益，其喷射特性与直角直孔形是相近的。文丘里型和拉伐尔型由于其渐扩部分的断面将介质的内能最大限度地转化为动能。介质离开喷嘴后，形成狭长的高速射流，它对结实积灰的吹扫效果较好，一般都采用这种形式的喷嘴。几种不带水冷的蒸汽吹灰喷嘴见图 16-66。

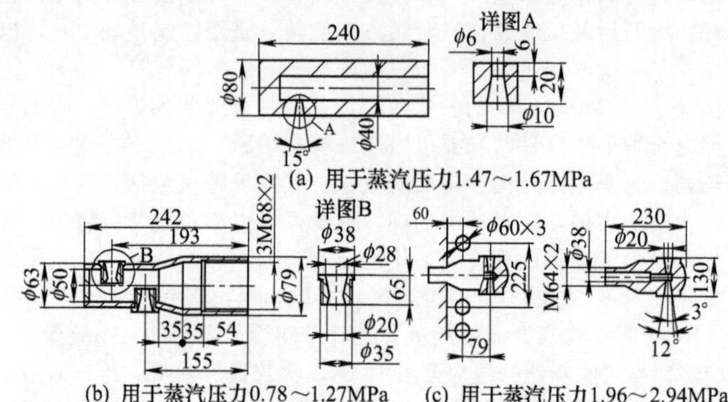

图 16-66 几种不带水冷的蒸汽吹灰喷嘴

为使吹扫更为有效，喷嘴在吹灰杆上的安装角度及其组合形式要根据被吹扫的管簇排列方式来决定。图 16-67 和图 16-68 为长伸缩式吹灰枪上喷嘴的不同组合方式。

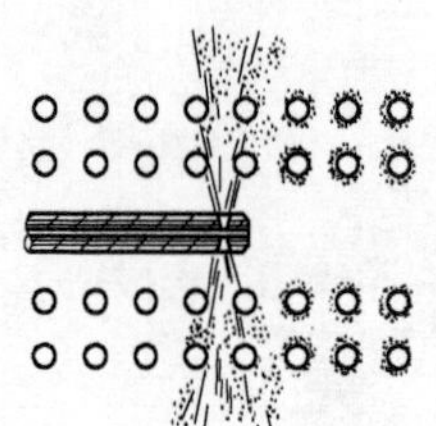

图 16-67 纵向管距排列紧管簇采用的背向直角喷嘴

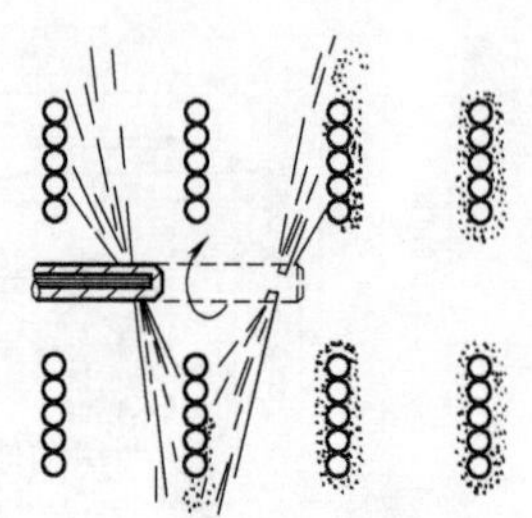

图 16-68 宽纵向管距管屏采用的带倾斜角喷嘴

吹灰器可采用单侧布置，也可采用双侧布置。若炉膛两侧墙对称装布置，则吹灰管约覆盖炉宽的 1/2。单侧布置的吹灰器的数量为对称双侧布置数量的 1/2，而且管道系统也简单，但要求锅炉附近有足够的空间。相邻吹灰器的间距应按吹灰器的有效半径来决定。吹灰器喷嘴和被吹扫的受热面表面的最小距离一般应小于 350mm，若因结构布置条件的限制而不能满足这一要求时，应在靠近吹灰枪的第一排管上加装保护瓦，以防受热面管的磨损，但应考虑到因温差导致的热膨胀不均匀，保护瓦不宜直接焊在受热面上。

目前，IK-545 型长伸缩吹灰器和 IK-525 型长伸缩吹灰器得到广泛采用。IK-525 型长伸缩吹灰器为半伸缩吹灰器，多布置在锅炉尾部省煤器及水平段再热器底部。IK-545 型长伸缩吹灰器布置在对流传热的过热器和再热器区域。这两种吹灰器也可用来清除炉顶和管式空气预热器的积灰。

主要技术参数如下：

吹灰器行程　　最大 7.62m（IK-525）
7.63～13.72m（IK-545）

吹灰器进退速度	0.9～3.5m/min
吹灰枪转速	9～35r/min
吹灰介质	蒸汽或空气
喷嘴口径	12～32mm
有效吹灰半径	约 2m
吹灰角度	360°
电动机型号、规格	Y90S-4B5 型，1.1kW，1400r/min（IK-525） Y90L-4B5 型，1.5kW，1400r/min（IK-545）
电动机电源	380V，50Hz

IK 型长伸缩式吹灰器总体结构如图 16-69 所示。该吹灰器主要由电动机、跑车、吹灰器阀门、托架、内管、吹灰枪等组成，总体形状细长。图中阀门侧是吹灰器的末端，喷嘴侧是吹灰器的最前端（面向炉内）。图中所示的位置是吹灰器的起始位置。该吹灰器的工作过程大致如下：电源接通，电动机通过减速齿轮箱的若干次传动带动跑车沿梁向前移动，与它连接的吹灰枪同时前移并转动。当吹灰枪进入炉内一定距离时，位于末端的吹灰阀门自动开启，吹灰介质进入吹灰枪管，吹灰开始，蒸汽经过喷嘴以一定的方式喷入炉内。吹灰枪前后移动的行程范围由装在梁两端行程开关限制。当跑车持续前进到一定位置时，前端支撑板触及前端行程开关，此时电动机反转，跑车和吹灰枪退回，枪喷头后退到距炉墙一定距离时，吹灰器阀门又将自动关闭，停止吹灰。当跑车退回到起始位置时，触及末端行程开关，则电源切除，运动停止，吹灰器完成了一次吹灰动作。

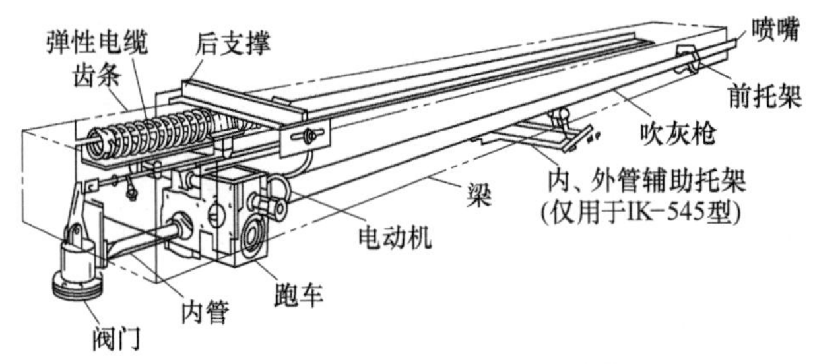

图 16-69 IK 型长伸缩式吹灰器总体结构

(1) 跑车与电动机 跑车的作用：一是驱动吹灰枪进出锅炉；二是自动控制吹灰器阀门的启闭。它由驱动机构提供动力。驱动机构包括电动机、齿轮箱及吹灰枪和内管的填料密封压盖等，如图 16-70 所示。电动机端部为大法兰，直接与跑车连接，通过位于主齿轮箱外部的一级齿轮变速后，将运动传给主齿轮箱。当仅要改变进退速度，而保留螺旋线导程不变时，只需要更换这级齿轮。当需要改变螺旋线导程时，必须更换末级正齿轮组。

当吹灰器开始工作时，电动机通过图 16-70 中初级正齿轮带动蜗杆旋转，而蜗杆又通过蜗轮及蜗轮轴驱动位移正齿轮，从而带动主传动轴旋转，主传动轴两端装有行走齿轮，分别与两侧的齿条啮合，这样，主传动轴的旋转运动就转变成为齿条的前后直线运动，而正是齿条的前后运动使吹灰枪可以进出锅炉。另一方面，蜗轮轴在驱动主传动轴的同时还驱动旋转伞齿轮，从而使吹灰枪旋转。

跑车对吹灰阀门的自动开关功能是通过安装在跑车侧面的撞销来实现的，撞销的位置如图 16-71 所示。当跑车向炉内将吹灰枪推进到一定程度时，撞销将通过触及固定在梁上的凸轮、机构将吹灰阀门自动开启，使吹灰介质送入吹灰枪。

跑车填料室包括吹灰枪的安装法兰和密封内管的填料压盖，跑车完全密封能有效防止脏物及腐蚀性气体的侵害。

(2) 吹灰器阀门 机械操纵的吹灰器阀门是控制吹灰介质进入吹灰枪的重要部件，它位于吹灰器的最后端、固定在吹灰器本体上，如图 16-69 所示。

吹灰器阀门的启动臂由固定在梁上的凸轮机构来操纵和控制。在运行中，当跑车移动到一定的位置时，跑车上的撞销导入凸轮槽中，凸轮则通过拉杆操纵启动臂，自动启闭阀门。撞销位置可以调节，以保证在吹灰枪处于吹灰位置时（进入炉内一定距离）才开启阀门提供吹灰介质；而吹灰枪退到非吹灰位置时，阀门将自动关闭。阀门启闭机构如图 16-72 所示。

(3) 梁 梁为一箱盖型部件，对吹灰器的所有零部件提供支撑和最大限度的保护。跑车前进、后退的齿条就装在梁的两侧。两端有端板，后端板支撑阀门和内管，前端板支撑吹灰枪管。梁由两点支撑，前支撑一

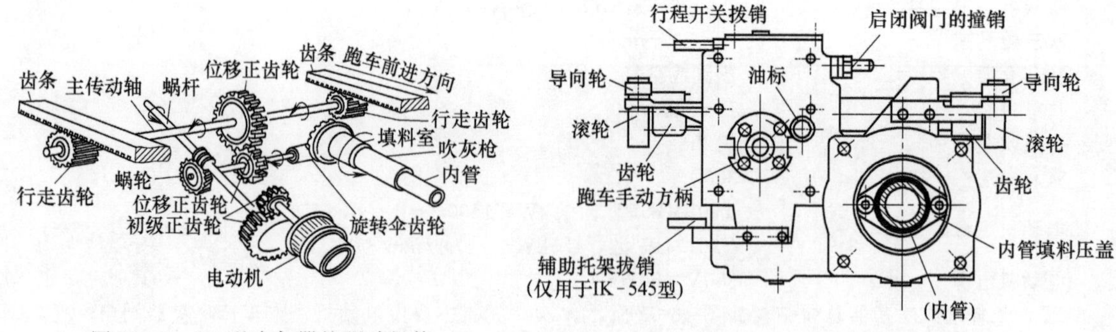

图 16-70 IK 型吹灰器的驱动机构

图 16-71 跑车后视图

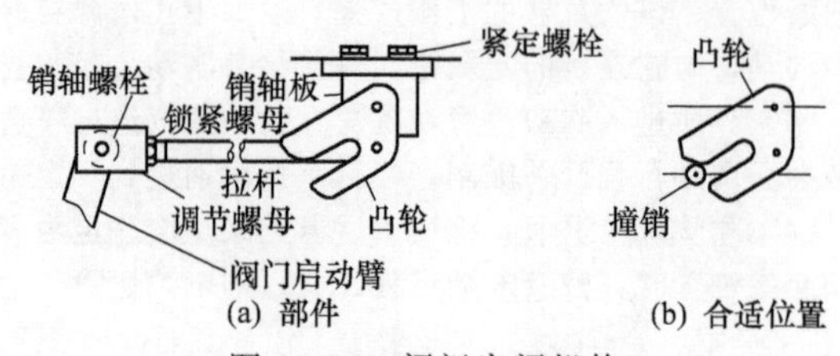

图 16-72 阀门启闭机构

般靠固定在锅炉外壳的墙箱支托，后支撑位于吹灰器后部，固定在钢架上。这种支撑方法可使吹灰器承受锅炉在所有三个坐标方向的膨胀与收缩，有时梁也可以完全由钢架支撑。

(4) 墙箱 墙箱焊接在锅炉外壳的套管上，对吹灰枪管和炉墙开孔处进行密封。墙箱上位于同一水平线的两销孔，是吹灰器的前支撑（支撑一半吹灰器的重量）。负压锅炉和正压锅炉分别使用不同的墙箱。负压墙箱用在负压锅炉上，用弹簧压紧的密封板，在吹灰枪管周围形成环形间隙，靠大气压力密封吹灰枪管的周围。正压锅炉必须使用正压墙箱对吹灰枪管与炉墙开孔处进行密封。

(5) 动力电缆 电源可通过下垂电缆、弹性电缆或环挂电缆输送给移动的电动机。下垂电缆在吹灰器侧面的接线盒与电动机之间形成一个环状，弹性电缆在吹灰器梁的上半部分，环挂电缆在吹灰器梁的一侧或下面。

(6) 前托架 前托架在吹灰器梁的前端板下方，固定在墙箱铸件上。其作用是与跑车共同支撑吹灰枪和内管。它大约支撑着吹灰器 1/2 的重量。托架底部有托轮，支托着吹灰枪管，并对枪管通过墙箱进入锅炉起导向作用。调整滚轮旋转方向与吹灰枪管运动的螺旋线方向一致十分重要。

(7) 内外管辅助托架 内外管辅助托架用在行程超过 7.62m 的 IK-545 型长伸缩吹灰器上，安装在吹灰器梁的中点附近。

由于该吹灰器行程较长，除了用前托架支托吹灰枪之外，还需要内外管辅助托架。当跑车位于辅助托架之后时，它支托吹灰枪和内管；当跑车位于辅助托架之前时，它只支托内管。辅助托架上两个托轮的旋转方向也应调节到与吹灰枪管运动的螺旋线一致。

(8) 内管 内管是高度抛光的不锈钢管，用来将吹灰介质输送到吹灰枪。

(9) 吹灰枪与喷头 吹灰枪可以前后移动。吹灰时，枪管伸入炉内一定距离；吹灰结束时，则退出炉外。吹灰枪管的材质有多种，它取决于每台吹灰器的安装位置。如果一台锅炉上有几种不同枪管的吹灰器，则每一吹灰器安装时必须“对号入座”。吹灰枪由跑车和前托架支撑，行程超过 7.62m 的吹灰器（IK-545 型）在梁的中部还有辅助托架支托吹灰枪和内管。

吹灰枪前端是一个旋压封头的喷头，喷头上钻有孔以焊装喷嘴，喷嘴是垂直、还是前倾或后倾，根据吹灰要求而定。喷嘴的大小和数量由不同位置吹灰器的吹灰介质流量与压力要求而定。

(10) 电气箱与行程控制 电气箱是一个集中电气接线箱，里面装有就地操作按钮和接线端子排。有时，也可将整个启动系统装在里面。

电机驱动的吹灰器，在梁的前端、后端都装有限位开关，以控制前进和后退的行程。这些开关由装在跑车上的拨销拨动（见图 16-69）。

(11) 螺旋线相位变化机构 螺旋线相位变化机构如图 16-73 所示，安装在梁后部的左右两侧，用螺栓固定在梁上，以便调整。此机构使跑车的行走齿轮在每次前进时相对齿条多转过一个齿，从而使每次吹灰开始时，喷嘴的相位（所在方位）不同。

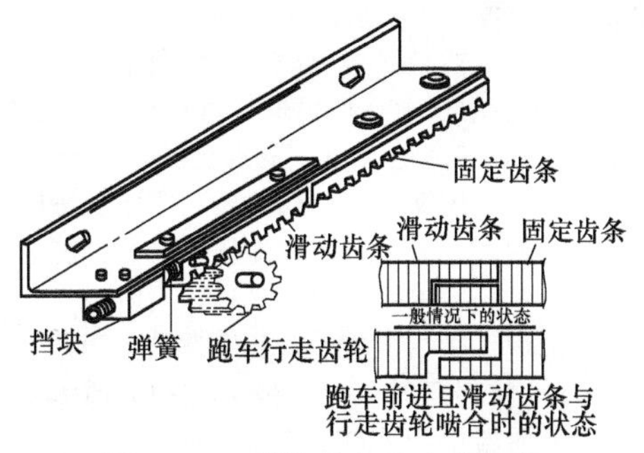

图 16-73　螺旋线相位变化机构

长吹灰器工作时，从伸缩旋转的吹灰枪管端部的一个或几个喷嘴中喷出蒸汽连续地冲击受热面。吹灰枪一边前进（或后退），一边旋转作螺旋运动，吹灰枪管上的喷嘴沿螺旋线轨迹运动，前进和后退的轨迹是错开的，这样就提高了吹灰的效果。IK 型吹灰器的导程为 100mm、150mm 或 200mm，由吹灰器行程和吹灰要求决定。吹灰器退回时，喷嘴的螺旋线轨迹与前进时的螺旋线轨迹错开 1/2 节距。图 16-74 为两个喷嘴，导程为 100mm 的吹扫轨迹。由于装有两只喷嘴，实际吹扫间隔为 50mm。当吹灰器退出时，退出的轨迹正好与前进时的轨迹错开 25mm，这样实际的吹扫间距为 25mm。

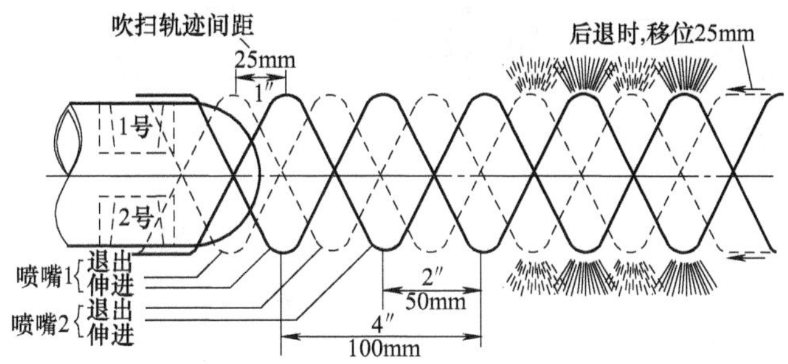

图 16-74　喷嘴吹扫轨迹（100mm 导程的螺旋线）

如果选用螺旋线相位变化机构装在吹灰器上，喷嘴轨迹就不会恒定重复。这种机构在每个吹灰周期中，使喷嘴的相位预先改变。对于导程 100mm 的 IK-525 型吹灰器，每个吹灰周期开始时，吹灰枪比上一周期转过了 47.409°，喷嘴轨迹完全重复的情况，要到吹扫 448 次后才会出现。

固定式吹灰器主要有用于吹扫水冷壁的扇形射流吹灰器和用于吹扫尾部受热面的固定回转式吹灰器。

扇形射流吹灰器的结构见图 16-75。它可以呈任意角度安装于炉内任何位置，一般固定于炉墙或钢架式受热面上。这种吹灰器的吹扫介质通常采用蒸汽，也可采用水和压缩空气。其冷却系统可与炉内循环系统并联。喷嘴的扩散角一般设计成 4°～8°，喷嘴进口宽度 h 取决于所要求的射流厚度，喷嘴断面与引入管道断面比以 0.25～0.30 为宜。喷嘴可产生垂直于吹灰器轴线的、最大扩散角为 180°的平面射流，喷嘴与被吹扫受热面的相对距离最小可调整到 25～30mm，以有效利用射流的动能。冷却介质的通道内加装隔板以使喷嘴得到更好的冷却。运行中应控制吹扫介质与冷却介质的温差不超过 40～60℃，以防产生过大的热应力。试验表明，压力为 1.18MPa 的水，可以产生喷射角 $\gamma=0°\sim180°$、半径约为 4.5m 的平面射流。若喷嘴前是压力为

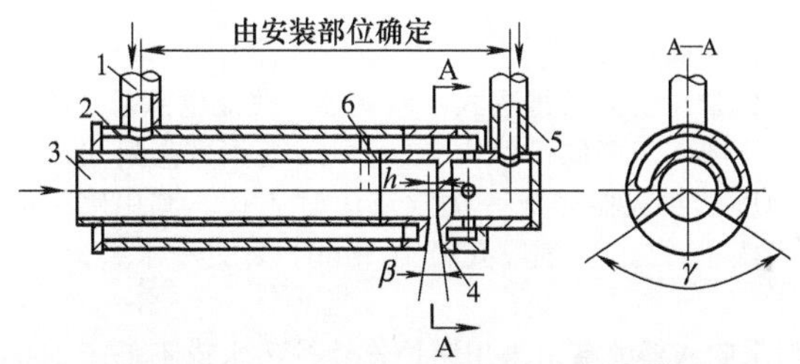

图 16-75　水冷壁扇形射流吹灰器

1—冷却介质进口管；2—冷却水外套管；3—吹扫介质进口；
4—扇形喷嘴；5—冷却介质出口管；6—隔板

4.90MPa 的饱和蒸汽，在 $h=12$mm 时，可产生喷射角 $\gamma=180°$、半径约为 4～4.5m 的平面射流，此时的蒸汽耗量为 6kg/s。若产生半径约为 3～3.5m 的平面射流时，蒸汽耗量减至 3.5kg/s。实际使用中，吹灰持续时间取 8s 左右，每天的吹扫次数和喷嘴前的压力，可根据具体要求加以调整。

固定回转式吹灰器的结构见图 16-76。接通电源后，电动机转动，经减速箱减速后传至轴齿轮，轴齿轮再带动开式齿轮，凸轮和吹灰管一起转动。根据需要，凸轮转到预定位置时，开阀机构上的滚轮由凸轮的凹处逐渐上到凸轮的凸起部分，使开阀杠偏转，通过调节螺钉压下阀杠，打开阀门，吹灰管开始喷射。当吹灰管转满要求角度后，滚轮进入凸轮凹外，阀门关闭，停止喷射，同时空气阀自动开启，引入外界冷却空气吹扫和冷却吹灰管。当吹灰管转了一周之后，接线盒内的凸轮组拨动行程开关，切断电源，吹灰器完成一次吹扫过程。吹灰器有效吹扫半径约 1.5m，吹扫角度 60°～330°，吹扫介质为 0.98～2.45MPa，不大于 350℃的蒸汽，吹灰管的长度可达 6m。可用于烟温小于 800℃的电站锅炉、工业锅炉等尾部受热面及对流管束的吹灰。

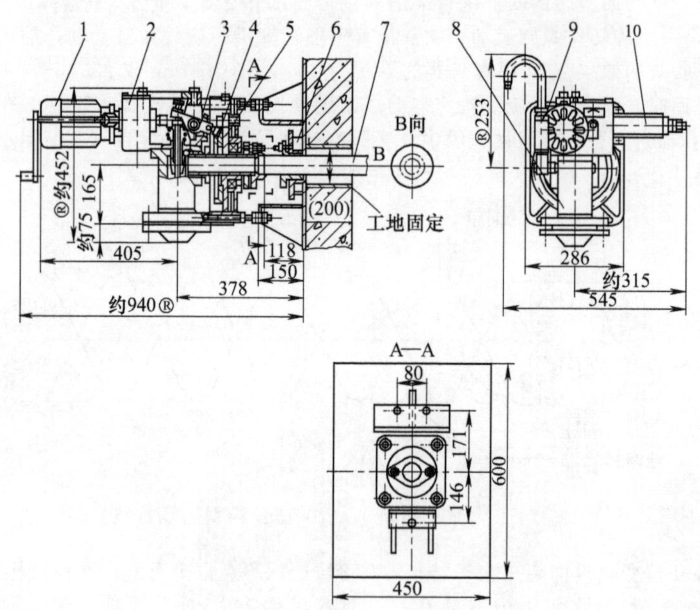

图 16-76 固定回转式吹灰器

1—电动机；2—减速箱；3—开阀杠杆；4—开汽凸轮；5—开式齿轮；6—炉墙接口装置；7—吹灰管；8—蒸汽阀；9—空气阀；10—接线盒

二、水吹灰器

水吹灰器主要用于吹除水冷壁表面的灰渣。它的工作原理是：具有较大动量的高速水射流可以冲刷水冷壁表面上的灰渣，水滴在灰渣上蒸发时，大量吸收潜热，使灰渣层因激冷而碎落、脱落。但水流也会对受热面管金属产生激冷作用，形成所谓“热冲击”。反复的热冲击会引起管壁的热疲劳，故设计、安装时应注意消除热冲击。

水吹灰器主要有旋转推进式和固定式。

图 16-77 为一用于 670t/h 锅炉上的旋转推进式水吹灰器。接通电源后，吹灰杆以 14r/min 的速度一边旋转一边伸入炉膛，喷嘴前的水压随吹灰杆的行程从 0.294MPa 逐渐升高到 0.98MPa。吹灰杆后退时，喷嘴前压力从 0.98MPa 降至 0.294MPa。吹灰器完成一次吹灰历时 400s，其中喷水时间 260s。水源压力 1.18～1.47MPa，水温 20～60℃，喷嘴个数为 1，喷嘴孔径为 8mm，每只喷水量为 3.6t/h。作用半径为 2400mm，见图 16-78。

图 16-79 为一固定式排污水吹灰器喷嘴。采用锅炉连续排污水或不低于 100℃的给水作为介质。当高压水喷出后，压力急剧降低，部分水转变为蒸汽，速度大大增加，蒸汽带水高速喷向灰渣，射程可达 5～7m。考虑到吹灰期间有大量水分进入炉膛，为避免燃烧过程恶化，各喷嘴应间隔地依次投入使用，间隔时间应大于 1～2min，连续吹灰时间不宜超过 30s。

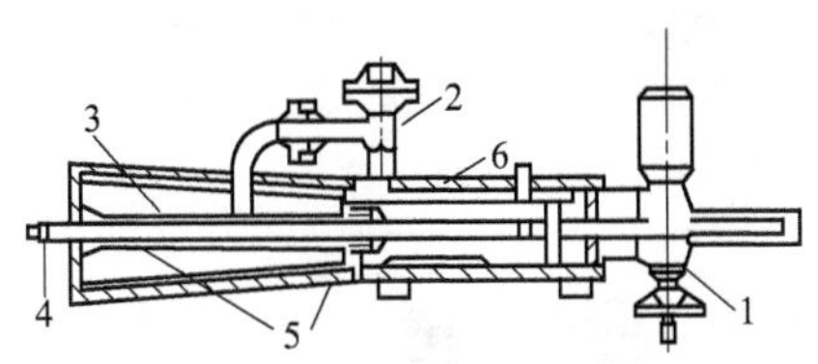

图 16-77 旋转推进式水吹灰器
1—减速箱；2—调节阀；3—吹灰杆；4—喷嘴；5—密封机构；6—控制机构

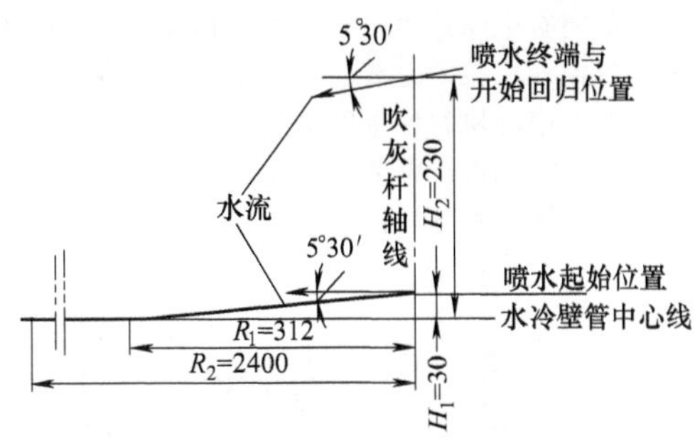

图 16-78 旋转推进式水吹灰器的作用范围（单位：mm）

三、压缩空气吹灰器

采用压缩空气作为吹灰介质的优点是吹灰器可以用手移动，能方便地引到积灰部位。但由于压缩空气的压力不高而往往吹不掉比较坚硬的灰渣，当炉膛较宽时，由于吹灰器插入的深度有限，某些部位难以吹扫到。

图 16-80 所示为一种手动压缩空气吹灰枪头。当压力不低于 0.4MPa 的压缩空气高速从喷嘴喷出时，由于膨胀而降低温度，所以压缩空气不仅可以吹落受热面上的灰渣，还能使不大的渣块因冷却而裂开。

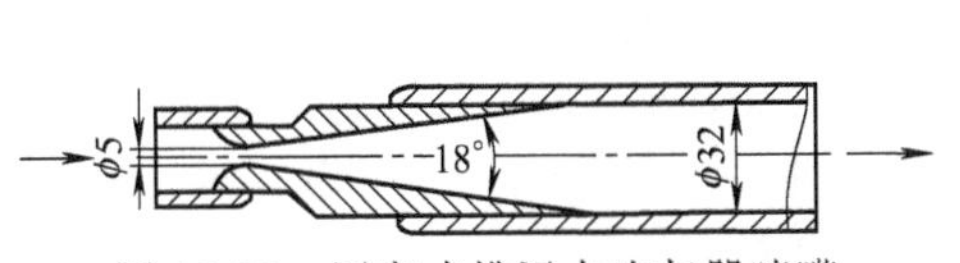

图 16-79 固定式排污水吹灰器喷嘴

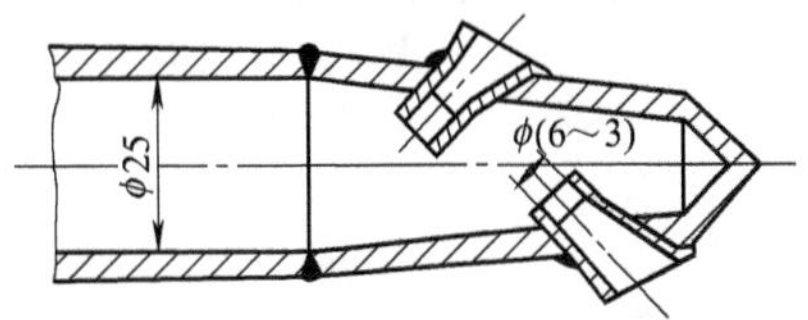

图 16-80 手动压缩空气吹灰枪头

压缩空气吹灰器主要用于回转式空气预热器的吹灰。但由于压缩空气吹灰磨损很轻，也不会引起低温区域水分过大而导致腐蚀和堵灰等问题，有时采用压力高达 3MPa 的固定式压缩空气吹灰器来代替蒸汽吹灰器。

四、振动除灰器

振动除灰器利用振动器产生的激振力，通过振杆使受热面产生振动，清除积灰。振杆与振动器连成一体，振动器在炉外，振杆伸入烟道并与受热面连接。

图 16-81 所示为一电动振动器的结构，电动机通过皮带轮和齿轮使振动器上、下轴相对转动。上、下两

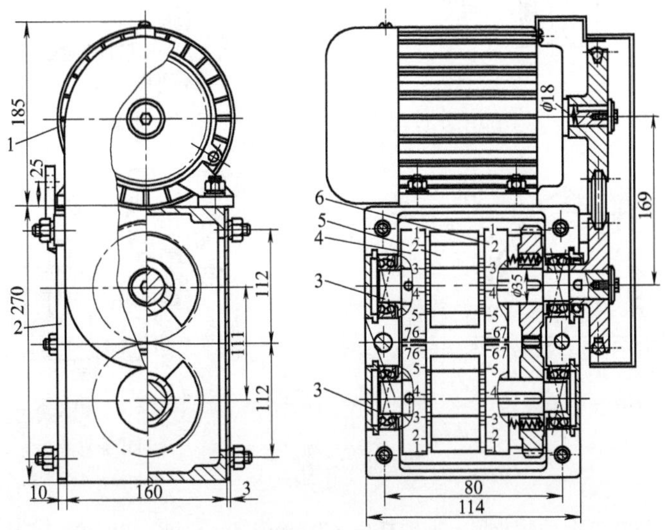

图 16-81 电动振动器
1—电动机；2—振动杆方法兰；3—轴；4—左侧偏心块；5—中间偏心块；6—右侧偏心块

轴上都装有中间偏心块和左右偏心块，偏心块随两轴一同转动，由于重量不平衡而产生振动，通过与振动器相连的振杆将振动力传递给受热面管，将管子上的积灰振落下来。

左右偏心块的位置固定不动，中间偏心块的位置是可调的，振动器的振动力大小就是用调整中间偏心块位置的方法来进行调节的，见图 16-82。振动力越大，振幅就越大，一般振幅达 1.5mm 时，即可有效地除去积灰。调节到哪一档，应在实践中试验确定。

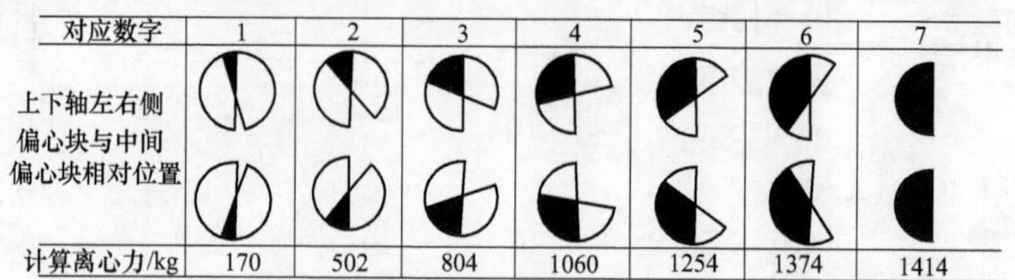

图 16-82 振动力调节

由于上、下两轴相对转动，故上、下方向的离心力互相抵消，而水平方向的离心力则互相增强。所以，振动除灰器是沿与上、下轴的轴向垂直的水平方向振动的，而不是上下振动的。

振杆与受热面的连接可以采用焊接，但实践证明，这种连接容易拉坏受热面管。若通过其他附件（如管夹）连接，则可避免损坏受热面。

振动除灰器可用于水冷壁受热面、屏式过热器以及对流受热面的吹灰。

图 16-83 为一安装在水冷壁角隅上的水冷壁振动除灰器及其振动时振幅测点布置。振动除灰器由振动器、振动杆、连接弹簧和固定悬臂梁等组成，振动器振动 2800 次/min，产生振动力 3924N，电动机功率为 10.4kW。振动杆用 ϕ40mm 的 18H9T 钢管制成，其一端用铰链与振动器相连，另一端满焊于水冷壁管上，振动器底座用弹簧固定于悬臂梁上。沿水冷壁管高度各点测得的平均振幅见图 16-84，可以看出，最大振幅位于振动器上方约 5m 处，振幅约为 850μm，近于炉顶处，减小到 260～370μm。下部冷灰斗处，因有挠度、曲率，振幅也显著减少。当锅炉热态运行管子充水时，各点振幅比冷态测值要低。该除灰器每天投运两次，每次振动 5～6s，除灰效果良好。

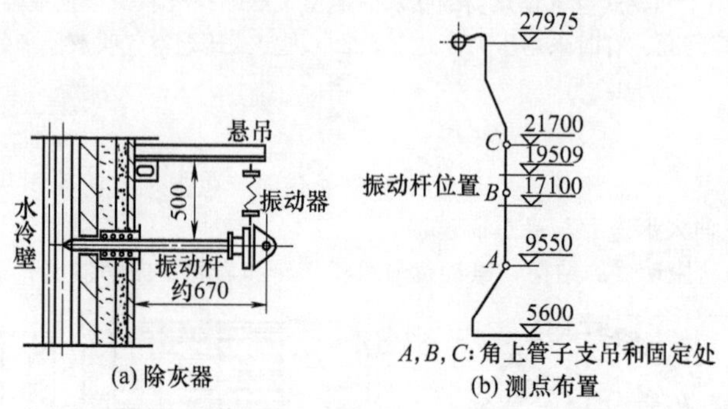

图 16-83 水冷壁振动除灰器及振幅测点布置

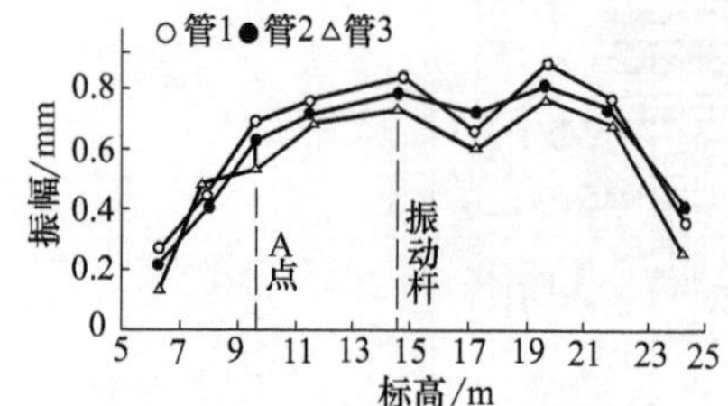

图 16-84 水冷壁角上管子沿高度平均振幅测值的变化

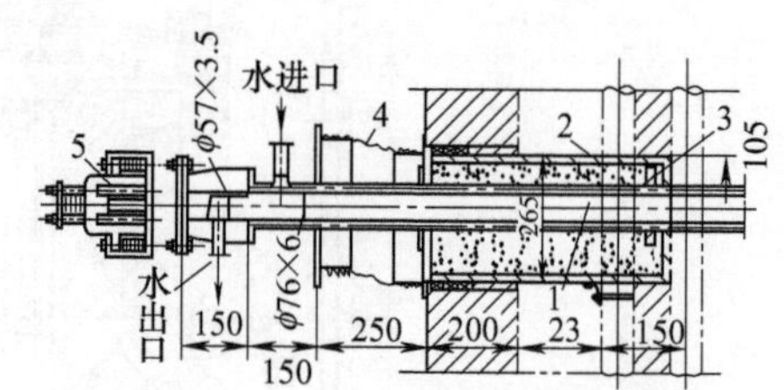

图 16-85 屏式过热器振动除灰器

1—冷却式振动支座；2—铸铁套；3—铸铁法兰；4—密封套；5—振动器

图 16-85 为一屏式过热器振动除灰器。振动杆由 ϕ76mm×6mm 和 ϕ57mm×3.5mm 管子构成的套管组成。振动杆与屏面之间刚性连接，它沿垂直于屏面方向传递振动力。振动杆用 $p=2.45$MPa、$t=120$℃给水

作为冷却介质，每根杆的冷却水流量为1.5t/h，出口水温为150～160℃。振动支座穿墙处用填塞石棉、熟石灰的铸铁套管来密封。电动机功率为0.6kW，转速为2800r/min。实测显示，靠近振杆处的振幅为800～1100μm，而远处则为200～400μm。

图16-86为一安装在对流过热器上的简易振动除灰器。振动器由电动机和两只偏心轮组成。电动机功率1.7kW，转速2900r/min。偏心轮直径为150mm，厚20～25mm，偏心距为20mm，振动力达6860N。振杆由外管为ϕ（67～76）mm×6mm，内管为ϕ42mm×3.5mm的套管组成，振杆通过托板及管耳与受热面管焊接。由于振杆处于高温烟气下工作，除本身用耐热钢（如1Cr18Ni9Ti）制作外，还需通风冷却。

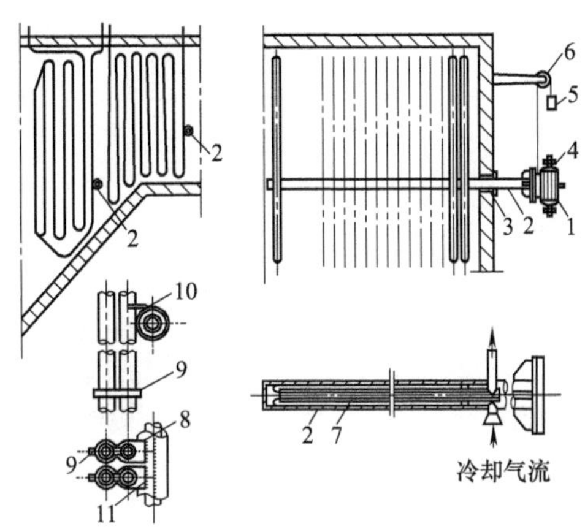

图16-86　对流过热器振动除灰器

1—电动机；2—振杆；3—密封装置；4—偏心轮；5—重锤；6—滑轮及支架；7—内管；8—托板；9—管卡；10—支板；11—管耳

五、声波除灰器

声波吹灰是近年获得重视的吹灰方法。声波吹灰是指利用声场能量的作用，清除锅炉换热器表面积灰和结渣的方法。它是将一定强度的声波送入运行中的炉体内，通过声能量的作用使空气分子与粉尘颗粒产生振荡，破坏和阻止粉尘粒子在管壁表面或粒子之间的结合，使其始终处于悬浮流化状态，以便烟气流将其带走或减缓灰垢的生成速度。声波的作用可以达到整个空间，使炉体任何部位的灰垢都得以清除，不会产生对设备有腐蚀作用的湿气，管子表面不会产生磨损和破坏，且设备简单、安装方便、能耗小、费用低。

锅炉声波除灰器主要由声波发生器、声导管及相应管路系统等组成。其工作原理是将压缩空气流经钛金属膜片和其他声波发生组件产生很强的声音，声波在炉内传播，牵动烟气中的灰粒同步振动，并周期性改变积灰边界层的纵向压力梯度，在声波振动及疲劳反复累计作用下，使微小的灰粒难以靠近积灰面或使沉积在积灰面上的灰尘破坏而剥离，从而达到清灰的目的。

尽管声波的作用力是极其微小的，当在一定的时间作用下，其积累起来的效果也足以使一般的积灰从其黏着的表面松脱开来，所以只要声波能到达的地方就能起到清洗作用。因而，只要声波发生器布置合理，由于声波清灰作用的范围无方向性，对炉本体受热面各管排（无论是前排还是末排）、拐角、边角都有良好的清灰作用，一般不会存在死角，这是声波清灰技术与传统机械式清灰技术最大的区别之处。

该技术一般用在炉子的中高温部位，对灰粉较为松散的积灰层的吹扫很有效，而对低温段的黏湿类“水泥状”结垢的吹扫效果相对较差；但同时由于声波除灰器使用的频率较高，实际作用时间长，故在锅炉整个运行期间内，受热面整体较清洁。故声波除灰器选型、位置布置及安装数量要根据锅炉炉型、燃烧方式、煤种灰分特性不同而变化，一定要针对锅炉实际运行情况作充分考虑。

一般采用低频声波（20～400Hz）和次声波（＜20Hz）进行吹灰。由于次声波在声强较小的情况下仍能取得较好的除灰效果，因而在锅炉对流受热面、锅炉烟道及其他不易触及的区段上起到更为广泛的应用。但实际中提高次声波强度比提高低频声波强度更困难。在烟气中产生吹灰作用的声强临界值为135～137dB，实际使用的声波发生器的声强一般为140～145dB。声波发生器周期性地投入运行，持续时间为10～20s。当燃用煤和重油时，间隔时间为5～10min，燃用树皮和垃圾等时，间隔时间为2～5min。图16-87为一典型的声波发生器，膜片压紧在外壳和顶盖中间，外壳上装有传播器，从膜片底座送入的压缩空气使膜片振荡，同时在周围的介质中形成声波振荡，这种振荡在传播器中扩大。孔是用于冷却膜片和传播器的通风孔。短管使膜片的空隙中空气流通。箱壳中填有隔声材料。根据声波发生器的使用条件，外壳、顶盖和传播器既可采用铸钢制造，也可采用不锈钢制造。

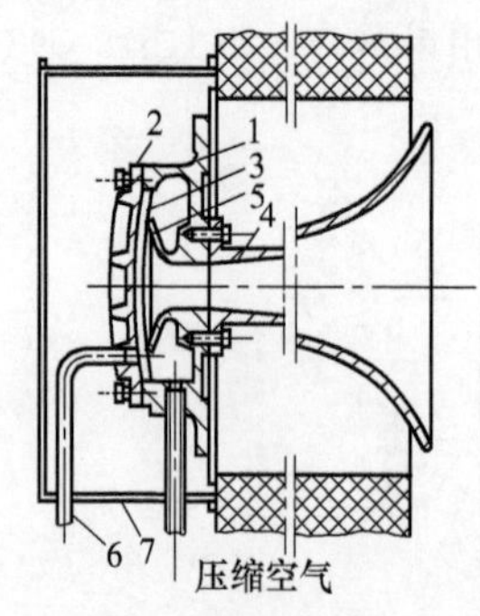

图16-87 典型声波发生器

1—外壳；2—顶盖；3—膜片；4—传播器；5—孔；6—短管；7—箱壳

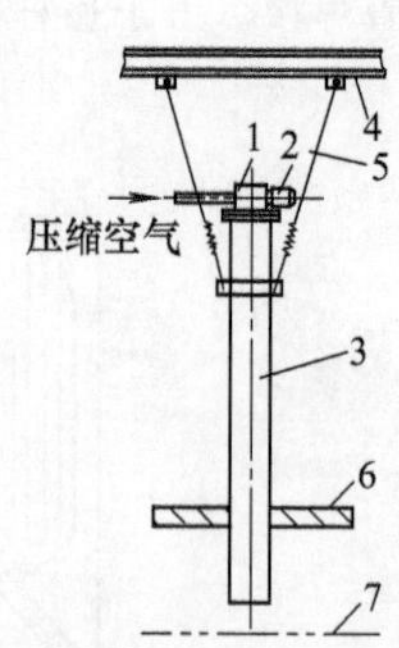

图16-88 另一种声波发生器

1—声辐射器；2—电动机；3—谐振管；4—梁；5—弹簧拉杆；6—烟道壁；7—除灰表面边界

图16-88为另一种声波发生器，声辐射器、电动机和谐振管用弹簧拉杆悬吊在梁上。安装时要使管子出口截面和受热面的距离达0.5m。谐振管长度应等于1/4声波波长，即当频率为20Hz左右时，直径为0.4m的谐振管的长度应为4m左右。该发生器可以保证体积为（15×15×15）m^3的空间内的受热面有效除灰。

声波除灰的优点是投资少，效果好，可影响沉积物的生成机理、防止或延缓沉积物的形成，锅炉受热面几乎不产生热应力。但由于声波可能对人体造成危害，必须控制声波发生器工作声强在允许值之内，图16-89为允许的人体承受声强与频率的关系。应尽量避免采用2～15Hz的声波，以防使人体内部器官产生危险的谐振现象。

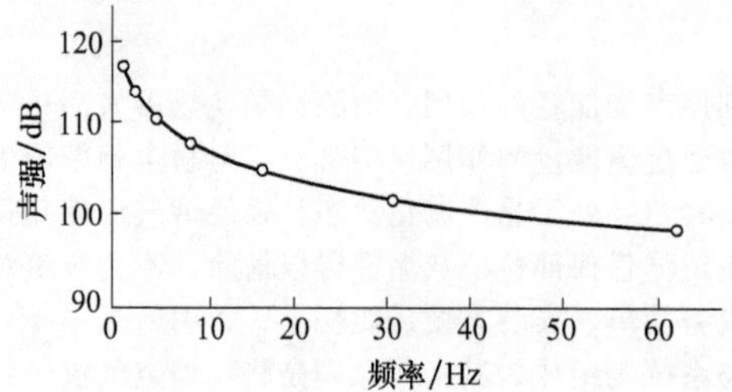

图16-89 允许的人体承受声强与频率的关系

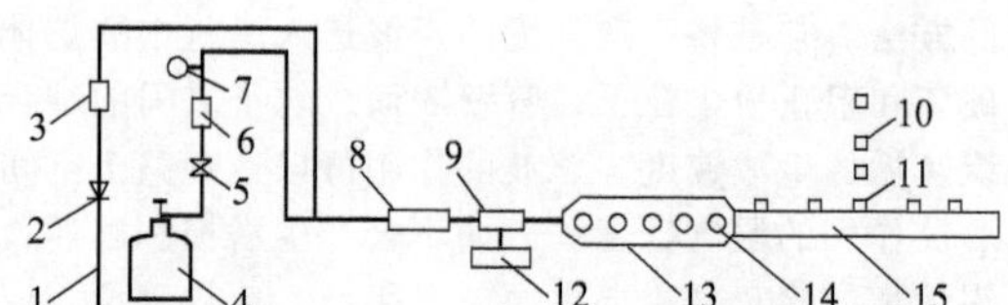

图16-90 气脉冲除灰装置示意

1—空气管；2，5—阀门；3，6—转子流量计；4—燃料气瓶；7—压力表；8—混合器；9—点火器；10—压力传感器；11—脉冲输出口；12—点火控制器；13—燃烧室；14—测孔；15—输出管

六、气脉冲除灰器

近年来，陆续开发出了多种新型除灰技术，燃烧气脉冲技术就是其中已得到应用的一种。它的工作原理是可燃气如乙炔在混合器中和空气充分预混，在受限管道中点燃使之快速燃烧，从管道开口处产生一定强度的冲击波，用以清除受热面上的积灰和灰垢。

气脉冲除灰装置示意如图16-90所示。空气由锅炉的二次风管道供给，气体燃料由乙炔气瓶或液化石油气瓶提供，二者经过不同的管道，最后在混合器内混合，形成均匀预混可燃气，经高压火花塞点燃后，形成初始层流预混火焰，在管道传播过程中逐渐发展为湍流燃烧，进入燃烧室后，由于燃烧室的特殊结构，火焰传播速度迅速上升。在极短的时间燃尽后，从输出管出口处发射出冲击波，并伴随有较大能量的声波输出。

在脉冲波和声波的共同作用下，受热面上的沉积物被清除。

应用实践表明，这种吹灰方法具有显著的优点，吹灰效果令人满意。但在使用中应注意避免出现哑炮、回火等问题。

七、钢珠除灰器

钢珠除灰器用于清除锅炉尾部竖井烟道内各受热面上的积灰。它的工作原理是在垂直烟道顶部将直径为5～6mm的钢珠撒入垂直烟道，利用钢珠在受热面上的弹击碰撞，将积灰击落。

钢珠除灰系统主要由输送、播撒、收集和分离等部件组成，见图16-91。装在钢珠收集斗内的钢珠，由蒸汽抽气器的抽吸，经供珠器和输送管汇集于钢珠收集器中。钢珠在收集器中因面积扩大而运动速度降低，并由于百叶窗格栅的阻挡而下落，空气则由抽气管排入大气，分离下来的钢珠经锥形锁气器进入小斗，再进入缓冲器。具有一定能量（能量取决于缓冲器至播撒器的距离）的钢珠落在播撒器的半圆球上，然后播撒到尾部受热面上。清灰以后的钢珠和灰一起进入灰斗，大部分细灰由烟气带走，粗灰和钢珠落入分离器中。滑入分离器中的空气量（可调节）所形成的气流将粗灰由飞灰引出管引出，进入烟道，清洁的钢珠经下部锁气器落入钢珠收集斗，再经供珠器进入输送管，循环使用。

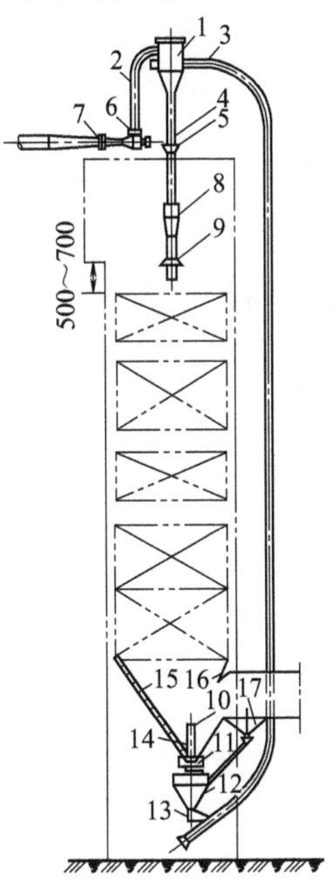

图16-91 钢珠除灰系统

1—钢珠收集器；2—抽气管；3—输送管；4—上部锥形锁气器；5—小斗；6—蒸汽抽气器入口；7—蒸汽抽气器；8—缓冲器；9—播撒器；10—灰引出管；11—分离器；12—钢珠收集斗；13—供珠器；14—灰斗；15—百叶窗板；16—挡檐；17—水平烟道钢珠收集斗

钢珠收集器的结构见图16-92。收集器内用厚2mm的钢板作成间距为15mm的格栅，以均匀气流，防止局部气流过大而使钢珠逸出。入口管对面的封闭管段内积存的一些钢珠可起缓冲作用。

钢珠收集器下面的锥形锁气器的结构见图16-93。为使运行可靠，锁气器上部高度应不小于1.5m，锁气器应调整到上面有400～500mm高的钢珠柱时才开启，这样可以减小锁气器的漏风率。锥体和出口管之间垫以直径为1mm的钢丝以保持有一定的空隙，确保在运行时由于该处漏风而易于打开锥形门，而当锁气器上部没有钢珠时，也不会对收集器的真空影响太大。

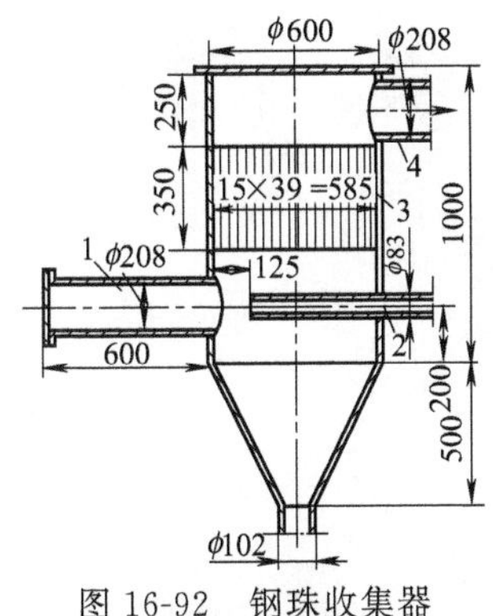

图16-92 钢珠收集器

1—缓冲管；2—入口管；3—格栅；4—排气管

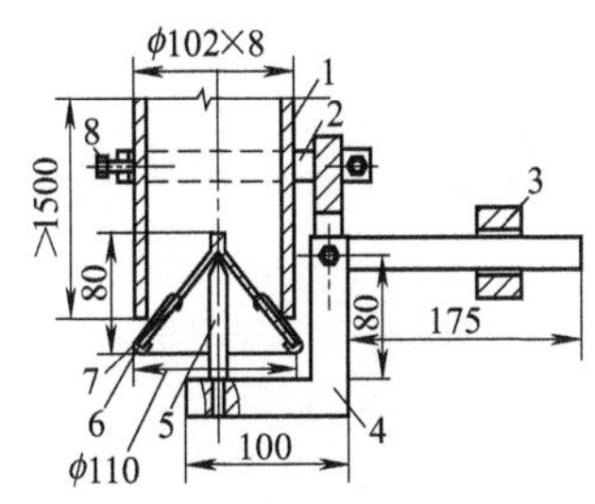

图16-93 锥形锁气器

1—落珠管；2—环形箍；3—重锤；4—平衡；5—支持销；6—锥形门；7—ϕ1mm的钢丝（沿锥形门布置8只）；8—紧固螺丝

从锁气器落下的钢珠，可以通过落珠管直接落到播撒器上。如果落珠距离过高，则需在中间加装缓冲器，控制缓冲器至播撒器半球之间的距离在1.8～2.0m。缓冲器的结构见图16-94。为避免缓冲器堵塞，应使斜壁有较陡的角度，并使落珠管内径不小于76mm。落珠管和缓冲器常在650～750℃甚至高达900℃的烟气中工作，为此，落珠管可与炉外连通以吸入冷风冷却落珠管和缓冲器，同时应在落珠管和缓冲器的外壁上涂抹一层 30～40mm 厚的绝热层。必要时，落珠管和缓冲器可用水冷却或使用耐热合金钢制成。

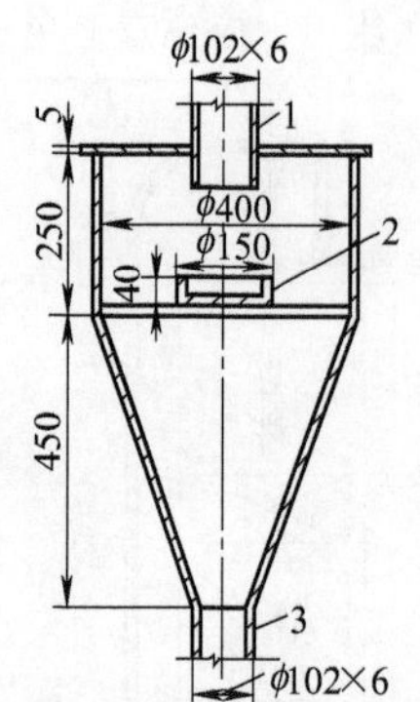

图 16-94 缓冲器

1—入口落珠管；2—盘形缓冲部件；3—出口落珠管

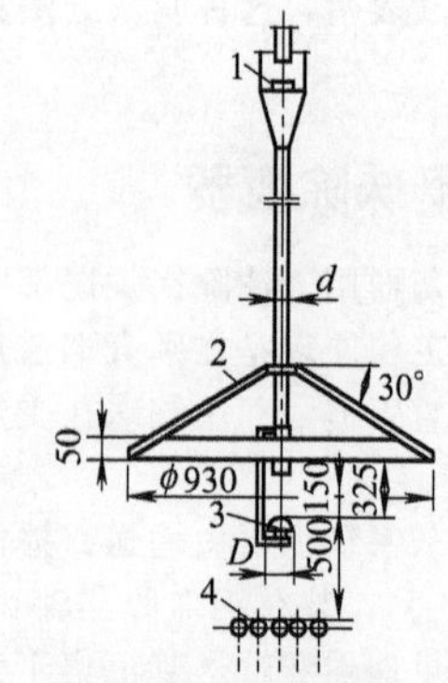

图 16-95 播撒器

1—缓冲器；2—伞形播撒罩；3—播撒半球；4—尾部受热面

播撒器的结构见图 16-95。播撒器的落珠直径 d 与播撒半径 D 之比 d/D 一般为 0.5～0.75，因为由理论分析可知，落在 0.383D 一圈上的钢珠，向 45°方向弹出的距离最远。安装时，必须严格地使半球中心与落珠管中心重合。半球直径一般取 100～150mm，它上面还有一个伞形的播撒罩，用以控制弹跳范围和驱使钢珠反弹向下，均匀散落。伞形播撒罩的下沿至半球的距离，应通过冷态试验来确定，一般取为 325mm。半球顶面到尾部受热面最上面一排管子的距离一般取 500mm。烟道中每 2.5～3.0m^2 上应布置一个播撒器。由于播散器处在高温烟气中并承受冲击载荷，当烟温大于 500℃时不能用碳素钢材料制造，必须用合金钢材料制造，或在一般碳素钢半球体表面堆焊高温下抗氧化和耐磨性好的金属。

在灰斗水平引出烟道的入口上部装有挡檐，它的倾斜角度应不小于 40°，以防止钢珠从水平烟道逸出。在灰斗的另一侧，可装百叶窗板装置以减小落入灰斗的钢珠弹跳作用。

灰斗下部的分离器结构见图 16-96。依靠分离器的漏风所形成的气流，把灰从灰斗底部吹起并随烟气流入飞灰引出管排入烟道。漏风气流不应将钢珠吹起，一般控制气流速度为 10m/s 左右。可转动分离器上的盖板来调节漏风量。

分离器下部装有锁气器，钢珠通过锁气器进入钢珠收集斗。为回收水平烟道内可能进入的钢珠，有时在水平烟道开始端再设一个钢珠收集斗。钢珠收集斗上铺有网格，网孔大于 10mm×10mm。

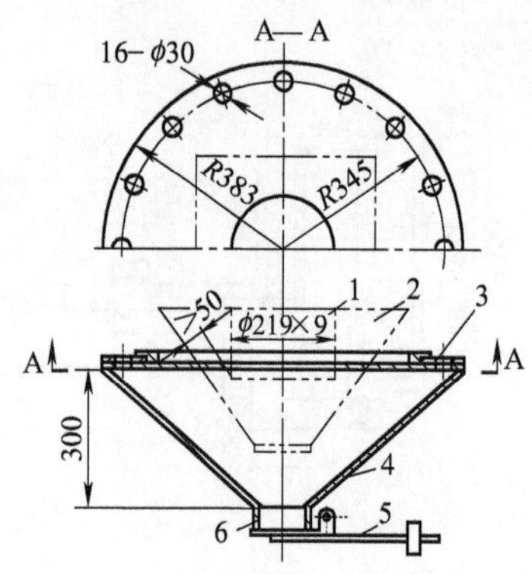

图 16-96 分离器

1—飞灰引出管；2—灰斗；3—调节漏风量的盖板；4—分离器壳体；5—锁气器；6—山口管

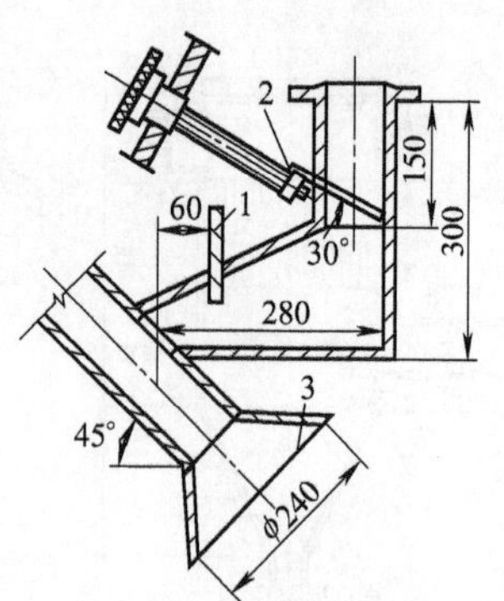

图 16-97 供珠器

1—闸门挡板；2—调节挡板；3—钢丝网（40mm×40mm）

供珠器的结构见图 16-97。供珠器上有两道闸门，一个是调节钢珠流量的调节挡板，另一个是仅作开关的启闭闸板。由于钢珠在使用过程中的磨损，其自然塌落角度也会变化，同一挡板开度下通过的钢珠流量会不同，运行中挡板应随时加以调整。

钢珠的输送一般采用负压系统，采用蒸汽喷射式抽气器，利用锅炉自身产生的蒸汽经减压后作为汽源，蒸汽参数一般为 $p=1.3$MPa，$t=260～320$℃。钢珠在输送管道中的浓度宜为 1～5kg/m^3。空气流的速度一般为 40～60m/s，此时钢珠实际上升速度约为 10～20m/s。为避免过大的输送阻力，输送管直径应不小于 100mm，弯曲半径应不小于 3m。

八、防爆门

防爆门的作用是当炉膛和烟道内部发生轻度爆炸时，由于压力的突然升高而使防爆门开启或破裂，泄出高压烟气，避免事故的扩大。防爆门也称为泄压门或泄爆门。

常用的防爆门有重力式、破裂式和水封式等。

重力式防爆门靠门盖的自重使其常关，当炉内烟气的推力大于因自重产生的平衡力时，门盖被推开，泄出炉内烟气。这类防爆门在结构上可以作成圆的或方的、上开的或下开的，一般均能在炉内压力恢复正常后，靠门盖的自重自动复位。圆形重力式防爆门和方形重力式防爆门分别见图 16-98 和图 16-99。

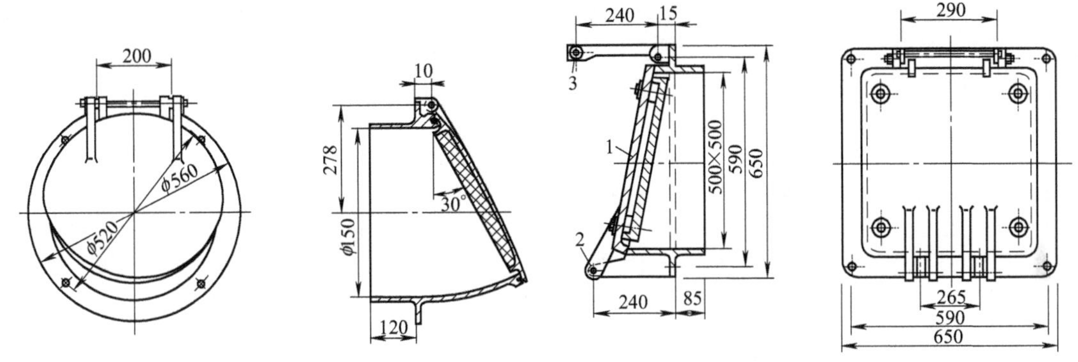

图 16-98　圆形重力式防爆门

图 16-99　方形重力式防爆门

1—门盖；2—转轴；3—挡杆

重力式防爆门的密封性较差，一般只能用于负压运行的炉膛和烟道上。这种防爆门的动作压力常以作用在门盖上的炉内静压力和门盖自重对转轴的力矩相平衡为条件进行计算。

重力式防爆门动作压力的选定尚未有统一标准。采用重型炉墙，外面没有护板和约束炉墙的钢架时，炉墙承压能力很低，防爆门动作压力应≤500～600N/m^2，对有护板的轻型炉墙，动作压力可取 1500N/m^2 左右。

破裂式防爆门将承压能力远低于锅炉围护结构的防爆膜用法兰固定在防爆门的门框上，当炉内压力升高时，防爆膜破裂，泄出压力，其结构见图 16-100。

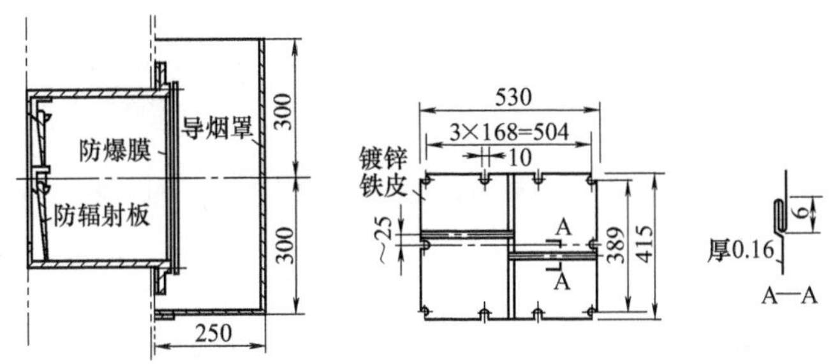

图 16-100　破裂式防爆门及防爆膜

防爆膜常用厚度为 0.1～0.2mm 的镀锌铁皮咬口制作，咬口接缝不少于两道，而且应相交并都靠近膜的中心线，炉内压力升高时，咬口处被首先撕开。有时也可用 0.5～1.0mm 厚的铝板制作防爆膜，此时必须在铝板靠近膜的中心线处有两道以上的刻痕，刻痕深度一般不小于铝板厚度的 50%。

水封式防爆门将一个与炉膛或烟道连通的短管插入盛水的水槽中，当炉内压力升高时，水被冲出而泄压，见图 16-101。水封式防爆门结构简单，密封性好。泄压后防爆门的复位，只需向水槽中重新注水。运行中也可将注水管常开，以补充蒸发损失的水和因炉内压力波动溢出的水。

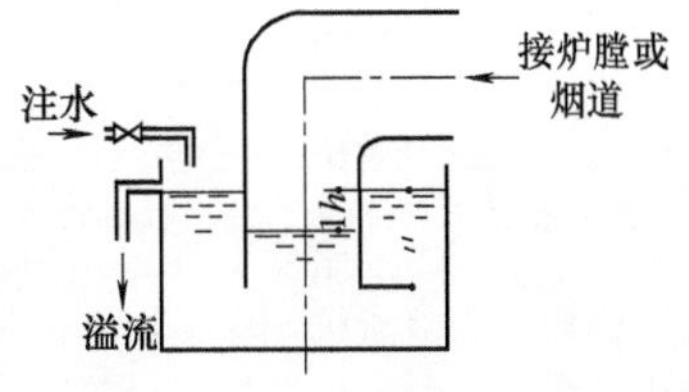

图 16-101　水封式防爆门原理

这种防爆门的动作压力可准确地确定为：

$$p=\rho gH \tag{16-18}$$

式中 p——防爆门动作压力，Pa；

ρ——水的密度，kg/m^3；

g——重力加速度，m/s^2；

H——连通管插入水下的高度，m。

第三节 锅炉排渣装置

煤经过燃烧后的剩余物称为灰渣。一般将炉排下面的渣斗或煤粉炉的冷灰斗中的剩余物称为渣，将飞到锅炉尾部受热面去的剩余物称为灰。所谓排渣装置中的“渣”是灰和渣的统称。

锅炉的排渣装置主要有机械排渣装置、水力排渣装置和气力排渣装置等。

一、机械排渣装置

机械排渣装置主要用于链条炉和液态排渣炉。

采用机械排渣装置时，应注意下列问题。从炉排下面的渣斗或煤粉炉的冷灰斗中排渣时，冷空气可能进入炉膛，影响锅炉的热效率和耐火砖墙的寿命，灼热的灰渣用水冷却时会产生大量的水蒸气、有害气体及灰尘，使劳动条件和环境卫生恶化，大块的灰渣可能造成机械排渣装置发生故障等。

常用的机械排渣装置有如下几种。

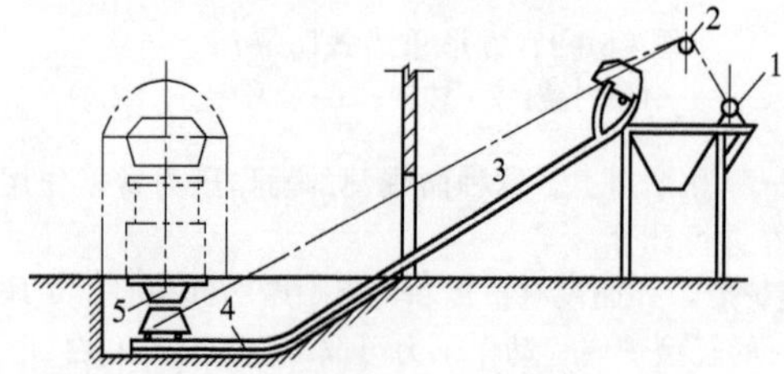

图 16-102 卷扬机牵引有轨小车排渣装置

1—卷扬机；2—滑轮；3,4—导轨；5—灰渣斗

(1) 卷扬机牵引有轨小车 这种排渣装置见图 16-102。灰渣从灰渣斗中直接落入小车，小车由卷扬机通过钢丝绳牵引沿轨道提升到室外，卸入灰车或冷灰渣斗中。小车的容量一般为 0.5～1.0m^3，有底开式或翻转式两种。轨道上下装设行程开关以控制小车的起止行程。这种排渣装置结构简单，投资少，并可自行制造，但卫生条件差，多用于单台或两台 4t/h 以下的锅炉。

(2) 螺旋除渣机 螺旋除渣机主要由驱动装置、螺旋机本体、进渣口、出渣口等部分组成，它是一种连续除渣设备，见图 16-103。螺旋除渣机利用旋转的螺杆将被输送的灰渣在固定的机壳内推移而进行输送，有水平式，也有倾斜式，但倾斜角度不应大于 20°，螺旋直径一般为 200～300mm，转速一般为 30～75r/min。由于有效面积小，不适用于清除结焦性大的灰渣，只适用于粒度小的灰渣或粉状渣。

螺旋除渣机结构简单，运行操作及维修都较为方便，但输送量较小，叶片易磨损，一般用于 10t/h 以下的链条锅炉。

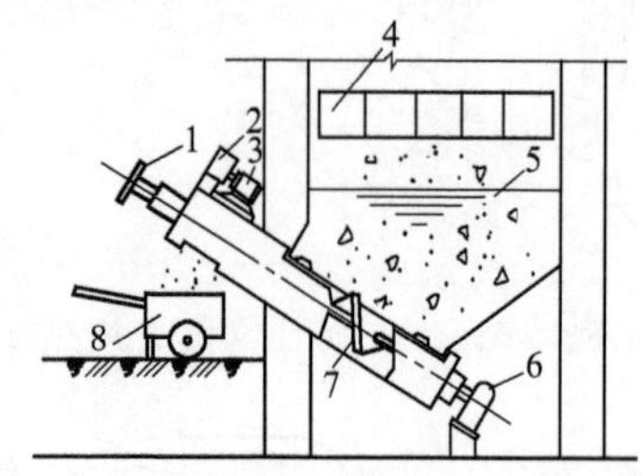

图 16-103 螺旋除渣机

1—链轮；2—变速箱；3—电动机；4—老鹰铁；5—水封；6—轴承；7—螺旋轴；8—渣车

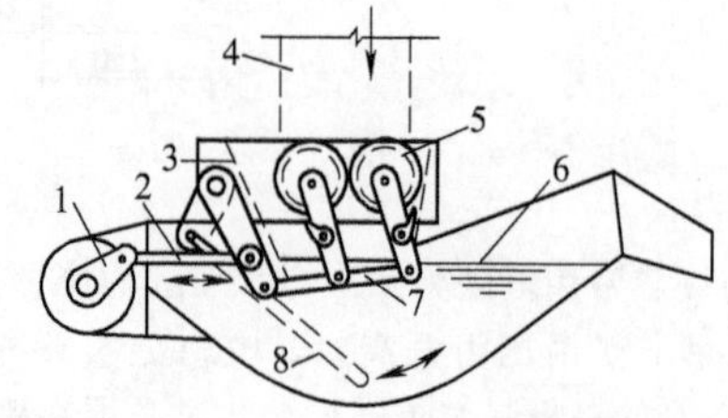

图 16-104 马丁除渣机

1—凸轮；2—连杆；3—水封挡板；4—落渣管；5—齿轮；6—水封；7—杠杆；8—推渣板

(3) 马丁除渣机 马丁除渣机装在锅炉捧渣口之下，用于清除大焦块或温度很高的灰渣。马丁除渣机的结构见图 16-104。电动机遇齿轮减速器后，带动凸轮转动，然后通过连杆拉动杠杆，一面使推渣板往复运动而将灰渣推出灰槽，一面借棘轮使齿轮转动而带动轧辊转动以破碎灰渣。为使高温灰渣冷却，在灰渣槽内保

持一定水位的循环水。此外，耐热铸铁挡板插入水封中，以防漏风。高温灰渣从落渣管落下，经轧辊破碎后落入灰渣槽中，被冷却到50℃左右，再由推渣板推出。

马丁除渣机结构紧凑、体积小、布置方便、运行可靠，使用此装置，卫生条件好。但其结构复杂，制造工作量大，排渣量大时会发生故障，一般用于6t/h以上的链条炉或其他连续出渣的锅炉。

(4) 斜轮除渣机　斜轮除渣机又称圆盘除渣机，见图16-105。电动机通过减速器（蜗轮传动机构）带动主轴及出渣轮旋转，灰渣由落渣管落至有水封的出渣槽中，由斜置的出渣轮的不停转动面将灰渣排出。斜轮除渣机常与皮带运输机或小车配合，用于需要连续出渣的锅炉上。这种除渣机转速低，磨损小，结构简单，运行管理方便可靠。但由于该设备无碎渣装置，在燃用易于结渣的煤时，出渣轮易被卡住，因此，斜轮除渣机不用于强结焦性煤种，一般用于蒸发量为10～20t/h的锅炉。

(5) 刮板除渣机　刮板除渣机一般由链条（环链或框链）、刮板、灰槽、驱动装置及尾部拉紧装置等组成。有干式和湿式两种。湿式就是灰渣落入存有水的灰槽中，刮板除渣机埋于灰槽的水中，由链条带动的刮板或框链将灰渣不断地刮出。湿式框链刮板除渣机见图16-106。干式即灰槽中没有水封，与湿式相比，干式刮渣的卫生条件差，炽热的渣块还容易将刮板和链条烧坏。

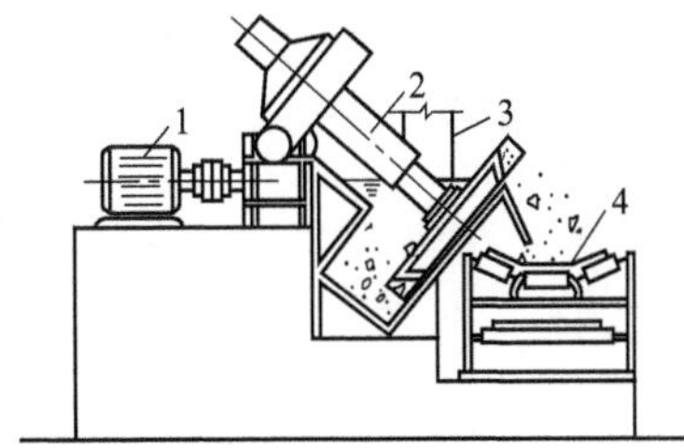

图16-105　斜轮除渣机
1—电动机；2—除渣器；3—落渣管；4—皮带运输机

环链式刮板除渣机在链上每隔一定的距离固定一块刮板，灰渣靠刮板的推动，沿着灰槽而被刮入室外灰渣斗或灰渣场。刮板的构造有多种，最简单的是平刮板。刮板有钢制的，也有铸铁制的，宽度一般为200～350mm。框链式刮板除渣机的框链既起推动物料的作用，又起牵引链的作用。框链的结构见图16-107。

刮板除渣机既可水平运输又可倾斜输送，其运行速度一般为0.1～0.2m/s，输送倾角不大于30°。它具有运行可靠、加工和检修方便等优点，但钢材耗量大，链条及转动部分易磨损，不适用于结焦煤种（否则要碎渣）。

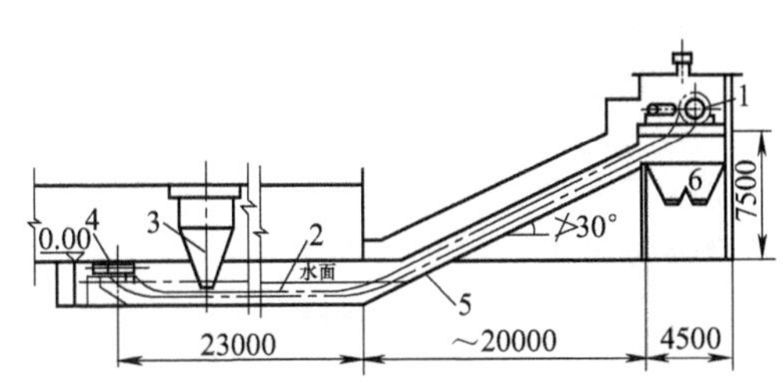

图16-106　湿式框链刮板除渣机
1—三驱动装置；2—链条；3—落灰斗；4—尾部拉紧装置；5—灰槽；6—灰渣斗

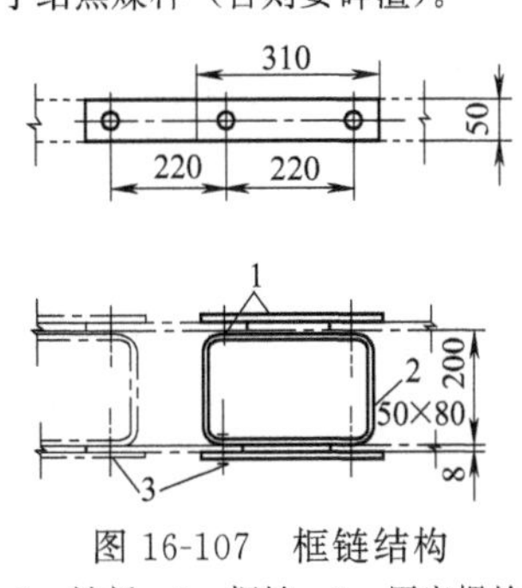

图16-107　框链结构
1—链板；2—框链；3—固定螺栓

二、水力排渣装置

水力排渣是用具有一定压力的水将锅炉产生的灰渣冲出锅炉房并输送到贮灰场。它具有运行可靠、维护简便、系统严密性高、现场卫生条件好等优点。

水力排渣按水压的大小可分为低压水力排渣、高压水力排渣和混合式水力排渣。图16-108为一简单低压水力排渣系统。从排渣槽和冲灰器出来的灰渣和细灰在水流作用下沿集灰沟流至灰渣沉淀池并被输送到贮灰场。

图16-109为一采用灰浆泵的低压水力排渣系统。从排渣槽和冲灰器出来的灰渣和细灰，在冲渣水流的作用下沿明沟流到灰浆泵房，小灰渣块、细灰经滤网流入沉渣池，大灰渣块则经碎渣机破碎后也进入沉渣池，然后经过除铁装置，进入灰浆泵，经压力输送管道输送至灰场。这种排渣系统耗水量较大，需用10～15m^3水/t灰渣，需用5～8m^3水/t细灰。

低压水力排渣系统所用的水压一般为0.4～0.6MPa。

高压水力排渣系统没有明沟，而是利用高压喷射装置将灰渣喷入灰管输往灰场，所用水压一般在2.0MPa以上。这种排渣系统按喷嘴的布置方式有串联和并联两种，分别见图16-110和图16-111。串联布置时，喷嘴后水压较低，冲渣能力弱，输送距离短；并联布置时，喷嘴后水压是串联布置的2倍，冲渣能力较强，输送距离较远，但耗水量较大。高压水力排渣的耗水量一般需8～10m^3水/t灰渣，较低压水力排渣时略低，但耗电量较高，磨损也较严重，维修费用较大。

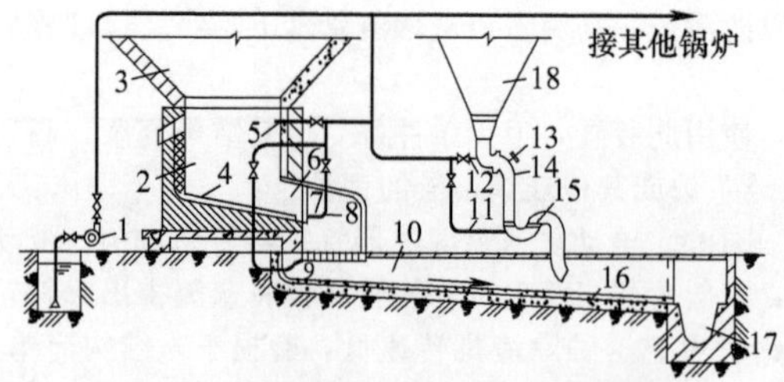

图 16-108 简单低压水力排渣系统

1—水泵；2—排渣槽；3—灰渣斗；4—铸铁护板；5—灭火喷嘴；6—排渣口；7—灰渣闸门；8—冲渣喷嘴；9—冲洗喷嘴；10—冲灰沟；11—激流喷嘴；12—喷嘴；13—手孔；14—冲灰器；15—水封；16—铸石衬里；17—集灰沟；18—飞灰斗

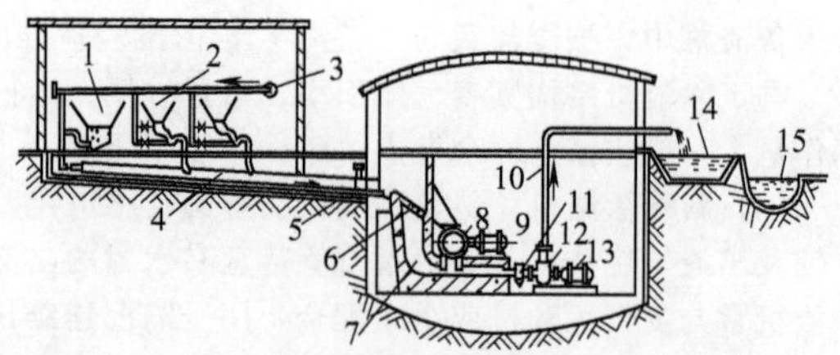

图 16-109 采用灰浆泵的低压水力排渣系统

1—渣斗；2—灰斗；3—清水供给管；4—灰沟；5—提升式闸门；6—栅格；7—沉渣池；8—碎渣机；9,13—电动机；10—灰管；11—铁质分离器；12—灰浆泵；14,15—河

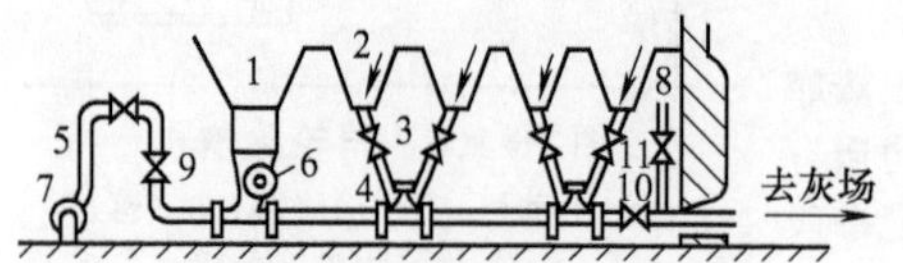

图 16-110 喷嘴串联布置的高压水力排渣系统

1—渣斗；2—灰斗；3—灰闸门；4—喷嘴；5—冲洗水管；6—碎渣机；7—水泵；8—吹灰空气管；9～11—阀门

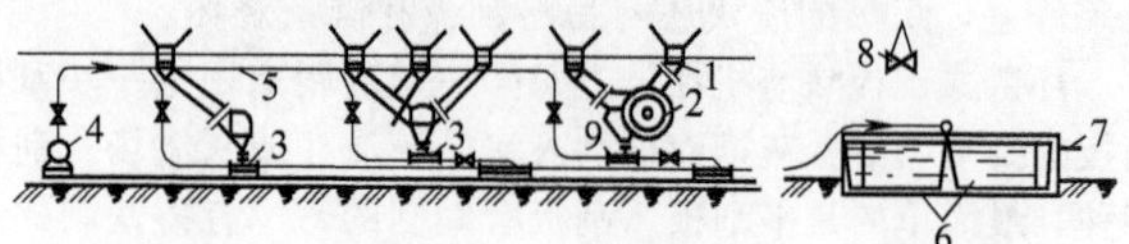

图 16-111 喷嘴并联布置的高压水力排渣系统

1—灰渣门；2—碎渣机；3—冲灰器；4—冲洗水泵；5—冲洗水管；6—沉渣池；7—溢流管；8—抓斗；9—冲渣器

混合式水力排渣系统中，细灰采用低压水力排渣方式连续清除，灰渣则采用高压水力排渣方式，根据负荷情况定期清除。这种排渣方式可以节约用水及电能，但系统较复杂。混合式水力排渣系统见图 16-112。冲灰水泵供水给冲灰水总管，再引入冲灰器，将除尘器下面的细灰通过灰沟冲入灰浆池，然后由灰浆泵将灰浆水送往灰场。冲灰水总管还供水给排渣槽及灰渣沟中的各冲渣喷嘴及激流喷嘴，将灰渣送入排渣器。排渣泵供高压水给排渣器，通过排渣器将灰渣送往灰场。冲灰水泵及排渣泵都从除灰水池中吸水。

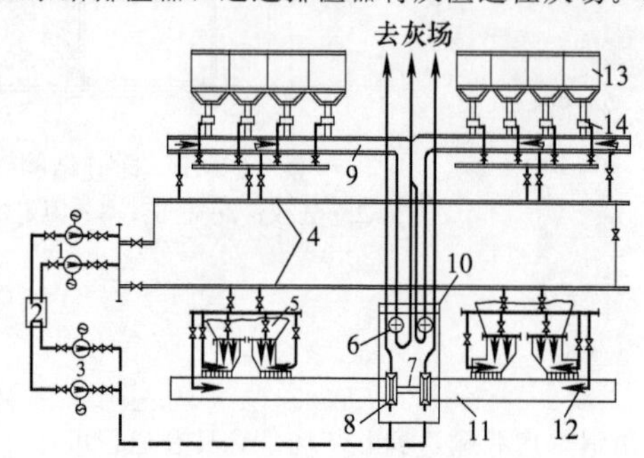

图 16-112 混合式水力排渣系统

1—冲灰水泵；2—除灰水池；3—排渣泵；4—冲灰水总管；5—排渣槽；6—灰浆泵；7—连通管；8—排渣器；9—灰沟；10—灰浆池；11—灰渣沟；12—激流喷嘴；13—除尘器；14—冲灰器

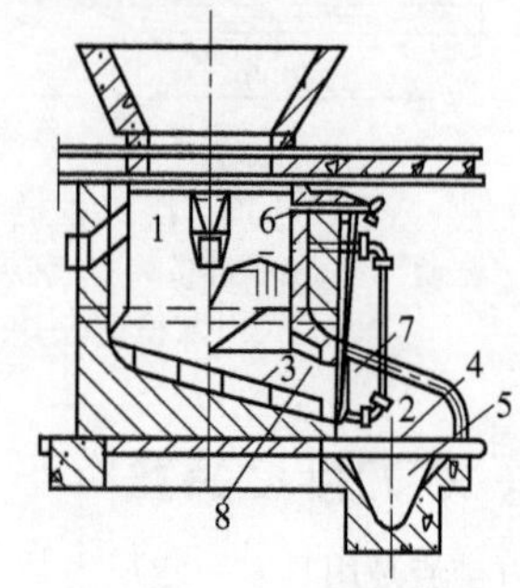

图 16-113 定期冲渣式排渣槽

1—排渣槽；2—冲渣喷嘴；3—铸铁护板；4—铁栅；5—灰渣沟；6—浇渣喷嘴；7—灰渣闸门；8—出渣口

干态排渣炉的排渣槽有定期冲渣式和水封式两种。

定期冲渣式排渣槽见图 16-113。排渣槽位于炉膛冷灰斗的下面，用耐火砖砌成，槽的一端（或两端）设有出渣口，槽底向出渣口倾斜约 15°。在排渣槽的侧壁上和出渣口处装有水喷嘴，用以浇渣和冲渣。排渣时，在冲渣水流的作用下，灰渣沿倾斜的槽底流出，通过铁栅落入灰渣沟，流入灰渣池。再用灰渣泵或高压水力排渣器送往灰场。灰渣在落入灰渣沟或灰渣池之前，均可采用碎渣机予以破碎，使其顺利流动。这种排渣槽的缺点是排渣须要手动操作，漏风严重。

水封式排渣槽一般都配用除渣机和碎渣机，由于有水封装置，漏风较小。水封式排渣槽配用的除渣机（或称捞渣机）和碎渣机有刮板链式、螺旋式、斜轮式等，碎渣机有液压式、三齿辊式等。

图 16-114 是一采用刮板链式除渣机和液压式碎渣机的水封式排渣槽。灰渣由渣口落下时，先经过液压碎渣机压碎后，再经过栅格落入排渣槽，靠刮板刮至灰渣沟，再用水冲至灰渣池。由于渣口槽伸入排渣槽中的水面以下，因此起到了水封的作用。为使排渣槽中的水位保持恒定和防止水温过高或沸腾而破坏水封，采用了连续进水和溢水的系统，溢水和灰渣一同落入灰渣沟。

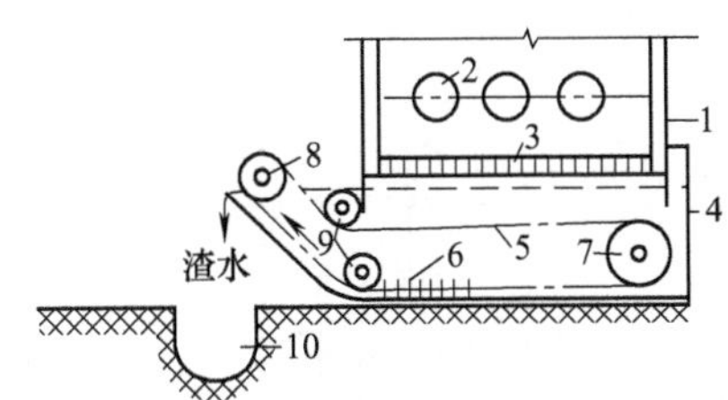

图 16-114 采用刮板链式除渣机和液压式碎渣机的水封式排渣槽

1—渣口槽；2—液压碎渣机；3—栅格；4—排渣槽；5—链条；6—刮板；7—主动链轮；8—从动链轮；9—导向滚轮；10—灰渣沟

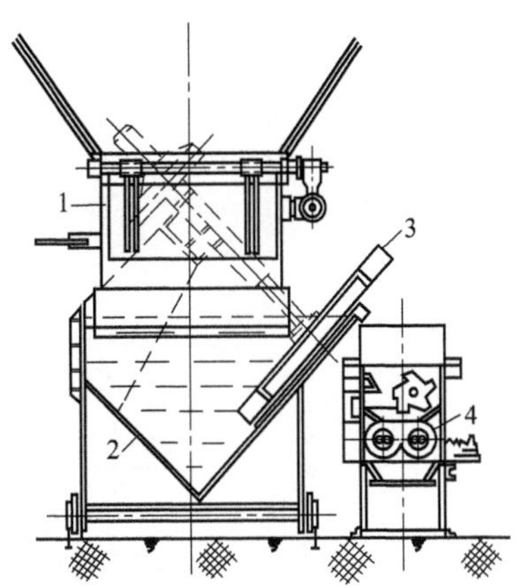

图 16-115 采用斜轮式除渣机和三齿辊式碎渣机的水封式排渣槽

1—渣口槽；2—排渣槽；3—斜轮式除渣机；4—三齿辊式碎渣机

图 16-115 是一采用斜轮式除渣机和三齿辊式碎渣机的水封式排渣槽。斜轮式除渣机的出力为 5t/h，斜轮直径 1600mm，三齿辊式碎渣机的出力为 6t/h。排渣槽呈三角形，内充满水，上面与炉膛冷灰斗相连的渣口槽伸到排渣槽中的水面以下，以保证水封。灰渣由渣口槽落入排渣槽中，遇水冷却，然后由斜轮式除渣机捞出，送入三齿辊式碎渣机中进行破碎，经破碎后的灰渣掉入灰渣沟，被水冲至灰渣池，然后由灰渣泵通过压力输灰管道送往灰场。

液态排渣炉的灰渣是熔化状态的，必须用水将其冷却凝成固态的，因此液态排渣炉的排渣槽都是水封式的，其结构与干态排渣炉的水封式排渣槽基本相同。液态排渣炉的排渣槽称为粒化箱，粒化箱的断面形状根据所采用的除渣机形式的不同，可以是三角形、梯形等。流到粒化箱中的液态渣，受到水的骤然冷却裂化成碎粒，因此，一般可不装设碎渣机，冷却后的灰渣直接由除渣机带出粒化箱，然后再用高压水送往灰场，由于液态排渣炉的灰渣颗粒密度较大，所以当采用水力输送时，水量和电能的消耗都比干态排渣炉大。

灰渣泵的作用是将锅炉燃烧室和除尘器下部排至灰渣池的灰渣、细灰及水的混合物通过压力输送管道送往灰场。灰渣泵是一种单级离心泵，与普通离心泵相比，灰渣泵的突出特点是受到灰渣的剧烈磨损，因而应尽量采用耐磨性能好的钢材，同时叶轮和壳体衬套也应适当厚些，在结构上易磨部件应便于拆换。灰渣泵的输送距离一般为 1～1.5km，若输送距离较远时，可分段进行输送。

高压水力排渣器的作用与灰渣泵相同，主要由渣斗、冲渣喷嘴和扩压管三部分组成。其结构见图 16-116，高压水力排渣器的输送距离比灰渣泵要长，可达 1.5～5.0km。但输送灰渣的能力则远不如灰渣泵，一般最大出力仅为 20t/h。由于冲渣水的压力较高，因而水喷出后的动能足以将渣块击碎，故一般不用碎渣设备。由于没有转动部件，因而工作可靠。高速喷射的作用使灰渣能较均匀地悬浮在水中流动，减轻了对输送管道的磨损。但当扩压管磨损而直径扩大时，排渣器的工作效率会逐渐下降。当冲渣水压不足引起渣块或

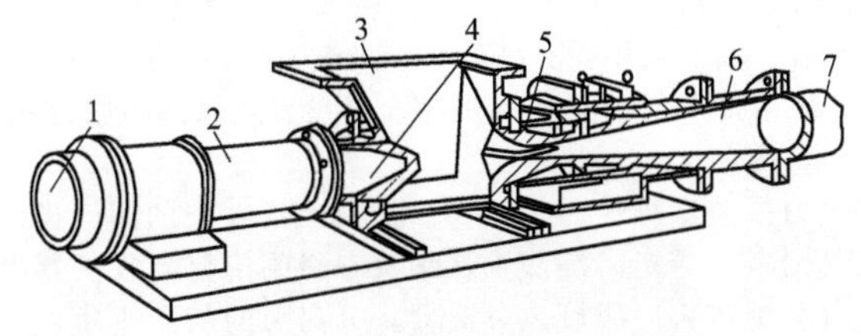

图 16-116 高压水力排渣器

1—冲渣水入口；2—喷嘴连接管；3—渣斗；4——冲渣喷嘴；5—扩压管的翅片；6—扩压管；7—出口管

金属杂物在扩压管内发生堵塞时，排渣器将被迫立即停止工作。

低压水力冲灰器是用来清除细灰的设备，它利用水力将除尘器或烟道下部灰斗中的细灰冲入细灰沟，然后流入灰渣池（或者灰浆池），再由灰渣泵或灰浆泵通过压力输送管道送往灰场。图 16-117 所示为带水封装置的低压水力冲灰器。当阀门开启时，水通过冲灰喷嘴进入水室，沉积在水室中的灰就被水流经排灰管带入水封室。当阀门开启后，由于激流喷嘴的喷射作用，水流即将灰冲至细灰沟中。这种冲灰器，由于水封的作用而具有较高的严密性。另一种结构更为简单的所谓箱式冲灰器见图 16-118。它只要用厚 8mm 的铁板就可以在现场焊接制成，而冲灰效果和密封程度也很好。箱式冲灰器上部的下灰口与除尘器的落灰口直接连接，冲灰器下部装有进水管和喷嘴，冲灰器内装有隔板和灰水出口管。当水由进水管切向进入冲灰器时，一面对灰起搅拌作用，一面经灰水出口管将灰排入灰沟，当停止运行时，水面保持和灰水出口管入口同样高度，形成水封。

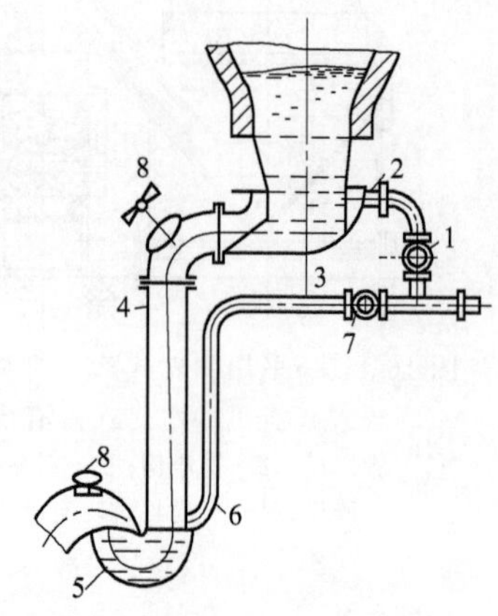

图 16-117 带水封装置的低压水力冲灰器

1—冲灰喷嘴来水阀门；2—冲灰喷嘴；3—水室；4—排灰管；5—水封室；6—激流喷嘴；7—激流喷嘴来水阀门；8—手孔

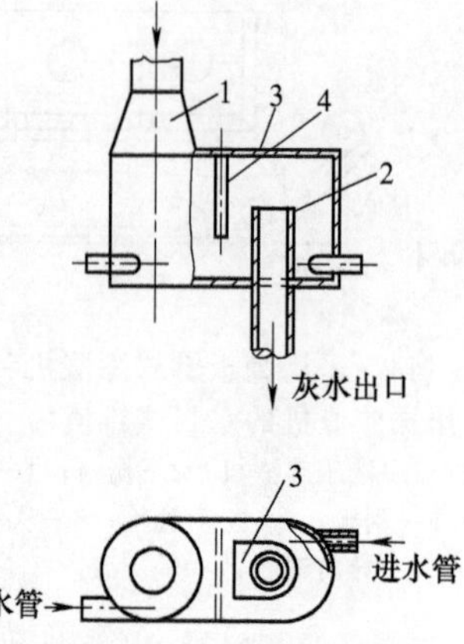

图 16-118 箱式冲灰器

1—下灰口；2—灰水出口管；3—检查孔；4—隔板

灰沟的作用是将锅炉排出的灰渣和细灰集中到灰渣池（或灰浆池）以便将其输送至灰场。为了有利于灰渣的流动，灰沟表面应保持光滑，底部应呈圆弧形，灰沟还应保持一定的坡度，一般输送灰渣的坡度为 1.25%～1.5%，输送细灰的坡度为 1%～1.25%。考虑到灰渣的磨损作用，灰沟底部应镶衬一层耐磨材料，如辉绿岩铸石、玄武岩铸石、铸铁、陶瓷等。沿灰沟长度每隔一定距离和在灰沟转弯处都应装设激流喷嘴，以防止灰沟堵塞和增强水力输送的作用。

输送灰渣的压力输送管道通常是钢管或铸铁管。由于管道下部的磨损较快，实际中可根据磨损情况，将管道翻转 90°～120°再继续使用，这样，一根管子可以翻转 3～4 次，使用寿命就延长了。

三、气力排渣装置

气力排渣一般采用空气作为输送灰渣的介质。为获得干灰，实现灰渣的综合利用，采用气力排渣最为适宜。

按产生气力的设备和输送原理的不同，气力排渣系统可分为负压气力排渣系统和正压气力排渣系统。负压气力排渣系统较为简单，操作也较为方便，但输送距离较短，一般不超过 200m。正压气力排渣系统的输送距离可随输送空气压力的大小、输送设备的性能和输送管的工况而改变，最大的输送距离可达 2000m。

负压气力排渣系统利用抽吸装置在系统内产生负压以吸入空气，然后利用吸入的空气将灰渣沿管道输送走。抽吸装置一般有蒸汽喷射器、真空泵和罗茨风机等。蒸汽喷射器结构简单、制造方便、维护工作量小、占地面积小，但耗汽量较大。采用真空泵或罗茨风机时，应在真空泵或风机之前装设高效分离设备以减轻磨损。

采用蒸汽喷射器的负压气力排渣系统见图 16-119。炉渣经渣斗下的闸门进入碎渣机，经破碎后落到水平空气喷嘴中，被吸入的空气沿灰管带走。细灰则从细灰斗经闸门落到收灰器内，被由伸缩式喷嘴吸入的空气沿灰管带走。空气携带灰和渣进入一级旋风分离器，分离后的灰和渣落入贮灰斗。经一级旋风分离器未能分离的细灰经二级旋风分离器进一步分离后也落入。净化后的空气由蒸汽喷射器吸出，排入烟囱或大气。

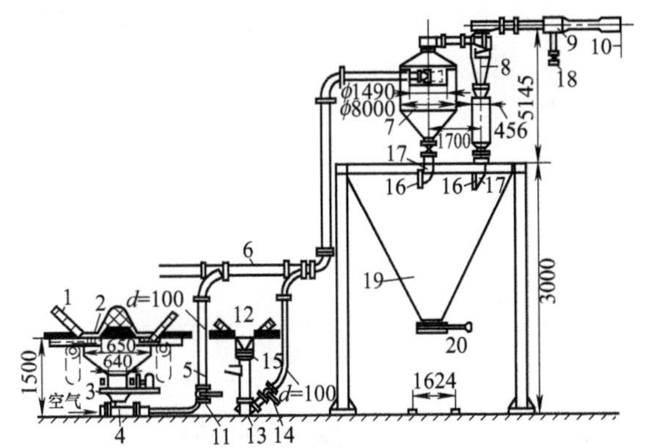

图 16-119　采用蒸汽喷射器的负压气力排渣系统

1—锅炉燃烧室渣斗；2，15，20—闸门；3—碎渣机；4—水平空气喷嘴；5，6—输灰风管；7——级旋风分离器；8—二级旋风分离器；9—蒸汽喷射器；10—烟囱；11，14—旋塞；12—锅炉尾部细灰斗；13—收灰器；16—锁气器；17—落灰管；18—蒸汽阀；19—贮灰斗

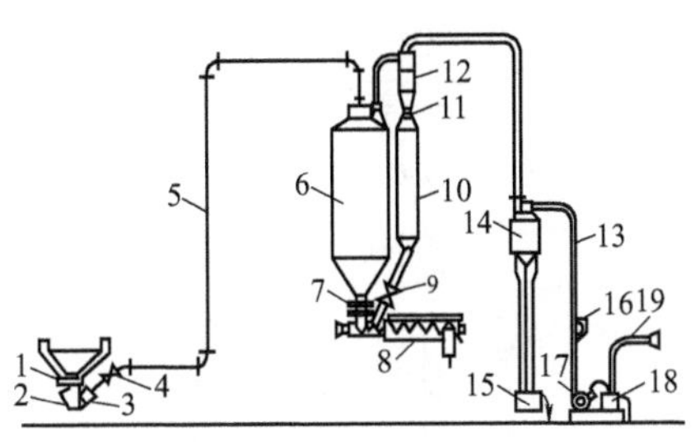

图 16-120　采用真空泵的负压气力排渣系统

1—灰斗闸门；2—收灰器；3—吸风口；4—灰管上的闸门；5—输灰管道；6——级旋风分离器；7—轮叶式灰闸门；8—螺旋输灰机；9—闸门；10—集灰筒；11—二级旋风分离器下灰门；12—二级旋风分离器；13—空气管道；14—集尘器；15—集尘器下排灰装置；16—保险阀；17—真空泵；18—水封；19—排空气管

采用真空泵的负压气力排渣系统见图 16-120。细灰经闸门落入收灰器中，空气由吸风口进入，将灰沿输灰管道带到一级旋风分离器进行分离，然后进入二级旋风分离器中再次进行分离，分离出来的细灰由螺旋输灰机输出，由运输工具运走。空气则进入集尘器后被真空泵吸出，通过水封，沿管道排入大气。

蒸汽喷射器有单喷嘴和多喷嘴两种形式。单喷嘴蒸汽喷射器的结构见图 16-121。多喷嘴蒸汽喷射器的喷嘴布置在蒸汽入口联箱的四周，效率较高。

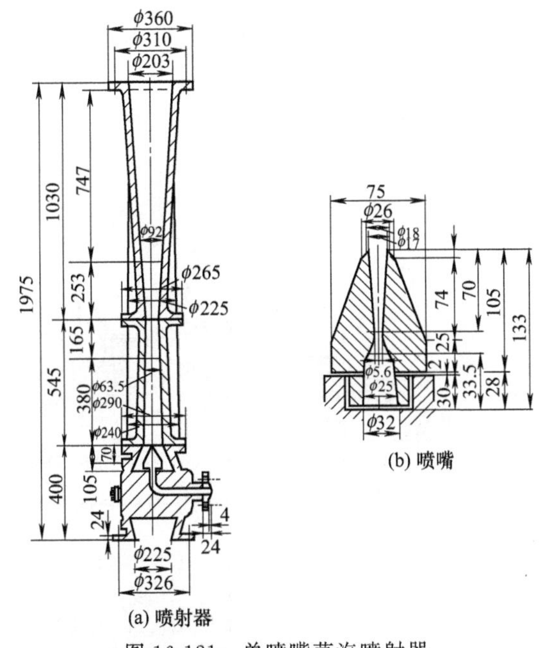

(a) 喷射器　(b) 喷嘴

图 16-121　单喷嘴蒸汽喷射器

常用的吸入喷嘴有伸缩式和可调节水平式两种。

伸缩式喷嘴见图 16-122，空气由套管和灰管之间的环形间隙吸入，经过套管根部边缘，进入灰管，将灰带走，喷嘴的排灰量通过套管根部边缘和灰管之间的距离 c 来调整。可调节的水平喷嘴见图 16-123，渣斗上部与碎渣机相连，下部与三通式的水平喷嘴相接，水平喷嘴的左侧与吸气管和插入喷嘴内的短管连接，右侧则是锥形缩口，缩口后与输送灰渣的管道连接。出渣斗的轴线与喷嘴的轴线是偏心的。灰渣的流量可用喷嘴内的扇形闸门来调节。

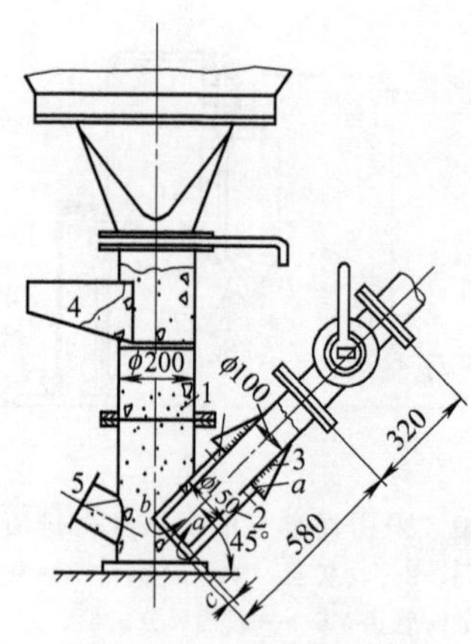

图 16-122 伸缩式喷嘴

1—落灰管；2—套管；3—灰管；
4—开放孔；5—清扫用手孔

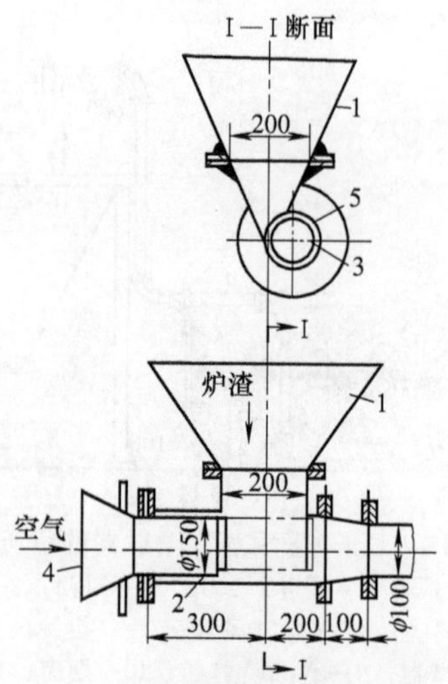

图 16-123 可调节的水平喷嘴

1—渣斗；2—短管；3—水平喷嘴；
4—吸气管；5—扇形闸门

负压气力排渣系统中的气灰浓度比，一般取为每 1kg 空气输送细灰 8～15kg 或灰渣 3～7kg。为保证管内灰渣处于悬浮状态以利于气力输送，输送细灰时空气的速度一般为 5～6m/s，输送灰渣时空气的速度一般为 22～28m/s。系统的总阻力一般不超过 25000Pa。

正压气力排渣系统利用压力不小于 0.2MPa 的压缩空气将灰渣沿灰管输送走，由于空气的压力较高，输送距离较远，但系统的密封性要求较高。

根据输送设备的不同，正压气力排渣系统主要有仓泵式和螺旋式两种。

仓泵是仓式空气输送泵的简称，它是一个带有空气喷嘴的承压容器，见图 16-124。当灰仓中的灰渣落入仓泵后，只要向仓中的喷嘴通入一定压力的压缩空气，就可以将仓泵中的灰渣吹出，沿输灰管送往目的地。系统终端处装有分离器，分离出来的灰渣落到灰仓中或贮灰场上，空气则排向空中。吹送完毕后，可停止向仓泵送压缩空气，开启进灰阀门，再次装灰待吹，如此循环使用。

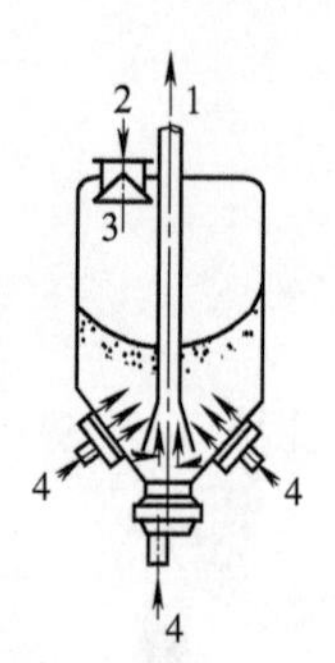

图 16-124 仓式空气输送泵

1—空气灰渣混合物出口；2—灰渣入口；3—锁气器；4—空气入口

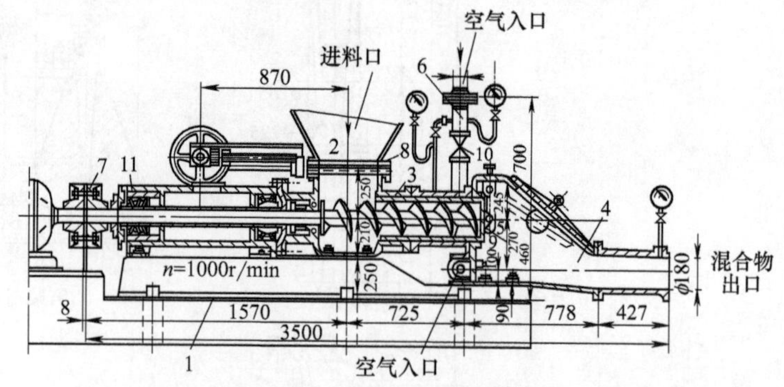

图 16-125 螺旋式空气输送泵

1—固定机座；2—受灰斗；3—螺旋；4—混合室
5—调节挡板；6—进气管；7—联轴节；
8—插板门；9—空气喷嘴；10—空气阀；11—填料盒

螺旋式正压气力排渣系统采用螺旋式空气输送泵作为输送设备。螺旋式空气输送泵见图 16-125。细灰由除尘器灰斗下部的落灰管（或经螺旋输送机、压缩空气输送斜槽）经手动调节的插板门，进入螺旋式空气输送泵的受灰斗，再由螺旋将细灰送入混合室内，空气由进气管通过混合室的下部空气喷嘴喷出，并将混合室内的细灰混合成悬浮状态的流体从泵的出口输出。当螺旋输送细灰不均时，通过调节挡板的平衡锤调节进入混合室的细灰。当螺旋停止给灰时，关上调节挡板以防止压缩空气倒流，同时压缩空气自动地吹到输灰管内，直到空气泵停止运行或空气阀关闭时为止。在压缩空气进气管上有一支管引到轴封的填料盒内，使填料盒形成“气封”。

根据仓泵的数量，仓泵式正压气力排渣系统分为单仓式和双仓式两种。单仓式正压排渣系统将灰间断输入仓内，然后再用压缩空气作为动力将仓内的灰间断地由输料管输出，因而单仓式正压气力排渣系统是一种间断性的输送系统。双仓式排渣系统将灰轮流输入两个仓内，然后再由压缩空气将仓内的灰交替地由输料管输出，因而是一种连续性的输送系统。

仓泵式正压气力排渣系统输送能力大，电能和空气消耗较少，无转动机械，密封性好，输送距离远，设备简单，运行管理方便。但这种系统的外形尺寸大，布置较困难。

双仓泵正压气力排渣系统见图 16-126。

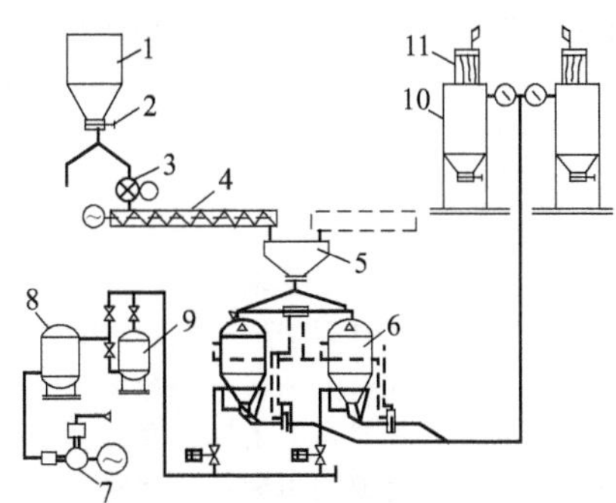

图 16-126　双仓泵正压气力排渣系统

1—除尘器灰斗；2—插板门；3—电动锁气器；4—螺旋输灰机；5—中间灰斗；6—双仓式空气输送泵；7—空压机；8—贮气筒；9—空气过滤器；10—灰库；11—袋式收尘器

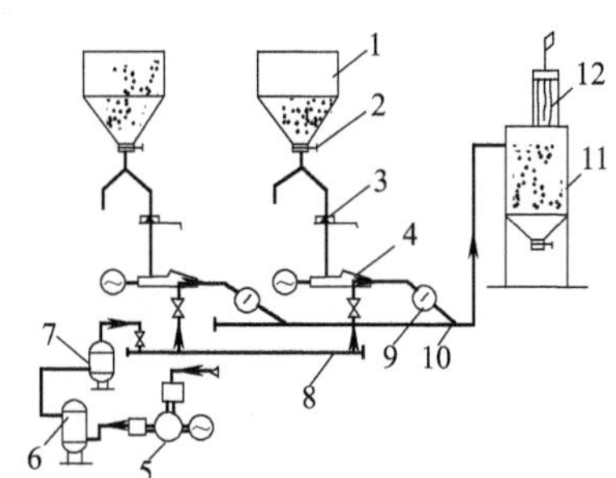

图 16-127　分散布置的螺旋式空气输送泵正压气力排渣系统

1—除尘器灰斗；2—插板门；3—锁气器；4—螺旋式空气输送泵；5—空压机；6—贮气筒；7—空气过滤器；8—空气管；9—旋塞；10—输灰管；11—灰库；12—袋式收尘器

图 16-127 是分散布置的螺旋式空气输送泵正压气力排渣系统。这种系统布置简单，运行、维护较方便，但每个灰斗下面都要装设螺旋输灰泵，故设备多，投资大，运行费用高，适用于装设除尘器组数不多的大容量锅炉。

图 16-128 是集中布置的螺旋式空气输送泵正压气力排渣系统。该系统运行操作比较集中，采用备用螺旋空气输送泵，系统的可靠性较高，但土建投资大。

正压气力排渣系统中的气灰浓度比取决于系统管路的长短、阻力的大小、气力装置的类型、燃料的性质等，一般取为每 1kg 空气输送灰 7～30kg。

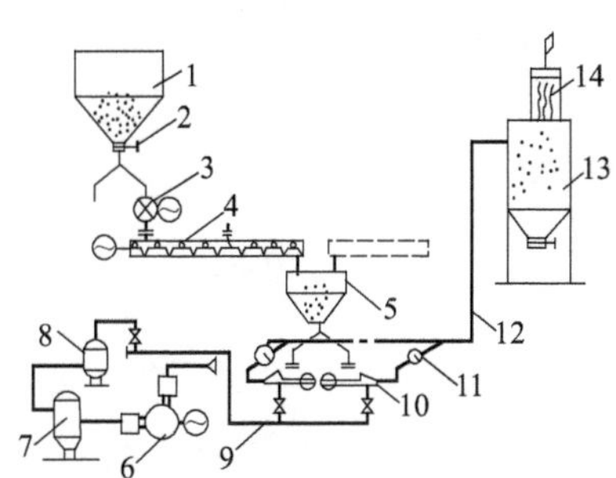

图 16-128　集中布置的螺旋式空气输送泵正压气力排渣系统

1—除尘器灰斗；2—插板门；3—锁气器；4—螺旋输灰机；5—中间集灰斗；6—空压机；7—贮气筒；8—空气过滤器；9—空气管；10—螺旋式空气输送泵；11—旋塞；12—输灰管；13—灰库；14—袋式收尘器

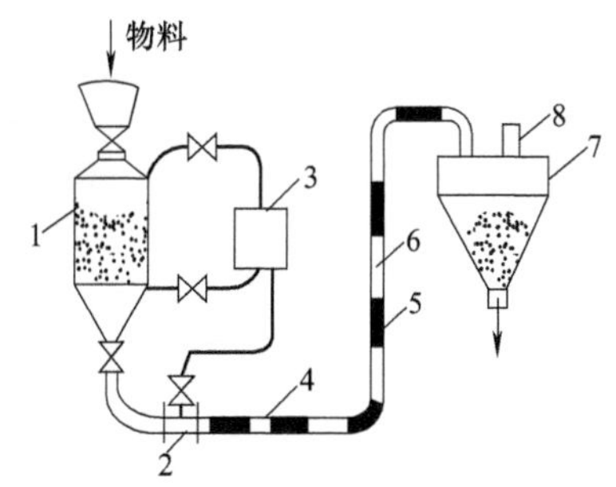

图 16-129　气刀式脉冲气力输送装置

1—栓流泵罐；2—气刀；3—控制器；4—输料管；5—料栓；6—气栓；7—贮料器；8—除尘器

上述几种气力输送是凭借输送气体的动压进行携带输送的。这些系统存在混合比低、空气耗量大、动力消耗大、管道磨损严重和物料易被粉碎等缺点。近年来国外研制了多种新形式的低速高混合比的密相静压气力输送装置。图 16-129 示出的是一种气刀式脉冲气力输送装置，也称脉动栓流气力输送泵。这种密相静压输送装置，是用脉冲进气的“气刀”将粉料切割成料栓，同时所喷进的气体构成气栓，利用气栓压力来推动前一个料栓。这样一个脉冲一个脉冲地循环动作，料栓在两端气栓的静压差作用下，以较低速度来输送，从而实现了以料栓、气栓相间的形式，来输送粉粒状物料，这就是栓流密相静压输送，即栓塞式气固两相流，简称栓流。它具有低速高混合比和低耗气量以及显著减少物料破碎和管壁磨损等特点，弥补了气体动压输送的缺点，而且除尘净化系统大为简化，只需较小的袋式除尘器即可满足要求，已成为能保护自然环境卫生的新输送设备，代表着近代气力输送的发展方向。

研究表明，影响脉冲栓流气力除灰系统性能的主要因素有脉冲频率、气刀压力、料时气时比和除灰管道条件等。

在相同的气刀压力下，脉冲频率降低，料栓长度增加，降低了料栓的透气率，气体的渗透和穿透以及对料栓的充气程度减弱，减小了气体渗透对料栓前后静压差的影响，因此，除灰出力和灰气比增加，动力消耗指数降低，同时也改善了输送的稳定性。当脉冲频率太低时，除灰出力和灰气比增加趋势变缓。因此，可以看出脉冲频率有一个理想的范围，可以认为脉冲频率一般选取为20～33Hz。

气刀压力对栓流气力除灰系统的出力和动力消耗指数有较大的影响，其影响大小与管道长度及其布置形式有关。对于输送距离较短的系统，随着气刀压力升高，除灰出力和动力消耗指数变化较明显，输送距离越长，其变化越小。也就是说，对于短距离脉冲栓流气力除灰系统，增加气刀压力有利于提高除灰出力，降低动力消耗指数；对于长距离系统，增加气刀压力对提高除灰出力的影响较小。这是因为在脉冲栓流气力除灰过程中，随着除灰管道长度增加，气体对料栓的充气程度增加，气栓和料栓的相对速度增加，穿过料栓的气体量增加，料栓前后的静压差随之减小，因而对提高除灰出力的影响减小。动力消耗指数是气力除灰性能中的一个综合性参数，它与耗气量和气刀压力成正比，而与除灰出力和管道长度成反比。气刀压力增加，耗气量增加；随着输送距离加长，气刀压力增加使耗气量增加的幅度大于使除灰出力增加的幅度，当气刀压力增加时，动力消耗指数并未进一步降低反而稍有增加。

料时气时比是进料时间和进气时间的比值，也即气刀电磁阀断电和通电时间之比值，它对在相同脉冲频率下料栓长度和气栓长度有直接影响。

对于较长输送距离的系统，增加料时气时比就增加了料栓长度，有利于提高栓流气力除灰性能，特别是会改善后段除灰管道中的栓流输送效果。料时气时比与被输送物料特性，如空隙率有很大关系，应该根据物料特性来确定。

除上述影响因素外，脉冲栓流泵罐顶部进气压力对输送性能也有一定影响，该进气压力增加使栓流泵排料量增加，在其他条件不变时增加了料栓长度，有利于提高输送性能，但该进气压力太大会对成栓效果产生不利影响。根据栓流气力除灰试验及其在其他行业的应用经验，该进气压力一般选取为气刀压力的0.5～0.7倍左右。

试验证明，脉冲栓流气力除灰空气平均流速为2.5～5.9m/s，远远低于其他气力除灰的平均流速（10～20m/s），因而显著地减小了除灰管道和设备的磨损，延长了其使用寿命；其耗气量大大减小，使分离除尘设备大大简化。

第十七章 锅炉测试

第一节 锅炉的流量和流速测量

一、概述

工质流量和流速是锅炉测试和运行过程中常需测定的两个参数。在锅炉给水-蒸汽系统中，需测定给水流量、过热蒸汽流量和再热蒸汽流量。在水循环试验中需测定水冷壁管中的进水流速。

在锅炉烟气系统中需测定烟气的流量和流速。在锅炉空气系统中需测定空气的流量及流速。在炉膛空气动力场试验时还需测定空间气流速度。

在某些专用锅炉中，用户要求输出的蒸汽为湿蒸汽（例如注汽锅炉等），此时需测定汽水混合物的流量。

在空气和煤粉混合物的输送管道中，为了进行试验研究或运行监督，需进行气粉混合物的流量测量。

此外，对于锅炉所用的各种燃料耗量或燃料质量流量也需进行测定。

锅炉各种工质的流量和流速测量各有特点，必须采用相应方法才能完成测量任务。

锅炉给水流量测量的特点是压力高，电站锅炉中一般用差压式流量计测量。工业锅炉中，如管道内直径较大，也采用差压式流量计测量给水流量，如管道内直径较小时，可采用涡轮流量计测量。

锅炉蒸汽流量测量的特点是高压、高温。电站锅炉一般采用差压式流量计测量。工业锅炉的蒸汽压力和蒸汽温度相对较低，除采用差压式流量计外，也可采用分流旋翼式流量计、均速管流量计等进行测量。

汽水混合物和气粉混合物的流量测量属两相流体流量测量范围，尚无统一测量方法，可采用本节后面介绍的常用方法测量。

有关汽、水、烟气、空气等工质的流速测量可应用本节随后阐述的各种测速管进行。锅炉燃料量测量将在本节末进行阐述。对于大尺寸的锅炉烟气、空气管道可采用测速管测出管道截面上各点工质流速，再算出管内工质平均流速和平均流量。

二、差压式流量计

1. 差压式流量计的工作原理和结构

差压式流量计是测量锅炉给水流量和蒸汽流量的最常用流量计。其工作原理是通过测量流体流经装在被测管道中的节流装置所产生的静压差来显示流量，也称为节流式流量计。整个流量计由节流装置、差压讯号管路和差压计三部分组成。

差压式流量计中所用节流装置形式很多，有孔板（包括同心圆型、双重型、弓型、方型等）、喷嘴（标准型、1/4 圆型）、文丘里管、道尔管、文丘里喷嘴等。国际上已标准化的节流装置有孔板、喷嘴、文丘里管和文丘里喷嘴。中国国家标准规定的标准节流装置有孔板和喷嘴。锅炉中测定汽、水流量的常用流量计为同心圆型孔板和标准型喷嘴，这里将重点阐述，其他差压式流量计可参见本手册中所列有关参考文献。

表征标准节流装置的特性参数为节流装置的流通截面积（f）与管道流通截面积（F）之比（m，$m=f/F$）。对圆型孔板和喷嘴也可用孔板孔口直径或喷嘴出口直径（d）与管道直径（D）之比（β）来表示（$\beta=d/D$）。对圆型孔板和喷嘴，m 也可表示为 $m=(d/D)^2=\beta^2$。

图 17-1 示有标准孔板的结构，板的中间开有一个圆孔。孔板入口边缘应是锐利的。根据 GB/T 2624—

2006，孔的直径（d）必须≥12.5mm。其β值应符合$0.10\leqslant\beta\leqslant0.75$的要求。孔板的开口圆筒形部分长度$e$应符合$0.05D\leqslant e\leqslant0.02D$的要求。孔板厚度$E$应在$e$与$0.05D$之间。孔板入口边缘$G$的边缘半径应≤$0.0004d$，是尖锐的，无卷口、毛边及目测可见的任何缺陷；出口边缘H和I要求可低于入口边缘，允许有些小缺陷。

差压式流量计测流量时，取压点位置不同，取出的差压值也不同。我国国家标准规定的标准孔板取压方式为角接取压和法兰取压。国际上公认的标准孔板取压方式有角接取压、法兰取压和径距取压三种。

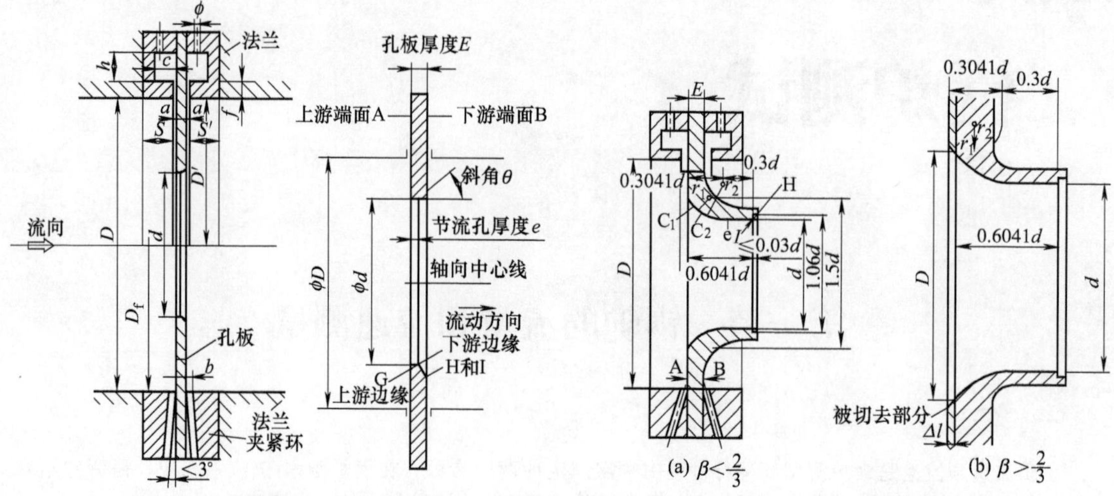

图 17-1 标准孔板结构

图 17-2 标准喷嘴结构

标准喷嘴的结构示于图17-2，其形状由进口端面A、第一圆弧曲面C_1、第二圆弧曲面C_2、圆筒形喉部e及出口边缘保护槽H组成。

进口端面位于喷嘴入口的平面部分，其圆心在轴心上，以直径为$1.5d$的圆周和管道内直径D的圆周为边界，其径向宽度为$D-1.5d$。当$\beta=2/3$时，该平面的径向宽度为零，即$D=1.5d$。当$\beta>2/3$时，直径为$1.5d$的圆周将大于管道内径D的圆周，必须将上游喷嘴端面去除一部分，使其圆周与管道内径D的圆周相等，如图17-2（b）所示。

上游端面被车去的轴向长度Δl：

$$\Delta l=\left[0.2-\left(\frac{0.75}{\beta}-\frac{0.25}{\beta^2}-0.5225\right)^{0.5}\right]d$$

A面的表面应光滑：表面粗糙度R_a不高于$3.2\mu m$，表面粗糙度的峰谷差不得大于$0.0003d$。

曲面C_1的圆弧半径为r_1，与A面相切。当$\beta\leqslant0.5$时，$r_1=(0.2\pm0.02)d$；$\beta>0.5$时，$r_1=(0.2\pm0.006)d$。r_1的圆心距A面$0.2d$，距旋转轴线$0.75d$。

曲面C_2的圆弧半径为r_2，并与C_1曲面和喉部e相切。当$\beta\leqslant0.5$时，$r_2=\frac{d}{3}\pm0.03d$；当$\beta>0.5$时，$r_2=\frac{d}{3}\pm0.01d$。r_2的圆心距A面$0.30+1d$，距旋转轴线$5/6d$。

圆筒形喉部e的直径为d，长度为$0.3d$。直径d为不少于8个单测值的算术平均值，其中4个在喉部始端，4个在终端。任意d的单测值与平均值相比，其偏差应≤±0.05%。

喉部出口边缘I应是尖锐的，保护槽H的直径至少为$1.06d$，轴向长度最大为$0.03d$。如能保证出口边缘不受损伤也可不设保护槽。喷嘴厚度E不得超过$0.1D$。

我国国家标准规定标准喷嘴的取压方式为角接取压。

标准孔板与标准喷嘴各种取压方式及相应结构尺寸和要求可参见表17-1。

表 17-1 标准孔板与标准喷嘴的取压方式

节流装置名称	取压方式	结构尺寸及要求
标准孔板	角接取压(环室)	参见图17-1左图上半部。上、下游侧取压孔的轴线与孔板上下游侧端的距离分别等于取压环隙宽度的1/2。$\beta\leqslant0.65$时，$0.005D\leqslant a\leqslant0.03D$；$\beta>0.65$时，$0.01D\leqslant a\leqslant0.02D$。实际$a$值必须在1～10mm范围内。环隙厚度尺寸应为$2a$。$hc\geqslant\pi Da/2$，$hc$至少为$52mm^2$，且$h$或$c$不得小于6mm。$S<0.2D$，$S'<0.5D$，取压孔直径$\phi4$～10mm

续表

节流装置名称	取压方式	结构尺寸及要求
标准孔板	角接取压(单独钻孔)	参见图17-1左图下半部。取压孔轴线与孔板两端面距离分别为取压孔直径b的一半。当$\beta \leqslant 0.65$时,$0.005D \leqslant b \leqslant 0.03D$;当$\beta > 0.65$时,$0.01D \leqslant b \leqslant 0.02D$。实际$b$值应为4～10mm。单独钻孔取压是由前后夹紧环上取出的,夹紧环内径D_f应等于D,但也允许$D_f=(1\sim1.02)D$
	法兰取压	参见图17-3。当$\beta \leqslant 0.6$,$l_1=l_2=(25.4\pm1)$mm;当$\beta>0.6$,$D<150$mm时,$l_1=l_2=(25.4\pm0.5)$mm;当$\beta>0.6$,$D=150\sim1000$mm时,$l_1=l_2=(25.4\pm1)$mm。图中d_{20}及D_{20}指20℃时的d及D值
	径距取压	又称D取压或$\frac{1}{2}D$取压。其上游取压孔离孔板入口端面距离$l_1=D\pm0.1D$。其下游取压孔离孔板距离l_2,当$\beta \leqslant 0.6$时为$0.5D\pm0.02D$;当$\beta>0.6$时为$0.5D\pm0.01D$
标准喷嘴	角接取压(环室)	参见图17-2(a)上半部。取压孔轴线与喷嘴两端面距离分别等于取压环隙宽度的一半,其余环室尺寸与标准孔板角接取压(环室)时相同
	角接取压(单独钻孔)	参见图17-2(a)下半部。其结构尺寸及要求与标准孔板角接取压(单独钻孔)时相同

角接取压标准孔板的适用范围为：管径D为50～1000mm；直径比β为0.22～0.80；雷诺数Re_D为$5\times(10^3\sim10^7)$。法兰取压标准孔板可用于：管径D为50～750mm；β为0.10～0.75；Re_D为$2\times(10^3\sim10^7)$。

角接取压标准喷嘴的适用范围为：$D=50\sim500$mm；$\beta=0.32\sim0.8$；$Re_D=2\times10^4\sim2\times10^6$。

测量过热蒸汽流量和烟气流量时，如锅炉管道允许压力降较小，则宜采用喷嘴作为节流装置进行测量。因为喷嘴与孔板相比，具有压力损失小，对污染、腐蚀敏感性低等优点，其缺点是在加工方便及制造成本方面不如孔板。

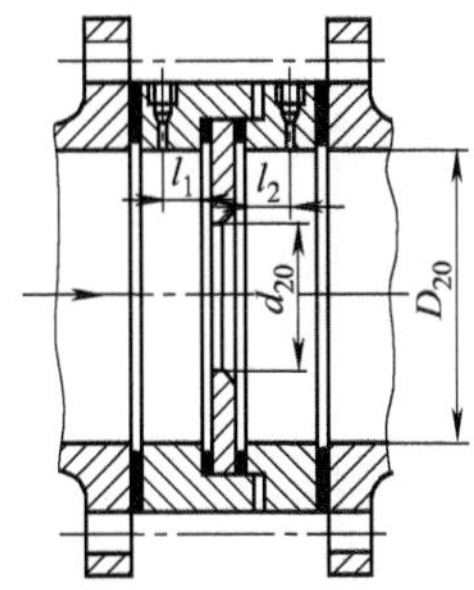

图17-3 标准孔板的法兰取压

2. 差压式流量计的流量计算

差压式流量计的质量流量计算式为：

$$G=\alpha\varepsilon\frac{\pi d^2}{4}\sqrt{2\rho\Delta p} \tag{17-1}$$

式中 G——质量流量，kg/s；

α——流量系数；

ε——被测工质膨胀校正系数；

d——工作温度下的节流装置孔径（对孔板为孔口直径，对喷嘴为喷口直径），m；

ρ——工质密度，kg/m^3；

Δp——节流装置压力降，Pa。

差压式流量计的体积流量计算式为：

$$V=\alpha\varepsilon\frac{\pi d^2}{4}\sqrt{2\Delta p/\rho} \tag{17-2}$$

式中 V——体积流量，m^3/s。

标准孔板流量计的流量系数α与β值、管道中流动工质的雷诺数Re_D、取压方式及管道粗糙度有关。对光滑管道，标准孔板流量计角接取压时的流量系数α可按表17-2查取。

在表17-2中，Re_D为管道中流动工质的雷诺数，可按下式计算：

$$Re_D=\frac{vD\rho}{\mu} \tag{17-3}$$

式中 v——工质平均流速，m/s；

D——管道内直径，m；

ρ——工质平均密度，kg/m^3；

μ——工质动力黏度，Pa·s。

对粗糙管道，标准孔板角接取压时的流量系数应将从表 17-2 中查得的值再乘以粗糙度修正系数 r_{Re}。r_{Re} 可按下式计算：

$$r_{Re}=(r_0-1)\left(\frac{\lg Re_D}{6}\right)^2+1 \tag{17-4}$$

式中 r_0——由表 17-3 查得，当 $Re_D \geqslant 10^6$ 时为 1.0。

表 17-2 标准孔板角接取压时的流量系数 α

β^4	Re_D							
	5×10^3	10^4	2×10^4	3×10^4	5×10^4	10^5	10^6	10^7
0.0025	0.603	0.600	0.599	0.599	0.598	0.598	0.598	0.597
0.003	0.604	0.600	0.600	0.600	0.599	0.599	0.599	0.598
0.004	0.605	0.601	0.601	0.601	0.600	0.600	0.600	0.599
0.005	0.606	0.602	0.602	0.602	0.601	0.601	0.600	0.599
0.01	0.611	0.606	0.605	0.604	0.603	0.603	0.602	0.602
0.02	0.619	0.613	0.611	0.608	0.607	0.607	0.606	0.606
0.03	0.627	0.620	0.616	0.613	0.612	0.612	0.611	0.610
0.04	0.634	0.626	0.621	0.618	0.617	0.616	0.615	0.614
0.05		0.632	0.626	0.623	0.622	0.620	0.619	0.618
0.06		0.637	0.631	0.627	0.626	0.624	0.622	0.621
0.07		0.643	0.636	0.632	0.630	0.628	0.626	0.625
0.08		0.648	0.641	0.636	0.634	0.632	0.630	0.629
0.09		0.653	0.646	0.641	0.638	0.636	0.634	0.633
0.10		0.658	0.650	0.645	0.642	0.640	0.637	0.636
0.11		0.663	0.655	0.650	0.647	0.644	0.641	0.640
0.12		0.668	0.659	0.654	0.651	0.647	0.645	0.644
0.13		0.674	0.664	0.659	0.655	0.651	0.649	0.648
0.14		0.679	0.668	0.663	0.659	0.655	0.652	0.651
0.15		0.684	0.673	0.668	0.663	0.659	0.656	0.655
0.16		0.689	0.677	0.672	0.667	0.663	0.660	0.659
0.17		0.695	0.682	0.677	0.671	0.667	0.664	0.663
0.18		0.700	0.687	0.681	0.675	0.671	0.667	0.666
0.19		0.705	0.692	0.685	0.679	0.675	0.671	0.670
0.20		0.710	0.696	0.689	0.683	0.679	0.675	0.674
0.21		0.716	0.701	0.694	0.688	0.683	0.679	0.678
0.22		0.721	0.705	0.698	0.692	0.687	0.683	0.682
0.23		0.726	0.710	0.703	0.696	0.691	0.687	0.685
0.24		0.731	0.714	0.707	0.700	0.695	0.691	0.689
0.25		0.737	0.719	0.712	0.705	0.699	0.695	0.693
0.26		0.742	0.723	0.716	0.709	0.703	0.699	0.697
0.27		0.748	0.728	0.721	0.714	0.708	0.703	0.701
0.28		0.753	0.733	0.726	0.718	0.712	0.707	0.705
0.29		0.758	0.738	0.731	0.723	0.716	0.711	0.709
0.30		0.763	0.743	0.735	0.727	0.720	0.715	0.713
0.31		0.769	0.748	0.740	0.732	0.725	0.719	0.717
0.32		0.775	0.753	0.745	0.736	0.729	0.723	0.721
0.33		0.781	0.759	0.750	0.741	0.734	0.728	0.725
0.34		0.786	0.764	0.755	0.745	0.738	0.732	0.729
0.35		0.792	0.770	0.760	0.750	0.743	0.736	0.733
0.36		0.798	0.775	0.765	0.755	0.748	0.740	0.738
0.37			0.781	0.770	0.761	0.753	0.744	0.742
0.38			0.786	0.775	0.766	0.757	0.748	0.747
0.39			0.792	0.780	0.772	0.762	0.753	0.751
0.40			0.797	0.786	0.777	0.767	0.757	0.756
0.41			0.804	0.793	0.783	0.773	0.763	0.761

表 17-3 r_0 值（应用孔板时）

β^2	D/k								
	400	800	1200	1600	2000	2400	2800	3200	≥3400
0.1	1.002	1.000	1.000	1.000	1.000	1.000	1.000	1.000	1.000
0.2	1.003	1.002	1.001	1.000	1.000	1.000	1.000	1.000	1.000
0.3	1.006	1.004	1.002	1.001	1.000	1.000	1.000	1.000	1.000
0.4	1.009	1.006	1.004	1.002	1.001	1.000	1.000	1.000	1.000
0.5	1.014	1.009	1.006	1.004	1.002	1.001	1.000	1.000	1.000
0.6	1.020	1.013	1.009	1.006	1.003	1.002	1.000	1.000	1.000
0.64	1.024	1.016	1.011	1.007	1.004	1.002	1.002	1.000	1.000

在表 17-3 中，k 为管道内壁粗糙度，与管子材料及管道内壁状况有关，可参考表 17-4 查取。

标准孔板角接取压时的工质膨胀系数 ε 对液体等于 1.0。对于气体可按下式计算：

$$\varepsilon=1-(0.3707+0.3184\beta^4)\left[1-\left(\frac{p_2}{p_1}\right)^{1/k'}\right]^{0.935} \tag{17-5}$$

式中 p_1，p_2——孔板前及孔板后的工质压力，Pa；

k'——工质的绝热指数，对于过热蒸汽等于 1.3，对于空气及双原子气体为 1.4，对于单原子气体为 1.67。

ε 值对标准孔板角接取压的差压式流量计也可按表 17-5 查得。

表 17-4 管子内壁粗糙度 k 值的参考值

材　质	管内壁的状况	k/mm	材　质	管内壁的状况	k/mm
黄铜、铜、铝塑料、玻璃	无附着物，光滑管	<0.03	钢	严重起皮钢管	>2
钢	新冷拉无缝钢管	<0.03		涂沥青的新钢管	0.03～0.05
	新热拉无缝钢管	0.05～0.10		一般涂沥青钢管	0.10～0.20
	新轧制无缝钢管	0.05～0.10		镀锌钢管	0.13
	新纵缝焊接管	0.05～0.10	铸　铁	新铸铁管	0.25
	螺旋焊接管	0.10		锈蚀铸铁管	1.0～1.5
	轻微锈蚀钢管	0.10～0.20		起皮铸铁管	>1.5
	锈蚀钢管	0.20～0.30		涂沥青的新铸铁管	0.10～0.15
	硬皮锈蚀管	0.50～2			

表 17-5 标准孔板角接取压时的 ε 值

β^4	p_2/p_1								
	1.0	0.98	0.96	0.94	0.92	0.90	0.85	0.80	0.75
$k'=1.20$									
0	1.000	0.9919	0.9845	0.9774	0.9703	0.9634	0.9463	0.9294	0.9126
0.10	1.000	0.9912	0.9832	0.9754	0.9678	0.9603	0.9417	0.9233	0.9051
0.20	1.000	0.9905	0.9819	0.9735	0.9652	0.9571	0.9371	0.9173	0.8976
0.30	1.000	0.9898	0.9806	0.9715	0.9627	0.9540	0.9325	0.9112	0.8901
0.40	1.000	0.9892	0.9792	0.9696	0.9602	0.9508	0.9278	0.9052	0.8826
0.41	1.000	0.9891	0.9791	0.9694	0.9599	0.9505	0.9274	0.9046	0.8819
$k'=1.30$									
0	1.000	0.9925	0.9856	0.9790	0.9724	0.9659	0.9499	0.9341	0.9183
0.10	1.000	0.9919	0.9844	0.9772	0.9700	0.9630	0.9456	0.9284	0.9112
0.20	1.000	0.9912	0.9832	0.9754	0.9677	0.9601	0.9413	0.9227	0.9042
0.30	1.000	0.9906	0.9819	0.9735	0.9653	0.9572	0.9370	0.9171	0.8972
0.40	1.000	0.9899	0.9807	0.9717	0.9629	0.9542	0.9327	0.9114	0.8902
0.41	1.000	0.9899	0.9806	0.9716	0.9627	0.9539	0.9323	0.9109	0.8895
$k'=1.40$									
0	1.000	0.9930	0.9866	0.9803	0.9742	0.9681	0.9531	0.9381	0.9232
0.10	1.000	0.9924	0.9854	0.9787	0.9720	0.9654	0.9491	0.9328	0.9166
0.20	1.000	0.9918	0.9843	0.9770	0.9698	0.9627	0.9450	0.9275	0.9100
0.30	1.000	0.9912	0.9831	0.9753	0.9676	0.9599	0.9410	0.9222	0.9034
0.40	1.000	0.9906	0.9820	0.9736	0.9653	0.9572	0.9370	0.9169	0.8968
0.41	1.000	0.9905	0.9819	0.9734	0.9651	0.9569	0.9366	0.9164	0.8961

续表

β^4	p_2/p_1								
	1.0	0.98	0.96	0.94	0.92	0.90	0.85	0.80	0.75
$k'=1.66$									
0	1.000	0.9940	0.9885	0.9832	0.9779	0.9727	0.9597	0.9466	0.9335
0.10	1.000	0.9935	0.9875	0.9817	0.9760	0.9703	0.9562	0.9421	0.9278
0.20	1.000	0.9930	0.9866	0.9803	0.9741	0.9680	0.9527	0.9375	0.9221
0.30	1.000	0.9925	0.9856	0.9788	0.9722	0.9656	0.9493	0.9329	0.9164
0.40	1.000	0.9920	0.9846	0.9774	0.9703	0.9633	0.9458	0.9283	0.9107
0.41	1.000	0.9919	0.9845	0.9773	0.9701	0.9630	0.9455	0.9279	0.9101

标准孔板法兰取压时的流量系数 α 可按表 17-6 查取。表中 α 值已考虑了管道粗糙度修正系数。

表 17-6 标准孔板法兰取压时的流量系数 α

β	$D=50$mm								
	Re_D								
	8×10^3	10^4	1.5×10^4	2×10^4	3×10^4	5×10^4	10^5	5×10^5	10^6
0.100	0.6049	0.6047	0.6044	0.6042	0.6041	0.6040	0.6039	0.6038	0.6038
0.150	0.6018	0.6013	0.6008	0.6005	0.6002	0.6000	0.5998	0.5996	0.5996
0.200	0.6009	0.6002	0.5994	0.5990	0.5986	0.5982	0.5980	0.5978	0.5978
0.250	0.6022	0.6013	0.6002	0.5997	0.5991	0.5987	0.5983	0.5981	0.5980
0.300	0.6056	0.6046	0.6031	0.6024	0.6017	0.6011	0.6007	0.6003	0.6003
0.350	0.6110	0.6096	0.6078	0.6069	0.6060	0.6052	0.6047	0.6042	0.6042
0.400	0.6183	0.6165	0.6141	0.6129	0.6116	0.6107	0.6099	0.6094	0.6093
0.450	0.6282	0.6257	0.6225	0.6209	0.6192	0.6179	0.6170	0.6162	0.6161
0.500	0.6415	0.6382	0.6338	0.6315	0.6293	0.6275	0.6262	0.6252	0.6250
0.550		0.6547	0.6486	0.6456	0.6426	0.6401	0.6383	0.6368	0.6367
0.600				0.6642	0.6600	0.6567	0.6542	0.6622	0.6520
0.625				0.6755	0.6706	0.6668	0.6638	0.6615	0.6612
0.650					0.6826	0.6781	0.6747	0.6720	0.6717
0.675					0.6961	0.6909	0.6870	0.6838	0.6834
0.700						0.7052	0.7007	0.6970	0.6966
0.725									
0.750									

β	$D=75$mm								
	Re_D								
	1.2×10^4	1.5×10^4	2×10^4	3×10^4	4×10^4	5×10^4	10^5	5×10^5	10^6
0.100	0.6003	0.6001	0.5999	0.5996	0.5995	0.5995	0.5993	0.5992	0.5992
0.150	0.5974	0.5970	0.5966	0.5962	0.5960	0.5959	0.5957	0.5955	0.5955
0.200	0.5979	0.5973	0.5968	0.5962	0.5960	0.5958	0.5955	0.5952	0.5952
0.250	0.6007	0.6000	0.5993	0.5986	0.5983	0.5980	0.5976	0.5973	0.5972
0.300	0.6045	0.6036	0.6027	0.6019	0.6014	0.6011	0.6006	0.6002	0.6001
0.350	0.6094	0.6083	0.6071	0.6060	0.6054	0.6051	0.6044	0.6039	0.6038
0.400	0.6160	0.6145	0.6130	0.6116	0.6108	0.6104	0.6095	0.6088	0.6087
0.450		0.6232	0.6211	0.6191	0.6181	0.6175	0.6163	0.6153	0.6152
0.500			0.6321	0.6293	0.6279	0.6271	0.6254	0.6241	0.6239
0.550			0.6467	0.6428	0.6409	0.6397	0.6374	0.6355	0.6353
0.600				0.6608	0.6581	0.6564	0.6532	0.6506	0.6503
0.625				0.6717	0.6685	0.6666	0.6628	0.6597	0.6593
0.650				0.6841	0.6803	0.6781	0.6736	0.6700	0.6695
0.675					0.6936	0.6910	0.6858	0.6816	0.6810
0.700					0.7086	0.7055	0.6994	0.6945	0.6939
0.725									
0.750									

续表

β	D=100mm								
	Re_D								
	1.6×10^4	2×10^4	2.5×10^4	3×10^4	4×10^4	5×10^4	10^5	5×10^5	10^6
0.100	0.5967	0.5965	0.5963	0.5962	0.5961	0.5960	0.5958	0.5957	0.5957
0.150	0.5954	0.5951	0.5948	0.5946	0.5944	0.5942	0.5939	0.5937	0.5937
0.200	0.5975	0.5970	0.5966	0.5963	0.5960	0.5958	0.5954	0.5951	0.5950
0.250	0.6005	0.5998	0.5993	0.5990	0.5986	0.5983	0.5978	0.5974	0.5974
0.300	0.6040	0.6032	0.6026	0.6021	0.6016	0.6013	0.6007	0.6002	0.6001
0.350	0.6085	0.6075	0.6067	0.6062	0.6056	0.6052	0.6044	0.6038	0.6037
0.400	0.6147	0.6135	0.6124	0.6117	0.6109	0.6104	0.6093	0.6035	0.6084
0.450		0.6217	0.6203	0.6194	0.6182	0.6175	0.6161	0.6150	0.6148
0.500				0.6297	0.6281	0.6271	0.6251	0.6236	0.6234
0.550				0.6437	0.6413	0.6399	0.6371	0.6349	0.6346
0.600					0.6589	0.6569	0.6529	0.6498	0.6494
0.625					0.6695	0.6672	0.6625	0.6588	0.6583
0.650						0.6789	0.6734	0.6690	0.6684
0.675						0.6921	0.6856	0.6804	0.6798
0.700						0.7069	0.6993	0.6933	0.6925
0.725						0.7241	0.7153	0.7083	0.7074
0.750						0.7459	0.7356	0.7274	0.7264

β	D=150mm								
	Re_D								
	2.4×10^4	2.5×10^4	3×10^4	4×10^4	5×10^4	10^5	5×10^5	10^6	10^7
0.100	0.5937	0.5937	0.5935	0.5933	0.5932	0.5930	0.5928	0.5928	0.5928
0.150	0.5949	0.5948	0.5945	0.5942	0.5940	0.5936	0.5933	0.5933	0.5933
0.200	0.5975	0.5974	0.5971	0.5966	0.5964	0.5958	0.5954	0.5954	0.5953
0.250	0.6002	0.6001	0.5997	0.5991	0.5988	0.5981	0.5976	0.5976	0.5975
0.300	0.6034	0.6032	0.6027	0.6021	0.6017	0.6009	0.6003	0.6002	0.6001
0.350	0.6075	0.6074	0.6067	0.6059	0.6054	0.6045	0.6037	0.6036	0.6035
0.400			0.6123	0.6112	0.6106	0.6093	0.6083	0.6082	0.6081
0.450			0.6201	0.6187	0.6178	0.6160	0.6146	0.6145	0.6143
0.500					0.6276	0.6251	0.6231	0.6228	0.6226
0.550					0.6408	0.6372	0.6343	0.6339	0.6336
0.600					0.6585	0.6532	0.6490	0.6485	0.6480
0.625						0.6629	0.6579	0.6573	0.6567
0.650						0.6740	0.6680	0.6673	0.6666
0.675						0.6864	0.6793	0.6785	0.6777
0.700						0.7003	0.6921	0.6910	0.6901
0.725						0.7164	0.7067	0.7055	0.7044
0.750						0.7360	0.7247	0.7233	0.7220

β	D=200mm								
	Re_D								
	3.2×10^4	4×10^4	5×10^4	7.5×10^4	10^5	2×10^5	5×10^5	10^6	10^7
0.100	0.5929	0.5927	0.5926	0.5924	0.5923	0.5921	0.5921	0.5920	0.5920
0.150	0.5950	0.5947	0.5945	0.5941	0.5940	0.5937	0.5936	0.5936	0.5935
0.200	0.5975	0.5971	0.5968	0.5964	0.5961	0.5958	0.5956	0.5956	0.5955
0.250	0.6001	0.5996	0.5992	0.5987	0.5984	0.5980	0.5978	0.5977	0.5976
0.300	0.6030	0.6025	0.6020	0.6014	0.6011	0.6006	0.6004	0.6003	0.6002
0.350	0.6070	0.6063	0.6057	0.6050	0.6046	0.6041	0.6037	0.6036	0.6035
0.400		0.6116	0.6109	0.6099	0.6095	0.6087	0.6083	0.6081	0.6080
0.450			0.6182	0.6168	0.6161	0.6151	0.6145	0.6143	0.6141
0.500				0.6263	0.6253	0.6238	0.6229	0.6226	0.6223
0.550				0.6390	0.6376	0.6354	0.6340	0.6336	0.6332
0.600				0.6560	0.6539	0.6506	0.6487	0.6481	0.6475
0.625					0.6638	0.6599	0.6576	0.6568	0.6561
0.650					0.6750	0.6704	0.6676	0.6667	0.6659
0.675					0.6877	0.6822	0.6789	0.6778	0.6768
0.700					0.7020	0.6955	0.6916	0.6903	0.6891
0.725					0.7183	0.7107	0.7061	0.7046	0.7032
0.750							0.7237	0.7219	0.7203

续表

β	D=250mm								
	Re_D								
	4×10^4	4.5×10^4	5×10^4	7.5×10^4	10^5	2×10^5	5×10^5	10^6	10^7
0.100	0.5927	0.5926	0.5925	0.5923	0.5922	0.5920	0.5919	0.5919	0.5918
0.150	0.5951	0.5950	0.5948	0.5945	0.5943	0.5940	0.5938	0.5937	0.5937
0.200	0.5975	0.5973	0.5972	0.5966	0.5964	0.5960	0.5958	0.5957	0.5956
0.250	0.6000	0.5997	0.5995	0.5989	0.5986	0.5982	0.5979	0.5978	0.5977
0.300	0.6028	0.6025	0.6023	0.6016	0.6013	0.6008	0.6004	0.6003	0.6002
0.350	0.6066	0.6063	0.6060	0.6052	0.6048	0.6041	0.6038	0.6036	0.6035
0.400	0.6120	0.6116	0.6112	0.6101	0.6096	0.6088	0.6083	0.6081	0.6080
0.450	0.6198	0.6191	0.6186	0.6171	0.4163	0.6152	0.6145	0.6142	0.6140
0.500				0.6267	0.6256	0.6238	0.6228	0.6225	0.6222
0.550				0.6397	0.6380	0.6355	0.6339	0.6334	0.6329
0.600					0.6547	0.6509	0.6486	0.6478	0.6471
0.625					0.6648	0.6602	0.6575	0.6565	0.6557
0.650					0.6763	0.6708	0.6675	0.6664	0.6654
0.675					0.6893	0.6827	0.6788	0.6775	0.6763
0.700						0.6961	0.6914	0.6899	0.6885
0.725						0.7114	0.7059	0.7041	0.7025
0.750						0.7298	0.7233	0.7212	0.7192

β	D=375mm								
	Re_D								
	6×10^4	7.5×10^4	10^5	2×10^5	3×10^5	4×10^5	5×10^5	10^6	10^7
0.100	0.5928	0.5926	0.5925	0.5922	0.5922	0.5921	0.5921	0.5920	0.5920
0.150	0.5953	0.5950	0.5948	0.5944	0.5942	0.5942	0.5941	0.5940	0.5940
0.200	0.5976	0.5972	0.5969	0.5964	0.5962	0.5961	0.5961	0.5960	0.5959
0.250	0.5999	0.5995	0.5991	0.5985	0.5983	0.5982	0.5981	0.5980	0.5979
0.300	0.6025	0.6021	0.6017	0.6010	0.6003	0.6007	0.6006	0.6005	0.6004
0.350	0.6061	0.6056	0.6051	0.6043	0.6041	0.6039	0.6039	0.6037	0.6036
0.400	0.6113	0.6106	0.6099	0.6089	0.6086	0.6084	0.6083	0.6081	0.6079
0.450		0.6177	0.6168	0.6153	0.6148	0.6146	0.6145	0.6142	0.6139
0.500			0.6263	0.6241	0.6234	0.6230	0.6228	0.6224	0.6220
0.550			0.6394	0.6360	0.6348	0.6343	0.6339	0.6332	0.6326
0.600				0.6517	0.6500	0.6491	0.6486	0.6476	0.6466
0.625				0.6613	0.6592	0.6582	0.6575	0.6563	0.6551
0.650				0.6722	0.6696	0.6684	0.6676	0.6661	0.6647
0.675				0.6845	0.6814	0.6799	0.6790	0.6771	0.6755
0.700				0.6982	0.6946	0.6928	0.6917	0.6895	0.6876
0.725							0.7063	0.7037	0.7014
0.750							0.7236	0.7206	0.7178

β	D=500mm								
	Re_D								
	1.2×10^5	1.5×10^5	1.7×10^5	2×10^5	3×10^5	4×10^5	5×10^5	10^6	10^7
0.100	0.5927	0.5926	0.5925	0.5925	0.5924	0.5923	0.5923	0.5922	0.5922
0.150	0.5950	0.5948	0.5947	0.5946	0.5945	0.5944	0.5943	0.5942	0.5941
0.200	0.5971	0.5968	0.5967	0.5966	0.5964	0.5963	0.5962	0.5961	0.5960
0.250	0.5992	0.5990	0.5988	0.5987	0.5985	0.5984	0.5983	0.5981	0.5980
0.300	0.6017	0.6015	0.6013	0.6012	0.6009	0.6008	0.6007	0.6006	0.6004
0.350	0.6051	0.6048	0.6046	0.6045	0.6042	0.6040	0.6040	0.6038	0.6036
0.400	0.6098	0.6095	0.6093	0.6091	0.6087	0.6085	0.6084	0.6082	0.6079

续表

β	D=500mm								
	Re_D								
	1.2×10^5	1.5×10^5	1.7×10^5	2×10^5	3×10^5	4×10^5	5×10^5	10^6	10^7
0.450		0.6161	0.6158	0.6155	0.6150	0.6147	0.6145	0.6142	0.6139
0.500				0.6245	0.6236	0.6231	0.6229	0.6223	0.6219
0.550				0.6366	0.6352	0.6345	0.6340	0.6332	0.6324
0.600					0.6506	0.6495	0.6488	0.6476	0.6464
0.625					0.6600	0.6586	0.6578	0.6563	0.6548
0.650					0.6706	0.6690	0.6680	0.6661	0.6644
0.675					0.6826	0.6806	0.6795	0.6772	0.6751
0.700						0.6937	0.6923	0.6896	0.6871
0.725						0.7087	0.7070	0.7037	0.7008
0.750						0.7264	0.7245	0.7206	0.7171

标准孔板法兰取压时的气体膨胀系数 ε 可按下式计算：

$$\varepsilon=1-(0.41+0.35\beta^4)\frac{\Delta p}{p_1^{k'}} \tag{17-6}$$

式中 Δp——孔板前、后压力降，Pa。

式 (17-6) 中的 ε 值也可按表 17-7 查得。

表 17-7 标准孔板法兰取压时的 ε 值

β^4	p_2/p_1								
	1.00	0.98	0.96	0.94	0.92	0.90	0.85	0.80	0.75
$k'=1.20$									
0.00	1.0000	0.9932	0.9863	0.9795	0.9727	0.9658	0.9488	0.9317	0.9146
0.10	1.0000	0.9926	0.9852	0.9778	0.9703	0.9629	0.9444	0.9258	0.9073
0.20	1.0000	0.9920	0.9840	0.9760	0.9680	0.9600	0.9400	0.9200	0.9000
0.30	1.0000	0.9914	0.9828	0.9743	0.9657	0.9571	0.9356	0.9142	0.8927
0.32	1.0000	0.9913	0.9820	0.9739	0.9652	0.9565	0.9348	0.9130	0.8913
$k'=1.3$									
0.00	1.0000	0.9937	0.9874	0.9811	0.9748	0.9685	0.9527	0.9369	0.9212
0.10	1.0000	0.9932	0.9863	0.9795	0.9726	0.9658	0.9487	0.9315	0.9144
0.20	1.0000	0.9926	0.9852	0.9779	0.9705	0.9631	0.9446	0.9262	0.9077
0.30	1.0000	0.9921	0.9842	0.9762	0.9683	0.9604	0.9406	0.9208	0.9010
0.32	1.0000	0.9920	0.9840	0.9759	0.9679	0.9598	0.9398	0.9197	0.8996
$k'=1.40$									
0.00	1.0000	0.9942	0.9883	0.9824	0.9766	0.9707	0.9561	0.9414	0.9268
0.10	1.0000	0.9936	0.9873	0.9809	0.9746	0.9682	0.9523	0.9364	0.9205
0.20	1.0000	0.9931	0.9863	0.9794	0.9726	0.9657	0.9486	0.9314	0.9143
0.30	1.0000	0.9926	0.9853	0.9779	0.9706	0.9632	0.9448	0.9264	0.9080
0.32	1.0000	0.9925	0.9851	0.9776	0.9702	0.9627	0.9441	0.9254	0.9068
$k'=1.66$									
0.00	1.0000	0.9951	0.9901	0.9852	0.9802	0.9753	0.9630	0.9506	0.9383
0.10	1.0000	0.9946	0.9893	0.9839	0.9786	0.9732	0.9598	0.9464	0.9330
0.20	1.0000	0.9942	0.9884	0.9827	0.9769	0.9711	0.9566	0.9422	0.9277
0.30	1.0000	0.9938	0.9876	0.9814	0.9752	0.9690	0.9535	0.9380	0.9224
0.32	1.0000	0.9937	0.9874	0.9811	0.9748	0.9686	0.9528	0.9371	0.9214

当标准喷嘴角接取压在光滑管道中应用时，其流量系数 α 可按表 17-8 查取。

表 17-8 标准喷嘴角接取压时的流量系数 α

β^4	Re_D					
	2×10^4	3×10^4	5×10^4	7×10^4	10^5	10^6
0.01				0.989	0.989	0.989
0.02				0.993	0.993	0.993
0.03				0.996	0.996	0.997
0.04	0.981	0.989	0.996	0.999	1.000	1.000
0.05	0.983	0.991	0.998	1.001	1.002	1.003
0.06	0.985	0.993	1.000	1.004	1.005	1.006
0.07	0.987	0.995	1.003	1.007	1.008	1.009
0.08	0.990	0.998	1.006	1.010	1.011	1.012
0.09	0.993	1.001	1.009	1.013	1.014	1.016
0.10	0.997	1.004	1.012	1.016	1.017	1.020
0.11	1.001	1.008	1.016	1.020	1.021	1.024
0.12	1.005	1.012	1.020	1.024	1.025	1.028
0.13	1.009	1.016	1.023	1.028	1.029	1.031
0.14	1.014	1.020	1.027	1.031	1.033	1.035
0.15	1.018	1.024	1.031	1.035	1.037	1.039
0.16	1.023	1.028	1.035	1.039	1.041	1.043
0.17	1.027	1.032	1.039	1.043	1.045	1.047
0.18	1.032	1.037	1.043	1.047	1.049	1.051
0.19	1.037	1.041	1.047	1.051	1.053	1.055
0.20	1.042	1.046	1.052	1.055	1.057	1.059
0.21	1.047	1.051	1.056	1.059	1.061	1.063
0.22	1.053	1.057	1.061	1.064	1.065	1.067
0.23	1.058	1.062	1.066	1.069	1.070	1.071
0.24	1.064	1.068	1.071	1.073	1.074	1.076
0.25	1.070	1.074	1.076	1.078	1.079	1.081
0.26	1.077	1.080	1.081	1.083	1.084	1.085
0.27	1.083	1.086	1.087	1.088	1.089	1.090
0.28	1.090	1.092	1.092	1.093	1.094	1.095
0.29	1.097	1.098	1.098	1.099	1.099	1.100
0.30	1.104	1.105	1.104	1.104	1.104	1.105
0.31	1.111	1.111	1.110	1.110	1.110	1.110
0.32	1.118	1.118	1.116	1.116	1.115	1.115
0.33	1.125	1.125	1.123	1.122	1.121	1.121
0.34	1.133	1.132	1.129	1.128	1.127	1.126
0.35	1.141	1.139	1.136	1.134	1.133	1.132
0.36	1.149	1.146	1.142	1.140	1.139	1.138
0.37	1.157	1.154	1.149	1.147	1.146	1.144
0.38	1.165	1.161	1.156	1.154	1.152	1.150
0.39	1.173	1.169	1.163	1.161	1.159	1.156
0.40	1.182	1.177	1.171	1.168	1.166	1.163
0.41	1.191	1.185	1.179	1.176	1.173	1.170

当标准喷嘴在粗糙管道中应用时，应将表 17-8 查得的 α 值再乘以管道粗糙度修正系数 r_{Re}。r_{Re} 可按下式计算：

$$r_{Re}=(r_0-1)\left(\frac{\lg Re_D}{5.5}\right)^2+1 \tag{17-7}$$

式中 r_0 值可在表 17-9 中查得。当 $Re_D>3.2\times10^5$ 时，取 $r_{Re}=r_0$。

表 17-9 r_0 值（应用喷嘴时）

β^2	D/k							
	400	800	1200	1600	2000	2400	2800	≥3200
0.3	1.002	1.000	1.000	1.000	1.000	1.000	1.000	1.000
0.4	1.003	1.002	1.000	1.000	1.000	1.000	1.000	1.000
0.5	1.008	1.005	1.003	1.002	1.000	1.000	1.000	1.000
0.6	1.014	1.009	1.006	1.004	1.002	1.001	1.000	1.000
0.65	1.016	1.012	1.009	1.007	1.005	1.003	1.002	1.000

标准喷嘴角接取压时的气体膨胀系数 ε 按下式计算：

$$\varepsilon=\left\{\left(1-\frac{\Delta p}{p_1}\right)^{2/k'}\left(\frac{k'}{k'-1}\right)\left[\frac{1-(1-\Delta p/p_1)^{(k'-1)/k'}}{\Delta p/p_1}\right]\left[\frac{1-\beta^4}{1-\beta^4(1-\Delta p/p_1)^{2/k'}}\right]\right\}^{0.5} \tag{17-8}$$

ε 值也可在表 17-10 中查得。

表 17-10 标准喷嘴角接取压时的 ε 值

β^4	p_2/p_1								
	1.0	0.98	0.96	0.94	0.92	0.90	0.85	0.80	0.75
$k'=1.20$									
0.0	1.000	0.9874	0.9748	0.9620	0.9491	0.9361	0.9029	0.8689	0.8340
0.10	1.000	0.9856	0.9712	0.9568	0.9423	0.9278	0.8913	0.8543	0.8169
0.20	1.000	0.9834	0.9669	0.9504	0.9341	0.9178	0.8773	0.8371	0.7970
0.30	1.000	0.9805	0.9613	0.9424	0.9238	0.9053	0.8602	0.8163	0.7733
0.40	1.000	0.9767	0.9541	0.9320	0.9105	0.8895	0.8390	0.7909	0.7448
0.41	1.000	0.9763	0.9532	0.9308	0.9090	0.8877	0.8366	0.7881	0.7416
$k'=1.30$									
0.0	1.000	0.9884	0.9767	0.9649	0.9529	0.9408	0.9100	0.8783	0.8457
0.10	1.000	0.9867	0.9734	0.9600	0.9466	0.9331	0.8990	0.8645	0.8294
0.20	1.000	0.9846	0.9693	0.9541	0.9389	0.9237	0.8859	0.8481	0.8102
0.30	1.000	0.9820	0.9642	0.9466	0.9292	0.9120	0.8697	0.8283	0.7875
0.40	1.000	0.9785	0.9575	0.9369	0.9168	0.8971	0.8495	0.8039	0.7599
0.41	1.000	0.9781	0.9567	0.9358	0.9154	0.8954	0.8472	0.8012	0.7569
$k'=1.40$									
0.0	1.000	0.9892	0.9783	0.9673	0.9562	0.9449	0.9162	0.8865	0.8558
0.10	1.000	0.9877	0.9753	0.9628	0.9503	0.9377	0.9058	0.8733	0.8402
0.20	1.000	0.9857	0.9715	0.9573	0.9430	0.9288	0.8933	0.8577	0.8219
0.30	1.000	0.9833	0.9667	0.9503	0.9340	0.9178	0.8780	0.8388	0.8000
0.40	1.000	0.9800	0.9604	0.9412	0.9223	0.9038	0.8588	0.8154	0.7733
0.41	1.000	0.9796	0.9596	0.9401	0.9209	0.9021	0.8566	0.8127	0.7704
$k'=1.66$									
0.0	1.000	0.9909	0.9817	0.9724	0.9629	0.9533	0.9288	0.9033	0.8768
0.10	1.000	0.9896	0.9791	0.9685	0.9578	0.9471	0.9197	0.8917	0.8629
0.20	1.000	0.9879	0.9759	0.9637	0.9516	0.9394	0.9088	0.8778	0.8464
0.30	1.000	0.9858	0.9718	0.9577	0.9438	0.9299	0.8953	0.8609	0.8265
0.40	1.000	0.9831	0.9664	0.9499	0.9336	0.9176	0.8782	0.8397	0.8020
0.41	1.000	0.9827	0.9657	0.9490	0.9324	0.9161	0.8762	0.8373	0.7993

管道上装设标准孔板或标准喷嘴后引起的压力损失均可近似按下式计算：

$$\delta p=\left(\frac{1-\alpha\beta^2}{1+\alpha\beta^2}\right)\Delta p \tag{17-9}$$

式中 δp——压力损失值，Pa；

Δp——节流装置的差压值，Pa。

在式（17-1）中，d 为工作温度下的节流装置孔径，在前面所列各式中的管道直径 D 也为工作温度下的管道内直径。d 和 D 与在 20℃时的 d_{20} 和 D_{20} 值存在下列两相应关系式：

$$d=d_{20}[1+\alpha_r(t-20)] \tag{17-10}$$

$$D=D_{20}[1+\alpha_r(t-20)] \tag{17-11}$$

式中 α_r——材料线性热膨胀系数，℃$^{-1}$；

t——工作温度，℃。

材料线性热膨胀系数 α_r 值可根据节流装置和管道所用材料在表 17-11 中查得。节流装置一般用不锈钢制成。

表 17-11 节流装置和管道材料的线性热膨胀系数 $\alpha\times10^6$ 单位：℃$^{-1}$

材料 \ 温度范围/℃	20～100	20～200	20～300	20～400	20～500	20～600	20～700
A_3 钢	11.75	12.41	13.45	13.60	13.85	13.90	
$A_3F_1B_3$ 钢	11.50						
10 号钢	11.60	12.60		13.00		14.60	
20 号钢	11.16	12.21	12.78	13.38	13.93	14.38	14.81
45 号钢	11.59	12.32	13.09	13.71	14.18	14.67	15.08
1Cr13，2Cr13	10.50	11.00	11.50	12.00	12.00		
1Cr17	10.00	10.00	10.50	10.50	11.00		
12CrMoV	10.80	11.79	12.35	12.80	13.20	13.65	13.80
10CrMo910	12.50	13.60	13.60	14.00	14.40	14.70	
Cr6SiMo	11.50	12.00		12.50		13.00	
X20CrMoWV121 X20CrMoV121	10.80	11.20	11.60	11.90	12.10	12.30	
1Cr18Ni9Ti	16.60	17.00	17.20	17.50	17.90	18.20	18.60
普通碳钢	10.60～12.20	11.30～13.00	12.10～13.50	12.90～13.90		13.50～14.30	14.70～15.00
工业用铜	16.60～17.10	17.10～17.20	17.60	18.00～18.10		18.60	
红铜	17.20	17.50	17.90				
黄铜	17.80	18.80	20.90				
12Cr3MoVSiTiB	10.31	11.46	11.92	12.42	13.14	13.31	13.54
12CrMo	11.20	12.50	12.70	12.90	13.20	13.50	13.80

应用标准节流装置测量工质流量时，其均方根相对误差对于水为 1.5%～1.7%，对于水蒸气和气体为 2.5%～3%。

3. 差压式流量计的检验与安装

对标准孔板和标准喷嘴的检验可参见表 17-12。

表 17-12 标准孔板及标准喷嘴的检验

节流装置名称	检验部位	检验方法
标准孔板	孔板两端面的不平度	用带支架的百分表对孔板上游端面进行检验。在上游端面上任意两点连线与垂直于轴线的平面间的斜率应＜1%。下游端面可用目测检验其不平度
	孔板流通部分的尺寸和形状	孔板孔口直径偏差：当 $m\leqslant0.45$ 时应不超过 $\pm0.001d_{20}$；当 $m>0.45$ 时应不超过 $\pm0.0005d_{20}$
	孔板开孔直角入口边缘尖锐度	孔板上游端面离孔板中心 $1.5d$ 范围内的光洁度用比板检验，应达到下列要求：当管道内直径 $D=50\sim500$mm 时，表面粗糙度 R_a 为 1.6μm；当 $500\leqslant D\leqslant750$mm 时 R_a 为 3.2μm；当 $750\text{mm}<D\leqslant1000$mm 时 R_a 为 6.3μm。下游端面表面粗糙度比上游的低一级，可用目测检验
标准喷嘴	喷嘴圆筒形直径	其要求与孔板孔口要求相同
	喷嘴入口收缩曲面廓形及其半径以及端面	廓形及半径用样板检验。喷嘴上游端面和内表面粗糙度 R_a 应不低于 1.6μm，用比板检验

标准孔板或标准喷嘴可采用焊接或法兰和管道连接。在装设节流装置上游方向上应有一段直管段，此直段最小长度可由表 17-13 查得。节流装置下游应保持的最小直管段长度也可由同表查得。

表 17-13 节流装置上、下游最小直管段长度与管道内直径之比

β	上游侧第一个局部阻力件形式								下游侧阻力件形式
	一个90°弯头或只有一个支管流动的三通	在同一平面内有两个或两个以上90°弯头	在不同平面内有两个或两个以上90°弯头	渐扩管 渐缩管	全开 球阀	全开 闸阀	温度计套管 直径 0.03D	温度计套管 直径为 0.03D～0.13D	左面所有局部阻力件形式
0.20	10(6)	14(7)	34(17)	16(8)	18(9)	12(6)	5(3)	20(10)	4(2)
0.25	10(6)	14(7)	34(17)	16(8)	18(9)	12(6)	5(3)	20(10)	4(2)
0.30	10(6)	16(8)	34(17)	16(8)	18(9)	12(6)	5(3)	20(10)	5(2.5)
0.35	12(6)	16(8)	36(18)	16(8)	18(9)	12(6)	5(3)	20(10)	5(2.5)
0.40	14(7)	18(9)	36(18)	16(8)	20(10)	12(6)	5(3)	20(10)	6(3)
0.45	14(7)	18(9)	38(19)	18(9)	20(10)	12(6)	5(3)	20(10)	6(3)
0.50	14(7)	20(10)	40(20)	20(10)	22(11)	12(6)	5(3)	20(10)	6(3)
0.55	16(8)	22(11)	44(22)	20(10)	24(12)	14(7)	5(3)	20(10)	6(3)
0.60	18(9)	26(13)	48(24)	22(11)	26(13)	14(7)	5(3)	20(10)	7(3.5)
0.65	22(11)	32(16)	54(27)	24(12)	28(14)	16(8)	5(3)	20(10)	7(3.5)
0.70	28(14)	36(18)	62(31)	26(13)	32(16)	20(10)	5(3)	20(10)	7(3.5)
0.75	36(18)	42(21)	70(35)	28(14)	36(18)	24(12)	5(3)	20(10)	8(4)
0.80	46(23)	50(25)	80(40)	30(15)	44(22)	30(15)	5(3)	20(10)	8(4)

差压式流量计的差压可用各种差压计或差压传感器进行测定、记录或远传。有关差压计资料可参见下节。

三、分流旋翼式流量计

1. 分流旋翼式流量计的工作原理和结构

分流旋翼式流量计是用于工业锅炉饱和蒸汽和过热蒸汽流量测量的一种低压流量测量仪表。其工作原理及结构示于图 17-4。

由图可见，蒸汽流入流量计后，一部分流经孔板，另一部分通过隔板上的喷嘴在叶轮上形成一个转矩使叶轮旋转。由于孔板两侧压差与喷嘴前后产生的压差是相等的，因此流过孔板的蒸汽流量与流过喷嘴的蒸汽流量之间是成固定比例的。

分流旋翼式流量计通过叶轮转速来显示和确定进入流量计的流量。当流经喷嘴的体积流量使叶轮快速旋转时，为了减慢转速，在叶轮转轴下部连有装在阻尼箱中的阻尼叶片。叶轮在转矩和阻尼力矩作用下以与进入喷嘴的体积流量成比例，亦即与总体积流量成比例的转速旋转。因此叶轮转速值即反映了总体积流量的大小。

叶轮转速经轴通过一组减速齿轮降速后既可直接在表盘上显示体积流量值，也可通过远传显示仪表远传显示体积流量值。如在指示值上乘以工质密度，则可显示质量流量值。

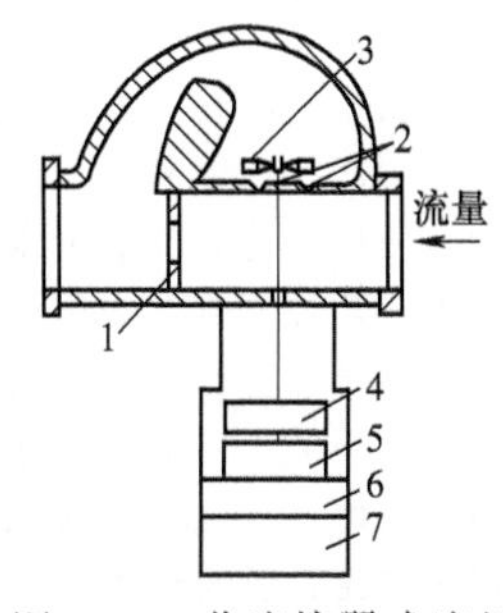

图 17-4 分流旋翼式流量计的工作原理及结构

1—孔板；2—喷嘴；3—叶轮；4—阻尼叶片；5—减速齿轮；6—磁性联轴节；7—表盘和表头

2. 分流旋翼式流量计的安装

这种流量计只能用于水平蒸汽直管段上。流量计进口侧应有 10～15 倍管道内直径的直管段。

如蒸汽管道是垂直管段，则在安装流量计处应加装水平旁通管。

流量计使用前应在阻尼箱中注入水以作为阻尼液，停用时应将阻尼液排出。

每台流量计配有三块适用于不同流量的孔板，应根据实际流量选用所装孔板。

分流旋翼式流量计既有孔板差压测量误差，又有叶轮转换信号误差，因此其测量误差大于差压式流量计的误差，只能用于测量准确度要求不高的场合。

四、涡轮流量计

1. 涡轮流量计的工作原理和结构

涡轮流量计是一种叶轮式流量计，其工作原理及结构示于图 17-5。由图 17-5 可见，当流体流过涡轮流量计时，流体将冲击涡轮叶片使之转动，根据涡轮转速即可确定流量值。涡轮流量计的形式、结构及应用场合可参见表 17-14。

表 17-14 涡轮流量计的形式、结构及应用场合

形　　式	结构及应用场合
轴向式，见图 17-5(a)	为最常用形式，流体由轴向进入。由壳体、导流器、涡轮、转速转换器等组成。导流器起导直流体和作为涡轮轴承支架的作用；涡轮由导磁不锈钢制成；转速转换器的作用为将涡轮转速转换成相应的电信号，供流量记录和显示
切向式，见图 17-5(b)	流体沿切线方向进入并推动涡轮旋转，可用于测量小流量场合，其主要部件与轴向式相同
插入式	是一种小尺寸涡轮流量计，可通过管道壁上孔口插入管道中进行局部地区的流量测量。涡轮转速由装在流量计连接管中的转速转换器传出。可用于测量大管道中局部地区的流量或可通过大管道横截面上的多点流量来测定大管道中的总流量

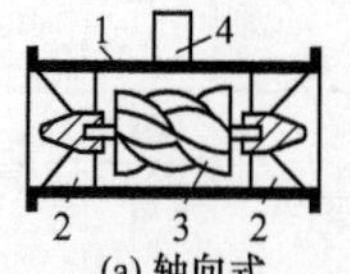

(a) 轴向式

(b) 切向式

图 17-5 涡轮流量计的工作原理及结构

1—壳体；2—导流器；3—涡轮；4—转速转换器

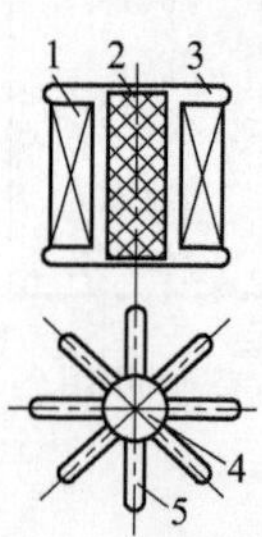

图 17-6 磁电感应转速转换器

1—感应线圈；2—永久磁钢；3—线圈支架；4—涡轮；5—叶片

涡轮流量计的转速除采用直接机械传动的转速转换器外，还可采用多种非接触式转速转换器以提高涡轮流量计的耐高压性能和测量准确度，其中最常用的磁电感应转速转换器的结构示于图 17-6。

磁电感应转速转换器由永久磁钢与感应线圈组成。转换器装在正对涡轮的管道外部的壳体上。涡轮旋转时，导磁叶片处于永久磁钢正下方时，磁路的磁阻最小；两个叶片中间空隙处在磁钢正下方时，磁阻最大。随着涡轮旋转，磁路的磁阻随之不断变化。由线圈感应产生的电势随磁阻变化而发生变化。由线圈感应产生的脉冲电压经放大器放大后输入频率信号检测器，再转换成流量记录或显示值。其他形式的非接触式转速转换器还有光电式、霍尔效应式等，可参见有关资料。

涡轮流量计具有结构简单、精度高［测量误差一般为±(0.5%～2%)］、测量范围广［(0.04～1.6)×10^3t/h］、耐高压和压力损失小等优点。但要求用于清洁流体。在锅炉中一般用于给水和燃油流量的测量。

2. 涡轮流量计的安装

涡轮流量计安装时在其上游要求有 20 倍管道内直径的直管段，在其下游应具有 5 倍管道内直径的直管段。如安装处直管段长度不够，则可采用加装整流器的方法来缩短所需直管段长度。

涡轮流量计上游管路中应装过滤器以免运行中杂质卡住涡轮并可减少杂质磨损轴承。

涡轮流量计应装在便于维修及管道无振动处。安装处应无强磁场及热辐射等影响。

五、测速管

1. 皮托管和普兰特管

皮托管和普兰特管的结构示于图 17-7。由图可见，皮托管是一 90°弯管，弯管面向流体的一端开口，感

受流体的全压（p）。另一端与差压计相连。测定流速时应在管壁上开设静压孔以便测定来流的静压（p_0）。

来流速度计算式如下：

$$v=\varphi\sqrt{2(p-p_0)/\rho} \tag{17-12}$$

式中 v——被测点的工质流速，m/s；

p——来流全压，Pa；

p_0——来流静压，Pa；

ρ——被测流体密度，kg/m^3；

φ——速度校正系数，由标定试验确定。

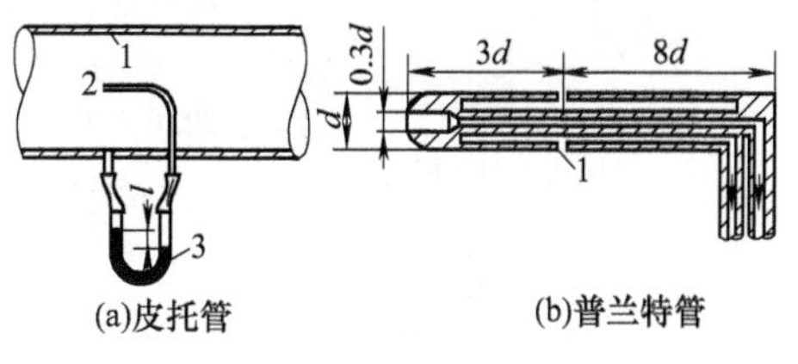

图 17-7 皮托管与普兰特管

1—静压孔；2—全压孔；3—差压计

差压（$p-p_0$）可由差压计测出。

普兰特管的特点为将来流的全压和静压合在一根测速管上测定，这样在测量时无需再在管壁上开设静压孔。普兰特管的全压和静压引出管制成管接头形式，以便和差压计连接。由于这种测速管安装和测试均较方便，因而现在一般都用普兰特管进行测速。普兰特管的流速计算式仍为式（17-12）。

普兰特管的静压孔直径一般为 0.1d，沿图示圆周方向均分地开有 8 个孔。按标准制造的普兰特管，其速度校正系数 $\varphi\approx1.0$。普兰特管直径 d 一般$\leqslant0.035D$（D 为管道内直径），以减少对被测流体的扰动。

普兰特管宜用于测量 3～35m/s 范围内的气体流速和大于 2.5m/s 的水速。这种测速管的另一优点为对气流方向的偏斜敏感性较小，当管端轴线与气流的偏斜角不大于 12°时，对测量准确度基本上无影响。其测量均方根相对误差约为±1.5％。

在测量中、高压锅炉的上升管和下降管中的水速时，常采用前苏联中央锅炉汽轮机研究所研制的水循环测速管，其结构示于图 17-8。

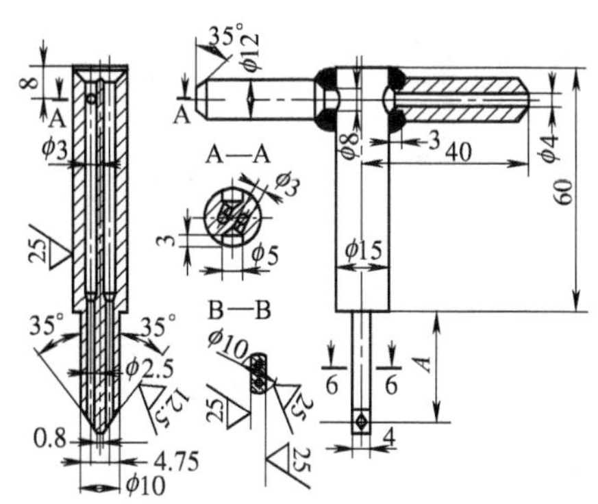

图 17-8 水循环测速管

A—垂直于管壁沿管子半径方向的插入长度

图 17-8 中，测速管探头插入管内的长度应为管子内半径的 1/3。这与插入长度应为管子内直径的 1/2 的其他测速管相比，可使阻塞管内流体流动的面积大为减少。测量时，这种测速管的可见动压值为实际值的 1.2～1.5 倍。此外，还具有可测定正反两个方向的流速、安装方便、制造简单和易于标定等优点。测量时，这种测速管装在水循环回路下集箱与炉墙外壁间的被测管直段上，用差压计测出两引压管接头之间的差压，并用式（17-12）算出被测流速。

2. 均速管和阿纽巴管

在大尺寸烟道或空气管道中，为了测得管内工质平均流速需用普兰特管按照网格法确定的测点测得各点工质流速，再经平均计算后才能得出工质平均流速。

应用网格法确定截面上测点数目及其位置可按下法进行。

表 17-15 标定圆截面管道时所需的等面积数及测点数

管道直径/mm	300	400	600	＞600 时，每增加 200
等面积圆环数	3	4	5	圆环数增加 1
测点总数	6	8	20	测点数增加 4

对圆形截面，先根据管道直径按表 17-15 确定应划分的等面积圆环数及测点总数。再将每个圆环用中心

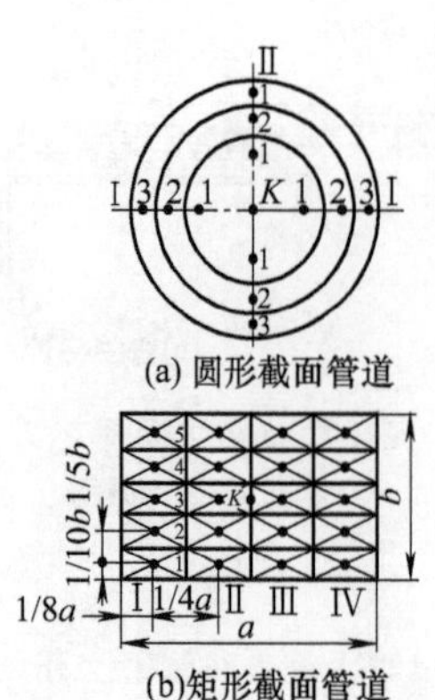

图 17-9 网格法测点分布示意

线分成面积相等的两部分，各测点即位于各中心线上（参见图 17-9）。直径≤400mm 时，在一条直径上测量；直径>400mm 时，应在相互垂直的两条直径上测量。

各测点距圆形截面中心的位置可按下式求得：

$$r_i = R\sqrt{\frac{2i-1}{2N}} \tag{17-13}$$

式中 r_i——测点距圆形截面中心的距离，mm；

R——圆形截面半径，mm；

i——从圆形截面中心算起的测点序号；

N——圆形截面所需划分的等面积圆环数。

对于矩形截面管道，先按表 17-16 确定测点排数，然后将截面分割成若干接近正方形的等面积矩形。各小矩形对角线的交点即为测点，参见图 17-9（b）。

表 17-16 标定矩形截面管道的测点排数

边长 a/mm	≤500	500～1000	1000～1500	>1500
测点排数	3	4	5	a 值每增加 500mm，测点排数增加 1

对较大矩形截面，可适当减少测点排数，但每一小矩形边长应不超过 1m。

上述测量方法工作量大且测得值在时间上不同步会增大测量误差。

采用均速管测量可消除上述测量方法的缺点。均速管的结构示于图 17-10。

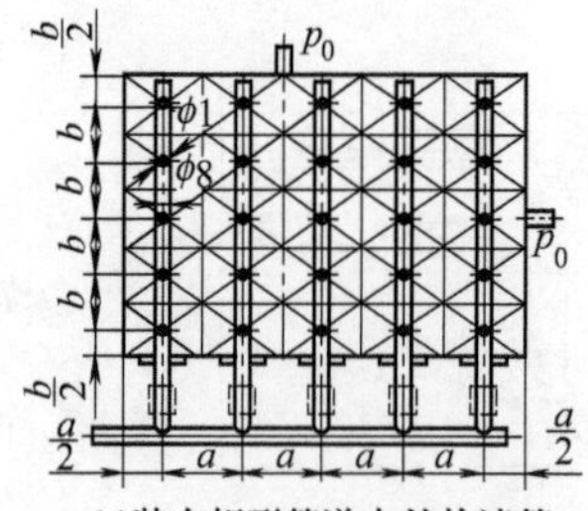
(a)装在矩形管道中的均速管

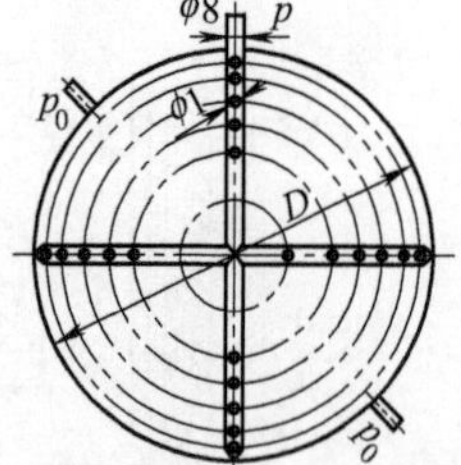
(b)装在圆形管道中的均速管

图 17-10 均速管结构

由图 17-10 可见，均速管由横越管道截面的管子构成。在迎气流方向，在按网格法确定的测点上开设全压测量孔。均速管由铜或不锈钢管制成。为了减少对气流干扰和保持测速管刚度，均速管外直径（d）与管道内直径（D）之比一般为 $d/D=0.04\sim0.09$。均速管全压孔的直径（d_0）应是均速管内直径的 0.2～0.3 倍，且应在 0.5～1.5mm 之间。

均速管测出的全压（p）为管道截面上的流体全压平均值。均速管的静压孔开设在同一截面的管道侧壁上。将均速管的全压（p）输出管与静压（p_0）输出管用差压计相连并测出差压（$p-p_0$）值，再应用式(17-12) 即可算出平均流速值。

以此平均流速值与管道流通截面积相乘，可得出流过该截面的平均容积流量，再乘以工质平均密度，即可得出工质平均质量流量值。

应用测速管测速的均方根相对误差约为±1.5%；应用测速管测流量的均方根相对误差约为±（2%～2.5%）。

上述均速管的静压测孔开设在管道壁上，在测高压流体时易造成泄漏且安装使用不便。因此在测压力较高的蒸汽流量或流速时，常应用将静压管和全压管布置在一起的均速管。这种均速管也称阿纽巴管，其静压孔背着流动方向开设（参见图 17-11）。

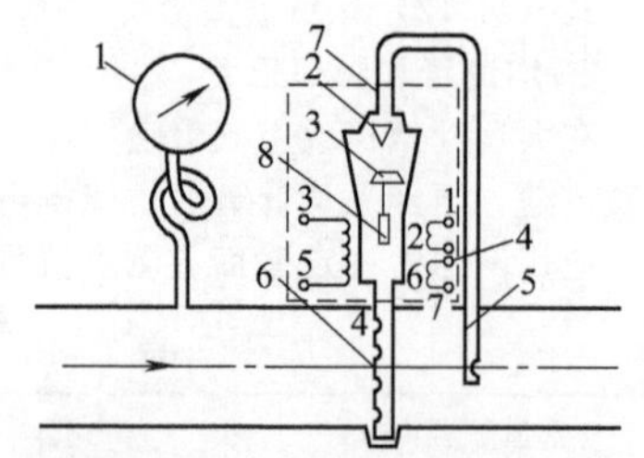

图 17-11 阿纽巴管结构

1—压力计；2—锥阀；3—浮子；4—差动线圈；5—静压管；6—全压管；7—浮子传感器；8—铁芯

在图 17-11 中，全压管按网格法开有 4 个全压测孔，静压管在全压管背后，静压孔背着流动方向开设。全压管和静压管之间的差压通过浮子传感器测定和转换。流速或流量增大时，全压增加，差压增大，浮子上升高度增大使铁芯上移。这样差动线圈即因铁芯位移而输出相应的电信号，此电信号再经显示仪表或记录仪表记录流速或流量值。

利用阿纽巴管制成的流量计压力损失较小，约为孔板的1/30，因此较宜用于管道压力损失要求较小的场合。除测量蒸汽流量外，也可用于测量空气等气体流量。

3. 三孔圆柱式测速管

三孔圆柱式测速管用于测定二元平面上的气流流速和方向。用于炉膛空气动力场测量，其结构示于图17-12。

这种测速管壁上有3个全压测孔，开设在垂直于测速管轴线的同一横截面上。中心测孔与两侧测孔的中心线之间的夹角相等，约为40°～42°。相对于每一测孔各有一传压管将测得的全压传出。

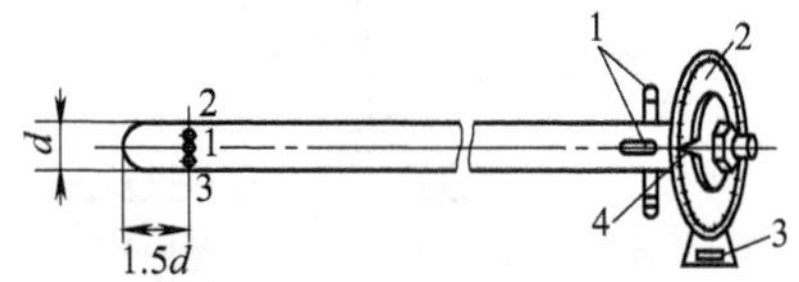

图17-12　三孔圆柱式测速管
1—传压管接头；2—刻度盘；3—水平仪；4—指针

测速管后部装有与测速管固定连接的指针和可绕测速管轴线转动的刻度盘。刻度盘下的水平仪用以保持刻度盘处于垂直于水平面的位置。

测量平面气流流速时，应使三测孔迎对气流方向，慢慢旋转测速管，直到两侧测孔的压力相等。此时中心测孔的位置刚正对气流。

根据式（17-12），中心侧孔的全压（p_1）与来流流速（v）的关系式应为：

$$v=\varphi_1\sqrt{2(p_1-p_0)/\rho}$$

两侧测孔的全压 p_2 与 v 的关系式应为：

$$v=\varphi_2\sqrt{2(p_2-p_0)/\rho}$$

将上面两式相减并化简后可得：

$$v=\varphi\sqrt{2(p_1-p_2)/\rho} \tag{17-14}$$

式中　φ——等于 $(1/\varphi_1^2-1/\varphi_2^2)^{-0.5}$，由标定试验得出；

p_1——中心测孔测得的全压，Pa；

p_2——两侧测孔测得的全压，Pa。

由上式可见，当中心测孔对准气流后，只要将测得的（p_1-p_2）值代入式（17-14），即可求得气流的流速（v）值。

气流方向可用下法确定。在标定测速管时，当中心测孔对准气流时，指针所指刻度盘读数为初始读数。将实际测量时使中心测孔对准气流时指针所指刻度盘读数减去初始读数即可得出气流方向与水平面的夹角。图17-12所示三孔圆柱式测速管为无冷却的，可用于炉膛冷态空气动力场测试。

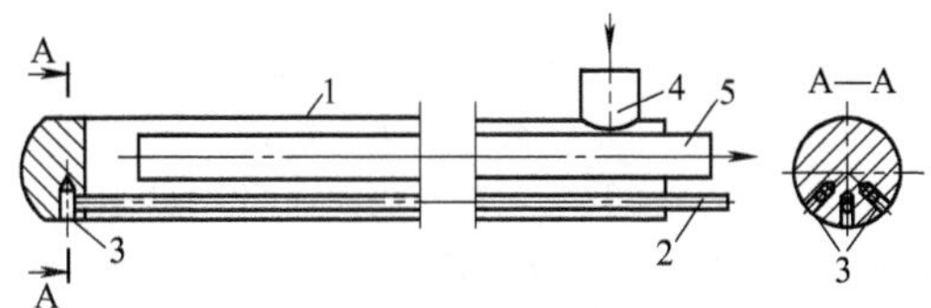

图17-13　有水冷却的三孔圆柱式测速管
1—外壳；2—传压管；3—三个测压孔；4—冷却水进水管；5—冷却水出水管

在进行炉膛热态空气动力场测试时，由于烟温很高，应采用具有水冷却的三孔圆柱式测速管，如图17-13所示。图中测速管尾部的刻度盘未示出。在测速管插入炉膛时，流动的冷却水将从探头表面吸收炉膛热量而使水温升高。应调节冷却水流量，使冷却水出口水温不大于80℃，以免在测速管内部局部地区因冷却水汽化而恶化传热致使探头烧坏。测速管的测压孔直径应大于2mm，以免被烟气中的煤粉或灰粒堵塞。在测量间隙时间内应采用压缩空气吹扫测压孔以保证测量准确度。

4. 吸气式测速管

在测含尘气流流速时，应用普兰特管等一般测速管易发生测孔堵塞。采用吸气式测速管可防止或减轻粉尘堵塞测孔的现象。

吸气式测速管的结构示于图17-14。这种测速管宜用于负压管道含尘浓度较小的气流。吸气式测速管由三层套管焊成。中心管通大气并有直径为0.5mm的小孔与环状间隙相通。此小孔用来传送来流的全压。最外层管壁上开有直径为1mm的静压孔，并通过环状间隙传送气流的静压。

由于被测管道中为负压，空气将经中心管进入管道。如空气流速不高，可近似认为中心管壁上开设的小孔测得的压力即等于被测气流的全压。当测得全压与静压的差压后，可应用式（17-12）算得来流流速。

由于中心管测全压小孔前流动的为清洁空气，所以不会造成测全压小孔的堵塞。

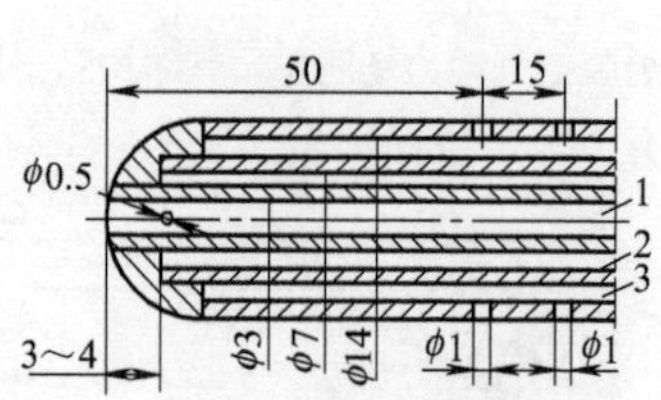

图 17-14 吸气式测速管

1—中心管；2—中心管与第二层套管之间的环状间隙；3—第二层套管与最外层管之间的环状间隙

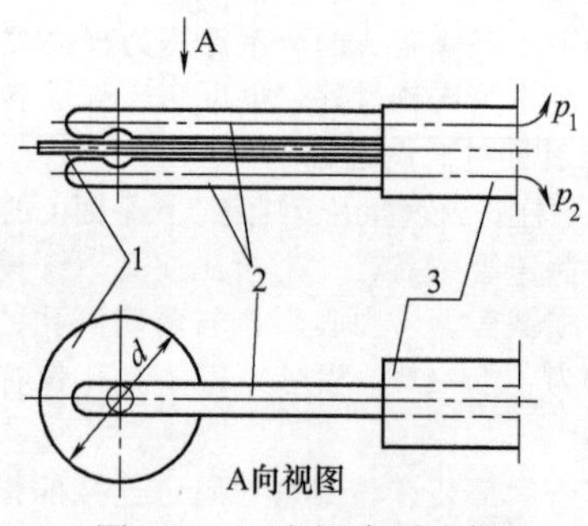

图 17-15 遮板式测速管

1—遮板；2—传压管；3—支柄

5. 遮板式测速管

遮板式测速管也用于测定含尘气流的流速，其结构示于图 17-15。

由图可见，遮板式测速管管端由全压孔管、静压孔管和遮板组成。由于全压孔、静压孔均面向遮板，因而可以防止粉尘堵塞测压孔。测速时应使遮板面对气流。

将全压传压管接头、静压传压管接头与差压计相连，测出全压与静压的差压值后，再用式（17-12）算得来流速度。其中速度校正系数 φ 必须在实验台预先标定。标定和使用时应分清全压孔管与静压孔管，以免弄错。

第二节 锅炉的压力及差压测量

一、概述

在锅炉测试中，压力和差压是常测参数。在锅炉的给水-蒸汽系统中需要测量给水和蒸汽在各锅炉部件中的压力，例如锅炉给水压力、锅筒压力、过热器和再热器中工质压力等。在燃料系统中需测定油压和燃气压力。给水-蒸汽系统内的压力测量特点是压力高，因而大多采用弹簧式压力计进行测量。

在锅炉的空气-烟气系统中也需测量送风系统各部位的风压和烟气系统各部位的烟气压力。其特点是压力低、量程小。因此一般采用各种液柱式压力计和微压计进行测量。

在锅炉中测量水、汽、空气、烟气、燃油和燃气等介质的流量和流速时常应用节流式流量计或测速管。为此，常需应用 U 形管差压计或膜式差压计等作为二次仪表测定这些流量计和测速管中发生的差压。

二、弹簧管式压力计

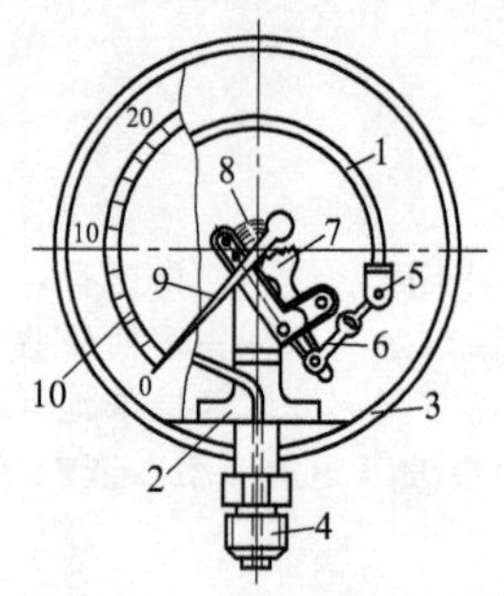

图 17-16 弹簧管式压力计

1—弹簧管；2—支架；3—仪表壳；4—管接头；5—活动连接头；6—导杆；7—扇形齿轮；8—螺旋状弹簧游丝；9—指针；10—刻度盘

弹簧管式压力计的结构示于图 17-16。

这种压力计的感压元件为弹簧管，弹簧管由一根扁圆形或椭圆形截面的金属管弯曲而成。管子一端定在支架上，另一端为封闭的自由端。当固定端通入被测压力时，弹簧管因内压而使自由端伸展。自由端的位移通过传动机构使扇形齿轮带动啮合的小齿轮，并使套在小齿轮轴上的指针转动。这样，即可从压力计刻度盘上读出被测压力值。

弹簧管式压力计一般用于测量 0～40MPa 的压力，有的也可用于测量 60MPa 的压力。压力计的最大量程应保证常用指示值位于压力计全刻度的½～¾区域内。

一般试验时，对于给水-蒸汽系统的压力测量准确度要求并不高，因为压力偏差对工质焓值影响不大，因此可使用运行监督仪表（准确度等级为 1.5～2.5 级）进行测定。

对汽、水压力为试验中重要测定项目时，例如，需准确测量各管件的汽、水阻力时，才需使用 0.4～1.0 级准确度的压力计。

一般工程用弹簧管式压力计的允许使用环境温度为－40～60℃。标准弹簧管式压力计的为 10～30℃。

安装时应将压力计装在管道的直管段上，取压孔直径为4～8mm，以便焊接连接用的管接头。在水平管和倾斜管段上安装压力计时，应力求使压力计装在管道上方或侧面，以防压力计及其传压管受到污物堵塞。

在测量燃油或黏性介质压力时，在管道取压孔与压力计之间应装设用水或橡胶膜隔离的小室。

如压力计安装标高与取压点标高不同时，应考虑连接管中水柱给压力计读数造成的影响，并应对压力计指示值进行修正。

弹簧管式压力计可采用活塞式标准压力计进行校验。

三、液柱式压力计与微压计

锅炉试验中常应用这种压力计来测量微量正压或负压。

这种压力计是应用流体静力学原理来测量压力的。通过液柱式压力计管内已知密度的液柱所形成的重力对被测压力的平衡可算出被测压力值。

液柱式压力计主要由内直径为8～10mm的玻璃管构成，其形式及结构特点列于表17-17。

单管式的被测压力的表压按下式计算：

$$p=\rho gh\left(1+\frac{d^2}{D^2}\right) \tag{17-15}$$

U形管式的被测压力的表压按下式计算：

$$p=\rho g\Delta h \tag{17-16}$$

式中 p——被测压力（表压），Pa；

ρ——压力计中充液密度，kg/m^3；

g——重力加速度，$g=9.81m/s^2$；

h——单管式中的液柱高度，m；

Δh——U形管式中的两液柱高度差，m。

表17-17 液柱式压力计的形式及结构特点

形式名称	结构特点	计算方法
单管式，参见图17-17(a)	杯形容器与被测压力 p 相通。与杯底相通的玻璃管的开口一侧通大气，其作用压力为大气压力(p_0)。杯形容器及玻璃管中注有充液	由于一般杯形容器的横截面积比玻璃管的大500倍，测压时杯中液面变化可略而不计。可按式(17-15)计算被测压力值
U形管式，参见图17-17(b)	应用广泛。U形管一侧通大气，另一侧与被测压力相通。U形管中装有充液	被测压力值可按式(17-16)计算
多管式，参见图17-17(c)	杯形容器上端与大气压力相通，下端与多根玻璃管相连。各玻璃管的上面开口端与各被测压力相通。为了便于读取各管中液柱高度差，两边两根玻璃管上端有时也与大气相通。其特点为可同时对多个测压点进行测压。常用于对烟道、风道、制粉系统或除尘设备的多点压力测量	计算方法与单管式相同，可按式(17-15)进行。杯形容器的横截面积应比所有测压管总截面积大500倍

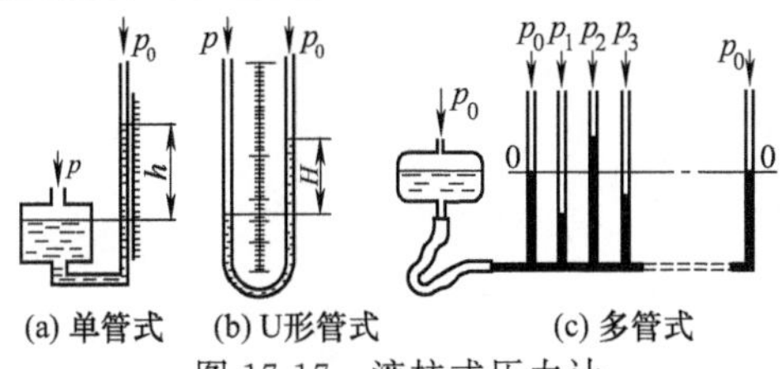

图17-17 液柱式压力计

单管式液柱压力计的测压范围为0～6000Pa，测量误差约±1%。U形管式需读取两个液柱高度值，使测量误差增大，一般为±(1.5%～2.0%)。两者工作压力（表压）当使用玻璃管时一般均不超过50000Pa。

液柱式压力计中所充液体及其特性可参见表17-18。应根据被测压力值大小选用合宜的充液。

表17-18 液柱式压力计充液特性

名称	密度(20℃时)/(kg/m^3)	体积膨胀系数(20℃时)/℃$^{-1}$	毒性	名称	密度(20℃时)/(kg/m^3)	体积膨胀系数(20℃时)/℃$^{-1}$	毒性
酒精	0.790×10^3	112×10^{-5}	无	四氯化碳	1.594×10^3	124×10^{-5}	有
水	0.998×10^3	20.7×10^{-5}	无	水银	13.546×10^3	18.2×10^{-5}	有

如需较精确地测定低于 2400Pa 的压力或负压，可采用倾角式微压计，其工作原理示于图 17-18。

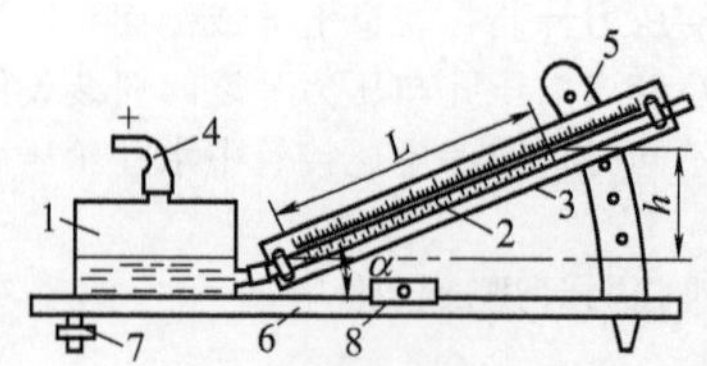

图 17-18 倾角式微压计工作原理

1—容器；2—测量用倾斜管；3—标尺；4—连接管；5—支架；6—底盘；7—螺丝支架；8—水准器

微压计的容器与被测压力点相联，倾斜管的开端与大气相通。倾斜管的可变角度（α）的变化范围为 15°～30°。被测压力的表压值可按下式计算：

$$p=L\rho\left(\sin\alpha+\frac{f}{F}\right) \tag{17-17}$$

式中 p——被测压力的表压力值，Pa；

L——倾斜管中充液柱的长度，m；

α——倾斜管的倾角，(°)；

f，F——倾斜管与容器的横截面积，m^2；

ρ——充液密度，kg/m^3。

倾角式微压计的测量误差约为±(1.2%～1.5%)。

四、液柱式差压计

差压计用于测定锅炉中介质在管道中因流动阻力而造成的压力降。此外，也用于确定节流式流量计的差压值。差压计结构形式很多，液柱式差压计是其中的一种。

液柱式差压计有单管式和双管式两种，后者又称 U 形管式，其结构特点、测量误差和应用范围列于表 17-19。其结构示于图 17-19 和图 17-20。

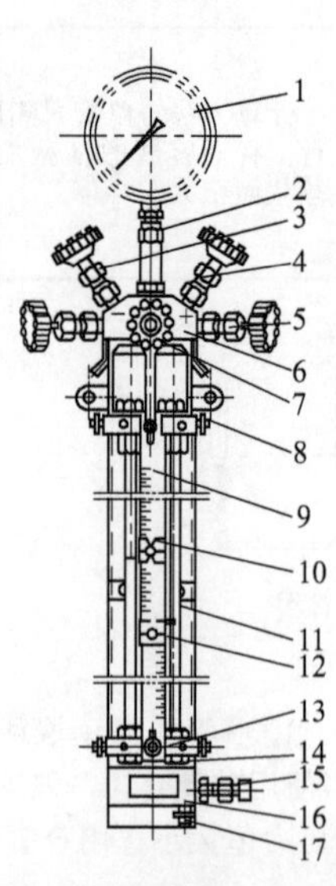

图 17-19 玻璃管式双管液柱差压计

1—压力表；2—压力表接头螺丝；3—低压阀门；4—高压阀门；5—冲洗阀门；6—上接块；7—平衡阀门；8—玻璃管接头；9—刻度尺；10—指针；11—护罩；12—玻璃管；13—螺丝；14—下玻璃管接头；15—放水阀门；16—下接块；17—放水管

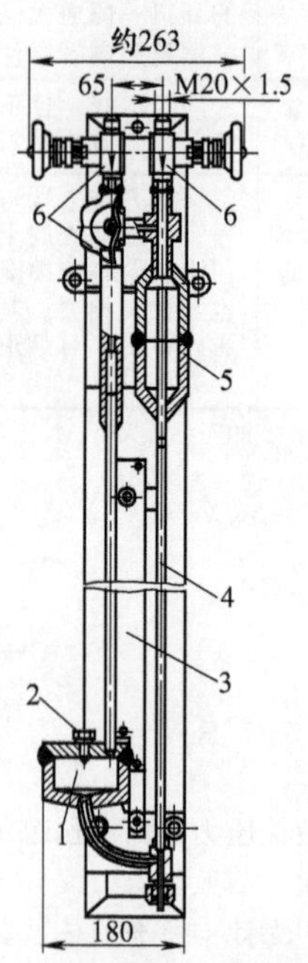

图 17-20 钢管式单管液柱差压计

1—直径为 80mm 的容器；2—充液注入的接头；3—刻度板；4—测量管；5—充液分离器；6—差压连接阀

双管式液柱差压计的计算式为：

$$p_1-p_2=(\rho-\rho_0)g\Delta h \tag{17-18}$$

式中 p_1——高压端压力，Pa；

p_2——低压端压力，Pa；

ρ——充液密度，kg/m^3；

ρ_0——被测介质密度，kg/m^3；

Δh——两管内液柱高度差，m；

g——重力加速度，m/s^2。

表 17-19 液柱式差压计形式及特点

形 式	应用范围	结构特点	测量误差
单管式 玻璃管 钢管	最大工作压力 0.15MPa，测量压差范围 0～2000mm 液柱（充液液柱高度） 最大工作压力 40MPa，测量压差范围 0～2000mm 液柱	参见图 17-20，图示为钢管式，工作压力 40MPa，液面上浮有一个钢球，在钢管外通过移动电路中的感应线圈位置，可确定显示水银充液面高度的钢球位置。测得液位高度（h）值后，乘以仪表常数（k），即可确定所测差压值。玻璃管式的液位可直接读出	测量上限的 1.5% 测量上限的 1.5%
双管式 玻璃管 钢管	最大工作压力为 16MPa，测量压差范围 0～700mm 液柱 最大工作压力为 25MPa，测量压差范围 0～1200mm 液柱	参见图 17-19。图示为玻璃管式，工作压力为 16MPa。差压计的低压阀门和高压阀门分别接低压端和高压端。根据玻璃管上指针所示两玻璃管的充液液位，可读出两玻璃管之间的液柱高度差 Δh，再按式（17-18）算出差压值	±2mm 液柱 测量上限的 1%～1.5%

液柱差压计的连接管内直径不得小于 8mm，长度不应超过 30m。

玻璃管式液柱差压计在测量水、汽、燃油流量时采用水银作为充液，在测气体流量时一般以染色水或酒精作充液。

钢管式液柱差压计采用水银为充液。在测量较小差压时（5～7kPa）可采用三溴甲烷（20℃时的密度为 $2890kg/m^3$）或二氯乙烷（20℃时密度为 $2815kg/m^3$）作为充液。

在被测介质为燃油时，压差应经过充有液体（机油等）的分隔容器再传给差压计。

测量液体差压时，差压计应安装在测点下方，以避免管内气体进入连接管及仪表，见图 17-21（a）；如必须安装在测点上方，则在连接管线最高点应设置集气器，如图 17-21（b）所示。

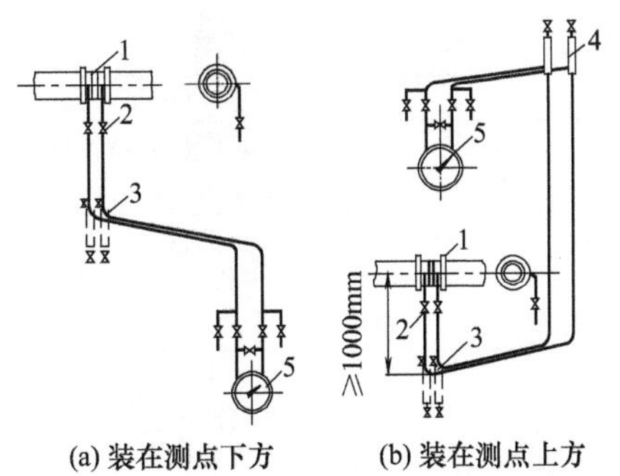

图 17-21 测量液体差压时的差压计安装方式

1—节流装置；2—阀门；3—沉降器；4—集气器；5—差压计

测量蒸汽差压时，差压计应装在测点下方，且应使连接管线中凝结水柱的压力相同。为此，可在测点附近同一标高上装两个平衡冷凝容器，如图 17-22 所示。差压计如需装在测点上方，则在连接线最高点还应装设集气器，参见图 17-22（b）。

在测量气体差压时，差压计应装得高于测点，以免气体冷却时产生的凝结水进入差压计。否则必须在连接管线下端装一带排污阀的沉降器，如图 17-23（b）所示。

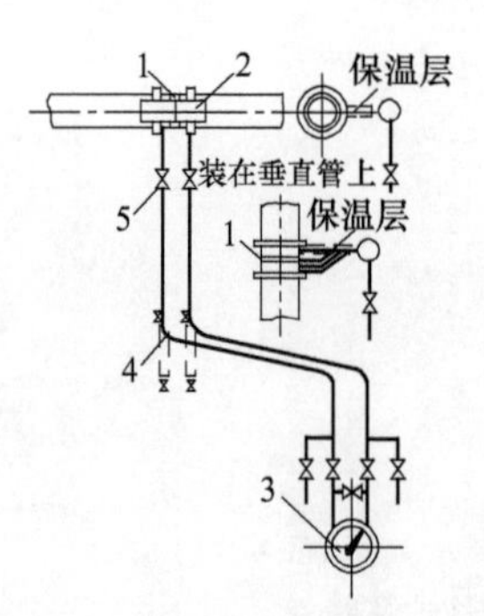

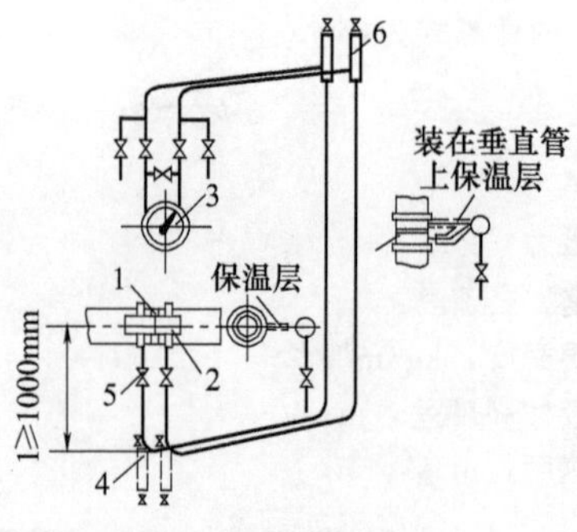

(a) 差压计在节流装置上方 (b) 差压计在节流装置下方

图 17-22 测量蒸汽差压时的差压计安装方式

1—节流装置；2—冷凝器；3—差压计；4—沉降器；5—阀门；6—集气器

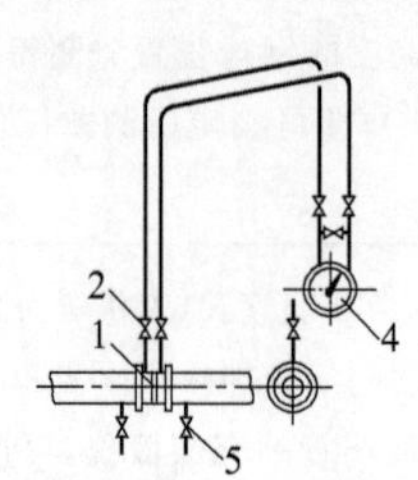

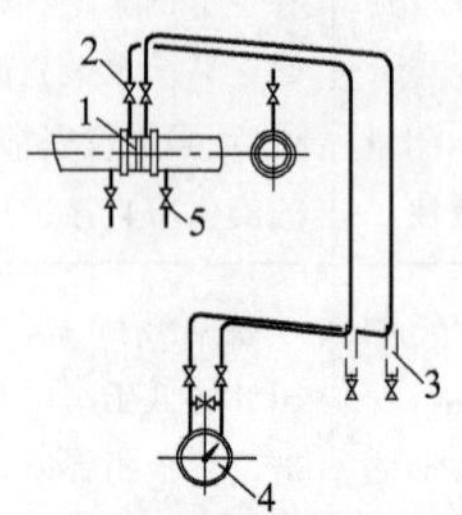

(a) 差压计在节流装置上方 (b) 差压计在节流装置下方

图 17-23 测量气体差压时的差压计安装方式

1—节流装置；2—阀门；3—沉降器；4—差压计；5—吹洗阀

五、膜式压力计及差压计

在锅炉测试中，膜式压力计主要用于烟道、空气管路中的压力或负压测量，测量范围较小，一般为±(0～0.04)MPa。

膜式压力计根据传压元件的不同具有不同的结构形式，其类型、结构特点及工作原理参见表 17-20 及图 17-24。

表 17-20 膜式压力计类型、结构特点及工作原理

类型名称	结构特点及工作原理
膜片式压力计	参见图 17-24(a)。金属弹性膜片两侧分别作用着被测压力(p)和大气压力(p_0)。膜片因压差产生位移。此位移经传动机构在表盘上显示压力读数。此位移量也可由气动或电动方式远传和记录
膜盒式压力计	参见图 17-24(b)。膜盒由弹性膜片焊成。膜盒与被测压力(p)相通，膜盒外面作用着大气压力。膜盒因内外压差而变形时，因变形产生的位移量可通过传动机构在表盘上显示压力读数。此位移量也可由气动或电动方式远传和记录
波纹管式压力计	参见图 17-24(c)。波纹管由多层弹性膜片焊成。管内为大气压力，管外承受被测压力，管上装有复位弹簧。当波纹管因内外差压压缩弹簧而产生位移时，此位移也可由传动机构使压力读数在表盘上显示。此位移量也可由气动或电动方式远传和记录

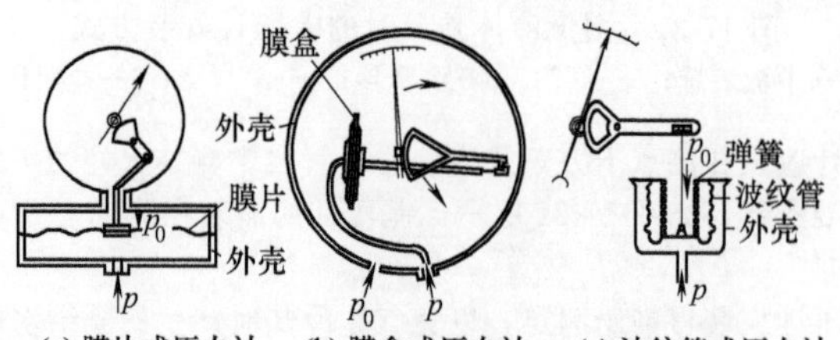

(a) 膜片式压力计 (b) 膜盒式压力计 (c) 波纹管式压力计

图 17-24 膜式压力计

当传压元件两侧作用力分别为被测差压的高压及低压时，传压元件的位移量即反映了被测压差的大小。这样制成的膜式仪表称为膜式差压计。常用的膜式差压计类型、结构特点及工作原理可参见表 17-21、图 17-25 及图 17-26。

表 17-21 膜式差压计类型、结构特点及工作原理

类型名称	结构特点及工作原理
膜片式差压计	参见图 17-25(a)。膜片两侧受到差压而使连杆位移，连杆上的铁芯将改变在差动线圈中的位置而引发电信号实行远传或自动记录。当膜片单侧受压或差压超过允许值时，与膜片相连的硬芯将压在密封环上，使膜片不再变形以达到过载保护的目的
膜盒式差压计	参见图 17-25(b)。膜盒两侧因受差压而使连杆位移。位于连杆上的铁芯将改变其在差动线圈中的位置而引发电信号实行远传或自动记录。当差压过大时，受力侧膜盒内所充液体将全部流入另一侧，直到受力侧膜盒的两膜片紧贴不再变形为止。这样就可达到过载保护的目的
双波纹管差压计	参见图 17-26。被测压差的高压及低压分别作用在两个波纹管上。如高压增高或低压降低时，高压侧波纹管受压缩，波纹管内所充液体经轴环隙进入低压波纹管，使后者自由端面向右移动并拉伸量程弹簧。当波纹管受力与弹簧变形力平衡时，波纹管达到新的平衡位置。波纹管移动时，连杆上的挡板带动摆杆使扭力管扭转并将位移信号传出。根据此信号可定出差压值

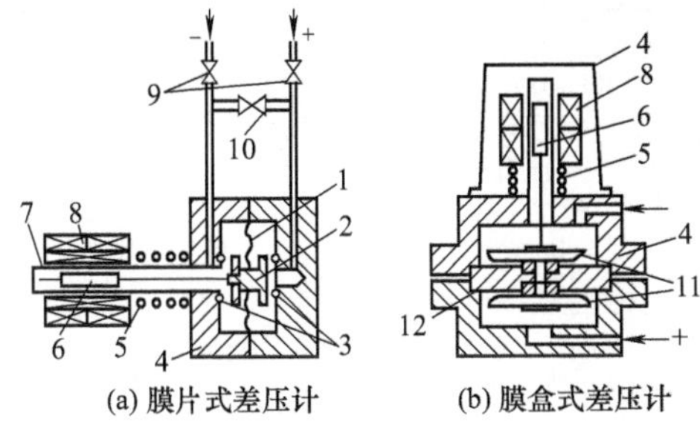

图 17-25 膜片式差压计及膜盒式差压计的结构示意

1—膜片；2—硬芯；3—密封环；4—壳体；5—弹簧；6—铁芯；7—套管；8—差动变压器线圈；9—截止阀；10—平衡阀；11—膜盒；12—隔板

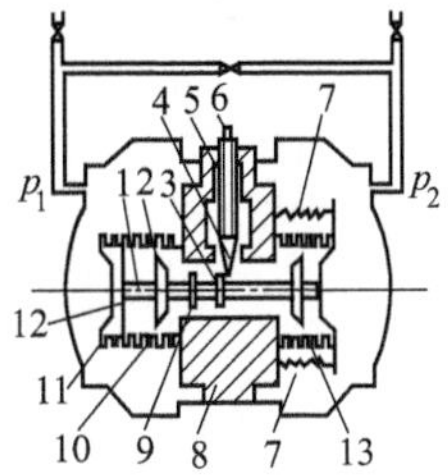

图 17-26 双波纹管差压计的结构示意

1—连接轴；2—单向过载保护阀；3—挡板；4—摆管；5—扭力管；6—芯轴；7—量程弹簧；8—中心基座；9—阻尼环；10—高压波纹管；11—充液温度补偿波纹管；12—隔板；13—低压波纹管

六、气动式差压传感器

气动式差压传感器可以将被测差压变换成气压信号进行传送。这种传感器具有结构简单、可靠易修、能远距离传送且较电动式具有防爆的特点。

气动式差压传感器需要压缩空气源，因而主要用于需考虑防爆的燃油锅炉。这种传感器的类型和结构原理列于表 17-22、图 17-27 和图 17-28。

表 17-22 气动式差压传感器类型、结构特点及工作原理

类型名称	结构特点及工作原理
位移平衡型气动式差压传感器	参见图 17-27。图中，差压转换元件(如膜片等)因差压造成的位移使指针转动。同时通过传动机构使挡板接近喷嘴，改变了喷嘴喷出的空气量，于是喷嘴背压增大，此压力经转换器放大呈输出压力输出。输出压力又作用在风箱上，压缩弹簧，将挡板自喷嘴处拉开，起到位移反馈作用。这样可使差压元件的位移变成与之成正比的输出压力输出
力平衡型气动式差压传感器	参见图 17-28。当差压输入传感器时，感压膜片产生的力(F_1)使挡板靠近喷嘴，使喷嘴背压增大并通过转换器放大呈输出压力。同时此输出压力导入风箱，风箱中产生的力通过杠杆产生反馈力(F_2)，将挡板自喷嘴处拉开。这样可使输出压力值与传感器测定的差压值成正比

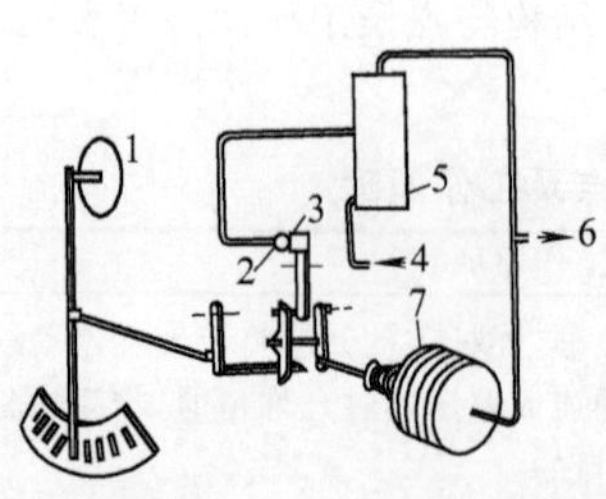

图 17-27 位移平衡型气动式差压传感器结构示意
1—差压转换元件；2—喷嘴；3—挡板；4—压缩空气源；5—转换器；6—输出压力；7—风箱

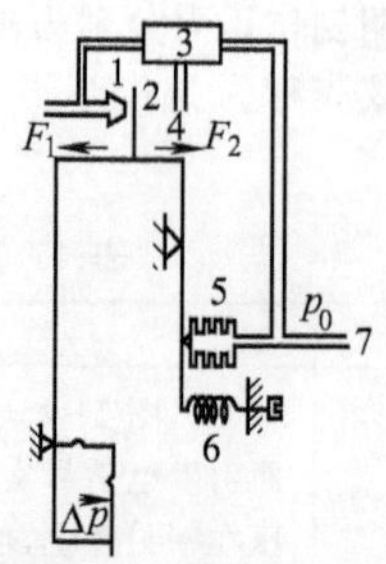

图 17-28 力平衡型气动式差压传感器结构示意
1—喷嘴；2—挡板；3—转换器；4—压缩空气源；5—风箱；6—弹簧；7—输出压力

七、电动式差压传感器

电动式差压传感器将感压弹性元件的位移转换成与差压相对应的输出电信号并进行远传。

电动式差压传感器的类型、结构特点及工作原理可参见表 17-23。

表 17-23 电动式差压传感器的类型、结构特点及工作原理

类型名称	结构特点及工作原理
单杠杆力平衡式差压传感器	参见图 17-29。被测差压经弹性元件的位移转换为力(F_1)并作用在杠杆 A 点时,使系统失去力平衡。杠杆 1 即以耐压密封支点 O 为中心顺时针转动并改变了检测片与检测线圈之间的距离(δ)。δ 值的变化通过位移检测放大器转变为相应的输出电流(I)输出。输出电流通过与杠杆 B 点相连的反馈机构动圈与永久磁铁作用,产生反馈力(F_2),并使杠杆恢复力平衡。输出电流与弹性元件所受差压呈正比。实用系统中,为增加量程,缩小传感器尺寸常用双杠杆力平衡式差压传感器。其作用原理与单杠杆式类似
应变式差压传感器	参见图 17-30。在弹性元件单晶硅片上用扩散法或真空镀膜法形成四个压敏电阻 R_1、R_2、R_3、R_4。这些电阻两个在硅片周边,两个在硅片中部。硅片受差压作用变形时,周边上的电阻受压应力作用,电阻值减小,中部两电阻受拉应力作用,电阻值增大。此四电阻接成电桥并通以恒定电流 I_0,当这些电阻值变化时,电桥有不平衡电压输出,再经放大后转换成电流信号输出
差动电容式差压传感器	参见图 17-31。图中,当可动电极两侧压力相等,即未受差压时,可动电极与其两侧的固定电极间的间隙相等,均为 d_0,因而两电容相等。受差压时,可动电容发生位移,两侧间隙不相等,相应的两电容也不相等。测定电容量变化即可确定差压值
差动电感式差压传感器	在弹性膜片两侧磁芯中布置两个对称的电感线圈。不受差压时,膜片在中间位置,两线圈电感值相等,输出信号为零。承受差压时,膜片位移,改变了膜片与两侧磁芯间的气隙大小,引起磁路电阻变化,并使两电感线圈的电感量变化。通过与线圈相连的电桥可输出一个与膜片位移相应的电压信号。据此可确定被测差压值的大小

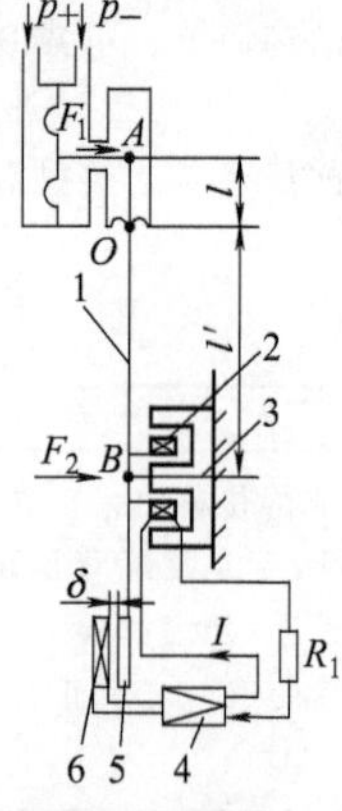

图 17-29 单杠杆力平衡式差压传感器
1—主杠杆；2—反馈动圈；3—永久磁铁；4—位移检测放大器；5—检测片；6—位移检测线圈

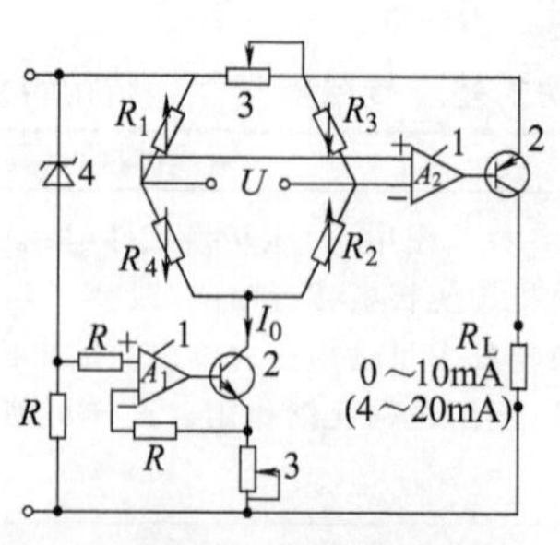

图 17-30 应变式差压传感器工作原理
1—运算放大器；2—三极管；3—可调电阻；4—二极管

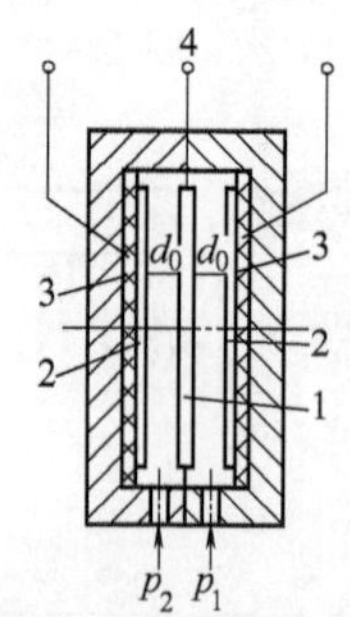

图 17-31 差动电容式差压传感器
1—可动电极；2—固定电极；3—绝缘体；4—引出线

应用电动式差压计的各种工作原理也可制成各种电动式压力计，以便在测量锅炉烟道或空气管道中的压力和负压时应用。

第三节 锅炉的温度测量

一、概述

在进行锅炉试验或运行时常需测定锅炉的水、蒸汽、空气、燃气、燃油、烟气等介质的温度及锅炉管件的金属壁温。根据被测介质的种类、温度变化范围、测量精度要求等可采用不同测量方式进行测量。

锅炉的水、蒸汽、空气、燃气、燃油和烟气温度可用热电偶温度计和电阻温度计测定。热电偶温度计还用于测管壁温度。电阻温度计一般用于测各种介质温度的运行控制仪表。

水银玻璃温度计用于进行辅助性低温测量。在小型锅炉中也用于测量给水、蒸汽或烟气的温度。

在进行锅炉燃烧测试时常应用辐射高温计和抽气热电偶来测定炉膛中的火焰温度和高温烟气温度。

二、水银玻璃温度计

水银玻璃温度计按其测量准确度分为工程用、实验室用和标准式三种。锅炉测试时一般采用实验室用水银玻璃温度计。

这种水银玻璃温度计的主要参数列于表 17-24。

表 17-24 实验室用水银玻璃温度计的主要参数

<table>
<tr><th>序号</th><th>测量范围/℃</th><th>最大全长/mm</th><th>标尺最小长度/mm</th><th>测温泡底至标尺起点最小长度/mm</th><th>直径/mm</th><th>浸没长度/mm</th><th>分度值/℃</th><th>示值允许误差/℃</th></tr>
<tr><td rowspan="4">H</td><td>0～50</td><td rowspan="4">250</td><td rowspan="4">100</td><td rowspan="4">70</td><td rowspan="4">6～7.5</td><td rowspan="4">局浸
70</td><td rowspan="4">0.5</td><td rowspan="2">±0.5</td></tr>
<tr><td>0～100</td></tr>
<tr><td>100～200</td><td rowspan="4">±1.0</td></tr>
<tr><td>200～300</td></tr>
<tr><td rowspan="6">I</td><td>0～50</td><td rowspan="2">250</td><td rowspan="2">100</td><td rowspan="6">70</td><td rowspan="4">6～7.5</td><td rowspan="7">局浸
70</td><td rowspan="6">1</td></tr>
<tr><td>0～100</td></tr>
<tr><td>0～150</td><td rowspan="2">300</td><td rowspan="2">140</td><td rowspan="2">±1.5</td></tr>
<tr><td>0～200</td></tr>
<tr><td>0～300</td><td>380</td><td>210</td><td>6～8</td><td>±2.0</td></tr>
<tr><td>0～350</td><td>420</td><td>250</td><td>6～8</td><td rowspan="2">±3.0</td></tr>
<tr><td rowspan="4">J</td><td>0～300</td><td>300</td><td rowspan="2">140</td><td>70</td><td>6～7.5</td><td rowspan="4">2</td></tr>
<tr><td>0～400</td><td>350</td><td rowspan="3">100</td><td rowspan="3">6～8</td><td rowspan="3">局浸
100</td><td rowspan="2">±4.0</td></tr>
<tr><td>0～500</td><td>380</td><td>175</td></tr>
<tr><td>0～600</td><td>420</td><td>210</td><td>±6.0</td></tr>
</table>

在锅炉测试中，水银玻璃温度计一般置于不锈钢保护套内。当被测工质压力为 0.785～1.47MPa 时，套管壁厚不大于 1～1.5mm；当压力为 1.47～5.9MPa 时，套管壁厚为 2～2.5mm；当压力为 5.9～29MPa 时，套管壁厚为 3～5.5mm。套管内直径与温度计外直径之差应不大于 1～2mm 且在温度计插入孔处应采用专用螺纹封紧。保护套安装方法参见图 17-32。

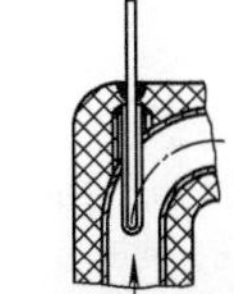

(a) 沿管道中心线(装在弯管内，管直径＜200mm)

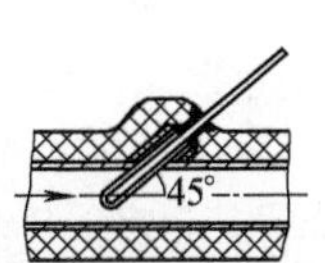

(b) 倾斜于水平管道的中心线(管直径＜200mm)

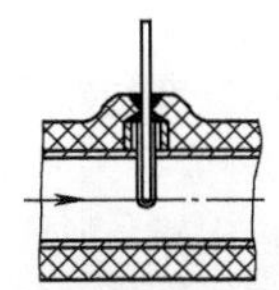

(c) 垂直于水平管道中心线(管直径＞200mm)

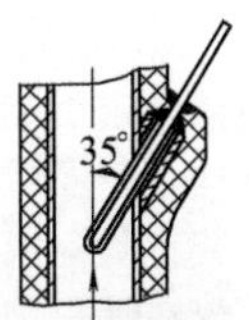

(d) 倾斜于垂直管道中心线(管直径＞200mm)

图 17-32 水银玻璃温度计及保护套安装方式

为改进传热条件，在被测温度≤150℃时，在保护套与温度计测温泡之间可充以机油；当被测温度高时，可充以铜屑。

三、电阻温度计

电阻温度计利用金属和半导体的电阻随温度变化而变化的特点来测量温度；前者称金属电阻温度计，后者称半导体电阻温度计。

金属电阻温度计的常用电阻体材料有铂、铜、镍等。中国规定的铜、铂、镍电阻的基本特性参数列于表17-25。表中 t 为被测温度（℃）。

表 17-25 金属电阻体的基本特性参数

名称	代号	分度号	测温范围/℃	测温允许误差/℃	0℃时标准电阻 R_0/Ω		100℃和0℃时的相对电阻 R_{100}/R_0	
					名义值	允许误差	名义值	允许误差
铜电阻	WZC	Cu50	−50～150	$\pm(0.3+6\times10^{3}t)$	50	±0.05	1.428	±0.002
		Cu100			100	±0.1		
铂电阻	WZF	Pt10	0～850	A级 $\pm(0.15+2\times10^{-3}t)$	10	A级 ±0.006 B级 ±0.012	1.385	±0.001
		Pt100	−200～850	B级 $\pm(0.3+5\times10^{-3}t)$	100	A级 ±0.06 B级 ±0.12		
镍电阻	WZN	Ni100	−60～180	对−60～0℃ $\pm(0.2+2\times10^{-2}t)$ 对0～180℃ $\pm(0.2+1\times10^{-2}t)$	100	±0.1	1.617	±0.003
		Ni300			300	±0.3		
		Ni500			500	±0.5		

中国规定的工业用铜电阻体的温度特性，即在温度为 t 时的电阻值 R_t 可按下式计算（在其测温范围内）：

$$R_t=R_0(1+At+Bt^2+Ct^3) \tag{17-19}$$

式中 R_0——0℃时的电阻值，Ω；

t——所测温度值，℃；

A——常数，等于 4.28899×10^{-3} ℃$^{-1}$；

B——常数，等于 -2.133×10^{-7} ℃$^{-2}$；

C——常数，等于 1.233×10^{-9} ℃$^{-3}$。

铂电阻体的电阻值在−200～0℃之间用下式计算：

$$R_t=R_0[1+At+Bt^2+Ct^3(t-100)] \tag{17-20}$$

式中 A——常数，等于 3.90802×10^{-3} ℃$^{-1}$；

B——常数，等于 -5.802×10^{-7} ℃$^{-2}$；

C——常数，等于 -4.2735×10^{-12} ℃$^{-4}$。

在温度为0～850℃之间，铂电阻体的电阻值按下式计算：

$$R_t=R_0(1+At+Bt^2) \tag{17-21}$$

式中，A、B 的值与式（17-20）相同。

对于镍电阻体，中国尚未定出相应的温度特性计算式。

金属电阻温度计的结构示于图17-33。直径为0.07mm左右的金属丝（铂丝或铜丝等）用无感双绕法绕在绝缘支架上（云母、石英、陶瓷或塑料支架）形成电阻体。电阻体外有保护套管。金属电阻体已制成铠装式，其结构为将感温元件焊在带保护管与绝缘材料的导线上，再在外面焊一段短管保护感温元件，并在两者之间填满绝缘材料，最后焊上封端。

铠装电阻温度计具有外径小、热惯性小、能耐冲击振动、寿命长及可在复杂条件下安装等优点。一般外径为2～8mm，最小可制成1mm。

金属电阻温度计常采用便携式或电子自动记录平衡电桥作为测定电阻的二次仪表。温度计与平衡电桥采用两线制或三线制连接。图 17-34（a）所示为两线制，此时连接导线因温度改变而产生的电阻值 R_1 将全部归入电阻体的电阻 R_t 的变化中，因而会影响测温的准确性。采用三线制时［见图 17-34（b）］，电桥的一个顶点移至电阻体的端部，连接导线被接入电桥的相邻桥臂中。因此连接导线的电阻因温度而发生的变化不会影响测温的准确性。

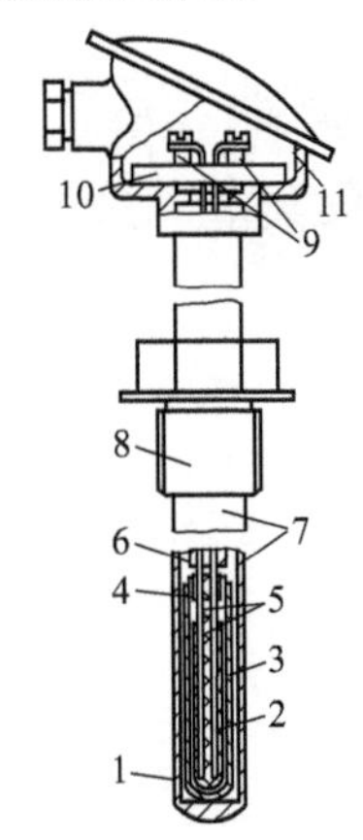

图 17-33 金属电阻温度计结构
1—陶瓷支架；2—电阻体；3—保护套；4—陶瓷塞；5—引出线；6—绝缘管；7—保护套管；8—螺纹接头；9—螺钉；10—接线座；11—接线盒

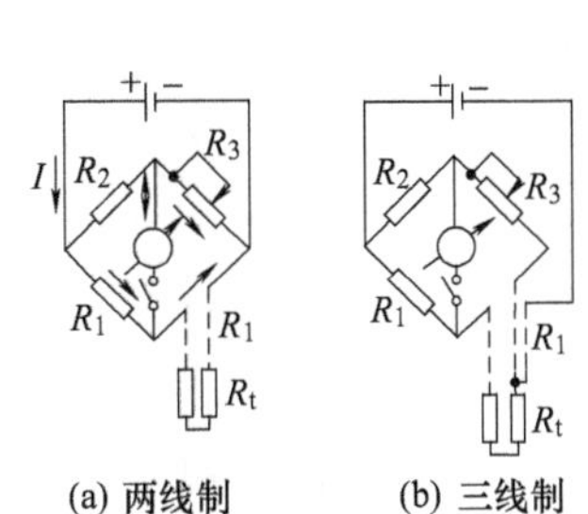

图 17-34 金属温度计的接线方式

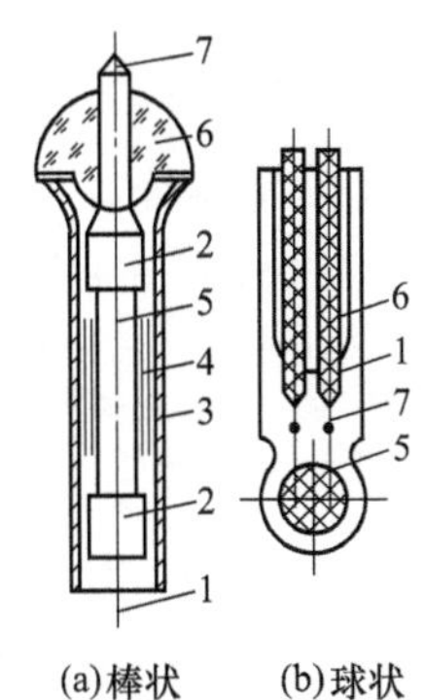

图 17-35 半导体电阻体结构
1—引线；2—罩；3—保护套；4—薄板；5—测温元件；6—玻璃绝缘体；7—电极

半导体电阻温度计的电阻体用镍、钛、铜、铁等金属的氧化物为原料经精制烧结而成。根据测温需要可制成棒状、珠状等形式（参见图 17-35），其直径为 2～6mm。

半导体电阻温度计测温范围为－100～300℃，其电阻与温度的关系可用下列经验式表示：

$$R_T = A e^{B/T} \tag{17-22}$$

式中 R_T——在热力学温度 T 时的半导体电阻值，Ω；

T——被测温度，K；

A，B——与电阻的材料及结构有关的常数。

半导体电阻与金属电阻相比具有反应灵敏、体积小、热惯性小和结构简单等优点。其缺点为互换性差和温度的对应关系不稳定，会随时间而变化。

半导体电阻温度计均采用不平衡电桥以测量电阻值。

四、热电偶温度计

1. 热电偶结构及其特性

热电偶的感温元件为两根不同材料的导线（也称热电极），其一端彼此连接称为工作端或热端。其不连接端称为自由端、参考端或冷端。当热电偶感温元件的连接端与不连接端存在温度差别时，在感温元件导线中即会产生电动势。用二次仪表测出此电动势，即可根据电动势与温差的函数关系求出此温差。当此温差中一端温度已知时，即可测出另一端的温度值。

工程用热电偶的结构示于图 17-36，热电偶的自由端通过带接线柱的接头和连接导线或二次仪表相连。热电极除工作端或自由端外均装有绝缘瓷套管或其他绝缘材料，并大多在外面装有保护套管。

铠装热电偶由热电偶丝、绝缘材料和金属套管组合在一起，是经拉伸而成的组合热电偶。其优点为外径小（最小可到 0.2mm）、热惯性小，可任意弯曲和便于安装。图 17-37 所示为铠装热电偶及其测量端的结构。

热电偶温度计可广泛用以检测－200～1300℃范围内的温度。用特殊材料制成的热电偶温度传感器还可以检测高达 3000℃或低至 4K 的温度。工业用热电偶热电势对分度表的偏差等在我国 GB/T 2614—2010、GB/T 2903—2015 和 GB/T 3772—2010 中均有明确的规定。

热电偶可分为标准化和非标准化两类。前者按国家规定定型生产，具有统一的分度表、热电极材料、热

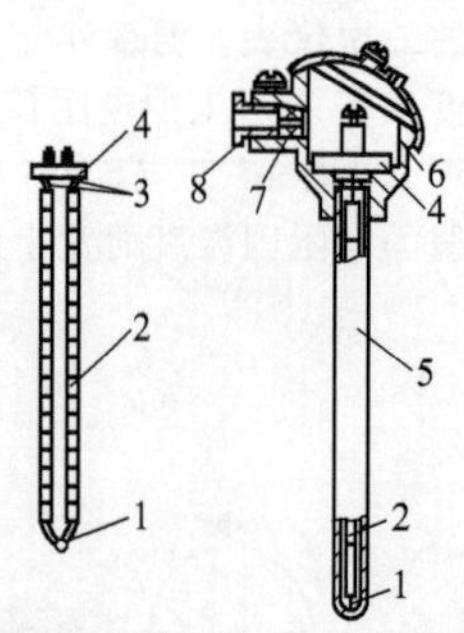

(a) 无保护套管的热电偶 (b) 有保护套管的热电偶

图 17-36 工程用热电偶结构

1—工作端；2—瓷套管；3—热电极；4—带接线柱的接头；5—保护套管；6—接线盒；7—引出线孔的密封圈；8—引出线孔螺母

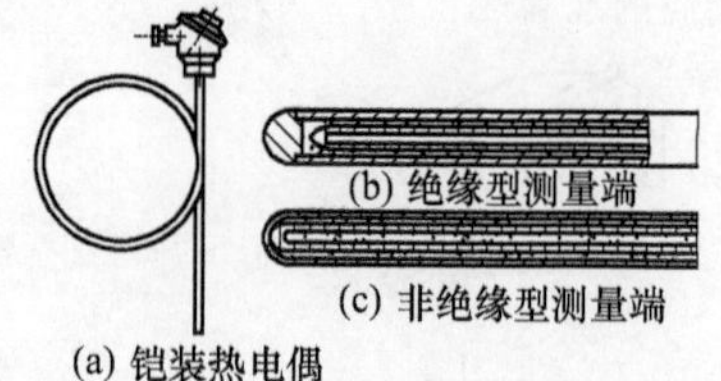

图 17-37 铠装热电偶及其测量端结构

电势性能和允许误差，能互换使用方便。

锅炉测试中部分中国标准化热电偶的使用温度范围可参见表 17-26。

表 17-26 中国部分标准化热电偶的使用温度范围

热电偶名称	使用温度范围/℃	热电偶名称	使用温度范围/℃
铂铑 30-铂铑 6	600～1700	镍铬-镍硅或镍铬硅-镍硅	－40～1300
铂铑 10-铂	0～1100；1100～1600	铜-康铜	－40～350

当应用计算机处理温度测试数据时需应用热电偶的热电势与温度的函数关系。中国国家标准已给出了各种标准热电偶的温度和热电势之间的多项式函数关系式。此关系式的形式为：

$$t=\sum_{i=0}^{n}C_{\mathrm{i}}(E)^{i} \tag{17-23}$$

式中 t——温度，℃；

E——热电势，mV；

C_{i}——系数，根据热电偶型号的不同而不同，可由各热电偶相应表格中查到。

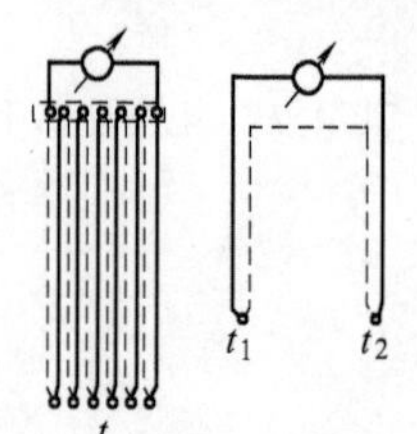

(a) 热电堆 (b) 差值热电偶

图 17-38 热电堆和差值热电偶的接线方式

2. 热电偶的接线方式

需测定两处温差，可采用差值热电偶接线方式，见图 17-38 (b)，图中 t_1 及 t_2 为两处温度，而二次仪表指示的热电势即表明此温差的大小。如需增大热电偶输出的热电势时，可采用图 17-38 (a) 所示接线方式。图中将数对热电偶作串联连接，形成多测点热电偶，称作热电堆。热电堆的工作端和自由端分别置于各自温度相同的温度区中。热电堆产生的热电势正比于串联在热电堆中的热电偶数量。

标准热电偶的分度是在自由端温度为 0℃下制定的，如热电偶自由端温度为 0℃，则按二次仪表读出的热电势（E）值即可在相应的热电偶分度表上查得被测温度值。如自由端温度为 t_0，则应按下式算出自由端温度为 0℃时的热电势值，然后再在分度表上查出相应的被测温度值。此计算式为：

$$E_{t0}=E_{tt_0}+E_{t_0 0} \tag{17-24}$$

式中 E_{t0}——工作端温度为 t，自由端温度为 0℃时的热电势，mV；

E_{tt_0}——工作端温度为 t，自由端温度为 t_0 时的热电势，mV；

$E_{t_0 0}$——工作端温度为 t_0，自由端温度为 0℃时的热电势，mV。

为保证测量过程中自由端温度恒定，可采用恒温法或冰点槽法。恒温法将热电偶（或补偿导线）的自由端置于电加热的恒温器内。冰点槽法将自由端置于盛满冰水混合物的槽中，以长期保持自由端温度为 0℃。

如需用一台二次仪表（测温毫伏计、自动电位差计或数字温度计等）测量数对热电偶的热电势，则可用一个多点转换开关按图 17-39 进行接线。图中，因被测温度点距二次仪表较远，所以采用了补偿导线将热电偶自由端移到较远处。为避免自由端温度（t_0）的变化引起测量误差，图中采用了自由端温度补偿器。这种补偿器应用补偿电桥的方法进行补偿。当自由端温度为20℃时，补偿器内电桥平衡。当自由端温度变化时电桥平衡被破坏从而产生电位差。此电位差与接在补偿器上的热电偶产生的热电势变化值相抵消，因此不会因自由端温度变化而引起热电势读数值的变化。

补偿导线的热电性质应与热电偶雷同，但价格较低，表 17-27 中列有常用补偿导线及其特性。

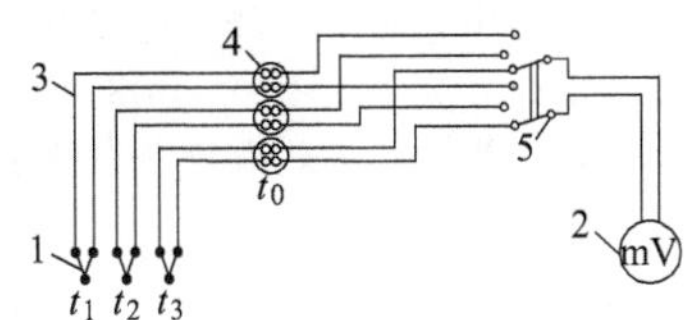

图 17-39 用一台仪表测量多对热电偶的接线方式

1—热电偶；2—二次仪表；3—补偿导线；4—自由端温度补偿器；5—双极多点转换开关

表 17-27 热电偶补偿导线及其特性

热电偶名称	补偿导线				工作端为 100℃、冷端为 0℃的标准热电势/mV	截面为 1.5mm² 的导线每 1m 长的电阻值/Ω
	正极		负极			
	材料	线芯绝缘层颜色	材料	线芯绝缘层颜色		
铂铑-铂	铜	红	镍铜	白	0.64±0.03	0.03
镍铬-镍硅	铜	红	康铜	白	4.10±0.15	0.35
镍铬-考铜	镍铬	褐绿	考铜	白	6.90±0.3	0.77
铜-康铜	铜	红	康铜	白	4.10±0.15	0.35

3. 热电偶的高温测量

在炉膛或烟道中测量高温烟气温度时，可采用带金属遮热罩的抽气热电偶进行。采用遮热罩可以减少热电偶工作端的辐射热损失，采用高速抽取被测高温气流的方法可加强对热电偶的对流加热，因而可减少热电偶的测温误差。这种热电偶在考虑辐射散热修正后，测量误差约为±1%。

图 17-40 示有两种带金属遮热罩的抽气热电偶的结构。图中，带遮热罩的抽气热电偶在工作端采用一层或多层同心管形成的遮热罩，遮热罩之间的间隙应大于 1.6mm。当烟温低于 800℃时采用碳钢制造遮热罩，温度高于 800℃时用合金钢或陶瓷材料。热电偶的其他部分置于一通水冷却的钢套管中。采用蒸汽或空气抽气器将被测高温烟气吸入并使之流过热电偶工作端，抽气速度为 30～120m/s。被测烟气温度高，则抽气速度大。抽气热电偶冷却水的出口温度应不超过 60～70℃。

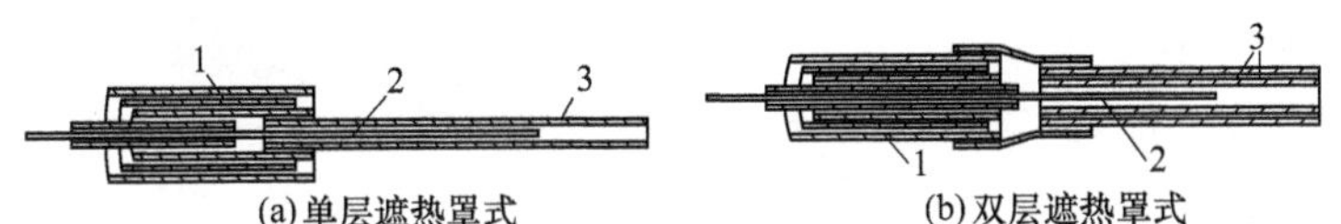

图 17-40 带金属遮热罩的抽气热电偶结构

1—钢套管；2—热电偶；3—遮热罩

4. 应用热电偶测量金属壁温

应用热电偶测量金属壁温，其测量精度主要与热电偶的工作端在金属上的贴合方法有关。当测量非受热管的外壁时，可采用图 17-41 所示方法安装热电偶。

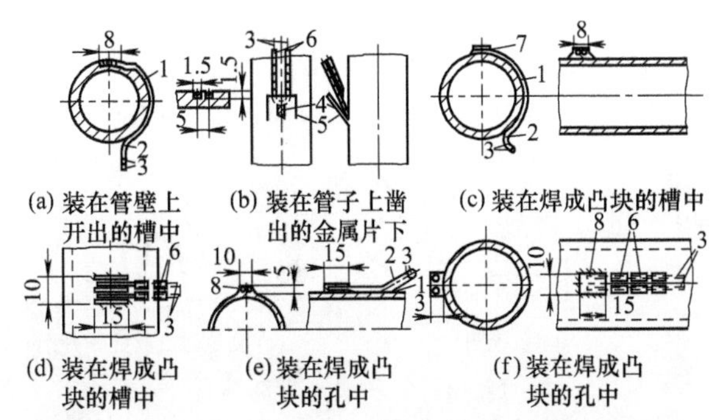

图 17-41 测量非受热管外壁温度时的热电偶安装方法

1—云母片；2—绝缘层；3—热电极；4—热电偶工作端；5—金属片；6—瓷套管；7—堆焊块；8—凸块

在图 17-41（a）中，热电偶的热电极分别嵌装在两个开在管壁上的小槽中；在图 17-41（b）中，用凿子在管子表面上开出一片金属，厚 0.5mm，宽及长各为 5mm。将热电偶工作端嵌入其中，再将金属片压住；在图 17-41（c）中，热电偶的热电极分开嵌装在用气焊堆焊在管壁上的小凸块内；在图 17-41（d）中，热电极装在焊成凸块锯出的凹槽中；在图 17-41（e）中，热电极装在焊成凸块的小孔中；在图 17-41（f）中，热电极也装在焊成凸块的小孔中，外面再加瓷套管加以绝缘。

在安装热电偶时为减少散热损失，必须将热电极紧压在管壁上并加保温。热电极引出导线在 500mm 长度内应绕上 10mm 的石棉绳，再包一层 40～50mm 厚的保温层。这样，在测量 150～600℃的温度范围时其测量误差一般不超过 1%。

当在炉膛或烟道内的受热管子上安装热电偶时，可采用图 17-42 所示的各种安装方法。

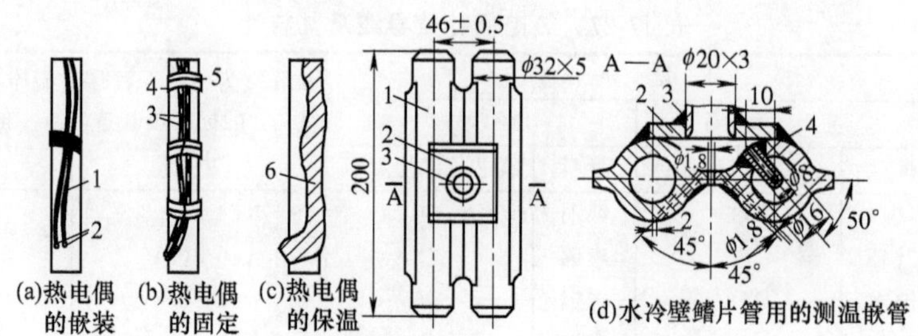

图 17-42 在受热管外壁安装热电偶的方法

1—热电极；2—热电极嵌入处；3—瓷套管；4—镍铬合金钢弧形夹箍；5—镍铬丝扎箍；6—金刚砂水泥

先在迎着烟气流动方向的管壁上钻两个直径为 2～3mm 和深度为 1.5～3mm 的小孔，将热电极工作端嵌装在孔中，见图 17-42（a）。热电偶引线用瓷套管绝缘并用镍铬合金钢弧形夹箍，每隔 100mm 长度将引线夹在管壁上，再用镍铬丝将弧形夹箍扎紧在管子上，见图 17-42（b）。热电偶引线沿管子轴线引出，并在其上用一层 3～4mm 厚的金刚砂水泥保温，见图 17-42（c）。

图 17-42（d）表示了测量炉膛鳍片管水冷墙壁温或局部热流密度时的嵌管式热电偶安装方法。此法将热电偶装在一段嵌管上，嵌管再嵌入并焊在已经切割的受热面管子上以测定受热面的壁温或局部热流密度。这种方法比较复杂，但可保证热电偶有较长使用寿命。一般在进行较长时间试验时采用。

热电偶及其二次仪表的校验一般是分开进行的。测温小于 300℃时，将热电偶置于水或油的恒温器中，用标准水银玻璃温度计校验。当温度较高但低于 1300℃时，则在电炉中用标准铂铑-铂热电偶进行热电偶校验。二次仪表的校验也可采用与标准二次仪表进行比较的方式。

五、辐射高温计

辐射高温计是利用物体辐射能随温度而变化的原理制成的测温仪表。测温时只需对准被测物体即可测出其温度，具有快速、简便且不破坏被测温度场等优点，但缺点是测温精度不高。一般用于锅炉炉膛温度的粗略测定。按其工作原理可分为光学式、辐射式和光电式三种。

1. 光学高温计

这种高温计的工作原理是将受热物体可见光辐射的亮度与用手调节的高温计中灯丝的辐射亮度相比较来测定受热物体的温度。图 17-43 所示为一种隐丝式光学温度计。由图 17-43（a）可见，这种高温计由光学系统和电测系统两部分组成。从目镜向物镜望去，可看到灯泡内灯丝的像与被测物体的像。高温计灯泡与电池、可变电阻组成一个可调节灯丝灯度的电路，并用指示仪表测定不同亮度时的灯丝电压降及灯丝的亮度温

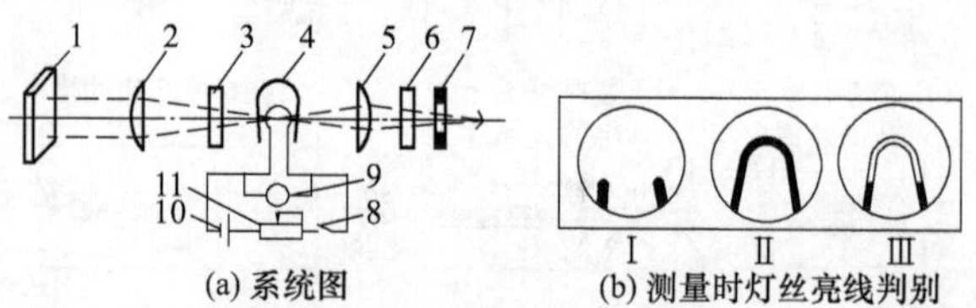

图 17-43 隐丝式光学高温计

1—被测物体；2—物镜；3—吸收玻璃；4—灯泡；5—目镜；6—红滤光器；7—光阑；8—指示仪表；9—电源开关；10—电池；11—可变电阻

Ⅰ—灯丝与物体亮度相同；Ⅱ—灯丝亮度低于物体亮度；Ⅲ—灯丝亮度高于物体亮度

度刻度值。测定时，调节灯丝亮度，当灯丝与被测物体的亮度相同时，灯丝的弧线隐灭，如图 17-43（b）中Ⅰ所示，由此即可确定被测物体的温度。当灯丝亮度低于物体的亮度时，灯丝图像将如图 17-43（b）中Ⅱ所示。反之，则将如图 17-43（b）中Ⅲ所示。

隐丝式光学高温计使用简便、误差也相对较小［±(1.5%～2.0%)］，但不能用于测定燃用气体燃料的炉膛温度，因此时火焰是无色的或微发光的。一般用来测量 800℃以上的高温，允许在离测温对象 0.7～5m 距离上测量温度。

除隐丝式光学高温计外，还有一种恒亮式光学高温计。其工作原理为保持灯丝亮度恒定，然后通过改变一片深浅不同的吸收玻璃的位置来使被测物体的亮度与灯丝亮度平衡。根据吸收玻璃的位置，即可得出被测物体的温度。

2. 辐射高温计

这种高温计的工作原理为将被测物体的光和热射线利用聚光镜或反射镜使之投射到测温元件上，然后再用电测仪表测出其温度。这种高温计有时也被称为全辐射高温计。

图 17-44 示有一种带热电堆的聚光镜式辐射高温计的系统。图中，被测物体的辐射能经聚光镜聚焦于测温元件热电堆上，然后再通过二次仪表读出被测物体的温度值。

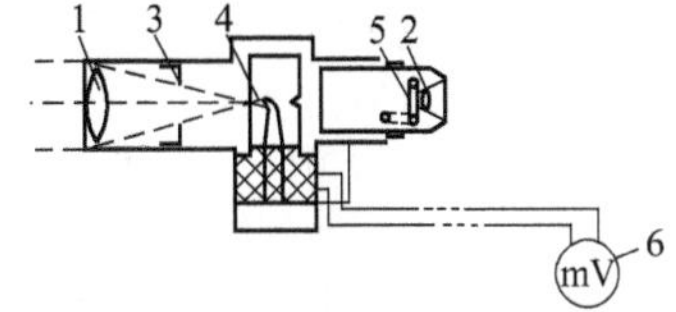

图 17-44 聚光镜式辐射高温计
1—物镜；2—目镜；3—光阑；
4—玻璃保护罩中的热电堆；
5—防护玻璃；6—二次仪表

除聚光镜式辐射高温计外，还有反射镜式辐射高温计。后者利用反射镜聚焦，其他工作原理与前者相近。

与光学高温计相比，辐射高温计的优点是不需专用电源和能远距离传送指示值。但误差稍大，约为±(2.5%～3.5%)，且仪表离测温对象的允许距离较短（0.5～1.5m）。为保护仪表过热和防止炉膛内火焰逸出，需装设专用附属装置。在测炉膛温度时，在测温孔上要装伸入炉膛的一端封闭的高温受热管，再将仪表对准此受热管的底部测出温度。高温受热管均由耐火材料制成并具有较高的辐射黑度系数。

3. 光电高温计

光电高温计的工作原理为使被测物体投射来的光通过光电元件产生一个正比于光强的电流或电压，然后再用二次仪表测出相应的温度值。

属于这一类高温计的有利用硅光电池的硅单色光电高温计等。光电高温计的测温误差约为±(1%～1.5%)。

第四节 烟气成分分析方法

一、概述

在锅炉试验和运行中为了检验和监督锅炉运行工况的经济性和安全性，常需进行锅炉燃烧生成的烟气取样和分析其组成成分。

烟气需要分析测定的主要为氧气、三原子气体（CO_2 和 SO_2）、可燃气体（CO、H_2、CH_4）、三氧化硫和氧化氮的含量。

烟气成分分析方法有容积分析法、色谱分析法、比色法、冷凝法及电测法等。根据不同烟气成分可采用不同分析方法进行分析。

二、奥氏烟气分析器

奥氏烟气分析器是一种基于烟气体积分析法的分析器，用于测量烟气中的 CO_2 和 SO_2 含量（简称 RO_2 含量）及 O_2 含量。具有结构简单，精度较高的优点，不足之处为需手工操作，分析时间较长。其测量相对误差为±(2%～3%)。

这种分析器使被分析烟气试样与各吸收剂反应后测量其减少的体积来确定其成分含量，其结构示于图 17-45。图中，三通旋塞可处于三种操作位置：在位置Ⅰ时为吸取烟气试样位置；在位置Ⅱ时为将管路中废气排往大气的位置；在位置Ⅲ时为已取好烟样进行烟气分析的位置。

吸收瓶 8 中充入氢氧化钾的水溶液，以吸收烟气中的 RO_2；吸收瓶 9 中装有焦性没食子酸的碱溶液，以吸收烟气中的 O_2；吸收瓶 10 中装有氯化亚铜氨溶液，用以吸收烟气中的 CO。由于对 CO 的吸收过程很慢，所以通常烟气中的 CO 含量可在其他全分析仪中测定。吸收剂装入瓶中的容量约为吸收瓶总体积的 60%。

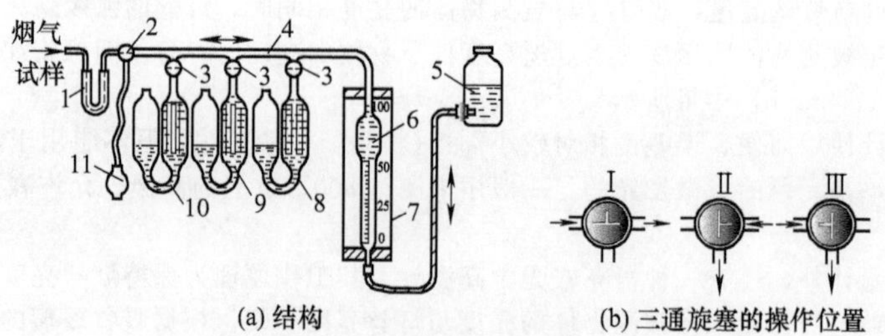

图 17-45 奥氏烟气分析器结构

1—过滤器；2—三通旋塞；3—双通旋塞；4—连通管；5—平衡瓶；6—量筒；7—水套管；8～10—吸收瓶；11—抽气皮囊

操作时，先排除可能随烟气进入的空气或其他气体。其法为使三通旋塞处于位置Ⅰ，使取样管与量筒接通，通过升降平衡瓶，使量筒先充满吸入的烟气，后又排出这部分烟气。经重复多次操作后，使分析器中吸入烟气确为烟气试样。在吸入烟气试样时，试样体积应略大于量筒的工作体积 100mL。此后升高平衡瓶使量筒烟样受到压缩，直到量筒中液位与零位线相平。然后迅速使三通旋塞由位置Ⅲ转为位置Ⅰ，即可得到大气压力下的体积为 100mL 的烟气试样。当再次使三通旋塞处于位置Ⅲ时，即可开始烟气成分分析工作。

烟气成分中应最先吸收 RO_2。先升高平衡瓶，再打开吸收瓶 8 上的双通旋塞使烟气试样压入吸收瓶 8。往复利用平衡瓶使烟气在吸收瓶中抽送 4～5 次后，将吸收瓶中吸收剂液位高度恢复到原位并关闭双通旋塞。此时，对齐量筒与平衡瓶的液位，读取气体减少的体积。读得的减少体积即反映了烟气中 RO_2 的体积百分数含量。

用同法，可通过吸收瓶 9 测定烟气试样中氧气 O_2 的体积百分数含量。此时，应注意在量筒中读得的体积减少值是 RO_2+O_2 的体积。因此 O_2 的体积百分数含量应是这次与上次读数值的差值。

由于焦性没食子酸的碱溶液也可吸收 RO_2，所以必须使烟气试样先通过吸收瓶 8，先吸除 RO_2，然后再经吸收瓶 9，吸除 O_2。

三、烟气全分析器

烟气全分析器可测定烟气试样中的 RO_2、O_2、CO、H_2、C_nH_m 和 N_2 的含量。其结构示于图 17-46。

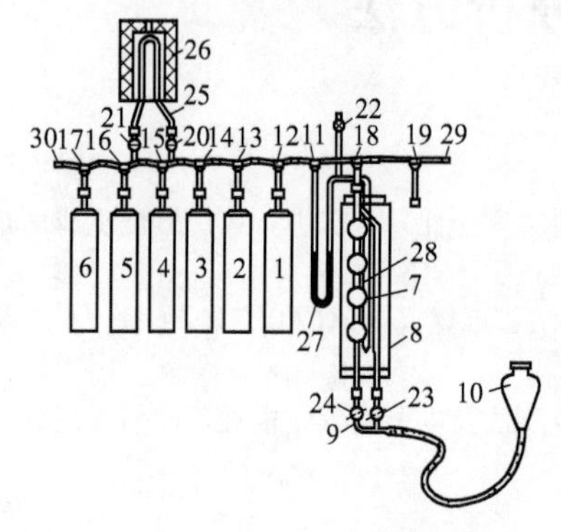

图 17-46 烟气全分析器结构

1～6—吸收瓶；7—量筒；8—水套管；9—三叉管；10—平衡瓶；11～19—三通旋塞；20～24—单通旋塞；25—装有氧化铜的燃烧管；26—电炉；27—气压计；28—补偿管；29,30—敞开支管

第一个瓶中装氢氧化钾吸收烟气中的 RO_2 成分；瓶 2 中装溴水以吸收 C_nH_m 成分；瓶 3 中装焦性没食子酸溶液以吸收 O_2 成分；瓶 4 中装氧化铜在硫酸中的悬浊液以吸收CO成分；瓶 5 中装氢氧化钾溶液用来吸收可燃成分在燃烧管中燃烧后生成的 CO_2 成分；瓶 6 中装密封液，可作为备用吸收瓶。与奥氏分析器相比在结构上多三个吸收瓶并增加了燃尽部分和补偿设备。

燃尽部分主要为测定可燃成分 H_2 和 CH_4 设立的，由充满氧化铜颗粒的金属燃烧管与加热到所需温度的电炉组成。

补偿设备用以消除环境压力和温度变化对被测容积的影响，由置于水套管中的封口管状容器（补偿管）与气压计构成。

分析时先进行烟气取样。将装烟样的集气瓶与旋塞 19 处的一个支管连接，集气瓶另一端则与装密封液的平衡瓶相连。用烟气试样冲扫集气瓶到量筒旋塞之间的管段，并经旋塞 19 处敞开支管排出。

打开旋塞 24，使量筒左边管内吸入 80mL 烟样。关闭旋塞 24，开启旋塞 23，再使量筒右边管吸入 20mL 烟样。开启旋塞 11 使气压计与分析器接通。上下移动平衡瓶使气压计 U 形管中两液面持平。然后关闭气压计旋塞，准确量出量筒内烟气试样体积。随后试验过程中的烟气体积测量均应通过气压计预先使量筒与补偿管中压力处于平衡的条件下进行。

先将烟样送入瓶 1 除去 RO_2，再在量筒中测出被吸去的烟气体积。此体积即为烟中 RO_2 的体积含量。

然后将烟样送入瓶 2，被吸收剂吸收的烟气体积即为烟气中$\sum C_nH_m$的含量。接着使烟气进入瓶 3，被吸收剂吸收的烟气体积即为烟中O_2含量。

余下的烟气送入瓶 4 以除去 CO 含量。烟样流出瓶 4 后应再流经瓶 1，以去除从吸收剂中放出的硫酸蒸气。然后再测定试样体积以确定烟气中 CO 含量。

将加热到 270℃的电炉套在燃烧管上加热 5～6min，开启旋塞 20 和 21 使烟样通过燃烧管燃去H_2。使烟样再流经瓶 3 以除去因燃烧过程中氧化铜热分解产生的O_2。最后，测得的试样体积减少值即为烟样中H_2的体积含量。

将加热到 850～900℃的电炉套在燃烧管上，使剩下的烟样通过燃烧管烧去CH_4等饱和烃。使烟样通过瓶 5 以除去燃烧中生成的CO_2，再经瓶 3 以除去氧化铜分解生成的O_2。测得的试样减少体积即为不饱和烃总含量。最后剩下的即为N_2含量。

四、烟气色谱分析法

烟气色谱分析法是一种物理-化学分析方法。此法应用气相色谱吸附方法使烟气中的低沸点成分进行分离，然后以检测器及记录仪画出烟气的色谱图。最后用已知浓度的各成分标准样的色谱与被测烟气中该成分的色谱进行对比，即可算得被测烟气中各成分的浓度或体积含量。其工作原理及系统结构示于图 17-47。

图 17-47 烟气色谱分析法的工作原理及系统结构

1—烟气试样进入计量器；2—进样装置；3—分离柱；4—检测器；5—记录或读数器；6—流量计

图 17-47 中，运载烟气试样的气体（简称载气）经进样装置将烟样带入分离柱。分离柱内装有其表面带活性吸附剂的物质（称为固定相），当载气带着烟样以恒定速度流过分离柱时，由于烟样中各气体成分的物理-化学性质不一，与分离柱中固定相的吸附能力不同，各气体将以不同速度流过分离柱。如以烟样中 A、B、C 三种气体成分为例，在分离柱最前面区域中，三种气体成分相互混合在一起，随着在分离柱中流动过程的进展，逐渐将各种烟气成分分离成各个区带。每一区带中的流体均为烟气某种成分与载气的两相混合物，而各区带之间均被纯载气区域隔开。最先流出分离柱的是与分离柱中固定相吸附能力最差的气体。吸附能力最强的气体则最后流出。

采用检测器以时间函数形式将自分离柱流出的烟气各成分的物理特性进行检测和记录，即可得出上述 A、B、C 三种烟气成分的色谱图（见图 17-48）。在图 17-48 中，h_A、h_B、h_C 分别表示烟气成分 A、B、C 的色谱峰值高度；t_A、t_B、t_C 表示三种烟气成分相应在分离柱中的驻留时间。

将各气体成分的色谱峰值高度与已知各气体标准样的峰值高度相比，即可确定烟气试样中各气体成分的浓度或体积含量。

分离柱内径多为 2～5mm，一般用不锈钢制造，也有用玻璃、铜或氟塑料制造的。分离柱中充填的固体相有活性炭（可分离H_2、CO、CH_4、CO_2和N_2+O_2，但不能分离N_2及O_2）、硅胶（分离CO_2特别有效，但不能分离N_2和O_2）和合成沸石的微孔晶体制成的分子筛吸附剂。后者可分离N_2、O_2、CO_2、H_2S、NH_3、SO_2和NO_2等，因而得到日益广泛的应用。

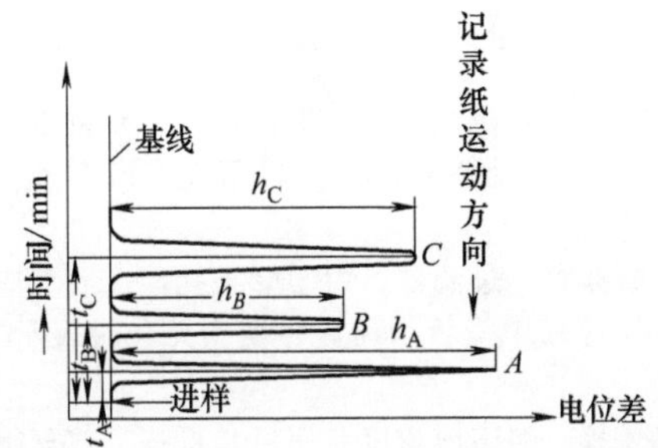

图 17-48 烟气中三种成分 A、B、C 的色谱图示意

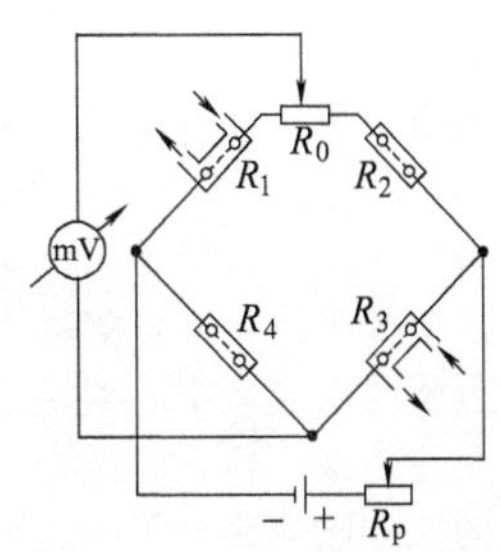

图 17-49 热导仪工作电路示意

检测器常用的有热导仪和热化学检测器。热导仪的工作电路示意于图 17-49。图中，电阻 R_1 和 R_2 装在测量室中，R_3 和 R_4 装在参考测量室中。电桥臂被加热到一定温度。可调电阻 R_p 的作用为保持供电电压恒定。可变电阻 R_0 的作用为调整指示仪表的零位。当纯载气流过测量室和参考测量室时，电桥处于平衡状态，输出信号为零。当载气带着其他成分气体流经测量室时，因气流中具有与载气导热性能不同的气体成分，改变了介质的传热性质，使电阻 R_1 和 R_3 的温度与电阻值随之改变。结果使电桥平衡破坏，输出电信号并作为检测器信号被记录成色谱图。

热导仪适用于检测烟气中的非可燃成分如 O_2、N_2 和 CO_2，但检测可燃成分时灵敏度相对较差。

热化学检测器的工作原理是通过测定烟气中可燃成分在热敏电阻上催化燃烧时的热效应来检测气体成分的，在结构上与热导仪类似。由于燃烧热效应远比热导仪中导热效应强烈，因此热化学检测仪的灵敏度比热导仪的高。

常用载气有氦、氮、空气、氩、氢、二氧化碳等。在锅炉烟气分析中一般采用氦气来分析烟气成分。如只分析碳氢化合物含量，则可应用常温空气作载气。氩气热导率低，不宜用于有热导式检测器的系统；氢气有爆炸危险，不宜用于生产现场。

烟气中各成分的定量分析可按下式确定其体积百分数含量 C 值：

$$\frac{h'}{h}=\frac{C'V'}{CV} \tag{17-25}$$

式中 h'——标准气体中该成分的峰值高度，mm；

h——被测试样中该成分的峰值高度，mm；

C'——标准气体中该成分的体积分数，%；

C——被测试样中该成分的体积分数，%；

V'——标准试样的体积，cm^3；

V——被测试样的体积，cm^3。

烟气色谱分析法的测量相对误差约为±(3%～5%)。

应用色谱分析法全面分析锅炉燃烧产生的烟气成分有一定难处，一般用综合方法。如用奥氏烟气分析器等测定 CO_2 和 O_2 含量，再用带热化学检测器的色谱分析仪测定可燃成分。也可用 2～3 种色谱仪进行烟气全分析，如用热化学检测器测定可燃成分，再用热导式检测器测定 O_2 及 CO_2（使用不同的吸附剂以分离 O_2 和 CO_2）。

五、烟气中二氧化硫和氧化氮的测量方法

1. 烟气中二氧化硫含量的测量方法

图 17-50 所示为烟气中二氧化硫含量的测量系统。

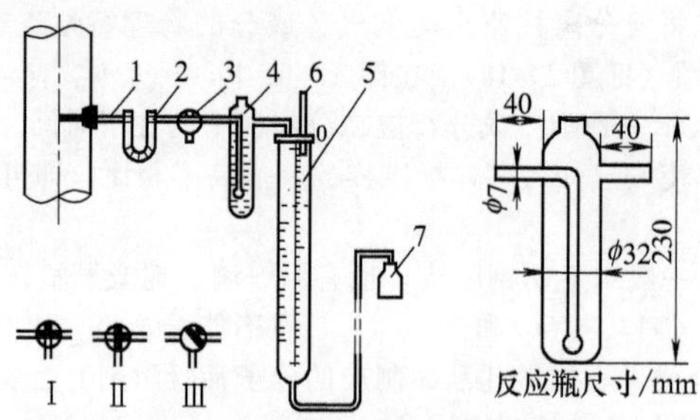

图 17-50 烟气中二氧化硫含量的测量系统

1—取样管；2—过滤器；3—三通旋塞；4—反应瓶；5—量管；6—温度计；7—平衡瓶

反应瓶内有一根下端有小孔的中心管，烟样可通过中心管小孔进入瓶中，瓶内加入一定浓度的碘溶液若干毫升，再加 2mL 淀粉指示剂，最后加蒸馏水到反应瓶 3/4 高度处并将顶部瓶口用橡皮塞塞紧。反应瓶上部有管口与量管相通。量管中水位保持在 0 刻度线处。

使三通旋塞处于位置Ⅰ，下移平衡瓶，使烟气试样经取样管、过滤器、中心管小孔而进入反应瓶。烟气中的二氧化硫将与反应瓶中的碘溶液反应而生成硫酸。当反应瓶中指示剂由蓝色变为无色时表示反应结束，即将三通旋到Ⅲ位置，停止取样。

反应后的气体收集到量管中。根据反应后的剩余烟气体积、碘溶液浓度和用量，可按下式算得烟气中二氧化硫的含量（体积分数）：

$$\varphi_{SO_2}=\frac{V_{SO_2}\times 100}{V_{yy}\dfrac{(p-p_{H_2O})}{101325}\dfrac{273}{(273+t)}+V_{SO_2}} \tag{17-26}$$

式中 φ_{SO_2}——烟气中二氧化硫的含量（体积分数），%；

V_{SO_2}——与碘溶液反应的二氧化硫体积，mL，按式（17-27）计算；

V_{yy}——反应后的剩余烟气体积，mL；

p——当地大气压，Pa；

t——剩余烟气温度，℃。

$$V_{SO_2}=10.945cV_1 \tag{17-27}$$

式中 c——与二氧化硫反应的碘溶液的浓度，mol/L；

V_1——加入反应瓶的碘溶液体积，mL。

2. 烟气中三氧化硫含量的测量方法

在烟温 200℃时，烟气中的三氧化硫已与烟中水蒸气近乎全部反应为硫酸蒸气。将此烟气试样通过外面由水冷却的玻璃管，硫酸蒸气即因壁温低于酸露点温度而在壁上凝结。当烟温降到烟气中硫酸蒸气的相应饱和温度时，烟中硫酸蒸气将在烟气中凝结成极细的酸雾且易为烟气带走。为避免酸雾损失，减少测量误差，必须在玻璃管出口处装过滤设备加以收集。

最后以蒸馏水冲洗玻璃管等数次以收集凝结的硫酸量，再用氢氧化钠滴定其酸浓度来确定烟气中三氧化硫的含量。

3. 烟气中氧化氮含量的测量方法

锅炉烟气中氧化氮含量与燃烧工况及炉膛结构有关，一般为 0.2～2g/m^3，比一般大气中的允许含量大得多。因此，一般监察空气中氧化氮含量的仪表不一定适用于烟气氧化氮测量。

锅炉热工试验中常用比色计法或线性比色法测量烟气氧化氮含量。

(1) 比色计法 此法采用使指示剂吸收烟气中的氧化氮，并随后将指示剂的色度用光电比色计测定，再依此确定烟气中的氧化氮含量。图 17-51 列有该法的示意。

在此测量系统中，氧化剂容器中注有 2% 的高锰酸钾（在 15%磷酸溶液中酸化处理过的）溶液。在吸收剂容器中注入专用的吸收指示剂，这种吸收剂在吸收烟气试样中的 NO_2 时能形成相应的偶氮着色剂染色度。四通旋塞可使系统作开式运行或闭式运行。

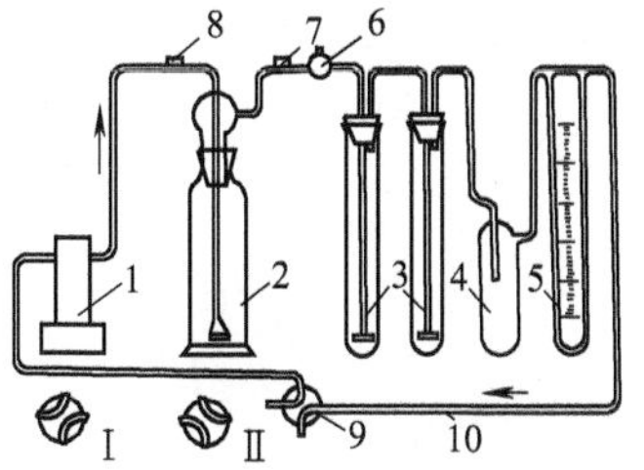

当系统开式运行时，可测定烟样中的 NO 和 NO_2 各自的含量或两者的总和。此时载气可用环境中的空气。如环境空气已受氧化氮污染，则宜用闭式运行。但闭式运行只能测定 NO 和 NO_2 的总含量。

当只需测定 NO 和 NO_2 总含量时，可采用开式或闭式系统测定。此时载气将烟样经计量器 8 引入氧化剂容器使烟气中的 NO 氧化成 NO_2。此后再经吸收剂容器使吸收剂吸收 NO_2 时形成偶氮着色剂的染色度。此染色度的强弱与 NO_2 的含量大小有关。最后用光电比色计测定偶氮着色剂的染色强度即可确定 NO_2 总含量（包括由 NO 氧化为 NO_2 的）。

1 2 3 4 5 6 7 8 9 10 Ⅰ Ⅱ

图 17-51 一种用比色计法测定烟气中氧化氮含量的系统示意

1—微型压缩机；2—氧化剂容器；3—吸收剂容器；4—捕集器；5—流量计；6—三通旋塞；7,8—进入烟气的计量器；9—四通旋塞；10—连接管路四通旋塞位置：Ⅰ—系统按开式系统工作；Ⅱ—系统按闭式系统工作

当需要分别测定 NO 及 NO_2 含量时，需采用开式系统，烟气试样由载气（空气）自计量器 7 处引入测量系统经三通旋塞后直接进入吸收剂容器使 NO_2 被吸收并使吸收剂染色。用光电比色计确定烟气中 NO_2 的含量（体积分数）。

将前面测定的 NO 和 NO_2 的总含量与这次测得的 NO_2 含量相减，即可得出烟气中 NO 的含量（体积分数）。

应用这种比色计法测量氧化氮的测量相对误差约为±5%。

(2) 线性比色法 线性比色法的工作原理为使 NO_2 与粉末试剂发生化学反应而使试剂变色。由于检定管中变色柱长度是与 NO_2 的浓度成正比的，所以测定变色柱长度即可确定 NO_2 在烟气中的含量。

所用试剂粉末由用磷酸酸化的高锰酸钾溶液处理过的硅胶制成。此法只能测定 NO_2 含量。

如需测定 NO，则应将 NO 先氧化成 NO_2，利用氧化氮与碘化钾起反应的变色特性来测定 NO 含量。此时，在检定管上部装满经酸化了的高锰酸钾溶液处理过的硅胶氧化剂。检定管的另一部分装满用碘化钾溶液

和淀粉混合物处理过的指示剂粉末。当 NO 流经氧化剂层氧化再和指示剂碘化钾起作用析出碘时，由于淀粉的存在能使指示剂粉末染成蓝色。根据指示剂的变色可确定一氧化氮的含量。

应用线性比色法测定氧化氮的相对误差在 NO 浓度为 0～0.2g/m^3 时约为±10%。当 NO 浓度大时，需经多次用空气稀释试样后再定，所以误差可达±30%。

六、烟气测氧仪

1. 氧化锆氧量分析仪

氧化锆（ZrO_2）是一种电解质，具有导电性能。在一氧化锆管中，当温度为 700℃时，与空气接触的氧化锆管内壁，因空气含氧多，会发生还原反应使内壁氧化锆输出电子而带正电，生成的 O^{2-} 通过氧化锆的空穴到达氧化锆管外侧。在氧化锆管外侧的烟气，因含氧少而发生氧化反应，生成电子，使外侧带负电。因此图 17-52 中所示的氧化锆管外侧的铂电极为负极而内侧的铂电极为正极。在氧化锆内外两侧因氧浓度不同而产生浓差电势。此电势经导线与二次仪表连接后可转换成电信号输出。

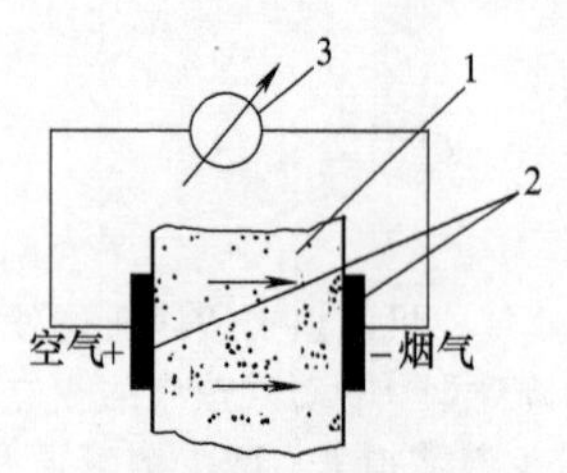

图 17-52 氧化锆氧量分析仪工作原理

1—氧化锆管；2—多孔性铂电极；3—二次仪表

此浓差电势与温度及烟气中所含氧气的分压力有关。当规定温度恒定在 700℃时，即可根据测得的浓差电势算得烟气中的氧气分压力或氧气含量值。

这种分析仪需定温在 700～800℃的温度下才能工作，所以也称氧化锆定温式氧量分析仪。其测量准确度为±(3%～5%)。具有结构简单，性能稳定等优点，但价格较高，使用寿命较短。一般见用于大型电站锅炉的烟气含氧量监测系统。

2. 极谱式测氧仪

这种测氧仪的工作原理为在氯化钾溶液中浸入一个面积大的阳极和一个面积小的阴极。当溶液中有溶解氧时，两极间就有电流通过。测试时烟气由抽气泵吸入过滤器再通过溶液。烟气中的含氧量使两极间产生电解电流并由显示仪表显示，据此可确定烟气中氧含量。

这种测氧仪由于电极极化、溶液温度等影响，测量误差较大。

第五节 锅炉的热平衡和热效率试验

锅炉的热平衡和热效率计算方法已在第二章第八节中阐明。本节阐述锅炉的热效率试验方法。

一、正平衡法热效率和反平衡法热效率

锅炉热效率可以通过正平衡法试验或反平衡法试验确定。正平衡法通过直接测定锅炉输入热量和输出热量后算得热效率，这样测得的热效率称为正平衡法热效率或直接测量法热效率。

反平衡法通过测得各项热损失，再用扣除热损失的方法算出锅炉热效率。这样确定的热效率称反平衡法热效率或间接测量法热效率。

根据误差分析，锅炉热效率低于 80%时采用正平衡法确定热效率较为精确，反之则采用反平衡法为佳。工业锅炉热效率较低，一般用正平衡法确定热效率，并同时应用反平衡法测定以资校核。这样可对锅炉各项热损失进行分析以便提出降低热损失的措施。对手烧炉可以只用正平衡法确定锅炉热效率。

电站锅炉热效率高，均采用反平衡法测定锅炉热效率。也可同时用正平衡法确定热效率以资参考比较。

二、锅炉热平衡试验的要求和测量项目

在进行热平衡试验前应对锅炉各设备进行下列严格及全面地检查：确认各设备均能正常运行并符合试验要求；锅炉的烟气、空气系统、燃料系统及汽水系统的严密性均已合格；试验用燃料符合试验规定并数量充足；试验用仪表已进行校验和标定。

在电站锅炉试验前，锅炉应连续正常运行 72h 以上。正式试验前 12h 中，前 9h 锅炉负荷应不低于试验负荷的 75%，后 3h 应保持规定的试验负荷。

对容量小于 35t/h，压力小于 2.45MPa 的工业蒸汽锅炉和热水锅炉，在正式试验前稳定运行时间应保证

如下：对燃油、燃气火管锅炉≥2h；对燃煤火管锅炉≥4h；对应用轻型炉墙的锅炉≥8h；对应用重型炉墙的锅炉≥24h。

锅炉正式热平衡试验期间，锅炉的参数应力求稳定，电站锅炉参数的允许偏差值参见表17-28。工业锅炉参数的允许偏差值参见表17-29。

表17-28　中国电站锅炉热工试验时参数允许偏差值

参数项目		观测值偏离规定值的允许偏差
锅炉蒸发量/(t/h)	＞220	±3%
	65～220	±6%
	＜65	±10%
蒸汽压力/MPa	≥9.5	±2%
	＜9.5	±4%
蒸汽温度/℃	540	+5 −10
	450	+5 −15
	400	+10 ±20

注：压力的观测值不得超过最高允许工作压力。

表17-29　中国工业锅炉热工试验时参数允许偏差值

参数项目		观测值偏离规定值的允许偏差
工业蒸汽锅炉	锅炉蒸发量＜35t/h	±10%
	蒸汽压力＜1.6MPa	+4% −15%
	蒸汽压力≥1.6MPa	+4% −10%
	蒸汽温度≤300℃	+30℃ −20℃
	蒸汽温度350℃	±20℃
	蒸汽温度400℃	+10℃ −20℃
热水锅炉	出口水压	应≥设计压力的70%
	出口水温	应≥设计值5℃

工业蒸汽锅炉和热水锅炉的热平衡试验应在额定负荷下进行两次，每次实测负荷不得低于额定负荷的97%。对于锅炉热效率测定的精度应符合下列要求：在额定负荷下，两次用正平衡法测得的锅炉热效率差≤4%；两次用反平衡法测得的锅炉热效率差≤6%；最终锅炉热效率取两次试验所得的平均值。当同时用正平衡法和反平衡法测定锅炉热效率时，按两种方法得出的锅炉热效率差＜5%，最终锅炉热效率取按正平衡法测出的数值。

电站锅炉的热平衡试验应在规定负荷下至少进行两次，且对测定的热效率进行误差分析。如试验结果超出预先商定的热效率允许偏差，则应进行第三次试验。最终该负荷下的热效率取为其中两次落在允许偏差范围内的相近热效率的平均值。

中国规定的锅炉热平衡试验的持续时间可参见表17-30。

表17-30　锅炉热平衡试验的持续时间

锅炉类型	测定热效率方法	燃烧方式	试验持续时间/h	锅炉类型	测定热效率方法	燃烧方式	试验持续时间/h
工业锅炉	正平衡法	手烧炉	≥5	电站锅炉	正平衡法	火室炉(固态排渣)	≥4
		机械层燃炉、抛煤机炉、沸腾炉、煤粉炉、油炉、气炉	≥4			火室炉(液态排渣)	＞4
						火床炉	≥6
	反平衡法	机械层燃炉、抛煤机炉、沸腾炉	≥4		反平衡法	火室炉(固态排渣)	≥4
						火室炉(液态排渣)	＞4
		煤粉炉、油炉、气炉	≥3			火床炉	≥4

试验时对蒸汽温度、压力、流量、排烟温度、热空气温度等主要参数的测量时间间隔应为5～15min；对其他次要参数为30min。煤粉取样每个工况不少于两次；烟气分析时间间隔为15～20min。其他物量取样时间间隔可按商定的协议确定。

应用正平衡法测定锅炉热效率时的主要测量项目、测量误差和相应标准列于表17-31。

表17-31　确定正平衡法锅炉热效率时主要测量项目、测量误差及相应标准

序号	测量项目名称	测量误差	相应标准
1	燃料量	±(0.1%～0.5%)	GB 10184　JB 2829
2	燃料发热量及工业分析	发热量误差：煤　±(0.5%～1.0%) 油、气　±(0.35%～1.0%) 工业分析误差：±(0.2%～0.4%)	GB 212 GB 213 GB 384

续表

序号	测量项目名称	测量误差	相应标准
3	燃料及供燃烧用空气温度	±0.5%	JB 1064 JB 2167
4	过热蒸汽、再热蒸汽及其他用途蒸汽的流量	孔板或喷嘴:±(0.35%～0.6%)	GB 2624
5	过热蒸汽、再热蒸汽、饱和蒸汽及其他用途蒸汽的压力	±(0.4%～1.0%)	GB 1227
6	过热蒸汽、再热蒸汽、饱和蒸汽及其他用途蒸汽的温度	±0.5%	JB 1064 JB 2167 GB 10184 JB 2829
7	给水、减温水或热水锅炉出水的流量	称重法:±0.1% 孔板或喷嘴:±(0.35%～0.6%)	GB 2624
8	给水、减温水或热水锅炉出水的压力	±(0.4%～1.0%)	GB 1227
9	给水、减温水或热水锅炉出水的温度	±0.5%	JB 1064 JB 2167
10	暖风器进、出口风量及外来热源工质流量	孔板或喷嘴:±(0.35%～0.6%)	GB 2624
11	暖风器进、出口风压及外来热源工质压力	±(0.4%～1.0%)	GB 1227 GB 1226
12	暖风器进、出口风温及外来热源工质温度	±0.5%	JB 1064 JB 2167
13	排污量及泄漏量	称重法:±0.1% 或用其他商定的方法及误差	GB 10184 JB 2829
14	蒸汽湿度(工业蒸汽锅炉)	—	JB 2829
15	锅筒内压力	±(0.4%～1.0%)	GB 1227 GB 1226

应用反平衡测定锅炉热效率时的主要测量项目、测量误差和相应标准列于表17-32。

表17-32 确定反平衡法锅炉热效率时主要测量项目、测量误差及相应标准

序号	测量项目名称	测量误差	相应标准
1	燃料发热量	煤:±(0.5%～1.0%) 油、气:±(0.35%～1.0%)	GB 213,GB 384
2	燃料工业分析	±(0.2%～0.4%)	GB 212
3	燃料元素分析	煤:±(0.15%～0.5%) 油:±(0.3%～0.6%)	GB 476,RS-32-1
4	各种灰渣量及其可燃物含量	称重法:±0.1%	RS-26-1
5	烟气分析(CO_2、O_2、CO、H_2、C_mH_n等)	O_2、CO_2:±(1.5%～3.0%) CO、H_2、CH_4:±0.02%	GB 10184
6	燃料及供燃烧空气温度	±0.5%	JB 1064,JB 2167
7	灰渣排出温度	—	GB 10184
8	排烟温度及各烟道中烟温	±0.5%	JB 913,JB 1064 GB 10184
9	暖风器进、出口风量及外来热源工质流量	孔板或喷嘴:±(0.35%～0.6%)	GB 2624
10	暖风器进、出口风压及外来热源工质压力	±(0.4%～1.0%)	GB 1227,GB 1226
11	暖风器进、出口风温及外来热源工质温度	±0.5%	JB 1064,JB 2167
12	外界环境温度,送风机进、出口风温	±0.5%	JB 1064,JB 2167
13	大气压力及雾化用蒸汽压力	±(0.4%～1.0%)	GB 1227,GB 1226
14	雾化用蒸汽温度	±0.5%	JB 1064,JB 2167
15	雾化用蒸汽流量	孔板或喷嘴:±(0.35%～0.6%)	GB 2624

三、锅炉热效率测试时的测点布置

应用正平衡法或反平衡法测定锅炉热效率时的主要测量参数已列于表 17-31 及表 17-32。这些测量参数的测点或取样点应选择在锅炉设备的合宜部位上。

以一台无暖风器及无外来热源的常见煤粉锅炉为例，当以反平衡法确定锅炉热效率时，其必要测量参数及取样位置应布置如下：供元素分析用的原煤样应在原煤给煤机上取用；供工业分析用的煤粉样应在给粉机下取用；供分析可燃物含量的细灰及飞灰样应在第一级空气预热器后烟道中取用；供分析可燃物含量的炉渣样应在灰斗处取用；供排烟烟气分析用的烟气取样点及排烟温度测点应布置在第一级空气预热器后面的烟道中。

当这台锅炉用正平衡法确定锅炉热效率时，其过热蒸汽流量、压力和温度应在过热器出口主蒸汽管上测定。锅筒压力应在锅筒上测定。给水流量、压力及温度应在给水管路上测定。排污量应在排污总管上测定。减温水流量、压力及温度应在减温水管路上测定。蒸汽湿度应在锅筒输出的饱和蒸汽管上取样。

上述各测点、取样点及其他各处有关空气、烟气、煤粉空气混合物的流量、压力和温度的测点已在图 17-53 上标明，可参照确定。

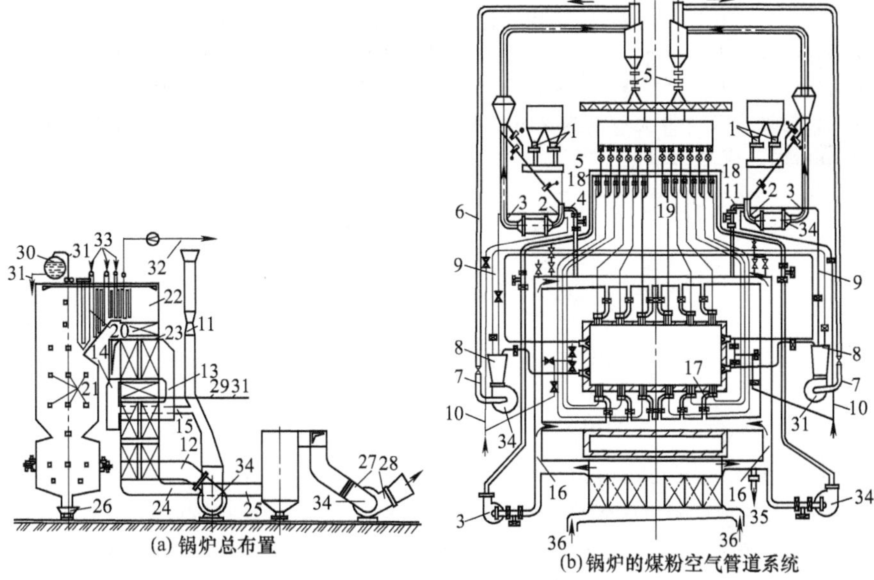

图 17-53 一台自然循环贮仓制煤粉锅炉在平衡试验的测点布置

1—分析用燃料取样点；2—磨煤机前真空度测点；3—磨煤机后空气煤粉混合物的温度及真空度测点；4—进入磨煤机的热空气流量和温度测点；5—分析用煤粉取样点；6—排粉机前带有煤粉空气的流量和温度测点；7—排粉机前的真空度测点；8—排粉机后的压力测点；9—磨煤循环管中的含煤粉空气的流量；10—输往磨煤机的空气流量测点；11—送风机前的冷空气流量和温度测点；12—空气预热器前的空气压力和温度测点；13—第一级空气预热器出口的空气压力和温度测点；14—空气预热器后热空气温度和压力测点；15—输往送风机进风管的热空气再循环管中的热空气流量测点；16—输往燃烧器的二次风总流量测点；17—每一燃烧器前的二次风流量和压力测点；18—一次风总风箱中的一次风流量和压力测点；19—第一燃烧器前的一次风流量和压力测点；20—炉膛上部真空度测点；21—炉膛烟温测点；22—转弯室中的烟气温度和真空度测点；23—第二级省煤器后烟气分析取样点；24—空气预热器后排烟分析取样点及排烟真空度和温度测点；25—排烟中的飞灰取样点；26—炉渣取样点；27—引风机前的烟气真空度测点；28—引风机输出管中的烟气取样点及烟气真空度和温度测点；29—给水流量及温度测点；30—锅炉锅筒压力测点；31—锅炉排污水流量测点，给水、炉水和饱和蒸汽含盐量分析取样点；32—过热蒸汽温度、压力及流量测点；33—喷水减温器中水流量测点；34—锅炉铺机（磨煤机、排粉机、引风机、送风机）用电测点；35—热空气再循环；36—送风机出口

布置温度测点时应使温度计布置在管道流通截面上速度与温度分布均匀处。对大尺寸烟道或风道以及进行验收试验的热效率测定时，必须采用多点测定（按照网格法等截面划分原则，参见本章第一节均速管部分）。

过热蒸汽和再热蒸汽温度测点应力求靠近过热器出口和再热器出口，并远离喷水减温器一段距离。排烟温度测点应尽量接近末级受热面（如第一级空气预热器）出口处且和排烟取样点尽可能在同一位置。

给水温度测点应尽量靠近省煤器进口处。当锅炉采用面式减温器调节过热蒸汽温度时，给水温度测点应布置在减温器回水管与给水管连接处的前面。即给水应先流经给水温度测点，再流经回水管与给水管连接点，然后流入省煤器进口。

在烟气和空气的压力测点布置中，静压测孔应布置在烟道和风道的直段上，附近不应有弯头、挡板等产生局部阻力及涡流区的部件。如被测管道直径较大（超过600mm），则在同一测量截面上至少开有4个测压孔，以保证测得值更具有代表性。

四、燃料、灰渣、烟气及工质的取样方法

1. 燃料取样

(1) 原煤取样 火床炉的入炉原煤试样应在炉排上部煤斗中采取，应沿煤斗宽度均匀地在3～5个点同时取样。煤粉炉的原煤在给煤机处采集。不同煤种为制备试样所应采取的原煤份样个数及份样质量可参见表17-33。

表17-33 原煤份数质量及个数

煤种	粒度/mm	每份样质量/kg	份样个数	煤种	粒度/mm	每份样质量/kg	份样个数
烟煤	≤70	≥1	≥10	无烟煤	≤70	≥1	≥20
褐煤	≤70	≥1	≥15	混煤	≤70	≥1	≥50

原煤采样后应及时制备，以免煤中水分蒸发造成误差。煤样可用专用碎煤机一次破碎到粒度在3mm以下。如用人工破碎，应在地上铺设钢板，再用锤将煤破碎到粒度为25mm以下。

然后将煤样应用锥体四分法进行缩分。其法为将煤样堆成圆锥形，用圆盘压扁，最后用十字隔板将煤样分成四个相等部分（见图17-54）。将对角两部分煤样取走不用，余下两部分煤样再按前法缩分。最后剩余样品量与碎煤的最大粒度有关。最大粒度为25mm时，最少剩余样品量应为60kg；粒度为13mm时，应为15kg；粒度为3mm时，应为0.5kg。

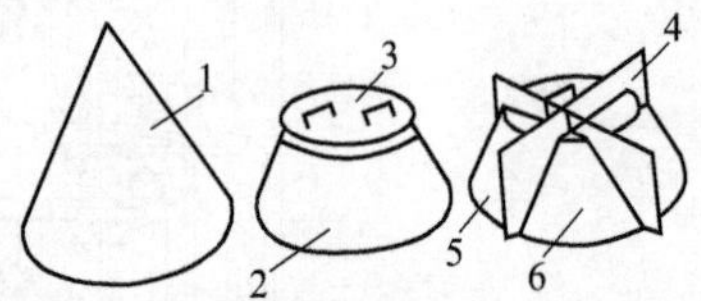

图17-54 用锥体四分法缩分试样

1—锥形燃料堆；2—压扁后的燃料堆；3—压扁用圆盘；
4—十字四分隔板；5—取走的部分试样；6—留下的部分试样

煤样缩分后应保留两份各0.5kg的试样，一份供工业分析试验，另一份供试验组保存备查。

(2) 煤粉取样 煤粉应在制粉设备工况稳定时进行取样，对中间贮仓制煤粉炉，煤粉样品可在旋风分离器到煤粉仓的下粉管上采集，也可在给粉机下粉管上采集。图17-55所示为三种在旋风分离器下粉管上采集煤粉的取样器结构。

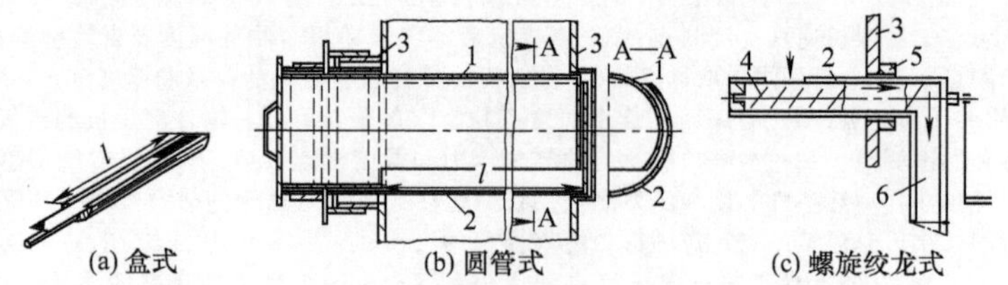

图17-55 旋风分离器下粉管上采集煤粉的取样器

1,2—取样管；3—下粉管；4—螺旋绞龙式；5—压盖；6—煤粉样品出口

盒式取样器容积应不小于0.5kg煤粉量。圆管式取样器有两根带槽口的取样管1及2，取样时将取样器插入取样孔，使管1盖住管2的取样槽口。然后转动管1，使两管的槽口均向上方，此时煤粉即落入取样器。取样后，再转动管1，封闭取样口后取出。

螺旋绞龙式取样器通过焊在煤粉管上的管接头引入煤粉管。旋转绞龙即可取得煤粉样品。

对直吹制粉系统的煤粉炉，可在通向炉膛的煤粉空气混合物管道中采集煤粉样。应采用等速煤粉取样管取样（见图17-56）。

等速取样应使吸入取样管口的气流速度与四周主气流速相等，否则会使吸入煤粉的粒度组分与实际工况不符。

由图17-56（b）可见，如$p_1=p_2$，则进入管嘴的气速v_1与管嘴外的气速v_2相等。因此取样时只要监测并保持p_1与p_2的压差为零值，即可保证等速取样。在图17-56（a）的取样系统中，此压差由微差压计

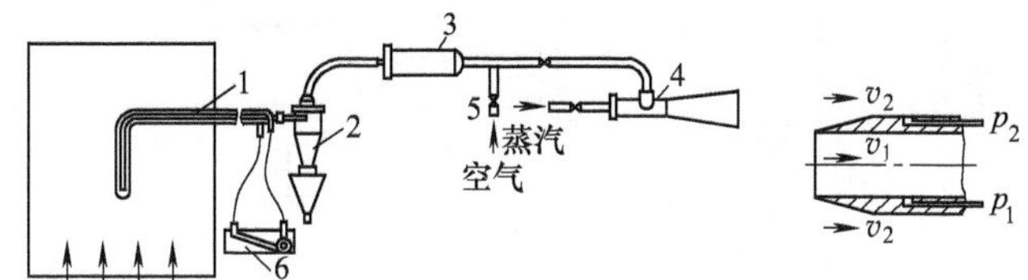

图 17-56 等速煤粉取样管系统

1—取样管；2—旋风分离器；3—过滤器；4—抽气器；5—清扫用空气入口；6—微差压计

监视。因抽气器作用吸入取样管的煤粉样品经旋风分离器后取出。分离出来的气流经过滤器后回入抽气器。抽气源可用以蒸汽、压缩空气或水作动力的各式抽气器构成。

对采用竖井式磨煤机的锅炉，煤粉取样可在通往燃烧器喷口的竖井水平段上采集。

煤粉试样采集后应使其混合均匀，倒在铁板上形成厚度为 10～15mm 的正方形煤粉堆。按对角线划为四份，取出相对的两份送去测定水分。余下两份按同法缩分，得出的两份各 0.5kg 的试样，一份送化验室分析，另一份保存备查。

(3) 液体燃料取样 液体燃料的原始试样一般在燃油管道截面上均匀抽取。燃油取样管的结构示于图 17-57。

当燃油管道直径≤100mm、100～400mm 和>400mm 时，取样管所设小管应分别为 1 根、3 根和 5 根。具有三根小管的取样管，小管直径相同，一根在管道轴线上，另两根分别装在管道水平轴线的两侧，两者相隔距离为 0.66 倍管道直径。

由 5 根小管组成的取样管则按小管按下法布置：直径为 d_1 的小管位于管道轴线上；在轴线两侧布置两根直径为 d_2 的小管，两小管的间距为 0.4 倍管道直径。另外两根直径为 d_3 的小管也布置在轴线两侧。两小管的间距为 0.8 倍管道直径。$d_1:d_2:d_3$ 应等于 6∶10∶13。

取样管应装在燃料加热器之前的燃油管路上。为避免试样中挥发分损失，应在取样管的终端制成蛇形管状，并使蛇形管外采用水冷却以保证燃油试样温度低于 50℃（见图 17-58）。

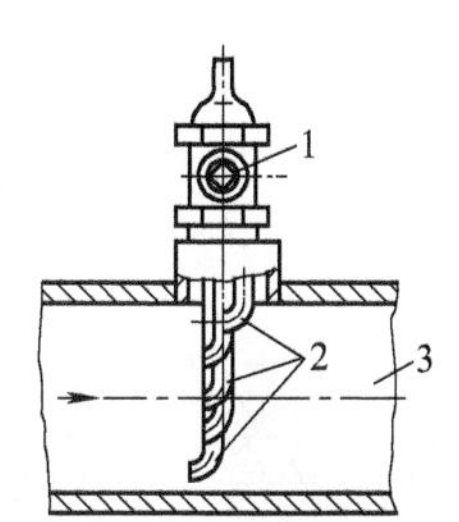

图 17-57 燃油取样管

1—阀；2—取样小管；3—燃油管道

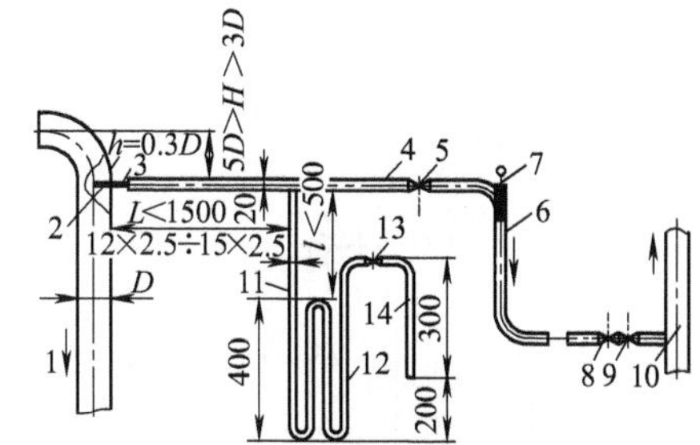

图 17-58 燃油取样管系统

1—燃油管道；2—取样管；3,5,9—球阀；4—取样管道；6—温度计套管；7—温度计；8—逆止阀；10—反向流动的燃油管道；11—取样管道；12—蛇形管；13—球阀；14—燃油样品出口

小型燃油锅炉可在燃油箱中取样，此时可将一沿垂直高度方向开有取样小孔的管子装在燃油箱中，沿油箱高度各点取出燃油试样。

燃油试样在装入试样容器后 5～10min 内应搅拌均匀，倒入两个体积为 1L 的玻璃瓶内，并将瓶盖紧后供试验分析及备用保存。

(4) 气体燃料取样 从安全（气体压力最低处取样）和取样方便的角度出发，天然气取样最好在锅炉气体燃料调节阀后面的气体分配管道上或在燃烧器出口处采集。气体燃料在试验期间采取连续取样，取样体积应≥20L，其取样系统可见图 17-59。

取样前应对整个系统进行吹扫。如取样是在接近大气压工况下进行的（例如，燃烧器前压力一般不超过 0.05MPa），则可采用图示的湿法取样。此时可将燃气试样收集在玻璃瓶中以用作试验分析及备查。

如试样必须在有压力的燃气管道中采集，则可采用图示的干法取样系统进行取样。燃气样品将收集在金属罐中。

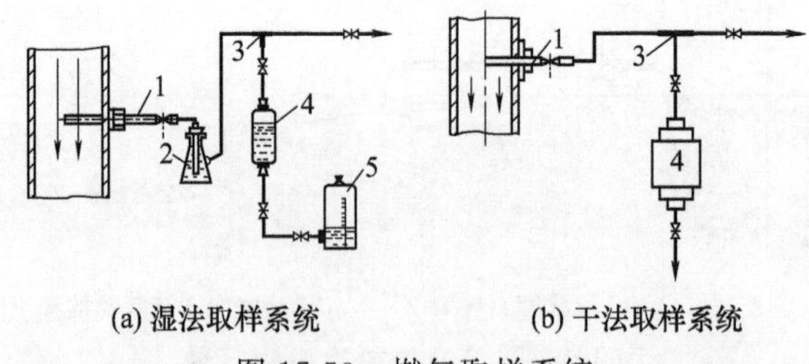

图 17-59 燃气取样系统

1—取样管；2—玻璃瓶；3—三通旋塞；4—集样器；5—平衡容器

2. 灰渣取样

灰渣取样包括飞灰、沉灰、炉渣和漏煤取样四部分。

(1) 飞灰取样和沉灰取样 在锅炉测试时，飞灰含碳量是计算锅炉机械未完全燃烧损失的一个基本项目。在日常运行中也需经常采集飞灰试样以便监督锅炉运行工况。

对于有除尘器的锅炉，飞灰取样应在除尘器以前的烟道中进行，一般在尾部烟道的垂直段中气流稳定处采集，例如在省煤器出口烟道。飞灰采样应有代表性。在锅炉验收试验时应用前述网格法进行多点取样。对其他锅炉试验应在试验前先进行初步测量以确定采样代表点及其位置。当烟道宽度为 4～10m 时，应在烟道左右两侧布置 2 个测点；对于宽度超过 10m 时，应布置 3～4 个测点。

飞灰取样与煤粉取样一样应采用等速取样以保证取得的飞灰样品粒度组成与实际工况一致。图 17-60 所示为一种常用的固定式等速飞灰取样管的头部结构。由于其管嘴直径较大，可增加取样量并减少飞灰堵塞的可能性。

取样系统与煤粉取样系统相似，但依靠引风机吸力将烟中飞灰吸入取样管，最后经旋风收集器将飞灰收集。

取样管内流速一般保持 12～18m/s，以免在取样管水平段发生飞灰沉积。旋风分离器直径一般为 50～100mm，其入口烟速一般为 18～22m/s。

将采集到的原始飞灰试样混合，缩分后制备成试验用的飞灰试样。原始试样每隔 1h 抽取一次。

飞灰除在烟道的烟气中采集外，还有一部分应在除尘器前烟道集灰斗中采集，这部分飞灰称为沉灰。常用的沉灰收集器结构见图 17-61。

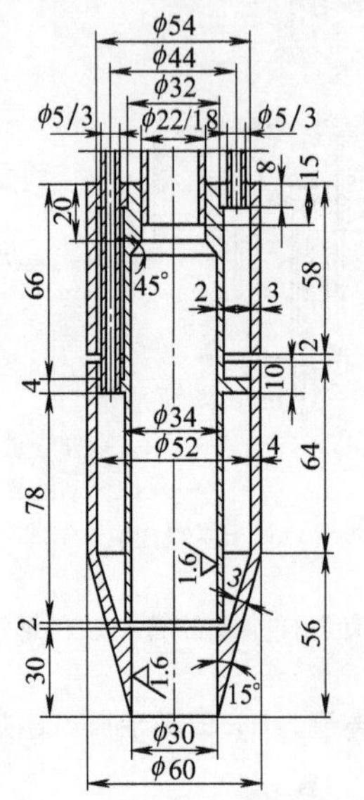

图 17-60 固定式等速飞灰取样管的头部结构

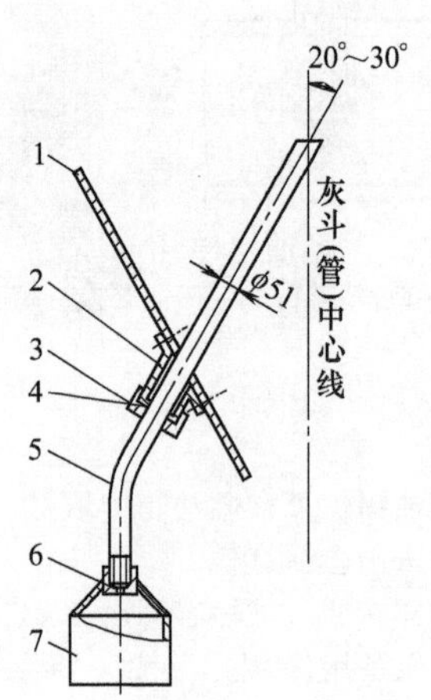

图 17-61 沉灰收集器结构

1—灰斗；2—斜管座；3—端盖；4,6—橡皮垫；5—取样管；7—集灰罐

(2) 炉渣取样和漏煤取样 燃料燃烧生成的灰渣中靠自身重力落入灰斗并从炉膛排出者称为炉渣。此外，火床炉中从火床通风间隙漏入炉排下部的未燃尽碎粒一般称为漏煤。

火床炉中机械不完全燃烧损失主要是由漏煤和炉渣中的含碳量造成的，因此对其正确取样十分重要。

火室炉的炉渣取样不如飞灰取样那样重要，对液态除渣火室炉就无需采集炉渣试样。

火床炉采集的炉渣总量应为试验期间产生炉渣总量的1/20并≥100kg。对火室炉，炉渣取样量一般≥2kg。

炉渣取样应有代表性，可在试验期间连续取样或定期取样，取样次数≥10次。炉渣可在渣流中连续采取，或定期从渣槽中采取，依锅炉排渣方式而定。

漏煤在锅炉测试期间一般不予清除，测试前应先将漏煤斗放空，测试后一次将漏煤放出并混合均匀。最后采样量应≥2kg。经破碎到3mm以下粒度后，制成各1kg的两份试样。

炉渣原始样品应破碎到粒度为25mm以下，经混合并用四分法缩分为两份各7.5kg的炉渣试样，一份送实验室分析，另一份保存备查。

3. 烟气取样

通过烟气试样分析可确定锅炉的化学不完全燃烧损失、各烟道的过量空气系数、漏风量、排烟热损失和造成环境污染的氮氧化物和硫氧化物的含量。此外，为了防止和检测水冷壁管、过热器管的高温腐蚀和空气预热器或省煤器的低温腐蚀，也需对烟气取样，以分析烟中的CO、H_2S和SO_3的含量。

为使烟样具有代表性，在锅炉验收试验时应采用前述网格法测量，测量时的代表点不少于4个点。

在烟温为570℃以下时可采用无冷却取样管，高于570℃时需采用冷却取样管。图17-62所示为一种水冷却烟气取样管的结构示意。

图17-62 水冷却烟气取样管的结构示意

取样管材料应不与烟气中的化学成分起反应，可采用中国标准GB 10184—2015中推荐的材料，如表17-34所列。

表17-34 烟气取样管的材料

气体名称	取样处烟气温度/℃	
	<400	≥400
O_2	碳钢	不锈钢
CO	碳钢	不锈钢
CO_2	碳钢	不锈钢
NO	碳钢	不锈钢
SO_2	不锈钢(保持在130℃以上)	不锈钢(保持在130℃以上)

取样管直径一般为8～12mm（无冷却的），取样管应顺烟气流动方向倾斜并装有疏水管。抽取烟样的抽气装置可采用蒸汽的、压缩空气的抽气器或利用排粉机的负压。

图17-63所示为确定过量空气系数并采用奥氏烟气分析器进行就地分析时所用的烟气取样系统示意。

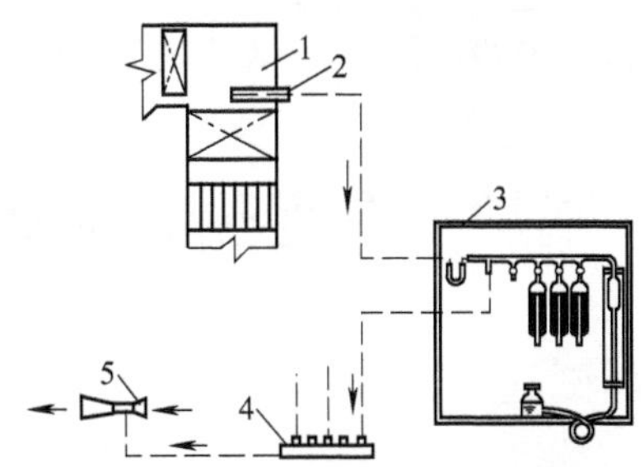

图17-63 烟气就地分析取样方法的系统示意

1—烟道；2—取样管；3—奥氏烟气分析器；4—抽气小集箱；5—抽气器或排粉机进口负压管道

如需采用连续积累方法取得烟气样品，则可在取样管出口管上置一个三通。三通一端和抽气器相连，以较高流速吸入新鲜烟气。三通另一端与一个下面带排泄阀的贮气瓶入口相连，使烟样能分流吸入贮气瓶。积累取得的烟样经混合后送实验室分析。

在采用多代表点法抽取烟气样或网格法抽取多点烟样时，可应用图17-64所示的混合装置，将烟样混合后进行烟气分析。这种混合装置宜用有机玻璃制成并进行压力不低于0.1MPa、负压不低于0.01MPa的密封性试验。

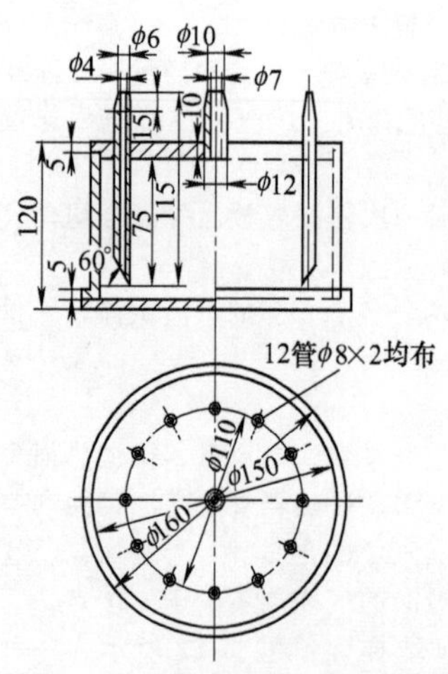

图 17-64 烟气多点取样混合装置

4. 工质取样

给水取样可在省煤器前、给水泵后的给水管上用小管取出。对无分段蒸发的锅筒，锅水样品在锅筒正常水位下 200～300mm，靠近一次分离元件的排水出口处取出。取样管采用均匀钻孔的细不锈钢管，其长度与锅筒内装设分离器区的长度相同。取样管应布置在远离给水管和加药管处。

对于有分段蒸发的锅筒，其净段锅水取样点布置在净段，要求与上述无分段蒸发锅筒的锅水取样点的相同。其盐段锅水取样点一般布置在连续排污管的排污阀之前。

饱和蒸汽的取样点布置在锅筒的饱和蒸汽引出管上，取样点不少于 3 个点（1 根引出管上装 1 个取样点），并引锅筒长度均匀分布。其取样器结构示于图 17-65 和图 17-66。

设计饱和蒸汽取样器时，一般将取样质量流量定为 30～40kg/h。当采用多孔式取样器时，应使小孔中汽速与饱和蒸汽管中汽速相同，按此可定出取样管上需开设的小孔数。对探针式取样器应保持取样管中汽速和饱和蒸汽引出管中汽速相同。

过热蒸汽取样点布置在过热蒸汽集汽集箱或主蒸汽管道上，可采用图 17-67 所示的乳头式取样器取样。

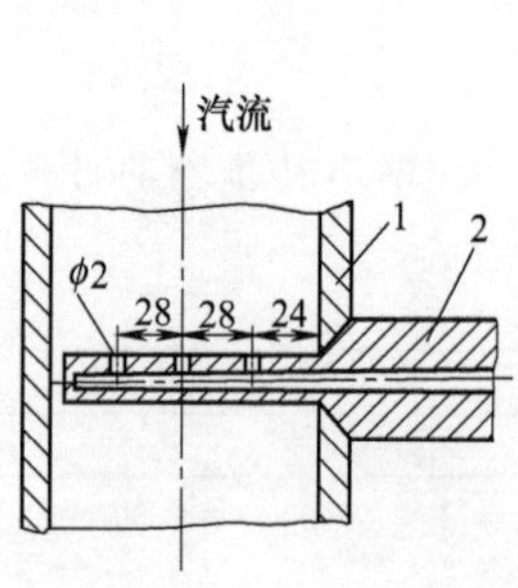

图 17-65 多孔式取样器

1—饱和蒸汽管；2—取样管

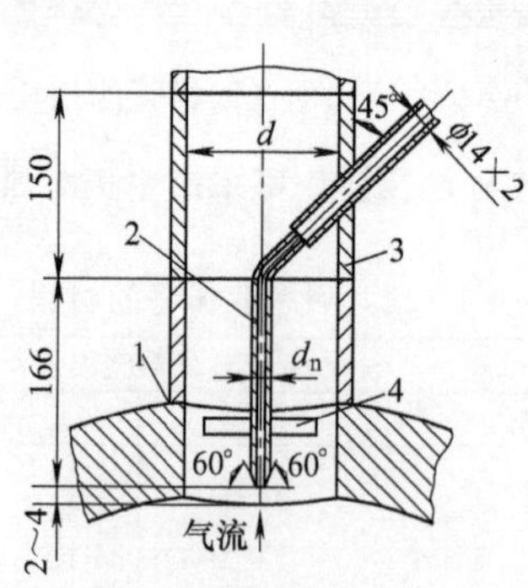

图 17-66 探针式取样器

1—锅筒；2—取样器；3—饱和蒸汽引出管；4—肋板

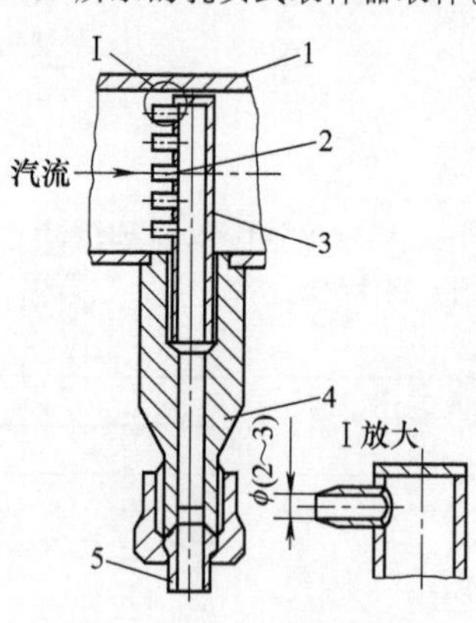

图 17-67 乳头式取样器

1—蒸汽管道；2—乳头；3—取样管；4—管接头；5—样品引出管

乳头式取样器中进入乳头的汽速应与管道中的汽速相等，按此可定出乳头数目。

由取样点取出的汽、水样品应流经取样冷却器冷却，使样品温度降到 25～30℃左右。

第六节 锅炉蒸发受热面水动力测试

一、自然循环回路水循环试验

1. 水循环试验测试内容

水循环试验主要测试内容包括：测量水冷壁管的进口水速；测量下降管水速；测量下降管阻力；当水冷壁具有中间集箱时，应测量水冷壁各段的压力降；测定水冷壁沿炉宽和炉高的吸热均匀程度及水冷壁壁温。如锅筒中装有内置式旋风分离器时，有时还需测定内置式旋风分离器的阻力。

2. 水循环回路试验方法

水循环回路试验一般都在额定负荷和最低可靠负荷之间进行。具体试验负荷应根据当时锅炉及电站的具体情况而定。进行稳定工况下的水循环试验时，应在试验前在锅炉上保持此工况达 2～3h，以保证锅炉已达热力平衡状态。

为测定水冷壁管进口水速，一般在每 7～10 根热负荷相同、结构相同的水冷壁管中选用 1 根布置测点已可得出足够精确的数据。对管数较少的水冷壁管组，则至少应有 3 个测点。对于引自锅筒的回路下降管，可在每 2 根中选 1 根测定管中水速；对引自锅外旋风分离器的下降管，则应逐根测定水速。对于每一回路均应测定下降管阻力和水冷壁的有效压头。

水冷壁向火焰面的管壁温度应在热负荷最大区测定。测定时在管组中选一根管子在沿管高 2～3 个点上进行测定（一般选火焰中心处、管组一半高度处及炉膛出口烟窗中心处）。通过壁温测量可估算出管上局部热负荷的大小。水冷壁的沿宽度热负荷不均匀性和沿高度热负荷不均匀性可以采用沿宽度上测 4～6 个点和沿高度测 3～4 个点的方法加以测定。

为了测量管内水速及水流量，可采用本章第一节介绍的各种测速管和流量计进行。对中压锅炉、高压锅炉和超高压锅炉的上升管和下降管的水速可采用如图 17-8 所示的专用水循环测速管进行测定。

锅炉锅筒上的静压一般在水位计的水连通管上引出，以免在锅筒上钻孔。集箱中的静压一般在集箱堵头上打孔引出。为简化测量系统，对静压测点应考虑综合使用。

图 17-68 所示为一种水循环回路的下降管阻力、上升管有效压头和蒸汽引出管有效压头的测量系统。图示的回路由锅筒、下降管、下集箱、并联的上升管组、上集箱和不受热的蒸汽引出管组成。

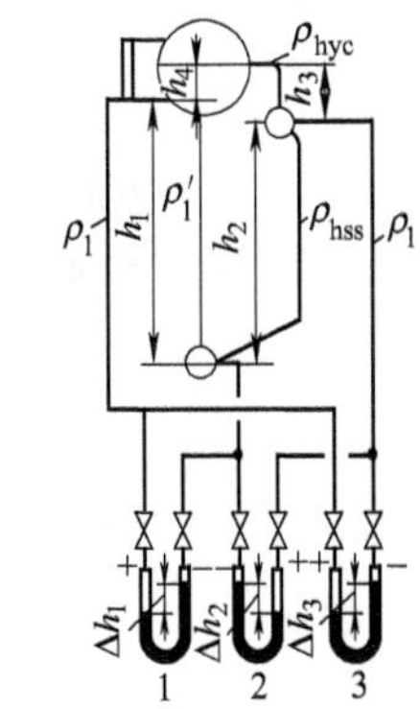

图 17-68　回路的下降管阻力、上升管有效压头和蒸汽引出管有效压头的测量系统

为了测定下降管阻力、上升管有效压头和引出管有效压头，分别从锅筒、下集箱和上集箱引出三个静压测点。差压计 1 连接锅筒与下集箱的静压测点；差压计 2 连接下集箱与上集箱的静压测点；差压计 3 连接锅筒与上集箱的静压测点。通过读取三个差压计液位差值后即可算出下降管阻力、上升管有效压头和蒸汽引出管有效压头的数值。其计算方法如下。

由差压计 1 可列出压力平衡式如下：

$$h_1\rho_1 g+\Delta h_1\rho_1 g=h_1\rho' g+\Delta h_1\rho_z g-\Delta p_{xj}$$

由上式可整理得：

$$\Delta p_{xj}=\Delta h_1(\rho_z-\rho_1)g-h_1(\rho_1-\rho')g \tag{17-28}$$

式中　Δp_{xj}——下降管阻力，Pa；

Δh_1——差压计 1 的液位差，m；

ρ_z——差压计充液密度，kg/m^3；

ρ_1——差压计及连接管中冷水密度，kg/m^3；

ρ'——饱和水密度，kg/m^3；

h_1——锅筒静压测点到下集箱静压引出点的高度，m；

g——重力加速度，m/s^2。

由差压计 2 可列出下列压力平衡式：

$$h_1\rho_1 g+\Delta h_2\rho_1 g=h_2 g\rho_{hss}+\Delta p_{ss}+\Delta h_2\rho_z g$$

在等号两边均加上 $h_2\rho' g$ 项，经整理后可得：

$$h_2 g(\rho'-\rho_{hss})-\Delta p_{ss}=\Delta h_2(\rho_z-\rho_1)g-h_2(\rho_1-\rho')g \tag{17-29}$$

上式中左边第一项即为 h_2 高度段的运动压头，左边第二项为 h_2 高度段的上升管阻力，两者之差应等于上升管的有效压头（S_{yx}^{ss}）。所以，式（17-29）可改写为：

$$S_{yx}^{ss}=\Delta h_2(\rho_z-\rho_1)g-h_2(\rho_1-\rho')g \tag{17-30}$$

式中　S_{yx}^{ss}——上升管有效压头，Pa；

Δh_2——差压计 2 的液位差，m；

h_2——上升管高度，下集箱静压引出点与上集箱静压引出点之间的高度，m。

同理，可导得蒸汽引出管的有效压头计算式为：

$$S_{yx}^{yc}=\Delta h_3(\rho_z-\rho_1)g-(h_1-h_2)(\rho_1-\rho')g \tag{17-31}$$

式中　S_{yx}^{yc}——蒸汽引出管的有效压头，Pa；

Δh_3——差压计 3 的液位差，m。

水冷壁管壁温度可用热电偶测定或用在水冷壁管上焊入测温嵌管的方法测量。

炉膛水冷壁的平均热流密度表明水冷壁的平均吸热特性。只要测得水冷壁进口工质与出口工质的焓值，即可用下式算出该水冷壁的平均热流密度值：

$$\overline{q}=\frac{D\Delta i}{3600H_{yx}} \tag{17-32}$$

式中 $\overline{q}$——水冷壁平均热流密度值，kW/m^2；

D——水冷壁工质流量，kg/h；

Δi——水冷壁进、出口工质的焓差，kJ/kg；

H_{yx}——水冷壁有效受热面，m^2。

水冷壁局部地区热流密度有两种测量方法：一种采用固定设备，如在水冷壁管上装量热管或加装测热嵌管；另一种为用各种便携式热流计进行测量。

当采用量热管测量局部地区水冷壁密度时，可利用水冷壁管作为量热管，或采用在水冷壁管位置上换装一根直径较小的管子作为量热管。此外，也可采用直径较小的管子布置在两水冷壁管间隙中的方法来布置量热管。

图 17-69 示有锅炉水冷壁上安装量热管示意。图中有 3 根水冷壁管已换成直径与壁厚与之相同的量热管。离心泵将化学处理后的净水送入量热管。每根量热管中水流量用孔板测定并可用进口阀门调节。量热管分几个区段，各区段交界处均装测温套管。套管中热电偶安装示意参见图 17-70。

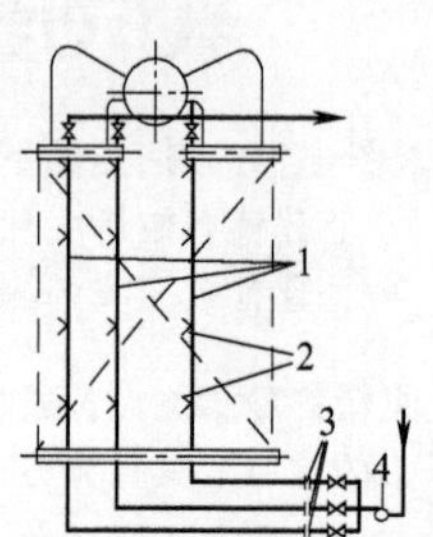

图 17-69 水冷壁量热管安装示意

1—量热管；2—热电偶套管；3—孔板；4—泵

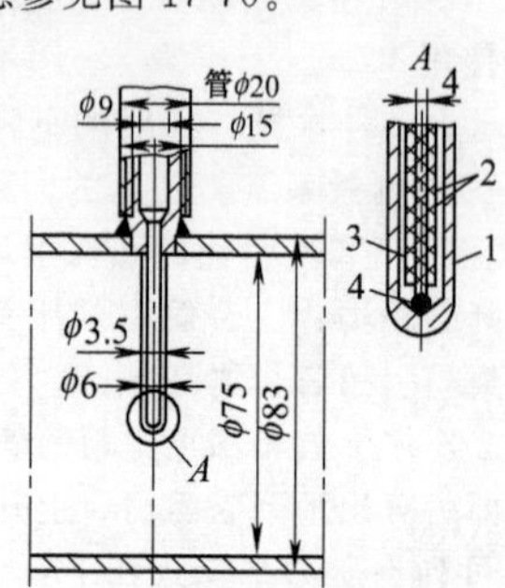

图 17-70 套管中热电偶安装示意

1—测温套管；2—热电偶；3—绝缘材料；4—热电偶接点

此外，在每根量热管进炉膛处及出炉膛处均应装热电偶，以便测定量热管各区段的进出口水温及依此求出相应的水焓，即可求出该区段的局部地区热流密度 q。

3. 水循环回路试验的数据整理

对上升管组测得的各管进口水速应按同管组沿宽度的各管编号画成进口水速与各管编号的相互关系曲线，如图 17-71 所示。依此可算得该上升管组的平均进口水速及水的平均质量流量（G）值。对与该上升管组相联的各下降管水速也可用类似方法整理。如果下降管平均水流量与上升管组平均水流量（G）的差值（ΔG）与 G 的比值≤0.02～0.05，则试验结果是令人满意的。测得的下降管阻力值（Δp_{xj}）、有效压头值应画成相对于质量流量（G）的曲线以资比较。如果下降管工质为水时的理论计算曲线（Δp_{xj}-G 关系曲线）与测得的曲线差别较大，且下降管阻力不随流量或水速呈平方关系增长，如记录无误，则有可能是下降管中工质含汽所致。

测得水冷壁管组沿宽度（b）及高度（H）的局部热流密度值后，应画出该管组沿宽度和沿高度热流密度变化曲线，如图 17-72 和图 17-73 所示。

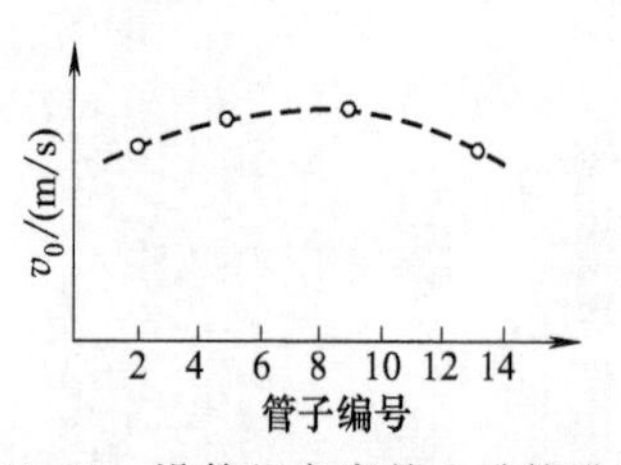

图 17-71 沿管组宽度的上升管进口水速与各管编号的相互关系曲线

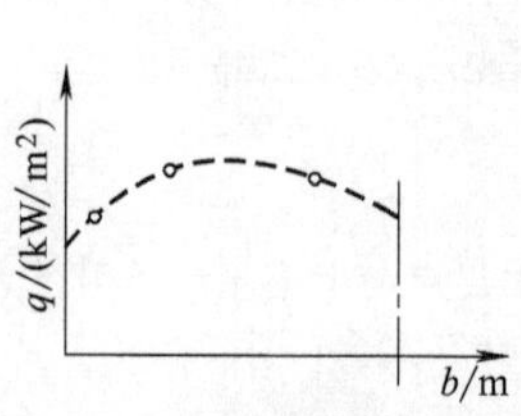

图 17-72 沿水冷壁管组宽度的热流密度分布曲线

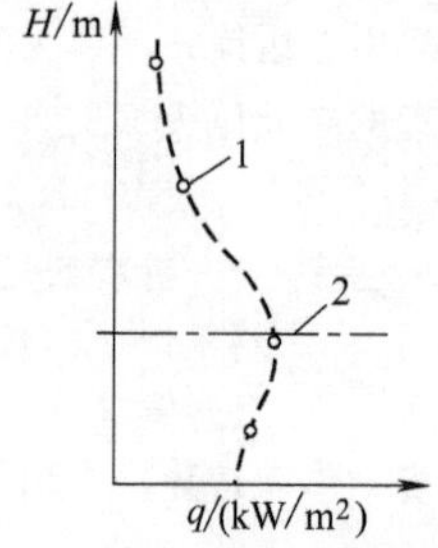

图 17-73 沿水冷壁管组高度的热流密度分布曲线

1—试验点；2—火焰中心线

根据图 17-72 和图 17-73 可算得沿水冷壁宽度和高度的热流密度或热负荷不均匀系数及水冷壁的平均热流密度值（q_{ss}）。水冷壁吸热量（Q_{ss}）应为：

$$Q_{ss}=q_{ss}H_{yx} \tag{17-33}$$

式中 Q_{ss}——水冷壁总吸热量，kW；

q_{ss}——水冷壁平均热流密度，kW/m^2；

H_{ys}——水冷壁有效辐射受热面，m^2。

水冷壁的蒸发量应为：

$$D_{ss}=(Q_{ss}-Q_{rs})/r \tag{17-34}$$

式中 D_{ss}——水冷壁蒸发量，kg/s；

Q_{rs}——用于将上升管沸点前的欠热水加热到饱和温度所用的热量，kW；

r——汽化潜热，kJ/kg。

由于水冷壁回路的下降管总水流量（G_{xj}）已测得，总蒸发量（D_{ss}）已算得，因此可由 G_{xj}/D_{ss} 求出该回路的循环倍率值 K 或其倒数水冷壁出口干度值 x_c。

二、直流锅炉蒸发受热面水动力试验

1. 水动力测试内容

直流锅炉蒸发受热面水动力试验和调整工作的主要内容为：测定和调整蒸发受热面的管壁温度工况，查明锅炉在稳定工况和变工况时管壁温度与计算值不一一的原因及条件；研究管组的热偏差大小和流量偏差特性以及发生倒流和其他水动力特性不稳定性的条件；研究发生汽水分层流动及保证汽水混合物在各管中均匀分配的条件；研究发生流体脉动的条件及防止脉动的措施等。

2. 水动力测试方法

为了研究蒸发受热面的工作条件，应根据试验目的和要求制订测量方案，以便确定管组各管的热偏差、各管吸热量、受热管的温度情况和水动力工况等。

膜式蒸发受热面的金属壁温及局部热负荷值可采用图 17-74 所示的测温嵌管进行测定。图 17-74（a）为测量鳍片管正面外壁温度（t_Z）的热电偶孔示意；图 17-74（b）为测量鳍片管鳍片向火面顶端温度（t_T）的热电偶示意。此外，还装有一个测量鳍片管背面温度（t_B）的热电偶。应用此测量嵌管可测得鳍片管正面与背面的温差（$\Delta t_1=t_Z-t_B$）和鳍片向火面顶端与背面温度的温差（$\Delta t_2=t_T-t_B$）。

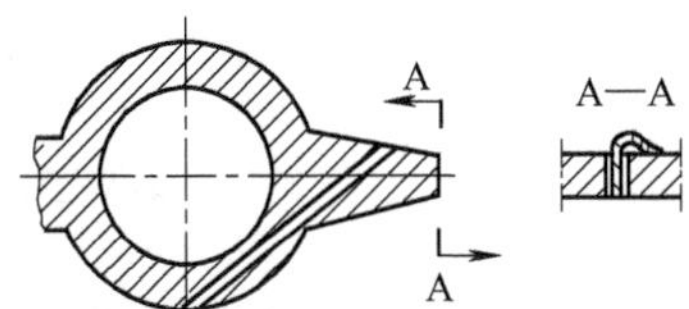

(a) 测鳍片管正面壁温的热电偶孔示意 (b) 测鳍片管鳍片顶端温度的垫电偶示意

图 17-74 用于膜式蒸发受热面鳍片管的测温嵌管

由于鳍片管背面温度较低，热电偶应自管子背面引出。测温嵌管应装在沿高度和宽度方向上受热最强管组的几根蒸发管上。受热最强的管段部位可根据计算结果或分析锅炉运行工况确定。

当确定管内工质到管壁的放热系数后，即可根据测得的 Δt_1 和 Δt_2 值算得热流密度值。

测温嵌管在炉膛蒸发受热面上应装设的数目尚不能用科学方法定出。对新设计的第一台直流锅炉进行测试时，一般沿炉高在前水冷壁、后水冷壁及一个侧水冷壁上各装 3～4 个测温嵌管。

沿炉高及炉膛四周的局部地区热负荷也可用便携式热流计测定。但随着锅炉容量增大、结构复杂程度增加及炉膛正压燃烧的采用，使得应用便携式热流计测热流密度的困难日益增大。

水冷壁各蒸发管中工质温度偏差，可通过测量处于不受热区的管子的金属温度确定。应在位于不受热区的管子进口及出口处装设热电偶。如果集箱引入管由多管构成，则可每隔 10 根管子左右装一次热电偶。

水冷壁蒸发管中的工质流量或流速可用前述水循环测速管测定，可每隔 20 根管子测一次。这种测量一般仅对集箱长、水阻力大、热负荷不均匀性大、有可能发生蒸发受热面水动力工况不稳定的新设计首台直流锅炉进行，对已成批生产的锅炉很少进行。

水冷壁管的吸热量或热流密度也可用前述的量热管方法测定。直接在直流锅炉蒸发管上研究其温度工况及水动力工况具有试验参数变化范围不广的缺点，否则会影响直流锅炉正常运行。采用单独进给工质的蒸发管进行研究，就可在对直流锅炉正常运行影响不大的情况下进行较广范围的研究。

单独进给工质的蒸发管系统复杂、制造费工且需增加一系列指示仪表，所以至今实际上用得不多。当试验任务单一、目的明确时，可采用系统简单的单独进给蒸发管系统。图 17-75 所示为一研究直流锅炉下辐射区蒸发受热面流动稳定性的系统。图中所示为由 30 根蒸发管中抽出 7 根管子构成的试验系统。

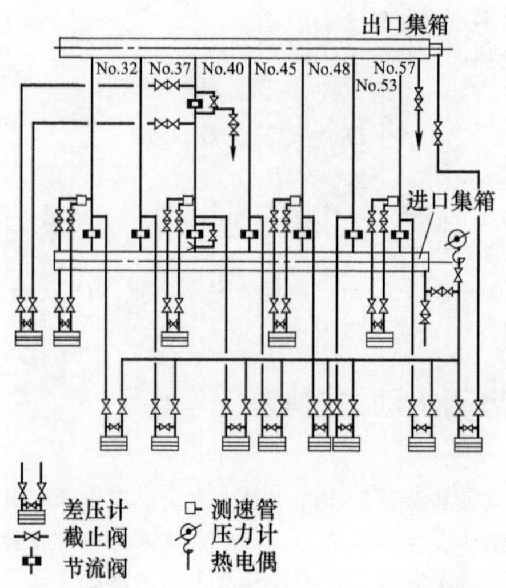

图 17-75 亚临界压力直流锅炉下辐射区蒸发管水动力稳定性试验测量系统

在图示的试验管上均装有节流圈及其差压测量设备。此外，在其中 4 根管子上装有测流体动压的测速管。应用此系统可确定在各种锅炉工况下会否出现管间脉动工况，但还不能确定节流程度对发生管间脉动的影响。为此，在一根蒸发管的出口处加装一个节流圈，并加装两个带调节阀的旁路管，以便研究节流程度变化对流动稳定性的影响。对管子出口处加装的节流圈的要求为：当上部旁路开启、下部旁路关闭时，该管的阻力及流量大致与其并联各管的相等。这样可保证该蒸发管在不用专门控制设备的情况下仍能长期安全运行。

3. 水动力试验的数据整理

在测得各管组及各蒸发管（装有测量设备的）的进口及出口工质压力和温度后，可根据这些数据算得进口及出口的工质焓值及其焓差和工质密度。为了表明蒸发受热面的工作状况，可以对不同锅炉运行工况建立起工质的温度变化图及焓值变化图。

对于装有测速管的管子可以在算得管内工质密度后，将密度与测得的流速相乘求出管内的质量流速、各管之间的流量偏差和管组的流量不均匀系数。

根据管组结构形式的不同，在算得工质密度后可求出其重位压力降、摩擦压力降等及各管总阻力系数，由此可得出各管的阻力系数偏差值。

根据锅炉各种运行工况可建立起工质质量流量或流速与压降之间的关系曲线，即水动力特性曲线。

根据量热管、单独进给工质的蒸发管等测出的热流密度或热负荷可绘出沿炉宽及炉高的热负荷分布曲线，类似于图 17-72 和图 17-73 中所示。依此可确定管组沿炉宽及沿炉高的热负荷不均匀性及管组的热负荷不均匀系数。

为了便于分析试验结果，可画出水力不均匀系数（η_{sl}）和偏差管中焓增（Δi_p）及热力不均匀系数（η_{rl}）的关系曲线，如图 17-76 所示。

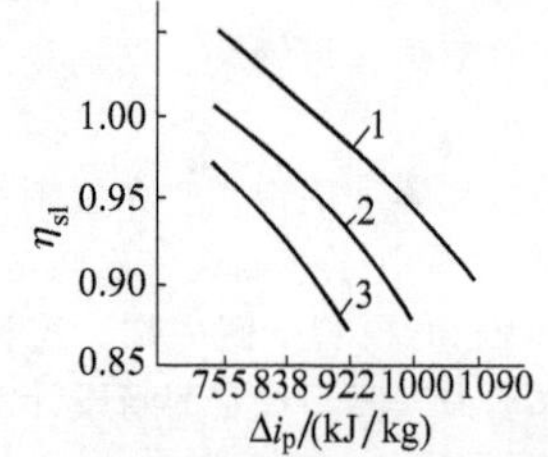

图 17-76 水力不均匀系数（η_{sl}）与偏差管中焓增（Δi_p）的关系曲线

1—η_{rl}=1.1～1.2；2—η_{rl}=1.2～1.3；3—η_{rl}=1.3～1.4

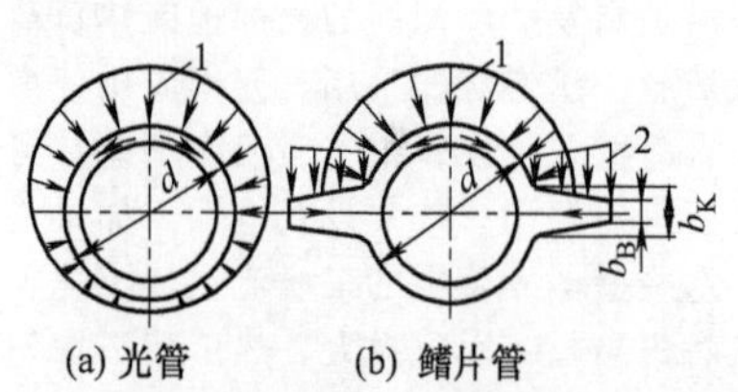

图 17-77 水冷壁蒸发管上的热负荷分布

1—管子表面的最大热负荷曲线；2—鳍片上的最大热负荷曲线

在光管或鳍片管上测得的局部地区热流密度或热负荷可以应用图 17-77 所示的方式表示。图中管上及鳍片上的箭头表示热流的匀流方向。

第七节　锅炉过热器测试

一、过热器试验内容

1. 过热器的静态特性试验

过热器的静态特性表明在各种锅炉负荷下，过热蒸汽折算温度与锅炉负荷的相互关系。所谓过热蒸汽折算温度指的是当不采用蒸汽温度调节设备时的过热蒸汽温度。根据过热器的静态特性曲线可以判定过热器管子金属的最恶劣运行工况。

过热器静态特性试验通常在 50%～100%的额定负荷下进行，试验在 4～5 种负荷下进行，每一负荷用 3～4 种过量空气系数值进行试验。如不能在额定负荷下得出静态特性试验值，可从 70%～90%额定负荷开始试验。试验时的最低负荷应根据电站具体情况和锅炉所用燃烧设备形式确定。

此外，还应建立不同给水温度下的（接入或断开高压加热器）过热器静态特性曲线。

对大型蒸汽锅炉还应研究燃烧器所用燃料和空气进给系统对过热器静态特性的影响。此外，还可研究过热蒸汽温度调节设备的静态特性，亦即研究过热器出口蒸汽温度与蒸汽温度调节设备开度位置的相互关系。

对直流锅炉过热器，由于停用燃烧器或者转用另一些燃烧器会引起锅炉汽水系统的严重扰动，因而也应对此进行试验研究。

2. 过热器的热力特性试验

过热器热力特性试验的目的是确定过热器管子运行的安全性。只有在任何工况下，过热器管子任一点壁温均低于设计时按强度计算算得的最大容许壁温时，才能认为过热器的运行是安全可靠的。

过热器热力特性试验应查明过热器的管壁温度偏差、热偏差和流量偏差。

此外，由于过热器的静态特性不能全面反映过热器的热力工况及壁温最高管的工况，因此在过热器热力特性试验中还应进行包括锅炉启动、停炉及其他过渡工况下运行的过热器动态特性试验。因为在某些过渡工况下，过热器部分管子的温度有可能超出其计算温度，特别是锅炉在作热态启动和停炉时。

二、过热器试验方法

1. 对流过热器试验方法

为了考察过热器及其部件的热力工况，应对各蛇形管的蒸汽温度及过热器各级出口蒸汽温度进行测定。同时还应测定热负荷最强管段的管壁温度。

在对流过热器中，可将热电偶装在过热器各蛇形管位于烟道外的不受热管段上，以此方法来测定各蛇形管中的蒸汽温度。如不能将热电偶装在烟道外的管段上，则也可将热电偶装在烟道中的过热器管段上，但应在热电偶处覆盖绝热材料。

对多管圈对流过热器，一般将热电偶布置在外管圈上。有时为了估价沿过热器深度方向的热偏差和计算过热器的最大热偏差，也可将热电偶布置在各内管圈上。

如分配集箱的引入管为多根，且需查明各蛇形管进口段的温度偏差，则可将热电偶装在各蛇形管进口段上。

过热器各级的蒸汽温度以及和过热器集箱相连的各引入管和引出管中的蒸汽温度均可用热电偶加以监测。

为了测得过热器沿烟道宽度的热力特性曲线，至少应在沿宽度布置的过热器并联蛇形管上装多少热电偶？这一问题尚无科学规定，一般在试验时根据经验确定。

对于对流过热器，应沿烟道宽度均匀地布置热电偶。此外，对水阻力较大或受热较强的蛇形管应附加添设热电偶。总之，热电偶应布置在事故多发处。研究过热器壁温偏差，一般可布置 10～15 个测点，但如沿烟道宽度布置的过热器管组数增多，则测点应增加。当因某些随机原因造成热偏差时，如因焊渣等异物阻塞而造成热偏差时，就不得不对全部蛇形管进行壁温测定以查出受到阻塞的蛇形管。在图 17-78 上示有在对流过热器管件上装设热电偶的示例。

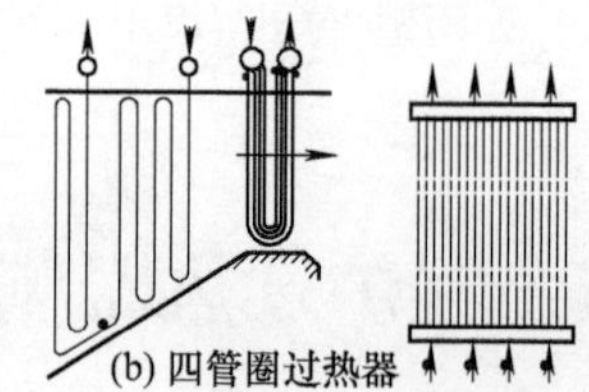

(b) 四管圈过热器

(a) 单管圈过热器 (c) 分配集箱由多根引入管引入的过热器

图 17-78 对流过热器上装设热电偶示意

在直流锅炉中，当仔细研究过热器热力工况时，常在过热器受热管段中焊接一段测温嵌管。测温嵌管沿烟道宽度每隔 1m 布置一个。测温嵌管装在沿烟气流程为第一级的过热器的第一排管子上（为考察温度最高的烟气流对热力工况的影响），同时也装在过热器输出过热蒸汽一级的蛇形管出口端上（为了考察对最高蒸汽温度的影响）。在对流过热器和屏式过热器中常用的测温嵌管的一种结构示于图 17-79。此嵌管中的热电偶有引出管防护，可使其引出端免受高温烟气的作用。

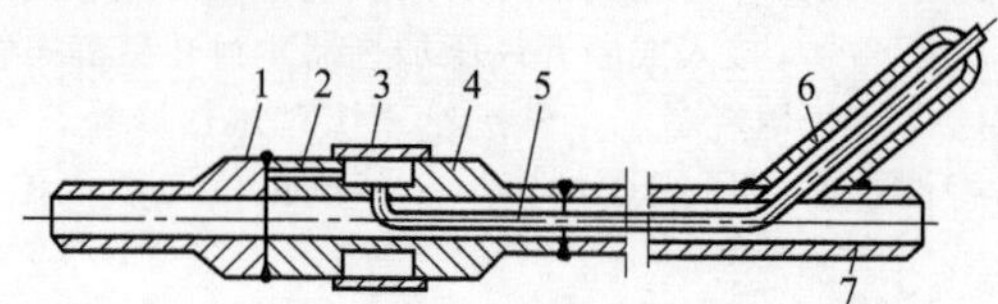

图 17-79 焊在过热器受热管中的测壁温嵌管

1—嵌管管壁；2—装热电偶的孔 $\phi(2.5\sim2.8)$mm；3—保护环；4—嵌管管壁；5—引出管；6—管接头；7—过热器管

2. 屏式过热器试验方法

测量屏式过热器各片屏之间输出蒸汽温度的偏差时，可在各片屏的蒸汽引出管上装设热电偶以测定各片屏的出口蒸汽温度，如图 17-80 所示。

屏式过热器每片屏均由一系列并联的 U 形管或蛇形管组成。这些管子因位置不同受火焰辐射程度不一且管长及水力阻力也不同，因此同一屏的各并联管之间存在热偏差，各管的出口蒸汽温度有温度偏差。为了监测这一温度偏差值，一般在各屏最外面一根管子和最里面一根管子的不受热出口段上装设热电偶，以测定各屏的屏内出口蒸汽温度偏差值。

在全面研究屏式过热器出口蒸汽温度偏差时，可在一片屏（通常选用中间一片屏）的全部并联管的不受热出口段上装设热电偶以测定各管的出口蒸汽温度。

图 17-81 示有屏式过热器的热电偶测温点布置示意。

屏式过热器的屏内蒸汽温度偏差要比各屏之间的屏间蒸汽温度偏差大得多。为了确定存在出口蒸汽温度偏差的屏式过热器的受热管段壁温，可在屏的面向火焰的管段和最后一根管子的受热管段上装入测温嵌管以测定壁温值。测温嵌管的装置位置见图 17-82。

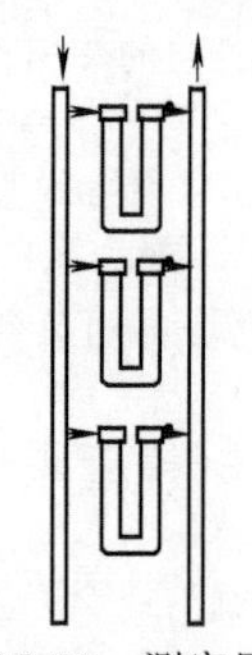

图 17-80 测定屏式过热器各片屏出口蒸汽温度时的热电偶测点布置示意

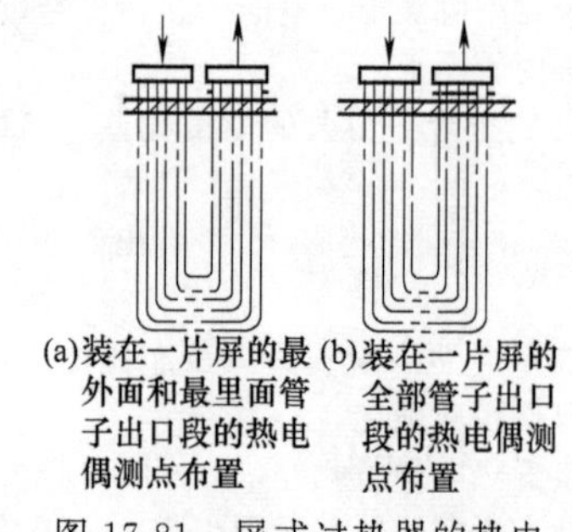

(a)装在一片屏的最外面和最里面管子出口段的热电偶测点布置 (b)装在一片屏的全部管子出口段的热电偶测点布置

图 17-81 屏式过热器的热电偶测温点布置示意

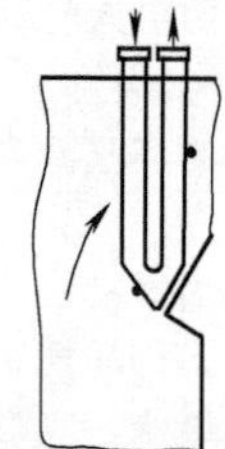

图 17-82 布置在炉膛出口处的屏式过热器测温嵌管装设位置示意

3. 辐射过热器试验方法

布置在炉膛炉壁上的辐射式过热器有时会因火焰冲击过热器管、个别管子凸出于炉膛中等原因而发生管子金属局部过热现象。但是承受最大热负荷使管子金属局部过热的受热面毕竟有限，因而发生这种现象的管子出口蒸汽温度增高并不多。所以，除应用热电偶测定辐射过热器各管出口蒸汽温度变化外，研究辐射过热器热力工况还应直接测量受热管段的壁温或者用便携式热流计测定各管自火焰得到的热流密度值后用计算方法算出各管壁温度值。

应用便携式热流计比较方便，但确定的壁温不及用测温嵌管方法精确。此外，随着锅炉容量增大、炉膛尺寸增大以及正压燃烧的采用，应用便携式热流计方法实际上已趋向不可行，而采用测温嵌管方法将日益增多。

辐射过热器并联管中测温嵌管的装设位置应在预知炉膛热流密度分布情况后才能确定。通常热流密度最大处与火焰温度最高处相对应，所以在装测温嵌管前应先用光学高温计等测得炉内温度场分布情况。

对锅筒锅炉的辐射过热器，如辐射过热器管沿整个炉高布置时，测温嵌管应装在中部管子的与火焰最高温度标高相应的管段上，因为中部管子的热负荷比炉角管的高。对燃烧器附近弯头多、水力阻力大的管子及其相邻管也应装测温嵌管，因为阻力大会造成管内流量少、壁温高（见图 17-83）。

对于直流锅炉应在上辐射受热面的面向烟气的头两排管子中装测温嵌管，因为这些管子中不仅蒸汽温度高而且管外受到高温烟气的作用，有可能造成过高的壁温，在上辐射受热面管子中测温嵌管的布置位置见图 17-84。

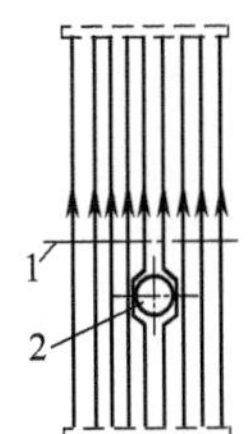

图 17-83　锅筒锅炉辐射过热器管上的测温嵌管布置示意

1—装测温嵌管的标高线；2—燃烧器喷口

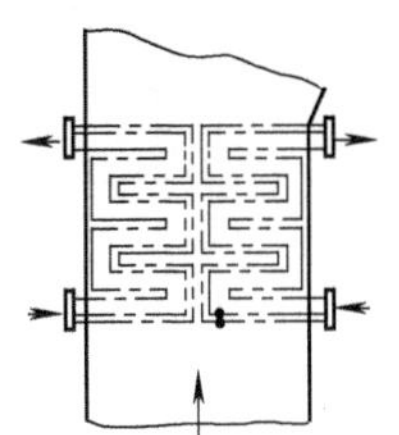
图 17-84　直流锅炉上辐射受热面头两排管子上的测温嵌管布置示意

无论在对流过热器、屏式过热器或辐射过热器中，在测试其水动力特性时均需测定汇集集箱出口、分配集箱进口及沿集箱长度各点的静压值。静压可用压力计测量，差压用差压计测定。管组中各并联管的蒸汽质量流量可用各种测速管测得。过热器的总蒸汽质量流量可用蒸汽管上的节流式流量计测定。

为了判明过热器产生热偏差的原因，必须研究过热器的烟气温度场分布情况。在屏式过热器出口处测烟温因烟温过高，测温仪表不能持久工作。一般选在对流过热器后的转弯烟室中测量烟气温度场。应测的点数根据烟气温度场的不均匀程度而定。

现代大型锅炉的烟道流通截面积常在 100m^2 以上，应用便携式热电偶已无法测温，因烟道太宽、热电偶杆太长。此时要测烟道烟温分布只有采用在烟道中装设固定式热电偶或将热电偶自炉顶空隙处伸入烟道进行测量。

由于引起烟气温度场不均匀性和过热器并联管管间热偏差的根源也可能是炉膛结渣或过热器本身结渣，因此在试验结束停炉后应画出锅炉内结渣位置图，并将结渣图与烟气温度场分布及蒸汽温度变化情况进行对比分析，以便得出造成过热器现有热力工况的真实原因。

三、过热器试验的数据整理

过热器试验中测得的数据应整理成各种图表。如需判别在各种锅炉负荷下，过热蒸汽温度调节设备为保证额定过热蒸汽温度所应调节的过热度值，可应用过热器静态特性试验时测得的数据，画出图 17-85 所示的过热蒸汽折算温度（t_Z）与锅炉负荷（D）的关系曲线。同时还可画出过热蒸汽折算温度与过量空气系数（α）的关系曲线，如图 17-86 所示。图中 t^e 和 D^e 分别表示额定过热汽温及额定负荷。在图 17-86 中过量空气系数一般用的是对流过热器后面的或是省煤器出口的过量空气系数。

对辐射过热器应画出辐射过热器管壁温度与锅炉负荷和过量空气系数的关系曲线。

为判别过热器各部件的金属温度是否在安全可靠的范围内，可画出如图 17-87 所示的过热器蒸汽温度变化图。图 17-87 中曲线 1 为各级过热器受热面及集箱的金属容许温度曲线，曲线 2 为计算得出的过热器蒸汽温度变化曲线，曲线 3 为试验得出的过热蒸汽温度变化曲线。

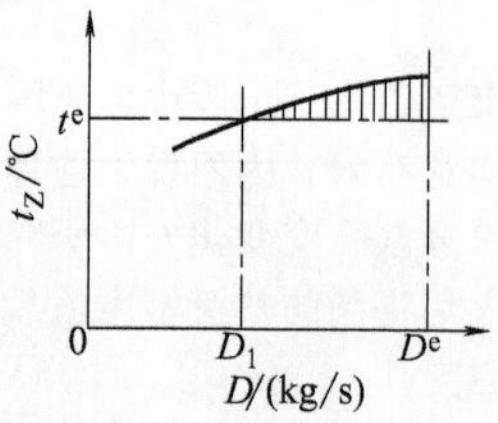

图 17-85 过热蒸汽折算温度与锅炉负荷的关系曲线

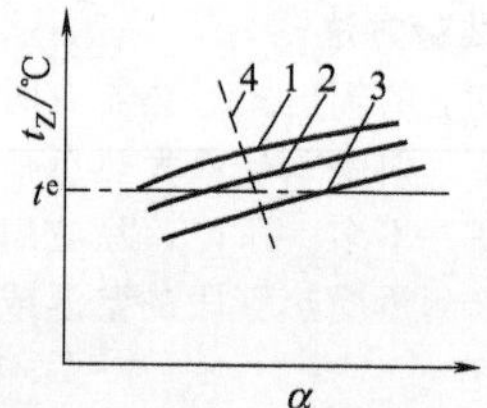

图 17-86 过热蒸汽折算温度与过量空气系数的关系曲线
1—锅炉负荷为额定负荷；2—锅炉负荷为70%额定负荷；3—锅炉负荷为50%额定负荷；4—最佳过量空气曲线

由图 17-87 可见，在炉顶过热器和第一级屏式过热器后均已超过集箱金属容许温度。这是由于辐射过热器吸热过多，因而应设法降低辐射过热器的吸热量，如无法做到，则炉顶过热器和第一级屏式过热器的出口集箱应换用耐热性能更好的钢材。如集箱仍用原来钢材，则应改变集箱结构尺寸，增加其强度。

图 17-87 所示的试验结果表明在辐射过热器、炉顶过热器和第一级屏式过热器中，其实际蒸汽温度已超过计算得出的蒸汽温度，因而对于这些过热器的受热面壁温也必须进一步进行考察。

如需分析过热器各部件的吸热量变化，应画出蒸汽焓值与锅炉负荷变化及过量空气系数变化的关系曲线而不应建立蒸汽温度随这些参数而变化的关系曲线。因为蒸汽焓值随这些参数变化的幅度远比蒸汽温度的大。

在分析过热器试验结果时，另一项重要工作为得出过热器各并联管的热偏差以保证过热器管的壁温不超过容许值。为此，可画出过热器各管的出口蒸汽温度分布曲线，如图 17-88 所示。图中横坐标为各并联管的编号，纵坐标为各管出口蒸汽温度。

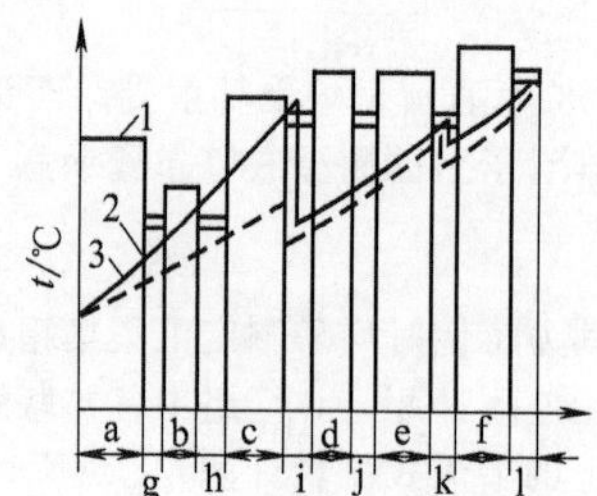

图 17-87 过热器蒸汽温度变化图
a—辐射过热器；b—炉顶过热器；c—第一级屏式过热器；d—第二级对流过热器；e—第一级对流过热器；f—第二级对流过热器；g～l—集箱

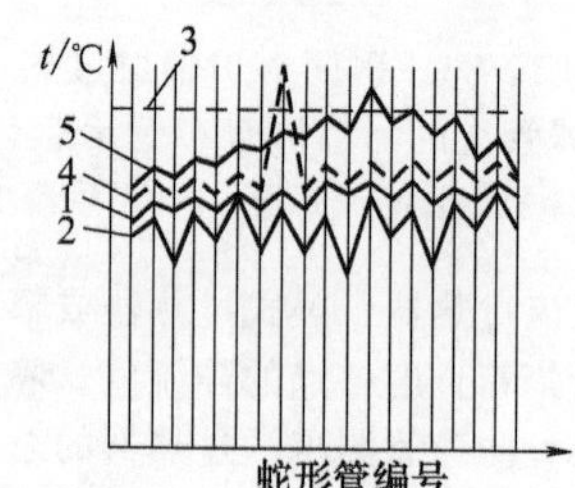

图 17-88 几种对流过热器并联管出口蒸汽温度分布曲线

图 17-88 中，曲线 1 和 2 为第一种类型，其出口蒸汽温度均低于表示容许温度值的曲线 3。因而各管均能安全运行，无需作进一步研究。第二种类型如曲线 4 所示，各管蒸汽温度大致均匀，只有个别管子出口蒸汽温度高于容许温度。此时在仔细检查并排除因测量错误造成的可能性后，应考察此蒸汽温度特高管子的水力阻力。应找出原因（管内有焊渣、毛刺等异物或弯头过多），并加以排除。

第三种类型如曲线 5 所示。这类曲线是由于流量偏差、热力偏差形成的，或是由于这两种偏差同时作用的结果。如曲线上某管温度已超出容许温度，则必须分析偏差原因并进行必要的测量。可算出这些过热器管组的热偏差系数值和由管子金属最高容许温度定出的偏差管容许出口蒸汽温度、相应的容许蒸汽焓增和容许热偏差系数值。过热器的热偏差应保持低于过热器的容许热偏差值。

第八节 锅炉水位测量

在自然循环锅炉中，锅筒中的水位是运行中必须经常监督的一个重要参数。在强制循环锅炉和具有分离器的直流锅炉中也需监视锅筒水位或分离器水位。

测量锅炉水位的方法有玻璃水位计法、差压式低地位水位计法、电测法和热电测量法等。

一、玻璃水位计法

玻璃水位计有玻璃管式和玻璃板式两类。前者用于低压锅炉，其结构示于图 17-89。玻璃管上、下两端分别插在汽阀与水阀的接头中，由连通管、汽阀和水阀使玻璃管与锅筒的汽空间和水空间相通，并根据连通管原理使玻璃管中显示锅筒水位。

玻璃板水位计由玻璃板、框盒、汽阀和水阀等构成，示于图 17-90。这种水位计可用于压力较高的锅炉，由于玻璃与炉水接触的一面有沟槽，能折射光线，使炉水呈黑色，蒸汽呈透明色，因而较易识别水位。

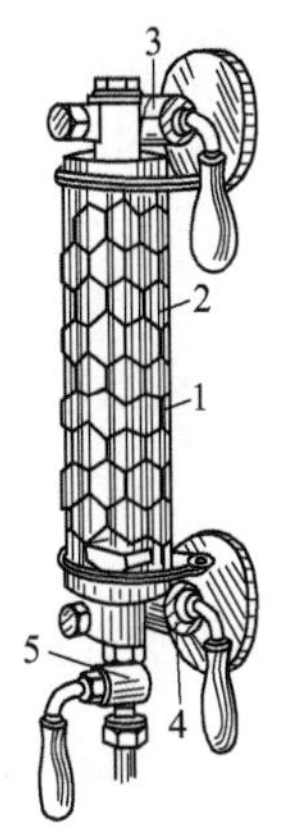

图 17-89　玻璃管水位计

1—保护网；2—玻璃管；3—汽阀；4—水阀；5—放水阀

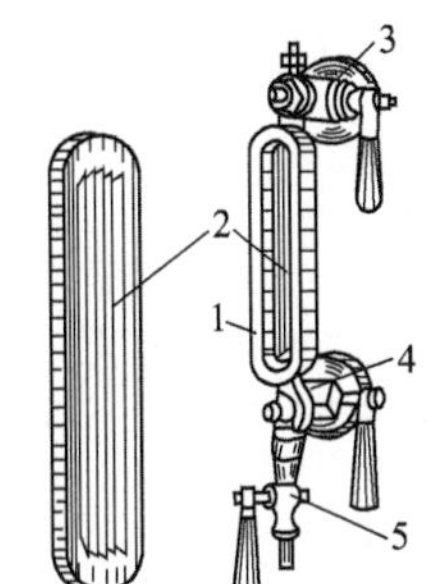

图 17-90　玻璃板水位计

1—框盒；2—玻璃板；3—汽阀；4—水阀；5—放水阀

二、差压式低地位水位计法

玻璃水位计由于要保持水位计中工质温度与锅筒中的相同，所以连接管应尽量短，以免工质散热影响水位读数精确性，因而不能将水位计引到运行人员的操作台上。

在水位计系统中接入一个 U 形管差压计便可将水位计接到比锅筒位置低的运行人员操作台上，这种水位计称作差压式低地位水位计，其工作原理示于图 17-91。图中，低地位水位计系统由冷凝箱、膨胀室、低水位计和连接管组成。低水位计及其旁边的连接管形成一个 U 形管差压计。冷凝箱中由于蒸汽凝结所以存在水位，但凝结水过多时能溢流到锅筒水容积中去，所以凝结箱中左边水位总保持恒定。凝结箱水面上压力相同，但管路中存在三种密度不同的液体，即炉水（密度为 ρ_1）、凝结水（密度为 ρ_2）和 U 形管差压计中的充液（密度为 ρ_3）。凝结箱右边垂直管中的液体由于保温作用，其密度等于锅筒中炉水的密度。

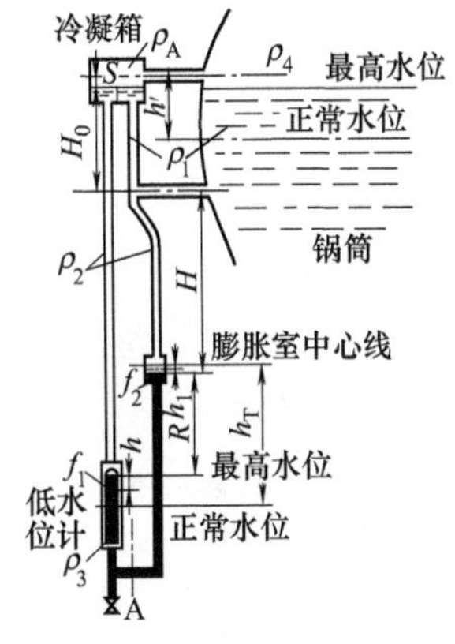

图 17-91　差压式低地位水位计工作原理

在正常工况下，低地位水位计中的流体是静止的。作用在 A 点左面的和右面的压力应相等。列出此等式可得：

$$H_0\rho_1 g + H\rho_2 g + R\rho_3 g = (H_0 + H + R)\rho_2 g$$

式中　R——在最高水位时，水位计中水位和膨胀室中水位的水位差，m。

简化上式，可得：

$$R = H_0 \frac{\rho_2 - \rho_1}{\rho_3 - \rho_2} \tag{17-35}$$

在上式中，炉水密度（ρ_1）可根据锅筒压力确定其数值，等于锅筒压力下的饱和水密度；ρ_2 因管外无绝热材料，可取为室温下的水的密度；ρ_3 为未知数，其值应保证使锅筒中水位降低 h 值时低水位计中液位也同样降低 h 值。

由于式（17-35）中 H_0 为定值，R 值是未知数，所以还需列出一个方程式才能消去 R 值解得 ρ_3 值。

当锅筒中水位降低 h 值时，要求低水位计的液位也降低 h 值。此时膨胀室中水位将从 R 值再上升 h_1 值（见图 17-90）。冷凝箱右边垂直管内的水位由于和锅筒是一连通器，也将降低 h 值。

在锅筒水位降低 h 值的条件下，再列出 A 点右面及左面压力相等的计算式，可得：

$$h\rho_4 g+(H_0-h)\rho_1 g+(H-h_1)\rho_2 g+(h_1+R+h)\rho_3 g=(H_0+H+R+h)\rho_2 g \tag{17-36}$$

式中 ρ_4——锅筒中饱和蒸汽密度，kg/m^3。

设低地位水位计的横截面积为 f_1，膨胀室横截面积为 f_2，则可列出下列几何关系式：

$$h_1=hf_1/f_2 \tag{17-37}$$

联立解式（17-35）～式（17-37），可得：

$$\rho_3=\frac{(1+f_1/f_2)\rho_2+\rho_1-\rho_4}{1+f_1/f_2} \tag{17-38}$$

由上式可见，在低水位计系统确定后，f_1/f_2 已确定，ρ_3 主要和 ρ_1 及 ρ_4 有关，亦即与锅筒压力有关。

因此，低地位水位计应与锅筒压力相适应，应按式（17-36）算出。如压力变化，重液密度不变，则会发生指示误差。

锅炉低地位水位计的重液可用三溴甲烷和苯配制而成。

三、电测法

用电测法测量锅筒或其他容器中水位的工作原理示于图 17-92。图中，220V 电压通过降压变压器降为 12V 电压后加于图示的封闭电路上。此电路由储于圆柱形小罐中的导电的水、电指示灯、电接头和导线等组成。圆柱形小罐与被测的锅筒或其他容器相连，小罐中的水位与锅筒中的相同，因而测出小罐水位就知道被测锅筒中的水位。

电接头自小罐金属壁引出，但与小罐其余金属壁之间存在良好的电绝缘。当小罐水位在一定位置时，在该水位以下的电路接通，指示灯发光，指出水位的高低。

此法缺点为不易将电接头自金属壁引出，尤其在高压情况下。

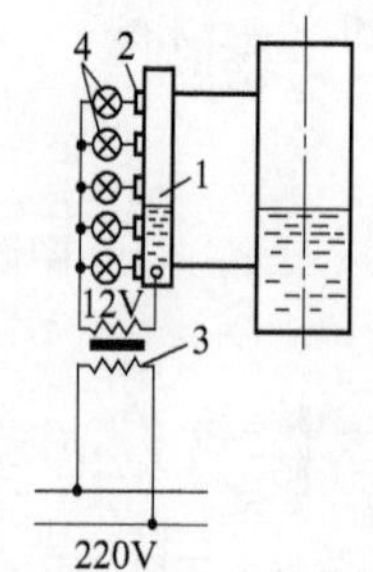

图 17-92 用电测法测量水位的工作原理
1—小罐；2—电接头；3—降压变压器；4—电灯信号

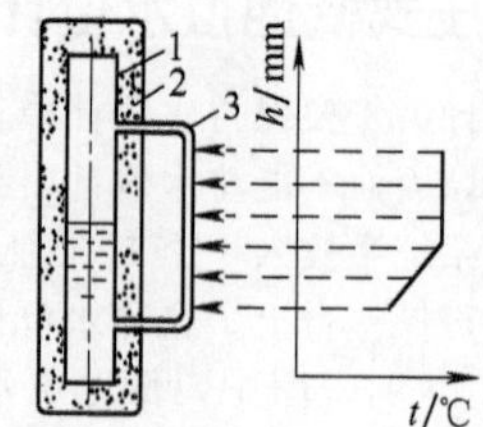

图 17-93 应用热电法测量水位的工作原理
1—被测容器；2—热绝缘；3—管子

四、热电法

应用热电法测量水位的工作原理示于图 17-93。

由图 17-93 可见，被测容器包在热绝缘层内，自容器引出一段和容器相通的管子。管子中充满蒸汽部分的金属壁温约等于饱和温度，管中水位以下的管壁温度因管外空气冷却将低于饱和温度。因此，管中水位应位于壁温由饱和温度开始下降的部位。如在管壁上装一系列热电偶，则可测得如图 17-93 所示的管壁温度随垂直管子的高度而变化的曲线。在曲线图上的垂直线与倾斜线交点处即为水位所在位置。

第九节 锅炉炉膛空气动力场测试

一、炉膛空气动力场的测试目的和类别

炉膛空气动力场主要指的是燃烧设备及炉膛内的空气（包括空气携带的燃料）以及燃烧产物的流动方向和速度值的分布状况。组织良好的炉膛空气动力场可保证锅炉燃烧稳定、燃尽迅速、炉膛气流流动正确不贴边，这样就可保持经济而可靠的锅炉燃烧和运行工况。

在新锅炉投入运行和已运行锅炉出现燃烧故障时，常需进行炉内空气动力场测试，以便发现问题及时调整燃烧工况。

炉膛空气动力场测试可分为炉膛热态空气动力场测试和炉膛冷态空气动力场测试两类。前者难度大，较少测定；后者在冷态炉膛中通风进行，较易测定，常用作判别炉膛空气动力工况优劣的测定手段。

二、保持冷、热态测试结果相似的条件

如近似地将热态炉膛视作等温，则只要将冷态试验时所用的 Re 数与热态时的平均 Re 数相同，即可使冷态试验得出的炉膛空气动力场与热态炉膛的相似。

此外，如冷态试验时所用的 Re 数能大于临界雷诺数 Re_{lj}，则冷态测得的炉膛空气动力场也可与热态炉膛的相似。对于一般炉膛，炉膛的临界雷诺数 Re_{lj} 约为 5×10^4，远较热态炉膛的平均雷诺数低。

为了保证冷态试验时，燃烧器出口射流与热态时的相似，应使燃烧器出口射流的 Re 数与热态时的相等或大于临界雷诺数 Re_{lj}。各种燃烧器的 Re_{lj} 值约为 10^5，比燃烧器热态运行时的 Re 数小。所以只要使燃烧器冷态射流的 Re 数大于燃烧器的 Re_{lj}，即可保持与热态时的工况相似。

炉膛 Re 数按 $Re=vL/\nu$ 计算；其中 v 为炉膛气流平均上升速度，m/s；L 为炉膛的水力当量直径，m；ν 为气体运动黏度，m^2/s。

燃烧器射流的 Re 数也按同式计算；但 v 为射流速度，取燃烧器喷口当量直径截面上的平均速度，m/s；L 为燃烧器喷口的当量直径，m；ν 为气体运动黏度，m^2/s。

当有两股合成射流时，平均速度按下式计算：

$$v=\frac{v_1^2\rho_1 f_1+v_2^2\rho_2 f_2}{v_1\rho_1 f_1+v_2^2\rho_2 f_2} \tag{17-39}$$

式中　v_1，v_2——各股射流的平均速度，m/s；

ρ_1，ρ_2——各股射流的工质密度，kg/m^3；

f_1，f_2——各股射流的出口截面积，m^2。

此外，为使多股射流混合流动保持相似，还应使冷态下各股射流的惯性力比值（亦即其动压比值）与热态时的比值相等。即应保持：

$$[\rho_1 v_1^2 : \rho_2 v_2^2 : \cdots]_l=[\rho_1 v_1^2 : \rho_2 v_2^2 : \cdots]_r \tag{17-40}$$

在上式中，下角码 l 表示冷态，下角码 r 表示热态。

由上所述可见，在制订炉膛冷态空气动力测试方案时，应先根据热态时炉膛和燃烧器的 Re 数或根据炉膛和燃烧器的临界雷诺数 Re_{lj} 确定合适的送风量。然后再按冷态和热态时动压比相等的原则分配燃烧器的一次风、二次风和三次风的风量，以满足使冷态下测得的炉膛空气动力场与热态时近似相似的要求。

但实际上，由于热态炉膛内是不等温的，各处存在一定的温度梯度，各处气流的密度和黏度均不同，加以在热态炉膛中温度较低的一、二次风从燃烧器喷口射出后即会因燃烧升温而迅速膨胀等因素，冷态测试尽管作了满足近似相似要求的一些工作，但测得的冷态空气动力场仍不能完全如实地反映热态空气动力工况。

因此，炉膛冷态空气动力场的测试结果只能用作进行实际锅炉燃烧调整工作的参考资料，可帮助分析和发现锅炉燃烧工况不正常的原因和提出改进方向。

三、火室炉冷态空气动力场测试方法

1. 测试内容

应分别对炉膛气流和燃烧器射流进行观察和测试。

对炉膛应观察和测定炉膛中气流的充满度。充满度一般用气流所占截面与炉膛截面之比来表示。充满度愈大则炉内涡流区就越小，炉膛利用率越高且气体在炉膛中流动阻力越小。

其次应观察和测定炉膛中气流有否贴壁、冲刷炉壁。如存在这种现象，则炉膛易结焦且水冷壁管易发生高温腐蚀。炉膛中气流不应向炉膛一侧偏斜，否则在气流偏斜的一侧在实际运行时将发生烟温过高，该侧易结焦，该侧水冷壁热负荷过高及过热器蒸汽温度过高等不正常工况。

对燃烧器应观察和测定一、二次风的混合特性以及燃烧器的射流特性。对旋流式燃烧器应观察和测定射流的旋转特性，扩散角、回流区的大小以及回流速度是否合宜。对四角布置的直流式燃烧器应观察和测定射流射程及其变化过程、四角射流形成的切圆直径及其位置是否符合要求。还应观察和测定各燃烧器射流间的相互影响和三次风对燃烧器主射流的影响等工况。

2. 测试方法

炉膛冷态空气动力场的测试方法很多，主要方法可参见表 17-35。

表 17-35 炉膛冷态空气动力场测试方法及特点

方法名称	措施及特点
飘带测定法	用质轻飘带显示炉内气流流动方向。在被测炉膛各横截面上拉设一系列十字相交的拉线，在拉线上每隔一定间距扎一飘带。在送入预定风量后根据飘带飘动方向可绘出到炉膛中气流速度的方向图。由于测定燃烧器气流特性时可在离燃烧器出口一定间距处（如燃烧器出口直径为 d，则在 $d/2$、d、$2d$ 及 $3d$ 处），在与燃烧器轴线相垂直的平面上通过中心点分别拉一条水平的或两条相互垂直的拉线。拉线上扎上一系列 200mm 长的短飘带以显示燃烧器的旋转气流或射流的速度方向特性
纸屑测定法	以纸屑撒在气流中作为示踪剂，以观察炉内气流方向。与飘带法结合使用可得出更清晰的炉内气流方向图
火花测定法	将燃着的细木屑连续送入气流，以木屑火花作为示踪剂，可用摄影得出气流的流动图谱。一般用于观察燃烧器出口气流的流动工况或四角布置燃烧器形成的射流切圆情况。不宜用于观察容积较大的炉膛气流运动轨迹
测速管测定法	对炉膛气流及直流式燃烧器射流可用普兰特管测定速度场，对旋流式燃烧器射流可用四孔斜头式测速管（见图 17-94）测定速度场的大小及方向

四孔斜头式测速管用于测定空间气流的速度大小及方向。由于旋流燃烧器的射流有切向分速度和轴向分速度，属于空间气流，所以精确测定时需用四孔斜头式测速管。这种测速管的结构示于图 17-94。

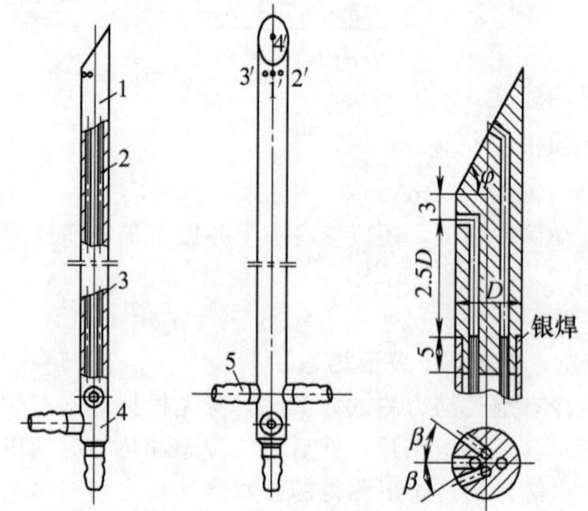

图 17-94 四孔斜头式测速管

1—带孔的斜头；2—传压管；3—管身；4—分配管；5—传压管管接头

图 17-94 中，测速管的斜面倾角一般为 60°，两侧测压孔的中心线与中间孔 1′的中心线夹角 β 一般为 30°～35°。孔 4′位于斜面上。测速管管身直径一般为 8～12mm，测压孔直径应大于 0.3mm。管身后部装有量器以确气流方向，图中未示出。

测速时，通过转动管身使测压孔 2′的压力 p_2 和测压孔 3′的压力 p_3 相等，此时孔 1′和孔 4′所在平面已对准气流，由管后的量角器可确定气流与此平面所成的夹角 α。

被测气流与孔 1′、孔 2′、孔 3′所在平面之间的夹角 δ 值可按预先标定得出的 $K_\delta=f(\delta)$ 曲线按 K_δ 值查得。$K_\delta=(p_4-p_2)/(p_1-p_2)$ 可按各相应测压孔测出的压力值或压差值算得（p_4 为孔 4′测得的压力值）。

查得 δ 角后可按标定曲线 $K_d=f(\delta)$，由 δ 角查得动压系数（K_d）值。然后再用下式算出气流速度（v）值：

$$\frac{\rho v^2}{2}=\frac{p_1-p_2}{K_d} \tag{17-41}$$

气流在垂直平面上的分速度（v_z）可按下式计算：

$$v_z=v\sin\delta \tag{17-42}$$

气流在水平平面上的两个分速度（v_x 和 v_y）可按下式计算：

$$v_x=v\cos\delta\cos\alpha \tag{17-43}$$

$$v_y=v\cos\delta\sin\alpha \tag{17-44}$$

查得 δ 角后，可根据标定曲线 $K_s=f(\delta)$ 由 δ 角查出静压系数（K_s）值，再按下式算出静压 p_0 值：

$$p_0=p_1-K_s(p_1-p_2) \tag{17-45}$$

在应用四孔斜头式测速管前，必须先在风洞中对测速管进行标定，以便预先得出 $K_\delta=f(\delta)$、$K_d=f(\delta)$ 和 $K_s=f(\delta)$ 等标定曲线。

图 17-95 为用四孔斜头式测速管测定旋流式燃烧器射流速度场的安装示意。

在图 17-95 中，测速管能在支架 3 上移动或转动，支架 3 也能沿支架 2 移动，因此可用此专用坐标架测出距燃烧器出口不同距离以及不同半径的圆周上射流各点的速度方向和大小。从而可得出此旋流式燃烧器的射流冷态空气动力场图谱。

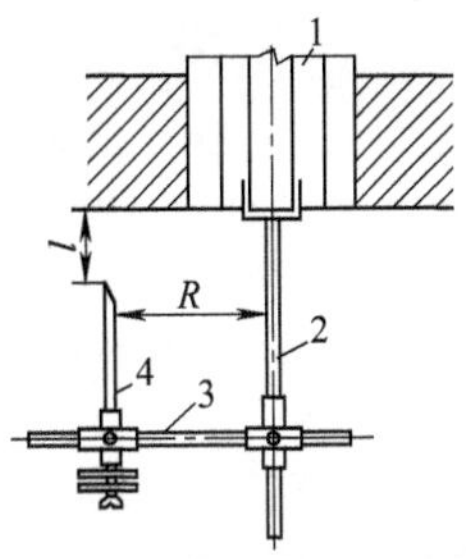

图 17-95 用四孔斜头式测速管测定旋流式燃烧器射流速度场的安装示意
1—旋流式燃烧器；2，3—坐标架支架；4—四孔斜头式测速管 R—测速管的旋转半径；l—测速管距燃烧器出口的距离

四、火床炉冷态空气动力场测试方法

1. 链条炉的炉膛冷态空气动力场测试

链条炉测试时需测定炉排下一次风的分布合理性，观察炉内二次风的速度场图谱及炉膛中气流的充满度。

炉排下一次风在各区域的分布状况一般用测定各区域炉排下全压的方法来获得。因为某区全压大，则在该区域流入的一次风量大。测量时按照冷态测试时各风室的 Re 数和正常运行时各风室 Re 数相等的原则确定冷态试验时所需送入的一次风量。开动送、引风机，使炉膛保持 0～20Pa 的负压。将此算得的一次风量由风机自炉排下输入。

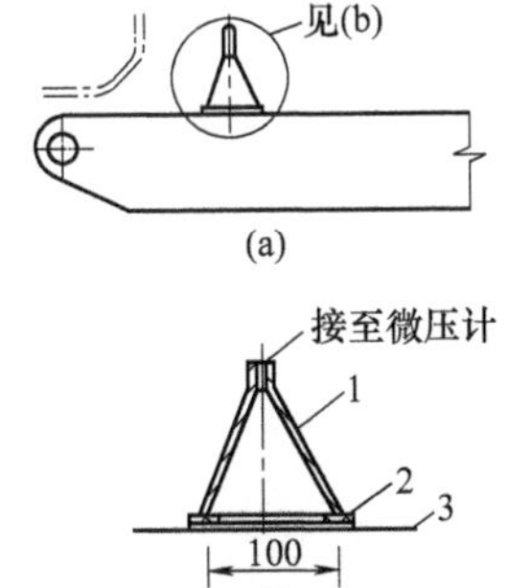

图 17-96 测压罩及其在炉排上测压时的放置方式示意
1—漏头；2—橡皮垫圈；3—炉排

在炉排上预先划好一系列面积相等的小方块，用图 17-96 所示的测压罩（边长约 100mm 的方形漏斗状罩）测出每一小方块炉排下的风压。经多次测量后，取每一小方块炉排面积上测得的风压平均值作为该小面积的代表风压。最后画出沿炉排长度和沿炉排宽度的风压分布曲线。这些风压分布曲线即反映了炉排下一次风量在炉排面上的分配状况。

在测定二次风射流的速度场时，应使冷态时二次风的动压与正常运行时的二次风动压大致相同。然后用普兰特管测定其速度场。如需观察射流运动状况，可用前述飘带法进行。

炉膛气流运动状况也可用飘带法观察。炉排面上一次风的运动状况，因一次风速较小，可用前述撒纸屑法观察。

2. 抛煤机炉的炉膛冷态空气动力场测试

抛煤机炉在进行炉膛冷态空气动力场测试时，对于观察炉膛气流充满度、测定二次风速度场和炉排一次风分布等项目均可按前述链条炉的方法进行。

对风力抛煤机和机械风力抛煤机则尚需进行抛煤风的风压和速度场测定。测试时，在设计值附近选用几种风压和出口风速进行抛煤试验测定，并定出最佳的风速和风压。

五、炉膛热态空气动力场测试方法

1. 测试内容

炉膛热态空气动力场测试一般用于调整和掌握新炉膛、新燃烧设备及新燃料品种的研究试验。通过试验测定的运行资料，可为改进炉膛和燃烧设备的设计提供依据。此外，也可为炉膛冷态空气动力场测试与炉膛热态空气动力场测试进行对比性研究。

在原型炉膛中进行热态空气动力场测试不仅测试技术难度大，而且需开设一系列测孔、花费大量人力并需取得各有关部门的配合和支持。因此，一般只有在十分必要时才进行炉膛热态空气动力场测试。

炉膛热态空气动力场研究常与燃料的燃烧过程研究结合起来进行。因此，在测定炉膛内气体速度场的同时，还需测定炉膛内的煤粉浓度场和气体温度场。测定时需应用各种探针和测温仪表，并需在炉墙上预先开设一系列测孔。

对蒸发量小于 640t/h 的锅炉，一般在每面墙上沿高度方向均匀开设 16～24 个测孔；对蒸发量大于

640t/h 的锅炉，应在全墙沿高度方向均匀开设 30～60 个测孔。测孔直径一般为 75～100mm，测孔上应装设密封的套管接头以便在炉墙外用端盖密封。

在燃烧器的水平平面上，垂直于燃烧器轴线的 2～3 个等距离垂直平面上、火焰长度的中点平面及炉膛出口平面上均应布置测点。

进行炉膛热态空气动力场测定可测得炉膛内的速度场分布、浓度场分布和温度场分布。可以确定煤粉质点在炉膛中的分布情况、煤粉空气混合物的流动速度值及流动方向，沿火焰长度上的燃料燃尽程度，炉膛中的过量空气和烟气成分，炉膛中的气流充满程度，燃烧器喷入炉膛的燃料分布情况及燃烧器的燃料分配均匀性，一次风、二次风及三次风对燃烧过程的影响等。

2. 炉膛气体速度场测定

炉膛热态空气动力场测定时因气体温度高，有些区域的气流为空间气流，因而测试难度较大。在模型锅炉热态试验时可用四孔斜头式测速管测定空间气流的流速和方向。但四孔斜头式测速管的测量过程太复杂，测量时间长，增加了测量误差的可能性，特别在热态下，锅炉燃烧工况常有变动，希望能快速测定。

在原型炉膛热态试验中实际上并不常用四孔斜头式测速管，而是采用有水冷却的三孔圆柱式测速管。研究表明，即使在旋流式燃烧器出口处的旋转气流中，各点的速度分量主要是轴向速度分量和切向速度分量，而径向速度分量相比之下要小得多。因此，对炉膛各处的空间气流采用测量平面气流的、前述水冷却三孔圆柱式测速管（参见图 17-13）测量气流速度的大小及方向已足够准确。

测量时，将三孔圆柱式测速沿垂直于气流平面的方向插入，使中间孔对准气流，测出中间孔与旁边任一孔之间的压差，即可按式（17-14）算出被测气流的速度 v 值。根据测速管尾部的刻度盘读数可得出气流的方向角 β、气流的轴向分速度等于 $v\cos\beta$ 及其切向分速度等于 $v\sin\beta$。

3. 炉膛粉尘浓度场的测定

要测定炉膛粉尘浓度分布需从炉膛各处抽取粉尘和烟气的试样，再经分析计算后确定。根据粉尘和烟气的试样分析，除了可得出炉膛粉尘浓度分布外，还可得出粉尘中的可燃物含量或灰分沿火焰长度的变化以及炉膛中过量空气系数随火焰长度变化的特性。

测试时常采用可同时采集粉尘和烟气试样的炉膛粉尘烟气取样管进行取样。这种取样管有多种结构，但原理相同。图 17-97 所示为前苏联国营地区发电所与输电线路组织及合理化托拉斯研制的取样管结构。

图 17-97 中所示的取样管具有水冷却的金属外管，管内装四根管子，两根分别用作抽取粉尘及烟气，另外两管分别用作测定炉膛静压和测定取样管抽气端的静压。这种取样管使用时应按图 17-98 所示系统和其他仪表和设备连接。

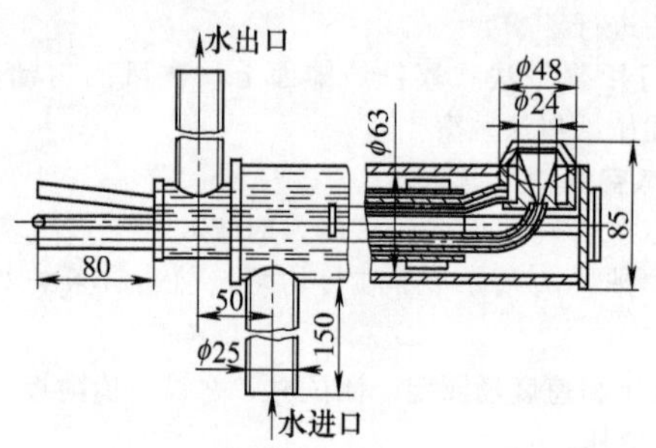

图 17-97 一种具有水冷却的粉尘烟气取样管结构

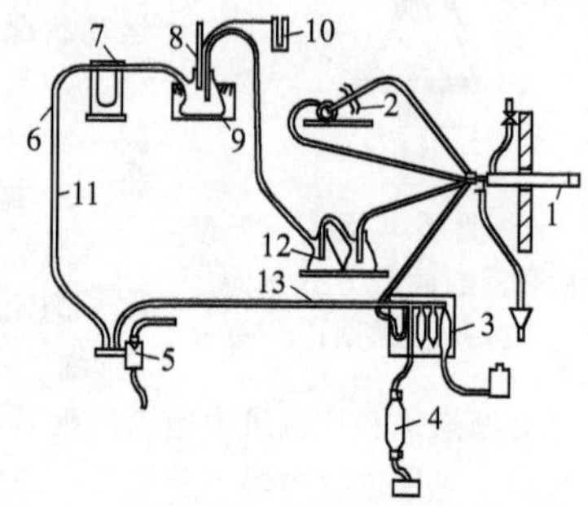

图 17-98 炉膛粉尘烟气取样管的连接系统

图 17-98 中，蒸汽抽气器（5）使取样管（1）自炉膛取出试样后，粉尘烟气试样流经第一个及第二个玻璃瓶（12，或称旋风筒），使大部分粉尘沉降。第三个玻璃瓶（9）装有温度计（8），并和 U 形管压力计（10）相连。瓶（9）放在有冷却水（或冰）的容器中，烟气流经瓶（9）时，烟气中的部分湿分可凝结于瓶中，烟中剩余的微量粉尘也沉降于此（这部分粉尘在计算时一般略而不计）。流出瓶（9）的烟气已属无尘气流，但仍含水蒸气。烟气随后流经流量计（7）、带夹子（6）的软管（11），再由蒸汽抽气器（5）将其排出。

蒸汽抽气器同时还经管子（13）抽取烟气以供烟气分析之用。烟气在烟气分析器（3）中测定 RO_2 和 O_2 值后，再收集在量瓶（4）中，以便进一步分析其化学不完全燃烧物质。

图 17-98 中，微差压计（2）一端和炉膛静压传压管相连，另一端和取样管抽气端静压传压管相连。当微差压计读数为零时表明上述两处静压相等，此时取样状态已符合等速取样要求。取样时，冷却水量应调节到出口水温在 60～70℃之间。

取样时应将微差压计读数调节到零值，并每隔 5min 记录一次流量计的压差值、流量计前的烟气温度值和 U 形管压力计的压力值。并用烟气分析器对烟气连续分析以测定 RO_2 和 O_2 值。最后将烟气收集在量瓶中供分析化学不完全燃烧值之用。取样时还应每隔半小时用高温计测量一次取样点的炉膛温度以供整理测量结果之用。

当玻璃瓶中粉尘量聚集到 10g 后，可停止取样，并将取样管自炉膛取出清理后再移到下一个取样点取样。

对每一取样点的烟气流粉尘浓度（μ）和烟气流速（v）可按下法算出。

根据测定的进入流量计前的烟温和压力值可算出流经流量计的烟气密度（ρ）。由于烟气流过流量计时的压差值已测定，因而可按下式算出通过流量计的烟气体积流量（Q）：

$$Q=Q'\sqrt{\rho'/\rho} \tag{17-46}$$

式中 Q——流过流量计的烟气体积流量，L/min；

Q'——流量计标定时的烟气体积流量，L/min；

ρ——流过流量计的烟气密度，kg/m^3；

ρ'——流量计标定时的烟气密度，kg/m^3。

自炉膛抽取的烟气体积流量，当折算到标准状态（0℃及 101.325kPa）时为：

$$Q_y^{\ominus}=\frac{Q\rho}{\rho_{sy}}+\frac{G_s}{0.804\times10^{-3}} \tag{17-47}$$

式中 $Q_y^{\ominus}$——标准状态下自炉膛抽取的烟气体积流量，L/min；

ρ_{sy}——湿烟气密度，按式（17-48）计算，kg/m^3；

G_s——流量计前面凝结的水分质量流量，按玻璃瓶中凝结水质量除以取样时间算得，kg/min。

湿烟气密度 ρ_{sy} 按下式计算：

$$\rho_{sy}=M\rho_k \tag{17-48}$$

式中 M——折算系数，按图 17-99 查得，图中 r_{H_2O} 按式（17-49）算得；

$\rho_k^{\ominus}$——标准状态下的空气密度，等于 $1.293kg/m^3$。

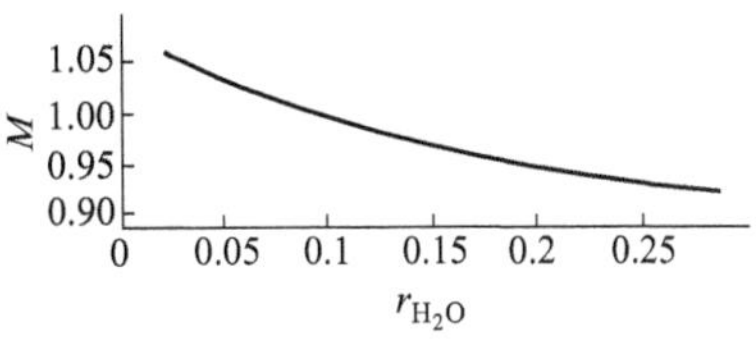

图 17-99 折算系数 M 与水蒸气体积份额 r_{H_2O} 的关系曲线

烟气中的水蒸气体积份额 r_{H_2O} 可按下式计算：

$$r_{H_2O}=\frac{V_{H_2O}}{V_{gy}+V_{H_2O}} \tag{17-49}$$

式中 V_{H_2O}——燃烧 1kg 燃料时烟气中的实际水蒸气体积，m^3/kg；

V_{gy}——燃烧 1kg 燃料时生成的干烟气体积，m^3/kg。

烟气流的粉尘浓度可按下式计算：

$$\mu=G_f/Q_y^{\ominus} \tag{17-50}$$

式中 μ——烟气流的粉尘浓度，g/L；

G_f——所取粉尘的沉降速度，可将玻璃瓶中的粉尘质量除以取样时间算得，g/min。

从炉膛中抽取的烟气体积流量为：

$$Q_1=Q_y^{\ominus}\frac{(B\pm S_T)273}{101.325(t_1+273)} \tag{17-51}$$

式中 Q_1——抽取的炉膛烟气体积流量，L/min；

$Q_y^{\ominus}$——抽取的标准状态下的炉膛烟气体积流量，L/min；

B——大气压力，kPa；

S_T——炉膛负压，kPa；

t_1——取样点处炉膛烟气温度，℃。

炉膛中气粉混合物流速应为：

$$v=Q_1/(f\cdot 60) \tag{17-52}$$

式中 v——炉膛中气粉混合物流速，m/s；

f——抽气管端截面积，cm^2。

4. 炉膛热态测试结果整理

取样点烟气中的炉膛过量空气系数（α_1）值可根据对烟气试样分析得出的 RO_2 和 O_2 值算得。

取样点处煤粉燃尽程度可根据对取得的粉尘测定的可燃物含量和灰分确定。

将各取样点取得的粉尘和烟气样品按上述方法进行测定计算，并汇总各取样点测得的炉膛烟气温度值（t_1），可得出炉膛中的浓度分布、温度分布、各处过量空气系数值、燃料颗粒燃尽程度和烟气速度值。

炉膛烟气温度可以用光学高温计、带遮热罩的抽气热电偶或铂铑-铂热电偶等进行测定。

根据测得的各种数据可画出沿锅炉炉膛火焰长度的煤粉燃烧特性曲线，如图 17-100 所示。此图表明了沿火焰长度方向各点的炉膛烟气温度（t_1）、过量空气系数（α_1）和可燃煤粒中灰分（A）的变化状况。由图可见，随火焰长度增加，煤粉逐渐燃尽而灰分增加，过量空气系数因燃烧减弱而逐渐下降，炉膛温度先增加后降低。图 17-101 所示为炉膛等温线分布及测孔布置。

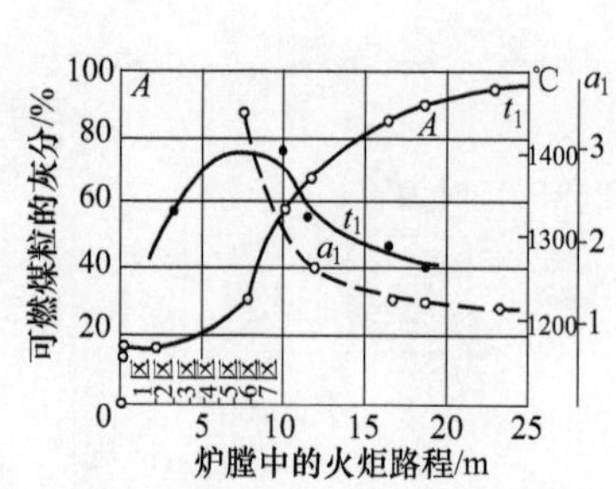

图 17-100 沿火焰长度的煤粉燃烧特性曲线

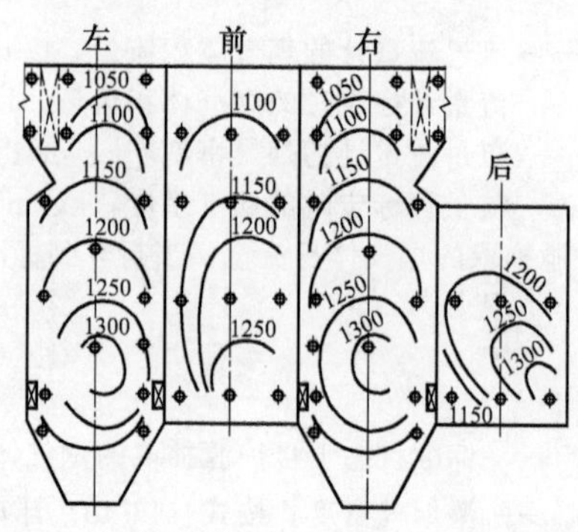

图 17-101 炉膛展开图上的等温线分布和测孔布置

图 17-102 所示为距一台旋流燃烧器出口为 300mm、1150mm 及 6120mm 处的烟气中粉尘浓度（μ）、粉尘颗粒可燃质含量（C）、炉膛温度（t_1）、烟气轴向流速（v_z）以及 RO_2 值的分布曲线。

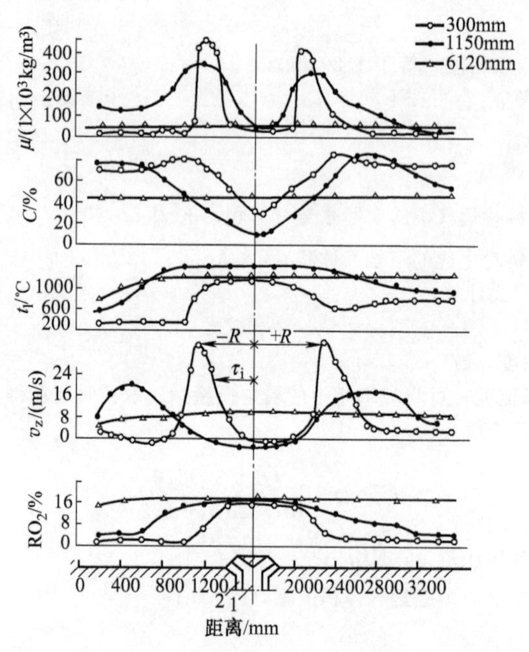

图 17-102 离燃烧器出口不同距离处的浓度、可燃质含量、炉膛温度、轴向速度和 RO_2 含量的分布曲线

1—煤粉空气混合物喷口；2—二次风喷口

由图 17-102 可见，离此燃烧器出口 300mm 处（曲线 1）气流速度场变化较大且出现速度最大值。在靠近燃烧器轴线区域有低速气流回流，这是由于燃烧器出口的旋转射流在此区域生成负压而形成的。此回流的特点是 RO_2 高及温度高，有利于燃料着火燃烧。

在燃烧器轴线附近区域的高温烟气回流量可按下式算得：

$$G=\pi\int_{-R}^{R}\rho_i v_{zi} r_i \mathrm{d}r_i \tag{17-53}$$

式中 G——回流烟气的质量流量，kg/s；

R——轴线到最高速度处的半径（见图 17-101），m；

ρ_i——计算截面上的平均烟气密度，kg/m^3；

v_{zi}——计算截面上的平均轴向流速，m/s；

r_i——计算截面上的半径（见图 17-101），m。

采用类似积分方式，可同样得出沿火焰各截面上的其他参数总值。依此可为改进炉内设备和炉内燃烧过程提供方向和依据。

在图 17-102 上还可看到燃烧过程的发展概况。当离燃烧器出口大于 6000mm 时，图上所列各种参数分布均已相当平坦。这表明此截面上各点的煤粉空气混合已较均匀，各点的燃烧过程也在均匀进行。

第十八章 燃煤电站锅炉环境保护

第一节 环境空气质量标准及锅炉污染物排放标准

一、环境空气质量标准

（一）大气污染和大气污染源

大气中含有几十种不同物质，一般把由N_2、O_2、稀有气体等恒定组分和CO_2（0.02%～0.04%）、水蒸气（4%以下）等可变组分所组成的大气称为“清洁空气”，而将含有来自天然源或人为源的一定浓度的不定组分（NO_x、CO、浮游性颗粒物、烃类化合物及臭氧等）的大气称为“污染空气”。

世界卫生组织（World Health Organization，WHO）给大气污染下的定义是“室外的大气中若存在人为造成的污染物质，其含量与浓度及持续时间可引起多数居民的不适感，在很大范围内危害公共卫生并使人类、动植物生活处于受妨碍的状态”。

国际标准化组织（ISO）做出了相似的定义，即“空气污染，通常是指由于人类活动和自然过程引起某些物质介入大气中，呈现出足够的浓度，达到了足够的时间，并因此而危害了人体的舒适、健康和福利或危害了环境”。通常将室外地区性空气污染称为“大气污染”。

“大气污染物，系指由于人类活动或自然过程排入大气并对人或环境产生有害影响的那些物质”。一般所说的大气污染问题多是指由人类活动因素所引起的。人为因素造成的大气污染的污染源，从其产生的来源看主要是生活污染源、工业污染源和交通污染源。按照大气污染物物理存在状态可分为颗粒或气溶胶污染物气态污染物。表18-1为主要大气污染物。

表18-1 主要大气污染物

污染物	分类依据	名称	英文或简写	定义
颗粒污染物	按来源性质分	粉尘	dusts	指悬浮于气体介质中的小固体颗粒，受重力作用能发生沉降，但一段时间保持悬浮状态 一般由固体物质的破碎、研磨、分级、输送等机械过程，或土壤、岩石风化等自然过程形成，包括黏土粉尘、石英粉尘、煤粉、水泥粉尘、各种金属粉尘等
		黑烟/烟	smoke/fume	指由燃煤或冶金过程形成的固体颗粒的气溶胶 一般由熔融物质挥发后的气态物质冷凝物或由燃料在高温下燃烧后冷却形成
		飞灰	fly ash	指随燃料燃烧产生的烟气排出的分散得较细的灰分 一般由燃料在高温下燃烧、冷却后形成
		雾	fog	指由液体蒸气的凝结、液体的雾化及化学反应等过程形成 一般包含水、雾、油雾等
		霾	haze	也称阴霾、灰霾，指原因不明的大量烟、尘等微粒悬浮而形成的浑浊现象

续表

污染物	分类依据	名称	英文或简写	定　义
颗粒污染物	按粒径分	总悬浮颗粒物	TSP	指空气动力学当量直径小于100μm的颗粒的总称
		可吸入颗粒物	PM_{10}	指空气动力学当量直径小于10μm的颗粒的总称
		微细颗粒物	$PM_{2.5}$	指空气动力学当量直径小于2.5μm的颗粒的总称
		超细颗粒物	$PM_{0.1}$	指空气动力学当量直径小于0.1μm的颗粒的总称，亦称纳米颗粒物
气态污染物	按性质分	含硫化合物	sulfides	一次污染物 SO_2、H_2S 二次污染物 SO_3、H_2SO_4、$MeSO_4$
		含氮化合物	nitrides	一次污染物 NO、NH_3 二次污染物 NO_2、HNO_3、$MeNO_3$
		碳的氧化物	oxycarbides	一次污染物 CO、CO_2
		挥发性有机化合物	VOCs	一次污染物 C_1～C_{10} 化合物 二次污染物醛、酮、过氧乙酰硝酸酯
		卤素化合物	halogen compounds	一次污染物 HF、HCl

若大气污染物是从污染源直接排出的原始物质，则称为一次污染物。若是由一次污染物与大气中原有成分或几种一次污染物之间经过一系列化学或光化学反应而生成的与一次污染物性质不同的新污染物，则称为二次污染物。在大气污染中，受到普遍重视的二次污染物主要有硫酸烟雾和光化学烟雾等。硫酸烟雾为大气中的二氧化硫等硫化物，在有水雾、含重金属的飘尘或氮氧化物存在时，发生一系列化学或光化学反应而生成的硫酸雾或硫酸盐气溶胶。光化学烟雾是在阳光照射下大气中的氮氧化物、烃类化合物和氧化剂之间发生一系列化学反应而生成的蓝色烟雾，其主要成分有臭氧、过氧乙酰基硝酸酯（PAN）、酮类及醛类等。

大气污染物中，主要有固态的烟尘、气态的硫化物（SO_2、H_2S、SO_3、H_2SO_4 等）、含氮化合物（NO、NH_3、NO_2 等）、碳的化合物（CO、CO_2）以及液态的硫酸雾等。

温室效应、臭氧层的耗损与破坏、酸雨及雾霾蔓延是大气污染的主要表现形式。

在我国，粉尘、SO_2、NO_x 和 CO_2 等污染主要产生于以煤为主的燃烧过程中。有关统计资料显示，近年来我国大气污染物中排尘量的73%、SO_2 排放量的90%、NO_x 排放量的67%和 CO_2 排放量的85%以上直接来源于煤炭燃烧过程，且总排放量数额巨大。因此，煤炭的直接燃烧是造成我国大气污染的主要来源之一。

煤炭在支撑中国经济高速发展的同时，以煤为主要的能源结构也带来了日益严重的环境污染、公众健康和温室气体问题。根据《中国气候公报》统计数据，由大气污染导致的全国年均灰霾（不同于自然条件导致的雾现象，主要是人为排放到空气中的尘粒、烟粒或盐粒等气溶胶的集合体）日数随煤炭消费总量的变化增加明显。2003年以前，中国年均灰霾日数均低于常年值9d，但是2004年以来增长迅速，年均值达到12～20d；2013年中国年均灰霾日数高达36d，全国范围内有20多个省（区、市）出现了持续性灰霾 。除了巨量的生产和消费，中国煤炭消费的分布、结构及技术水平等因素又进一步加剧了区域大气污染问题。

（二）环境空气质量标准

环境标准是国家为了保护人民健康、促进生态良性循环、实现社会经济发展目标，根据国家的环境政策和法规，在综合考虑本国自然环境特征、社会经济条件和科学技术水平的基础上，根据人类和动植物对不同污染物质的容忍程度，规定环境中污染物的允许含量和污染源排放污染物的数量、浓度、时间和速率以及其他有关的技术规范。

环境空气质量控制标准按其用途可分为环境空气质量标准、大气污染物排放标准、大气污染控制技术标准及大气污染警报标准等。按其使用范围可分为国家标准、地方标准及行业标准。

大气环境质量标准是以保障人体健康和生态系统不受破坏为目标，而对大气环境中各种污染物含量的限度；大气污染物排放标准是以实现大气环境质量标准为目标，对从污染源排入大气的污染物含量的限度；技术设计标准是为保证达到大气环境质量标准或污染物排放标准而从某一方面做出的具体规定；警报标准是大气污染恶化到需要向公众发出警报的污染物浓度标准，或根据大气污染发展趋势需要发出警报强行限制已产生的污染危害和污染物的排放量标准。

目前世界上已有 80 多个国家颁布了大气质量标准。各国在判断空气质量时，多依据世界卫生组织（WHO）1963 年提出的空气质量四级水平。

第一级：在处于或低于所规定的浓度和接触时间内，观察不到直接或间接的反应（包括反射性或保护性的反应）。

第二级：在达到或高于所规定的浓度和接触时间内，对人的感觉器官有刺激，对植物有损害或对环境产生其他有害作用。

第三级：在达到或高于所规定的浓度和接触时间内，可以使人的生理功能发生障碍或衰退，引起慢性病和寿命缩短。

第四级：在达到或高于所规定的浓度和接触时间内，敏感的人会发生急性中毒或死亡。

1. **《环境空气质量标准》**（GB 3095—2012）

为贯彻《中华人民共和国环境保护法》和《中华人民共和国大气污染防治法》，保护和改善生活环境、生态环境，保障人体健康，制定了我国大气环境污染相关的技术标准《环境空气质量标准》。该标准首次发布于 1982 年，GB 3095—2012 为第三次修订。

GB 3095—2012 自 2016 年 1 月 1 日起在全国实施，规定的环境空气污染物浓度限值分别见表 18-2 和表 18-3。

表 18-2 环境空气污染物基本项目浓度限值

序号	污染物项目	平均时间	浓度限值		单位
			一级	二级	
1	二氧化硫(SO_2)	年平均	20	60	μg/m^3
		24h 平均	50	150	
		1h 平均	150	500	
2	二氧化氮(NO_2)	年平均	40	40	
		24h 平均	80	80	
		1h 平均	200	200	
3	一氧化碳(CO)	24h 平均	4	4	mg/m^3
		1h 平均	10	10	
4	臭氧(O_3)	日最大 8h 平均	100	160	μg/m^3
		1h 平均	160	200	
5	颗粒物(粒径≤10μm)	年平均	40	70	
		24h 平均	50	150	
6	颗粒物(粒径≤2.5μm)	年平均	15	35	
		24h 平均	35	75	

表 18-3 环境空气污染物其他项目浓度限值

序号	污染物项目	平均时间	浓度限值		单位
			一级	二级	
1	总悬浮颗粒物(TSP)	年平均	80	200	μg/m^3
		24h 平均	120	300	
2	氮氧化物(NO_x)	年平均	50	50	
		24h 平均	100	100	
		1h 平均	250	250	
3	铅(Pb)	年平均	0.5	0.5	
		季平均	1	1	
4	苯并[a]芘(B[a]P)	年平均	0.001	0.001	
		24h 平均	0.0025	0.0025	

与《环境空气质量标准》（GB 3095—1996）相比，新的标准强调以保护人体健康为首要目标，调整了环

境空气功能区分类方案，进一步扩大了人群保护范围。新标准调整了污染物项目及限值，增设了 $PM_{2.5}$ 平均浓度限值和 $O_3$8 小时平均浓度限值，收紧了 PM_{10} 等污染物的浓度限值，收严了监测数据统计的有效性规定，将有效数据要求由原来的 50%～75%提高至 75%～90%；更新了 SO_2、NO_2、O_3、颗粒物等污染物项目的分析方法，增加了自动监测分析方法；明确了标准分期实施的规定。

2. 国外环境空气质量标准

1996 年以来，很多国家和地区的环境空气质量标准都不同程度地进行了修订，见表 18-4。

表 18-4 1996 年以来国际上环境空气质量标准最新修订情况

国家(地区、组织)	时间	修订内容
WHO	1997 年	发布适用全球的《空气质量准则》(AQG)，增加了 1,3-丁二烯等污染物
	2005 年	发布《AQG》全球升级版，修订了颗粒物(PM_{10} 和 $PM_{2.5}$)、O_3、NO_2 和 SO_2 基准值
美国	1997 年	发布 $PM_{2.5}$ 标准，日均浓度限值为 65μg/m^3，年均浓度限值为 15μg/m^3
	2006 年	修订 $PM_{2.5}$ 标准，日均浓度限值为 35μg/m^3，取消 PM_{10} 年均浓度限值
	2008 年	实施新 O_3 浓度限值为 160μg/m^3；加严空气中 Pb 的浓度限值，连续 3 月滚动平均值为 0.15μg/m^3
	2010 年	增加 NO_2 日最大 1 小时浓度值为 190μg/m^3
欧盟	1999 年	发布《环境空气中 SO_2、NO_2、NO_x、PM_{10}、Pb 的限值指令》，规定 SO_2 等 5 种污染物浓度限值
	2000 年	发布《环境空气中苯和 CO 限值指令》，规定环境空气中苯和 CO 的浓度限值
	2002 年	发布《环境空气中有关 O_3 的指令》，分别规定保护人体健康和植被的 O_3 的 2010 年目标值
	2004 年	发布《环境空气中砷、镉、汞、镍和多环芳烃指令》，规定了砷等污染物 2012 年目标浓度限值
	2008 年	发布《关于欧洲空气质量及更加清洁的空气指令》，规定 $PM_{2.5}$2010 年的目标浓度限值为 25μg/m^3
日本	1997 年	增加了空气中苯、三氯乙烯、四氯乙烯的标准
	1999/2001/2009 年	分别增加了二噁英、二氯甲烷和 $PM_{2.5}$ 的标准
印度	2009 年	修订了 1986 年实施的空气质量标准，删除 TSP 污染物项目，增加了 $PM_{2.5}$、C_6H_6、B[a]P、As、Ni 污染物项目，加严了 SO_2、NO_2、PM_{10}、O_3 和 Pb 的浓度限值
澳大利亚	1998 年	调整了基于健康 CO、NO_2、O_3、SO_2、Pb 和 PM_{10} 的空气质量标准
	2003 年	把 $PM_{2.5}$ 纳入环境空气质量标准中，日均和年均浓度限值分别为 25μg/m^3 及 8μg/m^3
加拿大	1998 年	增加 $PM_{2.5}$ 浓度参考值
中国香港	2009 年	2007～2009 年回顾现行标准，并基于 WHO 最新空气质量准则提出了新修订环境空气质量标准草案，增加 $PM_{2.5}$ 的标准

国际上环境空气质量标准的发展趋势主要表现在增加 $PM_{2.5}$，采用 $O_3$8 小时浓度限值。由于 $PM_{2.5}$ 对人体健康的影响比 PM_{10} 更显著，发达国家制定 $PM_{2.5}$ 的环境空气质量标准已经成为一个显著的趋势。

国际上主要国家和地区环境空气质量标准规定的污染物项目见表 18-5。国际上环境空气质量标准普遍规定的主要污染物为 SO_2、CO、NO_2、O_3、PM_{10} 和 Pb。大部分发达国家都将 $PM_{2.5}$ 作为最新的控制项目，取消了传统的 TSP 项目。

环境空气质量标准规定的污染物分为两类：一类是普遍存在的污染物，即所有人群都暴露到的污染物，主要为 SO_2、CO、NO_2、O_3、PM_{10}、$PM_{2.5}$、TSP；另一类是有毒有害污染物，如 Pb、B [a] P、C_6H_6 等，有毒有害污染物主要来自局地排放源，往往只对污染源附近人群造成健康影响。

表 18-5 国内外环境空气质量标准中污染物项目

国家(地区)	环境质量标准中污染物项目
中国	SO_2、NO_2、CO、O_3、PM_{10}、$PM_{2.5}$；TSP、NO_x、Pb、B[a]P；(资料性附录中还包括 Cd、Hg、As、Cr^{6+}、F)
中国台湾	SO_2、NO_2、CO、O_3、PM_{10}、TSP、Pb
欧盟	SO_2、NO_2、CO、O_3、PM_{10}、$PM_{2.5}$、Pb、C_6H_6、B[a]P、As、Cd、Ni、NO_x
澳大利亚	SO_2、NO_2、CO、O_3、PM_{10}、$PM_{2.5}$、Pb
美国	SO_2、NO_2、CO、O_3、$PM_{2.5}$、PM_{10}、Pb
日本	SO_2、NO_2、CO、O_3、PM_{10}、C_6H_6、光化学氧化剂、三氯乙烯、四氯乙烯、二氯甲烷、B[a]P、$PM_{2.5}$
印度	SO_2、NO_2、CO、O_3、PM_{10}、$PM_{2.5}$、Pb、NH_3、C_6H_6、B[a]P、As、Ni
泰国	SO_2、NO_2、CO、O_3、PM_{10}、TSP、Pb

(1) 世界卫生组织（WHO） 世界卫生组织（WHO）于 1987 年提出了环境空气质量准则，旨在为降低空气污染对健康的影响提供指导。准则值是在专家对现有科学证据进行评估的基础上制定的。这些准则值将为政策制定者提供信息，并为世界各地空气质量管理工作提供多种适合当地目标和政策的选择。WHO 于 2005 年更新的《环境空气质量准则》如表 18-6 所列。《环境空气质量准则》反映了目前可以获得的有关这些污染物影响健康的新证据以及在 WHO 各个区域目前和今后空气污染对健康的影响方面的相对重要性。除了准则值外，WHO《环境空气质量准则》针对不同污染物还规定了三个过渡阶段的目标值（IT-1、IT-2 和 IT-3）。通过采取连续、持续的污染控制措施，这些指导值是可以实现的。

表 18-6 WHO《环境空气质量准则》准则值及各过渡阶段的目标值 单位：$\mu g/m^3$

污染物	监测方式	IT-1	IT-2	IT-3	准则值
$PM_{2.5}$	年平均	35	25	15	10
	24h 平均	75	50	37.5	25
PM_{10}	年平均	70	50	30	20
	24h 平均	150	100	75	50
O_3	日最大 8h 平均	160	160	160	100
NO_2	年平均	—	—	—	40
	1h 平均	—	—	—	200
SO_2	24h 平均	125	50	50	20
	10min 平均	—	—	—	500
CO	15min	—	—	—	100
	30min	—	—	—	60
	1h	—	—	—	30
	8h	—	—	—	10

(2) 美国 美国于 1970 年通过"清洁空气法"后，建立了国家环境空气质量标准（NAAQS），通过标准限制的方法促进未达标地区消减污染物排放量。标准限定的污染物主要包括 SO_2、NO_2、CO、Pb、O_3 和 PM。该标准分两级，即一级标准和二级标准。一级标准是指根据环保部门的判断，为保护公众健康留有充分的安全余地的环境质量标准；二级标准是根据环保部门判断，使公共福利（建筑物、纤维制品、农作物、森林、能见度等）避免已知或可预见的有害后果所必须达到的标准。通常二级标准严于一级标准。

1997 年，美国环境保护署（EPA）重新修订了 O_3 指标，将原来的 1h 平均值 0.12×10^{-6} 改为日最大 8h 平均值 0.08×10^{-6}；同时引进了 $PM_{2.5}$ 的浓度限值。2006 年，EPA 发布了新的 PM 指标，$PM_{2.5}$ 的 24h 标准由原先的 $65\mu g/m^3$ 下降到 $35\mu g/m^3$，撤销了 PM_{10} 年均指标。2013 年再次加严了 $PM_{2.5}$ 年平均浓度限值。

(3) 欧盟 欧盟最早的空气质量标准是 1980 年欧盟委员会规定的 SO_2 与 TSP 限值和指导值。1996 年欧盟制定了 96/62/EC 空气质量管理法规，该法规规定了 SO_2、NO_2、PM_{10}、Pb、CO、O_3 等污染物的预警临界值。2002 年，欧盟推出了专门针对臭氧污染的通报和警戒限值规定（即 2002/3/EC 法令），该法令分别设置了臭氧通报限值、警戒限值、保障人体健康以及保护植被、森林和材料的污染限值。

表 18-7 总结了我国同发达国家和地区环境空气质量标准中各污染物浓度限值。

表 18-7 我国同发达国家和地区环境空气质量标准中各污染物浓度限值

污染物	监测方式	单位	污染物浓度限值						
			欧盟[①]	英国[②]	美国[③]	日本[④]	中国[⑤]		新加坡[⑥]
							一级	二级	
CO	24h 平均	mg/m³	—	—	—	12.5	4	4	—
	8h 平均		10	10	11.25	25.0	—	—	10
	1h 平均		—		43.75	—	10	10	30
Pb	年平均	μg/m³	—	0.25	—	—	0.5	0.5	—
	季平均		—		0.15	—	1	1	
NO_2	年平均	μg/m³	40	40	100	—	40	40	40
	24h 平均		—	—	—	123	80	80	—
	1h 平均		200	200	210	—	200	200	200
NO_x	年平均	μg/m³	—	30	—	—	50	50	—
	24h 平均		—	—	—	—	100	100	—
	1h 平均		—	—	—	—	250	250	—
O_3	日最大 8h 平均	μg/m³	120	100	160	—	100	160	100
	1h 平均		—	—	260	—	160	200	—
$PM_{2.5}$	3 年平均	μg/m³	20	—	—	—	—	—	—
	年平均		25	—	12	15	15	35	12
	24h 平均		—	—	35	35	35	75	37.5
PM_{10}	年平均	μg/m³	40	20	—	—	40	70	20
	24h 平均		50	50	150	100	50	150	50
	1h 平均		—	—	—	200	—	—	—
TSP	年平均	μg/m³	—	—	—	—	80	200	—
	24h 平均		—	—	—	100	120	300	—
	1h 平均		—	—	—	200	—	—	—
SO_2	年平均	μg/m³	—	20	90	—	20	60	15
	冬季平均		—	20		—	—	—	—
	24h 平均		125	125	400	114	50	150	50
	3h 平均		—	—	1430	—	—	—	—
	1h 平均		350	350	—	286	150	500	—
	15min 平均		—	266	—	—	—	—	—
光化学氧化剂	1h 平均	mg/m³	—	—	—	0.129	—	—	—
三氯乙烯	年平均	mg/m³	—	—	—	0.2	—	—	—
四氯乙烯	年平均	mg/m³	—	—	—	0.2	—	—	—
二氯甲烷	年平均	mg/m³	—	—	—	0.15	—	—	—
二噁英	年平均	mg/m³	—	—	—	0.6	—	—	—
B[a]P	年平均	μg/m³	—	—	—	—	0.001	0.001	
	24h 平均		—	—	—	—	0.0025	0.0025	
苯	年平均	μg/m³	—	5	—	—	—	—	—
1,3-丁二烯	年平均	μg/m³	—	2.25	—	—	—	—	—

① EU Committee，1996；EU Committee，2002。

② Department for Environment Food & Rural Affairs of UK，2012。

③ U. S. Environmental Protection Agency，2013。

④ Ministry of the Environment Government of Japan，2009。

⑤ 中国环境科学研究院，2012。

⑥ National Environment Agency，2013。

3. 国内外《环境空气质量标准》的对比

（1）我国二氧化硫标准跟国外的差别 SO_2 是世界各国都控制的典型环境空气污染物，图 18-1 是与美国等国家、地区 SO_2 的浓度限值的比较。

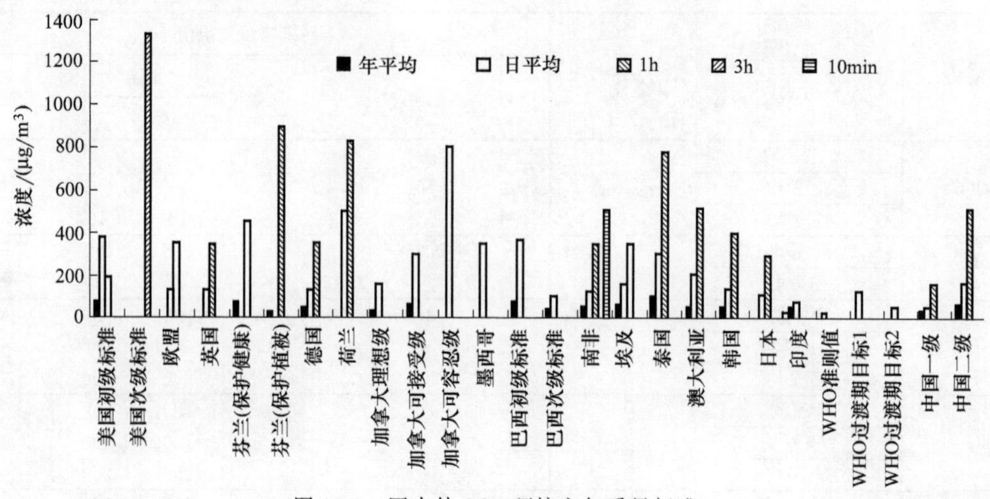

图 18-1 国内外 SO_2 环境空气质量标准

美国、欧盟、德国、日本、英国等发达国家和地区的一级标准，也就是保护人体的健康的二氧化硫年平均浓度限值介于 50～80μg/m³ 之间，24h 平均浓度限值介于 110～500μg/m³ 之间，1h 平均浓度限值在 200～500μg/m³ 之间。

WHO 的 24h 平均浓度的准则值分别为 20μg/m³，10min 的平均浓度指导值为 500μg/m³，过渡期第 1 阶段 24h 平均浓度值分别为 125μg/m³，第 2 阶段 24h 平均浓度值为 50μg/m³。

我国《环境空气质量标准》（GB 3095—2012）中一级标准浓度限值年平均浓度值为 20μg/m³，24h 平均浓度值为 50μg/m³，1h 平均浓度值为 150μg/m³。

从以上数值可以看出，二氧化硫 24h 平均浓度，我国的一级标准比欧美等发达国家更加严格，等值于 WHO 第 2 阶段的 24h 平均浓度。

（2）我国二氧化氮标准跟国外的差别 图 18-2 是中国、美国等国家、地区和组织 NO_2 的环境空气质量标准浓度限值。可见，各主要国家、地区和组织都从年均、日均和 1h 浓度限值对 NO_2 污染进行控制。

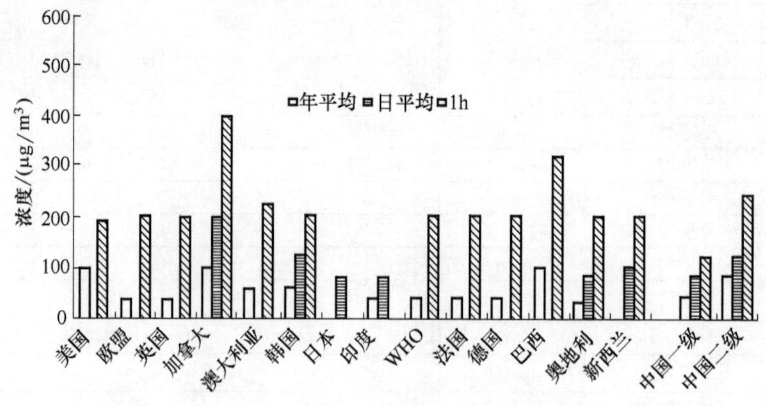

图 18-2 NO_2 的环境空气质量标准

美国、欧盟、德国、英国等发达国家二氧化氮年平均浓度限值介于 40～100μg/m³ 之间，大多数国家浓度在 40μg/m³ 左右。24h 平均浓度限值在 60～200μg/m³ 之间，大部分国家为 80μg/m³。1h 平均浓度限值在 200～400μg/m³，大多数国家 200μg/m³。

WHO 的年平均浓度为 40μg/m³，1h 平均浓度准则值为 200μg/m³，没有设置过渡期目标值。

我国《环境空气质量标准》(GB 3095—2012) 中二氧化氮的一级标准和二级标准平均浓度相同：年平均浓度为 40μg/m^3，24h 平均浓度值为 80μg/m^3，1h 平均浓度限值为 200μg/m^3。

在二氧化氮浓度方面，不管是年平均浓度，24h 平均浓度还是 1h 平均浓度，我国的标准跟欧美等发达国家以及 WHO 一样严格。

(3) 我国 PM_{10} 标准跟国外的差别 图 18-3 是中国与美国、欧盟等国家、地区环境空气质量标准中 PM_{10} 的对比。

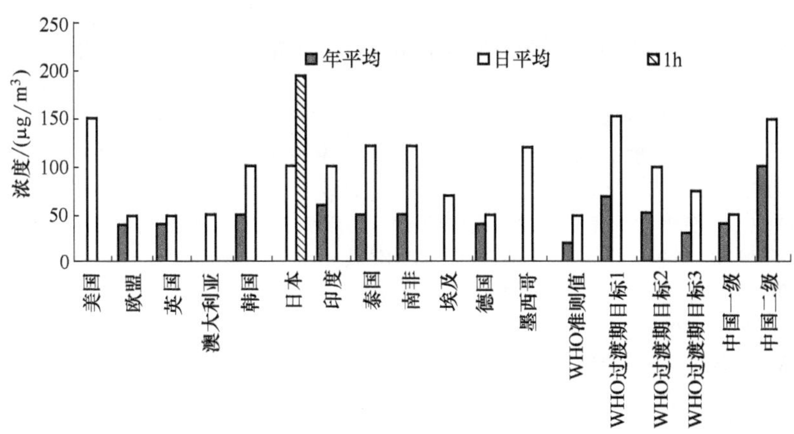

图 18-3 国内外 PM_{10} 环境空气质量标准

欧盟、德国、印度等国家 PM_{10} 年平均浓度限值介于 40～65μg/m^3 之间，美国之前的标准为 50μg/m^3，不过这项标准已于 2006 年取消。24h 平均限值介于 50～150μg/m^3 之间。

WHO 的年平均浓度为 20μg/m^3，过渡期年平均浓度阶段 1 为 70μg/m^3，阶段 2 为 50μg/m^3，阶段 3 为 30μg/m^3。

我国《环境空气质量标准》(GB 3095—2012) 中 PM_{10} 一级标准年平均浓度为 40μg/m^3，24h 平均浓度限值为 50μg/m^3，二级标准采用 WHO 过渡期第 1 阶段目标值，即年平均浓度限值为 70μg/m^3，24h 平均浓度限值为 150μg/m^3。

在 PM_{10} 浓度限值方面，我国一级标准中，年平均浓度跟欧美国家基本持平，介于 WHO 过渡期目标 2 和目标 3 之间，24h 平均浓度跟欧美国家以及 WHO 持平。二级标准中，年平均浓度比欧美国家的更为宽松，24h 平均浓度则等同于欧美等发达国家浓度区间最宽松值。

(4) 我国 $PM_{2.5}$ 标准跟国外的差别 见图 18-4。

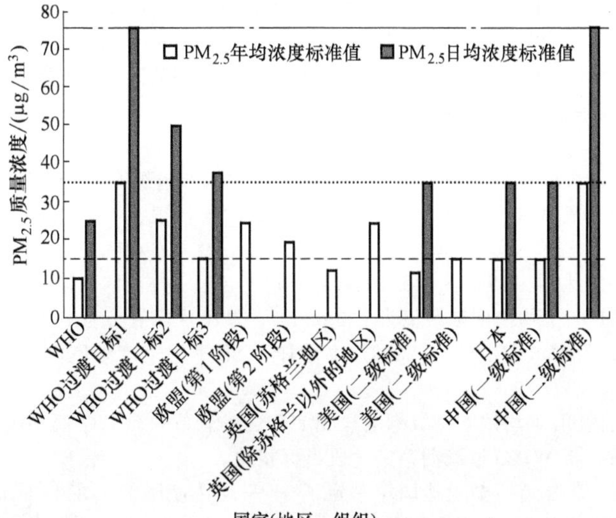

图 18-4 中国 $PM_{2.5}$ 空气质量标准与国外相应标准的比较

WHO发布的《空气质量准则》中为$PM_{2.5}$浓度设定了3个目标值，目标值1最宽松，目标值3最严。WHO年平均准则值为10μg/m³，过渡目标1为35μg/m³，过渡目标2为25μg/m³，过渡目标3为15μg/m³。日平均准则值为25μg/m³，过渡目标1为75μg/m³，过渡目标2为50μg/m³，过渡目标3为37.5μg/m³。

1997年，$PM_{2.5}$第一次纳入美国国标，也使美国成为世界上第一个将$PM_{2.5}$加入国标的国家，当时的$PM_{2.5}$浓度限值为年平均浓度为15μg/m³，24h浓度限值为65μg/m³。2006年美国更改了标准，$PM_{2.5}$的年平均浓度限值依然为15μg/m³，不过24h的浓度限值改为35μg/m³。直到2012年，美国公布了最新的标准，调低了$PM_{2.5}$浓度限值。将2006的年平均浓度从15μg/m³下降为12μg/m³，日平均浓度为35μg/m³则没有改变。

我国《环境空气质量标准》(GB 3096—2012) 中$PM_{2.5}$浓度限值，一级标准引用2006美国EPA的标准，即年平均15μg/m³，日平均35μg/m³；二级标准引用了WHO发布的《环境空气质量准则》过渡目标1，也就是年平均35μg/m³，日平均75μg/m³。

从WHO、欧盟、部分发达国家以及中国制定的$PM_{2.5}$环境空气质量标准来看，大多数国家或地区制定的$PM_{2.5}$标准值比WHO宽松，中国制定的$PM_{2.5}$日均浓度一级标准与美国、日本一致，略低于WHO第3阶段的过渡目标值，年均浓度一级标准与美国、日本、WHO第3阶段的过渡目标值一致；日均浓度二级标准和年均浓度二级标准与WHO第一阶段的过渡目标值一致。

(5) 我国一氧化碳标准与国外的差别 图18-5是美国等国家和地区环境空气质量标准中CO的浓度限值。

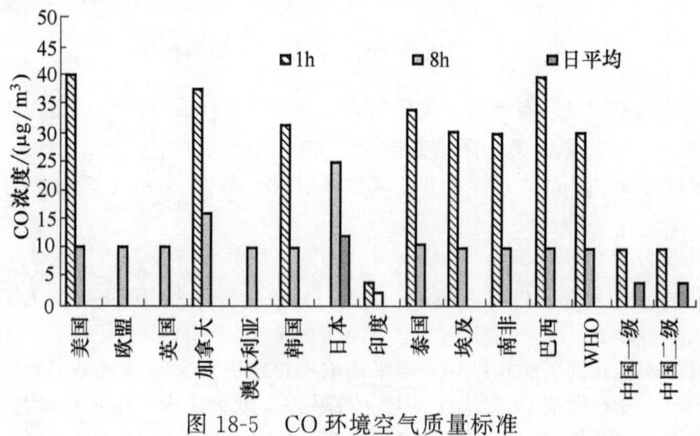

图18-5 CO环境空气质量标准

美国、欧盟、日本等发达国家和地区制定的主要是保护人体健康的1h和8h平均浓度限值，其中1h平均浓度限值主要集中在30～40mg/m³，8h平均浓度限值主要集中在10～25mg/m³。

WHO制定的1h和8h平均浓度指导值分别为30mg/m³和10mg/m³，不过没有24h平均浓度限值。

我国《环境空气质量标准》(GB 3095—2012) 中CO的1h和24h平均浓度限值分别为10mg/m³和4mg/m³。

我国一氧化碳1h浓度限值远远比欧美等发达国家和WHO标准严格，浓度数值只有其1/3。24h的浓度限值也不到欧美的1/2。

(6) 我国臭氧标准跟国外的差别 图18-6是部分国家、地区和组织O_3的环境空气质量浓度限值。

有关研究表明，在较低臭氧浓度环境中暴露8h，对健康的损伤很大，因此对臭氧更多关注的是短期内的影响效应。

美国、欧盟、英国等发达国家和地区制定的臭氧准则值主要是8h平均浓度限值，一级标准为120～150μg/m³之间。WHO的8h平均浓度准则值为100μg/m³。过渡目标值1为160μg/m³。

我国《环境空气质量标准》(GB 3095—2012) 中增加了8h平均浓度限值，一级标准为100mg/m³，二级标准为160mg/m³。

在臭氧浓度方面，我国8h平均浓度一级标准与WHO的准则值一致，略低于欧美等发达国家；二级标准略宽于发达国家的上限，与WHO过渡期第1阶段目标接轨。

目前，仅有澳大利亚、韩国等少数发达国家制定了1h平均浓度限值，在160～200μg/m³之间。WHO在2000年废除了1987年制定的1h平均浓度准则值。我国《环境空气质量标准》(GB 3095—2012) 中臭氧1h平均浓度，一级标准为160μg/m³，二级标准为200μg/m³。

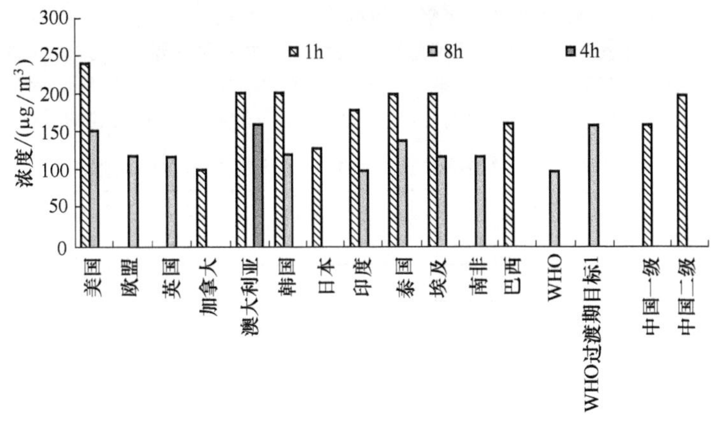

图 18-6 O_3 的环境空气质量标准

二、火电厂大气污染物排放标准

中国是全球最大的煤炭生产国和煤炭消费国，以煤炭为主的能源结构决定了中国火电厂中煤电的主导地位。火电厂煤炭直接燃烧要排放大量污染物，主要表现为气体污染物（SO_2、NO_x）、温室气体（CO_2）、烟尘、灰渣以及重金属（Hg、Pb）等。这些污染物量大、面广、种类多，是造成大气污染的最严重污染物。因此，控制火电厂大气污染物的排放是保证大气环境质量的重要前提。

制定火电厂大气污染物排放标准遵循的原则是，以环境空气质量标准为依据，综合考虑技术的可行性和经济合理性以及地区的差异性。

1. 中国火电厂大气污染物排放标准

中国火电厂大气污染物排放限值的演变经历了以下阶段，详见表 18-8。不同阶段制定和修订的火电厂大气污染物排放标准与当时的经济发展水平、污染治理技术水平以及人们对环境空气质量的要求等密切相关。

表 18-8 火电厂煤电大气污染物排放标准或要求发展历程

时间	标准或文件名称(编号)	燃煤机组的浓度限值要求/(mg/m^3)		
		烟尘	SO_2	NO_x
1973 年以前	无标准阶段	—	—	—
1973 年	《工业“三废”排放标准(试行)》(GBJ 4—1973)	82～2400kg/h(全厂)	82～2400kg/h(全厂)	无规定
1991.11.29	《燃煤电厂大气污染物排放标准》(GB 13223—1991)	150～3300	P 值法	无规定
1996.4.12	《火电厂大气污染物排放标准》(GB 13223—1996)	150～3300	P 值法	650～1100
2003.12.20	《火电厂大气污染物排放标准》(GB 13223—2003)	50～600	400～2100	450～1500
2011.7.29	《火电厂大气污染物排放标准》(GB 13223—2001)	30	100～400	100～200
2013.2.27	《关于执行大气污染物特别排放限值的公告》(环境保护部公告 2013 年第 14 号)	20	50	100
2014.9.12	《煤电节能减排升级与改造行动计划(2014—2020年)》(发改能源〔2014〕2093 号)	10/5	35	50
2015.12.11	《关于印发〈全面实施燃煤电厂超低排放和节能改造工作方案〉的通知》(环发〔2015〕164 号)	10	35	50

燃煤电厂大气污染的治理历程是伴随排放标准的不断趋严而进行的，每次标准修订都提高了污染物的排放限值要求，并根据形势增加了其他的要求。1973 年的《工业“三废”排放试行标准》（GBJ 4—1973）首次规定了烟尘、二氧化硫小时排放总量限值；1991 年的《燃煤电厂大气污染物排放标准》（GB 13223—1991）首次对烟尘提出了浓度限值要求，按 P 值法对二氧化硫提出了要求；1996 年的《火电厂大气污染物

排放标准》(GB 13223—1996)首次提出了氮氧化物浓度限值要求；2003 年的《火电厂大气污染物排放标准》(GB 13223—2003)全面提高了烟尘、二氧化硫、氮氧化物浓度限值要求；2011 年的《火电厂大气污染物排放标准》(GB 13223—2011)全面提高了限值要求，并首次提出了大气汞及其化合物的排放限值要求。

标准规定火力发电锅炉及燃气轮机组大气污染物排放浓度限值列于表 18-9 及表 18-10。

表 18-9 火力发电锅炉及燃气轮机组大气污染物排放限值 单位：mg/m^3

序号	燃料和热能转化设施类型	污染物项目	适用条件	限值	污染物排放监控位置
1	燃煤锅炉	烟尘	全部	30	烟囱或烟道
		二氧化硫	新建锅炉	100 200①	
			现有锅炉	200 400①	
		氮氧化物（以 NO_2 计）	全部	100 200②	
		汞及其化合物	全部	0.03	
2	以油为燃料的锅炉或燃气轮机组	烟尘	全部	30	
		二氧化硫	新建锅炉及燃气轮机组	100	
			现有锅炉及燃气轮机组	200	
		氮氧化物（以 NO_2 计）	新建锅炉	100	
			现有锅炉	200	
			燃气轮机组	120	
3	以气体为燃料的锅炉或燃气轮机组	烟尘	天然气锅炉及燃气轮机组	5	
			其他气体燃料锅炉及燃气轮机组	10	
		二氧化硫	天然气锅炉及燃气轮机组	35	
			其他气体燃料锅炉及燃气轮机组	100	
		氮氧化物（以 NO_2 计）	天然气锅炉	100	
			其他气体燃料锅炉	200	
			天然气燃气轮机组	50	
			其他气体燃料燃气轮机组	120	

① 位于广西壮族自治区、重庆市、四川省和贵州省的火力发电锅炉执行该限值。

② 采用 W 型火焰炉膛的火力发电锅炉，现有循环流化床火力发电锅炉，以及 2003 年 12 月 31 日前建成投产或通过建设项目环境影响报告书审批的火力发电锅炉执行该限值。

重点地区的火力发电锅炉及燃气轮机组执行表 18-10 规定的大气污染物特别排放限值。执行大气污染物特别排放限值的具体地域范围、实施时间，由国务院环境保护行政主管部门规定。

表 18-10 大气污染物特别排放限值 单位：mg/m^3

序号	燃料和热能转化设施类型	污染物项目	适用条件	限值	污染物排放监控位置
1	燃煤锅炉	烟尘	全部	20	烟囱或烟道
		二氧化硫	全部	50	
		氮氧化物（以 NO_2 计）	全部	100	
		汞及其化合物	全部	0.03	
2	以油为燃料的锅炉或燃气轮机组	烟尘	全部	20	
		二氧化硫	全部	50	
		氮氧化物（以 NO_2 计）	燃油锅炉	100	
			燃气轮机组	120	

续表

序号	燃料和热能转化设施类型	污染物项目	适用条件	限值	污染物排放监控位置
3	以气体为燃料的锅炉或燃气轮机组	烟尘	全部	5	烟囱或烟道
		二氧化硫	全部	35	
		氮氧化物(以 NO_2 计)	燃气锅炉	100	
			燃气轮机组	50	

《火电厂大气污染物排放标准》(GB 13223—2011)，对现有和新建火电建设项目分别规定了对应的排放控制要求。非重点地区的新建火电厂，烟尘排放标准为 30mg/m^3，二氧化硫排放标准为 100（现有锅炉为 200）mg/m^3，氮氧化物排放标准为 100mg/m^3。重点地区的新建火电厂执行特别排放限值，烟尘排放标准为 20mg/m^3，二氧化硫排放标准为 50mg/m^3，氮氧化物排放标准为 100mg/m^3。

与 GB 13223—2003 相比，GB 13223—2011 的燃煤锅炉烟尘排放浓度限值大幅减小，由原最低 50mg/m^3 降至 30mg/m^3，重点地区则为 20mg/m^3；燃煤锅炉二氧化硫排放浓度限值由最低 400mg/m^3 调整为 200mg/m^3，最低排放浓度为 100mg/m^3，重点地区则为 50mg/m^3；燃煤锅炉氮氧化物允许排放浓度由最低 450mg/m^3 降至 100mg/m^3。

目前，已有多个省级政府发布或即将发布火电厂或燃煤电厂大气污染物强制性地方标准，将超低排放要求标准化，它们分别是河南、河北、上海、山东、浙江、天津，其中天津市 2018 年发布了《火电厂大气污染物排放标准》(征求意见稿)，浙江省于 2018 年 9 月发布了《燃煤电厂大气污染物排放标准》听证会，其他 4 个省份的地方标准均已发布。上海、山东、浙江对新建锅炉或一定规模以上锅炉的烟尘提出了 5mg/m^3 的燃气标准限值要求，其他省份提出的标准限值与国家“超低排放”限值基本一致，详见表 18-11。

表 18-11　超低排放强制性地方标准及限值

序号	省(市)	时间	标准名称及编号	标准限值/(mg/m^3)		
				烟尘	SO_2	NO_x
1	河北	2015 年 10 月发布	《燃煤电厂大气污染物排放标准》(DB 13/2209—2015)	10	35	50/100①
2	上海	2016 年 1 月 29 日发布	《燃煤电厂大气污染物排放标准》(DB 31/963—2016)	5(新建)/10	35	50
3	山东	2016 年 2 月发布	《山东省火电厂大气污染物排放标准》(DB 37/664—2013)超低排放第 2 号修改单	5(≥410t/h) 10(＜410t/h)	35	50/100①
4	河南	2017 年 10 月 1 日发布	《燃煤电厂大气污染物排放标准》(DB 41/1424—2017)	10	35	50/100①
5	浙江	2018 年 9 月 30	《燃煤电厂大气污染物排放标准》(DB 33/2147—2018)	5(新建、现有≥30×10^{4}kW) 10(现有＜30×10^{4}kW)	35	50
6	天津	2018 年	《火电厂大气污染物排放标准》(DB 12/810—2018)	新建火电锅炉 5 现有燃煤锅炉 10	10 35	30 50

① W 型火焰炉膛的燃煤发电锅炉及现有循环流化床燃煤发电锅炉执行该限值。

2. 美国燃煤电厂大气污染物排放标准

美国污染物的排放标准的表现形式与中国有很大的不同，中国在法律框架下形成较为完整的标准体系，而美国的排放标准或环境质量标准本身就是法律，是法律的一部分。

美国火电厂国家排放标准包括两部分：一是针对常规污染物排放的新污染源绩效标准（New Source Performance Standards，NSPS)；二是针对危险空气污染物的国家危险空气污染物排放标准（National emission Standards for Hazardous Air Pollutants，NESHAP)。

美国《新污染源绩效标准》(NSPS) 中，专门针对电厂大气污染物排放的是《电气设备蒸汽发电机组性能标准》(Standards of Performance for Electric Utility Steam Generation Units)，其最新版本来源于 72FR 32722（2007 年 6 月 13 日)。根据该标准，美国控制的电厂对象是热功率大于 73MW 的发电机组。美国燃煤发电锅炉烟尘、二氧化硫和氮氧化物排放质量限值分别见表 18-12～表 18-14。

表 18-12 美国燃煤发电锅炉烟尘排放质量限值

适用机组 投运时间	煤种	排放限值(30d 平均)		折算后限值 /(mg/m^3)	备注
2005 年 2 月 28 日以前	全部	13ng/J (0.030lb/MBtu)		36.9	—
2005 年 2 月 28 日～ 2011 年 5 月 3 日	全部	总能量输出	18ng/J [0.14lb/(MW・h)]	—	不考核除尘效率
		或:热量输入	6.4ng/J (0.015lb/MBtu)	18.5	
		或:热量输入	13ng/J (0.030lb/MBtu)	36.9	新建、扩建; 且 99.9%除尘效率
					改建;且 99.8%除尘效率
2011 年 5 月 3 日以后	全部	总能量输出	11ng/J [0.090lb/(MW・h)]	—	新建、扩建
		或:净能量输出	12ng/J [0.097lb/(MW・h)]	—	
		热量输入	13ng/J (0.015lb/MBtu)	18.5	改建

表 18-13 美国燃煤发电锅炉二氧化硫排放质量限值

适用机组 投运时间	煤种	排放限值(30d 平均)		折算后限值 /(mg/m^3)	备注
2005 年 2 月 28 日～ 2011 年 5 月 3 日	全部 (煤矸石除外)	总能量输出	180ng/J [1.4lb/(MW・h)]	—	新建;或 95% 脱效率
		总能量输出	180ng/J [1.4lb/(MW・h)]	—	扩建;或 95% 脱硫效率
		或:热量输入	65ng/J (0.15lb/MBtu)	184	
		总能量输出	180ng/J [1.4lb/(MW・h)]	—	改建;或 90% 脱硫效率
		或:热量输入	65ng/J (0.15lb/MBtu)	184	
2011 年 5 月 3 日以后	全部 (煤矸石除外)	总能量输出	130ng/J [1.0lb/(MW・h)]	—	新建、扩建; 或 97%脱硫效率
		或:净能量输出	140ng/J [1.2lb/(MW・h)]	—	
		总能量输出	180ng/J [1.4lb/(MW・h)]	—	改建;或 90% 脱硫效率

表 18-14 美国燃煤发电锅炉氮氧化物排放限值

适用机组 投运时间	煤种	排放限值(30d 平均)		折算后限值 /(mg/m^3)	备注
2005 年 2 月 28 日～ 2011 年 5 月 3 日	全部	总能量输出	130ng/J [1.0lb/(MW・h)]	—	新建
		总能量输出	130ng/J [1.0lb/(MW・h)]	—	扩建
		或:热量输入	47ng/J (0.11lb/MBtu)	135	

续表

适用机组投运时间	煤种	排放限值(30d 平均)		折算后限值/(mg/m^3)	备注
2005 年 2 月 28 日～2011 年 5 月 3 日	全部	总能量输出	180ng/J [1.4lb/(MW·h)]	—	改建
		或:热量输入	65ng/J (1.15lb/MBtu)	184	
2011 年 5 月 3 日以后	全部(除煤矸石外)	总能量输出	88ng/J [0.70lb/(MW·h)]	—	新建、扩建
		或:净能量输出	95ng/J [0.76lb/(MW·h)]		
	全部	总能量输出	140ng/J [1.1lb/(MW·h)]	—	改建

3. 中美燃煤电厂大气污染物排放标准比较

两国燃煤电厂大气污染物排放标准明显不同的是，中国以污染物排放浓度限值为标准，美国燃煤电厂的大气污染物排放标准则是基于热量输入及能量（电量）输出的污染物质量排放限值。其中，2005 年 2 月 28 日～2011 年 5 月 3 日期间新建燃煤电厂的排放标准只有以能量（电量）输出的污染物排放绩效标准，扩建和改建的燃煤电厂则既可执行能量（电量）输出的污染物排放绩效标准，也可执行热量输入的污染物绩效标准。2011 年 5 月 3 日以后新建、扩建、改建的所有燃煤电厂，包括煤矸石电厂，则均执行能量（电量）输出的污染物排放绩效标准，逐步淡化了污染物排放绩效标准限值与燃煤种类（特别是发热量）、机组效率之间的关系。同时，还对除尘效率、脱硫效率提出具体要求，如执行较严烟尘排放标准（相当于 18.5mg/m^3）的燃煤机组，不考核除尘效率；执行较松烟尘排放标准（相当于 36.9mg/m^3）的燃煤机组，则同时要求除尘效率不小于 99.9%。对于二氧化硫，最高脱硫效率要求不小于 97%。

从烟尘标准限值比较来看，美国燃煤电厂的烟尘控制得比中国要严。美国新建燃煤电厂的烟尘控制限值转化之后，都是按照小于 18.5mg/m^3 控制的。我国 GB 13223—2011 则要求在重点地区才执行 20mg/m^3，更多的非重点地区则执行的是 30mg/m^3。另外，我国燃煤电厂如能做到除尘效率不小于 99.9%，绝大多数电厂都能够满足 GB 13223—2011 的要求。

从二氧化硫标准限值比较来看，美国新建、扩建燃煤电厂的二氧化硫均按照小于 184mg/m^3 进行控制，似乎比我国燃煤电厂的二氧化硫排放浓度限值要宽松，但美国标准要求 2005 年 2 月 28 日～2011 年 5 月 3 日期间新建、扩建的燃煤电厂，脱硫效率为 95%；2011 年 5 月 3 日期间新建、扩建的煤电厂脱硫效率为 97%。事实上，我国 GB 13223—2011 标准中基本上也是按脱硫效率 95%或 97%来测算电厂二氧化硫达标情况的，如对于 2011 年 12 月 31 日以前的现役机组，脱硫效率达到 95%，燃煤硫分控制在 1.5%以下，燃煤发热量适中的情况，则完全可以满足标准中二氧化硫 200mg/m^3 的排放要求。

4. 德国燃煤电厂大气污染物排放标准

根据 2009 年 1 月 27 日修订并执行的德国联邦污染物排放控制法中关于针对大型燃烧装置的规定(13. BlmSchV)，德国燃煤电厂大气污染物排放限值见表 18-15。

表 18-15 德国新建燃煤发电锅炉大气污染物排放浓度限值

燃料和热能转化设施类型	污染物项目	适用条件		限值/(mg/m^3)	达标考核
燃煤锅炉(新建)	烟尘	全部		20	日均值
	二氧化硫	50～100MW	非循环流化床	850	日均值
			循环流化床	350	日均值
		>100MW	全部	200	日均值
	氮氧化物(以 NO_2 计)	50～100MW	非循环流化床	400	日均值
			循环流化床	300	日均值
		>100MW	全部	200	日均值
	汞及其化合物	全部		0.03	日均值

德国现有燃煤电厂大气污染物排放限值见表18-16。

表 18-16 德国现有燃煤发电锅炉大气污染物排放浓度限值

燃料和热能转化设施类型	污染物项目	适用条件			限值/(mg/m³)	达标考核
燃煤锅炉（已建）	烟尘	50～100MW	全部		30	日均值
		＞100MW	全部		20	日均值
	二氧化硫	50～300MW	非循环流化床	硬煤	1200	日均值
				褐煤	1000	日均值
		100～300MW	循环流化床		350	日均值
		＞300MW	全部		300	日均值
	氮氧化物（以 NO_2 计）	50～100MW	全部		500	日均值
		100～300MW	全部		400	日均值
		＞300MW	全部		200	日均值

注：现有电厂指2002年11月27日前获取施工和营运许可证，且在2003年11月27日前投入运行的电厂。

5. 中德燃煤电厂大气污染物排放标准比较

比较中国、德国的燃煤电厂大气污染物排放标准可以得到，德国的烟尘控制比中国要严。德国新建燃煤电厂的烟尘排放浓度控制限值为20mg/m³，已建的100MW以上的燃煤电厂也均是执行20mg/m³。中国则在重点地区才执行20mg/m³，更多的非重点地区则执行的是30mg/m³。

相比而言，德国的二氧化硫和氮氧化物排放浓度随值比中国的要宽松一些。德国对于大于100MW的新建机组，二氧化硫和氮氧化物均执行200mg/m³；中国高硫煤4个省份二氧化硫排放浓度执行200mg/m³，采用W型火焰锅炉的氮氧化物排放执行200mg/m³，其他非重点地区的新建燃煤机组二氧化硫和氮氧化物则均执行100mg/m³的排放浓度要求。

对于现有电厂，德国是指2003年11月27日前投入运行的电厂，我国是指2011年12月31日以前环境影响报告书通过审批的电厂；对于100MW以上的机组，德国的烟尘排放浓度限值为20mg/m³，要严于我国2014年7月1日开始执行的排放浓度限值。对于300MW以上的燃煤机组，德国二氧化硫排放浓度限值比我国的要略松，氮氧化物排放浓度限值则完全相同。

由于德国与中国现有电厂和新建电厂执行的时间相差很大，如果将德国新建燃煤电厂的 SO_2 和 NO_x 排放标准与中国现有燃煤电厂2014年7月1日开始执行的标准相比，对于100MW以上的常规煤粉炉，排放浓度限值完全相同。

综上所述，《火电厂大气污染物排放标准》(GB 13223—2011）中的烟尘排放浓度限值比德国略松，SO_2 和 NO_x 排放浓度限值基本相当或稍有严格。

6. 国内外火电厂大气污染物排放标准的比较

主要国家（地区）火电厂大气污染物排放标准的比较见图18-7。

2011年7月，我国环境保护部发布的《火电厂大气污染物排放标准》（GB 13223—2011)，代替GB 13223—2003)，对火电厂 SO_2、NO_x 及烟尘排放浓度提出了目前世界上最为严格的要求，要求新建电厂 SO_2 排放浓度为100mg/m³，重点地区低至50mg/m³，老机组为200mg/m³；新建电厂烟尘排放浓度为30mg/m³，重点地区为20mg/m³；NO_x 的排放浓度为100mg/m³，发达国家如日本、德国等的标准均低于我国，表18-17是世界主要燃煤国家煤电大气污染物排放标准中最严标准限值比较。从表18-17可看出，美国的标准限值较复杂，2011年5月3日及以后新建与扩建投运的煤电机组执行的标准更为严格，折算后颗粒物（我国标准中为烟尘，烟尘是颗粒物中的一部分）排放限值是世界各国煤电机组现行有效排放标准中的最低限值，SO_2 排放限值则高于我国重点地区的特别排放限值，NO_x 排放限值与我国重点地区的特别排放限值相当。

从表18-17可以看出，与美国《新建污染源的性能》（New Source Performance Standard，NSPS）中最严排放限值（适用于2011年5月3日以后新、扩建机组，美国排放标准中以单位发电量的污染物排放水平表示，为便于比较将其进行了折算）相比，中国超低排放限值更加严格，颗粒物占美国排放标准的81.3%；SO_2 仅占美国排放标准的26%，NO_x 限值占美国排放标准的52%。与欧盟《工业排放综合污染预防与控制指令》(2010/75/EU）中最严排放限值（适用于300ME以上新建机组）相比，中国烟尘10mg/m³的超低排

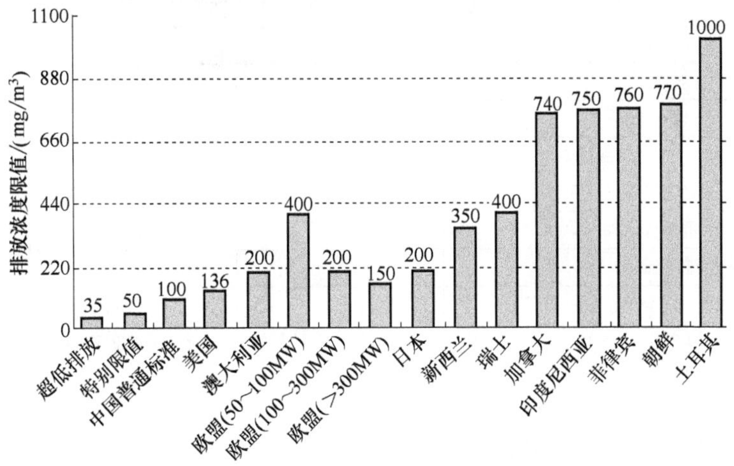

(a) 燃煤电站锅炉SO_2排放标准

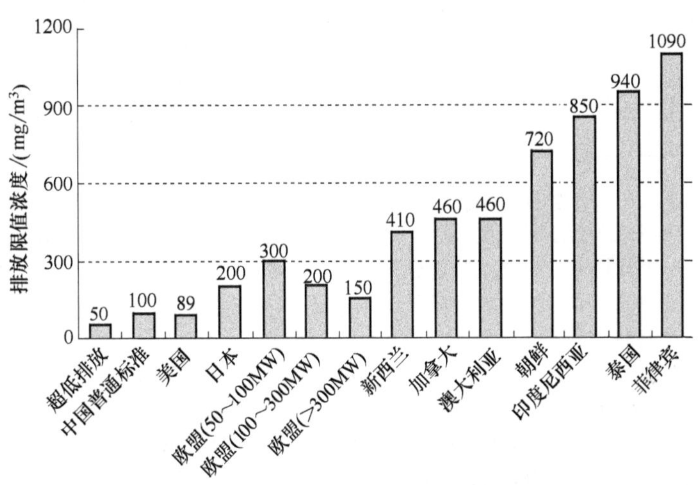

(b) 燃煤电站锅炉NO_x排放标准

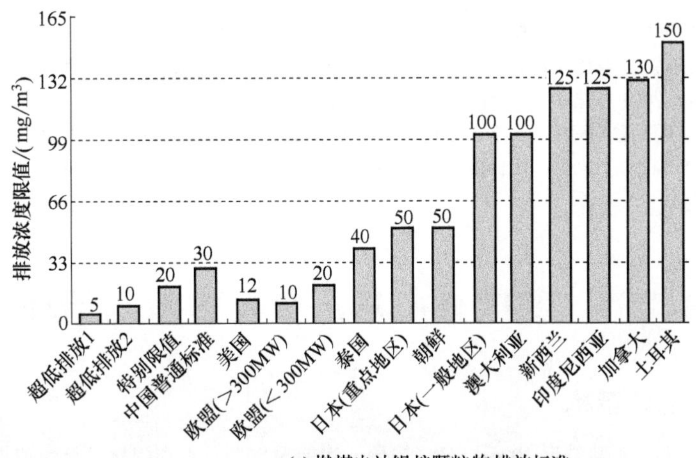

(c) 燃煤电站锅炉颗粒物排放标准

图 18-7 国内外火电厂大气污染物排放标准比较

放限值与之相当，但部分省市新建机组和一定规模以上机组执行 5mg/m^3，仅为欧盟最严排放标准限值的 50%；SO_2 仅占欧盟排放标准的 23%，NO_x 占欧盟排放标准的 33%。

表 18-17 煤电大气污染物排放标准中最严标准限值的比较 单位：mg/m^3

国家		NO_x	SO_2	烟尘
中国	一般地区新建	100	100	30
	重点地区	100	50	20
	《煤电节能减排升级与改造行动计划（2014—2020 年）》	50	35	10
	燃气轮机排放（15%O_2）	50	35	5
	燃气轮机排放（折算至 6%O_2）	125	87.5	12.5
美国	2005 年 2 月 28 日～2011 年 5 月 3 日	0.11lb/MBtu（耗煤量热值排放）	0.15lb/MBtu（耗煤量热值排放）	0.015lb/MBtu
	折算结果	135	184	18.5
	2011 年 5 月 3 日及以后新建、扩建	0.70lb/（MW·h）（发电排放）	1.0lb/（MW·h）（发电排放，最高脱硫率 97%）	0.09lb/（MW·h）（发电排放，最高除尘效率 99.9%）
	折算结果	95.3	136.1	12.3
欧盟（300MW 以上新建）		150	150	10
德国		200	200	20
日本		200	200	50
澳大利亚		460	200	100

可见，中国目前实施的超低排放限值明显严于美国、欧盟现行排放标准限值。但更值得关注的是，中国超低排放限值符合率的评判标准为小时浓度，而美国排放标准限值的评判标准为 30d 滚动平均值，欧盟排放标准限值的评判标准为日历月均值。因此，从符合率评判方法来说，中国短期内要求符合的超低排放限值比美国和欧盟长时间段内平均浓度要求符合的标准限值严格得多。

7. 欧盟燃煤电厂大气污染物排放新标准

欧盟各国已经就大型煤电厂（300MW 以上）污染物排放新的标准达成协议，自 2021 年起以“最佳可行技术参照”（Best Available Techniques Reference，BREF）替代 2016 年 1 月生效的现有标准。

(1) 氮氧化物（NO_x） 采用流化床燃烧（FBC）技术的煤电厂的现有排放标准为每月平均排放 $200mg/m^3$，2021 年起排放上限为 $175mg/m^3$；采用粉煤燃烧（PC）技术的煤电厂的现有排放标准为每月平均排放 $200mg/m^3$，2021 年起排放上限为 $150mg/m^3$；褐煤电厂的现有排放标准为每月平均排放 $200mg/m^3$，2021 年起排放上限为 $175mg/m^3$。

(2) 二氧化硫（SO_2） 采用流化床燃烧（FBC）技术的煤电厂的现有排放标准为每月平均排放 $200mg/m^3$，2021 年起排放上限为 $180mg/m^3$；采用粉煤燃烧（PC）技术以及褐煤电厂的现有排放标准为每月平均排放 $200mg/m^3$，2021 年起排放上限为 $130mg/m^3$。

值得注意的是，上述排放上限只适用于装机在 300MW 以上的大型煤电厂，而且运行小时每年不低于 1500h。为了满足欧盟新标准的要求，预计欧盟国家将有 108 座煤电厂（总计 187GW，占现有大型煤电厂的 35%）需要进行更新改造。

第二节 我国火电厂污染物排放与治理

一、火电厂的能源结构

1978 年改革开放以来，尤其是近 10 年以来，中国一次能源生产总量和消费总量快速提高。2017 年中国能源生产总量达到 35.9×10^8t 标煤，其中原煤生产 35.2×10^8t。能源消费总量达到 44.9×10^8t 标煤，其中煤炭消费占能源消费的比重为 60.4%。2018 年中国煤炭消费量占全球煤炭总耗量的 50.5%，意味着全球有 1/2 的煤炭是在中国消费的，凸显煤炭在中国能源消费中的主体地位。中国以煤为主的资源禀赋决定了能源消费以煤为主的格局，也决定了以煤电为主的电力生产和消费结构。发电耗煤量从 1986 年的 1.26×10^8t 增长到 2013 年的 21.8×10^8 t。多年来，发电用煤占全国煤炭消费总量 1/2 左右，见图 18-8。

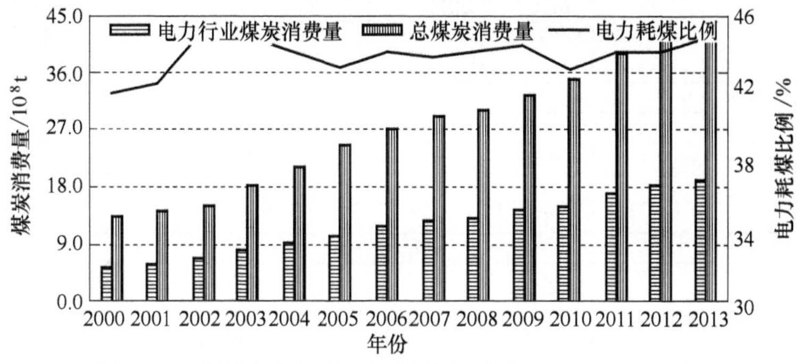

图 18-8　中国电力行业历年煤炭消耗量（2000～2013 年）

尽管能源消费结构将逐步得到优化，但是煤炭依然是中国的主导能源，“以煤为主”是现阶段中国的基本国情，其仍将发挥着基础性作用。未来的能源结构不再是另一种主导能源取代煤炭的主导地位，而是进入（煤炭、石油与天然气、非化石能源）多能并存的结构。这是中国能源结构优化和发展的基本方向。但是，降低煤炭在能源消费结构中的比重，大幅提高非化石能源比重将是中国近年能源转型的主要工作。

作为一次能源，目前国内煤炭的利用方式主要是燃烧。

中国是全球最大的煤炭消费国，燃煤是我国大气染污的最大来源。我国 SO_2 排放量的 90%、NO_x 排放量的 67%、烟尘排放量的 70%、人为源大气汞排放量的 40%以及 CO_2 排放量的 70%都来自于燃煤。而这其中，电力行业燃煤又是全国燃煤的最主要行业。煤炭转化为电力是煤炭清洁高效利用的主要方式，煤炭只有转换为电力后，能源品质才会得到有效提升，成为可以控制使用的能源，实现全社会能效水平的提升。从世界范围看，2015 年世界电煤消费占煤炭消费比重平均为 56%，美国 91%，澳大利亚 91%，德国 80%，加拿大 78%，英国 73%，印度也有 70%，中国仅为 49%，低于发达国家水平、主要发展中国家和世界平均水平，如图 18-9 所示。煤炭转型发展具有较大空间。

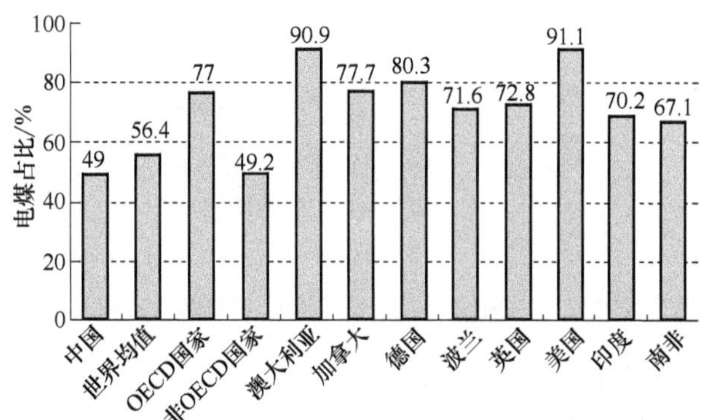

图 18-9　世界部分国家和地区电煤比重

注：中国为 2015 年数据，其他为 2014 年数据；数据来源于《电力发展“十三五”规划》，IEA 数据折算

煤电应该是我国煤资源利用的“最清洁”的方式，电煤占煤炭消费比重是衡量煤炭清洁化利用的一个标准，发电厂可以集中通过技术手段减少污染，避免煤炭散烧造成的超标排放。欧美国家电煤占煤炭消费的比例都在 80%以上，电厂通过脱硫脱硝除尘设备减少排放污染；国内的电煤占比还不到 50%，如果中国能够达到 70%～80%，煤炭的污染问题就能有效解决。《煤电节能减排升级与改造行动计划（2014—2020 年）》提出，在执行更严格能效环保标准的前提下，到 2020 年力争将电煤占煤炭消费比重提高到 60%以上。

二、火电厂污染物的排放与治理

烟尘、二氧化硫及氮氧化物是燃煤电厂的主要污染物。自改革开放以来，由于火力发电装机容量和发电量的快速增长（见表 18-18），在很长一段时期内，也促使火电厂污染物的排放量陡增。

1979～2016 年火电发电量与电力大气污染物排放情况，见图 18-10。

表 18-18 火力发电装机容量及发电量

项目		2009 年	2010 年	2011 年	2012 年	2013 年	2014 年	2015 年	2016 年	2017 年
发电装机总容量	10^4kW	87409.72	96641.30	106253	114676	125768	137018	152527	165209	177703
水电	10^4kW	19629.02	21605.72	23298	24947	28044	30486	31954	33207	34119
火电	10^4kW	65107.63	70967.21	76834	81968	87009	92363	100554	106094	110604
火电占比	%	74.49	73.43	72.31	71.48	69.18	67.41	65.93	64.22	62.24
其中:燃煤	10^4kW		66006			79578	83233	90009	94259	98028
煤电占比	%		68.30			63.27	60.07	59.01	57.05	55.16
核电	10^4kW	907.82	1082.40	1257	1257	1466	2008	2717	3364	3582
风电	10^4kW	1759.94	2957.55	4623	6142	7652	9657	13075	14817	16367
太阳能	10^4kW	2.50	20.50	222	341	1589	2486	4218	7719	13025
总发电量	10^8kW·h		42278	47306	49865	53721	56045	56184	60248	64179
其中水电占比	%		16.24	14.12	17.16	16.61	18.91	19.88	19.50	18.61
火电占比	%		80.81	82.45	78.72	78.58	75.43	73.11	71.82	70.92
核电占比	%		1.77	1.84	1.97	2.08	2.38	3.02	3.54	3.87
风电占比	%		1.17	1.57	2.07	2.57	2.85	3.30	4.02	4.76
太阳能占比	%		0.00	0.01	0.07	0.16	0.42	0.68	1.12	1.84

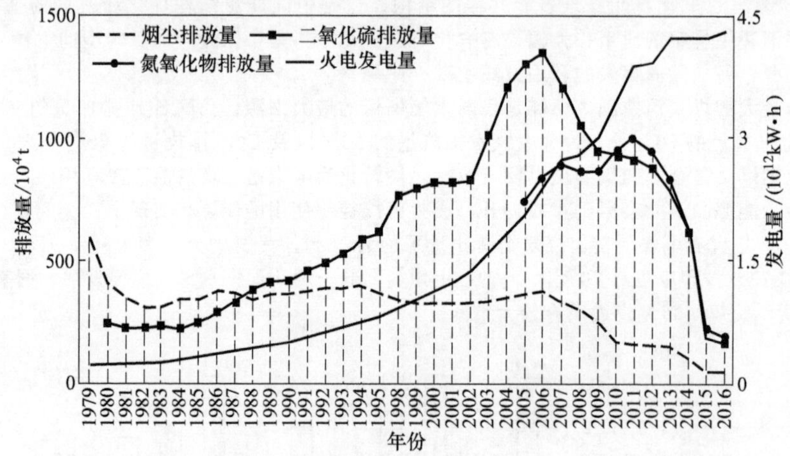

图 18-10 1979～2016 年火电发电量与电力大气污染物排放情况

注：数据来源于中电联

1. 烟尘治理技术

随着中国火电厂烟尘排放标准要求越来越严，除尘技术快速发展，不断更新换代，示于图 18-11。20 世

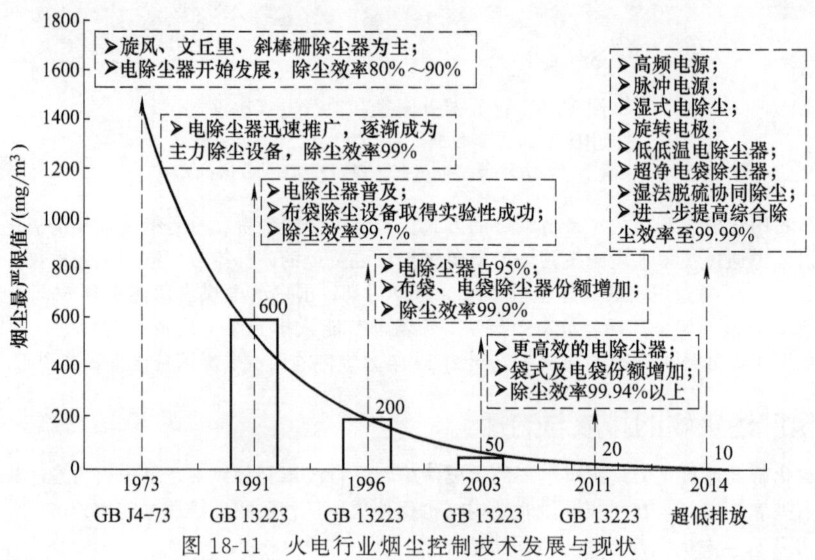

图 18-11 火电行业烟尘控制技术发展与现状

纪 90 年代前，主要以机械除尘和湿式除尘为主；90 年代后，中国开始推广高效的电除尘器；到 2000 年电除尘器占比提高至 95%，行业平均除尘效率达 98.5%。目前，中国火电行业除尘技术已形成了以高效电除尘器、电袋复合除尘器和袋式除尘器为主的格局，安装袋式或电袋复合除尘器的机组比重有所提高。2016 年火电厂安装电除尘器、袋式除尘器、电袋复合除尘器的机组容量分别占全国煤电机组容量的 68.3%、8.4%（0.78×10^8 kW）、23.3%（2.19×10^8 kW）。

1990～2016 年燃煤电厂除尘技术应用变化情况见图 18-12。

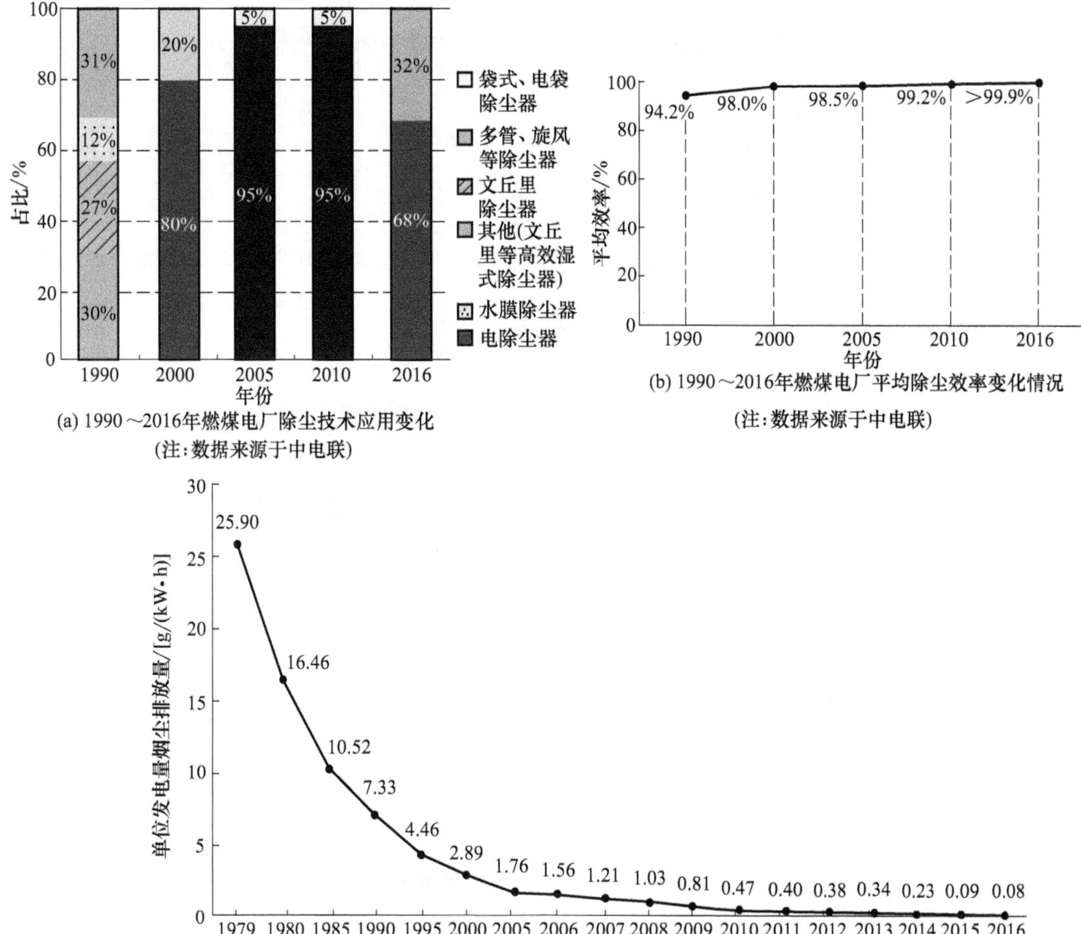

(c) 火电烟尘排放绩效变化情况

图 18-12　火电厂除尘技术的变化

火电厂除尘技术的变化，使烟尘排放量大幅降低。2006 年之前随着火力发电量增加，火电行业烟尘排放量呈缓慢增长趋势，2006 年达到峰值约 3.7×10^6 t；随着 GB 13223—2003 标准的颁布实施，现有燃煤机组 2006 年基本完成第一次环保技术改造（主要是除尘与湿法脱硫），2007 年开始火电行业烟尘排放量出现拐点，并逐年下降；随着 GB 13223—2011 史上最严标准和超低排放限值的实施，烟尘排放量继续下降，2016 年中国火电行业烟尘排放量约 3.5×10^5 t，不足 2006 年峰值的 10%。

2. SO_2 治理技术

自 20 世纪 80 年代后期，中国开始研究电厂烟气脱硫技术。20 世纪 90 年代先后从国外引进了各种类型的烟气脱硫技术，开展了示范工程建设，为大规模开展烟气脱硫奠定了技术基础。进入 21 世纪，火电厂二氧化硫控制步入以烟气脱硫为主的控制阶段，通过自主研发和在引进国外脱硫技术的基础上消化吸收再创新，中国已有石灰石石膏湿法、烟气循环流化床、海水脱硫、半干法等十多种烟气脱硫工艺技术，并得到应用。2016 年年底已投运燃煤发电机组烟气脱硫技术分布情况见图 18-13。截至 2016 年年底，中国已投运燃煤电厂烟气脱硫机组容量达 8.8×10^8 kW，占煤电机组容量的 93.6%。加上具有脱硫作用的循环流化床锅炉，脱硫机组占煤电机组比例接近100%。2005～2016年间，累计新增脱硫设施 8.3×10^8 kW，脱硫装置年建设量（含改造量）创造了世界奇迹，燃煤电厂烟气脱硫机组投运情况见图18-14。目前燃煤电厂脱硫效率大部分大于97%，部分甚至达到99%以上，火电二氧化硫排放绩效见图18-14。

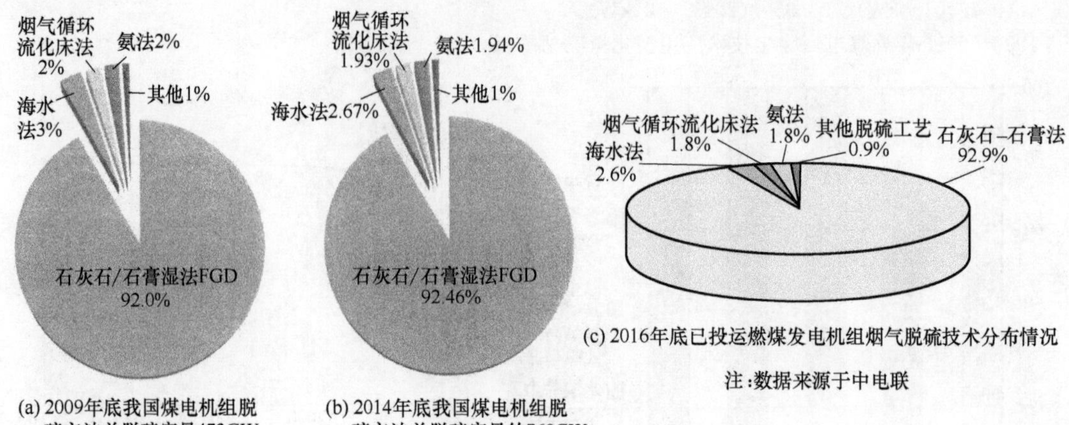

(a) 2009年底我国煤电机组脱硫方法总脱硫容量473GW

(b) 2014年底我国煤电机组脱硫方法总脱硫容量约760GW

(c) 2016年底已投运燃煤发电机组烟气脱硫技术分布情况

注:数据来源于中电联

图18-13 2009/2014/2016年年底已投运燃煤发电机组烟气脱硫技术分布情况

注：数据来源于中电联

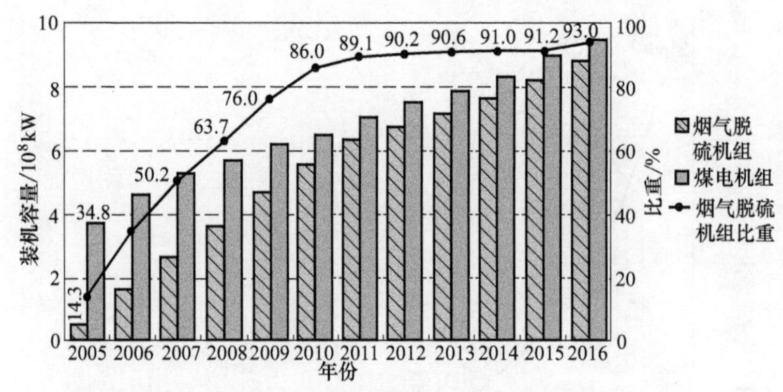

(a) 2005～2016年燃煤电厂烟气脱硫机组投运情况

注:数据来源于中电联

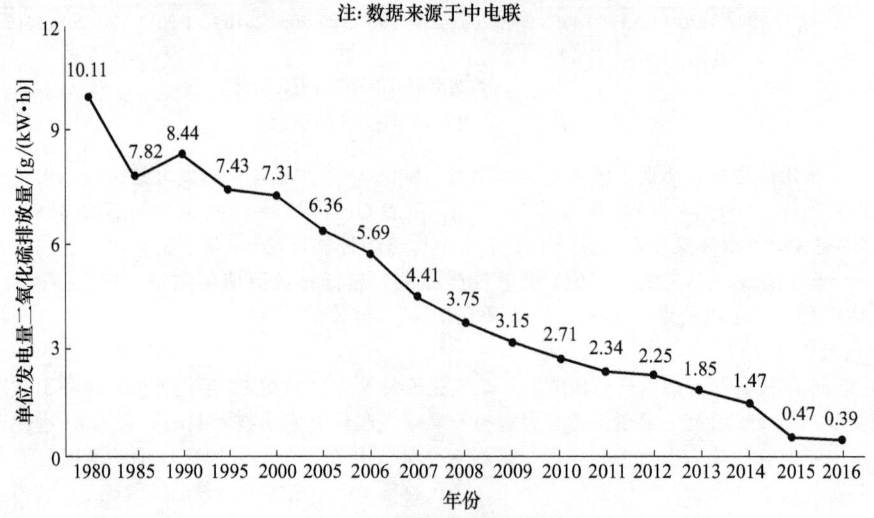

(b) 火电二氧化硫排放绩效变化情况

图18-14 燃煤电厂 SO_2 排放变化

2006 年之前随着火力发电量增加，火电行业 SO_2 排放量呈增长趋势，2006 年达到峰值 1.32×10^7t。由于中国火电厂大气污染物排放标准 GB 13223—2003 开始对 SO_2 进行全面的控制，随后对现有机组的 SO_2 控制作用逐渐显现，2007 年开始 SO_2 排放量开始回落，随着 GB 13223—2011 史上最严标准以及 2014 年超低排放要求的实施，2015 年年底现有燃煤机组完成了脱硫设施的升级改造，提高了运行管理水平，2015 年 SO_2 排放量迅速由 2014 年的 6.2×10^6t 回落至 2.0×10^6t，下降了约 68%。2016 年中国火电行业 SO_2 排放量约 1.7×10^6t，仅占 2006 年峰值的 13%。

随着发改能源〔2014〕2093 号文及各地方超低排放要求的相继出台，脱硫技术的发展步入了超低排放阶段，国内在引进消化吸收及自主创新的基础上形成了多种新型高效脱硫工艺，如石灰石-石膏法的传统空塔喷淋提效技术、复合塔技术（包括旋汇耦合、沸腾泡沫、旋流鼓泡、双托盘、湍流管栅等）和 pH 值分区技术（包括单塔双 pH、双塔双 pH 值、单塔双区等）。随着中国火电厂 SO_2 排放标准日益趋严，中国火电行业脱硫技术发展情况如图 18-15 所示。

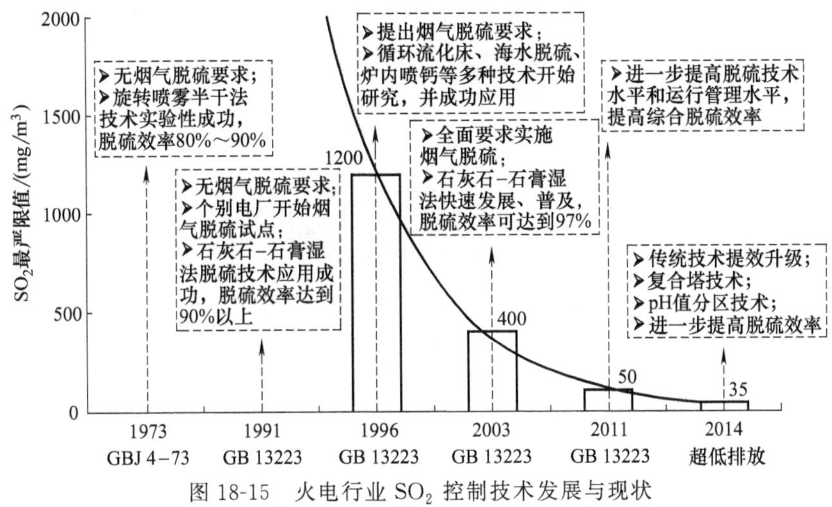

图 18-15　火电行业 SO_2 控制技术发展与现状

3. 氮氧化物治理技术

相对于燃煤电厂的烟尘和二氧化硫控制，火电厂烟气脱硝起步较晚，1996 年和 2003 年修订的《火电厂大气污染物排放标准》对氮氧化物的控制要求都是基于低氮燃烧技术能达到的排放水平来制订的。《火电厂大气污染物排放标准》（GB 13223—2011）基于采用烟气脱硝技术规定了排放限值，极大促进了烟气脱硝技术在中国的应用。“十二五”开始大规模的烟气脱硝建设及改造。截至 2016 年年底，中国已投运火电厂烟气脱硝机组容量约 9.1×10^8kW，占全国煤电机组容量的 96.2%，其中采用 SCR 技术脱硝技术的机组占比约 95%以上。2006～2016 年火电厂烟气脱硝机组投运情况示于图 18-16（a），火电氮氧化物排放绩效见图 18-16（b）。

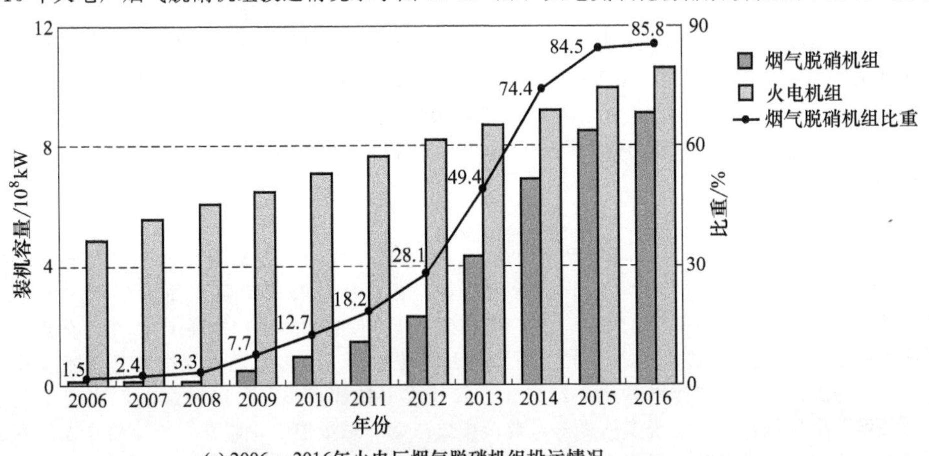

(a) 2006～2016年火电厂烟气脱硝机组投运情况

注：数据来源于中电联

图 18-16

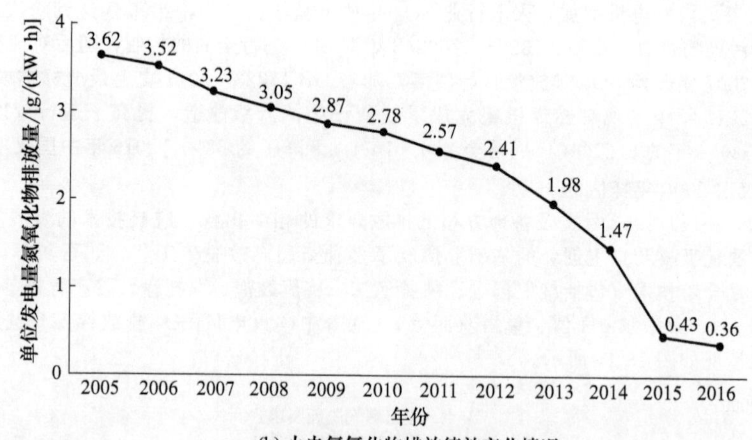

(b) 火电氮氧化物排放绩效变化情况

图 18-16 火电厂烟气脱硝技术变化

火电行业 NO_x 控制技术发展与现状示于图 18-17。

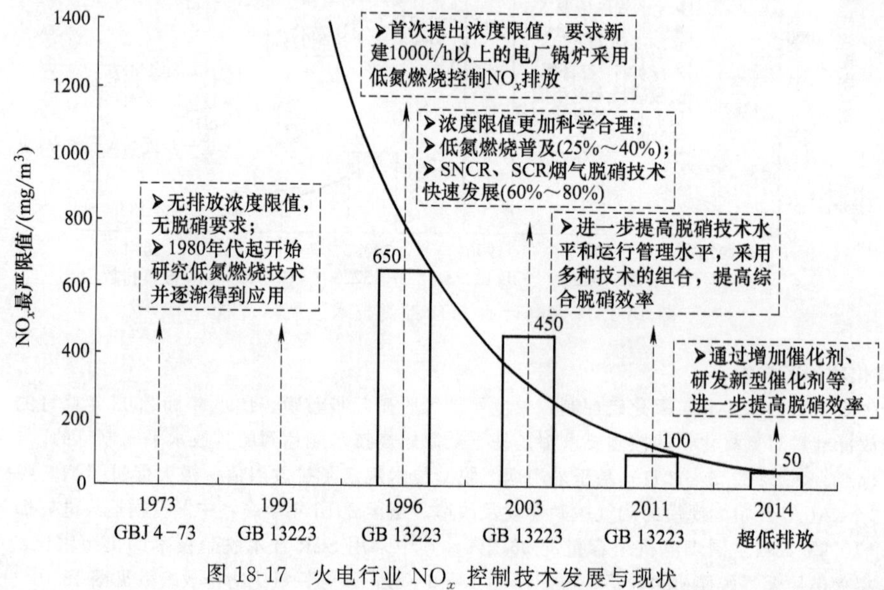

图 18-17 火电行业 NO_x 控制技术发展与现状

2011 年之前中国火电行业大气污染物排放标准对 NO_x 控制要求相对较松，NO_x 排放量随火力发电量增加而明显增加，2011 年达到峰值 1.107×10^7 t。2011 年开始随着 GB 13223—2011 史上最严标准以及超低排放要求的实施，2012 年开始 SO_x 排放量出现拐点开始迅速回落，随着中国烟气脱硝机组容量的逐年升高，2015 年 NO_x 排放量在 2014 年基数上下降了 71%。2016 年中国火电行业 NO_x 排放量约 1.5×10^6 t，仅占 2011 年峰值的 14%。

4. 中国煤电的清洁发展

从 1956 年第一台国产 6000kW 煤电机组投运开始，经过数十年的不懈努力，中国在发电装备技术水平方面实现了从低效到高效、从高污染物排放到低污染物排放，从依靠进口到全面国产化的大跨越。30×10^4 kW 及以上火电机组比例由 1995 年的 27.8%，增长到 2017 年的 79.5%，提高了 52 个百分点。“十一五”以来，累计关停小机组达到 1.1×10^8 kW，投产百万千瓦等级机组 110 台。随着煤电装备技术设备、污染治理技术水平的快速提高，煤电机组结构的持续优化，管理水平持续进步，中国燃煤电厂实现了从设计、施工、投运到关停的全过程管理。实现了从供电煤耗、排放浓度、总量控制、监管、统计的全方位管理。实现了气、水、声、渣的全要素管理。近年来又大规模开展了煤电大气污染物超低排放即近零排放的改造，进一步降低了排放浓度和排放量，实现了煤电全面的清洁化发展。

随着排放标准的加严和超低排放的实施，污染物高效控制技术和装备快速发展应用，中国煤电清洁发展取得了巨大成效。火电厂大气污染物排放量大幅下降。从1979年到2016年火电发电量增长17.5倍，烟尘排放量从峰值6.0×10^6t降至2016年的3.5×10^5t左右，下降了94%；二氧化硫排放量在2006年达到峰值1.32×10^7t，2016年降至1.7×10^6t左右，比峰值下降87%；氮氧化物排放量2011年达到峰值1.0×10^7t，2016年降至1.55×10^6t左右，比峰值下降了85%。“十一五”期间电力二氧化硫减排3.74×10^6t。“十二五”期间，电力二氧化硫、氮氧化物分别减排7.26×10^6t、7.7×10^6t，为全国实现“十一五”“十二五”污染物减排目标做出了巨大贡献。

中国对燃煤电厂污染物实现了严格管控，通过“源头减排、过程控制、末端治理”的全程治理，燃煤电厂大气污染物控制装置形成了全覆盖，电力烟尘、二氧化硫、氮氧化物排放量大幅下降。

根据国内不同工业排放的对比，燃煤发电在过去相当长时间内是SO_2和NO_x的排放大户。2005年电力排放的SO_2占全国排放二氧化硫的51%，2006年电力排放的NO_x占全国排放NO_x的54.9%。随着近年来的不懈努力及超低排放标准的逐步实施，燃煤发电的SO_2和NO_x的排放占比在2015年就已低于10%。

从火电单位发电量污染物排放量看，烟尘排放量由1979年的25.9g/(kW·h)降到2016年的0.08g/(kW·h)，下降99.7%；SO_2排放量由1980年的10.11g/(kW·h)降至2016年的0.39g/(kW·h)，下降96.1%；NO_x排放量由2005年的3.62g/(kW·h)降至2016年的0.36g/(kW·h)，下降90%。

中国以煤为主的火电（2015年中国火电发电量中煤电约占90%）二氧化硫排放绩效、氮氧化物排放绩效已经好于除日本以外的其他国家。单纯煤电比较，单位煤电发电量二氧化硫排放量、氮氧化物排放量已经达到世界先进水平。

2011年中国颁布史上最严的《火电厂大气污染物排放标准》（GB 13223—2011），发布了包括燃气轮机组在内的火电厂大气污染物排放限值。2014年6月国务院办公厅印发的《能源发展战略行动计划（2014—2020年）》中首次提出：新建燃煤发电机组污染物排放接近燃气机组排放水平。由此拉开了中国燃煤电厂超低排放的序幕。

2014年5月底，浙江嘉华1000MW煤电机组首个烟气超低排放改造工程建成，2014年6月浙江舟山首个新建350MW煤电机组超低排放工程建成。2014年9月国家发改委、环境保护部、能源局发布了《煤电节能减排升级与改造行动计划（2014—2020年）》，要求东部地区（辽宁、北京、天津、河北、山东、上海、江苏、浙江、福建、广东、海南11个省市）新建燃煤发电机组大气污染物排放浓度基本达到燃气轮机组排放限值，即在基准氧含量6%条件下，烟尘、SO_2、NO_x排放浓度分别不高于$10mg/m^3$、$35mg/m^3$、$50mg/m^3$，中部地区（黑龙江、吉林、山西、安徽、湖北、湖南、河南、江西8省）新建机组原则上接近或达到燃气轮机组排放限值，鼓励西部地区新建机组接近或达到燃气轮机组排放限值。稳步推进东部地区现役300MW及以上公用燃煤发电机组和有条件的300MW以下公用燃煤发电机组实施大气污染物排放浓度基本达到燃气轮机组排放限值的环保改造，2014年启动8000MW机组改造示范项目，2020年前力争完成改造机组容量1.5×10^8kW以上。鼓励其他地区现役燃煤发电机组实施大气污染物排放浓度达到或接近燃气轮机组排放限值的环保改造。2015年12月国务院常务会议决定，在2020年前，对煤电机组全面实施超低排放和节能改造，东、中部地区要提前至2017年和2018年达标。预计改造完成后，每年可节约原煤约1×10^8t，电力行业主要污染物排放总量可降低60%左右。同年6月，环境保护部、国家发改委、能源局联合印发《全面实施燃煤电厂超低排放和节能改造工作方案》（环发〔2015〕164号），将全面实施燃煤电厂超低排放和节能改造上升为一项重要的国家专项行动，即2020年，全国所有具备改造条件的燃煤电厂力争实施超低排放，全国有条件的新建燃煤发电机组达到超低排放水平。

在国家超低排放政策的大力推动下，除尘、脱硫和脱硝电力环保技术取得了一系列重大突破。这些技术的组合应用，推动了煤电机组超低排放技术路线的多元化。从最初只有优质煤才可实现超低排放，到现在劣质的高灰、高硫煤也可实现超低排放；从早先的煤粉炉才可实现超低排放，到现在的循环流化床锅炉机组也可实现超低排放；从原先主要控制烟尘、SO_2和NO_x三大污染物，到现在广泛考虑协同控制雾滴、SO_3、Hg等污染物，火电厂超低排放技术进步卓见成效。

污染物排放大幅下降，根据中电联统计分析，截至2017年年底，全国燃煤电厂100%实现脱硫后排放。其中，已投运煤电烟气脱硫机组容量超过9.4×10^8kW，占全国煤电机组容量的95.8%；其余煤电机组主要为循环流化床锅炉采用燃烧中脱硫技术；已投运火电厂烟气脱硝机组容量约10.2×10^8kW，占全国火电机组容量的92.3%；其中，煤电烟气脱硝机组容量约9.6×10^8kW，占全国煤电机组容量的98.4%。常规煤粉炉以选择性催化还原（SCR）脱硝技术为主，循环流化床锅炉则以选择性非催化还原（SNCR）脱硝技术为主；全国累计完成燃煤电厂超低排放改造7×10^8kW，占全国煤电机组容量比重超过70%，提前两年多完成2020年改造目标任务。2017年，全国电力烟尘、二氧化硫和氮氧化物排放量分别约为2.6×10^5t、1.2×10^6t和1.14×10^6t、分别比上年下降25.7%、29.4%和26.5%；单位火电发电量烟尘排放量、二氧化硫排放量和氮氧化物排放量分别为 0.06g/(kW・h)、0.26g/(kW・h) 和 0.25g/(kW・h)，比上年分别下降 0.02g/(kW・h)、0.13g/(kW・h) 和 0.11g/(kW・h)。

三、燃煤锅炉大气污染物产生量与排放量的估算

在火电厂建设项目环境影响评价和火电厂污染物环境数据统计中，都必须对污染物的排放产生量和排放量按一定方法进行测量和估算。

燃煤发电机组排放的烟气中包括烟尘、SO_2、NO_x 等，其产生量和排放量可采用下述方法进行估算。

1. 烟尘量

(1) 物料衡算法

1) 煤粉锅炉　每台锅炉的烟尘产生量（脱硝系统入口烟尘量）按下式计算：

$$M_{烟尘生产}=B\left[\frac{w(A_{ar})}{100}+\frac{Q_{net,ar}q_4}{33858\times100}\right]a_{fh} \tag{18-1}$$

式中　$M_{烟尘生产}$——锅炉烟尘产生量，t/h；

B——锅炉最大连续出力（BMCR）工况时的燃料消费量，t/h；

$w(A_{ar})$——燃料收到基灰分，%；

$Q_{net,ar}$——燃料收到基低位发热量，kJ/kg；

q_4——固体未完全燃烧热损失，%；

a_{fh}——飞灰系数。

锅炉烟气出口初始烟尘浓度：

$$C_{烟尘生产}=\frac{M_{烟尘生产}}{V'_{gy}B\times10^3}=\frac{\left[\frac{w(A_{ar})}{100}+\frac{Q_{net,ar}q_4}{33858\times100}\right]a_{fh}\times10^6}{V'_{gy}} \tag{18-2}$$

式中　V'_{gy}——锅炉烟气出口处燃用燃料的干烟气容积，m^3/kg。

每台燃煤锅炉烟尘的排放量按下式计算：

$$M_{烟尘排放}=M_{烟尘生产}(1-\eta_c) \tag{18-3}$$

式中　η_c——总除尘效率，%。

每台锅炉的实际烟尘排放浓度（除尘器出口处）按下式计算：

$$C_{烟尘排放}=\frac{M_{烟尘排放}\times10^9}{V'_{gy}\times B\times10^3}=\frac{\left[\frac{w(A_{ar})}{100}+\frac{Q_{net,ar}q_4}{33858\times100}\right]a_{fh}(1-\eta_c)\times10^6}{V''_{gy}} \tag{18-4}$$

式中　V''_{gy}——除尘器出口处，燃用燃料的干烟气容积，m^3/kg。

与排放标准相比较时，烟尘排放浓度还应按标准规定的过量空气系数折算值进行折算。

2) 循环流化床锅炉

① 折算灰分法。当循环流化床锅炉用石灰石脱硫时，循环流化床锅炉入炉物料产生的灰分可用折算灰分表示，折算灰分 $w(A_{dl})$ 按下式计算：

$$w(A_{dl})=100w(A_{ar})+312.5w(S_{ar})\left[k_S\left(\frac{100}{K_{CaCO_3}}-0.44\right)+0.8\eta_S\right] \tag{18-5}$$

式中　$w(A_{ar})$——燃煤收到基灰分，%；

$w(S_{ar})$——燃煤收到基硫分，%；

k_S——Ca/S摩尔比，一般为 1.5～2.5；

K_{CaCO_3}——石灰石纯度，%；

η_S——脱硫效率，%。

将折算灰分 $w(A_{dl})$ 代入式（18-1）和式（18-4），即可计算出循环流化床锅炉烟尘产生量和排放量。

石灰石-石膏法烟气脱硫装置具有一定的除尘效果，其除尘效率可达到50%～75%，甚至更高，一般可按50%取用。

② 增加灰量法。加入石灰石后增加的灰量 ΔA_{sh} 按下式计算：

$$\Delta w(A_{sh})=M_{CaSO_4}+M_{CaO}+M_{MgO}+M_{杂质}=0.0425\eta_S w(S_{ar})+0.01749w(S_{ar})(K_S-\eta_S)+\frac{0.03125\eta_S w(S_{ar})}{\eta_{CaCO_3}}\left[1-\eta_{CaCO_3}-\eta_{MgCO_3}\frac{44.01}{84.31}-w(M_{sh})\right] \tag{18-6}$$

式中　M_{CaSO_4}——1kg 实际燃料燃烧脱硫后产生的 $CaSO_4$ 量，kg/kg 煤；

M_{CaO}，M_{MgO}，$M_{杂质}$——1kg 实际燃料燃烧脱硫时未反应的 CaO、MgO 和石灰石的杂质量，kg/kg 煤；

K_S——钙硫比；

η_{CaCO_3}——$CaCO_3$ 在石灰石中所占份额，%；

η_{MgCO_3}——$MgCO_3$ 在石灰石中所占份额，%；

η_S——脱硫率；

$w(M_{sh})$——石灰石中水分含量，%。

烟尘浓度按燃料收到基灰分 $w(A_{ar})$ 和增加灰量 $\Delta w(A_{sh})$ 叠加计算。

（2）产污系数法　对于燃煤发电煤粉锅炉和循环流化床锅炉，可采用 2010 年《火力发电行业产排污系数使用手册》提出的烟尘产污系数来粗略估算烟尘产生量。

火电厂燃煤锅炉烟尘的产污系数主要与燃煤收到基灰分及燃烧方式有关。火电厂燃煤锅炉主要是煤粉炉，其次是循环流化床锅炉。循环流化床锅炉，由于其在燃烧过程中添加石灰石，烟尘产污系数的计算还需考虑石灰石等添加剂对烟尘的影响。根据大量的实测结果，并对数据进行线性拟合，总结出火电厂锅炉烟尘的产、排污系数，见表 18-19。

表 18-19　火电厂锅炉烟尘产污系数及排污系数

工艺名称	单机容量/MW	污染物指标	单位	产污系数	末端处理技术	排污系数 g_{Ai}
煤粉炉	≥750	烟尘	kg/t 煤	$9.23A_{ar}+8.76$	静电除尘法+石灰石石膏法	$-0.00026A_{ar}^2+0.022A_{ar}+0.01$
					静电除尘法	$(0.00026A_{ar}^2+0.022A_{ar}+0.01)\times1.001$
	450～749			$9.2A_{ar}+9.33$	静电除尘法+石灰石石膏法	$-0.00026A_{ar}^2+0.022A_{ar}+0.015$
					静电除尘法	$-0.0005A_{ar}^2+0.042A_{ar}+0.041$
煤粉炉	250～449	烟尘	kg/t 煤	$9.21A_{ar}+11.13$	静电除尘法+石灰石石膏法	$-0.00026A_{ar}^2+0.022A_{ar}+0.016$
					静电除尘法	$-0.0005A_{ar}^2+0.042A_{ar}+0.057$
循环流化床炉				$6.31A_{ar}+7.54+61.94S_{ar}$	静电除尘法	$-0.0004A_{ar}^2+0.035A_{ar}+0.034+0.124S_{ar}$
煤粉炉	150～249	烟尘	kg/t 煤	$9.33A_{ar}+7.77$	静电除尘法+石灰石石膏法	$-0.00026A_{ar}^2+0.0241A_{ar}+0.022$
					静电除尘法	$-0.0005A_{ar}^2+0.042A_{ar}+0.098$
循环流化床炉				$6.24A_{ar}+7.57+61.94S_{ar}$	静电除尘法	$0.02A_{ar}+0.016+0.124S_{ar}$
煤粉炉	75～149	烟尘	kg/t 煤	$9.31A_{ar}+9.18$	静电除尘法+石灰石石膏法	$0.024A_{ar}+0.023$
					静电除尘法	$0.049A_{ar}+0.046$
					文丘里水膜除尘法	$0.49A_{ar}+0.46$
					湿式除尘法	$1.94A_{ar}+1.84$
循环流化床炉				$6.31A_{ar}+61.94S_{ar}+7.27$	静电除尘法	$0.048A_{ar}+0.046+0.31S_{ar}$
循环流化床炉	所有规模	烟尘	kg/t 煤矸石	$238.6+61.94S_{ar}$	静电除尘法	$1.67+0.43S_{ar}$
					文丘里水膜除尘法	$11.93+3.1S_{ar}$
					湿式除尘法	$47.72+12.39S_{ar}$
					多管或旋风除尘法	$59.65+15.49S_{ar}$
燃油炉	所有规模	烟尘	kg/t 油	0.25	直排	0.25
燃气轮机			g/m^3 气	0.1039	直排	0.1039

【例 18-1】 某电厂锅炉为600MW超临界压力直流锅炉，燃用晋北烟煤，原煤特性及灰成分如下：

$w(C_{ar})=58.6\%$，$w(H_{ar})=3.36\%$，$w(O_{ar})=7.24\%$，$w(N_{ar})=0.79\%$，$w(S_{ar})=0.63\%$，$w(A_{ar})=19.77\%$，$w(W_{ar})=9.61\%$，$Q_{net,ar}=22.44MJ/kg$，$w(V_{daf})=32.3\%$，$q_4=1.5\%$。机组燃煤量 $B=259.64t/h$，年利用小时数为6000h。

锅炉排烟处（空气预热器后）过量空气系数 $\alpha_{py}=1.28$，除尘器总漏风系数 $\Delta\alpha=0.05$。静电除尘器效率 $\eta_{c1}=99.2\%$，除尘器后的烟气采用石灰石-石膏法烟气脱硫，其除尘效率为 $\eta_{c2}=50\%$，最后为湿式电除尘器，其除尘效率为 $\eta_{c3}=80\%$，如图18-18所示。

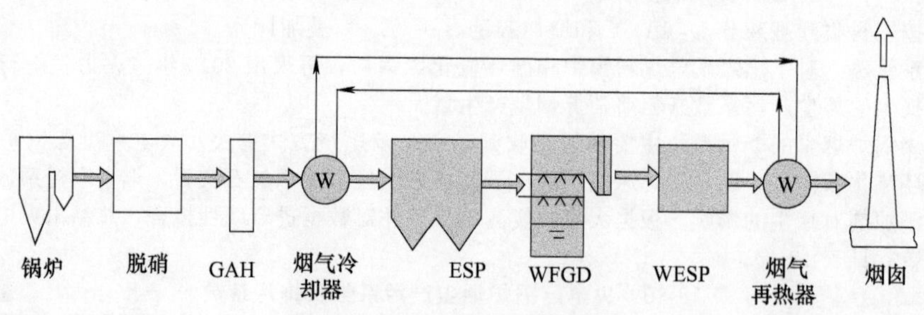

图18-18 某电厂除尘流程示意

试计算：

① 该锅炉的烟尘产生量和烟尘浓度；

② 烟尘排放量和排尘浓度。

解：① 按式（18-1）计算烟尘产生量：

$$M_{烟尘}=259.64\times\left(\frac{19.77}{100}+\frac{22440\times1.5}{33858\times100}\right)\times0.9=48.52(t/h)$$

每年烟尘产生量：

$$G_{烟尘}=48.52\times6000=291120(t/a)$$

理论空气量：

$$V^0=0.0889\times[w(C_{ar})+0.375w(S_{ar})]+0.265\times w(H_{ar})-0.0333\times w(O_{ar})=0.0889\times(58.6+0.375\times0.63)+0.265\times3.36-0.0333\times7.24=5.8799(m^3/kg)$$

$$V_{RO_2}=1.866\frac{w(C_{ar})+0.375w(S_{ar})}{100}=1.866\frac{58.6+0.375\times0.63}{100}=1.0979(m^3/kg)$$

$$V^0_{N_2}=0.79V^0\times0.8\frac{w(N_{ar})}{100}=0.79\times5.8799+0.8\times\frac{0.79}{100}=4.6514(m^3/kg)$$

$\alpha_{py}=1.28$ 时干烟气容积：

$$V'_{gy}=V_{RO_2}+V^0_{N_2}+(\alpha-1)V^0=1.0979+4.6514+(1.28-1)\times5.8799=7.3957(m^3/kg)$$

按式（18-2）计算排烟初始烟尘浓度：

$$C_{烟尘}=\frac{\left(\frac{19.77}{100}+\frac{22440\times1.5}{33858\times100}\right)\times0.9\times10^6}{7.3957}=25268.4(mg/m^3)$$

② 计算电除尘器出口烟尘排放量。

$$\begin{aligned}\eta_c&=\eta_{c_1}+(1-\eta_{c_1})\eta_{c_2}+(1-\eta_{c_1})(1-\eta_{c_2})\eta_{c_3}\\&=0.992+(1-0.992)\times0.5+(1-0.992)\times(1-0.5)\times0.8\\&=0.9992\end{aligned}$$

烟尘排放量：

$$M_{烟尘排放}=48.52\times\left(1-\frac{99.92}{100}\right)=0.03882(t/h)$$

年烟尘排放量：

$$G_{烟尘排放}=0.03882\times6000=232.9(t/a)$$

除尘器后过量空气系数 $\alpha'=\alpha_{py}+\Delta\alpha=1.28+0.05=1.33$，此时

$$V''_{gy}=1.0979+4.6514+(1.33-1)\times5.8799=7.6897(m^3/kg)$$

按式（18-4）计算烟囱前烟尘排放浓度：

$$C_{烟尘排放}=\frac{\left(\frac{19.77}{100}+\frac{22440\times1.5}{33858\times100}\right)\times0.9\times\left(1-\frac{99.92}{100}\right)\times10^6}{7.6897}=19.44(\mathrm{mg/m^3})$$

按 GB 13223—2011 折算为 $\alpha=1.4$ 时的烟尘排放浓度：

$$\overline{C}_{烟尘排放}=C_{烟尘排放}\times\frac{\alpha'}{\alpha}=19.44\times\frac{1.33}{1.40}=18.47(\mathrm{mg/m^3})$$

若采用产污系数法估算时，由表 18-19 查得 600MW 机组煤粉炉的产污系数为 $[9.20w(A_{ar})+9.33]=9.20\times19.77+9.33=191.21$（kg/t），则烟尘产生量为：

$$M'_{烟尘}=(191.21/1000)\times B=0.19121\times259.64=49.65\mathrm{t/h}$$

与物料平衡法计算值的偏差为：

$$\Delta M_{烟尘}=\frac{49.65-48.52}{48.52}\times100=2.33\%$$

【例 18-2】 云南某新建 300MW 电厂，采用循环流化床锅炉，年运行 5500h，设计煤种为煤矸石和洗中煤，燃煤收到基灰分 $w(A_{ar})=50.57\%$，收到基硫分 $w(S_{ar})=1.3\%$，$w(V_{daf})=38\%$，$Q_{net,ar}=12422\mathrm{kJ/kg}$，$q_4=2.5\%$，$a_{fh}=0.5$，$B=243.46\mathrm{t/h}$。添加石灰石脱硫，石灰石纯度为 90.12%，设计 Ca/S 摩尔比 2.1，脱硫效率 $\eta_{SO_2}=80\%$，采用袋式除尘器，除尘效率 $\eta_c=99.9\%$，试计算该锅炉年排放烟尘量和烟尘排放浓度。

解： 按式（18-5）计算折算灰分：

$$w(A_{dl})=50.57+3.125\times1.3\left[2.1\times\left(\frac{100}{90.12}-0.44\right)+\frac{0.8\times80}{100}\right]=58.88\%$$

按式（18-3）计算烟尘排放量：

$$M_{烟尘排放}=243.46\times\left(\frac{58.88}{100}+\frac{12422\times2.5}{33858\times100}\right)\times0.5\times\left(1-\frac{99.9}{100}\right)=0.07279(\mathrm{t/h})$$

年烟尘排放量：

$$G_{烟尘排放}=0.07279\times5500=400.35(\mathrm{t/a})$$

烟尘排放浓度采用近似计算，根据统计表明：煤每 1MJ 发热量所产生的干烟气容积在 $\alpha=1.4$ 时为 $0.3678\mathrm{m^3/MJ}$，该估计值的误差在±5%以内。则 $\alpha=1.4$ 时干烟气容积为：

$$V''_{gy}=0.3678\times12.422=4.5688(\mathrm{m^3/kg})$$

锅炉的烟尘排放浓度按式（18-4）计算：

$$C_{烟尘排放}=\frac{\left(\frac{58.88}{100}+\frac{12422\times2.5}{33858\times100}\right)\times0.5\times\left(1-\frac{99.9}{100}\right)\times10^6}{4.5688}=299.2(\mathrm{mg/m^3})$$

若采用产污系数法估算时，由表 18-19 查得 300MW 循环流化床锅炉的产污系数为 $6.31w(A_{ar})+61.94w(S_{ar})+7.54=6.31\times50.57+61.94\times1.3+7.54=407.16\mathrm{kg/t}$，则锅炉烟尘产生量为：

$$M''_{烟尘}=B\times\frac{407.16}{1000}=243.46\times\frac{407.16}{1000}=99.13(\mathrm{t/h})$$

按式（18-1）计算的烟尘量为：

$$M''_{烟尘}=243.46\left[\frac{58.88}{100}+\frac{12422\times2.5}{33858\times100}\right]\times0.5=72.79(\mathrm{t/h})$$

两者偏差为：

$$\Delta M=\frac{M''_{烟尘}-M'_{烟尘}}{M'_{烟尘}}\times100=\frac{99.13-72.79}{72.79}\times100=36.19\%$$

2. 二氧化硫

（1）物料平衡法 锅炉出口（脱硫装置入口 SO_2 产生量）二氧化硫产生量按下式计算：

$$M_{SO_2产生}=2\times K\times B_g\times\left(1-\frac{q_4}{100}\right)\frac{S_{ar}}{100}-M_{脱除(SO_2)} \tag{18-7}$$

式中 $M_{SO_2产生}$——锅炉 SO_2 的产生量（质量流量），t/h；

$M_{脱除(SO_2)}$——锅炉炉内脱除的 SO_2 量（质量流量），t/h；

K——燃料燃烧中硫的转化率（煤粉炉取 0.9，循环流化床锅炉取 1.0）；

B_g——锅炉 BMCR 负荷时的燃料消耗量，t/h；

q_4——锅炉机械未完全燃烧的热损失，%；

S_{ar}——燃料的收到基硫分，%。

锅炉排烟处二氧化硫的初始浓度：

$$C_{SO_2产生}=\frac{C_{SO_2产生}\times10^9}{V''_{gy}B\times10^3}=\frac{2K(1-q_4)w(S_{ar})\times10^6}{V'_{gy}},mg/m^3 \tag{18-8}$$

式中 V'_{gy}——锅炉烟气出口处（排烟）燃用燃料的干烟气容积，m^3/kg。

二氧化硫排放量：

$$M_{SO_2排放}=C_{SO_2产生}\left(1-\frac{\eta_{SO_2}}{100}\right) \tag{18-9}$$

式中 η_{SO_2}——脱硫装置的总脱硫的效率，%；

石灰石-石膏湿法脱硫效率为95.0%～99.7%；

烟气循环化床法脱硫效率为93.0%～98%；

氨法脱硫效率为95.0%～99.7%；

海水脱硫法脱硫效率为95%～99%。

二氧化硫的排放浓度：

$$M_{SO_2排放}=\frac{M_{SO_2排放}\times10^9}{V''_{gy}B\times10^3}=\frac{2K(1-q_4)w(S_{ar})(1-\eta_{SO_2})\times10^6}{V''_{gy}},mg/m^3 \tag{18-10}$$

式中 V''_{gy}——脱硫装置出口处，燃用燃料的干烟气容积，m^3/kg。

当多台锅炉的烟气排入同一座烟囱，此时烟囱出口处干烟气条件下的 SO_2 排放浓度为：

$$C_{SO_2}=\frac{\sum_{i=1}^{n}M_{SO_2排放,i}\times10^9}{\sum_{i=1}^{n}V_{gy,i}\times3600} \tag{18-11}$$

式中 C_{SO_2}——烟囱入口处 SO_2 的排放浓度，mg/m^3；

$M_{SO_2,i}$——接入该座烟囱的第 i 台锅炉的 SO_2 排放量，mg/s；

$V_{gy,i}$——第 i 台锅炉在烟囱出口处，标准状态下的干烟气量，m^3/s；

n——共用一座烟囱的锅炉数。

进行火电厂环境影响评价时，一般没有实测数据，可根据燃料的元素组成、过量空气系数计算出干烟气量。

新建脱硫装置的烟气设计参数宜采用锅炉最大连续工况（BMCR）、燃用设计燃料时的烟气参数，校核值宜采用锅炉经济运行工况（ECR）燃用最大含硫量燃料时的烟气参数。烟气量考虑10%裕量。已建电厂加装烟气脱硫装置时，其设计工况和校核工况宜根据脱硫装置入口处实测烟气参数确定，并充分考虑燃料的变化趋势，烟气量考虑10%裕量。

(2) SO_2 浓度的监测数据法 对 SO_2 的监测一般按《固定污染源排气中颗粒物测定与气态污染物采样方法》(GB/T 16157) 进行测定，也有部分电厂安装了烟气排放连续监测系统（CEMS）进行在线监测。

对 SO_2 等气态污染物的人工监测，无论是电厂自身的监测还是生态环境部门的实测都是根据 GB/T 16157 进行测定。标准中对采样的位置和采样点有严格的要求和规定，并对 SO_2 排放质量浓度计算作出了规定。

SO_2 实际浓度的计算：

$$\overline{C}'=\frac{C'_1v_1F_1+C'_2v_2F_2+\cdots+C'_nv_nF_n}{v_1F_1+v_2F_2+\cdots+v_nF_n} \tag{18-12}$$

式中 $\overline{C}'$——SO_2 实际平均质量浓度，mg/m^3；

C'_1，C'_2，…，C'_n——各采样点 SO_2 实测的质量浓度，mg/m^3；

v_1，v_2，…，v_n——各采样点 SO_2（烟气）的流速，m/s；

F_1，F_2，…，F_n——各采样点所代表的流通面积。

折算为排放标准要求的 SO_2 排放浓度。

$$\overline{C}=\overline{C}'\times\frac{\alpha'}{\alpha} \tag{18-13}$$

式中 $\overline{C}$——折算成过量空气系数为 α 时的 SO_2 排放质量浓度，mg/m^3；

α' ——测点的过量空气系数，可由烟气分析测得；

α ——有关排放标准中规定的过量空气系数。

(3) 产污系数法 燃煤锅炉 SO_2 的产污系数最主要的是与煤的含硫量有关，其次是燃烧方式和煤中硫的赋存形式。电厂燃煤锅炉主要是煤粉炉，其次是循环流化床锅炉。煤中含硫量 $w(S_{ar})$ 是 SO_2 产生量最大的影响因子。在硫分相同的情况下，随着机组容量的增大，燃烧效率也增高，煤中硫转化为烟气中 SO_2 的份额也随之增大。尤其是对于含硫量在 2%以上时，效果更为明显。

对于循环化床锅炉，由于在燃烧过程中添加石灰石，在炉内可以脱除部分 SO_2，循环流化床锅炉的 SO_2 产生量明显小于同等容量等级的煤粉炉，排放量为同等容量煤粉炉的 25%～35%。

火电厂锅炉 SO_2 产、排污系数列于表 18-20。

表 18-20 火电厂锅炉二氧化硫产、排污系数

工艺名称	单机容量/MW	污染物指标	单位	产污系数	末端处理技术	排污系数 g_{SO_2} /(kg SO_2/t)
煤粉炉	≥750	二氧化硫	kg/t 煤	$17.2S_{ar}+0.04$	石灰石-石膏法	$-0.227S_{ar}^2+1.789S_{ar}+0.002$
煤粉炉	450～749			$17.04S_{ar}$	石灰石-石膏法	$-0.224S_{ar}^2+1.771S_{ar}$
				$17.04S_{ar}$	直排	$17.04S_{ar}$
				$17.04S_{ar}$	海水脱硫	$1.704S_{ar}$
	250～449	二氧化硫	kg/t 煤	$16.98S_{ar}$	直排	$16.98S_{ar}$
				$16.98S_{ar}$	石灰石-石膏法	$-0.223S_{ar}^2+1.765S_{ar}$
				$16.98S_{ar}$	海水脱硫	$1.698S_{ar}$
				$16.98S_{ar}$	半干脱硫法	$1.698S_{ar}$
循环流化床炉	250～449			$4.25S_{ar}$	直排	$4.25S_{ar}$
				$4.25S_{ar}$	烟气脱硫	$0.64S_{ar}$
煤粉炉	150～249	二氧化硫	kg/t 煤	$16.96S_{ar}$	直排	$16.96S_{ar}$
				$16.96S_{ar}$	石灰石-石膏法	$-0.223S_{ar}^2+1.763S_{ar}$
				$16.96S_{ar}$	海水脱硫	$1.696S_{ar}$
				$16.96S_{ar}$	半干脱硫法	$4.24S_{ar}$
循环流化床炉	150～249			$5.09S_{ar}$	直排	$5.09S_{ar}$
				$5.09S_{ar}$	烟气脱硫	$0.76S_{ar}$
	75～249			$5.08S_{ar}$	直排	$5.08S_{ar}$
循环流化床锅炉	所有容量机组	二氧化硫	kg/t 煤矸石	9.47	直排	9.47
燃油锅炉	所有容量机组	二氧化硫	kg/t 油	4.21	直排	4.21
燃气轮机			g/m³ 气	0.0707	直排	0.0707

注：1. 表中数据是把 K_{SO_2} 取 0.85，海水脱硫效率 90%，石灰石脱硫效率 92%后测算的结果；2. 采用电子束照射法、脉冲电晕等离子体法脱硫末端治理技术时，二氧化硫的排污系数采用烟气循环流化床脱硫末端治理技术的排污系数；3. 煤粉炉使用炉内喷钙加尾部增湿活化法末端二氧化硫治理技术，采用相应容量的烟气循环流化床脱硫末端治理技术的排污系数。

【例 18-3】 试计算例 1 中 600MW 机组锅炉二氧化硫的产出量及石灰石-石膏湿法脱硫装置后的排放浓度。脱硫效率 $\eta_{SO_2}=98\%$。

解： ① 按物料衡算法式（18-7）计算锅炉 SO_2 的产出量为

$$M'_{SO_2产生}=2\times0.9\times259.64\times\left(1-\frac{1.5}{100}\right)\left(\frac{0.63}{100}\right)=2.90(\mathrm{t/h})$$

脱硫装置出口处（$\alpha''=\alpha'=1.33$），二氧化硫排放浓度按式（18-8）计算：

$$C_{SO_2排放}=\frac{2\times0.9\left(1-\frac{1.5}{100}\right)\times\frac{0.63}{100}\times\left(1-\frac{98}{100}\right)\times10^6}{7.6897}=29.06(\mathrm{mg/m^3})$$

当 $\alpha=1.4$ 时，SO_2 的排放浓度：

$$C_{SO_2排放}=29.05\times\frac{1.33}{1.40}=27.60(\mathrm{mg/m^3})$$

② 按产污系数法计算。

由表 18-19 查得 600MW 机组煤粉炉产污系数为

$$17.04w(S_{ar})=17.04\times0.63=10.7352(\text{kg/t})$$

锅炉 SO_2 产生量为

$$M''_{SO_2产生}=(10.7352/1000)\times259.64=2.79(\text{t/h})$$

与物料衡算法计算值的偏差为

$$\Delta M_{SO_2产生}=\frac{2.90-2.79}{2.90}\times100=3.79\%$$

3. 氮氧化物

燃烧过程中 NO_x 的生成机理比较复杂、影响因素众多，目前尚不能较准确地阐明其产生规律和计算炉内的产生量。影响 NO_x 产生的因素包括炉内燃烧温度、过量空气系数、燃煤质量、机组容量、锅炉类型和燃烧方式、煤粉细度以及采用何种炉内低 NO_x 燃烧技术等，而 NO_x 的产生是各种因素共同作用的结果。经过对各因素进行识别，在分清各因素对 NO_x 产生贡献度的基础上，2010 年《火力发电行业产排污系数使用手册》推荐的火电厂各种燃料和炉型的氮氧化物产、排污系数列于表 18-21。

表 18-21 火电厂燃煤锅炉氮氧化物产、排污系数

工艺名称	单机容量/MW	污染物指标	单位	干燥无灰基挥发分 V_{daf}/%	产污系数	末端处理技术	排污系数 g_{NO_x}/($kgNO_x$/t)
煤粉炉	≥750	氮氧化物	kg/t 煤	$20<V_{daf}\leqslant37$	6.09(低氮燃烧)	直排	6.09
						烟气脱硝	2.13
				$V_{daf}>37$	4.10(低氮燃烧)	直排	4.10
						烟气脱硝	1.44
	450～749	氮氧化物	kg/t 煤	$V_{daf}\leqslant10$	13.40	直排	13.40
					7.95(低氮燃烧)	直排	7.95
						烟气脱硝	2.79
					5.57(低氮燃烧+SNCR)	直排	5.57
				$10<V_{daf}\leqslant20$	11.2	直排	11.2
					6.72(低氮燃烧)	直排	6.72
						烟气脱硝	2.35
					4.70(低氮燃烧+SNCR)	直排	4.70
				$20<V_{daf}\leqslant37$	10.11	直排	10.11
					6.07(低氮燃烧)	直排	6.07
						烟气脱硝	2.12
					4.25(低氮燃烧+SNCR)	直排	4.25
				$V_{daf}>37$	6.80	直排	6.80
					4.08(低氮燃烧)	直排	4.08
						烟气脱硝	1.43
					2.86(低氮燃烧+SNCR)	直排	2.86
	250～449	氮氧化物	kg/t 煤	$V_{daf}\leqslant10$	13.35	直排	13.35
					8.01(低氮燃烧)	直排	8.01
						烟气脱硝	2.80
					5.61(低氮燃烧+SNCR)	直排	5.61
				$10<V_{daf}\leqslant20$	11.09	直排	11.09
					6.65(低氮燃烧)	直排	6.65
						烟气脱硝	2.33
					4.66(低氮燃烧+SNCR)	直排	4.66

续表

工艺名称	单机容量/MW	污染物指标	单位	干燥无灰基挥发分 V_{daf}/%	产污系数	末端处理技术	排污系数 g_{NO_x}/($kgNO_x$/t)
煤粉炉	250～449	氮氧化物	kg/t 煤	20<V_{daf}≤37	9.70	直排	9.70
					5.82(低氮燃烧)	直排	5.82
						烟气脱硝	2.04
					4.07(低氮燃烧+SNCR)	直排	4.07
				V_{daf}>37	6.78	直排	6.78
					5.07(低氮燃烧)	直排	5.07
						烟气脱硝	1.42
					2.85(低氮燃烧+SNCR)	直排	2.85
	150～249	氮氧化物	kg/t 煤	V_{daf}≤10	12.8	直排	12.8
					7.68(低氮燃烧)	直排	7.68
						烟气脱硝	2.69
					5.38(低氮燃烧+SNCR)	直排	5.38
				10<V_{daf}≤20	11.02	直排	11.02
					6.61(低氮燃烧)	直排	6.61
						烟气脱硝	2.31
					4.63(低氮燃烧+SNCR)	直排	4.63
				20<V_{daf}≤37	9.35	直排	9.35
					5.61(低氮燃烧)	直排	5.61
						烟气脱硝	1.92
					3.93(低氮燃烧+SNCR)	直排	3.93
				V_{daf}>37	6.57	直排	6.57
					3.94(低氮燃烧)	直排	3.94
						烟气脱硝	1.38
					2.76(低氮燃烧+SNCR)	直排	2.76
	75～149	氮氧化物	kg/t 煤	V_{daf}≤10	12.31	直排	12.31
					7.49(低氮燃烧)	直排	7.49
						烟气脱硝	2.63
					5.24(低氮燃烧+SNCR)	直排	5.24
				10<V_{daf}≤20	10.97	直排	10.97
					6.58(低氮燃烧)	直排	6.58
						烟气脱硝	2.30
					3.61(低氮燃烧+SNCR)	直排	3.61
				20<V_{daf}≤37	9.13	直排	9.13
					5.48(低氮燃烧)	直排	5.48
						烟气脱硝	1.92
					3.84(低氮燃烧+SNCR)	直排	3.84
				V_{daf}>37	6.44	直排	6.44
					3.86(低氮燃烧)	直排	3.86
						烟气脱硝	1.35
					2.70(低氮燃烧+SNCR)	直排	2.70
循环床炉	所有容量机组	氮氧化物	kg/t 煤矸石		0.95	直排	0.95

续表

工艺名称	单机容量/MW	污染物指标	单位	干燥无灰基挥发分 V_{daf}/%	产污系数	末端处理技术	排污系数 g_{NO_x}/($kgNO_x$/t)
燃油锅炉	所有容量机组	氮氧化物	kg/t 油		6.56	直排	6.56
					3.41(低氮燃烧)	直排	3.41
燃气轮机			g/m^3 气		9.82	直排	9.82
					1.66(低氮燃烧)	直排	1.66

注：1. 电子束照射法、脉冲电晕等离子体法脱硫末端治理技术，可同时脱硝。当氮氧化物无末端治理技术（直排）时，氮氧化物排污系数采用相应的产污系数乘以 0.8 取得。

2. 循环流化床锅炉氮氧化物的产污系数按相应容量的煤粉炉燃用煤炭干燥无灰基挥发分大于 37% 的选取。

4. 燃煤电厂烟气灰硫比

燃煤电厂烟气灰硫比即粉尘浓度（mg/m^3）与 SO_3 浓度（mg/m^3）之比。其估算按式（18-14）进行，SO_3 浓度的估算按式（18-15）进行。

$$C_{D/S}=\frac{C_D}{C_{SO_3}} \tag{18-14}$$

$$C_{SO_3}=\frac{\eta_1\eta_2B_gS_{ar}(1-q)\times 80\times 10^9}{32Q} \tag{18-15}$$

式中 $C_{D/S}$——灰硫比值；

C_D——烟气冷却器入口粉尘浓度，mg/m^3；

C_{SO_3}——烟气冷却器入口 SO_3 浓度，mg/m^3；

η_1——燃煤中收到基硫转化为 SO_2 的转化率（煤粉炉取 0.9，循环流化床锅炉取 1）；

η_2——SO_2 向 SO_3 的转化率为 0.8%～3.5%，一般取 1.8%～2.2%；

B_g——锅炉燃煤量，t/h；

S_{ar}——煤中收到基含硫量；

q_4——锅炉机械未完全燃烧热损失，%（在灰硫比估算时可取 0%）；

Q——烟气流量，m^3/h。

烟气中的 SO_3 浓度数据宜由锅炉制造厂、脱硝制造厂提供或通过测试得到，当缺乏制造厂提供的数据且没有测试数据时，SO_3 浓度可按式（18-15）进行估算。

计算示例如下表所列：

项目名称	某电厂 2×660MW 机组低低温电尘器
已知条件	(1)锅炉燃煤量：255.93t/h(设计煤种)。 (2)低低温电除尘器烟气工况：湿度 6%，负压 6kPa。 (3)低低温电除尘器设计烟气量：每台 358.03m^3/s(工况)(如有标况数据，也可直接采用标况数据进行计算)。 (4)低低温电除尘器设计入口含尘浓度：9.16g/m^3。 (5)低低温电除尘器入口烟气温度：90℃。 (6)收到基硫含量：0.57%
计算过程	(1)每台炉烟气量 Q：358.03m^3/s×2=2577816m^3/h(工况)。 (2)燃煤收到基硫转化成 SO_2 的转化率 η_1 取 90%。 (3)SO_2 向 SO_3 的转化率 η_2 取 2.2%。 (4)SO_3 浓度：$C_{SO_2}=\frac{\eta_1\eta_2B_gS_{ar}(1-q_4)\times 80\times 10^9}{32Q}$ $=\frac{2.2\%\times 90\%\times 255.93\times 0.57\%\times(1-0)\times 80\times 10^9}{32\times 2577816}=28.01mg/m^3$(工况) (5)低低温电除尘器设计入口含尘浓度(工标况换算)：9.17g/m^3×[273÷(90+273)]×(101325−6000)÷101325×(1−6%)=6100mg/m^3(工况)。 (6)灰硫比：6100mg/m^3(工况)÷28.01mg/m^3(工况)=218

第三节 燃煤电站锅炉除尘技术

一、燃煤电站锅炉除尘器

1. 燃煤电站锅炉烟尘排放概况

中国的能源结构呈现“富煤、缺油、少气”的特征，在未来相当长时期内，以煤为主的能源供应格局不会发生根本性改变。根据中国电力企业联合会数据，作为煤炭消费大国，2016年中国煤炭消费量37.8×10^8t，约占世界煤炭消费总量的50%。中国煤炭消费中用于发电的比例占49%。

我国煤炭保有量中动力煤占72.71%，全国商品动力煤的平均灰分高达23.85%，灰分为10%～30%的动力煤占75%。到“十二五”末，全国每年用于直接燃烧的动力煤约占煤炭总消费量的80%，其中发电和供热约占50%，工业锅炉、工业炉窑约35%，民用及其他10%以上。

煤在电站锅炉内燃烧后，近90%的灰分形成飞灰（烟尘）。烟尘特征主要取决于锅炉类型和燃煤组成成分，煤粉炉生成烟尘浓度通常在10～30g/m^3，粒径小于10μm的细颗粒占比高达25%；流化床生成烟尘浓度高，通常在40～60g/m^3。

烟尘随烟气经过脱硝、除尘、脱硫等工艺协同除尘后排放到大气环境中。2005～2016年中国电煤消耗量、火电装机容量及煤电颗粒物排放量如图18-19所示。

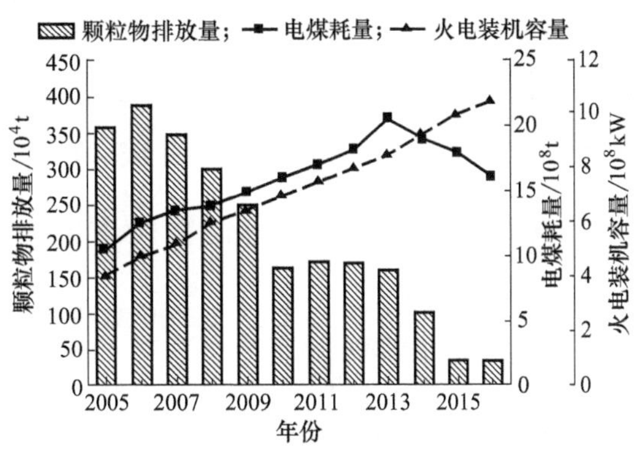

图18-19 2005～2016年中国电煤消耗量、火电装机容量及煤电颗粒物排放量

由图18-19可知，2006～2016年，中国燃电厂颗粒物排放量呈现显著的下降趋势，2016年排放量为3.5×10^5t，相比于2006年的3.9×10^5t，减少了91.0%。2005～2016年，火电装机容量逐年上升，2016年较2005年增加了162.5%。2005～2013年，电煤消耗量逐年上升，而后由于煤电年利用小时数下降、“上大压小”政策的实施、供电煤耗降低等原因，电煤消耗量逐年下降。此外，单位火电发电量颗粒物排放强度由1979年的25.9g/(kW·h)降至2016年的0.08g/(kW·h)，下降了99.7%，已达到世界先进水平。

由此可见，虽然近年来煤电发展迅速，除尘技术的高速发展、设备的大规模应用，燃煤电厂颗粒物排放得到了有效控制。

2. 燃煤电厂烟尘排放标准的演变及烟尘控制技术

1973年，中国颁布了《工业“三废”排放试行标准》(GBJ 4—73)，首次以国家标准的方式对燃煤电厂大气污染物排放提出限值要求。该标准属于综合污染物排放标准，而专门针对燃煤电厂污染物提出限值要求的则是1991年颁布的《燃煤电厂大气污染物排放标准》（GB 13223—1991)，要求烟尘排放最低限值为150mg/m^3。此后国家分别于1996年、2003年和2011年对该标准进行了3次修订。

近年来，随着我国经济的快速发展，燃煤电力也得到了突飞猛进的发展，有关资料显示，燃电厂的粉尘排放占各个行业粉尘排放的首位。为了更有效地遏制污染物的排放，提高大气质量，适应新形势下环境保护工作的要求，并缩小与发达国家的大气环境质量差距，国家对环境保护工作，特别是对火电厂大气污染物排放控制提出了越来越高的要求，先后从2004年起执行的≤50mg/m^3排放标准（标），修订成2012年起执行≤30mg/m^3排放标准。2014年9月12日，国家发改委、环保部和能源局共同发布《煤电节能减排升级与改造行动计划（2014—2020)》(发改能源〔2014〕2093号)，明确指出新建机组基本达到燃气轮机组排放限值，即在基准含氧量6%的情况下，烟尘排放达到10mg/m^3。甚至，某些地方省市和电力企业自我加压，纷纷提出烟尘排放≤5mg/m^3的“超低排放”要求。中国燃煤电厂烟尘排放要求演变历程示于表18-22。

随着国家标准和环保政策对燃煤电厂烟尘排放限值的要求越来越严，自开展电厂除尘技术自主研发以来，通过技术引进，消化吸收、再创新，历经五十多年发展，目前技术水平已跻身世界强国之列。中国燃煤

表 18-22 燃煤电厂烟尘排放限值变化特征

排放标准	烟尘排放要求	确定限值的技术依据
《工业"三废"排放试行标准》(GBJ 4—1973)	依据烟囱数量和烟囱高度规定全厂小时烟尘排放量限值,82～2400kg/h	电厂大部分采用旋风、多管等机械式除尘器,除尘效率一般低于 85%
《燃煤电厂大气污染物排放标准》(GB 13223—1991)	对不同时段机组、不同燃煤灰分、采用不同除尘技术机组提出不同的限值要求。以采用电除尘器的现役机组为例,烟尘限值为 200～1000mg/m³	以三电场电除尘、高效水力除尘器的技术水平确定排放限值,除尘效率大于 95%
《火电厂大气污染物排放标准》(GB 13223—1996)	对不同时段机组、不同燃煤灰分、采用不同除尘技术机组提出不同的限值要求。以新建机组为例,烟尘限值为 200～600mg/m³	以三、四电场除尘器技术水平确定排放限值,除尘效率大于 98%
《火电厂大气污染物排放标准》(GB 13223—2003)	烟尘限值为 50～600mg/m³	以四电场、五电场高效电除尘器,袋式除尘器的技术水平确定排放限值,除尘效率大于 99%
《火电厂大气污染物排放标准》(GB 13223—2011)	取消时段要求,烟尘限值为 20～30mg/m³	按五电场或更高的电除尘器、袋式除尘器的技术发展水平确定排放限值,同时考虑到湿法脱硫的协同除尘作用,除尘效率大于 99%

电厂烟气"超低排放",及其实现"超低排放"的主流技术已能使电厂颗粒物排放达到 10mg/m³ 或 5mg/m³ 的超低排放要求。

以电除尘器为例,燃煤电厂电除尘技术发展历程示于图 18-20。

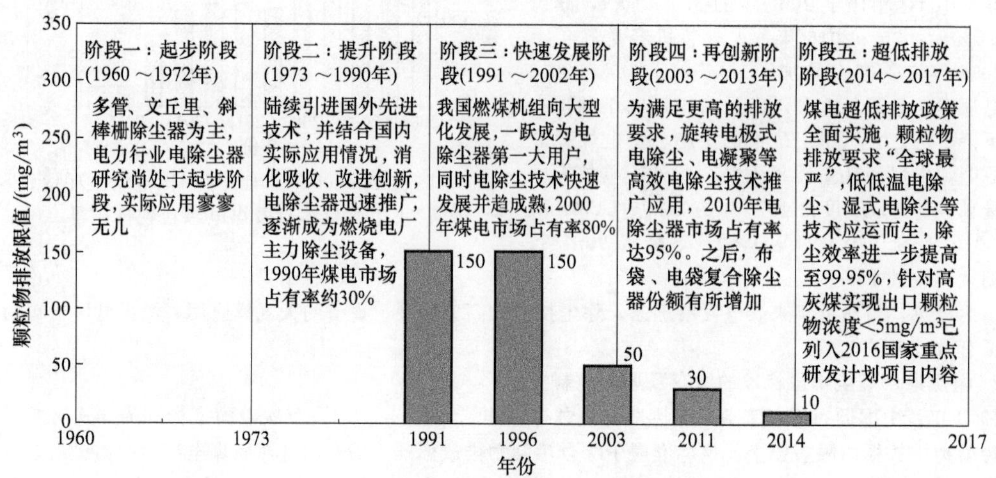

图 18-20 燃煤电厂电除尘技术发展历程

我国燃煤电厂烟尘控制技术主要有电除尘器、袋式除尘器、电袋复合除尘器(包括超净电袋复合除尘器),以及近几年为实现超低排放采用的湿式电除尘器等。由于各种除尘器的除尘机理不同,技术特点决定了其对不同烟气粉尘特性的适应性。

烟尘排放实际上是指烟气中颗粒物的排放,排放烟气中不仅包括烟尘,还包括湿法脱硫过程中产生的次生颗粒物。

针对燃煤锅炉出口所产生的烟尘进行脱除的除尘称为一次除尘,主流技术包括干式电除尘器、袋式或电袋复合除尘器和干式电除尘器辅以提效技术或提效工艺等。

当炉后还设置了石灰石-石膏湿法脱硫装置等湿法脱硫时,脱硫装置对一次除尘后的烟尘具有一定的协同脱除性能,但同时吸收塔出口会携带一部分浆液,浆液中含有部分固体石膏或气溶胶等次生颗粒物。烟气在湿法脱硫过程中对颗粒物的协同脱除或脱硫后对烟气中颗粒物的再次脱除,称之为二次除尘。目前二次除尘技术主要为湿法脱硫协同脱除和湿式电除尘器。

电除尘、电袋复合除尘和袋式除尘均可作为燃电厂的一次除尘可行技术，但常规电除尘技术只适用于工况比电阻为 $1\times10^4\sim1\times10^{11}\Omega\cdot cm$ 的颗粒物，其除尘效率受煤、灰分等影响较大；电袋复合除尘技术适用于国内大多数燃煤机组燃用的煤种，特别是高硅、高铝、高灰分、高比电阻、低硫、低钠、低含湿量的煤种，不受煤质、烟气工况变化的影响；袋式除尘技术适用煤种及工况条件范围广泛，但在600MW级及大型机组中还未得到广泛推广与应用。

因此，燃煤电厂颗粒物超低排放技术选择时，首先应根据煤、灰分判断电除尘器对煤种的除尘难易程度，当较易或一般时，可选择电除尘技术作为一次除尘技术，也可根据经济性比较后选择其他一次除尘技术；当煤种除尘难易程度为较难时，即对于煤质波动大、灰分较高、荷电性能差、灰硫比较小的烟气，应选择电袋复合除尘技术或袋式除尘技术，600MW 级及以上机组宜选用电袋复合除尘技术，300MW 级及以下机组宜选用电袋复合除尘技术或袋式除尘技术。颗粒物超低排放一次除尘技术选择原则列于表 18-23。

表 18-23 一次除尘技术选择原则

一次除尘器出口烟尘浓度控制要求/(mg/m³)	电除尘器对煤种的除尘难易性	一次除尘技术选择
≤50	较易或一般	宜选用干式电除尘器、干式电除尘器辅以提效技术或提效工艺
	较难	可选用电袋复合除尘器,袋式除尘器、干式电除尘器辅以提效技术或提效工艺
≤30	较易或一般	宜选用干式电除尘器、干式电除尘器辅以提效技术或提效工艺
	较难	可选用电袋复合除尘器、袋式除尘器、低低温电除尘
≤20	较易	宜选用干式电除尘器、干式电除尘器辅以提效技术或提效工艺
	一般	可选用低低温电除尘、电袋复合除尘器、袋式除尘器
	较难	可选用电袋复合除尘器、袋式除尘器、低低温电除尘
≤10	—	宜选用超净电袋复合除尘器、袋式除尘器

注：电除尘器对煤种的除尘难易性评价方法参见表 18-25。

当前我国火电行业一次除尘运用的主要除尘技术包括静电、袋式和电袋复合三种技术。根据中国电力企业联合会统计数据，2014 年全国已投运火电厂全部配备除尘设施：电除尘器、袋式除尘器、电袋复合除尘器分别占全国煤电机组容量的 77.1%（约 6.36×10^8kW）、9.1%（约 0.75×10^8kW）、13.8%（约 1.14×10^8kW）。到 2016 年年底电除尘占 68%，袋式除尘器和电袋除尘器占 32%，平均除尘效率达到了 99.9%。

湿法脱硫协同除尘和湿式电除尘器都是超低排放二次除尘的可行性技术，如何选择二次除尘技术关键取决于一次除尘措施出口颗粒物浓度大小及稳定性。

当一次除尘器出口颗粒物浓度为 10～20mg/m³（略高于超低排放要求）时，宜选择湿法脱硫协同除尘作为二次除尘措施，无需新增湿式除尘装置；当一次除尘器出口颗粒物浓度为 20～30mg/m³ 时，如果电厂煤种来源稳定、负荷变化波动小，从经济角度出发，宜选择湿法脱硫协同除尘作为二次除尘技术，否则应选择富裕度更大的湿式电除尘技术作为二次除尘技术；当一次除尘器出口颗粒物浓度大于 30mg/m³ 时，湿法脱硫协同除尘技术已经无法保证排放口颗粒物浓度稳定达到 10mg/m³ 超低排放要求时，应选择加装湿式电除尘器作为二次除尘措施。

电除尘器即使采用低低温电除尘器、旋转电极、高频电源等新技术组合，出口颗粒物浓度也只可以控制在 20mg/m³ 左右，不能单独实现颗粒物的超低排放，必须通过脱硫系统协同除尘或湿式电除尘二次除尘才能实现超低排放。

电袋复合除尘器一般出口颗粒物浓度可控制在 20mg/m³ 以下，当采用先进的超净电袋复合除尘技术时，可实现一次除尘即能达到超低排放要求，不需依赖后续二次除尘措施；袋式除尘器一般出口颗粒物浓度可控制在 20mg/m³ 以下，当参数设计时降低袋区过滤风速和压力降等，并选择高精滤料时，可实现一次除尘即能达到超低排放要求，不需依赖后续二次除尘措施。如采用超净电袋或高效袋式除尘技术单独实现超低排放，必须采取有效措施防止湿法脱硫系统二次颗粒物的产生，如在湿法脱硫系统内或外安装高效除尘除雾器。

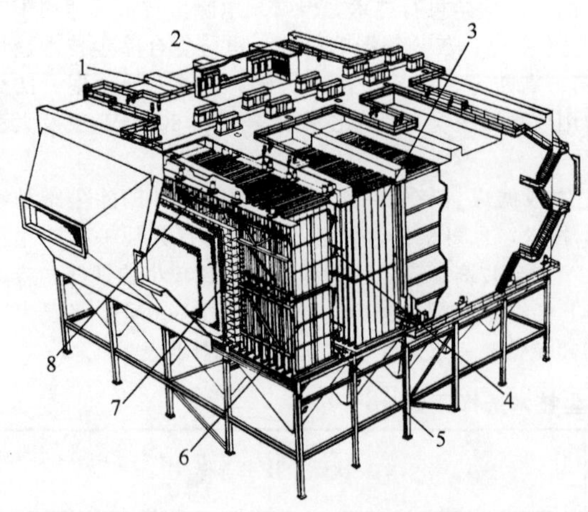

图 18-21 平板卧式电除尘器

1—组装横支架；2—除尘器控制室；3—收尘板；4—电晕极振打装置；5—收尘极振打装置；6—电晕极刚性框架；7—进口气流分配装置；8—高压支座系统

3. 常规电除尘器的本体结构

目前电力行业应用最广的是平板卧式电除尘器，如图 18-21 所示。在卧式电除尘器内，烟气流水平地通过。在长度方向根据结构及供电要求，通常每隔一定长度划分成单独的电场。例如，对 200MW 机组来说，常用的是 4 个电场；对 600MW 机组，一般为 4～5 个电场。

电除尘器由本体和电源装置两大部分组成，其中本体主要包括收尘极（阳极）及其振打系统、电晕极（阴极）及其振打系统、烟箱系统（含气流分布板和槽形板）、箱体系统及加热灰斗及卸输灰系统（含阻流板、插板箱及卸灰阀）等。

(1) 收尘极及其振打系统 电除尘器的收尘系统由收尘极板、极板的悬挂和极板的振打装置三部分组成。它与电晕极共同构成电除尘器的空间电场，是电除尘器的重要组成部分。收尘极系统的主要功能是协助尘粒荷电，捕集荷电粉尘，并提供振打等手段将极板表面附着的粉尘呈片状或团状地剥落到灰斗中，达到防止二次扬尘和净化气体的目的。为减少粉尘二次飞扬和增加极板刚度，通常把收尘极板的断面制成不同的凹凸槽型。

收尘极板的基本结构型式按断面形状分为 C 型、W 型和 Z 型三类，如图 18-22 所示。在不影响电除尘器运行性能的条件下，允许采用其他结构型式的阳极板。

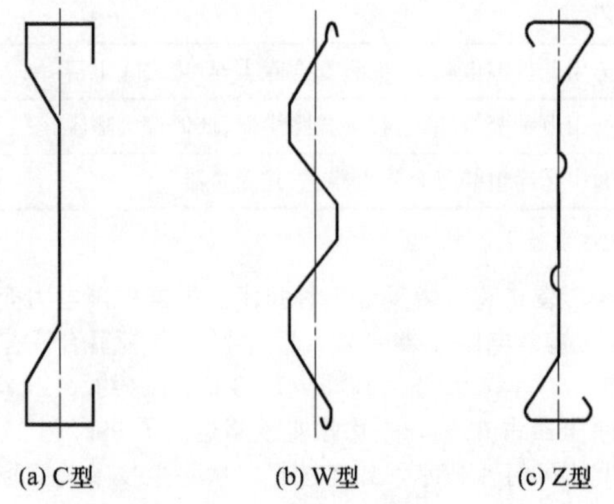

图 18-22 卧式电除尘器的收尘极板形式

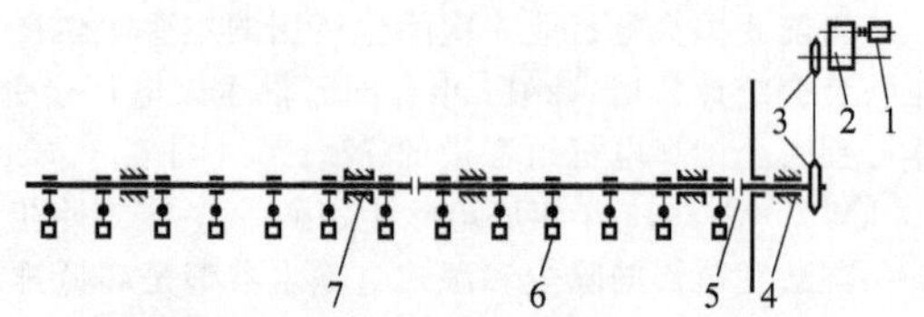

图 18-23 收尘极振打装置组合示意

1—电动机；2—减速机；3—链轮；4—轴承；5—联轴节；6—振打锤；7—轴挡

收尘极的振打清灰方式主要有侧部振打和顶部振打两种：①侧向传动旋转挠臂锤振打是常见的一种振打方式，振打装置安装于阳极板的下部，从侧面振打，该振打装置由传动机构、振打轴、振打轴承和振打锤四个部分组成，如图 18-23 所示；②顶部电磁锤振打，振打装置设置在除尘器顶部隔离于烟气之外，烟气中没有运动部件，因此运行安全可靠，便于维护管理，运行费用低。

电磁锤振打器的布置和结构如图 18-24 所示。当线圈通电时，线圈周围产生磁场，振打棒在磁场力作用下被提升，达到一定高度时，线圈断电、磁场消失，振打棒在重力作用下自由下落，撞击振打杆，由振打杆将振打力传递到内部阴、阳极系统或气流分布装置上，实现振打清灰的目的。

(2) 电晕极及其振打系统 电除尘器的电晕极系统由电晕线、阴极小框架、阴极大框架、阴极吊挂装置、阴极振打装置、绝缘管和保温箱等组成，如图 18-25 所示。

电晕线又称阴极线或放电线，也是电除尘器的主要部件之一。图 18-26 所示为国内常用的几种电晕线形式。电晕线的形状有圆形线、星形线、螺旋形线、芒刺线、锯齿线、麻花线及蒺藜丝线等，其中 RS 形是芒刺线的一种。

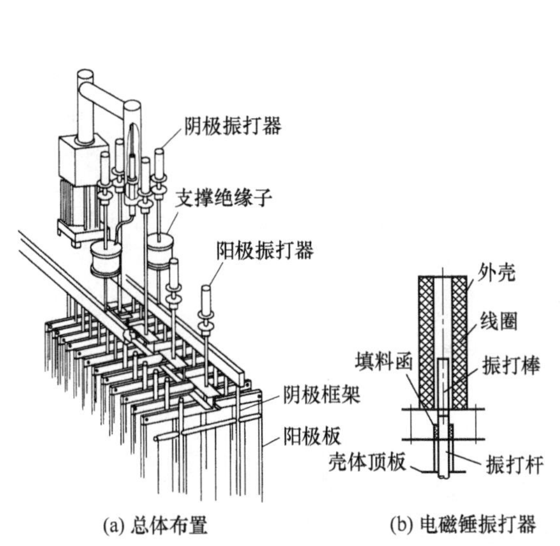

图 18-24　顶部电磁锤振打器及其布置

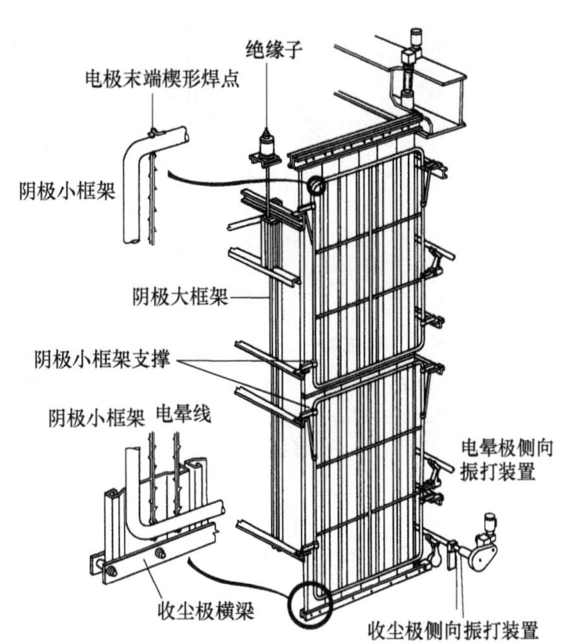

图 18-25　电晕极系统

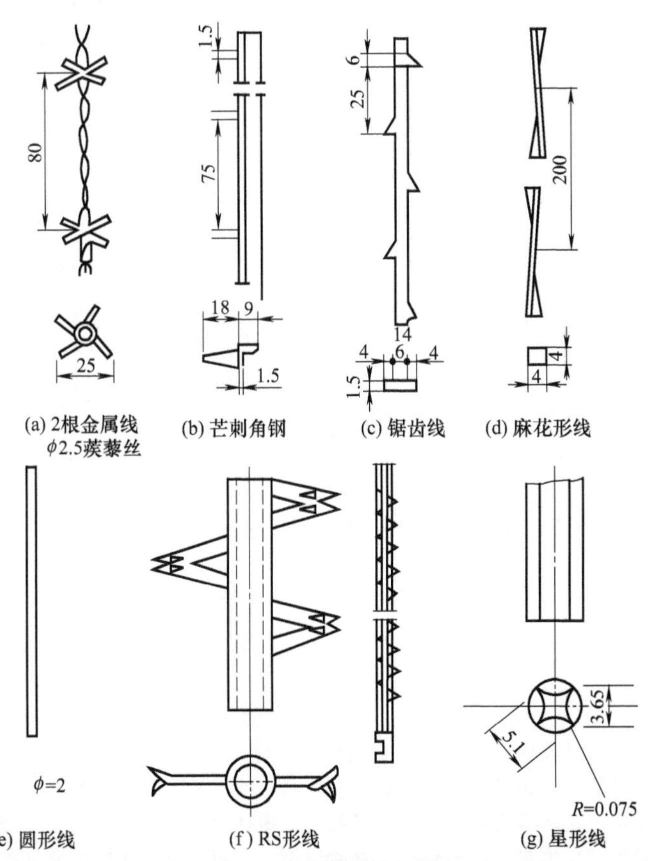

图 18-26　各种形状的电晕线

电晕线的固定方式有重锤悬吊式、框架式、桅杆式 3 种。图 18-27 为这 3 种电晕线的固定方式示意。单元式阴极小框架固定是常见的一种固定方式。

阴极振打与阳极振打的基本原理相同，阴极振打装置的形式很多，侧向传动旋转挠臂锤阴极振打装置是

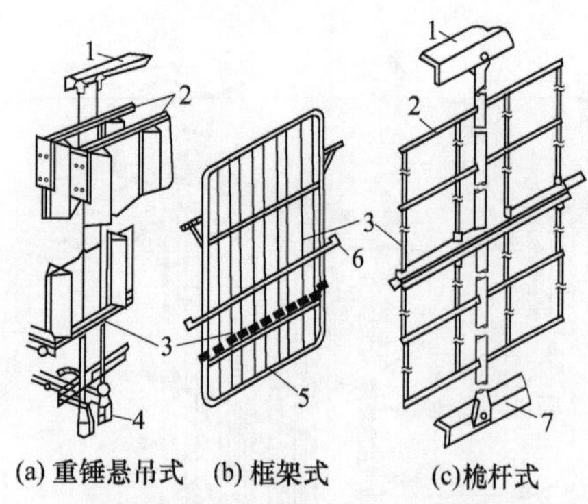

图 18-27 电晕线固定方式示意

1—顶部梁；2—横杆；3—电晕线；4—重锤；5—阴极框架；6—振打砧；7—下部梁

常见的一种形式。这种振打装置的组成如图 18-28 所示，它与阳极振打装置的传动方式相同。

由我国龙净环保公司开发的阴极顶部电磁锤振打装置示于图 18-29。振打装置由振打杆（上、下）、绝缘轴和电磁锤振打器构成。下振打杆与梁连接，上振打杆承受打棒撞击。绝缘轴位于上、下振打杆之间，起隔离高压电作用，避免上振打杆和振打器带电，提供安全运行环境，同时还起传递振打力作用。

(3) 烟箱系统 电除尘器的烟箱系统由进、出口烟箱、气流均布装置和槽形极板组成。

烟气从烟道进入电除尘器或从电除尘器排出到烟道时，通道截面发生很大变化。为了使电场内烟气流速分布均匀，必须采用过渡段，即用进、出口烟箱连接。同时必须在进、出口烟箱内布置气流分布装置。因为在电除尘器断面上速度分布的不均匀将影响除尘的效率。气流分布越不均匀，除尘效率越低。烟箱结构还应能避免积灰。

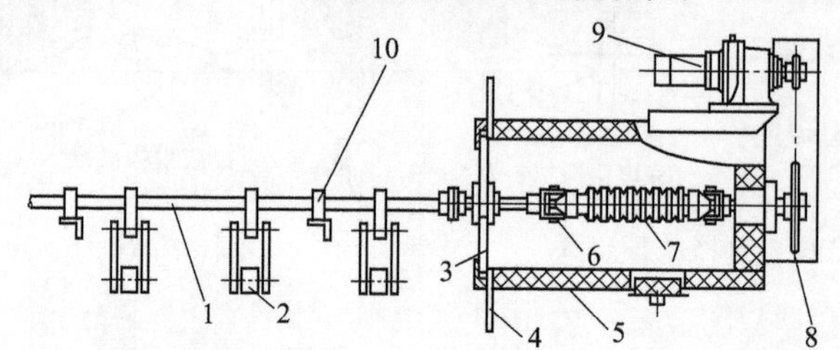

图 18-28 侧向传动旋转挠臂锤阴极振打装置

1—振打轴；2—挠臂锤；3—绝缘密封板；4—本体壳体；5—保温箱；6—万向联轴节；7—电瓷转轴；8—链轮；9—减速电动机；10—尘中轴承

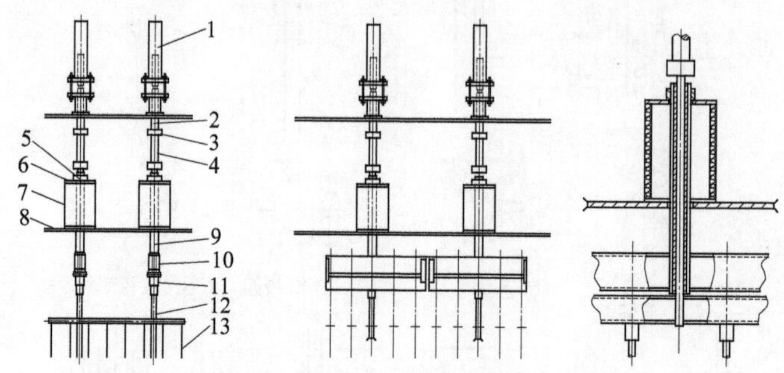

图 18-29 吊打分开式刚性阴极顶部电磁锤振打装置

1—电磁锤振打器；2—振打杆（上、下）；3—连接套；4—绝缘轴；5—支撑螺母；6—支撑盖；7—支撑绝缘子；8—顶板；9—悬吊管；10—阴极吊梁；11—砧梁；12—阴极框架；13—阴极线

气流分布不均匀时，过高的电场风速将对电除尘器的运行产生以下影响：a. 缩短飞灰颗粒在电晕电场中的停留时间；b. 对收尘极板上的沉积灰造成冲刷和卷收，产生二次扬灰；c. 使收尘极板表面产生压力梯度，使尘粒受到与电场力相反的压力，阻碍微小颗粒向收尘极板接近；d. 在局部产生涡流或负压区。

水平进气时，进、出口烟箱的结构示于图 18-30。

进口烟箱气流均布装置有多种结构形式，如多孔板式、格板式、垂直偏转板式、槽钢式和百叶窗等，其中圆孔型多孔板是应用最广泛、最有效的一种。开孔率、多孔板间距既影响烟气流分布的均匀性，也会影响阻力系数。由于电除尘器进口烟箱的水平长度不可能很长，烟箱出口断面的流速分布不均匀，通常必须借助 2～3 层气流均布板才能获得较理想的流场。

(4) 箱体系统 电除尘器的箱体主要由两部分组成：一部分是承受电除尘器全部结构重量以及外部附加载荷的框架，一般由底梁、立柱、大梁及支撑和支座构成；另一部分是用以将外部空气隔开，形成一个独立的电除尘器除尘空间的壁板。壁板应能承受电除尘器运行的负压、风压及温度应力等。

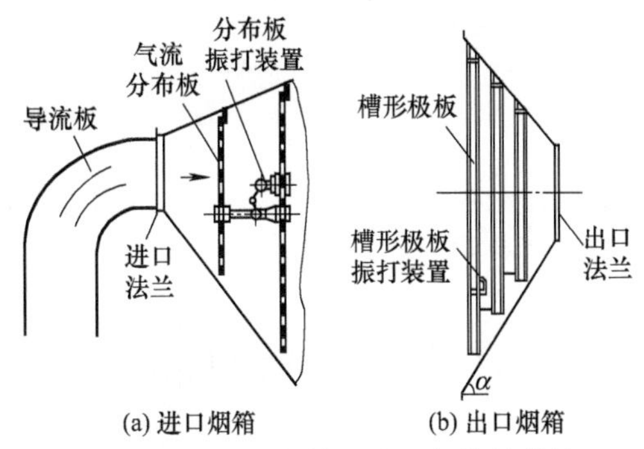

图 18-30　进口烟箱和出口烟箱的结构

(5) 灰斗及卸输灰系统　电除尘器收集下来的粉尘，通过灰斗和卸输灰装置送走，这是保证电除尘器稳定运行的重要条件之一。灰斗及卸输灰装置示于图 18-31。灰斗排出的灰由输灰装置送走。灰斗和输灰装置之间由电动阀或回转式卸灰阀等控制和锁气。

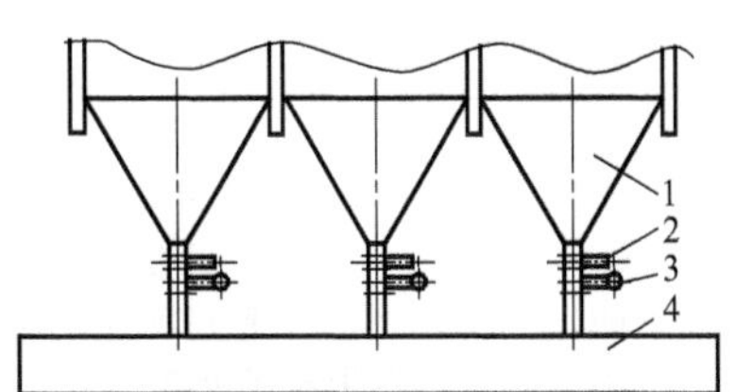

图 18-31　灰斗及卸输灰装置

1—灰斗；2—闸板阀；3—回转式卸灰阀；4—输灰装置

二、电除尘器

1. 电除尘器工作原理和分类

(1) 常规电除尘器工作原理　在两个曲率半径相差较大的金属阳极和阴极上施加高压直流电，维持一个足以使气体电离的电场。气体电离后产生的电子、阴离子和阳离子吸附在通过电场的粉尘上，使粉尘荷电。荷电粉尘在电场力的作用下，向电极性相反的电极运动而沉积在电极上，从而达到粉尘和气体分离的目的。当荷电粉尘到达电极时就释放离子，而粉尘依附在电极上，随着越来越多的粉尘依附，电极上就形成了呈片状或团状的粉尘层，这时再通过振打机构，使粉尘掉落至灰斗，从而达到除尘的目的。如图 18-32 所示。

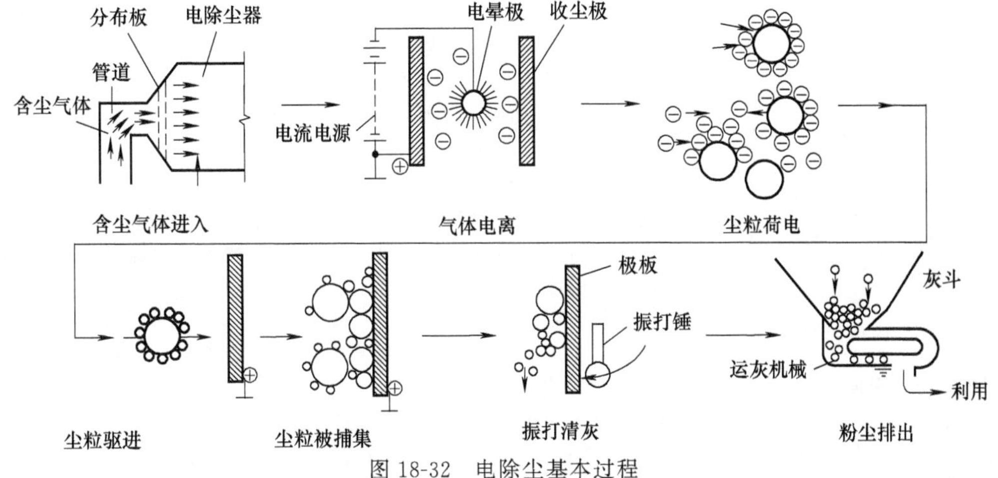

图 18-32　电除尘基本过程

(2) 电除尘器内粉尘颗粒的驱进速度　微细颗粒物在电除尘器电场中同时受到两个力的作用：一个是颗粒荷电后受到的电场力；另一个是流体作用力，包括惯性力和颗粒受到的阻力。电场力促进颗粒物迁移至收尘极，而流体作用力则使颗粒沿流动方向前进。在电场力作用下，荷电粒子向集尘板运动时，电场力与流体作用力的比值越大，则颗粒的驱进速度越高，越容易被收集去除。因此，电场内微细颗粒物的运动过程是一个电场和流场的协同作用过程。

尘粒在电场内的驱进速度 ω_k 是决定电除尘器除尘效率 η 的重要参数，其影响因素及计算式列于式 (18-16)：

$$\omega_k=\frac{qE_p}{3\pi\mu d} \tag{18-16}$$

式中 q——尘粒荷电量，C；

E_p——收尘极处电场强度，V/m；

μ——气体黏滞系数，Pa·s；

d——尘粒直径，m。

电除尘器设计选型时，大多采用典型的多依奇公式来计算电除尘器的除尘效率。1964 年，瑞典专家麦兹（Sigvard Matts）对多依奇（Deutsch）经验公式进行了修正，使用了表观驱进速度 ω_k 方法，其计算式为：

$$\eta=1-\exp\left[-\left(\frac{A\omega_k}{Q}\right)^k\right] \tag{18-17}$$

式中 Q——处理烟气量，m^3/s；

A——收尘极板面积，m^2；

ω_k——表观驱进速度，m/s；

k——经验常数，一般取 0.4～0.6。

式中 $A/Q=f$，称为比集尘面积（单位烟气所对应的收尘板面积），$m^2/m^3/s$。在麦兹公式中，修正系数 k 为某一常数，当 $k=1$ 时即为多依奇公式。

实际运行证明粉尘驱进速度是个变化量，它与粉尘粒径、粉尘荷电量、电场强度等多种因素有关，不同粒度区间的粉尘实际驱进速度是不同的；同时，粉尘的驱进速度还受到煤种和烟气温度的影响。

试验表明，当粉尘粒径为 2～50μm 时，驱进速度与颗粒直径成正比；而当粒径在 10μm 以下时，电除尘器的驱进速度随粉尘粒径的降低而迅速降低，电除尘器的效率也随之下降。

(3) 飞灰比电阻 飞灰比电阻是粉尘介电性质的表征参数，它表示相对单位面积（cm^2）、单位厚度（cm）粉尘层上的电阻值（Ω）。

飞灰层是由大量微细颗粒物组成的，其导电机理不同于一般固态导体，电子是沿着表面和内部两条路径移动的，所以粉尘的比电阻分为表面比电阻和体积比电阻，总的比电阻值为表面比电阻和体积比电阻的综合作用值。

烟气温度对粉尘比电阻影响较大。粉尘比电阻在温度低于 100℃时以表面比电阻为主，高于 250℃时以体积比电阻为主，在 100～250℃ 温度范围两者共同起作用（见图 18-33）。

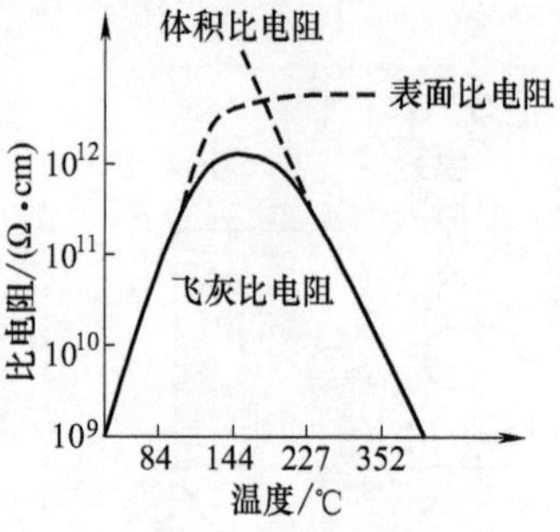

图 18-33 温度与飞灰比电阻的关系

表面导电需要在粉尘表面建立一个吸附层，烟气中含有 SO_3 和水蒸气时，若温度足够低，便能在粉尘表面形成吸附层。当温度低于 150℃以下时，由吸收的水分或化学成分在低温下所形成的低电阻通道就形成表面导电，即降低了比电阻。

一般地，飞灰比电阻在烟气温度为 150℃左右时达到最大值，如果烟气温度从 150℃下降至 100℃左右，比电阻降幅最大可达一个数量级以上，同时烟气温度降低，烟气量减小，增大了比集尘面积（SCA），增加了电场停留时间，对除尘有利。

一般飞灰比电阻在 10^4～10^{11}Ω·cm 范围内，电除尘器有较好的除尘效果。飞灰比电阻过低和过高都不利于电除尘器高效运行。煤种不同，烟气成分、温度、湿度变化飞灰比电阻特性也会改变。

比电阻小于 10^4Ω·cm 时，由于导电性能好，到达集尘极后释放负电荷的时间快，易感应出与集尘极同性的正电荷，同性相斥而使粉尘形成沿极板表面跳动前进，降低了除尘效率；比电阻大于 10^{11}Ω·cm 时，粉尘释放负荷慢，集尘极表面逐渐积聚一层荷负电的粉尘层。由于同性相斥，使随后尘粒的驱进速度减慢。另外随粉尘层厚度的增加，在粉尘层和极板之间形成了很大的电压降 ΔU，大量正离子被排斥，穿透粉层流向电晕极。在电场内它们与负离子或荷负电的尘粒接触，产生电生中和，大量中性尘粒由气流带出除尘器，使除尘器效果急剧恶化，这种现象称为反电晕。

烟气的温度和湿度是影响粉尘比电阻的两个重要因素。温度较低时，粉尘的比电阻是承受温度升高先增加后下降。在低温范围内，如果在烟气中加入 SO_3、NH_3 等，它们也会吸附在尘粒表面，使比电阻下降，这些物质称为比电阻调节剂。温度较高时，粉尘的导电是在内部进行的，随温度升高，尘粒内部会发生电子热激发作用，使比电阻下降。在低温的范围内，粉尘的比电阻是随烟气含湿量的增加而下降。在低温的范围内，粉尘的比电阻是随烟气含湿量的增加而下降的；温度较高时，烟气的含湿量对比电阻基本上没有影响。

由此可知，可以通过选择适当的操作温度、增加烟气的含湿量、在烟气中加入调节剂（SO_2、NH_3 等）

等途径降低粉尘比电阻。

(4) 电除尘器对煤种的适用性　电除尘器的除尘效率主要取决于其对所燃用煤种的除尘难易性。电除尘器对煤种的除尘难易性评价方法主要有：①按煤种名称评价，由于很多煤种没有名称，因此该方法的覆盖面较小，且相同名称的煤种成分也存在一定的差异；②按煤、飞灰成分评价，该方法的准确性存在一定偏差，且不能涵盖所有煤种；③按表观驱进速度 ω_k 评价，该方法较科学，但需专业软件进行计算。

按煤种名称评价 ESP 对国内煤种的除尘难易性如表 18-24 所列；按煤种煤、飞灰成分评价 ESP 对国内煤种的除尘难易性如表 18-25 所列；按表观驱进速度 ω_k 值的大小评价 ESP 对国内煤种的除尘难易性，如表 18-26 所列。

表 18-24　按煤种名称评价 ESP 对国内煤种的除尘难易性

除尘难易性	所对应煤种名称
容易	筠连无烟煤、重庆松藻矿贫煤、神府东胜煤、神华煤、神木烟煤、锡林浩特胜利煤田褐煤、桐梓无烟煤、陕西榆横矿区煤、灵新矿煤、平庄元宝山露天矿、平庄风水沟矿煤等
较容易	陕西黄陵煤、陕西烟煤、龙堌矿烟煤、珲春褐煤、平庄褐煤、晋北煤、纳雍无烟煤、水城烟煤、铁法矿煤、铁法大平煤、铁法大隆煤、永城煤种、江西丰城煤、俄霍布拉克煤矿煤、大同地区煤、乌兰木伦煤、古叙煤田的无烟煤、山西平朔 2 号煤、活鸡兔煤、红柳林煤矿等
一般	陕西彬长矿区烟煤、山西平朔煤、宝日希勒煤、金竹山无烟煤、水城贫瘦煤、滇东烟煤、山西无烟煤、龙岩无烟煤、鸡西烟煤、新集烟煤、淮南煤、平朔安太堡煤、神华侏罗纪煤、山西贫瘦煤、鹤岗煤、山西汾西煤等
较难	霍林河露天矿褐煤、淮北烟煤、大同塔山煤、同忻煤、伊泰 4 号煤、兖州煤、山西晋城赵庄矿贫煤、郑州贫煤(告成矿)、来宾国煤等
难	平顶山烟煤、准格尔煤等

表 18-25　按煤、飞灰成分评价 ESP 对国内煤种的除尘难易性

除尘难易性	煤、飞灰主要成分质量百分比含量所满足的条件(满足其中一条即可)
较易	(1)$Na_2O>0.3\%$，且 $S_{ar}\geqslant1\%$，且$(Al_2O_3+SiO_2)\leqslant80\%$，同时 $Al_2O_3\leqslant40\%$； (2)$Na_2O>1\%$，且 $S_{ar}>0.3\%$，且$(Al_2O_3+SiO_2)\leqslant80\%$，同时 $Al_2O_3\leqslant40\%$； (3)$Na_2O>0.4\%$，且 $S_{ar}>0.4\%$，且$(Al_2O_3+SiO_2)\leqslant80\%$，同时 $Al_2O_3\leqslant40\%$； (4)$Na_2O\geqslant0.4\%$，且 $S_{ar}>1\%$，且$(Al_2O_3+SiO_2)\leqslant90\%$，同时 $Al_2O_3\leqslant40\%$； (5)$Na_2O>1\%$，且 $S_{ar}>0.4\%$，且$(Al_2O_3+SiO_2)\leqslant90\%$，同时 $Al_2O_3\leqslant40\%$
一般	(1)$Na_2O\geqslant1\%$，且 $S_{ar}\leqslant0.45\%$，且 $85\%\leqslant(Al_2O_3+SiO_2)\leqslant90\%$，同时 $Al_2O_3\leqslant40\%$； (2)$0.1\%<Na_2O<0.4\%$，且 $S_{ar}\geqslant1\%$，且 $85\%\leqslant(Al_2O_3+SiO_2)\leqslant90\%$，同时 $Al_2O_3\leqslant40\%$； (3)$0.4\%<Na_2O<0.8\%$，且 $0.45\%<S_{ar}<0.9\%$，且 $80\%\leqslant(Al_2O_3+SiO_2)\leqslant90\%$，同时 $Al_2O_3\leqslant40\%$； (4)$0.3\%<Na_2O<0.7\%$，且 $0.1\%<S_{ar}<0.3\%$，且 $80\%\leqslant(Al_2O_3+SiO_2)\leqslant90\%$，同时 $Al_2O_3\leqslant40\%$
较难	(1)$Na_2O\leqslant0.2\%$，且 $S_{ar}\leqslant1.4\%$，同时$(Al_2O_3+SiO_2)\geqslant75\%$； (2)$Na_2O\leqslant0.4\%$，且 $S_{ar}\leqslant1\%$，同时$(Al_2O_3+SiO_2)\geqslant90\%$； (3)$Na_2O<0.4\%$，且 $S_{ar}<0.6\%$，同时$(Al_2O_3+SiO_2)\geqslant80\%$

表 18-26　按表观驱进速度 ω_k 评价 ESP 对国内煤种的除尘难易性

ω_k 值	除尘难易性	ω_k 值	除尘难易性
$\omega_k\geqslant55$	容易	$25\leqslant\omega_k<35$	较难
$45\leqslant\omega_k<55$	较容易	$\omega_k<25$	难
$35\leqslant\omega_k<45$	一般		

在煤的成分中，对电除尘器性能产生影响的主要因素有 S_{ar}、水分和灰分。飞灰成分包括 Na_2O、Fe_2O_3、K_2O、SO_3、Al_2O_3、SiO_2、CaO、MgO、P_2O_5、Li_2O、TiO_2 及飞灰可燃物等。

对国内 200 处煤种的煤、飞灰样主要成分进行统计分析，见表 18-27。

表 18-27 国内煤、飞灰样主要成分含量分布

成分	变化范围(参考值)/%	平均值(参考值)/%	成分	变化范围(参考值)/%	平均值(参考值)/%
S_{ar}	0.11～3.47	0.82	MgO	0.17～12	1.37
Na_2O	0.02～3.72	0.75	Al_2O_3	9.76～52.63	26.72
Fe_2O_3	1.14～23.64	7.40	SiO_2	13.6～70.3	50.52
K_2O	0.12～4.98	1.23	CaO	0.48～28.47	5.98

注：以上数据为 200 种煤种的统计值，但国内煤种数量远超过该数量，因此以上各成分的含量变化范围及平均值将有所变化。

煤、飞灰成分对电除尘器性能的影响可表现为电除尘器对煤种的除尘难易性。根据强制性国家标准《燃煤电厂电除尘器能效限定值及节能评价值》，电除尘器对煤种的除尘难易性是在给定的煤、飞灰及烟气成分、烟气温度和飞灰粒度等条件下，电除尘器达到性能指标的难易程度。其评价可分为“较易”“一般”和“较难”三类。

(5) 电除尘器的分类 电除尘器有多种分类方式，按不同分类依据可归纳如表 18-28 所列。

表 18-28 电除尘器的分类

序号	分类依据	基本型式
1	按收尘极板形式	分为管式、板式
2	按收尘极板间距	分为常规型(200～325mm)和宽间距型(≥400mm)
3	按极板安装型式	分为竖装吊挂型和横装旋转型
4	按极板极线清灰方式	分为干式(振打、括刷清灰)和湿式(水雾、水流清灰)
5	按电场串联数量	分为单室和多室(2～8 室)
6	按电晕区与除尘区布置	分为单区和多复双区(电晕区、除尘区前后分布)
7	按末电场清灰时是否关气断电	分为在线清灰、离线清灰(关断烟气)或离线断电清灰(关断烟气,停供电源)
8	按电源设备配置	分为交流或直流、高频或工频、脉冲或恒流、三相电源
9	按气流运动方向	分为卧式(端进端出水平流)和立式(上进下出垂直流)
10	按电场室体形状	分为方箱体和圆筒体
11	按入口烟气温度	高温型(350～400℃)、低温型(常规电除尘器)(120～170℃),低低温型(85～100℃)、湿式电除尘器(40～50℃)
12	按振打方式	分为顶部振打、侧部振打

2. 影响电除尘器性能的主要因素

影响干式电除尘器性能的因素很复杂，但大体上可以分为三大类。对燃煤电厂而言，首先是工况条件，包括燃煤性质（成分、挥发分、发热量、灰熔融性等）、飞灰性质（成分、粒径、密度、比电阻、黏附性等）、烟气性质（温度、湿度、烟气成分等）等。其次是电除尘器的技术状况，包括结构形式、极配型式、同极间距、电场划分、气流分布的均匀性、振打方式、振打力大小及其分布（清灰方式及效能）、制造及安装质量以及电气控制特性等。第三则是运行条件，包括操作电压、板电流密度、积灰情况、振打（清灰）周期等。这些影响因素中，工况条件为主要影响因素，其中煤、飞灰成分对电除尘器性能的影响最大。

(1) 燃煤与飞灰成分的影响

1）燃煤成分的影响。在燃煤的成分中，对电除尘器性能产生影响的主要因素有 S_{ar}、水分和灰分。其中，S_{ar} 对电除尘器性能的影响最大。含 S_{ar} 量较高的煤，烟气中含较多的 SO_2，在一定条件下 SO_2 以一定的比率转化为 SO_3，SO_3 易吸附在尘粒的表面，改善粉尘的表面导电性。S_{ar} 含量越高，工况条件下的粉尘比电阻也就越低，ω_k 越大，这就有利于粉尘的收集，对电除尘器的性能起着有利的影响。燃煤中 S_{ar} 对比电阻的影响见图 18-34。燃煤全硫分与除尘效率间呈正相关趋势，见图 18-35。硫分高于 1.5%时，硫分的增加对电除尘器除尘效率的提高作用不明显。

烟气中水分含量的影响是显而易见的。炉前煤水分越高，烟气的湿度也就越大，有利于飞灰吸附而降低粉尘表面电阻，粉尘的表面导电性也就越好。还能提高粉尘的黏性，使其更容易相互碰撞凝并为大颗粒。此外，水蒸气的介电常数远高于空气，与空气中的自由电子结合会形成重离子。使电子的迁移速度迅速下降，

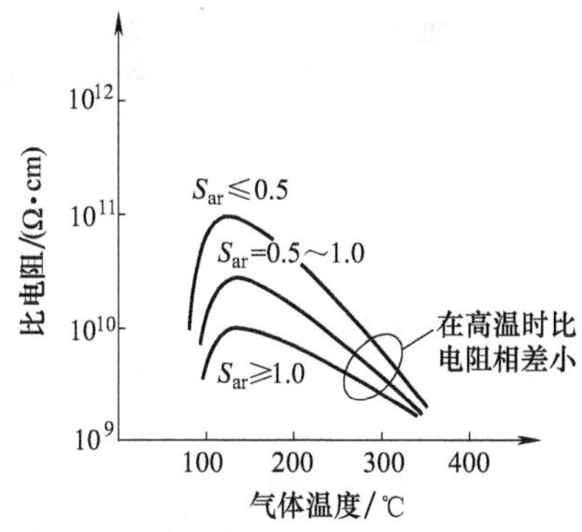

图 18-34　燃煤中 S_{ar} 对比电阻的影响

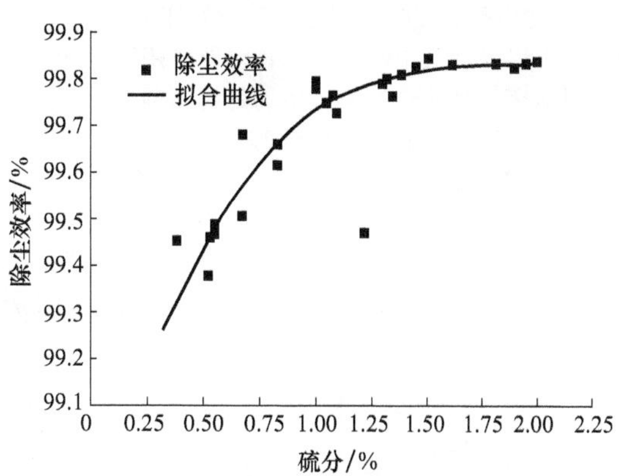

图 18-35　燃煤含硫与除尘效率的关系

从而提高间隙的击穿电压。总之，水分高，则击穿电压高、粉尘比电阻下降、除尘效率提高。在燃煤含水量很高的锅炉烟气中，尤其是烟温不是很高时，水分对电除尘器的性能起着十分重要的作用。

根据西安热工研究院试验测试结果，烟气温度在 110～150℃范围时，燃煤含水量与除尘效率间呈正相关趋势。燃煤水分的增加有利于电除尘器效率的提高。燃煤水分大于 15%时，随着燃煤含水量的提高，电除尘器效率的提高不明显。烟气温度超过 150℃时，燃煤含水量的增加对电除尘效率的提高并不显著，见图 18-36。

煤中灰分直接决定了烟气中的含尘浓度。燃煤中灰分越高，则电除尘器入口烟气含尘浓度越高。电除尘器入口烟尘浓度超过一定范围后电场电流随着烟尘浓度的提高而逐渐减小，当烟尘浓度高到一定程度后电场电流趋近于零，会产生电晕封闭，电除尘器除尘效率大幅降低。

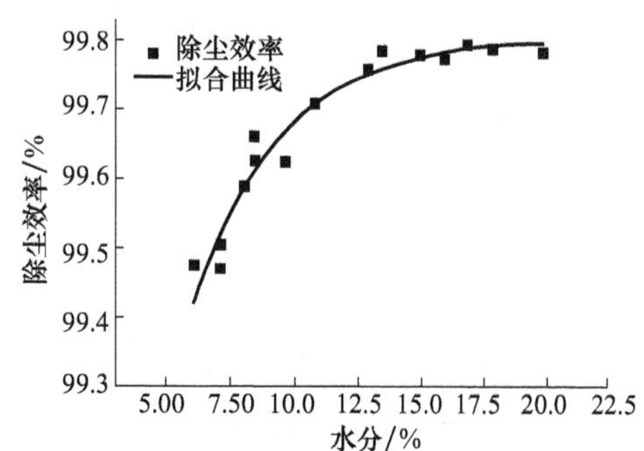

图 18-36　燃煤水分与除尘效率关系

统计大量除尘器性能试验结构，常规四电场电除尘器，在一定灰分范围内，燃煤灰分与除尘效率呈正相关趋势，随着燃煤灰分的增加，除尘效率提高；但除尘器出口粉尘浓度会相应增加。当煤种灰分超过 40%时，电除尘器除尘效率随煤种灰分的增加而降低。所以高灰分煤种对电除尘是不利的，要求相同的出口排放浓度时，其设计电除尘器除尘效率也需提高。燃煤灰分与除尘效率之间关系见图 18-37；燃灰分与排放浓度之间的关系见图 18-38。

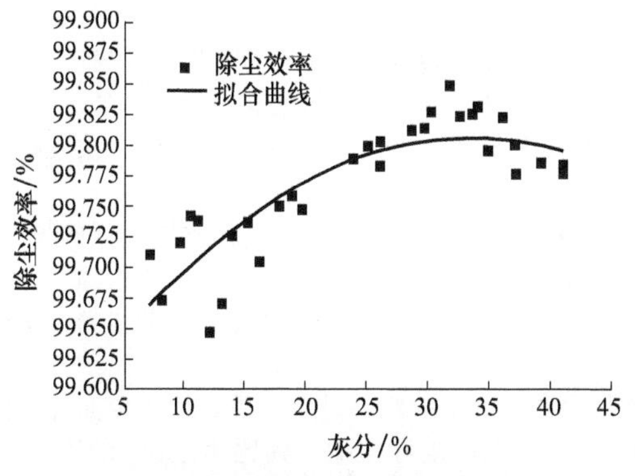

图 18-37　燃煤灰分与除尘效率的关系

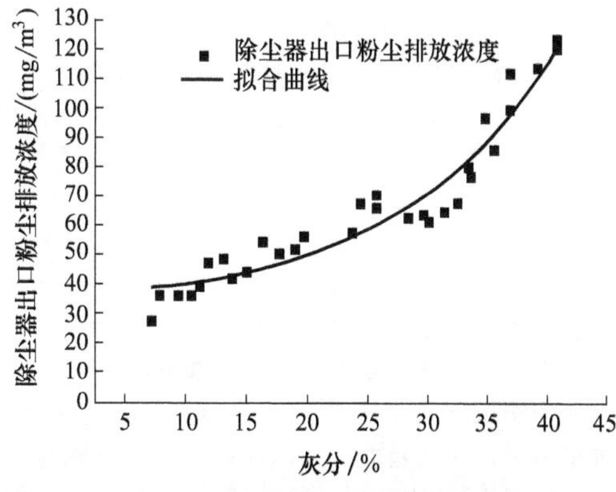

图 18-38　燃煤灰分与排放浓度关系

2）飞灰成分的影响。飞灰成分包括 Na_2O、Fe_2O_3、K_2O、SO_3、Al_2O_3、SiO_2、CaO、MgO、P_2O_5、Li_2O、TiO_2 及飞灰可燃物等成分。飞灰成分直接影响粉尘比电阻。我国大部分动力煤燃烧所产生的飞灰中 Al_2O_3 与 SiO_2 之和占到 70%以上，Al_2O_3、SiO_2 含量越高，越不利于电除尘器捕集；飞灰成分中 Na_2O、Fe_2O_3 有利于电除尘器收尘；K_2O、Li_2O、CaO、P_2O_5、MgO、TiO_2 对电除尘器没有显著影响。

① 对电除尘器有利因素。Na_2O、Fe_2O_3 有利于提高电除尘效率。Na_2O 可以降低烟尘的体积比电阻，同时还可以与烟气中的硫氧化物协同作用降低粉尘表面比电阻。当 Na_2O 含量小于 2%时，提高 Na_2O 的含量可以显著提高除尘效率。特别是对低硫煤，随 Na_2O 含量的增加，能有效抵消因硫含量少带来的不利影响；当 Na_2O 含量大于或等于 2%时，进一步增加其含量对除尘效果的提升不大。Fe_2O_3 可以作为催化剂，加速 SO_2 氧化为 SO_3 的过程，也可以增加飞灰体积导电。Fe_2O_3 比 Na_2O 对电除尘的促进作用小，当 Fe_2O_3 含量大于 11%时，进一步增加其含量对除尘效果的提升不大。这两种成分的共同点是其对低硫煤的除尘过程提效明显，但对高硫煤提效作用不大。

② 对电除尘器不利因素。Al_2O_3 与 SiO_2 是飞灰中的主要成分，但这两种成分都有较高的比电阻，粒子也偏细，对除尘不利。当 Al_2O_3 与 SiO_2 含量之和超过 80%时，除尘效率将大幅下降。Al_2O_3 含量高还容易导致粉尘平均粒径小，形成大量微细颗粒，是 PM_{10}、$PM_{2.5}$ 的主要组成部分，常规电除尘器难以去除。统计大量除尘器性能试验结果，飞灰中 Al_2O_3 与除尘效率的关系见图 18-39。

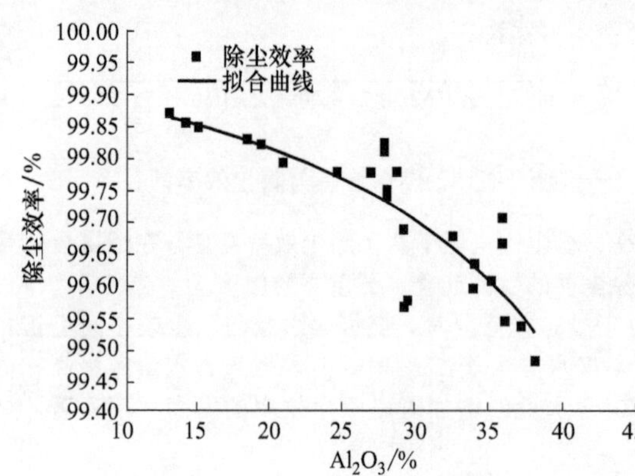

图 18-39 飞灰中 Al_2O_3 与除尘效率的关系

3）飞灰可燃物的影响。飞灰可燃物（C_{fh}）可使飞灰比电阻下降，但在其被收集到极板后很容易返回。$C_{fh} \leqslant 5\%$ 时，可视为有利因素；当 $5\% < C_{fh} \leqslant 8\%$ 时，有时有不利影响；$C_{fh} > 8\%$ 时，易造成二次飞扬，影响明显加大，对除尘不利。

通过以上分析可知，煤、飞灰成分中的 S_{ar}、Na_2O、Fe_2O_3、Al_2O_3 及 SiO_2 对电除尘器性能影响很大，其中 S_{ar}、Na_2O、Fe_2O_3 对除尘性能起着有利的影响，Al_2O_3 及 SiO_2 对除尘性能则起着不利影响，而且对除尘性能的影响是煤、飞灰成分综合作用的结果。K_2O、SO_3、CaO、MgO 对电除尘器性能的影响相对较小。高 S_{ar} 煤时，S_{ar} 对电除尘器的性能起着主导作用，而低 S_{ar} 煤时，S_{ar} 的影响相对减弱，而主要取决于飞灰中碱性氧化物的含量、烟气中水的含量及烟气温度等。

4）煤、飞灰的其他性质对电除尘器性能的影响分析

① 飞灰粒径。当料径＞1μm 时，粉尘驱进速度与粒径为正相关；当粒径为 0.1～1μm 时粉尘的驱进速度最小；当粒径＜0.1μm 时粉尘驱进速度与粒径为负相关。总体来说，$PM_{2.5}$ 电场荷电和扩散荷电均较弱，电除尘器对其除尘效率相对较低；且其黏附性较强，振打加速度不足时，清灰效果差，振打加速度较大时，易引起二次扬尘。

② 挥发分。挥发分的高低直接影响煤燃烧的难易程度，挥发分高的煤易燃烧，而燃烧的程度又将影响烟气及飞灰成分。

③ 发热量。发热量越低，煤耗就越大，因此烟气量越大。

④ 灰熔融性。灰的熔融温度与其成分有密切关系，灰中 Al_2O_3、SiO_2 含量越高，则灰熔融温度越高；Na_2O、Fe_2O_3、K_2O、MgO、CaO 等有利于降低灰熔融温度。一般地，灰的熔融温度高，不利除尘。

⑤ 飞灰密度。一般地，粒度小，堆积密度大。当真密度与堆积密度之比大于 10 时电除尘器二次飞扬会明显增大。

⑥ 黏附性。由于飞灰有黏附性，可使微细粉尘凝聚成较大的粒子，这有利于除尘。但黏附力强的飞灰，会造成振打清灰困难，阴、阳极易积灰，不利于除尘。一般地，粒径小、比表面积大的飞灰黏附性强。

(2) 比集尘面积 比集尘面积是电除尘器的关键设计参数之一。相同煤质工况条件下，电除尘器比集尘面积越大，除尘能力越强，除尘效果更好。

西安热工研究院对 64 台未进行提效改造的燃煤电厂电除尘器性能试验结果进行统计，比集尘面积与除尘效率呈现正相关趋势，如图 18-40 所示。除尘效率在 99.80%以上的电除尘器，其比集尘面积不宜小于 $110m^2/(m^3/s)$。比集尘面积低于 $70m^2/(m^3/s)$ 的除尘设备中，效率低于 99.00%的占到 70%以上。因此，若要达到较高的除尘效率，比集尘面积应该设计在合适的范围内。比集尘面积过小，除尘效率难以保证。比集尘面积过大，对除尘效率的提高也不显著，设备投资和运行维护费用均较高。

(3) 气流速度 随气流速度的增大，粉尘在除尘器内停留的时间缩短，荷电的机会降低；同时，风速增大二次扬尘量也增大，导致除尘效率降低。

电场风速的大小对除尘效率有较大影响，风速过大，容易产生二次扬尘，除尘效率下降。但是风速过

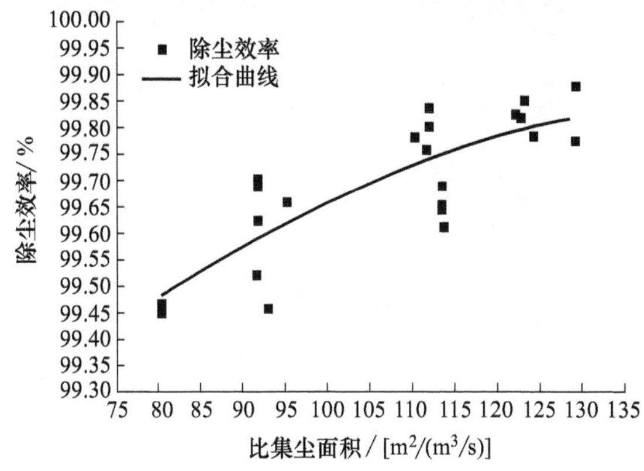

图 18-40　比集尘面积与除尘效率

低，电除尘器体积大，投资增加。根据经验，电场风速最高不宜超过 1.5～2.0m/s，除尘效率要求高的除尘器不宜超过 1.0～1.5m/s。电场风速一般选用 0.7～0.9m/s。西安热工研究院试验测得烟气流速与除尘效率的关系示于图 18-41。

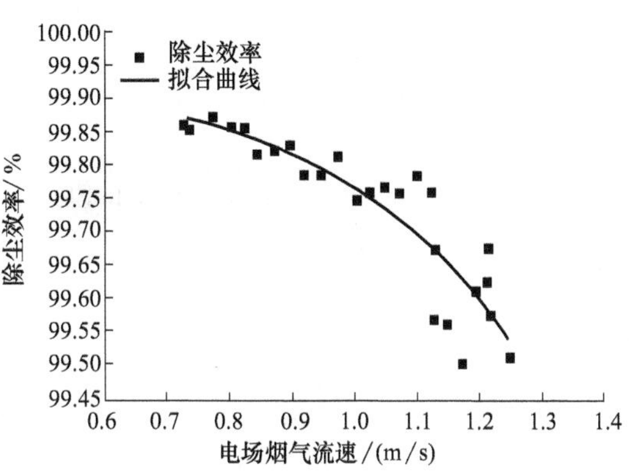

图 18-41　烟气流速与除尘效率关系

(4) 气体含尘浓度　电除尘器内同时存在着两种电荷：一种是离子的电荷；另一种是带电尘粒的电荷。离子的运动速度为 60～100m/s，带电尘粒子运动速度一般在 60cm/s 以下。因此含尘气体通过电除尘器时，单位时间转移的电荷量要比通过清洁空气时少，即这时的电晕电流小。如果气体的含尘浓度很高，电场内悬浮大量的微小尘粒，会使电除尘器的电晕电流急剧下降，严重时可能会趋近于零，这种情况称为电晕闭塞。此时除尘效果将急剧恶化。

为了防止电晕闭塞的产生，处理含尘浓度较高的气体时，必须采取措施，如提高工作电压，采用放电强烈的电晕极，增设预净化设备等。含尘浓度超过 $30g/m^3$ 时必须设预净化设备。

3. 常规电除尘器的排放现状及提效措施

西安热工研究院在 2013～2014 年间对 64 台常规电除尘器（即未采用低低温、高频电源等电除尘新技术进行提效改造）进行了性能试验，排放浓度统计结构见表 18-29。

表 18-29　常规电除尘器性能测试汇总表

排放浓度(标)	数量	百分比/%	平均比集尘面积/[$m^2/(m^3/s)$]	平均全硫/%	平均灰分/%	平均烟温/℃
$<30mg/m^3$	0	—	—	—	—	—
$30\sim40mg/m^3$	1	1.6	130.12	1.36	24.97	127
$40\sim50mg/m^3$	10	15.6	105.53	1.42	21.38	138.31
$50\sim60mg/m^3$	10	15.6	102.78	0.91	19.49	138.85
$60\sim70mg/m^3$	5	7.8	110.9	0.92	26.54	131
$70\sim80mg/m^3$	10	15.6	105.12	0.98	21.21	130.65
$80\sim90mg/m^3$	10	16.6	88.54	0.85	17.22	130.65
$90\sim100mg/m^3$	4	6.3	94.84	0.81	24.53	125.95
$>100mg/m^3$	14	21.9	89.31	0.85	29.22	133.21

这些电除尘器分布于全国各地电厂，其对应的机组容量与燃煤煤种具有典型的代表性。试验统计结果表明，常规电除尘器普遍存在除尘效率偏低，烟尘排放难以达到国家现行标准，而且常规电除尘器对微细粉尘去除效率不高。为实现烟尘达标排放和超低排放，电除尘器必须进行提效改造，或者采用配套新技术，以适应环保发展要求。

现有的电除尘提效技术和提效工艺的技术特点列于表 18-30。

表 18-30 电除尘提效技术和提效工艺的技术特点和适用范围

<table>
<tr><th colspan="2">项目名称</th><th>技术特点</th><th>适用范围</th></tr>
<tr><td rowspan="3">新型高压电源及控制技术</td><td>高频高压电源</td><td>(1)在纯直流供电条件下,供给电场内的平均电压比工频电源电压高25%～30%;
(2)控制方式灵活,可以根据电除尘器的具体工况提供合适的波形电压,提高电除尘器对不同运行工况的适应性;
(3)高频电源本身效率和功率因数均可达0.95,高于常规工频电源;
(4)高频电源可在几十微秒内关断输出,在较短时间内使火花熄灭,5～15ms恢复全功率供电;
(5)体积小,质量轻,控制柜和变压器一体化,并直接在电除尘顶部安装,节省电缆费用</td><td rowspan="3">(1)应用于高粉尘浓度电场时,可提高电场的工作电压和荷电电流;
(2)适用于高比电阻粉尘,用于克服反电晕</td></tr>
<tr><td>三相高压直流电源</td><td>(1)输出直流电压平衡,较常规电源波动小,运行电压可提高20%以上;
(2)三相供电平稳,有利于节能;
(3)三相电源需要采用新的火花控制技术和抗干扰技术</td></tr>
<tr><td>脉冲高压电源</td><td>(1)脉冲高压电源可提高除尘器运行峰值电压,抑制反电晕发生,使电除尘器在收集高比电阻粉尘时有更高的收尘效率;
(2)脉冲供电对电除尘器的驱进速度改善系数随粉尘比电阻的增加而增加,对于高比电阻粉尘,改善系数可达2以上,但成本较高;
(3)能耗降低</td></tr>
<tr><td colspan="2">低低温电除尘技术</td><td>(1)运行的烟气温度在酸露点以下;
(2)SO_3冷凝形成硫酸雾,黏附在粉尘表面,降低飞灰比电阻,粉尘特性得到改善;
(3)烟气中的SO_3去除率一般不小于80%,最高可达95%;
(4)与烟气的灰硫比(粉尘浓度与硫酸雾浓度之比)有关,对燃煤的含硫量比较敏感;
(5)烟气冷却器回收的热量回收至汽机回热系统时,可节省煤耗及厂用电消耗;
(6)布置灵活,烟气冷却器可组合在电除尘器进口封头内,也可独立布置在电除尘器的前置烟道上</td><td>(1)灰硫比≥100;
(2)入口烟气温度应低于烟气酸露点,一般为90℃</td></tr>
<tr><td colspan="2">移动电极技术</td><td>(1)能够保持阳极板清洁,避免反电晕,最大限度地减少二次扬尘,有效解决高比电阻粉尘收尘难的问题;
(2)减少煤、灰成分对除尘性能影响的敏感性,增加电除尘器对不同煤种的适应性,特别是高比电阻粉尘、黏性粉尘;
(3)可使电除尘器小型化,占地少;
(4)对设备的设计、制造、安装工艺要求高</td><td>适用于场地受限的机组改造工程,部分项目只需将末电场改成移动电极电场</td></tr>
<tr><td colspan="2">机电多复式双区电除尘技术</td><td>(1)采用由数根圆管组合的辅助电晕极与阳极板配对,运行电压高,场强均匀,电晕电流小,能有效抑制反电晕;
(2)一般可应用于最后一个电场,单室应用时需增加一套高压设备、通常辅助电极比普通阴极成本高</td><td>(1)适用于高比电阻粉尘工况采用;
(2)可与高频电源、断电振打等技术合并应用</td></tr>
<tr><td colspan="2">烟气调质技术</td><td>(1)降低粉尘比电阻;
(2)基本不占用场地;
(3)如采用SO_3烟气调质,需严格控制SO_3注入量,避免逃逸</td><td>(1)适用于灰成分中三氧化二铝偏高或灰呈弱碱性、整体比电阻偏高、含硫量较小、运行烟温小于145℃的工况和条件;
(2)适用于改造无扩容空间场合</td></tr>
<tr><td colspan="2">粉尘凝聚技术</td><td>(1)一定程度改善除尘效果;
(2)压力损失<250Pa;
(3)提效受除尘器出口烟尘浓度和粉尘粒径等影响;
(4)提效范围有限</td><td>(1)布置在烟道直管段(5m左右)或进口封头内;
(2)投资成本少,且原电除尘器出口烟尘浓度与要求的出口烟尘浓度限值相差较小时;
(3)粉尘凝聚技术目前应用案例少</td></tr>
</table>

4. **移动板式电除尘器**（moving plate type electrostatic precipitator）

(1) 移动板式电除尘器工作原理　常规电除尘器在应对一些复杂工况时需要较大的比集尘面积，而高比电阻粉尘导致的反电晕和振打清灰引起的二次扬尘在很大程度上影响了电除尘器的除尘效率，而且对 $PM_{2.5}$ 脱除效率也较低。采用布置于非收尘区的清灰刷刷除收尘极板上粉尘的清灰方式，有效解决了高比电阻粉尘引起的反电晕及振打清灰引起二次扬尘等问题，从而大幅提高除尘效率，突破了常规电除尘器的技术瓶颈。

移动电极电除尘器的收尘原理与常规电除尘器完全相同。它是由常规固定电场与移动电极电场构成组合式电场形式的电除尘器。通常前级电场为常规固定电场，后级电场为移动电极电场，示于图 18-42。移动板式电场分为横向（垂直于气流方向）移动板式电场和顺向（平行于气流方向）移动板式电场。移动板式电场的主要特征在于其极板可移动、回转，积灰由布置于移动极板下部的滚动刮刷装置清除。

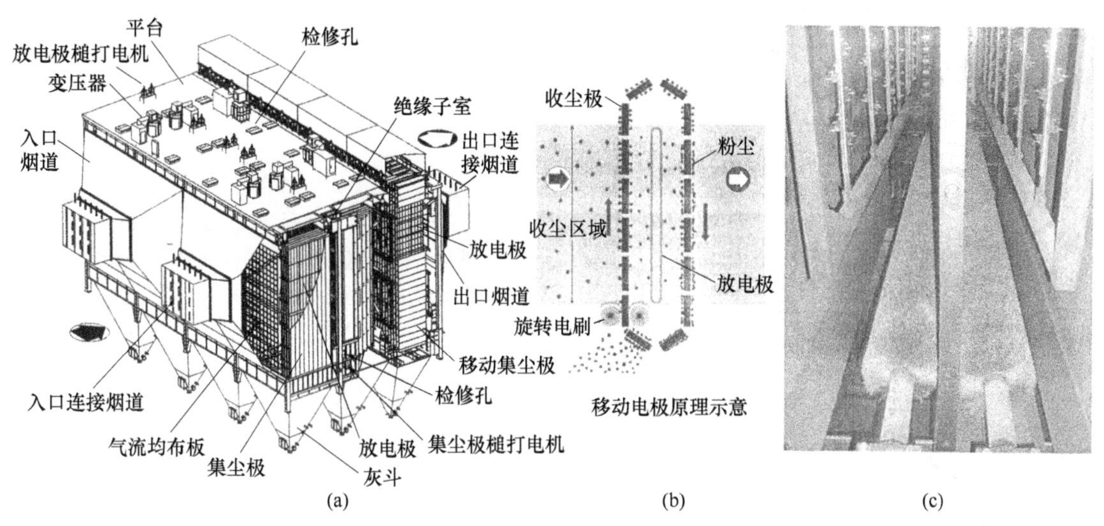

图 18-42　移动电极电除尘器

移动电极是若干块长方形极板通过链条相连，由上、下部传动系统传动，工作时可移动、回转的收尘极板。

上部传动装置由电动机、上部传动轴及链轮等组成，置于移动板的顶部，通过电动机带动上部传动轴转动，联动其上的链条及链条上的移动极板转动，为移动电极的驱动系统，同时起支撑与定位作用。

下部传动系统由下部传动轴及链轮等组成，对移动极板转动提供导向与定位，并张拉链条平面保持极距，为移动极板的从动系统。

移动电极电场中阳极部分采用回转的阳极板和旋转的清灰刷，阴极部分采用和常规电除尘器相同的阴极系统。附着于移动极板上的粉尘在尚未达到形成反电晕的厚度时，就随移动极板运行至非电场区内，被布置在非电场区旋转的清灰刷彻底清除，保持阳极板清洁，因此不会产生反电晕现象，有效解决高比电阻粉尘收尘难的问题。

移动电极电除尘器改传统的振打清灰为清灰刷清灰。清灰刷布置于非收尘区，可最大限度减少二次扬尘，增加粉尘驱进速度，提高电除尘器除尘效率，降低烟尘排放浓度。

(2) 技术特点　移动电极电除尘技术具有以下特点：a. 保持阳极板清洁，避免反电晕，有效解决高比电阻粉尘收尘难的问题；b. 最大限度地减少二次扬尘，显著降低电除尘器出口烟气含尘浓度；c. 减少煤、飞灰成分对除尘性能影响的敏感性，增加电除尘器对不同煤种的适应性，特别是高比电阻粉尘、黏性粉尘，应用范围比常规电除尘器更广；d. 可使电除尘器小型化，占地少；e. 特别适合于老机组电除尘器改造，在很多场合，只需将末电场改成移动电极电场，不需另占场地；f. 与布袋除尘器相比，阴力损失小，维护费用低，对烟气温度和烟气性质不敏感，并且有着较好的性价比；g. 在保证相同性能的前提下，与常规电除尘器相比，一次投资略高、运行费用较低、维护成本几乎相当，从整个生命周期看移动电极电除尘器具有较好的经济性；h. 对设备的设计、制造、安装工艺要求较高。

移动极板型电除尘器与固定电极型电除尘器相比有很多优势，列于表 18-31。其耗电量为固定电极型的

67%，安装用地也仅为固定电极型的74%。移动极板型电除尘器可以减少用地、投资和运行费用。其稳定性也已经通过长时间的应用得到了验证。

表 18-31 1000MW 机组固定电极型 ESP 和移动极板型 ESP 的比较

项目	固定电极型 ESP	移动极板型 ESP
电场数	4(4个固定)	3(2个固定+1个移动)
占地面积	100%	74%
质量	100%	71%
耗电量	100%	67%
出口粉尘浓度(标准状态)	30mg/m^3	30mg/m^3

(3) 适用范围及国内外应用情况 适用于最后一个电场，同极距为400～520mm，电除尘器内烟气平均流速宜为0.6～1.7m/s。移动电极电场入口粉尘浓度要求不大于100mg/m^3，与前级固定电极电场的粉尘出口排放浓度有关。一般认为，固定电极电场出口粉尘浓度≤80mg/m^3，移动电极电场出口粉尘浓度可以达到≤30mg/m^3；固定电极电场出口粉尘浓度≤50mg/m^3，移动电极电场出口粉尘浓度可以达到≤20mg/m^3。

从1979年日本日立公司研制出首台移动电极（旋转电极式）电除尘器至今已有40年应用历史，到目前为止该设备在日本约有60多台套的销售业绩，主要应用于燃煤锅炉等。装机总容量已超过9000MW，涵盖（150～1000）MW机组。1997年日本相马电厂1000MW机组移动极板电除尘器投入运行。其应用表明，移动电极（旋转电极式）电除尘器是一种能够长期稳定维持高除尘效率的一种除尘设备。经过多年的实践，该技术在日本已经成熟。

国内相关单位自2008年开始研发移动电极、电除尘技术。截至2015年12月，投运及在建的有150台套，总装机容量超0.7×10^8kW，其中投运超100台套，总装机容量超0.5×10^8kW。离线振打清灰技术一般在电除尘器末电场使用，已有多个电厂成功应用。如焦作龙源电厂2×660MW机组、宣城发电厂12号600MW机组采用离线振打清灰方式，可抑制二次扬尘产生，从而提高除尘效果。

老厂改造已投入运行的移动电极电除尘器列于表18-32。

表 18-32 国内移动电极电除尘器应用（改造）实例

电厂名称	包头热电厂1#机组	达拉特电厂5#机组	河北衡丰电厂二期	江苏徐塘电厂5#机组
机组容量/MW	300	330	300	300
进口烟气量/(m^3/h)	2194600	2300000	1805130	1734903
改造前进口粉尘浓度(标)/(g/m^3)	≤35	≤35	30.19	27.9
改造前出口粉尘浓度(标)/(mg/m^3)	≥150	150	>270	
改造后出口粉尘浓度(标)/(mg/m^3)	设计值≤50 实测值38	设计值≤40 实测值29.2	设计值≤40 实测值31.6	设计值40 实测值24.6
备注	第四电场改为移动电极	新增一个电场，第四电场改为移动电极	一、二、三电场增容，第四电场改为移动电极	前电场增容第三电场改为移动电极

电除尘器改造工程可采用的移动电极式电除尘技术改造方案列于表18-33。

5. 低低温电除尘器（low low temperature ESP）

低低温电除尘技术是通过低温省煤器或热媒体气气换热装置（MGGH）降低电除尘器入口烟气温度至酸露点以下（一般在90℃左右），使烟气中的大部分SO_3在低温省煤器或MGGH中冷凝形成硫酸雾，黏附在粉尘上并被碱性物质中和，大幅降低粉尘的比电阻，避免反电晕现象，从而提高除尘效率，同时去除大部分SO_3。当采用低温省煤器时还可降低机组煤耗。

表 18-33　改造工程可采用的移动电极式电除尘技术改造方案

改造后除尘设备出口烟尘浓度限值/(mg/m³)	目前电除尘器出口烟尘浓度值/(mg/m³)	可采用的旋转电极式电除尘技术改造方案
50	100～150	(1)新增一个旋转电极电场； (2)末电场采用旋转电极式电除尘技术，同时考虑采用低温电除尘、新型高压电源等新技术
	50～100	末电场采用旋转电极式电除尘技术
30	100～150	新增一个旋转电极电场，同时考虑采用低温/低低温电除尘、新型高压电源等新技术
	50～100	(1)新增一个旋转电极电场； (2)末电场采用旋转电极式电除尘技术，且还需采用低温/低低温电除尘、新型高压电源等新技术
	30～50	末电场采用旋转电极式电除尘技术
20	100～150	新增一个旋转电极电场，同时考虑采用低低温电除尘、新型高压电源等新技术
	50～100	新增一个旋转电极电场，且还需采用低温/低低温电除尘、新型高压电源等新技术
	30～50	(1)末电场采用旋转电极式电除尘技术，同时考虑采用低温/低低温电除尘、新型高压电源等新技术； (2)新增一个旋转电极电场
	20～30	末电场采用旋转电极式电除尘技术

浙江玉环电厂 1000MW 机组低低温电除尘器及烟气冷却器布置如图 18-43 所示。每台炉配套 2 台三室四电场电除尘器，每个电除器的进口烟道布置 1 台烟气冷却器，将烟气温度降低到 90℃左右。

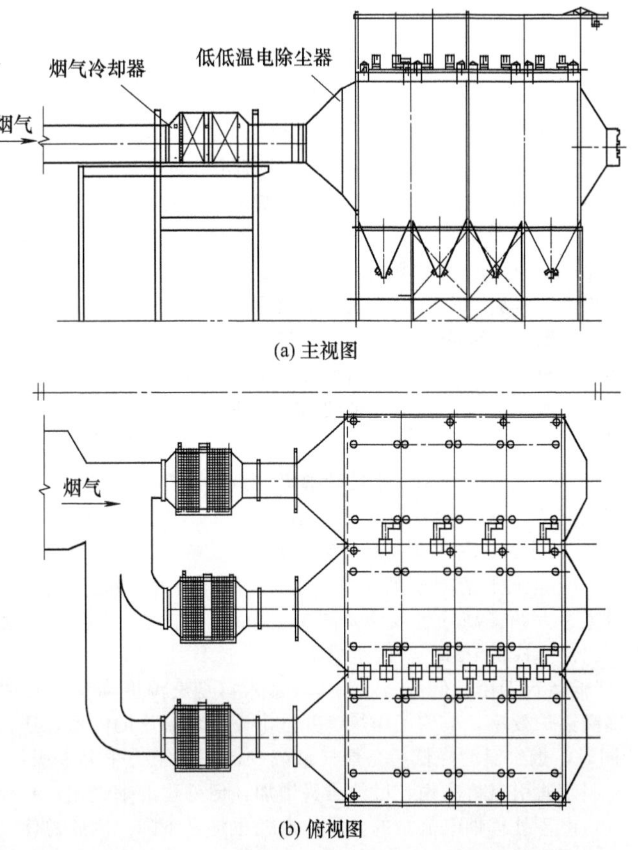

(a) 主视图

(b) 俯视图

图 18-43　浙江玉环电厂 1000MW 机组低低温电除尘器及烟冷器布置

(1) 低低温电除尘技术特点

1）降低粉尘比电阻，提高除尘效率。烟气温度对粉尘比电阻影响较大。粉尘比电阻在温度低于100℃时以表面比电阻为主，高于250℃时以体积比电阻为主，在100～250℃温度范围两者共同起作用。一般而言，粉尘比电阻在燃煤烟气温度为150℃左右时达到最大值，如果烟气温度从150℃下降至100℃左右，则粉尘比电阻降幅一般可达一个数量级以上。如图18-44所示。

低低温电除尘技术将电除尘器入口烟气温度降低至酸露点90℃左右，使烟气大部分SO_3冷凝形成硫酸雾，黏附在粉尘表面并被碱性物质中和，粉尘特性得到很大改善，比电阻大大降低，从而大幅提高了除尘效率。

三菱重工关于烟气温度与除尘效率的关系如图10-45所示，其研究表明，低低温电除尘器不但大幅提高了除尘效率，而且扩大了电除尘器对煤种的适应性。

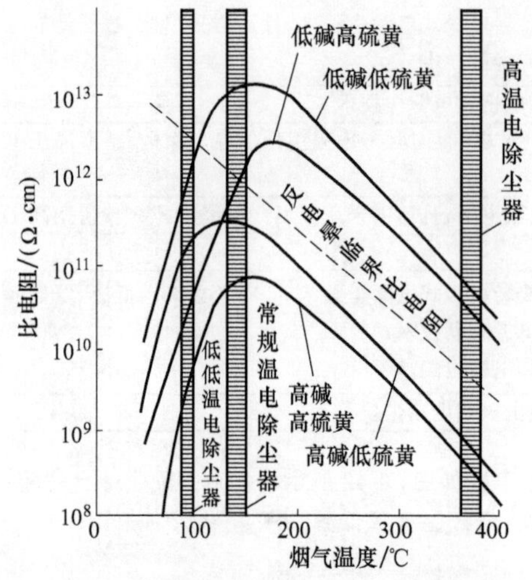

图18-44 粉尘比电阻与烟气温度的关系

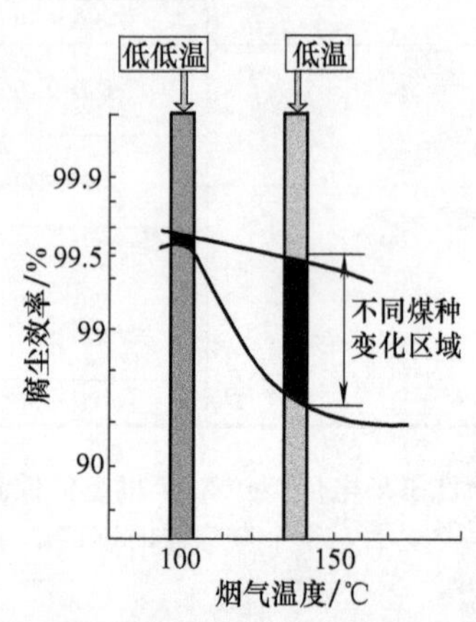

图18-45 烟气温度与除尘效率的关系

2）降低烟气体积，提高电场击穿电压。电除尘器入口烟气温度的降低，将使烟气体积下降，电场风速减小，从而增大比集尘面积，增加粉尘在电场的停留时间，提高除尘效率。研究显示，烟气温度每降低10℃，则烟气量降低约2.5%。同时，烟气量减小，将使电场击穿电压上升，这是因为烟气量减小，烟气密度增大，烟气的分子间隔减小，每个电子在电场中产生碰撞电离“自由行程”减小，因而电子可获得的速度和动能减小，电离效应减弱，气体不易被击穿，从而提高电场强度，增加粉尘荷电量，提高了除尘效率。研究显示，烟气温度每降低10℃，电场击穿电压将上升3%。

3）大幅减少SO_3和$PM_{2.5}$排放。电除尘器入口烟气温度降至酸露点以下，烟气中气态的SO_3与水蒸气结合形成液态的硫酸雾，此时由于尚未进行除尘，烟气含尘浓度很高，粉尘总表面积很大，这为硫酸雾的凝结附着提供了良好的条件。SO_3被飞灰颗粒吸附后被电除尘器捕捉并随粉尘一起排出，当灰硫比（D/S），即粉尘浓度与硫酸雾浓度之比大于100时，烟气中的SO_3去除率可达到95%以上，SO_3质量浓度（标）将低于1ppm（约3.57mg/m^3）。

日本通过实验得出燃煤电厂烟气处理系统中的硫酸雾质量浓度变化趋势情况如图18-46所示，80～90℃的低低温电除尘系统除硫酸雾或除SO_3效率明显高于130～150℃的常规电除尘系统；同时，SO_3的去除也解决了湿法脱硫工艺中SO_3腐蚀的难题，有良好的经济效益。

另外，H_2SO_4小液滴与粉尘微粒悬浮于烟气中形成气溶胶，增大了粉尘粒径，有利于减少$PM_{2.5}$排放。总之，低低温电除尘技术通过大幅提高除尘效率，减少了$PM_{2.5}$排放，并通过脱除大部分SO_3，有效减少了大气中硫酸盐气溶胶（二次生成的$PM_{2.5}$）的生成。

4）节能效果显著，降低运行费用。低低温电除尘技术入口烟气温度降低所回收的热量可用于加热锅炉补给水或汽机冷凝水以提高锅炉效率，节约了用煤。并且由于烟气温度的降低，还可节约湿法脱硫系统的水耗约30%，降低成本；同时，烟气温度降低后，烟气量减少，系统阻力下降，引风机可节电约10%。换热器增加的阻力由引风机克服，对引风机来说，虽然压头增加，但处理的烟气流量减少，两者相抵消，电耗基本持平。对脱硫风机而言，由于处理烟气流量的减少，电耗也将会下降。因此总体上电耗是降低了。

5）在灰硫比大于100时，烟气中SO_3的去除率可达95%，大大减少下游系统的低温腐蚀。

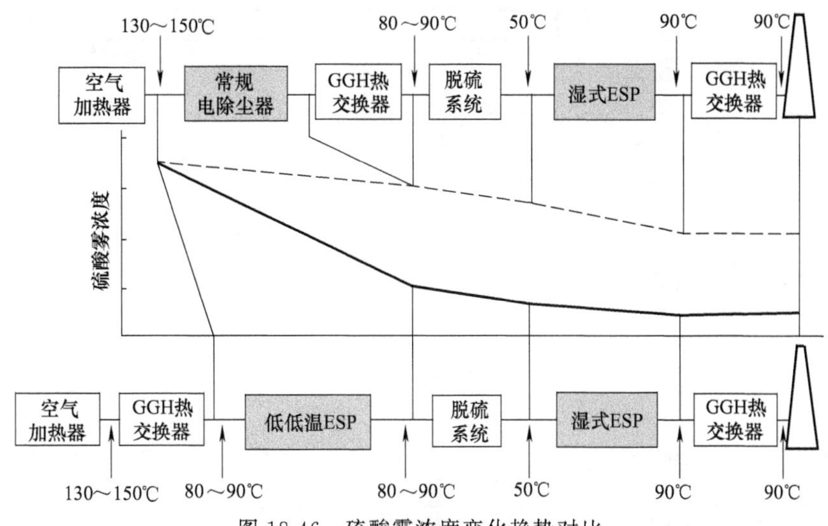

图 18-46 硫酸雾浓度变化趋势对比

(2) 布置方式 低低温电除尘技术回收的热量可以用于烟气再加热，也可以用于加热锅炉补给水或汽机冷凝水；因而低低温电除尘技术有两种布置工艺，其中第一种工艺为在锅炉空预器后和脱硫装置出口设置MGGH，通过热媒水密闭循环流动，将从降温换热器获得的热量去加热脱硫后的净烟气，使其温度从50℃左右升高到90℃以上，工艺流程见图18-47。该工艺具有无泄漏、没有温度及干、湿烟气的反复变换、不易堵塞的特点，同时满足干烟囱排烟温度要求。第二种工艺为在锅炉空预器后设置低温省煤器，回收热量，加热锅炉补给水或者汽机冷凝水，工艺流程见图18-48。该工艺能提高锅炉效率，减少煤耗。

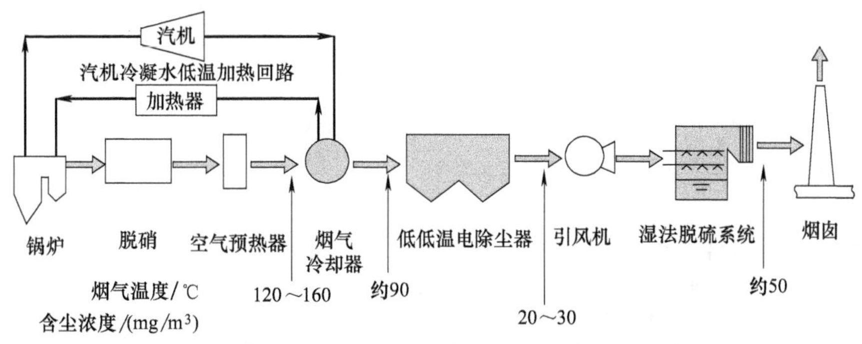

图 18-47 燃煤电厂烟气治理岛低低温电除尘典型工艺路线（一）

(3) 低低温电除尘器的低温腐蚀 灰硫比是评价烟气腐蚀性的重要参数。国外存在不同的观点，三菱重工、住友重工和美国南方公司等认为灰硫比是粉尘浓度和硫酸雾（H_2SO_4）浓度之比，日立公司认为灰硫比是粉尘浓度和 SO_3 浓度之比。两种定义方法基本原理相同，仅在计算量值上略有差异（SO_3 分子量为80，H_2SO_4 分子量为98）。国内相关标准，确定灰硫比定义为粉尘浓度与 SO_3 浓度之比。

日本和美国的研究结果表明，合适的灰硫比可以使冷凝的 SO_3 被粉尘完全吸附，保证设备不会发生腐蚀。

日本三菱重工研究表明：当灰硫比大于10时腐蚀率几乎为零，且其已交付的火电厂低低温电除尘系统灰硫比远大于100，均无腐蚀问题。美国南方电力公司也通过试验研究给出了不同含硫量燃煤用灰硫比评价腐蚀的方法，试验结果表明，当低低温电除尘系统采用含硫量为2.5%的燃煤时，灰硫比在50～100可避免腐蚀。

燃煤中的含硫量越高，烟气中的 SO_3 浓度也越高，其酸露点也相应地会越高，发生腐蚀的风险就会增加。因此低低温电除尘技术要求燃煤的含硫量在一定范围内。通过对国内外燃煤电厂低低温电除尘器灰硫比的综合分析，我国《燃煤电厂超低排放烟气治理工程技术规范》推荐采用低低温电除尘器灰硫比宜大于100。

(4) 二次扬尘 粉尘比电阻的降低会削弱捕集到阳极板上的粉尘的静电黏附力，从而导致二次扬尘现象比常规电除尘器有所加重，影响除尘性能的高效发挥。二次扬尘形成的原因，如图18-49所示。

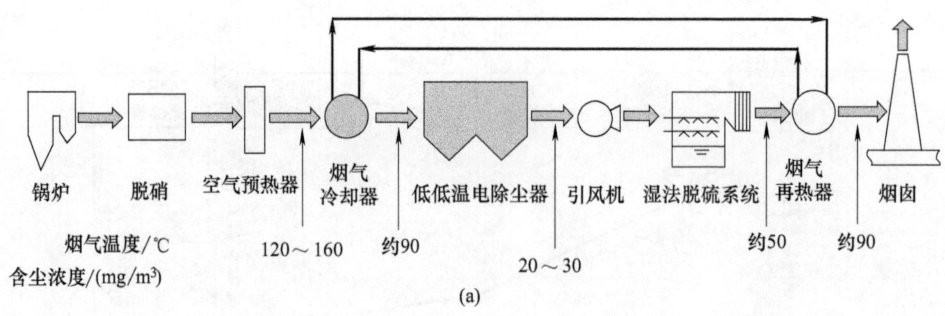

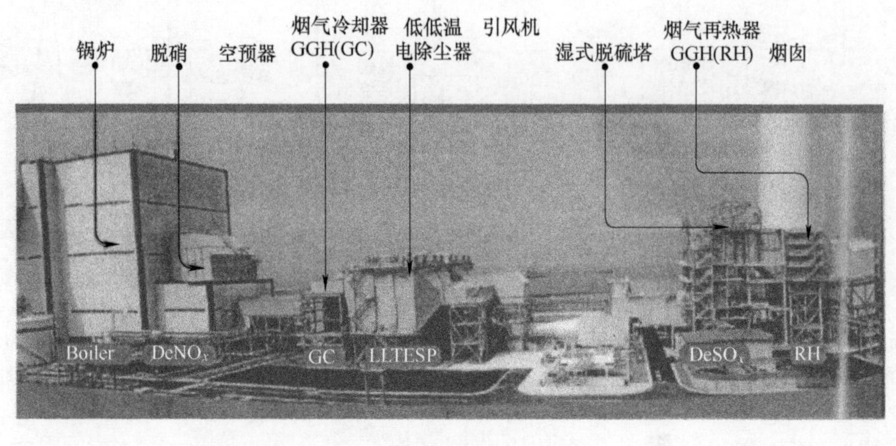

图 18-48 燃煤电厂烟气治理岛低低温电除尘典型工艺路线（二）

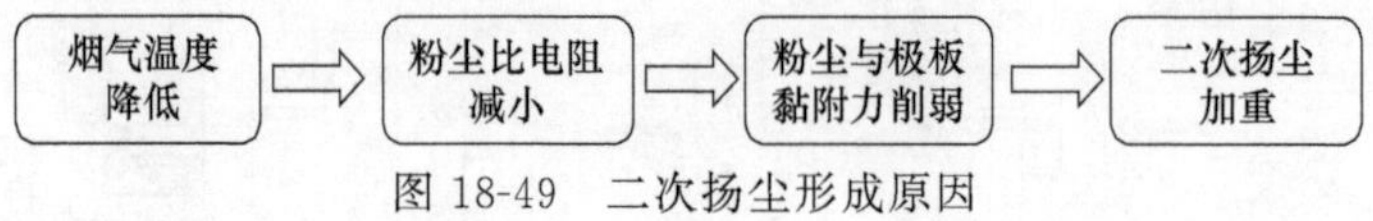

图 18-49 二次扬尘形成原因

三菱重工对电除尘器出口烟尘浓度的构成进行了研究，如图 18-50 所示。从图可以看出，常规电除尘器中排放的烟尘主要是未能捕集的一次粒子，而低低温电除尘器中二次扬尘部分是主体，未采取特别对策的低低温电除尘器的二次扬尘主要由振打再飞散粉尘组成，而未能捕集的一次粒子仅仅占很小一部分。低低温电除尘器如不对二次扬尘采取针对性的措施，烟尘排放量将会超过常规电除尘器，但在采取特别对策后，烟尘

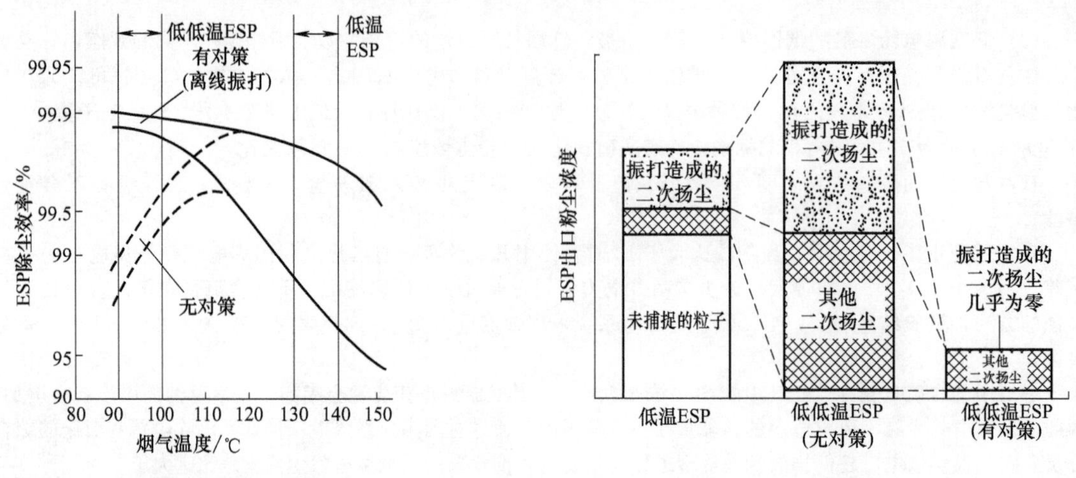

图 18-50 烟气温度与 ESP 除尘效率及 ESP 出口烟尘浓度的构成

排放浓度可大幅降低。

烟气温度降低，烟尘比电阻下降，烟尘黏附力有所降低，二次扬尘会有所加重，为防止二次扬尘，可采取下述2种措施之一：a. 适当增加电除尘器容量，即通过加大流通面积、降低烟气流速、设置合适的电场数量，调整振打制度；b. 可采用移动电极式电除尘技术或离线振打技术。

"低低温＋移动电极"电除尘系统主要由烟气冷却器、固定电极电场、移动电极电场组成（见图18-51）。烟气冷却器将电除尘器入口烟气温度降低到酸露点以下；固定电极电场进行大部分粉尘的收集；末电场设置为移动电极电场，主要进行二次扬尘控制，收集超细粉尘，可使排放达到超低排放要求。

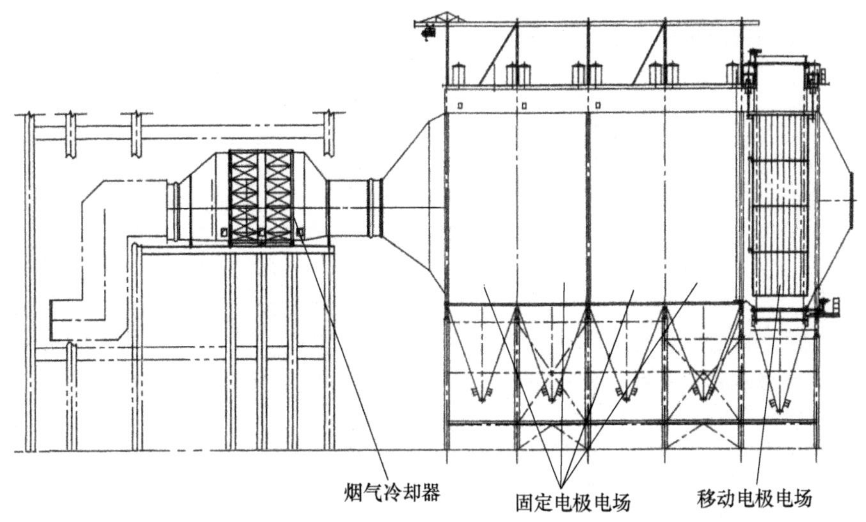

图18-51 "低低温＋移动电极"结构简图

离线振打式电除尘器在电除尘器若干个烟气通道对应的出口或进、出口相关位置设置烟气挡板，通过关闭需要振打烟气通道的挡板，且对该烟气通道内的电场停止供电，并通过风量调整装置防止相邻通道烟气流量大幅增加而导致的流场恶化，从而避免了振打引起的二次扬尘。采用离线振打技术时，关闭振打通道挡板门后，低低温电除尘器的电场烟气流速宜不大于1.2m/s。

在采取上述两种措施之一的同时，还可采用下述措施：a. 设置合理的振打周期及振打制度；b. 出口封头内设置槽形板，使部分逃逸或二次飞扬的粉尘再次被捕集。

(5) 适用条件 低低温电除尘器有两种工艺路线：一是烟气余热回收利用系统，该系统以余热利用节能减排为主要目的，即由热回收器、低低温电除尘器、管路系统、烟温自适应控制系统、辅助设备等组成，通过管路系统将热回收器回收的热量带至汽轮机凝结水系统，用以加热汽轮机凝结水，排挤汽轮机抽汽，增加汽轮机做功，实现降低发电煤耗、高效除尘的双重目的；二是烟气余热回收-再热系统，该系统以烟气余热回收再热为主要目的，即由热回收器、低低温电除尘器、再加热器、管路、烟温自适应控制系统、辅助设备组成，通过管路系统将热回收器回收的热量带至再热器，用以加热脱硫后的烟气，提高烟囱入口烟气温度和烟气抬升高度，减轻烟囱腐蚀，消除"烟羽"等视觉污染。适用条件如下：a. 进入低低温电除尘器系统的烟气含尘浓度不大于100g/m^3；b. 燃煤收到基硫分应不大于2%，烟气灰硫比宜大于100；c. 入口烟气温度：热回收器应小于200℃，再加热器宜为50℃左右；d. 低低温电除尘器应工作在85～110℃范围内，再加热器应不小于70℃；e. 低低温电除尘器换热介质宜采用水媒介，烟气与水换热冷端端差、热端端差应大于20℃；f. 同极间距350～500mm。

(6) 低低温电除尘技术在国内外的应用 低低温电除尘技术是从电除尘器及湿法烟气脱硫工艺演变而来，在日本已有20多年的应用历史。三菱重工于1997年开始在大型燃烧火电机组中推广应用基于MGGH管式气气换热装置、使烟气温度在90℃左右运行的低低温电除尘技术，已有超6500MW的业绩，在三菱重工的烟气处理系统中，低低温电除尘器出口烟尘浓度均小于30mg/m^3，SO_3浓度大部分低于3.57mg/m^3，湿法脱硫出口颗粒物浓度可达5mg/m^3，湿式电除尘器出口颗粒物浓度可达1mg/m^{3}以下。目前日本多家电除尘器制造厂家均拥有低低温电除尘技术的工程应用案例，据不完全统计，日本配套机组容量累计已超5000MW，主要厂家有三菱重工（MHI）、石川岛播磨（IHI）、日立（Hitachi）等。日本典型电厂低低温电除尘器应用情况列于表18-34。

表 18-34 日本典型电厂低低温电除尘器应用情况

电厂名称	东京电力公司广野电厂 5[#] 机组	新日铁住金鹿岛电厂	橘湾火力发电站 2[#] 机组	碧南电厂 4[#]、5[#] 机组
制造厂家	三菱重工	石川岛播磨	日本电源开发株式会社	日本日立
机组容量/MW	600	507	1050	1000
烟气温度/℃	～90	93	设计值 90；实测 96	设计值 80～90
ESP 出口烟尘浓度/(mg/m^3)	设计值 30；实测值 16.4	设计值 30；实测值 15	设计值 24；实测值 3.7	实测值<30
WFGD 出口烟尘浓度/(mg/m^3)	设计值 5；实测值 3.4	设计值 5；实测值 2	实测值 1.0	实测值 3.0～5.0
WFGD 除尘效率/%	实测值 79.27	实测值 86.67	实测值 72.97	实测值 83.33～90
投运时间	2004 年 7 月	2007 年	2000 年 12 月	2001 年、2002 年
备注	配备离线振打	—	—	采用移动电极，脱硫后配备 WESP

国内低低温电除尘技术于 2010 年 12 月在广东梅县粤嘉电厂循环流化床锅炉烟气治理中首次应用。2012 年 6 月成功应用于福建大唐宁德电厂 2×600MW 燃煤机组，并经第三方测试除尘器出口粉尘排放低于 $20mg/m^3$，且有较强的 SO_3、$PM_{2.5}$、汞等污染物协同脱除能力。在此基础上，该技术成果迅速推广，在中电投江西电力有限公司新昌发电分公司 700MW 级机组、天津国投津能发电有限公司（简称国投北疆发电厂）1000MW 机组等一大批大型燃煤发电机组上应用，不但实现了 $20mg/m^3$ 以下的低排放，还通过烟气余热回收利用，使供电煤耗降低超过 1.5g/(kW·h)，达到了节能减排的双重目的。截至 2017 年年底，火电厂安装低（低）温电除尘器机组容量约 1.4×10^8kW，占全国燃煤机组容量的 14.3%。

以低低温电除尘技术为核心的烟气协同控制也取得了较大突破，通过烟气冷却器降低烟气温度至酸露点以下，降低粉尘比电阻，同时使低低温电除尘器击穿电压升高、烟气量减小，除尘效率大幅提高，且低低温电除尘器的出口粉尘粒径将增大，可大幅提高湿法脱硫的协同除尘效果，并通过优化湿法脱硫关键部件结构、布置方式等提高其协同除尘效率达 70%以上。在“超低排放”的背景下，协同控制技术已取得成功应用，如浙江华能长兴电厂 2×660MW 机组，2014 年 12 月中旬投运，经测试，电除尘器出口烟尘浓度约 $12mg/m^3$，脱硫后烟尘、SO_3、NO_x 排放分别为 $3.64mg/m^3$、$2.91mg/m^3$、$13.6mg/m^3$，湿法脱硫的协同除尘效率为 70%；山西华能榆社电厂 300MW 机组，2014 年 8 月上旬投运，经测试，ESP 出口烟尘浓度为 $18mg/m^3$，经湿法脱硫系统后，烟尘排放浓度为 $8mg/m^3$。

国内电厂典型低低温电除尘器应用情况列于表 18-35。

表 18-35 国内电厂典型低低温电除尘器（LLT-ESP）应用情况

电厂名称	福建大唐宁德	浙江浙能嘉华三期	华能榆社 4 号机组	华能长兴 1、2 号机组	淮北平山 1 号机组	中电投江西新昌	华能玉环	浙江温州 8 炉
机组容量/MW	2×600	2×1000	300	2×660	660	2×700	1000	660
ESP 入口烟气温度/℃	93	85.6	90	90	95	141.55	90	85
ESP 入口烟尘浓度/(g/m^3)		13.91	30	9.17	设计煤种：35.906 校核煤种：45.122	44.9	20	设计煤种 14.6 校核煤种 20.86/23.98
ESP 出口烟尘浓度/(mg/m^3)	20.2	15	实测值 18	设计值≤15 实测值 12	设计煤种≤12； 校核煤种≤15； 实测值 5.30	设计值<30； 实测值 17.25	设计值<15 实测值 8.7	设计值<15 停冷却器 6.94；投冷却器 3.25

续表

电厂名称	福建大唐宁德	浙江浙能嘉华三期	华能榆社4号机组	华能长兴1、2号机组	淮北平山1号机组	中电投江西新昌	华能玉环	浙江温州8炉
WFGD出口烟尘浓度/(mg/m³)			8	设计值5；实测值3.64/3.32	设计值≤10实测值2.3			
投运时间	2012.6	2014.7	2014.8	2014.12	2015.10	2013.7	2015.1	
除尘器效率/%		99.95保证效率99.94	≥99.91	设计煤种≥99.84；校核煤种≥99.94	设计煤种99.967；校核煤种:99.968	≥99.80	设计值99.925；实测值99.93/99.928	设计值≥99.937；实测值99.97
备注		高频电源WESP	第一、二电场高频电源		电凝器+移动电极+WESP高频电源			WESP

6. 干式电除尘器的主要工艺参数

按照《燃煤电厂超低排放烟气治理工程技术规范》的规定，干式电除尘器的主要工艺参数应满足如下要求。

常规电除尘器及移动电极电除尘器性能要求见表18-36。

表18-36 常规电除尘器及移动电极电除尘器性能要求

项目	单位	要求
除尘效率	%	99.2～99.85
出口烟尘浓度	mg/m³	≤30,最低可达20以下
压力降	Pa	≤250
漏风率	%	≤3
流量分配极限偏差	%	±5
气流分布均匀性相对均方根差	—	≤0.25

低低温电除尘系统性能要求见表18-37。

表18-37 低低温电除尘系统性能要求

项目	单位	要求
低低温电除尘器除尘效率	%	99.2～99.9
低低温电除尘器出口烟尘浓度	mg/m³	≤30,最低可达20以下
烟气冷却器烟气侧温降或温升	℃	≥30
烟气冷却器烟气侧压力降	Pa	≤450
低低温电除尘器本体压力降		≤250
烟气冷却器的工质侧压力降	MPa	≤0.2
烟气冷却器漏风率	%	≤0.2
低低温电除尘器本体漏风率		≤2(配套机组大于300MW级) ≤3(配套机组300MW级及以下)
烟气冷却器气流分布均匀性相对均方根差	—	≤0.2
低低电除尘器气流分布均匀性相对均方根差		≤0.25
低低温电除尘器流量分配极限偏差	%	±5

出口烟尘浓度限值为50mg/m³时，干式电除尘器的比集尘面积见表18-38。

出口烟尘浓度限值为30mg/m³时，干式电除尘器比集尘面积应符合表18-39的规定。

表 18-38 出口烟尘浓度限值为 $50mg/m^3$ 时干式电除尘器比集尘面积参数

电除尘器对煤种的除尘难易性	比集尘面积/[$m^2/(m^3/s)$]		
	常规电除尘器	移动电极电除尘器	低低温电除尘器
较易	≥100	≥90	≥80
一般	≥120	≥110	≥90
较难	≥140	≥120	≥100

注：1. 电除尘器对煤种的除尘难易性评价方法参见表 18-25。

2. 表中比集尘面积为电除尘器入口烟尘浓度不大于 $30g/m^3$ 时的数值；当大于 $30g/m^3$ 时表中比集尘面积酌情分别增加 $5\sim15m^2/(m^3/s)$。

表 18-39 出口烟尘浓度限值为 $30mg/m^3$ 时干式电除尘器比集尘面积参数

电除尘器对煤种的除尘难易性	比集尘面积/[$m^2/(m^3/s)$]		
	常规电除尘器	移动电极电除尘器	低低温电除尘器
较易	≥110	≥100	≥95
一般	≥140	≥130	≥105
较难	—	—	≥115

注：1. 电除尘器对煤种的除尘难易性评价方法参见表 18-25。

2. 表中比集尘面积为电除尘器入口烟尘浓度不大于 $30g/m^3$ 时的数值；当大于 $30g/m^3$ 时，表中比集尘面积酌情分别增加 $5\sim15m^2/(m^3/s)$。

出口烟尘浓度限值为 $20mg/m^3$ 时，干式电除尘器比集尘面积应符合表 18-40 的规定。

表 18-40 出口烟尘浓度限值为 $20mg/m^3$ 时干式电除尘器比集尘面积参数

电除尘器对煤种的除尘难易性	比集尘面积/[$m^2/(m^3/s)$]		
	常规电除尘器	移动电极电除尘器	低低温电除尘器
较易	≥130	≥120	≥110
一般	—	—	≥120
较难	—	—	≥130

注：1. 电除尘器对煤种的除尘难易性评价方法参见表 18-25。

2. 表中比集尘面积为电除尘器入口烟尘浓度不大于 $30g/m^3$ 时的数值；当大于 $30g/m^3$ 时，表中比集尘面积酌情分别增加 $5\sim15m^2/(m^3/s)$。

7. 湿式电除尘器（WESP）

我国以煤为主的能源结构在相当长的时期内不会改变，当燃煤电厂中煤中灰份大、比电阻高或锅炉排烟温度较高时，粉尘排放水平往往会达不到新标准的要求，而且现已投运机组脱硫吸收塔后烟气中携带石膏液滴较大，若后续没有控制的措施，在不设 GGH 时容易出现“石膏雨”现象。

当电厂中安装有 SCR 装置时，由于 SCR 中催化剂的氧化效应，SO_2 转转化成 SO_3 的转换比增加。在烟气脱硫系统中可以有效地去除 SO_2，但是由 SO_2 转换成的 SO_3 是以气溶胶形式存在的，在烟气脱硫系统中难以清除。当它从烟囱中排出时，飘浮于天空中，形成淡蓝色的烟羽，成为可见的污染。从烟囱浊度及 $PM_{2.5}$ 排放的角度来说，SO_3 酸雾排放也是存在的一个问题。同时无论电厂是否安装 GGH，由于大量 SO_3 的存在，进入烟囱的湿烟气均处于酸露点处，其冷凝也加剧了烟囱腐蚀。

为了解决这些问题，在湿法烟气脱硫装置的下游安装湿式电除尘器（以下简称 WESP），可作为高效除尘的终端精处理设备，它具有控制复合污染物的功能，对 $PM_{2.5}$ 微细粉尘、黏性的或高比电阻粉尘及烟气中酸雾、气溶胶、汞、重金属、二噁英等的收集以及解决烟气排放浊度都是理想的。可将尘排放限值控制在 $10mg/m^3$ 甚至 $5mg/m^3$ 以下。

(1) 湿式电除尘器的工作原理及布置方式 湿式电除尘器（WESP），与干式电除尘器的除尘原理基本相同，先依靠高压电晕放电使得粉尘或雾滴粒子荷电，荷电后的粉尘在电场力的作用下到达收尘极（或收尘管）并沉积在收尘极上，再采用冲洗方式，使水流从收尘板顶端流下，在收尘板上形成一层均匀稳定的水膜，将板上捕获的粉尘冲刷到灰斗中随水排出。如图 18-52 所示。

但二者的工作环境和清灰方式有较大的区别。干式静电除尘器应用于湿法烟气脱硫之前，烟气中水以气态形式存在，干态的粉煤灰在电场力的作用下沉积到收尘极板表面，用机械振打或声波清灰等方式清除电极

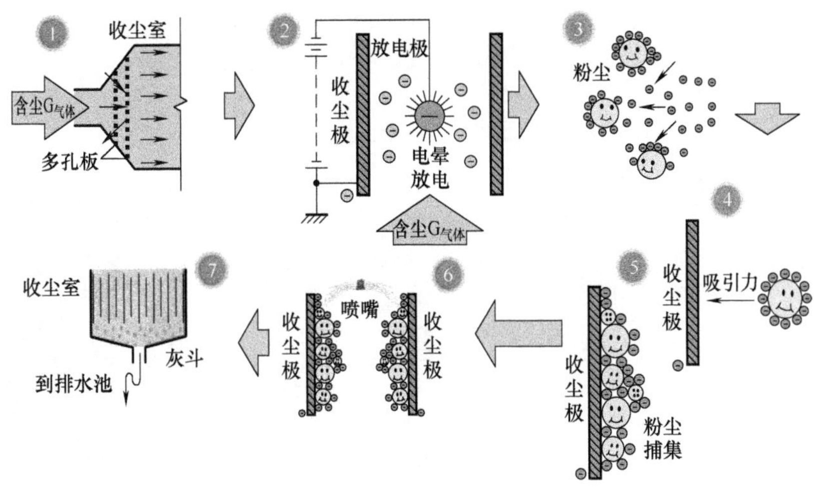

图 18-52　WESP 工作原理示意

上的积灰。湿式静电除尘器配套应用于湿法烟气脱硫之后，细粉煤灰（PM_1、$PM_{2.5}$）、脱硫塔内喷淋雾化的脱硫液滴、脱硫生成物及气溶胶叠加在一起共同进入湿式静电除尘器，沉积在收尘极板表面的积灰被水膜冲刷而排出（见图 18-52）。其中，过饱和烟气中悬浮的液滴容易沉积到电晕线表面，在电晕线表面形成一层水膜，水膜的浸润改变了电晕线的表面状况会引起电晕放电特性的改变；同时在静电力的作用下，放电空间中液滴会沉积到收尘极板表面形成水膜，收尘极板表面水膜的存在，一方面避免了二次扬尘和反电晕，另一方面改变了黏附在收尘极板上粉尘层的电性能（电阻、介电常数等）。除此之外，在静电场、流场和温度场的耦合作用下，收尘极板表面水膜也会不断蒸发进入静电场，极性水分子进入放电空间对电晕放电过程有重要的影响。因此收尘极板表面水膜的存在会直接或间接对电晕线的放电特性造成影响，引起电晕线的放电特性发生变化。因此近年国内外学者针对湿式除尘器结构、极配形式的改进来提高颗粒脱除率，开展了大量研究。

在目前的湿电除尘技术中，主要差别在于阳极板的材质及清灰技术。

根据阳极材质的不同，主要分为不锈钢金属极板 WESP、导电玻璃钢电极 WESP、柔性电极 WESP；根据清灰技术（即水膜的形成原理）不同，分为水膜自清灰技术和水膜冲洗清灰技术，前者为间断喷淋，靠烟气中的水汽在阳极表面自凝结实现在线清灰，后者为通过喷淋水在阳极表面形成水膜清灰。

我国燃煤电厂湿式除尘技术发展较晚，目前国内湿式电除尘出现了几个不同的技术流派，主要有以福建龙净为代表的冲洗式金属极板的湿式电除尘技术，以山东山大能源环境有限公司为代表的柔性阳极湿式电除尘技术及以双盾环境科技有限公司为代表的玻璃钢湿式电除尘技术。此外，还有浙江菲达环保引进的日本三菱湿式电除尘技术、浙江南源引进的日本日立湿式电除尘技术和南京通用引进的日本科特雷尔湿式电除尘技术，也是采用冲洗式金属极板，技术路线与龙净环保大致相同。

湿式电除尘器有管式和板式两种基本结构形式，管状湿式电除尘器是由多根并列的金属管组成的集尘极，并且放电极是均匀地分布在不同的极板之间的，管状湿式电除尘器的局限性就在于其仅仅可以用来处理上下垂直流动的烟气；板状湿式电除尘器的收尘极呈现的是平板状，极板间均匀布置着电晕线，板式湿式电除尘器的适用范围较广，水平或者垂直流动的烟气都可以用板式湿式电除尘器处理。

现在大多数燃煤电厂 WESP 常见的布置形式有垂直烟气流独立布置、垂直烟气流和 FGD 系统整体式布置及水平烟气流独立布置 3 种方式，如图 18-53 所示；图 18-53（a）、（b）属立式布置，图 18-53（c）属卧式布置。

(2) 金属极板 WESP　金属极板湿式电除尘器是采用导电性能良好、耐腐蚀性好的金属材料做收尘极板，主要工作原理是直接将水雾喷向电极和电晕区，水雾在芒刺电极形成的强大的电场内荷电后进一步雾化，在这里，电场力、荷电水雾的碰撞拦截、吸附凝并，共同对粉尘粒子起捕集作用，最终粉尘粒子在电场力的驱动下到达收尘极而被捕集。与干式电除尘器通过振打将极板上的灰振落至灰斗不同的是：湿式电除尘器是将水喷至收尘极上形成连续的水膜，采用水清灰，无振打装置，流动水膜将捕获的粉尘冲刷到灰斗中随水排出。

湿式电除尘系统：a. 阳极板采用平行悬挂的金属极板，极板材质为 CN818、SUS316L、SUS317 等耐蚀

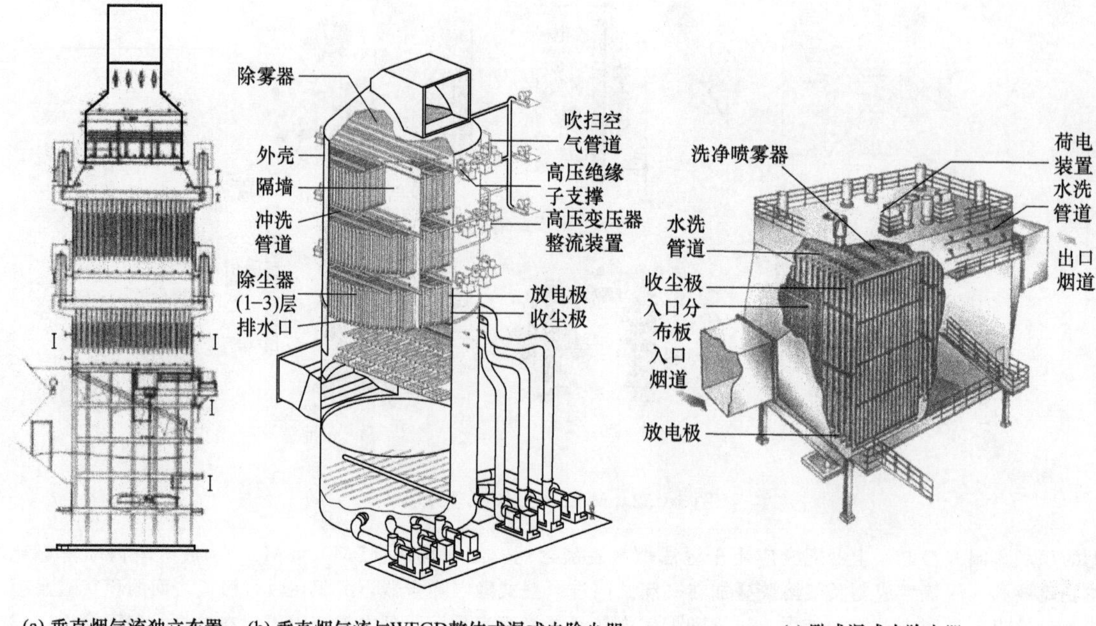

(a) 垂直烟气流独立布置湿式电除尘器 (b) 垂直烟气流与WFGD整体式湿式电除尘器 (c) 卧式湿式电除尘器

图 18-53 湿式电除尘器的布置形式

不锈钢；b. 金属极板表面采用连续喷淋雾化水膜覆盖和清灰，要求能达到 200%覆盖；c. 配置喷淋水循环系统，喷淋水经过收集、加碱（NaOH）中和、过滤后，一小部分进入脱硫补水，大部分回到喷淋系统继续循环。其工艺流程示意见图 18-54。

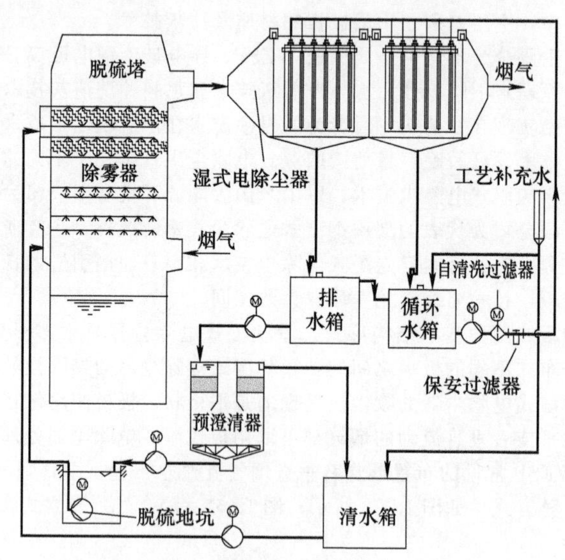

图 18-54 湿式电除尘系统工艺流程

1）金属电极湿式电除尘器的技术特点如下：a. 大多采用卧式独立布置，气流沿水平方向进出，烟气流速较低（流速在 2.5m/s 左右），能有效控制气流带出粉尘，提高 $PM_{2.5}$ 细微颗粒及气溶胶脱除效率；b. 阴阳极均平行于气流方向布置，金属极板采用悬挂方式，极板通过悬挂梁固定于壳体中，电晕电极采用框架式结构，通过吊杆吊挂在壳体中，这种安装方式由于阴阳极不易变形，极间距有保证，故电场稳定性好，运行电压高；c. 循环水喷淋能够在金属极板表面形成均匀牢固的保护膜，清除大部分的灰尘；喷水清灰同时具

有脱除 SO_3、SO_2、NH_3、汞等重金属污染物的能力；d. 耐高温，脱硫系统出现故障时，可以在较高的烟气温度下运行。

2）金属电极湿式电除尘器存在的问题如下：a. 阳极板一般高度在 8～10m，要形成均匀的水膜对阳极板的设计、制造、安装及维护有严格的要求，更换时难度较大；b. 极板材质多采用 316L，需要通过水膜保护以防腐蚀，一旦水膜保护出现失效，造成极板腐蚀严重，甚至丧失除尘效率；c. 清灰方式采用在线单线连续喷淋工艺，需要设置专门的水处理系统，喷淋水经 NaOH 水溶液中和后循环使用，这种清灰方式水耗、电耗、碱的消耗较大，对喷嘴性能要求更高。

金属极板湿式电除尘器在国际上应用较广泛，已成为国外燃煤机组 WESP 应用的主流技术。在美国、日本等电厂已有近 30 年的应用历史，有较多的应用实例，主要作为烟气复合污染物控制的精处理技术设备，实现了极低浓度烟尘颗粒物的排放。

典型的燃煤电厂 WESP 工程应用案例有美国 AES Deepwater 电厂，日本中部电力碧南电厂 1～3 号（三菱重工技术）700MW 机组和 4～5 号（日立技术）1000MW 机组。投产至今运行情况良好，烟尘排放浓度长期保持在 2～5mg/m^3 水平，在煤质较好情况最低达到 1mg/m^3，运行 20 多年来，壳体和内件未发现腐蚀问题。

国内金属极板湿式电除尘器也已得到推广应用，已成为当前国内燃煤电厂实现超低排放的主流技术之一。投运项目取得了较好的减排效果，如神华国华舟山电厂二期 4 号机组（350MW）新建工程，2014 年 6 月投运，经测试，WESP 出口烟尘排放学为 2.55mg/m^3；大唐山东黄岛电厂 6 号机组（670MW）改造工程，2014 年 8 月投运，经测试，WESP 出口烟尘排放浓度为 2.07mg/m^3；浙能嘉华电厂三期 7 号、8 号机组（2×1000MW）改造工程，2014 年 6 月投运，经测试，7 号机组 WESP 出口烟尘排放浓度为 2.52mg/m^3，8 号机组 WESP 出口烟尘排放浓度为 1.3mg/m^3。

2014 年 12 月上海漕泾电厂＃2 机组（1000MW）超低排放示危工程，采用针刺线配金属平板式阳极板湿式电除尘器正式投运，WESP 对粉尘脱除率为 81.9%，SO_3 的脱除率为 69.72%，雾滴脱除率为 87.35%，该机组烟尘排放量仅为 1.45mg/m^3。

（3）导电玻璃钢极板 WESP　导电玻璃钢湿式电除尘技术来源于化工行业的湿式电除雾器，在化工、煤气化等领域已经有几十年的应用历史，技术成熟。

导电玻璃钢（Fiber Reinforced Plastics，FRP）是一种以树脂为基体，碳纤维、玻璃纤维等为增强材料，通过成型工艺制成的高导复合材料。使用导电玻璃钢作为收尘极板一般采用管式或蜂窝状形式（立式布置），也可采用板式形式（卧式布置），目前，以管状和蜂窝状结构居多。

该技术采用导电玻璃钢材质作为收尘极，放电极采用金属合金材质，每个放电极均置于收尘极的中心。导电玻璃钢 WESP 工作时，通过高压直流电源产生的强电场使气体电离，产生电晕放电，使湿烟气中的粉尘和雾滴荷电，在电场力的作用下迁移，将荷电粉尘及雾滴收集在导电玻璃钢收尘极上。雾滴被收集后在收尘极表面形成自流连续水膜实现收尘极表面清灰。如图 18-55 所示。

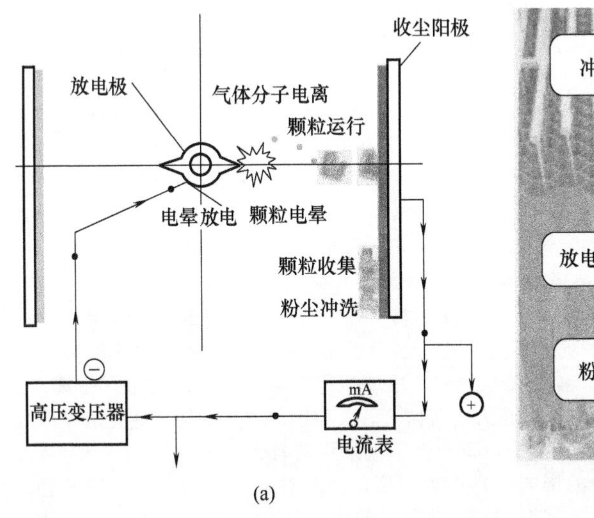

(a)

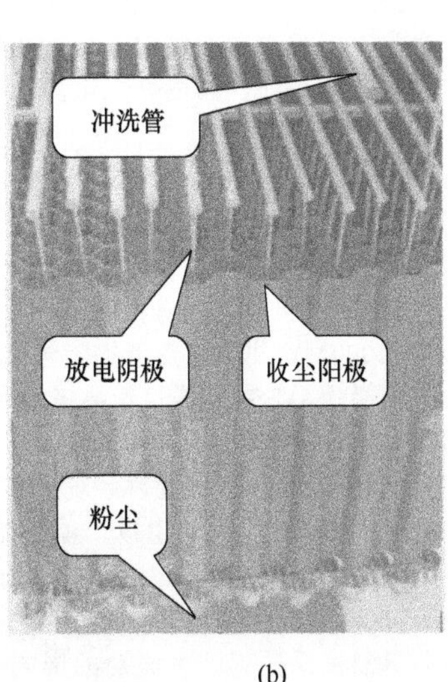

(b)

图 18-55

(c) (d)

图 18-55 导电玻璃钢极板 WESP

对于湿式除尘技术而言，收尘极板本身及表面水膜是清灰和防腐的关键，为了形成相对均匀的水膜，保障良好的冲洗效果，在运行过程中需要连续冲洗阳极板，水量消耗很大，出口液滴携带量大，并可能造成新的污染。液体表面张力和刚性阳极表面机械加工平面度偏差，使得刚性收尘表面普遍存在冲洗水量大、冲洗水膜分布不均、停机冲洗操作等问题，当冲洗水不符合要求时常常会产生由于 $CaCO_3$、$CaSO_3$、$CaSO_4$ 和 CaF_2 等盐的浓度过高引起的结垢或固体沉积，同时冲洗水需要用碱液调质来控制酸度，需要配备更加复杂的给排水、循环水及碱液系统，增加占地空间和运行维护难度，运行费用高。此外，如连续喷淋水系统的喷头一旦损坏，喷淋水雾化不良，会造成局部积垢现象。

导电玻璃钢 WESP 与金属极板 WESP 的主要差别在于，导电玻璃钢 WESP 采用液膜自流并辅以间断喷淋实现阳极和阴极部件清灰，金属极板 WESP 需要连续喷淋形成水膜。

1）导电玻璃钢湿式电除尘器的技术特点如下：a. 玻璃钢阳极 WESP 和金属极板一样具有良好的稳定性和除尘效率，可承受 78kV 的高压；b. 对烟气流速要求较高，当在 3m/s 的速度下运行时对微小烟尘颗粒和气溶胶的清理效率低；c. 无水膜冲洗清灰，利用喷淋系统每隔一段时间进行冲洗，极板表面有积灰可能，影响集尘效果；d. 由于是间断性喷水清灰，因此虽具备脱除 SO_3、SO_2、NH_3、汞等重金属污染物的能力，但脱除率不高；e. 收集的酸液沉淀后进入脱硫系统，对脱硫塔内的物料平衡有一定的影响，会增加脱硫运行的费用；f. 除尘效率一般为 50%～75%。

2）导电玻璃钢湿式电除尘器存在的问题如下：a. 烟气流速在 2.5m/s 左右时 $PM_{2.5}$ 细微颗粒及气溶胶脱除率高，提高烟气流速后，影响除尘性能；b. 一般 FRP 不能在高温下长期使用，烟气温度较高时对阳极板寿命有影响，严重时可能烧灼。FRP 的使用寿命在 10～15 年左右，与产品的质量及制作产品所用的树脂等原材料性能有关；c. 如果出现部分导电玻璃钢损坏，需要整个模块更换，将大大增加维护费用和难度。

玻璃钢阳极湿式电除尘器在国内电力行业的应用是近几年开始研究的，但发展迅速，已成为我国主流的湿式电除尘技术之一。目前，国内燃煤电厂上有超过 300 台机组的工程应用，应用最大的单机容量机组为 1000MW 级。

已投运项目均取得了较好的减排效果，如 2014 年 9 月投运的济南黄台电厂 9 号机组（350MW）改造工程，经测试，WESP 出口烟尘排放浓度为 2.6mg/m^3；浙江北仑电厂三期 7 号机组（1000MW）改造工程于 2015 年 3 月投运，经测试，WESP 出口烟尘排放浓度为 2.5mg/m^3。尚有安徽合肥电厂 5 号 660MW 机组、广东中山电厂 2 号 300MW 机组、上海石洞口一电厂 3 号 300MW 机组、内蒙古蒙西电厂 1 号 300MW 机组、江苏国电泰州电厂 4×1000MW 机组、安徽铜陵电厂 5 号 1000MW 机组等均采用了玻璃钢阳极湿式电除尘器。

（4）柔性织物极板 WESP 柔性织物极板 WESP 是用柔性绝缘疏水纤维滤料作为阳极材料，耐腐蚀性优良的柔性绝缘疏水纤维织物通过润湿使其导电，柔性织物材料作为收尘极布置成方形孔道（立式布置），烟气沿孔道流过，如图 18-56 所示。经喷淋系统水冲洗以后，水流通过纤维毛细作用，在阳极表面形成一层均匀水膜，水膜及被浸湿的“布”作为收尘极。尘粒在水膜的作用下靠重力自流向下而与烟气分离；极小部分的尘（雾）粒子本身则附着在阴极线上形成小液滴靠重力自流向下。收集物落入集液槽，经管道外排至指定地点。

1）柔性湿式电除尘器的技术特点如下：a. 由于柔性阳极采用的较为柔软的织物组织，虽然有金属框架作为支撑，但是仍然极易受到烟尘流动的影响，易产生变形，因此在机械性能和电容稳定性上也会受到影响；b. 烟气流速较高（约 3m/s），易产生气流带出，停留时间短，$PM_{2.5}$ 细微颗粒及气溶胶脱除率低，而且烟尘气流流速过高时会造成稳定性下降；c. 柔性阳极 WESP 利用酸性溶液进行灰尘的带出和沉淀，但是对

(a)

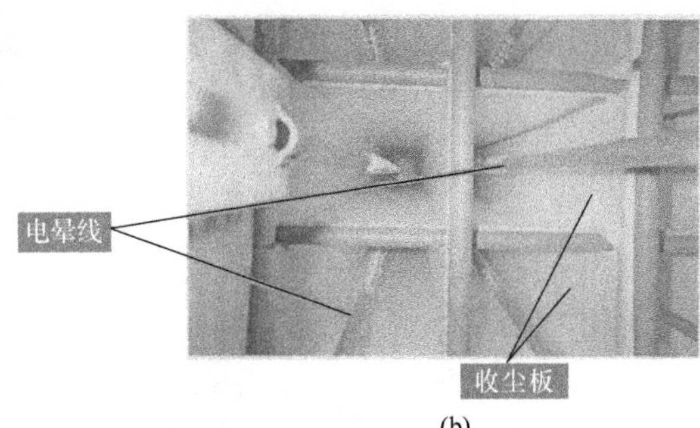

(b)

图 18-56 柔性极板实物图

于极板表面的灰尘并没有清理作用，必然会造成除尘效率的降低；d. 没有喷水清灰时，不具备脱除 SO_3、SO_2、NH_3、汞等重金污染物的能力；⑤收集的酸液沉淀后进入脱硫系统，对脱硫塔内的物料平衡有一定的影响，会增加脱硫运行的费用。

2）柔性湿式电除尘器存在的问题如下：a. 柔性阳极不能承受高温高压腐蚀，严重时会造成极板燃烧，直接报废；b. 柔性阳极 WESP 在使用过程中容易变形和摇摆，阳极织物也需要定期更换，因此使用寿命仅在 6 年左右，换布率在一个大修整周期内为 20%；c. 柔性纤维织物的伸缩率较大，阳极布的张紧程度和浸水后发生的伸缩都会影响实际的极间距，进而影响到电场的稳定性和电压的正常运行；d. 无喷淋水系统，清灰无保证，设备性能、安全有隐患；e. 烟气流速较高，产生气流带出，$PM_{2.5}$ 细微颗粒及气溶胶脱除率低，除尘效率一般为 50%～75%。

柔性阳极湿式电除尘器最早于 2003 年由美国 Croll-Reynolds、First Energy、Southern Environmental 公司和俄亥俄州立大学共同研究开发，当时称为膜湿式电除尘器。研究证实，采用柔性纤维织物收尘极可形成均匀液膜，实现自清灰，从而取消在线冲洗系统，并在实现高效除尘的同时具有较高的脱除 SO_3 和 $PM_{2.5}$ 效率。但由于当时未解决柔性纤维织物阳极材料的纺织形式和固定张紧结构等，因此柔性阳极湿式电除尘器在国外应用较少。

2012 年，国内相关单位在大量前期理论和试验研究工作的基础上掌握了柔性极板 WESP 的核心技术，形成了具有自主知识产权的柔性极板 WESP 技术方案，创新研究了特殊纳米纤维织物阳极材料，并设计了全套固定和张紧结构型式，完成了国内首台 300MW 燃煤机组的示范应用。

据不完全统计，截至 2015 年 4 月，该项技术已应用于近 50 台燃煤发电、供热机组，总装机容量超过 10000MW，目前已投运装机容量超过 8000MW，实现烟尘排放浓度全时段全工况 $<5mg/m^3$，如国电邯郸热电厂 13 号机组（200MW）改造工程，2014 年 6 月投运，经测试，WESP 出口烟尘排放浓度为 $4.8mg/m^3$；国电常州电厂 1 号机组（630MW）改造工程，2015 年 1 月投运，经测试，WESP 出口烟尘排放浓度为 $1.74mg/m^3$。

采用柔性阳极湿式电除尘器的还有甘肃玉门油田火电厂六期 2×330MW 机组、山东辛店发电有限公司 2×330MW 机组、河南国电荥阳电厂 600MW 2 号机组、河南国电民权发电有限公司 2×600MW 机组 2 号炉等。

(5) 3 种型式 WESP 的技术对比 列于表 18-41。

表 18-41 三种型式 WESP 的技术对比

序号	项目	金属板板湿式电除尘器	柔性阳极湿式电除尘器	导电玻璃钢湿式电除尘器
1	结构差异	(1)阳极板采用平行悬挂的金属极板，极板材质为 SUS316L 不锈钢； (2)金属极板表面采用连续喷淋的水膜覆盖和清灰； (3)配置喷淋水循环系统，喷淋水经过收集、加碱中和、过滤后，一小部分进入脱硫补水，大部分回到喷淋系统继续循环	(1)阳极布置成由方形孔道组成，烟气沿孔道流过，阳极采用非金属柔性织物材料，通过润湿使其导电，柔性阳极四周配有金属框架和张紧装置，框架材料采用 2205、2507 不锈钢。阴极采用阴极线，位于每个方形孔道四个阳极面的中间，阴极线材料采用铅锑合金； (2)电极无喷淋清灰系统，有酸液导流装置，酸液(1～2t/h)带出细灰颗粒，收集沉淀后进入脱硫浆液系统； (3)无水循环系统	(1)阳极布置成由六角形孔道组成的蜂窝形式，烟气沿孔道流过；阳极采用导电玻璃钢材料，因玻璃钢材料内添加有碳纤维毡、石墨粉等导电材料，自身可以导电。阴极采用阴极线，位于每个六角形孔道六个阳极面的中心，阴极线材料采用钛合金、超级双相不锈钢； (2)配置水喷淋清灰系统，每个模块每天停电冲洗一次，冲洗后的液体直接进入脱硫浆液系统； (3)无水循环系统

续表

序号	项目	金属板板湿式电除尘器	柔性阳极湿式电除尘器	导电玻璃钢湿式电除尘器
2	性能对比	(1)金属极板，机械强度高，刚性好，不易变形，极间距有保证，电场稳定性好，运行电压高； (2)烟气流速较低(约 3m/s)，有效控制气流带出，停留时间长，$PM_{2.5}$ 细微颗粒及气溶胶脱效率高；	(1)柔性极板，机械强度弱，易变形摆动，极间距不易保证，电场稳定性差，运行电压低； (2)烟气流速较高，产生气流带出，停留时间短，$PM_{2.5}$ 细微颗粒及气溶胶脱除率低；高气速更易使柔性电极摆动，影响除尘性能；	(1)极板机械强度高高，介于金属极板和柔性极板之间，极间距易保证，电场稳定性好，运行电压低高，稳定性好。
2	性能对比	(3)采用水膜冲洗清灰，水膜分布均匀，清灰效果好、可靠，除尘效率高；但水耗大，碱消耗大，对喷嘴性能要求高； (4)收集的酸液稀释加碱中和，中和后的水一部分进入脱硫补水，系统对其他设备影响较少； (5)除尘效率与除尘面积有关，除尘面积足够时可以保证达到除尘效果； (6)设备总尺寸略大； (7)系统阻力小于 300Pa	(3)无水膜冲洗清灰，利用从烟气中收集的酸液带出来； (4)仅在启动前、停运后对极板喷水，水耗小； (5)除尘效率与除尘面积相关，除尘面积足够时可以保证达到除尘效果； (6)设备总尺寸较紧凑； (7)系统阻力小于 300Pa	(2)在化工行业应用的烟气流速较低(约 2.5m/s)，$PM_{2.5}$ 细微颗粒及气溶胶脱除率高；提高烟气流速后，影响除尘性能； (3)间歇冲洗，水耗较小。 (4)除尘效率与除尘面积相关，除尘面积足够时可以保证达到除尘效果； (5)设备总尺寸较紧凑； (6)系统阻力 300～500Pa
3	可靠性对比	(1)阳极板具有一定的耐腐蚀性，并且有中性喷淋水膜保护，抗腐蚀性较好，产品声称使用寿命 15 年以上； (2)耐高温，脱硫系统故障时，可以在较高的烟气温度下运行； (3)有喷淋水循环系统，能够长期保证极板干净，确保设备高效安全运行； (4)无框架，内部支撑构件采用碳钢加玻璃鳞片	(1)柔性阳极使用寿命 6 年左右，产品声称一个大修周期内换布率不超过 20%； (2)不耐高温，烟气温度较高时对阳极寿命有影响，严重时可能烧蚀； (3)无喷淋水系统，清灰无保证，设备性能、安全待工程验证； (4)柔性极板框架材质 2205、2507 不锈钢，其他支撑构件采用碳钢加玻璃鳞片	(1)导电玻璃钢使用寿命 10～15 年，与产品的质量，制作产品所用的树脂等原材料性能有关； (2)不耐高温，烟气温度较高时对阳极寿命有影响，严重时可能烧蚀； (3)无喷淋水系统，清灰无保证，设备性能、安全待工程验证； (4)柔性极板框架材质 2205、2507 不锈钢，其他支撑构件采用碳钢加玻璃鳞片
4	运行费用	(1)耗电大； (2)耗水大； (3)化学药剂耗量大； (4)易损件更换；无易损件	(1)耗电小：无水循环系统； (2)耗水：系统零水耗； (3)化学药剂：无耗量； (4)易损件更换：柔性阳极一个大修周期更换 20%	(1)耗电小，无水循环系统； (2)系统零水耗； (3)化学药剂无耗量； (4)易损件更换，无易损件
5	辅助功能	根据资料，喷入的碱液有 20%～50%的辅助脱硫效率，运行电压较高，有一定的脱硝效率	喷水量小，辅助脱硫效率较低，运行电压较低，辅助脱硝效率低	喷水量小，辅助脱硫效率较低，运行电压较低，辅助脱硝效率低

(6) WESP 主要工艺参数 湿式电除尘器的主要工艺参数及效果见表 18-42。湿式电除尘器出口颗粒物浓度取决于入口的颗粒物浓度以及湿式电除尘器的具体参数。

表 18-42 湿式电除尘器的主要工艺参数及效果

项目	单位	主要工艺参数及效果
入口烟气温度	℃	＜60(饱和烟气)
比集尘面积	$m^2/(m^3/s)$	7～20(板式)
		12～25(蜂窝式)
同极间距	mm	250～400
烟气流速	m/s	⩽3.5(板式)
		⩽3.0(蜂窝式)
气流分布均匀性相对均方根差	—	⩽0.2

续表

项 目	单 位	主要工艺参数及效果
压力降	Pa	≤250(板式)
		≤300(蜂窝式)
流量分配极限偏差	%	±5
出口颗粒物浓度	mg/m^3	≤10 或≤5
除尘效率	%	70～90

若湿式电除尘器内部运行温度高，水很容易汽化，将导致阴、阳极短路，甚至无法正常运行。所以湿式除尘器入口烟气需为饱和烟气，入口烟气温度应在饱和烟气温度以下，一般应小于60℃。

湿式电除尘器性能要求见表18-43。

表18-43 湿式电除尘器性能要求

项 目	单位	板式湿式电除尘器要求	管式湿式电除尘器要求
除尘效率	%	70～90	70～85
出口颗粒物浓度	mg/m^3	≤10,最低可达5以下	≤10,最低可达5以下
本体压力降(不含除雾器及烟道)	Pa	≤250(改造项目≤350)	≤300
漏风率	%	≤1	≤2
气流分布均匀性相对均方根差	—	≤0.2	≤0.2

湿式电除尘器去除颗粒物的效果较为稳定，基本不受燃煤机组负荷变化的影响，因此对于煤质波动大、负荷变化幅度大且较为频繁等严重影响一次除尘效果的电厂，适合采用湿式电除尘器作为超低排放技术的二次除尘。

湿式电除尘器作为燃煤电厂污染物控制的强化处理设备，一般与干式电除尘器和湿法脱硫系统配合使用，也可与低低温电除尘技术、电袋复合除尘技术、袋式除尘技术等组合使用，对$PM_{2.5}$、SO_3酸雾、重金属等多污染物协同治理，实现燃煤电厂颗粒物超低排放。

当要求颗粒物排放浓度小于$10mg/m^3$时，湿式电除尘器入口颗粒物浓度宜小于$30mg/m^3$，一般不超过$50mg/m^3$；当要求颗粒物排放浓度小于$5mg/m^3$时，入口颗粒物浓度宜小于$20mg/m^3$，一般不超过$30mg/m^3$；当入口颗粒物浓度较高时，可通过增加比集尘面积、降低气流速度等方法提高除尘效率。

截至2017年年底，火电厂安装湿式电除尘器机组容量约1.3×10^8kW，占全国煤电机组容量的13.3%，且有多套单机1000MW机组投入运行。

8. 电除尘供电电源新技术

近年来，我国电除尘供电电源的新技术开发取得了很大进展。以高频高压电源、中频高压电源和三相工频高压电源和脉冲高压电源为代表的多种新型电源开发成功并得到广泛应用。这些新型电源大多具备高效率、高功率因数、节能等特点，具备直流和脉冲两种工作方式。另外，电除尘电源控制新技术如节能闭环控制、断电振打控制、反电晕控制等新技术的开发和应用，也给电除尘提效节能增添了巨大的提升空间。结合燃煤性质、飞灰性质、烟气性质等工况条件，科学合理选用电除尘器高压电源或高压电源组合是一个非常重要的工作，同时还应有针对性地应用电除尘电源控制新技术。

(1) 高频高压电源 高频电源采用现代电力电子技术，将三相工频电源经三相整流成直流，经逆变电路逆变成10kHz以上的高频交流电流，然后通过高频变压器升压，经高频整流器进行整流滤波，形成几十千赫兹的高频脉动电流供给电除尘器电场。高频高压电源原理框图如图18-57所示。高频电源主要包括逆变器、变压器和控制器三个部分。其中，全桥变换器实现直流到高频交流的转换，高频变压器/高频整流器实现升压整流输出，为电除尘器提供供电电源。其功率控制方法有脉冲高度调制、脉冲宽度调制和脉站频率调制三种方法。高频电源的供电电流由一系列窄脉冲构成，其脉冲幅度、宽度及频率均可以调整。这就意味着可以给电除尘器提供从纯直流到脉冲的各种电压波形，因而可以根据电除尘器的工况，提供最佳电压波形，达到节能减排的效果。

高频电源具有以下技术特点：a. 高频电源在纯直流供电条件下，可以在逼近电除尘器的击穿电压下稳定工作，这样就可以使其供给电场内的平均电压比工频电源供给的电压提高25%～30%，一般纯直流方式应用于电除尘器的前电场，电晕电流可以提高1倍；b. 高频电源工作在脉冲供电方式时，其脉冲宽度在几百微秒到几毫秒之间，在较窄的高压脉冲作用下可以有效提高脉冲峰值电压，增加高比电阻粉尘的荷电量，

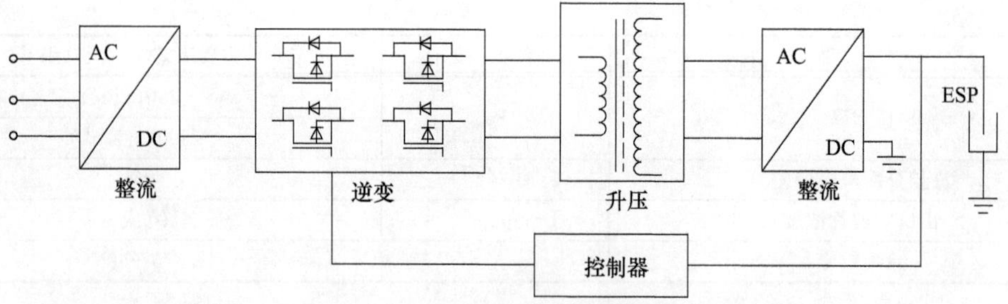

图 18-57 高频高压电源原理图

克服反电晕，增加粉尘驱进速度，提高电除尘器的除尘效率并大幅度节能；c. 控制方式灵活，可以根据电除尘器的具体工况提供最合适的波形电压，提高电除尘器对不同运行工况的适应性；d. 高频电源本身效率和功率因数均可达 0.95，远远高于常规工频电源，同时高频电源具有优越的脉冲供电方式，所以节能效果比常规电源更为显著；e. 高频电源可在几十微秒内关断输出，在很短的时间内使火花熄灭，5～15ms 恢复全功率供电，在 100 次/min 的火花率下平均输出高压无下降；f. 体积小，质量轻（约为工频电源的 1/5～1/3），控制柜和变压器一体化，并直接在电除尘顶部安装，节省电缆费用 1/3，由于不单独使用高压控制柜，还可以减少控制室的面积，降低基建的工程造价。

高频电源作为新型高压电源，除具备传统电源的功能外，还具有高除尘效率、高功率因数、节约能耗、体积小、结构紧凑等突出优点，同时具备直流和间歇脉冲供电等两种以上优越供电性能和完善的保护功能等特点，已成为 GB 13223—2011 实施后电力行业中最主要的电除尘器供电电源。

大量工程实例证明，高频电源工作在纯直流方式下，可以大大提高粉尘荷电量，提高除尘效率；应用于高粉尘浓度的电场，可以提高电场的工作电压和荷电电流。特别是在电除尘器入口粉尘浓度高于 $30g/m^3$ 和高电场风速（>1.1m/s）时，应优先考虑在第一电场配套应用高频高压电源；当粉尘比电阻比较高时，电除尘器后级电场选用高频电源，应用间歇脉冲供电工作方式以克服反电晕，提高除尘效率并节能；在以提效节能为主要目的的应用中，可在整台电除尘器配置高频电源，并同时应用断电（减功率）振打等新控制系统，实现提效与节能的最大化。

目前燃煤电厂除尘器配置高频电源已大面积取代常规工频电源，脉冲电源在多个电厂成功应用。如江苏阚山发电厂 1#、2# 机组静电除尘器 1、2、3 电场采用高频电源，收集大颗粒和易收尘粉尘；4、5 电场采用脉冲电源，收集高比电阻和难收粉尘，提高脱除效率同时减少能耗。经过几年发展，高频电源已在大批百万千瓦机组电除尘器中应用。

(2) 三相工频高压电源 三相工频高压电源是采用三相 380VAC/50Hz 交流输入，各相电压、电流、磁通的大小相等，相位上依次相差 120°，通过三路六只可控硅反并联调压，经三相变压器升压整流，对电除尘器供电。三相工频高压电源电网供电平衡，无缺相损耗，可以减少初级电流，设备效率较常规电源高。

同常规单相高压电源比较，三相电源输出电压的纹波系数较小，二次平均电压高，输出电流大，对于中、低比电阻粉尘，需要提高运行电流的扬合，可以显著提高除尘效率。

三相工频高压电源具有以下技术特点：a. 输出直流电压平衡，较常规电源波动小，运行电压可提高 20%以上，可提高除尘效率；b. 三相供电平衡，提高设备效率，有利于节能；c. 三相电源在电场闪络时的火花强度大，火花封锁时间更长，需要采用新的火花控制技术和抗干扰技术。

三相工频高压电源应用于高粉尘浓度的电场，可以提高电场的工作电压和荷电电流。适合应用于电除尘器比较稳定的工况条件。

脉冲高压电源以窄脉冲（120μs 及以下）电压波形输出为基本工作方式，其主要目的是在不降低或提高除尘器运行峰值电压的情况下，通过改变脉冲重复频率调节电晕电流，以抑制反电晕的发生，使电除尘器在收集高比电阻粉尘时有更高的收尘效率。因此，脉冲高压电源主要用于克服高比电阻粉尘反电晕、提高除尘效率的场合。

中频高压电源具有与高频高压电源相类似的特点：电源三相输入，三相供电平衡，无缺相损耗，功率因数与电源效率均可达 0.9。中频高压电源应用于高粉尘浓度的电场，可以提高电场的工作电压和荷电电流。当粉尘比电阻比较高时，中频电源应用脉冲供电以克服反电晕。

9. 电除尘的其他新技术

(1) 机电多复式双区电除尘技术 在电场结构上不仅将粉尘荷电区与收尘区分开，而且采用连续的多个小双区进行复式配置；同时在配电上，采用独立电源分别对荷电区与收尘区供电，使荷电与收尘各区段的电气运行条件最佳比。

由于收尘区采用了高场强的圆管-板式极配，实现了高电压低电流的运行特性，有效提高了对电除尘器后级电场细微粉尘的捕集，并可有效抑制高比电阻粉尘条件下的反电晕发生和低比电阻粉尘条件下的粉尘二次反弹，从而可提高并稳定除尘效率。

机电多复式双区电除尘技术特点：a. 采用由数根圆管组合的辅助电晕极与阳极板配对，运行电压高，场强均匀，电晕电流小，能有效抑制反电晕，并由于圆管电晕极的表面积大，可捕集正离子粉尘，从而达到节电和提高除尘效率的目的；b. 一般仅用于最后一个电场，单室应用时需增加一套高压设备，而且辅助电极比普通阴极成本高。

双区电除尘器是一种强化电除尘荷电与收尘机理的电除尘模式，其荷电区和收尘区在结构上是完全分开来的。双区电除尘器克服了常规单区电除尘器荷电与收尘互相牵制的缺点，对细粉尘、高比电阻粉尘捕集具有特殊效果。

我国企业自主开发的新型双区电除尘器不仅将荷电区与收尘区分开，而且采用连续的多个小双区复式配置，使各区的电气运行条件最佳化。国内自 2004 年燃煤电厂第一台双区电除尘器投运以来，至今累计已成功投运 100 多台，最大配套火电装机容量为 1000MW 机组。

(2) SO_3 烟气调质技术　借助飞灰表面毛细孔的孔壁场力、静电力等力的作用，调质剂（如水汽或硫酸）首先被吸附并凝结在这些毛细孔内，继而扩展到整个飞灰表面，形成一层液膜。飞灰表层所含的可溶金属离子，将溶于形成的液膜中，而变得易于迁移。在电场力作用下，溶于膜中的离子以膜为媒介，快速迁移，传递电荷。此外，通过改变飞灰的黏附性以及飞灰颗粒之间的作用力，增大飞灰的粒径，提高粉尘层间的黏附能力，减少二次扬尘。

SO_3 烟气调质技术以固态硫黄为原料，经熔化硫黄、燃烧硫黄生成 SO_2、SO_3 催化这三道简单工序后，最终制得 SO_3。

运行中可根据煤种变化、负荷大小和浊度，全自动控制设备的投用与否及 SO_3 注入率的大小，保证排放达标下最经济运行。图 18-58 所示为 SO_3 注入量对除尘效率的影响及双重烟气调质前后粉尘比电阻变化的对比。

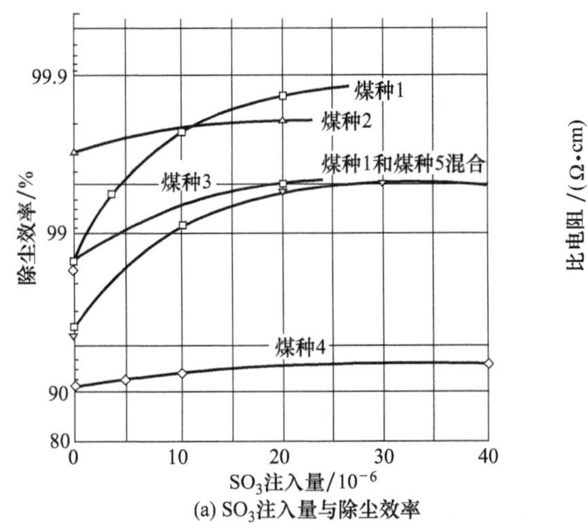

(a) SO_3注入量与除尘效率

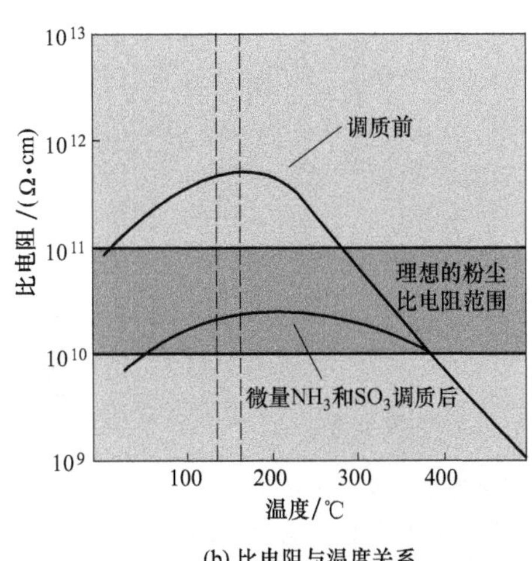

(b) 比电阻与温度关系

图 18-58　SO_3 注入量对除尘效率的影响及双重烟气调质前后粉尘比电阻的变化

由图 18-58 可见，微量的 NH_3 和 SO_3 调质后，粉尘的比电阻可以下降 1～2 个数量级，降至电除尘器的理想比电阻范围。

SO_3 烟气调质技术具有以下特点：a. 能够有效地降低粉尘比电阻，提高电除尘器对高比电阻粉尘的除尘效率；b. 能够继续保留电除尘器低阻、高可靠性的特点；c. 适用于粉尘比电阻≥$1.0\times10^{11}\Omega\cdot cm$ 场合，但应用具有一定的局限性，不是所有的工况都适合使用，也会受烟气条件和粉尘性质的影响和制约；其对煤种、烟气条件的适应性往往需经过理论分析后，再经实际实验来确定；d. SO_3 注入量要适量并控制好，避免 SO_3 逃逸。

SO_3 烟气调质技术是一种非常成熟的技术，在欧美发达国家燃煤锅炉上的应用已有近半个世纪历史，全世界运行的烟气调质系统已经超过 500 套。典型的烟气调质公司有德国 Pentol 公司、美国 Wahlco 公司，两家公司的应用业绩均达到100多台。

我国通过引进技术国产化的SO_3烟气调质设备早已成功应用，至今已完成2台200MW机组、4台300MW机组、12台600MW机组、4台1000MW机组的工程应用。

(3) 电凝并技术 电凝并是通过提高细颗粒物的荷电能力，促进细颗粒以电泳方式到达飞灰颗粒表面的数量增加，从而增强颗粒间的凝并效应。电凝并的效果取决于粒子的浓度、粒径、电荷的分布以及外电场的强弱，不同粒子的不同运动速率和方向导致了细颗粒物间的碰撞和凝并。目前，电凝并研究主要可概括为4个方面：a. 异极性荷电粉尘在交变电场中的凝并；b. 同极性荷电粉尘在交变电场中的凝并；c. 异极性荷电粉尘在直流电场中的凝并；d. 异极性荷电粉尘的库仑凝并。其中，异极性荷电粉尘在交变电场中的凝并被认为是电凝并除尘技术的主要发展方向。

电凝并是一种可使细颗粒长大的重要预处理手段，在声、磁、电、热、化学等多种外场促进技术中，电凝并被认为是最为可行的方式，将其和现有电除尘器结合可望显著提高对细颗粒物的脱除效果，具有重要的工业应用前景。

澳大利亚Indigo（因迪格）技术有限公司于2002年推出了Indigo凝聚器工业产品，至2008年10月，Indigo凝聚器已经在澳大利亚、美国、中国等国家的8家电厂中使用。但目前除了利用双级静电凝并技术的Indigo凝聚器有工程应用实例，以及浙江菲达公司与浙江大学于2012年5月在上海吴泾电厂投入工业化试验外，其他相关工程的实际应用报道较少，因而电凝并技术研究总体上还处于实验室研究阶段。

淮北平山电厂1号炉660MW机组于2015年10月投运，采用低低温电除尘技术，前置烟道设置电凝聚器，每台炉配2台双室五电场电除尘器，每台电除尘器由4个固定电极电场和1个旋转电极电场组成，固定电极电场左右分小区，全部采用高频电源供电。不设湿式电除尘器。

淮北平山电厂1号炉电除尘器及电凝聚器布置如图18-59所示。

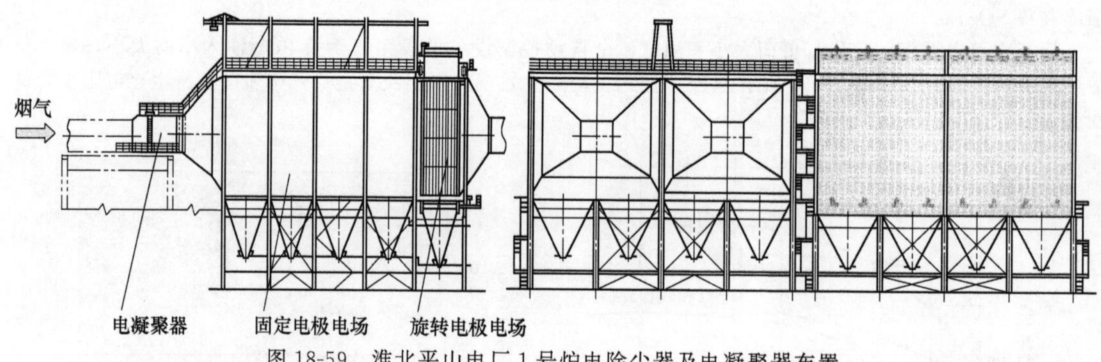

图18-59 淮北平山电厂1号炉电除尘器及电凝聚器布置

2006年经有关质检中心测定，电凝聚器投运前后，电除尘器出口$PM_{2.5}$浓度分别为3.8mg/m^3、2.4mg/m^3，$PM_{2.5}$浓度下降率为37%。电凝聚器压力降为10^3Pa。

三、袋式除尘器

1. 袋式除尘的原理及其性能参数

袋式除尘器也称为过滤式除尘器。袋式除尘器技术是通过利用纤维纺织物制作的袋状过滤元件来捕集含尘气体中的固体颗粒物，达到气固分离的目的，其过滤机理主要有以下几种。

1）筛滤作用。除尘器的滤料网眼一般为5～10μm，当粉尘粒径大于网眼或空隙直径或粉尘沉积在滤料间的尘粒间空隙时，粉尘即被阻留下来。对于新的织物滤料，由于纤维间的空隙即孔径远大于粉尘粒径，所以筛滤作用很小，但当滤料表面沉积大量粉尘形成粉尘层后，筛滤作用显著增强。

2）惯性碰撞作用。一般粒径较大的粉尘主要依靠惯性碰撞作用捕集。当含尘气流接近滤料的纤维时气流将绕过纤维，其中较大的粒子（>1μm）由于惯性作用，偏离气流流线，继续沿着原来的运动方向前进，撞击到纤维上而被捕集。所有处于粉尘轨迹临界线内的大尘粒均可到达纤维表面而被捕集。这种惯性碰撞作用，随着粉尘粒径及气流流速的增大而增强。因此，提高通过滤料的气流流速，可提高惯性碰撞作用。

3）拦截作用。当含尘气流接近滤料纤维时，较细尘粒随气流一起绕流，若尘粒半径大于尘粒中心到纤维边缘的距离时尘粒即因与纤维接触而被拦截。

4）扩散作用。对于小于1μn的尘粒，特别是小于0.2μm的亚微米粒子，在气体分子的撞击下脱离流线，像气体分子一样做布朗运动，如果在运动过程中和纤维接触即可从气流中分离出来。这种作用称为扩散作用，它随流速的降低、纤维和粉尘直径的减小而增强。

5）静电作用。许多纤维纺织的滤料，当气流穿过时，由于摩擦会产生静电现象，同时粉尘在输送过程中也会由于摩擦和其他原因而带电，这样会在滤料和尘粒之间形成一个电位差，当粉尘随着气流趋向滤料时，由于库仑力作用促使粉尘和纤维碰撞并增加滤料对粉尘的吸附力而被捕集，提高捕集效率。

6）重力沉降作用。当缓慢运动的含尘气流进入除尘器后，粒径和密度大的尘粒可能因重力作用而自然沉降下来。

一般来说，各种除尘机理并不是同时有效，而是一种或几种联合起作用。而且，随着滤料的空隙、气流流速、粉尘粒径以及其他原因的变化，各种机理对不同滤料的过滤性能的影响也不同。实际上，新滤料在开始滤尘时除尘效率很低，使用一段时间后粗尘会在滤布表面形成一层粉尘初层。

图 18-60 是袋式除尘器除尘原理示意。当含尘气体通过洁净滤袋时，由于洁净滤袋的网孔较大，大部分微细粉尘会随气流从滤袋的网孔中通过，只有粗大的尘粒能被阻留下来，并在网孔中产生“架桥”现象。随着含尘气体不断通过滤袋的纤维间隙，纤维间粉尘“架桥”现象不断加强，一段时间后，滤袋表面积聚一层粉尘，这层粉尘被称为初层。形成初层后，气体流通的孔道变细，即使很细的粉尘，也能被截留下来。因此，此时的滤布只起支撑的骨架作用，真正起过滤作用的是尘粒形成的过滤层。随着粉尘在滤布上的积累，除尘效率不断增加，同时阻力也不断增加。当阻力达到一定程度时，滤袋两侧的压力差会把有些细微粉尘从细微孔道中挤压过去，反而使除尘效率下降。另外，除尘器的阻力过高也会使风机功耗增加、除尘系统气体处理量下降，因此当阻力达到一定值后要及时进行清灰。但清灰时不应破坏初层，以免造成除尘效率下降。

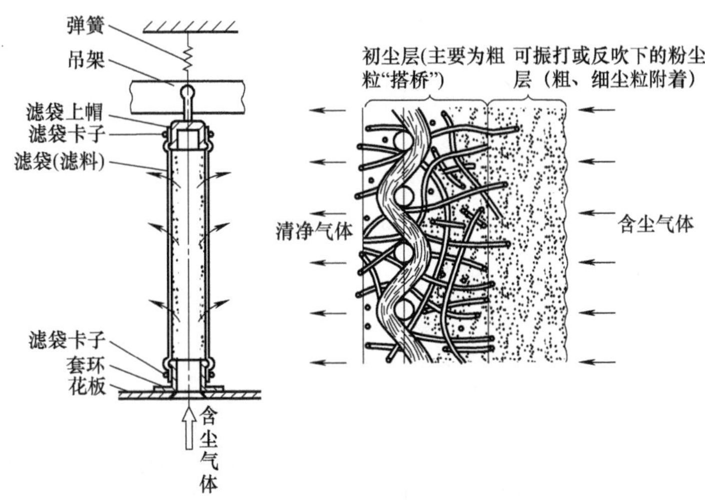

图 18-60　袋式除尘器除尘原理示意

表示袋式除尘器工作性能的主要参数有除尘效率、除尘器阻力及过滤风速等。

(1) 除尘效率　除尘效率是指含尘气流通过袋式除尘器时，在单位时间内捕集下来的粉尘量占进入除尘器的粉尘量的百分数，用公式表示为：

$$\eta=\frac{G_c}{G_i}\times 100 \tag{18-18}$$

式中　η——除尘效率，%；

G_c——被捕集的粉尘量，kg/h；

G_i——进入除尘器的粉尘量，kg/h。

除尘效率是衡量除尘器性能最基本的参数，表示除尘器处理气流中粉尘的能力，它与滤料运行状态有关，并受粉尘性质、滤料种类、阻力、粉尘层厚度、过滤风速及清灰方式等诸多因素影响。

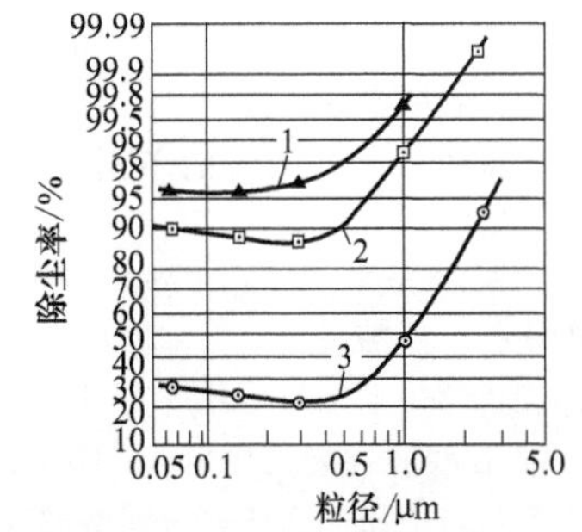

图 18-61　某种滤料在不同状态下对各种粒径粉尘的除尘效率

1—滤料积尘层；2—滤料清灰后；3—洁净滤料

图 18-61 为某种滤料在不同状态下对各种粒径粉尘的除尘率。新滤袋的除尘率较低，随着运行时间延长，初始层逐渐形成。当滤袋上附着的粉尘达到 2～3g/m^2 时，除尘率就能超过 90%；达到 150g/m^2，

就能超过99%（按常见的粉尘浓度2.5g/m^3计，前者约需1min，后者约需1h）。滤袋经过清灰后，还残余一些粉尘，经历一段周期性的过滤清灰后，残留粉尘就趋于稳定。这时的除尘率一般将保持大于99%，如使用得当甚至可超过99.9%。在正常状态下，它对粉尘中亚微米（粒径<1μm）部分的除尘率通常大于90%。

(2) 除尘器阻力 袋式除尘器的阻力比除尘效率有着更重要的技术和经济意义。它不仅决定除尘器的能量消耗，而且决定除尘效率和清灰时间间隔。袋式除尘器的阻力与它的结构形式、滤料特性、过滤风速、粉尘性质和浓度、清灰方式、气体的温度和黏度等因素有关。

袋式除尘器的阻力（Δp）一般由除尘器的结构阻力（Δp_c）、清洁滤料阻力（Δp_f）及滤料上积附的粉尘层的阻力（Δp_d）三部分所组成。即：

$$\Delta p=\Delta p_c+\Delta p_f+\Delta p_d$$

除尘器的结构阻力（Δp_c）包括气体通过除尘器进、出口以及灰斗内的挡板等部位所消耗的能量。在正常过滤速度下，该项阻力一般为200～500Pa。

清洁滤料的阻力是指未过滤粉尘前的阻力。滤料过滤粉尘后，其上沉积有粉尘，从而产生附加的阻力，其大小与粉尘的性质有关。在一般情况下，$\Delta p_f=50\sim200$Pa。清洁滤料的阻力系数取决于滤料的结构，而粉尘层的阻力系数与滤料单位面积上的粉尘质量，即粉尘负荷成正比。

(3) 过滤风速（气布比） 袋式除尘器的过滤风速是指气体通过滤布时的平均速度。在工程上是指单位时间通过单位面积滤布含尘气体的流量。过滤风速的计算公式为：

$$v_F=\frac{Q}{60A} \tag{18-19}$$

式中 v_F——过滤风速，m/min [m^3/(m^2·min)]；

Q——通过滤料的烟气量，m^3/h；

A——滤料的面积，m^2。

过滤风速是反映过滤除尘器处理能力的主要技术经济指标。在实际运行中它是由滤料种类、粉尘粒径、粉尘的性质及清灰方式而确定的。提高过滤风速可以减少过滤面积，提高滤料的处理能力。但风速过高会把滤袋上的粉尘压实，使阻力加大。由于滤袋两侧的压力差增大，会使细微粉尘反向透过滤料，而使除尘效率下降。过滤风速过高还会引起频繁的清灰，增加清灰能耗，减少滤袋的使用寿命等。风速低，阻力也低，除尘效率高，但在气体处理量一定的情况下过滤面积增加，除尘器的体积、占地面积、设备投资也会加大。因此，过滤风速的选择要综合考虑各种影响因素。一般选用范围为0.2～6m/min。过滤风速与除尘效率的关系曲线如图18-62所示。

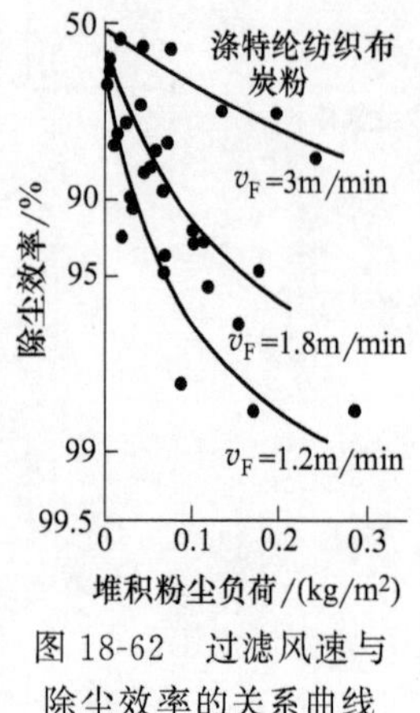

图18-62 过滤风速与除尘效率的关系曲线

2. **袋式除尘器的分类**

根据清灰方法的不同，袋式除尘器共分为以下4类。

(1) 机械振打类 利用机械装置（电动、电磁或气动装置）使滤袋产生振动而清灰的袋式除尘器，有适合间歇工作的停风振打和适合连续工作的非停风振打两种构造型式。

(2) 反吹风类 利用阀门切换气流，在反吹气流作用下使滤袋缩瘪与鼓胀发生抖动来实现清灰的袋式除尘器。

(3) 脉冲喷吹类 以压缩气体为清灰动力，利用脉冲喷吹机构在瞬间放出压缩空气，高速射入滤袋，使滤袋急剧鼓胀，依靠冲击振动和反向气流而清灰的袋式除尘器。

根据喷吹气源压强的不同可分为低压喷吹（<0.25MPa）、中压喷吹（0.25～0.5MPa）、高压喷吹（>0.5MPa）。

① 离线脉冲袋式除尘器是指滤袋清灰时切断过滤气流，过滤与清灰不同时进行的袋式除尘器。采用低压喷吹、中压喷吹或高压喷吹的离线脉冲袋式除尘器分别称为低压喷吹离线脉冲袋式除尘器、中压喷吹离线脉冲袋式除尘器和高压喷吹离线脉冲袋式除尘器。

② 在线脉冲袋式除尘器是指滤袋清灰时，不切断过滤气流，过滤与清灰同时进行的袋式除尘器。采用低压喷吹、中压喷吹或高压喷吹的在线脉冲袋式除尘器分别称为低压喷吹在线脉冲袋式除尘器、中压喷吹在线脉冲袋式除尘器和高压喷吹在线脉冲袋式除尘器。

③ 气箱式脉冲袋式除尘器是指除尘器为分室结构，清灰时把喷吹气流喷入一个室的净气箱，按程序逐室停风、喷吹清灰的袋式除尘器。

④ 行喷式脉冲袋式除尘器，是指以压缩空气用固定式喷管对滤袋逐行进行清灰的袋式除尘器。

⑤ 回转式脉冲袋式除尘器，是指以同心圆方式布置滤袋束，每束或几束滤袋布置 1 根喷吹管，每个脉冲阀承担 1 根喷吹管或几根喷吹管，对滤袋进行喷吹的袋式除尘器。

(4) 复合式清灰类　采用两种以上清灰方式清灰的袋式除尘器。

3. 袋式除尘器的清灰装置

清灰装置虽然种类繁多，但其基本作用不外乎三种，即机械振打、洁净烟气反吹和利用压缩气体脉冲喷吹。如图 18-63 所示。

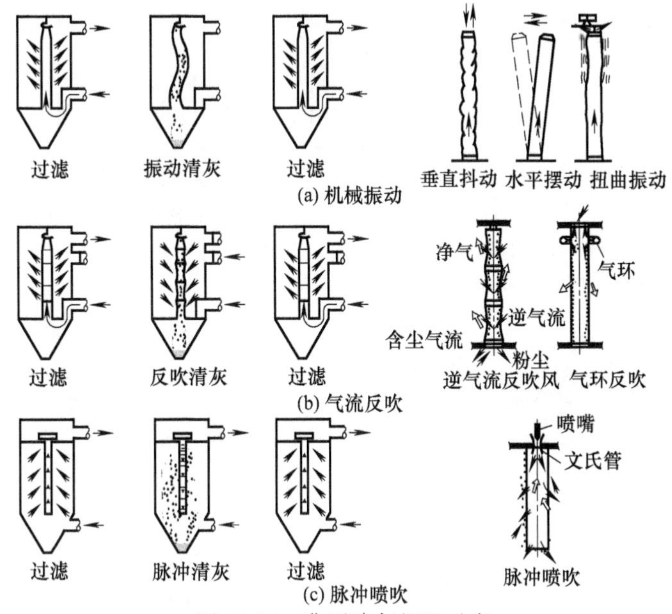

图 18-63　典型清灰机理示意

比较机械振动、气流反吹和脉冲喷吹：前两者的清灰能力弱于脉冲喷吹，较难清灰的粉尘用后者更适宜；在相同的使用条件下，前者的压力降常高于脉冲喷吹；用前两者方法都要在滤袋停止过滤后才能清灰（即“离线清灰”），只能用于间歇工作的除尘器，或增加一部分储备的滤袋，气流轮流清灰、脉冲喷吹则不一定要在停止过滤时清灰（即可以“在线清灰”）；使用脉冲喷吹清灰的除尘器能处理含尘浓度很高的气体，而前两者在含尘浓度很高时则需增加预除尘器；机械振动清灰的运行维护费用较高，脉冲喷吹清灰系统需要有良好的高压气源，阀等部件要注意维修，气流反吹清灰系统结构较简单，运动部件不多，维修工作量较少；在相同的使用条件下，气流反吹的滤袋寿命比脉冲喷吹的长；脉冲喷吹袋式除尘器的最大优点是在处理气体量相同的情况下，它所需要的滤料面积比前两者少得多，因而设备体积、质量、占地面积都相应小得多，初投资也就少得多。由于脉冲喷吹袋式除尘器优点较多，所以应用面日益扩大。目前，电力行业最常用的袋式除尘器按清灰方式可分为低压回转脉冲喷吹袋式除尘器和中低压行喷式脉喷吹袋式除尘器。

(1) 固定行脉冲喷吹袋式除尘器　固定行脉冲喷吹袋式除尘器如图 18-64 所示。脉冲袋式除尘器本体由进口烟箱、出口烟箱、上箱体（净气室）、喷吹装置、中箱体（过滤室）、灰斗卸灰装置及支架等组成。另外，袋式除尘系统还包括喷吹压缩空气系统及控制系统。固定行脉冲喷吹清灰系统的清灰过程如图 18-65 所示。

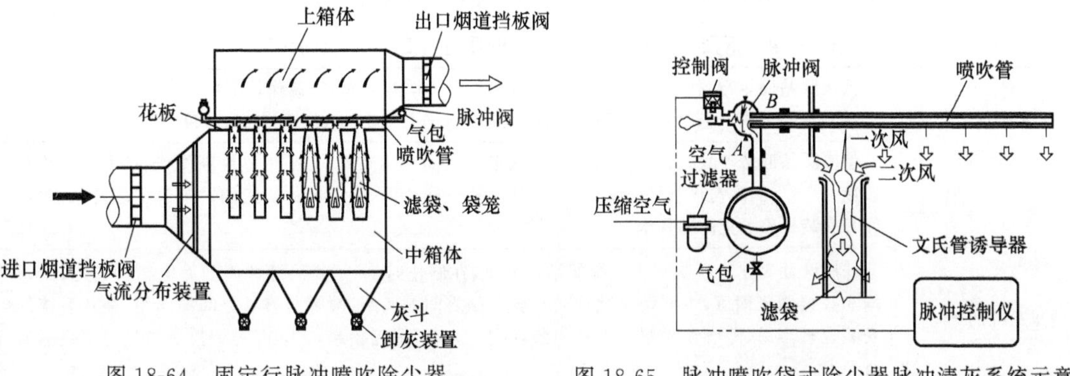

图 18-64　固定行脉冲喷吹除尘器　　图 18-65　脉冲喷吹袋式除尘器脉冲清灰系统示意

低压脉冲固定行喷吹的清灰系统主要由脉冲阀、气箱、喷吹管组成。花板孔为圆形且呈方阵规则布置，滤袋、袋笼也为圆形。每排滤袋的正上方安装一根喷吹管，一个脉冲阀控制一根喷吹管，一根喷吹管上装设多个喷嘴，每个喷嘴对应一条滤袋。清灰时，脉冲阀急速开启，气箱内的压缩空气通过喷吹管的喷嘴高速喷出，同时引射数倍的周围气体吹入各条滤袋，引起滤袋的膨胀和抖动，使附着在外壁上的粉尘从滤料上剥离，实现滤袋的清灰。

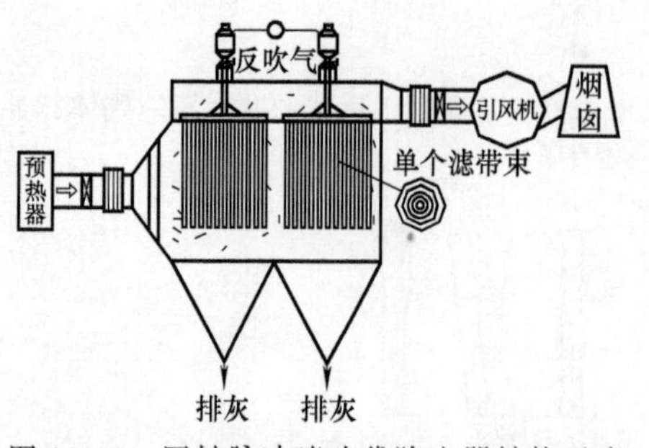

图 18-66 回转脉冲喷吹袋除尘器结构示意

(2) 回转脉冲喷吹袋式除尘器 回转脉冲喷吹袋式除尘器如图 18-66 所示。

从锅炉空气预热器排出的烟气通过烟道先进入扩散器，扩散器内安装有气流均布装置，使烟气流速降低并均匀进入袋室。烟气从外到内通过滤袋过滤后从袋口进入袋室上箱(净气室)，再经引风机排出。随着过滤的进行，滤袋内外的压差逐渐增加，当压差达到设定值时，清灰系统开始工作，直到压差低于设定值。清下的粉尘通过灰斗排出，达到除尘目的。

低压脉冲回转喷吹清灰系统的结构及清灰过程如图 18-67 所示。

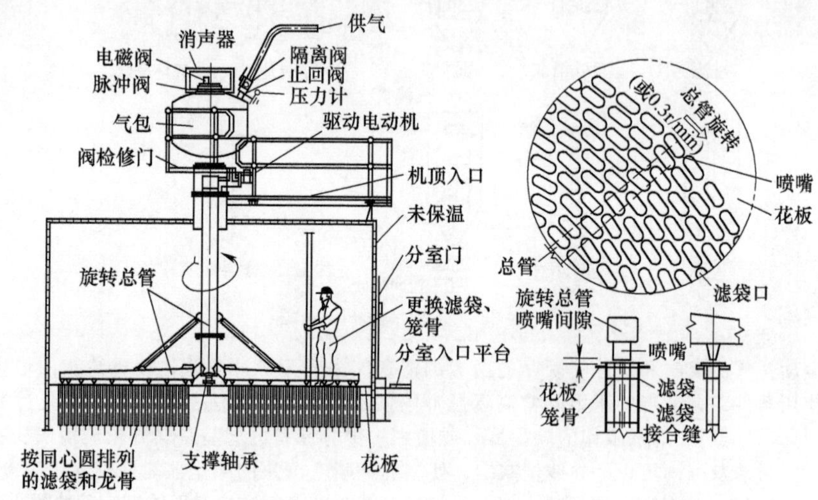

图 18-67 回转脉冲喷吹系统

低压脉冲回转喷吹清灰系统的结构比较复杂，主要由大尺寸脉冲阀、储气罐、回转喷吹装置、动力组组成。花板孔为椭圆形呈同心圆布置，滤袋、袋笼也为椭圆形。低压脉冲回转喷吹以滤袋束为单元设置回转喷吹装置，回转喷吹装置一般有 3～4 个喷吹臂，以滤袋束的中心旋转，每个喷吹壁上设置若干喷嘴，对应每圈滤袋。清灰时，喷吹臂在旋转，脉站阀急速开启，将储气罐内大量的压缩空气吹入各条滤袋，引起滤袋的膨胀和抖动，使附着在外壁上的粉尘从滤料上剥离，实现滤袋的清灰。

清灰系统是袋式除尘器的核心设备，清灰是粉尘收集的重要过程，有效的清灰能够增加除尘效率，降低除尘器运行阻力，还能增加滤袋使用寿命。两种清灰系统的比较列于表 18-44。

表 18-44 低压脉冲固定行喷吹与低压脉冲回转喷吹的比较

花板结构	低压脉站固定行喷吹方式的花板孔为圆形且呈方阵规则布置，制作较简单，采用分块制作，现场安装时再拼装成一个单元；花板在安装时需控制平面度、间距和花板孔的直线度，安装容易
	低压脉站回转喷吹方式的花板孔为椭圆形且呈同心圆布置，也采用分块制作，现场安装时再拼装成一个单元，除需控制平面度外，重点是要找正同心度，同心度的找正相对来说比较复杂，对制作和安装提出了更高的要求
清灰系统的结构	低压脉冲固定行喷吹清灰系统的结构简单，在制作时，除了安装脉冲阀的面需精加工外，其余均靠焊接制作即可，主要控制脉冲阀与脉冲阀之间的间距、喷嘴与喷嘴之间的间距；清灰系统的安装也较容易，除气箱需起吊工具吊装，喷吹管人工即能抬起，安装时需要控制喷嘴与滤袋垂直对中度

续表

清灰系统的结构	低压脉冲回转喷吹清灰系统的结构较复杂，零部件较多，除了脉冲阀、储气罐、动力组外，回转喷吹装置就包括进气管、齿轮箱、大齿轮、传动支座、中间管、底部管、喷吹臂、轴承座等。清灰系统的制作和安装都比较复杂，除了需焊接制作外，各零部件的安装面都是精加工面；在安装时大部分零部件都需起吊工具吊装，且需控制喷口旋转形成的水平面、各喷口与滤袋的同心度和对中度、回转喷吹装置的水平度和垂直度，并且需保证回转阻力最小，因此清灰系统安装的好坏影响到整个滤袋束单元
更换滤袋、袋笼	由于低压脉冲固定行喷吹的滤袋正上方都安装有喷吹管，当需要更换滤袋、袋笼时，必须先拆除喷吹管，并在更换完后复位，工作量大，更换滤袋、袋笼不方便
	低压脉冲回转喷吹的旋转臂可以自由地转动，更换滤袋、袋笼时只需把挡住滤袋和袋笼的旋转臂转开，就可以方便地把袋笼和滤袋取出和装入
清灰压力、清灰气源和使用寿命	低压脉冲固定行喷吹方式喷吹定位准确，清灰压力为0.2～0.4MPa，清灰力强，清灰较彻底；清灰气源采用空压机产生的压缩空气，品质要求比较高，需保证气体干燥，无油水，以免造成糊袋现象
	低压脉冲回转喷吹的清灰压力为0.085～0.1MPa，对滤袋的损伤小，相对于低压脉冲固定行喷吹降低了能耗而且可以延长滤袋寿命，据国外资料介绍可以延长20%～40%；清灰气源采用萝茨风机供气，出口温度可达100℃以上，可避免结露现象。低压脉冲回转喷吹采用低压、大流量、模糊脉冲清灰方式，压缩空气有时不能完全喷入滤袋内部，清灰不彻底，若安装误差较大，储气罐容量设计不足，则极易造成除尘器的阻力过大
占地面积	这两种清灰方式的除尘器箱体的结构、烟气的进气方式都可以设计成相似结构，但低压脉冲固定行喷吹方式的花板孔为圆形且呈方阵规则布置，间距较大
	低压脉冲回转喷吹除尘器的滤袋按同心布置，滤袋为椭圆形，布置紧凑，占地比低压脉冲固定行喷吹方式的除尘器减少20%。造价低，但花板四个角落闲置，未能有效利用
需要的脉冲阀的数量及清灰系统的故障率	脉冲固定行喷吹方式采用小口径脉冲阀(如2.5″、3″、4″)，每个脉冲阀一般可以喷吹14～18条滤袋，因此需要的脉冲阀较多，脉冲阀的故障点就比较多，不利于运行维护管理，但若个别脉冲阀出现故障时对除尘器整体的运行性能影响不大，而且清灰系统没有运转部件，运行稳定可靠
	低压脉冲回转喷吹采用大型脉冲阀(如8″、10″、12″、14″)，每个脉冲阀可以喷吹多达1000条滤袋，一台200MW机组的除尘器脉冲阀数量仅8个，而脉冲固定行喷吹方式需要440个，相差近50倍，因此需要的脉冲阀数量极少，脉冲阀的故障点比较少，运行维护工作量小；但由于一套清灰系统控制一个滤袋束单元，且一直在做旋转运动(转速约1r/min)，脉冲阀和动力组是否正常运行，旋转阻力是否过大等都将影响清灰系统的工作，对除尘器整体的运行性能影响较大，另外回转喷吹装置经过长时间的运转会造成一定的磨损，影响清灰，需定时维护

4. 布袋除尘器滤袋材质

用于袋式除尘器的滤料主要有机织物、非织造材料和复合材料。机织滤料作为传统加工方式，因为其生产成本低廉，在滤料市场上仍然占有一席之地；非织造材料由于其复杂的三维网络结构，在有限的材料空间内含有大量的微孔和弯曲通道，具有良好的过滤性能，是除尘滤袋的理性材料。复合材料通过覆膜、涂层/层合、原料差别化、工艺差别化等技术手段使材料的过滤性能更为优异，更加符合环保要求。

(1) 聚苯硫醚(PPS)　PPS具有极佳的耐碱性，较好的耐酸性，但PPS的抗氧化性能比较弱，在含氧量高或煤质含硫量较高的工况中均不适用。其耐温为160～180℃，可在160℃温度下连续工作运行，瞬间可以承受190℃的高温。当运行温度超过190℃，PPS的强力会急剧衰减；当被处理的烟气中氧(O_2)含量超过8%时，PPS会被氧化，即PPS大分子结构中的S和O结合，生产SO_x。使原本PPS分子结构变化，不具有原本的耐酸、耐碱性能，从而失去强力，直接表现就是“破袋”。当烟尘含氧量超过15%时，就不能使用该种滤料。

(2) 芳香族聚酰胺合成纤维　此类纤维应用较多的主要是美塔斯耐高温纤维，其耐温204℃，瞬间可达240℃。但其耐酸性、抗水解性稍差，其主要应用于经彻底脱硫的循环流化床锅炉或含硫极低的烟气过滤场合。

(3) 聚四氟乙烯(PTFE)　PTFE具有优异的耐化学腐蚀性能，不受烟气腐蚀，可为滤料提供强有力的支架，延长滤料使用寿命。PTFE可以在240℃下连续运行，瞬间260℃的温度条件下，能耐全部pH值范围内的酸碱侵蚀。PTFE基布自润性极佳，不吸潮，能承受紫外线辐射。用非强行针刺法制作的聚四氟乙烯纤维滤袋可以使袋式除尘器达到非常好的除尘效果，无论除尘器进口烟气中粉尘的浓度有多高，除尘器出口烟气中的粉尘浓度均可降低到20～30mg/m³，它是抗水解、抗腐蚀性最强的化学纤维。

(4) 纤维（聚酰亚胺）滤料（PI） 商品名称为P84纤维滤料可在260℃以下连续使用，瞬时温度可达280℃。除此之外，P84纤维三叶形横截面形成了非常高的纤维表面积系数，与圆形或豆形截面纤维相比，具有较大的比表面积，增大了捕集尘粒的机会。而且P84纤维特殊的截面形态，使得粉尘大部分被集中到滤料的表面，很难渗透到滤料的内部堵塞孔隙，降低运行阻力。

(5) 玻璃纤维 玻璃纤维可以在260℃（中碱）/280℃（无碱）的温度条件下长期工作，瞬间温度可达350℃。它具有突出的尺寸稳定性，拉伸断裂强度高，耐腐蚀性强，表面光滑，憎水透气，容易清灰，化学稳定性好，是环境保护行业的更新换代产品。但是它的缺点是耐折性差。

滤袋选用滤料时，主要根据进入袋式除尘器的锅炉含尘烟气的运行参数选定，包括工况烟气量、烟气温度及波动（烟气最高温度、烟气最低温度和露点）、烟气含尘浓度、烟气成分（SO_2、NO_x、O_2、H_2O）、煤质、飞灰成分及细度等。《火力发电厂锅炉烟气袋式除尘器滤料滤袋技术条件》（DL/T 1175—2012）给出了针对不同适用条件下的滤料种类，列于表18-45。

表18-45 燃煤锅炉常用滤料及适用条件

滤料名称	主要材料及工艺	适用条件	使用寿命/h
PPS滤料	(1)PPS纤维滤层； (2)PTFE基布； (3)PTFE乳液浸渍； (4)热定型； (5)表面烧毛轧光	(1)进入袋式除尘器含尘烟气的基本使用参数； (2)烟气温度为110～160℃； (3)标准状态下，SO_2浓度低于1200mg/m³； (4)标准状态下，NO_2浓度低于30mg/m³； (5)O_2含量低于10%； (6)水蒸气含量低于8%； (7)燃煤灰分低于25%，含S量低于1.0%	≥30000
PPS复合滤料1	(1)PPS+PI/PPS(异形纤维)混合纤维滤层； (2)PTFE涂层或PTFE覆膜； (3)其他同PPS滤料	含尘烟气飞灰浓度较大时	≥20000
PPS复合滤料2	(1)PPS+PTFE混合纤维层； (2)PTFE涂层； (3)其他同PPS滤料	含尘烟气腐蚀性较大时	≥20000

《火电厂除尘工程技术规范》（HJ/T 2039—2014）推荐的袋式除尘器滤料选用可参考表18-46。

表18-46 选用推荐表

序号	煤含硫量S	常时烟气温度T/℃	滤料		
			纤维	基布	克重/(g/m²)
1	$S<1.0\%$	$T_s \leqslant T \leqslant 140$	PPS	PPS	550
2	$S<1.0\%$	$T_s \leqslant T \leqslant 160$	PPS	PTFE	550
3	$1.0\% \leqslant S<1.5\%$	$T_s \leqslant T \leqslant 160$	70%PPS+30%PTFE	PTFE	600
4	$1.5\% \leqslant S<2.0\%$	$T_s \leqslant T \leqslant 160$	50%PPS+50%PTFE	PTFE	640
5	$S \geqslant 2.0\%$	$T_s \leqslant T \leqslant 160$	30%PPS+70%PTFE	PTFE	680
6	$S \geqslant 2.0\%$	$T_s \leqslant T \leqslant 240$	PTFE覆膜或涂层	PTFE	750
7	$S \leqslant 2.0\%$	$T_s \leqslant T \leqslant 240$	P84	P84	550
8	$1.0\% \leqslant S<2.0\%$	$T_s \leqslant T \leqslant 240$	50%P84+50%PTFE	PTFE	640

注：PPS为聚苯硫醚的缩写；PTFE为聚四氟乙烯的缩写；P84为聚酰亚胺的缩写；T_s为烟气酸露点加10℃。

5. 袋式除尘器的主要工艺参数

主要包括过滤风速、烟气温度、流量分配极限偏差等。

(1) 过滤风速 影响袋式除尘器性能的主要工艺参数为过滤风速，过滤风速大小对除尘器出口排放浓度、运行阻力、滤袋使用寿命和设备投资具有较大影响。袋式除尘器运行数据显示：为了提高袋式除尘器的可靠性，针对达标排放，袋式除尘器的过滤速度选取范围一般小于 1.0m/min，甚至低于 0.9m/min，且此值呈降低的趋势。过滤速度低的必然设备阻力低，降低设备阻力有利于改善和保障袋式除尘器的性能。因此为了提高袋除尘器的可靠性，当出口烟尘浓度≤30mg/m^3 时，过滤风速≤1.0m/min；当出口烟尘浓度≤20mg/m^3 时，过滤风速≤0.9m/min；当出口烟尘浓度≤10mg/m^3 时，过滤风速≤0.8m/min。当处理干法或半干法脱硫后的高粉尘浓度烟气时，其过滤风速宜不大于 0.7m/min。

(2) 烟气温度 袋式除尘器入口烟气温度过低，会产生结露现象，导致除尘器阻力大幅度增加，并考虑到除尘器本身的温降，入口烟气温度应高于酸露点 15℃。目前燃煤电厂袋式除尘器所使用的滤袋所能承受的最高温度为 250℃，因此烟气温度应该不大于 250℃。

(3) 流量分配极限偏差 各过滤仓室处理风量的流量分配极限偏差规定为±5%。

袋式除尘器关键技术选型参数见表 18-47。

表 18-47 袋式除尘器关键技术选型参数

序号	项　目	单位	出口烟尘浓度≤30mg/m^3	出口烟尘浓度≤20mg/m^3	出口烟尘浓度≤10mg/m^3
			参数		
1	过滤风速	m/min	≤1.0	≤0.9	≤0.8
2	烟气温度	℃	高于烟气酸露点 15 且≤250		
3	流量分配极限偏差	%	±5		

注：处理干法或半干法脱硫后的高粉尘浓度烟气时，袋区的过滤风速宜不大于 0.7m/min。

自 2001 年大型袋式除尘器在内蒙古丰泰电厂 200MW 机组成功应用以来，在燃煤锅炉上得到推广应用，最大配套应用机组为 600MW 级。截至 2015 年年底，燃煤电厂袋式除尘器装机容量约为 0.78×10^{8}kW，占全国燃煤机组容量的 8.68%。

袋式除尘器的除尘效率一般大于 99.50%，普通袋式除尘器出口颗粒物浓度可控制在 30mg/m^3 或 20mg/m^3 以下；当合理设计参数并采用高精过滤滤料时，除尘效率可达 99.90%以上，出口颗粒物浓度可控制在 10mg/m^3 以下，不依赖二次除尘即可实现颗粒物超低排放。

四、电袋复合除尘器

1. 电袋复合除尘器的工作原理

电袋复合除尘器结合了电除尘器和布袋除尘器的优点，在一个箱体内紧凑安装电场区和滤袋区，将电除尘的荷电除尘及袋除尘的过滤拦截有机结合的一种新型高效除尘器。国外对电袋复合除尘器的研究已有一定的历史，最早的电袋复合除尘器诞生于美国，早在 20 世纪 70 年代，美国精密工业公司就设计了把静电应用于织物过滤的装置，并将该典型装置模型定为“阿匹特隆（Apitron）”。如图 18-68 所示。

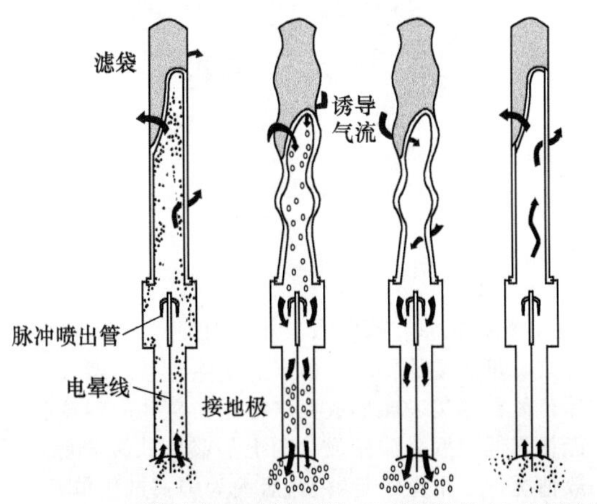

(a) 正常过滤 (b) 清灰开始 (c) 清灰结束 (d) 恢复过滤

图 18-68 Apitron 除尘器示意

试验得出如下结论：a. Apitron 除尘器与传统的脉冲布袋除尘器相比，在相同过滤风速时阻力明显降低，清灰周期可大大延长；b. 使用相同的滤袋，Apitron 除尘器的除尘效率显著高于传统的脉冲布袋除尘器，燃煤锅炉飞灰的除尘效率可达 99.90%～99.94%，其中 0.2～1μm 飞灰的除尘效率为 99.85%～99.94%；c. 过滤风速大幅提高，Apitron 除尘器可以在 2.5m/min 的过滤风速下长期稳定地运行。

目前世界上主要有两种典型的电袋复合除尘结合工艺：一种是 20 世纪 90 年代由美国电力研究所（EPRI）开发的电袋组合除尘器 COHPAC（Compact Hybrid Particulate collector），即前电后袋除尘器，如图 18-69 所示；另一种是 1999 年由美国北达科他大学能源与环境研究中心（简称 EERC）成功开发的先进混合型除尘器（Advanced Hybrid Particulate Collector，AHPC），如图 18-70 所示。

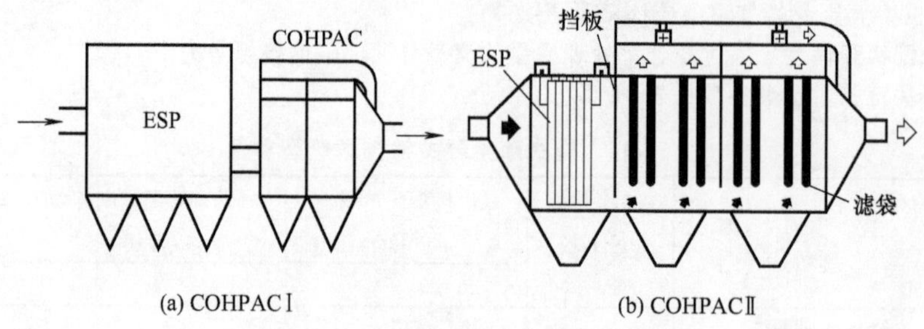

图 18-69 COHPAC 除尘器结构模型

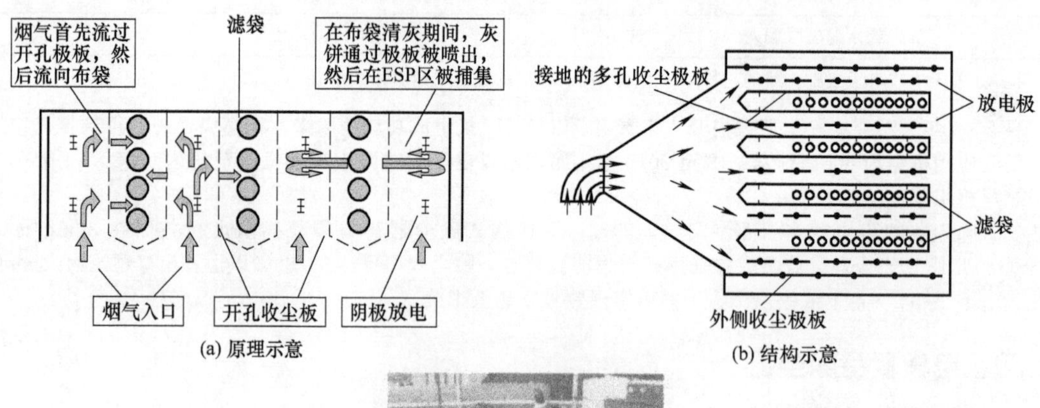

(c) 多孔收尘板实物图

图 18-70 AHPC 示意

COHPAC 初始构思比较简单，就是在原有静电除尘器后面加一个脉冲式布袋除尘器来捕集电除尘器未能捕集的微细烟尘，使排放浓度能满足法规的要求。由于静电除尘器的烟气中颗粒已经很少，加上由于这些颗粒都带有相同电荷而相互排斥，能在滤袋表面形成更多孔隙和凝并的颗粒层，从而过滤阻力较小，表面清灰容易，脉冲清灰时间增加，能耗降低。后来演变成“前电后袋”式复合除尘器，COHPAC 的前面是一个电场或两个电场的电除尘（一般情况下一个电场足够），后面为袋式过滤单元，两者“串联”，电除尘可捕集 80%～90%的烟尘，袋式除尘单元利用过滤除尘的高效率实现达标排放。该类电袋复合除尘器又分为两种：一种是电除尘部分和过滤除尘部分做成一体（COHPACⅡ），电除尘后的烟气直接进入袋除尘单元，此种方式的优点是结构紧凑，占地面积小，烟尘带电荷不会消失，滤袋上的粉尘层疏松阻力小，但存在气流分布难以调整到最优、后面袋式除尘部分无法在线检修的问题，我国环保设备厂制作的电袋复合除尘器基本上都是这种类型；另一种为电除尘部分和过滤除尘部分各自独立，是分体的（COHPACⅠ），即前面是一个电除尘，烟气从电除尘器出来后进入袋式除尘器，优点是各自独立，相互影响小，后面袋式除尘器可将气流分布调整到最佳状态，可在线检修，但占地面积大，烟尘可能失去电荷，进而导致粉尘层阻力有所增加，电厂应用较少。“嵌入式”电袋复合除尘器（AHPC）其基本思想是将整个除尘器划分为若干除尘单元，每个除尘单元均包含有静电除尘单元和布袋除尘单元，电除尘电极与滤袋交替排列。

进入除尘器的含尘烟气首先被导向电除尘区域，其中携带的大部分粉尘（约 90%）在到达滤袋之前被除去，然后还含有一部分粉尘的气体通过多孔收尘板上的小孔流向滤袋，经滤袋过滤，将剩余的粉尘除去。在滤袋脉冲清灰时，脱离滤袋的颗粒团（或灰饼）能有效地被收尘板捕集，因而大大地降低了灰尘重返滤袋的可能性。多孔极板除了捕集荷电尘粒外，还能保护滤袋免受放电的破坏。收尘板和放电极周期性地使用机械振打清灰，所有的烟气只能经过滤袋排出。两者有机结合，起到了单一的电除尘或袋除尘所不能获得的最佳效果。电袋复合除尘器具有以下显著优点：对细微粒子，特别是 0.01～1μm 的气溶胶粒子有很高的捕集效率；由于电除尘已去除 80%～90%的烟尘，烟尘量减小，加上由于静电作用，滤袋表面沉浸的粉尘层具有松散的组织，过滤阻力小；与电除尘相比，烟气粉尘性质的适用范围更广，对任何煤质的烟气，烟尘均可达标排放；与普通袋式除尘器相比，工作负荷低，运行阻力低，清灰次数减少，滤袋的使用寿命延长。

2. 电袋复合除尘器的应用

电袋复合除尘器起源于美国，但大规模推广应用都是在我国。目前，已有数百套紧凑式前电后袋复合电袋除尘器（见图 18-71）在我国燃煤电厂投入运行。这种除尘器主要由进口烟道、封头、壳体、收尘极板、阴极线、高压电源、滤袋、振打机构、脉冲清灰系统，净气室、出口烟道、导流装置及钢支架等部件构成。

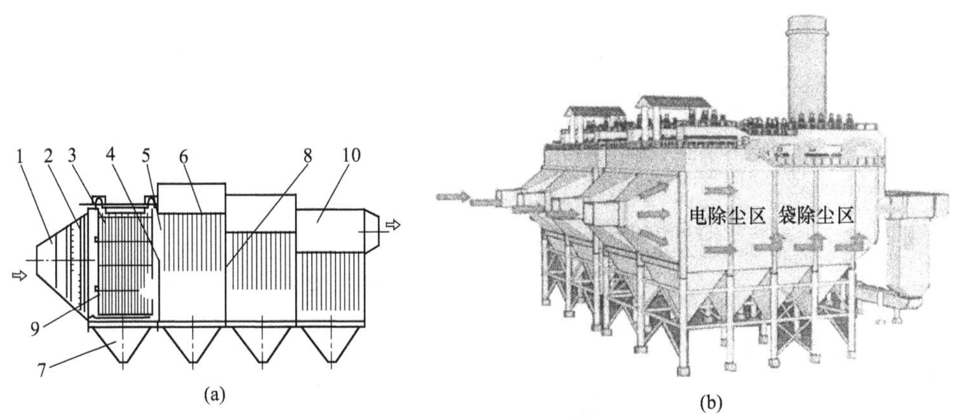

1—前封头；2—导流装置；3—集尘极；4—均流装置；5—电袋除尘区；
6—滤室；7—灰斗；8—阻流装置；9—电除尘区；10—净气室

图 18-71 “前电后袋”式电袋复合除尘器

在国内，整体式电袋复合除尘器被快速推广应用到燃煤锅炉烟尘治理上，最大应用单机容量为 1000MW 机组，其中新密电厂 1000MW 机组电袋是迄今为止世界上首台投运的最大型电袋复合除尘器。目前，已投运的电袋复合除尘器超过 474 台，配套应用总装机容量已突破 20×10^4MW，约占全国燃煤机组装机容量的 22%。已有数十台单机 1000MW 等级机组投运业绩。实测除尘器出口烟尘浓度 4～30mg/m^3，其中低于 20mg/m^3 的占 50%以上；运行阻力 560～1100Pa，平均 852Pa；95%的项目滤袋寿命大于 4 年。其中部分项目实现了出口烟尘浓度 5mg/m^3 以下的超低排放，如珠海电厂 2×700MW 机组，除尘器出口烟尘浓度分别为 2.55mg/m^3、3.15mg/m^3。

国外一些公司对电袋复合除尘器清灰技术曾有过较深入的研究，尤其是以美国通用电气（GE）公司和德国鲁奇公司为首。该技术已在相当于 250MW 级机组的锅炉烟气净化中应用。测试结果表明：气布比高达 3.7～4.3m/min 时，除尘器阻力仍可稳定控制在 2kPa 以下，总除尘效率为 99.993%～99.997%，对 $PM_{2.5}$ 粉尘也有 99.9%以上的捕集率。1999 年 7 月，一个 AHPC 实验小组在美国大石（BigStone）电厂的一台 450MW 机组上进行小试。在小试取得成功后，2002 年在这台 450MW 机组上进行了全烟气量的工业性运行，但未能达到设计效果。这种形式的电袋复合除尘器的结构比较复杂，至今对于气流分布仍未能提出较完善的方案。造成的结果是清灰频繁，设备阻力偏高，到现在仍需要进行改造。

3. 超净电袋复合除尘器

常规电袋复合除尘器的出口颗粒物浓度一般可实现小于 30mg/m³ 或低至小于 20mg/m³，超净电袋复合除尘器（EFIP）是指除尘器出口烟气含尘浓度小于 10mg/m³（标态、干基、含氧量 6%）的电袋复合除尘装置。

超净电袋复合除尘技术是基于最优耦合匹配、高均匀多维流场、微粒凝并、高精过滤等多项技术组合形成的新一代电袋复合除尘技术，可实现除尘器出口烟尘浓度长期稳定小于 10mg/m³，甚至可达到小于 5mg/m³。

(1) 耦合增强电袋复合除尘技术 2010 年我国企业引进美国 EERC（Energy & Enviromental Rescarch Center）的嵌入式电袋专利技术，并吸取国外工程应用的失败教训，结合我国自主创新的电袋技术与经验，将前电后袋整体式电袋技术与嵌入式电袋技术有机结合，深度耦合，并优化选型设计参数，通过二次开发形成了新结构的耦合增强电袋复合除尘技术。前级电场区预收尘和荷电作用，降低了进入后级混合区的入口浓度；后级混合区采用电区与袋区相间布置，深度耦合，使荷电粉尘到达滤袋表面的距离极短，有效减少带电粉尘的电荷损失。由于混合区的粉尘可以实现在线反复荷电与捕集，增强了粉尘的荷电效果和捕集性能；同时可以快速有效地收集滤袋清灰过程中的扬尘，减少粉尘二次飞扬。

(2) 流场均布技术 除尘器内部气流分布优劣直接影响电袋复合除尘器的性能。电区气流不均布将导致粉尘颗粒荷电不均匀，并可能产生二次飞扬，从而降低除尘效率；袋区气流不均匀，将导致滤袋长期受到集中气流冲刷，出现滤袋破损的现象，导致粉尘排放浓度升高。

采用数值模拟和物理模型相结合的方法，保证各种容量等级的机组，特别是百万千瓦机组的特大型电袋复合除尘器各净气室的流量相对偏差小于 5%，各分室内通过每个滤袋的流量相对均方根差不大于 0.25。

(3) 高精过滤和强耐腐滤料技术

1）高精过滤滤料。高精过滤滤料是滤袋采用特殊结构和先进的后处理工艺，使滤袋表面的孔径小、孔隙率大，有效防止细微粉尘的穿透，提高过滤精度的新型滤袋技术。典型的高精过滤滤料有聚四氟乙烯（PTFE）微孔覆膜滤料和超细纤维多梯度面层滤料。高精过滤技术已广泛应用于超净电袋复合除尘器中。

2）强耐腐滤料。燃煤烟气常用滤料纤维主要为聚苯硫醚（PPS）、聚酰亚胺（PI）、聚四氟乙烯（PTFE）。我国燃用煤种多变，烟气成分复杂，烟气性质对不同材质纤维的影响程度不同。创新开发 PPS、PI\PTFE 高性能纤维按不同组合、不同比例、不同结构进行混纺的系列滤料配方和生产工艺，形成了 PTFE 基布＋PPS 纤维、PPS＋PTFE 混纺、PI＋PTFE 混纺的多品种高强度耐腐蚀系列滤料，适应各种复杂的烟气工况，延长了滤袋的使用寿命。强耐腐滤料广泛应用于电袋复合除尘器和袋式除尘器，配套应用机组超过 1.0×10^8kW。

(4) 微粒凝并技术 除尘器出口排放的粉尘中，粒径小于 2μm 的细微粉尘占 80%以上因此采取技术措施，提高除尘器对细微颗粒物的捕集能力是进一步降低排放的关键。电场内颗粒物的荷电方式主要是扩散荷电和场致荷电。一般而言，粒径大于 2μm 和小于 1μm 的粉尘分别以场致荷电、扩散荷电为主，而粒径在 1μm 左右的细颗粒物，两种荷电方式都很弱。因此，细颗粒物很难被电区捕集，从而降低了除尘器的除尘效率。

通过实验研究和机理分析，超净电袋复合除尘器采用以下 3 项措施以增强微粒凝并效应在：a. 采用强放电、高场强极配形式；b. 采用新型电源技术，以便提高针端放电性能，增加颗粒的荷电量；c. 采用嵌入式结构，减少电荷的损失，增强过滤效应。

超净电袋复合除尘技术在耦合技术、流场均布技术、微粒凝并技术、高精过滤技术研究等多方面进行了创新。它不受煤质、飞灰成分变化影响，适用于国内大多数燃煤机组燃用的煤种，特别是高灰分、高硅、高铝、高比电阻、低钠的劣质煤种，并且具有长期稳定超低排放、运行阻力低、滤袋使用寿命长、能耗低、改造工期短、系统运行稳定等优点。以超净电袋复合除尘作为一次除尘且不依赖二次除尘的超低排放技术，工艺流程简单可靠、技术经济指标先进。

4. 电袋复合除尘器的主要工艺参数

电袋复合除尘器的主要工艺参数包括电区比集尘面积、袋区过滤风速、除尘器的压力降、滤袋使用寿命、流量分配极限偏差和气流分布均匀性相对均方根及滤料的型式等。

电袋复合除尘器的主要工艺参数及使用效果见表 18-48。对燃煤电厂而言，不同的处理烟气量、允许最大进口含尘浓度、设计压力，电袋复合除尘器都是能满足的。

工程实践证明滤料的型式对电袋复合除尘器的除尘性能影响较大，是一项关键的技术选型参数，且出口烟气含尘浓度≤20mg/m³ 与≤10mg/m³ 时对滤袋的过滤精度及制造要求也不同。

表 18-48 电袋复合除尘器的主要工艺参数及使用效果

项目	单位	工艺参数与使用效果		
运行烟气温度	℃	≤250(含尘气体温度不超过滤料允许使用的温度)		
除尘设备漏风率	%	≤2		
气流分布均匀性相对均方根差		≤0.25		
电区比集尘面积	$m^2/(m^3/s)$	≥20	≥25	≥30
过滤风速	m/min	≤1.2	≤1.0	≤0.95
除尘器的压力降	Pa	≤1200	≤1100	≤1100
滤袋整体使用寿命	a	≥4	≥5	≥5
滤料形式		不低于《燃煤电厂用电袋复合除尘器》(JB/T 11829—2014)的要求	不低于《燃煤电厂超净电袋复合除尘器》(DL/T 1943—2016)的要求	不低于《燃煤电厂超净电袋复合除尘器》(DL/T 1943—2016)的要求
流量分布均匀性		宜符合 JB/T 11829—2014 的要求	宜符合 DL/T 1493—2016 的要求	宜符合 DL/T 1493—2016 的要求
除尘器出口烟尘浓度	mg/m^3	≤20	≤10	≤5

注：处理干法或半干法脱硫后的高粉尘浓度烟气时，电区的比集尘面积宜不小于 $40m^2/(m^3/s)$ 滤袋区的过滤速度宜不大于 0.9m/min。

出口烟气含尘浓度≤$20mg/m^3$ 时《工程技术规范》规定，滤料材质和克重选用应按表 18-49 选用。

表 18-49 电袋复合除尘器滤料选用（出口含尘浓度≤$20mg/m^3$）

序号	煤含硫量 S	烟气温度 t/℃	滤料		
			纤维	基布	克重/(g/m^2)
1	S<1.0%	120≤t≤160	PPS①	PTFE 或 PPS	≥550
2	1.0%≤S<1.5%	120≤t≤160	70%PPS+30%PTFE	PTFE	≥600
3	1.5%≤S<2.0%	120≤t≤160	50%PPS+50%PTFE	PTFE	≥620
4	1.0%≤S<2.0%	170≤t≤240	15%PI	PTFE	≥650
5	S≥2.0%	120≤t≤160	30%PPS+70%PTFE	PTFE	≥640
6	S≥2.0%	170≤t≤240	PTFE	PTFE	≥750

① 以 PPS 纤维为主的滤料，烟气中含氧量应不大于 8%，NO_2 的含量应不大于 $15mg/m^3$。

5. 超净电袋复合除尘器的主要工艺参数

① 电场区的比集尘面积宜符合表 18-50 的规定，当入口气体含尘浓度较高时，宜增加比集尘面积。当比集尘面积不能满足表 18-50 要求时，宜降低滤袋过滤风速。

表 18-50 超净电袋复合除尘器电场区的比集尘面积

处理含尘气体量 Q 工况/(m^3/h)	$Q\leqslant50\times10^4$	$50\times10^4<Q\leqslant100\times10^4$	$100\times10^4<Q\leqslant150\times10^4$	$150\times10^4<Q\leqslant200\times10^4$	$200\times10^4<Q\leqslant700\times10^4$
比集尘面积/$[m^2/(m^3/s)]$	≥25	≥30	≥35	≥40	≥45

② 电场风速宜小于 1.0m/s。

③ 滤袋过滤风速宜小于 1.0m/min。

④ 进口各烟道、袋区各室的烟气流量应采用计算流体动力学（CFD）计算，偏差宜不大于 5%，各分室滤袋的流量应采用 CFD 计算，相对均方根差不宜大于 0.2。

⑤ 出口烟气含尘浓度≤$10mg/m^3$、≤$5mg/m^3$ 时规定为：不低于《燃煤电厂超净电袋复合除尘器》(DL/T 1493—2016) 的要求，滤料材质和克重选用宜符合表 18-51 的规定，也可采用经过验证可满足工况要求的其他滤料。当除尘器出口烟尘浓度要求小于 $5mg/m^3$ 时应选用高过滤精度的滤料。

截至 2017 年年底，火电厂安装袋式除尘器、电袋复合式除尘器（包括超净电袋）的机组容量超过 3.3×10^8kW，占全国煤电机组容量的 33.4%以上。其中，袋式除尘器机组容量超过 0.8×10^8kW，占全国煤电机组容量的 8.7%；电袋复合式除尘器机组容量约 2.5×10^8kW，占全国燃煤机组容量的 25.4%。

表 18-51 超净电袋复合除尘器滤料选用（出口含尘浓度＜10mg/m³）

序号	煤含硫量 S	烟气温度 t/℃	滤料		
			纤维	基布	克重/(g/m²)
1	$S<1.0\%$	$120\leqslant t\leqslant 160$	PPS①	PTFE 或 PPS	≥580
2	$1.0\%\leqslant S<1.5\%$	$120\leqslant t\leqslant 160$	70%PPS+30%PTFE	PTFE	≥630
3	$1.5\%\leqslant S<2.0\%$	$120\leqslant t\leqslant 160$	50%PPS+50%PTFE	PTFE	≥650
4	$1.0\%\leqslant S<2.0\%$	$160\leqslant t\leqslant 200$	15%PI	PTFE	≥680
5	$S\geqslant 2.0\%$	$120\leqslant t\leqslant 160$	30%PPS+70%PTFE	PTFE	≥670
6	$S\geqslant 2.0\%$	$160\leqslant t\leqslant 200$	PTFE	PTFE	≥780

① 以 PPS 纤维为主的滤料，烟气中含氧量应≤8%，NO_2 的含量应≤15mg/m³。

近年来，超净电袋在燃煤电厂超低排放工程中得到快速推广。截至 2016 年 11 月，燃煤机组超净电袋配套总装机容量超过 30000MW，其中单机容量 1000MW 机组有 8 套。投运超净电袋除尘器出口烟尘浓度均小于 10mg/m³ 或 5mg/m³，平均运行阻力 663Pa。典型应用实例列于表 18-52。

表 18-52 超净电袋技术应用实例

项目名称	机组/MW	除尘出口烟尘浓度(标)/(mg/m³)		脱硫出口粉尘浓度(标)/(mg/m³)		投运时间
		设计	实测	设计	实测	
广东沙角 C 厂#2 炉	600	≤10	3.77	≤10	2.66	2015 年
中电投开封#1 炉	600	≤10	6.3	≤5	1.2	2015 年
中电投开封#2 炉	600	≤10	6.8	≤5	1.3	2015 年
陕西华电杨凌电厂#1	350	≤10	2.9	≤8	1.1	2015 年
陕西华电杨凌电厂#2	350	≤10	3.2	≤8	1.4	2015 年
平顶山发电分公司	1000		8.8		4.87	2015 年

第四节 燃煤锅炉脱硫技术

一、脱硫技术的分类

早在 20 世纪 30 年代，英国就有了完整的一套电厂脱硫技术，随后美国、日本、欧盟等国家和地区也相继发展了脱硫技术。与发达国家相比，我国脱硫技术起步较晚，在 20 世纪 90 年代初期，我国开始大力兴建电厂并引进国外先进的烟气脱硫技术和装置。目前各国都在研发电厂脱硫技术，各种技术已达上百种，这些技术主要可以分为燃烧前脱硫、燃烧中脱硫和燃烧后脱硫［即烟气脱硫（FGD）］三大类。

（一）煤燃烧前脱硫

煤燃烧前脱硫即“煤脱硫”，是指在燃烧前通过各种方法对煤进行净化，去除原煤中所含的硫分、灰分等杂质。煤炭脱硫与硫在煤炭中的赋存状态有着密切的关系，硫在煤炭中存在形式复杂，主要包括无机硫和有机硫，有时还包括微量的呈单体状态的元素硫。无机硫主要以硫化物的形式存在，还有少量的硫酸盐中的硫。无机含硫矿物以黄铁矿为主，硫酸盐以钙、铁、镁和钡的硫酸盐类形式出现。黄铁矿是煤炭中硫的主要组成部分。有机硫与无机硫不同，它是煤中有机质组成部分，以有机键结合，是成煤植物本身的硫在成煤过程中参与煤的形成转到煤里面，并均匀分布于煤中，有机硫主要包括巯醚和硫醇。中国煤中硫的含量变化很大（0.2%～8%），平均硫分约为 1.11%。

1. 煤炭的洗选

煤炭洗选技术有物理法、化学法和微生物法等，原煤经过洗选可以提高煤炭质量、减少燃煤污染和无效运输，提高热能利用效率。

物理选煤主要是利用煤基体、灰分、黄铁矿的密度不同，以去除部分灰分和黄铁矿硫，但不能除去煤中的有机硫。煤的物理脱硫技术主要指重力选煤，即跳汰选煤、重介质选煤、空气重介质流化床干法选煤、风力选煤、斜槽和摇床选煤等，同时还包括浮选、电磁选煤等。在物理选煤技术中，应用最广泛的是跳汰选煤，其次是重介质选煤和浮选。

煤的化学脱硫方法一般采用强酸、强碱和强氧化剂，在一定温度和压力下通过化学氧化、还原提取、热解等步骤使煤中的无机硫转换为可溶物来脱除煤中的黄铁矿。化学脱硫方法需要高活性的活性试剂，工艺过程大多在高温高压下进行，对煤质有较大的影响，而且大多数活性分选工艺流程复杂，投资和操作费用昂贵，因而在一定程度上限制了煤化学脱硫方法的使用。

生物法脱硫的原理是利用特定微生物能够选择性地氧化有机硫或无机硫的特点，去除煤中的硫元素，包括浸出和表面氧化等方法。生物脱硫的优点是既能专一地脱除结构复杂、嵌布粒度很细的无机硫（如黄铁矿硫），同时又能脱除部分有机硫，且反应条件温和、设备简单、成本低。煤炭生物脱硫是应用于煤炭工业的一项生物工程新技术。

2. 煤炭转化技术

煤炭转化是指利用化学方法将煤炭转化为气体或液体燃料，主要包括煤炭气化、煤炭液化和水煤浆技术等。

(1) 煤炭气化技术 煤的气化是指利用水蒸气、空气或氧气作氧化剂，在高温下与煤发生反应生成煤气（H_2、CO、CH_4 等可燃混合气体），在制气过程中硫主要以 H_2S 形式进入煤气，先选用湿法脱除大部分 H_2S，再用干法净其余产分。由于除去了煤中的硫化物和灰分，所以煤就转化成一种清洁气体燃料。

(2) 煤炭液化技术 煤的液化是在适宜的条件下把煤转化成可高效洁净利用、便于运输的液体燃料或化工原料的技术。煤和石油都以氢和碳为主要元素成分，不同之处在于煤中氢元素含量只有石油的 1/2 左右，而煤的分子量则大约是石油的 10 倍或者更高。所以煤炭液化从理论上讲就是改变煤中氢元素的含量，即将煤中的碳氢比（11～15）降低到石油的碳氢比（6～8），使原来煤中含氢少的高分子固体物转化为含氢多的液气混合物。由于实现提高煤中含氢量的过程不同，产生了不同的煤炭液化工艺，可分为直接液化和间接液化两大类。

所谓直接液化是煤在适当的温度和压力下，催化加氢裂化（热解、溶剂萃取、非催化液化等）成液体烃类，生成少量气体氢，脱除煤中的氮、氢、硫等杂原子的深度转化过程。

煤的间接液化是以煤基合成气（CO＋H_2）为原料，在一定的温度和压力下，定向地催化合成烃类燃料油和化工产品的工艺。

(3) 水煤浆技术 水煤浆（Coal Water Mixture）是一种煤炭深加工产品，是 20 世纪 70 年代发展起来的一种新型煤基流体洁净燃料。它是把灰分很低而挥发分很高的煤研磨成细微煤粒，按煤水合理的比例加入分散剂和稳定剂配制而成的一种流体燃料。其外观像油、流动性好、贮存稳定、运输方便、雾化燃烧稳定，既保留了煤的燃烧特性，又具备了类似重油的液态燃烧应用特点，可在工业锅炉，电厂锅炉作代油及代气燃料。水煤浆添加脱硫剂后在燃烧过程中可脱除 40%左右的硫。

（二）燃烧过程脱硫

燃烧过程脱硫技术主要有型煤固硫、煤粉炉直接喷钙和流化床燃烧脱硫三种。

1. 型煤固硫技术

固硫型煤是用沥青、石灰、电石渣、无硫纸浆黑液等做黏结剂，将粉煤经机械加工成具有一定形状和体积的煤。型煤按用途分为工业型煤和民用型煤两大类。与原煤相比，型煤具有以下 4 个主要特点：a. 节省燃料，从能量转化率的高低衡量，工业锅炉使用型煤的平均节煤率约为 20%～30%；b. 环保：与原煤散烧相比，用型煤可以降低烟气林格曼指数，减少烟尘 60%～80%、NO_x 30%左右，减少致癌物质苯并［a］芘 50%～60%，添加脱硫剂的型煤可以减少 SO_2 排放约 50%；c. 投资费用低；d. 综合利用，型煤可以用电石渣、选纸黑液等废弃物做黏结剂，不但消化了废物、降低了成本，而且提高了劣质煤的燃烧性能和锅炉出力。

2. 煤粉炉直接喷脱硫剂

煤粉炉中当煤粉在炉内燃烧时，向炉内喷入脱硫剂（常用的有石灰石、白云石等)。脱硫剂在炉内较高温度下进行自身煅烧，煅烧产物（主要有 CaO、MgO 等）与煤燃烧过程中产生的 SO_2、SO_3 反应，生成硫酸盐和亚硫酸盐，以灰的形式排出炉外，减少 SO_2、SO_3 向大气的排放，达到脱硫的目的。譬如 LIFAC 工艺。

3. 流化床燃烧

将流化床技术应用于煤的燃烧研究始于 20 世纪 60 年代。由于流化床燃烧技术具有煤适用性宽、易于实现炉内脱硫和低 NO_x 排放等优点，在能源和环境等诸多方面显示出鲜明的发展优势。

流化床燃烧脱硫方式是在床层内加入石灰石（$CaCO_3$）或白云石（$CaCO_3$·$MgCO_3$）。石灰石在 800～850℃左右煅烧分解成 CaO 和 CO_2，然后 CaO 与 SO_2 反应生成 $CaSO_4$，以达到脱硫的目的，其化学反应过程与炉内直接喷钙的反应过程基本相同。

（三）煤燃烧后脱硫

燃烧后脱硫即烟气脱硫是目前控制燃煤电厂 SO_2 气体排放最有效和应用最广的技术。

烟气脱硫技术按其脱硫方式以及脱硫反应产物的形态可分为湿法、干法及半干法三大类。湿法脱硫工艺选择使用钙基、镁基、海水和氨等碱性物质作为液态吸收剂，生成的脱硫产物存在于水溶液或浆液中的脱硫工艺称为湿法工艺，如石灰石-石膏法烟气脱硫、海水烟气脱硫等；把以水溶液或浆液为脱硫剂，生成的脱硫产物为干态的脱硫工艺称为半干法工艺，如喷雾干燥法；把加入的脱硫剂为干态，脱硫产物仍为干态的脱硫工艺称为干法工艺，如烟气循环流化床脱硫、炉内喷钙法等。

我国火电厂烟气脱硫技术的试验研发起始于20世纪60年代初，进入70年代后，先后开展了十多项不同规模、不同工艺的试验研究，取得了阶段性成果。

自20世纪80年代后期，中国开始研究烟气脱硫技术和工程应用。在实施脱硫的早期，各种脱硫技术都得到了广泛应用，主要有石灰石-石膏湿法、喷雾干燥法、烟气喷氨吸收法、炉内喷钙+尾部烟气增湿法、烟气循环流化床-悬浮吸收法、NID脱硫法、海水脱硫法、活性炭吸收法和电子束脱硫法等。后来随着环保要求的日益严格，一些脱硫效率不高 、稳定性较低的技术逐渐被淘汰。

20世纪90年代，先后从国外引进了各种类型的烟气脱硫技术和成套装置用于烟气脱硫，经历了引进消化再创新的过程和大量工程实践，已经基本掌握了烟气脱硫的全套工艺流程和设备制造技术。与我国合作和引进的脱硫技术主要包括美国 B&W（巴威）、美国 Marsulex（玛苏来）、法国 ALSTON 公司、德国 LLB（鲁奇能源环保）公司、德国 FBE 公司、日本三菱液柱塔及奥地利能源及环境股份公司的 FGD 技术。

经过十多年的高速发展，为适应我国更加严格的排放标准，国内主流脱硫公司在吸收引进技术的基础上，逐步开发和完善了技术经济更加合理的高效脱硫技术。包括适用于所有煤种高效脱硫的双循环脱硫工艺；适用于较高二氧化硫含量的高效脱硫加强型喷淋脱硫工艺，包括双托盘工艺和湍流器脱硫工艺。近年来，烟气脱硫发展趋势正逐步朝着装置投资小、烟气净化效率高、综合成本低、副产物可循环利用、无二次污染的方向发展。

我国燃煤电站锅炉二氧化硫排放标准的变化和烟气脱硫技术的发展示于图18-72。

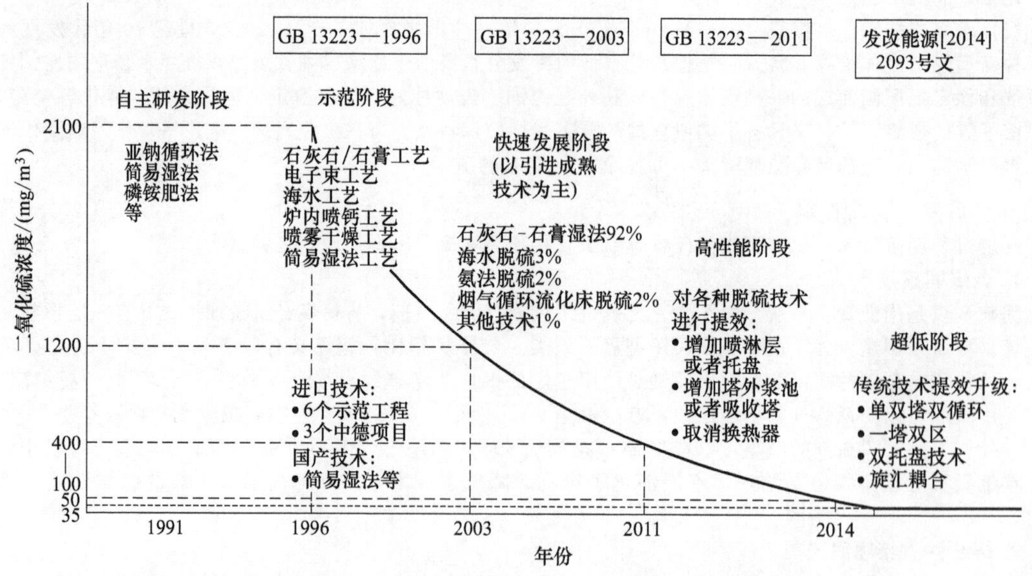

图18-72　二氧化硫排放标准变化和脱硫技术的发展

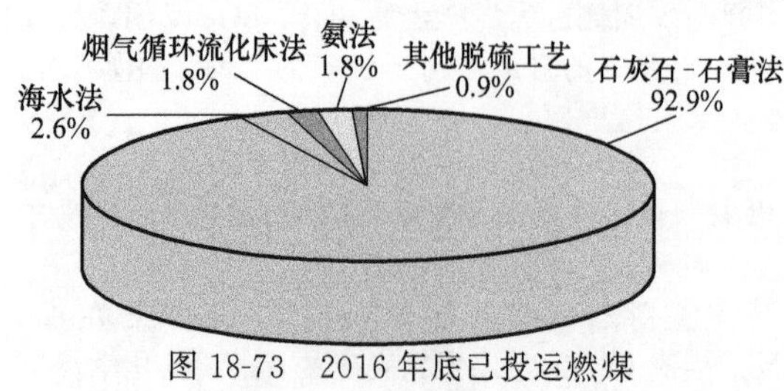

图18-73　2016年底已投运燃煤发电机组烟气脱硫技术分布

通过自主研发和在引进国外脱硫技术的基础上消化、吸收、再创新，中国已有石灰石-石膏湿法、烟气循环流化床、海水脱硫、半干法等十多种烟气脱硫工艺技术并得到应用。2016年年底已投运燃煤发电机组烟气脱硫技术分布情况示于图18-73。

2017年当年新投运火电厂烟气脱硫机组容量约 0.4×10^8 kW；截至2017年年底，全国已投运火电厂烟气脱硫机组容量约 9.2×10^8 kW，占全国火电机组容量的 83.6%，占全国煤电机组容量的 93.9%。如果考虑具有脱硫作用的循环流化床锅炉，全国脱硫机组占煤电机组比例接近 100%。

目前，燃煤机组脱硫覆盖率已达 100%，正在全面进行超低排放的提效改造工程。到 2020 年，全国所有具备改造条件的燃煤电厂力争实现超低排放。所有新建燃煤机组均已达到超低排放水平。

二、石灰石/石灰-石膏湿法烟气脱硫技术

（一）石灰石/石灰-石膏湿法脱硫技术原理及特点

石灰石/石灰-石膏湿法烟气脱硫工艺是指利用钙基物质作为吸收剂，脱除烟气中二氧化硫（SO_2）并回收副产物的烟气脱硫工艺。

1. 脱硫的化学机理

石灰石石膏法烟气脱硫（Flue Gas Desulphurization，FGD）技术是用含石灰石的浆液洗涤烟气，以中和（脱除）烟气中的 SO_2，故又称之为湿式石灰石/石灰-石膏法烟气脱硫（简称 WFGD）。FGD 工艺的化学反应原理如图 18-74 所示。

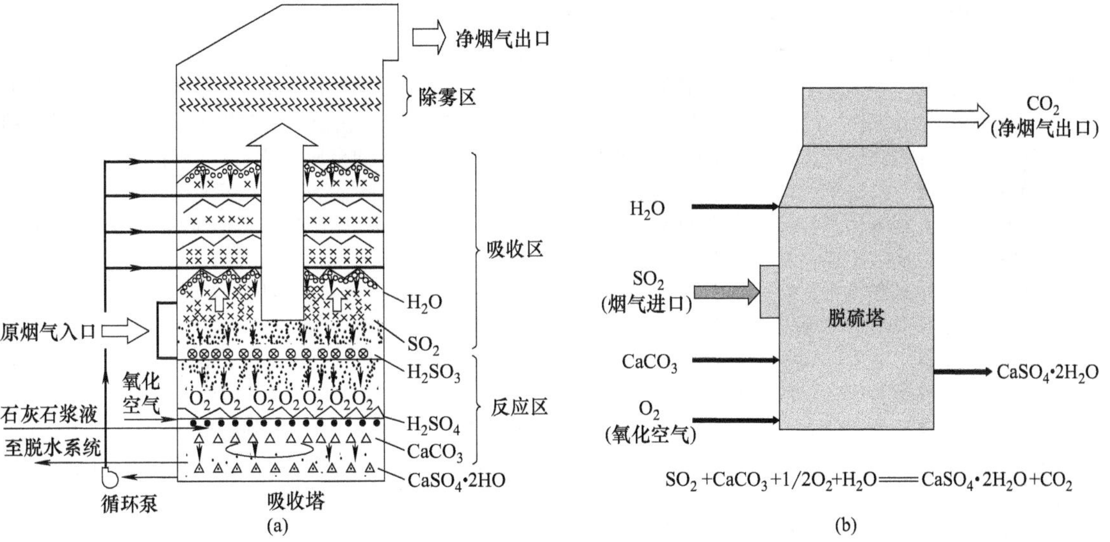

图 18-74 FGD 工艺的化学反应原理

这种方法是应用最广泛、技术最为成熟的烟气 SO_2 排放控制技术。其特点是 SO_2 脱除率高，脱硫效率可达 95%以上，能适应大容量机组、高浓度 SO_2 含量的烟气脱硫，吸收剂石灰石价廉易得，而且可生产出副产品石膏，高质量石膏具有综合利用的商业价值。

SO_2 在吸收塔内的反应比较复杂，逆流喷淋塔内不同区域发生不同的化学反应。通常认为有 SO_2 的吸收、石灰石的消融、氧化及石膏结晶 4 个过程。反应过程简化如下：

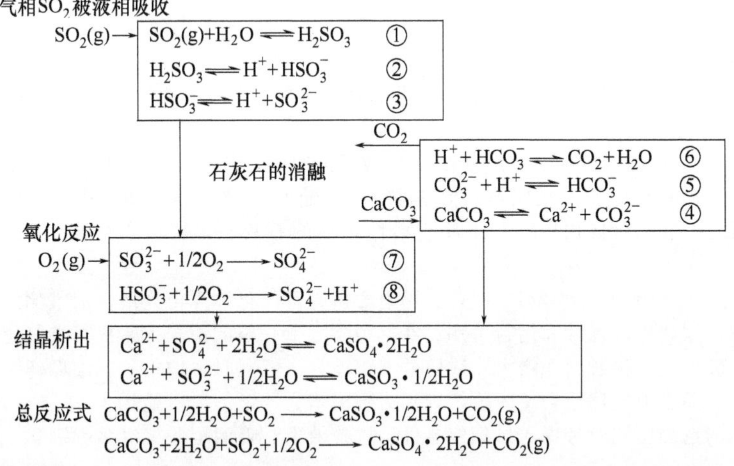

石灰石湿法 FGD 工艺过程的脱硫反应速率取决于上述 4 个控制步骤。

(1) 气相 SO_2 被液相吸收的反应 SO_2 是一种极易溶于水的酸性气体，反应中，SO_2 经扩散作用从气相溶入液相中，与水生成亚硫酸（H_2SO_3），如反应式①。H_2SO_3 迅速离解成亚硫酸氢根离子（HSO_3^-）和氢离子（H^+），如反应式②；只有当 pH 值较高时，HSO_3^- 的二级电离才会产生较高浓度的 SO_3^{2-}，如反应式③。反应式①和反应式②都是可逆反应，要 SO_2 的吸收不断进行下去，就必须中和反应式②中电离产生的 H^+，即降低吸收液的酸度。碱性吸收剂的作用就是中和 H^+，见反应式⑤和反应式⑥。当吸收液中的吸收剂反应完后，如果不添加新的吸收剂或添加量不足，吸收液的酸度将迅速提高，pH 值迅速下降，当 SO_2 溶解达到饱和后，SO_2 的吸收就告终止。

(2) 吸收剂溶解与中和反应 石灰石消融反应中关键的是 Ca^{2+} 的形成。$CaCO_3$ 是一种极难溶的化合物，其中和作用实质上是一个向介质提供 Ca^{2+} 的过程，这一过程包括固体 $CaCO_3$ 的溶解和进入液相中的 $CaCO_3$ 的分解。固体石灰石的溶解速度，反应活性以及液相中 H^+ 浓度（pH 值）都会影响中和反应速度和 Ca^{2+} 的形成，氧化反应以及其他一些化合物也会影响中和反应速度。

在上述化学反应步骤中，Ca^{2+} 的形成是一个关键的步骤，之所以关键，是因为 SO_2 正是通过 Ca^{2+} 与 SO_3^{2-} 或与 SO_4^{2-} 化合而得以从溶液除去。

(3) 氧化反应 亚硫酸的氧化是湿法石灰石 FGD 工艺中另一重要的反应，见反应式⑦与反应式⑧。SO_3^{2-} 和 HSO_3^- 都是较强的还原剂，在痕量过渡金属离子（如 Mn^{2+}）的催化作用下，液相中溶解氧可将它们氧化成 SO_4^{2-}。反应中的氧气来源于烟气中的过剩空气，在强制氧化工艺中，主要来源于喷入反应罐中的氧化空气。从烟气中洗脱的飞灰以及吸收剂中的杂质提供了起催化作用的金属离子。

(4) 结晶析出 湿法 FGD 的最后一步是脱硫固体副产物的沉淀析出。在通常运行的 pH 值环境下，亚硫酸钙和硫酸钙的溶解度都较低，当中和反应产生 Ca^{2+}、SO_3^{2-} 以及氧化反应产生的 SO_4^{2-} 达到一定浓度后，这 3 种离子组成难溶性化合物就将从溶液中沉淀析出。根据氧化程度的不同，沉淀产物或者是半水亚硫酸钙、亚硫酸钙和硫酸钙相结合的半水固溶体、二水硫酸钙（石膏），或者是固溶体与石膏的混合物。

2. 影响石灰石湿法烟气脱硫工艺过程（脱硫效率）的因素

湿法烟气脱硫工艺中，吸收塔循环浆液的 pH 值、液气比、烟速、浆液洗涤温度、钙硫比、石灰石浆液颗粒细度、石膏过饱和度、浆液停留时间等参数对烟气脱硫系统的设计和运行影响较大。

(1) 吸收塔洗涤浆液的 pH 值 料浆 pH 值对 SO_2 的吸收影响很大，一般新配制的浆液 pH 值在 8～9 之间。随着吸收进行，pH 值迅速下降，当 pH 值低于 6 时下降变得缓慢，而当 pH 值小于 4 时吸收几乎不进行。

pH 值除了影响 SO_2 吸收外，还影响结垢、腐蚀和石灰石粒子的表面钝化。

脱硫效率随 pH 值的升高而提高。低 pH 值有利于石灰石的溶解、HSO_3^- 的氧化和石膏的结晶，但是高 pH 值有利于 SO_2 的吸收。pH 值对 WFGD 的影响是非常复杂和重要的。pH 值的变化对 $CaSO_3$ 和 $CaSO_4$ 溶解度有重要的影响，随着 pH 值的升高，$CaSO_3$ 溶解度明显下降，而 $CaSO_4$ 溶解度则变化不大。因此，随着 SO_2 的吸收，溶液的 pH 值降低，溶液中的 $CaSO_3$ 量增加，并在石灰石粒子表面形成一层液膜，而 $CaSO_3$ 的溶解度又使液膜的 pH 值上升，溶解度的变化使液膜中 $CaSO_3$ 析出并沉积在石灰石粒子的表面，形成一层外壳，使粒子表面钝化。钝化的外壳阻碍了 $CaSO_3$ 继续溶解，抑制了吸收反应。因此，浆液 pH 值应控制适当。

采用石灰石为吸收剂时，吸收塔浆液的 pH 值宜控制在 5.2～5.8 之间。采用石灰为吸收剂时，吸收塔浆液的 pH 值宜控制在 5.2～6.2 之间。

(2) 液气比 液气比（L/G）是 WFGD 一个重要的操作参数。是指洗涤每立方米烟气所用的洗涤液量，单位是 L/m^3。

脱硫效率随 L/G 的增加而增加，特别是在 L/G 较低的时候，其影响更显著。增大 L/G 比，气相和液相的传质系数提高，从而有利于 SO_2 的吸收，但是停留时间随 L/G 比的增大而减小，削减了传质速率提高对 SO_2 吸收有利的强度。在实际应用中，对于反应活性较弱的石灰石，可适当提高 L/G 比来克服其不利的影响。

一般的 L/G 比操作范围为 15～25L/m^3。美国电力研究院优化计算得到最佳液气比约为 16.57L/m^3。

液气比直接影响脱硫塔的尺寸和运行费用。在其他参数值一定的情况下，提高液气比相当于增大了吸收塔内的喷淋密度，使液气间接触面积增大，脱硫效率将增大。但同时也增加了浆液循环泵的流量，从而增加设备的投资和能耗。而高液气比还会使吸收塔内压力损失增大，增加风机能耗。

因此，液气比的选择应同时考虑入口烟气条件、脱硫效率、喷洒覆盖率等多种因素。

(3) 钙硫比　钙硫比（Ca/S）摩尔比是指进入吸收塔的吸收剂所含钙量与烟气中所含硫量的摩尔比。

根据国外湿式石灰石石膏脱硫法的运行经验，Ca/S比的值必须大于1.0；当Ca/S值＝1.02～1.05时脱硫效率最高，吸收剂具有最佳的利用率；

当Ca/S值低于1.02或高于1.05以后，吸收剂的利用率（吸收剂利用率等于钙硫比的倒数）均明显下降，而且当钙硫比大于1.05以后，脱硫率开始趋于稳定。如果Ca/S值增加过多，还会影响到浆液的pH值，使浆液的pH值偏大，不利于脱硫反应的进行，使脱硫效率降低。HJ 179—2018推荐，吸收系统钙硫比（Ca/S）不宜超过1.03。

(4) 烟气流速　烟气流速是指设计处理烟气量的空塔截面流速，以m/s为单位。因此，烟气设计流速决定了吸收塔的横截面面积，也就确定了塔的直径。一方面，烟气设计流速越高，吸收塔的直径越小，可降低吸收塔的造价。但另一方面，烟气设计流速越高，烟气与浆液的接触和反应时间相应减少，烟气携带液滴的能力也相应增大，升压风机的电耗也加大。

比较典型的逆流式吸收塔烟气流速一般在2.5～5m/s范围内，大多数的FGD装置吸收塔的烟气设计流速选取为3～4m/s，并趋向于更高的流速。国外FGD装置的运行经验表明，在SO_2脱除率恒定的情况下，液气比L/G随着吸收塔烟气流速的升高而降低，带来的直接利益是可以降低吸收塔和循环泵的初投资，虽然增压风机的电耗要增加，但可由循环泵降低的电耗冲减。HJ 170—2018推荐吸收塔烟气区空塔截面尺寸宜保证最不利设计条件下空塔流速不大于3.8m/s。

在实际工程中，烟气流速的增加无疑将会使吸收塔的塔径变小，减小吸收塔的体积，对降低造价有益。然而，烟气流速的增加对吸收塔内除雾器的性能提出新的更高的要求。

(5) 烟气温度的影响　脱硫效率随吸收塔进口烟气温度的降低而增加，这是因为脱硫反应是放热反应，温度升高不利于脱除SO_2化学反应的进行。实际的石灰石湿法烟气脱硫系统中，通常采用GGH装置，或在吸收塔前布置喷水装置，降低吸收塔进口烟气温度，以提高脱硫效率。所以要求整个浆液洗涤过程中的烟气温度都在100℃以下。100℃左右的原烟气进入吸收塔后，经过多级喷淋层的洗涤降温，到吸收塔出口时温度一般为45～70℃。

(6) 浆液停留时间的影响　浆液在吸收塔内循环一次在反应池中的平均停留时间，也叫浆液循环停留时间（τ_C），可通过反应池浆液体积（m^3）除以循环浆液总流量（m^3/min）来计算。

浆液在反应池内停留时间长有助于浆液中石灰石与SO_2完全反应，并能使反应生成$CaSO_3$有足够的时间完全氧化成$CaSO_4$，形成粒度均匀、纯度高的优质脱水石膏。但是，延长浆液在反应池内停留时间会导致反应池的容积增大，氧化空气量和搅拌机的容量增大，土建和设备费用以及运行成本增加。典型湿式石灰石石膏法的浆液停留时间τ_C为3.5～8min。HJ 179—2018推荐吸收塔浆池容积宜保证吸收塔浆池浆液循环停留时间不小于4.2min。

(7) 吸收液过饱和度的影响　石灰石浆液吸收SO_2后生成$CaSO_3$和$CaSO_4$。石膏结晶速度依赖于石膏的过饱和度，在循环操作中，当超过某一相对饱和度值后石膏晶体就会在悬浊液内已经存在的石膏晶体上生长；当相对饱和度达到某一更高值时就会形成晶核，同时石膏晶体会在其他物质表面上生长，导致吸收塔浆液池表面结垢。此外，晶体还会覆盖那些还未及反应的石灰石颗粒表面，造成石灰石利用率和脱硫率下降。

一般控制相对饱和度低于1.3～1.4。

(8) 入口烟气SO_2浓度的影响　SO_2的吸收是一个可逆反应，各组分浓度受平衡浓度的制约。在其他工况不变的情况下，按照双膜理论，增大吸收塔入口处SO_2的质量浓度，一方面可使气相主体中SO_2的分压增大，从而增大了气液传质的推动力，有利于SO_2通过浆液表面向浆液内部扩散，加快反应速度，脱硫效率随之提高；另一方面过高的SO_2浓度也将迅速耗尽浆液中的碱性，导致吸收SO_2的液膜阻力增加，使脱硫效率下降。综合结果，脱硫效率随着烟气中SO_2浓度增加而降低。入口烟气SO_2浓度的设计值需根据设计煤种以及烟气的脱硫效率、成本核算来确定。

(9) 烟气中O_2浓度的影响　在吸收剂与SO_2反应过程中，O_2参与其化学过程，使HSO_3^-氧化成SO_4^{2-}。随着烟气中O_2含量的增加，吸收浆液滴中O_2含量增大，加快了$SO_2+H_2O \rightarrow HSO_3^- \xrightarrow{O_2} SO_3^{2-}$的正向反应进程，有利于$SO_2$的吸收，脱硫效率呈上升趋势。

当烟气中O_2含量增加到一定程度后，脱硫效率的增加逐渐减缓。但是，并非烟气中O_2浓度越高越好。因为烟气中O_2浓度很高则意味着系统漏风严重，进入吸收塔的烟气量大幅度增加，烟气在塔内的停留时间减少，导致脱硫效率下降。

(10) 烟气含尘浓度的影响　锅炉烟气经过高效静电除尘器后，烟气中仍会有部分未除掉的飞灰。经过吸收塔洗涤后，烟气中绝大部分飞灰留在了浆液中。浆液中的飞灰在一定程度上阻碍了石灰石的消溶，降低了石灰石消溶速率，导致浆液 pH 值降低，脱硫效率下降；同时飞灰中溶出的一些重金属 Hg、Mg、Cd、Zn 等离子会抑制 Ca^{2+} 与 HSO_3^- 的反应，进而影响脱硫效果。此外，飞灰还会降低副产品石膏的白度和纯度，增加脱水系统管路堵塞、结垢的可能性。

(11) 石灰石粉品质的影响 影响石灰石品质的主要因素是石灰石的纯度。石灰石是天然矿石，在其形成和开采的过程中难免会含有杂质，石灰石矿中 $CaSO_3$ 的含量从 50%至 90%分布不均。送入同量的石灰石浆液，纯度低的石灰石浆液难以维持吸收塔罐中的 pH 值，使脱硫效率降低，为了维持 pH 值必须送入较多的石灰石浆液，此时会增加罐中的杂质含量，容易造成石膏晶体的沉积结垢，影响到系统的安全性。

石灰石粉颗粒的粒度越小，比表面积就越大。由于石灰石的消溶反应是固-液两相反应，其反应速率与石灰石粉颗粒比表面积呈正相关系，因此，较细的石灰石颗粒的消溶性能好，各种相关反应速率较高，脱硫效率及石灰石利用率较高，同时由于副产品脱硫石膏中石灰石含量低，有利于提高石膏的品质。但石灰石的粒度越小，破碎的能耗越高。通常要求脱硫用生石灰的 CaO 含量宜不小于 80%，细度宜不低于 150 目 90%过筛率。脱硫用石灰石 $CaCO_3$ 含量宜不小于 90%，细度宜不低于 250 目 90%过筛率。

（二）石灰石/石灰-石膏湿法烟气脱硫工艺

石灰石/石灰-石膏湿法烟气脱硫的典型工艺流程示意见图 18-75。脱硫系统流程见图 18-76。

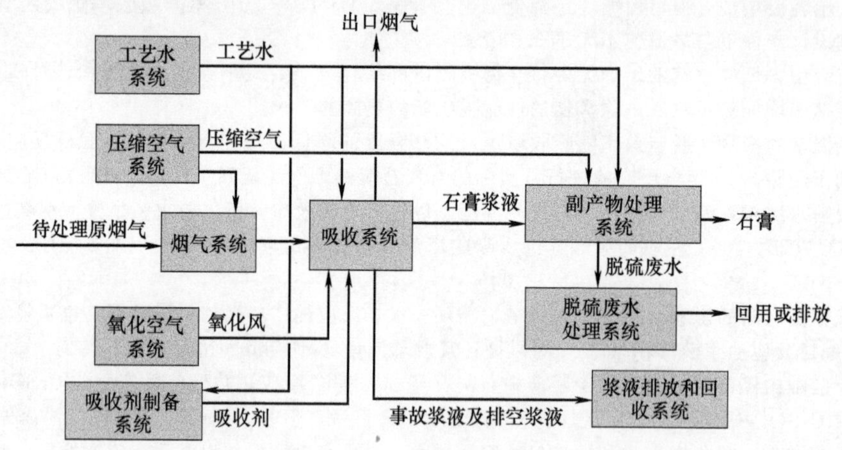

图 18-75 石灰石/石灰-石膏湿法烟气脱硫工艺流程示意

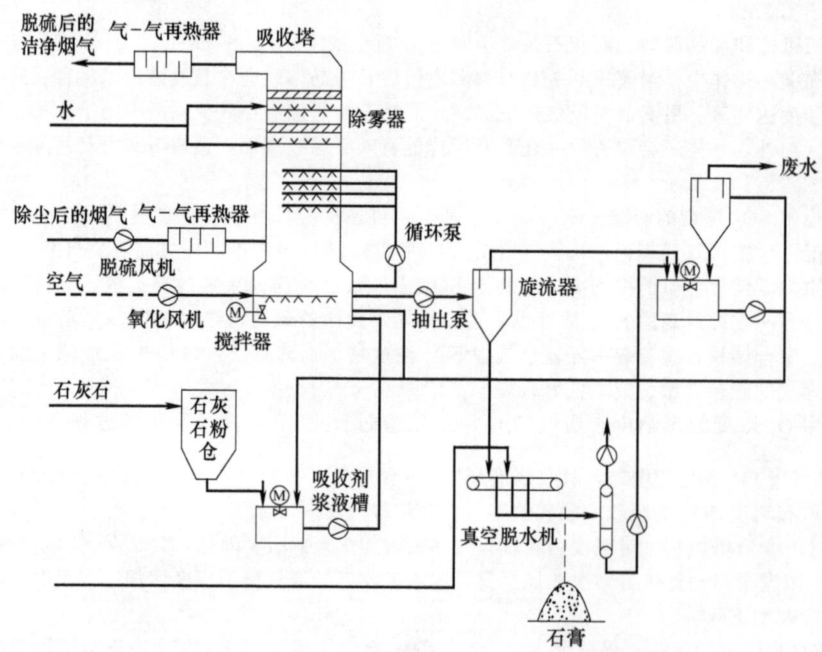

图 18-76 典型石灰石-石膏湿法脱硫系统流程

由图可见，石灰石/石灰-石膏湿法工艺主要由以下系统组成：a. 由石灰石（块或粉）料仓、磨粉（对石灰石块）、制浆、贮存及输送设备构成的石灰石浆液（吸收剂）制备系统；b. 由洗涤循环除雾和氧化等设施构成的吸收系统；c. 由烟气换热器及增压风机等构成的烟气系统；d. 由浆液旋流器、真空皮带脱水机、贮仓等构成的石膏脱水及贮存系统；e. 脱硫废水处理系统；f. 自控和在线监测系统。

1. 吸收系统

吸收系统是FGD的核心装置，一般由SO_2吸收系统、浆液循环系统、石膏氧化系统、除雾器四部分组成，主体即为吸收塔。烟气中的SO_2在吸收塔内与石灰石浆液进行接触，SO_2被吸收形成亚硫酸钙，在氧化空气和搅拌的作用下于反应槽中最终生成石膏。吸收剂浆液经吸收塔浆液循环泵循环。吸收塔出口烟气中的雾滴经除雾器去除。

按照烟气和循环吸收浆液在吸收塔内的相对流向，可将吸收塔分成逆流塔和顺流塔两大类（见图18-77）。目前FGD装置的吸收塔大多数是逆流布置。从理论上讲，逆流操作吸收效率稍高些。在逆流操作中，在吸收塔塔底的底部含SO_2浓度最高的原烟气与将要离开塔体的循环吸收浆液接触，这样可以使吸收浆液最终吸收的SO_2浓度达到最大值。在塔顶，新鲜的吸收浆液与出塔的已脱除大量SO_2的烟气接触，可使出塔烟气中SO_2浓度降至最低值。逆流操作的好处是气液两相的吸收平均推动力最大，而且稳定，但逆流的压力损失比顺流大。顺流塔气液两相的吸收平均推动力要低些，但顺流塔允许较高的流速，气液相对流速越大，加剧了气液两相的扰动，使气液界面更新更快，膜层厚度减小，从而降低扩散阻力，提高吸收速率。总的来说，在石灰或石灰石FGD工艺中，顺、逆流吸收布置的差别一般是不太明显的，这两种吸收塔都可以达到较高的SO_2脱除效率。

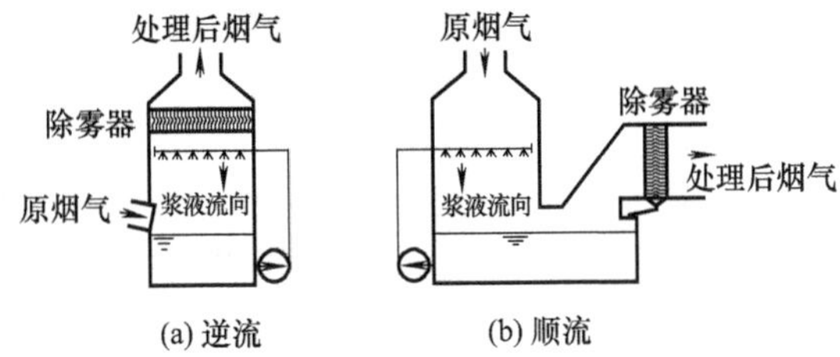

图18-77 逆流塔和顺流塔的流程布置

逆流操作的一些优点特别适合像喷淋空塔这种类型的吸收塔，例如随着喷淋滴液与烟气相对流速的提高，传质效率增大。这是因为烟气流速的增大加剧了液滴表面的湍流程度，同时，延长了液滴在吸收区的停留时间，提高了吸收区的持液量和吸收塔单位体积的浆液表面积（单位m^2/m^3）。所以，在其他条件相同的情况下逆流喷淋塔的吸收效率会更高些。

顺流布置一个重要而实用的优点，是可以采用较高的吸收塔烟气流速。较高的烟速意味着可减小吸收塔的尺寸，降低成本。在逆流布置中，烟气流速的上限取决于烟气带循环浆液透过除雾器的情况，这一点对逆流喷淋塔是一个非常实际的问题。喷淋液滴的典型粒径是1000～3000μm。目前逆流喷淋塔烟气流速必须低于5m/s，否则会有过量循环浆液随高速烟气带出吸收塔顶部。但在顺流塔内，烟气一般是从上向下朝着吸收塔底部的反应罐液面流去，然后急转向上流向吸收塔的出口，烟气夹带的大部分液滴由于惯性作用撞击反应罐液面而被捕获，因此顺流塔的设计烟气流速通常都可以达到6m/s，有的高达近10m/s。

石灰石-石膏湿法烟气脱硫工艺的吸收塔塔型主要有喷淋塔（喷淋空塔）、液柱塔和鼓泡塔等，其中，鼓泡塔由于能耗高、脱硫负荷适应性差、检修维护困难等因素在国内未能推广应用。

(1) 喷淋塔 喷淋塔又称喷淋空塔。由于结构简单、技术成熟、操作维修方便、脱硫效率高而成为湿法脱硫工艺的主流塔型。

图18-78是喷淋空塔典型的结构布置，塔体的横断面可以是圆形或矩形。通常烟气从塔的下部进入吸收塔，然后向上流，烟气与浆液以逆流方式接触。

在塔的较高处布置了数层（一般为3～6层）喷淋管网，循环泵将循环浆液经喷淋管上的喷嘴喷射出雾状滴液，形成吸收烟气SO_2的液体表面。每层喷淋管布置了足够数量的喷嘴，相邻喷出的水雾相互搭接叠盖，不留空隙，使喷出的液滴完全覆盖吸收塔的整个断面，喷嘴断面覆盖率达130%～300%。虽然对各层喷淋管可以采用母管制供浆，但最通常的做法是一台循环泵对应一个喷淋层。这样可以根据机组负荷，燃煤含硫量以及不同工况下所要求的洗涤效率来调整喷淋泵的投运台数，从而达到节能效果。含SO_2烟气与石灰石浆液雾滴接触时SO_2被吸收。烟气中Cl、F和灰尘等大多数杂质也在吸收塔中不同程度被除去。

通常将塔体与反应罐设计成一个整体，反应罐既是塔体的基础，也是收集下落浆液的容器。由喷嘴喷出

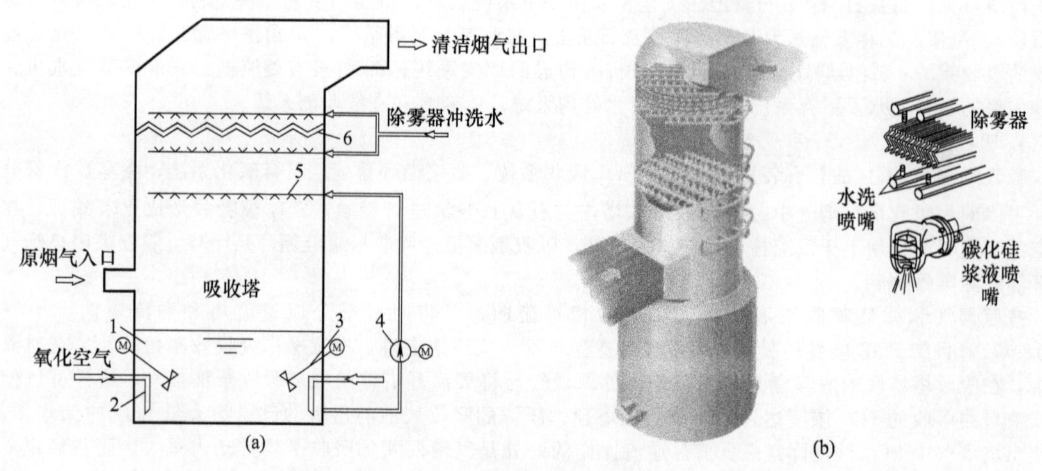

图 18-78 喷淋空塔

1—吸收塔浆池；2—氧化空气喷枪；3—搅拌器；4—浆液循环泵；5—喷淋层；6—除雾器

的粒径较小的液滴易被烟气向上带出吸收区，当这种饱含液滴的烟气进入除雾器后液滴被截留下来。

喷淋空塔的优点是压损小，吸收浆液雾化效果好，塔内结构简洁，不易结垢和堵塞，检修工作量少。不足之处是，脱硫效率受气流分布不均匀的影响较大，循环喷淋泵能耗较高，除雾较困难，对喷嘴制作精度、耐磨和耐蚀性要求较高。

喷淋塔具有下列特点：a. 脱硫效率高，装置经济的脱硫效率为95%，对于高硫煤项目脱硫效率可达到97%～97.5%的水平；b. 单塔烟气处理量大，可处理1000MW等级机组的全部烟气量；c. 吸收塔结构简单、烟气阻力小；内部件少，便于检修维护；d. 设置单元制喷淋层，吸收塔可随脱硫负荷的变化调整喷淋层投运数量，运行经济性较好。

随着我国环保政策日益严格和发电企业环保意识的提高，常规喷淋塔难以在能耗和投资合理的前提下适应高脱硫效率的技术要求，为了应对这种情况，可进一步提升脱硫效率的其他吸收塔塔型得到采用，如双回路喷淋塔、配置旋汇耦合器的喷淋塔、液柱塔和多孔托盘喷淋塔等。

(2) 除雾器 (ME) 除雾器是脱硫系统中的关键设备，它用于分离烟气携带的液滴，其性能直接影响到湿法FGD系统能否连续可靠运行。对无旁路FGD系统，除雾器故障可导致整个机组（系统）停机。因此，科学合理地设计、使用除雾器对保证湿法FGD系统的正常运行有着非常重要的意义。

1) 常规除雾器。常用的气水分离器有折流板（又称V形板）除雾器、旋流板除雾器、丝网层雾沫分离器、旋风分离器等。湿法FGD系统洗涤后烟气中的含液量（mg/m^3）相对较高，滴液大小的范围很宽，直径从几个微米到2000μm，而且这处水雾是一种具有化学反应活性的浆液，这种液滴可以引起ME结垢或堵塞，因此对湿法FGD的除雾器有特殊的要求。湿法FGD系统多年的运行经验表明，折流板除雾器具有结构简单、对中等尺寸和大尺寸雾滴的捕获效率高，压降比较低、易于冲洗，具有敞开式结构，便于维修和费用较低等特点，最适合湿法FGD系统除去烟气中的水雾。

折流板除雾器利用水膜分离的原理实现气水分离。当带有滴液的烟气进入人字形板片构成的狭窄、曲折的通道时，由于流线偏折产生离心力，将滴液分离出来，滴液撞击板片，部分黏附在板片壁面上形成水膜，缓慢下流，汇集成较大的液滴落下，从而实现气水分离，其工作原理如图18-79所示。

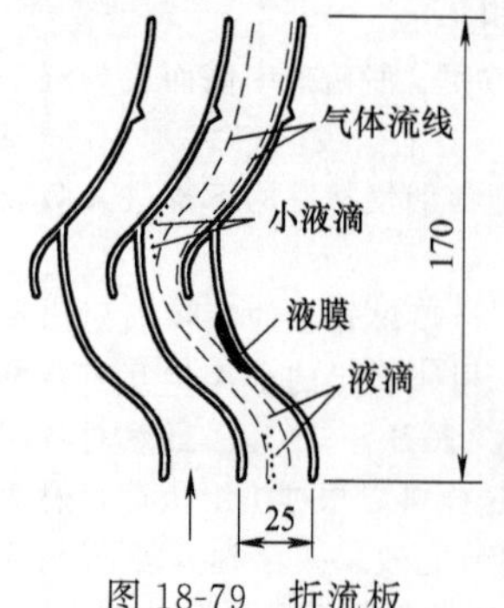

图 18-79 折流板 ME工作原理

由于折流板除雾器是利用烟气中液滴的惯性力、离心力撞击板片来分离气水，因而除雾器捕获液滴的效率随烟气流速增加而增加。流速高，作用于液滴的惯性大，有利于气水分离。但当流速超过某一限值时烟气会剥离板片上的液膜，造成二次带水，反而降低除雾器效率。另外，流速的增加使除雾器的压损增大，增大了脱硫风机的能耗。

除雾器通常由除雾器本体及冲洗系统组成。典型的吸收塔设计采用两级除雾器：第一级除雾器是一个大液滴分离器，叶片间隙较大，用来分离上升烟气所携带的较大液滴；第二级除雾器是一个细液滴分离器，叶片距离较小，用来分离上升烟气中的微小浆液液滴和除雾器冲洗水滴。烟气流经除雾器时，液滴由于惯性作用，留在叶片上。由于被滞留的液滴也含有固态物，主要成分为石膏，因此，存在在除雾器元件上结垢堵塞的危险，对于安装了GGH的FGD系统常常因GGH堵塞而导致系统退出运行，GGH堵塞的原因之一是除雾器堵塞及运行效果差。一旦除雾器运行不良，烟气携带大量的石膏浆液，可以造成GGH在较短的时间内堵塞。而对于无再热设备的FGD系统则会有“石膏雨”的风险。因此，除雾器需设置定期运行的清洁设备进行在线清洗，包括冲洗水管路、冲洗喷嘴、自动开关阀、压力仪表、冲洗水流量计等，冲洗介质为工艺水或滤液水，可由工艺水泵提供或单独设置的除雾器冲洗水泵提供。正常运行时下层除雾器的底面和顶面、上层除雾器的底面自动按程序轮流清洗各区域，每层冲洗可根据烟气负荷、吸收塔的液位高低自动调节冲洗的频率，冲洗水同时也补充了吸收塔因蒸发及排浆所造成的水分损失。

安装在吸收塔内的除雾器称垂直流除雾器，国内应用较多；而安放在吸收塔出口水平烟气上的除雾器称水平流除雾器，日本脱硫公司大多采用这种形式。

除雾器除雾性能应能除去烟气中全部大于20μm的液滴，20μm以下液滴全含量≤50mg/m³（干标态，按国家污染物相关排放标准规定的含氧量折算）。

除雾器布置形式通常有水平形、人字形、V形、组合型等，如图18-80所示。大型脱硫吸收塔中多采用人字形布置、V形布置或组合布置（如菱形、X形）。吸收塔出口水平段上采用水平形布置。

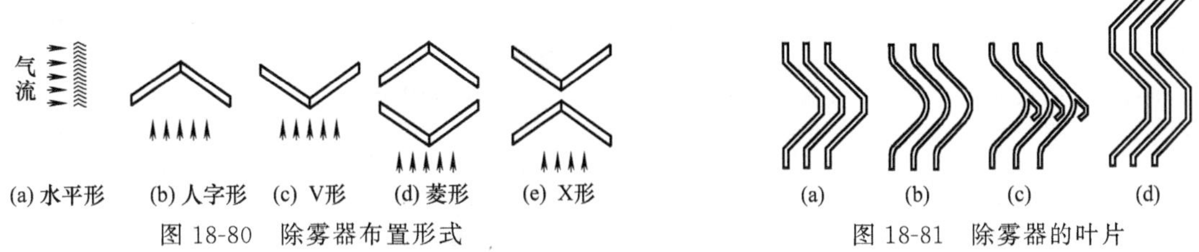

图18-80　除雾器布置形式

图18-81　除雾器的叶片

除雾器叶片通常由高分子材料或不锈钢材料制作。除雾器叶片种类很多，如图18-81所示。按几何形状可分为折线形［见图18-81（a）、(d)］和流线形［见图18-81（b）、(c)］，按结构特征可分为2通道叶片和3通道叶片。

各类结构的除雾器叶片各具特点。图18-81（a）形叶片结构简单，易冲洗，适用于各种材质；图18-81（b）、(c）形叶片临界流速较高，易清洗，目前在大型脱硫设备中使用较多；图18-81（d）形叶片除雾效率高，但清洗困难，使用场合受限制。

除雾器冲洗系统主要由冲洗喷嘴、冲洗泵、管路、阀门、压力仪表及电气控制部分组成。其作用是定期冲洗由除雾器叶片捕集的液滴、粉尘，保持叶片表面清洁（有些情况下起保持叶片表面潮湿的作用），防止叶片结垢和堵塞，维持系统正常运行。

单面冲洗布置形式在一般情况下无法对除雾器叶片表面进行全面有效的清洗，特定条件下可在最后一级除雾器上采用单面冲洗的布置方式。除雾器应尽可能采用双面冲洗的布置形式。

除雾器冲洗喷嘴是除雾器冲洗系统中最重要的执行部件。国内外除雾器冲洗喷嘴一般采用实心锥喷嘴，喷嘴与除雾器之间的距离一般小于1m。考核喷嘴性能的重要指标是喷嘴的扩张角与喷射断面上水量分布的均匀程度。冲洗喷嘴的扩散角越大，喷射覆盖面积相对越大，但其执行无效冲洗的比例也随之增加。喷嘴的扩散角越小，覆盖整个除雾器断面所需的喷嘴数量就越多。喷嘴扩散角的大小主要取决于喷嘴的结构，与喷射压力也有一定的关系。

目前，国内许多除雾器运行不佳，吸收塔出口烟气携带液滴量增加超过标准规定的50mg/m³，导致吸收塔下游GGH结垢堵塞或厂区下“石膏雨”“烟雨”的情况，为此研发了一种新型简易的管式除雾器。

管式除雾器即在原有2级人字形或平板式除雾器下方加装2～3层交错布置的圆形管子，如图18-82所示。其作用如下所述。

① 拦截大部分（70%～80%）大于500μm的大雾滴，而喷淋层产生的雾滴大于85%都是超过500μm的大雾滴。管式除雾器管间距大，并且管子上的大雾滴和石膏可以通过冲洗上面除雾器时流下的冲洗水冲洗干净，而且管子本身也可以自转，更有利于清洁管子，因而不易堵塞。

② 由于可以拦截大部分的大雾滴，大大地减少了烟气携带大部分石膏颗粒直接进入上部除雾器，从而降低了上部除雾器堵塞的风险，同时又可降低除雾器冲洗水的消耗。

③ 可使进入上部除雾器的烟气流速更为均匀，提高了除雾器的性能，大大地降低了吸收塔出口烟气的浆液携带，减轻了吸收塔下游GGH的结垢堵塞或烟囱“石膏雨”的现象。

管式除雾器的阻力损失很小，在正常的吸收塔烟气流速下，加了管式除雾器后的阻力增加不到20Pa，

(a) (b)

图 18-82 管式除雾器及其位置示意

几乎可以忽略不计。而且管式除雾器所需安装高度不到 0.5m，因此对旧除雾器的改造是十分适合的。

管式除雾器在德国有超过 20 家电厂的应用业绩，在我国自 2010 年 1 月起逐步得到应用，300MW 机组有国电双辽发电有限公司 3 号、4 号机组，中电投抚顺热电有限公司 2 台，宁夏马莲台电厂 2 台；600MW 机组有山东邹县电厂、贵州盘南电厂、辽宁康平电厂、福建可门电厂二期、陕西秦岭电厂、广东靖海电厂等；1000MW 机组有江苏谏壁电厂、广东平海电厂、广东靖海电厂、浙江华能玉环电厂等。

《石灰石/石灰-石膏湿法烟气脱硫工程通用技术规范》推荐：吸收塔内除雾器宜先选用屋脊式，或采用管式除雾器与屋脊式除雾器组合的方式。

2）高效除尘除雾器。石灰石-石膏湿法脱硫工艺是技术最成熟、应用最广泛的烟气脱硫技术，国内绝大部分燃煤机组脱硫装置均采用这种工艺。脱硫系统喷淋层自上而下喷射的浆液对烟气中的烟尘有着洗涤的效果，能够去除部分烟尘，但不能完全去除。经吸收塔逃逸的烟尘主要包括两个部分：一部分是吸收塔喷淋区域未能捕捉的细小颗粒；另一部分是未被除雾器拦截的浆液颗粒。为实现超低排放，提高脱硫系统协同除尘除雾能力，可通过对吸收塔喷淋区域提效改造和除雾区提效改造两个方面来实现。

吸收塔喷洒区提效可采用以下方式：a. 采用增加气液接触装置（如采用托盘或湍流器等），使烟气分布均匀，形成湍流，与液滴充分接触，大大提高传质效果；b. 选用高效喷嘴，提高喷淋覆盖度不小于 300%，提高传质效果同时进一步降低喷淋浆液粒径，提高了浆液与烟尘的接触面积；c. 设置聚气环，减少烟气顺塔壁的逃逸；d. 根据物模、数模结果进一步优化吸收塔流场设计，烟气穿过喷淋层后再连续流经除雾区脱除含有浆液雾滴。除雾区提效主要采用更换高效除尘除雾装置，保证吸收塔出口雾滴质量浓度不大于 $20mg/m^3$。目前高效除尘除雾装置主要分为三级屋脊式除雾器、管束式除尘除雾装置及冷凝式除尘除雾装置。

① 三级屋脊式除雾器。屋脊式除雾器安装在吸收塔内顶部，用于垂直气流的气液分离。其布置形式通常有人字形、V 形、组合型等，大型脱硫吸收塔中多采用人字形布置、V 形布置或组合型布置。常规二级屋脊式除雾器的布置方式如图 18-83 所示。

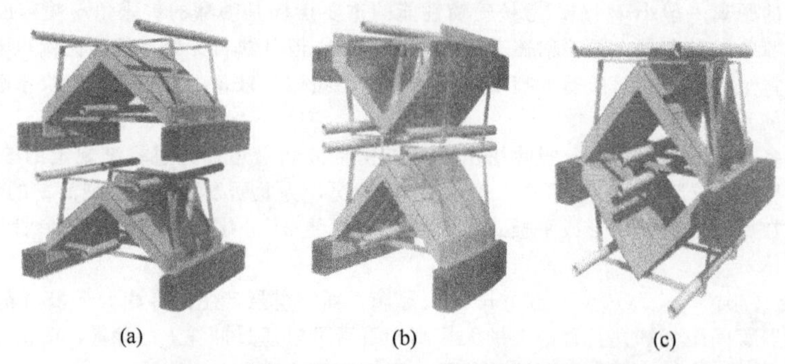

(a) (b) (c)

图 18-83 常规二级屋脊式除雾器的布置方式

屋脊式除雾器用来分离烟气所携带的液滴。在吸收塔内，一般由上下二级屋脊式除雾器及冲洗水系组成。经过净化处理后的烟气，在流经两级屋脊式除雾器后，其所携带的浆液微滴被除去。从烟气中分离出来的小液滴慢慢凝聚成较大的液滴，然后沿屋脊式除雾器叶片往下滑落至浆液池。在一级除雾器的上、下部及二级除雾器的下部，各有一组带喷嘴的集箱。集箱内的除雾器清洗水经喷嘴依次冲洗除雾器中沉积的固体颗粒。经洗涤和净化后的烟气流出吸收塔，最终通过烟气换热器和净烟道排入烟囱。

高效屋脊式除雾器由三级组成，并与其他除尘增效系统组合应用，如图 18-84 所示。在吸收塔流速合理的前提下，可以保证除雾器出口雾滴质量浓度不大于 $20mg/m^3$，从而大大降低雾滴携带量；同时，高效除雾器可以拦截浆液中固体颗粒，降低雾滴中颗粒物（烟尘）的排放量。

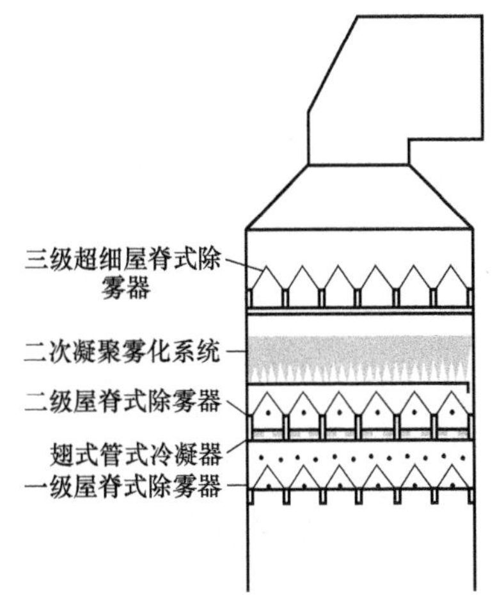

图 18-84　三级高效除雾器及除雾增强系统

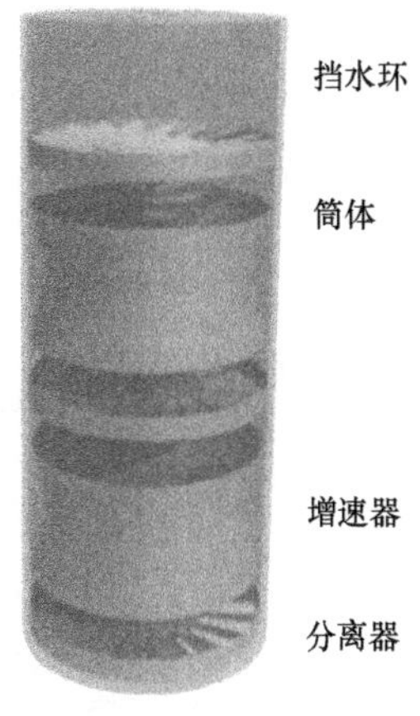

图 18-85　离心管束式除尘除雾器

② 管束式除尘除雾器。离心管束式除尘装置由分离器、增速器、导流环、汇流环及管束等构成，如图 18-85 所示。管束筒体内筒壁面光洁，筒体垂直，断面圆滑，无偏心，内部各部件作用如下：a. 汇流环，控制液膜厚度，维持合适的气流分布状态；b. 导流环，控制气流出口状态，防止捕获液滴被二次夹带；c. 增速器，确保以最小的阻力条件提升气流的旋转运动速度；d. 分离器，实现不同粒径的雾滴在烟气中分离。

管束式除尘装置的使用环境是含有大量液滴的 50℃左右的饱和净烟气，特点是雾滴量大，雾滴粒径分布范围广，雾滴由浆液液滴、凝结液滴和尘颗粒组成。除尘主要是脱除浆液液滴和尘颗粒。

经高效脱硫及初步除尘后的烟气向上经离心管束式除尘装置进一步完成高效除尘除雾过程。烟气在一级分离器作用下使气流高速旋转，液滴在壁面形成一定厚度的动态液膜，烟气携带的细颗粒灰尘及液滴持续被液膜捕获吸收；连续旋转上升的烟气经增速器调整后再经二级分离器去除微细颗粒物及液滴。同时在增速器和分离器叶片表面形成较厚的液膜，会在高速气流的作用下发生“散水”现象，大量的大液滴从叶片表面被抛洒出来，穿过液滴层的细小液滴被捕获，小液滴变大后被筒壁液膜捕获吸收，实现对细小雾滴的脱除，最后经过汇流环排出，实现吸收塔出口烟尘质量浓度不高于 $5mg/m^3$，出口雾滴质量浓度不高于 $20mg/m^3$ 的超低脱除。

管束式除尘除雾器是一种具有凝聚、捕悉、湮灭作用的装置，它由管束筒体和多级增速器、分离器、汇流环及导流环组成。根据不同的烟气及除尘效果要求，可选择不同的增速器、分离器、汇流环进行多级组合，达到高效除尘除雾的目标。

③ 冷凝式除尘除雾装置。冷凝式除尘除雾技术，基于大气中“雾”的形成原理，即通过喷淋层后的饱和湿烟气进入冷凝湿膜层，烟气冷却降温，析出冷凝水汽；水汽主动以细微粉尘和残余雾滴为凝结核；细微粉尘和残余雾滴长大；长大的粉尘和雾滴撞击在波纹板上，被水膜湮灭从而被拦截。

冷凝式除雾器结构如图 18-86 所示。饱和湿烟气通过高效除雾器，占体积比例 80%～90%的雾滴被脱除，残留雾滴为较小粒径颗粒，同时高效屋脊式除雾器对烟气也进行了整流；烟气进一步通过冷凝湿膜层降温，产生大量的水汽（烟气中析出的冷凝水质量浓度为 $2\sim5g/m^3$），其以粉尘作为凝结核，残留雾滴和粉尘被大量的水汽包裹形成大的液滴，这些长大的液滴通过特殊设计的弯曲流道时，产生很大的离心力，雾滴被甩在覆有一层水膜的波纹板表面，粉尘和雾滴即被拦截；烟气经过超精细分离器后，净烟气中大于 $13\mu m$ 的液滴 100%被去除分

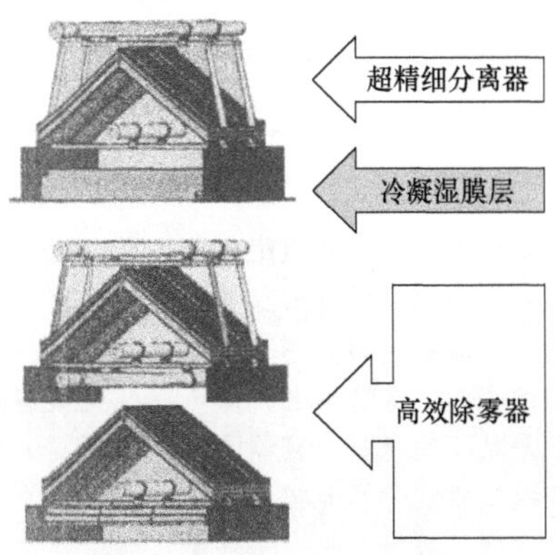

图 18-86　冷凝式除雾器示意

离，小于10μm的液滴40%～70%被去除分离。实现吸收塔出口烟尘质量浓度不高于5mg/m³，出口雾滴质量浓度不高于20mg/m³。

主要配置分为吸收塔内和吸收塔外两套系统，吸收塔内布置高效除雾器、冷凝湿膜离心分离器以及超精细分离器，吸收塔外布置循环水冷却系统。冷凝式除雾器系统布置如图18-87所示。

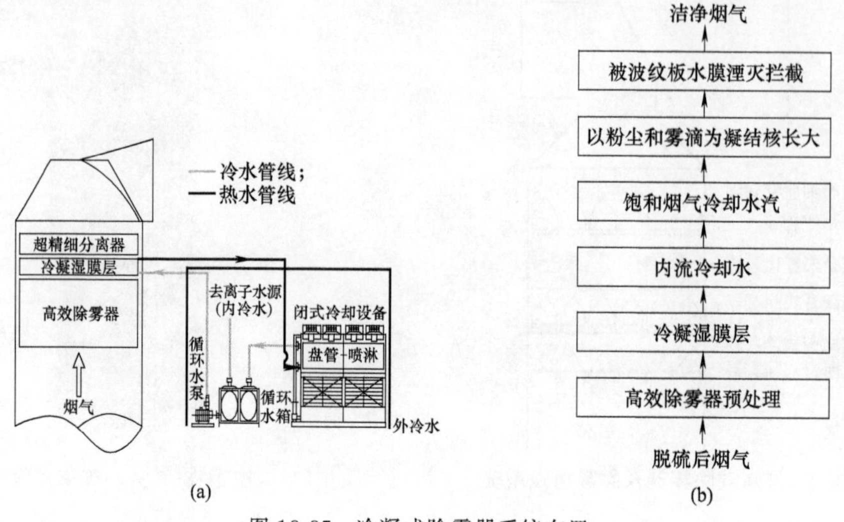

图18-87 冷凝式除雾器系统布置

冷却装置有两路冷却水：一路为闭式内冷水，用于吸收热量，冷却烟气；另一路为开式外冷水，在冷却设备内循环，用于冷却内冷水，以间接换热的形式，将烟气中的热量传递到大气中。冷却装置配套喷淋冷却水泵及闭式冷却设备。

④ 3种脱硫系统除雾协同除尘技术比较。3种脱硫系统协同除尘技术路线比较如表18-53所列。

表18-53 3种脱硫系统协同除尘技术路线比较

序号	项　目	高效三级屋脊式除雾器	管束式除尘除雾装置	冷凝式除尘除雾装置
1	技术成熟程度	成熟	成熟	较成熟
2	煤种适应性	广泛	广泛	广泛
3	负荷适应性	全负荷	中、高负荷效果好	全负荷
4	吸收塔出口雾滴/(mg/m³)	≤20	≤20	≤20
5	阻力/Pa	200～350	500～800	350
6	水耗	较高	较低	较高
7	市场占有率	高	较高	较低
8	工程造价	较高	高	高
9	布置方式	塔内	塔内	塔内＋塔外
10	改造工期	一个大修期	45天	一个大修期
11	检修维护工作量	较少	较少	较多
12	应用业绩	多	较多	少

负荷适用性：随机组负荷波动，脱硫系统入口烟气量变化较大，造成塔内流速变化。根据3种除尘除雾装置运行原理，屋脊式除雾器存在一定临界流速，流速高或过低均会影响除雾效率，通常调整除雾器设计流速，尽可能避免因流速变化造成的影响，能实现全负荷运行；管束式除尘除雾装置因其利用烟气离心力将烟气中的烟尘、雾滴除去，低负荷烟气流速降低，离心力减少，除尘除雾效果降低明显。冷凝式除尘除雾装置，是基于屋脊式除雾器的基础上研发出来的，在两层屋脊式除雾器之间设置冷凝并装置，负荷适应性与常规三级屋脊式除雾器较为一致，但若流速过快，烟气中析出的水颗粒将进一步携带雾滴逃逸。

改造工程量：相对于管束式、冷凝式除尘除雾装置，屋脊式除雾器主要工作集中在流场优化；管束式除尘除雾装置改造思路简单，将原有除雾器换成管束式除尘除雾装置，并调整除雾器冲洗水的布置位置；冷凝式除尘除雾装置同样拆除原冷凝式除尘除雾装置，脱硫系统喷淋层需配套优化，还需在塔外新增一套外部冷却装置，冷却装置有两路冷却水，配套闭式循环泵、喷淋水泵及冷却风机，系统较为复杂。相比之下，若单独针对除雾器改造方面，冷凝式除尘除雾装置改造工程量最大，管束式相对较低，屋脊式最低。

适用范围：以实现烟尘浓度排放低于 $5mg/m^3$ 的目标，3 种除尘除雾装置适用范围不尽相同。屋脊式除雾器改造路线对入口烟尘浓度要求比较严格，适用烟尘浓度不大于 $20mg/m^3$。管束式除尘除雾装置对入口烟尘浓度相对较大，能够满足单塔入口尘浓度不大于 $35mg/m^3$，双塔入口烟尘浓度不大于 $50mg/m^3$，设计除尘效率较高，但低负荷工况运行稳定性有待改进，若要求全负荷段均实现超低排放，入口烟尘浓度需进一步控制。冷凝式除尘除雾装置，能够满足脱硫装置入口烟尘浓度低于 $30mg/m^3$，但其投运业绩较少，尚无足够业绩证明其长期稳定运行的可靠性。

(3) 氧化系统 通过向反应槽鼓入氧化空气，在搅拌作用下，将 $CaSO_3$ 氧化生成 $CaSO_4$，$CaSO_4$ 结晶析出生成石膏。氧化系统的主要设备包括氧化风机、氧化搅拌装置等。

在湿法石灰石-石膏工艺中氧化方式有强制氧化和自然氧化两种，所谓强制氧化是通过向罐体的氧化区内喷入外气源空气进行的氧化工艺；而自然氧化是利用烟气中的氧在吸收区进行氧化的工艺。强制氧化工艺优于自然氧化工艺（见表 18-54），我国目前全部采用强制氧化工艺。强制氧化装置种类很多，而在我国实用的基本上是两种装置，即固定式空气喷射器［fixed air sparger，FAS，或称管网喷射器（sparger grids）］和搅拌器-喷枪组合式（agitator air lance，assemblies，ALS）。其中 FAS 有 3 种布置方案，见图 18-88；ALS 布置方案见图 18-89，而应用较多的是图 18-88（c）和 ALS 方案。

固定式空气喷射器（FAS）强制氧化装置是在氧化区底部的断面上均布若干根氧化空气母管，母管上有众多分支管。喷气喷嘴均布于整个断面上（3.5 个/m^2 左右），通过固定管网将氧化空气分散鼓入氧化区。

表 18-54 强制氧化和自然氧化的比较

方式	副产品	副产品晶体尺寸/μm	用途	脱水	运行可靠性	应用国家（地区）
强制氧化	石膏:90% 水:10%	10～100	熟石膏 水泥 墙板	容易 水力旋流器+过滤器或离心机	≥99%	中国 日本 欧洲
自然氧化	硫酸钙、亚硫酸钙:50%～60% 水:50%～40%	1～5	填埋	不容易 沉降槽+过滤器	95%～99%，存在结垢的问题	美国

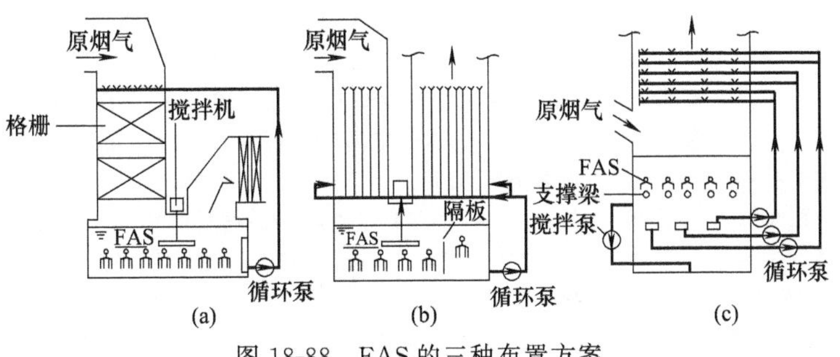

图 18-88 FAS 的三种布置方案

图 18-88（a）、(b）所示的两种 FAS 是将搅拌器布置在管网上方；图 18-88（c）所示的 FAS 是将搅拌器（或泵）布置在管网的下方。图 18-88（c）布置方式是将塔内液位加深，上部分氧化区，管网固定在支撑梁上，梁以下为中和区，侧面斜插式搅拌器或搅拌泵承担悬浮浆液的作用。该布置方式将搅拌器和 FAS 的功能分开，减少了相互之间的影响。当 FAS 布置在远离搅拌器的上方、氧化风机输入功率远大于搅拌器输入功率时，搅拌器对氧化空气流动造成的影响可以忽略。该布置方式的缺点是承受着塔内液位大幅度增加，吸收区和塔体总高度增大，需要加大循环泵的压头和管道用量。

搅拌器和空气喷枪组合式（ALS）强制氧化装置如图 18-89 所示。氧化搅拌器产生的高速液流使鼓入的氧化空气分裂成细小的气泡，并散布至氧化区的各处。由于 ALS 产生的气泡较小，由搅拌产生的水平运动的液流增加了气泡的停留时间，因此 ALS 较之 FAS 降低了对浸没深度的依赖性。

由于 ALS 喷气管口径较 FAS 大得多，其氧化空气流量可大幅度降低而不用担心喷气管被堵。为保证

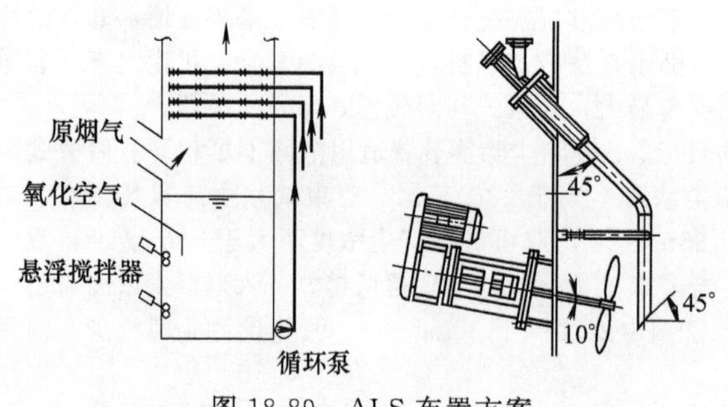

图 18-89 ALS 布置方案

ALS 的传质性能，氧化空气流量和搅拌器的分散性能应匹配。若氧化空气流量太大且超过液流分散能力时会导致大量气泡涌出，出现泛气现象，严重时搅拌器叶片吸入侧也汇集大量气泡，使得叶片输送流量下降。

从投资费用出发，对于原烟气中 SO_2 浓度较高、容许有较大浸没深度的 FGD，宜选择 FAS；对于原烟气中 SO_2 浓度较低、氧化空气流量较低的 FGD，则 ALS 更为合适。FAS 需要的机械支撑构件较 ALS 多，特别是当塔体底部直径增大时系统变得复杂，检修困难。

目前应用的搅拌系统有机械系统和悬浮搅拌系统。后者是德国 LLB 公司专利，在浆液池上安装一个或多个抽吸管抽取浆液进行循环，向塔底部脉冲喷射，达到搅拌目的，参见图 18-90。机械搅拌系统是利用叶片螺旋搅拌机组成搅拌系统，搅拌机多采用两层布置，见图 18-91。

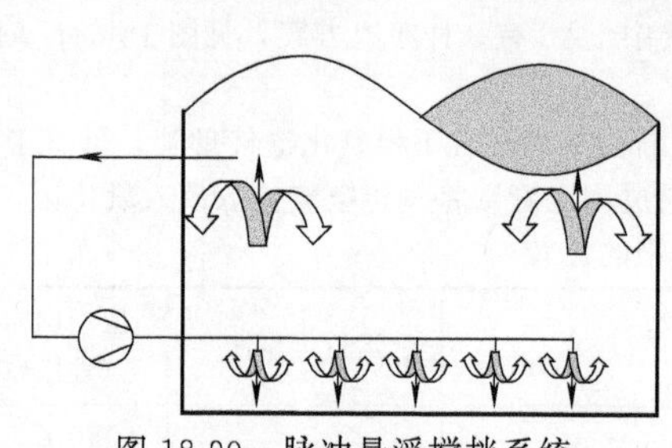

图 18-90 脉冲悬浮搅拌系统

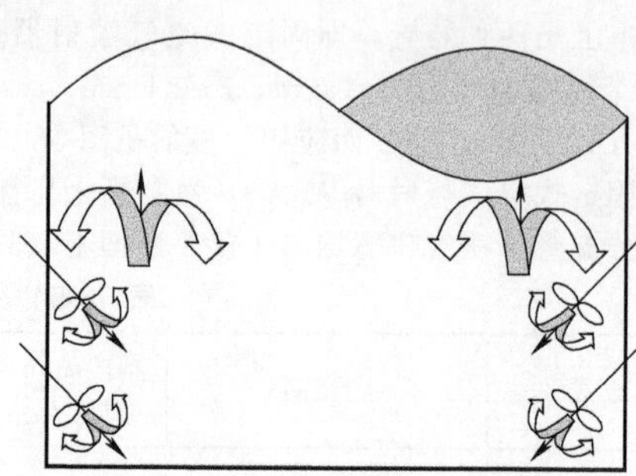

图 18-91 机械搅拌系统

2. 石灰石浆液制备系统

石灰石是目前湿法中最常见的吸收剂，它在许多国家有丰富的储藏量，因此要比其他吸收剂更便宜。虽然在烟气脱硫设施的早期，由于石灰有比石灰石更好的与 SO_2 的反应活性，曾广泛被用作吸收剂，但是石灰要通过石灰石煅烧获得，过程耗能较大，导致费用偏高。因此现在多用石灰石替代石灰。目前，使用石灰石的湿式烟气脱硫技术几乎也能达到与石灰一样的脱硫效率。

环境保护行业标准 HJ/T 179 推荐，在资源落实的条件下优先选用石灰石作为吸收剂。为保证脱硫石膏的综合利用及减少废水排水量，用于脱硫的石灰石中 $CaSO_3$ 的含量宜高于 90%。石灰石粉的细度应根据石灰石的特性和脱硫系统与石灰石粉磨制系统综合优化确定。对于烟气中 SO_2 浓度较低的脱硫设施，石灰石粉的细度应保证 250 目 90%过筛率；当烟气中 SO_2 浓度较高时，石灰石粉的细度宜保证 325 目 90%过筛率。

脱硫用生石灰和电石渣的 CaO 含量应不小于 80%。

石灰石浆液制备系统的主要功能是制备合格的吸收剂浆液，并根据吸收塔系统的需要由石灰石浆液泵直接打入吸收塔内或打到循环泵入口管道中，与吸收塔内浆液经喷嘴充分雾化而吸收烟气中的 SO_2，从而达到脱硫的目的。FGD 系统的石灰石浆制备系统通常有以下 3 种方案。

① 由市场直接购买粒度符合要求的石灰石粉（90%小于 44μm），运至电厂储粉仓存储，加水搅拌，制成石灰石浆液。

② 新建一座干式制粉站。在石灰石矿点附近或厂内空地处自设制粉站，由市场购买的块状石灰石经干式球磨机磨制成石灰石粉，送至储粉仓存储，加水搅拌，制成石灰石浆液，再用泵送至吸收塔作为吸收剂。如华能珞璜电厂在距矿山 2km 处建一座制粉站，依山采矿，用卡车将石块运至制粉站制粉，电厂距制粉站 3.5km。山西太原第一热电厂、浙江杭州半山电厂、兰溪电厂脱硫系统等也用这种方案。

③ 厂内湿磨方案。即外购石灰石块，在厂内经湿式球磨机磨制成石灰石浆液的方法。湿式球磨机直接将一定粒度的石灰石块制成浆液，经水力旋流器分离后，合格的浆液送去配浆，不合格的返回再磨，可达到超细粒径 325 目（44μm），过筛率 90%以上。与干式相比，省去了诸如高温风机、除尘器、旋风分离器等附属设备。

石灰石湿式球磨机宜选用卧式溢流型式，入口物料粒径宜不超过 20mm。

石灰石干磨机宜选用立式中速型式，磨机动态分离器应采用变频驱动，产品细度应可调节，额定出力下的产品细度应满足脱硫工艺要求。干磨机进口石灰石块水分宜不大于3%，产品水分控制在0.5%～1%范围内。

另外，国外少数脱硫系统不设单独的制浆罐，而是直接将干粉注入吸收塔，这种装置对石灰石粉的粒度要求较高，要用超细的石灰石粉，国内尚未应用。

石灰石制粉系统的任务是为脱硫系统提供足够数量和符合质量要求的石灰石。石灰石粉制备系统一般按电厂全部机组烟气脱硫所消耗的石灰石量设计。典型的湿磨制浆系统示于图 18-92。

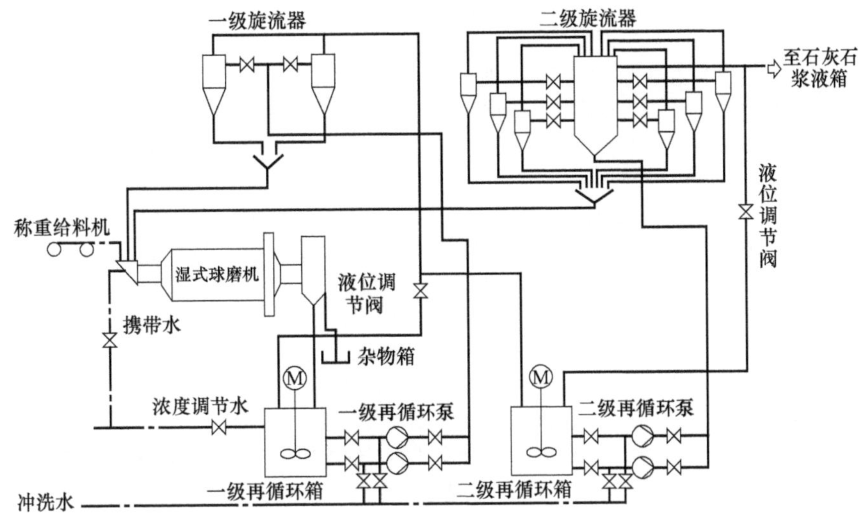

图 18-92　典型的湿磨制浆系统流程

目前，干粉制浆和湿式制浆在 FGD 中均有应用，二者性能比较如下。

① 干粉制浆和湿式制浆在石灰石块料入磨之前的工序基本相同。湿式制奖系统省去了干粉制浆所需的复杂的气力输送系统，以及诸如高温风机、气粉分离设备等，因此系统得到简化，占地面积小，设备发生故障的可能性大为降低。一般干粉制浆系统的初投资比湿式制浆系统高 20%～35%。虽然湿式磨比干式磨的电耗高，但就整个系统而言，湿式制浆比干式制浆运行费用要低 8%～15%。

② 与干粉制浆相比，湿式制浆对石灰石粉量和粒径的调节更方便。干粉制浆主要通过调整磨粉机的运行参数来实现，而湿式制浆还可以通过调整水力旋流器的性能参数来达到目的。

③ 湿式制浆需要注意浆液泄漏外流问题，干粉制浆需要注意扬尘和噪声污染问题。

④ 湿式磨比干式磨的噪声小。

石灰石供浆系统向吸收塔提供适量的石灰石浆液，浆液量由烟气中 SO_2 总量决定。该系统由石灰石浆液泵、石灰石浆液箱、中继箱、密度计、调节门等设备组成。

把石灰石制成浓度为 27%的石灰石浆液作为吸收剂，送入石灰石浆液箱，再经石灰石浆液泵送入吸收塔。每台 FGD 一般装备两台独立的石灰石浆液泵，随对应 FGD 的启停而启停。在吸收塔距离石灰石浆液箱较远时，在吸收塔附近可设石灰石浆液中继箱，再通过二级供浆泵向吸民睡塔供浆，这样可保证供浆的可靠性。在供浆管道上装有密度计，用以检测石灰石浆液密度，作为球磨机一级再循环箱过滤水调节阀的主调量信号，来调节石灰石浆液的浓度。石灰石浆液箱设有一台顶进式搅拌器，保证浆液的浓度均匀。

3. 烟气系统

烟气系统通由烟气再热器、增压风机、烟道、挡板及其他附件组成。

(1) 烟气再热器（GGH）　烟气经过湿法 FGD 系统洗涤后，温度降至 45～55℃，已低于露点，为湿饱和状态，如果直接排放会带来两种不利后果：一方面，烟气抬升的扩散能力降低，可能在烟囱附近形成水雾，增加烟羽可见度，排烟降落液滴、污染环境；另一方面，由于烟气温度在露点以下，会有酸性液滴从烟气中凝结出来，既污染环境又对设备造成低温腐蚀。

我国最早期建设的烟气脱硫项目采用的是日本和德国的技术，在烟气脱硫系统中均在脱硫塔后设置烟气再热器，对净烟气加热［即烟气-烟气加热器（GGH)］，然后再排入大气，以增加烟气的扩散能力和避免低温腐蚀。

其后建设的脱硫项目大多仿效这种设计理念，也采用 GGH 来对湿法脱硫吸收塔出口 50℃左右的低温烟气进行加热。如《火力发电厂烟气脱硫设计技术规程》（DL/T 5196—2004）规定：烟气系统宜装设烟气换热器，设计工况下脱硫后烟囱入口的烟气温度一般应达到 80℃及以上排放，但同时也说明在满足环保要求且烟囱和烟道有完善的防腐和排水措施并经技术经济比较合理时也可不设烟气换热器；如《火电厂烟气脱硫工程技术规范 石灰石/石灰-石膏法》(HJ/T 179—2005) 中规定现有机组在安装脱硫装置时应配置烟气换热器；新建、扩建、改建火电厂建设项目，在建设脱硫装置时宜设置烟气换热器，若考虑不设置烟气换热器，应通过建设项目环境影响报告书审查批准。因此，我国从 2003 年开始掀起脱硫工程建设高潮以来，大部分都采用了 GGH 对脱硫后烟气进行加热后排放，应用较多的烟气再热器为回转式烟气再热器。GGH 的功能主要有：a. 提高污染物的扩散程度；b. 降低烟羽的可见度；c. 避免烟囱降落液滴；d. 减轻对下游侧设备造成的腐蚀。

但 GGH 表现出来的缺点也是十分明显的，例如以下几种。

① 降低了脱硫率。GGH 原烟气侧向净烟气侧的泄漏会降低系统的脱硫率，尽管 GGH 的泄漏率可控制在 1.0%以下，但对于超低排放 SO_2 排放浓度要求在 $35mg/m^3$ 以下时设置 GGH 的 FGD 系统难以稳定达标。

② 投资和运行费用增加。首先是安装 GGH 的直接设备费用，如计及因安装 GGH 而增加的风机提高压力、控制系统增加控制点数、烟道长度增加和 GGH 支架及相应的建筑安装费用等，其总和约占 FGD 总投资的 20%。GGH 本体对烟气的压降约 1.0kPa。为了克服这些阻力，必须增加风机的压头，使 FGD 系统的运行费用大大增加。据德国火力发电厂的统计，热交换器占总投资费用的 7.0%。

③ FGD 系统运行故障增加，表现在堵塞和腐蚀，原烟气在 GGH 中降低到 80℃左右，在热侧会产生大量黏稠的浓酸液，这些酸液不但对 GGH 的换热元件和壳体有很强的腐蚀作用，而且会黏附大量烟气中的飞灰。另外，穿过除雾器的微小浆液液滴在换热元件的表面上蒸发后也会形成固体结垢物，这些固体物会堵塞换热元件通道进一步增加 GGH 的压降。国内早期曾存在因 GGH 黏污严重而造成增压风机振动过大、机组降负荷运行的情况。对于目前取消旁路烟道的 FGD 系统，FGD 系统故障还意味着机组要停运。

④ 设备庞大，烟道系统复杂。

除 GGH 外，其他的烟气再加热方式有 MGGH（无泄漏型烟气热交换器）、蒸汽管式加热器、热管式加热器、热空气混合加热等。如取消再加热系统，则可采用湿烟囱排放或"烟塔合一"技术，目前德国新建火电厂中，已广泛地利用冷却塔排放脱硫烟气，成为没有烟囱的电厂。

对于超低排放，除燃用低硫煤机组外，在中、高硫煤机组的 FGD 系统中 GGH 已越来越少，而 MGGH 或湿烟囱成了首选。

(2) WGGH 无泄漏型烟气热交换器 (Mitsubishi recirculated nonleak type Gas-Gas Heater, MGGH) 技术首先由日本三菱公司开发成功，是对传统 GGH 技术的改进，国内也有称热媒循环水烟气加热器 (Water Gas-Gas Heater, WGGH)。一个典型的 MGGH 系统工艺流程如图 18-93 所示，换热形式为两级烟气-水换热器：第一级换热器（烟气冷却器）利用锅炉空气预热器出口高温烟气加热热媒介质；第二级换热器（烟气加热器）利用热媒介质加热脱硫塔出口低温净烟气，通过热媒介质将高温烟气热量传递给吸收塔出口低温烟气。热媒介质一般采用除盐水，闭式循环，增压泵驱动，热媒辅助加热系统一般采用辅助蒸汽加热。另外，MGGH 系统还包含必要的支撑悬吊结构、热媒介质补充系统、吹灰系统、水冲洗系统及系统所需的所有阀门、控制系统所需的测温、测压装置及其他控制装置。

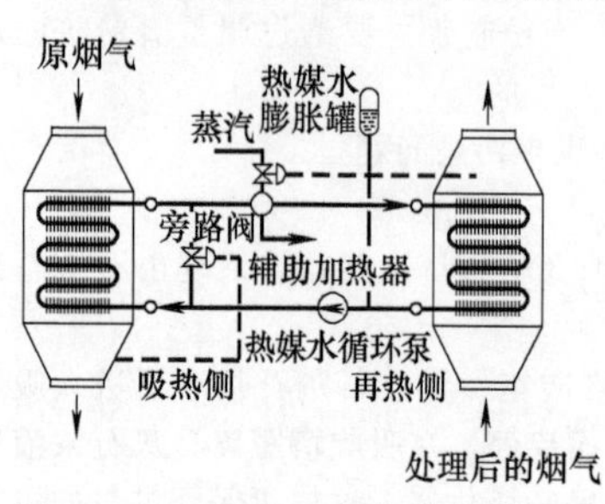

图 18-93 WGGH 烟气热交换系统

MGGH 的优点是布置方式灵活，MGGH 按热回收段布置的不同分为前置式和后置式两种：前置式即将 MGGH 热回收段布置在静电除尘器之前，如图 18-94 所示；后置式即将 MGGH 热回收段布置在静定除尘器之后，如图 18-95 所示。

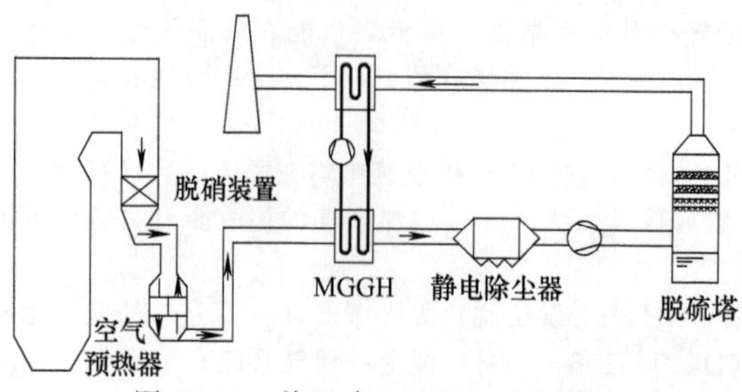

图 18-94 前置式 MGGH 工艺流程

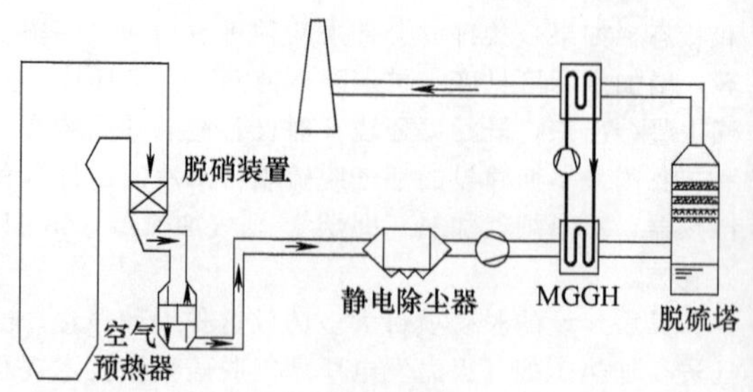

图 18-95 后置式 MGGH 工艺流程

最早的 MGGH 采用后置式布置，这种布置形式显著的缺点在于热回收段腐蚀问题较为严重，不但加大了系统的运行成本和维护费用，同时也降低了系统的可用率，如我国华能珞璜电厂一、二期（4×360MW）机组 FGD 装置。为了解决 MGGH 热回收段的腐蚀问题，日本三菱公司 1997 年之后将 MGGH 热回收段移至电除尘器之前，即采用前置式 MGGH。

前置式 MGGH 的优点主要有以下几点。

① 降低电耗和运行费用。MGGH 热回收段布置在电除尘器之前，使烟气温度由 130℃左右降低到 90℃，实际烟气体积流量大大减少，有利于引风机和增压风机电耗的降低。

② 可除去绝大部分 SO_3，减轻了烟气对后续设备的腐蚀。在该系统的除尘装置中，烟温已降到酸露点以下，而烟气含尘质量浓度很高，一般为 15～25g/m^3，平均粒度仅有 20～30μm，因而总表面积很大，为硫酸雾的凝结附着提供了良好的条件。通常情况下，灰硫比（D/S）大于 100 时，烟气中的 SO_3 去除率可达到 95%以上，使下游烟气酸露点大幅度下降，基本不用专门考虑 SO_3 的腐蚀问题，日本橘湾等 9 个电厂的实践已证明了这一点。

③ 提高电除尘器除尘率。由于进入电除尘器的烟气温度降低，烟气体积流量变小，烟速降低，同时烟尘比电阻也有所下降，因而提高了除尘率，该技术即为低低温电除尘器高效除尘技术；同时，由于进入脱硫塔的烟尘粒度变粗，使脱硫塔的除尘率也有所提高，有利于脱硫率和石膏质量的提高。

④ 可实现最优化的系统布置。目前，几乎所有的 FGD 系统设计都是将脱硫增压风机放在吸收塔之前，主要是考虑风机的工作条件，即磨损、腐蚀和污染的问题。采用防腐的 MGGH 工艺系统就具备了把脱硫风机放在吸收塔之后的条件，它不受场地布置的限制，不再承受高温、磨损和腐蚀等恶劣工作条件，可提高系统的可用率，并且吸收塔和升温换热器等均在负压状态下运行，因此可降低其结构和密封的要求，同时其能耗下降约 5%，成为 FGD 系统最优化的系统布置（日本电厂应用很普遍）。

传统的 GGH 由于泄漏问题无法根本解决，很难保证粉尘及 SO_2 的超低排放要求。在对污染物扩散要求不严格的地区可通过取消 GGH 来实现，但对于污染物扩散有严格要求的地区，MGGH 技术由于其零泄漏的特点，就使其成为一条可行的改造途径。目前国内已开始大规模应用 MGGH，以前置式布置居多。

(3) 冷却塔排烟——烟塔合一　脱硫后的烟气经冷却塔排放的技术简称烟塔合一技术。烟塔合一技术是将火电厂烟囱和冷却塔合二为一，取消烟囱，利用冷却塔排放烟气，冷却塔既有原有的散热功能，又替代烟囱排放脱硫后的洁净烟气。

德国从 20 世纪 80 年代已开始使用冷却塔排烟技术（烟塔合一），目前通过改造，所有燃煤电厂的烟气都需要采用烟塔合一技术排放。德国近二十多年烟塔合一技术使用和实践证明，烟塔合一技术会成为净化烟气、减少污染物排放总量、减轻对环境影响的“纽带性”技术。冷却塔排烟的抬升和扩散与科学界的理论计算和实际检测结果是吻合的，通过冷却塔排烟对环境的影响较小。工程上节约了建造烟囱、GGH 的投资及运行费用，在一定程度上弥补了燃煤电厂净化烟气的投资，推进了电厂脱硫等净化烟气的环保工程建设。

烟塔合一工艺系统通常有两种排放形式，分别为外置式和内置式。外置式是脱硫装置安装在冷却塔外，净烟气直接引到冷却塔喷淋层的上部，通过安装在塔内的除雾器除雾后均匀排放，与冷却水不接触，见图 18-96。近几年国外的烟塔合一技术进一步发展，开始趋向将脱硫装置布置在冷却塔里面——内置式布置。使布置更加紧凑，节省用地。其脱硫后的烟气直接从冷却塔顶部排放。

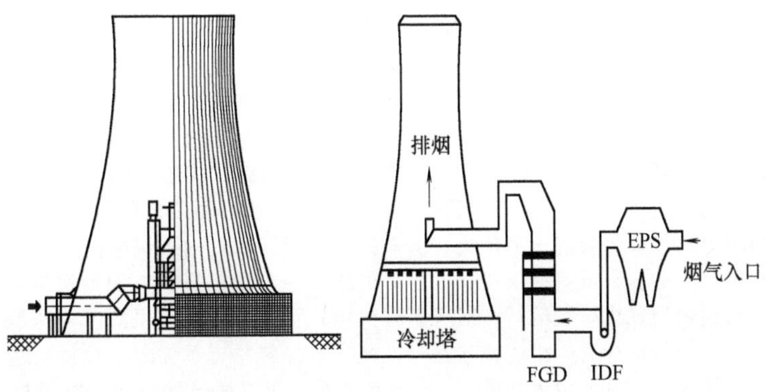

图 18-96　烟塔合一工艺系统示意

烟气通过冷却塔排放有其明显特点，与烟囱排放出的烟气相比其烟气本身具有显著的热含量。对冷却塔排放和烟囱排放而言，代表排放口动力和热力关系的运动学相似数 Froude 数有一个量级上的区别。冷却塔排放的烟气由于热力引起的动力抬升作用大约是烟囱排放的 10 倍，由此形成的弱风情况下冷却塔排放的烟气有明显的抬升。污染物地面浓度与烟气抬升后有效源高的平方成反比，因此在弱风条件下冷却塔排放相比烟囱排放而言地面浓度要小得多。在大风状况时，冷却塔排放烟气抬升高度可能低于烟囱排放烟气抬升。但在大风状况下，由于总背景适宜于污染物扩散，因而总体来说烟气通过冷却塔排放是一种很好的选择。

德国经验和计算结果表明，在弱风情况下冷却塔排放的烟气有明显的抬升，在大风状况时冷却塔排放烟气抬高将低于烟囱排放烟气，至于在多大风速时冷却塔排放烟气抬高低于烟囱排放烟气取决于多个因素。计算的个例结果表明，在极不稳定状况下，当风速大于 4.5m/s 时冷却塔排放烟气抬升高度将低于烟囱排放烟气。

经中国环科院测算，通过 120m 高的湿式冷却塔排烟，对地面造成的 SO_2 和 PM_{10}、NO_x 年均落地浓度总体低于 240m 高烟囱排烟的落地浓度。

此外，由于脱硫后的烟气不需要进行再加热，节约了烟气加热器的能耗，减少了传统脱硫方式中 GGH 的泄漏，提高了脱硫装置的可靠性和利用率。

宝鸡第二电厂采用间接空冷系统的烟塔合一方案，空冷塔空气流量和流速比湿冷塔大，由于冷却塔内的热空气和烟气本身具有显著的热含量，塔内排放的烟气有明显的抬升，将提高烟气抬升高度，降低地面排放浓度，有利于环境保护。

图 18-97、图 18-98 为匈牙利 GEI 公司针对宝二电厂工程不同排烟方案进行的对比计算结果。

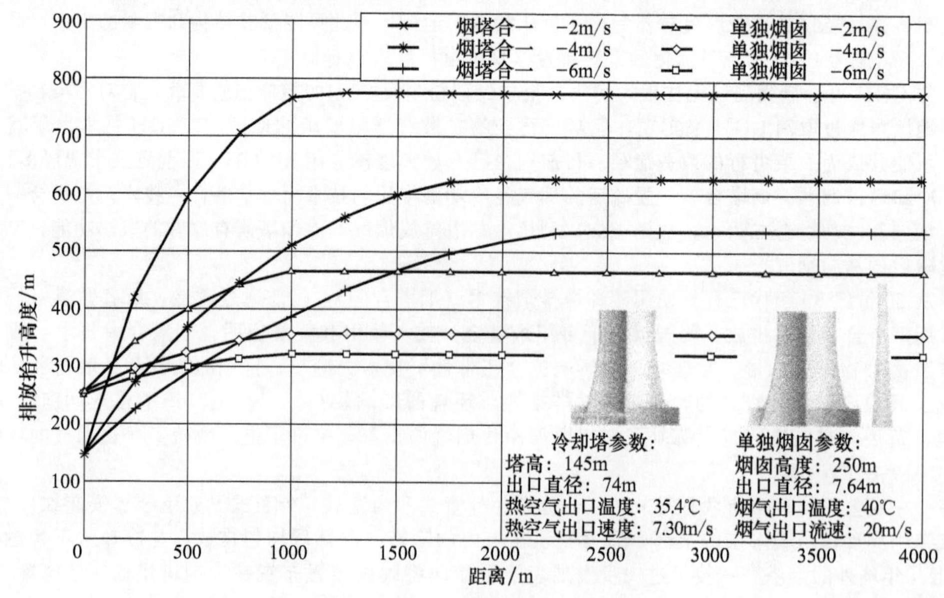

图 18-97 烟塔合一的烟气抬升高度状况

由上图可见，采用烟塔合一技术时烟气抬升高度明显高于烟囱排烟方案，污染物地面浓度得到大幅降低；当地面风速为 2m/s 时，烟塔合一排烟方案 SO_2 地面最大浓度仅为约烟囱排烟方案 SO_2 地面最大浓度的 1/3，大大减轻电厂环境空气污染物排放对周围环境的影响。

我国湿法烟气脱硫装置大部分都建在冷却塔闭式循环系统的电厂中，因而烟塔合一技术在我国有广阔的应用前景。华能北京热电厂 4 台脱硫机组率先引进烟塔合一技术，成为国内首个可取消烟囱的电厂；国华三河发电厂二期 300MW 机组采用了拥有国内自主知识产权的烟塔合一技术。

(4) 脱硫风机（或称增压风机） 锅炉烟气系统增加脱硫装置后，系统中的烟道、吸收塔、换热器、烟道挡板等均带来附加的压力损失，会对锅炉的运行和炉内燃烧过程造成一定困难。为解决此问题：一是增加原有引风机的压头或更换风机；二是另外增加一台增压风机。现役机组增设 FGD 系统，大多采用增设增压风机与锅炉引风机串联运行。对于新建机组，可以采用引风机同时克服锅炉和 FGD 系统的阻力。但为保证锅炉更安全的运行及风机的最佳运行性能，并保持脱硫系统的相对独立性，一般均采用增设增压风机方案。

增压风机的设置位置如图 18-99 所示 4 种，风机的设置位置必须根据 GGH 的泄漏状况、风机的设备费和运行费等因素综合考虑。表 18-55 表示了不同位置风机的比较结果。

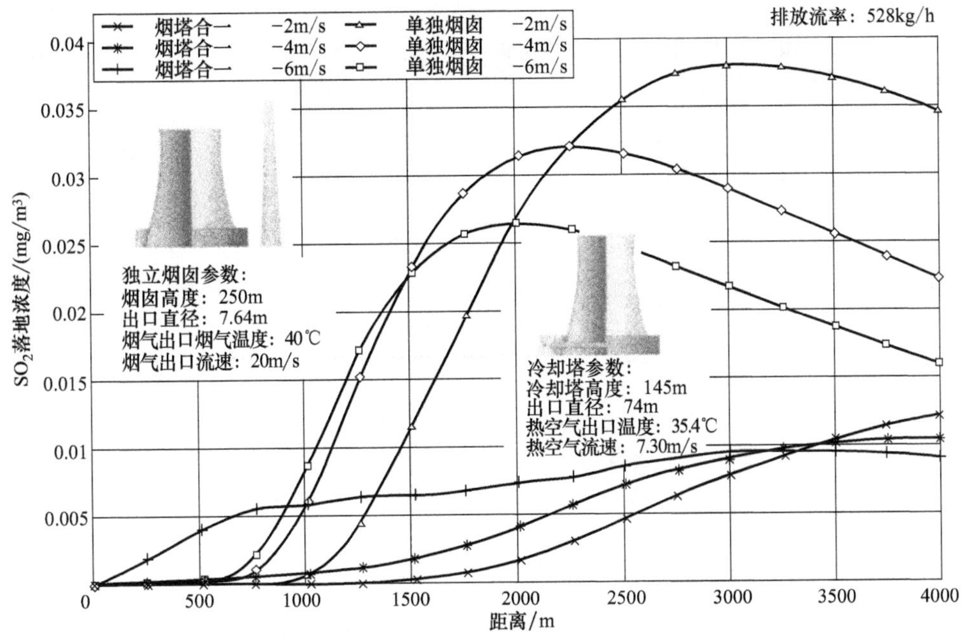

图 18-98　烟塔合一的 SO_2 落地浓度状况

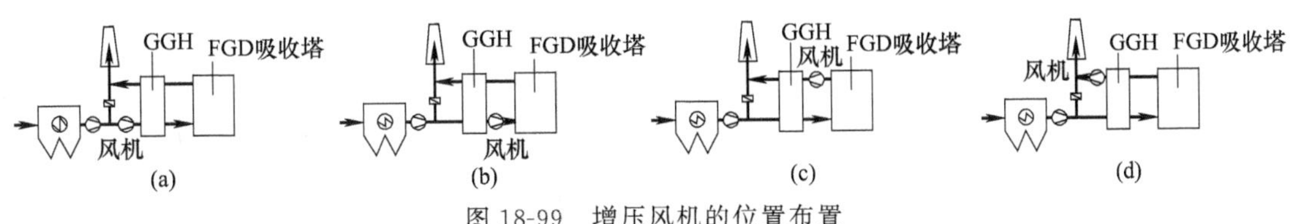

图 18-99　增压风机的位置布置

表 18-55　脱硫风机位置的比较

项　　目	(a)风机	(b)风机	(c)风机	(d)风机
使用环境				
使用气体温度/℃	100～150	800～100	45～55	800～100
磨损性	轻微(因飞灰引起)	轻微(因飞灰引起)	几乎没有	几乎没有
腐蚀性	几乎没有	露点下硫酸腐蚀	SO_3 雾和吸收排雾引起腐蚀性大	轻微的硫酸腐蚀环境
煤尘附着	轻微	比(a)风机略大	附着含少量煤尘的散雾	几乎没有
泄漏				
与回转再生式 GGH 组合时的泄漏(未处理→处理)	大	小	小	大
粉末的泄漏/%	约 6.0	约 4.0	约 4.0	约 6.0
气体的泄漏/%	约 3.0	约 0.3	约 0.3	约 3.0
经济性(消耗电力)	100(基准)	90	82	95
评价	实用例子最多，可靠性高，但动力消耗大	与回转再生式 GGH 组合有利，但必须考虑材料的选择	消耗动力少，经济性能好，对材料的防腐蚀性能要求高	具有与(a)风机相同的特性，但实用例子很少

图 18-99 (a) 中，增压风机布置在换热器之前，其介质为经过电除尘后的高温烟气，一般为 140℃左右，此时风机归类为“干风机”。这种烟气的腐蚀和沾污倾向最小，但此处的烟气流量最大，风机的体积和功耗也最大。若使用回转式换热器，原烟气会向净烟气侧泄漏，影响脱硫效率。此时应采取一些措施来减少

泄漏。

图 18-99（b）中，增压风机布置在换热器热端和脱硫塔之间，其腐蚀和沾污的趋向较小，功耗较低。降温后的烟气经增压后，温度要升高（大多升高 5～7℃），会降低脱硫效率。

对于布置在 GGH 出口和吸收塔进口之间原烟气烟道的方案，虽然烟气体积流量大大降低了，但是此时温度已经低于露点温度，而且烟气未经处理，腐蚀性最强，风机必须采用适当的防腐措施，所以总投资不一定下降。应当说此处的运行条件是最恶劣的。

图 18-99（c）中，增压风机布置在脱硫塔和换热器冷端之间，风机工作于蒸汽饱和并携带有少量游离液滴的烟气中，此外烟气温度低，烟气体积流量最小，风机的功率可降低 1%左右，此处风机被称为湿风机。在图 18-99（c）所示布置中，若使用回转式气-气换热器，将导致净烟气向原烟气侧泄漏，即所谓的卷吸泄漏（为 0.5%～1%），它也会对脱硫效率产生不利的影响。湿风机在布置方案上集中了最大的优点，但由于其工作在水蒸气饱和的烟气中，且吸收塔内部的烟气中含有氯化合物（特别是氯化钙）、微量的酸酐（HCl、SO_2、SO_3 和 HF），腐蚀、结垢倾向特别严重，脱硫风机运行的环境非常恶劣。

图 18-99（d）中，增压风机布置在换热器冷端后，此处的烟气经换热后已较为干燥，风机功耗适中，同样可利用压缩功使烟气进一步升温，其沾污倾向较湿风机小，但仍需使用耐腐蚀性材料。与图 18-99（c）所示布置一样，脱硫塔处于负压运行状态。当使用回转式换热器时，原烟气会向净烟气侧泄漏，需采用良好的空气密封，以减少对脱硫效率的影响。

在上述 4 种布置方式中，图 18-99（a）和（c）较为常用。

4. 石膏脱水系统

脱硫装置运行的副产物是脱硫石膏，其处理的方法有抛弃法和综合利用法两种。抛弃法是脱硫石膏经一级旋流浓缩后输送至贮存场，也可经脱水后输送至贮存场；综合利用法是对脱硫石膏进行综合利用。由于脱硫石膏的综合利用既具有一定的经济效益，又具有显著的环境效益和社会效益，因而被广泛采用。而石膏浆液也必须经过脱水才能进行综合利用。

由吸收塔底部抽出的浆液主要由石膏晶体（$CaSO_4 \cdot 2H_2O$）组成，固形物含量为 8%～15%，经一级水力旋流器浓缩为 40%～50%的石膏浆液，水力旋流器按照石膏颗粒的粒度对石膏浆液分选。浓石膏浆液被送至脱水机，脱水至小于 10%含水率的湿石膏后进石膏仓暂时贮存。为了控制石膏中的 Cl^-、F^- 等杂质成分的含量，确保石膏的品质，在石膏脱水过程中用工业水对石膏及滤布进行冲洗。脱水后的石膏饼通过皮带输送机或排放槽送至石膏仓内。脱水机的过滤物被分成废水和过滤水。废水被送至废水处理系统，过滤水将回流到吸收塔内用作补水。石膏过滤水收集在滤液水箱中，然后用滤液泵送至吸收塔和湿式球磨机。在固体含量低时，石膏水力旋流器底流切换至吸收塔循环使用，石膏和旋流器溢流液送至废水箱。典型石膏脱水工艺流程如图 18-100 所示。

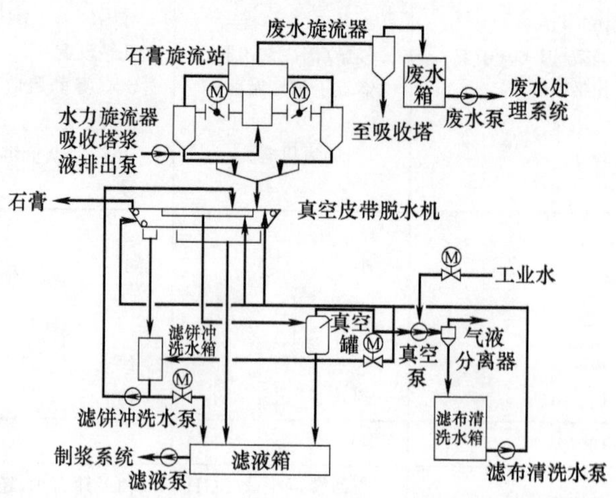

图 18-100 石膏脱水工艺流程

在石膏一级脱水中，旋流器的目的是浓缩石膏浆液。旋流器入口浆液的固体颗粒物含量一般为 15%左右，底流液固体颗粒物含量可达 50%以上，而溢流液固体颗粒物含量为 4%以下，分离浆液的浓度大小取决于石膏颗粒尺寸分布。底流液送至二级脱水设备，如真空皮带过滤机进一步脱水。大部分溢流液返回吸收塔，少部分送至废水旋流器再分离出较细的颗粒。采用旋流器进行脱水的另一个特点是，浆液中没有反应的石灰石颗粒的粒径比石膏小，进入旋流器的溢流部分又返回吸收塔，使没有反应的石灰石进一步反应。因此，吸收塔浆液固体物中石灰石含量略高于最终副产品石膏中的石灰石含量，这样，既有利于获得高脱硫效率，又可以使副产物中的石灰石含量降至最低程度，提高石灰石的利用率。

水力旋流器的上层稀石膏经浆液泵入废水旋流器。废水旋流器按粒度对浆液分层，下层浓石膏浆液被送至吸收塔，上层稀石膏浆液被送至废水箱。含有废弃成分的废水经废水泵送至废水处理系统。脱水后的石膏进入石膏仓中。

5. 脱硫废水处理系统

烟气脱硫系统排放的废水一般来自 SO_2 吸收系统、石膏脱水系统和石膏清洗系统。脱硫废水的水质和水量由脱硫工艺、烟气成分、灰及吸附剂等多种因素决定。废水中的杂质除了大量的可溶性氯化钙外，还有氟化、亚硝酸盐、重金属离子、硫酸钙及细尘等。脱硫废水处理方式应根据环评要求、厂址环境条件等因素综合考虑。

这种脱硫废水因呈弱酸性、悬浮物和重金属含量超标，不能直接排放，必须处理达标后才能排放。目前国内针对石灰石-石膏湿法烟气脱硫产生的废水采用两种处置方式：第一种为排入灰水系统，由于电厂除灰系统为水力除灰，灰浆液碱度偏高，脱硫废水偏酸性，对灰水有中和作用，其流量相对灰浆量而言极少，因而可将脱硫废水（固含量约为0.6%～1%）直接送到灰场（或电厂水力除灰系统）；第二种为设置一套废水处理装置，处理后的废水达标排放。对于要求废水达标排放的脱硫废水处理系统应采用加药处理方式，宜采用中和、氧化、絮凝、沉降、澄清等处理流程除去废水中的重金属、悬浮物以及 COD。脱硫废水处理系统包括脱硫废水处理工艺系统、脱硫废水加药系统。

脱硫废水处理工艺系统主要包括中和箱、反应箱、絮凝箱、澄清浓缩池、出水箱、出水泵、污泥循环泵、污泥排放泵、脱水机、废液坑、废液泵、事故排放泵、滤液箱、滤液泵等设备。FGD 废水处理系统流程如图 18-101 所示。

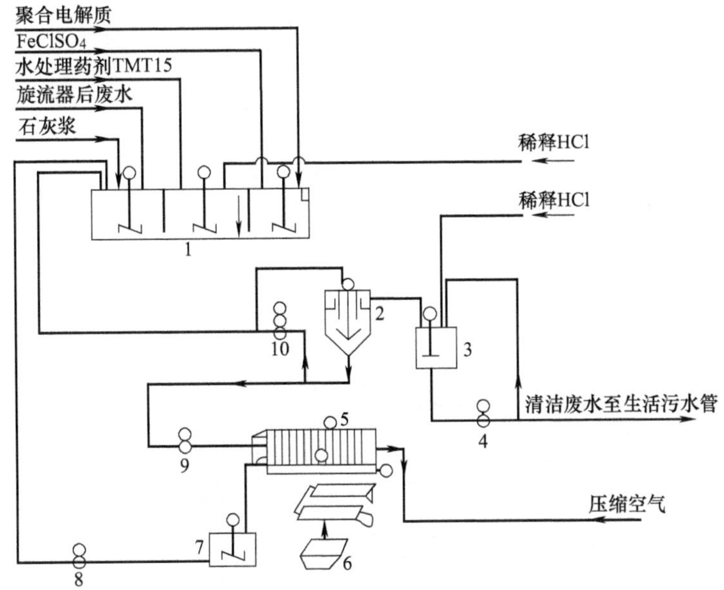

图 18-101　FGD 废水处理系统流程

1—中和/絮凝箱；2—澄清/浓缩池；3—出水箱；4—出水泵；5—脱水机；6—储箱；7—滤液箱；8—滤液水泵；9—脱水机给料泵；10—污泥循环

脱硫废水加药系统主要包括有机硫加药装置、聚铁（$FeClSO_4$）加药装置、聚合电解质加药装置、盐酸加药装置、石灰乳制备及计量装置等。

脱硫装置浆液内的水在不断循环的过程中，会富集重金属元素和 Cl^- 等，同时累积烟气含尘及石灰石的惰性成分；一方面加速脱硫设备的腐蚀磨损，另一方面影响石膏的品质。因此，脱硫装置要排放一定量的废水，经 FGD 废水处理系统处理后排放至电厂工业废水下水道，部分废水可返回系统循环利用，以节约用水。

脱硫废水来自回收水箱，然后用泵送到废水旋流器进行旋流分离，溢流液流入废水中和箱。废水处理系统按 125%容量设计，为使系统有高的可利用性，所有泵按 100%安装备用。污泥脱水系统的污泥运至干灰场贮存，处理后废水排放至厂排放系统。脱硫废水处理如图 18-102 所示。

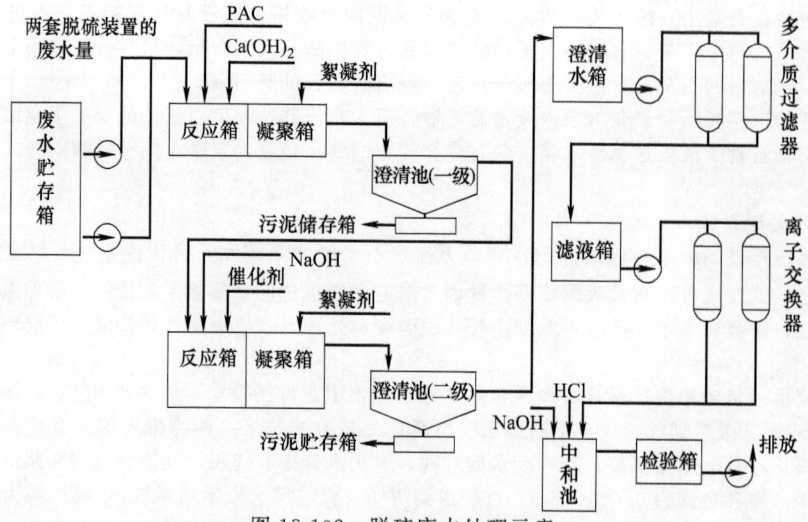

图 18-102 脱硫废水处理示意

（三）石灰石/石膏法 FGD 新技术

1. 单塔双区（pH 值自然分区）技术

石灰石-石膏湿法单塔双区工艺是该类技术的典型代表，其特点是在吸收塔底部浆液池内加装分区隔离器和向下引射搅拌系统或类似装置，使密度较大的石灰石滞留在浆液池底层形成浆液 pH 值自然上下分区，循环泵抽取高 pH 值浆液进行喷淋吸收。吸收塔浆液池内隔离器以上浆液 pH 值为 4.8～5.5，隔离器以下浆液 pH 值为 5.5～6.2。喷淋区加装提效环、均流筛板以强化气液传质及烟气均布。

可以在单一吸收浆池内形成上下部两个不同的 pH 值分区：上部低值区有利于氧化结晶；下部高值区有利于喷淋吸收，但没有采用如双循环技术等一样的物理隔离强制分区的形式。同时，在喷淋吸收区会设置多孔性分布器（均流筛板），起到烟气均流及持液，达到强化传质进一步提高脱硫效率、洗涤脱除粉尘的功效。

单塔双区技术可以较大提高 SO_2 脱除能力，且无需额外增加塔外浆池或二级吸收塔的布置场地，且无串联塔技术中水平衡控制难的问题。截至 2016 年已有 8 台百万千瓦机组、37 台六十万千瓦机组烟气脱硫中应用单塔双区技术。

典型石灰石-石膏湿法 pH 值自然分区脱硫主要工艺流程见图 18-103。

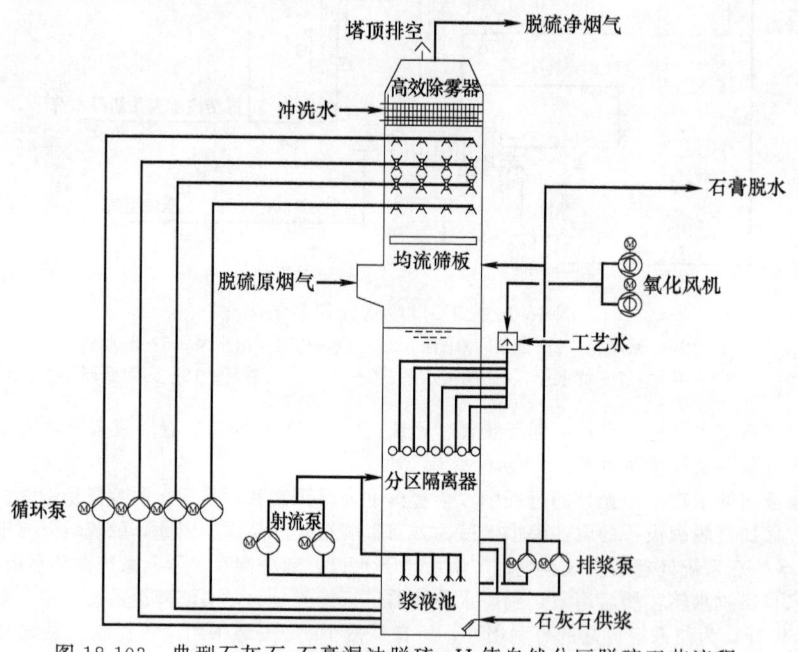

图 18-103 典型石灰石-石膏湿法脱硫 pH 值自然分区脱硫工艺流程

pH值自然分区脱硫工艺吸收塔系统由浆液循环吸收系统、氧化系统、除雾器等组成。其中，吸收塔上部喷淋区包括喷淋层及均流筛板，分为均流筛板持液区和喷淋吸收区，吸收塔底部浆液池分为上部氧化结晶区和下部供浆射流区。

龙净环保公司在借鉴单塔单区和引进技术的基础上，对吸收塔浆池部分进行变革，成功实现在单塔浆池中维持上下2种不同pH值环境的区域，分别满足氧化和吸收所需，即实现“单塔双区”，如图18-104所示。它将原本独立的吸收区和氧化区，通过增设双区自动调节装置，简化为一个塔。在吸收塔浆池部分布置有pH调节器和射流搅拌，通过两者的相互配合，使得浆液区pH调节器上部分pH值可维持在4.9～5.5，而下部分pH值可维持在5.1～6.3，这样不同的酸碱性形成的分区效果，就可实现“双区”的运行目的。

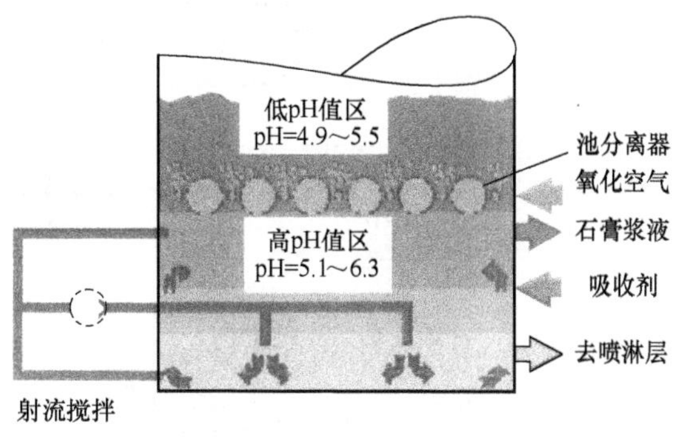

图18-104 单塔双区吸收塔浆池示意

单塔双区设计将吸收塔浆液池分离隔成上下两层（上层低pH值区和下层高pH值区），上层主要负责氧化，下层主要负责吸收，通过功能分区可明显提高脱硫率。该技术源于德国比晓芙公司的池分离器技术，如图18-105所示，具有如下优点：a. 适合高含硫或高效率场合，效率可达99.3%；b. 浆池pH值分区，氧化区pH值为4.9～5.5生成高纯石膏，吸收区5.1～6.3高效脱除SO_2；c. 浆池小，停留时间可为3min，并且无塔外循环吸收装置；d. 配套专有射流搅拌措施，塔内无转动搅拌设施，检修维护方便；e. 吸收剂的利用率高、石膏纯度高；f. 烟气阻力小。

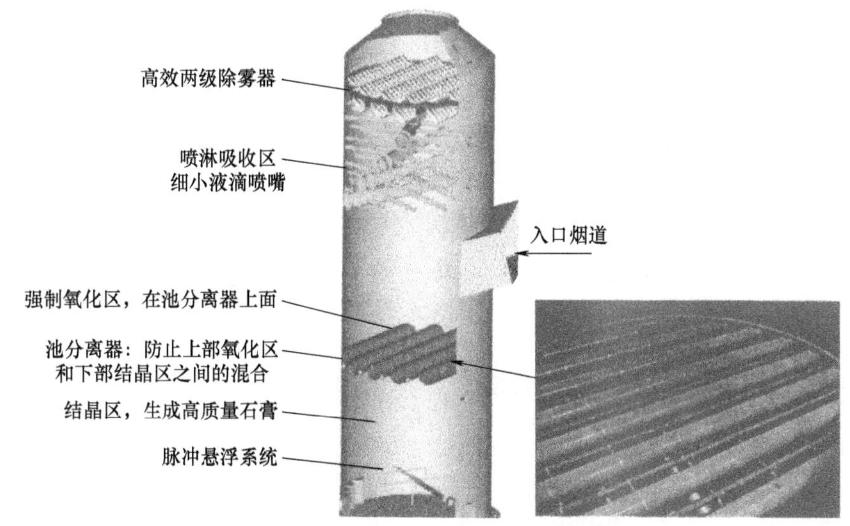

图18-105 池分离器吸收塔系统

除浆液分区外，该技术通过CFD模拟技术实现对塔内流动均布的要求；在塔内采用多孔均流筛板，浆液在筛板表面形成一定高度的持液层，烟气流经持液层时可产生类似“鼓泡”的效果，对烟气的洗吸收能力进一步增强。另外还安装提效环、喷淋层加层、双头喷嘴及合理选择塔内烟气流速等措施进一步提高脱硫效果；该技术采用多级高效机械除雾器，包括采用多级除雾器、管式除雾器、烟道除雾器的组合式除雾器，并在原烟道处设置喷雾除尘系统以提高除尘效果，对粉尘、SO_3、HCl、HF、汞等具有一定的协同脱除能力。

以单塔双区为核心的高效脱硫除尘技术已有众多的应用，例如：a. 张家港沙洲电力公司2×630MW机组FGD吸收塔设计有5台循环泵，在入口SO_2浓度为2850mg/m^{3}时，保证脱硫率不小于98.3%，实际运行参数为入口SO_2浓度2288mg/m^3，出口SO_2浓度22mg/m^3，脱硫率99.05%（579MW）；b. 大康清苑电厂2×300MW机组湿法FGD吸收塔设计有5台循环泵，保证脱硫率不小于98.42%，实际运行参数为入口SO_2浓度5038mg/m^3，出口SO_2浓度18.2mg/m^3，脱硫率99.64%（BMCR工况）；c. 河北沙河电厂2×600MW机组湿法FGD吸收塔设计有5台循环泵，在3台泵运行、入口SO_2浓度为3679.4mg/m^{3}时，出口

SO_2 浓度达 50.5mg/m^3，脱硫率 98.6%（BMCR 工况）。

2. 单塔双循环（pH 值物理强制分区双循环）技术

单塔双循环技术最早由美国 RC（Research Cottrel）公司于 20 世纪 60 年代开发并用于电厂烟气脱硫。在 RC 公司设计的基础上，德国诺尔-克尔茨（NOELL-KRC）公司开发了优化双循环系统（double-loop wet FGD system，DLWS），即单塔双循环技术，如图 18-106 所示。塔内分为两段，即吸收塔上段和吸收塔下段，烟气与吸收塔内不同 pH 值的吸收溶液接触，达到脱硫目的。

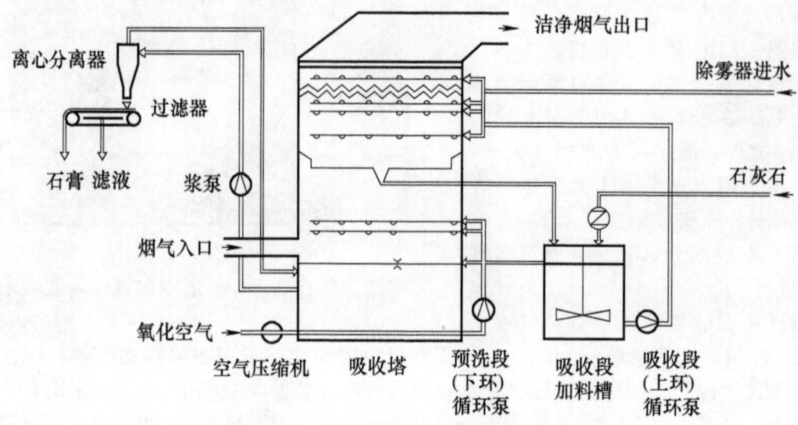

图 18-106 诺尔双循环湿法脱硫工艺系统

上段，又称上循环或吸收循环，pH＝6 左右；下段，又称下循环或冷却循环，pH＝4.5 左右。浆液的高 pH 值有利于 SO_2 的吸收，低 pH 值有利于浆液中石灰石和亚硫酸钙的溶解。这种优化的各自独立的化学反应条件使得上循环能保证得到高的脱硫率，下循环则保证最大的石灰石利用率及产生高质量的商用石膏，而不受锅炉负荷和烟气中 SO_2 浓度变化的影响。从而极大地提高了系统的稳定性及运行可靠性，使初投资和能耗降低，而不需投加添加剂。

这种在同一塔中实施两个化学过程，使其各自保持最适宜操作条件的优化的双循环工艺就是单塔双循环，石灰石浆液可以单独引入上循环，也可以同时引入上下两个循环。

国内开发的单塔双循环（或称双回路）脱硫技术喷淋塔流程示于图 18-107。

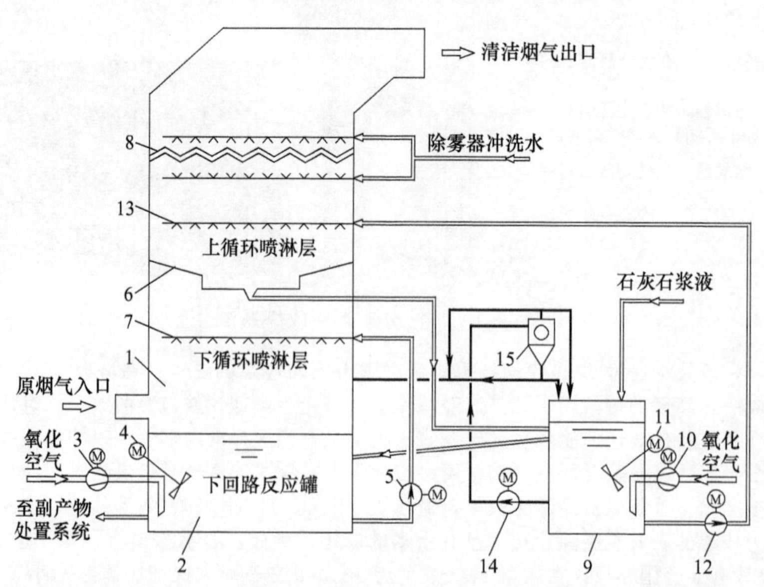

图 18-107 双回路技术喷淋塔流程示意

1—吸收塔；2—下回路反应罐；3—吸收塔氧化风机；4—吸收塔搅拌器；5—下回路循环泵；6—集液斗；7—下循环喷淋层；8—除雾器；9—加料槽；10—加料槽氧化风机；11—加料槽搅拌器；12—上回路循环泵；13—上循环喷淋层；14—加料槽排浆泵；15—加料槽旋流器

其特点是在吸收塔外独立设置塔外浆液箱，通过管道与吸收塔相连，塔外与塔内的浆液分别对应一级、二级喷淋，实现了下层喷淋浆液和上层喷淋浆液的 pH 值物理分区。吸收塔内浆液池的浆液 pH 值为 5.2～5.8，塔外浆液箱的浆液 pH 值为 5.6～6.2。喷淋区加装均流筛板以强化气液传质及烟气均布。每一回路具有不同的运行参数。烟气首先经过下回路循环浆液洗涤，此级脱硫效率一般在 30%～70%，浆液停留时间约 5min，其主要功能是保证优异的亚硫酸钙氧化效果和石灰石颗粒的快速溶解。特别是对于高硫煤，可以降低氧化空气系数，从而降低氧化风机电耗，同时提高石膏品质。经过下回路循环浆液洗涤的烟气进入上回路循环浆液继续洗涤，此回路主要功能是保证高脱硫效率，由于不用侧重考虑石膏氧化结晶，pH 值可以控制在较高水平，达到 5.8～6.4，保证循环浆液的 SO_2 吸收能力。双回路技术喷淋塔具有下列特点：a. 系统浆液性质分开后，可以满足不同工艺阶段对不同浆液性质的要求，更加精细地控制了工艺反应过程，适合用于高含硫量的机组或者对脱硫效率要求高的机组；b. 两个循环过程的控制是独立的，避免了参数之间的相互制约，可以使反应过程更加优化，以便快速适应煤种变化和负荷变化；c. 高 pH 值的上循环在较低的液气比和电耗条件下，脱硫效率可达 98%以上；d. 低 pH 值的下循环可以保证吸收剂的完全溶解以及石膏品质，并提高氧化空气利用率，降低氧化风机电耗；e. 石灰石在工艺中的流向为先进入上循环再进入下循环，两级工艺延长了石灰石的停留时间，在 pH 值较低的下环浆液中完成颗粒的快速溶解，允许使用品质较差和粒径较大的石灰石颗粒，利于降低吸收剂制备系统电耗。在 pH 值较低的上循环中，可在较低的液气比和电耗条件下，保证较高的脱硫效率。

石灰石-石膏湿法脱硫工艺脱硫效率受多种因素影响，包括液气比、浆液 pH 值、烟气流速、吸收剂特性、流场均匀性、洗涤浆液粒径等。

脱硫塔内反应可分为气相 SO_2 被液相碱性物质吸收、吸收剂碳酸钙溶解中和反应、氧化反应和结晶反应 4 部分。这 4 部分反应均受浆液 pH 值的影响，因此浆液 pH 值对 SO_2 吸收的影响较大。

1）浆液 pH 值对石膏结晶氧化的影响。研究表明，浆液的 pH 值会影响 HSO_3^- 的氧化率，pH 值在 4～5 之间时氧化率较高，pH 值为 4.5 时，严硫酸盐的氧化作用最强，特别是对于高硫煤，氧化空气系数可以大大降低，从而大幅降低氧化风机的电耗；随着 pH 值的继续升高，HSO_3^- 的氧化率逐渐下降，当 pH>5.3 时氧化速率急剧下降。实验测得亚硫酸盐的氧化率随 pH 值的变化如图 18-108 所示。

2）浆液 pH 值对石膏沉淀结晶的影响。图 18-109 所示为 pH 值对石膏沉淀结晶的影响。$CaSO_3 \cdot 2H_2O$ 的溶解度随 pH 值的升高而急剧下降。$CaSO_3 \cdot 2H_2O$ 溶解度下降，会使亚硫酸盐难以完全氧化，降低石膏品质，并且容易使设备结垢。

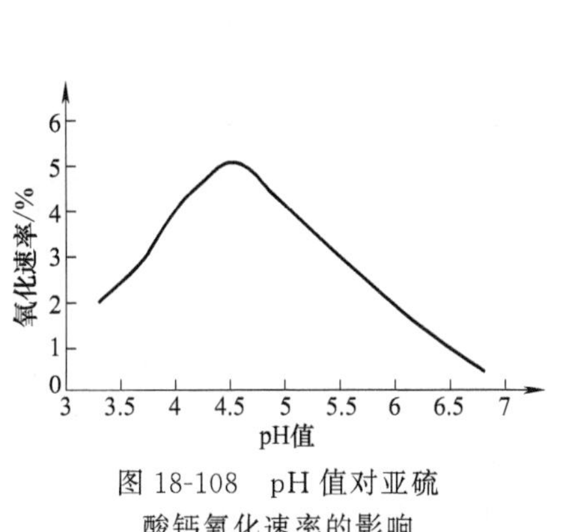

图 18-108 pH 值对亚硫酸钙氧化速率的影响

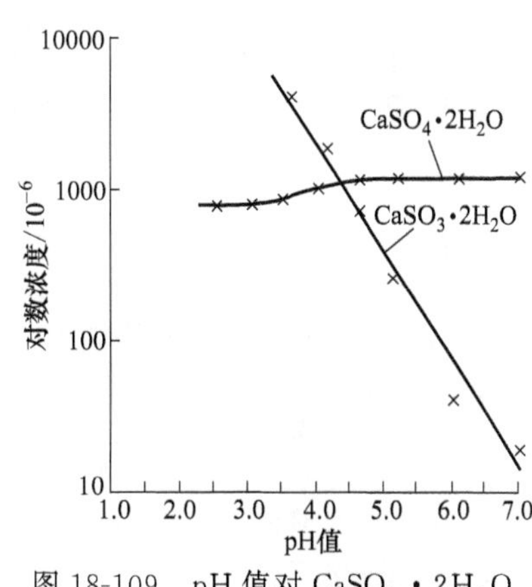

图 18-109 pH 值对 $CaSO_3 \cdot 2H_2O$ 和 $CaSO_4 \cdot 2H_2O$ 溶解度的影响

3）pH 值对 $CaCO_3$ 溶解的影响。pH 值对吸收剂 $CaCO_3$ 的溶解也至关重要，当 pH 值高于 5.7 后石灰石的溶解速率急剧下降，较低的浆液 pH 值有助于提高石灰石的溶解速度和石灰石的利用率。

综上分析得到：就石灰石溶解、亚硫酸钙氧化为硫酸盐及石膏的生成而言，一级循环的最佳 pH 值应维持在 4.5～5.3 的区间。

4）浆液 pH 值对脱硫效率的影响。浆液 pH 值影响脱硫效率的作用机理可以从热力学和动力学两方面进行分析。首先，在热力学方面，高 pH 值浆液会使得水吸收 SO_2 的化学平衡向右移动，促进 SO_2 的溶解、水合和解离；其次，随着浆液 pH 值的增大，SO_2 的平衡总浓度迅速增高，这就使得吸收塔中烟气中的 SO_2 向浆液传质的推动力显著增大，有利于吸收过程的进行，进而提高脱硫效率。二级循环主要是对烟气的脱硫洗涤过程，由于不用考虑石膏氧化结晶问题，所以 pH 值可以控制在非常高的水平，可以大大降低循环浆液量。pH 值范围在 5.8～6.2，温度为 50～60℃。喷淋浆液中过量的石灰石很容易使浆液 pH 值迅速达到 6.0 左右并保持这一水平。

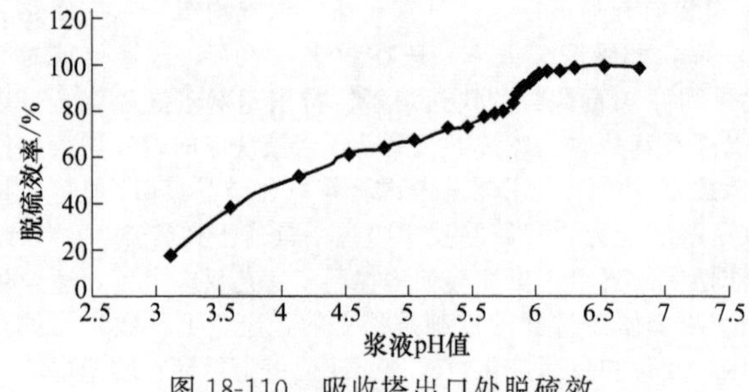

图 18-110 吸收塔出口处脱硫效率与浆液 pH 值关系曲线

（吸收塔入口 SO_2 浓度 2584mg/m^3，入口烟温 25℃，液气比 8L/m^3，烟气量 250m^3/h）

实验测得 SO_2 吸收塔的脱硫效率与浆液 pH 值的关系如图 18-110 所示。可以看出吸收塔体的脱硫率随 pH 值的增加而增加；而当 pH 值大于 6.2 后，由于石灰石溶解速率的降低以及不溶亚硫酸钙在石灰石表面的钝化作用，导致 pH 值的变化对脱硫效率影响不明显。

双循环两级工艺延长了石灰石的停留时间，特别是在一级循环中 pH 值很低，实现了颗粒的快速溶解，可以使用品质稍差和粒径较大的石灰石，降低磨制系统电耗。

pH 值物理强制分区双循环（单塔双循环）脱硫技术就是为了克服单循环石膏氧化结晶需要低 pH 与 SO_2 吸收需要高 pH 值之间的矛盾，对吸收塔浆液进行物理分区，采用双 pH 值的控制方案，对两个循环的浆液 pH 值、液位、密度等参数分别控制，实现高效脱硫和石膏氧化结晶的不同效果，使得吸收塔能够高效、稳定、连续运行。

单塔双循环技术与常规石灰石-石膏湿法烟气脱硫工艺相比，除吸收塔系统有明显区别外，其他系统配置基本相同。相对于传统空塔湿法脱硫工艺，其特点是在吸收塔内喷淋层间加装浆液收集装置，并通过管道连接吸收塔外独立设置的循环浆液箱，实现下层喷淋一级循环浆液和上层喷淋二级循环浆液的物理隔离分区。

pH 值物理强制分区双循环脱硫工艺吸收塔系统由两级循环系统、除雾器等组成，一级循环系统包括一级浆液循环吸收系统、氧化系统等，二级循环系统包括二级浆液循环吸收系统（含塔内浆液收集盘、塔外浆液箱）、二级氧化系统、浆液旋流系统等。

二级循环浆液收集装置，如图 18-111 所示。装置包括设置于二级浆液喷淋层下方的二级循环浆液收集导流锥、二级循环浆液收集盘吊杆和二级循环浆液收集盘。

当脱硫烟气经过二级循环浆液收集装置时，烟气能够均匀顺利的流出，起到均流器的作用，同时使得烟气阻力尽量小。导流锥的设置使塔内气体经收集盘整流后，气流分布均匀，气液接触良好，减少了单循环常遇到的死角，提高了塔内的空间利用率。沿塔壁环形布置的导流锥和中心放置的收集盘共同形成环形通道，使烟气自下而上由一级循环进入二级循环，环形通道面积大致为双循环吸收塔横截面积的 1/2。

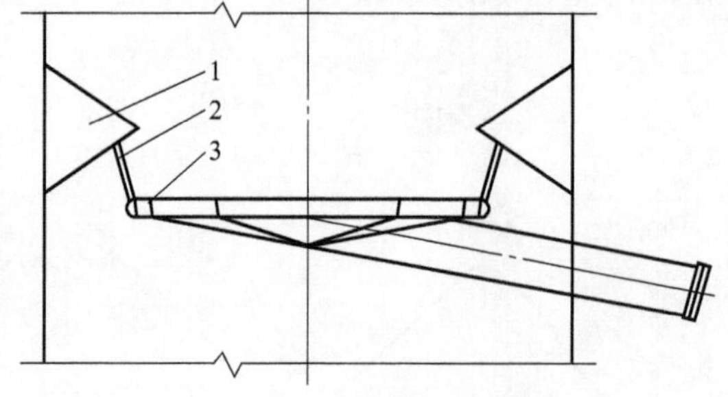

图 18-111 二级循环浆液收集装置示意图

1—二级循环浆液收集导流锥；2—收集盘吊杆；3—二级循环浆液收集盘

由于烟气在二级循环中水蒸发量基本为零，但是除雾器冲洗水会通过双循环吸收塔的收集盘流入二级浆液箱，降低二级浆液密度。为保证系统整体正常的浆液密度，需加装二级循环石膏浆液旋流装置（旋流泵和旋流站）。旋流器的溢流和底流分别进入一级、二级循环，从而调节吸收塔浆池和二级循环浆液箱中浆液的含固量，实现系统浆液密度的连锁控制。通过二级浆液旋流泵和二级浆液旋流站可控制二级浆液含固量在 10%～18%之间。

收集盘收集的浆液送入脱硫塔附近设置的塔外浆液箱，可以增加总的浆液停留时间。实现了 pH 值的物理强制分区调控，有利于实现高效脱硫和提高石膏氧化结晶效果。

实验研究表明 pH 值随时间的变化规律如图 18-112 所示。吸收塔浆液中由于吸收了 SO_2 使得 pH 值较低，浆液中的 H^+ 大量增加，导致石灰石与 H^+ 反应并不断溶解，浆液 pH 值存在短暂的快速升高区域，随着 H^+ 的消耗，pH 值升高的速度变缓。在一定的停留时间内，pH 值呈现“降低-快速-升高-缓慢升高”的规律。说明在一定范围内，浆液停留时间增加，可提高脱硫浆液 pH 值。

图 18-113 为乐清电厂 4 号机组采用物理强制 pH 值分区脱硫技术长时间运行脱硫塔内浆液与塔外浆液箱浆液的 pH 值情况，可以看出物理强制 pH 值分区效果明显，塔外浆液箱浆液 pH 值与脱硫塔内浆液 pH 值

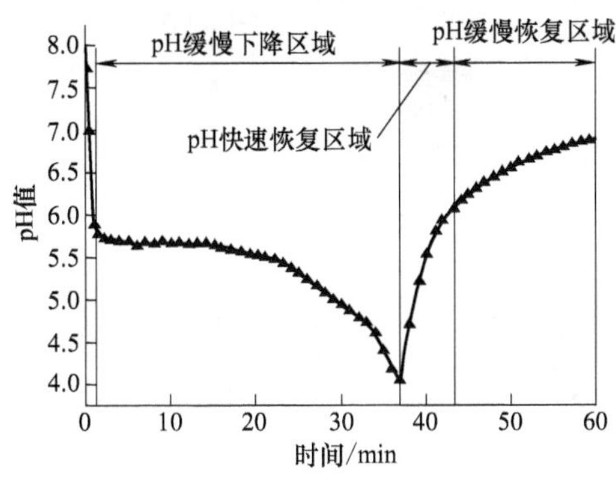

图 18-112 浆液 pH 值随时间的变化规律

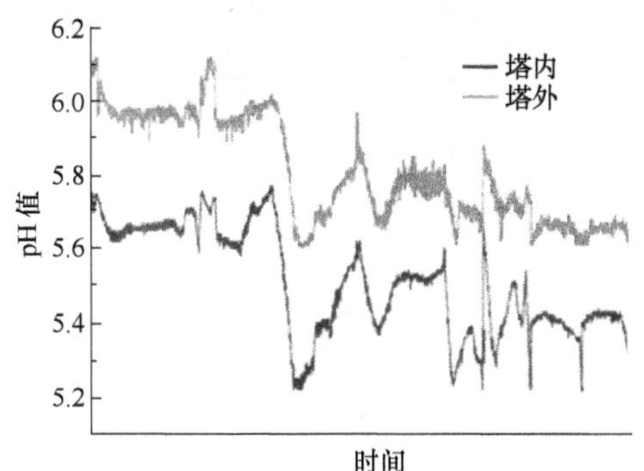

图 18-113 乐清 4 号机长期运行脱硫塔内外 pH 值

差值基本为 0.2～0.5。塔外浆液箱的高 pH 值对应吸收塔的喷淋层的最上部，有效提高脱硫塔对 SO_2 的脱除能力，显著提高脱硫效率。

双循环系统不同性质浆液分开后，可以满足不同工艺阶段对不同浆液性质的要求，更加精细地控制了工艺反应过程。它尤其适用于含硫较高的煤种或者脱硫效率要求很高的 FGD 系统。每个循环独立控制，避免了参数之间的相互制约，易于优化和快速调整；能适合燃煤含硫量和锅炉负荷的大幅变化；吸收塔内的浆液收集盘能够均布烟气流场，提高除雾器除雾效果。

实践表明，单塔双循环技术是成熟的，在德国、美国等国家有大量电厂应用业绩。

国内首台单塔双循环机组广东广州恒运电厂 2014 年 7 月投产，2015 年 8 月在百万千瓦机组——国电浙江北仑电厂 2 台 100 万千瓦机组脱硫系统中首次得以应用。

浙能滨海电厂 2×300MW 机组、浙能乐清电厂 2×600MW 机组等数个项目均采用该技术实现了 SO_2 的超低排放。

谏壁电厂七期 2×1000MW 机组采用单塔双循技术对原石灰石-石膏湿法烟气脱硫系统进行提效改造，投运后 3 个月对 SO_2 连续监测数据表明，SO_2 浓度范围为 0～40mg/m^3，达标率为 99.99%，平均浓度为 17.4mg/m^3。

2016 年 1 月国电泰州电厂 3$^{\#}$ 机机组——全球首台 1000MW 超超临界二次再热燃煤发电机组采用单塔双循环脱硫实现超低排放。

3. 双塔双循环（串联塔）FGD 技术

石灰石-石膏湿法脱硫技术采用碳酸钙作为吸收剂，但碳酸钙是一种弱碱性吸收剂，当脱硫塔入口 SO_2 质量浓度过高时碳酸钙的吸收能力有限，导致单脱硫塔对于中、高硫煤的脱硫效率只能达到 90%～95%。因此，串联脱硫塔技术逐步被国内采用。

双塔双循环（串联塔）技术即采用 2 个独立循环的吸收塔串联，典型串联脱硫塔系统结构如图 18-114 所示。原烟气首先经一级塔洗涤，脱除部分 SO_2，然后烟气进入二级塔再次洗涤，最后经烟囱排出。一级塔出口应设一级塔内除雾器，防止大量浆液滴进入联络烟道。同时，两塔之间的联络烟道应设积浆冲洗装置，防止石膏大量沉积。二级塔可不设石膏排出泵，整个系统由一级塔统一排出高品质的石膏。中间联络烟道应设置连续污染物监测系统，以方便计算及控制两塔的脱硫效率。

常规石灰石-石膏法烟气脱硫的吸收、中和、氧化和沉淀结晶过程在一个脱硫塔内进行，由于上述 4 个过程的最佳反应条件不同，一个脱硫塔无法同时满足其要求。而串联脱硫塔系统，每个塔设有独立的浆液池，可独立设定浆液池的 pH 值、密度和容积等参数，使每个塔的功能有所侧重，将烟气脱硫的吸收、中和、氧化和沉淀结晶的综合反应发挥到最佳，共同完成整个脱硫系统的性能要求。

各因素对串联脱硫塔性能的影响如下所述。

(1) 一级塔效率 一级塔的脱硫效率应在合理范围内，效率太低，会增加二级塔的脱硫负荷，限制二级塔的设计和运行；一级塔的脱硫效率太高，会增加一级塔的投资，同时弱化二级塔的脱硫功能。

一级塔侧重溶解、氧化、沉淀、结晶反应，其浆液 pH 值可设定较低（4.5～5.0）；二级塔侧重提高脱硫率，其浆液 pH 值可设定较高（5.8～6.5），有利于 SO_2 的吸收。每一级吸收塔的本体工艺都较成熟，塔形结构较为简单，脱硫率要求不是特别高，假设每一级均只有 90% 的脱硫率，两级综合脱硫率就可达到 99%，单塔双循环的效果难以达到超低排放的要求时，双塔双循环能够稳定达到。

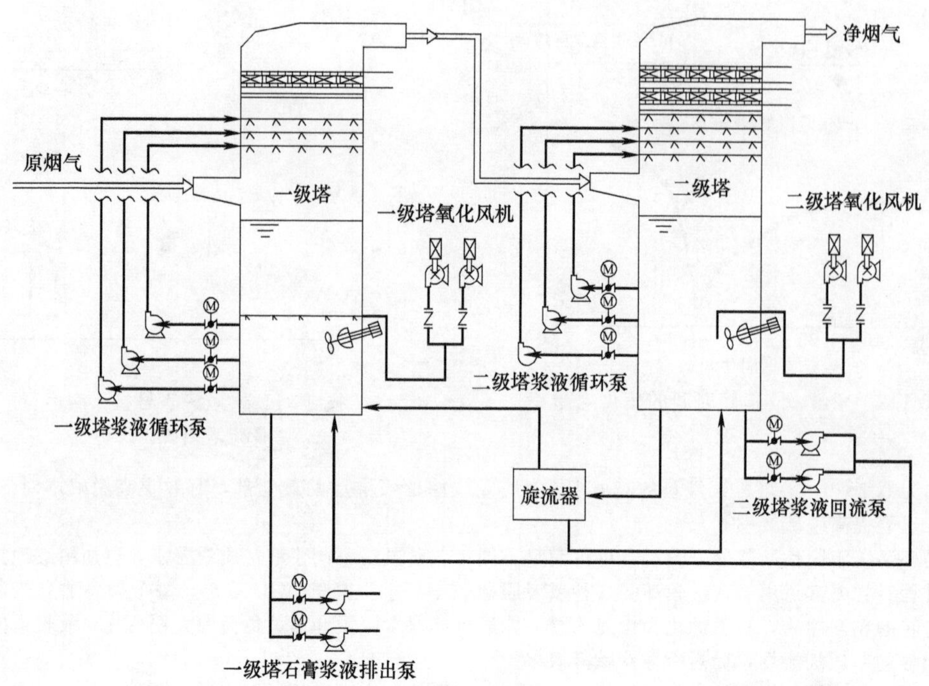

图 18-114 双塔双循环工艺流程

西安热工研究院建议：对于燃用高硫煤（SO_2 质量浓度约为 10000mg/m^3）一级塔的脱硫效率宜取 70%～80%；对于燃用中高硫煤（SO_2 质量浓度约为 5000mg/m^3）一级塔的脱硫效率宜取 80%～90%。

(2) 烟气流速 尽管增加烟气流速会使气液接触时间缩短，不利于脱硫吸收反应，但总体上会提高脱硫效率。因为，提高塔内烟气流速既能提高气液两相界面的湍动强度，降低烟气与液滴间的膜厚度，提高气液相传质系数，又能增加吸收区的总持液量，增加传质面积，所以可提高脱硫效率。在实际工程中，增加烟气流速无疑会减小脱硫塔塔径，可降低造价，同时也能减小脱硫塔的占地面积。然而，增加烟气流速会使得进入除雾器的液滴含量增加，加重除雾器的负担，可能导致除雾器出口烟气中液滴含量增大；同时烟气流速增加还会使脱硫塔内的压力损失增大，能耗增加。

一级塔烟气流速取 4.0～4.5m/s，这既有利于提高脱硫效率，又可节约投资和占地面积；二级塔烟气流速取 3.6m/s 以下，在保证脱硫效率的前提下应控制除雾器出口烟气中雾滴含量。

(3) 液气比 液气比是脱硫塔内液气接触时的液体与气体流量之比，是石灰石-石膏法脱硫最重要的设计参数，决定着脱硫系统的性能和经济指标。液气比增加时，浆液的比表面积增加，液膜增强系数增加，总传质系数随之增加，从而提高了脱硫效率。液气比对脱硫效率的影响如图 18-115 所示。

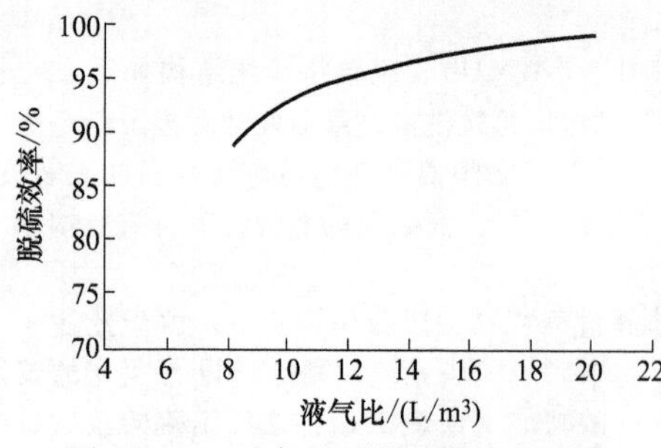

图 18-115 液气比对脱硫效率的影响

一级塔液气比的选择要考虑到低 pH 值的影响。二级塔因为入口 SO_2 质量浓度通常会低于 1000mg/m^3，甚至低于 500mg/m^3，其设计脱硫效率仅需达到 95%以上，故二级塔的液气比无需太大。考虑到低 pH 值的影响，二级塔的液气比取 5～10L/m^3 较经济合理。

(4) 浆池容积 浆池容积取决于石灰石的溶解时间、亚硫酸钙完全氧化成硫酸钙的时间、石膏沉淀结晶时间以及固体颗粒的沉降速度。一般情况下，可通过浆液循环停留时间来确定浆池容积。增加浆池容积有利于氧化、中和和沉淀结晶。浆池越大，石膏相对饱和度越低，这不仅可以得到较大的结晶颗粒，保证石膏品质，而且还可以避免结垢。在相同容积下，多个浆池串联比单个浆池对降低石膏相对饱和度的效果更好。因此，串联脱硫塔系统与单脱硫塔相比，不仅石膏品质好，而且更容易避免结垢。

一级、二级脱硫塔的浆液循环停留时间都应不小于 4min。尤其是二级塔，为保证二级塔的氧化、中和和石膏沉淀结晶，更应保证浆液停留时间不小于 4min。

(5) 氧化空气系数 氧化空气系统的设置有助于提高石灰石利用率以及脱硫效率，使石膏更好地结晶，同时有助于抑制结垢。一些串联脱硫塔系统中的二级塔没有设置氧化风或者不运行氧化风，这主要是由于二级塔脱除的 SO_2 质量浓度较低，不会大幅影响整个系统的石膏品质，同时也节约投资和运行费用。但不设氧化空气的弊端有 2 个：a. 没有氧化空气时浆液的沉淀产物主要是半水亚硫酸钙或者亚硫酸钙和硫酸钙相结合的半水固溶物，而高 pH 值加剧了这两种沉淀产物的产生，最终影响到一级塔的石膏品质；b. 上述两种沉淀产物都有加剧脱硫塔、除尘器结垢的倾向。

(6) 浆液密度控制 二级塔的浆液密度不仅影响脱硫效率，而且影响到石膏的品质甚至是结垢，因此建议二级塔浆液的密度能单独调节，最好不要与浆液池液位和浆液 pH 值的调节关联太多。一级塔浆液的密度也应加倍关注，石膏在浆液密度超过其溶解度就会以晶体的形式从浆液中析出。晶体的成核和生长都与溶液的过饱和度密切相关。当浆液中石膏晶种浓度足够时，相对过饱和度较低，晶体的成长现象占主导地位，所有结晶都在石膏晶体表面进行，不会发生结垢现象。等温结晶过程中可以形成比较理想的晶体。当过饱和度超过 1.3 时，以成核现象为主，吸收塔内将形成大量不可控的晶核，在塔内逐渐变成坚硬的垢，即硬垢。一级塔石膏的结晶条件较好，如果密度控制不好将会在塔内设备（如循环泵入品滤网）上积累硬垢，影响设备运行。

双塔双循环技术采用了两塔串联工艺，对于改造工程，可充分利用原有脱硫设备设施。原有烟气系统、吸收塔系统、石膏一级脱水系统、氧化空气系统等采用单元制配置，原有吸收塔保留不动，新增一座吸收塔，亦采用逆流喷淋空塔设计方案，增设循环泵和喷淋层，并预留有 1 层喷淋层的安装位置；新增一套强制氧化空气系统，石膏脱水-石灰石粉储存制浆系统等系统相应进行升级改造，双塔双循环技术可以较大提高 SO_2 脱除能力，但对两个吸收塔控制要求较高，适用于场地充裕，含硫量增加幅度适中的中、高硫煤增容改造项目。

某电厂 4×600MW 机组配套石灰石-石膏湿法脱硫工艺，原设计每炉 1 个吸收塔，收到基硫 $S_{ar}(wt)$＝1.6%，校核为 2.0%，脱硫效率不小于 95%。投运后，由于实际煤种含硫量远远大于设计值，烟气量也有所增加。因此，对原 FGD 系统进行改造，改造要求煤收到基硫 $S_{ar}(wt)$＝4.0%，校核为 4.8%，净烟气 SO_2 浓度≤40mg/m^3。改造方案采用了“预洗涂塔＋原吸收塔”串联吸收塔，拆除原 GGH，原吸收塔保留不变，在原吸收塔前新增一套 SO_2 吸收系统，包括预洗涤塔、预洗涤塔浆液循环泵、石膏浆液排出泵、氧化空气及辅助的放空、排空设施等。图 18-116 是改造后 FGD 串联吸收塔流程示意图。

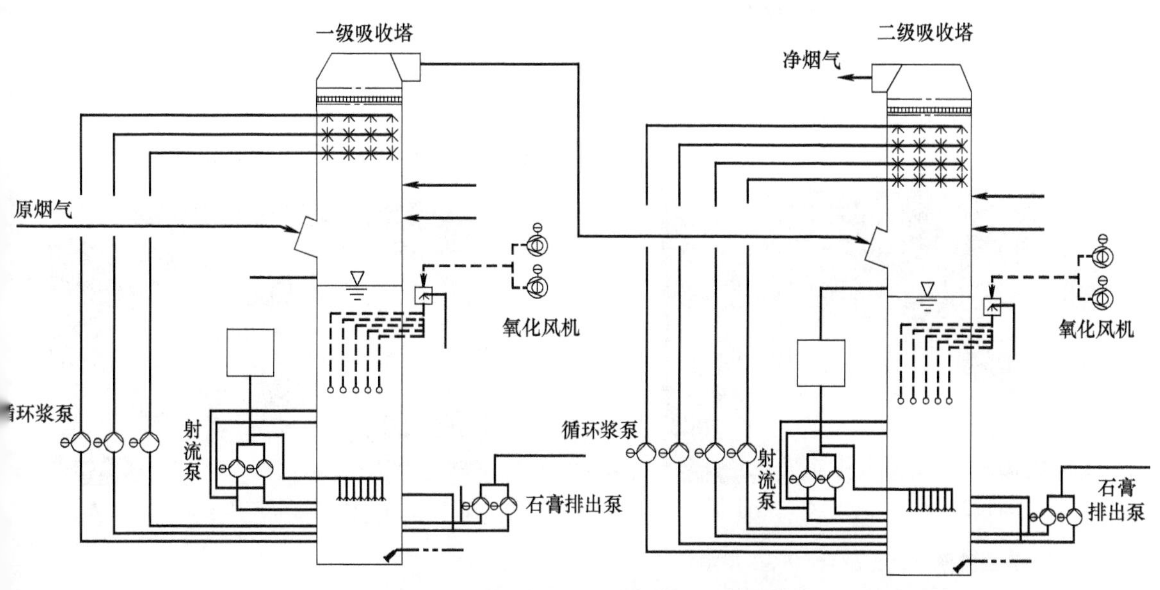

图 18-116 改造后 600MW 串联吸收塔流程示意

吸收塔主要设计参数：浆液循环停留时间为 9.2min；排空时间为 15h；液气比 L/G＝5.8；烟气流速为 4.23m/s；烟气在吸收塔内停留时间为 3.3s；Ca/S＝1.03；浆池含固率为 15%～22%。

随着火电厂超低排放的要求，越来越多的电厂采用了双塔双循环技术，特别是西南地区，其煤种含硫高、含灰高，热值又低，原烟气 SO_2 浓度常常达到 10000mg/m^3。例如，广西的合山电厂 2×330MW 机组、永福电厂 2×300MW 机组、贵港电厂 2×600MW 机组等 FGD 系统的增容改造。

2015年4月国电泰州电厂#1机组（1000MW）串联塔（双塔双循环FGD）改造完成，试运行期间，机组平均负荷率为87.54%，脱硫率大于99.29%，烟囱净烟气平均SO_2排放浓度16.71mg/m^3、实现超低排放要求。

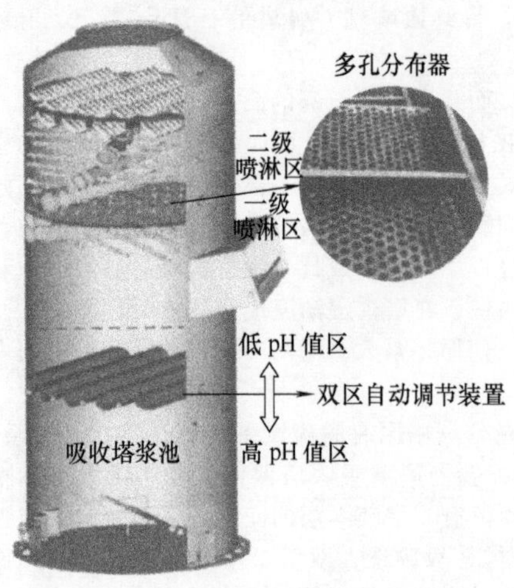

图18-117 单塔四区双循环脱硫吸收塔

4. 单塔四区双循环FGD技术

2013年，龙净环保公司进一步研发了单塔四区双循环脱硫工艺。所谓“四区”，除前述双区概念外，还通过在喷淋区域中置多孔分布器，进一步将吸收塔喷淋区域分为一级、二级两个循环喷淋区，如图18-117所示。

“多孔分布器”中置吸收塔（实际应用中也可将其布置于最下层）的主要优点：a. 多孔分布器中置相当于上方喷淋浆液量减少，因此可降低多孔分布器开孔率，提高气液湍流强度，提高脱硫率；b. 多孔分布器具有持液功能，因此可在单塔内形成两种及以上的喷淋系统，可取代串联塔，降低工程造价；c. 多孔分布器下方的喷淋层相当于预洗涤层，可去除烟气中易反应的HCl、HF和飞灰，有助于提高第二级喷淋的SO_2脱除效率，如果下方喷淋层设计95%的脱硫率，上方喷淋层设计90%的脱硫率，理论上就能够稳定达到99.5%的脱硫率；d. 烟气通过多孔分布器下层的喷淋层及多孔分布器后，塔内烟气流场更加均匀，有利于提高吸收塔二级脱硫率；e. 多孔分布器下烟气携带的浆液液滴，绝大多数被多孔分布器内浆液吸附去除，因此整个吸收塔内烟气携带的浆液液滴量得到削减，除雾器工作环境得到改善，有助于减小“石膏雨”的生成。

将常规一个“大”喷淋层区域分为两个“小”区的好处是：一方面均布吸收塔内烟气流场，使塔内气液反应可以更充分，并防止SO_2逃逸；另一方面，可提高塔内气液反应的湍流强度和化学反应比表面积，使单塔结构能够进行“二次烟气洗涤”，达到“双塔（串联）双循环”的脱硫效果。单塔四区双循环脱硫技术已在山东魏桥铝电长山热电厂4×330MW机组、魏桥铝电公司热电厂二期4×330MW机组、陕西华电杨凌热电有限公司2×350MW机组等FGD系统上得到应用。其中，华电杨凌热电厂FGD工程采用“烟塔合一”技术，烟气通过165m高的自然通风冷却塔排放，如图18-118所示；多孔分布器示意见图18-119。2015年11月和12月，1、2号机组分别通过168h连续满负荷试运行。该项目采用一炉一塔、引增合一，FGD吸收塔布置在空冷塔内，无烟囱排放，即“三合一”方案。设计FGD入口SO_2浓度为3725mg/m^{3}时，出口SO_2浓度<35mg/m^3，脱硫率高于99.06%；粉尘浓度由吸收塔入口的10mg/m^{3}降到5mg/m^{3}以下。

图18-118 杨凌热电厂冷却塔排烟

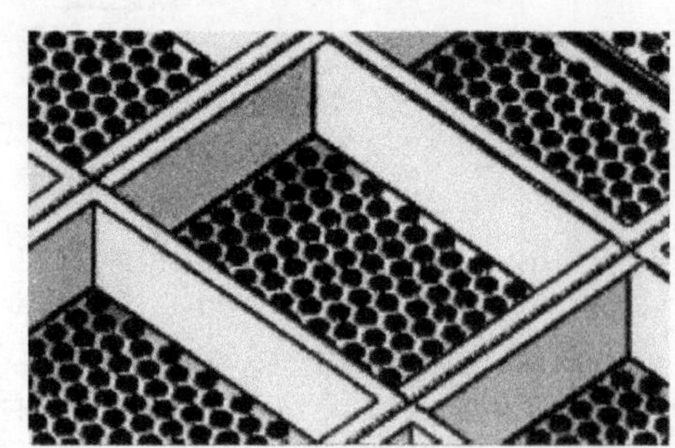

图18-119 杨凌热电厂吸收塔多孔分布器

5. 湍流器持液（旋汇耦合）FGD技术

典型石灰石-石膏湿法湍流器持液脱硫主要工艺流程见图18-120。

湍流器持液脱硫工艺吸收塔系统由浆液循环吸收系统、氧化系统、管束式除雾器等组成。吸收塔上部喷淋区包括喷淋层及湍流器，分为湍流持液区和喷淋吸收区。其特点是在吸收塔喷淋层下方设置湍流器，烟气通过湍流器内叶片形成气液湍流、持液以充分接触及均布，随后经过高效喷淋吸收区完成SO_2脱除，吸收塔顶部采用管束式除雾器。湍流器持液（旋汇耦合）脱硫技术吸收塔系统相对传统的空塔结构部件有所增加，主要是在吸收塔内增加了加强气液传质以提高脱硫效率的湍流器（旋汇耦合装置）和实现高效除尘除雾功能的管束式除雾器。旋汇耦合装置是旋汇耦合脱硫技术的核心部分。

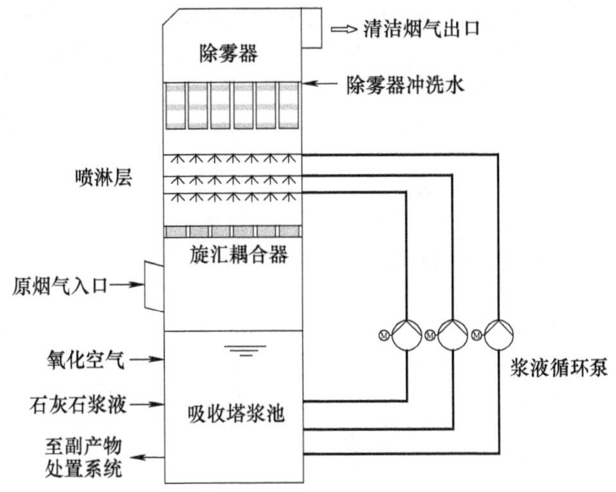

图 18-120　典型石灰石-石膏湿法湍流器持液脱硫工艺流程

旋汇耦合技术是我国自主开发的技术。旋汇耦合吸收塔是在传统喷淋空塔的基础上，增设一套由多个湍流单元构成的旋汇耦合装置。吸收塔结构图及旋汇耦合器见图 18-121。

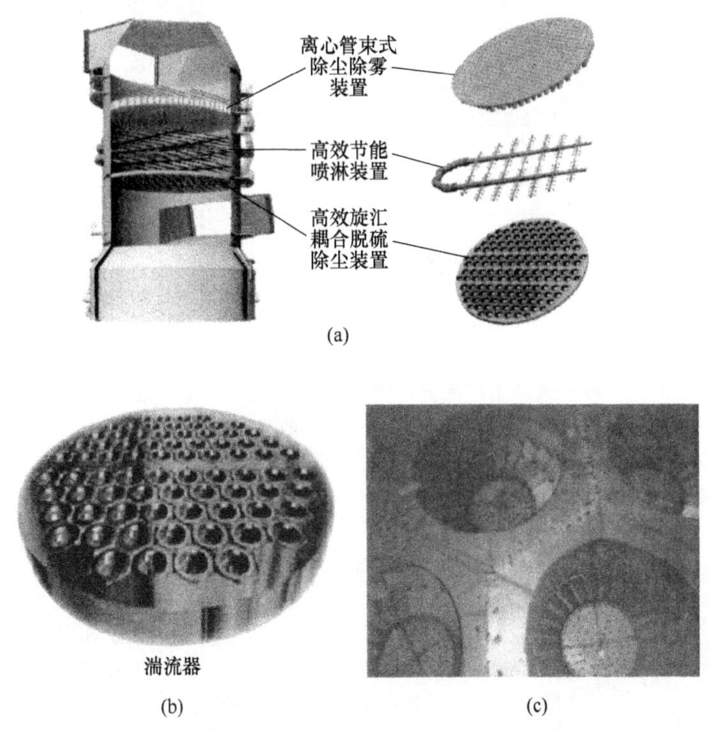

图 18-121　旋汇耦合吸收塔结构

旋汇耦合器基于多相紊流掺混的强传质机理，利用气体动力学原理，通过特制的旋汇耦合装置产生气液旋转翻腾的湍流空间，气、液、固三相充分接触，大大降低了气液膜传质阻力，提高了传质速率，迅速完成传质过程，从而达到提高脱硫效率的目的。主要有以下特点。

(1) 均气效果好　吸收塔内气体分布不均匀，是造成脱硫效率低和运行成本高的重要原因。安装旋汇耦合器的脱硫塔，均气效果比一般空塔提高 15%～30%，脱硫装置能在比较经济、稳定的状态下运行。

(2) 传质效率高　烟气脱硫的工作机理，是 SO_2 从气相传递到液相的相间传质过程，传质速率是决定脱硫效率的关键指标。旋汇耦合器可有效增加液气接触面积，提高气液传质效率。

(3) 降温速度快　从旋汇耦合器端面进入的烟气，与浆液通过旋流和汇流的耦合，旋转、翻覆形成湍流度很大的气液传质体系，烟气温度迅速下降，有利于塔内气液充分反应，各种运行参数趋于最佳状态。

(4) 适应性强 适用于不同的工艺和工况，由于良好的均气效果，受气量大小影响较小，系统稳定性强；受进塔烟气 SO_2 浓度变化影响小，脱硫率高，适用于不同煤种，对于高硫煤优势更明显。对粉尘的适应性广，在进口粉尘浓度低于 50mg/m³ 时可使出口浓度<10mg/m³；进品粉尘浓度<30mg/m³，出口浓度可<5mg/m³。

(5) 能耗低 增加液气比能提高脱硫率，但液气比增加的同时也使浆液循环泵电耗相应增加。采用旋汇耦合专利技术的湍流塔在低液气比时能保证较高的脱硫率，尽管湍流器和管式除尘装置会增加一部分阻力，但整个系统能耗会降低，据统计，比同类技术节约电能 8%～10%。考虑到除尘，与采用湿式电除尘器技术的技术路线相比，电耗会降低 20%以上。

该技术首次成功应用于云冈电厂 3 号机组（320MW，山西省首个单塔一体化超低排放项目，并通过山西省环保厅超低排放验收）；目前已应用于内蒙古托克托电厂 1 号机组（600MW）、河南孟津电厂 2 号 630MW 机组（河南省首台实现超低排放的大型燃煤机组）、安徽安庆电厂 2×1000MW 机组（4 号机组为安徽省首台实现超低排放的百万千瓦机组）、神华重庆万州电厂 2×1050MW 等近百套机组，均达到甚至低于超低排放标准。目前，已投运及在建机组装机容量已超过 0.89×10^8kW。

6. 均流筛板（托盘）持液 FGD 技术

典型均流筛板持液（合金托盘）脱硫吸收塔见图 18-122。

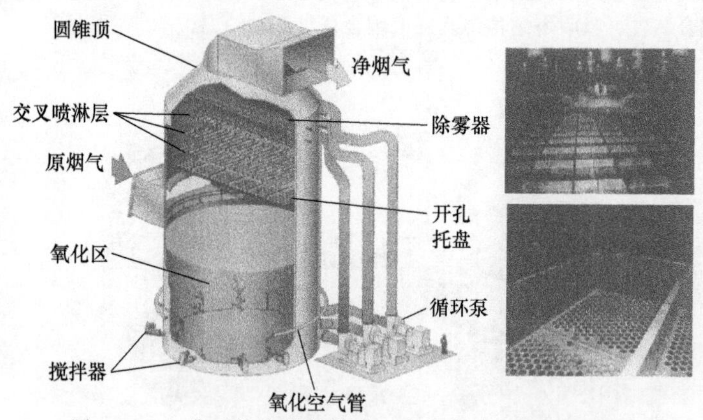

图 18-122 典型均流筛板持液（合金托盘）脱硫吸收塔

均流筛板持液脱硫工艺吸收塔系统由浆液循环吸收系统、氧化系统、除雾器等组成。吸收塔上部喷淋区主要包括喷淋层及均流筛板，分为均流筛板持液区和喷淋吸收区。

石灰石-石膏湿法托盘工艺是该类技术的典型代表，其特点是在吸收塔喷淋层下方设置托盘组件，在托盘上形成二次持液层，烟气通过时气液充分接触及均布，随后经过高效喷淋吸收区完成 SO_2 脱除。

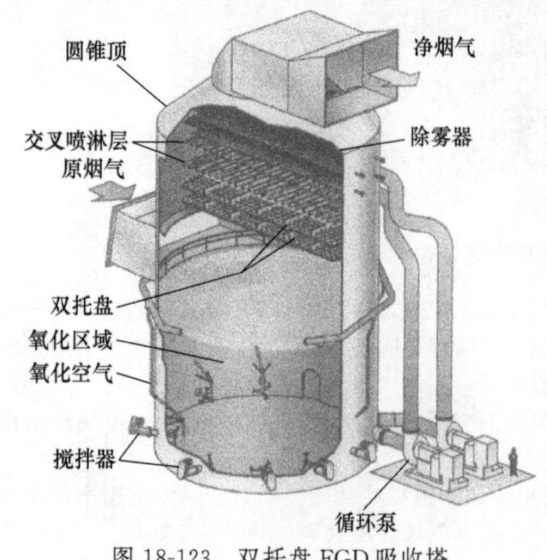

图 18-123 双托盘 FGD 吸收塔

FGD 合金托盘吸收塔源于美国 B&W（Babcock & Wilcox）公司，如图 18-122 所示，目前国内外许多环保公司引进开发了类似技术，该技术是在吸收塔内、喷淋层下方，布置一层多孔合金托盘，托盘开孔率为 30%～50%，它使塔内烟气分布均匀，并在托盘上方形成湍液，与液滴充分接触，大大提高传质效果，可获得很高的脱硫率；激烈的冲刷使托盘不会结垢，托盘还可作为检修平台。

双托盘技术是在原有单层托盘的基础上新增一层合金托盘（如果原来没有设计托盘，则需安装 2 层托盘），从而起到脱硫增效的作用，双托盘喷淋塔可实现单塔脱硫率超过 98.7%，见图 18-123。

均流筛板持液（托盘）脱硫技术和喷淋空塔相比，能显著改善吸收塔内烟气分布，这直接决定着吸收塔内的传质、传热和反应进行程度。托盘上保持的一层浆液，沿小孔均匀流下，形成一定高度的液膜，使烟气在吸收塔内与浆液的接触时间增加。当烟气通过托盘时，气液充分接触，托盘上方湍流激烈，强化了SO_2向浆液的传质，形成的浆液泡沫层扩大了气液接触面，提高吸收剂利用率，可有效降低液气比，降低循环浆液喷淋量。同空塔吸收塔脱硫技术相比，托盘通过持液层，使传质更为充分。

双托盘脱硫技术在国内的首次应用是华能珞璜电厂一期2×360MW机组的脱硫改造工程。随着国家环保标准进一步严格，原FGD装置已难以满足新的排放要求，必须进行改造。2012年，该FGD装置由格栅填料塔改造为双托盘喷淋塔，改造要求脱硫率超过97.2%。

2013年12月改造完成后，1、2#机组性能试验结果表明，1#机组在脱硫入口烟气量为1213328m^3/h、SO_2浓度为13615mg/m^3情况下，脱硫率达到了97.4%，净烟气SO_2浓度为354mg/m^3。2#机组的脱硫率达到了97.36%，净烟气SO_2浓度为347mg/m^3，均达到了设计脱硫率97.2%的预期效果。

浙江嘉兴电厂三期7#、8#装机容量为2×1000MW超超临界燃煤机组，分别于2011年6月、10月建成投运，同步配套建有SCR脱硝装置、干式静电除尘器及石灰石/石膏湿法FGD系统。为满足超低排放要求，2014年5月、6月完成了7#、8#机组的改造，改造后SO_2排放浓度不大于35mg/m^3（改造前为108mg/m^3），脱硫率达98%（改造前为95%）。改造采用的技术路线，湿法FGD系统改为3+1台浆液泵，增加一层托盘变为双托盘脱硫塔，除雾器改为一级管式除雾器+两层屋脊式除雾器；改造后7# FGD系统在798MW负荷、入口SO_2浓度为987mg/m^3时，烟囱SO_2浓度仅为18.7mg/m^3。

近年凯迪公司研发的Ⅱ代高效脱硫除尘托盘塔技术，可大幅度提高气、液、固三相流的传质效果；通过计算机全烟气仿真、喷嘴智能化适流场布置、塔内烟气流场再造，对吸收塔进行一体化完美设计。脱硫效率可达99%以上，与传统空塔相比，液气比可降低20%～30%，综合能耗节省10%～20%。实现出口SO_2浓度（标准状态）<35mg/m^3，烟尘浓度（标准状态）<5mg/m^3，见表18-56。

表18-56 凯迪公司超净脱硫除尘托盘塔技术

内容	单位	华能长兴电厂	玉环电厂	邯峰电厂	上安电厂	鸳鸯湖电厂	华能邯峰电厂	华润曹妃甸电厂二期
机组负荷	MW	2×660	1×1000	2×660	1×600	1×600	2×660	2×1000
出口粉尘浓度(标准状态,干基,6%O_2)	mg/m^3	5	5	5	5	5	5	5
出口SO_2浓度(标准状态)	mg/m^3	≤35	≤30	≤35	≤35	≤35	≤35	≤35
脱硫效率	%	≥98.7	≥98.5	≥98.94	≥98.94	≥98.78	≥98.94	≥99.2
投运时间		2015年9月投运	2015年1月投运	2015年2月投运	2015年3月投运	2015年3月投运	2015年2月投运	2017年11月、2018年2月

（四）石灰石-石膏湿法烟气脱硫技术的适用性及工艺参数

（1）吸收塔入口烟气适用条件 包括：a. SO_2浓度（干基折算）不宜高于12000mg/m^3；b. 烟气量宜为5×10^4 m^3/h（干基）以上；c. 烟气温度宜为80～170℃；d. 颗粒物浓度（干基折算）不宜高于200mg/m^3。

（2）技术特点及适用性 包括：a. 石灰石-石膏湿法脱硫技术成熟度高，可根据入口烟气条件和排放要求，通过改变物理传质系数或化学吸收效率等调节脱硫效率，可长期稳定运行并实现达标排放；b. 石灰石-石膏湿法脱硫技术对煤种、负荷变化具有较强的适应性，对SO_2入口浓度低于12000mg/m^3的燃煤烟气均可实现SO_2达标排放；c. 石灰石-石膏湿法脱硫效率主要受浆液pH值、液气比、钙硫比、停留时间、吸收剂品质、塔内气流分布等多种因素影响；d. 石灰石-石膏湿法可吸收烟气中SO_2、HF和HCl等酸性气体，脱硫效率为95%～99.7%，还可部分去除烟气中的SO_3、颗粒物和重金属，能耗主要为浆液循环泵、氧化风机、引风机或增压风机等消耗的电能，可占对应机组发电量的1%～1.5%；e. 吸收剂资源丰富，价格便宜；f. 占地面积大，一次性建设投资相对较大；g. 存在的主要问题，如吸收剂石灰石的开采会对周边生态环境造成一定程度的影响，烟气脱硫所产生的脱硫石膏如无法实现资源循环利用也会对环境产生不利影响，脱硫后的净烟气会挟带少量脱硫过程中产生的次生颗粒物，此外还会产生脱硫废水、风机噪声、浆液循环泵噪声等环境问题。

石灰石-石膏湿法脱硫工艺适用于各类燃煤电厂，为稳定实现超低排放，对不同的SO_2入口浓度，应用不同的脱硫工艺。具体工艺选择时应同时考虑经济性和成熟度，如表18-57所列。

表 18-57 石灰石-石膏湿法脱硫工艺技术选择原则

脱硫系统入口 SO_2 浓度/(mg/m^3)	脱硫效率/%	石灰石-石膏湿法脱硫工艺适用技术
≤1000	≤97	可选用空塔提效、pH 值分区和复合塔技术
≤3000	≤99	可选用 pH 值分区技术、复合塔技术
≤6000	≤99.5	可选用 pH 值分区技术、复合塔技术中的湍流器持液技术
≤10000	≤99.7	可选用 pH 值分区技术中的 pH 值物理分区 双循环技术、复合塔技术中的湍流器持液技术

注：为实现稳定超低排放，脱硫效率按脱硫塔出口 SO_2 浓度为 $30mg/m^3$ 计算。

(3) 石灰石-石膏湿法脱硫主要工艺参数及效果 见表 18-58。

表 18-58 石灰石-石膏湿法脱硫主要工艺参数及效果

项 目	单位	工艺参数及效果		
吸收塔运行温度	℃	50～60		
空塔烟气流速	m/s	3～3.8		
喷淋层数	—	3～6		
钙硫摩尔比	—	<1.05		
液气比①	L/m^3	12～25(空塔技术) 6～18(pH 值分区技术) 10～25(复合塔技术)		
浆液 pH 值	—	4.5～6.5		
石灰石细度	目	250～325		
石灰石纯度	%	>90		
系统阻力损失	Pa	<2500		
脱硫石膏纯度	%	>90		
脱硫效率	%	95.0～99.7		
入口烟气 SO_2 浓度	mg/m^3	≤12000 出口 SO_2 浓度可达标排放；≤6000 时可实现超低排放		
出口烟气 SO_2 浓度	mg/m^3	达标排放或超低排放		
入口烟气粉尘浓度	mg/m^3	30～50	20～30	<20
出口颗粒物浓度	—	达标排放：可采用湿电，实现颗粒物超低排放	可采用复合塔脱硫技术协同除尘或采用湿电，实现颗粒物超低排放	可采用复合塔脱硫技术协同除尘，实现颗粒物超低排放

① 液气比具体数值与燃煤含硫量有关。

三、氨法烟气脱硫技术

1. 氨法脱硫的原理

氨法脱硫是以碱性强、活性高的氨基物质（液氨、气氨或氨水）作吸收剂与 SO_2、水反应成脱硫产物而进行的，主要有湿式氨法、电子束氨法、脉冲电晕氨法、简易氨法等。

湿式氨法是目前较成熟的、已工业化的氨法脱硫工艺，并兼有脱氮功能。湿式氨法工艺过程一般分成脱硫吸收、中间产品处理、副产品制造三大步骤。氨法烟气脱硫工艺流程示于图 18-124。

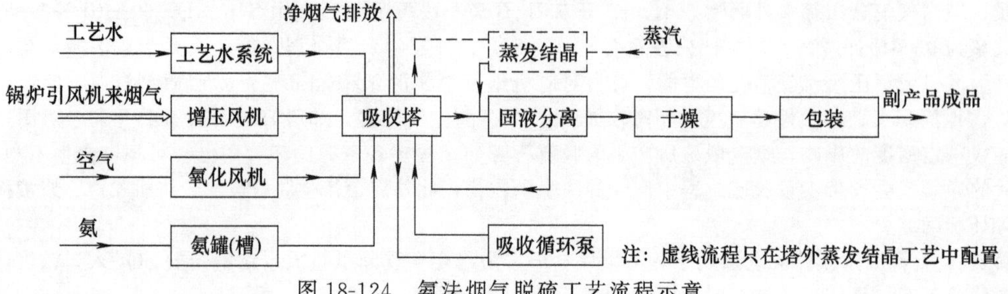

图 18-124 氨法烟气脱硫工艺流程示意

来自锅炉引风机（或增压风机）的原烟气宜降温至70℃以下，用加氨后的吸收液循环吸收烟气中的SO_2。

脱硫后的净烟气经除雾后可由烟囱排放，也可经过吸收塔塔顶湿烟囱排放或送机组冷却塔排放。回烟囱排放可湿烟气排放也可再热后排放。

吸收循环液吸收烟气中的SO_2形成亚硫酸（氢）铵，吸收液中亚硫酸（氢）铵在吸收塔的氧化池或氧化设备中用空气氧化成硫酸（氢）铵。

(1) 吸收过程 脱硫吸收过程是氨法烟气脱硫技术的核心，它以水溶液中的SO_2和NH_3的反应为基础

$$SO_2+H_2O+xNH_3 \longrightarrow (NH_4)_xH_{2-x}SO_3$$

得到亚硫酸铵中间产品，其中，$x=1.2\sim1.4$。直接将亚硫酸铵制成产品即为亚硫酸铵法。

(2) 中间产品处理 中间产品的处理主要分为直接氧化和酸解两大类。

在直接氧化-氨-硫酸铵肥法中，空气被鼓入多功能脱硫塔中，将亚硫酸铵氧化成硫酸铵，其反应为：

$$(NH_4)_xH_{2-x}SO_3+(2-x)NH_3+\frac{1}{2}O_2 \longrightarrow (NH_4)_2SO_4, x\leqslant 2$$

在酸解-氨酸法中，用硫酸、磷酸、硝酸等酸将脱硫产物亚硫酸铵酸解，生成相应的铵盐和气体二氧化硫，其反应为：

$$(NH_4)_xH_{2-x}SO_3+\frac{x}{2}H_2SO_4 \longrightarrow \frac{x}{2}(NH_4)_2SO_4+SO_2+H_2O$$

$$(NH_4)_xH_{2-x}SO_3+xHNO_3 \longrightarrow xNH_4NO_3+SO_2+H_2O$$

$$(NH_4)_xH_{2-x}SO_3+\frac{x}{2}H_3PO_4 \longrightarrow \frac{x}{2}(NH_4)_2HPO_4+SO_2+H_2O$$

(3) 副产品制造 中间产品经处理后形成铵盐及气体二氧化硫。铵盐送制肥装置制成成品氮肥或复合肥；气体二氧化硫既可制造液体二氧化硫又可送硫酸制酸装置生产硫酸。而生产所得的硫酸又可用于生产磷酸、磷肥等。

湿式氨法在脱硫的同时又可起一定的脱氮作用，其脱氮反应式为：

$$2NO+O_2 \longrightarrow 2NO_2$$

$$2NO_2+H_2O \longrightarrow HNO_3+HNO_2$$

$$NH_3+HNO_3 \longrightarrow HN_4NO_3$$

$$NH_3+HNO_2 \longrightarrow HN_4NO_2$$

$$4(NH_4)_2SO_3+2NO_2 \longrightarrow N_2+4(NH_4)SO_4$$

2. 氨法脱硫工艺

氨法烟气脱硫工艺（ammonia flue gas desulfurization）是指以氨基物质作吸收剂，脱除烟气中的SO_2及其他酸性气体的湿式烟气脱硫工艺，简称氨法。

氨法烟气脱硫工艺与其它脱硫工艺最根本的区别在于氨脱硫剂是挥发性物质，且氨脱硫剂价格较高。不论是从经济性还是从环保要求来说，氨皆不能大量排放或流失到环境中去，氨法烟气脱硫技术的核心就是控制氨逃逸及气溶胶、确保氨脱硫剂及脱硫副产物皆能充分回收利用。

氨法烟气脱硫工艺流程分类如下。

① 按副产物的结晶方式分吸收塔内饱和结晶、吸收塔外蒸发结晶等，其中塔外蒸发结晶又分为单效蒸发、二效蒸发等；吸收塔内饱和结晶是指在吸收塔内利用烟气的热量，使副产物溶液达到饱和并析出晶体的过程，简称塔内结晶。

吸收塔外蒸发结晶是指在吸收塔外利用蒸汽等热源，将副产物溶液进行蒸发并析出结晶的过程，简称塔外结晶。

② 按吸收塔塔型式分单塔型、双塔型等。

③ 按氧化段位置分氧化外置、氧化内置等。

氨法烟气脱硫工程的工艺流程按照以上分类可组合成多种型式，其中3种典型流程如下。

(1) 典型的吸收塔内饱和结晶——氧化内置的氨法烟气脱硫工艺 其工艺流程见图18-125。

工艺流程：a. 烟气进入吸收塔，与浓缩循环液、吸收循环液逆向接触脱除SO_2后，净烟气经水洗、除雾后去烟囱排放；b. 与烟气中SO_2反应后的吸收循环液在氧化槽被氧化风机送入的空气氧化；c. 吸收循环液在与原烟气逆向接触过程中被浓缩，在塔内结晶得到硫酸铵浆液；d. 硫酸铵浆液送副产物处理系统，经旋流、离心分离得到湿硫酸铵，湿硫酸铵经干燥、包装后得到成品硫酸铵，母液返回吸收塔；e. 补充吸收

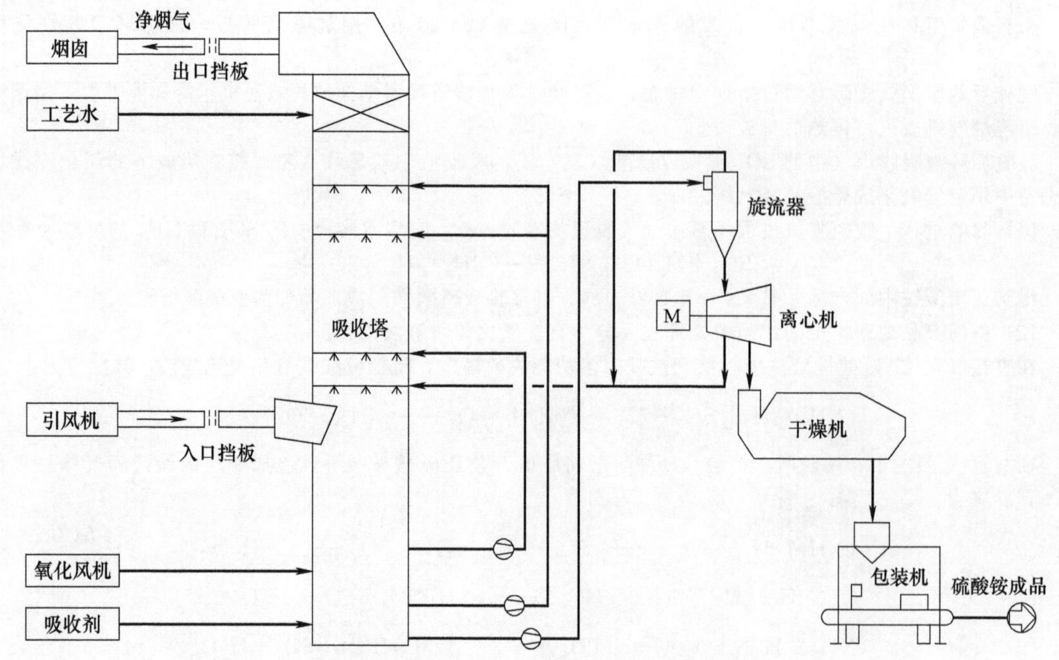

图 18-125 吸收塔内饱和结晶——氧化内置的氨法烟气脱硫工艺流程

剂系统的吸收剂到吸收循环液中。

(2) 吸收塔内饱和结晶——氧化外置的氨法烟气脱硫工艺，其工艺流程见图 18-126。

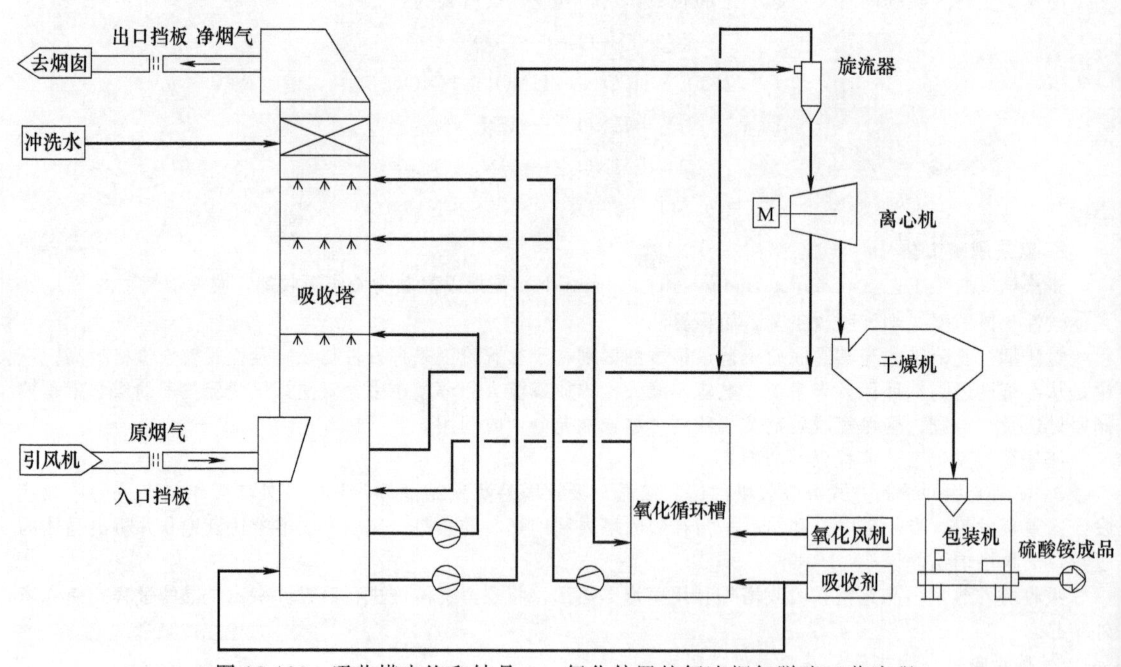

图 18-126 吸收塔内饱和结晶——氧化外置的氨法烟气脱硫工艺流程

工艺流程：a. 烟气进入吸收塔，与浓缩循环液、吸收循环液逆向接触脱除 SO_2 后，净烟气经水洗、除雾后去烟囱排放；b. 与烟气中 SO_2 反应后的吸收循环液在氧化槽被氧化风机送入的空气氧化；c. 吸收循环液在与原烟气逆向接触过程中被浓缩，在塔内结晶得到硫酸铵浆液；d. 硫酸铵浆液送副产物处理系统，经旋流、离心分离得到湿硫酸铵，湿硫酸铵经干燥、包装后得到成品硫酸铵，母液返回吸收塔；e. 补充吸收剂系统的吸收剂到吸收循环液中。

(3) 典型的吸收塔外蒸发结晶（二效）**——氧化内置的氨法烟气脱硫工艺** 其工艺流程见图 18-127。

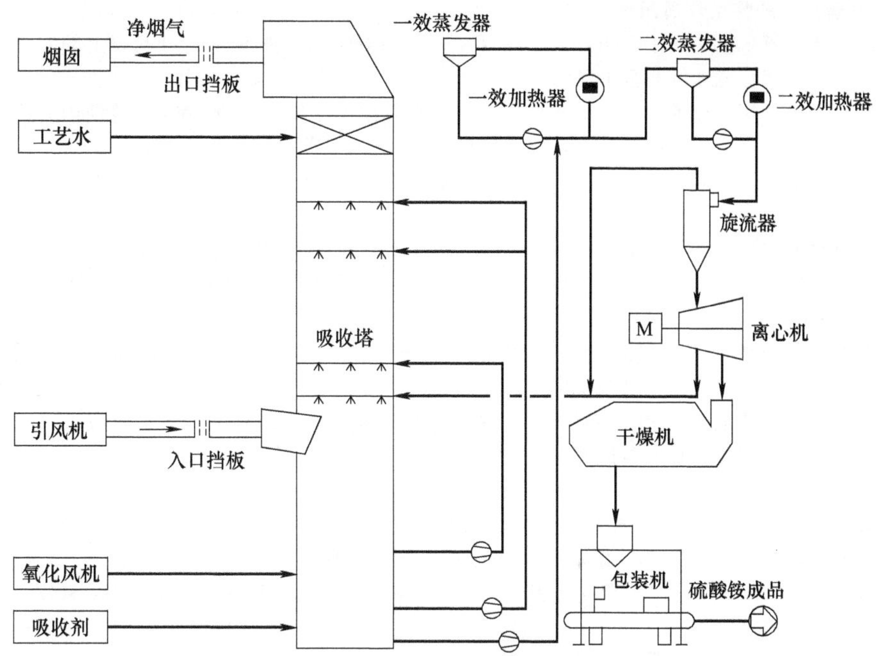

图 18-127　吸收塔外蒸发结晶（二效）——氧化内置的氨法烟气脱硫工艺流程

工艺流程：a. 烟气进入吸收塔，与浓缩循环液、吸收循环液逆向接触脱除 SO_2 后，净烟气经水洗、除雾后通过塔顶设置的直排烟囱排放；b. 与烟气中 SO_2 反应后的吸收循环液在吸收塔内被氧化风机送入的空气氧化；c. 吸收循环液与原烟气逆向接触过程中被浓缩；d. 浓缩循环液送二效蒸发结晶系统，水分被蒸发后，得到硫酸铵浆液；e. 硫酸铵浆液经旋流、离心分离得到湿硫酸铵，湿硫酸铵经进干燥、包装后得到成品硫酸铵，母液返回吸收塔；f. 补充吸收剂系统的吸收剂到吸收循环液中。

氨法烟气脱硫系统虽然有一定的除尘效率，进口烟尘浓度在 $100mg/m^3$ 左右时，一般脱硫系统除尘效率约为 30%～50%，但其除尘效率与进口的烟尘量及烟尘的粒径分布、液气比、喷淋方式等因素有较大关系，除尘效率难以稳定，所以不应将脱硫系统当作控制烟尘指标的设备。况且，烟尘进入氨法烟气脱硫系统后增大了设备的磨损并影响产品的品质和设备的正常运行。所以，为保障氨法烟气脱硫系统的可靠性，更为了使烟气排放烟尘达到排放标准，《火电厂烟气脱硫工程技术规范氨法》标准要求进入脱硫系统的烟尘含量应已达到 GB 13223 要求，最大不应超过 GB 13223 排放限值的 130%。

氨逃逸浓度、氨回收利用率是氨法烟气脱硫系统的重要指标，氨逃逸浓度是表征未参与脱硫反应的氨量，氨（回收）利用率是表征氨逃逸及铵盐气溶胶等氨流失程度的一个指标。氨流失不仅影响系统的经济性，还造成二次污染。综合了国内外氨法烟气脱硫技术的现状及环保要求，标准规定氨逃逸浓度应低于 $30mg/m^3$（小时均值）、氨（回收）利用率为不少于 98%。

氨法烟气脱硫工艺能实现 SO_2 的高效脱除，并可将其充分回收转化为高价值的农用化肥，该工艺可分为吸收和副产物处理两部分，具体则由烟气系统、吸收循环系统、氧化空气系统、副产物处理系统、吸收剂储存供给系统、自控及在线监测系统等组成。

其一般流程是：锅炉引风机来的原烟气直接进吸收塔（或通过脱硫系统增压风机增压后进吸收塔），加氨后的吸收液循环吸收烟气中的 SO_2，生成亚硫酸（氢）铵，脱硫后的烟气成为净烟气按符合要求的方式排放。

吸收生成的亚硫酸（氢）铵在吸收塔的氧化池（或单独的氧化设备）中用氧化风机来的空气氧化成硫酸铵。

生成的硫酸铵可利用原烟气的热量在吸收塔内进行蒸发形成结晶，或将硫酸铵溶液送专门的蒸发结晶系统用蒸汽的热量进行蒸发形成结晶。

含结晶的浆液经固液分离、干燥、包装得成品硫酸铵。

吸收系统流程根据不同的工艺而不同。根据塔型分类有单塔型、预洗塔与主吸收塔分列的双塔型、氧化塔与吸收塔分列的双塔型等。根据吸收段分段分类有一段多喷淋层和多段多喷淋层之分。多段复合型单塔工艺从占地、投资、流程、运行等方面皆较优越，应作为湿式氨法脱硫的首选。

3. 氨法脱硫技术的特点及适用性

(1) 技术特点 氨水碱性强于石灰石浆液，可在较小的液气比条件下实现95%以上的脱硫效率。采用空塔喷淋技术，系统运行能耗低，且不易结垢。

(2) 技术适用性 氨法脱硫对煤中硫含量的适用性广，适用于电厂周围200km范围内有稳定氨源，且电厂周围没有学校、医院、居民密集区等环境敏感目标的300MW级及以下的燃煤机组。

(3) 影响性能的主要因素 氨法脱硫效率主要受浆液pH值、液气比、停留时间、吸收剂用量、塔内气流分布等多种因素影响。

(4) 污染物排放与能耗 氨法脱硫效率为95.0%～99.7%，入口烟气浓度小于12000mg/m^{3}时可实现达标排放；入口浓度小于10000mg/m^{3}时可实现超低排放。能耗主要为循环泵、风机等电耗，可占对应机组发电量的0.4%～1.3%。

(5) 存在的主要问题 液氨、氨水属于危险化学品，其装卸、运输与贮存必须严格遵守相关的管理与技术规定。当燃煤、工艺水中氯、氟等杂质偏高时会导致杂质在脱硫吸收液中逐渐富集，影响硫酸铵结晶形态和脱水效率，因此浆液需定期处理，不得外排。脱硫过程中容易产生氨逃逸（包括硫酸铵、硫酸氢铵等），需要严格控制。副产品硫酸铵具有腐蚀性，吸收塔及下游设备应选用耐腐蚀材料。

4. 技术发展与应用

包括：a. 氨法脱硫技术目前主要采用多段复合型吸收塔氨法脱硫工艺，对煤种适应性好，在低、中、高含硫烟气治理上的脱硫效率达99%以上；b. 氨法脱硫技术主要用于工业企业的自备电厂，最大单塔氨法脱硫烟气量与300MW燃煤发电机组烟气量相当；c. 氨法脱硫工艺适用于氨水或液氨来源稳定，运输距离短且周围环境不敏感的燃煤电厂。

氨法脱硫技术的主要工艺参数及效果见表18-59。

表18-59 氨法脱硫主要工艺参数及效果

项目	单位	工艺参数及效果	
入口烟气温度	℃	≤140(100～120较好)	
吸收塔运行温度	℃	50～60	
空塔烟气流速	m/s	3～3.5	
喷淋层数	—	3～6	
浆液pH值	—	4.5～6.5	
出口逃逸氨	mg/m^3	<2(HJ 2001—2018,时均值<3)	
系统阻力损失	Pa	<1800	
硫酸铵的氮含量	%	>20.5	
脱硫效率	%	95.0～99.7	
入口烟气SO_2浓度	mg/m^3	≤12000	≤10000
出口烟气SO_2	—	达标排放	超低排放
入口烟气烟尘浓度	mg/m^3	<35	
出口颗粒物浓度	—	达标排放或超低排放	

多段复合型吸收塔氨法烟气脱硫技术在国内众多火力发电厂和化工企业的自备电厂都取得了广泛的应用，如天津碱厂电厂（天津水利电力有限公司）、云南解化集团热电厂、重庆中梁山煤电集团发电厂、中石化扬子石化有限公司电厂、山东众泰电力有限公司、广西田东电厂等。这些烟气脱硫系统的运行表明：多段复合型吸收塔脱硫技术对煤种具有很好的适应性，在低、中、高硫煤的烟气治理上的脱硫效率都在97%以上，副产物的氧化率在99%以上，氨的逃逸浓度（标准状态）为0～10mg/m^3，硫酸铵产品品质达GB 535—1995合格品甚至一级品。系统最大单塔容量超过300MW，业绩总数和装机总容量在国内氨法气脱硫技术的应用中遥遥领先，尤其在火电厂已建按法烟气脱硫系统中，60%左右的都是采用的该技术。该技术工艺先进，运行稳定。可见，多段复合型吸收塔氨法烟气脱硫技术相对成熟，能满足环保与经济运行的要求，是当前氨法烟气脱硫的主导技术。

国外氨法烟气脱硫技术概况如下。

早在20世纪70年代初，日本、意大利等国便开始了氨法烟气脱硫工艺的研发，国外研究氨法烟气脱硫技术的企业主要有美国有GE、Marsulex、Pircon、Babcock&Wilcox；德国有Lentjes Bischoff、Krupp Koppers；日本有NKK、IHI、千代田、住友、三菱、茌原等。

不同工艺的氨法烟气脱硫自20世纪70年代开始应用，日本NKK公司在20世纪70年代中期建成200MW和300MW两套机组。美国GE公司于1990年开始建成了多个大型示范系统，规模从50MW至300MW，如1996年建成的大平原合成燃料厂锅炉燃用合成燃料厂生产过程中含有高硫的燃气或者渣油等，3台锅炉共用一套氨法烟气脱硫系统，3台锅炉的总热功率及其燃烧后的总烟气量，相当于30万千瓦级燃煤电站锅炉的容量及烟气量。德国Krupp Koppers公司也于1989年在德国建成65MW示范系统。加拿大辛德鲁克电厂2006年，在燃用4%含硫量的石油焦的500MW机组上，建设了一套氨法烟气脱硫系统。

目前国外应用较多的湿式氨法烟气脱硫工艺主要有以下几种。

(1) Walther氨法工艺 湿法氨水脱硫工艺较早是由德国Krupp Kroppers公司开发于20世纪70年代的氨法Walther工艺。

其大致流程：除尘后的烟气先经过热交换器，从上方进入洗涤塔，与氨气（25%）并流而下，氨水落入池中，用泵抽入吸收塔内循环喷淋烟气。烟气则经除雾器后进入一座高效洗涤塔，将残存的盐溶液洗涤出来，最后经热交换器加热后的清洁烟气排入烟囱。工艺流程见图18-128。

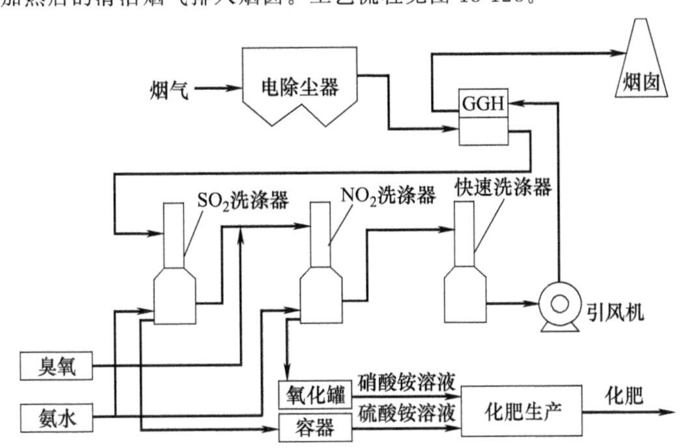

图18-128 Walther氨法脱硫工艺

(2) AMASOX氨法工艺 传统的氨法工艺遇到的主要问题之一是净化后的烟气中氨逃逸问题没有得到解决。能捷斯-比晓夫公司买断了Walther工艺，并对之改造和完善形成了AMASOX法。主要改进是将传统的多塔改为结构紧凑的单塔，并在塔内安置湿式电除雾器解决氨逃逸问题，流程见图18-129。

(3) GE氨法工艺 20世纪90年代，美国的GE公司开始开发氨法工艺，并在威斯康辛州的kenosha电厂建成一个500MW的工业性示范装置。

其工艺流程如图18-130所示。首先，热烟气进入预洗涤塔，与饱和硫酸铵溶液接触，烟气在此过程中被冷却；同时，由于饱和硫酸铵溶液中水的蒸发而析出硫酸铵晶体。已被冷却的烟气通过除雾器进入SO_2吸收塔。在吸收塔中，氨与水混合成氨液。烟气中的SO_2在此被吸收，与氨反应生成硫酸铵。最后，脱硫后烟气经烟囱排放大气。硫酸铵溶液被送入预洗涤塔循环利用。预洗涤塔中的硫酸铵料浆进入脱水系统。先经旋流器脱水，然后经离心机得到硫酸铵滤饼。从旋流器和离心机回收的清液返回预洗涤器，循环利用。硫酸铵滤饼被送至造粒系统，得到高利用价值的颗粒硫酸铵肥料。

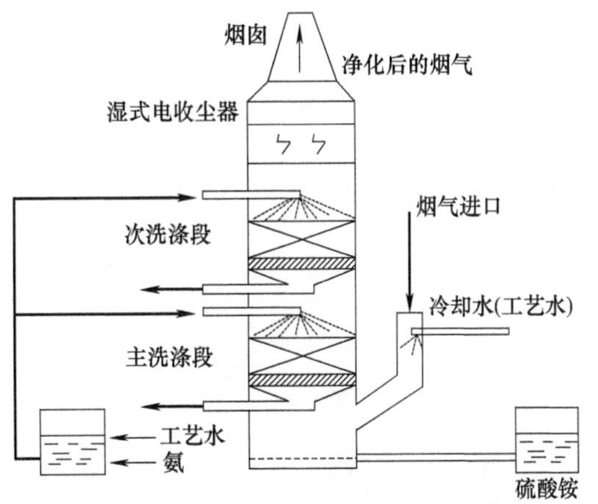

图18-129 AMASOX氨法脱硫工艺流程

脱硫工艺经济性分析的主要因素是投资、运行费用和脱硫副产品销售收益。

运行证明，脱硫效率取决于循环液的pH值，并与喷淋强度有关。GE氨法工艺所产生的副产品为高纯度的硫酸铵。这种高附加值副产品，有可能使电厂烟气脱硫由于燃用低价的高硫煤和副产物的销售收入而两端受益。

GE公司第1台电厂氨法FGD装置是在美国北达科他州一个300MW电厂运行的。该装置于1996年6

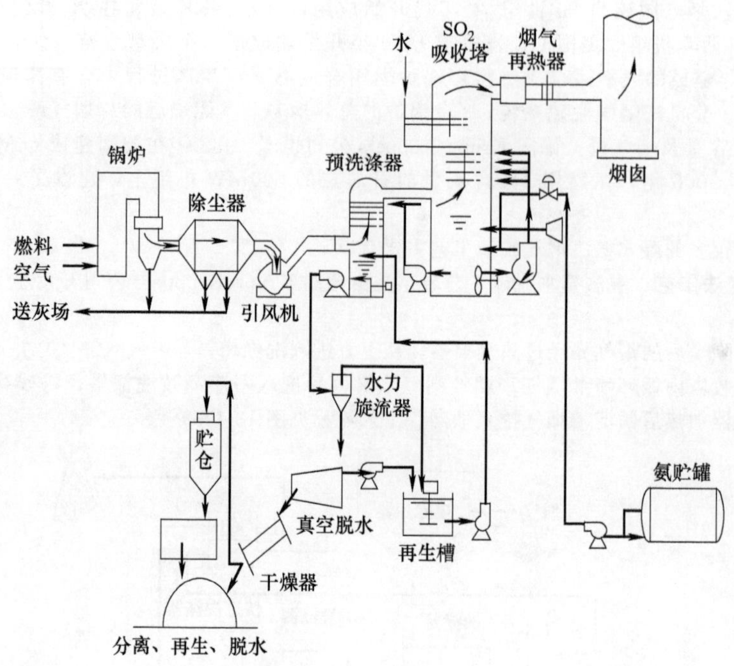

图 18-130 GE 法工艺

月投入运行，脱硫率为 93%～98%，产出高质量的硫酸铵副产品，其主要成分 N 和 S 的质量分数分别为 21.2%和 24.2%。

四、烟气循环流化床脱硫技术

目前，燃煤电厂烟气脱硫工艺除湿法脱硫工艺之外有工业化应用业绩的脱硫技术还有干法或半干法工艺，主要包括烟气循环流化床法（CFB-FGD）、喷雾干燥法（SDA）和增湿灰半干法（NID），其中应用最多的是烟气循环流化床法。

随着环保要求趋严，目前在火电行业旋转喷雾干燥技术（Spray Dry Absorber，SDA）和新型一体化脱硫（New Integrated Desulfurization，NID）工艺已经基本淘汰，只有烟气循环流化床法适用于燃用低硫煤、缺水地区及部分循环流化床锅炉。

烟气循环流化床脱流工艺（Circulating Fluidized Bed Flue Gas Desulphurization，CFB-FGD）是指利用循环流化床工作原理，使含有吸收剂的物料在吸收塔内多次循环形成流化床体，完成吸收剂与烟气中 SO_2 及其他酸性气体（包括 SO_3、HCl、HF、NO_2 等）反应，实现净化烟气的脱硫工艺。

CFB-FGD 烟循环流化床干法脱硫技术是德国鲁奇能捷斯公司（LLAG）公司的第五代循环流化床干法烟气脱硫技术，该技术是目前商业应用中单塔处理能力最大、脱硫综合效益最优越的一种干法烟气脱硫技术，已先后在德国、奥地利、波兰、捷克、美国、爱尔兰、中国、巴西等国家得到广泛应用，最大机组业绩容量为 660MW 。福建龙净公司在引进消化吸收的基础之上，通过技术创新，形成 LJD-FGD 干法烟气超洁净协同控制技术、低温同步脱硝一体化技术等先进的干法脱硫技术。

（一）工艺流程及原理

一个典型的 CFB-FGD 系统由预电除尘器、吸收剂制备及供应、脱硫塔、物料再循环、工艺水系统、脱硫后除尘器以及仪表控制系统等组成，烟气循环流化床脱硫工艺流程和原理如图 18-131 所示。

从锅炉空气预热器出来的排烟，其温度一般为 120～160℃，通过预除尘器后从底部进入脱硫吸收塔（当脱硫灰与粉煤粉必须分别处理时才需预除尘器，否则烟气可直接进入脱硫塔）。吸收塔是一个带文丘里的空塔结构，塔内完全没有任何运动部件和支撑杆件，也无需设防腐内衬。

烟气通过脱硫塔下部的文丘里管的加速，进入循环流化床床体。物料在循环流化床里，气固两相由于气流的作用，产生激烈的湍动与混合，充分接触，在上升的过程中，不断形成絮状物向下返回，而絮状物在激烈湍动中又不断解体重新被气流提升，形成类似循环流化床锅炉所特有的内循环颗粒流，使得气固间的滑落速度高达单颗粒滑落速度的数十倍。脱硫塔顶部结构进一步强化了絮状物的返回，进一步提高了塔内颗粒的

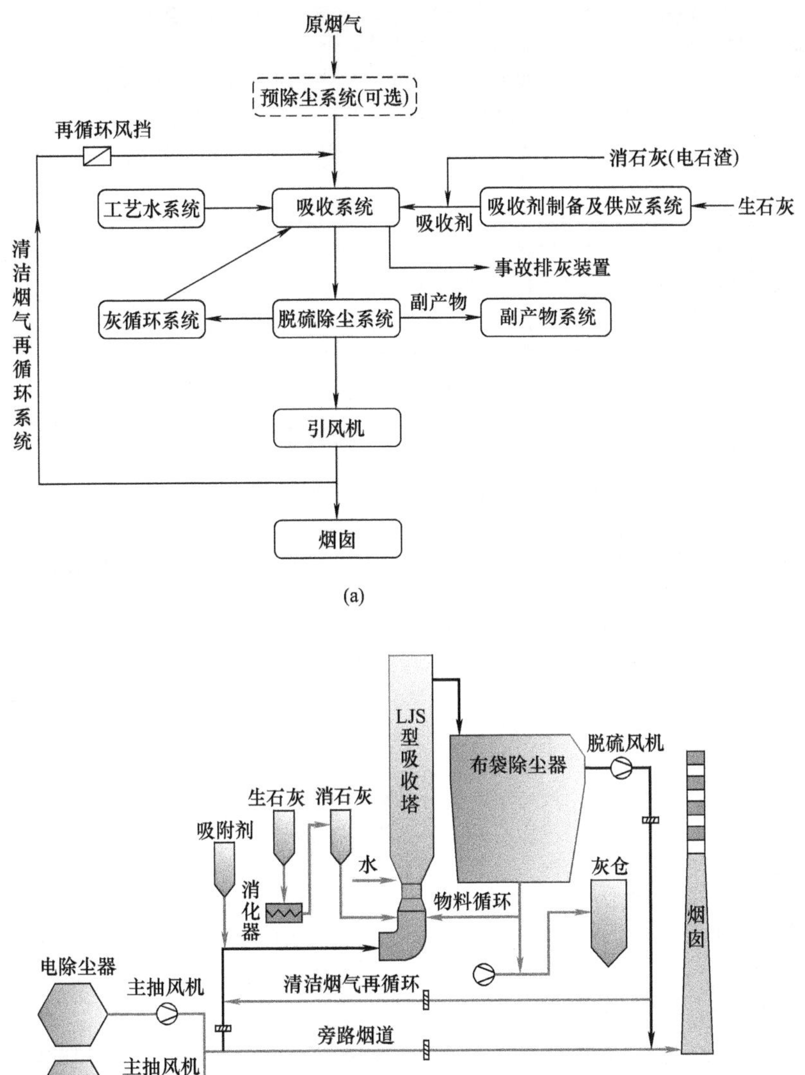

图 18-131　烟气循环流化床脱硫工艺系统及原理示意

床层密度，使得床内的 Ca/S 比高达 50 以上，SO_2 能够充分反应。这种循环流化床内气固两相流机制，极大地强化了气固间的传质与传热，为实现高脱硫率提供了保证。

在文丘里的出口扩管段设有喷水装置，喷入的雾化水用以降低脱硫反应器内的烟温，使烟温降至高于烟气露点 20℃左右，从而使得 SO_2 与 $Ca(OH)_2$ 的反应转化为可以瞬间完成的离子型反应。吸收剂、循环脱硫灰在文丘里段以上的塔内进行充分反应，生成副产物 $CaSO_3 \cdot 1/2H_2O$，此外还有与 SO_3、HF 和 HCl 反应生成相应的副产物 $CaSO_4 \cdot 1/2H_2O$、CaF_2、$CaCl_2 \cdot Ca(OH)_2 \cdot 2H_2O$ 等。

$Ca(OH)_2$ 与烟气中的 SO_2 和几乎全部的 SO_3、HCl、HF 等完成如下化学反应：

$$Ca(OH)_2 + SO_2 = CaSO_3 \cdot 1/2H_2O + 1/2H_2O$$

$$Ca(OH)_2 + SO_3 = CaSO_4 \cdot 1/2H_2O + 1/2H_2O$$

$$CaSO_3 \cdot 1/2H_2O + 1/2O_2 = CaSO_4 \cdot 1/2H_2O$$

$$Ca(OH)_2 + CO_2 = CaCO_3 + H_2O$$

$$Ca(OH)_2 + 2HCl = CaCl_2 2H_2O \text{（约75℃）}$$

$$2Ca(OH)_2 + 2HCl = CaCl_2 \cdot Ca(OH)_2 + 2H_2O \text{（120℃）}$$

$$Ca(OH)_2 + 2HF = CaF_2 \cdot 2H_2O$$

烟气在上升过程中，颗粒一部分随烟气被带出脱硫塔，一部分因自重重新回流到循环流化床内，进一步增加了流化床的床层颗粒浓度和延长吸收剂的反应时间。

从化学反应看，SO_2 与 $Ca(OH)_2$ 的颗粒在循环流化床中的反应过程是一个外扩散控制的反应过程，SO_2 与 $Ca(OH)_2$ 之间的反应速度主要取决取 SO_2 在 $Ca(OH)_2$ 颗粒表面的扩散阻力，或说是 $Ca(OH)_2$ 表面气膜厚度。当滑落速度或颗粒的雷诺数增加时，$Ca(OH)_2$ 颗粒表面的气膜厚度减小，SO_2 进入 $Ca(OH)_2$ 的传质阻力减小，传质速率加快，从而加快 SO_2 与 $Ca(OH)_2$ 颗粒的反应。在循环流化床这种气固两相流动机制下，具有最大的气固滑落速度，因而 CFB-FGD 工艺可以达到较高的脱硫效率。

喷入塔内用于降低烟气温度的水，以激烈湍动的、拥有巨大表面积的颗粒作为载体，在塔内得到充分的蒸发，保证了进入后续除尘器中的灰具有良好的流动状态。

由于流化床中气固间良好的传热、传质效果，SO_3 全部得以去除，加上排烟温度始终控制在高于露点20℃以上，因此烟气不需要再加热，同时整个系统也无需任何的防腐处理。

净化后的含尘烟气从脱硫塔顶部侧向排出，然后转向进入脱硫后除尘器进行气固分离，再通过引风机排入烟囱。经除尘器捕集下来的固体颗粒，通过除尘器下的脱硫灰再循环系统返回脱硫塔继续参加反应，如此循环。多余的脱硫灰渣通过仓泵设备外排。

吸收塔利用塔内大量的物料进行脱硫，吸收塔出口的粉尘浓度高达 800～1200g/m^3，同时吸收塔内的物料具有高湿高黏性。因此脱硫除尘器应按高粉尘、高湿高黏性物料进行设计。当吸收塔出口的粉尘浓度高达 650～1000g/m^3 时，要保证出口粉尘浓度低于 30mg/m^3，脱硫工况时的袋式除尘器气布比宜不大于 0.75m^3/(m^2 · min)；要保证出口粉尘浓度低于 5mg/m^3，脱硫工况时的袋式除尘器气分布比宜不大于 0.65 m^3/(m^2 · min)。除尘器可以采用电除尘器、袋式除尘器、电袋复合除尘器。

烟气循环流化床吸收塔内的颗粒床层是依靠烟气经过文丘里管加速而托起的，因此，当烟气量变小的时候，经过文丘里管的烟气流速也变小，烟气流速小于一定值时将无法托住床层颗粒，导致颗粒经过文丘里管掉落到吸收塔底，该现象称为塌床。只要将文丘里管的烟气流速运行在一定的范围，流化床就不会出现塌床。龙净环保开发的烟气循环流化床脱硫技术（LJD-FGD）工艺通过设置专门的清洁烟气再循环系统，将清洁烟气利用吸收塔进口烟道的静压低于脱硫引风机出口静压从引风机下游烟道导回吸收塔入口烟道，保证通过吸收塔的烟气量稳定。使吸收塔低负荷运行时仍保持最佳的工作状态，即维持文丘里喷嘴流速、保证循环流化床层压降稳定。因此，循环流化床脱硫技术采用了 100%烟气再循环技术，在循环调节挡板和烟气净化系统出口烟气量间进行 PID 联锁调节，可以保证烟气净化系统在锅炉烟气量 0～110%情况下稳定运行，具有良好的负荷适应性；系统在没有锅炉热烟气过来时，可以采用内部循环运行，待锅炉启动后，脱硫运行与锅炉运行达到无缝衔接。

（二） CFB-FGD 工艺的控制

CFB-FGD 技术的工艺控制过程主要通过 3 个回路实现（见图 18-132），这 3 个回路相互独立，互不影响。

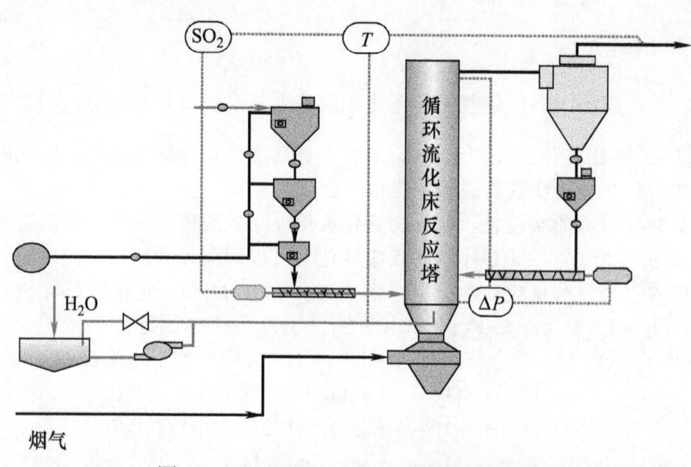

图 18-132 CFB-FGD 工艺控制回路图

(1) SO_2 排放控制 根据脱硫塔进口 SO_2 量控制石灰粉的给料量，脱硫塔出口的 SO_2 浓度，则用来作为校核和精确地调节石灰粉给料量的辅助调控参数，以保证达到要求的 SO_2 排放浓度。

(2) 温度控制 为了促进消石灰和 SO_2 的反应，通过向脱硫塔内喷水来降低烟气的温度。同时为了防止结露和有利于烟气的排放扩散，通常选取的脱硫塔出口温度高于烟气的露点 15～25℃。

通过对脱硫塔出口温度的测定，控制回流式水喷嘴向脱硫塔内的喷水量，以使温度降低到设定值。

加入脱硫塔的消石灰和水的控制是相对独立的，便于控制消石灰用量及喷水量，从而使操作温度的控制变得更加容易。

(3) 脱硫塔的压降控制 脱硫塔的压降由烟气压降和固体颗粒压降两部分组成（见图 18-132)。由于循环流化床内的固体颗粒浓度（或称固-气比）是保证流化床良好运行的重要参数，在运行中只有通过控制脱硫塔的压降来实现调节床内的固-气比，以保证反应器始终处于良好的运行工况。通过调节除尘器灰斗进入空气斜槽的物料量，控制送回脱硫塔的再循环物料量，可保证脱硫塔压降的稳定，从而保证了床内脱硫反应所需的固体颗粒浓度。

（三）影响烟气循环流化床脱硫性能的主要因素

影响烟气循环流化床脱硫效果的主要因素包括钙硫比、吸收剂品质、塔内局部颗粒浓度、塔内颗粒停留时间、反应温度（近绝热饱和温度，Approaches to the Adiabatic Saturation Temperature，AAST）等。其中，吸收剂品质对脱硫效率影响较大，一般要求生石灰粉细度＜2mm，氧化钙含量≥80%，加适量水后 4min 内温度可升高到 60℃。同时系统需加装清洁烟气再循环以稳定吸收塔入口烟气负荷。

1. 钙硫比对脱硫效率的影响

烟气循环流化床干法脱硫工艺的钙硫比（Ca/S）是指脱除 SO_2 所用钙与入口 SO_2 之间的摩尔比。Ca/S 值对脱硫的影响见图 18-133，SO_2 脱除效率随钙硫比的增加而增加。在相同的脱硫效率情况下不同的入口浓度钙硫比也不同，例如脱硫效率 90%时，在 SO_2 含量为 2000mg/m^3 时 Ca/S 值最小。

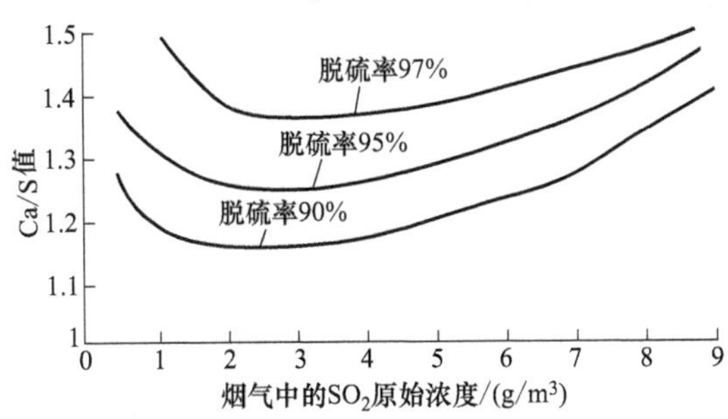

图 18-133 钙硫比与脱硫效率的关系

2. 吸收剂品质对脱硫效率的影响

吸收剂消石灰的品质包括纯度、比表面积等指标。吸收剂纯度越高，比表面积越大，脱硫效率越高。图 18-134 所示为比表面积与钙硫比的关系。

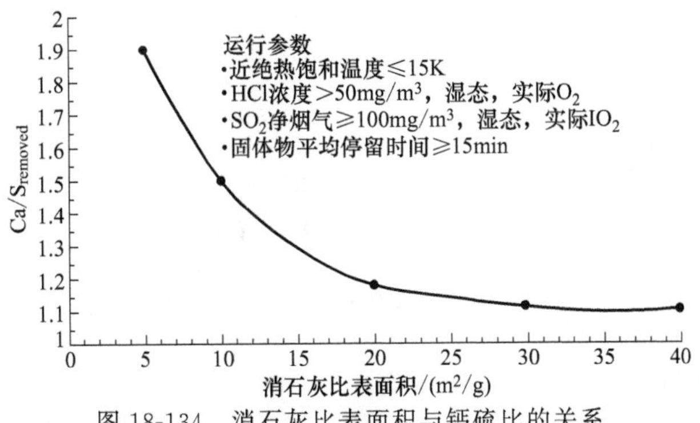

图 18-134 消石灰比表面积与钙硫比的关系

3. 塔内颗粒物浓度对脱硫效率的影响

烟气循环流化床具有较高的脱硫效率，其中一个重要原因就是在吸收塔文丘里管出口具有一个高湍动、高颗粒浓度区，能有效对酸性气体进行吸收脱除，该区域的颗粒浓度为 10～20kg/m^3。随着颗粒浓度的升高，脱硫效率也随之升高。塔内颗粒浓度通常采用吸收塔的床层压降来进行表示。

4. 颗粒物停留时间对脱硫效率的影响

干法吸收塔内的颗粒停留时间为塔内物料总量与外排灰量之比，通常按分钟（min）表示，颗粒停留时间越长，SO_2 脱除越彻底，吸收剂的利用率越高。图 18-135 所示为固体颗粒停留时间与钙硫比的关系。

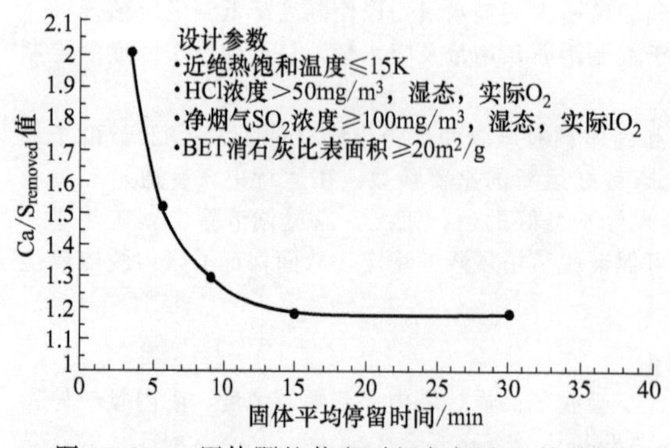

图 18-135 固体颗粒停留时间与钙硫比的关系

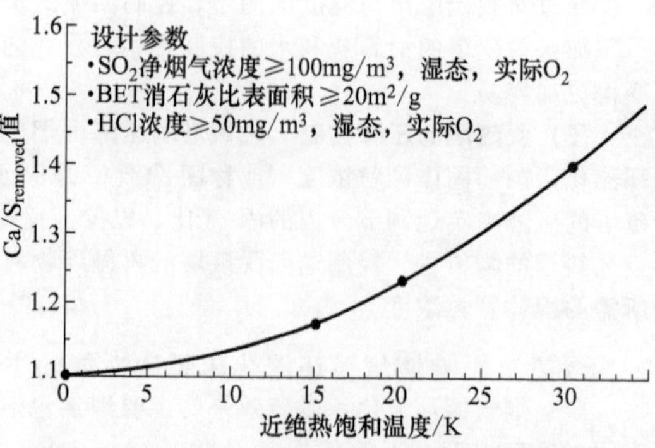

图 18-136 近绝热饱和温度与钙硫比的关系

5. 反应温度对脱硫效率的影响

在烟气循环流化床脱硫工艺中，用吸收塔出口烟气温度与近绝热饱和温度（AAST）之差来表示反应温度的影响。在相同的 Ca/S 值时，脱硫效率随 AAST 的增大而下降。在典型设计中，AAST 控制在 15～20℃之间。AAST 与 Ca/S 值的关系见图 18-136。

（四）CFB-FGD 工艺的技术特点及适用性

① 脱硫效率高：在钙硫比为 1.1～1.5 时，脱硫效率可达 93%～98%，是目前各种干法、半干法烟气脱硫工艺中最高的，可与湿法工艺相媲美。烟气循环流化床吸收塔入口 SO_2 浓度低于 3000mg/m^3 时可实现达标排放，低于 1500mg/m^3 时可实现超低排放。

② 对燃煤硫分的适应性强，可用于 0.3%～6.5%的燃煤硫分。且应用于中低硫煤时（<2%），其经济性优于湿法工艺；原煤含硫量不超过 1%的低硫煤占据我国煤炭总量的 60%～70%，我国当前绝大多数火电厂燃用煤种都属于低硫煤。低硫煤燃烧烟气二氧化硫含硫普遍小于 3300mg/m^3，若采用传统的湿法脱硫工艺，系统复杂，能耗高，相对来说投资与运行不经济；而采用烟气循环流化床干法脱硫工艺则可以大幅度节约投资与运行成本。工程投资费用、运行费用和脱硫成本约为湿法工艺的 50%～70%。

③ 工艺流程简单，系统设备少，为湿法工艺的 40%～50%，且转动部件少，降低了维护和检修费用。

④ 占地面积小，为湿法工艺的 30%～40%，且系统布置灵活，非常适合现有机组的改造和场地紧缺的新建机组。

⑤ 能源消耗低，如电耗、水耗等，为湿法工艺的 30%～50%。

⑥ 能有效脱除 SO_3、氯化物和氟化物等有害气体，其脱除效率远高于湿法工艺，达 90%～99%，腐蚀性较小，可不采用烟气再热器，直接使用干烟囱排放脱硫烟气。

⑦ 对锅炉负荷变化的适用性强，负荷跟踪特性好，启停方便，可在 30%负荷时投用，对基本负荷和调峰机组均有很好的适用性。

当煤的含硫量或要求的脱硫效率发生变化时，无需增加任何工艺设备，仅需调节脱硫剂的耗量便可以满足更高的脱硫率的要求。这一点对于锅炉燃用煤种和设计煤种相差较大的情况时其作用将更加明显。

当锅炉负荷降低时，进入脱硫系统的烟气量和 SO_2 量减少，所需的脱硫剂及物料循环量也相应减少，通过以下 3 种措施的操作使脱硫系统适应这种锅炉负荷的变化，具体如下：a. 通过洁净烟气再循环保证脱硫系统的操作气流速度能使文丘里管及文丘里管后流速保证在 CFB 运行流速范围内，从而保证塔内的正常流化及稳定的脱硫效率；b. 通过脱硫灰再循环，控制反应塔内的压降，保证低负荷时脱硫效率所需的固体颗粒浓度；c. 通过对脱硫塔出口温度及 SO_2 量的监控，调节喷水量及吸收剂加入量，保证最佳的流化效果。

在要求脱硫系统停机时，脱硫系统可以自动快速关闭脱硫塔喷水和脱硫灰循环，利用引风机的惰走抽力，数秒时间内即可基本排空脱硫塔，几分钟内除尘器系统和脱硫灰循环系统即可停止，系统不需要特别的维护和保养；在脱硫系统启动时，通过除尘器灰斗将所收集的物料循环回脱硫塔，在数分钟内可以重新建立流化床，使系统进入正常的工作。

⑧ 无脱硫废水排放，且脱硫副产品呈干态，不会造成二次污染。

（五）主要工艺参数

烟气循环流化床脱硫技术的主要工艺参数及使用效果见表 18-60。

表 18-60　烟气循环流化床脱硫技术主要工艺参数及使用效果

项　目	单　位	工艺参数与使用效果		
入口 SO_2 浓度	mg/m^3	≤3000	≤2000	≤1500
入口烟气温度	℃	≥100		
运行烟气温度	℃	高于烟气露点 15～25		
钙硫摩尔比		1.2～1.8(循环流化床锅炉炉外部分)		
吸收塔流速	m/s	4～6		
布袋除尘器过滤风速	mg/m^3	0.8～0.9	0.7～0.8	≤0.7
出口 SO_2 浓度	mg/m^3	≤100	≤50	≤35
出口烟尘浓度	mg/m^3	≤30	≤20	≤10 或≤5

注：没有废水产生，排烟无需再加热，烟囱及设备无需特殊防腐。

（六）LJD 新型烟气循环流化床干法脱硫的应用及多污染物协同净化技术

21 世纪初，我国先后有多家脱硫公司引进 CFB-FGD 或 RCFB-FGD 技术，并在 300MW 机组以下电厂得到推广应用。龙净环保在 2001 年引进德国鲁奇 CFB-FGD 净化技术的基础上，进行二次自主创新，形成了自主知识产权的 LJD 新型烟气循环流化床干法脱硫及多污染物协同净化技术（LJD-FGD），至今该技术已经有 220 多套应用业绩，最大应用机组为 660MW，成为烟气干法脱硫技术的典型代表。

烟气循环流化床脱硫技术已经在 320 多台燃煤电厂机组上得到了应用，最大应用机组为 660MW 机组，总装机容量已达 53800MW。

在流化床吸收塔内实现脱硫脱硝一体化是提升流化床技术用范围的目标之一，已经开发的循环氧化吸收协同脱硫技术（Circulating Oxidation and Absorption，COA），其反应机理是在特殊设计的循环流化床吸收塔内，利用循环流化床激烈湍动的、巨大表面积的颗粒作为反应载体，通过烟气自身或外加氧化剂的氧化作用，促进烟气中难溶于水的 NO 转化为易溶于水的 NO_2，然后与碱性吸收剂发生中和反应实现脱硝。如图 18-137 所示。

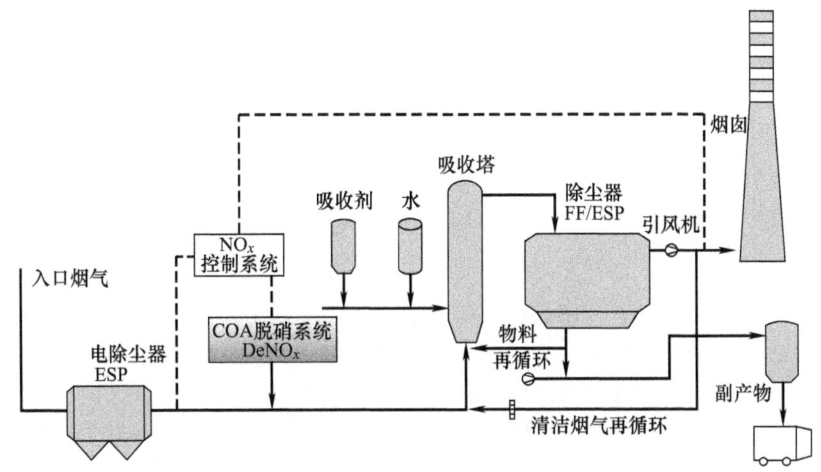

图 18-137　循环流化床脱硫协同脱硝技术（COA）

COA 技术通过对脱硝剂、添加设备、脱硫脱硝协同技术等关键技术与设备的开发，成功实现了高效脱硫的同时进行同步脱硝，脱硝效率一般达到 40%～60%。该技术工艺简单，附属设备少，工况适应性强、调节灵活，特别是在同步脱硝的同时可提升脱硫效率，对其他污染物的脱除也有促进作用。在 NO_x 超低排放的大背景下，COA 技术可作为燃煤电厂 SCR、SNCR 等主流脱硝工艺的有益补充和单独应用，已经在山西大同煤矿集团有限责任公司 2×300MW 机组、内蒙古京海电厂 2×350MW 机组、中国石油化工股份有限公司广州分公司 2×100MW 机组、厦门新阳热电有限公司 3×75t/h 锅炉、兖州煤业榆林能化有限公司 2×220t/h 锅炉、杭州杭联热电有限公司 130t/h+4×75t/h 锅炉等 30 多个项目中得到应用。

五、海水烟气脱硫技术

海水烟气脱硫工艺是利用海水的天然碱度来脱除烟气中的 SO_2 的一种湿式烟气脱硫方法。

由于雨水将陆上岩层的碱性物质带到海中，天然海水含有大量的可溶性盐，其中主要成分是氯化钠和硫酸盐，还有一定量的可溶性碳酸盐。海水通常呈碱性，一般海水的 pH 值为 7.5～8.3，天然碱度为 1.2～

2.5mmol/L，这使得海水具有天然的酸碱缓冲能力及吸收 SO_2 的能力。

利用海水的这种特性，开发出海水脱硫工艺。该工艺是用海水吸收烟气中的 SO_2，再用空气强制氧化为无害的硫酸盐溶于海水中，而硫酸盐是海水的天然成分。经脱硫后流回海洋的海水，其硫酸盐成分只稍微提高，当离开排放口一定距离后这种浓度的差异就会消失。

按是否向海水中添加其他化学物质，可将海水烟气脱硫工艺分为两类：一是不添加任何化学物质，以 Flakt-Hydro 工艺为代表；二是向海水中添加一部分石灰以调节海水碱度，以 Bechtel 工艺为代表。

（一）Flakt-Hydro 海水烟气脱硫工艺

我国海水烟气脱硫应用较多的就是 Flakt-Hydro 海水烟气脱硫工艺。典型的燃煤烟气海水脱硫系统工艺流程如图 18-138 所示。

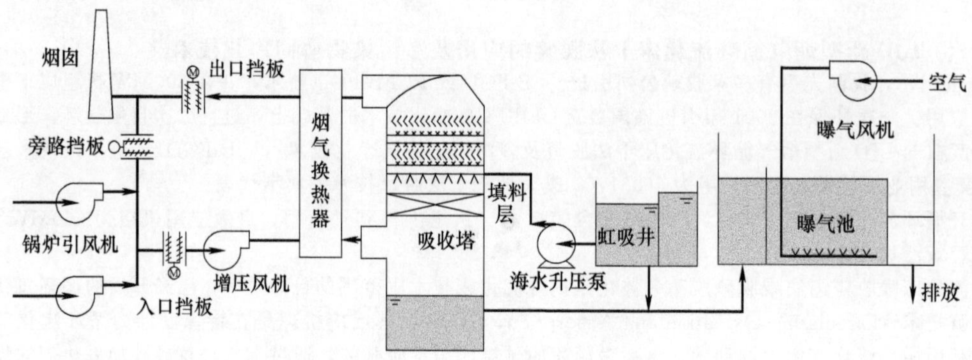

图 18-138 典型燃煤烟气海水脱硫设备工艺流程

1. 海水脱硫原理

在吸收塔中，经过除尘处理的烟气与来自电厂开式冷却水系统的海水逆向充分接触混合，海水将烟气中的二氧化硫有效地吸收生成亚硫酸根离子。

$$SO_2 + H_2O \longrightarrow H_2SO_3$$

$$H_2SO_3 \longrightarrow H^+ + HSO_3^-$$

$$HSO_3^- \longrightarrow H^+ + SO_3^{2-}$$

$$SO_3^{2-} + \frac{1}{2}O_2 \longrightarrow SO_4^{2-}$$

$$H^+ + CO_3^{2-} \longrightarrow HCO_3^-$$

上述反应为吸收和氧化过程，海水吸收烟气中 SO_2 生成 H_2SO_3，H_2SO_3 不稳定，将分解成 H^+ 与 HSO_3^-，HSO_3^- 继续分解成 H^+ 与 SO_3^{2-}；SO_3^{2-} 与水中的溶解氧结合可氧化成 SO_4^{2-}。但是水中的溶解氧非常少，一般在 7～8mg/L，远远不能将产生的 SO_3^{2-} 氧化成 SO_4^{2-}。

吸收 SO_2 后的海水中 H^+ 浓度增加，pH 值一般降低至 3 左右，呈强酸性，需要新鲜的碱性海水与之中和。来自海水脱硫吸收塔的海水流入海水恢复系统的曝气池，与来自凝汽器的其余海水混合发生以下反应

$$HCO_3^- + H^+ \longrightarrow CO_2 + H_2O$$

在进行上述反应的同时，要向海水中鼓入大量空气进行曝气，其作用主要有：a. 将 SO_3^{2-} 氧化成为 SO_4^{2-}；b. 将中和反应中产生的大量 CO_2 赶出水面；c. 提高脱硫后海水的溶解氧，可以达标排放。

从上述反应中可以看出，海水脱硫除海水和空气外不添加任何化学脱硫剂，海水经恢复后主要增加了 SO_4^{2-}，但天然海水中硫酸盐含量一般为 2700mg/L，烟气脱硫增加的硫酸盐约 70～80mg/L，在海水正常波动范围内。因此海水脱硫不会破坏海水的天然组分，也没有副产品需要处理。

2. 烟气海水脱硫工艺

典型的燃煤烟气海水脱硫工艺系统一般包括烟气系统、SO_2 吸收系统、海水供应系统和海水恢复系统等。

(1) 烟气系统 烟气系统主要由进出口挡板、增压风机、烟气换热器（GGH）、旁路挡板和将设备连接起来的烟道组成。来自主机组的烟气经进口挡板，通过增加风机升压，送入 GGH 冷却后，从吸收塔底部自下而上进入吸收塔。烟气温度越低，SO_2 吸收率越高，烟气温度较低可降低对吸收塔内防腐材料和填料等的要求。因此烟气进入吸收塔前必须降温，一般降至 80℃左右，烟气在吸收塔内经海水吸收净化后，温度进一步降低。当低于酸性烟气的露点时容易出现结露，造成烟道及烟囱腐蚀；另外，低温不利于烟气扩散排

放，会造成烟囱冒“白烟”，所以烟气排出吸收塔后一般需要经过GGH加热，使烟气升温至70℃以上，再经烟囱排放大气。

(2) 吸收系统 吸收塔是海水脱硫系统的重要组成部分，SO_2的吸收以及部分亚硫酸根的氧化都是在此完成的。吸收塔形式可选用填料塔或空塔喷淋，一般采用气液逆流方式。

采用填料塔时，吸收塔内一般包括海水分配器、填料、除雾器等设备或组件。来自海水升压泵的海水进入海水分配器，通过海水分配器在吸收塔截面上均匀地流经填料层。未处理烟气则由塔下部进入，逆流向上通过填料层，在填料层中与海水进行充分接触，脱除SO_2。

采用喷淋塔时，来自海水升压泵的海水通过雾化喷嘴形成吸收液膜或雾化液滴，与逆流向上流动的烟气充分混合接触，吸收SO_2。为提高烟气分布均匀性，强化气液接触，有的技术在塔内设置一层或多层筛板。

(3) 海水供应系统 脱硫用海水一般取自主机组开式冷却水系统，即由凝汽器排出的海水抽取一部分到吸收塔，该部分海水占全部海水的1/5左右，取水点可以为虹吸井或循环水排水渠。海水升压泵从虹吸井或循环水渠吸取海水，升压后送至吸收塔洗涤烟气中的SO_2，洗涤烟气后的酸性海水，从吸收塔底部靠重力流至海水恢复系统的曝气池。从凝汽器排出的剩余海水自流到曝气池，与脱硫洗涤排水混合。

(4) 海水恢复系统 吸收塔内洗涤烟气后排出的海水呈酸性，而且含有大量不稳定的SO_3^{2-}，不能直接排入大海，必须与未经脱硫的海水混合，并鼓入大量空气，以产生大量细碎的气泡使易分解的亚硫酸盐氧化成稳定的硫酸盐。通过曝气还可以使水中的CO_3^{2-}和HCO_3^-与吸收塔排出的H^+加速进行中和反应，释放出CO_2，使得海水的pH值得以恢复，并使pH值、COD、DO等满足排放标准的要求后再排放大海，处理后的每升海水硫酸盐仅增加几十毫克，一般占海水本底值的3%左右，在海水正常波动范围内。

（二）Bechtel海水烟气脱硫工艺

Bechtel海水烟气脱硫工艺流程如图18-139所示。约为冷却水总量2%的海水进入吸收塔，其余海水用于溶解脱硫生成的石膏晶体。在洗涤系统中加入石灰石或石灰与石膏的混合物，提高脱硫所需的碱度。海水中可溶性镁与进入的碱反应，再生为吸收剂$Mg(OH)_2$，可以迅速吸收烟气中的SO_2。其主要化学反应见图18-140。该系统由烟气预冷却系统、吸收系统、再循环系统、电气及仪表控制系统等组成。

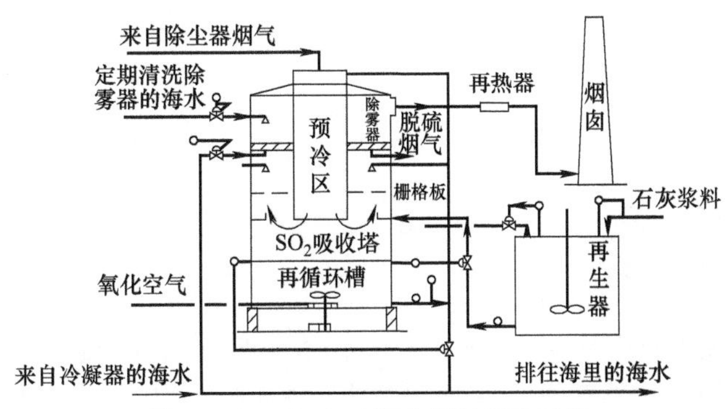

图18-139 Bechtel海水烟气脱硫工艺

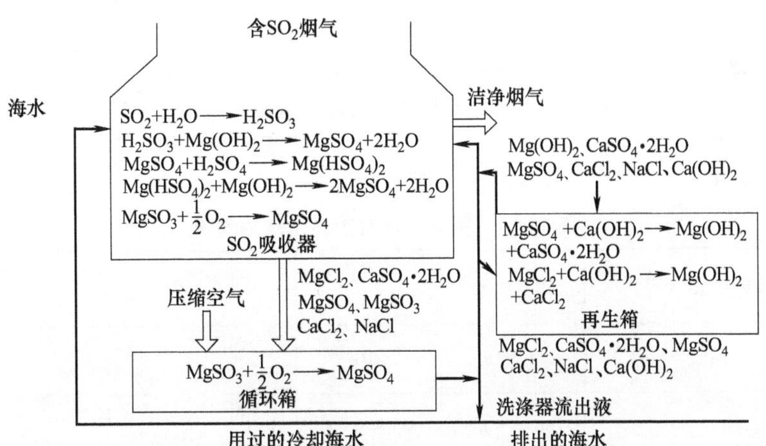

图18-140 Bechtel海水烟气脱硫工艺的主要化学反应

(1) 预冷却器 预冷却器位于冷却塔上部中心处，下行的烟气可从149℃冷却至52℃。同时，冷却时喷入再循环碱性浆液，可除去烟气中的部分SO_2。预冷却器有利于吸收塔内建立良好的烟气分布，还起到支撑托盘、除雾器和给料管的作用。

(2) 吸收塔 吸收塔为填料塔，系钢筋混凝土结构。烟气自吸收塔预冷却器下方进入，向上流经吸收区，在填料塔栅格板表面与吸收塔上部喷入的海水充分接触反应。再循环浆液中的$Mg(OH)_2$和可溶性的$MgSO_3$吸收烟气中的SO_2，可获得95%以上的脱硫效率；同时也发生一定的氧化反应，浆液中的$MgSO_3$和$Mg(HSO_3)_2$被烟气中的氧气氧化成$MgSO_4$。因吸收和氧化反应均生成易溶解的产物，故在吸收塔内无结垢的倾向。净化后的烟气经顶部除雾器除去水滴后排出。洗涤烟气后的海水收集在塔底，靠重力流入海水恢复系统。

(3) 再循环槽 再循环槽设在吸收塔底段，内装搅拌器。预冷却器流下的酸性浆液和来自托盘及喷入的碱性浆液在槽内中和；同时鼓入空气，将亚硫酸镁完全氧化成硫酸镁。搅拌器将大气泡打碎成细小气泡，加速氧化反应。再循环槽内保持pH值为5～6，使$Mg(OH)_2$完全溶解。

(4) 仪表控制系统 FGD系统的仪表控制系统具备数据采集功能、控制功能和现场监测功能。其数据的连续采集和处理反映脱硫系统运行工况，如脱硫系统进出口烟气的SO_2、O_2浓度及烟温等。曝气池排放口设置pH值、COD、水温等监测设备。另外，配备各种必要的烟气、海水现场监测仪表。

Bechtel工艺适用于新建机组及老机组的改造，其投资和运行费用较传统的烟气脱硫工艺低50%。美国Colstrip电站的3号和4号机组上应用此工艺，已分别于1983年和1985年投入运行。

与其他海水脱硫及石灰石-石膏法相比，Bechtel工艺具有如下特点：a. 脱硫效率高（可达95%），SO_2排放浓度可降至0.005%或更低；b. 吸收剂浆液的再循环量可降至常规石灰石法的1/4，低液气比减少了投资，降低了吸收系统耗能；c. 生成完全氧化的产物，不经处理即可直接排放大海，且生成可溶性产物，能保证完全氧化；d. 生产的最终产物是很细的石膏晶体，当用冷凝器的冷却海水稀释时会马上溶解，不必另设混合溶解槽；e. 通过再生槽内的沉淀反应，破坏了过饱和现象，减少了洗涤塔中$Ca(OH)_2$的浓度，从而避免结垢，并保证系统中足够的晶核浓度。

（三）海水脱硫技术应用

1. 海水脱硫在国外的应用

海水脱硫目前主要有两种工艺：一种是不添加任何其他试剂，以纯海水作吸收液，以挪威ABB公司的Flakt-Hydro工艺为代表；另一种是在海水中添加一定的添加剂（如石灰或氢氧化钠），以调节吸收液碱度，这种工艺以美国Bechte公司为代表，但应用不如Flakt-Hydro广泛。

目前，海水脱硫技术仅由ALSTOM（阿尔斯通，1999年ABB与ALSTOM合并）、BISCHOFF（鲁奇-比晓夫）、MITSUBISHI（三菱重工）、DOCON（杜康）和FUJKASUI（富士化水）等少数公司掌握。ALSTOM公司起步较早，在全球海水脱硫市场占有较多份额（80%以上），其海水脱硫机组容量已超过100套，容量38000MW，而其他海水脱硫公司所占份额甚少，这主要是由于挪威阿尔斯通的海水脱硫工艺开发应用较早，尤其在其国内的炼铝等行业首先得到了较好的应用和发展，取得了充分的业绩证明，之后才逐渐在世界范围内得到认可和广泛应用。早在1968年，挪威尔斯通就已投运了世界首套达270MW规模的海水脱硫工程，用于处理炼铝炉气；1988年，其海水脱硫技术首次应用于火电厂的烟气处理——印度TATA电力公司位于Bombay的Trombay电厂5号机组，1×125MW。

目前在欧洲，挪威、英国、荷兰、西班牙等国有数十套海水脱硫装置投运；在亚洲，印度尼西亚及马来西亚海水脱硫系统也广泛应用，此外，巴西、希腊等地的海水脱硫工程也正在建设中。处理烟气SO_2浓度在20～6500mg/L，吸收效率在80%～99%，单项工程最大单机装机容量达700MW，单台机组烟气量（标）为$2.65\times10^6 m^3/h$。表18-61为海水脱硫技术在国外应用概况。

表18-61 国外海水脱硫技术应用情况

国家和地区	装机总量/MW	投运年份	技术提供方（公司）	工程类型	燃煤含硫量/%	脱硫效率/%
挪威	1817	1968～1997	ABB	炼铝厂、燃煤/油锅炉、Claus硫回收装置、熔炉等		
	1327	2000～2004	ALSTOM	炼铝厂、采油平台H_2S燃烧废气		
印度	250(2×125)	1988～1995	ABB	炼铝厂/燃煤电厂	0.35	85

续表

国家和地区	装机总量/MW	投运年份	技术提供方（公司）	工程类型	燃煤含硫量/%	脱硫效率/%
印度尼西亚	1300	1998（建设时间）	BISCHOFF	燃煤电厂		
	1340（Paicon 4×335）	1998～1999	ABB	燃煤电厂	0.4	92
瑞典	93	1988	ABB	炼铝厂		
西班牙	320(4×80)	1995	ABB	燃油电厂		91
塞浦路斯	130	2005	ALSTOM	燃煤电厂		
阿曼	270	2005	ALSTOM	裂化反应单元		
沙特阿拉伯	550	2005（中标时间）	DUCOM	燃重油电厂		
	180	2006	ALSTOM	FCCU 流化催化裂化装置及 SRU 硫黄回收装置废气处理		
马来西亚	Janamanjung Sdn Bhd 3×700	2003	ALSTOM	燃煤电厂		
	MANJUNG BIN 3×700	2007				
	Jimah power 2×700	2008				
泰国	1434	2006～2007	MITSUBISHI	燃煤/柴油电厂		
英国	3740(包括 Longannet4×600)	2008	ALSTOM	燃煤，燃煤/油电厂	0.7	90
委内瑞拉	115		ABB	炼油焦炭炉		
日本	270			油厂		
美国	300(2×150)					

2. 海水脱硫在我国的应用

我国拥有较长的海岸线，沿海火电厂数量可观，而沿海地区经济发达，人口稠密，环境保护要求严格，大多数地区列在酸雨控制区和二氧化硫控制区内、同时淡水资源严重不足，这给适宜在海滨电厂应用的海水脱硫工艺提供了良好的发展空间与机遇。自 1999 年我国首个海水脱硫工程——深圳妈湾发电总厂 $4^{\#}$ 机组（300MW）海水烟气脱硫工程达标投运以来，国内已有越来越多海水脱硫项目陆续投产，至 2012 年 10 月，国内海水脱硫工程已投运总机组容量共计 21404MW，46 套装置。到 2016 年年底，采用海水脱硫的燃煤机组占比达 2.6%。已投运烟气海水脱硫工程列于表 18-62。

表 18-62　国内海水脱硫已投运工程

项目	容量/MW	投运时间	燃煤含硫量/%	设计脱硫率/%	吸收塔类型	排放海水水质类别要求	技术提供方（公司）	工程实施方（公司）	监测实绩
深圳妈湾电厂	6×300	1#/2007 年 11 月	0.63	90	填料塔	三类	ALSTOM	西部电力	
		2#/2007 年 10 月							
		3#/2006 年 6 月							
		4#/1999 年 3 月					武汉晶源/ABB		
		5～6#/2007 年 8 月					ALSTOM		
青岛电厂	4×300	1#/2006 年 4 月	0.72	90	填料塔	四类	ALSTOM	ALSTOM	
		2#/2006 年 6 月							
		3#/2006 年 9 月							
		4#/2006 年 12 月							
福建后石电厂	7×600	1#/1999 年 11 月	0.89	90	筛板塔	pH≥6.0	武汉晶源	中化三建	
		2#/2000 年 6 月							
		3#/2001 年 9 月							

续表

项目	容量/MW	投运时间	燃煤含硫量/%	设计脱硫率/%	吸收塔类型	排放海水水质类别要求	技术提供方(公司)	工程实施方(公司)	监测实绩
福建后石电厂	7×600	4#/2002年11月	0.89	90	筛板塔	pH≥6.0	武汉晶源	中化三建	
		5#/2003年12月							
		6#/2004年7月							
		7#/2008年9月							
厦门嵩屿电厂	4×300	1～2#/2006年12月	0.63	95	喷淋塔	三类	东方锅炉	东方锅炉	
		3#/2006年11月							
		4#/2006年9月							
山东黄岛电厂	2×660	5#/2007年1月	0.64	95	填料塔	四类			
		6#/2007年12月							
	225	2006年	1.28	≥90	填料塔		青岛四洲/中国海洋大学	山东鲁环	
山东日照电厂一期	2×350	2007年7月	0.84	90	填料塔	二类(pH值除外)	ALSTOM	北京龙源	
山东日照电厂二期	2×680	2008年12月	0.95	90					
秦皇岛电厂1-4#	1×300	4#/2007年12月	0.84	90	填料塔	三类	北京龙源	北京龙源	#1-2机组(两炉一塔),原烟气SO_2均值为3503(1129～4946)(标)mg/m³时,平均脱硫率为98.5%。
	1×300	3#/2008年12月	0.84	90					
	2×200	1-2/2009年9月	1.5	90					
舟山朗熹电厂一期	125+135	2008年9月	0.8	90	填料塔	四类	北京龙源	北京龙源	二期3#机组原烟气SO_2浓度1037～1380(标)mg/m³时,排放净烟气SO_2浓度可控制在18～33(标)mg/m³。脱硫效率最小值为97.5%。
舟山朗熹电厂二期	1×300	2010年10月	1.0	90					
华能威海电厂一期	2×300	2008年11月	1.1	90	填料塔	三类	ALSTOM	北京龙源	#3机组,原烟气SO_2浓度小于1000(标)mg/m³时,净烟气SO_2浓度可控制在小于10(标)mg/m³。原烟气SO_2浓度1500～1700(标)mg/m³时,净烟气SO_2浓度在30(标)mg/m³左右,脱硫效率均大于97%。
华能威海电厂二期	2×660	2010年12月	1.0	90			北京龙源	北京龙源	#4机组,原烟气SO_2浓度2000～2200(标)mg/m³时,净烟气SO_2浓度可控制在40～60(标)mg/m³。原烟气SO_2浓度1000～1200(标)mg/m³时,净烟气SO_2浓度可控制在20～40(标)mg/m³,脱硫效率均大于95%,平均值可达97%

续表

项目	容量/MW	投运时间	燃煤含硫量/%	设计脱硫率/%	吸收塔类型	排放海水水质类别要求	技术提供方（公司）	工程实施方（公司）	监测实绩
华能大连电厂	4×350	3-4#/ 2008年11月	0.9	92	填料塔	三类	ALSTOM	北京龙源	
		1-2#/ 2009年11月							
华能海门电厂1-4#	2×1036	1-2#/ 2009年8月	0.9～1.0	92	填料塔	三类	ALSTOM	北京龙源	监测期间燃煤含硫量 S_{ar}=(0.56～0.83)% 燃机组 SO_2 最大排放值(标)：#1机组 39mg/m^3 #2机组 102mg/m^3 #3机组 59mg/m^3 #4机组 63mg/m^3 锅炉烟气综合脱硫效率：#3机组 96.1%～98.0% #4机组 93.9%～98.6%
	2×1036	3#/ 2010年12月					北京龙源		
		4#/ 2012年9月							
首钢京唐钢铁有限公司槽妃甸自备电厂	2×300	1#/ 2006年9月	0.8	90	填料塔	四类	ALSTOM	北京龙源	
		2#/ 2010年5月							

实际运行表明：该工艺符合国家循环经济和节能降耗的产业政策。《火力发电厂烟气脱硫设计技术规程》(DL/T 5196—2004) 中对海水脱硫技术的应用作出了明确的规定，认为该技术成熟可靠，环评及技术经济合理的前提下适宜在海滨电厂应用。

(1) 深圳西部电厂海水烟气脱硫　深圳西部电厂4号机组（300MW）海水烟气脱硫是我国第一套海水烟气脱硫示范工程，该工程于1996年9月开工建设，采用原挪威ABB工程公司技术、1999年3月建成投产。

1）主要设计参数：脱硫系统的主要设计参数列于表18-63。

表 18-63　脱硫系统设计参数

设计参数	设计煤种（晋北烟煤）	校核煤种（混煤）	设计参数	设计煤种（晋北烟煤）	校核煤种（混煤）
燃煤硫分/%	0.63	0.75	海水温度(最低/最高)/℃	27.1/40.7	27.1/40.7
烟气量/(10^4m^3/h)	110	110	脱硫效率/%	≥90	92～95
烟气温度/℃	123(实际变动值为104～145)		净烟气排放温度/℃	≥70	
入口烟气 SO_2 浓度/(mg/m^3)	1450		脱硫排放海水pH值	≥6.5	
烟尘浓度/(mg/m^3)	190	190	脱硫排放海水DO/(mg/L)	≥3.0	
冷却海水总量(m^3/h)	43200	43200	脱硫排放海水COD/(mg/L)	≥5.0	
海水盐分/%	2.3	1.8	脱硫排放海水 SO_3^{2-} 转换率%	≥90	
海水pH值	7.5	7.5			

2）工艺流程：该工艺由烟气系统、SO_2 吸收系统、海水供排系统、恢复系统、电气及监测控制系统组成。工艺流程如图18-141所示。

锅炉烟气经除尘后由增压风机送入烟气-烟气热交换器（GGH）热侧降温，然后进入吸收塔，被来自电厂循冷却系统的部分海水洗涤吸收 SO_2，再经除雾器除去液滴后进入GGH冷侧升温后通过烟囱排放。

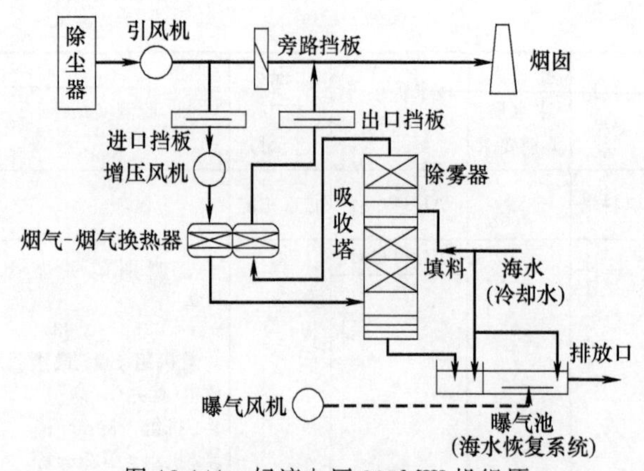

图 18-141 妈湾电厂 300MW 机组原海水法 FGD 系统流程示意

FGD系统的吸收塔采用填料塔型，方形钢筋混凝土结构。烟气自吸收塔下部引入，向上流经吸收区，在填料格栅表面被喷入吸收塔的海水充分洗涤，净化后的烟气经顶部的除雾器除去水滴后排放。除雾器为平板式，未设置除雾器冲洗系统。

洗涤烟气后的海水汇集在塔底部，此海水呈酸性，因含有较多的 SO_3^{2-} 不能直接排入大海，而是依靠重力排入海水恢复系统——曝气池，与来自循环冷却系统的海水混合，并鼓入大量空气，将 SO_3^{2-} 氧化成 SO_4^{2-}，并赶出 CO_2，使海水的 pH 值和 COD 达标后送回大海。海水恢复系统采用单独的曝气池浅层曝气。

该工程于 1999 年 3 月顺利投产，经多次测定表明，FGD 系统运行稳定，设备状态良好，主要指达标到或超过设计值。实测结果见表 18-64 与表 18-65。

表 18-64 海水脱硫系统排海水性能

参数	设计要求	实际测定	参数	设计要求	实际测定
pH 值	≥6.5	6.7～6.9	溶解氧 DO/(mg/L)	≥3	3
耗氧量 COD/(mg/L)	≤5	0～2	SO_3^{2-} 氧化率/%	≥90	94～99

表 18-65 海水脱硫系统排烟性能

参　数	设计要求		实际测定
	考核工况	校核工况	
脱硫效率/%	≥90	92～95	92～97
系统排烟温度/℃	≥70		75～87

(2) 漳州后石电厂 7×600MW 机组海水脱硫工程 福建漳州后石电厂总装机规模 7×600MW，1996 年 7 月在开工前发现原来采购的日本某公司镁法脱硫工艺装置，存在严重的原料来源及环保标准问题：需要消耗大量镁矿和淡水，经济负担高昂并存在二次污染，经过论证后 1997 年 2 月决定放弃原定镁法脱硫工艺，采用海水法脱硫工艺。

1999 年，漳州后石电厂 1# 机组（600MW）烟气海水脱硫装置正式投入运行，截至 2008 年 9 月，后石电厂 1#～7#机组及脱硫设施全部建成，投入运行。

FGD系统是由日本富士化水株式会社设计，系统设计采用海水＋氢氧化钠脱硫工艺，初期采用纯海水脱硫工艺安装，调试均按纯海水设计进行。其工艺流程见图 18-142。

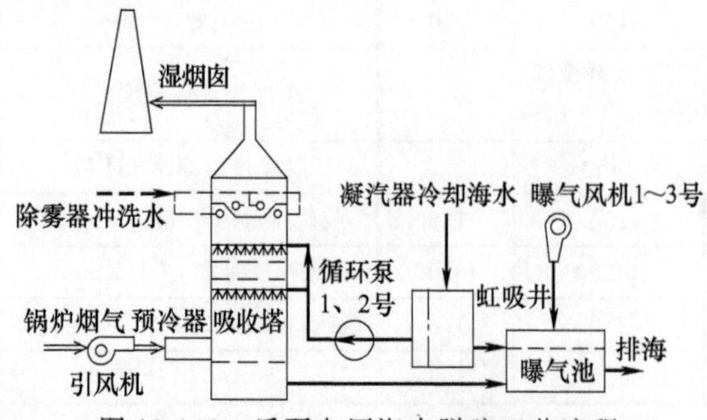

图 18-142 后石电厂海水脱硫工艺流程

后石电厂海水脱硫系统设计基础参数如表 18-66 所列。

漳州后石电厂（7×600MW）目前为全球最大规模、运行时间最长的海水法脱硫工程。后石电厂实施的海水脱硫工艺与其他几种方案比较结果见表 18-67。

表 18-66 后石电厂海水脱硫设计基础参数

序号	项　目	数　值	序号	项　目	数　值
1	处理烟气量(湿标准状态)/(m^3/h)	1915900	11	海水排放 pH 值	>6
2	进口 SO_2 浓度(6%O_2,干)	820×10^{-6}	12	排放海水悬浮物量 SS/(mg/L)	13.2～24.2
3	进口烟气温度/℃	131	13	排放海水化学耗氧量 COD_{Mn}/(mg/L)	<5.0
4	进口烟尘浓度(6%O_2,干,标态)/(mg/m^3)	32	14	排放海水温度/℃	39
5	出口烟气温度/℃	40	15	用电量/(kW·h)	1021(2526)
6	脱硫效率/%	>90(≥95.1)	16	工业用水量/(m^3/h)	52.8(59.1)
7	除尘效率/%	≥25	17	脱硫海水用量/(t/h)	39000
8	入口海水 pH 值	7.98～8.23	18	吸收塔数量/个	2
9	入口海水悬浮物量 SS/(mg/L)	13.0～24.0	19	吸收塔规格 $\phi \times H$/m×m	12×38
			20	吸收塔压降/Pa	约 2200
10	入口海水化学耗氧量 COD_{Mn}/(mg/L)	<1.0	21	NaOH 用量/(kg/h)	0(1880)
			22	年运行时间/h	6123

注：括号中数据为海水＋NaOH 时的值。

表 18-67 漳州后石电厂 7×600MW 海水脱硫工程方案比较

参　数	海水法(实际采用方案)	氧化镁法(原日本方案)	石灰石法(对照方案)
单台锅炉蒸发量	1895.99t/h		
单台处理烟气量	1.9159×10^6 m^3/h		
脱硫效率/%	>90	80	>90
矿石消耗量	无	3×10^4 t/a(氧化镁)	17.5×10^4 t/a(石灰石)
淡水消耗量	无	1.5×10^6 m^3/a	5.0×10^6 m^3/a
废渣排放量	无	无	36.15×10^4 t/a
废水排放量	无	14.1×10^4 m^3/a	24×10^4 m^3/a
脱硫电价成本/分/(kW·h)	0.6	1.3	>2

由表 18-67 比较可以看出，后石电厂采用的海水脱硫工艺与原采购的日本镁法工艺及国内外主流的石灰石法工艺相比，有如下环境效益、经济效益：每年节省了近 2.0×10^5 t 矿石、约 5.0×10^6 m^3 淡水、数亿千瓦时电力、避免了上百万吨废渣废水的排放；总运行费用（含折旧）不到进口传统工艺的 1/3；脱硫设施运行 10 多年来实现与发电机组 100%同步。

(3) 典型烟气脱硫工艺系统性能比较　从技术性、经济性和安全性 3 个方面对海水脱硫工艺与传统脱硫工艺即石灰石-石膏脱硫工艺性能进行比较，结果如表 18-68 所列。与石灰石-石膏法烟气脱硫相比，海水脱硫技术经济优势显著，但是对燃煤品质要求高，设备腐蚀和脱硫海水重金属含量升高的问题也不容忽视。

表 18-68 海水脱硫工艺与传统脱硫工艺的性能比较

	项目	石灰石-石膏法(天津大港电厂)	海水烟气脱硫(山东黄岛电厂)	海水＋废白灰脱硫(山东黄岛电厂)
技术性能	机组容量/MW	300	670	225
	工艺系统	直接接触,吸收塔工艺	直接接触,吸收塔工艺	直接接触,吸收塔工艺
	技术成熟度	商业化	商业化	商业化
	再热需求	需要	需要	需要
	燃煤硫分/%	1～3	0.85	1.28
	脱硫装置尺寸	11.9m×7.9m×34.05m	d12m×37.1m	d13.5m×28.5m
	烟气 SO_2 质量浓度/(mg/m^3)	1430～2860	1800	2900
	脱硫效率/%	95	≥90	≥90

续表

	项目	石灰石-石膏法（天津大港电厂）	海水烟气脱硫（山东黄岛电厂）	海水＋废白灰脱硫（山东黄岛电厂）
经济性能	总投资/万元	8000～9000	14600	7800
	投资/(元/kW)	267～300	218	347
	运行成本/(万元/年)	2792.6～2907.8	1939.31	1824.29
	每吨 SO_2 脱硫成本/元	2531.63	984.72	1137.19
	增加的电价成本/[元/(kW·h)]	0.0200	0.0125	0.0153
安全性能	设备腐蚀、堵塞情况	设备腐蚀、堵塞严重	设备腐蚀、堵塞严重	设备腐蚀、堵塞严重
	环境影响	石膏的消化利用程度受限，对环境存在污染	脱硫海水中烟尘、重金属对工程海域生态环境存在潜在影响	脱硫海水中烟尘、重金属对工程海域生态环境存在潜在影响

(4) 吸收塔选型及海水脱硫主要工艺参数 燃煤烟气海水脱硫设备 GB/T 19299.3—2012 中建议：a. 吸收塔形式可选用填料塔或空塔喷淋，宜采用气液逆流方式，对填料塔，填料材质应能适应塔内温度和腐蚀的要求；b. 吸收塔的数量应根据锅炉容量和运行可靠性等确定，宜一炉配一塔；c. 吸收塔宜采用钢结构或混凝土结构，内部结构应考虑烟气流动的要求和湿烟气及海水防腐技术要求，塔内防腐可采用金属或非金属材料，钢结构设计和混凝土设计应分别满足 GB 50017 和 GB 50010 要求；d. 采用空塔喷淋时，喷淋层数量可根据脱硫烟气量、烟气 SO_2 浓度、脱硫效率、海水水质及季节变化特点和技术特点配置，采用填料塔时填料塔的填料层至少设一层，空塔喷淋应根据工艺条件选定并考虑安全因素，不宜少于两层；e. 吸收塔应装设除雾器，除雾器应设水冲洗装置。

我国已建海水脱硫项目除嵩屿电厂采用喷淋空塔型式、后石电厂采用筛板塔型外，其余均为填料塔型。实际调研中也发现，由于无结垢性堵塞问题，海水脱硫采用填料塔型具有一定优势。

首先，填料塔所采用填料具有较高的比表面积，并可充分利用海水自然下落的势能在其表面进行液膜分布，便于气液间的高效传质交换，因而：a. 同等工况下所需气液交换的塔空间相对较小，因而喷淋层高度较低；b. 吸收塔需水量相对较小；c. 布水不需要太高的动压头。故而其海水升压泵能耗可显著降低。

其次，填料塔仅需设置一层喷淋，不像喷淋空塔需要多层喷淋，也无需筛板塔似的筛板布置，所以其塔高最低，可进一步降低海水升压泵能耗。

以 300MW 级的嵩屿项目为例，其吸收塔采用石灰石-石膏脱硫常用的喷淋空塔，设置了五层喷淋层（2＋2＋1），仅海水升压泵电耗就高达 2200kW。同比各方面参数接近的深圳妈湾项目（300MW 机组），填料吸收塔的入塔水量及扬程均较低，海水升压泵电耗仅 500kW；我国沿海电厂的燃煤含硫量一般≤1%，且采用烟气海水脱硫工艺的电厂中，绝大多数为 2004 年以后新建投运的机组，在《火力发玫烟气脱硫设计技术规程》（DL/T 5196—2004）中要求："然用含硫量＜1%煤的海滨电厂，在海域环境影响评价取得国家有关部门审查通过，并经全面技术经济比较合理后，可以采用海水法脱硫工艺；脱硫率宜保证在 90%以上。"

在燃煤含硫量严格控制在 1%以下时，海水脱硫工程的脱硫效率设计值还有大幅提升的潜力。因此，海水脱硫通过合理的优化设计完全可以满足《火电厂大气污染物排放标准》（GB 13223—2011）的 SO_2 排放限值 $100mg/m^3$ 甚至特别排放限值 $50mg/m^3$ 的要求。

海水脱硫工艺中，海水是一次性通过吸收塔，其初始 pH 值约为 8.0，且所含有的大量 CO_3^{2-} 和 HCO_3^- 使其天然具有较强的吸收 SO_2 和酸碱性缓冲能力，经过气液逆流交换逐步吸收 SO_2 过程后出塔时海水 pH 值在 2.5～4 范围内；而石灰石-石膏法中，循环吸收浆液 pH 值必须平衡石膏氧化、钙吸收剂溶解以及脱硫效率等各方面因素而控制在 5.3～5.8 范围内。因此，同等烟气条件下，海水法脱硫更易将烟气中的 SO_2 浓度处理到更低的水平（更高脱硫效率），且石灰石-石膏法所需要的循环浆液量要远远大于海水脱硫中吸收塔的海水用量。

海水脱硫的排放海水经处理后应满足相应的水质标准及其海水功能区规划要求。就目前海水恢复系统可调控的水质指标 pH 值、DO、COD 而言，世界范围众多海水脱硫工程对 DO 和 COS 指标的要求水平接近，且较容易经曝气处理实现，但对排放海水 pH 值的要求则相差较大；国内绝大多数海水脱硫工程遵照《海水水质标准》（GB 3097—1997）中第三类和第四类海水对 pH 值的规定，均要求 pH≥6.8，而国外众多海水脱硫工程要求的排放海水最低 pH 值基本为 5.5～6.0。

就国内海水脱硫机组运行情况来看，燃煤含硫量小于 1%时，其机组的冷却海水总量基本能够满足排放海水 pH≥6.8 的要求。实际上，同等海水水质条件下，由于南方地区海水温度高，机组冷却水量较北方地区大，对海水恢复提升 pH 值有利；而北方地区海水温度低，机组冷却水量较南方电厂同类机组的少，对海水恢复提升 pH 值不利。国内这些地域差别的特点需要在海水脱硫工程设计中加以考虑。

海水脱硫技术是以海水为脱硫吸收剂利用天然海水的碱性，脱除烟气中的 SO_2，再用空气强制氧化为硫酸盐排入海水中。除空气外不需其他添加剂，工艺简洁，运行可靠，维护方便。适用于燃煤含硫量不高于1%、有较好海域扩散条件的滨海燃煤电厂，但还必须满足近岸海域环境功能区划要求。海水脱硫效率受海水碱度、液气比、塔内烟气流场分布等因素影响，可达 95%～99%，对于入口 SO_2 浓度小于 2000mg/m^3 的烟气可实现超低排放。但海水脱硫排水对周边海域海水温度、pH 值、盐度、重金属等可能存在潜在影响。

海水脱硫的主要工艺参数及效果见表 18-69。

表 18-69 海水脱硫主要工艺参数及效果

项 目	单 位	工艺参数及效果		
入口烟气温度	℃	≤140(100～120 较好)		
吸收塔运行温度	℃	50～60		
空塔烟气流速	m/s	3～3.5		
喷淋层数	层	3～6		
液气比	L/m^3	5～25		
系统阻力损失	Pa	<2500		
脱硫效率	%	95～99		
入口烟气 SO_2 浓度	mg/m^3	<2000		
出口烟气 SO_2 浓度	mg/m^3	达标或超低排放		
入口烟气粉尘浓度	mg/m^3	30～50	20～30	<20
出口颗粒物浓度	mg/m^3	达标排放：可采用湿电，实现颗粒物超低排放	可采用复合塔脱硫技术协同除尘或采用湿电，实现颗粒物超低排放	可采用复合塔脱硫技术协同除尘，实现颗粒物超低排放

3. 脱硫海水对海洋环境的影响

海水脱硫技术作为一种减少大气污染的方法，但海水脱硫排放海水对海域环境和生态的影响，以及是否有可能给海洋带来二次污染，自然是人们最关心的一个问题。国内外的相关单位对此进行了大量的调查和研究。

① 早在 1981 年，美国关岛大学在环境署的监督下，对关岛电厂建设的海水烟气脱硫中试装置的曝气池排水进行了为期 12 个月的各类海洋生物（如鱼类、海藻、浮游生物、蜗牛等）积累试验，结果表明没有一种生物的体内从脱硫排水中积累钒和镍。

② 挪威培尔根大学渔业和海洋生物系在 1989～1994 年期间，对 Statoi Mongstad 炼油厂海水脱硫系统投运前后的排水海域进行了海洋跟踪观测，观测内容包括排水口海域底部总金属积累、海洋生物种群变化等。研究结果认为：排水口启用之后没有发现对海底生物带来有害影响，海洋底质中的有机物和重金属含量均保持在自然浓度范围内。

③ 英国、西班牙、印度等国家也都有运行多年的海水烟气脱硫装置，并为此进行了长期的跟踪监测都没有发现海水脱硫对排水口周边海域有负面影响。位于苏格兰中部的国家与国际生态保护区 Torry 湾畔的 Longannet 电厂（4×600MW），在采用海水脱硫工艺前的环境影响评价工作中，通过中试试验装置对脱硫排水中的污染物进行了长期的监测和模拟扩散试验，对排水中 pH 值、重金属、溶解氧等进行了大范围的一维数学模型和小范围的三维数学模型计算，结果表明，脱硫排水的影响范围仅局限在电厂排水口附近的小区域。西班牙 Granadilla 电厂 2 套海水脱硫装置［2×(2×80MW)］为期 5 年（1996～2001 年）的连续跟踪监测显示，仅在距离排放口 25m 范围有极小的温升，海域中重金属的增量极小，未造成生态环境的有害影响。

④ 原国家环保总局和国家电力公司对深圳妈湾电厂 4 号机组采用海水烟气脱硫工程时，曾先后要求中国水利水电科学研究院、深圳环境保护监测站对该项目脱硫排水的海域水质影响进行了 6 次跟踪监测，中科院南海海洋研究所对海洋生物质及表层沉积物影响进行了 3 次跟踪监测。其结论认为：多次监测结果表明，运转前后排水口附近海域没有水质类别上的变化，对海域水质指标浓度增量的影响是小的，叶绿素、浮游生物的多样性指数和均匀度、底栖生物的多样性和均匀度、底栖生物体内的重金属含量的变化和表层沉积物重金属含量，均在测量误差范围之内无明显增加。

⑤ 华能日照电厂 2×350MW 机组海水烟气脱硫装置于 2007 年建成后的“项目竣工环保验收报告”中测

量结果表明，脱硫后的海水和循环冷却水混合，并经海水恢复系统调整后，pH 值由 3.18～3.86 恢复到 6.94～7.13，符合脱硫海水混合曝气后 pH≥6.8 入海的要求。

脱硫海水进入大海与海域海水混合后在混合边界的测量结果表明：脱硫后的海水排放海域混合区边界及相邻养殖区的 12 项水质指标（pH 值、水温、COD、SS、DO、总铬、砷、铜、铅、镉、锌、汞）全部符合《海水水质标准》(GB 3097—1997) 二类标准要求。

⑥ 目前世界上单机容量最大的燃煤锅炉烟气海水脱硫工程——华能海门电厂 1036MW 机组海水脱硫，2013 年 3 月 3# 机组通过环保验收。验收监测结果表明：明渠及脱硫废水中 pH 值、DO、SS、COD_{Mn}、石油类、硫化物、非离子氨、铅、汞、砷含量均符合（GB 3097—1997）海水水质质量标准第三类限值要求。

综上所示，从世界众多海水脱硫装置的运行情况来看，绝大多数电厂排水指标均达到了相应的水质（设计）要求，其排水对周围海域的水质影响极小，多年来未造成明显的生态环境影响。在我国，滨海电站海水脱硫项目的实施首先要求其拥有良好的海域扩散条件、符合环境评价的要求，所执行的排放水质要求一般也是依照所在海域的海水功能区及其海水水质类别来设定，要求达到我国《海水水质标准》(GB 3097—1997) 三类或四类水质的要求。

六、SO_2 达标排放技术

石灰石-石膏法、烟气循环流化床法、海水脱硫、氨法脱硫等技术均可实现火电厂 SO_2 达标排放，但不同的脱硫工艺，由于其吸收剂种类、吸收剂在脱硫塔内布置、输送方法不尽相同，导致不同脱硫工艺的适用范围也各有侧重。

烟气循环流化床脱硫技术主要以消石灰粉或消石灰浆液为吸收剂，一般脱硫效率为 90%～98%，对于烟气中 SO_2 浓度在 3000mg/m^3 以下的中低硫煤，SO_2 排放浓度可满足 100mg/m^3 的要求。适合于 300MW 等级燃煤锅炉的 SO_2 污染治理，并已在 600MW 等级燃煤机组进行工程示范，对缺水地区的循环流化床锅炉在炉内脱硫的基础上，增加炉外脱硫改造更为适用。

氨法脱硫技术的吸收剂主要采用氨水或液氨，脱硫效率在 95%以上，脱硫系统阻力＜1800Pa。氨法脱硫技术对煤种、负荷变化均具有较强的适应性，适用于各种煤种的新、改、扩建燃煤电厂，尤其适用于附近有稳定氨源，且电厂周围环境不敏感、机组容量在 300MW 以下燃用中、高硫煤的电厂。

海水脱硫技术利用海水天然碱性实现 SO_2 吸收，系统脱硫效率可达 98%以上。对于入口 SO_2 浓度低于 2000mg/m^3 的滨海电厂且海水扩散条件较好，并符合近岸海域环境功能区划要求时，可以选择海水脱硫。

以石灰石-石膏法为基础的多种湿法脱硫工艺（传统空塔、复合塔、pH 值分区）适用于各种煤种的新、改、扩建燃煤电厂，但基于脱硫浆液在塔内传质吸收方式的差异，上述工艺在胶硫效率、能耗、运行稳定性等指标方面也各不相同，应统筹考虑，选择适用于不同烟气 SO_2 浓度条件下的达标排放技术。上述各种技术的达标适用性见表 18-70。

表 18-70 火电厂 SO_2 达标排放可行技术

<table>
<tr><th>SO_2 入口浓度/(mg/m^3)</th><th>地域</th><th>单机容量/MW</th><th colspan="2">达标可行技术</th></tr>
<tr><td>≤3000</td><td>缺水地区</td><td>≤300</td><td colspan="2">烟气循环流化床脱硫</td></tr>
<tr><td>≤2000</td><td>沿海地区</td><td>300～1000</td><td colspan="2">海水脱硫</td></tr>
<tr><td>≤12000</td><td>电厂周围 200km 内有稳定氨源</td><td>≤300</td><td colspan="2">氨法脱硫</td></tr>
<tr><td>≤2000</td><td>一般和重点地区</td><td rowspan="5">所有容量</td><td rowspan="5">石灰石-石膏湿法脱硫</td><td>传统空塔;双托盘</td></tr>
<tr><td rowspan="2">2000～3000</td><td>一般地区</td><td>传统空塔;双托盘</td></tr>
<tr><td>重点地区</td><td>双托盘
沸腾泡沫</td></tr>
<tr><td>3000～6000</td><td>一般和重点地区</td><td>旋汇耦合、湍流管栅;单塔双 pH 值、单塔双区</td></tr>
<tr><td>>6000</td><td>一般和重点地区</td><td>旋汇耦合;双塔双 pH 值、单塔双 pH 值</td></tr>
</table>

第五节　燃煤锅炉脱硝（NO_x）技术

燃煤电厂氮氧化物控制标准变化及控制技术的发展情况示于图 18-143。

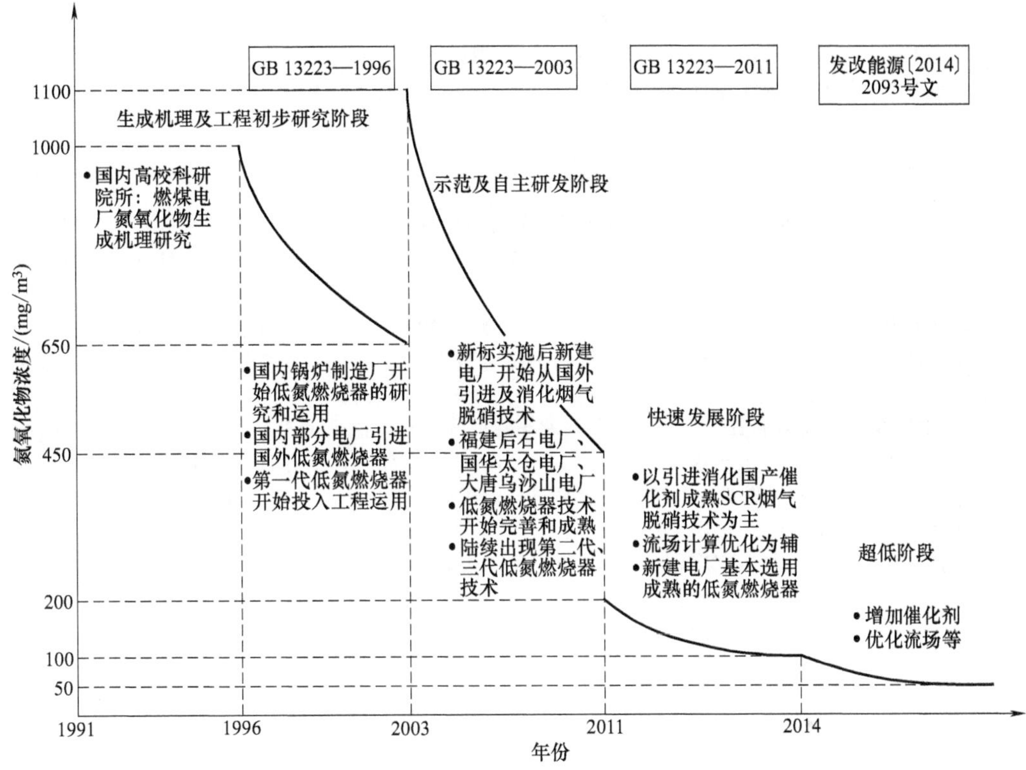

图 18-143　燃煤电厂氮氧化物控制标准变化及控制技术的发展情况

20 世纪 80 年代中后期，中国在引进先进大容量燃煤发电机组的同时，引进了锅炉低氮燃烧器的制造技术。从“八五”开始，新建的 30 万千瓦及以上火电机组基本都采用了低氮燃烧技术，氮氧化物排放的总体水平已有较为明显的降低。“十五”以来，新建燃煤机组全部按要求同步采用了低氮燃烧技术，一批现有机组结合技术改造也加装了低氮燃烧器。

“十五”后期，部分新建 60 万千瓦机组采用了国外引进的烟气脱硫技术；在“十一五”时期进行大规模脱硫实施改造的同时，部分环保公司开始研发或者从国外引进并消化吸收烟气脱硝技术，为“十二五”时期的烟气脱硝改造打下了一定的技术基础。随着 GB 13223—2011 的修订颁布以及“十二五”相关规划的实施，燃煤电厂开始大规模建设烟气脱硝设施。

控制火电厂氮氧化物排放的技术措施主要可以分为两类：一类是生成源控制，又称一次措施（即低氮燃烧技术），其特征是通过一种或多种技术手段，控制燃烧过程减少 NO_x 的生成；另一类是烟气治理脱硝技术，是指对烟气中已经生成的氮氧化物进行治理，烟气氮氧化物治理技术主要包括选择性催化还原法(SCR)、选择性非催化还原法（SNCR)、SNCR/SCR 联合脱硝技术等。

一、煤燃烧时 NO_x 的生成机理

在通常的燃烧温度下，煤燃烧生成的 NO_x 中，NO 占 90%以上，N_2O 约占 1%。

按照生成原理，煤燃烧过程中生成的 NO_x 有如下 3 种：a. 热力型 NO_x，是燃烧用空气中的氮气在高温下氧化而成的 NO_x；b. 燃料型 NO_x，是燃料中含有的氮化合物在燃烧过程中热分解而又被氧化而生成的 NO_x；c. 快速型 NO_x，是在燃烧时空气中的氮和燃料中的碳氢离子团如 CH 等反应而生成的 NO_x。

一般情况下，对于煤粉锅炉，在煤粉燃烧所生成的 NO_x 中，燃料型 NO_x 是最主要的，约占 NO_x 总生

成量的60%以上；热力型NO_x的生成与燃烧温度的关系很大，在温度足够高时热力型NO_x的生成量可占到NO_x总量的20%；快速型NO_x在煤燃烧过程中的生成量很小。

1. 热力型NO_x

热力型NO_x是燃烧时空气中的氮气和氧气在高温下生成的NO和NO_2的总合，其生成机理可以用捷里多维奇（Zeldovich）的下列不分支连锁反应式来表达：

$$O_2+M \rightleftharpoons O+O+M \tag{18-20}$$

$$O+N_2 \rightleftharpoons NO+N \tag{18-21}$$

$$N+O_2 \rightleftharpoons NO+O \tag{18-22}$$

因此，在高温下生成NO和NO_2的总反应式为：

$$N_2+O_2 \rightleftharpoons 2NO \tag{18-23}$$

$$NO+\frac{1}{2}O_2 \rightleftharpoons NO_2 \tag{18-24}$$

根据捷里多维奇机理，NO的生成是在存在氧原子的条件下由反应式（18-20）～式（18-22）这一组不分支链锁反应来进行的。在反应过程中，氮原子只能通过反应式（18-21）产生，而不能通过氮分子分解形成，这是因为空气中的氮气是以三键氮的形式存在，其键能为94.5×10^7J/mol，在燃煤设备的燃烧温度下，很难克服该键能而打破三键氮使氮分子分解。由于氧分子分解为氧原子的平衡常数很小，因此即使在燃烧温度下，氧原子的浓度也非常低。但由于氮分子分解的平衡常数更小，因此反应式（18-21）分解出的氮原子浓度实际上可以忽略。因此，热力型NO_x的生成主要是由氧原子激发的。

热力型NO_x的生成反应和其他反应相比是在相当晚时才进行，这是由于氧原子和氮气生成NO的反应式（18-21）的反应活化能比氧原子在火焰中与燃料可燃成分反应的反应活化能大得多。虽然氧原子在火焰中的生存时间较短，但它和可燃成分的反应很容易进行，因此火焰中不会产生大量的NO。NO的生成反应基本上是在燃料燃烧完了以后的高温区中进行的。

NO的生成速度用单位时间内氮氧化物浓度的变化率来表示，根据质量作用定律和Zeldovich的实验结果整理成的经验公式为：

$$\frac{d[NO]}{d\tau}=3\times10^{14}e^{-542000/RT}[N_2][O_2]^{1/2} \tag{18-25}$$

式中 [NO]——氮氧化物的浓度，mol/m³；
[N_2]——氮气的浓度，mol/m³；
[O_2]——氧气的浓度，mol/m³；
τ——时间，s；
R——通用气体常数；
T——热力学温度，K。

热力型NO_x的生成速度和温度的关系是按照阿累尼乌斯定律，随着温度的升高，NO_x的生成速度按指数规律迅速增加。在燃烧温度低于1500℃时，几乎观测不到NO的生成反应。只有当温度高于1500℃时，NO_x的生成反应才变得明显起来。以煤粉炉为例，在燃烧温度为1350℃时炉膛内几乎100%是燃料型NO_x，但当温度1600℃时热力型NO_x可占炉内NO_x总量的25%～30%。因此，温度对于热力型NO_x的生成浓度具有决定性的影响。故而才将这种在高温下空气中的氮氧化而生成的氮氧化物称为热力型NO_x。

除了反应温度对热力型NO_x的生成浓度具有决定性的影响外，NO_x的生成浓度还和N_2的浓度以及O_2浓度的平方根与停留时间有关。这也就是说，燃烧设备的过量空气系数和烟气的停留时间对NO_x的生成浓度也有很大的影响。图18-144示出煤粉炉中炉膛温度、过量空气系数（氧浓度）及高温区停留时间对NO_x生成量的影响。

因此，要控制热力型NO_x的生成，就需要降低燃烧温度；避免产生局部高温区；缩短烟气在炉内高温区的停留时间；降低烟气中氧的浓度和使燃烧在偏离理论空气量的条件下进行。

2. 燃料型NO_x

煤炭中的氮含量一般在0.5%～2.5%，它们以氮原子的状态与各种烃类化合物结合成氮的环状化合物或链状化合物。煤中氮有机物的C—N结合键能比空气中氮分子的N≡N键能小得多，在燃烧时很容易分解出来。因此，从氮氧化物生成的角度看，氧更容易首先破坏C—N键而与氮原子生成NO。这种从燃料中的氮化合物经热分解和氧化反应而生成的NO_x即称为燃料型NO_x。事实上，当燃料中氮的含量超过0.1%时，所产生的NO在烟气中的浓度将会超过130μL/L。燃煤烧时60%～80%的NO_x是燃料型NO_x。因此，燃料型NO_x是燃煤烧时产生NO_x的主要来源。

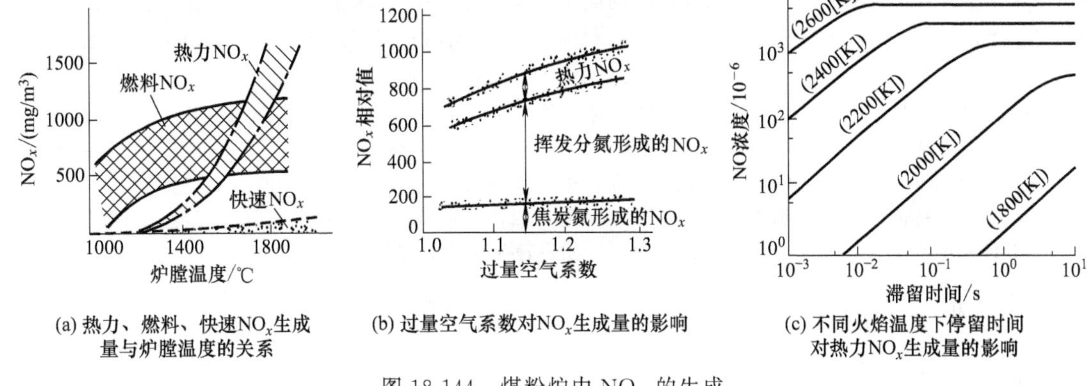

(a) 热力、燃料、快速NO_x生成量与炉膛温度的关系　(b) 过量空气系数对NO_x生成量的影响　(c) 不同火焰温度下停留时间对热力NO_x生成量的影响

图 18-144　煤粉炉中 NO_x 的生成

燃料型 NO_x 的生成机理非常复杂，虽然多年来世界各国学者为了弄清燃料型 NO_x 的生成和破坏机理已进行了大量的理论和实验研究工作，但对这一问题至今仍不是完全清楚。这是因为，燃料型 NO_x 的生成和破坏过程不仅和煤种特性、煤的结构、燃料中的氮受热分解后在挥发分和焦炭中的比例、成分和分布有关，而且大量的反应过程还和燃烧条件如温度和氧及各种成分的浓度等密切相关。总结近年来的研究工作，燃料型 NO_x 的生成机理大致有以下的规律。

① 在一般的燃烧条件下，燃料中的氮有机化合物首先被分解成氰（HCN）、氨（NH_3）和 CN 等中间产物，它们随挥发分一起从燃料中析出，称之为挥发分 N。挥发分 N 析出后仍残留在焦炭中的氮化合物，称之为焦炭 N。

② 挥发分 N 中最主要的氮化合物是 HCN 和 NH_3。挥发分 N 中 HCN 和 NH_3 所占的比例不仅取决于煤种及其挥发分的性质，而且与氮和煤中烃类化合物的结合状态等化学性质有关，同时还与燃烧条件如温度等有关。一般来讲：a. 对于烟煤，HCN 在挥发分 N 中的比例比 NH_3 大，劣质煤的挥发分 N 中则以 NH_3 为主，无烟煤的挥发分中 HCN 和 NH_3 均较少；b. 在煤中当燃料氮与芳香环结合时，HCN 是主要的热分解初始产物，当燃料氮是以胺的形式存在时，则 NH_3 是主要的热分解初始产物；c. 在挥发分 N 中 HCN 和 NH_3 的量随温度的增加而增加，但当温度超过 1000～1100℃时 NH_3 的含量就达到饱和；d. 随着温度上升，燃料氮转化成 HCN 的比例大于转化成 NH_3 的比例。

③ 随挥发分一起析出的挥发分 N，在挥发分燃烧过程中遇到氧后会进行一系列均相反应。挥发分 N 中的 HCN 被氧化成 NCO 后，可能有两条反应途径，取决于 NCO 进一步所遇到的反应条件。在氧化性气氛中，HCO 会进一步氧化成 NO，如遇到还原性气氛，则 NCO 会反应生成 NH。NH 在氧化性气氛中会进一步氧化成 NO，成为 NO 的生成源。同时，NH 又能与已生成的 NO 进行还原反应，使 NO 还原成 N_2，成为 NO 的还原剂。

④ 挥发分 N 中的 NH_3 可能作为 NO 的生成源，也可能成为 NO 的还原剂。

⑤ 在通常的煤燃烧温度下，燃料型 NO_x 主要来自挥发分 N。煤粉燃烧时由挥发分生成的 NO_x 占燃料型 NO_x 的 60%～80%，由焦 N 所生成的 NO_x 占 20%～40%。焦炭 N 的析出情况比较复杂，这与氮在焦炭中的 N-C、N-H 之间的结合状态有关。研究表明，在氧化性气氛中，随着过量空气系数的增加，挥发分 NO_x 迅速增加，明显超过焦炭 NO_x，而焦炭 NO_x 的增加则较少。这是由于：a. 焦炭 N 生成 NO 反应的活化能比炭燃烧的反应活化能大，所以焦炭 NO_x 是在火焰尾部焦炭燃烧区生成的，通常在焦炭燃烧区的氧浓度比挥发分燃烧区的低，而且这时的焦炭颗粒因温度较高而发生熔结，使孔隙闭合、反应表面积减少，因而焦炭 NO_x 减少；b. 焦炭表面的还原作用及煤灰中 CaO 的催化作用促使焦炭 NO_x 还原。

⑥ 在氧化性气氛中生成的 NO_x 当遇到还原性气氛（富燃料燃烧或缺氧状态）时，会被还原为氮分子，这称为 NO_x 的还原或 NO_x 的破坏。因此，最初生成的 NO_x 的浓度，并不等于其排放浓度，因为随着燃烧条件的改变，有可能将已经生成的 NO_x 破坏掉，将其还原成分子氮。所以，煤燃烧设备烟气中 NO_x 的排放浓度最终取决于 NO_x 的生成反应和 NO_x 的还原或破坏反应的综合结果。NO 破坏的途径主要有 3 条：a. 在还原性气氛中，NO 通过烃或碳还源；b. 在还原性气氛中，NO_x 与氨类和氮原子反应生成氮分子；c. 部分 NO 被破坏后向 N_2O 转化。

⑦ 并不是燃料中全部的氮在燃烧过程中都会最终生成 NO_x，即使在不加控制的条件下，也只有一定比例的燃料 N 会最终生成 NO_x，其余的燃料 N 首先以 NH_3 的形式分解出来，再转化为 N_2。

20世纪80年代，苏联热工研究院（ВТИ）对煤粉燃烧时燃料氧化氮的生成进行过详细的研究。各种因素（温度、燃料氮的转化率、氧浓度以及燃料的氮含量等）对燃料 NO_x 生成量影响的试验结果示于图18-145。图18-145（c）中，$O_2=21\%$，$\overline{O}_2=14\%$；$O_2=17\%$，$\overline{O}_2=12.8\%$；$O_2=14\%$，$\overline{O}_2=10.5\%$；$O_2=12\%$，$\overline{O}_2=8.7\%$；$O_2=8.8\%$，$\overline{O}_2=6.8\%$；$O_2=2.2\%$；$O_2=1.5\%$，$\overline{O}_2=1\%$。

试验证实，当挥发分从煤粉粒子析出和燃烧时，即在火焰的初始阶段燃料 NO_x 就生成了。当有氧存在时，在煤粉气流温度足够低时（$T=950$K）燃料 NO_x 开始生成［见图18-145（a）］。当火焰初始段的温度从950K提高到1400K将导致 NO_x 迅速增长；然而，进一步提高火焰温度，超过1500K时，燃料 NO_x 已增加得很少；在 $T_M=950\sim1800$K温度范围内煤粉燃烧时，氮的氧化物主要是由燃料氮生成的；当煤粉火焰的温度超过1800K时，由于燃烧空气中氮的氧化，开始迅速生成热力氧化氮。

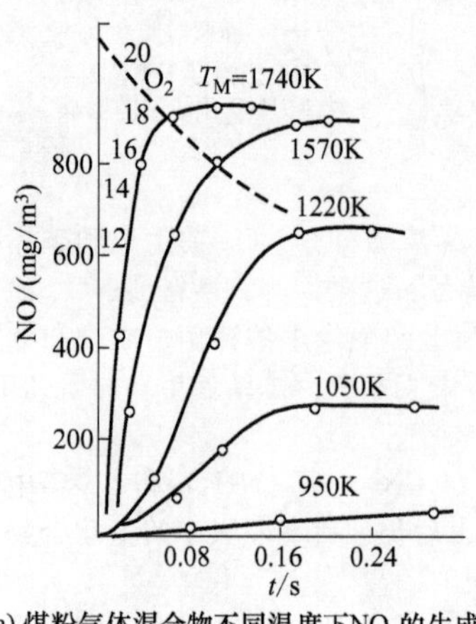

(a) 煤粉气体混合物不同温度下 NO_x 的生成（$N_{daf}=1.2\%$）

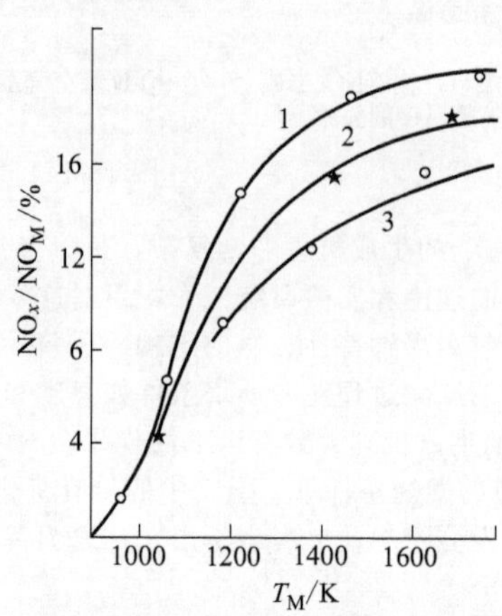

(b) 燃料氮转变为 NO_x 的分额与火焰温度的关系（1～3为不同煤种）

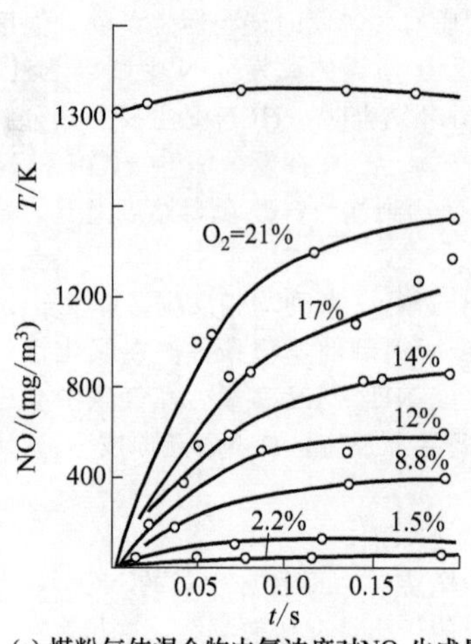

(c) 煤粉气体混合物中氧浓度对 NO_x 生成量的影响

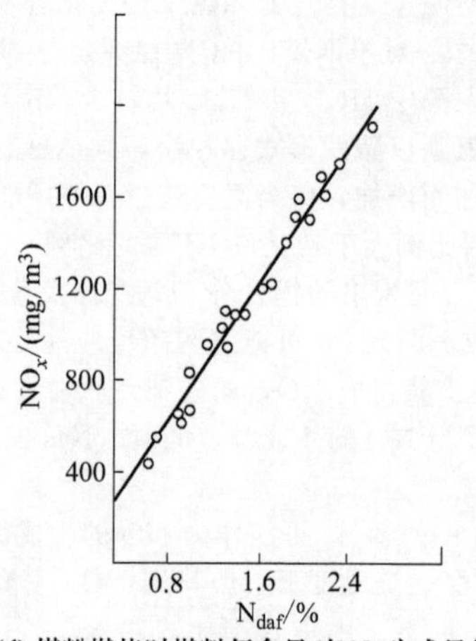

(d) 煤粉燃烧时燃料氮含量对 NO_x 生成量的影响

图18-145 煤粉燃烧时各种因素对燃料氧化氮产量的影响

在 $T_M=1200\sim1800$K温度范围内，燃料 NO_x 的最终浓度与温度 $(T_M-1025)^{1/3}$ 相关。

燃料中的N只有15%～20%能够转化成燃料 NO_x。

燃料燃烧以后，燃料N大部分转变为分子氮［见图18-145（b）］。

综合研究结果表明，煤粉燃烧时，火焰初始段煤粉气流中平均氧浓度（$\overline{O}_2$）是影响燃料氧化氮最主要的因素，如图18-145（c）所示。

煤粉燃烧时，燃料 NO_x 的生成量NO可按如下经验关系式计算：

$$NO=7\times10^{-5}K_1\quad(\overline{O}_2)^2(T_M-1025)^{1/3}NO_M$$

式中，$\overline{O}_2$ 为火焰中燃料氧化氮生成段上，氧的平均积分浓度，%；T_M 为火焰的最高温度，K；NO_M 为燃料全部氮都转化为NO条件下，烟气中燃料氧化氮的极限可能浓度，mg/m³；K_1 为煤变质程度系数。

该式适用于 $1200\text{K}<T_M<1800\text{K}$。

在 T_M=1673～1723K 时，采用多种煤进行的试验指出：由燃料氮生成的燃料 NO_x 的最终浓度与氮含量 N_{daf} 成线性关系，如图 18-145（d）所示。燃料氮转化为燃料 NO_x 的转化率为 15%～21%。

由上可知，以低氧浓度组织挥发分的燃烧过程，可使燃料 NO_x 生成量减少数倍。

3. 快速型 NO_x

快速型 NO_x 是 1971 年费尼莫尔（Fenimore）通过实验发现的。当烃类化合物燃料燃烧，在燃料过浓时（α=0.7～0.8），在反应区附近会快速生成 NO_x。快速型 NO_x 和热力型及燃料型 NO_x 均不同，它是燃料燃烧时产生的烃等撞击燃烧空气中的氮气分子而生成 CN、HCN，然后 HCN 等再被氧化成 NO_x。测量发现，生成的 NO_x 不是在火焰的下游，而是在火焰面内部。

仅在富燃料、烃类化合物较多、而氧浓度相对较低时，快速 NO_x 方能生成。这种情况在煤粉炉内出现区域很少，因此快速 NO_x 的生成量仅占 NO_x 总量的 5%以下。

二、低 NO_x 燃烧技术

低 NO_x 燃烧技术（亦称低氮燃烧技术）是通过合理配置炉内流场、温度场及燃料和空气分布以改变 NO_x 生成条件，从而实现降低炉膛出口 NO_x 排放的技术。

燃煤锅炉排放的 NO_x 来源主要有两类：燃烧初期生成的燃料型 NO_x 与燃烧后期生成的热力型 NO_x，前者所占比例超过 60%～80%，这是通过控制燃烧条件实现 NO_x 减排的主要控制对象。

煤粉燃烧过程中 NO_x 的生成反应主要受到煤种特性［煤中氮含量、挥发分含量、燃料比（FC/V）以及氧氮比（O/N）等］、局部燃烧温度、炉内反应气氛（烟气中 O_2、N_2、NO 及 CH_x 等）、燃料与燃烧产物在火焰高温区和炉膛内的停留时间等因素的影响。

目前在实施低 NO_x 燃烧时，主要是针对不同的影响因素结合锅炉的具体情况，选用不同的方法。由此而产生了很多低 NO_x 燃烧方法、低 NO_x 燃烧器和 NO_x 燃烧系统等。纵观国内外低 NO_x 燃烧技术的发展过程，可大致将其划分为三代。

1. 第一代低 NO_x 燃烧技术

第一代技术的基本特点是不要求燃烧系统做大的改动，只是对锅炉燃烧设备的运行方式或部分运行方式作调整或改进，其主要燃烧技术如下。

(1) 低过量空气系数　调整炉膛过量空气系数对燃烧过程中 NO_x 生成量十分敏感。因为低过量空气系数不仅使燃烧火焰温度下降：抑制热力 NO_x 的生成，同时在火焰周围还会产生大量的还原性气氛及未燃碳，这不但使燃料 N 所生成的中间产物（如 N、CN、HCN 及 NH 等化合物）得不到足够的氧而无法生成 NO_x，而且对已生成的 NO_x 还能还原和分解，从而使 NO_x 生成量下降。随着过量空气系数的增加，NO_x 会相应增大。过量空气系数对燃料 NO_x、热力 NO_x 及飞灰中可燃物的影响示于图 18-146。

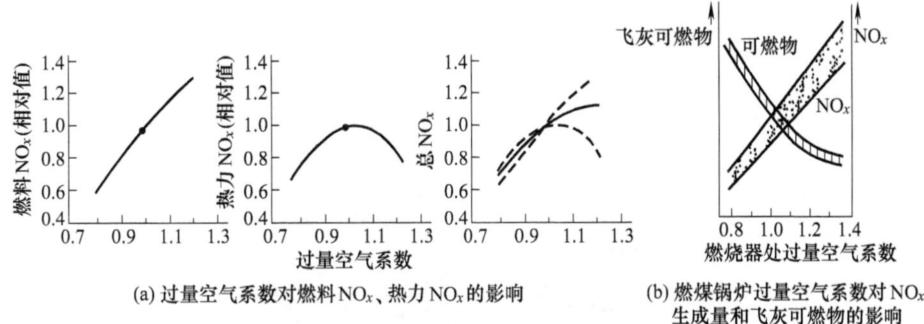

(a) 过量空气系数对燃料 NO_x、热力 NO_x 的影响

(b) 燃煤锅炉过量空气系数对 NO_x 生成量和飞灰可燃物的影响

图 18-146　过量空气系数对 NO_x 生成量和飞灰可燃物的影响

这是一种优化燃烧装置、降低 NO_x 生成量的简单方法。它不需对燃烧装置做结构改造，并有可能在降低 NO_x 排放的同时，提高装置运行的经济性。低过量空气系数运行抑制 NO_x 生成量的幅度与燃料种类、燃烧方式以及排渣方式有关。需要说明的是，电站锅炉实际运行时的过量空气系数不能做大幅度的调整。对于燃煤锅炉而言，限制主要来自于过量空气系数低时会造成受热面的粘污结渣和腐蚀、汽温特性的变化以及因飞灰可燃物增加而造成经济性下降。中国华能福州电厂 350MW 机组，在满负荷下，省煤器 O_2 从 4%减少到 2.3%时，NO_x 排放量从 830mg/m^3 减少到 730 mg/m^3，但 q_4 则从 0.4%增大到 0.55%，q_2 约减少 0.5%。

(2) 降低热空气温度 提高燃烧热空气温度会提高煤粉加热速度和着火速度，使炉膛温度水平提高，特别是在火焰初始区，这将促进燃料 NO_x 和热力 NO_x 的形成。所以，降低燃烧空气的预热温度可以降低一次火焰区的温度峰值，降低 NO_x 的生成量。但降低空气预热温度的运行方式对任何现役燃煤锅炉受到燃烧稳定性、不完全燃烧热损失、锅炉运行经济性等诸多因素的制约，而不易实现。

(3) 烟气再循环 将再循环烟气掺入燃烧空气（一次风或二次风）中，因烟气吸热和稀释了氧浓度，使燃烧速度和炉内温度降低，因而减少了热力 NO_x。此措施对诸如液态排渣炉，尤其燃气和燃油（含 N 量少的燃料）等高温燃烧条件，被证明是一种有成效地降低 NO_x 的方法。烟气再循环的效果不仅与燃料种类有关，而且与再循环烟气量有关。再循环烟气量一般以再循环率（r）表示，它是再循环烟气量与无再循环时总烟气量的比值。

一般从省煤器出口或高温电除尘器后抽取的再循环烟气可以加入到二次风或一次风内。加入到二次风时，火焰中心不受影响，其唯一的作用是降低火焰温度，从而有利于控制热力 NO_x 的生成。r 不能超过 20%。图 18-147 为一台机组切向燃烧燃煤机组采用烟气再循环的实例。在 SGR 型燃烧器一次风喷口上下，由单独喷口（SGR）送入再循环烟气并结合分级送风，在 NO_x 大量产生区，能减少燃烧用空气和降低火焰温度，以控制 NO_x 产生。

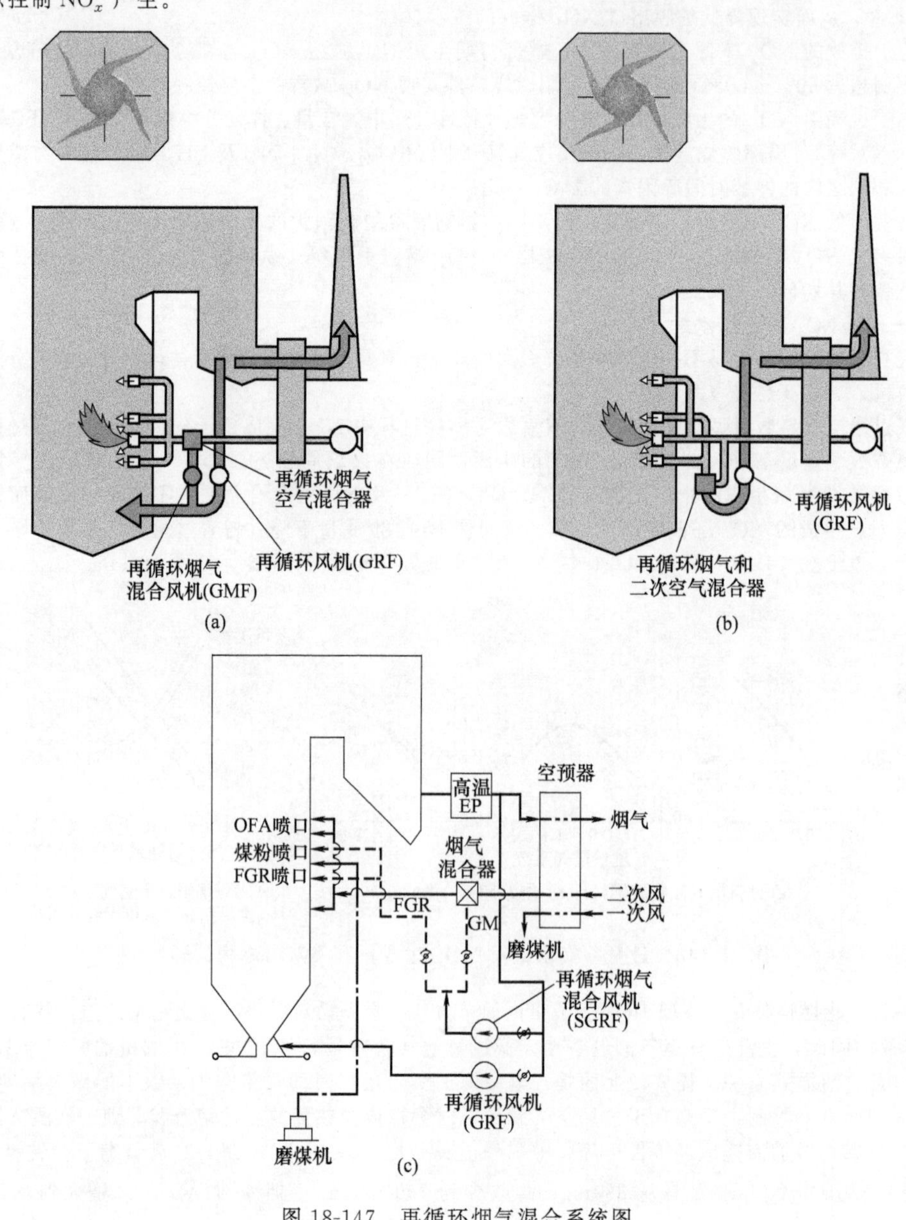

图 18-147 再循环烟气混合系统图

在非分级燃烧器的一次风侧掺加再循环烟气，效果会更好。磨煤机的部分风量由相同温度的烟气代替，稀释了火焰初期的氧浓度，有利于抑制燃料 NO_x 的生成。但同时要增加二次风量以弥补减少的燃烧空气量。此时燃烧器附近的燃烧工况改变，必须对燃烧进行调整。由于再循环风机要求较高的压头并承受烟气中粉尘的磨损，通过一次风实现热烟气再循环有一定的困难。

在老厂改造时必须考虑烟气流量增加后，炉内传热过程发生的变化、烟温和阻力增加等，所有这些可能会要求对锅炉和省煤器受热面进行改造。

(4) 浓淡偏差燃烧 浓淡偏差燃烧是使一部分燃料在空气不足下燃烧，即燃料过浓燃烧；另一部分燃料在空气过剩下燃烧，即燃料过淡燃烧。无论是过浓燃烧还是过淡燃烧，燃烧时过量空气系数 α 都不等于 1，前者 $\alpha<1$，后者 $\alpha>1$，即处于非化学当量比下燃烧，故称偏差燃烧。

浓煤粉气流是富燃料燃烧，由于着火稳定性得到改善，使挥发分析出、燃烧速度加快。进一步造成挥发分析出区缺氧，使已生成的 NO_x 与 NH_i 反应被还原成 N_2，从而降低了燃料 NO_x；由于缺氧燃烧，燃烧温度低，热力 NO_x 生成的也少。

淡煤粉气流是贫燃料燃烧，因空气量大，燃烧温度降低，抑制了热力 NO_x 的生成。

这一方法适用燃烧器多层布置的电厂锅炉，在保持总风量不变的条件下，调整各层燃烧器的燃料和空气分配，便能达到降低 NO_x 的效果。

2. 第二代低 NO_x 燃烧技术

第二代技术的特性是把燃烧所需空气通过燃烧器分级送入（燃烧器空气分级），降低着火区的氧浓度，以期降低火焰的峰值温度，实现低 NO_x 燃烧。属于这一代技术的有：现阶段广泛用于电厂锅炉的各种低 NO_x 空气分级燃烧器，最具代表性的直流燃烧器当属美国 ABB-CE 公司的整体炉膛分级燃烧器（OFA）、二次风射流偏置的同轴燃烧系统（CFSⅠ、CFSⅡ）、低 NO_x 同轴燃烧系统（LNCFS）及各种变异形，如 TFS2000 燃烧系统；最有代表性的旋流燃烧器是美国 B&W 公司的双调风旋流燃烧器（DRB、EI-DRB、DRB-XCL）及其他国家的低 NO_x 旋流燃烧器。

3. 第三代低 NO_x 燃烧技术

第三代技术的特征是燃烧空气和燃料分级送入炉膛。燃料分级送入炉膛可在主燃烧器下游形成一个富集 NH_3、C_mH_n、HCN 的低氧还原区，燃烧产物通过此区时已生成的 NO_x 会部分被还原为 N_2，实现低 NO_x 排放。属于这一代技术典型的是三级燃烧技术。三级燃烧技术又称再燃烧炉内还原（IFNR）法或 MACT 法（日本三菱公司），该法在炉内同时实施空气和燃料分级。

三、低 NO_x 燃烧器

低 NO_x 燃烧器通过特殊设计的燃烧器结构，控制燃烧器喉部燃料和空气的动量、配比及流动方向，使燃烧器出口实现分级送风并与燃料合理匹配，从而降低 NO_x 生成的技术。

（一）浓淡煤粉燃烧器

浓淡燃烧器是将煤粉空气混合物（一次风煤粉气流）分离成浓煤粉流和淡煤粉流两股气流，这样可在一次风总量不变的前提下提高浓粉流中的煤粉浓度。浓粉流中燃料在过量空气系数远小于 1 的条件下燃烧；淡粉流中的燃料则在过量空气系数大于或接近 1 的条件下燃烧。燃烧器出口的过量空气系数仍保持在合理的范围内。

煤粉燃烧技术中，利用多种方式产生煤粉气流浓淡分离，因而出现了多种形式浓淡煤粉燃烧器。

1. 直流浓淡煤粉燃烧器

(1) PM 燃烧器（pollution minimum） 图 18-148（a）是日本三菱重工开发的 PM 直流煤粉燃烧器的结构示意，用于切向燃烧方式。图 18-148（b）是其燃烧系统。

PM 燃烧器是利用煤粉气流流过弯头分离器时进行惯性分离，浓相煤粉气流进入上喷口，淡相煤粉气流进入下喷口（也可以浓相在下喷口，淡相在上喷口）。有的在两喷口之间为再循环烟气喷口，称为隔离烟气再循环（SGR），这种布量推迟了二次风向燃烧区域的扩散，延长了挥发分在高温区内的燃烧时间，还可降低炉内温度水平及焦炭燃尽区的氧浓度，因此既稳定了燃烧也抑制了 NO_x 的生成。每组燃烧器上部有 AA 风喷口，从而将燃烧所用空气分为二次风和燃尽风，是典型的分级燃烧。浓相煤粉浓度高所需着火热少，利于着火和稳燃；淡相补充后期所需的空气，利于煤粉的燃尽，同时浓淡燃烧均偏离了化学当量燃烧。浓相煤粉气流在过量空气系数小于 1 的条件下燃烧，由于低氧燃烧使燃料型 NO_x 生成量减少；而淡相煤粉气流在过量空气系数大于 1 的条件下燃烧，燃烧温度低，又使温度型 NO_x（热力 NO_x）生成量减少。因此，PM 直流煤粉燃烧器是集烟气再循环、分级燃烧和浓淡煤粉燃烧等技术于一体的低 NO_x 燃烧器。在这两种煤粉喷嘴体内设导向板用以分隔 PM 煤粉分离器分离后形成的浓相煤粉气流和淡相煤粉气流，在燃烧器喷口内设

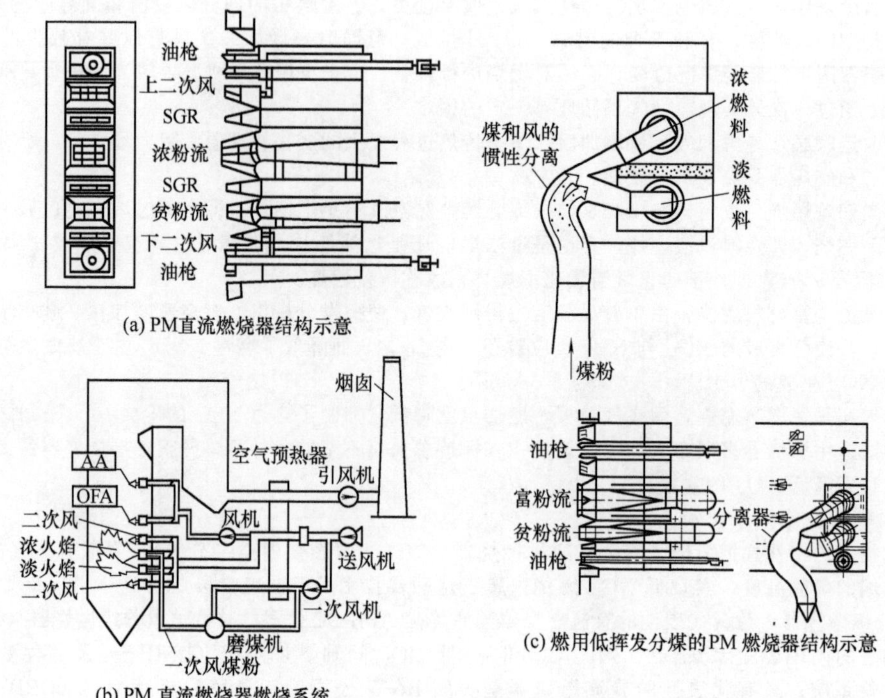

图 18-148 PM 型浓淡煤粉燃烧器

置有波形钝体，该钝体与喷嘴体内导向板一起使浓、淡相煤粉气流一直保持到燃烧器出口。波纹钝体使得在煤粉气流下游产生一个负压高温回流区，在此负压区中存在着高温烟气的回流与煤粉/空气混合物间剧烈的扰动和混合，这一点满足了锅炉负荷在较宽范围变化时对煤粉着火和稳定燃烧的要求，有利于保证及时着火及燃烧稳定，确保及时燃尽，能有效抑制 NO_x 排放，保证锅炉效率。

因此，在 PM 燃烧器的设计中，其指导准则是：浓淡分离偏离 NO_x 生成量高的化学当量燃烧区，降低 NO_x 的生成；增大浓度相挥发分从燃料中释放出来的速率，以获得最大的挥发物生成量；在燃烧的初始阶段除了提供适量的氧以供稳定燃烧所需以外，尽量维持一个较低氧量水平的区域，控制和优化燃料富集区域的温度和燃料在此区域的驻留时间，最大限度地减少 NO_x 生成；增加煤焦粒子在燃料富集区域的驻留时间，以减少煤焦粒子中氮氧化物释出形成 NO_x 的可能；及时补充燃尽所需要的其余的风量，以确保充分燃尽。

这种燃烧器适于燃用 w (V_{daf})$>$24%的烟煤。若燃用 w (V_{daf})$<$24%的烟煤、贫煤和劣质煤时，由于浓粉流不能及时与二次风混合，加之炉温较低，会使飞灰可燃物增大，对炉内结渣也有不利影响。中国山东黄台电厂 300MW 机组 1025t/h 锅炉燃用 $w(V_{daf})=11.58\%$ 的混煤，三菱重工设计了如图 18-148 (c) 所示的 PM 燃烧器。它取消了再循环烟气口，使浓淡两股火焰提前混合，提高炉内温度水平，减少飞灰可燃物。

在 PM 直流燃烧器的基础上，三菱公司设计了 A-PM 直流燃烧器（advanced pollution minimum）示于图 18-148 (d)。A-PM 直流燃烧器可进一步降低 NO_x 的生成量，约比 PM 直流燃烧器降低 30%。但由于燃烧器区域的热负荷相对较高，A-PM 直流燃烧器对防结渣不利。

哈尔滨锅炉有限公司引进三菱技术的 PM 燃烧器，并在玉环电厂超超临界 1000MW 机组锅炉上采用。

(2) WR（wide range tip）燃烧器 WR 燃烧器是 20 世纪 70 年代后期由 CE 公司研制的。早期的 WR 燃烧器喷口可以作成整体摆动式，见图 18-149 (a)；也可作成浓淡喷口上下分别摆动形式，见图 18-149 (b)。一次风粉混合物流经煤粉管道的最后一个弯头时，由于离心力惯性的作用，使大部分煤粉（60%～70%）贴着弯头的外侧进入燃烧器直管段，形成上浓下淡的煤粉分离。为了保持煤粉这种浓淡差异，必须在直管段中布置中间水平隔板，保证两股气流至喷嘴出口形成上浓下淡燃烧。

现在 WR 燃烧器喷口已转化为 V 形钝体，见图 18-150。这种燃烧器的特点是采用垂直接入或接近垂直接入的一次风管，引入弯头内不加反射块，与弯头相接的水平一次风管也由圆变方，管内有一水平隔板，使经弯头分离后的两股含粉气流依然保持浓淡的状态喷入炉膛。

在这种设计下，WR 燃烧器实际已不再具有低负荷下浓淡分离、高负荷下浓淡气流合为一体的宽调节作用。V 形钝体边缘的犬牙形及翻边结构除可补偿高温下的热膨胀外，主要是增加煤粉气流与高温烟气的接触

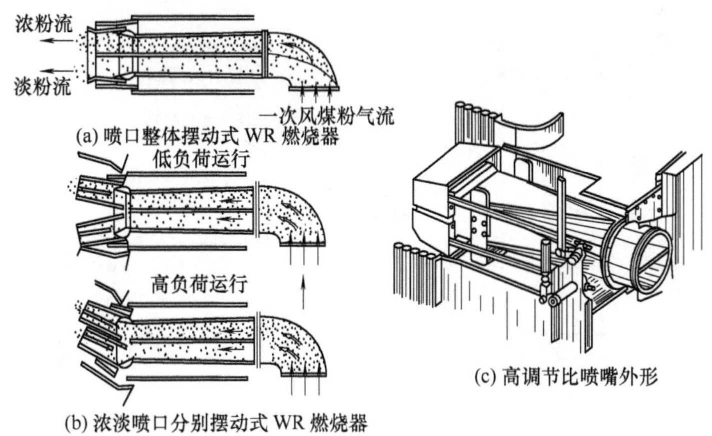

(a) 喷口整体摆动式 WR 燃烧器

(b) 浓淡喷口分别摆动式 WR 燃烧器

(c) 高调节比喷嘴外形

图 18-149　WR 煤粉燃烧器

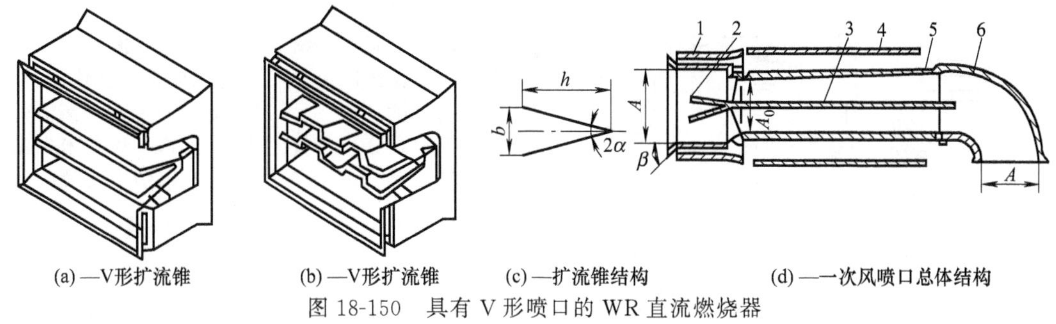

(a) —V形扩流锥　(b) —V形扩流锥　(c) —扩流锥结构　(d) —一次风喷口总体结构

图 18-150　具有 V 形喷口的 WR 直流燃烧器

1—摆动喷口；2—V 形扩流锥；3—水平肋板；4—燃烧器外壳（二次风箱）；5——次风管；6—入口弯管

面，并使出口气流产生较强的扰动，卷吸烟气形成回流，从而改善一次风的着火条件，实现低负荷稳燃功能。燃烧器周围送入的二次风，正常时作为周界风（燃料风），燃烧器停运时可冷却喷口。这种固定的 V 形喷口在我国很多燃用烟煤及贫煤的锅炉上使用。喷口端板向外扩张角 $2\alpha=30°\sim60°$，低挥发分煤取上限，以推迟周界风与煤粉气流的汇合，有利于贫煤和无烟煤的稳定着火。

(3) 带煤粉浓缩器的浓淡直流煤粉燃烧器　图 18-151 所示为某 300MW 褐煤锅炉的浓淡分离直流煤粉燃烧器。它是依靠一次风煤粉管道内装置的旋流叶片式煤粉浓缩器来实现煤粉浓淡燃烧的。浓粉流火焰在下，淡粉流在着火区上部喷入。这样既提高了燃烧的稳定性，又符合分级燃烧的原则，有助于抑制 NO_x 的生成。

哈尔滨工业大学、浙江大学和西安交通大学先后开发了浓淡煤粉燃烧器（如采用楔块、弯头、扭曲板和百叶窗分离等方法），并应用于锅炉设计和改造中。浓淡燃烧在提高一次风粉着火和燃烧稳定性，保证较高燃烧效率的前提下，还降低了 NO_x 的排放。我国开发的浓淡低 NO_x 燃烧器不仅可以实现上下浓淡，还可以实现水平浓淡，从而有效地解决了炉内水冷壁结渣、腐蚀等运行问题。

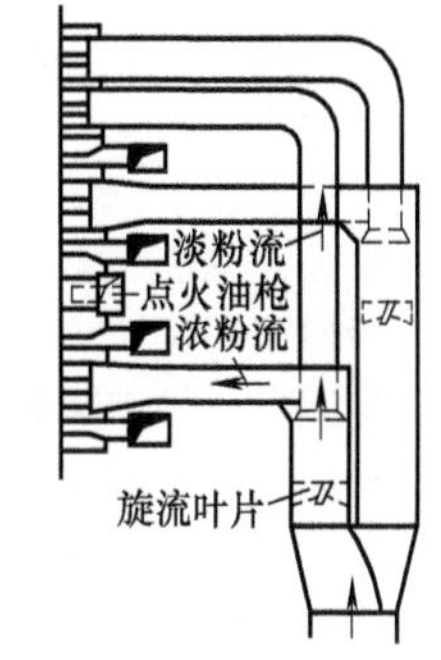

图 18-151　300MW 机组旋流叶片煤粉燃烧器

(4) 百叶窗式水平浓淡直流煤粉燃烧器　百叶窗式水平浓淡直流煤粉燃烧器是利用百叶窗式煤粉浓缩器使煤粉气流在水平方向上形成浓淡两股气流，并在一次风喷口中布置有垂直的 V 形锥体，使得从燃烧器喷口射出左右两股含粉浓淡不同的气流，在燃烧区形成内浓外淡的煤粉浓度分布特性。浓煤粉气流靠近炉膛中心切圆的向火侧，淡煤粉气流在面向炉墙的背火侧，也就是在浓煤粉气流的外侧，将火焰中心区与炉墙水冷壁隔开。

百叶窗式水平浓淡直流煤粉燃烧器示于图 18-152。

水平浓淡风煤粉燃烧技术已在多台锅炉上应用，在降低 NO_x 排放的同时提高了燃烧特性。青岛发电厂 300MW 锅炉采用了 CE 公司 WR 垂直浓淡燃烧器，由于燃用高硫煤，高温腐蚀严重，往往不到半年就需要更换水冷壁管。采用水平浓淡风煤粉燃烧技术后，原高温腐蚀处壁面氧量 $O_2\%>3.5\%$，高温腐蚀得到了有效控制，且在燃用 $w(V_{daf})=10.5\%\sim15\%$ 的贫煤时，最低稳燃不投油负荷由 60%ECR 降低到 50%ECR，锅炉效率提高了 0.85 个百分点，NO_x 排放量（标准状态）为 $627\sim768mg/m^3$。

(5) 可调煤粉浓淡低 NO_x 燃烧及低负荷稳燃技术　由浙江大学研发的煤粉浓淡低 NO_x 燃烧技术，利用

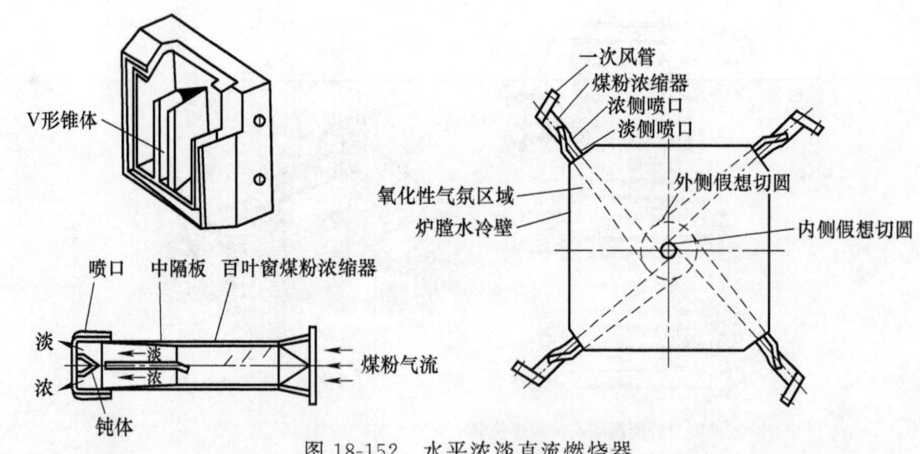

图 18-152　水平浓淡直流燃烧器

图 18-153　撞击式煤粉浓淡分离器示意

扇形挡板对煤粉颗粒的惯性起导向作用，实现煤粉气流的浓缩和分流（见图 18-153）。扇形撞击式煤粉浓缩器，通过改变挡板高度即可使煤粉浓度连续可调，调节比在（1∶1）～（1∶10）范围内变化，又能做到低流动阻力，分离装置阻力<300Pa。该技术在浙江省镇海发电厂 3 号和 5 号 670t/h 锅炉上实施，NO_x 排放降低了 30%～50%，达到 400mg/m^3 左右。

2. 旋流浓淡煤粉燃烧器

图 18-154 示出可控浓淡分离旋流煤粉燃烧器。

① 图 18-154（a）为径向浓淡旋流煤粉燃烧器。根据"风包粉"浓淡燃烧原理，哈尔滨工业大学研发了百叶窗式径向浓淡旋流煤粉燃烧器。在燃烧器一次风通道内加装一只具有高浓缩比的环形百叶窗式煤粉浓缩器，一次风气流经过浓缩器后被分成浓淡不同的两股气流，浓煤粉气流经过靠近中心管的浓一次风道通道喷入炉膛，淡煤粉气流在浓一次风通道外侧经过淡一次风通道喷入炉膛，形成煤粉浓度在燃烧器喷口处的径向浓淡分离。

在二次风的旋流和扩口导流下，在燃烧器喷口附近形成高温烟气回流区，内侧浓煤粉气流在中心回流区边界处形成较高煤粉浓度，高温区域与燃料高浓度区域相匹配，使煤粉气流适时着火。浓粉煤气流先着火，淡煤粉气流后着火，之后旋流二次风混入，直流二次风最后混入燃烧，形成多层分级燃烧，使煤粉气流中心燃烧区处于还原性气氛下，有效抑制了 NO_x 的产生。此外，强烈旋转的二次风外包着直流风，降低了炉膛水冷壁处的煤粉浓度，该区域处于氧化性气氛，减少炉膛结渣和水冷壁管高温腐蚀的可能性。

径向浓淡旋流燃烧器已在国内多台锅炉上应用，成功燃烧了贫煤和烟煤。燃用贫煤时，可在 50%～55%ECR 负荷断油稳燃，NO_x 排放（标态）为 570～635mg/m^3；燃用烟煤时，可在 40%～50%ECR 负荷断油稳燃，NO_x 排放（标态）为 310～410mg/m^3。

② 图 18-154（b）为带煤粉浓缩器的旋流浓淡双调风煤粉燃烧器。

③ 图 18-154（c）为 FW（Foster Wheeler）公司开发的立式旋风分离燃烧器。一次风混合物以 16～28m/s 速度进入两个并列的立式旋风分离器。由于离心分离作用，淡粉流中大约占 50%的空气携带不足 10%的煤粉；浓粉流中大约占 50%的空气推带 90%以上的煤粉，煤粉浓度高达 1.5～2.0kg 煤/kg 空气。两股气流分别从不同喷口进入炉内，组织浓淡偏差燃烧。

④ 图 18-154（d）、（e）为日本 IHI（石川岛播磨重工业株式会社）开发的外部分离和内部分离旋流浓淡煤粉燃烧器。燃烧器同时采用双调风空气分级，从而在着火区形成燃料过剩区，即形成局部浓缩燃烧，以强化燃烧，降低飞灰含碳量和 NO_x。

⑤ 图 18-154（f）为可控浓淡分离旋流煤粉燃烧器。由浙江大学研发的可控浓淡分离旋流煤粉燃烧器，融合几种旋流燃烧器减排技术措施于一体，主要从一次风煤粉撞击惯性浓淡分离和二次风双通道分级送风两方面实现低 NO_x 燃烧。它采用可连续调节的浓淡分离装置及中心夹层调节风，可连续改变煤粉浓淡以适应各种不同要求。对于煤粉浓淡分离与后期混合之间的矛盾，利用直流二次风来加强射流刚性，减慢气流衰减速度来解决；同时，采用二次风双通道形式，外侧直流二次风的存在使得水冷壁表面不可能形成缺氧燃烧条件，因此也不会产生浓侧水冷壁的高温腐蚀问题。另外，对于浓侧还原性气氛所引发的炉膛结渣问题，主要

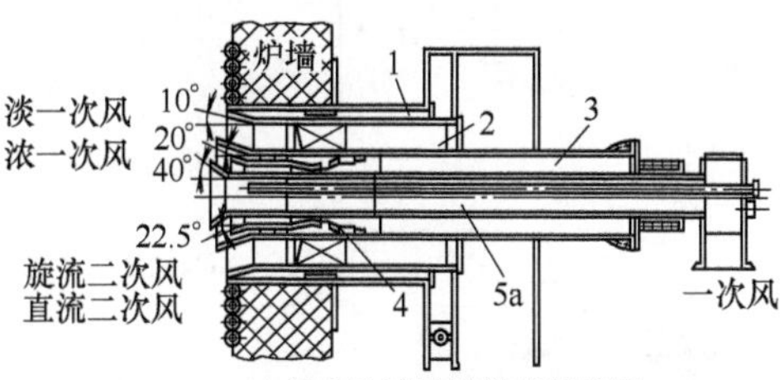

(a) 径向浓淡旋流煤粉燃烧器

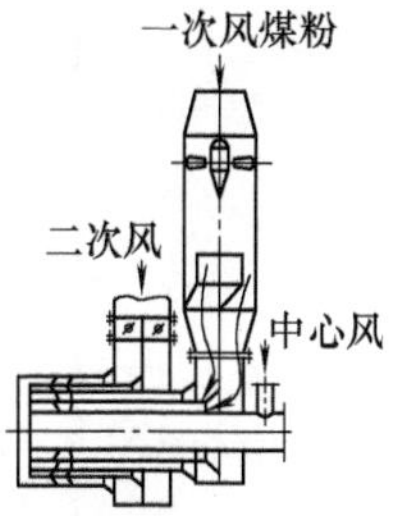

(b) 带煤粉浓缩器的旋流浓淡双调风燃烧器

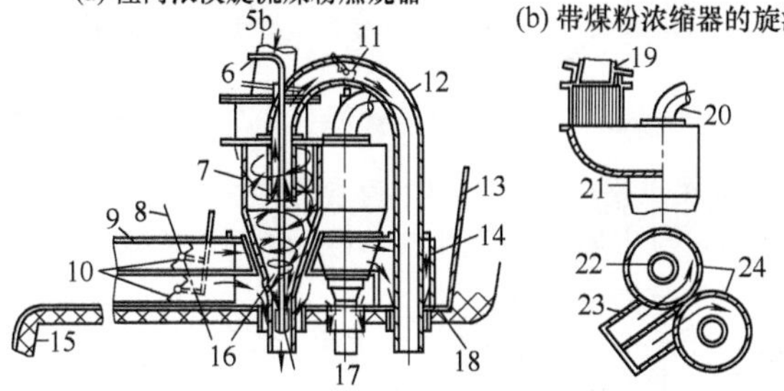

(c) W 型火焰立式旋风分离燃烧器

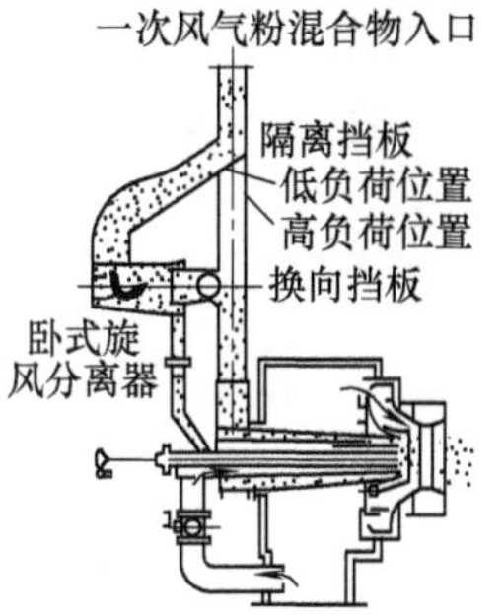

(d) IHI 外部分离型旋流浓淡燃烧器

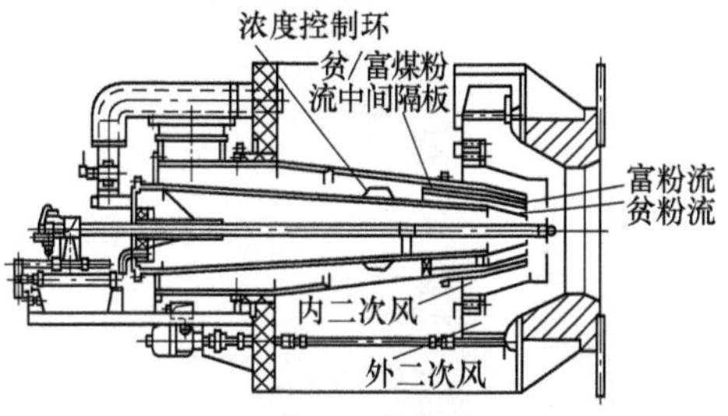

(e) IHI 内部分离型旋流浓淡燃烧器

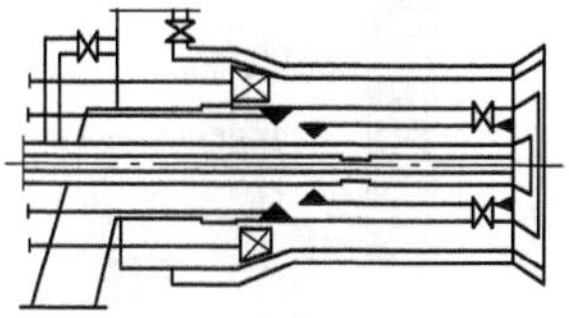

(f) 可控浓淡分离旋流煤粉燃烧器

图 18-154　可控浓淡分离旋流煤粉燃烧器

1—直流二次风；2—旋流二次风；3——次风管；4—浓淡分离器；5a—中心风管；5b—风/煤粉进口管道；6—燃烧器叶片调节杆；7,21—燃烧器煤粉分离器；8—点火油枪中心线；9—三次风道；10—三次风挡板；11—燃烧器淡粉流调节挡板；12—燃烧器淡粉流管；13—锅炉前墙护板；14—燃烧器风箱；15—炉壁；16—燃烧器浓粉流；17—燃烧器叶片；18—炉烘燃烧器；19,23—空气/煤粉进口管道；20—燃烧器淡粉流；22—燃烧器淡粉流管；24—燃烧器的煤粉分离器

通过以下途径得到缓解：a. 煤粉浓度可调，特别是中心夹层调节风，既能降低煤粉浓度，又能保护中心扩锥不至于结渣；b. 内浓外淡，即形成淡煤粉气流包围浓煤粉气流燃烧，消除了一次风出口四周缺氧的可能性；c. 外侧直流二次风，形成一圈“风屏”结构，可保护水冷壁不结渣。

（二）空气分级燃烧

1. 空气分级燃烧的基本原理

空气分级燃烧是通过控制空气与煤粉的混合过程，将燃烧所需空气逐级分批送入燃烧火焰中，使燃料在炉内分级分段燃烧，以降低 NO_x 的生成。空气分级燃烧方法是美国在 20 世纪 50 年代首先发展起来的。是目前使用最为普遍的低 NO_x 燃烧技术之一。

其基本原理是：将燃烧所需的空气量分成两级送入，使第一级燃烧区内过量空气系数在 0.8 左右，燃料先在缺氧富燃料条件下燃烧，使得燃烧速度和温度降低，因而抑制了热力型 NO_x 的生成。同时，形成的还原性气氛与 NO 进行还原反应，抑制了燃料型 NO_x 的生成；在二级燃烧区内，将燃烧用的空气的剩余部分以二次空气输入，成为富氧燃烧区。这部分二次风称为燃尽风（Over Fire Air，OFA）。由于此区域温度已降低，新生成的 NO_x 量有限，总的 NO_x 的排放量得以控制。如图 18-155 所示。

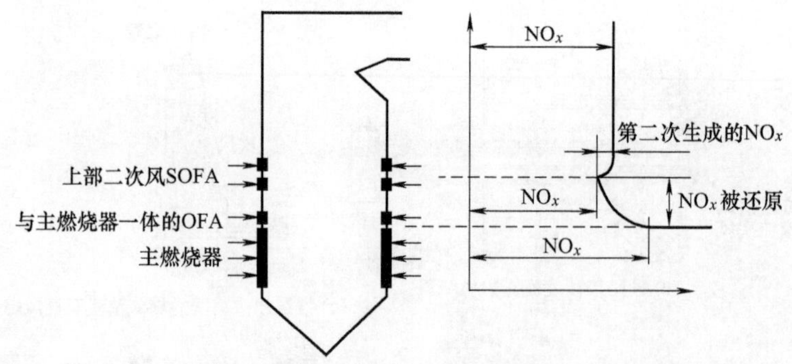

图 18-155　炉膛内空气分级燃烧系统的布置及 NO_x 浓度分布

角置式直流燃烧器的 OFA 布置在燃烧器的最上层。通常将与主燃烧器一体的 OFA 称为紧凑燃尽风 CCOFA（close coupled overfire air），与主燃烧器分开的 OFA 称为分离燃尽风 SOFA（separated overfire air），又称为火上风，或称附加风 AA（addition air）。

四角切圆燃烧直流煤粉燃烧器 OFA 喷口的典型布置示于图 18-156。

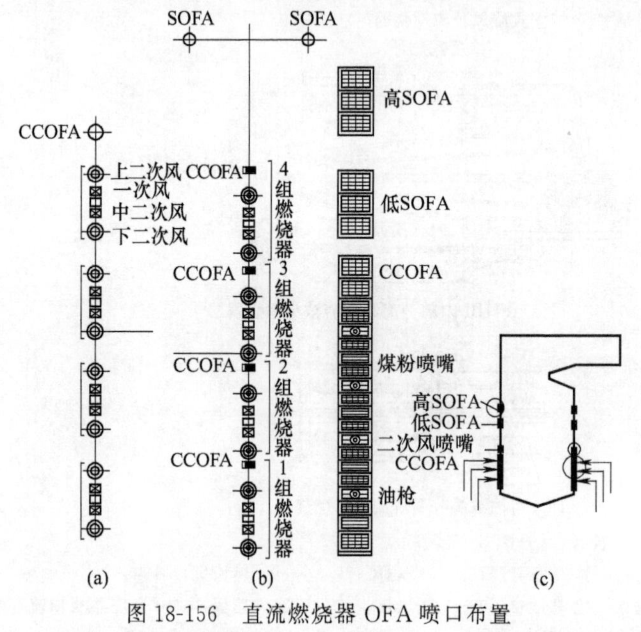

图 18-156　直流燃烧器 OFA 喷口布置

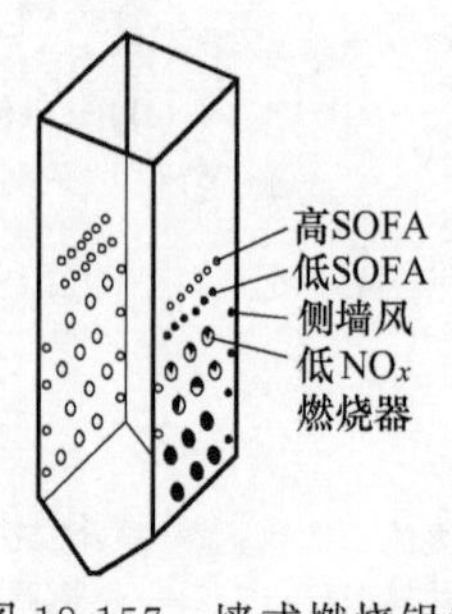

图 18-157　墙式燃烧锅炉 SOFA 喷口布置方式

采用旋流煤粉燃烧器的固态排渣炉中 SOFA 喷口布置如图 18-157 所示。燃尽风 SOFA 布置在旋流燃烧器的上部，通常加装侧翼风喷口（Wing Port）作为补充，侧翼风可以使水冷壁附近形成氧化性气氛，防止高温腐蚀和结渣。如图 18-157 所示。

使用空气分级燃烧技术对老机组实施改造较为方便，改动量小，改造费用相对较低：比较适用于高挥发分的煤种。空气分级燃烧技术对于大型电站燃煤锅炉降低 NO_x 排放有着很好的效果，可达到 30%～50%的减排效果，是电站锅炉脱硝工程必不可少的第一步，它能为后期的 SCR 的应用节省大量的建设成本和运行成本。

低 NO_x 燃烧器加深度分级送风（即分离燃尽风 SOFA）已经成为目前燃煤电站锅炉控制 NO_x 生成的最佳组合。较多应用于新锅炉的设计和燃烧器的改造中，深度空气分级燃烧技术通常采用 SOFA 与偏转二次风结合的空气分级方案。通过深度空气分级形成下部缺氧燃烧控制 NO_x 生成，上部富氧燃烧控制飞灰含碳量的燃烧格局，大幅降低 NO_x 排放。SOFA 喷口一般设计为具有上下和水平摆动功能，以调整燃尽风穿透深度和混合效果，并有效防止炉膛出口过大的扭转残余。偏转二次风的设置不仅可以降低 NO_x 的生成，而且在水冷壁附近形成氧化性气氛，可防止或减轻水冷壁的高温腐蚀和结渣。

CCOFA 也称为强耦合式燃尽风，一般紧邻最上层燃烧器布置，由大风箱供风。CCOFA 风量的大小不仅关系到 NO_x 排放量的大小，也影响炉膛出口飞灰含碳量的高低。

在早期投产的300MW等级机组锅炉中，几乎都采用了CCOFA技术，CCOFA风量通常只占总风量的15%左右，可使锅炉NO_x排放量控制在650mg/m^{3}左右。

SOFA是另一种燃尽风形式，其风速通常设计为50m/s。SOFA风布置在远离燃烧器的位置，与主燃烧器拉开一定距离。当前300MW、600MW和1000MW机组锅炉的典型设计中，SOFA风与上一次风的距离通常都在8m左右。在运行氧量不变的情况下，开大SOFA风门开度可有效降低主燃烧器区域的运行氧量，达到降低NO_x的目标。对于烟煤来讲，主燃烧器区域的过量空气系数控制在0.7～0.8，是比较合理的数值。

高负荷时由于炉膛温度较高，煤粉的燃尽性能较好以及SOFA风门开大对汽温影响较小，可以加大SOFA以获得更低的NO_x排放量，降低尾部脱硝的运行成本；低负荷时，由于炉膛温度较低，SOFA过大会降低再热汽温，可通过调整试验寻求NO_x排放与机组经济性的最佳匹配关系。

当前300MW和600MW机组的锅炉设计中，SOFA风的份额通常取值30%，对于改造锅炉，由于锅炉原设计的原因（主要是再热汽温），一般取值在18%～20%。因改造锅炉燃尽风比例比新设计锅炉相应少些，会影响燃尽风的脱硝效果，这是其NO_x降低浓度与新建锅炉相差的重要原因之一。

SOFA风喷口一般设计为具有上下和水平摆动功能，以调整燃尽风穿透深度和烟气的混合效果。降低飞灰含碳量和一氧化碳含量并有效防止炉膛出口过大的扭转残余。降低炉膛出口烟温及烟温偏差。

如果锅炉采用旋流燃烧器，也要相应布置燃尽风OFA。目前该技术比较成熟的公司有美国FW公司、美国ABT公司中、英国MBEL公司等。就旋流燃烧器本身而言采用旋流式双调风燃尽风，即在燃尽风喷口中加调风器，它将燃尽风分为两股独立的气流喷入炉膛，中央部位的气流为直流气流，它速度高刚性大，能直接穿透上升烟气进入炉膛中心；外圈气流是旋转气流，离开调风器后向四向扩散，用于和靠近水冷壁附近的上升烟气进行混合。

2. 降低NO_x排放的影响因素

（1）一级燃烧区内的过量空气系数α_1　一级燃烧区内的过量空气系数α_1对于降低NO_x排放的效果至关重要。为了保证有效地控制NO_x的生成量，要正确地选择一级燃烧区内的过量空气系数，以保证在这一区内形成“富燃料燃烧”（贫氧燃烧），尽可能地减少NO_x的生成，并使燃烧工况稳定。

图18-158为一级燃烧区内过量空气系数与燃料中氮含量N、NO_x生成量之间关系的试验结果。由该图可见，在燃烧空气总量不变，而第一级燃烧区内空气系数降低时，NO_x生成量明量降低，而且燃料中含氮量越大，NO_x生成量也越大。由图18-159可见，当一级燃烧区内空气系数α_1<0.6时，烟气中HCN、NH_3浓度增加，这固然有利于NO的还原；但还会有大量的HCN、NH_3进入第二级燃烧区（燃尽区），在该区被氧化生成NO_x，而且焦炭N也在第一级燃烧区内随过量空气系数减少而增加。另外，第一级燃烧区过低的过量空气系数还会使未完全燃烧损失增加，并引起燃烧稳定性变差等问题。故第一级燃烧区空气系数一般不宜低于0.7，具体控制数值要通过调整试验确定。

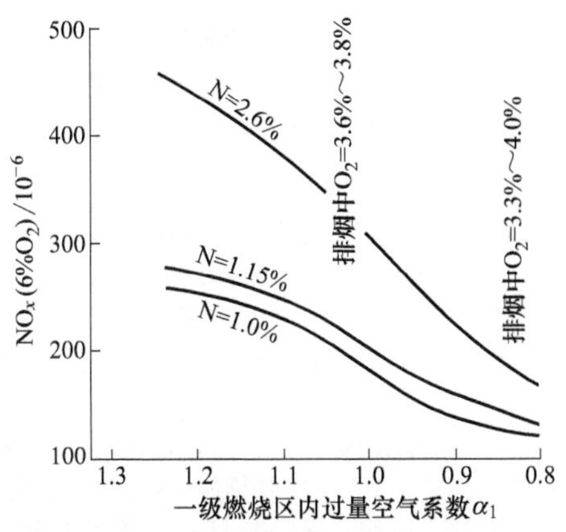

图18-158　一级燃烧区内过量空气系数、燃料中氮含量与NO_x生成量的关系

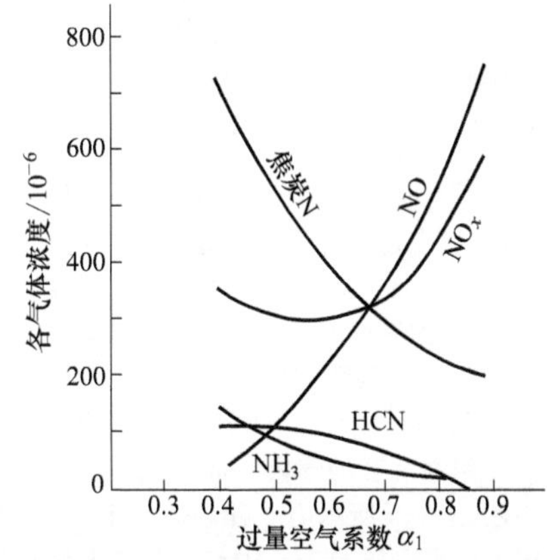

图18-159　空气分级燃烧时，第一级燃烧区内各种气体的浓度与过量空气系数的关系

（2）温度的影响　温度是影响NO_x排放效果的又一重要因素。热力型NO_x的生成随温度的升高而剧增，同时各种生成和还原NO_x的反应也均受到温度的影响。图18-160是燃烧烟煤时，在第一级燃烧区中温度及过量空气系数和NO_x排放浓度的关系。由图可以看出，在第一级燃烧区内α<1时，在还原性气氛下温度越高，NO_x的降低率也越大，但是在α>1的氧化性气氛中温度越高，NO_x的排放浓度也越高。在燃烧

褐煤时也出现了同样的规律。

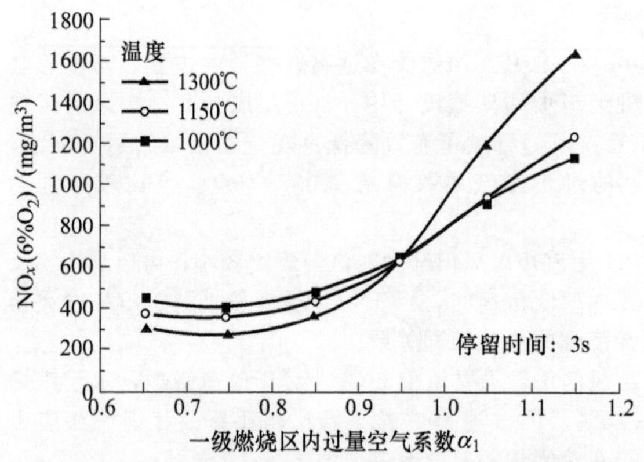

图 18-160 NO_x 的排放浓度与一级燃烧区内温度和过量空气系数的关系

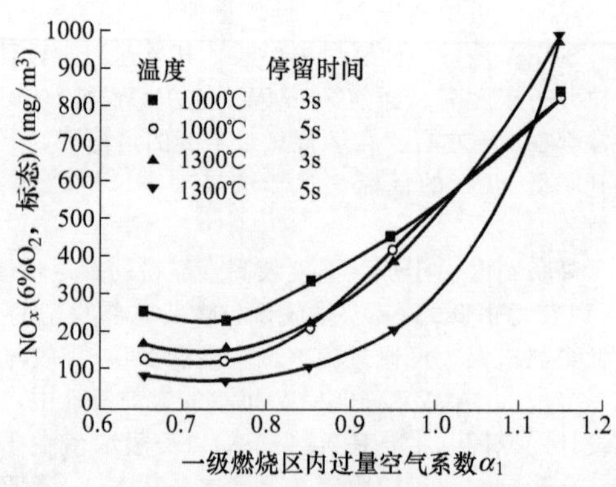

图 18-161 一级燃烧区内温度、停留时间、α_1 和 NO_x 排放量的关系（煤种为褐煤）

图 18-161 是燃烧褐煤时，温度对 NO_x 降低率的影响。由图 18-160、图 18-161 还可以看出，在各种温度条件下，达到最低 NO_x 排放量的一级燃烧区内的最佳过量空气系数 $\alpha=0.75$。因此，在组织空气分级燃烧时，要根据不同煤种的特性，通过试验，将一级燃烧区的温度控制在最有利于降低 NO_x 排放的范围内。

(3) SOFA 喷口位置 图 18-162 和图 18-163 分别为不分级（$\alpha=1.2$）和分级（$\alpha=1.2$，$\alpha_1=0.75$）时贫煤和烟煤 NO_x 生成量沿程变化规律的试验结果。由图可知，无论是贫煤还是烟煤，分级燃烧都能显著地降低 NO_x 的沿程排放浓度。

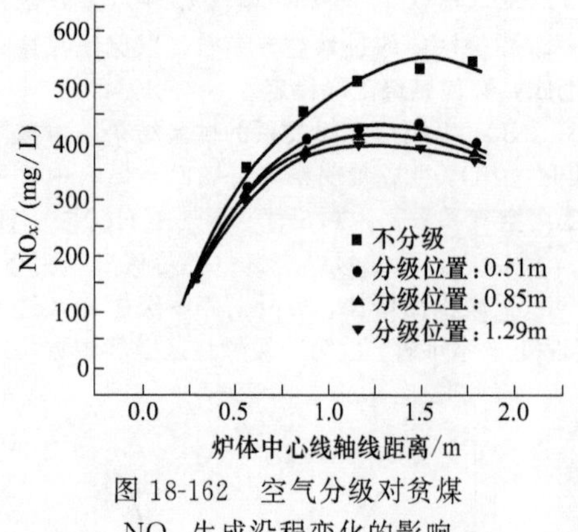

图 18-162 空气分级对贫煤 NO_x 生成沿程变化的影响

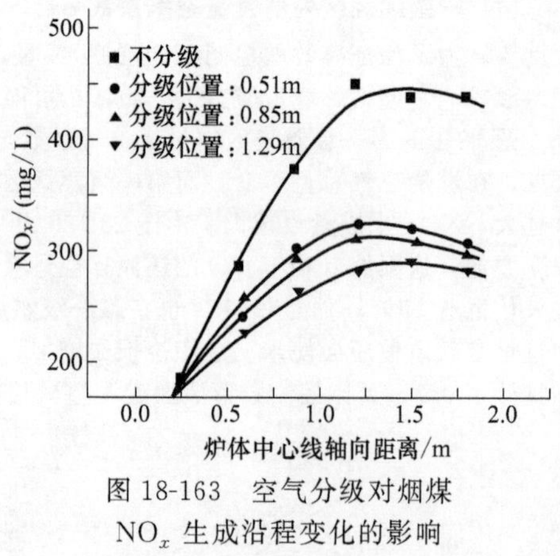

图 18-163 空气分级对烟煤 NO_x 生成沿程变化的影响

试验表明，加大燃尽风口的高度（即加大上层燃烧器一次风喷口与分离燃尽风喷口 SOFA 的距离），NO_x 的排放随之逐步降低。但是当该距离加大到一定程度后，继续降低 NO_x 的排放已不显著。其原因是还原区过长，在还原区后期烟气中的氧气已接近零，对烟气中 NO_x 的还原效果明显低于之前的还原区。此外，还原区太长，相应于燃尽区的高度降低，焦炭后期燃烧的 NO_x 生成量将增加，反而导致总的 NO_x 排放升高，而且会使未燃尽碳增加。因此，选取 SOFA 喷口与上层燃烧器之间的高度的原则，是既要保证煤粉从上层燃烧器到 SOFA 喷口区域的停留时间，以降低 NO_x 排放；又要考虑到煤粉的燃尽。

(4) 一级燃烧区的停留时间 烟气在第一燃烧区内停留时间由第二级燃烧区的位置，即燃尽风引入位置所决定。图 18-164 所示为一种烟煤在不同的 α_1 条件下 SOFA 引入位置对 NO_x 排放量的影响。当 α_1 为 0.75 时，SOFA 由距燃烧器 1m 引入，在进入燃尽区后 NO_x 值有所增加，说明在第一级区域内停留时间不足，在进入燃尽区还会生成一定量 NO_x。可见 SOFA 引入位置与 α_1 共同决定 NO_x 可降低的程度。

3. 空气分级燃烧的主要形式及影响因素

空气分级技术是煤粉燃烧锅炉用来控制 NO_x 生成量最常用的措施。对切向燃烧及墙式燃烧两种燃烧方式，空气分级的措施有所不同。

四角燃烧方式的特点是整个炉膛为一个燃烧单元，故空气分级的措施一般是在全炉膛范围内实现的。有垂直方向的空气分级及水平方向空气分级两种方式，如图 18-165 所示。

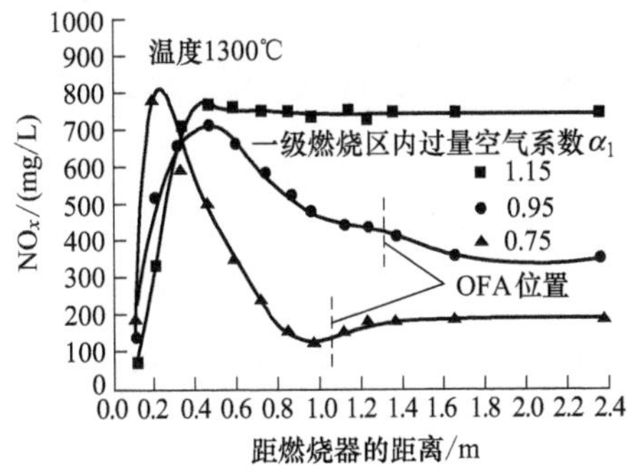

图 18-164　燃烧烟煤时 NO_x 排放值和一级燃烧区内过量空气系数 α_1 及“燃尽风”喷口距燃烧器距离的关系

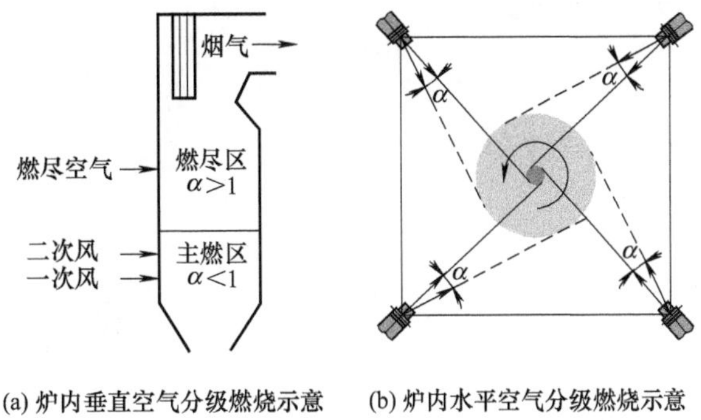

烟气
燃尽空气
燃尽区 $\alpha>1$
二次风
一次风
主燃区 $\alpha<1$

(a) 炉内垂直空气分级燃烧示意　(b) 炉内水平空气分级燃烧示意

图 18-165　四角燃烧方式空气分级

(1) 垂直空气分级燃烧　在距离燃烧器上方一定位置处开设一层或数层燃尽风（火上风）喷口，将助燃空气沿炉膛轴向（即烟气流动方向）分级送入炉内，使燃料的燃烧过程沿炉膛轴向分阶段进行。在第一阶段，将从燃烧器供入炉膛的空气量减少到总燃烧空气量的 70%～85%，燃料先在贫氧条件下燃烧，此时，主燃烧区内过量空气系数 $\alpha<1$，降低了燃烧区内的燃烧速度和温度水平，这不但延迟了燃烧过程，使燃料中的 N 在还原性气氛中转化成 NO_x 的量减少，而且将已生成 NO_x 部分还原，使 NO_x 排放量减少。在燃尽风喷口附近的燃尽区内，喷入的空气与第一燃烧区内生成的烟气混合，剩余的焦炭在 $\alpha>1$ 的富氧条件下完成燃烧过程。即通常所称的两段燃烧。

(2) 水平空气分级燃烧　水平空气分级燃烧适于直流燃烧器切圆燃烧形式。将二次风射流轴线向水冷壁偏转一定角度，形成一次风煤粉气流在内，二次风在外的水平分级燃烧。此时，沿炉膛水平径向把煤粉的燃烧区域分成位于炉中心的贫氧区和水冷壁附近的富氧区。由于二次风射流向水冷壁偏转，推迟了二次风与一次风的混合，降低了燃烧中心氧气浓度，使燃烧中心 $\alpha<1$，煤粉在缺氧条件下燃烧，抑制了 NO_x 的生成，NO_x 的排放浓度降低。由于在水冷壁附近形成氧化性气氛，可防止或减轻水冷壁的高温腐蚀和结渣。

墙式燃烧旋流燃烧器适于采用径向空气分级燃烧。二次风通过燃烧器分两级或两级以上送入炉内，处于煤粉气流外围的内、外调风可推迟与已燃烧的煤粉火焰混合，实现径向上的空气分级。

(3) 空气分级燃烧的影响因素　垂直空气分级燃烧的影响因素有以下几种。

① 燃尽风喷口与燃烧器最上层一次风喷口的距离 $\Delta h_{r\text{-SOFA}}$：距离大，分级效果好，NO_x 下降幅度大，但飞灰可燃物会增加。合适的距离与炉膛结构、燃料种类有关。根据俄罗斯热工研究院试验经验，$\Delta h_{r\text{-SOFA}}$ 由下式估算：

$$\Delta h_{r\text{-SOFA}}=0.5(D_r+h_{SOFA})+1.5(V_{daf}/10)^{0.5}$$

式中　D_r——圆形燃烧器出口截面的直径或直流燃烧器的当量直径 $D_r=1.13\sqrt{h_r b_r}$，h_r、b_r 相应为直流燃烧器的高度和宽度，m；

h_{SOFA}——SOFA 喷口的高度。

② 燃尽风份额：风量大，分级效果好，但可能引起燃烧器区域严重缺氧而出现受热面结渣和高温腐蚀。对于煤粉炉，合理的燃尽风占锅炉总风量的比值 CCOFA 为 15%～20%，SOFA 约为 30%。

③ 燃尽风风速：燃尽风要有足够高的流速和穿透力，以保证与烟气的良好混合。燃尽风速约为 45～50m/s。

④ 燃尽风喷口布置方式：常见的是角置式 OFA 口，也有采用墙置式结构，即 OFA 喷口沿炉膛四面墙布置。

水平空气分级燃烧的影响因素主要是二次风的偏转角度，偏转角度大，NO_x 排放量下降幅度大，但飞灰可燃物也会增多，合适的偏转角度因煤种而异。

4. SOFA 喷口

(1) SOFA 喷口的位置　燃尽风的流速和射程（气流的穿透性）对于组织在第二级燃烧区（燃尽区）内的燃烧过程，保证高的炭燃尽率也十分重要。如果在第二燃烧区内的燃烧组织不好，将燃尽过程推迟，不仅降低了燃烧效率，还会引起炉膛出口烟气温度的增加，从而导致炉膛出口结渣以至过热器管壁超温等现象。对于不同燃烧方式、不同容量和燃烧不同煤种的煤粉炉，由于它们之间的差别很大，为了保证一级燃烧区内必要的停留时间，又要保证二级燃烧区内良好的燃尽率，对于 SOFA 喷口的设计、布置和运行参数，需要通过试验来确定。根据俄罗斯热工研究院的试验研究得到，NO_x 降低率 η 与 SOFA 喷口位置 h_{SOFA} 有如下的经验关系：

对于旋流燃烧器：

$$\eta_{旋}=\frac{\Delta K_{NO_2}}{(K_{NO_2})_{原始}}=13.2\left[\left(\frac{h_{SOFA}}{h'_{SOFA}}\right)^{0.5}-\alpha_{SOFA}\right]\left[0.616-(0.35\alpha_r+0.4)^2\right]$$

对于直流燃烧器

$$\eta_{直}=10.2\left[\left(\frac{h_{SOFA}}{h'_{SOFA}}\right)^{0.5}-\alpha_{SOFA}\right]\left[0.494-(0.53\alpha_r+0.12)^2\right]$$

$$\alpha_{SOFA}=V_{SOFA}/V^{\circ}B$$

$$\alpha_r=(\alpha''_1-\Delta\alpha_1)\left(1-\frac{q_4}{100}\right)-\Delta\alpha_{t,y}-\Delta\alpha_{SOFA}$$

$$\Delta\alpha_{t,y}=V_{1,q}/(V^{\circ}B)$$

式中 ΔK_{NO_2}——二级燃烧时，采用 SOFA 技术后氮氧化物排放的降低值；

$(K_{NO_2})_{原始}$——燃烧器过量空气系数 $\alpha_r=1.1$（$\alpha_{SOFA}=0$）时 NO_x 的原始排放值；

h_{SOFA}——SOFA 喷口的布置高度，m；

h'_{SOFA}——SOFA 喷口的假想布置高度，m，在这种高度下当 $\alpha_r=0.95$ 时取 $\eta=1.0$、$H'_{SOFA}=9m$；

α_{SOFA}——分离燃尽风（SOFA）的过量空气系数；

V_{SOFA}——分离燃尽风量；

α_r——主燃烧器的过量空气系数。

$\Delta\alpha_{t,y}$——向停运的燃烧器为其冷却而送入的冷却风 $V_{1,q}$ 空气供给数（过量系数）。

对于烟煤和褐煤炉，为提高 NO_x 降低率 η，可以增加二次风喷口位置高度 H。

对 SOFA 喷口与上层燃烧器之间停留时间的选取原则，要保证煤粉在该区间的停留时间 $\tau_{sub}>0.8s$，同时保证停留时间 τ_{sub} 与总停留时间（上层燃烧器喷口到屏下沿的停留时间，即燃尽区高度 h_1 间的停留时间）τ_{total} 之比在.35～0.55之间。即

$$\tau_{sub}>0.8s$$

$$0.35\leqslant\tau_{sub}/\tau_{total}\leqslant0.55$$

式中 τ_{sub}——上层燃烧器喷口到 SOFA 喷口间的停留时间，s；

τ_{total}——上层燃烧器喷口到屏下沿的停留时间（燃尽区高度间的停留时间），s。

按阿尔斯通公司的经验，对于切向燃烧锅炉，分离燃尽风的布置高度 h_{SOFA}，为最上层燃烧器喷口中心线至折焰角尖端（屏下沿）距离 h_1 的 1/3～1/2，即（1/3～1/2）h_1。

由国内电站锅炉的统计数据可知，分离燃尽风喷口的布置高度 h_{SOFA} 大部分为（1/4～1/2）h_1，墙式燃烧锅炉的分离燃尽风喷口布置高度略小于切向燃烧锅炉。但是1000MW机组锅炉的分离燃尽风喷口布置高度，两种燃烧方式的锅炉相近；如分离燃尽风喷口两级布置，则低位燃尽风喷口的距离较小，而高位燃尽风的距离 h_{SOFA} 约为 $1/3h_1$。

（2）SOFA 喷口的结构 燃尽风喷口的结构有切向燃烧和墙式燃烧两种型式。切向燃烧锅炉采用可水平摆动（即可左右摆动）的燃尽风喷口，可水平调节摆角的燃尽风喷口结构，见图 18-166。摆角可在燃尽风喷口中心线水平调整＋15°～－15°。采用15°摆角是通过试验确定的，在此调节范围内影响烟温偏差最小。切向燃烧锅炉燃尽风喷口的出口速度为50m/s左右。对于切向燃烧锅炉，通过可水平调节摆角的燃尽风喷口反切一定角度，使上部区域气流的旋转强度得到减弱，从而改善炉膛出口烟温偏差。

墙式燃烧锅炉采用类似旋流燃烧器的结构，一次风为直流，二次风和三次风（二次风的一部分）为旋流，其调风工作原理见图 18-167，结构见图 18-168。墙式燃烧锅炉燃尽风喷口的喉口风速为35m/s左右。

（3）SOFA 风喷口的布置方式

① 切向燃烧锅炉的燃尽风喷口布置方式。切向燃烧锅炉的燃尽风喷口布置方式如图 18-169 所示。布置一级燃尽风喷口时，对于四角（八角）切圆燃烧锅炉，一般布置在锅炉四角（八角），如图 18-169（b）所示；如布置二级燃尽风喷口，两层可有不同的形式：布置二级分离燃尽风，两组燃尽风为相同的方式时，分别布置在上、下位置，如图 18-169（c）所示；布置二级分离燃尽风，两组燃尽风为不同的方式时，分别布置在上、下位置，低位燃尽风为四角切圆，高位燃尽风为墙式四角切圆，如图 18-169（d）所示。

② 墙式燃烧锅炉的燃尽风喷口布置方式。墙式燃烧锅炉的燃尽风喷口布置方式如图 18-170 所示。布置一级燃尽风喷口时，设置在燃烧器的上方。有的设计方案在靠两侧墙的燃尽风喷口下方再布置两只侧燃尽风口，如图 18-170（b）所示，其目的是使烟气绕流，增加流通面积，减少 CO 的生成量。如布置二级燃尽风喷口，在第一层的上方再布置一层，如图 18-170（c）所示。也有在锅炉四面墙均布置燃尽风喷口的方式。

从风箱引入的二次风
15°
15°
可调的二次风喷嘴
垂直调整
机械装置
水平调整
机械装置
(a)
(b)

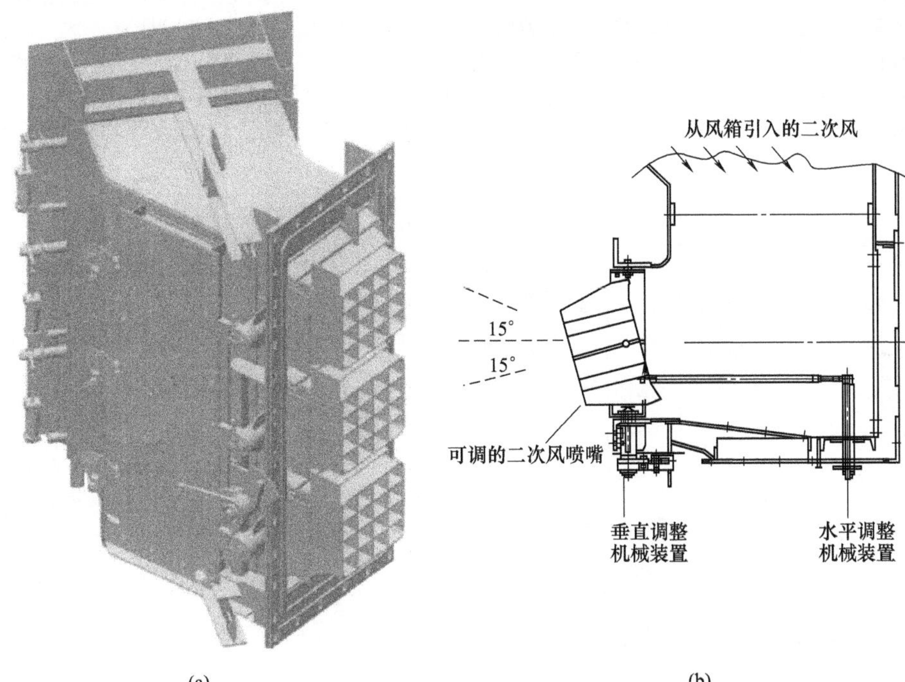

图 18-166　水平调整摆角的分离燃尽风喷口结构

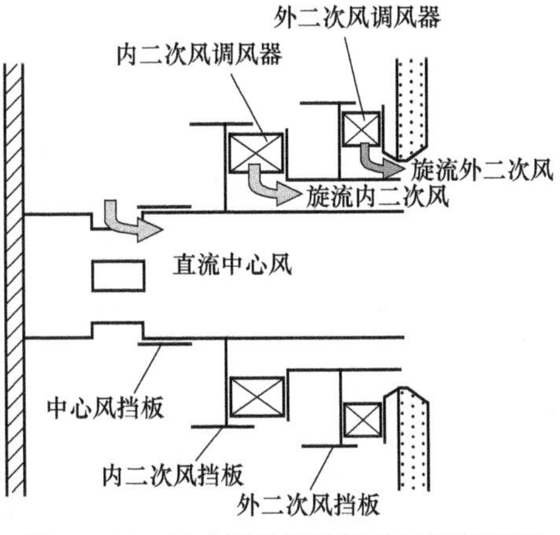

外二次风调风器
内二次风调风器
旋流外二次风
旋流内二次风
直流中心风
中心风挡板
内二次风挡板
外二次风挡板

图 18-167　墙式燃烧锅炉燃尽风调节原理

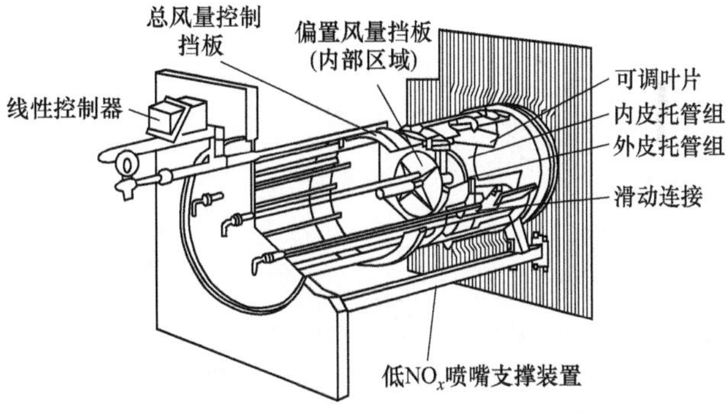

总风量控制
挡板
偏置风量挡板
(内部区域)
线性控制器
可调叶片
内皮托管组
外皮托管组
滑动连接
低NO_x喷嘴支撑装置

图 18-168　墙式燃烧锅炉燃尽风喷口结构

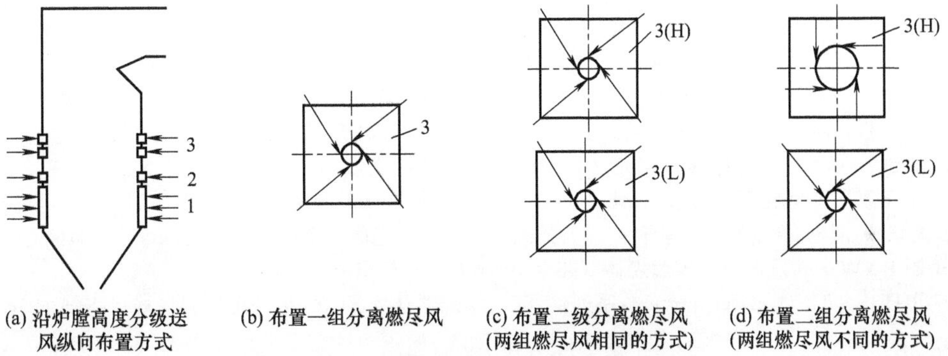

3
2
1
3
3(H)
3(L)
3(H)
3(L)
(a) 沿炉膛高度分级送
风纵向布置方式
(b) 布置一组分离燃尽风
(c) 布置二级分离燃尽风
(两组燃尽风相同的方式)
(d) 布置二组分离燃尽风
(两组燃尽风不同的方式)

图 18-169　切向燃烧锅炉燃尽风喷口布置方式

1—燃烧器；2—紧凑燃尽风；3—分离燃尽风（3L 为低位分离燃尽风、3H 为高位分离燃尽风）

③ 拱式燃烧锅炉（W 火焰炉）的燃尽风喷口布置方式。拱式燃烧锅炉（W 火焰炉）的燃尽风喷口布置方式如图 18-171 所示。燃尽风喷口均布置在上炉膛。W 火焰炉采用空气分级燃烧技术的经验与切向和墙式燃烧相比相对较少。目前国内 W 火焰炉燃尽风喷口的布置差别较大。如前所述，燃尽高度 h_1 接近，而距离小的为 $h_{SOFA}=1/9h_1$，且喷口向下倾斜 30°；距离大的为 $h_{SOFA}=1/4h_1$，喷口水平布置。

(a) 沿炉膛高度分级送风纵向布置方式 (b) 布置一级燃尽风并布置侧燃尽风 (c) 布置二组燃尽风

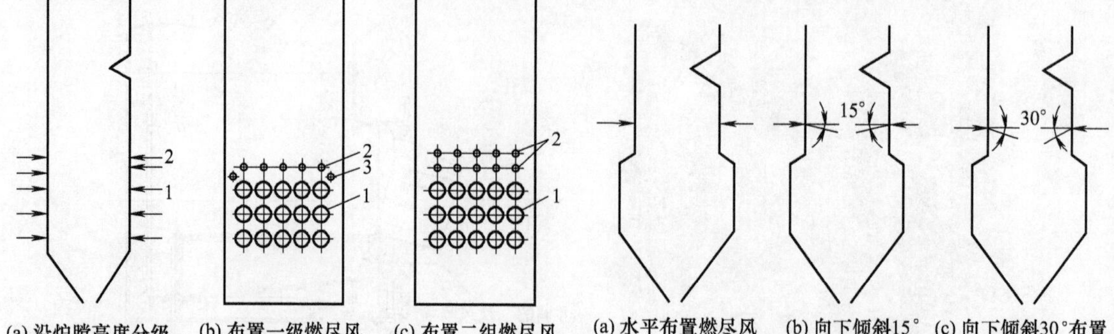

图 18-170 墙式燃烧锅炉燃尽风喷口布置方式
1—燃烧器；2—燃尽风；3—侧燃尽风

(a) 水平布置燃尽风 (b) 向下倾斜15°布置燃尽风 (c) 向下倾斜30°布置燃尽风且位置较低

图 18-171 拱式燃烧（W 火焰炉锅炉燃尽风喷口布置方式）

（三）空气分级旋流煤粉燃烧器

21 世纪初，我国在引进高参数、大容量锅炉设计、制造技术时，同时引进了不同类型的旋流燃烧器。东方锅炉厂有限公司（以下简称东锅）引进了巴布科克-日立公司（Babcock-Hitachi）的 HT-NR3 旋流燃烧器（high temperature NO_x reduction），哈尔滨锅炉厂有限公司（以下简称哈锅）引进了三井-巴布科克公司（Mitsui-Babcock）的 LNASB 轴向旋流燃烧器（low NO_x axial swirl burner）。HT-NR3 旋流燃烧器已应用于超临界和超超临界 600MW 和 1000MW 机组锅炉，LNASB 轴向旋流燃烧器也应用于超临界和超超临界 600MW 机组锅炉。在引进技术的基础上，通过运行实践，东锅研发了 OPCC 旋流燃烧器（out-layer pulverized coal concentration），哈锅研发了 UCCS 旋流燃烧器（Ultra clean com bustion swirl burner）。研发的新型旋流燃烧器已分别应用于超临界和超超临界 600MW 和 1000MW 机组的锅炉。北京巴布科克-威尔科克斯公司采用其合作方美国 B&W 公司的各类旋流燃烧器。

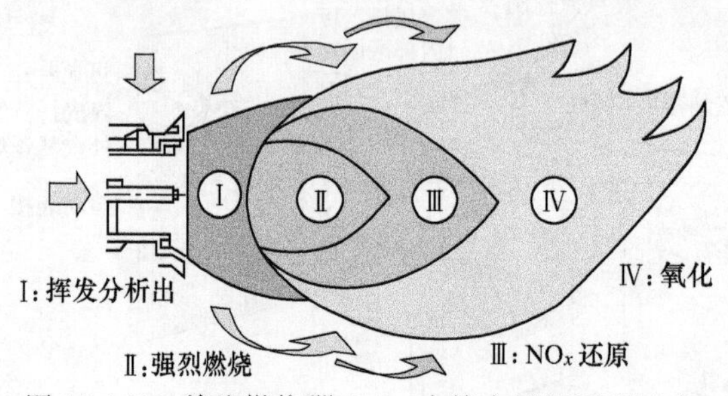

图 18-172 旋流燃烧器 NO_x 火焰内还原原理示意

低 NO_x 旋流燃烧器的设计是力图从结构和配风方面，创造降低 NO_x 的生成和有利于 NO_x 还原的条件，以降低 NO_x 的排放量。NO_x 的生成和还原是非常复杂的反应过程，火焰内 NO_x 还原如图 18-172 所示。

图 18-172 中可大致分为 4 个区域。Ⅰ为高温-高煤粉浓度挥发分析出区，一次风粉在燃烧器内经浓缩器浓缩后，在燃烧器出口形成煤粉富集而贫氧的区域，高浓度的含粉气流被迅速引燃，既有利于提前着火，减少未燃尽碳损失，又有利于挥发分的析出。煤粉浓淡分离后无论是浓相或淡相都偏离化学当量比，有利于减少 NO_x 的生成。Ⅱ为还原产物及 NO_x 生成区，随着内二次风的进入，在煤燃烧过程中，生成挥发分 HCN、NH_i 等还原产物，同时又与自由基 ·O、·OH、·O_2 等的氧化反应以及焦炭 N 的氧化反应生成燃料型 NO_x（主要是 NO）。Ⅲ为还原区，在此区域内，将Ⅰ、Ⅱ区生成的 NO_x（主要是 NO）与挥发分 HCN、NH_i 等发生还原反应生成 N_2。Ⅳ为氧化区，随着外二次风的混入，焦炭燃烧，生成的 NO_x 进入还原区，并及时补充煤粉燃烧需要的氧量，有利于煤粉的燃尽。如上所述的 4 个区域实际上不可能是截然分开的。

1. 美国 B&W 公司双调风旋流燃烧器（北京 B&WB 公司旋流燃烧器）

双调风 DRB（dual register burner）系列低 NO_x 燃烧器是美国 B&W 公司控制墙式燃煤锅炉 NO_x 而研发的主要设备。在 1972 年（DRBⅠ型）、1980 年（DRBⅤ型）、1984 年（S 型）、1986 年（DRB-XCL 型）以及 2000 年（DRB-4Z^{TM} 型）等时段，DRB 系列低 NO_x 燃烧器均获得了突破性的发展。

(1) DRB 型燃烧器 DRB 燃烧器为双调风式，即二次风分为内、外环，可分别调整风速及旋流强度。

DRB燃烧器是美国B&W公司的第一代低NO_x燃烧器，1972年研制成功，1978年后在采用墙式燃烧方式的锅炉中得到了普遍应用。DRB型旋流燃烧器的结构及其与炉膛的布置如图18-173所示。

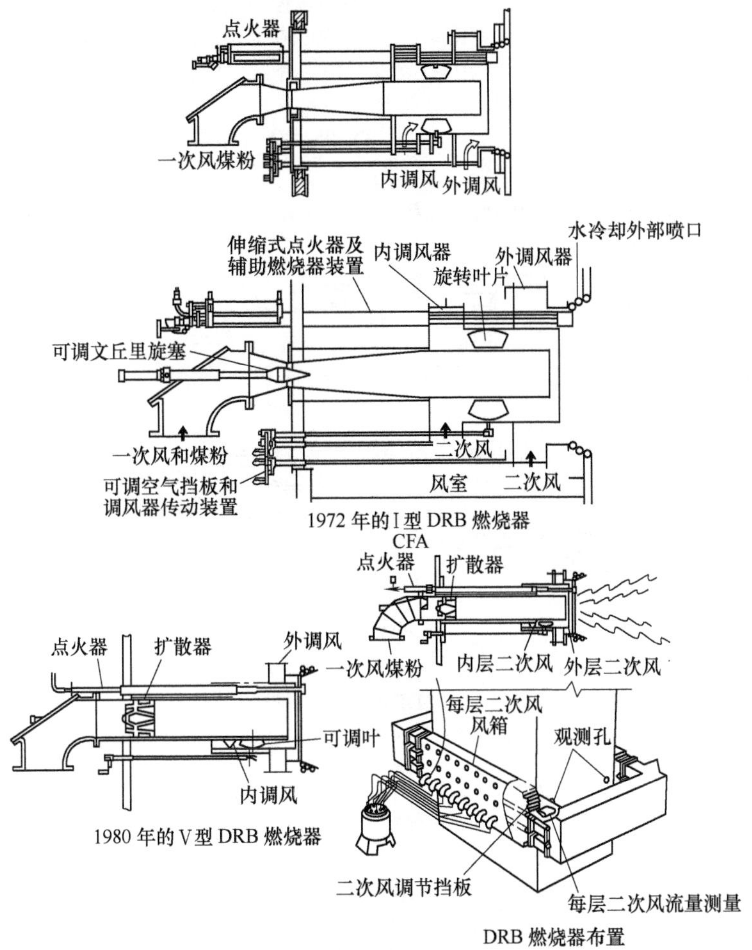

图18-173　DRB低NO_x燃烧器

DRB型燃烧器一次风管外围设有两个分别控制的调风器（二次风分级）：由轴向叶片组成的内调风器的主要功能是促进着火和燃烧，利用手动调节的旋转叶片，使气流（内二次风）产生不同程度的旋转，在燃烧时控制煤粉与空气的混合；在外调风（外二次风）的入口设置百叶窗式的调节挡板，手动调节挡板开度可以控制外调风的风量，主要是向火焰下游供风，延迟燃烧，调节完全燃烧区在炉膛内的位置。而火焰的核心区是还原性的。这种分级送入二次风的方法可降低燃烧强度和每只燃烧器火焰温度峰值，减少热力NO_x；通过控制燃料与空气的混合，使燃烧初期的氧浓度减少，从而减少了燃烧NO_x的生成。大量运行表明，此类燃烧器NO_x的排放量为330～860mg/m^3。同时，这种配风方式对防止炉膛结渣和腐蚀也有一定作用。华能南通电厂引进加拿大Babcock & Wilcox公司350MW机组锅炉就采用图18-173所示DRB Ⅴ型燃烧器，锅炉燃用$w(V_{ar})=22.8\%$，$w(N_{ar})=0.8\%$，$Q_{net,ar}=22.4$MJ/kg晋北煤，满负荷时NO_x排放量约为600mg/m^3，比传统的旋流燃烧器约低400mg/m^3。飞灰可燃物含量<5%。

(2) EI-DRB (enhanced ignition-DRB) **型燃烧器**　EI-DRB型旋流燃烧器是由DRB型派生出来的另一种双调风燃烧器，在结构、原理上与DRB型相仿，只是在设计上使一次风动量减少，以延长煤粉在高温烟气回流区的停留时间，并增加二次风动量及强度，以增加高温烟气的卷吸能力。

为增强着火性能，以适应反应活性低或高水、高灰煤，美国B&W公司为中国多座电厂设计制造的200MW和300MW机组锅炉采用了EI-DRB燃烧器。

岱海电厂600MW机组，B&BW2029t/h锅炉燃用$V_{daf}=38\%$准格尔烟煤，采用EI-DRB双调风旋流燃烧器，实测NO_x排放值（标态）为395mg/m^3。

(3) DRB-XCL（axial control low NO_x）**旋流燃烧器** 美国B&W公司于1986年在DRB的基础上开发了DRB-XCL燃烧器，图18-174示出了DRB-XCL燃烧器的典型结构及工作原理。它也是通过延迟混合、分级燃烧实现着火、稳燃和低NO_x燃烧。其主要特点是更进一步控制一、二次风的过早混合，降低燃料中的氮生成NO_x的量。在不设NO_x风口（OFA）的情况下，DRB-XCL燃烧器可比常规DRB燃烧器降低NO_x排放量50%～70%。该型燃烧器在我国电厂锅炉的应用也较为普遍，早期大坝电厂4号炉、江苏扬州第二电厂以及河北某电厂的3号炉均采用了DRB-XCL燃烧器。嘉兴电厂600MW机，B&BW 2020t/h锅炉燃用$V_{daf}=36.5\%$神木煤，采用DRB-XCL燃烧器，实测NO_x排放值（标态）为328.8mg/Nm^3。

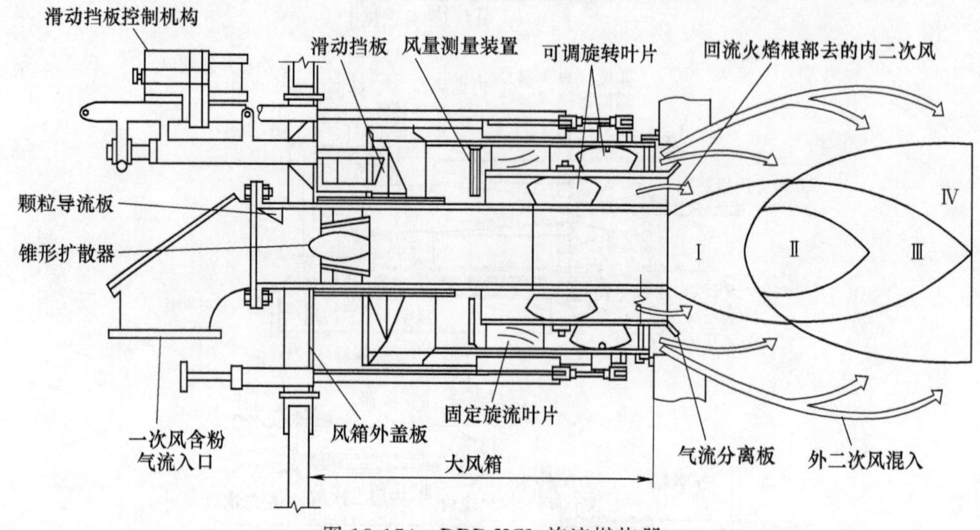

图18-174 DRB-XCL旋流燃烧器

Ⅰ—高温-富燃料挥发分析出区；Ⅱ—还原产物生成区；Ⅲ—NO_x还原区；Ⅳ—碳氧化区

与EI-DRB旋流燃烧器相同，一次风入口也设有锥形扩散器，起浓淡分离作用。一次风喷口端部装有齿形稳燃环，以推迟一次风与内二次风的混合，并增加出口处气流的局部湍流强度，加速传热、着火和煤粉气化。

内、外二次风道出口均为锥形扩口，内二次风出口的锥形扩口（气流分隔板）起到分流的作用，并阻止外二次风过早与火焰核心混合。内、外二次风均为轴向进风，以滑动式空气控制挡板（调风控制盘）控制二次风量，并在内、外二次风进口设置环形皮托管测量风量，以便于用调风盘控制各燃烧器间的风量分配。

图18-175是新开发的浓缩型EI-XCL双调风旋流燃烧器，对于燃用低挥发分煤，B&W类型W火焰锅炉的典型设计是采用直吹式双进双出球磨机加浓缩型EI-XCL燃烧器，一次风煤粉气流先通过一段偏心异径

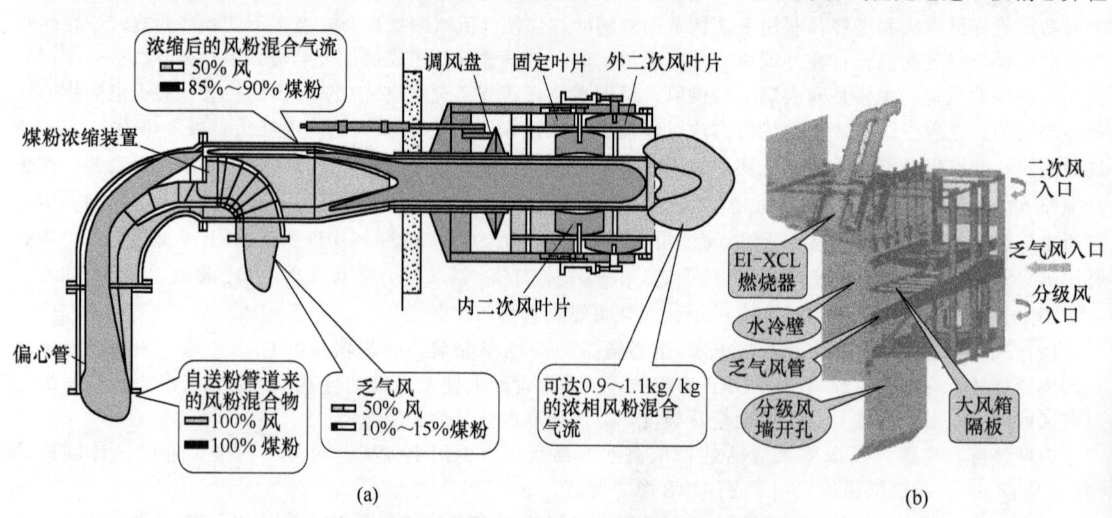

图18-175 浓缩型EI-XCL双调风旋流燃烧器

管加速和弯头的离心分离作用，然后在浓缩装置中使淡相（约50%的一次风和10%～15%煤粉）分离出来，经乏气管（有缩孔和快关门远控）引到拱下乏气喷口，喷入炉膛燃烧，而剩下的浓相煤粉气流由燃烧器一次风喷口喷入炉内燃烧。燃烧所需空气大部分从拱上通过燃烧器内、外二次风通道引入炉膛，单个燃烧器二次风总量由调风套筒控制（可远控），内外二次风之间的比例由调风器控制，而内外二次风的旋流强度由相应的旋流叶片调节。

(4) DRB-4Z旋流燃烧器　2000年B&W公司开发了新一代组合式DRB-4Z旋流燃烧器，见图18-176，DRB-4Z旋流式煤粉燃烧器用于北京巴威公司生产的600MW超临界锅炉。

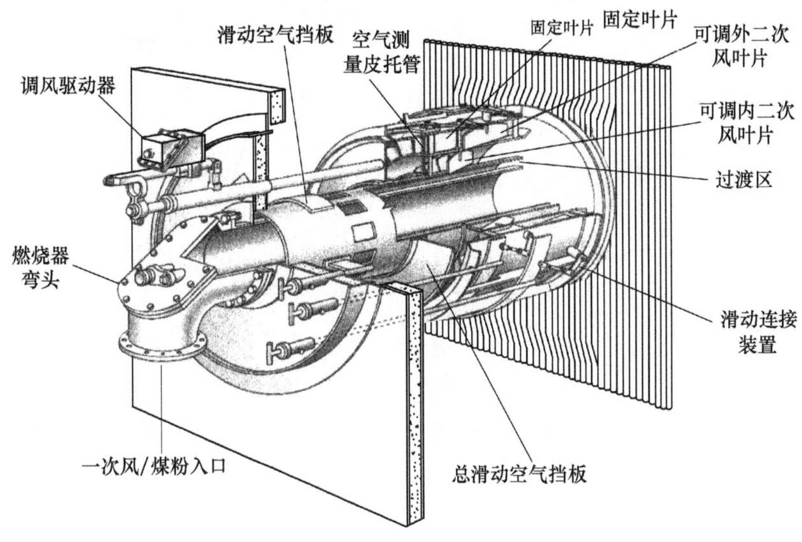

图18-176　DRB-4Z旋流式煤粉燃烧器

DRB-4Z型燃烧器的核心技术是在火焰内实现脱氮，主要特点是在双调风旋流式燃烧器的基础上，供风进一步多极化，尤其是在一次风外围设置了过渡性供风。燃烧器供风共分为四个区域（见图18-177）：第一个区域是一次风的空气和煤粉的混合物；第二个区域为环绕在一次风外围的过渡区；第三个和第四个区域分别为内、外二次风。二次空气分三级参与燃烧。燃料的初始燃烧阶段发生在煤粉浓度比较高的喷嘴附近。处于过渡区域的空气推迟了二次风与着火后的煤粉气流的混合，并增强了煤粉气流卷吸火焰核心区高温烟气的作用，同时将火焰外围富氧区形成的NO_x还原成氮气。内外二次风按一定的比例通过调风器进入燃烧器，这股空气可提供煤粉充分燃烧所需的氧气，并且在锅炉水冷壁附近保持氧化性的氛围。

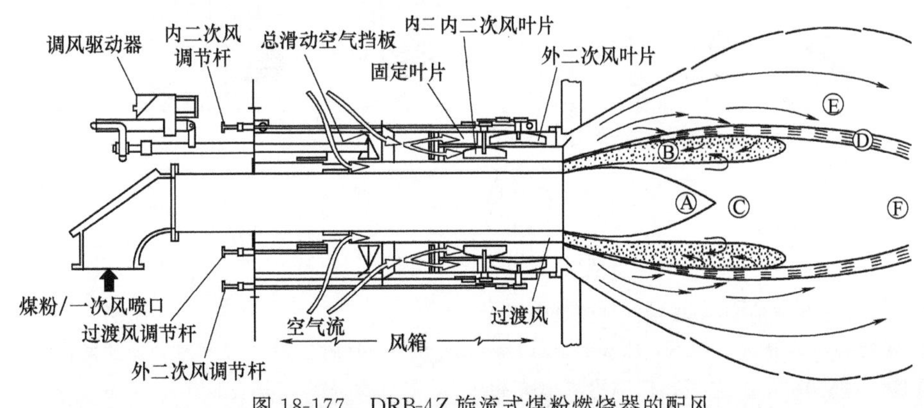

图18-177　DRB-4Z旋流式煤粉燃烧器的配风

A—贫氧挥发分释放区；B—烟气回流区；C—NO_x还原区；
D—高温火焰面；E—二次风混合控制区；F—燃尽区

美国B&W公司除了对燃烧器本身进行改进以外，为了进一步增加墙式燃烧锅炉的NO_x控制能力，还研发了带总风量控制的双风区燃尽风（OFA）系统（见图18-178），布置于最上层燃烧器上方。采用滑动套筒来控制每个OFA喷口的空气流量。进入每个OFA喷口的空气分为中心风和外部风两部分。中心风具有一定的穿透力，可以使空气和炉膛深处的火焰混合；外部风具有一定的旋流强度，可以促进可燃物和空气的充分混合。每只OFA喷口的各股风量可以调节和控制，手动的可调风盘用以调节中心风的空气流量；手动的可调节叶片用以调节外围风的旋流强度；进入OFA喷口的二次风量由风箱入口的挡板来控制。这种设计方式是早期单喷口燃尽风系统的改进设计，具有更好的燃尽风调节性能。

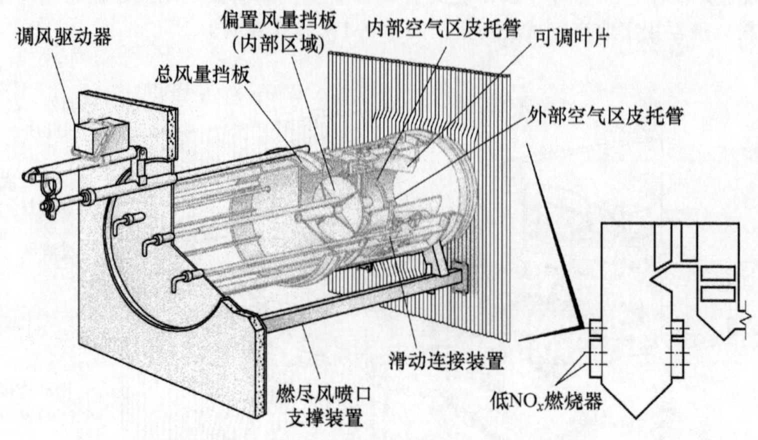

图 18-178 带总风量控制的双风区 OFA 喷口

图18-179示出一台锅炉采用DRB-4Z低NO_x燃烧器和带总风量控制OFA喷口的布置示意。对于次烟煤，采用OFA比不采用OFA，NO_x的排放量降低43%以上，对于烟煤，则可下降70%。兰溪电厂B&BW公司生产的600MW机组2028t/h超临界锅炉燃用$V_{daf}=39\%$的淮南烟煤，采用DRB-4Z燃烧器，NO_x排放值（标准状态）为331mg/m^3。

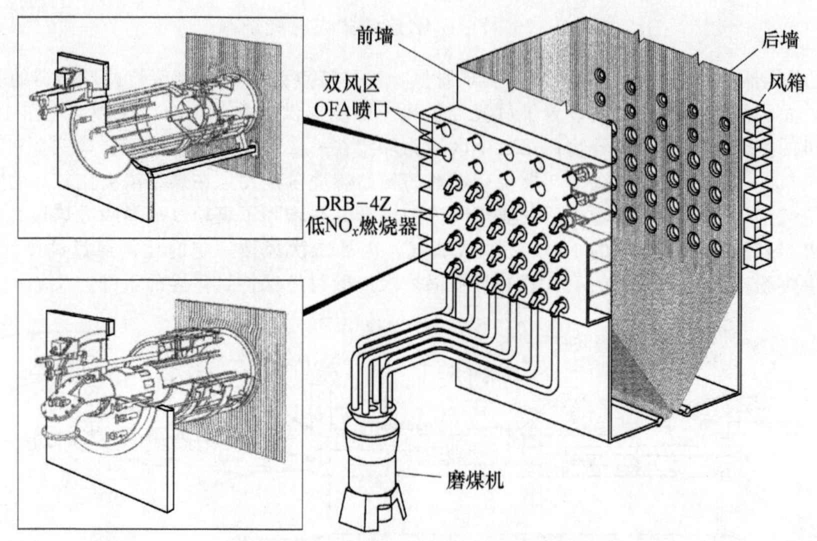

图 18-179 燃烧器和燃尽风喷口布置

2. 英国三井巴布科克的LNASB轴向旋流燃烧器

低NO_x轴向旋流燃烧器LNASB（low NO_x azial swirl burner）由三井-巴布科克公司开发，1989年首次安装在英国Drax（660MWe）电厂，据称世界上有超过2000只此种燃烧器安装在超过21000MWe的电厂上，在一层或两层OFA配合下可减少40%～70%的NO_x。LNASB燃烧器能够适应不同煤种的要求，既可用于燃烧优质烟煤的锅炉，也可用于燃烧贫煤、劣质烟煤、泥煤等一系列燃料的锅炉，机组的容量从蒸发量200t/h的工业锅炉到大型的820MW的电厂锅炉。哈锅引进该技术后在其350MW、600MW墙式燃烧锅炉上使用。LNASB低氮旋流燃烧器如图18-180所示。

LNASB燃烧器设计的准则是：a. 增大挥发分从燃料中释放出来的速率，以获得最大的挥发物生成量；

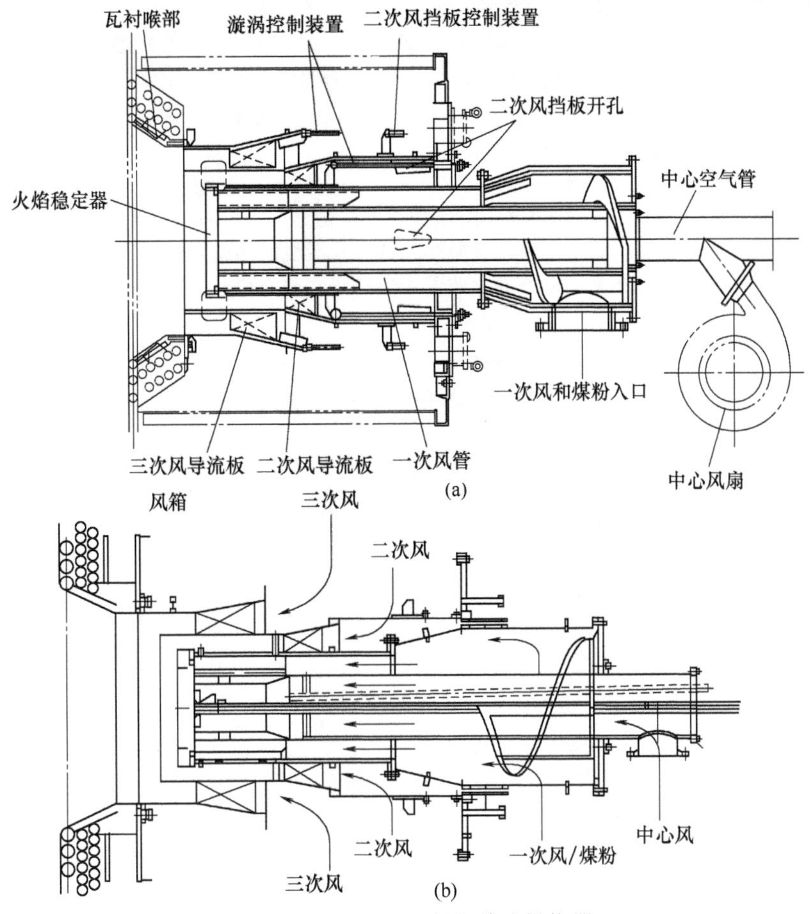

图 18-180 LNASB 低氮旋流燃烧器

b. 在燃烧的初始阶段除了提供适量的氧以供稳定燃烧所需要以外，尽量维持一个较低氧量水平的区域，以最大限度地减少 NO_x 生成；c. 控制和优化燃料富集区的温度和燃料在此区域的驻留时间，以最大限度地减少 NO_x 生成；d. 增加煤焦粒子在燃料富集区域的驻留时间，以减少煤焦粒子中 N 释出形成 NO_x 的可能；e. 及时补充燃尽所需要的其余的风量，以确保充分燃尽。

LNASB 燃烧器中，燃烧的空气被分为三股，分别是一次风、二次风（内二次风）和三次风（外二次风）。

一次风采用蜗壳产生旋流，煤粉向一次风筒外壁富集，然后由布置在一次风筒内的几片导向叶片将一次风导向成直流，并使得煤粉进一步富集成几股，然后利用齿型稳燃环将煤粉在喷口进行再次浓缩分离，以促进着火。利用煤粉的浓缩作用和二次风、三次风调节协同配合，以达到在煤粉燃烧初期减少 NO_x 生成量之目的。燃烧器风箱为每个 LNASB 燃烧器提供二次风和三次风，每个燃烧器设有 1 个风量均衡挡板，用以使进入各个燃烧器的分风量保持平衡。二次风和三次风通过燃烧器内同心的二次风、三次风环形通道在煤粉燃烧的不同阶段分别送入炉膛，燃烧器内设有套筒式挡板用来调节二次风和三次风之间的分配比例。二次风和三次风通道内布置有各自独立的旋流装置，三次风旋流装置为不可调节的型式，固定在燃烧器出口最前端位置；而二次风旋流装置为沿轴向可调节的型式，调整旋流装置的轴向位置即可调节二次风的旋流强度。燃烧器设有中心风管，其内布置油枪，一股小流量的中心风通过中心风管送入炉膛，以提供油枪用风，并且在油枪停运时防止灰渣在此部位集聚。

国内早期装有 LNASB 燃烧器和 OFA 喷口的烟煤锅炉的 NO_x 排放浓度大约为 350～500mg/m^3。燃用贫煤时，锅炉 NO_x 排放基本在 600～700mg/m^3 附近。为进一步提高燃烧器的低氮能力，对 LNASB 燃烧器陆续进行了改进，主要改动是减少了内二次风通流面积，此外一次风喷口向外延伸以推迟一、二次风的混合。改进后的 LNASB 燃烧器 NO_x 控制效果有所提升，某电厂燃用高挥发分烟煤，一期 2×600MW 机组锅炉装有上一代 LNASB 燃烧器，NO_x 排放浓度 400mg/m^3，二期 2×600MW 同型锅炉采用改进的燃烧器，锅炉 NO_x 排放能够控制在 300mg/m^3 左右。

3. 日本巴布科克-日立公司（BHK）高温低 NO_x 旋流燃烧器（HT-NR）

HT-NR（取自 high temperature NO_x reduction 或 Hitachi-NO_x reduction）燃烧器。它最初是由日本 Babcock Hitachi 公司于 1985 年研制成功的一种低 NO_x 煤粉燃烧器。为了达到更低的 NO_x 排放值，巴布科克-日立公司陆续开发了几代 HT-NR 燃烧器，通过快速点燃和扩大火焰内还原区域，HT-NR 燃烧器的火焰内 NO_x 还原的基本特点得到了增强并得到了实际应用。

图 18-181 为该系列燃烧器的发展历程。1985 年以前的第一代低 NO_x 燃烧器为简单的双调风燃烧器，采用欠氧方式推迟燃烧；此后的低 NO_x 燃烧器相继增加了火焰稳燃环、煤粉浓缩器与导流环等，NO_x 控制机理也发生了很大改变。通过齿形火焰稳燃环、煤粉浓缩器以及高性能的调风器等部件，使煤粉高浓度区域与高温烟气回流区域相匹配，煤粉在高温火焰内提前着火燃烧，在将 NO_x 浓度（标态）降低到 $256mg/m^3$ 以下的同时兼顾燃尽。

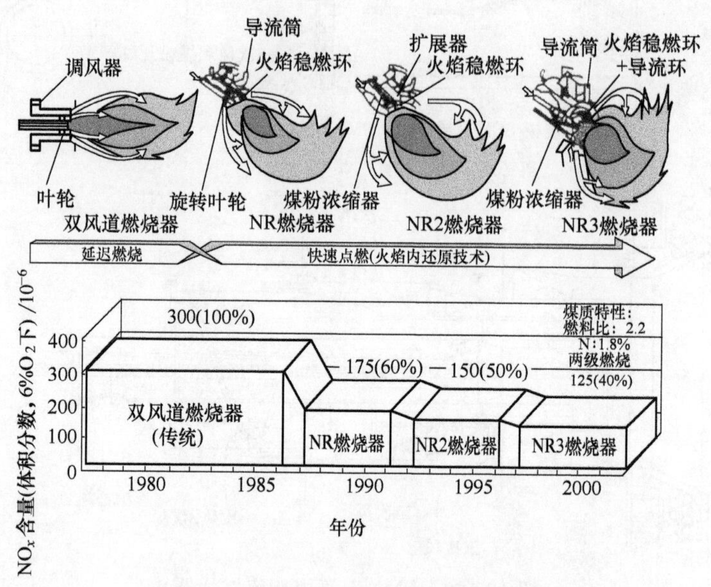

图 18-181 HT-NR 系列燃烧器的发展示意

我国东方锅炉厂近几年引进技术生产的某些 600MW 超临界压力机组，以及山东邹县电厂的 1000MW 超超临界压力机组，其锅炉都是采用 HT-NR3 燃烧器。

HT-NR3 型燃烧器如图 18-182 所示，主要由一次风弯头、一次风管、内二次风组件、外二次风组件、煤粉浓缩器、稳焰齿环、一次风扩锥、二次风扩锥、外二次风执行器、中心风管及燃烧器壳体等零部件组

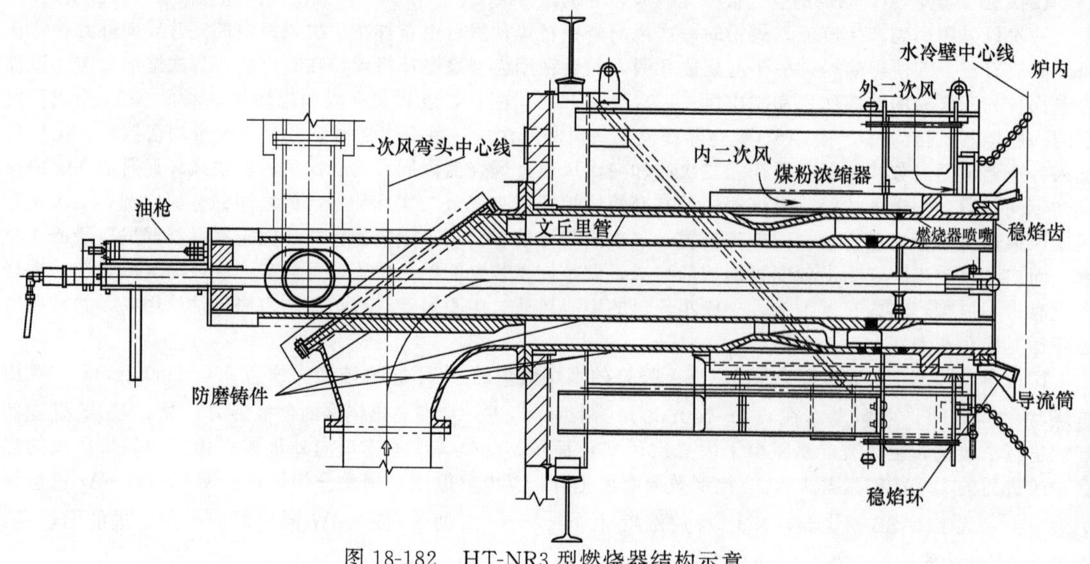

图 18-182 HT-NR3 型燃烧器结构示意

成。燃烧器将燃烧用空气分为直流一次风、旋流内二次风、旋流外二次风和中心风四部分。燃烧器逐级配风，实现分级燃烧。

环形一次风通道内装有煤粉浓缩器如图 18-183 所示。

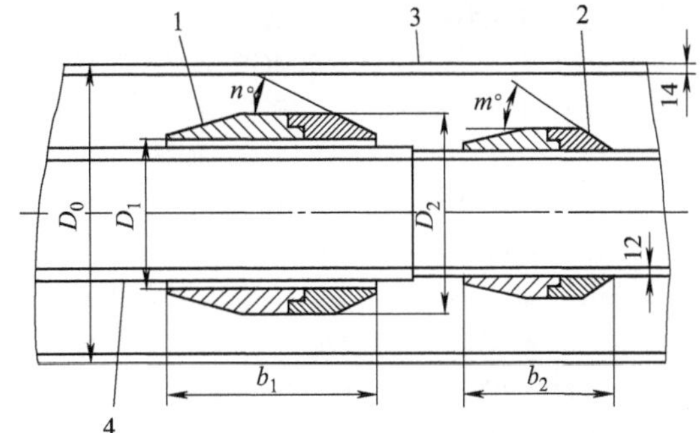

图 18-183　HT-NR3 燃烧器的二级煤粉浓缩结构

1——一级浓缩器；2—二级浓缩器；3——一次风道；4—中心风筒

(1) 直流一次风　一次风粉混合物首先进入燃烧器的一次风入口弯头，然后经过燃烧器一次风管和布置在一次风管中的煤粉浓缩器，浓缩器使煤粉气流产生径向分离，浓煤粉气流从一次风管圆周外侧经过一次风管出口处的稳焰齿环进入环形回流区着火燃烧；淡煤粉气流从一次风管中心区域喷入炉内，并进入内回流区着火燃烧。

一次风管出口处的较大厚度和扩锥使一、二次风分离并形成一个夹角，通过高速的一、二次风的吸卷在该夹角范围内形成一个稳定的环状回流区。该回流区离一次风出口很近、回流的烟气温度很高；而进入该回流区的是浓煤粉气流，它所需要的着火热大大降低；喷口出口处的稳焰齿环可以增加煤粉气流的湍动度，进一步提高煤粉气流的着火速度；一次风扩锥可以推迟二次风的混入，提高回流区温度。因此在上述因素的共同作用下，煤粉气流在离开燃烧器喷口后能够迅速及时着火、稳定燃烧。

(2) 旋流二次风　燃烧器二次风分为内二次风和外二次风，也称为二次风和三次风。燃烧器风箱为每个 HT-NR3 燃烧器提供二次风和三次风。风箱采用大风箱结构，同时每层又用隔板分隔。在每层燃烧器入口处设有风门执行器，以根据需要调整各层空气的风量。风门执行器可程控操作。二次风和三次风通过燃烧器内同心的二次风、三次风环形通道在燃烧的不同阶段分别送入炉膛。燃烧器内设有挡板用来调节二次风和三次风之间的分配比例。二次风调节结构采用手动形式，三次风采用执行器进行程控调节。三次风通道内布置有独立的旋流装置以使三次风发生需要的旋转。三次风旋流装置设计成可调节的型式，并设有执行器，可实现程控调节。调整旋流装置的调节导轴即可调节三次风的旋流强度。在锅炉运行中，可根据燃烧情况调整三次风的旋流强度，达到最佳的燃烧效果。

(3) 中心风　燃烧器内设有中心风管，其中并布置有点火设备。一股小流量的中心风通过中心风管送入炉膛，以调整燃烧器中心回流区的轴向位置，并提供点火时所需要的根部风。同时中心风还起到油枪冷却、防止高温烟气倒灌和飞灰聚积的作用。

(4) 煤粉浓缩器及稳燃齿环　燃烧器采用了煤粉浓缩器、火焰稳焰齿环。一次风气流的浓淡分离是靠安装于一次风管中的两级锥形煤粉浓缩器来实现的，如图 18-183 所示，并使气流在火焰稳焰齿环附近区域形成一定浓度的煤粉气流，提高煤粉的着火稳定。

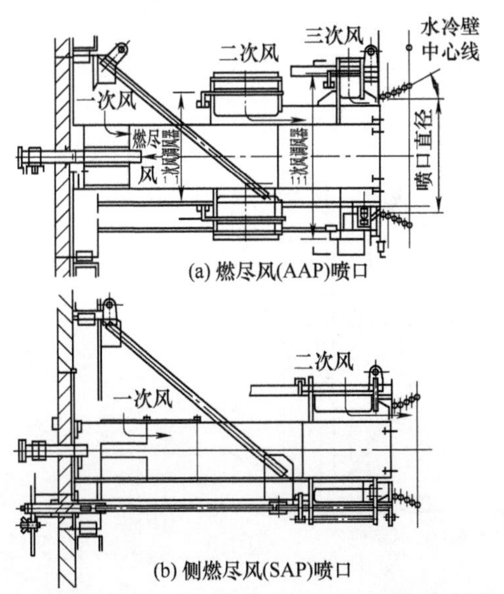

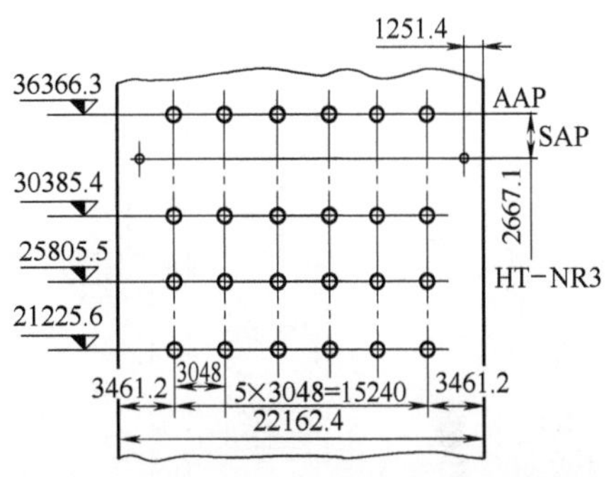

图 18-184　燃尽风喷口

(5) 燃尽风及侧燃尽风 在煤粉燃烧器的上部布置了一层燃尽风喷口（AAP）及侧燃尽风喷口（SAP），燃尽风喷口的结构如图 18-184 所示，其作用是补充燃料后期燃烧所需的空气，同时实现分级燃烧，抑制 NO_x 的生成。在 35～%100% BMCR 工况下可使 NO_x 排放量（标准状态下）不高于 300mg/m^3。

燃尽风喷口由直流一次风、旋流二次风、旋流三次风喷口组成，中心气流是直流气流，直接穿透火焰进入炉膛中心。外围气流是旋转气流，以加强与水冷壁近壁面处的上升烟气进行混合。调节旋流二次风和旋流三次风的挡板，可使燃尽风沿炉膛宽度和深同烟气充分混合。既可保证水冷壁区域呈氧化性气氛，防止结渣；又可保证炉膛中心不缺氧，提高燃烧效率。

邹县电厂 1000MW 机组 DG 3000/26.15 Ⅱ型锅炉采用（HT-NR3 低 NO_x 燃烧器＋AAP＋SAP）燃烧系统，然用 V_{daf}＝39%混煤，实测 NO_x 排放量（标准状态）为 290.4～297.3mg/m^3。

沁北电厂 600MW 机组 DG 1900/25.14 Ⅱ型锅炉采用同上燃烧系统，燃用 V_{daf}＝14.44%贫煤，实测 NO_x 排放量（标态）：1# 炉 421mg/m^3；2# 炉 491mg/m^3。

国内装有 HT-NR3 型燃烧器在 OFA 喷口配合下的烟煤锅炉的 NO_x 排放浓度为 250～350mg/m^3。燃用贫煤时锅炉 NO_x 排放基本在 500～600mg/m^3。

东锅在 HT-NR 燃烧器的基础上研制了自己的低氮旋流燃烧器（OPCC），也广泛地应用在东锅研制的 660MW 墙式燃烧锅炉上。与 HT-NR 燃烧器主要的不同在于一次风煤粉的浓缩结构上。

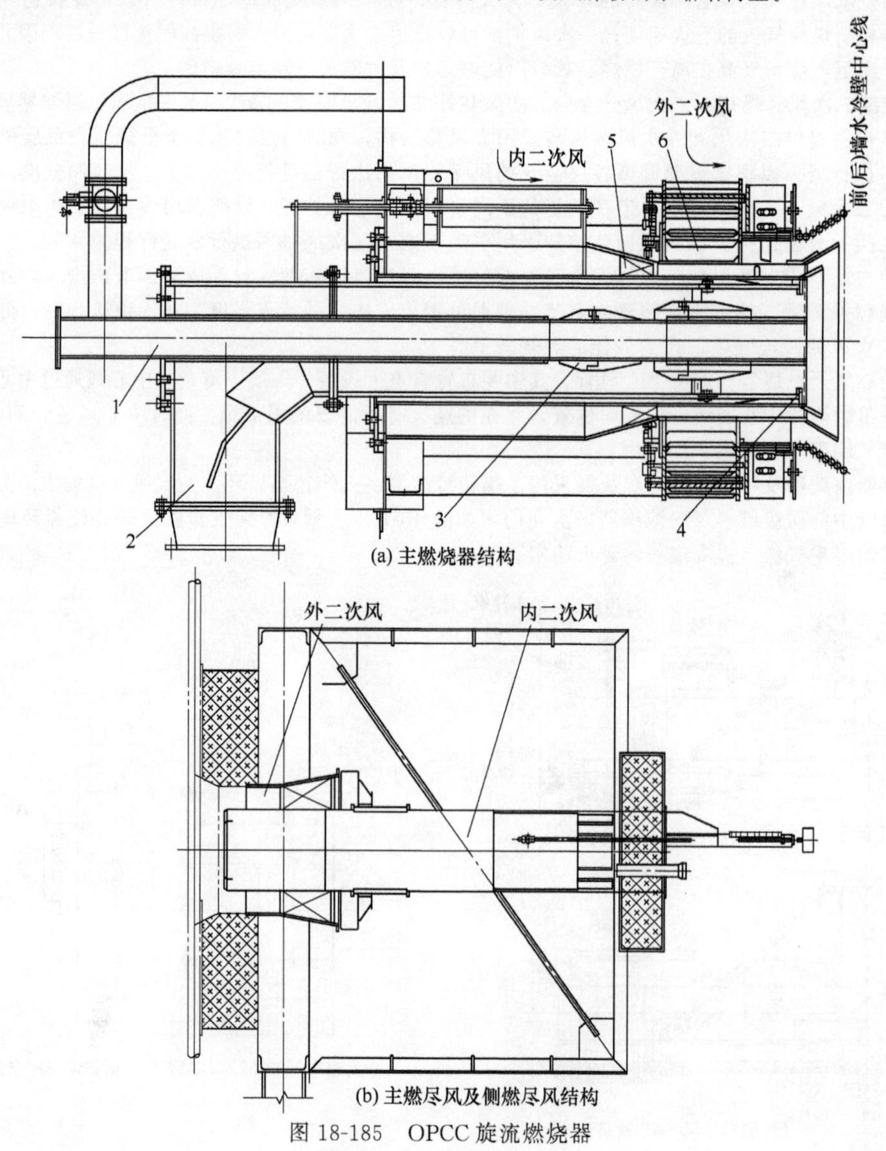

图 18-185 OPCC 旋流燃烧器

1——次风管；2——次风弯头；3—煤粉浓缩器；4—稳燃环；5—内二次风旋流器；6—外二次风叶片

东锅 OPCC 旋流燃烧器主要由一次风弯头，一次风管，煤粉浓缩器，稳燃环，内、外二次风装置（含调风器），燃烧器壳体等组成，见图 18-185。

燃烧器将燃烧用空气分为一次风、内二次风、外二次风和中心风 4 个部分［见图 18-185（a）］。OPCC 旋流燃烧器采用双级径向导流锥体煤粉浓缩器，一次风粉混合物经煤粉浓缩器产生径向分离，形成外浓内淡的径向分布。内、外二次风在燃烧的不同阶段喷入炉内，实现燃烧器的分级送风。一次风管出口处设置稳焰齿环及一、二次风导向锥，可以在喷口附近获得环形回流区和较高的一次风湍动度，以提高燃烧器的低负荷稳燃性能。采用双调风结构，分级供给燃烧用风，内二次风由叶片倾角为 60°的固定旋流器（导叶具有一定角度的锥形叶轮）产生旋流，外二次风由切向叶片产生旋流。内、外二次风量可调，可以获得预期的气流旋流强度和风量大小；内、外二次风风门可手动调节，以保证同一个大风箱内各个燃烧器之间配风均匀和调节燃烧器内的配风，使燃烧器在运行中能达到最佳工况。设置中心风管，通过调节中心风风量为运行油枪提供最佳配风和在燃煤时控制煤粉着火点，防止结渣并获得最佳火焰形状。

OPCC 旋流燃烧器采用稳燃环实现快速点火和高火焰温度，利用双级径向导流锥体煤粉浓缩器实现浓淡燃烧。燃烧器设计的旋流内二次风和旋流外二次风进行分级送风，实现 NO_x 的火焰内还原，以降低 NO_x 排放量。

在煤粉燃烧器的上方布置有主燃尽风（AAP）及侧燃尽风（SAP）喷口，其调风器将燃尽风分为 2 股独立的气流送入炉膛，中心为直流，外圈为旋流［见图 18-185（b）］，外旋流风喷口的扩锥角设计为 25°，旋流叶片角度固定为 60°；外圈气流的旋流强度和 2 股气流之间的风量分配可调。

某电厂 622MW 机组采用 OPCC 燃烧器，燃煤煤质 $A_{ar}=12\%\sim18\%$，$V_{daf}=35\%\sim38\%$，$Q_{net,ar}=21.5\sim23.5$MJ/g，在约 600MW 电负荷情况下 NO_x 排放浓度为 252～294mg/m^3（$O_2=6\%$）。

某 1000MW 机组采用 OPCC 燃烧器，锅炉燃煤煤质 $A_{ar}=16\%\sim21\%$，$V_{daf}=36\%\sim38\%$，$Q_{net,ar}=20.5\sim21.5$MJ/kg，在 799～1000MW 电负荷情况下 NO_x 排放浓度为 235～323mg/m^3（$O_2=6\%$）。

4. 德国 Babcock 双调风旋流燃烧器

德国 Babcock 公司典型的双调风旋流燃烧器及其 NO_x 排放特性示于图 18-186。DS 为 WS 的改进型。其主要组成部件有：点火油枪、中心风管，带有齿环稳燃器和固定旋流叶片的煤粉管、带有可调旋转叶片的内调二次风管，带有固定旋流叶片的外调二次风管和内、外调风的锥形喉管。

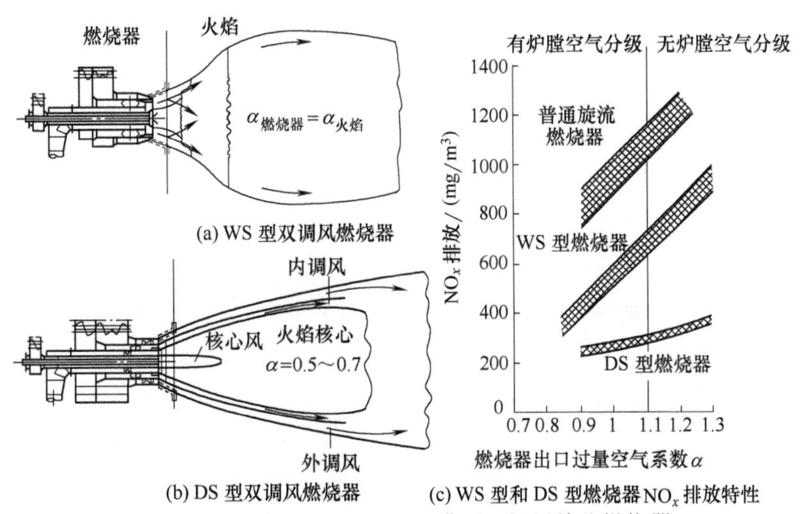

图 18-186 德国 Babcock 公司典型双调风旋流燃烧器

煤粉管内的旋流叶片可将煤粉抛向外侧均匀充满整个断面。煤粉管出口的齿环稳焰器保证在极度缺氧每件下也能实现煤粉早期稳定着火。燃烧器的内、外喉管可防止内、外调二次风过早进入火焰。

由于提前着火可以加快挥发和气化反应，在火焰中心欠氧条件下使氮化合物转化为 N_2，采用锥形喉部结构可以形成稳定的旋流运动，它包裹了内部的火焰核心，从而在外边界形成富氧气氛，有效地防止了水冷壁的腐蚀。通过火焰逐步扩展，在时间和空间上推迟了与氧的混合，抑制了 NO_x 的生成。

山东德州电厂由德国 Babcock 生产的 600MW 机组（5$^\#$、6$^\#$机组），锅炉装有 DS 型低 NO_x 燃烧器（双层 OFA，主燃烧器过量空气系数为 0.9），燃用 $V_{daf}=12.6\%$的晋中贫煤，NO_x 排放量（标准状态）为 800mg/m^3。

5. PAX 燃烧器

PAX 燃烧器（primary air exchange burner）即一次风可置换的燃烧器，见图 18-187。是美国 B&W 公司在旋流分级燃烧器基础上开发出来的。

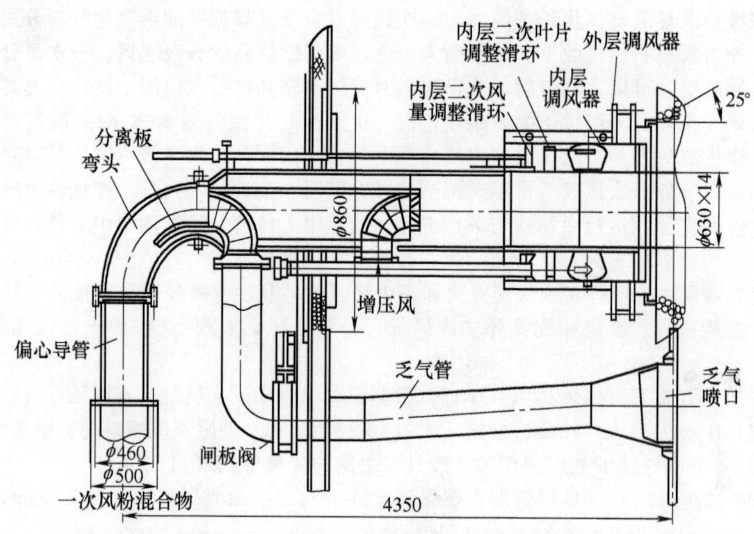

图 18-187　PAX 双调风旋流燃烧器

PAX 燃烧器是在燃烧器的煤粉管道入口端连接一个弯头，煤粉气流通过弯头时，在惯性力的作用下，绝大部分煤粉颗粒被分离出来，集中到燃烧器的一次风管中。这部分浓缩后的煤粉与增压风机送来的热风在一个文丘里管段中均匀混合，并加热煤粉。煤粉气流在进入燃烧器时约为 90℃，在一次风管中加热后煤粉气流的温度可提高到 180℃左右，然后喷入炉膛。经过分离后被抽出的冷一次风气流（乏气）中含有约 10% 的煤粉，这股气流从燃烧器下方的炉壁以一定角度喷入炉内。

PAX 燃烧器配有美国 B&W 公司常规旋流燃烧器的双层调风机构。由于一次风不旋转，回流区主要靠同向旋转的内外两层二次风来形成。内层二次风以轴向导向叶片调节，外层二次风以切向导向板调节。二次风的旋流强度可以调节，内层二次风为弱旋流，风量较小，主要用于点燃；外层二次风为强旋流，风量较大，煤粉着火以后才混入，以利于燃尽。

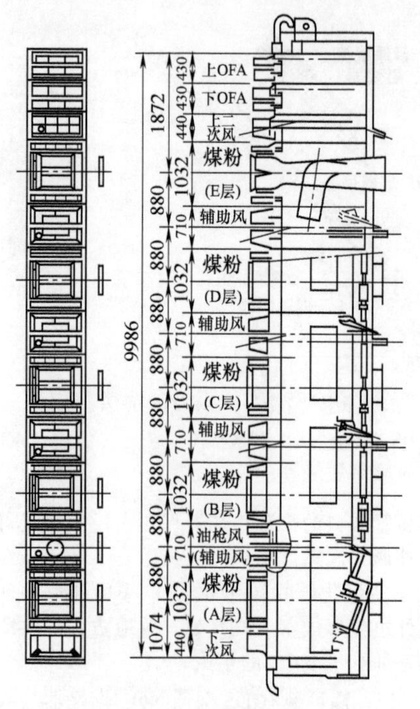

图 18-188　华能福州电厂 CE 型角置直流燃烧器

PAX 燃烧器在我国首先用于新海电厂 B&WB-670/130.7-M 型锅炉，由北京巴布科威尔科斯公司制造。设计煤种为山西贫煤，$w(A_{ar})=25\%$，$Q_{net,ar}=22.9\sim23.5$MJ/kg，$w(V_{daf})=15.64\%$，NO_x 排放量高达 1000mg/m^3 以上。

上安电厂 B&W 950MW、W 型火焰炉燃用 $Q_{net,ar}=23.0$MJ/kg，$w(A_{daf})=16.7\%$ 的煤时，实测 NO_x 排放值为 950～1300mg/m^3，数值偏高。

（四）空气分级直流煤粉燃烧器

1. 原 ABB-CE（后并入 Alstom Power USA，APU 公司）公司分级燃烧系统

在美国各大燃烧设备制造商中，ABB-CE 公司一直致力于低 NO_x 燃烧设备和技术的研究。直流燃烧器四角布置、切圆燃烧是 ABB-CE 的传统燃烧方式，为了满足不断严格的 NO_x 排放限值的要求，ABB-CE 公司自 20 世纪 70 年代起，陆续开发了炉膛整体空气分级燃烧器（OFA），二次风射流偏置的同轴燃烧系统（The Concentric Firing System，CFS）、低 NO_x 同轴燃烧系统（The Low NO_x Concentric Firing System，LNCFS）等低 NO_x 燃烧系统（器）。20 世纪 90 年代初，该公司在美国能源部的支持下，又对 LNCFS 进行重大的改进，开发出最新一代的 TFS2000 燃烧

系统。

(1) 炉膛整体空气分级燃烧器 华能福州350MW机组锅炉燃烧器就是一例，见图18-188。其显著的特点是在每只燃烧器的顶部设有两层CCOFA喷口，运行中将约占入炉总风量15%～20%的助燃空气由此喷口送入炉膛。此时下部主燃烧器区域则处于比传统燃烧方式氧浓度低得多的气氛下（主燃烧器的过量空气系数推荐值为0.8～0.9），这样既可避免过高的峰值温度，减少热力NO_x；也可以抑制燃料氮向NO_x转化，达到总体上控制NO_x的排放。通常NO_x可减少20%～35%。燃尽风的投入并迅速与燃烧产物混合，保证燃料的燃尽。福州电厂在进行燃烧优化调整后，NO_x排放可控制在700mg/m^{3}左右，比燃用相同煤种的传统燃烧器低150～200mg/m^3。

(2) 带偏置二次风的同轴燃烧系统——CFS 这种燃烧系统由原ABB-CE公司开发于20世纪80年代初，有两种形式：一种是二次风射流轴线向水冷壁偏转一定角度，在炉内形成一次风煤粉气流在内，二次风在外的同轴同向双切圆燃烧方式——CFSⅠ；另一种是一次风煤粉气流与二次风射流方向相反的同轴反向双切圆燃烧方式——CFSⅡ。

CFSⅠ的开发主要是为了降低NO_x排放，二次风射流向外偏转后，推迟了二次风与一次风的混合，减少了燃烧初始阶段的供氧量，从而抑制了NO_x的生成。CFSⅠ的关键技术在于二次风的偏转角度，偏转角度大，NO_x排放量下降幅度大，但飞灰可燃物也会增大，合适的偏转角因煤种而异。

试验还发现，二次风向外偏转并未改变一次风射流的轨迹，而且由于改善了水冷壁附近的还原气氛可减轻结渣和高温腐蚀的形成。CFSⅡ的好处在于提高了一次风煤粉气流在炉内的穿透力，并使其远离下方水冷壁，减轻炉内的结渣和积灰。此外，由于一、二次风切圆方向相反，使煤粉和空气的混合加强，过量空气系数可以减小，从而降低NO_x的排放量。

从国内电站锅炉的运行实际看，同轴燃烧系统在燃用优质烟煤时，NO_x排放量<650mg/m^3。华能石洞口第二发电厂2×600MW超临界机组的燃烧器即采用CFSⅠ系统+WR燃烧器，锅炉在满负荷的NO_x排放量（标态）为630mg/m^3，浙江国华浙能发电有限公司2×1000MW机组锅炉燃用$V_{daf}=33.2\%$的烟煤，每角燃烧器分成独立的4组，下面三组为主燃烧器风箱，上面一组为SOFA风箱。主燃烧器风箱一共设有12层煤粉喷嘴，每组4层煤粉喷嘴，6层辅助风喷嘴。煤粉喷嘴四周布置有燃料风（周界风）。在主燃烧器风箱顶部设置有二层紧凑燃尽风（CCOFA），如图18-189所示。

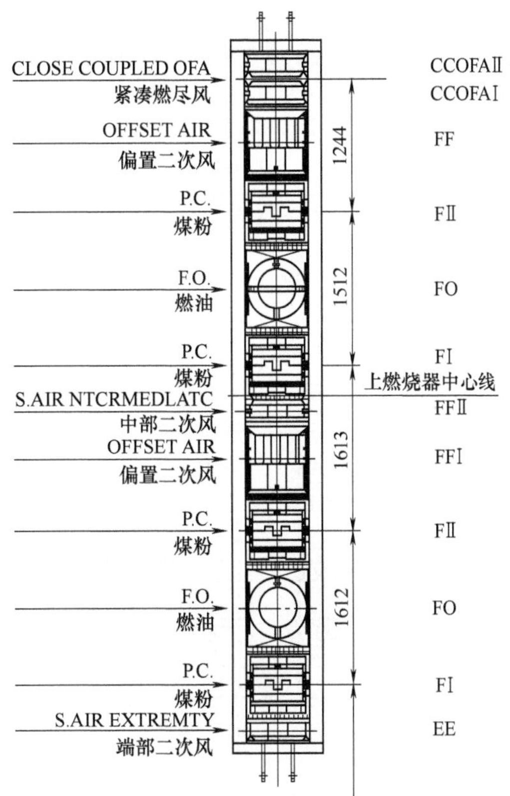

图18-189 主燃烧器单组风口布置

每相邻2层煤粉喷嘴的上方布置了1个组合喷嘴，组合喷嘴由预置水平偏角的偏转二次风喷嘴（CFS）和直吹二次风喷嘴（DFS）组成，如图18-190所示。

燃烧器采用了同轴向的双切圆燃烧方式——CFSⅠ，如图18-191所示。CFS风的射流轴线与一次风之间夹22°的水平方向偏角，各直吹二次风、一次风、燃料风的中心线上下同轴。部分二次风气流（CFS）在水平方向分级，既延迟了一次风射流被二次风的卷吸，也在炉膛水平方向形成中央富燃料区和水冷壁富空气区，即在最关键的挥发分析出和焦炭初始燃烧阶段，降低O_2的浓度，抑制了NO_x的生成。

整体炉膛空气分级和CFSⅠ或CFSⅡ与OFA的组合形式，于1981年出现在美国一台在役机组的改造中，并取得了成功，之后广泛用于原ABB-CE公司制造的锅炉上。

大量的试验结果表明，采用此系统的电站锅炉NO_x排放量比单纯整体炉膛空气分级要低30%～35%，控制好时，现场NO_x可达300～500mg/m^3。

(3) 低NO_x同轴燃烧系统——LNCFS（low NO_x concentric firing system） APU公司的LNCFS低NO_x燃烧技术主要由以下关键技术组成：a. 空气整体分级，使用紧凑燃尽风CCOFA和可以做上下和水平摆动的

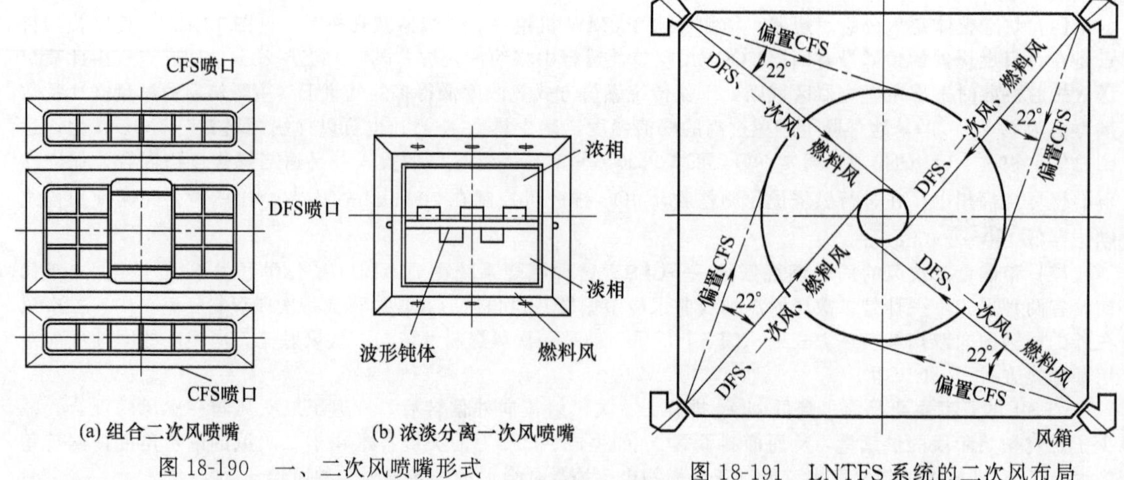

图 18-190 一、二次风喷嘴形式

图 18-191 LNTFS系统的二次风布局

分离燃尽风 SOFA；b. 空气水平分级，加入预置水平偏角的偏置风（offset air）的同轴燃烧系统 CFS（concentric firing system）；c. 使用特别设计的强化着火煤粉喷嘴 EI（enhaced ignition coal nozzle tips）。

20 世纪 90 年代初，在美国能源部的帮助下，APU 公司对 NO_x 同轴燃烧系统（LNCFS）作了改进和完善化试验，发展为 LNCFS-Ⅰ～Ⅲ（low concentric firing system-Ⅰ～Ⅲ）、TFS2000R（tangential firing system 2000 retrofit）等燃烧系统。

LNCFS^{TM} Ⅰ、Ⅱ、Ⅲ级燃烧系统如图 18-192 所示。

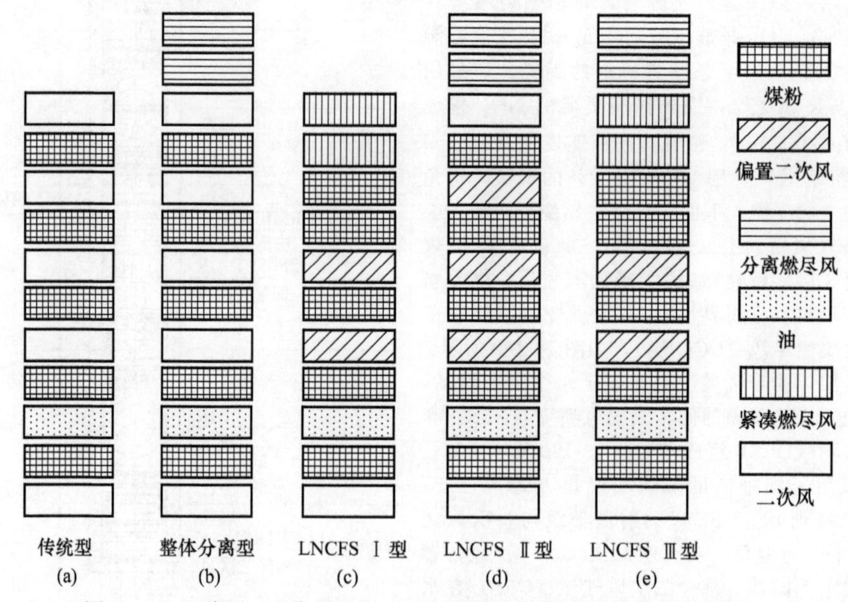

图 18-192 美国 CE 公司 LNCFS 系列低氮燃烧系统燃烧器布置示意

切向燃烧 LNCFS^{TM} 燃烧系统是由 CE 公司早期的低 NO_x 燃烧器发展起来的，它是在 OFA 系统、火焰前端煤粉喷嘴、集中燃烧偏置二次风喷嘴方面进行研究后而获得的低 NO_x 燃烧系统。紧凑型 OFA（CCOFA）和分离型 OFA（SOFA）是 LNCFS^{TM} 燃烧系统的基本手段。OFA 系统的主要设计参数选择是由要求的 NO_x 排放水平、炉膛结构、热输入量、燃料特性及运行状况确定的。手动水平摆动调节 OFA 使每个 OFA 喷嘴能独立调整到在煤粉最后燃尽过程中最充分混合，同时使潜在的 CO 增加被减少到最低限度，这种调节在调试阶段就能完成。

1）低 NO_x 同轴燃烧系统Ⅰ型（LNCFS Level Ⅰ）。在传统角置直流燃烧器的基础上，交换了最上层煤粉喷口与下邻空气喷口的位置，中间的各层空气喷口向外偏转某一角度，形成一次风煤粉气流在内，二次风气流在外的双切圆结构。

2）低 NO_x 同轴燃烧系统Ⅱ型（LNCFS levelⅡ）。在传统角置直流燃烧器的基础上，增设了分离燃尽风喷口（SOFA），中间各层二次喷口偏置。

3）低 NO_x 同轴燃烧系统Ⅲ型（LNCFS levelⅢ）。在 LNCFS LevelⅠ的基础上增设了分离燃尽风喷口（SOFA）。SOFA 一组可以有几只喷嘴，整组喷嘴可以同步上下摆动 30°，左右摆动 15°。整个试验工作历时 10 年，试验结果是：以传统的角置直流燃烧器 750mg/m^3 的排放量（标态）为基准，Ⅰ型、Ⅱ型的排放量（标态）为 480mg/m^3，下降 37%；Ⅲ型的排放量（标态）为 418mg/m^3，下降 45%。

(4) TFS2000 燃烧系统　在上述试验的基础上，原 ABC-CE 公司又开发了最新一代的 TFS2000 燃烧系统（见图 18-193），并已用于新设计的电站锅炉。TFS2000 燃烧系统实际上是控制空气送入智能化的一种空气分级燃烧技术，与低 NO_x 同轴燃烧系统Ⅲ型（LNCFS-Ⅲ）并无本质上的区别。中国台湾燃用烟煤的马廖电厂 600MW 机组锅炉，就是采用这种，其 NO_x 排放值（标态）可降到 300mg/m^3。

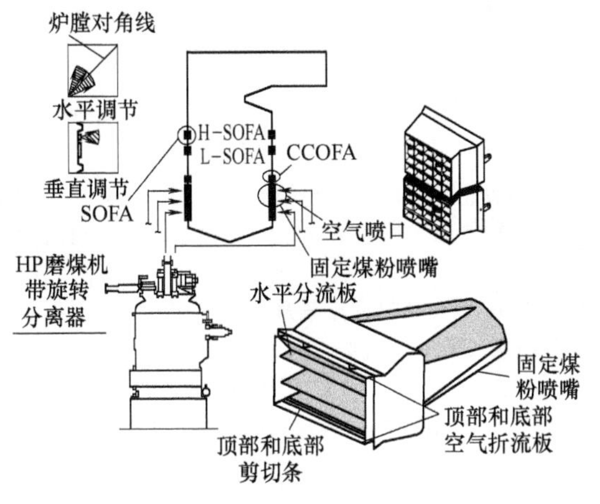

图 18-193　TFS2000^{TM} 燃烧系统

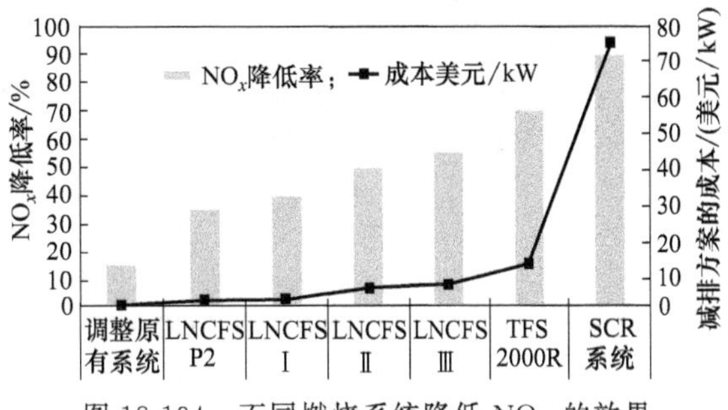

图 18-194　不同燃烧系统降低 NO_x 的效果

试验结果和长期实践表明 LNCFS 的技术特点如下。

① 降低 NO_x 排放量效果十分明显。图 18-194 为各种减排系统的减排效果。

② LNCFS 具有较好的煤粉燃尽特性。煤粉的早期着火提高了燃烧效率。LNCFS 通过在炉膛的不同高度布置 CCOFA 和 SOFA，将炉膛分成三个相对独立的部分，即初始燃烧区、NO_x 还原区和燃烧燃尽区。通过优化每个区域的过量空气系数、CCOFA 风量和 SOFA 风量的分配以及总的过量空气系数，在有效降低 NO_x 排放量的同时，能最大限度地减少对燃烧效率的影响。

APU 公司采用可水平摆动的分离燃尽区（SOFA）设计，能有效地调整 SOFA 和烟气的混合过程，降低飞灰含碳量和一氧化碳含量。

另外，在每个主燃烧器最下部采用火下风（UFA）喷嘴设计，即通入部分空气，以降低大渣含碳量。这样的设计对 NO_x 的控制很有利。

③ LNCFS 有利于防止炉内结渣和高温腐蚀。LNCFS 采用预置水平偏角的辅助风喷嘴（CFS）设计，在燃烧区域及上部四周水冷壁附近形成富空气区，能有效防止炉内结渣和高温腐蚀。燃尽风设计降低了炉内尖峰热流，降低了炉内烟气温度，也有利于减少结渣。

④ LNCFS 具有不投油低负荷稳燃能力。LNCFS 设计的理念之一是使煤粉早期着火，多种强化着火（EI）的煤粉喷嘴能提高锅炉不投油低负荷稳燃能力。

强化着火煤粉 EI 喷嘴（enhanced ignition coal nozzle tips）是由 APU 公司开发的一类使燃烧器在一定的距离内快速着火，挥发分在富燃料的区域内快速燃烧，降低 NO_x 的排放量，同时延长焦炭燃烧时间，以尽可能地减少未燃尽碳损失的燃烧器。满足美国环保协会第二阶段要求的煤粉喷嘴 P2，即 phase2 coal nozzle tips，就是其中一种。这种燃烧器主要用于已经投入运行的锅炉改造。

⑤LNCFS 对燃烧系统的改进，能减少和调整采用切向燃烧的燃煤锅炉炉膛出口烟温偏差。APU 公司在新设计的锅炉上已经采用可水平摆动调节的 SOFA 喷嘴设计，来控制炉膛出口烟温偏差。该水平摆动角度在热态调整时确定后就不再调整。

EI 强化着火煤粉喷嘴（燃烧器喷嘴结构如图 18-195 所示）是 LNCFST^{MT} 和 TFS2000^{TM}R 系统控制 NO_x 生成的一个重要手段，它使燃料脱挥发分过程在缺氧环境中进行，即减少快速反应型 NO_x 和燃料型

NO_x。传统的燃烧系统煤粉脱挥发分是在富氧环境中，燃料中释出的氮与充足的氧快速反应生成氮氧化物，而 LNCFS™ 和 TFS2000™R 燃烧系统是在紧靠煤粉喷嘴出口火焰前端使煤粉快速脱挥发分。这样不仅可以控制 NO_x 排放，而且在燃烧过程中煤粉较早被点燃可以提高火焰稳定性，减少未燃尽碳损失。对于不同的燃料其火焰前端控制位置也不同。

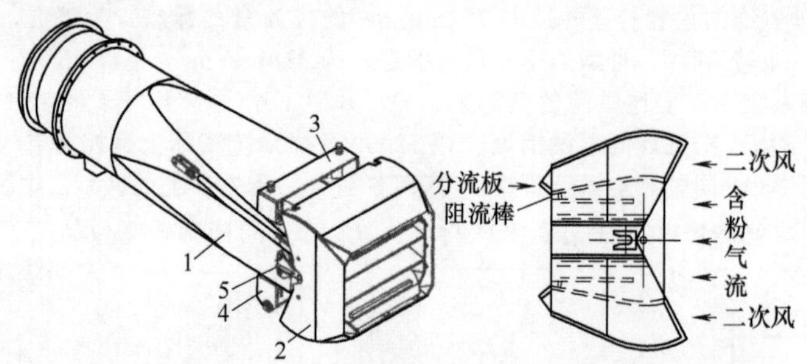

图 18-195 EI强化着火煤粉喷嘴

1——一次风喷管；2——一次风喷嘴；3——一次风管支撑件（上）；4——一次风管支撑件（下）；5—支撑板

偏置二次风喷嘴是使一部分二次风射流方向偏离集中燃烧的假想切圆，削弱初级燃烧阶段的化学反应程度。这种喷嘴可以根据需要独立水平调节，使水冷壁面保持氧化性气氛，既可减少水冷壁结渣，同时也可以减少由于削弱燃烧器区域化学反应程度而引起的其他潜在问题。

LNCFS™ 燃烧系统的不同等级和 TFS2000™R 燃烧技术的另一个主要特点是采用不同的 OFA 与主燃烧器相结合。LNCFS™ 开发于 20 世纪 70 年代，主要用于改造无 OFA 的锅炉，相对而言，其改造工作量小、成本也低；现场试验和实验证明 LNCFS™ 采用了分离型 OFA，其减少 NO_x 排放效果更佳，当然其成本也有所增加；LNCFS™ 将紧凑型 OFA（CCOFA）和分离型 OFA（SOFA）相结合，其优点是可以灵活地调节二者风量分配，而且能帮助减少 CO 的生成和未燃尽炭损失，特别是克服燃烧灰熔点较低燃料时顶部炉膛结渣。

TFS2000™R 燃烧技术是将精确的炉膛化学反应控制、磨制煤粉细度控制、初级燃烧过程控制和 CFS™ 集中燃烧完整结合在一起，达到对 NO_x 生成、未燃尽炭损失和 CO 生成的最佳控制。炉膛化学反应程度还依赖于炉膛燃烧温度水平。炉膛容积热负荷高的锅炉，其热反应型 NO_x 生成量一定高。有资料证明，LNCFS™ 燃烧系统和 TFS2000™R 燃烧技术能够减少四角切圆燃烧普遍存在的炉膛顶部烟温偏差现象。采用 LNCFS™ 燃烧系统不同等级而获得减少 NO_x 生成的结果表明，采用分离型 OFA（SOFA），其减少 NO_x 生成的程度要大于单纯组合型 OFA（CCOFA）。

2. 上海锅炉厂低 NO_x 煤粉燃烧技术

上海锅炉厂由 20 世纪 80 年代开始在消化吸收引进技术的基础上进行低 NO_x 煤粉燃烧技术方面的开发设计工作，多年来开发了多种低 NO_x 煤粉燃烧技术，从第 1 代同心切圆燃烧系统发展到第 3 代高级复合空气分级低 NO_x 燃烧系统，参见表 18-71。

表 18-71 上锅低 NO_x 煤粉燃烧技术

阶段	低 NO_x 煤粉燃烧技术	开发时间	燃烟煤最低 NO_x 排放目标值（标态，O_2=6%）/(mg/m³)
第 1 代	同心切圆燃烧系统	1987 年	250
第 1.5 代	带紧凑燃尽风(CCOFA)的同心反切圆燃烧系统	2001 年	160
第 2 代	引进型低 NO_x 切向燃烧系统 LNCFS	2003 年	145
第 2.5 代	复合空气分级低 NO_x 燃烧系统	2006 年	137
第 3 代	高级复合空气分级低 NO_x 燃烧系统	2011 年	120(估计)

(1) 同心切圆燃烧系统 20 世纪 80 年代，上锅对四角切向燃烧直流煤粉燃烧器的一、二次风的射流不再以同一垂直平面进入炉膛，如图 18-196 所示，而是以同心相切的两个大小切圆方向进入炉膛。

辅助风（二次风）以与一次风煤粉射流偏离一定角度（22°）喷入炉膛，降低了从角上燃烧器出来的平行一次风煤粉射流与二次风射流之间的混合速度。因此，着火和部分挥发物的析出是在缺氧的主燃烧区发生，这样大部分燃料氮化合物是在总的富燃料条件下析出，可以控制燃料氮生成 NO_x 的趋势；根据二次风射流的旋转方向与一次风射流旋转方向相同或相反，又分为同心正切圆燃烧系统和同心反切圆燃烧系统。我国在20世纪80～90年代引进的石洞口二厂600MW超临界锅炉和广东沙角C厂660MW亚临界控制循环锅炉采用同心正切圆燃烧系统。上锅设计制造的吴泾、外高桥等300MW亚临界控制循环锅炉采用同心反切圆燃烧系统。

电厂试验结果表明通过利用22°的偏置辅助风，与传统燃烧方式相比，同心切圆燃烧系统的NO_x排放量能够降低20%左右。

20世纪90年代上锅对吴泾600MW亚临界控制循环锅炉燃烧设备采用对冲同心正反切圆燃烧系统。用启转二次风偏置角替代了传统的假想切圆概念，即一次风（包括燃料风）的假想风切圆直径接近于0。下部风箱的辅助风形成正切的假想切圆，而上部风箱的辅助风和燃尽风则形成反切的假想切圆，见图18-197。

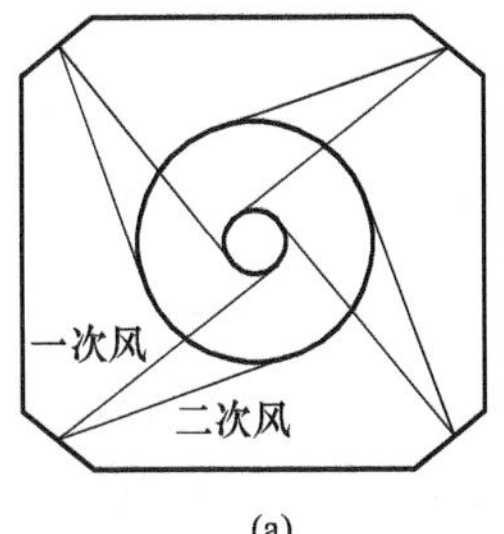

(a)

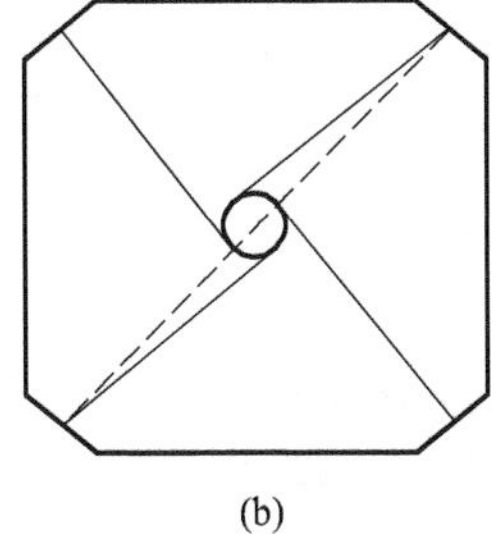

(b)

图18-196　同心切圆燃烧系统和标准切圆燃烧系统

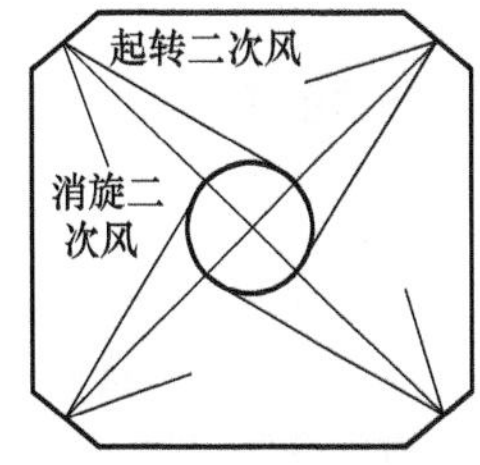

图18-197　对冲同心正反切圆燃烧系统

由于一次风刚性比二次风弱，炉内切圆方向取决于启转二次风的设计参数，因此仍能形成稳定的燃烧工况，同时正切的辅助风仍保留了上述同心切圆燃烧系统的优点，通过上部辅助风和燃尽风的反切则起到了减弱炉膛出口旋流强度的作用。

吴泾电厂600MW亚临界控制循环锅炉，燃用神华混煤，在240～600MW负荷状态下，实测NO_x排放量（标态）为308～514mg/m^3。

(2) 带紧凑燃尽风（CCOFA）的同心反切圆燃烧系统　进入21世纪后提高了对NO_x减排的要求，为此上锅开发了带紧凑燃尽风的同心反切燃烧系统。在燃烧器上部布置紧凑燃尽风喷口，如图18-198所示。该系统首先在谏壁电厂300MW亚临界控制循环锅炉上得到采用，试验表明NO_x排放量（标态）为329.3mg/m^3。

(3) 引进型低NO_x切向燃烧系统LNCFS　2003年上锅引进了美国Alstom公司的600MW超临界锅炉技术，采用低NO_x切向燃烧系统（LNTFS^{TM}），即摆动式四角切圆CFS型低NO_x同轴燃烧系统，其主要组件为紧凑燃尽风（CCOFA）、可水平摆动的分离燃尽风（SOFA）、预置水平偏角的辅助风喷嘴及强化着火（EI）煤粉喷嘴。相邻两层煤粉喷口间布置一组辅助风喷嘴，其中包括上下2只CFS喷嘴和中间的1只直吹风喷嘴（见图18-189）。在主风箱上部设有2层CCOFA喷嘴，在主风箱下部设有1层火下风（UFA）喷嘴。

整套燃烧系统包括制粉系统、煤粉喷嘴以及多层辅助风（CFS，CCOFA和SOFA）系统。

上海锅炉厂采用引进型低NO_x切向燃烧系统LNTFS部分电厂机组NO_x排放见表18-72。

(4) 复合空气分级低NO_x燃烧系统　上锅的复合空气分级低NO_x燃烧技术有效地将轴向分级燃烧和径向分级燃烧进行复合，在保证低NO_x排放的同时，能够有效保证近水冷壁区域的氧量，防止炉膛结渣和高温腐蚀，又可保证锅炉燃烧的经济性和可靠性。轴向分级燃烧指在距燃烧器上方一定位置处开设一层或多层燃尽

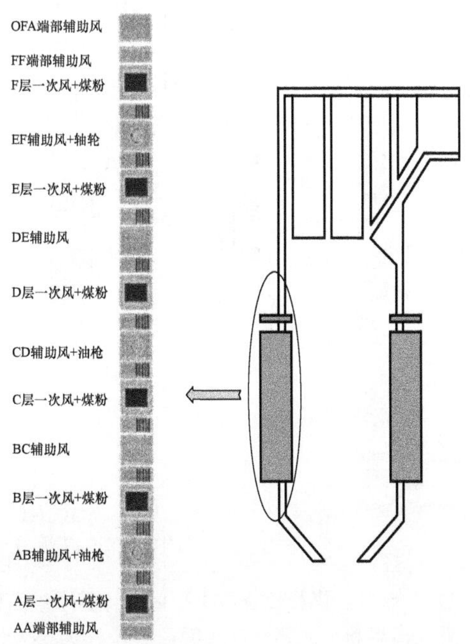

图18-198　带CCOFA的同心反切圆燃烧系统

表 18-72 上锅引进型低 NO_x 切向燃烧系统 LNCFS 部分机组 NO_x 排放值

电厂名称	锅炉容量等级	煤种	NO_x 排放($O_2=6\%$)/(mg/m^3)
外高桥	1000MW 超超临界	神华煤	220
北疆	1000MW 超超临界	烟煤	280
阳西	600MW 超临界	神华煤	190
彬长	600MW 超临界	神华煤	240
望亭	600MW 超超临界	烟煤	220
可门	600MW 超临界	神华煤	180
珠海	600MW 超临界	神华煤	183
乐清	600MW 超临界	神华煤	200
黄骅	600MW 超临界	神华煤	170
太仓	600MW 超临界	神华煤	145

风喷口，将助燃空气沿炉膛轴向（即烟气流动方向）分级送入炉内，使燃料的燃烧过程沿炉膛轴向分级分阶段进行。径向分级燃烧指将二次风射流轴线向水冷壁偏转一定角度，形成一次风粉气流在内，二次风在外的径向分级燃烧。

外高桥 300MW 锅炉改造后，在低氮燃烧自动控制投运条件下 NO_x 排放浓度由改造前的 650mg/m^3 下降为 350mg/m^3，NO_x 最低排放浓度可达 240mg/m^3。上锅复合空气分级低 NO_x 燃烧系统在部分电厂 NO_x 的排放值列于表 18-73。

表 18-73 上锅复合空气分级低 NO_x 燃烧系统 NO_x 排放值

电厂名称	锅炉容量等级	煤种	NO_x 排放/(mg/m^3)	完成日期
外高桥一厂	300MW 亚临界	神华煤	240	2006
石洞口一厂	300MW 亚临界	烟煤	230	2009
河南禹龙	660MW 超超临界	贫煤	398	2009

(5) 高级复合空气分级低 NO_x 燃烧技术 如图 18-199 所示。主要是为建立早期稳定着火和深度空气分段燃烧实现 NO_x 排放值大幅降低。采用高位分离燃尽风、低位分离燃尽风两段式深度空气分级将炉膛划分为 4 个区域。

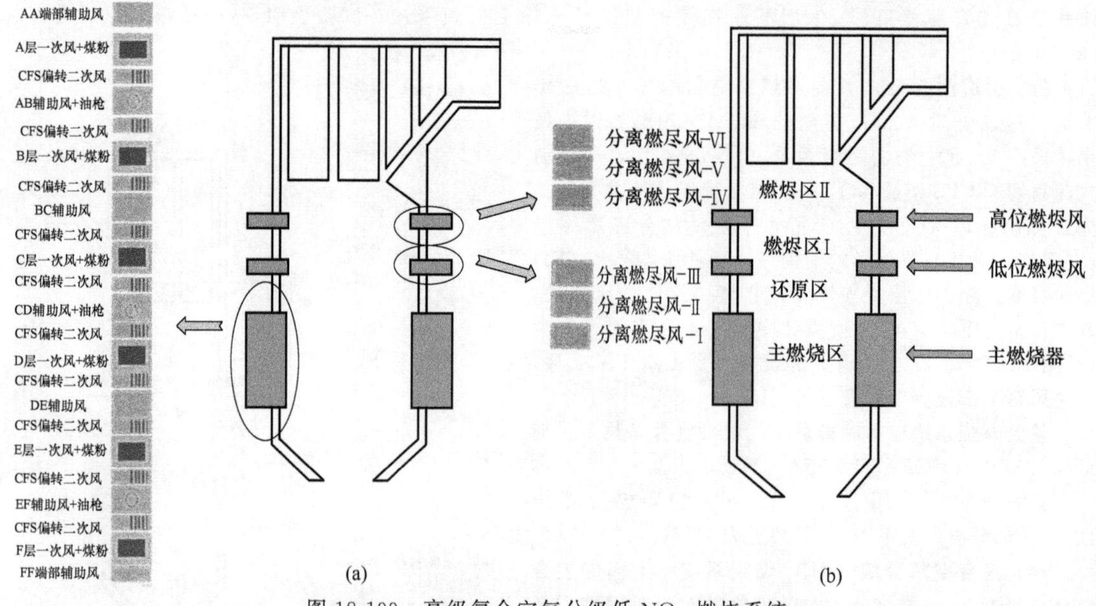

图 18-199 高级复合空气分级低 NO_x 燃烧系统

1）主燃区：煤粉燃烧的主要区域，整个炉膛的大部分热量在该区被释放出来，煤粉在主燃区着火、燃烧，释放出煤粉中大部分氮元素，生成 NO_x 及 HCN/NHI 等中间产物。

2）还原区：主燃烧器上部到低位分离燃尽风之间的区域，主燃区生成的 NO_x 与 HCN/NHI 等中间产物发生还原。

3）燃尽区Ⅰ：部分分离燃尽风喷射进入炉膛，促进煤粉的进一步燃烧，同时保持该区域还原性气氛，抑制并还原该区域 NO_x。

4）燃尽区Ⅱ：剩余的分离燃尽风喷入炉膛，并在该区造成富氧状态，以促进所有剩余煤粉的燃尽。

采用第3代高级复合空气分级低 NO_x 燃烧系统进行改造的台山电厂2号机组600MW锅炉，NO_x 排放量由改造前 350 mg/m³ 降到 121 mg/m³。

（五）对锅炉低氧燃烧技术的要求

在美国和欧洲电厂脱 NO_x 技术中，锅炉炉内措施包括先进的低 NO_x 燃烧器、两级燃烧、再燃烧（煤粉和气体燃料）、磨煤机升级等。各种低 NO_x 燃烧技术所能达到的 NO_x 排放水平列于图 18-200。

据国内调查统计，上海锅炉厂、武汉锅炉厂、哈尔滨锅炉厂、北京巴威锅炉厂和四川东方锅炉厂对2003年以来生产的共322台燃煤发电锅炉配用了先进的低氮燃烧装置，其氮氧化物排放浓度见表 18-74。

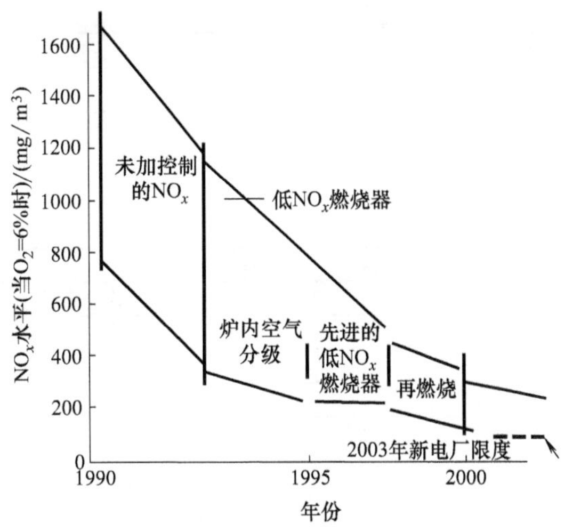

图 18-200 炉内降氮技术的 NO_x 排放量水平（烟煤）比较

表 18-74 电厂锅炉 NO_x 排放浓度调查统计表

炉型	燃烧器布置方式		NO_x 排放浓度(标准状态)/(mg/m²)				
			烟煤	褐煤	贫煤	无烟煤	煤矸石
煤粉炉	切圆	范围					
		平均值	250～450		450～650		
	墙式	范围	348	450	576	1100	
		平均值	300～450		450～500		
	W火焰	范围	382		496		
		平均值				1100	
循环流化床锅炉	范围		150～210		200～250	190～200	200～240
	平均值		199	350	217	198	216

综上所述，根据 NO_x 控制机理和大量的调研数据，为了确保达标和超低排放，煤粉炉应采用低氮燃烧技术，主要包括低氮燃烧器、空气分级、燃料分级或低氮燃烧联用等技术。在充分发挥烟气脱硝装置的基础上通过降低炉内 NO_x 的生成量，减轻炉后烟气脱硝压力已成为一种必然的选择。《燃煤电厂超低排放烟气治理工程技术规范》对炉内 NO_x 控制推荐值列于表 18-75。

表 18-75 低氮燃烧锅炉炉膛出口 NO_x 推荐控制值（HJ 2053—2018）

燃烧方式	煤种		锅炉容量/MW	低氮燃烧技术推荐控制值(标准状态)/(mg/m³)
切向燃烧	无烟煤		—	950
	贫煤		—	600①
	烟煤	$20\%\leqslant V_{daf}\leqslant 28\%$	≤100	400
			200	370
			300	320
			≥600	310
		$28\%\leqslant V_{daf}\leqslant 37\%$	≤100	320
			200	310
			300	260
			≥600	220
		$37\%<V_{daf}$	≤100	310
			200	260
			300	220
			≥600	220

续表

燃烧方式	煤种		锅炉容量/MW	低氮燃烧技术推荐控制值（标准状态）/(mg/m^3)
切向燃烧	褐煤		≤100	310
			200	260
			300	220
			≥600	220
墙式燃烧	贫煤		所有容量	670
	烟煤	20%≤V_{daf}≤28%		470
		28%≤V_{daf}≤37%		400
		37%<V_{daf}		280
	褐煤			280
W火焰燃烧	无烟煤			1000
	贫煤			850
CFB	烟煤、褐煤			200
	无烟煤、贫煤			150

① 原文件中为900，恐有误。

某些地方标准提出了更加严格的要求，如山东省《煤粉锅炉低氮燃烧技术性能规范》规定了锅炉采用低氮燃烧技术炉膛NO_x排放浓度和脱硝效率要求：a. 对于采用低氮燃烧技术改造的锅炉，改造设计煤质收到基灰分A_{ar}≤20%时，BRL工况脱硝效率和炉膛NO_x排放浓度推荐值见表18-75；b. 对于新建锅炉，设计煤质收到基灰分A_{ar}≤20%时，BRL工况炉膛NO_x排放浓度宜不高于表18-76中推荐值；c. 当锅炉设计煤质或改造设计煤质收到基灰分20%<A_{ar}≤30%时炉膛NO_x排放浓度推荐值可增加10%，A_{ar}>30%时炉膛NO_x排放浓度推荐值可增加20%。

表18-76 脱硝效率和炉膛NO_x排放浓度推荐值（DB 37/T ×××××—××××）

燃烧方式	煤质		脱硝效率/%	锅炉容量等级/(t/h)	炉膛NO_x排放浓度/(mg/m^3)
切向燃烧	无烟煤		≥30	—	≤850
	贫煤		≥35	—	≤500
	烟煤	20%<V_{daf}≤28%	≥40	480及以下	≤400
				670	≤350
				1000	≤320
				1900及以上	≤280
		28%<V_{daf}≤37%	≥55	480及以下	≤300
				670	≤280
				1000	≤240
				1900及以上	≤200
		V_{daf}>37%	≥65	480及以下	≤280
				670	≤240
				1000	≤200
				1900及以上	≤180
	褐煤		≥65 50①	480及以下	≤300 ≤320①
				670	≤260 ≤280①
				1000	≤200 ≤220①
				1900及以上	≤200 ≤220①

续表

燃烧方式	煤质		脱硝效率/%	锅炉容量等级/(t/h)	炉膛 NO_x 排放浓度/(mg/m^3)
墙式燃烧	无烟煤		—	—	—
	贫煤		30	—	≤650
	烟煤	20%<V_{daf}≤28%	35	—	≤450
		28%<V_{daf}≤37%	45	—	≤380
		V_{daf}>37%	50	—	≤260
	褐煤		50	—	≤260
W火焰燃烧	无烟煤		20	—	≤900
	贫煤		30	—	≤800

① 风扇磨直吹式制粉系统锅炉推荐该值。

四、再燃烧（炉内）NO_x 还原技术

（一）再燃烧技术原理

再燃烧技术又称炉内燃料分级或炉内 NO_x 还原技术（infurnace NO_x reduction，IFNR）。它是利用 NO_x 还原反应原理发展起来的一项非常有效的低 NO_x 燃烧技术。早在 1950 年，Party 和 Engel 就发现甲烷可以将 NO 还原为 HCN。Drummond 也于 1969 年报道了甲烷对 NO 和 N_2O 具有还原作用。1973 年 Wendt 等通过试验发现，将甲烷在电站锅炉主燃烧区的下游（紧邻主燃烧区）作为再燃燃料喷入炉内，可有效地使 NO_x 的排放降低 50%，并首先提出再燃（reburning）这个概念。

炉内还原（IFNR）或（MACT）法，是直流燃烧器在炉膛内同时实施空气和燃料分级的方法。这一技术很快引起欧洲、北美和日本的普遍关注。此后便逐步得以产业化。在日本，首先是三菱重工，在新建大型电站锅炉上采用称为 MACT（Mitsubishi Advanced Combustion Technology）的三菱先进燃烧技术。如 Nakoso 电厂两台 600MW 电站锅炉设计燃用 70%油和 30%煤通过燃烧改进和采用 IFNR 方法，将 NO_x 排放（标态）降至 120mg/m^3；其次是川崎的 KVC 大容积燃烧技术等。在德国，除了巴布科克（Babcock）的 IFNR 外，还有斯坦米勒（Steinmüller）的 NO_x-RIF 技术，美国从事链条炉，旋风炉及一般煤粉炉再燃烧技术设计和改造工程的能源与环境研究公司（EER）。另外，美国在几处示范装置取得的效果也较为令人满意，NO_x 的降低率为 58%～77%，并且未出现大的运行和维护问题。EER 公司拟将该技术在多台旋风炉投入商业运行。这种方法操作容易，费用远远低于 SCR 法，与其他先进的手段结合，可使 NO_x 排放量下降 80%左右，是目前在发达国家颇受青睐的炉内低 NO_x 燃烧方法。

由氮氧化物的形成机理可知，已生成的 NO 在遇到烃根（CH_i）和未完全燃烧产物（CO、H_2、C_nH_m）时，会发生 NO 还原反应。这些反应的方程式为：

$$4NO+CH_4 \longrightarrow 2N_2+CO_2+2H_2O$$

$$2NO+2C_nH_m+\left(2n+\frac{m}{2}-1\right)O_2 \longrightarrow 2N_2+2nCO_2+mH_2O$$

$$2NO+2CO \longrightarrow N_2+2CO_2$$

$$2NO+2C \longrightarrow N_2+2CO$$

$$2NO+2H_2 \longrightarrow N_2+2H_2O$$

图 18-201 为再燃技术原理示意。再燃技术是一种三段燃烧方式，即沿炉膛高度，自下而上依次分为主燃区、再燃区和燃尽区。主燃区投入 70%～90%的燃料，在空气过量系数 $\alpha>1$ 的条件下燃烧，其余 10%～30%的燃料作为还原剂在主燃烧器的上部某一合适位置喷入形成再燃区；再燃区空气过量系数 $\alpha<1$，形成二次燃料欠氧燃烧的低 NO_x 还原区段，再燃区不仅使已生成的 NO_x 得到还原，同时还抑制了新的 NO_x 生成，进一步降低 NO_x；再燃区上方布置燃尽风以形成燃尽区，保证再燃区出口的未完全燃烧燃尽，尽管再燃区又有少量的 NO_x 生成，但 NO_x 的生成总量还是得到了明显的降低。同其他燃烧技术比较，再燃技术可大幅降低 NO_x 的排放，一般可使 NO_x 排放质量浓度降低 50%以上，而低过量空气系数、空气分级燃烧技术和浓淡燃烧技术只有 10%～30%。这是因为 NO_x 技术形成的再燃区比低过量空气系数运行技术、空气分级燃烧技术和浓淡燃烧技术建立的低过量空气系数区或富燃区还原性气氛稳定，NH_i、CH_i、CO 质量浓

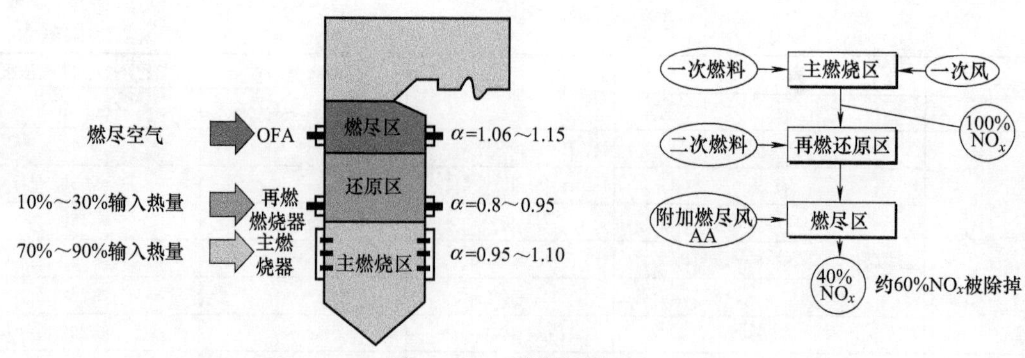

图 18-201 再燃技术原理

度较高，烟气在还原区的停留时间较长，这些条件都有利于 NO_x 的还原。再燃燃料可以是气体（天然气、焦炉煤气）、液体（水煤浆、重油）和固体（煤、生物质燃料）。

20 世纪 80 年代，美国等多个国家开始在试验台进行再燃技术试验研究，随后进行中试试验。90 年代初开始在现役锅炉上展开工业示范工作。这些示范包括煤粉再燃、天然气再燃、超细煤粉再燃，并在旋风燃烧、墙式燃烧、切圆燃烧锅炉上取得成功。

但相比之下，天然气再燃要比超细煤粉再燃的脱硝效率高些。

国外的 NO_x 再燃技术绝大多数是采用天然气作为再燃燃料。由于天然气含氮量低，在燃烧中较少会产生新的 NO_x，而燃烧后却可以产生较多的 CH_i 离子团。研究表明，气体烃燃料还原 NO_x 的能力随着烃分子中碳原子数目的增加而增加，有利于再燃区 NO_x 的还原。同时，天然气着火、燃尽特性好，未完全燃烧损失小。但天然气是一种价格相对昂贵的燃料，对于大多数的燃煤电厂来说，使用天然气作为再燃燃料，需要增加新的系统，设备初投资比较大，而且运行成本较高。而煤粉在燃煤电厂中却是方便易得，用它作再燃燃料不仅可以取得较佳的效果，还会获得较高的经济效益。

我国发展再燃低 NO_x 燃烧技术，要充分考虑中国能源结构的特点和现阶段中国经济发展的水平。我国是一个以煤为主要一次能源的国家，因此在我国的燃煤电厂采用煤粉作为再燃燃料具有现实意义。

但若采用常规粒度煤粉作为再燃燃料时，由于燃料在炉内停留时间相对较短，容易造成 NO_x 的还原率低，飞灰含碳量增加，锅炉燃烧效率下降等问题。因此对于电站煤粉锅炉采用煤粉作为再燃燃料，必须将再燃燃料的煤粉进行超细化处理（体积平均粒径达到 20μm 以下）。此时，其物理结构及燃烧特性都会发生变化。随着煤粉粒径减小，其表面积显著增加，可提供更大的燃烧反应面积；超细煤粉较常规粒度煤粉着火提前，也更易燃尽；超细煤粉反应活性的增加，加快了挥发分析出速度，使其在燃烧初期较常规粒度的煤粉更易形成还原气氛，延长了烟气在还原区的停留时间；超细煤粉煤焦比表面积的增加，也增加了还原 NO_x 的能力，这些都有利于 NO_x 还原，降低 NO_x 排放。因此，采用超细煤粉作为再燃燃料，不仅可降低再燃煤粉的不完全燃烧损失，还可提高煤粉再燃还原 NO_x 的效率。

国外研究表明，采用超细煤粉再燃，一般情况下可以使 NO_x 排放浓度降低 50%～70%，尤其对于燃煤锅炉，其再燃燃料种类与一次燃料相同，无需考虑双重燃料燃烧和输送的问题，因此采用超细煤粉的再燃技术，无论在技术改造、设备配置还是在脱硝效率上均可与天然气再燃媲美。另外，考虑到我国的经济条件和资源条件，采用超细煤粉再燃降低 NO_x 具有相当大的应用前景。

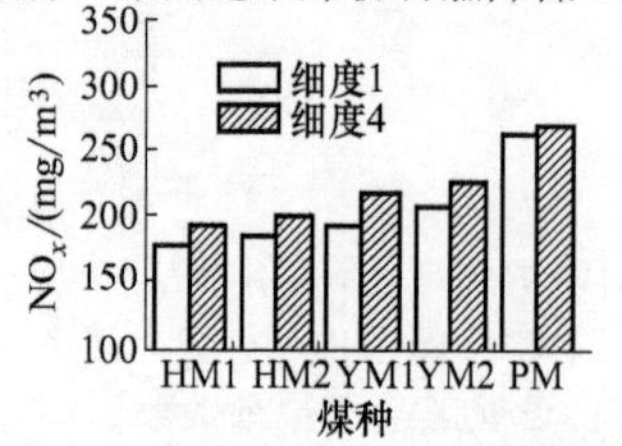

图 18-202 煤种对 NO_x 排放量的影响（后面各图的煤种符号与此相同）（工况：再燃温度 1200℃，再燃量 20%，再燃区停留时间 0.55s）HM1，HM2——褐煤；YM1，YM2——烟煤；PM——贫煤

（二）影响超细煤粉再燃的因素

目前国内外采用细煤粉作为再燃燃料来降低 NO_x 排放的电站锅炉并不多。这是因为细煤粉的再燃会遇到许多技术上的限制，其中主要的问题包括：燃料的挥发分含量、再燃区温度、烟气在再燃区的停留时间、细粉制备、非均相混合以及配风系统等。

(1) 不同煤种对再燃效果的影响 在煤粉挥发分中含有 CH_4、C_nH_m、CO 等化合物，这些化合物在还原性气氛下对 NO_x 具有还原作用。对于不同煤种，CH_4、C_nH_m、CO 等化合物含量不同，因而具有不同的还原效果。高挥发分煤种的再燃效果较好，而低挥发分煤种的再燃效果较差。因此，再燃燃料一般选择高挥发烟煤或褐煤。

图 18-202 为不同煤种在热态试验台上对 NO_x 还原效果的试

验结果。从图中可以看到，烟煤和褐煤对 NO_x 具有较好的还原效果，而贫煤的还原效果就比较差。因此，超细煤粉再燃在燃用挥发分高的烟煤和褐煤的锅炉上实施，可以取得更好的效果。

(2) 再燃超细煤粉量 为保证在再燃区内对 NO_x 的还原效果，必须在再燃区送入足够数量的二次燃料，以保证再燃区内还原 NO_x 所必须的烃根浓度。再燃燃料量对 NO_x 还原效果的影响见图 18-202。由图可知，随着再燃燃料量的增加，NO_x 的还原效率提高。当再燃燃料量增加到 20%以上时，NO_x 的还原率趋于平缓。考虑到利用超细煤粉作为再燃燃料时，如果再燃燃料量太大，会导致火焰中心上移，影响过热和再热蒸汽的温度，并有可能使飞灰可燃物增加，因此再燃燃料的比例通常控制在 10%～20%之间。最合适的比例要由试验确定。

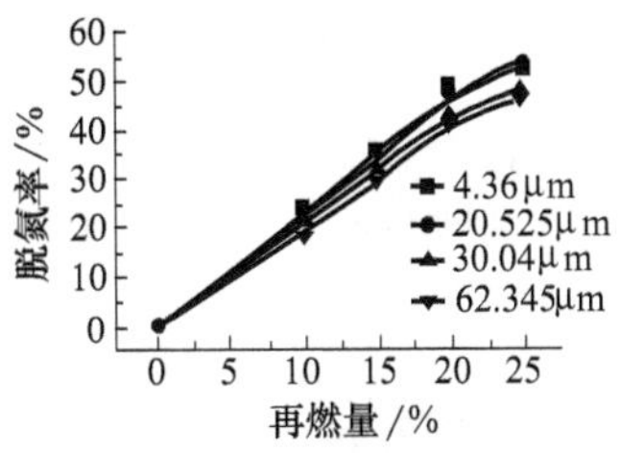

(a) 脱氮率随再燃量的变化趋势(YM1)

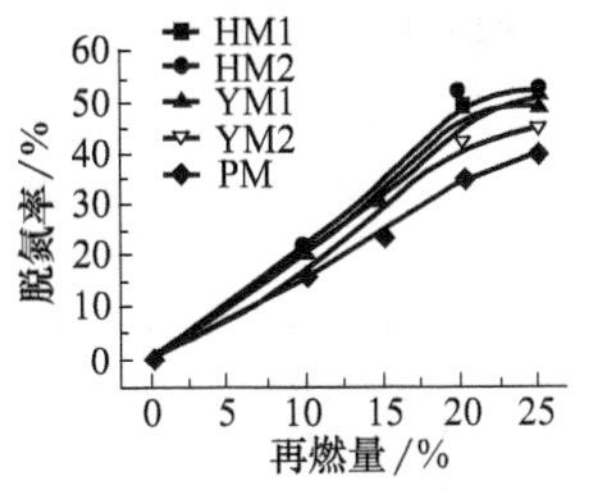

(b) 脱氮率随再燃量的变化趋势(不同煤种)

试验工况：再燃区停留时间0.55s，再燃区温度1200℃，再燃区空燃比0.8

图 18-203 脱氮率随再燃量的变化趋势（YM1，不同煤种）

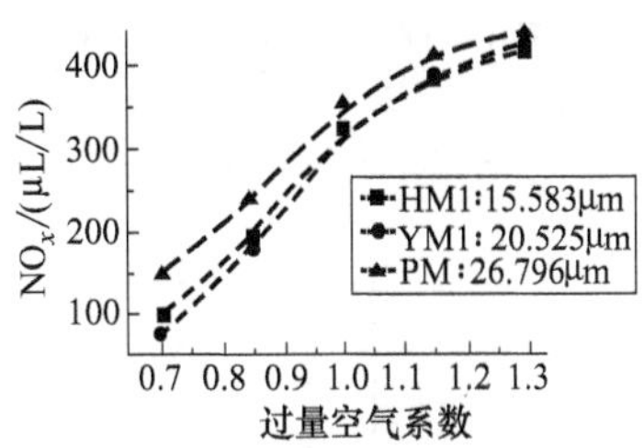

图 18-204 炉内过量空气系数对 NO_x 生成量的影响

（工况：炉膛温度 1275℃，二次风温度 250℃）

(3) 再燃区过量空气系数 再燃区过量空气系数对 NO_x 的还原有很大的影响。由图 18-204 可以看到，随着过量空气系数 α 增大，NO_x 的排放量大幅度地增加。褐煤、烟煤在过量空气系数 α 为 0.7 时的 NO_x 排放量是 90μL/L 左右；当过量空气系数 α 增到 1.3 时，NO_x 已经上升到了 400μL/L 左右，增幅达到 310μL/L。

再燃区过量空气系数小，使再燃区处于深度还原状态，对降低 NO_x 排放是非常有好处的。但是，再燃区过量空气系数太小，将使燃烧延迟，飞灰可燃物增加。综合多种因素，再燃区过量空气系数通常控制在 0.75～0.9 为宜。

(4) 再燃区高度（再燃区停留时间） 再燃区高度对 NO_x 还原同样具有很大影响，因为再燃燃料还原 NO 的反应需要一定时间，停留时间越长，还原效果越好。

对于已经投运锅炉的燃烧器改造，再燃区的高度是受到限制的。再燃区高度增加，使再燃燃料喷入炉内的位置越靠近炉膛出口。再燃区因为处于还原性气氛，煤粉燃尽受到影响。综合各个因素，一般再燃区停留时间在 0.4～0.7s 之间。至于具体的停留时间，要根据设备进行综合考虑。图 18-205 为不同停留时间，超细煤粉再燃还原 NO_x 的试验结果。

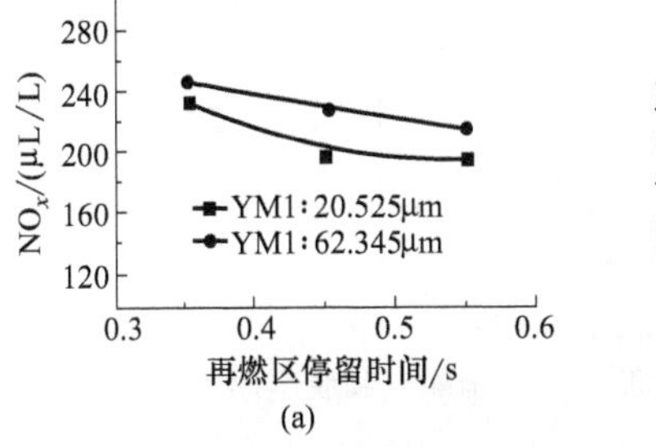

(a)

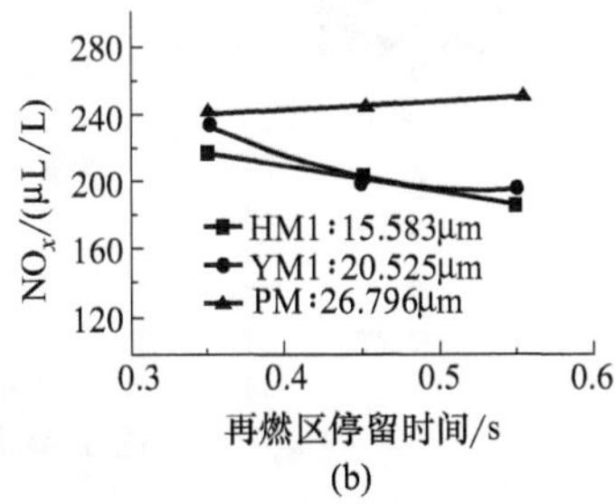

(b)

试验工况：再燃区温度1200℃，再燃量20%，再燃区空燃比0.8

图 18-205 NO_x 排放随再燃区停留时间的变化趋势

(5) 再燃煤粉细度 再燃技术对煤粉粒径有特殊的要求。一方面，由于再燃区比主燃区更接近炉膛出口，喷入燃料的燃烧时间更短。由于炉膛的高度在设计时，往往是根据从主燃区喷入的主燃燃料的燃烧时间而决定的，因此这就要求再燃燃料的煤粉细度要比主燃燃料的更细，否则将可能出现焦炭燃不尽等问题；另一方面，烟煤和褐煤再燃的试验研究都表明，煤粉粒径越小，脱硝效果越好。因此提出了超细煤粉再燃烧技

脱氮率/%
40
35
30
25
20
15
10
0
25
25
75
煤粉细度/μm
HM1
HM2
YM1
YM2
PM

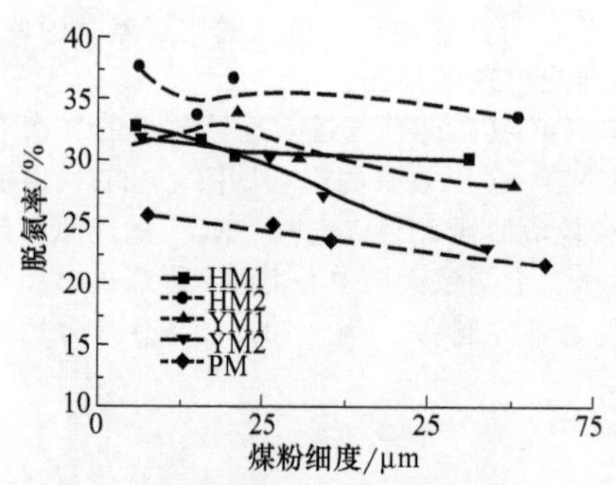

试验工况：再燃量15%，再燃区停留时间0.55s，再燃区温度1200℃，再燃区空燃比0.8

图 18-206 脱氮率随煤粉细度的变化趋势

术，即将再燃燃料的煤粉平均粒径降低为 10～20μm。

图 18-206 为不同煤种的煤粉细度变化对 NO_x 排放量及脱硝率影响的试验结果。可以看出，脱氮率随煤粉细度的变小而呈现出增大的趋势。煤粉细度变小后，煤的比表面积随煤粉的细度减小而显著增加。煤的比表面积在 NO_x 的异相还原中起着重要的作用，比表面积越大，则异相还原速度也越大。

煤粉细度越小，不仅对降低 NO_x 排放有利，更重要的是煤粉细度减小，有利于煤粉的燃尽。这也是煤粉再燃一定要采用超细煤粉的根本原因之一。

（三）PM＋MACT 燃烧系统

1. 日本三菱公司 PM 燃烧器＋MACT 燃烧系统

三菱 MACT 系统的炉内脱硝配风和脱硝原理示于图 18-207。该形式适用于切向燃方式。

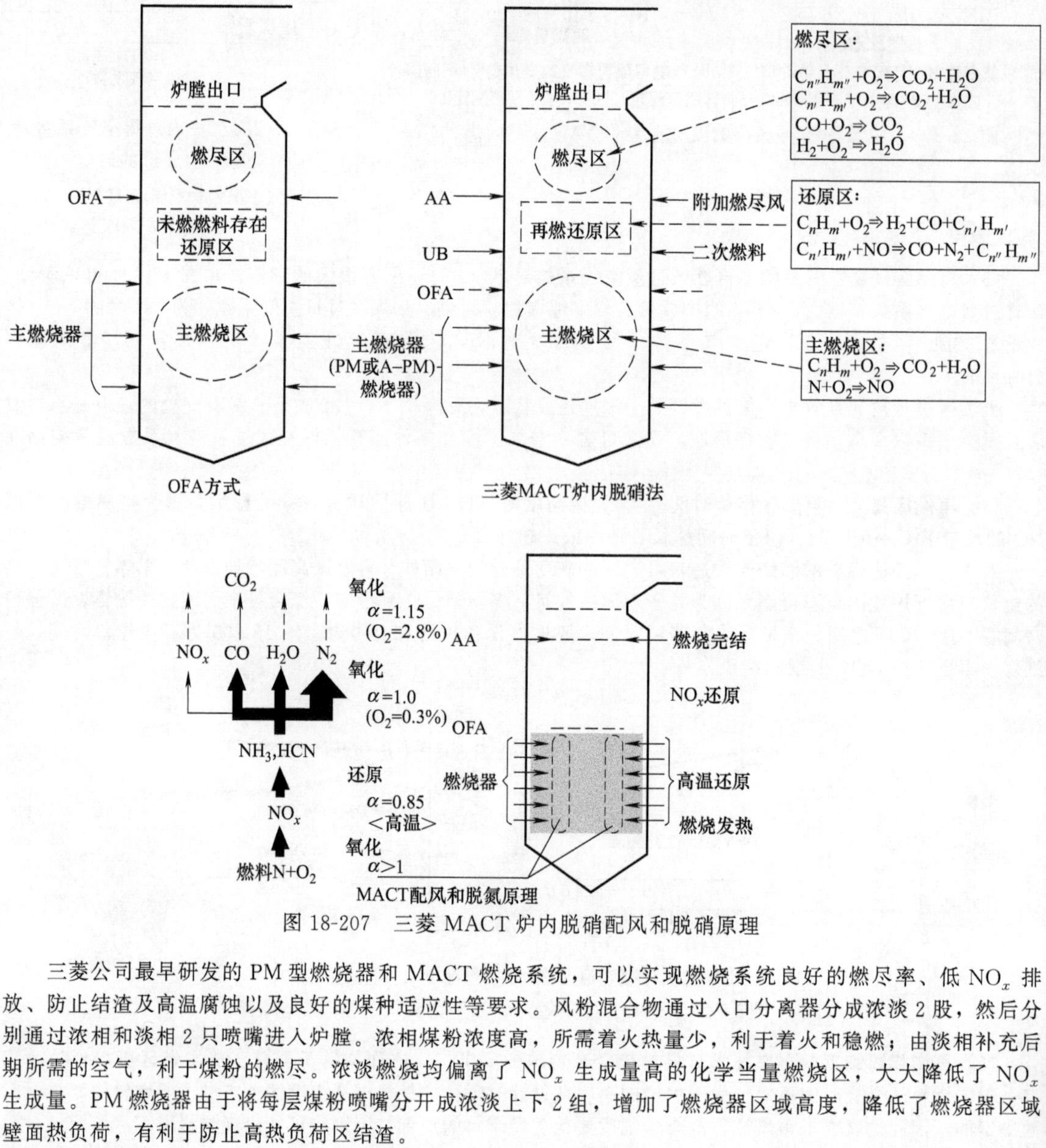

炉膛出口
燃尽区
OFA
未燃燃料存在还原区
主燃烧器
主燃烧区
OFA方式
燃尽区：
$C_{n''}H_{m''}+O_2 \Rightarrow CO_2+H_2O$
$C_{n'}H_{m'}+O_2 \Rightarrow CO_2+H_2O$
$CO+O_2 \Rightarrow CO_2$
$H_2+O_2 \Rightarrow H_2O$
炉膛出口
燃尽区
AA
附加燃尽风
再燃还原区
UB
二次燃料
还原区：
$C_nH_m+O_2 \Rightarrow H_2+CO+C_{n'}H_{m'}$
$C_{n'}H_{m'}+NO \Rightarrow CO+N_2+C_{n''}H_{m''}$
OFA
主燃烧器
(PM或A-PM)
燃烧器)
主燃烧区
主燃烧区：
$C_nH_m+O_2 \Rightarrow CO_2+H_2O$
$N+O_2 \Rightarrow NO$
三菱MACT炉内脱硝法
CO_2
NO_x CO H_2O N_2
NH_3,HCN
NO_x
燃料$N+O_2$
氧化
α=1.15
(O_2=2.8%)
AA
氧化
α=1.0
(O_2=0.3%)
OFA
还原
α=0.85
<高温>
氧化
α>1
燃烧完结
NO_x还原
燃烧器
高温还原
燃烧发热
MACT配风和脱氮原理

图 18-207 三菱 MACT 炉内脱硝配风和脱硝原理

三菱公司最早研发的 PM 型燃烧器和 MACT 燃烧系统，可以实现燃烧系统良好的燃尽率、低 NO_x 排放、防止结渣及高温腐蚀以及良好的煤种适应性等要求。风粉混合物通过入口分离器分成浓淡 2 股，然后分别通过浓相和淡相 2 只喷嘴进入炉膛。浓相煤粉浓度高，所需着火热量少，利于着火和稳燃；由淡相补充后期所需的空气，利于煤粉的燃尽。浓淡燃烧均偏离了 NO_x 生成量高的化学当量燃烧区，大大降低了 NO_x 生成量。PM 燃烧器由于将每层煤粉喷嘴分开成浓淡上下 2 组，增加了燃烧器区域高度，降低了燃烧器区域壁面热负荷，有利于防止高热负荷区结渣。

MACT 燃烧系统就是在 PM 主燃烧器上方一定高度增设 AA 风（附加风）喷嘴达到分层燃烧目的，这样整个炉膛沿高度分成 3 个燃烧区域，即下部为主燃烧区、中部为还原区、上部为燃尽区。MACT 分层燃烧系统可使 NO_x 生成量减少 25%。

在炉膛的主燃烧区，燃料是缺氧燃烧，炉膛过量空气系数为 0.85。但在燃烧器喷口附近，由于燃烧率较低，需要的氧量较少，因此，在燃烧器喷口附近的区域内是氧化性气氛，这时燃料氮氧化后生成 NO_x。在炉膛中间的主燃烧区，空气量仅为燃烧理论空气量的 0.85，因此燃烧的过程是一个还原的过程，这时部分 NO_x 被还原成为 NH_3、HCN。在燃烧器的上部通过 OFA 喷嘴加入部分空气，使进入炉膛的空气量达到理论燃烧空气量的水平，形成一个还原脱 NO_x 区。在 OFA 喷口的上方，是 AA 风喷口，通过 AA 风喷口喷入炉膛的风量为总风量的 15%，形成燃尽区。

从 20 世纪 80 年代开始，日本三菱公司先后开发了 PM、A-PM 和 M-PM 垂直浓淡分离型低 NO_x 煤粉燃烧器，如图 18-208 所示。

(1) PM 燃烧器（1980 年研发） 三菱重工研制的切向燃煤 PM 燃烧器（见图 18-208）。PM 燃烧器的关键部位是分离器，它由靠近燃烧器的一次风管的一个弯头及两个喷口组成。煤粉气流流过分离器时进行简单的惯性分离，富粉流进入上喷口，贫粉流进入下喷口，实行浓淡分离。此外，如果在 PM 燃烧器上部设置顶部燃尽风喷口，使 PM 燃烧器区域处于富燃区，顶部燃尽风喷口处于燃尽区，形成分级燃烧，可使 NO_x 进一步降低。所以，PM 燃烧器实际上是集烟气再循环、分级燃烧和浓淡燃烧于一体的低 NO_x 燃烧系统。这种燃烧器的 NO_x 生成量较 SGR 燃烧器的低，比常用的直流燃烧器煤粉火焰更低，因而称为污染物最少型燃烧器。据报道，PM 燃烧器的 NO_x 值为：烧气为 30mg/m^3，烧油为 80mg/m^3，烧煤为 150mg/m^3。与常规燃烧器相比，PM 燃烧器可使 NO_x 的生成量减少 60%。

(2) A-PM 燃烧器（1996 年研发） A-PM 燃烧器［见图 18-208（d）］主要的特征为：a. 用内置式煤粉浓淡分离器，形成煤粉浓淡分布，即利用燃烧器本体（即方圆管）内置的钝体进行煤粉浓淡分离，浓煤粉环形包裹淡煤粉从一个喷嘴喷出，浓煤粉在火焰外侧先着火，形成高温短火焰；b. 大宽度燃烧器；c. 分割式燃烧器风箱代替常用的整体式燃烧器风箱；d. 减少燃烧器喷嘴数。

其原理是希望在 PM 燃烧器基础上进一步降低 NO_x。在燃烧器着火区，一次风煤粉浓淡分离后，把浓粉气流集中分布在外侧，并增大燃烧器宽度来增加从周围吸收热量，目的是实现低空气比和高温环境；在燃烧器到燃尽区，除了要低的空气比和提高温度，还要求风粉混合良好，并加长停留时间，采取的措施是将燃烧器风箱分割开使炉膛高度方向的空气分割，来实现炉内流动的最佳化，并扩大 NO_x 还原区；燃尽区以后，要求低温、低空气比，而且还得防止产生高飞灰含碳可燃物，因此需特别均匀地降低炉内空气比，使氧气扩散均匀。

(3) M-PM 燃烧器

在 PM 燃烧器的基础上，三菱公司之后又设计了 M-PM（multiple pollution minimum）低 NO_x 直流燃烧器。M-PM 直流燃烧器的结构与 PM 和 A-PM 直流燃烧器不同，不分浓淡喷口，只有单个一次风（煤粉气流）喷口，经过喷口后形成中心浓、外围淡的煤粉气流。在燃烧器喷口布置有特殊结构的钝体，使煤粉的点火由早期传统燃烧器的卷吸热烟气点燃煤粉外围的方式，改为平行于喷口的面式点火。浓煤粉气流内部也开始着火，即煤粉进入炉膛后一定距离全部点燃，整个煤粉气流基本处于还原性氛围下，除了外围二次风的混入有部分氧化外，其他的部位均是还原性氛围。因此，燃烧器喷口煤粉着火过程中 NO_x 的生成量降低。M-PM 燃烧区域设计的氧量高于传统的低 NO_x 燃烧器，而燃尽区的氧量较传统的低 NO_x 燃烧器低。在燃尽区随着燃尽风的加入，煤粉燃尽，而氧化过程也同时发生。由于 M-PM 燃烧器燃烧系统中的燃尽风量较低，所以再氧化产生的 NO_x 也较少，使锅炉整体的 NO_x 排放水平大幅降低。PM 与 M-PM 直流燃烧器特性的比较见图 18-208。

另外，考虑到炉膛水冷壁的高温腐蚀，在 M-PM 直流燃烧器侧边设置一定量的偏置风。偏置周界风对防止结渣有两方面好处：一是提高燃烧器出口射流的“刚性”，减少射流的偏斜倾向；二是集团周界风具有风屏保护作用，由于靠近水冷壁侧的风量大于靠近炉膛中心侧，可以增加水冷壁侧的氧量，缓解锅炉运行中因水冷壁处于高温还原区气氛下出现的高温腐蚀和结渣现象。

该系统的主要特点如下。

① 整个燃烧系统为燃料分级燃烧。采用 PM 或 P-PM、M-PM 型燃烧器作为主燃烧器，80%～85%的煤粉通过一次燃料主燃烧器送入炉膛下部的一级燃烧区。一次风为燃料浓淡燃烧，燃烧器本身为空气分级，以便在富燃料燃烧条件下抑制 NO_x 的生成。主燃烧器上面的“火上风”和一级燃烧区构成了主燃烧器燃烧区，在主燃烧区上部火焰中形成过量空气系数接近 1 的燃烧条件，以尽可能地提高燃料的燃尽率。

② 二次燃料可采用煤粉。15%～20%的煤粉用再循环烟气作为输送介质将其喷入炉膛的再燃区，在过

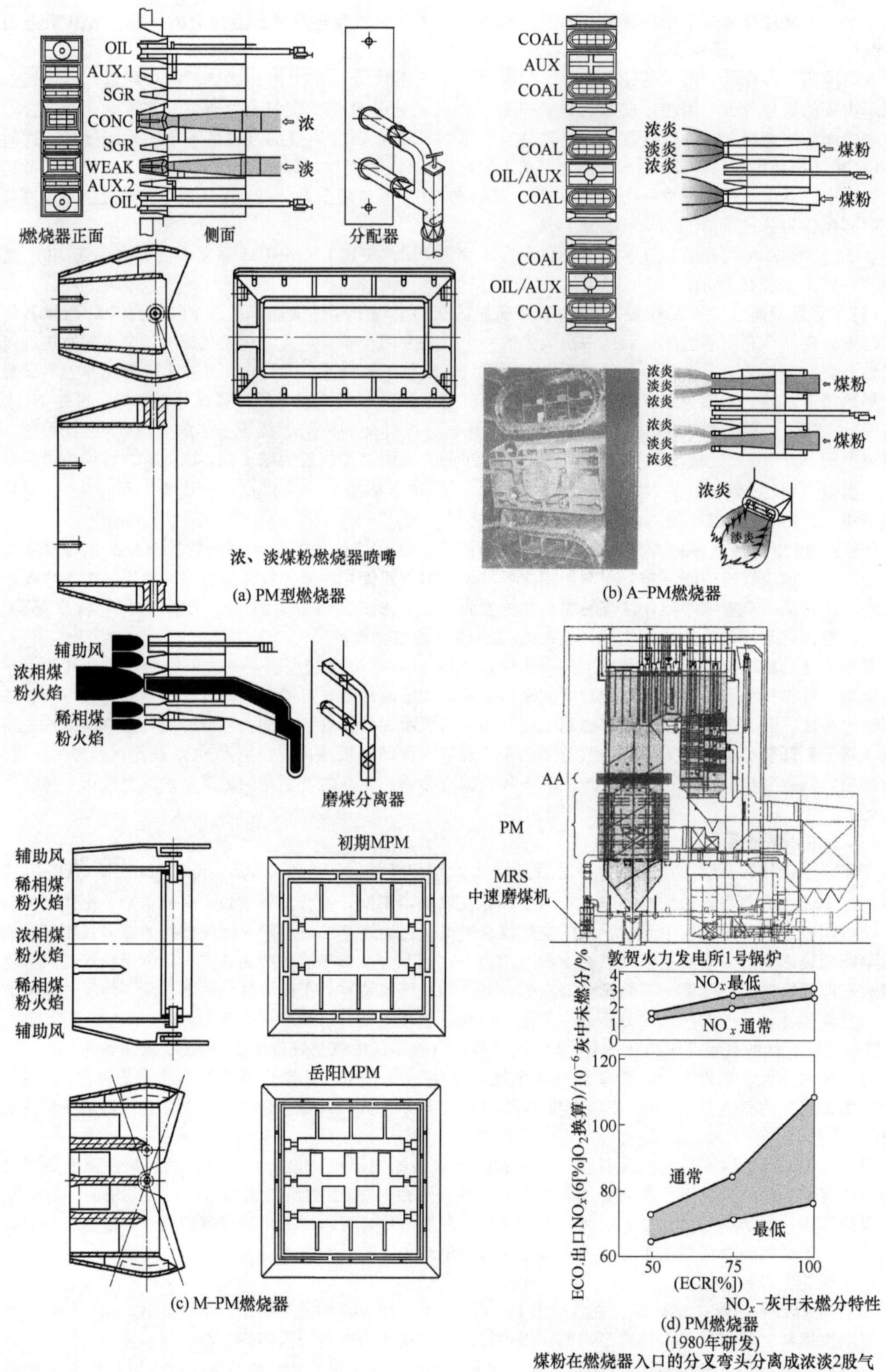

(a) PM型燃烧器

(b) A-PM燃烧器

(c) M-PM燃烧器

(d) PM燃烧器
(1980年研发)

煤粉在燃烧器入口的分叉弯头分离成浓淡2股气流，分别从2个喷嘴喷出，实现垂直浓淡燃烧。国内有较多机组采用，与MACT分级燃烧组合应用，有较好的降氮效果。

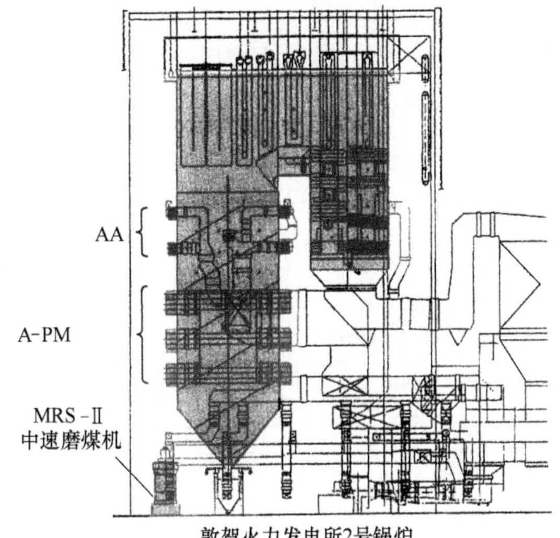

敦贺火力发电所2号锅炉

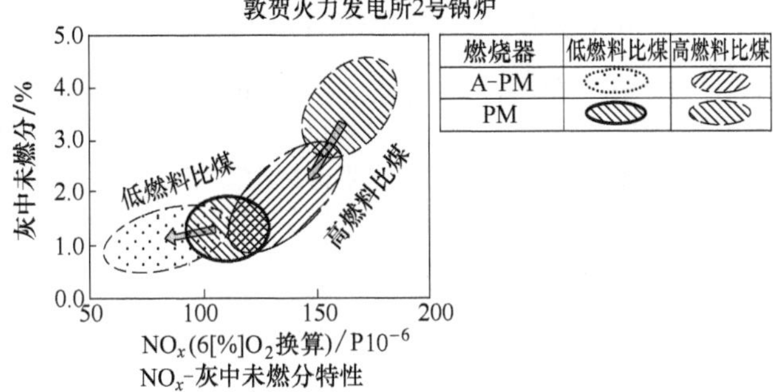

NO_x-灰中未燃分特性

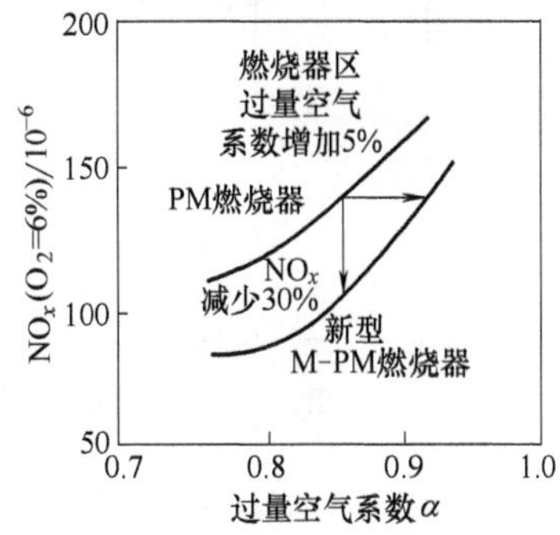

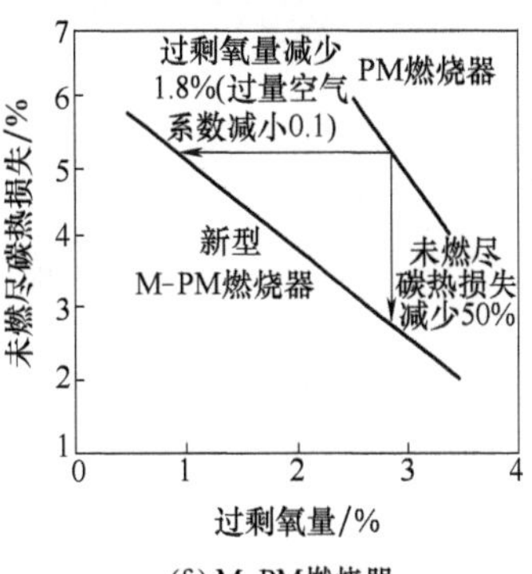

(e) A-PM燃烧器
(1996年研发)

利用燃烧器本体(即方圆管)内置的钝体进行煤粉浓淡分离，浓煤粉环形包裹淡煤粉从1个喷嘴喷出，浓煤粉在火焰外侧先着火，形成高温短火焰。在日本有较多大机组应用业绩，国内没有应用，降氮效果优于PM燃烧器。

(f) M-PM燃烧器
(2010年研发)

煤粉在燃烧器入口的煤粉管弯头内进行浓淡分离，淡煤粉环形包裹浓煤粉从1个喷嘴喷出，在喷嘴出口燃烧形成很大的均匀着火面。
三菱公司正在国际推广，哈尔滨锅炉厂已购买该技术在国内推广，降氮效果优于A-PM燃烧器。

图 18-208　三菱公司 PM、A-PM 和 M-PM 燃烧器

量空气系数远小于 1 的条件下将 NO_x 还原，同时抑制了新的 NO_x 的生成。在三菱低 NO_x 燃烧系统中的中速磨煤机或钢球磨煤机上都装有三菱旋转式分离器（MRS），调整 MRS 叶轮转数，可为锅炉再燃系统提供超细煤粉作为二次燃料。典型应用实例示于图 18-208。

③ 炉膛最上部为燃尽区。通过二次燃料“火上风”送入燃尽风，保证由再燃区上来的燃料和未完全燃烧产物完全燃烧，在炉膛上部形成温度为 1200～1350℃的燃尽区，在炉膛出口前完成全部燃烧过程。

④ 完整的煤粉炉低 NO_x 燃烧系统，MACT 燃烧系统集低 NO_x 燃烧器、炉膛空气分级、燃料分级和烟气再循环于一身，是很完整的煤粉炉低 NO_x 燃烧系统。但是，烟气再循环系统和分组燃料的管道系统比较复杂，从而使其燃烧调整和运行控制也比较复杂，不但引起初投资增加，而且运行维修费用也较高。

大容量锅炉采用 MACT 系统有以下优点：a. 应用燃料范围广，几乎适用于各种燃料；b. 不增加额外费用，不像其他措施要增加设备、添加剂等；c. 无其他物质排放污染大气环境；d. 不影响锅炉运行效率；e. 炉膛内燃烧工况安全、稳定、各受热面传热特性不受影响。该项技术在日本和我国已用于 1000MW 超临界锅炉，实测结果极为明显，NO_x 排放值为 150μL/L 以下，飞灰可燃物不超过 3%。

使用 PM 型燃烧器及 MACT 燃烧系统，NO_x 的排放量见图 18-209。

2. 哈尔滨锅炉厂 1000MW 超超临界锅炉低氮燃烧技术

哈尔滨锅炉厂 1000MW 超超临界锅炉采用日本三菱新型 PM 燃烧器——M-PM（Multiple-Pollution-Minimum）多相污染物最小型燃烧器，及先进的 MACT 燃烧技术——炉内 A-MACT（Advanced-Mitsubishi Advanced Combustion Technology）系统，即炉内还原分层燃烧系统。

2012 年哈尔滨锅炉厂与三菱重工签定技术转让协议，成功引进了由三菱重工开发并已在实际电厂中采用的最先进的 M-PM 燃烧器技术。

新型 M-PM 燃烧器是在普通型低 NO_x 燃烧器（PM、A-PM）的基础上开发的。自 2012 年下半年至

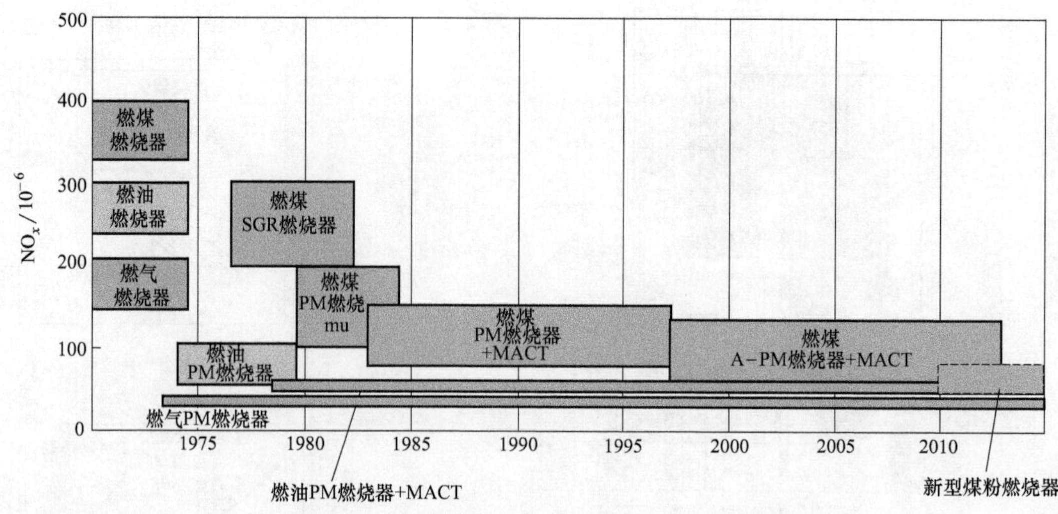

图 18-209 PM 型燃烧器＋MACT 燃烧系统 NO_x 排放量

2013 年年初开始在国内机组中采用并进行了燃烧性能试验。现阶段国内投运 M-PM 的电厂包括三河、嘉华、玉环、金陵、岳阳等。

哈锅 1000MW 超超临界直流锅炉燃烧系统最初采用低 NO_x PM 型主燃烧器和 MACT 燃烧技术。燃烧器采用无分离隔墙的八角双火焰中心切圆燃烧大风箱结构。8 只全摆动式主燃烧器，每只燃烧器设六层低 NO_x PM 一次风喷口，三层油风室，一层 CCOFA 风室、十层辅助风室和四层附加风室（addition air）。PM 燃烧器的结构和 PM 分离器的布置示于图 18-210 和图 18-211。

燃烧器结构及布置具有以下特点。

① 反向双切圆燃烧方式，保证获得均匀的炉内空气动力场和热负荷分配，并使炉膛出口温度场比较均匀，炉膛出口转向室两侧对称点间的烟温偏差＜50℃，能有效降低炉膛出口烟气温度场和水冷壁出口工质温度的偏差。同时，由于反向双切圆的燃烧，使煤粉燃烧器只数增加，降低了单只喷嘴热功率，其热功率仅为常规四角布置切向燃烧方式 50％左右，约为前后墙对冲燃烧方式的 60％，有利于防止炉膛结渣。

② 锅炉负荷变化时，燃烧器按层切换，使炉膛各水平截面热负荷分布均匀，并且温度水平适中，保证水循环安全可靠。

③ 采用燃烧器分组拉开式布置及合理配风型式，可有效控制 NO_x 排放量。燃烧器上端 CCOFA 燃尽风室的布置控制主燃烧区域内的过量空气系数，控制了 NO_x 排放量。另外，将较大比例的附加风 AA（Additional Air）布置在燃烧器的上部，该附加风不仅能够降低 NO_x 的生成而且保证燃料在炉膛尽区进一步完全燃烧，从而降低飞灰可燃物的含量。

④ 一、二次风均可上下摆动，最大摆角为±30°。在燃烧器高度方向上，根据燃烧器可摆动的特点，考虑到燃烧器向下摆动时，保证火焰充满空间和煤粉燃烧空间，从燃烧器下排一次风口中心线到冷灰斗拐角处留有较大的距离，为了保证煤粉的充分燃烧，从燃烧器最上层一次风口中心线到分隔屏下沿设计有较大的燃尽高度。

⑤ 煤粉燃烧器空气风室和油燃烧器为一体，全炉共设有三层油点火燃烧器，油点火燃烧器的空气喷嘴同时也作为煤粉燃烧时的二次风喷嘴，为了油火焰的燃烧稳定，在油点火燃烧器主空气喷嘴中设置了专门的稳焰叶轮。

M-PM 新型低 NO_x 燃烧器＋MACT 再燃系统已在哈锅生产的 600MW 和 1000MW 机组燃烧器改造中取得显著的降低 NO_x 排放浓度效果。

华能金陵电厂 2×1030MW 超超临界燃煤机组，锅炉为 HG-3100/27.46-YM3 型，采用 MH1（三菱重工）反向双切圆 PM 燃烧器＋MACT 燃烧系统。设计煤种为神府东胜煤，$N_{ar}=0.69\%$，煤粉细度 $R_{90}=22\%$。2010～2011 年，SCR 进口平均 NO_x 浓度为 330mg/m^3。1$^\#$ 机组于 2014 年实施低 NO_x 燃烧器改造，将传统的 PM 燃烧器更换为新型 M-PM 燃烧器，并对锅炉配风进行相应调整，优化磨煤机组合方式等措施后，1$^\#$ 炉 SCR 入口 NO_x 排放浓度基本控制在 170mg/m^3，经 SCR 后烟囱处 NO_x 排放浓度在 40mg/m^3 以内。2014 年 12 月经江苏省环境监测站现场比对和监测，NO_x 排放浓度达到 10～12mg/m^3。

2013 年珠海电厂 2×700MW 亚临界锅炉更新改造采用 M-PM 低 NO_x 燃烧器，是国内电厂大机组第一

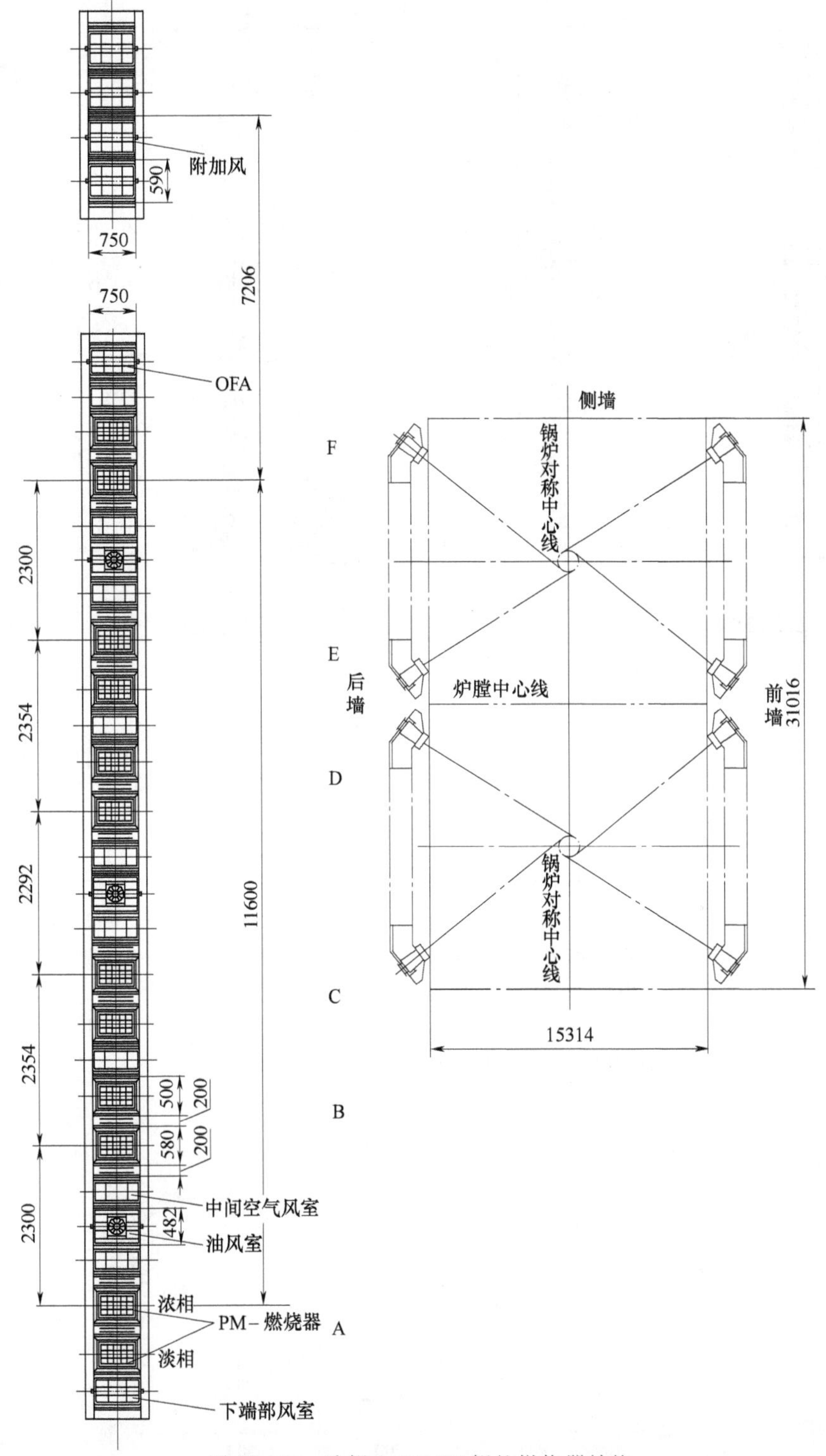

图 18-210　哈锅 1000MW 锅炉燃烧器结构

个采用 M-PM 燃烧器。燃用神华煤（$R_{90}=45.0\%\sim19.3\%$，$R_{200}=0.4\%\sim0.8\%$，$FC/V_{daf}=1.76$，$Q_{net.ar}=22.47MJ/kg$）满负荷运行时 NO_x 的排放，浓度由 360.2mg/m^3 降低到 136.0mg/m^3，比改造前降低 62%，同时解决了锅炉汽温偏低、烟温偏差大等问题，锅炉效率也有所提高。

河源电厂 600MW 机组 2# 炉为 HG-1795/26.15-YM1，设计煤种为淮南烟煤，原采用低 NO_x PM 全摆动直流燃烧器，NO_x 排放浓度在 300～500mg/m^3。2015 年 10 月改造后采用 M-PM 型燃烧器＋MACT 燃烧系

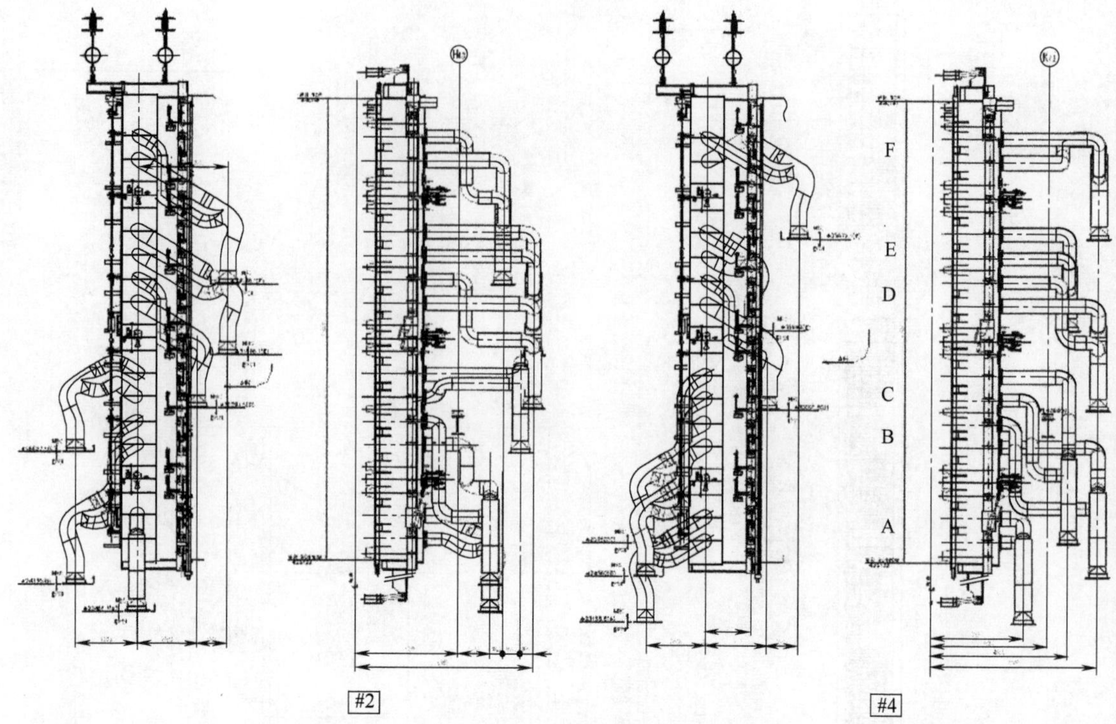

图 18-211 哈锅 1000MW 锅炉燃烧器 PM 分离器布置图

统，试验结果表明：全负荷段的飞灰含碳量小于 1.3%；100%、75%、50%负荷下锅炉出口 NO_x 排放浓度由改造前的 370mg/m^3 降低到 220mg/m^3、240mg/m^3 和 260mg/m^3。

岳阳电厂 6[#] 炉（600MW）燃用煤种为 70%烟煤+30%贫煤，$V_{daf}=33.04\%$，$A_{ar}=18.01\%$，$Q_{net.ar}=21.56$MJ/kg。2015 年 7 月将原 PM 型燃烧器改为 M-PM 型燃烧器，经测试：低负荷（320～350MW）时 SCR 入口 NO_x 平均浓度为 285mg/m^3；高负荷（500MW）时 SCR 入口平均 NO_x 浓度 235mg/m^3。烟囱处 NO_x 排放浓度为 31.03mg/m^3，优于国家超低排放标准，成为湖南省首台超低排放燃煤机组。

国内首批百万机组——玉环电厂 4×1000MW 燃煤机组 2006 年投运，锅炉为 HG-2950/27.56-YM1，采用 PM 燃烧器+MACT 再燃系统，燃用神府东胜煤（$V_{daf}=36.44\%$，$Q_{net.ar}=22.76$MJ/kg）。运行期间在不同负荷下锅炉出口 NO_x 排放浓度如图 18-212 所示。

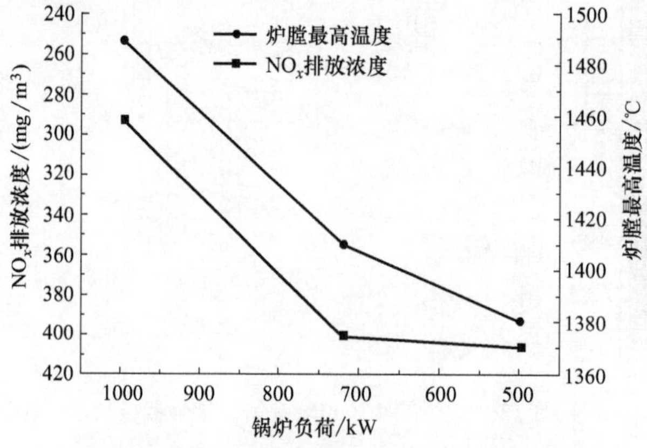

图 18-212 玉环电厂锅炉出口 NO_x 排放浓度

为降低 NO_x 排放浓度，采用 M-PM 低氮燃烧器对原燃烧器进行改造，机组改造顺利通过性能验收试验，在保证锅炉效率的前提下，锅炉出口 NO_x 的排放量为 170mg/m^3。3[#] 机组采用 M-PM+MACT+SCR 改造后，烟囱出口 NO_x 排放浓度达 24.4mg/m^3。

五、烟气脱硝技术

GB 13223—2011 新标准对新老机组都提出更严格的氮氧化物排放浓度限值。面对严格的环保形势，国家允许氮氧化物最高允许排放浓度必将更加严格。目前电站燃煤锅炉采用的低氮燃烧技术已不能满足这一要求，若要进一步降低 NO_x 的排放浓度，只有安装烟气脱硝系统。

目前通行的烟气脱硝工艺大致可分为干法、半干法和湿法三类。其中干法中就包括火电厂中最广泛应用的选择性催化还原法（SCR）、选择性非催化还原法（SNCR）以及 SCR/SNCR 联合法。

SCR 为一种炉后脱硝反应装置，最早由日本在 20 世纪 70 年代后期完成商业运行，至 80 年代中期欧洲也成功地实现了液氨 SCR 的商业运行，90 年代氨水和尿素 SCR 技术研究成功，并在大型燃煤机组得到成熟应用。80 年代中期 SNCR 技术在国外研发成功，开始大量应用于中小型机组，至 90 年代初期成功地应用于大型燃煤机组。90 年代后期，SNCR/SCR 混合法技术研究成功并在大型燃煤机组得到成熟应用。SCR、SNCR 以及 SNCR/SCR 都是成熟可用的火电厂烟气 NO_x 脱除技术。

（一）选择性催化还原技术

选择性催化还原脱硝法（Selective Catalytic Reduction，SCR）是一种燃烧后氮氧化物控制工艺，主要包括将氨气喷入电站锅炉燃煤产生的烟气中；把含有氨气的烟气通过一个装有专用催化剂的反应器；在催化剂的作用下，氨气有选择地同氮氧化物发生反应，将烟气中的氮氧化物转化成无毒、无污染的水和氮气。所谓催化剂的选择性是指当化学反应在热力学上有几个可能的反应方向时，一种催化剂在一定条件下只能对其中的一个特定反应起加速作用的特性。

1957 年，SCR 技术原理首先由 Engelhard 公司提出，后来日本在该国环保政策的驱动下，成功研制出了现今被广泛使用的 V_2O_5/TiO_2 催化剂，并分别在 1977 年和 1979 年在燃油和燃煤锅炉上成功投入商业运用。SCR 目前已成为世界上应用最多、最为成熟且最有成效的一种烟气脱硝技术。

1. SCR 脱硝原理

SCR 的化学反应机理比较复杂，主要是 NH_3 在一定的温度和催化剂的作用下，有选择地把烟气中的 NO_x 还原为 N_2，同时生成水。催化剂的作用是降低还原反应的活化能，使其反应温度降低至 250～450℃之间。SCR 法脱氮原理见图 18-213。

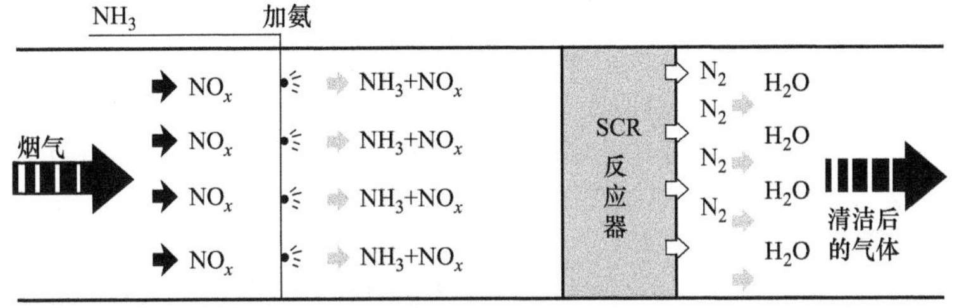

图 18-213 SCR 法脱氮原理

氨（NH_3）是目前烟气脱硝最有效的还原剂。在有氧情况下，NH_3 与烟气中 NO_x 的还原反应如式（18-26）和式（18-27）：

$$4NO+4NH_3+O_2 \longrightarrow 4N_2+6H_2O \tag{18-26}$$

$$2N_2O+4NH_3+O_2 \longrightarrow 3N_2+6H_2O \tag{18-27}$$

由于烟气中绝大多数是 NO，在 NO/NH_3 摩尔比接近 1、氧气所占比例较小时，反应式（18-26）是主要的，即 N_2 是主要的反应产物。此外，NO 和 NH_3 还有一个副反应，生成副产物 N_2O。N_2O 是温室气体，式（18-28）的反应是不希望发生的：

$$4NO+4NH_3+3O_2 \longrightarrow 4N_2O+6H_2O \tag{18-28}$$

如果 NO/NH_3 值<1，就意味着 NH_3 除了式（18-26）反应外还有别的反应，一部分被氧气而不是被 NO 氧化。NH_3 可以通过下述 3 个反应式被氧气氧化：

$$4NH_3+5O_2 \longrightarrow 4NO+6H_2O \tag{18-29}$$

$$4NH_3+3O_2 \longrightarrow 2N_2+6H_2O \tag{18-30}$$

$$2NH_3+2O_2 \longrightarrow N_2O+3H_2O \tag{18-31}$$

但是在某些条件下，SCR 系统中还会发生如下不利反应：

$$SO_2+1/2O_2 \xrightarrow{\text{催化剂}} SO_3 \tag{18-32}$$

$$NH_3 + SO_3 + H_2O \longrightarrow NH_4HSO_4 \tag{18-33}$$

$$2NH_3 + SO_3 + H_2O \longrightarrow (NH_4)_2SO_4 \tag{18-34}$$

$$SO_3 + H_2O \longrightarrow H_2SO_4 \tag{18-35}$$

由上可知，在SCR脱硝的过程中，可能发生三类不希望产生的副反应，影响SCR系统的性能和运行。这三类副反应包括氨的氧化、SO_2 的氧化及铵盐（如硫酸氢铵和硫酸铵）的形成。

氨的氧化不但使脱硝所需要的氨供给率增加，而且还减少了催化剂内表面吸附的氧，可能导致催化剂体积不足，所以运行中要防止氨的氧化反应。影响氨氧化反应的因素有催化剂成分、烟气中各组分和氨的浓度、反应器温度等。但一般认为采用钒催化剂，当反应器温度超过399℃时氨的氧化对脱硝过程才有显著影响。

SCR催化剂同时也会将燃用含硫煤时锅炉烟气中的 SO_2 氧化为 SO_3，SO_3 和逃逸的氨继续反应，进而形成硫酸氢铵和硫酸铵。这些固体颗粒沉积在催化剂表面或内部，大大缩短催化剂的寿命。SO_3 与水蒸气结合形成硫酸，还会造成SCR系统的下游设备沾污和腐蚀，增加空气预热器的压降并降低其传热性能。

SO_2 氧化率受 SO_2 浓度、反应器温度、催化剂质量、催化剂的结构设计及配方的影响。其氧化速率随烟气中 SO_2 的浓度、反应温度的增加而增加，尤其当温度超过371℃时氧化速率将迅速增加。反应器中催化剂的体积是影响 SO_2 氧化速率的另一个因素，二者成正比例关系。为了获得更高的 NO_x 脱除率，往往加入更多的催化剂，所以更加快了 SO_2 的氧化速率，生成更多的 SO_3。铵盐沉积开始的温度与 NH_3 和 SO_3 浓度有关。一般为了避免催化剂沾污，SCR系统运行温度应该维持在320℃以上。

综上所述，SCR系统必须将氨逃逸（未反应氨进入下游设备）维持在低水平上，所以SCR系统对于催化剂性能的要求非常高。对于新的催化剂，氨逃逸水平很低。但是，随着催化剂失活或者表面被飞灰覆盖或堵塞，氨逃逸水平就会增加。为了维持需要的 NO_x 脱除率，就必须及时地向反应器添加或更换催化剂以恢复反应器性能。此外，SCR烟气脱硝系统还需要安装氨逃逸的测量仪器用以实时监控。

2. SCR脱硝工艺系统

选择性催化还原（SCR）脱硝工艺是一种以 NH_3 作为还原剂通过催化将烟气中的 NO_x 分解成无害的 N_2 和 H_2O 的干式脱硝方法。

SCR烟气脱硝系统主要包括SCR反应器系统、喷氨及其控制系统以及反应剂卸料、贮存及蒸发系统。还原剂主要采用液氨、氨水或尿素，将其生成气态 NH_3。

还原剂卸料贮存系统、蒸发（或分解）系统是将液氨、氨水或尿素存储并且蒸发或分解产生 NH_3 气体进入缓冲罐，通过控制按一定浓度输送给SCR反应器内。

SCR反应器系统安装在锅炉省煤器后及空预器前，氨喷射装置在SCR反应器上游的位置。其流程是烟气在省煤器出口进入一个垂直布置的SCR反应器里，在反应器里烟气向下流过导流板、均流板、喷氨装置、催化剂层，然后进入空气预热器、除尘器、引风机和FGD，最后通过烟囱排入大气。氨是通过 NH_3 喷射装置注入到烟道与烟气混合进入反应器，通过催化与 NO_x 发生反应，以降低烟气中的 NO_x 的浓度。

SCR脱硝系统工艺流程示意见图18-214。

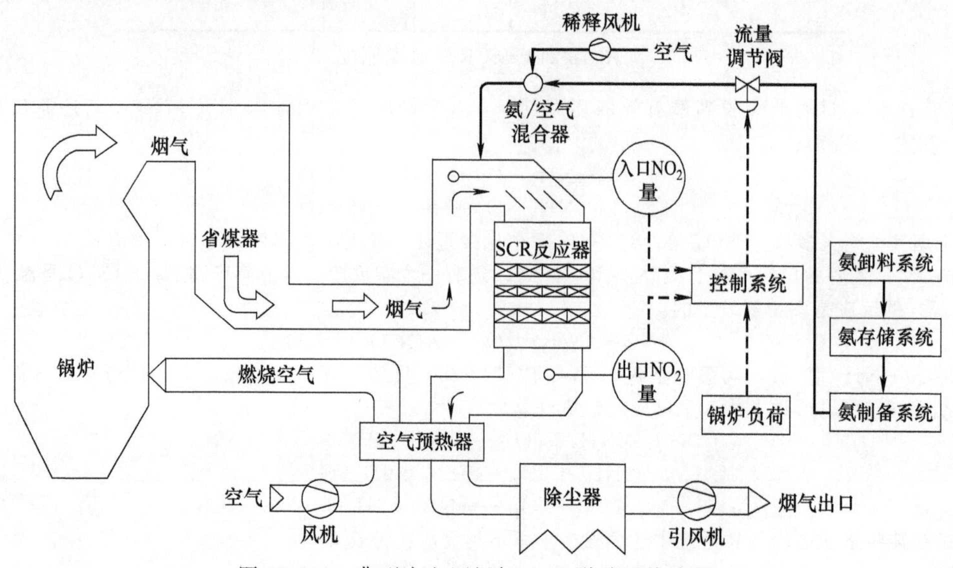

图18-214 典型火电厂烟气SCR脱硝系统流程

3. 还原剂——氨

还原剂是 SCR、SNCR 及 SNCR-SCR 等技术所必需的，目前还原剂氨的来源主要包括液氨、尿素和氨水。

液氨是一种可压缩性液化有毒气体，当氨气泄漏时会滞留在地面，对在现场工作的人员及住在附近社区的居民造成相当程度的危害。按《重大危险源辨识》(GB 18218) 规定，氨作为有毒物质，贮存量超过 100t 则属于重大危险源。按照《建筑设计防火规范》(GB 50016) 的规定，液氨贮罐与周围的道路、厂房、建筑等的防火间距最小不少于 15m。凡用液氨作为脱硝还原剂的电厂，其占地面积就要扩大，故比较适用于新建厂。

尿素 $CO(NH_2)_2$ 是农用肥料，利用尿素作为脱硝还原剂时需要利用专门的设备将尿素转化为氨，国内最早在华能北京热电厂 4×200MW 和石景山电厂 4×200MW 等机组上应用。由于尿素在运输、贮存中无需考虑安全及危险性，因此，在环境和安全要求比较高的地区，用尿素制氨作为烟气脱硝系统还原剂将是一种适当的选择。

氨与水不反应，但易溶于水，并生成氢氧氨 (NH_3H_2O 或 NH_4OH)，氨水有强烈的刺激性气味。通常脱硝还原剂所用的氨水是 25%的氨水溶液，按《危险化学物品名录》(GB 12268) 规定，它也是一种危险品。但与液氨相比，氨水在贮存时的危险性略低，但其运输过程中的危险性远大于液氨，且由于外购氨水仅 25%浓度，加热汽化能耗大，运输和贮存的成本较高。

还原剂选择、贮存及制备系统是烟气脱硝工艺中的一个重要环节，相比三种还原剂虽然液氨已成功地为全世界的烟气脱硝系统使用了 20 多年，但它具有最大的安全风险，最高的核准费用以及最多的法规限制。在美国要受到美国环保署 EPA、美国职业安全和卫生管理局 OSHA 的严格管理以及当地行政主管部门的附加限制。

鉴于尿素的贮存运输及供氨系统不需要特殊的安全防护，被认为是安全的脱硝还原剂。近年来，美国新建的 SCR 装置优先考虑尿素作为还原剂，欧洲采用尿素的工艺也逐渐增多。

氨水作为脱硝还原剂，其设备投资以及运行的综合成本在三者中为最高，并且与液氨一样存在安全隐患。因此，自 20 世纪 90 年代以后国际上也已经很少以氨水作为脱硝还原剂。

还原剂的选择应综合考虑设备投资，占用场地、运行成本、安全管理等。三种还原剂的综合比较见表 18-77。

表 18-77 不同脱硝还原剂比较

项目	液氨	氨水	尿素
反应剂费用	便宜	较贵	最贵
运输费用	便宜	贵	便宜
安全性	有毒	有害	无害
存储条件	高压	常压	常压,干态
存储方式	液态	液态	微粒状
初始投资费用	便宜	贵	贵
运行费用	便宜	贵,需要高热量蒸发蒸馏水和氨	贵,需要高热量热解或水解尿素
设备安全要求	相关法律规定 GB 18218	需要	基本不需要

通过上述分析，对烟气脱硝三种还原剂的选用建议见表 18-78。

表 18-78 还原剂的选择

还原剂	优点	缺点	选用建议
液氨	还原剂和蒸发成本低;体积小	为了防止液氨溢出污染,需要较高的安全管理投资;风险较大	新建电厂,若液氨贮存场地满足国家相关的安全标准、规范要求,并取得危险化学品管理许可,可以使用
氨水	液体溢出后,扩散范围较液氨小;浓度范围较易控制	较高的还原剂成本;较高的蒸发能量;较高的储存设备成本;较大的注入管道。溢出的氨水,对人体影响同液氨。氨水相比液氨更容易发生与人直接接触	一般不推荐使用
尿素	没有溢出危险。设备占地面积小;对周围环境要求较低	还原剂能量消耗较大,系统设备投资和还原剂成本较高	当法规不允许使用液氨,或人口密度高,或特别强调安全的情况下,推荐使用。尤其适用于老电厂的改扩建

尿素与液氨均可作为脱硝的还原剂，均适合作为大型火电机组烟气脱硝反应器的氨气制备方法。与液氨

法相比，尿素法脱硝前期投入成本较高，总体而言二者差距不大。而液氨作为危险化学品以及突发环境事件风险物质，以其作为还原剂有一定的环境安全隐患，必须通过安全性评价确认项目的安全性。尿素在安全操作如运输和储存安全以及对环境的风险等方面更具有优点，尿素分解制氨技术在国内逐渐为更多的电厂减排工程选择，并且尿素热解和水解需要的能源逐渐由电厂低品质的能源代替，其应用会逐渐得到推广，特别是大型火电厂或电厂周边人员较多，环境较敏感的火电厂，利用尿素作为脱硝还原剂是一个较好的选择。

4. 氨喷射混合系统

反应器中催化剂入口截面烟气速度和反应物（主要是 NH_3 和 NO_x）的浓度分布及其湍流混合对于脱硝装置的运行至关重要。气体速度分布不均，会在反应速度过高之处造成催化剂冲蚀和磨损，在速度过低之处造成催化剂积灰和堵塞，影响催化剂的寿命和脱硝性能；反应物分布不均，使得反应不能充分进行，降低脱硝性能，增加氮逃逸和氨的消耗。

对于燃煤电厂的脱硝装置，保证催化剂入口截面气体速度均匀性的主要措施是反应器入口段采用合理的形状，在烟道转向处装导流板，在催化剂入口截面前装整流栅等，SCR 典型总体布置如图 18-215 所示。

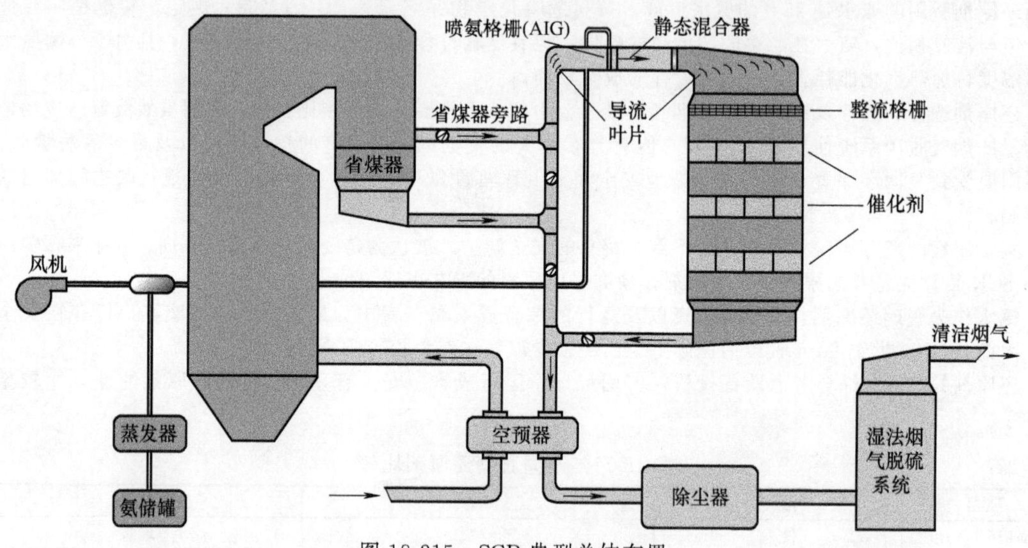

图 18-215 SCR 典型总体布置

喷氨混合系统（ammonia injection and mixing system）是指在 SCR 反应器进口烟道内将经空气稀释后的氨气喷入并使之与烟气均匀混合的系统。通常采用 NH_3 在烟道横截面多点喷入比如采用喷氨格栅（Ammonia Injection Grid，AIG）并辅以烟气静态混合器等。

喷氨格栅（AIG）是以格栅管道的形式使氨气注入烟道的喷射装置，包括喷氨管道、喷嘴、支撑及配件。

静态混合器（static mixer）是利用一定的固定部件，通过改变氨气与烟气流动状态，使其达到充分混合的装置。喷氨混合系统布置在 SCR 脱硝反应器的进口烟道内，典型喷氨混合系统见图 18-216。

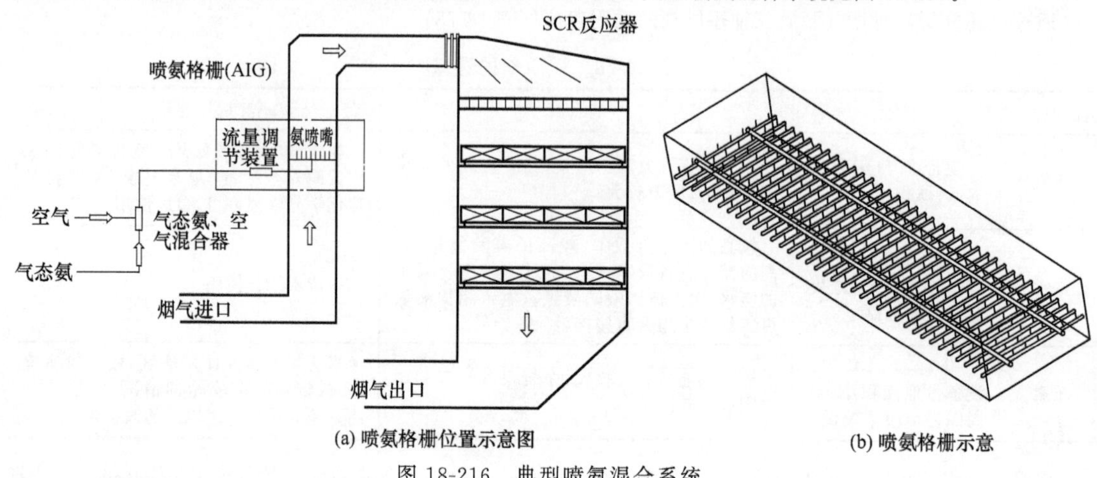

(a) 喷氨格栅位置示意图　(b) 喷氨格栅示意

图 18-216 典型喷氨混合系统

氨与空气混合后，稀释后的氨利用喷射装置喷到烟气中。

喷射系统位于SCR反应器上游烟道内。一种典型的喷射系统由一个给料总管和数个连接管组成。每一个连接管给一个分配管供料，分配管给数个配有喷嘴的喷管供料。喷射系统原理如图18-217所示。连接管有一个简单的流量测量和手动阀，以调整氨/空气混合物在不同连接管中的分配情况。

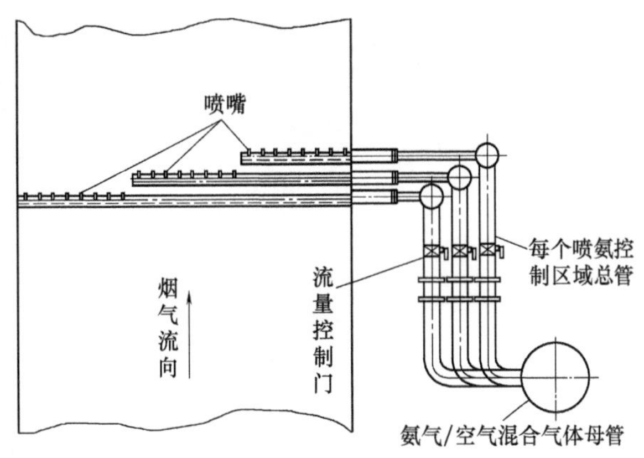

喷嘴
每个喷氨控制区域总管
流量控制门
烟气流向
氨气/空气混合气体母管
图 18-217 喷氨格栅系统布置

根据烟道截面大小，喷氨格栅（AIG）应将烟道截面分成多个控制区域且单独可调，每个区域应设有若干个喷嘴，以匹配烟气中氮氧化物的浓度分布。喷氨静态混合器应与喷嘴对应组成，保证氨气区域控制可调。喷氨混合系统应保证氨气和烟气混合均匀。

典型的涡流、旋流、纵向涡、V形喷氨静态混合器及涡流混合器等，见图18-218。

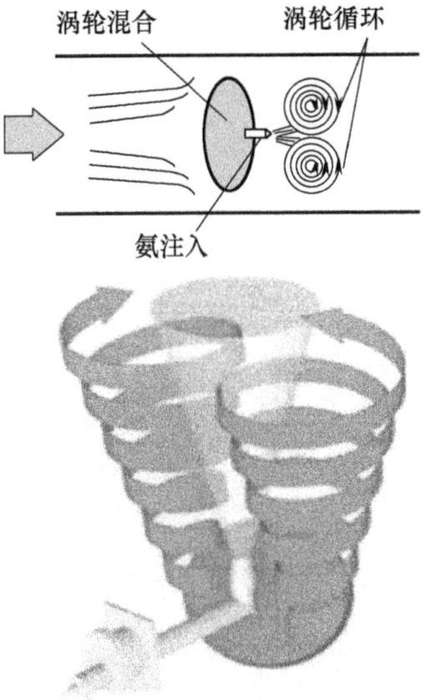

涡轮混合
涡轮循环
氨注入
(a) 涡流静态混合器

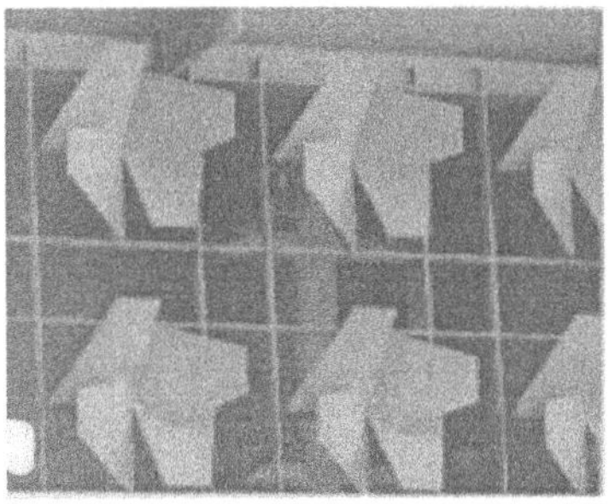

(b) 旋流静态混合器

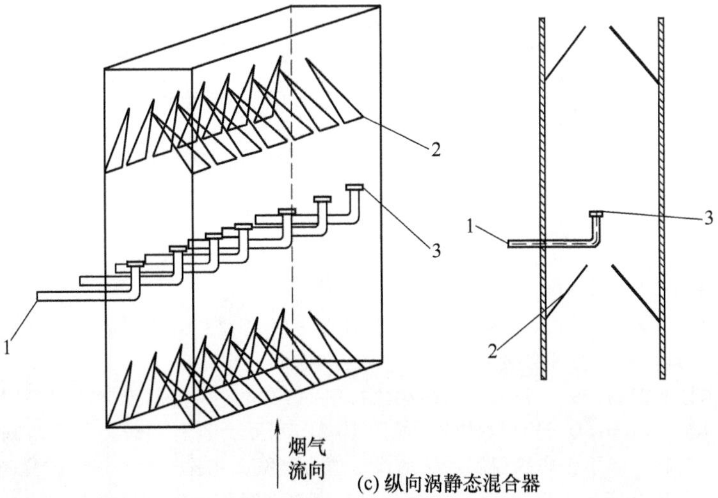

1
2
3
烟气流向
(c) 纵向涡静态混合器

图 18-218

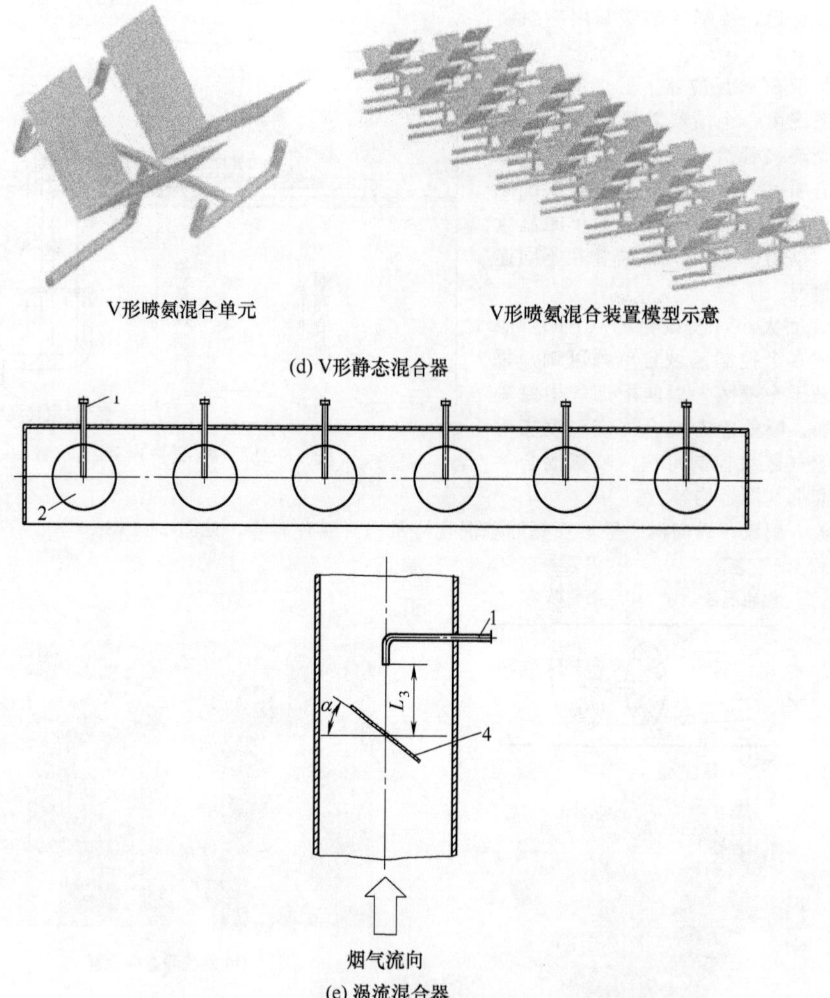

图 18-218 典型的涡流、旋流、纵向涡、V 形喷氨静态混合器

1—喷氨管；2—纵向涡发生元件；3—双向喷嘴；4—涡流混合器

运行中应根据锅炉负荷、烟气温度、SCR 脱硝反应器进出口 NO_x 浓度以及 NH_3/NO_x 摩尔比等，对喷氨混合系统各支管阀门开度定期进行优化调整。

当喷氨混合系统采用喷氨格栅（AIG）时，它在烟道中的安装位置和喷嘴数量宜通过流场模拟确定；如果喷氨混合系统采用静态混合器时，其扰流板的数量、安装角度、大小应与喷嘴数量、混合距离相对应，其安装位置也应通过流场模拟确定。所谓流场模拟（flow field simulation），就是用于优化燃煤烟气脱硝技术装备工艺系统设计所进行的计算流体动力学模型和冷态物理模型试验。

喷氨混合系统应达到如下技术性能指标：a. NH_3/NO_x 摩尔比相对标准偏差（第一层催化剂入口处）在脱硝效率低于 85%时宜<5%，在脱硝效率不低于 85%时宜<3%；b. 烟气流速相对标准偏差（第一层催化剂入口处）<15%；c. 喷氨混合系统烟气阻力≤200Pa。

5. 氨喷射控制系统

SCR 控制回路中最核心的是氨喷射系统的控制。

目前，我国燃煤电厂所采用的 SCR 脱硝装置中常规喷氨系统的控制策略主要有固定氨氮摩尔比的控制方式、固定出口 NO_x 浓度的控制方式以及复合控制方式。

(1) 固定氨氮摩尔比的控制方式 目前，国内火电机组的 SCR 脱硝控制策略基本采用固定摩尔比控制方式（Constant Mole Ratio Control）进行设计的，如图 18-219 所示。这种脱硝控制策略基本沿用国外厂家的原始设计方案。在该控制方式下，脱硝控制系统的设定值为氨氮摩尔比或者是锅炉的脱硝效率，控制系统根据当前的烟气流量、SCR 反应器入口的 NO_x 浓度以及控制算法预先设定的氨氮摩尔比计算出脱硝反应所需的氨气耗量，最后通过后方的流量 PID 控制系统控制氨气阀门的开度调节氨气的实际喷射量。该控制方案为开环控制，脱硝系统的氨气耗量仅根据稳态时的物理特性计算得出，当机组的运行工况改变，比如锅炉燃烧时所用的煤质发生变化，则该控制方案的控制效果将会变差。

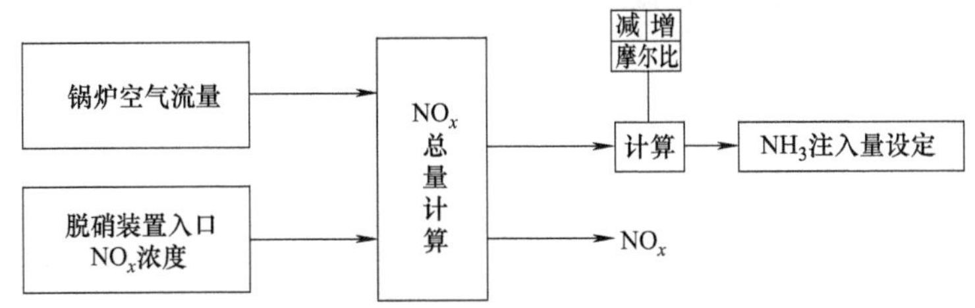

图 18-219　SCR 脱硝系统中氨喷射系统固定氨氮摩尔比控制逻辑示意

这一控制方式属于设定值可调的单回路控制系统，控制回路简单，其优点是 PID 参数易于调试和整定。单纯的固定氨氮摩尔比控制方式在实际工程中应用较少，由于 SCR 脱硝系统存在明显的反应器催化剂反馈滞后及 NO_x 分析仪响应滞后，一般在控制回路中还会引入负荷变化作为系统的前馈信号，来预测喷氨情况，增强控制系统对变负荷系统的及时性，但这种前馈控制本质上是开环控制方式，无法检测到控制结果。

(2) 固定出口 NO_x 浓度的控制方式　部分发电厂发现了采用固定摩尔比控制方式的不足，采取了固定 SCR 反应器出口 NO_x 浓度的控制方案，如图 18-220 所示，这种控制方案为闭环控制。该方案下，锅炉脱硝控制系统的设定值为 SCR 反应器出口的 NO_x 浓度，并根据其与实际出口的 NO_x 浓度之间的偏差来进行氨氮摩尔比的动态修正，达到闭环控制 SCR 反应器出口 NO_x 浓度的效果。但锅炉的脱硝过程是一个大迟延、大惯性并且具有一定非线性的过程，由于迟延及惯性的存在，使得喷氨量的改变不能及时地反映到 SCR 反应器中，使得该方案下脱硝控制的动态过程常常具有较大的超调量及较大的调节时间。

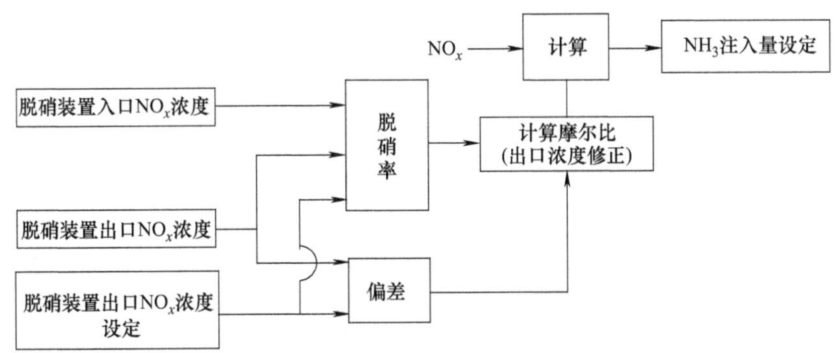

图 18-220　SCR 脱硝系统中氨喷射系统固定出口 NO_x 浓度控制逻辑示意

(3) 复合控制方式

复合控制方式是一种兼顾脱硝效率和出口 NO_x 浓度的控制方案，给出出口 NO_x 浓度的设定值，同时通过计算得出脱硝效率以及氨氮摩尔比，并通过出口 NO_x 浓度和其设定值的偏差对氨氮摩尔比不断进行修正，使氨氮摩尔比成为变化量。如图 18-221 所示为 SCR 脱硝氨喷射系统复合控制逻辑图，主要包括两个控制回路。其中控制回路一是对氨氮摩尔比的计算和修正，首先根据进口 NO_x 浓度值及设置的出口 NO_x 浓度值计算出反应器的脱硝效率，由函数 $f_1(x)$ 得出不同脱硝效率下的氨氮摩尔比，得到预置的氨氮摩尔比，将预置的氨氮摩尔比作为基准来输出，同时将实测的出口 NO_x 浓度值与设置的出口 NO_x 浓度值相比较通过 PID 控制器输出指令，作为修正值叠加到氨氮摩尔比上，用以得到 SCR 喷氨系统所需要的当前的氨氮摩尔比。控制回路二是将烟气流量与得到的修正氨氮摩尔比的乘积，得到当前控制系统所需的喷氨量，同时增加负荷前馈，通过限速和限幅模块对前馈量进行限制，防止系统过调，从而得到氨流量的设计值。

将得到的氨流量的设计值与实际测出的氨流量值进行比较，经由 PID 控制器的计算对喷氨量调节阀门进行自动控制，从而将出口 NO_x 浓度控制在设置的范围内。但由于受脱硝反应器催化剂特性的限制，即使在锅炉负荷已经确定的情况下，出口 NO_x 浓度也将会波动较长时间，因此当采用此种控制方式时应当要考虑对这种波动现象进行有效的补偿。

由于 SCR 脱硝系统中氨喷射系统中对于喷氨量的控制属于流量控制，流量控制的特点是时间常数短，参数变化迅速，因此需要选择比较稳定的控制系统。上述 SCR 脱硝控制系统中的烟气量由于不容易直接测量出来，均由 DCS 中提供的锅炉燃烧和锅炉空气流量等数据计算得到，同时使用 CEMS（烟气排放连续监

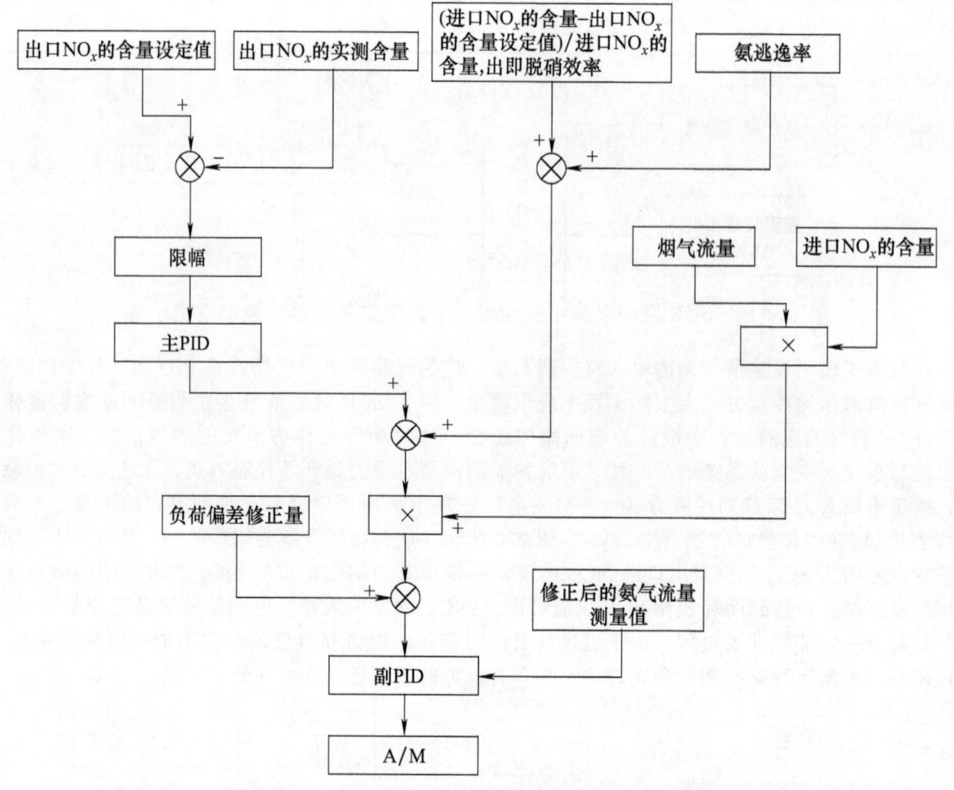

图 18-221 SCR 脱硝氨喷射系统复合控制逻辑图

测系统）测量的 SCR 进出口 NO_x 浓度，然后计算出所需喷氨量，因此存在着较大的滞后性，而且上述三种控制方式中均采用传统的 PID 控制器，虽然添加负荷前馈对于变工况的波动进行了补偿，减少了控制系统的滞后性，但是控制品质仍然不理想。另外，由于受到 SCR 反应器中催化剂特性的影响，SCR 脱硝控制系统中喷氨量的控制呈现非线性，在变工况情况下运行时，即使在引入超前信号对负荷波动进行一定的补偿，PID 控制器仍难以得到较好的控制效果。

综上所述，存在测量的滞后性及负荷不断波动使得 SCR 氨喷射控制系统呈现出非线性、滞后性，传统的 PID 控制器难以得到最优的喷氨量参与脱硝反应，当喷氨量过少时，反应不充分，出口 NO_x 浓度值容易超过要求值；喷氨量过高时的，氨逃逸的增加，增加机组的运行成本和二次污染物的排放。不论上述何种控制方案，在常期运行过程中还发现如下问题。

1）控制目标与考核目标不对应。环保部门最终对电厂进行考核核算的指标是烟囱入口处的 NO_x 浓度测量值（由 CEMS 表计测得)。固定摩尔比控制方式仅控制摩尔比，是最简单的开环控制，控制目标与考核目标仅有一定程度的关联；而采用 PID 闭环控制浓度，SCR 出口 NO_x 浓度的控制方式，由于 SCR 出口 NO_x 浓度与烟囱入口 NO_x 浓度不论在静态关系还是动态特性上均存在着较大的差别，而且 SCR 出口 NO_x 浓度与考核指标间还存在着氧量的折算，也使得电厂的最终环保考核结果不准确。

2）控制策略设计过于简单，与脱硝被控对象不相适应。根据现场试验结果，脱硝被控对象（NH_3 流量、烟囱入口 NO_x 浓度）的响应纯延迟时间接近 3min，整个响应过程达十几分钟，是典型的大滞后被控对象，控制系统想要获得良好的控制品质，必须以基于大滞后被控对象的设计思路进行优化。而目前普遍应用的控制策略均采用简单的 PID+前馈的方案，必然无法获得良好的控制品质。

3）脱硝控制策略较多考虑机组稳态时的情况，缺乏对动态过程的设计。国内火电机组使用的锅炉脱硝控制系统，大部分考虑了机组的当前负荷、SCR 反应器入口的 NO_x 含量，但是这些关系仅仅是稳态工况下的静态物理特性。当机组以变负荷的速率升、降负荷，或者是燃料量、燃煤品质、总风量变化时，稳态机理特性无法做出相应调整，控制器的响应动作往往不及时在这个过程中常常导致脱硝考核指标超过标准。

4）控制系统的运行过分依赖于所有测点的完好。SCR 进、出口的 NO_x、O_2 测量仪表由于长期运行在灰、尘较高的环境下，容易出现部分或整体失真的情况，且仪表的定期吹扫、标定也会使测量值瞬间突变。目前国内应用的脱硝控制策略对上述问题均无相应应对，一旦某个测点失灵，整个控制系统即处于瘫痪，系统的长期可用性明显受到影响。

5）控制系统缺乏一定的自适应性。当机组燃烧所使用的煤质发生变化，或者在运行过程中某一测点处于吹扫状态下，目前的脱硝控制策略均无法对这些状态进行响应，在机组的长期运行中往往会导致锅炉脱硝的控制品质下降，需要进行控制策略参数的重新调试。

6）对火电厂 NO_x 排放量的控制，不仅仅关系到环保的考核问题，同时与 SCR 反应器后方空预器的结晶程度有着很大的关系。较差的 NO_x 排放量控制，容易引起 SCR 反应器后方空预器的结晶，易造成空预器堵塞，使得空预器的吹扫、清灰次数频繁，降低其使用寿命。空预器堵塞严重时甚至会影响机组的安全稳定运行，导致机组停机，最终影响到整个电网的稳定性。

出现上述问题的主要原因是：目前国内的脱硝控制策略基本沿用国外厂家的原始设计方案，如果煤种稳定、机组负荷稳定、测量结果准确，可以采用这种近似于开环的简单方案（因为一切特性参数可长期与设计值或试验值保持一致）；但对于煤种多变、机组负荷受 AGC 频繁调度、测量仪表存在失真的国内脱硝运行环境，则应将先进的控制技术（如预测控制、神经网络控制、自适应控制、模糊控制等技术）应用到脱硝优化控制中来才能获得满意的控制品质。

（4）“INFIT”脱硝控制系统的控制策略及特点 通过对 SCR 脱硝控制系统的运行环境、考核要求、被控制特性数学模拟模型等方面的精准把握，国内研究单位成功提出了基于预测控制、神经网络学习技术及自适应控制技术的现代火电机组 SCR 脱硝控制的先进解决方案，并以“INFIT”实时优化控制系统为实施平台，在多台大容量机组上获得了成功应用。

“INFIT”脱硝控制系统的控制策略如图 18-222 所示。

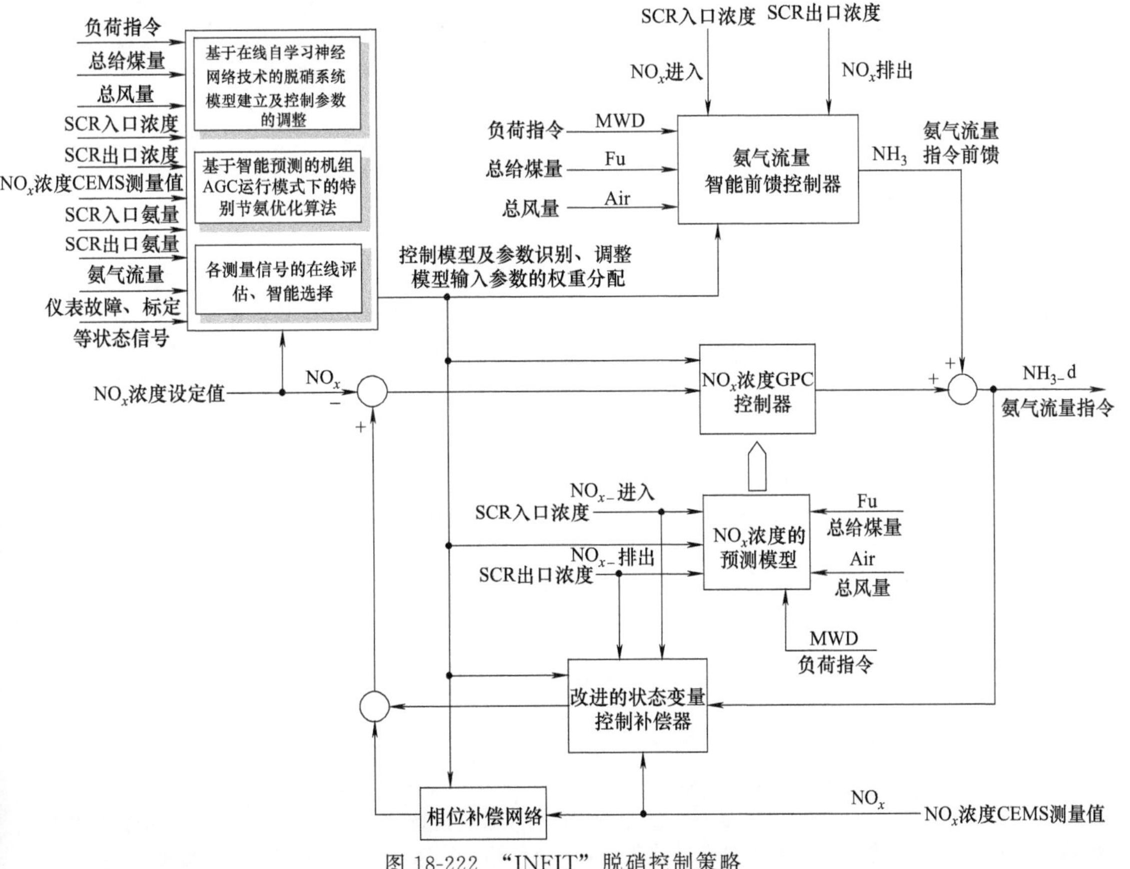

图 18-222 “INFIT”脱硝控制策略

“INFIT”脱硝控制系统具有如下特点。

1）直接以考虑指标作为控制目标。“INFIT”系统直接以烟囱入口处的 NO_x 浓度测量值作为调节目标，对控制效果的评估可以直接以环保考核指标为依据，同时也为正常运行中的运行调整带来极大的方便。需指出的是：由于 SCR 出口 NO_x 浓度变化→烟囱入处出的 NO_x 浓度变化存在明显的延迟（为 1.5～2min），在此种控制方式下的控制难度将明显增加。

2）整个控制策略以预测控制为基础构建。采用针对 SCR 脱硝控制系统的大滞后特性，“INFIT”系统应用了目前国际上最前沿的解决大滞后对象控制问题的预测控制技术，同时融合改进的状态变量控制、相位补偿控制技术，取代了原有的常规 PID 控制。采用这种技术能够提前预测被调量的未来变化趋势，而后根据被调量的未来变化量进行控制，有效提前调节过程，从而大幅提高了脱硝系统的闭环稳定性和抗扰动能力。

3）进行实时的动态特性校正和补偿。采用智能前馈技术对脱硝控制系统的各种扰动因素进行动态补偿，从反应源头及时消除烟囱入处出 NO_x 浓度的波动。同时“INFIT”脱硝系统采用竞争型的神经网络学习算法来实时校正上述动态补偿算法中的各项特性参数，使得整个系统始终处于在线学习的状态，控制性能不断向最优目标逼近。

4）增加针对 AGC 指令多变情况下的特别节氨算法。国内机组 AGC 运行的特点是指令反复变化频繁（尤其是在长江三角洲一带对电网频率要求较高的区域），此时 NO_x 浓度也将受影响而反复波动，控制系统若仍采用常规控制策略，极易因反馈调节作用与 AGC 指令变化同相位而造成叠加振荡情况，使控制性能明显变差，增加氨气消耗量。“INFIT”脱硝系统根据机组 AGC 指令的变化规律，实量预测 NO_x 浓度的波动，调整控制算法始终保持与 AGC 指令变化反相位，从而减少不必要的控制调节，使氨气消耗明显减少。

5）对每个测量仪表数据在线评估，实时调整控制权重。“INFIT”脱硝系统根据机组运行的实时参数，不断对各 NO_x 测量仪表的数值进行在线评估，发现失真现象后立即调整该测量参数在控制系统中的权重占比，将部分测量值失真给控制系统造成的影响降至最低，从而保证脱硝控制系统的长期可靠运行。

INFIT 控制系统是独立于 DCS 系统以外的一套软、硬件一体化的控制系统，可通过 DCS 系统的通讯模块融入到 DCS 系统中，与 DCS 通过 MODBUS 通讯方式进行信号传输。INFIT 控制系统以 PLC 作为硬件平台。采用 SCL、STL 语言（汇编语言）开发了所有的高级控制算法模块，并通过面向对象的封装技术，建立了类似一般 DCS 系统组态的函数库，通过函数调用完成机组优化控制工程。与 DCS 系统通过 MODBUS 通讯方式交换数据，取得机组负荷、NO_x 浓度、NO_x 设定值、AGC 指令、标定信息等数据，并将 PLC 内部优化计算后的控制指令传送至 DCS 系统。

INFIT 控制系统的应用无需改变 DCS 系统的原有控制功能，通过 DCS 操作画面上的投/切按钮，运行人员可以自由选择喷氨自动控制系统是受控于 INFIT 系统或者是原 DCS 系统。当发生通讯故障，INFIT 系统故障、I/O 信号故障时 INFIT 控制系统立即交出控制权，机组可平衡过渡到原 DCS 控制的合理运行方式下。

目前在国内采用常规 PID 和模糊控制共同组合方式。模糊控制系统投运以来，控制品质明显改善，机组负荷稳定、快速变负荷及启停制粉系统状况下，SCR 出口的 NO_x 浓度均控制在合理范围内。模式控制技术先进、性能可靠、控制效果满意；调节灵敏、系统抗干扰性能强，能适应负荷大幅变化及个别参数异常；常规 PID 控制是对模糊控制的有利的补充，当模糊控制出现各种参数监测异常，模糊控制系统可无扰切换至常规控制稳定运行。

6. SCR 工艺的催化剂

催化剂是 SCR 系统中重要的组成部分。其成分、结构、寿命及相关参数直接影响 SCR 系统的脱硝效率及运行状况。对于燃煤电厂可用于 SCR 系统的催化剂主要有贵金属催化剂、金属氧化物催化剂和沸石催化剂三种类型。

（1）贵金属催化剂 典型的贵金属催化剂是以 Pt 或 Pd 作为活性组分，其操作温度在 175～290℃之间，属于低温催化剂。20 世纪 70 年代，最先被用于 SCR 脱硝系统。这种催化剂还原 NO_x 的活性很好，但选择性不高，NH_3 容易直接被空气中的氧氧化，且价格昂贵。由于这些原因，传统的 SCR 系统中，贵金属催化剂很快被金属氧化物催化剂代替。由于一些贵金属在相对较低的温度下，还原 NO_x 和氧化 CO 的活性高，目前，贵金属催化剂主要用于低温催化剂和天然气锅炉的脱硝。

（2）金属氧化物催化剂 金属氧化物催化剂一般由基材、载体和活性成分组成。基材是催化剂形状的骨架；载体用于承载活性金属，现在有些催化剂是把载体材料本身作为基材。TiO_2、Al_2O_3、Fe_2O_3 以及 SiO_2 都是金属氧化物，可以被用作为载体，其中 TiO_2 具有较高的抗 SO_2 性能和活性，用作脱硝催化剂的载体最合适。载体的功能是对活性组分和助催化剂起支撑作用。使催化剂具有适当的形状与粒度，有较大的比表面积，提高活性组分和助催化剂的分散度，以节约活性组分。其次是改善催化剂的传热、抗热冲击和抗机械冲击的性能。因此要求载体应有一定的机械强度、耐磨损强度，热稳定性与导热性好。

20 世纪 60 年代发现钒具有 SCR 催化反应的活性，负载在 TiO_2 上的 V_2O_5 具有很好的 SCR 反应活性和稳定性。V_2O_5 是最重要的活性成分，可以达到较高的脱硝效率，但同时也能促进 SO_2 的转化。为防治 SO_2 被氧化为 SO_3，活性组分 V_2O_5 的负载量很低。活性材料 WO_3、MoO_3 的添加，有助于抑制 SO_2 的转化，它们可起到助催化剂及稳定剂的作用。目前，广泛应用的 SCR 催化剂大多是以 TiO_2 为载体，以 V_2O_5 或

V_2O_5-WO_3、V_2O_5-MoO_3 为活性成分。V_2O_5/TiO_2 有较好的 SCR 催化反应活性和选择性，其活性优于 WO_3/TiO_2 和 MoO_3/TiO_2。但是，V_2O_5-WO_3/TiO_2 和 V_2O_5-MoO_3/TiO_2 的活性和选择性均比 V_2O_5/TiO_2 高。由于 SO_2 的转化过程主要取决于温度，因此用于烟气温度越高的催化剂，V_2O_5 的含量应越低。

以氧化钛为载体的催化剂的组成成分如下：a. 承载材料，二氧化钛（TiO_2）占总质量的 90%以上；b. 活性成分，五氧化二钒（V_2O_5）、三氧化钼（MoO_3）和三氧化钨（WO_3），其中 V_2O_5 是最重要的活化成分，占总质量的 1%～5%，MoO_3 和 WO_3 两项共占总质量的 5%～10%。

这种催化剂的特性是：a. 具有很强的将 NO_x、NH_3 转化成 N_2、H_2O 的能力；b. SO_2/SO_3 的转化率低；c. 最佳反应温度为 315～370℃。

以氧化铁为载体的催化剂的主要成分为 Fe_2O_3，添加有 Cr_2O_3、$Fe_2(SO_4)_3$、$FePO_4$，还加有其他的添加剂和黏合材料，如 Al_2O_3、SiO_2 以及微量的 MgO、TiO_2 和 CuO 等。其中 Fe_2O_3、Cr_2O_3、$Fe_2(SO_4)_3$ 属于活性成分，Al_2O_3、SiO_2、MgO、TiO_2 和 CuO 为添加剂和黏合材料。这种催化剂的优点是废弃的催化剂可以在钢铁厂回收，但由于它的活性比较低，比氧化钛为基体的低大约 40%，所以现在已经基本被前者取代了。

(3) 沸石催化剂　沸石是一种多孔的晶体，是带碱性阳离子的水和硅酸铝（合成的或者天然的）的一种多孔晶体物质。

沸石的性能可因温度、SiO_2/Al_2O_3 比的改变或者添加有铂酸盐而发生变化。它具有明确的孔状结构和较大的内表面积。这种催化剂的反应机理可用 Eley-Rideal 机理和分子筛的作用来描述。分子筛的作用对 NO_x 和 NH_3 及 O_2 的反应的选择性能产生影响。只有那些能穿过沸石微孔（0.7nm）进入催化剂孔穴内的分子才有机会参与化学反应过程。沸石催化剂通常制成丸状或者蜂窝形。由于这是一种陶瓷基的催化剂，因此它可在陶瓷生产中重新使用。这种催化剂可贮存大量的氨，如果添加的氨过量，可防止氨的迅速逃逸。若水蒸气的含量过高（>16%），会对催化剂的活性产生不利影响。这种催化剂对 SO_2 的毒害有抑制作用。

该催化剂的使用温度在 300～400℃之间，设计的空间速率为 2000～4000h^{-1}。这种催化剂在德国有应用业绩。

催化剂按使用温度范围分成高温、中温和低温三类：高温为大于 400℃；中温为 300～400℃；低温为小于 300℃。低温催化剂主要是活性炭/焦催化剂和贵金属催化剂；中温催化剂主要是金属氧化物催化剂，有氧化钛基催化剂及氧化铁基催化剂；高温催化剂有分子筛催化剂等。

目前，用于 SCR 中催化剂的结构形式主要有：蜂窝式、板式及其他形式（如波纹式）三种，见图 18-223。其中蜂窝式催化剂采用 TiO_2 作骨架材料，与活性成分混合后挤压成型，经干燥、烧结后裁切装配而成。在市场上占主导地位；板式催化剂以不锈钢金属板为基材，浸渍上含有活性成分的催化剂，经压制、烧结成型；波纹式是先制成用玻璃纤维板或陶瓷加固的 TiO_2 基板，浸渍催化剂后烧结成型。

(a) 蜂窝式催化剂

(b) 板式催化剂

(c) 波纹板式催化剂

图 18-223　催化剂的结构形式

用于燃煤电厂的三种类型催化剂的比较示于表 18-79。

表 18-79　催化剂类型比较

项目	催化剂类型			项目	催化剂类型		
	蜂窝式	平板式	波纹式		蜂窝式	平板式	波纹式
催化剂活性	高	中等	中等	比表面积	高	低	中等
SO_2/SO_3 转化率	高	高	较低	空隙率	低	高	高
压力损失①	1.0	0.9	<1.0	表面抗磨损力	高	低	很低
抗腐蚀性	一般	高	一般	内部抗磨损力	高	低	很低
抗冲刷性	中等	高	中等	催化剂再生	非常有效	无效	无效
抗中毒性	高	中等	中等	质量(催化剂+模块)①	<1.0	1.23～1.50	<0.9
防灰堵能力	差	很强	中等	空间	<1.0	1.20～1.40	<0.9
耐热性	中(约 60℃/min)	中	高(>150℃/min)	初始建设成本	中等	高	中等

① 以蜂窝式为基准，其他为相对值。

7. SCR反应器的布置方式

依据SCR脱硝反应器相对的安装位置，SCR系统有高粉尘布置、低粉尘布置和尾部布置三种方式。

(1) 高粉尘布置方式 高粉尘布置SCR系统见图18-224。SCR反应器布置在锅炉省煤器和空气预热器之间，此时烟气温度在300～400℃范围内，是大多数金属氧化物催化剂的最佳反应温度，烟气不需加热可获得较高的NO_x净化效果。因而投资较低，此时烟气中所含有的全部飞灰和SO_2均通过反应器。催化剂处于高尘烟气中，其寿命会受到一些影响。飞灰中微量的K、Na、Ca、As等元素会使催化剂污染或中毒；飞灰磨损反应器并会使蜂窝状催化剂堵塞；烟气温度过高会使催化剂烧结或失效。选择防酸或防堵的催化剂材料、保证烟气的均匀布置等可避免催化剂腐蚀和堵塞等问题。商业装置中，在正常运行的范围内，微量元素的污染程度可以接受，采取垂直布置的吸收塔和蒸汽吹灰措施也可以解决飞灰堵塞和催化剂腐蚀问题。因此，大多数都采用高灰热烟气布置方式，可以避免为将烟气加热到最佳反应温度而降低整个系统的热效率。

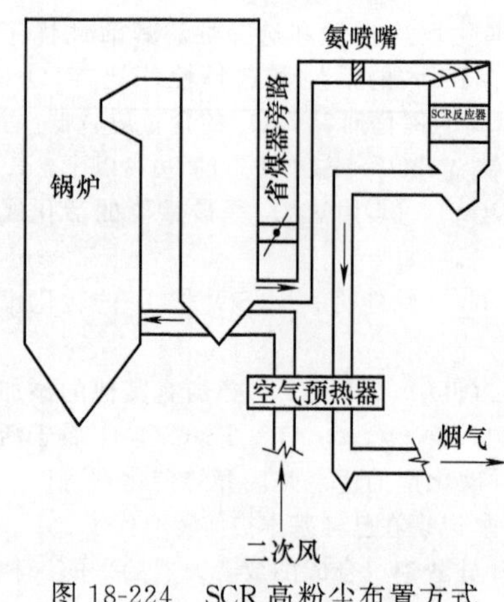

图18-224 SCR高粉尘布置方式

与低灰布置方式相比，高灰布置方式的催化剂通道孔较大，壁厚也大，比表面积小，催化剂用量大且活性低。

高温高尘布置方式有垂直气流布置和水平气流布置两种形式，在燃煤锅炉中，由于烟气中的含尘量较高，一般采用垂直气流方式。

(2) 低粉尘布置方式 低粉尘布置方式见图18-225。

SCR反应器布置在除尘器和空气预热器之间。采用这种布置方式，300～400℃的烟气先经过高温静电除尘器后再进入反应器，可有效地防止烟气中飞灰对催化剂的污染和对反应器的磨损或堵塞，但并没有去除烟气中的SO_3，烟气中的NH_3和SO_3反应生成硫酸铵而发生堵塞的可能性仍然存在。

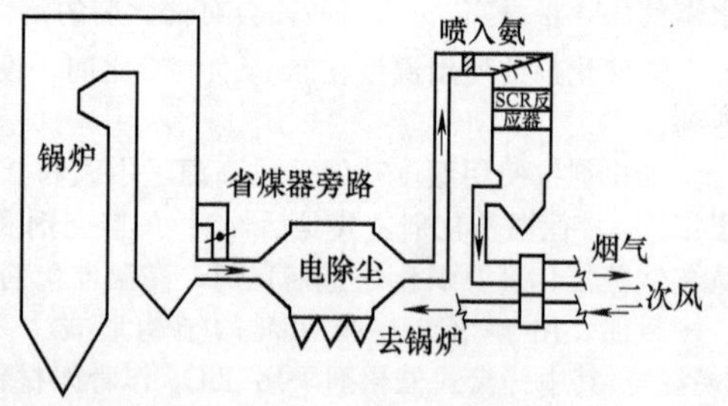

图18-225 SCR低粉尘布置方式

低灰区域布置方式在日本应用的较多，主要原因是日本燃煤大多进口，燃煤含硫量低，低温时灰的比电阻高，采用高温电除尘器比较有利。

美国DP&L公司Killen Station的2号600MW机组的SCR改造工程也是采用这种低灰布置方式，由于进入SCR的烟气含尘浓度大大降低，催化剂采用4.2mm节距，比常规高尘SCR方案的6.7～7.3mm典型节距大大缩短，其优点是在同等容积下，可以布置更多的催化剂材料。该工程仅布置了（2＋1）层催化剂，但在同等条件下若SCR布置在静电除尘器上游，则需要（3＋1）层催化剂。因此，采用这种布置方式可明显降低SCR的投资。

(3) 尾部布置方式 SCR尾部布置系统见图18-226。SCR反应器布置在除尘器和烟气脱硫系统之后，这种布置方式的最大优势在于可降低催化剂的消耗量。其特点是经过脱硫后的烟气已去除掉大部分飞灰、SO_2、卤代有机化合物、重金属等物质，催化剂可完全工作在无尘、无SO_2的"干净"烟气中，可有效地解决反应器堵塞腐蚀、催化剂污染中毒等问题；催化剂使用时间相对较长，清理催化剂和空气预热器的费用较低，氨逸出也不会影响飞灰和脱硫产品的质量。因而，这种布置方式可使用小开孔、薄壁、高比表面积的催化剂，使反应器布置紧凑以减小反应器体积。这种布置方式可用在SCR反应器，不能放在省煤器和空气预热器间的机组上。另外，这种布置方式可独立于锅炉安装，不必改造锅炉空气预热器、风道、锅炉结构，不影响锅炉的运行及出力。20世纪80年代末，德国PS、HKW等电力公司的许多燃煤电厂都采用这种布置方式来脱除烟气中的NO_x。

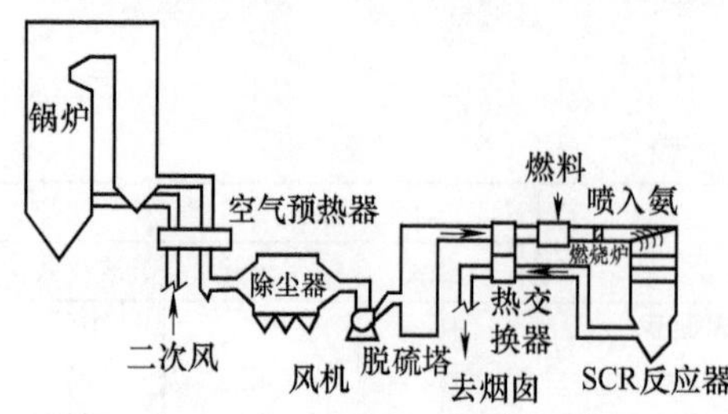

图18-226 SCR尾部布置方式

但这种方式由于烟气温度较低，仅为50～60℃，一般需要气-气换热器（GGH）或采用加设燃油或燃天然气的燃烧器将烟温提高到催化剂的活性温度，势必增加能源消耗和运行费用。

在许多燃煤电厂，重新加热烟气的费用远远超过减小催化剂体积和系统维护节省下来的费用。在德国，液态排渣锅炉为减少砷毒，常采用 SCR 末端布置方式。在欧洲，除 70%的液态排渣炉采用这种布置方式外，还有 10%的固态排渣炉采用这种布置方式。

三种 SCR 布置方式的比较见表 18-80。

表 18-80　三种 SCR 布置方式的比较

比较项目	高灰区域布置	低灰区域布置	尾部布置
催化剂的堵塞趋势	较大	较小	最小
催化剂的腐蚀程度	较大	较小	最小
催化剂的活性	较低	较高	高
催化剂的类型	选用防腐、防堵塞	一般	一般
催化剂的消耗量	大	较小	小
催化剂的寿命	短	较长	长
通过催化剂的烟速	4～6m/s,降低腐蚀	5～7m/s,不堵塞	—
空气预热器的堵塞	易堵塞	不易堵塞	不堵塞
吹灰器	需要	不需要	不需要
除尘器的粉尘品质	差	较好	好
工程造价	低	较高	高

8. 影响 SCR 脱硝性能的主要因素

影响 SCR 脱硝效率的因素主要包括燃料特性、催化剂性能、温度、反应器及烟道的流场分布均匀性、氨氮摩尔比等。

(1) 燃料特性　我国的燃煤煤种和煤质变化较大，近年来不同煤质掺烧、灰分增加情况比较普遍，都给 SCR 催化剂的设计选型带来很大挑战。此外，在技改项目输入条件的确认时缺乏严肃性，煤质、烟气参数不具有代表性，尤其烟气携带的重金属等含量数据未能提供，会增大砷化物和碱金属等使催化剂中毒失活的风险。煤种的变化要求催化剂能够适应不同的燃料和烟气成分的要求。

对 SCR 有影响的燃料特性主要有燃料的含灰量、含硫量、碱土金属、氯离子、氟离子、重金属等，可采用相应的措施解决。

(2) 催化剂性能　催化剂一般保证 2～3 年寿命。由于长期处于高温、高尘的环境中，催化剂的微孔会逐渐变形、堵塞，同时烟气中的各种微量重金属也会对催化齐产生毒化作用。研究表明，一般情况下经过 16000h（约 2 年）的使用，SCR 催化剂的活性会降至初始的 80%。催化剂的实际使用寿命因催化剂类型、操作条件而不同。要求催化剂活性高、寿命长、耐磨、防堵、抗中毒。

(3) 温度　烟气温度是影响 NO_x 脱除效率的重要因素。一方面，当烟气温度低时催化剂的活性会降低，NO_x 的脱除效率随之降低，且 NH_3 的逃逸率增大，SO_3 与 NH_3 反应生成 $(NH_4)_2SO_4$ 和 NH_4HSO_4，硫铵盐沉积在催化剂表面，降低催化剂的活性，同时硫铵盐还可导致空气预热器堵塞、积灰与腐蚀。为防止这一现象产生，既要严格控制氨逃逸量和 SO_2 氧化率，减少 NH_4HSO_4 在催化层和后部空气预热器上的形成，又要保证 SCR 反应温度高于 300℃。另一方面，温度高于 400℃时，NH_3 的副反应发生，导致烟气中的 NO_x 增加，同时又容易发生催化剂的熔结，微孔消失，使催化剂失效。因此一般 SCR 反应温度都控制在 300～400℃。在系统设计和运行时，选择和控制好烟温尤为重要。图 18-227 为 NO_x 脱除效率和温度的关系曲线图。

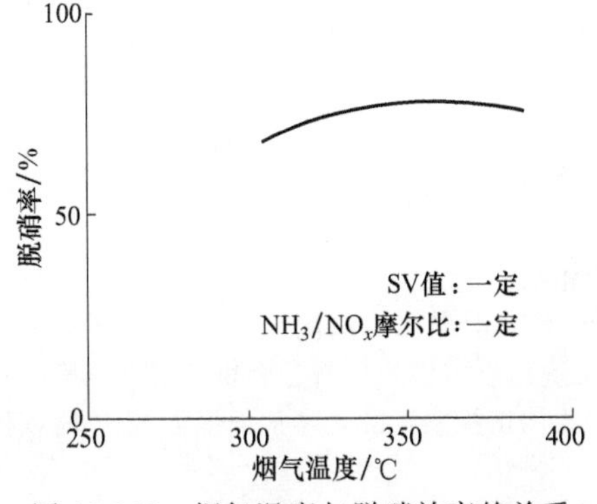

图 18-227　烟气温度与脱硝效率的关系

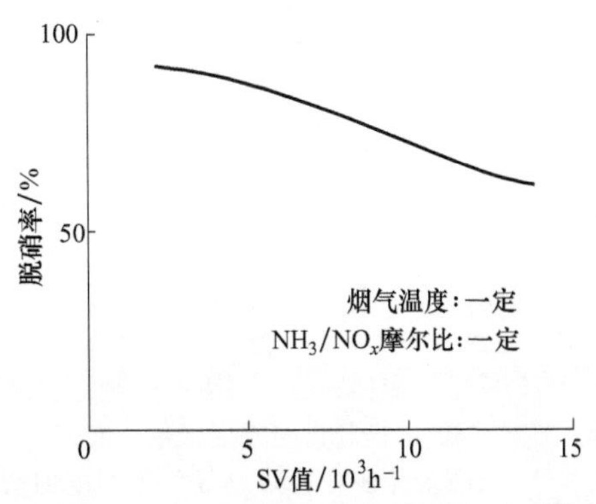

图 18-228　NO_x 脱除率与空间速度的关系曲线

(4) **烟气流速** 对于SCR反应器，衡量烟气（标准状态下的湿烟气）在催化剂容积内的停留时间尺度的指标是空间速度（Space Velocity，SV），在数值上等于烟气流量（标准温度和压力下湿烟气）与催化剂体积的比，即

$$SV=\frac{V_{fg}}{V_{cat}}$$

式中 SV——空间速度，h^{-1}；

V_{fg}——烟气流量，m^3/h；

V_{cat}——催化剂体积，m^3。

它在某种程度上决定反应物是否能完全反应，同时也决定着反应器催化剂骨架的冲刷和烟气的沿程阻力。空间速度大，烟气在反应器内的停留时间短，在同等反应活性条件下可以节省催化剂的体积，降低成本，但反应有可能不完全，NH_3 的逃逸量大，同时烟气对催化剂骨架的冲刷也大。

图18-228是 NO_x 脱除率与空间速度的关系曲线。从图中可以看出，空间速度越低，即烟气在催化剂中的停留时间越长，NO_x 脱除率越高。

空间速度是催化反应器的主要设计依据，空间速度的确定除受催化剂特性的影响之外，还需要考虑脱氮效率、运行温度、氨的允许逃逸量以及烟气中的粉尘含量、锅炉形式、催化反应器布置位置等诸多因素。

表18-81是欧共体经济委员会在关于氮氧化物排放控制的经验总结中提供的根据燃煤锅炉的炉型和SCR布置位置两个因素选择空间速度的经验值。

表18-81 燃煤装置SCR反应器的典型空间速度

锅炉炉型	固态排渣炉		液态排渣炉	
	高灰分烟气段	尾部烟气段	高灰分烟气段	尾部烟气段
SV/h^{-1}	2500～3500	5500～6500	1500～2500	4000～5500

对于固态排渣炉高灰段布置的SCR反应器，由于设计的脱硝效率的不同，空间速度可以在1500～6000h^{-1} 范围内进行选择，设计脱硝效率为80%～85%时空间速度一般为2500～3000h^{-1}。

不同的催化剂厂家，设计流速各不相同，且在一定的 NH_3 逃逸率下，不同催化剂厂家的操作烟气流速变化范围也不同，反应器内的烟气流速一般为4～6m/s。

(5) 氨氮摩尔比与烟气均匀性 NH_3/NO_x 摩尔比对脱硝效率的影响示于图18-229。理论上，1mol NO_x 需要1mol NH_3（即摩尔比为1）去脱除。由图可知，NO_x 脱除率随 NH_3/NO_x 摩尔比的增加而增加，摩尔比小于1时其影响更明显。这一结果表明，若 NH_3 投入量偏低会导致 NO_x 脱除率降低；运行中 NH_3 的喷入量随机组负荷的变化而变化。

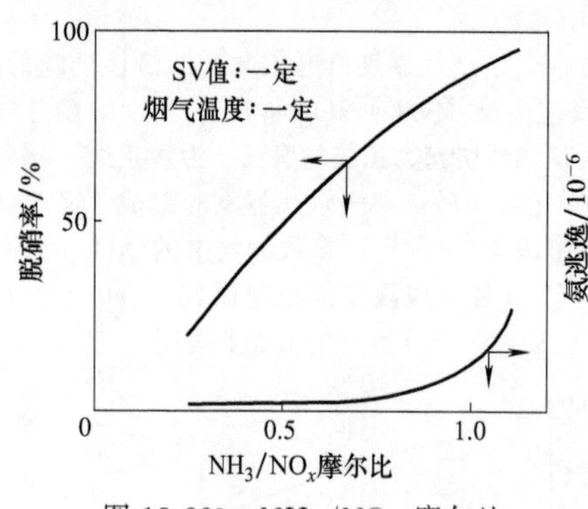

图18-229 NH_3/NO_x 摩尔比与脱硝效率的关系

引起脱硝机组氨逃逸的原因有很多，如氨混合不匀、流场不均、通道堵塞、烟温过低、催化剂失活等。通过优化喷氨格栅、涡流混合器设计确保氨混合均匀、利用在线 NO_x 全截面多点法测量与喷氨优化技术减少喷氨量、结合实际工况进行CFD模拟优化流场设计、在SCR入口竖向烟道增设大颗粒拦截网以及锅炉热系统调节确保喷氨温度、定期抽检催化剂活性等手段，确保系统运行的优化状态，可有效减少氨逃逸。

脱硝喷氨支阀不能根据出口 NO_x 或氨逃逸分布情况实现分区域自动调整是导致机组各负荷段氨逃逸率高且波动大的主要原因。

利用在线烟气 NO_x 全截面多点法测量系统与喷氨优化技术相结合的方式，实际闭环自动控制优化喷氨，实现最优的 NO_x/NH_3 摩尔比。对SCR出、入口 NO_x 和 O_2 的实时断面扫描测量，设计了SCR出口 NO_x 前馈-反馈均衡控制器。均衡控制器的前馈部分根据不同的工况组合（锅炉负荷、磨煤机组合、风门开度等）生成AIG格栅门组的开度指令，实现变工况时的快速调节，均衡控制器的闭环部分根据SCR出口格栅间 NO_x 标准差实现对AIG格栅门组开度的精细调节。

喷氨系统设计时，首层催化剂上游500mm处，流场参数宜满足表18-82要求。

表 18-82 首层催化剂上游500mm处流场参数要求

项 目	单位	数值
截面各处流速的相对标准偏差率绝对值	%	≤10
截面各处 NH_3/NO_x 的摩尔比率相对标准偏差率绝对值	%	≤5
截面速度偏离铅垂线的最大角度绝对值	(°)	≤10
截面温度绝对偏差绝对值	℃	≤10

催化剂前烟道内部的设计布置宜通过数值模拟和物模试验进行验证，达到还原剂与烟气的最佳混合，优化烟气速度分布，降低压损。

流场模拟中数值模拟比例模型与 SCR 脱硝系统比例应为 1∶1；物理模型与 SCR 脱硝系统比例宜为(1∶10)～(1∶15)。NH_3 过量时，多余的 NH_3 与烟气中的 SO_3 反应形成硫铵盐，导致空气预热器堵塞、烟道积灰与腐蚀。另外，NH_3 吸附在飞灰上会影响飞灰的再利用价值，氨泄漏到大气中对大气造成新的污染，故氨的逃逸量一般要求控制在 3×10^{-6} 以下。当 NH_3 逃逸量超过允许值时，必须额外安装催化剂或用新的催化剂替换掉失活的催化剂。实际运行过程中喷入的 NH_3 量随着机组负荷的变化而变化，SCR 装置负荷变化的响应时间跟随能力为 5～30s。运行中，通常取 NH_3∶NO_x（摩尔比）为 0.8～0.85，最大不超过 1.05。

烟气的均匀混合对于既保证 NO_x 的脱除效率又保证较低的氨逃逸量是很重要的。如果 NH_3 与烟气混合不均，即使 NH_3 的输入量不大，NH_3 与 NO_x 也不能充分反应，不仅达不到脱硝的目的还会增加氨的逃逸率。因此，速度分布均匀，流动方向调整得当时，NO_x 转化率、氨逃逸率和催化剂的寿命才能得以保证。采用合理的喷嘴格栅，并为氨和烟气提供足够长的混合烟道，是使氨和烟气均匀混合的有效措施，可以避免由于氨和烟气的混合不均所引起的一系列问题。

飞灰不但会对催化剂造成磨蚀，而且能沉积在催化剂上，引起催化剂小孔堵塞。因此，需要在设计反应系统时采取措施来有效减少通过催化剂的飞灰含量；此外，应利用吹灰器对催化剂进行定期吹扫，必要时应设置催化剂前置吹灰系统，可以保证及时清理积灰。

9. 全负荷脱硝技术

根据文献和工程案例分析，烟气温度位于 340～380℃之间时催化剂活性物的活性最高，催化还原反应效率最高，省煤器后空预器前的烟气温度正好满足此催化剂活性温度区间，这也是 SCR 布置于此的原因。当烟气温度低于催化剂最低运行烟温要求时，脱硝效率较低，导致喷入的还原剂会大量剩余，未参与反应的氨气会和烟气中的 SO_3 反应生成硫酸铵和硫酸氢铵，堵塞催化剂活性物微孔和加速对催化剂的磨损，降低催化剂的活性。因此，当进入 SCR 反应器中的烟气温度低于催化剂的最低运行烟温要求时，SCR 脱硝必须停止喷氨，退出运行。当温度高于 420℃特别是烟气温度高于 450℃时，副反应（主要为 NH_3 被氧化成 NO_x）降低脱硝效率，高温烟气还导致催化剂烧结大大降低催化剂的寿命，并且引起排烟温度高，锅炉效率下降。

为保证现役机组的超低排放就要求机组应该在最低技术出力以上全负荷，全时段稳定达标排放。为保证 SCR 脱硝系统全负荷运行，可通过改造锅炉热力系统或烟气系统，提高低负荷阶段 SCR 反应器入口温度；采用宽温催化剂，提高催化剂低温活性等措施。

宽温度窗口催化剂是在常规 V-W-TiO_2 催化剂的基础上，通过添加其他元素改进催化剂性能，提高低温下催化剂活性，实现全负荷脱硝。

低负荷时提升烟气温度主要有以下几种方法：设置省煤器烟气旁路；设置省煤器给水旁路；省煤器采取分级布置；低负荷时提高给水的温度（提高省煤器给水温度）。

(1) 设置省煤器烟气旁路 设置省煤器烟气旁路技术，主要是在省煤器入口烟道处设置旁路烟道减少经过省煤器用于给水加热的烟气，通过旁路直接进入 SCR 装置，提高进入 SCR 反应区烟气的温度。在省煤器旁路烟道出口处设置旁路烟气挡道，通过调节旁路挡板的开度可以控制直接进入 SCR 反应区的烟气量，进而可以控制烟气温度。

设置省煤器烟气旁路带来的问题是：由于烟气从省煤器旁路流走不能给给水加热必然会增加煤耗，锅炉的热效率约降低 0.5%～1%；省煤器旁路烟道挡板经过长期运行可能造成堵灰影响系统稳定运行；通过省煤器烟气旁路进入 SCR 反应区的烟气会扰乱烟气流场和温度场干扰脱硝系统运行；此种改造对旁路烟道挡板的性能要求较高。

吴泾电厂 11[#] 机组采用省煤器分隔烟道方案，在低负荷时 SCR 入口烟温可提升约 30℃。

(2) 设置省煤器水旁路 设置省煤器水旁路技术，是将通过省煤器的给水增加一旁路，减少给水在省煤器的吸热，提高进入 SCR 反应器的烟气温度，该方法可以通过调节给水旁路调节门的开度调节烟气温度。

设置省煤器水旁路带来的问题是：通过给水旁路能够提高进入SCR反应器的烟气温度但是效果不明显，效果明显差于省煤器烟气旁路；由于进入省煤器的给水量减少会导致省煤器出口处给水温度升高，极端情况会造成省煤器出口处给水气化烧坏省煤器；由于省煤器给水旁路的存在，给水吸热降低，增加排烟热损失，导致锅炉的热效率降低约0.5%。

平圩电厂1#、2#机组采用省煤器水旁路方案，低负荷时SCR入口烟温提升约10℃。

(3) 省煤器采取分级布置 省煤器采取分级布置技术，主要是减少SCR前端原省煤器的换热面积，提高进入SCR反应区的烟气温度，同时在SCR后端增设二级省煤器对给水进一步进行加热。

采用此种方法能够保证进入空预器的烟气温度基本保持不变，省煤器出口的给水温度也能基本保持不变，使锅炉的热效率基本不变，可以维持锅炉运行方式不变，锅炉安全性高，此种方法带来的问题是改造投资成本高，SCR反应区的烟气温度会整体提升不具备烟温调节功能，高负荷存在烟气超温的风险。

国华HZ热电1号机组通过将原SCR脱硝装置前的省煤器进行分级布置，减少SCR装置前的吸热量，提高SCR入口烟气温度，避免低负荷时SCR入口烟气温度低而退出运行。SCR前原省煤器受热面积保留40%；SCR出口新增省煤器受热面积约80%。改造后在100%负荷下，SCR烟气入口温度在370～400℃之间变化；75%负荷下，SCR烟气入口温度在350～390℃之间变化。50%负荷下，SCR烟气入口温度在325～342℃之间变化；在锅炉低负荷下可满足催化剂运行温度（302～420℃）要求。同时通过吸热面的增加，使排烟温度降低约10℃，提高锅炉效率，降低煤耗约0.5kg/(kW·h)。

国华DZ电厂对4#机组进行脱硝全程投入改造，主要是对省煤器进行分级改造，将脱硝系统SCR入口的省煤器割除27%，移至SCR出口，改造后低负荷时SCR入口烟气温度满足设计和催化剂投运温度要求。

(4) 低负荷提高省煤器给水温度 通过抽取汽机蒸汽加热或者其他方式加热省煤器给水，减少省煤器烟气-水的传热温差来减少烟气-水的换热，提高省煤器出口烟温。需要对锅炉蒸汽和给水管道实施改造，增设临时增压系统。优点：改造工期短，施工简单。缺点：增加升温控制系统；烟气温度提升有限；排烟温度提高，锅炉热效率降低。

外高桥第一电厂机组采用炉水加热省煤器给水，机组40%负荷时SCR烟气温度提升约30℃。

从提升SCR入口烟温的全负荷脱硝技术方案选择来看，以上4种方案各有优缺点和适用范围，应根据电厂实际情况选择经济技术最优方案。此外，也可通过上述技术的优化组合，达到灵活调节温度范围，减小对锅炉热效率的影响。

各技术的特点比较如表18-83所列。

表18-83 SCR装置入口烟温提升技术比较

方案	省煤器分级布置	低负荷时提高省煤器给水温度	设置省煤器烟气旁路	设置省煤器给水旁路
投资	高	较高	较高	低
改造工期	长	一般	较长	短
锅炉安全性	无影响	降低	降低	降低
烟温提升效果	好	好	好	一般
锅炉效率影响	无影响	降低	降低	降低

10. 主要工艺参数

SCR脱硝技术主要工艺参数及使用效果见表18-84。

表18-84 SCR脱硝技术主要工艺参数及使用效果

项目		单位	主要工艺参数及使用效果
入口烟气温度		℃	一般为300～420
入口NO_x浓度		mg/m^3	根据实际烟气参数确定
氨氮摩尔比			由脱硝效率和逃逸氨浓度确定，小于1.05，一般取0.8～0.85
反应器入口烟气参数的偏差数值			速度相对偏差在±15%范围内；温度相对偏差在±15℃范围内；氨氮摩尔比相对偏差在±5%范围内；烟气入射角度在±10°范围内。
催化剂	种类		根据烟气中灰的特性进行确定
	层数(用量)	m^3	根据反应器尺寸、脱硝效率、催化剂种类及性能进行确定
	空间速度	h^{-1}	2500～3000
	烟气速度	m/s	4～6
	催化剂节距		根据烟气中灰的特性进行确定

续表

项目	单位	主要工艺参数及使用效果
脱硝效率	%	50以上,最高可达90以上
NO_x 排放浓度	mg/m^3	根据催化剂层数变化,排放浓度发生变化,可以控制在 $50mg/m^3$ 以下
氨逃逸浓度	mg/m^3	≤2.5
SO_2/SO_3 转化率	%	燃煤硫分低于1.5%,转化率宜低于1.0;燃煤硫分高于1.5%,转化率宜低于0.75
阻力	Pa	<1400

11. 国内外技术发展现状

SCR烟气脱硝技术具有较高的脱硝效率，能达到60%～90%，是一种成熟的、可行的商业最佳的电站烟气脱硝技术。自20世纪70年代后期日本安装第一台电厂SCR装置以来，SCR技术得到迅猛发展，日本几乎所有的煤电机组都配置了SCR装置；欧洲自1985年引进SCR技术以来，也迅速得到普及；2012年底美国67%的燃煤发电机组建设了SNCR或SCR，其中约80%的机组采用SCR工艺。SCR烟气脱硝设施已成为很多发达国家燃煤发电机组的必需装备。

“十二五”期间，我国燃煤电厂脱硝改造呈全面爆发的增长趋势，其中SCR技术占火电机组脱硝容量的95%以上。到2013年年底该比例上升至97.22%（SNCR占2.17%，SCR+SNCR占0.61%）。截至2016年年底，我国已投运火电烟气脱硝机组容量约为 9.1×10^8kW，占火电装机容量85.8%，基本均采用SCR技术。

催化剂是SCR技术的核心，近年来我国在催化剂原料生产、配方开发、国情及工况适应性研究等方面均取得了很大进步。同时对失活催化剂再生技术、废催化剂回收技术、吹灰改进技术、反应器流场优化、全负荷脱硝技术等的研发也取得令人瞩目的成果。

（二）选择性非催化还原技术

1. 基本原理

选择性非催化还原法（Selective Now-Catalytic Reduction，SNCR）是用 NH_3、尿素等还原剂喷入炉内与燃烧产生烟气中 NO_x 进行选择性反应。因不用催化剂，则必须在高温区加入还原剂。该法是以炉膛为反应器，如图18-230所示。

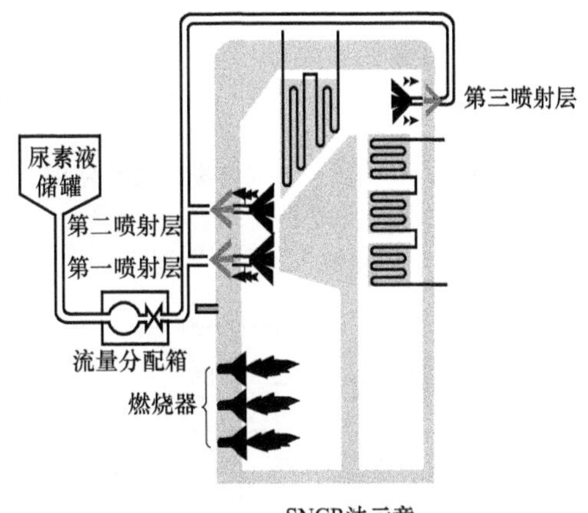

图18-230　SNCR法示意

其基本原理是在炉膛800～1100℃的温度范围内、无催化剂作用下，NH_3 或尿素等氨基还原剂可选择性地还原烟气中的 NO_x，基本上不与烟气中的 O_2 作用。

NSCR法反应机理比较复杂，主要反应式如下。

(1) NH_3 作为还原剂

$$4NO+4NH_3+O_2 \longrightarrow 4N_2+6H_2O$$

$$2NO+4NH_3+2O_2 \longrightarrow 3N_2+6H_2O$$

$$6NO_2+8NH_3 \longrightarrow 7N_2+12H_2O$$

(2) 尿素作为还原剂

$$CO(NH_2)_2+2NO \longrightarrow 2N_2+CO_2+2H_2O$$

$$CO(NH_2)_2+H_2O \longrightarrow 2NH_3+CO_2$$

$$4NO+4NH_3+O_2 \longrightarrow 4N_2+6H_2O$$

$$2NO+4NH_3+2O_2 \longrightarrow 3N_2+6H_2O$$

$$6NO_2+8NH_3 \longrightarrow 7N_2+12H_2O$$

不同还原剂有不同的反应温度范围，此温度范围称为温度窗。当反应温度过高时，由于氨本身将氧化成NO，使 NO_x 还原率降低；此外，反应温度过低（<850℃）时，反应不完全，氨的逃逸增加，也会使 NO_x 还原率降低。NH_3 是高挥发性和有毒的物质，氨的逃逸会造成新的环境污染。

20世纪80年代中期SNCR技术在国外研发成功，开始大量应用于中小型机组；至90年代初期成功应用于大型燃煤机组。该技术的运行经验至今已成功地应用在600～800MW等级的燃煤机组。

2. SNCR 工艺系统的组成

SNCR工艺系统主要由还原剂贮存及制备系统、还原剂喷射（加药）系统、控制系统三部分组成。

(1) 还原剂贮存及制备系统

① 以尿素为还原剂工艺流程见图 18-231。

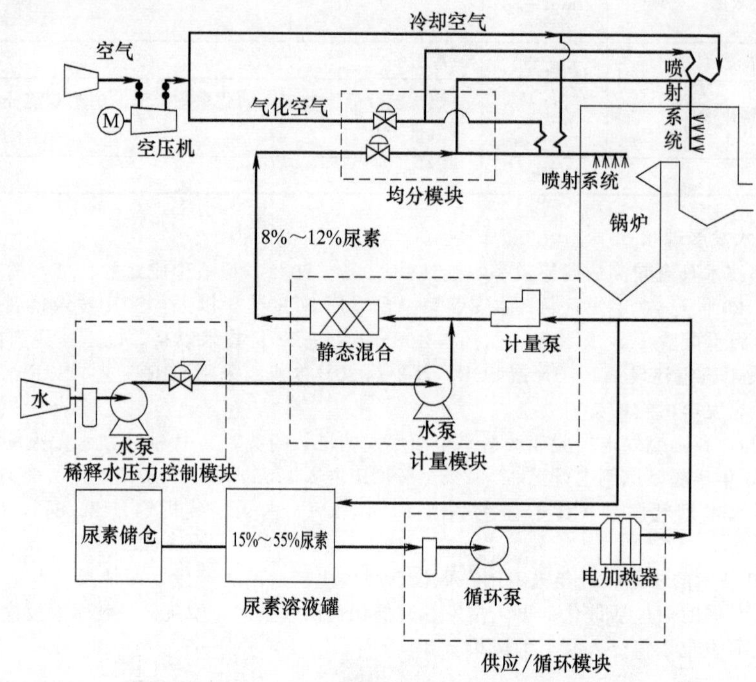

图 18-231　以尿素为还原剂工艺流程

尿素溶解设备布置在室内，尿素溶液贮存设备布置在室外。将尿素制备成质量浓度为 45%～55%的尿素溶液贮存。

稀释后喷入炉膛的还原剂溶液的浓度为 8%～12%（质量分数）。稀释水的水源可为除盐水、反渗透产水或者凝结水。每台锅炉配置一套稀释系统、一套计量分配系统。多台锅炉可共用一套尿素溶液输送系统。

② 以氨水为还原剂工艺流程图见图 18-232。

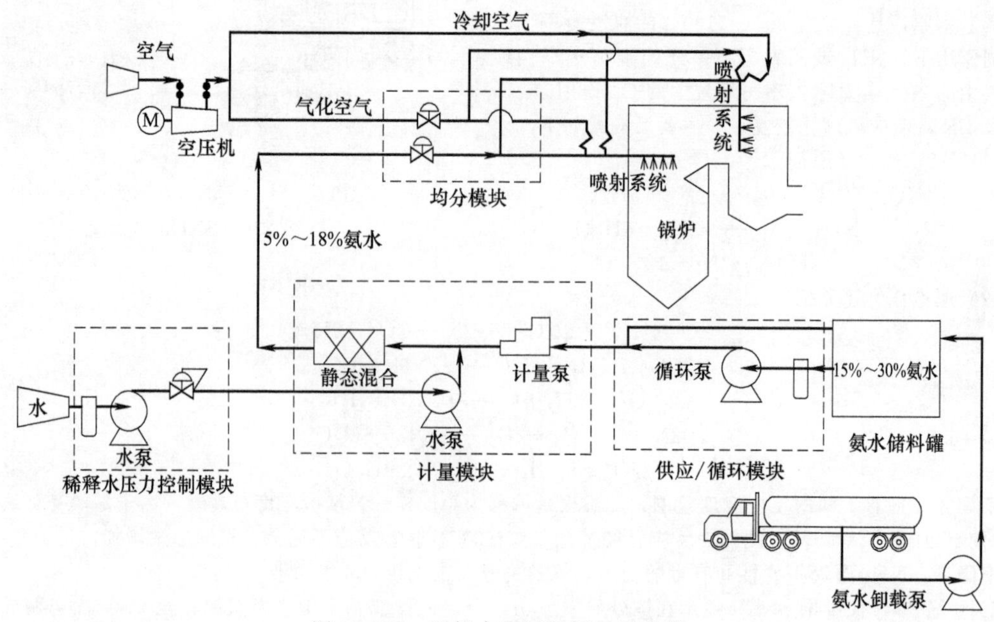

图 18-232　以氨水为还原剂工艺流程

以氨水为还原剂的SNCR脱硝系统主要由氨水贮存、氨水溶液调节、氨水溶液输送、氨水溶液计量分配以及氨水溶液喷射等设备组成。

③ 以液氨制备氨水作为还原剂工艺流程见图18-233。

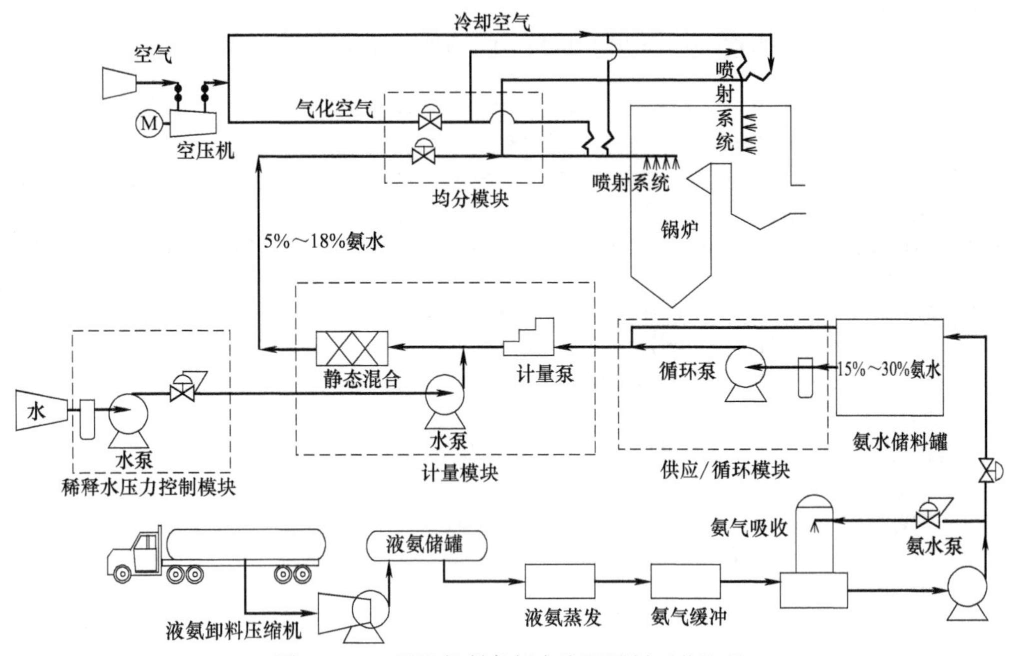

图18-233　以液氨制备氨水为还原剂工艺流程

以液氨制备氨水为还原剂的SNCR脱硝系统主要由液氨卸料贮存、液氨蒸发及氨气缓冲、氨气吸收、氨水贮存、氨水溶液调节、氨水溶液输送、氨水溶液计量分配以及氨水溶液喷射等设备组成。

(2) 还原剂比较选择　用于SNCR脱硝工艺中常使用的还原剂有尿素、液氨和氨水。还原剂为液氨的优点是脱硝系统储罐容积可以较小，还原剂价格也最便宜；缺点是氨气有毒、可燃、可爆，贮存的安全防护要求高，需要经相关消防安全部门审批才能大量贮存、使用；另外，输送管道也需特别处理；需要配合能量很高的输送气才能取得一定的穿透效果，一般应用在容量较小的锅炉。还原剂为氨水的缺点是氨水有恶臭，挥发性和腐蚀性强，有一定的操作安全要求，但贮存、处理比液氨简单；由于含有大量的稀释水，贮存、输送系统比氨系统要复杂；喷射刚性，穿透能力比氨气喷射好，但挥发性仍然比尿素溶液大，应用在墙式喷射器的时候仍然难以深入到大型炉膛的深部，因此一般应用在中小型锅炉上。对于附近有稳定氨水供应源的循环流化床锅炉多使用氨水作为还原剂。还原剂使用尿素，尿素不易燃烧和爆炸，无色无味，运输、贮存、使用比较简单安全，挥发性比氨水小，在炉膛中的穿透性好；效果相对较好，脱硝效率高。适合于大型锅炉设备的SNCR脱硝工艺。

针对循环流化床锅炉上，适合SNCR系统的温度窗口在旋风分离器入口烟道上，由于分离器入口烟道的截面较小，而氨水的喷射刚性、穿透能力能满足要求，因此在循环流化床锅炉上多使用氨水作为还原剂。

(3) 还原剂喷射系统　还原剂喷射系统由喷射泵和安装在炉膛壁上的喷射装置组成。喷射装置有墙式喷嘴和喷枪两种类型。

SNCR工艺喷入炉膛的还原剂应在最佳烟气温度区间内与烟气中的NO_x反应，并通过喷射器的布置获得最佳的烟气-还原剂混合程度以达到最高的脱硝效率。如采用尿素作为还原剂、最佳反应温度宜为900～1150℃；如采用氨水作为还原剂，最佳反应温度宜为870～1100℃。

应在锅炉炉膛内选择若干区域作为还原剂的喷射区。在锅炉不同负荷下，选择烟气温度处在最佳温度区间的喷射区喷射还原剂。喷射区域的位置和喷射器的设置应依据炉膛内温度场、烟气流场、还原剂喷射流场、化学反应过程的精确模拟结果而定。

还原剂在锅炉最佳烟气温度区间内的停留时间宜大于0.5s。应根据不同的锅炉炉内状况对喷嘴的几何特征、喷射的角度和速度、喷射液滴直径进行优化，通过改变还原剂扩散路径，达到最佳停留时间。

氨水喷入炉膛后会迅速气化为氨气，而尿素液滴渗入烟气中的运动距离比氨水远得多。对于较大尺寸的炉膛，尿素与烟气的混合优于氨水。因此，大中型火力发电厂的SNCR系统还原剂基本上采用尿素。

每个注入区应配置1套尿素溶液分配系统。

尿素溶液喷射系统的设计应满足以下要求。

① SNCR工艺的尿素溶液喷射系统用于将尿素溶液雾化后以一定的角度、速度和液滴粒径喷入炉膛，参与脱硝化学反应。

② 尿素溶液喷射系统的设计应能适应锅炉正常运行工况下任何负荷的安全连续运行，并能适应机组负荷变化和机组启停次数的要求。

③ 喷射器用于扩散和混合尿素溶液，可采用墙式喷射器、单喷嘴枪式喷射器和多喷嘴枪式喷射器。墙式喷射器是由炉墙往炉膛内喷射；单喷嘴枪式喷射器和多喷嘴枪式喷射器伸入炉内喷射，喷射器伸入炉内的长度应依据锅炉宽度而定。喷射区域、喷射器的种类、数量和位置，取决于锅炉各负荷工况下运行的烟气温度、烟气流场分布、锅炉结构和脱硝效率等要求。

④ 喷射器的设计参数应依据计算机数值模拟计算结果并结合锅炉结构确定。应根据炉膛温度场和流场模拟的结果在锅炉的多个适当位置布置不同的喷射器，通常可布置在锅炉折焰角、过热器和再热器区域。枪式喷射器的布置应在其伸出位置处保留足够的维修空间。每台锅炉可设置1～5个墙式喷射区域，2～4个伸入炉膛的单喷嘴或多喷嘴喷射区域。喷入炉内的尿素溶液不应与锅炉受热面管壁直接接触。

⑤ 喷射器开孔位置应根据锅炉的情况而定。应尽量避免对水冷壁管的影响及与炉内部件碰撞。新建机组应在锅炉设计时预留开孔位置。

⑥ 喷射器由于处于高温和高烟尘的环境中，易因被磨损和腐蚀导致损坏，因此喷射器应选用耐磨、耐腐蚀的材料，通常应使用不锈钢材料。

⑦ 进入喷射器的尿素溶液应经过滤装置，防止喷枪堵塞。尿素溶液管道可采用电伴热。

⑧ 枪式喷射器应有足够的闭式冷却水使其能承受反应温度窗口的温度，枪式喷射器应有伸缩机构，当喷射器不使用、冷却水流量不足、冷却水温度高或雾化介质流量不足时，可自动将其从炉内抽出以保护喷射器不受损坏。

⑨ 喷射器进口应设置雾化用的厂用压缩空气或蒸汽接口。压缩空气或蒸汽管道应设置压力调节阀。

⑩ 当雾化介质为压缩空气时，在满足喷射器安全运行的前提下喷射器可采用雾化介质来冷却。

⑪ 喷射系统应设置吹扫空气以防止烟气中的灰尘堵塞喷射器，吹扫空气可采用厂用压缩空气。

⑫ 除喷射器外，尿素溶液喷射系统的设备应就近布置在锅炉平台上。

(4) 控制系统 控制系统的主要任务是控制还原剂的供应量和喷入位置。特别是对于大型锅炉，由于有多个喷射口分别位于锅炉内不同位置，这些喷口可以单独运行也可以成组运行。根据锅炉运行参数的变化，控制系统对喷嘴投入的数量、位置和每个喷嘴的喷射量进行调整，以保证SNCR系统达到设定的效率和相关的运行指标。

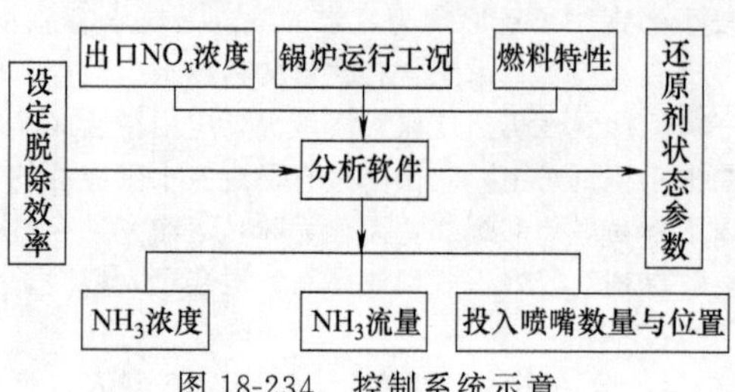

图 18-234 控制系统示意

目前已经运行的SNCR系统大都运用可编程控制器(PLC)及一套PC软件，根据烟囱排放的NO_x监测值与设定值的差异及锅炉运行等信号，自动控制还原剂的喷射量。控制系统示意如图18-234所示。

控制系统的分析软件根据监测到的出口烟气NO_x的浓度、锅炉运行工况、燃料性质等反馈数据，结合SNCR系统的设计脱硝效率进行分析，得到对还原剂的喷射量、喷射压力、喷射位置的分析结论，发出指令控制有关仪表和阀门。与此同时，控制系统还要随时对还原剂的温度、混合浓度、洁净程度以及稀释用水的温度、洁净度等参数进行监控，以保证系统的安全和正常运行。

因为要将还原剂喷入炉内正确的位置，而且还应随锅炉负荷的变化能进行正确的调整，因此要求SNCR技术在设计阶段对每台对象机组实施计算机模拟分析，从而设计出随温度场变化的运行控制系统。

使用计算流体力学（CFD）和化学动力学模型（CKM）进行工程设计，即将先进的虚拟现实设计技术与燃烧装置的特定尺寸、燃料类型和特性、锅炉负荷范围、燃烧方式、烟气再循环（如果采用）、炉膛过量空气、初始或基线NO_x浓度、炉膛烟气温度分布、炉膛烟气流速分布等相结合进行工程设计。实际运行时，不论燃料种类或煤的质量如何变化，SNCR的反应窗将承受温度场的分布而实施自动追踪调整。

3. 影响SNCR脱硝性能的主要因素

影响SNCR脱硝效果的主要因素包括：温度范围；合适的温度范围内还原剂停留的时间；还原剂和烟气混合的均匀程度；未控制的NO_x浓度水平；喷入的反应剂与未控制的NO_x的摩尔比——NSR；气氛（氧量、一氧化碳浓度）；还原剂类型和状态；添加剂的作用。

(1) 温度范围的选择　实验表明，SNCR还原NO的反应对于温度条件非常敏感，温度窗口的选择是SNCR还原NO效率高低的关键。图18-235给出了NO_x残留浓度与反应温度的关系曲线。一般认为理想的温度范围为850～1150℃。温度高，还原剂被氧化成NO_x，烟气中的NO_x含量不减少反而增加；温度低，反应不充分，造成还原剂流失，对下游设备产生不利的影响甚至造成新的污染。由于炉内的温度分布受到负荷、煤种等多种因素的影响，温度窗口会随着锅炉负荷的变化而变动。

图18-236示出不同温度下尿素和氨对NO_x还原率的影响，温度区间位于730～950℃之间时选用氨作还原剂的脱硝效率要高于选用尿素的脱硝率。当反应区域温度在950℃以上时，尿素的脱硝效率则可以保持在氨脱硝系统之上。使用液氨作为还原剂，最佳反应温度区域为870～1100℃；使用尿素作为还原剂，最佳反应温度区域为900～1150℃。

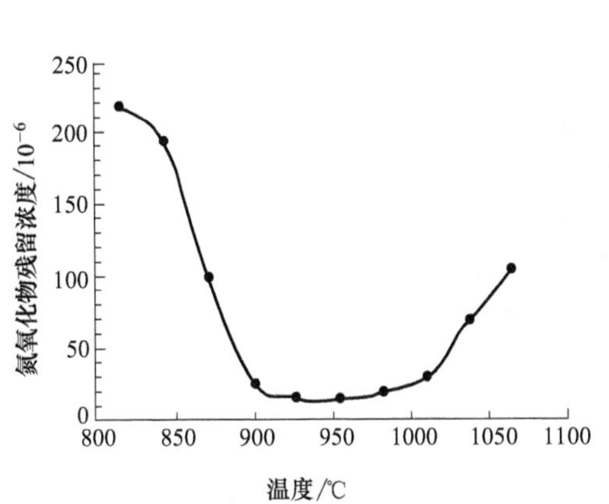

图18-235　NO_x残留浓度与反应温度的关系曲线

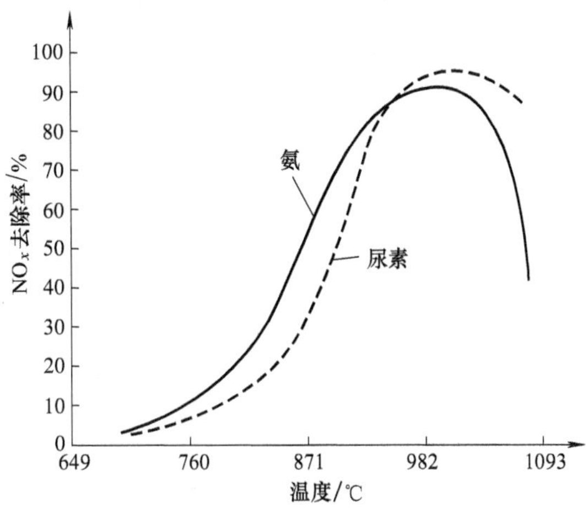

图18-236　温度对NO_x去除效率的影响

当采用氨作为还原剂时，添加氢气可减小最佳反应温度范围。用尿素作还原剂时应用添加剂也能有效地扩大反应温度窗口。工业应用的典型还原剂为NO_x OUTA、NO_x OUT34和NO_x OUT83。NO_x OUTA为45%的尿素溶液加防腐、防垢添加剂，其温度范围为950～1050℃；NO_x OUT34为多元醇混合剂，在高温下能分离出OH原子团，使尿素在850℃下也能反应；NO_x OUT83可用于700～850℃的低温范围，在该温度窗口内可分离出活性NH_3，使NO_x还原成N_2。

为适应锅炉负荷的波动，必须在炉膛内几个不同高度处安装喷射器，以保证在适当的温度区喷入反应剂。

喷入点必须保证使还原剂进入炉膛内适宜反应的温度区间（850～1100℃），这个温度范围存在于锅炉炉膛和过热器区域。需要利用计算机模拟和流体力学的知识来模拟锅炉内烟气的流场分布和温度分布，以此为设计依据来合理选择喷射点和喷射方式。

(2) 合适停留时间　还原剂必须和NO_x在合适的温度区域内有足够的停留时间，这样才能保证烟气中的NO_x还原率。还原剂在最佳温度窗口的停留时间越长，则脱除NO_x的效果越好。尿素和氨水需要0.3～0.4s的停留时间以达到有效的脱除NO_x的效果。图18-237说明了停留时间对SNCR脱硝率的影响。

反应剂在反应温度窗口的滞留时间主要决定于锅炉的设计和运行参数，这些参数通常是从运行角度而不是从SNCR系统运行考虑而优化设计的，因此它们对SNCR系统来说不一定是理想的，这也是SNCR效率低的原因之一。

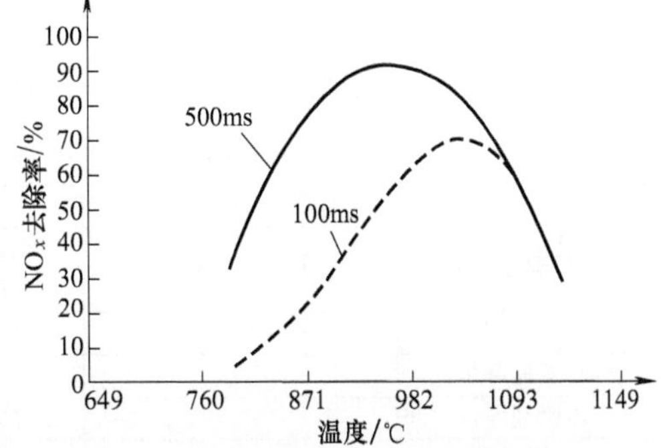

图18-237　滞留时间对NO_x去除率的影响

(3) 烟气和还原剂的混合均匀程度　还原剂与烟气的充分混合是保证充分反应的关键，也是保证在适当的NH_3/NO_x摩尔比下得到较高的NO_x脱除效率的基本条件之一。混合程度取决于锅炉炉膛和燃烧系统的空气动力特性，以及还原剂的喷入情况。还原剂被特殊设计的喷嘴雾化成小液滴由喷射系统完成，喷嘴可控制液滴的粒径和粒径分布及喷射角度、速度和方向。

通过对烟气和还原剂的数值模拟可对喷射系统进行优化设计。可用下列方法改善混合效果：a. 增加传给液滴的能量；b. 增加喷嘴的个数；c. 增加喷射区的数量；d. 改进雾化喷嘴的设计以改善液滴的大小、分布、喷雾角度和方向。

(4) 氨氮摩尔比（化学计量比 NSR） NH_3/NO_x 摩尔比对 NO_x 脱除率的影响也很大。根据化学反应方程，NH_3/NO_x 摩尔比应该为 1，但实际上都要比 1 大才能达到较理想的 NO_x 还原率，已有的运行经验显示，NH_3/NO_x 摩尔比一般控制在 1.0～2.0 之间，最大不要超过 2.5。NH_3/NO_x 摩尔比过大，虽然有利于 NO_x 脱除率增大，但氨逃逸加大又会造成新的问题，同时还增加了运行费用。

图 18-238（a）所示为 NO_x 脱除效率（去除率）与 NSR 的关系曲线，随 NSR 增加 NO_x 脱除效率增加。但当 NSR 继续增加时，NO_x 还原反应的增值将按指数下降；当 NSR 值超过 2.0 时，增多还原剂用量不会显著提高 NO_x 脱除效率。

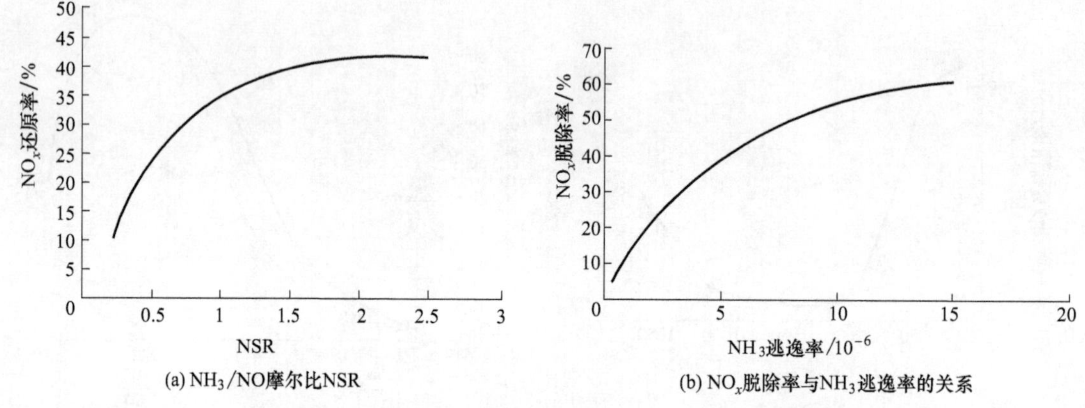

图 18-238 NH_3/NO_x 摩尔比 NSR 对 NO_x 还原率的影响

图 18-238（b）为 NO_x 脱除率与氨逃逸率的关系图。可以看出，NH_3/NO_x 摩尔比增加，NO_x 脱除率增加，但氨逃逸率也增加了。因此在实际应用中考虑到 NH_3 的泄漏问题，应选尽可能小的 NH_3/NO_x 摩尔比值，同时为了保证 NO 还原率，要求必须采取措施强化还原剂与烟气的混合过程。

当燃料中含氯化物时，逃逸的 NH_3 会生成 NH_4Cl，引起烟囱烟羽能见度问题；当燃烧含硫燃料时，会生成 NH_4HSO_4 和 $(NH_4)_2SO_4$，这些硫铵盐会沉积、堵塞和腐蚀锅炉尾部设备，如空气预热器、烟道、风机等，一般来说，SNCR 系统应控制氨逃逸量在 $8mg/m^3$ 以下。

只有在以上 4 个方面的要求都满足的条件下 NO_x 脱除才会有令人满意的效果。大型电站锅炉由于炉膛尺寸大、锅炉负荷变化范围大，从而增加了对这 4 个因素控制的难度。国外的实际运行结果表明，应用于大型电站锅炉的 SNCR 的 NO_x 还原率只有 40%～60%。根据美国环保署所做的 NO_x 还原率与锅炉容量之间关系的统计结果，随着锅炉容量的增大，SNCR 的 NO_x 还原率呈下降的趋势。

以上 4 个方面的因素都涉及了 SNCR 还原剂的喷射系统，所以在 SNCR 系统中还原剂喷射系统的设计是一个非常重要的环节。

4. 主要工艺参数

综上所述，SNCR 脱硝技术主要工艺参数及使用效果见表 18-85。

表 18-85 SNCR 脱硝技术主要工艺参数及使用效果

项 目	单位	主要工艺参数及使用效果
温度区间	℃	采用尿素时温度区间：950～1150 采用液氨和氨水时温度区间：850～1050
还原剂类型		尿素、氨水和液氨
氨氮摩尔比		煤粉炉 1.0～2.0；循环流化床锅炉 1.2～1.5
还原剂停留时间	s	宜大于 0.5
脱硝效率	%	循环流化床锅炉 60～80；中小型煤粉炉 30～40
逃逸氨浓度	mg/m^3	≤8
CFB 锅炉 NO_x 排放浓度	mg/m^3	对于锅炉出口 NO_x 控制较好的机组，最低可以控制在 50 以下
煤粉炉 NO_x 排放浓度	mg/m^3	150～300

5. SNCR 技术在国内外的应用

SNCR 烟气脱硝技术是当前燃煤电厂采用的脱硝技术之一。该工艺在没有催化剂、温度在 850～1100℃范围内，将还原剂（一般是氨或尿素）喷入烟气中，将 NO_x 还原生成氮气和水。由于受到煤种、锅炉结构形式和运行方式等的影响，SNCR 脱硝技术的脱硝性能变化比较大。

在欧美发达国家、韩国、日本、中国电厂均有一定的应用。据统计，其脱硝效率（30%～50%）未能达到现阶段 NO_x 的控制需求，因此常与低 NO_x 技术协同应用。SNCR 脱硝技术的实际应用受到锅炉设计和运行的种种限制，且存在反应温度范围窄、炉内混合不均匀、工况变化波动影响大以及 NH_3 逃逸和 N_2O 排放等问题，很大程度上影响其工业应用。

随着《火电厂大气污染排放标准》（GB 13223—2011）的颁布，循环流化床锅炉 NO_x 排放浓度限值为 $200mg/m^3$，原有 CFB 锅炉 NOx 减排技术已无法满足要求，需进行脱硝改造。SNCR 脱硝技术系统设备简单，造价相对低廉，且 CFB 锅炉温度正好处于 SNCR 最佳反应温度窗口，因而 SNCR 脱硝技术是 CFB 锅炉脱硝改造首选技术，该技术近年来在我国得到迅速发展。大量的研究结果表明 CFB 锅炉采用 SNCR 技术进行烟气脱硝，无论是采用尿素、液氨还是氨水作为还原剂都可有效控制锅炉烟气 NO_x 浓度，脱硝效率为 50%～80%，同时氨逃逸率低于 $8mg/m^3$。

SNCR 脱硝技术对温度窗口要求严格，对机组负荷变化适应性差，适用于小型煤粉炉和循环流化床锅炉，300MW 及以上的煤粉锅炉应用很少。国内最早采用 SNCR 脱硝装置分别是江苏阚山电厂 2×600MW 和江苏利港电厂 2×600MW＋2×600MW 超临界机组。这两个项目都是在应用低 NO_x 燃烧技术的基础上，采用 SNCR 和 SCR 联合烟气脱硝技术（SNCR/SCR）。脱硝工程分两期实施，首期实施 SNCR 部分，SCR 部分在环保标准更高时实施；随后在循环流化床锅炉得到大量应用。工程实践表明煤粉炉 SNCR 脱硝效率一般为 30%～50%，循环流化床锅炉配置 SNCR 效率可达 50%～80%。随着超低排放概念的提出，2014 年我国开始在循环流化床锅炉上试点 SNCR 超低排放控制技术。中国石油化工股份有限公司对广州某热电厂 2 台 465t/h 锅炉进行脱硝改造，采用选择性 SNCR＋催化氧化吸收（COA），工程于 2014 年 6 月进行 SNCR 脱硝系统进行 72h 试运，改造完成后经地方环保部门检测，两台 CFB 锅炉脱硝除尘装置出口 NO_x 排放量稳定控制在 $50mg/m^3$ 以下，排放指标达到超低排放要求，脱硝效率大于 70%，减排效果明显。

（三）SNCR/SCR 联合法

SNCR/SCR 系统的前端是 SNCR 系统，还原剂在锅炉炉膛内与烟气中的 NO_x 反应，后端的 SCR 系统使逸出的 NH_3 和未脱除的 NO_x 进行催化还原反应，对烟气进一步脱硝，提高还原剂的利用率。

SNCR/SCR 联合脱硝系统如图 18-239 所示。SNCR/SCR 工艺具有两个反应区，通过布置在锅炉炉墙上的喷射系统，首先将还原剂喷入第一个反应区——炉膛，在高温下还原剂与烟气中 NO_x 发生非催化还原反应，实现初步脱氮；然后，未反应完的还原剂进入混合工艺的第二个反应区——反应器，进一步脱氮。混合 SNCR/SCR 工艺最主要的改进就是省去了 SCR 设置在烟道里的复杂氨喷射（AIG）系统，并减少了催化剂的用量。

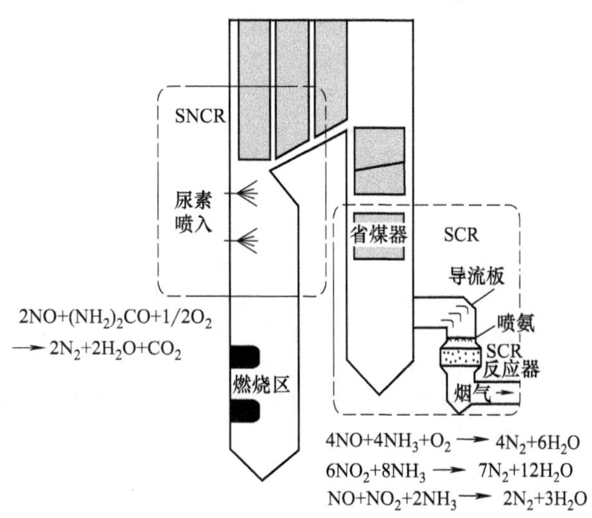

图 18-239 SNCR/SCR 混合脱硝系统

与单一的 SCR 和 SNCR 工艺相比，联合 SNCR/SCR 工艺的优点突出。

(1) 脱硝效率高 单一的 SNCR 工艺脱硝效率最低，一般在 50%以下，而联合 SNCR/SCR 工艺可获得与 SCR 工艺一样高的脱硝率（80%以上）。

(2) 催化剂用量小 SCR 工艺中使用了脱硝催化剂，虽然大大降低了反应温度和提高了脱硝效率，但是由于催化剂价格昂贵，并且由于硫中毒、颗粒物污染等需要定期更换，运行费用很高。

联合工艺由于其前部 SNCR 工艺的初步脱硝，降低了对催化剂的依赖。与 SCR 工艺相比，联合工艺的催化剂用量大大减少，示于图 18-240。

由图 18-240 可以看出，联合脱硝工艺中，当 SNCR 阶段脱硝效率为 50%，而要求总脱硝效率为 65%

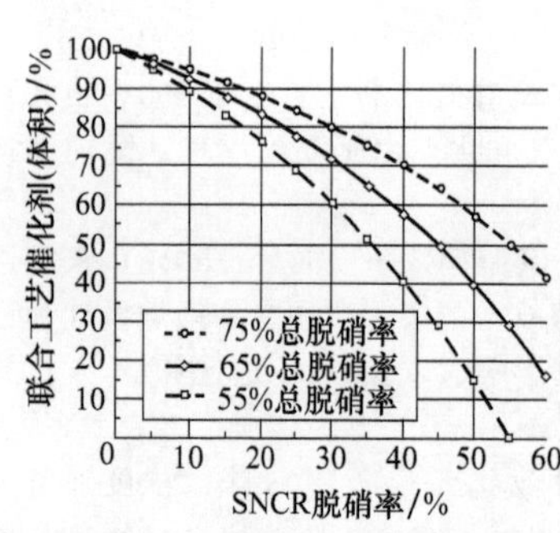

图 18-240 混合工艺催化剂用量与 SNCR 脱硝效率关系曲线

时，SCR 阶段的催化剂可节省 60%。

(3) SCR 反应器体积小，空间适应性强 联合 SNCR/SCR 工艺因为催化剂用量少，通常采用一层催化剂布置方式。在加装 SCR 反应器工程中可以直接对锅炉烟道、扩展烟道、省煤器或空气预热器等进行改造来布置，大大缩短了反应器上游烟道长度。因此，与单一的 SCR 工艺相比，联合工艺无需复杂的钢结构，节省投资，受场地的限制小。

(4) 脱硝系统阻力小 由于联合工艺的催化剂用量少，反应器小及其前烟部道短，所以，与传统 SCR 工艺相比，系统降压将大大减小，从而减少了引风机改造的工作量，降低了运行费用。

(5) 降低腐蚀危害 当煤炭含硫量高时，燃烧后会产生较高浓度的 SO_2 及 SO_3，SCR 催化剂的使用，虽然有助于提高脱硝效率，但也存在增强 SO_2 向 SO_3 转化的副作用。烟气中 SO_3 含量增加，使得烟气的酸露点增高，硫酸雾凝结成硫酸附着在下游设备上造成腐蚀危险性增大；而且，SO_3 还会与氨反应形成黏结性很强的 NH_4HSO_4，在烟气温度较低时堵塞催化剂，沾污受热面。

由于联合工艺减少了催化剂的用量，将使这一问题得到一定程度的遏制。

(6) 省去 SCR 旁路 频繁启停、长期低负荷运行或超负荷运行的机组，都可能造成排烟温度超出催化剂的适用范围，从而缩短催化剂寿命。为此，SCR 工艺一般需要设置旁路系统，以避免烟温过高或过低对催化剂造成的损害。但旁路的设置又增加了初投资，并对系统控制和场地面积等提出了更高的要求。

由于联合 SNCR/SCR 工艺的催化剂用量大大降低，因此可以不设置旁路系统。这样一来，不但减少了初投资，而且还降低了系统控制的复杂程度和对场地的要求。

(7) 催化剂的回收处理量减少 目前，脱硝系统所用催化剂的寿命一般为 2～3 年。催化剂所用材料中的 V_2O_5 有剧毒，大量废弃的催化剂会造成二次污染，必须进行无害化处理。联合 SNCR/SCR 工艺催化剂用量小，因此可大大减少催化剂的处理量。

(8) 简化还原剂喷射系统 单一的 SCR 工艺必须通过设置静态混合器、AIG 及其复杂的控制系统，并加长烟道以保证 AIG 与 SCR 反应器之间有足够远的距离。而联合 SNCR/SCR 工艺的还原剂喷射系统布置在锅炉炉墙上，与下游的 SCR 反应器距离很远，因此无需再加装 AIG 和静态混合器，也无需加长烟道，就可以在催化剂反应器入口获得良好的反应条件。

(9) 提高 SNCR 阶段的脱硝效率 单纯的 SNCR 工艺为了满足对氨逃逸量的限制，要求还原剂的喷入点必须严格选择在位于适宜反应的温度区域内。在联合 SNCR/SCR 工艺中，SNCR 阶段的氨泄漏是作为 SCR 反应还原剂来设计的，因此，SNCR 阶段可以无需考虑氨逃逸的问题，相对于独立的 SNCR 工艺，联合 SNCR/SCR 工艺氨喷射系统可布置在适宜的反应温度区域稍前的位置，从而延长了还原剂的停留时间。而在 SNCR 过程中未完全反应的氨在下游 SCR 反应器中被进一步利用。联合工艺的这种安排，有助于提高 SNCR 阶段的脱硝效率。

(10) 方便使用尿素作为脱硝还原剂 尿素制氨系统作为 SCR 工艺的一个主要发展方向。然而，由于该系统需要复杂和庞大的尿素热解装置，投资费用很大。

联合工艺可以省去热解装置，通过直接将尿素溶液喷入炉膛，利用锅炉的高温，将尿素溶液分解为氨，既方便又安全。

(11) 减少 N_2O 的生成 N_2O 是一种破坏臭氧层的物质。SCR 工艺中，由于催化剂的作用，在烟气中的 NO 被脱除的同时，N_2O 会增加，这是 SCR 工艺无法避免但也是难以解决的问题。联合 SNCR/SCR 工艺由于催化剂用量小，因此生成的 N_2O 较 SCR 工艺少。

(12) 降低由于煤种引起催化剂大量失效的压力 火电厂脱硝广泛采用 SCR 工艺的日本及欧洲一些国家，虽然对煤种质量严格控制，但是在脱硝工艺的运行中，也曾出现由于燃用煤种不当造成的催化剂失效事故，造成严重的经济损失和社会影响。而采用联合 SNCR/SCR 工艺，由于脱硝任务由两个区域承担，且催化剂用量小，煤种的不良影响将被限制在一定范围内。尤其是像我国这种煤炭质量不稳定，燃煤的灰分普遍偏高（通常为 15%～50%，欧洲、日本等通常为 5%～7%）的火电厂，采用联合 SNCR/SCR 脱硝工艺，有利于减轻大量更换催化剂的压力。

典型循环流化床锅炉 SNCR/SCR 联合脱硝系统工艺流程见图 18-241。

SNCR-SCR 联合脱硝技术主要工艺参数及使用效果见表 18-86。

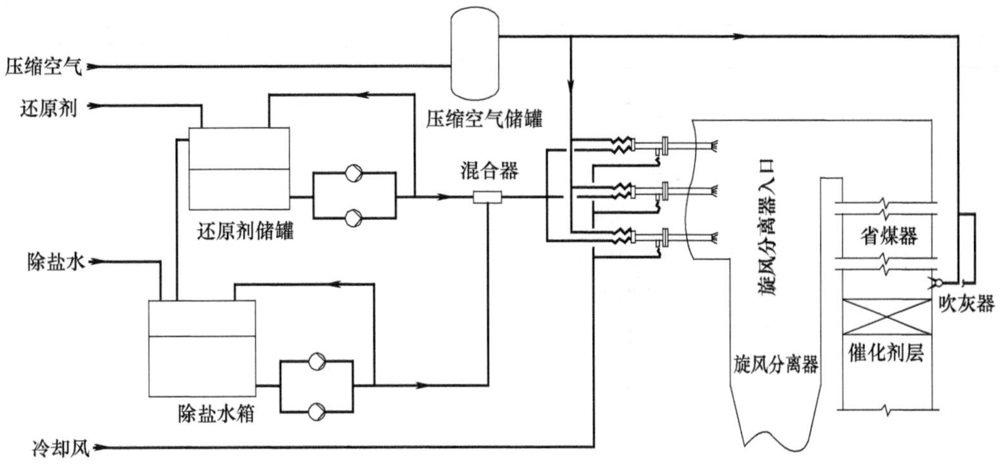

图 18-241 典型循环流化床锅炉 SNCR/SCR 联合脱硝工艺流程

表 18-86 联合脱硝技术主要工艺参数及使用效果

项目	单位	工艺参数及使用效果
温度	℃	SNCR：采用尿素时 950～1150；采用液氨和氨水时 850～1050 SCR：300～420
还原剂类型		尿素、氨水和液氨等
氨氮摩尔比		1.2～1.8
还原剂停留时间	s	SNCR 区域停留时间宜大于 0.5
催化剂		符合 SCR 技术催化剂参数
脱硝效率	%	55～85
阻力	Pa	≤600
逃逸氨浓度	mg/m^3	≤3.8
CFB 锅炉 NO_x 排放浓度	mg/m^3	最低可以控制在 50 以下
煤粉炉 NO_x 排放浓度	mg/m^3	一般不大于 200；最低可控制在 50 以下

（四）选择性还原脱硝技术比较

选择性还原剂脱硝技术包括选择性非催化还原（SNCR）法、选择性催化还原（SCR）法和 SNCR/SCR 联合法。在这些方法中 SNCR 法的主要优点是投资及运行费用低；缺点是对温度依赖性强，脱硝率只有 30%～50%，氨的逃逸量大。实际工程中应用最多的是 SCR 法。SCR、SNCR 和 SNCR/SCR 联合型三种方法的对比列于表 18-87。

表 18-87 选择性还原脱硝技术比较

内容	SCR	SNCR	SNCR/SCR 联合型
还原剂	NH_3 或尿素	尿素或 NH_3	尿素或 NH_3
运行温度	一般在 300～420℃	尿素：900～1150℃； 液氨/氨水：850～1050℃	SNCR 区域：尿素：900～1150℃，液氨/氨水：850～1050℃；SCR 区域：一般在 300～420℃
催化剂	成分主要为 TiO_2、V_2O_5、WO_3	不使用催化剂	后段加装少量催化剂（成分同前）
脱硝效率/%	70～90	60～80（循环流化床锅炉） 30～40（煤粉炉）	55～85
反应剂喷射位置	多选择于省煤器与 SCR 反应器间烟道内	通常炉膛内喷射	炉膛壁面上设置 2～3 层喷嘴
SO_2/SO_3 氧化	会导致 SO_2/SO_3 氧化	不会导致 SO_2/SO_3 氧化	SO_2/SO_3 氧化较 SCR 低

续表

内容	SCR	SNCR	SNCR/SCR联合型
NH_3逃逸量/(mg/m^3)	≤2.5	≤8	≤3.8
氨氮摩尔比	≤1.05,一般取0.8~0.85	1.2~1.5	1.2~1.8
锅炉热效率降低/%	—	≤0.3	≤0.3
对空气预热器影响	催化剂中的V、Mn、Fe等多种金属会对SO_2的氧化起催化作用,SO_2/SO_3氧化率较高,而NH_3与SO_3易形成NH_4HSO_4造成堵塞或腐蚀	不会因催化剂导致SO_2/SO_3氧化,造成堵塞或腐蚀的机会为三者最低	SO_2/SO_3氧化率较SCR低,造成堵塞或腐蚀的机会较SCR低
系统压力损失	催化剂会造成较大的压力损失	没有压力损失	催化剂用量较SCR小,产生的压力损失相对较低
催化剂吹灰	需布置多层吹灰器	无	最多布置一层
燃料的影响	高灰分会磨耗催化剂,碱金属氧化物会使催化剂钝化	无影响	因催化剂用量低,影响较SCR低
锅炉的影响	受省煤器出口烟气温度的影响	受炉膛内烟气流速、温度分布及NO_x分布的影响	受炉膛内烟气流速、温度分布及NO_x分布的影响
投资及运行费用	很高	低	较高
占地空间	大(需增加大型催化剂反应器和供氨或尿素系统)	小(锅炉无需增加催化剂反应器)	较小(需增加一小型催化剂反应器)

(五)NO_x达标排放技术

NO_x达标可行技术选择时,应首先考虑加装或改造低氮燃烧系统。煤粉炉低氮燃烧技术,主要包括低氮燃烧器、空气分级、燃料分级或低氮燃烧联用等技术。选择低氮燃烧技术时应考虑不降低锅炉效率,同时考虑对着火稳燃、燃尽、结渣、腐蚀等影响。脱硝技术选择时煤粉炉宜优先选择SCR技术,循环流化床锅炉宜优先选择SNCR技术。受空间限制无法加装大量催化剂的现役中小型锅炉的改造宜采用SNCR-SCR联合脱硝技术。脱硝系统宜与锅炉负荷变化相匹配,应能满足机组宽负荷脱硝运行的要求。脱硝系统装置运行寿命应与主机保持一致,检修维护周期应与主机一致。现役机组进行脱硝改造时,应考虑对空预器、引风机、除尘器等其他附属设备的影响。

NO_x达标可行技术见表18-88。

表18-88 火电厂NO_x达标可行技术

燃烧方式	煤种		锅炉容量/MW	低氮燃烧控制炉膛NO_x浓度上限值/(mg/m^3)	达标可行技术	
					排放浓度≤200mg/m^3	排放浓度≤100mg/m^3
切向燃烧	无烟煤		所有容量	950	SCR(2+1)	SCR(3+1)
	贫煤			600		
	烟煤	20%≤V_{daf}≤28%	≤100	400	SCR(1+1)或+SNCR	SCR(2+1)
			200	370		
			300	320		
			≥600	310		
		28%≤V_{daf}≤37%	≤100	320		
			200	310		
			300	260		
			≥600	220		
		V_{daf}>37%	≤100	310		
			200	260		
			300	220		
			≥600	220		
	褐煤		≤100	320		
			200	280		
			300	220		
			≥600			

续表

<table>
<tr><th rowspan="2">燃烧方式</th><th rowspan="2" colspan="2">煤　　种</th><th rowspan="2">锅炉容量/MW</th><th rowspan="2">低氮燃烧控制炉膛 NO_x 浓度上限值/(mg/m^3)</th><th colspan="2">达标可行技术</th></tr>
<tr><th>排放浓度 $\leqslant 200mg/m^3$</th><th>排放浓度 $\leqslant 100mg/m^3$</th></tr>
<tr><td rowspan="6">墙式燃烧</td><td colspan="2">无烟煤</td><td colspan="4">尚无此类情况</td></tr>
<tr><td colspan="2">贫煤</td><td rowspan="9">所有容量</td><td>670</td><td rowspan="2">SCR(2+1)</td><td rowspan="2">SCR(3+1)</td></tr>
<tr><td rowspan="3">烟煤</td><td>$20\% \leqslant V_{daf} \leqslant 28\%$</td><td>470</td></tr>
<tr><td>$28\% \leqslant V_{daf} \leqslant 37\%$</td><td>400</td><td rowspan="3">SCR(1+1)
或+SNCR</td><td rowspan="3">SCR(2+1)</td></tr>
<tr><td>$V_{daf} > 37\%$</td><td>280</td></tr>
<tr><td colspan="2">褐煤</td><td>280</td></tr>
<tr><td rowspan="2">W 火焰燃烧</td><td colspan="2">无烟煤</td><td>1000</td><td rowspan="2">SCR(3+1)</td><td rowspan="2">SCR(4+1)</td></tr>
<tr><td colspan="2">贫煤</td><td>850</td></tr>
<tr><td rowspan="2">CFB</td><td colspan="2">烟煤、褐煤</td><td>200</td><td rowspan="2" colspan="2">SNCR</td></tr>
<tr><td colspan="2">无烟煤、贫煤</td><td>150</td></tr>
</table>

注 1. SCR 脱硝：单层催化剂脱硝效率按 60%考虑；两层催化剂脱硝效率按 75%～85%考虑；三层催化剂脱硝效率按 85%～92%。

2. 联合脱硝技术脱硝效率按 55%～85%考虑。

3. 括号（$n+1$），其中 n 代表催化剂层数，取值“1～4”；1 代表预留备用催化剂层安装空间。

我国燃煤电厂原计划在 2020 年之前实现对传统大气污染物颗粒物、SO_2、NO_x 的超低排放，超低排放技术也已经从技术单一化逐渐走向技术多元化。在燃煤电厂超低排放之后，火电行业对大气污染物的控制也会由传统的颗粒物、SO_2、NO_x 逐渐进行扩展。关注的重点是 SO_3、重金属、氨的排放与控制，这也是中国燃煤电厂“十三五”中后期到“十四五”期间在大气污染防治方面的工作重点，目前国内部分火电企业已进行 SO_3、重金属、氨的控制措施示范。

第十九章

超低排放和深度节水一体化技术及工程示范

第一节　相变凝聚“双深技术”（深度节水与深度减排）

近年来，随着一系列环保文件的相继出台，燃煤锅炉除尘领域面临着前所未有的压力和挑战。在日益严格的颗粒物排放标准下，采用前文所述的单一的传统粉尘控制技术已经难以满足要求，发展新型控制方式的协同脱除技术变得日益迫切。在传统除尘技术中，静电除尘器和袋式除尘器已经占据我国燃煤电厂所用除尘技术的绝大部分，几乎所有新建大中型火电机组也都配备有静电除尘器。虽然现有干式静电除尘器对燃煤烟气颗粒物总的脱除效率可达99%乃至更高，但相关研究表明，其对于粒径在0.1～1.0μm范围内的颗粒物的脱除效果不佳，且干式静电除尘器还存在二次扬尘和反电晕的问题。

基于静电除尘原理的除尘技术都会存在穿透窗口，导致除尘设备对特定粒径范围内颗粒物的脱除效果较差。要克服穿透窗口的问题，就需要采取相应的措施促使颗粒物团聚长大，跳出穿透窗口，再结合常规的除尘技术进行有效地脱除。而相变凝聚技术是西安交通大学最新研究发展的一种显著地促使颗粒物的团聚、增加颗粒物之间相互碰撞的概率以使细颗粒物团聚长大的技术。

一、相变凝聚“双深技术”原理

湿式相变凝聚是饱和烟气的相变凝结与微细颗粒物团聚的协同效应。相变凝聚过程中产生的热迁移和布朗扩散力促进了微细颗粒物的迁移，提高了微细颗粒物之间相互碰撞的概率。在过饱和烟气环境中，水蒸气以细颗粒为凝结核发生相变，使颗粒质量增加、粒度增大，从而提高对微细颗粒物的捕集效果。

湿式相变凝聚器布置在湿法烟气脱硫之后，此处烟气处于水蒸气饱和状态，通过对烟气降温的方法使烟气中的水蒸气发生冷凝，借助水蒸气冷凝过程中的雨室洗涤、布朗扩散、扩散泳力和热泳力等作用，实现烟气中细颗粒物的团聚与脱除。2014年西安交通大学首先在某660MW超临界燃煤机组的工程示范中通过将湿式相变凝聚器与湿式静电除尘器结合组成湿式除尘系统，该系统对颗粒物有较好的脱除效果，可实现燃煤烟气颗粒物超低排放。湿式相变凝聚器的工作原理如图19-1所示。

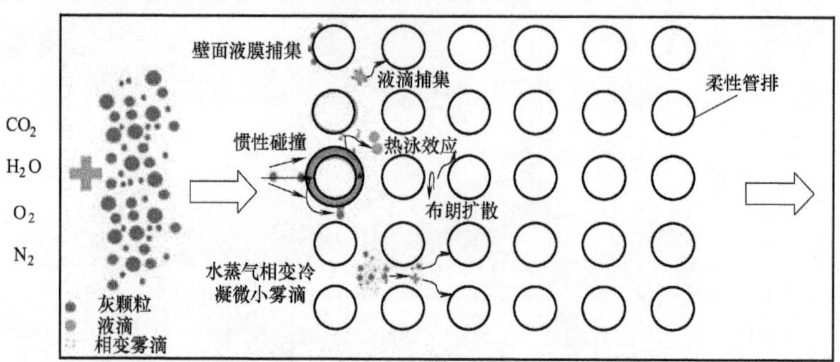

图19-1　湿式相变凝聚器的工作原理

当烟气携带灰颗粒进入凝聚器后，较大粒径的颗粒由于自身惯性和柔性管排与液滴的拦截作用而被壁面水膜黏附脱除，同时柔性管内的冷却工质迫使饱和烟气中的水蒸气发生相变，或直接冷凝为微小雾滴，增加了局部区域内的雾滴浓度而提高了颗粒间的碰撞概率，促使微细颗粒物的长大与脱除；或者以微细颗粒物为冷凝核发生表面凝结而润湿颗粒，提高了微细颗粒间的黏附与长大。在惯性、拦截、布朗扩散、热泳和扩散泳等作用下，促使微细颗粒相互碰撞接触而不断长大，凝聚后的颗粒物部分随气流冲击在冷凝管上而被脱除，部分流经凝聚器出口的除雾器而被脱除。

湿式相变凝聚器应用于湿式电除尘装置前，通过使高湿烟气中的水蒸气冷凝，驱使颗粒物团聚长大，同时相变凝聚器对烟气中的颗粒物以及其他污染物具有很好的脱除效果。另外，该装置可实现烟气中大量水回收和汽化潜热回收，对火电厂节能减排也具有重要意义。

二、相变凝聚深度除尘技术

2009 年西安交通大学在国内首先进行烟气凝水实验研究，通过在烟气中布置低温换热管束，使烟气中水蒸气发生强制相变凝结，其产生的微小雾滴可在冷换热管壁表面撞击黏附，在热泳力作用下促进微细颗粒物及气溶胶迅速朝冷换热管壁面移动，凝结雾滴形成较大液滴后顺管壁流下。可见，通过壁面液膜和凝结雾滴捕获微细颗粒物，可实现微细粉尘及其他多污染物的协同高效脱除。

王起超、马如龙等对湿式毛细相变凝聚技术脱除微细颗粒物的机理进行了研究，通过建立物理模型和理论结算得到湿式毛细相变凝聚过程中颗粒物的碰撞效率、捕捉系数以及对不同粒径颗粒的捕捉率，结果如图 19-2、图 19-3 所示。图 19-2 表明，对于粒径 1μm 以下的颗粒物，碰撞效率中以布朗扩散和惯性碰撞为主；对于粒径 1μm 以上的颗粒物，拦截在碰撞效率中起到主导作用。图 19-3 表明，凝结水量增加可使液滴粒径变大，有利于提高颗粒物的捕集系数，实际应用中可通过调节凝水量、加强饱和湿蒸汽的相变程度来提高捕集系数。

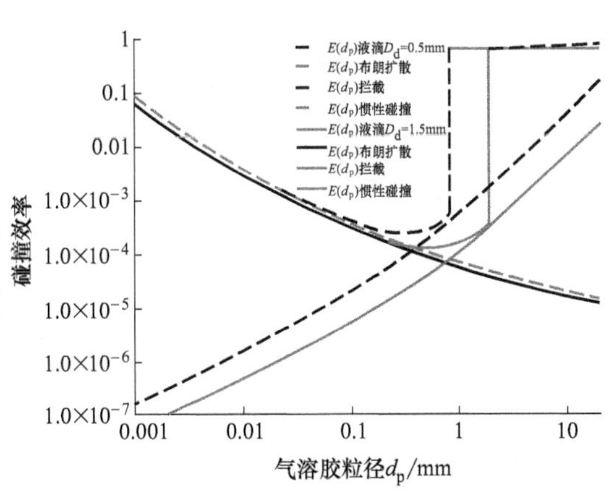

图 19-2 液滴大小对碰撞效率的影响

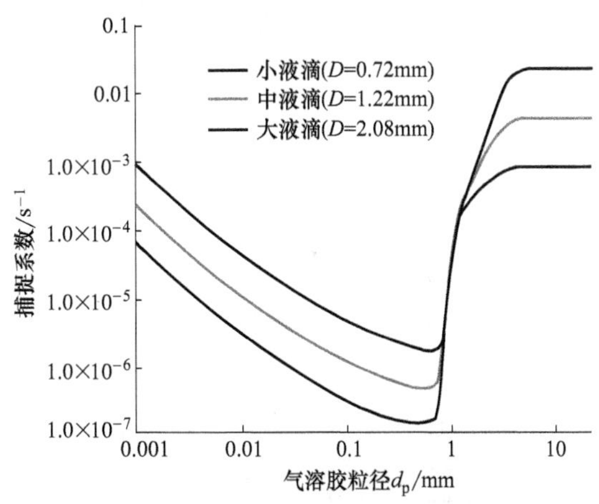

图 19-3 液滴大小对捕捉系数的影响

如图 19-4 所示，湿式毛细相变凝聚技术对不同粒径颗粒物的捕捉率存在差异，可通过增加烟气温度差以加强布朗运动的方法，提高 0.1～1μm 亚微米颗粒的脱除效率。

西安交通大学首次在某 600MW 燃烧褐煤机组上搭建了中试实验系统。实验中从湿法脱硫塔出口引出约 5×10^4 m^3/h 烟气进入湿式相变冷凝除尘系统，再经引风机抽取后返回主烟道。为解决低温腐蚀及结垢问题，设备主体采用改性高分子材料。湿式相变冷凝除尘系统如图 19-5 所示。

研究人员对该系统进行了相关实验研究和数值模拟。采用 Mastersizer 2000 激光粒度仪对进出口颗粒物样品的粒径分布进行分析，对比研究湿式相变冷凝除尘系统对颗粒物的凝聚和脱除性能；采用低压撞击器 (DLPI) 在系统进出口取样，按照粒径将颗粒物分为 13 级并进行称重，得到湿式除尘系统对不同粒径范围颗粒物的脱除效率；在 Fluent 软件中对烟气的流动场进行模拟，定性考察颗粒物的凝聚作用，并调用离散相模型对连续相（烟气）中的离散相（颗粒物）随烟气流动的行为进行模拟，通过设定相应的壁面条件模拟湿式毛细相变除尘设备中的毛细管对颗粒物的捕集作用，并对照模拟结果与实验数据的差异。

图 19-6 所示为湿式相变冷凝除尘系统进出口段的颗粒物粒径分布。原脱硫塔出口烟气中颗粒物的粒度峰值在 2.5μm 左右，且浓度较高。经过湿式相变冷凝除尘器第一级（系统入口至中间部分）后，颗粒物在 2μm 和 30μm 处呈双峰分布，说明该系统中存在明显的细颗粒凝并过程，可促进对微细颗粒物的脱除；流经湿式相变冷凝除尘系统后，颗粒物在 2.5μm 和 20μm 处呈双峰分布，且粗颗粒的体积分数明显增大、细颗

粒的体积分数明显减小。可见，微细颗粒物的凝并过程贯穿整个毛细相变除尘的始终。

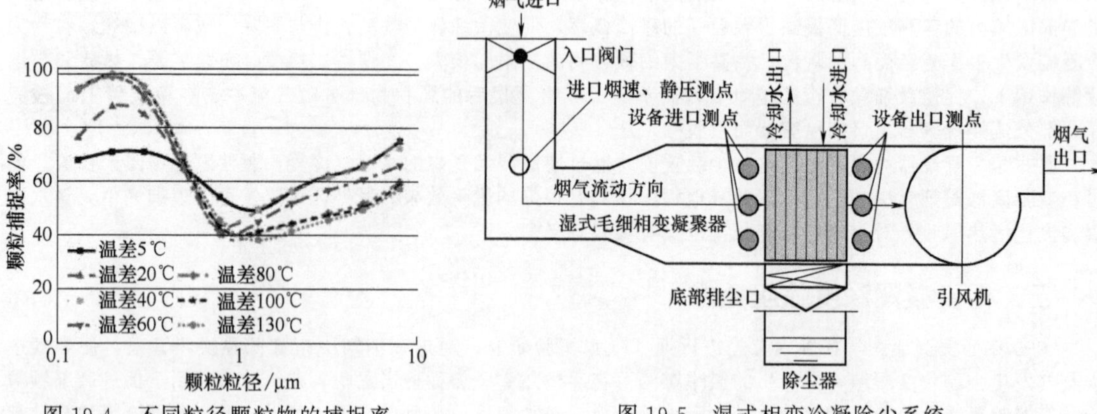

图 19-4 不同粒径颗粒物的捕捉率

图 19-5 湿式相变冷凝除尘系统

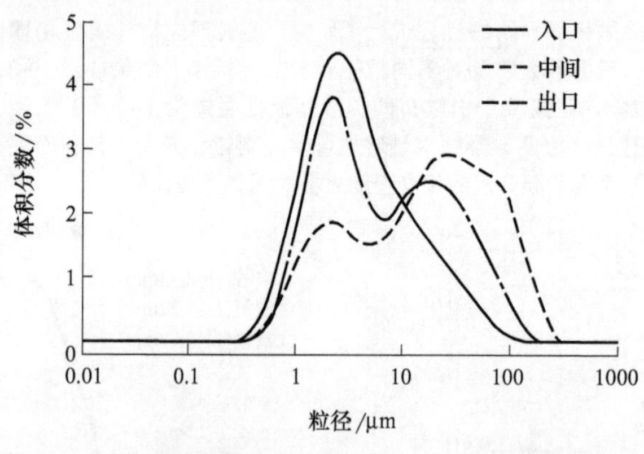

图 19-6 湿式相变冷凝除尘系统进出口段的颗粒物粒径分布

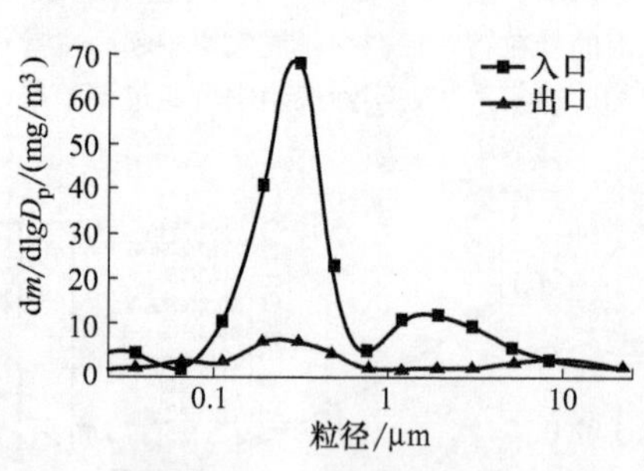

图 19-7 DLPI 取样结果

DLPI 的测试与分析结果如图 19-7、图 19-8 所示。结果表明，湿式相变冷凝除尘系统对 PM_{10} 具有较好的脱除效果，尤其是对粒径为 0.1～1μm 颗粒物的脱除效果明显优于传统的除尘设备，各粒级颗粒物的脱除效率均＞70%，粒径为 0.1～1μm 颗粒物脱除效率在 85%以上。

对湿式相变冷凝除尘装置中的流动场和颗粒轨迹进行数值模拟，并计算不同毛细管排列方式下的颗粒物捕集效率，预测相应的系统除尘效果。模拟计算采用通用软件 Fluent 6.3 中的离散项模型（DPM），模型区域按照中试实验装置 1∶1 进行搭建。图 19-9 所示为建模计算中的物理模型，其中密集区为冷凝管排的布置区域。

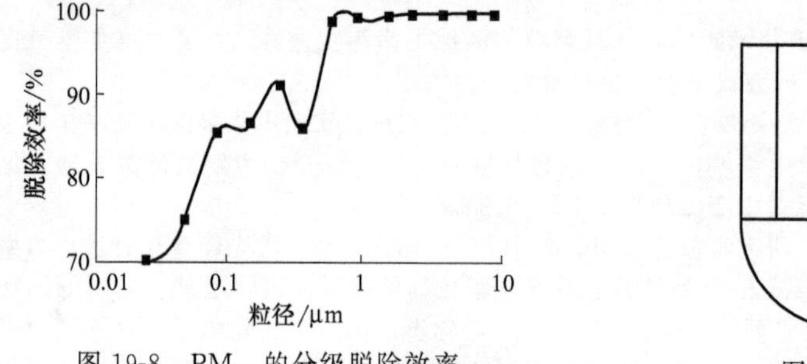

图 19-8 PM_{10} 的分级脱除效率

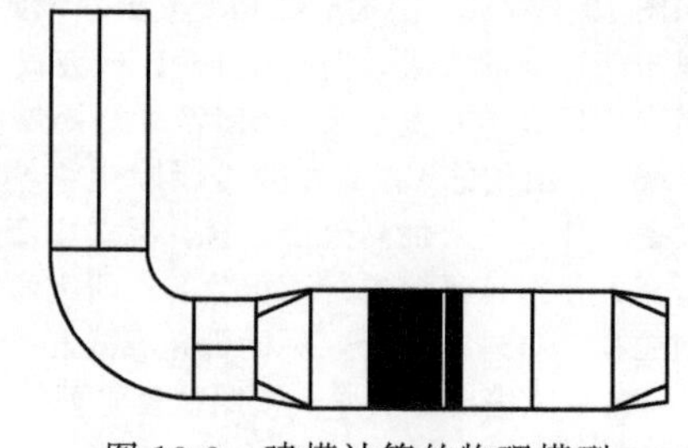

图 19-9 建模计算的物理模型

图 19-10 所示为 5m/s 烟气流速下的计算结果。可以看出，冷凝管排的存在对流场有明显的扰动作用，可促进微细颗粒物的凝并。对所采集样品的粒度分析结果进行 Rosin-Rammler 拟合并加入离散相，通过追踪离散相的轨迹后发现，绝大部分颗粒物在经过湿式相变冷凝除尘装置后都被捕捉。

中试实验结果显示，湿式毛细相变凝聚器在烟气流速为 5m/s、管排数为 40 排时，微细颗粒物脱除效率在 80%以上。

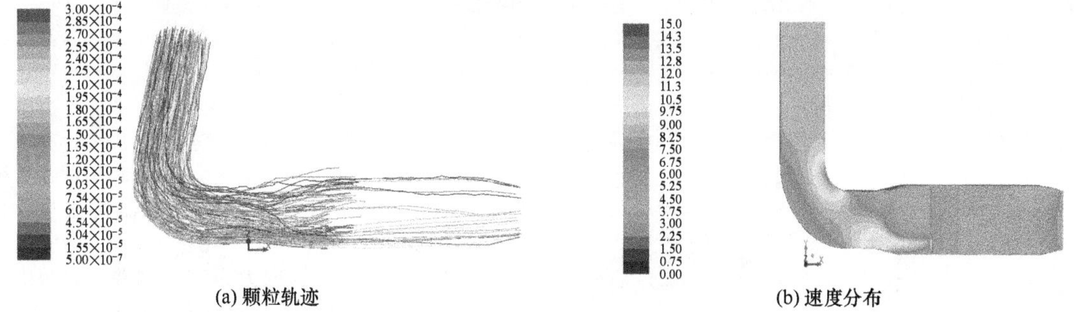

图 19-10　烟气流速 5m/s 时的模拟结果

三、相变凝聚深度节水技术

火电厂湿法脱硫系统出口烟气为饱和或过饱和状态，烟气温度 50～55℃，其中水蒸气比例为 12%～18%。由于烟气中的水蒸气携带有大量潜热，若不对其加以处理而直接排放，不仅会降低锅炉效率，还会增加湿法脱硫系统的耗水量。而通过在脱硫吸收塔出口烟道加装换热、收水装置，可实现烟气的高效节水及余热回收。图 19-11 所示为烟气温降与凝结水流量和理论汽化潜热量的关系。由图可知，当烟气流量为 $2.4\times10^6\ m^3/h$（600MW）时，若烟气温度降低 8～10℃，理论凝结水流量为 100～120t/h，理论回收热量为 300GJ/h，按烟气回收率 70%计算，可以回收凝结水 70～90t/h，热量 210GJ/h。

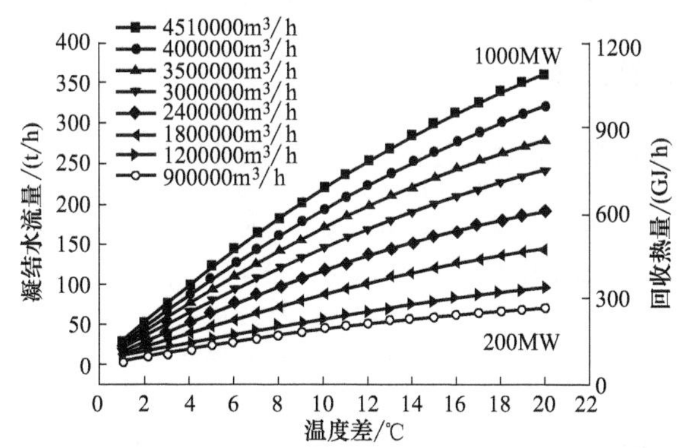

图 19-11　烟气温降与凝结水流量和气化潜热的关系[8]

此外，经过脱硫塔的烟气中仍含有少量的烟尘、SO_2、SO_3、$CaSO_4$ 气溶胶等，当烟气温度低于酸露点会发生严重的低温腐蚀现象，且烟气中的气溶胶、粉尘等易在换热设备表面结垢。因此，进行烟气潜热和凝结水回收的设备必须由耐腐蚀材料制成。

西安交通大学在内蒙古某 600MW 褐煤机组进行中试试验，利用改性氟塑料换热器回收电厂烟气中的潜热和凝结水，验证湿法脱硫出口加装烟气换热收水装置对节水、余热回收的效果。该机组燃用高水分褐煤，湿法脱硫系统出口烟温为 55～57℃，烟气流量为 $2.5\times10^6\ m^3/h$，水蒸气体积分数在 15.5%～17.2%之间。根据相似模化原理，搭建了如图 19-12 所示的中试实验系统，在脱硫塔出口水平烟道抽取部分烟气作为实验烟气，通

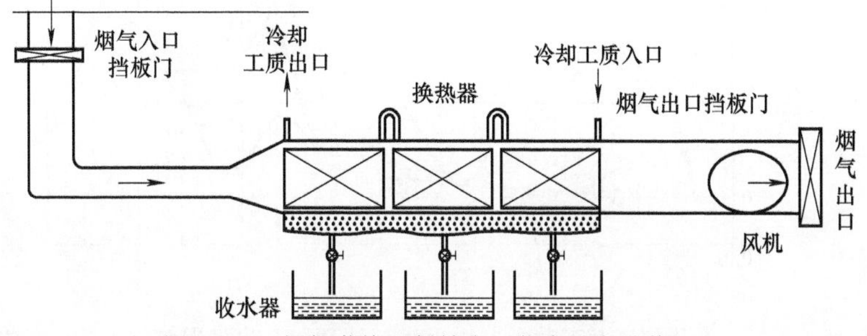

图 19-12　烟气潜热和凝结水回收中试实验装置

过中试实验装置后由引风机作用返回主烟道。为防止低温腐蚀和结垢，实验装置主体采用改性氟塑料。

换热器为两级布置，换热器的上游和下游均设有密封、防腐的截止门，换热器底部设置排水口并连接收水器。风机入口配置可连续调整的挡板，以调节通过换热器的烟气流量和流速。抽气段截止门后预留了足够长的、无截面变化的直管段（$L \geqslant 3D$），以便布置流速测点。在烟气进口段设置有速度、静压测点，换热器前后烟道分别设置 3 个实验用测点。实验中，利用动压平衡原理，测试进口烟道的烟气速度、流量；利用浮子法测试冷却水流量；根据压力平衡原理测试系统阻力；利用热质平衡原理测试换热器换热量、收水量。

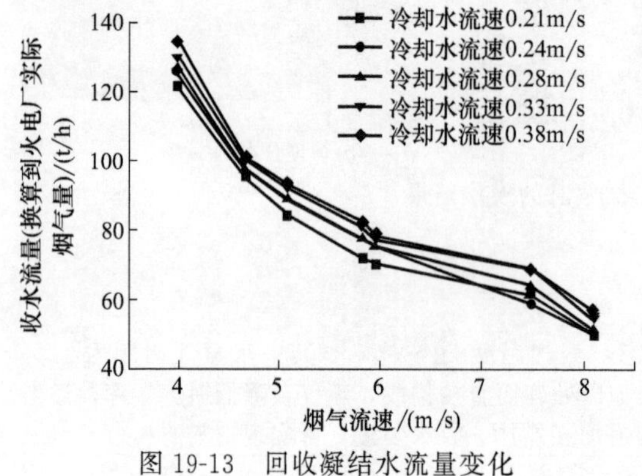

图 19-13 回收凝结水流量变化

当保持进口烟气温度为 56℃（偏差±1℃）时，如图 19-13 所示，烟气流速和换热器中冷却水流速对实际收水量和回收热量影响最大：烟气流速增加会使收水流量减少，冷却水流速（流量）增加会使收水流量增加。经计算，当烟气流速为 5.07m/s，冷却水量为 35t/h 时，回收烟气潜热 226.97GJ/h，实际回收凝结水流量为 92.25t/h，而此时机组湿法脱硫补水量为 60～70t/h。可见，在该工况下加装换热器后，若将回收的凝结水处理后作为脱硫补给水使用，可以实现脱硫系统零水耗，显著降低机组的耗水量。

通过近一年的变工况中试实验证明，通过在脱硫塔后加装换热器，可实现露点以下低温烟气的凝水和汽化潜热回收，具有显著的节能减排作用。

四、相变凝聚“双深技术”工程应用

（一）湿式相变凝聚深度节水协同多污染物脱除示范工程

湿式相变凝聚技术是一种适用于复杂高湿烟气、可以实现微细颗粒相变凝聚协同脱除多污染物脱除的技术。在烟道中加装冷壁面换热管束，促使烟气温度降低至烟气中所含水蒸气饱和温度以下，通过发生相变凝结而产生大量水雾，加剧微细颗粒物团聚，在烟气大量凝水的同时协同脱除多种污染物。该技术经过小试实验研究、某 600MW 褐煤机组部分烟气中试实验以及某 660MW 燃煤机组全烟气量的大试实验，充分证明其具有明显的微细颗粒物凝聚能力和多污染物协同脱除性能。下面对该技术的协同脱除作用进行具体介绍。

基于“双深技术”开发的湿式相变凝聚器安装于某 600MW 湿式静电除尘器出口，用于增强微细颗粒物的高效团聚，保证 WESP 出口颗粒物浓度排放值低于国家标准的 5mg/m^3。颗粒物质量浓度测试中，分别采用低压撞击器（DLPI）获得不同负荷时湿式相变凝聚器开启与关闭状态下对 WESP 出口颗粒物质量浓度的影响。

图 19-14 所示为机组负荷在 600MW 和 500MW 时相变凝聚器开启与关闭状态下 WESP 出口不同粒径颗

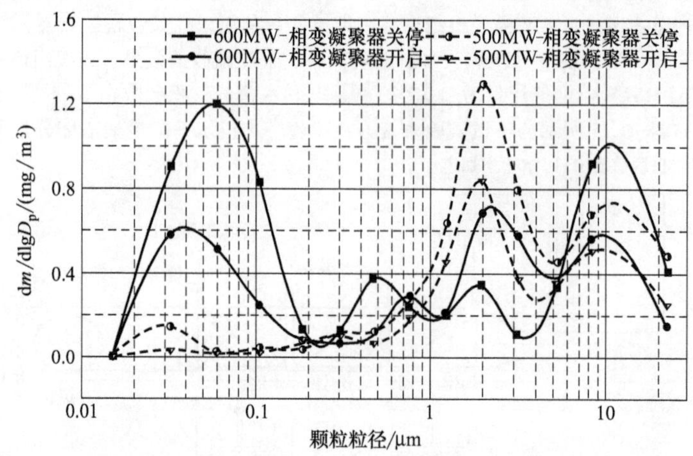

图 19-14 不同负荷下湿式相变凝聚器运行状态对 WESP 出口颗粒物粒径分布的影响

粒物的质量浓度分布。当机组负荷为600MW时，在湿式相变凝聚器开启后，烟气出口不同粒径的颗粒物质量浓度与关闭状态时相比均有不同程度的下降，特别是0.05μm和0.1μm级的颗粒质量浓度分别降低了57.5%和70.2%；当机组负荷为500MW时，在湿式相变凝聚器开启后，0.03μm、1.9μm和3.1μm粒径范围颗粒的质量浓度分别显著降低了80%、35.5%和53.6%。该工况条件下其余粒径对应颗粒浓度呈不同程度降低，减小幅度略低于上述值。

烟气中水蒸气在相变凝聚过程中也伴随有其他污染物的协同脱除。在湿式相变凝聚器运行与关闭状态下，分别从废水箱取一定体积的凝结水样，利用电感耦合等离子体原子发射光谱法（ICP-AES）表征湿式相变凝聚器开/关状态下的凝结水样中As、Hg、Ba、Ga、Li、Mn、Sr和Ti元素含量，检测结果如图19-15所示。在湿式相变凝聚器运行状态下，凝结水样中所有检测元素浓度均高于其关闭状态下水样中的元素浓度，尤其是Hg、Ba、Mn、Sr、Ti元素浓度的差异最为明显，而燃煤电厂重点关注的Hg、As元素的脱除能力分别比湿式相变凝聚器关闭状态增加了4.18倍和2.82倍。湿式相变凝聚器可明显提高各重金属及痕量元素的脱除能力，且各元素的脱除能力由大到小依次为Ba、Hg、Sr、Ga、As、Ti、Li、Mn。

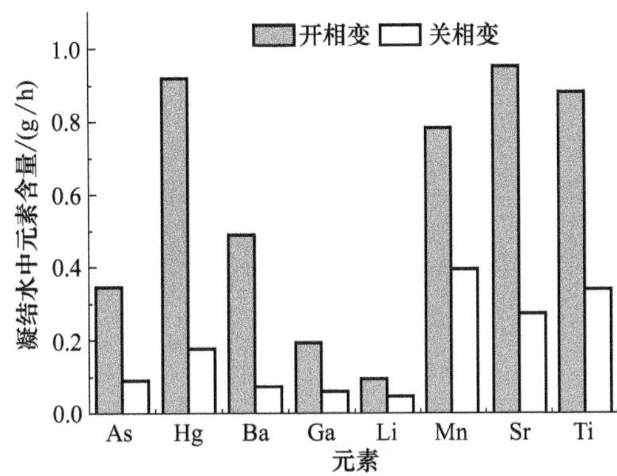

图19-15 湿式相变凝聚器开关状态下凝结水中的元素含量

此外，湿式相变凝聚器运行时，烟气中大量水蒸气以凝结水的方式被回收起来，凝结水中的SO_4^{2-}含量是关闭状态下的4.35倍，可见相变凝聚技术同时可以有效脱除烟气中的SO_3。

以上研究充分表明，基于“双深技术”开发的湿式相变凝聚器具有优良的多污染物脱除以及烟气凝水回收能力，所收集的凝结水根据水质可经过化学处理后进行二次利用。湿式相变凝聚协同多污染物脱除技术可作为未来我国火电机组实现污染物超低排放的选择技术之一。

（二）湿式相变凝聚器高效除尘工程应用

西安交通大学历经5年对湿式相变凝聚技术进行测试与探索。2010～2011年搭建了小型实验装置，如图19-16（a）所示，实验烟气量为1728m^3/h；2012～2013年在内蒙古某电厂600MW机组上进行了中试实验，如图19-16（b）所示，实验烟气量为5×10^4 m^3/h，经过一年（包括冬天极冷天气下）的安全性实验，于2013年底通过了中国电机工程协会的技术成果鉴定。2014年，在某660MW机组上设计了一套全烟气量的相变凝聚装置，如图19-16（c）所示，并在2014年年底投入应用。图19-16（d）所示为由防腐改性材料加工制造的湿式相变凝聚器单元。

(a) 实验室规模实验装置

(b) 中试试验装置

图19-16

(c) 现场施工

(d) 湿式相变凝聚器单元

图 19-16 湿式相变凝聚器

1. **工业锅炉（35t/h）湿式相变凝聚高效除尘工程**

本部分介绍基于“双深技术”研发的湿式相变凝聚装置在 35t/h 工业锅炉上的工程应用。该链条锅炉配有陶瓷多管除尘器及湿法脱硫装置，改造前烟尘排放浓度为 80mg/m^3。改造方案如图 19-17 所示，保留原有多管陶瓷除尘设备及脱硫吸收塔不变，对脱硫塔出口至烟囱的水平烟道进行改造，并在水平烟道中加装湿式相变凝聚装置。

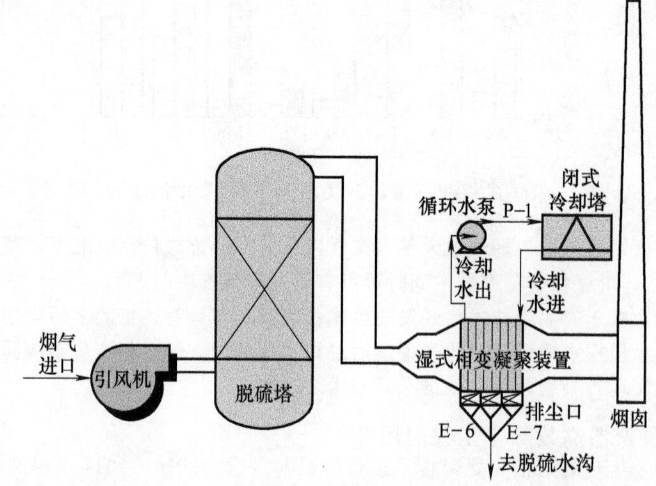

图 19-17 改造方案

湿式相变凝聚装置包括湿式相变凝聚器本体、冷却水循环系统、控制系统、PLC 系统、连接管线等。改造前后的现场情况如图 19-18 所示。

(a) 改造前

(b) 改造后

图 19-18 改造前后的现场变化

对改造后湿式相变凝聚器的入口、中间段及出口部位取样，检测颗粒物的粒度分布，结果如图 19-19 所示。经湿式相变凝聚器后，沿烟气流动方向的各截面颗粒物的体积平均粒径增大（入口 8.392μm，出口 16.961μm）。

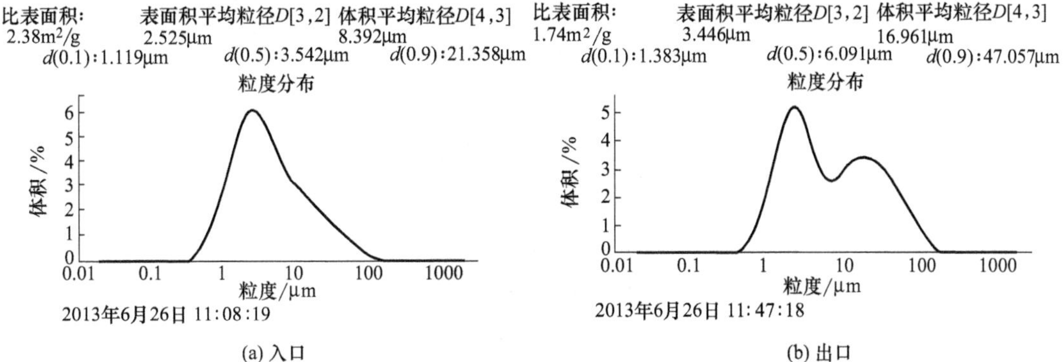

(a) 入口　　(b) 出口

图 19-19 湿式相变凝聚器前、后烟气中颗粒物的粒度分析结果

该湿式相变凝聚装置自 2013 年 11 月投运至今，设备运行稳定，除尘效果良好，尾部烟尘排放浓度 $\leqslant 20mg/m^3$。2013 年 12 月，西安市环境监测站对该设备进行了环境保护验收监测，监测结果如表 19-1 所列。由表可知，加装湿式相变凝聚设备后，可有效保证烟尘排放浓度 $\leqslant 20mg/m^3$，平均除尘效率在 80% 以上，具有良好的环境效益。

表 19-1 环境监测验收结果

监测断面	监测项目	2013 年 12 月 26 日				2013 年 12 月 27 日			
		第一次	第二次	第三次	日均值	第一次	第二次	第三次	日均值
除尘器进口断面	标干烟气流量/(m^3/h)	47045	47657	47341	47384	47866	46821	47386	47385
	烟气含氧量/%	11.7	11.5	11.5	11.6	11.4	11.6	11.5	11.5
	实测烟尘浓度/(mg/m^3)	62.9	59.9	59.8	60.9	60.3	70.8	65.2	65.4
	烟尘排放速率/(kg/h)	2.96	2.85	2.83	2.88	2.89	3.31	3.09	3.10
	折算烟尘浓度/(mg/m^3)	85.1	77.5	77.4	80.0	78.1	91.6	84.4	84.7
除尘器出口断面	标干烟气流量/(m^3/h)	46362	48299	45120	46594	46968	47080	46499	46849
	烟气含氧量/%	11.3	11.3	11.3	11.3	11.4	11.4	11.3	11.4
	空气过剩系数	1.8	1.8	1.8	1.8	1.8	1.8	1.8	1.8
	实测烟尘浓度/(mg/m^3)	12.2	10.3	12.4	11.6	14.9	13.1	14.5	14.2
	烟尘排放速率/(kg/h)	0.57	0.50	0.56	0.54	0.70	0.62	0.67	0.66
	折算烟尘浓度/(mg/m^3)	14.9	12.6	15.2	14.2	18.2	16.0	17.7	17.3
除尘效率/%		80.7	82.3	80.2	81.3	75.8	81.3	78.3	78.7
监测期间锅炉工况		实际出力 30t/h,生产负荷 100%				实际出力 30t/h,生产负荷 100%			
评价标准		《西安市燃煤锅炉烟尘和二氧化硫排放限值》(DB 61/534—2011)表 1 中规定二类区Ⅰ时段烟尘最高允许排放浓度限制为 $80mg/m^3$；西安市环保局发〔2013〕48 号《西安市环境保护局关于加快实施燃煤锅炉烟气污染综合治理的通知》要求烟尘排放浓度限值为 $30mg/m^3$							

2. 电站锅炉（660MW 机组）**湿式相变凝聚耦合湿式电除尘示范**

湿式相变凝聚器本体对微细颗粒物具有较好的团聚脱除效果。在国电某 660MW 机组进行的工程应用示范中，将湿式相变凝聚器与湿式静电除尘器结合，组成湿式除尘系统。该湿式相变凝聚耦合湿式电除尘器的除尘系统已于 2015 年 1 月通过 168h 测试，正常稳定运行。

(1) 锅炉参数　该锅炉为 660MW 超临界直流锅炉，单炉膛、一次再热、平衡通风、露天布置、固态排渣、全钢构架、全悬吊结构Ⅱ型锅炉，系统主要技术参数及燃用煤质特性见表 19-2 和表 19-3。该工程对机组脱硫、除尘设备进行改造，在现有吸收塔基础上增加二级吸收塔，形成双塔双循环系统，同时拆除 GGH 系统，并在二级脱硫塔后增设湿式除尘系统（湿式相变凝聚器＋湿式静电除尘器）。湿式相变凝聚器安装在湿式电除尘器入口烟道。大试系统及现场情况如图 19-20 所示。

表 19-2 系统主要技术参数

序号	项目	单位	主要技术参数
1	处理烟气量	m^3/h	2.78×10^6
2	入口烟气含尘浓度	mg/m^3	<15
3	入口烟气温度	℃	50～57

表 19-3 煤质数据

全水 M_t/%	收到基水分 M_{ad}/%	收到基灰分 A_{ar}/%	收到基全硫 $S_{t,ar}$/%	干燥无灰基挥发分 V_{daf}/%	收到基低位发热量 $Q_{net,ar}$/(MJ/kg)
18.29	5.12	15.27	0.80	43.19	19.46

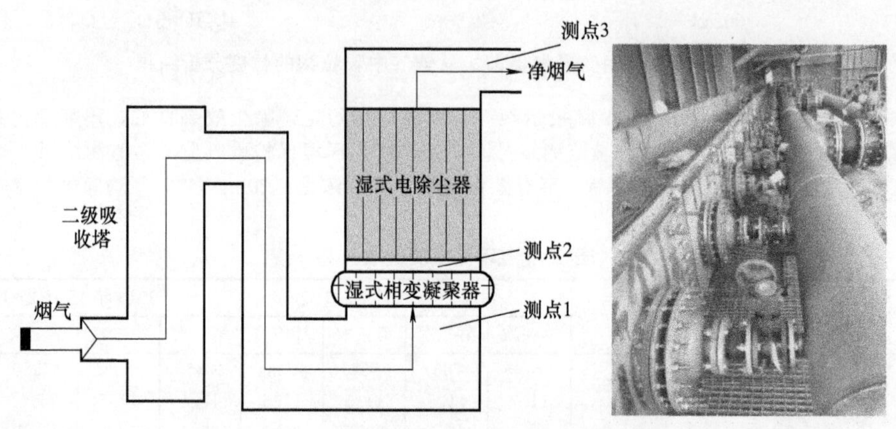

图 19-20 大试系统及现场安装图

(2) 湿式相变凝聚除尘效果 分别在湿式相变凝聚器的入口和出口位置（测点 1 和 2）及湿式电除尘器的出口（测点 3）安装测点，采用低压撞击器（DLPI）对不同测点的颗粒物进行取样，得到湿式相变凝聚器进出口颗粒物的各级质量浓度分布情况和脱除效率。

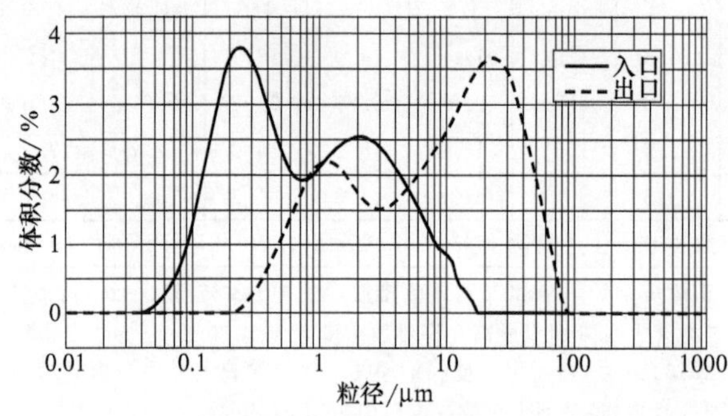

图 19-21 湿式相变凝聚器入口和出口的粒度分布

对采集的颗粒物样品做粒度分析，应用激光衍射法得出相变凝聚器进、出口处的颗粒物粒度分布，结果如图 19-21 所示。入口颗粒物在 0.25μm 和 2.5μm 处呈双峰分布，且细颗粒的体积分数远大于粗颗粒的体积分数，说明经过电除尘器和两级脱硫吸收塔后烟气中的大颗粒基本已经被清除，剩余的颗粒物主要以亚微米级颗粒为主；凝聚器出口颗粒物在 1.5μm 和 25μm 处呈双峰分布，且粗颗粒的体积分数远大于细颗粒，说明湿式相变凝聚器对亚微米级颗粒具有较好的凝聚效果，微细颗粒物经相变凝聚后成为易于脱除的大颗粒，很好地解决了传统除尘设备对微细颗粒物脱除效果差的难题。

此外，湿式相变凝聚器的投入运行可提高整个湿式除尘系统对微细颗粒物的脱除效率。表 19-4 和表 19-5 所列为湿式相变凝聚器运行前后该系统对颗粒物的脱除效果对比。对比表中数据可知，在湿式静电除尘器运行的基础上，增开湿式相变凝聚器对 PM_1、$PM_{2.5}$ 和 TSP 的脱除能力有进一步提升，湿式除尘系统对三者的脱除效率分别由 68.66%、82.75%、88.30%提升至 83.61%、87.69%、92.32%。

可见，加装湿式相变凝聚器的湿式除尘系统可以显著提高微细颗粒物的脱除效率，同时能够保证系统出口颗粒物排放浓度小于 $2mg/m^3$。该技术的工程化成功应用为近“零排放”标准开辟了新的发展方向。

表 19-4　湿式相变凝聚器关闭时系统对颗粒物的脱除效率（机组负荷 600MW）

项　　目	入口浓度/(mg/m³)	出口浓度/(mg/m³)	脱除效率/%
PM_1	3.149	0.987	68.66
$PM_{2.5}$	6.208	1.071	82.75
TSP	13.586	1.589	88.30

表 19-5　湿式相变凝聚器运行时系统对颗粒物的脱除效率（机组负荷 600MW）

项　　目	入口浓度/(mg/m³)	出口浓度/(mg/m³)	脱除效率/%
PM_1	3.149	0.516	83.61
$PM_{2.5}$	6.208	0.764	87.69
TSP	13.586	1.044	92.32

第二节　锅炉超低排放一体化技术

一、脱硫除尘一体化技术

（一）新型一体化工艺

新型一体化工艺（New Integrated Desulfurization，NID）是一种集脱硫除尘于一体的新技术。

NID 工艺以生石灰（CaO）或消石灰［$Ca(OH)_2$］粉末为脱硫剂，将电除尘器捕集的碱性飞灰与脱硫剂混合、增湿，注入除尘器入口侧的烟道反应器，使之均布于热态烟气中。之后，混合吸收剂被热烟气干燥，烟气则被冷却、增湿，烟气中的 SO_2、HCl 等酸性组分被吸收，生成干粉状的 $CaSO_3 \cdot 0.5H_2O$ 和 $CaCl_2 \cdot 2H_2O$，与未反应的吸收剂一同进入增湿器，同时与新吸收剂混合进入再循环。具体反应如式（19-1）～式（19-4）所示：

$$CaO+H_2O=Ca(OH)_2 \tag{19-1}$$

$$Ca(OH)_2+SO_2=CaSO_3 \cdot 0.5H_2O \tag{19-2}$$

$$Ca(OH)_2+2HCl=CaCl_2 \cdot 2H_2O \tag{19-3}$$

$$CaSO_3 \cdot 0.5H_2O+1.5H_2O+0.5O_2=CaSO_4+2H_2O \tag{19-4}$$

区别于喷雾半干法烟气脱硫工艺中的石灰浆液被雾化喷入吸收塔，NID 技术采用含水率仅为百分之几的石灰粉末，且循环量比传统的喷雾半干法高得多。由于水分蒸发的表面积很大，干燥时间大大缩短，是传统喷雾半干法或烟气循环流化床反应器体积的 10%～20%，并与除尘器入口烟道形成整体结构。

1. 工艺流程

NID 装置由烟道反应器、除尘器、混合增湿器、脱硫剂添加和再循环系统、副产品处理及操作控制 6 个系统组成，工艺流程如图 19-22 所示。

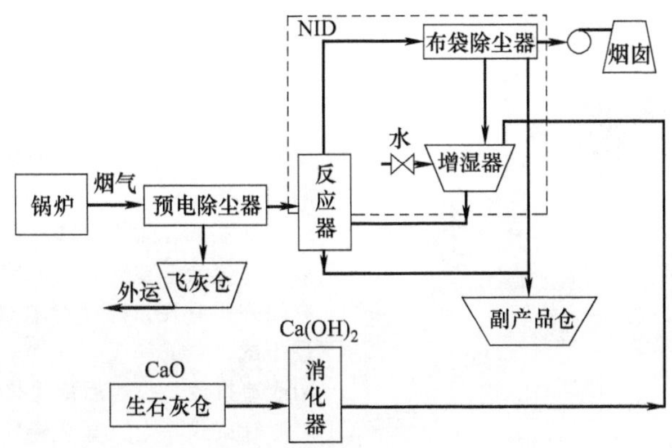

图 19-22　NID 工艺流程

新鲜的吸收剂［生石灰 CaO 或者石灰石粉末 $Ca(OH)_2$］与除尘器捕集的循环灰进入混合增湿器（混合吸收剂增湿后含水量约为 5%），然后注入除尘器入口侧的烟道反应器（实际上是除尘器的一段入口烟道），使之均布于热态烟气中。吸收剂中的水分被很快蒸发，烟气温度在极短的时间内由 140℃降低至 70℃左右，而烟气的相对湿度则很快增加到 40%～50%。烟气中的 SO_2、HCl 等酸性组分被吸收，生成干粉状的 $CaSO_3 \cdot 0.5H_2O$ 和 $CaCl_2 \cdot 2H_2O$。烟气经过除尘器除尘后送往烟囱排放。

2. NID 工艺特点

NID 工艺集脱硫除尘于一体化，具有以下特点。

(1) 吸收剂利用率高 以生石灰或熟石灰和除尘器捕获的循环灰为脱硫剂，脱硫灰多次循环（循环倍率可达 50），吸收剂利用率达 95%以上，克服了其他半干法、干法工艺脱硫吸收剂利用率不高的问题。

(2) 脱硫效率高（80%～90%） 可通过调节吸收剂量和再循环灰量等调整脱硫效率，且采用袋式除尘器可以实现对烟气中其他酸性气体 SO_3、HCl、HF 等的协同脱除。

(3) 系统结构紧凑 增湿器位于除尘器下方，与除尘器的入口烟道构成一个整体，而除尘器的入口烟道即为反应器。且由于反应器中水分蒸发的表面积很大，干燥时间大大缩短，因此反应器体积较小，是传统喷雾半干法或烟气循环流化床反应器体积的 10%～20%。该工艺占地面积小、工艺流程简单、无需制浆雾化装置，投资费用只占电厂总投资的 4%。

典型 NID 工艺配备的除尘设备一般是袋式除尘器。当烟气进入布袋除尘器后，吸收剂在布袋上形成灰层，吸收较难脱除的酸性成分、有害成分二噁英/呋喃类及重金属物质等，净化后的洁净烟气通过引风排烟系统排入大气，布袋除尘器收集的灰粉颗粒，通过增湿再循环到 NID 反应器中参与反应。因此，这种集半干法脱硫、灰循环和袋式除尘于一体的 NID 技术最适合于垃圾焚烧产生烟气的处理。

NID 技术最早的商业化装置分别于 1996 年和 1997 年在波兰的 Electrownia Laziska 电厂（2×120MW）1、2 号机组投运，燃煤含硫量为 1.4%，每组处理烟气量为 5.18×10^5 m^3/h，入口 SO_2 浓度 $4000mg/m^3$，SO_2 脱除率为 80%（实测达 90%），经过除尘器后烟尘浓度为 $50mg/m^3$。

国内浙江衢化热电厂也采用 NID 技术脱硫。电厂装机总容量为 254MW，内有 3 台 60MW 机组，各配备 280t/h 锅炉 1 台。1998 年，该厂采用浙江菲达机电集团公司从 Alstom 公司引进的 NID 技术对其中 1 台锅炉进行烟气脱硫改造，在不加脱硫剂，仅以增湿石灰含量为 3.6%的脱硫灰循环的情况下，可获得 35%～56%的脱硫效率。

（二）旋汇耦合除尘除雾一体化技术

经脱硫吸收塔处理后的烟气携带有大量的浆液雾滴，特别是当流经喷淋塔烟气的速度提高，烟气携带液滴量增加，浆液雾滴极易沉积在吸收塔下游设备表面，导致烟道粘污，GGH 结垢堵塞。部分不设 GGH 的电厂厂区会出现“石膏雨”“烟雨”，导致烟囱外表及邻近建筑物腐蚀，污染电厂及周边环境。另外，浆液雾滴携带的以硫酸钙为主的物质会导致新细颗粒物产生。传统的干式电除尘器（简称 ESP）虽然能够达到很高的收尘效率（除尘器出口＜$30mg/m^3$），经过湿法脱硫（简称 WFGD）洗尘后，烟尘排放还会减少 60%，但由于 ESP 布置在湿法脱硫系统前，对 WFGD 系统本身由烟气带出的石膏颗粒无法收集，并且烟气流速过高、除雾器效果不佳等因素会造成脱硫石膏的逃逸量较大，此时改造或增设高效除尘除雾装置显得非常必要。

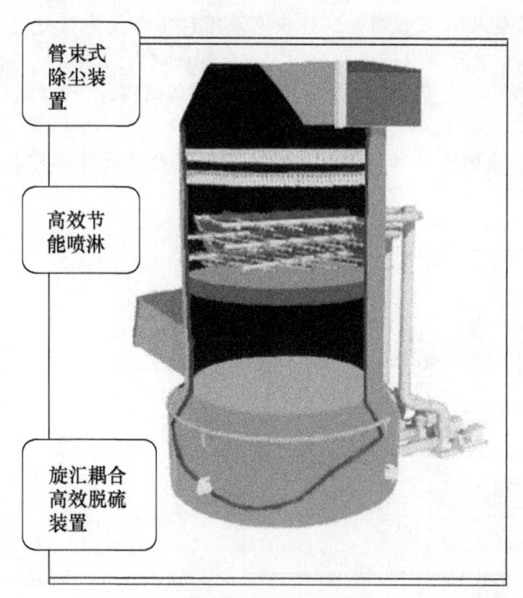

图 19-23 旋汇耦合高效除尘除雾装置

目前国内各大火电厂脱硫后采用的深度除尘主要有湿式电除尘技术和脱硫除尘除雾一体化技术两种。

旋汇耦合除尘除雾一体化技术中最重要的是管束式除尘除雾装置，由北京国电清新环保技术股份有限公司研发，除尘除雾装置如图 19-23 所示。通过小试、中试和工程示范，在云冈电厂 3＃机组成功改造投运，投运后烟尘排放降低至 $2.4mg/m^3$。

管束式除尘除雾装置安装在湿法脱硫塔顶部以实现脱硫除尘一体化，其工作原理如下。

1. 细小液滴与颗粒凝聚

烟气进入管束除尘装置，经过旋流子分离器后进行离心运动，大量细小液滴与颗粒在高速运动条件下的碰撞机率大幅增加，易于凝聚、聚集成为大颗粒，进而被筒壁的液膜吸收，从而气相分离。

2. 大液滴和液膜继续捕集

除尘器筒壁面的液膜会捕集接触到的细小液滴，而在增速器和分离器叶片表面过厚的液膜会在高速气流的作用下发生“散水”现象，大量的大液滴从叶片表面被抛洒出来，在叶片上部形成液滴层，并将穿过液滴层的小液滴捕集。液滴层捕集小液滴后变大并落回叶片表面，重新变成大液滴，并再次通过“散水”现象捕集小液滴。

3. 离心分离液滴脱除

经过加速器加速后的气流高速旋转向上运动，气流中的细小雾滴、颗粒与气流分离，向筒体表面方向运动。而高速旋转运动的气流迫使被截留的液滴在筒体壁面形成一个旋转运动的液膜层，从气体中分离的细小雾滴、颗粒与液膜接触后被捕集，实现细小雾滴与颗粒从烟气中的脱除。

4. 多级分离器对不同粒径液滴的捕集

气体旋转流速越大，离心分离的效果越好，液滴的捕集量也越大。但此时形成的液膜厚度增加，相应的运行阻力也越大，更容易导致二次雾滴的生成。因此，采用多级分离器，分别在不同流速下对雾滴进行脱除，能保证较低运行阻力下的高效除尘效果。

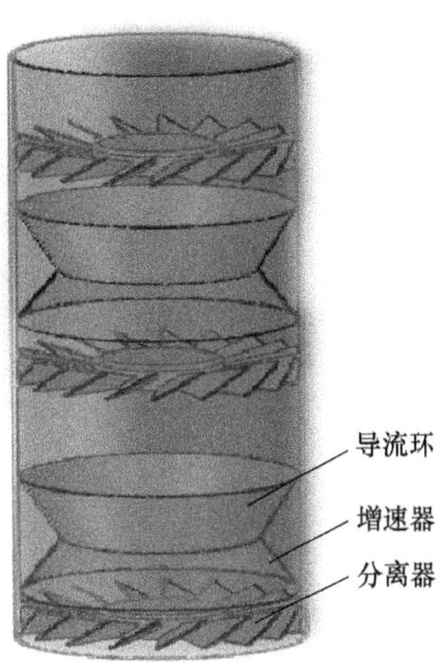

图 19-24 湍流子结构

高效除尘除雾装置采用模块化设计，布置在喷淋层上部，进行改造时一般会拆除原有除雾器，并加装湍流子结构（见图 19-24）。管束式除尘除雾器本体高度在 2.3m 左右，设计相应强度的支撑梁，直接将模块式管束式除尘除雾器安装在梁上。图 19-24 中，导流环——控制气流出口状态，防止捕获的液滴被二次夹带；增速器——确保以最小的阻力条件提升流旋转运动速度；分离器实现不同粒径的雾粒在烟气中分离。

对超低排放下多种湿法脱硫协同控制颗粒物技术的案例和实测数据进行对比，结果如表 19-6 和表 19-7 所列。可以看出，A\D\E 项目为空塔喷淋，其颗粒物脱除效率<50%，B\C\F\G 项目为复合塔脱硫，其颗粒物脱除效率均>50%，且 C\G 项目还设置了高效除雾器（C 为管束式除雾器，G 为 3 层屋脊式除雾器）。可见，采用管束式除雾器、高性能屋脊式除雾器等高效除雾器的复合塔湿法脱硫项目的颗粒物脱除效率明显高于采用常规除雾器的空塔湿法脱硫项目。

表 19-6 电厂情况

电厂	钢炉	容量/MW	脱硝装置	除尘装置	脱硫装置	除雾器	湿电装置
A(国电 xx1 号机组)	超临界一次中间再热煤粉炉	350	SCR 脱硝	布袋除尘器	单塔双循环石灰石-石膏湿法脱硫	屋脊式除雾器（出口液滴≤75mg/m^3）	无
B(华润 xx1 号机组)	亚临界一次中间再热煤粉炉，四角切圆燃烧方式	330	SCR 脱硝	高频电源双室四电场静电除尘器	单托盘石灰石-石膏湿法脱硫	2 层屋脊式除雾器（出口液滴≤50mg/m^3）	有
C(大唐 xx3 号机组)	亚临界自然循环煤粉炉圆角切圆燃烧方式	300	SCR 脱硝	三相电源＋低低温双室五电场静电除尘器	旋汇耦合石灰石-石膏湿法脱硫	管束式除雾器（出口液滴≤30mg/m^3）	无
D(国华 xx4 号机组)	超临界变压运行直流煤粉炉，四角切圆燃烧方式	660	SCR 脱硝	低低温双室四电场静电除尘器	石灰石-石膏湿法脱硫(空塔)	1 层管式＋2 层屋脊式除雾器（出口液滴≤50mg/m^3）	有
E(国华 xx1 号机组)	亚临界一次中间再热煤粉炉，四角切圆燃烧方式	330	SCR 脱硝	高频/三相电源＋低低温双室四电场静电除尘器	石灰石-石膏湿法脱硫(空塔)	1 层管式＋2 层屋脊式除雾器（出口液滴≤40mg/m^3）	有

续表

电厂	锅炉	容量/MW	脱硝装置	除尘装置	脱硫装置	除雾器	湿电装置
F(国华 xx4 号机组)	超临界变压运行煤粉炉四角切圆燃烧方式	350	SCR 脱硝	双室五电场(旋转电极)静电除尘器	海水法脱硫(1层填料)	2层屋脊式除雾器(出口液滴≤55mg/m³)	有
G(国能 xx2 号机组)	超临界变压运行煤粉炉,四角切圆燃烧方式	660	SCR 脱硝	三相电源+低低温四电场静电除尘器	双托盘石灰石-石膏湿法脱硫	3层屋脊式除雾器(出口液滴≤30mg/m³)	无

表 19-7 湿法脱硫入口、出口的颗粒物实测结果

项目	负荷率/%	喷淋层运行情况/层	入口颗粒物浓度平均值(6%O_2)/(mg/m³)	出口颗粒物浓度平均值(6%O_2)/(mg/m³)	颗粒物脱除效率/%
A	100	3	18.9	17.3	7.89
	80	3	18.8	18.4	8.51
	60	3	19.9	17.2	7.54
B	100	3	21.4	7.61	62.96
	75	3	21.2	3.48	83.63
C	100	3	21.0	2.99	85.88
	75	3	20.2	3.14	83.89
	50	2	21.4	2.80	86.61
D	100	3	13.43	11.19	16.68
	75	3	9.52	8.93	6.20
E	100	3	13.65	7.40	45.79
	75	3	13.88	8.77	36.82
F	100	2	7.88	2.41	69.42
	75	2	6.34	3.15	50.32
G	100	3	15.55	4.16	73.24

二、脱硫脱硝一体化技术

火电厂煤燃烧烟气中的硫氧化物和氮氧化物浓度虽不高，但总量很大，若采用分开脱硫脱硝的方法，不仅占地面积大，而且投资、管理、运行费用也很高。随着近年来环境要求的逐渐提高，脱硫脱硝一体化技术的研发逐渐受到重视。当前脱硫脱硝一体化技术包括高能辐射氧化法、固相吸附再生技术、湿法脱硫脱硝法、吸收剂喷射技术等。

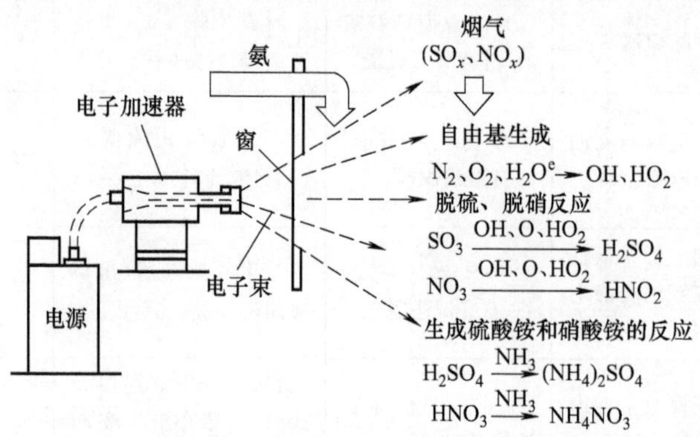

图 19-25 电子束烟气脱硫反应机理

SO_2 在大气扩散过程中受射线作用会被氧化为 SO_3，随尘埃或以酸雨的形式沉降。高能辐射氧化法即利用这一原理同时脱硫脱硝，主要有电子束照射法和脉冲电晕法，前者采用电子束加速器，后者采用脉冲高压电源。

电子束照射法（EBA）利用阴极发射、经电场加速形成（500～800）keV 高能电子束辐照烟气产生辐射化学反应，生成·OH、O·和 HO_2·等自由基，这些自由基和 SO_2、NO_x 反应生成硫酸和硝酸，在有氨（NH_3）存在的情况下，产生 $(NH_4)_2SO_4$ 和 NH_4NO_3 等铵盐副产品。电子束烟气脱硫脱硝反应机理如图 19-25 所示。

经过多年研究，电子束法脱硫脱硝技术已逐步走向工业化。该方法可以实现同时脱硫脱硝，达到 90%以上的脱硫率和 80%以上的脱硝率。该系统结构简单、操作方便，过程易于控制，且干法脱除的污染物不会产生废水废渣。对于含硫量多变的燃料有较好的适应性和负荷跟踪性，而生成的硫酸铵和硝酸铵等副产品可作化肥使用。但是，该方法也存在耗电量大（约占厂用电的2%）、运行费用高的问题。

1. **主要设备**

电子束法脱硫脱硝系统的主要设备有电子束系统、冷却塔、氨供应系统和副产品处理系统等。

(1) 电子束系统　电子束发生装置由发生电子束的直流高压电源、电子加速器和窗箔冷却装置组成。电子在高真空加速管内通过高压加速，加速后的电子通过保持高真空的扫描管透射过一次窗箔及二次窗箔（均为厚度30～50μm的金属箔）照射烟气。窗箔冷却装置通过向窗箔间喷射空气进行冷却来控制因电子束透过的能量损失引起的窗箔温度上升。

据报道，我国在烟气脱硫脱硝超大功率电子加速器的关键技术研究方面获得重大进展。上海原子核研究所成功研制出用于治理100～300MW级燃煤电厂烟气污染物的电子束烟气脱硫脱硝技术示范装置，彻底打破了国外在超大功率电子加速器关键技术方面的垄断。

(2) 冷却塔　冷却塔将烟气冷却至适合电子束反应的温度。冷却方式有以下两种：一种是完全蒸发型，对烟气直接喷水进行冷却，喷雾水完全蒸发；另一种是水循环型，对烟气通过受热面间接喷水进行冷却，喷雾水循环使用，其中一部分水进入反应器作为二次烟气冷却水使用，这部分水完全被蒸发。这两种方法均不产生废水。

(3) 氨供应系统　氨供应系统主要是贮存液氨和使氨气化并进入烟气的设备，包括液氨贮存槽、液氨输送泵、液氨供应槽、氨气化器等。液氨经氨气化器蒸发为气态氨，氨气从反应器中的喷头加入到烟气。中国是世界上合成氨产量最大的国家，可以为电子束烟气脱硫提供充足的液氨。

(4) 副产品处理系统　从电除尘器及反应器收集的脱硫副产品（主要是硫酸铵和硝酸铵），由链式输送机和埋刮板机送到造粒设备，进行压缩、打散、造粒加工。完成造粒后送到副产品贮存间，贮存的副产品可直接作为肥料使用。

2. **影响电子束法脱硫脱硝效率的主要因素**

在电子束法脱硫脱硝系统中，电子束的辐照剂量和烟气温度是影响脱硫脱硝效率的主要因素。一般随着辐照剂量增加，脱硫脱硝效率升高。电子束法脱硫系统运行时，辐照剂量由0kGy（1Gy=1J/kg）升到9.0kGy，脱硫率显著增加；当辐照剂量继续增加，脱硫率趋于稳定，反应器出口脱硫率与辐照剂量的关系如图19-26所示。同时，辐照剂量的大小也决定了NO_x的去除率，随着辐照剂量增加，NO_x脱除率可达到100%。

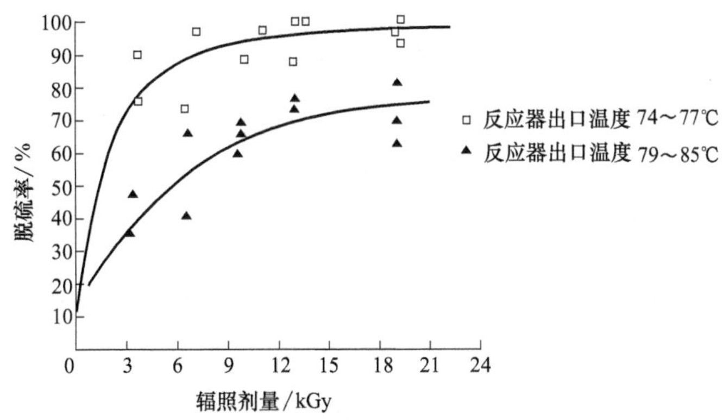

图19-26　反应器出口的脱硫率与辐照剂量的关系

影响电子束法脱硫脱硝效率的另一个主要因素是烟气温度，在运行中烟气温度是敏感参数，烟气温度每升高5℃，脱硫率会下降约10%。脱硫率与气体温度的关系如图19-27所示。

3. **脱硫脱硝一体化技术应用**

(1) 电子束脱硫的工程应用　华能成都热电和北京京丰热电均采用电子束脱硫装置，用于脱除SO_2。而杭州协联热电厂的电子束脱硫装置可以同时满足脱硫和脱硝要求。下面以北京京丰热电电子束脱硫为例对电子束脱硫的工程应用进行介绍。

北京京丰热电6#机组（50MW）及7#机组（100MW）采用电子束脱硫技术。该机组的设计烟气处理量为$6.3\times10^5\ m^3/h$，入口烟气温度为142℃，SO_2浓度为4200mg/m^3（含硫量按2%计），设计电子束脱硫效率为90%，出口SO_2浓度为420mg/m^3。主要设计指标见表19-8。

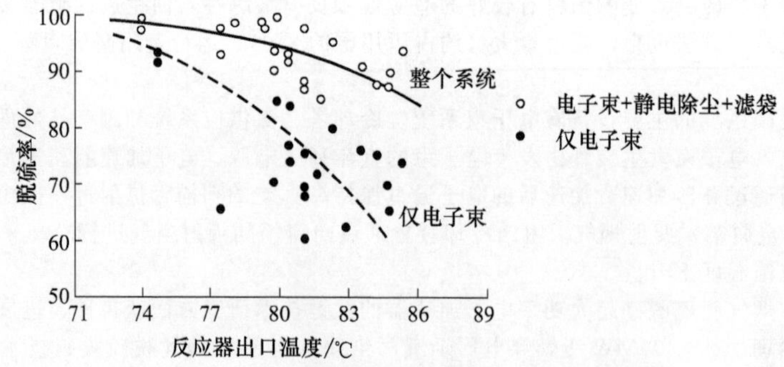

图 19-27 电子束脱硫效率与反应器出口温度的关系

（辐照剂量=18kGy；NH_3 化学剂量=0.85～1.0；$SO_2=8\times10^{-4}\sim1.5\times10^{-3}$）

表 19-8 京丰热电 EA-FGD 工程主要设计指标

设计参数	指标	设计参数	指标
烟气处理量/(m^3/h)	630000	出口氨浓度/(mg/m^3)	＜40
烟气温度/℃	146	副产品产量/(t/h)	4.9
SO_2 浓度/(mg/m^3)	4200	液氨耗量/(kg/h)	1.27
SO_2 脱除率/%	90	水耗量/(t/h)	34
NO_x 浓度/(mg/m^3)	1200	电子加速器	1000kV/500mA×2，1000kV/300mA
NO_x 脱除率/%	20		
出口粉尘浓度/(mg/m^3)	≤200	系统总电耗/kW	≤2850

该电子束脱硫系统主要包括烟气调节系统、辐照反应系统、副产物收集处理系统、供氨系统四个部分，具体工艺流程见图 19-28。

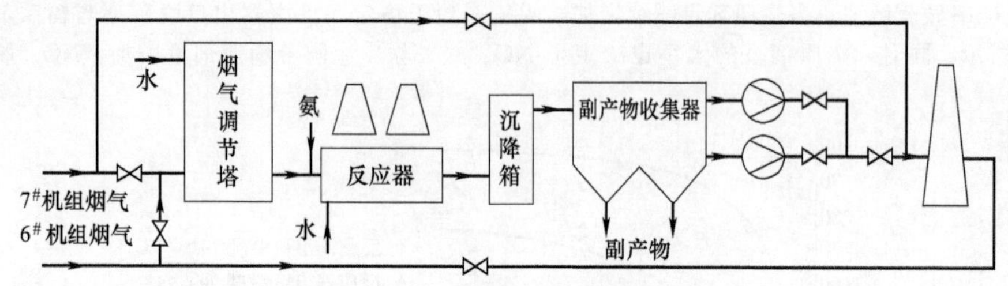

图 19-28 京丰热电电子束脱硫工艺流程

① 烟气调节系统。电厂锅炉排出的烟气温度较高，一般在 130℃以上。为满足电子束氨法辐照反应要求的工艺条件，需对电厂烟气进行降温增湿以调节烟气温度和水分含量。

烟气调节系统采用水蒸发吸热方式冷却烟气。烟气调节塔按高压全蒸发设计，喷头采用气液两相喷头。喷头喷出的水被雾化成细小的微粒在烟气调节塔内和烟气接触，雾滴在热气流中蒸发并吸收烟气热量，使烟气降温增湿。

由于水的喷射和烟气的流动，部分水分会与塔壁接触并凝结下来。凝结水中主要溶有酸性氧化物，因而呈酸性，该部分水会被送入电厂灰渣池，与碱性的冲灰水发生酸碱中和反应，达到综合治理的效果。

对于其他 EA-FGD 系统，如果入口粉尘浓度较大，则还需增设预洗室和除雾器，降低含尘量。

② 辐照反应系统。辐照反应系统由电子加速器、辐照反应器、清扫和冷却装置、沉降箱等部分组成。

考虑到产业化工程示范的需要，装置设计时采用 2 台俄罗斯产和 1 台国产的电子加速器。单台电子加速器的能量为 1.0MeV，单机功率最高达 500kW。电子加速器产生的电子束流可对烟气量和二氧化硫浓度等参数进行跟踪，完成束流的适时动态调节。3 台电子加速器沿烟气流向布置，使烟气获得合理的吸收剂量，能量利用更加充分。

辐照反应器是脱硫装置的关键设备之一，不仅需要考虑辐照剂量场的分布，还需要考虑气流的组织与分布、钛窗的布置、钛窗的冷却及清扫、防堵与防腐等因素。辐照反应器的设计采用独特的流态剂量匹配技术，可以充分利用辐照能量，减少轫致 X 射线的产生率；使用二次冷却水，可确保烟气达到最佳的反应温度与湿度。辐照反应器的选材方面，在工艺及腐蚀试验的基础上，综合考虑了辐照剂量、臭氧的氧化以及气体和液体的化学腐蚀、电化学腐蚀及结晶腐蚀等影响因素，以确保辐照反应器的长期稳定运行。

反应器与加速器两层钛膜间的空气，在电子束的辐照下可能产生腐蚀性较强的臭氧。设计上采用冷却风将辐照后的混合气体吹出并送入烟气，不仅可以冷却钛膜，也可利用有害的强氧化性臭氧将亚硫酸盐、亚硝酸盐氧化，提高脱硫效率，减少对装置周围环境的污染。为避免烟气中的灰尘和生成的副产物黏附在钛膜上，辐照反应器的钛膜内壁采用吹风幕隔离技术，减少电子束能量的损失。辐照反应器与电子加速器的连接处采用双层钛窗结构，保证电子加速器的安全运行和便于后期检修。

辐照反应系统设计了沉降箱装置，以满足辐照剂量防护的需要，保证了装置运行过程中对操作人员和环境的安全性。在辐照反应器中产生的含硫酸铵、硝酸铵微粒的烟气由于在辐照反应中停留、反应时间短且微粒成分不稳定，在结构中增设了一个沉降箱以延长反应时间，促进反应更加充分。同时，副产物微粒也得到初步沉降，减少了副产物收集器的工作负荷，有利于减小副产物收集器的设计规模，降低装置建设投资。增设沉降箱，也便于烟道与副产物收集器的连接。

③ 副产物收集系统。副产物特性与常规电厂烟气中的粉尘不同，采用常规的静电除尘已达不到理想的副产物收集效率，需要专门设计。副产物收集系统设计采用放大试验研究获得的工艺参数和技术措施，较成功地解决了电晕封闭、副产物黏附、耐腐蚀性差等技术难题，保证了对副产物的高效率收集和有效脱附。

脱硫反应过程中生成的副产物具有易黏附的特性，易沉积在辐照反应器到副产物收集器前的烟道壁内。为避免烟道不被副产物堵塞，该系统的设计考虑了使工艺操作在副产物最不易黏附的工况下进行，同时还采用声波清灰＋刮板输送机方式进行处理。安装在烟道上的声波发生器利用声波将黏附器壁上的副产物震荡下来，由布置在烟道上的刮板输送机运出。副产物收集器及烟道内产生的副产物可直接作为农用化肥或复混肥的原料。

④ 供氨系统。脱硫装置运行时，由于所需脱硫剂为气态氨，因此贮槽内的液氨要经蒸发器加热汽化后进入缓冲罐，调压计量后喷入反应器前的烟道。脱硫系统的主要工艺设备见表 19-9。

表 19-9 主要工艺设备

序号	名 称	规格型号	数量	备注
1	烟气引风机	500kW	2 台	
2	烟气调节塔	11m×40m	1 座	
3	电子加速器	1.0MeV,1300kW	3 套	进口 2 套,国产 1 套
4	辐照反应器		1 台	
5	副产物收集器	双室四电场	1 台	
6	液氨贮槽	$V=120m^3$	2 个	
7	空气压缩机		2 套	
8	刮板输送机		9 套	

成都热电厂采用日本荏原公司的电子束脱硫技术，在 200MW 机组锅炉引风机后引出一股 $3\times10^5\ m^3/h$ 的烟气，经冷却塔降温后由电子束反应器脱硫。该示范工程于 1997 年投入运行，运行期间，烟气中 SO_2 浓度在 $(500\sim2400)\times10^{-6}$ 范围内，整个系统能够保持 80%以上的脱硫率。

脉冲电晕等离子体法（PPCP）的基本原理与 EBA 相似，其利用高能电子使烟气中的 H_2O、O_2 等气体分子被激活、电离或裂解产生强氧化性自由基，对 SO_2 和 NO_x 进行等离子体催化氧化，分别生成 SO_3、NO_x 或相应的酸，在有添加剂氨的情况下生成相应的盐而沉降下来。

EBA 与 PPCP 的差异在于高能电子的来源，EBA 法通过阴极电子发射和外电场加速形成，而 PPCP 法则是电晕放电自身产生的，它利用上升前沿陡、窄脉冲的高压电源（上升时间 10～100ns，拖尾时间 100～500ns，峰值电压 100～200kV，频率 20～200Hz）与电源负载-电晕电极系统（电晕反应器）组合，在电晕与电晕反应器电极的气隙间产生流光电晕等离子体，从而对 SO_2 和 NO_x 进行氧化。

PPCP 的优势在于可同时除尘。研究表明，烟气中粉尘的存在有利于提高 PPCP 法脱硫脱氮的效率。因此，PPCP 集 SO_x、NO_x、颗粒物 3 种污染物脱除于一体，且能耗和成本均比 EPA 法低，是一种具有竞争力的烟气治理方法。

（2）固相吸附再生技术 该方法采用固体吸附剂或催化剂，吸附烟气中的 SO_2 和 NO_x 或与之反应，然后在再生器中释放硫或氮，且吸附剂可循环使用。回收的硫在进一步处理后得到元素硫或硫酸等副产物，氮组分通过喷射氨再循环至锅炉分解为 N_2 和 H_2O。

该工艺常用的吸附剂是活性炭（焦）、氧化铜、分子筛或硅胶等，所用吸附设备的床层形式有固定床和移动床，其吸附流程根据吸附剂再生方式和目的不同而多种多样。

① 活性炭/活性焦吸附剂。活性炭吸附技术的关键是提高活性炭的吸附性能。在活性炭脱硫系统中加入氨，即可同时脱除 NO_x，在烟气中有氧和水蒸气的条件下，吸附器内进行如下反应：

$$SO_2+H_2O+0.5O_2 \rightarrow H_2SO_4 \tag{19-5}$$

$$H_2SO_4+NH_3 \rightarrow NH_4HSO_4 \tag{19-6}$$

$$NO+NH_3+0.25O_2 \rightarrow N_2+1.5H_2O \tag{19-7}$$

吸附后的活性炭一般可加热再生，饱和态的活性炭被送入再生器中加热到 400℃，解析出 SO_2 气体，1mol 的活性炭可解析出 2mol 的 SO_2。恢复吸附活性的活性炭循环回到反应器中，浓缩后的 SO_2 可以被还原为硫元素或经反应制成硫酸。活性炭加氨吸附法在系统的长期、连续和稳定运行上有一定的优势，可以达到 98%以上的脱硫率和 80%以上的脱硝率。

活性炭吸附工艺流程简单、投资少、占地面积小，适合于老火电厂改造。近年，日本、德国和美国等国相继开展了将综合强度较高、比表面积较小的活性焦作为吸收剂的研究，取得了比活性炭更好的效果。美国政府调查报告认为，活性炭/焦吸附法是最先进的烟气脱硫脱硝技术。

② 氧化铝吸附剂。NOXSO 法也是一种吸附脱除 SO_2、NO_x 的方法。烟气通过置于除尘器下游的流化床，在床内实现 SO_2、NO_x 脱除，吸收剂为浸透了碳酸钠的高比表面积球形粒状氧化铝。净化后的烟气排入烟囱，饱和吸附剂送至三段流化床加热器，在 600℃的加热过程中，NO_x 被解析并部分分解。含有 NO_x 的高温空气再送入锅炉，并在炉内被加热分解。吸收剂中的硫化物在高温下与甲烷反应生成高浓度的 SO_2 和 H_2S，气体排入特定的装置中被加工成单质硫副产品。NOXSO 工艺可实现 97%的脱硫率和 70%的脱硝率，用于 75MW 或更大规模的燃用高硫煤的火电机组。

③ CuO 吸附剂。负载型的 CuO 吸附剂通常以 CuO/Al_2O_3 或 CuO/SiO_2 为主，CuO 的含量在 4%～6%，在 300～450℃的温度范围内与 SO_2 反应生成 $CuSO_4$。$CuSO_4$ 和 CuO 对选择性催化还原法（SCR）还原 NO_x 有很高的催化活性，综合作用下可实现 NO_x 的脱除。饱和的 $CuSO_4$ 经过 H_2 或 CH_4 还原再生，释放的 SO_2 可制酸，或还原得到单质硫和金属 Cu，铜经烟气或空气氧化生成 CuO 可重新用于吸收还原过程。

将活性炭（AC）与 CuO 结合作为吸附剂，可制备出活性温度适宜的催化吸收剂，克服了 AC 使用温度偏低和 CuO/Al_2O_3 活性温度偏高的缺点。已有研究表明，新型 CuO/AC 催化剂在烟气温度 120～250℃下具有较高的脱硫和脱硝活性，且明显高于同温度下 AC 和 CuO/Al_2O_3 的单独脱硫脱硝活性。

（3）湿法同时脱硫脱硝 将湿法脱硫与脱 NO_x 结合也是实现同时脱硫脱硝的有效方法之一。

WSA-SNOX 工艺又称为湿式洗涤并脱除氮氧化物工艺，烟气先经过 SCR 反应器，在催化剂作用下 NO_x 被氨还原为 N_2，烟气随后进入改质器，SO_2 被催化氧化为 SO_3，在瀑布膜冷凝器中凝结、水合为硫酸，经进一步浓缩为可销售的浓硫酸。该技术除消耗氨气外，不消耗其他化学药品，不产生废水等二次污染物，具有很高的脱硝率（>95%）和可靠性，运行和维护要求较低。缺点是投资费用高，副产品浓硫酸的贮存及运输困难。

$TriSO_xNO_xSorb$ 工艺采用湿式洗涤系统，在一套设备中同时脱除烟气中的 SO_2 和 NO_x，并且没有催化剂中毒、失活或催化能力随使用时间下降等问题，该工艺的核心是氯酸氧化过程。氯酸是一种强氧化剂，氧化电位受液相 pH 值控制。氧化 NO_x 和 SO_2 的机理如下所示：

$$13NO+6HClO_3+5H_2O \rightarrow 6HCl+10HNO_3+3NO_2 \tag{19-8}$$

$$6SO_2+2HClO_3+6H_2O \rightarrow 6H_2SO_4+2HCl \tag{19-9}$$

该工艺对入口烟气浓度限制不严格，与 SCR 和 SNCR 工艺相比可在更大浓度范围内脱除 NO_x；且操作温度低，可在常温进行；对 NO_x、SO_2 及 As、Cr、Pb、Cd 等有毒微量金属元素都有较高的脱除率；适用性强，对现有采用湿式脱硫工艺的电厂，可在烟气脱硫系统（FGD）前后喷入 NO_xSorb 溶液。存在的主要问题是酸液的贮存、运输和设备的防腐。

湿式 FGD 加金属螯合物工艺也是一种硫氮双脱技术，在碱性溶液中加入亚铁离子形成氨基羟酸亚铁螯合物，如 Fe（EDTA）和 Fe（NTA）。这类螯合物吸收 NO 形成亚硝酰亚铁螯合物，配位的 NO 能够与溶解的 SO_2 和 O_2 反应生成 N_2、N_2O、硫酸盐、各种 N-S 化合物以及三价铁螯合物，便于从吸收液中去除，并使三价铁螯合物还原成亚铁螯合物而再生。但 Fe（EDTA）和 Fe（NTA）的再生工艺复杂、成本高。其工业应用的主要障碍是反应过程中螯合物的损失和金属螯合物的再生困难、利用率低、运行费用高。美国加利福尼亚大学的 Chang 等提出用含有—SH 基团的亚铁络合物作为吸收液，可再生的半胱氨酸亚铁溶液能同时脱除烟气中的 NO_x 和 SO_2，但目前仍处于试验阶段。

（4）吸收剂喷射法 研究表明，将碱或尿素等干粉喷入炉膛、烟道或喷雾干式洗涤塔内，在一定条件下能同时脱除 SO_2 和 NO_x。

炉膛石灰/尿素喷射工艺将炉内喷钙与 SNCR 相结合，喷射浆液由尿素溶液和各种钙基组成，总含固量约为30%。有研究表明在Ca/S摩尔比为2和尿素/NO_x摩尔比为1时能脱除80%的SO_2和NO_x。浆液喷射与干$Ca(OH)_2$吸收剂喷射的方法相比，增强了SO_2的脱除率。

整体干式NO_x/SO_2控制工艺采用低NO_x燃烧器，在缺氧环境下喷入部分煤和部分燃烧空气抑制NO_x生成，其余的燃料和空气在第二级送入，并引入过量空气完成燃烧过程并进一步除去NO_x，其次向锅炉烟道中注入两种干式吸附剂以减少SO_2的排放。可将钙基吸附剂注入空气预热器上游，或者将钠和钙基吸附剂注入空气预热器下游。顺流加湿的干式吸附剂有助于提高SO_2的捕获率，降低烟气温度和流量，减少袋除尘器的压力损失。该工艺成本较低，改造所需空间较小，可应用于各种容量的机组，但更适合于中小型老机组的改造，能降低烟气中70%以上的NO_x和55%～75%的SO_2。

SNRB工艺由Babcock&Wilcox公司开发，美国能源部等部门资助，在俄亥俄州爱迪生公司下属的RE. Burger燃煤发电厂建立了5MW规模的实验装置，该工艺的特点是：SO_2、NO_x和粉尘的脱除集中在一个高温袋式反应器内，适用于高硫煤烟气的治理。在袋式反应器内实际发生的过程有：a. 在烟气中注入钙基或钠基吸收剂以脱除SO_2；b. 注入NH_3用SCR法还原NO_x；c. 用高温陶瓷纤维袋式除尘器捕集粉尘。经过净化的烟气通过热交换后直接排放。实验结果显示，SO_2的脱除率为70%～90%，NO_x的脱除率为90%，粉尘的脱除率高达99%。缺点是：对烟气温度要求较高（300℃～500℃），需要采用特殊的耐高温陶瓷纤维编织的滤袋，增加了投资成本。

炉内喷钙尾部烟气增湿工艺由Hokkaido电力公司和Mitsubishi重工业有限公司联合开发，采用一种增强活性石灰飞灰化合物（LILAC）作为吸收剂。粉煤灰、石膏或再循环灰按一定比例混合、消化制成活性吸收剂，再将其喷入烟道中，吸收剂颗粒与烟气中SO_2和NO_x充分接触并发生反应。其脱硫效率在80%以上，脱氮效率也可达40%。该工艺系统简单，投资、维修和运行费用低，占地面积小，而且在烟气温度下制备的吸收剂可直接与SO_2和NO_x反应，不需要烟温调整。但目前在工业性试验中实际效果不太理想，有待进一步研究。

(5) H_2O_2催化氧化法　H_2O_2催化氧化脱硫脱硝技术是指在低温区间（90～280℃）通过催化H_2O_2活化分解产生强氧化性的·OH，·OH在气相中选择性氧化NO_x，再经由湿式洗涤塔吸收高价态的NO_x和SO_2，实现污染物的高效脱除。SCR脱硝催化剂联合H_2O_2氧化脱硝原理如图19-29所示。

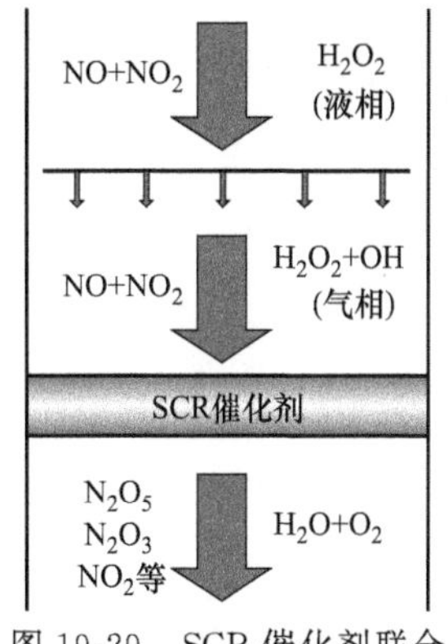

图19-29　SCR催化剂联合H_2O_2氧化脱硝原理

目前H_2O_2催化氧化多用于常温液相脱硝，在锅炉启停阶段的气相脱硝还未有使用。SCR催化剂联合H_2O_2技术可以将烟气中的NO转换为易溶的NO_x，然后由液相碱液吸收，达到高效脱除NO_x的目的。技术流程如图19-30所示，这一技术的关键在于SCR催化剂的选型，要求SCR催化剂可以高效催化H_2O_2产生活性自由基，选择性氧化NO而不氧化SO_2，且减少氧化过程中的副反应，降低·OH的非生产性消耗。

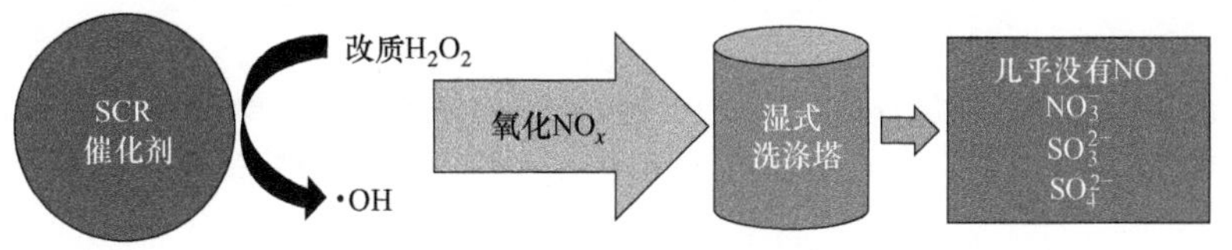

图19-30　SCR+H_2O_2脱硫流程

该技术具有低温脱硫脱硝能力，只需要新建H_2O_2供给装置即可实现锅炉启停阶段污染物的高效脱除，在石油、化工、钢铁陶瓷、制药及大型燃煤电站等领域具有广阔的应用前景。

三、多污染物协同脱除技术

（一）活性炭/焦吸附法

活性炭/焦脱硫技术是20世纪60年代开发的一种干法脱硫工艺。近年来，随着相关技术的发展以及环境保护标准的日益严格，该工艺越来越受到人们的重视。

20世纪60年代，德国采矿研究院（Deutsche Montan Technologies）率先开发出活性焦烟气净化工艺，后经日本等国家的改进和调整，活性炭/焦干法脱硫脱硝技术实现长期稳定运行。美国政府调查报告认为，该技术是最先进的烟气脱硫脱硝技术，欧洲经济委员会在2000年提交的氮氧化物排放控制经验总结中，将SCR、SNCR和活性炭/焦法列为烟气脱硝的三大工艺予以推荐。我国从20世纪70年代起就对这项技术十分关注，1976 年在湖北松木坪电厂建立了处理烟气量为 5000m^3/h 的活性炭脱硫中试装置，2001 年由南京电力自动化设备总厂和煤科院开发实施的活性焦烟气干法脱硫技术的工业示范被列入国家 863 高科技发展计划，开发出具有自主知识产权的脱硫技术，并于 2005 年投入生产，脱硫效率达到 95.7%，脱硝效率在 20%左右，除尘效率为 70%。2006 年上海克硫环保科技股份有限公司完成了江西铜业股份有限公司两套活性焦脱硫装置的设计工作，一套可处理冶炼废气（标态）$4.5\times10^5\ m^3/h$，一套可处理硫酸尾气（标态）$1.5\times10^5\ m^3/h$。

1. 活性炭/焦污染物脱除原理

活性炭/焦由高含炭量物质经过碳化和活化制成，具有极丰富的孔隙结构和良好的吸附特性，可用于脱除废气和废水中的多种有害物质。当烟气分子运动到接近吸附剂固体表面时，受到固体表面分子剩余介力（化学吸附）和非极性范德华力（物理吸附）的吸引而附着其上。活性炭丰富的孔隙结构为分子的吸附提供了充足的表面积，其在 100～160℃温度范围内吸附 SO_2 的总反应式如下：

$$SO_2+H_2O+0.5O_2=H_2SO_4 \tag{19-10}$$

按照吸附反应温度可将活性炭分为低温吸附（20～100℃）、中温吸附（100～160℃）、高温吸附（>250℃）3 种。不同温度下活性炭吸附法的比较见表 19-10。

表 19-10 不同温度下活性炭吸附法的比较

类型	吸附方式	效率影响因素	再生技术	优点	缺点
低温吸附	主要物理吸附	取决于活性表面，H_2O 能提高 SO_2 的吸收率	水洗产生 H_2SO_4，氨水洗产 $(NH_4)_2SO_4$	催化吸附剂的分解和损失很小	仅一小部分表面起作用
中温吸附	主要化学吸附	取决于活性表面，H_2O 能提高 SO_2 的吸收率	加热至 250～350℃释放出 SO_2	气体不需要预处理	部分表面起作用。再生损失碳，可能造成吸附剂中毒
高温吸附	几乎全部为化学吸附	形成硫的表面络合物，能提高效率，分解吸附物	高温，产生碳的氧化物、含硫化合物及硫	气体不需要预处理	再生损失碳，可能造成吸附剂中毒

活性炭不仅对烟气中的 SO_2 具有显著的吸附脱硫效果，对烟气中 NO_x、苯等物质也具有显著的吸附脱除作用。

在 NO_x 脱除过程中，活性炭/焦仅起催化的作用，喷入烟气中的 NH_3 在活性炭的催化作用下将烟气中的 NO_x 还原为 N_2，NO_x 还原的适宜温度为 80～180℃，具体的反应方程式如下：

$$4NO+4NH_3+O_2\rightarrow4N_2+6H_2O \tag{19-11}$$

$$6NO+4NH_3\rightarrow5N_2+6H_2O \tag{19-12}$$

$$6NO_2+8NH_3\rightarrow7N_2+12H_2O \tag{19-13}$$

$$2NO_2+4NH_3+O_2\rightarrow3N_2+6H_2O \tag{19-14}$$

颗粒状活性炭/焦形成的吸附层相当于颗粒过滤器，当烟气通过活性炭/焦层时，携带的粉尘被活性炭/焦层截留。颗粒层除尘器属于效率较高的除尘设备之一，正常运行情况下除尘效率可达 99%，设备阻力一般为 784～1274Pa。

活性炭/焦吸附剂可以脱除重金属、多氯联苯类、呋喃等有毒有机物。例如重金属汞在活性炭/焦表面发生如下反应：

$$Hg+H_2SO_4+0.5O_2\rightarrow HgSO_4+H_2O \tag{19-15}$$

$$2Hg+2HCl+0.5O_2\rightarrow2HgCl+H_2O \tag{19-16}$$

综上所述，活性炭/焦能有效脱除烟气中的 SO_2、NO_x、烟尘、Hg 等物质，但活性炭/焦并不适用于对所有有害物质的脱除，其对烟气中部分物质的处理效果较差或者没有效果，具体适用性如表 19-11 所列。

表 19-11 活性炭对有害物质的适用性

有害物质	允许浓度 /(mg/m^3)	适用性	有害物质	允许浓度 /(mg/m^3)	适用性
二氧化硫	14.3	能有效处理	二氧化氮	10.25	能处理
氯气	3.17	能有效处理	氨	38	处理效果较差
二氧化碳	67.8	能有效处理	氟化氢	2.67	处理效果较差

续表

有害物质	允许浓度/(mg/m^3)	适用性	有害物质	允许浓度/(mg/m^3)	适用性
苯	87.0	能有效处理	甲醛	6.7	处理效果较差
甲基硫醇	21.4	能有效处理	磷化氢	0.46	处理效果较差
甲醇	286	能有效处理	氯化氢	8.15	处理效果较差
硫化氢	15.2	能处理	一氧化碳	62.5	无效

2. 活性炭/焦吸附脱硫脱硝工艺

活性炭/焦脱硫脱硝工艺主要包括吸附系统、脱附/解析系统、副产品生产系统，图 19-31 为日本三菱公司流化床活性炭烟气同时脱硫脱硝的工艺流程。吸收塔入口烟气温度 120～160℃，吸收塔分为两段，垂直吸收塔内活性炭在重力作用下从第二段的顶部下降至第一段的底部。烟气水平通过吸收塔的第一段，此处烟气中的 SO_2 被脱除，烟气随后进入第二段，用喷入的 NH_3 来还原 NO_x。

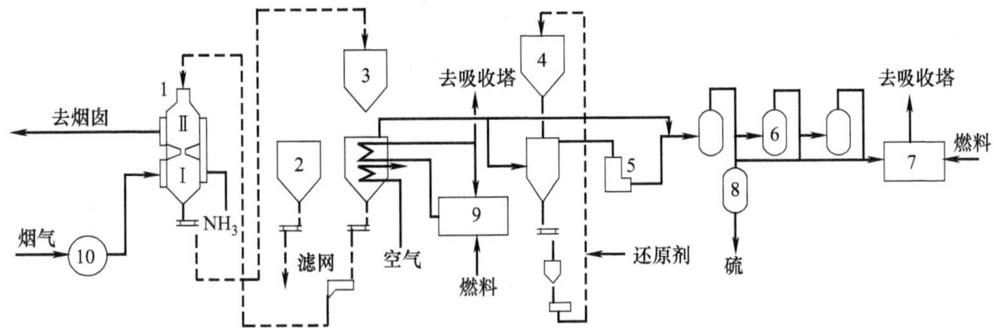

图 19-31　日本三菱公司流化床活性炭烟气同时脱硫脱硝工艺流程

1—吸收塔；2—活性炭仓；3—解吸塔；4—还原反应器；5—烟气清洗器；6—Claus 装置；7—煅烧装置；8—硫冷凝器；9—炉膛；10—风机

(1) 吸附系统　吸附系统是活性炭/焦脱硫脱硝工艺的核心，其关键设备是吸附塔。脱硫过程中，吸附塔内主要是生成硫酸的主反应，当有氨存在时硫酸与氨反应生成硫酸氢铵和硫酸铵，反应过程如下：

$$SO_2+H_2O+0.5O_2 \rightarrow H_2SO_4 \tag{19-17}$$

$$H_2SO_4+NH_3 \rightarrow NH_4HSO_4 \text{或} (NH_4)_2SO_4 \tag{19-18}$$

传统的活性焦脱硫吸附塔有固定床和移动床两种形式。固定床吸附塔中活性焦固定放置在内部支撑的格板或孔板上，当烟气流经格板或孔板时烟气中的物质被吸附在活性焦孔隙中。当吸附剂达到饱和需要进行脱附再生时，若生产工艺允许间歇操作，则可以利用间歇时段进行再生；若不允许间歇操作，则吸附系统需要增加固定床吸附塔的个数，以保证某个塔在进行脱附的同时，有其他吸附塔仍在持续吸附，从而使吸附过程保持连续。固定床吸附工艺还存在不连续、高压降、吸附再生切换频繁等问题，因此固定床吸附工艺只适用于小规模、低浓度 SO_2 的烟气处理。

移动床吸附塔是指吸附剂在塔内靠重力自上而下运动，烟气自下而上（称为逆流式/对流式）或横向流过吸附层（称为错流式/交叉流式），在接触过程中活性焦吸附污染物。已达到饱和的吸附剂从塔下排出，同时在塔的上部补充新鲜的脱附再生后的吸附剂。

(2) 脱附/解析系统　脱附/解析系统，一方面将已经吸附饱和的活性炭/焦再生，空出活性位，使其重新具有吸附能力；另一方面可以获得解析产物。

活性炭的再生方式有加热再生、水/酸洗再生和还原脱附，其中加热再生包括高温惰性气体热解再生和高温水蒸气热解再生。脱附系统的核心设备是脱附塔（当采用固定床吸附系统时吸附和脱附可在同一塔内完成），通常采用的脱附再生方法为加热再生。下面以活性炭/焦吸附 SO_2 为例，对几种脱附再生方法进行介绍。

① 加热再生：是指在加热条件下使吸附在活性焦表面的硫酸与活性焦表面的碳在 400～600℃的温度下发生化学反应，重新释放出 SO_2，反应过程如下：

$$H_2SO_4+C+0.5O_2 \rightarrow SO_2+H_2O+CO_2 \tag{19-19}$$

$$H_2SO_4+3C+O_2 \rightarrow SO_2+H_2O+3CO \tag{19-20}$$

德国化学组合公司的 Reinluft 净气法是较著名的利用活性炭对低含量 SO_2 烟气进行脱除的方法，系统结构如图 19-32 所示。活性炭在 100～160℃进行 SO_2 吸附，解析过程中用 400℃的惰性气体吹扫出 SO_2，得到副产物 SO_2。此再生过程需消耗碳，而经过解析的活性炭被冷却至 120℃以下，由物料输送机送至吸附塔循环使用。

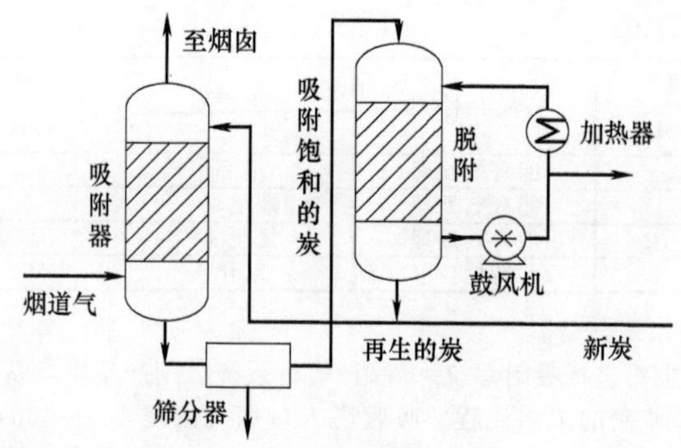

图 19-32 Reinluft 系统

加热脱附的热量可来自热烟气、热惰性气体、热蒸汽等热介质的加热，也可用电加热器加热，但热解脱附过程中活性焦在高温下易自燃，因此可采用惰性气体密封、选用高燃点活性焦等措施。

② 水/酸洗脱附工艺：是指利用水或稀酸喷淋洗涤饱和活性炭，将吸附的 H_2SO_4 溶解生成稀硫酸溶液。水洗解吸法最为简便，活性炭无化学消耗，可直接制得一定浓度的稀硫酸。

Lurgi 法是较早的水洗再生活性炭技术，曾被用于处理硫酸厂尾气和燃煤电厂的烟气。烟气首先与吸附器出来的稀硫酸液体接触，在经过换热冷却后进入卧式固定床脱硫塔。在脱硫塔中烟气持续流动，间歇性地从脱硫塔上方喷水，将活性炭孔隙中的硫酸洗出，恢复脱硫能力，并将脱硫塔流出的含有稀硫酸（10%～15%）的水洗液送至硫酸浓缩装置中制成浓硫酸。Lurgi 法脱硫工艺流程如图 19-33 所示。

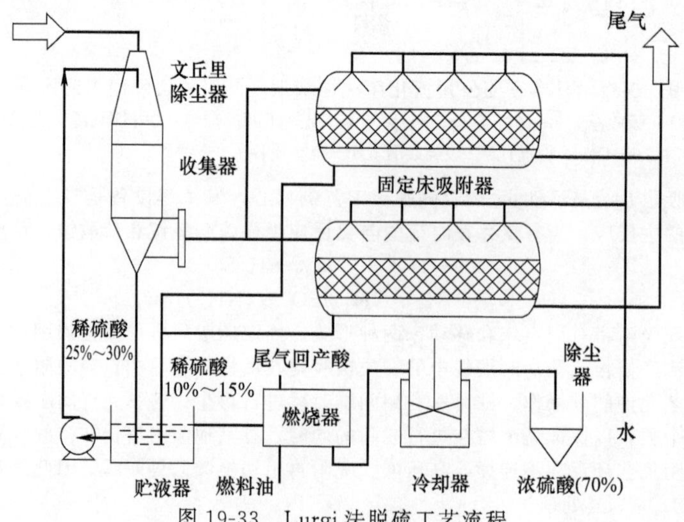

图 19-33 Lurgi 法脱硫工艺流程

水洗脱附工艺耗水量大，且水洗产酸的浓度很低，仅为 10%～15%，而浓度为 70%左右的浓硫酸才有较多的市场，因此稀酸的浓缩和应用是主要问题。另外，系统生成的稀酸溶液极易造成设备的腐蚀，且若水洗再生不彻底，再生活性炭的吸附性能会有所下降，总体利用效率不高，当处理烟气量大时会使得设备尺寸较大；烟气含尘量大时活性炭会逐渐结垢，造成床层阻力增大或者吸附不均匀，因此需要在活性炭吸附脱硫前安装高效率的除尘设备。

该工艺流程短、结构简单、易操作、动力和能量消耗低，非常适合低烟气量的锅炉使用。考虑到我国众多中小锅炉离不开使用煤炭作为燃料，该工艺将更加符合我国的实际需求。

③ 还原脱附工艺：活性炭还原脱附再生是指利用 H_2S、H_2、CO、CH_4 和 C 为还原剂，将 SO_2 还原成单质硫（硫黄）。还原的方法有 Westvaco 法、Clause 法和 Resox 法等，但目前均因转化率低而没能实现商业化应用。

(3) 硫回收系统 硫回收系统也称为硫副产品生产系统。将脱附塔解析释放出的富含 SO_2 的气体（SO_2 含量为 20%～40%）送至硫回收系统，可根据市场需求和当地条件加工生产出含硫元素的产品，如硫酸、化肥、胆脂硫和液体 SO_2 等，且不产生二次污染。

(4) 其他辅助系统 活性炭/焦脱硫工艺除了以上 3 个主系统外，还有辅助的烟气系统和介质输送系统。烟气系统的主要作用是将烟气引入和导出，保证烟气均匀稳定地通过各反应器。介质输送系统是将吸附剂、惰性气体、热介质等按时、按量运送到需要的地方。

3. 几种活性焦烟气净化工艺简介

(1) MET-Mitsui-BF 工艺 1982 年日本三井矿业（Mitsui Mining，MMC）与 BF 签订技术转让协议，获得在日本使用和进一步研发活性焦烟气脱硫技术的权力，后分别由 MMC 在日本、Uhde 在德国建造了 4 个燃煤锅炉和催化剂生产窑炉的烟气处理装置。2000 年，由 MMC 设计安装的两套装置被分别用于电厂和水泥厂，MMC 还专门开发了与该系统配套用的活性焦。1992 年，美国马苏莱环境科技公司（Marsulex Environmental Technologies，MET）获得了 MMC-BF 技术在北美的推广、设计、制造和建造权，并将该工艺命名为 MET-Mitsui-BF 工艺。

该工艺流程如图 19-34 所示。约 140℃的烟气进入错流式移动床吸附塔，经活性焦脱硫后喷入 NH_3 进一步脱硝，脱硝后的活性焦采用加热方式再生，再生活性焦连同新鲜活性焦一同返回吸附塔继续进行脱硝脱硫。这一工艺中所采用的活性焦是三井矿业研制生产的 MMC 型活性焦。

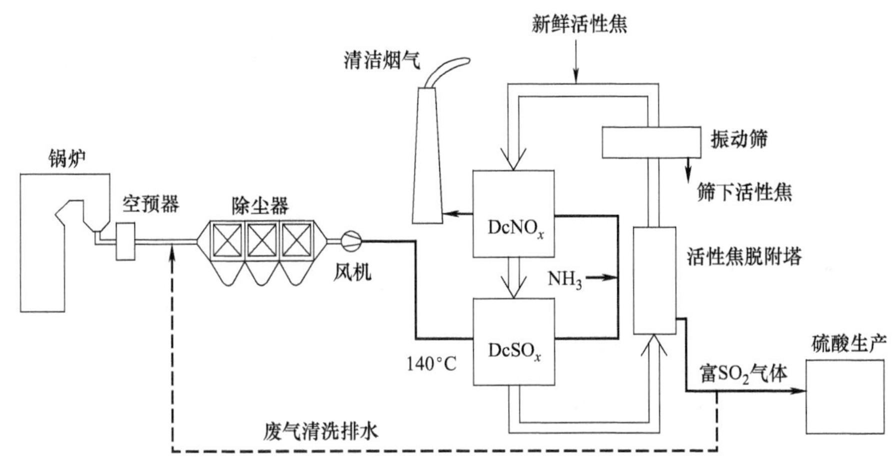

图 19-34 MET-Mitsui-BF 活性焦脱硫脱硝一体化的工艺流程

该系统的具体反应如下所述。

第一级吸附塔主要为脱硫反应，同时占烟气 NO_x 总量 5%的 NO_2 在第一级几乎全部被活性焦还原成 N_2：

$$SO_2+H_2O+0.5O_2 \rightarrow H_2SO_4 \tag{19-21}$$

$$2NO_2+2C \rightarrow 2CO_2+N_2 \tag{19-22}$$

烟气进入第二级吸附塔前，在混合室向烟气喷氨，因此第二级主要为脱硝反应：

$$6NO+4NH_3 \rightarrow 5N_2+6H_2O \tag{19-23}$$

$$6NO_2+8NH_3 \rightarrow 7N_2+12H_2O \tag{19-24}$$

$$2NO+2NH_3+0.5O_2 \rightarrow 2N_2+3H_2O \tag{19-25}$$

$$SO_2+2NH_3+H_2O+0.5O_2 \rightarrow (NH_4)_2SO_4 \tag{19-26}$$

基于活性焦对多种烟气成分的脱除作用，在脱硫脱硝一体化工艺基础上又相继开发了 MET-Mitsui-BF 脱硝系统、MET-Mitsui-BF 脱硝-脱有毒气体系统等。对于 SO_2 含量极低的烟气，如燃烧天然气的锅炉和掺烧石灰石的循环流化床锅炉烟气，可省掉脱硫塔，只保留脱硝塔即 MET-Mitsui-BF 脱硝系统。

(2) YJJ 工艺 国电南京自动化股份有限公司、宏福（集团）有限责任公司和煤炭科学研究总院在 863 计划支持下，开发了具有完全自主知识产权的活性焦脱硫-脱硝装置。该工艺（简称 YJJ 工艺）的设计包括了 3 项发明专利（专利号：02112550.5、02112579.1、02112578.3）与多项实用新型专利。通过后续在宏福集团和江西铜业集团尾气处理中的应用，证明其各项性能指标均已达到国际先进水平。

YJJ 工艺采用模块化设计，单个模块的烟气处理量目前最大已达 $2.0\times10^5 m^3/h$，在烟气中 SO_2 浓度为 $(400\sim4000)\times10^{-6}$，粉尘含量小于 $800mg/m^3$ 的情况下，可达到 98%的脱硫效率、80%以上的除尘效率和不低于 50%的脱硝效率，且副产品中再生气体 SO_2 浓度不低于 20%，浓硫酸浓度为 96%～98%。该工艺为脱硫脱硝一体化系统，吸附塔有错流和逆流两种形式，并采用热解析法脱附。该吸附/解吸一体化设计为国内外首创，热能回收利用率高，活性焦解吸热能的 70%以上被回收，厂用电率为国际上其他脱硫技术及同技术的其他产品中最少的。

(3) PAFP 工艺 磷铵肥法（Phosphate Ammoniate Fertilizer Process，PAFP）是我国自行开发的烟气脱硫技术，该技术在“七五”期间被列为国家重点科技攻关项目。国家发展计划委员会和国家科学技术部在制定 1999 年度“优先发展的高技术产业化重点领域指南”中，为 PAFP 烟气脱硫技术设定了逐步实现成套化、大型化的目标。该工艺利用活性炭的吸附催化能力将烟气中的 SO_2 吸附氧化并通过洗涤制成稀硫酸，进而利用硫稀酸生产其他硫酸盐制品。该技术具有广泛灵活的实用性，已开发出用稀硫酸生产品位不小于 35% 的磷铵复合肥料工艺以及生产纯度达 96% 以上的硫酸亚铁（$FeSO_4 \cdot 7H_2O$）产品工艺，工艺流程如图 19-35 所示。

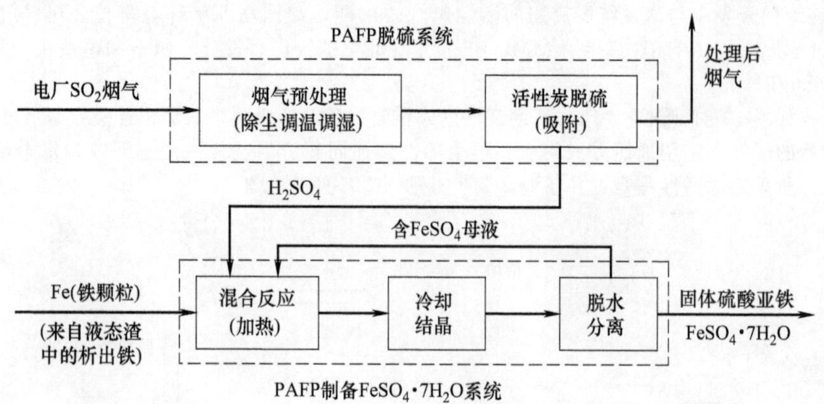

图 19-35 以硫酸亚铁为副产品的工艺流程

(4) CSCR 工艺 CSCR 是活性焦的选择性催化还原系统，德国 WKV 公司是该工艺关键设备发明专利的持有者。CSCR 系统中的吸附反应塔采用逆流式移动床，活性炭再生采用热解再生，配套研制的 PTHCC 活性焦作为吸附剂。CSCR 工艺已经在德国、瑞士、奥地利等国家用于危险物品焚烧炉、城市垃圾焚烧炉、炼钢厂烧结炉、有机农药生产厂以及玻璃生产厂的烟气净化，可去除其中的二噁英、SO_x、NO_x、重金属、PH_3、有毒气体、AsH_3 和其他有机芳香族合成物（如 PHOC）等。

4. 活性炭/焦脱硫的前景

我国活性炭/焦干法烟气脱硫的工业应用发展迅速，已经成为世界上该技术应用增长最快和最活跃的地区之一。在有色冶金、钢铁烧结机、燃煤锅炉、硫酸尾气净化等方面，已建、在建和设计中的活性炭/焦干法烟气脱硫装置已有 10 多套。从反应器形式来看，固定床吸附工艺存在诸多不足，只适用于小规模、低浓度 SO_2 烟气处理。处理大型燃煤锅炉机组排放的大量烟气，应用较多的是移动床吸附塔，日本已将其应用于 600MW 机组的烟气脱硫脱硝净化工程。我国在 2005 年由煤炭科学研究总院和南京自动化设备总厂联合开发了错流移动床吸附塔，用于贵州瓮福有限公司烟气脱硫过程。移动床吸附工艺可连续运行、吸附剂连续再生，目前该装置已实现了工业大型化，表 19-12 所列为移动床炭法脱硫在我国的工业应用进展。

表 19-12 移动床炭法脱硫在我国的工业应用进展

用户	烟气来源	流量(标)/(m^3/h)	脱硫效率/%	副产物	技术类型	投运时间
贵州瓮福	燃煤烟气	178000	95	硫酸	国电南自-煤科总院-瓮福活性焦法	2005 年
	燃煤烟气	300000	95	硫酸	上海克硫活性焦法	2009 年
江西铜业	硫酸尾气	144358	80	硫酸	上海克硫活性焦法	2007 年
	环集烟气	447870	80	硫酸	上海克硫活性焦法	2008 年
	环集烟气	555000	80	硫酸	上海克硫活性焦法	2010 年
太钢集团	烧结机烟气	144	95	硫酸	日本住友-关电法	2010 年
紫金矿业	环集烟气	600000	84	硫酸	上海克硫活性焦法	2012 年
	硫酸尾气	180000	80	硫酸	上海克硫活性焦法	2012 年
神华胜利能源公司	燃煤烟气	2695046	95～100	硫酸	德国 WKV 技术	设计中

我国硫资源贫乏，回收硫的资源化利用是一种有效的 SO_2 处理方法。工业烟气脱硝及有毒有害物质控制的任务也日益紧迫，在这种形势下活性炭/焦干法烟气脱硫脱硝技术作为一种清洁的、不产生二次污染的环保技术，在我国具有广阔的发展空间。

（二）湿式电除尘

湿式电除尘技术（Wet Electrostatic Precipitator，WESP）是通过烟气与水（或其他液体）接触脱除颗粒物的电除尘技术，应用湿式电除尘技术的除尘设备称为湿式除尘器，也称为湿式洗涤器；同时，湿式电除尘器可以实现气态污染物的协同脱除。

1. 湿式电除尘器的工作原理

湿式电除尘器（WESP）与静电除尘器（ESP）工作原理基本相同，但在捕集粉尘的清灰方式上有差别。如图19-36所示，在湿式静电除尘器的阳极和阴极线之间施加数万伏直流高压电，强电场作用下电晕线周围产生电晕层，电晕层中的空气发生电离，产生大量负离子和少量阳离子，这个过程叫电晕放电；进入湿式静电除尘器内的尘（雾）粒子与这些正、负离子相碰撞而荷电，荷电后的尘（雾）粒子由于受到高压静电场库仑力的作用，向阳极运动；到达阳极后，其所带的电荷释放，尘（雾）粒子被阳极收集，在水膜的作用下靠重力向下自流与烟气分离；极小部分的尘（雾）粒子本身则由于其固有的黏性而附着在阴极线上，在关机后被冲洗清除。

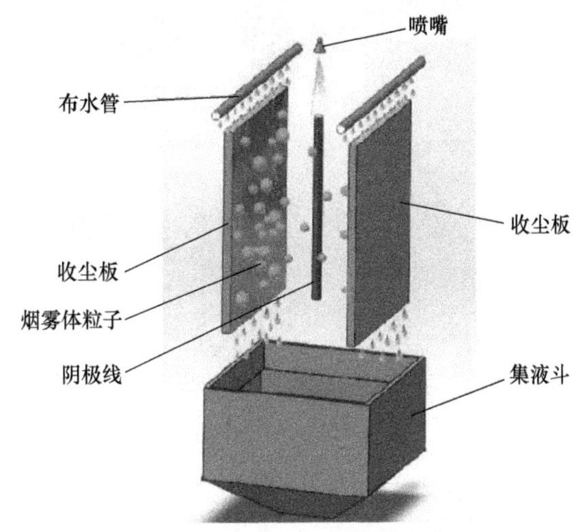

图 19-36 WESP原理示意

湿式静电除尘器与干式电除尘器的不同点在于以下几点。

① 湿式静电除尘器在饱和湿烟气条件下工作，尘雾粒子荷电性能好，电晕电流大，除尘除雾效率高，对微细、潮湿、黏性或高比电阻粉尘的捕集效果理想。

② 湿式静电除尘器借助水力清灰，没有阴阳极振打装置，不会产生二次扬尘，确保出口粉尘达标。

③ 湿式静电除尘器对于微细颗粒、SO_3、NH_3 气溶胶等有很好的去除效果。湿式电除尘器能提供几倍于干式电除尘器的电晕功率，大大提高了微细颗粒物的捕集效率。湿式电除尘器通过对流冷却降低烟气温度、促进冷凝，也能对酸雾进行捕集。因此，湿式电除尘器可有效脱除烟气中的细颗粒物及 $PM_{2.5}$ 前驱体污染物（SO_3、NH_3、SO_2、NO_x）、石膏液滴、酸性气体（SO_3、HCl、HF）、重金属汞等，去除效率可达90%以上，降低了烟气的不透明度。

④ 湿电采用更高的设计烟气流速，体积更小。

2. 湿式电除尘器的应用

湿式电除尘装置通常布置在湿法脱硫塔后，作为燃煤烟气污染物净化的终端治理设备，实现烟尘排放浓度≤10mg/m^3 及多污染物深度净化。常规湿式电除尘器为管式除尘器，主要由沉淀极、电晕极、绝缘箱、冲洗装置等构成。火电厂中WESP主要有垂直烟气流独立布置、水平烟气流独立布置、烟气垂直流与WFGD系统整体式布置3种布置方式。与WFGD系统整体式布置是近年来火电厂改造较为常用的技术方案。

WESP内部的集尘极有管状和平行板状两种，管状的WESP只适用于垂直烟气流向，板状的既有水平烟气流向也有垂直烟气流向，一般管状WESP内烟气流速可以是平板状WESP的2倍。按阳极材料的不同，湿式电除尘器分为金属极板WESP、导电玻璃钢WESP、柔性极板WESP和泡沫金属径流式WESP等，具体结构如图19-37所示。

(a) 卧式金属平板式

(b) 立式泡沫金属径流式

图 19-37

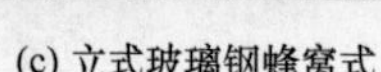

(c) 立式玻璃钢蜂窝式

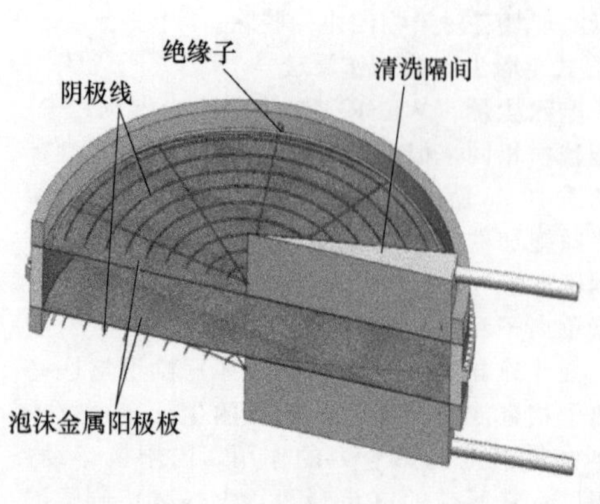

(d) 立式柔性矩形

图 19-37 湿式电除尘器形式

(1) 金属极板 WESP 金属极板 WESP 可以卧式独立布置或立式独立布置，立式金属极板 WESP 也可以布置在脱硫塔顶部。卧式金属平板湿式电除尘在日本研究较多，国内制造商主要引进日本日立公司或三菱公司的技术。图 19-38 所示为卧式金属极板 WESP 结构图，主要由本体、阴阳极系统、喷淋系统、水循环系统、电控系统等组成，除尘器本体与干式电除尘器基本相同。

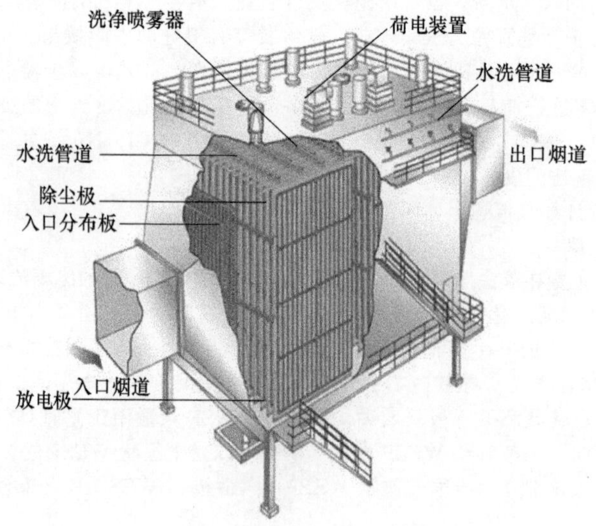

图 19-38 卧式金属极板 WESP 结构

WESP 发挥除尘优势的前提是能够在集尘极板表面形成均匀连续的水膜，结构合理、运行稳定的工艺水系统是金属极板 WESP 稳定运行的关键因素之一，一般采用连续喷水方案。而 WESP 工作在高湿、含酸的腐蚀环境中，为保证金属极板 WESP 长期高效运行，需要进行结构防腐考虑和设计。喷淋水冲洗电极后与酸雾混合呈酸性，腐蚀性强，对工艺水系统的内部构件、管道等的防腐要求高，为此需要选择合适的材料进行 WESP 构件防腐措施。

影响 WESP 除尘效率的主要因素是驱进速度与比集尘面积。驱进速度与 WESP 的结构形式、粉尘的粒径大小、入口浓度等密切相关，粉尘在 WESP 电场中的驱进速度远高于干式电除尘器。WESP 的比集尘面积多选择在 $7\sim16m^2/(m^3/s)$ 之间，除尘效率一般可达 70%以上。烟气流速也影响 WESP 的除尘效率，当 WESP 流通面积确定后，如果烟气量增加，WESP 的除尘效率相应降低。金属极板 WESP 选用的烟气流速一般保持在 3.0m/s 以下，最大不超过 3.5m/s。

(2) 导电玻璃钢式 WESP 对于传统的金属集尘极板，由于水表面张力作用和金属表面缺陷，会导致水膜在金属极板上分布不均匀，出现“干斑”，这将导致反电晕、二次扬尘、极板腐蚀等问题，使捕集效率降低乃至影响设备的安全连续运行。目前国内大中型燃煤电厂采用导电玻璃钢或柔性纤维织物等取代金属极板作为集尘极，在一定程度上解决了上述问题。

导电玻璃钢式 WESP 采用导电玻璃钢为集尘极，导电玻璃钢主要由树脂、玻璃纤维和碳纤维组成，具有极强的抗酸和氯离子腐蚀性能，耐腐蚀性强，且强度、硬度高。常规的导电玻璃钢为有机高分子材料，其耐高温性能不如金属极板，通常要求工作温度低于 90℃。导电玻璃钢式 WESP 的工作原理与金属极板式类似，所不同的是雾滴和粉尘被收集后在集尘极表面形成自流连续水膜，并辅以间断喷淋实现集尘极表面清灰。

以立式玻璃钢蜂窝湿式电除尘器为例，该技术于 20 世纪 70 年代从日本引进，用于化工行业硫酸除雾，所以称为电除雾器，主要由壳体、收尘极、放电极、工艺水系统、热风加热系统和电气热控系统组成。根据现场情况，可以选择在脱硫吸收塔塔顶整体布置，塔外顺流/逆流布置。

导电玻璃钢 WESP 能够高效脱除雾滴、酸雾、粉尘等，其参数的选择主要考虑电场风速和比集尘面积。导电玻璃钢 WESP 在烟尘排放浓度小于 $10mg/m^3$ 时，电场风速不宜大于 3m/s，烟气停留时间不宜小于 2s；在烟尘排放浓度小于 $5mg/m^3$ 时，电场风速不宜大于 2.5m/s。电场风速越小，WESP 的脱除效率越显著。一般导电玻璃钢 WESP 的比集尘面积在 $20\sim25m^2/(m^3/s)$。

(3) 柔性极板 WESP　柔性湿式静电除尘器最早于 2003 年由美国 Croll-Reynolds、First energy、Southern Enviromental 公司和俄亥俄州立大学共同研究开发，当时称为膜湿式静电除尘器，其水膜的自清灰作用可以避免安装在线冲洗系统，且其实现高效除尘的同时具有较高的 $PM_{2.5}$ 和 SO_3 脱除作用。

阳极的柔性绝缘疏水纤维滤料经喷淋水冲洗后，纤维的毛细作用吸收水分并在阳极表面形成一层均匀水膜。水膜及被浸湿的纤维布作为收尘极，尘粒到达纤维滤料表面，在水流作用下靠重力自流向下与烟气分离，收集物落入集液槽，经管道外排。如图 19-39 所示为柔性纤维的微观结构。柔性纤维作为阳极材料，质量轻，且本身不导电，具有耐酸碱腐蚀的优良性能。且纤维的结构特性有利于在表面形成均匀水膜，因此冲洗水量较小，在高速气流作用下柔性放电极和收尘极自振，结合表面均匀水膜冲洗，具备自清灰特点，对湿法脱硫出口气溶胶、SO_3、微细粉尘、重金属等都具有良好的脱除效果，可满足更高的环保要求。

(a)

(b)

图 19-39　柔性纤维

柔性极板 WESP 可以使粉尘浓度降低到 $5mg/m^3$ 以下，但这种形式的湿式电除尘器无法做到大型化，在大型燃煤电站的应用受到限制。

(4) 泡沫金属径流式 WESP　泡沫金属径流式 WESP 采用多孔泡沫金属为阳极材料，多孔泡沫金属为镍基材料，具有耐高温（500～600℃）、防腐蚀特性。通孔率达到 98%以上，几乎全通透的结构大大降低了径流式除尘器的运行阻力（≤150Pa）。与普通的阳极材料相比，相同的体积下多孔泡沫金属具有最大的集尘面积，相当于普通材料的 50 倍，因此其除尘效率更高。

泡沫金属径流式 WESP 将收尘阳极板垂直于气流方向布置，使电场力的方向与引风力的方向在同一水平线上，粉尘颗粒在引风力与电场力的共同作用下，在多孔泡沫金属阳极板上被捕集。与常规阳极板相比，多孔泡沫金属阳极板对细微颗粒物的收集能力更强，对粉尘有一定的物理拦截作用，能适应较高的比电阻工况。图 19-40 和图 19-41 所示分别为某干式径流式电除尘器和某湿式径流式电除尘器的结构示意。两者的主要区别在于清灰方式，干式径流式电除尘器采用振打清灰，湿式则采用水雾清灰。

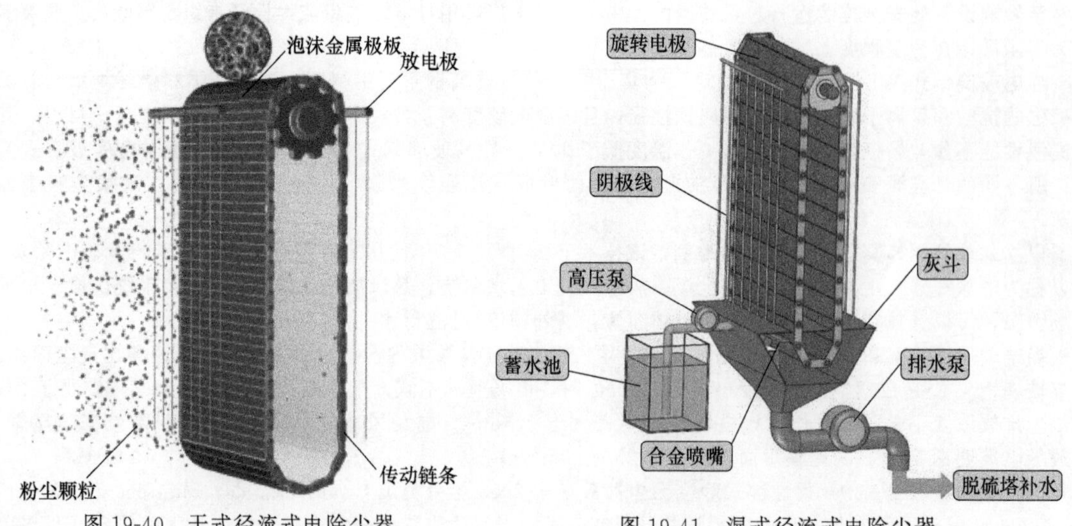

图 19-40 干式径流式电除尘器

图 19-41 湿式径流式电除尘器

第三节 汞等重金属超低排放技术

一、煤及燃煤烟气中重金属的形态分布

煤是一种十分复杂的由多种有机化合物和无机矿物质混合成的固体碳氢燃料。煤种不同，煤中重金属含量差别很大，即使同一煤种的煤层在垂直和水平方向的重金属含量也会有所变化。基于中国 26 个省（市、自治区）、126 个矿区、504 个煤矿 1123 个煤层煤样和生产煤样的系统测试资料，结合不同煤区煤炭储量，计算了中国煤中 31 种微量元素的平均含量，并与世界和美国的平均水平进行对比，表 19-13 列举出其中 6 种元素的数据对比。

表 19-13 煤中重金属平均含量的对比

平均含量	中国煤	世界煤	美国煤
Hg	0.154	0.012	0.17
As	4.09	5	24
Pb	16.64	25	11
Cr	15.33	10	15
Cd	0.81	0.6	0.47
Se	2.82	3.0	2.8

下面对这 6 种元素的分布进行简要的介绍。

① 我国煤中重金属含量在地域分布上也很不均匀，其中汞含量的平均值范围从 0.10mg/kg 到 0.22mg/kg 不等。各煤种的汞含量由高到低依次为瘦煤＞褐煤＞焦煤＞无烟煤＞气煤＞长焰煤。汞的赋存形态因煤中汞的含量和煤产地不同表现出较大的差异，且煤中汞的赋存形态研究目前仍没有统一的标准。汞赋存形态的分析方法有浮沉法、单组分分析法、逐级化学提取、数理统计分析以及直接测定汞元素赋存形态的显微分析法和光谱分析法。目前实验室多采用逐级化学提取分析煤中汞的赋存形态。总体而言，煤中大多数汞存在于硫化物中（黄铁矿、方铅矿、闪锌矿等）。

② 煤中砷的含量在 $(0.5\sim80)\times10^{-6}$。砷也是常见的致癌物质，我国西南地区由于高砷煤的使用已造成 3000 多例砷中毒事件。早在 20 世纪初就有学者提出煤中砷与黄铁矿结合，后来发现砷还有其他结合方式。煤中砷的赋存形态主要有无机结合态和有机结合态，其中无机结合态又可细分为水溶态和矿物结合态。有机结合态砷是指砷与煤中有机大分子以化学键结合，包括 As-C、As-O 和 As-S 等结合形式。煤种不同，煤中砷的赋存形态存在很大差别，总的来说，煤中砷的各种赋存形态的含量可按照如下降序排列：硫化物结合态砷＞有机结合态砷＞砷酸盐态砷＞硅酸盐态砷＞水溶态和可交换态砷。较多学者采用逐级化学提取法分

析煤中砷的赋存形态。

③ 煤中铅的含量为 2.74～35.50μg/g，但多数煤中含量小于 20μg/g。铅在煤中主要以方铅矿、硒铅矿形式出现，或者与其他硫化物相伴生，很多学者认为大多数金属都可以在泥炭和低阶煤中以离子交换形式存在于有机质中，因此低阶煤中有机结合态铅的含量也较高。

④ 煤中硒的含量通常在 $(1\sim5)\times10^{-6}$ 之间。从成煤时代来看，煤层由老到新，煤中硒含量降低，古生代煤中硒含量明显高于中、新生代煤。我国部分高硒煤中硒含量最高达 84mg/g，为世界罕见。而东北、内蒙古地区煤中硒含量低，西南地区中硒含量较高，山西煤中硒含量也较高。硒是亲硫元素，与硫化矿共生，同时硒也是亲生物元素，容易富集在有机质内。煤的种类会影响硒的赋存形态，但总体来说煤中硒的赋存形态有有机结合态和无机态（分布于黄铁矿中及其他硫化物和硒化物中）两种。

⑤ 我国绝大多数煤田煤中铬含量都在 50μg/g 以内，平均含量为 20μg/g，其中中南和东北地区煤中铬的含量较高，西北煤中铬的含量较低。目前普遍认为煤中的铬主要以无机形式存在于黏土矿物以及细颗粒矿物中（如硫酸铬），另一些赋存于黄铁矿、硫化物、绿泥石等矿物中。而在泥炭和低阶煤中铬以离子交换形式存在于有机质中。在高温燃烧过程中有机态铬比无机态易挥发，并富集在细颗粒上排放至大气中。

⑥ 我国主要煤产地和进口煤中镉含量在 0.23～1.90μg/g 之间，我国大多数煤中镉含量＜1μg/g，进口煤的镉含量高于我国煤种。煤中镉的存在主要与氧化矿物有关，与硫酸盐和碳酸盐有较强的伴生关系，国外学者的研究显示，镉除了与硫化物有关还与有机质有联系。

由于不同国家和地区的煤在原始植物、成煤过程，特别是在地质环境上存在差异，对痕量元素在煤中存在形态有不同的研究结果是完全必然的，煤中痕量重金属元素的地球化学性质的多样性也决定了其赋存状态的复杂性。

煤燃烧过程中重金属的迁移转化规律与其赋存形态有直接关系，元素在煤中的赋存形态分类见图 19-42。与有机物或硫化物结合的重金属易快速释放，并在烟气冷却过程中附着在细颗粒物上，而与离散矿物结合的重金属可能更倾向于残留在煤灰基体。

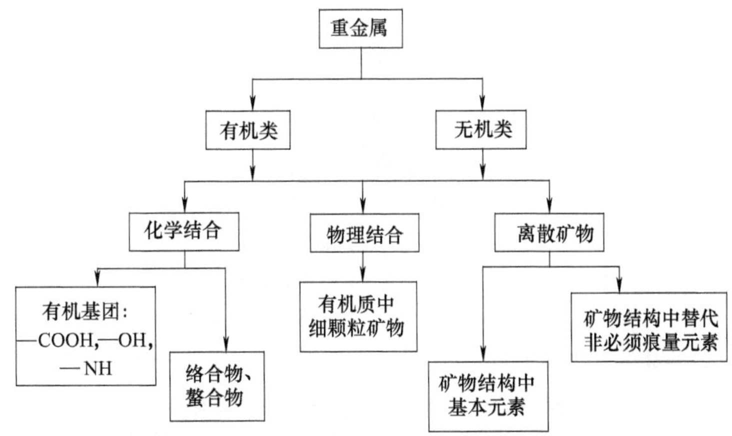

图 19-42　煤中痕量元素的赋存形态分类

二、燃煤烟气中重金属的形态分布

煤是一种复杂的由多种有机化合物和无机矿物质混合成的固体碳氢燃料，目前已发现的元素有 84 种，包括多种重金属元素，尤以生物毒性显著的 Hg、Cd、Pb、Cr 和类金属 As、Se 等的危害最大。根据 Swaine 的评估，煤中有 26 种痕量元素对环境有影响，其中 As、Cd、Cr、Hg、Pb、Se 这 6 种元素最需关注。重金属元素及其化合物化学性质稳定，不能被微生物降解，通常只发生迁徙或在生物体内沉淀，转化成为毒性更大的金属化合物，对生态环境和人体健康造成严重危害。燃煤电厂作为主要的重金属元素排放源之一，研究重金属的排放及控制具有重要意义。

（一）燃煤烟气中汞的形态分布

中国对全球 Hg 排放的年贡献率接近 40%，是世界上 Hg 污染最严重的国家之一。现行《火电厂大气污染物排放标准》中首次规定了 Hg 及其化合物的排放浓度限值（$0.03mg/m^3$），但与发达国家标准相比还存在相当大的差距。2016 年 4 月 28 日，我国决议批准具有法律约束力的汞控制全球性条约——《关于汞的水俣公约》，意味着对燃煤电厂 Hg 的排放控制将会更趋严格。

汞是煤中最易挥发的痕量重金属元素之一。燃煤烟气中汞主要以单质汞（Hg^0）、氧化态汞（Hg^{2+}）和颗粒态汞（Hg^p）三种形态存在，单质汞、氧化态汞和颗粒态汞统称为总汞（Hg^T）。煤中各种汞的化合物在温度高于700～800℃后处于热力不稳定状态，绝大部分分解形成单质汞（Hg^0）并释放到烟气中，残留在底灰中的汞含量一般<2%。在复杂的燃烧环境中，烟气流经各受热面时温度不断降低，烟气中约1/3的单质汞（Hg^0）与其他物质反应生成二价汞（Hg^{2+}）化合物，也有部分Hg^0、Hg^{2+}被飞灰中残留的炭颗粒吸附或凝结在其他亚微米飞灰颗粒表面，形成颗粒态汞（Hg^p），具体的汞迁移过程如图19-43所示。

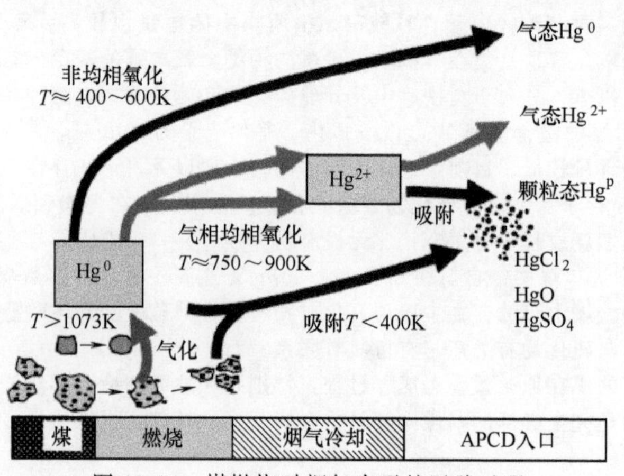

图19-43 煤燃烧时烟气中汞的迁移过程

如图19-44所示，煤种不同，煤燃烧产生烟气中汞的形态也存在差异。其中褐煤与次烟煤烟气中的元素汞含量较高，而烟煤燃烧后烟气中汞绝大多数以氧化态汞和颗粒态汞形式存在。

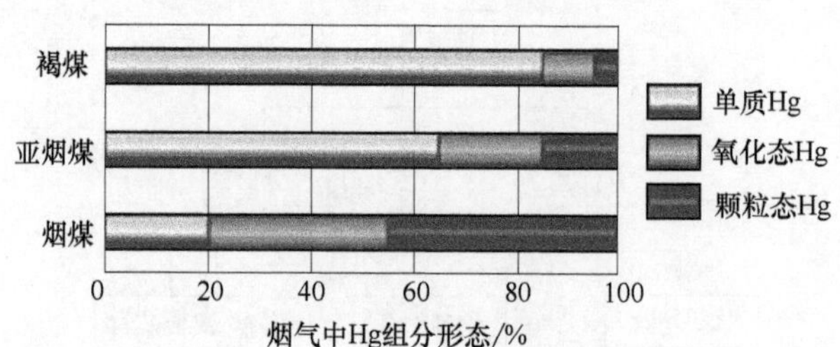

图19-44 不同煤种燃烧烟气中汞的形态分布[12]

烟气中的气相汞经除尘后（烟气温度约为150℃）大部分仍停留在气相中并随烟气排入大气，因此，炉型和除尘方式不同，汞的最终排放比例也存在差别。表19-14所列为我国燃煤锅炉的汞排放情况。

表19-14 我国燃煤锅炉的汞排放统计

火电厂	煤种	容量	除尘方式	Hg排放/%
兖州兴隆庄电厂	—	50MW	—	67.63
层燃炉	烟煤	—	旋风子,ESP	56.28
煤粉炉	烟煤	30t/h	旋风子,ESP	69.67
焦作电厂	—	125MW	—	75.5
太原第一热电厂	西山烟煤	50MW	多管,文丘里,水膜	72.4
侯马电厂	烟煤	—	多管,文丘里	73.6
石洞口二厂	山西烟煤	300MW	ESP(3级)	69.44
长春热电厂	—	75t/h	ESP	74.3
层燃炉	—	—	水膜	64.0
沸腾炉	—	—	水膜	74.4

注：以上汞排放比例由质量平衡方法计算得到。

（二）烟气中其他重金属的形态分布

燃煤锅炉炉膛温度通常在1300～1500℃之间，煤中的As、Hg、Pb、Cd、Zn等均属于易挥发元素，会随着挥发分析出和焦炭的燃烧而部分或全部汽化。

燃煤排放是砷污染的一个主要来源，煤中大部分砷在燃烧过程中极易挥发，并随烟气温度降低而冷凝吸附在细颗粒物上，最终排入大气。煤中砷的赋存形态对其释放有较大的影响，一般有机结合态和硫化物结合态砷在燃烧过程中易挥发，而与硅铝酸盐结合的砷不易挥发。

砷在烟气中以痕量形式存在，很难通过检测手段判断其存在形态。目前多借助热力学平衡计算判断砷在不同条件下的平衡组成。燃烧过程中热烟气中单质砷和 As_2O_3 是砷存在的两种主要形式，Contreras 等通过计算得出砷在煤燃烧过程中不同温度下的存在形态，结果如图 19-45 所示。当温度低于 300℃时，砷以 As_2O_3(s) 的形式存在；大于 300℃时以 AsO(g) 和 AsO_2(g) 形式存在，其中 AsO_2(g) 主要存在于 800～1000℃，AsO(g) 存在于 1000℃以上。若考虑烟气飞灰中金属氧化物的影响，砷的存在形态为 K_3AsO_4（T=100～600℃）、$AlAsO_4$（T=400～1400℃）和 AsO(g)（T>1400℃）。

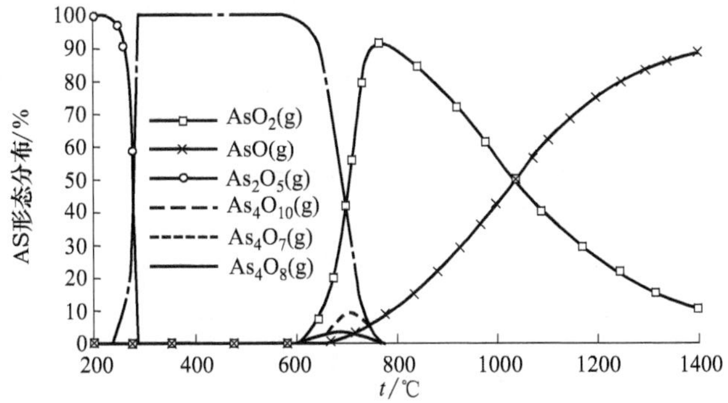

图 19-45　不同温度下烟气中砷的存在形式

砷在煤中以 μg 级浓度或以分子级规模分布，不可能独立形成飞灰颗粒，而是随着煤中矿物的演变，在燃煤产物中发生转变。孙俊民等研究了砷在飞灰中的分布及富集规律（见表 19-15），按照煤粉、静电除尘器前飞灰、静电除尘器飞灰、静电除尘器后飞灰的顺序，砷浓度呈现上升趋势，到达大气气溶胶的砷浓度略有降低。同时其研究结果显示，随着颗粒粒径的减小，砷的浓度总体上呈上升趋势。文献中总结了飞灰对砷的 4 种富集作用：a. 硅酸盐熔体对砷的熔解作用；b. 飞灰中矿物成分与砷化物反应生成稳定的化合物；c. 飞灰对砷化物的吸附作用；d. 气相砷化合物在飞灰表面的凝结。

表 19-15　电厂煤和飞灰中砷的浓度（μg/g）及富集系数

项目	煤粉	ESP 前	ESP	ESP 后	大气
阳宗海电厂	6.6	20.70	118.00	287.00	118.93
R_E		0.32	1.85	4.51	1.87
贵阳电厂	9.3	31.82	64.29	112.00	61.47
R_E		0.90	1.81	3.15	1.73

砷具有较高的挥发性，易以气相形态存在的特性导致 As 的排放控制较为困难，高温下砷主要以氧化物形式存在，可与飞灰中的多种氧化物反应生成砷酸盐。对燃煤产生砷的排放控制，目前多以炉膛喷入吸附剂的方式实现，通过采样分析各部分微量元素的含量，确定吸附剂对微量元素的吸附效果。

燃煤烟气中的铅、铬主要以氧化物、氯化物、硫酸盐的形式存在 W. Song 等。研究了重金属在冷凝过程中的形态变化，发现半挥发性痕量元素（如 Pb）在较高温度段（>835K）主要以硫酸盐形式向固态迁移，在较低温度段（473～835K）主要以氯化物形式向固态迁移。王超等通过烟道内沿程烟气颗粒物采样分析发现：当烟气温度由 380℃降低至约 160℃（烟气由 SCR 装置前到达静电除尘器前）时，气态 Pb 已基本迁移到飞灰颗粒上，颗粒中 Pb 元素显著增加；当烟气温度由 160℃降低至 135℃（烟气由静电除尘器前到达脱硫装置前），Pb 在各粒径级颗粒上的分布基本没有变化，说明烟气温度由 380℃降低至约 160℃的过程中 Pb 已经完成了由气态向颗粒物的迁移。煤粉炉燃烧过程中 90%以上的铅释放进入气相，锅炉出口烟气中铅主要以颗粒态铅为主，比例高达 86%～92%，最终通过烟囱排入大气的铅占比只有 1.75%～5.40%。

铬是煤中挥发性较低的元素之一，属于亲氧元素，熔点较高，燃烧时不易挥发，因此排入大气的量较少，主要富集在灰渣中。但有机态 Cr 含量高的煤在燃烧过程中会有少量 Cr 挥发，在烟气冷却时发生凝聚和结核作用，在细颗粒物中富集。无论是干灰还是炉渣，铬主要以稳定的残渣态存在，煤经高温燃烧后，炉渣中 Cr 的水溶态、可交换态含量均比原煤高。高温燃烧会使煤中原本无毒及毒性较低的铬转化为毒性很高的六价铬，煤燃烧高温烟气流经各换热设备过程中烟气温度逐渐降低，以气态化合物形式存在的铬化合物发生一系列的物理化学变化，低温时 Cr_2O_3 是主要的产物，高温下 CrO_3 是主要产物。且铬氧化物会与烟气中的成分发生反应，生成 $Cr_3(SO_4)_2$。煤燃烧过程中一部分 Cr 以固态 $Cr_3(SO_4)_2$ 和 Cr_2O_3、气态 CrO 和 CrO_3 的形式进入大气环境；一部分 Cr 以固态 $Cr_3(SO_4)_2$ 和 Cr_2O_3 的形式被除尘装置捕集。

Sϕrum 等研究了燃烧装置中 As、Cd、Pb、Zn 等重金属元素的化学性质和迁移行为，热力计算平衡中选择燃烧温度在 300～1600K 之间，计算结果表明，Cd 在 300～600K 之间以固体的 $CdCl_2$（cr，l）形态存在，在 600～1200K 之间的稳定形态为 $CdCl_2$（g），当高于 1200K 时主要以 Cd（g）和 CdO（g）两种形态存在。Cd 在颗粒物控制装置布袋除尘器中的脱除率较高，可达到 96%。

元素硒毒性较小，但硒化物、亚硒酸盐、硒酸盐及氟化硒等毒性较大。孙景信等对煤进行高温灰化（750℃）实验，发现煤中 75%以上的硒会挥发并富集在飞灰中，其中 79%分布于<2.0μm 的细粒中，95%的悬浮固体硒富集在<10μm 的粒径组分中。

有统计表明，煤炭燃烧是 As、Se、Cd、Co、Cr、Hg、Mn、Pb 等有害重金属元素的主要或部分排放源，表 19-16 给出了近年来中国燃煤电站有害微量元素的释放量数据。

表 19-16 中国燃煤电站有害微量元素 2000～2010 年释放量 单位：t/a

重金属与痕量元素（HTE）	2000 年	2001 年	2002 年	2003 年	2004 年	2005 年	2006 年	2007 年	2008 年	2009 年	2010 年	2006～2010 年
Hg	79.00	82.14	92.94	110.08	126.91	141.34	146.81	135.29	120.66	114.12	118.54	−4.19
Hg^0	41.95	43.62	49.48	58.70	68.40	76.72	86.40	88.88	85.35	83.23	86.64	0.06
Hg^{2+}	35.65	37.05	41.83	49.42	56.27	64.48	58.07	44.69	34.01	29.70	30.66	−11.99
Hg^{1+}	1.39	1.48	1.63	1.96	2.25	2.43	2.34	1.73	1.29	1.19	1.23	−12.07
As	354.01	371.98	408.45	480.25	540.19	593.39	615.70	523.11	424.23	369.14	335.45	−11.44
Se	451.85	474.93	525.26	599.95	676.89	760.14	818.26	737.54	618.24	514.80	459.40	−10.90
Pb	820.00	860.00	952.00	1074.74	1170.00	1190.48	1189.10	1019.38	860.40	760.93	705.45	−9.92
Cd	23.47	22.73	22.85	26.28	29.94	31.64	30.56	24.85	18.04	15.97	13.34	−15.28
Cr	650.00	680.00	740.00	822.97	916.57	955.35	965.21	806.83	674.68	571.55	505.03	−12.15
Ni	480.29	501.59	544.42	633.09	709.82	775.23	794.43	677.68	545.29	477.34	446.42	−10.89
Sb	96.75	104.10	111.76	131.03	145.63	158.82	166.35	150.50	122.80	99.39	82.33	−13.12

综合大量的研究结果，煤中痕量元素在燃烧过程中，根据其挥发特性的差异可将其划分为三类（见图 19-46）：第一类为不挥发性元素，主要富集在粗颗粒中（一般直接形成底灰或者成为飞灰主要部分）的不挥发或难挥发元素如 Mn、Zr、Sc、Eu、Th 等，这类元素一般能被烟气中除尘装置去除；第二类为易于挥发

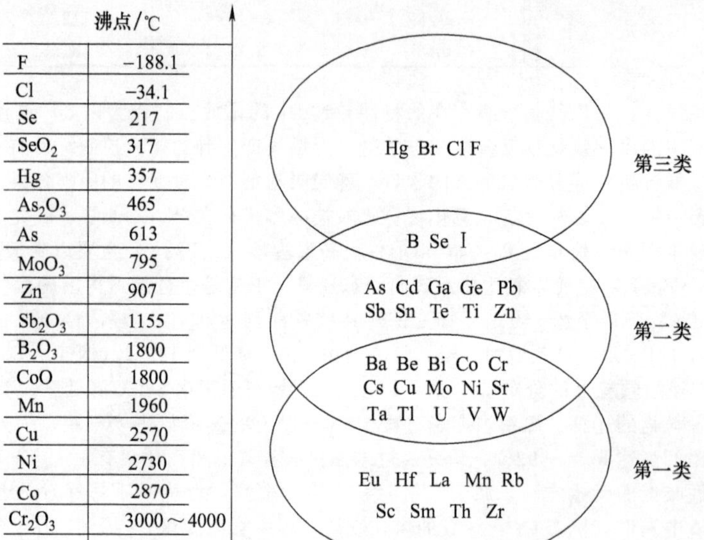

	沸点/℃
F	−188.1
Cl	−34.1
Se	217
SeO_2	317
Hg	357
As_2O_3	465
As	613
MoO_3	795
Zn	907
Sb_2O_3	1155
B_2O_3	1800
CoO	1800
Mn	1960
Cu	2570
Ni	2730
Co	2870
Cr_2O_3	3000～4000
Mo	4660

图 19-46 煤燃烧过程中痕量元素的挥发性分类

但能通过均相或非均相冷凝的方式在颗粒表面富集的元素，如 As、Cd、Pb、Zn 等，这类元素多在细颗粒中富集而不易被除尘系统捕获，并且在细颗粒物中的富集倍率随着颗粒物粒径的减小而逐渐增大；第三类为在燃烧过程中直接以气相或蒸气形式随烟气直接排至大气中的易挥发元素如 Br、Hg、I 等。

但也存在一些元素如 Cr、Ni、U 和 V 等介于第一类和第二类之间，还有些元素如 Se 介于第二类和第三类之间，存在一定的重叠。

目前，我国燃煤电厂重金属的控制方法主要是利用常规污染物控制技术（除尘、脱硫、脱硝）进行重金属元素协同控制。重金属多附着于亚微米颗粒物，因此高效除尘技术可以实现重金属的有效脱除。

重金属的脱除可以从不同方面着手，例如，按重金属在燃烧不同阶段的形态进行脱除：a. 燃烧前脱除燃料中的重金属以减少进入炉膛的重金属量，如基于煤粉中有机物与无机物密度不同对燃料进行洗选处理；b. 通过在燃烧过程中加入添加剂以稳定重金属（存在于底灰中）或使重金属转变为易脱除的形态，便于后续设备进行捕获；c. 在燃烧后的烟气中注入吸附剂等协同烟气污染控制设备脱除重金属。

对烟气中重金属的脱除一般按照重金属在燃料/烟气中可能存在的状态分别进行脱除。以汞为例：不同形态汞具有不同的理化性质，烟气中氧化态汞（Hg^{2+}）易溶于水且易附着在颗粒物上，故可用常规的污染物污染物控制设备除去；颗粒态汞（Hg^{p}）在大气中的停留时间很短，可通过除尘设备收集；而单质汞（Hg^{0}）易挥发且难溶于水，很难被常规的除尘设备捕获，几乎全部被排放到大气中。大气中单质汞的形态相对稳定且停留时间长，易长距离输送形成大范围的汞污染，因此燃煤电站烟气中汞的脱除重点在于单质汞的脱除。目前最主要的燃煤汞排放控制途径是 Hg^{0} 的高效氧化和气态汞的强化吸附，具体技术路线如图 19-47 所示。

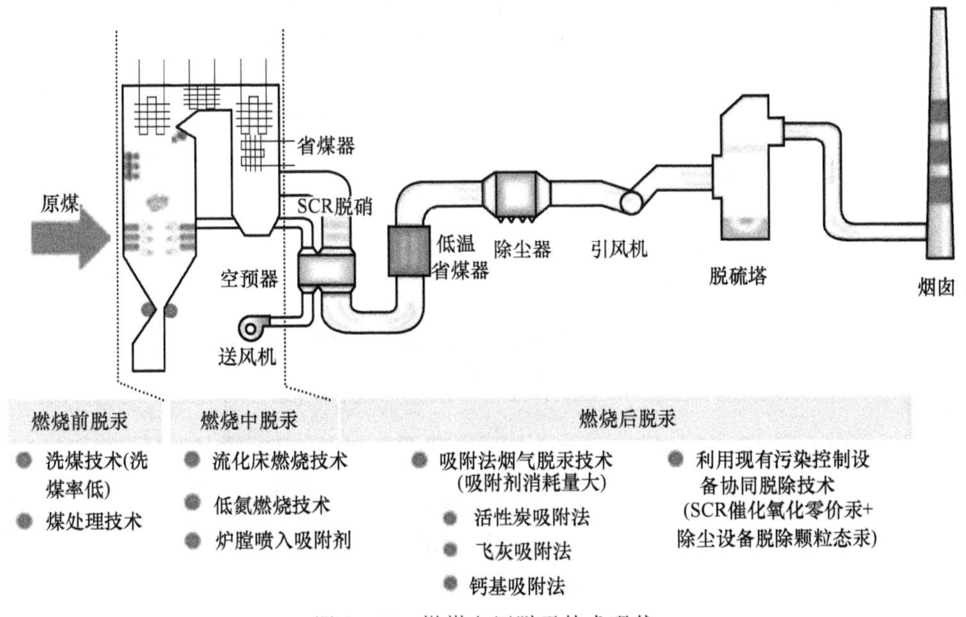

图 19-47 燃煤电厂脱汞技术现状

三、燃煤电厂污染物控制技术对重金属排放影响

常规污染物控制装置具有协同脱除汞等重金属、多种污染物联合脱除作用，下面就 SCR、除尘技术、湿法脱硫及其他超低排放技术的重金属协同脱除作用进行介绍。

（一）选择性催化还原（SCR）对重金属脱除的影响

1. SCR 对单质汞的催化氧化作用

国内大型燃煤电站均已安装 SCR 脱硝装置，其脱硝催化剂对烟气中单质汞起氧化催化作用，单质汞转化为氧化态汞后会吸附于飞灰或溶于水，通过后续的除尘、湿法脱硫设备脱除。对 SCR 催化剂进行改性或者采用新组分催化剂增强单质汞的氧化作用是目前协同脱汞备受关注的研究领域。

图 19-48 所示为 5 个电厂 SCR 烟气脱硝前后烟气中汞的形态变化。可见，烟气经过脱硝装置后单质汞含量明显减少，二价汞含量明显增多。

SCR 脱硝过程中单质汞的氧化率受 SCR 催化剂的影响，除了 V_2O_5、WO_3 和 TiO_2，贵金属（Pt、Au

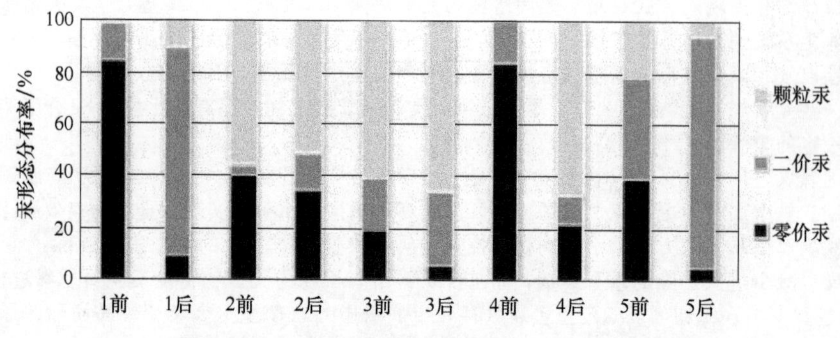

图 19-48 SCR 烟气脱硝工艺前后汞的形态分布

等）、金属氧化物（如 Fe_2O_3、CuO、MnO）等都具有较高的催化活性，也是极具潜力的汞催化氧化剂。

近年来，MnO_x 基催化剂因具有很高的低温活性和较强的催化氧化汞能力成为研究的重点，Nb_2O_5 被证实可以作为催化剂的助剂，提高催化剂的热稳定性和催化活性。基于此，有学者对 Mn-Nb-TiO_2 催化剂的脱汞性能进行研究，发现在最佳焙烧温度与最佳负载量下，Mn-Nb-TiO_2 催化剂的脱汞率可达 90%。某些新型催化剂甚至可以实现中低温（100～200℃）下 Hg^0、NO_x、SO_2 的联合脱除，具有相当大的应用潜力。

鉴于传统商用钒钛体系 SCR 催化剂在燃煤烟气脱硝方面具有的高效、稳定、经济的特点，一般对传统钒钛体系催化剂进行改性，例如随着 V_2O_5 负载量的增加催化剂中 V═O 活性中心位数量上升，可促进汞的氧化反应；过渡金属 Fe、Cu、Ce 掺杂改性 SCR 催化剂对 Hg^0 的催化氧化性能有显著提升。

SCR 装置中单质汞的氧化反应与煤中氯、硫、钙等的含量以及 SCR 运行温度和烟气中氨的浓度相关。烟气中 HCl 含量是影响 Hg^0 氧化的重要因素之一，美国能源环境研究中心实验表明，高氯烟煤燃烧烟气通过 SCR 装置后颗粒态汞显著增加，而燃用低氯亚烟煤则无显著变化。鉴于氯与 Hg^0 的氧化密切相关，采用含氯化合物对 SCR 催化剂改性可增加 SCR 催化剂的活性位点，有利于 Hg^0 的氧化。程广文等采用溶液浸渍法制备了氯化铜改性 SCR 催化剂（$CuCl_2$/SCR），在一定反应条件下，模拟烟气经 SCR 催化剂后可达到 90%以上的 Hg^{2+} 转化率。烟气中其他组分如 SO_2、SO_3、H_2O 等均影响单质汞在 SCR 反应器中的氧化，SCR 催化氧化单质汞的影响因素如表 19-17 所列。

表 19-17 影响 SCR 催化剂活性的因素

影响因素	结 果	作用机理
Cl 元素（HCl）	促进作用	$2Hg+4HCl+O_2 = 2HgCl_2+2H_2O$
O_2	促进作用	能补充催化剂消耗的晶格氧
NH_3/NO	比例越大，抑制作用越强	形成竞争吸附
H_2O	抑制作用	覆盖表面活性位
SO_2	抑制作用比 H_2O 大	形成竞争吸附
催化剂制备的焙烧温度	存在最佳焙烧温度	焙烧温度影响活性位点的数量
催化剂的用量	促进	催化剂越多，活性位点的数量越多
负载量	存在最佳负载量	
反应温度	存在最佳反应温度	温度影响催化剂活性

2. SCR 对其他重金属排放的影响

邓双等研究中显示脱硝装置前后烟气中 Pb 的形态和分布没有发生显著变化。王超等研究表明烟气温度由 380℃降低至约 160℃（烟气由 SCR 装置前到达静电除尘器前）时，气态 Pb 已基本迁移到飞灰颗粒上，颗粒中 Pb 元素显著增加。烟气流经 SCR 时，烟气中大部分砷、铅、铬已经完成了向颗粒态重金属的迁移。而经过 SCR 后，烟气中 Se 元素含量降低约 55%，Se 与催化剂发生反应，吸附在 SCR 催化剂表面形成吸附层，阻塞催化剂表面的孔隙结构，降低了 SCR 催化剂的反应活性。

SCR 对超微米颗粒物有一定的物理拦截作用，潘凤萍等研究表明 SCR 脱硝设备对粒径大于 1μm 的颗粒物有约 20%的截留作用，对附着在这些颗粒物上的重金属有一定的脱除作用，但这些颗粒物会造成催化剂的磨损和堵塞，可能导致催化剂中毒。再者，随着颗粒粒径减小和重金属富集程度增加，SCR 对亚微米颗粒物几乎没有拦截作用，因此 SCR 对 Hg 和 Se（能与之反应）以外的重金属仅有微弱的物理脱除作用。

（二）除尘技术对重金属污染物的脱除

1. 静电除尘技术

前文所述，研究表明烟气流经 SCR 时，烟气中大部分砷、铅、铬已经完成了向飞灰颗粒的迁移，随飞灰颗粒一起被除尘器脱除。T. Min-hua 等对燃煤锅炉 SCR 后汞的形态进行测试，发现原煤中 77.65%的汞存在于电除尘器捕集的灰中，另外 12.72%的汞在脱硫产物中，最后 9.63%的汞随烟气排入大气。ESP 的脱汞性能与很多因素有关，煤中汞含量、氯含量、飞灰含碳量、碱金属氧化物含量等因素在很大程度上影响了烟气中汞的形态分布进而影响除尘装置对汞的捕获能力。

静电除尘器对烟气中重金属的形态分布有一定的影响。以汞为例，电除尘器的高压静电场通过放电极的电晕辉光放电，产生紫外光和高能电子流，使气体电子电离生成氧化性极强的活性离子或自由基，促使单质汞向氧化态汞转化。此外，电除尘器中多孔飞灰残炭上的 C＝O 活性官能团也可以促进烟气中 Hg^0 氧化，减少单质汞含量。李志超等对某 300MW 电厂的实际测试结果显示，常规 ESP 对总汞的脱除率低于 20%，但对颗粒态汞的脱除率可以达到 95%以上。因此，静电除尘器脱除重金属主要通过对颗粒态重金属的捕集。

2. 低低温电除尘技术对重金属排放的影响

为了减少排烟损失、提高电厂的运行经济性、提高颗粒物的脱除效率，在超低排放改造中，很多电厂在电除尘器前设置了降低烟温的热交换器（GGH），使烟温从 130℃降到约 90℃，大幅度降低了粉尘比电阻，并提高了除尘效率。随着烟气温度降低，烟气中水蒸气、SO_3、HCl 等冷凝到飞灰表面，飞灰表面 HCl 形成含氯活性吸附位点，吸附和氧化 Hg^0，促进 $HgCl_2$ 或 Hg_2Cl_2 在飞灰表面吸附，降低了烟气中 Hg^0 和 Hg^{2+} 的浓度，使 Hg^p 的浓度增加。低低温电除尘设备中的热交换器通过降低烟气温度，促进气相中重金属向颗粒态转移，进而促进后续除尘设备对重金属的捕获。

3. 湿式电除尘器脱除重金属

2016 年我国燃煤电厂的除尘设备中，电除尘器占 68%，袋式除尘器和电袋除尘器占 32%，平均除尘效率均达到 99.9%以上。静电除尘器对重金属的减排作用主要体现在对颗粒态重金属的协同脱除。相关研究结果显示，重金属在颗粒物上的富集程度随颗粒粒径减小而增加，在亚微米颗粒上富集的趋势更明显，而静电除尘器的除尘效率随着颗粒物粒径的减小而降低，尤其是对亚微米颗粒物的脱除效率远低于大颗粒物。

而湿式电除尘在超细颗粒物和气溶胶的脱除过程中起到非常重要的作用，可以有效脱除富集在亚微米颗粒上的重金属元素。在湿式电除尘器中，水雾使粉尘凝并，并与粉尘在电场中一起荷电而被收集。收集到极板上的水雾形成水膜，极板依靠水膜清灰，保持洁净。同时由于烟气含湿量增加、温度降低、粉尘比电阻大幅度下降，使湿式电除尘器的工作状态较为稳定。湿式电除尘采用水膜清灰，避免了二次扬尘，对烟气中富集于微细颗粒物以及可溶于水的重金属的脱除效果优于传统的干式电除尘。

广州华润电厂 1# 机组在脱硫装置后安装湿式电除尘，检测湿电进出口汞浓度发现：湿式电除尘器进口汞浓度为 3.83$\mu g/m^3$，湿式电除尘器出口汞浓度为 1.53～3.55$\mu g/m^3$，平均浓度 2.54$\mu g/m^3$，总汞去除率在 7.3%～60.1%之间，平均去除率达到 34%。有学者对 WESP 前后气相中重金属的脱除过程发现，WESP 对 As、Se、Cd、Pb、Cr 的脱除效率分别为 2.49%、14.28%、18.18%、64.93%、65.69%，对 Pb、Cr 两种元素的脱除效率超过 60%。考虑到系统内冲洗水中的 Pb 和 Cr 含量并不高，认为 WESP 脱除重金属的方式主要通过脱除吸附重金属的粉尘颗粒实现对重金属的脱除。

4. 布袋/电袋复合除尘器脱除重金属

布袋除尘器对总尘和 PM_1 的脱除效率均在 99%以上，对细颗粒物的捕集效率更高，相应的对颗粒态重金属的脱除效果也更好。以 Pb 为例，布袋除尘器对颗粒态铅的脱除效率要高于静电除尘器，滤袋增加了气态铅与飞灰的接触时间，进一步增强了气态铅的捕集效果。总体上，布袋除尘对烟气中 Pb 和 Cr 等重金属的减排效果要优于干式静电除尘，但布袋除尘也存在滤袋材质差、维护频繁、气流阻力大、运行成本高等问题。

电袋复合除尘技术是高效收尘与低成本运行有机结合的新型除尘技术。电袋复合除尘具有优良的微细颗粒物脱除性能，烟气强制流过覆有灰层的滤袋时，烟气中的气态重金属与飞灰的接触时间、接触面积增加，未燃尽碳表面的含氧官能团 C＝O 和丰富的孔隙结构都有利于重金属的吸附及氧化。电袋复合除尘器对重金属的脱除率如图 19-49 所示，烟气中 76%～94%的 As、Pb、Cr 被电袋除尘器捕获，电袋复合除尘器的除尘效率为 99.9%，As、Pb、Cr 的平均脱除率达 85%。

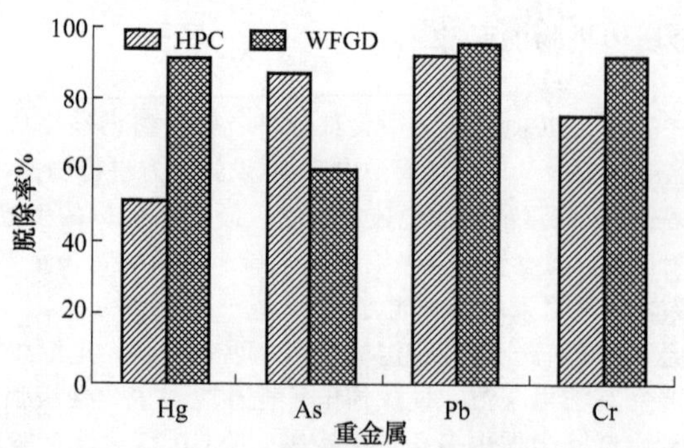

图 19-49 常规污染物控制设备对重金属的脱除效率

HPC—电袋复合除尘器；

WFGD—石灰石-石膏湿法脱硫装置

电袋复合除尘技术可以与吸附剂（如活性炭）喷射脱汞技术联用，用于对重金属的高效脱除。例如活性炭作为脱汞吸附剂在除尘器上游喷入烟气，吸附汞与飞灰一起被除尘器收集，但该方法存在活性炭再生困难、费用高、不利于飞灰再利用等问题。电袋复合除尘技术采用前电后袋形式，烟气中 80%以上的粉尘在电区被除去，袋区收集的飞灰较少，利用电袋除尘器的这一特点，可以在电区后、袋区前进行活性炭喷射，只有少量飞灰与活性炭混合，减少了活性炭的使用数量，同时有利于活性炭再生。美国能源与环境中心对该方法的脱汞效果进行测试，发现脱汞效率可以达到 90%以上。

（三）湿法脱硫脱除重金属

WFGD 系统以其脱硫效率高、脱硫产物可回收利用、适应性广及运行稳定等特点在国内外大型火电厂得到广泛应用。烟气经石灰石浆液的喷淋洗涤作用去除 SO_2，净化后的烟气经除雾、加热后排放。经过湿法脱硫洗涤后烟气温度大幅度降低，一些可溶性重金属及微细颗粒物可被洗涤脱除。

1. 湿法脱硫脱汞

WFGD 对汞的形态转化有重要影响，烟气中 Hg^{2+} 化合物溶于石灰石-石膏浆液，石灰石-石膏浆液可以将气相氧化态汞转移至固相，对二价汞有较高的捕获效果，但对烟气中 Hg^0 没有脱除作用。据美国能源部现场测试显示，WFGD 系统对烟气中 Hg^{2+} 的去除率可达到 80%～95%，而单质汞 Hg^0 的去除率几乎为 0，WFGD 系统的脱汞效率主要取决于单质汞和二价汞的比例。

为了增强湿法脱硫系统对汞的脱除效果，一般通过增加烟气中二价汞比例的方法来提高湿法脱硫的脱汞效率。例如将 KClO 引入到烟气中强化氧化单质汞；向脱硫液中添加 $KMnO_4$、Fenton 试剂、$K_2S_2O_8$/Cu-SO_4 等添加剂，通过氧化或者催化作用促进单质汞的氧化，提高 WFGD 的脱汞效率。目前汞的氧化技术还不完善，在没有催化剂的条件下，烟气中 Hg^{2+} 的含量主要取决于燃料类型和烟气特征，采用适当的催化剂可以将烟气中的 Hg^{2+} 比例增加至 95%以上。

但湿法脱硫存在汞的再释放问题。烟气中的 Hg^{2+} 溶于浆液后，$SO_3{}^{2-}$、$HSO_4{}^-$ 和金属离子（Fe^{2+}、Mn^{2+}、Ni^{2+}、Co^{2+}、Sn^{2+}）对 Hg^{2+} 具有还原作用，可导致近 8%的 Hg^{2+} 被还原成 Hg^0，造成 WFGD 出口 Hg^0 增加。有学者向脱硫塔喷射除汞稳定剂（如 H_2S、乙二胺四乙酸等），使之与烟气中的汞形成 HgS 等稳定形态的含汞化合物，经沉淀后将大部分汞隔离成不可溶的固体物质，防止汞的二次溢出。研究者向脱硫浆液中添加芬顿试剂、氯化碘和铝盐均可在不同程度上抑制 Hg^0 的再释放。

美国国家实验室认为 FGD 在烟气综合治理方面（同时脱除 SO_2、NO 和 Hg）有很大的发展潜力，并进行了广泛研究。采用氧化、络合、还原等方法实现烟气中硫、氮、汞多种污染物的联合脱除。脱硫添加剂有氧化型添加剂（O_3、$NaClO_2$、$KMnO_4$ 等促使烟气中的 Hg^0 转化为 Hg^{2+}）和络合型添加剂（黄原酸酯类、二硫代胺基甲酸盐类衍生物 DTC 类等，稳定浆液中的 Hg^{2+}，抑制其再释放）。有学者开发了一种同时脱硫脱汞添加剂，由苯甲酸钠、硫酸铁、己二酸和领苯二甲醛组成。苯甲酸钠可促进石灰石的溶解、防止 WF-GD 系统结垢堵塞，己二酸可促进湿法脱硫气膜与液膜之间的传质，加快反应速度。硫酸铁为氧化型添加剂，促进 Hg^0 向 Hg^{2+} 转化，而领苯二甲醛具有稳定 Hg^{2+}，抑制 Hg^{2+} 再释放的作用，该复合添加剂可以在石灰石-石膏湿法脱硫浆液循环回路的任意位置加入。

Lextran 的有机催化技术是一种可在同一脱硫塔内同时完成脱硫、脱硝、脱汞三效合一的烟气减排系统。当 SO_2 溶于浆液转变为 H_2SO_3 时，有机催化剂与之结合形成稳定的共价化合物，它们被持续氧化成硫酸并与催化剂分离；而 NO 难溶于水，首先被强氧化剂氧化为 NO_2 并溶于水形成 HNO_2，有机催化剂与之结合形成稳定络合物，然后被持续氧化为 HNO_3；烟气中加入强氧化剂后，Hg^0 转化为 Hg^{2+}，Hg^{2+} 被催化剂吸附，后与盐溶液中的 OH^-、Cl^- 结合生成汞盐结晶，最终吸附在进入吸收塔的粉尘并随之一起被排出塔外。

有机催化烟气脱硫工艺流程如图 19-50 所示，其核心是有机催化剂。该工艺可保证出口 SO_2 绝对排放浓度≤50mg/m³，脱氮效率>80%，脱汞效率>90%。

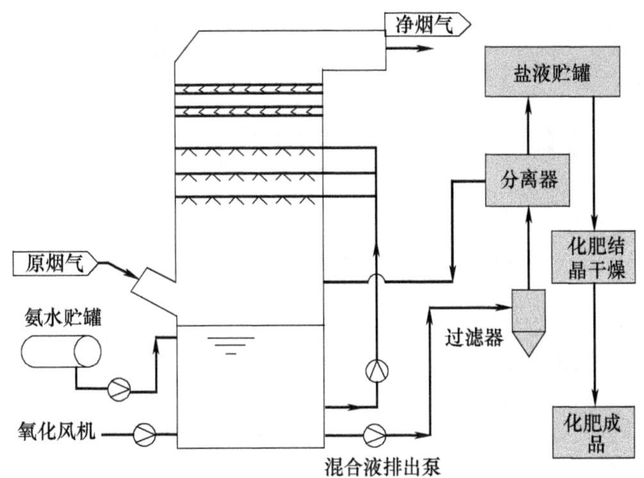

图 19-50　有机催化烟气脱硫工艺流程

湿法脱硫技术与催化剂的完美结合，克服了传统湿法存在的脱硫率不高、运行不稳定、堵塞结垢、副产品没有利用价值等问题。催化剂在分离器中与化肥盐液的分离采用的是依靠密度差异的简单物理分离，催化剂在整个循环过程中不发生物性的变化。

2. 湿法脱硫脱除其他重金属

湿法脱硫装置入口烟气中挥发性较高的重金属元素（Hg、As、Se）约有 30%～50%以气态形式存在于烟气中，挥发性较低的元素 Pb、Cr、Cd 等也有 3%～10%以颗粒物的形式存在。王珲等研究表明，湿法脱硫系统对重金属的脱除效率平均在 86.0%以上，对总体飞灰颗粒物的脱除效率为 74.5%，但对于 $PM_{2.5}$ 特别是粒径小于 1μm 的亚微米颗粒的脱除效果不明显。Senior 等研究表明 WFGD 可以脱除 53～96%的 Se。邓双等对我国 6 台电站锅炉燃煤过程中铅的迁移转化研究发现，石灰石-石膏湿法脱硫系统对铅的脱除率在 35.67%～77.81%，与除尘装置联用可以达到 95%以上的铅脱除率。某一常规烟气净化装置在烟气流程中铅的形态及含量数据如表 19-18 所列。

表 19-18　常规烟气净化装置对烟气中铅形态和分布的影响

锅炉编号	烟气中铅形态	除尘器			脱硫装置		总脱除效率/%
		进口浓度(标)/(mg/m³)	出口浓度(标)/(mg/m³)	脱除效率/%	出口浓度(标)/(μg/m³)	脱除效率/%	
1	颗粒态铅	3.06	0.1345	95.61	49.3	63.35	97.99
	气态铅	0.44	0.1819	58.52	20.9	88.51	
	总铅	3.50	0.3164	90.96	70.2	77.81	
2	颗粒态铅	3.63	0.1089	97.00	—	—	96.31
	气态铅	0.57	0.0457	91.97	—	—	
	总铅	4.20	0.1546	96.31	—	—	
3	颗粒态铅	1.45	0.0408	97.19	24.8	39.22	98.19
	气态铅	0.23	0.0289	87.36	5.6	80.62	
	总铅	1.68	0.0697	95.85	30.4	56.38	
4	颗粒态铅	2.53	0.1034	95.92	79.7	22.92	96.39
	气态铅	0.24	0.0522	77.96	20.4	60.93	
	总铅	2.77	0.1556	94.39	100.1	35.67	

续表

锅炉编号	烟气中铅形态	除尘器			脱硫装置		总脱除效率/%
		进口浓度(标)/(mg/m³)	出口浓度(标)/(mg/m³)	脱除效率/%	出口浓度(标)/(μg/m³)	脱除效率/%	
5	颗粒态铅	2.37	0.1181	95.02	91.4	22.61	94.93
	气态铅	0.36	0.1530	57.86	47.2	69.15	
	总铅	2.74	0.2711	90.09	138.6	48.87	
6	颗粒态铅	5.76	0.3364	94.16	254.7	24.29	94.95
	气态铅	0.57	0.2956	48.47	65.6	77.81	
	总铅	6.34	0.6320	90.03	320.3	49.32	

注：1. 3#和4#锅炉安装了布袋除尘器，其他锅炉安装了静电除尘器。2#锅炉采用循环流化床炉内干法脱硫技术，其他锅炉采用石灰石-石膏湿法脱硫技术；

2. “—”表示无此项数据。

富集在颗粒物上的重金属部分被脱硫浆液喷淋洗涤脱除，重金属富集于石膏中，但重金属在石膏中的赋存形态并不稳定，在酸性或氧化还原条件下，一些重金属可能会释放，或对石膏的利用造成不利影响并污染环境，尤其对于循环使用脱硫废水的电厂，部分痕量无机元素的浓度累积不断增大（尤其是 Hg 和 U），这些元素会通过颗粒物携带、石膏最终产物的固体沉淀向外界排放。

上述烟气净化装置中，除尘及脱硫装置主要脱除了烟气中颗粒态和水溶态的重金属，而 SCR 脱硝装置可以将单质汞氧化成二价汞促进汞的脱除。烟气净化装置对重金属的脱除受多种因素的影响，很大程度上依赖于烟气中重金属的形态分布。

四、重金属专项脱除技术

当现有烟气净化设备协同重金属脱除仍无法达到环保要求时，便需要采用重金属专项脱除技术，其中汞氧化技术和吸附剂（活性炭粉末等）喷射脱除重金属是较为成熟的两种方法。目前美国已经有部分商业化运行业绩，较为有效的商业化脱汞技术有溴化活性炭尾部烟道喷射和燃煤添加卤族元素盐或二者联合。

（一）汞氧化技术

该技术通过提高烟气中 Hg^{2+} 比例以便于 WFGD 和 ESP/FF 脱汞。

1. 添加剂

在煤中添加以氯酸为主要物质的新型氧化剂和卤素类物质添加剂或者含铁类、钙类、钯类的物质，可有效提高元素汞的氧化效率。在电厂输煤皮带/给煤机里加入 $CaBr_2$ 等溴化盐溶液或者直接向锅炉炉膛喷射溴化物溶液是燃煤电厂炉前脱汞的主要方法之一，添加流程如图 19-51 所示。

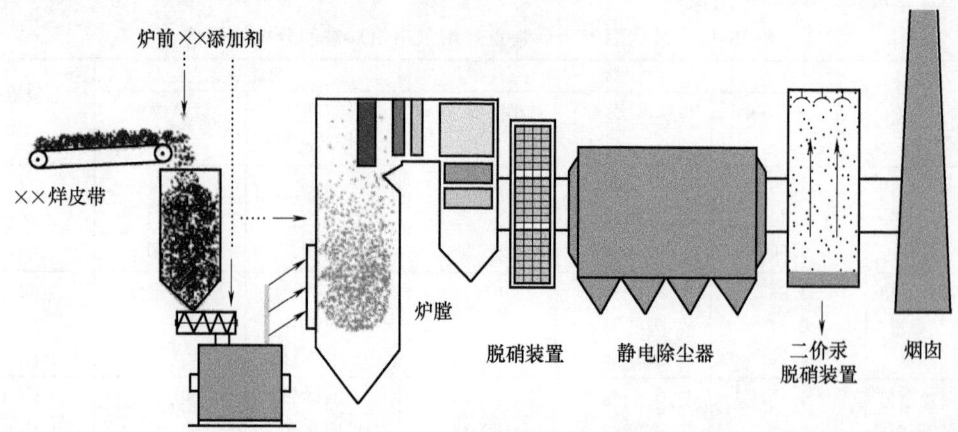

图 19-51 炉前溴化物添加流程示意

溴对汞排放具有显著的抑制作用。某配备 SCR、ESP 和 WFGD 的 600MW 燃煤机组应用溴化添加剂脱汞技术，将溴化钙溶液以 4×10^{-6}、8×10^{-6}、12×10^{-6}、22×10^{-6}（溴煤比，22×10^{-6} 溴含量相当于 19kg 溴化钙加入 315t 煤里）加入煤中，实验结果如图 19-52 所示。未加入溴化钙时，汞的平均排放浓度为

$13\mu g/m^3$；喷入溴化钙溶液后脱汞效果显著增加，当煤中加入 4×10^{-6} 溴，汞的净脱除率可达 64%，总汞控制率达 80%；加入 12×10^{-6} 的溴可达到接近 88%的总脱汞率。相对于煤本身的氯含量，加入煤中溴的量很少，不会加重卤化盐对锅炉的腐蚀。

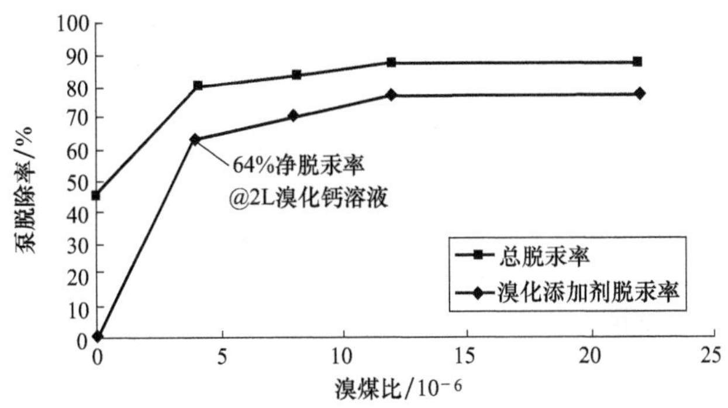

图 19-52　炉前溴化添加剂的脱汞效果

2. 调整燃烧方式

煤粉炉中的低氮燃烧方式和再燃技术不仅可以降低炉膛 NO_x 的整体水平，同时也降低了烟气中气相汞的含量，提高颗粒汞的比例；循环硫化床燃烧方式在降低炉膛 SO_x、NO_x 的同时也可在一定程度上控制 Hg 和部分重金属的排放；基于回收温室气体 CO_2 而提出的氧燃料燃烧技术因具有污染物联合脱除的优点而受到重视。与常规空气燃烧方式相比，氧燃料燃烧方式采用氧气（>95%纯度）与循环烟气（高浓度 CO_2）代替空气作为燃烧氧化介质，烟气循环增加了污染物与飞灰等吸附剂的接触时间，在汞等重金属控制方面也具有极大潜力。

目前关于氧燃料燃烧方式减少重金属排放的研究仅有少量报道。Y. Tan 等在 0.3MW 沉降炉上进行烟煤氧燃料燃烧/烟气再循环试验，发现两种燃烧气氛下，汞及其他重金属在气相和灰中的分布几乎没有变化。B&W 和 Air Liquide 在燃用 Illinois 煤的 1.5MW 锅炉上进行中试规模的氧燃料燃烧/烟气循环燃烧实验，发现与空气燃烧方式相比，氧燃料燃烧方式的汞排放减少了 50%，这可能是由于烟气再循环使汞与含氯物质的接触增加所致，另飞灰特性的改变可能也是一个重要因素，但未见更进一步的报道。王泉海等的实验研究和模拟结果表明，氧燃料燃烧方式在一定程度上抑制了痕量元素的蒸发，可能是由于高浓度 CO_2 抑制了氧化物向次氧化物及金属单质的转化，使痕量元素处于更难挥发的氧化态。

3. 燃煤烟气汞（Hg^0）氧化技术

(1) 气相氧化技术　将具有强氧化性且具有相对较高蒸气压的添加剂加入烟气，可氧化几乎所有的单质汞。

汞气相氧化技术是向烟气中喷入强氧化剂如臭氧、氯气、碘蒸气等直接氧化 Hg^0，但烟气中 Hg^0 浓度非常低（10^{-9} 级），要实现 Hg^0 的完全氧化需要投入大量的氧化剂与 Hg^0 充分接触，这势必增加氧化剂的投资费用。若喷入的氧化剂过量，会造成资源浪费，未处理的氧化剂随烟气排放可能造成二次污染。

例如当添加足够量的 O_3，可同时脱氮脱汞，但 O_3 的运行费用高，不适于大规模工业应用。D. L. Laudal 等研究了 Cl_2 和 HCl 气体对 Hg^0 的氧化作用，两种气体对 Hg^0 的氧化率超过了 78%，且 SO_2 的存在会显著降低 Hg^0 的氧化率，而 NO_x 对 Hg^0 氧化的影响不明显。但 Cl_2 和 HCl 气体的喷入会对后续设备及水处理产生影响。美国阿贡国家实验室将新型氧化剂 NO_xSORB（17.8%氯酸 $HClO_3$ 和 22.3%氯酸钠 $NaClO_3$ 的混合物）喷入 149℃的烟气中，气态 Hg^0 被全部氧化为 Hg^{2+}，NO 排放也减少 80%。

(2) 液相氧化技术　较为常见的液相氧化技术是向液相（一般是湿法脱硫系统的脱硫浆液）加入氧化剂或者新增氧化喷淋层来氧化吸收 Hg^0。强氧化剂如 $NaClO_2$、KClO、H_2O_2、$KMnO_4$、Cl_2、$HClO_4$、$K_2S_2O_8$ 等溶液直接将烟气中的 Hg^0 氧化为 Hg^{2+}。但有实验研究发现氧化剂也会将烟气中的 SO_2 氧化，SO_2 与 Hg^0 产生竞争机制，降低 Hg^0 的脱除率。烟气温度、烟气成分（SO_2、NO、飞灰、HCl）、脱硫吸收液种类、氧化剂浓度等均影响 Hg^0 的氧化。

除上述强氧化型添加剂外，类芬顿试剂也是研究较多的一种添加剂。H_2O_2 与催化剂 Fe^{2+} 构成的氧化体系通常称为芬顿试剂，而 H_2O_2 与其他金属离子构成的氧化体系因与芬顿试剂具有类似的性质和氧化作用被称为类芬顿试剂。H_2O_2 在催化剂作用下产生高活性自由基，引发自由基链反应，加快还原性物质的氧化。在脱硫液中加入芬顿试剂（Fe^{3+}/H_2O_2）可以促进单质汞的氧化，提高 WFGD 的脱汞效率。加入芬顿试剂后溶液中主要发生如下反应：

$$Fe^{3+}+H_2O_2=Fe^{2+}+\cdot OOH+H^+ \tag{19-27}$$

$$Fe^{2+}+H_2O_2=Fe^{3+}+\cdot OH+OH^- \tag{19-28}$$

$$2Hg^0+2\cdot OOH+H^+=Hg_2{}^{2+}+2H_2O_2 \tag{19-29}$$

$$Hg_2{}^{2+}+2\cdot OOH+H^+=2Hg^{2+}+2H_2O_2 \tag{19-30}$$

反应中 $\cdot OOH$ 对 Hg^0 的氧化起关键作用，脱硫过程中 H_2O_2 不断被消耗，Fe^{3+} 作为催化剂不会减少，因此只需要补充 H_2O_2 就可以持续氧化 Hg^0。

胡将军等研究了类芬顿试剂对湿法脱硫系统脱汞性能的影响。其中模拟烟气（SO_2 1000×10^{-6}，NO 200×10^{-6}，其余为 N_2），石灰浆液密度 1300～1400kg/m^3，$SO_3{}^{2-}$ 浓度 0.2mmol/L，浆液温度 55℃，pH 值为 5.6。在浆液中添加不同配比的类芬顿试剂，混合完全后送至脱硫吸收塔，不同氧化型脱硫脱汞添加剂对脱汞效率的影响见表 19-19 和表 19-20。由表可知，其他成分相同的条件下氯化锰的脱汞效果优于硝酸镍，且金属盐与 H_2O_2 的摩尔比越大，汞的脱除效率越高。适当添加氯离子，可以协同增强湿法脱硫系统的脱汞能力，但需要考虑含氯物质对烟道等设备的腐蚀问题。

表 19-19　类芬顿添加剂在 WFGD 系统中的脱汞效率（氯化锰为金属盐）

H_2O_2 浓度 /(mmol/L)	金属盐浓度 /(mmol/L)	氯化钠浓度 /(mmol/L)	摩尔比 (M∶H_2O_2)	脱汞效率 /%
0	0	0	0	30.67
5	5	5	1	46.64
5	5	10	1	58.98
5	10	5	2	66.24
5	10	10	2	68.29
5	20	10	4	71.34
10	20	10	2	73.71

注：M 表示金属盐，下同。

表 19-20　类芬顿添加剂在 WFGD 系统中的脱汞效率（硝酸镍为金属盐）

H_2O_2 浓度 /(mmol/L)	金属盐浓度 /(mmol/L)	氯化钠浓度 /(mmol/L)	摩尔比 (M∶H_2O_2)	脱汞效率 /%
5	5	5	1	34.46
5	10	5	2	51.52

液相氧化技术的难点在于如何将液相氧化剂应用于湿法脱硫装置而不影响脱硫装置的脱硫性能。此外，液相氧化技术也会引入新离子，造成设备的腐蚀、结垢，为后续废水处理带来问题。从反应本身出发，液相氧化反应为气液非均相反应，零价汞的氧化速率受到气液接触面积的影响，对气液比的要求也较高。

(3) 催化氧化技术　汞催化氧化技术是在催化剂和氧化剂作用下氧化 Hg^0，催化剂一方面可以提高 Hg^0 的氧化效率，另一方面也能减少氧化剂的投入，具有极大的应用潜力。目前主要有光催化氧化法、电催化氧化法。

① 光催化氧化法：也称为光化学氧化法，是将 Hg^0 在 253.7nm 紫外光（UV）照射下与 O_2、HCl、H_2O、CO_2 等气体反应生成汞化合物。该技术脱汞效率高、无污染、能耗低，但投资及运行费用昂贵。

$$Hg+2O_2(H_2O/CO_2)=HgO+O_3(H_2/CO)\quad (253.7nm\ 光) \tag{19-31}$$

$$Hg+2HCl=HgCl+0.5H_2\quad (253.7nm\ 光) \tag{19-32}$$

TiO_2 光催化汞脱除法[65] 利用紫外光（UV）照射燃煤烟气，零价汞与烟气中的水蒸气在 TiO_2 表面发生反应（包括吸附和氧化过程），零价汞被固定，形成 $TiO_2\cdot HgO$ 中间体（无光条件下 Hg^0 不吸附到飞灰、TiO_2 等无机颗粒上），低温下（<80℃）可去除 99%的 Hg^0，但随温度上升反应减弱，吸附态汞在催化剂表面解吸附。

② 电催化氧化：是用放电等离子体氧化烟气中的 Hg^0。该方法最开始用于烟气同步脱硫脱硝。燃煤锅炉排出的烟气经除尘进入冷却塔被喷雾水冷却后进入反应器，经由高能电子束照射，烟气中的 N_2、H_2O、O_2 等激活、裂解或电离，产生强氧化性 O、OH^-、HO_2 等大量离子、原子、自由基、电子等活性物质。

这些活性物质将烟气中的 SO_2、NO、Hg^0 氧化为易于吸收的 SO_3、NO_2、Hg^{2+}。SO_3、NO_2 与烟气中的 H_2O 反应生成雾状的硫酸和硝酸，酸与注入的氨反应然后被除尘装置捕获，净化后的烟气经烟囱排放。

具有代表性的电催化氧化联合脱除技术（ECO-Process）由美国 First Energy 公司和 Powerspan 公司联合研制，该工艺将燃煤烟气中的 NO_x、SO_2、PM、Hg 和其他重金属等污染物联合脱除：利用放电反应器将烟气中的大部分污染物高度氧化，产生易溶于水或易于脱除的产物，具有较高的脱汞效率。First Energy 公司 RE Burger 电站 5 号机组的 1MW 烟气旁路上应用 ECO 系统，获得了 90%的脱硝率、98%的脱硫率和 90%的脱汞率；随后在 50MW 的烟气旁路上进行商业化示范。但该方法运行成本高，未实现大规模推广应用。

（二）吸附剂脱除重金属

基于布袋除尘或电/电袋除尘的吸附剂喷射技术是国外广泛采用的汞排放控制技术。吸附剂吸附烟气中的气相汞（Hg^0 和 Hg^{2+}），气相汞转变为颗粒态汞，被除尘设备捕获。该方法的烟气脱汞效率达 90%以上，已成功用于垃圾电站汞污染物脱除。吸附剂脱汞技术的核心是廉价高效吸附剂，目前用于脱汞的吸附剂有碳基吸附剂和非碳基吸附剂两大类。碳基吸附剂有活性焦/活性炭、燃煤产物中的未燃碳、碳纤维等；非碳基吸附剂有钙基吸附剂、硅酸盐吸附剂、贵金属、金属氧化物等。鉴于活性炭吸附剂价格昂贵，廉价吸附剂（如飞灰和钙基吸附剂）的应用研究逐渐受到关注。

1. 飞灰注入脱汞

除尘装置捕集的飞灰外观类似水泥，随着飞灰中未燃碳含量增加飞灰颜色逐渐由乳白色向灰黑色变化，飞灰颜色越深，粒度越细。飞灰的颗粒粒径范围通常为 0.5～300μm，呈多孔蜂窝状组织，比表面积较大，具有较高的吸附活性。飞灰主要组成有 Al_2O_3、SiO_2、Fe_2O_3、CaO 等氧化物及未燃尽炭和一些微量元素，其化学成分受煤种、燃烧方式和燃烧程度等因素影响。

飞灰吸附汞主要通过物理吸附、化学吸附和化学反应三者相结合的方式进行。其吸附脱除作用，一方面来自于飞灰中未燃碳的吸附作用，另一方面主要是飞灰中无机成分（如 Fe_2O_3、CuO、卤化物等）对汞的催化氧化作用。飞灰-烟气-汞的非均相作用是烟气中 Hg^0 转化为 Hg^{2+} 的重要因素。以美国西部煤为燃料，无吸附剂喷入的全负荷锅炉，飞灰脱汞效率 0～90%。国外开发了飞灰吸附剂 Hg 控制技术——Thief Process，从燃烧区域抽取一定量的飞灰喷入尾部烟气吸附汞，中试实验的总汞脱除率达 80%～90%。该方法也避免了活性炭喷入导致飞灰含碳量过高限制飞灰再利用的问题。

飞灰吸附脱汞更受飞灰物理特性（比表面积、粒度、未燃炭含量及类型）、化学特性（矿物组成、表面活性原子、表面含氧官能团）烟气组分以及反应温度、接触时间等诸多因素的影响。烟气中汞浓度较低，飞灰吸附汞的能力虽与商业活性炭差距并不明显，但就目前的飞灰吸附效率而言，难以满足烟气脱汞的要求，因此进行飞灰改性提高其脱汞效率成为研究的热点。一般采用卤化物、金属氧化物、强碱等对飞灰进行改性。

2. 活性炭/焦吸附脱汞

活性炭注入被公认为是最有效的汞吸附脱除技术。活性炭脱汞有两种方式：一种是在颗粒物脱除装置前/后喷入活性炭颗粒，通过下游颗粒物捕集装置除去喷入的活性炭颗粒及其吸附的汞等重金属，如静电除尘器或布袋除尘器；另一种是将烟气通过活性炭吸附床，一般在除尘和脱硫装置之后，作为烟气排入大气的终端净化装置。本节主要介绍第一种活性炭注入脱汞技术。

活性炭脱汞原理与飞灰残炭吸附脱汞原理类似，烟气中单质汞和氧化态汞转变为颗粒态汞，并被除尘设备捕获。活性炭脱汞既包括物理吸附也包含化学吸附：物理吸附发生在任何固体表面，主要是分子间作用力，物理吸附在一定程度上是可逆的；化学吸附发生在分子内部，被吸附物质与吸附剂表面原子（或分子）发生电子的转移、交换或共有，形成吸附化学键。化学吸附为单分子层吸附，具有较强的选择性，大多数化学吸附过程是不可逆的。

活性炭注入脱汞已应用于城市垃圾焚烧电厂。垃圾焚烧炉烟气中汞浓度为 200～1000μg/mL，烟气中氯含量也较高，活性炭对垃圾焚烧产生汞的捕获效率高。电站锅炉烟气中汞浓度较垃圾焚烧炉低，活性炭应用于电站锅炉脱汞不能照搬垃圾焚烧炉的相关装置，具体的烟气参数对比如表 19-21 所列。

表 19-21 城市垃圾焚烧烟气与燃煤锅炉烟气的区别

项 目	城市垃圾焚烧炉	燃煤电站锅炉
汞浓度/(μg/mL)	200～1000	5～30
烟气中氯含量	较高	较低
装机容量/MW	40～50	一般在 300 及以上

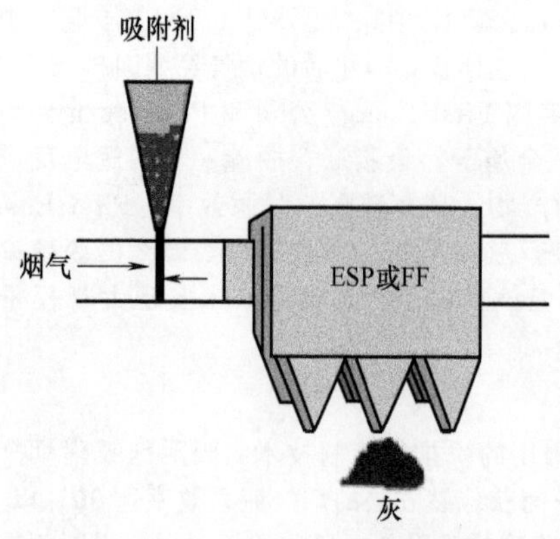

图 19-53 活性炭喷射脱汞示意

(1) 活性炭脱汞技术路线 美国 EPA、DOE、联邦能源技术中心（FETC）提出了以粉末活性炭喷射吸附为主的脱汞方案，其布置方式有以下几种。

①在颗粒物控制装置之前，直接向烟气中喷入活性炭（见图 19-53），活性炭与汞反应后被颗粒控制装置捕获。布袋除尘器 FF 脱汞效率高于 ESP，能够促进并增加颗粒与汞的接触机会和停留时间。

② 在颗粒控制装置（ESP）之后对烟气进行喷淋冷却，然后喷入活性炭，用袋式除尘器收集吸附汞的活性炭（见图 19-54）。

③ 在电除尘器后级电场或电袋除尘器的电区后袋区前加装活性炭喷射装置，利用电除尘器后几级电场或袋式除尘器收集吸附剂和飞灰混合物（见图 19-55）。

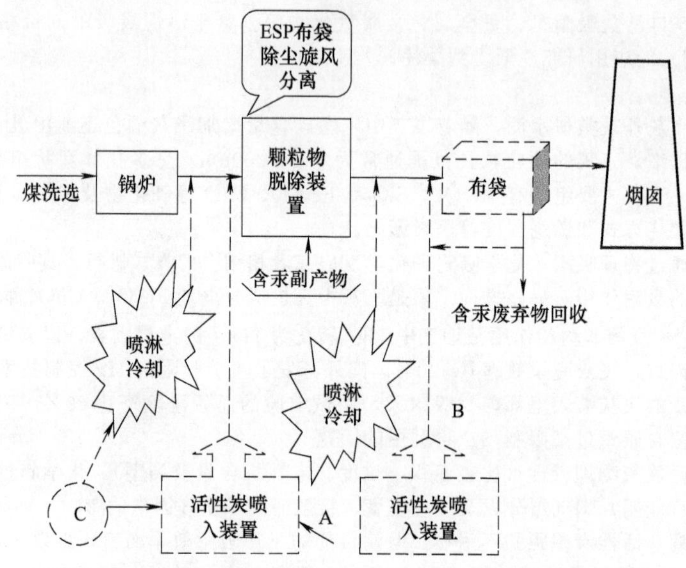

图 19-54 基于活性炭喷射系统的燃煤电站汞排放控制方案

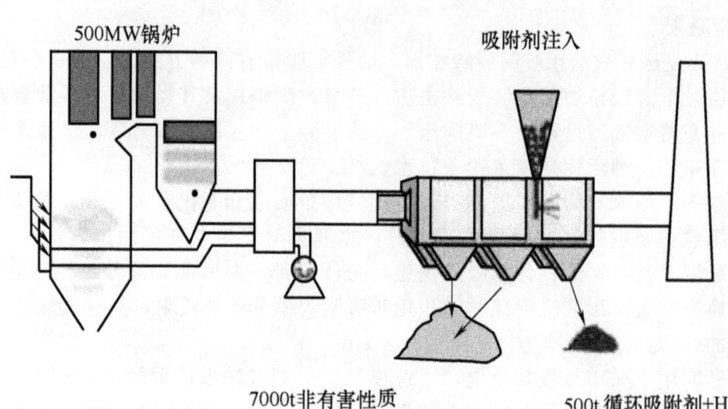

图 19-55 ToxeconII 工艺示意

方法②方法中喷淋冷却降低了烟气温度，较低的温度会增加活性炭的吸附率，减少活性炭用量。但活性炭吸附剂成本高、消耗量大、运行费用相对昂贵。美国环保署（USEPA）在 1997 年喷射活性炭脱汞技术的成本及效益报告中指出，燃煤电站烟气脱汞的耗费为（1～9）万美元/kg，且成本随烟气中二价汞含量增加而降低。据估算，活性炭吸附床的耗资达 17400～38600 美元，高额成本使各国燃煤电站和科研机构不得不加大科研投入，开发廉价高效的汞吸附剂。

(2) 活性炭改性　活性炭吸附脱汞包括吸附、凝结、扩散、化学反应等过程。其与吸附剂本身的物理性质、化学性质、微量元素含量等有关。

活性炭的物理化学特性直接决定了汞的吸附效率。一般活性炭对汞的捕获能力随表面积和孔体积的增大而提高，孔尺寸需要足够大以便 Hg^0 与 Hg^{2+} 能够自由进入和到达吸附剂内部。活性炭颗粒尺寸越大，进入内表面的分子越多，其吸附能力也越强；活性炭表面的氧化物及其有机官能团影响活性炭的表面反应、表面行为、亲水性和表面电荷等，进而影响活性炭的吸附行为。研究发现活性炭表面的内酯基（COO—）和羰基（—CO—）对 Hg^0 吸附有利，而酚基对 Hg^0 吸附起阻碍作用，含氮官能团阳离子能够直接接受来自汞原子的电子形成离子键，使 Hg^0 活化并交联在一起。活性炭表面的活性原子如氯、氧、氮、硫等对汞的氧化和吸附具有重要促进作用，若运用化学方法将活性炭表面渗入硫、氯、碘等元素，可以使汞在活性炭表面与这些元素发生化学吸附而形成络合物，生成稳定的汞化合物，有效抑制活性炭表面汞的二次蒸发逸出，显著提高汞的捕集和氧化能力。

低温下活性炭吸附汞以物理吸附为主，活性炭表面吸附汞的活性位较少。排烟量大、烟气中汞浓度低、活性炭颗粒停留时间短等因素都会使活性炭消耗量增加。对活性炭进行活化改性处理，提高活性炭吸附能力，可以大大降低燃煤电厂重金属脱除成本。一般采用化学方法对活性炭改性，常用的方法有重金属改性（载金、载银）、硫化改性（渗硫）、卤化改性（渗氯、渗碘、渗溴）、催化氧化改性等。改性物质以官能团形式附着在活性炭表面，形成新的吸附活性位，且其与汞的亲和力比 C 与汞的亲和力强，可优先与汞进行化学吸附。

(3) 活性炭吸附脱汞应用　活性炭吸附剂有粉末活性炭、颗粒活性炭和活性炭纤维等形式。

① 粉末活性炭（Powdered Activated Carbon，PAC）一般由优质无烟煤和木制材料通过一系列制作工艺经活化剂活化制成，比表面积高达 1000～1500m^2/g，吸附速度快、效果好，属于多孔性的疏水吸附剂，在水处理和气体净化工艺中应用广泛。

粉末活性炭一般被喷射注入烟道以脱除烟气中的汞，该方法也是目前较为成熟的脱汞方法。但这种方法存在一定的技术缺陷：活性炭粉末的注入会影响飞灰品质，飞灰中掺杂了含碳物质，不利于飞灰的资源化利用；活性炭中富集的汞可能再次释放进入大气造成二次污染，活性炭吸附汞的稳定性仍有待研究；粉末活性炭也不易回收利用，其安全处置仍然存在问题；再者当燃用褐煤或者烟气中 SO_3 浓度较高时，活性炭喷射注入技术的脱汞效果也并不理想。

美国电科院（EPRI）还开发了除尘器后喷射技术即 Toxecon 工艺，该技术是在电除尘之后喷射活性炭，通过一个高气布比的袋式除尘器收集喷入的活性炭。袋式除尘器捕获的活性炭也相当于一个固定床吸附器，一定程度上增加了活性炭与烟气中 Hg^0 的接触时间，提高汞的脱除效率。该方法对飞灰的利用没有不利影响，但需要加装袋式除尘设备，并增加系统阻力，使投资和运行成本增加。

为降低工程造价，进一步发展了 ToxeconII 工艺，该工艺综合了上述两种方式，对原有电除尘器进行改造，在后级电场加装活性炭喷射格栅，电除尘器前几级电场中收集的飞灰（一般占总灰量的 90%以上）都可以被用作建筑材料。后级收集的活性炭和飞灰混合物可以循环利用或单独处置。

② 颗粒活性炭（Granular Activated Carbon，GAC）一般由优质无烟煤精制而成，外观呈黑色不定型颗粒，具有发达的孔隙结构，比表面积大于 1000m^2/g，具有良好的吸附性能，机械强度高，在有毒气体净化、废气处理、污水处理等方面应用广泛。颗粒活性炭一般用于活性炭吸附床工艺，其固定床通常置于除尘脱硫装置之后，作为烟气排放的终端净化设备。颗粒活性炭填充在吸附反应器内，吸附流经烟气中的汞污染物，净化效果较好。

颗粒活性炭的再生是一大难题，固定吸附床中的活性炭一旦吸附饱和，就失去了吸附能力而需要再生。活性炭再生一般为加热再生，活性炭的更换再生成本较高，实际工程中建议对活性炭吸收床进出口烟气进行监测，以便及时进行活性炭更换。此外，活性炭吸附床层也存在活性炭颗粒较小引起压降增加等问题，为保证汞的连续脱除，需要两个吸附床交替使用。目前这种方法在烟气脱汞方面的应用不是很多。

③ 活性炭纤维（Activated Carbon Fiber，ACF）是经过活化的含碳纤维。某种含碳纤维经过高温活化，纤维表面产生纳米级的孔径，比表面积增加，物理化学性质改变，形成一种新的多孔吸附材料。活性炭纤维与活性炭相比，不仅 BET 表面积更大，还具有独特的孔隙结构。活性炭纤维直径 5～20μm，平均比表面积 1000～1500m^2/g，1g 活性炭纤维毡的展开面积高达 1600m^2，平均孔径为 1.0～4.0nm。与活性炭相比，活性炭纤维微孔孔径小而均匀、结构简单，对小分子物质的吸附速率快、吸附容量大，但有些大分子物质如二噁英、粉尘等难以被吸附。实验研究表明，相同条件下 ACF 对 SO_2 的吸附容量近乎为 GAC 的 5 倍，且吸附速度更快。ACF 可以用于低温烟道中 SO_2、NO_x、Hg 等污染物的脱除，为增强其对汞的吸附作用可以在纤维表面负载卤素、硫化物等物质。

活性炭吸附是重金属脱除效果较为理想的一种方法，但活性炭吸附脱除重金属成本高，据悉，美国一台应用活性炭喷射注入技术的 300MW 机组每年用于购买活性炭的费用开支就有（100～200）万美元。开发效果相当且价格低廉的新型替代吸收剂是当前吸附脱除重金属需要解决的难点。吸附剂的再生与活化也是影响其商业应用的关键因素，国内外对可再生吸附剂的研究主要有：a. 利用磁选分离，得到磁性可再生吸附剂以循环利用；b. 在活性炭表面负载 Au、Ag 等贵金属，形成汞合金后分离再生；c. 利用催化剂氧化吸附 Hg，催化剂可进行再生。但是，由于可再生吸附剂往往合成复杂、成本较高、适用条件苛刻，目前其仍处于实验研究阶段。

3. **磁珠脱汞**

华中科技大学基于飞灰磁珠合成了适用于中国低氯煤的可再生汞吸附剂，并深入分析其脱汞机理，提出了简易可行的再生方法。经济性分析表明，该合成吸附剂用于脱汞的成本远低于市场上的商业活性炭，具有良好的商业应用前景。

磁珠主要来源于煤燃烧过程中黄铁矿、菱铁矿等含铁矿物的分解和氧化。如图 19-56 所示，来源不同的磁珠均具有典型的超顺磁特性，其矫顽力几乎可以忽略。而磁珠同时具备铁磁性和顺磁性：磁珠通过磁选技术从飞灰中分选出来，当磁场褪去时磁珠表现出顺磁性，不会发生磁团聚现象。磁珠的这一特性也有利于磁珠的循环回收利用。

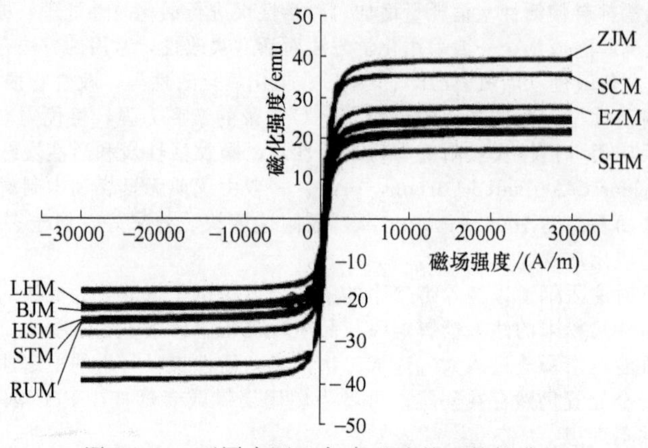

图 19-56　不同来源飞灰中磁珠的磁特性曲线

Dunham 等研究表明，飞灰中磁铁矿对 Hg^0 的氧化具有重要促进作用，磁铁矿良好的催化氧化性可能得益于其独特的尖晶石结构。磁珠中铁尖晶石（磁铁矿）比例在 50%～80%，赤铁矿为 5%～20%，少数为含铁硅酸盐相，且磁珠中富集大量过渡金属元素（Mn、Cr、Ni、Co、V、Cu、Zn 等）。与合成磁性吸附剂相比，将飞灰磁珠颗粒作为燃煤废弃物进行再利用，其成本几乎可以忽略。

不同飞灰中磁珠的矿物组成及晶格特征存在差别，提高磁珠的脱汞能力及其适用性是磁珠应用的关键。有学者研究磁珠的脱汞性能发现，飞灰磁珠中 γ-Fe_2O_3 对 Hg^0 的氧化和捕获有极大的促进作用，煤种、燃烧温度、燃烧气氛等均影响磁珠的脱汞性能。

由于磁珠吸附剂的顺磁特性，吸附汞后的磁珠可以采用磁选技术从飞灰中再次分离。吸附于磁珠的汞在高温下加热分解，磁珠的活性吸附/氧化位得以恢复再生，而脱附的汞可以回收资源化利用，避免二次污染。

YANGJP 等设计了如图 19-57 所示的磁珠脱汞工艺流程。该脱汞工艺包括吸附剂制备系统、吸附剂喷射及控制系统、吸附剂在线再生及活化系统、汞回收系统及烟气中汞浓度监测、反馈系统。

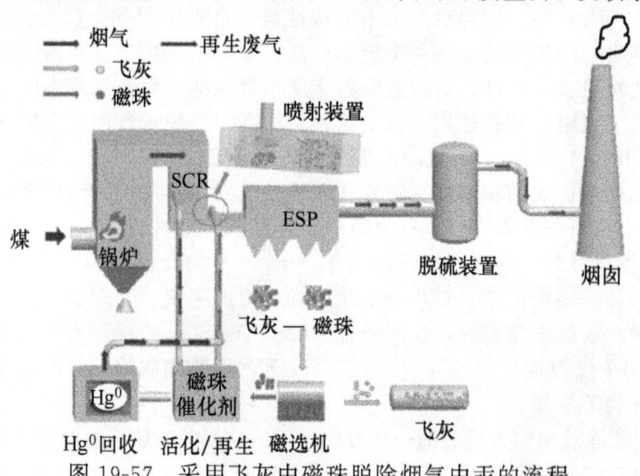

图 19-57　采用飞灰中磁珠脱除烟气中汞的流程

(1) 吸附剂制备系统　磁选机对静电除尘器捕集的飞灰进行磁选分离，获取足够量的磁珠颗粒，分离后的飞灰进入贮灰仓以待工业应用。根据电厂实际情况，通过活化、改性等手段制备高效的磁珠吸附剂。

(2) 吸附剂喷射系统及控制系统　制备的磁珠吸附剂通过喷射装置喷入静电除尘器前的烟道，捕获烟气中的汞。

(3) 烟气中汞浓度监测及反馈系统　分别在喷射装置前和烟囱入口处对烟气中汞浓度进行在线监测，实时反馈至喷射装置控制系统，控制吸附剂喷射量。

(4) 在线再生/活化系统　将吸附汞后失活的吸附剂从飞灰中磁选分离，结合燃煤电厂烟气的实际情况，在活化室内利用锅炉烟气余热对失活吸附剂进行加热活化。

(5) 汞回收系统　回收再生/活化过程中释放的汞并资源化利用，避免吸附于吸附剂上的汞在飞灰利用过程中二次释放造成污染。

磁珠脱汞工艺流程简单、投资小，只需在电厂原有设备基础上增加磁选装置、活化装置、喷射装置即可。活化装置作为该工艺的核心之一，采用锅炉尾部烟气余热加热活化磁珠颗粒，大幅减少了投资成本。磁珠在整个汞脱除过程能够循环使用，吸附于磁珠的汞在再生过程中被集中回收资源化利用，避免对飞灰造成潜在威胁以及汞的二次释放。

4. 钙基及其他吸附剂脱汞

(1) 钙基吸附剂　钙基类物质价格低廉且来源广泛，又是有效的烟气脱硫剂，若将钙基类物质作为汞吸附剂，在污染物联合脱除方面具有重要意义。美国 EPA 研究钙基类物质［CaO、$Ca(OH)_2$、$CaCO_3$、$CaSO_4 \cdot 2H_2O$］对烟气中汞的脱除作用后发现，$Ca(OH)_2$、CaO 等钙基类物质对 Hg^{2+} 具有良好的吸附作用，吸附效率可达 85%，但对 Hg^0 的脱除效果不佳。目前主要从两方面增强钙基吸附剂对汞的脱除能力：一是增加钙基吸附剂的反应活性位；二是利用强氧化性物质（$KMnO_4$、$NaClO_2$、HCl 等）对钙基吸附剂进行改性。有学者采用草酸等使碳酸钙活化，极大提高了汞吸附性能。实际应用中可首先对吸附剂做表面活化处理，增大原料比表面积、内孔容积与平均孔径，然后进一步添加改性离子，增强吸附剂对汞的化学吸附作用，提高汞脱除率。

(2) 硅酸盐吸附剂　硅酸盐类矿物质如蛭石、沸石、膨润土和高岭土等，储量丰富且价格低廉。相比活性炭吸附剂，硅酸盐矿物吸附剂的研究处于起步阶段，硅酸盐矿物中含有一些有机物和其他杂质，需要对硅酸盐矿物进行一定程度的热活化，去除有机物与杂质，并且适当提高温度也有利于硅酸盐矿物对汞的吸附，也可对硅酸盐矿物进行改性以提高其脱汞性能。例如，采用与改性活性炭类似的方法，如不同温度渗硫、活性二氧化锰或氯化铁溶液浸渍、液溴浸渍等处理沸石分子筛，能显著提高其汞吸附性能。美国 PSI 公司发现改性后的沸石吸附性能大大提高，已接近活性炭水平。

(3) 贵金属及金属氧化物吸附剂　贵金属如金银等可以与汞形成合金，可加热脱附后再生和回收单质汞及化合物。已报道的有银改性 4A 分子筛吸附剂、单晶 Au (lll) 和 Ag (lll) 的薄膜、Ag 负载沸石吸附剂 (AgMC) 和磁性沸石基银改性吸附剂。贵金属初始汞脱除率可达 90%以上，随时间增加，脱汞效率逐渐降低，这可能是由于酸性气体冷凝附着在吸附剂表面导致部分吸附区域的活性丧失。

吸附汞的金属氧化物种类很多，除钙基吸附剂外还有铁基、钛基以及基于 TiO_2 或 Al_2O_3 负载制得的复合物，如 MnO_2/TiO_2、Mn/Al_2O_3、Pd/Al_2O_3、Pt/Al_2O_3 等。纳米金属氧化物及复合材料由于具有较高的比表面积和表面反应活性，已广泛应用于各类环境污染物的吸附脱除及催化降解研究。

5. 其他重金属的吸附脱除

烟气中砷等重金属的脱除主要依靠污染物控制设备（ESP/FF、WFGD、WESP）的协同作用，吸附剂注入技术也可以实现多种重金属的有效脱除。与吸附剂脱汞类似，研究较多的吸附剂有氧化钙（CaO）、活性炭和飞灰，其脱汞吸附剂种类相同或类似，但脱除机理大不相同。

(1) 砷　氧化钙可以与 As_2O_3 反应生成砷酸钙类稳定化合物，属于化学吸附。Wouterlood 等在实验室条件下进行活性炭脱砷实验，发现低温下（200℃）活性炭吸附砷为物理吸附，吸附能力主要与比表面积有关，吸附后的活性炭在中性气氛下加热至 400℃可脱附，反复使用且不影响吸附效果。Huggins 等分析了 10 个火电厂飞灰中砷的形态，发现尽管煤种成分差异较大，但砷在飞灰中主要以（AsO_4^{3-}）形式存在。Zielinski 等的研究也得出了相同结论，飞灰对砷的吸附为化学吸附。酸性飞灰（pH＝3.0）中砷主要与含铁化合物相结合，碱性飞灰（pH＝12.7）中砷主要与氧化钙结合生成 $Ca_3(AsO_4)_2$。

不同类型吸附剂的脱砷机理存在一定差异，但总体上来讲，吸附过程均以化学吸附为主。可见，吸附剂的化学成分对吸附能力的影响最大。

(2) 铅　煤燃烧过程中铅会释放到烟气中，烟气中铅的存在形态主要有气态铅 Pb^g（Pb^0、Pb^{2+}）和

颗粒铅 Pb^p。其中，Pb^0 难溶于水，现有设备对其脱除效果较弱。高温烟气不断降温过程中，Pb^0 被氧化性成分催化氧化生成氧化态铅（Pb^{2+}），Pb^{2+} 水溶性较好，一部分可在脱硫脱硝设备中除去。烟气中的飞灰颗粒可以吸附一定量的 Pb^{2+} 和 Pb^0 最终生成 Pb^p。吸附剂吸附铅的原理与吸附剂脱汞的作用原理非常相似。

(3) 硒 与汞相似，煤中硒的脱除可以在燃烧前、燃烧中或燃烧后进行，洗选煤可以去除煤中 0～80％的硒，但大多数煤洗选硒的去除率＜50％。燃烧中添加氧化钙可以抑制煤中硒的挥发，但温度过高（1250～1500℃）时氧化钙的抑制作用受到限制。烟气中硒的脱除与汞砷等重金属类似。

燃煤电厂的汞脱除技术日趋成熟，尤其是烟气脱汞技术，必将应用于更广泛的工业生产领域当中。而燃煤电厂砷和铬的含量测量是通过检测煤、灰、渣、脱硫石膏和脱硫废水等固液样品中的浓度实现的，基本不测量烟气中的砷含量。所以当前火电厂中实际应用的脱砷技术一般是进行脱硫废水脱砷、脱铬处理。

随着污染物排放要求逐渐提高，电厂采用湿式电除尘、低低温电除尘、低氮改造、湿法脱硫增容提效改造等实现 PM、SO_x、NO_x 的超低排放。当前国内燃煤电厂对粉尘、NO_x、SO_x 等常规烟气污染物的控制水平与国外电厂相当、甚至优于国外电厂，但汞等重金属控制水平还有待提高。就目前的多污染物控制装置协同脱除作用来看，污染物控制装置协同深度脱除 PM、SO_x、NO_x、重金属等将是未来发展的主要方向。

五、燃煤电厂汞排放控制技术应用情况

（一）超低排放协同脱汞

某 300MW 燃煤机组进行了一系列超低排放改造：增加燃尽风、一次风采用上下浓淡煤粉组合方式等进一步改善炉膛的氧化还原条件；增设低温省煤器，降低烟气温度提高静电除尘器效率；进行静电除尘器高频电源改造，提高静电除尘器效率；湿法脱硫塔脱硫提效改造，增设管式除雾装置；增设刚性极板湿式静电除尘器去除细颗粒物。在此过程中，烟气中汞的迁移转化如图 19-58 所示，超低排放改造前后污染物控制单元及取样位置如图 19-59、图 19-60 所示。

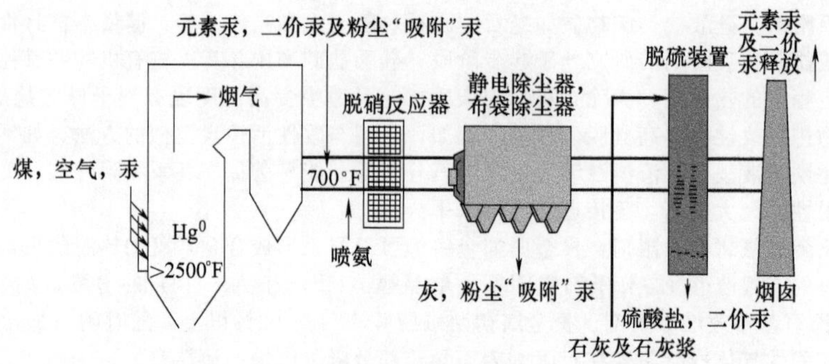

图 19-58 煤燃烧过程中汞的迁移转化

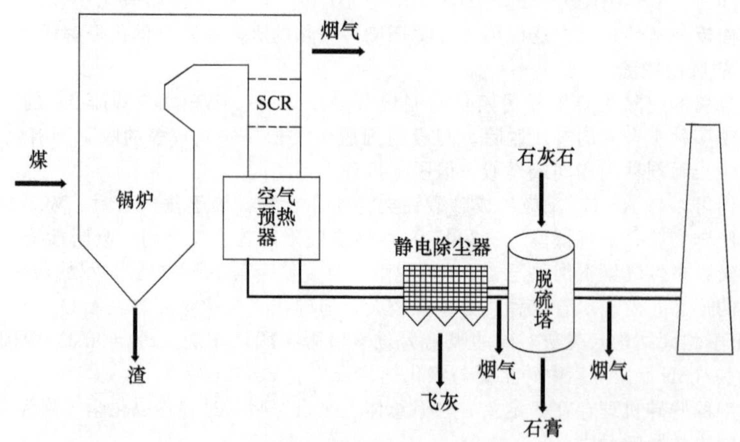

图 19-59 超低排放改造前污染物控制单元及取样位置

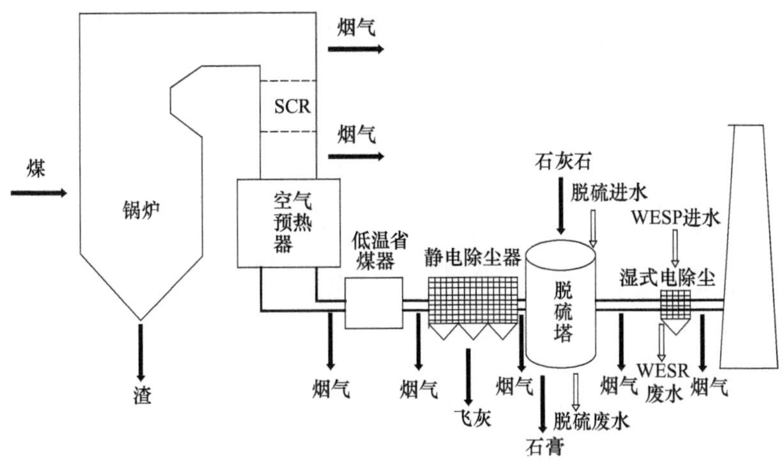

图 19-60　超低排放改造后污染物控制单元及取样位置

采用美国 EPA 30B 汞监测方法（不能监测烟气中的颗粒汞）进行多点监测，对比各项改造实施前后汞的排放及分布特征，发现超低排放改造前煤中汞含量为 49μg/kg，煤质分析见表 19-22；改造后煤中汞含量为 30μg/kg，煤质分析见表 19-23。

表 19-22　超低排放改造前煤样元素分析及工业分析　　单位：%

C	H	N	S	O	挥发分	灰分	固定碳	水分
64.34	4.06	0.84	0.42	14.93	27.69	15.41	50.78	6.12

表 19-23　超低排放改造后煤样元素分析及工业分析　　单位：%

C	H	N	S	O	挥发分	灰分	固定碳	水分
66.35	4.56	1.12	0.70	16.19	26.77	10.96	49.09	13.18

取样期间，机组运行良好，负荷保持在满负荷 85%以上。2013 年 8 月开展超低排放改造前测试，烟气取样点有 ESP 前、ESP 后、FGD 后，固体液体样品有给煤机煤样、除尘器灰样、锅炉排渣机渣样、脱硫塔石膏样、工艺水样（WFGD 进口水样）、脱硫废水样和石灰石样，取样位置在图 19-59 中给出。2015 年 12 月开展超低排放改造后测试，烟气取样点有 SCR 前、SCR 后、低省前、ESP 前、ESP 后、FGD 后、WESP 后烟气，固体液体样品包括给煤机煤样、除尘器灰样、锅炉排渣机渣样、脱硫塔石膏样、工艺水样（WFGD 进口水样、WESP 进口水样）、脱硫废水样、WESP 出口水样和石灰石样，取样位置在图 19-60 中给出。

改造前入炉煤的汞含量为 49μg/kg，SCR 入口汞浓度为 5.02μg/m^3，除尘后烟气中汞浓度为 3.56μg/m^3，脱硫塔后汞浓度为 1.87μg/m^3；改造后煤中汞含量为 30μg/kg，SCR 前烟气汞浓度为 3.31μg/m^3，静电除尘器后汞浓度为 0.71μg/m^3，脱硫塔后汞浓度为 0.50μg/m^3，湿式电除尘后排放到大气中的汞浓度为 0.46μg/m^3。改造前后汞分布及平衡见表 19-24。

表 19-24　改造前后汞分布及平衡

改造前			改造后		
输入/%	煤	99.6	输入/%	煤	98.2
	石灰石	0.4		石灰石	1.8
				脱硫进水	<0.01
				湿除进水	<0.01
输出/%	灰	35.0	输出/%	灰	36.1
	渣	0.1		渣	0.1
	石膏	29.5		石膏	55.2
	烟气	35.4		脱硫废水	<0.01
				湿除排水	<0.01
				烟气	8.7
平衡系数	0.73		平衡系数	1.14	

从 SCR 前算起，改造前脱硝、除尘、脱硫等污染物控制单元使汞浓度在原来基础上降低了 62.7%，而改造后降低了 86.1%。超低排放改造不仅大幅度降低了 SO_2、NO_x、颗粒物等污染物的排放，也提高了燃煤烟气中汞的脱除率。

（二）飞灰基改性吸附剂喷射脱汞技术

国华三河电厂 4# 机组为 300MW 热电联产机组。锅炉为亚临界参数、四角切圆燃烧方式、自然循环汽包炉，蒸发量为 1025t/h，由东方锅炉厂制造。现有环保设施包括除尘、脱硫、脱硝、污水处理和灰渣系统等。锅炉采用低氮燃烧器，除尘采用双室五电场电除尘器，除尘效率 99.6%；脱硫采用高效石灰石-石膏湿法脱硫工艺，脱硫效率 98.5%；脱硝采用 SCR 烟气脱硝装置，脱硝效率 80.0%；排烟采用“烟塔合一”方式。电厂于 2015 年对 4# 机组进行“绿色发电计划”改造，新增湿式电除尘器，使粉尘、二氧化硫、氮氧化物排放浓度达到“超低排放限值”要求，实现“近零排放”。

4# 机组锅炉设计煤种为神华煤。校核煤种为神华煤与准格尔煤按 7：3 比例混合的混煤。实际燃煤平均硫分为 0.49%，在设计值 0.7%范围内。煤中汞质量分数最大为 0.093mg/kg，最小为 0.010mg/kg，平均值为 0.048mg/kg，煤中汞质量分数较低。锅炉煤质情况如表 19-25 所列。

表 19-25 锅炉煤质分析

项 目	设计煤种	校核煤种	实际值	项 目	设计煤种	校核煤种	实际值
全水分/%	14.70	14.49	—	收到基氧/%	9.78	9.56	9.32
空气干燥基水分/%	8.66	7.81	—	收到基氮/%	0.82	0.87	0.62
干燥无灰基挥发分/%	32.84	34.46	—	收到基硫/%	0.70	0.80	0.49
收到基低位发热量/(kJ/kg)	23300	22040	22080	收到基水分/%	14.70	14.49	16.40
收到基碳/%	61.97	58.33	58.95	收到基灰分/%	8.50	12.50	11.14
收到基氢/%	3.53	3.45	3.14				

自 2009 年起，三河电厂进行烟气中汞排放特征测试研究。现场实测烟气采样位置在电除尘器（ESP）前、ESP 后、FGD 后等部位，固体、液体样品采样位置包括给煤机采集煤样、除尘器底采集灰样、锅炉排渣机采集渣样、脱硫塔采集石膏样、脱硫废水样、脱硫塔滤液样、工艺水样和石灰石样等。采样分析仪器采用大气汞采样仪（APEX XC-260）、烟气综合测试仪（Testo 350-Pro）、自动烟尘快速测试仪（崂应 3012H-C），在线监测设备采用美国 Themo-Fisher 公司生产的烟气汞连续监测系统（Hg CEMS）及其他附属设备。三河电厂历时 3 年获得了汞排放特征实时数据，并在此基础上于 2013 年 9～10 月开展了飞灰基改性吸附剂喷射实验。在锅炉 12m 平台上安装吸附剂射装置，通过鼓风机、给料机、喷射器以及喷射管将吸附剂以一定流速喷入电除尘器入口的水平烟道内，使吸附剂进入烟道后吸附烟气中的气态汞，而吸附汞的飞灰被电除尘器捕集。飞灰吸附剂喷射位置见图 19-61。

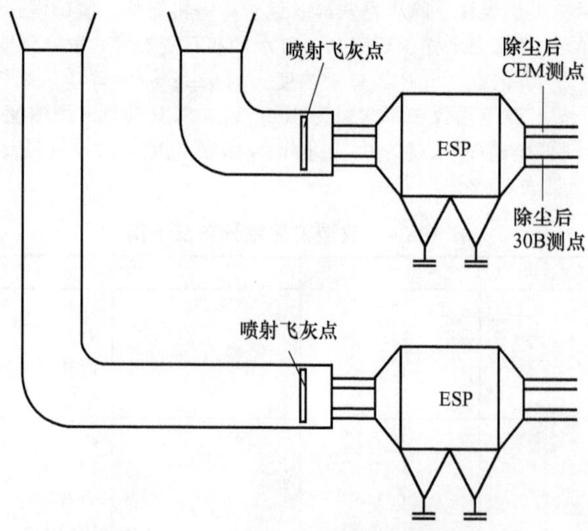

图 19-61 飞灰吸附剂喷射位置示意

该厂同步开展了电除尘器前后、脱硫装置后等不同点位燃煤烟气中汞排放特征的实测工作，验证不同控制技术的脱汞效率。运用 30B 法和 CEM 在线等国际先进技术对电厂烟气各形态汞（Hg^0、Hg^{2+}）、总汞

(Hg^T) 开展现场测试和实验分析，采集煤、灰、渣、石灰石、工艺水、脱硫石膏和脱硫废水等固液样品开展质量平衡分析，并进一步完善测试分析结果。

飞灰基改性吸收剂脱汞实验期间，机组负荷稳定在85%BMCR以上。通过30B在线取样、离线分析方法监测了实验过程中ESP前、ESP后和脱硫吸收塔后3个位置的烟气汞浓度。同时，通过汞在线烟气分析仪测量了脱硫吸收塔后烟气中汞的浓度，图19-62是在线测汞仪的某两天CEM在线测试结果。

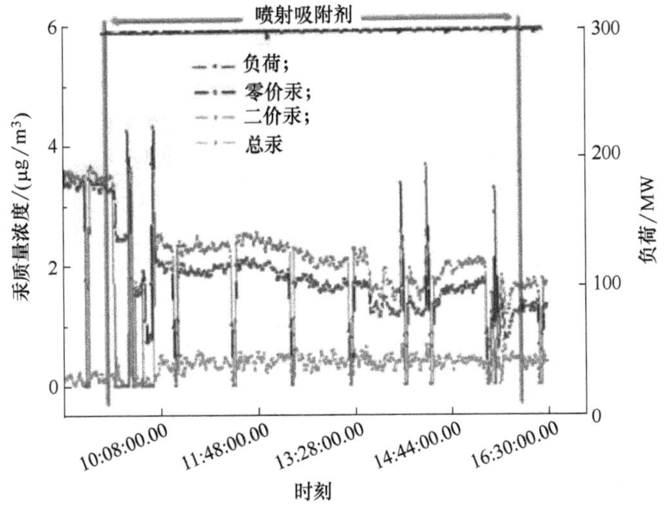

图19-62　CEM在线测试结果（2013-08-26）

如图19-62所示，吸附剂喷射后烟气中氧化态汞的含量变化不大，但零价汞的浓度降低，总汞浓度也降低，改性飞灰基吸附剂的喷入减少了烟气中气相汞含量。

三河电厂的实验验证了飞灰基吸附剂喷射脱汞技术的可行性，在现有环保设施（脱硝、脱硫、除尘）联合脱汞基础上，使烟气汞排放浓度进一步降低了30%～50%，综合汞脱除率达到75%～90%。改性飞灰喷射与污染物控制装置联合脱汞后，汞排放浓度达到了国家标准。

（三）汞氧化脱除技术

为了解燃煤电厂汞的排放规律并检测汞的氧化脱除效果，采用安大略法对江西省内4台机组的汞排放及控制效果进行研究。4台测试机组均为煤粉炉，均燃用烟煤，实验煤种的煤质分析结果见表19-26，实验煤种中汞的质量分数在 $(0.156\sim0.267)\times10^{-6}$。

表19-26　测试机组燃用煤种的煤质分析

项　目	$C_{ad}/\%$	$H_{ad}/\%$	$O_{ad}/\%$	$S_{t,ad}/\%$	$M_{ad}/\%$	$V_{daf}/\%$	$A_{ad}/\%$	$w_{Hgad}/10^{-6}$
机组1煤种	62.8	4.0	9.4	0.6	1.4	29.3	21.2	0.194
机组2煤种	66.8	8.4	3.8	1.6	4.2	33.5	14.5	0.267
机组3煤种	73.5	4.5	10.0	0.6	3.4	34.0	6.9	0.156
机组4煤种	59.2	3.5	5.4	1.2	2.0	25.8	27.8	0.202

所有机组均安装了ESP或FF，并装有湿法烟气脱硫设备（WFGD）；4台机组都安装有SCR脱硝设备，其中机组4的脱硝系统第一层反应器装有固体汞氧化剂，烟气通过汞氧化剂后再通过SCR催化剂，测试机组概况如表19-27所列。采用安大略法对脱硝装置进出口、除尘装置进出口和脱硫装置出口（图19-63）烟气中单质汞（Hg^0）、氧化态汞（Hg^{2+}）、颗粒态汞（Hg^p）及总汞含量进行测试。

表19-27　测试机组基本情况

项　目	装机容量/MW	测试负荷/MW	污染控制设备
机组1	640	640	SCR+FF+ESP+WFGD
机组2	700	700	SCR+ESP+WFGD
机组3	300	300	SCR+ESP+WFGD
机组4	660	660	SCR+ESP+WFGD

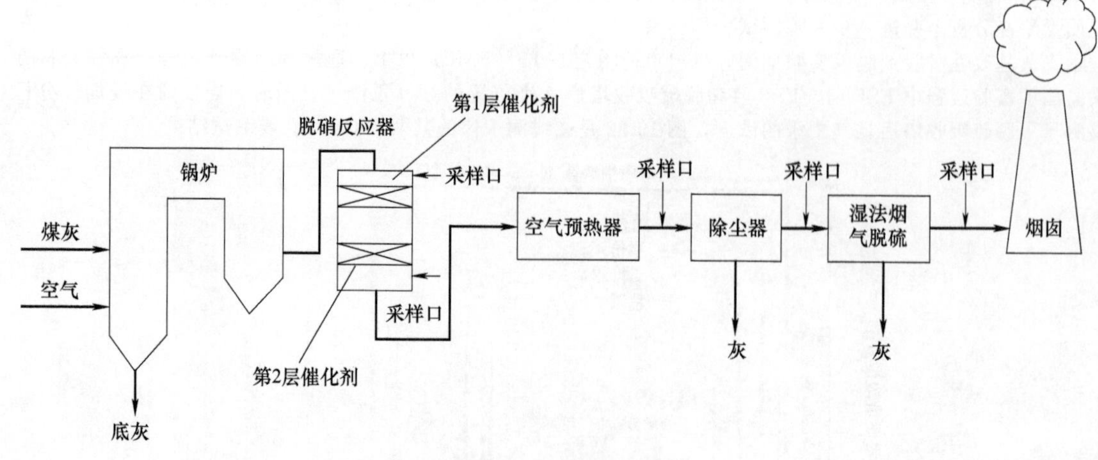

图 19-63 采样点布置示意

(1) SCR 脱硝装置及汞的氧化脱除 SCR 装置前后的汞测试结果见表 19-28。由表可知，SCR 脱硝前后烟气中总汞浓度基本不变，微小的降低可能是催化剂物理拦截的过滤作用，脱硝装置对烟气中总汞的减排没有明显效果；但经过 SCR 后，烟气中汞的形态分布发生明显变化，氧化态汞含量增加。以机组 1 为例，Hg^0 的浓度由 SCR 入口的 14.06μg/m³ 降至 6.94μg/m³，Hg^{2+} 与 Hg^p 的浓度分别由 12.17μg/m³、2.46μg/m³ 增加至 16.48μg/m³、4.44μg/m³。其他 3 台机组也有相同的变化趋势。脱硝催化剂对烟气中 Hg^0 有一定的催化氧化作用，使烟气中 Hg^0 含量下降，Hg^{2+} 与 Hg^p 含量上升。经计算，机组 1、机组 2、机组 3 对单质汞的氧化率分别为 50.64%、44.01%、50.98%，机组 4 对单质汞的氧化率为 86.66%。机组 4 的 SCR 脱硝系统中安装有汞氧化剂，大幅度提高了单质汞的氧化率。

表 19-28 SCR 装置前后烟气中汞的浓度分布

项目	SCR 进口汞/(μg/m³)				SCR 出口汞/(μg/m³)				汞氧化率/%
	总汞	Hg^0	Hg^{2+}	Hg^p	总汞	Hg^0	Hg^{2+}	Hg^p	
机组 1	28.69	14.06	12.17	2.46	27.86	6.94	16.48	4.44	50.64
机组 2	35.78	16.36	15.45	3.97	33.32	9.16	19.04	5.12	44.01
机组 3	22.60	11.69	8.18	2.73	19.46	5.73	10.06	3.67	50.98
机组 4	31.82	16.64	13.85	1.33	30.81	2.22	26.04	2.55	86.66

(2) 除尘装置脱汞 机组 1 的除尘设备为电除尘器＋布袋除尘器，其他 3 台机组均为电除尘器。表 19-29 所列为 4 台机组除尘器进出口汞的浓度分布。经过除尘装置后，烟气中总汞浓度明显降低，尤其烟气中 Hg^p 几乎被全部脱除，Hg^{2+} 也有降低。4 台机组除尘装置的脱汞效率在 16.60%～30.32%之间。总的来说，除尘装置对颗粒态汞的脱除效果显著，但对气态汞（Hg^0、Hg^{2+}）的脱除效果有限。

表 19-29 除尘器进出口汞的浓度分布

项目	除尘器进口汞/(μg/m³)				除尘器出口汞/(μg/m³)				脱汞效率/%
	总汞	Hg^0	Hg^{2+}	Hg^p	总汞	Hg^0	Hg^{2+}	Hg^p	
机组 1	26.03	6.24	14.98	4.81	19.78	6.12	13.66	0	24.01
机组 2	31.33	8.13	16.88	6.32	23.01	6.94	16.07	0	26.55
机组 3	18.96	4.98	9.99	3.99	13.21	4.11	9.10	0	30.32
机组 4	27.95	2.01	22.83	3.11	23.31	1.64	21.67	0	16.60

(3) 湿法脱硫装置脱汞 4 台机组均采用湿法脱硫，WFGD 前后汞浓度的测试结果如表 19-30 所列。湿法脱硫对烟气中 Hg^{2+} 的脱除效果显著，脱除率在 84.33%～92.48%之间，对 Hg^0 没有脱除作用，反而 Hg^0 有增加趋势，这可能与脱硫浆液中吸收的 Hg^{2+} 再释放有关。经过除尘脱硫后，烟气中汞主要以 Hg^0 的形式存在并最终排入大气。湿法脱硫装置的脱汞效率在 55.05%～83.23%之间，其中机组 4 的汞脱除率明显高于其他 3 个机组，这是因为该机组 SCR 脱硝装置中安装了汞氧化剂，使脱硫系统入口烟气中 Hg^{2+} 比例高达 92.96%。

表 19-30　WFGD 进出口汞的浓度分布

项　　目	WFGD 进口汞/($\mu g/m^3$)				WFGD 出口汞/($\mu g/m^3$)				脱汞效率/%
	总汞	Hg^0	Hg^{2+}	Hg^p	总汞	Hg^0	Hg^{2+}	Hg^p	
机组 1	19.78	6.12	13.66	0	8.89	6.75	2.14	0	55.05
机组 2	23.01	6.94	16.07	0	8.72	6.47	2.25	0	62.10
机组 3	13.21	4.11	9.10	0	5.70	4.86	0.84	0	56.85
机组 4	23.31	1.64	21.67	0	3.91	2.28	1.63	0	83.23

污染物控制设备的协同脱汞效率如表 19-31 所列。从表 19-31 的统计结果不难发现，未投入汞氧化剂机组的污染控制设备协同脱汞效率为 69.01%～75.63%，投入汞氧化剂的机组脱汞效率可达 89.69%；经过污染物控制设备协同脱除后，最终排放烟气中总汞质量浓度在 3.91～8.89$\mu g/m^3$，远低于 0.03mg/m^3 的汞排放国家标准限值。

表 19-31　污染物控制设备的协同脱汞效率

项　　目	测试负荷/MW	污染控制设备	脱汞效率/%
机组 1	640	SCR+FF+ESP+WFGD	69.01
机组 2	700	SCR+ESP+WFGD	75.63
机组 3	300	SCR+ESP+WFGD	74.78
机组 4	660	SCR+ESP+WFGD	89.69

但燃煤烟气中汞的形态分布及烟气成分等诸多因素均影响了污染物控制装置的脱汞效率，针对不同煤种的燃烧烟气应进行实际测量后考虑合适的汞减排方法。若烟气中汞主要以 Hg^0 的形式存在，则可以考虑向入炉煤中投加卤族元素或 SCR 装置前增加汞氧化剂等提高烟气中 Hg^0 的氧化率；若污染物控制设备协同脱汞仍然无法达到排放要求，则可以考虑向除尘器前烟道注入吸附剂，提高烟气中颗粒态汞含量，有助于提高除尘设备的脱汞效率；为提高湿法脱硫脱汞效率，可以向脱硫浆液中投加氧化剂等强制氧化 Hg^0，为防止湿法脱硫浆液中 Hg^{2+} 的再释放，可向浆液中增加汞稳定剂等。

第四节　燃煤锅炉废水零排放技术

一、火电厂给排水现状

火力发电厂用水分为生产用水和非生产用水两部分：生产用水占全厂用水量的 95%，主要包括循环冷却水、除灰（渣）用水、工业冷却水等；非生产用水包括生活用水、消防用水、绿化用水等。对于采用循环冷却、湿式除尘系统的火力发电机组（纯凝机组），几种用水的比例如表 19-32 所列。在火电厂用水中，冷却用水和工艺用水占有绝对比例。

表 19-32　火力发电厂中各用水量比例　　单位：%

锅炉用水	冷却用水	工艺用水	生活用水
5.7	52	37	5.3

随着空冷、闭路冷却循环系统的应用，火力发电的用水量比重逐年降低。2015 年我国火电装机容量为 10×10^8kW，直流火（核）电用水量占工业用水量的 36%，占全国用水量的 7.9%（见表 19-33）。

表 19-33　火电行业用水量与全国用水量对比

项　目	全国总用水量/10^8m^3	工业总用水量/10^8m^3	直流火(核)电用水量/10^8m^3	火电消耗水量/10^8m^3	火电用水量占工业比例/%	火电消耗水量占工业比例/%
2013	6183.4	1406.40	495.2	84.4	35.2	6.0
2014	6094.9	1356.1	478.0	67.6	35.2	5.0
2015	6103.2	1334.8	480.5	58.6	36.0	4.4
2016	6040.2	1308.0	480.8	—	36.8	—

注：全国用水量、全国工业总用水量及直流火（核）电用水量来源于水资源公报。

表 19-34 全国火力发电厂耗水情况

项　　目	2013 年	2014 年	2015 年	2016 年
火电装机容量/10^4kW	87009	92363	100050	105388
火电发电量/(10^8kW・h)	42216	42274	41868	42886
火电用水量/10^8m^3	495.2	478.0	480.5	480.8
火电消耗水量/10^8m^3	84.4	67.6	58.6	—
火电废水排放量/[kg/(kW・h)]	0.10	0.08	0.07	—
单位发电量耗水率/[kg/(kW・h)]	2.0	1.6	1.4	—

注：发电量及装机容量来源于全国电力工业统计快报一览表；单位发电量耗水率来源于《中国电力行业年度发展报告》

随着我国环保政策日趋严格，火电机组单位发电量的耗水量、排污量逐年递减。单位发电量的耗水量从 2000 年的 4.03kg/(kW・h) 下降到 2008 年的 2.78kg/(kW・h)[美国平均水平是 1.78kg/(kW・h)]，再到 2015 年的 1.4kg/(kW・h)（见图 19-64）。

表 19-35 所列为我国火力发电耗水率与国际先进水平的对比。由表 19-35 可知，我国火电平均耗水率远高于发达国家。

表 19-35 我国火力发电耗水率与国际先进水平的对比

评价对象	耗水率		评价对象	耗水率	
	kg/(kW・h)	t/(GW・s)		kg/(kW・h)	t/(GW・s)
我国 2000 年全国平均值	4.13	1.147	美国东部电网平均值	1.85	0.51
我国 2005 年全国平均值	3.1	0.86	美国 Te 电网平均值	1.67	0.46
我国 2008 年全国平均值	2.8	0.78	美国全部平均值	1.78	0.49
先进国家水耗平均值	2.52	0.7	南非全国平均值	1.25	0.347
美国西部电网平均值	1.44	0.4		(0.2 空冷)	(0.056 空冷)

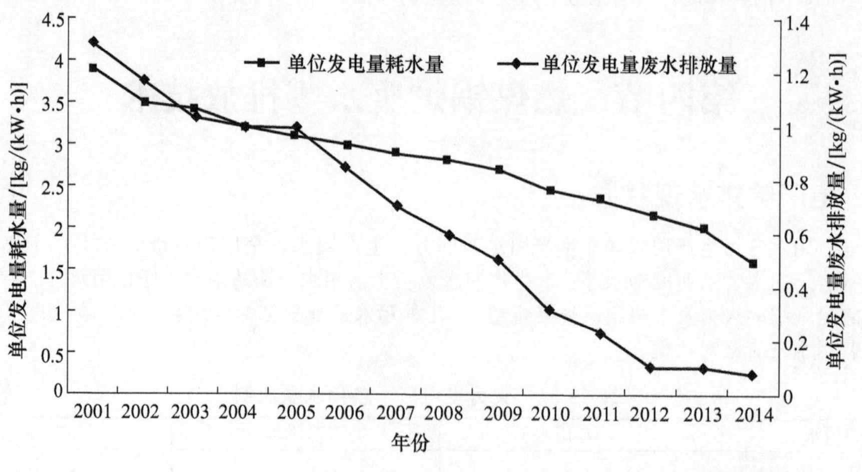

图 19-64 2005～2014 年全国火电厂单位发电量水耗和废水排放情况[1]

目前电厂耗水较高的主要原因是：湿冷机组偏多，耗水量较大；水务管理粗放，水务监督机制不健全，电厂用水系统泄漏问题严重；电厂取水水价偏低，企业对水资源的重视程度不够，再加上现有电厂对节水设施的投入不足，工艺技术落后，导致火电厂耗水量巨大。由图 19-64 也可以看出，虽然火力发电废水排放量逐年降低，但还未达到废水“零排放”。

二、水资源利用与废水处理

（一）锅炉用水及水处理技术

水受热生成饱和蒸汽，饱和蒸汽经过热器吸热变为过热蒸汽进入汽轮机，在汽轮机内膨胀做功。做功后的蒸汽凝结成水，凝结水经低压回热加热器进入除氧器，再经给水泵、高压加热器送入锅炉。从汽轮机某个中间级抽取部分蒸汽，分别送入回热加热器和除氧器，供回热给水和加热除氧。

为了补偿蒸汽和水损失，需要将经过化学处理的补充水加入除氧器，除氧后一同供给锅炉使用，即锅炉补给水；为使蒸汽在凝汽器内凝结成水，还必须不断用循环水泵将冷却水送入凝汽器中的冷凝管内进行热交换，即冷却水系统。冷却水可以直接来自天然水体，天然水体经过处理后可循环使用。电厂设备水循环运行过程中，不可避免地会带入、产生很多杂质，必须对电力用水进行处理。

1. 锅炉补给水

锅炉用水一般指锅炉及其热力循环设备的汽水系统，包括给水系统（原水进入锅炉流经的一系列设备管道及其蒸发受热面）和蒸汽系统（蒸汽流经过热受热面及其用汽设备）。根据锅炉水汽系统的水质和功用，锅炉用水可分为原水、补水、回水、给水、炉水和排污水。

锅炉补给水一般来源于天然水体，天然水体中含有多种杂质，按杂质颗粒大小，可依次分为悬浮物、胶体、离子和分子（即溶解物质）。悬浮物是颗粒直径在 0.1μm 以上的微粒，主要包括泥沙、黏土、藻类等；胶体颗粒直径在 0.1～0.001μm 之间，是许多离子和分子的集合体，主要包括腐殖质有机胶体和铁、铝、硅的化合物；溶解物质主要指溶解盐类。这种含有杂质的水若直接进入水汽循环系统，会使热力设备结垢、腐蚀、积盐。为了保证锅炉等热力设备安全运行，必须对锅炉补给水进行处理。针对原水中的不同杂质，需分别进行净化处理（预处理）、除盐处理（软化）、除氧处理。

(1) 锅炉补给水预处理　锅炉补给水预处理的目的是去除水中悬浮物、有机物和胶体，防止 Ca^{2+}、Mg^{2+} 沉淀，抑制微生物生长，为其后阶段的离子交换、反渗透处理等创造有利条件。悬浮物和胶体在水中具有一定的稳定性，是造成水体浑浊、颜色和异味的主要原因，除去这些杂质一般采用混凝、澄清和过滤等净化处理工艺。

当采用地表水为水源，浊度大于 50mg/L 或原水中胶体硅含量较高时采用混凝-澄清-过滤处理工艺。水中胶体物质的自然沉降速度十分缓慢，要去除水中的胶体类杂质，必须破坏其稳定结构，增强胶体之间的絮凝，使细小的胶体凝聚成为大颗粒沉淀。向水中投加混凝剂或助凝剂，经过混合、凝聚、絮凝等综合作用，胶体颗粒和其他微小颗粒聚合成较大的絮状物。凝聚和絮凝全过程称为混凝，在混凝过程中，微小悬浮微粒和胶体杂质聚集成较大固体颗粒而迅速沉降，使水变澄清。这一过程习惯上被称为沉淀，因此澄清池也叫沉淀池。

原水经过混凝澄清处理后，其浊度仍然较高，一般在 10～20mg/L。此时还不能直接送入后续除盐系统，还需降低浊度。此时通常采用过滤方法降低水的浊度，除去水中部分有机物、细菌甚至病毒。石英砂是最常用的粒状过滤材料，其他还有天然砂、无烟煤、磁铁矿砂、石榴石、大理石、白云石等。过滤设备中堆积的滤料层称为滤层或滤床，装填粒状滤料的钢筋混凝土构筑物称为滤池，装填粒状滤料的钢制设备称为过滤器。悬浮杂质在滤床表面截留的过滤称为表面过滤，而在滤床内部截留的过滤称为深层过滤或滤床过滤。过滤设备通常位于澄清池或沉淀池之后，过滤前水样的浊度一般在 15mg/L 以下，滤出浊度一般在 2mg/L 以下。当原水浊度低于 150mg/L 时也可以采用原水直接过滤或接触混凝过滤。

混凝澄清与过滤处理已除去天然水中部分有机物和微生物（40%～50%），但天然水中的盐类仍需要脱除，残留的有机物和微生物仍会造成后续离子交换树脂的污染，因此还需要进行水的杀菌消毒处理。

水的化学法杀菌消毒有加氯、次氯酸钠、二氧化氯或臭氧处理等；物理法包括加热、紫外线处理等。加氯（Cl_2）与次氯酸钠杀菌是含氯物质溶解在水中产生的 HClO 起主要作用。液氯和次氯酸钠虽然是较好的灭菌消毒剂，但可能造成细菌的后繁殖，脱氯之后在过滤器或膜组件里细菌反而大量繁殖，并产生消毒附产物（卤代烷），这是一种致癌物质；膜元件在短暂性接触自由氯时仍有良好的运行性能表现，但与 1×10^{-6} 自由氯接触 200～1000h 之后会发生实质性的降解，液氯和次氯酸钠会缓慢地破坏过滤膜。某些反渗透膜和离子交换树脂无法适应残余氯，加氯杀菌消毒处理后必须对反渗透膜进行再次脱氯。一般采用亚硫酸钠或活性炭吸附法脱氯。

$$Na_2SO_3 + HClO \longrightarrow Na_2SO_4 + HCl \tag{19-33}$$

$$NaHSO_3 + HClO \longrightarrow NaHSO_4 + HCl \tag{19-34}$$

目前较为普遍的物理消毒方法是紫外灯管辐射，波长为 2540nm，剂量为 $300J/m^2$。美国 Diablo Canyon 核电厂的 SWRO 系统上采用紫外线消毒法，该方法的消毒杀菌效果较好。但由于紫外灯管容易受水中悬浮物、胶体等物质的吸附，相较于化学法成本更高。

(2) 锅炉补给水除盐　当原水含盐量高时，水中的钙、镁等离子极易在管壁结垢。水垢的热导率约为钢铁的数百分之一至数十分之一，锅炉结垢导致炉管过热损坏、燃料浪费、出力降低，缩短了锅炉使用寿命。经过混凝过滤处理去除悬浮物胶体杂质后还需要去除水中的盐离子，常用的软化除盐方法有离子交换、电渗析、反渗透法 3 种。

1) 离子交换水处理　离子交换又称为化学除盐（软化）过程，水中的各种离子与离子交换树脂进行交换反应而被除去。例如阳离子交换树脂中可交换的阳离子（如 Na^+、H^+）可以交换除去水中的 Ca^{2+}、Mg^{2+}。目前，我国锅炉中离子交换水处理的普及率达 90%以上，并且一般采用氢（H^+）型阳离子树脂，阴离子树脂为氢氧根（OH^-）型。氢型阳离子交换后水中原有的 HCO_3^- 与 H^+ 结合产生难解离的碳酸，通过真空脱碳器或大气式除碳器除去。

以钠离子交换装置为例。钠离子交换装置的种类较多，有浮动床、流动床、移动床、固定床，前 3 种适用于原水水质稳定、软化水出力不大、连续不间断运行工况，工业锅炉通常采用固定床离子交换装置。

一般的单级离子交换法（见图 19-65）可以使水中残余硬度降低到小于 0.035mmol/L，当原水硬度较高或者对软化水要求标准较高（要求残余硬度＜0.02mmol/L）时应采用两级钠离子交换。

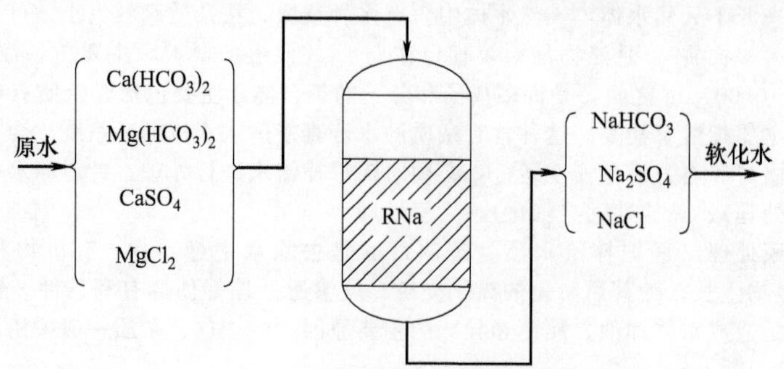

图 19-65 单级钠离子交换软化装置

硬水（Ca^{2+}、Mg^{2+} 含量在 0.4mmol/L 以上）经钠离子交换装置，交换剂中的 Na^+ 与水中的 Ca^{2+}、Mg^{2+} 发生交换，溶液中易结垢的 Ca^{2+}、Mg^{2+} 转变为 Na^+。当离子交换剂中的 Na^+ 与 Ca^{2+}、Mg^{2+} 交换完成后，离子交换剂失去软化水的能力，此时可以用 10%～15%的 NaCl 溶液对失效的树脂进行再生［式（19-35）、式（19-36）］，再生形成的水溶性 $CaCl_2$、$MgCl_2$ 用水冲洗除去。

$$2NaCl + CaR_2 \longrightarrow 2NaR + CaCl_2 \tag{19-35}$$

$$2NaCl + MgR_2 \longrightarrow 2NaR + MgCl_2 \tag{19-36}$$

离子交换树脂经再生后可以重复使用多次，以钠离子交换树脂再生为例，采用自上而下的顺流再生方式可以使离子交换树脂再生比较彻底，但采用逆流再生是更合理的方式。再生液自下而上，首先进入树脂的保护层，经饱和层流出。为使树脂层松动，再生前一般需要进行反洗，除去聚集在树脂层中的悬浮杂质。

钠离子交换法有很好的阻垢效果，但离子交换用于锅炉水处理也存在一定的局限性：首先，软化后水的腐蚀性增强，腐蚀产物结垢加重，对使用软化水的锅炉更有必要采取防腐措施；其次，软化水的含盐量并没有降低，不能起到降低锅炉排污率的作用。如图 19-66 所示，从环境友好角度出发，离子交换法同样存在交换树脂再生废液的处理问题，普通钠离子交换系统不可避免地会产生盐液制备系统排污、再生废盐水排污、反洗水排废、冲洗水排废等，这些废水的排放不仅浪费大量的淡水资源，还会使淡水咸化。

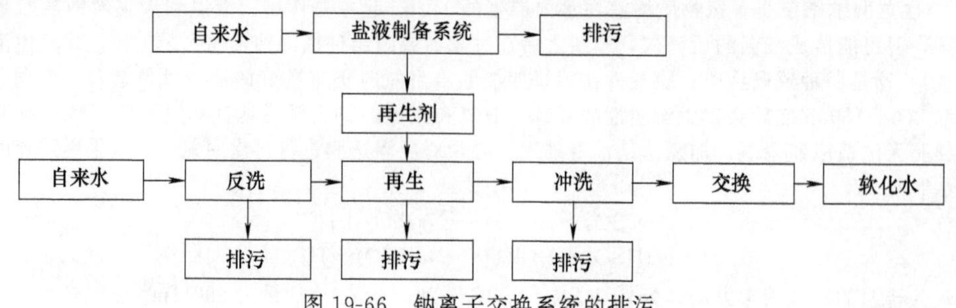

图 19-66 钠离子交换系统的排污

离子交换树脂除盐的经济性取决于酸碱再生剂的消耗，因此处理高含盐水的经济性较差。为减轻离子交换除盐的负担，一般先对含盐水进行电渗析等预处理除盐。

2）反渗透水处理 反渗透（Reverse Osmosis，RO）技术是以压力为驱动力的膜分离技术，其技术原理如图 19-67 所示。在一定温度下，一张透水不透盐的半透膜将淡水和盐水隔开［图 19-67（a）］，此时淡水通过渗透膜向盐水方向移动，右侧盐水水位升高，产生一定的压力，阻止左侧淡水向盐水渗透，直至达到平衡［图 19-67（b）］，此时的平衡压力称为溶液的渗透压，这种现象称为渗透现象。若在右侧盐水侧施加一超过渗透压的外压［图 19-67（c）］，右侧盐溶液中的水则会通过半透膜向左侧淡水室移动，使盐水中的水与盐分离，此现象即为反渗透现象。

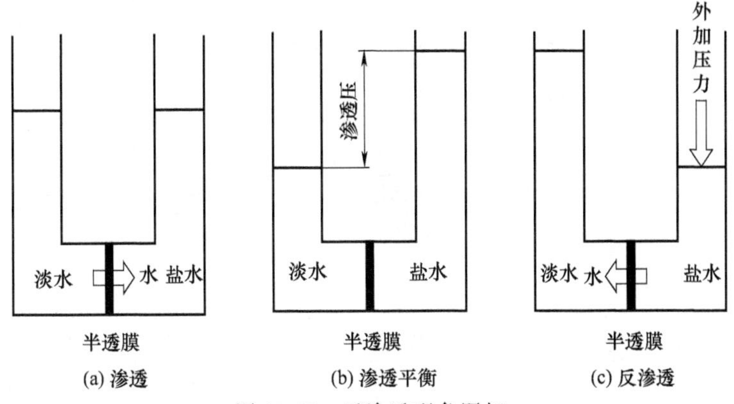

图 19-67　反渗透现象图解

盐水室的外加压力提供了水从盐水室向淡水室移动的推动力，而用于隔离淡水与盐水的半透膜称为反渗透膜，反渗透膜为高分子材料，目前用于火电厂的反渗透膜多由芳香聚酰胺复合材料制成。

反渗透装置主要由膜组件、泵、过滤器、阀、仪表及管路等组装而成，反渗透工艺有连续式、部分循环式和全循环式，按反应过程又分为单段式和多段式。实际生产中一般采用多段连续式。

单段反渗透系统如图 19-68 所示。反渗透系统第一级由一个或一个以上膜组件并联，一级产水汇集进入二级膜组件，浓水汇集到浓水总管中，浓水可以直接排放，也可以循环利用，二级膜组件浓水一般循环利用，以提高系统的回收率（给水转化为产水或透过液的百分比）。

图 19-69 为两段反渗透系统示意。系统含有三个组件，其中两个组件并联作为第一段，而第三个组件和前面两个组件串联作为第二段。一段浓水作为二段进水，一段与二段产水汇合使用。一般在苦咸水 RO 系统设计中，单只膜元件的回收率为 9％左右：对于流行的 6 芯膜组件构成的 RO 两段系统，第一段回收率为 50％左右，第二段的回收率为 50％左右，系统总的回收率为 70％～80％。第一段和第二段的进水量相比约为 2∶1，因此第一段和第二段的膜组件数一般为 2∶1。

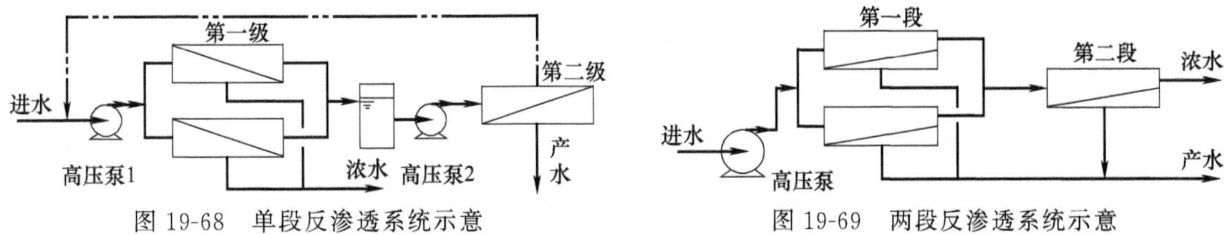

图 19-68　单段反渗透系统示意　　图 19-69　两段反渗透系统示意

为得到品质更高的产水，也可以采用多级反渗透系统，将前面一级系统的产水作为后面一级系统的进水。前一级浓水可以直接排放或循环进入原水箱，后一级浓水水质往往比原水还要好，可直接回流到前一级的高压泵入口。

反渗透膜的常见污染有沉淀物沉积、胶体沉积、有机物沉积、微生物繁殖等。

① 沉积。水中固体浓度超过其溶解度极限时，这些杂质将在膜表面沉积。水体中碳酸盐及硫酸盐、硅酸盐等溶解度较小的物质容易发生沉积。沉积多发生在装置下游，预处理时向进水中加入阻垢剂可以防止沉积。

② 污堵。膜表面沉积或吸附水体中杂质会造成膜性能下降，这种类型的污染通常在上游膜元件中更为严重。污堵具体表现为中度到严重的水通量下降、系统压降增加、盐透过率增加。造成污堵的物质主要有胶体和颗粒物质、腐殖质、单宁酸等杂质，预处理时添加的絮凝剂过量也有可能造成污堵。

③ 膜老化。进水中存在氯、臭氧或高锰酸钾等氧化剂时容易造成膜老化。当使用聚酰胺膜时，必须从水体中去除上述所有氧化剂，当使用醋酸纤维素膜时进水水体中绝对不能含有 Fe^{3+} 、O_3 和 $KMnO_4$，可以含有 0.5～1.0mg/L 的游离氯。

多数情况下，产水量、脱盐率和压降变化与某些特定故障原因相关联，表 19-36 汇总了这些故障、可能的原因及纠正措施。

表 19-36 故障状况、起因及纠正措施

故障症状			直接原因	间接原因	解决方法
产水流量	盐透过率	压差			
↑	⇑	→	氧化破坏	余氯、O_3、$KMnO_4$等	更换膜元件
↑	⇑	→	膜片渗漏	产水背压 膜片磨损	更换膜元件 改进保安滤器过滤效果
↑	⇑	→	O形圈泄漏	安装不正确	更换O形圈
↑	⇑	→	产水管泄漏	装元件时损坏	更换膜元件
⇓	↑	↑	结垢	结垢控制不当	清洗;控制结垢
⇓	↑	↑	胶体污染	预处理不当	清洗;改进预处理
↓	→	⇑	生物污染	原水含有微生物 预处理不当	清洗、消毒 改进预处理
⇓	→	→	有机物污染	油、阳离子聚电解质	清洗;改进预处理
⇓	→	→	压密化	水锤作用	更换膜元件或增加膜元件

注:↑表示增加;↓表示降低;→表示不变;⇑⇓表示主要症状。

反渗透装置在运行过程中不可避免地会受到水体中杂质的污染,影响膜组件的安全稳定运行。为了恢复膜元件的除盐性能,需要对膜元件进行化学清洗,化学清洗一般3～6个月进行一次。清洗液pH值可能在1～12之间,清洗过程中应检测清洗液的温度、pH值、运行压力以及清洗液颜色变化,运行压力能完成清洗过程即可,压力容器两端压降不超过0.35MPa。

离子交换法在我国燃煤锅炉中的应用有90%以上,一般与电渗析或反渗透联合使用,尤其是反渗透法可以除去大量离子,作为离子交换的预处理工艺降低了离子交换的负荷,减轻了树脂污染,延长了离子交换树脂的使用寿命。

3) 电渗析水处理 电渗析是在直流电场作用下,溶液中的离子有选择性地通过离子交换膜迁移。以双膜电渗析槽为例对其工作原理进行介绍,如图19-70所示。

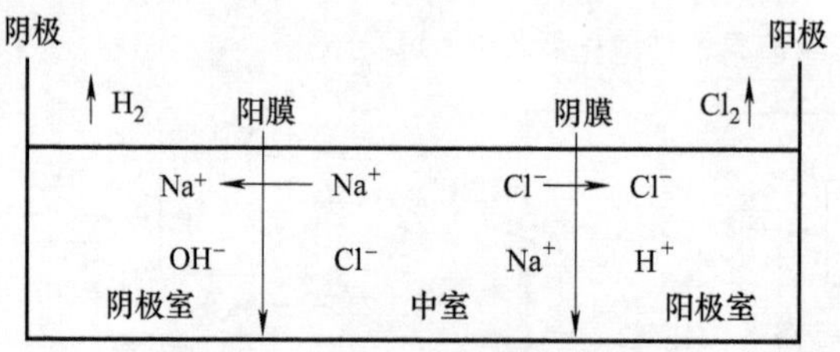

图 19-70 双膜电渗析槽工作原理

由图19-70可知,电渗析槽被阳膜、阴膜分为阳极室和阴极室以及中室,中室充满氯化钠溶液,在直流电场作用下,溶液中的钠离子(Na^+)向阴极方向迁移,透过阳膜进入阴极室,同时发生电极反应,有氢气逸出:

$$2H^+ + 2e^- \longrightarrow H_2 \tag{19-37}$$

中室溶液中的Cl^-向阳极方向迁移,通过阴极膜进入阳极室,发生电极反应,有氯气释放:

$$2Cl^- \longrightarrow Cl_2 + 2e^- \tag{19-38}$$

中室的氯化钠溶液在直流电场的定向迁移和离子交换树脂膜选择渗透的共同作用下不断电离,浓度降低。

电渗析装置主要包括电渗析器本体及辅助设备两部分。其中电渗析器本体由膜堆、极区和夹紧装置组成,附属设备主要是各种料液槽、水泵、直流电源及进水预处理设备等。图19-71为板框型电渗析器结构,由离子交换膜、隔板、电极和夹紧装置等组成。一列阳、阴离子交换膜固定于电极之间,保证被处理的液流能绝对隔开。电渗析器两端为端框,每框固定有电极和用以引入或排出浓液、淡液、电极冲洗液的孔道。一般端框较厚、较紧固,便于加压夹紧。电极内表面呈凹陷状,当与交换膜贴紧时即形成电极冲洗室。隔板的边缘有垫片,当交换膜与隔板夹紧时即形成溶液隔室。通常将隔板、交换膜、垫片及端框上的孔对准装配形成不同溶液的供料孔道,每一隔板设有溶液沟道用以连接供液孔道与液室。

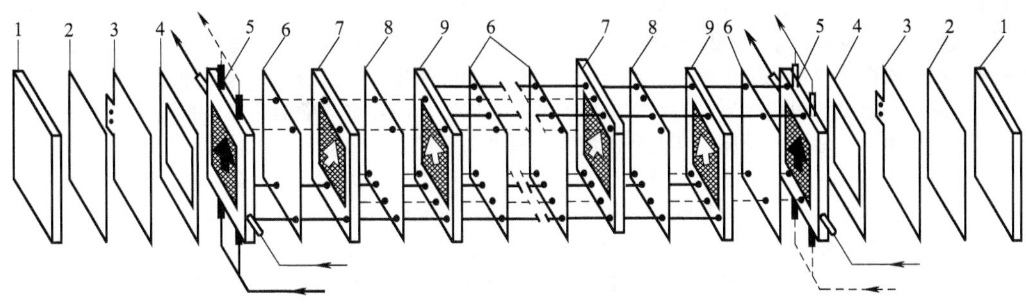

图 19-71 电渗析器本体结构

1—压紧板；2—垫板；3—电极；4—垫圈；5—导水板；6—阳膜；7—淡水隔板框；8—阴膜；9—浓水隔板框；
— —极水；━ —浓水；… —淡水

实际应用中要求电渗析器长期稳定运行，结构上不易产生结垢、沉淀，即使产生也容易清除，并尽可能减少漏电、防止漏水。电渗析器的材料要求具有良好的抗化学腐蚀性，有足够的机械强度。对于含盐量在500mg/L以上的原水，往往采用电渗析法除盐或反渗透＋离子交换法除盐。电渗析的适用范围见表19-37。

表 19-37 电渗析的适用范围

用途	除盐范围			成品水的直流耗电量/(kW·h/m^3)	说明
	项目	起始	终止		
海水淡化	含盐量/(mg/L)	35000	500	15～17	规格较小时如500m^3/d,建设时间短,投资少
苦咸水淡化	含盐量/(mg/L)	5000	500	1～5	淡化到饮用水,比较经济
水的除氟	含氟量/(mg/L)	10	1	1～5	在咸水除盐过程中,同时去除氟化物
淡水除盐	含盐量/(mg/L)	500	5	<1	将饮用水除盐到相当于蒸馏水的初级纯水,比较经济
水的软化	硬度($CaCO_3$)/(mg/L)	500	<15	<1	除盐过程中同时去除硬度
纯水制取	电阻率/(MΩ/cm)	0.1	>5	1～2	采用树脂电渗析工艺,或电渗析＋混床离子交换工艺
废水的回收利用	含盐量/(mg/L)	5000	500	1～5	废水除盐,回收有用物质和除盐水

2. 冷却循环水

火力发电厂还有较为重要的一部分水耗来自凝汽器及辅机冷却的循环冷却水系统。一般将发电机空气冷却器、油冷却器以及轴承冷却器等的用水简称为辅机冷却用水。电厂采用的冷却系统主要有3种。

(1) 直流系统 我国南方丰水地区的河流较多，有条件时设备冷却往往首先采用直流系统。但从环保角度考虑，需要减少废水排放，解决水体环境污染和热污染带来的影响。

(2) 循环冷却系统 北方及内陆地区的水资源匮乏，为了节约用水，在冷却水系统中通常设置冷却塔，温度较高的水经过冷却塔降温后再进入凝汽器和辅机，如此循环使用。大中型电厂中自然通风双曲线型冷却塔已经成为我国火力发电厂的标志性构筑物。带有冷却塔的循环冷却水系统比起直流（冷却水不循环）冷却方式节约水资源。但循环冷却电厂各区间冷却水的浓缩倍率不同，耗水量也有所差别，浓缩倍率越高平均耗水率越低。

(3) 机械通风直接空气冷却系统 2000年以来，国内各种容量火电机组的设计越来越多地采用机械通风直接空气冷却系统。随着设计成熟、施工及运行经验积累，直接空冷系统逐渐被用户接受和认可，特别是在国家发改委下发864号文，强调燃煤电站项目要“高度重视节约用水，鼓励新建、扩建燃煤电站项目采用新技术、新工艺，降低用水量”与“原则上应建设大型空冷机组”的精神指导，近年来直接空冷器的国产化或半国产化使得空冷岛设备投资大幅度降低，大小规模的火力发电厂几乎全部采用空冷机组。原来的凝汽器排汽通过带有自然通风双曲线冷却塔的循环冷却水系统在新建及扩建电厂中几乎不再使用。

但直接空冷只能一般直接冷却汽轮机排汽，其他附属设备及轴承冷却仍然采用循环冷却水系统，但冷却水量大大减小。循环冷却水设备一般采用机械通风冷却塔（以下简称冷却塔）。

机组循环冷却水系统有敞开式和封闭式两种。敞开式循环冷却水系统有冷却池和冷却塔两类，主要依靠水的蒸发降低温度，有的电厂采用风机促进蒸发降温，工艺流程如图19-72所示。由于循环过程中有大量的水蒸气逸出，冷却循环系统的水逐渐浓缩，其中所含的低溶解度盐分如 $CaCO_3$ 等，会逐渐达到饱和状态而析出。因此在补充新鲜补给水（补给水量多于蒸发损失水量）之前，必须排放一些循环水（排污水）以维持水量平衡。敞开式循环冷却系统中的冷却水直接与大气接触，灰尘、微生物等进入循环水，再加上换热设备中物料的泄漏等，会改变循环冷却水的水质。因此，敞开式循环冷却水的含盐量高、水质稳定性差、容易结垢，有机物、悬浮物含量也比较高。且循环水的富氧条件和温度条件（30～40℃）适合细菌生长，再加上含磷水质稳定剂的使用，使大部分电厂的循环冷却水系统含有丰富的藻类物质。因此，还需要对循环冷却水进行沉积物控制、腐蚀控制和微生物控制，循环冷却水排污也是电厂废水排放的一部分。

从排放角度来看，敞开式循环冷却水系统中总磷的含量有可能超标，其他污染物一般都不超过国家污水排放标准，大部分废水可以直接排放。由于循环冷却水系统大多采用间断排污，排污水的水量变化较大，排污量的大小与蒸发量、系统浓缩倍率等因素有关。在干除灰电厂中，这部分废水约占全厂废水总量的 70% 以上，是全厂最大的一股废水。

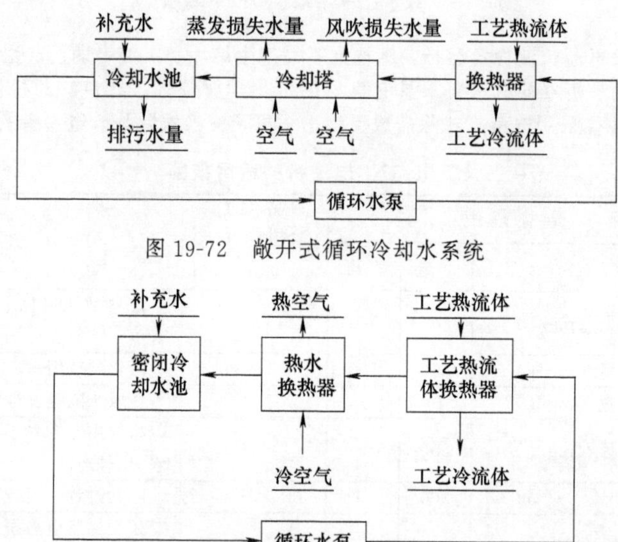

图 19-72 敞开式循环冷却水系统

图 19-73 封闭式循环冷却水系统

封闭式循环冷却水系统（图 19-73）中的循环冷却水在管路内流动，管外通常是空气散热。除换热设备物料泄漏外，其他因素均不改变循环冷却水水质。但为了防止换热设备中产生盐垢，冷却水需要软化除盐，通常加入缓蚀剂防止管路及换热设备腐蚀。闭式循环冷却水系统只有在检修时才排放管路中的冷却水。

循环冷却系统排出的高含盐废水需经过处理才能排放或回收，常用的处理方法有过滤、膜分离技术（微滤、超滤、纳滤和反渗透）、化学沉淀软化、离子交换法。循环冷却水处理不仅要解决管路设备腐蚀、结垢问题，还要最大程度地节约水资源，最终实现废水“零排放”。循环冷却水系统排水的含盐量较高，其他污染物含量较少，可用作厂区各处冲洗水、脱硫工艺的系统消耗用水、输煤系统水冲洗除尘及干灰调湿用水等。

3. 凝结水精处理

未污染凝结水水质接近纯水，可作为最优质的锅炉给水和生产工艺用水。凝结水中含有的蒸汽显热占蒸汽总热量的 20%～30%，回收凝结水是节水与节能的有效方法。某些化工厂、印染厂凝结水水质较差，回收凝结水成本较高，通常间接利用凝结水，采用热交换器充分回收凝结水的热量用于加热锅炉给水等需要加热的流体，凝结水热量回收后做简单处理达到排放标准可直接排放。也有将放出潜热的凝结水回用至锅炉，作为锅炉补给水使用，节省了软化水和补充水，凝结水所携带的热量也提高了系统热效率。

虽然凝结水水质接近于纯水，但在实际回收时往往因管道、设备锈蚀泄漏等使凝结水受到腐蚀产物及泄漏物料的污染。污染后的凝结水不符合锅炉补给水水质要求，必须进行除铁、除油达到符合锅炉给水标准后才能再利用。凝结水处理是大容量、高参数发电机组中特有的水处理方式，相比于自然水体凝结水较为纯净，故又称为凝结水精处理。凝结水中的污染物主要是金属腐蚀产物和油类物料。金属腐蚀产物主要是铁和铜的氧化物、氢氧化物等，主要有固态 Fe_3O_4、FeOOH、Fe_2O_3、Fe^{2+} 以及 Cu^{2+} 等，被污染的凝结水一般呈红褐色，且腐蚀越严重则水的颜色越深。油类污染物主要来自于工艺及设备操作过程，其中大部分为烃类，由于凝结水水温较高，水的密度和绝对黏度降低，油粒密度和黏度也大大降低，油水分散阻力减小。凝结水中油主要以少量溶解油和乳化油形式存在，凝结水精制的目的是除去水中的金属腐蚀产物、油类物料以及微量的溶解盐类。

(1) 凝结水除油　油脂随凝结水进入锅炉会附着在传热壁面，受热分解为热导率很小的附着物，严重影响管壁的传热，危及锅炉安全。工业上处理含油污水主要有物理法、化学法、生物法等。凝结水中油含量较小，一般采用重力除油、粗粒化除油、活性炭除油、粉末树脂过滤除油、精细过滤除油等物理除油方法。

1) 重力除油　基于油水密度差实现油水分离，常见的重力除油设备有立式除油罐和立式斜板除油罐。含油污水进入立式除油罐中心筒，经配水管流入沉降区，水中粒径大的油珠首先上浮，粒径小的油珠随水向下游动，部分小粒径油珠在随水流动过程中不断碰撞聚结成大油珠上浮，最终未上浮的部分小油珠随水流排出除油罐。重力除油可以除去水中少量的乳化油，凝结水中含油量少，温度较高，重力除油对这类油的分离效果较差，应用较少。

2) 粗粒化除油　根据油与水对聚结材料表面亲和力的差异，利用填充粗粒化材料的床层捕获油粒，油粒被粗粒化材料捕获滞留于材料表面和孔隙内，随着捕获油滴物增厚形成油膜，当油膜达到一定厚度时产生变形，合并成为较大的油珠从水中分离。粗粒化除油的关键在于粗粒化材料，粗粒化材料一般选用亲油性粒状或纤维状材料，一次性使用主要用纤维性材料，重复再生使用多采用粒状材料。该技术在初始运行过程中对凝结水中的乳化油有较好的去除效果，随着使用时间增加，粗粒化材料失效、黏结导致除油效果不稳定，需要更换或冲洗材料，运行费用高。粗粒化除油运行温度较低，一般在60℃左右，凝结水必须经过降温后才能用该方法进行除油处理。

3) 活性炭除油　活性炭具有非常多的微孔和巨大的比表面积，物理吸附能力强。性能较好的活性炭比表面积一般在1000m^2/g以上，细孔总容积可达到0.6～1.19mL/g，孔径为1.0～10^4nm，市场上售卖的活性炭有粉末活性炭、无定型颗粒活性炭、圆柱形活性炭和球形活性炭4种。国产工业净化水活性炭均为黑色无定型颗粒状活性炭。活性炭纤维相较于粒状活性炭具有外表面积大、孔口多、易吸附和脱附、吸附容量大等优点。活性炭除油的缺点是当活性炭吸附达到饱和后要停运再生或更换，每年需要更换滤料5～6次。除油温度不能过高，高温下吸附与解吸附同时存在，无法达到要求的除油效果。

(2) 凝结水除铁　凝结水中的金属腐蚀产物主要是Fe^{2+}和不溶性铁氧化物，去除凝结水中溶解Fe^{2+}的方法是将其转化为不溶或难溶的金属化合物，然后沉淀分离。目前除铁方式主要有离子交换法、膜法和过滤器法。

离子交换除铁与离子交换除盐类似，凝结水通过阳离子交换器，凝结水中的Fe^{2+}和Cu^{2+}被交换除去。但离子交换树脂容易被铁污染，且污染后很难再生；另外，离子交换树脂耐受的最高温度有限，阳离子交换树脂的耐温性一般只能到70℃，阴离子交换树脂的耐温性更差。工业锅炉、中压锅炉及其热电联产系统的凝结水温度一般很高，容易使树脂失效，可采用先降温后除铁的方法，也能避免造成热能损失。

除铁过滤器有覆盖过滤器、粉末树脂覆盖过滤器、磁力过滤器和管状微孔过滤器等。覆盖过滤器是将粉末状的滤料覆盖在过滤元件上，使其形成一个均匀的微孔过滤膜，被处理的水通过滤膜过滤后，经滤元汇集送出合格水（图19-74）。覆盖过滤器去除水中悬浮物、铁的性能良好，但操作复杂，且由于需要经常更换滤料，导致运行费用较高。

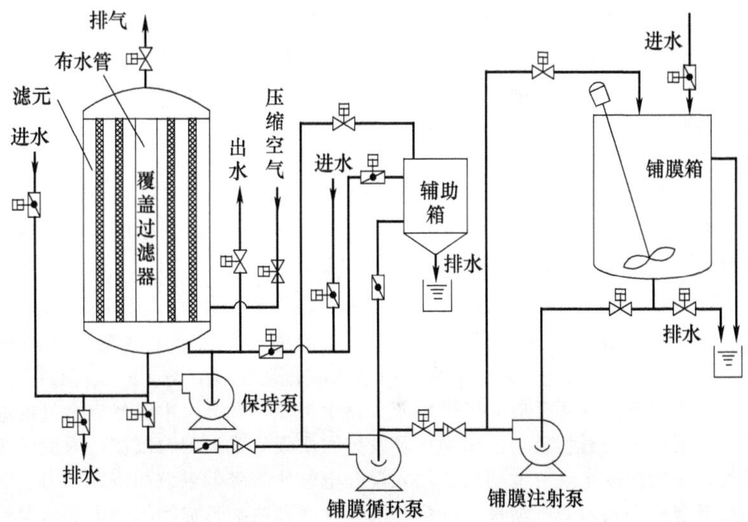

图19-74　粉末树脂覆盖过滤器系统

磁力过滤器内部填充的物料为强磁性物质，过滤器外部装有能改变磁场的电磁线圈。通直流电时，线圈产生强磁场，使填充物磁化，再通过填料对水中磁性物质颗粒的磁力吸引，将杂质截留在磁化的填料表面，除铁效果较好。

管状微孔过滤器的结构与覆盖过滤器相似，管状微孔过滤器滤元采用合成纤维、金属丝等绕制成具有一定孔隙度的滤层，利用过滤介质的微孔把水中悬浮物截留下来。

微孔布袋过滤器集磁力过滤和微孔过滤为一体，进水首先经过磁力棒组成的磁力场，水中磁性颗粒被吸附到磁力棒上，然后凝结水再经过微孔滤袋进一步过滤。与管状微孔过滤器不同的是，微孔布袋过滤器凝结水在微孔滤袋自里向外流，而管状微孔过滤是从外向里流。

近年来，陶瓷超滤膜在石化行业的除油除铁应用较多。陶瓷超滤膜是一种以多孔陶瓷材料为介质制成的具有超滤分离功能的渗透膜，多以玻璃、二氧化硅、氧化铝、莫来石等原料经过高温烧结制成，孔径一般在50nm左右。陶瓷超滤膜可承受高温和宽范围pH值水质，且其化学惰性要比聚合物膜高出几倍，一般用于微滤和超滤。

覆盖过滤器、磁力过滤器主要用于200MW以上发电机组的凝结水处理，管状微孔过滤器可用于中低压锅炉的凝结水处理。

（二）脱硫废水零排放

烟气湿法脱硫工艺因其较高的脱硫效率在国内外应用广泛。湿法脱硫系统用水量巨大，超过了机组总用水量的50%。在脱硫系统运行过程中，需要定时从脱硫系统持液槽或者石膏制备系统中排出废水，即脱硫废水，维持脱硫浆液的物料平衡。同时在废水零排放背景下，循环水排污水、反渗透浓水等电厂废水都汇集到脱硫塔，也增加了脱硫废水的水量、恶化了脱硫废水的水质。

脱硫废水水质特点如下。

(1) 含盐量高 脱硫废水含盐量高，变化范围大，一般为30000～60000mg/L，且含有各种重金属离子（Hg^{2+}、Pb^{2+}、As^{3+}、Cr^{2+}等）。

(2) 悬浮物种类多含量高 脱硫废水中含有大量的粉尘和脱硫产物石膏等，悬浮物含量在10000mg/L以上。

(3) 硬度高，易结垢 脱硫废水Ca^{2+}、Mg^{2+}、SO_4^{2-}含量高，其中SO_4^{2-}含量在40000mg/L以上，Ca^{2+}为1500～5000mg/L，Mg^{2+}为3000～6000mg/L，$CaSO_4$处于过饱和状态，在加热浓缩过程中容易结垢。

(4) 腐蚀性强 脱硫废水含盐量高，尤其是Cl^-含量高，pH值一般在5.5～6.5之间，呈弱酸性，腐蚀性非常强，对设备管道的耐腐蚀度要求较高。

湿法脱硫产生的脱硫废水中COD、pH值、重金属离子等均超过排放标准，我国2006年颁布的《火力发电厂废水治理设计技术规程》明确提出：火电厂脱硫废水处理设施要单独设置，优先考虑处理回用，不设排放口，必须实现废水“零排放”。

火电厂脱硫废水处理技术路线主要有常规处理和“零排放”处理，常规脱硫废水处理技术主要指化学沉淀法。化学沉淀法在国内外应用广泛，采用氧化、中和、沉淀、凝聚等方法去除脱硫废水中的污染物，处理后水质基本能达标排放，操作简单，但COD和SS含量往往不能稳定达标排放。随着环保要求提高，脱硫废水“零排放”技术越来越受到关注。当前，脱硫废水“零排放”处理技术有蒸发结晶法和喷雾干燥法（包括烟道蒸发技术和烟道外喷雾干燥“零排放”技术）。

1. 化学沉淀法

化学沉淀法处理流程如图19-75所示。废水依次流经3个格槽，每个格槽充满后自流进入下个格槽。第1个格槽的作用是中和和初步化学沉淀，在格槽中加入一定量的石灰浆液，不断搅拌将废水的pH值提高至9.0～9.5。石灰浆液［$Ca(OH)_2$］的加入可以与废水中的Fe^{2+}、Cu^{2+}、Ni^{2+}等重金属离子生成氢氧化物沉淀、与As^{5+}结合生成$Ca(AsO_3)_2$难溶物质；Ca^{2+}还能与废水中的部分F^-反应，生成难溶的CaF_2。第2个格槽主要是铅、汞化学沉淀，在第1个格槽加入石灰浆液后绝大多数重金属离子已经被脱除，但Pb^{2+}、Hg^{2+}仍以离子形态留在废水中，因此在第2个格槽中加入有机硫化物，与Pb^{2+}、Hg^{2+}反应生成难溶的硫化物沉淀。第3个格槽主要发生絮凝反应，经过前两步化学沉淀后，废水中仍然有大量的细小颗粒和胶体物质，第3个格槽中加入絮凝和助凝物质，使细颗粒及胶体物质聚集成大颗粒沉淀。为促进氢氧化物和硫化物沉淀、强化颗粒长大，一般在废水反应池的出口加入聚合电解质来降低颗粒的表面张力。

絮凝后的废水从混合槽进入斜管沉淀池，絮凝物沉积在底部浓缩形成污泥，上部为净水。净水流入砂滤池过滤后达标排放或送至灰场冲灰，污泥进入污泥池，通过压滤脱水外运。

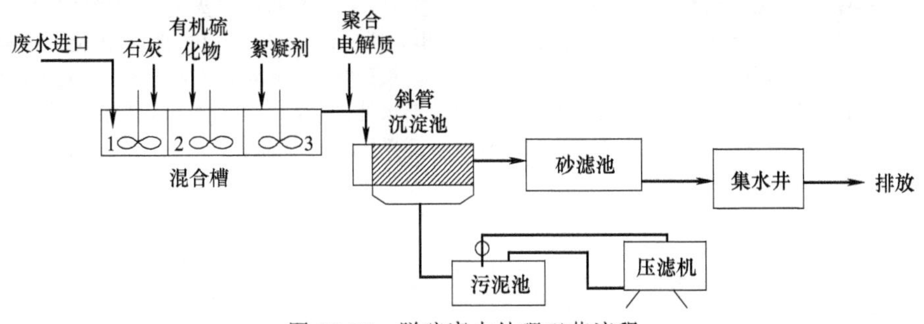

图 19-75　脱硫废水处理工艺流程

化学沉淀法对大部分金属和悬浮物有很强的去除作用，但对氯离子等可溶性盐分没有去除效果，对硒等重金属离子的去除率也不高，直接排入水体会使接纳水体的含盐量增高。经过化学沉淀处理的脱硫废水一般用于湿式除渣或者灰场喷洒。

2. **蒸发结晶法**

脱硫废水经过投加石灰、有机硫、絮凝剂、重力沉降等预处理，去除废水中大部分悬浮物、重金属、硬度、SiO_2 等结垢物质后由多效蒸发器或机械蒸汽再压缩蒸发器进行蒸发结晶处理，冷凝水回用，结晶盐另行处理。蒸发结晶技术成熟可靠，但投资费用及运行成本较高。

(1) 多效蒸发结晶　多效蒸发结晶一般包括热输入单元、热回收单元、结晶单元和附属系统 4 个部分。多效蒸发是将几个蒸发器串联运行，多次利用蒸汽热提高热能利用率。常用的多效蒸发技术有双效蒸发、三效蒸发和四效蒸发，图 19-76 所示是三效蒸发流程。国内河源电厂采用蒸发浓缩技术处理电厂废水，系统设计出力 $22m^3/h$，处理脱硫废水 $18m^3/h$，其他废水 $4m^3/h$，采用“预处理＋深度处理”工艺路线，预处理包括混凝沉淀系统、水质软化系统和污泥处理系统；深度处理则采用四效立管强制循环蒸发结晶工艺，预处理出水依次进入 1～4 蒸发结晶罐蒸发结晶，蒸发水回用于电厂循环冷却水，产生的固体结晶盐达到二级工业盐标准。

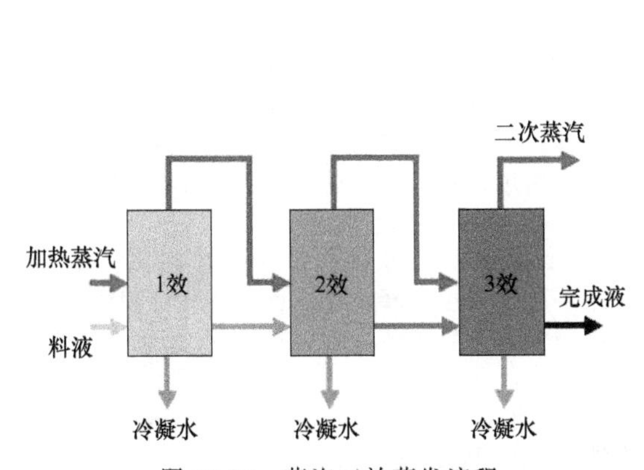

图 19-76　蒸汽三效蒸发流程

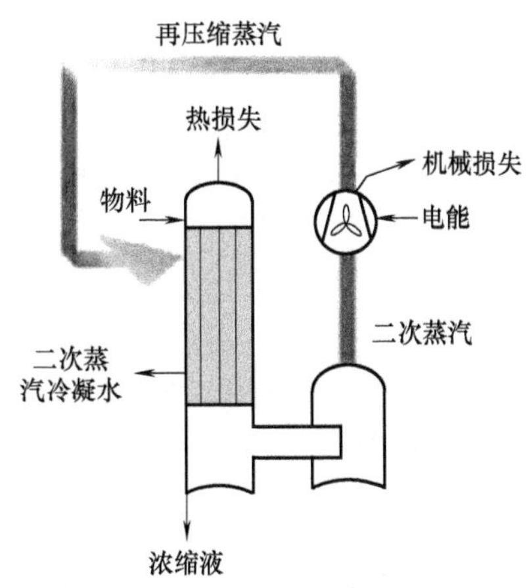

图 19-77　机械式再压缩工作流程

(2) 机械蒸汽压缩蒸发　多效蒸发及机械蒸汽压缩蒸发（Mechanical Vapor Recompression，MVR）是当前废水蒸发结晶处理的主流工艺。这两项技术均利用热力系统蒸汽，对脱除固形物后的高含盐废水进行热交换，使之蒸发、结晶、干燥，高含盐水中的水部分转变为蒸馏水，部分盐结晶干燥为工业盐，实现废水“零排放”。机械式蒸汽再压缩蒸发器重新利用自身产生的二次蒸汽能量，对外界能源的需求减少。早在 20 世纪 60 年代，德国和法国已成功将该技术用于化工、食品、造纸、医药、海水淡化及污水处理等领域。

机械式蒸汽再压缩蒸发器原理如图 19-77 所示，锅炉向蒸发器提供一定量的热蒸汽，蒸发料液产生二次蒸汽，稀薄的二次蒸汽进入机械压缩机内被压缩，低温、低压蒸汽变为高温高压蒸汽，再重新进入蒸发器作为加热蒸汽使用。由于 MVR 蒸发器是个封闭系统，全程只有压缩机在耗能，而实际上，压缩机所耗能量比传统蒸发器锅炉产生蒸汽所耗的能量少，具有显著的节能优点。MVR 技术还可用于锅炉补给水处理、循环水处理及全厂水系统“零排放”工程项目。

(3) 预处理-膜浓缩-蒸发结晶法 环境保护部（现生态环境部）发布的《火电厂污染防治技术政策》和《火电厂污染防治可行技术指南》（HJ 2301—2017）中提出，脱硫废水应经中和、化学沉淀、絮凝、澄清等传统工艺处理，鼓励利用余热蒸发干燥、结晶等处理工艺。预处理-膜浓缩-蒸发结晶法成为废水处理的研究热点，该工艺中废水治理主要分三个阶段：第一阶段为前期预处理阶段，主要是软化澄清、降低水的硬度及悬浮物含量；第二阶段为膜浓缩减量处理阶段，该阶段主要采用高压渗透膜技术提取部分淡水回用，减少末端蒸发结晶器处理水量，以降低蒸发处理成本；第三阶段为蒸发结晶阶段，高盐浓水通过蒸发结晶处理固化废水中的盐分，使结晶水回用。通过调研掌握的废水治理信息，以上三个阶段基本确立了电厂脱硫废水零排放处理的主流工艺。

为确保蒸发结晶器正常运行和保证结晶盐品质，需要对脱硫废水进行严格的预处理，除去废水中的硬度、有机物和重金属。

1）预处理。传统的三联箱化学沉淀法可以作为一种预处理方法。此外，常用的预处理技术有软化澄清、管式微滤以及电絮凝技术，其中澄清池是预处理中的关键设备。澄清池能够适应水质水量变化，在澄清池中投加苛性钠等软化药剂除碱，比石灰法产泥少，但还需要投加混凝、助凝剂等来改善污泥的沉淀特性。

管式微滤膜（Tubular Micro-filtration，TMF）是以膜两侧压力差为推动力，采用错流过滤方式进行固液分离的一种膜技术，可用于除去水中微米级和更大的悬浮状固态物质、细菌及 COD 等。电絮凝也是废水预处理中较为常用的技术，其通过将吸附络合与中和反应、氧化还原反应、气浮等相结合，利用电化学原理，在电流作用下阴极处的水电解产生 H_2 和 OH^-，阳极（铁或铝等）电解产生金属阳离子，在电场作用下 OH^- 和金属阳离子发生迁移，在溶液中形成氢氧化物絮体。氢氧化物絮体具有巨大的比表面积和丰富的表面羟基，在絮体的吸附等作用下除去废水中的污染物。同时，由于阴极产生氢气的气浮作用，絮体上浮至溶液表面。电絮凝法是一种较为先进的废水处理技术，能有效处理重金属废水，在国外已逐步运用于湿法脱硫废水处理。但是电絮凝法一般不能去除废水中的氯离子，而用于高频电絮凝法的电极寿命短、能耗高。目前电絮凝技术主要用于处理化工废水和含油污水，在脱硫废水处理方面的报道较少。

2）膜浓缩减量技术。近年来，膜分离作为一种高效分离技术得到迅速发展和应用，被广泛应用于废水处理和纯水制造等领域。膜浓缩废水减量技术主要是通过膜过滤除盐实现脱硫废水的浓缩减量，锅炉补给水处理一节中已经介绍了几种典型的除盐方法，如离子交换法、反渗透法、电渗析法，此处仅对膜法高盐水浓缩技术进行介绍。

国外在膜法高盐水浓缩（MBC）处理废水方面研究较多，但在最为核心的膜材料和汲取液配方上遇到瓶颈，工业上未见实际应用案例。直至美国 Oasys Water 公司在正渗透膜材料以及汲取液配方取得突破后，在 2009 年将第一套 MBC 装置实际用于美国 Permain Basin 页岩气开采废水的浓缩零排放处理项目。

膜法高盐水浓缩（MBC）是一种通过正渗透和汲取液提纯组合对含盐水进行处理的技术。MBC 使用半透膜，在半透膜两侧渗透压差驱动下，水分子自发地从待处理的含盐水扩散到汲取液中，溶解盐仍留在盐水中。汲取液采用 Oasys 公司的专利技术，具有极高的渗透压，可以在进水总溶解固体值高达 150000mg/L 时驱动水分子透过膜。在水渗透进汲取液后，汲取液被稀释，可经再生装置处理并循环利用。含盐水经过半透膜后，成为浓度更高的浓盐水，最终蒸发结晶生成结晶盐。图 19-78 所示为 MBC 技术原理图。

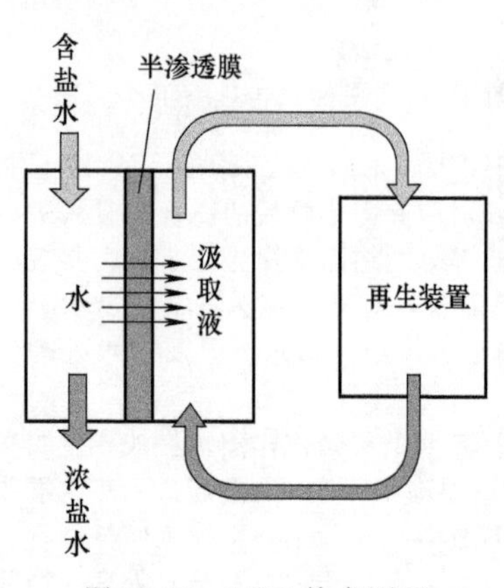

图 19-78 MBC 技术原理

利用该技术脱盐，原水无需达到沸腾状态，也无需通过高压泵作用，即使存在汲取液的加热回收，其能耗也小于蒸发器。MBC 半透膜不可逆的污染及结垢倾向比高压反渗透系统更低，具有更高的抗污染性能，并且 MBC 技术中半透膜能够选择性地去除水中的溶解物质。相对于已有的脱盐工艺，MBC 技术需要的化学药剂用量更低。MBC 系统主要由塑料管件和设备组成，无需昂贵的合金材料，系统模块化组装，投资成本较低。在国内，华能长兴电厂首先引入该技术作为废水“零排放”的主要工艺，具体将在本章第五节实际案例中详细介绍。

3. 喷雾干燥法

(1) 烟道蒸发技术 脱硫废水烟道蒸发技术是利用气液两相流喷嘴将脱硫废水雾化并喷入除尘器前烟道，利用烟气余热将废水完全蒸发，废水中的污染物转化为结晶物或盐类，随飞灰一起被除尘器捕集，工艺流程见图 19-79。

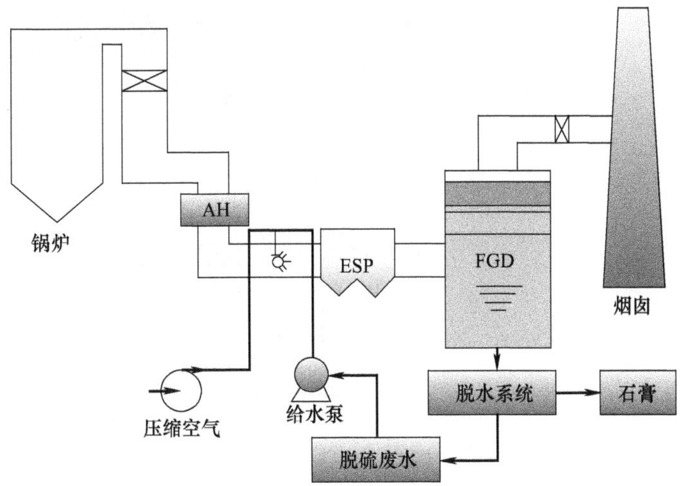

图 19-79 脱硫废水烟道蒸发工艺流程

烟道喷雾蒸发处理脱硫废水的特点是无液体排放，不会造成二次污染，也无需额外的能量消耗。目前国内研究主要集中在脱硫废水蒸发特性、对后续电除尘与 WFGD 的影响以及多污染物的协同脱除上。

国内焦作万方电厂 2×350MW 机组采用脱硫废水烟道喷雾技术（见图 19-80），舍弃了传统的三联箱加药，而是让废水经电絮凝后进入一级反应池，添加石灰乳，经沉淀后进入二级反应池，加入熟石灰和纯碱，二级反应澄清池出水加入弱酸调节 pH 值，再进入膜浓缩与烟气余热蒸发装置，采用烟道喷雾（烟气余热蒸发结晶）实现脱硫废水“零排放”。

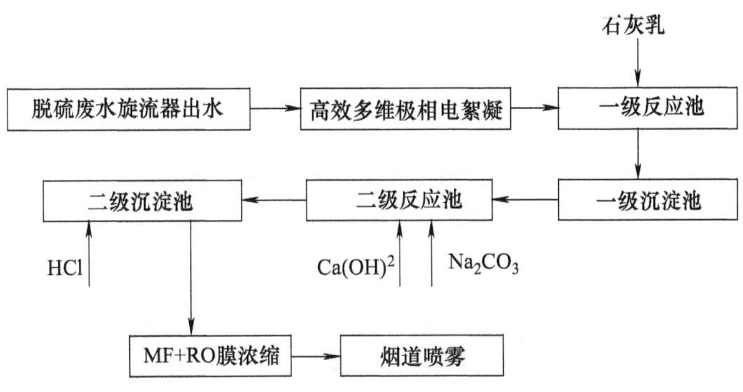

图 19-80 脱硫废水烟道喷雾技术

虽然烟道喷雾蒸发技术可以实现脱硫废水的“零排放”，但存在下列问题：a. 烟道喷雾蒸发处理能力低，无法完全满足“零排放”要求；b. 脱硫废水所含的大颗粒会造成喷嘴堵塞和磨损严重；c. 脱硫废水中重金属转移至飞灰，影响飞灰再利用；d. 脱硫废水不完全蒸发会引起烟道腐蚀，蒸发后高腐蚀含氯物质也会造成脱硫塔及其他设备的腐蚀；e. 烟道雾化对烟温、雾化时间等有一定的要求，需要根据电厂实际情况具体调整；f. 对于设有布袋除尘器的电厂易造成堵塞，该技术是否适合布袋除尘器还有待进一步研究。

(2) 喷雾干燥零排放技术 喷雾干燥技术抽取脱硫前的部分烟气直接干燥脱硫废水，在电除尘器出口与脱硫塔入口之间独立布置一级烟气余热蒸发装置（见图 19-81），该装置原理类似于脱硫塔，脱硫废水进入废水箱后通过废水输送泵送入蒸发器中部和上部，通过喷嘴将废水喷入蒸发器中。

欧远科技引进国外废水零排放技术，即旋转喷雾干燥法（Wastewater Spray Dry，WSD）来处理脱硫废水，从空预器前主烟道引出部分烟气进入喷雾干燥塔，经过高速旋转雾化器雾化、与喷射而出的脱硫废水雾滴充分接触，干燥塔出口烟气排入电除尘器前的主烟道（见图 19-82）。

烟气喷雾干燥技术利用烟气热量，不需要额外的蒸汽，投资运行费用远低于蒸发结晶工艺。脱硫废水在单独的干燥塔中进行蒸发，不影响除尘、脱硫等后续烟气净化装置。但旋转喷雾干燥技术抽取空预器前的部分烟气作为热源，会导致风温下降 4～6℃（抽取烟气量 2.8%～4.8%），锅炉效率降低 0.3%～0.5%。

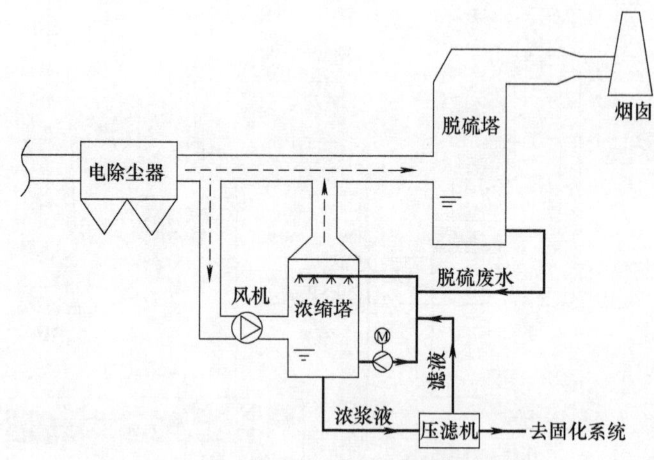

图 19-81 金堂电厂烟气余热蒸发流程

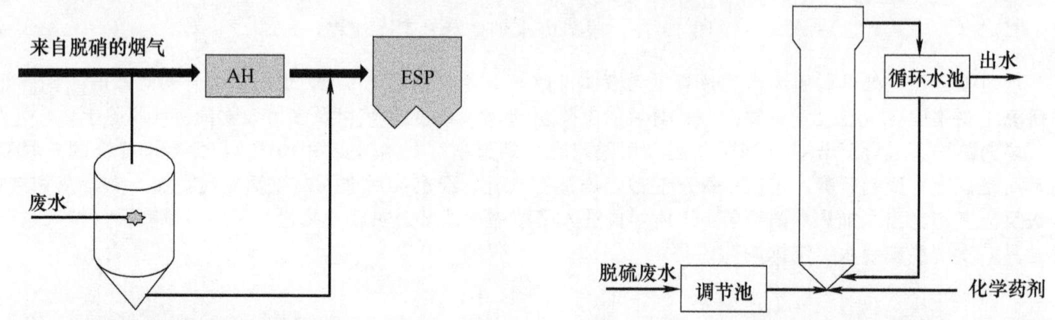

图 19-82 旋转喷雾干燥法脱硫废水处理工艺流程

图 19-83 典型脱硫废水流化床处理工艺流程

4. 脱硫废水中砷及重金属的脱除

脱硫废水处理中重要的一点是重金属的去除。生物处理技术可有效去除脱硫废水中的砷（至 μg/L 级）、汞（ng/L 级）等重金属元素及可生物降解的有机污染物，但其技术造价高，且容易形成强毒性有机硒和有机汞。流化床法也可用于水中重金属脱除，其处理脱硫废水工艺流程如图 19-83 所示。废水经调节池由流化床底部进入流化床，在水流作用下反应器内的金属载体处于流化状态，然后向反应器中添加亚铁盐溶液、Mn^{2+} 和氧化剂，生成难溶的二氧化锰和氢氧化铁并吸附水中的重金属离子，实现重金属的脱除。

吸附法也是脱除废水中重金属的有效方法，Y. H. Hueny 等采用复合零价铁材料处理脱硫废水，废水中汞和砷的去除率大于 99%，出水砷、铬、镉、镍、铅、锌、钒等的浓度也都接近或低于微克级水平。有学者采用序批式活性污泥法处理脱硫废水，污泥可以有效吸附废水中的铬、镉和铅，工艺出水中重金属离子浓度远低于国家排放标准。

5. 零水耗湿法烟气脱硫系统开发

西安交通大学团队进行了零水耗烟气湿法脱硫系统开发，模拟电厂实际脱硫塔结构搭建了烟气湿法脱硫小型实验系统（见图 19-84），在保证烟气脱硫效率的前提下，针对常用的钙法、钠碱法、镁法脱硫工艺，研究烟气水蒸气浓度、进口烟气温度、循环浆液温度等因素对塔内水分凝结的影响。通过浆液池中循环浆液的液位变化来衡量脱硫系统耗水量。在脱硫系统运行过程中，烟气的冷凝水进入浆液池，只有浆液池水量变化为 0 时表明脱硫过程不耗水也不节水，此状态为脱硫系统的零水耗点。

由图 19-85 和图 19-86 可以看出，循环浆液温度越高，系统耗水量越大；脱硫系统进口烟气温度越高，系统耗水量越大；进口烟气水蒸气浓度越高，系统的耗水量越小。而对于不同循环浆液的湿法脱硫工艺，均存在临界运行参数使得系统水耗为零（$I=0$）。

（三）废水分类处理回用

1. 酸碱性废水

酸碱性废水主要指化学除盐系统的再生废水，包括锅炉补给水处理系统排水、凝结水精处理系统排水和反渗透化学清洗的再生废水，废水呈酸性或碱性，含盐量很高。从排放角度看，超标的项目一般只有 pH

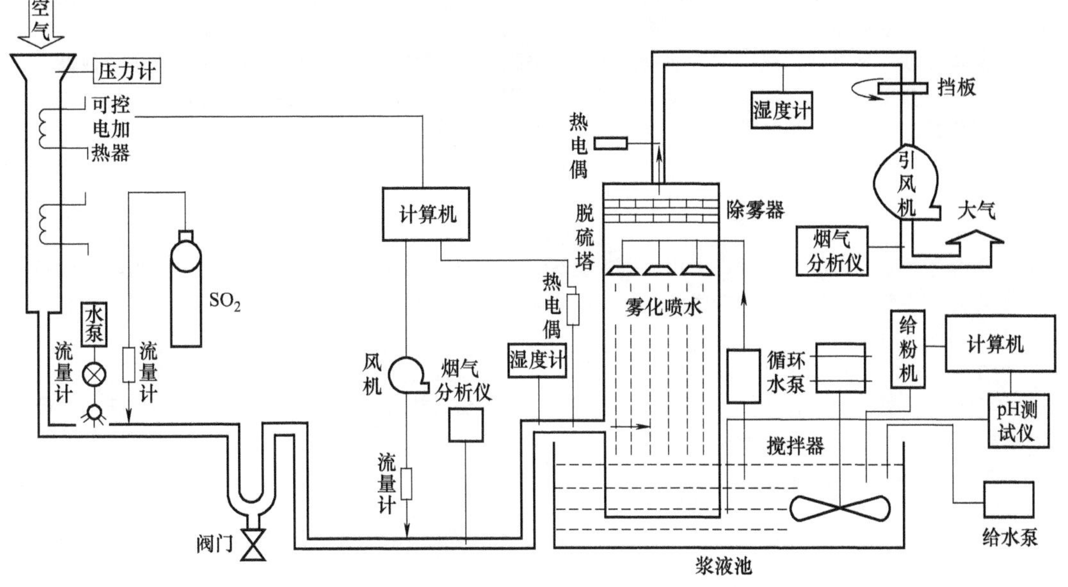

图 19-84　烟气湿法脱硫实验系统

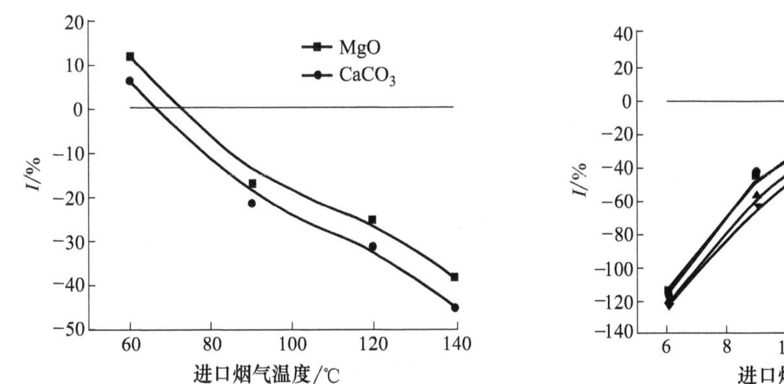

图 19-85　进口烟气温度对耗水量的影响

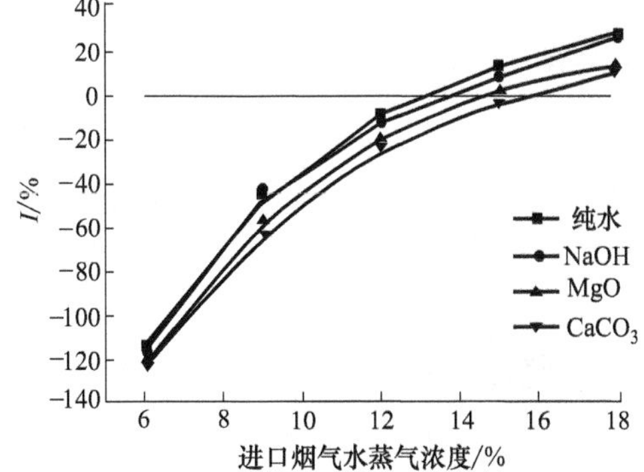

图 19-86　进口烟气水蒸气浓度对耗水量的影响

值，电厂运行过程中产生的酸碱性废水送往废水集中处理站进行批量中和。直接排放 pH 值标准为 6～9。

酸性废水中和处理采用的中和剂有石灰、石灰石、白云石、氢氧化钠、碳酸钠等，碱性废水中和处理采用的中和剂有盐酸、硫酸等。为减少新鲜酸、碱的消耗，采用离子交换设备处理含盐废水时应合理安排阳床和阴床再生时间以及再生酸碱的用量，使阳床排出的废酸能够与阴床排出的废碱相互中和，减少直接加入的酸碱药剂。反渗透除盐的水处理系统，由于反渗透回收率的限制，排水量较大，若反渗透回收率按照 75% 设计，反渗透装置进水流量的 1/4 以废水形式排出，废水量远大于离子交换系统，但其水质基本无超标项目，可以直接排放。

2. 含油废水处理

含油废水主要来自油罐脱水、冲洗含油废水、含油雨水等。重油中含有一定量水分，在油罐内通过自然重力分离，从油罐底部定时排出含油污水即油罐脱水。冲洗含油污水来自卸油栈台、点火油泵房、汽机房油操作区、柴油机房等处的冲洗水。含油雨水主要包括油罐防火堤内的含油雨水、卸油栈台的雨水等。

火力发电厂由于含油废水产生的点比较分散，废水水质受使用油的品质、收集方案等影响，一般油罐场地、卸油栈台、燃油加热等处的废水含油量较高，而其他地点含油废水的含油量较低。含油废水处理系统的进水设计含油量范围较宽，大多在 100～1000mg/L 之间。含油废水中的油成分复杂，不仅有轻烃类化合物、重烃类化合物、焦油等，还有设备运行过程中带入的燃油、润滑油及清洗用化合物。按照油滴大小分类，废水中的油类污染物主要有浮油、分散油、乳化油、溶解油 4 种。根据废水中油形态不同采用的除油技术也略有差别。

(1) 重力除油 适用于去除水中的浮油，利用油水密度差使油上浮，达到油水分离。但该方法受水流不均匀性影响，除油效果不佳。

(2) 絮凝除油 絮凝除油是处理含油废水的常用方法，通过加入合适的絮凝剂，在污水中形成高分子絮状物。常用的絮凝剂为铝盐和铁盐，近年来无机高分子絮凝剂和复合絮凝剂应用也较多。

(3) 气浮除油 气浮除油工艺是将空气通入含油废水中，形成气-水-粒三相混合体系。气泡从水中析出的过程中，以微小气泡为载体，黏附水中的污染物，整体密度远小于水而浮出水面。气浮分离除油在电厂应用较为广泛，对于水中含有的稳定乳化油，采用该方法前必须采取脱稳、破乳措施，常用的方法是添加混凝剂。

(4) 电化学除油 电化学除油即常用的电絮凝法，其特点是用可溶性阳极如金属铝或铁做牺牲电极，通过化学反应，产生气浮分离所需要的气泡和使悬浮物絮凝的絮凝剂。电絮凝法处理效果好，但阳极金属消耗量大、耗电量高。

(5) 生物法 采用微生物降解废水中石油烃类，在加氧酶催化作用下，形成含氧中间体，然后转化成其他物质。常用的生物法有活性污泥法、生物滤池法、生物膜法、接触氧化法、曝气塔等，但由于含油废水中有机物种类较多，微生物处理的效果并不理想。

3. 生活污水处理回用

火力发电厂的生活污水与城市生活污水性质相似，在条件合适的情况下可以将生活污水通过城市市政污水处理系统进行统一处理。国内电厂选址一般在城市边缘或远离城市的郊区，需要在电厂内单独设置生活污水处理站，处理后的生活污水用于冲灰或者杂用。

目前在工程设计中多选用自净式生活污水净化装置，传统的接触氧化法经过改进与上流式活性污泥床相结合，这种工艺对COD与BOD浓度变化范围大的污水均有较好的处理效果，处理后污水水质可以满足排放标准。

4. 含煤废水处理回用

煤泥废水指煤码头、煤场、输煤栈桥等处收集的雨水、融雪以及输煤系统的喷淋、冲洗排水，为间断性废水。废水收集点比较分散，一般通过压力管输送或压力＋自流输送。含煤废水中的煤粉含量很高，在输送过程中极易造成管网堵塞，一般需要从源头杜绝大颗粒煤进入含煤废水集水坑或用输煤栈桥冲洗水冲洗管网，也可以将含煤废水管网单元制，某几个集水坑对应一条输送管道，降低母管的输送压力。目前大部分电厂已经对冲灰水、煤泥废水进行了循环利用。

三、消白烟技术

十九大报告中提出，要持续实施大气污染防治行动，打赢蓝天保卫战。随着全国燃煤烟气超低排放扩围提速，为满足超低排放要求，大部分湿法脱硫装置未设置GGH。脱硫后的饱和湿烟气从烟囱排出与温度较低的环境空气混合，由于温度骤降，水蒸气过饱和凝结，对光线产生折射、散射，使烟羽呈现出白色或者灰色的“湿烟羽”（俗称“大白烟”）。湿烟羽现象削弱了公众对环境保护工作的获得感，燃煤电厂附近居民对湿烟羽的治理提出了相关诉求，地方政府部门对燃煤电厂湿烟羽控制也提出了要求。上海、浙江、天津、河北等多地提出更高的环保要求，对煤电行业相继制定了消除石膏雨、白色烟羽的政策法规：2017年6月，上海市出台《上海市燃煤电厂石膏雨和有色烟羽测试技术要求（试行）》对石膏雨和有色烟羽概念进行了定义，同时对其测试方法进行了规定；8月，浙江省强制性地方环境保护标准《燃煤电厂大气污染物排放标准》（征求意见稿）发布，明确提出位于城市主城区及环境空气敏感区的燃煤发电锅炉应采取烟温控制及其他有效措施消除石膏雨、有色烟羽等现象；10月，天津市环保局印发了《关于进一步加强我市火电、钢铁等重点行业大气污染深度治理有关工作的通知》，要求“燃煤发电锅炉应采取烟温控制及其他有效措施消除石膏雨、有色烟羽等现象”，并制定了烟气排放温度和含湿量标准。与此同时，其他省份也在加紧制定大气污染物排放地方标准。

（一）白色烟羽的形成原因

1. 石膏雨

湿法烟气脱硫出口净烟气处于过饱和状态，流经烟道、烟囱排入大气过程中随温度降低，烟气中部分气态水和污染物凝结，液态浆液量增加，在一定区域内有液滴飘落，沉积至地面干燥后呈白色石膏斑点，称为石膏雨。

2. 有色烟羽

烟气在烟囱口排入大气过程中因温度降低，烟气中部分气态水和污染物发生凝结，在烟囱口形成雾状水汽，雾状水汽因天空背景色和天空光照、观察角度等原因发生颜色的细微变化，形成“有色烟羽”，通常为白色、灰白色或蓝色等颜色。

燃煤电厂烟气经过湿法脱硫后温度降至45～55℃，此时烟气通常为饱和湿烟气，烟气中含有大量水蒸气。若烟气由烟囱直接排出，与温度更低的环境空气混合，环境空气的饱和比湿较低，在烟气温度降低过程中，烟气中的水蒸气凝结形成湿烟羽。湿烟羽的形成机理如图19-87所示，图中曲线为湿空气饱和曲线，假设湿烟气在烟囱出口处的状态位于A点，而环境空气位于F点。湿烟气与环境空气混合过程沿AB线变化，达到B点后烟气变为饱和湿烟气，此后湿空气与环境空气混合并沿着曲线BDE变化，而多余的水蒸气将凝结成液态小水滴，形成湿烟羽。

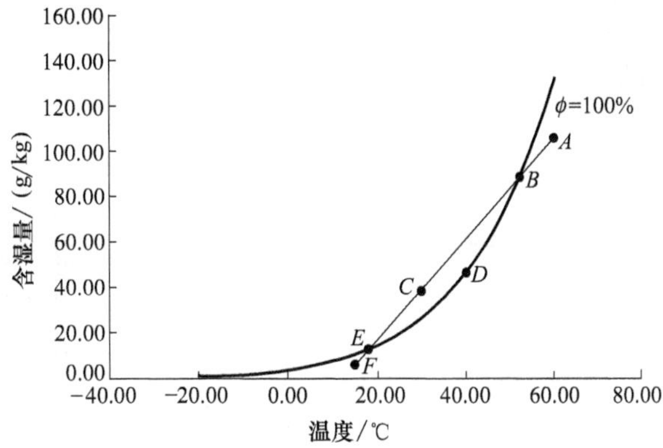

图19-87　湿烟羽的形成机理

烟囱排出的烟气之所以会呈现蓝烟或黄烟，是因为煤在燃烧过程中产生了较多的SO_2、SO_3和NO_x等污染物，与水分及细微的烟尘颗粒物凝聚成一种粒径与蓝光、黄光波长相当的气溶胶细颗粒物，该颗粒物可将相应波长的光散射。烟羽拖尾越长，意味着细颗粒质量浓度越高。烟羽的色度主要受烟气中可凝结物和亚微米颗粒质量浓度的影响，有色烟羽是在污染物条件和气象条件具备的情况下产生的。

大多数情况下，湿法脱硫后烟气中存在SO_3，形成的硫酸气溶胶质量浓度超过71.4mg/m^{3}时，会出现可见的蓝色烟羽，硫酸气溶胶的质量浓度越高，烟羽颜色越浓、长度也越长。在北方冬季等特定情况时，“湿烟羽”长度可达2km以上，会遮挡阳光，导致周边居民长时间无法照射到阳光；同时，硫酸气溶胶会在大气中形成细颗粒物（$PM_{2.5}$），导致雾霾加重；当烟气中存在大量的NO_2时，NO_2在光照条件下发生光化学反应，造成O_3的累积。O_3本身呈蓝色，且具有强氧化性，将烟气中的SO_2氧化为SO_3，进一步促进硫酸气溶胶的生成。同时，烟气中NO_2会与H_2O发生反应，生成硝酸气溶胶。

气象条件也是造成燃煤电站有色烟羽现象的主要条件之一。当污染物所在大气区域结构稳定、风速较低、大气扩散性能较差时，易造成污染物的积累。太阳辐射强度大，O_3产生率高，且存在逆温现象，就会导致烟囱排放有色烟羽。烟气中产生有色烟羽现象的气溶胶粒径非常小，易产生光线散射。

我国早期引进德国脱硫技术时普遍安装烟气加热装置（回转式GGH），近年来随着超低排放推进，由于回转式GGH存在烟气泄露影响SO_2达标排放、腐蚀、堵塞以及阻力大等问题，目前大部分已经拆除。为了降低电厂湿烟羽现象，浙能等部分电厂安装了MGGH烟气再热装置，烟气再热幅度一般在20～30℃之间，即烟囱排烟温度在70～80℃。根据实际观测，当环境温度低于15℃左右时，仍然会出现“湿烟羽”现象。在东北地区，采用干法脱硫工艺的烟囱排烟温度在120℃以上，在冬季时也仍然会出现“湿烟羽”。

湿烟羽的消除可以从两方面入手：一是减少烟气含湿量及烟气中污染物浓度，如降低烟气温度，使烟气中的水蒸气随温度降低而析出，采用超低排放改造技术，降低烟气中SO_2、NO_x等污染物浓度；二是提高环境空气温度，强化排烟的扩散能力，缓解有色烟羽问题。

（二）消白烟的主要方法

目前电力行业采用的消白烟技术主要是烟气冷凝和烟气冷凝再热技术，主要目的是减排、收水、节水，而并非针对湿烟羽治理。其技术指标尚未结合湿烟羽消除来制定，但在客观上还是起到了湿烟羽治理的效果。根据湿烟羽形成及消散的机理，可将现有的湿烟羽治理技术归纳为加热、冷凝、冷凝再热三大类。国外Coper等提出利用吸湿剂的吸湿特性回收烟气中的热量和水分，通过吸湿剂与烟气接触，吸收烟气中的水分来降低烟气含湿量，然后通过闪蒸将吸收的水分释放，释放的水蒸气在冷凝器中冷凝，将热量传递给热用户，同时回收烟气中热量和水分。实验结果表明，该技术能够减少烟气中23%～63%的水蒸气，但未考虑SO_2等溶解带来的设备腐蚀问题。

本节将对各类消白烟技术的特点及其在湿烟羽治理中的适应性进行介绍，并结合湿烟羽形成和消散机理探索几种技术在不同温度、湿度条件下的适用范围。

1. 烟气加热技术

烟气加热技术是对脱硫塔出口的湿饱和烟气进行加热，使烟气相对湿度远离饱和湿度曲线。烟气加热消除湿烟羽机理如图19-88所示，湿烟气初始状态位于A点，经过加热后按AB升温，排入大气后与环境空气

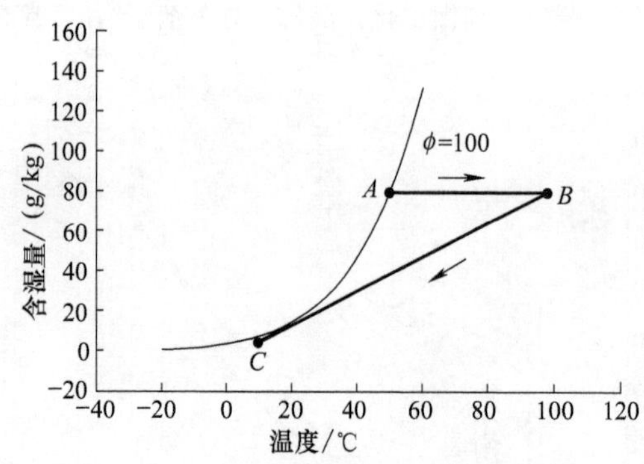

图 19-88 加热法治理湿烟羽机理

沿 BC 混合、冷却至环境状态点 C，整个 ABC 变化过程均与饱和湿度曲线不相交，不会产生湿烟羽。

目前采用的加热技术按换热方式分为间接换热和直接加热两大类。间接换热的主要代表技术有回转式 GGH、热管式 GGH、MGGH、蒸汽加热器等。直接加热的主要代表技术有热二次风混合加热、燃气直接加热、热烟气混合加热等。

(1) MGGH GGH 可提高烟囱排烟的抬升高度，利于污染物扩散，防止 NO_x 落地浓度超标。本书 SO_x 湿法脱硫一章中对 MGGH 进行了较为详细阐述，此处仅做简单介绍。

水媒式 GGH（MGGH）也称无泄漏型 GGH，日本几乎都采用这种形式的换热器。MGGH 分为热烟气室和净烟气室两部分，热烟气室内的烟气将热量传递给循环水，循环水将热量带到净烟气室被净烟气吸收。这种 MGGH 形式的管内是热媒水而管外是烟气，管内流体的传热系数远高于管外烟气，为了强化传热，一般采用高频焊接翅片管。MGGH 能够解决烟囱冒“白烟”问题，避免排烟液滴降落，是目前主要的消白烟技术，且烟囱防水防腐问题也较为简单。

MGGH 工艺在日本已有多台大机组的成功运行业绩。在我国，广东大埔电厂（2 台 660MW 机组）采用 MGGH 工艺，利用机组凝结水换热实现烟气余热回收和脱硫后烟气再热功能。沿海某电厂 1000MW 机组也采用 MGGH 技术，达到烟气零泄漏、高效脱硫、烟气余热利用、发供电煤耗降低等，提高了电厂经济效益并满足环保标准。

(2) 回转式 GGH 回转式 GGH 由受热面转子和固定外壳组成，外壳的顶部和底部将转子的通流面积分割为两部分，转子的一侧流通未处理的热烟气，另一侧则逆流流通脱硫后的净烟气。受热面被周期性加热和冷却，热量周期性地由原烟气传给净烟气，转子每旋转一圈完成一个热交换循环。回转式 GGH 加热侧属于硫酸和亚硫酸低温腐蚀区，因此回转式 GGH 通常使用耐腐蚀材料，如玻璃鳞片酚醛环氧乙烯基酯树脂涂料衬覆壳体或采用耐硫酸露点腐蚀钢制作壳体和原烟气入口烟道。密封件多采用耐腐蚀铬镍合金，蓄热板一般用搪釉碳钢板。但回转式 GGH 难以完全密封，原烟气侧向净烟气侧有一定程度的漏风，会导致排放烟气中 SO_2 浓度增加，脱硫效率下降。且回转式 GGH 在运行过程中容易结垢堵塞，垢层难以清理，使得系统阻力增大，现在应用较少，部分燃用低硫煤的电厂仍有使用。

(3) 热管式 GGH 热管通过密闭真空管壳内工作介质的相变潜热传递热量，典型的重力热管工作原理如图 19-89 所示。热管换热器的热管内被抽成真空，充入换热介质。热管通常垂直穿过上、下两个箱体，原烟气在下面箱体流动，净烟气在上面箱体中逆向通过。高温侧原烟气热量通过管壁传给管内换热介质，介质吸热后沸腾蒸发变为气体；气体在压差作用下上升至低温侧，将汽化潜热传给管外净烟气后冷凝，在重力作用下回到高温侧，换热介质不断相变实现热量传递。

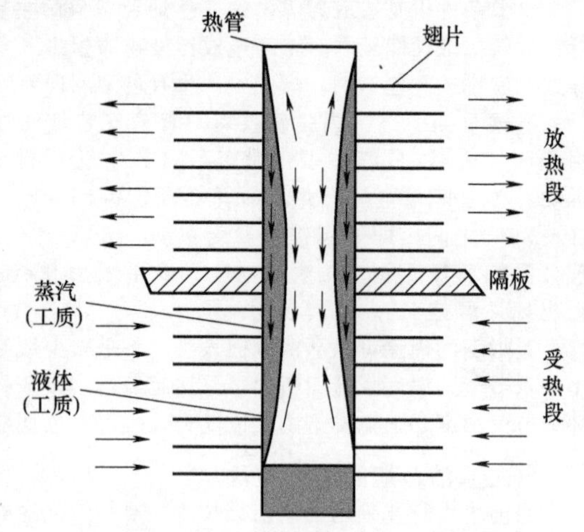

图 19-89 重力热管工作原理

由于是相变传热，热管内热阻很小，能以较小的温差获得较大的传热率，且热管换热器结构简单，具有单向导热特点，冷热流体间的热交换均在管外进行，方便强化传热。此外，由于热管内部一般抽成（0.13～1.3）$\times 10^{-4}$ Pa 的真空，工质极易沸腾与蒸发，热管启动非常迅速，具有很高的导热能力。与银、铜、铝等金属相比，单位质量的热管可多传递几个数量级的热量。热管换热器具有传热效率高、阻力损失小、结构紧凑、工作可靠和维护费用少等优点，在空间技术、电子、冶金、动力、石油、化工等行业应用广泛。

热管式 GGH 用于 WFGD，一般利用除尘器出口至脱硫塔的高温烟气（130～150℃）加热脱硫后的净烟气。净烟气通常被加热到 80℃左右后排放，避免低温湿烟气腐蚀烟道和烟囱内壁，并增加烟气的抬升高度。

与回转式 GGH 相比，热管式 GGH 可以完全避免原烟气和净烟气间的烟气泄漏，且无任何转动部件，没有附加动力消耗。热管元件间相互独立，即使单根或数根热管损坏也不会造成烟气泄漏，不影响整体换热效果。热管式GGH在工业应用中的主要问题是腐蚀和堵塞，随着处理烟气量增大，热管式GGH体积也会增加。热管式GGH属于静设备，吹灰器布置有一定难度，一旦发生严重冷端堵灰或腐蚀就很难处理，除非进行拆除更换。

(4) 蒸汽换热加热器 蒸汽换热加热器是空分、石油化工、食品工业、冶金工业中应用非常广泛的设备，其利用蒸汽放出的热量加热工业气体。蒸汽换热加热器一般采用钢铝复合翅片管作为主要换热器元件。工业上常用的蒸汽换热器主要有光管式和翅片管式两种，这两种型式的蒸汽换热器性能较为稳定，应用广泛。

(5) 直接加热技术 直接加热技术是用高温气体与净烟气直接混合，提高净烟气温度。直接加热的代表技术有热烟气混合加热、热风混合加热、燃气直接加热。

热烟气混合加热技术是将未处理的热烟气与湿法脱硫出口净烟气混合，提高烟囱出口的烟气温度。由于未处理烟气中携带有大量的SO_2和粉尘，与净烟气混合排放会降低整个机组的脱硫效率。随着排放要求逐渐提高，这种方法已经不再采用。

热风混合加热技术的热风来源较多，例如抽取空预器出口热风道的部分热二次风加热脱硫净烟气（见图19-90），根据排烟温度和周围环境变化，灵活、实时调整净烟气的加热幅度；也可以用与蒸汽或烟气换热后的热空气与湿烟气混合，加热烟气。热二次风混合加热系统布置简单，改造实施方便，运行安全可靠，避免了堵灰和腐蚀风险。该技术已在有石膏雨问题的电厂应用，例如抚顺某热电厂、江苏利港电厂四期2×600MW机组采用该技术解决石膏雨问题均取得了良好的效果。

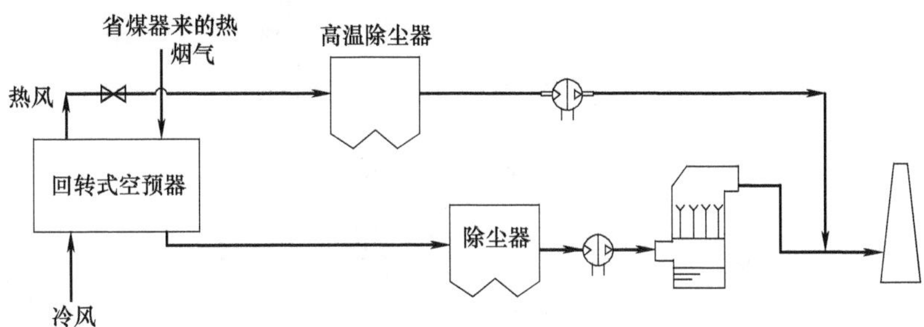

图19-90 热二次风混合加热技术

燃气直接加热技术是在出口烟道附近安装燃烧器，通过燃烧洁净燃料产生热烟气直接与脱硫后净烟气混合，日本燃油机组中通常采用这种方法。该技术投资低，应用灵活，可以在需要时对净烟气临时加热，但其热源并非利用烟气余热，运行费用太高，作为湿烟羽治理手段代价过大，实际应用案例较少。

各加热技术的主要技术经济性对比情况见表19-38。

表19-38 烟气加热技术经济比较

加热方式	技术	二次污染	工业应用
间接换热	MGGH	无	大量
	回转式GGH	有	较多
	热管式GGH	无	大机组无
	蒸汽加热器	无	较少
直接换热	热烟气混合加热	有	少
	热二次风混合加热	无	较少
	燃气直接加热	有	少

2. 烟气冷凝技术

烟气冷凝技术是在排放前降低烟气温度，使烟气沿着饱和湿度曲线降温，在降温过程中烟气含湿量大幅下降。湿烟羽冷凝消除机理如图19-91所示，湿烟气初始状态位于A点，在冷却降温过程中按AF冷凝，冷凝至F点后直接排放，排放烟气与环境空气沿FC掺混、冷却至环境状态点C，FC变化过程与饱和湿度曲线不相交，不会产生湿烟羽。

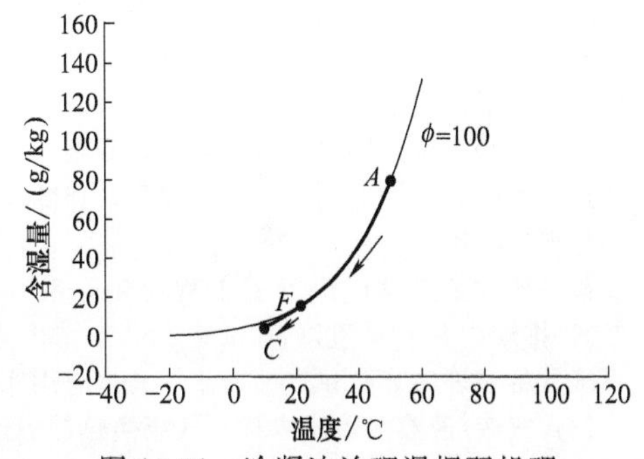

图19-91 冷凝法治理湿烟羽机理

燃煤电厂已有的烟气冷凝代表技术有相变凝聚器、冷凝析水器、脱硫零补水系统、烟气余热回收与减排一体化系统等。相变凝聚器布置于湿法脱硫后，可以实现烟气中水蒸气强制相变凝结，减少烟气含水量，集烟气深度除尘、深度节水为一体。编者团队从2009年开始研发相变凝聚器，现已推广应用，本书在节水及微细颗粒物团聚技术中均进行了详细介绍。

冷凝技术按换热方式主要分为直接换热和间接换热两大类：直接换热主要是新建喷淋塔作为换热设备，有一定占地要求，冷媒与净烟气直接接触，换热效率高，但需要对冷媒水系统进行补充加药控制pH值，系统较复杂；间接换热多采用管式换热器作为换热设备，冷媒与净烟气不直接接触，系统较简单。

(1) 脱硫零补水系统-新建喷淋塔 清新环境公司自主研发了烟气除水技术，又称为脱硫零补水系统。利用饱和净烟气在不同温度下水蒸气饱和分压不同的原理，通过低温循环水和饱和净烟气直接充分接触换热，在降低烟气温度的同时使烟气中部分水蒸气冷凝析出。零补水系统在脱硫吸收塔入口设置了低低温省煤器，降低吸收塔入口原烟气温度，减少原烟气蒸发水量，减少脱硫系统的总工艺水耗。脱硫系统采用清新环境的SPC-3D技术实现脱硫系统污染物超低排放，脱硫塔出口高温饱和净烟气进入冷却凝结塔实现冷凝水回收，工艺流程如图19-92所示。

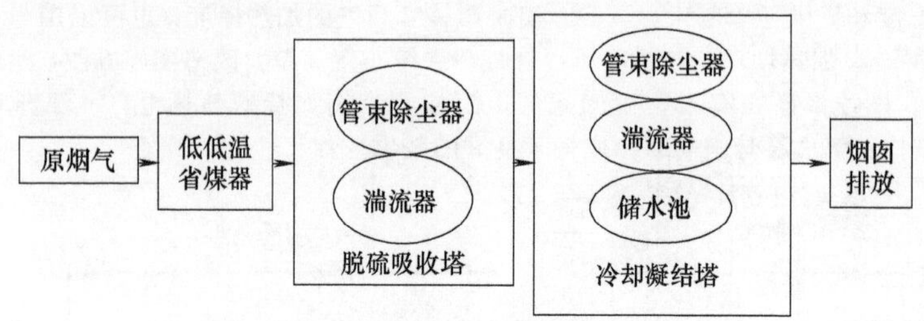

图 19-92 脱硫零补水系统工艺流程

脱硫零补水系统中冷却凝结塔为关键设备，塔内低温冷却循环水喷淋与脱硫塔出口高温饱和净烟气直接逆向接触，高温饱和烟气换热降温冷凝，喷淋冷却循环水和管束式除尘除雾器将冷凝的细小雾滴捕集，冷凝水回收。经过二次洗涤后烟气中的主要污染物SO_2、SO_3、尘浓度进一步降低。换热后的高温冷却循环水由泵送至空冷器并与空气换热，冷却循环水降温后重新返回冷却凝结塔。回收的凝结水溢流至贮水槽贮存，回用到脱硫系统或外排作其他用途。冷却循环水与烟气接触吸收SO_2后pH值下降，通过投加碳酸钠药剂控制pH值，产生的亚硫酸盐与净烟气接触转化为硫酸盐，最终以平衡浓度随回收工艺水排放。

湿法脱硫零补水工艺是高效的传热传质过程，利用当地的环境空气温度对脱硫饱和净烟气进行冷凝，适用于水资源匮乏或有节水需求的地区，在适合空冷地区的运行费用较低，而对于年平均气温高、昼夜温差小等不适用空冷的地区，其运行成本高昂。京能在建的五间房电厂选用SPC烟气除水技术回收烟气中的水，该烟气除水系统投入运行后可大幅减少湿法脱硫系统的水耗，在水资源严重匮乏地区可产生巨大的经济效益。

(2) 烟气余热回收与减排一体化系统 烟气余热回收与减排一体化系统不仅可以回收湿法脱硫后的烟气热量，还可以减少污染物排放，改善电厂烟囱冒白烟现象。

烟气余热回收与减排一体化系统解决了低温烟气深度余热回收面临的两个重要问题：一是换热烟气降温需要温度足够低的冷源，该工艺通过吸收式热泵制取低温水与脱硫后烟气直接接触换热，能够将锅炉排烟温度降低至较低水平；二是由于燃煤烟气中SO_2及粉尘含量较高，极易造成设备的腐蚀和脏堵，该工艺对换热后的水进行多重沉淀、加碱处理，避免了设备的腐蚀和脏堵。具体工艺流程如图19-93所示。

该系统主要由吸收式热泵、直接接触式换热器、蓄水池构成。吸收式热泵制取的低温循环水在接触式换热器中与脱硫烟气直接接触换热，换热过程中低温循环水也洗涤吸收了烟气中的部分SO_2、NO_x及粉尘，换热后的循环水进入蓄水池。为避免设备腐蚀，在蓄水池中经过多重沉淀及加药处理，上层清液返回吸收式热泵蒸发器作为低温热源，在汽轮机低压抽汽的驱动下，热泵将循环水中回收的热量传递给热网水，完成水侧循环；上层清液也可部分用于湿法脱硫补水。蓄水池底部沉淀产生的污水则进入压滤系统处理。

直接接触式换热器中低温水会雾化为细小微粒液滴并与烟气接触换热，不需要额外的换热面，有效避免了换热设备的腐蚀。烟气在降温过程中，伴随其内部水蒸气的冷凝，换热器出口烟气含湿量降低，电厂烟囱冒白烟现象改善。

该系统在某热电厂进行了工程应用，系统运行期间排烟温度由50℃降低至39℃，锅炉热效率提高3.2%，排烟中SO_2浓度降低59%，NO_x浓度降低8.8%。通过一个完整采暖季的系统性测试和分析，表明该系统具备显著的节能和减排效益，具体应用实例将在后续工程实例中介绍。

(3) 气液/液液换热器冷凝 气液换热器中的典型代表是相变凝聚器，在湿法脱硫后加装湿式相变凝聚器，凝聚器本体由柔性冷凝管排组成，通过对饱和湿烟气降温，饱和烟气中的水蒸气相变冷凝，局部区域内

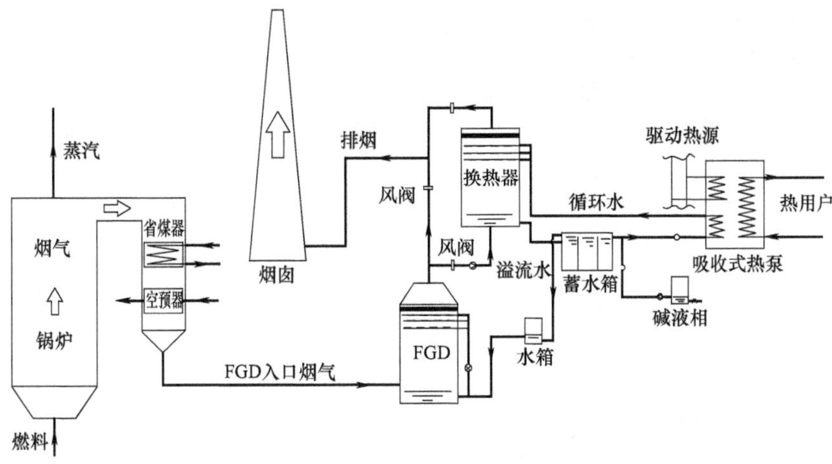

图 19-93 系统流程

的雾滴浓度增加，烟气中微细颗粒物长大并脱除。同时，烟气携带灰颗粒进入凝聚器，较大粒径颗粒由于自身惯性和柔性管排的拦截作用被壁面水膜黏附脱除。该技术集深度除尘、深度节水为一体，降低了烟气温度和含湿量，也有明显的消白烟作用。相变凝聚中冷媒一般为除盐水，凝结水可以作为脱硫补水使用。

北京兴晟科技有限公司开发了三区相变凝聚技术用于烟羽治理，经过三区相变凝聚后的烟气温度和湿度、雾滴含量等都较常规系统低，烟气与环境温度之间的温差降低，冷却速度相对降低（扩散速度相对增加），凝结水量相应减少，烟囱冒白烟现象减弱。在烟气温度降低 5℃条件下，冬季烟囱出口烟气水蒸气凝结量与常规系统的夏季基本相当，其他季节烟囱白烟很少，消白效果突出。

三区相变凝聚流程如图 19-94 所示，该技术不仅可消除烟羽，还具有强化脱硫、除尘除雾、脱除 SO_3、减少脱硫补水等功能。浆液换热器是该技术的核心，浆液冷却装置采用专利产品，专门用于浆液的板式换热器。浆液换热器要求耐磨、耐腐蚀、不结垢，其位于烟道外，运行环境好、可靠性高、易维护，即便是烟气再热系统故障停用，浆液冷却系统的烟气减白作用仍很强。

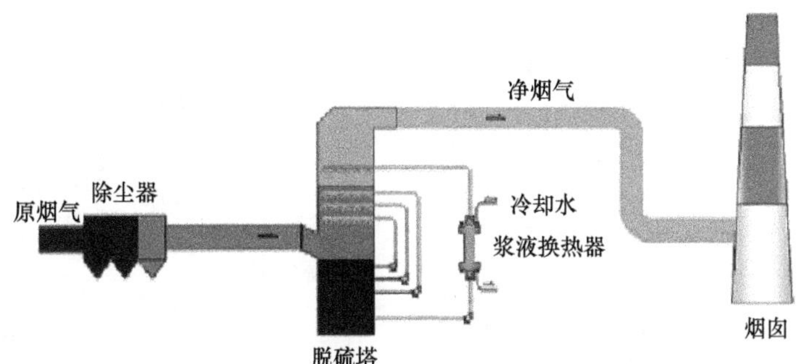

图 19-94 三区相变凝聚

上述几种烟气冷凝技术主要用于减排、收水、节能，从原理上来说，各类技术都是对脱硫后净烟气进行降温，烟气中大量气态水冷凝为液滴，同时捕捉微细颗粒物、SO_3 等多种污染物，并在实际应用中起到了湿烟羽治理的效果。

3. 热空气混合排放技术

热空气混合排放技术的原理是抽取部分环境空气并加热，升温后的环境空气再与湿烟气混合排放，加热空气稀释湿烟气，使烟气质量和含湿量发生变化。空气加热混合消除湿烟羽机理如图 19-95 所示，环境空气初始状态位于 A 点，经过加热后按 AA' 升温，升温后的空气与湿烟气按 $A'B$ 掺混，整体位于状态

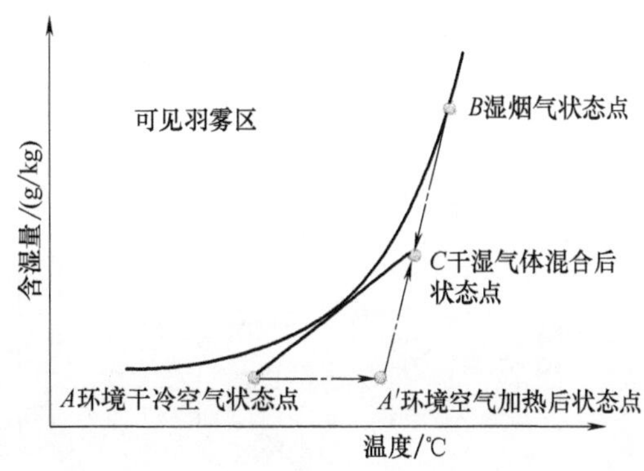

图 19-95 热空气混合排放技术治理湿烟羽机理

点 C，排放的混合气与环境空气沿 CA 掺混、冷却至环境状态点 C，整个 CA 变化过程均与饱和湿度曲线不相交，不会产生湿烟羽。

加热空气的热量可来源于烟气，如除尘器前的低温省煤器（图 19-96）。该方法区别于热风混合加热技术，环境空气的加热温度要低于热二次风温度，可以根据排烟温度和周围环境变化，灵活、实时地调整环境空气的加热幅度。

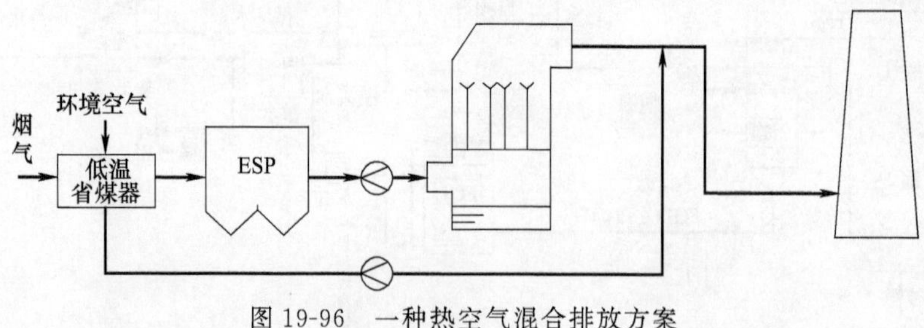

图 19-96 一种热空气混合排放方案

从原理上来说，上述三种方法是消白烟的根本途径，但各地的气候条件多变、机组参数不同，综合考虑消白烟的技术经济性，可以选取其中一种方法、两种方法或三种方法组合达到消白烟的目的。

4. 烟气冷凝＋热空气混合技术

烟气冷凝＋热空气混合技术有效结合了烟气冷凝和热空气混合技术。冷却脱硫出口湿饱和烟气，烟气沿饱和湿度曲线降温，在降温过程中烟气含湿量大幅下降，与此同时对一定量的环境空气进行加热后与冷凝的烟气混合排放。湿烟羽消除机理如图 19-97 所示。湿烟气初始状态位于 B 点，经过降温后按 BB'冷凝，与加热的环境空气 A'沿 $A'B'$ 掺混至 C 点、冷却至环境状态点 A，AC 变化过程与饱和湿度曲线不相交，不会产生湿烟羽。

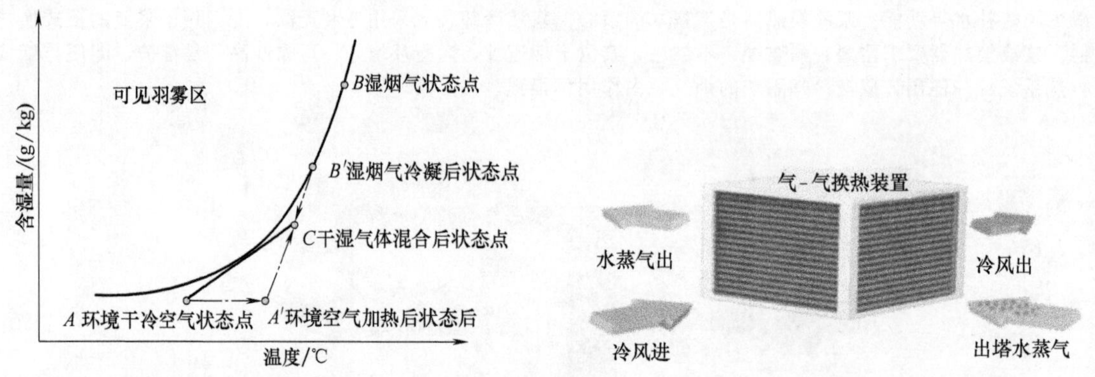

图 19-97 烟气冷凝＋热空气混合技术治理湿烟羽机理

图 19-98 气气换热器

气气换热器的原理如图 19-98 所示。换热气体一般为空气，湿法脱硫后的湿热空气与干冷空气通过间壁换热，湿热空气降温、水分冷凝，冷空气等加热为干热空气，冷空气吸热后送入空气预热器，或与湿法脱硫净烟气混合排出。该技术消除白烟同时回收烟气余热。湿烟气冷凝的冷源也可以是液态冷媒，冷媒将湿烟气热量传递给空气，有效利用了烟气余热，工艺流程如图 19-99 所示。

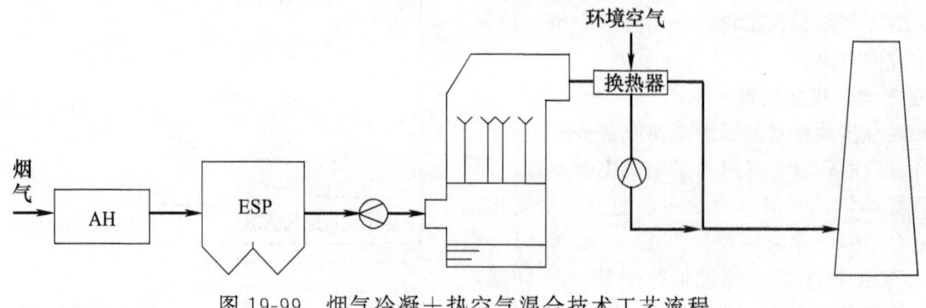

图 19-99 烟气冷凝＋热空气混合技术工艺流程

5. 烟气加热＋热空气混合技术

烟气加热结合热空气混合技术的原理见图 19-100：a. 利用高温热源，通过换热装置（如翅片换热器），加热环境干冷空气，换热后的环境干冷空气状态由 A 点加热至 A'点；b. 利用高温热源，通过换热器（例如氟塑料换热器），加热湿烟气，即湿烟气状态由 B 点加热为 B'点；c. 加热后的干空气与湿烟气混合，$A'B'$混合后状态为 C 点。混合后的湿空气和干空气排出冷却塔，与环境干冷空气混合，即 C-A 的连线为排放混合气与环境干冷空气混合后的状态线。对于冬季环境温度极低的部分地区，烟气加热＋热空气混合技术可以有效解决烟囱冒白烟问题。

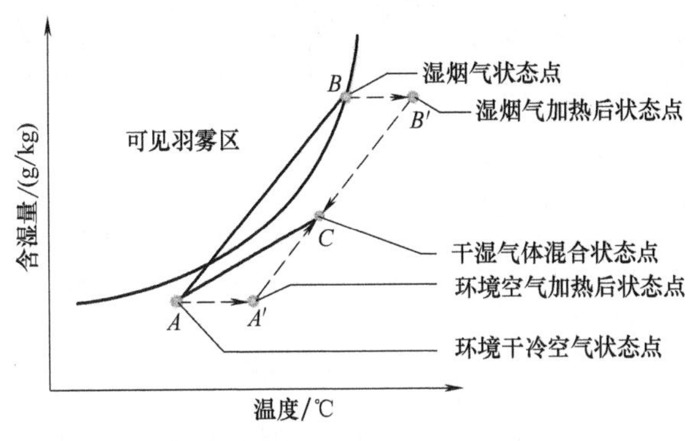

图 19-100　加装换热器消雾原理

图 19-101　冷凝加热法治理湿烟羽机理

6. 烟气冷凝再热技术

烟气冷凝再热技术是将烟气加热和烟气冷凝技术组合使用。消除湿烟羽机理如图 19-101 所示，湿烟气初始状态为 A 点，经过降温后按 AD 冷凝，再沿 DE 加热，然后沿 EC 掺混、冷却至环境状态点 C，EC 变化过程与饱和湿度曲线不相交，不会产生湿烟羽。

北京兴晟科技有限公司提出三区相变＋热风加热烟羽治理方案（图 19-102）和三区相变＋MGGH 烟羽治理方案（图 19-103）。

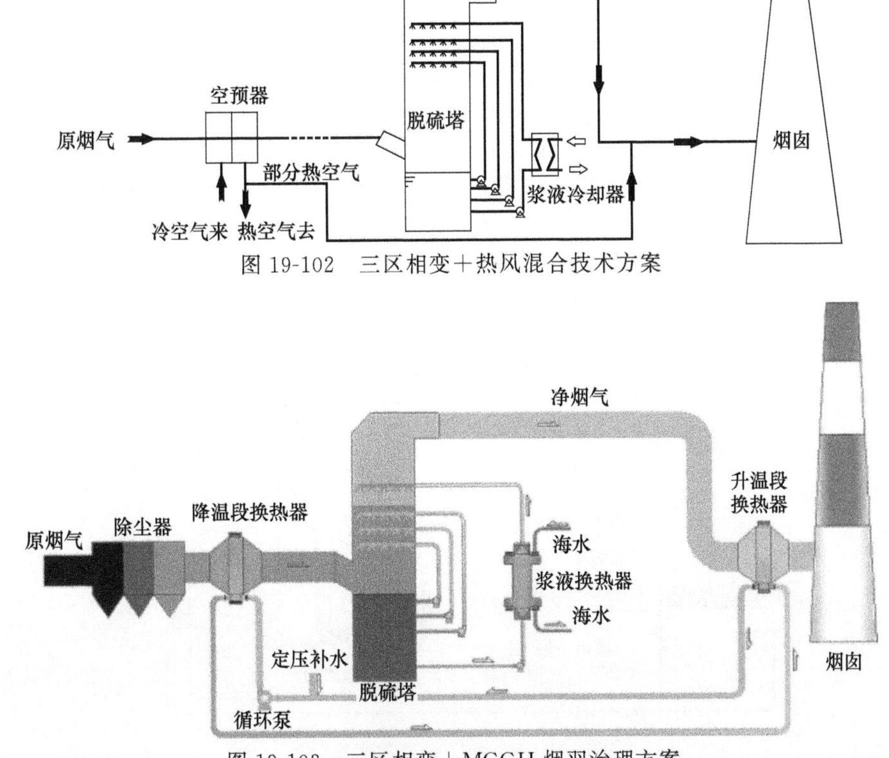

图 19-102　三区相变＋热风混合技术方案

图 19-103　三区相变＋MGGH 烟羽治理方案

三区相变＋热风加热烟羽治理方案是在相变冷凝基础上，从空预器到离烟气通道最远的热风道处引出温度为 320℃左右的干净热风至脱硫塔出口烟道对降温减湿后的烟气进行混合加热，可根据气象参数和烟气参数调整加热量。

三区相变＋MGGH 烟羽治理方案中，烟气经浆液换热冷却，烟温降低 3～5℃，绝对湿度降低；空预器出口或引风机出口布置烟气降温换热装置提取烟气热量，在烟囱前布置烟气升温换热器，升温 5～8℃以降低烟气相对湿度，达到消白目的。

环境湿度和温度对湿烟羽的形成及规模有较大影响。理论上，在给定环境温度、湿度条件下，若不计代价，加热技术和冷凝技术都能实现湿烟羽的消除（加热温度足够高或冷凝温度足够低），但根据燃煤电厂实际情况，从经济性出发，单纯的加热和冷凝方式都有各自的限制：加热受到原烟气烟温条件的限制，冷凝受到环境空气、水温度的限制。在此条件下若采用冷凝再热技术、冷凝热空气混合技术等组合技术，将加热和冷凝结合起来使用，可扩大系统湿烟羽消除对环境温度的适应范围。

上海外高桥第三发电厂（脱硫装置后无湿式电除尘）采用冷凝再热方法进行白烟深度治理。电厂采用“低温省煤器＋烟气冷凝器＋热二次风再热”的技术方案消除白烟。烟气冷凝析水换热装置采用高导热性耐腐蚀 CAC 改性塑料换热器，通过循环泵用开式长江水降温。烟气冷凝器使烟气温度降低约 5℃，后采用热二次风与烟气混合加热使烟气升高 0～20℃。采取该措施后电厂春、夏、秋基本可消除白烟，冬季部分时间白烟仍存在。

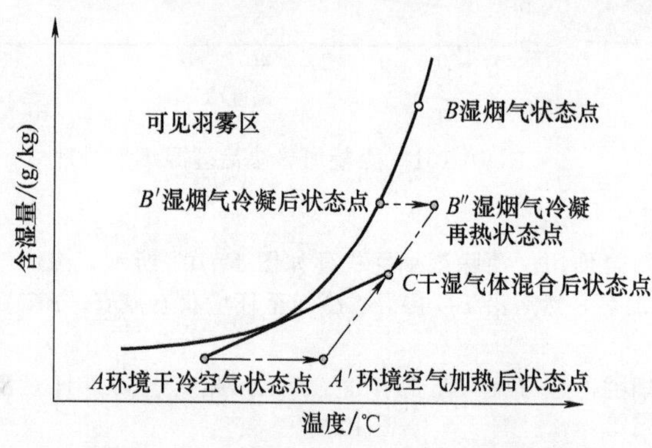

图 19-104 冷凝再热＋热空气混合治理湿烟羽机理

7. 烟气冷凝再热＋热空气混合技术

烟气冷凝再热＋热空气混合技术消白烟原理见图 19-104：a. 湿烟气初始状态位于 B 点，经降温沿 BB'冷凝，再受热沿 $B'B''$变化；b. 利用高温热源或湿烟气冷凝释放的热量加热环境干冷空气，换热后的环境干冷空气状态由 A 点加热为 A'点；c. 加热后的干空气与冷凝再热湿烟气混合，$A'B''$混合后状态为 C 点。混合后的气体排出冷却塔，与环境干冷空气混合，C-A 连线为排放混合气与环境干冷空气混合后的状态线，CA 变化过程与饱和湿度曲线不相交，不会产生湿烟羽。

综上所述，烟气冷凝技术对湿烟羽治理效果显著，且能实现多污染物联合脱除。该技术目前在行业中的应用并不完全针对湿烟羽的治理，主要目的是减排、收水、节能，但在客观上起到了湿烟羽治理作用。冷凝再热技术、冷凝热空气混合技术等综合了加热技术和冷凝技术的特点且充分利用烟气余热，对于湿烟羽治理有更宽广的适用范围。总体来说，在中部和北部等环境温度较低的地区建议采用以烟气冷凝为主的复合技术，在南方建议采用常规烟气再热或热空气混合技术。具体的改造方案要根据当地气象条件、场地条件、环保要求等多种因素综合考虑改造的技术经济性。

8. 烟塔合一技术

烟塔合一技术如图 19-105 所示，是将脱硫后的净烟气送入自然通风冷却塔，冷却塔巨大的热量和热空

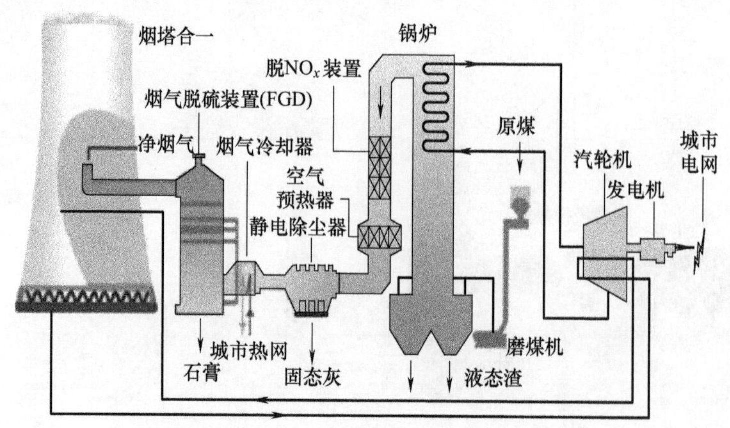

图 19-105 烟塔合一布置方法

气量对脱硫后的湿烟气形成包裹和抬升，依靠其动量和携带热量的提高，实现较好的扩散，减弱“石膏雨”的形成。采用烟塔合一技术后，湿法脱硫出口不再需要烟气再热器，也不再需要烟囱。

烟塔合一技术起源于德国。德国于 1967 年提出烟气与冷却塔气流混合排放的概念，1982 年德国 Volklingen 试验电站开始将烟塔合一技术应用于实际工程，通过多年的实验、研究、分析和不断改进，逐步达到成熟并应用，目前在德国、波兰、土耳其、希腊、比利时等国家已经改建和新建了很多无烟囱电厂。

近年来，我国在烟塔合一技术方面进行了研究。2006 年，华能北京热电厂引进国外烟塔合一技术，对 4 台 830t/h 超高压锅炉进行烟气脱硫技术改造，新建一座 120m 高的自然通风冷却烟塔排放烟气，成为我国首个应用烟塔合一技术的火电厂。此外，国内相继建成的大唐哈尔滨第一热电厂、国华三河发电厂二期扩建、大唐国际锦州热电厂、石家庄良村热电厂、天津国电东北郊热电项目等均采用烟塔合一技术。神华集团 2011 年“十大重点建设工程”徐电百万机组也首次采用烟塔合一技术，开国内百万机组“烟塔合一”之先河。

较高的烟气品质是采用“烟塔合一”技术的前提，否则塔内底部会产生污垢，循环水水质恶化和塔筒内壁严重腐蚀。随着近些年超低排放改造的实施，湿法脱硫后烟气中 SO_2、NO_x 的浓度已经降到非常低，完全符合烟塔合一技术的要求。国内已投运的排烟冷却塔概况如表 19-39 所列。

表 19-39　国内采用冷却塔排放烟气机组概况

序号	工程名称	烟塔面积/m^2	塔高/m	烟塔数量/个	烟道直径/m	备　注
1	高碑店热电厂	3000	120	1	7	投运,脱硫技改 4 炉 1 塔
2	三河电厂	4500	120	2	5.2	投运,扩建工程,1 机 1 塔
3	国电天津东北郊电厂	5000	110	2	5.1	投运,新建工程 1 机 1 塔
4	哈尔滨第一热电厂	3850	105	2	5.1	投运,新建工程,1 机 1 塔
5	辽宁锦州热电厂	4000	120	1	6	投运,新建工程 2 炉用 1 塔
6	大唐清苑热电	5000	120	1	6	投运,新建工程,1 机 1 塔
7	天津军粮城电厂	5000	110	1	5.2	投运,扩建工程 2 炉用 1 塔
8	石家庄良村电厂	5500	103	2	5.5	投运,新建工程 1 炉用 1 塔

四、水务管理

无论是废水处理技术还是废水“零排放”技术都离不开火电厂自身的水务管理工作。目前多数电厂的水务管理较为薄弱，尤其是对运行过程中的节水管理和废水回用要求较低。对此，企业应有相应的部门或机构加强对所属电厂用水、节水以及相关技术改造的技术指导工作，建立一体化的水务统筹管理，完善电厂用水考核制度、技术监督制度及其他相关标准。加强对主要供排水系统的监控调节，使电厂用水合理化、管理科学化。

而做好水务管理的前提是建立水平衡监测体系，通过水平衡试验摸清各系统的用水、排水情况及进出口水质变化，分析影响节水的各种因素，确定哪些分系统可以减少用水或者重复用水、哪些设施的排水处理后可以回用，使有限的水资源在火电厂发挥更大的经济效益。电厂的水务管理可以从以下几个方面展开。

① 电厂用水及排水的整体规划与合理安排，尤其是火电厂的水量平衡和水质平衡，对全厂各项设备用水及各项废水的处理工艺进行研究和优化对比，选择最佳方案。对全厂水资源和废水资源的合理调配，降低设备耗水量，增加水的梯级利用级数，准确核算用水量。

② 对各用水、排水系统进行全面监测、调控，随时掌握运行情况，根据水量、水质的实际运行数据进行控制和调度。

③ 定期进行水平衡试验，找出潜在的节水效益点，降低不合理水耗。

④ 绘制全厂水量平衡图，根据水量平衡建立水量平衡模型，找出模型的新水量、复用水量、耗水量和泄水量，确定电厂水量动态模型并满足水量平衡原理，确保模型可靠。

⑤ 建立经济可靠的废水处理设施，对全厂废水合理回用，认真贯彻节约用水的方针。

第五节　火电厂 CO_2 减排、捕集与封存利用技术

一、中国温室气体排放现状

随着近些年能源消耗增多，CO_2 大量排放形成的温室效应日益严峻，自 1870 年以来全球碳排放量快速

增加（见图 19-106）。CO_2 等气体过量排放所引起的气候变化已成为全球性的环境问题，从 19 世纪至今，全球海平面升高了 10～20cm，平均气温上升了 0.3～0.6℃。若以此速度继续增长，在 21 世纪末期，全球平均气温将升高约 3℃，海平面将升高 65cm。2015 年 IEA 报告指出，全球 2/3 的 CO_2 排放主要来自十个国家，中国与美国的 CO_2 排放量分别占到 28%与 16%，总和达到 14.1×10^8t（见图 19-107）。

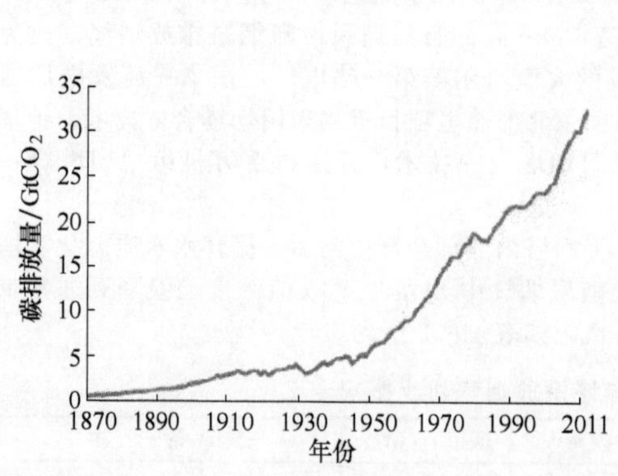

图 19-106　1870～2011 年全球碳排放量总和趋势

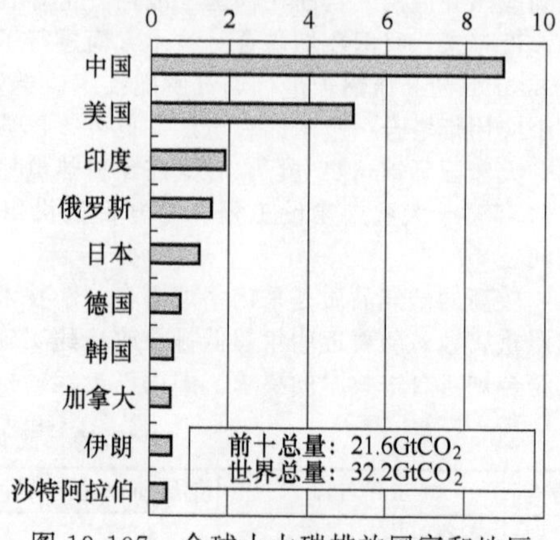

图 19-107　全球十大碳排放国家和地区

根据我国第一、第二次国家信息通报，1994 年中国温室气体排放总量相当于 40.6×10^8t 二氧化碳，其中 CO_2 排放量 30.7×10^8t；2005 年温室气体排放总量相当于 74.67×10^8t 二氧化碳，其中 CO_2 排放量 59.76×10^8t；1994～2005 年 CO_2 排放量增幅约 95%。我国 CO_2 排放总量大、增长快，也面临越来越大的减排压力。

CO_2 排放主要来自煤炭等化石燃料的燃烧，伴随着经济的快速增长，我国能源消费总量不断扩大，2000～2013 年，能源消费量从近 14.7×10^8t 标准煤增长至 41.6×10^8t 标准煤，2013 年发电与热力用煤占比达到了 45.4%。以化石燃料为能源的火力发电厂是 CO_2 最集中、最大的排放源，占我国 CO_2 排放总量的 30%以上。因此，减少火电厂 CO_2 排放及开发其捕集封存和资源化利用，对于控制和减少温室气体排放、应对温室效应和全球变暖都具有重要意义。

二、火电厂 CO_2 减排技术

（一）调整能源结构

CO_2 排放主要来自化石燃料的燃烧，化石燃料的 H/C 值越高，燃烧产生的 CO_2 越少。根据各种能源的原料和燃料的开采、运输、发电设备制造、建设、发电、维修保养、废物排除和处理等进行全面推算，得到各种发电方式下 1kW·h 的 CO_2 排放量见表 19-40。

表 19-40　各种发电方式下 1kW·h 的 CO_2 排放量　　单位：gC/(kW·h)

种类	发电方式							
	燃煤	燃油	天然气	核能	水力	风能	光能	地热
燃料排放	246	188	138					
设备运行排放	24	12	40	5.7	4.8	33.7	34.7	6.3
总排放	270	200	178	5.7	4.8	33.7	34.7	6.3

由表 19-40 可见，单位发电量下燃煤排放的 CO_2 最多。因此，通过调整电厂能源结构、减少煤电比重、采用低碳和无碳能源代替高碳能源，无疑是火电厂减排 CO_2 的主要途径之一。

煤炭在我国的能源消费中占据主导地位，煤炭燃烧产生的二氧化碳是大气中二氧化碳的主要来源之一。除能源结构调整外，改进火电厂的生产技术、提高燃煤发电效率也可以减少 CO_2 排放。采用燃煤预处理、增大机组容量、采用多联产系统等技术也能实现二氧化碳的大规模减排。

（二）提高能源转换效率

1. 提高机组参数

对于常规火电厂，过量空气减少、排烟温度或凝汽器压力降低、主蒸汽参数提高、采用一级二次再热等都能使能量利用率提高。

新建机组通常采用“上大压小”的方法，逐步利用“高参数、大容量”的超临界和超超临界机组来淘汰中、小火电机组，关停煤耗高、污染严重的凝汽式小火电机组，以降低单位煤耗，减少污染物排放。目前高参数超临界机组已达到成熟、高效和商业化的程度，国际上 1000MW（24.5MPa，600℃/600℃）燃煤机组已于 1998 年在日本投入商业运行，我国 2008 年投产的上海外高桥第三发电厂，拥有两台 100 万千瓦超超临界燃煤发电机组，发电量占上海需求的 10%，机组额定净效率超过 46.5%（含脱硫、脱硝），年平均能耗水平仅为 276g/(kW·h)，比德国、丹麦、日本、美国最先进煤电机组的能耗分别低 8.3g/(kW·h)、10g/(kW·h)、28g/(kW·h)、31g/(kW·h)，远远领先其他国家的水平。

2. 高效清洁燃煤发电技术

(1) 蒸汽燃气联合循环具有高效率、低排放的特点　丹麦 Elkraftd 电厂利用燃气轮机的高温排气代替汽轮机抽汽来加热锅炉给水，锅炉可保持常规形式，燃气轮机和汽轮机分开或联合运行，联合运行可以使常规电厂的热效率提高 6%～8%，功率增加 70%。丹麦 SK 电力公司 Avedore 二号机组采用上述方法改造后，整个电厂联合循环的输出能力为 600MW，效率达到 51%。蒸汽燃气联合循环的另一种方式是将中低温区蒸汽轮机的 Rankine 循环和在高温区工作的 Brayton 循环叠加，形成总能利用系统。蒸汽燃气联合循环可用于新建电厂和旧电厂改造，是火力发电可选择的技术之一，对减少 CO_2 的排放具有积极作用。

(2) 整体煤气化联合循环技术　整体煤气化联合循环（IGCC）中的煤首先气化生成燃料气 CO 和 H_2 等，驱动燃气轮机发电。燃气轮机尾气通过余热锅炉产生蒸汽驱动汽轮机发电，燃气发电与蒸汽发电联合，发电效率在 45%以上，可以减少 95%～99%的 NO_x、SO_2 排放。

能源技术最终的梦想之一就是用含碳燃料直接发电而不经过燃烧过程，直接炭燃料电池（DCFC）就是实现这个梦想的装置。用煤制成 DCFC 炭电极，炭直接转化为二氧化碳而无需进行重整。阳极单产物仅为二氧化碳，有利于分离。该技术的优点是炭的体积能量密度很高，达 20kW·h/L，超过 H_2、CH_4、Li、Mg、汽油、柴油。而且在转化过程中没有熵变，转化效率达 80%以上。

(3) 多联产系统　多联产是实现降低能耗、物耗和减排二氧化碳的重要途径。例如热电联产遵循能量梯级利用的原则，将高品位热能首先用于发电，中低品位热能以抽汽、排汽方式对外供热。这种方式因减少了冷端损失而使其能源利用效率达到 60%以上，煤耗较热电分产减少 20%～35%，CO_2 排放量较燃煤电厂减少 30%以上。

（三）富氧燃烧技术

富氧燃烧技术又称为 O_2/CO_2 燃烧技术、空气分离/烟气再循环技术或氧燃料燃烧技术，工艺流程如图 19-108 所示。富氧燃烧是用纯度非常高的氧气助燃，由分离器分离出的高纯氧气（O_2 纯度 95%以上）按一定的比例与循环的部分锅炉尾部烟气混合，混合气体作为燃料燃烧所需的氧化剂，完成与常规空气燃烧方式类似的燃烧过程。利用纯氧作为氧化剂，经过多次循环，可从干燥脱水后的烟气中获得近 95%浓度的 CO_2，大大降低 CO_2 脱除的难度和成本。高浓度 CO_2 经过加工后可用于化肥、化工原料或用于油田开采，充分发挥 CO_2 的商业价值。

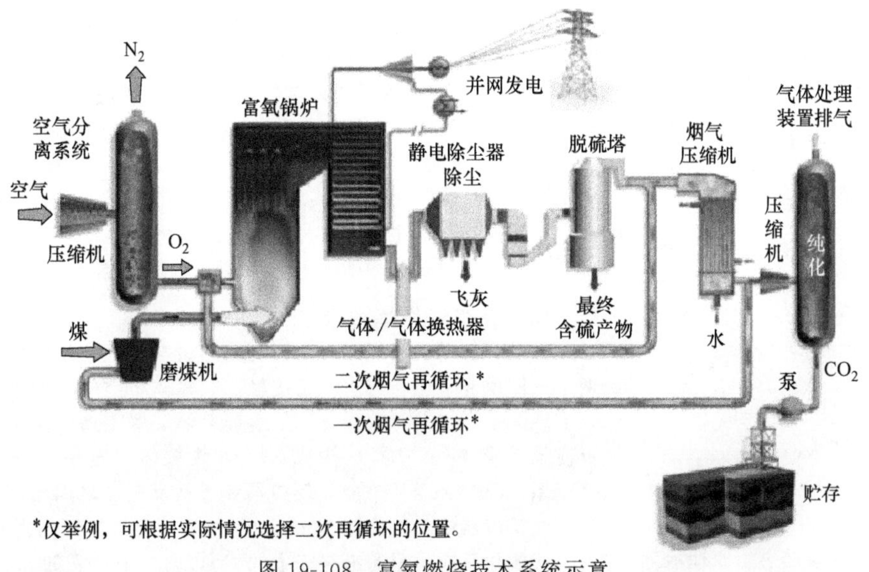

图 19-108　富氧燃烧技术系统示意

富氧燃烧可以按压力分为常压富氧燃烧和增压富氧燃烧。

1. 常压富氧燃烧

常压富氧燃烧技术是在现有锅炉设备基础上，采用纯度在95%以上氧气进行燃烧，再循环烟气比例为70%左右（煤粉炉）或者更低（循环流化床锅炉），烟气中CO_2含量在90%以上，可以将烟气直接压缩捕集CO_2。

图19-109为典型常压富氧燃烧系统图，煤粉在经过改进的常规燃煤锅炉中燃烧，加热蒸汽并驱动汽轮机发电。燃烧生成的大部分烟气经冷凝脱水后再循环送入炉内控制燃烧温度，维持一定的烟气体积以保证锅炉受热面合理的换热效果；少部分烟气再循环与氧气按一定比例送入炉腔组织与常规燃烧方式类似的燃烧过程。由于空分系统已将绝大部分氮气分离，所以燃烧烟气中的CO_2体积浓度可以达到90%左右，不必分离就可以将大部分的烟气直接液化回收处理。与常规空气燃烧燃煤电站相比，富氧燃烧电站增加了额外的空分系统、烟气循环系统以及CO_2捕集系统。

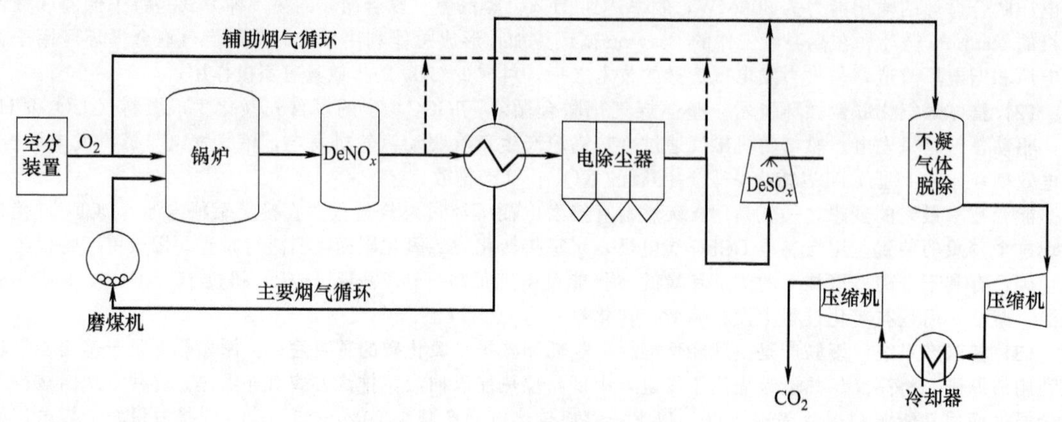

图19-109　常压富氧燃煤系统

2. 增压富氧燃烧

美国麻省理工学院的Fassbender教授在2000年前后首次提出了增压富氧燃烧的概念，将空分制氧、煤燃烧与锅炉换热一直到烟气压缩捕集CO_2的整个过程均维持在高压下完成。增压富氧流化床燃烧技术是将锅炉燃烧系统的烟气侧压力提高到6～7MPa，采用增压鼓泡流化床燃烧技术，燃烧用氧气浓度在95%以上，烟气再循环后烟气CO_2含量在90%以上。烟气水分的气化潜热可以回收利用，常温下烟气能够直接冷却得到液化CO_2，并可实现与电站热力系统的经济整合。由于系统全过程整体增压，锅炉热效率和汽轮机的输出功率提高，减少了CO_2冷却压缩液化的电能消耗，在一定程度上抵消了系统增压所增加的功率消耗；同时增压富氧燃烧大大提高了烟气中水蒸气的凝结温度，增加了从锅炉排烟中回收的热量，提高了机组的整体发电效率。高压设备结构紧凑且规模较小，可在一定程度上节省电站基建投资。因此，相对于常压富氧燃烧来说，增压富氧燃烧技术是一种高效率控制燃煤CO_2排放的新型洁净燃烧技术。

富氧燃烧除采用再循环烟气调节炉膛火焰温度外，也有采用水蒸气调温的富氧燃烧技术。其方法是将氧气（纯度达到95%以上）与一定比例的蒸汽混合送入炉膛，与燃料一起燃烧，用蒸汽参与燃烧过程来实现火焰温度的调节。锅炉尾部排烟中的大量蒸汽可在下游烟气处理过程中冷凝为液态水，既保证烟气中高浓度的CO_2，也省去了烟气再循环系统，大大简化了辅助设备。另外，也有采用氧气与空气混合燃烧的富氧燃烧技术，采用空气为主、纯氧气为辅的混合燃烧方式，取消烟气再循环，燃烧气体中氧气含量为30%～40%，烟气中CO_2含量30%～40%。

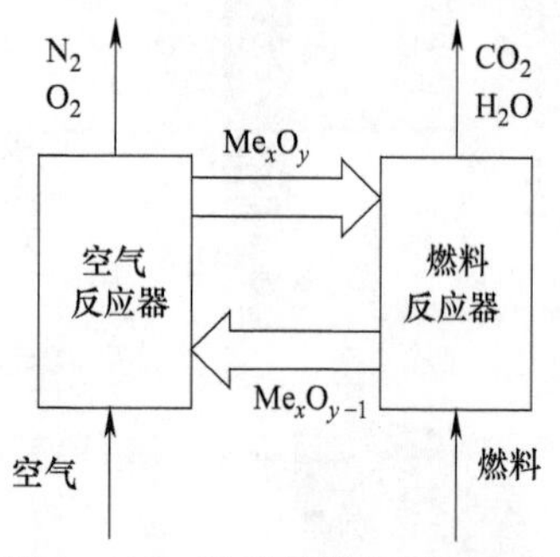

图19-110　化学链燃烧原理示意

（四）化学链燃烧技术

化学链燃烧借助载氧体，将传统的燃料与空气直接接触的燃烧分解为两个气固反应，燃料与空气无接触，载氧体将空气中的氧传递到燃料中，实现无焰燃烧并释放能量。化学链燃烧装置主要由两个反应器（空气反应器和燃料反应器）构成，固体载氧体（金属氧化物NiO系、Fe_2O_3系、CuO系等）在空气反应器和燃料反应器之间循环。载氧体首先在空气反应器中与气速约15m/s（空气流速比燃料气流速大10倍）的空气进行氧化反应，分离出空气中的O_2，空气中过剩的N_2和O_2从旋风分离器顶端排出，携带氧气的载氧体通过旋风分离器底部进入燃烧反应器，并释放氧气与燃料反应，金属氧化物在燃料反应器中被还原，然后进入空气反应器中循环使用（图 19-110）。

化学链燃烧集燃烧与分离于一体，由于燃料反应器内的气固反应温度远低于常规的燃烧温度，因此可以有效控制 NO_x 的生成，甚至不产生 NO_x。燃料不直接与空气接触也避免了氮气的稀释作用，使燃烧更充分，提高了能源的利用效率。再者，燃料燃烧产生的产物只有 CO_2 和 H_2O，采用简单的物理冷凝方法冷凝析出水就可以分离回收高纯度的 CO_2，避免了成本高昂的 CO_2 分离过程。

化学链燃烧中的载氧体是关键。载氧体在两个反应器之间循环使用，将氧从空气传递到燃料中反应。载氧体既要传递氧，又要传递热量，因此，研究适合于不同燃料的高性能载氧体是化学链燃烧技术能够实施的先决条件，也是化学链燃烧技术的研究重点与热点。

在化学链燃烧中，优势载氧体必须具备以下条件：a. 耐高温；b. 机械强度高、磨损率低；c. 再生性强；d. 活性好，对燃料与氧气都有很好的反应性；e. 氧传输能力强；f. 安全可靠、不危害健康、价格便宜。载氧体的性能与其活性、物理性质、制备方法和使用寿命等有关。

1. 载氧体研究

研究较多的是金属氧化物载氧体，目前已被证实可用作载氧体的活性金属氧化物主要包括 Ni、Fe、Co、Mn、Cu 和 Cd 的氧化物。除金属氧化物活性组分外，载氧体中还要添加一些惰性载体，为载氧体提供较高的比表面积和合适的孔结构，以改进载氧体的强度，提高载氧体的热稳定性，并减少活性组分的用量。目前文献中报道较多的惰性载体主要有 SiO_2、Al_2O_3、TiO_2、ZrO_2、MgO、钇稳定氧化锆（YSZ)、海泡石、高岭土、膨润土和六价铝酸盐。另外，考虑到各种金属的优缺点，一些研究人员将几种金属氧化物以一定的比例混合作为载氧体的活性组分，以期得到综合性能更好的复合载氧体。

载氧体制备方法有机械混合法、冷冻成粒法、浸渍法、分散法、溶胶-凝胶法等。其中溶胶-凝胶法可制得精细、均匀的粉末，但由于所用到的金属醇盐很昂贵，因此在工业生产中该方法没有得到广泛应用；在机械混合法和冷冻成粒法中，分别加入石墨和淀粉作为添加剂，作用是在高温时作为气孔形成物，增加载氧体的多孔性，以此来改善载氧体的反应性。用上述方法制备载氧体时，需要进行烧结，烧结温度不同对载氧体的性能也有较大影响。一般而言，随着烧结温度升高，载氧体的破碎强度增大，反应性下降，这是由于高温时烧结的载氧体具有较高的密度和较低的多孔性。总体而言，冷冻成粒法和浸渍法是制备载氧体最常用的两种方法。一般来说，基于镍和铁的载氧体通常使用冷冻成粒法，而基于铜的载氧体则使用浸渍法。

化学链燃烧实际应用中一个关键的问题是载氧体成本，一些天然矿石及其他废料可以在达到较好反应性的基础上大幅降低载氧体制备成本，目前发现的性能较好的有铁矿石、钛铁矿、锰矿石、石灰岩等。

2. 化学链燃烧用于 CO_2 分离

化学链燃烧（Chemical Looping Combustion，CLC）是从大流量、低二氧化碳浓度烟气中分离二氧化碳的方法之一。CLC 最早在 20 世纪初被用于以水蒸气与铁反应制备氢气，于 20 世纪中期被提出用于二氧化碳的商业化生产。

在 CO_2 的捕集和封存过程中，有 75.8%的运行成本集中在 CO_2 捕集（分离）阶段。而在化学链燃烧过程中，燃料和空气并不直接接触，燃料反应器中的燃料被固体载氧体的晶格氧化，完全氧化后生成 CO_2 和 H_2O。由于没有空气的稀释，产物纯度很高，将水蒸气冷凝即可得到较纯的 CO_2，避免了成本高昂的气体分离过程。因此化学链燃烧技术被认为是一种非常高效的 CO_2 捕集技术。

目前尚没有实际工程应用的化学链燃烧 CO_2 捕集技术，但各研究机构已经搭建了不同的化学链反应装置。例如瑞典查尔姆斯理工大学、西班牙 ICB—CSIC 研究所、美国俄亥俄州立大学、英国剑桥大学、韩国能源研究所、挪威科技大学、奥地利维也纳理工大学、加拿大西安大略大学、澳大利亚纽卡斯尔大学等诸多高校和研究机构。在国内，东南大学、华中科技大学、清华大学也展开相关研究，并取得了部分研究成果。

目前较大规模的以气体（天然气等）为燃料的化学链燃烧工艺包括查尔姆斯理工大学的 10kW·h 装置，西安交通大学的 10kW·h 装置，Carboquimica 研究所的 10kW·h 装置，韩国能源研究所的 50kW·h 装置以及维也纳理工大学的 120kW·h 装置等。直接采用固体进料的化学链燃烧工艺还处于发展阶段，实现固体燃料化学链燃烧有 3 种基本途径。

① 固体燃料气化后的气体产物与载氧体反应，这需要引入一个单独的固体燃料气化过程，增加了投资和运行成本。

② 固体燃料直接引入燃料反应器。燃料的气化以及之后与载氧体的反应在燃料反应器中同时进行。但需要注意的是燃料和载氧体之间的固-固反应效率非常低，因此一般需要使固体燃料气化，生成 CO 与 H_2，然后 CO 与 H_2 与载氧体颗粒反应。

③ 化学链氧解耦燃烧（CLOU)。载氧体在燃料反应器中释放气相氧与固体燃料燃烧。和常规 CLC 相

比，CLOU 的优点是固体燃料不与载氧体直接反应而无需气化过程，降低了系统成本。

由上所述，固体燃料直接引入燃料反应器的方法具有极大的可行性。而固体燃料 CLC 燃烧装置与气体燃料大致相同，主要区别在于燃料反应器内部的改进，并且增加了固体燃料的供给和循环回路。

众多研究结果已经表明，化学链燃烧在提高能源效率、分离捕集 CO_2、控制和消除 NO_x 产生等方面具有极大的优势。

（五）超临界水热燃烧技术

超临界水热燃烧（Supercritical Hydrothermal Combustion，SCHC）是指燃料或一定浓度的有机废物与氧化剂在超临水（$T\geqslant374.2$℃且 $p\geqslant22.1$MPa）环境中发生剧烈氧化反应，产生水热火焰（Hydrothermal Flame）的一种新型燃烧方式。与常见的燃烧现象不同的是，燃料在水热燃烧反应器内着火形成“水火相容”的水热火焰。水热火焰也是超临界水热燃烧区别于超临界水热氧化（Supercritical Water Oxidation，SCWO）的主要特点。

Franck 等首次使用术语“水热燃烧（Hydrothermal Combustion）”来描述发生在超临界水相中伴随有水热火焰的有机物剧烈氧化过程。国内外多家研究机构针对超临界水热燃烧技术的一系列研究充分证明了该技术的可行性。

1. 超临界水特点

水的临界点为温度 374.2℃，压力 22.1MPa，当温度和压力超过此数值，水就成为超临界水。与普通液体水相比超临界水具有如下特性。

① 超临界水具有特殊的溶解度：烃类等非极性有机物与极性有机物一样，可以完全与超临界水互溶，空气、氧气、一氧化碳、二氧化碳等气体也可以任意比例溶于超临界水。而无机物，尤其是盐类在超临界水中溶解度很小。

② 超临界流体的密度与液体相当，比气体密度大数百倍，其黏度接近气体，比液体的黏度小两个数量级，扩散系数介于液体和气体之间（见表 19-41），因此称其为“液体般的气体”。超临界水既具备普通水对溶质有较大溶解度的特点，又具有气体易于扩散和运动的特性，兼具气体和普通水的性质。

表 19-41 气体、液体和超临界流体性质比较

性质	单位	气体	超临界流体		液体
		1atm，15～30℃	T_c,P_c	$T_c,4P_c$	15～30℃
密度	g/cm^3	$(0.6\sim2)\times10^{-3}$	0.2～0.5	0.4～0.9	0.6～1.6
黏度	$g/(cm\cdot s)$	$(1\sim3)\times10^{-4}$	$(1\sim3)\times10^{-4}$	$(3\sim9)\times10^{-4}$	$(0.2\sim3)\times10^{-4}$
扩散系数	cm^2/s	0.1～0.4	0.7×10^{-3}	0.2×10^{-3}	$(0.2\sim3)\times10^{-4}$

注：表中数据仅表示数量级；T_c 指临界温度；P_c 指临界压力；$1atm=1.01325\times10^5Pa$。

③ 对于超临界流体，在临界点附近，压力和温度变化会引起流体密度的变化，相应表现为溶质溶解度的变化，通过调整超临界水体系的温度和压力可以控制体系中反应速度和反应进行的程度。

2. 超临界水热燃烧研究及应用

煤炭在空气中直接燃烧的能量利用效率低，且不可避免地会产生 NO_x、SO_2、CO_2 和 $PM_{2.5}$ 等污染物，严重污染环境。与常规燃煤技术相比，煤的超临界水热燃烧技术不需脱硫、脱硝、除尘等末端装置。通入超临界水中的氧（或其他氧化剂）打断烃类化合物的分子链，随后烃类化合物产生的大量活泼自由基与氧气反应，最终生成水和二氧化碳气体、氮气等无害物质，有机物中的 S、Cl、P 等元素则生成相应的酸或者盐，整个过程可以概括为：

有机物$+O_2\longrightarrow CO_2+H_2O$

有机物中杂原子$\longrightarrow$酸(H_3PO_4、H_2SO_4、HNO_3)、盐、氧化物

煤在超临界水中充分氧化，放出大量热量，反应后煤中的 C 转化为 CO_2；N 转化为 N_2，没有 NO_x、N_2O 生成；S 转化为 H_2SO_4 或硫酸盐，没有 SO_2、SO_3 的生成；矿物质转化为灰分（泥渣）排出，无粉尘向大气排放。

燃烧产物 CO_2 与超临界水完全互溶，而 CO_2 在液态水中溶解度很低，燃烧后流体温度降低，CO_2 很容易被分离出来，可以实现 CO_2 的低成本捕集，具有极其优越的环保性能。迄今为止，国内外关于超临界水热燃烧的研究主要针对部分液体燃料，而对于以煤为代表的固体类燃料的研究甚少。且超临界水热燃烧技术还处于发展阶段，在 CO_2 捕集方面尚未有工程应用。

（六）超临界二氧化碳发电技术

化石能源大量使用对人类的生存环境产生巨大影响。为提高化石能源转换效率，先后出现郎肯循环、布

雷顿循环等能量转换开发系统。目前火力发电、核电等多采用郎肯循环，而布雷顿循环具有较高的燃烧转换效率，在燃气轮机发电系统、空间动力系统、飞机和轮船等引擎系统中已有应用。

1. 超临界 CO_2 布雷顿循环发电原理

超临界二氧化碳发电系统属于动力系统的一种，以超临界 CO_2 为工质，将热源热量转化为机械能。CO_2 具有良好的热稳定性、物理性能和安全性，是不可燃的低成本流体，临界温度为 30.98℃，临界压力为 7.38MPa。超临界 CO_2 具有良好的传热和热力学特性，密度与液体接近，可以大大减少压气机和热量交换器、透平的尺寸，循环利用 CO_2 在临界附近的物性可减小压缩功，提高回热率。

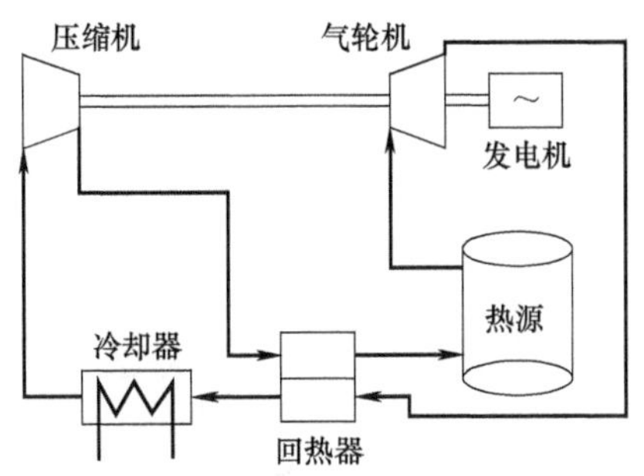

图 19-111　简单布雷顿循环示意

图 19-111 所示为简单 S-CO_2 布雷顿循环示意，低温低压 CO_2 经压缩机升压后，经回热器高温侧预热到一定温度，然后进入热源被加热到工作温度，进入透平膨胀做功。做功后的乏气进入回热器冷侧进行预冷，冷却后的 CO_2 进入冷却器冷却，最后进入压气机压缩。

对比水蒸气和二氧化碳两种工质在不同温度条件下的热转化效率（图 19-112），可以发现 S-CO_2 不存在相变，其热转化效率与温度基本为线性关系，不存在夹点，在一定温度后远高于水蒸气的热转化效率。以 S-CO_2 为工质时的发电成本为 0.025 美元/千瓦时，远低于目前 600℃超超临界机组的发电成本。用 S-CO_2 循环替代当前的水蒸气朗肯循环在火电领域将有较好的应用前景。

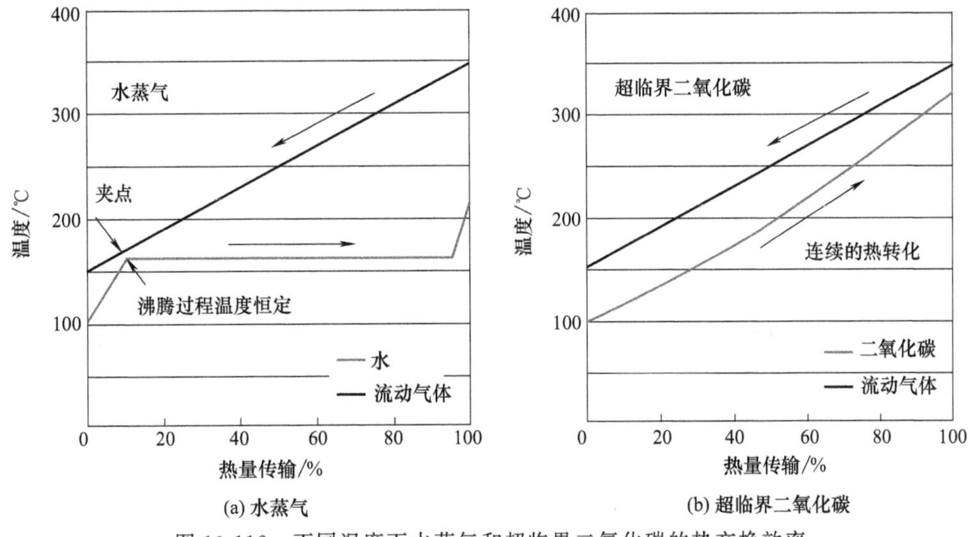

图 19-112　不同温度下水蒸气和超临界二氧化碳的热交换效率

S-CO_2 布雷顿循环作为电站冷却和能量转化系统，具有以下优点。

(1) 系统具有很高的能量转化效率　S-CO_2 热机的单次循环（1 个回热器）效率可以达到 35%以上，多次循环（多个回热器和分流压缩循环）效率可以再增加 10～15 个百分点。700℃效率可达 50%。

(2) 关键部件和整个系统所占空间较小　以 S-CO_2 为工质的压气机、透平等动力系统设备机构紧凑、体积较小。以发电透平尺寸为例，在相同发电能力下，3 种工质（二氧化碳、氦气、水蒸气）所需透平的尺寸为 1∶6∶30。

(3) 具有显著的经济性　整个系统可实现模块化建造，缩短电厂建造周期，大大减少投入。

(4) 降低关键部件的选材难度　CO_2 具有相对稳定的化学性质，在中低温条件下与金属发生化学反应而侵蚀的速率较慢，循环部件的选材范围相对较宽。

2. 超临界 CO_2 布雷顿循环在发电领域的应用

闭环 S-CO_2 布雷顿循环发电系统主要包括压缩系统、预冷系统、换热系统、热源、透平和发电机等。热源可来自核反应堆、太阳能、地热能、工业废热、化石燃料燃烧。美国桑迪亚国家实验室率先开展超临界二氧化碳闭式循环中存在的包括压缩、轴承、密封、摩擦等问题的研究，循环实验装置获得了接近 50%的发电效率。

在燃气发电领域，为提高燃烧效率、减少 CO_2 排放，日本东芝率先开展新型 S-CO_2 循环系统 250MW 电站研究，以化石燃料、氧气、二氧化碳为混合流体的燃烧介质，其中 95%的二氧化碳膨胀做功，在进入燃烧室前高温 CO_2 的压力达 30MPa，燃烧室出口 CO_2 温度 1150℃。

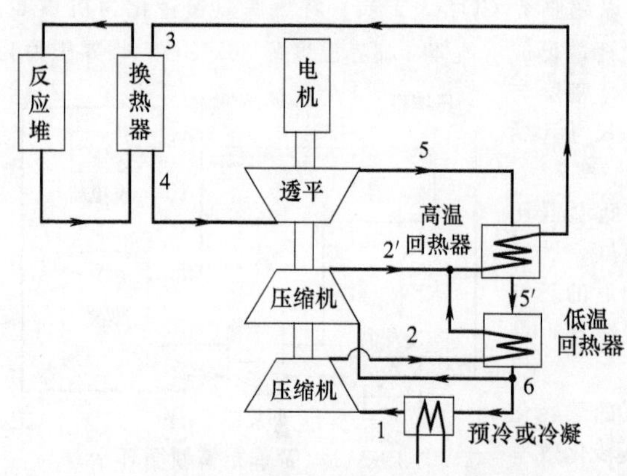

图 19-113 核电超临界二氧化碳压缩循环示意
注：图中数字为不同设备出口 CO_2 所处状态。

随着透平机械和紧凑式换热器等技术的发展，S-CO_2 技术被作为先进核反应堆，“第四代核能系统国际论坛”提出 S-CO_2 布雷顿循环作为第四代核电反应堆的新型能量转换系统。图 19-113 为简单核电超临界 CO_2 循环示意图，高温气冷堆、钠冷堆使用 S-CO_2 循环系统，将有较好的前景。

第四代核电气冷堆采用氦气为工质，其过大的压缩功耗降低了氦气冷却的效率，同时由于工作温度范围较高，循环的各个部件的选材和制造较为困难。目前英国运行的先进气冷堆采用 CO_2 为冷却剂，出口温度 650℃，压力约为 4.2MPa，没有达到超临界点时压气机的功耗较大。美国针对 S-CO_2 在核反应堆中的应用开展系统研究，麻省理工学院的研究结果表明，增加高、低温回热器可以降低“夹点”问题并提高循环效率。对不同温度和压力条件下的循环效率进行详细分析，给出了核电再压缩 S-CO_2 布雷顿循环中各个部件运行的 CO_2 参数。日本东京工业大学（TIT）提出 S-CO_2 部分预先冷却直接循环模式，增加了分流、中间压缩和中间冷却过程，降低冷却带走的热量进而提高效率。目前已经确定，对于 600MW 反应堆，堆芯出口温度 650℃，出口压力 7MPa 时，系统效率达 45.8%。国内清华大学和上海交通大学等对 S-CO_2 核反应的热力循环进行计算分析，杨文元等通过参数优化分析，构建和运行超临界二氧化碳布雷顿循环模型在四代堆能量转换系统中的应用，对技术成熟度评估系统进行构架设计和开发。

钠冷快堆（SFR）被推荐使用二氧化碳作为布雷顿循环的工质。水/汽介质的朗肯循环是目前钠冷快堆的主流选择，但钠水反应是该循环潜在的主要危险；采用 S-CO_2 作为循环介质，不存在钠水反应，提供了消除 SFR 二回路的可能性。美国阿贡实验室正在建设以 S-CO_2 为介质的 250MW/95MW 钠冷快堆，采用 Na-CO_2 蒸汽发生器取代钠-水蒸气发生器。韩国推出了示范快堆电站 KALIMER-600，与美国阿贡国家实验室设计的电站相比，S-CO_2 和堆芯出来的高温钠直接换热，省去了中间回路，减少了设备数量。

目前 S-CO_2 工程应用仍存在 S-CO_2 高温下腐蚀金属构件和燃料元件的问题，需限制最高温度 $<670℃$，保证密封元件、高压件、压力自动调节阀等的可靠性和回热器不出现夹点。

三、CO_2 捕集

我国燃煤电厂 CO_2 排放高于世界平均水平。碳捕集与封存技术（Carbon Capture and Storage）将工业和能源行业产生的 CO_2 输送到油气田、海洋等地点进行长期（几千年）封存，阻止或显著减少温室气体排放，以减轻对地球气候的影响。该技术被认为是降低温室气体排放、阻止全球变暖最经济可行的方案。碳捕集与封存技术包括 CO_2 捕集、运输、封存 3 个过程。碳捕集工艺按操作时间可分为燃烧前捕集、燃烧后捕集、富氧燃烧捕集以及工业过程碳捕集（见图 19-114）。

（一）燃烧前碳捕集

燃烧前捕集是在碳基燃料燃烧前，将碳和其他物质进行分离，其中一种典型的燃烧前脱碳的方法是整体煤气化联合循环发电（Integrated Gasification Combined Cycle，IGCC）。煤炭送入高温气化炉，在压力与热量作用下，经由气化反应器生成煤制合成气（主要成分 H_2 和 CO）。合成气经冷却后于 SHIFT 反应器中与水蒸气发生反应生成水煤气，煤制合成气中的 CO 则转化为 CO_2。CO_2 在燃烧前被分离出来，H_2 则进入整体煤气化联合循环系统中进行燃烧。常规 IGCC 技术路线如图 19-115 所示。

IGCC 系统中的气化炉采用富氧或纯氧加压气化技术，处理气体体积较小，CO_2 浓度和压力较高（浓度可达 35%～45%），较易分离，在污染物排放控制方面具有较好的应用前景。但由于技术不成熟、系统复杂、可靠性不高等原因未广泛应用。目前 IGCC 已经由商业示范阶段跨入商业应用阶段，主要分布在美国、日本、欧洲等发达国家和地区。随着煤气化技术和燃机技术的不断进步，IGCC 向大容量、高效率、低排放方向发展，气化炉容量达到 2500～3000t/d，采用 G 型或 H 型高性能大容量燃汽轮机联合循环，功率可达

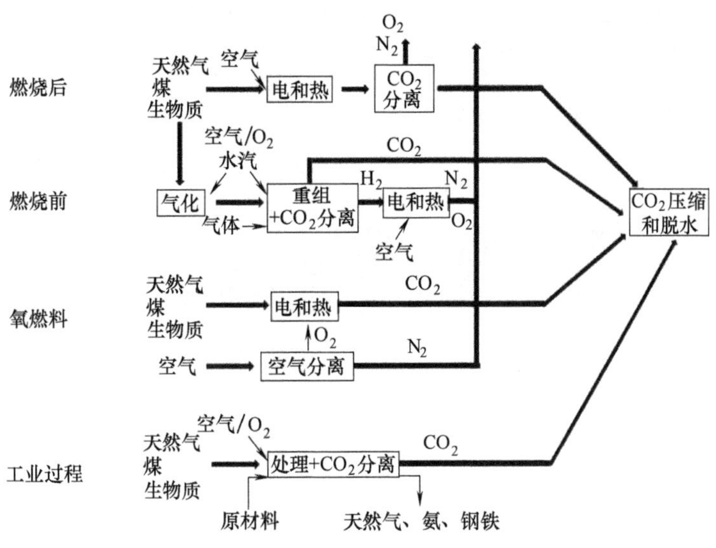

图 19-114 二氧化碳捕集过程

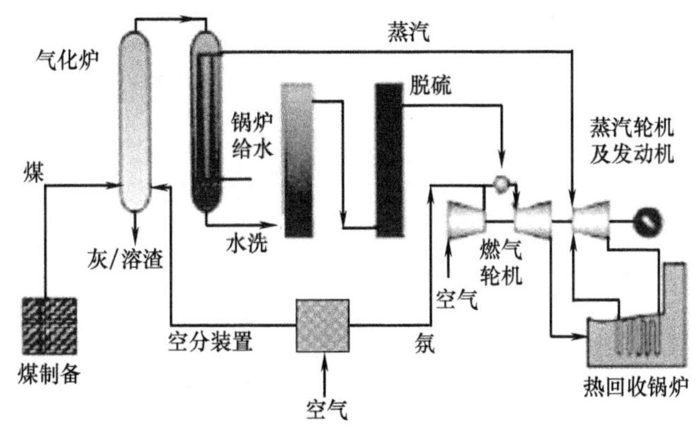

图 19-115 常规 IGCC 流程

400～600MW，联合循环效率超过 55%。表 19-42 所列为国内一些主要的 IGCC 示范项目。

表 19-42 国内主要的 IGCC 示范项目

序号	IGCC 项目	容量/MW	用途/燃料	气化炉	燃气轮机
1	华能绿色煤电	1×200＋2×400	发电/煤	干法两段激冷式	SGT5-2000E
2	华电半山	1×200	发电/煤	喷嘴对置水煤浆式	PG9171E
3	大唐东莞太阳州	(2＋2)×400	发电/煤	废锅流程式	PG9171E
4	深圳月亮湾	(1＋2)×200	发电/煤	干法两段激冷式＋多喷嘴对置水煤浆式	S109F
5	中电投廊坊	2×400	发电/煤	SHELL	PG9351F
6	广东东莞	4×200	发电/煤	干法余热回收式	PG9351F
7	大唐北京顺义	3×400	发电/煤	湿法 E-GAS	PG9351F
8	国华温州	4×(100＋100t 甲醇)	发电/煤	SHELL	PG9351F

我国从 20 世纪 80 年代开始紧密关注 IGCC 技术，经过多年的系统特性研究、关键部件开发、示范项目实施，在支撑技术创新等方面取得了一定成果。1999 年 9 月 23 日，我国第一套示范电站——烟台 IGCC 示范工程通过国家计委批复，规划建设 300～400MW 级的发电机组。中国华能集团公司于 2004 年提出绿色煤电计划，依托该项目，华能集团于 2009 年 7 月在天津开工建设大型带 CCS 的 450MW 级 IGCC 示范电厂。电厂分三期建设：第一阶段建设 250MW 级 IGCC 示范电站；第二阶段总结 IGCC 电站运营经验，完成绿色

煤电关键技术的实验和验证，进行绿色煤电示范电站前期准备；第三阶段建成含有 CO_2 捕集的 400MW 级绿色煤电示范电站，以近零排放的模式运行示范电站。

2012 年 11 月位于天津滨海新区的华能 250MW IGCC 电厂正式投产发电，IGCC 系统包括空气分离、煤气化、煤气净化、联合循环四大部分，系统流程如图 19-116 所示。

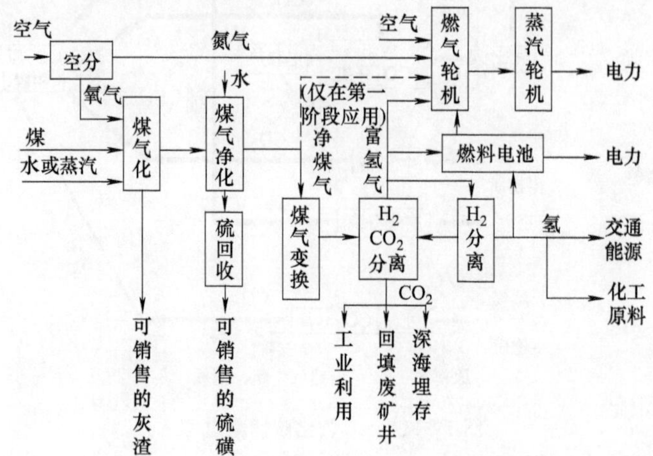

图 19-116 华能天津 250MW IGCC 系统流程

① 空气分离系统包括空气净化设备、换热器、精馏塔以及气体压缩机等。空分采用低压独立空分，规模（标）为 $42000m^3/h\ O_2$，氧气纯度为 99.6%。

② 煤气化系统包括气化炉、空分、煤的干燥与处理设备、除渣设备、煤气冷却器等。气化炉采用华能自主研发并具有自主知识产权的 2000t/d 两段式干煤粉加压气化炉，压力为 31bar（$1bar=10^5Pa$）。

③ 煤气净化系统包括水气分离、煤气除尘、煤气脱硫系统、硫回收系统、煤气饱和器等。净化系统中采用 MDEA 系统脱除 H_2S 和部分 CO_2。经过脱硫后的净合成气注入中压饱和蒸汽调整合成气成分，控制燃料热值和 NO_x 排放。

④ 联合循环系统包括燃气轮机、余热锅炉、汽轮机等。燃气轮机采用西门子研制的 STG5-2000E（LC）型燃气轮机，余热锅炉采用杭州锅炉厂的三压再热式，再热汽轮机采用上海汽轮机厂研制的单杠三压式。

该 250MW 系统采用燃烧前脱硫，在电力行业首次采用 MDEA 脱硫工艺和 LO-CAT 硫回收工艺，硫元素回收制成商品级硫磺。硫脱除效率达到 99%以上，二氧化硫的排放浓度（标）低于 $1.4mg/m^3$。燃机采用注蒸汽和氮气方式控制氮氧化物生成，不设专门的脱硝装置，氮氧化物排放浓度（标）低于 $80mg/m^3$。

工程的主要技术指标为：全厂功率 26.5×10^4kW；发电效率 48%；供电效率 41%；发电标煤耗 255.19g/(kW・h)；气化炉热效率 95%；冷煤气效率 84%；碳转化率 99.2%。截至 2016 年 11 月，华能 IGCC 示范电站最核心的气化装置最长连续运行周期超过 100d。

IGCC 是煤气化技术与高效联合循环相结合的先进动力系统，发电效率高、环保性能极好，污染物排放量仅为常规燃煤电站的 1/10，脱硫效率可达 99%，氮氧化物排放只有常规电站的 15%～20%，耗水只有常规电站的 1/3～1/2，被公认为是未来最具发展前景的清洁煤发电技术之一。

（二）燃烧后碳捕集

燃烧后碳捕集是收集燃烧后烟气中的 CO_2，燃烧后碳捕集技术与现有电厂匹配性好。但电厂通常采用空气助燃，产生烟气为常压气体且 CO_2 浓度较低（10%～12%），CO_2 捕集的难点在于低浓度 CO_2 的捕集能耗大，设备投资和运行成本高。燃烧后碳捕集技术种类较多，主要有吸收分离法、物理吸附法、膜分离和低温技术等。物理吸附、膜分离和低温技术等发展较为成熟，但经济性较差。综合考虑电厂烟气中 CO_2 气体分压低、烟气成分的复杂性和技术工艺的成熟性，比较而言，化学吸收法的市场前景最好，受厂商重视程度也最高，但设备运行能耗和成本较高。

1. 吸收分离法

吸收分离法一般包括吸收和再生两个阶段，根据分离原理不同，分为化学吸收法和物理吸收法。

(1) 化学吸收法 化学吸收法通过弱碱类化合物与 CO_2 反应而将 CO_2 从烟气中分离。CO_2 与吸收液中的有效成分发生化学反应，富含 CO_2 的吸收液（富液）在解析塔中受热分解并释放 CO_2，解析塔流出的吸收液（贫液）中 CO_2 含量较少，经冷却回到吸收塔循环使用。

最初的化学吸收液有氨水、热钾碱溶液，随后发现有机胺溶液吸收 CO_2 的效果较好，因此有机胺溶液吸收法也是目前工业分离 CO_2 的主要方法之一。

以醇氨吸收法为例，醇氨分子结构中至少含有一个羟基和一个氨基，羟基增强其水溶性，而氨基则使其在水溶液中呈碱性，可以与 CO_2 发生反应。醇氨溶液吸收 CO_2 的能力取决于其碱性强弱，醇氨溶液吸收 CO_2 的能力排序：乙醇胺＞二乙醇胺＞二异丙醇氨＞甲基二乙醇胺＞三乙醇胺。

乙醇胺（MEA）对 CO_2 有很好的吸收效果，与 CO_2 反应生成碳酸盐，在 20～40℃温度范围内反应向右进行并释放热量，当温度升高至 104℃时，反应生成的碳酸盐吸热分解，反应逆向进行，MEA 溶液再生使用。

$$HOCH_2CH_2NH_2+CO_2+H_2O = [HOCH_2CH_2NH_3]_2CO_3 \tag{19-39}$$

MEA 价格相对低廉，在胺类吸收剂中分子量最小，单位质量吸收 CO_2 量较高，但 MEA 碳捕集有许多不足之处，如循环使用乙醇胺溶液吸收 CO_2 的效率会下降；吸收液发生氧化、热降解和蒸发等会导致吸收剂浓度下降；富 CO_2 吸收液中降解产物容易导致系统腐蚀。MEA 吸收液的再生能耗大，初投资和运作成本偏高，诸多问题严重影响了 MEA 工艺在电厂碳捕集中的应用。因此，有必要开发新的、更加理想的低成本吸收剂。

N-甲基二乙醇胺（MDEA）吸收法最早用于脱硫，20 世纪 80 年代德国 BASF 公司将 MDEA 用于脱除 CO_2，MDEA 技术广泛用于化工过程脱硫、脱碳，也用于天然气脱碳净化，如中国东方气田、大港油田、长庆气田、普光气田等均采用该技术。国外挪威的 Sleipner 气田也采用 MDEA 技术脱碳，图 19-117 所示为 Sleipner T 平台 CO_2 捕集系统：含 4%～9%CO_2 的天然气从 2 个并联的吸收塔底部进入，自下向上流动，与塔内自上向下的 MDEA 溶液逆流接触，吸收塔操作压力 10MPa，温度 70℃，天然气处理量为 $2.25\times10^7 m^3/d$。吸收 CO_2 的富液经透平机回收压力能后进入一级、二级闪蒸，进入汽提塔（再生塔）再生。再生后的 MDEA 溶液由汽提塔底部流出并循环使用，而解吸出的 CO_2 与二级闪蒸出的 CO_2 汇合，经加压和冷却后注入海床下 800～1000m 深的盐水层。

MDEA 化学性质稳定、无毒、不降解，MDEA 吸收剂具有蒸汽压低、热稳定性好、对设备腐蚀小、CO_2 分离回收率高等优点。与 CO_2 反应生成不稳定的碳酸氢盐，反应热小，再生能耗较低，可以在低温下操作。但 MDEA 水溶液与 CO_2 反应速率较慢，通常需要添加活化剂提高反应速率。

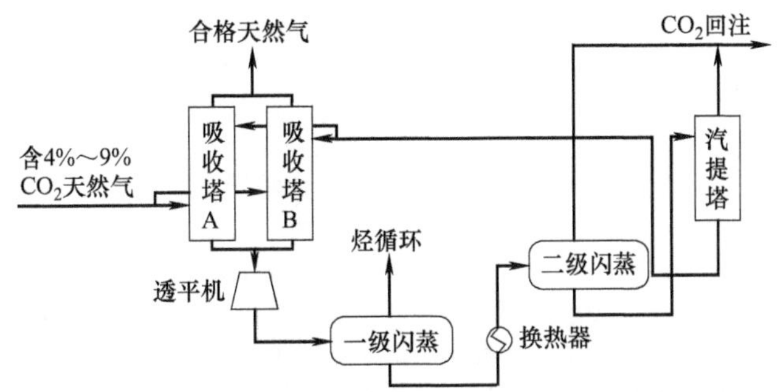

图 19-117 Sleipner T 平台 CO_2 捕集系统流程

化学吸收工艺也存在一些问题，如溶剂的再生。溶剂活性在吸收/解析速率间有一个最佳的平衡，如果溶剂对溶质有较高的吸引力，在低温（30～50℃）、较低的 CO_2 分压（与浓度成正比）条件下也能吸收 CO_2，这也会导致再生能耗增加；如果溶剂对 CO_2 吸引力很低，CO_2 负载量低，但再生能耗降低。烟气中还含有一些酸性气体如 SO_3、SO_2、NO_2 等，会与胺类反应生成稳定盐而使吸收剂失效，因此一般在反应器前加一个 SO_x 洗涤器，控制烟气中酸性气体的含量低于 0.001%。同时这一 SO_x 洗涤器也可以使烟气温度降低至 45℃左右，避免高温烟气（＞100℃）直接进入吸收塔使吸收剂分解。

(2) 物理吸收法 物理吸收法是将二氧化碳溶解在吸收溶液中，但并不与吸收液发生化学反应，通过改变压力和温度使 CO_2 与有机溶液吸收或分离。溶液在高压低温条件下吸收 CO_2，在低压高温条件下释放 CO_2，常用的吸收液有水、甲醇、乙醇、聚乙二醇等，为减少溶液损耗和防止溶剂蒸汽外泄造成二次污染，一般选用高沸点溶剂。甲醇是选择性吸收 CO_2、H_2S 等极性气体的优良溶剂，室温下甲醇对二氧化碳的溶解度是水的 5 倍，低于 0℃时为 5～15 倍。低温甲醇洗法应用于工业合成氨、甲醇合成气、城市煤气等废气的脱碳脱硫。

神华煤直接液化项目的低温甲醇洗工艺流程如图 19-118 所示，尾气中 CO_2 的体积分数约为 87.6%，其余为 N_2、少量 H_2、H_2O、微量硫化物等，将 CO_2 提纯后才能封存或用于驱油。通过增加 CO_2 产品塔，可以得到更高浓度的CO_2。该方法吸收能力强、净化度高、溶剂循环量小、流程简单，但毒性强、保冷要求高。根据处理的原料气和操作压力不同，低温甲醇洗也有不同的工艺过程。林德公司设计了低温甲醇洗串联液氮洗的联合装置，脱除变换气中的CO_2和H_2S。

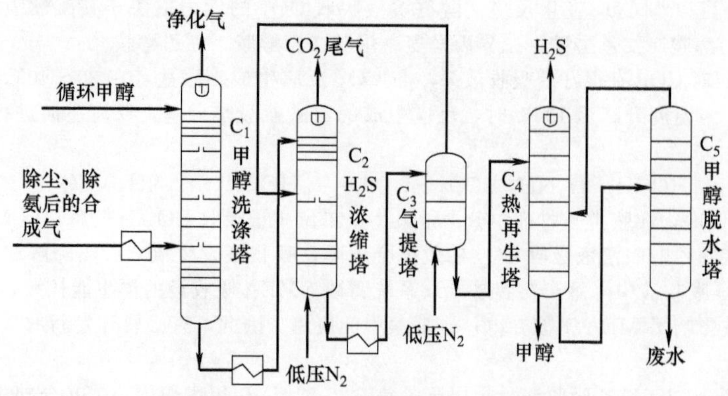

图 19-118 低温甲醇洗工艺流程示意

物理吸收法还包括加压水洗、碳酸丙烯脂法等。燃煤电厂的CO_2排放量大、温度高，常规的液相吸收法、低温分离法等必须将烟气温度降低，这会导致发电厂总体热效率的降低。

2. 吸附解析法

吸附法是利用固体吸附剂选择性吸附混合气体中的CO_2，然后在一定再生条件下解析释放CO_2。吸附分离CO_2的原理有：a. 利用吸附剂对各气体组分的选择性不同来分离混合气体，在吸附过程中每种吸附剂对应有强吸附气体和弱吸附气体，根据吸附强度的差别将目标气体从混合气体中分离；b. 利用吸附剂对混合气体中各组分吸附速率的不同分离气体。吸附速率快的气体停留时间短，吸附速率慢的气体停留时间长，通过控制吸附过程的操作时间即可分离气体混合物。一般而言，吸附剂与CO_2的结合力越强，CO_2的吸附容量越大、选择性越好、吸附过程越有利，但同时也意味着解析过程越难，再生能耗越高。

根据吸附剂与吸附质相互作用原理的不同，可分为物理吸附和化学吸附。按照解析方法分为变压吸附、变温变压吸附和变温吸附。物理吸附剂的选择性差、吸附容量低，但吸附剂再生容易，一般作为低能耗的变压吸附法使用；化学吸附剂选择性好，但吸附剂再生困难，吸附过程中需采用能耗较高的变温吸附方法，由于温度调节较慢，工业应用的CO_2吸附分离工艺主要以变压吸附为主。一般以多孔固体材料作为吸附剂，通过改变固体吸附剂在不同压力和温度条件下的性质实现CO_2的吸附和解析。

(1) 变压吸附 我国的变压吸附分离提纯CO_2工艺最早由西南化工研究设计院于20世纪80年代研发，最初用于空气干燥和氢气净化，近年来在化工、冶金、电子、医药等行业得到推广和应用。变压吸附分离气体混合物依据吸附剂对不同气体在吸附量、吸附速率、吸附力等方面的差异以及吸附剂的吸附容量随压力而变化的特性，在加压情况下完成混合气体的吸附分离，降压条件下完成吸附剂的再生。

(2) 变温吸附 变温吸附根据待分离组分在不同温度下的吸附容量差别分离目标气体。升降温循环操作使低温下被吸附的强吸附组分在高温下脱附，吸附剂得以再生，再生吸附剂冷却后在低温下循环利用。变温吸附工艺过程简单、无腐蚀，吸附剂再生容易，但吸附剂再生能耗大、装备体积庞大、操作时间长。

多孔固体材料是目前研究较多的物理吸附剂，固体类吸附剂依靠其特有的笼状孔道结构吸附CO_2。活性炭、活性炭分子筛、活性炭纤维、分子筛、活性氧化铝、硅胶、树脂类吸附材料等相对廉价易得、无毒、比表面积大；化学吸附剂表面的化学基团可以与CO_2结合实现CO_2的分离。化学吸附剂大致可以分为金属氧化物（包括碱金属和碱土金属类）、类水滑石化合物（HTlcs）以及表面改性多孔材料三类。

3. 低温蒸馏法

低温蒸馏法根据CO_2和其他气体的沸点不同，将待分离气体压缩、冷却、液化后蒸馏，各气体组分先后蒸发，实现气体的分离。该方法适用于CO_2含量较高的混合气，随着分离的进行，CO_2分压逐渐减小，分离也越来越困难。当混合气体中CO_2含量较低时，需经多级分离，相应的造价会大大提高。

4. 膜分离法

膜分离法利用混合气体中不同气体成分与膜材料之间的化学或物理反应，使某种气体快速溶解并穿过膜层，分离该气体。膜材料对气体的选择、穿透气流对总气流的流量比和压力比是决定膜分离能力的关键。气体膜分离原理如图19-119所示。

常用的膜材料有聚合物膜和无机膜。聚合物膜有玻璃质膜和橡胶质膜，玻璃质膜具有更好的气体选择性

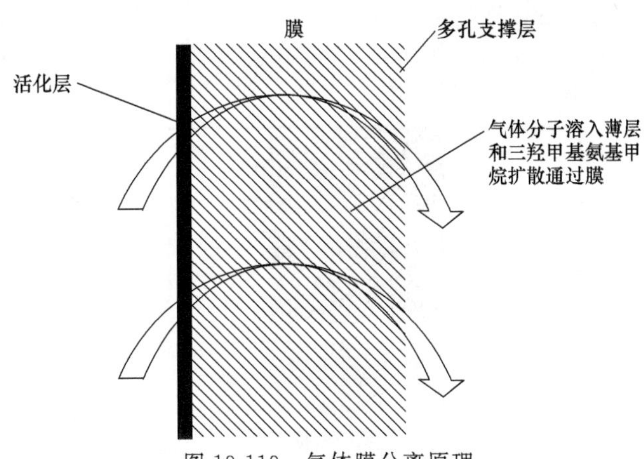

图 19-119　气体膜分离原理

和机械性能，当前工业应用中的聚合物膜几乎都是玻璃质膜。但高选择性聚合物膜的渗透性差，高渗透性聚合物膜的选择性差，膜的渗透性和选择性很难兼顾。此外，聚合物膜材料还有不耐高温、易腐蚀、易污染和清洗困难等缺点，膜在高温（>150℃）、高腐蚀环境下容易老化，不适合脱除化石燃料燃烧产生的 CO_2 气体。

无机膜又分为多孔膜和致密膜，其中多孔膜通常利用一些多孔金属物作为支撑，将膜覆盖在上面，致密膜由钯、钯合金或氧化锆形成金属薄层。无机膜具有耐腐蚀、耐高温特点，适合电力行业使用。但用于 CO_2 气体分离时的分离系数低，采用单级分离时，只能部分分离 CO_2，实际应用时需采取多级循环分离，使该技术的成本大大增加。实际应用中根据混合气体成分不同和回收率要求，可以布置一级或二级膜分离装置。

随着材料科学的发展，诸多学者正在研究将无孔的聚合物膜与多孔无机膜在分子水平上结合，产生新的兼具聚合物膜高选择性和多孔无机膜高渗透性的混合膜。

与常规溶液吸收分离 CO_2 方法相比，膜分离法的优势在于比表面积大。工业应用中，为实现最高的空间利用率，通常将圆筒状膜材料作为膜分离单元模块，膜分离装置的尺寸远小于相同处理能力的气体分离塔，图 19-120 为相同处理能力的膜分离脱碳单元和气体吸收塔的尺寸对比。

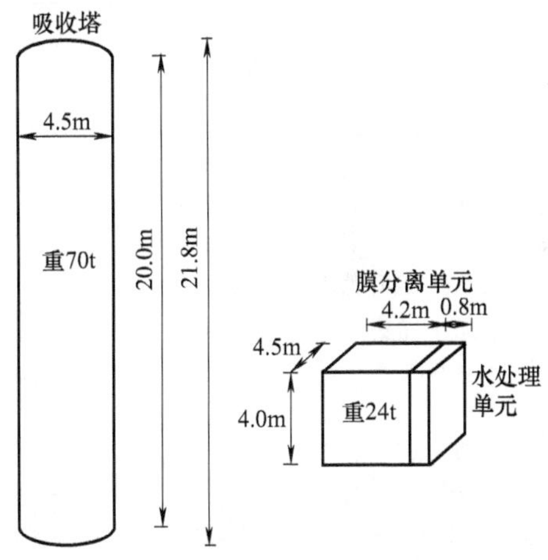

图 19-120　相同处理能力的膜分离脱碳单元和气体吸收塔的尺寸对比

目前，膜分离法已经成功应用在 H_2/CO 合成气比例调节、天然气处理、炼油尾气、合成氨尾气的氢回收等领域。但是对于燃煤电厂，由于烟气中 CO_2 分压力低，膜分离技术能耗较大，还需进一步研究。

5. 膜吸收法

膜吸收法是膜技术与气体吸收技术结合的新型气体分离方法，该技术既有膜分离技术装置紧凑的优点，又有化学吸收法对 CO_2 选择性高的优点。膜吸收法中，混合气体不与吸收液直接接触，而是在膜的两侧流动，膜本身不与气体或吸收剂反应，只是隔离气体和液体，当气体分子的直径小于膜孔直径时（N_2、O_2、CO_2 的分子直径小于 $3.7\times10^{-3}\mu m$，聚丙烯膜孔径在 $0.1\mu m$ 左右），气体分子可以扩散到吸收液内部，吸收液选择性吸收气体。吸收原理如图 19-121 所示。

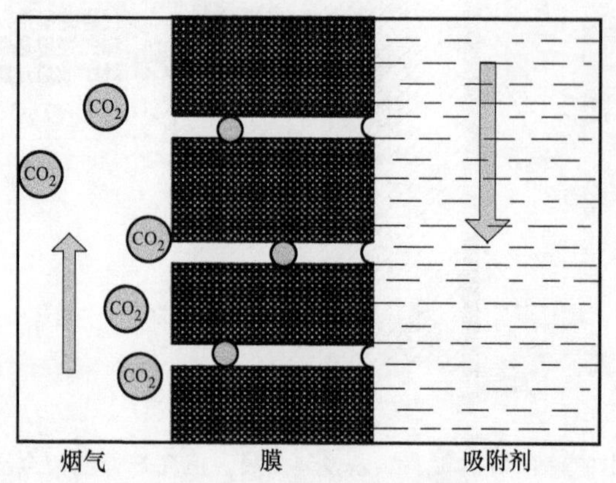

图 19-121 气体吸收膜原理

膜吸收法在燃煤烟气、天然气和炼厂气等领域都有广泛应用。由于可操作性强、气液接触面积大、膜法脱碳效率较高和没有鼓泡、溢流、夹带等问题，比传统的化学吸收法更有应用前景。

新兴的膜分离技术在能耗和设备紧凑性等方面都具有很大的潜力。表 19-43 所列为几种燃烧后碳捕集方法的比较。由于燃煤电厂排放的二氧化碳浓度低、压力小，无论采用哪种捕集技术都需要对能耗和成本的降低进行研究。

表 19-43 CO_2 分离方法比较

分离方法	优 点	缺 点
吸收分离法	工艺相对成熟，脱除效率高，吸收速度快，CO_2 回收纯度高，系统简单	发生沟留、夹带和鼓泡等问题，吸收剂再生能耗高，腐蚀问题
吸附分离法	可用于低浓度介质，能耗低	吸附容量有限，投资成本高
低温蒸馏法	无化学反应参与，气体回收经济性高	设备大、成本高，需要消耗制冷剂，分离效果差
膜分离法	结构紧凑，体积小、质量轻，无污染	长期运行可靠性差，膜的成本高，寿命有限
膜吸收法	气液接触面积大，脱碳效率高，无鼓泡、液泛等现象	膜的维护，膜容易润湿堵塞

（三）燃煤电厂碳捕集工程应用

1. 华能北京热电厂 CO_2 捕集

华能北京热电厂 CO_2 捕集工程是国内首个燃煤电厂烟气 CO_2 捕集示范工程，该示范项目由澳大利亚联邦科学与工业研究组织（CSIRO）、中国华能集团公司以及西安热工研究院（TPRI）联合建设。华能北京高碑店热电厂进行碳捕集改造，设计 CO_2 回收率大于 85%，年回收 CO_2 3000t。该示范项目全部采用国产设备，于 2008 年 7 月 16 日正式投产。

(1) 电厂烟气基本情况 北京热电厂采用飞灰复燃液态排渣锅炉，烟气净化采用低氮燃烧技术和 SCR 脱硝装置、静电除尘装置、湿法烟气脱硫。净化后的烟气通过冷却塔烟塔合一排放，碳捕集装置中处理的烟气取自湿法脱硫和冷却塔之间，烟气温度为 55℃，过饱和状态，液态水含量较大（$8.4g/m^3$），烟气主要成分见表 19-44。

表 19-44 试验烟气主要成分

$\varphi(CO_2)/\%$	$\varphi(O_2)/\%$	$\varphi(SO_2)$	$\varphi(NO_x)$	飞灰含量/(mg/m^3)
16.6	6.7	5×10^{-6}	5.8×10^{-5}	40.3

碳捕集系统还设有精制系统，将收集到的高纯度 CO_2 气体精制为食品级气体，贮存于 CO_2 贮罐。图 19-122 为北京热电厂 3000t/a 的 CO_2 捕集与利用流程简图。

碳捕集系统设计的正常烟气处理量为 $2372m^3/h$（湿基），CO_2 回收量为 0.5t/h，系统在额定生产能力

60%～120%范围内平稳运行，年操作时间 6000h。

(2) 工艺流程　系统工艺流程如图 19-123 所示，脱硫后烟气温度为 40～50℃，处于乙醇胺（MEA）吸收 CO_2 的理想温度区间。经过除尘脱硫处理的烟气经鼓风机加压直接进入吸收塔。当锅炉工况变动、烟气超温时，设置在吸收塔前的喷水减温装置启动，将烟气温度降低到 50℃以下，为防止烟气中携带的水分进入捕集装置破坏系统水平衡，在吸收塔前还增设了旋流分离器，脱除脱硫后烟气中携带的水分和固体颗粒杂质。

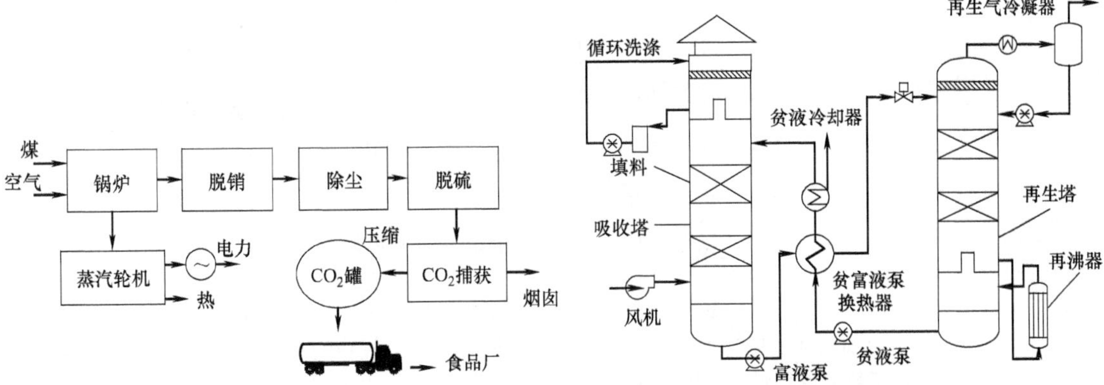

图 19-122　3000t/a CO_2 捕集与利用流程简图

图 19-123　CO_2 捕集示范装置工艺流程简化图

烟气进入吸收塔后自下向上流动，吸收塔内径 1.2m，高 30m，烟气在吸收塔中与吸收液逆流接触，烟气中约 90%的 CO_2 被吸收。为减少乙醇胺蒸气被烟气夹带造成吸收液损失，通常将吸收塔分为两段，下段主要进行 CO_2 吸收，上段通过水洗降低烟气中乙醇胺蒸气含量。

吸收 CO_2 的富集液送至再生系统，再生系统包括再生塔、溶液再沸器、再生气冷凝器等。为促进再生塔内的溶液充分再生，在再生塔下半部增设升气帽，从再生塔顶部流下的溶液被阻隔，溶液首先全部进入再沸器再生。这样既可降低再生温度，又缩短了溶液在再沸器内的停留时间，降低胺溶液降解的可能性。

溶液再沸器为管壳式换热器，管程为溶液，壳程为水蒸气。系统利用电厂低压蒸汽，通过减压降温获得表压为 3×10^5Pa、144℃的蒸汽，进入到再沸器中。溶液经过再沸器，被加热到 110℃左右，从贫液槽上部返回再生塔。释放的气体包括水蒸气、部分胺气体和再生出的 CO_2，在上升过程中，特别是在填料中，它们与下落的温度较低的溶液接触，一方面使大部分水蒸气和胺气体冷凝下落；另一方面加热了溶液，使解吸释放的 CO_2 发生可逆反应。这种方式不但加强了换热效果，还防止了局部过热导致的降解。从再沸器回再生塔的液相部分通过贫液泵，在贫富液换热器处将部分热能传递给富液，进一步经过贫液冷却器，将温度降低到 50℃左右，进入吸收塔。

解吸后的 CO_2 及蒸汽混合物通过冷却器冷凝，经分离器进行汽水分离，分离出的 CO_2 气体进入后续的压缩处理程序，最终生产出食品级 CO_2。

(3) 碳捕集运行效果　该项目建成投产后首先进行了调试试验，图 19-124 为系统 168h 运行中的实时监测结果，从图中可以看出，系统具有良好的 CO_2 捕集能力，运行平稳，碳捕集效率在 80%左右，捕集回收的气体具有较高的浓度（约 99.7%）。

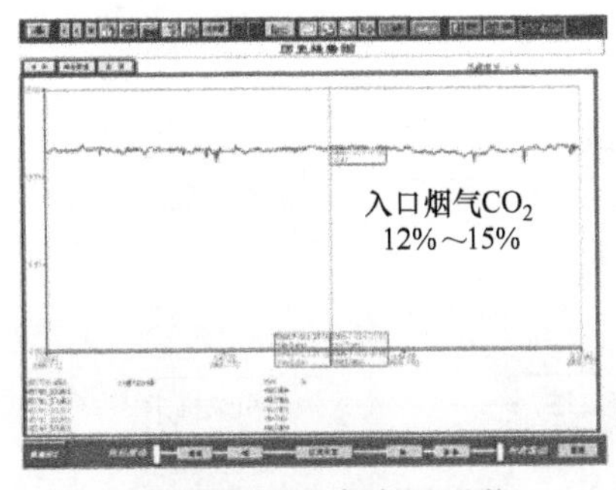

(a) 烟气中的CO_2实时体积分数

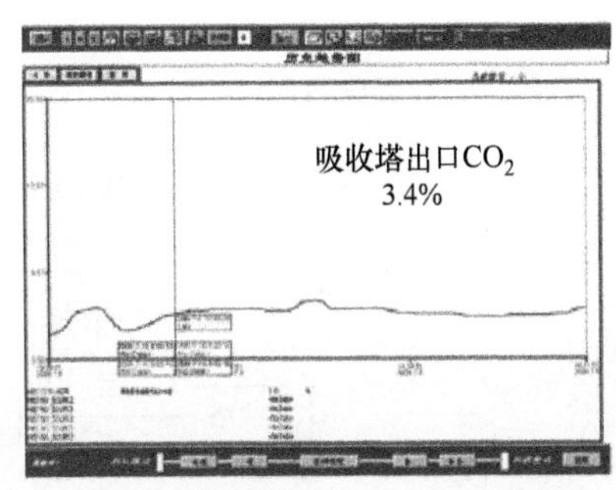

(b) 吸收塔出口CO_2实时体积分数

图 19-124

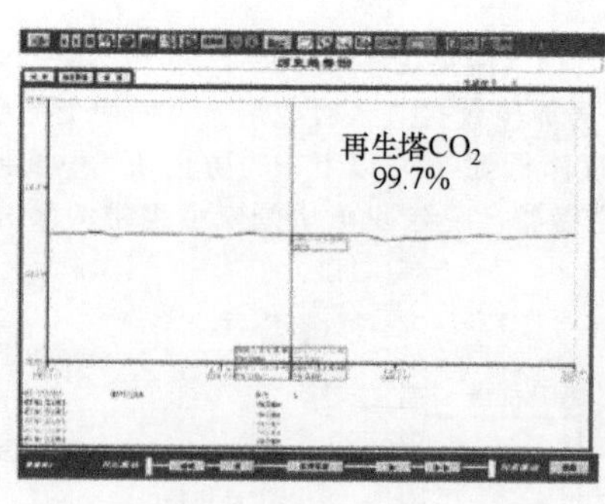

(c) 再生塔CO_2实时体积分数

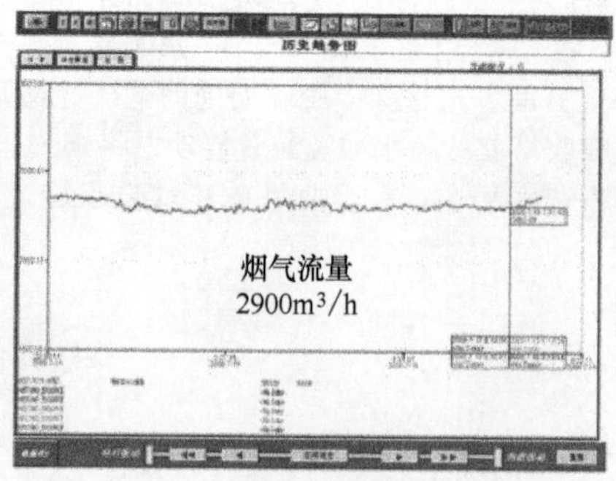

(d) 烟气实时流量

图 19-124 调试过程的 CO_2 浓度和烟气流量

系统经过 168h 调试运行后，转入示范运行。示范运行过程中，吸收塔出口 CO_2 浓度稳定在 2%～3%，捕集效率稳定在 80%～85%，捕集的 CO_2 浓度为 99.7%。截至 2009 年 1 月底，已捕集 CO_2 约 900t，经过精制后出售的食品级 CO_2 超过 800t，碳捕集系统捕集每吨 CO_2 消耗蒸汽 3.3～3.4GJ，电耗约 100kW·h，捕集每吨 CO_2 所需要的消耗性费用为 170 元（不包括设备投资和人员费用）。

2. 华能上海石洞口第二电厂低分压胺法碳捕集

2009 年年底，我国第一个工业化规模的燃煤电厂二氧化碳捕集装置在华能上海石洞口第二电厂投产，该二氧化碳捕集装置采用低分压胺法二氧化碳捕集技术，最大工况下可捕集二氧化碳 1.2×10^5t/a，正常情况下每年可捕集 1.0×10^5t。该项目已于 2009 年 12 月 30 日投入运营。

(1) 电厂基本情况 华能上海石洞口第二电厂二期新建 2 台 6.6×10^5kW 的超超临界机组安装有碳捕集装置，装置总投资约 1 亿元，由西安热工研究院设计制造，处理烟气量为 66000m³/h，约占单台机组额定工况总烟气量的 4%，设计年运行时间为 8000h。表 19-45 所列为电厂烟气成分分析。

表 19-45 燃煤电厂烟气成分

序号	项目		数量
1	烟道气温度		48.39℃
2	烟气组成(湿,体积比)/%	CO_2	12.18
3		N_2	71.50
4		O_2	5.34
5		SO_2	92.5～145.5mg/m³
6		NO_x	<160mg/m³
7		H_2O	10.98

(2) CO_2 捕集工艺 CO_2 捕集装置采用西安热工院的低分压胺法 CO_2 回收技术，乙醇胺（MEA）为吸收剂，吸收剂在低温条件下吸收烟气中的 CO_2，吸收 CO_2 后的乙醇胺溶液受热释放 CO_2，具体工艺流程如图 19-125 和图 19-126 所示。在锅炉脱硫设备的尾部烟道上设置抽气点，抽取烟气作为碳捕集装置的处理气，处理烟气经旋风分离器和烟气分离器去除烟气中携带的水分和石膏等杂质，然后经引风机送至逆流吸收塔，吸收塔中乙醇胺溶液吸收 CO_2，富液随后进入再生塔被加热再生，CO_2 解析释放，冷却、分离除去水分后得到纯度 99%（干基）以上的产品 CO_2 气。

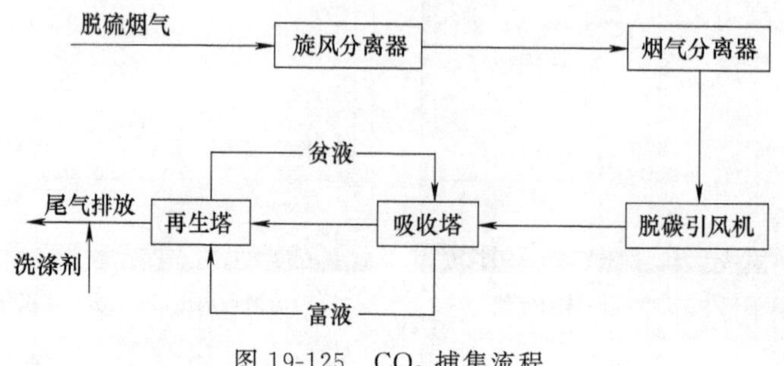

图 19-125 CO_2 捕集流程

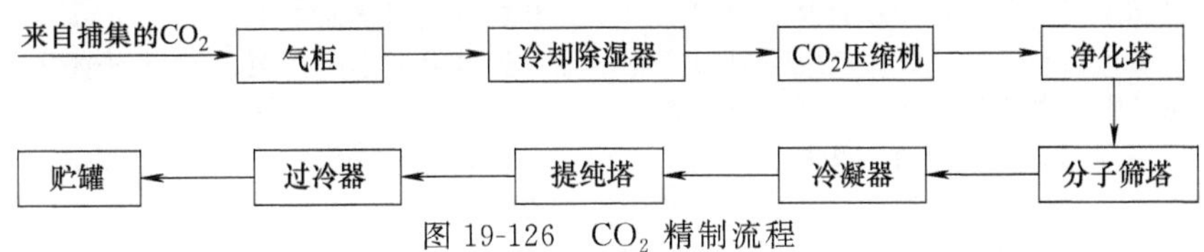

图 19-126 CO_2 精制流程

捕集区捕集到的高浓度二氧化碳气体中含有少量水分及微量 SO_2、NO_x，通过精制系统精制后才能获得符合标准的液体 CO_2 产品。高浓度 CO_2 气体通过不锈钢管道引入起缓冲作用的气柜，然后进入冷却除湿器内与低温气态氨进行冷交换，冷凝分离二氧化碳气中的水分，随后进入二氧化碳压缩机。压缩产生压力约为 2.5MPa 的二氧化碳进入净化塔，脱除气体中微量的 SO_2 和 NO_x 等杂质。再进入分子筛干燥塔脱除气体中的微量水，确保产品中水分符合 GB 10621—2006（<20mg/L）中的指标要求。除水合格后的二氧化碳进入冷凝器低温液化，液体二氧化碳经提纯塔提纯、过冷器过冷后，进入液体二氧化碳低温贮罐贮存。成品二氧化碳通过汽车运输至各个用户。

该 CO_2 捕集装置设计处理烟气量为 66000m^3/h，CO_2 回收量为 12.5t/h。捕集得到的 CO_2 浓度>99%，精制后的液体二氧化碳浓度>99.9%。装置在额定生产能力的 60%～120%范围内稳定运行，具体性能指标如表 19-46 所列。

表 19-46 CO_2 捕集装置的性能指标

序号	项目		数量
1	再生气摩尔组成	CO_2	95.58%
2		N_2	0.03%
3		H_2O	4.39%
4	排放尾气组成	CO_2	2.78%
5		N_2	81.46%
6		O_2	6.08%
7		SO_2	6.1mg/m^3
8		H_2O	10.98%
9	精制后二氧化碳纯度		≥99.9%

(3) 运行维护工作及碳捕集效果 为确保 CO_2 捕集装置的稳定、高效运行，该装置还需要精心的维护和运行参数的正确控制。吸收剂中乙醇胺的比例需要根据装置的负荷变化进行调整。该装置中采用的吸收剂主要是乙醇胺，在碳捕集装置 50%负荷运行时乙醇胺浓度控制在 10%～12%即可；100%负荷运行时乙醇胺浓度应控制在 20%～22%；其次需要控制吸收剂的再生温度，一般高温、低压环境有利于 CO_2 释放，但温度太高会造成乙醇胺降解，压力过低，再生 CO_2 气中水蒸气占比增大，水蒸气带走的热量也越多，增加能耗。因此正常运行时，再生塔底胺溶液的温度应控制在 111～113℃之间，塔内的压力控制在 40kPa 左右。另外，还需要对吸收剂进行定期蒸馏处理，去除溶液中的杂质，控制烟气流量与胺溶液循环量等。

华能上海石洞口第二电厂二氧化碳捕集装置投产后，运行基本正常，捕集区再生二氧化碳浓度达到 99.5%左右，精制后的浓度在 99.9%以上。但乙醇胺氧化分解以及胺溶液吸收 CO_2 后产生的物质均会造成系统管道设备的腐蚀，正常情况下，吸收液中需要添加一定浓度的缓蚀剂和抗氧化剂。

3. 华润海丰电厂碳捕集示范项目

华润海丰电厂碳捕集小型测试平台项目的可行性研究报告于 2017 年 1 月结题。该碳捕集测试平台项目于 2017 年 3 月通过华润电力控股公司的预决议，目前已完成 EPC 招标审批及定标，技术和设备筛选工作将继续深入。计划项目一期在 2018 年底基本建成。

华润海丰电厂位于广东省汕尾市海丰县小漠镇，为典型的滨海电厂。有关研究显示，南海北部珠江口盆地具有足够的二氧化碳封存潜力，电厂距离最近的潜在离岸地质封存地点约 120km。电厂远期规划容量为 8×1000MW 机组，近期规划建设 4×1000MW 机组。本期规划建设容量为 2×1000MW 海水直流冷却、超超临界燃煤发电机组，两台机组于 2012 年 12 月 28 日开工建设，分别于 2015 年 3 月 7 日和 5 月 12 日通过 168h 满负荷试运行。机组采用低低温电除尘器、湿式电除尘器、高效脱硫技术及脱硝方案，是广东省首台实现超净排放燃机标准的百万机组。

依托华润海丰电厂 1 号机组进行碳捕集示范项目，目的是建成亚洲首个基于电厂的多种碳捕集技术同时进行验证的示范平台。目前世界上平行的项目有挪威蒙斯塔德测试中心项目（TCM）、美国国家碳捕集技术测试中心项目（NCCC），华润海丰项目将是世界上第3个开放式多技术碳捕集测试平台项目。本项目将在一期和二期工程顺利实施后，开展大规模碳捕集商业示范，技术方面已得到英国CCS研究中心、英国爱丁堡大学、荷兰壳牌康索夫及挪威蒙斯塔测试中心等机构的支持。

经过筛选，14种技术中有5种技术被纳入候选，包括2种胺溶液捕集、1种压力膜分离、1种真空膜分离以及1种物理吸附。示范项目现阶段将建设两套CO_2捕集量为10～50t/(d·套)的碳捕集测试装置，计划从胺溶液捕集技术、物理吸附技术与膜分离技术中筛选出两种碳捕集技术用于捕集测试平台测试一期工艺，其余技术考虑用于进行下一阶段的技术测试。

目前中英（广东）CCUS中心已经与中国能建广东院和爱丁堡大学合作完成了华润海丰电厂3、4号燃煤机组碳捕集预留方案的课题研究报告，报告对电厂预留二氧化碳捕集装置方案的可行性、安全性、经济性和对机组性能影响等方面进行了分析和探讨。

除上述已经投运或正在进行的碳捕集项目，中电投重庆合川双槐电厂在一期2台30万千瓦的机组上建造碳捕集装置，装置由中电投远达环保工程有限公司自主研发设计，年处理烟气量（标）为$5.0\times10^7 m^3$，年生产工业级二氧化碳10000t（浓度>99.5%），二氧化碳收集率>95%，基本实现“零排放”。该碳捕集项目于2010年1月20日投入运营。提纯的二氧化碳可作为工业原料，用于焊接保护、电厂发电机氢冷置换等领域。目前，远达环保将收集的二氧化碳主要用于制作可降解塑料，生产饭盒和化肥等。中国国电集团在前期实验室研究的基础上，在天津北塘电厂进行CO_2捕集和利用示范工程，采用化学吸收法进行CO_2捕集，捕获提纯的液态CO_2产品将处理达到食品级在天津及周边地区销售。

四、CO_2封存与利用技术

CO_2封存技术是降低温室气体排放、阻止全球变暖最经济与可行的方案，方法分为物理封存、化学封存和生物封存。

（一）物理封存与利用

CO_2物理封存过程中不涉及化学变化，包括海洋封存和地质封存。

1. 海洋封存

CO_2在水中有一定的溶解性，过去200年中，人为排放CO_2约1.3×10^{12}t，其中40%被海洋吸收。鉴于此，可以充分利用海洋对CO_2的吸收封存作用，将CO_2通过管道或者船舶注入海底，形成CO_2水合物。但该方法可能对海洋环境和生物造成影响，目前还处于探索阶段。

CO_2海洋封存有3种主要方法。

① 通过移动船舶或者管道注入超过1000m的海水中溶解。

② 通过管道注入海底（>3000m），生成固态CO_2水合物（$CO_2\cdot nH_2O$），形成永久性的“CO_2湖”。由表19-47可知，随着温度降低，二氧化碳水合物的形成压力也降低。二氧化碳水合物一般在高压低温条件下形成，随着海水深度增加，海水温度降低、压力增加，深海为CO_2与海水生成CO_2水合物提供了合适的环境。此外海水的密度一般为1.01～1.03g/cm³，而二氧化碳水合物的密度总大于1.1g/cm³，可保证深海底部环境的安全可靠。

表19-47 100%纯水生成水合物的相平衡温度和压力

温度/K	270.7	271.84	272.2	273.1	274.3	275.4	276.5	277.6	278.7	279.8	280.9	281.9	282.9	283.7
压力/MPa	1.000	1.027	1.089	1.200	1.393	1.613	1.818	2.075	2.127	2.768	3.213	3.700	4.323	4.558

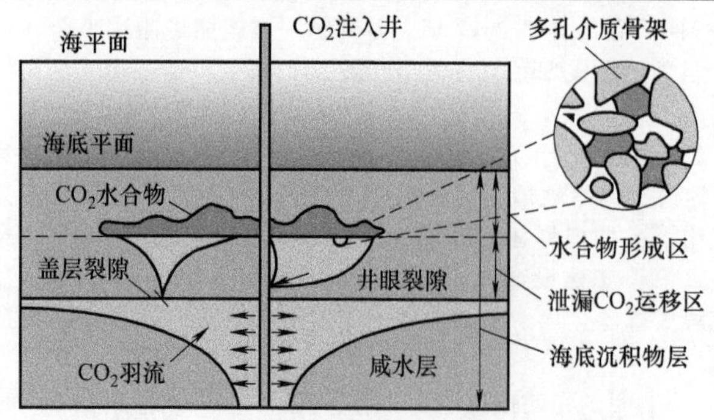

图19-127 海底地层内CO_2水合物封存物理模型

③ 海底沉积物层内CO_2封存，将CO_2注入海底深部咸水层中，密度较小的二氧化碳聚集在咸水层的岩石盖层之下，形成一个密封空间将CO_2封存起来，若海底发生地质灾害或地壳运动导致咸水层盖层裂隙，CO_2将发生局部泄漏，而位于海底平面与咸水层中间的沉积物层适宜CO_2水合物的生成，随着水合物的生成和不断长大，海底沉积物层的孔隙度和渗透率急剧减小，阻碍了CO_2羽流的向上渗流运移，这一过程也被称为自封过程，如图19-127所示。深海CO_2贮存层与人类的生存空间有海水

层的间接隔断，安全可靠性更高。

国内外学者在 CO_2 水合物方面进行了大量的研究，但将水合物与海底沉积物层封存联系起来的较少。Buffett 等模拟了较为真实的海洋环境，将 CO_2 作为水合物的生成气体，未采用任何搅拌设备，气体仅靠扩散作用进入孔隙流体中。结果表明沉积物层对水合物的生成有重要影响，沉积物不仅可以传导热量，而且可以为水合物的生成提供成核和生长的空间。后期他们又进行了多孔介质中 CO_2 水合物生成稳定性测试，采用电阻探测方法研究水合物两相体系的稳定性，结果表明，当水合物开始形成时，随着水合物稳定区域内温度的降低，CO_2 的溶解度也随着减小，水合物的生成量受气态 CO_2 在水中溶解度的限制。

我国广州能源研究所、兰州冻土研究所、中国石油大学等机构主要通过半间歇式反应釜研究温度、压力、抑制剂和机械搅拌等对气体水合物生成的影响。青岛海洋地质研究所的数套气体水合物试验模拟装置也具有测定水合物声速、饱和度、渗透率、电阻和热导率等物性参数以及对水合物结构进行表征的能力。

虽然海底沉积物层内 CO_2 封存是一种缓减温室效应的有效方法，但也存在一些问题亟待解决：a. CO_2 海水封存有潜在的泄漏风险；b. 现有的水合动力学模型大多将成核和生长看成两种不同的过程分开研究，实际地层环境中水合物成核、生长的反应历程相互作用需要展开研究；c. 海底沉积物层地质构造、储层特性以及 CO_2 的封存潜能与水合物的形成及稳定有一定的关系；d. 海底沉积物层内 CO_2 水合物的形成是多相多组分流体流动及储层变形的热-流-固耦合过程，水合相变释放的潜热对后续水合物的形成、热平衡的影响不容忽视。

2. 地质封存

地质封存是将 CO_2 注入枯竭油气田（CO_2-EOR）、深部盐水层和不可开采煤层（CO_2-ECBM）。深部盐水层法是将 CO_2 注入地下盐水层，利用 CO_2 溶于水中并与矿物质反应生成碳酸盐的特点，实现 CO_2 的永久封存。该技术成熟、成本低且封存能力强，是最具潜力的地质封存法。CO_2-ECBM 法是将 CO_2 气体注入深煤层，煤炭吸附 CO_2 释放 CH_4，收集到的 CH_4 有一定的利用价值。而枯竭油气田法（CO_2-EOR）通过注入 CO_2 使油气采集率提高 10%～15%，也被称为注入提高采集率技术。

(1) CO_2 驱油 中国石化于 2010 年在胜利油田建成 40000t/a 烟气 CO_2 捕集与驱油封存联用示范工程；中国石油集团在吉林油田建设了我国首个二氧化碳封存和利用试验项目，即 CO_2-EOR。通过研究 CO_2 驱油与封存技术，在 CO_2 驱油提高低渗透油藏的采收率和降低低渗透油藏的动用率的同时，解决了含 CO_2 天然气开发中副产品 CO_2 的排放问题。该项目从 2006 年开始运行，截至 2011 年 5 月，已封存 CO_2 16.7×10^4t，CO_2 驱油累计产量 11.9×10^4t；延长石油煤化工 CCUS 项目集碳捕集、提高油田采收率、碳封存为一体，年捕获 50×10^4t CO_2；预计 2014～2020 年间，在现有 5.0×10^5t 捕集基础上，建成 3.5×10^6t 以上的煤化工 CO_2 捕集装置。

(2) CO_2 咸水层封存 2010 年 6 月神华集团在鄂尔多斯开展的 CO_2 咸水层封存项目是我国第一个全流程 CCS 工业化示范项目，初期规模为 1.0×10^5t/a。该项目利用鄂尔多斯煤气化制氢装置排放的 CO_2 尾气，经捕集（甲醇吸收法）、提纯、液化后，由槽车运送至封存地点后经加压升温，以超临界状态注入 2243.6m 深的地层，预计在鄂尔多斯盆地可以封存几百亿吨的 CO_2。2011 年该项目投产成功并实现连续注入与监测。目前世界范围内主要的地质封存项目见表 19-48。

表 19-48 地质储存项目

项目名称	CO_2 处理能力/(Mt/a)	地质构造	封存深度/m	备 注
Sleipner, Norway	1(1996 年)	海上咸层水	1000	第一个商业化 CCS 项目
In Salah, Algeria	1(2004 年)	陆上咸层水	1850	第一个在陆地上开展的商业规模的 CCS 项目
Frio Project, U. S. A	—(2004 年)	陆上咸层水	1540	第一例验证把 CO_2 注入咸水层可行性的示范工程
SnØhvit, Norway	0.75(2008 年)	海上咸层水	2600	达到商业规模
Gorgon, Australia	3.3(—)	海上咸层水	2500	达到商业规模
鄂尔多斯，中国	>0.1(2010 年年底)	陆上咸层水	3000	中国第一项 CO_2 封存在咸水层的全流程 CCS 项目
West Pearl Queen, U. S. A	—(2002 年)	枯竭油田	—	美国第一个现场实验
Total Lacq, France	0.075(2006 年)	枯竭油田	4500	法国第一个 CCS 全套运作的项目
Otway Basin, Australia	1(2005 年)	枯竭油田	2056	澳大利亚最大 CO_2 地质封存项目
Carb-fix, Iceland	—	玄武岩含水层	400～800	走在玄武岩固碳技术前沿

3. 埋存二氧化碳置换天然气水合物

从常规化学反应角度出发，天然气水合物与二氧化碳没什么联系，但就全球范围来看，两种气体在某种程度上息息相关，尤其是温室气体二氧化碳排放造成的全球变暖会使海底储藏的甲烷水合物分解产生甲烷气体逸出地层，进入大气，进一步加剧全球变暖，形成恶性循环。目前国际上已有利用 CO_2 注储驱替来提高石油、天然气采收率（CO_2-EOR/EGR）和强化煤层气开采（CO_2-ECBM）的应用，日本学者 Ohgaki 从理论上提出了 CO_2 置换天然气水合物的方法。美国能源部明确了使用二氧化碳置换强化天然气水合物开采的概念（Enhanced Gas Hydrate Recovery，EGHR），并通过实验和模拟方法对 EGHR 的可行性进行了验证。

(1) 置换天然气水合物原理 一定温度条件下，天然气水合物保持稳定所需要的压力比二氧化碳水合物更高，在某一特定压力范围内，天然气水合物会分解，而二氧化碳水合物则易于形成并保持稳定，即在相同压力下，CO_2 水合物的分解温度高于甲烷水合物。例如，2.9MPa 条件下，甲烷水合物的分解温度为 274K，而 CO_2 水合物的分解温度为 280K，因此可以将 CO_2 气体注入甲烷水合物层，生成 CO_2 水合物置换出甲烷气体。

从热力学角度也证明了 CO_2 置换天然气水合物的可行性。单位摩尔质量甲烷水合物的分解吸收热量为 54.49kJ，生成单位摩尔质量的 CO_2 水合物放出热量 57.98kJ，生成 CO_2 水合物放出的热量大于甲烷水合物分解吸收的热量，CO_2 的注入可以使甲烷水合物的分解反应持续进行。

$$CO_2(g)+nH_2O \longrightarrow CO_2(H_2O)_n \quad \Delta H_i=-57.98\text{kJ/mol} \tag{19-40}$$

$$CH_4(H_2O)_n \longrightarrow CH_4(g)+nH_2O \quad \Delta H_i=54.49\text{kJ/mol} \tag{19-41}$$

虽然已在理论上证明 CO_2 置换天然气水合物的可行性，但实际环境中甲烷水合物储存于多孔介质，形成二氧化碳水合物释放的热量会被孔隙内的流体介质吸收。

(2) CO_2 置换天然气水合物实验及模拟研究 动力学研究的 3 个主要方向分别为反应过程机理分析—反应过程的强化—反应速度的估算与测定。Uchida 第一个利用拉曼光谱法证实分子置换反应发生在水合物固体与 CO_2 气体之间的界面上，而且这种置换反应相当缓慢。Ota 等（2005）利用拉曼光谱和核磁共振技术分析反应过程，CO_2 与甲烷水合物的每单元晶胞含 6 个中穴（大小为 0.586nm）和 2 个小穴（大小为 0.510nm），而 CO_2 和 CH_4 的 vanderWaals 直径分别为 0.512nm 和 0.436nm，因此 CO_2 与甲烷水合物的置换反应只能发生在中穴当中。

研究表明，置换过程中甲烷水合物分解和 CO_2 水合物的形成反应的本征动力学及质量传递问题等都影响置换的总效率。通过试验方法测定置换反应速率是目前较为可行的手段。图 19-128 为杨光等设计的试验系统，反应釜是整个试验系统的核心。反应釜置于恒温水浴锅中，反应釜内温度由安装在釜壁上的铂电阻测定，反应釜的最大压力设计为 20MPa，压力通过压力传感器测定。在反应釜的下部前后分别有透视镜，可以观察釜内的反应情况，也可利用现有光学技术分析反应釜内的组分。

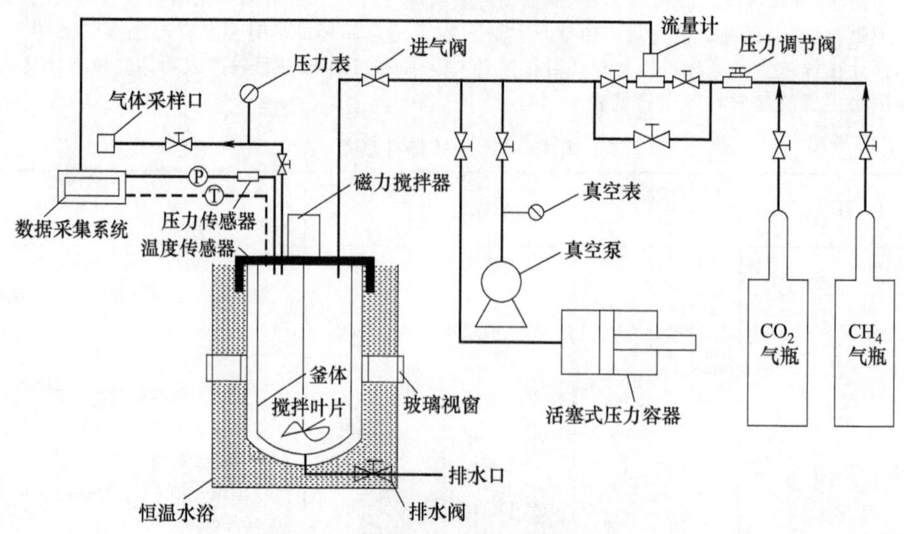

图 19-128 CO_2 置换天然气水合物的试验系统

反应釜内首先要合成甲烷水合物，然后进行 CO_2 置换甲烷水合物的反应，反应釜需要具有一定的抗压性能和密封效果。活塞式压力容器主要有两个作用：一是根据实验情况调节缓冲反应釜内的压力；二是回收气体。

CO_2 置换天然气水合物时，通常以液态 CO_2、乳状液、高压水溶液等形式注入地层。实验过程中模拟天然气水合物生成的方法有两种：一种是在水相中注入天然气气体，然后通过控制温差条件生成水合物；另一种是把甲烷气体通入冰粉中，同样通过控制温压条件形成天然气水合物。而 CO_2 置换天然气水合物的方式也可以分为两种：一种是天然气水合物整体暴露于 CO_2 气体中；另外一种是从实验装置的一端注入 CO_2，然后从装置的另一端产出 CH_4，即 CO_2 驱替方式。CO_2 置换天然气水合物有可能在液相体系中进行也可能在多孔沉积物（如玻璃砂、砂岩岩心等）中发生。

实际天然气水合物除含有甲烷外，还含有其他的烃类和非烃类气体。Park 等利用 N_2 及 N_2 和 CO_2 混合气体置换 CH_4-C_2H_6 气体，结果显示 92%～95%的甲烷气体和 93%的 C_2H_6 能够被置换出来。Schicks 等研究了 CO_2 置换 CH_4、C_2H_6、C_3H_8 等混合气体水合物的能力，表明 CH_4～C_2H_6 及 CH_4～C_3H_8 混合气体形成的水合物被 CO_2 气体置换后也都变成了富含 CO_2 的 CO_2 型水合物。工业 CO_2 中含有一定量的 SO_2，因此 Bettina 等进行了 CO_2、CO_2+SO_2 开采甲烷水合物及甲烷和乙烷混合水合物的试验，表明甲烷水合物中甲烷的纯度以及 CO_2 气体的纯度都将影响置换效果。如图 19-129 所示，CO_2 中含有 SO_2 不仅会降低置换效率，还会使保留在地层中的 CO_2 气体减少。

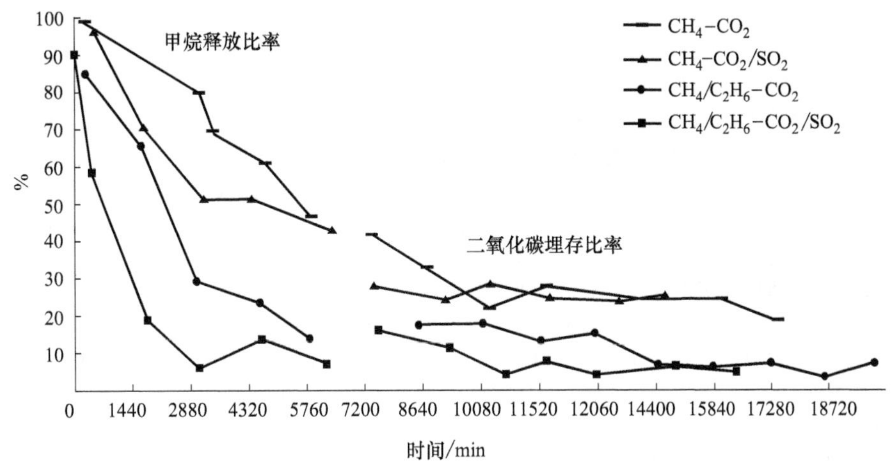

图 19-129　置换甲烷量和二氧化碳保留能力对比

上述提到的置换效率是指发生置换反应的天然气水合物的量占总天然气水合物量的比例。Ota 等研究了置换效率即 CH_4 水合物分解量与 CO_2 水合物形成量的关系，如表 19-49 所列。在温度 0℃、压力 3.6MPa 的条件下，置换反应相当缓慢；随着反应进行，反应速率迅速降低。若不采取方法提高反应速率，该技术将不具备实际应用的价值。

表 19-49　CH_2 水合物分解量与 CO_2 水合物形成量的关系

反应时间/h	水合物分解出 CH_4		形成 CO_2 水合物	
	mmol	mmol/(cm²·h)	mmol	mmol/(cm²·h)
43	34.5	0.02188	24.7	0.01853
93	47.7	0.01655	38.8	0.01346
114	68.4	0.01935	42.8	0.01211
184	70.5	0.01236	71.2	0.01248
307	66.2	0.00700	57.6	0.00610

(3) 工程概念模式　目前埋存 CO_2 置换天然气水合物的工程概念模式分为水平井埋存和直井埋存两类。

1）水平井。Georg 等提出水平井埋存 CO_2 置换天然气水合物模式，以其中一个井组为例：如图 19-130 所示，在海底水合物储层中钻两口水平井，注入水平井位于水合物储层底部，产出水平井位于水合物储层上部。CO_2 与 N_2 注入水合物储层下部，气体与地层流体的密度差导致气体与地层水存在重力分离作用，气体向上部运移，但因为气体注入压力大于地层压力，因此注入水平段的压力仍然可以通过径向流动的方式进入水平井的下部地层，因此需要下部注入水平段靠近水合物储层底界。具体距离应根据注入气体流量、地层孔隙度、渗透率等参数确定。

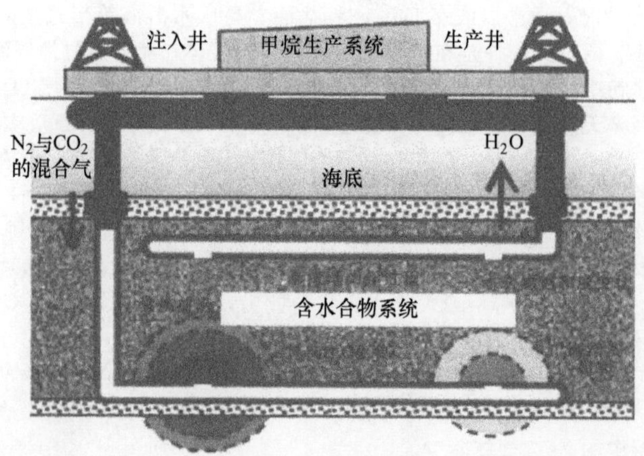

图 19-130 水平井埋存 CO_2 置换天然气水合物概念模式

上部的产出水平井降压生产 CH_4，理论上，初期水平段内压力会低于地层天然气水合物的相平衡压力，前期产出气体以降压法生产为主，随着注入的 CO_2 气体在储层中不断向上运移，上部水平产出井的压力不能太低，尤其是不能低于 CO_2 水合物的相平衡压力，否则生成的 CO_2 水合物会重新分解。

2）直井。以一组直井埋存 CO_2 置换天然气水合物为例，以水合物层为目的层，按照一定的距离钻 3 口井并完井。其中一口直井进行降压生产，当基地下存在游离气体时，伴随游离气体开采，储层压力下降，促使上部水合物分解；然后通过另外一口井注入高温海水，水合物分解产生甲烷气体；再通过第三口井注入 CO_2，使之在地层中生成 CO_2 水合物而固定在地层中，CO_2 水合物的形成也可以将天然气置换出来。

上述两种方法均适用于深水海域的水合物开采，既能为 CO_2 的封存提供有利场所，减少二氧化碳排放，还可以强化紧缺能源的开采和利用，且生成的 CO_2 水合物有助于海底稳定，最大程度地降低了水合物开采可能带来的环境危害。但上述 CO_2 埋存场所的分布有限，目前技术仍不够成熟，置换效率仍然是制约 CO_2 置换天然气水合物最主要的因素。强化置换反应的方法和技术仍有待深入研究。

世界上第一个实施的 CO_2 置换天然气水合物的工程项目是 SUGAR 项目。该项目于 2008 年在德国正式启动，其目的是将发电厂或者其他工业源中捕获的 CO_2 埋藏在海底天然气水合物储层中，利用 CO_2 置换天然气水合物。该项目前 3 年投资约 1300 万欧元。我国于 2017 年 5 月 18 日首次进行可燃冰试采成功，5 月 27 日开展温度、压力变化对储层、井底、井筒、气体流量等影响的科学测试与研究工作。截至 6 月 21 日 14 时 52 分，我国南海神狐海域可燃冰试采已连续试采达 42d，累计产量超过 $23.5\times10^4 m^3$。该试采平台的平稳运行为下一步工作奠定了坚实基础。

（二）化学封存与利用

CO_2 化学封存是将 CO_2 合成高附加值、能耗低、能永久贮存的产品。目前已经成功研究了诸多利用 CO_2 合成化工产品的工艺方法，如合成尿素、阿司匹林、碳酸盐、水杨酸及其衍生物等，CO_2 也可用于天然气、乙烯、丙烯等小分子量烃类以及高分子材料的合成。

1. 合成小分子化合物——以尿素为例

尿素又称为碳酰二胺（NH_2CONH_2），广泛用于农业种植，是我国用量最大的固体氮肥品种。约 90% 的尿素用作农业肥料，10%用于工业生产化工产品如三聚氰胺、氰尿酸、氨基磺酸等。

俄国化学家巴扎罗夫于 1868 年发现的甲胺脱水反应是现代工业合成尿素的基础。以液氨和 CO_2 作为合成尿素的原料，总反应式如下：

$$2NH_3(l)+CO_2(g)\rightleftharpoons NH_2CONH_2(l)+H_2O(l) \tag{19-42}$$

1932 年美国杜邦公司（Du Pont）用直接合成法制取尿素氨水，1935 年开始生产固体尿素，未反应产物以氨基甲酸铵水溶液形式返回合成塔，形成现代水溶液全循环法的雏形。此后出现了半循环和高效半循环工艺，工艺改进的目标是最大限度地回收未反应的氨和二氧化碳。我国水溶液全循环尿素生产技术发展迅速，工艺设计、设备制造已基本实现国产化，目前国内共有约 190 套中小型尿素装置，总产能约 $2.0\times10^7 t/a$。国际上正在发展的尿素生产新技术有：斯塔米卡邦 CO_2 气提法、斯那姆氨气提法、美国尿素公司热循环法等。国内尿素节能增产及改扩建工程采用的先进工艺有 CO_2 气提法、氨气提法、双塔工艺、热循环法等。

通过催化转化等将 CO_2 转化为高附加值的化工产品应用前景广阔。CO_2 还可用于制备环状碳酸酯、固定为无机碳酸盐（碳酸钠、碳酸钙）、水杨酸碳酸二甲酯等。随着对 CO_2 捕集利用的深入研究，将二氧化碳固定为甲醇、甲酸、一氧化碳、甲烷等化学品成为 CO_2 固定化和资源化发展的趋势之一。

2. 合成能源化学品——以二氧化碳加氢制备甲醇为例

从大规模应用角度考虑，二氧化碳加氢合成甲醇、甲酸、一氧化碳、甲烷等反应最具有研究和应用价值。甲醇（CH_2OH）是重要的化工原料，世界年产量近 5.0×10^7t。工业上生产甲醇几乎全部采用 CO 加压催化加氢法，原料主要是煤或天然气。投资较大且生产成本受煤和天然气价格影响。CO_2 来源广泛，价格低廉，作为主要的温室气体，许多国家已经限制其排放，利用 CO_2 制备甲醇等化工原料是推动 CO_2 大规模综合利用的途径之一。

学者们认为 CO_2 合成甲醇有两种途径：一种是 CO_2 加氢通过逆水汽反应生成 CO［式（19-43)］，然后 CO 与 H_2 合成甲醇；另一种是 CO_2 加氢直接合成甲醇，不经过 CO 中间体［式（19-44)］。目前绝大多数学者认为 CO_2、CO 均是合成甲醇的碳源，但 CO_2 加氢占主导地位。

$$CO_2 + H_2 \longrightarrow CO + H_2O \tag{19-43}$$

$$CO_2 + 3H_2 \longrightarrow CH_3OH + H_2O \tag{19-44}$$

传统的甲醇合成多采用固定床管式反应器。Rahimpour 等研究了 CO_2 在膜反应器中的加氢反应，由于膜反应器具有可以从反应平衡中移走产物的能力，比传统的固定床反应器具有更高的转化率。也有学者对液体介质低温合成甲醇进行了研究，Liaw 等开发超细硼化铜催化剂［M-CuB（M：Cr、Zr、Th)］催化 CO_2 在液相中的加氢反应，Cr、Zr、Th 的掺杂提高了 CuB 的分散及稳定性，有利于甲醇合成。Liu 等开发了一种低温加氢反应过程，采用淤浆相 Cu 催化剂合成甲醇，在低温 170℃及低压 5MPa 下 CO_2 等转化率达到 25.9%，甲醇选择性达 72.9%。

3. CO_2 合成高分子材料

CO_2 作为一种无毒廉价、储量丰富的碳资源为化工原料的来源多元化提供了重要选择。但从二氧化碳的分子结构看，CO_2 中碳元素处于最高氧化态，热力学性质稳定，必须要使其活化并具有聚合反应的活性，才能突破其热力学制约。1969 年日本 Inoue 教授发现 CO_2 可与环氧化物反应合成脂肪族聚碳酸酯，二氧化碳作为合成高分子的原料成为可能。目前常用的方法是将 CO_2 与金属配位，降低其反应活化能。

除了目前研究较多的二氧化碳与环氧化物的共聚反应，二氧化碳还可以与炔烃、二卤代物、烯烃、二元胺环硫化物、环氮化物等发生共聚或缩聚反应。可替代光气成为制备聚氨酯和聚碳酸酯的重要材料。

利用 CO_2 为原料制备化工新材料——聚碳酸亚丙（乙）酯、全生物降解塑料、高阻燃保温材料等，可以循环使用 CO_2，减少温室气体排放，减量石油基资源的使用。目前江苏金龙化工股份有限公司已建成 2.2 万吨 CO_2 基聚碳酸亚丙（乙）酯生产线，该项目以酒精厂捕集来的 CO_2 为原料制备聚碳酸亚丙（乙）酯多元醇，用于外墙保温材料、皮革浆料、全生物降解塑料、高效阻隔材料等产品，每年利用 CO_2 约 8000t。

（三）生物封存与利用

生物封存 CO_2 是利用植物的光合作用和微生物的自养作用实现 CO_2 的封存和转化，从生态角度看，生物法是 CO_2 的最佳归属。封存 CO_2 的主要微生物有光能自养型和化能自养型两种，光能自养型微生物有微藻类和光合细菌，它们以 CO_2 为碳源，在叶绿素作用下合成代谢产物或菌体类物质。

微藻通过光合作用，吸收二氧化碳并释放氧气，且光合速率高、繁殖快、环境适应性强，固碳效果明显。微藻的一大特点是生物质产量非常高，可达到陆地植物的 300 倍。微藻吸收转化二氧化碳的能力相当于同等面积森林的 10～50 倍。微藻的产油效率也相当高，其脂类含量在 20%～70%，这是陆地植物所不能比拟的。通过微藻合成的生物柴油主要成分是脂肪酸甲酯，因具有较高的运动黏度，运输、贮存安全，无毒性，健康环保性能良好而被广泛关注。与普通的石油基柴油相比，微藻生物柴油的含氧量达到 10%以上，燃烧需氧量比石油基柴油少，燃烧排烟少、点火性能也优于石油基柴油。

新奥集团开发了“微藻生物吸碳技术”，利用微藻吸收煤化工 CO_2，建立“微藻生物能源中试系统”，已建成中试系统包括微藻养殖吸碳、油脂提取及生物柴油炼制等全套工艺设备，年吸收 CO_2 110t，生产生物柴油 20t，生产蛋白质 5t。在此基础上，新奥集团在内蒙古达拉特旗建立“达旗微藻固碳生物能源示范”项目，项目利用微藻吸收煤制甲醇/二甲醚过程中释放的 CO_2 生产生物柴油，同时生产饲料等副产品，年利用 CO_2 20000t，目前已完成Ⅰ期工程建设并实现连续稳定运行。

该方向下一步的研究重点在于筛选耐高温、耐高 CO_2 浓度及抗污染微藻，研究不同种类微藻并强化其固定与转化 CO_2 的能力；利用基因工程技术构建高效固定 CO_2 的微藻，还可以结合其他领域新技术，开发和放大高效光生物反应器，进一步提高 CO_2 处理量。

第二十章 锅炉金属材料及受压元件强度计算

第一节　锅炉金属材料

锅炉按用途可分为电站锅炉、工业锅炉和生活锅炉。用于发电的电站锅炉大多为大容量、高参数锅炉；用于工业生产的工业锅炉和生活锅炉大多数为中、小容量、低参数的锅炉。锅炉容量和参数不同的锅炉所用的锅炉钢材种类和数量差别很大，一般情况下按每小时产生1t蒸汽的锅炉容量进行计算，其所需的钢材量为2.5～10t。

目前，国内完全能够供应电站锅炉用特厚钢板（＞60mm）、大口径钢管（直径＞219mm）、高合金钢管（9%Cr～12%Cr以上）、大型型钢以及工业锅炉用钢板和钢管。锅炉所用的钢种很多，其中包括碳素钢、低合金钢、中合金钢、高合金钢，特别是电站锅炉，初步统计有50多个钢种，未来还会选用镍基合金材料。锅炉的品种也很多，有板材、管材、棒材及型钢等。以600MW的锅炉为例，板材用量约占10%，管材用量约占50%，型钢用量约占35%。

锅炉用钢多数是受压元件用钢，另外，很多受压元件直接受火加热，如锅筒是锅炉中最大的压力容器，水冷壁管、过热器管、再热器管及省煤器管均为受压的管形受压部件。而且无论是电站锅炉还是工业锅炉都在我国国民经济建设中占有重要地位。因此锅炉钢材质量不佳，将会给人民生命和国家财产带来重大损失。为此国家对锅炉用钢制订了专用的锅炉用钢标准，钢材质量的检验项目也较多，如化学成分、金相组织、力学性能、工艺性能、使用性能和探伤检验等，其目的是确保锅炉用钢及其受压部件的使用安全。

一、金属材料基础知识

1. 材料分类

锅炉除了使用大量的金属材料外，也使用非金属材料，其基本分类如图20-1所示。

- 材料
  - 金属材料
    - 黑色金属
      - 生铁（C＞2%的Fe-C合金）
        - 工业纯铁（＜0.0218%C）
        - 铸铁（HT，KT，QT）
      - 钢（C≤2%的Fe-C合金）
        - 碳钢
          - LC＜0.25%C
          - HC＞0.55%C
        - 合金钢
          - LMe＜5%
          - HMe＞10%
    - 有色金属：Cu，Al，Ti及其合金
  - 非金属材料：石棉、保温材料、油漆、玻璃、塑料、陶瓷、橡胶和木材等

图20-1　材料基本分类

钢是指以铁为主要元素，碳的质量分数（＜2.11%），并含有少量硅、锰、磷、硫等杂质元素的铁碳合金。根据国家标准GB/T 13304—1991规定，钢按化学成分分为非合金钢、低合金钢、合金钢三类。非合金

钢是指钢中各元素含量低于规定值的铁碳合金。如碳钢不仅价格低廉，容易加工，而且能满足一般工程结构和机械零件的使用性能要求，是最广泛应用的材料。

2. 材料成分、组织和性能

从对 Fe-Fe_3C 相图的分析可知，在一定的温度下，合金的成分决定了组织，而组织又决定了合金的性能。任何铁碳合金室温组织都是由铁素体和渗碳体两相组成，但含碳量（成分）不同，组织中两个相的相对数量、相对分布及形态也不同，因而不同成分的铁碳合金具有不同的组织和性能。

铁碳合金室温组织随碳的质量分数的增加，铁素体的相对量减少，而渗碳体的相对量增加。具体来说，对钢部分而言，随着含碳量的增加，亚共析钢中的铁素体量随着减少，过共析钢中的二次渗碳体量随着增加；对铸铁部分而言，随着碳的质量分数的增加，亚共晶白口铸铁中的珠光体和二次渗碳体量减少；过共晶白口铸铁中一次渗碳体和共晶渗碳体量随着增加。铁碳合金室温组织的相组成物相对量、组织组成物相对量如图 20-2 所示。

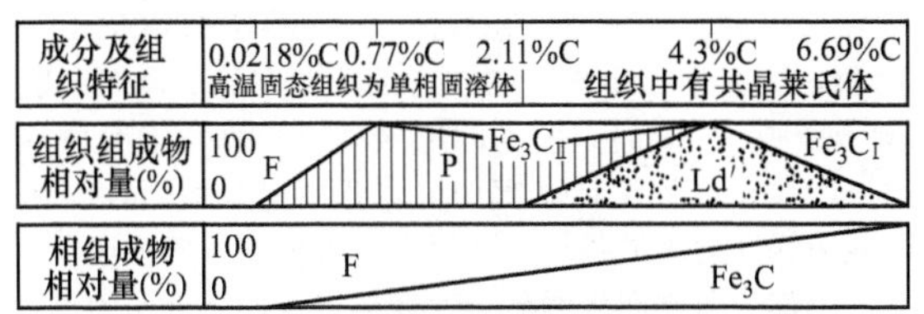

图 20-2　铁碳合金室温组织的相组成物相对量、组织组成物相对量

(1) 化学成分　金属材料的化学成分是构成材料系统结构的基本组元，化学成分分类如图 20-3 所示。

化学成分：
- 合金元素：C、Cr、Ni、Mo、W、V、Nb、Ti、B、Re、Si>0.5%和 Mn≥0.7%，合金元素决定钢的耐热性和物理性能、力学性能、抗腐蚀性能和工艺性能
- 残存元素（≤0.3%）：Cu、Ni、Cr、Mo、W、N 和微量的 Nb、V、B 等炼钢时带入，含量过高会使钢的工艺性能变差，应加以控制
- 有害元素：H、O、S、P、Pb、Sb、Zn 和 As 等对钢的塑性、韧性、热强性、工艺性等都有不良影响，应从严控制

图 20-3　化学成分分类

化学成分中的残存元素和有害元素含量由炼钢水平决定，铁矿石和废钢等炉料添加一定的合金元素后进行冶炼，冶炼采用平炉、转炉、电炉以及炉外精炼等方式，将冶炼完成的坯料进行轧、拔、锻等塑性加工，就可以获得管材、板材、型材、锻件以及焊材。

(2) 热处理与组织　钢的组织、结构决定钢的性能，而热处理之所以能改变钢的性能就是通过改变钢铁材料内部的组织、结构来实现的。

① 热处理。一般机械零件的加工工艺路线为：坯料⟶预先热处理⟶机加工⟶最终热处理⟶精磨⟶成品。热处理工艺主要包含“四把火”，分为淬火 Q（quenching）、正火 N（normalizing）、回火 T（tempering）和退火 SR（stress relieving），其中，退火或正火常作为预先热处理，淬火、回火常作为最终热处理。而对那些要求表面硬度高、芯部韧性好的零件则可采用表面强化处理。在实施热处理工艺过程中应该注意掌握“三要素”，即：加热温度、保温时间和冷却方式（水、油、风、空、炉）。

② 金相组织。金相组织主要包括奥氏体 A（austenite）、铁素体 F（ferrite）、珠光体 P（perlite）、贝氏体 B（bainite）、马氏体 M（martensite）、索氏体 S（sorbite）和屈氏体 T（troostite）。

钢的显微组织类型、实际晶粒度、表面脱碳和夹杂物等级等是钢材冶金质量和成品热处理质量的直接反映，并从根本上决定了钢的力学性能和工艺性能。

(3) 性能　金属材料力学性能是指金属材料在外力作用下表现出来的特性，主要有强度、塑性和韧性等。在经典的受压元件强度计算中，一般都根据钢材的强度指标确定受压元件的许用应力，而将塑性指标及韧性指标作为选择钢材类型的依据。钢材的强度指标、塑性指标及韧性指标是根据单向拉伸试验及冲击弯曲试验确定的，金属材料的强度指标可以通过单向拉伸试验测得。

1）承受静载荷作用时的力学性能。承受静载荷作用时的力学性能主要指拉伸性能和硬度指标。拉伸性能可以通过拉伸试验进行，拉伸试验可以揭示材料在静载荷作用下的力学行为，即弹性变形、塑性变形、断裂三个基本过程，还可以确定材料的最基本的力学性能指标，如弹性模量、屈服点、抗拉强度、伸长率和断面收缩率等，这些性能指标都具有实用意义。静载荷拉伸试验可按 GB/T 228—2002《金属材料室温拉伸试

验方法》要求进行。

① 弹性模量。弹性模量是指材料在弹性变形阶段，外力与变形呈正比关系，此阶段应力与应变的比值称为弹性模量（$E=\sigma/\varepsilon$），拉伸时弹性模量称为材料的刚度，是材料的重要力学性能指标之一，它表征对弹性变形的抗力。其值越大，材料产生一定量的弹性变形所需要的应力越大，这就表明材料不容易产生弹性变形，即材料的刚度大。在机械工程上一些零件或构件，除了满足强度要求外，还应严格控制弹性变形量，如锻模、镗床的杆，若没有足够的刚度，所加工的零件尺寸就不精确。

② 强度。强度的物理意义是表征材料对塑性变形和断裂的抗力。拉伸表现出来的强度分为屈服强度和抗拉强度，使材料开始产生塑性变形时的应力值称为屈服强度。

当应力到达屈服点时，材料并没有发生完全破坏，但已丧失了（对有明显流动阶段的材料）或显著地减弱了（对无明显流动阶段的材料）抵抗继续变形的能力。从抵抗继续变形能力的角度来说，材料已处于“危险”状态。它将使所设计的元件处于不正常工作状态。因此，屈服强度（也称屈服点）表征了材料对明显塑性变形的抗力。对具有明显屈服现象的金属材料，还应区分上屈服强度（R_{eH}）和下屈服强度（R_{eL}）；而对不具有明显屈服现象的金属材料，国家标准中规定取非比例延伸率等于规定的引伸计标距百分率的应力作为屈服强度，被称为规定非比例延伸强度（R_P），使用的符号应以下脚注说明所规定的百分率，如 $R_{P0.2}$ 表示非比例延伸率为 0.2%的应力。因此在工程设计计算中，对于具有较大塑性变形能力的材料，将屈服强度或条件屈服强度作为控制元件静载荷强度的主要指标。屈服点（习惯称屈服强度）表征材料对明显塑性变形的抗力。绝大多数机器零件，在工作中都不允许产生明显塑性变形，将屈服点作为设计和选材的主要依据之一。

抗拉强度（R_m）是材料在拉伸条件下能够承受最大载荷时的相应应力值。对于塑性材料，抗拉强度表示对最大均匀变形的抗力。对脆性材料，一旦达到最大载荷，材料便迅速发生断裂，因此抗拉强度也是材料的断裂抗力指标。

R_e/R_m 称为屈强比，其比值越小，表明工程构件的可靠性越高，但其比值过小时，材料强度的有效利用率太低。

③ 塑性。塑性表征材料断裂前具有塑性变形的能力，常用的塑性指标有断后伸长率（A）和断面收缩率（Z）。材料的塑性指标数值高，表示材料塑性加工性能好。但这两个指标一般不直接用于零部件的设计计算。一般认为零件在保证一定强度要求前提下，塑性指标高，则零部件的安全可靠性大。

由于新旧标准采用的性能名称和符号有所不同，为便于对照，表 20-1 给出了性能名称符号对照表。

表 20-1 性能名称符号对照表

屈服强度/MPa	抗拉强度/MPa	断后伸长率/%	断面收缩率/%	备注
σ_s	σ_b	δ	ψ	旧
R_{eL} R_{eH}	R_m	A	Z	新
Y_s	T_s	A	Z	国外

④ 硬度。硬度是反映材料软硬程度的一种性能指标，硬度值的物理意义随试验方法的不同而有差别。目前广泛使用的测定硬度的方法是压入法，其硬度表示材料表面抵抗塑性变形的能力，而在划痕法中硬度则表征材料抵抗破断的能力。

硬度试验设备简单，操作迅速方便，又可直接在零件或工具上进行试验而不破坏工件，并且还可根据测得的硬度值估算出材料的近似强度极限和耐磨性。此外，硬度还与材料的冷成形性、切削加工性、可焊性等工艺性能间也存在一定的联系，可作为选择加工工艺时参考。工程上常用的硬度表示法有布氏硬度（HBS 或 HBW）、洛氏硬度（HRA、HRC、HRR、HRM）、维氏硬度（HV）和莫氏硬度等。

2）承受动载荷作用时的力学性能 以较高的速度施加于工件上的载荷称为动（冲击）载荷。由于冲击载荷的加载速度高、作用时间短，使材料在承受冲击载荷作用时，应力分布与变形很不均匀。一般说来，随加载速度的增加，材料的塑性下降，脆性增大。所以，对于承受冲击载荷的零件，仅具有足够的静载强度、塑性指标是不够的，还必须具有足够的抵抗冲击载荷的能力，即冲击韧度要求。

冲击韧度在很大程度上反映钢的冶金质量和成品热处理的质量，是材料强度（R_e、R_m）与塑性（A、Z）指标的综合反映。工程中以冲击韧度［α_k(J/cm^2)］或冲击功［AKV（J)］作为评价材料韧性的参数。因此，冲击韧度（α_k）表示材料在冲击载荷作用下抵抗变形和断裂的能力。α_k 值的大小，表示材料的韧度好坏。一般把 α_k 值低的材料称为脆性材料，α_k 值高的材料称为韧性材料。

α_k 值取决于材料及其状态，同时与试样的形状、尺寸有很大关系。α_k 值对材料的内部结构缺陷、显微组织的变化很敏感，如夹杂物、偏析、气泡、内部裂纹、钢的回火脆件、晶粒粗化等都会使 α_k 值明显降低；同种材料的试样，缺口越深、越尖锐，缺口处应力集中程度越大，越容易变形和断裂，冲击功越小，材料表现出来的脆性越高。因此，不同类型和尺寸的试样 α_k 或 AKV 值不能直接比较。

α_k 值或 AKV 值与试样的尺寸及形状有关，故进行冲击试验时必须采用规定的标准试样，并应注意冲击试样缺口的区别。一般采用标准试样 10mm×10mm×55mm 进行试验数据的对比；有时也采用非标准试样 7.5mm×10mm×55mm 和 5mm×10mm×55mm；我国材料试验标准中规定以 U 形缺口试样作为冲击弯曲试验的标准试样，但目前国外大多数国家都以夏比 V 形缺口（charpy V-notch）试样作为标准试样。与 U 形缺口试样相比，V 形缺口试样根部半径小，对冲击韧度更为敏感，但缺口的加工要求更高些。由于夏比 V 形缺口试样的缺口比 U 形试样更尖锐，其冲击韧度更能确切反映材料的韧脆性能，因而锅炉和压力容器用钢一般采用夏比 V 形缺口试样测得的冲击韧度（α_k）作为衡量材料韧脆性能的指标。

冲击韧度指标的实际意义在于揭示材料的脆化倾向。

3）承受交变载荷作用时的力学性能　许多零部件都是在交变应力（即大小、方向随时间变化而变化的应力）下工作的，如锅筒、集箱在机组冷启动、热启动和甩负荷时承受交变载荷的作用。交变载荷作用经常引起构件的疲劳破坏，对于锅炉压力容器而言，疲劳可以定义为以下几种情况。

① 常温时的高周疲劳。它是机械零件中最经常出现的交变应力疲劳强度问题，也是最早开始研究、目前资料最完整的疲劳问题。在一些机械工程书籍中所指的疲劳问题往往仅指这类疲劳问题。它的特点是构件所承受的交变应力水平低，经受着反复弹性应变的作用，而构件在破坏前能承受很多次应力循环，或甚至在很多次应力循环后（例如$>10^7$ 次）仍不发生断裂。高周疲劳一般按照标准光滑试样试验得到的疲劳曲线进行设计计算，计算时，确保锅炉或压力容器的实际交变应力幅度小于按高周疲劳曲线确定的疲劳极限，就能使零部件达到规定的高周疲劳设计寿命。

② 常温时的低周疲劳。低周疲劳是受压元件中经常出现的交变应力疲劳强度问题。它的特点是在元件的局部地区材料已进入塑性范围，但由于元件广大区域仍处于弹性范围，当元件所承受的载荷周期性变化时，此局部地区的塑性应变将处于周期性变化的状态。显然，当材料进入塑性范围后，应力已达到材料的屈服强度，以应力大小来表征材料的受力状态已不再确切，需要以应变大小来描述材料的变形程度，故有时将这类疲劳问题称为应变疲劳。低周疲劳也是按照标准光滑试样试验得到的疲劳曲线进行设计计算，但是，低周疲劳的特征是材料经受反复塑性应变的作用，因此，测定低周疲劳极限时，必须进行恒定应变疲劳试验，试验过程复杂，周期长。设计计算时，确保锅炉或压力容器的实际应变幅度小于按低周疲劳曲线确定的应变疲劳极限，也能使零部件达到规定的低周疲劳设计寿命。

③ 高温疲劳。高温疲劳是指在蠕变条件下的疲劳问题。此时材料在交变应力作用下将伴随着蠕变塑性变形，在常温时材料的疲劳强度与加载频率关系很小，但在高温时由于存在蠕变变形，加载频率及每次循环中的应力变化情况，对材料的疲劳强度都有较大的影响。

高温疲劳通常发生在材料承受温度高于 $0.5\sim0.6T_m$（材料熔点的开氏温度）。当温度低于 $0.5T_m$ 时，材料的疲劳极限与室温时相比，降低不多，且蠕变对疲劳的影响不明显；当温度高于 $0.5T_m$ 时，疲劳极限往往会急剧下降，而且，此时还伴随疲劳-蠕变的交互作用。

④ 热疲劳。它是由于元件的温度周期性变化所引起的疲劳问题。一般来说热疲劳时将产生一定的温度应力，但热疲劳与其他应力或应变疲劳并不完全相同。温度周期性变化将导致材料组织结构及性能的变化。

4）材料的工艺性能　材料的工艺性能是一种参量，用于表征材料适应工艺而获得规定性能和外形的能力，工艺涉及复杂的物理、化学和力学变化，材料适应工艺的能力当然涉及有关的环境，例如加工设备、工具、气氛、温度、载荷等。应该说同其他的性能一样，工艺性能也是随环境发生变化的。

工程材料在制造成成品或半成品的过程中都要经过复杂的加工过程，如铸造加工、锻压加工、焊接、机械加工和热处理等制造工艺过程，材料必须具有经受上述加工而不发生裂纹或破坏的能力。

对锅炉受压元件而言，比较常用的检验材料工艺性能的方法有：压扁、扩口和冷弯、热弯成形能力，焊接性试验，焊接工艺评定试验等。如金属材料的可焊性，实际生产中，需要评定材料的抗冷裂纹性能，材料的抗冷裂纹性能可以用下式的碳当量来衡量：

$$C_{eq}=C+\frac{Mn}{6}+\frac{Cr+Mo+V}{5}+\frac{Ni+Cu}{15} \tag{20-1}$$

研究表明：当 $C_{eq}<0.4$ 时，材料的抗冷裂能力好，除此之外，材料的抗冷裂纹性能也可以采用焊接区的最高硬度试验进行确定。再如抗再热裂纹性能可以用下式来衡量：

$$P_{SR}=Cr+Cu+2Mo+10V+7Nb+5Ti-2 \tag{20-2}$$

研究表明：若 $P_{SR}<0$，则无再热裂纹，标准规定：采用插销试验或应力释放试验进行确定。

5）材料的使用性能　材料的使用性能是指材料在使用条件下安全运行的能力。原材料总是被加工成各种不同的形状和尺寸，处于不同的工作环境当中，或者承受一定的温度和压力，或者承受一定的应力腐蚀条件，材料都应该具有在使用条件下抵抗环境作用的能力。

① 高温短时力学性能。在不同温度下进行金属材料的静拉伸试验时，可以发现，随着试验温度的升高，拉伸曲线的形状发生了变化，材料强度降低，塑性升高。温度较低时，拉伸曲线有明显的屈服平台，随着温度的升高，屈服平台逐渐消失，而且材料所能承受的最大载荷也降低，曲线中直线部分的斜率略有减小。以上事实说明，高温承载材料的力学性能与室温承载材料有很大的区别。高温承载材料的力学性能不但与温度有关，而且还与应变速度、断裂时间有关。在不同情况下，其断裂形式也会发生改变，因此，材料的室温力学性能不能反映它在高温承载时的行为，必须进行专门的高温性能试验，才能确定材料的高温力学性能，特别对于电站锅炉用钢，高温短时拉伸性能试验与持久强度试验是相辅相成的。

高温短时拉伸性能试验的原理与室温拉伸性能试验相同，仅在试验温度方面有所区别，高温短时拉伸试验可按 GB/T 4338—2006《金属材料高温拉伸试验方法》要求进行。在高温短时拉伸性能试验中可以获得试验温度 t(℃) 下的特性数据：试验温度 t 下的强度指标，如上屈服强度（R_{eH}）、下屈服强度（R_{eL}）、规定非比例延伸强度（R_P）；试验温度 t 下的塑性指标，如断后伸长率（A）和断面收缩率（Z）。试验时，试样在所需试验温度保温一定时间（如 30min 左右），然后，以每秒钟小于 0.49MPa 的加载速度进行拉伸试验（有时也可以控制夹头速度），直到试样断裂。在整个拉伸试验过程中，试样的温度波动不能超过标准要求。如果对某种材料进行系列不同温度的高温短时拉伸试验，可以得到材料性能随温度的变化趋势。

② 持久强度和蠕变强度。金属材料在高于一定温度下受到应力作用，即使应力小于屈服强度，试件也会随着时间的增长而缓慢地产生塑性变形，此种现象称为蠕变。在给定温度下和规定的时间内，使试样产生一定蠕变变形量的应力称为蠕变强度。

材料的持久强度是指在给定温度下和限定的时间内断裂时的强度，要求给出的只是此时所能承受的最大应力。与蠕变不同，蠕变试验仅仅是测定蠕变第二阶段变形速率或蠕变总变形量，而不能反映材料在高温断裂时的强度和塑性；持久强度试验不仅反映了材料在高温长期应力作用下的断裂应力，而且还能表明断裂时的塑性，即持久塑性。试验表明，有些材料在高温短期试验时可能具有良好的塑性，但经长期高温试验后，其塑性可能明显降低，有的持久塑性仅为 1%左右。由此可见，对工程材料而言，不仅需要进行蠕变性能试验，还需要进行持久强度试验，持久强度是材料另一重要的高温力学性能。

鉴于零部件在高温下工作的时间长达几百、几千甚至几万到十几万小时，而持久强度试验不可能进行那么长的时间，一般只做一些应力较高而时间较短的试验，然后根据这些试验数据进行试验数据外推，从而得出更长时间的材料可能断裂的持久强度值。

目前求持久强度的外推法有时间与断裂应力的图解法及参数法两种。国内外广泛采用断裂时间与应力间的幂指数关系式。尽管如此，外推法所得持久强度值仍可能与实际值有差距，因此仍有必要进行长达数万小时的持久强度试验。

在电站锅炉设计时，一般使用许用应力 $[\sigma]$ 进行高温部件的强度计算。许用应力在工程实践中按以下公式确定：

$$[\sigma]=\frac{R_D^t}{n_D} \tag{20-3}$$

式中 R_D^t——工作温度下的持久强度，MPa；

n_D——安全系数。

如何正确地选择和规定安全系数是个非常重要的技术经济问题，若安全系数取得过高，材料安全余度大，会导致浪费价格昂贵的耐热钢或合金；若安全系数取得低，则失效危险性大，需要正确选择。

③ 耐腐蚀性。耐腐蚀性是指材料抵抗环境介质腐蚀的能力。锅炉用钢需要具有抗氢腐蚀、氯离子腐蚀与硫腐蚀的能力。如钢中添加 Cr、W、Mo、V、Ti 和 Nb 等元素能降低氢腐蚀倾向。氯离子腐蚀也是常见的腐蚀，属于应力腐蚀的一种，实际生产和运行中，避免奥氏体不锈钢进行敏化热处理、降低 Cl^- 浓度（≤25mg/L）、消除应力都是消除氯离子腐蚀的有效措施。水冷壁管和过热器、再热器管的高温腐蚀，一般需要对水冷壁管采取热喷涂，渗 Al 等措施延缓高温腐蚀对水冷壁管的破坏。

④ 组织稳定性。锅炉材料及部件均为高温长期服役，应该选用组织结构变化小而缓慢的原材料。

⑤ 耐热性。金属抵抗高温氧化的能力，亦称为抗氧化性，高温用钢重要指标，可用氧化速度 R 来表示。

⑥ 低周应变疲劳性能。如前所述，锅筒、集箱在机组冷启动、热启动和甩负荷时承受交变载荷的作用，为防止锅筒、集箱等部件发生低周疲劳破坏，必须对这些元件进行疲劳设计计算。

6）和设计相关的其他性能。

7）物理性能　物理性能包括密度（ρ）、比热容（c_p）、热导率（λ）、线膨胀系数（α_L）、弹性模量（E）和电阻率（R）等。化学成分相近的材料，其物理参数也相近，基本上不受加工因素的影响，因此可以相互参考使用。

二、锅炉主要部件工作条件及用钢要求

近年来，国外提高了锅炉和压力容器用钢板（管）的技术要求，随之国内钢厂对钢板的成分控制和性能水平也不断提高，新产品不断涌现，无论是钢板还是钢管标准系列都有所拓宽，而且我国已有部分钢号和国外实现了标准互认，由此国内开始将锅炉和压力容器钢板整合成一个标准，且对碳素钢和碳锰钢板用“Q+屈服强度+R”表示，而对含铬、钼的低合金高强度钢板用“合金牌号+R”表示。

1. 蒸汽管道用钢

(1) 蒸汽管道的工作条件 蒸汽管道包括主蒸汽管道、导汽管和再热蒸汽管道，其作用是输送高温、高压的过热蒸汽。运行中，蒸汽管道主要承受管内过热蒸汽的温度和压力作用，以及由钢管重量、介质重量、保温材料重量、支撑和悬吊等引起的附加载荷的作用，管壁温度与过热蒸汽温度相近，其在蠕变条件下工作，同时还要承受低周循环疲劳载荷的作用。

(2) 蒸汽管道用钢要求 包括：a. 应具有足够高的蠕变强度、持久强度和持久塑性。$R_D^t \geqslant 100$MPa，持久塑性的延伸率不小于3%；b. 足够的组织稳定性；c. 具有良好的工艺性能，特别是焊接性能要好。

(3) 选材原则 包括：a. 主要取决于工作温度，应优先考虑钢材的热强性和组织稳定性；b. 用于蒸汽管道时所允许的最高使用温度应比用于锅炉受热面管子的耐热温度低30～50℃。

2. 受热面管子用钢

(1) 锅炉受热面管子的工作条件

① 过热器管和再热器管的工件条件。过热器一般布置在锅炉烟温最高的区域，管壁温度高于管内介质温度约20～90℃；在产生蠕变的条件下工作；管内承受高温蒸汽氧化作用；管外承受高温烟气的高温腐蚀和磨损作用。

② 水冷壁管的工作条件。用于吸收炉膛中高温火焰和烟气的辐射热量，使管内工质受热蒸发，并起保护炉墙的作用。由于管内水流的冷却作用，管子本身的工作温度并不高，管子内壁易产生垢下腐蚀，管子外壁容易发生由于燃烧气氛的波动变化引起的高温腐蚀。

③ 省煤器管的工作条件。省煤器的作用是利用锅炉排烟余热加热锅炉给水；一般布置在锅炉尾部，其工作温度不高；管子承受水或汽水混合物的强烈冷却作用，金属壁面温度低于370℃，管子外壁受到烟气中飞灰颗粒的磨损作用。

(2) 锅炉受热面管子的用钢要求

① 过热器和再热器的用钢要求。应具有足够高的蠕变极限、持久强度和持久塑性，组织稳定性好；具有高的抗氧化性，氧化速度<0.1mm/年；具有良好的冷热加工性能和良好的焊接性能。

② 水冷壁用钢要求。应具有一定的室温和高温强度；具有良好的抗热疲劳和传热性能；具有良好的抗多相介质高温腐蚀性能、耐磨性能和良好的工艺性能，特别是焊接性能。

(3) 蒸汽管道和锅炉受热面管子的检验

① 国产低中压锅炉用无缝钢管的技术要求及质量检验应符合GB 3087标准的规定（钢管的检验项目、试验方法及取样数量）；

② 国产高压锅炉用无缝钢管的技术要求及质量检验应符合GB 5310标准的规定；

③ 进口锅炉钢管的技术要求及质量检验应符合订货标准或合同的要求；

④ 制造或更换锅炉管子时，必须按JB/T 3375标准要求对入厂原材料进行抽检，包括检验项目、取样数量、试验方法及合格标准。

(4) 蒸汽管道和受热面管子常用钢号及其主要应用范围 表20-2示出了锅炉蒸汽管道和受热面管子常用钢号及其主要应用范围。

表20-2 锅炉钢管的适用范围

材料牌号	材料标准	适用范围		
		主要用途	工作压力/MPa	壁温[①]/℃
10	GB 8163	受热面管子	≤1.6	≤350
20		集箱、管道	≤1.6	≤350
10	GB 3087	受热面管子	≤5.3	≤460
20		集箱、管道	≤5.3	≤430
09CrCuSb	NB/T 47019	尾部受热面管子	不限	≤400
20G	GB 5310	受热面管子	不限	≤460
		集箱、管道	不限	≤430

续表

材料牌号	材料标准	适用范围		
		主要用途	工作压力/MPa	壁温[①]/℃
20MnG 25MnG	GB 5310	受热面管子	不限	≤460
		集箱、管道	不限	≤430
15MoG 20MoG	GB 5310	受热面管子	不限	≤480
12CrMoG 15CrMoG	GB 5310	受热面管子	不限	≤560
		集箱、管道	不限	≤550
12Cr2MoG	GB 5310	集箱、管道	不限	≤575
12Cr1MoVG	GB 5310	受热面管子	不限	≤580
		集箱、管道	不限	≤565
15Ni1MnMoNbCu	GB 5310	集箱、管道	不限	≤450
10Cr9Mo1VNbN	GB 5310	集箱、管道	不限	≤620
10Cr9MoW2VNbBN	GB 5310	集箱、管道	不限	≤630
12Cr2MoG	GB 5310	受热面管子	不限	≤600
12Cr2MoWVTiB	GB 5310	受热面管子	不限	≤600
12Cr3MoVSiTiB	GB 5310	受热面管子	不限	≤600
07Cr2MoW2VNbB	GB 5310	受热面管子	不限	≤600
10Cr9Mo1VNbN	GB 5310	受热面管子	不限	≤650
10Cr9MoW2VNbBN	GB 5310	受热面管子	不限	≤650
07Cr19Ni10	GB 5310	受热面管子	不限	≤670
10Cr18Ni9NbCu3BN	GB 5310	受热面管子	不限	≤705
07Cr25Ni21NbN	GB 5310	受热面管子	不限	≤730
07Cr19Ni11Ti	GB 5310	受热面管子	不限	≤670
07Cr18Ni11Nb	GB 5310	受热面管子	不限	≤670
08Cr18Ni11NbFG	GB 5310	受热面管子	不限	≤700

① 外壁壁温指烟气侧管子外壁的温度。

3. 锅筒用钢

(1) 锅筒的工作条件 锅筒是锅炉中最关键的受压元件，其作用是承接省煤器给水，对汽水混合物进行汽水分离，向各循环回路供水，向过热器输送饱和蒸汽，除去盐分获得良好的蒸汽品质，负荷变化时起蓄热和蓄水作用；锅筒是在一定的压力和温度下工作的，并承受水、汽介质的冲刷作用；锅炉启停时，锅筒上下壁和内外壁温差会导致较大的热应力，周期性的变动负荷将引起锅筒的低周疲劳损伤。

(2) 锅筒用钢要求 包括：a. 根据锅筒的工作条件，锅筒用钢需具有良好的冶金质量，钢的纯净度对锅筒钢板，特别是特厚板的脆性转变温度（FATT）有很大影响，因此要求钢中尽量降低硫、磷等杂质和气体含量，以提高钢的纯净度；除此之外，还要求钢板有良好的低倍组织，要求钢的分层、非金属夹杂、气孔和疏松等缺陷尽可能少，不允许有白点及裂纹；b. 较高的室温和中温强度，中、低压锅炉选用屈服强度 R_e =250～350MPa 的钢板；高压以上锅炉选用屈服强度 R_e≥400MPa 的钢板，屈强比（R_e/R_m）不能太高；c. 良好的塑性和韧性，较低的时效敏感性；d. 较低的缺口敏感，如冲击韧度 α_k≥30～35J/cm^2；e. 良好的焊接性能和热弯性能，焊接裂纹敏感性小。

(3) 锅筒钢板的材质检验 包括：a. 国产锅炉锅筒钢板的材质检验。国产锅炉锅筒用钢板的技术要求和质量检验应符合 GB 713 标准的规定，入厂原材料检验应按 JB/T 3375 规定进行，包括检验项目、取样数量、试验方法及合格标准；b. 进口锅炉锅筒钢板的材质检验。进口锅炉锅筒钢板材质检验项目及合格标准，应按订货标准或合同要求，钢板抽样数量应符合 JB 3375 的规定。

(4) 锅筒常用钢号及主要应用范围 表 20-3 列出了锅筒常用钢板及其主要应用范围。

表 20-3 锅筒常用碳素钢和低合金钢钢板的适用范围

材料牌号	材料标准	适用范围	
		工作压力/MPa	壁温/℃
Q235B Q235C Q235D	GB/T 3274	≤1.6	≤300
20	GB/T 711	≤1.6	≤350
Q245R	GB 713	≤5.3[a]	≤430
Q345R	GB 713	≤5.3[a]	≤430

续表

材料牌号	材料标准	适用范围	
		工作压力/MPa	壁温/℃
13MnNiMoR	GB 713	不限	≤400
15CrMoR	GB 713	不限	≤520
12Cr2Mo1R	GB 713	不限	≤575
12Cr1MoVR	GB 713	不限	≤565

[a] 用于不受辐射热的锅筒等受压元件时，工作压力不受限制。

4. 锅炉受热面吊挂和吹灰器用钢

(1) 锅炉受热面吊挂和吹灰器的工作条件　包括：a. 锅炉受热面吊挂直接与火焰或烟气相接触，且没有冷却介质冷却，故其工作温度很高，约为750～1000℃，主要用于固定受热面，所受载荷不大；b. 吹灰器是利用蒸汽或水对锅炉管子受热面作定时短暂吹扫的组件，它用于吹去管子表面积灰或焦渣，防止在管子表面结渣、结焦，提高其传热效率，其工作温度约为800～1000℃。

(2) 锅炉受热面吊挂和吹灰器用钢要求　包括：a. 对于受热面吊挂用钢，要求具有较高的抗氧化性、一定的热强性和较好的耐蚀性和工艺性能；b. 对于吹灰器用钢，要求具有高的抗氧化性能、良好的抗腐蚀性能和较高的高温强度。

(3) 常用钢号及应用范围　受热面吊挂和吹灰器常用钢号及应用范围如表20-4所列。

表20-4　受热面吊挂和吹灰器常用钢号及应用范围

序　号	钢　号	钢　种	主要应用温度范围/℃
1	1Cr6Si2Mo	合金钢	$T_{工}$<700
2	1Cr18Ni9Ti	合金钢	$T_{工}$≤900
3	1Cr20Ni14Si2	合金钢	$T_{工}$≤1000
4	1Cr25Ni20Si2	合金钢	$T_{工}$≤1100

(4) 锅炉受热面吊挂和吹灰器用钢的标准　锅炉受热面吊挂和吹灰用不锈钢棒和耐热钢棒的技术要求和质量检验应符合GB 1220和GB 1221标准的要求。

5. 锅炉构架用钢

(1) 锅炉构架工作条件　包括：a. 锅炉构架又称锅炉骨架（钢结构），是锅炉设备的主要组成部分，主要由梁、柱、顶板、护板、盖板、平台、楼梯和冷灰外壳等元件组成，其中梁和柱是最重要的受力元件；b. 锅炉构架是锅炉本体主要承载部件，它承受着锅炉本体载荷和其他载荷。

(2) 用钢要求　包括：a. 钢种的选择，根据构架的用途和性能要求，除板梁和柱采用普通低合金钢外，其余元件基本上采用普通低碳钢；b. 足够的强度与刚度；c. 适宜的脆性转变温度；d. 良好的焊接性能。

(3) 常用钢号及应用范围　锅炉构架用钢中用于梁、柱的钢号如下：16Mn，Q345B，ASME SA36，P355GH（19Mn6），其余的顶板、护板、盖板、平台、楼梯和冷灰外壳等元件基本上采用Q235A。

6. 吊杆用钢

(1) 吊杆工作条件　包括：a. 大型火电锅炉的水冷壁、锅筒、过热器、再热器、省煤器、受热面管集箱、蒸汽管道、煤粉输送管道和烟风道等部件是利用悬吊装置吊在锅炉构架顶梁或立柱上，因此吊杆材料对确保悬吊装置安全可靠性相当重要；b. 吊杆承受很大的拉应力，有些吊杆在高温下长期工作。

(2) 吊杆用钢要求　包括：a. 具有足够的室温和高温短时强度；b. 在高温长期工作时应具有足够的热强性、耐热性和组织稳定性；c. 具有较好的焊接性能和加工性能。

(3) 常用钢号及应用范围　吊杆常用钢号及应用范围如表20-5所列。

表20-5　吊杆常用钢号及应用范围

序号	钢号	钢种	最高工作温度/℃	用　途
1	20 35 SA675Gr. 70	优质碳素钢	350 400 425	锅筒,集箱,受热面
2	35CrMo 12Cr1MoV	低合金钢	500 550	顶棚集箱 高温蒸汽管道

7. **空气预热器用耐蚀钢**

(1) **工件条件** 包括：a. 空气预热器是利用烟气热量来加热燃烧所需空气的一种气-气热交换器，其主要作用是加热燃烧空气和降低排烟温度，从而强化燃烧和传热，提高锅炉效率；b. 空气预热器只与锅炉机组容量和燃用燃料特性有关，而与主蒸汽参数无关，其类型主要有管式和再生式（容克式回转预热器）两种。

(2) **用钢要求** 包括：a. 耐硫酸露点腐蚀性能好；b. 有足够的室温力学性能；c. 焊接性和冷热成形性好；d. 传热效果好；e. 空气预热器用材数量大，要考虑经济性。

(3) **常用钢号** 中国常用的钢号为 GB 4171 中的 09CuPCrNi-A，美国 ASTM 中的 A588Gr. A 以及日本新日铁生产的 S-TEN1～3 和住友金属生产的 CR1A41 等材料。

8. **辅机用金属材料**

(1) **加热器常用金属材料** 高压加热器也承受较高的压力，属于压力容器，加热器壳体材料一般选用 19Mn6、BHW35、SA516Gr. 70 和 16MnR 等钢板；加热器的管板材料一般选用 20MnMo、20MnMoNb 和 16Mn 等锻件；加热器 U 形管材料选用 SA556C2 等管材。

(2) **除氧器** 一般选用复合钢板（基材 C 钢＋复材不锈钢），如 20g＋TP321。

9. **焊接材料**

焊接材料种类非常多，有焊条、焊丝、焊剂和焊带，适应于不同的焊接方法，如手工电弧焊、埋弧自动焊、钨极（熔化极）惰性或混合气体保护焊、电渣焊和堆焊等；焊接形成的焊接接头（焊缝、熔合线、热影响区 HAZ）一般需要焊前预热、后热和焊后热处理（PWHT）。

三、主要锅炉用钢的化学成分

1. **锅炉用钢板、钢管的化学成分**

锅炉用钢板、钢管的化学成分见表 20-6 和表 20-7。

表 20-6 锅炉和压力容器用钢板的化学成分

牌号	化学成分(质量分数)/%													
	C①	Si	Mn	Cu	Ni	Cr	Mo	Nb	V	Ti	Alt②	P	S	其他
Q245R	≤0.20	≤0.35	0.50～1.10	≤0.30	≤0.30	≤0.30	≤0.08	≤0.050	≤0.050	≤0.030	≥0.020	≤0.025	≤0.010	Cu＋Ni＋Cr＋Mo≤0.70
Q345R	≤0.20	≤0.55	1.20～1.70	≤0.30	≤0.30	≤0.30	≤0.08	≤0.050	≤0.050	≤0.030	≥0.020	≤0.025	≤0.010	
Q370R	≤0.18	≤0.55	1.20～1.70	≤0.30	≤0.30	≤0.30	≤0.08	0.015～0.050	≤0.050	≤0.030	—	≤0.020	≤0.010	
Q420R	≤0.20	≤0.55	1.30～1.70	≤0.30	0.20～0.50	≤0.30	≤0.08	0.015～0.050	≤0.100	≤0.030	—	≤0.020	≤0.010	—
18MnMoNbR	≤0.21	0.15～0.50	1.20～1.60	≤0.30	≤0.30	≤0.30	0.45～0.65	0.025～0.050	—	—	—	≤0.020	≤0.010	—
13MnNiMoR	≤0.15	0.15～0.50	1.20～1.60	≤0.30	0.60～1.00	0.20～0.40	0.20～0.40	0.005～0.020	—	—	—	≤0.020	≤0.010	—
15CrMoR	0.08～0.18	0.15～0.40	0.40～0.70	≤0.30	≤0.30	0.80～1.20	0.45～0.60	—	—	—	—	≤0.025	≤0.010	—
14Cr1MoR	≤0.17	0.50～0.80	0.40～0.65	≤0.30	≤0.30	1.15～1.50	0.45～0.65	—	—	—	—	≤0.020	≤0.010	—
12Cr2Mo1R	0.08～0.15	≤0.50	0.30～0.60	≤0.20	≤0.30	2.00～2.50	0.90～1.10	—	—	—	—	≤0.020	≤0.010	—
12Cr1MoVR	0.08～0.15	0.15～0.40	0.40～0.70	≤0.30	≤0.30	0.90～1.20	0.25～0.35	—	0.15～0.30	—	—	≤0.025	≤0.010	—

续表

牌号	化学成分(质量分数)/%												
	C[①]	Si	Mn	Cu	Ni	Cr	Mo	Nb	V	Ti	Alt[②]	P	S	其他
12Cr2Mo1VR	0.11～0.15	≤0.10	0.30～0.60	≤0.20	≤0.25	2.00～2.50	0.90～1.10	≤0.07	0.25～0.35	≤0.030	—	≤0.010	≤0.005	B≤0.0020 Ca≤0.015
07Cr2AlMoR	≤0.09	0.20～0.50	0.40～0.90	≤0.30	≤0.30	2.00～2.40	0.30～0.50	—	—	—	0.30～0.50	≤0.020	≤0.010	—

① 经供需双方协议，并在合同中注明，C含量下限可不做要求。

② 未注明的不做要求。

表 20-7　高压锅炉用无缝钢管的牌号和化学成分

钢类	序号	牌号	化学成分(质量分数)[①]/%							
			C	Si	Mn	Cr	Mo	V	Ti	B
优质碳素结构钢	1	20G	0.17～0.23	0.17～0.37	0.35～0.65	—	—	—	—	—
	2	20MnG	0.17～0.23	0.17～0.37	0.70～1.00	—	—	—	—	—
	3	25MnG	0.22～0.27	0.17～0.37	0.70～1.00	—	—	—	—	—
合金结构钢	4	15MoG	0.12～0.20	0.17～0.37	0.40～0.80	—	0.25～0.35	—	—	—
	5	20MoG	0.15～0.25	0.17～0.37	0.40～0.80	—	0.44～0.65	—	—	—
	6	12CrMoG	0.08～0.15	0.17～0.37	0.40～0.70	0.40～0.70	0.40～0.55	—	—	—
	7	15CrMoG	0.12～0.18	0.17～0.37	0.40～0.70	0.80～1.10	0.40～0.55	—	—	—
	8	12Cr2MoG	0.08～0.15	≤0.50	0.40～0.60	2.00～2.50	0.90～1.13	—	—	—
	9	12Cr1MoVG	0.08～0.15	0.17～0.37	0.40～0.70	0.90～1.20	0.25～0.35	0.15～0.30	—	—
	10	12Cr2MoWVTiB	0.08～0.15	0.45～0.75	0.45～0.65	1.60～2.10	0.50～0.65	0.28～0.42	0.08～0.18	0.0020～0.0080
	11	07Cr2MoW2VNbB	0.04～0.10	≤0.50	0.10～0.60	1.90～2.60	0.05～0.30	0.20～0.30	—	0.0005～0.0060
	12	12Cr3MoVSiTiB	0.09～0.15	0.60～0.90	0.50～0.80	2.50～3.00	1.00～1.20	0.25～0.35	0.22～0.38	0.0050～0.0110
	13	15Ni1MnMoNbCu	0.10～0.17	0.25～0.50	0.80～1.20	—	0.25～0.50	—	—	—
	14	10Cr9Mo1VNbN	0.08～0.12	0.20～0.50	0.30～0.60	8.00～9.50	0.85～1.05	0.18～0.25	—	—

续表

钢类	序号	牌号	化学成分(质量分数)①/%							
			C	Si	Mn	Cr	Mo	V	Ti	B
合金结构钢	15	10Cr9MoW2VNbBN	0.07~0.13	≤0.50	0.30~0.60	8.50~9.50	0.30~0.60	0.15~0.25	—	0.0010~0.0060
	16	10Cr11MoW2VNbCu1BN	0.07~0.14	≤0.50	≤0.70	10.00~11.50	0.25~0.60	0.15~0.30	—	0.0005~0.0050
	17	11Cr9Mo1W1VNbBN	0.09~0.13	0.10~0.50	0.30~0.60	8.50~9.50	0.90~1.10	0.18~0.25	—	0.0003~0.0060
不锈(耐热)钢	18	07Cr19Ni10	0.04~0.10	≤0.75	≤2.00	18.00~20.00	—	—	—	—
	19	10Cr18Ni9NbCu3BN	0.07~0.13	≤0.30	≤1.00	17.00~19.00	—	—	—	0.0010~0.0100
	20	07Cr25Ni21	0.04~0.10	≤0.75	≤2.00	24.00~26.00	—	—	—	—
	21	07Cr25Ni21NbN	0.04~0.10	≤0.75	≤2.00	24.00~26.00	—	—	—	
	22	07Cr19Ni11Ti	0.04~0.10	≤0.75	≤2.00	17.00~20.00	—	—	4C~0.60	
	23	07Cr18Ni11Nb	0.04~0.10	≤0.75	≤2.00	17.00~19.00	—	—	—	—
	24	08Cr18Ni11NbFG	0.06~0.10	≤0.75	≤2.00	17.00~19.00	—	—	—	—

钢类	序号	牌号	化学成分(质量分数)①/%							
			Ni	Al_{tot}	Cu	Nb	N	W	P	S
									≤	
优质碳素结构钢	1	20G	—	②	—	—	—	—	0.025	0.015
	2	20MnG	—	—	—	—	—	—	0.025	0.015
	3	25MnG	—	—	—	—	—	—	0.025	0.015
合金结构钢	4	15MoG	—	—	—	—	—	—	0.025	0.015
	5	20MoG	—	—	—	—	—	—	0.025	0.015
	6	12CrMoG	—	—	—	—	—	—	0.025	0.015
	7	15CrMoG	—	—	—	—	—	—	0.025	0.015
	8	12Cr2MoG	—	—	—	—	—	—	0.025	0.015
	9	12Cr1MoVG	—	—	—	—	—	—	0.025	0.010
	10	12Cr2MoWVTiB	—	—	—	—	—	0.30~0.55	0.025	0.015
	11	07Cr2MoW2VNbB	—	≤0.030	—	0.02~0.08	≤0.030	1.45~1.75	0.025	0.010
	12	12Cr3MoVSiTiB	—	—	—	—	—	—	0.025	0.015
	13	15Ni1MnMoNbCu	1.00~1.30	≤0.050	0.50~0.80	0.015~0.045	≤0.020	—	0.025	0.015
	14	10Cr9Mo1VNbN	≤0.40	≤0.020	—	0.06~0.10	0.030~0.070	—	0.020	0.010

续表

钢类	序号	牌号	化学成分(质量分数)[①]/%							
			Ni	Al_{tot}	Cu	Nb	N	W	P	S
									≤	
合金结构钢	15	10Cr9MoW2VNbBN	≤0.40	≤0.020	—	0.04～0.09	0.030～0.070	1.50～2.00	0.020	0.010
	16	10Cr11MoW2VNbCu1BN	≤0.50	≤0.020	0.30～1.70	0.04～0.10	0.040～0.100	1.50～2.50	0.020	0.010
	17	11Cr9Mo1W1VNbBN	≤0.40	≤0.020	—	0.06～0.10	0.040～0.090	0.90～1.10	0.020	0.010
不锈(耐热)钢	18	07Cr19Ni10	8.00～11.00	—	—	—	—	—	0.030	0.015
	19	10Cr18Ni9NbCu3BN	7.50～10.50	0.003～0.030	2.50～3.50	0.30～0.60	0.050～0.120	—	0.030	0.010
	20	07Cr25Ni21	19.00～22.00	—	—	—	—	—	0.030	0.015
	21	07Cr25Ni21NbN	19.00～22.00	—	—	0.20～0.60	0.150～0.350	—	0.030	0.015
	22	07Cr19Ni11Ti	9.00～13.00	—	—	—	—	—	0.030	0.015
	23	07Cr18Ni11Nb	9.00～13.00	—	—	8C～1.10	—	—	0.030	0.015
	24	08Cr18Ni11NbFG	10.00～12.00	—	—	8C～1.10	—	—	0.030	0.015

① 除非冶炼需要，未经需方同意，不应在钢中有意添加本表中未提及的元素。制造厂应采取所有恰当的措施，以防止废钢和生产过程中所使用的其他材料把会削弱钢材力学性能及适用性的元素带入钢中。

② 20G 钢中 Al_{tot}≤0.015%，不做交货要求，但应填入质量证明书中。

注：1. Al_{tot} 指全铝含量；2. 牌号 08Cr18Ni11NbFG 中的“FG”表示细晶粒。

2. 常用化学元素在钢中的作用

(1) 碳在钢中的作用 碳是钢铁中的主要元素，它对钢铁的性能起决定性的作用，碳含量增加，则钢的脆性和强度增高，塑性则降低，钢材的时效敏感性降低，可焊性变差。碳素钢按碳含量可分为：低碳钢含碳量一般小于 0.25%；中碳钢含碳量一般在 0.25%～0.6%之间；高碳钢一般含碳量大于 0.60%。

(2) 硫在钢中的作用 硫是在冶炼时由铁矿石和燃料带到钢中的杂质元素，是钢中的有害元素。硫以硫化物的状态存在于钢中，主要成分是 MnS，当锰含量较低时，则过量硫与铁生成 FeS，硫化铁是在热变形时产生热裂纹的根本原因，因此硫引起的脆性被称为热脆性。此外，硫存在于钢内还能使钢的力学性能降低，特别是疲劳极限、塑性和耐磨性显著降低，因此对钢中的硫含量必须严格控制。

为了提高钢材的切削加工性能，在易切削的钢中常常有意提高钢中的硫含量 0.15%～0.3%，同时加入 0.6%～1.55%的 Mn，以在钢中生成 MnS 夹杂物。MnS 在钢锭轧制过程中，沿着轧制方向伸长，在切削加工中可以起断屑作用，从而大大改善钢的切屑性能。

在耐热钢中，由于硫化物与基体界面强度弱于碳化物与基体界面，同时硫化物的热膨胀系数大，因此 MnS 夹杂是蠕变空洞最容易形核的地方。因此，只要含硫量降低，就可以减少蠕变空洞形核核心，从而提高耐热钢持久塑性。

(3) 磷在钢中的作用 磷是由矿石带到钢中来的，磷在钢中以固溶磷化物（Fe_2P 或 Fe_3P，甚至有时呈磷酸盐）状态存在，常呈析离状态。Fe_3P 是一种很硬的物质，如果钢材中 Fe_3P 含量高时，钢的机加工就十分困难。一般认为在钢中磷含量高于 0.1%时，便会发生冷脆现象，引起冷脆性。因此必须严格限制磷在钢中的含量。磷也具有断屑性，因此在易切屑钢中，可适当提高磷的含量。

研究发现，磷在晶界易于偏聚会增加晶界开裂的倾向性。同时，磷还降低 Cr-Mo-V 等耐热钢的塑性，因此，应严格限制耐热钢中的磷含量。

(4) 硅在钢中的作用 硅在大量的钢中起着特别重要的作用，它能增加钢的抗张力、弹性、耐酸性和耐热性。同时由于硅和氧的结合力较强，所以在炼钢过程中，用作还原剂和脱氧剂。为了保证钢材质量，硅在镇静钢中的含量一般大于 0.1%，作为合金元素，则一般不低于 0.4%。在耐酸耐热钢中其含量可达 4%左右。

硅在钢中不形成碳化物，而是以固溶体的形式存在于铁素体和奥氏体中。它对提高钢中固溶体的强度和冷加工硬化程度的作用极强，在一定程度上它使钢的韧性和塑性降低。

由于硅在钢中能增加钢的抗张力和弹性，因此，硅在钢中能显著地提高钢的弹性极限、屈服强度和屈强比。这是一般弹簧钢选用硅钢或硅锰钢的原因。

含硅的钢在氧化性气氛中加热时，表面将形成一层 SiO_2 薄膜，从而提高钢在高温时的抗氧化能力。

硅会使钢的焊接性能恶化，因为硅和氧具有较强的结合力，焊接时易生成低熔点的硅酸盐，增加了熔渣和熔化金属的流动性，引起较严重的飞溅现象，影响焊接质量。

(5) 锰在钢中的作用 锰是一切黑色金属的通常组成部分，在炼铁、炼钢中作为脱氧剂而特意加入。锰和硫作用可以防止热脆性，并由此可提高钢的可锻性。含锰量超过 0.8%，即作为锰合金钢。锰钢内锰含量超过 10%时，可以提高强度和硬度，因而特别耐磨。

锰对提高钢的淬透性的作用十分强烈，仅次于钼，而与铬相接近。

锰是弱碳化物形成元素，它在钢中部分地溶入铁素铁（或奥氏体）中，起到固溶强化作用，但其固溶强化的作用不及碳和硅。

锰对提高低碳和中碳珠光体钢的强度有明显的作用。因为它降低了钢共析点的碳含量，这样，与含碳量相同的碳钢相比，钢中铁素体的含量就相对地减少。更重要的是锰降低了钢的共析温度，同时减缓了奥氏体向珠光体转变的速度，使所形成的珠光体细化。但锰在提高珠光体钢的强度的同时，使钢的塑性性能有所降低。

锰对钢的高温瞬时强度有所提高，但对持久强度和蠕变强度没有什么显著的作用。

锰钢的主要缺点是：含锰较高时，有较明显的回火脆性现象；锰有促进晶粒长大的作用；当锰含量超过 1%时，会使钢的焊接性能变差；锰会促使钢的耐锈蚀性能降低。

(6) 铬在钢中的作用 铬是合金钢生产中应用最广的元素之一。铬能提高钢的力学性能和耐磨性，增加钢的淬火度及淬火后的变形能力，增强钢的硬度、弹性、抗磁性、抗张力、耐蚀性和耐热性。

铬的含量增加，钢的强度极限和硬度显著增加。铬含量在 10%以内时，延伸率和断面收缩率也略有提高；但铬含量超过 10%时，则塑性显著降低。

适当的铬含量可有效地提高钢的高温力学性能，但当铬含量超过某一值时，高温力学性能会明显地降低。如含有 1.5%铬的钼钢，其蠕变强度高于含有 5%铬的钼钢。这说明铬对钢的高温力学性能的影响有一个最佳含量值。

铬是具有纯化倾向的元素。在钢中加入适量的铬，可使钢具有良好的抗腐蚀性和抗氧化性。

铬是显著提高钢的脆性转变温度的元素，并能促进钢的回火脆性，因此一般含铬的结构钢在 450℃以上回火后都应采取速冷措施，防止回火脆性。

(7) 镍在钢中的作用 镍在钢中普通含量是 0.2%～0.3%。这主要是由废钢中带入，它一般不起任何实际作用。含镍量在 0.8%以上的钢就可称为镍钢。镍作为合金元素特意加入钢内使钢具有更好的力学性能，使钢具有良好的韧性、防腐抗酸性、高导磁性，并使晶粒细化，提高淬透性，增强硬度等，总之镍在钢中可大大提高钢的力学性能，特别是与铬共存时。

镍对钢的力学性能的影响，主要是通过它对钢的相变和显微组织的作用而产生的。当镍含量在 5%～6%时，钢的显微组织是铁素铁＋珠光体，镍起着强化铁素体和细化珠光体的作用，总的效果是提高了钢的强度；且又不影响钢的塑性。当镍含量达 7%～8%时，钢的组织几乎全为细珠光体，这时钢的强度提高且塑性有所降低。当镍含量在 10%～20%时钢的组织成为马氏体，强度提高，而塑性降低。镍含量超过 20%时，出现奥氏体，强度逐渐降低，塑性转而升高。镍含量达 25%时，钢的显微组织成为纯奥氏体，强度低而塑性好。

镍不能提高钢的高温强度，因此一般不用作热强钢的强化元素。

(8) 钼在钢中的作用 钼是硬而有展性的白色金属。钼作为合金元素加入钢中，能增加钢的强度而不减其可塑性和韧性，同时能使钢在高温下有足够的强度，且改善钢的各种性能，如耐蚀性、冷脆性等。

钼是提高钢的热强性最有效的合金元素。它的主要作用是提高钢的再结晶温度和强烈地提高钢中铁素体对蠕变的抗力。

由于钼在钢中形成特殊的碳化物，可以改善钢在高温高压下抗氢侵蚀的作用。钼同时能提高钢的淬透性，而且是消除钢的热脆性和回火脆性的主要合金元素之一。

钼的主要不良作用是它能使低合金钼钢发生石墨的倾向。

(9) 钨在钢中的作用 钨在钢中除与碳化合形成碳化物外，还可部分地溶入铁素体中形成固溶体。

钨能大大提高钢的再结晶温度，故能提高钢的高温强度，并且有提高钢的抗氢性能的作用。近年来，一些新型钢种的研究表明在2.25Cr-1Mo钢和9Cr-1MoVNbN钢中采用“加W减Mo”的元素调整措施后，取得了较好的强化效果，W、Mo都是有效的固溶强化元素。一般固溶强化元素主要通过影响固溶体原子间引力、晶格畸变、再结晶温度和扩散过程等方面来强化固溶体。钢中加W后，长时蠕变后固溶在钢中的W含量比Mo更高，并且W的固溶强化效果好于Mo，因此，采取“加W减Mo”对固溶强化效果的提高特别有效。除此之外，国外的研究者进一步研究了在10Cr9Mo1VNbN钢中加入W对持久强度的影响，研究发现：加入W促进了Nb向VN中的固溶效果，增大了VN的点阵畸变和其周围的共格应变，使持久强度得到提高。

(10) 钒在钢中的作用 钒是光亮、坚硬而具有可塑性的金属。钒的塑性很好，它可用来制成丝或箔。

钒与氧、氮、碳都有极强的结合力，在钢中形成极稳定的碳化物（V_4C_3或V_2C）及氮化物（V_4N_3），这些钒的碳化物和氮化物，通常以极细小的颗粒状态存在，抑制了钢中晶界的迁移和晶粒的长大。因此使钢在较高温度时仍保持细晶粒的组织，大大地减低了钢的过热敏感性，提高了钢的强度。但当钒的含量超过1%时，其作用减弱，甚至起相反的作用。

(11) 铌在钢中的作用 铌主要以金属化合物（Fe_3Nb）和碳化物（NbC）等相态存在于钢中，它与碳、氧、氮都有极强的结合力，并与之形成相应的极稳定的化合物，因而能细化晶粒，降低钢的过热敏感性和回火脆性。由于铌能牢固地固定钢中的碳，因而具有极好的抗氢性能。铌还能提高钢的热强性，改善钢的抗蠕变能力。很多研究表明：当钒、铌、氮三种元素被添加到9Cr-1Mo（T9）钢中时，由于少量的Nb、V、N的加入，在晶界及晶内生成了大量形状复杂的Nb、V（C，N），中间是球形核心富Nb，为Nb（C，N），两侧翼状析出物富V，为V（C，N）。研究表明，翼状析出物在高温塑性变形过程中比简单的球形析出物更能有效地阻碍位错的运动，因为，即使位错已攀移绕过球形析出物，也可能重被翼状析出物所截获，另外，翼状析出物增大了捕获位错的概率，因而大大提高了持久强度，这是钒、铌、氮联合添加所带来的材料持久强度的综合提高。

通常，钢中铌含量在0.1%～1.0%之间，普通低合金钢中铌含量低于0.05%，而在高温用的结构钢中，含铌量可达3%。

(12) 钛在钢中的作用 钛作为合金元素加入钢中，与氧、氮、碳都有较强的结合力，钛与氮形成TiN、与氧形成TiO_2，可以防止钢中气泡存在。部分的钛与碳化合而成碳化物（TiC），使钢的硬度增强。因而适量加入钛，能改变钢的品质和提高其力学性能。

钛能改善钢的热强性；提高钢的抗蠕变性能和高温持久强度。

(13) 硼在钢中的作用 硼在钢中的主要作用是能显著地提高钢的淬透性。微量的硼（≥0.0007%）就可使钢的淬透性有明显的提高；但当硼的含量增加到0.001%以上，淬透性就不再提高了。一般生产上限在0.001%～0.004%。

在珠光体耐热钢中，微量硼可以提高钢的高温强度。奥氏体钢中加入0.025%的硼，可提高其蠕变强度；但硼量较高时，又会使其蠕变强度降低。普遍认为在耐热钢中加入微量硼可以提高钢的热强性，并改善钢的持久塑性，减小钢的蠕变脆性。值得注意的是，硼只有以固溶形式存在于钢中（大都聚集或吸附在晶界上）才能起到有效作用。

四、锅炉受压部件制造用钢的基本性能

锅炉主要受压部件都是在承压状态下工作，有些还要同时承受高温或腐蚀性介质的作用，因而工作条件十分恶劣。如果锅炉在使用过程中发生破坏性事故，将造成严重后果。为确保安全，对锅炉受压部件所使用的钢材必须提出一定的要求。

1. 锅炉主要受压部件对钢材性能的基本要求

用以制造室温及中温承压元件的钢材应满足以下要求。

(1) 较高的室温强度 由于这类元件通常是以钢材的屈服强度和强度极限作为强度设计计算的依据，为确保锅炉受压元件的安全性和经济性，所用钢材必须具有较高的屈服强度和抗拉强度。

(2) 良好的韧性 只有在具有足够的韧性的情况下，锅炉受压部件才能在正常工作下承受外载荷而不致发生脆性破坏。在选择材料时，特别是厚壁容器的材料选择，应防止片面追求钢材的强度而忽略韧性。对于锅炉用钢，其室温冲击韧性值不应小于$60N \cdot m/cm^2$，并要求时效后的冲击韧性值的下降率小于50%。

(3) 较低的缺口敏感性 锅炉受压元件在制造中往往需要在材料上开孔和焊接，形成局部地区的应力集中，为防止由此而引起的裂纹，就要求钢材应具有较低的缺口敏感性。

(4) 良好的加工工艺性和可焊接性 因为制造锅炉受压元件的原材料都要经过不同程度的冷热加工、成形工艺和部件焊接，要求原材料和焊接接头应该具有良好的加工性能和金属的可焊接性。

2. 用以制造高温承压元件的钢材应满足的基本要求

(1) 足够的高温持久强度和持久塑性 承受高温高压的元件通常是以钢材的高温持久强度作为强度设计计算的依据。选用持久强度高的钢材不仅可以保证元件在蠕变条件下的安全运行，还可避免厚壁元件加工和运行中的一些困难。

(2) 良好的高温组织稳定性 锅炉钢材应能长期在高温条件下运行，而不发生严重的组织结构变化。

(3) 良好的高温抗氧化性能 要求锅炉钢材在高温工作的条件下氧化腐蚀速度小于0.1mm/年。

(4) 良好的冷加工工艺性和焊接性能 要求锅炉钢材易于加工和焊接。

3. 锅炉钢材的力学性能

(1) 温度对钢材力学性能的影响 锅炉钢材必须具有足够高的综合力学性能。由室温拉伸试验得到的强度极限、屈服强度、伸长率、断面收缩率以及由室温冲击试验得到的冲击韧性都是锅炉钢材的重要力学性能指标。表20-8～表20-10是锅炉常用钢板室温力学性能，表20-11与表20-12是锅炉常用钢管室温力学性能。

表20-8 10、20钢板室温力学性能（GB 711）

钢 号	抗拉强度 R_m/MPa	断后伸长率 A/%	弯心直径/mm	
			板厚 a≤20mm	板厚 a>20mm
10	≥335	≥32	0	1.5a
20	410	≥28	a	2a

表20-9 锅炉和压力容器用碳素钢板力学和工艺性能

牌号	交货状态	钢板厚度/mm	拉伸试验			冲击试验		弯曲试验[②]
			R_m/MPa	R_{eL}[①]/MPa	断后伸长率 A/%	温度/℃	冲击吸收能量(KV_2)/J	180° $b=2a$
				≥	≥		≥	
Q245R	热轧、控轧	3～16	400～520	245	25	0	34	$D=1.5a$
		>16～36		235				
		>36～60		225				
		>60～100	390～510	205	24			$D=2a$
		>100～150	380～500	185				
		>150～250	370～490	175				

① 如屈服现象不明显，可测量 $R_{p0.2}$ 代替 R_{eL}。

② a 为试样厚度；D 为弯曲压头直径。

表20-10 锅炉和压力容器用低合金钢板室温力学和工艺性能（GB 713）

牌号	交货状态	钢板厚度/mm	拉伸试验			冲击试验		弯曲试验[②]
			R_m/MPa	R_{eL}[①]/MPa	断后伸长率 A/%	温度/℃	冲击吸收能量(KV_2)/J	180° $b=2a$
				≥	≥		≥	
Q345R	或正火	3～16	510～640	345	21	0	41	$D=2a$
		>16～36	500～630	325				$D=3a$
		>36～60	490～620	315				
		>60～100	490～620	305	20			
		>100～150	480～610	285				
		>150～250	470～600	265				
Q370R	正火	10～16	530～630	370	20	−20	47	$D=2a$
		>16～36		360				$D=3a$
		>36～60	520～620	340				
		>60～100	510～610	330				
Q420R		10～20	590～720	420	18	−20	60	$D=3a$
		>20～30	570～700	400				
18MnMoNbR	正火加回火	30～60	570～720	400	18	0	47	$D=3a$
		>60～100		390				

续表

牌号	交货状态	钢板厚度/mm	拉伸试验			冲击试验		弯曲试验②
			R_m/MPa	R_{eL}①/MPa	断后伸长率 A/%	温度/℃	冲击吸收能量(KV_2)/J	180° $b=2a$
				≥	≥		≥	
13MnNiMoR	正火加回火	30～100	570～720	390	18	0	47	$D=3a$
		>100～150		380				
15CrMoR		6～60	450～590	295	19	20	47	$D=3a$
		>60～100		275				
		>100～200	440～580	255				
14Cr1MoR		6～100	520～680	310	19	20	47	$D=3a$
		>100～200	510～670	300				
12Cr2Mo1R		6～200	520～680	310	19	20	47	$D=3a$
12Cr1MoVR	正火加回火	6～60	440～590	245	19	20	47	$D=3a$
		>60～100	430～580	235				
12Cr2Mo1VR		6～200	590～760	415	17	−20	60	$D=3a$
07Cr2AlMoR	正火加回火	6～36	420～580	260	21	20	47	$D=3a$
		>36～60	410～570	250				

① 如屈服现象不明显，可测量 $R_{p0.2}$ 代替 R_{eL}。

② a 为试样厚度；D 为弯曲压头直径。

表 20-11 低中压锅炉用钢管室温力学性能（GB 3087）

钢 号	壁厚/mm	抗拉强度 R_m/MPa	下屈服强度 R_{eL}/MPa	断后伸长率 A/%
10	≤16	335～475	≥205	≥24
	>16		≥195	
20	≤16	410～550	≥245	≥20
	>16		≥235	

表 20-12 高压锅炉用无缝钢管的室温力学性能（GB 5310）

序号	牌 号	拉伸性能				冲击吸收能量(KV_2)/J		硬度		
		抗拉强度 R_m/MPa	下屈服强度或规定非比例延伸强度 R_{eL} 或 $R_{p0.2}$/MPa	断后伸长率 A/%		纵向	横向	HBW	HV	HRC 或 HRB
				纵向	横向					
			≥					≤		
1	20G	410～550	245	24	22	40	27	—	—	—
2	20MnG	415～560	240	22	20	40	27	—	—	—
3	25MnG	485～640	275	20	18	40	27	—	—	—
4	15MoG	450～600	270	22	20	40	27	—	—	—
5	20MoG	415～665	220	22	20	40	27	—	—	—
6	12CrMoG	410～560	205	21	19	40	27	—	—	—
7	15CrMoG	440～640	295	21	19	40	27	—	—	—
8	12Cr2MoG	450～600	280	22	20	40	27	—	—	—
9	12Cr1MoVG	470～640	255	21	19	40	27	—	—	—
10	12Cr2MoWVTiB	540～735	345	18	—	40	—	—	—	—
11	07Cr2MoW2VNbB	≥510	400	22	18	40	27	220	230	97HRB
12	12Cr3MoVSiTiB	610～805	440	16	—	40	—	—	—	—
13	15Ni1MnMoNbCu	620～780	440	19	17	40	27	—	—	—

续表

序号	牌　号	拉伸性能				冲击吸收能量 (KV_2)/J		硬度		
		抗拉强度 R_m/MPa	下屈服强度或规定非比例延伸强度 R_{eL} 或 $R_{p0.2}$ /MPa	断后伸长率 A/%		纵向	横向	HBW	HV	HRC 或 HRB
				纵向	横向					
		≥						≤		
14	10Cr9Mo1VNbN	≥585	415	20	16	40	27	250	265	25HRC
15	10Cr9MoW2VNbBN	≥620	440	20	16	40	27	250	265	25HRC
16	10Cr11MoW2VNbCu1BN	≥620	400	20	16	40	27	250	265	25HRC
17	11Cr9Mo1W1VNbBN	≥620	440	20	16	40	27	238	250	23HRC
18	07Cr19Ni10	≥515	205	35	—	—	—	192	200	90HRB
19	10Cr18Ni9NbCu3BN	≥590	235	35	—	—	—	219	230	95HRB
20	07Cr25Ni21NbN	≥655	295	30	—	—	—	256	—	100HRB
21	07Cr19Ni11Ti	≥515	205	35			—	192	200	90HRB
22	07Cr18Ni11Nb	≥520	205	35			—	192	200	90HRB
23	08Cr18Ni11NbFG	≥550	205	35			—	192	200	90HRB

注：表中的冲击吸收能量为全尺寸试样夏比 V 形缺口冲击吸收能量要求值。当采用小尺寸冲击试样时，小尺寸试样的最小夏比 V 形缺口冲击吸收能量要求值应为全尺寸试样冲击吸收能量要求值乘以 GB 5310 标准中推荐的递减系数。

抗拉强度和屈服强度决定着锅炉元件所能承受的应力以及承载断面尺寸。断后伸长率和断面收缩率决定着锅炉钢材塑性和工艺性能的好坏。冲击韧性值表示着钢材的韧脆性能以及承受冲击载荷的能力。

随着温度的升高，锅炉钢材的力学性能将发生明显的变化。图 20-4 是低碳钢力学性能随温度的变化曲线。可以看出，总的趋势是随着温度的升高，钢材的强度指标（屈服强度 R_{eL} 及抗拉强度 R_m）减小，塑性指标（断后伸长率 A 和截面收缩率 Z）增大，弹性模量（E）减小。对于低碳钢当温度在<300℃以前随着温度的升高，R_m 有一定的增加，而 A、Z 却有一定的减小，这种现象称为蓝脆现象。蓝脆现象温度对不同的钢材是不同的，如低合金钢的蓝脆温度就比低碳钢高。而温度对低合金钢的强度和塑性性能影响与低碳钢基本相似，只是影响的程度不显著而已。除温度对金属材料的力学性能有显著影响外，时间因素对高温金属材料的强度也有很大的影响。

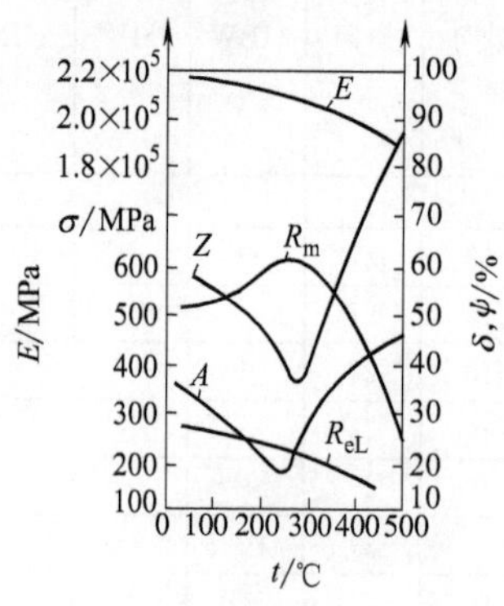

图 20-4　低碳钢力学性能随温度的变化曲线

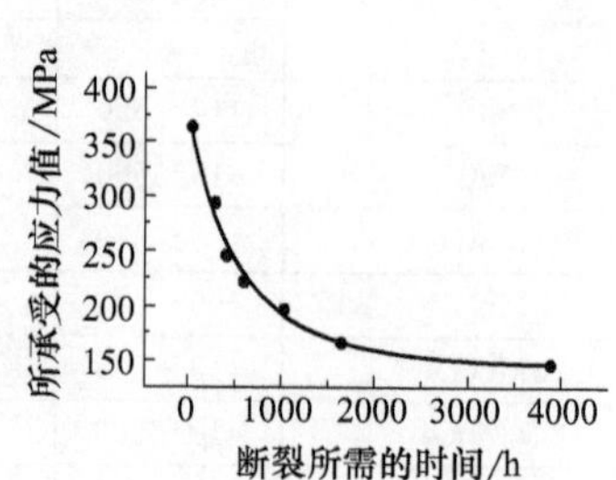

图 20-5　高温下材料的静载荷应力与断裂时间的关系

图 20-5 是铬钼钢在 550℃的温度下进行的不同应力值的断裂试验曲线，可以看出，在高温下，试件承受不同的应力，其断裂时间也不同。应力越高，则断裂时间越短。所以，一般静拉伸试验的结果不能确切反映材料的高温强度性能。必须另外进行材料的高温强度试验以确定材料的高温力学性能。

(2) 金属材料的蠕变　金属材料在长期的恒温及恒定应力作用下发生缓慢塑性变形的现象称为蠕变。蠕变在温度较低时也会发生，但速度很慢不会导致破坏。当温度高于 $0.5T_f$（以热力学温度表示的熔点）时，蠕变现象就很明显。锅炉用钢材，碳钢在 300～350℃、合金钢在 400～450℃时，就会出现蠕变现象。随着温度升高，应力增大蠕变就越明显。金属材料的蠕变现象，可用材料在高温下承受一定的应力时，变形与时间的关系曲线来表示，典型的蠕变曲线如图 20-6 所示。

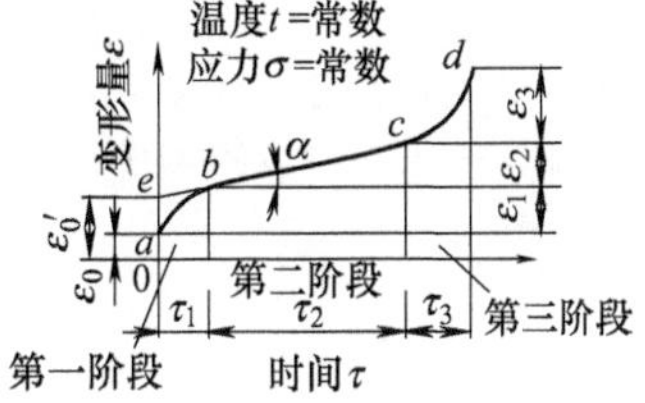

图 20-6　钢材典型蠕变曲线

一般来说，蠕变曲线包含下列 3 个典型阶段：$0a$——开始部分，是加载荷引起的瞬时变形，它并不标志蠕变现象的发生，而是由外加载荷引起的一般变形过程；ab——不稳定蠕变阶段，在此阶段蠕变速度不稳定，随着时间的增加，蠕变速度逐渐减小；bc——稳定蠕变阶段，此阶段的特点是材料以恒定的蠕变速度进行变形，它是蠕变持续时间最长的阶段；cd——破坏阶段，在此阶段蠕变速度随时间的增长而急剧增加，至 d 点时发生断裂。在整个蠕变过程中，第三阶段所占的时间比较短，但所产生的变形量却往往很大。对于高温承载元件可以从测定蠕变变形的情况来判断其元件是否接近断裂而必须及时予以更换。

在上述三个阶段中，第一阶段很短，其曲线不易作出，而且对实际设计意义不大；第三阶段是设计中所不允许的；因此，在实际设计中有意义的是第二阶段的蠕变速度。从图 20-6 可以看出变形随时间的变化率，即蠕变速度 $\varepsilon_c=\tan\alpha=d\varepsilon/d\tau$。

对大多数碳素钢和合金钢的试验证明，蠕变速度与材料的性质、温度和该温度下的应力有关，并可用一指数方程来描述，即：

$$\varepsilon_c=k\sigma^n \tag{20-4}$$

式中，k、n 均与材料的性质和温度有关，由试验测得，一些碳素钢和合金钢的 k、n 数值列于表 20-13。

表 20-13　确定稳定蠕变速度的常数 n 与 k

类　型	试验延续时间/h	应力范围/MPa	温度/℃	n	k /[$m^{2n}/(N^n \cdot h)$]
含有 0.39% C 的钢			400	6.9	1.19×10^{-24}
含有 0.3% C 的钢			400	8.6	2.15×10^{-27}
含有 0.45% C 的钢	400	20～49	540	5.9	9.53×10^{-16}
含有 3.5% Ni 的合金钢	400	24.5～46	540	7.2	9.51×10^{-18}
含有 0.4% Mo 的合金钢			450	3.2	6.50×10^{-19}
含有 12% Cr 的合金钢			455	4.4	1.23×10^{-18}
含有 19% Ni、6% Cr、1% Si 的合金钢	400	134～190	540	13.1	2.27×10^{-35}
含有 8% Ni、18% Cr、0.5% Si 的合金钢	400	106～144	540	14.8	1.26×10^{-37}
含有 2% Ni、0.8% Cr、0.4% Si 的合金钢			460	3.0	1.20×10^{-14}
含有 0.3% C、1.4% Mn 的合金钢			450	4.7	4.31×10^{-17}

(3) 钢材的蠕变强度和持久强度　蠕变强度是指在一定温度下和规定的时间内，金属材料所产生的蠕变量不超过规定值（如在 10^5h 内总蠕变应变量为 1%）时所对应的应力值。

这种蠕变强度不是通过一、二次简单试验或简单的计算所能确定的。根据以上定义，得到：

$$\varepsilon_{总}\leqslant[\varepsilon_{总}] \tag{20-5}$$

式中　$\varepsilon_{总}$——在指定温度与规定的时间内所产生的蠕变总应变值；

$[\varepsilon_{总}]$——根据工程实际需要所规定的许用蠕变总应变值。

根据图 20-6，去掉设计中不允许的第三阶段，对应于规定时间 $t=\tau_1+\tau_2$ 的总应变量包括以下 3 部分：a. 弹性应变——开始加载时所产生的应变 ε_0，即图中 $0a$ 部分；b. 蠕变第一阶段引起的应变 ε_1，即图中 ab 部分；c. 蠕变第二阶段引起的应变 ε_2，即图中 bc 部分。

于是，蠕变总应变量为：

$$\varepsilon_{总}=\varepsilon_0+\varepsilon_1+\varepsilon_2 \tag{20-6}$$

由于实际蠕变曲线中的 a、b 两点很接近，因此，可用 bc 的延长线代替这一曲线（如图中的 be），根据简化后的蠕变曲线，考虑到弹性应变比蠕变小得多，故可略去，于是得到在规定时间内蠕变总应变量为：

$$\varepsilon_{总} \doteq (\tau_1+\tau_2)\tan\alpha \doteq t \cdot \tan\alpha \tag{20-7}$$

式中 t——计算总应变量所规定的时间；

$\tan\alpha$——第二阶段的蠕变速度，即 ε_c。

将式（20-7）代入式（20-4）得：

$$\varepsilon_{总} = tk\sigma^n \tag{20-8}$$

这就是在指定温度、计算规定的时间内蠕变总应变量的计算公式。

许用蠕变总应变值应以所规定的时间（通常指使用期限）和保持正常工作所允许的应变值来确定。如发电设备通常规定 10^5h 的许用总应变值为 1%，这时所对应的蠕变极限用 $R_{1\%}/10^5$h 表示，而核动力设备通常使用期限为 3.0×10^7h，许用总应变值亦为 1%，显然后者比前者要苛刻得多。

持久强度是评定金属材料在承载和高温条件下长期使用抵抗蠕变断裂的能力。通常将金属材料在某温度和规定的使用期限内（取 10^5h）引起蠕变破坏的应力，称为持久强度。由于持久强度反映了材料高温断裂时的强度和塑性，因此锅炉高温承压元件的强度计算均以持久强度作为设计依据。

钢材的持久强度可通过高温持久试验获得，但试验进行 10^5h 比较困难。通常是试验到工作期限的 1/10（即 10^4h），再用外推法求得。

利用 F. R. Larson 和 I. Miler 参数法，可通过较短试验时间所得的试验结果求得持久强度。按照参数法，当外加应力保持某一定值时，钢材的热力学温度 T/K 与材料至破坏时间 τ/h 之间存在如下关系：

$$T(c+\lg\tau) = 常数 \tag{20-9}$$

式中 c——与钢种有关的系数，其中对于低碳钢 $c=18$；对于钼钢 $c=19$；对铬钼钢 $c=23$；对奥氏体不锈钢 $c=13$，如 c 值均取 20，所引起的误差为±10%。

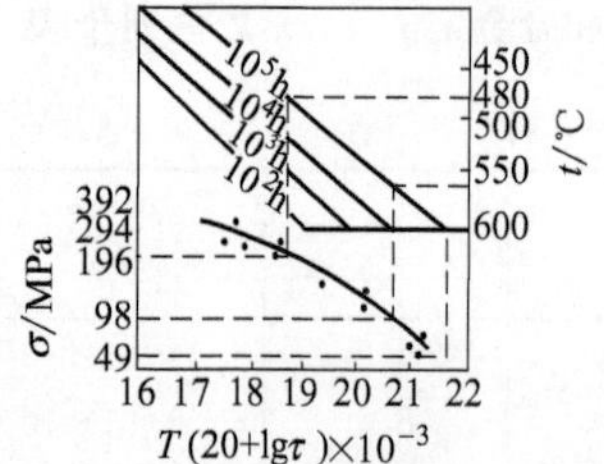

图 20-7 12Cr1MoV 钢高温持久强度曲线

利用式（20-9）的关系式就可确定材料的持久强度。如每取一应力值，并选择比工作温度高 50～100℃ 的试验温度进行持久试验，这样可得到至试件破坏的时间 τ 值。将 T、τ 代入式（20-8），则可得一系列与应力相对应的参数，将它们连成曲线，如图 20-7 所示的下半部分曲线。再对应横坐标的一个参数，如 $T(20+\lg\tau)=17\times10^3$，给定 $\tau=10^5$h，10^4h，…，得 $t=407$℃，435℃，…，这样依次进行下去，可得到图 20-7 的上半部分。由图可方便地求出在不同温度下，对应不同指定工作期限的持久强度。

锅炉常用钢板的高温力学性能参见表 20-14～表 20-16，锅炉常用钢管的高温力学性能参见表 20-17～表 20-19。

表 20-14 碳钢板高温力学性能

牌号	厚度/mm	试验温度/℃						
		200	250	300	350	400	450	500
		R_{eL}[①]（或 $R_{p0.2}$）/MPa						
Q245R	>20～36	≥186	≥167	≥153	≥139	≥129	≥121	—
	>36～60	≥178	≥161	≥147	≥133	≥123	≥116	—
	>60～100	≥164	≥147	≥135	≥123	≥113	≥106	—
	>100～150	≥150	≥135	≥120	≥110	≥105	≥95	—
	>150～250	≥145	≥130	≥115	≥105	≥100	≥90	—

① 如屈服现象不明显，屈服强度取 $R_{p0.2}$。

表 20-15 碳锰钢板高温力学性能

牌号	厚度/mm	试验温度/℃						
		200	250	300	350	400	450	500
		R_{eL}[①]（或 $R_{p0.2}$）/MPa						
Q345R	>20～36	≥255	≥235	≥215	≥200	≥190	≥180	—
	>36～60	≥240	≥220	≥200	≥185	≥175	≥165	—
	>60～100	≥225	≥205	≥185	≥175	≥165	≥155	—
	>100～150	≥220	≥200	≥180	≥170	≥160	≥150	—
	>150～250	≥215	≥195	≥175	≥165	≥155	≥145	—

表 20-16　低合金高强度钢板高温力学性能

牌　　号	厚度/mm	试验温度/℃						
		200	250	300	350	400	450	500
		R_{eL}①(或 $R_{p0.2}$)/MPa						
Q370R	>20～36	≥290	≥275	≥260	≥245	≥230	—	—
	>36～60	≥275	≥260	≥250	≥235	≥220	—	—
	>60～100	≥265	≥250	≥245	≥230	≥215	—	—
18MnMoNbR	30～60	≥360	≥355	≥350	≥340	≥310	≥275	—
	>60～100	≥355	≥350	≥345	≥335	≥305	≥270	—
13MnNiMoR	30～100	≥355	≥350	≥345	≥335	≥305	—	—
	>100～150	≥345	≥340	≥335	≥325	≥300	—	—
15CrMoR	>20～60	≥240	≥225	≥210	≥200	≥189	179	≥174
	>60～100	≥220	≥210	≥196	≥186	≥176	≥167	≥162
	>100～200	≥210	≥199	≥185	≥175	≥165	≥156	≥150
14Cr1MoR	>20～200	≥255	≥245	≥230	≥220	≥210	≥195	≥176
12Cr2Mo1R	>20～200	≥260	≥255	≥250	≥245	≥240	≥230	≥215
12Cr1MoVR	>20～100	≥200	≥190	≥176	≥167	≥157	≥150	≥142
12Cr2Mo1VR	>20～200	≥370	≥365	≥360	≥355	≥350	≥340	≥325
07Cr2AlMoR	>20～60	≥195	≥185	≥175	—	—	—	—

① 如屈服现象不明显，屈服强度取 $R_{p0.2}$。

表 20-17　中低压锅炉钢管的力学性能

序号	牌号	抗拉强度 R_m/MPa	下屈服强度 R_{eL}/MPa		断后伸长率 A/%
			壁厚/mm		
			≤16	>16	
			≥		≥
1	10	335～475	205	195	24
2	20	410～550	245	235	20

表 20-18　高压锅炉钢管的力学性能

序号	牌　　号	拉伸性能				冲击吸收能量(KV_2)/J		硬　　度		
		抗拉强度 R_m/MPa	下屈服强度或规定塑性延伸强度 R_{eL} 或 $R_{p0.2}$/MPa	断后伸长率 A/%		纵向	横向	HBW	HV	HRC 或 HRB
				纵向	横向					
			≥							
1	20G	410～550	245	24	22	40	27	120～160	120～160	—
2	20MnG	415～560	240	22	20	40	27	125～170	125～170	—
3	25MnG	485～640	275	20	18	40	27	130～180	130～180	—
4	15MoG	450～600	270	22	20	40	27	125～180	125～180	—
5	20MoG	415～665	220	22	20	40	27	125～180	125～180	—

续表

序号	牌号	拉伸性能				冲击吸收能量(KV_2)/J		硬度		
		抗拉强度 R_m/MPa	下屈服强度或规定塑性延伸强度 R_{eL} 或 $R_{p0.2}$ /MPa	断后伸长率 A/%		纵向	横向	HBW	HV	HRC或HRB
				纵向	横向					
			≥							
6	12CrMoG	410～560	205	21	19	40	27	125～170	125～170	—
7	15CrMoG	440～640	295	21	19	40	27	125～170	125～170	—
8	12Cr2MoG	450～600	280	22	20	40	27	125～180	125～180	—
9	12Cr1MoVG	470～640	255	21	19	40	27	135～195	135～195	—
10	12Cr2MoWVTiB	540～735	345	18	—	40	—	160～220	160～230	85HRB～97HRB
11	07Cr2MoW2VNbB	≥510	400	22	18	40	27	150～220	150～230	80HRB～97HRB
12	12Cr3MoVSiTiB	610～805	440	16	—	40	—	180～250	180～265	≤25HRC
13	15Ni1MnMoNbCu	620～780	440	19	17	40	27	185～255	185～270	≤25HRC
14	10Cr9Mo1VNbN	≥585	415	20	16	40	27	185～250	185～265	≤25HRC
15	10Cr9MoW2VNbBN	≥620	440	20	16	40	27	185～250	185～265	≤25HRC
16	10Cr11MoW2VNbCu1BN	≥620	400	20	16	40	27	185～250	185～265	≤25HRC
17	11Cr9Mo1W1VNbBN	≥620	440	20	16	40	27	185～250	185～265	≤25HRC
18	07Cr19Ni10	≥515	205	35	—	—	—	140～192	150～200	75HRB～90HRB
19	10Cr18Ni9NbCu3BN	≥590	235	35	—	—	—	150～219	160～230	80HRB～95HRB
20	07Cr25Ni21	≥515	205	35	—	—	—	140～192	150～200	75HRB～90HRB
21	07Cr25Ni21NbN	≥655	295	30	—	—	—	175～256	—	85HRB～100HRB
22	07Cr19Ni11Ti	≥515	205	35	—	—	—	140～192	150～200	75HRB～90HRB
23	07Cr18Ni11Nb	≥520	205	35	—	—	—	140～192	150～200	75HRB～90HRB
24	08Cr18Ni11NbFG	≥550	205	35	—	—	—	140～192	150～200	75HRB～90HRB

表 20-19 主要锅炉耐热钢 100000h 持久强度推荐数据

序号	牌号	100000h 持久强度推荐数据/MPa																														
		温度/℃																														
		400	410	420	430	440	450	460	470	480	490	500	510	520	530	540	550	560	570	580	590	600	610	620	630	640	650	660	670	680	690	700
1	20G	128	116	104	93	83	74	65	58	51	45	39	—	—	—	—	—	—	—	—	—	—	—	—	—	—	—	—	—	—	—	—
2	20MnG	—	—	—	110	100	87	75	64	55	46	39	31	—	—	—	—	—	—	—	—	—	—	—	—	—	—	—	—	—	—	—
3	25MnG	—	—	—	120	103	88	75	64	55	46	39	31	—	—	—	—	—	—	—	—	—	—	—	—	—	—	—	—	—	—	—
4	15MoG	—	—	—	—	—	245	209	174	143	117	93	74	59	47	38	31	—	—	—	—	—	—	—	—	—	—	—	—	—	—	—
5	20MoG	—	—	—	—	—	—	—	—	145	124	105	85	71	59	50	40	—	—	—	—	—	—	—	—	—	—	—	—	—	—	—
6	12CrMoG	—	—	—	—	—	—	—	—	144	130	113	95	83	71	—	—	—	—	—	—	—	—	—	—	—	—	—	—	—	—	—
7	15CrMoG	—	—	—	—	—	—	—	—	—	168	145	124	106	91	75	61	—	—	—	—	—	—	—	—	—	—	—	—	—	—	—
8	12Cr2MoG	—	—	—	—	—	172	165	154	143	133	122	112	101	91	81	72	64	56	49	42	36	31	25	22	18	—	—	—	—	—	—
9	12Cr1MoVG	—	—	—	—	—	—	—	—	—	—	184	169	153	138	124	110	98	85	75	64	55	—	—	—	—	—	—	—	—	—	—
10	12Cr2MoWVTiB	—	—	—	—	—	—	—	—	—	—	—	—	—	—	176	162	147	132	118	105	92	80	69	59	50	—	—	—	—	—	—
11	07Cr2MoW2VNbB	—	—	—	—	—	—	—	—	—	—	—	184	171	158	145	134	122	111	101	90	80	69	58	43	28	14	—	—	—	—	—
12	12Cr3MoVSiTiB	—	—	—	—	—	—	—	—	—	—	—	—	—	—	148	135	122	110	98	88	78	69	61	54	47	—	—	—	—	—	—
13	15Ni1MnMoNbCu	373	349	325	300	273	245	210	175	139	104	69	—	—	—	—	—	—	—	—	—	—	—	—	—	—	—	—	—	—	—	—
14	10Cr9Mo1VNbN	—	—	—	—	—	—	—	—	—	—	—	—	—	—	166	153	140	128	116	103	93	83	73	63	53	44	—	—	—	—	—
15	10Cr9MoW2VNbBN	—	—	—	—	—	—	—	—	—	—	—	—	—	—	—	—	170	156	143	129	116	103	91	79	68	57	—	—	—	—	—

序号	牌号	100000h 持久强度推荐数据/MPa																														
		温度/℃																														
		500	510	520	530	540	550	560	570	580	590	600	610	620	630	640	650	660	670	680	690	700	710	720	730	740	750					
16	10Cr11MoW2VNbCu1BN	—	—	—	—	—	—	157	143	128	114	101	89	76	66	55	47	—	—	—	—	—	—	—	—	—	—					
17	11Cr9Mo1W1VNbBN	—	—	—	187	181	170	160	148	135	122	106	89	71	—	—	—	—	—	—	—	—	—	—	—	—	—					
18	07Cr19Ni10	—	—	—	—	—	—	—	—	—	—	96	88	81	74	68	63	57	52	47	44	40	37	34	31	28	26					
19	10Cr18Ni9NbCu3BN	—	—	—	—	—	—	—	—	—	—	—	—	137	131	124	117	107	97	87	79	71	64	57	50	45	39					
20	07Cr25Ni21		167	160	150	139	127	115	103	92	83	73	65	58	52	46	41	37	34	30	27	24	22	20	18	16	15					
21	07Cr25Ni21NbN	—	—	—	—	—	—	—	—	—	—	177	160	144	129	116	103	94	85	76	69	62	56	51	46	42	37					
22	07Cr19Ni11Ti	—	—	—	—	—	—	123	118	108	98	89	80	72	66	61	55	50	46	41	38	35	32	29	26	24	22					
23	07Cr18Ni11Nb	—	—	—	—	—	—	—	—	—	—	132	121	110	100	91	82	74	66	60	54	48	43	38	34	31	28					
24	08Cr18Ni11NbFG	—	—	—	—	—	—	—	—	—	—	161	148	132	122	111	99	90	81	73	66	59	53	48	43	37	33					

4. 应力松弛

钢材在高温下承受应力作用时，在保持总变形量不变的条件下，应力随着时间的增长逐渐降低的现象称为应力松弛。应力松弛在电站动力设备的法兰螺栓连接件中经常出现，其结果是导致垫圈所承受的压紧力降低，连接的密封性能减弱。

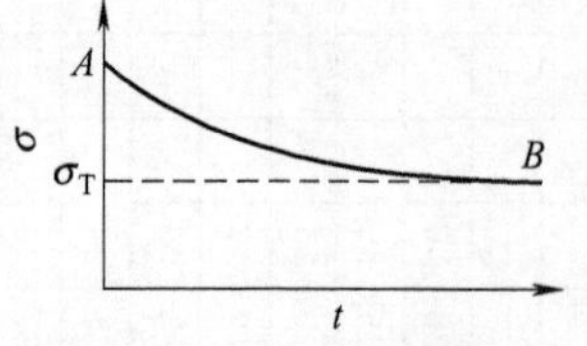

图 20-8 应力松弛曲线

应力松弛时，应力随时间的变化可用松弛曲线来表示，如图 20-8 所示。由图可知，应力松弛过程可分为两个阶段：第一阶段应力随时间急剧下降；第二阶段应力下降逐渐缓慢，并趋向稳定。应力趋向于恒定的值 σ_T 称为材料的松弛极限。由于大多数钢材的松弛极限值 σ_T 很小，通常不用松弛极限作为评定钢材松弛性能的指标，而以在规定时间内应力下降的数值来表征钢材的松弛特性。

应力松弛过程，实质上是在总变形量不变的情况下，材料中的弹性变形随着时间的增长不断转变为塑性变形的过程。松弛与蠕变一样，都是在高温和应力同时作用下发生的塑性变形过程，区别仅在于蠕变时应力恒定不变，而松弛时应力不断降低。

由于存在着应力松弛，电站设备的螺栓连接件在检修时必须进行检查，必要时再紧固。再紧固可以提高钢材的松弛抗力，但松弛抗力的提高对第一次紧固是显著的，以后的紧固对提高松弛抗力的显著性有明显的降低。

5. 钢材的疲劳强度

钢材承受周期性变化的应力或应变作用时，对断裂的抗力称为钢材的疲劳强度。应力的大小和方向或两者同时随时间发生周期性变化者称为交变应力。交变应力随时间变化的定性曲线如图 20-9 所示，它的特征可用一个循环内的最大应力（σ_{max}）、最小应力（σ_{min}）和循环振幅（σ_a）及平均应力（σ_m）表示。平均应力相当于循环中应力的不变部分，即 $\sigma_m=\frac{1}{2}(\sigma_{max}+\sigma_{min})$。应力振幅相当于循环中应力的变动部分，即 $\sigma_a=\frac{1}{2}(\sigma_{max}-\sigma_{min})$；当 $\sigma_m=0$，$\sigma_{max}=|\sigma_{min}|$ 时为对称循环交变应力；当 $\sigma_{min}=0$，$\sigma_a=\frac{1}{2}\sigma_{max}$ 时为脉动循环交变应力。

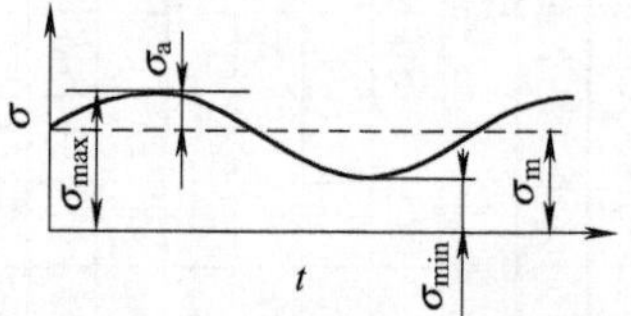

图 20-9 交变应力随时间的变化曲线

钢材的疲劳强度在不同条件下是不同的，一般可分为高周疲劳和低周疲劳两种情况。高周疲劳是指低应力（低于材料的屈服强度，甚至低于材料的弹性极限）、高寿命（疲劳循环周数在 10^5 次以上）的疲劳。而低周疲劳是指高应力（应力等于或高于材料屈服强度）、低寿命（应力循环周数在 10^4～10^5 次以下）的疲劳，低周疲劳也称为塑性疲劳或应变疲劳。

金属材料的疲劳抗力指标通常用疲劳极限来表征。亦即材料经受无限多次应力循环而不会断裂的交变应力幅值（σ_a）。不同的材料具有不同的疲劳极限特性，对于钢材，应力循环次数大于 10^7 次后疲劳强度不再明显降低，故往往以能承受 10^7 次应力循环的应力幅值（σ_a）作为该材料的疲劳极限。

锅炉受压元件在运行时受力状态基本上是稳定的，由于压力及温度的波动，应力的数值会有一定的变化，但这种变化的幅度是较小的，对锅炉受压元件疲劳寿命的影响不大。影响锅炉受压元件疲劳寿命的主要因素是运行工况的变化，例如停机、启动、调峰等。此时锅炉受压元件的受力情况很复杂，除其内部所产生的应力外，还将产生较大的温度应力，虽然与前面所说的高周疲劳相比较，这种应力变化的循环次数较少，但由于某些部位存在着应力集中或残余应力，会使该地区的总应力超过材料的屈服强度而产生塑性应变。材料在交变塑性应变作用下造成低周疲劳破坏。

在低周疲劳时钢材的疲劳强度指标，以一定循环次数（寿命）时导致钢材破坏的应变值来表示。许多试验研究表明，塑性应变幅值是决定钢材低周疲劳寿命的主要因素。因此，钢材的低周疲劳特性可用塑性应变幅值与破坏循环次数来表示。在对称恒定应变条件下，塑性应变幅值 ε_c 与断裂循环次数 N 有如下关系：

$$\varepsilon_c \cdot N^m = c \tag{20-10}$$

式中 m——疲劳塑性指数，通常可取 $m=0.6$；

c——疲劳塑性系数，$c=(0.5\sim1)\varepsilon_0$（$\varepsilon_0$ 为钢材在静拉伸条件下的真实伸长率，$\varepsilon_0=\ln\frac{1}{1-Z}$，$Z$ 为断面收缩率）。

6. 锅炉钢材的脆性

锅炉钢材在正常条件下都具有较好的塑性和韧性。但在工程中，由于一些外界因素的影响，导致钢材脆化，从而发生脆性破坏。锅炉中通常遇到下列一些钢材脆化现象。

(1) 冷脆性 钢材在低温条件下呈现的脆性称为冷脆性。对锅炉受压元件而言，一般工作温度较高，在运行条件下具有较好的塑性性能，但在进行水压试验时，若水温过低，钢材就可能脆化，导致脆性破坏。

为了避免因冷脆性造成锅炉部件的脆性破坏事故，必须通过试验确定钢材的韧脆转变温度，当锅炉部件的工作温度高于韧脆转变温度就可保证不发生脆性破坏事故。

(2) 热脆性 对某些钢材，当长期工作在400～500℃的温度下而需冷却至室温时，其冲击韧性值会明显下降，这种现象称为热脆性。通常冲击韧性比正常值下降50%～60%，甚至更低。很多锅炉受压部件的使用温度在此范围内，故对锅炉用钢须重视热脆性问题。最易产生热脆性的钢材有低合金铬镍钢、锰钢和含铜钢等。

(3) 红脆性 红脆性（亦称赤热脆性）发生在含硫较多的钢中，在800℃以上呈现较大的脆性。消除红脆性的方法有长时间高温退火和在钢中加入适量的锰元素。

(4) 苛性脆化 苛性脆化是由于容器水介质内含有浓度很高的苛性钠使得钢材腐蚀加剧而引起的脆化现象，其主要特征是在肉眼看到的主裂纹上有大量看不到的分支细裂纹。

锅炉部件是否发生苛性脆化，主要决定于应力、苛性钠浓度及温度，而三者之间又是相互影响的。相同温度时，溶液中苛性钠浓度越高，越容易发生苛性脆化；而当溶液中苛性钠浓度相同时，温度越高，越容易发生苛性脆化。因而高压锅炉比中、低压锅炉更易发生苛性脆化。

防止苛性脆化的主要措施是提高水质，减小应力集中。

五、主要锅炉用钢的适用范围

工业锅炉和电站锅炉用材料，无论从数量、种类和规格上都具有很大的不同。我国颁布的《锅炉安全技术监察规程》明确规定了对锅炉材料选择的要求和范围，并规定锅炉受压元件所用的金属材料及焊接材料等应符合有关国家标准和行业标准。材料制造单位必须保证材料质量，并提供质量证明书。金属材料和焊缝金属在使用条件下应具有规定的强度、韧性和延伸率以及良好的抗疲劳性能和抗腐蚀性能。

制造锅炉受压元件的金属材料必须是镇静钢。对于板材，其室温时的断后伸长率（A）应不小于18%。对于碳素钢和碳锰钢室温时的夏比V形缺口试样的冲击吸收功（KV_2）不得低于27J。锅炉受压元件修理用的钢板、钢管和焊接材料应与所修理部位原来的材料牌号相同或性能类似。

根据锅炉各元件的工作条件选用相应的钢材。对于锅炉受压元件来说，主要是根据元件所承受的压力、温度以及所处环境的氧化和腐蚀等情况选择钢材。

1. 锅炉用钢板及适用范围

根据《锅炉安全技术监察规程》，锅炉用钢材可参照下表选取，其中表20-20列出了锅炉用钢板的适用范围。

表20-20 锅炉用钢板材料及适用范围

<table>
<tr><th rowspan="2">牌　号</th><th rowspan="2">标准编号</th><th colspan="2">适用范围</th></tr>
<tr><th>工作压力/MPa</th><th>壁温/℃</th></tr>
<tr><td>Q235B
Q235C
Q235D</td><td>GB/T 3274</td><td rowspan="2">≤1.6</td><td>≤300</td></tr>
<tr><td>15,20</td><td>GB/T 711</td><td>≤350</td></tr>
<tr><td>Q245R</td><td>GB 713</td><td rowspan="2">≤5.3①</td><td>≤430</td></tr>
<tr><td>Q345R</td><td>GB 713</td><td>≤430</td></tr>
<tr><td>15CrMoR</td><td>GB 713</td><td>不限</td><td>≤520</td></tr>
<tr><td>12Cr2Mo1R</td><td>GB 713</td><td>不限</td><td>≤575</td></tr>
<tr><td>12Cr1MoVR</td><td>GB 713</td><td>不限</td><td>≤565</td></tr>
<tr><td>13MnNiMoR</td><td>GB 713</td><td>不限</td><td>≤400</td></tr>
</table>

① 制造不受辐射热的锅筒（锅壳）时，工作压力不受限制。

注：1. 表中所列材料的标准名称，GB/T 3274《碳素结构钢和低合金结构钢　热轧厚钢板和钢带》，GB/T 711《优质碳素结构钢热轧厚钢板和钢带》，GB 713《锅炉和压力容器用钢板》。

2. GB 713中所列的其他材料用作锅炉钢板时，其选用可以参照GB 150《压力容器》的相关规定。

目前锅筒制造一般采用卷板、焊接的工艺方式，因此要求钢板具有较好的塑性和可焊性；另外，锅炉锅筒工作的温度一般是工作压力的饱和温度，材料在这一温度下往往具有应变时效倾向，因此要求应具有较小的时效敏感性。

2. 锅炉用钢管及适用范围（见表20-21）

表20-21 锅炉用钢管材料及适用范围

牌号	标准编号	适用范围		
		用途	工作压力/MPa	壁温[①]/℃
Q235B	GB/T 3091	热水管道	≤1.6	≤100
L210	GB/T 9711.1	热水管道	≤2.5	—
10,20	GB/T 8163	受热面管子	≤1.6	≤350
		集箱、管道		≤350
	YB 4102	受热面管子	≤5.3	≤300
		集箱、管道		≤300
	GB 3087	受热面管子	≤5.3	≤460
		集箱、管道		≤430
09CrCuSb	NB/T 47019	受热面管子	不限	≤300
20G	GB 5310	受热面管子	不限	≤460
		集箱、管道		≤430
20MnG,25MnG	GB 5310	受热面管子	不限	≤460
		集箱、管道		≤430
15Ni1MnMoNbCu	GB 5310	集箱、管道	不限	≤450
15MoG,20MoG	GB 5310	受热面管子	不限	≤480
12CrMoG,15CrMoG	GB 5310	受热面管子	不限	≤560
		集箱、管道	不限	≤550
12Cr1MoVG	GB 5310	受热面管子	不限	≤580
		集箱、管道	不限	≤565
12Cr2MoG	GB 5310	受热面管子	不限	≤600[②]
	GB 5310	集箱、管道	不限	≤575
12Cr2MoWVTiB	GB 5310	受热面管子	不限	≤600[②]
12Cr3MoVSiTiB	GB 5310	受热面管子	不限	≤600[②]
07Cr2MoW2VNbB	GB 5310	受热面管子	不限	≤600[②]
10Cr9Mo1VNbN	GB 5310	受热面管子	不限	≤650[②]
	GB 5310	集箱、管道	不限	≤620
10Cr9MoW2VNbBN	GB 5310	受热面管子	不限	≤650[②]
	GB 5310	集箱、管道	不限	≤630
07Cr19Ni10	GB 5310	受热面管子	不限	≤670[②]
10Cr18Ni9NbCu3BN	GB 5310	受热面管子	不限	≤705[②]
07Cr25Ni21NbN	GB 5310	受热面管子	不限	≤730[②]
07Cr19Ni11Ti	GB 5310	受热面管子	不限	≤670[②]
07Cr18Ni11Nb	GB 5310	受热面管子	不限	≤670[②]
08Cr18Ni11NbFG	GB 5310	受热面管子	不限	≤700[②]

① 超临界及以上锅炉受热面管子设计选材时，应当充分考虑内壁蒸汽氧化腐蚀；

② 壁温指烟气侧管子外壁温度，其他壁温指锅炉的计算壁温。

注：表中所列材料的标准名称，GB/T 3091《低压流体输送用镀锌焊接钢管》、GB/T 9711.1《石油天然气工业 输送钢管交货技术条件 第1部分：A级钢管》、GB/T 8163《输送流体用无缝钢管》、YB 4102《低中压锅炉用电焊钢管》、GB 3087《低中压锅炉用无缝钢管》、NB/T 47019《锅炉、热交换器用管订货技术条件》、GB 5310《高压锅炉用无缝钢管》。

锅炉钢管包括各种受热面管子、集箱、下降管、引出管及汽水管道。其中受热面管子大都在高温高压下工作，如水冷壁管承受火焰的直接辐射，并和腐蚀性介质直接接触。受热面管子在制造过程中要经过弯管、焊接等加工过程。根据受热面管的工作条件和加工过程，一般要求钢管应具有足够的常温强度、热稳定性、抗氧化能力、良好的冷、热加工工艺性及可焊性。对制造过热器的钢管还要求具有足够高的组织稳定性和高温持久强度。

GB 8163《输送流体用无缝钢管》标准中推荐的10号、20号钢管，具有一定的强度，工艺性能良好，价格低，是适宜于输送流体的一般无缝钢管，由于钢管在工艺性能检验、表面质量等方面的要求（如钢管不作扩口、卷边试验等）比锅炉专用钢管低，因此制造锅炉受热面时，规程要求其额定工作压力应不大于1.6MPa，此类钢应采用电炉、平炉和纯氧顶吹转炉冶炼。

GB 3087《低中压锅炉用无缝钢管》标准中推荐的10号、20号钢管，具有一定的强度，工艺性能良好，是专门用来制造低中压工业锅炉的受热面用管，可用于制造各种结构低中压锅炉用过热蒸汽管、沸水管及机车锅炉用过热蒸汽管、大烟管、小烟管和拱砖管用的优质碳素结构钢热轧和冷拔无缝钢管，其额定工作压力应不大于5.3MPa，管子计算壁温≤460℃。

10号、20号钢管可焊性很好，一般没有淬硬倾向，适宜用各种焊接方法焊接，制造锅炉受热部件时，一般采用手工电弧焊或气体保护焊（如TIG焊、MIG焊、联合TIG/MIG焊）等焊接方法，手工焊的焊接材料常选用J422、J423、J426、J427等，焊前不预热，焊后不进行热处理。

GB 5310《高压锅炉用无缝钢管》标准中推荐的20G钢管，具有较高的强度，工艺性能良好，是专门用来制造高压及其以上压力的水管锅炉受热面用的优质碳素钢管。主要用于制造高压或更高参数锅炉的部分受热面管件（如水冷壁、工质温度较低的屏式过热器、低温过热器及省煤器等），其长期使用的受热面管子壁温应≤460℃，而用于制造集箱和蒸汽管道的最高壁温应≤430℃。20G钢的可焊性和10号、20号钢管基本相同，一般情况下，焊前不预热，焊后不进行热处理。但和10号钢管相比，20G和20号钢管当钢中含碳量为上限时，有一定淬硬倾向。此类钢应采用电炉、平炉、纯氧顶吹转炉加炉外精炼工艺制造。

当受热面的壁温高于500℃时，必须采用合金钢制造。根据钢管工作时壁温可以选择与之相适应的合金钢管，常用的合金钢管可以参照GB 5310《高压锅炉用无缝钢管》标准，具体来讲有12CrMoG、15CrMoG、12Cr2MoG、12Cr1MoVG、12Cr2MoWVTiB和12Cr3MoVSiTiB等钢种。

12CrMoG与15CrMoG是一种低合金珠光体耐热钢，具有较好的热强性和组织稳定性。主要用于蒸汽温度为550℃的高中压蒸汽管道及管子壁温不大于560℃的高压、超高压锅炉受热面管。15CrMoG钢的化学成分比12CrMoG钢中的Cr含量增加了近1倍，碳含量也有所增加，因此15CrMo钢的强度增高，韧性相应降低，工艺性能比12CrMoG差。

12Cr1MoVG钢中的合金元素总量约为1.8%，仍然是低合金珠光体耐热钢（含有定量贝氏体），和15CrMo相比，合金含量中减少了Mo含量，加入了适量的V，因此具有更高的热强性和持久塑性，主要用于蒸汽温度为565℃的高中压蒸汽管道及管子壁温不大于580℃的高压、超高压锅炉受热面管。

12Cr2MoWVTiB钢和12Cr3MoVSiTiB钢亦称为钢102和П11，是我国采用多元合金强化原理自行研制成功的低碳低合金贝氏体热强钢。该钢具有优良的力学性能、工艺性能和热强性能。主要用于制造高压、超高压以及亚临界锅炉壁温不大于600℃的过热器、再热器受热面管。

随着大容量高参数锅炉的发展，低合金热强钢已经不能满足现代电站锅炉蒸汽参数（温度，压力）提高的需要。因此，发达国家在19世纪60年代就开始谋求用奥氏体耐热钢制造锅炉高温过热器和再热器。但是，由于奥氏体耐热钢管价格昂贵，应力腐蚀开裂敏感性高，更重要的是奥氏体耐热钢管在和其他钢管连接时存在异种钢焊接等问题，因而德国、前苏联等欧洲国家则转而采用高铬的12% Cr型马氏体耐热钢制造过热器和再热器管，之后法国、美国等国家采用9% Cr型马氏体热强钢管制造过热器管和再热器管。

9%～12% Cr系马氏体耐热钢具有很高的蠕变断裂强度和抗氧化能力，填补了介于低合金钢和奥氏体钢之间耐热材料的空白，其主要代表有美国、英国商用9Cr-1Mo，法国EM12（9Cr-2Mo），瑞典Sandvik公司的HT9（12% Cr），德国的X20CrMoV121（12% Cr）和日本研制的HCM9M（9Cr-2Mo）。这些材料都是从20世纪50年代末开始陆续开发出来并应用于发电设备的，其中以法国EM12和德国X20CrMoV121使用比较广泛。近几年一些先进国家已开始发展高参数大容量机组，主蒸汽温度已从540℃逐步向566℃和593℃发展，其中日本、丹麦等国家已经有再热蒸汽温度593℃的发电机组在运行，而蒸汽参数的提高需要高性能的电站耐热材料，其中美国在商用9Cr-1Mo的基础上研制了改良9Cr-1Mo（9Cr1MoVNbN）钢，在ASME规范中列为T91和P91（T91-小口径钢管，P91-大口径管道），日本在开发12% Cr钢上发展了新型的 HCM12A（12% Cr）。其中改良 9Cr-1Mo 钢已在世界范围内获得广泛应用，该马氏体型耐热钢的蠕变断裂强度在 625℃时和奥氏体不锈钢 TP304H 强度相同。我国 300MW 和 600MW 的亚临界发电机组锅炉已引进 T91 钢来代替 TP304H，取得了显著的经济效益。

9%～12% Cr 型马氏体热强钢具有良好的耐热性能，在 630～650℃时，其抗氧化性能与奥氏体耐热钢接近，适用于作过热器管和再热器管。实践证明，12% Cr 型马氏体热强钢，虽然价格较便宜，对应力腐蚀开裂不敏感，但是它的工艺性能较差，在锻造、轧制及焊接时易产生裂纹，因此该钢也未被世界各国大规模采用。

T91/P91 钢焊接接头的蠕变断裂试验表明，在 600℃时，焊缝的蠕变强度和母材相当；650℃时的焊缝强度稍低于母材，但线性外推获得的 10^5h 的焊缝强度仍然能满足 ASME 规范的许用应力标准要求。T91/P91 是马氏体型耐热钢，适用于制造管壁温度＜650℃的过热器管和蒸汽管道。

T91 的预热温度须在 150～250℃之间，焊缝最终的微观组织和硬度取决于奥氏体化的温度和冷却过程，但目前锅炉厂所用的 T91 钢管管径小，壁厚薄，试验证明，对于小口径薄壁管焊前不预热，也不会产生冷裂纹，另外预热和不预热焊接的接头性能基本上没有差异，其结果也符合规定要求。T91 钢可用各种方法进行焊接，焊后的热处理是必须进行的，规定的最低温度 750℃，可获得接头合理硬度和良好的延展性。

我国锅炉厂对国产、日产两种 T91 钢管的焊接性进行了工艺试验，采用的焊接方法有手工电弧焊、手工 TIG 焊、热丝 TIG 焊和自动 MIG 焊四种，采用焊接材料有国产的 H106Cr9Mo1V 焊丝和 CM-9Nb 焊条，焊前有预热和不预热的，经焊后热处理没有发现宏观和微观的裂缝和其他缺陷。焊接接头的性能都达到 ASME 规范的要求。

X20CrMoV121 是马氏体型的热强钢，适合于制造金属壁温＜650℃的过热器管、再热器管和管道，在美国 T91/P91 钢使用以前，X20CrMoV121（简称 X20）在商业上已获得极大成功，有超过 1.5×10^5h 的运行实绩。但该钢工艺性能不如 T91/P91，由于该钢含有过高的碳含量（0.17%～0.23%），使得该钢可焊性差，X20 钢可进行手工电弧焊和 TIG 焊，但焊前必须预热，焊后要进行热处理，预热温度根据钢管壁厚大小来决定，对于厚壁管和苛刻的焊接条件，至少要预热到 400℃，焊后空冷到 100～150℃，随后进行消除应力退火或回火。X20CrMoV121 钢可以冷弯，但对变形较大的钢管，应作去应力退火，钢管供应状态为调质处理。

奥氏体耐热钢具有高的热强性和优良的抗氧化性、抗介质腐蚀的能力，是高蒸汽参数的锅炉过热器、再热器管材的高温段的主要用钢。这一系列比较典型的有 07Cr19Ni10 型、07Cr19Ni11Ti、08Cr18Ni11NbFG、07Cr18Ni11Nb 型奥氏体耐热钢。

晶间腐蚀是奥氏体耐热钢最危险的破坏形式之一。其特点是腐蚀沿晶界深入金属内部，并引起金属力学性能显著下降。

晶间腐蚀的形成过程是奥氏体耐热钢在 450～850℃的温度范围停留一段时间后，由于碳在奥氏体中扩散速度大于铬在奥氏体中扩散速度，在奥氏体中的含碳量超过它在室温的溶解度时，碳就不断向奥氏体晶粒边界扩散，并和铬化合，析出碳化铬。而铬扩散速度小，来不及向边界扩散、补充，即造成奥氏体边界贫铬，使晶粒边界丧失抗腐蚀性能，产生晶间腐蚀。焊接过程中可能在焊缝附近某一区加热到上述温度，并停留一段时间，如母材成分不当或焊条选择及焊接工艺不恰当，在焊缝或热影响区都有可能产生晶间腐蚀。为防止晶间腐蚀，可采取如下措施。

① 控制含碳量。碳是造成晶间腐蚀的主要因素。如含碳量很低，则碳全部溶解在固溶体中，不易扩散而产生晶间腐蚀。一般焊接材料含碳量控制在 0.08% 以下或更低（＜0.04%），可提高焊缝抗晶间腐蚀性能。

② 添加稳定剂。在焊接材料中加入钛、钽、铌、锆等和碳亲和力比铬强的元素，能够与碳结合成稳定的碳化物，从而避免在奥氏体晶界造成贫铬，可提高抗晶间腐蚀能力。一般加钛为碳含量的 5 倍，加铌为碳含量的 10 倍，表 20-21 中 07Cr19Ni11Ti 和 07Cr18Ni11Nb 分别含有 Ti 和 Nb 就起到稳定碳的作用。

3. 锅炉用锻件及其使用范围

锅炉用锻件是指用锻造方法生产出来的各种锻材和锻件，主要是指各种形式的法兰、法兰盖、手孔盖以及高压以上的电站锅炉受热面的集箱端盖，法兰、法兰盖、手孔盖是工业锅炉上比较常用的锻件。电站锅炉当集箱端盖直径不小于 219mm 时，其端盖是采用和集箱材料相同的锻件制成的。如省煤器和水冷壁集箱端盖可以采用 20 号钢制造，而过热器和再热器集箱端盖是用合金钢锻件制造的，如 12Cr1MoV、15CrMo、25Cr2MoVA 等。锻钢件的塑性、韧性比铸钢件高，能经受较大的冲击力作用。常用锅炉锻件的选用可参见表 20-22。

表 20-22 锅炉用锻件材料

牌 号	标准编号	适用范围	
		工作压力/MPa	壁温/℃
20,25	JB/T 9626	≤5.3①	≤430
16Mn		≤5.3①	≤430
12CrMo		不限	≤550
15CrMo			≤550
14Cr1Mo			≤550
12Cr2Mo1			≤575
12Cr1MoV			≤565
10Cr9Mo1VNb	NB/T 47008	不限	≤620
06Cr19Ni10	NB/T 47010	不限	≤670
06Cr19Ni11Ti		不限	≤670

① 不与火焰接触锻件，工作压力不限。

注：1. 表中所列材料的标准名称《锅炉锻件 技术条件》(JB/T 9626)、《承压设备用碳素钢和合金钢锻件》(NB/T 47008)、《承压设备用不锈钢和耐热钢锻件》(NB/T 47010)。

2. 对于工作压力小于或者等于 2.5MPa、壁温小于或者等于 350℃的锅炉锻件可以采用 Q235 进行制作。

3. 表中未列入的 NB/T 47008 (JB/T 4726)《承压设备用碳素钢和合金钢锻件》材料用作锅炉锻件时，其适用范围的选用可以参照 GB 150 的相关规定执行。

4. 锅炉用铸钢件及其使用范围

锅炉用铸钢件主要是指用铸造方法生产出来的各种铸件。在锅炉压力容器的制造中，铸钢主要用于生产一些复杂形状、难以锻造和难以加工成形的零件。锅炉用铸钢件的选用可参见表 20-23。

表 20-23 锅炉用铸钢件材料

牌 号	标准编号	适用范围	
		工作压力/MPa	壁温/℃
ZG200-400	JB/T 9625	≤5.3	≤430
ZG230-450		不限	≤430
ZG20CrMo			≤510
ZG20CrMoV			≤540
ZG15Cr1Mo1V			≤570

5. 锅炉用铸铁件及其使用范围

锅炉用铸铁件主要是指用铸造方法生产出来的各种铸件。在锅炉压力容器的制造中，铸铁主要用于生产一些复杂形状、难以锻造和难以加工成形的零件。锅炉中的铸铁件有受压件和非受压件之分，受压件主要用于制造阀门、非沸腾省煤器、铸铁锅炉等；非受压件主要用于生产燃烧器、炉门、检查门、炉排等，以前有些小型燃煤锅炉也有用铸铁制造的，目前这些小型铸铁锅炉一般用来燃油燃气，如组合模块式燃油燃气铸铁锅炉。锅炉用铸铁件的选用可参见表 20-24。

表 20-24 锅炉用铸铁件材料

牌 号	标准编号	适用范围		
		附件公称通径 *DN*/mm	工作压力/MPa	壁温/℃
不低于 HT150 灰铸铁	GB/T 9439 JB/T 2639	≤300	≤0.8	<230
		≤200	≤1.6	
KTH300-06	GB/T 9440	≤100	≤1.6	<300
KTH330-08				
KTH350-10				
KTH370-12				

续表

牌　　号	标准编号	适用范围		
		附件公称通径 DN/mm	工作压力/MPa	壁温/℃
QT400-18	GB/T 1348	≤150	≤1.6	<300
QT450-10	JB/T 2637	≤100	≤2.5	

注：表中所列材料的标准名称，《灰铸铁件》(GB/T 9439)、《锅炉承压灰铸铁件　技术条件》(JB/T 2639)、《可锻铸铁件》(GB/T 9440)、《球墨铸铁件》(GB/T 1348)、《锅炉承压球墨铸铁件　技术条件》(JB/T 2637)。

含碳量约大于2%的铁碳合金称为“铸铁”，工业上用的铸铁一般含碳量在2.5%～4.0%范围内。

根据碳的存在形态，铸铁分为以下几类。

(1) 白口铸铁　碳主要以 Fe_3C 形态存在，断口呈白色，故称为“白口铸铁”。白口铸铁中存在大量硬而脆的 Fe_3C，故具有很高的硬度及耐磨性：但不易机械加工，故很少应用。锅炉风机叶片为防止灰尘磨损，有时利用白口铸铁。

(2) 灰口铸铁　碳主要以自由形态的片状石墨存在。断口呈灰色，故称为“灰口铸铁”。它具有良好的机械加工性能，但强度及韧性较低。

(3) 可锻铸铁　它是白口铸铁经石墨化退火后得到的一种铸铁，碳主要以团絮状石墨存在，强度及韧性较高。

(4) 球墨铸铁　浇铸前往铁水中加入一定量的球化剂（纯镁等）和墨化剂（硅铁等）促使碳呈球状石墨，使强度、塑性等进一步改善，并具有较好的耐热性。

往铸铁中加入硅、铬、铝、镍等元素，由于形成紧密保护膜、使 Fe_3C 稳定、使组织紧密等原因，可提高耐热性，故称为“耐热铸铁”。

灰口铸铁具有良好的铸造工艺性、切削加工性，对缺口不敏感，具有一定强度，但塑性差，在400～450℃以上会出现明显体积膨胀而导致破坏的现象（“铸铁长大”现象），一般只用作300℃以下承受静载荷的元件。由于铸铁具有较高的抗腐蚀能力，故用它制造低压锅炉的非沸腾式省煤器，可在给水不除氧的条件下工作。灰口铸铁的抗压强度几乎为抗拉强度的4倍，适于制作抗压的支座等。

球墨铸铁的性能比灰口铸铁大为改善，可用来制作370℃以下、6.4MPa以下的各种阀体。

耐热铸铁适于制作在高温下工作的元件，如燃烧器喷口、烟道中的固定件等。

铸铁抗弯能力比抗拉约高1倍，适于制作炉条等。

6. 锅炉用紧固件及其使用范围

锅炉中的紧固件主要是指连接锅炉阀门、管道、烟道、烟箱等零部件的螺栓和螺母。其作用是使各相连的零部件紧密结合，在运行过程中不产生泄漏。

紧固件用钢的工作条件是比较复杂的，在紧固系统中，螺母预紧后，使螺栓受到拉应力，由于这个拉应力使螺栓产生作用于法兰结合面上的压力，使所连接的两密封面紧密结合。这种受力状况，在高温高压条件下会变得更加复杂更为明显，因为在长期高温和应力作用下，螺栓会产生应力松弛现象。松弛现象发生会导致螺栓压紧力降低，最终会造成法兰结合面出现缝隙而发生介质泄漏。另外，应该注意到螺栓载荷在预紧状态下和操作状态下是不相同的，预紧力必须使垫片压紧并实现初始密封条件，预紧力要适当；同时要保证操作时残留在垫片中的密封比压大于工作密封比压。

螺栓在使用中如果发生断裂，会引起严重的设备和人身伤亡事故，造成很大的经济损失。因此，为了确保锅炉安全可靠运行，在选用螺栓和螺母材料时，首先应考虑钢材的松弛稳定性、蠕变脆性，其次是强度和加工性能。

一般认为，当工作温度超过400℃时，就会出现较明显的松弛现象。

根据紧固件的工作条件，对紧固件用钢提出如下的要求。

① 抗松弛性高：要求用较小的预紧力，也可保证在一个大修期内螺栓的压紧力不低于螺栓操作状态下的最小螺栓载荷。

② 强度高：由于螺栓在预紧状态下的预紧应力不能超过钢材的屈服点，因此，当材料强度高时可以加大预紧力。

③ 缺口敏感性小：在螺栓螺纹处，由于螺纹是一个缺口，会产生较大的应力集中，易引发裂纹甚至断裂，如果螺栓材料的塑性、韧性足够高，具有较小的缺口敏感性时，螺纹处便不易发生损坏。

④ 热脆性倾向小：螺栓在运行中应不致因热脆性发生脆断。

⑤ 工作在高温下的紧固件应有良好的抗氧化性。

⑥ 要合理匹配螺栓与螺母材料：避免螺栓与螺母的“咬死”现象。一般规定，螺母硬度要比螺栓硬度低 20～40HB，并且两者不要用相同的钢种。

紧固件常用钢种的选用可参照《锅炉安全技术监察规程》中锅炉常用的紧固件钢种和使用温度范围，如表 20-25 所列。

表 20-25　紧固件材料

牌　　号	标准编号	适用范围	
		工作压力/MPa	使用温度/℃
Q235-B,Q235-C,Q235-D	GB/T 700	≤1.6	≤350
20,25	GB/T 699	不限	≤350
35			≤420
40Cr			≤450
30CrMo	GB/T 3077		≤500
35CrMo	DL/T 439		≤500
25Cr2MoVA			≤510
25Cr2Mo1VA			≤550
20Cr1Mo1VNbTiB			≤570
20Cr1Mo1VTiB			≤570
20Cr12WMoVNbB	JB/T 74		≤600
20Cr13,30Cr13	GB/T 1220		≤450
12Cr18Ni9			≤610
06Cr19Ni10	GB/T 1221		≤610

注：1. 表中所列材料的标准名称，《碳素结构钢》（GB/T 700）、《优质碳素结构钢》（GB/T 699）、《合金结构钢》（GB/T 3077）、《火力发电厂高温紧固件技术导则》（DL/T 439）、《钢制管路法兰　技术条件》（JB/T 74）、《不锈钢棒》（GB/T 1220）、《耐热钢棒》（GB/T 1221）。

2. 表中未列入的 GB 150 中所列碳素钢和合金钢螺柱、螺母等材料用作锅炉紧固件时，其适用范围的选用可以参照 GB 150 的相关规定执行。

3. 用于工作压力≤1.6MPa、壁温≤350℃的锅炉部件上的紧固件可以采用 Q235 进行制作。

其中 Q235-A、Q235-B、Q235-C、Q235-D、20、25 与 35 等钢种主要用于工作压力和温度较低锅炉上，因是常见钢种，这里不做详细介绍。40Cr/35CrMo 等合金钢紧固零件具有较好的工艺性能和较高的热强性能，长期使用组织比较稳定，可制造工作温度 450/500℃以下的紧固件。25Cr2MoVA/25Cr2Mo1VA 合金钢具有良好的综合力学性能、热强性和抗松弛性能，可用于制造工作温度在 510/550℃以下螺栓、阀杆及螺母。20Cr1Mo1VNbTiB 和 20Cr1Mo1VTiB 合金钢具有很好的综合力学性能，特别是抗松弛性能远远超过 25Cr2Mo1VA 钢，而且钢材的缺口敏感性小、持久塑性好、热脆性低，可用于制造工作温度在 570℃以下螺栓、阀杆及螺母。2Cr12WMoVNbB 合金钢含有 12%的铬含量，具有更高的蠕变强度、抗氧化性和抗松弛性能，可用于制造工作温度在 600℃以下螺栓、阀杆及螺母。

7. 锅炉用拉撑件及其使用范围

锅炉中经常使用拉撑件拉撑截面面积较大的受压元件，特别是锅壳式锅炉中对管板的拉撑以及管板之间的拉撑，管板的强度计算是建立在两个强度计算基础之上的，即要求拉撑件的强度是足够的，拉撑件和管板的连接强度是足够的。因此拉撑件的强度是受压元件强度的基本要求。在规程上要求锅炉拉撑件使用的钢材必须是镇静钢，且应符合 GB 715《标准件用碳素钢热轧圆钢》的规定或 GB 699《优质碳素结构钢》中 20 号钢的规定。锅炉中使用的拉撑件有杆状拉撑和板状拉撑之分，板拉撑件要求采用锅炉用钢板，拉撑件和管板及筒体的拉撑连接结构可参见 GB /T 16508.3 标准中的拉撑件和加固件。

8. 锅炉用焊接材料

焊接材料用钢主要是指手工电弧焊采用的电焊条中的钢芯和自动焊中使用的焊丝。钢芯和焊丝的作用有 2 个：a. 作为电极传导电流和引燃电弧；b. 自身熔化并与母材熔合在一起形成焊缝。碳钢钢芯和焊丝中的合金元素主要还是 C、Si、Mn、S、P，合金钢钢芯和焊丝中除 C、Si、Mn、S、P 外还添加了其他合金元素，如 Cr、Mo、V 等，其中 C 可作为脱氧剂，在熔滴反应区，减少焊接气氛中的氧含量：

$$2C+O_2 \longrightarrow 2CO\uparrow$$

在焊接熔池反应区：

$$FeO + C \longrightarrow Fe + CO\uparrow$$

但碳含量不能过高，应≤0.1%，否则容易引起熔滴爆炸和形成气孔，另外，碳含量过高时，会使钢材焊接性能变坏。

锰是脱氧脱硫剂，碳钢钢芯和焊丝中锰的含量一般在0.3%～0.55%之间。

硅是比锰脱氧能力还强的强脱氧剂，但硅含量太多会造成严重的飞溅，且Mn、Si之间的比例增大，易形成夹渣，所以低碳钢焊条中的含硅量一般应≤0.03%。

S、P是有害元素，硫含量高容易引起热脆性，产生热裂纹；磷含量高容易引起冷脆性，产生冷裂纹。普通焊条中硫、磷的含量控制在≤0.04%，如H08；优质焊条控制在≤0.03%，如H08A；特级焊条控制在≤0.025%，如H08E。

合金钢的焊接应保证焊缝金属和母材的化学成分相接近，因此焊条中应添加和合金钢母材化学成分相近的合金元素，如Cr、Mo、V等。

锅炉受压元件用的焊接材料应当符合NB/T 47018.1～47108.7（JB/T 4747）《承压设备用焊接材料订货技术条件》的要求。

第二节 锅炉受压元件强度计算

任何工程构件安全设计的首要问题是防止构件发生脆性破坏，这是保证任何工程构件长周期安全运行的关键保障技术。只有在避免构件发生脆性破坏的设计基础上，对构件进行应力分析和强度计算，才能使构件具有在设计期限内不发生失效的能力，这是一个非常重要的容易被忽视的概念。对于锅炉受压元件而言，虽然其结构、应力状态和运行条件和一般其他的机械零件有一定的差别，但是，防止锅炉受压元件失效的安全设计和其他任何工程构件一样，在进行强度计算之前首先是防止这些元件发生脆性破坏。

传统的强度计算方法是建立在材料是均匀的、连续的以及各向同性的基础上的，即传统强度观念认为材料是均匀的连续体，内部不存在任何缺陷或裂纹，因此衡量构件的承载程度是以外界因素产生的应力作为标志的。强度计算的要求是最大当量应力不大于材料的许用应力。然而，大量的事实证明，有些元件的工作应力虽然远低于材料的许用应力，但仍发生了脆性断裂，而且材料的强度级别愈高，就愈容易发生低应力脆断。也就是说，按传统的强度计算方法进行设计计算并不能确保元件一定不发生脆性断裂。

传统强度计算方法不能确切地控制脆性断裂的根本原因在于它所基于的材料为连续体的基本假设。它认为材料各处都是连续的，内部不存在任何缺陷或裂纹，而脆性断裂正是由于材料内裂纹萌生及其扩展所导致的。由试验结果可知，材料强度级别越高，产生裂纹及扩展的可能性也越大。因此要确切地控制材料的脆性断裂，必须认为材料并不是连续的，内部存在着裂纹，在此基础上分析元件的受力情况及材料的抗力，从而建立控制脆性断裂的强度准则。因此，比较精确的能够控制和防止元件发生脆性断裂的学问是断裂力学，断裂力学就是研究裂纹的萌生、扩展直至最后断裂的行为和规律的科学。鉴于断裂力学的数学模型过于复杂，不便于在工程中推广应用，因此，科研工作者利用断裂力学的研究成果总结出了防止脆性断裂设计的原则应用于工程实际，获得了广泛应用。长期以来的大量生产实践表明，在对元件进行传统的强度计算之前，运用断裂力学的原则进行安全设计，取得了良好的效果。只要坚持这些防止脆性断裂的设计准则，对于工程上强度级别较低的、塑性和韧性比较好的工程材料，强度计算基本上能够反映构件的承载程度，因此传统的强度计算方法仍为各国强度计算标准所采用。

一、防脆断安全设计准则

为了防止发生脆性断裂，在传统强度计算中，对材料的塑性和韧度指标提出了一定的限制要求，这些限制要求就是防止脆断安全设计准则。这些指标包括材料的断后伸长率、断面收缩率、冲击韧度以及韧脆转变温度等参量。这种方法对保证元件的安全可靠性可以起到一定的作用，但都不是很完善。主要问题在于不能针对实际元件提出对这些塑性指标明确的定量数值，作为强度计算的依据。这些塑性指标都是在一定的试样尺寸、形状及加载方式的条件下由试验测定的。这些试验条件与实际元件的工作条件有很大差别，所得的塑性指标不能确切地反映实际元件对脆性断裂的抗力，只能根据经验规定大致的范围，作为选用材料的依据。若要精确地计算出定量数据，则要求严格按照断裂力学的计算方法进行设计。

可以看到：世界范围内和我国制定的国家标准中都已经把防止脆性断裂的安全设计准则作为防止锅炉、压力容器失效的关键措施之一，所有这些措施对确保工程构件安全起到了十分重要的作用。以下我们从相关标准中提取了这些准则来说明防止脆断安全设计的重要性。

1. 锅炉监管法规中防脆断设计规定

《锅炉安全技术监察规程》是我国蒸汽锅炉和热水锅炉设计、制造、安装、使用、检验、修理和改造过程中应该充分遵守的法规文件。也在相关章节中颁布了防脆断设计的内容，摘录如下。

第2章　材料之第2.2条　制造锅炉受压元件的金属材料必须是镇静钢。其室温纵向断后伸长率（A）应不小于18%；其室温时的夏比（V形缺口试样）冲击吸引功（KV_2）不低于27J。

第4章　制造之第5.6.1条　锅炉进行水压试验时，水压应缓慢地升降。当水压上升到试验压力，应暂停升压，检查有无漏水或异常现象，然后再升压到试验压力。锅炉应在试验压力下保持20min，然后降到工作压力进行检查。检查期间压力应保持不变。

水压试验应在周围气温高于5℃时进行，低于5℃时应当有防冻措施。水压试验用的水应保持高于周围露点的温度，以防锅炉表面结露，但也不宜温度过高，以防止引起汽化的过大的温差应力。

合金钢受压元件的水压试验水温应高于所用钢种的脆性转变温度。

奥氏体受压元件水压试验时，应控制水中的氯离子浓度不超过25mg/L，水压试验后应立即将水渍去除干净。

以上这些措施都是防止元件发生脆性破坏的安全设计准则。

2. GB 150《钢制压力容器》中防止脆性断裂安全设计规定

GB 150《钢制压力容器》标准规定了钢制压力容器的设计制造、检验和验收与验收要求。在标准正文的范围中规定了该标准适应于设计压力≤35MPa的容器，其中防脆断设计内容摘录如下。

1.2 本标准适用的设计温度范围按钢材允许的使用温度确定。

3.5.2 确定设计温度时，应考虑：设计温度不得低于元件金属在工作状态可能达到的最高温度。对于0℃以下的金属温度，设计温度不得高于元件金属可能达到的最低温度。低温容器的设计温度按附录C（标准的附录）确定。

4.1.7 钢材的使用温度下限，除奥氏体钢及本章有关条文另行规定者外，均为高于－20℃。钢材的使用温度低于或等于－20℃时，应按附录C（标准的附录）的规定进行夏比（V形缺口）低温冲击试验。奥氏体钢的使用温度高于或等于196℃时，可免做冲击试验。

4.2.6 对调质状态供货的钢板，多层包扎压力容器的内筒钢板，用于壳体厚度大于60mm的钢板的碳素钢和低合金钢钢板，应逐张进行拉伸和夏比（V形缺口）冲击（常温或低温）试验。

4.2.7 用于壳体的下列钢板，当使用温度和钢板厚度符合下述情况时，应每批取一张钢板或按4.2.6规定逐张钢板进行夏比（V形缺口）低温冲击试验。试验温度为钢板的使用温度（即相应受压元件的最低设计温度）或按图样的规定，试样取样方向为横向。

a）使用温度低于0℃时：厚度大于25mm的20R，厚度大于38mm的16MnR，15MnVR和15MnVNR，任何厚度的18MnMoNbR，13MnNiMoNbR和Cr-Mo钢板。

b）使用温度低于－10℃时：厚度大于12mm的20R，厚度大于20mm的16MnR，15MnVR和15MnVNR。

低温冲击功的指标根据钢板标准抗拉强度下限值按附录C（标准的附录）确定。

4.2.8 碳素钢和低合金钢钢板使用温度低于或等于－20℃时，其使用状态及最低冲击试验温度按表20-26的规定。

表20-26　最低冲击试验温度

钢　号	使用状态	厚度/mm	最低冲击试验温度/℃
16MnR	热轧	6～25	－20
	正火	6～120	
07MnCrMoVR	调质	16～50	－20
16MnDR	正火	6～36	－40
		＞36～100	－30
07MnNiCrMoVDR	调质	16～50	－40
15MnNiDR	正火，正火加回火	6～60	－45
09Mn2VDR	正火，正火加回火	6～36	－50
09MnNiDR	正火，正火加回火	6～60	－70

除钢板外，钢管、锻件、螺柱和螺母均有相应的规定，这些规定主要的目的就是防止压力容器在较低的

温度下韧性下降可能引起的低温脆性破坏。

3. GB/T 16508 中防止脆性断裂安全设计规定

锅壳锅炉受压元件强度计算没有压力容器的适应范围宽广，所使用的材料主要是低碳的碳素钢和碳锰钢，塑性和韧性比较好，所以，其相应的规定也比较简单。

GB/T 16508 标准中——材料、许用应力和计算压力中的条文明文规定：用于制造受压元件的钢板应具有良好的塑性，其室温夏比冲击吸收能量（KV_2）应当不低于 27J；其纵向室温断后伸长率（A）应不低于 18%。以防止锅壳锅炉受压元件发生脆性破坏。

4. GB/T 16507 中防止脆性断裂安全设计规定

水管锅炉受压元件强度计算的防脆断设计规定和 GB/T 16508 基本相同，不再赘述。

二、强度计算基础

强度计算的理论基础是强度理论和应力分析理论，因此强度计算标准不仅建立在理论分析基础之上，而且也把在基础理论指导之下的科学试验成果和工程应用经验积累囊括其中，尽管强度计算标准中的某些规定、个别经验计算方法至今尚无严密的理论基础，但是在工程实践中已经进行了充分的检验，实践证明，这些规定和计算方法是安全可靠的，或者说，现有的强度计算标准已经经过了几十年的实践检验。

锅炉受压元件强度计算是设计锅炉和对已有锅炉安全校核时必须进行的一项工作。从锅炉受压元件设计、制造、运行安全及其重要性的角度看，锅炉受压元件强度计算标准与其他锅炉标准，如热力计算标准、水动力计算标准、空气动力计算标准等相比，带有更大的强制性，具有法律约束力。

强度计算标准是为保证锅炉安全性及经济性而制订的，也是生产与科学研究经验的总结，而生产与科学研究经验在不断发展，因而，标准也要不断加以修订。标准在一定条件下对生产起促进作用，但有时也会对生产起束缚作用，此时就应当及时更新内容，修订标准。

我国于 1961 年及 1962 年分别颁布了《火管锅炉受压元件强度计算暂行规定》及《水管锅炉受压元件强度计算暂行规定》，后来，经过几次修订，如今我们采用的是《锅壳锅炉设计与强度计算》(GB/T 16508.3) 和《水管锅炉受压元件强度计算》(GB/T 16507.4)。

在材料、结构、锅炉参数等条件相同的情况下，按各国标准计算出的壁厚相差很大。例如，20 世纪 60 年代按美国、英国标准算出的壁厚几乎比按瑞典、西德标准算出的结果大 1 倍。壁厚的大小并不完全意味着设计的先进与落后，但总的趋势还是计算公式与安全系数在逐渐趋向统一。

目前，各国锅炉受压元件强度计算标准，都以介质压力作为基本载荷求得所需壁厚，其他载荷（局部外载、二次应力、峰值应力等）仅在安全系数中以及对元件结构尺寸和运行条件的限制中加以考虑。这种方法便于标准的推广与使用。但由于这种处理方法较粗略，而又必须确保安全，故在某些情况下不得不偏于保守，选取较大的安全系数，使壁厚超过实际需要。

大多数情况下，对于由相同材料制造，且在同样条件下工作的受压元件，随着壁厚的增大（增加安全系数），失效的可能性就下降。但锅炉是钢耗量很大的设备，壁厚即使增加有限，则多消耗的钢材数量也十分可观。因此，锅炉受压元件壁厚的选取，既要考虑安全性，也要兼顾经济性。

实际上，与锅炉受压元件壁厚（安全系数）的选取相关联的问题是很复杂的。在材料及工作条件相同情况下，取用壁厚的大小将带来各种不同的后果。例如，取用壁厚偏大时，元件壁由于介质压力产生的应力下降，将使距屈服及破裂的余度增加，提高其低周疲劳寿命和高温蠕变寿命；另外，壁厚偏大，抵抗均匀腐蚀及抵抗磨损的寿命也延长，这些都是有利于强度安全的。但另一方面，壁厚加大将使热应力增加，使受压元件质量增加，使制造工艺复杂，这些都可能成为不利于安全的因素。此外，无论壁厚加大还是工艺量增加，都给运输、安装增加困难；受压元件质量增加，可能导致构架钢耗量加大；因此，安全性和经济性在强度计算过程中通过安全系数和壁厚的关系充分地表现出来。

1. 强度计算时考虑的应力

锅炉结构受到三种载荷的作用，即内压力、温度载荷和重量载荷，由于这些载荷的作用，在锅炉的各个元件上产生了各种不同的应力。

(1) 介质压力产生的应力

1）薄膜应力　我们以受内压的锅壳式燃油燃气锅炉的锅壳筒体各部件的受力情况为例进行说明，如图 20-10 所示。

① 内压力（p）使锅壳筒体和与其连接的右端的椭球形封头中产生轴向和周向拉伸薄膜应力；

② 炉胆和烟管在外压力作用下使炉胆壳体和烟管产生轴向拉伸薄膜应力和周向压缩应力。

薄膜应力分布在整个壳体上，且沿壁厚均匀分布，在应力分类中被称为一次应力，是常规强度计算时考虑的主要应力。

2）弯曲应力。

① 左侧平板封头受内压力（p）的作用，产生径向和周向的弯曲应力。

② 回燃室前后管板在外压的作用下也产生径向和周向弯曲应力。

对受弯曲载荷的部件，弯曲应力沿壁厚线性分布，也被称为一次应力，也是强度计算考虑的应力。

3）边缘应力　在内压力作用下，由于各相互连接的受压元件变形不一致，而在其相互连接处产生边缘应力。产生边缘应力的具体部位如：椭球形封头和锅壳筒体连接处；平管板和锅壳筒体连接处。

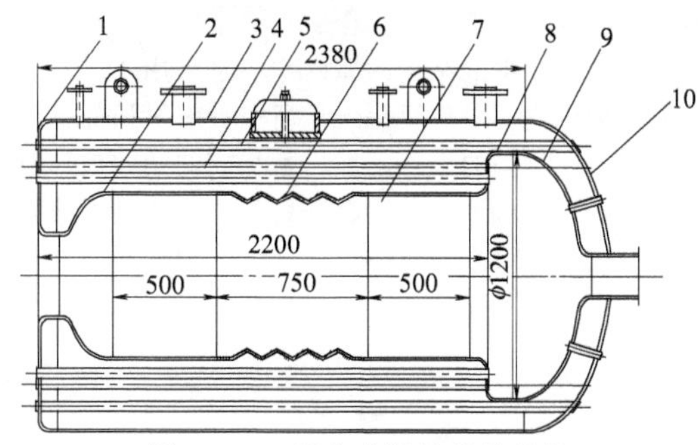

图 20-10　锅壳式锅炉筒体结构

1—前管板；2—炉胆顶；3—锅壳筒体；4—第二回程烟管；5—第三回程烟管；6—波形炉胆；7—平直炉胆；8—回燃室前管板；9—回燃室椭球形管板；10—椭球形后管板

边缘应力必须满足变形协调条件，应力的特征具有局部性和自限性，属于二次应力。边缘应力在强度计算时不予考虑。一般和一次应力叠加以后按安定性原理进行限制。另外，在元件结构设计时应保证不同元件光滑过渡，避免形成连接处的边缘应力。

4）峰值应力　在壳体的开孔接管部位，由于开孔而产生应力集中，使孔边局部地区出现峰值应力，是叠加在一、二次应力之上的应力。应该指出的是，峰值应力是构件脆性断裂和疲劳破坏的根源。因此峰值应力在强度计算时一般不考虑，只在需要按疲劳观点进行设计时才加以限制。

(2) 温差产生的应力　这是由于各元件之间或一个元件的不同部位之间产生的壁温差而引起的应力。

锅壳、炉胆、烟管组成一个结构系统，其壁温各不相同。烟管、炉胆和壳体因受到两端固定管板的限制相互牵制不能自由膨胀，这时管壁中产生轴向拉应力，壳壁中则产生轴向压应力。

温差热应力也是一种自平衡力系，一般沿容器壁厚非线性分布，因此可简化为沿容器壁厚线性分布的二次应力和非线性分布的峰值应力。

(3) 容器自重和介质重量引起的应力　包括：a. 锅筒支座处的局部壳体上，因支座反力作用而产生的局部应力一般为峰值应力；b. 重量载荷使壳体上产生轴向弯曲应力为一次应力。

2. 强度理论

材料力学性能大多数都是通过单向拉伸试验得到的，故它们只是对承受均匀单向应力状态的构件才有实际意义，或者说，通过单向拉伸力学性能试验获得的材料或元件的许用应力只是均匀单向应力状态下材料或元件的许用应力。但是，锅炉及压力容器受压元件一般为圆筒体和球体，都处于非均匀的复杂的三向应力状态，即元件内各点的应力不相同，且为平面或三向应力状态。在此情况下，受压元件强度必须采用一定的强度理论进行当量分析。这里有 2 个问题需要解决：a. 如何建立单向应力状态下的许用应力和复杂应力状态的等效应力之间的判据；b. 如何根据元件的应力分布来确定元件的应力强度。

第 1 个问题可通过采用合适的强度理论来解决。它的理论分析及试验基础都已很成熟。强度理论主要研究材料在不同应力状态下的破坏原因，从而得出复杂应力状态下的强度准则。其基本观点是：元件受力后具有不同的应力状态，不管何种破坏类型，不同应力状态具有一个共同的破坏驱动力（σ_{eq}），而当这个驱动力达到临界值（σ_0）时，材料就会发生这种形式的破坏，所以，其临界状态可表达为：

$$\sigma_{eq}=\sigma_0 \tag{20-11}$$

式中　σ_{eq}——引起元件破坏的驱动力，MPa；

σ_0——材料抵抗破坏的能力，MPa。

强度理论认为：不同应力状态下材料抵抗破坏的能力是相同的，是材料固有的性质，所以，材料抵抗破坏的能力（σ_0）可以通过简单的材料试验来确定，例如单向拉伸试验、扭转试验等。在强度理论的发展过程中，对材料破坏因素的认识是逐步深入的。最早的强度理论认为材料破坏驱动力是最大正应力，称之为最大正应力强度理论，也称为第一强度理论。这一理论比较符合当时生产条件下工程中主要使用的是脆性材料（石料、铸铁等）的破坏方式，故这种强度理论在当时具有一定的合理性。

随着生产技术的发展，钢材在工程中逐步得到广泛使用。对于钢材这种塑性材料，最大正应力理论就不再能合理地解决工程设计问题。为此，在 19 世纪时曾出现过最大正应变强度理论，也称为第二强度理论。它认为材料破坏的共同驱动力是最大正应变。此强度理论当时在机械制造工业中曾被较普遍地使用，按此强度理论所得的计算公式甚至沿用至今。但实际上，破坏驱动力——最大正应变并不能正确地反映钢材破坏的真实情况，所得的结论也不符合试验结果，只是对于一些个别的受力状态较为一致，在某些产品的设计公式中仍沿用此理论所得的结论的原因主要是采用了基于长期使用经验的安全系数。20 世纪以来对适用于塑性材料的强度理论进行了广泛深入地研究。与早期的强度理论相比较，最主要的特点是区分了不同的材料破坏类型，对于不同类型的破坏，提出了相应的共同破坏驱动力。

目前，在工程设计中较广泛采用的塑性流动（或切断）强度理论，其一，是最大切应力强度理论，也称为第三强度理论。最大切应力强度理论认为材料塑性流动（或切断）的共同破坏驱动力是最大切应力，如下式所示：

$$\sigma_{eq}=\tau_{max}=\frac{1}{2}(\sigma_1-\sigma_3)=\frac{\sigma_0}{2} \tag{20-12}$$

式中 σ_0——材料塑性流动（或切断）时的极限切应力，单向拉伸时 σ_0 值可由单向拉伸试验确定。单向拉伸时，试样最大切应力发生和拉伸应力成 45°的斜截面内，其值等于拉伸应力 σ_0 的 1/2。

由上式可得按最大切应力强度理论的强度条件为：

$$\sigma_{d3}=(\sigma_1-\sigma_3)=\frac{\sigma_0}{n}=[\sigma] \tag{20-13}$$

将 σ_0 除以安全系数，σ_{d3} 称为最大切应力强度理论的当量应力，$[\sigma]$ 为单向拉伸时材料的许用应力。

工程设计中，另一个广泛采用的强度理论被称为统计平均切应力强度理论，或称为第四强度理论，也称为歪形能强度理论。统计平均切应力强度理论认为材料塑性流动（或切断）的破坏驱动力是统计平均切应力。统计平均切应力是将通过一点各个截面内的切应力求其统计平均值（均方根平均值）所得的数值。经过整理得出以下强度条件：

$$\sigma_{d4}=\sqrt{\frac{1}{2}[(\sigma_1-\sigma_2)^2+(\sigma_2-\sigma_3)^2+(\sigma_3-\sigma_1)^2]}=\frac{\sigma_0}{n}=[\sigma] \tag{20-14}$$

由塑性流动的试验可知，极限状态的试验点介于以上第三和第四强度理论的极限状态曲线之间，但更接近于第四强度理论的极限状态曲线。因此，从理论上来说采用第四强度理论进行强度计算是更为合适的。它与最大切应力强度理论相比较更符合试验结果，又能节省材料。但在实际工程设计中，选用哪一个强度理论进行强度计算需要更为全面的考虑。目前各国的锅炉及压力容器受压元件强度计算标准中都规定采用最大切应力强度理论作为强度准则。这里面有更深层次的原因，在此不再赘述。

第 2 个问题比较复杂，目前尚处于发展完善阶段。在工程设计中，最早采用的是极限应力法。它的基本原理是元件的强度取决于受压元件内危险点的强度，即认为危险点的强度到达极限状态时，整个元件的强度即达到极限状态。这种处理方法比较简单，只需求得危险点的应力状态，即可按强度理论进行强度分析，从而确定整个元件的强度，目前强度计算标准内有些元件仍按极限应力法确定元件的强度。可以明显地看到，对于非均匀应力分布的受压元件，按极限应力法所得的结果是偏于保守的。危险点强度到达极限状态时，其余处于较低应力水平的部位仍有一定的承载能力，对于塑性材料受压元件，实际上并没有处于整体强度的极限状态。为了能使整体受压元件的材料充分发挥作用，目前锅炉及压力容器受压元件强度计算标准中已有较多受压元件的强度计算采用极限载荷法。它的基本原理是认为当整体元件丧失对继续变形的抵抗能力时，受压元件的强度才达到极限状态。采用极限载荷法的前提是材料必须有较好的塑性。它是选用锅炉及压力容器受压元件材料的一个重要依据。显然，和极限应力法相比较，极限载荷法更为合理。对于应力分布较简单的受压元件，确定受压元件的极限载荷比较简便，但对于应力分布较复杂的受压元件，确定受压元件的极限载荷较为困难，是目前塑性理论需要解决的重要课题之一。极限应力法及极限载荷法的共同缺点是都不考虑局部应力对受压元件强度的影响，而局部应力在锅炉及压力容器受压元件中是普遍存在的，尤其在开孔接管处局部应力非常显著，往往成为影响受压元件强度的主要因素之一。为了解决此问题，自 20 世纪 70 年代以来在压力容器强度计算标准中已逐步采用应力分类法来分析受压元件的强度。它的基本原理是将受压元件的应力按其对受压元件强度的不同影响进行分类，对于各类应力采用相应的强度计算方法来分析受压元件的应力强度。它是目前最为合理完善的强度分析方法，主要困难在于当应力分布较为复杂时如何按应力进行正确的分类。

三、强度计算基本参数的选取

1. 许用应力的确定原则

锅炉受压元件强度是根据受压元件实际应力和许用应力建立强度条件后计算确定的。所谓许用应力是指用以确定受压元件在工作条件下所允许的最小壁厚及最大承受压力时的应力。我国《水管锅炉受压元件强度计算标准》（GB/T 16507.4）和《锅壳锅炉设计与强度计算标准》（GB/T 16508.3）规定材料的许用应力

$[\sigma]$ 应按下式计算：

$$[\sigma]=\eta[\sigma]_J \tag{20-15}$$

式中　η——基本许用应力的修正系数，按表 20-27 和表 20-28 查取；

$[\sigma]_J$——基本许用应力，MPa。

表 20-27　水管锅炉许用应力计算修正系数 η

元件名称	烟温和工作条件	η
锅筒和集箱筒体、三通、等径叉形管	不受热	1
	烟温≤600℃、透过管束的低辐射热流且壁面无烟气的强烈冲刷	0.95
	烟温＞600℃	0.90

表 20-28　锅壳式锅炉基本许用应力修正系数 η

元件形式和工作条件	η	元件形式和工作条件	η
承受内压力的锅壳筒体和集箱筒体		凸形封头、炉胆顶、半球形炉胆、凸形管板	
不受热(在烟道外或可靠绝热)	1.00	立式冲天管锅炉凹面受压的凸形封头	0.65
受热(烟温≤600℃)	0.95	卧式内燃锅炉凹面受压的凸形封头	0.80
受热(烟温＞600℃)	0.90	凸形管板的凸形部分	0.95
管子(管接头)、孔圈	1.00	凸形管板的烟管管板部分	0.85
波形炉胆	0.6	有拉撑的平板、烟管管板	0.85
凸形封头、炉胆顶、半球形炉胆、凸形管板		拉撑件(拉杆、拉撑管、角撑板)	0.55
立式无冲天管锅炉与干汽室的凹面受压的凸形封头	1.00	加固横梁	1.00
		孔盖	1.00
立式无冲天管锅炉凸面受压的半球形炉胆	0.30	圆形集箱端盖	见表 20-51
立式无冲天管锅炉凸面受压的炉胆顶	0.40	矩形集箱筒板	1.25
立式冲天管锅炉凸面受压的炉胆顶	0.50	矩形集箱端盖	0.75

基本许用应力为相应钢材强度特性值除以安全系数而得到的最小值，可按下列公式计算并取其中最小值，或按表 20-29 和表 20-30 查取。

$$[\sigma]_J\leqslant\frac{R_m}{n_b} \tag{20-16}$$

$$[\sigma]_J\leqslant\frac{R_{eL}^t}{n_s} \tag{20-17}$$

$$[\sigma]_J\leqslant\frac{R_D^t}{n_D} \tag{20-18}$$

式中　R_m——材料室温抗拉强度，MPa；

R_{eL}^t——材料设计温度下屈服强度，MPa；

σ_D^t——材料在计算壁温时 10^5h 的持久强度，MPa；

n_b——对应于抗拉强度的安全系数，一般取值 2.7；

n_s——对应于屈服强度或条件屈服强度的安全系数，一般取值 1.5；

n_D——对应于 10^5h 的持久强度的安全系数，一般取值 1.5。

对于表 20-29 未列入的材料，在材料符合《锅炉安全技术监察规程》和国家或部颁现行标准时，它的基本许用应力 $[\sigma]_J$ 应按式（20-15）～式（20-17）计算。计算时，R_m、R_{eL}^t、R_D^t 应取相应钢号的最低保证值；只有在没有保证值时，才可用钢材抽样试验，并将试验所得 R_m 和 R_{eL}^t 的最小值和 10^5h 的 R_D^t 的平均值乘以 0.9 作为计算取用值。但抽样和试验应按有关标准进行，见表 20-30 和表 20-31。

锅炉低碳钢、低碳锰钢及低碳锰钒钢在 350℃以下，其他合金热强钢在 400℃以下，其基本许用应力一般只需按式（20-16）、式（20-17）计算，不必考虑式（20-18）。

2. 计算压力的确定原则

锅炉受压元件强度计算时所取用的压力值称为计算压力。计算压力应该是表压，因为受压元件所承受的压力是其内部介质压力的绝对值与外界大气压力的差值。设计计算时，计算压力 p 按下式进行：

对水管锅炉：

$$p=p_0+\Delta p_a \tag{20-19}$$

表 20-29 锅炉常用钢板的许用应力

材料牌号	材料标准	热处理状态	材料厚度/mm	室温强度 R_m/MPa	室温强度 $R_{p0.2}$/MPa	在下列温度(℃)下的许用应力/MPa 20	100	150	200	250	300	350	400	425	450	475	500	525	550	575
Q235B Q235C Q235D	GB/T 3274	热轧、控轧、正火	≤16	370	235	136	133	127	116	104	95									
			16～36	370	225	136	127	120	111	96	88									
20	GB/T 711	热轧、控轧、正火	≤16	410	245	148	147	140	131	117	108	98								
Q245R	GB 713	热轧 控轧 正火	≤16	400	245	148	147	140	131	117	108	98	91	85	61					
			16～36	400	235	148	140	133	124	111	102	93	86	83	61					
			36～60	400	225	148	133	127	119	107	98	89	82	80	61					
			60～100	390	205	137	123	117	109	98	90	82	75	73	61					
			100～150	380	185	123	112	107	100	90	80	73	70	67	61					
Q345R	GB 713	正火 正火＋回火	≤16	510	345	189	189	189	183	167	153	143	125	93	66					
			16～36	500	325	185	185	183	170	157	143	133	125	93	66					
			36～60	490	315	181	181	173	160	147	133	123	117	93	66					
			60～100	490	305	181	181	167	150	137	123	117	110	93	66					
			100～150	480	285	178	173	160	147	133	120	113	107	93	66					
			150～200	470	265	174	163	153	143	130	117	110	103	93	66					
13MnNiMoR	GB 713	正火＋回火	30～100	570	390	211	211	211	211	211	211	211	203							
			100～150	570	380	211	211	211	211	211	211	211	200							
15CrMoR	GB 713	正火＋回火	6～60	450	295	167	167	167	160	150	140	133	126	123	119	117	88	58		
			60～100	450	275	167	167	157	147	140	131	124	117	114	111	109	88	58		
			100～150	440	255	163	157	147	140	133	123	117	110	107	104	102	88	58		
12Cr2Mo1R	GB 713	正火＋回火	6～150	520	310	193	187	180	173	170	167	163	160	157	147	119	89	61	46	37
12Cr1MoVR	GB 713	正火＋回火	6～60	440	245	163	150	140	133	127	117	111	105	102	100	97	95	82	59	41
			60～100	430	235	157	147	140	133	127	117	111	105	102	100	97	95	82	59	41

表 20-30　锅炉常用钢管的许用应力

材料牌号	材料标准	热处理状态	室温强度		在下列温度(℃)下的许用应力/MPa																		备注
			R_m/MPa	$R_{p0.2}$/MPa	20	100	150	200	250	300	350	400	425	450	475	500	525	550	575	600	625	650	675	700	
10	GB 3087	正火，≤16mm	335	205	124	124	118	110	97	81	74	73	72	61	41										
		正火，>16mm	335	195	124	121	116	110	97	81	74	73	72	61	41										
20	GB 3087	正火，≤16mm	410	245	152	147	136	125	113	99	91	85	66	49	36										
		正火，>16mm	410	235	152	143	134	125	113	99	91	85	66	49	36										
09CrCuSb	NB/T 47019	正火	390	245	144	144	137	127	120	113															
20G	GB 5310	正火	410	245	152	152	152	143	131	118	105	85	66	49	36										
20MnG	GB 5310	正火	415	240	154	146	143	139	131	122	117	103	78	58	40										
25MnG	GB 5310	正火	485	275	179	168	163	158	151	140	134	117	85	59	40										
15MoG	GB 5310	正火	450	270	167	167	167	150	137	120	113	107	105	103	102	62									
20MoG	GB 5310	正火	415	220	146	138	135	133	125	121	118	113	110	107	103	70									
12CrMoG	GB 5310	正火＋回火	410	205	137	129	125	121	117	113	110	106	103	100	97	75	51	32	17						
15CrMoG	GB 5310	正火＋回火	440	295	163	163	163	163	163	161	152	144	141	137	135	97	66	41	23						
12Cr2MoG	GB 5310	正火＋回火 油淬＋回火	450	280	166	128	125	124	123	123	123	123	122	119	99	81	64	49	35	24					
12Cr1MoVG	GB 5310	正火＋回火 油淬＋回火	470	255	170	165	162	159	156	153	150	146	143	141	137	123	97	73	53	37					
12Cr2MoWVTiB	GB 5310	正火＋回火	540	345	200	200	200	200	200	200	200	200	200	200	196	164	134	108	83	61					
07Cr2MoW2VNbB	GB 5310	正火＋回火	510	400	188	188	188	188	188	188	188	188	180	164	147	128	110	89	71	53					

续表

材料牌号	材料标准	热处理状态	室温强度		在下列温度(℃)下的许用应力/MPa																				备注
			R_m/MPa	$R_{p0.2}$/MPa	20	100	150	200	250	300	350	400	425	450	475	500	525	550	575	600	625	650	675	700	
12Cr3MoVSiTiB	GB 5310	正火+回火	610	440	225	225	225	225	225	225	225	225	225	204	172	140	113	90	69	52					
15Ni1MnMoNbCu	GB 5310	正火+回火 油淬+回火	620	440	229	229	229	229	229	229	229	229	208	163	105	46									
10Cr9Mo1VNbN	GB 5310	正火+回火 油淬+回火	585	415	216	216	216	216	216	216	216	216	216	202	174	147	124	102	81	62	45				
10Cr9MoW2VNbBN	GB 5310	正火+回火 油淬+回火	620	440	229	229	229	229	229	229	229	229	229	229	213	181	151	124	100	75	54	37			
07Cr19Ni10	GB 5310	固溶处理	515	205	136	136	136	130	122	116	111	107	105	103	101	99	97	95	78	64	52	42	33	27	①
					136	113	103	96	90	86	82	79	78	76	75	73	72	70	69	64	52	42	33	27	
10Cr18Ni9NbCu3BN	GB 5310	固溶处理	590	235	156	156	156	156	153	148	143	140	137	135	133	131	130	119	111	102	89	78	61	47	①
					156	135	126	119	113	109	106	103	102	100	99	97	96	95	93	92	89	78	61	47	
07Cr19Ni11Ti	GB 5310	固溶处理	515	205	136	136	136	136	135	128	122	119	117	115	114	113	112	93	75	59	46	37	29	23	①
					136	123	114	107	100	95	91	88	87	85	85	84	83	82	75	59	46	37	29	23	
07Cr18Ni11Nb	GB 5310	固溶处理	520	205	136	136	136	136	136	135	131	127	126	125	125	125	122	120	108	88	70	55	42	32	①
					136	126	118	111	105	100	97	94	93	93	93	93	91	89	88	87	70	55	42	32	
08Cr18Ni11NbFG	GB 5310	固溶处理	550	205	136	136	136	136	136	136	133	130	128	127	126	124	123	122	120	106	85	66	51	39	①
					136	123	116	111	106	102	99	96	95	94	93	92	91	90	89	88	85	66	51	39	
07Cr25Ni21NbN	GB 5310	固溶处理	655	295	196	196	196	188	180	174	170	166	164	162	160	158	155	153	132	107	90	69	54	41	①
					196	163	149	139	133	129	126	123	121	120	118	117	115	113	110	107	90	69	54	41	

① 该许用应力仅适用于允许产生微量永久变形的元件，对于有微量永久变形就引起泄漏或故障的场合不能采用。

表 20-31　设计附加压力 Δp_a　　单位：MPa

额定蒸汽压力 p_r	蒸汽锅炉	热水锅炉
≤0.8	0.05	0.10
$0.8<p_r\leq 5.9$	$0.06\times p_0$	
$p_r>5.9$	$0.08\times p_0$	

$$p_o=p_{pr}+\Delta p_f+\Delta p_h \tag{20-20}$$

式中　Δp_a——蒸汽锅炉（除锅炉再热系统外）和热水锅炉设计附加压力 Δp_a 按表 20-31 确定；

p_o——工作压力（表压），MPa；

p_r——锅炉额定压力（表压，锅炉铭牌压力），MPa；

Δp_f——最大流量时计算元件至锅炉出口之间的压力降，MPa；

Δp_h——计算元件所受液柱静压力值，MPa；当锅筒筒体所受液柱静压力值不大于（$p_r+\Delta p_a+\Delta p_f$）的 3%时，则取 $\Delta p_h=0$。

对于锅壳式锅炉：

$$p=p_o=p_r+\Delta p_a+\Delta p_f+\Delta p_h \tag{20-21}$$

式中　Δp_a——附加压力，MPa，当 Δp_h 小于（$p_r+\Delta p_a+\Delta p_f$）的 3%时，则取 $\Delta p_h=0$；其他符号的意义同前。

3. 计算壁温的确定原则

锅炉受压元件的计算壁温对基本许用应力值有很大的影响，因而必须准确地确定受压元件的壁温。用于强度计算的计算壁温，取元件温度最高部位内外壁温的算术平均值。确定计算壁温时，锅炉出口过热蒸汽温度在允许范围内的波动不予考虑。任何情况下，锅炉受压元件的计算壁温不应取得低于 250℃。

(1) 水管锅炉计算壁温的确定　水管锅炉计算壁温可按表 20-32～表 20-34 确定，对于表中没有包括的情况，可按下列公式计算壁温。

表 20-32　锅筒计算壁温 t_d　　单位：℃

工 作 条 件		计算公式
不受热	在烟道外	$t_d=t_m$
绝热	在烟道内	$t_d=t_m+10$
	在炉膛内	$t_d=t_m+40$
透过管束的辐射热流不大，而且筒体壁面不受烟气的强烈冲刷		$t_d=t_m+20$
不绝热	对流烟道内，烟温≤600	$t_d=t_m+30$
	对流烟道内，600<烟温<900	$t_d=t_m+50$
	对流烟道或炉膛内，烟温≥900	$t_d=t_m+90$

注：1. 对于受热的锅筒，t_m 系指水空间温度。

表 20-33　集箱和防焦集箱计算壁温 t_d　　单位：℃

内部工质	工 作 条 件		计算公式
水或汽水混合物	不受热	烟道外	$t_d=t_m$
	绝热	烟道内	$t_d=t_m+10$
	不绝热	对流烟道内，烟温≤600	$t_d=t_m+30$
		对流烟道内，600<烟温<900	$t_d=t_m+50$
		对流烟道或炉膛内，烟温≥900	$t_d=t_m+110$
饱和蒸汽	不受热	烟道外	$t_d=t_s$
	绝热	烟道内	$t_d=t_s+25$
	不绝热	对流烟道内，烟温≤600	$t_d=t_s+40$
		对流烟道内，600<烟温<900	$t_d=t_a+60$
过热蒸汽	不受热	烟道外	$t_d=t_m+X\Delta t$
	绝热	烟道内	$t_d=t_m+25+X\Delta t$
	不绝热	对流烟道内，烟温≤600	$t_d=t_m+40+X\Delta t$
		对流烟道内，600<烟温<900	$t_d=t_m+60+X\Delta t$

注：1. 对于受热的汽水混合物集箱和防焦箱筒体，t_m 系指不出现自由水面时的温度。

2. t_s 是指计算压力对应的工质饱和温度（热水锅炉为出口出水温度），℃；下同。

表 20-34 管子和管道的计算壁温 t_d 单位：℃

元　件	条　件	计算公式
沸腾管	$p_r \leqslant 13.7\text{MPa}$ 及 $q_{max} \leqslant 407\text{kW/m}^2$	$t_d = t_s + 60$
省煤器管	对流式省煤器	$t_d = t_m + 30$
	辐射式省煤器	$t_d = t_m + 60$
过热器管	对流式过热器	$t_d = t_m + 50$
	辐射式或半辐射式(屏式)过热器	$t_d = t_m + 100$
管道	在烟道外	$t_d = t_m$

① 锅筒筒体。

$$t_d = t_m + \frac{\beta q_{max}}{\alpha_2} + \frac{q_{max}}{1000} \cdot \frac{s}{\lambda} \cdot \frac{\beta}{\beta+1} \tag{20-22}$$

② 集箱筒体。

$$t_d = t_m + \frac{\beta q_{max}}{\alpha_2} + \frac{q_{max}}{1000} \cdot \frac{s}{\lambda} \cdot \frac{\beta}{\beta+1} + X \cdot \Delta t \tag{20-23}$$

③ 管子。

$$t_d = t_m + J\left(\frac{\beta q_{max}}{\alpha_2} + \frac{q_{max}}{1000} \cdot \frac{s}{\lambda} \cdot \frac{\beta}{\beta+1}\right) + \Delta t \tag{20-24}$$

式中 t_d——计算壁温，℃；

t_m——对应于计算压力下介质的饱和温度和介质额定平均温度，℃；

β——锅筒筒体、集箱筒体及管子的外径与内径的比值；

q_{max}——最大热流密度，kW/m^2；

α_2——内壁对介质的放热系数，$\text{kW/(m}^2 \cdot ℃)$；

λ——钢材热导率，$\text{kW/(m} \cdot ℃)$；

J——均流系数，无量纲；

X——介质混合程度系数，对于集箱一般可取 0.5；当介质从集箱端部进入时，允许取为零；对于不受热的过热蒸汽集箱，即使完全混合，也应取 $X\Delta t = 10℃$；

Δt——温度偏差，℃；在任何情况下，Δt 的取值不应小于 10℃。

(2) 锅壳式锅炉计算壁温的确定 锅壳式锅炉计算壁温按表 20-35 确定。

表 20-35 锅壳式锅炉计算壁温 单位：℃

受压元件型式及工作条件	t_d
防焦箱	$t_m + 110$
直接受火焰辐射的锅壳筒体、炉胆、炉胆顶、平板、管板、火箱板、集箱	$t_m + 90$
与温度 900℃以上烟气接触的锅壳筒体、回燃室、平板、管板、集箱	$t_m + 70$
与温度 600～900℃烟气接触的锅壳筒体、回燃室、平板、管板、集箱	$t_m + 50$
与温度低于 600℃烟气接触的锅壳筒体、平板、管板、集箱	$t_m + 25$
水冷壁管	$t_m + 50$
对流管、拉撑管	$t_m + 25$
不直接受烟气或火焰加热的元件	t_m

注：表中 t_d 仅适用于锅炉给水质量符合 GB/T 1576 或 GB/T 12145 的情况。

四、承受内压力的圆筒形元件的强度计算

锅炉受压元件中，承受内压力的圆筒形元件有水管锅炉中的锅筒、集箱、大直径通道、受热面管子以及锅壳式锅炉的锅壳等。

对于锅炉圆筒形元件，由于其壁厚相对于直径小得多，因此可按薄壁圆筒处理。

1. 强度未减弱的圆筒形元件强度计算的基本公式

(1) 轴向应力计算 图 20-11 是薄壁圆筒轴向应力分布图，从图可以写出作用在封头上的总压力 p_x 与作用在截面上的轴向力 N_x 存在如下平衡关系，即：

$$N_x - p_x = 0 \tag{20-25}$$

如果圆筒直径为 D，则作用在封头上的总压力，不管封头形状如何，均为：

$$p_x = p \cdot \frac{\pi D^2}{4} \tag{20-26}$$

将式（20-26）代入式（20-25）得：

$$N_x = p \cdot \frac{\pi D^2}{4} \tag{20-27}$$

因圆筒壁较薄，故可近似地认为应力沿容器厚度方向均匀分布，于是得到轴向应力（σ_m）。与截面上内力 N_x 之间存在下列关系：

$$\sigma_m \pi D s = N_x \tag{20-28}$$

其中，πDs 为圆筒横截面积。根据式（20-27）和式（20-28），可得：

$$\sigma_m = \frac{pD}{4\delta}$$

式中　p——内压力，MPa；

D——平均直径，$D=(D_o+D_i)/2$，mm；

δ——圆筒壁厚，mm；

σ_m——轴向应力，MPa。

需要指出的是，在计算作用在封头上的总压力 p_x 时，严格地讲，应当采用筒体内径，但为了计算公式简化，便于工程应用，近似地采用筒体的平均直径。

(2) 环向应力计算　图 20-12 为环向应力分布，用假想截面 B—B 将圆筒分成两部分，考虑其中任一部分的平衡，根据 y 方向的力的平衡条件，得到：

$$N_\theta = p_y \tag{20-29}$$

式中，p_y 为内压力 p 在 y 轴上投影之和，其值为：

$$p_y = \int_0^\pi pL\sin\theta \mathrm{d}\delta \tag{20-30}$$

式中，$\mathrm{d}\delta=(D/2)\mathrm{d}\theta$。将其代入式（20-30）积分后得到：

$$p_y = pLD \tag{20-31}$$

式（20-29）中 N_θ 为纵截面上的内力。因环向应力（σ_θ）沿厚度（s）和长度（L）方向均相同，故 N_θ 与 σ_θ 之间存在下列关系：

$$N_\theta = 2\sigma_\theta L\delta \tag{20-32}$$

对式（20-31）、式（20-32）和式（20-29）整理后得：

$$\sigma_\theta = \frac{pD}{2\delta} \tag{20-33}$$

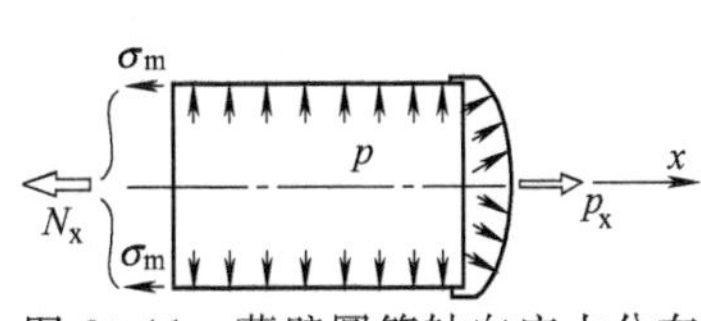

图 20-11　薄壁圆筒轴向应力分布

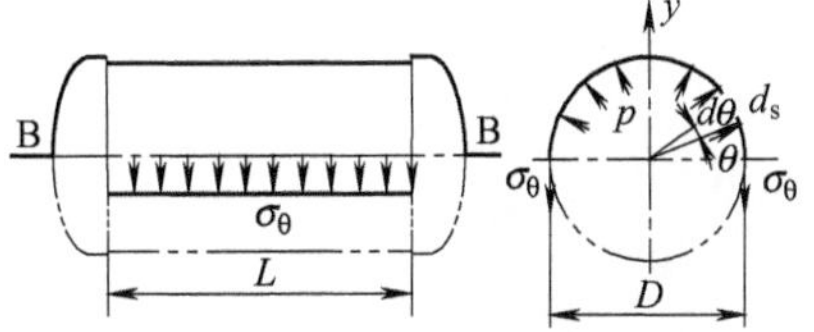

图 20-12　薄壁圆筒环向应力分布

应该说明的是，薄壁圆筒在内压力作用下，除存在上述的轴向应力、环向应力外，还存在有径向应力。相对于前两个方向的应力，径向应力是很小的，在薄壁容器应力计算中，不予考虑。

(3) 基本计算公式　根据对圆筒形元件的轴向、环向和径向应力的分析，对于圆筒形元件在内压力作用下的三个主应力的顺序为（$\sigma_\theta>\sigma_m>\sigma_r$），根据第三强度理论的强度条件得：

$$\sigma_\theta - \sigma_r = \frac{pD}{2\delta} \leqslant [\sigma] \tag{20-34}$$

式中　D——圆筒体平均直径，mm；

δ——圆筒壁厚，mm；

$[\sigma]$——许用应力，MPa。

在壁厚（δ）未知的情况下，D 是无法给定的，只能给出内径 D_i 或外径 D_o。D_i、D_o、D 和 δ 之间的关系为：

$$D=D_i+\delta \text{ 或 } D=D_o-\delta$$

将此关系式代入式 (20-34)，可得：

$$\frac{p(D_i+\delta)}{2\delta}\leqslant[\sigma] \tag{20-35}$$

或

$$\frac{p(D_o-\delta)}{2\delta}\leqslant[\sigma]$$

简化后，可得：

$$\delta\geqslant\frac{pD_i}{2[\sigma]-p} \tag{20-36}$$

2. 圆筒形元件强度计算基本公式

锅炉锅筒上的焊缝、孔排的存在使筒壁内的应力增加，在考虑了减弱系数的影响后，圆筒形元件的强度按表 20-36 和表 20-37 计算。

表 20-36　圆筒形元件强度设计计算基本公式

元件名称	水管锅炉				锅壳锅炉			
	理论计算壁厚/mm	最小需要壁厚/mm	取用壁厚/mm	有效壁厚/mm	理论计算壁厚/mm	最小需要壁厚/mm	取用壁厚/mm	有效壁厚/mm
锅筒	$\delta_L=\frac{pD_i}{2\varphi_{min}^{①}[\sigma]-p}$	$\delta_{min}=\delta_L+c_1^{②}$	$\delta\geqslant\delta_{min}$	$\delta_e=\delta-c$	$\delta_L=\frac{pD_i}{2\varphi_{min}[\sigma]-p}$	$\delta_{min}=\delta_L+c$	$\delta\geqslant\delta_{min}$	$\delta_e=\delta-c$
集箱	$\delta_L=\frac{pD_o}{2\varphi_{min}[\sigma]+p}$	$\delta_{min}=\delta_L+c$	$\delta\geqslant\delta_{min}$	$\delta_e=\delta-c$	$\delta_L=\frac{pD_o}{2\varphi_{min}[\sigma]+p}$	$\delta_{min}=\delta_L+c$	$\delta\geqslant\delta_{min}$	$\delta_e=\delta-c$
管子	$\delta_L=\frac{pD_o}{2\varphi_w[\sigma]+p}$	$\delta_{min}=\delta_L+c$	$\delta\geqslant\delta_{min}$	$\delta_e=\delta-c$	$\delta_L=\frac{pD_o}{2[\sigma]+p}$	$\delta_{min}=\delta_L+c$	$\delta\geqslant\delta_{min}$	$\delta_e=\delta-c$
立式锅炉大横水管							$\delta\geqslant\frac{pD_i}{44}+3$ 适用于 $D_i=$ 102～300mm	$\delta_e=\delta-c$

① 表中最小减弱系数 φ_{min} 取纵向焊缝减弱系数 φ_w、纵向孔桥减弱系数 φ、两倍横向孔桥减弱系数 $2\varphi'$ 及斜向孔桥当量减弱系数 φ_d 中的最小值；若孔桥位于焊缝上，此时该部位的减弱系数取孔桥减弱系数和焊缝减弱系数的乘积。

② c 为考虑腐蚀减薄、钢板下偏差的负值和工艺减薄的附加值（见表 20-42）。

表 20-37　圆筒形元件强度校核计算基本公式

元件名称	水管锅炉		锅壳锅炉	
	最高允许计算压力/MPa	允许最小减弱系数	最高允许计算压力/MPa	允许最小减弱系数
锅筒	$[p]=\frac{2\varphi_J^{①}[\sigma]\delta_e}{D_i+\delta_e}$	$[\varphi]=\frac{p(D_i+\delta_e)}{2[\sigma]\delta_e}$	$[p]=\frac{2\varphi_J[\sigma]\delta_e}{D_i+\delta_e}$	$[\varphi]=\frac{p(D_i+\delta_e)}{2[\sigma]\delta_e}$
集箱	$[p]=\frac{2\varphi_J[\sigma]\delta_e}{D_o-\delta_e}$	$[\varphi]=\frac{p(D_o-\delta_e)}{2[\sigma]\delta_e}$	$[p]=\frac{2\varphi_J[\sigma]\delta_e}{D_o-\delta_e}$	$[\varphi]=\frac{p(D_o-\delta_e)}{2[\sigma]\delta_e}$
管子	$[p]=\frac{2\varphi_w^{②}[\sigma]\delta_e}{D_o-\delta_e}$		$[p]=\frac{2[\sigma]\delta_e}{D_o-\delta_e}$	
立式锅炉大横水管			$[p]^{③}=\frac{44(s-3)}{D_i}$	

① 有效壁厚 δ_e 用表 20-36 中式子所计算，此时校核部位的减弱系数 φ_J 等于 φ_{min}；δ_e 也可取为对应于 φ_J 处实际测量壁厚减去以后可能的腐蚀减薄值，此时应以 δ_e 和 φ_J 两者乘积的最小值代入表 20-37 中计算式。

② φ_w 为焊缝减弱系数。

③ 立式锅炉大横水管最高允许计算压力公式适用于 $D_i=102\sim300$mm。

注：表中其他符号意义同前。

表 20-36 和表 20-37 中所列出的强度计算公式是在薄壁圆筒的假设基础上导出的，实际上，环向应力 (σ_θ) 分布不均匀，内壁最大，外壁最小；径向应力 (σ_r) 也不为零，分布也不均匀，内壁最小。因此，上

表中公式的适用范围应限制在一定的 $\beta_L\left(\beta_L=\frac{D_o}{D_i}=1+\frac{2\delta_L}{D_i}\right)$ 值以内，β_L 值可参见表 20-38。

表 20-38　β_L 值的限制规定

水管锅炉	锅　筒		$\beta_L\leqslant1.2$
	集箱	水、汽水混合物及饱和蒸汽	$\beta_L\leqslant1.5$
		过热蒸汽	$\beta_L\leqslant2.0$
	管子和管道		$\beta_L\leqslant2.0$
锅壳锅炉	因压力较低，一般都能满足上述要求，故不专门给出 β_L 值的限制规定		

3. 焊缝减弱系数的推荐值

焊缝减弱系数（φ_w）表示对焊缝强度的减弱程度，等于焊缝保证强度与母材强度的比值。焊缝减弱系数与焊接方法、焊接形式、检查手段、焊后残余应力消除程度、工艺掌握程度及钢材类别等因素有关。按锅炉制造技术条件检验合格的焊缝，可查看 GB/T 16507.4 和 GB/T 16508.1，其 φ_w 按表 20-39 和表 20-40 选取。

表 20-39　水管锅炉对接焊缝减弱系数 φ_w

焊缝形式	无损检测（超声波或射线）范围	φ_w	焊缝形式	无损检测（超声波或射线）范围	φ_w
双面坡口焊缝	100%	1.00	单面坡口焊缝	100%	0.90
	局部	0.90		局部	0.80

表 20-40　锅壳锅炉纵向焊接接头系数

焊接接头形式	无损检测比例	φ_w
双面焊对接接头和相当于双面焊的全焊透对接接头	100%	1.00
	局部	0.85
单面焊对接接头（沿焊缝根部有垫板）	100%	0.9
	局部	0.8

4. 孔桥减弱系数的确定

圆筒壁上开孔时，会引起不同程度的减弱作用。对于锅筒和集箱而言，一般都需开一些孔作为锅炉管束的连接口，通常将锅筒和集箱上的开孔分为两类：即布置较紧密的开孔（称为排孔）和孤立开孔（称为单孔）。对于布置较紧密开孔的强度问题，用孔桥减弱系数在壁厚计算中加以考虑；对于孤立的开孔强度问题，在壁厚计算中不予考虑，而用单孔的加强来考虑。

布置排孔和单孔的开孔的判别准则是什么？如当相邻两孔在筒体平均直径圆周上的节距（t）小于不考虑孔间影响的最小间距（t_0）时，则这些相邻孔为布置较紧密的孔；如某一孔和周围孔的节距都大于或等于 t_0 时，则该孔为孤立孔。不考虑孔间影响的最小节距（t_0）由下式确定：

$$s_0=d_p+2\sqrt{(D_i+\delta)\delta} \tag{20-37}$$

$$d_p=\frac{1}{2}(d_{1e}+d_{2e}) \tag{20-38}$$

式中　D_i，δ——圆筒的内径和取用壁厚，mm；

d_p——相邻两孔的平均当量直径，mm；

d_{1e}，d_{2e}——相邻两孔的当量直径，mm。

对于径向的直径，d_{1e} 和 d_{2e} 即为相邻两孔的开孔直径 d_1 和 d_2；对于具有凹座的开孔（见图 20-13），当量直径按以下方法确定：

$$d_e=d_1+\frac{h}{s}(d_1'-d_1) \tag{20-39}$$

对于非径向孔（见图 20-14），当量直径按下式计算：

$$\left.\begin{aligned}&\text{纵向孔桥：} && d_e=d\\&\text{横向孔桥：} && d_e=d/\cos\alpha\\&\text{斜向孔桥：} && d_e=d\sqrt{\frac{n^2+1}{n^2+\cos^2\alpha}}\end{aligned}\right\} \tag{20-40}$$

式中 α——孔的轴线偏离筒体径向的角度，其值应不小于 45°；$n=\frac{b}{a}$，a 应取筒体平均直径圆周上的距离。

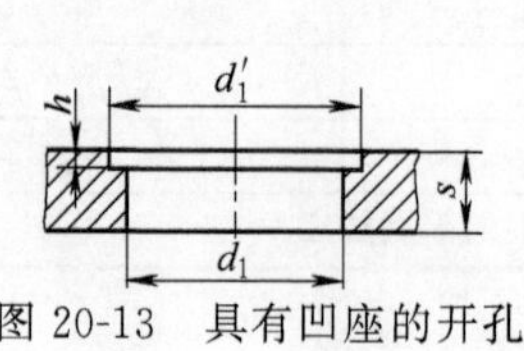

图 20-13 具有凹座的开孔

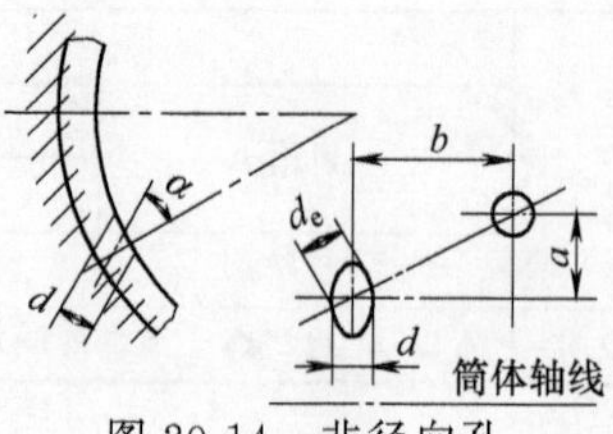

图 20-14 非径向孔

孔桥减弱系数按表 20-41 中所列公式计算。最小当量的孔桥减弱系数亦可按线算图 20-15 直接查取。

表 20-41 孔桥减弱系数

纵向孔桥减弱系数	t　d 筒体轴线 纵向孔桥	$\varphi=\frac{t-d}{t}$ 式中 φ——等直径纵向相邻两孔的孔桥减弱系数； t——纵向相邻两孔的节距，mm； d——孔的直径
横向孔桥减弱系数	d　s　t'　t'　D_n+s 横向孔桥	$\varphi'=\frac{t'-d}{t}$ 式中 φ'——等直径横向相邻两孔的孔桥减弱系数； t'——横向相邻两孔的节距，取筒体平均直径(D_n+s)圆周上的节距(展开尺寸)，mm
斜向孔桥当量减弱系数	t''　d　a　b 筒体轴线 斜向孔桥	$\varphi_d=k\varphi''$ 式中 φ_d——等直径斜向相邻两孔的孔桥当量减弱系数； φ''——等直径斜向两孔的孔桥减弱系数，$\varphi''=\frac{t''-d}{t''}$； t''——斜向相邻两孔的节距，mm，$t''=a\sqrt{1+n^2}$ $n=\frac{b}{a}$ 式中 a——斜向相邻两孔在筒体平均直径圆周方向上的距离，mm； b——斜向两孔间在筒体轴线方向上的距离，mm； K——斜向孔桥的换算系数，$K=\frac{1}{\sqrt{1-\frac{0.75}{(1+n^2)^2}}}$ 当 $n\geqslant 2.4$ 时，可取 $K=1$，此时 $\varphi_d=\varphi''$； 当 $\varphi_d>1$ 时，均取 $\varphi_d=1$ φ_d 亦可按线算图 20-15 直接查取

注：1. 对于具有凹形座的开孔，计算孔桥减弱系数时，上述各式中的直径 d 应以当量直径 d_e 代入，d_e 按式（20-39）确定。

2. 对于非径向孔，计算孔桥减弱系数时，上述各式中的直径 d 应以当量直径 d_e 代入，d_e 用式（20-40）计算。

3. 若相邻两孔直径不同，计算孔桥减弱系数时，上述各式中的直径 d 应以相邻两孔直径的平均值 d_p 代入，d_p 按式（20-38）计算。

4. 对于椭圆孔，计算孔桥减弱系数时，孔径 d 按该孔沿相应节距方向的尺寸确定。

5. **强度计算中附加壁厚的确定及对壁厚的限制**

(1) 强度计算中附加壁厚的确定　附加壁厚 c 的确定，见表 20-42。表 20-42 中 c_3 是考虑工艺减薄的附加壁厚，主要考虑钢板卷制过程中的壁厚减薄量，可参见表 20-43；表 20-42 中计算公式中涉及的系数 A 值和 A_1 的数值请参见表 20-44 和表 20-45。

(2) 对壁厚的限制　如果按强度计算取用的锅筒、锅壳及集箱等元件壁厚太小，则在制造、运输、安装等过程中，会由于某些意外的原因而使锅炉元件发生凹陷或产生过大的整体变形。为此，通常应对最小壁厚加以限制（见表 20-46）。

对于不绝热的圆筒形受压元件，当热流自外向内传递时，筒体内壁的热应力为拉应力，它将与由内压力产生的工作应力相叠加。因而内壁工作条件变差。另一方面，由于热应力与内外壁温差成正比，它随着温差的变化而改变，所以从防止低周疲劳破坏来考虑，对锅炉圆筒形元件的壁厚应有所限制（见表 20-47）。

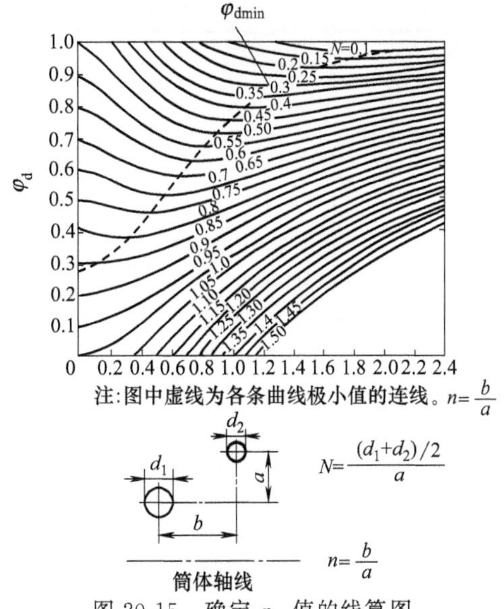

图 20-15　确定 φ_d 值的线算图

表 20-42　附加厚度 c 的确定

<table>
<tr><th>元件</th><th colspan="3">附加壁厚 c/mm</th></tr>
<tr><td>锅筒筒体</td><td colspan="2">水管锅炉
$c=c_1+c_2+c_3$</td><td>式中　c_1——考虑腐蚀减薄的附加壁厚，一般取为 0.5mm；若取用壁厚 $s>20$mm 时，则可不必考虑，但若腐蚀较严重，应根据实际可能情况确定；
c_2——制造工艺减薄量，取钢板卷制时的实际工艺减薄值之和，一般情况下，卷制工艺减薄值可按表 20-45 选取
c_3——钢板下偏差的负值；当 $\delta\leqslant20$mm 时，取为 0.5mm；当 $\delta>20$mm 时，可不必考虑。如钢板下偏差的负值超过 0.5mm，则在附加壁厚中还应加上此超出值</td></tr>
<tr><td>锅壳筒体</td><td colspan="2">锅壳锅炉
$c=c_1+c_2+c_3$</td><td>式中　c_1——考虑腐蚀减薄的附加壁厚，一般取 0.5mm；若腐蚀减薄超过 0.5mm，则取实际可能的腐蚀减薄值；
c_2——考虑工艺减薄的附加壁厚，应根据具体工艺情况而定：一般情况下，冷卷后冷校，可取为零；冷卷后热校，可取为 1mm；热卷后热校，可取为 2mm；
c_3——考虑材料厚度下偏差（为负值时）的附加壁厚，按有关材料标准确定。</td></tr>
<tr><td rowspan="3">直集箱筒体
直水管
直管道</td><td rowspan="2">设计
计算时</td><td>水管锅炉
$c=c_1+c_2+c_3$</td><td rowspan="2">式中　c_1——考虑腐蚀减薄的附加壁厚，一般取为 0.5mm，若在运行期限内腐蚀和氧化减薄值超过 0.5mm，则应取实际减薄值；
c_2——制造工艺减薄量，mm，按表 20-43 选取；
c_3——考虑钢管下偏差负值的附加壁厚，$c_2=A_{\delta L}$；
δ_L——理论计算壁厚，按表 20-36 中公式计算；
A——系数，$A=\frac{m}{100-m}$，也可按表 20-44 选取；
m——下偏差（为负值时）与壁厚的百分比值</td></tr>
<tr><td>锅壳锅炉
$c=c_1+c_2+c_3$</td></tr>
<tr><td>校核
计算时</td><td>$c=\frac{A_\delta+c_1}{1+A}$</td><td>式中　δ——壁厚；
其余各符号同上</td></tr>
</table>

续表

元件	附加壁厚 c/mm		
环形集箱筒体 弯水管 （钢管弯头）	设计 计算时	水管锅炉 $c=c_1+c_2+c_3$	c_1——考虑腐蚀减薄的附加壁厚，一般取为 0.5mm，若在运行期限内腐蚀和氧化减薄值超过 0.5mm，则应取实际减薄值； c_2——制造减薄量，mm； c_2（或 c_2+c_3）$=A_1 s_L$——考虑钢管下偏差的负值、弯管减薄和弯管应力的附加壁厚； A_1——系数，当 $n_1=\frac{R}{D_w}<1.8$ 时：$A_1=\frac{\frac{50}{n_1(4n_1+1)}+m}{100-m}$ 当 $1.8\leqslant n_1\leqslant 3.5$ 时：A_1 按表 20-45 选取； 当 $n_1>3.5$ 时，A_1 按表 20-44 选取 A； n_1——管子弯曲半径 R 与管子外径 D_o 的比值； m——下偏差（为负值时）与壁厚的百分比值
		锅壳锅炉 $c=c_1+c_2+c_3$	
	校核 计算时	$c=\frac{A_1\delta+c_1}{1+A_1}$	c_1——考虑腐蚀减薄的附加壁厚，一般取为 0.5mm，若在运行期限内腐蚀和氧化减薄值超过 0.5mm，则应取实际减薄值； c_2（或 c_2+c_3）$=A_1\delta_L$——考虑钢管下偏差的负值、弯管减薄和弯管应力的附加壁厚 A_1——系数，当 $n_1=\frac{R}{D_o}<1.8$ 时：$A_1=\frac{\frac{50}{n_1(4n_1+1)}+m}{100-m}$ 当 $1.8\leqslant n_1\leqslant 3.5$ 时：A_1 按表 20-45 选取； 当 $n_1>3.5$ 时，A_1 按表 20-44 选取 A； n_1——管子弯曲半径 R 与管子外径 D_w 的比值； m——下偏差（为负值时）与壁厚的百分比值
钢板压制的 焊接弯头		$c=c_1+c_2+c_3$	c_1——考虑腐蚀减薄的附加壁厚，一般取为 0.5mm，若在运行期限内腐蚀和氧化减薄值超过 0.5mm，则应取实际减薄值； c_2——工艺减薄的附加厚度； c_3——考虑钢板下偏差的负值
铸造弯头	设计 计算时	$c=A_2\delta_L+2$	A_2——系数，$A_2=\frac{1}{4\left(\frac{R}{D_o}\right)-2}$
	校核 计算时	$c=\frac{A_2\delta+2}{1+A_2}$	式中符号意义同上

表 20-43 卷制工艺减薄值

单位：mm

卷制工艺		减薄值	卷制工艺		减薄值
热卷	$P_r\geqslant 9.8$MPa	4	冷卷	热校	1
	$P_r<9.8$MPa	3		冷校	0

表 20-44 系数 A

m/%	18	15	12.5	10	5	0
A	0.22	0.18	0.14	0.11	0.05	0

表 20-45 系数 A_1

m/%	18	15	12.5	10	5	0
A_1	0.26	0.22	0.18	0.15	0.09	0.03

表 20-46 圆筒形受压元件的最小允许壁厚

元　件	适用条件	最小允许壁厚/mm
锅筒筒体	在任何情况下	6
	采用胀管连接时	12
锅壳筒体	当锅壳内径 $D_i>1000$mm 时	6
	当锅壳内径 $D_i\leqslant 1000$mm 时	4
立式锅炉大横水管	在任何情况下	6

表 20-47　不绝热圆筒形受压元件的最大允许壁厚

元件	工作条件		最大允许壁厚/mm
水管锅炉锅筒筒体	锅炉额定压力不大于 2.5MPa	在烟温超过 900℃的烟道或炉膛内	26
		在烟温为 600～900℃之间的烟道内	30
锅壳锅炉锅壳筒体		在烟温超过 900℃的烟道或炉膛内	26
		在烟温为 600～900℃之间的烟道内	30
锅壳锅炉集箱、防焦箱		在烟温超过 900℃的烟道或炉膛内	15
		在烟温为 600～900℃之间的烟道内	20
水管锅炉集箱或三通	锅炉额定压力大于 2.5MPa	在烟温超过 900℃的烟道或炉膛内	30
		在烟温为 600～900℃之间的烟道内	45
水管锅炉受热面管子	超高压	热流密度很高(约达 580kW/m² 以上)	$\dfrac{d_o}{1+\dfrac{d_o q_{max}}{10^5\lambda}}$

注：d_o——管子外径，mm；q_{max}——最大热流密度，kW/m²；λ——管子的热导率，kW/(m·℃)。对于内螺纹管，厚度按螺纹根部量取。

6. 重力载荷引起的弯曲应力校核

锅炉受压元件的强度计算公式只考虑了内压力载荷，而这类元件通常还承受各种外部载荷的作用，如圆筒形元件自重以及工作介质的重量等。这些附加外部载荷会产生轴向力、弯矩和扭矩等。因此，当锅筒筒体支点距离大于 10m 或 2φ 不大于最小 φ 或 φ_d 时，应进行重力载荷引起的弯曲应力校核。弯曲应力校核应满足：

$$\sigma_{ab}\leqslant[\sigma]-\frac{p(D_i+\delta_e)}{4\varphi_{c\min}\delta_e} \tag{20-41}$$

对集箱：

$$\sigma_{ab}\leqslant[\sigma]-\frac{p(D_o-2\delta_e)^2}{4\varphi_{c\min}\delta_e(D_o-\delta_e)} \tag{20-42}$$

$$\sigma_{ab}=\frac{1000M}{W\varphi_w} \tag{20-43}$$

式中　$\varphi_{c\min}$——校核断面上最大弯曲应力部位的横向孔桥减弱系数或环向焊缝减弱系数；如横向孔桥与环向焊缝重叠，则取两系数的乘积，若无孔桥和焊缝，则取 $\varphi_{c\min}=1$；

σ_{ab}——各校核断面的最大弯曲应力，MPa；

φ_w——焊缝减弱系数。

M——校核断面的弯曲力矩，N·m；按下式计算（见图 20-16）：

$$M=\frac{q(l+2a)(x-a)}{2}-\frac{qx^2}{2} \tag{20-44}$$

q——单位长度上的载荷，$q=\dfrac{\sum G}{l+2a}$，kN/m；

l——支点间距离，mm；

a——悬臂部分长度，mm；

x——由锅筒端部至所校核截面的距离，mm；

W——抗弯断面系数，由下式计算（见图 20-17）：

$$W=\frac{J_{x1}}{\dfrac{D_o}{2}+y_c} \tag{20-45}$$

$$y_c=\frac{\sum s_x}{\sum F}=\frac{-\delta R_p\sum d_i\sin\alpha_i}{\dfrac{\pi}{4}(D_o^2-D_i^2)-\sum d_i} \tag{20-46}$$

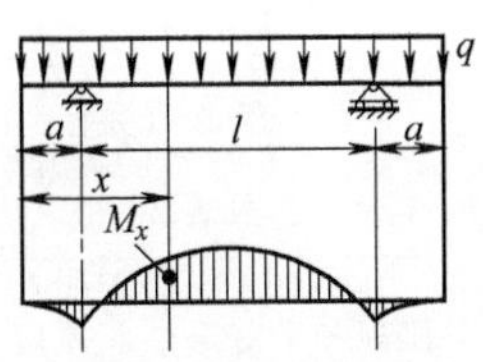

图 20-16　锅筒弯矩分布

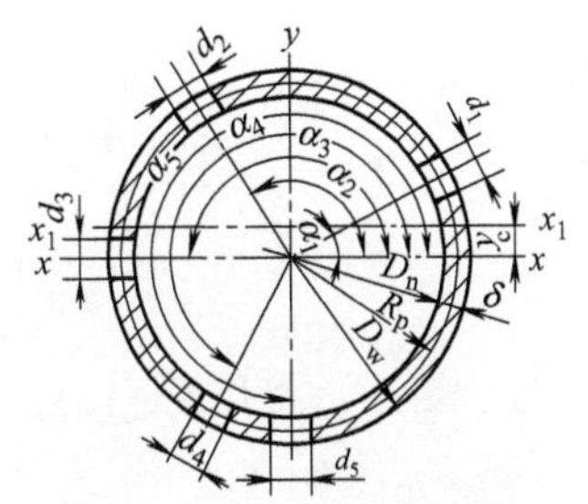

图 20-17　锅筒筒体断面示意

惯性矩 $J_{x1}=J_x-y_c^2\sum F$

$$=\frac{\pi}{64}(D_o^4-D_i^4)-\sum J_x d_i-y_c^2\sum F$$

$$=\frac{\pi}{64}(D_o^4-D_i^4)-\sum\left(\frac{\delta d_i^3}{12}\cos\alpha_i+\frac{\delta^3 d_i^3}{12}\sin^2\alpha_i+d_i\delta R_p^2\sin^2\alpha_i\right)$$

$$-y_c^2\left[\frac{\pi}{4}(D_o^2-D_i^2)-\sum\delta d_i\right] \tag{20-47}$$

上式计算较为繁杂，在断面水平轴线上、下两半部开孔减弱情况较接近的情况下，y_c 值甚小，可以忽略，d_i 及 δ 都比 R_p 小得多，故式（20-46）可近似地写为：

$$J_{x1}\approx J_x\approx\frac{\pi}{64}(D_o^4-D_i^4)-\sum d_i sR_p^2\sin^2\alpha_i \tag{20-48}$$

抗弯断面系数可按下式近似计算：

$$W\approx W_x=\frac{J_x}{D_o/2} \tag{20-49}$$

式中 R_p——锅筒筒体或集箱筒体的平均半径，mm；

d_i——孔的直径（$i=1$，2，3…），mm；

α_i——孔中心线与锅筒筒体或集箱筒体水平中心轴线 x-x 之间的夹角（$i=1$，2，3…）；

J_x——开孔减弱断面对轴线 x-x 的惯性矩，mm^4；

J_{x1}——开孔减弱断面对轴线 x_1-x_1 的惯性矩，mm^4；

$\sum s_x$——孔对轴线 x-x 的静矩，mm^3；

$\sum F$——开孔减弱断面的面积，mm^2；

y_c——开孔减弱断面重心坐标与轴线 x-x 之间的垂直距离，mm；

W_x——开孔减弱断面对轴线 x-x 的抗弯断面系数，mm^3；

$J_x d_i$——开孔减弱断面上孔 d_i 对轴线 x-x 的惯性矩，mm^4；

W——开孔减弱断面对轴线 x-x 的抗弯断面系数，mm^3；

其他符号意义同前。

五、受内压封头的强度计算

1. 凸形封头的强度计算及开孔结构要求

(1) 凸形封头的强度计算 锅壳式锅炉和水管锅炉凸形封头的强度计算见表 20-48，其结构见图 20-18。封头减弱系数 φ 查表 20-49，工艺减薄的附加壁厚的取值见表 20-50。

表 20-48 凸形封头强度计算

		水管锅炉	锅壳式锅炉
设计计算	理论计算壁厚 δ_L/mm	$\delta_L=\dfrac{p\cdot D_i y}{2\varphi[\sigma]-p}$ 式中 p——计算压力，取相连筒体的计算压力，MPa； D_i——封头内径，mm；见图 20-18； $[\sigma]$——许用应力，按相连筒体的计算壁温确定$[\sigma]$，MPa； φ——封头减弱系数，按表 20-49 查取； K_s——形状系数，$K_s=\dfrac{1}{6}\left[2+\left(\dfrac{D_i}{2h_i}\right)^2\right]$， D_i，h_i 见图 20-18	$\delta_L=\dfrac{p\cdot D_i y}{2\varphi[\sigma]-0.5p}$ 式中 p——计算压力，取相连元件的计算压力，MPa； D_i——封头内径，mm，见图 20-18； $[\sigma]$——许用应力，计算壁温按 20-35 选取； φ——封头减弱系数，按表 20-49 查取； K_s——形状系数，$K_s=\dfrac{1}{6}\left[2+\left(\dfrac{D_i}{2h_i}\right)^2\right]$， D_i，h_i 见图 20-18
	封头最小需要壁厚 δ_{min}/mm	$s_{min}=s_L+c$ $c=c_1+c_2+c_3$ 式中 c_1——腐蚀减薄的附加厚度，一般取 0.5，$\delta>20$mm 时，可不考虑；若腐蚀严重时按实际情况确定； c_2——工艺减薄的附加厚度应按各厂具体工艺定，一般冲压工艺减薄值可按表 20-50 选取； c_3——钢板厚度下偏差的附加值，按有关材料确定，见表 20-50，直段取零	$s_{min}=s_L+c$ $c=c_1+c_2+c_3$ 式中 c_1——腐蚀减薄的附加厚度，一般取 0.5mm，若腐蚀超过 0.5mm，则取实际值； c_2——钢板厚度下偏差（为负值时）的附加值，按有关材料确定； c_3——工艺减薄的附加厚度应按工艺而定，见表 20-50，直段取零
	封头取用壁厚 s/mm	$\delta\geqslant\delta_{min}$，在任何情况下 δ 应≥5mm	$\delta\geqslant\delta_{min}$，在任何情况下封头的厚度不应＜6mm，炉胆顶和半球形炉胆厚度不应＜8mm，半球形炉胆的厚度不应＞22mm

续表

		水管锅炉	锅式锅炉
校核计算	最高允许压力 $[p]$/MPa	$[p]=\dfrac{2\delta_e[\sigma]\varphi}{yD_i+\delta_e}$ 式中 δ_e——有效厚度,$s_y=s-c$; 其他符号意义同上	$[p]=\dfrac{2\varphi[\sigma]\delta_e}{D_i y+0.5\delta_e}$ 式中 δ_e——有效厚度,$\delta_e=\delta-c$; 其他符号意义同上
适用范围		$\dfrac{h_i}{D_i}\geqslant 0.2$;$\dfrac{\delta_L}{D_i}\leqslant 0.1$;$\dfrac{d}{D_i}\leqslant 0.6$ 参数符号见图 20-18,椭圆孔 d 取长轴尺寸	$\dfrac{h_i}{D_i}\geqslant 0.2$;$\dfrac{\delta_{min}-c}{D_i}\leqslant 0.1$;$\dfrac{d}{D_i}\leqslant 0.6$ 参数符号见图 20-18,椭圆孔 d 取长轴尺寸

注：1. 对于凸面受压的炉胆顶、半球形炉胆 φ 取 1.0。

2. 对凹面受压的凸形封头有孔排时，若孔桥减弱系数 $\varphi_1=\dfrac{t_{min}-d}{t_{min}}$小于表 20-49 确定的 φ 时，φ 用φ_1 代入上表公式，t_{min} 为两相邻管孔中心线与厚度中心线交点的最小展开尺寸（mm）；d 为孔径（mm）。

3. 对凸面受压的炉胆顶有孔排时，φ_1 不小于表 20-28 给定的 η 值时，则不考虑孔排影响，若 $\varphi_1<\eta$，φ 用φ_1 代入，与此同时基本许用应力修正值 η 取 1.0。

表 20-49 封头减弱系数 φ

封头结构形式	φ
无孔,无拼接焊缝	1.00
无孔,有拼接焊缝	φ_w 查表 20-39 和表 20-40
有孔,无拼接焊缝	$1-\dfrac{d}{D_i}$
有孔,有拼接焊缝,但二者不重合①	取 φ_w 和 $1-\dfrac{d}{D_i}$中较小者
有孔,有拼接焊缝,且二者重合①	$\varphi_w\left(1-\dfrac{d}{D_i}\right)$

① 对锅壳锅炉，接管焊缝边缘与主焊缝边缘净距离≤10mm 为重合，≥10mm 为不重合；对水管锅炉孔中心与焊缝边缘距离≥(0.5d+12mm) 为不重合，≤为重合。

表 20-50 冲压工艺减薄值 单位：mm

结构形式	减薄值
椭球封头$\left(0.20\leqslant\dfrac{h_i}{D_i}\leqslant 0.35\right)$	$0.1(\delta_L+c_1)$或 $0.09(\delta-c_3)$
深椭球和球形封头$\left(0.35<\dfrac{h_i}{D_i}\leqslant 0.50\right)$	$0.15(\delta_L+c_1)$或 $0.13(\delta-c_3)$

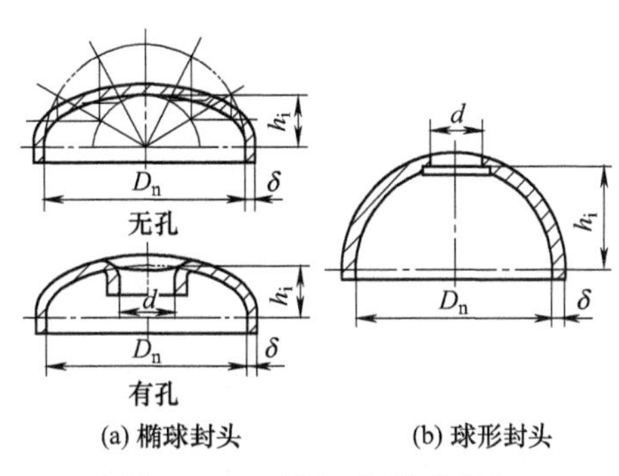

图 20-18 球形、椭圆形封头

热旋压凸形封头可按表 20-48 中的公式计算，但旋压后封头顶端必须开孔径≥80mm 的工艺孔，若集箱强度未减弱的热旋压封头圆筒部分理论计算壁厚 δ_L 与热旋压封头圆筒部分有效壁厚 δ_e 的比值 $\delta_L/\delta_e<0.5$，且额定工作压力≤2.5MPa 时，则上表中水管锅炉适用范围中 d/D_i 的限制值放宽至≤0.8。

按表 20-48 确定的封头和它的直段的计算壁厚不应该小于筒体减弱系数 $\varphi_{min}=1$ 时，按表 20-36 所确定的筒体部分计算壁厚。

(2) 对封头开孔的要求 凸形封头开孔要求见表 20-51，参见图 20-19。

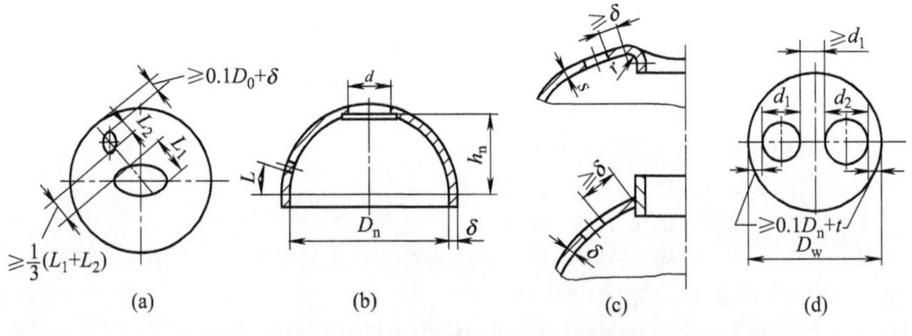

图 20-19 凸形封头对开孔位置的要求

表 20-51 凸形封头的开孔要求

水管锅炉凸形封头开孔要求	锅壳锅炉凸形封头开孔要求
(1)除人孔外，开有其他孔时，若孔径≥38mm，则任意两孔边缘的投影距离 $L\geqslant\frac{1}{3}(L_1+L_2)$；若孔径≤38mm，则任意两孔边缘的投影距离 $L\geqslant L_2$，见图 20-19(a) (2)对于 $\frac{h_i}{D_i}\leqslant0.35$ 的椭球封头，孔边缘至封头边缘之间的投影距离≥ $0.1D_n+\delta$，见图 20-19(a) (3)对于 $\frac{h_i}{D_i}>0.35$ 的深椭球封头和球形封头，孔边缘离开封头和直段交接处的弧长 $L\geqslant\sqrt{D\delta_L}$，见图 20-19(b) (4)位于板边人孔附近的孔，除遵守上述条件件，还必须使开孔边缘与孔板边弯曲点之间的距离(或者与焊接圈焊缝之间的距离)≥δ，见图 20-19(c) (5)板边孔不得开在焊缝上	(1)对于封头上的炉胆孔，两孔边缘之间的投影距离不应小于其较小孔的直径，见图 20-19(d)，此时不计孔桥减弱； (2)炉胆孔边缘至封头边缘之间的投影距离≥$0.1D_i+\delta$，见图 20-19(d) (3)与水管锅炉要求(4)相同 (4)与水管锅炉要求(5)相同

(3) 椭球形管板和拱形管板强度计算 椭球形管板如图 20-20 所示，其强度计算按照表 20-50 中锅壳式锅炉凸形封头计算方法进行。但不计烟管孔排的影响。

边缘管孔中心线与管板外表面交点的法线所形成的夹角 α 不应大于 45°，管孔宜经机械加工或仿形气割成形。

拱形管板如图 20-21 所示，拱形管板中由不同椭圆线构成的凸形部分按表 20-48 中锅壳式锅炉凸形封头强度计算方法确定，其中 D_i 用当量直径 D_{id} 代入，D_{id} 取 2 倍椭圆长半轴，长半轴近似由边缘烟管管排中心算起，即 $D_{id}=2\,\overline{a''b}$（见图 20-21）。

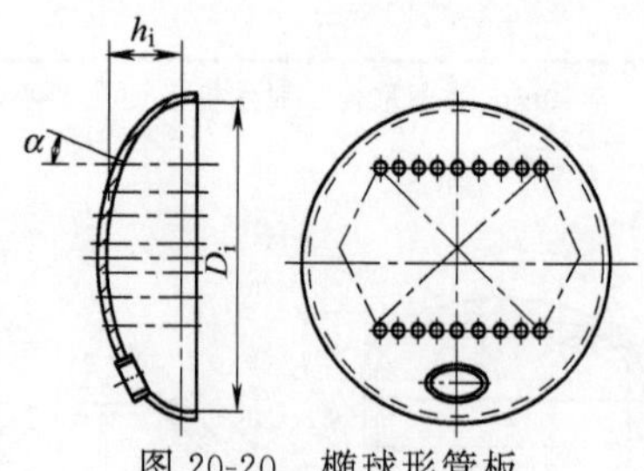

图 20-20 椭球形管板

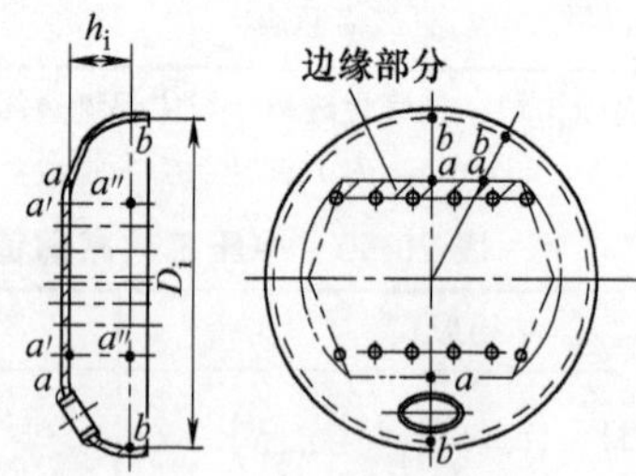

图 20-21 拱形管板

拱形管板的平直部分按本节有拉撑的平板管板中烟管管束区以内平板的有关规定确定，边缘 aa' 由于宽度不大，可不进行校核。

凸形管板上人孔布置可不满足 $0.1D_i+\delta$ 的要求，平直部分和凸形部分应平滑过渡。其他直段部分厚度和计算压力同表 20-48 中的要求。

2. 平端盖、平堵头及盖板壁厚的确定

(1) 平端盖的强度计算 圆筒形集箱的封头常采用平板形封头，称为平端盖。平端盖的应力状态虽不及球形或椭球形端盖好，但它具有加工方便，占据空间小等优点，因而得到广泛的应用。常用的平端盖结构形式列于表 20-48 中。

承受内压力的圆形平端盖，实际上受到横向均匀布置载荷的作用，主要产生径向和环向弯曲变形，因而属于双向受弯问题。其最小需要壁厚（mm）按下式计算：

$$\delta_{Lmin}=KD_i\sqrt{\frac{p}{[\sigma]}} \tag{20-50}$$

圆形平端盖取用壁厚应满足：

$$\delta_1\geqslant\delta_{Lmin} \tag{20-51}$$

式中 D_i——与平端盖相连接处的集箱筒体内径，mm；

p——计算压力（表压），MPa，取相连筒体的计算压力；

K——与平端盖结构形式有关的系数，按表 20-52 选取；

$[\sigma]$——许用应力，MPa，确定许用应力的计算壁温取相连集箱筒体的计算壁温。基本许用应力修正系数 η 按表 20-52 选取。

平端盖直段部分的壁厚 δ 不小于 $\varphi_{min}=1$ 时，按表 20-36 的集箱壁厚计算公式所确定的最小需要壁厚。

表 20-52　圆形平端盖的系数 K 和修正系数 η

序号	平端盖形式	结构要求	K		η		备注
			无孔	有孔①	$l\geqslant 2\delta$	$2s>l\geqslant\delta$	
1	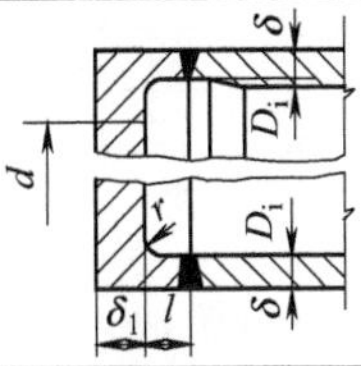	$r\geqslant\frac{2}{3}\delta$ $l\geqslant\delta$	0.40	0.45			优先
2	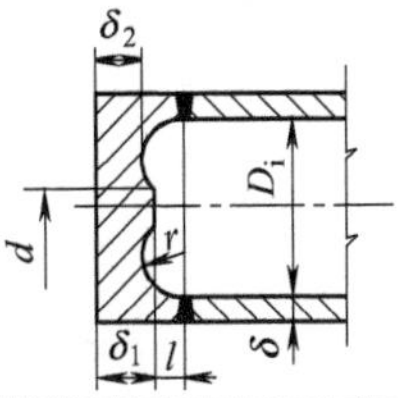	$r\geqslant 1.5\delta$ $\delta_2\geqslant 0.8s_1$	0.42	0.47			
3	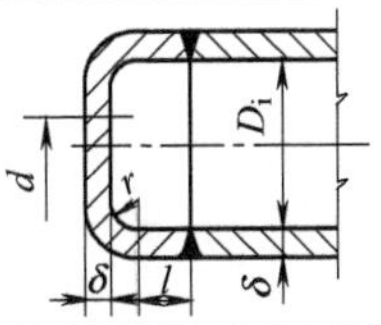	$r\geqslant 3\delta$ $l\geqslant\delta$	0.40	0.45	1.00	0.95	
4	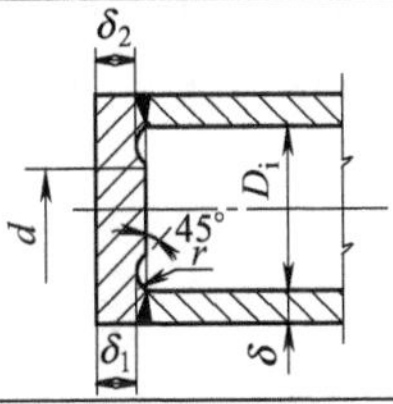	$r\geqslant\frac{1}{3}\delta$ 和 $r\geqslant 5\text{mm}$ $\delta_2\geqslant 0.8\delta_1$	0.40	0.45		0.90	
5	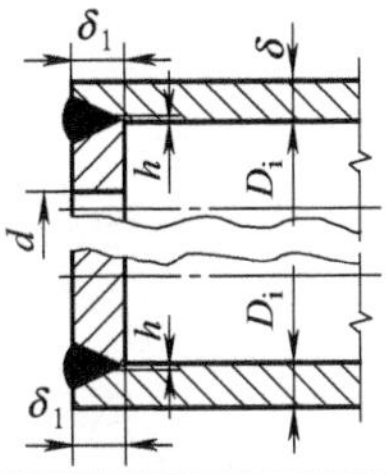	$r\geqslant 3\delta$ $l\geqslant\delta$	0.65	0.76			用于额定压力 $p_r\leqslant 2.5\text{MPa}$ 且 $D_i\leqslant 426\text{mm}$
6	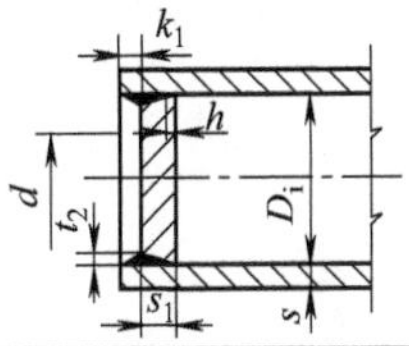	$K_1\geqslant\delta_1$ $K_2\geqslant\delta$ $h\leqslant(1\pm 0.5)\text{mm}$	0.60	0.70		0.85	用于额定压力 ≤ 2.5MPa 和 $D_i\leqslant 426\text{mm}$
			0.40	0.45		1.05	用于水压试验②

① 圆形平端盖上中心孔的直径或长轴尺寸与端盖内径之比≤0.8；平端盖上任意两孔边缘之间的距离≥其中小孔的直径；孔边缘至平端盖外边缘之间的距离≥$2s_{\text{Lmin}}$；孔不得开在内转角过渡圆弧处。

② 用于水压试验时可以不开或开小坡口。

校核计算时，圆形平端盖的最高允许计算压力按下式计算：

$$[p]=\left(\frac{\delta_1}{KD_i}\right)^2[\sigma] \tag{20-52}$$

(2) 平堵头和盖板的强度计算　用以隔断介质的圆形平堵头（见图 20-22）、圆形盖板或椭圆形盖板（如人孔、手孔盖）的最小需要壁厚（mm）按下式计算：

$$\delta_{\text{Lmin}}=k_1k_2L\sqrt{\frac{p}{[\sigma]}} \tag{20-53}$$

其取用壁厚应满足：

$$\delta_1\geqslant\delta_{\text{Lmin}} \tag{20-54}$$

式中 L——计算尺寸，mm，对于圆形平堵头和圆形盖板，取 $L=D_n$；对于椭圆形盖板，取 $L=2b$；

p——介质的计算压力，MPa，取相连元件的计算压力；

$[\sigma]$——许用应力，MPa，确定许用应力时的计算壁温取相连元件的计算壁温；

K_1——形状系数，对于圆形平堵头和圆形平板，取 $K_1=1.0$；对于椭圆盖板，K_1 按表 20-53 选取。

K_2——结构特性系数，两法兰间加平堵头（图 20-22）$K_2=0.50$，L 取法兰密封面的中心线尺寸；当采用凸面法兰盖板时，$K_2=0.55$，L 取法兰螺栓中心线尺寸。

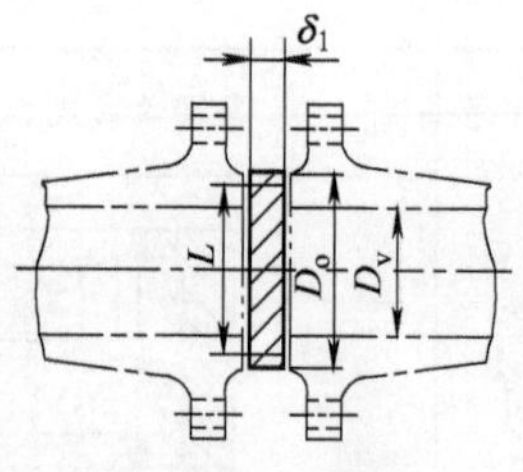

图 20-22 平堵头

校核计算时，圆形平堵头、圆形盖板或椭圆盖板的最高允许计算压力按下式计算：

$$[p]=3.3\left(\frac{\delta_1}{K_1K_2L}\right)^2[\sigma] \tag{20-55}$$

表 20-53 形状系数 k_1

椭圆短轴与长轴之比(b/a)	1.00	0.75	0.50
形状系数 K_1	1.00	1.15	1.30

3. 带有拉撑件的平板强度计算

在锅壳式锅炉中，在些承压平板具有各种拉撑件，例如拉撑平板（圆拉杆、角撑板等）和烟管（拉撑管）拉撑的管板等，这些元件在内压力作用下，主要产生双向弯曲变形，属双向弯曲问题。

(1) 拉撑平板和烟管区域以外的平板 拉撑平板和烟管区域以外的平板可以看作是周边位于通过支点所画出的（也称假想圆）当量（见图 20-23）的平板结构。其最小需要壁厚（mm）按式（20-56）计算：

$$\delta_{min}=Kd_e\sqrt{\frac{p}{[\sigma]}}+1 \tag{20-56}$$

其取用壁厚应满足：

$$\delta\geqslant\delta_{min} \tag{20-57}$$

校核计算时，最高允许计算压力按下式计算：

$$[p]=\left(\frac{\delta-1}{Kd_e}\right)^2[\sigma] \tag{20-58}$$

式中 K——系数，与支撑点结构和工作条件有关，按表 20-54 选取；

d_e——当量圆直径，mm；

p——计算压力（表压），MPa；

$[\sigma]$——许用应力，MPa。

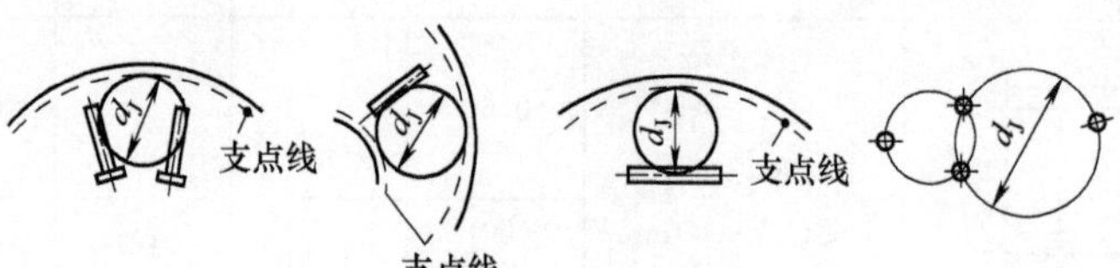

图 20-23 当量圆的画法

用式（20-56）与式（20-57）、式（20-58）进行有拉撑的管板和烟管管束区以外的平板的强度计算时，应按表 20-55 中所规定的进行，其中计算压力取相连元件的计算压力，计算壁温按表 20-34 选取。

表 20-54 系数 K

支撑形式		K
支点线	平板或管板与锅壳筒体、炉胆或冲天管连接 扳边连接[见图 20-24(a)] 坡口形角焊连接并有内部封焊[见图 20-24(b)]	 0.35 0.37
	内部无法封焊的单面坡口形角焊(见图 20-25)①	0.50
	直拉杆、拉撑管、角撑板、斜拉杆 带垫板的拉杆 焊接烟管(包括螺纹管)；管头 45°扳边的胀接管	0.43 0.38 0.45

① 如氩焊打底，且 100%探伤，K 可取 0.40；如采用垫板，且 100%探伤，K 可取 0.45。

表 20-55　有拉撑的平板和烟管管束区以外的平板强度计算中的规定

系数 k 的确定	(1)通过三个支撑点画当量圆时，k 按表 20-54 确定 (2)通过四个或四个以上支撑点画当量圆时，k 值在表 20-54 所确定的基础上降低 10% (3)通过两个支撑点画当量圆时，k 值在表 20-54 的基础上增加 10% (4)如烟管与管板采用焊接连接时，这些烟管均有拉撑作用，以管束区边缘管子画当量圆时，k 按表 20-54 确定。当烟管中心与最近支点线或支点的距离＞250mm 时，烟管应满足焊接要求
当量圆画法的规定	当量圆直径 d_J 如为经过三个或三个以上支撑点画圆时，支撑点不应都位于同一半圆周上，当量圆画法如图 20-23 所示；如为经过两个支撑点画圆时，支撑点应位于直径的两端
支点线的位置	支点线按图 20-24、图 20-25 所示原则确定。人孔、头孔、手孔边缘，不是支点线
支撑点的确定	拉杆或拉撑管中心、管束区边缘焊接烟管中心、角撑板的中线及支点线上的各点都是支撑点

包括人孔、头孔在内的平板（见图 20-26）的最小需要厚度（mm）及最高允许计算压力（MPa）按下列公式计算：

$$\delta_{\min}=0.62\sqrt{\frac{p}{R_m}(Cd_e^2-d_h^2)} \tag{20-59}$$

$$[p]=2.60R_m\frac{s^2}{Cd_e^2-d_h^2} \tag{20-60}$$

式中　R_m——常温抗拉强度，MPa；

d_h——人孔或头孔计算直径（a 和 b 之和），mm；

C——系数，按表 20-56 选取；

其他符号意义同前。

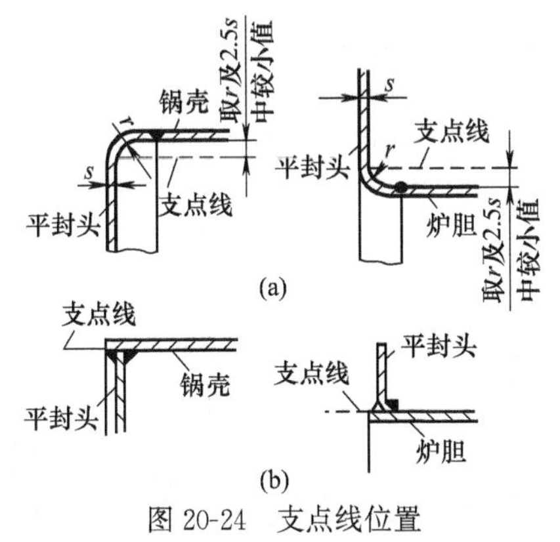

图 20-24　支点线位置

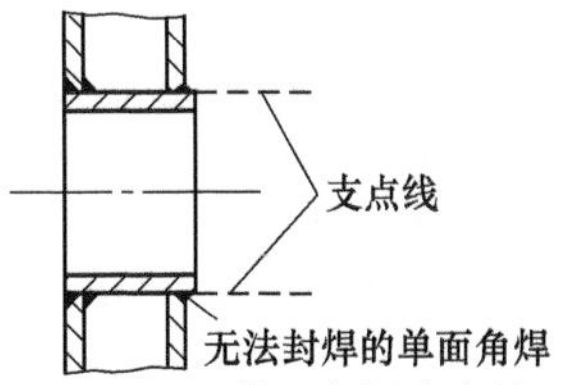

支点线

无法封焊的单面角焊

图 20-25　单面角焊支点线

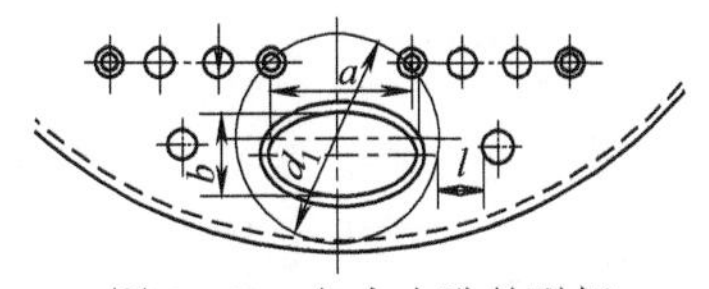

图 20-26　包含人孔的平板

表 20-56　包含人孔的平板系数 C

结构形式	C 值	结构形式	C 值
无拉撑或两侧有拉撑，但 $l>\frac{d_e}{10}$	1.64	两侧有拉撑，且 $l=0\sim\frac{d_e}{10}$	1.19

注：l 为拉杆外缘至当量圆的最小距离（参看图 20-26）。

至少有一个当量圆应将人孔或头孔包括在内，并以其中最大当量圆作为强度计算的依据。

如果平板或管板是扳边的，为了消除和减小扳边处的应力升高值，则扳边内半径应≥2 倍板厚，且至少应为 38mm；同时为了避免高应力区的相互重叠，扳边起点与人孔圈或头孔圈焊缝边缘之间的净距离应≥6mm。

(2) 烟管管束区以内的平板强度计算　烟管管束区以内的平板最小需要厚度及最高允许压力按式（20-56）和式（20-57）、式（20-58）计算。此时，当量圆直径 d_J 是以烟管区域内拉撑管的中心线作为支点画出，其系数 K 按表 20-57 中规定的原则处理。

当烟管与管板采用焊接连接时，管束区域允许不装拉撑管。d_e 取烟管最大节距，并取 $K=0.47$。

(3) 对有拉撑件的平板和拉撑件结构的要求　拉撑管与管板连接的焊缝高度（含深度）应为管子厚度加 3mm（见图 20-27），拉撑管或拉撑杆的最小需要截面积按下式计算：

$$F_{\min}=\frac{pA}{[\sigma]} \tag{50-61}$$

式中 p——计算压力，MPa，取相连元件的计算压力；

$[\sigma]$——许用应力，MPa，直拉杆按不受热考虑，计算壁温按表 20-36 选取；

A——拉撑件所支撑的面积，cm^2，A 等于被拉平板上支撑点中位线所包围的面积。支撑点中位线为距相邻支撑点等距离的连线，可近似取 3 个支撑点当量圆的中心和相邻两个支撑点之中点的连线（见图 20-28）。

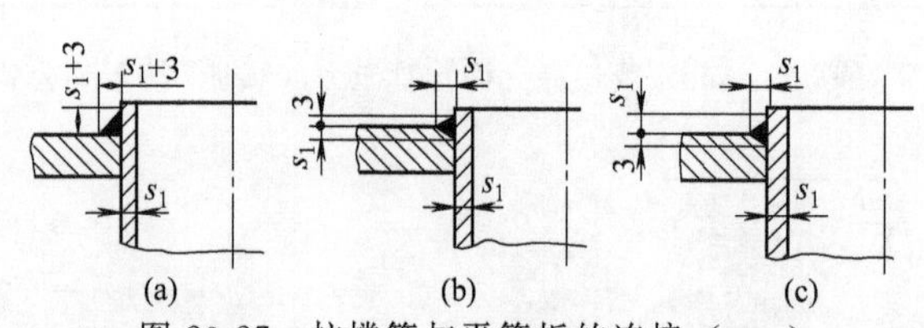

图 20-27 拉撑管与平管板的连接（mm）

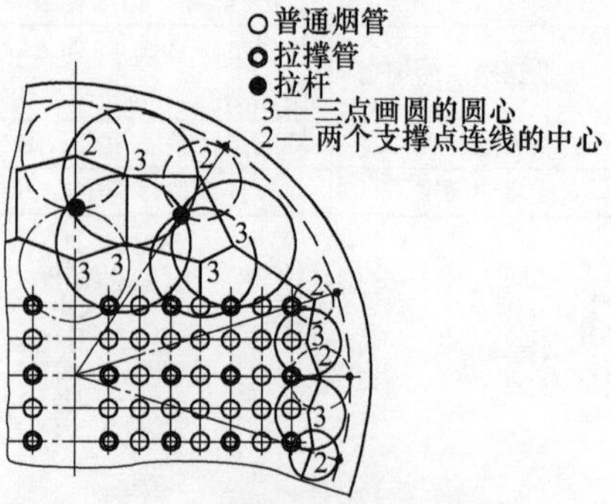

○普通烟管
◎拉撑管
●拉杆
3—三点画圆的圆心
2—两个支撑点连线的中心

图 20-28 支撑面积 F 的近似画法

对于烟管区域内的平板，如果管子与管板采用胀接连接，为了保证胀接质量，管板厚度应满足一定的要求：管子直径＜51mm 时，管板取用厚度应≥12mm；管子直径≥51mm 时，管板取用厚度应≥14mm。此外，胀接管板孔桥应≥0.125d＋12.5mm，管孔中心至板边起点的距离应≥0.8d，且≥0.5d＋12mm。

管子管板连接全部采用焊接时，管板取用厚度应≥8mm；如管板内径≥1000mm，则管板取用厚度应≥10mm；管孔焊缝边缘至板边起点的距离应≥6mm。

对于与 600℃以上烟气接触的管板，焊接连接的烟管或拉撑管应采取消除间隙的措施（如预先贴胀等）。

直拉杆与平管板的连接结构如图 20-29 和图 20-30 所示。图 20-29 示出结构用于烟温≤600℃的部位。图 20-30 示出结构用于烟温≥600℃部位，当用于烟温≤600℃的部位时，拉杆端头超出焊缝的长度可放大至 5mm。直拉杆的直径不宜≤25mm。

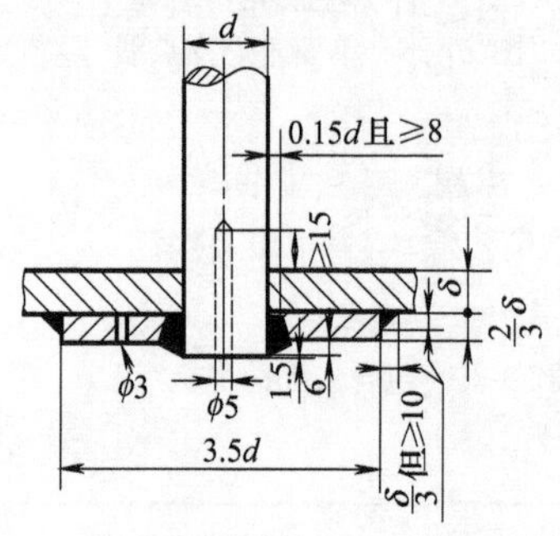

图 20-29 有垫板的拉杆与平管板的连接

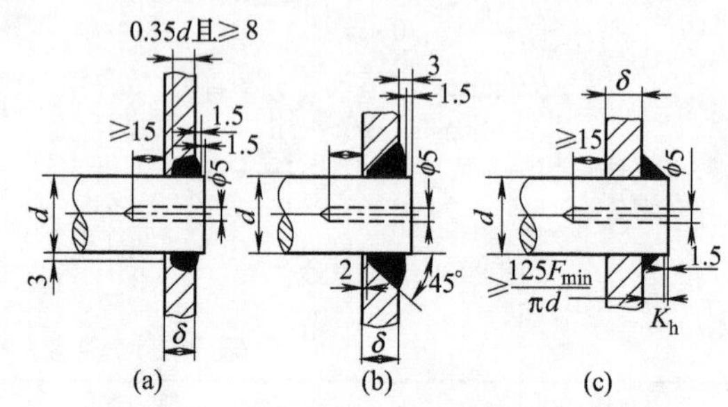

图 20-30 无垫板的拉杆与平管板的连接

拉撑管与平管板的连接结构如图 20-27 所示。当用于烟温≥600℃的部位时，管端超出焊缝的长度应≤1.5mm；当用于烟温≤600℃的部位时，管端超出焊缝的长度可放大至 5mm。焊接烟管也按此规定处理。

六、孔的加强计算

锅炉承受压力的圆筒形元件、凸形封头及平板上均开有各种直径的孔，有个别的大直径孔，也有密集的直径较小的孔排。在这些孔边缘的局部区域内存在着应力集中现象，有时其应力集中系数可达 3.0 以上。此时，必须对这些孔进行加强，从而使其边缘局部地区的应力集中程度降低到允许的范围内。

1. 未加强孔的最大允许直径

未受孔排及焊缝减弱的承压元件，当取用壁厚（δ）等于计算所得的最小需要厚度（δ_{min}）时，元件壁内的当量应力正好等于许用应力。此时，如果在元件上开孔，则孔边缘局部区域的应力将超过许用应力而达到不允许的程度。实际上，承压元件的取用壁厚均大于最小需要壁厚，这就是说，元件的强度除了承受内压还有一定的裕度。此时，如果在元件上开孔，只要开孔所引起的元件强度减弱能由多余的壁厚裕度所补偿，那么，这样的开孔是允许的。

对于受到孔排减弱的承压元件，其壁厚是根据孔桥处的应力来确定的，则孔桥区域以外部位就有多余的壁厚裕度。在这些部位也允许开设一定直径的管孔。

由此可知，只要承压元件的壁厚具有一定的裕度，开设一定直径的孔并不会影响元件的强度。这种不影响元件强度的最大开孔孔径称为未加强孔的最大允许直径。

对于圆筒形元件，通常按经验公式计算未加强孔的最大允许直径（mm）：

$$[d]=8.1\sqrt[3]{D_i\delta_e(1-k)} \tag{20-62}$$

式中　D_i——筒体内径，mm；

δ_e——筒体有效厚度，mm；

k——筒体的实际减弱系数，按下式计算：

$$k=\frac{pD_i}{(2[\sigma]-p)(\delta-c)} \tag{20-63}$$

式中　δ——筒体的取用壁厚，mm；

c——筒体的附加壁厚，mm；

p——计算压力（表压力），MPa。

由式（20-63）可知，实际减弱系数越小，则未加强孔的最大允许直径越大，因为，此时筒体的剩余壁厚余度大。

式（20-63）的适用范围为：$D_i\delta_e\leqslant 130\times10^3\text{mm}^2$ 及 $[d]\leqslant 200$mm。如果 $D_i\delta_e>130\times10^3\text{mm}^2$，则 $D_i\delta_e$ 仍以 $130\times10^3\text{mm}^2$ 代入计算；如果计算所得的 $[d]>200$mm，则仍取 $[d]=200$mm，这样的规定比较安全。

为了便于计算，将式（20-63）绘制成线算图，如图 20-31 所示，图中的系数 k 按式（20-64）计算，其式中符号意义同上。

$$k=\frac{pD_i}{(2[\sigma]-p)\delta_e} \tag{20-64}$$

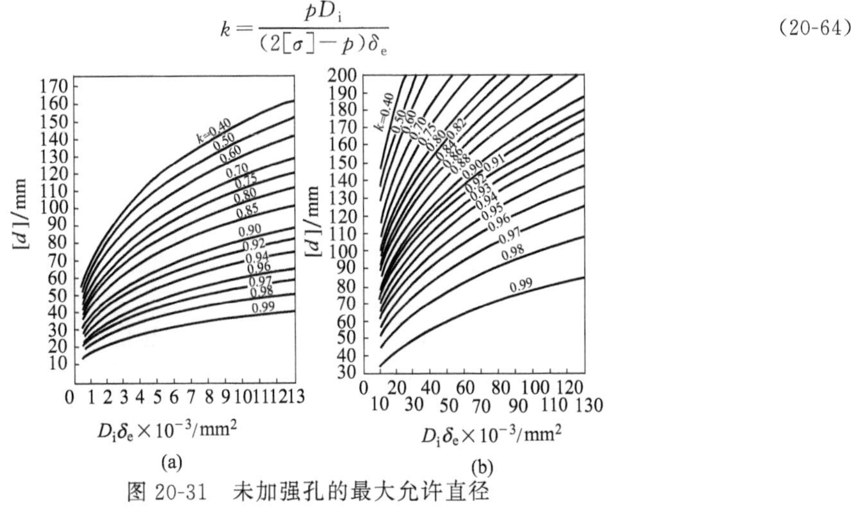

图 20-31　未加强孔的最大允许直径

2. 孔的加强结构

当锅筒筒体或凸形封头上的开孔直径大于未加强孔的最大允许直径时，这些孔必须采取加强措施，例如采用加厚壁管接头和采用加强垫板等。但这些加强元件能否起到加强的作用，决定于它们与筒体或封头的连接方式。图 20-32 所示的 6 种结构形式都可视为加强结构。其中图 20-32（a）～(c）的结构因管接头或垫板与筒体的连接为角焊缝，使加强作用受到影响，所以这些结构只适用于锅炉出口额定压力不大于 2.5MPa 的低压锅炉。如图 20-32（a）仅适应于圆筒体不受热锅筒，其补强方法视同图 20-32（d）。

图 20-33 所示的连接结构由于连接强度较差，不能作为加强结构。这两种连接形式的管孔仍作为未加强孔考虑。另外，对于胀接孔、螺丝孔或手孔都应认为是未加强孔。

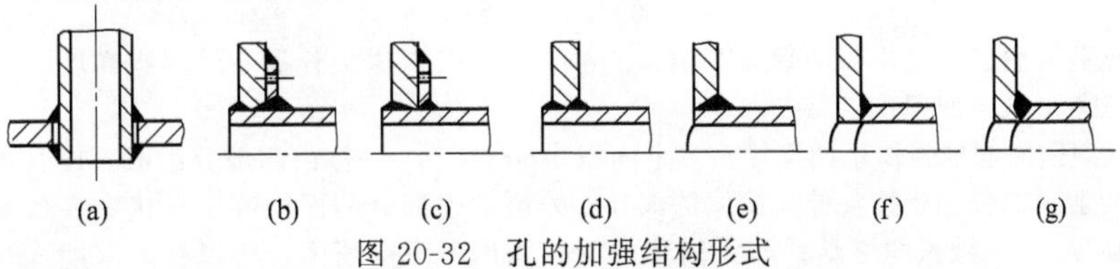

图 20-32　孔的加强结构形式

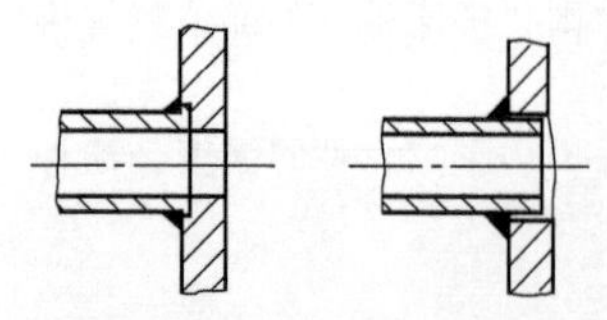

图 20-33 不能作为加强结构的管接头焊接形式

3. 孔的加强计算

(1) 圆筒形元件上孔的加强计算 当筒体或集箱上的开孔直径超过未加强孔的最大允许直径时，必须对孔进行加强计算。

但是，如果筒体或集箱的系数 $k<0.4$，则由于筒体或集箱的剩余壁厚超过了筒体或集箱未减弱时所需的壁厚，已能全部补偿由开孔所引起的强度减弱，因而在这种情况下不必进行加强计算。

孔的加强计算可根据不同的原则进行。如以极限分析作为基础的加强计算方法是根据加强后的应力集中系数小于 2.25 来进行的；以安定性要求为基础的加强计算方法是根据加强后应力集中系数小于 3.0 来进行的；等面积加强是根据加强后的安全系数能达到 4～5 而制定的。等面积加强法偏于安全，目前锅炉承压元件上开孔的加强计算一般都采用等面积加强法。

等面积加强法就是使有效加强范围内的多余面积不小于需要加强的面积。几种加强结构的有效范围 *ABCD* 以及各部分面积的计算列于表 20-57 中。

表 20-57 几种加强结构的有效范围及相关计算

型式	A	B	C
加强结构	双面管接头和垫板联合加强 $\delta_2<\delta, h_1\leqslant h$ 图 20-32(a)、(b)	双面管接头加强 $h_1\leqslant h$ 单面管接头加强 $h_1=0$ 图 20-32(c)、(d)	单面管接头加强 图 20-32(e)、(f)
A	$\left[d_i-2\delta_{be}\left(1-\frac{[\sigma]_b}{[\sigma]}\right)\right]\delta_L$	$\left[d_i+2\delta_{be}\left(1-\frac{[\sigma]_b}{[\sigma]}\right)\right]\delta_L$	d_i①δ_L
A_1	$2e^2$	$2e^2$(或 e^2)	e^2
A_2	$[2h(\delta_{be}-\delta_{Lb})+2h_1\delta_{be}]\frac{[\sigma]_b}{[\sigma]}$	$[2h(\delta_{be}-\delta_{Lb})+2h_1\delta_{be}]\frac{[\sigma]_b}{[\sigma]}$	$2h(\delta_{be}-\delta_{Lb})\frac{[\sigma]_b}{[\sigma]}$
A_3	$0.8s_2(b-d_i-2\delta_b)\frac{[\sigma]_2}{[\sigma]}$	0	0
A_4	$\left[d_i-2\delta_{be}\left(1-\frac{[\sigma]_b}{[\sigma]}\right)\right](\delta_e-\delta_L)$	$\left[d_i-2\delta_{be}\left(1-\frac{[\sigma]_b}{[\sigma]}\right)\right](\delta_e-\delta_L)$	$d_i(\delta_e-\delta_L)$

① 当开孔直径 d 与管接头内径 d_i 不同时，d_i 用 d 代替。

在确定有效加强范围 *ABCD* 时，表 20-57 中的有效加强高度（h）按此规定选取：当 $\delta_b/d_i\leqslant 0.19$ 时，$h=2.5\delta_b$ 和 $h=2.5\delta$ 中的较小者；当 $\delta_b/d_i>0.19$ 时，取 $h=\sqrt{(d_i+\delta_b)\delta_b}$。其中 δ_b 为加强管接头的取用壁厚，mm；δ 为筒体或集箱的取用壁厚，mm；d_i 为加强管接头的内直径，mm。

有效加强宽度 b 取 $b=2d_i$，如为椭圆孔，则 d_i 为纵截面上的尺寸。

圆筒形元件开孔加强应满足以下条件，并使加强所需面积的 2/3 应分布在离孔边 1/4 孔径的范围内。

$$A_1+A_2+A_3+A_4\geqslant A \tag{20-65}$$

式中 A_1——纵截面内起加强作用的焊缝面积，mm^2，通常仅以焊接管接头的焊脚高度 e 为直角边的等腰三角形来求面积；

A_2——纵截面内起加强作用的管接头多余面积，mm^2，A_2 一般由两部分组成，即管接头在筒体外侧的加强部分和管接头伸入筒体的部分。外侧加强部分的面积等于管接头多余壁厚与有效加强高度（h）乘积的 2 倍；伸入筒体的管接头因不承受压力，所以有效厚度（δ_e）就是多余厚度，加强面积为 $2\delta_e \cdot h_1$（当 $h_1 \leqslant h$ 时）。外侧管接头的多余厚度为有效厚度减去理论计算厚度，其中理论计算厚度 δ_{Lb} 按式（20-66）计算；

A_3——起加强作用的垫板面积，考虑到筒体和垫板的整体性不足，故乘以 0.8 的修正系数；

A_4——起加强作用的筒体多余面积，筒体的多余壁厚为其有效厚度与理论计算壁厚 δ_L（或 δ_b）的差值，其中 δ_L 按式（20-66）计算；

A——需要加强的面积，mm^2；

$[\sigma]_2$——垫板的许用应力，MPa；

δ_b——管接头的取用壁厚，mm；

δ_{be}——管接头的有效壁厚，mm；

δ_{Lb}——管接头的理论计算壁厚，mm。

$$\delta_L = \frac{pD_i}{2[\sigma]-p} \tag{20-66}$$

$$\delta_{Lb} = \frac{pd_i}{2[\sigma]_1-p} \tag{20-67}$$

式中　p——计算压力（表压），MPa；

D_i——锅筒内径，mm；

d_i——管接头内径，mm，若为椭圆孔，d_i 系指长轴尺寸；

$[\sigma]$——筒体的许用应力，MPa；

$[\sigma]_b$——管接头的许用应力，MPa。

管接头的有效厚度（δ_{be}）和筒体的有效厚度（δ_e）按表 20-36 计算。当加强元件钢材的许用应力大于被加强元件钢材许用应力时，表 20-57 中的 $[\sigma]_b$ 取 $[\sigma]$ 代入。

（2）凸形元件上孔的加强计算　为了减小凸形元件厚度，可采用孔边缘焊以加强圈或加强板的办法进行加强。能起加强作用的截面积 ΣA 为图 20-34 中斜线部分的 2 倍。图 20-34 中，加强有效范围（h、b）仍按圆筒形元件加强计算中的规定执行，加强管接头承受内压力所需要的理论计算壁厚 δ_{Lb} 按式（20-67）计算，附加厚度按表 20-48 确定。经加强后，表 20-48 中的 d 用 $d-\frac{\Sigma A}{\delta_e}$ 代替。如加强元件的许用应力与被加强元件的许用应力不同时，即 $[\sigma]_b>[\sigma]$ 时，$[\sigma]_b$ 用 $[\sigma]$ 代入；若 $[\sigma]_b \leqslant [\sigma]$ 时，用 $[\sigma]_b$ 代入计算式。其他计算方法参照表 20-59 计算。

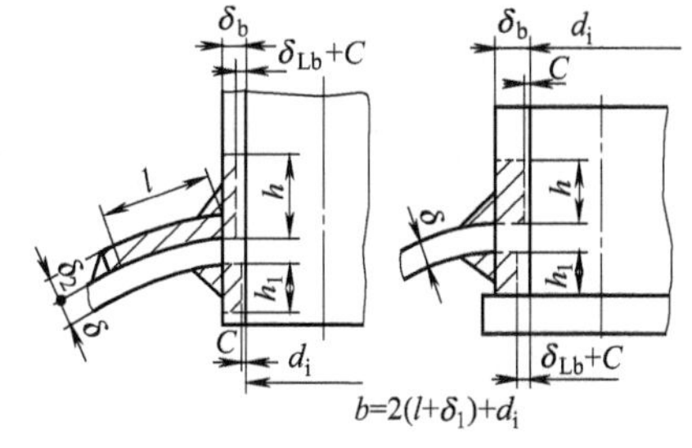

图 20-34　凸形元件上孔的加强计算示意

（3）孔桥的加强计算　锅筒筒体和集箱筒体上纵向、横向或斜向孔桥用管接头加强，以提高孔桥减弱系数时，首先应满足以下要求：

① 采用整体焊接结构，如图 20-32（c）～（f）所示；

② 允许的最小孔桥减弱系数：

$$[\varphi] < \frac{4}{3}\varphi_{nr} \tag{20-68}$$

式中　$[\varphi]$——允许最小减弱系数；

φ_{nr}——被加强孔桥在未加强前按孔径计算的 $<[\varphi]$ 的纵向、两倍横向或斜向的当量减弱系数。

对锅筒筒体和集箱筒体上纵向、横向或斜向孔桥进行加强计算时，最大允许当量直径 $[d]_e$ 按下列公式计算：

对于纵向孔桥　$$[d]_e = (1-[\varphi])s \tag{20-69}$$

对于横向孔桥　$$[d]_e = \left(1-\frac{[\varphi]}{2}\right)s' \tag{20-70}$$

对于斜向孔桥　$$[d]_e = \left(1-\frac{[\varphi]}{K}\right)s'' \tag{20-71}$$

式中　$[\varphi]$——允许最小减弱系数；

s，s'，s''——纵向、横向和斜向两孔的节距，mm。

用于加强孔桥的管接头（见图 20-35）应符合下述条件：

$$A_1+A_2 \geqslant \left(\frac{A}{\delta_L}-[d]_d\right)\delta_e \tag{20-72}$$

式中 A_1——纵截面内起加强作用的焊缝面积，mm^2；

A_2——纵截面内起加强作用的管接头多余面积，mm^2；

A——纵截面内加强需要的面积，mm^2；

δ_L——强度未减弱的圆筒形元件理论计算壁厚，mm；

δ_e——圆筒形元件有效壁厚，mm。

A、A_1 和 A_2 按表 20-57 计算。

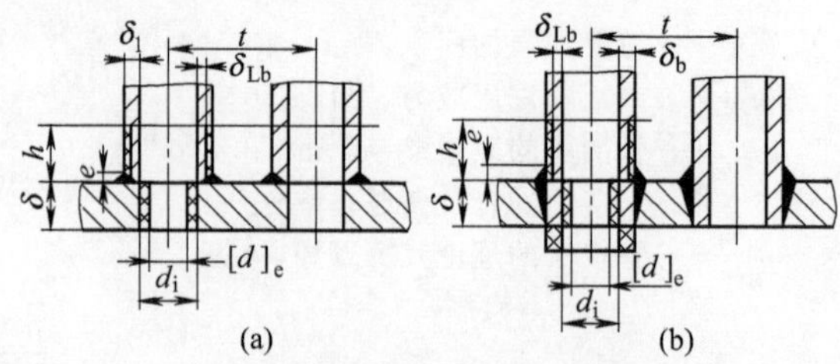

图 20-35　用管接头加强的孔桥

(4) 焊缝强度的校核计算　加强元件与锅筒筒体和集箱筒体的结合强度，必要时应进行验算。验算时取焊缝许用剪应力等于许用应力的 70%。当加强元件能保证焊透时，其焊缝计算高度取焊角高度，在不能保证焊透时应乘以 0.7。

① 搭接接头填角焊缝的强度校核计算。搭接接头填角焊缝及受力情况如图 20-36 所示，其强度校核计算应满足：

$$\tau \leqslant [\tau] \tag{20-73}$$

$$\tau=\frac{F}{2aL} \tag{20-74}$$

式中 $[\tau]$——焊缝许用剪应力，$[\tau]=0.7[\sigma]$，MPa；

τ——焊缝中的剪应力，MPa；

F——焊缝承受的拉力，MN；

a——焊缝计算高度，m，焊缝完全焊透时，$a=K_h$，在不能保证焊缝焊透，$a=0.7K_h$；

L——焊缝长度，m。

② “T” 字接头填角焊缝的强度校核计算。“T” 字接头填角焊缝如图 20-37 所示，其焊缝受力情况为：焊缝承受的拉力 F；焊缝受平面内的弯矩 M_1 和垂直于焊缝的弯矩 M_2 的作用，其强度校核计算除应满足式 (20-71) 外，还应满足：

$$\sigma_1 \leqslant [\sigma] \tag{20-75}$$

$$\sigma_2 \leqslant [\sigma] \tag{20-76}$$

$$\sigma_1=\frac{6M_1}{L \cdot s^2} \tag{20-77}$$

$$\sigma_2=\frac{6M_2}{L \cdot s^2} \tag{20-78}$$

式中 σ_1——焊缝中因焊缝平面内弯矩引起的拉应力，MPa；

σ_2——受垂直于焊缝弯矩作用引起的拉应力，MPa；

$[\sigma]$——焊缝许用应力，MPa，按材料特性确定；

M_1——焊缝平面内的弯矩，按材料力学知识确定，MN·m；

M_2——垂直于焊缝的弯矩，按材料力学知识确定，MN·m；

L——焊缝长度，m；

s——元件厚度，m。

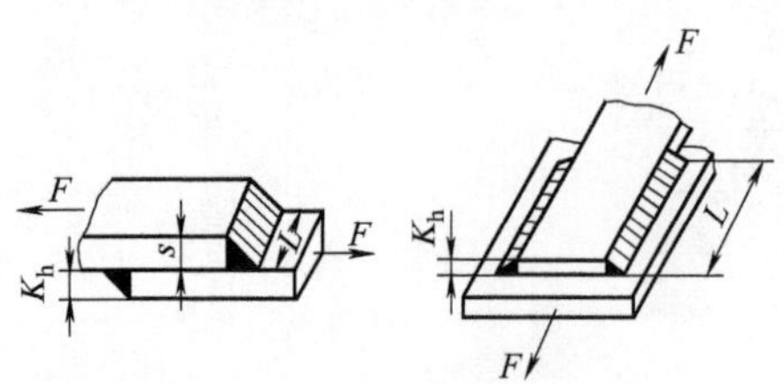

图 20-36　正面与侧面搭接接头受力

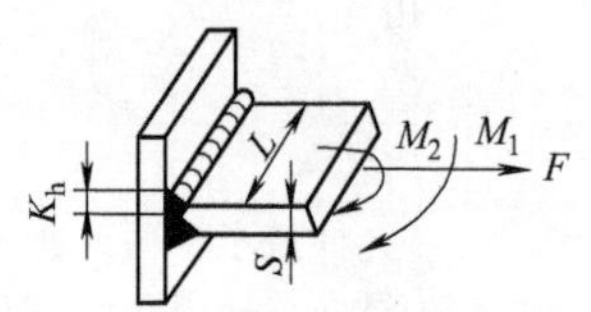

图 20-37　“T” 字接头填角焊缝的受力

七、计算示例

【例 20-1】 某锅炉的额定工作压力（表压）$p_r=13.7\text{MPa}$，锅筒筒体由 13MnNiMoR 钢板用热卷方法焊制而成，壁厚 $s=95\text{mm}$，内径 $D_i=1600\text{mm}$，置于烟道外。最大流量时，锅筒至锅炉出口之间的压力降为 1.5MPa，图 20-38 示出了筒体管孔减弱的布置，分 A、B、C、D 四组；图 20-39 示出了 D 组非等径孔桥布置及其加强结构。管孔全部焊上管接头，试校核锅筒筒体壁厚。

(1) 确定计算压力和许用应力 表 20-58 是计算压力和许用应力的计算结果。

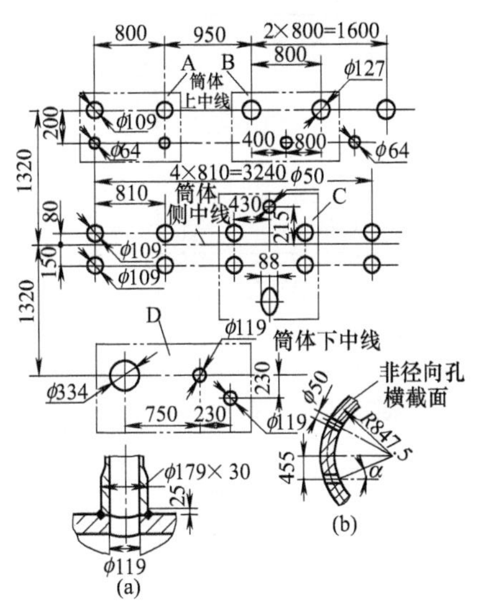

图 20-38 筒体管孔布置

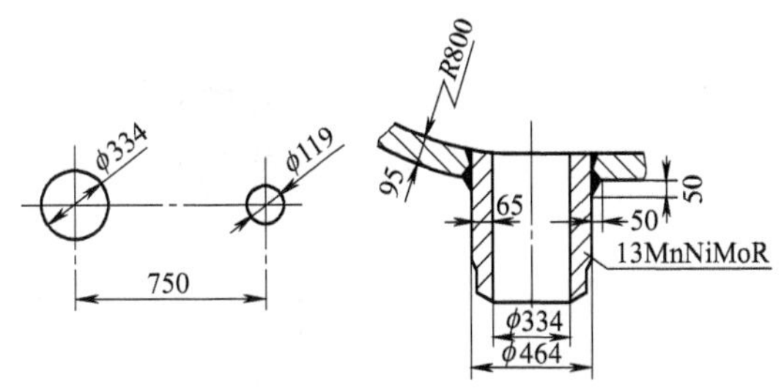

图 20-39 D 组非等径孔桥布置及其加强结构

表 20-58 计算压力和许用应力的计算结果

序号	名 称	公式及计算	结果
1	锅炉的额定工作压力 p_r/MPa	设计值	13.70
2	锅炉出口安全阀较低始启压力与额定压力的差值 Δp_a/MPa	$1.05p_r-p_r=0.05p_r=0.05\times13.7$	0.69
3	最大流量时锅筒至锅炉出口之间的压降 Δp_f/MPa	设计值	1.50
4	液柱静压力 Δp_h/MPa	选取	0.00
5	锅炉工作压力 p_o/MPa	$p_r+\Delta p_f+\Delta p_h=13.70+1.50+0$	15.20
6	锅筒筒体的计算压力 p/MPa	$p_o+\Delta p_a=15.20+0.69$	15.89
7	热力学压力（$p=15.89\text{MPa}$）下水的饱和温度 t_s/℃	查水蒸气性质表	347
8	计算壁温 t_c/℃	$t_c=t_s$（见表 20-32）	347
9	13MnNiMoR 钢板力学性能 R_m/MPa	查表 20-10	570
	最小保证值 R_{eL}^{300}/MPa R_{eL}^{350}/MPa R_{eL}^{347}/MPa	查表 20-16 查表 20-16 内插法	343 333 333.60
10	基本许用应力 $[\sigma]_{J1}$/MPa $[\sigma]_{J2}$/MPa	$[\sigma]_{J1}=\frac{R_m}{2.7}=\frac{570}{2.7}$ $[\sigma]_{J2}=\frac{R_{eL}^t}{1.5}=\frac{333.6}{1.5}$	211.00 222.40
11	基本许用应力 $[\sigma]_J$/MPa	从 $[\sigma]_{J1}$、$[\sigma]_{J2}$ 中选最小值	211.00
12	修正系数 η	按表 20-30 额定压力≥13.7MPa	0.90
13	许用应力 $[\sigma]$/MPa	$\eta\cdot[\sigma]_J=0.9\times211.00$	189.90

(2) 确定不考虑相邻两孔影响的最小节距（s_0）和未加强孔的最大允许直径（列于表 20-59）

表 20-59 最小节距和未加强孔的最大允许直径的计算结果

序号	名 称	公式及计算	结果
1	A 组 ϕ109 与 ϕ109 孔桥 t_{OZA}/mm	$d_p+2\sqrt{(D_i+s)\cdot s}=\frac{109+109}{2}+2\sqrt{(1600+95)\times 95}$ 从图看两孔节距 800mm、810mm 均小于 t_{OZA}，按孔桥处理	911.60
2	A 组 ϕ109 与 ϕ64 孔桥 t_{OHA}/mm	$d_p+2\sqrt{(D_i+s)\cdot s}=\frac{109+64}{2}+2\sqrt{(1600+95)\times 95}$ 从图看两孔节距 200mm 小于 t_{OHA}，按孔桥处理	889.06
3	B 组 ϕ127 与 ϕ127 孔桥 t_{OZB}/mm	$d_p+2\sqrt{(D_i+s)\cdot s}=\frac{127+127}{2}+2\sqrt{(1600+95)\times 95}$ 两孔节距 800mm 小于 t_{OZB}，按孔桥处理	929.55
4	B 组 ϕ127 与 ϕ64 孔桥 t_{OXB}/mm	$d_p+2\sqrt{(D_i+s)\cdot s}=\frac{127+64}{2}+2\sqrt{(1600+95)\times 95}$ 斜向节距 447.2mm 小于 t_{OXB}，按孔桥处理	898.05
5	C 组 ϕ109 与 ϕ109 孔桥 t_{OZC}	纵向、横向节距均小于 t_{OZC}，按孔桥处理	
6	C 组 ϕ109 与 ϕ50 孔桥 t_{OXC1}/mm	$d_p+2\sqrt{(D_i+s)\cdot s}=\frac{109+50}{2}+2\sqrt{(1600+95)\times 95}$ 斜向节距 480.75mm 小于 t_{OXC1}，按孔桥处理	882.05
7	C 组 ϕ109 与 d_d93.1 非径向孔 t_{OXC2}/mm	$d_p+2\sqrt{(D_i+s)\cdot s}=\frac{109+93.1}{2}+2\sqrt{(1600+95)\times 95}$ 斜向节距小于 t_{OXC2}，按孔桥处理	903.60
8	D 组 ϕ334 与 ϕ119 孔桥 t_{OZD}/mm	$d_p+2\sqrt{(D_i+s)\cdot s}=\frac{334+119}{2}+2\sqrt{(1600+95)\times 95}$ 两孔节距 750mm 小于 t_{OZD}，按孔桥处理	1029.05
9	D 组 ϕ119 与 ϕ119 孔桥 t_{OXD}/mm	$d_p+2\sqrt{(D_i+s)\cdot s}=\frac{119+119}{2}+2\sqrt{(1600+95)\times 95}$ 斜向节距 325.27mm 小于 t_{OXD}，按孔桥处理	921.55
10	考虑腐蚀减薄的附加厚度 c_1/mm	$\delta>20$mm	0
11	钢板下偏差负值和工艺减薄的附加厚度 c_2+c_3/mm	0.5+4	4.5
12	锅筒筒体的附加壁厚 c/mm	$c_1+c_2+c_3=0+4.50$	4.50
13	锅筒筒体的有效厚度 δ_e/mm	$\delta-c=95-4.50$	90.50
14	系数 k	$\frac{pD_i}{(2[\sigma]-p)\delta_e}=\frac{15.89\times 1600}{(2\times 189.90-15.89)\times 90.50}$	0.772
15	$D_i\cdot\delta_e$/mm^2	1600×90.50	145×10^3
16	未加强孔最大允许直径 [d]/mm	根据 k、$D_i\delta_e$ 查图 20-33 ϕ334 孔大于[d]=200，应进行补强	200

(3) **孔的加强计算**（见图 20-39 与表 20-60）。

表 20-60 孔的加强计算与结果

序号	名 称	公式及计算	结果
1	锅筒筒体允许最小减弱系数 [φ]	$\frac{p(D_i+\delta_e)}{2[\sigma]\delta_e}=\frac{15.89\times(1600+90.5)}{2\times 189.9\times 90.5}$	0.782
2	D 组纵向孔桥未加强时的减弱系数 φ_{nr}	$\frac{s-d_p}{s}=\frac{750-\left(\frac{334+119}{2}\right)}{750}$	0.698

续表

序号	名称	公式及计算	结果
3	$\frac{4}{3}\varphi_{nr}$	$\frac{4}{3}\varphi_{nr}=\frac{4}{3}\times 0.698$ 若相邻两孔中一个孔直径大于未加强孔最大允许直径，即满足$[\varphi]<\frac{4}{3}\varphi_{nr}$可按孔的加强进行，加强后按无孔处理	0.931
4	未加强孔直径 d_i/mm	设计值	334
5	加强管接头材料	13MnNiMoR	
6	加强管接头许用应力 $[\sigma]_b$/MPa	管接头和筒体材料相同，故$[\sigma]_b=[\sigma]$	189.90
7	未减弱筒体的理论计算壁厚 δ_L/mm	$\frac{pD_i}{2[\sigma]-p}=\frac{15.89\times 1600}{2\times 189.9-15.89}$	69.86
8	加强需要面积 A/mm^2	$\left[d_i+2\delta_{be}\left(1-\frac{[\sigma]_b}{[\sigma]}\right)\right]\delta_L=334\times 69.86$	2.33×10^4
9	纵截面内焊接管接头的焊角高度 e/mm	见图 20-38	50
10	纵截面内起加强作用的焊缝面积 A_1/mm^2	e^2	2.5×10^3
11	未减弱管接头的理论计算壁厚 δ_{Lb}/mm	$\frac{pd_i}{2[\sigma]_b-p}=\frac{15.89\times 334}{2\times 189.9-15.89}$	14.58
12	加强管接头伸入锅筒的长度 h_1/mm	见图 20-38	0
13	加强管接头取用厚度 s_1/mm	见图 20-38	65
14	系数$\frac{\delta_b}{d_i}$	$\frac{65}{334}=0.195>0.19$	0.195
15	管接头的有效加强高度 h/mm	$\sqrt{(d_i+\delta_b)\cdot\delta_b}=\sqrt{(334+65)\times 65}$	161
16	附加壁厚 c/mm	车削管接头，取 $c=0.5$	0.5
17	加强管接头的有效厚度 δ_{be}/mm	$\delta_b-c=65-0.5=64.50$	64.50
18	纵截面内起加强作用的管接头多余面积 A_2/mm^2	$[2h(\delta_{be}-\delta_{L1})+2h_1\delta_{be}]\frac{[\sigma]_b}{[\sigma]}=2\times 161\times(64.50-14.58)$	1.607×10^4
19	纵截面内起加强作用的垫板面积 A_3/mm^2	因无垫板 $A_3=0$	0
20	纵截面内起加强作用的锅筒筒体多余面积 A_4/m^2	$\left[d_i-2\delta_{be}\left(1-\frac{[\sigma]_b}{[\sigma]}\right)\right](\delta_e-\delta_L)=334\times(90.5-69.86)$	6.894×10^3
21	起加强作用的总面积 ΣA_i/mm^2	$A_1+A_2+A_3+A_4=2.5\times 10^3+1.607\times 10^4+0+6.894\times 10^3$	2.546×10^4

$A_1+A_2+A_3+A_4=2.546\times 10^4\text{mm}^2>A=2.33\times 10^4\text{mm}^2$

$\frac{2}{3}A=\frac{2}{3}\times 2.33\times 10^4\text{mm}^2$

$A_1+A_2+\frac{1}{2}A_4=2.202\times 10^4\text{mm}^2>\frac{2}{3}A=1.553\times 10^4\text{mm}^2$，所以起加强作用面积的 2/3 分布在离孔边 1/4 孔径范围内，故满足强度要求

$d_i/D_i=334/1600=0.209<0.8$

$d_i=334\text{mm}<600\text{mm}$，符合孔加强要求

(4) 各组孔桥减弱系数的计算 见图 20-36 与表 20-61。

表 20-61 各组孔桥减弱系数的计算与结果

序号	名 称	公式及计算	结果
	A 组孔桥		
1	纵向相邻两孔的节距 s/mm	见图 20-38	800
2	孔的直径 d/mm	见图 20-38	109
3	等直径纵向相邻两孔的孔桥减弱系数 φ	$\frac{s-d}{s}=\frac{800-109}{800}$	0.864
4	横向相邻两孔的节距 s'/mm	见图 20-38	200
5	横向相邻两孔的孔径 d_1/mm d_2/mm	见图 20-38 见图 20-38	109 64
6	相邻两孔平均直径 d_p/mm	$0.5(d_1+d_2)=0.5(109+64)$	86.50
7	两倍的横向孔桥减弱系数 $2\varphi'$	$2\times\frac{s'-d_p}{s'}=2\times\frac{200-86.50}{200}$	1.14
	B 组孔桥		
8	纵向相邻两孔的节距 s/mm	见图 20-38	800
9	孔的直径 d/mm	见图 20-38	127
10	等直径纵向相邻两孔的孔桥减弱系数 φ	$\frac{s-d}{s}=\frac{800-127}{800}$	0.84
11	相邻两孔的直径 d_1/mm d_2/mm	见图 20-38 见图 20-38	127 64
12	相邻两孔平均直径 d_p/mm	$0.5(d_1+d_2)=0.5(127+64)$	95.50
13	相邻两孔在筒体平均直径圆周方向的距离 a/mm	见图 20-38	200
14	两孔间在筒体轴线方向的距离 b/mm	见图 20-38	400
15	系数 n	$\frac{b}{a}=\frac{400}{200}$	2.0
16	斜向孔桥换算系数 K	$\frac{1}{\sqrt{1-\frac{0.75}{(1+n^2)^2}}}=\frac{1}{\sqrt{1-\frac{0.75}{(1+2^2)^2}}}$	1.015
17	斜向相邻两孔的节距 s''/mm	$a\sqrt{1+n^2}=200\sqrt{1+2^2}$	447.21
18	斜向孔桥减弱系数 φ''	$\frac{s''-d_p}{s''}=\frac{447.21-95.50}{447.21}$	0.786
19	斜向孔桥当量减弱系数 φ_d	$K\frac{s''-d_p}{s''}=K\cdot\varphi''=1.015\times0.786$	0.798
	C 组孔桥		
20	纵向相邻两孔的节距 s/mm	见图 20-38	810
21	孔的直径 d/mm	见图 20-38	109
22	纵向孔桥减弱系数 φ	$\frac{s-d}{s}=\frac{810-109}{810}$	0.865
23	横向相邻两孔的节距 s'/mm	见图 20-38	230
24	孔的直径 d/mm	见图 20-38	109
25	两倍的横向孔桥减弱系数 $2\varphi'$	$2\frac{s'-d}{s'}=2\times\frac{230-109}{230}$	1.05
26	相邻两孔的平均直径 d_p/mm	$0.5(d_1+d_2)=0.5(50+109)$	79.50

续表

序号	名　称	公式及计算	结果
27	系数 n_1	$\frac{b_1}{a_1}=\frac{430}{215-80}$	3.18
28	系数 n_2	$\frac{b_2}{a_1}=\frac{810-430}{215-80}$	2.81
29	系数 K_1	$n_1>2.40$ 选取	1.0
30	系数 K_2	$n_2>2.4$ 选取	1.0
31	斜向节距 s_1''/mm	$\sqrt{a_1^2+b_1^2}=\sqrt{135^2+430^2}$	451
32	斜向节距 s_2''/mm	$\sqrt{a_1^2+b_2^2}=\sqrt{135^2+380^2}$	403
33	斜向孔桥减弱系数 φ_1''	$\frac{s_1''-d_p}{s_1''}=\frac{451-79.50}{451}$	0.824
34	斜向孔桥减弱系数 φ_2''	$\frac{s_2''-d_p}{s_2''}=\frac{403-79.5}{403}$	0.803
35	斜向孔桥当量减弱系数 φ_{e1}	$K_1\varphi_1''=1.0\times0.824$	0.824
36	斜向孔桥当量减弱系数 φ_{e2}	$K_2\varphi_2''=1.0\times0.803$	0.803
	C组非径向斜向孔桥[见图 20-39(b)]		
37	角度 α/(°)	$\arcsin\frac{h}{R}=\frac{455}{847.50}$[见图 20-38(b)]	32.47
38	弧长 L/mm	$\pi R\frac{\alpha}{180}=3.14\times847.50\times\frac{32.47}{180}$	480.30
39	系数 n_3	$\frac{b}{a}=\frac{430}{480.3-150}$	1.30
40	非径向孔当量直径 d_e'/mm	$d\sqrt{\frac{n_3^2+1}{n_3^2+\cos^2\alpha}}=88\sqrt{\frac{1.3^2+1}{1.3^2+\cos^2 32.47°}}$	93.10
41	系数 n_4	$\frac{b}{a}=\frac{810-430}{480.3-150}$	1.15
42	非径向孔当量直径 d_e/mm	$d\sqrt{\frac{n_4^2+1}{n_4^2+\cos^2\alpha}}=88\sqrt{\frac{1.15^2+1}{1.15^2+\cos^2 32.47°}}$	94
43	相邻两孔的平均直径 d_{p3}/mm	$0.5(d_1+d_d')=0.5(109+93.10)$	101.10
44	相邻两孔的平均直径 d_{p4}/mm	$0.5(d_1+d_d)=0.5(109+94)$	101.50
45	系数 n_3	$\frac{d_{p3}}{a}=\frac{101.10}{480.30-150}$	0.306
46	系数 n_4	$\frac{d_{p4}}{a}=\frac{101.50}{480.30-150}$	0.31
47	斜向孔桥当量减弱系数 φ_{e3}	查图 20-15	0.86
48	斜向孔桥当量减弱系数 φ_{e4}	查图 20-15	0.855
	D组孔桥		
49	系数 n	$\frac{b}{a}=\frac{230}{230}$(见图 20-39)	1.00

续表

序号	名　称	公式及计算	结果
50	斜向孔间距 s''/mm	$\sqrt{a^2+b^2}=\sqrt{230^2+230^2}$	325.30
51	系数 K	$\dfrac{1}{\sqrt{1-\dfrac{0.75}{(1+n^2)^2}}}=\dfrac{1}{\sqrt{1-\dfrac{0.75}{(1+1^2)^2}}}$	1.11
52	斜向孔桥当量减弱系数 φ_e	$K\varphi''=K\cdot\dfrac{s''-d}{s''}=1.11\times\dfrac{325.30-119}{325.30}$	0.704

(5) 孔桥的加强计算　将表 20-61 中所计算的 A、B、C、D 四组横向、纵向、斜向孔桥减弱系数与锅筒筒体允许的最小减弱系数 $[\varphi]=0.782$ 比较，可见除 D 组 ϕ119mm 斜向孔桥当量减弱系数（φ_w）外，均>允许最小减弱系数。为此，需要将 D 组 ϕ119mm 孔桥用管接头加强，见图 20-39。

孔桥用管接头加强，以提高孔桥减弱系数，并应满足：

$$[\varphi]<\frac{4}{3}\varphi_{nr}$$

$$[\varphi]=0.782<\frac{4}{3}\varphi_{nr}=\frac{4}{3}\times0.704=0.939$$

故该斜向孔桥可用管接头加强，检验强度是否满足：

$$A_1+A_2\geqslant\left(\frac{A}{s_0}-[d]_e\right)s_y$$

加强管接头材料为 16Mn，详见图 20-38（a），计算列于表 20-62。

表 20-62　加强计算结果

序号	名　称	公式及计算	结果
1	起加强作用的焊角高度 e/mm	见图 20-38(a)	25
2	起加强作用的焊缝面积 A_1/mm^2	$e^2=25^2$	625
3	起加强作用的管接头壁厚 δ_b/mm	见图 20-38(a)	30
4	管接头内径 d_i/mm	见图 20-38(a)	119
5	比值 $\dfrac{\delta_b}{d_i}$	$\dfrac{30}{119}=0.25>0.19$	
6	加强管接头有效高度 h/mm	$\sqrt{(d_i+\delta_b)\cdot\delta_b}=\sqrt{(119+30)\times30}$	66.90
7	附加厚度 c/mm	车削管接头选取	0.50
8	加强管接头有效厚度 δ_{be}/mm	$\delta_b-c=30-0.5$	29.50
9	16Mn 管接头在 347℃时基本许用应力 $[\sigma]_J$/MPa	查表 20-29、表 20-30	129
10	修正系数 η	查表 20-27	1.0
11	管接头许用应力 $[\sigma]_b$/MPa	$\eta[\sigma]_J=1.0\times129$	129
12	管接头理论计算壁厚 δ_{bL}/mm	$\dfrac{pd_i}{2[\sigma]_b-p}=\dfrac{15.89\times119}{2\times129-15.89}$	7.81
13	纵截面内起加强作用的管接头多余面积 A_2/mm^2	$2h(\delta_{be}-\delta_{bL})\dfrac{[\sigma]_b}{[\sigma]}=2\times66.90\times(29.50-7.81)\times\dfrac{129}{189.9}$	1.97×10^3
14	纵截面内加强需要的面积 A/mm^2	$d_i\cdot\delta_L=119\times69.90$	8.32×10^3
15	最大允许当量直径 $[d]_e$/mm	$\left(1-\dfrac{[\varphi]}{K}\right)s''=\left(1-\dfrac{0.782}{1.11}\right)\times325.3$	96.10

$$A_1+A_2=0.625\times10^3+1.97\times10^3=2.595\times10^3\ (\text{mm}^2)$$

$$\left(\frac{A}{s_0}-[d]_e\right)\delta_e=\left(\frac{8.32\times10^3}{69.90}-96.10\right)\times90.5=2.075\times10^3\ (\text{mm}^2)$$

所以 $A_1+A_2>\left(\frac{A}{s_0}-[d]_e\right)\delta_e$，加强作用的面积大于所需加强的面积，故此孔桥强度合格。

【例 20-2】 某卧式水管锅炉，额定蒸汽压力为 1.25MPa，前管板用 Q345R 钢板热压制造，内径 D_i=1800mm，管板结构布置如图 20-40 所示。烟管区烟温小于 900℃，管板下部设有一 280mm×380mm 的人孔，人孔圈用 20mm 厚的 20g 钢板冷压制造，并与管板用双面角焊连接，烟管与管板用胀接连接，烟管与拉撑管均用 ϕ63.5mm×3.5mm 的 20 号无缝钢管，直拉杆用 40mm 的 20 号圆钢，角撑板用 16mm 厚的 Q345R 钢板，试计算管板厚度及拉撑件尺寸。

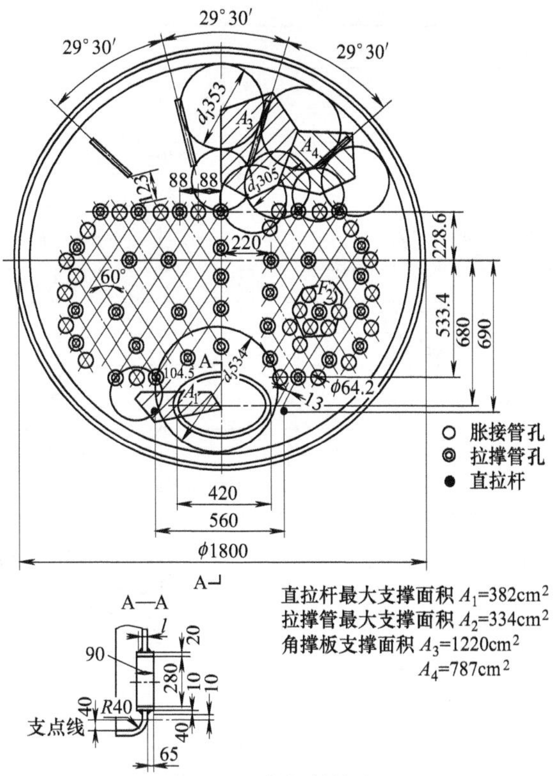

（1）校验结构尺寸　图 20-40 中扳边内半径 R=40mm，不小于 2 倍壁厚=2×16=32（mm），也不小于 38mm（先假定管板厚度为 16mm），满足平板或管板扳边结构要求。

图 20-40 中人孔加强圈焊缝边缘至扳边起点的最小距离为 10mm，不小于 6mm，满足平板或管板扳边结构要求和人孔圈结构要求。

图 20-40 中胀接管板孔桥 $s-d$=88−64.2=23.8（mm），孔桥节距不小于 $0.125d+12$=0.125×64.2+12.5=20.5（mm），满足胀接管板孔桥结构要求。

图 20-40　管板结构布置

图 20-40 中直拉杆边缘至烟管外壁间的最小距离为 104.5mm，角撑板端部至烟管外壁间的最小距离为 123mm，都不小于 100mm，满足直拉杆、角撑板结构布置的要求。

图 20-40 中，锅壳内壁至烟管外壁的最小距离为 136mm，不小于 40mm，满足呼吸空位的要求。

（2）管板厚度的计算　计算中结构参数参照图 20-40，计算过程见表 20-63。

表 20-63　管板厚度计算

名　称	公式及计算	结果
(1)确定计算压力		
锅壳筒体至锅炉出口压力降 Δp_f/MPa	因无过热器	0.0
水柱静压力 Δp_h/MPa	$<0.03(p_r+\Delta p+\Delta p_f)$	0.0
附加压力 Δp/MPa	$0.04(p_r+\Delta p_f+\Delta p_h)=0.04(1.25+0+0)$	0.05
锅炉额定压力 p_r/MPa	根据题意	1.25
计算压力(表压)p/MPa	$p_r+\Delta p+\Delta p_f+\Delta p_h=1.25+0.05+0+0$	1.30
(2)确定许用应力[σ]		
饱和蒸汽温度 t_s/℃	按 p=1.3+0.1=1.40(MPa)(热力学压力)，查水蒸气特性表	195
计算壁温 t_c/℃	600～900℃烟气接触的管板 $t_c=t_s+50$，但不应低于 250	250
基本许用应力$[\sigma]_J$/MPa	Q345R 在 250℃下查表 20-29	149
修正系数 η	查表 20-28	0.85
许用应力[σ]/MPa	$\eta[\sigma]_J=0.85\times149$	127
(3)计算管板厚度 按照假想圆的画法，确定假想圆直径分别为 d_e=353mm、d_e=305mm 和 d_e=534mm，分别计算管板最小需要厚度 δ_{min}，取其中最大值，最后确定 δ		
(a)计算 d_e=353mm 部位的管板最小需要厚度 δ_{min1}		
系数 K	按表 20-56 扳边支点线的系数 K=0.35，角撑板的系数 $K=0.43$，故 $k=\frac{0.35+0.43\times2}{3}$	0.40

续表

名称	公式及计算	结果
最小需要厚度 δ_{min}/mm	$Kd_e\sqrt{\frac{p}{[\sigma]}}+1=0.4\times353\times\sqrt{\frac{1.30}{127}}+1$	15.30
(b)计算 d_e=305mm 部位的管板最小需要厚度 δ_{min2}		
系数 K	按表 20-54,角撑板,拉撑管	0.43
最小需要厚度 δ_{min2}/mm	$Kd_e\sqrt{\frac{p}{[\sigma]}}+1=0.43\times305\times\sqrt{\frac{1.3}{127}}+1$	14.30
(c)计算 d_e=534mm 包含人孔部位的管板最小需要厚度 δ_{min3}		
常温抗拉强度 R_m/MPa	查表 20-10	510
人孔计算直径 d_h/mm	$a+b=190+140$	330
系数 c	按表 20-58,$L=13<\frac{d_e}{10}=\frac{534}{10}=53.4$(mm)	1.19
最小需要厚度 δ_{min3}/mm	$0.62\sqrt{\frac{p}{R_m}(cd_e^2-d_h^2)}=0.62\sqrt{\frac{1.30}{510}(1.19\times534^2-330^2)}$	15.0
管板最小需要厚度 δ_{min}/mm	取 δ_{min1}、δ_{min2}、δ_{min3} 中的最大值	15.30
管板取用厚度 δ/mm	$\delta\geqslant\delta_{min}$,并应满足胀接管径大于 51mm,$\delta\leqslant$14mm	16
人孔圈几何尺寸校验 人孔圈高度 $h=90\text{mm}>\sqrt{\delta d_i}=\sqrt{16\times280}=66.9$(mm) 人孔圈厚度 $\delta_1=20\text{mm}>\frac{7}{8}\delta=\frac{7}{8}\times16=14$(mm) δ_1=20mm>19mm,满足要求		

(3) 直拉杆的最小需要直径(计算列于表 20-64)

表 20-64 直拉杆的最小需要直径

名 称	公式及计算	结果
计算壁温 t_c/℃	按表 20-27,$t_c=t_b$=195℃,又按≥250℃	250
基本许用应力$[\sigma]_J$/MPa	按 20 圆钢和 t_c=250℃查表 20-29	125
修正系数 η	按表 20-28 选取	0.55
许用应力$[\sigma]$/MPa	$\eta[\sigma]_J=0.55\times125$	68.80
直拉杆最大支撑面积 A_1/cm^2	见图 20-40	382
直拉杆最小需要截面积 A_{min}/cm^2	$\frac{pA_1}{[\sigma]}=\frac{1.30\times382}{68.80}$	7.22
直拉杆最小需要直径 d_{min}/mm	$\sqrt{\frac{4A_{min}}{\pi}}=\sqrt{\frac{4\times7.22}{3.14}}=3.03$(cm)	30.30
直拉杆取用直径 d/mm	直拉杆长度<4000mm,故中间不需要支撑	40

(4) 拉撑管的最小需要壁厚(计算列于表 20-65)

表 20-65 拉撑管的最小需要壁厚

名 称	公式及计算	结果
拉撑管计算壁温 t_d/℃	t_b+25=195+25=220(℃),但≥250℃	250
基本许用应力$[\sigma]_J$/MPa	按 20 号无缝钢管和 t_d=250℃查表 20-29	125
修正系数 η	按表 20-28 选取	0.55
许用应力$[\sigma]$/MPa	$\eta[\sigma]_J=0.55\times125$	68.80
拉撑管最大支撑面积 A_2/cm^2	见图 20-40	334
拉撑管最小需要截面积 F_{min}/cm^2	$\frac{pA_2}{[\sigma]}=\frac{1.30\times334}{68.80}$	6.31

续表

名　称	公式及计算	结果
拉撑管外径 d_o/cm	选取	6.35
拉撑管最大允许内径 d_i/mm	$\sqrt{d_o^2-\frac{4A_{min}}{\pi}}=\sqrt{6.35^2-\frac{4\times6.31}{3.14}}=5.69(cm)$	56.9
拉撑管最小需要厚度 δ_{min}/mm	$\frac{1}{2}(d_o-d_i)=\frac{1}{2}(63.5-56.9)$	3.30
拉撑管取用厚度 δ_1/mm	$\delta_1\geqslant\delta_{min}$,按钢管规格	3.50

(5) 角撑板的设计计算　角撑板结构如图 20-41 所示，计算列于表 20-66。

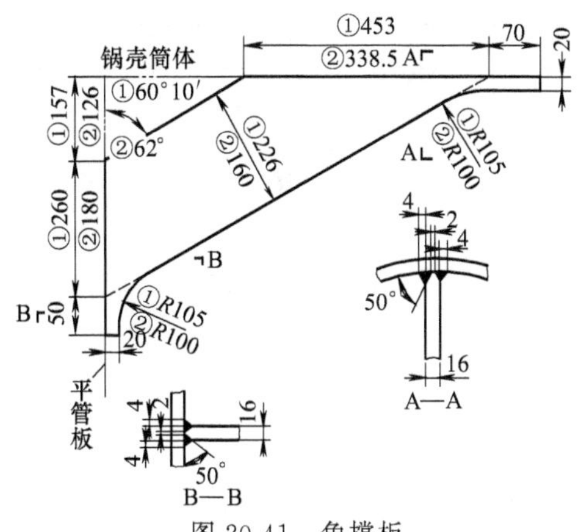

图 20-41　角撑板

表 20-66　角撑板的计算结果

名　称	公式及计算	结果
角撑板计算壁温 t_c/℃	同直拉杆	250
基本许用应力$[\sigma]_J$/MPa	按 Q345R 钢板查表 20-29	149
修正系数 η	查表 20-28	0.55
许用应力$[\sigma]$/MPa	$\eta[\sigma]_J=0.55\times149$	82
角撑板支撑面积 A_3/cm^2	按图 20-40	1220
角撑板支撑面积 A_4/cm^2	按图 20-40	787
角撑板最小需要面积 A_{min3}/cm^2	$\frac{pA_3}{[\sigma]\sin\alpha_1}=\frac{1.30\times1220}{82\times\sin60°10'}$	22.30
角撑板最小需要面积 A_{min4}/cm^2	$\frac{pA_4}{[\sigma]\sin\alpha_2}=\frac{1.3\times787}{82\times\sin62°}$	14.10
角撑板取用厚度 δ_b/mm	≥管板厚的 70%,且≤锅壳筒体厚的 1.7 倍	16
角撑板最小需要宽度 b_{min1}/mm	$\frac{100F_{min3}}{\delta_b}=\frac{100\times22.3}{16}$	139
角撑板最小需要宽度 b_{min2}/mm	$\frac{100F_{min4}}{\delta_b}=\frac{100\times14.1}{16}$	88
角撑板焊缝系数 η_h	按标准取 0.6	0.6
角撑板焊缝最小长度 L_{hmin1}/mm	$20+\frac{100pA_3}{\eta_n\delta_b[\sigma]\sin\alpha_1}=\frac{100\times1.3\times1220}{16\times0.6\times82\times\sin62°10'}+20$	252
角撑板焊缝最小长度 L_{hmin2}/mm	$\frac{100pA_4}{\eta_n\delta_b[\sigma]\sin\alpha_2}+20=\frac{100\times1.30\times787}{16\times0.6\times82\times\sin62°}+20$	167
按焊缝长度校核角撑板最小需要宽度 b'_{min1}/mm b'_{min2}/mm	$(L_{hmin1}-50)\sin\alpha_1=(252-50)\times\sin60°10'$ $(L_{hmin2}-50)\sin\alpha_2=(167-50)\sin62°$	175 103
角撑板取用宽度 b_1/mm b_2/mm	$b_1>b_{min1}$ $b_2>b_{min2}$	226 160

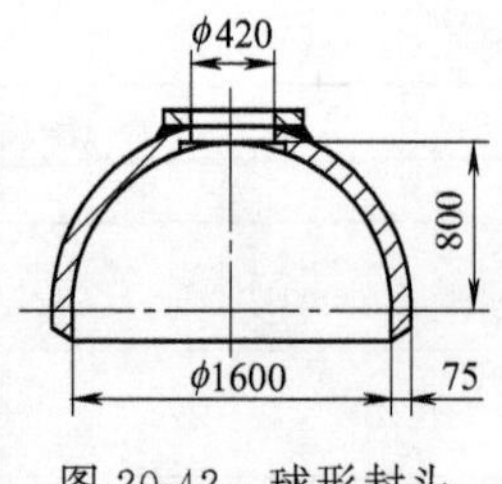

图 20-42 球形封头

【例 20-3】 某锅炉的锅筒介质计算压力（表压）p = 15.89MPa，计算壁温 t_c = 347℃。锅筒的球形封头由 13MnNiMoR 钢板制成，其内径 D_i = 1600mm，材料性能保证值的低限：R_m = 570MPa；R_{eL}^{300} = 343MPa；R_{eL}^{350} = 333MPa。在封头顶部开有 ϕ420mm 的人孔（见图 20-42）。试确定封头的壁厚。

根据题意，所有详细计算过程及结果列于表 20-67。

表 20-67 球形封头强度计算

名 称	公式及计算	结果
(1)确定许用应力		
介质计算压力 p/MPa	根据题意	15.89
计算壁温 t_c/℃	根据题意	347
13MnNiMoR 材料力学性能 R_m/MPa	根据题意	570
R_{eL}^{300}/MPa	根据题意	343
R_{eL}^{350}/MPa	根据题意	333
R_{eL}^{347}/MPa	内插法	333.60
基本许用应力 $[\sigma]_{J1}$/MPa	$[\sigma]_{J1}=\dfrac{R_m}{2.7}=\dfrac{570}{2.7}$	211.10
$[\sigma]_{J2}$/MPa	$[\sigma]_{J2}=\dfrac{R_{eL}^{347}}{1.5}=\dfrac{333.60}{1.5}$	222.40
$[\sigma]_J$/MPa	从 $[\sigma]_{J1}$、$[\sigma]_{J2}$ 中选最小值	211.10
修正系数 η	按表 20-30，额定压力≥13.7MPa	0.90
许用应力 $[\sigma]$/MPa	$\eta\cdot[\sigma]_J=0.9\times211.10$	190
(2)确定封头厚度		
封头内高度 h_i/mm	根据图 20-42	800
封头内径 D_i/mm	根据图 20-42	1600
人孔尺寸 d/mm	根据题意	420
球形封头的形状系数 Y	$\dfrac{1}{6}\left[2+\left(\dfrac{D_i}{2h_i}\right)^2\right]=\dfrac{1}{6}\times\left[2+\left(\dfrac{1600}{2\times800}\right)^2\right]$	0.50
封头的减弱系数 φ	$1-\dfrac{d}{D_i}=1-\dfrac{420}{1600}$	0.74
球形封头理论计算壁厚 δ_L/mm	$\dfrac{pD_iY}{2\varphi[\sigma]-p}=\dfrac{15.89\times1600\times0.50}{2\times0.74\times190-15.89}$	48.10
腐蚀减薄附加厚度 c_{11}/mm	δ_L>20mm，可不考虑	0.00
工艺减薄厚度 c_{21}/mm	$\dfrac{h_i}{D_i}=\dfrac{800}{1600}=0.5$，应按 $0.15s_L=0.15\times48.10$	7.21
钢板下偏差负值 c_{12}/mm	选取	1.00
钢板下偏差负值和工艺减薄值 $c_{21}+c_{31}$/mm	$c_{21}+c_{31}=7.21+1.00$	8.21
封头最小厚度 δ_{min}/mm	$\delta_L+c_{21}+c_{31}=48.10+8.21$	56.37
锅筒筒体理论计算壁厚 δ_L/mm	$\dfrac{pD_i}{2\varphi[\sigma]-p}=\dfrac{15.89\times1600}{2\times1.00\times190-15.89}$	69.83
锅筒筒体腐蚀减薄厚度 c_{10}/mm	选取	0.00
锅筒筒体钢板负偏差和工艺减薄 $c_{20}+c_{30}$/mm	选取	4.00
锅筒筒体的最小需要壁厚 δ_{min}/mm	$\delta_L+c_{10}+c_{20}+c_{30}=69.83+0+0+4.00$	73.80
封头取用壁厚 δ/mm		75.00

封头几何参数校核：

$\dfrac{h_i}{D_i}=\dfrac{800}{1600}=0.5>0.2$；$\dfrac{\delta_L}{D_i}=\dfrac{48.10}{1600}=0.03<0.1$；$\dfrac{d}{D_i}=\dfrac{420}{1600}=0.263<0.6$，满足封头设计的结构要求

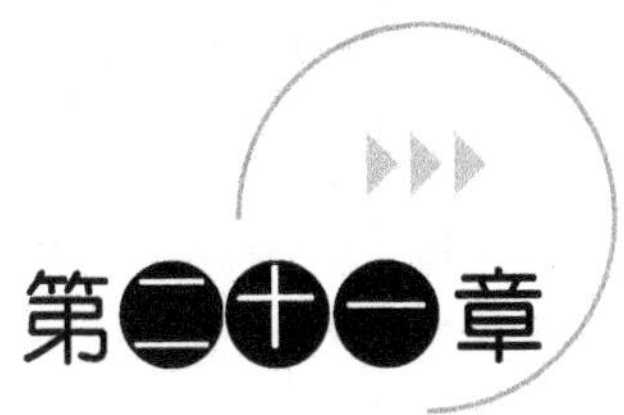

第二十一章 锅炉主要部件的制造工艺

生产活动是人类赖以生存和发展的最基本活动。从系统观点出发，生产被定义为一个将生产要素经过生产过程转变为生产财富，并创造效益的输入输出系统。生产要素包括原材料、能源、劳动力和生产信息等，生产创造的经济财富包括有形财富（产品）和无形财富（服务），如图 21-1 所示。

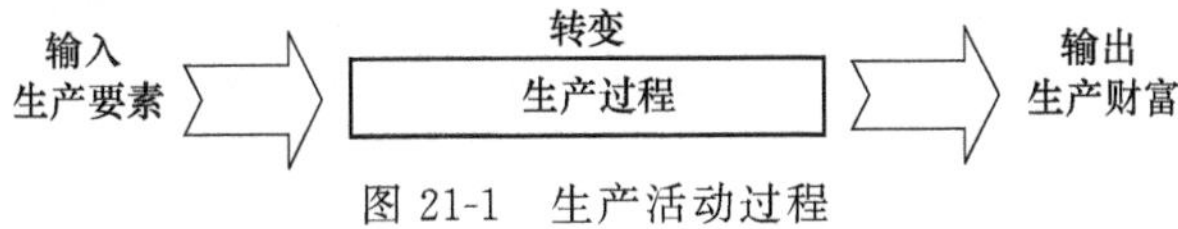

图 21-1 生产活动过程

制造可以理解为制造企业的生产活动，即制造也是一个输入输出系统，其输入的也是生产要素，输出的是具有使用价值的产品。生产企业通常可以划分为三种大的类别：第一产业是指直接利用自然资源的种植业、养殖业和采矿业；第二产业是指将第一产业生产的原料转化为产品的企业；第三产业通常是指金融和服务行业。制造业属于第二产业范畴。

美国将第二产业中除建筑和能源以外的其他行业均视为制造业。这里“制造”是一个“大制造”的概念，是对“制造”的广义理解，有助于我们了解整个制造系统。在当今的信息时代，广义的大制造的概念已为越来越多的人所接受。大制造概念中，制造应包括从市场分析、经营决策、工程设计、加工装配、质量控制、销售运输直至售后服务的全过程。

传统上，制造及制造过程常被理解为从原材料或半成品经加工和装配后形成最终产品的具体操作过程，包括毛坯制造、零件加工、检验、装配、包装、运输等。这是一个“小制造”的概念，是对“制造”的狭义理解，有助于掌握具体的制造过程。按照小制造概念，制造过程主要考虑企业内部生产过程中的物质流，而较少涉及生产过程中的信息流。从学科和专业以及技术研究的角度出发，小制造概念是比较适用的。

美国 68%的财富来源于制造业；日本，国民经济总产值中约 49%由制造业提供；先进工业化国家约有 1/4 人口从业于制造业；非制造业部门中，约有 1/2 人员工作性质与制造业密切相关。

任何一个经济发达国家，无不具有强大机械制造业，许多国家经济腾飞，机械制造业功不可没。其中，日本最具代表性，第二次世界大战后，日本先后提出“技术立国”和“新技术立国”口号，全面支持机械制造业发展，并抓住机械制造的关键技术——精密工程、特种加工和制造系统自动化，使日本在第二次世界大战后短短 30 年里成为世界经济大国。

制造工艺是制造方法和制造工艺过程的总称。制造工艺过程是利用加工方法使原材料具有一定形状和尺寸及表面质量并最终成为合格零件的过程。任何机械产品的设计都必须通过工艺手段才能最终被物化为现实的产品；制造工艺进步对生产力的发展与生产率的提高作出的贡献最大，超过所有其他因素（如资金、劳动力等）所作出贡献的总和；没有先进制造工艺，很难有先进机械产品。

机械制造技术，广义上讲，是按照国民经济和工业发展的需要，运用主观上掌握的知识和技能，操纵可以利用的客观物质工具，采用先进有效的方法，使原材料转化为物质产品的过程所施加的所有手段的总和，是生产力的主要体现。机械制造技术是一个国家经济持续增长的根本动力，也是国家安全的重要基础，为国防提供武器装备，世界军事强国，无一不是机械制造业的强国。

与大、小制造概念相对应，制造技术也有广义和狭义之分。广义理解制造技术涉及生产活动的各个方面的全过程；狭义理解制造技术则重点放在毛坯成形机械加工和装配工艺上。

工业生产中，按生产过程分类，机械制造工艺可以分为毛坯成形工艺、机械加工工艺和装配工艺。其中毛坯成形工艺主要包括铸造工艺、锻压工艺和焊接工艺等；机械加工工艺是指除去多余金属材料，形成新表面的加工方法，主要包括传统机械加工和特种加工，传统机械加工也叫金属切削加工，主要加工方法有车、铣、刨、钻或镗、磨（削）；特种加工方法是指区别于传统切削加工的方法，指利用化学、物理（电、声、光、热、磁）或电化学方法对工件材料进行加工的一系列加工方法的总称，如电火化加工、电解加工、三束加工等。装配工艺就是把加工好的零件按一定的顺序和技术要求连接到一起，成为一部完整的机器（或产品），它必须可靠地实现机器（或产品）设计功能。任何产品或机器都是由许多零件和部件所组成，机器的装配工作，一般包括装配、调整、检验和试验等工序。

本章内容主要介绍锅炉主要部件的制造工艺，包括这些部件的毛坯成形、机械加工和装配的工艺过程。

第一节 锅筒的制造工艺

锅筒是锅炉中最重要的压力容器，其制造工艺是锅炉制造工艺中的关键，由于制造锅筒需要较多的重大专用技术装备，投资较大，并不是所有锅炉厂都能独立完成锅筒的制造。如东方锅炉厂为中美合资北京锅炉厂制造整台配300MW发电机组的锅炉锅筒，为武汉锅炉厂生产整台配200MW发电机组的锅炉锅筒；四川德阳重机厂为上海锅炉厂生产配300MW发电机组的锅炉锅筒。

国内外各种燃料的自然循环、辅助循环炉型，从200MW超高压锅炉到600MW亚临界锅炉，不同厂商的锅炉锅筒的结构参数范围是：内径1524～2210mm，采用低合金高强度钢的壁厚90～155mm，采用C-Mn钢时的壁厚130～220mm。筒身的最大长度一般在30m以内，锅筒上各类管接头的大小、数量和分布也不相同，如有的在封头上布置下降管，有的锅筒甚至没有集中下降管，但布置3500多个分散下降管。锅筒壳体有等厚度和上、下两半不等厚度的两种形状，封头则比较简单，一般采用球形封头。

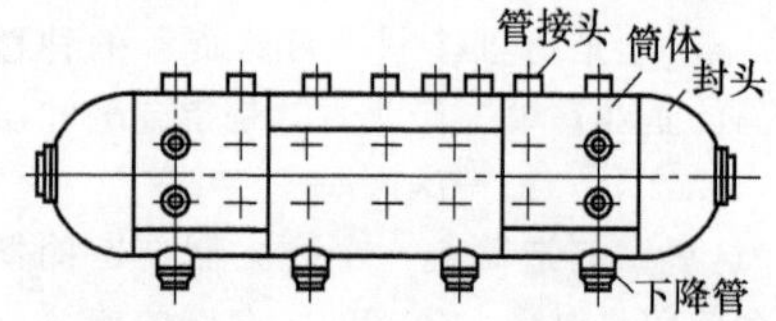

图 21-2 锅筒的结构示意

较大厚度的锅筒过去存在两条设计制造技术路线：一条是当今国内外锅炉制造厂普遍采用的卷制板形路线；另一条是德、英两国过去曾采用过的锻制路线。第一种方法比较经济合理，后者只是在厚板货源比较困难或无专用成型设备和加工能力时作为临时措施，目前已很少用。

锅筒的结构如图21-2所示。

锅筒是由筒节、封头及管接头等零部件组成的。这些零部件以及整个产品通常采用冷加工或热加工和焊接的方法进行制造，是一种典型的焊接结构。

锅筒拼装时，其接头形式按受力情况和所处的位置可分为四种类型：A类接头为筒体的纵缝，B类接头为筒体的环缝。A、B两类接头为对接接头。从焊缝的受力情况看，A类接头所受的工作应力比B类接头高一倍。A、B接头都是锅筒的重要焊缝，焊缝要求全焊透。C类接头为角接接头，所受的工作应力一般较小，但也要求全焊透。D类接头为接管与筒体相贯接头，由于处于应力集中部位，弹性应力集中系数大致在1.5～2.5范围内，焊缝在较高应变状态或较高应力下工作。同时，焊接时刚性拘束较大，容易产生缺陷，这种接头焊缝也是锅筒中的重要焊缝。

一、锅筒筒节的制造工艺

筒节制造主要工艺程序：划线⟶气割⟶加热⟶冲压⟶涂料⟶卷板⟶划割间隙⟶焊接⟶涂料⟶正火⟶校圆⟶清理⟶磨光⟶无损探伤⟶缺陷退修⟶机械加工。

工艺简要说明如下。

划线⟶指毛坯下料线，划下料线同时要留出焊接试板、加工余量及收缩余量并打上各种标记钢印。

气割⟶可采用半自动气割下料或手工气割下料。

加热⟶封头毛坯与筒节毛坯的加热是给卷板、冲压及校圆工序作准备，可在煤气加热炉内进行，加热温度要在再结晶温度以上。

冲压⟶封头的冲压可在大型的水压机上采用专用模具，预先调整好，随后热压一次成形。

涂料⟶指钢坯料在卷板前为防止产生卷轧出凹陷在加热前以及校圆和正火加热前涂刷一层耐高温抗氧化的涂料，这种涂料可以显著减少工艺减薄量（氧化皮）。

卷板、校圆⟶筒节的卷板和校圆可在卷板机和弯板机上进行。

机械加工⟶指筒节端面和封头端面的坡口加工，封头端面坡口可在立车上车削，筒节端面坡口加工可在边缘车床上进行，加工时要注意质量，否则给装配、焊接造成困难。

装配——→指各筒节装成筒体，装配各管接头、下降管、封头、内部预埋件等，要严格控制装配的质量，装配时的定位焊可参见锅筒的焊接。

纵缝焊——→采用电渣焊、窄间隙焊或其他组合焊接方法焊接筒节纵缝。

环缝焊——→每个筒节组装成筒体时，首先是在内部进行手工打底焊，然后外面采用埋弧环缝自动焊，焊接时带环缝焊接试板。

正火——→电渣焊后，为了细化焊缝晶粒，改善接头性能，需进行正火处理。正火可在煤气加热炉内进行。

磨光——→纵缝、环缝和下降管角焊缝焊后应磨光焊缝表面，呈现出金属光泽，为无损探伤作准备。

无损探伤——→指进行超声探伤、磁粉探伤和 X 射线探伤，检查焊缝及接头质量。

水压试验——→指锅筒焊后整体热处理完所进行的压力试验。

1. 筒节的卷制

表 21-1 列出了 20 世纪 50 年代至今采用过的锅筒筒节制造工艺方法。

表 21-1 锅筒筒节制造工艺方法

序号	20 世纪 50 年代至今采用过的锅筒筒节制造工艺方法	已制造过的锅炉锅筒特厚壁筒节长度水平		筒节工艺制造精度比较
		国外最大	国内最大	
1	卧式卷板机热卷圆＋一条纵缝焊接＋焊后同一卷板机正火校圆＋{环缝错边用水压机冷校圆度,直径超差错边无法校 不校圆度}	4m	杭州锅炉厂 3.6m	热卷精度不高,在生产中要遇到超差
2	立式卷板机弯圆＋一条纵缝焊接＋{同一卷板机校圆度 不校圆度}	3.65m	尚未采用过	精度高,余度较大
3	窄梁弯板机热錾弯瓦片＋同一弯板机冷錾校瓦片＋两条纵缝焊接＋{环缝错边用水压机冷校圆度 不校圆度}	12.5m	尚未采用过	精度能保证,有余度
4	宽梁弯板机热錾弯瓦片＋同一弯板机冷錾校瓦片＋两条纵缝焊接＋{环缝错边用同一弯板机冷校圆度 不校圆度}	7.5m 最大 能力＜9m	哈尔滨锅炉厂＜7m	精度能保证,有余度
5	水压机热模压瓦片＋{纵缝错边用同一弯板机冷校 不校}＋两条纵缝焊接＋{环缝错边用同一水压机冷校圆度 不校圆度}	6m	尚未采用过	精度较高,余度很小
6	水压机热模压瓦片＋{纵缝错边用同一弯板机热校 不校}＋两条纵缝焊接＋卷板机正火热校圆	尚未采用过	东方锅炉厂	精度较高,余度较大
7	锻造筒节＋内外径机械加工		二重厂 3m	精度最高

可见目前锅筒筒节的制造方法可大体上分为卷制和弯制两种，这主要决定于各厂自己的制造装备条件和技术水平。

(1) 锅筒筒节的划线与下料 锅筒筒节的划线工作就是在钢板上划出锅筒筒节的展开图。在划线时，应注意以下几点。

① 首先应检查钢板的来料情况。如果来料为毛边钢板，则由于在轧制过程中，钢板边缘部分往往容易形成夹层等缺陷，因而在筒节划线前，必须先划出边缘切割线，然后根据此线进行筒节的划线工作。

② 划线时，筒节的展开尺寸应以筒节的平均直径为计算依据。对于热态弯卷的筒节，则应考虑到热卷后钢板的伸长。此时，下料尺寸应比按平均直径计算的展开尺寸小一些。具体数值应根据具体的卷制工艺（如加热温度、卷滚次数等）来确定。通常，下料尺寸大约比按平均直径计算的展开尺寸缩短 0.5%。实践表明，冷态弯卷时，钢板也有少量的伸长（7～8mm）。另外，卷制后，钢板的厚度也有所减薄，一般热卷时减薄 3～4mm，冷卷及热校圆时约减薄 1mm。

③ 划线时，还需要考虑筒节的机械加工余量（包括直边切割和坡口加工余量）。

④ 为了便于筒节的装配及锅筒的排孔划线，应根据展开图在钢板上划出锅筒纵向中心线，并打上铳眼，作为筒节装配及锅筒排孔划线的基准线。

⑤ 锅筒筒节的划线工作是十分重要的工序，如果划线产生错误，将导致整个筒节报废。因此，在划线完成后，必须进行认真仔细的检查。

近年来，在划线工序的改进方面，主要有电子计算机数控划线与电子照相划线（或称感光划线）两种，这些方法的采用，使划线劳动量降低，速度快。

(2) 锅筒筒节的弯卷 筒节的弯卷过程是钢板的弯曲塑性变形过程。在卷板过程中，钢板产生的塑性变形沿钢板厚度方向是变化的。其外圆周伸长、内圆周缩短、中间层保持不变。

其外圆周的伸长率可按下式计算：

$$\varepsilon=\frac{s}{2R}\left(\frac{R_0}{R_0+s/2}-\frac{R}{R_0+s/2}\right)\times100\%$$

若 $R_0\gg s/2$，则上式可写成：

$$\varepsilon=\frac{cs}{R}\left(1-\frac{R}{R_0}\right)\times100\%$$

若 $R_0\to\infty$（平板钢），则可得：

$$\varepsilon=\frac{cs}{R}\times100\%$$

式中 c——系数，对于碳钢可取 $c=50$，对于高强度低合金钢可取 $c=65$；

s——板厚；

R_0、R——弯卷前后的平均半径。

为了保证锅筒的制造质量，根据长期生产实践中积累的经验，一般冷态弯卷时，最终的外圆周伸长率应限制在下列范围内。

对于碳素钢：外圆周伸长率≤5%；对于高强度低合金钢：外圆周长率≤3%。

板料经多次小变形量的冷弯卷后，其各次伸长量的总和也不得超过上述允许值，否则应进行消除冷卷变形影响的热处理。

对于厚板或小直径的筒节经常采用热态弯卷。热态弯卷可以减轻卷板机所需的功率，并可防止冷加工硬化现象，但也带来了不少麻烦。例如：a. 把钢板加热到较高的温度会产生严重的氧化现象；b. 热态弯卷时操作困难；c. 热卷时，钢板的轧薄较严重；d. 在弯卷过程中，氧化皮危害较严重，会使筒节的内外表面产生麻点和压坑。

弯曲成形是制造筒体的基本方法，厚板弯曲成形方法，国内外两条路线并存。一条是压弯原理的弯板机成形；另一条是卷弯原理的卷板机成形，二者壁厚均已达到 380mm 水平（见表 21-2）。

表 21-2 卷板机和弯板机

设备	用户		制造厂	主要规格
最大弯板机	国外	美国 CE 公司	联邦德国 SACK	下拉式 14000t 弯板机，热弯板 380mm×6000mm 热压封头能力 ϕ4500mm×308mm
	中国	哈尔滨锅炉厂	日本	下压式 8000t 宽梁弯板油压机，柱间净距 4900mm×6800mm，移动工作台尺寸 4000mm×7000mm，机械手最大板壳件质量 50t，长度 2000～60000mm
最大卷板机	国外	比利时 Cockrill	意大利 Boldrini	PS10 型卧式水平下调三辊卷板机，上辊液压下压，下辊机械传动，上辊质量 73t，冷卷 190mm，热卷 380mm×3600mm
	中国	上海锅炉厂		PS10 型卧式水平下调三辊卷板机，上辊液压下压，下辊机械传动，上辊质量 73t，冷卷 190mm，热卷 380mm×3600mm

我国制造厂比较熟悉卷板法，已掌握其工艺，成形不需任何弯曲模具，卷圆工艺生产方便，特别是对于筒节的厚度、直径、材质经常变化以及有配制短筒节要求的容器生产而言，具有较强的适应能力。但由于弯板机兼能压制小于卷板机辊径的厚壁筒节，或特厚壁半球形封头，或极厚壁大直径分片拼焊筒节，以及弯板机能弯制长度大型化的筒节与不等厚筒节。因此，从 20 世纪 60 年代至今，在卷板机能力有很大发展的情况下，国外生产大型锅炉为主的制造厂商用弯板机制造特厚壁锅筒筒节仍占有相当大的优势。

上述两种成形路线仅是各自的优势倾向。从生产壳体整体需要看，结合工厂原有制造装备条件和产品主要生产对象，如何选择成形路线可能还有配套设备投资总规模方面的考虑因素。

筒节的卷制工作通常是在卷板机上进行的。常用的卷板机可分为三辊卷板机和四辊卷板机两类。

用三辊卷板机卷制筒节，如图 21-3 所示。三辊卷板机的上辊是从动的，它可以上下移动，对钢板产生压力。两个下辊是主动的，依靠它的转动，可使钢板在上下辊之间来回移动，产生塑性变形，使整块钢板卷制成圆筒形。但由图 21-3 可知，在钢板的两端各有一段无法弯卷的部分，通常称为平直段。平直段的长度与卷板机结构有关，对于常用的对称三辊卷板机，平直段约为其两下辊中心距的 1/2（即图 21-3 中 a 的 1/2）。因此，为了获得完整的圆筒形，在弯卷前，必须先将钢板的两端预先弯制成所需弯曲半径的弧形，此项工作称为预弯。

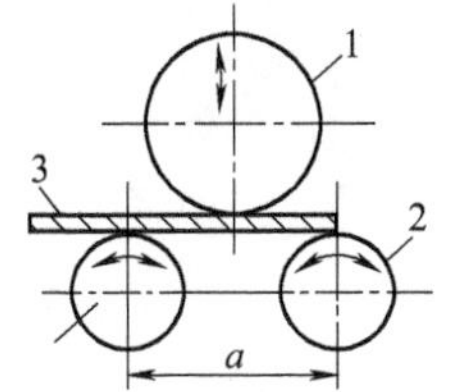

图 21-3 三辊卷板机卷制钢板

1—上辊；2—下辊；3—钢板

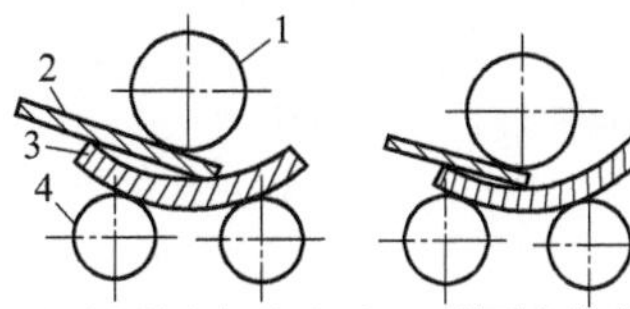

图 21-4 利用三辊卷板机进行预弯工作

1—上辊；2—钢板；3—预弯模；4—下辊

预弯工作可用各种压力机进行，也可利用预弯模在三辊卷板机上进行，如图 21-4 所示。在两下辊的上面搁置一块由厚钢板制成的预弯模，将钢板的端部放入预弯模中，依靠上辊把它弯成型，改变预弯模在下辊中的位置以及钢板的深入长度，便可获得不同的预弯半径。

此外，也有采用立式卷板机进行圆筒形元件的卷制工作。采用这种卷板机的优点是在热态弯卷时，氧化皮不会被卷入辊子与钢板之间，从而可以避免形成压痕。如前所述，钢板表面产生压痕是各种卧式卷板机最难解决的问题之一。另外，用立式卷板机卷制大直径薄壁圆筒，还可以避免采用卧式卷板机时因本身刚度不足而下塌的现象。再者，占地面积小也是立式卷板机的一个优点。立式卷板机的主要缺点是钢板在卷制过程中会与地面产生摩擦，对于大直径薄壁圆筒会因此而造成两端圆度不同的缺陷。另外，圆筒卷成后，吊出高度较大，这要求厂房有较高的高度。

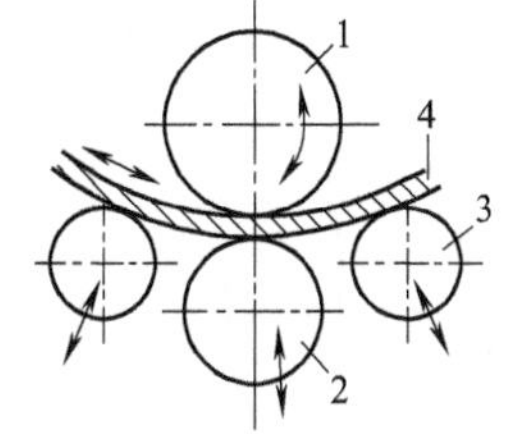

图 21-5 四辊卷板机的工作原理

1—上辊；2—下辊；3—侧辊；4—钢板

对于厚壁圆筒往往采用大型的四辊卷板机进行卷制工作，如图 21-5 所示，这种卷板机的上辊是主动的，电动机通过减速箱带动上辊转动。下辊可上下移动，用以夹紧钢板，两侧辊可沿斜向升降，用以对钢板施加变形力。四辊卷板机也可进行预弯工作，依靠下辊的上升，把钢板端头压紧在上下辊之间，然后利用侧辊的移动，使钢板端部发生弯曲变形，达到所要求的曲率。

由于四辊卷板机设备庞杂，投资费用较高，近年来，逐渐有被各种新型的三辊卷板机代替的趋势。

2. 筒节纵环缝焊接

国外发展起来的厚壁筒节的纵缝主要焊接方法有电渣焊、单丝或多丝埋弧自动焊的常规焊接工艺以及可焊更大厚度的窄间隙焊与电子束焊等先进焊接工艺。我国目前生产中应用的是前 3 种，20 世纪 80 年代末期我国已从国外引进窄间隙埋弧自动焊机，并制造了双丝埋弧自动焊机，解决了生产中的问题。除电渣焊外，其他焊接方法纵、环焊缝均适用。我国锅炉制造厂用单丝埋弧自动焊工艺，已经焊接了多台 300MW 亚临界自然循环锅炉锅筒。锅炉锅筒有近百米主焊缝，对 BHW35、壁厚为 145mm 的锅筒纵环缝焊接的制造工艺要求如下：a. 为保证焊接质量稳定和焊接接头性能，对每一条内、外纵缝和每一条外环缝，均采用自动焊工艺；b. 由于板较厚、沟槽深、熔敷道数多，焊接持续时间长，应严格执行筒节的充分预热。中断焊接时充分保温，焊后及时消氢处理，焊丝必须去除油污，加强对焊接过程中焊道可能出现的缺陷的观察检查，以减少或避免厚壁焊缝返修。

必须指出，锅筒厚板焊接有两个重要的制造技术问题：a. 要保证纵缝的接头性能（电渣焊焊缝的接头冲击韧性和有正火制度的埋弧自动焊纵缝的强度）；b. 要控制瓦片法筒节的焊接变形。这两个问题与材质、厚板纵缝焊接工艺、热处理工艺及制造筒节的工艺密切相关。为解决我国 BHW35（国外钢种，其成分和性能和我国 13MnNiMoR 接近。）电渣焊纵缝接头冲击韧性低于标准值的问题，国内各锅炉制造厂作了不少试验，其共同点是多从改进热处理工艺着手，如采用正火校圆后加一次正火，或正火校圆后加一次亚温处理，也有的可能采用过校圆时吹冷。生产实践证明：这些工艺虽各有一定程度改善，但单靠改进正火热处理工艺，对保持强度和提高韧性，二者的综合收效还是有限的，严格说来还没有完全解决问题。

东方锅炉厂对 200MW 锅炉锅筒的 BHW35 的电渣焊焊缝，采用二次正火工艺，而同样材质的 300MW 锅炉汽包的纵缝改用埋弧自动焊工艺，或者采用窄间隙埋弧自动焊工艺。

虽然特厚壁筒节的刚度相对较大，但纵缝埋弧自动焊的焊接变形仍然不可忽视。国外锅炉制造商控制瓦片法筒节焊接变形采用的工艺方法是：保证瓦片冷校后的圆度和公差；推广窄间隙坡口的埋弧焊工艺；无论采用什么预热方法，要保持整个筒节壁厚有较好的预热温度和均匀性，以及对个别超差筒节采用低于退火温度下的冷校圆等。

(1) 焊接坡口 锅筒选择坡口的基本原则是：尽量采用全焊透的焊接坡口形式；尽量减小筒体内部的工

作量，改善劳动条件。因此，内部宜选小坡口，尽量减小填充金属量；外部应根据板厚、焊接方法和接头形式分别采用不同形式的坡口。

① 埋弧自动焊坡口。若板厚＜14mm可不开坡口，即I形坡口（见图21-6）；板厚为14～22mm时多开V形坡口（见图21-7）；板厚＞22mm时多开X形坡口（见图21-8）或U形坡口（见图21-9）。

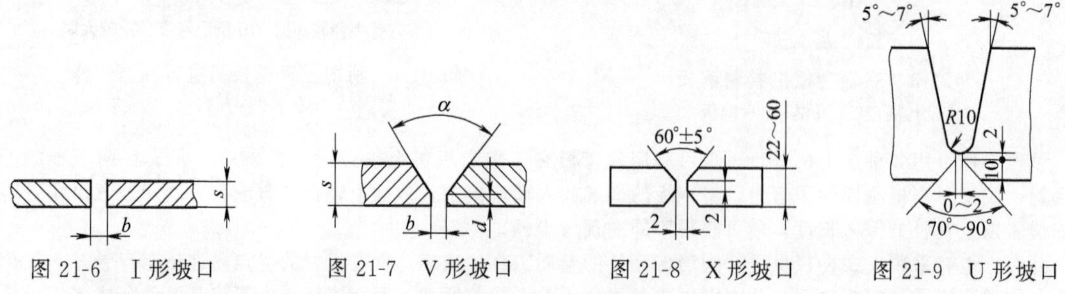

图21-6　I形坡口　　图21-7　V形坡口　　图21-8　X形坡口　　图21-9　U形坡口

② 窄间隙埋弧自动焊坡口。厚壁筒节或容器壳体的窄间隙埋弧自动焊可以采用图21-10所示的3种坡口形式，带固定衬垫或装有陶瓷衬垫的坡口主要用于筒体纵缝焊接，环缝多采用第3种坡口形式。

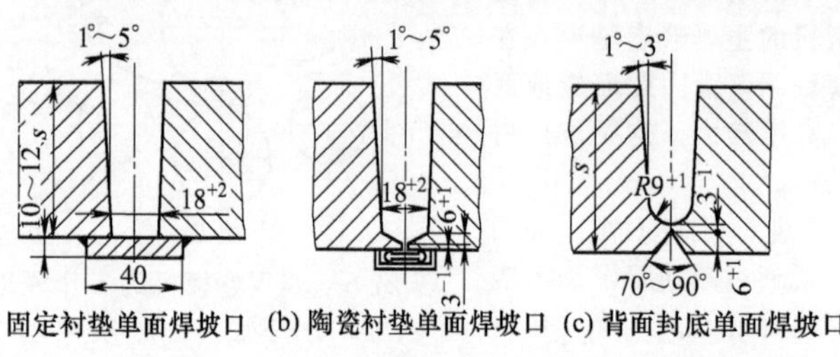

图21-10　窄间隙埋弧自动焊通用的坡口形式

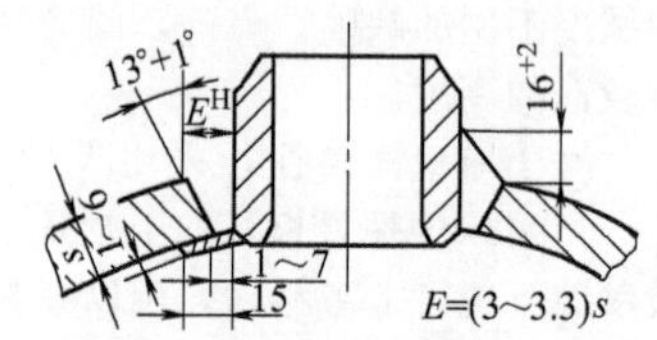

图21-11　管接头坡口

③ 手工焊坡口。环缝打底焊坡口（见图21-9），装配间隙及钝边为2mm左右，管接头坡口形式如图21-11所示。

④ 坡口加工。可采用刨边或车削，手工打底焊后的清根，可采用碳弧气刨或风铲进行。

(2) 焊前准备

① 手工焊。首先要检查坡口尺寸及装配质量，错边量不大于1.5mm，焊件装配必须保证间隙均匀、高低平整、坡口处和坡口边缘10～20mm范围要将锈蚀、油污、氧化皮、水分等杂质清理干净，露出金属光泽，焊条经250～400℃烘干2h，随取随用。

② 埋弧自动焊。坡口装配质量和清理要求同手工焊。焊丝表面的锈蚀、油污等必须清理干净，有局部弯折必须在盘丝时校直，焊剂经250～350℃、烘干2h后方可使用。

③ 电渣焊。工件装配前，必须将焊缝的熔合面及其附近40～50mm处（筒体内外）清理干净，露出金属光泽，焊缝两侧要保持平整、光滑，必要时可进行砂轮磨光或进行机械加工以使冷却铜块能贴紧工件和顺利滑行。工件装配前，为便于冷却铜块的安装和通过，多采用“Π”形“马”铁来固定工件位置。工件装配间隙一般为20～40mm。由于电渣焊是一次焊接成形，且加入的填充金属量较多，所以焊缝的收缩量较大，装配间隙应留有收缩余量和反变形，一般焊缝上端间隙比下端要大些，其差值的大小视焊缝长度而定，焊缝越长，差值越大。装配时，接头错边量≤1.5mm，且在焊缝始端装焊50～70mm高的引弧板，焊缝末端装焊75～80mm高的引出板，焊丝除油锈，有局部折弯处盘丝时校直。焊剂经250～350℃烘干2h，根据工件焊缝的体积，确定焊丝用量，每次焊接前准备的焊丝，必须保证能足够焊完一条焊缝。焊丝如需接头要事先焊好并且接头要牢固和光滑。另外，焊前应对焊机各部分进行检查调试，水冷却铜块要预先通水试验。需要有应急措施，如准备适量石棉泥，以便发生漏渣时及时堵塞，不使电渣焊的稳定过程遭到破坏。

④ 窄间隙埋弧自动焊。近年来，随着窄间隙焊接技术的发展，在厚壁锅筒纵、环缝的焊接工作中，有用窄间隙焊接取代电渣焊接和埋弧自动焊接的趋势。这主要是因为在厚壁锅筒上采用窄间隙焊接更能发挥其生产率高、成本低和焊接质量好的优点，而且可以去除电渣焊后所必须进行的正火处理，从而简化了锅筒的制造工艺程序。目前使用较多的窄间隙焊是窄间隙埋弧自动焊，根据哈尔滨锅炉厂的使用经验，窄间隙埋弧自动焊可以采用图21-12所示的三种工艺方案，即每层单道焊、每层双道焊和每层三道焊。每层单道焊工艺方案适用于70～150mm的工件厚度，而每层双道焊的厚度使用范围为100～300mm。焊件厚度在300mm以

上时可选用每层三道焊工艺。

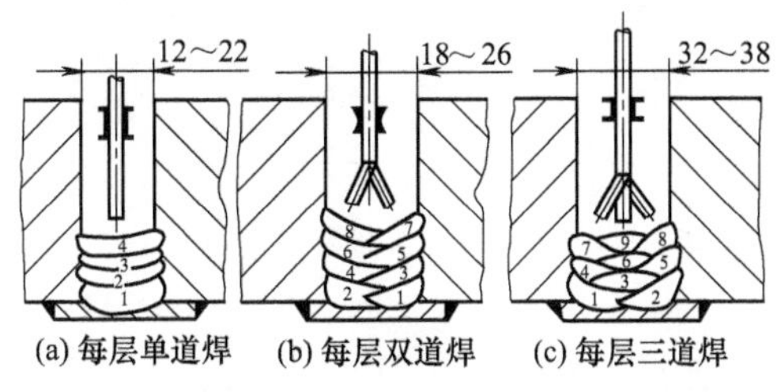

图 21-12 窄间隙埋弧焊的三种基本工艺方案

表 21-3 同时示出了窄间隙埋弧自动焊在实际生产中采用的典型的焊接工艺规范参数，以供选择。

表 21-3 窄间隙埋弧自动焊的典型焊接工艺规范参数

工艺方法	每层焊道数	焊丝		坡口根部间隙/mm	坡口倾角/(°)	电流种类及极性	电流/A	电压/V	焊接速度/(m/h)
		根数	直径/mm						
每层单道焊（日本川崎）	1	1	3.2	12	3	交流	425	27	11
		1	3.2	18	3	交流	600	31	15
		2	3.2	18	3	交流	（前置）600	32	27
							（后置）600	28	
每层单道焊（日本钢管）	1	1	3.2	12	7	直流反极	450～550	26～29	15～18
每层双道焊（瑞典伊莎）	2	1	3.0	18	2	直流反极	525	28	21
每层双道焊（前苏联巴东）	2	1	3.0	18	0	交流	400～425	37～38	30
每层双道焊（哈锅）	2	1	3.0	20～21	1.5	直流反极	500～550	29～31	30
	2	1	4.0	22	1.5	直流反极	550～580	29～30	30
每层三道焊（联邦德国）	3	1	5.0	35	1～2	交流	700	32	30

二、封头的制造工艺

对于不同参数的锅炉，封头的形式是不同的。低压锅炉常采用平封头或椭球形封头；中压锅炉一般采用椭球形封头；高压及超高压锅炉以上，则采用半球形封头。封头的制造工艺过程大体上包括下列各道工序：原材料检验──→划线──→切割下料──→加工焊接坡口──→封头毛坯拼板的装配与焊接──→毛坯成形──→热处理──→封头边缘余量切割──→质量检验。

1. 封头毛坯展开尺寸的计算

(1) 平封头毛坯尺寸的计算。通常，平封头毛坯尺寸有下列两种计算方法。

① 周长法。假定毛坯直径 D_0 等于平封头纵截面的周长，并考虑一定的加工余量。

$$D_0=d_2+\pi\left(r+\frac{s}{2}\right)+2h_0+2\delta$$

式中 δ──封头边缘的机械加工余量，mm；

其余各符号意义见图 21-13。

生产实践表明，按此式计算所得的平封头毛坯直径是偏大的，应根据实际生产情况予以适当的修正。下式是以周长法为基础的经验计算公式：

$$D=d_i+r+1.5s+2h_0$$

当 $h_0>5\%d_n$ 时，式中 $2h_0$ 值应以 $(h_0+3\%d_i)$ 代入。

② 面积法。假定封头毛坯面积等于成形封头的面积，再考虑一定的加工余量。为了简化计算公式，可以忽略不计圆角半径 r。此时，计算公式为：

$$\frac{\pi}{4}D_0^2=\frac{\pi}{4}(d_i+s)^2+\pi(d_i+s)(h_i+\delta)$$

由此可得

$$D_0=\sqrt{(d_i+s)^2+4(d_i+s)(h_i+\delta)}$$

(2) **椭球形封头毛坯尺寸的计算**。椭球形封头的形状较复杂（见图 21-14），通常其毛坯直径都是用近似计算方法来确定的。

图 21-13 平封头

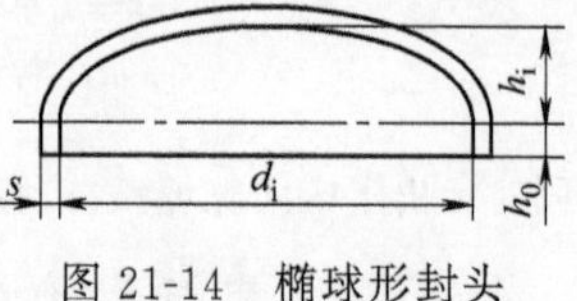

图 21-14 椭球形封头

椭球形封头（包括碟形）坯料的经验计算公式为：

$$D_0=k(d_i+s)+2h_0$$

式中 k——经验系数，可根据椭圆半长轴 a 与半短轴 b 的比值按表 21-4 确定。

式中其余符号见图 21-14，当 $h_0>5\%d_i$ 时，式中的 $2h_0$ 值应按 $h_0+5\%d_i$ 代入计算。

表 21-4 经验系数 k 值

$\frac{a}{b}$	1.0	1.1	1.2	1.3	1.4	1.5	1.6	1.7	1.8	1.9	2.0	2.1	2.2	2.3	2.4	2.5	2.6	2.7	2.8	2.9	3.0
k	1.42	1.38	1.34	1.31	1.29	1.27	1.25	1.23	1.22	1.21	1.19	1.18	1.17	1.16	1.16	1.15	1.14	1.13	1.13	1.12	1.12

锅筒所用的椭球形封头，通常其剖面为标准椭圆，即 $a/b=2.0$ 的椭圆。因此，椭球形封头毛坯直径在实际计算时，经验系数取 $k=1.19$。

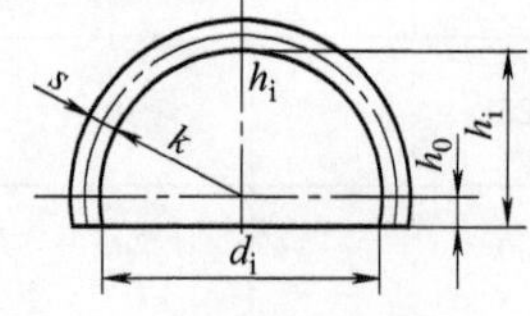

图21-15 球形封头

(3) **球形封头毛坯尺寸的计算**。球形封头的毛坯尺寸通常根据面积法计算。此时：

$$\frac{\pi}{4}D_0^2=\frac{1}{2}\pi d_i^2+\pi d_i(h_i+\delta)$$

$$D_0=\sqrt{2d_n^2+4d_i(h_i+\delta)}$$

式中 δ——球形封头边缘的机械加工余量；

其余符号见图 21-15。

此外，也可按近似公式计算：

$$D_0=1.13d_i+2h_0$$

当 $h_0>5\%(d_i-s)$ 时，式中 $2h_0$ 值以 $h_0+5\%(d_i-s)$ 代入。

2. 封头的冲压成形

锅筒封头的冲压成形，一般在 800～8000t 的冲压水压机或油压机上进行。

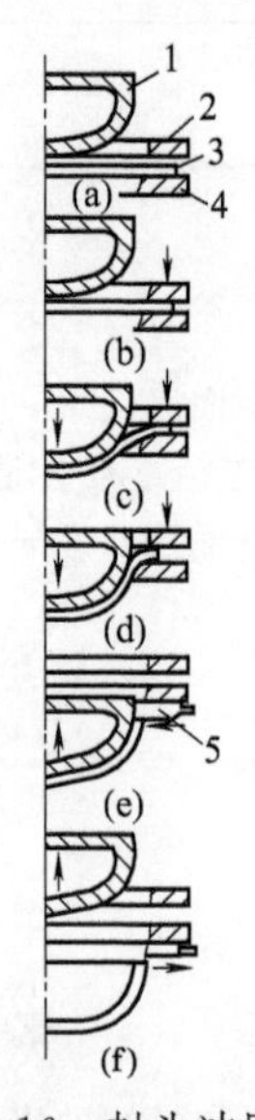

图 21-16 封头冲压过程
1—上冲模；2—压边圈；3—封头坯料；4—下冲环；5—脱件装置

图 21-16 是封头冲压的典型过程示意，上冲模与下冲模（冲环）分别装在水压机的两个抵铁之上，将加热的钢板坯料放在下冲环上并与冲环对正中心［见图 21-16 (a)］。而后，压边圈下降压紧钢板［见图 21-16 (b)］，开动水压机，使上冲模下降与钢板坯料接触，并继续下降加压使钢板产生变形［见图 21-16 (c)］。随着上冲模的下压，毛坯钢板逐渐包在上冲模表面并通过下冲环［见图 21-16 (d) 及 (e)］。此时，封头已冲压成型，但由于材料的冷却收缩已卡紧在上冲模表面，需要特殊的脱件装置使封头与上冲模脱离。常用的脱件装置是滑块，一般沿圆周有三个或四个滑块。当冲压变形完时，将滑块推入，压住封头边缘［见图 21-16 (f)］。待上冲模提升时，封头被滑块挡住。即从上冲模表面脱落下来，从而完成了整个冲压过程；这种方法称为一次成形冲压法。由低碳钢或普通低合金钢制成的通用尺寸封头，均可一次成形进行冲压。

图 21-17 示出了椭球形封头和球形封头冲压后，材料各部分壁厚变化的情况。由图中可知，对于椭球形封头，通常在接近大曲率部位变薄最大，碳钢封

头减薄可达8%～10%s；球形封头在接近底部范围内减薄较严重，可达10%～14%s，s为封头名义壁厚。

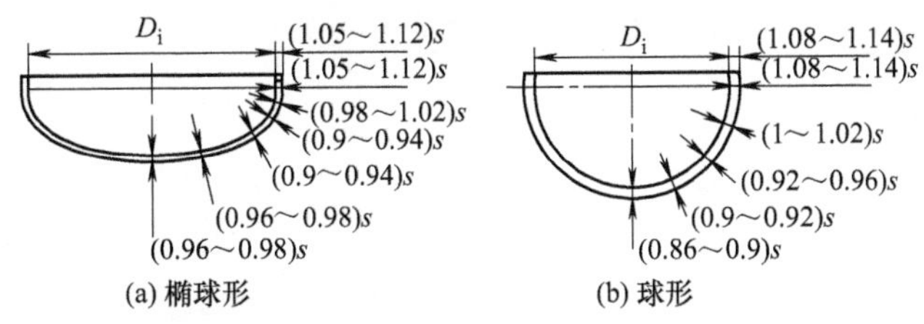

图 21-17 大型钢制封头冲压后的壁厚变化

3. 封头冲压工艺与影响质量的因素分析

通用无孔封头的冲制过程已如上述。当封头有椭圆人孔（或圆孔）时，一种结构是封头冲制后，再切割人孔，焊上加强圈；另一种结构是在钢板上割出人孔预切椭圆，在热态下进行翻孔工序。采用何种结构形式由设计者根据批量、工厂条件、经济性和经验决定。一般工业锅炉厂采用前面一种方法，而电站锅炉制造厂因采用球形封头，一般在封头上开圆形人孔即可。

封头冲制后再在翻孔模上进行外翻孔（扳出），如图 21-18 所示，化工容器应用较多。

工业锅炉封头人孔的内翻孔工序，一般是在封头冲压过程中进行的。先在钢板坯料上割出人孔预切椭圆，上冲模在此起着冲压封头凸模和翻孔冲环两个作用，其典型结构如图 21-19 所示。即上冲模 1 的内部是中空的，有圆角（r）的内圈相当于内翻孔的冲环。在压力机下抵铁的冲环 3 下面，另安装一个人孔翻边冲头 4。因此，钢板坯料被上冲模压下后，先经封头冲压成形，继续下降，再经人孔翻孔扳边工序。区别于图 21-17 的只是翻孔冲头在此是固定的（也可采用下抵铁向上运动翻孔），运动着的上冲模内孔起翻孔的冲环作用。

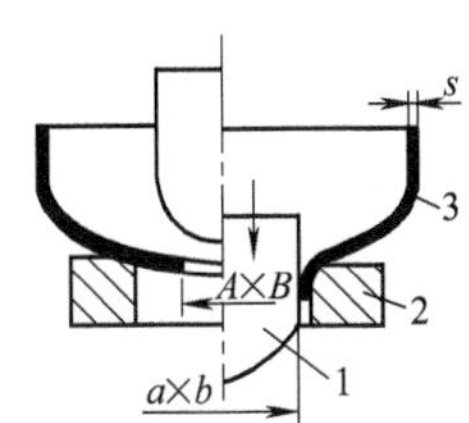

图 21-18 外翻孔示意
1—上冲模；2—冲环；3—封头

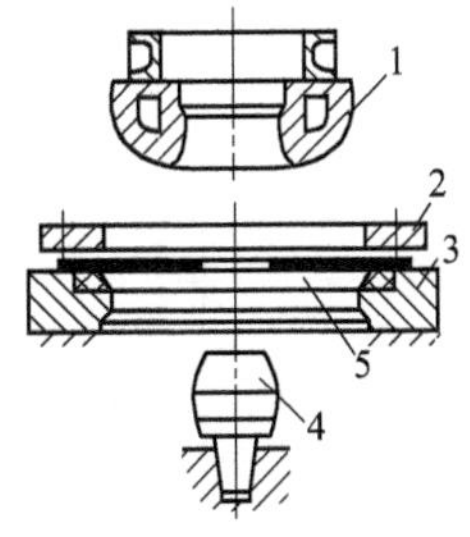

图 21-19 带人孔封头制造示意
1—上冲模；2—压边圈；3—冲模与冲环；4—人孔翻孔冲头；5—坯料

对于薄壁封头（一般指 $D_0-d_i>45s$），即使采用带有压边圈的一次成形法，也会出现鼓包和皱折现象。因此，常采用两次成形法，如图 21-20 所示，第一次冲压采用比上冲模直径小 200mm 左右的冲模，将毛坯冲压成碟形，可以将 2～3 块毛坯钢板重叠起来进行成形；第二次采用与封头规格相配合的上、下模具，最后冲压成形。

对于厚壁封头（一般指从 $D_0-d_i<8s$ 时），因毛坯较厚，边缘部分不易压缩变形，尤其是球形封头，在成形过程中边缘厚度会急剧增加，需要很大的冲压力，并导致底部材料过分拉薄。因此在压制厚壁封头时，常事先把封头毛坯车斜面，再进行冲压，如图 21-21 所示。

封头是采用热态还是冷态冲压，主要依据下列两个因素，即封头材料性能和封头坯料的尺寸大小。

① 封头材料性能。常温下塑性较好的材料可考虑采用冷态压制，如铝及铝合金；热塑性较好的钢材，一般应采用加热冲压。因冲压过程中钢板受力复杂，变形很大，热态冲压则有利于材料变形，可避免加工硬化现象和产生裂纹，易于保证封头质量。

② 封头坯料尺寸。主要看封头坯料 D_0 与厚度 s 关系。当封头较薄时，可以采用冷态冲压封头。即：

碳素钢或低合金钢 $\frac{s}{D_0}\times 100<0.5$

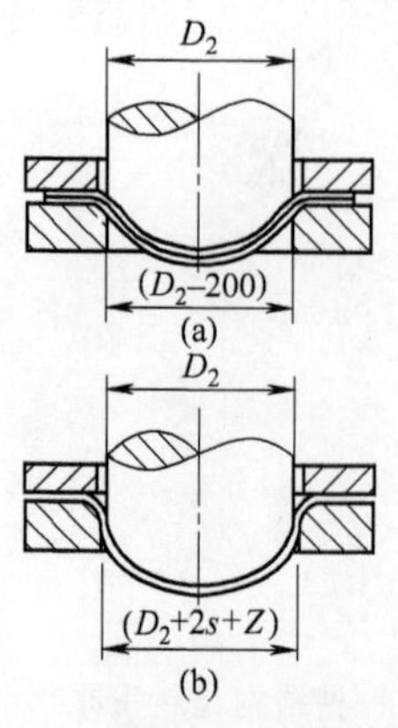

图 21-20 薄壁封头两次成形法

D_2—上冲模直径；Z—间隙

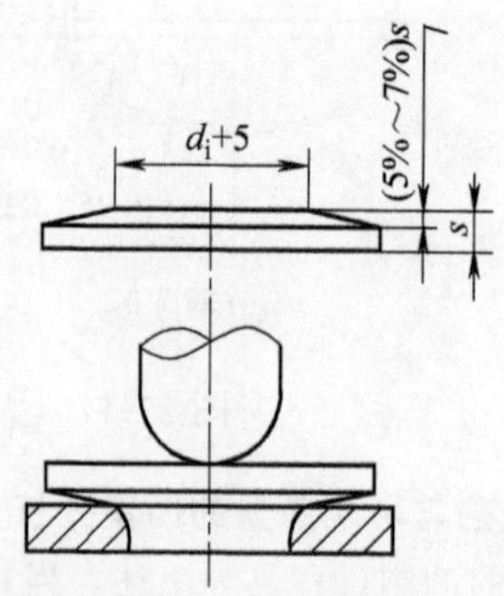

图 21-21 厚壁封头的压制

不锈钢或合金钢 $\frac{s}{D_0}\times 100<0.7$

当封头较厚时，应采用热态冲压封头。即：

碳素钢或低合金钢 $\frac{s}{D_0}\times 100\geqslant 0.5$

不锈钢或合金钢 $\frac{s}{D_0}\times 100\geqslant 0.7$

锅筒封头一般由碳素钢或低合金结构钢制成，按其毛坯直径 D_0 与壁厚 s 来看，一般都应采用加热冲压。几种常用材料的加热范围可参考表 21-5。

表 21-5 常用封头材料的加热范围

钢材牌号	加热温度/℃	终压温度/℃	冲压后的热处理温度/℃	钢材牌号	加热温度/℃	终压温度/℃	冲压后的热处理温度/℃
Q245R	≤1100	≥850	880～910	BHW35	≤1025	≥850	910～930
SA299	910～930	≥789	880～900	12Cr1MoVR	≤1100	≥850	880～910
10CrMo910	≤1100	≥850	910～940	07Cr19N11Ti	≤1150	≥950	—

为了减少加热时氧化和脱碳现象，应尽量缩短钢板的加热时间。但是，过快的加热速度会在钢板内产生很大的热应力，甚至导致产生裂纹。通常对于含合金量及含碳量较高的材料，由于其导热性较差，应当减慢加热速度，并增加均热保温时间。在生产上为了减少加热时间，常采用热炉装料的方法。

一般来说，当满足下式时便需要采用压边圈：

$$\frac{s}{D_0}\times 100\leqslant 4(1-K)$$

式中 D_0——封头毛坯直径；

s——封头毛坯厚度；

K——材料拉伸系数，通常可取 0.75～0.80。

在实际生产中，往往需要根据具体情况确定需要采用压边圈的范围。例如，根据国内某些厂的实践经验，对于椭球形热压封头的压边范围为：

$$D_0-d_i\geqslant(18\sim20)s$$

式中 D_0——封头毛坯直径；

d_i——封头内径；

s——封头壁厚。

当 $D_0=400\sim1200$mm 时，上述条件为 $D_0-d_i>20s$；当 $D_0=1400\sim1900$mm 时，上述条件为 $D_0-d_i>19s$；当 $D_0=2000\sim4000$mm 时，上述条件为 $D_0-d_i>18s$。

对于球形封头，压边范围为：

$$D_0-d_i \geqslant (14\sim15)s$$

对于平封头，压边范围为：

$$D_0-d_i \geqslant (21\sim22)s$$

封头冲压时常采用的润滑剂如表 21-6 所列。

表 21-6　板料压制时常用的润滑剂

工件材料	润滑剂	工件材料	润滑剂
碳素钢	石墨粉＋水	铝	机油，工业凡士林
不锈钢	石墨粉＋水，滑石粉＋机油＋肥皂水	钛	二硫化钼，石墨＋云母粉＋水

4. 封头的爆炸成形

爆炸成形是一种高能成形工艺，它是利用炸药爆炸时所产生的高温高压气体，通过介质的传递，在极短的时间内（通常在 0.001s 内）产生巨大的冲击波施加于毛坯钢板上，使之产生塑性变形，从而获得设计上所要求的几何形状和尺寸。

爆炸成形具有下列特点：a. 质量好，可确保工件达到所要求的几何尺寸，表面光洁，壁厚减薄现象不严重，工件经退火处理后力学性能可进一步得到改善；b. 设备简单，不需要大型的复杂设备；c. 操作方便、生产率高、成本低，对于成批生产的封头尤为显著。

爆炸成形可分为有模成形和自由成形两类。封头的爆炸成形通常采用自由成形方式。

(1) 爆炸成形的金属变形条件　爆炸成形过程中金属的变形条件，主要是指压力、速度和温度。

① 压力。爆炸成形时毛坯所承受的压力可分为两种：一是成形压力；二是贴膜压力。采用自由成形时，毛坯所承受的压力只有成形压力，约为几百兆帕；而有模成形时，则为成形压力和贴膜压力之和，约为几百至几千兆帕。

② 速度。根据用微秒计时仪测量的结果，爆炸成形过程毛坯的平均运动速度约为 10～300m/s，整个成形时间约为几百微秒，而常规冲压的加载速度一般在 0.5～3m/s 范围内，两者相比差别是很大的。

③ 温度。爆炸成形一般在常温下进行，由塑性变形产生的热量就会保留在金属内，提高了变形温度，但是，在生产实践中，爆炸成形的变形量都不太大。因此，仍可认为成形过程是在常温下进行的。

(2) 压力传递介质　爆炸成形时，爆炸冲击波产生的高压力需通过一定的介质传递到毛坯。压力传递介质可以是空气、砂和水。

目前爆炸成形大都用水作为压力传递介质，这是因为水的可压缩性很小，其本身所消耗的变形能极少，传压效果好，而且使用方便，价格便宜。

5. 封头的旋压成形

20 世纪 60 年代以来，随着压力容器的大型化，大型薄壁及厚壁封头的制造成为迫切需要解决的问题。此时，如果仍采用冲压成形法，不但需要吨位大、工作台面宽大的水压机，而且冲压模具成本高，制造质量不能保证。旋压成形法就是在这样条件下逐渐得到广泛采用的，如图 21-22 所示。

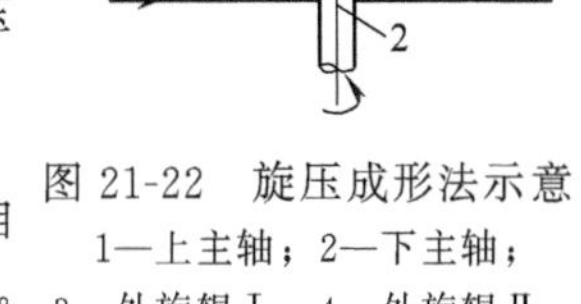

图 21-22　旋压成形法示意
1—上主轴；2—下主轴；3—外旋辊Ⅰ；4—外旋辊Ⅱ；5—内旋辊

旋压成形法有着下列优点。

① 投资省，能适应大型化产品的发展。旋压成形所需的设备与冲压设备相比，体积小、质量轻，特别是制造大型封头时，旋压成形更能发挥其优越性。采用旋压法，目前已可制造 ϕ5000mm、ϕ7000mm、ϕ8000mm，甚至 ϕ20000mm 的超大型封头。

② 模具费用低，适合单件小批量生产。旋压成形只需要几套简单的压鼓模和翻边内滚轮，就可旋压多种尺寸规格的封头，因而模具费用低，且灵活性大。

③ 成本低，节约能源，操作简单，劳动条件好。

④ 封头成形质量好，在旋压机允许范围内加工的封头，均能满足质量要求，加工薄壁封头边缘也不易起皱。

旋压成形法也存在着一些不足之处。如一定生产批量情况下，生产率低于冲压成形，生产 ϕ4000mm×26mm 的低碳钢封头，旋压成形平均需要 1h，而冲压成形则只需 15～20min。另外，如果操作不熟练，压鼓次数过多，则封头材料会发生冷加工硬化，甚至产生裂纹。再者，对于厚壁小直径（ϕ1400mm 及以下）封头采用旋压成形时，需要在旋压机上增加附件，比较麻烦，不如冲压成形简便。

总的来说，采用旋压法还是冲压法来制造封头主要取决于两方面的因素：一是生产批量问题，单件小批量生产以旋压法较经济，成批生产可采用冲压法；二是尺寸问题，薄壁大直径封头采用旋压法较合理，厚壁小直径封头用冲压法较适宜。

6. 成形封头的端面加工与质量检验

封头在冲压或旋压过程中，由于毛坯钢板边缘的相互挤压，使封头的直边部分增长且参差不齐，这多余部分必须切除，同时将封头端面加工出焊接坡口，以使与锅筒筒身焊接。

切割边缘可以用火焰切割或机械加工。为保证坡口尺寸及边缘整齐，一般多在立式车床上进行加工，如多余部分过长，可先进行火焰切割，再进行切削加工。

封头的质量检验包括封头的表面状况、几何形状和几何尺寸等。

封头表面状况的检查主要是检查其表面是否有起皱裂纹、划痕、凹坑及起包等。封头不允许有裂纹和重皮等缺陷。对于微小的表面裂纹和距人孔圆弧起点大于 5mm 处的裂口，经检验部门同意可进行修磨或补焊。但修磨后的钢板厚度应在厚度的允许偏差范围之内。

对于起包、凹陷和划痕等缺陷，当其深度不超过件厚的 10%，且最大不超过 3mm 时，可将其磨光，但需要保证平滑过渡。

压制封头常见的外形缺陷，产生原因与防止消除办法可参见表 21-7。

表 21-7 压制封头常见外形缺陷及其产生原因和消除办法

缺陷名称	简图	产生原因	消除办法
起皱与起包		(1) 加热不均； (2)压边力太小或不均； (3)模具间隙太大； (4)下模圆角太大	(1) 均匀加热； (2)加大压边力； (3)合理选取模具间隙及下模圆角
直边拉痕压坑		(1)下模或压边圈工作表面太粗糙或拉毛； (2)润滑不好； (3)坯料气割熔渣未清除	(1)下模宜用铸铁； (2)提高下模及压边圈工作表面光洁度； (3)消除坯料上的熔渣杂物及模具上的氧化皮； (4)合理使用润滑剂
外表面微裂纹与局部过厚		(1)坯料加热规范不合理； (2)下模圆角大小不一； (3)坯料尺寸过大； (4)模具局部磨损过大	(1)合理制定加热规范； (2)注意冲压操作温度； (3)适当加大下模圆角； (4)核算减小坯料尺寸； (5)修换模具
纵向撕裂		(1)坯料边缘不光滑或有缺口； (2)加热规范不合理； (3)封头脱模温度太低	(1)清理坯料边缘； (2)合理制定加热规范； (3)控制脱模温度
偏斜		(1)坯料加热不匀； (2)坯料定位不准； (3)压边力不均匀	(1)均匀加热； (2)仔细定位、下模应有定位标志； (3)调整压边力
椭圆		(1)脱模方法不好； (2)封头起吊转运时温度太高	(1)采用自动脱模结构的模具； (2)等封头冷到 500℃以下再吊运
直径不同		(1)一批封头脱模温度不一致； (2)模具受热膨胀	(1)控制统一的脱模温度； (2)大批压制时适当冷却模具； (3)压模预热

三、锅筒和管件的焊接与胀接

1. 排孔划线与钻孔

在锅筒上进行排孔划线应以钢板下料时划出的锅筒纵向中心线（纵向基准线）为依据。但由于在锅筒制造过程中，此基准线可能产生偏差，因此在排扎划线前应予以校核。校核工作可按下述方法进行。

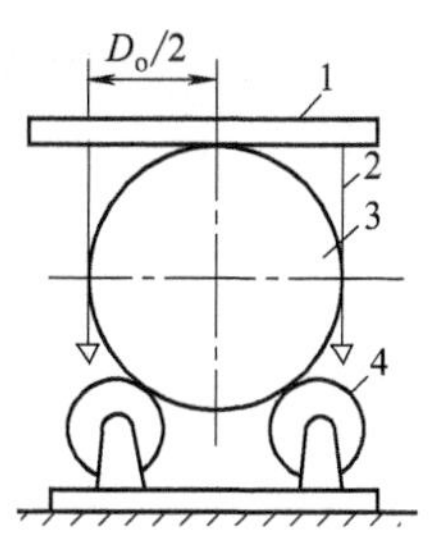

图 21-23　锅炉吊中示意
1—直尺；2—挂线；3—锅筒；4—滚轮台

将锅筒放置在滚轮架上，并使纵向基准线处于其顶部，然后在锅筒的一端搁置直尺，用水平仪找平直尺。在直尺两端挂线与锅筒外壁相切。此时，在有尺的一端用锅筒的外半径长度在锅筒顶部划出中心点，用同样方法以直尺的另一端为中心，也在锅筒上划出中心点，参见图 21-23。

根据在锅筒两端划出的这两个中心点，定出锅筒的纵向中心线。另一方面，由于锅筒是由几段筒节和两个封头拼接而成的，制成后锅筒的总长度往往与图纸上规定的尺寸有偏差。根据生产实践的经验，当环缝采用埋弧自动焊接时，锅筒的总长度一定比规定尺寸略长；当采用手工电弧焊接时，锅筒的总长度一般比规定尺寸略短。因此，为了保证孔位置的准确性，锅筒的横向中心线（横向基准线）应根据锅筒中间一段筒节来确定，也就是根据中间筒节两端焊缝中心之间的距离定出横向中心点。在锅筒的外圆周上每隔 45°划出一个横向中心点，连接这些点，便得到横向中心线（横向基准线）。然后以横向中心线为依据，按图纸要求，向锅筒两端排出管孔位置。再根据排出的管孔中心的斜向节距检验管孔中心位置是否准确。管孔中心确定后，便可划出定位孔和管孔的中心线。

管孔的加工往往需分几步进行。首先是用直径较小（通常为 24mm 左右）的麻花钻头在锅筒上管孔中心钻出定位孔，作为大直径钻头的定位对中孔。其次用大直径钻头或扩孔割刀进行扩孔，直至所需直径。第三步进行端面扩钻，加工出管座。对于胀接管孔，最后还需进行一次精加工，以保证管孔表面有足够的光洁度。

2. 锅筒与管件的连接

锅筒与管件的连接方法，可采用焊接连接，也可采用胀接连接。这两种连接方法各有优缺点，各有其适用范围。焊接连接能保证连接部分具有较高的强度和较好的严密性，但需消耗一些焊接材料，而且在检修时更换管件较不方便。胀接连接具有操作简便、更换管子方便、不需消耗焊接材料等优点，但连接处的强度和严密性较差。通常，对于中压、高压、超高压及更高压力的锅炉，由于锅筒承受压力较高，因此保证连接处具有较高的强度和较好的严密性便成为主要矛盾，此时应采用焊接连接。对于低压水管锅炉和锅壳式锅炉，由于这些锅炉对水质不能有较高的要求，管内较易结垢，火管锅炉中的烟管也很易积灰，在这种情况下，如何能方便地更换管件便成为必须考虑的问题，同时由于这些锅炉承压较低，因而往往采用胀接连接，但目前这类低压锅炉的胀口在实际运行过程中由于原先胀接力的不均匀和胀接力随着时间延长而减小出现泄漏的情况很多，低压锅炉的胀接连接也已逐步被淘汰，因此，胀接连接目前在锅炉制造厂一般只用来消除管子外壁和管孔壁的间隙。

（1）锅筒与管件的焊接连接　锅筒与管件的焊接连接对于大型锅炉来说，一般都是先在锅筒上焊以管接头（短管）。在锅炉安装时，再将管件与管接头对接焊合。管接头的数量很多，焊接工作量大。但是由于其焊接工作是围绕管接头圆周，在锅筒弧形表面上进行的，加以锅筒与管接头的壁厚相差悬殊，因此长期以来未能使其焊接工作实现自动化。近 10 年来，在生产上已采用了一些管接头自动焊接设备，这是锅炉制造行业中的一项重大革新。

管接头自动焊接焊机的原理一般都是把焊机的转轴插入或套在被焊的管接头上，然后由传动机构带动，焊机随机件一起围绕管接头旋转。焊机的仿形机构使焊机头旋转的轨迹，即焊机头运动的空间曲线与管接头焊缝的形状相一致，保证焊缝成形和保持焊接电弧的长度固定不变。焊机在管接头上定位的关键是要使焊机的转轴与管接头同心，否则会使焊丝偏离焊道，影响质量。管接头自动焊接的方法可采用埋弧自动焊，也可采用气体保护焊。管接头采用自动焊可使工作效率大大提高，以焊接 ϕ89mm×14mm 的管接头为例，管接头的埋弧自动焊可比手工电弧焊节省 30%的工时。

锅筒与管件采用焊接连接时需注意下列几点。

① 焊接管孔的最小允许节距。如前所述，焊接热影响区是焊接连接中组织和性能较差的部位，往往在此区域引发裂纹，导致破坏。因此，避免两相邻焊缝的热影响区重合，是确定两相邻焊缝间所允许的最小距离的基本出发点。锅筒上焊接管孔间的最小允许节距也应根据这一原则予以确定。国家标准 GB/T 16508 规定，相邻焊接管孔焊缝边缘净间距不得小于 6mm，如焊后进行热处理时，可不受此限制。

② 焊缝的形状。锅筒与管件的焊接连接一般均为角接焊缝。通常，角接焊缝的抗剪面为 45°方向，如图 21-24（a）截面。凸形截面角焊缝［见图 21-24（c）］与母材之间为突变式过渡，其应力集中程度很大，而凹形截面角焊缝［见图 21-24（b）］与母材间为平滑过渡，其应力集中程度较小。

由此可知，从连接安全性看，在保证角焊缝具有足够的抗剪面尺寸的情况下，采用凹形截面为最佳。但是，凹形截面在焊接时较难实现，因而在实际生产中以采用介于凹形和凸形截面之间的等腰三角形截面的角

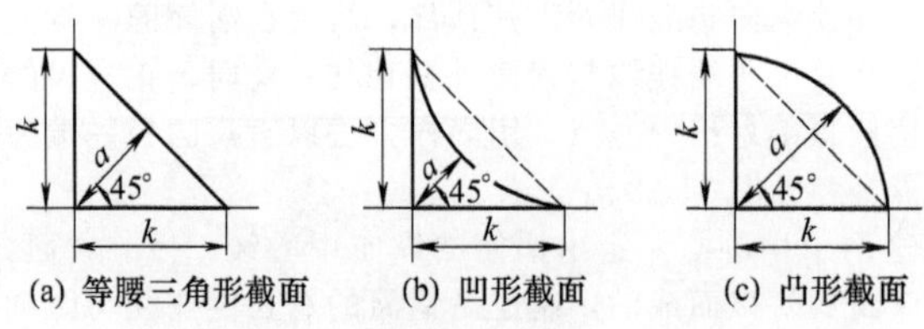

图 21-24 角接焊缝的截面形式

焊缝为宜。

③ 焊脚高度尺寸的确定。在焊缝形状确定后，焊脚高（k 值）的大小直接关系到角接焊缝抗剪面的大小，从而影响焊缝的抗剪能力。通常，可根据管件的壁厚大致上确定焊脚高度。此时，可参照表 21-8 选取。

表 21-8 焊接管接头的焊脚高度尺寸

管件壁厚 s_1/mm	角接焊缝的焊脚高 k/mm	管件壁厚 s_1/mm	角接焊缝的焊脚高 k/mm
$s_1 \leqslant 3$	4	$s_1 > 4.5$	s_1+3
$3 < s_1 \leqslant 4.5$	$s_1+1.5$	锅壳式锅炉的拉撑管	s_1+3

(2) 锅筒与管件的胀接连接 锅筒与管件的胀接连接通常是在锅炉安装时进行的，对于低压小容量快装锅炉，胀接工作是在锅炉制造厂内组装时进行的。在进行胀管之前，应先将管子端头胀接部分进行退火，使管端材料的硬度低于锅筒材料的硬度，管端应磨光至发出金属光泽。胀管前在管子内壁涂少许黄油，然后把胀管器插入管中进行胀接，胀管率按规定选取，欠胀和过胀都不能保证胀接质量，过胀还会因管壁减薄太多而导致管子开裂。

在锅筒和管件采用胀接连接时，必须根据胀接管孔间的最小允许节距来确定锅筒上胀接管孔之间的距离。中国国家标准 GB/T 16508.3 和 GB/T 16507.4 标准规定，对于胀接管孔，管孔最小中心距 $t \geqslant \frac{10}{7}d$，其中 d 为管孔直径。

(3) 锅筒管件采用胀接与焊接相结合的连接方式 对于某些次中压锅炉或采用焊接连接的焊缝位于锅炉的烟气侧时，为了封闭水侧管件与管孔之间的间隙，防止水中的碱分在间隙中浓缩沉积结垢而导致裂纹，往往采用胀接与焊接相结合的连接方式。此时，必须正确地选择胀接与焊接的工艺顺序。其理由如下。

① 采用先焊后胀工艺顺序时，焊接时产生的大量气体可由管件与管孔之间的间隙向外逸出，从而减少了焊缝中产生气孔的概率。有的试验表明，在仅用棉纱去除管板表面油污的情况下，如果采用先胀后焊工艺顺序，在焊缝中产生气孔的概率高达 70%。

② 在采用先焊后胀工艺顺序时，由于胀接工作在焊好后进行，因而机械胀接时的油污对焊接质量无影响。

③ 在采用先焊后胀工艺顺序时，在连接部分存在的残余应力小于采用先胀后焊工艺顺序时的值。

④ 如果采用先胀后焊工艺顺序，则在胀后进行焊接时，由于角接焊缝的应力作用，使管端发生收缩变形，致使管件与管孔胀接的贴紧程度降低，甚至会出现缝隙。如果缝隙中的缺陷与该缝隙连通，则会由于受到腐蚀介质的影响而引起腐蚀坑，成为缝隙腐蚀和应力腐蚀开裂的裂源。有的试验表明，采用相同的贴胀胀管率（$H=0.8\%$）时，采用先胀后焊工艺顺序时，管外壁与管孔壁之间的缝隙的平均值约为采用先焊后胀工序时的 3.5 倍。

由上述 4 个方面可以明显地看出应该采用先焊接后胀接的工艺顺序。但此时又可根据不同的作用和要求，有 3 种不同作用的焊接与胀接的配合方式，即强度焊配合贴胀、强度焊配合强度胀和密封焊配合强度胀。

所谓强度焊和强度胀是指连接接头的强度和严密性均由焊接或胀接单独给予保证。所谓贴胀是指胀接只起到使管子外壁与管孔壁面紧密贴合消除间隙的作用。此时采用的胀管率一般<1%，即 $H<1\%$。所谓密封焊是指连接焊缝主要起保持接头严密性的作用，而焊缝的强度可能不满足连接强度的需要。

在上述三种焊接与胀接的配合方式中，以强度焊配合贴胀得到最广泛的采用，而在电厂高、低压给水加热器制造中，小直径管和厚管板的连接则采用强度胀配合密封焊的连接方式，至于是先胀后焊，还是先焊后胀，这和所采用的焊接方法、胀接方法以及工厂的经验有关。

(4) 锅筒的翻边管接头 翻边管接头就是从筒壁上直接顶拉或冲压出一个管接头，以便与管子连接。这种管接头目前已在锅筒、集箱、球形压力容器以及核能容器上得到应用。其主要优点如下：a. 与普通补强的接管接头相比，应力集中情况有明显降低，节省材料及焊接工作量，因而成本低；b. 由于管接头与容器壁是圆滑过渡，流动介质不易形成涡流，故介质流动阻力小；c. 翻边工作简便，特别是对于现代化大型锅炉的大直径下降管，采用焊接管接头往往应力集中十分严重，而且在焊缝区域很易产生裂纹等缺陷，采用翻边管接头就可避免这些缺点；d. 翻边管接头抗低周疲劳破坏能力强，适合于调峰机组的锅炉锅筒。

中国武汉锅炉厂曾将翻边管接头用于410t/h锅炉的集中下降管，获得了良好的效果，经现场测试翻边管接头内壁最大应力集中系数为2.1左右。

四、锅筒的组焊和总装工艺

根据锅筒制造公差的保证手段，从缩短制造周期、改善内部预埋件施工条件、合理利用组装场地与设备，以及适应传统生产习惯的需要出发，国内外锅炉制造厂家采用的锅筒组焊总装工艺方法，可归纳为下面四种组合方式。

其中，按管接头在总装中组装程度不同，有如下2种。

① 大段筒体上先焊好管接头，再合拢成锅筒。其中仅有妨碍在滚轮架上滚动的几排管接头，待合拢后再补焊上。

② 大段筒体合拢成锅筒后，再装焊全部管件接头，这一方法又有两种不同程序：a. 大段筒体先钻好管孔后进行合拢；b. 大段筒体合拢后再进行管孔的切割加工和钻孔。

按锅筒内部预埋件组装程度不同，又有如下两种。

① 壳体合拢前，先埋好预埋件，这一方法也有两种程序：a. 留下一端封头或两端封头，待预埋件埋好后，最后再焊上；b. 两大段各埋好预埋件，合拢后再补焊上合拢处预埋件。

② 封头、筒节全部总装成壳体后，再焊全部预埋件。

东方锅炉厂在制造第一台300MW锅炉汽包时，为了缩短制造周期，曾采用过总装合拢前大段筒体焊管接头和总装合拢后焊预埋件的组装方法，但以后几台生产仍采用工厂传统锅筒总装工艺，即总装合拢后再焊全部管接头和预埋件。

汽包的组焊总装工艺中，大直径厚壁下降管和其他直径的连接管的角焊缝焊接方法，国外有自动焊、半自动焊和手工焊三种方法，管接头自动焊接是先进的焊接工艺。值得指出的是MZM-500埋弧自动焊马鞍形国产焊机，用于焊接插入式下降管角焊缝后，对提高焊接效率、保证焊接质量稳定和改善劳动条件等方面已取得了明显效果。

五、锅筒制造中的热处理

为保证锅筒的制造质量，在锅筒制造过程中，往往要经过多次各种热处理工作，主要包括锅筒筒节纵向焊缝电渣焊的正火处理、高强度低合金钢锅筒的调质处理及锅筒的焊后热处理。

1. 锅筒筒节纵向焊缝电渣焊的正火处理

对于采用电渣焊接的锅筒筒节，焊缝金属的结晶组织是十分粗大的柱状晶粒。为了改善焊缝金属的晶粒组织和力学性能，焊后必须进行正火处理，细化晶粒。

正火的加热温度通常取为钢材的 $A_{c3}+30\sim50℃$。通常采用在静止空气中冷却的方法。图21-25示出了中压及高压锅筒筒节的正火处理规范。

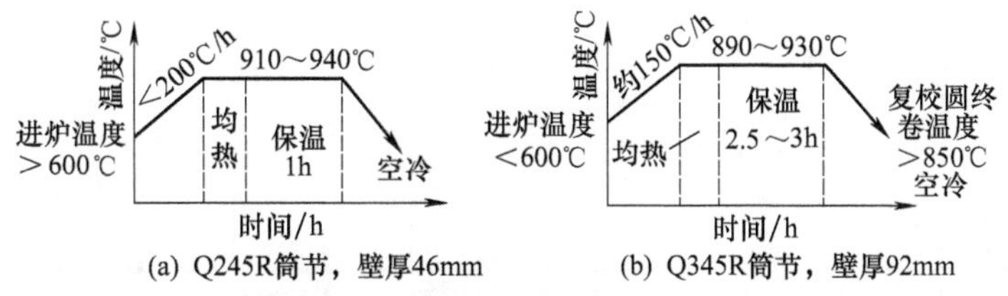

图21-25 锅筒筒节的正火处理规范

2. 高强度低合金钢锅筒的调质处理

热处理工艺是提高低合金钢性能的重要手段之一。通过热处理工作可使低合金钢的强度性能大大提高，塑性和韧性得到改善，获得良好的综合力学性能，使低合金钢的潜力得到充分发挥。

通常对于低合金钢均可采用正火＋回火的热处理制度。但是对于厚钢板来说，如果仍采用正火＋回火的热处理制度，则由于其冷却速度比薄工件小得多，就不能保证材料获得均匀细密的显微组织，从而使强度和韧性降低。由此可知，为了获得良好的综合力学性能，对于低合金钢厚板必须提高热处理时的冷却速度。采用淬火＋回火的调质处理制度是一项有力的措施。

高强度低合金钢的加速冷却处理也可采用喷淋淬火的方法。此时，不需要大型的淬火水槽及一套起吊工具，因而设备较简单。采用喷淋淬火能否达到要求，主要决定于是否有足够的喷水量，以保证必须的冷却速度。

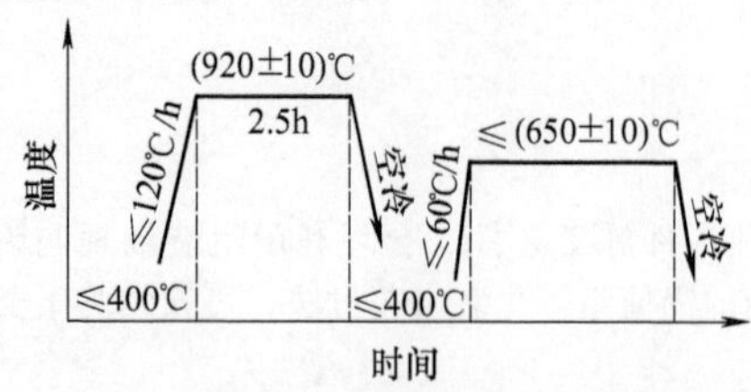

图 21-26 正火校圆＋回火热处理规范（BHW35，壁厚 95mm）

热成形后的受压元件一般需进行正火或回火处理，以便所要求的性能得到恢复。我国电站锅炉厂在制造 200MW 发电机组锅炉锅筒（采用 BHW35 低合金高强钢板，壁厚 95mm）时采用的热成形过程是：加热卷板──→电渣焊──→加热校圆──→正火校圆＋回火。

其中，加热卷板温度为 990～1025℃，终卷温度≥850℃；加热校圆温度为 940～980℃，终校温度≥800℃；正火校圆＋回火热处理规范如图 21-26 所示。

3. 锅筒的焊后热处理

锅筒的焊后热处理是保证其制造质量的重要措施之一。它可达到以下各项目的：a. 消除残余应力，稳定构件尺寸；b. 改善构件母材与焊缝的性能，亦即改善焊缝金属及热影响区的塑性和韧性；c. 提高构件抗应力腐蚀的能力；d. 析出焊缝区域的有害气体特别是氢气，防止延迟裂纹；e. 提高耐疲劳强度和蠕变强度。

锅筒及压力容器在进行焊后热处理时，必须考虑的因素列于表 21-9 中，可供参考。锅筒及压力容器的焊后热处理通常采用整体进炉焊后热处理的方法。这样，锅筒整体的温度均匀，而且温度易控制，能有效地消除残余应力，而且热处理时的热损失较少，费用较低。其中的缺点是需要大型加热炉，设备投资费用大。特别是随着锅筒及压力容器的大型化，往往使整体进炉热处理发生困难，此时，只有采用局部热处理的方法。局部热处理的优点如下：a. 无需固定的加热炉，操作灵便；b. 采用电气式局部加热时，可用热电偶控制温度，准确方便；c. 仅需对必须热处理的局部进行热处理工作。其主要缺点是由于产生了加热部分与未加热部分的温度差，因而消除残余应力的效果比整体热处理稍差。因此，大型锅炉制造厂一般都进行整体进炉焊后热处理。

表 21-9 锅筒及压力容器焊后热处理的主要考虑因素

加热温度的上限	加热温度的下限	保温时间的上限	保温时间的下限	加热速度的上限	加热速度的下限	冷却速度的上限	冷却速度的下限	出入炉温度的上限
(1)在材料相变温度以下； (2)调质钢回火温度以下； (3)不使母材及焊缝的其他性能恶化①	(1)保证清除应力效果； (2)保证硬化部分软化②； (3)释放出氢等气体	(1)母材及焊缝的使用性能不能恶化①； (2)缩短制造时间	(1)保证清除应力效果； (2)保证硬化部分软化②； (3)释放出氢等气体	(1)厚件、重型件的温度不均匀； (2)由于形状和尺寸引起的不均匀	(1)退火炉的控制条件； (2)缩短制造时间	(1)厚件、重型件的温度不均匀； (2)由于形状和尺寸引起的不均匀； (3)考虑残余应力、变形及裂纹	(1)退火炉的控制条件； (2)考虑母材和焊缝的性能	(1)由于形状尺寸变化引起的温度不均匀； (2)考虑残余应力、变形及裂纹

① 使用性能如强度极限、延伸率、冲击韧性、断裂韧性以及在使用条件下的耐蚀性等。

② 按材料使用目的不同，对应力腐蚀、氢脆等特别重要。

根据表 21-9 提出的锅筒焊后热处理时应该考虑的诸多因素，锅炉厂在实际生产中不断实践和总结，对一些常用锅筒材料总结出了如表 21-10 所列的锅筒焊后热处理常用工艺参数。

局部热处理的方法很多，应用较普遍的是电感应局部加热，因为这种方法生产效率高，操作自动化程度高，设备较简单，控制温度准确。

表 21-10　锅筒焊后热处理工艺参数

序号	部件名称	材料牌号	壁厚/mm	焊后热处理工艺参数					
				入炉温度/℃	升温速度/(℃/h)	保温温度/℃	保温时间/h	冷却速度/(℃/h)	出炉温度/℃
1	锅筒	Q345R	90～100	≤400	≤60	560±10	5	炉冷	≤400
2	锅筒	Q345R	90～100	≤400	≤60	560±10	5	炉冷	≤400
3	锅筒	BHW35	85～100	≤400	≤70	600±10	7	炉冷	≤400
4	锅筒	SA299	200	≤400	≤55	621±14	3.5	≤55	≤400
5	锅筒	SA299	168～200	≤400	≤55	621±14	3.5	≤55	≤400
6	锅筒	Q345R	100	≤300	≤150	535±15	3.5	炉冷	≤400
7	锅筒	BHW35	92	≤300	≤100		3.5～4	炉冷	≤300
8	锅筒	BHW35	145	≤300	≤100	560±15	5	炉冷	≤400
9	锅筒	SA299	203	≤300	≤100	620±15	3.5	炉冷	≤300

近年来，利用红外线加热装置进行局部热处理得到越来越广泛的应用。其主要优点如下：a. 速度快，经济；b. 对焊缝无损害作用；c. 红外线穿透力很强，加热厚板很有利；d. 燃料消耗少，费用低。

利用气体红外线加热器单元可以很方便地组装成适合于焊缝的形状进行热处理工作。

20 世纪 70 年代初以来，还提出了以机械法消除残余应力，也就是利用有控制的超压过载方法使元件产生局部屈服的办法释放焊缝区的残余应力。施加的超应力越高，机械的消除应力就越完全。采用控制超压的方法来消除元件的残余应力时，必须注意以下几点：a. 必须事先用无损探伤方法查明元件中没有重大缺陷；b. 加压超载时，不会使元件产生扭曲变形；c. 加载过程应在元件钢材的脆性转变温度以上进行，亦即要保证钢材始终处于韧性状态；d. 元件产生的局部屈服应变宜控制在 5%以下，防止产生严重的硬化现象。

六、锅筒制造中的检验

锅筒制造中的检验工作包括原材料检验、锅筒元件检验、锅筒焊接缺陷检验以及锅筒致密性检验 4 个方面。

1. 原材料的检验

对每批材料需在钢板两端割取试样进行化学成分、力学性能、金相分析等检验。此外，还需检查钢板的表面质量和尺寸偏差是否符合要求。对于制造中压、高压及超高压锅筒锅炉的钢板还应逐张进行超声波检查。

2. 锅筒元件的检验

在锅筒制造过程中，必须对锅筒封头、筒节等元件的制造质量及其相互装配质量进行仔细的检验。主要是检验元件的表面质量、几何形状和尺寸偏差以及管孔位置偏差等，应按照相应的制造技术条件中的相关规定进行。

3. 锅筒焊接缺陷的检验

(1) 常见的焊接缺陷及其分析　锅筒焊接中常见的缺陷主要有以下几种。

① 焊缝几何尺寸不符合要求。焊缝长度和宽度不够、焊道宽狭不齐、表面高低不平、焊缝高度低于母材、焊脚两边不均等都属于焊缝几何尺寸不符合要求。尺寸过小的焊缝使接头强度降低，尺寸过大的焊缝则浪费焊接材料，增加元件的变形。对于锅筒上的焊缝，不论是对接焊缝还是角接焊缝均要求焊缝金属与母材之间圆滑过渡，以减少应力集中，提高元件的工作性能。

焊缝几何尺寸不符合要求的主要原因是：焊件坡口角度不恰当或装配间隙不均匀；焊接电流过大或过小；焊接速度不当或焊条倾角不合适；电弧长度控制不稳等。

② 焊缝的形状缺陷。所谓形状缺陷是指焊缝表面形状可以反映出来的不良状态。它在一定程度上会降低焊缝的质量。常见的形状缺陷有如下几种。

咬边　这是由于焊接参数选择不当或操作工艺不正确，沿焊趾的母材部位产生的沟槽或凹陷。咬边分为内咬边、外咬边或者焊缝两侧同时咬边，如图 21-27 所示。

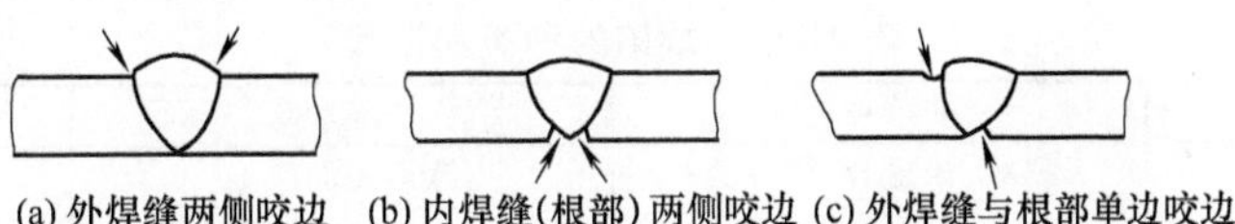

(a) 外焊缝两侧咬边　(b) 内焊缝(根部)两侧咬边　(c) 外焊缝与根部单边咬边

图 21-27　咬边

焊瘤　焊瘤是指焊接过程中，熔化金属流淌到焊缝之外未熔化的母材上所形成的金属瘤，见图 21-28。

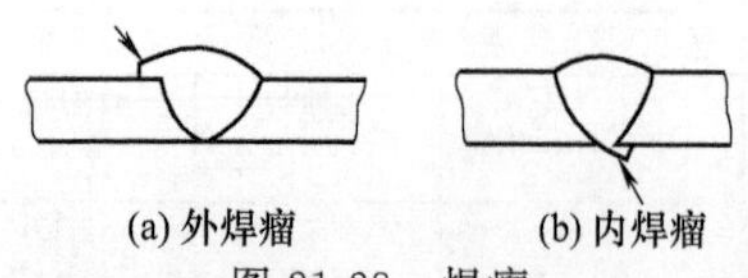

图 21-28　焊瘤

凹坑　这是指在焊缝表面或背面形成的低于母材表面的局部低洼部分，一般发生在焊缝表面和根部。

烧穿　焊接过程中，熔化金属自坡口背面流出，形成穿孔的缺陷。烧穿使焊缝完全受到破坏，这是一种不允许存在的缺陷，发生烧穿现象必须修补填平。

气孔　焊接时，熔池中的气体在凝固时未能逸出而残留下来所形成的空穴称为气孔。

夹渣　焊后残留在焊缝中的熔渣称为夹渣。它在焊缝中的形状有单个点状夹渣、条状夹渣、链状夹渣和密集链状夹渣等。

未焊透　熔焊时，接头根部未完全熔透的现象叫未焊透。表现在焊接后的焊接接头中母材之间还存在缝隙。在单面焊的焊缝根部和双面焊的焊缝中部容易存在这种缺陷。

未熔合　焊接时，焊道与母材之间或焊道与焊道之间，未完全熔化结合的部分称为未熔合，见图 21-29。

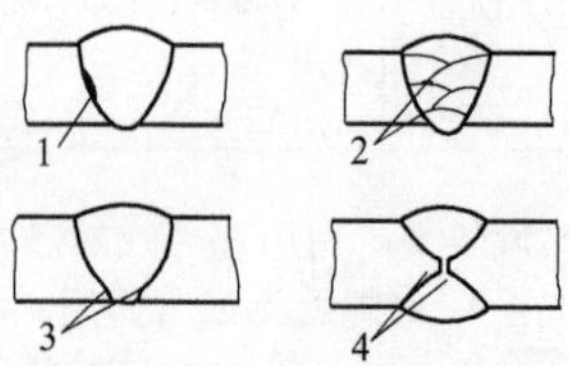

图 21-29　未熔合
1—侧面未熔合；2—层间未熔合；3—根部未熔合；4—中间未熔合

裂纹　焊接时，新界面产生的缝隙称为裂纹。裂纹具有尖锐的端部和大的长宽比的特征，按其产生的方向及部位的不同，可分为纵向裂纹、横向裂纹、熔合线裂纹、根部裂纹（包括焊根裂纹、焊趾裂纹和焊道下裂纹）、弧坑裂纹以及热影响区裂纹等；按裂纹产生的温度及时间的不同，可分为热裂纹、冷裂纹、再热裂纹和层间撕裂。

裂纹是焊缝中最危险的缺陷，大部分焊接构件的破坏均是由裂纹造成的。因而在Ⅰ、Ⅱ、Ⅲ级焊接接头中不允许有裂纹存在。

(2) 焊接接头的检验方法　焊接接头的检验方法一般可分为破坏性检验与非破坏性检验两大类。非破坏性检验包括外观检验、无损检验及致密性试验。

① 破坏性检验。在锅筒主焊缝（纵、环缝）进行焊接的同时，需进行焊接试样板的焊接。焊接试样板所用材料及板厚必须与锅筒相同，所用焊接设备、焊接工艺规范以及焊后热处理规范均应与锅筒焊接相同，以便使焊接试样板的焊接接头质量在一定程度上可以代表锅筒的焊接质量。

根据具体要求，在焊接试样板上切割试样进行各项试验，主要包括力学性能试验、化学成分分析以及金相组织检验。

② 外观检验。锅筒上的全部焊缝均应进行外观检验。检验前应将焊缝表面的熔渣和污垢清理干净，然后依靠肉眼或低倍（<20 倍）放大镜检查焊缝和热影响区是否有表面缺陷，并检查焊缝外形尺寸是否符合要求。

③ 无损检验。无损检验方法很多，各有其特点及适用范围。在焊缝中可能存在的缺陷形式也是多种多样的，限于目前检测的水平，不能直接辨认缺陷的种类（性质），只能识别缺陷的大小和形状，由此简单地判断缺陷的性质。因此有必要根据缺陷的大小、形状、分布状态、方向等对缺陷进行概略的分类，针对不同形状的缺陷，选用最适宜的检测方法。表 21-11 列出了 4 种常用检测方法对不同形状缺陷检测能力的比较。焊缝中各种缺陷按其形状的分类，列于表 21-12 中，综合表 21-11、表 21-12 就能对不同种类的缺陷按照其形状和分布特点，选择最恰当的检测方法。

表 21-11　缺陷形状和检测方法

探伤方法	平面状缺陷	球状缺陷	圆柱状缺陷	线形表面缺陷	圆形表面缺陷
射线检测	△或×	○	○		
超声波检测	○	△	○		
磁粉检测				○	○或×
着色检测				○或△	○

注：○最合适；△良好；×困难。

表 21-12　缺陷的种类和形状

缺陷形状	缺陷种类	缺陷形状	缺陷种类
平面状缺陷	裂纹、未融合、未焊透	圆形表面缺陷	针孔
圆柱状缺陷	夹渣	线形表面缺陷	表面裂纹
球状缺陷	气孔		

④ 致密性试验。锅筒的致密性试验主要是检查锅筒上存在的各种穿透性缺陷。目前最广泛采用的方法是水压试验，近年来也有采用氦探针试验。

锅炉水压试验的检验是锅炉受压元件检验焊缝致密性的主要方法，也可用以检验压力容器的强度。水压试验的目的有3个：a. 验证超工作压力条件下结构的完整性；b. 验证超工作压力下焊缝有无渗漏；c. 验证有无异常变形。

锅筒水压试验时的试验压力，应根据锅筒的工作压力来确定。工作压力 $p<0.8$MPa时，试验压力为 $1.5p$，但≥0.20MPa；工作压力 $p=0.8\sim1.6$MPa时，试验压力为 $p+0.4$MPa；工作压力 $p>1.6$MPa时，试验压力为 $1.25p$。

水压试验应在周围气温高于5℃时进行，如低于5℃，则必须有防冻措施。水压试验用水应保持高于周围露点的温度，以防锅炉表面结露，但也不宜温度过高以防止引起汽化和过大的温差应力，一般为20～70℃。

对于用低合金高强钢或合金钢制造的容器，为了防止在水压试验过程中发生脆性断裂，所用水温必须保持容器材料在水压试验时处于韧脆转变温度以上，这一点是十分重要的，否则会发生严重损坏事故。

奥氏体钢受压元件水压试验时，应控制水中的氯离子的质量浓度。

锅筒进行水压试验时，水压应缓慢地升降，当水压上升到工作压力时，应暂停升压，检查有无漏水或异常现象，然后再升压到试验压力，并在此压力下保持20min，然后降到工作压力再进行细致的检查。在检查期间压力应保持不变。

锅筒的水压试验符合下列情况，则认为合格：a. 在受压元件金属壁和焊缝上没有水珠和水雾；b. 铆缝和胀口处，在降到工作压力后不滴水珠；c. 水压试验后，没有发现残余变形和异常变形。

第二节 锅炉受压管件的制造工艺

锅炉的热交换管件大都是由各种形状的钢管组成。此外，在锅炉上还有许多其他管件，如下降管、汽水连通管、排污管、取样管、给水管道和蒸汽管道等。各种集箱也大都是由大直径钢管制造的。因此，在锅炉制造中，管件的制造占着很大的比例。虽然锅炉范围内的各种管件用途不同、管件的形状不同、所用的材料也不同，但是，它们制造加工的基本工序都是类似的。制造管件的主要工序是划线、割管、弯管和焊接等。

一、管件的划线与下料

锅炉的热交换管件往往是弯曲成各种形状的。因此，管子的划线工作应根据管件的展开长度进行，同时应尽量考虑到管料的拼接，在拼接管料时，应尽量满足下列要求：a. 应考虑到原材料的充分利用，尽量减少废料，同时又应设法减少拼接焊缝的数量；b. 对于不同的锅炉，由于管件工作条件不同，对管子拼接的要求不同。对于火管锅炉，管子长度≤4m时，允许有一个拼接焊缝，长度>4m时，允许有两个拼接焊缝，但接上的最短一段管子的长度应≥300mm；对于水管锅炉的水冷壁管、连接管和锅炉范围内管道等管子的拼接焊缝数量应不超过表21-13的规定。具体要求请参见标准JB/T 1611—1993。

表21-13 水管锅炉管件允许的拼接焊缝

管子长度 L/m	$L\leqslant2$	$2<L\leqslant5$	$5<L\leqslant10$	$L>15$
接头数量 n	不得拼接	1	2	4

管子划线后的切割下料工作，通常采用各种切割机械，可用普通的锯床，也可用各种专用的切管机。对于大直径管道有时也用火焰切割后，再进行端面机械加工，管子切割下料后的端面倾斜度应满足拼接焊接的要求。不同的焊接方法，对端面倾斜度的要求也不同。

二、管件的弯制工艺

1. 管件弯曲应力分析

在纯弯曲情况下，管子受力矩（M）作用而发生弯曲变形，其受力情况如图21-30所示。管子中性轴外侧管壁受拉应力（σ_1）的作用而减薄，内侧管壁受压应力（σ_2）的作用而增厚。同时，合力 N_1 与 N_2 使管子横截面发生变形。如果管子是简单的自由弯曲，其横截面将成为近似的椭圆形，见图21-31（a）。如果管子是利用具有半圆槽的弯管模进行弯曲，则内侧基本上保持半圆形，而外侧变扁，见图21-31（b）。管子弯曲时变椭圆的程度习惯上用椭圆度 e 表示：

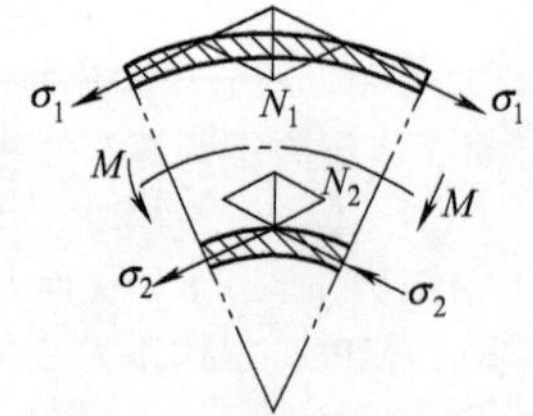

图 21-30 管子弯曲时的应力

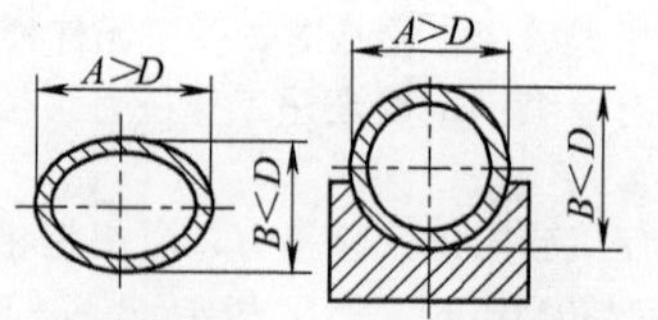

图 21-31 管子弯曲时的截面变形

$$弯管椭圆度\ e=\frac{D_{max}-D_{min}}{D_o}\times 100\%$$

式中 D_{max}——弯管横截面上最大外径，mm；

D_{min}——弯管横截面上最小外径，mm；

D_o——管子公称外径，mm。

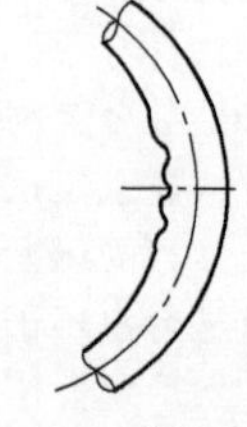

图 21-32 管子弯曲时的内侧波浪形皱纹

管子弯曲时除产生椭圆度外，内侧管壁在压应力（σ_2）作用下，还会丧失稳定性而形成波浪形皱纹（皱折），如图 21-32 所示。

根据锅炉结构要求和工厂弯管设备条件，按《中低压锅炉管子弯曲半径》（JB/T 1624—1993）选取常用弯管半径系列中的一个尺寸，如表 21-14 所列。

表 21-14 中低压锅炉管子制作弯曲半径

管子外径 D_o/mm	弯曲半径 R/mm					管子外径 D_o/mm	弯曲半径 R/mm				
32	50	60	100	120	150	89	300	400	500		
38	80 (75)	100	130	160	180	108	300	400	500		
42	80	100	140	180	200	133	400	500	600		
51	120	160	200	300	400	159	500	600			
57	160	200	300	400		219	800	1000			
63.5	200	300	400			325	1200	1700			
76	250	300	400								

为减少弯管的椭圆度，使弯管易于进行，条件允许时，应取弯管半径 $R\geqslant 3.5D_o$，有时也对相对弯曲半径 R_x 和相对弯曲厚度 s_x 提出了限制，相对弯曲半径 R_x 越小，相对弯曲厚度 s_x 越小时（即弯曲半径 R 越小、管子壁厚 s 越薄，而管子直径越大。即：$R_x=R/D_o$，$s_x=s/D_o$），管子在弯曲处的横截面变扁越严重，管子外侧减薄越显著，内壁侧越容易出现波浪形皱纹。因此在弯管时，要尽可能采用较大的弯管半径 R，同时要采用相应的工艺措施以保证弯管椭圆度在允许范围之内。

2. 机械冷态弯管

机械冷态弯管按外力作用方式可分为压（顶）弯、滚弯和拉弯等几种形式。其中的压弯和滚弯如图 21-33 和图 21-34 所示。由于弯曲时控制较难，弯管质量不稳定，应用较少。目前在锅炉厂广泛采用的是拉拔式弯管方法。

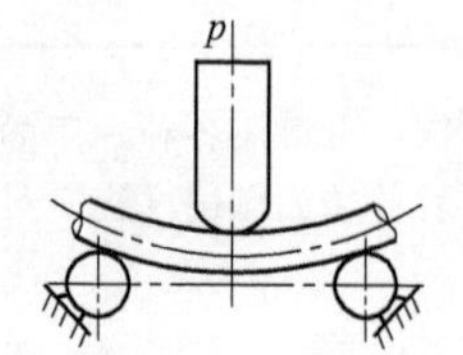

图 21-33 压弯弯管示意

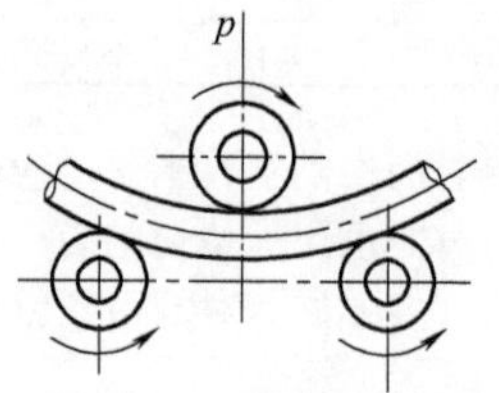

图 21-34 滚弯弯管示意

(1) 压弯弯管 这种弯管方法是用压力机的扁平压头或扇形压弯模对两支点钢管进行压弯，如图 21-33 所示。可在压力机或预弯机上进行，可以冷弯或加热弯曲。一般在少量弯管且 $R_x>10$、$s_x\geqslant 0.06$ 的情况下，可以考虑选择应用。

(2) 滚弯弯管 滚弯弯管一般在卷板机或型钢弯曲机上进行，如图 21-34 所示。通常是在冷态下弯管，应使用带槽辊轮滚压，在弯曲螺旋管且 $R_x>10$、$s_x\geqslant 0.06$ 情况下可考虑采用。

(3) 拉拔式弯管 根据生产经验，对管径小于 89mm 的钢管，当选用合适的弯管半径，按操作规程在拉拔式弯管机上进行弯管时，其椭圆度一般不超过允许范围。因此，通用的 ϕ51mm、ϕ57mm、ϕ63.5mm、ϕ70mm 和 ϕ76mm 钢管都可按需要在弯管机上进行一般冷态弯曲。如果管子直径≥89mm，或者直径虽<89mm，但弯管半径（R）取得较小，弯管后椭圆度（e）超过允许值；或者壁厚（s）较薄，产生波浪形皱折，则应采取措施以防止过大的椭圆度和皱折，通常是采用有芯弯管或反变形法弯管。

① 有芯弯管。图 21-35 是在拉拔式弯管机上进行弯管的示意。依靠夹块将钢管夹紧在模盘上。当模盘顺时针转动时，管子便随着一起旋转。由于压紧导轮（一般有两个以上压紧导轮）把管子挡住，管子便只能被围绕在模盘上弯曲成模盘的曲率半径。根据管子设计弯曲角度的需要，模盘转动相当角度即停止转动，模盘的半径，在此即为弯管的弯曲半径（弯管机配有不同半径的模盘）。

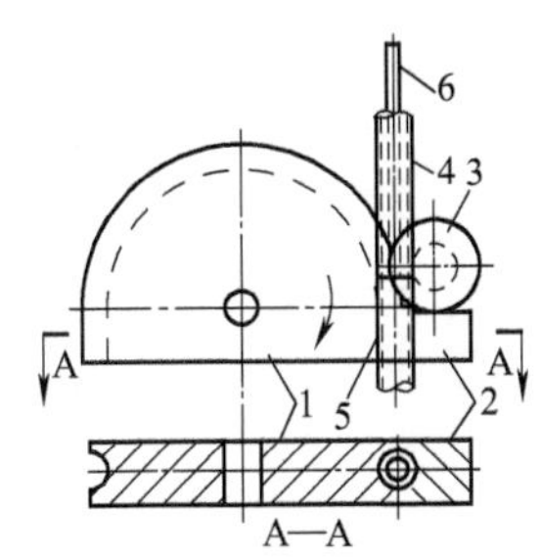

图 21-35 有芯弯管示意

1—弯管模盘；2—夹块；3—压紧导轮；4—钢管；5—芯棒；6—芯杆

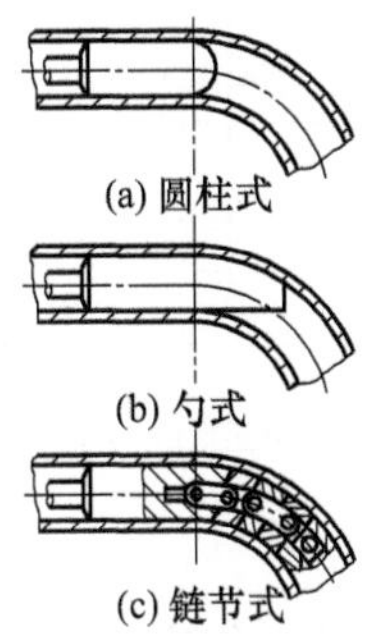

图 21-36 芯棒的形状

为了弯制直径大的管子或为了减小椭圆度，在弯管机上可使用芯棒装置。管子弯曲发生在模盘（见图 21-35）中心线的右侧管子转弯处，因此将长芯杆端部的芯棒伸入管子这个部位撑住，以防止弯曲过程中产生椭圆度。

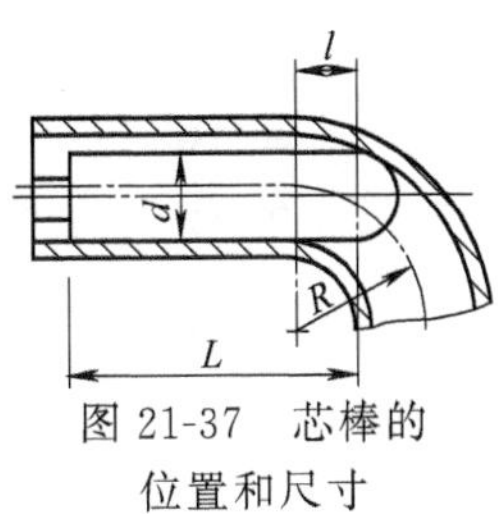

图 21-37 芯棒的位置和尺寸

在有芯弯管时，芯棒是保证弯管质量的关键，因此芯棒的形状（见图 21-36）和尺寸以及芯棒伸入管内的位置是很重要的（见图 21-37）。

弯管时，为了减少芯棒和管子内壁的摩擦，管内应涂润滑油。

芯棒的形状对弯管质量有较大的影响，常用的芯棒如图 21-36 所示。圆柱形芯棒［见图 21-36（a）］形状简单，制造方便，但芯棒和管壁接触面积小，因而防止椭圆变形的效果较差。这种芯棒常用于对弯曲半径 $R_x=2$，相对弯曲厚度 $s_x=0.05$ 情况或 $R_x \geq 3$、$s_x=0.035$ 的情况。

勺式芯棒［见图 21-36（b）］与管子内侧壁的支撑面积较大，防止椭圆变形的效果较好，但制作稍嫌复杂。这种芯棒可用于相对弯曲半径 $R_x=2$ 的中等壁厚的管子弯曲。

链节式芯棒是一种柔性芯棒，由支撑球和链节组成［见图 21-36（c）］，因为它可以深入管子内部与管子一起弯曲，所以防止椭圆变形的效果最好。但这种柔性芯棒制造过程复杂、成本高，一般不宜采用。

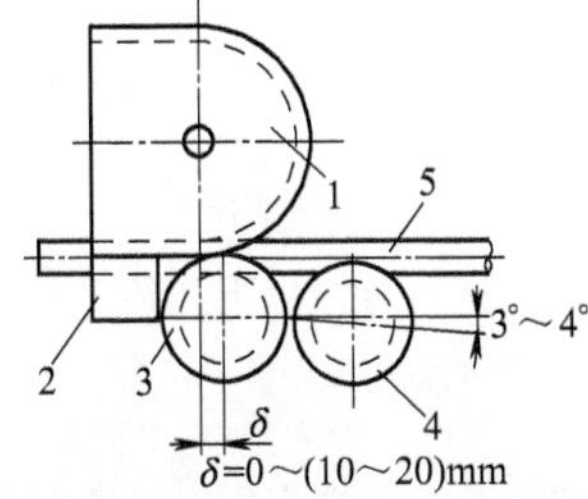

图 21-38 反变形弯管示意

1—模盘；2—夹块；3—压紧轮；4—导向轮；5—被弯管子

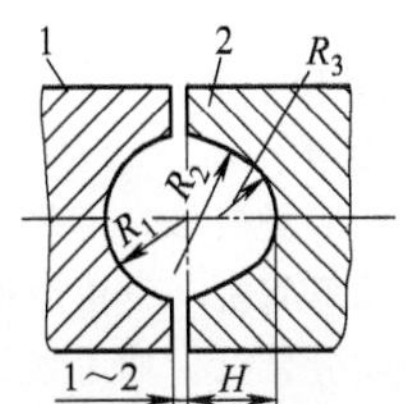

图 21-39 反变形槽

1—弯管模盘；2—反变形压紧轮

② 反变形弯管。生产实践说明，在采用具有半圆形槽的模盘进行弯管时，管子内侧基本上是圆形的，管子变扁主要发生在外侧。如果在管子发生弯曲变形处，事先使管子外侧受到反向变形向外凸出，用以抵消管子弯曲变形时产生的椭圆度，则可使管子弯曲后的截面回复到圆形，这就是反变形法弯管的基本原理。从理论上讲，只要反变形槽尺寸适当，弯管部分的椭圆度可降低到零。

反变形法弯管如图 21-38 所示。其所用的模盘、夹块和导向轮与有芯弯管一样，只是压紧轮有反变形槽。压紧轮中心线与模盘中心线之间距离（δ）可在 0～12mm 范围内调整，为了便于装卸管子，压紧轮与导向轮的中心线应和模盘中心线倾斜 3°～4°。

压紧轮上反变形槽的尺寸（见图 21-39）可按表 21-15 选取。

表 21-15 反变形槽尺寸

$R_x=\frac{R}{D_o}$	R_1	R_2	R_3	H
1.5～2	$0.5D_o$	$0.95D_o$	$0.37D_o$	$0.56D_o$
2～3.5	$0.5D_o$	$1.0D_o$	$0.4D_o$	$0.545D_o$
≥3.5	$0.5D_o$	—	$0.5D_o$	$0.5D_o$

只有弯曲半径 $R>1.5D_o$ 时，采用反变形法弯管才能确保弯管质量，否则将产生大的变扁和外壁减薄现象。

3. 机械热态弯管

在冷态弯管设备功率不足（如直径较大或壁厚较大）或被弯管材不允许冷弯（如高合金钢管）时，应采用先加热钢管，再进行弯曲的热态弯管方法。大直径管道的弯曲以及各种急弯头的制造，常常采用热态弯制方法。

(1) 大型弯管机上热态弯管 对大直径管道的弯制，可将要弯制部分局部预先加热，而后送到大型弯管机上进行弯管。这种热态弯管可以弯制各种钢材，包括淬火倾向较大的合金钢材管道，但要设置加热钢管的加热炉，使加热弯管变得比较复杂，同时要求有大型弯管机，设备投资也比较大，一般大型锅炉制造厂采用此种工艺。

(2) 火焰加热弯管 利用特制的火焰加热圈对管子进行局部加热，然后进行弯管称为火焰加热弯管。这种方法设备简单、制造方便、成本低廉，但温度较难控制，生产率较低。

(3) 中频感应加热弯管 中频感应加热弯管是将特制的中频感应圈固定在弯管机上，套在管径适当位置，依靠中频电流（一般为 2500Hz），对管子待弯部分进行局部感应加热，待加热到 900℃左右时，利用机械传动使管子产生弯曲变形。

中频感应加热弯管具有如下特点：a. 弯管机结构简单，所需电动机功率较小；b. 不需特殊模具，可弯制相对弯曲半径 $R/D_o=1.5\sim2$ 的管件；c. 加热速度快，热效率高，弯管表面不产生氧化皮；d. 弯曲部分外形好，椭圆度一般小于 5%；e. 可根据管径和壁厚选择最佳的加热和弯管规范，适于弯制小批量、大口径、非标准弯曲半径的管件。

中频感应加热弯管机有拉弯式和推弯式两种。拉弯式弯管机的弯曲半径大小可以调节，弯曲均匀，可弯制 180°的弯头，但弯头外侧壁厚减薄量大，弯曲半径的大小受转臂调节范围的限制。

推弯式是为了解决拉弯式的不足而得到应用的。推弯的动力在管子的尾部，靠液压传动装置把管子向前推进。由于管子被夹持在夹头内，夹头与转臂可围绕立柱转动。因此，管子末端受到推力时管子沿圆弧曲线弯曲。

应用推弯式弯管机弯制的钢管，弯转处外壁减薄小，可弯制不同的弯管半径，弯曲均匀且调整方便，但弯曲角度一般不超过 90°。

4. 弯管机类型简介

弯管机的种类较多，一些工厂也曾自行设计制造。按弯管机的传动方式可分为以下几种。

(1) 手动弯管机 设备简单，靠人力弯管，可弯制 $D_o\leqslant25$mm 的管件。

(2) 气动弯管机 采用气压传动，可弯制 $D_o\leqslant32$mm 的管件。

(3) 机械传动弯管机 靠电动机与蜗轮副等机械传动，结构也比较简单，制造方便，通用性大，可弯制 $D_o\leqslant159$mm 的管件。

(4) 数控弯管机 这种弯管机能按零件图规定的程序和尺寸制成穿孔纸带或计算机程序，根据输入数据实现弯管过程的全部自动控制，这种弯管机适于大批生产，尤其适于管件尺寸参数多变的情况。

三、管件的对焊拼接工艺

管件的拼接工作应根据批量、管径与壁厚等具体情况采用适当的焊接方法。近年来，许多新的焊接方法已在管子拼接中得到了应用。

手工气焊目前还用于焊接小直径薄壁管件，特别是已弯制的合金钢管件的拼接，因焊后可适当加热使之缓冷。但手工气焊生产效率低，焊接热影响区比较宽，焊接接头性能不稳定，质量不高。我国“八五”期间已经淘汰这种焊接方法。

手工电弧焊通常用以拼接直径较大、管壁较厚的管件。对已弯制的水冷壁管、下降管和汽水管等的拼接，都常常应用手工电弧焊。

闪光对接焊曾用于直径为 ϕ(38～76) mm 的直管的拼接工作，但如何防止接头中的灰斑缺陷和焊后除净内部毛刺一直未很好解决，因此，闪光对接焊用于直管接长，在锅炉制造厂已被淘汰。这样一来，摩擦焊接的应用曾经一度超过了闪光对接焊，但摩擦焊接的旋转端不能过长，因摩擦焊接的温度不太高，接头持久强度偏低。以前只用于焊接用于低温区的省煤器管子，目前已很少使用。

全位置钨极氩弧焊，目前在小直径厚壁管子的拼接中已得到广泛的应用，已成功地焊接了 ϕ42mm×5mm、ϕ51mm×3.5mm 和 ϕ60mm×5mm 等锅炉管件，质量可完全满足要求。

目前锅炉厂广泛采用的管子对接方法主要是小直径管对接的联合 TIG/MIG 焊和热丝 TIG 焊。

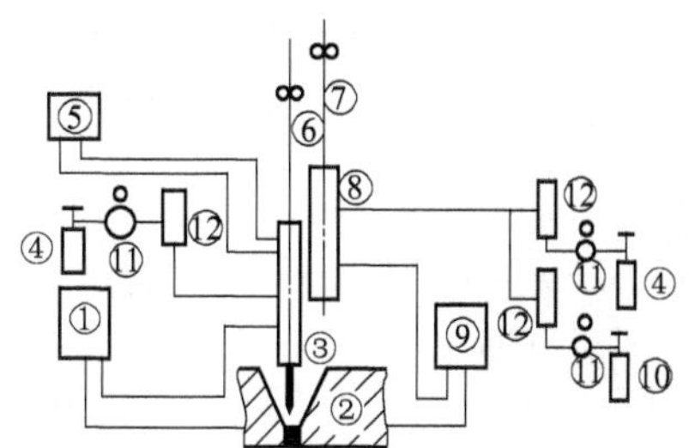

图 21-40 TIG/MIG 焊接示意

1—TIG 电源；2—母材；3—TIG 焊枪；4—Ar 气瓶；5—冷却水循环装置；6—TIG 焊丝；7—MIG 焊丝；8—MIG 焊枪；9—MIG 电源；10—CO_2 气瓶；11—减压器；12—气体流量计

TIG/MIG 焊接方法，是电站锅炉制造厂采用的一种先进的焊接工艺方法，主要进行小口径管的对接焊，具有效率高、质量好等优点。图 21-40 给出了 TIG/MIG 焊接示意。

这一工艺方法是采用 TIG 打底焊接，随后用 MIG 焊进行金属填充及盖面，既利用了 TIG 焊单面焊、双面成型的优点，保证了根部焊透，又利用了 MIG 焊具有较高焊接效率的优点，提高了焊接效率和劳动生产率，特别是随着高参数、大容量锅炉的发展，蛇形管和膜式壁管子的壁厚增加，其优越性更加突出。表 21-16 是锅炉制造厂给出的几种接头的 TIG 焊接规范参数。

表 21-16 几种接头的 TIG 焊接规范参数

规范参数	SA-210C ϕ57mm×7mm	SA-213T91 ϕ51mm×6mm	SA-213 TP347H ϕ51mm×6mm	异种钢焊接 ϕ51mm×6mm	规范参数	SA-210C ϕ57mm×7mm	SA-213T91 ϕ51mm×6mm	SA-213 TP347H ϕ51mm×6mm	异种钢焊接 ϕ51mm×6mm
焊接电流/A	164	152	135	142	送丝速度/(m/min)	0.9	0.7	0.5	0.9
AVC 控制/V	11.2	10.98	10.2	10.2	转子转速/(r/min)	0.5	0.48	0.44	0.49

TIG 打底焊后，TIG 焊枪自动收起，MIG 焊机平移，下降到焊接位置调节焊枪，对准焊缝中心，按下焊接启动键，便开始 MIG 焊接。MIG 焊接时，要确保电弧平衡燃烧，熔滴均匀过渡，飞溅少，收弧快速稳定，则要求合理调节各个参数，表 21-17 是锅炉厂给出的几种接头的 MIG 焊接规范参数。

表 21-17 几种接头的 MIG 焊接规范参数

参数	SA-210C ϕ51mm×7mm	15CrMoG ϕ57mm×8mm	SA-213T91 ϕ51mm×6mm	SA-213TP347H ϕ51mm×6mm	异种钢接头 ϕ51mm×6mm
焊接平均电流/A					
设定	90	90	85	80	85
实显	81.3	82.3	78.6	73.2	76.2
电弧电压/V					
设定	23	23.5	23	22.5	23.2
实显	22.68	23.5	23.2	22.7	22.6

续表

参　　数	SA-210C ϕ51mm×7mm	15CrMoG ϕ57mm×8mm	SA-213T91 ϕ51mm×6mm	SA-213TP347H ϕ51mm×6mm	异种钢接头 ϕ51mm×6mm
摆动速度/(周/min)	50～55	50	50～55	50～55	55
摆动停留时间/s	0.2	0.2	0.2	0.2	0.2
送丝速度/(m/min)	7.3	7.4	6.9	6.7	6.8
转胎速度/(r/min)					
第一层	1.1	0.7	1.16	1.3	0.8
第二层	0.8	—	0.9	1.0	—
摆动宽度/mm					
第一层	3.0	0.7	2.0	0.5	7.0
第二层	9.0	8.0	10.0	—	

TIG/MIG焊接工艺合理、焊接质量好，效率高，用于小口径管的直管对接在锅炉制造厂获得了广泛的应用。

热丝TIG焊和常规TIG焊相比，主要是在焊丝进入熔池之前由加热电源对填充焊丝通电加热，因为通入焊丝的电流会引起磁偏吹现象，使工艺性能变坏。为了消除磁偏吹现象，焊接时采用交互送电的两个电源，一个是TIG电弧电源；另一个是焊丝加热电源。如图21-41（a）所示。焊丝加热电源依靠电阻热将焊丝加热至预热温度，从而提高了焊丝的熔敷速度，一般情况下，热丝的熔敷速度可比通常所采用的冷丝提高2倍以上［见图21-41（b）］。

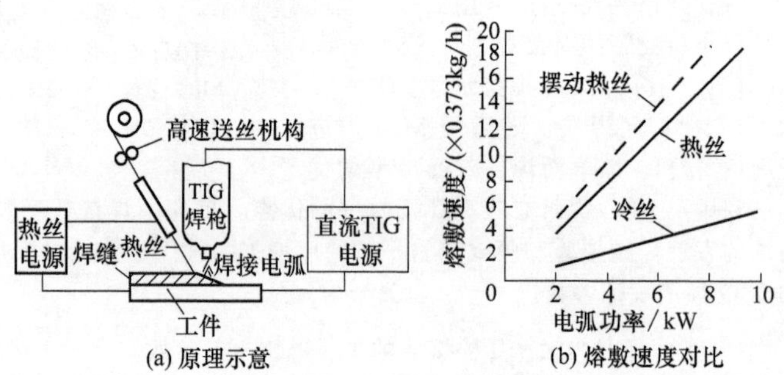

图21-41　热丝TIG焊

四、蛇形管受热面的制造工艺

锅炉的管式受热面，如锅炉的过热器、再热器和省煤器大都采用蛇形受热面。蛇形管外径一般为ϕ(25～63.5)mm，壁厚一般为3.5～10mm，但展开长度可达60～80m，甚至超过100m。由于蛇形管的需要量大，焊接接头多，弯曲半径各不相同等特点，在锅炉制造业都采取一些特殊措施，如建立流水生产线，实现制造过程的机械化与自动化等，以提高蛇形管零部件的制造速度，并保证产品的制造质量。

蛇形管的成型方式主要有3种：a. 管子弯成弯头元件后，再与直管组装拼焊成蛇形管；b. 将管子预先接成长直管后，再进行连续弯曲成型；c. 一边弯管一边接长，即在弯曲过程中逐渐接长管子。从而形成蛇形管，目前锅炉厂主要以第二种方法为主。

1. 弯头元件与直管组装拼焊成蛇形管

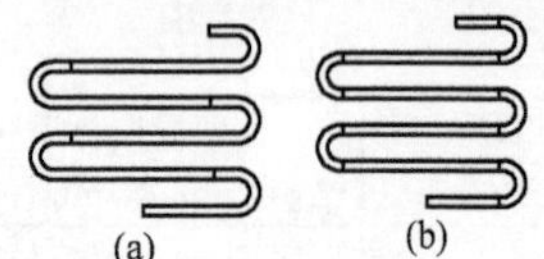

图21-42　用弯头元件组装拼焊成蛇形管

这种方法采用的弯头元件有两种。一种是将手杖形的弯头元件进行焊接，如图21-42（a）所示。它根据设计尺寸把直管都弯成一端有弯头的手杖形元件，而后把手杖形元件逐个组装拼焊成形。

另一种是采用“标准弯头”与直管组装拼焊成蛇形管，如图21-42（b）所示。这种方法是先把短管弯制成两端平齐的弯头元件，再按设计要求把直管和弯头组装拼焊成蛇形管。

这两种方法的优点是弯管不需要大面积场地，采用的管子较短，材料利用率高。为提高下料精确度、下料速度和原材料利用率，可采用电子计算机编排管子套裁程序。这种方法自动化程度低，电站锅炉制造厂一般不采用这种工艺。

2. 用接长的直管连续弯制成蛇形管

这种方法是先把原料管子进行对接拼焊，接成符合蛇形管展开尺寸的长直管，然后再将长直管按程序控制依次进行弯曲，形成蛇形管。按这种方式制造蛇形管的生产线是专门设计布置的，适于批量生产。它包括自动选管机（选管及分类）、切管机、焊管机（全位置 TIG/MIG 焊或热丝 TIG 焊）、长管架与输送装置、液压双头弯管机（两方向弯管）等组成部分。设备台数多、占用厂房面积大，适于专业化批量生产，中国大型锅炉厂已建立了这类生产线，中国几家电站锅炉制造厂主要采用这种方法用接长的直管连续弯制成蛇形管。

3. 用边弯管边接长方法制造蛇形管

在制造蛇形管的过程中，管子被一边弯曲一边接长（见图 21-43），由于弯管和焊接过程只能依次进行，因此生产效率较低，占用厂房面积较大，目前应用较少。

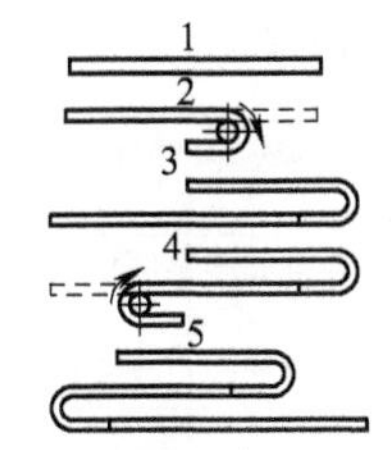

图 21-43　边弯管边接长方法制造蛇形管
1—直管；2—弯第一个弯头；3—管子接长；4—弯第二个弯头；5—管子接长

五、膜式水冷壁管排制造工艺

随着高压、超高压、亚临界锅炉技术的发展，膜式水冷壁已得到广泛应用，膜式水冷壁的制造可分为水冷壁管排的制造、管排的组装和管排的弯制三个阶段。

1. 锅炉水冷壁制造的生产工艺流程

(1) 直管段水冷壁管屏生产工艺流程　直管段水冷壁管屏生产工艺流程如图 21-44 所示。对于合金钢和不锈钢水冷壁管屏，不管用户有无要求，一律进行热处理以消除焊后内部应力；但对于碳钢水冷壁管屏，若用户无特殊要求，则不进行焊后热处理消除内部应力。

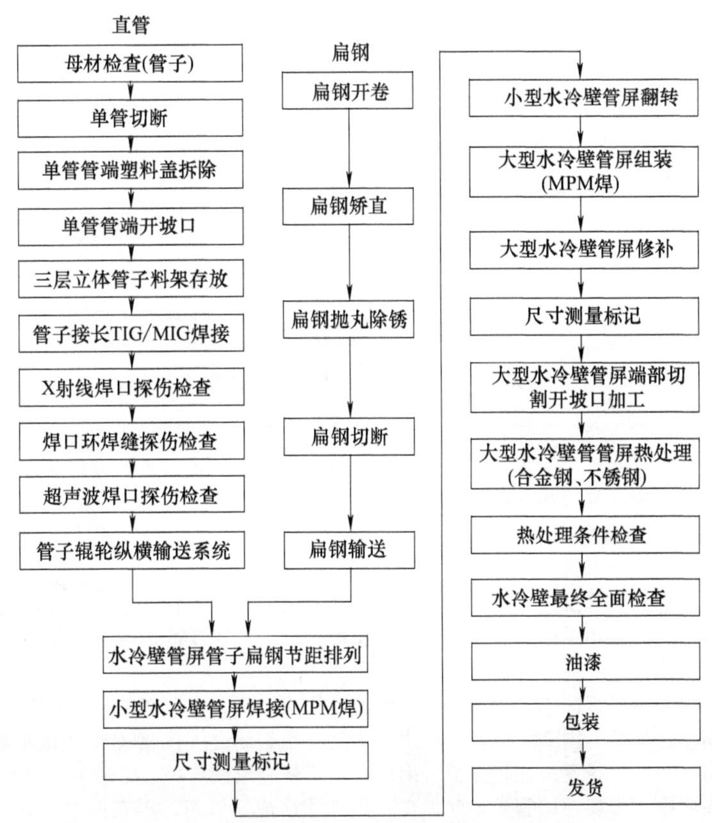

图 21-44　直管段水冷壁管屏生产工艺流程

(2) 有弯管段水冷壁管屏生产工艺流程　有弯管段水冷壁管屏生产工艺流程如图 21-45 所示。

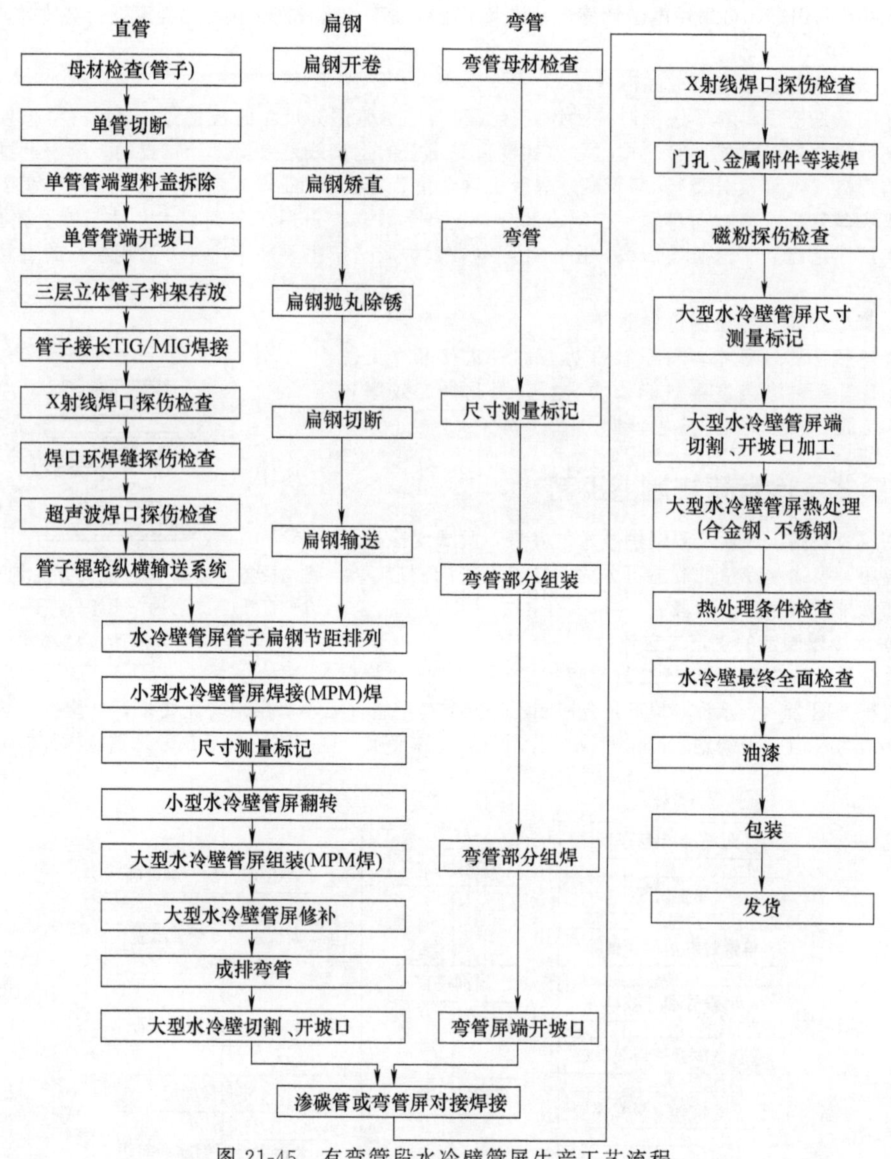

图 21-45 有弯管段水冷壁管屏生产工艺流程

有弯管段水冷壁管屏的生产工艺流程与直管段水冷壁管屏生产工艺流程大体相同，有所区别的是，先按图纸要求在已焊成的直管段水冷壁管屏的所需位置上切割开孔，然后把事先预制好的弯管对接焊接在水冷壁管屏上，再将门孔或金属附件等焊接在所需位置上。

2. 膜式水冷壁管排的组合焊接

生产中采用的膜式水冷壁管排组合焊接的方法有两种，简介如下。

(1) 鳍片管与鳍片管组合焊接 这种组合方式是把轧制成的鳍片管在其鳍片端部相互焊接起来，组成管排如图 21-46 (a) 所示。可采用单面焊一次焊成，熔深应大于鳍端厚度的 70%以上。一般都使用多头埋弧自动焊或气体保护焊。

这种方法的优点是制造过程简单，生产率高，但鳍片管成本高，而且在管径、管距选择上灵活性小。

(2) 光管与扁钢组合焊接 图 21-46 (b) 示出了光管与扁钢组合焊接膜式水冷壁的情况。这种组合方式材料成本低，管径与管距的选择更换比较方便，因此得到了较广泛的应用。常用的生产次序是：先将光管两侧焊上扁钢，然后在两根焊好扁钢的管子中间加焊一根光管形成三管组。再在两个三管组中间加焊一光管，组成七管组，即按 1、3、7、15……顺序组合到所需尺寸。或者先将两根光管中间焊上一条扁钢组成双管组，然后将两个双管组中间加焊一条扁钢，焊成四管组，按 2、4、8、16……顺序组合到需要的尺寸。这种方法生产膜式水冷壁仅在中型锅炉厂使用。

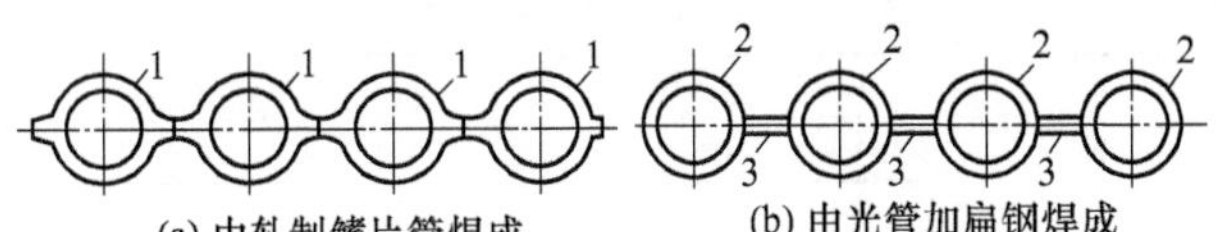

图 21-46　大型锅炉的膜式水冷壁

1—鳍片管；2—光管；3—扁钢

扁钢与光管焊接在工业锅炉厂大都采用双头（或四头）埋弧自动焊，为保证接头熔化均匀，焊丝应倾斜一定角度（见图 21-47）。光管与扁钢组焊方法接头多、效率低，工件要经常翻转。

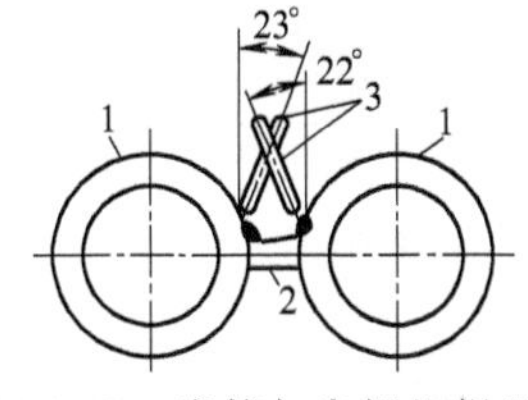

图 21-47　光管与扁钢组焊示意

1—管子；2—扁钢；3—焊丝

随着动力发电设备向着大容量、高参数的发展，膜式水冷壁的制造工艺有了很大发展，以前我国各电站锅炉制造厂都从国外引进能成排拼接管子和扁钢的十二焊枪（MIG 焊）的 MPM 焊接生产流水线，可同时焊接三管四扁钢上、下分布的十二道焊缝，管排不需要翻转，大大提高了生产效率和生产质量。目前国内企业已能供应，这种生产流水线。

3. 膜式水冷壁管排的组装与弯制

把膜式水冷壁管排组装成管屏，一般都使用特制的装配装置，以便提高装配速度，保证装配质量。如设有气动推动管排机构的装配架，具有上下钳口可夹持两个管排，并有保证装配定位的可移动小车等，可保证逐段装配、定位和焊接。

膜式水冷壁管排的弯制，一般采用卧式或立式液压机进行，也可使用卷板机进行辊弯成形。生产批量较大的工厂，常采用专用的成排弯管机进行弯制。成排弯管机控制准确，弯管椭圆度小，操作方便，生产率高。

六、管件制造中的质量检验

锅炉钢管应按锅炉原材料入厂检验标准 JB 3375 进行检验，未经检验或检验不合格者不准投产。锅炉管件在切料、焊接、成型过程中应进行严格检验，主要检验项目如下。

① 管子焊接处的端面倾斜率 Δf（见图 21-48）应符合表 21-18 的规定。

表 21-18　管子焊接端面的倾斜度

管子外径 D_o/mm	端面倾斜率 Δf/mm	管子外径 D_o/mm	端面倾斜率 Δf/mm
$D_o \leqslant 108(60)$	手工焊≤0.8(0.5) 机械化焊≤0.5(0.3)	$108 < D_o \leqslant 159$ $D_o > 159(219)$	≤1.5(1.0) ≤2(0.2)

② 管子因焊接引起的角变形 $\Delta\omega$ 应≤2.5mm/m（见图 21-49）；管子外径≤108mm 时，全长内最大 $\Delta\omega$ 应≤10mm，测量位置应距焊缝中心 50mm 处。

③ 管子弯曲处内侧表面波浪形皱纹的面轮廓度 δ（见图 21-50）不得超过表 21-19 的规定，轮廓峰间距 P 应大于 48mm。

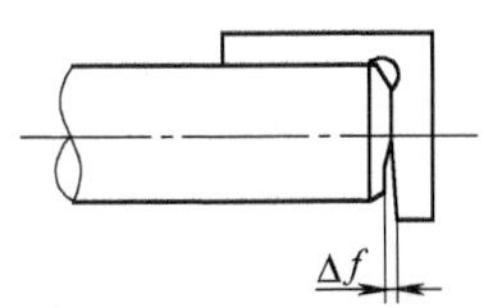
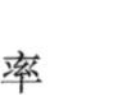

图 21-48　管子端面倾斜率

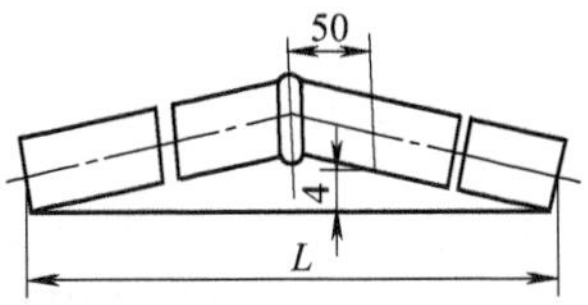

图 21-49　焊接管子引起的角变形

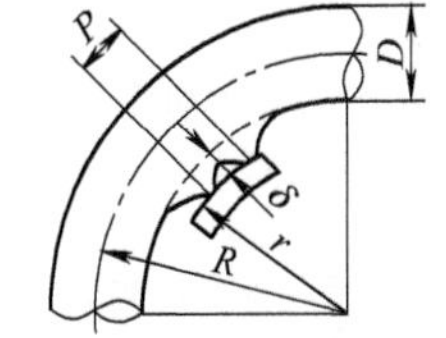

图 21-50　弯管的面轮廓度

④ 管子外径大于 60mm 的弯管，其弯头应进行椭圆度检查，外径不大于 60mm 的弯头允许抽查。应注意，管子的椭圆度计算方法和封头、锅筒的椭圆度计算方法有所不同。弯管允许的椭圆度见表 21-20。

表 21-19　管子弯曲处允许的面轮廓度　　单位：mm

管子外径 D_o/mm	$D_o<76$	$D_o=76$	$76<D_o\leqslant108$	$D_o=133$	$159\leqslant D_o\leqslant219$	$273\leqslant D_o\leqslant325$	$D_o=377$	$D_o>377$
δ　≤	2	3	4	5	6	7	9	11

表 21-20 弯管允许的椭圆度

弯管半径 R	$1.4D_o<R<2.5D_o$	$R\geqslant 2.5D_o$
椭圆度 α①	$\leqslant 12\%$	$\leqslant 10\%$

① 椭圆度 $\alpha=\dfrac{D_{max}-D_{min}}{D_o}\times 100\%$，$D_{max}$、$D_{min}$ 分别为弯头同一断面上的最大外径和最小外径。

⑤ 管子对接焊缝接头，焊后的内径应符合表 21-21 规定。

表 21-21 管子对接焊缝接头内径标准

管子公称内径 D_i/mm	$D_i\leqslant 25$	$25<D_i\leqslant 40$	$40<D_i\leqslant 55$	$D_i>55$
焊缝接头处内径	$\geqslant 0.75D_i$	$\geqslant 0.8D_i$	$\geqslant 0.85D_i$	$\geqslant 0.9D_i$

⑥ 管子外径 D_o 不大于 60mm 的受热面管子制成以后应进行通球试验，通球直径按表 21-22 规定。

表 21-22 管子通球试验的通球直径

弯管半径 R	$1.4D_o\leqslant R<1.8D_o$	$1.8D_o\leqslant R<2.5D_o$	$2.5D_o\leqslant R<3.5D_o$	$R\geqslant 3.5D_o$
通球直径	$\geqslant 0.75D_i$	$\geqslant 0.8D_i$	$\geqslant 0.85D_i$	$\geqslant 0.9D_i$

⑦ 有对接接头的管子、壁厚不大于 5mm 没有对接接头但在其上焊有非受压元件的管子，与壁厚大于 5mm 没有对接接头但在其上焊有密集非受压元件的管子，上述管子在制成后应按 JB 1612 进行水压试验。

对接接头用氩弧焊打底，手弧焊盖面并且按 JB/T 1613 中规定的探伤方法经 100%检查合格的管子，在制造厂内可免做水压试验。

采用先弯曲后焊接的受热面管子时。通球直径可按表 21-21 与表 21-22 中规定的较小球进行通球检查试验。

除上述主要检查项目外，还有管子弯头的平面度、蛇形管偏差、蛇形管平面度与管子弯头处壁厚减薄量等，可详见《锅炉管子制造技术条件》(JB/T 1611)。

第三节 锅炉集箱的制造工艺

锅炉中的屏式、蛇形管式受热面介质的汇聚和分散都需要进出口集箱，大容量、高参数锅炉受热面为减少热偏差，还需要中间混合集箱，因此集箱是锅炉制造厂中的主要部件。

集箱一般为无缝钢管件，只有大口径集箱才需要钢板弯制或卷制，用钢板弯制或卷制的大口径集箱和锅炉锅筒的制造工艺基本相同，在此不再重叙。

一般工业锅炉制造厂，因锅炉容量小，锅炉本体尺寸也小，集箱一般不需要对接拼焊。其制造工艺的特点主要是下料和集箱管端旋压封口，然后在旋压封口处焊接手孔装置，集箱上一般布置有排孔，也需要焊管划线等工艺，最后进行水压试验。其制造工序：材料验收→划线→切割→①/②→划管座孔、短管孔、管孔线→钻管座孔及短管孔→装管座及短管→焊接（打钢印）→水压试验→割盲板及开坡口→加工管孔→油漆包装。

① 加热管端收口→划中心线及手孔线→气割手孔或盲板孔→装手孔加强圈或堵板→焊接（打钢印）。

② 开坡口→装集箱端盖→焊接（打钢印）→无损探伤。

电站锅炉制造厂所制造的锅炉容量大、本体尺寸大，因此所需要的集箱往往需要对接拼焊，在制造上有其独特的制造工艺。

一、集箱的对接拼焊

集箱筒体拼焊时，最短筒节的长度不小于 500mm，集箱上拼接环缝总数（设计上需要的不包括在内）：当集箱长度不大于 5m 时，不超过 1 条；当长度不小于 5m 但不大于 10m 时，不超过 2 条；当长度不小于 10m 时，不超过 3 条。

集箱的拼接焊缝对接时，焊接坡口应尽量对准齐平。其边缘偏差应符合下列规定：①集箱的边缘偏差 $\Delta\delta$ 如图 21-51 (a) 所示，应不大于 $0.1s+0.5$ 并且不大于 4mm，其中 s 为集箱的公称壁厚；②集箱内表面

的边缘偏差 Δδ 如果大于集箱公称壁厚的 10%加 0.5mm 或者大于 1mm 时，超出部分应予削薄，使其与接头的另一侧的边缘平齐，削出斜面斜度不大于 1∶4，如图 21-51（b）所示。

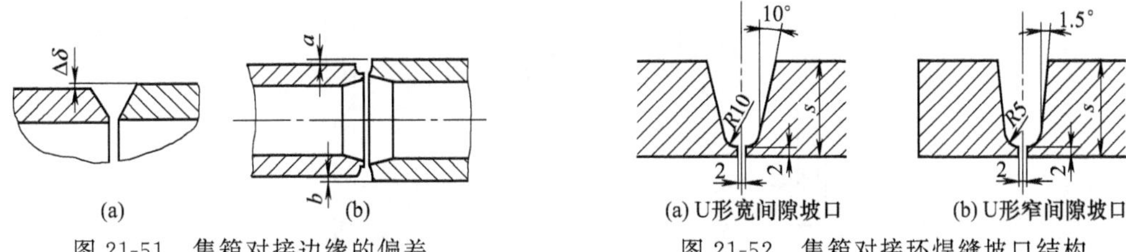

图 21-51 集箱对接边缘的偏差　　图 21-52 集箱对接环焊缝坡口结构

1. **集箱对焊拼接方法**

集箱对焊拼接工作常采用手工氩弧焊、手工电弧焊、窄间隙埋弧自动焊。一般情况下，当集箱直径在 ϕ273mm 以下时，由于集箱直径较小、焊接时焊接区的焊剂不易保持，熔池容易流失，因此，只能采用手工氩弧焊打底，手工电弧焊盖面，手工焊生产率比较低，焊接质量不易保证；当集箱直径在 ϕ273mm 以上时，可采用窄间隙埋弧自动焊盖面。

2. **环焊缝坡口形式**

集箱对接的环焊缝坡口一般为 U 形宽间隙坡口［见图 21-52（a）］和 U 形窄间隙坡口［见图 21-52（b)］。U 形宽坡口适宜于采用常规的埋弧自动焊进行焊接。

3. **焊前准备**

集箱对接环焊缝在装配前要求坡口及其内外表面两侧 20mm 内除去油污、铁锈及其有害杂质，并磨光，装配时留 2mm 左右焊缝间隙，防止错边过大。

4. **焊后检查与缺陷修补**

焊后应对环焊缝进行 X 光探伤或超声波探伤，封底焊缺陷要用手工氩弧焊填丝修补。

二、集箱管座坡口结构

锅炉集箱上都开有成排的管孔以便焊接和受热面相连接的管接头。集箱上焊接的管接头有长短之分，我国各锅炉厂一般采用短管接头，而从 ABB-CE 引进亚临界控制循环锅炉集箱上均采用长管接头，这两种管接头各需要不同的管座坡口结构。

我国锅炉制造厂常用的管座坡口结构如图 21-53 所示，图 21-53（a）属于马鞍形全焊透角焊管座结构，在我国使用非常广泛。图 21-53（b）属于全焊透对接焊管座结构，这种结构的对焊形式有利于管接头的工作状态，但这种结构加工难度大，而且只适合于短管接头。

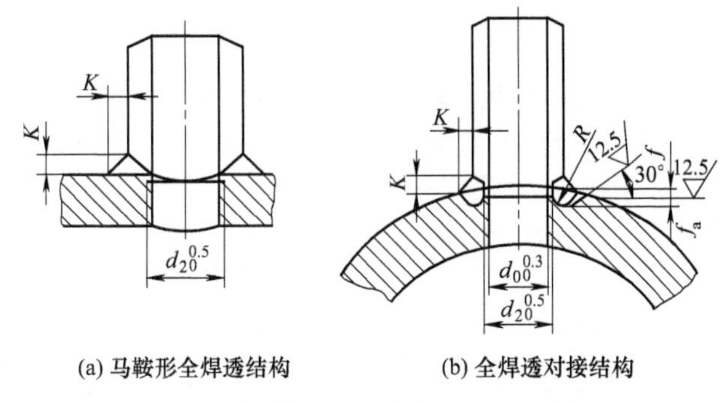

图 21-53 中国锅炉集箱管座坡口结构

图 21-54 所示的管座坡口结构是 ABB-CE 公司采用长管接头和集箱焊接时采用的未焊透结构。在引进国外技术后，中国大型锅炉厂已开始采用这种结构，这种管座坡口结构在沉孔底部加工一个倾斜 10°的环形斜面，在安装长管接头装配定位时能够适当调整，接触较好，应力集中程度低，抗疲劳能力强。采用盆形槽口使管接头与管座坡口的焊接金属量增加，不仅对接口有补强作用，也使连接部位的抗剪能力提高，但这种结构中竟是未焊透结构，其综合性能不如图 21-53（b）所示的对接全焊透结构，但这种结构适合长管接头。

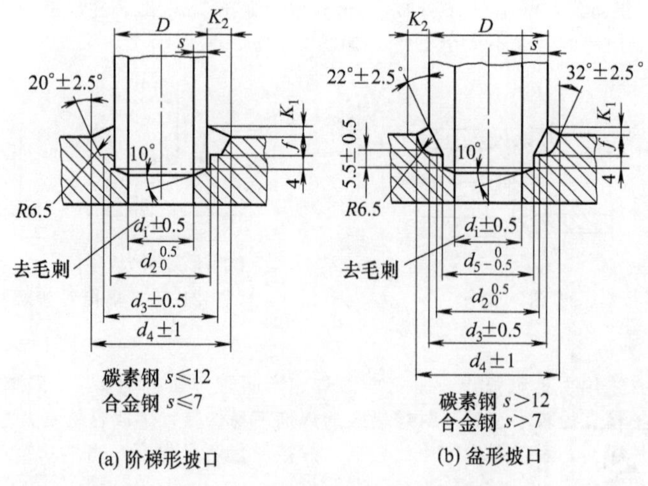

图 21-54 引进机组锅炉集箱管座坡口结构（mm）

三、集箱端盖制造工艺

目前集箱直径 ϕ219mm 的集箱端盖基本上采用热旋压工艺以取代通常所采用的焊接端盖。集箱端部旋压收封后，在端盖上采用机械加工开一小孔，然后进行盖板封焊，如图 21-55 所示，或者开一手孔，焊接手孔装置。

当集箱直径大于 219mm 时，集箱端盖一般采用和集箱材料相同的平板形锻件经过机械加工制造而成，如图 21-56 所示。在集箱端盖和集箱焊接的地方开 U 形坡口，集箱端盖和集箱筒体的焊接方法和集箱筒体之间的对接焊基本相同。

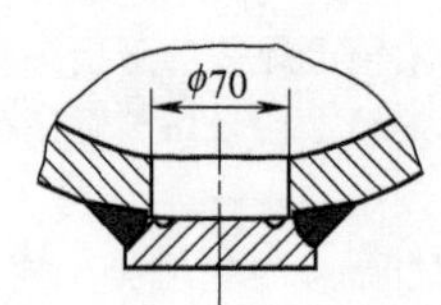

图 21-55 集箱收封端部的封焊

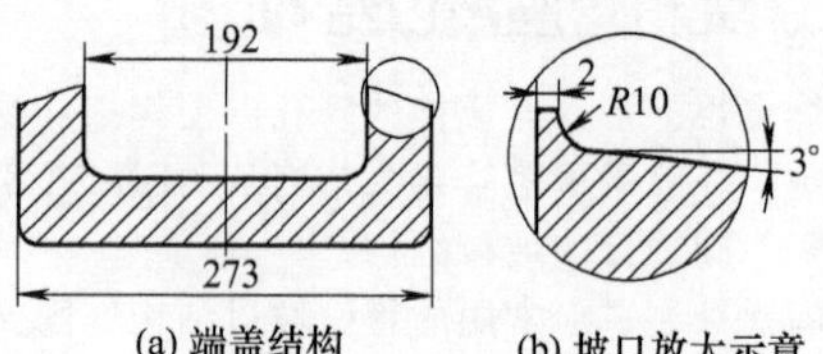

图 21-56 集箱端盖及坡口

四、集箱的焊后热处理

一般水冷壁和省煤器集箱是用 20G 制造，而过热器、再热器集箱采用 12Cr1MoVG、SA-335P12、SA-335P22（2.25Cr-1Mo）等低合金钢制造。集箱壁厚较厚，因此焊后一般都要进行焊后热处理，表 21-23 列出了锅炉厂制定的一些材料制成的集箱的焊后热处理工艺参数。

表 21-23 集箱焊后热处理工艺参数

序号	材料牌号	壁厚/mm	焊后热处理工艺参数					
			入炉温度/℃	升温速度/(℃/h)	保温温度/℃	保温时间/h	冷却速度/(℃/h)	出炉温度/℃
1	20G		≤400	≤150	625±25	3min/mm	≤150	≤400
2	SA106B		≤400	≤100	635±42	—	炉冷	≤400
3	12Cr1MoVG		≤400	≤150	725±15	5min/mm	炉冷	≤400
4	SA335P12	25～150	≤400	≤100	677±28	2～5.5	炉冷	≤400
5	SA335P22	25～150	≤400	≤100	732±28	2～5.5	炉冷	≤400
6	ST45.8/Ⅲ	16～50	≤300	≤200	575±25	3.5	炉冷	≤300
7	SA106B	16～90	≤300	≤200	620±20	3.5	炉冷	≤400
8	12Cr1MoVG	16～120	≤300	≤150	720±20	3.5	炉冷	≤400
9	13CrMo44	16～75	≤300	≤150	680±20	3.5	炉冷	≤300

第四节　空气预热器的制造工艺

锅炉的空气预热器主要是加热燃烧用的空气以利于燃料着火和燃烧，并通过降低排烟温度来提高锅炉效率，目前得到广泛应用的主要类型为钢管式空气预热器和回转式空气预热器，这两类空气预热器的制造工艺特点有很大不同。

一、钢管式空气预热器的制造工艺

钢管式空气预热器主要由厚度 10～30mm 的上、中、下管板，壁厚为 1.2～1.5mm，直径为 30～51mm 的高频焊有缝钢管或无缝钢管以及结构框架所组成。图 21-57 示出了钢管式空气预热器的结构。

1. 钢管及其下料

一般情况下，所采用的钢管为在连续成形装置上将钢带变形以后进行高频电阻焊而获得的有缝钢管，根据锅炉容量的不同，钢管式空气预热器一般为单级或双级布置。受热面一般需要 1～2 个管箱，当管子直径为 40mm 时，管箱高度应低于 5m；当管子直径为 51mm 时，管箱高度不超过 8m。由于每一个空气预热器管箱都是规则的长方体，所以在每一个管箱中的几百根乃至几千根管子都是等长的。根据空气预热器管箱的这一结构特点，在管子下料时，往往可按图纸要求的尺寸，在下料设备上装置定长挡块，用以控制管子的下料长度，从而取消了手工划线的繁重工作；或者根据工厂定型产品的尺寸，直接向高频焊管制造商订购具有固定管长的管子，可避免管子下料工作。

管子下料时，因为管壁厚较薄，应采用特制的剪刀装置在冲剪机上。实现管子的高速冲剪下料，如图 21-58 所示。

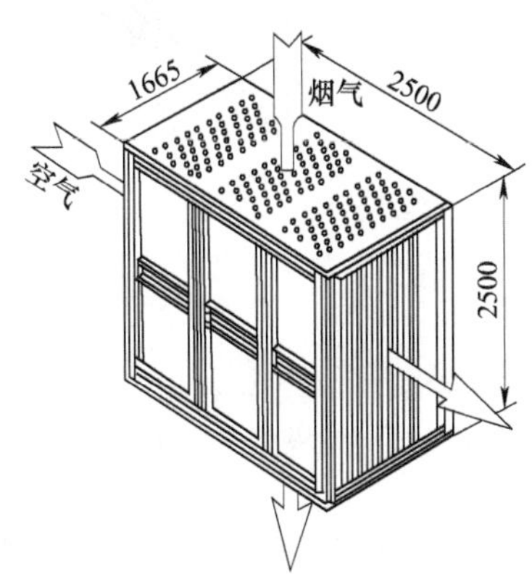

图 21-57　钢管式空气预热器

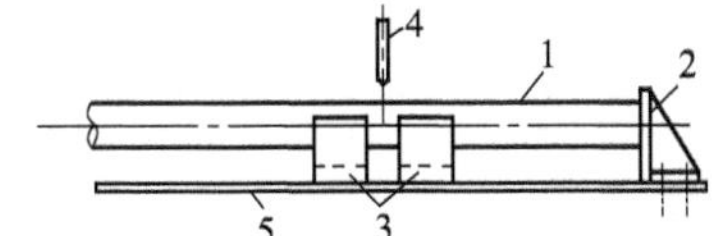

图 21-58　管子的冲减下料示意

1—管子；2—定长挡板；3—刀座；4—剪刀片；5—机架

切下的管子由于管端受到剪刀片的冲剪力作用而产生如图 21-59 所示的凹痕。为了消除这种管口缺陷，可在同一台冲剪机床上加装一套校正设备，予以校圆（见图 21-60）。校圆用的上模和剪刀片是同步运动的，在剪下一个管口的时候也就同时校圆了前一个有凹痕的管口。

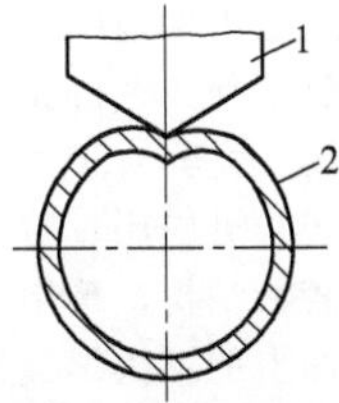

图 21-59　冲减后口的凹痕

1—剪刀片；2—管子

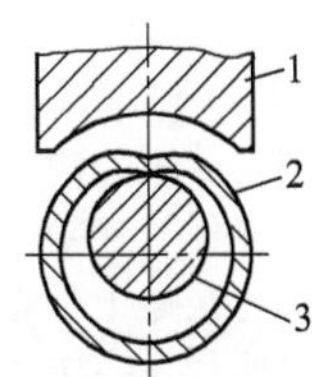

图 21-60　冲减后口的校圆

1—校正上模；2—管子；3—校正芯棒

钢管式空气预热器的受热面管子应尽量用整根管子制成，长度不够时允许拼接，但拼接用管子的最短长度≥300mm。拼焊短管时，必须选择合理的焊接电流和适当直径的焊条，防止焊接时烧穿。焊后应抽验部分管子进行通球检查。拼焊管子的接缝处应打磨平整，并进行水压试验，以保证拼焊管的质量。

管子拼接时，对接接头的边缘偏差≤0.5mm，对接焊缝的表面不得有气孔、裂纹和烧穿等缺陷。

2. 管板的制造

管板的结构设计主要是根据保证空气预热器管箱的刚度的角度来考虑的。上、下管板在保证整个管箱的外形尺寸以及在受热时不翘曲变形方面有着很大的作用。另外，下管板还要承受整个管箱的重量。所以上、下管板比较厚，一般为20～30mm；中管板较薄，一般为5～15mm。

管板的制造质量直接关系到管箱的装配工作能否顺利进行，它必须保证钻孔位置的正确性，而且上、中、下管板上的孔必须同心。在成批生产时，可以利用钻孔样板，这样可省去在管板上大量孔的划线工序，同时也更能保证钻孔位置的正确性。在钻孔时，可把几块管板一起叠钻，以保证各块管板上孔的同心度。

管板应尽量用整块钢板制成，尺寸不够时允许拼接，但拼接数量不宜超过三块，拼接用最小钢板的宽度不小于300mm，管板拼接时，对接焊缝的表面不得有密集的气孔和裂纹等缺陷。焊缝的咬边深度≤1mm，两侧咬边总长度≤该焊缝长的25%。

管板拼接后，应将焊缝的余高修平，在修磨过程中造成的凹陷深度不得大于板厚的15%，并且最大不超过2mm，超过时应补焊并修磨。

管孔的直径偏差≤$d^{+1\text{mm}}_{0}$，纵向和横向相邻两管孔其中心距 t_0 或 t_1 的尺寸偏差 Δt≤±2mm。纵向或横向最外两管孔，其中心距 L 或 L_1 的尺寸偏差 ΔL≤±3mm。如图21-61所示。

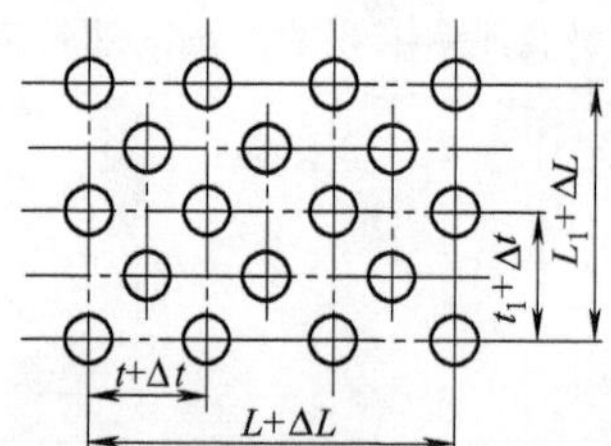

图21-61 纵向和横向管孔中心距尺寸偏差

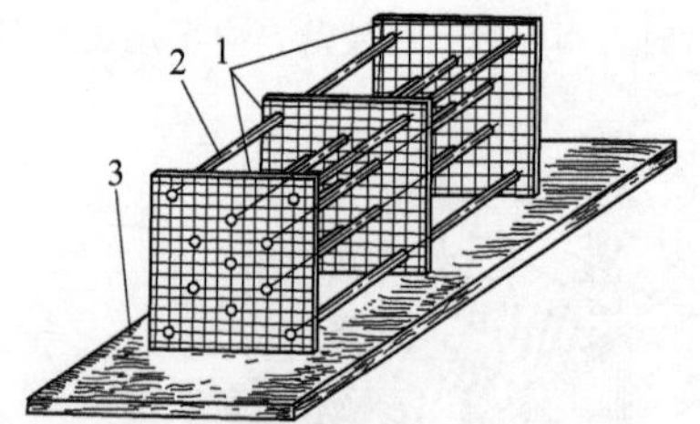

图21-62 空气预热器管箱的装配

1—管板；2—固定支撑管；3—装配平台

3. 管箱的装配与焊接

管箱的装配必须按图纸进行，保证管箱外形尺寸的准确性。管箱的装配工作通常在工作平台上进行，在进行大量穿孔之前，一般先在管板的各个不同位置装配10～14根左右管子（这些管子称为固定支撑管），并先焊妥，用以固定管箱的装配尺寸，然后再穿入其他剩余的管子，如图21-62所示。穿管后，管端应伸出管板0～2mm，以便于管端与管板的焊接。由于管子数量很多，因而穿管工作是十分繁重的工作。近年来，采用了一些机械化穿管装置，可成排地进行穿管工作，从而提高了劳动生产率，降低了劳动强度。

管端与管板的焊接，大都采用手工电弧焊。为了防止和减少管板因焊接所造成的内应力和变形。通常施焊次序是先焊妥一块管板上的全部管端焊口。施焊的方向一般应从管板中心对称地向外沿进行。焊接完毕后，角焊缝的表面不应有气孔和裂纹等缺陷。

管箱四个侧面上、下管板间两对角线长度之差 ΔX：当管箱高度≤3m时，ΔX≤5mm；当管箱高度≥3m且≤5m时，ΔX≤7mm；当管箱高度≥5m时，ΔX≤10mm。

由于每个管箱的管子数量很多，每台锅炉的空气预热器又是由许多管箱组成的，因此其焊接工作量是很大的。为了减轻劳动强度，提高劳动生产率，近年来，采用了各种自动焊接方法代替手工操作，这些方法大都是采用各种围绕管端旋转的焊接机头进行自动焊接工作，一般都是用气体保护电弧焊接，也有的采用磁弧焊接。

为了进一步改进管端与管板的焊接工艺，已开始进行管箱大面积浸润钎焊新工艺的试验研究工作。我们知道，钎焊作为一种金属零件的连接方法，在工业生产中得到了广泛的应用。尤其对于某些特定的材料和结构，采用钎焊的方法进行连接是十分有效的，但是大型工件的大面积钎焊还未见应用。对空气预热器管箱进行浸润钎焊的试验研究表明，在一定的使用条件下，对于某些一定厚度的管板结构，采用大面积钎焊的方法来提高其焊接生产率是行之有效的措施。在采用钎焊工艺时，整个管板平面上的接头焊缝在经过短时间的钎焊加热后，可以一次焊成，经济效果十分显著，但由于钎焊连接强度比较低，很难承受大型钢管空气预热器的结构和自身重量引起的应力，因此其使用受到较大限制。目前各锅炉厂仍广泛使用手工电弧焊和一些自动管端气体保护焊来焊接管板和钢管。

二、回转式空气预热器的制造工艺

回转式空气预热器具有结构紧凑、金属耗量少，占地面积小等一系列优点，在现代大容量锅炉上得到十分广泛的应用。但是，由于回转式空气预热器存在着转动部件，这就带来了许多复杂问题，如密封问题、回转平稳问题、装配的精密性问题等。这些都对其制造工艺提出了更高的要求，以保证回转式空气预热器能正常、可靠、经济地运行。随着锅炉容量不断增大，回转式空气预热器体积也越来越大，其直径已达 17～20m，使上述各问题更为突出。图 21-63 示出了回转式空气预热器的结构。

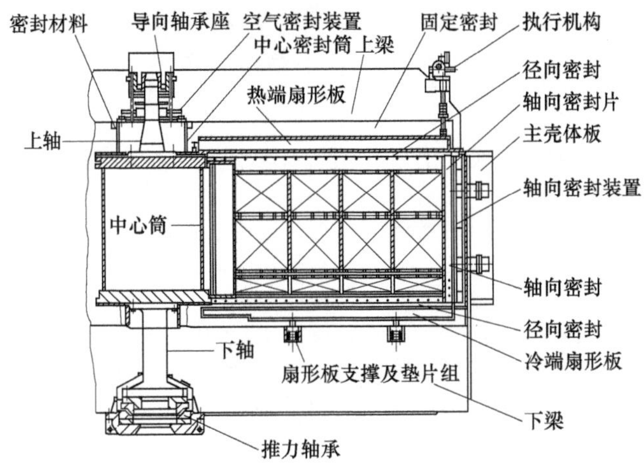

图 21-63　回转式空气预热器的结构

1. 回转式空气预热器的制造工艺特点

回转式空气预热器根据其结构不同可分为两大类，即受热面回转式（转子式）及风罩回转式（定子式）两类。这两类回转式空气预热器在结构上虽有所差别，但从制造的工艺方面来看有其共同之处。

这两类回转式空气预热器的主要部件为：转子（或定子）、烟风道（或八字风罩）均是由较薄的钢板焊接而成，而且体积很大。其焊接工作量极大，往往会由于制造过程中产生的焊后收缩变形及残余应力，破坏了预热器的密封性能，造成严重的漏风量，影响到预热器的经济安全工作。此外，为了使每个放置受热面的仓格内的受热面元件可以互换，同时为了减小仓格与受热面元件之间的空隙，要求仓格小室的尺寸公差为＋2～－4mm。这样小的公差，对于具有大量焊接工作的大型薄壁构件来讲是一个困难的问题。因此，从制造工艺的角度如何尽量设法减少焊接变形和残余应力，是回转式空气预热器制造工艺中要着重解决的一个主要问题。

这个问题可以从下列几方面予以解决，现以风罩回转式空气预热器为例加以说明。

首先，风罩回转式空气预热器的定子主要是由中心筒、定子筒身、上下法兰及几十块径向和横向隔板相互焊接而成。对于中心筒的下端板支撑面，定子筒身的上下端面、上下法兰平面等都是保证空气预热器密封性的重要部分，为了保证良好的密封性能，对这些密封平面必须进行机械加工以获得平整光洁的密封平面。对于现代大直径回转式空气预热器必须备有大型加工设备，目前，常用的设备是大型立车。近年来，为了进一步提高密封平面的平整度，已开始采用大型立铣进行机加工了。另一方面，为了使这些加工面不受焊接变形的影响，在工艺上应符合先焊接后机械加工的原则。

其次，在定子的整体装配和焊接过程中，为了防止和减少定子整体的变形，在工艺上应先将各零件装配成整体的定子，再进行焊接工作。这是因为定子整体的刚性比每个单独零件的刚性大，也就是说定子整体抵抗焊接变形的能力强。由于回转式空气预热器的定子在结构上是对称的，其焊缝位置也是对称的，故采用先整体装配，再焊接的顺序，对于减少结构的焊接变形是很重要的工艺手段之一。

第三，装配间隙对产生焊接变形也有很大影响。装配间隙过大，则焊接时的横向收缩和变形也大。另外，在整条长焊缝上，如果装配间隙不均匀更是造成焊后变形和残余应力的主要原因。所以在定子制造中，大量的径向和横向隔板与中心筒及定子外围筒身的焊接部位必须进行认真的刨削加工，以保证隔板尺寸的准确性，这样在装配时就能保证使装配间隙比较小而且均匀。通常要求此间隙值小于 0.5mm。

第四，在焊接过程中，为了减小变形和残余应力，应从焊接规范和焊接顺序方面采取措施。在工艺规范方面，往往采用直径较小的焊条，选用较小的焊接电流和均匀的焊接速度。近年来，已采用各种自动气体保护电弧焊代替了手工电弧焊，从而进一步减小了焊接变形。另一方面，正确的焊接顺序对减少焊接变形和残余应力有着显著的作用。此时以采用对称分段逆向焊接法最为有效。

另外，回转式空气预热器的旋转平稳性也是影响其经济可靠工作的重要因素。为了保证设备运转可靠，预热器的传动围带的制造质量和转动部分的质量分布是否均匀是影响旋转平稳性的主要因素。传动围带与转子或下风罩的焊接应尽量防止焊接变形，故也应采用对称分段焊接法，并应使其装配间隙尽可能小而且均匀。为此，围带内圆应进行车削加工。围带上销轴孔的加工必须保证其圆周节距以及上下围带销轴孔的同心度均应符合设计要求。

转动部分质量分布的不均匀性往往使转动中心轴及其轴承的工作条件恶化，因此要求转动部分的质量分布必须均匀对称。对于转子回转式空气预热器，这个问题更为重要，其径向和横向隔板必须对称分布，每个扇形仓格内的受热面元件也必须保证其质量接近相等。对于风罩回转式空气预热器，风罩密封铸铁板必须进行机械加工，这一方面是为了使密封平面平整，同时也是为了减少各块铸铁板之间的质量不均匀，每块铸铁板的质量偏差应不超过 0.5kg。

2. 回转式空气预热器的试运转

回转式空气预热器各部件制造完成后，必须按图纸进行检验性的总体装配，然后进行冷态试运转。

冷态试运转的目的如下。

① 检查预热器的运转平稳性和可靠性。例如：转动部分（包括轴承）是否平稳可靠；有无冲击及强烈振动；是否有不正常的撞击、噪声、升温、漏油；检查转动部分的摆动情况［通常，径向摆动≤±1mm/1000mm（直径），平面摆动≤±0.65mm/1000mm（直径）］等。

② 检查密封装置，试运转时必须按要求测量并调整密封元件的位置及间隙值。

试运转的时间长短应按具体情况（如制造质量、新产品或老产品，单件生产或成批生产等）而定。一般来讲，对新试制产品试运转时间应长些，通常为 48h。而对老产品只需运转 8～24h 就可以了。试运转时应做好各项记录，并排除掉所发现的各种缺陷。

火电厂锅炉的运行及调整

第一节　锅炉启动和停运

单元机组启动是指从锅炉点火开始，经历升温升压、暖管，当锅炉出口蒸汽参数达到要求值时，对汽轮机冲转，将汽轮机转子由静止状态加速到额定转速，发电机并网并接带负荷的全过程。停运过程与启动过程相反，要经历减负荷、降温降压、机组解列、锅炉熄火、汽轮机降速直至停转等全部过程。

一、锅炉启动方式

1. 冷态启动和热态启动

锅炉启动按机组停运时间长短或启动时金属温度水平分有冷态启动和热态启动。冷态启动是指锅炉初始状态为无压，温度接近环境温度时的启动。譬如，新装锅炉或检修后的锅炉或是停用时间较长、蒸汽压力已降到零、炉内蓄热已散失的锅炉的启动。热态启动是指停运时间较短，或者说处于热备用状态锅炉的启动。这时锅炉内仍保持有一定压力，其受热面金属和炉墙构件的温度还相当高。

按 GB/T 2900.48—2008，热态启动包括温态、热态和极热态三种启动方式。一般停运 24～48h 后启动为温态启动，停运 8～24h 后为热态启动，停运 2～8h 后为极热态启动。

对锅炉各个部件来说，启动过程主要是加热的过程，而加热总不可能是完全均匀的，所以每个部件本身各处的温度就有差别，被加热的部件越厚，其温差越大，热应力也越大。如果启动操作不当，由此而产生的热应力可能导致设备的损伤。锅炉锅筒、过热器联箱及三通、蒸汽管道、汽水分离器和阀门等壁厚均较大，所以对它们的加热过程应很好地控制，其中最应注意的是锅筒、过热器三通、联箱等元件。此外，装在同一下联箱上的水冷壁管，如温度相差较大，产生的热应力亦会达到危险的程度。

在启动过程中，各受热面内部工质的流动尚不正常，在有的受热面里工质的流量很小，甚至在短时间内是不流动的。因此，受热面金属不能正常地被工质所冷却，如果对它们过分地加热，就会使受热面金属超温。水循环尚未建立之前的部分水冷壁管、蒸汽流量还很少时的过热器管、没有蒸汽通过或蒸汽流量过少的再热器管和暂时停给水时的省煤器管等在锅炉启动过程中都可能有超温的危险。

在锅炉开始点火的时候，炉膛里的温度是低的。在点火之后的一段时间内，为了防止某些受热面的超温和过大的温度不均，只能逐渐增加燃料量，所以炉膛温度仍不很高。在这种情况下，如燃烧控制不当就会熄火，甚至发生爆燃。

另一方面，在启动过程中还要排汽和放水，如排汽和放水不能全部收回，就必然产生工质和热量的损失。此外，在低负荷下燃烧时，非但过剩空气量较大，而且不完全燃烧损失也较大。上述种种损失的大小与启动方式、操作方法和持续时间等有关。

综上所述，在锅炉启动过程中有安全和经济两方面的问题，所以启动的原则就是在确保设备安全的条件下，锅炉既能满足整套机组的需要，又要尽量节省工质和燃料，力求在最短时间内完成启动过程。

根据锅炉的启动状态，超超临界百万机组锅炉启动方式通常分为冷态启动、温态启动、热态启动和极热态启动四类，国内三大锅炉厂对四类启动方式的划分大同小异，见表 22-1。

表 22-1 启动方式的划分

	启动方式	停炉时间 t/h	分离器内壁温度/℃
哈尔滨锅炉厂	冷态	$t>150$	≤120
	温态	$58<t<150$	120～260
	热态	$8<t<58$	260～340
	极热态	$2<t<8$	≥340
东方锅炉股份	启动方式	停炉时间 t/h	分离器内壁温度/℃
	冷态	$t>72$	≤120
	温态	$32<t<72$	120～210
	热态	$8<t<32$	260～340
	极热态	$1<t<8$	≥340
上海锅炉厂	启动方式	停炉时间 t/h	主蒸汽压力/MPa
	冷态	$t>72$	<1
	温态	$10<t<72$	1～6
	热态	$1<t<10$	6～12
	极热态	$t<1$	≥12

2. 滑参数启动和额定参数启动

锅炉启动按启动时蒸汽参数分有滑参数启动和额定参数启动。

(1) 滑参数启动 单元制机组，一般都采用机炉联合启动的方式，就是在启动锅炉的同时启动汽轮机。锅炉产生蒸汽后首先要逐渐加热机炉之间的管道——暖管；然后冲动汽轮机转子——冲转；再逐渐加热汽轮机并提高转子的转速——暖机和升速；在达到额定转速后就能并入电网——并网或同步；最后是增加负荷——带负荷。由于暖管、暖机、升速和带负荷是在蒸汽参数逐渐变化的情况下进行的，所以这种启动方式叫作滑参数启动。这种启动方式要求机炉密切配合，尤其是锅炉产生的蒸汽参数应随时适应汽轮机的要求。

单元机组采用滑参数启动的优越性如下。

① 缩短了启动时间，从而增加了运行调度的灵活性。这主要是因为滑参数启动时，管道的暖管和汽轮机的启动过程与锅炉的升压过程同时进行，亦即暖管、暖机和汽轮机的冲转、升速、带负荷的时间包括在锅炉启动时间之中；同时，由于各部件受热比较均匀，可适当提高升压升温速度，从而使整个机组的启动时间得以缩短。这样就提高了设备的利用率，增加了机组运行调度的灵活性。

② 增加了机组的安全可靠性。这是因为滑参数启动时，整个机组的加热过程是从较低的参数下开始的，因而各部件的受热膨胀比较均匀。对锅炉而言，可使水循环和过热器的冷却条件得到改善，锅筒壁温差减小；对汽轮机而言，由于开始进入的是低压低温蒸汽，蒸汽的体积流量很大，容易充满汽轮机，而且流速也可增大，使汽轮机各部分能得到均匀而迅速地温升，热应力不均的状况得以改善。

③ 提高经济性。在滑参数启动过程中，主汽管道上的阀门全开，减少了节流损失；锅筒不必大量对空排汽，减少了工质和热量损失，从而减少燃料消耗；自锅炉点火至机组并网带负荷时间缩短，辅机用电也减少。

④ 在滑参数启动过程中，汽轮机可以采用全周进汽，调节汽门处于全开位置，使操作调节简化。

⑤ 滑参数启动过程中由于减少了蒸汽排放所产生的噪声，改善了环境。

由于滑参数启动与额定参数启动相比具有很多优点，因此单元机组大都采用滑参数启动方式。滑参数启动又可分为真空法和压力法两种方式。

① 真空法滑参数启动。锅炉点火前，全开主蒸汽管道上的电动主闸阀、自动主汽门、调节阀门，用盘车装置转动汽轮机转子，抽气器投入工作，真空区一直扩展到锅炉锅筒。锅炉点火后，锅水在真空状态下汽化，由于汽轮机已用盘车装置转动，蒸汽压力在 0.1MPa 以下就可冲动汽轮机转子并升速。此后，锅炉按照要求升温升压，直至机组正常运行。采用真空法滑参数启动时，全部启动过程由锅炉控制比较困难；这种启动方式真空系统庞大，抽真空也比较困难；在启动初期蒸汽的过热度低，汽轮机容易发生水冲击事故；另外，对具有中间再热的单元机组，采用真空法启动是困难的，因为真空法进入汽轮机的蒸汽温度低，高压缸排汽温度也低，再热器一般布在低烟温区使再热蒸汽温度无法提高，低压缸也因为蒸汽温度低而最后几级叶片水分过大。目前，单元机组很少采用真空法滑参数启动，而采用压力法滑参数启动。

② 压力法滑参数启动。锅炉点火前，关闭自动主汽门和调节阀门，只对汽轮机抽真空。锅炉点火后，自动主汽门前的蒸汽参数达到要求时，开冲转阀进行冲转、升速。机组并网后，全开调节阀门，机组滑压运行，由锅炉控制主蒸汽参数，随主蒸汽参数的提高，机组负荷增加。压力法滑参数启动克服了真空法的缺点，目前大容量机组几乎都采用压力法滑参数启动。

(2) 额定参数启动　额定参数启动主要用于母管制中小容量机组。此时，锅炉启动与汽轮机启动是分开进行的。锅炉的升压速度只受锅筒、联箱、水冷壁等部件热应力的限制。通常按饱和温度变化率相等的原则，或按分段温度变化率相等的原则（压力低时升压慢、压力高时升压快）进行升压。汽轮机是采用母管蒸汽压力额定参数下进行冲转、升速和带负荷的。由于新蒸汽温度高，启动初期蒸汽与金属部件温差大，必须节流降压控制较小的蒸汽流量，以缓和加热速度，否则将使汽轮机各部分产生很大的热应力。因而需要较长时间暖机，推迟了并网，降低了负荷适应性。采用额定参数启动，锅炉在并汽前有大量工质和热量损失，因而大型机组都不采用额定参数启动方式。

二、锅炉机组启动必须具备的条件

① 燃煤、燃油、除盐水储备充足，且质量合格。

② 各类消防设施齐全，消防系统具备投运条件。

③ 大、小修后的锅炉，冷态验收合格。

④ 动力电源可靠，备用电源良好。主控室表盘仪表齐全，校验合格。现场照明及事故照明、通讯设备齐全良好。

⑤ 大修后的锅炉或改动受热面的锅炉必须经过水清洗或酸洗，必要时对过热器进行反冲洗。

⑥ 启动前的设备检查，主要包括以下各项：a. 锅炉本体检查，包括燃烧室及烟道内部的受热面、燃烧器、吹灰器、炉墙、保温、人孔门、楼梯、平台、通道、照明等；b. 汽水系统的检查，包括汽水阀门、空气门、排污门、事故放水门、再循环门、取样门、表计测点、一次门、安全门、水位计、膨胀指示器、汽水阀门的远方控制装置等。要求各种汽（气）、水、油阀门状态良好，开关位置正确。

⑦ 锅炉机组正式启动前，所有辅机及转动机械必须经分部试运行合格，主要包括以下各项：a. 烟风系统的吸风机、送风机、回转式空气预热器和冷却风机等；b. 制粉系统的给煤机、磨煤机、一次风机、排粉风机、密封风机和给粉机等；c. 燃油系统的油泵和油循环、油枪进退机构和自动点火装置；d. 燃烧系统的一次风门、燃烧器及其摆动机构；e. 压缩空气系统的转动机械；f. 除灰和除渣系统的排灰机、捞渣机和碎渣机等；g. 电除尘器振打装置和电场升压试验等；h. 蒸汽吹灰系统和吹灰器电机等；i. 烟温探针进退试验，以及与上述各辅机配套的冷却系统、润滑系统及遥控机构都应试运合格。

⑧ 大、小修或因受热面泄漏检修后的锅炉，一般应做额定压力下的水压试验。必须做超压试验时应按《电力工业锅炉监察规程》的规定进行。

⑨ 热工自动、联锁及保护系统调试合格。炉膛安全监控系统（FSSS)、数据采集系统（DAS)、协调控制系统（CCS)、微机监控及事故追忆系统均已调试完毕。锅筒水位监视电视、炉膛火焰监视电视、烟尘浓度监视电视、事故报警灯光音响均能正常投入。

⑩ 大、小修后的锅炉，启动前必须做联锁及保护试验。辅机的试验应在分部试运行前完成；主机各项保护试验应在总联锁试验合格后进行。

⑪ 进行安全阀校验。

三、锅筒锅炉的启动

冷态下的大容量锅筒锅炉一般采用滑参数启动；而母管制中小容量锅筒锅炉采用额定参数启动。在启动前的检查与准备工作，点火以及升压过程中的主要操作、要求和安全问题等方面，两者并没有多大差别。

冷态启动的一般步骤方法和安全措施如下。

1. 启动前的准备工作

锅炉在点火之前必须保证所有设备达到上一节要求的条件，并处于准备启动的状态。

对于检修以后的锅炉，在启动前还有进水的问题。冷炉进水前，锅筒金属接近室温。温度较高的水进入锅筒，会造成由内外壁温差而产生的热应力。如果进入锅筒的水温过高，有可能使其内壁金属承受过大的压应力而产生塑性变形。此外，下降管与锅筒的接口、管子与联箱的接口、联箱等都要产生热应力，也可能受到损伤。因此，一般规定冷炉的进水温度不得超过90℃，进水速度也不能太快。一般电厂都用约104℃的除氧水，当水流经省煤器进入锅筒时温度约为70℃。中压锅炉的进水持续时间应为1～1.5h，高压锅炉则为1.5～2.5h。如果锅炉原来就有缺陷或者由于锅筒材料的特殊要求，进水时间还应酌情延长。

对于自然循环锅炉，考虑到在锅炉点火以后，炉水要受热膨胀和汽化，所以最初进水的高度一般只要求到水位表低限附近。对于低倍率强制循环锅炉，由于上升管的最高点可能在锅筒标准水位以上很多，所以进水高度要接近水位的上限，否则在启动循环泵时水位可能下降到水位表可见范围以下。在锅炉点火之前，对循环泵应严格遵循专门的程序和方法，仔细地灌水和放气，并进行其他检查和准备，使每台泵都能随时投运。

进水结束后，如水位还有上升或下降的现象，则应检查各有关阀门的开关状态及其严密性，并予以纠正。

2. 点火及燃烧设备的启动

① 锅炉点火前，投入电气除尘器的振打装置，启动两套引风机、送风机和空气预热器。对炉膛和烟道以≥30%的额定负荷风量，通风5～10min进行吹扫，以清除其中可能残存的煤粉和可燃气体，防止点火时发生爆燃。对煤粉管和磨煤机，在投运前也要吹扫3～5min，以清除其中可能积存的煤粉，防止启动时爆燃。还应用蒸汽吹扫有关油管和各个喷嘴，保证油路畅通。

② 煤粉锅炉点火启动中，应先点火后投粉。点火后的油枪必须雾化良好，对称投运，加强监视，根据燃烧及温升情况及时切换，严禁油枪雾化不良或漏油运行。及时投入空气预热器的吹灰。

煤粉锅炉从冷炉开始点火，用油枪暖炉至少需要几十分钟或更长的时间，此后才能投主燃料——煤粉。投运煤粉之前，二次风温度不得低于一定数值（因炉而异）。对直吹式制粉系统，投运煤粉是从启动一次风机和磨煤机开始，然后调整磨煤机进口冷、热风挡板，对磨煤机及其相应的管道加热，此过程可以手动或自动。待磨的出口温度达到要求（如RP、HP磨为65～75℃）时，暖机即告完成。此时如果要求投粉，就可启动给煤机，使给煤率从较小开始逐渐增大。在给煤以后，磨煤机出口温度可由自动调节系统保持正常运行值。

投磨的次序并无从下到上的限制，但在投用一次风口的上方或下方，至少应有一层油枪在工作。由于投油枪的次序一般是从下而上，所以投磨的次序也大致如此。

对大容量锅炉机组，从启动开始FSSS系统已开始工作，因此上述所有操作和过程都是在该系统严密监督下进行的。

在投入第一台磨煤机后，可视负荷需要增大其出力，对于中速磨煤机当投运磨的出力大于一定值（如≥80%）时，再以同样方式投运另一台。运行中应力求各运行磨的出力均等。

3. 升温和升压过程中的安全措施

① 在冷态启动前，直立的过热器管内一般都有停炉时蒸汽冷凝或水压试验后留下的积水。在点火之后，这些积水就逐渐被蒸发，或当锅炉起压通汽以后部分积水被流过的蒸汽所排除。总之，在积水全部蒸发或排除之前，过热器或某些过热器管内几乎没有蒸汽流过。这时，管壁温度接近于烟气温度。此后的一段时间内，过热器内虽有蒸汽通过，但流量很小，冷却作用不大，管壁温度仍不会比烟温低很多。因此，为了保护过热器，一般在锅炉蒸发量小于10%额定值时必须限制过热器入口烟温。考虑到启动初期只投少数油喷嘴或燃烧器，烟气侧会有较大的热偏差，这个限值应比金属允许承受的温度还要低一点。控制烟温的主要手段是限制燃料量或调整炉内火焰的高低。

随着锅筒压力的升高，过热器的蒸汽流量增大，冷却作用增强，这时就可逐步提高烟温，同时用限制出口蒸汽温度的办法来保护过热器，此限值通常比额定负荷时低50～100℃。

再热器情况与过热器相似，但工作条件更为不利。在汽轮机高压缸进汽之前，锅炉产生的蒸汽只有通过高压旁路才能进入再热器。辐射再热器还直接吸收炉膛的辐射热。再热器内无蒸汽通过时，其管壁温度可能接近或等于管外烟气温度，因此应按制造厂规定控制炉膛出口烟温，无规定时不应超过540℃，以保护再热器。

② 自然循环锅筒锅炉点火以后，应控制炉水饱和温度温升率符合制造厂要求。运行中要控制锅筒任意两点间壁温差不超出制造厂家限额，厂家无规定时可控制≤50℃。

通常以控制升压速度来控制升温速度。就升压而言，锅炉很容易做到，而升温问题就比较复杂。如升温太快，往往引起较大的热应力而危及设备的安全。一般来说，对锅炉启动中各种操作的要求，除了从燃烧安全方面考虑外，其余几乎都是由升温条件决定的。升温速度决定于燃烧率，为了保证锅炉设备的寿命，启动过程中升温速度和燃烧率都有严格的限制。但升温升压太慢又势必拖长启动时间和增加启动损失。因此，应综合各种影响因素优化锅炉的启动过程。

在升压过程的不同阶段，锅筒壁金属的温差和应力变化是不一样的。

随着锅炉的受热加强，水循环渐趋正常，锅筒上下温差也逐渐减小。但沿锅筒壁径向的内外壁温差始终存在。该温差引起的热应力与温差大小呈线性关系。温差与升温速度亦呈线性关系。工质升温越快，内外壁的温差和由此而引起的热应力也越大，为保证锅炉锅筒的工作寿命，升温升压速度也受到限制。

③ 现代锅炉的水冷壁受热都是向下膨胀的，装在下联箱上的膨胀指示器用来监视水冷壁的受热情况。在升压初期，由于水循环尚未建立，炉膛内热负荷分布不均，连接在同一下联箱上的水冷壁管会受热不均，管子和联箱都要承受热应力作用，严重时会使下联箱弯曲或管子受损。尤其是膜式水冷壁，应特别注意其受热的不均匀性。所以启动过程中应监视膨胀情况，如发现异常，应立即停止升温升压，并采取相应措施进行消除。

启动过程中正确选择和适当调换点火油喷嘴或燃烧器的位置，可使水冷壁受热趋于均匀，锅筒中各处水温也比较均匀。对于水循环弱、受热差的水冷壁，可在下联箱放水，把锅筒中较热的水引下来，以加热水冷壁管，同时促进水循环。放水还可以增加锅筒中水的流动，有助于减少锅筒上下壁温差。但放水总是损失。如果大量放水，就必须补充温度较低的给水，这反而延缓炉水循环和拖长启动时间。因此，启动过程中下联箱放水量应适当，放水点亦要选择正确。另一种办法是用外来蒸汽通入下联箱进行加热，促进水循环。

④ 锅炉启动期间，对省煤器和空气预热器的运行要有一定保护措施。在启动期间，锅炉消耗的水量不多，为了维持锅筒的正常水位，最好能连续进水，使其与蒸发量相等，但这往往不能做到，只能间断给水。在给水停止时，省煤器中有可能产生少量的蒸汽，并在蛇形管内形成汽塞，从而使管壁局部超温。此外，间断的进水会使省煤器管的温度时高时低，产生交变的应力发生疲劳损伤。为了保护省煤器，自然循环锅炉大多在锅筒与省煤器下联箱之间装有再循环管。通过此管，锅筒中的水可以进入省煤器的下联箱，在省煤器中一面受热一面上升，然后再进入锅筒，形成一个循环，使省煤器内不断有水流过。但是在自然循环锅炉中，这个回路的有效压头很低，不易建立正常循环，对省煤器的保护作用不大。而且，当锅筒水温比给水温度高得较多时，间断进水仍会使省煤器金属温度发生较大的波动。另外，为了防止给水短路进入锅筒，当锅炉上水时，省煤器再循环门应关闭。

对于回转式空气预热器首先要防止二次燃烧，其次是不正常的热变形。二次燃烧往往发生在锅炉启停过程，因而应密切监视空气预热器的出口烟温。当发现排烟温度突然不正常的升高时，应立即停炉或停止启动，采取灭火水洗等措施。

自然循环锅筒锅炉采用滑参数压力法联合冷态启动的程序框图和某350MW机组的启动曲线示于图22-1。

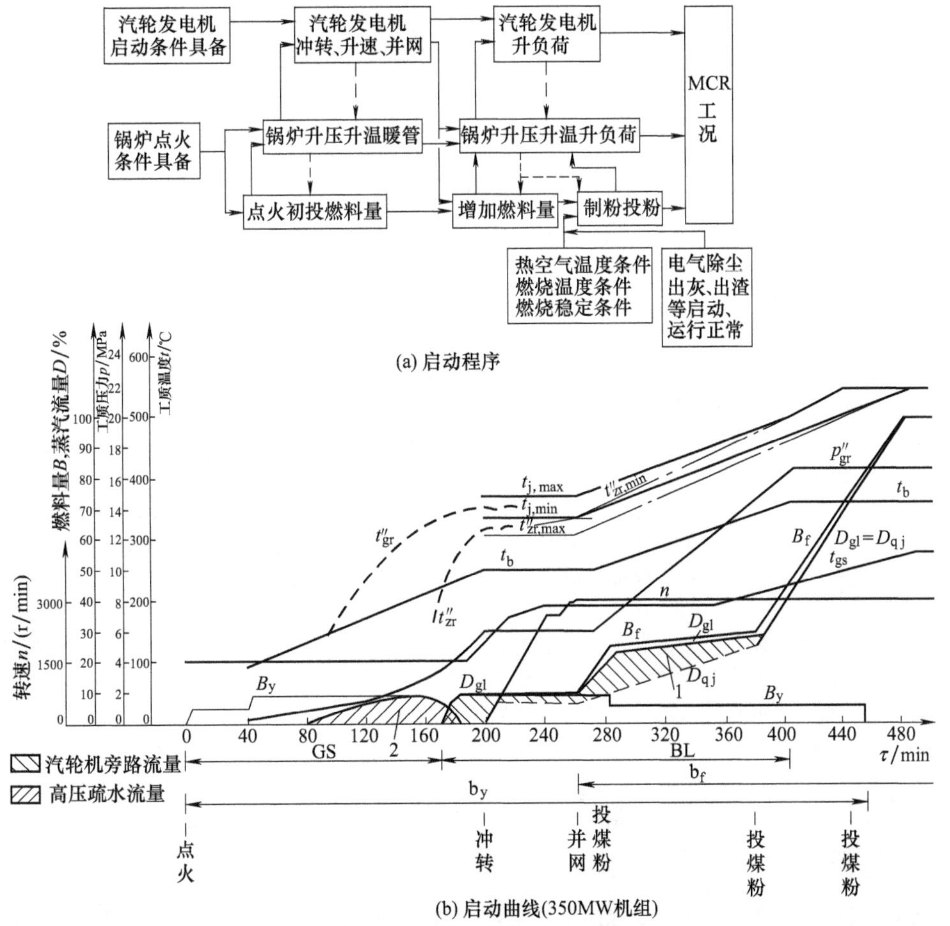

(a) 启动程序

(b) 启动曲线(350MW机组)

图22-1　自然循环锅炉滑参数启动程序和启动曲线

G—工质流量；B_y—燃油量；B_f—燃煤量；D_{gl}—锅炉蒸汽流量；D_{qj}—汽轮机进汽蒸汽流量；t_{gs}—给水温度；t_b—汽包内工质饱和温度；t''_{gr}—过热器出口蒸汽温度（主蒸汽温度）；t''_{zr}—再热蒸汽温度；$t_{j,max}$—汽轮机进汽温度上限；$t_{j,min}$—汽轮机进汽温度下限；$t''_{zr,max}$—再热蒸汽温度上限；$t''_{zr,min}$—再热蒸汽温度下限；p''_{gr}—过热器出口蒸汽压力；GS—高压疏水阶段；BL—汽轮机旁路投用阶段；b_y—燃油投用阶段；b_f—燃煤投用阶段锅炉点火并逐步建立初投燃料量。控制各级受热面的疏放水阀，用于暖管和把积水放尽。用过热器末级高压疏水阀排放锅炉工质。汽轮机旁路投用后就关高压疏水阀，用汽轮机旁路调节蒸汽流量。图 22-1（b）中阴影面积 1 表示汽轮机旁路蒸汽通流量；阴影面积 2 表示高压疏水阀通流量。控制疏水和旁路通流量，维持合适的升压、升温速度和进行各管道的暖管。在启动过程中要注意水冷壁回路的水循环，监视汽包水位和汽包上下、内外壁温差，监视给水品质，进行洗硅，以获得合格的锅水品质和蒸汽品质。锅炉停止给水时应开启省煤器再循环阀，保护省煤器。根据冷空气温度条件，投用暖风器和热风再循环，防止空气预热器受热面低温腐蚀。蒸汽参数符合冲转条件时就可冲转汽轮机，进行升速、暖机、并网带初负荷。启动制粉系统投燃煤粉，并逐渐增加燃煤量。锅炉蒸汽流量（D_{gl}）与汽轮机进汽流量（D_{qj}）一致时停用旁路系统。锅炉增加燃料量，机组进行滑参数升压、升温与升负荷，最终，蒸汽压力、蒸汽温度与负荷升至 MCR 工况。锅炉负荷升至一定值，炉内燃烧良好，就可停止燃油、全燃煤粉。启动过程中过热蒸汽温度不高于汽轮机进汽温度上限，不低于汽轮机进汽温度下限。启动初期，再热蒸汽温度一般较低，应设法提高其温度，汽轮机冲转及冲转以后，再热蒸汽温度应不高于汽轮机中压缸进汽温度上限值，不低于汽轮机中压缸进汽温度下限值。图 22-1（b）还表示了启动过程中高压疏水使用阶段，汽轮机旁路使用阶段，燃油阶段，燃煤粉阶段等。

4. 控制循环锅筒锅炉的启动特点

① 锅炉启动点火前先建立正常的水动力循环，即锅炉锅筒进至正常水位后，启动循环泵，使水冷壁管内建立较高的质量流速，然后再进行锅炉的点火、升温、升压；而自然循环锅炉则利用锅炉点火后水冷壁吸热后产生的汽水比重差建立循环。显然，控制循环锅炉增加了水冷壁的安全可靠性。

② 锅水循环泵的采用，在锅炉启动或低负荷时，可以利用水的强制循环使各承压部件得到均匀加热，因此，可以大大提高锅炉启动速度；而亚临界压力自然循环锅炉，由于汽水密度差相对较小，要想建立可靠的水循环比较困难，启动速度受到制约。

③ 控制循环锅炉由于工质的循环压头大、循环倍率小，在锅筒内采用蒸汽负荷较高的分离器，锅筒尺寸相对较小，同时锅筒沿整个长度方向设置了环形通道夹层（所谓夹层结构），而水冷壁出口导管来的汽水混合物又有足够的压头来克服环形通道的阻力，使锅筒内壁的温度能保持与汽水混合物的温度大致相同，从而保证在启动时锅筒壁温均匀，避免了自然循环锅炉启动时锅筒上下壁温差的限制，可以较快速地启动锅炉。由于启动时间大大缩短，启动热损失和工质损失都减少。

四、直流锅炉的启动

1. 直流锅炉启动与锅筒锅炉启动的区别

自然循环锅筒锅炉和强制循环锅筒锅炉均有一个很大的锅筒对汽水进行分离，锅筒作为分界点将锅炉受热面分为蒸发受热面和过热受热面两部分。直流锅炉则是靠给水泵的压力，使锅炉中的水、汽水混合物和蒸汽一次通过全部受热面。

自然循环锅炉在点火前，锅炉上水至锅筒低水位；锅炉点火后，水冷壁吸收炉膛辐射热，水温升高后水循环开始建立，随着燃料量的增加，蒸发量增大，水循环加快，因此启动过程中水冷壁冷却充分，运行安全。强制循环锅炉在锅炉上水后点火前循环泵已开始工作，水冷壁系统建立了循环流动，保证水冷壁在启动过程中的安全。

超临界直流锅炉在启动前必须由锅炉给水泵建立一定的启动流量和启动压力，强迫工质流经受热面。由于直流锅炉没有锅筒作为汽水分离的分界点，水在锅炉管中加热、蒸发和过热后直接向汽轮机供汽，因此直流锅炉必须设置一套特有的启动系统，以保证锅炉启停或低负荷运行过程中水冷壁的安全和正常供汽。

2. 直流锅炉的启动特性

直流锅炉的启动和自然循环锅筒锅炉相比有以下特点。

（1）启动流量 启动过程中，自然循环锅筒锅炉的水冷壁系统是靠工质的自然循环完成冷却与加热。在建立自然循环之前，可对水冷壁下联箱定期放水，促进其内部水的流动。利用炉水再循环管对省煤器系统进行加热与冷却。

直流锅炉在启动过程中必须维持一定的给水流量，在流过系统各部件过程中，对受热面进行足够地冷却，对不受热的部件进行加热。此时从水冷壁甚至过热器流出的只是热水或汽水混合物，不允许进入汽轮机。这样多的给水流量既要经过水质的化学处理，又要在锅炉内吸收燃料燃烧放出的热量，如果不利用，既造成自然水资源的大量浪费，又造成水质处理过程运行费用和热量的浪费。因此，直流锅炉必须设置专门的回收工质与热量的系统，这种系统就是直流锅炉的启动系统。

锅炉启动流量直接影响启动的安全性和经济性。启动流量越大，工质流经受热面的质量流速也越大，对受热面的冷却、水动力特性的改善有利，但工质损失及热量损失也相应增加，同时启动系统的设计容量也需加大；但启动流量过小，受热面冷却和水动力稳定就得不到保证。因此，选用启动流量的原则是，在保证受热面得到可靠冷却和工质流动稳定的条件下，尽可能选择得小一些。考虑了炉膛水冷壁的最低质量流量等因素后，启动系统的设计容量为 25%～30%BMCR。

(2) 启动压力　启动压力指启动前在锅炉水冷壁系统中建立的初始压力。自然循环锅筒锅炉在冷态点火前无压力，点火后工质被加热，产生蒸汽，建立压力，并逐步升压至额定值。直流锅炉为保证水动力稳定性，在点火前就要求建立一定压力，随着压力的提高，能改善或避免水动力不稳定，减轻或消除管间脉动。启动压力越高，汽水比体积差越小，工质膨胀量越小，可以缩小启动分离器的容量。但启动压力越高，启动过程中给水泵的电耗也越大。为了水动力稳定，避免脉动，希望启动压力高，但从减少给水泵电耗考虑又不宜过高。因此，应综合安全性和经济性确定合适的启动压力。

(3) 工质膨胀现象　自然循环锅筒锅炉的过热器、省煤器和蒸发受热面水冷壁间有锅筒作固定的分解。直流锅炉启动过程中工质的加热、蒸发和过热三个区段是逐步形成的。启动初期，分离器前的受热面都起到加热水的作用，水温逐渐升高，而工质相态没有发生变化。锅炉出来的是热水，其体积流量基本等于给水流量。随着燃料量的增加，炉膛温度提高，换热增强，当水冷壁内某点工质温度达到饱和温度时开始产生蒸汽，但在开始蒸发点到水冷壁出口的受热面中的工质仍然是水，由于蒸汽体积比水大很多，引起局部压力升高，将这一段水冷壁管中的水向出口挤出去，使出口工质流量大大超过给水流量。这种现象称为工质膨胀现象。当这段水冷壁中的水被汽水混合物替代后，出口工质流量才回复到和给水流量一致。

出现工质膨胀现象是直流锅炉启动过程中的特殊问题。如果对膨胀过程控制不当，将会引起超压危险。虽然自然循环锅筒锅炉也有类似于“膨胀”的现象，但由于锅筒的作用，膨胀结果只引起水位的升高，故在点火前宜将锅筒维持较低水位。

启动过程中影响工质膨胀量的因素如下：a. 分离器的位置，分离器前受热面越多，膨胀量越大；b. 启动压力，较高的启动压力可减少膨胀量；c. 启动流量，随着启动流量的增加膨胀流出量的绝对值增加；d. 给水温度，给水温度降低，蒸发点后移，膨胀量减弱；e. 燃料投入速度，燃料投入速度越快，膨胀量越大；f. 锅炉形式，螺旋上升型与一次上升型（UP）相比膨胀量大。

因此，在启动分离器的设计中应充分考虑工质膨胀量，使其容量能满足工质的膨胀要求。

(4) 上升管屏启动过程中的工质停滞和倒流　自然循环锅筒锅炉一般只在炉膛四角受热较弱处可能发生停滞和倒流现象。而直流锅炉的垂直管屏在启动过程中，由于工质质量流速低，传热偏差大，管屏中的部分管子的工质流动可能发生停滞、倒流现象，因此在启动过程中必须保持一定的给水流量（一般为额定蒸发量的 30%），四角燃烧器的投入应力要求对称。

(5) 启动过程中的相变过程　变压运行锅炉启动过程中，锅炉压力经历了从低压、高压、超高压到亚临界，再到超临界的过程，工质从水、汽水混合物、饱和蒸汽到过热蒸汽。从启动开始到临界点，工质经过加热、蒸发和过热三个阶段；机组进入超临界范围内运行，工质只经过加热和过热两个阶段，呈单相流体变化。

工质在临界点附近，存在着相变点（最大比热容区），汽水性质发生剧变，比体积和热焓急剧增加，定压比热容达到最大值。

(6) 启动速度　直流锅炉没有锅筒，受热部件厚壁元件少，因此启停过程中元件受热、冷却容易达到均匀，升温和冷却速度加快，大大缩短了启动时间。

(7) 点火前对受热面的清洗　点火前，锅筒锅炉受热面一般不必进行清洗，炉水中含有的杂质可在启动过程中用定期排污的方法去除。对于直流锅炉，由于进入锅炉的给水一次蒸发完毕，其中的杂质或沉积在锅炉管子内壁或被蒸汽带往汽轮机，对锅炉和汽轮机的安全工作构成极大的危害。因此，在点火之前，直流锅炉必须建立一定的流量对受热面进行清洗，直到水质合格后才能点火。

3. 直流锅炉的启动过程

由于超临界机组锅炉启动系统分为带炉水循环泵及不带炉水循环泵两种，启动系统不同，锅炉的启动方式也不尽相同。以上海锅炉厂生产的带有炉水循环泵的 SG-3040/27.46 型锅炉为例，典型冷态启动流程如图 22-2 所示。

(1) 启动前清洗　超（超）临界直流锅炉在首次点火或停炉时间大于 150h 以上时，为了清理受热面和给水管道系统存在的杂物、沉积物和因腐蚀生成的氧化铁等，启动前必须对管道系统和锅炉本体进行冷、热态清洗。

清洗范围包括给水管路、省煤器、水冷壁、汽水分离器、启动系统连接管路等。

启动清洗因流程不同可分为开式清洗和循环清洗两种。开式清洗是清洗水不回收，全部通过贮水箱水位调节阀进入疏水扩容器后经疏水泵排出系统外（一般排至循环水）；循环清洗是把清洗水不排放至系统外，循环应用，达到节水的目的，直至锅炉水质满足点火要求。开式清洗的水质必须满足循环清洗水质的要求才能开始循环清洗。

① 开式清洗流程：凝汽器→低加→除氧器→高加→省煤器→水冷壁→分离器→扩容器→循环水。

② 闭式清洗流程：凝汽器→凝结水精处理→低加→除氧器→高加→省煤器→水冷壁→分离器→扩容器→凝汽器。

超临界直流锅炉启动清洗时，主要监视省煤器入口给水水质及启动分离器连接球体（或贮水箱）出口水质。当热态清洗时，还需控制水冷壁出口水温。

锅炉冷态清洗流程如图 22-3 所示。

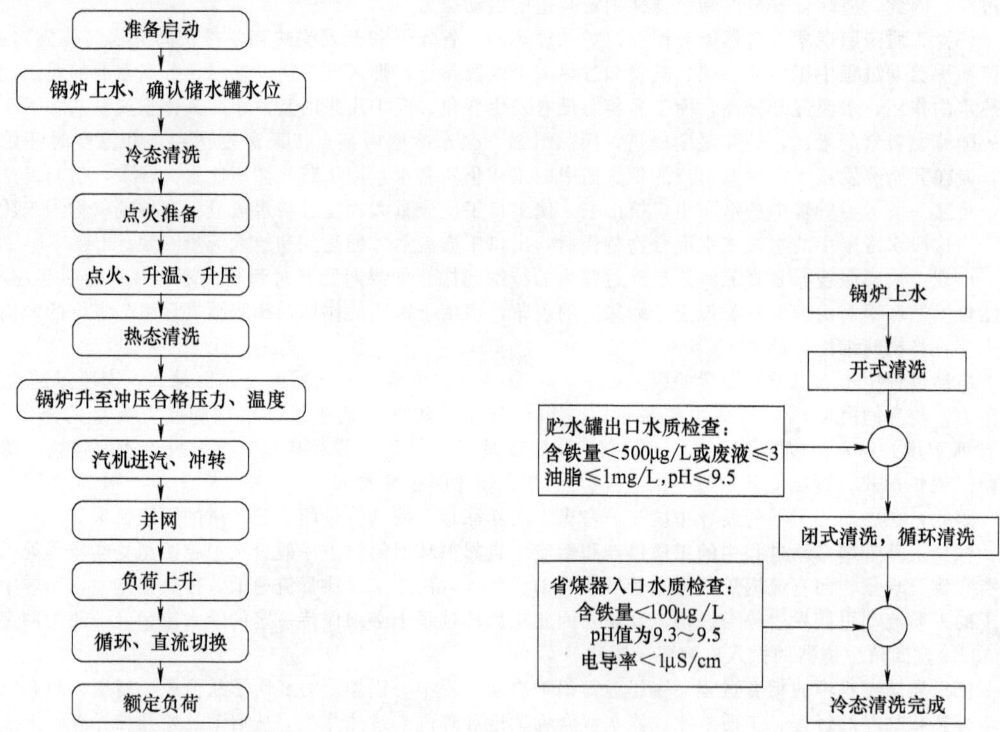

图 22-2 超临界锅炉典型冷态启动流程

图 22-3 锅炉冷态清洗流程

锅炉冷态冲洗前锅炉进水水质应满足：除氧器出口水质的含铁量小于 200μg/L。锅炉冷态清洗时锅炉上水温度推荐为 105～120℃，锅炉给水与锅炉金属温度的温差不许超过 111℃。

当启动分离器出口水质含铁量大于 500μg/L，应进行排放，锅炉进行冷态开式清洗；

当清洗进行到省煤器入口水质含铁量大于 50μg/L，启动分离器出口含铁量小于 500μg/L 时，锅炉开式清洗完成，转为循环清洗方式。

锅炉冷态循环清洗时，开启疏水泵出口至凝汽器管路系统，同时关闭疏水泵出口至循环水管路系统，启动系统清洗水由排往系统外切换至冷凝器回收。推荐清洗流量为 25%～30%BMCR，为了保证清洗效果可变流量清洗。

当锅炉温态、热态和极热态启动时，不需要进行冷态清洗。

(2) 建立启动流量和启动压力 当直流锅炉没有采用辅助循环泵系统时，锅炉启动旁路系统采用大气扩容器式系统；在全负荷范围内水冷壁工质质量流速是靠给水流量来实现。启动时的最低给水量称为启动流量，它由水冷壁安全质量流速来决定的，启动流量一般为 25%～35%BMCR 给水流量。点火前由给水泵建立启动流量。

而对于采用辅助循环泵的启动旁路系统，水冷壁流量仍应满足水冷壁安全质量流速。目前国内超超临界直流炉，如果螺旋管圈水冷壁采用内螺纹管，则水冷壁启动流量一般采用 25%BMCR。如螺旋管圈水冷壁采用光管，则水冷壁启动流量采用 30%BMCR（上海 1000MW 塔式锅炉）。由于采用循环泵系统，因此有一最小给水流量要求，有的采用 5%BMCR，有的采用 7%BMCR。

锅炉启动时水冷壁内压力称为启动压力，过去国产 300MW 直流锅炉（UP 直流锅炉）采用外置式启动分离器，锅炉启动时，水冷壁内压力达到 12～14MPa，启动压力高，可以获得稳定的水动力特性。而现代直流锅炉均采用内置式启动分离器，水冷壁（锅内）“零压”下点火，相当于汽包锅炉启动，点火后压力从零压开始逐步上升，主蒸汽压力也随之上升。因此水冷壁启动压力低，加上螺旋管圈水阻力大，启动时螺旋管圈易产生不稳定流动，使螺旋各管流量不同，各管出口工质状态不同，产生各管出口壁温不同。

(3) 锅炉点火、升温升压　维持启动流量，锅炉可点火。在锅炉点火前，应将引风机和送风机投入，维持炉膛负压。点火前总风量通常为35%额定风量，吹扫炉膛时间不少于5min。在点火初期，过热器和再热器内尚无蒸汽通过，根据钢材允许温度限制这两个受热面前的烟温，同时还需控制管系的升温速度，因此要低燃烧率维持一段时间。

启动分离器内最初无压，随着燃料量的增加，当启动分离器中有蒸汽时，即开始升压。随着继续增加燃料量，分离器内的压力逐渐升高，由启动分离器和高温过热器出口集箱的内外壁温差控制直流锅炉的升压速度。

(4) 热态清洗　锅炉点火后，当水冷壁出口水温达到150～190℃时，由于炉水温度升高，水冷壁内的氧化铁会进一步剥落。使贮水罐出口水中的含铁量升高。因此要再进行清洗，称为热态清洗。

当启动分离器连接球体（或贮水箱）出口水质含铁量大于100μg/L时，进行热态开式清洗。推荐清洗流量为25%～30%BMCR，为了保证清洗效果可变温清洗。

当启动分离器连接球体（或贮水箱）出口水质含铁量小于100μg/L时，进行热态循环清洗。推荐清洗流量为25%～30%BMCR，为了保证清洗效果可变温清洗。

当启动分离器连接球体（或贮水箱）出口水质含铁量小于50μg/L时，热态清洗结束。

(5) 启动中的工质膨胀　锅炉点火后，随着燃烧的进行，工质温度上升，当水冷壁内某位置的工质温度升至相应压力下的饱和温度时，工质开始膨胀。工质膨胀过程中分离器水位升高，疏水量增大。此时必须控制燃料投入速度不宜过快、过大，调节分离器各排放通道的排放量，以防止水冷壁超压和启动分离器水位失控。

进入启动分离器前的受热面出口温度达到其压力下的饱和温度时，膨胀高峰已过，当工质开始过热时膨胀结束。

(6) 汽轮机冲转、暖机带初负荷　调节燃料量，锅炉继续升温升压。当蒸汽温度、压力均达到冲转参数时便可冲转汽轮机，并在规定转速下暖机。

随着汽轮机升速，需要的进汽量增多，转速升高的过程也是汽轮机各部分金属温度升高的过程，所以要保证转速均匀升高。转速升至3000r/min，机组并网，并接带初负荷。

(7) 启动分离器切除　切除启动分离器是直流锅炉启动过程中的一项关键性操作。在机组并网并接带初负荷后，应及时而平稳地切除启动分离器，进入纯直流运行。

(8) 升负荷至额定值　启动分离器切除后，可以使汽轮机调节阀门全开，用锅炉控制升压来升负荷，升压速度控制应按制造厂提供的启动曲线进行。

4. 超临界机组锅炉启动系统

超临界锅炉均为直流炉，直流锅炉与汽包锅炉不同，在锅炉点火前，为减少流动的不稳定和使水冷壁管壁温度低于允许值的情况，直流炉在启动前必须建立一定的启动流量和启动压力，强迫工质流经受热面，使其得到冷却。但是直流锅炉不像汽包炉那样有汽包作为汽水固定的分界点，水在锅炉管中加热、蒸发和过热后直接向汽轮机供汽，而在启停和低负荷运行过程中有可能提供的不是合格蒸汽，是汽水混合物，甚至是水。因此，直流锅炉必须配套一个特有的启动系统，以保证锅炉启停和低负荷运行期间水冷壁的安全和正常供汽。超临界直流锅炉对给水品质有严格的要求，在锅炉点火时，给水品质必须满足要求，因此启动系统另一个作用是在锅炉冷态清洗时为清洗水返回给水系统提供了一个流通通道。

直流炉的启动系统按其分离器在正常运行时是参与系统工作还是解列于系统之外，一般可分为内置式分离器启动系统和外置式分离器启动系统。

(1) 外置式启动分离器系统　外置式启动分离器系统仅在机组启动和停运过程中投入使用，而在机组正常直流运行期间将启动分离器解列，启动分离器独立于系统之外。因此在启动初期，投运分离器，在一定负荷后把分离器切除。

外置式启动分离器设计制造简单，投资成本低，适用于定压运行带基本负荷的机组，其主要缺点是在启动系统解列时过热蒸汽温度波动大，难以控制，对汽轮机运行不利。切除和投运启动分离器时操作比较复杂，难以适应机组快速启动和停止的要求。机组正常运行时，启动分离器处于冷态，在停炉进行到一定阶段投入启动分离器运行的时候，就必然对启动分离器产生较大的热冲击。系统复杂，阀门多，维修工作量大。在欧洲、日本和我国的超临界机组没有使用该类分离器。只在我国原产亚临界300MW直流锅炉使用过外置式启动分离器系统。

(2) 内置式启动分离器系统 内置式启动分离器系统在锅炉启停和正常运行过程中，启动分离器均串联在系统中运行。在锅炉启动和停止的时候，启动分离器起到分离汽水和稳定蒸发点的作用，在锅炉直流运行后，启动分离器串联在系统中，作为水冷壁与过热器之间的连接集箱。

内置式启动分离器设在锅炉蒸发受热面区段与过热蒸汽受热面区段之间，与外置式启动分离器相比较，有以下优点：a. 启动分离器与蒸发段、过热蒸汽受热面之间没有任何阀门，不需要外置式启动分离器所需要的解列或投运操作，从根本上消除了启动分离器解列或投运操作所带来的汽温波动问题；b. 在锅炉启动停止过程中，由于启动分离器一直串联在系统中运行，不会因为启动分离器疏水对分离器产生热冲击；c. 系统简单，操作方便，阀门数量少，减少维护成本。

但启动分离器是全压力运行，对材质要求高，分离器壁厚比较大，需要通过控制升降负荷率来控制启动分离器的热应力。

目前，在世界各国的超超临界锅炉上，内置式启动分离器系统已得到广泛应用。内置式启动分离器系统根据疏水回收系统不同分为简单疏水扩容式启动系统、带疏水热交换器的启动系统和带循环泵的启动系统（并联和串联两种）。当前 1000MW 超超临界锅炉的内置式分离器启动系统通常采用简单疏水扩容式启动系统和带循环泵的启动系统。

① 简单疏水扩容式启动系统 简单疏水扩容式启动系统主要由启动分离器、分离器贮水箱、分离器贮水箱水位控制阀、启动疏水扩容器、启动疏水扩容器凝结水箱、疏水泵等组成，如图 22-4 所示。在机组启动过程中，启动分离器中的疏水经大气式启动疏水扩容器扩容，二次汽排入大气，二次水经过启动疏水扩容器、启动疏水扩容器凝结水箱、疏水泵排至系统外（循环水或机组排水槽）或回收系统内（凝汽器或除氧器）。

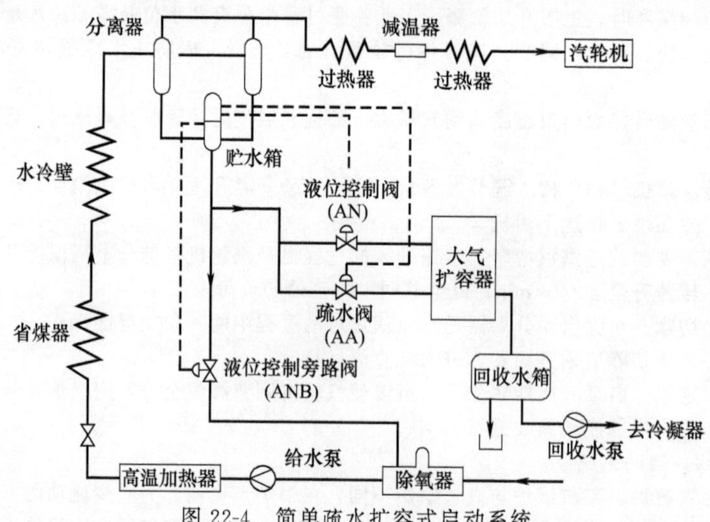

图 22-4 简单疏水扩容式启动系统

在锅炉启动时，分离器水位容器建立水位，此时压力为 0，点火后炉水被加热并逐渐开始蒸发产汽，分离器内开始建立压力，此时汽压通过汽机旁路门开度来维持和控制，水位由分离器排水阀控制。立式内置式分离器（或水位容器）的高度很高，主要是由于满足水位的较大波动和便于控制，因为立式容器横断面积很小，单位长度储水量不大，所以水位波动往往很大，有时波动量达±5m，甚至更大一些，特别是在炉水开始蒸发的阶段，由于水冷壁系统产生汽水膨胀现象，瞬间有大大多于给水流量的水涌往分离器，使其水位产生剧烈波动。分离器水位的控制是依靠其排水系统的阀门来实现的。为便于水位控制，以及将排水通往不同的地方，往往设置 2～3 只口径不同的排水阀门，这些阀门在启动阶段都依照程序自动投入，并根据水位及时调整。当机组启动并网后，并且锅炉已达到最低直流运行工况（根据不同的系统而定）时，调节煤水比，使分离器内的进水量，直至达到全饱和蒸汽状态，水位自动消失，排水阀门全部关闭，分离器处在“干态”下运行，这样便完成了整个启动过程；此后，锅炉负荷不断增加，进入分离器的介质由饱和汽状态开始变为微过热状态，分离器本身仅仅作为一个连接水冷壁和过热器的通道。分离器从有水位（称为湿态）到无水位（称为干态）的转换过程，被称为切除分离器的“切分”过程。

对于简单疏水扩容启动系统而言，在分离器切除之前，除了能回收部分的工质和热量之外，大部分的疏水经大气式扩容器扩容后仅回收部分工质，热量全部浪费掉了。

② 带循环泵的启动系统 在带循环泵的启动系统中启动分离器的疏水经循环泵送入给水管路，根据循环泵在系统中与给水泵的连接方式分为串联和并联两种形式。部分给水经混合器进入循环的称为串联系统，

给水不经循环泵的称为并联系统，示于图 22-5。两种布置形式的比较见表 22-2。

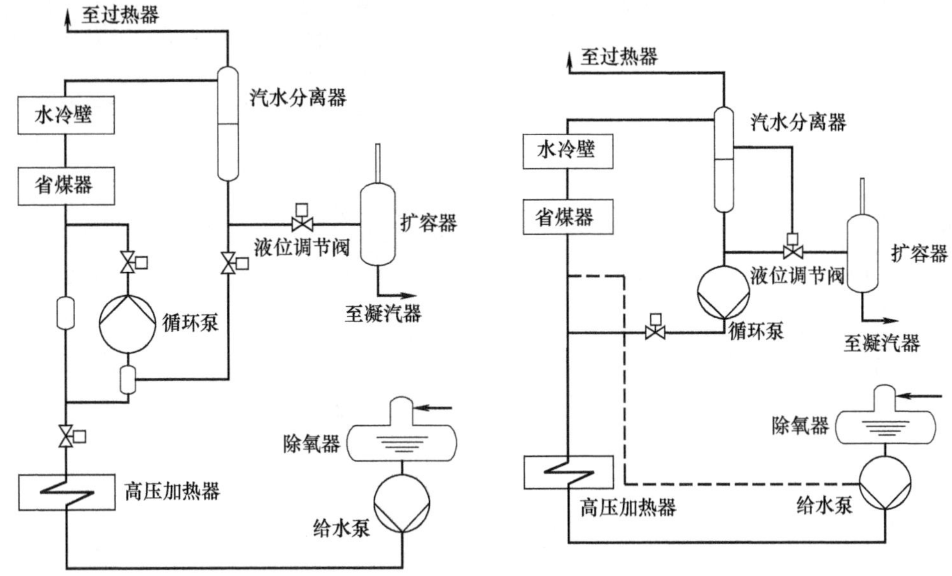

(a) 循环泵与给水泵串联　　(b) 循环泵与给水泵并联

图 22-5　带循环泵的启动系统

表 22-2　串联与并联启动系统的比较

布置形式	循环泵与给水泵串联	循环泵与给水泵并联
优点	(1)循环泵主要运行工质过冷水一旦压力下降，泵进口处不存在汽化的危险性； (2)允许较高的降压速度； (3)循环泵排量只有微小变化	(1)不需要混合器； (2)可以同时预热整个系统； (3)循环泵的故障能够立即用较大的给水流量加以补偿，不需要隔离泵体
缺点	(1)分离器的疏水与给水的混合需要一只特殊的混合器； (2)再循环系统必须同时考虑饱和水的运行(启动给水故障等)； (3)混合器与分离器之间另外进行预热	(1)循环泵充满饱和水，一旦压力降低则存在汽化的危险； (2)只允许较低的降压速度； (3)过冷需要额外注水； (4)循环泵的排量随负荷波动较大； (5)通常需要安装一只再循环控制阀

目前，国内几大锅炉厂引进技术的 1000MW 超超临界锅炉启动系统，主要有带再循环泵的启动系统和不带泵的简单疏水扩容式启动系统在技术上均比较成熟，在国内超超临界机组上都有运行业绩，对两种启动系统的特点加以比较，见表 22-3。

表 22-3　两种内置式启动系统的优缺点

种类	简单疏水扩容式	循环泵式
优点	(1)投资少； (2)系统简单，运行操作方便； (3)容易实现自动控制； (4)维修工作量少	(1)工质和热量回收效果好； (2)对除氧器设计无要求； (3)启动时间短，适合于两班制和周日停机运行方式
缺点	(1)燃料耗量大、热量回收有限； (2)水耗量大； (3)要求除氧器安全阀容量增大	(1)投资大； (2)运行操作复杂； (3)转动部件的运行和维护要求高； (4)循环泵的控制要求高

带疏水热交换器内置式启动系统如图 22-6 所示，它通过热交换器用疏水加热锅炉给水，通过热交换器的疏水排入除氧器水箱，使得热量和工质得以回收。

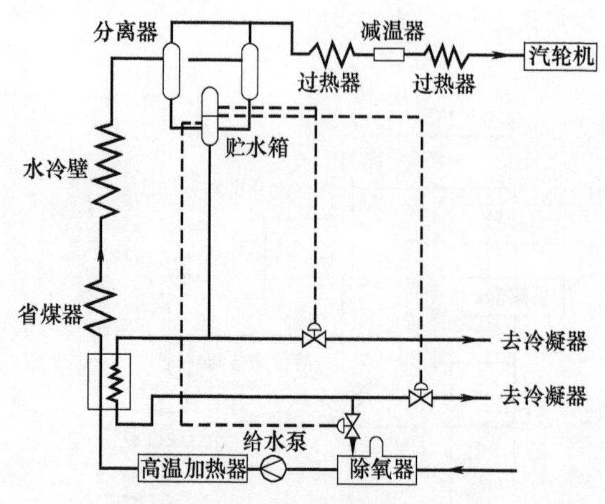

图 22-6 带疏水热换器的启动系统

(3) 哈锅 1000MW 超超临界锅炉启动系统 哈锅 1000MW 超超临界锅炉的启动系统一般为内置式带循环泵，且循环泵与给水泵呈并联布置。两只立式内置式汽水分离器布置于锅炉的后部上方，由后竖井后包墙管上集箱引出的锅炉顶棚包墙系统的全部工质均通过 4 根连接管送入 2 只汽水分离器。在启动阶段，锅炉负荷小于 25%BMCR 的最低直流负荷时，启动系统为湿态运行，分离器起汽水分离作用，分离出的水通过水连通管与一只立式分离器贮水箱相连，而分离出来的蒸汽则送往水平低温过热器的下集箱。分离器贮水箱中的水经疏水管排入锅炉循环泵的入口管道，作为再循环工质与给水混合后流经省煤器——水冷壁系统，进行工质回收。在锅炉启动前的水冲洗阶段、启动期间的汽水膨胀阶段、在渡过汽水膨胀阶段的最低压力运行时期，以及锅炉在产汽量达到 5%BMCR 以前，由贮水箱底部引出的疏水均通过 3 只贮水箱水位调节阀排入锅炉启动疏水扩容器，再流入锅炉启动疏水扩容器凝结水箱，然后根据炉水水质情况决定由启动疏水泵输送至循环水系统或汽机冷凝器系统。锅炉负荷达到 25%BMCR 后，锅炉运行方式由再循环模式转入直流运行模式，启动系统也由湿态转为干态，即分离器内已全部为蒸汽，它只起到一个中间集箱的作用。

为了在启动时加热循环泵和泵的进、出口管道，特别是在热态启动时缩短启动时间，由省煤器出口管道上引出一加热管以加热循环泵和泵的出口管道和去锅炉启动疏水扩容器的疏水管道。因为管道上装设的截止阀是常开式，所以当锅炉转入直流运行，启动系统已解列的情况下仍能有一定量的热水流经启动系统的上述管道，使启动系统处于热备用状态。

为了保持循环泵入口有一定的过冷度，防止产生“汽蚀”，即保证足够的净正吸水压头值，自给水管道上引出一管道与循环泵入口管道相接以达到降温的作用。

哈锅 1000MW 超超临界锅炉启动循环系统由启动分离器、贮水箱、贮水箱水位控制阀、炉水循环泵、启动疏水扩容器、启动疏水扩容器凝结水箱、疏水泵等组成。

哈锅 1000MW 超超临界锅炉的内置式带循环泵的启动系统如图 22-7 所示。

(4) 东锅 1000MW 超超临界锅炉启动系统 东锅 1000MW 超超临界锅炉的启动系统一般为内置式简单疏水扩容式启动系统。

两个启动分离器以锅炉中心线对称布置在炉前，垂直水冷壁混合集箱出口，采用旋风分离形式。经水冷壁加热以后的工质分别由连接管沿切向向下倾斜 15°进入两分离器，分离出的水通过分离器下方的连接管进入贮水箱，蒸汽则由分离器上方的连接管引入顶棚入口集箱。

启动疏水系统采用双系统，一路疏水排往锅炉启动疏水扩容器，一路疏水排往除氧器。当疏水水质不合格时，疏水排在锅炉启动疏水扩容器，再流入锅炉启动疏水扩容器凝结水箱，然后根据炉水水质情况决定由启动疏水泵输送至循环水或汽机冷凝器系统；当疏水水质合格时，为了更好地回收热量，可以有选择地排往除氧器，除氧器接收不了的再排往锅炉启动疏水扩容器。

贮水箱中的水由贮水箱下部的出口连接管引出，经过贮水箱水位控制阀，在锅炉清洗及点火初始阶段被排出系统外或循环到冷凝器中。

为了防止贮水箱水位控制阀受到热冲击，启动系统管路设置了贮水箱水位控制阀的暖阀及暖管管路，该管路从省煤器出口引出热水，经截止阀、针形调节阀后分成两种，一路分成三个支路，每个支路分别接入进疏水扩容器的贮水箱水位控制阀前管道后回流至贮水箱；另一路分成两个支路，每个支路分别接入去除氧器的贮水箱水位控制阀前管道后回流至贮水箱；同时起到了加热贮水箱水位控制阀、贮水箱水位控制阀前电动闸阀和贮水箱水位控制阀进口管道的作用。

为了再回收暖阀的热水、回收热能，并防止锅炉正常运行时贮水箱水位升高，在贮水箱上设置了暖阀水溢流管接口，将暖阀水通过截止阀、隔离阀引出，再分两路经由截止阀、止回阀后引至过热器二级减温水的两个分支管道。

东锅 1000MW 超超临界锅炉启动循环系统由启动分离器、贮水箱、贮水箱水位控制阀、启动疏水扩容器、启动疏水扩容器凝结水箱、疏水泵等组成。

东锅 1000MW 超超临界锅炉的内置式简单疏水扩容式启动系统如图 22-8 所示。

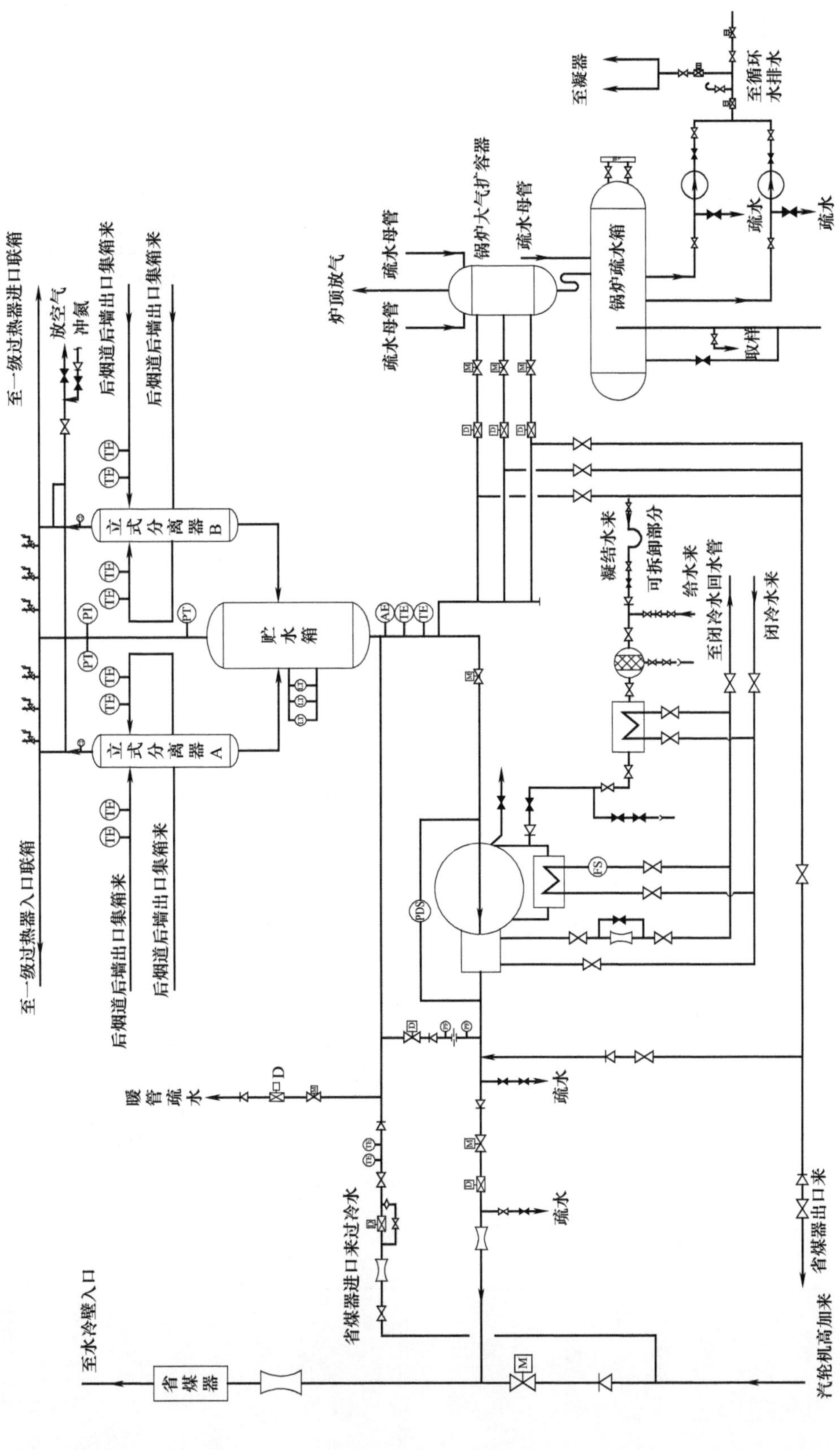

图 22-7　哈锅 1000MW 超超临界锅炉的内置式带循环泵启动系统

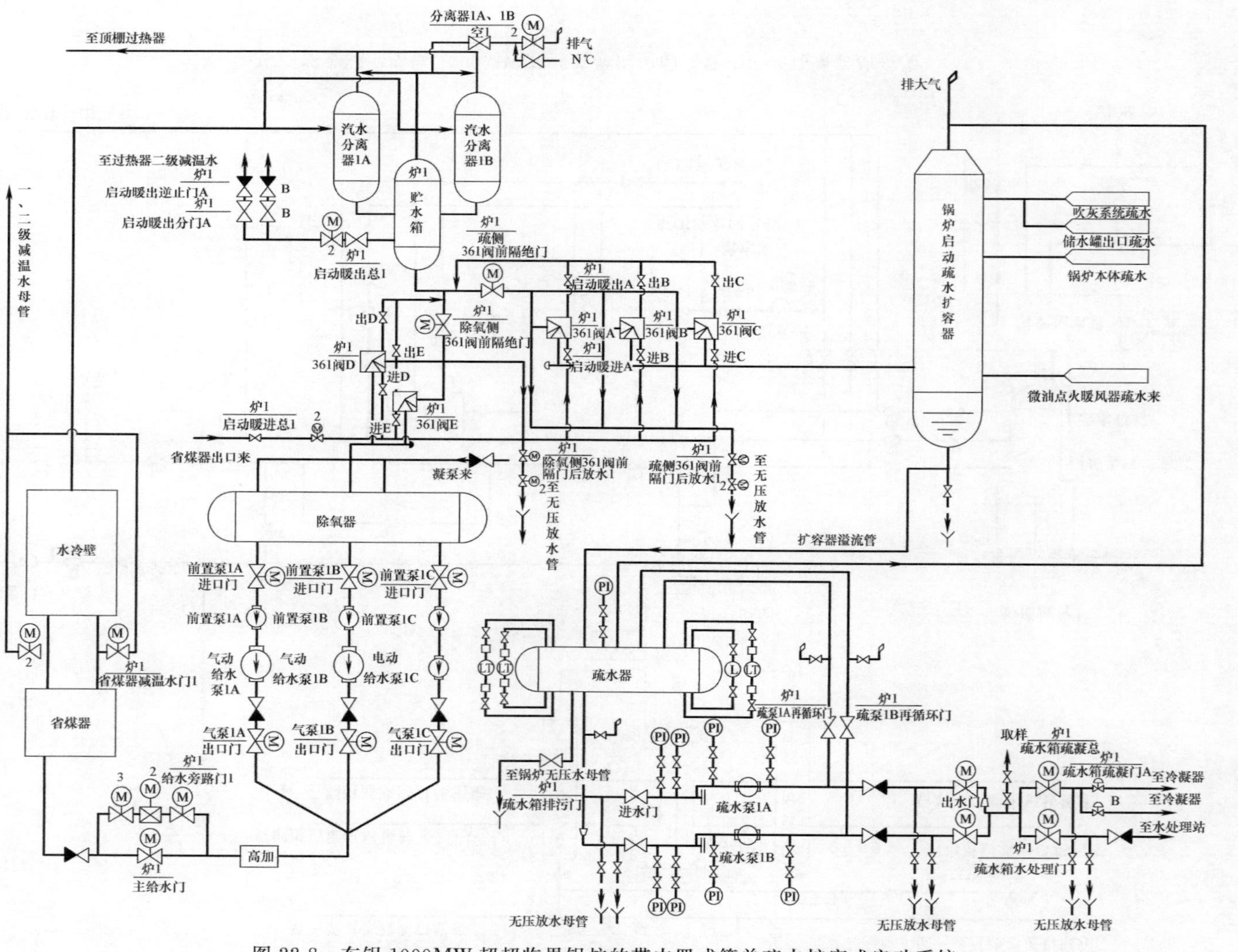

图 22-8 东锅 1000MW 超超临界锅炉的带内置式简单疏水扩容式启动系统

(5) 上锅 1000MW 超超临界锅炉启动系统　上锅 1000MW 超超临界锅炉的启动系统一般为内置式带循环泵，且循环泵与给水泵呈并联布置。

在锅炉的启动及低负荷运行阶段，炉水循环确保了在锅炉达到最低直流负荷之前的炉膛水冷壁的安全性。当锅炉负荷大于最低直流负荷时，一次通过的炉膛水冷壁质量流速能够对水冷壁进行足够的冷却。在炉水循环中，由分离器分离出来的水往下流到锅炉启动循环泵的入口，通过泵提高压力来克服系统的流动阻力和循环泵控制阀的压降。从控制阀出来的水通过省煤器，再进入炉膛水冷壁，在循环中，有部分的水蒸气产生，然后此汽水混合物进入分离器，分离器通过离心作用把汽水混合物进行分离，并把蒸汽导入过热器中，分离出来的水则进入位于分离器下方的贮水箱。贮水箱通过水位控制器来维持一定的贮水量。通常贮水箱布置靠近炉顶，这样可以提供循环泵在任何工况下（包括冷态启动和热态再启动）所需要的净正吸入压头。贮水箱较高的位置同样也提供了在锅炉初始启动阶段汽水膨胀时疏水所需要的静压头。

在启动系统设计中，最低直流负荷的流量是根据炉膛水冷壁足够被冷却所需要的量来确定的。即使当一次通过的蒸汽量小于此数值时，炉膛水冷壁的质量流速也不能低于此数值。炉水再循环提供了锅炉启动和低负荷时所需的最小流量，选用的循环泵能提供锅炉冷态和热态启动时所需的体积流量。在启动过程中，并不需要像简单疏水系统那样往扩容器进行连续的排水。

当机组启动，锅炉负荷低于最低直流负荷 30%BMCR 时，蒸发受热面出口的介质流经分离器前的分配器后进入分离器进行汽水分离，经 6 台汽水分离器出来的疏水汇合到 1 只贮水箱，分离器和贮水箱采用分离布置形式，这样可使汽水分离功能和水位控制功能两者相互分开。疏水在贮水箱之后分成两路：一路至炉水循环再循环系统，通过炉水循环泵提升压头后引至给水管道中，与锅炉给水汇合后进入省煤器；另一路接至大气式启动疏水扩容器，通过凝结水箱连接到冷凝器或机组循环水系统中。当机组冷态、热态清洗时，根据不同的水质情况，可通过疏水扩容系统来分别操作；另外，大气式启动疏水扩容器进口管道上还设置了两个液动调节阀，当机组启动汽水膨胀时，可通过开启该调节阀来控制贮水箱的水位。

锅炉启动旁路系统中，还设有一个热备用管路系统，这个管路在启动旁路系统切除，锅炉进入直流运行后投运，热备用管路可将三部分的垂直管段加热，其中两路为循环泵系统管道，第三路是到大气式启动疏水扩容器的管道，在热备用管路上配有电动控制阀门通到大气式扩容器，以饱和温度的差值高低为控制点，差值低时关闭，差值高时开启。

在锅炉快速降负荷时，为保证循环泵进口不产生汽化，还有一路由给水泵出口引入的冷却水管路。

由于采用并联的再循环系统，当锅炉负荷接近直流负荷时，疏水至循环泵的流量接近零，炉水循环泵需要设置最小流量回路。当循环回路的炉水流经循环泵的流量小于循环泵允许的最小流量时，启用该最小流量回路，该回路上设有流量测量装置。

锅炉启动系统上，还分别设有过热器疏水站和再热器疏水站，可以灵活疏水，保证过热器和再热器的疏水干净。

上锅 1000MW 超超临界锅炉启动循环系统由启动分离器、贮水器、贮水箱水位控制阀、炉水循环泵、启动疏水扩容器、启动疏水扩容器凝结水箱、疏水泵等组成。

上锅 1000MW 超超临界锅炉的内置式带循环启动系统如图 22-9 所示。

从国内几大锅炉厂引进技术来看，目前可提供的超超临界锅炉启动系统主要为两种：一是带泵的再循环启动系统；二是不带泵的大气扩容式启动系统。两种启动系统在技术上均比较成熟且在国内超临界机组上均有运行业绩，其优缺点比较如下。

1）从启动时间上分析。由于带循环泵的启动系统在启动的整个过程中能 100%吸收疏水热量，可有效缩短冷态和温态启动时间，相比于简单疏水扩容式启动系统，在冷态启动时点火至汽机冲转时间可缩短 70～80min，温态启动可缩短 10～20min。该系统更适合于频繁启动、带循环负荷和二班制运行机组。

2）从锅炉热效率上分析。带泵的启动系统与简单疏水扩容式启动系统相比，能够回收更多的热量，同时也可减少工质损失，炉水再循环确保了炉水本身所带的热量基本都回到炉膛水冷壁，在启动的大部分时间内几乎没有什么热损失和工质损失很小；带泵的启动系统与疏水型启动系统在排放水量上有较大区别，后者在锅炉整个启动过程中，从炉膛水冷壁来的水被连续地排放导致了大量的热损失和工质损失，与此相比，带泵的启动系统只需要在锅炉启动的早期汽水膨胀阶段排水到扩容器中，在此时间段，由于排放的水是处于大气压力下的饱和水，所以热损失很小；而且排放水的焓值也较低，不会有工质在扩容器中被蒸发掉。

简单疏水型启动系统是通过给水泵来提供必须的水冷壁最小流量，而带泵的启动系统则是通过循环泵来实现的，对于疏水型的启动过程，所有最小流量的水都在炉膛中被加热，没有蒸发成水蒸气的部分则携带着从炉膛吸收的热量被排到扩容器中，带泵的启动系统由于很小的排放水量，其热损失也很小，其启动过程中

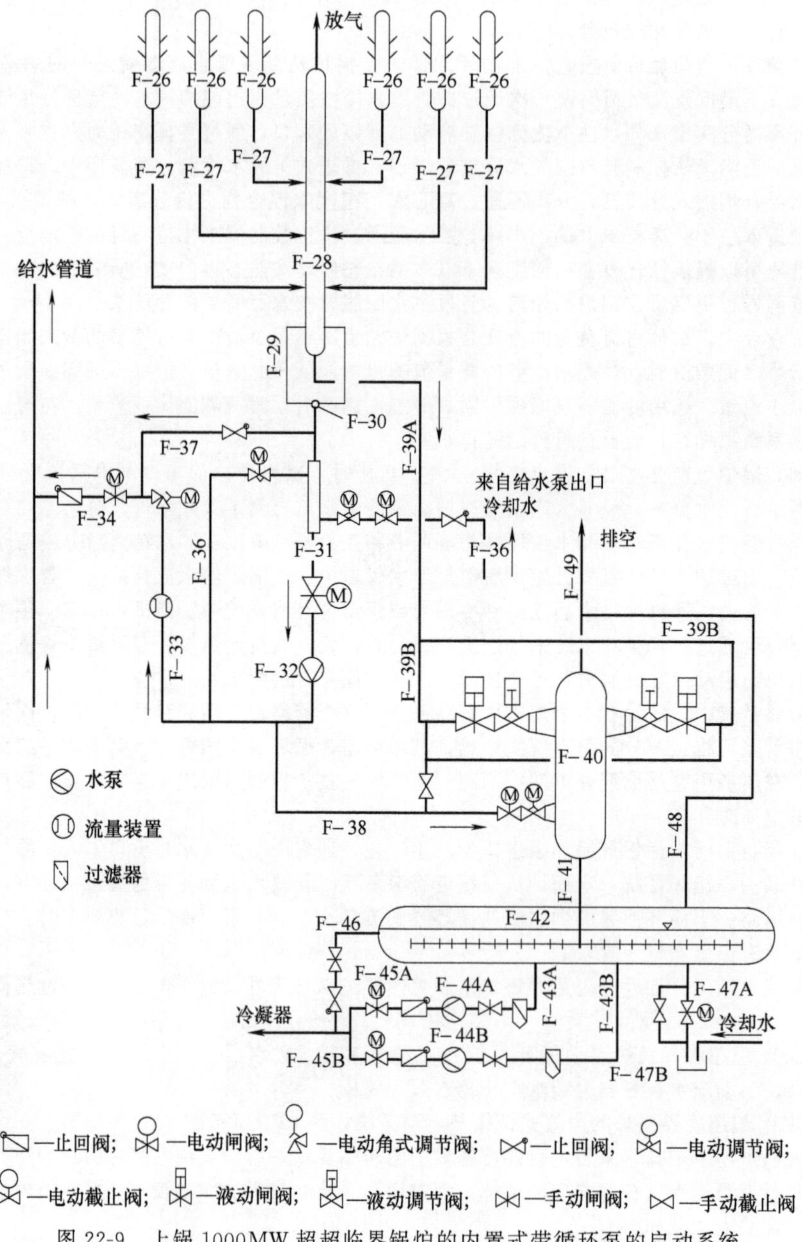

图 22-9 上锅 1000MW 超超临界锅炉的内置式带循环泵的启动系统

总的热损失约为疏水型启动系统的 3%。

对于直流炉在启动过程中热量损失情况，西安交通大学与哈尔滨锅炉厂联合曾在 600MW 带循环泵的启动系统锅炉上，在启动流量为 35% MCR 情况下，通过 OTBSP 程序对锅炉的冷态、热态启动过程进行模拟，获得了汽水膨胀、工质损失、热量损失等启动特性值。分析上述数据可以看出，对 1000MW 等级锅炉，在启动流量为 35%MCR 情况下，冷态启动一次，带泵启动系统要较扩容式启动系统节省投资约 200 多万元，热态启动一次，节省投资约 70 多万元。

3）系统投资　不考虑将来的运行维护费用，仅从系统的初投资考虑，再循环启动系统要高于扩容式启动系统，据几个锅炉厂提供的资料来看，一台 1000MW 等级超超临界锅炉，两个系统差价 500 万～800 万元。

4）系统运行与维护　带泵的再循环启动系统由于系统的复杂随之带来了每年必需的较高的检查维修费用；相对来说，扩容式启动系统则比较简单，且疏水排至冷凝器经化学精处理后送至省煤器，对锅炉水质较为有利，但因为疏水排至冷凝器要带走大量的热量，运行经济性较差。

总之，两种启动系统各有利弊，单从电厂将来的运行模式考虑，如果为启停调峰，即经常运行在锅炉最低负荷（本生点）以下，推荐一般建议采用带泵的再循环启动系统；如果为负荷调峰，即经常运行在锅炉最低负荷（本生点）以上，建议采用不带泵的大气扩容人式启动系统。对于百万机组，锅炉的容量增大，启动流量也增大，如采用大气扩容式启动系统，随之带来的热损失较大，从上面分析可以看出，冷态启动 3～4 次热量损失的费用就完全超过了带泵系统所增加的投资费用，且大量的热损失使得整个机组的启动速度较慢，故从系统的经济性、灵活性及机组的长远利益考虑，优先推荐采用带泵的再循环启动系统。

五、启动过程中的汽、水品质

锅炉启动过程中的汽、水质量标准应符合电力行业标准 DL/T 805.4—2016 和 GB 12145—2016 的规定。

对于锅筒锅炉和 5.9MPa 以上的直流锅炉启动时，给水质量应符合表 22-4 的规定，在机组并网后 8h 内达到正常运行时的标准值。

表 22-4　锅炉启动时给水质量标准

锅炉过热蒸汽压力/MPa	汽包锅炉			直流锅炉
	3.8～5.8	5.9～12.6	>12.6	>5.9
铁/(μg/L)	≤150	≤100	≤75	≤50
二氧化硅/(μg/L)	—	—	≤80	≤30
硬度/(μmol/L)	≤10	≤5.0	≤5.0	≈0
氢电导率(25℃)/(μS/cm)	—	≤1.0	<0.50	≤0.50

正常运行的标准值见 DL/T 805.4—2016 及 GB/T 12145—2016。

锅炉启动后，汽轮机的蒸汽质量应在 8h 内达到正常运行时的标准。

自然循环、强制循环锅筒锅炉或直流炉正常运行时，饱和蒸汽和过热蒸汽质量应符合表 22-5 的规定。

表 22-5　蒸汽质量标准

过热蒸汽压力/MPa	钠/(μg/kg)		氢电导率(25℃)/(μS/cm)		二氧化硅/(μg/kg)		铁/(μg/kg)		铜/(μg/kg)	
	标准值	期望值	标准值	期望值	标准值	期望值	标准值	期望值	标准值	期望值
3.8～5.8	≤15	—	≤0.30	—	≤20	—	≤20	—	≤5	—
5.9～15.6	≤5	≤2	≤0.15①	—	≤15	≤10	≤15	≤10	≤3	≤2
15.7～18.3	≤3	≤2	≤0.15①	≤0.10①	≤15	≤10	≤10	≤5	≤3	≤2
>18.3	≤2	≤1	≤0.10	≤0.08	≤10	≤5	≤5	≤3	≤2	≤1

① 表面式凝汽器、没有凝结水精除盐装置的机组，蒸汽的脱气氢电导率标准值≤0.15μS/cm，期望值≤0.10μS/cm；没有凝结水精除盐装置的直接空冷机组，蒸汽的氢电导率标准值≤0.3μS/cm，期望值≤0.15μS/cm。

对于超临界压力机组，在热启动 2h、冷启动 8h 内给水质量应达到表 22-6 的标准值。

表 22-6　锅炉给水质量

控制项目	标准值和期望值	过热蒸汽压力/MPa					
		汽包炉				直流炉	
		3.8～5.8	5.9～12.6	12.7～15.6	>15.6	5.9～18.3	>18.3
氢电导率(25℃)/(μS/cm)	标准值	—	≤0.30	≤0.30	≤0.15①	≤0.15	≤0.10
	期望值	—	—	—	≤0.10	≤0.10	≤0.08
硬度/(μmol/L)	标准值	≤2.0	—	—	—	—	—

续表

控制项目		标准值和期望值	过热蒸汽压力/MPa					
			汽包炉				直流炉	
			3.8～5.8	5.9～12.6	12.7～15.6	＞15.6	5.9～18.3	＞18.3
溶解氧/(μg/L)	AVT(R)	标准值	≤15	≤7	≤7	≤7	≤7	≤7
	AVT(O)	标准值	≤15	≤10	≤10	≤10	≤10	≤10
铁/(μg/L)		标准值	≤50	≤30	≤20	≤15	≤10	≤5
		期望值	—	—	—	≤10	≤5	≤3
铜/(μg/L)		标准值	≤10	≤5	≤5	≤3	≤3	≤2
		期望值	—	—	—	≤2	≤2	≤1
钠/(μg/L)		标准值	—	—	—	—	≤3	≤2
		期望值	—	—	—	—	≤2	≤1
二氧化硅/(μg/L)		标准值	应保证蒸汽二氧化硅符合表22-5的规定			≤20	≤15	≤10
		期望值				≤10	≤10	≤5
氯离子/(μg/L)		标准值	—	—	—	≤2	≤1	≤1
TOCi/(μg/L)		标准值	—	≤500	≤500	≤200	≤200	≤200

① 没有凝结水精处理除盐装置的水冷机组，给水氢电导率应≤0.30μS/cm。

注：液态排渣炉和燃油的锅炉给水的硬度，铁、铜含量，应符合比其压力高一级锅炉的规定。

六、锅炉启动、停运曲线

锅炉机组在启停过程及变负荷运行时，由于温度分布的不均匀以及内部工作压力的作用，厚壁承压部件将会产生一种交变应力。在交变应力的反复作用下，锅炉厚壁承压部件的应力状态是一种交替变化的应力循环。在这种交变应力的反复作用下，锅炉厚壁承压部件，如锅筒等会产生低周疲劳损伤。对高温（工作温度高于370℃时）承压部件，如过热器三通、联箱等，还会产生蠕变损伤，如果锅炉在启停和变负荷运行过程中，温升速度和蒸汽温度水平控制不当，低周疲劳和蠕变超出界限，就会造成设备、部件的寿命缩短甚至损坏。为此，对于大型锅炉机组，其制造厂家都提供不同工况的启动曲线和重要参数的控制指标，如主蒸汽的升温速度、再热蒸汽的升温速度等，作为用户的参考和依据。制造厂家提供的这些运行资料，对保证设备在其使用寿命内（一般为30年）能安全运行，而不发生不可恢复的破坏是有足够可信度的。

这类曲线是制造厂对所选择的锅炉厚壁承压部件，如锅筒、过热器和再热器出口联箱、汽水分离器等部件，根据一定的计算标准对各种运行工况进行寿命分析，并根据机组未来实际运行的要求，合理分配锅炉在各种运行工况下的寿命损耗而制定的。同时，应在满足机组寿命损耗的前提下，尽可能缩短机组启、停时间，以满足系统负荷变化和机组经济运行的要求。

对于锅炉来说，在饱和区，饱和压力与饱和温度有一一对应关系。同样炉水升温率，低压阶段每上升0.1MPa，饱和温度上升率大；而高压阶段每上升0.1MPa，饱和温度上升率小。因此对锅炉本身而言，低压阶段升压要慢，即升压速度小；高压阶段升压可以快，即升压速度大。对于直流锅炉也是同样的，初期升压速度要慢，即分离器压力上升速度要慢。在分离器压力达到0.2MPa时，关闭分离器上部放气阀，在分离器压力达到0.5MPa前，维持5%BMCR的燃料量，燃料量不增加。当分离器压力达到适当压力(0.8MPa)，分离器疏水可以通过循环泵进到省煤器入口，当过热器有一定流量，而且过热蒸汽有50℃以上过热度，可以逐步增大燃料量。当炉水温度高、锅炉压力亦高时，可以加大燃料量，采用较大的升压速度。

而对于单元机组来说，汽轮机从冲转到并网及初负荷，这阶段汽轮机金属温度变化大，要求锅炉维持压力，温度不变。确保汽轮机部件温差热应力小，热膨胀，热变形符合汽轮机的要求，从30%→100%为滑参数升负荷阶段，按汽轮机热应力计算结果来确定升荷率及相应的升压速度。

对于不同类型的锅炉，应当根据其具体的设备条件，通过启动试验，确定升压各阶段的温升值或升压所需要的时间，由此即可制定出锅炉启动曲线，用以指导锅炉启动时的升压升温操作。

图22-10～图22-13示出DG3000/26.15-Ⅱ1型超超临界直流锅炉冷态、温态、热态和极热态启动曲线。

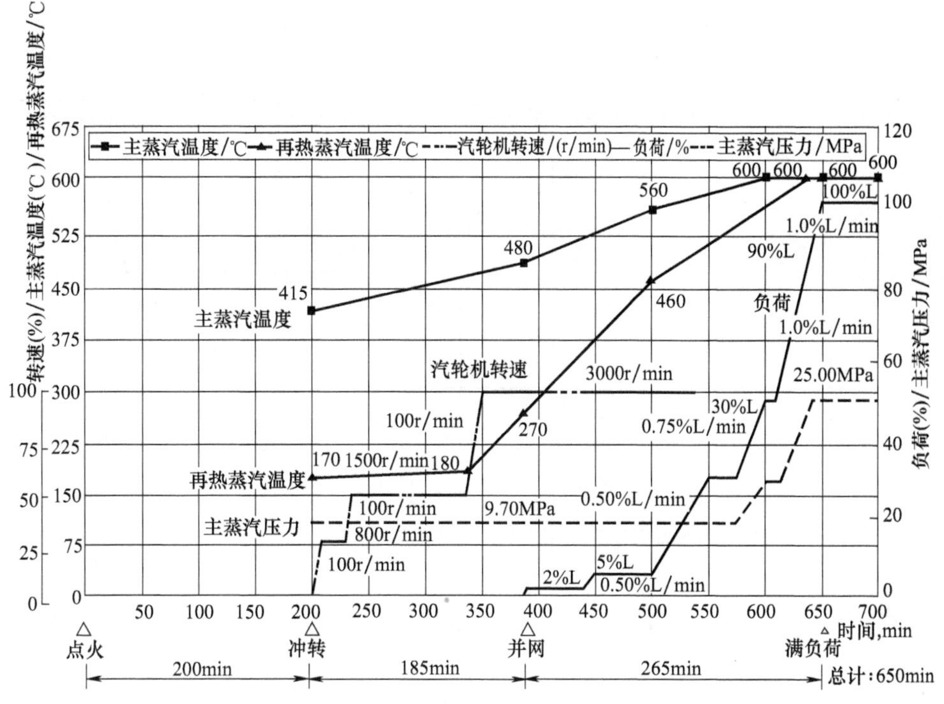

图 22-10　冷态启动曲线（冷态启动：停机 72h）

注：温度值仅为设计值，在此温度值应考虑±20℃偏差。启动时间不含锅炉热态清洗和汽轮机暖缸时间。

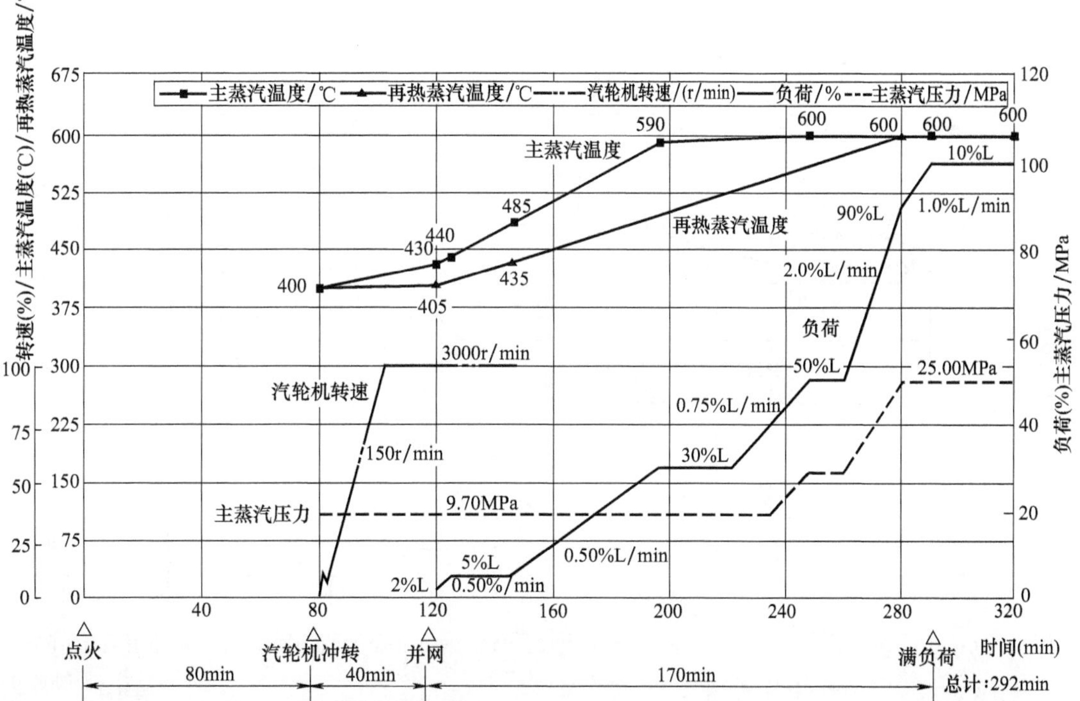

图 22-11　温态启动曲线（温态启动：停机 32h）

注：温度值仅为设计值，在此温度值应考虑±20℃偏差。启动时间不含锅炉热态清洗和汽轮机暖缸时间。

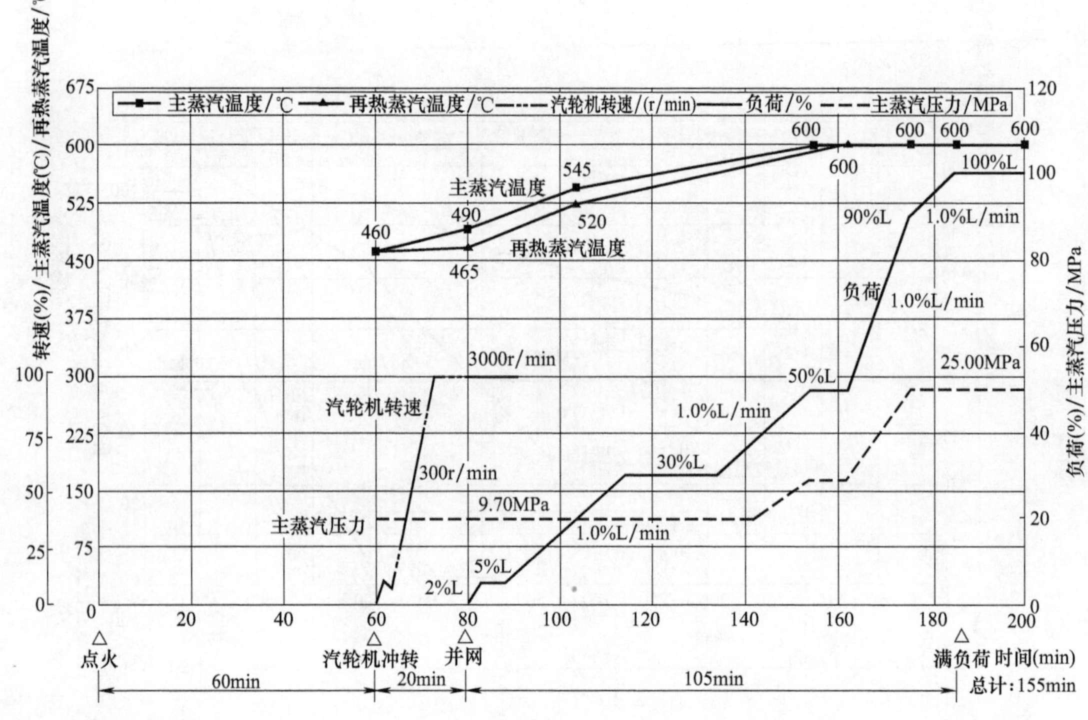

图 22-12　热态启动曲线（热态启动：停机 8h）

注：温度值仅为设计值，在此温度值应考虑±20℃偏差。启动时间不含锅炉热态清洗和汽轮机暖缸时间。

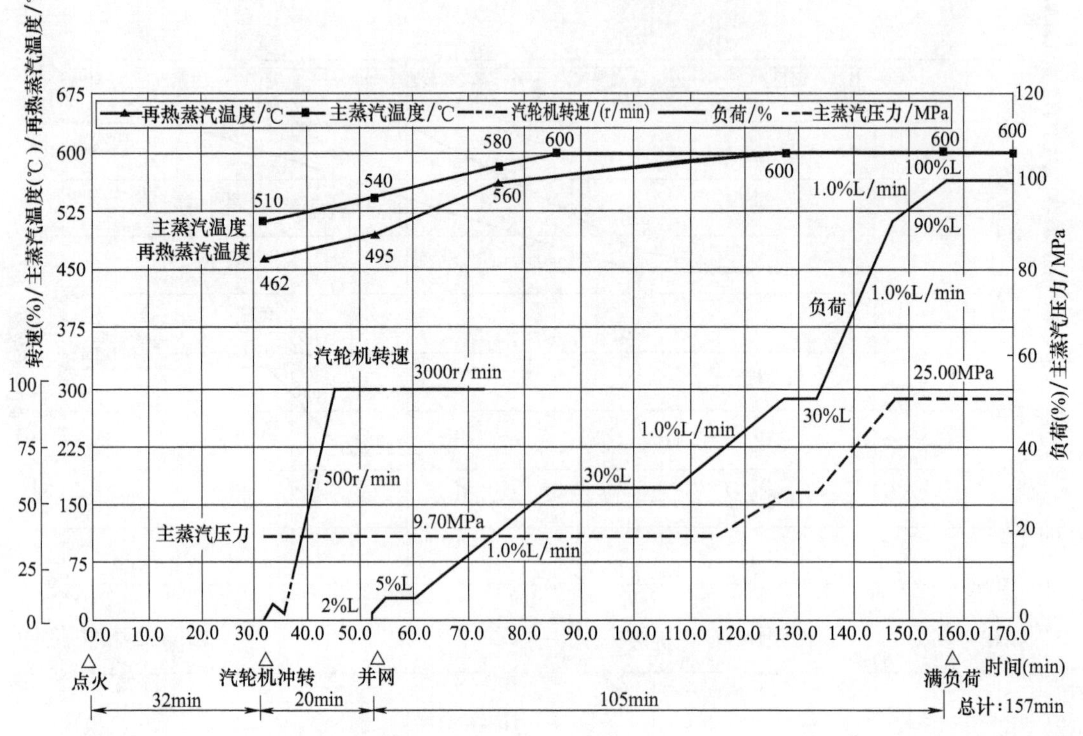

图 22-13　极热态启动曲线（极热态启动：停机 1h 内）

注：温度值仅为设计值，在此温度值应考虑±20℃偏差。启动时间不含锅炉热态清洗和汽轮机暖缸时间。

七、锅炉的停运

锅炉机组的停运（停炉）是指对运行的锅炉切断燃料、停止向外供汽并逐步降压冷却的过程。

锅炉机组的停运分为正常停运和事故停运两种情况。由于外界负荷需求减少，把正常运行的锅炉停下来作为热备用、冷备用或按预定计划的检修停运，都是正常停运。事故停运则是指电网突然故障或设备发生严重缺陷时的被迫停运。

对于母管供汽的中小机组，机炉停运可以同时进行，也可以分开进行；对于大型锅炉汽轮机单元机组，停炉和停机是同时进行的。

1. 锅筒锅炉的正常停运

根据不同的停运目的，在运行操作上锅筒锅炉的正常停运有定参数停运和滑参数停运两种方式。

(1) 定参数停运　这种方式多用于设备、系统的小缺陷修理所需要的短期停运或调峰机组热备用时。此时，应最大限度地保持锅炉蓄热，以缩短再次启动的时间。它的主要特点是：在停运减负荷过程中，基本上维持主蒸汽压力、温度为定值。一方面锅炉逐渐减低燃烧强度，另一方面汽轮机逐渐关小调节汽门减负荷。在减负荷过程中，按运行规程规定进行系统切换和附属设备的停运和旁路系统的投入。锅炉燃料停止输送后，发电机负荷减为零时，发电机解列，打闸停机。

锅筒锅炉定参数停运时，应尽量维持较高的锅炉过热蒸汽压力和温度，减少各种热损失。降负荷速度按汽轮机要求进行。随着锅炉燃烧率的降低，蒸汽温度逐渐下降，但应保持过热蒸汽温度符合制造厂及汽轮机要求，否则应适当降低过热蒸汽压力。

停运后适当开启高低压旁路或过热器出口疏水阀一定时间（约30min），以保证过热器、再热器有适当的冷却。

(2) 滑参数停运　单元机组的计划检修停运，通常采用滑参数停运方式。它的主要特点是，在汽轮机调节汽门全开的情况下，锅炉逐渐减弱燃烧，降低蒸汽压力和温度，汽轮机降负荷。随着蒸汽参数和负荷降低，机组部件得到较快的和较均匀的冷却，缩短了停运后冷却的时间，可提前开工检修。滑参数停运方法如下。

① 通常先将机组负荷减至80%～85%额定值，锅炉调整蒸汽参数到运行允许值下限，汽轮机开大调节汽门，稳定运行一段时间，并进行一些停机准备工作和系统切换，然后再按规定的滑停曲线降温降压降负荷。停运过程中主要问题是防止由于冷却过快和冷却不均匀，使部件产生过大的热应力、热变形和膨胀差。因此在滑停过程中，锅炉必须严格控制蒸汽温度、蒸汽压力的下降速度。在整个滑停的各阶段中，蒸汽温度、压力下降速度是不同的，在高负荷时下降速度较为缓慢，低负荷时可以快些。一般锅炉主蒸汽压力下降速度≤0.05MPa/min，主蒸汽温度下降速率≤1℃/min，再热蒸汽温度下降速率≤2℃/min。主蒸汽和再热蒸汽温度始终具有50℃以上过热度，以防止蒸汽带水。

② 随锅炉负荷降低，及时调整送、吸风量，保证一、二、三次风的协调配合，保持燃烧稳定。根据负荷及燃烧情况，退出有关自动控制系统或重新设定。适时投油，稳定燃烧。

③ 配中间贮仓式制粉系统的锅炉，应根据煤仓煤位和粉仓粉位情况，适时停用部分磨煤机。根据负荷情况，停用部分给粉机。停用磨煤机前，应将系统内煤粉抽吸干净。停用给粉机后，将一次风系统吹扫干净，然后停用排粉机或一次风机。

配直吹式制粉系统的锅炉，根据负荷需要，适时停用部分制粉系统，并吹扫干净。

停用后的燃烧器，应将相应的二次风门关闭。

④ 根据蒸汽温度情况，及时调整或解列减温器。汽轮机停机后，再热器无蒸汽通过时，控制炉膛出口烟温≤540℃。

⑤ 锅炉蒸汽压力、蒸汽温度降至停机参数，电负荷降至汽轮机允许的最低负荷时，锅炉切除全部燃料、熄火。停用后的油枪应吹扫干净，但不得向无火的炉膛内吹扫。

⑥ 锅炉熄火后，维持正常的炉膛负压及30%以上额定负荷的风量，进行炉膛通风吹扫5～10min。

⑦ 控制循环锅炉应至少保留1台炉水循环泵运行。

⑧ 在整个滑参数停炉过程中，严格监视锅筒壁温，任意两点间的温差不允许超过制造厂家的规定值；严格监视锅筒水位，及时调整，确保水位正常。

⑨ 停炉过程中，按规定记录各部膨胀值。

⑩ 冬季停炉，作好防冻措施。

2. 直流锅炉的正常停运

直流锅炉与锅筒锅炉一样，在正常停运时应根据制造厂家提供的停炉曲线要求，进行参数控制和相应操作，并在实践过程中对原曲线进行修正和完善。

(1) 投启动分离器的正常停运

① 直流锅炉投启动分离器的正常停运按如下程序：定压降负荷至规定值，过热器降压及投入启动分离器，发电机解列和汽轮机停机，锅炉熄火。

② 整个停运过程中，燃烧调整以及对制粉系统的要求与锅筒锅炉相同。降温、降压速度控制在规定范围内。

③ 定压降负荷过程中，维持过热器压力不变。通过逐步减少燃料量与给水流量以及关小汽轮机调速汽门进行降负荷。根据包覆过热器出口工质温度调整燃料与给水比例，辅以减温水，保证蒸汽温度满足汽轮机要求。

④ 降负荷过程中，给水流量必须保证大于或等于启动流量的最低限度，直至锅炉熄火，以确保水动力工况的稳定。

⑤ 过热器降压为投入启动分离器做准备，此阶段仍处于直流运行方式，必须保持合理的燃料与给水的比例，各项操作协调配合，以免造成蒸汽温度、蒸汽压力、给水流量的较大波动。当启动分离器达到投入条件，且低温过热器出口蒸汽温度、过热蒸汽压力符合要求时，投入启动分离器运行。

⑥ 启动分离器投入后，保持其压力、水位正常，包覆过热器的出口压力在规定值。继续减弱燃烧，机组负荷降至最低允许值时，发电机解列，汽轮机停机，锅炉熄火。

锅炉停炉后，还应解除启动旁路，停止向锅炉进水，并进行其他相应操作。如果需要对锅炉本体冷却时，则可减少给水流量至规定值，进行锅炉循环冷却，降温速度应符合要求。当工质温度降至需要值时，停止进水循环，停用启动分离器。

(2) 不投启动分离器的正常停运 当直流锅炉不具备投启动分离器时，采用不投启动分离器的停炉方式。此时按正常减负荷操作减少燃料量、风量、给水量，定压将机组负荷减至规定值后，开启高、低压旁路，使机组负荷降至最低允许值。手动操作“事故停炉”或“事故停机”开关，使锅炉灭火、汽轮机停机、发电机解列、给水泵停运。调整高、低压旁路或向空排汽门，防止过热蒸汽压力超限，并以规定的速度降低过热蒸汽压力。当过热蒸汽压力降至规定值时，关闭高、低压旁路，关闭向空排汽阀、低温过热器出口阀以及低温过热器的调节阀。

不投启动分离器正常停运的其他操作与投启动分离器正常停运相同。

3. 锅炉的事故停运

无论由于锅炉机组内部或外部的原因而发生事故时，若不停止锅炉的运行，会造成设备的损坏或危及运行人员的安全而必须停止锅炉的运行，此时的停运称为事故停运。按事故的严重程度，事故停运又有紧急停炉和故障停炉之分。

(1) 紧急停炉 遇有下列情况之一时，应紧急停炉：a. 锅炉具备跳闸条件而保持拒动时；b. 锅炉严重满水或严重缺水，锅筒水位超过制造厂家规定时；c. 锅炉所有水位表计损坏时；d. 直流锅炉所有给水流量表损坏，造成主蒸汽温度不正常，或主蒸汽温度正常但半小时内给水流量表未恢复时；e. 主给水管道、过热蒸汽管道或再热蒸汽管道发生爆破时；f. 炉管爆破，威胁人身或设备安全时；g. 直流锅炉给水中断时，或给水流量在一定时间小于规定值时；h. 锅炉压力升高到安全阀动作压力而安全阀拒动，同时向空排汽阀无法打开时；i. 所有的吸风机（或送风机）或回转式空气预热器停止时；j. 锅炉灭火时；k. 炉膛、烟道内发生爆燃使主要设备损坏时或尾部烟道发生二次燃烧时；l. 锅炉房内发生火灾，直接威胁锅炉的安全运行时；m. 直流锅炉安全阀动作后不回座，压力下降或各段工质温度变化到不允许运行时；n. 热控仪表电源中断，无法监视、调整主要运行参数时；o. 再热蒸汽中断时（制造厂有规定者除外）；p. 炉水循环泵全停或出入口差压低于规定值时。

紧急停炉时，应将自动操作切换至手动操作；立即停止向锅炉供给所有燃料，锅炉熄火；保持锅筒水位（水冷壁爆管不能维持正常水位除外）、关闭减温水阀、开启省煤器的再循环门（省煤器爆管除外），直流锅炉应停止向锅炉进水；维持额定风量的30%，保持炉膛负压正常，进行通风吹扫；如果吸风机（送风机）故障跳闸时，应在消除故障后启动吸风机（送风机）通风吹扫，燃煤锅炉通风时间≥5min，燃油或燃气锅炉≥10min；如因尾部烟道二次燃烧停炉时，禁止通风；如炉管爆破停炉时，只保留1台吸风机运行。

(2) 故障停炉 遇有下列情况之一时，应请示故障停炉：a. 锅炉承压部件泄漏，运行中无法消除时；b. 锅炉给水、炉水、蒸汽品质严重恶化，经处理无效时；c. 受热面金属壁温严重超温，经调整无法恢复正常时；d. 锅炉严重结渣或严重堵灰，难以维持正常运行时；e. 锅炉安全阀有缺陷，不能正常动作时；f. 锅炉锅筒水位远方指示器全部损坏，短时间内又无法恢复时。

锅炉故障停炉采用逐步减负荷直至炉膛熄火，其步骤与正常停炉相同，但停炉速度要快些。

4. 停炉后的保养

(1) 防腐蚀　锅炉停运后，若不采取保养措施，溶解在水中的氧以及外界漏入汽水系统的空气中所含的氧和二氧化碳都会对金属产生腐蚀（主要是氧化腐蚀）；并且停炉期间所产生的腐蚀产物，在以后的运行中会成为整个受热面加剧腐蚀的因素。因此，防止锅炉汽水系统的停用腐蚀，对锅炉设备的安全运行和减少寿命损耗有重要意义。

为减轻锅炉的腐蚀，采用的基本原则是：不让空气进入锅炉汽水系统；保持停用锅炉汽水系统金属表面干燥；在金属表面形成具有防腐蚀作用的薄膜，以隔绝空气；使金属表面浸泡在含有除氧剂或其他保护剂的水溶液中。

锅炉停用期间采用何种保养方法，应根据设备及实际情况而定，但不宜使用对人体和环境有害的保养方法。锅炉常用的防腐蚀保养方法有气相缓蚀剂法、氨-联胺法（干湿联合法）、热炉放水余热烘干法等。

1）压力防腐法　停炉后，维持锅筒压力＞0.3MPa，以此防止空气进入锅炉，达到防腐目的。当锅筒压力降至0.3MPa时，点火升压或投入水冷壁下联箱蒸汽加热。在整个保护期间应保证炉水品质合格。控制循环锅炉应保持一台炉水循环泵运行。该法一般用于短时间停炉热备用的锅炉。

2）余热烘干法

① 自然循环锅炉正常停运后，待锅筒压力降至0.8～0.5MPa时，开启放水阀进行全面快速放水。压力降至0.2～0.15MPa时，全开空气门、向空排汽阀、疏水阀，对锅炉进行余热烘干。

② 直流锅炉采用此法应在卸压后进行，当锅炉本体要进行检修或不具备其他保养条件时使用此法。

3）真空干燥法　真空干燥是锅炉采用热炉放水、余热干燥后，再利用汽轮机的真空系统对锅炉受热面抽真空，使其中残余的水分进一步蒸发和抽干，以达到防止金属腐蚀的目的。

4）充氮或充气相缓蚀剂法　该法是向锅炉内充入氮气或气相缓蚀剂（如碳酸铵），将氧从锅炉受热面管中驱赶出来，使金属表面保持干燥并与空气隔绝，以此防止金属腐蚀。充氮防腐时，氮气压力一般保持表压力为0.020～0.049MPa，氮气纯度＞99.9％。锅炉充氮或充气相缓蚀剂期间，应经常监视压力的变化、定期取样分析，并及时补充。该法多用于锅炉的长期防腐。

采用带压放水余热烘干法、真空干燥法时，烘干过程中，禁止启动吸、送风机进行通风冷却。

5）碱液养护法　一定浓度的碱性溶液具有防腐作用，碱溶液可用 NaOH、磷酸盐和水按一定比例配制，配制后的碱液用耐蚀泵注入锅炉，锅炉点火2～3h，以便使受热面外壁干燥并使碱液均匀分布于锅内，锅炉熄火后用特设的泵保持锅内压力为0.15～0.4MPa，以防止空气漏入。用碱液养护时，当锅炉再启动时要将碱液冲洗尽。

6）联胺法　该法多用于长期备用的锅炉。这种方法是利用联胺（N_2H_4）的强还原性，可和水中的氧或氧化物化合生成不具腐蚀性的化合物，从而达到防腐目的。联胺要用专门的设备配制并注入锅炉，注入后锅炉压力（表压）保持1.5～2.0MPa，保养期间应经常取锅水样化验，当浓度下降为100mg/L（正常值为300mg/L）时，应补加 N_2H_4，pH 值如低于10，则应补加氨水。联胺本身为有毒物质，操作时应特别小心。锅炉再启动时应冲尽。

超临界锅炉停炉后保养方法分为干态保养和湿态保养。干态保养是将锅炉本体内的水汽全部放空并进行干燥；湿态保养是对锅炉本体不放水并加药保养。

(2) 锅炉停炉后的保护规定及方式　包括：a. 锅炉停用时间少于2d，不采取任何保护方法；b. 锅炉停用时间在3～5d内，对省煤器、水冷壁和汽水分离器采取加药湿态保养，对过热器部分采取干燥保护；c. 锅炉停时间大于5d以上，锅炉的省煤器、水冷壁、过热器、再热器等采取热炉放水、余热烘干、充气加缓蚀剂保护。

(3) 停炉保护操作步骤　包括：a. 锅炉熄火后，当汽水分离器压力下降至1.0MPa、分离器入口水温达到200℃左右时，停送、吸风机，关闭送、吸风机挡板，封闭炉膛；b. 关闭高压旁路和低压旁路；c. 迅速开启水冷壁、省煤器进口联箱放水门，带压将水排空；d. 迅速开启水冷壁、省煤器、过热器、再热器的排空气门排除系统内的水蒸气，待系统压力跌至0MPa后开启高压旁路，低压旁路抽真空，将剩余湿汽排尽；e. 保持上述工况，根据相应程序开启送、吸风机挡板，投送、吸风机冷却；f. 待水冷壁温度下降后，从省煤器、水冷壁进口联箱疏水阀处通入加有气相缓蚀剂的压缩空气进行辅助保养。

(4) 冬季停炉后的防冻措施　包括：a. 冬季应将锅炉各部分的加热系统、各辅机油箱加热装置、各处取暖装置投入运行；b. 冬季停炉时，应尽可能采用热炉放水干式保养；c. 锅炉停运后，备用设备的冷却水应保持畅通或将水放净，以防管道冻结；d. 锅炉停运后，各人孔、检查孔及所有风门挡板应关闭严密；e. 热工仪表导管放水；f. 加强室内取暖，设备系统保温应完好，发现缺陷及时消除。

第二节 锅炉机组的运行调整

一、锅炉运行调整的主要任务

锅炉机组的运行，必须与外界负荷相适应。由于其被调参数及扰动因素很多，锅炉运行就成为一个多种参数相互影响的复杂动态变化过程。为保证锅炉机组的安全经济运行，必须对其进行相应的控制和调整才能实现锅炉机组相对稳定地运行。否则，锅炉的运行参数就不能保持在规定的范围内变化，严重时会危及锅炉机组，甚至电厂的安全。锅炉运行调整的主要任务如下：a. 保持锅炉蒸发量满足机组负荷需要，且不得超过最大蒸发量；b. 保持蒸汽参数和汽水品质在规定范围内；c. 稳定给水，保持锅筒正常水位；d. 及时进行正确的调整操作，保持燃烧稳定、良好，减少热损失，提高锅炉效率；e. 降低污染物的排放。

为了达到上述要求，对运行的锅炉一般应进行燃烧调整、蒸汽压力调整、蒸汽温度调整、锅筒锅炉的水位调整等。对大容量锅炉机组，锅炉运行的监视和调整应充分利用计算机控制、程序控制及自动调节装置，提高运行工况的稳定性和调节质量。

二、燃烧调整

所谓燃烧调整是指通过各种调节手段，保证送入锅炉炉膛内的燃料及时、完全、稳定和连续地燃烧，并在满足机组负荷需要前提下使燃烧工况最佳，锅炉燃烧工况的优劣对锅炉设备及整个电厂运行的经济性、安全性以及大气环境保护都有很大影响。现代大型燃煤机组，锅炉效率每提高 1%，将使电厂的发电标准煤耗下降 3～4g/(kW・h)。锅炉燃烧调整是否得当是决定锅炉效率很重要的因素。

炉内燃烧过程是否稳定，直接关系到整个单元机组运行的可靠性。如燃烧过程不稳，将引起蒸汽参数的波动，这不仅影响负荷的稳定性，还会对锅炉本身、蒸汽管道和汽轮机带来冲击；如果炉膛灭火，后果就更严重；如果炉膛温度过高或火焰偏斜引起水冷壁、炉膛出口受热面结渣，还有可能增大水平烟道受热面左右烟温偏差而造成热偏差，产生局部管壁超温爆管。所以，燃烧调节稳定与否是确保单元机组安全可靠运行的重要条件。

在正常燃烧工况下，燃烧调整是指燃料量、风量和负压的调节。

1. 燃烧量的调节

即入炉风量和煤量的调节。在燃用煤种和燃烧装置为既定的条件下，正常的燃烧工况通过恰当的配风和煤粉细度来维持。炉内的燃烧工况可通过诸如温度、氧浓度等的测量值作出判断。但由于在煤粉炉内煤粉在炉内停留时间很短，燃烧过程进行迅速、测量表计的时滞，因此燃烧工况很难单纯通过仪表做出及时地反映和判断。何况诸如火焰偏斜、冲墙、受热面结渣之类的现象更难通过表计做出测定。迄今，对炉内燃烧工况还是通过运行人员所积累经验来观察炉内火焰情况，做出判断并进行及时处理。

燃烧量的调节通过改变入炉煤粉量和风量来进行。在大容量机组中，需要通过给煤机、磨煤机、燃烧器的投运层数、各风烟道的挡板开度以及送、引风机的调节和协同配合来完成。在低负荷条件下，还需要稳燃油枪的配合。投运燃烧器的配置方式还需计及过热器、再热器的出口蒸汽的温度。在入炉风量中还需计入一、二次风以及燃尽风间的合理匹配，这就影响到着火的稳定以及着火后的混合；对于旋流燃烧器来说特别重要，因为火焰是以燃烧器为单位的，不像切圆燃烧那样，各燃烧器出口射流之间还有相互引燃、混合的作用。在储仓式制粉系统中入炉煤粉量的改变，通过给粉机的调节来完成的，其调节所涉及的范围和时滞相对小些。燃烧量的调节过程是制粉系统和炉内燃烧工况相对不稳定的过程，磨煤机出口煤粉空气混合物浓度及气流温度容易发生波动，需及时调节一次风温和风量，以保证磨煤出力和磨煤机出口温度。一次风量的改变也影响到磨煤机出口的煤粉细度，在调节幅度较大时，还应该对分离器的折向门挡板角度做出相应的调整，以维持合适的煤粉细度。燃烧量的调节，同样影响燃烧器出口的着火稳定性、炉内的燃烧工况、炉膛出口烟温和结渣和积灰情况。

燃烧过程的稳定性，要求燃烧器出口处的粉量与风量改变同时发生，使风煤比可以稳定，并使着火与燃烧工况可以稳定。过大的时间差和过大的变化幅度，容易使着火与燃烧工况产生过大的变化幅度，容易使着火与燃烧工况产生不稳定，甚至严重时会产生熄火。因此掌握从对给煤量开始调节到燃烧器煤粉量产生改变的时滞是重要的；掌握从送风机的风量开始调节到燃烧器风量改变的时滞，同样是重要的。燃烧器出口风煤量的同时变化，可根据这一时滞时间差操作达到解决。一般情况下，制粉系统的时滞总是远大于风系统的，所以要求制粉系统的响应迅速，此外系统有一定负荷响应速度，超越这一速度的过大调节是不适宜的。

2. 风量调节

风量调节是燃烧调节的组成部分，入炉风量与入炉煤量共同维持炉内燃烧过程的风煤比。前者影响或决定炉内燃烧过程所处的氧浓度条件和温度条件，决定炉膛出口的过量空气系数与温度。入炉风量或过量空气系数，除对燃烧工况以及 q_2、q_3、q_4 和锅炉效率产生影响外，还将对过热器、再热器的工作和出口蒸汽的温度产生影响。

风量的调节是锅炉运行中一个重要的调节项目，它是稳定燃烧、完全燃烧的重要因素之一。当锅炉负荷发生变化时，随着燃料量的改变，必须同时对送风量进行相应的调节。

送风量的调节，在大容量锅炉中，都采用改变轴流送风机的动叶安装角大小来调节炉内送风量。当锅炉负荷增加或减小时，若风机运行工作点在稳定区域内，在出力允许的情况下，一般只需要通过调节送风机动叶的安装角大小来调节送风量。但风机严禁在喘振区工作，喘振报警时应立即关小动叶降低负荷运行，直至喘振消失为止。

3. 炉膛负压调节

一般来说，锅炉都采用平衡通风方式，炉膛与烟道是处于负压状态。炉膛负压应维持在烟气不外逸的前提下，其值小些好，一般保持在（-100 ± 50）Pa。运行中即使送、引风量保持不变（平衡），但由于燃烧工况总会有少量的变动，故炉膛负压也总是脉动的。炉膛负压指示应该是略有波动的，但如有强烈的波动，则意味着炉内的燃烧工况失去稳定，应迅速分析情况，防止炉内熄火等情况发生。

炉膛负压通过引风机的入口导叶开度（离心风机）来调节，当锅炉负荷增减，入炉风煤量变化时，若引风量未能及时跟上，炉膛负压将发生变化。因此，炉膛负压的调节，实际上就是对引风量的调节。为避免炉膛正压，送、引风量的调整应该是同期的，在负荷增大时，引风量调节应略有超前；负荷减小时，略有滞后。

4. 负荷变化时的燃烧调整

为适应负荷的变化，需要调整燃料量。对于直吹式制粉系统，在负荷变化不大时，则采用同步改变各给煤机的转速来改变燃烧器的煤粉量。当锅炉负荷变化大时，则采用启停磨煤机，即改变投停燃烧器层数的方法来改变燃料量。

锅炉负荷变化时，在调整燃料量的同时，应调整送、引风量，保持蒸汽压力、蒸汽温度的稳定。增加负荷时，应先增加引风量，及时增加送风量，随之再增加煤量；减小负荷时，应先减给煤量，随之减少送风量，并减少引风量，维持炉膛负压。随锅炉负荷的增减应及时调整送风量，以保持炉内合适的过量空气系数（即维持省煤器出口氧量值为规定值），达到经济燃烧的目的。并保持炉膛负压来控制引风机的运行工况，炉膛负压的设定值可在操作键盘上手动设定。

5. 燃烧器运行方式

燃烧器工况的好坏，不仅受到配风工况的影响，而且与炉膛热负荷及燃料在炉内分布有关，即与燃烧器的运行方式（燃烧器的负荷分配、投停方式）有关。

为了保持正确的火焰中心位置和避免发生火焰偏斜等现象，一般应力求使各火嘴承担的负荷均匀对称，即将燃烧器四角的煤粉分配要均匀，风粉配合要适当。对于直吹式制粉系统，它的四角煤粉调平手段主要依靠磨煤机出口的一次风管上节流孔板。由于节流孔板在运行一段时间后，易被煤粉磨损，使孔板特性发生变化，也即改变管路的阻力特性，引起四角煤粉分配的不均匀性，由此产生四角风粉配合的不均匀性，这一点在运行中特别要注意。如果节流孔板特性对四角煤粉调平产生问题的话，应及时更换节流孔板，以免影响锅炉正常的燃烧工况。

对于四角布置的直流燃烧器，改变四角布置的燃烧器的上下排煤粉喷嘴和辅助风量，也是调整火焰中心，改善气粉混合物和增加燃烧效果的常用措施。当然应充分利用煤粉燃烧器倾角可调的特点，一般在保证正常蒸汽温度条件下，可保持燃烧器倾角稍有下倾，以减少炉膛出口温度，避免炉膛出口受热面结渣，并提高燃烧经济性。但下倾时应注意避免冷灰斗结渣。

低负荷时要少投燃烧器，采用较高的给煤机转速，保持较高的燃烧器出口的煤粉浓度。因为在低负荷运行时，炉膛热负荷低，容易灭火，首先应考虑燃烧的稳定性，其次才是经济性。为了防止灭火，除在燃烧器的出口保持较高的煤粉浓度之外，还可适当降低负压，调整好各燃烧器的风煤配比，避免风速过大的波动，必要时可投入油枪助燃，以稳定火焰。

投停燃烧器一般可参考以下原则：a. 只有在为了稳定燃烧以及适应锅炉负荷和保证锅炉参数的情况下，才投停燃烧器，这时经济性方面的考虑是次要的；b. 停上投下，可降低火焰中心，有利于煤粉燃尽，但要使蒸汽温度有所降低（与停下投上相比）；c. 需要对燃烧器进行切换时，应先投入备用的燃烧器，待运行正常后再停用燃烧器，以防止中断和减弱燃烧；d. 在投、停或切换燃烧器时，必须全面考虑对燃烧、蒸汽温度等方面的影响，不可随意进行。

在投、停燃烧器或改变燃烧器负荷（即改变其来粉量）的过程中，应同时注意其风量与煤量的配合。运行中对于停用的燃烧器，要通入少量的空气进行冷却，以保证喷口不易被烧坏（磨煤机冷风挡板开5%）。

6. 燃烧调整试验

对新投产的锅炉、使用燃料发生较大变化或燃烧设备作了重大改造的锅炉，都应进行燃烧调整试验。燃烧调整试验的目的是提高锅炉燃烧调整的科学性，为自控设备提供合理整定参数，为日常运行操作调整提供依据。

由于锅炉燃烧系统的可调参数较多，燃烧调整试验应有目的有计划地选择对炉内燃烧工况有影响的若干个主要可调参数，先根据经验设定几个不同的数值，按单因素轮换方式或正交法安排试验，逐一进行有关经济性、安全性和排烟特性数据的全面测量。对所得数据进行科学处理与分析比较，求得该锅炉对试验煤种的燃烧特性及不同负荷下的合理燃烧方式、控制方式和最佳运行参数等。

燃烧调整试验的基本内容如下：a. 在不同锅炉负荷下（包括额定最大出力负荷和稳燃的最小负荷）燃料量与燃烧空气量的配比，即过量空气系数的调整，这是各种锅炉燃烧调整的最基本内容；b. 燃烧器的配风工况，即调整燃烧器的可调参数，如直流燃烧器的一、二、三次风量与风速的大小，旋流燃烧器调风器的开度或轴向位置等；c. 煤粉细度的调整，通常采用改变粗粉分离器折向门的开度、旋转分离器转速的大小来变更煤粉细度；d. 各燃烧器之间煤粉分配量的调整，对中间储仓式制粉系统，就是各给粉机给粉量的调整（一般要求各燃烧器给粉量的偏差在±5%以内），对直吹式制粉系统，除煤粉管道上带有可调缩孔外，运行中无法调整，只能在运行中对煤粉管道内的煤粉进行等速取样试验，然后根据试验缩果，在锅炉停运期间改进煤粉分配器或更换均流孔板等；e. 燃烧器不同组合投运方式试验，对直吹式制粉系统也就是磨煤机组合方式的试验；f. 为其他目的而进行的专门燃烧调整试验，如锅炉出力不足、炉内燃烧不稳定、火焰偏斜、水冷壁严重结渣或腐蚀等，以便查明原因寻求改进措施。

7. 锅炉运行中的燃烧优化

运行中燃烧优化控制是在燃烧调整试验的基础上，通过在线检测锅炉燃烧的重要参数指导运行人员调节锅炉燃烧。

国内早期燃烧优化控制技术主要为针对锅炉烟气含氧量的优化控制。烟气含氧量代表了锅炉燃烧的风煤比，是影响锅炉燃烧效率和污染排放的关键参数。根据锅炉效率与烟气含氧量曲线关系，对锅炉的烟气含氧量进行在线的寻优控制，以保证锅炉的最佳燃烧效率。由于早期锅炉效率不可在线测量，因此很多研究采用了烟气中CO含量与锅炉效率的关系，间接寻找最优的烟气含氧量。这类控制系统简单、有效，但是比较粗糙。

另一种燃烧优化控制技术为闭环均衡燃烧控制系统（BCCS）。传统燃烧控制系统的主要任务是保证进入锅炉炉膛的燃料总量与机组所需的燃料量相符，但这并不能确保燃料能平均分配至锅炉的每个燃烧器。燃料分配的非均衡性造成了燃烧的不稳定、炉膛火焰中心的偏移以及水冷壁的结焦等现象。均衡燃烧控制系统在风粉浓度在线监测系统的基础上，通过对每个给粉机转速进行控制，较好地解决了上述问题。若锅炉以四角切圆方式进行燃烧，均衡燃烧控制系统能保证流经同层的每个燃烧器煤粉浓度相等，并能控制各个工况下总的煤粉量以最优的比例分配给各层燃烧器。

BCCS系统是由以蒸汽压力为被调节量、总给粉量（燃料）为调节手段的主调节系统和以煤粉浓度为被调节量、给粉机转速为调节手段的若干个副调节系统组成的一个闭环控制系统，其工作原理见图22-14。该控制系统采用一次风管的煤粉浓度作为反馈信号，增加独立的煤粉浓度控制回路，不但可消除因煤粉浓度变化而增加的扰动，增加主蒸汽压力控制的稳定性，同时可保证每层燃烧器风速、煤粉浓度均衡，达到优化燃

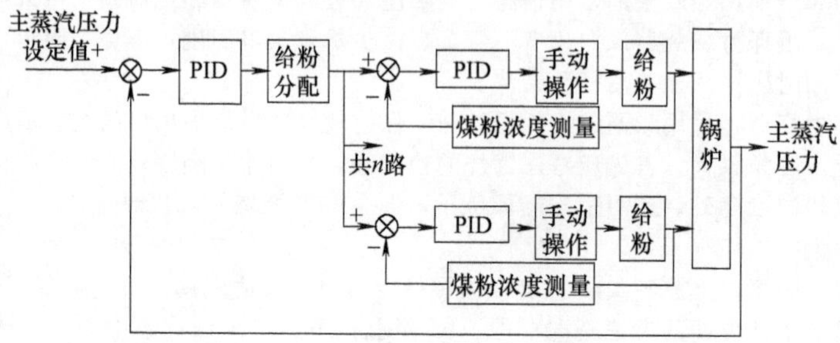

图22-14 均衡燃烧控制系统工作原理

烧的目的。均衡燃烧控制系统已经在多家电厂得到应用，起到了燃烧优化控制的效果。但是该系统以燃烧器煤粉浓度测量为基础，而目前这一测量技术的研究进展缓慢，只在热风送粉的锅炉中得到实际应用，并且可靠性也不是很高，从而严重影响了均衡燃烧控制系统的实际使用效果和广泛推广。

电站锅炉燃烧优化控制软件是最新的燃烧优化技术。电站锅炉燃烧优化控制软件在我国电站锅炉煤质多变、负荷大范围变化的情况下，针对我国电站锅炉的燃烧特点，解决了下述问题：a. 锅炉燃烧煤质的自动检测，首先检测出不同的煤质，进而进行相应的优化控制；b. 建立锅炉运行特性的非线性动态模型，以及模型的自适应更新，模型自适应能力是成功进行燃烧优化控制的关键；锅炉燃烧是一个非线性的动态过程，如果只是建立线性模型或者稳态模型，往往不能进行很好的燃烧优化控制；c. 基于多目标优化的锅炉运行优化控制，针对我国目前电力市场特点，已研究了多种优化目标（如锅炉效率最佳、NO_x 排放最低、锅炉运行成本最低等）下的优化控制算法；d. 实现了锅炉机组负荷大范围快速变化中的燃烧优化算法，由于许多燃煤机组参与调峰，电站锅炉燃烧优化控制软件不仅考虑锅炉燃烧的稳态优化，而且能够实现机组动态变化过程中的燃烧优化控制。

目前，燃烧优化控制技术应用中存在的难点如下。

(1) 测量问题　包括：a. 飞灰含碳量的测量是锅炉效率计算的关键点，目前国内此类设备的测量滞后比较大，导致在线计算的锅炉效率不准确，成为锅炉运行优化控制的一大障碍；b. 要实现 NO_x 的闭环控制，要求能够精确和快速测量 NO_x；c. 现场安装了氧化锆氧量计来进行烟气含氧量的实时测量，但是普遍存在测量误差大、短时间内波动大的问题，严重影响了锅炉效率计算的准确性和闭环控制的效果。

(2) 建立模型问题　入炉煤种不稳定，再加上锅炉检修、积灰、结渣等因素的影响，使得在性能试验数据基础上建立的锅炉模型失真严重，所以如何利用最新的燃烧数据进行模型的在线自适应修正显得格外重要。

(3) 如何保证在燃烧稳定下实现最大范围寻优的问题　燃烧优化控制的寻优范围太窄，优化后效果可能会不明显；寻优范围太广，将可能影响燃烧的稳定性。近年，煤质经常得不到保证，燃烧稳定性往往被优先考虑。这使得燃烧优化控制软件需要对燃烧的稳定性进行充分考虑，而不只是简单的性能目标的寻优问题。

三、运行参数的调节

1. 主蒸汽压力的调节

主蒸汽压力的调节与单元机组运行方式有关。定压运行时，汽轮机主汽门前蒸汽压力保持在额定的范围内，用改变汽轮机调速汽门的开度，来满足外界负荷的变化。滑压运行时，汽轮机调速汽门开度保持不变（全开或部分全开），用改变汽轮机主汽门前蒸汽压力，来满足外界负荷的变化。我国生产的 300MW 和 600MW 机组，无论是自然循环锅炉、控制循环锅炉或直流锅炉，都可以两种方式运行。

(1) 定压运行时的调节　在负荷变化过程中，对于定压运行的锅炉，应当严格控制主蒸汽压力变化的幅度和变化的速度。蒸汽压力的变化是由锅炉蒸发系统能量不平衡引起的。

输出能量的变化为外扰，外扰通常是正常运行负荷的增减或事故状态下大幅度地甩负荷。当外界负荷突然增加时，汽轮机调速汽门开大，主蒸汽流量增加。但由于燃料未能及时变化或燃烧系统的惯性，炉内辐射吸热量不能及时增长。蒸发系统输出能量大于输入能量，主蒸汽压力下降。由于锅筒锅炉蒸发系统热惯性，蒸汽压力下降时产生部分附加蒸发量，弥补了锅炉蒸发量的不足，对压力下降的幅度和速度都有缓冲作用。

输入能量的变化为内扰，内扰通常是水冷壁辐射吸热量的变化。送入炉膛的燃料量、煤粉细度、煤质、风量以及燃烧状态的改变，都会引起水冷壁辐射吸热量的变化，都属于内扰。如果汽轮机调速汽门的开度不变，锅炉燃料量增加，水冷壁辐射吸热量随之增加，蒸发系统输入能量大于输出能量，蒸发系统内部能量增加，蒸汽压力升高。

无论内扰或是外扰，都可以通过改变送入炉内燃料量和风量来进行调节。主蒸汽压力降低，增加燃料量和风量；反之，主蒸汽压力升高，减少燃料量和风量。这是锅炉正常运行的基本调节手段。

如果锅炉的蒸发量已超过了允许值，或在其他特殊情况下，才用增减汽轮机调速汽门的开度来进行调节。当主蒸汽压力急剧增高时，燃烧调节不可能及时控制蒸汽压力，必须打开旁路系统、过热器出口联箱的疏水门或排汽门，以确保安全。

机组定压运行时，主蒸汽压力的调节方式有炉跟机方式、机跟炉方式和机炉协调控制方式三种。

(2) 滑压运行时的调节　机组滑压运行时，事先已制定滑压运行曲线。对于一定的汽轮机调速汽门开度定值，在滑压运行曲线上，主蒸汽压力与发电机负荷有一一对应的关系，根据发电机负荷便可确定主蒸汽压力的蒸汽压力定值。运行时，调节主蒸汽压力与蒸汽压力定值保持一致。

主蒸汽压力的调节方式也同样有三种，即炉跟机方式、机跟炉方式、机炉协调控制方式。

无论是定压运行或是滑压运行，在主蒸汽压力的调整中必须调整锅炉燃料消耗量。它是由燃烧控制系统来完成，燃烧控制系统由燃料消耗量调节、送风量调节和炉膛负压调节三部分组成。三个调节系统之间存在相互关系，燃烧控制系统必须使三者实现协调控制。

2. 主蒸汽温度和再热蒸汽温度的调节

现代锅炉对过热汽温和再热汽温的控制是十分严格的，允许变化范围一般为额定汽温的±5℃。汽温过高过低，以及大幅度的波动都将严重影响锅炉、汽轮机的安全和经济性。

蒸汽温度过高，超过设备部件允许工作温度，将使钢材加速蠕变，从而降低设备使用寿命。过热器在超温10～20℃下长期运行，寿命会缩短1/2以上，严重的超温甚至会使管子过热而爆破。

蒸汽温度过低，将会降低热力设备的经济性。对于亚临界、超临界机组，过热气温每降低10℃，发电煤耗将增加约1.0g（标煤）/(kW·h)，再热汽温每降低10℃，发电煤耗将增加约0.8g（标煤）/(kW·h)。汽温过低，还会使汽轮机最后几级的蒸汽湿度增加，对叶片侵蚀作用加剧，严重时将会发生水冲击，威胁汽轮机的安全。因此运行中规定，在汽温低到一定数值时汽轮机就要减负荷甚至紧急停机。

汽温突升或突降会使锅炉各受热面焊口及连接部分产生较大的热应力。还将造成汽轮机的汽缸与转子间的相对位移增加，即胀差增加。严重时甚至可能发生叶轮与隔板的动静摩擦，汽轮机剧烈振动。

机组运行中影响蒸汽温度变化的因素很多，从运行的角度看影响汽温变化的主要因素有锅炉负荷、炉膛过量空气系数、给水温度、燃料性质，受热面污染情况和火焰中心的位置等，这些因素还可能互相制约。

(1) 煤水比 直流锅炉运行时，为维持额定汽温，锅炉的燃料量B与给水量G必须保持一定的比例。若G不变而增大B，由于受热面热负荷q成比例增加，热水段长度L_{rs}和蒸发段长度L_{zf}必然缩短，而过热段长度L_{gr}相应延长，过热汽温就会升高；若B不变而增大G，由于q并未改变，所以($L_{rs}+L_{zf}$)必然延伸，而过热段长度L_{gr}随之缩短，过热汽温就会降低。因此直流锅炉主要是靠调节煤水比来维持额定汽温的。若汽温变化是由其他因素引起（如炉内风量），则只需稍稍改变煤水比即可维持给定汽温不变。直流锅炉的这个特性是明显不同于汽包锅炉的。对于汽包锅炉，由于有汽包，所以煤水比基本不影响汽温。而燃料量对汽温的影响，也由于蒸汽量的相应增加，因而影响是不大的。

(2) 锅炉负荷 锅炉负荷对汽温的影响，一般情况下，过热器系统和再热器系统均呈对流特性。当锅炉负荷升高（或降低）时，汽温也随之升高（或降低）。

(3) 过量空气系数 过量空气系数增加时，送入炉膛的空气量增大，炉膛温度水平将降低，炉内辐射传热将减弱。因此，辐射过热器和再热器出口汽温降低。过量空气系数的增加还将使燃烧生成的烟气量增多，烟气流速增大，对流传热加强，使对流过热器和对流再热器的出口汽温升高。

(4) 给水温度 在机组运行中，给水温度发生较大变化的情况是高压加热器解列。当高压加热器解列时，给水温度将降低很多。而给水温度的降低，将使锅炉受热面的总吸热量增加，在维持锅炉负荷及参数不变的条件下，需要增加燃料消耗量，这将导致燃烧产生的烟气量增加和炉膛出口烟温的升高，因而对流式过热器和对流式再热器出口汽温将随着给水温度的降低而升高。由于炉膛出口烟温提高，辐射式过热器和再热器的吸热量增加，出口汽温也将升高。一般锅炉的过热器系统呈对流特性，当给水温度降低太多时有可能引起过热蒸汽温度超温。

(5) 燃料性质 水分和灰分增加时，燃料的发热量将降低。如果要维持锅炉蒸发量蒸不变，就必须增加燃料耗量，这使得燃烧产生的烟气量增大、流速加快，对流过热器和对流再热器的吸热量增加，出口汽温将升高。另外，水分的蒸发和灰分本身温度的提高均需吸收炉内热量，这使炉内温度水平降低，使布置在炉内的辐射式过热器和辐射式再热器的出口汽温降低。

(6) 受热面污染情况 过热器（或再热器）之前的受热面发生积灰或结渣时，会使其前面的受热面的吸热量减少，使进入过热器（或再热器）区域的烟温增高，因而使过热汽温（或再热汽温）上升；反之，过热器（或再热器）本身严重积灰、结渣或管内结垢时将导致汽温下降。

(7) 火焰中心的位置 火焰中心位置上移将使炉膛上部和水平烟道内烟温升高，使布置在炉膛上部和水平烟道内的过热器和再热器的吸热量增加，导致过热汽温和再热汽温升高；反之，则降低。

为此在锅炉运行中采用多种措施来调整蒸汽温度。

蒸汽温度的调整多以烟气侧为粗调，蒸汽侧为细调。烟气侧的调整主要是改变火焰中心的位置和流经过热器和再热器的烟气量；蒸汽侧广泛采用的调节过热蒸汽温度的方法是喷水减温器，根据汽温的变化，适当改变减温水量。

(1) 主蒸汽温度的调节 锅炉设计时为了获得较为平稳的主蒸汽温度特性，大型锅炉过热器受热面通常由辐射式过热器、半辐射屏式过热器和多级对流式过热器组成，并将过热器受热面分成若干级。

直流锅炉无固定的汽水分界面，且热惯性小，水冷壁的吸热变化会使热水段、蒸发段和过热段的比例发生变化。因而对过热汽温影响大，汽温变化速度快，汽温调节比较复杂。

对于直流锅炉，控制主蒸汽温度的关键在于控制锅炉的煤水比（粗调），而煤水比合适与否则需要通过中间点温度来鉴定。在直流锅炉运行中，为了维持锅炉过热蒸汽温度的稳定，通常在过热区段中取一温度测点，将它固定在相应的数值上，这就是通常所谓的中间点温度。实际上把中间点至过热汽出口之间的过热区段固定，相当于汽包炉固定过热器区段情况类似。在过热汽温调节中，中间点温度实际是与锅炉负荷有关，中间点温度与锅炉负荷存在一定的函数关系，因此锅炉的煤水比 B/G 按中间点温度来调整，中间点至过热蒸汽出口段过热汽温的变化主要靠喷水减温调（细调）。维持正常的煤水比是调节过热汽温的基本手段，锅炉在直流工况后分离器要保持一定的过热度，其压力及温度对应的焓值是煤水比控制的导前信号，通过焓值调节器保持其出口焓值及出口蒸汽过热度在一个合理范围，从而保证沿程各受热面介质温度在允许范围。所以，通过对焓值设定的合理控制可以提前并且较为平稳地对汽温进行预先的粗调。如果在工况变化比较剧烈的情况，则可以通过改变给水偏置，直接进行加减给水量的操作，从而避免中间点温度上升过高而保护动作，以及防止过热汽温及各沿程受热面金属壁温超限。

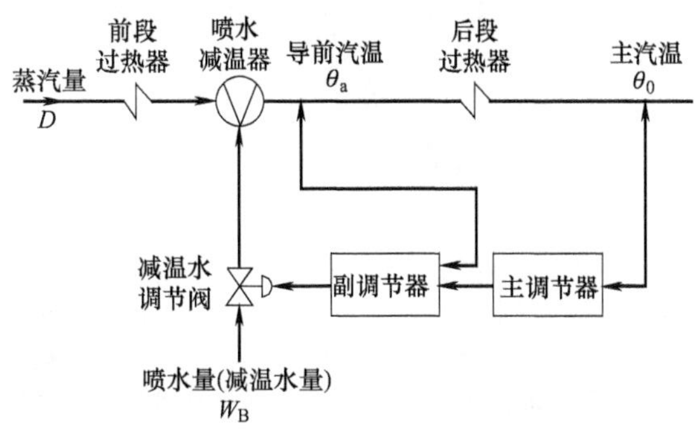

图 22-15　汽温调节（细调）系统原理

过热蒸汽温度细调的任务就是维持过热器出口汽温在允许范围内，采用以减温水量为调节量，以过热汽温作为被调量的调节方式。电站锅炉应用最广的是过热蒸汽串级调节系统，图 22-15 所示为汽温调节系统原理图。

(2) 再热蒸汽温度的控制方式　再热器往往布置在较低的烟温区，通常具有纯对流式的汽温静态特性，其入口工质状况取决于汽轮机高压缸排汽工况。同时，受热面积、给水温度的变化、燃料改变和过量空气系的变化都对再热汽温有影响，因而再热汽温的变化幅度较过热汽温大得多，所以大型机组必须对再热汽温进行控制，维持再热器出口汽温为给定值。

再热汽温的控制，通常都采用烟气为调节手段，实际采用的烟气调节方式一般有变化烟气挡板位置、采用烟气再循环、摆动燃烧器角度和多层布置燃烧器等。此外，还可采用汽-汽热交换器、蒸汽旁通和喷水减温等方法。

① 采用烟气再循环的再热汽温控制。烟气再循环是采用再循环风机从锅炉尾部低温烟道（一般为省煤器后）中抽出一部分温度为 250～350℃的烟气，由炉膛底部（如冷灰斗下部）送回到炉膛，用以改变锅炉内辐射和对流受热面的吸热比例，以达到调温的目的。

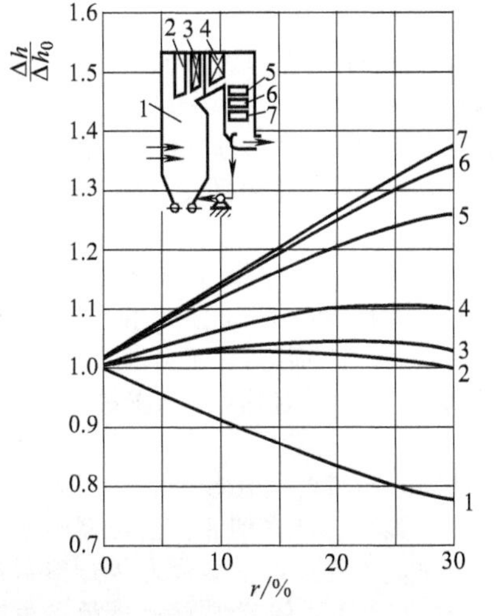

图 22-16　再循环烟气的热力特性

1—炉膛；2—前屏；3—后屏（高温再热器）；4—高温对流过热器；5—低温对流过热器；6—低温对流再热器；7—省煤器

采用烟气再循环时，锅炉热力特性与再循环烟气量、烟气抽取位置及送入炉膛的位置等因素有关。再循环烟气量与总烟气量之比称为再循环率 r。从炉膛下部送入再循环烟气时，各受热面焓增的变化 $\Delta h/\Delta h_0$ 如图 22-16 所示。随着再循环烟气量的增加，炉膛温度降低，于是辐射吸热量减少，但炉膛出口烟温变化不大，而对流受热面的吸热量则随烟气量的增加而增加，而且沿烟气流程越往后，其受热面吸热量增加值越大。对于全部布置在对流区的再热器，再循环烟气量每增加 1%，可使再热汽温升高约 2℃。抽取烟气点的烟温越高，调温效果就越好，但风机电耗却增加，风机可靠性也降低。烟气再循环在低负荷时投入，额定负荷时停用，因此设计时不需要增加附加受热面，可节省再热器受热面金属耗量。常用于具有明显对流换热特性的过热器和再热器系统锅炉的再热汽温调节。

② 采用烟气挡板的再热汽温控制。尾部烟气调节挡板调温最初用于燃烧器不能摆动的煤粉锅炉中，例如对冲旋流燃烧器。锅炉尾部对流烟道被分为两部分，低再和低过分别布置于尾部烟道的前烟道和后烟道，中间布置汽冷隔墙或者烟道隔板。低过和低再下面布置有省煤器。通过调节布置在省煤器下方的烟气挡板的开度来改变低过和低再侧的烟气量进行汽温调节。由于低过和低

再的换热以对流换热为主，因此通过改变两侧的烟气量来改变对流换热调节再热器汽温比较显著。图 22-17（a）为烟道挡板布置示意，图 22-17（b）为调温挡板特性曲线。

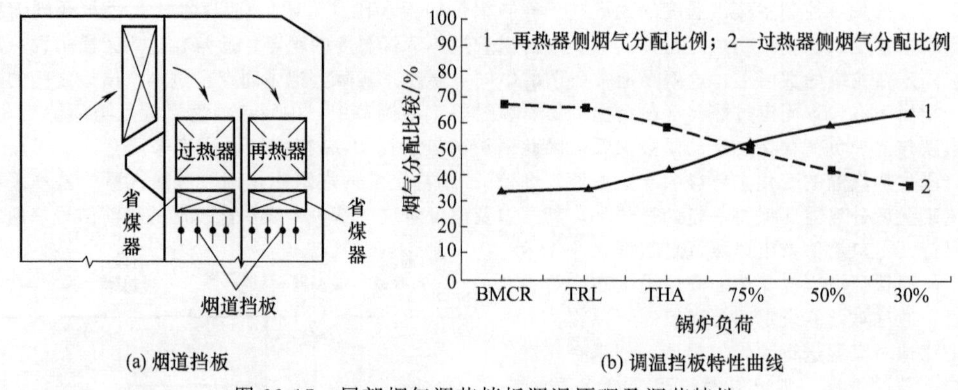

图 22-17 尾部烟气调节挡板调温原理及调节特性

尾部烟气调节挡板调温的优缺点：a. 结构简单、操作方便，调温幅度大，不会对炉膛及高温受热面产生影响，运行安全可靠；b. 可协调由于煤水比的变化而引起的炉膛、过热器和再热器吸热比例的变化，从而使过热器和再热器都能达到额定温度值；c. 低负荷运行过量空气系数较小，产生的烟气量少，排烟热损失降低，锅炉的热效率高；d. 调温反映时间较长，负荷变化可以与事故减温水配合使用；e. 尾部装设烟气挡板增加烟气侧阻力引起引风机能耗增加，同时挡板烟速较高磨损大。

因此，尾部调温挡板的调节对于过热汽温和再热汽温均有影响，不影响炉内的燃烧特性及高温受热面的辐射传热特性，调温方式安全、可靠，为直流锅炉中最常用的一种调温方式。

③ 采用喷水减温方式的再热汽温控制。喷水减温器调温是将低温的工质喷入到高温的蒸汽中混合后减温。机组运行方式不同，其减温水也是不同的，通常对于定压运行机组由于再热器喷水量较大会影响锅炉效率，很少使用喷水方式调节再热汽温，而滑压运行的机组在国外采用喷水调温方式较多。

直流锅炉采用再热器减温器布置于低再入口的再热器冷段管道上或者布置于两级再热器之间。由于再热器的运行压力较低，再热器喷水一般从给水泵中间抽头引出，减温水没有经过高压水加热器，这样喷水就把高压缸旁路，只通过中压缸和低压缸做功能力下降，循环效率降低热耗增加。由于滑压运行模式下需要的喷水量较少，故喷水主要用于滑压状态下调温。根据核算通常每 1%的喷水量循环效率降低 0.08%。

喷水减温器高温的优缺点：a. 喷水减温器结构简单，调节灵敏，在所有控制方式中响应时间是最短的；b. 喷水调温作为主要调温手段，对机组的经济性影响较大，因此，常作为再热汽温超过极限值的事故情况下的保护控制手段——事故喷水。

④ 采用摆动燃烧器角度方式的再热汽温控制。摆动燃烧器调温应用于切向燃烧方式的锅炉中，布置于四角或四墙的燃烧器可以同步摆动使得炉内火焰中心的位置向上或者向下移动改变炉膛的吸热量，使屏底烟气温度发生变化进行调温。当再热汽温比额定值低时，燃烧器向上摆动减少炉膛吸热量增加屏底烟温，从而提高再热器入口烟温提高再热蒸汽温度；当再热器温度高于额定值时，燃烧器向下摆动将火焰中心下移提高炉膛的吸热量，降低屏底烟气温度，减少再热器吸热量降低再热汽温。

直流锅炉摆动燃烧器摆角一般为－25°～＋25°，对于屏底的烟温影响约为 100℃，调节再热汽温幅度约为 40℃，图 22-18 所示为摆动燃烧器对屏底烟温、再热汽温的调温特性。此种调温方法，主要用于再热汽温的调节，但燃烧器倾角改变时对过热汽温亦有明显影响。当燃烧器上下摆动时，对靠近炉膛出口的受热面的换热温差影响较大，其吸热量变化也较大，因此应将被调对象的受热面（再热器或过热器）布置在炉膛出口附近，可以获得明显的调温效率。

直流锅炉摆动燃烧器调温的优缺点：a. 摆动燃烧器调节灵敏度高，响应时间比较快，不需要增加额外受热面和功率消耗；b. 屏底烟气温度的变化对过热蒸汽温度产生影响，屏底烟温高过热器喷水量增加，屏底烟温低煤水比发生变化；c. 直流锅炉再热器为对流受热面，布置在水平烟道末级过热器出口，屏底烟气温度的变化对于末级再热器烟温变化影响较小；d. 摆动燃烧器调节炉膛吸热量发生变化，导致分离器出口温度发生变化；e. 燃烧器上摆引起屏底烟气温度升高，燃用结渣特性强的煤种时应加强对结渣的防控。

⑤ 采用汽-汽热交换器的再热汽温控制。这种方法是在炉外设置一组用一次蒸汽来加热再热蒸汽的热交换器，利用三通阀改变流经热交换器的再热蒸汽量来控制再热汽温的，如图 22-19 所示。

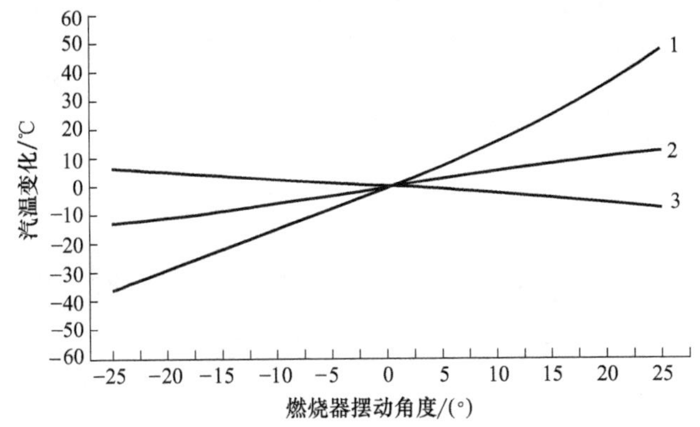

图 22-18　摆动燃烧器汽温调节曲线

1—燃烧器摆角对于屏底烟温的影响；2—燃烧器摆角对于再热汽温的影响；3—燃烧器摆角对于分离器温度影响

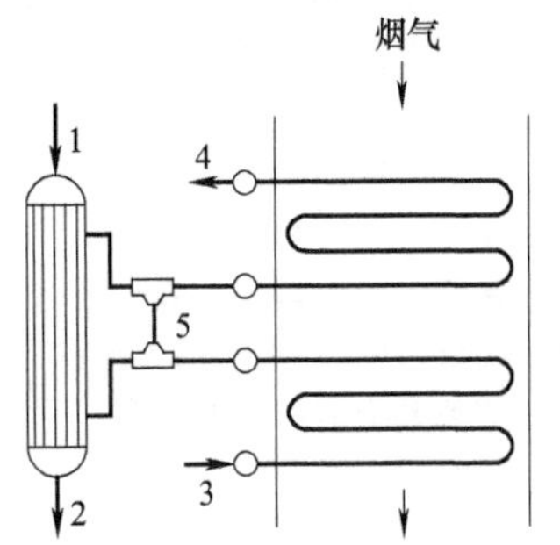

图 22-19　汽-汽热交换器布置系统

1—过热汽入口；2—过热汽出口；3—再热汽入口；4—再热汽出口；5—三通阀

这种调温方式多用于再热器全部布置在对流区，且过热器系统具有明显的辐射特性的情况。其缺点是旁通阀泄漏直接影响调温效果，并且结构复杂，布置困难，金属耗量大，调节惰性大等，因而使用不广泛。按其结构分为管式（分散式）和筒式（集中式）两种。

直流锅炉控制策略的核心问题是水煤比的控制。水煤比控制输出量表示机组运行过程给水与燃料量配比的偏离程度。直流锅炉在水煤比失调时，会对过热器出口蒸汽温度产生严重影响。如果燃料量与给水流量两者相差 10%，出口蒸汽温度变化可达 100℃左右。因此，水煤比控制直接关系机组运行的安全和稳定，机组协调控制必须采用保持水煤比作为维持出口主蒸汽温度的主要粗调手段，而采用喷水减温作为辅助性细调手段。

目前国内超（超）临界机组水煤比的控制主要有煤跟水控制方式和水跟煤控制方式两种。给水流量和燃料量对水煤比的响应特性不同。给水流量的变化对水煤比的影响比较敏感，可以迅速控制水煤比的变化。燃料量对水煤比的影响比较滞后，往往需要等待一定时间才会引起水煤比的变化。

对于直流锅炉而言，当锅炉主控制器确定燃料量后，如果水煤比的控制由给水流量调节，称为水跟煤控制方式。如果水煤比的控制由燃料量调节，称为煤跟水控制方式。水跟煤控制方式优点是中间点温度控制精度高，有利于锅炉过热蒸汽温度和壁温的控制，缺点是主蒸汽压力控制效果相对较差。煤跟水控制方式优点是主蒸汽压力稳定，缺点是中间点温度控制精度差，不利于锅炉过热蒸汽温度和壁温控制，尤其在直吹式制粉系统锅炉中表现较为明显。

超超临界二次再热机组在控制技术上，由于增加了二次再热系统，炉内各受热面热量的分配更加复杂；随着机组参数等级的提高，热惯性明显增大，并对机组的负荷变化率以及水煤比的控制产生很大的影响：a. 机组增加了二次再热系统，使得控制过程非常复杂，过热、一次再热、二次再热间的换热相互影响，整个系统的动态调节时间加长，再热蒸汽温度的调节过程对过热器的换热过程产生影响，并影响到过热度及主蒸汽压力的控制；b. 锅炉参数的提高，金属使用量的增加使机组的热惯性增加，大幅度的负荷变化需要克服的金属吸热或放热明显增加，使过热度、主蒸汽压力的变化出现大的滞后；c. 汽轮机侧增加了超高压缸，各缸间的做功比出现变化，超高压缸处于负荷调节状态，但仅占汽轮机负荷的 20%，使得机组的负荷变化能力受限，经常出现汽轮机调节阀全开的状态，给负荷控制带来影响；d. 锅炉吹灰过程中，各受热面的换热发生改变，使热负荷分配产生变化，特别是水冷壁的吹灰过程对过热度和主、再热蒸汽温度的控制带来影响；e. 磨煤机启/停过程不只是入炉燃料量发生了改变，炉内燃烧、温度场分布、锅炉配风的改变，都影响到各受热面的换热，以及对过热度的控制。

随着机组参数等级的提高以及受热面的增加，机组的热惯性明显加强，在机组负荷改变后，锅炉的吸热和放热过程出现明显变化，表现在变负荷过程主蒸汽压力跟随缓慢，而过热度变化大。如果水煤比的控制策略为水跟煤，在负荷变化幅度较大的过程中，锅炉的热惯性表现强烈，过热度反方向变化严重，直接导致水煤比的输出与负荷变化过程相反，即加负荷水煤比输出减少，减负荷水煤比输出增加。由于水煤比的反方向变化，导致锅炉侧的主蒸汽压力无法满足设定压力的需求。变负荷过程主蒸汽压力偏差大，经常出现升负荷过程汽轮机调节阀全开，影响机组的 AGC 和一次调频。在这种控制策略下的机组变负荷过程，随负荷增加，分离器出口蒸汽温度快速下降。由于过热度变化和负荷变化方向相反，造成主蒸汽压力持续偏低，严重影响负荷跟踪的精度。

基于以上二次再热机组的特点，沿用以往单一的水跟煤或煤跟水的控制策略，其控制精度难以达到要求。因此，对于二次再热机组，可采用水/煤复合调节的水煤比控制策略，动态过程以煤跟水为主，稳态过程以水跟煤为主。其基本方法是当锅炉需求确定了燃料量、给水流量后，中间点温度的差异分别由给水流量、燃料量共同进行调整。该控制方案克服了水跟煤和煤跟水控制策略各自的缺点，发挥各自优势，这样当参数整定合适，控制效果较好，能满足二次再热机组的控制要求。

机组动态过程的水煤比随不同的负荷段、不同的负荷变化速率出现较大的比值变化，因此，在水煤比控制上采用煤和水共同控制的策略，同时注意稳态及动态 2 个过程的分离，即：协调控制上水煤比的动态前馈构造及水煤比的双向调节，在稳态过程采用给水流量来调节过热度；动态过程采用煤和水共同调节过热度，但对给水流量控制进行相应的弱化，煤量控制上比例作用较强而积分作用较弱。

针对动态和稳态的控制过程，对机组变负荷过程的前馈量逻辑进行优化，按照变负荷结束的能量偏差来约束前馈量的变化速率；同时对过热度的控制策略进行优化，动态过程增加燃料量的调节，实现水煤量值同时变化来克服锅炉的热惯性。

在某超超临界 1000MW 二次再热机组：锅炉型号为 HG-2752/32.97/10.61/3.26-YM1，采用塔式布置、单炉膛、水平浓淡燃烧器、角式切圆燃烧方式、二次中间再热。汽轮机由上海汽轮机厂设计制造，汽轮机型号为 N1000-31（THA）/600/620/620，为超超临界、二吹中间再热、单轴、五缸四排汽、双背压、十级回热抽汽、反动凝汽式。采用上述控制策略对原控制系统进行控制优化改造，获得较为满意的效果。

第三节　单元机组锅炉变压运行

随着电力事业的发展，电网容量和负荷峰谷差的增大，参加调峰的机组数量和容量也相应增加。根据国内电网的结构特点，主要靠火电机组来承担调峰任务。国内外对机组调峰性能设计都极为重视，调峰机组的主要性能要求如下。

① 良好的启停特性，在夜间负荷低谷时能及时停机或带最低负荷稳定运行；停机数小时后，次日负荷高峰期能在短时间内带满负荷，且启停期间热损失小、设备可靠性高、热应力和寿命损耗小。

② 具有良好的低负荷运行特性。燃煤机组（燃用设计煤种时）的最低连续稳定运行负荷（不投油助燃）应≤40%MCR。

③ 能够以足够快的变负荷速率安全稳定地升降负荷，具有良好负荷适应性。

④ 在低负荷运行时仍能维持较高的热效率。

机组参与调峰时可能的方式有以下几种：a. 负荷跟踪方式——定压运行方式或变压运行方式；b. 两班制运行方式；c. 少蒸汽无负荷运行方式；d. 低速旋转热备用方式等。

一、变压运行方式

单元机组的运行有定压运行（或称等压运行）和变压运行（或称滑压运行）两种基本形式。定压运行保持汽轮机进汽参数不变，通过改变进汽调节汽门的个数和开度来改变进汽量，以满足电网对调整负荷的要求。采用此法跟踪负荷调峰时，在汽轮机内将产生较大的温度变化，且低负荷时主蒸汽的节流损失很大，机组热效率下降。因此国内外新建大机组一般都不采用此法调峰，而是采用变压运行方式。变压运行是指汽轮机在不同工况运行时，不仅主汽门是全开的，而且调节汽门也是全开的（或部分全开），机组功率的变动是靠汽轮机前主汽压力的改变来实现的，而主蒸汽温度维持额定值不变。处在变压运行中的单元机组，当外界负荷变动时，在汽轮机跟随的控制方式中，负荷变动指令直接下达给锅炉的燃烧调节系统和给水调节系统，锅炉就按指令要求改变燃烧工况和给水量，使出口主蒸汽的压力和流量适应外界负荷变动后的需要。而在定压运行时，该负荷指令是下达给汽轮机调节系统，通过改变调节汽门的开度，调节汽轮机的进汽量和进汽压力，以适应外界负荷变动的需要。定压和变压运行方式原理示于图 22-20 和图 22-21。

1. 变压运行的分类

根据汽轮机进汽调节汽门在负荷变动时开启的方式不同，变压运行又可分为纯变压运行、节流变压运行和复合变压运行 3 种方式，如图 22-22 所示。

(1) 纯变压运行　纯变压运行方式示于图 22-37 中曲线 2。在整个负荷变化范围内，汽轮机进汽调节汽门全开，由锅炉改变主蒸汽压力来适应机组负荷变化。这种方式由于无节流损失，高压缸可获得最佳效率和最小热应力，给水泵耗电也最小。但这种运行方式存在很大的时滞，负荷适应性差，不能满足调频的要求。另外在低负荷时，汽门全开，进汽压力低，机组循环效率下降较多。一般很少采用纯变压调峰。

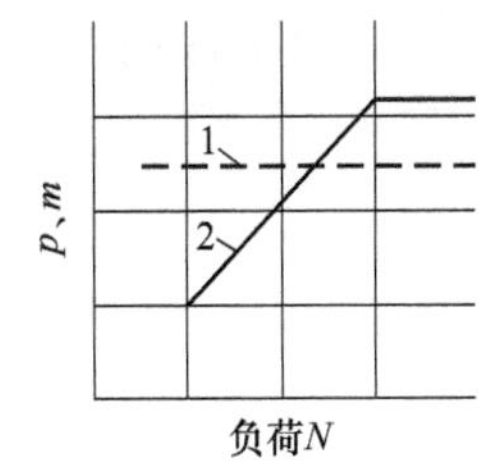

图 22-20　定压运行原理

1—主蒸汽压力 p；2—调节阀开度 m

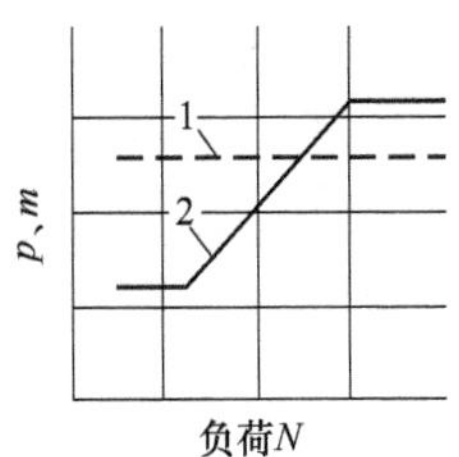

图 22-21　变压运行原理

1—调节阀开度 m；2—主蒸汽压力 p

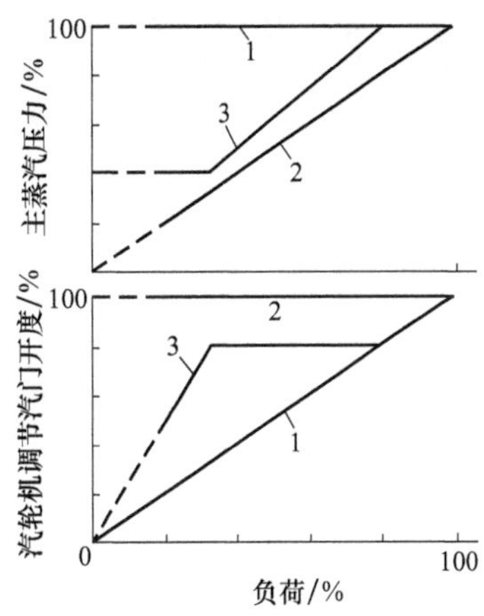

图 22-22　不同运行方式下汽轮机调节汽门开度、主蒸汽压力随负荷的变化过程

1—定压方式；2—纯变压方式；3—复合变压方式

(2) 节流变压运行　为弥补纯变压运行方式负荷适应性差的缺点，采用在正常运行条件下，汽轮机进汽调节汽门不全开，留有一定的开度储备，通常节流 5%～15%。当机组突然增加负荷时，全开调节汽门，利用锅炉的储能达到快速带负荷的目的。此后，随着锅炉出力增加，蒸汽压力升高后，调节汽门重新回复到原来的位置，再进行变压运行。即当负荷波动或急剧变化时，由调节汽门开度的变化予以吸收。这种方式由于有节流损失，不如纯变压运行经济，但能吸收负荷变动，调峰能力强。

(3) 复合变压运行　复合变压运行是定压运行和变压运行组合的运行方式。对于喷嘴调节的汽轮机在实际应用上有 3 种组合方式。

① 低负荷变压运行，高负荷定压运行。在低负荷时，部分调节阀全开作变压运行，随着负荷逐渐加大，主蒸汽压力逐渐升高，在达到额定值后，保持蒸汽压力不变，改用开大其余调节汽门继续加负荷。这种运行方式在低负荷下只开部分调节汽门作变压运行，进汽压力下降不大，减少了机组循环效率下降幅度。在高负荷下机组能够迅速调整负荷，满足电网调频的要求。

② 高负荷变压运行，低负荷定压运行。低负荷时，无论是汽动给水泵或是变速给水泵都有一个最低转速和最小出口压力限值；同时，由于给水泵下限特性曲线的限制，在低负荷时需要给水调节阀来调节给水，即低压运行时给水泵的能耗不会由于变压运行而有所减少。对于直流锅炉，低压时汽水比容相差太大，可能在蒸发区出现水动力不稳定现象，甚至会发生膜态沸腾和水平管圈中汽水分层问题。因此，低负荷时采用定压运行比较合适。其后，随机组负荷增加，逐渐开启调节汽门直至全开，进入高负荷变压运行区段，依靠锅炉升压提高机组负荷。

③ 高负荷和低负荷定压运行，中间负荷变压运行。这是一种应用较广的复合变压运行方式，也称为定-滑-定复合变压运行，见图 22-23 中曲线 3。在高负荷区（约为额定出力的 90%～100%）采用喷嘴调节，保持额定压力运行。在中间负荷区（50%～90%）关闭部分调节汽门变压运行，而在低负荷区保持在某一较低蒸汽压力下定压运行。低负荷下采用定压运行的另一个原因，是因为压力低时 dt/dp 大，为了避免在省煤器中发生沸腾或在蒸发受热面内产生过大的热应力。定-滑-定的运行方式使汽轮机在全负荷范围内保持较高的效率，同时还有较好的负荷相应特性，所以得到普遍的采用。

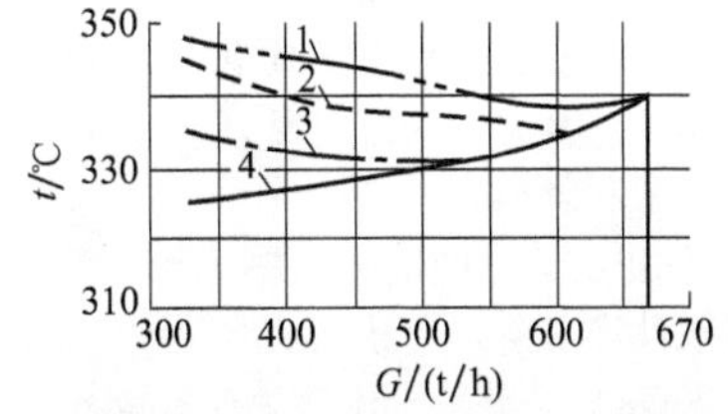

图 22-23　N200MW 汽轮机定压和变压运行时高压缸排汽温度与流量的关系

1—变压（四阀全开）；2—变压（三阀全开）；3—变压（两阀全开）；4—定压

2. 变压运行的特点

① 易于保持主蒸汽和再热蒸汽温度不变（或少变）。变压运行将影响锅炉各受热面吸热量的变化，随着负荷和压力的降低，锅炉蒸发段的焓差增加，过热段和加热段的焓差减少，这恰好适应锅炉负荷降低时，炉膛出口温度下降，烟气流速减小，辐射传热量相对增加，对流吸热量相对减少的情况。同时，高压缸的排

汽温度略有增高（见图 22-23），有利于弥补纯对流式再热器在低负荷时吸热量显著减少的特性。从而可在很宽的负荷范围内维持主蒸汽和再热蒸汽温度不变，见图 22-24，提高了低负荷的经济性。

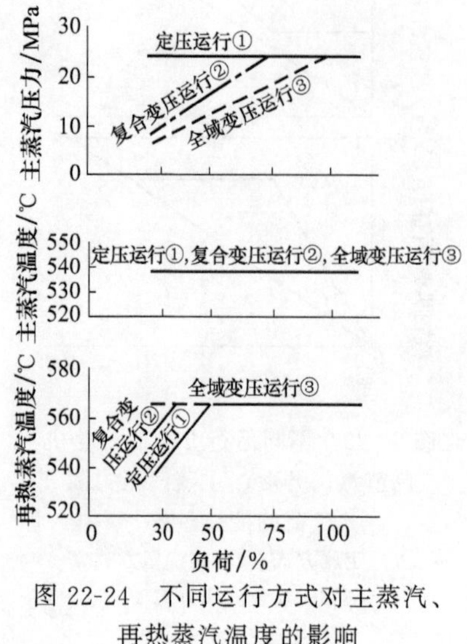

图 22-24 不同运行方式对主蒸汽、再热蒸汽温度的影响

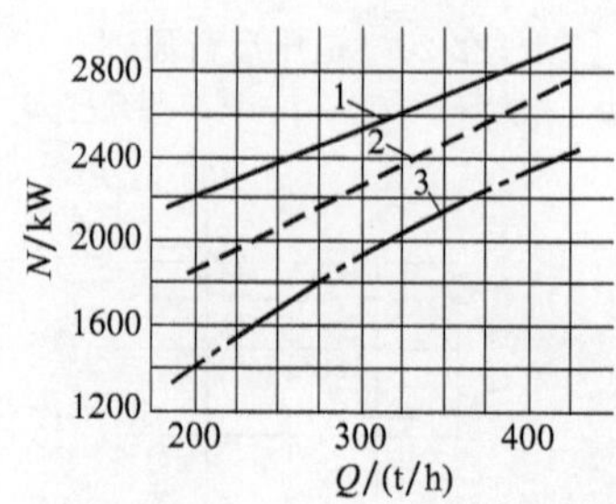

图 22-25 N125MW 机组定速泵与变速泵功耗比较的关系

1—汽轮机定压运行，给泵定速；2—汽轮机定压运行，给泵变速；3—汽轮机滑压运行（三阀全开），给泵变速

② 变压运行机组的蒸汽温度在全负荷范围内基本保持不变，因而汽轮机各级蒸汽温度和排汽温度亦保持基本不变。因此汽轮机通流部分部件温度变化较少，转子、汽缸、管道阀门的热应力（热变形）也就较小。可以提高汽轮机负荷变化速率。但此时锅炉锅筒内饱和压力与温度随负荷变化，限制机组负荷变化速度的不再是汽缸壁，而是与饱和工质接触的锅炉厚壁部件，如锅筒等。

③ 定压运行和变压运行时，水泵功率的变化示于图 22-25。由图可知，变压运行时给水泵功率可节约很多，变压运行时给水泵多采用变速泵，和定压运行相比，在部分负荷时给水泵输入功率不但因流量减少而降低，同时还由于出口压力降低而进一步减少，以亚临界 300MW 机组为例，负荷为 50%时，变压运行给水泵输入功率仅是定压运行时的 55%。给水泵降速运行对减轻水流侵蚀、延长给水泵使用寿命也是有利的。

④ 变压运行时，再热蒸汽压力随负荷减小而降低，再热蒸汽的比热容减小且流量减少，吸收同等的热量，蒸汽焓增大，可使再热蒸汽温度比同负荷下定压运行时要高，同时，高压缸中低参数蒸汽的做功能力降低，蒸汽焓降减小，高压缸排汽温度随着提高，减小了应力最大的排汽口的热应力。由于可在较大负荷范围内保持再热蒸汽温度的额定值，因而可提高锅炉对机组低负荷运行的适应性。

⑤ 采用变压运行的单元机组，对电网调频的适应性较差。因为当外界负荷变动时，首先要调整锅炉的燃烧和给水量来提高过热蒸汽压力和蒸汽流量，由于锅炉汽水系统储热量和金属储热量的作用，降低了锅炉对外界负荷变动的影响速度。因此，变压运行机组一般不宜作为调频机组。

⑥ 变压运行会使水循环特性发生变化。对于亚临界参数锅炉，压力上升时，由于工质和金属储热量的影响，水冷壁实际蒸发量减少；但此时工质的汽化热减小，又使蒸发量增加，循环流速变化不大。压力下降时，如果炉水欠焓接近于零，下降管中的炉水可能会汽化，导致循环流量减少。因此，降压过程中会对水循环产生不利影响。

⑦ 变压运行的锅筒锅炉低负荷运行时压力降低，锅筒水室容易产生汽化，且蒸汽比体积增大，可能出现汽水共沸现象，导致锅筒水位波动。

⑧ 超临界参数直流锅炉变压运行，工质经过亚临界压力、临界压力、超临界压力三个区域。在亚临界参数范围内，水冷壁中工质的饱和温度只随压力变化，不随水冷壁的吸热量变化。而在临界压力和超临界压力范围内，水冷壁中工质的饱和温度不仅随压力提高而上升，而且随水冷壁的吸热量增加而升高。蒸汽温度受到水冷壁出口工质温度的影响，蒸汽温度调节更为困难。

变压运行也有如下缺点。

① 变压运行时，随着负荷降低机组循环效率明显下降，这主要是由于初压降低，使得机组蒸汽可用焓减少的缘故。变压运行的经济性，取决于压力降低使循环效率的降低和汽轮机内效率的提高、给水泵耗功减少以及再热蒸汽温度升高而使循环效率提高等各项因素的综合。而且随着机组的结构、参数和采用的变压运行方式而异，不能简单地认为变压运行一定比定压运行经济，即使同一台机组，同一种变压运行方式，在不同的负荷区段，变压运行与定压运行的经济性比较也会有不同的结果。

② 变压运行是靠主蒸汽压力的变化来调节负荷，而压力调节比较迟缓，所以不宜担任电网一次调峰任务。这是因为当机组负荷增大时，锅炉以加强燃烧来提高主蒸汽压力，但此时锅炉因压力提高要储蓄一部分热量，这样就增加了迟延时间。另外，压力调节要求有较高技术水平的几种控制与之配合才能获得最佳运行方式。所以在设计变压运行时，必须将主机、辅机以及机、炉和电网综合考虑才行。

对于锅筒锅炉，在定压运行时，可以利用蒸发系统中饱和汽水和金属的储热量，对小的负荷变化作出快速的响应。而变压运行时，汽轮机调节阀门不动，故负荷变化所需能量主要只能由改变燃烧率来获得。不仅燃烧系统的滞后较大，而且在加大或减弱燃烧时，锅炉蒸发系统中的水与金属将吸收或释放一部分热量，进一步抑制蒸汽量（负荷）的改变。因此锅筒锅炉负荷响应的速度是较慢的。

3. 变压运行对锅炉的影响

(1) 低负荷时燃烧稳定性 变压运行时，低负荷保持锅炉燃烧稳定是安全运行的必要条件。锅炉燃烧稳定性与炉膛结构及燃烧方式、燃烧器结构、炉膛热负荷、煤质等因素有关。20 世纪，我国大部分燃煤锅炉最低稳定负荷为 60%～65%额定负荷；近年来，由于采用了新型燃烧器，不投油助燃的最低稳定负荷已经降到 50%以下。国外一些大型锅炉由于采用了先进的燃烧器，其最低稳定负荷可以达到 30%。因此，不管采用何种运行方式，调峰锅炉必须配置高负荷时效率高、低负荷时能稳定可靠运行的燃烧系统。

(2) 各受热面运行工况 低负荷时炉膛燃烧的不均匀程度较大，对于锅筒锅炉，受热太弱的水冷壁管有可能发生循环停滞或倒流现象。一般对大容量锅炉，在 50%额定负荷以上，发生水循环事故的可能性不大。对于直流锅炉，当变压运行至某一较低负荷时，水冷壁系统压力低，汽水比体积变化较大，水动力特性变差，有可能影响到各面墙水冷壁的流量分配，发生部分水冷壁出口管的超温现象。

低负荷时，流经过热器的蒸汽流量小，分配不均匀，个别过热器管会因为冷却不足而超温过热；低负荷时锅炉燃烧易偏斜，加上蒸汽流量在平行管中分配不均匀，将会造成过大的热偏差。对于这类问题，一般是依靠运行调整来解决。低负荷时注意维持过量空气系数不要过低；控制负荷增减速率；要增设壁温测点加强监视；保持运行的燃烧器匀称等。变压运行虽有延伸蒸汽温度控制点的优越性，但负荷低到一定程度后，蒸汽温度仍会随负荷而下降。若机组长期指定承担中间负荷，蒸汽温度又低到规定值的下限，即应考虑必要的改进，如增设炉烟再循环、增加过热器或再热器面积等。

低负荷时空气预热器容易堵灰、腐蚀，烟道烟囱也容易腐蚀损坏。应注意保持暖风器满出力运行，提升风温、烟温以及管子壁温；加强预热器的吹灰操作，减轻堵灰。

(3) 各受热区段的重新分配 工质在锅炉内的吸热过程，经历了预热、蒸发和过热三个区段。各区段吸热量的比例在定压运行时变化甚少，而变压运行时三者的比例随着压力变化而不断变化。一台 300MW 机组亚临界压力锅炉变压运行时，工质吸热量的变化示于图 22-26。

由图 22-26 中工质焓-压力曲线中可以清楚地看到，定压运行（图中 MCR、100%ECR 及 75%ECR）时，负荷变化对于预热蒸发和过热区段的焓增影响很小，而变压运行时则影响很大。随着压力降低，蒸发区段焓增变大；过热区段焓增变小，对自然循环和低倍率循环锅炉而言，过热器受热面是固定的，这意味着低负荷时过热蒸汽温度容易达到额定值，甚至有时会出现超温现象，运行中必须予以注意；预热区段的焓增不断减小，在直流锅炉上要严防蒸发起始点移向蒸发受热面进口分配联箱前，否则在未装专用分配器的锅炉上将造成蒸发管圈中的流量分配不均匀。

(4) 再热蒸汽温度的保证 变负荷时，机组采用不同的运行方式，汽轮机高压缸的排汽温度各不相同，欲维持同一再热后的温度，则每 1kg 蒸汽在再热器内的吸热量不同，这对锅炉再热器受热面的布置，再热蒸汽温度的调节方式有直接影响。

变压运行时，进入再热器的蒸汽温度基本不变（或略有提高），即在不同负荷下每 1kg 蒸汽在再热器内的吸热量几乎不变，使再热器设计方便。定压运行时，随负荷减低，高压缸排汽温度下降，每 1kg 蒸汽在再热器内吸热量增大，这使得在低负荷时要保证再热蒸汽温度不变，增加了困难，特别是再热器大部分布置在烟温较低处以对流换热为主时，难度更大。定压运行节流阀调节介于上述二者之间。

(5) 饱和温度的变化 定压运行时，在机组负荷改变时，新蒸汽压力不变，锅炉锅筒内蒸汽的饱和温度不变，锅筒壁温亦不变，不影响锅筒的安全。

变压运行时，对于锅筒锅炉，变压过程中锅筒壁金属温度的变化速度决定于压力的变化速度。这是因为

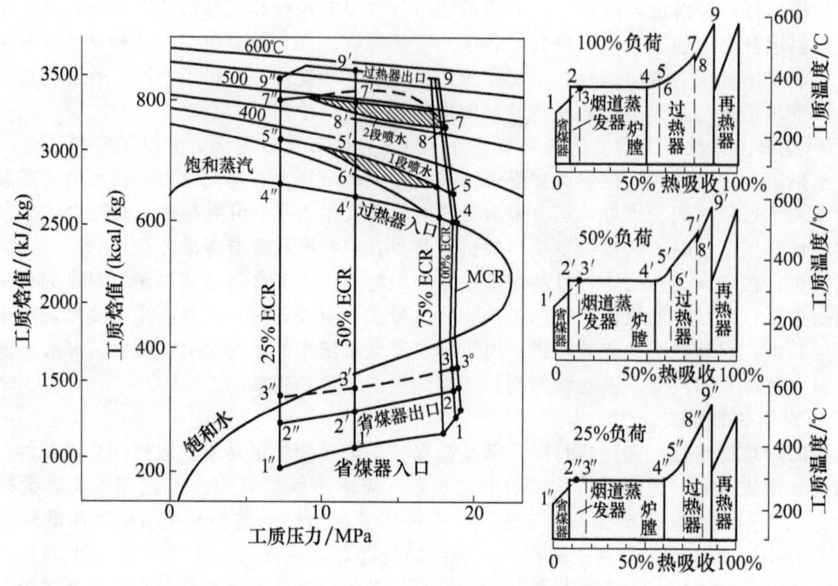

图 22-26 变压运行时工质吸热量的分配

在饱和状态下，水和蒸汽的温度与压力之间存在着确定的对应关系。升压过程（也就是升温过程），通常以控制升压速度来控制锅筒的升温速度；反之亦然。但压力越低，升高单位压力时相应饱和温度的增加也越大，在低压阶段压力的较小变化会引起饱和温度较大的变化，因而会造成锅筒筒壁较大的温差而使热应力增大。因此，压力低时变压速度应慢些。在锅炉变压过程中，变压速度过快，将影响锅筒等厚壁部件的安全，但速度过慢，又将使整个变压调峰过程加长，造成经济损失。因此对于不同类型的锅炉，不论是滑参数启停或是滑压调峰，都应根据具体条件，通过试验确定相应的升温升压曲线，用于指导运行操作。

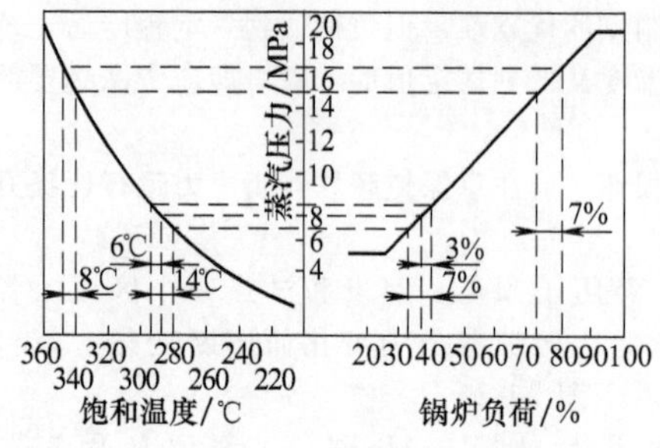

图 22-27 锅炉变压运行时饱和温度的变化

对于直流锅炉，启动分离器是厚壁部件，升温、升压过程对其影响与锅筒锅炉相似，但由于壁厚相对较锅筒锅炉壁薄些，所以变压速度可以比锅筒锅炉快些。

图 22-27 为一台 300MW 机组低倍率循环锅炉变压运行时汽水系统内饱和温度的变化情况。由图可见，负荷越低，饱和温度的变化越大。若负荷变化速率以 7%/min 计算，负荷从 80%减至 73%，饱和温度的变化速率为 7.5～8℃/min；负荷从 40%降到 33%时，温度变化速率达 14℃/min；即使变负荷速率为 3%/min，负荷从 40%降到 37%时的温度变化速率也达 6℃/min。这样高的温度变化速度，厚壁的锅筒锅炉是难以承受的。国外研究统计表明，锅筒锅炉壁温变化速率限制在 3℃/min 内，内壁无裂纹；而达到 5℃/min 时，锅筒锅炉上出现了明显的内壁裂纹。美国燃烧工程公司（CE）曾提出：自然循环锅筒锅炉，温度变化速率应控制在 110℃/h，低倍率控制循环锅炉因锅筒壁较薄，可控制在 220℃/h 以内。

二、两班制运行方式

两班制运行方式是指机组白天基本满负荷运行，晚间电网低谷时停机 6～8h，早上热态启动，周末根据负荷情况可停止运行。这种运行方式要求机组能适应频繁启动，机组启停时的损失要比低负荷运行损失小，启停迅速，保证在停运 8h 内顺利启动。启动时，从点火到带满负荷应在 1.5～2h 内完成，机组启停操作应简便可靠，自动化程度应较高，以免过于增加运行人员的启停工作量。机组频繁启动会造成机组部件严重的低周寿命损耗问题。为了控制寿命损耗，应保证机组在启动、运行和停机的全过程中温度波动最小，同时应保证蒸汽温度与金属温度有良好的匹配。机组频繁启停还会产生热膨胀、腐蚀、制粉系统爆炸、汽轮机和发电机故障等问题。

三、少蒸汽无负荷运行方式

少蒸汽无负荷运行方式又称为调相运行或发电机转电动机运行方式。这种运行方式是在夜间电网负荷处于低谷时，将机组负荷减为零，但不解列，保持汽轮机发电机和电网并列运行，发电机从电网吸收部分电力，用以驱动转子空转；同时，为冷却由于汽轮机叶轮鼓风摩擦产生的热量，应不断向汽轮机供给少量低参数蒸汽，至早晨电网负荷回升后，再带负荷，转为发电机方式运行。

少蒸汽无负荷运行方式类似于两班制调峰方式，可在全容量范围内调峰，调峰幅度大于负荷跟踪方式，但比两班制方式操作简便，减少了汽轮机抽真空、冲转、升速和并网等操作，有利于缩短启动时间和降低汽轮机转子的寿命损耗率。

少蒸汽无负荷运行方式虽然始终保持汽轮机在运转状态，但是如果运行方式设计不当，仍会造成汽轮机某些级段受到严重热冲击而损坏，在运行中应予以注意。同时，在该运行方式中，发电机吸收有效功率以及从邻机抽取冷却蒸汽都会造成附加的能量损失，影响电厂效率。

四、低速旋转热备用方式

低速旋转热备用就是在减负荷至零后同电网解列，向汽轮机通入少量低参数蒸汽，是汽轮机在低于第一临界转速的低速状态（300～800r/min）下运转的一种运行方式。低速旋转热备用也能在全容量范围内调峰，且不存在两班制调峰方式机组冷却不均匀的问题，同时也可避免少蒸汽方式鼓风损失大的缺点，但该方式要求用油枪维持锅炉在很低的负荷下运行，费用昂贵。

第四节　锅炉的调峰性能

一、几种典型锅炉的调峰性能

1. 自然循环锅炉的调峰性能

① 自然循环锅炉的变负荷速度主要受锅筒上下壁温差和内外壁温差的限制，即变负荷速度首先决定于锅筒的疲劳寿命。

② 从锅炉点火到与汽轮机同步运行，变负荷速度决定于锅筒和集汽联箱的壁温差、燃烧速率、过热蒸汽温度、再热蒸汽温度以及汽轮机升转速等因素。从汽轮机升转速到机组满负荷运行，决定机组变负荷速度的主要因素是汽轮机的热应力和膨胀差。以亚临界参数300MW机组为例，当机组热态启动时，从锅炉点火到与汽轮机同步运行，饱和蒸汽温度大约升高55℃，此过程的过热蒸汽升温速率控制在1.57℃/min，最大升温速率不超过2℃/min。从同步运行到满负荷，饱和蒸汽温度大约升高72℃，升温速率为1.31℃/min，低于锅筒的允许升温速度。此时，限制变负荷速度的决定因素不是锅炉，而是汽轮机。

③ 自然循环锅炉的循环倍率最大，水冷壁金属耗量最多，热惯性最大，进一步影响了锅炉的变负荷速度，变负荷速度较慢。

④ 自然循环锅炉在（50%～100%）MCR范围内变压运行时，正常变负荷速率控制在3%MCR/min，最大允许变负荷速率为5%MCR/min。

2. 控制循环锅炉的调峰性能

① 控制循环锅炉的锅筒内有汽水夹层，基本消除了上下壁温差。热态启动时，变负荷速度不受锅筒壁温度差的限制。

② 与自然循环锅炉相比，控制循环锅炉的循环倍率较小，水冷壁金属耗量也相应减少，热惯性较小。同时，低负荷时可利用循环泵加快循环，提高蒸发速度，进一步提高变负荷速度。

③ 在（50%～100%）MCR范围内变压运行时，控制循环锅炉的变负荷速度高于自然循环锅炉，控制在4%MCR，最大允许变负荷速率为6%MCR/min。

④ 在温态和热态启动时，变负荷速度与自然循环锅炉相同。

3. 直流锅炉的调峰性能

① 直流锅炉无厚壁元件，可提高启动和变负荷速度，变负荷速度只受过热器集汽联箱和汽水分离器的

壁温差的限制。300MW 亚临界参数直流锅炉集汽联箱的壁厚大约为 70mm 左右，筒壁温差较小，允许提高变负荷速度。

② 直流锅炉的金属耗量最少，循环倍率最低，热惯性最小，变负荷速度最大。

③ 变压运行时，在（50%～100%）MCR 范围内，直流锅炉的变负荷速度可控制在 5%MCR/min 的水平，最大允许变负荷速率为 7%MCR/min。

④ 蒸汽温度主要由水煤比调节，喷水量最少，蒸汽温度容易控制。

⑤ 螺旋管圈水冷壁在相变最大的区域无中间联箱，不存在工质的再分配，热偏差小，适合变压运行。

⑥ 直流锅炉的启动及变负荷速度主要受汽轮机的胀差和热应力的限制。

二、调峰锅炉运行中的主要问题

(1) 锅炉调峰运行中的主要问题 单元机组调峰运行时，为了实现快速启停和快速变负荷，要求采用变压运行方式。变压运行对提高汽轮机低负荷时的安全性极为有利，但给锅炉运行带来了不利影响。这是因为，锅炉低负荷变压运行时工作压力低，对应的工质的饱和温度低；压力变动速度快，温度变化速度随着加快。压力降低时，蒸汽流量减少，且蒸汽的定压比热容减小，促使工质温度变化速度加快，并对热偏差更为敏感。由此引起金属元件的低周疲劳和膨胀差，汽水膨胀和水位变化剧烈，蒸汽温度调节复杂等问题。同时，机组低压运行时凝结水系统和低压给水系统容易漏入空气，增加氧腐蚀并使受热面壁温升高。因此要求严格控制水处理过程。

(2) 受热金属元件的低周疲劳和高温蠕变 调峰锅炉的主要特点是频繁启停和变负荷，由此引起厚壁元件的低周疲劳。锅炉的壁厚金属元件包括锅筒、过热器集汽联箱、三通管、直流锅炉的汽水分离器等。锅筒锅炉运行中，承受低周疲劳应力最大的元件是锅筒。其最大应力集中部位是下降管的入口处，当应力较大且频繁作用时，焊缝部位就会产生裂纹。亚临界参数锅炉锅筒工作温度为 360℃，只产生低周疲劳应力。过热器集汽联箱工作温度为 540℃，不仅承受低周疲劳应力，而且承受高温蠕变应力，寿命损耗较大。因此，锅炉厚壁元件限制了变负荷速度。

(3) 金属部件的膨胀差 调峰锅炉采用变压运行方式时，在压力变化过程中，水气的饱和温度不断变化。因此，锅筒、水冷壁、顶棚管的温度随着变化，而过热器集汽联箱温度基本不变，刚性梁的温度变化滞后，由此引起各部件之间的膨胀差，这种膨胀差的存在必然导致机械应力的产生。即膨胀量大的部件产生压应力，膨胀量小的部件产生拉应力。因此除了设计留有一定的挠度加以克服外，运行中也必须充分监视各部件的温度变化并控制变负荷速度。

(4) 运行调节的特点

① 变压运行时，压力变化速度慢，温度变化速度快，过热器和再热器容易超温，锅筒壁温差变化较大，锅炉升温升压速度受到限制。

② 水冷壁储热能力高，过热器、再热器储热能力低，为了调节压力，需要过度调节燃料量，而过热器和再热器的蒸汽温度变化速度快，且蒸汽温度变化幅度增大，需要增大蒸汽温度调节量，因而蒸汽温度波动加剧，蒸汽温度调节比较复杂。

③ 低负荷运行时压力低，汽水比体积变化大，水位波动加剧，需要根据水位超前信号控制水位。

(5) 低负荷的无油稳燃能力 调峰机组锅炉经常处于低负荷运行，为了节省高价格的燃油，要求提高锅炉低负荷运行时的无油稳燃能力。根据国内目前的技术水平，对于燃烧烟煤的锅炉，要求不投油稳燃的最低负荷达到 35%额定负荷；对于采用普通燃烧技术燃烧低反应煤的锅炉，要求不投油稳燃的最低负荷达到 50%额定负荷。

(6) 水动力稳定性问题

① 对于 300MW 以上的自然循环锅炉和控制循环锅炉，低负荷运行时的水循环可靠，一般不会出现停滞、倒流等不稳定流动。

② 对于直流锅炉，由于低负荷运行时工质流量减少，汽水比体积变化较大，且热偏差增大，工质的再分配容易导致并列工作的管屏中流量分配不均匀，引起水动力不稳定或脉动，尤其是多次上升垂直管屏水冷壁更为严重。

(7) 加强给水处理 亚临界参数锅炉的锅筒尺寸比较小，锅内进行水处理的条件比较差。因此，对于调峰运行机组要求对凝结水进行精处理。

第五节　燃煤电厂烟气净化装置运行中一般故障及处理方法

一、电除尘器运行中一般故障及处理方法

见表 22-7。

表 22-7　电除尘器运行中一般故障及处理方法

序号	故障现象	主要原因	处理方法
1	控制柜内空气开关跳闸或合闸后再跳闸	(1)电场内有异物造成两极短路； (2)电晕极线断裂或内部零部件脱落导致短路； (3)料位计失灵、卸灰机故障灰斗满灰，造成电晕极对地短路； (4)电晕极顶部绝缘子因积灰而产生沿面放电，甚至击穿； (5)绝缘子加热元件失灵或保温不良，使绝缘支柱表面结露绝缘性能下降而引起闪络； (6)欠压、过电流或过电压保护误动	(1)停炉检查清除异物； (2)停炉剪掉断线，取出脱落物； (3)恢复料位计，排除积灰； (4)清除积灰，擦拭绝缘子； (5)修复加热元件或保温； (6)分析原误动因，调节有关电位器，修复保护系统
2	运行电压低、电流很小，或电压升高就产生严重闪络而跳闸	(1)烟气温度低于露点，造成高压部件绝缘能力降低，引起低电压下严重闪络； (2)振打机构失灵，极板、极线严重积灰，造成击穿电压下降； (3)电晕极振打瓷轴聚四氟乙烯护板处密封不严，或保温不好，造成积灰结露而产生沿面放电； (4)电场异极间距局部变小； (5)收尘极板排定位销轴断而移位	(1)调整锅炉燃烧工况，提高烟气温度； (2)修复有故障的振打装置； (3)清除积灰，修复保温； (4)停炉调校局部间距小的故障点； (5)停炉处理定位销轴，极板排复位
3	一次电压较低，二次电流过大	(1)高压部分绝缘不良； (2)放电极与收尘极间距局部变小； (3)电场内有异物； (4)放电极瓷轴室绝缘部位温度偏低，而造成绝缘性能下降； (5)电缆或终端盒绝缘严重损坏而泄漏电流； (6)反电晕现象产生； (7)电场顶部阻尼电阻脱落而接地	(1)用绝缘电阻表测试绝缘电阻，改善绝缘情况或更换损坏的绝缘部件； (2)调整极距； (3)清除异物； (4)检查电加热器和漏风情况，清除积灰； (5)改善电缆与终端盒的绝缘； (6)控制火花率，改变供电方式； (7)恢复或更换阻尼电阻
4	二次电流指向最高，二次电压接近零	(1)放电极断线造成短路； (2)电场内有金属异物； (3)高压电缆或电缆终端盒对地短路； (4)绝缘子损坏对地短路； (5)高压隔离开关接地	(1)剪掉放电极的断线； (2)清除异物； (3)修复损坏的电缆和终端盒； (4)修复或更换绝缘子； (5)高压隔离开关置于电场位置
5	二次电流周期性摆动	(1)放电极框架振动； (2)放电极线折断后，残余段在框架上晃动	(1)消除框架振动； (2)剪掉残余线段
6	二次电流表指示不规则摆动	(1)放电极变形。 (2)尘粒黏附于极板或极线，造成极间距变小，产生火花	(1)消除变形。 (2)清除积灰

续表

序号	故障现象	主要原因	处理方法
7	二次电流表指示激烈摆动	(1)高压电缆对地击穿； (2)电极弯曲造成局部短路	(1)确定击穿部位并修复； (2)校正弯曲电极
8	二次电压正常，二次电流很小	(1)极板或极线积灰太多； (2)放电极或收尘极振打装置未启动或部分失灵。 (3)电晕极肥大，放电不良	(1)清除积灰； (2)启动或修复振打装置； (3)找出肥大原因并予以解决
9	二次电压和一次电流正常，二次电流表无读数	(1)与二次电流表(毫安表)并联的熔断器击穿； (2)整流变压器至二次电流表在某处断线； (3)整流变压器至二次电流表的连接导线接地； (4)二次电流表测量回路短路； (5)二次电流表指针卡住	(1)更换熔断器； (2)确定断线部位并修复； (3)处理连接导线； (4)检查测量回路； (5)修复或更换二次电流表
10	振打电动机运转正常，振打轴不转	(1)熔片(销)拉断； (2)传动链条断裂； (3)电磁轴扭断	(1)更换熔片； (2)更换链条； (3)更换电磁轴
11	振打电动机的机械熔片经常被拉断	(1)振打轴安装不同轴； (2)运转一段时间后，支撑轴承的耐磨套损坏严重，造成振打轴同轴度超差； (3)振打锤头卡死； (4)熔片安装不正确或熔片质量差； (5)停炉时间长，锤头转动部位锈蚀	(1)按图纸要求，重新调整各段振打轴的同轴度； (2)更换耐磨套，检查振打轴的同轴度； (3)清除锤头转轴处的积灰及锈斑； (4)按图纸要求，重新安装熔片； (5)除锈
12	振打、卸灰电动机温度高，声音异常，甚至有绝缘焦煳味	(1)拖动的机械卡涩； (2)电动机转子与定子间有摩擦； (3)电动机两组运行； (4)绝缘损坏	(1)立即停止运行； (2)处理机械故障； (3)检查熔断器若一相熔断或接触不良时修复、更换 (4)电动机解体大修
13	电压突然大幅度下降	(1)放电极断线，但尚未短路； (2)收尘极板排定位销断裂，板排移位； (3)放电极振打磁轴室处的聚四氟乙烯护板积灰、结露； (4)放电极小框架移位	(1)剪除断线； (2)将收尘极板排重新定位，焊牢固定位销； (3)检查电加热器及绝缘子室的漏风情况，排除故障； (4)重新调整并固定移位的小框架
14	进出口烟气温差大	(1)保温层脱落； (2)人孔门等部位漏风严重	(1)加强保温； (2)消除漏风
15	卸灰器卡死	(1)卸灰器及其电动机损坏； (2)灰中有振打零件、锤头、极线等异物； (3)积灰结块未清除	(1)修复或更换损坏部件； (2)清除异物； (3)清除块状积灰
16	灰斗不下灰(棚灰)	(1)有异物将出灰口堵住； (2)灰温降低，灰结露而形成块状物； (3)热灰落入水封池的水中，水蒸气上升，使灰受潮造成棚灰	(1)清除异物； (2)检查并修复灰斗加热系统； (3)检查锁气器、改善排灰情况
17	电压正常或很高，电流很小或电流表无指示	(1)煤种变化，粉尘比电阻变大，造成反电晕； (2)高压回路不良，如阻尼电阻烧坏，造成高压硅整流变压器开路； (3)电场入口粉尘浓度过高	(1)烟气调质，改造电除尘器； (2)更换阻尼电阻； (3)联系锅炉调整燃烧与制粉

续表

序号	故障现象	主要原因	处理方法
18	电压、电流全正常，但除尘效率差	(1)设计电除尘器容量小； (2)实际烟气流量超过设计值； (3)振打周期不合适，造成二次飞扬； (4)冷空气从灰斗侵入，出口电场尤为严重； (5)燃烧不良，粉尘含碳量高； (6)设计煤种与实际煤种差别大； (7)入口导流板、气流分布板脱落	(1)对电除尘器进行改造； (2)消除漏风； (3)调整振打周期； (4)加强灰斗保温； (5)改善锅炉燃烧工况； (6)改换煤种或对电除尘器进行改造； (7)调整或修复气流分布板
19	低电压下产生电火花，必要的电晕电流得不到保证	(1)因极板弯曲、极板不平、电晕极线弯曲、锈蚀以及极板、极线黏满灰而引起极距变化； (2)局部窜气； (3)振打强度极大，造成二次扬尘	(1)调整极距； (2)改善气流工况； (3)调整振打力和整振周期，减少二次扬尘
20	高电压、低电流时产生火花放电，除尘性能恶化	比电阻相当高时发生反电晕	(1)控制火花率，调节最大电压； (2)烟气调质； (3)改变供电方式(脉冲供电)
21	一次电压较低，一次电流接近零，二次电压很高，二次电流为零	(1)高压隔离开关不到位； (2)电场顶部阻尼电阻烧断； (3)高压整流变压器出口限流电阻烧断	(1)高压隔离开关置于电场位置； (2)更换阻尼电阻； (3)更换限流电阻
22	电流极限失控，调整其旋钮电流电压无输出变化	(1)硅整流电流反馈信号没进入调整器； (2)调整器有关触点接触不良或电流极限环节的元件有问题	(1)检查处理信号线路； (2)检查处理极限环节电路
23	电场闪络过于频繁，除尘效率降低	(1)隔离开关、高压电缆、阻尼电阻、支持绝缘子等处放电； (2)控制柜火花率没有调整好； (3)前电场的振打时间周期不合适； (4)电场内有异常放电点； (5)烟气工况波动大	(1)处理放电部位； (2)调整火花率的电位器； (3)调整振打周期； (4)停炉处理电场异常放电点； (5)锅炉调整烟气工况
24	报警响，跳闸指示灯亮，高压硅整流变压器跳闸，再次启动无二次电压，手动或自动升压均无效	(1)调节回路故障，晶闸管控制极无触发脉冲； (2)晶闸管熔断器容量小，熔断或接触不良； (3)高压硅整流变压器一次侧回路故障	(1)检修处理调节回路； (2)修复或更换熔断器； (3)检修一次侧回路
25	报警响，跳闸指示灯亮，再次启动，一、二次电压电流迅速上升并超过正常值发生闪络而跳闸，整流变压器在启动、运行中有较大的振动和响声	(1)高压硅整流变压器的晶闸管或其他保护元件击穿； (2)一次侧回路有过电压	(1)查清击穿原因并更换晶闸管或其他保护元件； (2)查清过电压原因并处理
26	烟尘连续监测仪无信号	(1)监测仪供电不正常，仪器未工作； (2)输出信号衰减大； (3)监测仪故障	(1)监测仪正常供电； (2)检查输出阻抗是否匹配，调整其阻抗值或增加信号放大器； (3)请厂家检查、修理

续表

序号	故障现象	主要原因	处理方法
27	烟尘连续监测仪信号始终最大	(1)监测仪探头被严重污染； (2)清扫系统损坏或漏风； (3)仪器测试光路严重偏离； (4)含尘气体浓度过大	(1)清除探头污染； (2)检查清扫系统并及时维修； (3)检查测试光路，按仪器说明书调整； (4)检查除尘器是否发生故障，并及时处理
28	烟尘连续监测仪信号无法调整到零点	(1)仪器零点调节漂移； (2)仪器测试光路偏离	(1)按仪器说明书重新调整零点； (2)检查测试光路，按仪器说明书重新调整
29	上位机控制系统检测信号失误	(1)有关信号采集和传输有误； (2)信号源输出有误； (3)高、低压柜向上位机输出有误； (4)上位机对检测信号数据处理有误	(1)检测上位机的采集板、接口和有关信号传输电缆，及时修理、调试和更换； (2)检查并处理有关信号源(如电压、电流、温度、料位、浓度、开关等信号)； (3)检查、调整高、低压柜向上位机输出信号值； (4)依据实际值重新计算设定
30	上位机控制系统不能正常启动	(1)上位机自身发生故障； (2)计算机发生电脑病毒	(1)按计算机有关说明检查处理或请厂家解决； (2)清除电脑病毒

注：二次电压是指整流电压；二次电流是指整流电流。

二、袋式除尘器运行中一般故障及处理方法

见表 22-8。

表 22-8 袋式除尘器运行中一般故障及处理方法

序号	故障现象	主要原因	预防及处理方法
1	袋式除尘器出口烟尘浓度高	(1)在线监测仪表误差或损坏； (2)滤袋破损； (3)滤袋与花板连接处有烟尘泄漏	(1)校准或修复烟尘在线监测仪表； (2)更换滤袋； (3)查漏
2	清灰阻力高，清灰频率高	(1)清灰系统设计不当，清灰能力不足，或者清灰不均匀； (2)清灰用的电磁脉冲阀故障； (3)清灰用压缩空气脱油、脱水效果差； (4)压缩空气压力不足； (5)锅炉烟气中的湿度过大； (6)锅炉燃油； (7)煤种灰分超出设计值； (8)烟气温度偏低； (9)雨水漏入除尘器	(1)调整喷嘴方位； (2)检修或更换电磁脉冲阀； (3)检查油水分离器； (4)提高压缩空气压力； (5)锅炉发生四管爆漏及时停机处理； (6)在锅炉投油运行期间启动预涂灰系统； (7)合理配煤； (8)调节烟气温度在酸露点 20℃ 以上运行； (9)检查除尘器外壳，及时补漏
3	滤袋寿命短	(1)滤料的选用不当； (2)受除尘器入口气流的冲刷； (3)滤袋与锈蚀了的笼骨钢筋摩擦； (4)安装时操作不合理； (5)滤袋安装后垂直性和平行性不好，相互碰擦； (6)清灰空气压力过大； (7)清灰频率过高； (8)频繁在结露状态下使用除尘器； (9)烟气温度持续超温； (10)SO_2、NO_x、O_2 中一个或多个参数超标； (11)煤种变化，烟尘物化特性发生变化	(1)更改滤料材料； (2)除尘器入口设多重导流叶片； (3)更换袋笼，并保证新的袋笼表面光滑、无毛刺； (4)更换滤袋，注意安装验收； (5)手动微调，使滤袋间保持合适距离，更换变形的袋笼； (6)调节清灰压力； (7)设置合理的清灰参数； (8)调节烟气温度在酸露点 20℃以上运行； (9)启动喷雾降温系统，降负荷运行； (10)合理配煤、调节燃烧，或降负荷运行

续表

序号	故障现象	主要原因	预防及处理方法
4	运行阻力小	(1)滤袋破损； (2)测压装置失灵	(1)更换滤袋； (2)更换或修理测压装置
5	电磁脉冲阀不工作	(1)电源断电或清灰控制器失灵； (2)电磁阀线圈烧坏	(1)恢复供电，修理清灰控制器 (2)更换电磁阀线圈
6	烟气温度短时过高	(1)锅炉实际蒸发量超过额定蒸发量 (2)燃烧调整不正常、受热面积灰或回转空气预热器故障	紧急喷雾降温，联系锅炉，进行燃烧调整或停机处置
7	烟气温度短时过低	(1)锅炉尾部漏风； (2)燃烧不合理； (3)受热面改造； (4)冬季空气温度低； (5)负荷过低	(1)投入空气预热器旁路烟道；减少尾部吹灰次数； (2)尽量投用上排制粉系统； (3)在低负荷情况下开启暖风器一次风机热风再循环门，提高冷风入口温度； (4)正常运行时开启低温烟侧的送风机热风再循环； (5)尽量提高低谷负荷
8	滤袋烧损	存在可燃烧的颗粒物	(1)加长烟气连接管； (2)设置阻火装置
9	花板积灰	(1)滤袋破损； (2)滤袋与花板之间密封不好	(1)更换破损滤袋； (2)加强滤袋与花板之间的密封
10	糊袋严重	(1)燃油时操作不当导致烟气带油； (2)烟气中水蒸气含量大，烟气温度低于露点； (3)锅炉水冷壁管泄漏或爆管	(1)锅炉燃油期间投运预涂灰； (2)调整烟气温度不低于露点； (3)严重时停机处理
11	烟气流速突然增大	(1)破袋情况严重； (2)除尘器密封不严	(1)检测破袋原因、更换破损滤袋； (2)检查除尘器密封情况，出现问题及时修复
12	单元箱室风量分配不均，风阻增大	(1)气流导流板磨损严重； (2)调节挡板门/阀密封性和灵敏度降低	(1)经常对系统调节挡板门/阀进行维护、保养，保持其灵活性和可靠性； (2)更换磨损的气流导流板

三、电袋复合除尘器电场区与滤袋区常见故障及处理方法

见表 22-9 及表 22-10。

表 22-9　电场区常见故障及处理方法

序号	故障现象	主要原因	处理方法
1	控制柜内空气断路器跳闸或合闸后再跳闸	(1)电除尘器内有异物造成二极短路； (2)放电极断裂或内部零件脱落导致短路； (3)料位指示失灵，灰斗中灰位升高造成放电极对地短路； (4)放电极绝缘子因积灰而产生沿面放电，甚至击穿； (5)绝缘子加热元件失灵或保温不良，绝缘支柱表面结露，绝缘性能下降而引起闪络； (6)低电压跳闸或过电流、过电压保护误动作	(1)清除异物； (2)剪掉断线，取出脱落物； (3)修好料位计，排除积灰； (4)清除积灰，擦拭绝缘子； (5)更换加热元件，修复保温； (6)检查保护系统

续表

序号	故障现象	主要原因	处理方法
2	运行电压低，电流很小，或电压升高就产生严重闪络而跳闸	(1)烟气温度低于露点，导致绝缘性能下降，在低电压下闪络严重； (2)振打机构失灵、极板、极线严重积灰，造成击穿电压下降； (3)放电极振打瓷轴聚四氟乙烯护板处密封不严，保温不好，造成积灰结露而产生沿面放电	(1)调整锅炉燃烧工况，提高烟温； (2)修复振打失灵部件； (3)清除积灰，修复保温
3	运行电压较低，二次电流过大	(1)高压部分绝缘不良； (2)放电极与收尘极间距局部变小； (3)电场内有异物； (4)放电极瓷轴室绝缘部位温度偏低造成绝缘性能下降； (5)电缆或终端盒绝缘损坏，泄漏电流； (6)产生反电晕	(1)用绝缘电阻表测绝缘电阻，改善绝缘情况或更换损坏的绝缘部件； (2)调整极距； (3)清除异物； (4)检查电加热器和漏风情况，清除积灰； (5)改善电缆与终端盒的绝缘； (6)调整高压供电方式和振打周期；烟气调质；调整煤质
4	二次电压接近零，二次电流表指示接近极限值	(1)放电极断线，造成二极短路； (2)电场内有金属异物； (3)高压电缆或电缆终端盒对地短路； (4)绝缘子损坏，对地短路	(1)剪掉放电极断线； (2)清除异物； (3)修复或更换损坏的电缆和终端盒； (4)修复或更换绝缘子
5	二次电流表指针周期性摆动	(1)放电极框架振动； (2)放电极线折断，残余段在框架上晃动	(1)清除框架振动； (2)剪掉残余线段
6	二次电流表指针不规则摆动	(1)放电极变形； (2)尘粒黏附于极板或极线上，造成极间距变小，产生电火花	(1)消除变形； (2)将积灰振落
7	二次电压正常，二次电流很小	(1)煤种变化，粉尘比电阻变大或粉尘浓度过高，造成电晕封闭； (2)极板或极线积灰太多，电晕线肥大，放电不良； (3)放电极或收尘极振打装置未启动或部分失灵	(1)调整煤质或烟气调质； (2)清除积灰，检查振打系统，修复故障部位； (3)启动或修复振打装置
8	振打电动机运行正常，振打轴不转	(1)保险片断裂； (2)链条断裂； (3)电瓷转轴扭断	更换损坏部件
9	运行电压突然大幅度下降	(1)放电极断线，但尚未短路； (2)收尘极板排定位销断裂，板排移位； (3)放电极振打瓷轴室处的聚四氟乙烯护板积灰、结露； (4)放电极小框架移位	(1)剪除断线； (2)将收尘极板排重新定位，焊牢定位装置； (3)检查电加热器及绝缘子室的漏风情况，排除故障； (4)调整并固定移位的框架
10	灰斗下灰不畅	(1)有异物将出灰口堵塞； (2)灰的温度过低而结露，形成块状物	(1)取出异物； (2)检查灰斗加热、气化系统，保证正常运行
11	烟尘连续监测仪无信号	(1)监测仪供电不正常，仪器未工作； (2)输出信号衰减大； (3)监测仪故障	(1)监测仪正常供电； (2)检查输出阻抗是否匹配，调整其阻抗值信号放大器； (3)请厂家检查修理
12	烟尘连续监测仪信号始终最大	(1)监测仪探头被严重污染； (2)清扫系统损坏或漏风； (3)仪器测试光路严重偏离； (4)含尘烟气浓度过大	(1)清除探头污染； (2)检查清扫系统并及时维修； (3)检查测试光路，按仪器说明书调整； (4)检查除尘器是否发生故障并及时处理

续表

序号	故障现象	主要原因	处理方法
13	上位机控制系统检测信号有误	(1)有关信号采集和传输有误； (2)信号源输出有误； (3)高、低压柜向上位机输出有误； (4)上位机对检测信号数据处理有误	(1)检查上位机的采集板、接口和有关信号传输电缆，及时修理、调试和更换； (2)检查并处理有关信号源(如电压、电流、温度、料位、浓度、开关等信号)； (3)检查调整高、低压柜向上位机输出信号值； (4)依据实际值重新计算设定

表 22-10 滤袋区常见故障及处理方法

序号	故障现象	主要原因	处理方法
1	设备运行阻力过高	(1)滤袋上粉尘黏结，堵塞滤袋； (2)过滤风速过高，风机的出力过大； (3)本体结构设计不合理； (4)连接压力变送器的管子堵塞或连接管脱落； (5)清灰周期过长； (6)清灰强度不够； (7)清灰系统故障； (8)压力变送器故障； (9)压力检测系统误差	(1)采取有效加热、保温措施，保证壳体密封，或同时更换滤袋； (2)调整引风机的出力到合理工况，或者增加过滤面积； (3)调整流场设计，设置有效均流装置； (4)检查压力变送器进出连接管，疏通或更换管路； (5)调整清灰程序，缩短清灰周期； (6)选择强力清灰方式，调整清灰压力和喷吹时间； (7)检修清灰系统； (8)修复或更换压力变送器及进出连接管，疏通或更换管路； (9)检查、校验压力检测系统
2	设备运行阻力过低	(1)负荷低，处理烟气量小，过滤风速低，风机的出力小； (2)连接压力变送器的管子堵塞或连接管脱落； (3)清灰周期过短，清灰过于频繁； (4)滤袋严重破损或滤袋脱落； (5)压力变送器故障； (6)压力检测系统误差	(1)适当延长清灰周期； (2)检修压力变送器及进出连接管，疏通或更换管理； (3)调整清灰程序； (4)检修更换破损滤袋，重新装好脱落滤袋； (5)修复或更换压力变送器； (6)检查、校验压力检测系统
3	出口粉尘浓度高	(1)滤袋破损或脱落； (2)滤袋口与花板安装未完全贴合； (3)花板与壳体间有漏焊或花板破裂； (4)在线监测仪表故障	(1)检查并重新更换滤袋； (2)重新装好滤袋； (3)停机检修花板漏点并补焊； (4)检查、校验在线监测仪表
4	滤袋破损	(1)烟气成分酸碱等腐蚀滤袋； (2)花板安装不平，滤袋之间碰撞磨损； (3)气流冲刷磨损滤袋； (4)破损滤袋未及时处理，加剧邻近滤袋破损； (5)滤袋口被脉冲清灰磨损； (6)滤袋笼骨质量不好造成滤袋破损； (7)滤袋质量问题	(1)改善燃烧煤质或工况； (2)检查调整花板平整度与滤袋安装间距； (3)调整流场分布装置； (4)更换破损滤袋或者堵漏； (5)滤袋口设置保护措施，或调整清灰压力； (6)提高笼骨质量，采用有机硅喷涂，除去毛刺； (7)更换滤袋

续表

序号	故障现象	主要原因	处理方法
5	清灰系统故障	(1)脉冲阀启闭迟缓，甚至处于常闭状态，导致清灰失效； (2)脉冲阀与喷吹管间漏气过大或喷吹管脱落； (3)清灰程序失常； (4)压缩空气达不到要求	(1)疏通排气孔，膜片与垫片螺栓紧固，更换膜片或弹簧；检查连接控制信号； (2)重新装好喷吹管，检查气密性； (3)检查调试清灰程序； (4)检查、处理空气压缩机及供气系统

四、烟气脱硫装置常见故障、原因及处理措施

烟气脱硫系统主要包括：吸收剂制备系统——将石灰石制成浆液；烟气系统——提高烟气压头，克服系统阻力；GGH 系统——将净烟气加热；吸收系统（吸收塔）——吸收 SO_2，净化烟气；石膏脱水系统——回收吸收剂，再利用；工艺水系统——系统冲洗、补水等。

（一）烟气系统

烟气系统主要包括增压风机、烟气挡板和旁路挡板等。烟气系统一般故障判断及处理方法见表 22-11。

表 22-11 增压风机一般故障判断及处理方法

故障现象	原因	处理方法
增压风机电动机无法启动	电源断线故障	检查电源电压
	电缆断开	检查缆线及其连接
增压风机振动过大	叶片或轮毂积灰	清洁
	轴承故障	更换轴承
	部件松动	拧紧所有螺栓
	叶片磨损	更换叶片
	失速运行	断开电动机或风机控制系统
增压风机噪声过大	基础螺栓松动	把紧螺栓
	单相运行	检查故障原因并纠正
	转子和静态件间摩擦	检查叶片顶部间隙
	失速运行	断开电动机或风机控制系统
	导管堵塞或挡板未开启	检查风道是否堵塞，挡板是否打开
风机叶片控制失灵	伺服电动机故障	检查控制系统和伺服电动机功能
	无液压压力	检查液压站
	调节驱动装置故障	检查调节臂情况并调节驱动装置
增压风机电流偏大	与主机组联系，确认引风机开度是否小、电流大	调整引风机，增压风机恢复正常运行
“脱硫增压风机跳闸”声光报警发出	事故按钮按下	检查增压风机跳闸原因，若属连锁动作造成，应待系统恢复正常后，方可重新启动
	脱硫增压风机失电	

（二）GGH 系统

GGH 系统主要包括烟气换热器、GGH 吹扫系统等。GGH 系统一般故障判断及处理方法见表 22-12。

表 22-12 GGH 系统一般故障判断及处理方法

现象	原因	处理方法
GGH 停运	断电	检查主电机和备用电机电源是否正常。如电源正常而转子不转，电流读数显示过载或过载开关动作，则表明转子被卡住。关闭电源，通过手动盘车装置旋转转子以放松转子或确定故障位置。这样转子可能恢复自由旋转，否则应仔细查找 GGH 的机械故障或查看是否有异物进入 GGH

续表

现　象	原　因	处理方法
GGH停运	有异物进入GGH，机械卡塞	要求检查人员进入顶部和底部烟道，检查转子环向和顶底扇形板表面有无异物卡住 检查所有的径向、轴向及外缘环向密封片是否紧固在转子或转子外壳上
	电流上升，轴承油温高，保护动作	检查所有的初级、次级减速箱和驱动联轴器
GGH转子驱动装置主电机、备用电机同时故障	断电	检查是否过载或熔断器熔断
		检查转动部分是否被卡住，断开电机然后手动盘车，如果旋转自如，这时可以短时通上电源检查电机，如果电机验证无误，那么必须拆掉齿轮箱检查
GGH转子轴承或减速箱里润滑油温高报警	齿轮箱失油	检查油位视窗/注油口
		检查油封系统
吹灰蒸汽/空气压力正常，而吹扫气体较少	密封泄漏或喷嘴腐蚀	维修或更换
		检查控制系统有无故障
GGH出口烟温异常	GGH堵塞，GGH出口烟温低	核对压差并处理，如果压降增加到了设计值的1.5倍，而且吹灰器达不到清洗效果，则必须采用高压水冲洗
	脱硫系统入口烟温低，GGH出口烟温低	联系锅炉进行调整
	吸收塔循环浆泵停运，GGH出口烟温高	启动循环浆泵，温度升高至规定值

（三）吸收系统

吸收系统主要包括吸收塔、除雾器、吸收塔搅拌器、氧化风机、浆液循环泵等。吸收系统一般故障判断及处理方法分别见表22-13～表22-16。

表22-13　吸收塔一般故障判断及处理方法

现　象	原　因	处理方法
吸收塔液位异常（过高、过低、波动过大）	液位计工作不良	冲洗、检查并调校液位计
	浆液循环管泄漏	检查并修补循环浆管
	各种冲洗阀关闭不严	检查更换阀门
	吸收塔泄漏	检查吸收塔及底部排污阀
	吸收塔液位控制模块故障	检查更换
脱硫效率下降	SO_2浓度测量仪表不准	校准SO_2测量仪表
	pH值测量不准	校准pH值的测量
	烟气流量增大	若可能，增加一层喷淋层
	烟气SO_2浓度增大	若可能，增加一层喷淋层
	pH值小于5.0	增加石灰石的投配，检查石灰石的反应活性
	减少了循环浆液的流量	检查泵的运行数量，检查泵的出力
吸收塔出口SO_2浓度升高	吸收塔循环浆液量减少	联系集控值长，了解锅炉运行调整情况及燃煤分析
	吸收塔浆液流量减少	检查运行循环浆泵情况，必要时增开一台循环浆泵
	石灰石浆液浓度下降	检查并恢复石灰石浆液浓度
	表计不正确	校验表计
吸收塔入口烟温高	GGH转动不良	查明原因后处理
	GGH堵塞	核对压差进行处理

表 22-14 除雾器一般故障判断及处理方法

现　　象	原　　因	处理方法
除雾器差压读数异常	仪表采样管堵塞	清理仪表采样管路
除雾器差压高	除雾器积灰	启动除雾器冲洗
除雾器冲洗水流量低	应处于开启状态的冲洗阀门未按照要求打开	按照要求打开
	开启状态冲洗阀对应的冲洗喷嘴可能有一部分堵塞	清理喷嘴
除雾器冲洗水流量高	处于关闭状态的冲洗阀门发生泄漏或损坏	检查修复阀门
	应处于关闭状态的冲洗阀门打开	关闭冲洗阀门
	开启状态冲洗阀对应的冲洗喷嘴丢失，或管道破裂	检查修复相关设备
除雾器结垢和堵塞	冲洗水流量、压力不足，频率低	运行人员应密切监视除雾器冲洗水流量、压力，根据流量和压力数值的变化，可以判断冲洗系统是否正常，除雾器要求至少8h冲洗一次
	石膏垢、混合垢沉积形成硬垢	如果除雾器冲洗无法降低除雾器压差，应检查压差测量元件和回路是否正常，必要时应停机检查，并对除雾器进行彻底清洗
CRT上报警，除雾器压差＞200Pa	除雾器清洗不充分引起结垢	运行人员确认后手动对其清洗

表 22-15 氧化风机一般故障判断及处理方法

现　　象	原　　因	处理方法
氧化风机流量低	风机故障	停机检查氧化风机
	氧化风管道或氧化风机入口堵塞	检查氧化风机进口过滤器，冲洗吸收塔的空气管道
	吸收塔液位过低	增加吸收塔液位
氧化风机流量高	氧化风管道泄漏	检查修复管道
减温水后氧化风温度高	减温水流量低	检查减温水系统
	喷嘴雾化不好	检查减温水压力和喷嘴，进行修复
风机保护停，事故按钮动作	风机出口风温＞115℃	查明原因并处理。若氧化空气喷嘴长时间没有氧化空气，则管道必须冲洗
	电动机三相绕组温度＞140℃	
	电动机轴承温度＞85℃	

表 22-16 浆液循环泵一般故障判断及处理方法

现　　象	原　　因	处理方法
循环泵出口压力低	浆池内浆液含固量偏高	注意观察吸收塔浆液密度，进行排浆或补水
	管线堵塞	清理管线
	泵叶轮磨损	更换叶轮
脱硫效率低，循环泵流量下降	见表 22-13	
	泵磨损，出力下降	对泵解体检修，必要时更换叶轮
	管路堵塞	清理管路
	吸收塔循环泵运行台数不足	启动备用泵
	喷嘴堵塞	清洗喷嘴
	相关阀门开、关不到位	检查并校正阀门状态
泵电流指示为0，CRT上报警	入口压力＜50kPa，泵保护停	立即就地查明原因并做出相应处理，如1台泵故障则启动备用泵；如2台泵均故障则停止FGD运行
	电动机绕组温度＞140℃，泵保护停	
	电动机轴承温度＞85℃，泵保护停	
	吸收塔液位＜5m，泵保护停	

续表

现　　象	原　　因	处理方法
吸收塔循环泵全停	6kV 电源中断，循环泵跳闸，全跳	确认连锁动作正常。旁路挡板门自动开启，增压风机跳闸，若连锁不良应手动处理
	吸收塔液位过低，循环泵电动机停转	查明循环泵跳闸原因，检修人员处理
	吸收塔液位控制回路故障，保护开启旁路挡板门，增压风机停运	若短时间不能恢复运行，按短时停运处理

（四）石灰石浆液制备系统

石灰石浆液制备系统主要包括计量皮带给料机、磨粉机和石灰石浆液泵等。磨粉机和石灰石浆液泵一般故障判断及处理方法分别见表 22-17 和表 22-18。

表 22-17　磨粉机一般故障判断及处理方法

现　　象	原　　因	处理方法
磨粉机堵料	石灰石中杂物（如塑料麻绳、粉尘等）常造成球磨机进料口堵塞	控制石灰石来料质量
	石灰石给料量的增加过快导致下料口堵塞或堵塞在球磨机进料口	清理球磨机进料口，减少进料
磨粉机堵料	石灰石不均匀性会增加堵料的机会	保证石灰石颗粒的均匀性，不能太大或者太小，石灰石粉尘不能太多
	计量皮带给料量超出球磨机出力，造成球磨机进料口堵塞	运行中避免计量皮带给料量大于球磨机最大出力
	启停球磨机及计量皮带顺序不当也会造成球磨机进料口堵塞	球磨机启动顺序应该为在球磨机运转正常后，再启动计量皮带。停磨顺序要求先将计量皮带停运后，确保没有石灰石进入球磨机后，才可停止球磨机运转。连锁跳球磨机前先跳计量皮带，延时 1～2min 再停运球磨机

表 22-18　石灰石浆液泵一般故障判断及处理方法

现　　象	原　　因	处理方法
石灰石浆液浓度增大	吸收塔浆液循环管道堵塞	检查循环泵出口压力和流量
	石膏水力旋流器运行的数目太少	增多旋流器运行的数目
	石膏浆液浓度过低	检查排出泵出口压力和流量
石灰石浆液浓度下降	石灰石给粉机堵塞	清理给粉机
	粉仓内石灰石粉搭桥	清理堵塞，增加粉仓出粉量
	阀门控制失灵	对阀门检查和维修
	石灰石浆罐进水过量	检查相关的管道、阀门
石灰石浆液流量降低	管道堵塞	清理管道
	阀门控制失灵	对阀门检查和维修
	流量计失灵	检查和更换流量计
	石灰石浆泵故障	切换备用泵运行
	相关阀门开闭不到位	检查并校正阀门状态

（五）石膏脱水系统

石膏脱水系统主要包括石膏排出泵、水力旋流器、真空脱水机、真空泵等。石膏脱水系统一般故障判断及处理方法见表 22-19。

表 22-19　石膏脱水系统一般故障判断及处理方法

现　　象	原　　因	处理方法
石膏品质差	吸收塔石膏浆液品质差	检查吸收塔浆液
	进给浆料不足	检查石膏旋流器
	真空密封水量不足	检查真空密封水

续表

现　　象	原　　因	处理方法
石膏品质差	皮带轨迹偏移	检查皮带
	真空泵故障	检查维修真空泵
	真空管线系统泄漏	消除泄漏
	FGD入口烟气含尘量偏高	控制入炉煤质
	皮带机带速异常	控制带速
真空泵压力低	真空泵工作水流量低	检查工作水管路
	真空泵工作水温度过高	检查工作水
	真空管路泄漏	检查修复管路(真空泵、气液分离器、真空皮带脱水机的真空管路)
	真空泵皮带松	拉紧皮带
脱硫石膏含水率高(石膏浆液脱水功能不足)	原烟气中飞灰浓度高	对除尘器进行改造
	FGD废水排放过少	加大废水排放量可以减少浆液中细颗粒的比例
	真空度低,造成脱水困难	严格真空泵运行管理,保证真空度。如果有结垢现象,对真空泵系统进行清洗
	GGH阻塞	核对压差进行处理
	石灰石原料中 SiO_2 含量高	更换石灰石来料
	石膏浆液中亚硫酸钙含量偏高	检查氧化风系统
	皮带脱水机滤布堵塞	加大滤布冲洗水量,更换滤布
	石膏旋流器磨损	更换旋流子
	石膏浆液浓度不够	暂停脱水,待吸收塔浓度提高后再进行
	吸收塔排出泵压力低	检查排出泵出口压力和流量
	石膏旋流器运行数目少	增多旋流器运行的数目
	旋流器结垢	清洗
水力旋流器底流减小	旋流器结垢,管道堵塞	停运石膏浆液泵,清洗旋流器和管道
石膏排出泵故障,CRT发出报警信号	泵保护停	应确认备用泵已经启动,并汇报班长,联系检修前来处理
	事故按钮动作	
石膏排出泵出口压力低	泵叶轮磨损	更换叶轮
	旋流器入口节流孔板磨损严重	更换孔板
	旋流子磨损	更换旋流子

五、脱硝装置运行故障及处理方法

见表22-20。

表22-20　脱硝装置运行故障处理对策

项　　目	原　　因	措　　施
脱硝效率低	即使氨流量控制阀门开度很大,氨量供应也还是不充足	(1)检查氨逃逸率; (2)检查氨气供应压力; (3)检查管道堵塞情况和手动阀门的开度; (4)检查氨流量计及相关控制器; (5)检查液氨品质
	出口 NO_x 设定值过高	(1)检查氨逃逸率; (2)调整出口 NO_x 设定值为正确值

续表

项　　目	原　　因	措　　施
脱硝效率低	催化剂失效	(1)增加喷氨量； (2)取出一些催化剂测试片，寄给厂家，并附带历史运行数据，以便检验失效情况
	氨分布不均匀	(1)重新调整氨喷射格栅节流阀，以便使氨与烟气中的 NO_x 均匀混合； (2)检查氨喷射管道和喷嘴的堵塞情况
	NO_x/O_2 分析仪给出信号不正确	(1)检查 NO_x/O_2 分析仪是否校准过； (2)检查烟气采样管是否堵塞或泄漏； (3)检查仪用气压
	氨供应量减少	(1)检查液氨是否泄漏，氨的供应压力是否过低； (2)检查氨供应管道是否堵塞
氨供应切断，阀门不断跳闸	仪用气压低	检查仪用气压
	氨/空气稀释比高	(1)降低稀释空气流量； (2)检查氨气流量
	烟气流量低和烟气温度低	(1)检查锅炉的负荷和性能； (2)检查温度监视器
压损高	积灰	(1)用真空吸尘装置清理催化剂表面； (2)检查烟气流量
	取样管道的堵塞	吹扫取样管，清除管内杂质
氨泄漏	阀门管道、密闭容器的制造安装质量不佳	轻微泄漏：撤离区域内所有无关人员，处置人员正确使用正压式呼吸器和保护手套，对泄漏位置阀门管道进行大量喷水吸收，同时切断泄漏源，在保证安全情况下堵漏。如果是运输车辆泄漏，对泄漏部位大量喷水，同时将车转移到安全地带，在确保安全的情况下打开阀门泄压
	运行操作有误，造成管路或容器压力过高	
	卸氨操作过程中软管连接不牢靠	
氨逃逸率增加	混合喷嘴处氨的质量浓度测量装置失灵，造成供氨质量浓度过大	加强现场技术管理，形成对氨质量浓度测量装置和氨逃逸监测仪表的定期校验制度，保证监测仪表可靠
吹灰器无法投入	供汽汽源压力＜1.18MPa，且持续时间达 10s 以上	根据不同原因对照进行处理，确认吹灰控制屏上位机切换到 DCS 远控，提高吹灰供汽压力和供汽母管温度，处理吹灰器机械部分卡涩情况
	吹灰蒸汽母管温度＜350℃或疏水门没有关闭	
	吹灰器机械部分卡涩	

参考文献

[1] 陈学俊，陈听宽．锅炉原理．北京：机械工业出版社，1991.

[2] 林宗虎，陈立勋．锅内过程．西安：西安交通大学出版社，1990.

[3] 林宗虎，张永照，章燕谋，等．热水锅炉手册．北京：机械工业出版社，1994.

[4] 奚士光，等．锅炉及锅炉房设备．北京：中国建筑工业出版社，1995.

[5] 张永照，陈听宽，黄祥新．工业锅炉．第2版．北京：机械工业出版社，1993.

[6] 林宗虎，张永照．锅炉手册．北京：机械工业出版社，1989.

[7] 林宗虎，锅炉测试．北京：中国计量出版社，1996.

[8] 李军．锅炉辅助装备．西安：西安交通大学出版社，1995.

[9] 李守恒，杨励丹，等．电站锅炉汽水分离装置的原理和设计．北京：水利电力出版社，1986.

[10] 章燕谋．锅炉制造工艺学．西安：西安交通大学出版社，1995.

[11] 应潮龙．实用高效焊接技术．北京：国防工业出版社，1995.

[12] 胡特生．电弧焊．北京：机械工业出版社，1996.

[13] 陈祝年．焊接设计简明手册．北京：机械工业出版社，1997.

[14] C. A. 库尔金，等．焊接结构生产工艺、机械化与自动化图册．关桥等译．北京：机械工业出版社，1995.

[15] Babcock&Wilcox. Steam its generation and use. 40th ed. Ohio：Barberton，1992.

[16] 林宗虎．工程测量技术手册．北京：化学工业出版社，1997.

[17] 工业锅炉房常用设备手册编写组．工业锅炉房常用设备手册．北京：机械工业出版社，1993.

[18] 叶奕森，等．硫氮污染物的控制对策及治理技术．北京：中国环境科学出版社，1994.

[19] 张子栋，等．锅炉自动调节．哈尔滨：哈尔滨工业大学出版社，1994.

[20] 巨林仓．电厂热工过程自动调节．西安：西安交通大学出版社，1994.

[21] 王志祥，朱祖涛．热工控制设计简明手册．北京：水利电力出版社，1995.

[22] 王志祥．热工保护与程序控制．北京：水利电力出版社，1995.

[23] 朱传标．工业锅炉技术基础．上海：上海远东出版社，1996.

[24] 曾汉才．燃烧与污染．武昌：华中理工大学出版社，1992.

[25] 胡荫平，贾鸿祥．新型煤粉燃烧器．西安：西安交通大学出版社，1993.

[26] 丁尔谋．发电厂低循环倍率塔式锅炉．北京：中国电力出版社，1996.

[27] 徐国璋．火力发电卷．中国电力百科全书．北京：中国电力出版社，1995.

[28] 锅炉机组热力计算标准方法．北京锅炉厂、清华大学等译．北京：机械工业出版社，1976.

[29] 冯俊凯，沈幼庭．锅炉原理及计算．第2版．北京：科学出版社，1992.

[30] 贾鸿祥．锅炉例题习题集．北京：水利电力出版社，1990.

[31] 李之光，范柏樟．工业锅炉手册．天津：天津科学技术出版社，1988.

[32] 电力部热工研究所，等．火力发电厂煤粉制备系统设计标准和计算方法．修改稿，1995.

[33] 贾鸿祥．制粉系统设计与运行．北京：水利电力出版社，1995.

[34] 徐通模，金定安，温龙．锅炉燃烧设备．西安：西安交通大学出版社，1990.

[35] 许晋源，徐通模．燃烧学．修订本．西安：西安交通大学出版社，1990.

[36] 章燕谋．锅炉与压力容器用钢．西安：西安交通大学出版社，1984.

[37] 于显龙，万嘉礼，杨澄宇．锅炉压力容器材料手册．沈阳：东北工学院出版社，1992.

[38] 宋贵良．锅炉计算手册．沈阳：辽宁科学技术出版社，1995.

[39] 陈立勋，曹子栋．锅炉本体布置及计算．西安：西安交通大学出版社，1990.

[40] 车得福，等．锅炉．西安：西安交通大学出版社，2004.

[41] 朱秋平．锅炉尾部蒸发受热面的布置及其水循环特性分析．工业锅炉，2006，(6).

[42] 林宗虎，王树众，王栋．气液两相流和沸腾传热．西安：西安交通大学出版社，2003.

[43] 望亭发电厂．锅炉．北京：中国电力出版社，2002.

[44] 国电太原第一热电厂．锅炉及辅助设备．北京：中国电力出版社，2005.

[45] 西安电力高等专科学校，大唐韩城第二发电有限责任公司．600MW 火电机组培训教材——锅炉分册．北京：中国电力出版社，2006.

[46] 张磊，张立华．燃煤锅炉机组．北京：中国电力出版社，2006.

[47] 胡荫平．电站锅炉手册．北京：中国电力出版社，2005.

[48] 林宗虎．魏敦崧，安恩科，等．循环流化床锅炉．北京：化学工业出版社，2004.

[49] 房德山，冷静，徐治皋，等．循环流化床锅炉传热数学模型研究．锅炉技术，2001，(9).

[50] 林宗虎，李瑞阳，汪军，等．锅炉用水、清垢及除灰．北京：化学工业出版社，2001.

[51] 卢啸风．大型循环流化床锅炉设备与运行．北京：中国电力出版社，2006.

[52] 李雄，陈伟刚，毛健雄．超临界循环流化床锅炉技术．循环流化床（CFB）机组通讯，2005，(6).
[53] 李建锋，郝继红，吕俊复，等．中国循环流化床锅炉机组运行现状分析．循环流化床（CFB）机组通讯，2008，(1).
[54] 岳光溪．循环流化床燃烧技术的发展与展望．循环流化床（CFB）机组通讯，2007，(6).
[55] 刘德昌．流化床燃烧技术的工业应用．北京：中国电力出版社，1999.
[56] 岑可法，倪明江，骆仲泱．循环流化床锅炉理论、设计与运行．北京：中国电力出版社，1998.
[57] 程乐鸣．大型循环流化床锅炉的传热研究．动力工程，2000，(2).
[58] 李雄，陈伟刚，毛健雄．大容量循环流化床电站锅炉技术的发展．循环流化床（CFB）机组通讯，2006，(4).
[59] 刘常满．热工检测技术．北京：中国计量出版社，2005.
[60] 李瑞扬，吕薇．锅炉水处理原理与设备．哈尔滨：哈尔滨工业大学出版社，2003.
[61] 程乐鸣，王勤辉，施正伦，等．循环流化床锅炉中的传热．循环流化床（CFB）机组通讯，2006，(6).
[62] 樊泉桂．超超临界与亚临界参数锅炉．北京：中国电力出版社，2007.
[63] 林宗虎．循环流化床锅炉的发展过程及趋向．工业锅炉，2008，(2).
[64] 江泽民．对中国能源问题的思考．上海交通大学学报，2008，(3).
[65] 赵跃明．煤炭资源综合利用手册．北京：科学出版社，200.
[66] 吴占松，马润田，赵满成，等．煤炭清洁利用技术．北京：化学工业出版社，2007.
[67] 姚强，等．洁净煤技术．北京：化学工业出版社，2005.
[68] 张一敏．固体物料分选理论与工艺．北京：冶金工业出版社，2007.
[69] 刘圣华，姚明宇，张宝剑．洁净燃烧技术．北京：化学工业出版社，2006.
[70] 郝临山．洁净煤技术．北京：化学工业出版社，2005.
[71] 俞珠峰．洁净煤技术发展及应用．北京：化学工业出版社，2004.
[72] 张鸣林．中国煤的洁净利用．北京：化学工业出版社，2007.
[73] 惠世恩，庄正宁，周屈兰，等．煤的清洁利用与污染防治．北京：中国电力出版社，2008.
[74] 王同章．煤气化原理与设备．北京：机械工业出版社，2001.
[75] 谢克昌．煤的结构与反应性．北京：科学出版社，2002.
[76] 毛健雄，毛健全，赵树民．煤的清洁燃烧．北京：科学出版社，1998.
[77] 肖瑞华，白金锋．煤化学产品工艺学．北京：冶金工业出版社，2003.
[78] 沙兴中，杨南星．煤的气化与应用．上海：华东理工大学出版社，1995.
[79] 许世森，张东亮，任永强．大规模煤气化技术．北京：化学工业出版社，2007.
[80] 岑可法，姚强，曹欣玉，等．煤浆燃烧、流动、传热和气化的理论与应用技术．杭州：浙江大学出版社，1997.
[81] 陈文敏，李少华，徐振刚．洁净煤技术基础．北京：煤炭工业出版社，1999.
[82] 杨松君，陈怀珍．动力煤利用技术．北京：标准出版社，1999.
[83] 魏贤勇，宗志敏，秦志宏，等．煤液化化学．北京：科学出版社，2002.
[84] 赵钦新，惠世恩．煤油燃气锅炉．西安：西安交通大学出版社，2000.
[85] 冯俊凯，岳光溪，吕俊复．循环流化床燃烧锅炉．北京：中国电力出版社，2003.
[86] 焦树建．燃气-蒸汽联合循环的理论基础．北京：清华大学出版社，2003.
[87] 焦树建．燃气-蒸汽联合循环燃气．北京：机械工业出版社，2004.
[88] 衣宝廉．燃料电池——高效、环境友好的发电方式．北京：化学工业出版社，2000.
[89] 李芳芹．煤的燃烧与气化手册．北京：化学工业出版社，2001.
[90] 徐通模，袁益超，陈干锦，等．超大容量超超临界锅炉的发展趋势．动力工程，2003，(3).
[91] 赵毅，王卓昆．电力环境保护技术．北京：中国电力出版社，2007.
[92] 蒋文举，等．烟气脱硫脱硝技术手册．北京：化学工业出版社，2007.
[93] 周至祥，段建中，薛建明．火电厂湿法烟气脱硫技术手册．北京：中国电力出版社，2006.
[94] 钟秦．燃煤烟气脱硫脱硝技术及工程实例．第 2 版．北京：化学工业出版社，2007.
[95] 孙克勤，钟秦．火电厂烟气脱硝技术及工程应用．北京：化学工业出版社，2006.
[96] 张强．燃煤电厂 SCR 烟气脱硝技术及工程应用．北京：化学工业出版社，2007.
[97] 新井纪男 [日]．燃烧生成物的发生与抑制技术．北京：科学出版社，2001.
[98] 郭东明．脱硫工程技术与设备．北京：化学工业出版社，2007.
[99] 阎维平，刘忠，王春波，等．电站燃煤锅炉石灰石湿法烟气脱硫装置运行与控制．北京：中国电力出版社，2005.
[100] 杨旭中．燃煤电厂脱硫装置．北京：中国电力出版社，2006.
[101] 孙克勤．电厂烟气脱硫设备及运行．北京：中国电力出版社，2007.
[102] 张磊，李广华．锅炉设备与运行．北京：中国电力出版社，2007.
[103]《现代电站锅炉技术及其改造》编委会．现代电站锅炉技术及其改造．北京：中国电力出版社，2006.
[104] 王俊民．电除尘工程手册．北京：中国标准出版社，2007.

[105] 嵇敬文，陈安琪. 锅炉烟气袋式除尘技术. 北京：中国电力出版社，2006.
[106] 胡志光，胡满银，常爱玲. 火电厂除尘技术. 北京：中国水利水电出版社，2004.
[107] 朱宝山，等. 燃煤锅炉大气污染物净化技术手册. 北京：中国电力出版社，2006.
[108] 牛卫东，等. 单元机组运行. 北京：中国电力出版社，2006.
[109] 黄新元. 电站锅炉运行与燃烧调整. 北京：中国电力出版社，2007.
[110] 姚文达，姜凡. 火电厂锅炉运行事故处理. 北京：中国电力出版社，2007.
[111] 金维强. 大型锅炉运行. 北京：中国电力出版社，1998.
[112] 华东六省一市电机工程（电力）学会. 锅炉设备及其系统 600MW 火力发电机组培训教材. 第 2 版. 北京：中国电力出版社，2005.
[113] 陈学敏. 环境卫生学. 第 5 版. 北京：人民卫生出版社，2003.
[114] 何国良，等. 电除尘器与布袋除尘器的应用分析. 节能与环保，2007，(8).
[115] 黄子聪，陈国雄. 袋式除尘器与电除尘器基本特性指标的对比. 中国环保产业，2007，(6).
[116] 杨志忠，赵雪梅. 几种喷淋空塔塔型结构特点. 东方锅炉，2007，(3).
[117] 杨志忠，张军. 海水烟气脱硫在我国火电厂的运用现状. 东方锅炉，2007，(2).
[118] 赵毅，王卓昆. 电力环境保护技术. 北京：中国电力出版社，2007.
[119] 王小明，等. 电力环境保护，2004，(4).
[120] 火力・原子力発電所における水・化学管理(19 年改訂版)Ⅳ. 排ガス管理（火力).
[121] 赵钦新，严俊杰，王云刚，等. 燃煤机组烟气深度冷却增效减排技术. 北京：中国电力出版社，2018. 4
[122] 曾庭华，等. 火电厂二氧化硫超低排放技术及应用. 北京：中国电力出版社，2017.
[123] 朱法华，等. 火电厂污染防治技术手册. 北京：中国电力出版社，2017.
[124] 中国电力企业联合会. 中国煤电清洁发展报告. 北京：中国电力出版社，2017.
[125] 张忠，武文江. 火电厂脱硫与脱硝实用技术手册. 北京：中国水利水电出版社，2017.
[126] 赵海宝，黄俊，等. 低低温电除尘器. 北京：化学工业出版社，2018.
[127] 赵兵涛. 大气污染控制工程. 北京：化学工业出版社，2017.
[128] 熊英莹，谭厚章. 湿式相变冷凝除尘技术对微细颗粒物的脱除研究. 洁净煤技术，2015，20-24.
[129] 谭厚章，熊英莹，等. 湿式相变凝聚器协同多污染物脱除研究，中国电力，2017：50.
[130] 朱杰，许月阳，姜岸，等. 超低排放下不同湿法脱硫协同控制颗粒物性能测试与研究. 中国电力，2017，50：168-172.
[131] 魏云鹏，等. 锅炉节能节水及废水近零排放技术. 北京：化学工业出版社，2017.
[132] 叶毅科，惠润堂，杨爱勇，等. 燃煤电厂湿烟羽治理技术研究. 电力科技与环保，2017，33：32-35.
[133] 郭静娟. 燃煤电站烟囱排放有色烟羽现象研究. 华电技术，2017：39.
[134] 魏茂林，付林，赵玺灵，等. 燃煤烟气余热回收与减排一体化系统应用研究. 工程热物理学报，2017，38：1157-1165.
[135] 徐通模，惠世恩，等. 燃烧学. 北京：机械工业出版社，2017.
[136] 谭厚章，熊英莹，王毅斌，等. 湿式相变凝聚器协同多污染物脱除研究. 中国电力，2017，50：128-134.
[137] 谭厚章，熊英莹，王毅斌，等. 湿式相变凝聚技术协同湿式电除尘器脱除微细颗粒物研究. 工程热物理学报，2016，37：2710-2714.
[138] 熊英莹，谭厚章，许伟刚，等. 火电厂烟气潜热和凝结水回收的试验研究. 热力发电，2015，77-81.
[139] 熊英莹，谭厚章. 湿式毛细相变凝聚技术对微细颗粒物的脱除机理研究. 2014 中国环境科学学会学术年会，2014.
[140] 熊英莹，谭厚章. 湿式相变冷凝除尘技术对微细颗粒物的脱除研究. 洁净煤技术，2015，20-24.
[141] 熊英莹，王自宽，张方炜，等. 零水耗烟气湿法脱硫系统试验研究. 热力发电，2014，43：43-46.
[142] 梁志福，张方炜，熊英莹，等. 湿法脱硫系统运行参数对水耗影响的试验研究. 科学技术与工程，2013，13：3436-3439.
[143] 陈晓文，杜文智，熊英莹，等. 电站烟气余热利用系统浅析. 发电与空调，2014，10-13.
[144] 李贵良. 低品位余热回收利用技术的研发及应用. 能源与节能，2010，60-61.
[145] 李青，李猷民. 火电厂节能减排手册. 北京：中国电力出版社，2015.
[146] 朱杰，许月阳，姜岸，等. 超低排放下不同湿法脱硫协同控制颗粒物性能测试与研究. 中国电力，2017，50：168-172.
[147] 新井纪男. 燃烧生成物的发生与抑制技术. 北京：科学出版社，2001.
[148] 李继莲. 烟气脱硫实用技术. 北京：中国电力出版社，2008.
[149] 章名耀. 洁净煤发电技术及工程应用. 北京：化学工业出版社.
[150] 李奎中，王伟，莫建松. 燃煤电厂 WESP 的应用前景. 广东化工，2013，40：54-55.
[151] 白向飞，李文华，陈亚飞，等. 中国煤中微量元素分布基本特征. 煤质技术，2007，1-4.
[152] 王起超，马如龙. 煤及其灰渣中的汞. 中国环境科学，1997，76-79.

[153] 赵秀宏，张丽娜，王鑫焱．浅谈煤中微量元素铅对环境的危害．煤质技术，2011，60-62.

[154] 张军营，任德贻，许德伟，等．煤中硒的研究现状．煤田地质与勘探，1999，16-18.

[155] 吴江平，闫峻，刘桂建，等．中国煤中铬的分布、赋存状态及富集因素研究进展．矿物岩石地球化学通报，2005，24：239-244.

[156] 赵秀宏，王鑫焱，金筱．煤中微量元素镉对环境造成的影响．煤炭技术，2011，30：192-193.

[157] L. B. Clarke L. L. Sloss. Trace elements-emissions from coal combustion and gasification 49：IEA Coal Research，1992.

[158] D. Swaine. Trace elements in coal. 1990，27-49.

[159] D. J. Swaine. Why trace elements are important. Fuel Processing Technology，2000，65-66：21-33.

[160] 鲍静静．湿法烟气脱硫系统对细颗粒及汞脱除性能的试验研究．南京：东南大学，2009.

[161] K C G，C. J. Zygarlicke. Mercury Speciation in Coal Combustion and Gasification Flue Gases. Environmental Science & Technology，1996，30：2421-2426.

[162] J. H. Pavlish，M. J. Holmes，S. A. Benson，et al. Application of sorbents for mercury control for utilities burning lignite coal. Fuel Processing Technology，2004，85：563-576.

[163] 郑楚光．煤燃烧汞的排放及控制．北京：科学出版社，2010.

[164] 党钾涛，解强．煤中有害微量元素及其在加工转化中的行为研究进展．现代化工，2016，59-63.

[165] M. L. Contreras，J. M. Arostegui，L. Armesto. Arsenic interactions during co-combustion processes based on thermodynamic equilibrium calculations. Fuel，2009，88：539-546.

[166] 孙俊民，姚强，刘惠永，等．燃煤排放可吸入颗粒物中砷的分布与富集机理．煤炭学报，2004，29：78-82.

[167] K. Lundholm，A. Nordin，R. Backman. Trace element speciation in combustion processes—Review and compilations of thermodynamic data. Fuel Processing Technology，2007，88：1061-1070.

[168] W. Song，F. Jiao，N. Yamada，et al. Condensation Behavior of Heavy Metals during Oxy-fuel Combustion：Deposition，Species Distribution，and Their Particle Characteristics. Energy & Fuels，2013，27：5640-5652.

[169] 王超，刘小伟，徐义书，等．660MW 燃煤锅炉细微颗粒物中次量与痕量元素的分布特性．化工学报，2013，64：2975-2981.

[170] 邓双，张凡，刘宇，等．燃煤电厂铅的迁移转化研究．中国环境科学，2013，33：1199-1206.

[171] 孔维辉，刘文中，陈萍．燃煤过程中铬迁移转化和排放控制的研究进展．洁净煤技术，2007，13：53-56.

[172] L. Sфrum，F. J. Frandsen，J. E. Hustad. On the fate of heavy metals in municipal solid waste combustion. Part Ⅱ. From furnace to filter. Fuel，2004，83：1703-1710.

[173] 孙景信，R. E. Jervis. 煤中微量元素及其在燃烧过程中的分布特征．中国科学：数学 物理学 天文学 技术科学，1986，57-64.

[174] 彭安，王子健．硒的环境生物无机化学．北京：中国环境科学出版社，1995.

[175] T. D. Brown，D. N. Smith，W. J. O' Dowd，et al. Control of mercury emissions from coal-fired power plants：a preliminary cost assessment and the next steps for accurately assessing control costs. Fuel Processing Technology，2000，65：311-341.

[176] M. S. Germani，W. H. Zoller. Vapor-phase concentrations of arsenic，selenium，bromine，iodine，and mercury in the stack of a coal-fired power plant. Environmental Science & Technology，1988，22：1079-85.

[177] 夏文青，黄亚继，李睦．燃煤脱汞技术研究进展．能源研究与利用，2015.

[178] J. A. Hrdlicka，W. S. Seames，M. D. Mann，et al. Mercury Oxidation in Flue Gas Using Gold and Palladium Catalysts on Fabric Filters. Environmental Science & Technology，2008，42：6677-82.

[179] Y. Zhao，M. D. Mann，J. H. Pavlish，et al. Application of gold catalyst for mercury oxidation by chlorine. Environmental Science & Technology，2006，40：1603-8.

[180] R. Bhardwaj，X. Chen，R. D. Vidic. Impact of fly ash composition on mercury speciation in simulated flue gas. Journal of the Air & Waste Management Association，2009，59：1331-8.

[181] 盘思伟，胡将军，唐念，等．Mn-Nb-TiO_2 催化剂的脱汞特性研究．环境污染与防治，2013，35：41-44.

[182] H. Li，C. Y. Wu，Y. Li，et al. CeO_2-TiO_2 catalysts for catalytic oxidation of elemental mercury in low-rank coal combustion flue gas. Environmental Science & Technology，2011，45：7394-400.

[183] 池桂龙，沈伯雄，朱少文，等．改性 SCR 催化剂对单质汞氧化性能的研究．燃料化学学报，2016，44：763-768.

[184] H. M. Yang，W. P. Pan. Transformation of mercury speciation through the SCR system in power plants. 环境科学学报（英文版），2007，19：181-184.

[185] 程广文，张强，白博峰．一种改性选择性催化还原催化剂及其对零价汞的催化氧化性能．中国电机工程学报，35：623-630，2015.

[186] Y. Cao，C. M. Cheng，C. W. Chen，et al. Abatement of mercury emissions in the coal combustion process equipped with a Fabric Filter Baghouse. Fuel，2008，87：3322-3330.

[187] 潘凤萍，陈华忠，庞志强，等．燃煤电厂锅炉中颗粒物在选择性催化还原、静电除尘器和烟气脱硫入口处的分布

特性. 中国电机工程学报，2014，34：5728-5733.

[188] 滕敏华. 带 SCR 脱硝的燃煤锅炉汞排放状态及控制研究. 2012 电站锅炉优化运行与环保技术研讨会，2012，66-68.

[189] 张陈，由静. 燃煤锅炉超低排放技术. 北京：化学工业出版社，2016.

[190] 王运军，段钰锋，杨立国，等. 湿法烟气脱硫装置和静电除尘器联合脱除烟气中汞的试验研究. 中国电机工程学报，2008，28：64-69.

[191] 李志超，段钰锋，王运军，等. 300MW 燃煤电厂 ESP 和 WFGD 对烟气汞的脱除特性. 燃料化学学报，2013，41：491-498.

[192] 岳勇，陈雷，姚强，等. 燃煤锅炉颗粒物粒径分布和痕量元素富集特性实验研究. 中国电机工程学报，2005，25：74-79.

[193] 郭欣，郑楚光，贾小红，等. 300MW 煤粉锅炉烟气中汞形态分析的实验研究. 中国电机工程学报，2004，24：185-188.

[194] 高翔鹏，徐明厚，姚洪，等. 燃煤锅炉可吸入颗粒物排放特性及其形成机理的试验研究. 中国电机工程学报，2007，27：11-17.

[195] 廖大兵. 湿式电除尘器对污染物的去除研究. 发电厂“超净排放”烟气治理技术及脱硫、脱硝、除尘技术改造经验交流研讨会，2015.

[196] 陈姝娟，薛建明，许月阳，等. 燃煤电厂除尘设施对烟气中微量元素的减排特性分析. 中国电机工程学报，2015，35：2224-2230.

[197] 王春波，史燕红，吴华成，等. 电袋复合除尘器和湿法脱硫装置对电厂燃煤重金属排放协同控制. 煤炭学报，2016，41：1833-1840.

[198] 鲍静静，印华斌，杨林军，等. 湿法烟气脱硫系统的脱汞性能研究. 动力工程学报，2009，29：664-670.

[199] 赵毅，马宵颖. 现有烟气污染控制设备脱汞技术. 中国电力，2009，42：77-79.

[200] 胡将军，盘思伟，唐念，等. 烟气脱汞. 北京：中国电力出版社，2016.

[201] 刘玉坤. 燃煤电站脱硫石膏中痕量元素环境稳定性研究. 北京：清华大学，2011.

[202] 王珲，宋蔷，姚强，等. 电厂湿法脱硫系统对烟气中细颗粒物脱除作用的实验研究. 中国电机工程学报，2008，28：1-7.

[203] C. L. Senior，C. Tyree，N. D. Meeks，et al. Selenium Partitioning and Removal across a Wet FGD Scrubber at a Coal-Fired Power Plant. Environmental Science & Technology，2015，49：14376-14382.

[204] P. Córdoba，R. Ochoa-Gonzalez，O. Font，et al. Partitioning of trace inorganic elements in a coal-fired power plant equipped with a wet Flue Gas Desulphurisation system. Fuel，2012，92：145-157.

[205] 朱振武，褚玉群，安忠义，等. 湿法脱硫系统中痕量元素的分布. 清华大学学报（自然科学版），2013，330-335.

[206] P. Córdoba，O. Font，M. Izquierdo，et al. Enrichment of inorganic trace pollutants in re-circulated water streams from a wet limestone flue gas desulphurisation system in two coal power plants. Fuel Processing Technology，2013，92：1764-1775.

[207] 刘昕，蒋勇. 美国燃煤火力发电厂汞控制技术的发展及现状. 高科技与产业化，2009，5：92-95.

[208] 章玲，潘卫国，吴江，等. 焦炉煤气再燃对燃煤电站锅炉烟气中 NO 降低与 Hg 形态转化特性的试验研究. 中国工程热物理学会，2010.

[209] Y. Tan，E. Croiset. Emissions from oxy-fuel combustion of coal with flue gas recycle，in Proceedings of the 30th international technical conference on coal utilization & fuel systems. B. A. Sakkestad. Clearwater，FL，USA，Coal Technology Association，2005，529-536.

[210] F. Châtelpélage，S. Macadam，N. Perrin，et al. A pilot-scale demonstration of oxy-combustion with flue gas recirculation in a pulverized coal-fired boiler，2003.

[211] 王泉海，邱建荣，温存，等. 氧燃烧方式下痕量元素形态转化的热力学平衡模拟. 中国工程热物理学会年会燃烧学学术会议，2005.

[212] D. L. Laudal，T. D. Brown，B. R. Nott. Effects of flue gas constituents on mercury speciation. Fuel Processing Technology，2000，65：157-165.

[213] C. D. Livengood，M. H. Mendelsohn. Process for combined control of mercury and nitric oxide. 20 FOSSIL-FUELED POWER PLANTS，1999.

[214] S. H. Jeon，Y. Eom，T. G. Lee. Photocatalytic oxidation of gas-phase elemental mercury by nanotitanosilicate fibers. Chemosphere，2008，71：969-74.

[215] L. Y. Gyu，P. Jinwon，K. Junghyun，et al. Comparison of Mercury Removal Efficiency from a Simulated Exhaust Gas by Several Types of TiO_2 under Various Light Sources. Chemistry Letters，2004，33：36-37.

[216] W. J. O' Dowd，H. W. Pennline，M. C. Freeman，et al. A technique to control mercury from flue gas：The Thief Process. Fuel Processing Technology，2006，87：1071-1084.

[217] E. J. Granite, M. C. Freeman, R. A. Hargis, et al. The thief process for mercury removal from flue gas. Journal of Environmental Management, 2007, 84: 628-634.

[218] J. Butz, T. Broderick. Pilot testing of fly ash-derived sorbents for mercury control in coal-fired flue gas, 2002.

[219] J. Dong, Z. Xu, S. M. Kuznicki. Mercury removal from flue gases by novel regenerable magnetic nanocomposite sorbents. Environmental Science & Technology, 2009, 43: 3266-71.

[220] J. Rodríguez-Pérez, M. A. López-Antón, M. Díaz-Somoano, et al. Regenerable sorbents for mercury capture in simulated coal combustion flue gas. Journal of Hazardous Materials, 2013, 260: 869.

[221] J. Yang, Y. Zhao, L. Chang, et al. Mercury Adsorption and Oxidation over Cobalt Oxide Loaded Magnetospheres Catalyst from Fly Ash in Oxyfuel Combustion Flue Gas. Environmental Science & Technology, 2015, 49: 8210-8.

[222] J. Yang, Y. Zhao, J. Zhang, et al. Removal of elemental mercury from flue gas by recyclable $CuCl_2$ modified magnetospheres catalyst from fly ash. Part 1. Catalyst characterization and performance evaluation. Fuel, 2016, 164: 419-428.

[223] 张翼，杨建平，赵永椿，等. 可循环磁珠脱除燃煤烟气中单质汞的性能与工艺路线研究. 热力发电，2016，45：10-15.

[224] J. Yang, Y. Zhao, V. Zyryanov, et al. Physical-chemical characteristics and elements enrichment of magnetospheres from coal fly ashes. Fuel, 2014, 135: 15-26.

[225] G. E. Dunham, R. A. Dewall, C. L. Senior. Fixed-bed studies of the interactions between mercury and coal combustion fly ash. Fuel Processing Technology, 2003, 82: 197-213.

[226] J. Yang, Y. Zhao, J. Zhang, et al. Regenerable cobalt oxide loaded magnetosphere catalyst from fly ash for mercury removal in coal combustion flue gas. Environmental Science & Technology, 2014, 48: 14837-43.

[227] T. Y. Yan. A Novel Process for Hg Removal from Gases, Industrial and Engineering Chemistry Research; (United States), 1994, 33: 3010-3014.

[228] M. Levlin, E. Ikävalko, T. Laitinen. Adsorption of mercury on gold and silver surfaces. Fresenius Journal of Analytical Chemistry, 1999, 365: 577-586.

[229] Y. Liu, D. J. Kelly, H. Yang, et al. Novel regenerable sorbent for mercury capture from flue gases of coal-fired power plant. Environmental Science & Technology, 2008, 42: 6205.

[230] 吴辉. 燃煤汞释放及转化的实验与机理研究. 武汉：华中科技大学，2011.

[231] E. Pitoniak, C. Y. Wu, D. W. Mazyck, et al. Sigmund. Adsorption enhancement mechanisms of silica-titania nanocomposites for elemental mercury vapor removal. Environmental Science & Technology, 2005, 39: 1269-74.

[232] 孔凡海. 铁基纳米吸附剂烟气脱汞实验及机理研究. 武汉：华中科技大学，2010.

[233] F. E. Huggins, C. L. Senior, P. Chu, et al. Selenium and arsenic speciation in fly ash from full-scale coal-burning utility plants. Environmental Science & Technology, 2007, 41: 3284-3289.

[234] R. A. Zielinski, A. L. Foster, G. P. Meeker, et al. Mode of occurrence of arsenic in feed coal and its derivative fly ash, Black Warrior Basin, Alabama. Fuel, 2007, 86: 560-572.

[235] A. H. Clemens, L. F. Damiano, D. Gong, et al. Partitioning behaviour of some toxic volatile elements during stoker and fluidised bed combustion of alkaline sub-bituminous coal. Fuel, 1999, 78: 1379-1385.

[236] 宋畅，张翼，郝剑，等. 燃煤电厂超低排放改造前后汞污染排放特征. 环境科学研究，2017，30：672-677.

[237] 蒋丛进，刘秋生，陈创社. 国华三河电厂飞灰基改性吸附剂脱汞技术研究. 中国电力，2015，48：54-56.

[238] 刘发圣，夏永俊，徐锐，等. 燃煤电厂污染控制设备脱汞效果及汞排放特性试验. 中国电力，2017，50：162-166.

[239] 中国电力行业年度发展报告，2015.

[240] 杨尚宝，韩买良. 火力发电厂水资源分析及节水减排技术. 北京：化学工业出版社，2011.

[241] 魏刚，刘久贵，魏云鹏，等. 锅炉节能节水及废水近零排放技术. 北京：化学工业出版社，2017.

[242] 邵刚. 膜法水处理技术及工程实例. 北京：化学工业出版社，2002.

[243] 曾庆才，刘娜，任显龙. 粉末树脂覆盖过滤器在凝结水精处理中的应用. 电站辅机，2013，34：40-42.

[244] T. J. F. Iii, T. J. Skone, G. J. S. Jr, et al. Water: A critical resource in the thermoelectric power industry. Energy, 2008, 33: 1-11.

[245] 胡石，丁绍峰，樊兆世. 燃煤电厂脱硫废水零排放工艺研究. 洁净煤技术，2015，129-133.

[246] 王佩璋. 火力发电厂全厂废水零排放. 电力科技与环保，2003，19：25-29.

[247] B. W. A. Shaw H. P. D. Llc. Fundamentals of zero liquid discharge system design. Power, 2011, 155.

[248] 周洋，许颖. 燃煤电厂FGD系统脱硫废水零排放工艺应用现状研究. 广东化工，2016，43：140-142.

[249] 庞卫科，林文野，戴群特，等. 机械蒸汽再压缩热泵技术研究进展. 节能技术，2012，30，312-315.

[250] 赵媛媛，赵磊，钱方，等. 机械蒸汽再压缩（MVR）蒸发器在食品工业中的应用. 中国乳品工业，2015，43：27-28.

[251] 张峰振，杨波，张鸿，等. 电絮凝法进行废水处理的研究进展. 工业水处理，2012，32：11-16.
[252] 刘玉玲，陆君，马晓云，等. 电絮凝过程处理含铬废水的工艺及机理. 环境工程学报，2014，8：3640-3644.
[253] 祝业青，傅高健，顾兴俊. 脱硫废水处理装置运行现状及优化建议. 电力工程技术，2014，33：72-75.
[254] 吴建华，张炜，秦臻. MBC技术在华能长兴电厂废水零排放系统中的应用. 上海电力学院学报，2016，32.
[255] 马双忱，于伟静，贾绍广，等. 燃煤电厂脱硫废水处理技术研究与应用进展. 化工进展，2016，35：255-262.
[256] Y. H. Huang，P. K. Peddi，C. Tang，et al. Hybrid zero-valent iron process for removing heavy metals and nitrate from flue-gas-desulfurization wastewater. Separation & Purification Technology，2013，118：690-698.
[257] 熊英莹，王自宽，张方炜，等. 零水耗烟气湿法脱硫系统试验研究. 热力发电，2014，43：43-46.
[258] 叶毅科，惠润堂，杨爱勇，等. 燃煤电厂湿烟羽治理技术研究. 电力科技与环保，2017，33：32-35.
[259] 郭静娟. 燃煤电站烟囱排放有色烟羽现象研究. 华电技术，2017，39：73-74.
[260] 卢作基，孙克勤. 热管式GGH在湿法烟气脱硫中的应用. 电力科技与环保，2005，21：22-23.
[261] 魏茂林，付林，赵玺灵，等. 燃煤烟气余热回收与减排一体化系统应用研究，工程热物理学报，2017，38：1157-1165.
[262] 汤蕴琳. 火电厂烟塔合一技术的应用. 电力建设，2005，26：11-12.
[263] 万中昌. 烟塔合一技术在燃煤电厂的应用. 技术创新与信息化驱动电力土建发展学术交流会，2015.
[264] 李春鞠，顾国维. 温室效应与二氧化碳的控制. 环境保护科学，2000，26：13-15.
[265] D. G. Streets，K. Jiang，X. Hu，et al. Recent Reductions in China' s Greenhouse Gas Emissions，2001.
[266] I. E. Agency. CO_2 emissions from fuel combustion highlights，2015.
[267] 郑楚光，赵永椿，郭欣. 中国富氧燃烧技术研发进展. 中国电机工程学报，2014，34：3856-3864.
[268] B. J. P. Buhre，L. K. Elliott，C. D. Sheng，et al. Oxy-fuel combustion technology for coal-fired power generation. Progress in Energy & Combustion Science，2005，31：283-307.
[269] A. Fassbender. Power system with enhanced thermodynamic efficciency and pollution control. Thermo Energy Power Systems，2003.
[270] 卢玲玲，王树众，姜峰，等. 化学链燃烧技术的研究现状及进展. 现代化工，2007，27：17-22.
[271] Bernhard Kronberger，Anders Lyngfelt，A. Gerhard Löffler，et al. Design and fluid dynamic analysis of a bench-scale combustion system with CO_2 separation-Chemical-looping combustion. Ind. eng. chem. res，2005，44：546-556.
[272] A Abad，T Mattisson，A Lyngfelt，et al. Chemical-looping combustion in a 300W continuously operating reactor system using a manganese-based oxygen carrier. Fuel，2006，85：1174-1185.
[273] S. A. Scott，J. S. Dennis，A. N. Hayhurst，et al. In situ gasification of a solid fuel and CO_2 separation using chemical looping. Aiche Journal，2006，52：3325-3328.
[274] H. Leion，T. Mattisson，A. Lyngfelt. The use of petroleum coke as fuel in chemical-looping combustion. Fuel，2007，86：1947-1958.
[275] T. Mattisson，A. Lyngfelt，H. Leion. Chemical-looping with oxygen uncoupling for combustion of solid fuels. International Journal of Greenhouse Gas Control，2009，3：11-19.
[276] C. Augustine J. W. Tester. Hydrothermal flames：From phenomenological experimental demonstrations to quantitative understanding. Journal of Supercritical Fluids，2009，47：415-430.
[277] R. Winter J. Jonas. High Pressure Chemistry，Biochemistry and Materials Science. Netherlands：Springer，1993.
[278] E. U. Franck. Physicochemical Properties of Supercritical Solvents (Invited Lecture). Berichte Der Bunsengesellschaft Für Physikalische Chemie，1984，88：820-825.
[279] 李艳辉，王树众，任萌萌，等. 超临界水热燃烧技术研究及应用进展. 化工进展，2016，35：1942-1955.
[280] 王雅娟. 超临界水氧化技术. 舰船防化，2006，9-12.
[281] 赵新宝，鲁金涛，袁勇，等. 超临界二氧化碳布雷顿循环在发电机组中的应用和关键热端部件选材分析. 中国电机工程学报，2016，36：154-162.
[282] 黄彦平，王俊峰. 超临界二氧化碳在核反应堆系统中的应用. 核动力工程，2012，33：21-27.
[283] 武高桥. Innovative Thermal Power Generation System Appling Supercritical Carbon Dioxide Cycle. エネルギーと動力，2014，64：46-52.
[284] 段承杰，杨小勇，王捷. 超临界二氧化碳布雷顿循环的参数优化. 原子能科学技术，2011，45：1489-1494.
[285] Y. Kato，T. Nitawaki，Y. Yoshizawa. A Carbon Dioxide Partial Condensation Cycle for Advanced Gas Cooled Fast and Thermal Reactors，2001.
[286] 杨文元. 四代堆能量转换系统——超临界二氧化碳布雷顿循环建模与技术成熟度评估研究，2015.
[287] 颜见秋，李富，周旭华，等. 气冷快堆燃料组件均匀化初步研究. 原子能科学技术，2009，43：626-629.
[288] 王键，杨剑，王中原，等. 全球碳捕集与封存发展现状及未来趋势. 环境工程，2012，30：118-120.

[289] 王献红. 二氧化碳捕集和利用. 北京：化学工业出版社，2016.

[290] 张曦. 燃烧前捕集 CO_2 的 IGCC 发电系统集成与示范研究. 北京：中国科学院研究生院（工程热物理研究所），2011.

[291] ShuangChen，WANG，MengXuan，TingTing，CHEN，WeiZhong，et al. Research on desorption and regeneration of simulated decarbonization solution in the process of CO_2 capture using ammonia method. 中国科学：技术科学，2012，55：3411-3418.

[292] 晏水平，方梦祥，张卫风，等. 烟气中 CO_2 化学吸收法脱除技术分析与进展. 化工进展，2006，25：1018-1024.

[293] T. Mimura，H. Simayoshi，T. Suda，et al. Development of energy saving technology for flue gas carbon dioxide recovery in power plant by chemical absorption method and steam system. Energy Conversion & Management，1997，38：S57-S62.

[294] B. Metz，O. Davidson，H. De Coninck，et al. Carbon Dioxide Capture and Storage. Cambridge：Cambridge University Press，2005.

[295] X. Li，E. Hagaman，A. Costas Tsouris，et al. Removal of Carbon Dioxide from Flue Gas by Ammonia Carbonation in the Gas Phase. Energy & Fuels，2003，17：A245-A246.

[296] 步学朋. 二氧化碳捕集技术及应用分析. 洁净煤技术，2014，9-13.

[297] 肖钢，常乐. CO_2 减排技术. 武汉：武汉大学出版社，2015.

[298] 屈紫懿. 中空纤维膜接触器内多组分醇胺类吸收剂对 CO_2 吸收特性实验研究. 重庆：重庆大学，2016.

[299] 肖钢，白玉湖. 天然气水合物勘探开发关键技术研究. 武汉：武汉大学出版社，2015.

[300] 禹林. 二氧化碳深部盐水层地质封存物理模拟探索性研究. 北京：北京交通大学，2010.

[301] 李旭初，李保元. 尿素合成双塔串联工艺在我公司的应用. 全国中氮情报协作组第 23 次技术交流会、氮肥企业增产节能技术改造暨产品结构调整专题研讨会，2005.

[302] M. R. Rahimpour K. Alizadehhesari. Enhancement of carbon dioxide removal in a hydrogen-permselective methanol synthesis reactor. International Journal of Hydrogen Energy，2009，34：1349-1362.

[303] B. J. Liaw，Y. Z. Chen. Liquid-phase synthesis of methanol from CO_2/H_2 over ultrafine CuB catalysts. Applied Catalysis A General，2001，206：245-256.

[304] Y. Liu，Y. Zhang，T. Wang，et al. Efficient Conversion of Carbon Dioxide to Methanol Using Copper Catalyst by a New Low-temperature Hydrogenation Process. Chemistry Letters，2007，36：1182-1183.